# INTRODUCTION À LA *microbiologie*

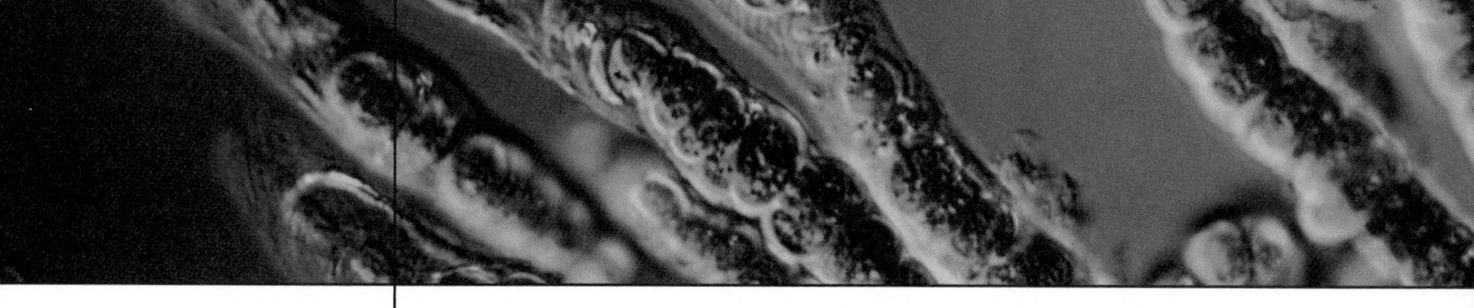

# INTRODUCTION À LA *microbiologie*

Gerard J. Tortora

Berdell R. Funke

Christine L. Case

*Adaptation française*

Louise Martin

*Professeure de biologie, Cégep de Saint-Jérôme*

ERPI

ÉDITIONS DU RENOUVEAU PÉDAGOGIQUE INC.

5757, RUE CYPIHOT, SAINT-LAURENT (QUÉBEC) H4S 1R3

TÉLÉPHONE : (514) 334-2690 TÉLÉCOPIEUR : (514) 334-4720

COURRIEL : erpidlm@erpi.com www.erpi.com

Supervision éditoriale : Jacqueline Leroux
Traduction : Michel Boyer, Nathalie Liao et Pierrette Mayer
Révision linguistique : Hélène Lecaudey
Correction d'épreuves : Odile Dallassera et Pierre Phaneuf
Supervision de la production : Muriel Normand
Adaptation de la couverture : Caractéra inc. (photographie : Susan M. Barns, Los Alamos National Laboratory)
Édition électronique : Caractéra inc.

Published by arrangement with the original publisher, Pearson Education, Inc., publishing as Addison Wesley Longman.

Cet ouvrage est une version française de la septième édition de *Microbiology – an Introduction,* de Gerard J. Tortora, Berdell R. Funke et Christine L. Case, publiée et vendue à travers le monde avec l'autorisation d'ADDISON WESLEY LONGMAN, une filiale de Pearson Education, Inc.

Dépôt légal : 2e trimestre 2003
Bibliothèque nationale du Québec
Bibliothèque nationale du Canada
Imprimé au Canada

ISBN 2-7613-1345-3

1234567890 II 09876543
20242 ABCD LHN-9

# Présentation du manuel

*Introduction à la microbiologie* de Tortora, Funke et Case dévoile le monde fascinant de la microbiologie en conjuguant la rigueur de la science et le plaisir de la découverte. Écrit dans un style simple et direct, ce manuel va à l'essentiel et constitue un classique de la discipline; périodiquement mis à jour, il en est à sa 7e édition anglaise.

## Principes fondamentaux

**La structure du manuel.** Le manuel est organisé selon une séquence logique: on y traite d'abord des agresseurs et de leurs mécanismes de pathogénicité, puis des réactions de défense de l'hôte (l'attaque suivie de la défense) et, enfin, des maladies causées par les agents pathogènes. Les maladies infectieuses sont regroupées en chapitres selon les organes et les systèmes de l'hôte qu'elles touchent principalement. L'appendice E contient un guide taxinomique des maladies décrites dans l'ouvrage. Dans le texte aussi bien que dans les illustrations, les descriptions procèdent par étapes de façon à révéler à l'étudiant la logique des processus importants en microbiologie et à l'aider à se représenter l'ordre des événements. Chaque chapitre est rédigé de telle sorte qu'il soit le plus autonome possible et nous avons intégré un grand nombre de renvois à des figures et à des tableaux.

Pour beaucoup d'étudiants et étudiantes, les connaissances acquises devront être appliquées dans le cadre professionnel de leur formation technique. C'est pourquoi chaque chapitre se termine par une série d'**activités d'autoévaluation** des apprentissages comprenant des questions de révision, des questions à choix multiple, des questions à court développement et, enfin, des applications cliniques particulièrement adaptées aux étudiants inscrits en soins infirmiers.

AUTOÉVALUATION

RÉVISION

1. Nommez trois portes d'entrée et décrivez comment les microorganismes s'introduisent dans l'organisme hôte en les empruntant.
2. Faites la distinction entre le pouvoir pathogène et la virulence.
3. Expliquez comment des médicaments qui se lient aux molécules suivantes influeraient sur le pouvoir pathogène d'un microorganisme.
   a) Mannose sur la membrane des cellules humaines
   b) Fimbriæ de *Neisseria gonorrhoeæ*
   c) Protéine M de *Streptococcus pyogenes*

**Le contenu.** Les cours d'introduction à la microbiologie couvrent un ensemble d'informations d'une ampleur considérable. Les sujets qui doivent être abordés sont nombreux et ils exigent l'acquisition d'une terminologie parfois assez rébarbative. C'est pourquoi les **termes importants** sont en caractères gras dans le texte; on en trouve une définition dans le **glossaire.**

Dans les chapitres 21 à 26, tous les **noms des maladies** étudiées sont en couleur afin de faciliter leur repérage.

gorge aussi appelée *angine.* Si l'infection touche le larynx, le sujet souffre d'une **laryngite,** qui réduit sa capacité de parler. Cette dernière affection est causée par une bactérie, telle que *Streptococcus pneumoniæ* ou *S. pyogenes,* ou par un virus,

QUESTIONS À COURT DÉVELOPPEMENT

1. On entend souvent dire qu'une blessure causée par un clou rouillé et qu'une plaie n'ayant pas saigné ou très peu peuvent provoquer le tétanos. Démontrez la justesse de cette affirmation.
2. Des professionnels de la santé pensent qu'on ne devrait plus utiliser le vaccin à poliovirus oral. Quel argument peut servir à étayer cette opinion?
3. Démontrez que la déclarat de méningite à méningoc

APPLICATIONS CLINIQUES

*N. B. Certaines de ces questions nécessitent que vous cherchiez des réponses dans les différents chapitres du livre.*

1. Vous êtes un infirmier ou une infirmière consultant(e) pour un centre de la petite enfance. Dans le groupe des enfants de 3 à 4 ans, comprenant 12 enfants, cinq cas de varicelle se sont déclarés depuis une dizaine de jours. La garderie compte 80 enfants âgés de 9 mois à 5 ans, et la directrice décide de faire appel à vous. Elle vous demande de lui fournir une des informations générales sur le microbe varicelle, sur le mode de transmission, ncubation et la contagiosité, sur le tableau aux signes et symptômes) et sur la durée vous demande également s'il faut prendre culières en service de garde, et si les employés d'être contaminés au même titre que les ez répondre aux questions de la directrice. lles mesures pourriez-vous lui suggérer tter contre l'apparition de nouveaux cas? apitre 13.)

QUESTIONS À CHOIX MULTIPLE

1. Vous désirez procéder à l'identification d'une bactérie à Gram négatif inconnue. Laquelle(lesquelles) des colorations suivantes sera(seront) superflue(s)?
   a) Coloration négative
   b) Coloration acido-alcoolo-résistante
   c) Coloration du flagelle
   d) Coloration des endospores
   e) *b* et *d*
2. Vous avez traité un frottis de *Bacillus* avec du vert de malachite à la chaleur et vous l'avez contre-coloré avec la safranine. Au microscope, les structures vertes que vous observez représentent:
   a) la paroi cellulaire.
   b) les capsules.
   c) les endospores.
   d) les flagelles.
   e) Impossible d'identifier ces structures

Toujours dans cet esprit d'application des connaissances, l'ouvrage comprend des encadrés qui rendent compte des nouveaux développements dans le domaine de la microbiologie.

**« La microbiologie et les études épidémiologiques »** présente des situations épidémiques réelles.

**« La microbiologie dans l'actualité »** permet d'approfondir certains sujets qui font les manchettes.

**« Résolution de cas cliniques »** présente des cas adaptés de façon à susciter l'esprit critique de l'étudiant lorsqu'il est appelé à analyser des situations cliniques.

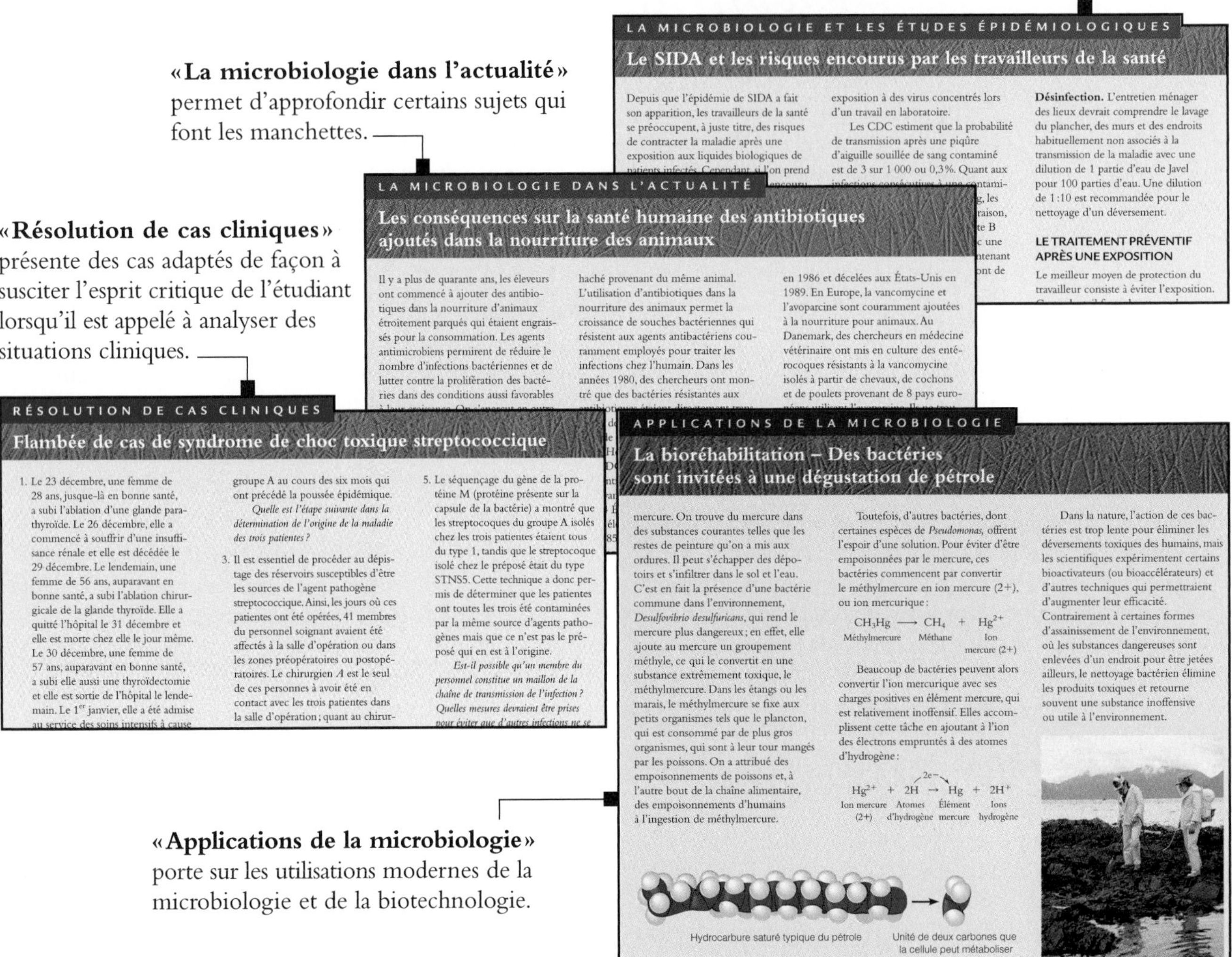

**« Applications de la microbiologie »** porte sur les utilisations modernes de la microbiologie et de la biotechnologie.

Les chapitres des première et deuxième parties s'adressent à l'ensemble des étudiants puisqu'ils traitent de microbiologie générale. Les chapitres des troisième et quatrième parties présentent deux aspects de la microbiologie humaine : l'interaction entre un microorganisme et son hôte, d'une part, et les microorganismes et les maladies infectieuses humaines, d'autre part. L'approche que nous avons privilégiée pour aborder les notions de maladies infectieuses s'appuie sur le concept d'homéostasie – soit l'état d'équilibre physiologique dynamique de l'organisme –, ce qui permet aux étudiants de bien comprendre les répercussions des conditions défavorables qui mènent à l'agression du corps humain par un microorganisme.

Le mécanisme physiopathologique par lequel un agent pathogène est capable de causer un déséquilibre physiologique et/ou métabolique est souvent très complexe. Dans le présent ouvrage, nous avons choisi de traiter le sujet de façon simplifiée afin de permettre une meilleure compréhension des principales étapes de ce mécanisme. Chacun des chapitres portant sur l'étude des maladies infectieuses aborde donc, dans un premier temps, les structures et fonctions des organes du système atteint, le rôle de la flore normale s'il y a lieu, puis les portes d'entrée par lesquelles les microorganismes peuvent pénétrer dans l'organisme. Dans un deuxième temps, nous avons détaillé des maladies en prenant en compte le type d'agent responsable, son pouvoir pathogène, ses réservoirs, ses modes de transmission, ses portes d'entrée et les hôtes réceptifs susceptibles à l'infection. Pour certaines des maladies les plus courantes, le mécanisme physiopathologique est décrit dans ses grandes lignes de même que les réactions de défenses de l'organisme agressé. Les méthodes de diagnostic, les mesures de prévention et les thérapeutiques sont aussi exposées.

**Les objectifs.** Dans son ensemble, le présent ouvrage vise l'atteinte de trois grands objectifs :

- Donner une solide assise scientifique en microbiologie générale.
- Comprendre la maladie infectieuse comme une perturbation de l'homéostasie.
- Établir la relation entre une infection et le mécanisme physiopathologique qui conduit à l'apparition des principaux signes de la maladie en tenant compte de la réaction de l'organisme agressé.

Ces grands objectifs ne pourraient être atteints sans le recours à des **objectifs d'apprentissage.**

> **Les viroses de la peau**
>
> **Objectifs d'apprentissage**
>
> - *Décrire l'épidémiologie des viroses suivantes, et notamment le pouvoir pathogène des agents en cause, leurs réservoirs, leurs modes de transmission, leurs portes d'entrée ainsi que les facteurs prédisposants de l'hôte réceptif : verrues, varicelle, herpès des gladiateurs, rougeole, rubéole.*
> - *Relier le zona et les boutons de fièvre aux mécanismes physiopathologiques qui conduisent à la récurrence de ces maladies.*
> - *Relier des viroses cutanées à des moyens de prévention, à une thérapeutique et à des épreuves de diagnostic (s'il y a lieu).*
>
> Plusieurs viroses (maladies virales), de nature généralisée et transmissibles par les voies respiratoires ou autres, sont apparentes surtout par leurs effets sur la peau.

Des figures de diverses natures accompagnent les explications et des tableaux synthétisent l'information.

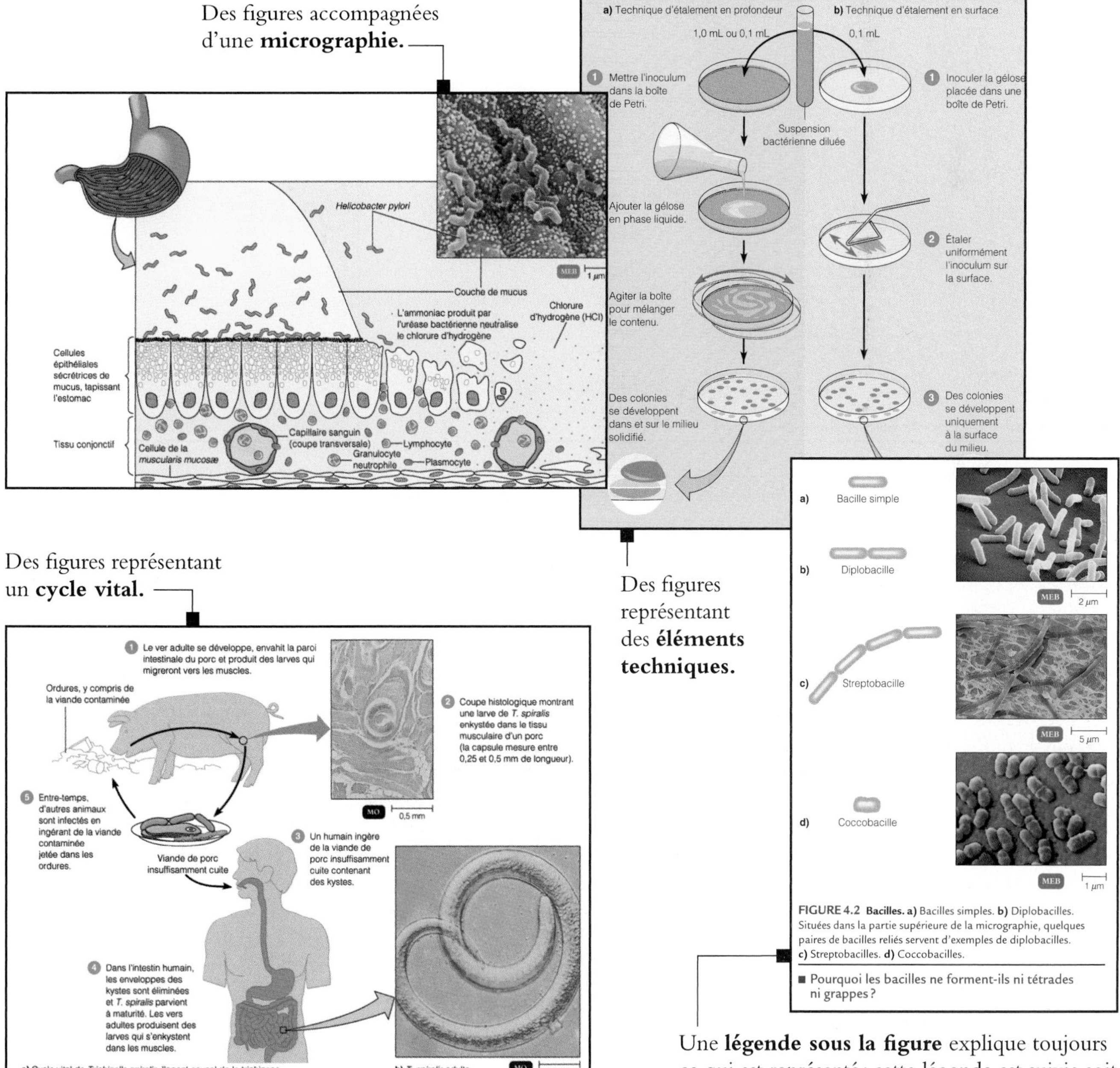


Une **légende sous la figure** explique toujours ce qui est représenté ; cette légende est suivie soit d'une phrase résumant un concept clé, soit d'une question.

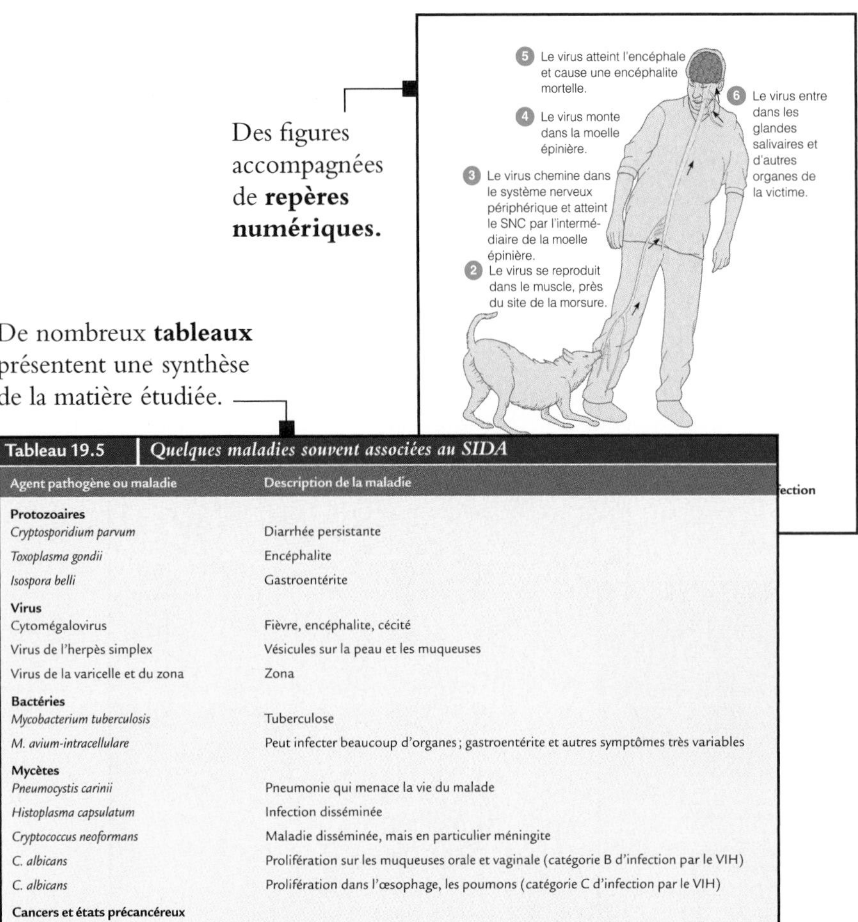

5 Le virus atteint l'encéphale et cause une encéphalite mortelle.
4 Le virus monte dans la moelle épinière.
3 Le virus chemine dans le système nerveux périphérique et atteint le SNC par l'intermédiaire de la moelle épinière.
2 Le virus se reproduit dans le muscle, près du site de la morsure.
6 Le virus entre dans les glandes salivaires et d'autres organes de la victime.

Des figures accompagnées de **repères numériques.**

De nombreux **tableaux** présentent une synthèse de la matière étudiée.

**Tableau 19.5** *Quelques maladies souvent associées au SIDA*

| Agent pathogène ou maladie | Description de la maladie |
|---|---|
| **Protozoaires** | |
| *Cryptosporidium parvum* | Diarrhée persistante |
| *Toxoplasma gondii* | Encéphalite |
| *Isospora belli* | Gastroentérite |
| **Virus** | |
| Cytomégalovirus | Fièvre, encéphalite, cécité |
| Virus de l'herpès simplex | Vésicules sur la peau et les muqueuses |
| Virus de la varicelle et du zona | Zona |
| **Bactéries** | |
| *Mycobacterium tuberculosis* | Tuberculose |
| *M. avium-intracellulare* | Peut infecter beaucoup d'organes; gastroentérite et autres symptômes très variables |
| **Mycètes** | |
| *Pneumocystis carinii* | Pneumonie qui menace la vie du malade |
| *Histoplasma capsulatum* | Infection disséminée |
| *Cryptococcus neoformans* | Maladie disséminée, mais en particulier méningite |
| *C. albicans* | Prolifération sur les muqueuses orale et vaginale (catégorie B d'infection par le VIH) |
| *C. albicans* | Prolifération dans l'œsophage, les poumons (catégorie C d'infection par le VIH) |
| **Cancers et états précancéreux** | |
| Sarcome de Kaposi | Cancer de la peau et des vaisseaux sanguins (probablement causé par HHV-8) |
| Leucoplasie chevelue | Plaques blanchâtres sur les muqueuses; état généralement considéré comme précancéreux |
| Dysplasie cervicale | Tumeur du col de l'utérus |

FIGURE 21.10 **La varicelle et le zona sont attribuables à *Varicellovirus*. a)** L'infection initiale par le virus, habituellement durant l'enfance, cause la varicelle, qui est caractérisée par la formation de lésions vésiculaires (illustrées par la photo). Le virus monte ensuite dans un ganglion spinal, situé près de la moelle épinière, où il reste indéfiniment à l'état de latence. **b)** Par la suite, en général à l'âge adulte, l'affaiblissement du système immunitaire ou le stress peuvent déclencher la réactivation du virus, qui provoque alors le zona. Dans le cas illustré par la photo, les lésions groupées en bouquets caractéristiques sont localisées sur le dos du patient.

■ Les virus responsables de maladies de la peau restent parfois à l'état de latence dans le système nerveux, et peuvent se manifester plus tard sous une autre forme.

**a)** Infection initiale : varicelle

*Varicellovirus*
ADN viral latent
Cellule nerveuse du ganglion spinal
Moelle épinière
Les virus montent le long du nerf périphérique

Des figures accompagnées d'une **photographie.**

*toxine exfoliatrice,* qui est responsable du syndrome de Ritter-Lyell (dont il sera question sous peu). Certaines toxines staphylococciques, appelées *entérotoxines,* touchent les voies gastro-intestinales; nous traitons de ce sujet au chapitre 25, qui porte sur les maladies infectieuses du système digestif.

*S. aureus* est fréquemment une source de problèmes en milieu hospitalier. Étant donné que les patients, les membres du personnel h[…] être des porteurs sains de c[…] des plaies chirurgicales ou[…] peau est très élevé. De pl[…] traiter parce que, en milieu[…] de nombreux antibiotiqu[…] ment résistant à ces substan[…] était presque toujours très[…] nos jours environ 10% seu[…]

Une icône représentant un stéthoscope facilite le repérage des notions intéressant particulièrement les étudiants inscrits dans les domaines de la santé tels que les soins infirmiers.

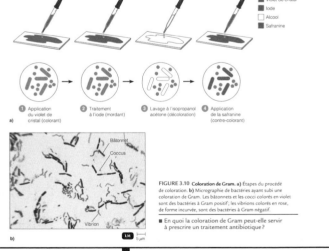

Violet de cristal
Iode
Alcool
Safranine

1 Application du violet de cristal (colorant)
2 Traitement à l'iode (mordant)
3 Lavage à l'isopropanol acétone (décoloration)
4 Application de la safranine (contre-colorant)
a)

Bâtonnet
Coccus
Vibrion
LM 5 µm
b)

FIGURE 3.10 **Coloration de Gram. a)** Étapes du procédé de coloration. **b)** Micrographie de bactéries ayant subi une coloration de Gram. Les bâtonnets et les cocci colorés en violet sont des bactéries à Gram positif; les vibrions colorés en rose, de forme incurvée, sont des bactéries à Gram négatif.

■ En quoi la coloration de Gram peut-elle servir à prescrire un traitement antibiotique ?

Des icônes indiquant le genre de microscope utilisé accompagnent souvent les schémas, ce qui permet de situer la notion expliquée dans la réalité d'un organisme ou de donner à l'objet de la figure plus de réalisme.

RÉSUMÉ

**INTRODUCTION** (p. 723)

1. Les infections des voies respiratoires supérieures sont le type d'infection le plus courant.
2. Les agents pathogènes qui pénètrent dans le système respiratoire sont susceptibles d'infecter d'autres parties du corps.

**LA STRUCTURE ET LES FONCTIONS DU SYSTÈME RESPIRATOIRE** (p. 723-724)

1. Les voies respiratoires supérieures comprennent le nez, le pharynx et les structures associées, telles que l'oreille moyenne et la trompe auditive.
2. Les poils rugueux du nez filtrent les grosses particules contenues dans l'air qui pénètre dans les voies respiratoires.
3. La muqueuse ciliée du nez et du pharynx emprisonne les particules dans le mucus et le mouvement des cils les élimine du corps.
4. Les amygdales, qui sont composées de tissu lymphoïde, assurent l'immunité contre certaines infections.
5. Les voies respiratoires inférieures comprennent le larynx, la trachée, les bronches et les alvéoles pulmonaires.
6. L'escalier mucociliaire des voies respiratoires inférieures contribue à empêcher les microorganismes de se rendre dans les poumons.
7. Le lysozyme, une enzyme présente dans les sécrétions, détruit les bactéries inhalées.
8. Les microbes qui pénètrent dans les poumons peuvent être digérés par les macrophagocytes alvéolaires.
9. Le mucus des voies respiratoires contient des anticorps IgA.

À la fin des chapitres, les **résumés** sont détaillés et structurés selon les sections du chapitre.

Un **Compagnon Web** : les étudiants y trouveront notamment les réponses aux questions à choix multiple et aux questions de révision ainsi que des hyperliens commentés.

# *Remerciements*

L'éditeur et l'adaptatrice tiennent à remercier René Lachaîne pour ses commentaires éclairés sur le manuscrit ainsi que Céline Marier (Cégep de Drummondville), Louise Morin Grenon et Jocelyne Faulkner (Collège Édouard-Montpetit), Louise Maranda (Collège François-Xavier-Garneau), et Jean-Marc Robitaille et Huguette Poirier (Collège de Maisonneuve) pour leurs commentaires généraux sur l'ouvrage anglais.

# Sommaire

# Table des matières

CHAPITRE 3

## *L'observation des microorganismes au microscope*



CHAPITRE 4

## *Anatomie fonctionnelle des cellules procaryotes et des cellules eucaryotes*

CHAPITRE 5

# *Le métabolisme microbien*



CHAPITRE 6

# *La croissance microbienne*

CHAPITRE 7

## *La lutte contre les microbes*



CHAPITRE 8

## *La génétique microbienne*



CHAPITRE 9

## *La biotechnologie et l'ADN recombiné*

DEUXIÈME PARTIE

# Vue d'ensemble du monde microbien 299

CHAPITRE 10

## *La classification des microorganismes*



CHAPITRE 11

## *Les domaines des* Bacteria *et des* Archæa

CHAPITRE 12

## *Le domaine des* Eucarya *: mycètes, protozoaires et helminthes*



CHAPITRE 13

## *Les virus, les viroïdes et les prions*

TROISIÈME PARTIE

# L'interaction entre un microbe et son hôte 439

CHAPITRE 14

## *La théorie des maladies et l'épidémiologie*



CHAPITRE 15

## *Les mécanismes de pathogénicité microbienne*

CHAPITRE 16

## Les réactions de défense non spécifiques de l'hôte



CHAPITRE 17

## Les réactions de défense spécifiques de l'hôte : la réponse immunitaire



CHAPITRE 18

## Les applications pratiques de l'immunologie

CHAPITRE 19

# *Les dysfonctionnements associés au système immunitaire*



CHAPITRE 20

# *La chimiothérapie antimicrobienne*

QUATRIÈME PARTIE

# Les microorganismes et les maladies infectieuses humaines 633

CHAPITRE 21

## *Les maladies infectieuses de la peau et des yeux*



CHAPITRE 22

## *Les maladies infectieuses du système nerveux*



CHAPITRE 23

## *Les maladies infectieuses des systèmes cardiovasculaire et lymphatique*

CHAPITRE 24

## Les maladies infectieuses du système respiratoire



CHAPITRE 25

## Les maladies infectieuses du système digestif

CHAPITRE 26

## *Les maladies infectieuses des systèmes urinaire et génital*



CINQUIÈME PARTIE

# L'écomicrobiologie et la microbiologie appliquée 821

CHAPITRE 27

## *L'écomicrobiologie*

**Première partie**

# *Éléments de microbiologie*



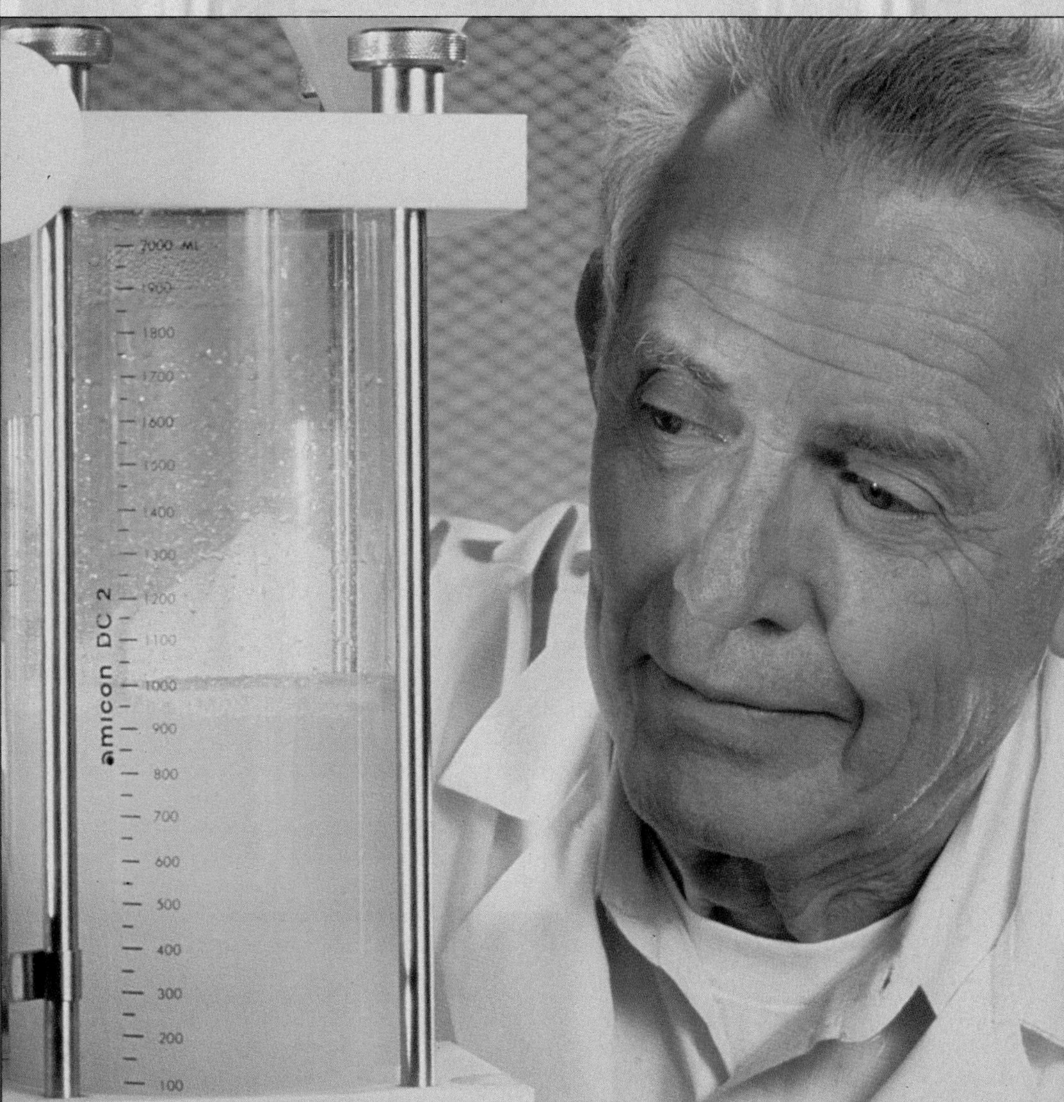


*Les enzymes extraites des bactéries ont de nombreux usages commerciaux. On les utilise dans la préparation d'aliments et dans l'industrie textile; elles servent aussi d'additifs dans les détergents et sont des eupeptiques (elles facilitent la digestion). Elles sont avantageuses parce qu'elles sont naturelles et biodégradables. Les bactéries qui synthétisent des enzymes utiles sont isolées de leur milieu naturel et mises en culture dans de grands fermenteurs; puis on récolte les enzymes produites.*

## Chapitre 1

# Le règne des microbes et nous

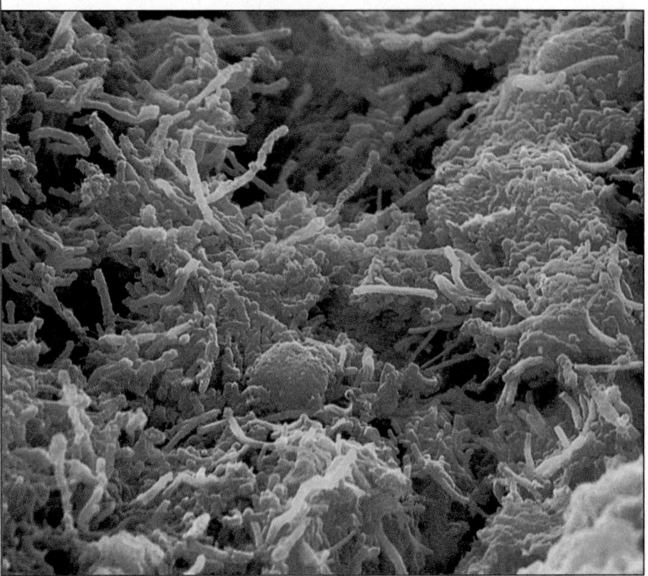

*Flore microbienne normale de la bouche chez l'humain. Cette flore normale résidant à la surface de la peau et des muqueuses du corps humain procure une certaine protection contre les microorganismes nuisibles.*

Le grand thème du présent ouvrage est la relation qui existe entre les microbes et nous. Cette relation comprend non seulement les effets nocifs familiers de certains microorganismes, tels que la maladie et les aliments gâtés, mais aussi leurs nombreux effets bénéfiques. Dans le présent chapitre, nous vous donnons quelques exemples de l'influence que les microbes exercent sur nos vies. Vous verrez au cours de notre bref historique de la microbiologie qu'ils sont, depuis nombre d'années, l'objet d'études qui ne cessent de porter fruit. Nous présenterons ensuite l'incroyable diversité des microorganismes. Puis, nous examinerons l'importance écologique des microbes, dont la contribution est essentielle au maintien de l'équilibre de l'environnement par l'échange cyclique entre le sol et l'atmosphère des éléments chimiques tels que le carbone et l'azote. Nous nous pencherons ensuite sur leur utilisation dans le commerce et l'industrie pour la préparation d'aliments, de produits chimiques et de médicaments (comme la pénicilline) ainsi que pour le traitement des eaux usées, la lutte contre les animaux nuisibles et le nettoyage des sites pollués. Enfin, nous traiterons des microbes qui causent les maladies infectieuses comme le SIDA, la maladie de la vache folle, la diarrhée et la fièvre hémorragique.

## Les microbes dans nos vies

### Objectif d'apprentissage

- *Donner des exemples de l'importance des microbes dans nos vies.*

Pour beaucoup, les mots *germe* et *microbe* évoquent un groupe de bestioles minuscules qui ne semblent appartenir à aucune des catégories auxquelles on pense quand on pose la fameuse question : « Est-ce animal, végétal ou minéral ? » Les microbes, aussi appelés **microorganismes,** sont des êtres vivants qui sont trop petits pour être visibles à l'œil nu. Le groupe comprend les bactéries (chapitre 11), les mycètes (levures et moisissures), les protozoaires et les algues microscopiques (chapitre 12). Il comprend aussi les virus, ces entités non cellulaires qu'on considère parfois comme situées à la limite entre le vivant et le non-vivant (chapitre 13). Nous vous présenterons plus loin chacun de ces groupes de microbes.

Nous avons tendance à associer ces petits organismes seulement aux grandes maladies comme le SIDA, aux infections gênantes ou à certains désagréments communs tels que les aliments gâtés. Cependant, la majorité des microorganismes jouent un *rôle indispensable* dans le bien-être des habitants de la Terre en participant au maintien de l'équilibre écologique entre les organismes vivants et les composants chimiques dans l'environnement. Les microorganismes marins et d'eau douce sont le premier maillon de la chaîne alimentaire des océans, des lacs et des rivières. Les microbes dans le sol contribuent à la dégradation des déchets et à l'incorporation de l'azote de l'air dans les composés organiques, favorisant ainsi le recyclage des éléments chimiques dans le sol, l'eau et l'air. Certains microbes jouent un rôle important dans la photosynthèse : la nourriture et le dioxygène ($O_2$) produits par ce processus sont essentiels à la vie sur Terre. Les humains et beaucoup d'autres animaux dépendent des microbes présents dans leurs intestins pour bien digérer et faire la synthèse de quelques vitamines nécessaires à l'organisme, dont certaines vitamines B pour le métabolisme et la vitamine K pour la coagulation du sang.

Les microorganismes servent aussi dans un grand nombre d'applications commerciales. On les utilise dans la synthèse de produits chimiques tels que l'acétone (propanone), certains acides (acides carboxyliques), des enzymes, des alcools et beaucoup de médicaments. Le processus par lequel les microbes produisent de l'acétone et du butanol a été découvert en 1914 par Chaim Weizmann, chimiste d'origine russe travaillant en Angleterre. Quand la Première Guerre mondiale éclata en août de cette année-là, la production d'acétone a permis de fabriquer la cordite (poudre à canon) qui entrait dans la composition des munitions. La découverte de Weizmann a contribué pour beaucoup à l'issue de la guerre.

L'industrie alimentaire utilise aussi les microbes pour produire du vinaigre, de la choucroute, des cornichons, des boissons alcoolisées, des olives vertes, de la sauce soja, du babeurre, du fromage, du yogourt et du pain (voir l'encadré de la page 4). Grâce aux progrès récents de la science et de la technologie, on peut maintenant manipuler génétiquement les microbes de telle sorte qu'ils produisent des substances qu'ils ne synthétisent pas normalement. Ces produits sont, entre autres, la cellulose, des eupeptiques (additifs qui facilitent la digestion) et des nettoyeurs d'égouts, ainsi que des substances thérapeutiques importantes comme l'insuline.

Bien qu'il n'y ait qu'un petit nombre de microorganismes **pathogènes** – susceptibles de causer des maladies –, une connaissance pratique des microbes est nécessaire en médecine et dans les sciences de la santé connexes.

Par exemple, le personnel hospitalier doit être en mesure de protéger les patients contre les microbes communs qui sont normalement inoffensifs mais qui peuvent menacer les malades et les blessés.

Nous savons aujourd'hui que des microorganismes sont présents presque partout. Toutefois, il n'y a pas longtemps, avant l'invention du microscope, les microbes étaient inconnus des scientifiques. Des milliers de personnes mouraient au cours d'épidémies dévastatrices, dont on ne comprenait pas les causes. On était souvent impuissant à empêcher que les aliments ne se gâtent, et des familles entières étaient emportées parce qu'il n'existait pas de vaccins et d'antibiotiques pour combattre les infections.

Nous pouvons entrevoir comment les idées actuelles en microbiologie ont pris forme en rappelant quelques-uns des événements marquants qui ont changé notre vie dans ce domaine. Mais auparavant, nous allons donner un aperçu des principaux groupes de microbes et des règles qu'on emploie pour les nommer et les classer.

# L'appellation et la classification des microorganismes

### Objectif d'apprentissage

- *Reconnaître le système de nomenclature scientifique suivant lequel on utilise deux mots : le premier pour désigner le genre et le second, l'espèce.*

## La nomenclature

Le système de nomenclature des organismes utilisé aujourd'hui a été mis au point en 1735 par Carl von Linné. Les noms scientifiques sont en latin parce que c'était la langue employée traditionnellement par les savants. Suivant la nomenclature scientifique, l'appellation de chaque organisme est formée de deux mots : le premier désigne le **genre** et il porte toujours la majuscule ; le second est une **épithète spécifique** (qui désigne **l'espèce**) sans majuscule. Pour parler d'un organisme, on utilise les deux mots, qui sont soulignés ou écrits en italique. On a l'habitude, après avoir mentionné un nom scientifique une fois, de l'abréger en écrivant la lettre initiale du genre suivie de l'épithète spécifique.

Les noms scientifiques peuvent, entre autres choses, décrire l'organisme, rendre hommage à un chercheur ou nommer l'habitat d'une espèce. Par exemple, considérons *Staphylococcus aureus*, une bactérie qui se trouve communément sur la peau des humains. *Staphylo-* décrit la disposition groupée des cellules ; *-coccus* indique qu'elles ont la forme de sphères. L'épithète spécifique, *aureus*, signifie « doré » en latin : un grand nombre de colonies de cette bactérie sont de cette couleur. Le nom de genre de la bactérie *Escherichia coli* a été donné en l'honneur du scientifique Theodor Escherich, alors que son épithète spécifique, *coli*, nous rappelle qu'*E. coli* habite le côlon, ou gros intestin. Notons cependant que, dans les médias, les noms scientifiques latins des microbes ne sont pas très souvent utilisés ; ainsi, on parlera du staphylocoque doré au lieu de *Staphylococcus aureus* ou encore du bacille du tétanos au lieu de *Clostridium tetani*.

# Les types de microorganismes

### Objectif d'apprentissage

- *Distinguer les principales caractéristiques des groupes de microorganismes.*

Parmi les différents types de microorganismes, on trouve les bactéries et les archéobactéries, les mycètes, les protozoaires et les algues, les virus et les parasites pluricellulaires.

APPLICATIONS DE LA MICROBIOLOGIE

## Pourquoi le pain au levain est-il différent des autres?

Imaginez que vous êtes mineur à l'époque de la Ruée vers l'or en Californie. Vous venez de préparer la pâte pour faire votre pain à partir de vos dernières réserves de farine et de sel, quand quelqu'un s'écrie: «De l'or!» Oubliant temporairement votre faim, vous vous rendez sur le terrain aurifère au pas de course. Vous revenez de nombreuses heures plus tard. La pâte a levé plus longtemps que d'habitude, mais vous avez trop froid et faim et vous êtes trop fatigué pour en préparer une autre. Plus tard, vous découvrez que votre pain n'a pas le même goût que celui que vous mangez d'ordinaire; il est légèrement sur. Durant la Ruée vers l'or, les mineurs ont fait cuire tellement de pains de ce type qu'on les surnommait les «pâtes au levain».

Le pain traditionnel est préparé à partir de farine, d'eau, de sucre, de sel, d'une matière grasse et d'un microbe vivant, la levure. Cette dernière fait partie du règne des mycètes et s'appelle *Saccharomyces cerevisiæ*. Quand on mélange la farine et l'eau, une enzyme de la farine s'attaque à l'amidon et en libère deux sucres, le maltose et le glucose. Une fois que les ingrédients du pain sont mélangés, la levure métabolise les sucres et produit de l'alcool (éthanol) et du dioxyde de carbone ($CO_2$) comme déchets. Ce processus métabolique s'appelle *fermentation*. La pâte lève sous l'action des bulles du dioxyde de carbone qui restent emprisonnées dans la matrice collante. L'alcool, qui s'évapore à la cuisson, et le dioxyde de carbone forment les espaces qu'on voit par la suite dans le pain.

À l'origine, le pain levait sous l'action de levures sauvages qui tombaient de l'air et étaient emprisonnées dans la pâte. Puis, les boulangers se mirent à conserver des levures en culture – de la pâte de la dernière fournée – pour faire lever les pains suivants. Le pain au levain est préparé à partir d'une culture particulière qui est ajoutée à la farine, à l'eau et au sel. Le pain au levain qui est peut-être le mieux connu aujourd'hui vient de San Francisco, où quelques boulangeries cultivent leur levain sans interruption depuis plus de 100 ans et l'entretiennent méticuleusement pour le préserver de microbes indésirables susceptibles d'en altérer le goût. Après que des boulangeries d'ailleurs eurent tenté à plusieurs reprises et sans succès de reproduire la saveur unique du pain au levain de San Francisco, les rumeurs attribuèrent ce goût à un microclimat particulier ou à une contamination provenant des murs des boulangeries. Ted F. Sugihara et Leo Kline du ministère de l'Agriculture des États-Unis (USDA) s'employèrent à démystifier ces rumeurs et à déterminer l'origine microbiologique du goût du pain afin qu'on puisse en fabriquer ailleurs.

Les agents du ministère découvrirent que ce pain au levain est de huit à dix fois plus acide que le pain ordinaire par suite de la présence d'acide lactique et d'acide acétique (acide éthanoïque). Ce sont ces acides qui lui donnent son goût sur. Ils isolèrent la levure en cause et l'identifièrent: c'était *Saccharomyces exiguus,* une levure singulière qui fermente le glucose mais pas le maltose, et qui se développe bien dans le milieu acide de cette pâte. Toutefois, la question principale restait sans réponse, puisque la levure ne produit pas les acides et n'utilise pas le maltose. Sugihara et Kline se mirent à la recherche d'un second agent dans le levain capable de fermenter le maltose et d'entraîner la formation des acides (voir la figure). La bactérie qu'ils isolèrent, si bien préservée pendant toutes ces années, fut classée dans le genre *Lactobacillus.* Ce genre regroupe beaucoup d'espèces qui sont utilisées dans la fermentation laitière et se trouvent naturellement sur les humains et d'autres mammifères. Les analyses de la structure cellulaire et de la composition génétique de la bactérie du levain révélèrent qu'elle a un patrimoine héréditaire différent de celui des lactobacilles caractérisés jusque-là. On l'a donc baptisée *Lactobacillus sanfrancisco.*

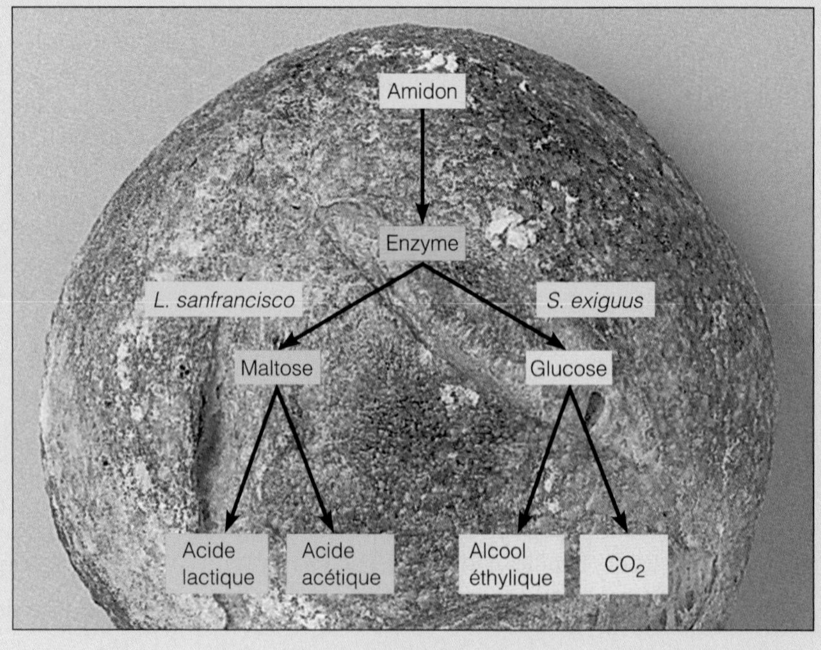

## Les bactéries

Les **bactéries** sont des organismes unicellulaires (une seule cellule) relativement simples dont le matériel génétique, représenté par un seul chromosome circulaire, n'est pas contenu dans une enveloppe nucléaire – aussi appelée nucléoïde ou région nucléaire – (figure 1.1a). C'est pourquoi ces cellules sont dites **procaryotes,** d'après deux mots grecs signifiant « prénoyau ».

Les cellules bactériennes se présentent sous plusieurs formes. Les plus courantes sont les *bacilles* (bâtonnets), les *cocci* – coccus au singulier – (sphériques ou ovoïdes) et les formes *spiralées* (en tire-bouchon ou courbées), mais certaines bactéries sont carrées et d'autres ressemblent à des étoiles (figures 4.1 à 4.4). Elles peuvent former des paires, des chaînes, des amas ou d'autres regroupements ; ces associations sont habituellement caractéristiques d'espèces ou de genres particuliers de bactéries.

Les bactéries sont des cellules entourées d'une paroi rigide qui est composée principalement d'une substance appelée *peptidoglycane.* (Par contraste, la cellulose est le principal composant de la paroi des cellules végétales et des cellules des algues.) En règle générale, les bactéries se reproduisent de façon asexuée en se divisant en deux cellules filles de taille égale ; ce processus s'appelle *division par scissiparité.* Elles se nourrissent pour la plupart de composés organiques qui, dans la nature, peuvent être dérivés d'organismes vivants ou morts. Les bactéries vivant sur et dans le corps humain en sont un bel exemple. D'autres bactéries peuvent produire leur propre nourriture par photosynthèse et certaines peuvent se servir de substances inorganiques (soufre, méthane, etc.) pour se nourrir. Beaucoup de bactéries, particulièrement les bacilles et les spirilles, peuvent se déplacer au moyen d'appendices mobiles appelés *flagelles.* (Nous traitons en détail de la classification des bactéries au chapitre 11.)

## Les archéobactéries

Les **archéobactéries** tirent leur nom du grec *arkhaios-* qui signifie « ancien ». Comme les bactéries, les archéobactéries sont des cellules procaryotes, mais elles présentent plusieurs différences tant sur le plan de la forme que sur celui de la physiologie, du mode de reproduction ou de l'habitat. Elles peuvent être entourées ou non d'une paroi cellulaire mais, si elles en ont une, cette dernière est dépourvue de peptidoglycane. Les archéobactéries, qu'on trouve souvent dans des milieux où règnent des conditions extrêmes, sont réparties en plusieurs groupes parmi lesquels on compte : les *bactéries méthanogènes,* qui produisent du méthane comme déchet de la respiration ; les *bactéries halophiles extrêmes,* qui vivent dans des environnements extrêmement salés tels que le Grand Lac Salé ou la mer Morte ; les *bactéries thermophiles extrêmes,* qui vivent dans les eaux sulfureuses chaudes telles que les sources thermales du parc national Yellowstone. Parmi les diverses archéobactéries, certaines sont mobiles et d'autres non.

## Les mycètes

Les **mycètes,** communément appelés *champignons*, sont des **eucaryotes,** c'est-à-dire des organismes dont les cellules possèdent un noyau distinct contenant le matériel génétique (plusieurs chromosomes formés d'ADN) et limité par une membrane particulière appelée enveloppe nucléaire. La paroi des cellules des mycètes est composée principalement d'une substance appelée *chitine.* Le règne des mycètes comprend des organismes très variés ; certains peuvent être unicellulaires ou pluricellulaires. Certains gros mycètes pluricellulaires, tels nos champignons comestibles, peuvent ressembler à des plantes mais, contrairement à ces dernières, ils sont incapables de photosynthèse. Les formes unicellulaires des mycètes, nommées *levures*, sont des microorganismes ovales plus gros que les bactéries. Les mycètes pluricellulaires les plus typiques sont les *moisissures* (figure 1.1b). Les moisissures forment des masses visibles appelées *mycéliums,* constituées de longs filaments (*hyphes*) qui se ramifient et s'entrelacent. Les excroissances ouatées que l'on observe parfois sur le pain et les fruits sont des mycéliums de moisissures. Les mycètes se reproduisent de façon sexuée ou de façon asexuée. Ils se nourrissent en absorbant des solutions de matière organique tirées de leur environnement, qu'il s'agisse du sol, de l'eau de mer, de l'eau douce, d'un animal hôte ou d'une plante hôte. Nous étudierons les mycètes au chapitre 12.

## Les protozoaires

Les **protozoaires** sont des microorganismes unicellulaires de type eucaryote. De structure cellulaire complexe, les protozoaires sont entourés d'une membrane mais ne possèdent pas de paroi cellulaire. Ils ont des formes variées et peuvent être des entités libres ou des parasites – organismes se nourrissant aux dépens d'hôtes vivants – qui absorbent ou ingèrent des composés organiques de leur environnement. Les protozoaires se reproduisent soit de façon asexuée, soit de façon sexuée, et certains utilisent les deux modes. Très souvent mobiles, ils se déplacent au moyen de pseudopodes, de flagelles ou de cils. Les amibes (figure 1.1c) utilisent des projections de leur cytoplasme appelées *pseudopodes* (= faux pieds). Certains protozoaires ont de longs *flagelles* ou un grand nombre d'appendices de locomotion courts appelés *cils.* Nous étudierons les protozoaires au chapitre 18.

## Les algues

Les **algues** sont des eucaryotes de formes très diverses, capables de photosynthèse et de reproduction aussi bien sexuée qu'asexuée (figure 1.1d). Les algues qui intéressent les microbiologistes sont habituellement unicellulaires. Dans bien des cas, leur paroi cellulaire, comme celle des plantes, est composée de *cellulose.* Les algues se trouvent en abondance dans l'eau douce et l'eau salée, dans le sol et en association avec des plantes. Elles utilisent la photosynthèse pour produire leur nourriture et croître ; en conséquence, il leur faut

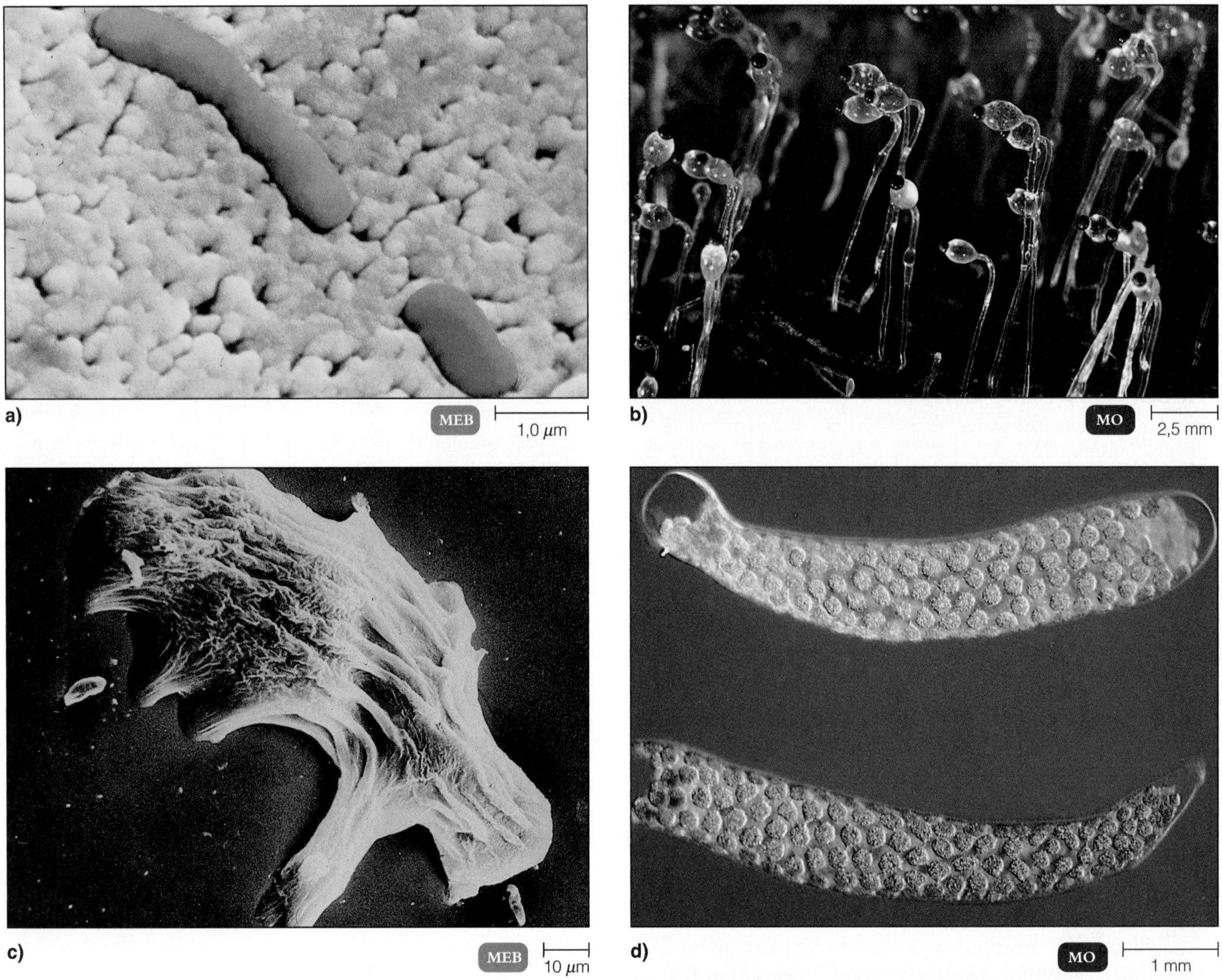

a) MEB 1,0 µm

b) MO 2,5 mm

c) MEB 10 µm

d) MO 1 mm

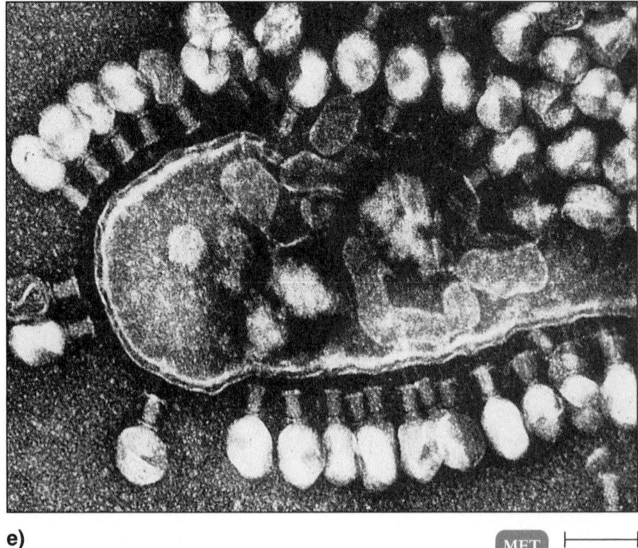


**FIGURE 1.1 Types de microorganismes. a)** *Hæmophilus influenzæ*, une bactérie en forme de petit bâtonnet, est une des causes bactériennes de la pneumonie. **b)** *Pilobolus* est une moisissure, c'est-à-dire une sorte de mycète, dont les sporanges s'orientent vers la lumière. Une fois libérés, les sporanges adhèrent aux herbes et sont mangés par les herbivores. **c)** L'amibe est un protozoaire. On la voit qui s'approche d'une particule de nourriture. **d)** *Characiosiphon*, une algue. **e)** Une armée de bactériophages T4 se fixe à une cellule d'*E. coli*. Les bactériophages sont des virus qui s'attaquent aux bactéries.

■ Quand on les classe selon la structure des cellules, on regroupe les organismes en procaryotes, soit les Bactéries et les Archéobactéries, et en Eucaryotes, soit les Protistes, les Mycètes, les Plantes et les Animaux.

de la lumière et de l'air, mais, en général, elles n'ont pas besoin des composés organiques de leur environnement. Grâce à la photosynthèse, elles produisent de l'oxygène et des glucides, qui sont consommés par d'autres organismes, dont les animaux. C'est ainsi qu'elles jouent un rôle important dans l'équilibre de la nature.

## Les virus

Les **virus** (figure 1.1e) sont très différents des autres groupes de microorganismes mentionnés ici. Ils sont si petits que la plupart ne sont visibles qu'au microscope électronique et ils sont acellulaires, ce qui signifie qu'ils ne sont pas des cellules proprement dites. De structure très simple, la particule virale n'est composée que d'une nucléocapside. Le matériel génétique, formé d'un seul type d'acide nucléique, soit d'ADN ou d'ARN, est entouré d'une capside protéique qui est parfois elle-même recouverte d'une membrane lipidique appelée enveloppe. Toutes les cellules vivantes possèdent de l'ARN *et* de l'ADN, sont capables de réactions chimiques et peuvent se reproduire en tant qu'unités autosuffisantes. Les virus peuvent se répliquer, c'est-à-dire se reproduire, mais seulement s'ils utilisent la machinerie cellulaire d'une autre cellule vivante et dévient son énergie. C'est ainsi que tous les virus sont des parasites intracellulaires obligatoires d'autres êtres vivants. (Nous étudions les virus en détail au chapitre 13.)

### Les parasites animaux pluricellulaires

Bien que les parasites animaux pluricellulaires ne soient pas, au sens strict, des microorganismes, nous les décrivons dans le présent ouvrage en raison de leur importance sur le plan médical. Les deux principaux groupes de vers parasites sont les vers plats et les vers ronds, appelés collectivement **helminthes.** Durant certains stades de leur cycle vital, les helminthes sont microscopiques. L'identification de ces organismes en laboratoire comprend plusieurs des techniques qui servent aussi à reconnaître les microbes. Nous étudierons les helminthes au chapitre 18.

## La classification des microorganismes

Avant que l'on connaisse l'existence des microbes, tous les organismes étaient regroupés soit dans le règne animal, soit dans le règne végétal. Avec la découverte, à la fin du XVII^e^ siècle, d'êtres microscopiques ayant des caractéristiques semblables à celles des animaux ou des plantes, il devint nécessaire de mettre au point un nouveau système de classification. Cependant, il fallut attendre la fin des années 1960 (Whittaker, 1969) pour que les biologistes s'entendent sur les critères à employer pour classifier les nouveaux organismes qu'ils découvraient.

En 1978, Carl Woese proposa un système de classification fondé sur l'organisation cellulaire des êtres vivants. Il regroupa tous les organismes en trois domaines de la façon suivante :

- Bactéries (la paroi cellulaire contient du peptidoglycane)
- Archéobactéries (s'il y a paroi cellulaire, elle est dépourvue de peptidoglycane)
- Eucaryotes, qui comprennent les groupes suivants :
  - Protistes (protistes fongiformes, protozoaires et algues)
  - Mycètes (levures unicellulaires, moisissures pluricellulaires et champignons au sens courant du terme)
  - Plantes (ex. : mousses, fougères, conifères et plantes à fleurs)
  - Animaux (ex. : éponges, vers, insectes et vertébrés)

Nous approfondirons les principes de la classification dans la deuxième partie du manuel (chapitres 10 à 13).

# Bref historique de la microbiologie

Les débuts de la microbiologie en tant que science remontent à quelques centaines d'années seulement. Toutefois, la découverte récente d'ADN de *Mycobacterium tuberculosis* dans des momies égyptiennes vieilles de 3 000 ans nous rappelle que les microorganismes sont parmi nous depuis très longtemps. Si nous savons relativement peu de choses de ce que les peuples primitifs pensaient des causes, de la transmission et du traitement des maladies infectieuses, l'histoire des quelques derniers siècles est mieux connue. Nous allons maintenant examiner quelques faits marquants de l'évolution de la microbiologie qui ont contribué à faire progresser le domaine et ont préparé l'éclosion des technologies de pointe utilisées aujourd'hui.

## Les premières observations

### Objectif d'apprentissage

- *Expliquer l'importance historique des observations de Hooke et de van Leeuwenhoek effectuées à l'aide de leurs microscopes rudimentaires.*

Une des plus importantes découvertes de l'histoire de la biologie a lieu en 1665 à l'aide d'un microscope plutôt primitif. L'Anglais Robert Hooke annonce au monde que la plus petite unité structurale de l'être vivant est une « petite boîte » ou, pour employer son expression, une « cellule ». Se servant d'un microscope composé (ayant un jeu de deux lentilles) dont il a amélioré les propriétés, Hooke réussit à voir des cellules individuelles dans des préparations végétales. Sa découverte marque le début de la **théorie cellulaire,** selon laquelle *tous les êtres vivants sont constitués de cellules.* Les recherches qui suivent, sur la structure et les fonctions des cellules, sont fondées sur cette théorie.

Bien que son microscope soit capable de montrer les cellules, Hooke ne dispose pas des techniques de coloration qui lui permettraient de voir clairement les microbes. Le marchand et scientifique amateur hollandais Antonie van Leeuwenhoek est probablement le premier à observer des microorganismes vivants à travers des lentilles grossissantes. Entre 1673 et 1723, il fait parvenir une série de lettres à la Royal Society of London décrivant les « animalcules » invisibles à l'œil nu qu'il a vus à l'aide de son microscope muni d'une seule lentille. Il examine de l'eau de pluie, un liquide dans lequel des grains de poivre ont macéré et de la matière qu'il a prélevée en se grattant les dents. Ses dessins détaillés des « animalcules » observés permettront plus tard d'établir qu'il s'agit de bactéries et de protozoaires (figure 1.2).

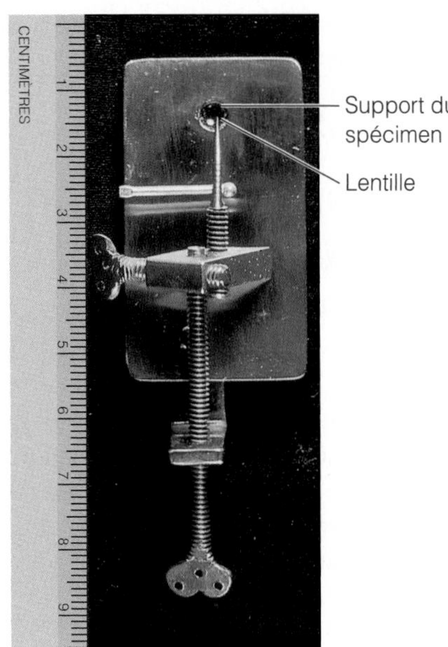


a) Réplique de microscope

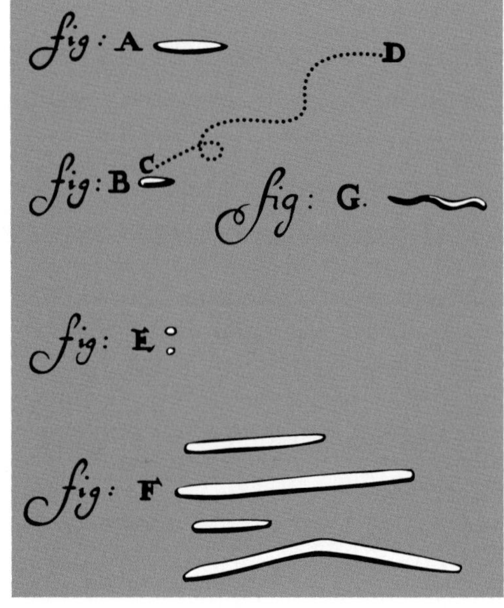


b) Dessins de bactéries

**FIGURE 1.2 Les observations microscopiques d'Antonie van Leeuwenhoek.**
**a)** Réplique d'un microscope simple fabriqué par van Leeuwenhoek pour observer des organismes vivants trop petits pour être visibles à l'œil nu. Le spécimen est placé sur la pointe réglable et examiné depuis l'autre côté à travers une minuscule lentille presque sphérique. Le plus fort grossissement possible avec ces microscopes est d'environ 300 × (fois). **b)** Quelques-uns des dessins de bactéries de van Leeuwenhoek, réalisés en 1683. Les lettres représentent les diverses formes des bactéries. C-D est le parcours observé d'un microbe.

■ Van Leeuwenhoek a été la première personne à voir les microorganismes que nous appelons maintenant bactéries et protozoaires.

## Le débat sur la génération spontanée

### Objectifs d'apprentissage

- *Comparer les théories de la génération spontanée et de la biogenèse.*
- *Nommer les contributions de Needham, Spallanzani, Virchow et Pasteur à la microbiologie.*

Après la découverte par van Leeuwenhoek du monde jusque-là « invisible » des microorganismes, la communauté scientifique de l'époque commence à s'intéresser aux origines de ces minuscules êtres vivants. Jusqu'à la deuxième moitié du XIXe siècle, beaucoup de scientifiques et de philosophes croient *que certains êtres vivants peuvent être engendrés « spontanément » à partir de la matière non vivante.* Ce processus hypothétique, appelé **théorie de la génération spontanée,** était ardemment défendu depuis Aristote (384-322 av. J.-C.). Rappelons que, il y a 100 ans à peine, on croyait communément que les crapauds, les serpents et les souris pouvaient naître de brindilles de paille sur un sol humide, les mouches du fumier et les asticots de cadavres en décomposition, et ce par la simple action d'une force (énergie) vitale sur la matière inerte.

### Le pour et le contre

Le médecin italien Francesco Redi, qui s'oppose vigoureusement à la notion de génération spontanée, s'emploie en 1668 (avant même la découverte de la vie microscopique par van Leeuwenhoek) à démontrer que les asticots ne se forment pas spontanément dans la viande en décomposition mais qu'il s'agit en fait de larves de mouches qui ont pondu des œufs. Pour ce faire, il dépose de la viande avariée dans trois bocaux et les ferme soigneusement. Puis il prépare trois autres bocaux de la même façon mais il les laisse ouverts. Des asticots apparaissent dans les bocaux ouverts après que des mouches y sont entrées et ont pondu leurs œufs sur la viande, mais les contenants fermés n'en produisent aucun. Malgré tout, les adversaires de Redi ne se laissent pas convaincre ; ils insistent sur la nécessité de la présence d'air frais pour que l'énergie vitale s'exprime et que la génération spontanée ait lieu. Redi fait alors une deuxième expérience, dans laquelle les bocaux sont couverts par un voile fin plutôt que fermés hermétiquement. Il démontre qu'il n'y a pas de larves qui se développent dans les pots protégés par la gaze, et ce malgré la présence d'air. Redi conclut que les asticots ne se manifestent que si les mouches peuvent laisser leurs œufs sur la viande.

Les résultats de Redi portent un coup sévère à la croyance bien établie que le non-vivant peut donner naissance à certaines formes de vie de grande taille. Cependant, à l'annonce de la découverte des animalcules par Leeuwenhoek, beaucoup de scientifiques continuent de croire que ces petits organismes, jusque-là invisibles, sont assez simples pour être engendrés spontanément par la matière inerte.

La notion de génération spontanée des microorganismes semble se confirmer en 1745 quand l'Anglais John Needham découvre que, s'il verse dans des bouteilles couvertes des liquides nutritifs (bouillons de poulet ou de maïs) qu'il a fait chauffer au préalable, des microorganismes se mettent à y pulluler peu de temps après que les liquides ont refroidi. Pour Needham, il ne fait pas de doute que les microbes surgissent spontanément des liquides refroidis. Vingt ans plus tard, le scientifique italien Lazzaro Spallanzani suggère que des microorganismes présents dans l'air étaient probablement entrés dans les solutions de Needham après qu'elles avaient bouilli. Spallanzani montre que les liquides nutritifs chauffés *après* avoir été mis dans des bouteilles fermées ne donnent pas lieu à la croissance de microbes. Needham rétorque que la «force vitale» nécessaire à la génération spontanée a été détruite par la chaleur et que les bouchons l'empêchent de se réintroduire dans les bouteilles.

Cette notion de «force vitale» intangible gagne encore du terrain peu après l'expérience de Spallanzani, quand Laurent Lavoisier montre l'importance de l'oxygène pour la vie. On critique les observations de Spallanzani en faisant valoir qu'il n'y a pas assez d'oxygène dans les bouteilles fermées pour entretenir la vie microbienne.

## La théorie de la biogenèse

La question est toujours sans réponse en 1858, quand le scientifique allemand Rudolf Virchow oppose à la génération spontanée le concept de **biogenèse,** selon lequel *une cellule vivante peut être engendrée seulement par une cellule vivante préexistante.* Le débat sur la génération spontanée se poursuit jusqu'en 1861, quand le scientifique français Louis Pasteur tranche la question.

Grâce à une série d'expériences ingénieuses et convaincantes, Pasteur montre que les microorganismes sont présents dans l'air et peuvent contaminer les solutions stériles, mais que l'air lui-même ne crée pas les microbes. Il remplit de bouillon de bœuf plusieurs ballons à goulots courts et en fait bouillir le contenu. Certains sont laissés ouverts et mis à refroidir. Quelques jours plus tard, Pasteur constate que ces ballons sont contaminés par des microbes. Les autres ballons, qui ont été bouchés après avoir bouilli, ne contiennent pas de microorganismes. Ces résultats amènent Pasteur à conclure que les microbes dans l'air sont les agents qui ont contaminé la matière non vivante telle que les bouillons dans les bouteilles de Needham.

Puis, Pasteur introduit du bouillon dans des ballons ouverts à cols longs et replie ces derniers de façon à former des cols-de-cygne – à double courbe – (figure 1.3). Il fait

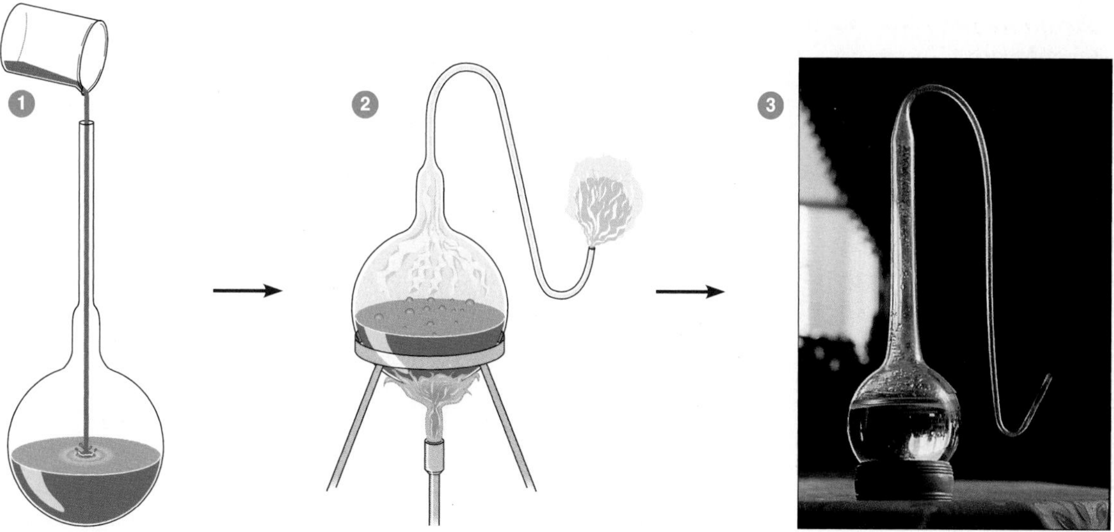

**FIGURE 1.3 L'expérience de Pasteur infirmant la théorie de la génération spontanée.**
❶ Pasteur commença par verser du bouillon de bœuf dans un ballon à col long.
❷ Il chauffa le col et le façonna en un col-de-cygne; puis il en fit bouillir le contenu pendant plusieurs minutes. ❸ Aucun microorganisme n'apparut dans le bouillon refroidi, même longtemps après, comme on peut le constater dans la photo récente d'un des ballons que Pasteur a utilisés pour réaliser une expérience semblable.

■ Les découvertes de Pasteur sont à l'origine des techniques d'asepsie, qui sont des méthodes employées pour prévenir la contamination par les organismes indésirables.

alors bouillir, puis refroidir, le contenu des ballons. Le dispositif remarquable inventé par Pasteur permet à l'air d'entrer dans le ballon, mais la courbure en S du col-de-cygne s'oppose au passage de tout microorganisme aérien qui pourrait entrer et contaminer le bouillon. L'air se trouve ainsi filtré, le bouillon ne se gâte pas et, même au bout de plusieurs mois, on n'y voit aucun signe de vie. Par contre, si le ballon est incliné de façon à ce que le bouillon puisse glisser et toucher les parois du col-de-cygne, les microbes de l'air emprisonnés contaminent le liquide et se mettent à pulluler quelque temps après dans le bouillon. (Certains des récipients originaux, qui ont été par la suite fermés hermétiquement, sont exposés à l'Institut Pasteur de Paris. Comme celui de la figure 1.3, ils ne présentent aucun signe de contamination plus de 100 ans plus tard.)

Ainsi, les travaux de Pasteur ont contribué de façon décisive au progrès de la microbiologie. Pasteur a montré que les microorganismes peuvent être présents dans la matière non vivante – sur les solides, dans les liquides et dans l'air. De plus, il a démontré de façon irréfutable que la vie microbienne peut être détruite par la chaleur et qu'on peut mettre au point des méthodes pour protéger les milieux nutritifs contre les microorganismes aériens. En d'autres termes, il a montré comment stériliser des milieux nutritifs et les garder stériles. Ces découvertes sont à l'origine de l'**asepsie,** ensemble de méthodes qui permettent de prévenir la contamination par les microorganismes indésirables et qui sont devenues pratique courante dans les laboratoires et dans maintes interventions en soins infirmiers et en médecine. Les techniques d'asepsie modernes sont une des premières choses, et l'une des plus importantes, que les futurs intervenants en santé doivent apprendre.

Pasteur a permis d'infirmer la théorie de la génération spontanée en fournissant un certain nombre de preuves que les microorganismes ne sont pas engendrés par des forces mystiques présentes dans la matière non vivante. Il a confirmé la théorie de la biogenèse en démontrant que toute apparition de vie «spontanée» dans une solution non vivante peut être attribuée à une contamination par des microorganismes déjà présents dans l'air ou dans le liquide lui-même. Aujourd'hui, de nombreux scientifiques croient qu'une certaine forme de génération spontanée a probablement eu lieu sur la Terre primitive à l'époque où la vie est apparue, mais ils conviennent que cela ne se produit pas dans les conditions environnementales qui existent maintenant.

## L'âge d'or de la microbiologie

### Objectifs d'apprentissage

- *Expliquer comment les travaux de Pasteur ont influé sur ceux de Lister et de Koch.*
- *Reconnaître l'importance des travaux de Pasteur quant au rôle des microbes dans les maladies.*
- *Reconnaître l'importance des travaux de Lister en médecine chirurgicale.*
- *Reconnaître l'importance des postulats de Koch dans l'approche étiologique (causes) des maladies.*
- *Reconnaître l'importance des travaux de Jenner dans la prévention des maladies infectieuses.*

Pendant environ 60 ans, on assiste à une explosion de découvertes en microbiologie, à commencer par les travaux de Pasteur. La période qui s'étend de 1857 à 1914 est appelée, à juste titre, l'âge d'or de la microbiologie. Les progrès rapides, accomplis surtout par Pasteur et Robert Koch, permettent d'établir la microbiologie en tant que science. Au nombre des découvertes de cette époque, on compte les agents pathogènes de nombreuses infections et le rôle de l'immunité dans la prévention et la guérison des maladies. Durant cette période effervescente, les microbiologistes étudient l'activité chimique des microorganismes, améliorent les techniques de microscopie et les méthodes de culture des microorganismes et mettent au point des vaccins et des techniques chirurgicales. Certains des grands événements de l'âge d'or de la microbiologie sont énumérés à la figure 1.4. Parmi ces derniers, la théorie sur l'origine germinale des maladies infectieuses est d'une importance capitale.

### La fermentation et la pasteurisation

Une des étapes clés qui a permis d'établir la relation entre les microorganismes et la maladie est amorcée par un groupe de marchands français qui demandent à Pasteur de trouver ce qui fait aigrir le vin et la bière. Ils espèrent mettre au point une méthode qui empêchera la détérioration de ces boissons quand elles sont transportées sur de longues distances. À l'époque, beaucoup de scientifiques croient que l'air convertit le sucre présent dans ces liquides en alcool. Pasteur découvre que ce sont plutôt des microorganismes appelés levures qui transforment les sucres en alcool en l'absence d'air. Ce processus, appelé **fermentation** (chapitre 5, p. 144), sert à la fabrication du vin et de la bière. Toutefois, Pasteur découvre que ces boissons s'aigrissent et se détériorent sous l'action de microorganismes différents appelés bactéries. En présence d'air, les bactéries transforment l'alcool du vin et de la bière en vinaigre.

La solution de Pasteur à ce problème est de chauffer la bière et le vin juste assez pour tuer la plupart des bactéries qui les font aigrir. Ce procédé est appelé **pasteurisation**; utilisé à l'origine pour traiter des boissons alcoolisées, il est maintenant employé communément pour tuer les bactéries du lait qui font tourner ce dernier et dont certaines peuvent être nocives pour la santé. La mise au jour du lien entre la détérioration des aliments et les microorganismes représente un grand pas vers l'établissement de la relation entre la maladie – ou l'altération de la santé – et les microbes.

### La théorie germinale des maladies

Nous avons vu que, jusqu'à une époque relativement récente, on ne savait pas que beaucoup de maladies étaient liées à des microorganismes. Avant Pasteur, des traitements efficaces

1665 Hooke – Première observation d'une cellule : théorie cellulaire
1673 van Leeuwenhoek – Première observation de microorganismes vivants
1735 Linné – Nomenclature des organismes
1798 Jenner – Premier vaccin
1835 Bassi – Champignon, agent pathogène lié à une maladie du ver à soie
1840 Semmelweis – Lutte contre la transmission de la fièvre puerpérale
1853 DeBary – Affection fongique des plantes
1857 Pasteur – Procédé de la fermentation
1861 Pasteur – Réfutation de la théorie de la génération spontanée
1864 Pasteur – Procédé de la pasteurisation
1867 Lister – Techniques de chirurgie aseptique
1876 *Koch – Théorie germinale des maladies
1879 Neisser – *Neisseria gonorrhoeæ*
1881 *Koch – Mise au point de cultures pures
Finley – Fièvre jaune
1882 *Koch – *Mycobacterium tuberculosis*
Hess – Gélose (milieu solide à l'agar)
1883 *Koch – *Vibrio choleræ*
1884 *Metchnikoff – Processus de la phagocytose
Gram – Coloration de Gram
Escherich – *Escherichia coli*
L'ÂGE D'OR DE LA MICROBIOLOGIE
1887 Petri – Boîte de Petri
1889 Kitasato – *Clostridium tetani*
1890 *von Bering – Sérum antidiphtérique
*Ehrlich – Théorie de l'immunité
1892 Winogradsky – Cycle du soufre
1898 Shiga – *Shigella dysenteriæ*
1910 Chagas – *Trypanosoma cruzi*
*Ehrlich – Traitement contre la syphilis
1928 *Fleming, Chain, Florey – Antibiotiques : pénicilline
Griffith – Transformation chez les bactéries
1934 Lancefield – Antigènes des streptocoques
1935 *Stanley, Northrup, Sumner – Cristallisation d'un virus
1939 Dubos – Antibiotiques bactériens : gramicidine et tyrocidine
1941 Beadle et Tatum – Relation entre les gènes et les enzymes
1943 *Delbrück et Luria – Infection virale des bactéries
1944 Avery, MacLeod, McMarty – Le matériel génétique est l'ADN
1946 Lederberg et Tatum – Conjugaison bactérienne
1953 *Watson et Crick – Structure de l'ADN
1957 *Jacob et Monod – Régulation de la synthèse des protéines
1959 Stewart – Cause virale du cancer
1962 *Edelman et Porter – Anticorps
1964 Epstein, Achong, Barr – Virus d'Epstein-Barr à l'origine d'un cancer humain
1971 *Nathans, Smith, Arber – Enzymes de restriction (utilisées en génie génétique)
1973 Berg, Boyer, Cohen – Génie génétique
1975 Dulbecco, Temin, Baltimore – Transcriptase inverse
1978 Woese – Archéobactéries ; *Arber, Smith, Nathans – Endonucléases de restriction
*Mitchell – Mécanisme de la chimiosmose
1981 Margulis – Origine des cellules eucaryotes
1982 *Klug – Structure du virus de la mosaïque du tabac
1983 *McClintock – Transposons
1988 *Deisenhofer, Huber, Michel – Pigments de la photosynthèse chez les bactéries
1994 Cano – Mise en culture d'une bactérie vieille de 40 millions d'années
1997 Prusiner – Prions

Louis Pasteur (1822–1895)

Robert Koch (1843–1910)

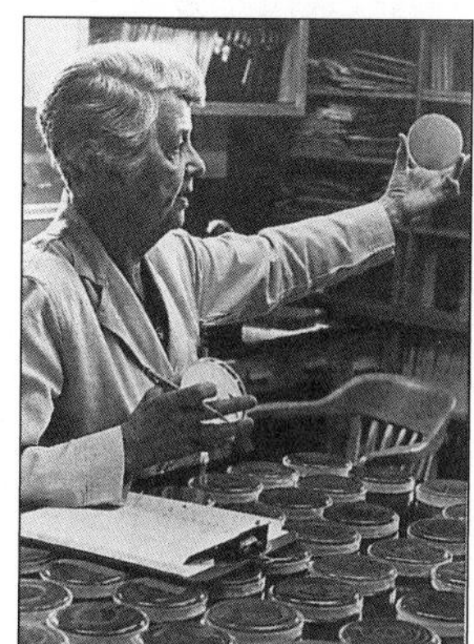

Rebecca C. Lancefield (1895–1981)

*Lauréat(e) du prix Nobel

**FIGURE 1.4 Les événements marquants de l'évolution de la microbiologie.** Les événements qui ont eu lieu durant l'âge d'or de la microbiologie sont indiqués en jaune ; le nom du chercheur est associé à la découverte d'un microbe, à la mise au point d'une technique ou d'un procédé, ou encore à l'explication d'un processus ou d'une théorie.

- L'âge d'or de la microbiologie : cette période est ainsi nommée parce que, riche en découvertes, elle a vu l'établissement de la microbiologie en tant que science.

contre bon nombre d'affections avaient été découverts au cours des siècles, mais les causes des maladies étaient restées inconnues.

La mise au jour par Pasteur du rôle capital des levures dans la fermentation du vin montre pour la première fois le lien entre l'activité d'un microorganisme et certains changements physiques et chimiques dans la matière organique. Cette découverte amène les scientifiques de l'époque à penser que des microorganismes pourraient entretenir des relations semblables avec les plantes et les animaux, l'humain y compris. Plus précisément, *les maladies pourraient être le résultat de la croissance de microorganismes, donc, les microorganismes pourraient être la cause de maladies.* On donne à cette idée le nom de **théorie germinale des maladies.** Encore faut-il la prouver.

En effet, la théorie germinale est difficile à accepter pour beaucoup de gens parce qu'on croit depuis des siècles que la maladie existe pour punir les individus de leurs crimes ou de leurs mauvaises actions. Quand une maladie se répand dans un village, on jette souvent le blâme sur des démons qui apparaissent sous la forme d'émanations nauséabondes venant des eaux usées ou sous la forme de vapeurs toxiques sortant des marais. Seul Dieu peut lutter contre les démons, et la médecine n'a que peu de remèdes curatifs et encore moins de moyens pour prévenir la maladie. De plus, il est inconcevable pour la plupart des contemporains de Pasteur que des microbes « invisibles » puissent se propager dans l'air et infecter des plantes et des animaux, ou rester sur les vêtements et la literie pour se transmettre d'une personne à une autre et causer des maladies aux individus atteints. Mais petit à petit, des scientifiques comme Pasteur, Lister et Koch accumulent l'information nécessaire pour étayer la nouvelle théorie germinale.

En 1865, on fait appel à Pasteur pour combattre la maladie du ver à soie, qui est en train de ruiner l'industrie de ce textile partout en Europe. Des années auparavant, en 1835, l'amateur de microscopie Agostino Bassi avait prouvé qu'une autre maladie du ver à soie était causée par un champignon, donc par un microorganisme. Utilisant certaines données fournies par Bassi, Pasteur découvre que l'infection en cours est due à un protozoaire ; il voit encore ici un lien entre un microorganisme et une maladie. Il met au point une méthode pour reconnaître les papillons qui en sont atteints, et la maladie régresse.

Dans les années 1860, le chirurgien anglais Joseph Lister fait part d'observations médicales qui contribuent à faire avancer la théorie germinale. Lister sait que, dans les années 1840, le médecin hongrois Ignác Semmelweis a montré que les médecins, qui ne se désinfectent pas les mains à l'époque, transmettent systématiquement des infections (fièvre puerpérale) d'une patiente qui accouche à l'autre. Lister a aussi entendu parler des travaux de Pasteur qui établissent un lien entre les microbes et certaines maladies chez les animaux. On n'utilise pas de désinfectants à l'époque, mais Lister sait qu'on traite les champs au phénol (eau phéniquée) dans la région de la ville de Carlisle pour protéger le bétail contre les maladies ; il en déduit que le phénol peut tuer des bactéries. Lister se met alors à traiter les plaies chirurgicales et les fractures ouvertes avec une solution de phénol, et les patients traités guérissent sans complications. La pratique de désinfection réduit à tel point l'incidence d'infections et la mortalité que d'autres chirurgiens l'adoptent presque aussitôt. La technique de Lister est une des premières tentatives médicales de maîtriser les infections causées par les microorganismes. En fait, ses résultats prouvent que les microorganismes causent les infections des plaies opératoires.

La première preuve que les bactéries causent effectivement des maladies vient de Robert Koch en 1876. Koch, un médecin allemand, est un jeune rival de Pasteur dans la course pour découvrir la cause de l'anthrax – ou maladie du charbon –, une maladie qui est en train de détruire les bovins et les moutons en Europe. Koch découvre des bactéries en forme de bâtonnets qu'on appelle aujourd'hui *Bacillus anthracis* dans le sang de bovins morts du charbon. Il cultive la bactérie dans un milieu nutritif, puis en injecte un échantillon dans des animaux sains. Quand ces derniers deviennent malades et meurent, Koch isole la bactérie de leur sang et la compare à celle qu'il a isolée au point de départ. Il découvre que les deux cultures contiennent la même bactérie. Cette expérimentation qui permet la mise en culture des microorganismes isolés de malades apporte la preuve irréfutable nécessaire à la confirmation de la théorie germinale des maladies.

C'est ainsi que Koch établit *une suite d'étapes expérimentales pour relier directement un microbe spécifique à une maladie spécifique.* Ces étapes portent aujourd'hui le nom de **postulats de Koch** (figure 14.3). Au cours des cent dernières années, ces critères ont été d'une valeur inestimable dans les recherches qui ont permis de prouver que des microorganismes spécifiques étaient la cause de nombreuses maladies. Au chapitre 14, nous examinerons en détail les postulats de Koch, leurs limites et leurs applications dans le traitement des maladies.

## La vaccination

Il arrive souvent qu'un traitement ou une intervention préventive soient mis au point avant que les scientifiques sachent pourquoi ils sont efficaces. Le vaccin antivariolique en est un exemple. Le 4 mai 1796, presque 70 ans avant que Koch n'établisse que la maladie du charbon est causée par un microorganisme spécifique, le jeune médecin britannique Edward Jenner se lance dans une expérience pour trouver un moyen de protéger les humains contre la variole.

On craint beaucoup les épidémies de variole à cette époque. La maladie balaie périodiquement l'Europe, faisant des milliers de morts, et elle emporte 90 % des Amérindiens de la côte est quand les colons européens introduisent l'infection dans le Nouveau Monde.

Quand une jeune trayeuse informe Jenner qu'elle ne peut pas contracter la variole parce qu'elle a déjà été malade de la vaccine – affection beaucoup moins grave touchant les bovins –, il décide de mettre l'histoire de la jeune fille à l'épreuve. Tout d'abord, il gratte des vésicules de vaccine sur la peau de vaches atteintes de la maladie et en prélève de la matière qu'il inocule à un volontaire sain âgé de huit ans en lui égratignant le bras avec une aiguille contaminée. L'égratignure se transforme en boursouflure. Au bout de quelques jours, le sujet devient légèrement malade mais se rétablit. Il ne contractera jamais plus la vaccine, ni la variole. On appelle ce procédé *vaccination*, du latin *vacca*, qui signifie « vache ». Pasteur a choisi ce nom en l'honneur des travaux de Jenner. La protection contre la maladie, conférée par la vaccination (ou observée quand on se rétablit de la maladie elle-même), s'appelle **immunité.** Nous reviendrons sur les mécanismes de l'immunité au chapitre 17.

Des années après l'expérience de Jenner, aux environs de 1880, Pasteur découvre pourquoi la vaccination fonctionne. Il constate que la bactérie qui cause le choléra des poules perd la capacité de provoquer la maladie (perd sa *virulence*, ou devient *avirulente*) après avoir été longtemps en culture dans le laboratoire. Toutefois, tout comme d'autres microorganismes dont la virulence est affaiblie, elle peut conférer l'immunité contre les infections subséquentes par le microbe virulent. La découverte de ce phénomène fournit un indice qui permet d'expliquer l'expérience réussie de Jenner sur la vaccine. La variole et la vaccine sont toutes deux causées par des virus. Bien qu'il ne soit pas dérivé du virus de la variole par des manipulations en laboratoire, le virus de la vaccine est assez voisin de ce dernier pour conférer l'immunité aux deux agents pathogènes. Pasteur donne le nom de *vaccin* aux cultures de microorganismes avirulents utilisées pour faire des inoculations préventives.

Avec l'expérience de Jenner, c'est la première fois en Occident qu'un agent viral vivant – le virus de la vaccine – est utilisé pour produire l'immunité. En Chine, des médecins immunisent déjà des patients en prélevant sur une personne atteinte d'un cas léger de variole des squames de pustules en train de s'assécher et en introduisant dans le nez des personnes à protéger une poudre fine préparée à partir de ces prélèvements.

Certains vaccins sont encore produits à partir de souches microbiennes avirulentes qui stimulent l'immunité contre la souche virulente apparentée. D'autres sont préparés à partir de microbes virulents tués, de composants isolés des microorganismes virulents ou de produits obtenus par les techniques du génie génétique.

## La naissance de la chimiothérapie moderne : le rêve d'une « tête chercheuse »

### Objectif d'apprentissage

- *Relever les contributions de Ehrlich, Fleming et Dubos à la microbiologie.*

Après avoir établi le rapport entre les microorganismes et la maladie, les microbiologistes spécialisés en médecine se mettent à la recherche de substances qui peuvent détruire les microorganismes pathogènes sans porter atteinte aux animaux ou aux humains infectés. Le traitement des maladies au moyen de substances chimiques s'appelle **chimiothérapie.** (On emploie aussi ce mot pour désigner le traitement chimique de maladies non infectieuses, telles que le cancer.) Les agents chimiothérapiques préparés à partir de produits chimiques dans les laboratoires s'appellent **médicaments de synthèse.** Les corps chimiques produits naturellement par des bactéries ou des mycètes et destinés à lutter contre d'autres microorganismes s'appellent **antibiotiques.** Le succès de la chimiothérapie, qu'il s'agisse de médicaments de synthèse ou d'antibiotiques, repose sur le fait que certaines molécules sont plus toxiques pour les microorganismes que pour les hôtes infectés par les microbes. Nous examinerons plus en détail les traitements antimicrobiens au chapitre 20.

### Les premiers médicaments de synthèse

Le médecin allemand Paul Ehrlich est le visionnaire qui donne le coup d'envoi de la révolution que va devenir la chimiothérapie. Pendant qu'il est étudiant en médecine, il entretient l'idée d'une « tête chercheuse » qui pourrait débusquer et détruire un agent pathogène sans nuire à l'hôte infecté. Ehrlich se met à la recherche de cette arme. En 1910, après avoir mis à l'essai des centaines de substances, il trouve un agent chimiothérapique appelé *salvarsan*, un dérivé de l'arsenic efficace contre la syphilis. Le produit est ainsi nommé parce qu'on le croit « salvateur » dans les cas de syphilis et qu'il contient de l'arsenic. Avant cette découverte, le seul produit chimique connu dans l'arsenal médical européen est la *quinine*, extrait d'écorce provenant d'un arbre d'Amérique du Sud utilisé par les conquistadors pour traiter le paludisme (malaria).

À la fin des années 1930, les chercheurs ont mis au point plusieurs autres médicaments de synthèse capables de détruire les microorganismes. La plupart sont des dérivés de teintures. En effet, toujours à l'affût de « têtes chercheuses », les microbiologistes vérifient systématiquement les propriétés antimicrobiennes des teintures synthétisées et commercialisées pour les textiles. À peu près à la même époque, les *sulfamides* sont aussi synthétisés.

### Un accident heureux – les antibiotiques

Contrairement aux sulfamides, qui sont mis au point intentionnellement à partir d'une série de produits chimiques industriels, le premier antibiotique est découvert par accident. Le médecin et bactériologiste écossais Alexander Fleming s'apprête à jeter au rebut des boîtes de culture qui ont été contaminées par une moisissure. Par chance, il s'interroge sur la curieuse répartition des bactéries dans les boîtes contaminées. Il y a une région dégagée autour des moisissures, où les bactéries ne poussent pas. Il s'agit d'une moisissure qui peut inhiber la croissance d'une bactérie. Fleming apprend plus tard que cette moisissure est *Penicillium notatum* et, en 1928, il baptise l'inhibiteur actif *pénicilline*. Ainsi, la pénicilline est un antibiotique produit par un mycète. L'énorme utilité de la pénicilline ne devient évidente que dans les années 1940, quand elle est finalement soumise à des essais cliniques et commercialisée.

L'intérêt pour la pénicilline se manifeste après 1939, quand le microbiologiste français René Dubos découvre deux antibiotiques appelés *gramicidine* et *tyrocidine*. Les deux sont produits par une bactérie, *Bacillus brevis*, qu'on a tirée du sol et mise en culture.

Depuis cette époque, on a découvert des milliers d'autres antibiotiques, dont la grande majorité est efficace contre les bactéries. Malheureusement, les antibiotiques et les autres médicaments chimiothérapiques ne sont pas sans risques. Beaucoup de corps chimiques antimicrobiens sont trop toxiques pour les humains; ils tuent les microbes pathogènes mais ils endommagent aussi l'hôte infecté. Pour des raisons que nous expliquerons plus loin, la toxicité pour les humains pose des problèmes particuliers à ceux qui doivent mettre au point des médicaments contre les maladies virales. La prolifération virale étant très étroitement liée aux processus vitaux des cellules hôtes normales, il y a très peu de médicaments antiviraux qu'on peut qualifier de réussis.

Un autre problème majeur associé aux médicaments antimicrobiens est l'émergence et la propagation de nouvelles variétés de microorganismes qui résistent aux antibiotiques, notamment à cause de l'usage abusif qui est fait de ces derniers. Avec les années, de plus en plus de microbes sont devenus résistants aux antibiotiques qui s'avéraient auparavant très efficaces contre eux. La résistance aux médicaments résulte d'une réaction d'adaptation des microbes leur permettant de tolérer jusqu'à un certain point un antibiotique qui normalement les inhiberait. Les manifestations de cette réaction peuvent être la production par les microbes de molécules (enzymes) qui inactivent les antibiotiques, des changements à la surface du microbe qui rendent les antibiotiques incapables de s'y attacher ou des modifications qui ne laissent pas les antibiotiques pénétrer dans le microorganisme.

L'apparition récente de souches de *Staphylococcus aureus* et d'*Enterococcus fæcalis* résistantes à la vancomycine inquiète les professionnels de la santé parce que certaines infections bactériennes qu'on pouvait traiter jusqu'à maintenant pourraient bientôt devenir impossibles à maîtriser.

## La microbiologie aujourd'hui

### Objectifs d'apprentissage

- *Définir la bactériologie, la mycologie, la parasitologie, l'immunologie et la virologie.*
- *Expliquer l'importance de la technologie de l'ADN recombiné.*

Les efforts pour contrer la résistance aux médicaments, identifier les virus et mettre au point des vaccins nécessitent des techniques de recherche sophistiquées et des études statistiques dont on n'aurait jamais imaginé l'existence au temps de Koch et de Pasteur.

Les bases qu'on a jetées durant l'âge d'or de la microbiologie ont rendu possibles plusieurs réalisations de grande envergure au cours du XX$^{e}$ siècle (tableau 1.1). Outre la bactériologie, la mycologie et la parasitologie, de nouvelles branches de la microbiologie ont vu le jour, y compris l'immunologie et la virologie. Tout récemment, la création d'un ensemble de nouvelles méthodes qui forment ce qu'on appelle la technologie de l'ADN recombiné a transformé de fond en comble la recherche et les applications pratiques dans tous les domaines de la microbiologie.

### La bactériologie, la mycologie et la parasitologie

La **bactériologie,** ou étude des bactéries, est née avec les premières observations effectuées par van Leeuwenhoek de la matière grattée à la surface de ses dents. De nouvelles bactéries pathogènes sont encore découvertes régulièrement. Beaucoup de bactériologistes, comme leur prédécesseur Pasteur, se penchent sur le rôle des bactéries dans les aliments et l'environnement. Une découverte fascinante a été faite en 1997, quand Heide Schulz révéla l'existence d'une bactérie assez grosse pour être visible à l'œil nu (0,2 mm de large). Cette bactérie, qu'elle nomma *Thiomargarita namibiensis*, habite dans la vase du littoral africain. *Thiomargarita* est exceptionnelle en raison de sa taille et de sa niche écologique. Elle consomme le sulfure d'hydrogène, qui est toxique pour les autres animaux qui vivent dans la vase (figure 11.26).

La **mycologie,** ou étude des mycètes (champignons), possède des branches en médecine, en agriculture et en écologie. Rappelons que les travaux de Bassi qui ont abouti à la théorie germinale des maladies portaient sur un mycète pathogène. Le taux d'infections aux mycètes est en hausse depuis la dernière décennie et représente 10 % des infections nosocomiales (contractées à l'hôpital). On croit que les changements climatiques et environnementaux (grave sécheresse) sont à l'origine de l'augmentation des infections à *Coccidioides immitis*, qui ont décuplé en Californie. On est actuellement à la recherche de nouvelles techniques pour diagnostiquer et traiter les infections causées par des mycètes.

La **parasitologie** est l'étude des protozoaires et des vers parasites. Comme beaucoup de vers parasites sont assez gros pour être visibles à l'œil nu, les humains les connaissent depuis des milliers d'années. Selon certains, le caducée, qui est le symbole de la médecine, représenterait l'extraction du ver de Guinée (figure 1.5). On découvre de nouvelles infections causées par des parasites chez l'humain au fur et à mesure que les travailleurs qui défrichent les forêts pluviales s'exposent à ces organismes. Des parasitoses insoupçonnées jusqu'à maintenant se manifestent aussi chez les patients dont le système immunitaire ne réagit pas par suite d'une greffe d'organe, d'une chimiothérapie contre le cancer ou du SIDA.

La bactériologie, la mycologie et la parasitologie connaissent actuellement un «âge d'or de classification». Des progrès récents en **génomique,** ou étude de l'ensemble des gènes d'un organisme, permettent aux scientifiques de classer les bactéries et les mycètes en les situant par rapport aux autres bactéries, mycètes ou protozoaires. Auparavant, on classifiait les microorganismes selon un nombre limité de caractères visibles.

**Tableau 1.1 Quelques prix Nobel décernés pour la recherche en microbiologie**

| Lauréat(e) | Année de la remise du prix | Pays d'origine | Travaux |
|---|---|---|---|
| Emil A. von Behring | 1901 | Allemagne | Mise au point d'un sérum antidiphtérique. |
| Robert Koch | 1905 | Allemagne | Mise en culture de la bactérie de la tuberculose. |
| Paul Ehrlich | 1908 | Allemagne | Théories sur l'immunité. |
| Elie Metchnikoff | 1908 | Russie | Description de la phagocytose, ou absorption de particules solides par les cellules. |
| Alexander Fleming,<br>Ernst Chain<br>et Howard Florey | 1945 | Écosse<br>Angleterre | Découverte de la pénicilline. |
| Selman A. Waksman | 1952 | Ukraine | Découverte de la streptomycine. |
| Hans A. Krebs | 1953 | Allemagne | Découverte des réactions chimiques du cycle de Krebs dans le métabolisme des glucides. |
| John F. Enders,<br>Thomas H. Weller<br>et Frederick C. Robbins | 1954 | États-Unis | Mise au point de cultures cellulaires pour la multiplication du virus de la polio. |
| Joshua Lederberg,<br>George Beadle<br>et Edward Tatum | 1958 | États-Unis | Description de la régulation génétique des réactions biochimiques. |
| James D. Watson,<br>Francis H. C. Crick<br>et Maurice A. F. Wilkins | 1962 | États-Unis<br>Angleterre<br>Nouvelle-Zélande | Découverte de la structure moléculaire de l'ADN. |
| François Jacob,<br>Jacques Monod<br>et André Lwoff | 1965 | France | Description de la régulation de la synthèse des protéines dans les bactéries. |
| Robert Holley,<br>Har Gobind Khorana<br>et Marshall W. Nirenberg | 1968 | États-Unis<br>Inde<br>États-Unis | Découverte du code génétique qui régit l'assemblage des acides aminés. |
| Max Delbrück,<br>Alfred D. Hershey<br>et Salvador E. Luria | 1969 | Allemagne<br>États-Unis<br>Italie | Description du mécanisme par lequel les virus infectent les cellules bactériennes. |
| Gerald M. Edelman<br>et Rodney R. Porter | 1972 | États-Unis<br>Angleterre | Description de la nature et de la structure des anticorps. |
| Renato Dulbecco,<br>Howard Temin<br>et David Baltimore | 1975 | États-Unis | Découverte de la transcriptase inverse et description du mécanisme par lequel les virus ARN causent le cancer. |
| Daniel Nathans,<br>Hamilton Smith<br>et Werner Arber | 1978 | États-Unis<br>États-Unis<br>Suisse | Description de l'action des enzymes de restriction (utilisées aujourd'hui en génie génétique). |
| Peter Mitchell | 1978 | Angleterre | Description du mécanisme de synthèse de l'ATP selon la théorie chimiosmotique. |
| Paul Berg | 1980 | États-Unis | Expériences sur l'épissage des gènes (génie génétique). |
| Walter Gilbert | 1980 | États-Unis | Découverte d'une méthode de séquençage de l'ADN. |
| Aaron Klug | 1982 | Afrique du Sud | Description de la structure du virus de la mosaïque du tabac (VMT). |

➤

**Tableau 1.1** *Quelques prix Nobel décernés pour la recherche en microbiologie (suite)*

| Lauréat(e) | Année de la remise du prix | Pays d'origine | Travaux |
|---|---|---|---|
| Barbara McClintock | 1983 | États-Unis | Découverte des transposons (courts segments d'ADN qui se déplacent d'une région à l'autre de la molécule d'ADN). |
| César Milstein,<br>Georges J. F. Köhler<br>et Niels Kai Jerne | 1984 | Argentine<br>Allemagne<br>Danemark | Mise au point d'une technique de production d'anticorps monoclonaux (anticorps spécifiques purs). |
| Susumu Tonegawa | 1987 | Japon | Description du mécanisme génétique de production des anticorps. |
| Johann Deisenhofer,<br>Robert Huber<br>et Hartmut Michel | 1988 | Allemagne | Description de la structure des pigments photosynthétiques bactériens. |
| J. Michael Bishop<br>et Harold E. Varmus | 1989 | États-Unis | Découverte de gènes, appelés oncogènes, capables de causer le cancer. |
| Joseph E. Murray<br>et E. Donnall Thomas | 1990 | États-Unis | Premières greffes d'organes réussies grâce à l'utilisation d'agents immunosuppresseurs. |
| Edmond H. Fisher<br>et Edwin G. Krebs | 1992 | États-Unis | Découverte des protéines kinases, enzymes qui régulent la croissance cellulaire. |
| Richard J. Roberts<br>et Phillip A. Sharp | 1993 | Grande-Bretagne<br>États-Unis | Découverte de segments de gènes séparés sur la molécule d'ADN. |
| Kary B. Mullis | 1993 | États-Unis | Découverte de l'amplification en chaîne par polymérase qui permet de copier l'ADN. |
| Michael Smith | 1993 | Canada | Découverte d'une technique permettant de modifier l'ADN pour la production de nouvelles protéines. |
| Alfred Gilman<br>et Martin Rodbell | 1994 | États-Unis | Découverte des protéines G, qui traduisent et intègrent les signaux externes influant sur une grande gamme d'activités biologiques. |
| Peter C. Doherty<br>et Rolf M. Zinkernagel | 1996 | Australie<br>Suisse | Découverte de ce qui permet aux lymphocytes T cytotoxiques de reconnaître les cellules infectées par des virus, en vue de les détruire. |
| Stanley B. Prusiner | 1997 | États-Unis | Découverte des particules protéiques infectieuses (nommées prions) et démonstration de la relation entre les prions et certaines maladies neurologiques mortelles chez l'humain et les animaux. |

## L'immunologie

En Occident, l'**immunologie,** ou étude de l'immunité, remonte en fait à la première expérience de vaccination faite par Jenner en 1796. Depuis lors, les connaissances sur le système immunitaire s'accumulent sans arrêt et ont fait un bond rapide au XX^e^ siècle. Il y a maintenant des vaccins contre un grand nombre de maladies virales, dont la rougeole, la rubéole, les oreillons, la varicelle, la grippe, la polio et l'hépatite B, et contre des maladies bactériennes, dont le tétanos, la tuberculose, la coqueluche et la maladie de Lyme. Le vaccin antivariolique s'est avéré si efficace que la maladie a été éliminée. Les responsables de la santé publique estiment que la polio sera éradiquée d'ici quelques années grâce à la vaccination. En 1960, on a découvert les interférons, qui sont des substances produites par le système immunitaire lui-même et qui inhibent la réplication des virus. Cette découverte a été à l'origine de nombreuses recherches liées au traitement des maladies virales et du cancer. À l'heure actuelle, une des plus grandes difficultés à surmonter en immunologie consiste à trouver des façons de stimuler le système immunitaire pour qu'il combatte le virus qui cause le SIDA, une maladie qui détruit le système immunitaire.

L'immunologie a fait un grand pas en 1933 quand Rebecca Lancefield a proposé que les streptocoques soient classifiés par sérotypes (variantes d'une même espèce) selon la nature de certains composants antigéniques de la paroi

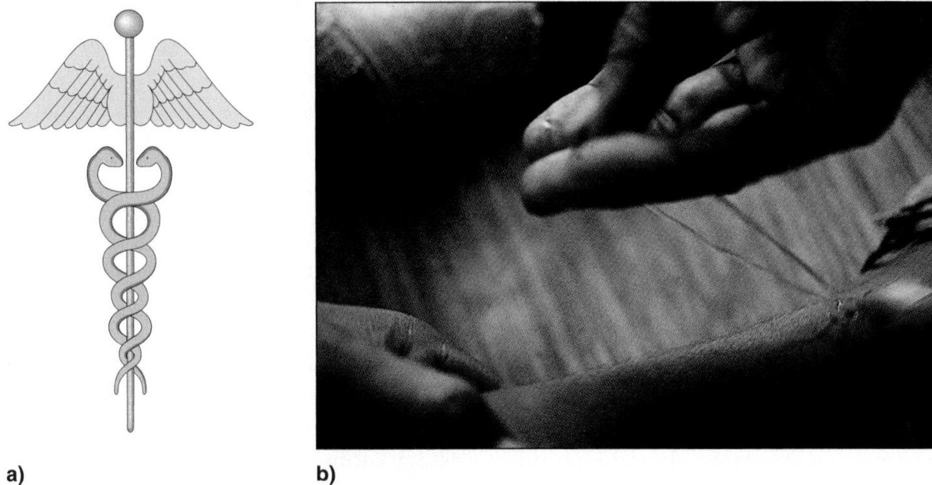

a) b)

FIGURE 1.5 **La parasitologie : étude des protozoaires et des vers parasites.** **a)** La forme du caducée, symbole de la profession médicale, a peut-être été inspirée par l'opération qui permet de retirer le ver de Guinée du corps humain. **b)** Un médecin extirpe un ver de Guinée (*Dracunculus medinensis*) du tissu sous-cutané d'un patient.

■ La bactériologie, la mycologie, la parasitologie et la virologie étudient respectivement les bactéries, les mycètes, les protozoaires et les helminthes, et les virus.

cellulaire des bactéries. Les streptocoques sont à l'origine de diverses maladies, telles que les maux de gorge (angine streptococcique), le choc toxique streptococcique et la septicémie, et la connaissance des sérotypes est capitale lors du diagnostic bactériologique.

## La virologie

La **virologie,** ou étude des virus, a en fait pris naissance durant l'âge d'or de la microbiologie. En 1892, Dmitri Ivanowski révéla que l'organisme qui cause la mosaïque du tabac, une maladie des plants de tabac, est si petit qu'il traverse les filtres les plus fins, qui retiennent par ailleurs toutes les bactéries connues. À l'époque, Ivanowski ne savait pas qu'il s'agissait d'un virus au sens où nous l'entendons aujourd'hui. En 1935, Wendell Stanley montra que cet organisme, appelé virus de la mosaïque du tabac (VMT), était fondamentalement différent des autres microbes et si simple et homogène qu'on pouvait le cristalliser comme un composé chimique. Les travaux de Stanley ont facilité l'étude de la structure et des propriétés chimiques des virus. Avec l'avènement du microscope électronique dans les années 1940, les microbiologistes ont été en mesure d'observer la structure des virus en détail, si bien qu'aujourd'hui nous en savons beaucoup plus sur leur composition et leur activité.

## La technologie de l'ADN recombiné

La technologie de l'ADN recombiné permet maintenant de modifier les microorganismes pour qu'ils produisent de grandes quantités d'hormones humaines et d'autres substances médicinales dont nous avons un urgent besoin. Vers la fin des années 1960, Paul Berg montra qu'on pouvait attacher à l'ADN de bactéries des fragments d'ADN humain ou animal contenant le code de protéines importantes (gènes). L'hybride obtenu fut le premier exemple d'**ADN recombiné.** Quand on introduit de l'ADN recombiné dans une bactérie (ou dans un autre microbe), cette dernière peut être utilisée pour fabriquer de grandes quantités de la protéine choisie. La technologie qui s'est développée à partir de ce type de manipulation s'appelle **technologie de l'ADN recombiné,** ou **génie génétique.** Elle est issue de deux domaines reliés. Le premier, la **génétique des microbes,** étudie les mécanismes par lesquels les microorganismes transmettent leurs traits d'une génération à l'autre. Le second, la **biologie moléculaire,** a pour objet d'étude spécifique la structure de la molécule d'ADN qui porte l'information génétique et la façon dont cette dernière dirige la synthèse des protéines.

Bien que la biologie moléculaire s'intéresse à tous les organismes, une grande part de nos connaissances sur ce qui permet aux gènes de déterminer des traits spécifiques nous vient d'expériences portant sur les bactéries. Jusque dans les années 1930, toute la recherche en génétique était fondée sur l'étude des cellules végétales et animales. Mais dans les années 1940, les scientifiques se mirent à utiliser des organismes unicellulaires, surtout des bactéries, qui présentent plusieurs avantages sur le plan des manipulations génétiques et biochimiques. Tout d'abord, les bactéries sont moins complexes que les plantes et les animaux. Ensuite, leur cycle vital dure souvent moins d'une heure, si bien qu'on peut cultiver un très grand nombre d'organismes en un temps relativement court.

Une fois amorcée l'étude scientifique des unicellulaires, les progrès en génétique s'accélèrent. En1941, George W. Beadle et Edward L. Tatum montrent la relation qui existe entre les gènes et les protéines enzymatiques. En 1944, Oswald Avery, Colin MacLeod et Maclyn McCarty confirment que l'ADN est le matériel héréditaire. En 1946, Joshua Lederberg et Edward L. Tatum découvrent que les bactéries peuvent échanger du matériel génétique par un processus appelé conjugaison. Puis, en 1953, James Watson et Francis Crick proposent leur modèle de la structure et de la réplication de l'ADN. Au début des années 1960, on est témoin d'une nouvelle explosion de découvertes concernant les mécanismes par lesquels l'ADN gouverne la synthèse des protéines. En 1961, François Jacob et Jacques Monod découvrent l'ARN (acide ribonucléique) messager, une molécule qui joue un rôle dans la synthèse des protéines, et plus tard, ils font les premières découvertes d'importance portant sur la régulation du fonctionnement des gènes chez les bactéries. À la même époque, les scientifiques parviennent à déchiffrer le code génétique et à comprendre ainsi les signaux biochimiques transmis par l'ADN.

## Les microbes et la santé humaine

### Objectif d'apprentissage

- *Nommer au moins quatre activités utiles des microorganismes.*

Nous avons déjà mentionné que seule une minorité de microorganismes sont pathogènes. Les microbes qui font pourrir les aliments, qui causent par exemple les meurtrissures sur les fruits et les légumes, la décomposition de la viande et le rancissement des graisses et des huiles, sont aussi très peu nombreux. La grande majorité des microbes est utile aux humains, aux autres animaux et aux plantes, de bien des façons. Dans les sections qui suivent, nous faisons un bref bilan de certaines de ces actions bénéfiques telles que le recyclage d'éléments vitaux, le traitement des eaux, la bioréhabilitation et la lutte biologique contre les insectes nuisibles. Dans les chapitres ultérieurs, nous les examinerons plus en détail.

### Le recyclage d'éléments vitaux

Les découvertes de deux microbiologistes dans les années 1880 nous permettent aujourd'hui de comprendre les cycles biochimiques qui rendent la vie possible sur Terre. Martinus Beijerinck et Sergei Winogradsky ont été les premiers à montrer comment les bactéries contribuent à la circulation cyclique de certains éléments vitaux entre le sol et l'atmosphère. L'**écologie microbienne,** soit l'étude des relations entre les microorganismes et leur environnement, est issue des travaux de Beijerinck et Winogradsky. Aujourd'hui, cette science comprend plusieurs branches, dont l'étude des interactions des populations microbiennes avec les plantes et les animaux dans divers milieux. Les spécialistes de l'écologie microbienne s'intéressent, entre autres choses, à la pollution microbienne de l'eau et à la contamination de l'environnement par les produits toxiques. L'expression «écologie microbienne humaine» désigne l'écosystème composé des microorganismes qui résident à la surface et à l'intérieur du corps humain.

Le carbone, l'azote, l'oxygène, le soufre et le phosphore sont des éléments chimiques essentiels à la vie et présents en abondance, mais pas nécessairement sous une forme que les organismes peuvent utiliser. Les microorganismes sont les principaux artisans de la conversion de ces éléments en substances dont les plantes et les animaux peuvent se servir. Ainsi, les microorganismes, surtout les bactéries et les mycètes, jouent un rôle clé dans le processus qui retourne le dioxyde de carbone à l'atmosphère lors de la décomposition de déchets organiques provenant des végétaux et des animaux morts. Les algues, les cyanobactéries et les plantes supérieures utilisent le dioxyde de carbone atmosphérique durant la photosynthèse pour produire des glucides qui sont par la suite consommés par les animaux, les mycètes et les bactéries. Le cycle du carbone est ainsi bouclé. Le diazote ($N_2$) est abondant dans l'atmosphère mais doit être transformé en ammoniac par les bactéries pour que les plantes et les animaux puissent l'utiliser.

### Le traitement des eaux usées : utilisation des microbes pour recycler l'eau

Au fur et à mesure que nous nous éveillons au besoin de préserver l'environnement, nous prenons conscience que l'eau est un bien précieux que nous avons la responsabilité de recycler et que, par conséquent, il nous faut prévenir la pollution des rivières et des océans. Les eaux usées sont un des principaux polluants. Elles sont constituées des excréments humains, des eaux d'égout, des déchets industriels et des eaux de ruissellement. Elles contiennent environ 99,9% d'eau et quelques centièmes pour cent de solides en suspension, parmi lesquels on trouve des microorganismes. Le reste est composé de diverses matières chimiques dissoutes.

Les stations de traitement des eaux usées éliminent les matières indésirables et les microorganismes nuisibles. Les traitements sont une combinaison de divers procédés physiques et chimiques comprenant l'action de microbes utiles. Les gros objets solides comme le papier, le bois, le verre, le gravier et le plastique sont d'abord retirés des eaux usées ; il reste alors les matières liquides et organiques que les bactéries convertissent en divers sous-produits tels que dioxyde de carbone, nitrates, phosphates, sulfates, ammoniac, sulfure d'hydrogène et méthane. Les microorganismes participent ainsi au traitement des eaux usées. (Nous examinerons le traitement des eaux usées en détail au chapitre 27.)

### La bioréhabilitation : utilisation des microbes pour éliminer les polluants

En 1988, des scientifiques se sont mis à utiliser des microorganismes pour neutraliser des polluants et des déchets toxiques dérivés de divers procédés industriels. Par exemple, certaines bactéries peuvent en fait transformer les polluants en sources d'énergie qu'elles peuvent consommer ; d'autres produisent des enzymes qui convertissent les toxines en substances moins nocives. Grâce à cette utilisation des bactéries – procédé appelé **bioréhabilitation** ou *biorestauration* –, on peut éliminer les toxines qui polluent les puits ou la nappe phréatique et dégrader les toxines amenées par les déversements de produits chimiques, de déchets toxiques enfouis et de marées noires, comme le déversement de pétrole de l'*Exxon Valdez* en 1989 (voir l'encadré du chapitre 2, p. 38-39). De plus, des enzymes bactériennes sont utilisées dans les déboucheurs pour dégager les lavabos et les conduits sans rejeter de produits chimiques nocifs dans l'environnement. Dans certains cas, on se sert de microorganismes indigènes (que l'on trouve dans l'environnement) ; dans d'autres cas, on se sert de microbes génétiquement modifiés. Parmi les microbes les plus souvent employés pour la bioréhabilitation, on trouve certaines espèces de bactéries des genres *Pseudomonas* et *Bacillus*. Les enzymes de *Bacillus* s'utilisent aussi dans les détergents ménagers pour détacher les vêtements.

## Les microorganismes dans la lutte contre les insectes nuisibles

En plus de propager des maladies, les insectes peuvent dévaster les cultures. En conséquence, il est important de lutter contre les insectes nuisibles tant pour l'amélioration de l'agriculture que pour la prévention des maladies chez les humains.

*Bacillus thuringiensis* est une bactérie largement utilisée aux États-Unis pour combattre les insectes et les parasites qui s'attaquent à la luzerne, aux épis de maïs, aux choux, aux plants de tabac et aux feuilles d'arbres fruitiers. On ajoute la bactérie à une poudre qu'on répand sur les cultures dont se nourrissent ces insectes. La bactérie produit des cristaux protéiques qui sont toxiques pour le système digestif des insectes. On se sert aussi de plants modifiés par génie génétique, dont les cellules produisent l'enzyme bactérienne (plantes transgéniques).

Grâce à l'utilisation de pesticides microbiens plutôt que chimiques, les agriculteurs évitent de causer du tort à l'environnement. Beaucoup d'insecticides chimiques, tels que le DDT, restent dans le sol sous forme de polluants toxiques et finissent par s'introduire dans la chaîne alimentaire.

## La biotechnologie moderne et le génie génétique

### Objectif d'apprentissage

- *Nommer des applications de la biotechnologie où on utilise le génie génétique.*

Nous avons mentionné plus haut qu'on utilise des microorganismes dans l'industrie pour fabriquer certains aliments et produits chimiques courants. Ces applications pratiques de la microbiologie s'appellent **biotechnologie.** Bien qu'on se serve de la biotechnologie sous une forme ou une autre depuis des siècles, les techniques sont devenues beaucoup plus sophistiquées dans les dernières décennies. Ces dernières années, la biotechnologie a connu une révolution provoquée par l'arrivée du génie génétique, qui applique les techniques de recombinaisons génétiques *in vitro* pour accroître le potentiel de bactéries, de virus, de levures et d'autres mycètes et les transformer en usines biochimiques miniatures. On utilise aussi des cellules végétales et animales en culture, ainsi que des plantes et des animaux entiers, pour créer des recombinants.

Les applications du génie génétique se multiplient sans cesse au fil des ans. Elles ont permis jusqu'à maintenant la production de nombreuses protéines naturelles, de vaccins et d'enzymes. Le potentiel de ces substances sur le plan médical est énorme ; nous en décrivons quelques-unes au tableau 1.2.

Le génie génétique a une retombée très importante et prometteuse, la **thérapie génique,** qui consiste à insérer un gène manquant dans des cellules humaines ou à remplacer un gène défectueux. Cette technique fait appel à un virus inoffensif qui transporte le gène nouveau ou manquant jusque dans certaines cellules hôtes, où il est repris et inséré dans le chromosome approprié. Depuis 1990, la thérapie génique a servi à traiter des patients souffrant de déficit en adénosine désaminase (ADA), une cause du déficit immunitaire combiné sévère (SCID), dans lequel certaines cellules du système immunitaire sont inactives ou absentes ; de dystrophie musculaire de Duchenne, une maladie qui détruit les muscles ; de fibrose kystique du pancréas, une maladie des parties sécrétrices des voies respiratoires, du pancréas, des glandes salivaires et des glandes sudoripares ; et de déficit en récepteurs de LDL (lipoprotéines de basse densité), un trouble caractérisé par une défectuosité des récepteurs de LDL qui fait en sorte que les lipoprotéines de basse densité n'entrent pas dans les cellules. Ces lipoprotéines restent dans le sang où leur concentration est élevée et fait augmenter le risque d'athérosclérose et de maladie coronarienne parce qu'elle favorise la formation de plaques graisseuses dans les vaisseaux sanguins. L'évaluation des résultats est en cours. Il est aussi possible qu'un jour la thérapie génique permette de traiter certaines maladies héréditaires : par exemple, l'hémophilie, caractérisée par l'absence de coagulation normale du sang ; le diabète, qui est marqué par des taux de sucre élevés dans le sang ; l'anémie falciforme, due à un type d'hémoglobine anormal ; et une forme d'hypercholestérolémie.

En plus de permettre la création d'applications médicales, le génie génétique s'est avéré utile en agriculture. Par exemple, des souches de bactéries modifiées génétiquement ont été créées pour protéger les fruits contre le gel. On s'emploie à en produire d'autres pour lutter contre les insectes qui s'attaquent aux cultures. On utilise aussi des bactéries pour améliorer l'apparence, le goût et la durée de conservation des fruits et des légumes. Les utilisations

**Tableau 1.2** *Produits représentatifs réalisés grâce au génie génétique*

| Produit | Description |
|---|---|
| **Anticorps monoclonaux** | Servent au diagnostic des cancers et à la recherche sur le SIDA. |
| Orthoclone$^{MD}$ | Sert d'immunosuppresseur chez les receveurs de greffes d'organes. |
| **Vaccins** | Des vaccins contre l'hépatite B et la grippe existent déjà. Des recherches sont en cours pour mettre au point des vaccins contre le SIDA, l'herpès et la malaria. |
| **Enzymes** | |
| Antitrypsine | Soulage les patients atteints d'emphysème. |
| PEG-SOD | Atténue les lésions au tissu nerveux à la suite d'un traumatisme. |
| rhDNase | Soulage les patients atteints de fibrose kystique du pancréas. |
| **Autres protéines** | |
| Insuline | Sert à réduire la teneur en sucre du sang chez les diabétiques. |
| Hormone de croissance humaine | Nécessaire à la croissance durant l'enfance. |
| Interférons | Substances antivirales et, peut-être, anticancéreuses. |
| Interleukines | Régulation des fonctions immunitaires des leucocytes. |
| Facteur VIII | Protéine de coagulation absente du sang de la plupart des hémophiles. |
| Activateur tissulaire du plasminogène | Substance qui sert à dissoudre les caillots de sang. |
| Hémoglobine A | Type de sang artificiel. |
| Érythropoïétine | Sert à stimuler la production de globules rouges. |
| Relaxine | Sert à faciliter l'accouchement. |
| Bêta-endorphine | Analgésique. |

potentielles du génie génétique en agriculture comprennent la résistance à la sécheresse, aux insectes et aux maladies d'origine microbienne, ainsi qu'une plus grande tolérance des cultures à la chaleur.

# Les microbes et les maladies humaines

### Objectifs d'apprentissage

- *Définir la flore microbienne normale et décrire sa relation avec le corps humain.*
- *Définir la résistance immunitaire.*
- *Distinguer les concepts de santé et de maladie en fonction de la coexistence de l'humain avec les microbes.*
- *Définir les maladies infectieuses.*
- *Définir les maladies infectieuses émergentes et en nommer quelques-unes.*
- *Nommer quelques facteurs qui contribuent à l'émergence de nouvelles maladies infectieuses.*

Nous vivons tous dans un monde plein de microbes, qui nous accompagnent de la naissance à la mort; certains sont bénéfiques, d'autres peuvent causer des maladies plus ou moins graves.

## La flore microbienne normale

Nous portons tous différents microorganismes à la surface et à l'intérieur de notre corps. Ces microorganismes constituent notre **flore microbienne normale** (figure 1.6). Bien que la flore microbienne normale ne nous soit pas nuisible, et qu'elle soit même utile dans certains cas, il peut arriver dans certaines circonstances qu'elle nous rende malades ou qu'elle infecte les personnes qui nous côtoient.

À quel moment un microbe est-il accueilli comme partie intégrante d'un humain en bonne santé et à quel moment devient-il le présage d'une maladie? La distinction entre la santé et la maladie repose en grande partie sur l'équilibre entre les défenses naturelles du corps et les propriétés des microorganismes qui donnent naissance à la maladie. La capacité de notre corps à s'opposer aux tactiques offensives lancées par les microbes dépend de notre **résistance,** c'est-à-dire de notre aptitude à repousser la maladie. Pour une bonne part, la résistance est assurée par la barrière de la peau, des muqueuses, des cils vibratiles, de l'acide gastrique et des molécules antimicrobiennes telles que les

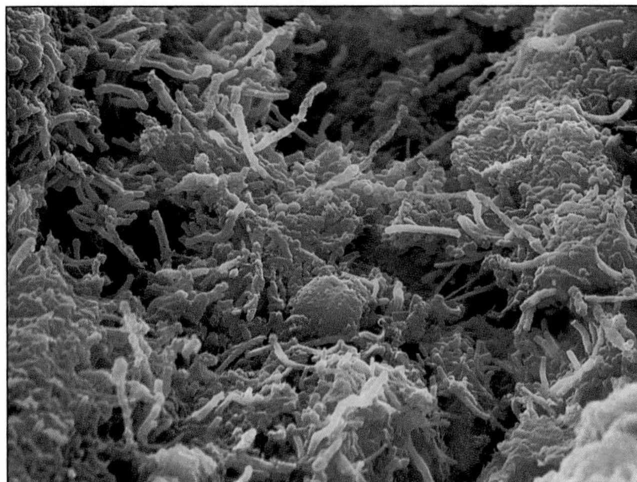


FIGURE 1.6 **Quelques types de bactéries appartenant à la flore microbienne normale de la bouche des humains.**

■ En général, la flore microbienne normale est inoffensive et, dans certains cas, elle est même utile.

interférons. Les microbes sont détruits par l'inflammation, la fièvre, les leucocytes (globules blancs) et les réponses spécifiques du système immunitaire. Parfois, quand les défenses naturelles du corps humain ne suffisent pas à maîtriser l'envahisseur microbien, on doit recourir à une aide extérieure en les combattant avec des antibiotiques ou d'autres médicaments.

## Les maladies infectieuses

Une **maladie infectieuse,** ou **infection,** est causée par un agent pathogène tel qu'une bactérie, un virus, un mycète, un protozoaire ou un helminthe. La maladie infectieuse se déclare quand l'agent pathogène envahit l'hôte, par exemple un humain, dont la résistance est souvent affaiblie. L'agent pathogène s'installe dans les tissus et les organes, et s'y développe ; l'infection entraîne des perturbations ou des déséquilibres physiologiques chez l'hôte et, en conséquence, les symptômes de la maladie peuvent se manifester.

À la fin de la Seconde Guerre mondiale, beaucoup ont cru que les maladies infectieuses étaient maîtrisées. On pensait que le paludisme (malaria) serait supprimé grâce au DDT, un insecticide qui tue les moustiques vecteurs, qu'un vaccin préviendrait la diphtérie et qu'une meilleure hygiène contribuerait à freiner la transmission du choléra. Dans les faits, le paludisme est loin d'être éliminé : 300 millions de personnes sont infectées dans le monde entier. Depuis 1986, on en a connu des flambées localisées au Texas, en Californie, en Floride, au New Jersey et dans l'État de New York. Le climat plus frais empêche le moustique de monter plus au nord mais le réchauffement de la planète pourrait bien favoriser dans le futur l'expansion du paludisme vers le Canada. En 1994, la diphtérie a refait surface aux États-Unis, apportée par des voyageurs en provenance des États récemment émancipés de l'ancienne Union soviétique ; l'épidémie massive de diphtérie qui y sévissait n'a été circonscrite qu'en 1998.

## Les maladies infectieuses émergentes

Les exemples précédents illustrent le fait que non seulement les maladies infectieuses ne sont pas en train de disparaître, mais qu'elles semblent plutôt être en recrudescence. De plus, un certain nombre d'affections inusitées – les **maladies infectieuses émergentes** – ont surgi au cours des dernières années. Il s'agit de maladies nouvelles ou en train de changer, dont l'incidence augmente ou pourrait augmenter dans un avenir proche. Les facteurs qui contribuent à l'émergence de ces maladies sont multiples : on parle d'adaptations évolutives (les mutations par exemple) touchant des organismes existants ; de la propagation de maladies connues dans de nouvelles populations ou régions du globe ; de l'exposition accrue des humains à de nouveaux agents infectieux jusque-là inconnus dans des régions soumises à des changements écologiques tels que la déforestation et la construction ; d'agents pathogènes offrant une multirésistance aux antibiotiques.

Le nombre accru d'incidents au cours des dernières années met en lumière l'étendue du problème. La maladie de Creutzfeldt-Jakob, les diarrhées à *E. coli* O157:H7, l'infection invasive au streptocoque du groupe A, la fièvre hémorragique à virus Ebola, le syndrome pulmonaire à *Hantavirus*, la cryptosporidiose, le SIDA et la tuberculose en sont des exemples.

En 1996, beaucoup de pays du monde refusaient d'importer du bœuf du Royaume-Uni et ce dernier fut contraint d'abattre des centaines de milliers de bovins nés après 1988 en raison d'une épidémie d'**encéphalopathie spongiforme bovine** (**ESB**), ou **maladie de la vache folle.** L'ESB attira l'attention des microbiologistes pour la première fois en 1986 parce qu'elle faisait partie d'une poignée de maladies causées par une protéine infectieuse appelée *prion*. Les études suggèrent que la source de la maladie est la moulée pour les bovins préparée à partir de moutons infectés par une forme de la maladie qui leur est propre. Les bovins sont des herbivores, mais leur croissance et leur santé peuvent être améliorées si on ajoute des protéines à leur régime, d'où l'addition de protéines animales à la moulée. La **maladie de Creutzfeldt-Jakob** (**MCJ**) est une affection qui touche les humains ; comme la maladie de la vache folle, la MCJ est causée par un prion et atteint le cerveau. L'incidence de la MCJ au Royaume-Uni est semblable à celle des autres pays. Toutefois, en 2000, on y a observé 46 cas humains de MCJ provoqués par une nouvelle variante apparentée à celle de la maladie bovine (chapitre 22, p. 681) ; c'est pourquoi on parle de maladie infectieuse émergente.

*Escherichia coli* est un résident normal du gros intestin des vertébrés, y compris de l'humain. Cette bactérie est utile parce qu'elle favorise la production de certaines vitamines et dégrade certains aliments qui seraient autrement impossibles à digérer. Toutefois, il existe une souche virulente appelée *E. coli* O157:H7 qui cause des diarrhées sanglantes quand elle croît dans les intestins. Cette souche a été mise au jour pour la première fois en 1982 et, depuis lors, elle est devenue un problème de santé publique. Elle est une des principales causes de diarrhée partout dans le monde. En 1996, quelque 9 000 personnes au Japon sont tombées malades à la suite d'une infection à *E. coli* O157:H7et 7 sont mortes. En 2000, *E. coli* O157:H7 a tué 7 personnes et rendu malade la moitié de la population de Walkerton en Ontario (Canada), ville dont l'eau potable aurait été contaminée par du fumier de vache. Les récentes flambées d'infections à *E. coli* O157:H7 aux États-Unis, associées à la contamination de viandes mal cuites et de boissons non pasteurisées, ont sensibilisé les responsables de la santé publique à la nécessité de mettre au point de nouvelles méthodes de dépistage des bactéries dans la nourriture. Au Canada, des cas d'infection à *E. coli* O157:H7 sont signalés chaque année au Centre de contrôle des maladies à Ottawa ; des campagnes de sensibilisation auprès de la population incitent cette dernière à bien faire cuire la viande hachée afin de diminuer les risques de la maladie, couramment nommée *maladie du hamburger* (voir le chapitre 25).

En 1995, le streptocoque du groupe A, ou *Streptococcus pyogenes,* a fait la une des grands journaux; au Québec, les médias rapportent que le premier ministre est victime d'une infection fulminante au streptocoque du groupe A (ou IGAS pour « Invasive Group A *Streptococcus* »), communément appelée bactérie mangeuse de chair. Les infections à IGAS ont tendance à augmenter aux États-Unis, en Scandinavie, en Angleterre et au pays de Galles. Les raisons de cette récente montée restent obscures, mais des groupes d'experts au Canada, aux États-Unis et ailleurs dans le monde étudient cette forme fulminante d'infection (figure 21.8).

En 1995, un technicien de laboratoire dans un hôpital du Zaïre, qui a de la fièvre et une diarrhée sanglante, est opéré parce qu'on soupçonne une perforation du côlon. Après la chirurgie, il se met à saigner et le sang commence à coaguler dans ses vaisseaux sanguins. Quelques jours plus tard, le personnel hospitalier qui le soigne se met à présenter les mêmes symptômes. L'un d'eux est transféré à un hôpital dans une autre ville; le personnel du second hôpital qui s'occupe de lui manifeste également ces symptômes. À la fin de l'épidémie, 315 personnes ont contracté la **fièvre hémorragique d'Ebola** (**EHF**) et plus de 75 % d'entre elles sont mortes. La transmission entre humains a lieu quand une personne est en contact étroit avec le sang infecté ou d'autres liquides organiques ou tissus malades. On est venu à bout de l'épidémie quand les microbiologistes ont mis sur pied un programme de formation sur l'utilisation du matériel de protection et institué des mesures pour éduquer la population (voir le chapitre 23).

Les microbiologistes ont isolé les premiers virus Ebola de patients humains lors de flambées précédentes de la maladie au Zaïre et au Soudan en 1976. En 1994, on a observé en Côte d'Ivoire un cas isolé d'infection par un virus Ebola d'un nouveau type. En 1989 et 1996, on a signalé la maladie chez des singes importés aux États-Unis des Philippines ; elle était causée par un autre virus Ebola qui n'a pas été associé à la maladie chez l'humain. Les microbiologistes ont examiné un grand nombre d'animaux mais n'ont pas encore découvert le réservoir naturel (source) du virus de la fièvre hémorragique d'Ebola.

Le **syndrome pulmonaire à *Hantavirus*** attire l'attention du public en 1993 quand deux personnes qui habitent ensemble tombent malades et meurent à cinq jours d'intervalle. La maladie commence par de la fièvre et une toux, et évolue rapidement vers une insuffisance respiratoire. En moins d'un mois, 23 autres cas, dont 10 morts, sont signalés dans la région des Quatre Coins dans le Sud-Ouest américain. Inquiets, les touristes se mettent à annuler leurs vacances dans cette partie des États-Unis alors que les résidents se demandent qui sera la prochaine victime. Grâce à des techniques qui n'existaient pas avant les années 1990, les microbiologistes établissent que la cause est un *Hantavirus* d'un nouveau type appelé virus Sin Nombre, dont le porteur est la souris sylvestre. (Le virus porte le nom de la rivière Hantaan en Corée, où on l'a découvert.) Les chercheurs mettent au point un test permettant d'identifier rapidement le virus et font des recommandations pour aider la population à réduire le risque d'exposition aux rongeurs qui pourraient être infectés. Il ne s'agit probablement pas d'un nouveau virus. Les analyses comparatives des gènes de *Hantavirus* suggèrent qu'il est probablement arrivé en Amérique du Nord avec les premiers rats et les premiers colons de l'Ancien Monde (voir le chapitre 23).

Également en 1993, une flambée de **cryptosporidiose** transmise par le système d'approvisionnement en eau de Milwaukee, au Wisconsin, occasionne des diarrhées chez quelque 403 000 personnes. Elle est le fait d'un protozoaire, *Cryptosporidium.* Reconnu pour la première fois en 1976 comme une cause de maladie chez l'humain, il provoque jusqu'à 30 % des diarrhées dans les pays en voie de développement. Aux États-Unis, la transmission s'effectue par l'eau potable, les piscines et le matériel contaminé dans les hôpitaux.

Le **SIDA** (**syndrome d'immunodéficience acquise**) est porté à l'attention du public pour la première fois en 1981 quand on signale la mort, à Los Angeles, de quelques jeunes homosexuels atteints d'une forme de pneumonie, rare jusque-là, appelée pneumonie à *Pneumocystis.* Avant leur mort, ces hommes ont connu un affaiblissement grave de leur système immunitaire, qui combat normalement les maladies infectieuses. Bientôt, on établit une corrélation entre ces cas et un nombre inhabituel de manifestations d'une forme de cancer rare, la maladie de Kaposi, chez les jeunes hommes homosexuels. On signale une augmentation semblable de ces maladies rares chez les hémophiles et les usagers de drogue par voie intraveineuse.

L'organisation mondiale de la santé (OMS), dans le rapport ONUSIDA mis à jour au mois d'octobre 2002, estimait que, dans le monde, le nombre de nouveaux cas d'infection à VIH, en 2001, était de 5 millions, que le nombre de personnes vivant avec le VIH ou le SIDA était de 40 millions et que le

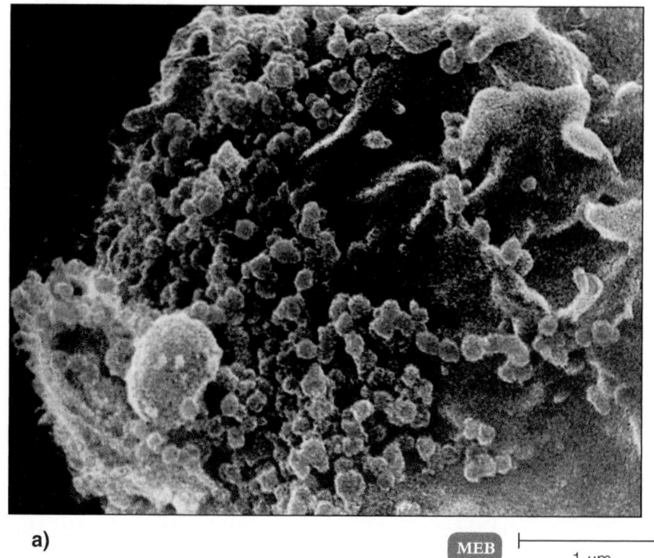


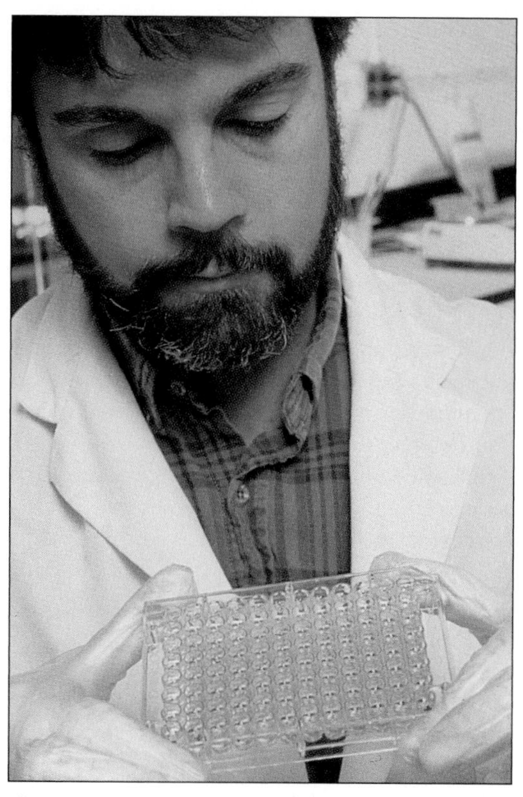


**FIGURE 1.7 Virus de l'immunodéficience humaine (VIH).**
**a)** Cette micrographie montre des particules de VIH (petites sphères rouges), le virus qui cause le SIDA, formant des bourgeons à la surface d'une cellule cible, un leucocyte appelé lymphocyte T CD4. **b)** Technicien de laboratoire en train d'effectuer un dosage par la méthode ELISA, grâce à laquelle on peut déceler de façon indirecte la présence de VIH dans le sang.

nombre de décès dus au SIDA en 2001 était de 3 millions de personnes.

Les chercheurs ont rapidement découvert que la cause du SIDA était un virus jusque-là inconnu (figure 1.7). Le **virus de l'immunodéficience humaine (VIH)** appartient au groupe des rétrovirus; deux virus, le $VIH_1$ et le $VIH_2$, sont à l'origine d'infections chez l'humain. Le VIH détruit certains leucocytes du système immunitaire appelés lymphocytes T CD4, un type de cellules qui fait partie des défenses de l'organisme. La maladie et la mort sont occasionnées par des microorganismes ou des cellules cancéreuses qui auraient pu être éliminés autrement par les défenses naturelles du corps. Jusqu'à maintenant, la maladie s'est avérée inexorablement fatale, une fois les symptômes déclarés.

En étudiant les caractéristiques de la maladie, les chercheurs ont découvert que le VIH se propageait par les relations sexuelles, les seringues contaminées, les transfusions sanguines et le placenta chez les mères infectées – bref, par la transmission de liquides organiques d'une personne à l'autre. Depuis 1985, on analyse scrupuleusement le sang qui sert aux transfusions afin de s'assurer qu'il ne contient pas de VIH, si bien qu'il est peu probable aujourd'hui que le virus se transmette de cette façon.

Depuis 1994, de nouveaux traitements ont permis de prolonger la vie des personnes atteintes du SIDA; toutefois, on découvre approximativement 40 000 nouveaux cas par année aux États-Unis. La majorité des individus sidéens appartiennent à un groupe d'âge dont l'activité sexuelle est élevée et, comme leurs partenaires hétérosexuels sont à haut risque d'infection, les responsables de la santé publique craignent qu'il n'y ait encore plus de femmes et d'individus des groupes minoritaires qui contractent le SIDA dans les années à venir. En 1997, on a vu une augmentation des diagnostics de la maladie chez les femmes et dans les groupes minoritaires. Parmi les cas signalés chez les individus âgés de 13 à 24 ans, 44 % étaient des femmes et 63 %, des Afro-Américains.

Dans les années à venir, les scientifiques continueront de se servir des techniques de la microbiologie pour mieux connaître la structure de ce tueur qu'est le VIH, pour savoir comment il se transmet, se multiplie dans les cellules et cause la maladie, pour découvrir quels médicaments utiliser contre lui et trouver peut-être un vaccin efficace. Les responsables de la santé publique s'emploient aussi à faire de l'éducation préventive.

Le SIDA constitue à l'heure actuelle une des plus redoutables menaces pour la santé humaine, mais il ne s'agit pas de la première épidémie grave d'une maladie transmise sexuellement. La syphilis a aussi été une maladie épidémique mortelle. Elle a causé des ravages parmi les soldats des Croisades au Moyen Âge et, il n'y a pas très longtemps, plus précisément en 1941, elle provoquait encore quelque 14 000 morts par année aux États-Unis. Il y avait alors peu de médicaments pour la combattre et aucun vaccin pour la prévenir. Les efforts pour circonscrire la maladie visaient surtout à limiter les contacts sexuels et à promouvoir l'utilisation de préservatifs (condoms). La mise au point d'antibiotiques pour traiter la syphilis contribua largement à freiner sa propagation. Selon les Centers for Disease Control and Prevention (CDC), le nombre de cas reconnus de syphilis est tombé de 575 000 en 1943, un record, à 6 277 en 1999.

Les techniques de la microbiologie ont permis aux chercheurs de vaincre la variole et d'endiguer la syphilis. De la même façon, elles aideront les scientifiques du XXIe siècle à découvrir les causes des maladies infectieuses émergentes. Il y aura sans doute de nouvelles maladies. Le virus Ebola et *Hantavirus* sont des exemples de virus qui sont peut-être en train de changer leur capacité d'infecter différentes espèces hôtes. Nous reviendrons sur les maladies infectieuses émergentes au chapitre 14, p. 461.

Certaines maladies infectieuses peuvent connaître une recrudescence parce que les agents pathogènes qui les causent deviennent résistants aux antibiotiques : on parle alors de multirésistance. L'érosion des mesures de santé publique qui permettaient par le passé d'éviter les infections a favorisé l'éclosion de cas inattendus de tuberculose, de coqueluche et de diphtérie (voir le chapitre 24). Des cas de tuberculose résistante aux antibiotiques observés chez des personnes atteintes du SIDA donnent à penser que le fléau pourrait être de retour.

* * *

Les maladies que nous avons mentionnées sont causées par des virus, des bactéries, des protozoaires et des prions – qui sont des types de microorganismes. Le présent ouvrage est une introduction à l'énorme diversité des organismes microscopiques. Il montre comment les microbiologistes utilisent des techniques et des méthodes spécifiques pour étudier les microbes qui causent des maladies telles que le SIDA et la diarrhée – ainsi que des affections qui sont encore à découvrir. Nous traitons également des réactions du corps aux infections microbiennes et nous examinons comment certains médicaments les combattent. Enfin, nous nous penchons sur les nombreux rôles utiles joués par les microbes autour de nous.

# RÉSUMÉ

## LES MICROBES DANS NOS VIES (p. 2-3)

1. Les êtres vivants trop petits pour être visibles à l'œil nu s'appellent microorganismes.
2. Les microorganismes jouent un rôle essentiel dans le maintien de l'équilibre écologique de la Terre.
3. Certains microorganismes vivent dans le corps des humains et d'autres animaux où leur présence est nécessaire au maintien de la santé.
4. Certains microorganismes servent dans des applications commerciales telles que la fabrication d'aliments et de produits chimiques.
5. Certains microorganismes causent des maladies ; ce sont des microbes pathogènes.

## L'APPELLATION ET LA CLASSIFICATION DES MICROORGANISMES (p. 3-7)

1. Dans le système de nomenclature créé par Carl von Linné (1735), l'appellation scientifique de chaque organisme vivant est formée de deux mots latins.
2. Les deux mots sont un nom de genre et une épithète spécifique, qui sont tous deux soulignés ou écrits en italique. Le nom du genre porte une majuscule. Exemple : *Staphylococcus aureus*.

### Les types de microorganismes (p. 3-7)

#### *Les bactéries* (p. 5)

1. Les bactéries sont des microorganismes unicellulaires. Comme elles n'ont pas de noyau délimité par une membrane, les cellules sont dites procaryotes.
2. Les trois principales formes de bactéries sont les bacilles, les cocci et les formes spiralées.
3. La plupart des bactéries ont une paroi cellulaire de peptidoglycane ; elles se reproduisent de façon asexuée par scissiparité.
4. Certaines bactéries possèdent des flagelles qui les rendent mobiles.
5. Des substances chimiques de toutes sortes peuvent servir de nourriture pour les bactéries. Les bactéries qui se développent sur et dans le corps humain utilisent des substances chimiques organiques.

#### *Les archéobactéries* (p. 5)

1. Les archéobactéries sont des microorganismes unicellulaires ; les cellules sont des procaryotes et leur paroi cellulaire est dépourvue de peptidoglycane.
2. Les archéobactéries, dont une caractéristique est de supporter des conditions de vie difficiles, comprennent les bactéries méthanogènes, les bactéries halophiles extrêmes et les bactéries thermophiles extrêmes.

### *Les mycètes* (p. 5)

1. Les mycètes, ou champignons, dont font partie les moisissures et les levures, sont formés de cellules eucaryotes (ayant un vrai noyau).
2. Parmi les mycètes d'intérêt médical, on trouve des formes unicellulaires, ou *levures*, et des formes pluricellulaires filamenteuses.
3. Les cellules sont entourées d'une paroi cellulaire contenant de la chitine.
4. Les mycètes se nourrissent en absorbant la matière organique qui se trouve dans leur environnement.

### *Les protozoaires* (p. 5)

1. Les protozoaires sont des eucaryotes unicellulaires.
2. Les moyens par lesquels les protozoaires se nourrissent sont l'absorption ou l'ingestion par des structures spécialisées.
3. Certains sont des parasites qui vivent aux dépens de leur hôte; c'est ainsi qu'ils peuvent causer des dommages à l'humain.
4. Très souvent mobiles, ils se déplacent au moyen de pseudopodes (les amibes, par exemple), de flagelles ou de cils.

### *Les algues* (p. 5-6)

1. Les algues sont des eucaryotes unicellulaires ou pluricellulaires qui obtiennent leur nourriture par photosynthèse.
2. Les algues produisent de l'oxygène et des glucides qui sont utilisés par d'autres organismes.

### *Les virus* (p. 6-7)

1. Les virus sont des entités parasites obligatoires des cellules vivantes.
2. Les virus sont acellulaires; ils sont composés d'une nucléocapside formée d'un seul acide nucléique (ADN ou ARN), lui-même entouré d'une capside protéique. Dans certains cas, la capside est recouverte d'une enveloppe membranaire.
3. Les virus se multiplient par réplication.

### *Les parasites animaux pluricellulaires* (p. 7)

1. Les principaux groupes de parasites animaux pluricellulaires sont les vers plats et les vers ronds, appelés collectivement helminthes. Ils ont pour caractéristique d'être des parasites, donc de vivre aux dépens de leur hôte.
2. Les stades microscopiques du cycle vital des helminthes sont révélés par les techniques classiques de la microbiologie.

## La classification des microorganismes (p. 7)

1. Tous les organismes sont regroupés en procaryotes, qui comprennent les Bactéries et les Archéobactéries, ou en Eucaryotes, qui comprennent les Protistes (protistes fongiformes, protozoaires, algues), les Mycètes, ou champignons, les Plantes et les Animaux.

# BREF HISTORIQUE DE LA MICROBIOLOGIE (p. 7-18)

## Les premières observations (p. 7)

1. Robert Hooke observe que la matière végétale est composée de «petites boîtes»; il leur donne le nom de *cellules* (1665).
2. Les observations de Hooke sont à l'origine de la théorie cellulaire, selon laquelle tous les êtres vivants sont constitués de cellules.
3. Se servant d'un microscope simple, Antonie van Leeuwenhoek est le premier à observer des microorganismes (1673).

## Le débat sur la génération spontanée (p. 8-10)

1. Jusqu'au milieu des années 1880, beaucoup croyaient à la génération spontanée, selon laquelle des organismes vivants pouvaient être engendrés de façon spontanée à partir de la matière non vivante. Un débat historique s'étirant sur plusieurs années a mis en conflit les opposants et les défenseurs de la théorie sur la génération spontanée.
2. Un opposant: Francesco Redi démontre que les asticots n'apparaissent sur la viande en décomposition que si des mouches peuvent y pondre leurs œufs (1668).
3. Un défenseur: John Needham soutient que des microorganismes peuvent se former spontanément dans un bouillon nutritif préalablement chauffé puis mis dans des bouteilles fermées (1745).
4. Un opposant: Lazzaro Spallanzani répète les expériences de Needham et suggère que les résultats de ce dernier sont dus à des microorganismes dans l'air qui sont tombés dans ses bouillons (1765).
5. Un opposant: Rudolf Virchow propose le concept de biogenèse: une cellule vivante peut être engendrée seulement par une cellule préexistante (1858).
6. Un opposant: Louis Pasteur démontre que les microorganismes sont partout dans l'air et présente des preuves à l'appui de la biogenèse (1861).
7. Les découvertes de Pasteur sont à l'origine des techniques d'asepsie employées dans les laboratoires et les interventions médicales pour prévenir la contamination par les microorganismes aériens.

## L'âge d'or de la microbiologie (p. 10-13)

La microbiologie a fait des progrès rapides sur le plan scientifique entre 1857 et 1914.

### *La fermentation et la pasteurisation* (p. 10)

1. Pasteur découvre, lors de travaux sur le vin et la bière, que les levures font fermenter le sucre pour produire de l'alcool et que les bactéries peuvent oxyder l'alcool en acide acétique.
2. Un procédé qui fait appel à la chaleur, nommé pasteurisation, est utilisé pour tuer les bactéries dans certaines boissons alcoolisées et le lait.

### *La théorie germinale des maladies* (p. 10-12)

1. Agostino Bassi (1835) et Pasteur (1865) montrent qu'il y a une relation de cause à effet entre les microorganismes et la maladie.
2. Joseph Lister (1860) est le premier à utiliser un désinfectant pour nettoyer les plaies chirurgicales (asepsie chirurgicale) afin de réduire les infections chez les humains, infections qu'il attribue à des microorganismes.
3. Robert Koch (1876) prouve que les microorganismes causent des maladies. Il utilise une série de techniques appelées postulats de Koch. Ces postulats servent aujourd'hui à prouver qu'un microorganisme particulier cause une maladie donnée.

### *La vaccination* (p. 12-13)

1. Lors de la vaccination, l'immunité (résistance à une maladie particulière) est conférée par l'inoculation d'un vaccin.
2. En 1798, Edward Jenner démontre que l'inoculation d'une préparation tirée d'un patient atteint de la vaccine immunise les humains contre la variole.
3. Aux environs de 1880, Pasteur découvre qu'une bactérie avirulente peut servir de vaccin contre le choléra des poules ; il invente le terme *vaccin*.
4. Les vaccins modernes sont préparés à partir de microorganismes avirulents vivants ou d'agents pathogènes tués, de composants isolés d'agents pathogènes ou de produits obtenus par génie génétique.

### La naissance de la chimiothérapie moderne : le rêve d'une « tête chercheuse » (p. 13-14)

1. La chimiothérapie est le traitement chimique des maladies.
2. Les médicaments de synthèse (préparés en laboratoire par des moyens chimiques) et les antibiotiques (substances produites naturellement par des bactéries et des mycètes pour inhiber la croissance d'autres microorganismes) sont deux types d'agents chimiothérapiques.
3. Paul Ehrlich est le premier à utiliser un produit chimique contenant de l'arsenic appelé salvarsan pour traiter la syphilis (1910).
4. Alexander Fleming observe que *Penicillium,* une moisissure (mycète), inhibe la croissance d'une culture bactérienne. Il nomme l'inhibiteur actif pénicilline (1928).
5. L'utilisation clinique de la pénicilline en tant qu'antibiotique remonte aux années 1940.
6. En 1939, René Dubos découvre deux antibiotiques produits par *Bacillus,* une bactérie.
7. Les chercheurs s'attaquent au problème des microbes résistant aux médicaments.

### La microbiologie aujourd'hui (p. 14-18)

1. La bactériologie est l'étude des bactéries, la mycologie, celle des mycètes et la parasitologie, celle des protozoaires et des vers parasites.
2. Les microbiologistes utilisent la génomique, soit l'étude de l'ensemble des gènes d'un organisme, pour classifier les bactéries, les mycètes et les protozoaires.
3. L'étude du SIDA, l'analyse de l'action des interférons et la création de nouveaux vaccins sont parmi les sujets de recherche auxquels on s'intéresse présentement en immunologie.
4. De nouvelles techniques en biologie moléculaire et en microscopie électronique procurent des outils pour faire progresser les connaissances en virologie.
5. L'essor du génie génétique a favorisé le progrès dans toutes les sphères de la microbiologie.

## LES MICROBES ET LA SANTÉ HUMAINE (p. 18-20)

1. Les microorganismes décomposent les plantes et les animaux morts et recyclent les éléments chimiques qui peuvent alors être utilisés par les plantes et les animaux vivants.
2. On utilise des bactéries pour décomposer la matière organique dans les eaux usées.
3. Les procédés de bioréhabilitation font appel aux bactéries pour éliminer les déchets toxiques.
4. On emploie des bactéries qui causent des maladies chez les insectes pour lutter par des moyens biologiques contre les espèces nuisibles. Ces armes biologiques combattent l'insecte nuisible et ne nuisent pas à l'environnement.
5. L'utilisation des microbes pour fabriquer, par exemple, de la nourriture et des produits chimiques s'appelle biotechnologie.
6. Grâce à l'ADN recombiné, les bactéries peuvent produire des substances importantes telles que des protéines, des vaccins et des enzymes.
7. En thérapie génique, on utilise des virus pour introduire dans les cellules humaines des gènes de remplacement pour ceux qui sont défectueux ou absents.
8. En agriculture, on utilise des bactéries modifiées par génie génétique pour protéger les plantes contre le gel et les insectes, et améliorer la durée de conservation des fruits et légumes.

## LES MICROBES ET LES MALADIES HUMAINES (p. 20-24)

1. Nous portons tous des microorganismes à la surface et à l'intérieur de notre corps ; ils constituent notre flore microbienne normale.
2. Parmi les facteurs importants qui contribuent à déterminer si une personne contractera une maladie infectieuse, on compte les propriétés pathogènes de l'espèce de microbe en cause ainsi que la résistance de l'hôte.
3. Une maladie infectieuse peut se déclarer quand un agent pathogène envahit un hôte dont la résistance est affaiblie.
4. Une maladie infectieuse émergente est une affection entièrement nouvelle ou une maladie connue qui est en train de changer. Ses caractéristiques sont une augmentation récente de son incidence ou la probabilité qu'elle se propage dans un avenir rapproché.

## AUTOÉVALUATION

### RÉVISION

**1.** Dans quelle branche de la microbiologie les scientifiques suivants seraient-ils le plus utiles ?

| Chercheur qui : | Branche : |
|---|---|
| ____ étudie la biodégradation des déchets toxiques environnementaux par des microorganismes. | a) biotechnologie |
| ____ étudie l'agent pathogène du syndrome pulmonaire à *Hantavirus*. | b) immunologie |
| ____ étudie la production de protéines humaines par les bactéries génétiquement modifiées. | c) écologie microbienne |
| ____ étudie les symptômes qui apparaissent à la suite du SIDA. | d) génie génétique |
| ____ étudie *E. coli*, l'agent pathogène de la maladie du hamburger. | e) bactériologie |
| ____ étudie le cycle vital de *Cryptosporidium*, un protozoaire. | f) mycologie |
| ____ met au point une thérapie génique pour traiter une maladie. | g) parasitologie |
| ____ étudie *Candida albicans*, un mycète. | h) virologie |

**2.** Pour les passionnés d'histoire : associez les personnes suivantes à leur contribution à la microbiologie, de ses débuts à son âge d'or.

**a)** Première série :

| | |
|---|---|
| ____ Hooke | a) Mise au point d'un premier vaccin contre la variole |
| ____ Lister | b) Réfutation de la génération spontanée |
| ____ Jenner | c) Première utilisation d'un désinfectant lors d'une intervention chirurgicale |
| ____ Koch | d) Première observation de microorganismes |
| ____ Pasteur | e) Première observation de cellules dans la matière végétale et première personne à les appeler ainsi |
| ____ van Leeuwenhoek | f) Démonstration du fait que les microorganismes peuvent causer des maladies |
| ____ Virchow | g) Affirmation que les cellules vivantes proviennent de cellules vivantes préexistantes (concept de la biogenèse) |

**b)** Deuxième série :

| | |
|---|---|
| ____ Ehrlich | a) Découverte d'antibiotiques produits par des bactéries |
| ____ Fleming | b) Découverte de la pénicilline |
| ____ Lederberg et Tatum | c) Utilisation du premier agent chimiothérapique de synthèse (salvarsan) |
| ____ Dubos | d) Découverte du fait que l'ADN peut être transféré d'une bactérie à l'autre (conjugaison) |
| ____ Ivanowski | e) Première caractérisation d'un virus grâce à une technique de cristallisation |
| ____ Lancefield | f) Observation du fait que les virus traversent les filtres |
| ____ Stanley | g) Système de classification des streptocoques fondé sur les antigènes présents dans la paroi cellulaire de ces bactéries |
| ____ Weizmann | h) Utilisation de bactéries pour produire de l'acétone |

**c)** Troisième série :

| | |
|---|---|
| ____ Jacob et Monod | a) Démonstration du fait que l'ADN est le matériel héréditaire |
| ____ Beadle et Tatum | b) Découverte du mécanisme par lequel l'ADN gouverne la synthèse des protéines dans la cellule |
| ____ Avery, MacLeod et McCarty | c) Démonstration du fait que le code des enzymes est dans les gènes |
| ____ Berg | d) Épissage d'ADN animal à de l'ADN bactérien par génie génétique |
| ____ Watson et Crick | e) Découverte de la structure de l'ADN |

**3.** Supposons une bactérie dont le genre est « staphylococcus » et l'épithète spécifique « epidermidis ». Écrivez correctement le nom scientifique de cet organisme. Utilisant ce nom comme exemple, expliquez comment les noms scientifiques peuvent être choisis. Faites la même chose pour la bactérie dont le genre est « neisseria » et l'épithète spécifique « gonorrhoeæ », et celle dont le genre est « enterococcus » et l'épithète spécifique « fæcalis ».

**4.** Associez les éléments suivants :

| | |
|---|---|
| ____ archéobactérie | a) acellulaire |
| ____ algue | b) paroi cellulaire composée de chitine |
| ____ bactérie | c) paroi cellulaire composée de peptidoglycane |
| ____ mycète | d) paroi cellulaire composée de cellulose ; photosynthèse |
| ____ helminthe | e) structure cellulaire complexe (eucaryote) dépourvue de paroi cellulaire |
| ____ protozoaire | f) animal pluricellulaire |
| ____ virus | g) procaryote sans paroi cellulaire de peptidoglycane |

5. On peut acheter les microorganismes suivants dans certains magasins de détail. Dites à quelle fin on voudrait se les procurer.
   a) *Bacillus thuringiensis*
   b) *Saccharomyces*

## QUESTIONS À CHOIX MULTIPLE

1. Laquelle des expressions suivantes est un nom scientifique ?
   a) *Mycobacterium tuberculosis*
   b) Bacille tuberculeux

2. Laquelle des caractéristiques suivantes *n'*appartient *pas* aux bactéries ?
   a) sont des procaryotes.
   b) possèdent une paroi cellulaire de peptidoglycane.
   c) ont la même forme.
   d) se multiplient par scissiparité.
   e) ont la capacité de se déplacer grâce à des flagelles.

3. Laquelle des caractéristiques suivantes appartient aux *virus* ?
   a) sont des procaryotes.
   b) possèdent une paroi cellulaire.
   c) sont acellulaires.
   d) sont des eucaryotes.
   e) sont plus gros que les bactéries.

4. Parmi les propositions suivantes, laquelle représente l'élément le plus important de la théorie germinale des maladies proposée par Koch ? L'animal présente des symptômes de maladie quand :
   a) il a été en contact avec un animal malade.
   b) sa résistance est affaiblie.
   c) on observe qu'il porte un microorganisme.
   d) on lui inocule un microorganisme.
   e) on peut en tirer des microorganismes et les mettre en culture.

5. L'ADN recombiné est :
   a) de l'ADN dans une bactérie.
   b) l'étude du fonctionnement des gènes.
   c) l'ADN hybride obtenu quand on combine des gènes de deux organismes différents.
   d) l'utilisation de bactéries pour produire des aliments.
   e) la production de protéines par des gènes.

6. Lequel des énoncés suivants représente la meilleure définition de la biogenèse ?
   a) La matière non vivante engendre des organismes vivants.
   b) Les cellules vivantes peuvent seulement provenir de cellules préexistantes.
   c) Une force vitale est nécessaire à la vie.
   d) L'air est essentiel aux organismes vivants.
   e) On peut produire des microorganismes à partir de la matière non vivante.

7. Laquelle des propositions suivantes représente une fonction utile des microorganismes ?
   a) Certains microorganismes sont utilisés dans les aliments consommés par les humains.
   b) Certains microorganismes utilisent du dioxyde de carbone.
   c) Certains microorganismes fournissent de l'azote qui sert à la croissance des plantes.
   d) Certains microorganismes sont utilisés dans le traitement des eaux usées.
   e) Tous les énoncés ci-dessus.

8. Certains disent que les bactéries sont essentielles à l'existence de la vie sur Terre. Laquelle des affirmations suivantes serait la fonction essentielle accomplie par les bactéries ?
   a) Elles limitent les populations d'insectes.
   b) Elles procurent directement de la nourriture aux humains.
   c) Elles causent des maladies.
   d) Elles décomposent la matière organique et recyclent les éléments chimiques.
   e) Elles produisent des hormones de croissance humaine telles que l'insuline.

9. Lequel des exemples suivants représente un cas de bioréhabilitation ?
   a) Application de bactéries qui décomposent le pétrole lors d'un déversement accidentel
   b) Application de bactéries sur une culture pour la protéger contre le gel
   c) Fixation d'azote gazeux pour le rendre utilisable
   d) Production par des bactéries d'une protéine humaine telle que l'interféron
   e) Tous les énoncés ci-dessus

10. Lequel des énoncés suivants sur *E. coli* *n'*est *pas* vrai ?
   a) *E. coli* est la première bactérie pathogène que Koch a identifiée.
   b) *E. coli* fait partie de la flore microbienne normale des humains.
   c) Une souche pathogène d'*E. coli* cause une diarrhée sanglante.
   d) Aucun des énoncés ci-dessus.

## QUESTIONS À COURT DÉVELOPPEMENT

1. Comment s'est formée l'idée de la génération spontanée dans l'esprit des humains ?

2. Au Moyen Âge, durant les mois très froids, on entassait dans de grands lits les enfants atteints de différentes maladies – toux, vomissements, teigne, éruptions diverses, etc. – afin de les maintenir au chaud. Pourquoi la prévention des maladies n'était-elle pas une nécessité concevable à cette époque ?

3. Dans le débat sur la génération spontanée, certains tenants de cette théorie croyaient que l'air est nécessaire à la vie. Ils estimaient que Spallanzani ne réfutait pas vraiment la génération spontanée parce que ses ballons, contenant du bouillon chauffé, étaient fermés hermétiquement, ce qui empêchait l'air d'y entrer. Comment les expériences de Pasteur ont-elles permis de répondre au problème de l'air sans que les microbes qui y vivent gâchent son expérience ?

4. Comment la théorie de la biogenèse a-t-elle ouvert la voie à la théorie germinale des maladies ?

5. La théorie germinale des maladies n'a été formellement prouvée qu'en 1876. Pourquoi alors Semmelweis (1840) et Lister (1867) plaidaient-ils pour l'utilisation des techniques d'asepsie en milieu hospitalier ?

6. Nommez quelques rôles utiles que les microorganismes peuvent jouer dans l'intérêt de la santé humaine.

7. Trouvez au moins trois produits de supermarché fabriqués à l'aide de microorganismes. (*Indice :* Vous pourrez lire sur l'étiquette le nom scientifique de l'organisme ou les mots *culture*, *fermenté* ou *brassé*.)

8. On a cru que toutes les maladies microbiennes seraient maîtrisées au XXe siècle. Nommez au moins trois raisons pour lesquelles nous découvrons de nouvelles maladies infectieuses maintenant.

## APPLICATIONS CLINIQUES

*N. B. Certaines de ces questions nécessitent que vous cherchiez des réponses dans les différents chapitres du livre.*

1. En 1864, Lister observe que les patients qui ont une fracture fermée se rétablissent complètement, mais que les fractures ouvertes ont des « conséquences désastreuses ». Il sait qu'on traite les champs au phénol (eau phéniquée) dans la région de la ville de Carlisle pour protéger le bétail contre les maladies. Lister se met à traiter les fractures ouvertes avec du phénol et observe que les patients guérissent sans complications. Comment les travaux de Pasteur ont-ils influencé Lister ? Du point de vue de la méthode scientifique, pourquoi les travaux de Koch étaient-ils encore nécessaires ? (*Indice :* voir le chapitre 14.)

2. La prévalence de l'arthrite aux États-Unis est de 1 pour 100 000 enfants. Cependant, à Lyme, au Connecticut, l'arthrite touche 1 enfant sur 10 entre juin et septembre 1973. Allen Steere, rhumatologue à l'université Yale, examine les cas de Lyme et découvre que 25 % des patients se souviennent d'avoir fait de l'urticaire pendant l'épisode d'arthrite et que la maladie obéit à la pénicilline. Steere conclut qu'il s'agit d'une nouvelle maladie infectieuse dont la cause n'est pas environnementale, génétique ni immunologique. Quel est l'élément du dossier qui a incité Steere à tirer cette conclusion ? Quelle hypothèse pouvait-il faire quant à la cause probable de la maladie ? Feuilletez le chapitre 23, qui porte sur les maladies infectieuses des systèmes cardio-vasculaire et lymphatique, et donnez un argument qui explique la prévalence plus élevée de la maladie de Lyme entre juin et septembre.

# Chapitre 2 *Principes de chimie*

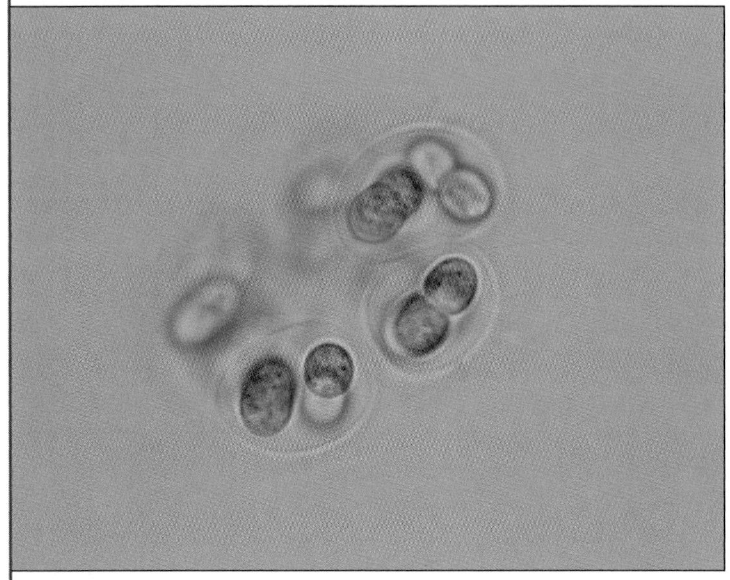

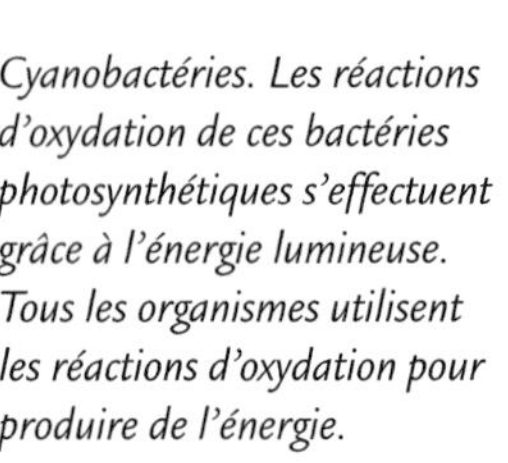

*Cyanobactéries. Les réactions d'oxydation de ces bactéries photosynthétiques s'effectuent grâce à l'énergie lumineuse. Tous les organismes utilisent les réactions d'oxydation pour produire de l'énergie.*

Nous voyons les arbres pourrir et réagissons à l'odeur du lait qui surit, mais nous n'avons pas toujours conscience de ce qui se passe au niveau microscopique. Dans les deux cas, des microbes sont en train d'effectuer des opérations chimiques. L'arbre pourrit quand les microorganismes décomposent le bois. Le lait surit en raison de la production d'acide lactique par des bactéries. La plupart des activités des microorganismes sont le résultat d'une série de réactions chimiques.

Comme tous les êtres vivants, les microorganismes doivent consommer des nutriments pour fabriquer les composants chimiques qui servent à leur croissance et à toutes les autres fonctions essentielles à la vie. Pour la plupart des microorganismes, la synthèse de ces composants exige qu'ils dégradent des substances nutritives et utilisent l'énergie libérée pour assembler les fragments moléculaires obtenus de façon à produire de nouvelles substances. Ces réactions chimiques ont lieu chaque minute dans d'innombrables microenvironnements.

Toute la matière – qu'il s'agisse de l'air, de la roche ou des organismes vivants – est composée de petites unités appelées **atomes.** Ces atomes interagissent dans certaines combinaisons pour former des **molécules.** La cellule vivante est constituée de molécules, dont certaines sont très complexes. La science des interactions entre les atomes et les molécules s'appelle la **chimie.**

La chimie des microbes est un des principaux objets d'étude des microbiologistes. La connaissance des processus chimiques est essentielle à la compréhension du rôle des microorganismes dans la nature, des mécanismes par lesquels ces derniers causent la maladie, des procédés par lesquels on met au point des épreuves diagnostiques, des moyens de défense de l'organisme contre les infections, et de la production des antibiotiques et des vaccins qui permettent de combattre les effets nocifs des microbes. Pour comprendre les changements dont les microorganismes sont eux-mêmes l'objet et ceux qu'ils occasionnent dans le monde qui nous entoure, nous devons savoir comment les molécules se forment et comment elles interagissent.

# La structure de l'atome

**Objectif d'apprentissage**

- *Décrire la structure de l'atome et son rapport avec les propriétés chimiques des éléments.*

Les atomes sont les plus petites unités de matière en mesure de participer à des réactions chimiques. Chaque atome possède en son centre un **noyau** autour duquel des particules appelées **électrons** décrivent des mouvements (figure 2.1). Le noyau de la plupart des atomes est stable, c'est-à-dire qu'il ne change pas spontanément. De plus, il ne participe pas aux réactions chimiques. Il est composé de particules ayant une charge positive (+), appelées **protons,** et de particules sans charge (neutres), appelées **neutrons.** Ainsi, le noyau porte une charge positive nette. Le neutron et le proton ont à peu près la même masse, qui représente environ 1 840 fois celle de l'électron. La charge de l'électron est négative (−) et, dans tous les atomes, le nombre d'électrons est égal au nombre de protons. Puisque la charge positive totale du noyau égale la charge négative totale des électrons, l'atome est électriquement neutre.

Le nombre de protons dans un noyau atomique varie de un seul (dans l'atome d'hydrogène) à plus de 100 (dans les plus gros atomes connus). On classe souvent les atomes par **numéro atomique,** soit le numéro qui correspond au nombre de protons contenus dans le noyau.

## Les éléments chimiques

Tous les atomes qui ont le même nombre de protons se comportent de la même façon sur le plan chimique et sont considérés comme le même **élément chimique.** Chaque élément chimique a son propre nom et est désigné par un symbole chimique de une ou deux lettres, habituellement dérivé de son nom anglais ou latin. Par exemple, le symbole

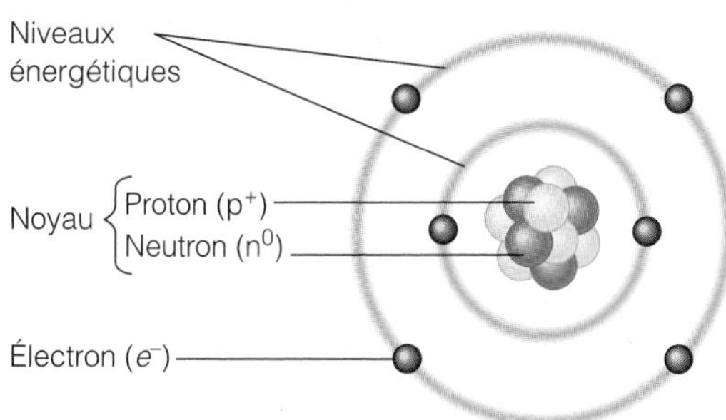


**FIGURE 2.1 Structure de l'atome.** Diagramme simplifié de l'atome de carbone : notez la position centrale du noyau. Ce dernier contient six protons et six neutrons, qui ne sont pas tous visibles dans le schéma. Les six électrons se déplacent autour du noyau dans des régions appelées niveaux énergétiques, représentés ici par des cercles.

- Quel est le numéro atomique de l'atome représenté ci-dessus ?

de l'hydrogène est H et celui du carbone C. Le symbole du sodium est Na – les deux premières lettres de son nom latin, *natrium* – pour le distinguer de l'azote, N (« nitrogen » en anglais), et du soufre, S. Il y a 92 éléments naturels. Toutefois, il y en a seulement 26 environ qui se retrouvent communément chez les êtres vivants. Les éléments les plus abondants dans la matière vivante sont l'hydrogène, le carbone, l'azote et l'oxygène.

Étant de la matière, les atomes possèdent une certaine masse. Mesurés en unités de masse atomique (u.m.a.) – aussi appelées dalton –, le proton a une masse de 1,007 unité, le neutron, une masse de 1,008 unité et l'électron, une masse de 0,0005 unité. Par exemple, l'atome de carbone possède 6 protons, 6 neutrons et 6 électrons, et la **masse atomique** (ou *poids atomique*) de cet atome est de 12,011 u.m.a. Le **nombre de masse** est l'expression simplifiée, sans décimale, de la masse atomique ; le nombre de masse de l'atome de carbone est donc de 12, soit une valeur approximative de la masse atomique. Dans les faits, le nombre de masse d'un atome correspond à la somme du nombre de protons et du nombre de neutrons contenus dans l'atome ; pour le carbone, 6 protons + 6 neutrons = 12. Le tableau 2.1 décrit quelques-uns des éléments chimiques présents dans les organismes vivants avec leur symbole, leur numéro atomique et leur nombre de masse.

Dans un même élément chimique, il peut y avoir des atomes qui se différencient par le nombre de neutrons dans leur noyau. Ces atomes d'un même élément sont appelés **isotopes.** La plupart des éléments ont plusieurs isotopes. Tous les isotopes d'un élément ont le même nombre de protons, mais leurs masses atomiques moyennes diffèrent parce qu'ils n'ont pas le même nombre de neutrons. Par exemple, dans un échantillon naturel d'oxygène, tous les atomes ont huit protons. Toutefois, 99,76 % des atomes ont huit neutrons, 0,04 % en ont neuf et 0,2 % en ont dix. Ainsi, les trois isotopes qui composent l'échantillon naturel d'oxygène ont des nombres de masse de 16, 17 et 18, bien qu'ils aient tous le numéro atomique 8. Ces trois isotopes peuvent s'écrire ${}^{16}_{8}O$, ${}^{17}_{8}O$ et ${}^{18}_{8}O$, où le numéro atomique est représenté en indice à gauche du symbole chimique de l'élément et le nombre de masse figure en exposant au-dessus du numéro atomique. En reprenant le concept de masse atomique décrit plus haut, on peut définir la **masse atomique moyenne** d'un élément comme la moyenne des masses atomiques de tous les isotopes naturels de l'élément ; elle représente l'abondance relative des isotopes ayant des nombres de masse différents.

Dans le domaine médical, les isotopes de certains éléments sont extrêmement utiles ; on s'en sert pour la recherche en biologie, les diagnostics, le traitement de certaines maladies et certaines formes de stérilisation. Par exemple, l'iode I-131 est un isotope radioactif utilisé pour visualiser l'activité de la glande thyroïde.

## Les configurations électroniques

Dans un atome, les électrons sont disposés en couches électroniques, qui sont des régions correspondant à différents

**Tableau 2.1** *Les éléments de la vie**

| Élément chimique | Symbole chimique | Numéro atomique | Nombre de masse |
|---|---|---|---|
| Hydrogène | H | 1 | 1 |
| Carbone | C | 6 | 12 |
| Azote | N | 7 | 14 |
| Oxygène | O | 8 | 16 |
| Sodium | Na | 11 | 23 |
| Magnésium | Mg | 12 | 24 |
| Phosphore | P | 15 | 31 |
| Soufre | S | 16 | 32 |
| Chlore | Cl | 17 | 35 |
| Potassium | K | 19 | 39 |
| Calcium | Ca | 20 | 40 |
| Fer | Fe | 26 | 56 |
| Iode | I | 53 | 127 |

* L'hydrogène, le carbone, l'azote et l'oxygène sont les éléments chimiques les plus abondants dans les organismes vivants.

**niveaux énergétiques.** La répartition des électrons dans ces niveaux s'appelle une **configuration électronique.** Les niveaux se superposent du noyau vers l'extérieur et chacun d'eux peut contenir un nombre maximal caractéristique d'électrons – deux sur le niveau le plus profond (niveau d'énergie le plus bas), huit sur le deuxième niveau et huit sur le troisième, s'il s'agit du niveau le plus externe de l'atome. Le niveau le plus externe est appelé *dernier niveau énergétique*. À quelques exceptions près, les quatrième, cinquième et sixième niveaux peuvent recevoir chacun 18 électrons. Le tableau 2.2 montre les configurations électroniques des atomes de certains éléments qu'on trouve dans les organismes vivants.

Le dernier niveau énergétique a tendance à se remplir de façon à contenir le nombre maximal d'électrons; par exemple, il y aura 2 électrons sur le premier niveau, 8 sur le deuxième, 8 sur le troisième, etc. Un atome peut donner ou accepter des électrons, ou en partager certains avec d'autres atomes de façon à compléter son dernier niveau énergétique. Les propriétés chimiques des atomes sont déterminées en grande partie par le nombre d'électrons dans le dernier niveau énergétique. Quand ce dernier niveau est comblé, l'atome est chimiquement stable, ou inerte: il n'a pas tendance à réagir avec d'autres atomes. Ainsi, l'hélium (numéro atomique 2) et le néon (numéro atomique 10) sont des gaz inertes. Ce sont des exemples d'atomes dont le dernier niveau énergétique est complet. Le premier niveau de l'hélium contient le nombre maximal de 2 électrons; quant au néon, son premier niveau contient 2 électrons alors que son deuxième niveau contient le nombre maximal de 8 électrons.

Quand le dernier niveau d'énergie n'est que partiellement rempli, l'atome est chimiquement instable. La tendance à la stabilité amène l'atome à réagir avec d'autres atomes, et cette réaction est en partie liée aux électrons qu'il faut ajouter ou retrancher pour obtenir un dernier niveau d'énergie complet. Remarquez combien il y a d'électrons dans le dernier niveau énergétique des atomes du tableau 2.2. Nous verrons plus loin la corrélation qui existe entre ce nombre et la réactivité chimique des éléments.

## Comment les atomes forment des molécules: les liaisons chimiques

### Objectif d'apprentissage

- *Définir la liaison ionique, la liaison covalente, la liaison hydrogène, la masse moléculaire et la mole.*

Quand le dernier niveau énergétique d'un atome n'est pas rempli d'électrons, on peut se le représenter comme ayant des cases à combler ou des électrons en trop, selon qu'il est plus facile pour l'atome de gagner ou de perdre des électrons. Par exemple, l'atome d'oxygène, dont le numéro atomique est 8 et qui possède deux électrons au premier niveau d'énergie et six au deuxième, a deux cases à combler dans son dernier niveau énergétique; à l'inverse, l'atome de magnésium, dont le numéro atomique est 12, a deux électrons de trop dans son dernier niveau énergétique. Sur le plan chimique, la configuration la plus stable pour un atome est celle où son dernier niveau énergétique est complet, comme celui d'un gaz inerte. Ainsi, pour que ces deux atomes atteignent cet état, l'atome d'oxygène doit gagner deux électrons et l'atome de magnésium en perdre deux. Tous les atomes ont tendance à se combiner de façon que les électrons de trop sur le dernier niveau énergétique du premier atome remplissent les cases du dernier niveau énergétique du deuxième atome; par exemple, l'oxygène et le magnésium se combinent de telle manière que le dernier niveau énergétique de chaque atome soit complet, c'est-à-dire possède 8 électrons.

La **valence** d'un atome, ou sa capacité de se combiner, est le nombre d'électrons qui sont soit en trop, soit manquants dans le dernier niveau énergétique. Par exemple, l'hydrogène a une valence de 1 (une case à combler, ou un électron en trop), l'oxygène a une valence de 2 (deux cases à remplir), le carbone a une valence de 4 (quatre cases à combler, ou quatre électrons en trop) et le magnésium a une valence de 2 (deux électrons en trop).

En bref, les atomes obtiennent le nombre d'électrons requis pour compléter leur dernier niveau d'énergie en se combinant de façon à former des **molécules.** Ces dernières sont composées d'atomes du même élément (par exemple $H_2$) ou d'éléments différents. Une molécule qui contient au

## Tableau 2.2 *Configurations électroniques des atomes de certains éléments présents dans les organismes vivants*

| Élément chimique | Premier niveau énergétique | Deuxième niveau énergétique | Troisième niveau énergétique | Schéma | Nombre d'électrons du dernier niveau énergétique | Nombre de cases à combler | Nombre maximal de liaisons possibles |
|---|---|---|---|---|---|---|---|
| Hydrogène | 1 | — | — | 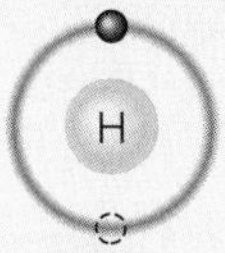 H | 1 | 1 | 1 |
| Carbone | 2 | 4 | — | 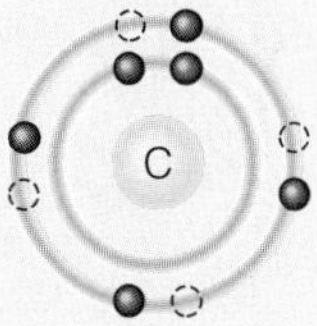 C | 4 | 4 | 4 |
| Azote | 2 | 5 | — | 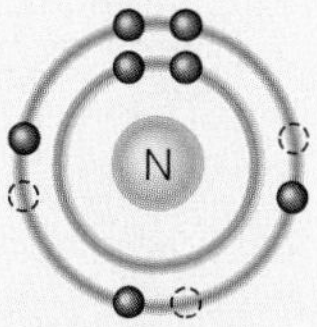 N | 5 | 3 | 3 |
| Oxygène | 2 | 6 | — | 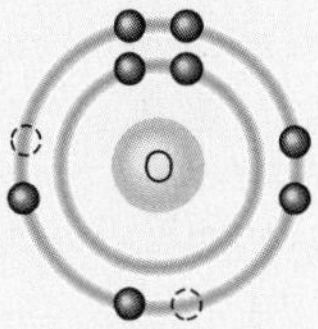 O | 6 | 2 | 2 |
| Magnésium | 2 | 8 | 2 | 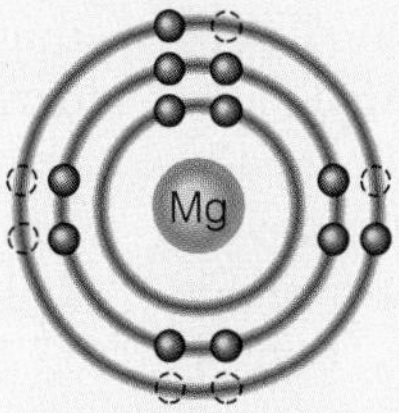 Mg | 2 | 6 | 2 |
| Phosphore | 2 | 8 | 5 | 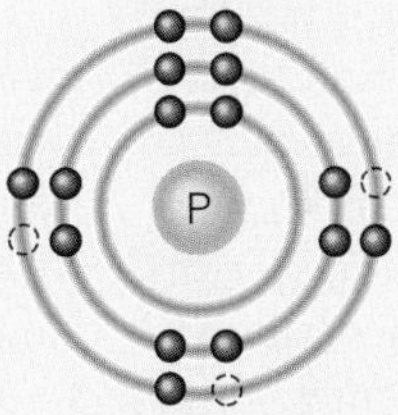 P | 5 | 3 | 5 |
| Soufre | 2 | 8 | 6 | 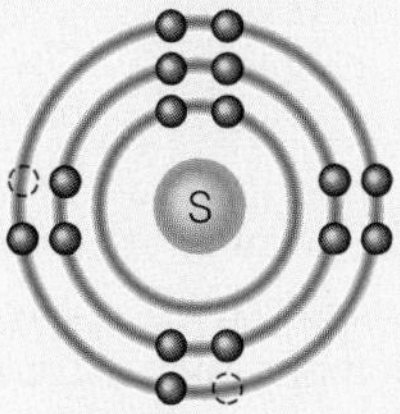 S | 6 | 2 | 2 |

**Légende :** Électron
Case à combler
Noyau atomique

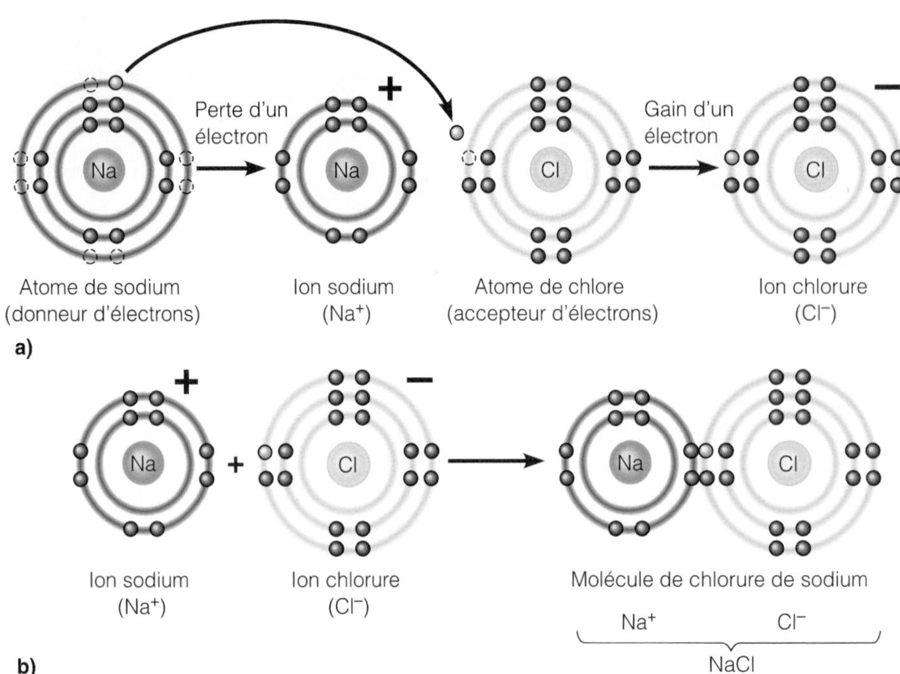


**FIGURE 2.2 Formation d'une liaison ionique. a)** Un atome de sodium (Na), à gauche, cède un électron à un accepteur d'électrons et forme un ion sodium ($Na^+$). Un atome de chlore (Cl), à droite, accepte un électron d'un donneur d'électrons et devient un ion chlorure ($Cl^-$). **b)** Les ions sodium et chlorure sont attirés l'un par l'autre en raison de leurs charges qui s'opposent. Ils sont retenus ensemble par une liaison ionique et forment ainsi une molécule de chlorure de sodium (NaCl).

■ **Une liaison ionique est l'attraction chimique qui tient ensemble des ions de charges différentes.**

moins deux sortes d'atomes, telle $H_2O$, la molécule d'eau, s'appelle un **composé.** Dans $H_2O$, l'indice 2 signifie qu'il y a deux atomes d'hydrogène; l'absence d'indice après le O signifie qu'il n'y a qu'un atome d'oxygène. La molécule doit sa cohésion au fait que les électrons de valence des atomes qui la composent exercent une force d'attraction, appelée **liaison chimique,** entre les noyaux atomiques. C'est pourquoi on peut considérer la valence comme la capacité de se combiner d'un élément. Puisqu'il faut de l'énergie pour former une liaison chimique, chaque liaison chimique possède une certaine quantité d'énergie chimique potentielle.

En règle générale, les atomes forment des liaisons de deux façons : ils peuvent soit gagner ou perdre des électrons de leur dernier niveau énergétique, soit partager leurs électrons externes. Quand ils gagnent ou perdent des électrons externes, la liaison chimique s'appelle une liaison ionique. Quand les électrons sont partagés, la liaison porte le nom de liaison covalente. Nous allons traiter de ces deux types de liaisons séparément mais, en réalité, celles qui se trouvent dans les molécules n'appartiennent entièrement ni à l'une, ni à l'autre catégorie. Elles se situent plutôt dans un intervalle qui va des liaisons hautement ioniques aux liaisons hautement covalentes.

## Les liaisons ioniques

Les atomes sont neutres électriquement quand le nombre de charges positives (protons) est égal au nombre de charges négatives (électrons). Mais quand un atome isolé gagne ou perd des électrons, cet équilibre est rompu. S'il gagne des électrons, il devient chargé négativement; s'il perd des électrons, il devient chargé positivement. Un atome (ou groupe d'atomes) ainsi chargé s'appelle un **ion.**

Considérons les exemples suivants. Le sodium (Na) possède 11 protons et 11 électrons, dont un dans le dernier niveau énergétique. Il a tendance à perdre cet unique électron; c'est un *donneur d'électrons* (figure 2.2a). Quand il donne un électron à un autre atome, il lui reste 11 protons et seulement 10 électrons, si bien qu'il a une charge nette de +1. Cet atome de sodium chargé positivement porte le nom d'ion sodium et s'écrit $Na^+$. Le chlore (Cl) a 17 électrons en tout, dont 7 dans le dernier niveau énergétique. Puisque ce dernier peut en contenir 8, le chlore a tendance à saisir un électron qui a été perdu par un autre atome; c'est un *accepteur d'électrons* (figure 2.2a). C'est ainsi qu'il devient porteur de 18 électrons au total. Toutefois, il n'a toujours que 17 protons dans son noyau. L'ion chlorure a donc une charge de −1 et s'écrit $Cl^-$.

Les charges opposées de l'ion sodium ($Na^+$) et de l'ion chlorure ($Cl^-$) s'attirent. Cette attraction, ou liaison ionique, retient les deux atomes ensemble et une molécule se forme (figure 2.2b). Cette molécule, appelée chlorure de sodium (NaCl) ou sel de table, fournit un exemple classique de liaison ionique. Ainsi, la **liaison ionique** est l'attraction qui s'exerce entre des ions de charges opposées et qui les retient ensemble de manière à former une molécule stable. Autrement dit, la liaison ionique est l'attraction qui unit des atomes de telle sorte que certains atomes perdent des électrons et que d'autres en acquièrent. Les liaisons ioniques fortes, comme celles qui retiennent $Na^+$ et $Cl^-$ dans les cristaux de sel, ont une importance limitée dans les cellules vivantes. Mais les liaisons ioniques plus faibles qui se forment dans les solutions aqueuses (eau) sont importantes pour les réactions biochimiques dans les microbes et les autres organismes vivants. Par exemple, les liaisons ioniques plus faibles jouent un rôle dans certaines réactions antigène-anticorps, qui sont des

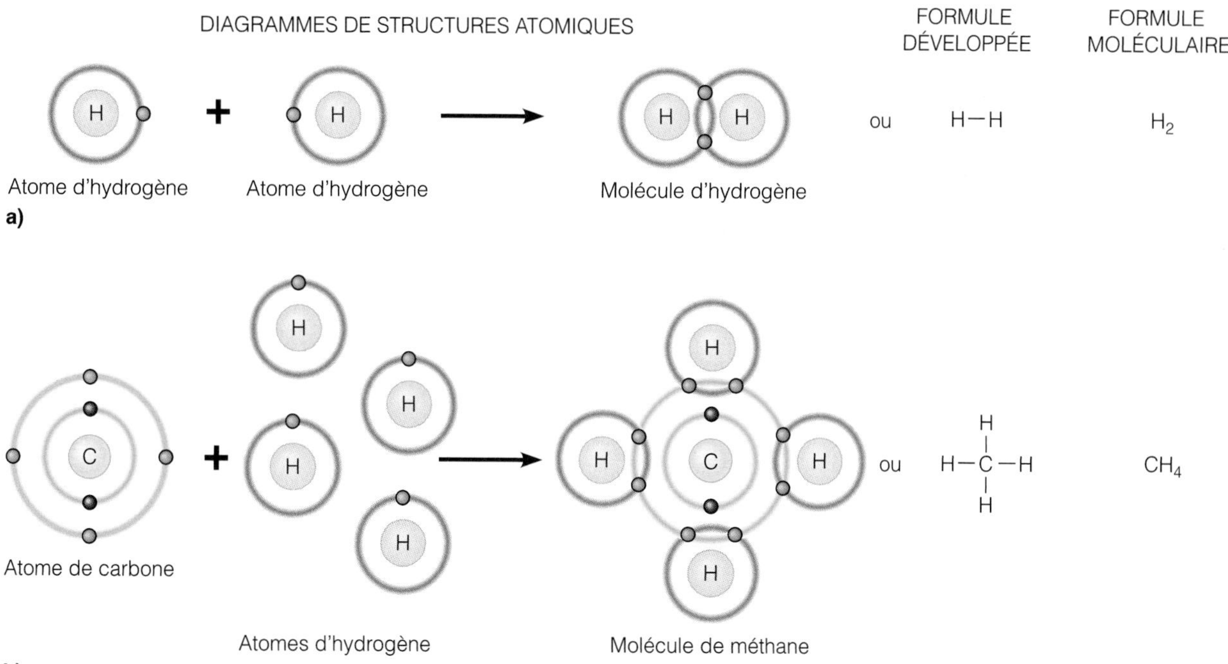


**FIGURE 2.3 Formation de liaisons covalentes. a)** Liaison covalente simple entre deux atomes d'hydrogène. **b)** Liaisons covalentes simples entre quatre atomes d'hydrogène et un atome de carbone formant une molécule de méthane. Les formules qui figurent à droite sont des façons plus simples de représenter les molécules. Dans la formule développée, chaque liaison covalente est indiquée par un trait entre les symboles des atomes. Dans la formule moléculaire, le nombre d'atomes dans la molécule est signalé par des indices.

- Dans la liaison covalente, deux atomes partagent une, deux ou trois paires d'électrons de valence.

réactions au cours desquelles des molécules produites par le système immunitaire (anticorps) se lient à des substances étrangères (antigènes) dans la lutte contre l'infection.

En règle générale, les atomes dont le dernier niveau énergétique est moins qu'à demi complet perdent des électrons et forment des ions chargés positivement, appelés **cations.** L'ion potassium ($K^+$), l'ion calcium ($Ca^{2+}$) et l'ion sodium ($Na^+$) sont des exemples de cations. Quand leur dernier niveau énergétique est plus qu'à demi complet, les atomes gagnent des électrons et forment des ions chargés négativement, appelés **anions.** Les ions iodure ($I^-$), chlorure ($Cl^-$) et sulfure ($S^{2-}$) en sont des exemples.

## Les liaisons covalentes

Une **liaison covalente** est le lien chimique unissant deux atomes qui partagent au moins une paire d'électrons. Les liaisons covalentes sont plus fortes et beaucoup plus fréquentes dans les organismes vivants que les liaisons ioniques véritables. Dans la molécule d'hydrogène, $H_2$, deux atomes d'hydrogène partagent une paire d'électrons. Chaque atome a son propre électron plus un emprunté à l'autre atome (figure 2.3a). En réalité, la paire d'électrons partagée est en orbite autour des noyaux des deux atomes. Par conséquent, les derniers niveaux énergétiques des deux atomes sont complets. Quand une paire seulement d'électrons est partagée entre les atomes, il y a formation d'une *liaison covalente simple.* On représente la liaison covalente simple par un trait unique entre les atomes (H—H). Quand deux paires d'électrons sont partagées, on obtient une *liaison covalente double,* qu'on représente par deux traits (=). La *liaison covalente triple,* représentée par trois traits (≡), se forme quand trois paires d'électrons sont partagées.

Les principes de la liaison covalente qui s'appliquent lorsque les atomes liés appartiennent au même élément valent également pour les atomes d'éléments différents. Le méthane ($CH_4$) est un exemple de la formation de liaisons covalentes entre des atomes d'éléments différents (figure 2.3b). Le dernier niveau énergétique de l'atome de carbone peut contenir huit électrons mais n'en a que quatre ; celui de l'atome d'hydrogène (1 électron) peut en contenir deux mais n'en a qu'un. En conséquence, dans la molécule de méthane, l'atome de carbone gagne quatre électrons d'hydrogène pour compléter son dernier niveau énergétique et chaque atome d'hydrogène complète sa paire en partageant un électron avec l'atome de carbone. Chaque électron externe de l'atome de carbone est en orbite à la fois autour du noyau de carbone et autour de celui d'hydrogène. Chaque électron d'hydrogène tourne à la fois autour de son propre noyau et autour du noyau de carbone.

Les éléments tels que l'hydrogène et le carbone, dont les derniers niveaux énergétiques sont à demi complets, forment assez facilement des liaisons covalentes. En fait, dans les organismes vivants, le carbone forme presque toujours des liaisons covalentes ; il ne devient presque jamais un ion. *Attention !* Les liaisons covalentes se forment par *partage* d'électrons entre les atomes qui ne gagnent ou ne perdent aucun électron. Les liaisons ioniques se forment par *attraction* entre des atomes qui ont perdu ou gagné des électrons et sont donc chargés positivement ou négativement.

## Les liaisons hydrogène

La **liaison hydrogène** est une autre liaison chimique particulièrement importante pour tous les organismes vivants. Elle se forme quand un atome d'hydrogène uni par une liaison covalente à un atome d'oxygène ou d'azote est attiré par un autre atome d'oxygène ou d'azote. Ces liens sont trop faibles pour permettre aux atomes de se constituer en molécules. Toutefois, ils servent de ponts entre différentes molécules ou entre divers segments d'une même molécule.

L'atome d'hydrogène est petit ; il ne possède qu'un seul proton dans son noyau et un seul électron. Quand l'hydrogène se combine à des atomes d'oxygène ou d'azote, l'attraction exercée sur son électron par le noyau relativement gros de ces atomes est plus forte que celle de son propre petit noyau. Ainsi, dans la molécule d'eau ($H_2O$), les électrons tendent à rester plus près du noyau d'oxygène que des noyaux d'hydrogène. La partie oxygène de la molécule d'eau possède alors une faible charge négative et la partie hydrogène une faible charge positive (figure 2.4a). Lorsque des molécules d'eau se rencontrent, l'extrémité chargée positivement des atomes d'hydrogène d'une molécule d'eau est attirée par l'extrémité chargée négativement d'une autre molécule d'eau ; une liaison hydrogène se forme alors entre les deux (figure 2.4b). Cette attraction peut aussi avoir lieu entre l'hydrogène et les autres atomes d'une même molécule, surtout quand cette dernière est grosse. L'oxygène et l'azote sont les éléments qui participent le plus souvent aux liaisons hydrogène parce que ce sont les atomes électronégatifs environnants les plus fréquents dans les organismes vivants.

La liaison hydrogène est beaucoup plus faible que la liaison ionique ou la liaison covalente ; elle ne possède qu'environ 5 % de la force d'une liaison covalente. En conséquence, les liaisons hydrogène se forment et se défont assez facilement. C'est cette propriété qui permet la création de liaisons temporaires entre certains atomes dans les grosses molécules complexes telles que les protéines et les acides nucléiques. Bien qu'elles soient relativement faibles, les liaisons hydrogène confèrent une force et une stabilité considérables aux grosses molécules qui en contiennent plusieurs centaines.

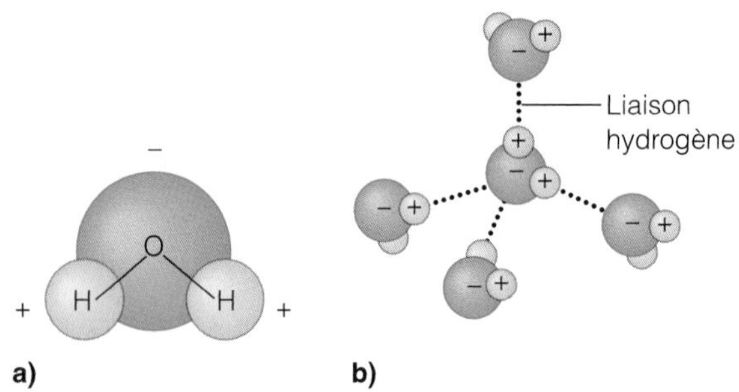


**FIGURE 2.4 Formation de liaisons hydrogène dans l'eau.**
**a)** Dans la molécule d'eau, l'électron de chacun des atomes d'hydrogène est fortement attiré par l'atome d'oxygène. En conséquence, la partie de la molécule d'eau qui contient l'atome d'oxygène possède une faible charge négative, tandis que la partie qui contient les atomes d'hydrogène a une faible charge positive.
**b)** Dans le cas de la liaison hydrogène entre deux molécules d'eau, l'hydrogène de l'une des molécules est attiré par l'oxygène de l'autre molécule. Un grand nombre de molécules d'eau peuvent être attirées les unes aux autres par des liaisons hydrogène (les liaisons hydrogène sont représentées par un pointillé noir).

- Dans une molécule d'eau, l'atome d'oxygène a la plus grande électronégativité.

## La masse molaire atomique et les moles

Nous avons vu que la formation de liaisons aboutit à la création de molécules. Quand on étudie les molécules, il y a deux quantités auxquelles on s'intéresse souvent. On les appelle masse molaire atomique et mole. La **masse molaire atomique** (ou *masse moléculaire*) est la somme des masses atomiques de tous les atomes qui composent une molécule ou une substance. Pour rendre cette mesure utilisable en laboratoire, on emploie une unité appelée mole. Une **mole** d'une substance égale sa masse molaire atomique exprimée en grammes. Par exemple, 1 mole d'eau pèse 18,015 grammes parce que la masse molaire atomique de $H_2O$ est égale à la somme de la masse atomique combinée des deux atomes de H (2 × 1,008) et de celle de l'atome de O (15,999), ce qui donne 18,015 g = [(2,016) + 15,999] ; on peut aussi simplifier la valeur : 1 mole d'eau = 18 grammes.

# Les réactions chimiques

### Objectifs d'apprentissage

- *Représenter trois des principaux modes de réactions chimiques sous forme de diagrammes.*
- *Définir le rôle des enzymes dans les réactions biochimiques.*

Au cours de **réactions chimiques,** il y a formation ou rupture de liaisons entre des atomes. Au terme d'une de ces réactions, le nombre total d'atomes est le même, mais de nouvelles molécules avec de nouvelles propriétés se sont formées parce qu'il y a eu un réarrangement des atomes.

## L'énergie et les réactions chimiques

Il y a échange d'énergie chaque fois que des liaisons se forment ou se brisent entre les atomes au cours des réactions chimiques. Cette énergie s'appelle **énergie chimique.** Pour former une liaison chimique, il faut fournir de l'énergie. Toute réaction chimique qui absorbe plus d'énergie qu'elle n'en libère s'appelle **réaction endergonique** (énergie vers l'intérieur), c'est-à-dire que l'énergie se dirige vers l'intérieur. Quand une liaison est brisée, il y a libération d'énergie. Toute réaction chimique qui libère plus d'énergie qu'elle n'en absorbe s'appelle **réaction exergonique** (énergie vers l'extérieur), c'est-à-dire que l'énergie se dirige vers l'extérieur.

Dans la présente section, nous examinons trois des principales réactions chimiques communes à toutes les cellules vivantes. En vous familiarisant avec ces réactions, vous serez en mesure de comprendre les réactions chimiques spécifiques que nous aborderons plus loin, en particulier celles du chapitre 5.

### Les réactions de synthèse

Quand des atomes, des ions ou des molécules se combinent pour former de nouvelles molécules plus grosses, la réaction s'appelle **réaction de synthèse.** Synthétiser, c'est réunir; c'est ainsi que la réaction de synthèse *forme de nouvelles liaisons.* On peut représenter ce mode de réaction de la façon suivante:

$$\underset{\text{Atome, ion ou molécule A}}{A} + \underset{\text{Atome, ion ou molécule B}}{B} \xrightarrow{\text{se combinent pour former}} \underset{\text{Nouvelle molécule AB}}{AB}$$

Les substances qui se combinent, A et B, s'appellent *réactifs*; la substance formée par leur combinaison, AB, s'appelle *produit.* La flèche indique la direction dans laquelle la réaction s'effectue.

Dans les organismes vivants, les voies métaboliques composées de réactions de synthèse s'appellent collectivement réactions anaboliques, ou simplement **anabolisme.** La combinaison de molécules de sucre pour former de l'amidon et celle d'acides aminés pour donner des protéines sont des exemples d'anabolisme.

### Les réactions de dégradation

L'inverse de la réaction de synthèse est la **réaction de dégradation.** La dégradation consiste à décomposer un tout en parties. Ainsi, dans une réaction de dégradation, il y a *rupture de liaisons.* Habituellement, ces réactions réduisent de grosses molécules en molécules plus petites, en ions ou en atomes. La réaction de dégradation se déroule de la façon suivante:

$$\underset{\text{Molécule AB}}{AB} \xrightarrow{\text{se dégrade en}} \underset{\text{Atome, ion ou molécule A}}{A} + \underset{\text{Atome, ion ou molécule B}}{B}$$

Les réactions de dégradation qui ont lieu dans les organismes vivants s'appellent collectivement réactions cataboliques, ou simplement **catabolisme.** Un exemple de catabolisme est la dégradation du saccharose (sucre ordinaire) en sucres plus simples, c'est-à-dire en glucose et en fructose, au cours de la digestion. Nous examinons la dégradation du pétrole par les bactéries dans l'encadré des pages 38 et 39.

### Les réactions d'échange

Toutes les réactions chimiques sont fondées sur la synthèse et la dégradation. Beaucoup de réactions, telles que les **réactions d'échange** ou **de substitution,** sont en fait constituées en partie d'une synthèse et en partie d'une dégradation. La réaction d'échange fonctionne de la façon suivante:

$$AB + CD \xrightarrow{\text{se défont puis se combinent pour former}} AD + BC$$

Tout d'abord, les liaisons entre A et B ainsi qu'entre C et D sont rompues par un processus de dégradation. Ensuite, de nouvelles liaisons se forment entre A et D et entre B et C par un processus de synthèse. Par exemple, il y a une réaction d'échange quand l'hydroxyde de sodium (NaOH) et l'acide chlorhydrique (HCl) réagissent pour former du chlorure de sodium (NaCl), ou sel de table, et de l'eau ($H_2O$), comme suit:

$$NaOH + HCl \longrightarrow NaCl + H_2O$$

### La réversibilité des réactions chimiques

En théorie, toutes les réactions chimiques sont réversibles, c'est-à-dire qu'elles peuvent se dérouler dans les deux directions. Mais en pratique, toutes les réactions ne sont pas égales à cet égard. Une réaction chimique qui est facilement réversible (dont les produits terminaux peuvent être reconvertis de manière à obtenir les molécules initiales) s'appelle une **réaction réversible,** et on signale cette propriété par deux demi-flèches, comme suit:

$$A + B \underset{\text{se dégrade en}}{\overset{\text{se combinent pour former}}{\rightleftharpoons}} AB$$

Certaines réactions sont réversibles parce que ni les réactifs ni les produits ne sont très stables. D'autres le sont seulement sous certaines conditions:

$$A + B \underset{\text{eau}}{\overset{\text{chaleur}}{\rightleftharpoons}} AB$$

Ce qui est écrit au-dessus ou au-dessous des demi-flèches spécifie la condition particulière sous laquelle la réaction est possible dans la direction indiquée. Dans le cas ci-dessus, A et B réagissent pour produire AB seulement quand on les chauffe, et AB se dégrade en A et B seulement en présence d'eau. La figure 2.9 montre un autre exemple de ce mode de réaction.

APPLICATIONS DE LA MICROBIOLOGIE

## La bioréhabilitation – Des bactéries sont invitées à une dégustation de pétrole

Les lecteurs de science-fiction ont compris il y a longtemps que la composition chimique des êtres en provenance d'autres planètes pourrait être sensiblement différente de celle des Terriens, si bien qu'ils pourraient être en mesure de manger, boire et respirer des substances qui sont mortelles pour nous. Ces extraterrestres pourraient nous rendre de précieux services s'ils nous débarrassaient de polluants tels que le pétrole brut, l'essence et le mercure, qui nuisent aux plantes, aux animaux et aux humains. Par chance, il n'est pas nécessaire d'attendre une visite d'un autre coin de l'Univers pour trouver des créatures dont on peut employer les capacités chimiques inusitées au profit de l'environnement. Si beaucoup de bactéries ont des besoins alimentaires semblables aux nôtres – d'où la nourriture avariée –, il y en a qui métabolisent (ou traitent chimiquement) les substances qu'on verrait bien à un banquet d'extraterrestres : des métaux lourds, du soufre, de l'azote gazeux, du pétrole, et même des polychlorobiphényles (PCB) et du mercure.

Les bactéries présentent plusieurs avantages pour la lutte contre la pollution. Elles peuvent extraire les polluants qui se sont combinés au sol et à l'eau et qui, de ce fait, ne se ramassent pas facilement. De plus, certaines peuvent modifier chimiquement des substances nocives et les rendre inoffensives, voire utiles. Il y a à l'état naturel dans le sol et dans l'eau des bactéries capables de dégrader de nombreux polluants ; on les utilise pour s'attaquer à ces polluants au moyen de techniques de *bioréhabilitation* qui, par des processus biologiques, visent à résoudre des problèmes tels que ceux causés par la pollution. Toutefois, le nombre restreint de ces bactéries ne permet pas de lutter efficacement contre les contaminations d'envergure. Certains scientifiques se consacrent actuellement à l'amélioration de l'efficacité de ces agents de dépollution naturels et, dans certains cas, modifient des organismes par génie génétique pour leur donner précisément l'appétit chimique voulu.

Une des victoires les plus prometteuses pour la bioréhabilitation a été remportée sur une plage d'Alaska à la suite du déversement de pétrole de l'*Exxon Valdez*. Plusieurs bactéries naturelles du genre *Pseudomonas* sont capables de dégrader le pétrole pour satisfaire leurs besoins en carbone et en énergie. En présence d'air, elles s'attaquent aux grosses molécules de pétrole et en retirent deux carbones à la fois (voir les illustrations).

Cependant, ces bactéries ne sont guère utiles lorsqu'on est aux prises avec une marée noire, car elles dégradent le pétrole beaucoup trop lentement. Toutefois, les scientifiques ont trouvé une façon très simple d'accélérer le processus – sans avoir recours au génie génétique. Ils ont simplement répandu sur la plage des engrais ordinaires pour les plantes à l'azote et au phosphore (bioactivateurs). Le nombre de bactéries capables de dégrader le pétrole a augmenté par comparaison avec celles des plages témoins qui n'ont pas eu d'engrais, et la plage-test est maintenant complètement propre.

On étudie à l'heure actuelle un autre groupe de bactéries susceptible de remédier à la contamination par le

## La théorie des collisions

La **théorie des collisions** explique comment les réactions chimiques se produisent et comment certains facteurs influent sur la vitesse à laquelle elles se déroulent. Selon cette théorie, tous les atomes, les ions et les molécules sont constamment en mouvement et, par conséquent, entrent sans cesse en collision les uns avec les autres. L'énergie transférée par les particules lors des collisions peut perturber suffisamment leur structure électronique pour briser des liaisons chimiques et en créer d'autres.

### Les facteurs influant sur les réactions chimiques

Plusieurs facteurs déterminent si une collision déclenchera une réaction chimique : la vitesse des particules qui entrent en collision, leur énergie et leur configuration chimique spécifique. Jusqu'à un certain point, plus la vitesse des particules est grande, plus la probabilité que leur collision entraînera une réaction est élevée. De plus, chaque réaction chimique nécessite un niveau d'énergie spécifique. Mais, même si les particules qui entrent en collision ont l'énergie minimale requise pour une réaction, cette dernière n'aura pas lieu si les particules ne sont pas bien orientées les unes par rapport aux autres.

Supposons que les molécules de la substance AB (le réactif) doivent être converties en molécules des substances A et B (les produits). Dans une population donnée de molécules de substance AB, à une température donnée, certaines molécules possèdent relativement peu d'énergie, la majorité possède une quantité moyenne d'énergie et une petite partie de la population a beaucoup d'énergie. Si seules les molécules AB de haute énergie sont en mesure de réagir et de se convertir en molécules A et B, il n'y aura alors, à tout moment, qu'un nombre relativement restreint de molécules avec assez d'énergie pour réagir lors d'une collision. L'énergie de collision minimale requise au départ pour qu'une réaction chimique puisse avoir lieu est l'**énergie d'activation** de cette

## La bioréhabilitation – Des bactéries sont invitées à une dégustation de pétrole (suite)

mercure. On trouve du mercure dans des substances courantes telles que les restes de peinture qu'on a mis aux ordures. Il peut s'échapper des dépotoirs et s'infiltrer dans le sol et l'eau. C'est en fait la présence d'une bactérie commune dans l'environnement, *Desulfovibrio desulfuricans*, qui rend le mercure plus dangereux ; en effet, elle ajoute au mercure un groupement méthyle, ce qui le convertit en une substance extrêmement toxique, le méthylmercure. Dans les étangs ou les marais, le méthylmercure se fixe aux petits organismes tels que le plancton, qui est consommé par de plus gros organismes, qui sont à leur tour mangés par les poissons. On a attribué des empoisonnements de poissons et, à l'autre bout de la chaîne alimentaire, des empoisonnements d'humains à l'ingestion de méthylmercure.

Toutefois, d'autres bactéries, dont certaines espèces de *Pseudomonas*, offrent l'espoir d'une solution. Pour éviter d'être empoisonnées par le mercure, ces bactéries commencent par convertir le méthylmercure en ion mercure (2+), ou ion mercurique :

$$\underset{\text{Méthylmercure}}{CH_3Hg} \longrightarrow \underset{\text{Méthane}}{CH_4} + \underset{\text{Ion mercure (2+)}}{Hg^{2+}}$$

Beaucoup de bactéries peuvent alors convertir l'ion mercurique avec ses charges positives en élément mercure, qui est relativement inoffensif. Elles accomplissent cette tâche en ajoutant à l'ion des électrons empruntés à des atomes d'hydrogène :

$$\underset{\text{Ion mercure (2+)}}{Hg^{2+}} + \underset{\text{Atomes d'hydrogène}}{2H} \xrightarrow{2e^-} \underset{\text{Élément mercure}}{Hg} + \underset{\text{Ions hydrogène}}{2H^+}$$

Dans la nature, l'action de ces bactéries est trop lente pour éliminer les déversements toxiques des humains, mais les scientifiques expérimentent certains bioactivateurs (ou bioaccélérateurs) et d'autres techniques qui permettraient d'augmenter leur efficacité. Contrairement à certaines formes d'assainissement de l'environnement, où les substances dangereuses sont enlevées d'un endroit pour être jetées ailleurs, le nettoyage bactérien élimine les produits toxiques et retourne souvent une substance inoffensive ou utile à l'environnement.

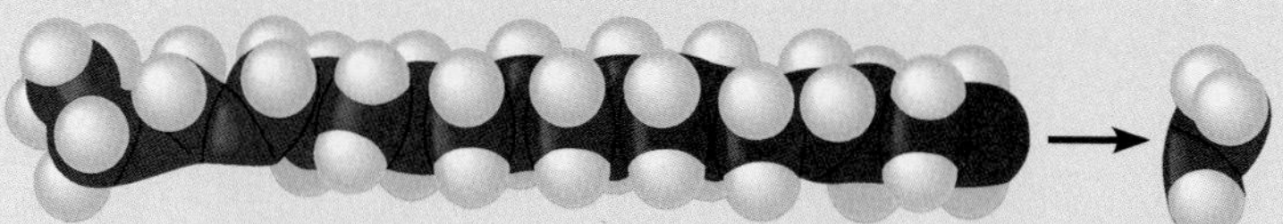


réaction. Il s'agit de la quantité d'énergie nécessaire pour perturber la configuration électronique stable d'une molécule donnée de telle sorte que les électrons puissent être réarrangés.

La **vitesse de réaction** – ou fréquence des collisions contenant assez d'énergie pour déclencher une réaction chimique – dépend du nombre de molécules de réactif dont l'énergie est égale ou supérieure à l'énergie d'activation. On peut augmenter la vitesse de réaction d'une substance en élevant sa température. En accélérant les molécules, la chaleur fait augmenter à la fois la fréquence des collisions et le nombre de molécules qui possèdent l'énergie d'activation. Le nombre de collisions augmente aussi quand la pression s'élève ou quand les réactifs sont plus concentrés, parce que la distance entre les molécules se trouve diminuée. Dans les systèmes vivants, les enzymes augmentent la vitesse de réaction en abaissant l'énergie d'activation, et ce sans élever la température.

### Les enzymes et les réactions chimiques

Les substances qui peuvent accélérer une réaction chimique sans être elles-mêmes modifiées de façon permanente s'appellent **catalyseurs.** Dans les cellules vivantes, les **enzymes** jouent le rôle de catalyseurs biologiques. Les enzymes sont des catalyseurs spécifiques : chacune agit sur une substance déterminée appelée **substrat** de l'enzyme (ou substrats, s'il y a plus d'un réactif), et chacune ne catalyse qu'une réaction. Par exemple, le saccharose (sucre ordinaire) est le substrat de la saccharase, une enzyme qui catalyse l'hydrolyse du saccharose en glucose et en fructose.

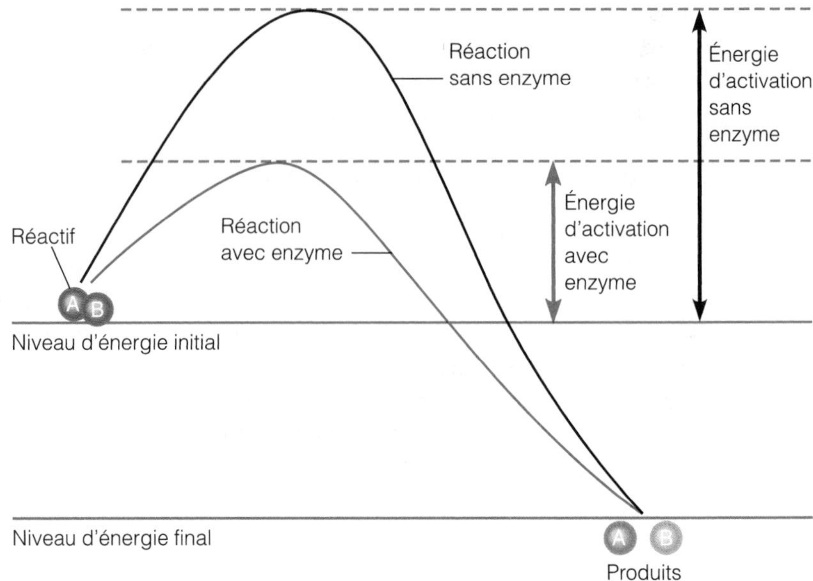


**FIGURE 2.5 Énergie nécessaire pour déclencher une réaction chimique.** Le diagramme ci-contre montre l'évolution de la réaction AB → A + B en l'absence (courbe noire) et en présence (courbe rouge) d'une enzyme. La présence de l'enzyme diminue l'énergie d'activation de la réaction (comparer les flèches). Ainsi, il y a plus de molécules du réactif AB qui sont converties en produits A et B parce qu'il y en a plus qui possèdent l'énergie d'activation requise pour la réaction.

- En tant que catalyseurs, les enzymes accélèrent les réactions biochimiques.

En tant que catalyseurs, les enzymes accélèrent habituellement les réactions chimiques. Ce sont des molécules tridimensionnelles qui ont un *site actif,* c'est-à-dire une région capable d'une interaction spécifique avec une substance chimique (figure 5.3). La substance chimique (réactif) sur laquelle l'enzyme exerce son action est le substrat de l'enzyme.

L'enzyme oriente le substrat de façon à augmenter la probabilité d'une réaction. Le **complexe enzyme-substrat** formé par la liaison temporaire de l'enzyme et des réactifs augmente l'efficacité des collisions. C'est pourquoi on dit que l'énergie d'activation nécessaire pour que se déclenche une réaction chimique est diminuée en présence d'une enzyme (figure 2.5). Ainsi, dans notre exemple précédent, l'enzyme accélère la réaction en augmentant le nombre de molécules AB qui possèdent assez d'énergie pour réagir.

Le fait que les enzymes soient capables d'accélérer les réactions sans augmenter la température est crucial pour les systèmes vivants parce qu'une élévation substantielle de la température détruirait les protéines cellulaires. Ainsi, la fonction capitale des enzymes est d'accélérer les réactions biochimiques à une température qui est compatible avec le fonctionnement normal de la cellule. En fait, la présence des enzymes rend la vitesse des réactions chimiques compatible avec le maintien de la vie. Tout facteur qui perturbe l'activité enzymatique aura un effet sur la vitesse des réactions chimiques et, pour finir, sur les processus vitaux.

# LES MOLÉCULES BIOLOGIQUES IMPORTANTES

Les biologistes et les chimistes considèrent qu'il y a deux grandes classes de composés : inorganiques et organiques. Les **composés inorganiques** sont des molécules, généralement petites et de structure simple, la plupart du temps dépourvues de carbone et où les liaisons ioniques peuvent jouer un rôle important. Ce sont, entre autres, l'eau, l'oxygène ($O_2$), le dioxyde de carbone et beaucoup de sels, d'acides et de bases.

Les **composés organiques** contiennent toujours du carbone et de l'hydrogène et ont en général des structures complexes. Le carbone est un élément unique en son genre parce qu'il possède quatre électrons dans son dernier niveau énergétique et quatre cases inoccupées. Il peut se combiner à divers atomes, y compris d'autres atomes de carbone, pour former des chaînes linéaires ou ramifiées et des structures cycliques. Les chaînes de carbone sont les structures de base d'un grand nombre de composés organiques dans les cellules vivantes, dont les glucides, les acides aminés et les vitamines. Ces composés doivent leur cohésion principalement ou entièrement à des liaisons covalentes. Certains d'entre eux, tels que les polysaccharides, les protéines et les acides nucléiques, sont très gros et contiennent habituellement des milliers d'atomes. Ces molécules géantes sont appelées *macromolécules.* Nous examinons dans la section qui suit les composés organiques et les composés inorganiques essentiels aux cellules.

# Les composés inorganiques

## L'eau

### Objectif d'apprentissage

- *Nommer plusieurs propriétés de l'eau qui sont importantes pour les systèmes vivants.*

Les organismes vivants ont besoin de toutes sortes de composés inorganiques pour leur croissance, leur réparation, leur entretien et leur reproduction. L'eau est un des plus importants, et un des plus abondants, d'entre eux. Elle est particulièrement vitale dans le cas des microorganismes. À l'extérieur de la cellule, les nutriments sont dissous dans l'eau, ce qui facilite leur passage à travers les membranes cellulaires. Et à l'intérieur de la cellule, l'eau est le milieu dans lequel se déroulent la plupart des réactions chimiques. En fait, l'eau est de loin le composant le plus abondant de presque toutes les cellules vivantes. Elle constitue de 5 à 95 % de la cellule, la moyenne se situant entre 65 et 75 %. On peut dire tout simplement qu'aucun organisme n'est en mesure de survivre sans eau.

L'eau possède des propriétés structurales et chimiques grâce auxquelles elle est particulièrement bien adaptée au rôle qu'elle est appelée à jouer dans les cellules vivantes. Nous avons mentionné que la charge nette de la molécule d'eau est neutre, mais que la partie oxygène possède une faible charge négative tandis que la partie hydrogène possède une faible charge positive (voir la section sur les liaisons hydrogène, p. 36, et la figure 2.4a). Toute molécule qui affiche une distribution inégale de ses charges s'appelle une **molécule polaire.** La nature polaire de l'eau lui confère quatre caractéristiques qui en font un milieu utile pour les cellules vivantes.

Premièrement, chaque molécule d'eau est en mesure de former quatre liaisons hydrogène avec les molécules d'eau environnantes (figure 2.4b). En raison de cette propriété, les molécules d'eau s'attirent fortement les unes les autres, ce qui permet de maintenir une grande cohésion. Il faut par conséquent une grande quantité de chaleur pour dissocier les molécules d'eau et former de la vapeur ; ainsi, le point d'ébullition de l'eau est relativement élevé (100 °C). C'est pourquoi l'eau se trouve à l'état liquide sur la majeure partie de la surface terrestre. De plus, les liaisons hydrogène entre les molécules influent sur la densité de l'eau, selon qu'elle est à l'état solide ou à l'état liquide. Par exemple, les liaisons hydrogène de la structure cristalline de l'eau (glace) font en sorte que la glace occupe plus d'espace. Il en résulte que la glace possède moins de molécules qu'un volume égal d'eau liquide. De ce fait, la structure cristalline est moins dense que l'eau liquide. C'est la raison pour laquelle la glace flotte et peut servir d'isolant à la surface des lacs et des ruisseaux qui abritent des organismes vivants.

Deuxièmement, la polarité de l'eau en fait un excellent solvant. Dans une solution, le **solvant** est la substance qui peut dissoudre une autre substance, nommée **soluté.** La

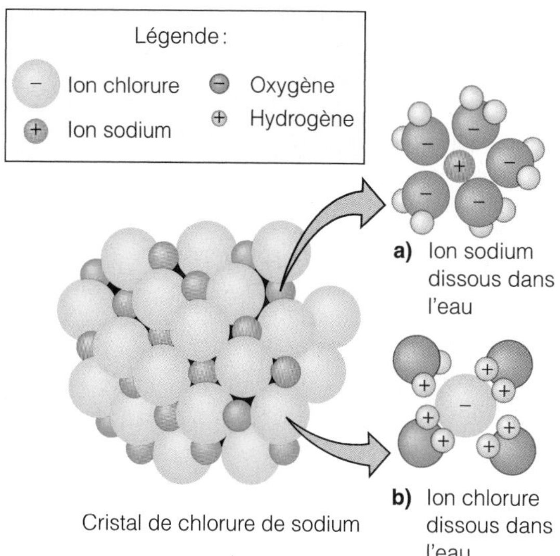


**FIGURE 2.6 Comment l'eau devient un solvant pour le chlorure de sodium (NaCl). a)** L'ion sodium ($Na^+$) avec sa charge positive est attiré par la partie négative de la molécule d'eau. **b)** L'ion chlorure ($Cl^-$), dont la charge est négative, est attiré par la partie positive de la molécule d'eau. En présence de molécules d'eau, les liaisons entre $Na^+$ et $Cl^-$ sont perturbées et NaCl se dissout dans l'eau.

■ Qu'est-ce qu'une réaction d'ionisation ?

réaction de séparation des molécules s'appelle **dissociation.** L'eau est le solvant universel des substances polaires. Beaucoup de substances polaires se dissolvent en molécules individuelles dans l'eau parce que la partie négative des molécules d'eau est attirée par la partie positive des molécules de soluté, et que la partie positive des molécules d'eau est attirée par la partie négative des molécules de soluté. Les substances (telles que les sels) qui sont composées d'atomes (ou de groupes d'atomes) maintenus ensemble par des liaisons ioniques ont tendance à se dissocier en cations et en anions dans l'eau ; la réaction de dissociation est donc aussi appelée réaction d'ionisation. Ainsi, la polarité de l'eau permet aux molécules d'un grand nombre de substances de se séparer et de se retrouver encerclées par des molécules d'eau (figure 2.6).

Troisièmement, la polarité de l'eau explique son rôle caractéristique de réactif ou de produit dans beaucoup de réactions chimiques. La polarité facilite la séparation et la réunion des ions hydrogène ($H^+$) et des ions hydroxyde ($OH^-$). Par exemple, l'eau est un réactif clé dans les processus digestifs des organismes, au cours desquels des molécules de grande taille sont dégradées en segments plus petits. Les molécules d'eau interviennent aussi dans les réactions de synthèse ; elles sont une source importante d'atomes d'hydrogène et d'oxygène qui sont incorporés dans nombre de composés organiques par les cellules vivantes.

Enfin, la force relative des liaisons hydrogène entre ses molécules (figure 2.4b) font de l'eau un excellent tampon thermique. Une quantité donnée d'eau doit gagner beaucoup de chaleur pour que sa température augmente et perdre

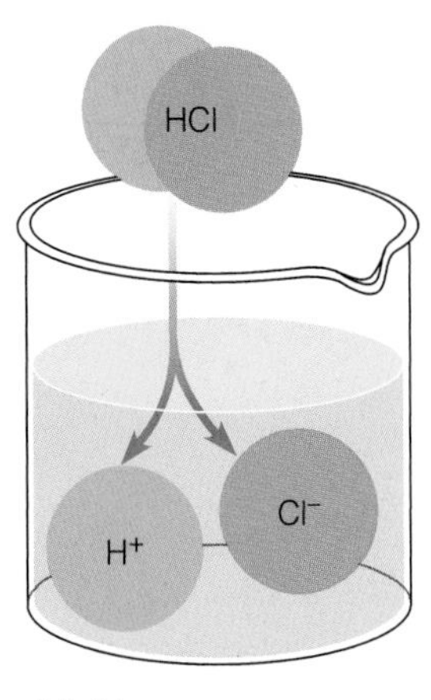

a) Acide

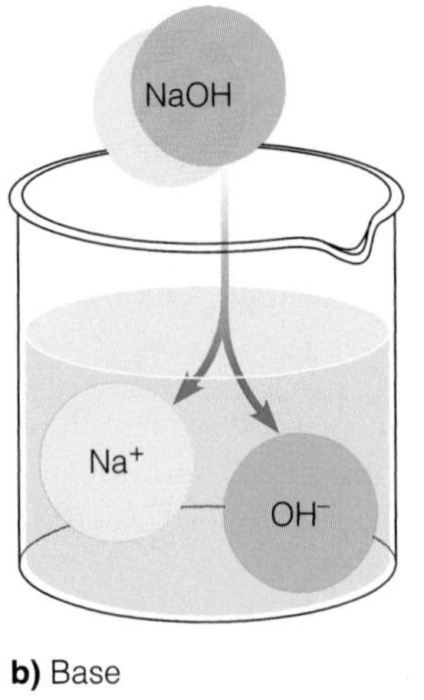

b) Base

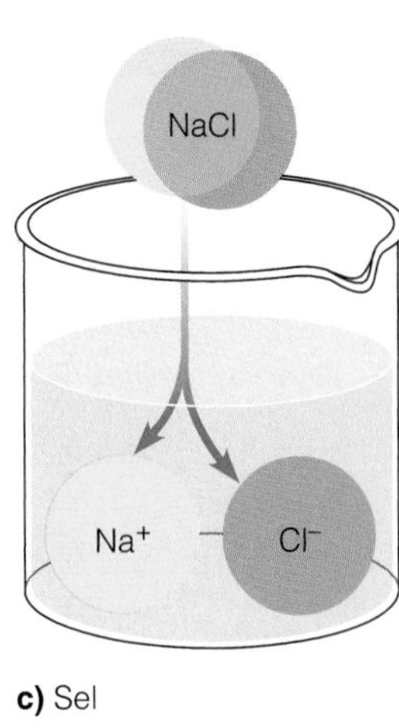

c) Sel

**FIGURE 2.7 Acides, bases et sels.** **a)** Dans l'eau, l'acide chlorhydrique (HCl) se dissocie en $H^+$ et en $Cl^-$. **b)** L'hydroxyde de sodium (NaOH) est une base qui se dissocie en $OH^-$ et en $Na^+$ dans l'eau. **c)** Dans l'eau, le sel de table (NaCl) se dissocie en ions positifs ($Na^+$) et en ions négatifs ($Cl^-$), qui ne sont ni $H^+$, ni $OH^-$.

■ Dans l'eau, un acide se comporte comme un donneur de protons ($H^+$) et une base comme un accepteur de protons.

beaucoup de chaleur pour que sa température diminue, par comparaison avec de nombreuses autres substances. Normalement, l'absorption de chaleur augmente l'énergie cinétique des molécules; elle élève donc la vitesse de leurs déplacements et leur réactivité. Dans le cas de l'eau, l'absorption de chaleur commence par briser les liaisons hydrogène plutôt que d'accélérer les particules. C'est pourquoi il faut beaucoup plus de chaleur pour faire augmenter la température de l'eau que pour élever celle d'un liquide dépourvu de liaisons hydrogène. L'inverse se produit quand l'eau se refroidit. Ainsi, l'eau conserve plus facilement une température constante que les autres solvants et tend à protéger les cellules contre les fluctuations de température du milieu.

## Les acides, les bases et les sels

### Objectif d'apprentissage

- *Définir un acide, une base, un sel et le pH.*

Nous avons vu sur la figure 2.6 que, lorsqu'un sel inorganique tel que le chlorure de sodium (NaCl) se dissout dans l'eau, il est soumis à l'**ionisation,** ou *dissociation,* c'est-à-dire qu'il se sépare en ions. Les substances appelées acides et bases se comportent aussi de cette façon.

On peut définir un **acide** comme une substance qui se dissocie en au moins un ion hydrogène ($H^+$) et en au moins un ion négatif (anion). Ainsi, on peut également définir un acide comme un donneur de protons ($H^+$). Par exemple, l'acide chlorhydrique (HCl) est un acide parce qu'il se dissocie pour libérer un ion hydrogène ($H^+$). On peut définir une **base** comme une substance qui se dissocie en au moins un ion positif (cation) et en au moins un ion hydroxyde ($OH^-$) de charge négative qui peut accepter un proton ou s'y combiner. Par exemple, l'hydroxyde de sodium (NaOH) est une base parce qu'il se dissocie pour libérer $OH^-$, qui exerce une forte attraction sur les protons et constitue un des plus importants accepteurs de ces ions. Un **sel** est une substance qui se dissocie dans l'eau en cations et en anions, qui ne sont ni $H^+$, ni $OH^-$. La figure 2.7 montre des exemples communs de chacun de ces types de composés et de leur dissociation dans l'eau.

## L'équilibre acidobasique

Tout organisme doit maintenir un équilibre assez constant entre les acides et les bases pour rester en bonne santé. Dans le milieu aqueux à l'intérieur des organismes, les acides se dissocient en ions hydrogène ($H^+$) et en anions. Pour leur part, les bases se dissocient en ions hydroxyde ($OH^-$) et en cations. Plus il y a d'ions hydrogène libres en solution, plus la solution est acide. Inversement, plus il y a d'ions hydroxyde libres en solution, plus la solution est basique, ou alcaline.

Les réactions biochimiques – c'est-à-dire les réactions chimiques qui ont lieu dans les systèmes vivants – sont extrêmement sensibles aux plus petits changements d'acidité ou d'alcalinité dans les milieux où elles se déroulent. En fait, $H^+$ et $OH^-$ interviennent dans presque tous les processus biochimiques, et le fonctionnement des cellules est profondément perturbé par tout écart même faible des concentrations normales de $H^+$ et $OH^-$. C'est pourquoi les acides et les bases qui se forment continuellement dans les organismes doivent être tenus en équilibre.

Pour des raisons pratiques, on exprime la quantité d'ions $H^+$ dans une solution au moyen d'une échelle de **pH** logarithmique, qui va de 0 à 14 (figure 2.8). Le terme *pH* signifie potentiel d'hydrogène. Sur l'échelle logarithmique, une augmentation d'un nombre entier représente une concentration dix fois moins élevée que celle de la valeur qui précède. Ainsi, une solution de pH 1 a dix fois plus d'ions hydrogène qu'une solution de pH 2 et en a 100 fois plus qu'une solution de pH 3.

On calcule le pH d'une solution par la formule $-\log_{10}[H^+]$, le logarithme décimal négatif de la concentration d'ions hydrogène (indiquée par les crochets), exprimée en moles par litre $[H^+]$. Par exemple, si la concentration d'ions $H^+$ d'une solution est de $1{,}0 \times 10^{-4}$ moles par litre, ou $10^{-4}$, son pH égale $-\log_{10}10^{-4} = -(-4) = 4$; cela représente à peu près le pH du vin (voir l'appendice C). La

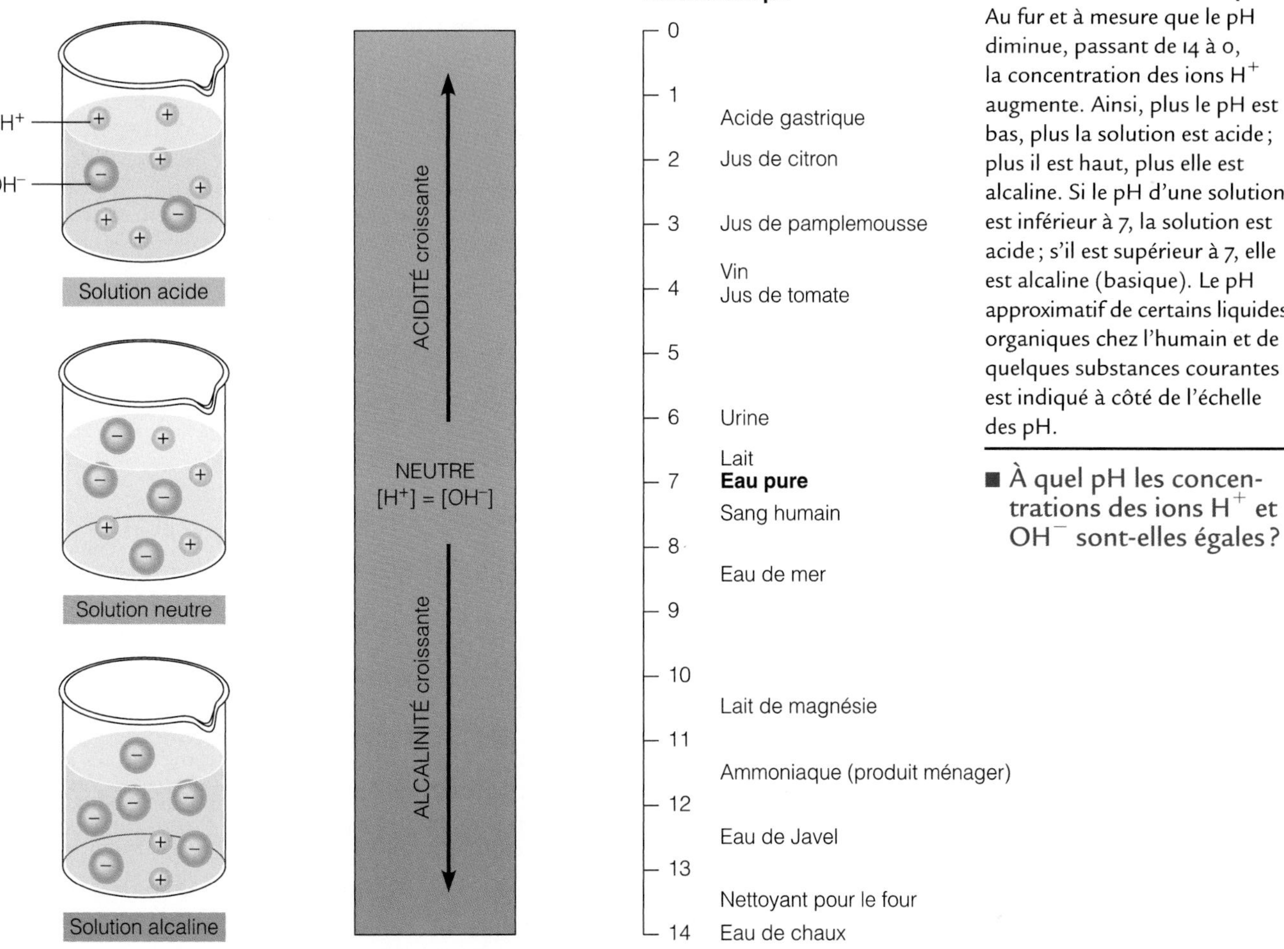


**FIGURE 2.8 Échelle des pH.** Au fur et à mesure que le pH diminue, passant de 14 à 0, la concentration des ions $H^+$ augmente. Ainsi, plus le pH est bas, plus la solution est acide; plus il est haut, plus elle est alcaline. Si le pH d'une solution est inférieur à 7, la solution est acide; s'il est supérieur à 7, elle est alcaline (basique). Le pH approximatif de certains liquides organiques chez l'humain et de quelques substances courantes est indiqué à côté de l'échelle des pH.

■ À quel pH les concentrations des ions $H^+$ et $OH^-$ sont-elles égales?

figure 2.8 montre également le pH de certains liquides organiques et d'autres substances courantes. Dans le laboratoire, on mesure habituellement le pH d'une solution au moyen d'un pHmètre ou d'un papier de pHmétrie.

Les solutions acides contiennent plus de $H^+$ que de $OH^-$ et ont un pH inférieur à 7. Si une solution a plus de $OH^-$ que de $H^+$, elle est basique, ou alcaline. Dans l'eau pure, un petit pourcentage des molécules sont dissociées en $H^+$ et en $OH^-$, si bien que le pH est de 7. Les concentrations de $H^+$ et de $OH^-$ étant égales, on dit que ce pH est celui d'une solution neutre.

N'oubliez pas que le pH d'une solution peut changer. On peut augmenter l'acidité d'une solution en ajoutant des substances qui élèvent la concentration en ions hydrogène. Lorsqu'un organisme vivant absorbe des nutriments, produit des réactions chimiques et excrète des déchets, l'équilibre des acides et des bases tend à se modifier et le pH se met à fluctuer. Heureusement, les organismes vivants possèdent des **tampons** naturels. Ce sont des composés qui contribuent à empêcher les changements de pH trop brusques. Mais le pH de l'eau et du sol dans notre environnement peut être altéré par les déchets des organismes, les polluants industriels ou les engrais utilisés en agriculture et en horticulture. Quand on cultive des bactéries en laboratoire, elles excrètent des déchets tels que des acides qui peuvent modifier le pH du milieu dans lequel elles croissent. Si on laisse cet effet se poursuivre, le milieu deviendra assez acide pour inhiber les enzymes des bactéries et causer la mort de ces dernières. Pour contourner cette difficulté, on ajoute des tampons au milieu de culture. Un des tampons très efficaces dans certains milieux de culture est constitué de sels de $K_2HPO_4$ et de $KH_2PO_4$.

L'intervalle de pH optimal n'est pas le même pour tous les microbes, mais la plupart des organismes connaissent leur meilleure croissance dans des environnements dont le pH se situe entre 6,5 et 8,5. Parmi les microbes ayant des exigences particulières, ce sont les mycètes qui tolèrent le mieux les conditions acides, alors que les cyanobactéries ont tendance à préférer les habitats alcalins. L'environnement naturel de *Propionibacterium acnes*, bactérie qui contribue à l'éclosion de l'acné, est la peau humaine, qui tend à être légèrement acide, avec un pH d'environ 4. *Thiobacillus ferrooxidans* est une bactérie qui se nourrit de l'élément soufre (*thio-* = soufre) et produit du $H_2SO_4$, ou acide sulfurique (tétraoxosulfate de dihydrogène); elle oxyde aussi le fer (*ferro-* = fer). L'intervalle de pH qui favorise sa croissance optimale se situe entre 1 et 3,5. L'acide sulfurique produit par cette bactérie dans les eaux de mine est important parce qu'il permet de dissoudre l'uranium et le cuivre compris dans le minerai (voir l'encadré du chapitre 28, p. 867). On attribue maintenant à la présence de *Thiobacillus ferrooxidans* des défectuosités apparaissant dans la structure de bâtiments construits sur un sol dont la roche d'origine recèle du calcaire ($CaCO_3$) et de la pyrite ($FeS_2$). L'oxydation du soufre compris dans la pyrite entraîne la formation d'acide sulfurique qui agit sur la roche contenant du calcaire ; celle-ci gonfle quand le métabolisme bactérien entraîne la formation de cristaux de gypse ($CaSO_4$). Le problème associé à la pyrite a causé des dommages aux bâtiments dans le Midwest américain. La région au sud de Montréal, au Québec, est aussi aux prises avec ce problème.

# Les composés organiques

### Objectifs d'apprentissage

- *Distinguer les composés organiques des composés inorganiques quant à leur importance sur le plan des réactions chimiques au sein des organismes vivants.*
- *Reconnaître les composants des glucides, des lipides simples, des phospholipides, des protéines et des acides nucléiques.*

Si on exclut l'eau, les composés inorganiques constituent de 1 % à 1,5 % de la cellule vivante. Ces composants relativement simples, dont les molécules ne possèdent que quelques atomes, ne peuvent pas être utilisés par les cellules pour accomplir des fonctions biologiques compliquées. Les molécules organiques, dont les atomes de carbone peuvent se combiner de multiples façons avec d'autres atomes de carbone et avec ceux d'autres éléments, sont relativement complexes et, de ce fait, peuvent se charger de fonctions biologiques plus compliquées.

## La structure et les propriétés chimiques

Lors de l'élaboration de molécules organiques, les quatre électrons externes du carbone peuvent former jusqu'à quatre liaisons covalentes, et les atomes de carbone peuvent se lier les uns aux autres pour créer des structures linéaires, ramifiées ou cycliques.

Outre le carbone, les éléments les plus communs dans les composés organiques sont l'hydrogène (qui peut former une liaison), l'oxygène (deux liaisons) et l'azote (trois liaisons). Le soufre (deux liaisons) et le phosphore (cinq liaisons) sont moins courants. On trouve aussi d'autres éléments, mais seulement dans un nombre relativement restreint de composés organiques. Les éléments les plus abondants dans les organismes vivants sont les mêmes que ceux des composés organiques (tableau 2.1).

La chaîne d'atomes de carbone dans une molécule organique est appelée **squelette carboné** ; la chaîne se présente sous une multitude de formes grâce au nombre énorme de combinaisons d'atomes possibles. La plupart de ces carbones sont liés à des atomes d'hydrogène. La liaison d'autres éléments avec le carbone et l'hydrogène forme des **groupements fonctionnels** caractéristiques. Ces derniers sont des groupements d'atomes spécifiques qui sont souvent appelés à participer aux réactions chimiques. Ils sont aussi responsables de la plupart des propriétés chimiques caractéristiques et d'un grand nombre des propriétés physiques des divers composés organiques (tableau 2.3).

**Tableau 2.3** *Les groupements fonctionnels représentatifs et les composés auxquels ils appartiennent*

| Structure | Nom du groupement | Classe de composés |
|---|---|---|
| $R{-}O{-}H$ | Hydroxyle | Alcool |
| $R{-}C({=}O){-}H$ | Carbonyle (terminal)* | Aldéhyde |
| $R{-}C({=}O){-}R$ | Carbonyle (interne)* | Cétone |
| $R{-}CH_2{-}NH_2$ | Amine | Amine |
| $R{-}C({=}O){-}O{-}R'$ | Ester | Ester |
| $R{-}CH_2{-}O{-}CH_2{-}R'$ | Éther | Éther |
| $R{-}CH_2{-}SH$ | Sulfhydryle | Thiols |
| $R{-}C({=}O){-}OH$ | Carboxyle | Acide carboxylique |

* Le groupement carbonyle «terminal» est situé à l'extrémité de la molécule. Par contraste, le groupement carbonyle « interne » se trouve à au moins un atome de carbone de l'une ou l'autre extrémité.

Selon leur nature, les groupements fonctionnels confèrent différentes propriétés aux molécules organiques. Par exemple, le groupement hydroxyle ($R{-}OH$) des alcools est hydrophile (ami de l'eau) et, de ce fait, il attire l'eau à lui. Cette attraction favorise la dissolution des molécules organiques qui contiennent ce groupement. Le groupement carboxyle ($R{-}COOH$) étant une source d'ions hydrogène, les molécules qui le contiennent ont des propriétés acides. Par contraste, le groupement amine ($R{-}NH_2$) est une base parce qu'il accepte facilement les ions hydrogène. Le groupement sulfhydryle contribue à stabiliser la structure complexe de beaucoup de protéines.

On classifie les composés organiques en partie selon leurs groupements fonctionnels. Par exemple, le groupement —OH est présent dans chacune des molécules suivantes :

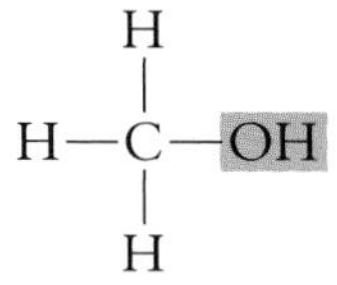

```
    H                 H   H
    |                 |   |
H—C—OH            H—C—C—OH
    |                 |   |
    H                 H   H
 Méthanol            Éthanol

       H   H   H
       |   |   |
   H—C—C—C—H
       |   |   |
       H  OH   H
     Isopropanol
```

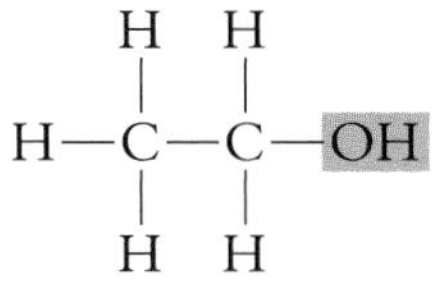

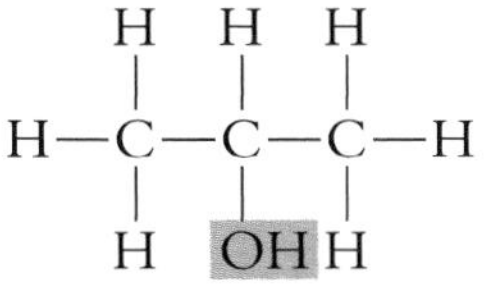

Puisque la réactivité caractéristique de ces molécules est fondée sur le groupement —OH, elles sont regroupées dans une classe appelée alcool. Le groupement —OH s'appelle *groupement hydroxyle* et ne doit pas être confondu avec l'*ion hydroxyde* ($OH^-$) des bases. Le groupement hydroxyle des alcools ne s'ionise pas à pH neutre ; il forme une liaison covalente avec un atome de carbone.

Quand une classe de composés se caractérise par un groupement fonctionnel particulier, on peut représenter le reste de la molécule par la lettre **R**. Par exemple, comme nous l'avons indiqué précédemment, l'alcool en général s'écrit R—OH.

Il arrive souvent qu'il y ait plus d'un groupement fonctionnel dans une molécule. Par exemple, la molécule d'acide aminé contient un groupement amine et un groupement carboxyle. La glycine est un acide aminé qui présente la structure suivante :

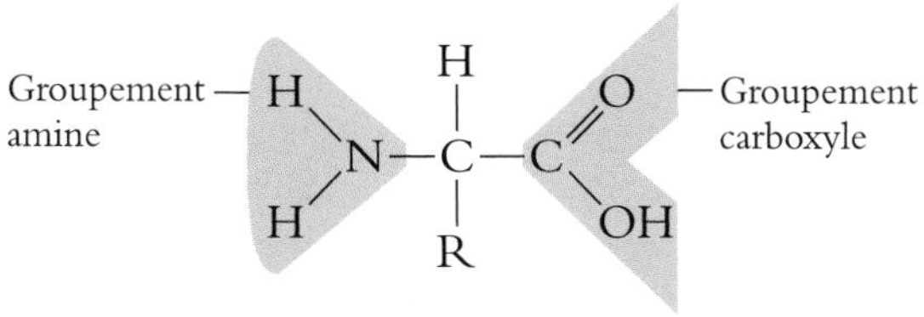

```
                     H
Groupement — H       |       O — Groupement
amine         \      |      //   carboxyle
               N — C — C
              /      |      \
             H       R       OH
```

La plupart des composés organiques qui se trouvent dans les êtres vivants sont assez complexes ; le squelette est formé d'un grand nombre d'atomes de carbone auxquels se greffent beaucoup de groupements fonctionnels. Dans les molécules organiques, il est important que chacune des quatre liaisons du carbone soit satisfaite (par combinaison à un autre atome) et que, dans le cas des atomes attachés, toutes les liaisons qui leur sont caractéristiques soient satisfaites. Dans ces conditions, les molécules sont stables sur le plan chimique.

De petites molécules organiques peuvent être combinées pour former de très grosses molécules appelées **macromolécules** (*macro-* = grand). Les macromolécules sont habituellement des **polymères** (*poly-* = nombreux ; *meros* = partie), c'est-à-dire de grosses molécules obtenues par la formation de liaisons covalentes entre un grand nombre de petites molécules semblables appelées **monomères** (*mono-* = unique). Quand deux monomères se joignent, la réaction comprend habituellement l'élimination d'un atome d'hydrogène par un des monomères (H—*R′*) et d'un groupement hydroxyle par l'autre monomère (*R*—OH) ; l'atome d'hydrogène et le groupement hydroxyle se combinent pour produire de l'eau :

$$R — OH + H — R' \longrightarrow R — R' + H_2O$$

Ce type de réaction d'échange s'appelle **synthèse par déshydratation** (*des-* = séparé de ; *hydr-* = eau), ou **réaction de condensation,** parce qu'une molécule d'eau est libérée (figure 2.9a). Les macromolécules comme les glucides, les lipides, les protéines et les acides nucléiques sont assemblées dans les cellules, grâce essentiellement à cette forme de synthèse. Toutefois, d'autres molécules doivent aussi participer et procurer l'énergie nécessaire à la formation des liaisons. À la fin du chapitre, nous examinerons l'ATP, principal fournisseur d'énergie de la cellule.

## Les glucides

Les **glucides** constituent un groupe vaste et diversifié de composés organiques comprenant les sucres et l'amidon. Les glucides remplissent plusieurs fonctions de premier plan dans les systèmes vivants. Par exemple, un type de sucre (le désoxyribose) est un composant de l'acide désoxyribonucléique (ADN), support moléculaire du patrimoine héréditaire. D'autres sucres contribuent à la formation de la paroi cellulaire des bactéries. Des glucides simples servent à la synthèse d'acides aminés et de graisses ou de substances apparentées aux lipides, qui sont par la suite utilisés pour élaborer des structures et fournir de l'énergie en situation d'urgence. Les glucides macromoléculaires jouent le rôle de réserves alimentaires. Toutefois, la principale fonction des glucides est d'alimenter les activités cellulaires en énergie et de fournir cette dernière sous une forme rapidement accessible.

Les glucides se composent d'atomes de carbone, d'hydrogène et d'oxygène. Le rapport entre les atomes d'hydrogène et d'oxygène est toujours de 2:1 dans les glucides simples. Il se vérifie dans les formules du ribose ($C_5H_{10}O_5$), du glucose ($C_6H_{12}O_6$) et du saccharose ($C_{12}H_{22}O_{11}$). À quelques exceptions près, la formule générale des glucides est $(CH_2O)_n$, où $n$ indique qu'il y a au moins trois unités $CH_2O$. On peut classer les glucides en trois grands groupes selon leur taille : monosaccharides, disaccharides et polysaccharides.

### Les monosaccharides

Les sucres simples sont appelés **monosaccharides** (*sacchar-* = sucre) ; chaque molécule contient de trois à sept atomes de carbone. Le nombre d'atomes de carbone que compte la molécule d'un sucre simple est indiqué par le préfixe que

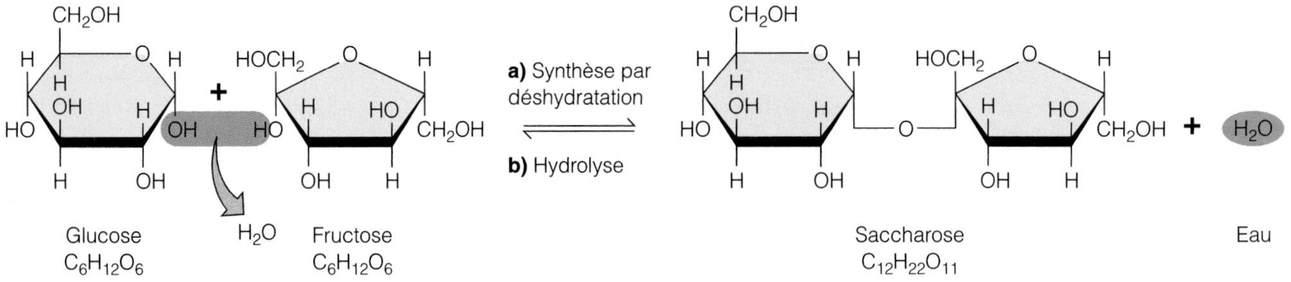

a) Synthèse par déshydratation

b) Hydrolyse

Glucose $C_6H_{12}O_6$ + Fructose $C_6H_{12}O_6$ ⇌ Saccharose $C_{12}H_{22}O_{11}$ + Eau $H_2O$

**FIGURE 2.9 Synthèse par déshydratation et hydrolyse. a)** Au cours d'une synthèse par déshydratation (de gauche à droite), deux monosaccharides, le glucose et le fructose, se combinent pour former une molécule de disaccharide, le saccharose. Une molécule d'eau est libérée lors de cette réaction. **b)** Au cours de l'hydrolyse (de droite à gauche), la molécule de saccharose est dégradée pour produire deux molécules plus petites, le glucose et le fructose. Pour que l'hydrolyse ait lieu, il faut ajouter de l'eau au saccharose.

■ Quelle est la différence entre un polymère et un monomère ?

porte son nom. Par exemple, les sucres simples à trois carbones s'appellent trioses. Il y a aussi des tétroses (sucres à quatre carbones), des pentoses (à cinq carbones), des hexoses (à six carbones) et des heptoses (à sept carbones). Les pentoses et les hexoses sont extrêmement importants pour les organismes vivants. Le désoxyribose est un pentose qui fait partie de l'ADN. Le glucose, un hexose courant, est la principale source d'énergie moléculaire de la cellule vivante.

## Les disaccharides

Les **disaccharides** (*di-* = deux) se forment quand deux monosaccharides s'unissent au cours d'une réaction de synthèse par déshydratation*. Par exemple, les molécules de deux monosaccharides, le glucose et le fructose, se combinent pour former une molécule de disaccharide, le saccharose, et une molécule d'eau (figure 2.9a). De la même façon, la synthèse par déshydratation de deux autres monosaccharides, le glucose et le galactose, forme le lactose, un disaccharide qui se trouve dans le lait ; la synthèse de deux glucoses forme le maltose.

Il peut sembler déconcertant que le glucose et le fructose possèdent la même formule chimique ($C_6H_{12}O_6$) (figure 2.9), bien qu'il s'agisse de monosaccharides différents. Toutefois, la position des atomes d'oxygène et de carbone diffère dans les deux molécules, si bien que ces dernières ont différentes propriétés physiques et chimiques. Deux molécules qui ont la même formule chimique mais des structures et des propriétés différentes sont appelées **isomères** (*iso-* = même).

On peut décomposer les disaccharides en molécules plus petites et plus simples en ajoutant de l'eau. Cette réaction chimique, qui est l'inverse de la réaction de synthèse par déshydratation, s'appelle **hydrolyse** (*hydr-* = eau ; *-lyse* = dissolution) (figure 2.9b). Par exemple, une molécule de saccharose peut être hydrolysée (digérée) en ses composants, le glucose et le fructose, en réagissant avec les ions $H^+$ et $OH^-$ de l'eau.

Nous verrons au chapitre 4 que la paroi cellulaire des bactéries est composée de disaccharides et de protéines qui ensemble forment une substance appelée peptidoglycane.

## Les polysaccharides

Les glucides du troisième grand groupe, appelés **polysaccharides,** sont composés de dizaines ou de centaines de monosaccharides réunis lors de réactions de synthèse par déshydratation. Les polysaccharides ont souvent des chaînes latérales qui forment des ramifications à partir de la structure principale. Ils sont considérés comme des macromolécules. Comme les disaccharides, ils peuvent être dégradés par hydrolyse et redonner les sucres dont ils sont constitués. Toutefois, contrairement aux monosaccharides et aux disaccharides, ils sont généralement dépourvus du goût sucré qui caractérise certains glucides tels que le fructose et le saccharose, et ne sont habituellement pas solubles dans l'eau.

Le *glycogène* est un polysaccharide important qui est composé de molécules de glucose. Il est synthétisé par les animaux et certaines bactéries et sert de réserve d'énergie. La *cellulose*, autre polymère important du glucose, est le principal composant de la paroi cellulaire des plantes et de la plupart des algues. Bien que ce soit le glucide le plus abondant sur la Terre, la cellulose est digérée seulement par quelques organismes qui ont l'enzyme appropriée. Le *dextran,* un polysaccharide que certaines bactéries produisent sous forme de sécrétion visqueuse, est utilisé dans la préparation d'un succédané de plasma sanguin. L'*amidon* est un polymère du glucose produit par les plantes et qui sert de nourriture aux humains.

Ces quatre polysaccharides sont tous composés de glucose mais, dans chaque cas, les liaisons entre les molécules sont différentes. Beaucoup d'animaux, y compris les humains, produisent des enzymes appelées *amylases* qui peuvent défaire

* Les glucides qui comptent de 2 jusqu'à environ 20 monosaccharides sont appelés **oligosaccharides** (*oligo-* = peu nombreux). Les disaccharides sont les oligosaccharides les plus répandus.

les liaisons entre les molécules de glucose de l'amidon. Toutefois, cette enzyme est impuissante à rompre les liaisons de la cellulose. Les bactéries et les champignons qui produisent des enzymes appelées *cellulases* peuvent digérer la cellulose. Les cellulases de *Trichoderma,* un mycète, sont utilisées dans l'industrie à des fins diverses. Une des applications plutôt inusitées est la préparation du denim délavé. Puisque laver le tissu avec des pierres endommage les machines à laver, on utilise la cellulase pour digérer et, de ce fait, assouplir le coton, qui est une fibre végétale naturelle. (Voir l'encadré du chapitre 9, p. 275.)

## Les lipides

Si tous les lipides de la Terre disparaissaient soudainement, les cellules vivantes se répandraient dans une grande mare de liquides organiques, parce que les lipides sont indispensables à la structure et aux fonctions des membranes qui les gardent séparées de leur environnement aqueux. Les **lipides** (*lip-* = graisse) sont un second groupe important de composés organiques présents dans la matière vivante. Comme les glucides, ils sont constitués d'atomes de carbone, d'hydrogène et d'oxygène, mais sans le rapport 2:1 entre les atomes d'hydrogène et d'oxygène. La plupart des acides gras courants possèdent un nombre pair d'atomes de carbone. Même s'ils forment un groupe de composés très diversifié, les lipides ont une caractéristique commune. Ce sont des molécules *non polaires*; contrairement à l'eau, ils ne présentent pas de polarité, c'est-à-dire qu'ils ne sont pas positifs à une extrémité (pôle) et négatifs à l'autre. En conséquence, la plupart des lipides sont insolubles dans l'eau (hydrophobes) mais sont faciles à dissoudre dans les solvants non polaires, tels que l'éther et le chloroforme. Les lipides servent au stockage de l'énergie et contribuent pour une partie de la structure des membranes et des parois cellulaires.

### Les lipides simples

Les *lipides simples,* aussi appelés communément *graisses,* contiennent un alcool appelé *glycérol* et un groupe de composés nommés *acides gras.* La molécule de glycérol (ou propanetriol −1,2,3) possède trois atomes de carbone auxquels sont fixés trois groupements hydroxyle (—OH) (figure 2.10a). Les acides gras sont de longues chaînes hydrocarbonées (composés seulement d'atomes de carbone et d'hydrogène) qui se terminent par un groupement carboxyle (—COOH, acide carboxylique) (figure 2.10b). La plupart des acides gras courants possèdent un nombre pair d'atomes de carbone.

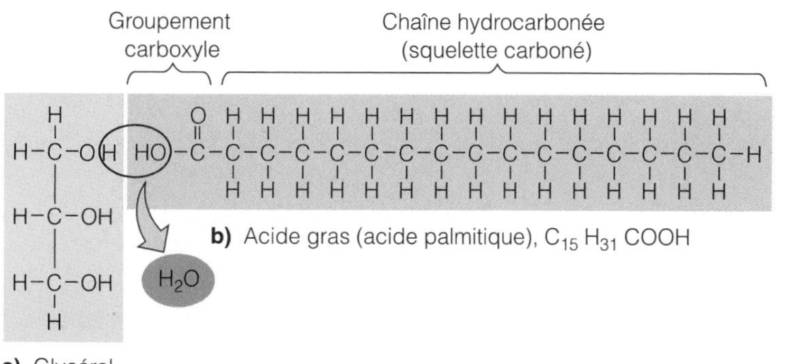


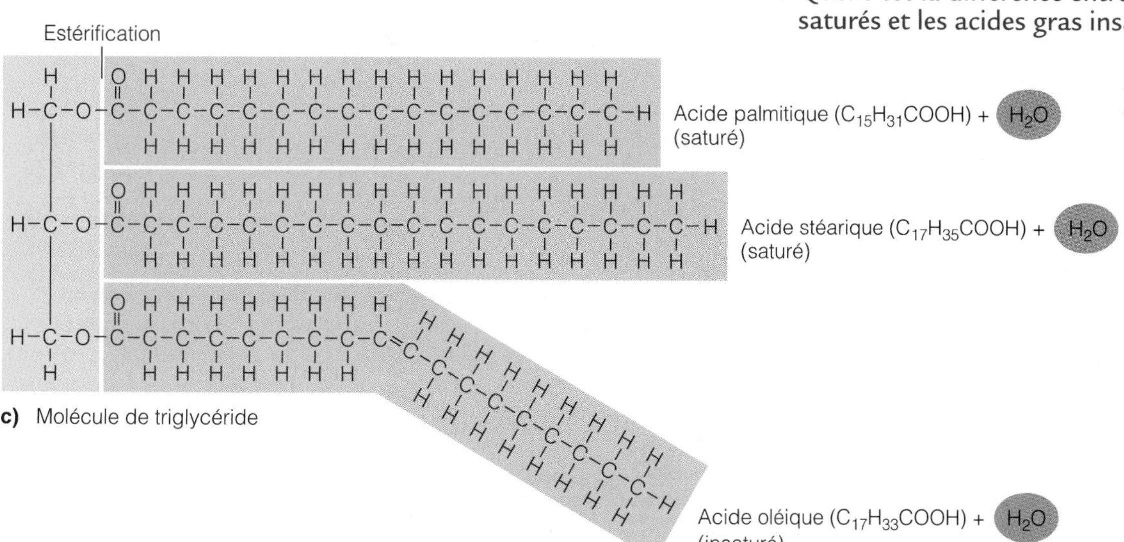


**FIGURE 2.10 Formule développée de lipides simples.** **a)** Molécule de glycérol. **b)** Acide palmitique, un acide gras. **c)** La combinaison chimique d'une molécule de glycérol et de trois molécules d'acides gras (acides palmitique, stéarique et oléique, dans le cas présent) forme une molécule de triglycéride et trois molécules d'eau au cours d'une réaction de synthèse par déshydratation. La liaison entre le glycérol et chacun des acides gras est appelée estérification. L'addition de trois molécules d'eau à une molécule de triglycéride restitue le glycérol et les trois molécules d'acide gras par une réaction d'hydrolyse.

■ Quelle est la différence entre les acides gras saturés et les acides gras insaturés?

Une molécule de graisse se forme quand une molécule de glycérol se combine à une, deux ou trois molécules d'acide gras pour produire respectivement un monoglycéride (ou monoacylglycérol), un diglycéride (ou diacylglycérol) et un triglycéride (ou triacylglycérol) (figure 2.10c). Au cours de la réaction, de une à trois molécules d'eau sont libérées (déshydratation), selon le nombre de molécules d'acide gras qui réagissent. La liaison chimique qui se crée là où la molécule d'eau est retirée s'appelle *estérification*. Lors de la réaction inverse, ou hydrolyse, la molécule de graisse est décomposée en ses molécules constituantes d'acides gras et de glycérol grâce à l'addition d'eau.

Comme les acides gras qui les forment ont des structures différentes, les lipides sont très diversifiés. Par exemple, une molécule de glycérol peut se combiner à trois molécules de l'acide gras A ou à une molécule de chacun des acides gras A, B et C (figure 2.10c).

La principale fonction des lipides est la formation de la membrane plasmique qui enveloppe la cellule. Cette membrane soutient la cellule et permet le passage des nutriments qui doivent y entrer et des déchets qui doivent en sortir. Par conséquent, les lipides doivent conserver la même fluidité, quelle que soit la température ambiante. La membrane doit être à peu près aussi fluide que l'huile d'olive ; elle ne doit pas devenir trop fluide à la chaleur, ni trop épaisse au froid. Tous ceux qui ont eu à préparer un repas savent que les graisses animales (telles que le beurre) sont habituellement solides à la température de la pièce, alors que les huiles végétales sont généralement liquides dans les mêmes conditions. Leurs points de fusion sont différents parce que leurs chaînes d'acides gras n'ont pas le même degré de saturation. Un acide gras est dit *saturé* quand il n'a pas de liaisons covalentes doubles ; le squelette carboné contient alors le nombre maximal d'atomes d'hydrogène (figures 2.10c et 2.11a). Les chaînes saturées se solidifient plus facilement parce qu'elles sont relativement droites et peuvent ainsi se serrer plus étroitement les unes contre les autres que les chaînes insaturées. Les liaisons covalentes doubles des chaînes *insaturées* créent des coudes dans la chaîne, qui les éloignent les unes des autres (figure 2.11b).

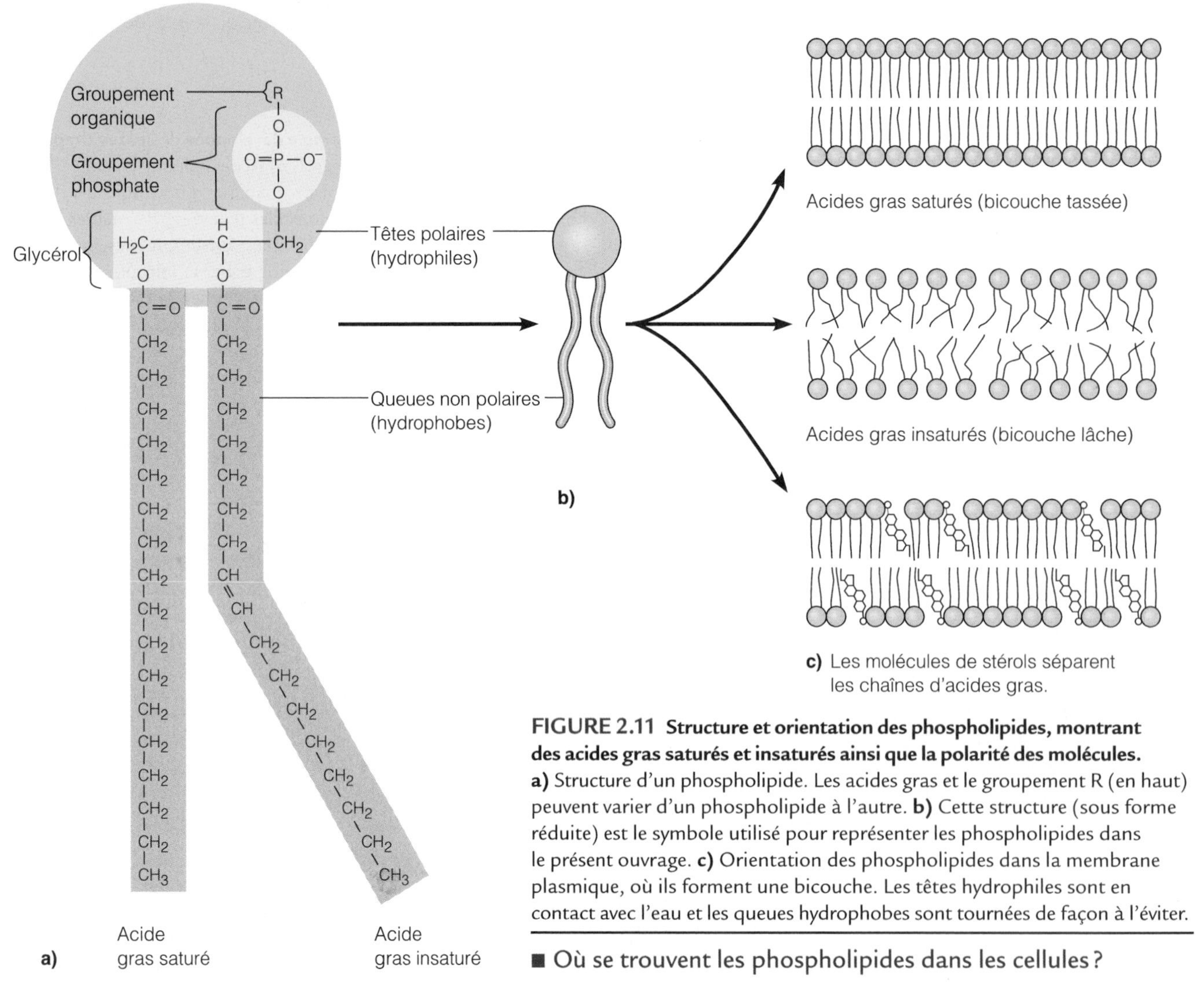


**FIGURE 2.11 Structure et orientation des phospholipides, montrant des acides gras saturés et insaturés ainsi que la polarité des molécules.**
**a)** Structure d'un phospholipide. Les acides gras et le groupement R (en haut) peuvent varier d'un phospholipide à l'autre. **b)** Cette structure (sous forme réduite) est le symbole utilisé pour représenter les phospholipides dans le présent ouvrage. **c)** Orientation des phospholipides dans la membrane plasmique, où ils forment une bicouche. Les têtes hydrophiles sont en contact avec l'eau et les queues hydrophobes sont tournées de façon à l'éviter.

■ Où se trouvent les phospholipides dans les cellules ?

## Les lipides complexes

Les *lipides complexes* contiennent des éléments tels que le phosphore, l'azote et le soufre en plus du carbone, de l'hydrogène et de l'oxygène des lipides simples. Les *phospholipides,* ou phosphoglycérolipides, sont des lipides complexes composés de glycérol, de deux acides gras et, à la place du troisième acide gras, d'un groupement phosphate fixé à un groupement organique (—R) dont il y a plusieurs types (figure 2.11a). Les phospholipides sont les lipides qui donnent leur structure aux membranes; ils sont indispensables à la vie de la cellule. Ils possèdent une région polaire et une région non polaire (figure 2.11a et b; figure 4.13). Quand on les met dans l'eau, les molécules de phospholipides s'orientent de telle sorte que toutes les parties polaires (hydrophiles) soient tournées vers les molécules d'eau, qui sont aussi polaires, et forment avec elles des liaisons hydrogène. (Rappelons que *hydrophile* signifie «ami de l'eau».) Cette disposition crée la structure de base de la membrane plasmique (figure 2.11c). La partie polaire est formée par le groupement phosphate et le glycérol. Par comparaison avec les régions polaires, les parties non polaires (hydrophobes) des phospholipides sont en contact seulement avec les parties non polaires des molécules voisines. (*Hydrophobe* signifie «qui craint l'eau».) Les parties non polaires sont composées d'acides gras. Grâce à ce comportement caractéristique, les phospholipides sont tout désignés pour devenir un composant important des membranes qui enveloppent les cellules. Ils permettent à la membrane de former une barrière qui sépare le contenu de la cellule du milieu aqueux dans lequel elle vit.

Certains lipides complexes sont utiles pour l'identification de certaines bactéries. Par exemple, la paroi cellulaire de *Mycobacterium tuberculosis,* la bactérie qui cause la tuberculose, se distingue par son contenu riche en lipides. La paroi cellulaire contient des lipides complexes tels que des cires et des glycolipides (lipides combinés à des glucides) qui réagissent d'une façon caractéristique à la coloration et permettent de distinguer la bactérie. Tous les membres du genre *Mycobacterium* possèdent des parois cellulaires riches en lipides complexes caractéristiques.

## Les stéroïdes

Les **stéroïdes** se distinguent des lipides par leur structure unique. La figure 2.12 montre celle du cholestérol avec les quatre anneaux de carbone reliés qui caractérisent les stéroïdes. Quand un groupement —OH est fixé à un des anneaux, le stéroïde est appelé *stérol* (un type d'alcool). Les stérols sont des composants importants de la membrane plasmique des cellules animales et humaines. Un seul groupe de bactéries, les mycoplasmes, en contiennent. On les trouve aussi dans les membranes des cellules de mycètes et dans celles des plantes.

Cette distinction a son importance en microbiologie médicale. En effet, tout produit capable de se combiner aux stérols de la membrane d'une cellule y causerait des dommages. Ainsi, un antibiotique tel que l'amphotéricine B, qui cause des fuites dans les cellules en se combinant aux stérols de leur membrane plasmique, peut être utilisé pour combattre les infections causées par des mycètes mais pas les infections dues à des bactéries. Les stérols séparent les chaînes des acides gras et s'opposent ainsi à l'entassement qui figerait la membrane plasmique à basse température (figure 2.11c).

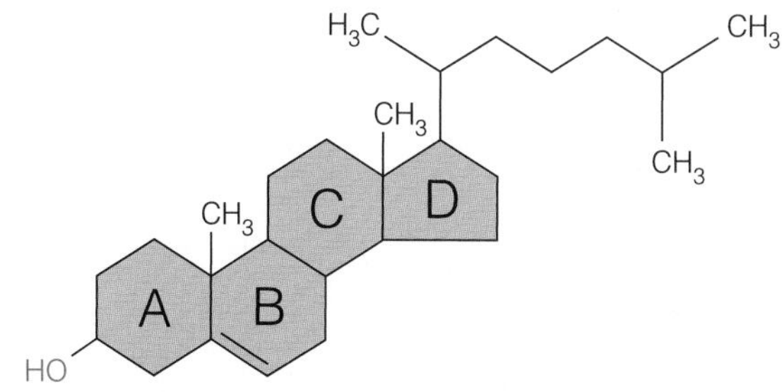


**FIGURE 2.12 Le cholestérol, un stéroïde.** Notez les quatre anneaux de carbone fusionnés (portant les lettres A à D), qui sont caractéristiques des stéroïdes. On a omis les atomes d'hydrogène fixés aux atomes de carbone qui occupent les angles des anneaux. En raison du groupement —OH (en rouge), on classe cette molécule parmi les stérols.

■ Où se trouvent les stérols dans la cellule?

## Les protéines

Les **protéines** sont des molécules organiques qui contiennent du carbone, de l'hydrogène, de l'oxygène et de l'azote. Certaines ont aussi du soufre. Si on séparait et si on pesait tous les groupes de composés organiques de la cellule vivante, les protéines feraient basculer la balance. Il y a des centaines de protéines différentes dans chaque cellule et, ensemble, elles comptent pour 50% ou plus de sa biomasse sèche.

Les protéines sont des composants qui jouent des rôles essentiels dans tous les aspects de la structure et de la fonction cellulaire. Nous avons déjà mentionné les enzymes, ces protéines qui catalysent les réactions biochimiques. Mais les protéines remplissent également d'autres fonctions. Les *protéines transporteurs* contribuent à faire passer certaines molécules à l'intérieur des cellules à travers la membrane de ces dernières ou à les en expulser. D'autres protéines, telles que les *bactériocines* que produisent beaucoup de bactéries, tuent d'autres bactéries. Certaines toxines, appelées exotoxines, produites par certains microorganismes pathogènes, sont également des protéines. Certaines protéines jouent un rôle dans la contraction des cellules musculaires animales ainsi que dans les mouvements des microbes et d'autres types de cellules. D'autres protéines font partie intégrante de structures cellulaires telles que les parois, les membranes et les composants cytoplasmiques. D'autres encore, telles que les hormones de certains organismes, ont des fonctions régulatrices. Nous verrons au chapitre 17 que des protéines appelées anticorps interviennent dans le système immunitaire des vertébrés.

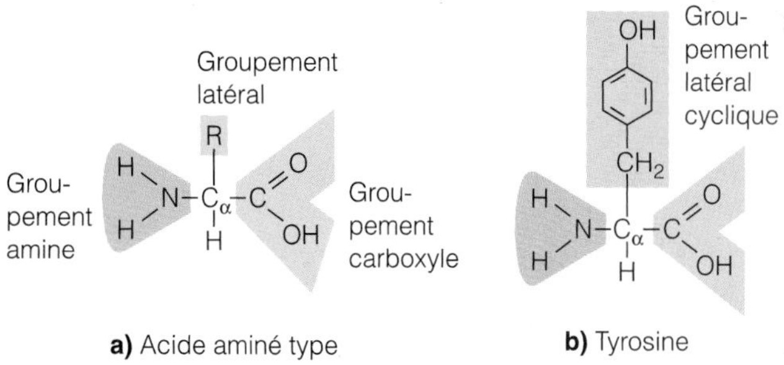

a) Acide aminé type b) Tyrosine

**FIGURE 2.13 Structure d'un acide aminé. a)** Formule développée générale de l'acide aminé. Le carbone alpha ($C_\alpha$) est au centre de la molécule. Les acides aminés diffèrent les uns des autres par leur groupement R, aussi appelé groupement latéral. **b)** Formule développée de la tyrosine, acide aminé ayant un groupement latéral cyclique.

■ Chaque acide aminé a un seul groupement R.

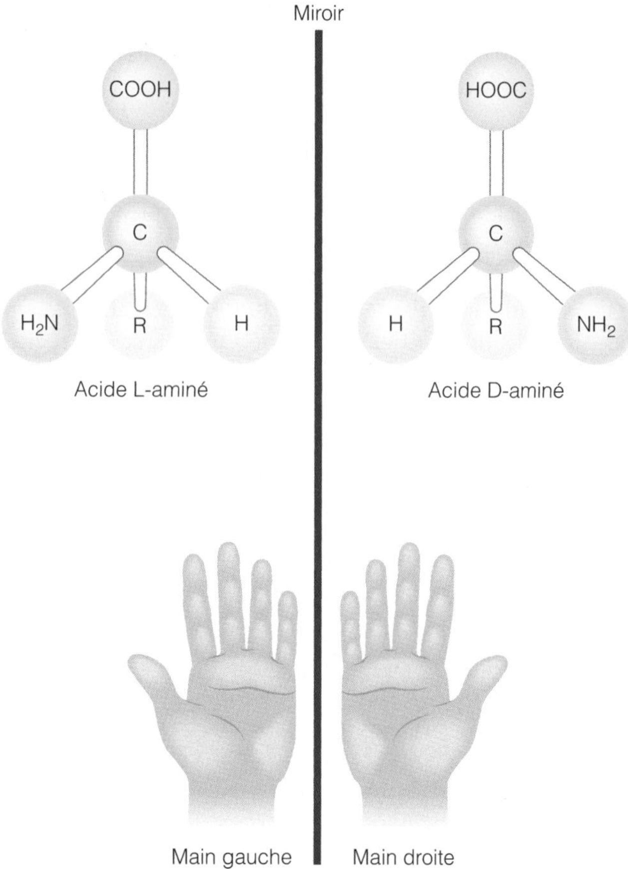


**FIGURE 2.14 Isomères L et D d'un acide aminé, représentés par des modèles à boules et à tiges.** La structure de chacun des isomères est telle que l'une est l'image inversée de l'autre, comme les mains droite et gauche ou un objet et son image dans un miroir. Ces structures ne peuvent pas être superposées. (Faites l'expérience !)

■ Quel est l'isomère que l'on trouve dans les protéines ?

## Les acides aminés

Tout comme les monosaccharides sont les unités qui entrent dans la composition des grosses molécules de glucides, et les acides gras et le glycérol dans celle des graisses, les **acides aminés** sont les constituants des protéines. Ces molécules contiennent au moins un groupement carboxyle (—COOH) et un groupement amine (—$NH_2$) fixés au même atome de carbone, qu'on appelle carbone alpha ($C_\alpha$) (figure 2.13a). On les appelle de ce fait *acides aminés alpha*. Le carbone alpha est également combiné à un groupement latéral (groupement R), qui constitue le trait distinctif des divers acides aminés. Ce groupement latéral peut être un atome d'hydrogène, ou bien une chaîne d'atomes droite ou ramifiée, ou bien encore une structure en anneau qui peut être cyclique (toute de carbone) ou hétérocyclique (quand tous les atomes constitutifs de l'anneau ne sont pas des carbones). La figure 2.13b montre la formule développée de la tyrosine, un acide aminé qui possède un groupement latéral cyclique. Le groupement latéral peut contenir des groupements fonctionnels, tels que le groupement sulfhydryle (—SH), le groupement hydroxyle (—OH), ou un groupement carboxyle ou amine supplémentaire. Ces groupements et les groupements carboxyle et amine alpha influent sur la structure d'ensemble des protéines. Nous y reviendrons. Le tableau 2.4 présente la structure et les abréviations d'usage des 20 acides aminés que l'on trouve habituellement dans les protéines.

La plupart des acides aminés ont deux configurations possibles, appelées **stéréoisomères** et représentées par les lettres D et L. Ces configurations sont des images inversées l'une de l'autre, comme un objet et son image dans un miroir, et leurs structures tridimensionnelles se correspondent comme la main droite (D) et la main gauche (L) (figure 2.14). Sauf la glycine, qui est l'acide aminé le plus simple et qui n'a pas de stéréoisomères, les acides aminés des protéines sont toujours des isomères **L**. Toutefois, on trouve à l'occasion des acides D-aminés dans la nature – par exemple, dans la paroi cellulaire de certaines bactéries et dans certains antibiotiques. Cette distinction a une grande importance en microbiologie médicale. Ainsi, *Bacillus anthracis* est une bactérie qui produit une capsule composée d'acide **D**-glutamique résistante à la digestion par les phagocytes (leucocytes) de l'hôte. Les phagocytes peuvent normalement s'attaquer aux bactéries grâce à leur capacité de dégrader des acides L-aminés, forme que l'on trouve communément dans les protéines. Les formes D, présentes dans certaines structures bactériennes telles que la capsule, ne sont pas dégradables, ce qui permet aux bactéries encapsulées de résister au métabolisme des cellules immunitaires. Beaucoup d'autres molécules organiques existent aussi sous les formes D et L. Le glucose en est un exemple. On trouve le D-glucose dans la nature.

Il n'y a que 20 acides aminés différents dans les protéines naturelles, mais chaque molécule de protéine peut contenir de 50 à plusieurs centaines de molécules de ces acides aminés. Les permutations sont presque illimitées, si bien qu'on obtient

## Tableau 2.4 *Les 20 acides aminés des protéines**

| Acide aminé | Groupement R caractéristique |
|---|---|
| **Glycine (Gly)** | Atome d'hydrogène |
| **Alanine (Ala)** | Chaîne droite |
| **Valine (Val)** | Chaîne ramifiée |
| **Leucine (Leu)** | Chaîne ramifiée |
| **Isoleucine (Ile)** | Chaîne ramifiée |
| **Sérine (Ser)** | Groupement hydroxyle (—OH) |
| **Thréonine (Thr)** | Groupement hydroxyle (—OH) |
| **Cystéine (Cys)** | Groupement sulfhydryle (—SH) |
| **Méthionine (Met)** | Groupement thioéther (—SC) |
| **Acide glutamique (Glu)** | Groupement carboxyle (—COOH) additionnel, acide |
| **Acide aspartique (Asp)** | Groupement carboxyle (—COOH) additionnel, acide |
| **Lysine (Lys)** | Groupement amine (—$NH_2$) additionnel, basique |
| **Arginine (Arg)** | Groupement amine (—$NH_2$) additionnel, basique |
| **Asparagine (Asn)** | Groupement amine (—$NH_2$) additionnel, basique |
| **Glutamine (Gln)** | Groupement amine (—$NH_2$) additionnel, basique |
| **Phénylalanine (Phe)** | Cyclique |
| **Tyrosine (Tyr)** | Cyclique |
| **Histidine (His)** | Hétérocyclique |
| **Tryptophane (Trp)** | Hétérocyclique |
| **Proline (Pro)** | Hétérocyclique |

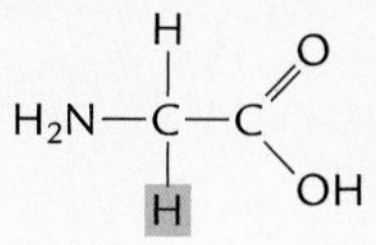

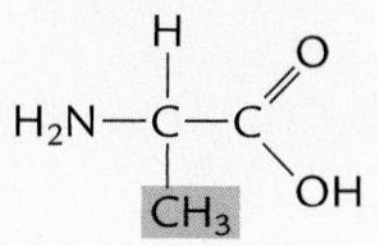

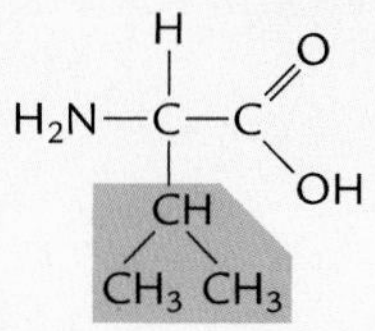

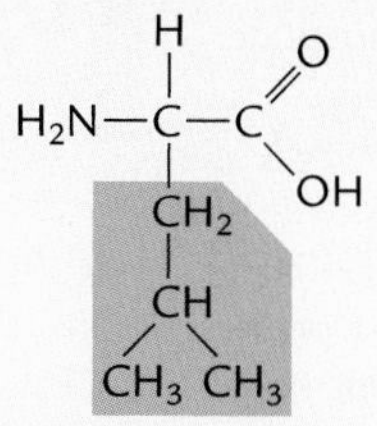

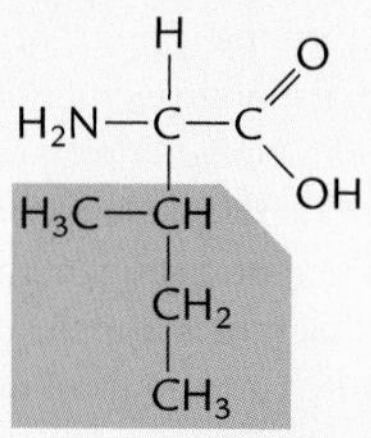

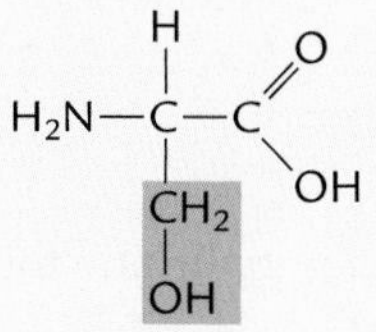

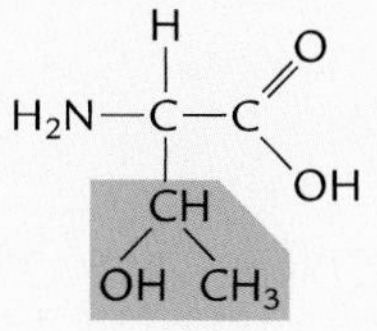

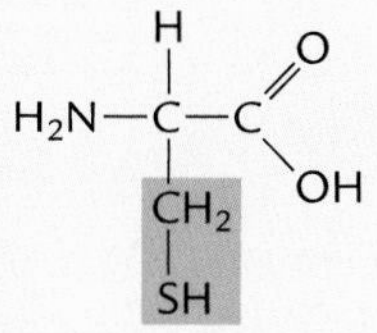

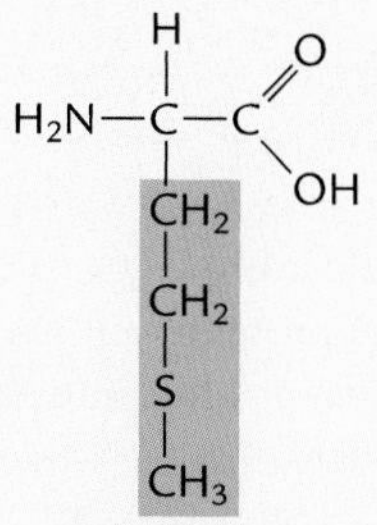

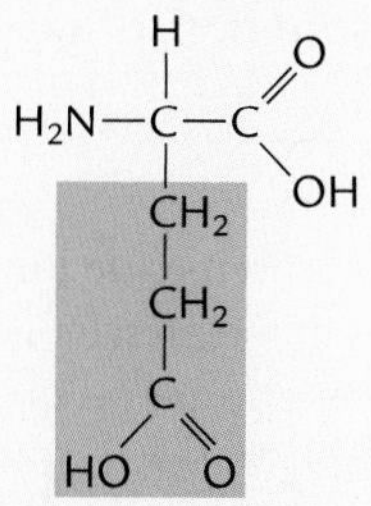

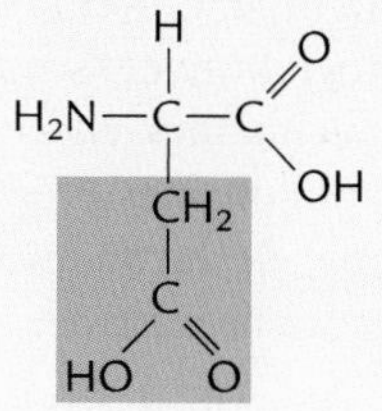

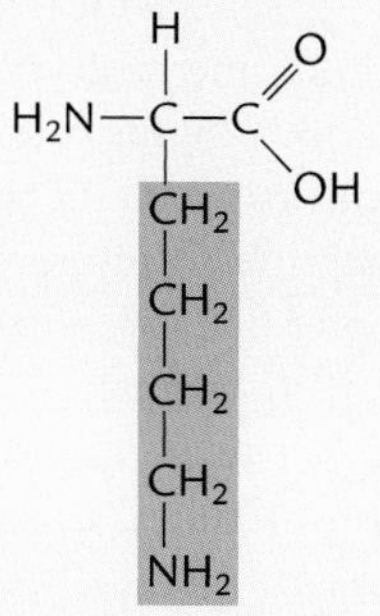

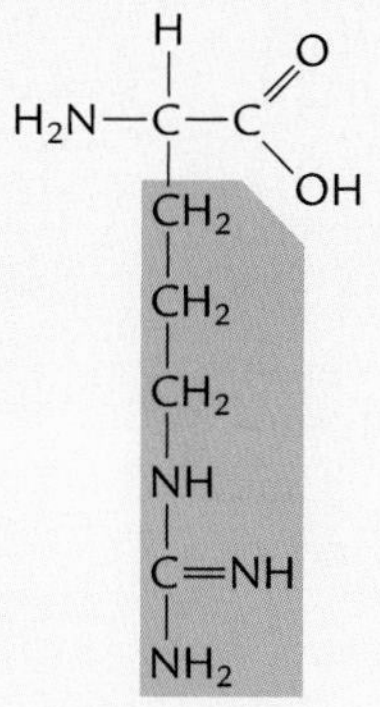

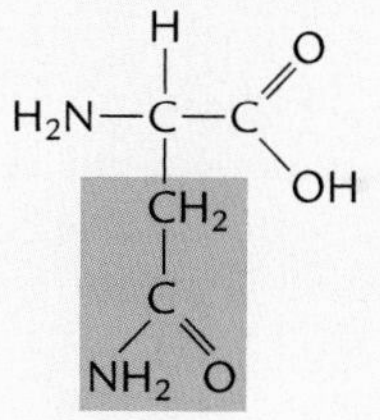

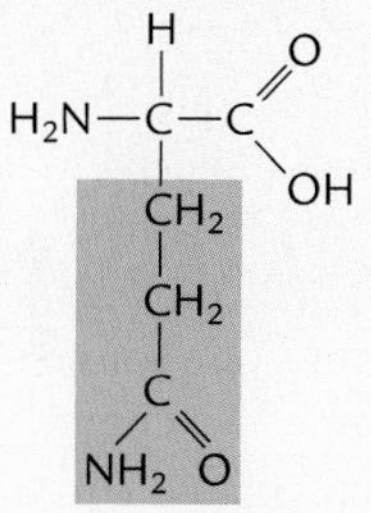

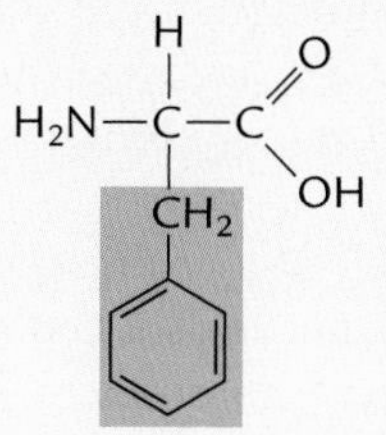

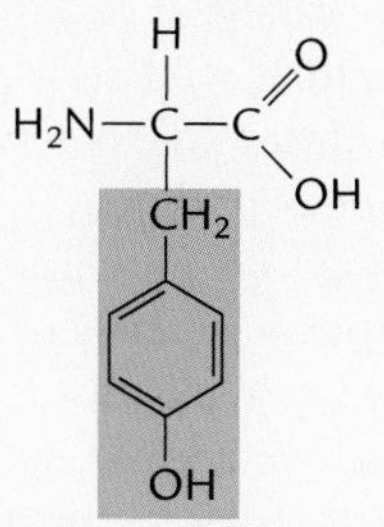

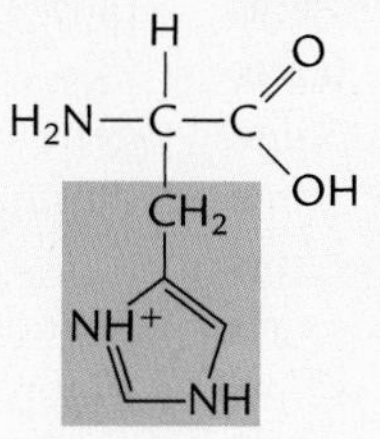

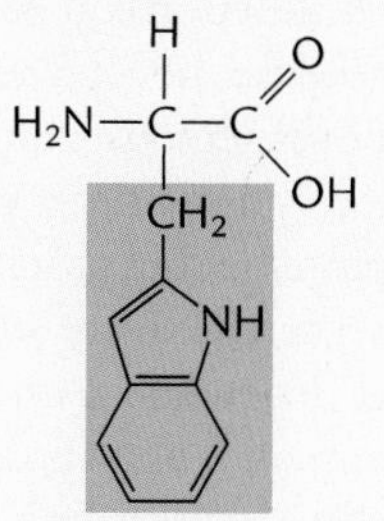

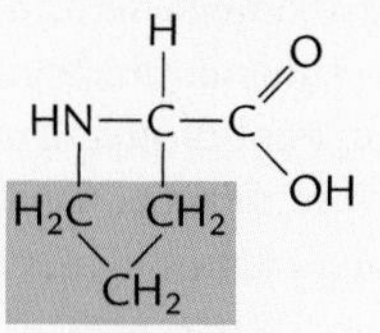

* Sont présentés les noms des acides aminés, y compris leur abréviation courante (en haut), leur formule développée (au centre) et leur groupement R caractéristique (en bas). Notez que la cystéine et la méthionine sont les seuls acides aminés qui contiennent du soufre.

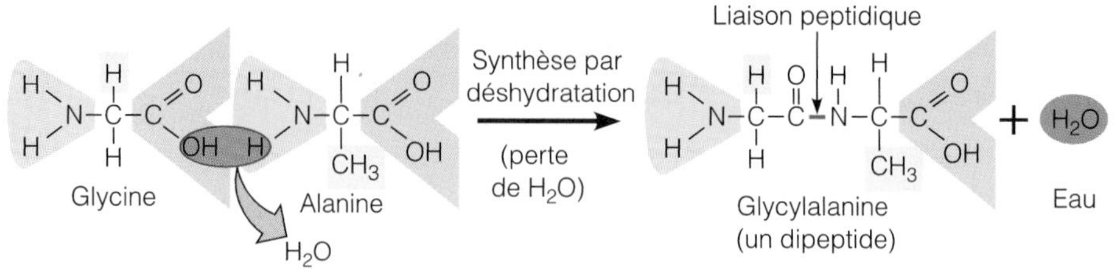

**FIGURE 2.15 Formation d'une liaison peptidique lors d'une réaction de synthèse par déshydratation.** Deux acides aminés, la glycine et l'alanine, se combinent pour former un dipeptide. La liaison ainsi créée entre l'atome de carbone du groupement carboxyle (—COOH) de la glycine et l'atome d'azote du groupement amine ($—NH_2$) de l'alanine s'appelle une liaison peptidique. La formation du dipeptide conduit à la libération d'une molécule d'eau.



■ Quelles sont les unités structurales dont les protéines sont constituées ?

des protéines de longueurs, de compositions et de structures très différentes. Le nombre de protéines est pratiquement sans fin et chaque cellule vivante en produit une grande diversité.

## Les liaisons peptidiques

Lorsque deux acides aminés se combinent, la liaison a lieu entre l'atome de carbone du groupement carboxyle (—COOH) du premier acide aminé et l'atome d'azote du groupement amine ($—NH_2$) du second acide aminé (figure 2.15). Ce type de lien s'appelle **liaison peptidique.** Pour chaque liaison peptidique qui se forme, il y a libération d'une molécule d'eau ; il s'agit donc d'une réaction de synthèse par déshydratation. À la figure 2.15, le composé obtenu s'appelle un *dipeptide* parce qu'il est constitué de deux acides aminés unis par une liaison peptidique. L'ajout d'un autre acide aminé à ce complexe donnerait un *tripeptide.* Les ajouts supplémentaires amèneraient la formation d'une longue chaîne moléculaire appelée *polypeptide,* ou molécule de protéine.

## Les niveaux d'organisation structurale des protéines

Les protéines présentent une très grande diversité de structures. Elles diffèrent par leurs formes tridimensionnelles et leur façon de se déployer dans l'espace. Toutes ces structures sont directement liées aux diverses fonctions qu'elles remplissent.

Quand une cellule synthétise une protéine, la chaîne polypeptidique se replie spontanément pour adopter une forme définie. On observe ce phénomène en partie parce que certains segments de la protéine sont attirés par l'eau alors que d'autres sont repoussés par elle. Dans presque tous les cas, la fonction d'une protéine dépend de sa capacité de reconnaître et de se lier spécifiquement à une autre molécule. Par exemple, une protéine enzymatique se lie de façon spécifique à son substrat. Une protéine hormonale se lie à un récepteur sur une cellule dont il modifie la fonction. Un anticorps, qui est une protéine immunitaire, se lie à un antigène (substance étrangère) qui a envahi le corps. Ainsi, la forme unique de chaque protéine lui permet d'interagir avec une molécule spécifique de façon à remplir une fonction très précise.

On observe quatre niveaux d'organisation dans les protéines : ce sont les structures primaire, secondaire, tertiaire et quaternaire. La *structure primaire* d'une protéine est la séquence particulière formée par la liaison des acides aminés les uns aux autres (figure 2.16a). Elle est déterminée par le patrimoine héréditaire et toute altération de cette séquence peut avoir de profondes conséquences métaboliques. Par exemple, la substitution d'un seul acide aminé dans une protéine du sang peut produire une molécule d'hémoglobine déformée, caractéristique de l'anémie à hématies falciformes. Mais les protéines ne sont pas seulement de longues chaînes droites. Chaque polypeptide se replie et s'enroule de façon spécifique pour adopter une forme tridimensionnelle relativement compacte et caractéristique.

La *structure secondaire* d'une protéine est constituée de spirales et de plis réguliers qui résultent de la torsion et du repliement sur eux-mêmes des acides aminés de la chaîne polypeptidique. Ces formations sont créées par les liaisons hydrogène qui joignent les atomes des liaisons peptidiques à divers endroits le long de la chaîne. Les deux types de structures secondaires sont les spirales appelées hélices, qui tournent dans le sens des aiguilles d'une montre, et les rubans plissés en accordéon, qui se forment à partir de segments de la chaîne plus ou moins parallèles les uns aux autres (figure 2.16b). Ces deux structures sont stabilisées par des liaisons hydrogène entre les atomes d'oxygène ou d'azote qui font partie du squelette polypeptidique.

La *structure tertiaire* est celle qui donne à la chaîne polypeptidique sa forme générale tridimensionnelle dans l'espace (figure 2.16c). Les replis qui l'engendrent ne donnent pas naissance à des formations régulières ou prévisibles comme celles de la structure secondaire. Alors que la structure secondaire comprend des liaisons hydrogène entre les atomes des groupements amine et carboxyle des liaisons peptidiques, la structure tertiaire fait intervenir plusieurs interactions entre divers groupements latéraux de la chaîne polypeptidique. Par exemple, les acides aminés qui ont des groupements

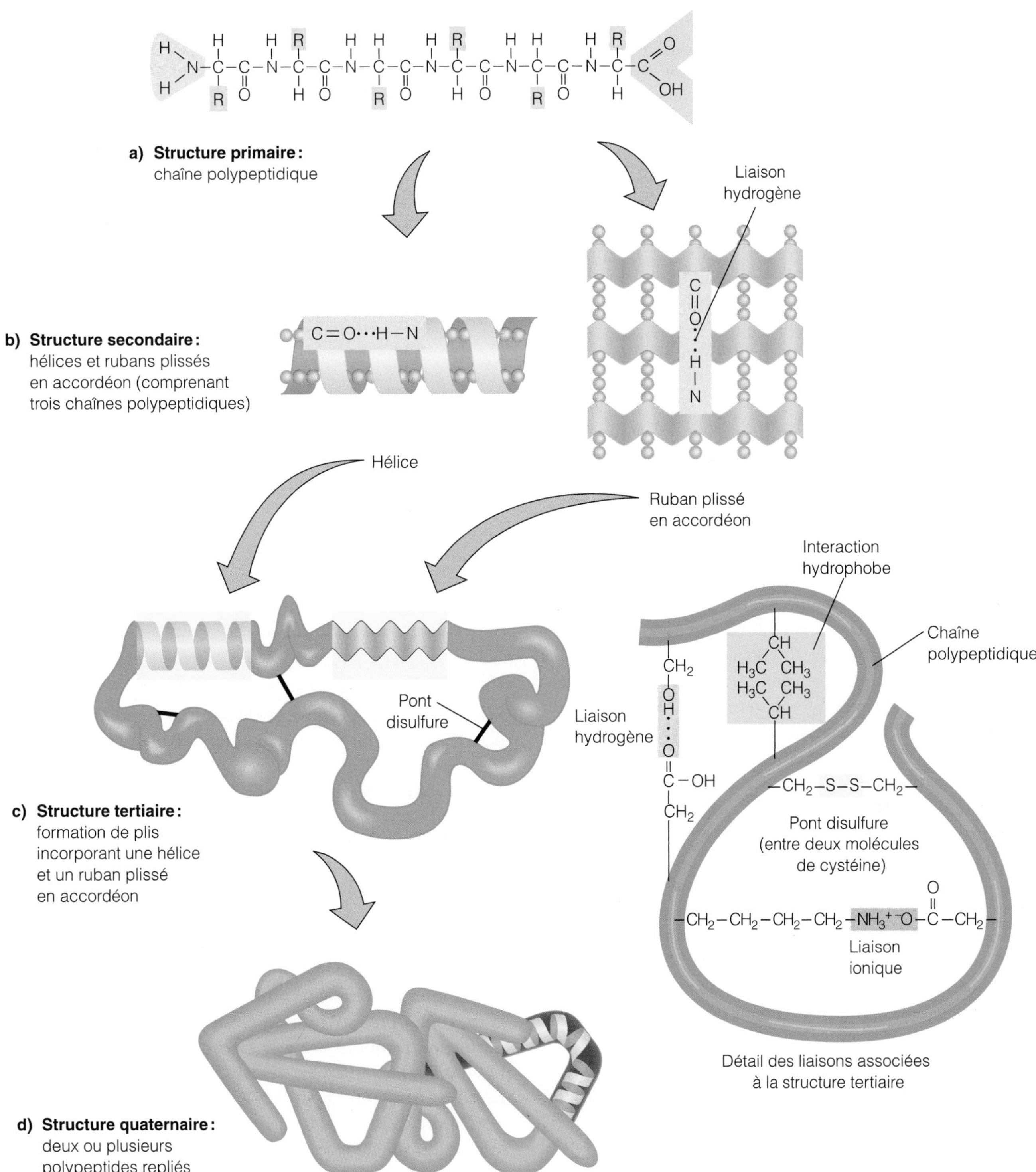


FIGURE 2.16 **Structure des protéines. a)** Structure primaire : séquence d'acides aminés dans un polypeptide. **b)** Structure secondaire : hélices et rubans plissés en accordéon. **c)** Structure tertiaire : forme tridimensionnelle résultant du repliement de la chaîne polypeptidique. **d)** Structure quaternaire : interactions entre les chaînes polypeptidiques qui composent une protéine. On voit ici la structure quaternaire d'une protéine hypothétique composée de deux chaînes polypeptidiques.

■ En quoi la forme unique de chaque protéine est-elle importante pour les cellules ?

latéraux non polaires (hydrophobes) se regroupent généralement à l'intérieur de la protéine pour éviter le contact de l'eau. Cette *interaction hydrophobe* contribue à stabiliser la structure tertiaire de la protéine. Les liaisons hydrogène entre les groupements latéraux et les liaisons ioniques entre les groupements latéraux qui ont des charges opposées renforcent également la structure tertiaire. Les protéines qui contiennent des cystéines produisent, entre ces acides aminés, des liaisons covalentes fortes appelées *ponts disulfure.* Ces ponts s'établissent quand deux molécules de cystéine sont rapprochées l'une de l'autre lors du repliement de la protéine. Les molécules de cystéine contiennent des groupements sulfhydryle (—SH) dont les atomes de soufre peuvent se joindre deux à deux pour former (par la perte d'atomes d'hydrogène) des ponts disulfure (S—S) qui relient alors différents segments de la protéine et les gardent rapprochés les uns des autres.

Certaines protéines ont une *structure quaternaire,* qui résulte de l'agrégation d'au moins deux chaînes polypeptidiques (sous-unités) qui fonctionnent alors comme un tout. La figure 2.16d représente une protéine hypothétique composée de deux chaînes polypeptidiques. Le plus souvent, ces protéines ont deux ou plusieurs sous-unités polypeptidiques différentes. Les liaisons qui stabilisent la structure quaternaire sont essentiellement de même nature que celles qui maintiennent la structure tertiaire. La forme générale de la protéine peut être globulaire (compacte et plus ou moins sphérique) ou fibreuse (allongée).

Si une protéine est plongée dans un milieu défavorable au point de vue de la température, du pH ou des concentrations de sels, elle peut se défaire et perdre sa structure caractéristique. Ce processus porte le nom de **dénaturation** (figure 5.5). Une protéine dénaturée n'est plus fonctionnelle. Nous examinerons ce phénomène plus en détail au chapitre 5 quand nous nous pencherons sur la dénaturation des enzymes.

Jusqu'à maintenant, nous avons parlé des *protéines simples,* qui ne contiennent que des acides aminés. Les *protéines conjuguées* combinent des acides aminés et d'autres composants organiques ou inorganiques. Les protéines conjuguées sont nommées d'après le composant qui n'est pas un acide aminé. Ainsi, les glycoprotéines contiennent des sucres, les nucléoprotéines des acides nucléiques, les métalloprotéines des atomes de métal, les lipoprotéines des lipides et les phosphoprotéines des groupements phosphate. Les phosphoprotéines sont d'importants régulateurs de l'activité des cellules eucaryotes. La synthèse microbienne de phosphoprotéines joue peut-être un rôle important dans la survie de certaines bactéries telles que *Legionella pneumophila* qui se multiplient à l'intérieur de cellules hôtes.

## Les acides nucléiques

En 1944, trois microbiologistes américains – Oswald Avery, Colin MacLeod et Maclyn McCarty – découvrent qu'une substance appelée **acide désoxyribonucléique** (**ADN**) est le support matériel des gènes. Neuf ans plus tard, James Watson et Francis Crick, à partir de modèles moléculaires et de l'information cristallographique fournie par Maurice Wilkins et Rosalind Franklin, décrivent la structure physique de l'ADN. En même temps, Crick suggère un mécanisme de réplication de l'ADN et de son fonctionnement comme matériel héréditaire. L'ADN et une autre substance nommée **acide ribonucléique** (**ARN**) forment ce qu'on appelle les **acides nucléiques** parce qu'ils ont été découverts tout d'abord dans le noyau des cellules. Tout comme les acides aminés sont les unités structurales des protéines, les nucléotides sont les unités structurales des acides nucléiques.

Chaque **nucléotide** comprend trois parties : une base azotée, un pentose (sucre à cinq carbones) qui est un **désoxyribose** ou un **ribose,** et un groupement phosphate (acide phosphorique). Les bases azotées sont des composés cycliques de carbone, d'hydrogène, d'oxygène et d'azote. Elles s'appellent adénine (A), thymine (T), cytosine (C), guanine (G) et uracile (U). A et G sont des **purines** ; elles ont chacune deux structures cycliques. T, C et U sont des **pyrimidines** et ont une seule structure cyclique.

Les nucléotides tirent leur nom de leur base azotée. Ainsi, un nucléotide qui contient de la thymine est un *nucléotide de thymine* ; s'il contient de l'adénine, c'est un *nucléotide d'adénine,* et ainsi de suite. On appelle **nucléoside** la combinaison d'une purine ou d'une pyrimidine et d'un pentose ; cette molécule n'a pas de groupement phosphate (figure 2.17).

### L'ADN

Selon le modèle proposé par Watson et Crick, la molécule d'ADN est constituée de deux grands brins enlacés formant une **double hélice** (figure 2.17). Cette dernière ressemble à une échelle tordue composée d'un grand nombre de nucléotides.

Chacun des brins d'ADN de la double hélice comprend un « squelette » formé par une alternance de désoxyriboses et de groupements phosphate. Le désoxyribose d'un nucléotide est uni au groupement phosphate du nucléotide suivant. (La figure 8.5 illustre la formation de la liaison entre les nucléotides.) Les bases azotées composent les barreaux de l'échelle. Notez que l'adénine (A), une purine, est toujours liée à la thymine (T), une pyrimidine, et que la guanine (G), une purine, est toujours liée à la cytosine (C), une pyrimidine. Les bases sont jointes par des liaisons hydrogène, deux entre A et T et trois entre G et C.

L'ordre dans lequel les paires de bases azotées se succèdent le long du squelette est extrêmement spécifique. En fait, il représente les instructions génétiques propres à l'organisme. Les séquences de nucléotides forment les gènes ; chaque molécule d'ADN peut porter des milliers de gènes. Les gènes déterminent tous les traits héréditaires et régissent toutes les activités qui ont lieu dans les cellules.

L'appariement des bases azotées a une conséquence très importante : en effet, si l'on connaît la séquence des bases d'un des brins de l'ADN, on peut en déduire immédiatement la séquence de l'autre brin. Par exemple, si un brin contient la séquence . . . ATGC. . ., alors l'autre doit avoir . . . TACG. . . Puisque la séquence des bases d'un brin est déterminée par

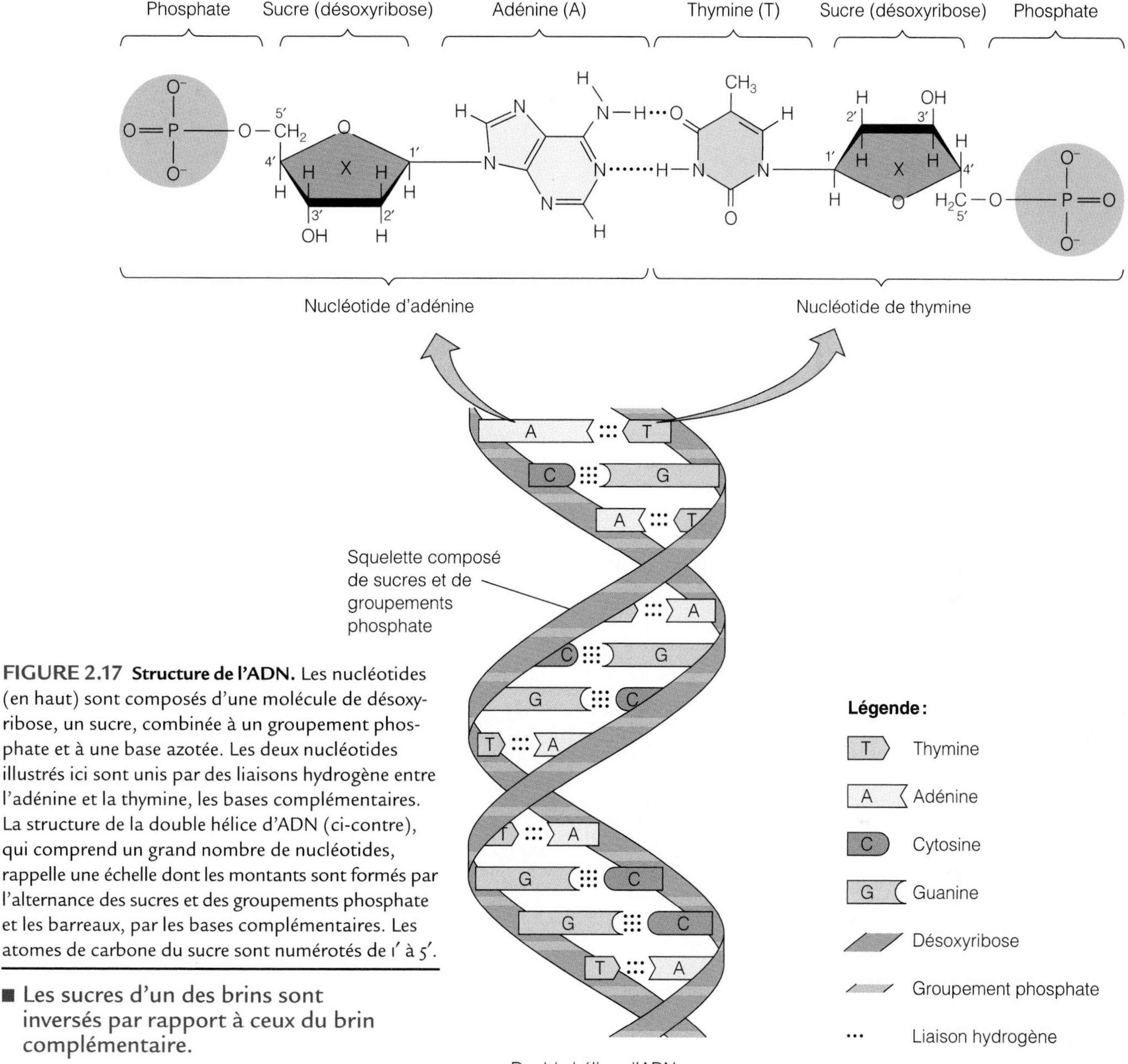


FIGURE 2.17 **Structure de l'ADN.** Les nucléotides (en haut) sont composés d'une molécule de désoxyribose, un sucre, combinée à un groupement phosphate et à une base azotée. Les deux nucléotides illustrés ici sont unis par des liaisons hydrogène entre l'adénine et la thymine, les bases complémentaires. La structure de la double hélice d'ADN (ci-contre), qui comprend un grand nombre de nucléotides, rappelle une échelle dont les montants sont formés par l'alternance des sucres et des groupements phosphate et les barreaux, par les bases complémentaires. Les atomes de carbone du sucre sont numérotés de 1′ à 5′.

■ Les sucres d'un des brins sont inversés par rapport à ceux du brin complémentaire.

celle de l'autre brin, on dit que les bases sont *complémentaires*. Le transfert de l'information est rendu possible, dans la réalité, par la structure unique de l'ADN. Nous y reviendrons au chapitre 8.

### L'ARN

L'ARN est le second des deux principaux types d'acide nucléique. Il se distingue de l'ADN de plusieurs façons. Alors que ce dernier est bicaténaire, c'est-à-dire à deux brins, l'ARN est habituellement monocaténaire. Le sucre à cinq carbones du nucléotide d'ARN est le ribose, qui possède un atome d'oxygène de plus que le désoxyribose. En outre, une des bases de l'ARN est l'uracile (U), qui prend la place de la thymine (figure 2.18). Les trois autres bases (A, G, C) sont les mêmes que celles de l'ADN. On trouve trois principaux types d'ARN dans les cellules. Ce sont l'**ARN messager** (**ARNm**), l'**ARN ribosomal** (**ARNr**) et l'**ARN de transfert** (**ARNt**). Nous verrons au chapitre 8 que chacun de ces types d'ARN joue un rôle spécifique dans la synthèse des protéines.

## L'adénosine triphosphate (ATP)

### Objectif d'apprentissage

■ *Décrire le rôle de l'ATP dans l'activité cellulaire.*

L'**adénosine triphosphate** (**ATP**) est la principale molécule porteuse d'énergie de la cellule et est indispensable à la vie. Cette molécule emmagasine l'énergie chimique libérée

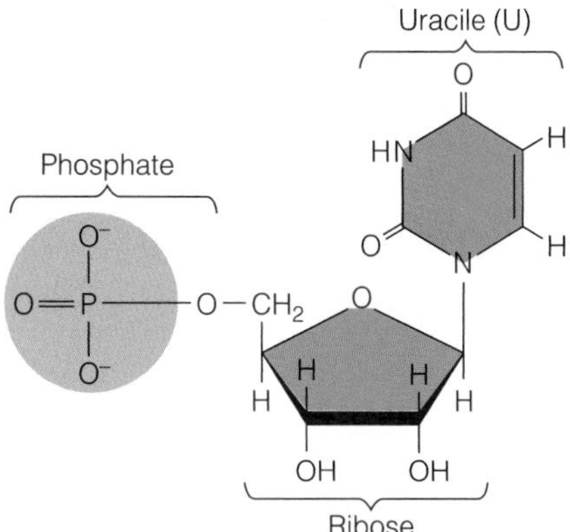


**FIGURE 2.18 Nucléotide d'uracile de l'ARN.**

■ Quelles sont les différences entre la structure de l'ADN et celle de l'ARN ?

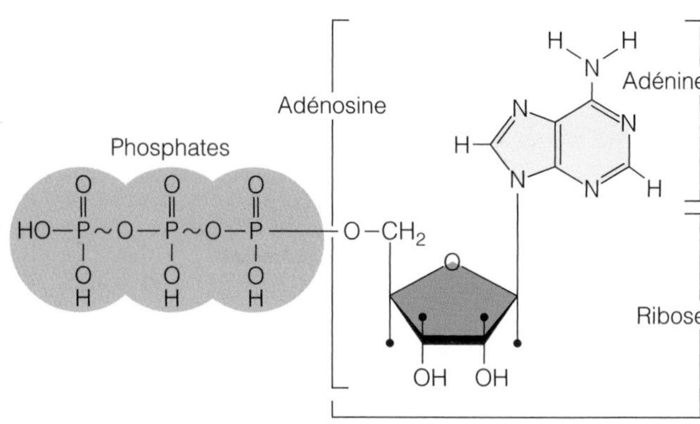


**FIGURE 2.19 Structure de l'ATP.** Les groupements phosphate riches en énergie sont représentés par des lignes ondulées. La dégradation de l'ATP en ADP et en phosphate inorganique libère une grande quantité d'énergie chimique qui peut être utilisée en cas de besoin pour d'autres réactions chimiques.

■ Comment l'ATP est-elle semblable à un nucléotide dans l'ARN ? dans l'ADN ?

par certaines réactions et fournit l'énergie nécessaire à d'autres. L'ATP est constituée d'une unité d'adénosine, elle-même formée d'adénine et de ribose, à laquelle sont combinés trois groupements phosphate (figure 2.19). Autrement dit, il s'agit d'un nucléotide d'adénine (aussi appelé adénosine monophosphate ou AMP) qui porte deux groupements phosphate supplémentaires. On dit que l'ATP est une molécule riche en énergie parce qu'elle libère une grande quantité d'énergie utilisable quand elle est hydrolysée pour donner de l'**adénosine diphosphate** (**ADP**). On peut représenter cette réaction de la façon suivante (le symbole Ⓟ indique le groupement phosphate) :

Adénosine—Ⓟ—Ⓟ—Ⓟ + $H_2O$ ⇌ Adénosine—Ⓟ—Ⓟ + Ⓟ$_i$ + Énergie

Adénosine triphosphate — Eau — Adénosine diphosphate — Phosphate inorganique

Les réserves d'ATP de la cellule sont limitées. Quand il devient nécessaire de les reconstituer, la réaction s'effectue dans le sens contraire. L'ajout d'un groupement phosphate à l'ADP et l'apport d'énergie produisent une nouvelle molécule d'ATP. L'énergie qu'il faut fournir pour lier le groupement phosphate terminal à l'ADP provient de diverses réactions de décomposition qui ont lieu dans la cellule, en particulier celles qui ont pour réactif le glucose. L'ATP peut être emmagasinée dans toutes les cellules, où son énergie potentielle est libérée au besoin.

# RÉSUMÉ

## INTRODUCTION (p. 30)

1. La science de l'interaction entre les atomes et les molécules s'appelle la chimie.
2. L'activité métabolique des microorganismes comprend des réactions chimiques complexes.
3. Les nutriments sont décomposés par les microbes qui en tirent de l'énergie pour se reproduire et former de nouvelles cellules.

## LA STRUCTURE DE L'ATOME (p. 31-32)

1. Les atomes sont les plus petites unités de matière en mesure de participer à des réactions chimiques.
2. Les atomes sont constitués d'un noyau, qui contient des protons et des neutrons, et d'électrons qui gravitent autour du noyau.
3. Le numéro atomique est le nombre de protons dans le noyau ; le nombre de masse est le nombre total de protons et de neutrons d'un atome.

### Les éléments chimiques (p. 31)

1. Les atomes qui ont le même nombre de protons et qui se comportent de la même façon sur le plan chimique sont considérés comme le même élément chimique.
2. Les éléments chimiques sont représentés par des symboles chimiques.
3. Environ 26 éléments chimiques sont communément présents dans les cellules vivantes.
4. Les atomes qui ont le même numéro atomique (sont du même élément) mais des masses atomiques différentes sont appelés isotopes.

### Les configurations électroniques (p. 31-32)

1. Dans l'atome, les électrons sont disposés en niveaux énergétiques autour du noyau.

2. Chaque niveau peut contenir un nombre maximal caractéristique d'électrons.
3. Les propriétés chimiques des atomes sont déterminées en grande partie par le nombre d'électrons dans le dernier niveau énergétique.

## COMMENT LES ATOMES FORMENT DES MOLÉCULES: LES LIAISONS CHIMIQUES (p. 32-36)

1. Les molécules sont formées d'au moins deux atomes; celles qui sont formées d'au moins deux sortes d'atomes différents s'appellent des composés.
2. Les atomes forment des molécules afin de compléter leur dernier niveau énergétique.
3. La force d'attraction qui lie les noyaux de deux atomes est appelée liaison chimique.
4. La capacité de se combiner d'un atome – le nombre de liaisons chimiques qu'il peut former avec d'autres atomes – constitue sa valence.

### Les liaisons ioniques (p. 34-35)

1. On appelle ion un atome ou un groupe d'atomes chargé positivement ou négativement.
2. L'attraction chimique qui s'exerce entre des ions de charges opposées s'appelle une liaison ionique.
3. Pour qu'une liaison ionique se forme, un des ions doit être un donneur d'électrons et l'autre, un accepteur d'électrons.

### Les liaisons covalentes (p. 35-36)

1. Dans une liaison covalente, les atomes partagent au moins une paire d'électrons.
2. Les liaisons covalentes sont plus fortes que les liaisons ioniques et sont beaucoup plus fréquentes dans les organismes vivants.

### Les liaisons hydrogène (p. 36)

1. Une liaison hydrogène se forme quand un atome d'hydrogène uni par une liaison covalente à un atome d'oxygène ou d'azote est attiré par un autre atome d'oxygène ou d'azote.
2. Les liaisons hydrogène forment des liens faibles entre différentes molécules ou entre divers segments d'une même molécule de grande taille.

### La masse molaire atomique et les moles (p. 36)

1. La masse atomique est la somme des masses de tous les protons, neutrons et électrons d'un atome.
2. Le nombre de masse est la valeur de la masse atomique exprimée sans décimale; il correspond à la somme des protons et des neutrons.
3. La masse molaire atomique est la somme des masses atomiques de tous les atomes d'une molécule ou d'une substance.
4. Une mole d'un atome, d'un ion ou d'une molécule égale sa masse molaire atomique exprimée en grammes.

## LES RÉACTIONS CHIMIQUES (p. 36-40)

1. Les réactions chimiques créent ou suppriment des liaisons chimiques entre les atomes.
2. Il y a échange d'énergie durant les réactions chimiques.
3. Les réactions endergoniques absorbent de l'énergie; les réactions exergoniques en libèrent.
4. Lors d'une réaction de synthèse, des atomes, des ions ou des molécules se combinent pour former une plus grosse molécule.
5. Lors d'une réaction de dégradation, une molécule est décomposée en ses composants, c'est-à-dire en molécules plus petites, en ions ou en atomes.
6. Lors d'une réaction d'échange (ou réaction de substitution), deux molécules sont décomposées et leurs sous-unités servent à la synthèse de deux nouvelles molécules.
7. Une réaction est réversible quand ses produits peuvent facilement redevenir les réactifs de départ.
8. Pour qu'une réaction chimique ait lieu, les réactifs doivent entrer en collision les uns avec les autres.
9. L'énergie de collision minimale nécessaire pour obtenir une réaction chimique s'appelle énergie d'activation.
10. Les enzymes sont des protéines spécialisées qui accélèrent les réactions chimiques des systèmes vivants en abaissant l'énergie d'activation; les enzymes sont des catalyseurs.

## LES MOLÉCULES BIOLOGIQUES IMPORTANTES (p. 40-56)

## LES COMPOSÉS INORGANIQUES (p. 41-44)

1. Les composés inorganiques sont des molécules le plus souvent petites et contenant des liaisons ioniques. Ils ne comprennent pas de carbone, sauf le dioxyde de carbone ($CO_2$).
2. L'eau, le dioxyde de carbone et beaucoup d'acides, de bases et de sels courants comptent parmi les composés inorganiques.

### L'eau (p. 41-42)

1. L'eau est la substance la plus abondante dans les cellules.
2. L'eau est une molécule polaire; la nature polaire de l'eau lui confère des caractéristiques qui en font un milieu vital pour les cellules vivantes.
3. Les liaisons hydrogène entre les molécules d'eau confèrent à l'eau une grande cohésion, propriété définie comme la force d'attraction qui unit des molécules; c'est pourquoi l'eau se trouve à l'état liquide sur la majeure partie de la surface terrestre.
4. L'eau constitue un excellent solvant pour les substances polaires.
5. L'eau est un réactif dans un grand nombre de réactions de dégradation, comme celles qui se produisent lors de la digestion.
6. L'eau est un excellent tampon thermique.

### Les acides, les bases et les sels (p. 42)

1. Les acides se dissocient en ions $H^+$ et en anions; ils sont des donneurs de protons ($H^+$).
2. Les bases se dissocient en ions $OH^-$ et en cations; ils sont des accepteurs de protons ($H^+$).
3. Les sels se dissocient en ions positifs et en ions négatifs, qui ne sont ni $H^+$, ni $OH^-$.

### L'équilibre acidobasique (p. 42-44)

1. L'expression pH représente la concentration des ions $H^+$ dans une solution.

2. Une solution de pH 7 est neutre; si le pH d'une solution est inférieur à 7, elle est acide; s'il est supérieur à 7, elle est alcaline.
3. Un tampon est une substance qui stabilise le pH à l'intérieur de la cellule. On peut l'utiliser dans les milieux de culture.

## LES COMPOSÉS ORGANIQUES (p. 44-56)

1. Les composés organiques contiennent toujours du carbone et de l'hydrogène.
2. Les atomes de carbone peuvent former jusqu'à quatre liaisons avec d'autres atomes.
3. Les composés organiques contiennent surtout, ou seulement, des liaisons covalentes; beaucoup sont de grosses molécules.

### La structure et les propriétés chimiques (p. 44-45)

1. Une chaîne d'atomes de carbone constitue un squelette carboné.
2. Des groupements fonctionnels d'atomes sont responsables de la plupart des propriétés des molécules organiques.
3. On peut utiliser la lettre R pour représenter le reste de la molécule organique.
4. Parmi les classes de molécules souvent mentionnées, il y a les alcools (R—OH), les acides carboxyliques (R—COOH) et les acides aminés ($H_2N$—R—COOH).
5. De petites molécules organiques peuvent se combiner pour former de très gros ensembles appelés macromolécules.
6. Les monomères s'associent habituellement les uns aux autres par des réactions dites de synthèse par déshydratation, ou réactions de condensation, pour former un polymère et de l'eau.
7. Les molécules organiques peuvent être dégradées en molécules plus petites par une réaction d'hydrolyse, réaction au cours de laquelle des molécules d'eau sont décomposées.

### Les glucides (p. 45-47)

1. Les glucides sont des composés d'atomes de carbone, d'hydrogène et d'oxygène dans lesquels l'hydrogène et l'oxygène figurent dans un rapport de 2:1.
2. Les glucides comprennent, entre autres composés, les sucres et l'amidon.
3. On classifie les glucides, selon leur taille, en monosaccharides, disaccharides et polysaccharides.
4. Les monosaccharides contiennent de trois à sept atomes de carbone. Le glucose est un monosaccharide.
5. Les isomères sont des molécules qui ont la même formule chimique mais des structures et des propriétés différentes – par exemple, le glucose ($C_6H_{12}O_6$) et le fructose ($C_6H_{12}O_6$).
6. Les monosaccharides peuvent former des disaccharides et des polysaccharides grâce à une réaction de synthèse par déshydratation.

### Les lipides (p. 47-48)

1. Les lipides sont un groupe diversifié de composés qui se distinguent par leur insolubilité dans l'eau.
2. Les lipides simples, appelés graisses, sont constitués d'une molécule de glycérol et de une à trois molécules d'acides gras qui se combinent pour former un monoglycéride, un diglycéride ou un triglycéride.
3. Les lipides saturés ne présentent que des liaisons covalentes simples et n'ont donc pas de liaisons covalentes doubles ou triples entre les atomes de carbone des acides gras; les lipides insaturés ont au moins une liaison covalente double. Le point de fusion des lipides saturés est plus élevé que celui des lipides insaturés.
4. Les phospholipides sont des lipides complexes constitués de glycérol, de deux acides gras et d'un groupement phosphate.
5. Les stéroïdes sont formés d'anneaux de carbone; le groupement fonctionnel des stérols est un groupement hydroxyle.

### Les protéines (p. 49-54)

1. Les acides aminés sont les unités constituantes des protéines.
2. Les acides aminés sont composés de carbone, d'hydrogène, d'oxygène, d'azote et parfois de soufre.
3. On trouve vingt acides aminés dans les protéines naturelles.
4. Les liaisons peptidiques (formées à la suite de synthèses par déshydratation) unissent les acides aminés et permettent la formation de chaînes polypeptidiques.
5. Il y a quatre niveaux d'organisation structurale des protéines: la structure primaire (séquence d'acides aminés), la structure secondaire (hélices et rubans plissés en accordéon), la structure tertiaire (forme générale tridimensionnelle du polypeptide dans l'espace) et la structure quaternaire (deux ou plusieurs chaînes polypeptidiques).
6. Les protéines conjuguées sont formées d'acides aminés combinés à des composés organiques ou inorganiques.

### Les acides nucléiques (p. 54-55)

1. Les acides nucléiques – ADN et ARN – sont des macromolécules formées de nucléotides combinés les uns aux autres.
2. Un nucléotide est composé d'un pentose, d'un groupement phosphate et d'une base azotée. Un nucléoside est composé d'un pentose et d'une base azotée.
3. Un nucléotide d'ADN est constitué d'un groupement phosphate, de désoxyribose et d'une des bases azotées suivantes: thymine ou cytosine (pyrimidines), ou bien adénine ou guanine (purines).
4. L'ADN est constitué de deux brins de nucléotides, enlacés de façon à former une double hélice. Les brins sont reliés par des liaisons hydrogène entre purines et pyrimidines, lesquelles sont appariées comme suit: AT et GC.
5. L'ADN est la molécule qui porte le matériel génétique; les gènes sont constitués de séquences de nucléotides.
6. Un nucléotide d'ARN est constitué d'un groupement phosphate, de ribose et d'une des bases azotées suivantes: cytosine, guanine, adénine ou uracile.

### L'adénosine triphosphate (ATP) (p. 55-56)

1. L'ATP sert de réserve d'énergie chimique pour diverses activités cellulaires. L'ATP se compose d'un nucléotide d'adénine (adénosine monophosphate) lié à deux groupements phosphate supplémentaires.
2. Quand la liaison du groupement phosphate terminal de l'ATP est hydrolysée, il y a libération d'énergie.
3. L'énergie des réactions de dégradation sert à reconstituer l'ATP à partir de l'ADP et du phosphate inorganique.

## AUTOÉVALUATION

### RÉVISION

**1.** Qu'est-ce qu'un élément chimique ? une molécule ? un composé ? un isotope ?

**2.** Faites le diagramme de la configuration électronique d'un atome de carbone.

**3.** Quelle est la différence entre le ${}^{14}_{6}C$ et le ${}^{12}_{6}C$ ?

**4.** Quel type de liaison y a-t-il entre les molécules d'eau ?

**5.** Par quel type de liaison les atomes suivants sont-ils retenus ensemble ?
**a)** $Li^+$ et $Cl^-$ dans LiCl
**b)** Les atomes de carbone et d'oxygène dans $CO_2$
**c)** Les atomes d'oxygène dans $O_2$
**d)** Un atome d'hydrogène d'un nucléotide et l'atome d'azote ou d'oxygène de l'autre nucléotide dans :

Désoxyribose phosphate — Guanine — Cytosine — Désoxyribose phosphate

**6.** Combien de fois le vinaigre, pH 3, est-il plus acide que l'eau pure, pH 7 ?

**7.** Classifiez les types de réactions chimiques suivants :
**a)** Glucose + fructose → saccharose + $H_2O$
**b)** Lactose → glucose + galactose
**c)** $NH_4Cl + H_2O \rightarrow NH_4OH + HCl$
**d)** ATP → ADP + $P_i$

**8.** Les bactéries utilisent une enzyme, l'uréase, pour obtenir à partir de l'urée de l'azote sous une forme utilisable, grâce à la réaction suivante :

$$\underset{\text{Urée}}{CO(NH_2)_2} + H_2O \longrightarrow \underset{\text{Ammoniac}}{2NH_3} + \underset{\text{Dioxyde de carbone}}{CO_2}$$

Quel est le rôle de l'enzyme dans cette réaction ? De quel type de réaction s'agit-il ?

**9.** Indiquez si les composés suivants sont des sous-unités de glucide, de lipide, de protéine ou d'acide nucléique.
**a)** $CH_3—(CH_2)_7—CH{=}CH—(CH_2)_7—COOH$
Acide oléique
**b)** $H—C(NH_2)(CH_2OH)—COOH$
Sérine
**c)** $C_6H_{12}O_6$
**d)** Nucléotide de thymine

**10.** L'édulcorant de synthèse aspartame, ou NutraSuc[MD], s'obtient en combinant l'acide aspartique à la phénylalanine méthylée, de la façon suivante :

$$H_2N—CH(CH_2COOH)—COOH + H_2N—CH(CH_2C_6H_5)—COO—CH_3 \rightleftharpoons H_2N—CH(CH_2COOH)—CO—NH—CH(CH_2C_6H_5)—COO—CH_3 + H_2O$$

**a)** À quel groupe de molécules l'acide aspartique et la phénylalanine appartiennent-ils ?
**b)** Dans quelle direction la réaction d'hydrolyse se déroule-t-elle (de gauche à droite ou de droite à gauche) ?
**c)** Dans quelle direction la réaction de synthèse par déshydratation se déroule-t-elle ?
**d)** Encerclez les atomes appelés à former de l'eau.
**e)** Situez la liaison peptidique.

**11.** La molécule d'ATP a la propriété de contenir de l'énergie parce que la dynamique énergétique favorise le bris des liaisons du ________________.

**12.** Le diagramme ci-dessous représente une molécule de protéine. Indiquez les régions de structure primaire, secondaire et tertiaire. Cette protéine a-t-elle une structure quaternaire ?

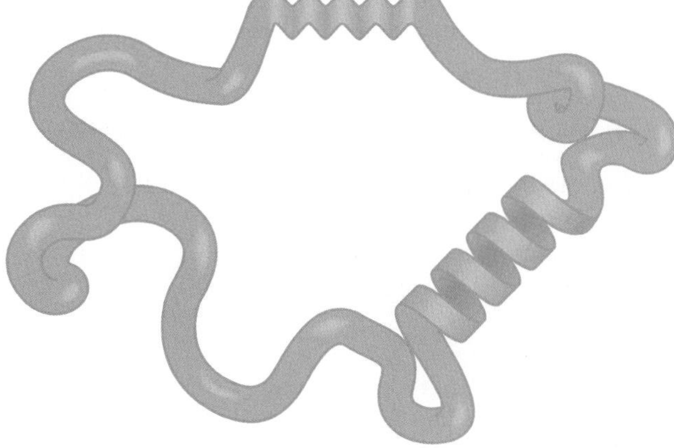

**13.** Dessinez la forme symbolique donnée à un phospholipide.

## QUESTIONS À CHOIX MULTIPLE

On utilise souvent des radio-isotopes pour marquer certaines molécules dans la cellule. On peut alors y suivre le sort des atomes et des molécules. Ce procédé sert d'arrière-plan aux questions 1 à 3.

**1.** Supposons qu'on fait pousser *E. coli* dans un milieu de culture contenant le radio-isotope $^{16}N$. Dans quelles molécules d'*E. coli* le $^{16}N$ se trouvera-t-il le plus probablement, après 48 heures d'incubation ?
**a)** Glucides
**b)** Lipides
**c)** Protéines
**d)** Eau
**e)** Aucune des molécules ci-dessus

**2.** On donne à des bactéries du genre *Pseudomonas* de la cytosine marquée par une substance radioactive. Dans quelles molécules intracellulaires la cytosine se trouvera-t-elle le plus probablement, après 24 heures d'incubation ?
**a)** Glucides
**b)** ADN
**c)** Lipides
**d)** Eau
**e)** Protéines

**3.** *E. coli* est cultivé dans un milieu contenant l'isotope radioactif $^{32}P$. Ce dernier fera partie de toutes les substances suivantes *sauf*:
**a)** l'ATP.
**b)** les glucides.
**c)** l'ADN.
**d)** la membrane plasmique.
**e)** Aucune des molécules ou structures ci-dessus

**4.** Une boisson gazeuse, pH 3, est ______________ fois plus acide que l'eau distillée.
**a)** 4
**b)** 10
**c)** 100
**d)** 1 000
**e)** 10 000

**5.** Quelle est la meilleure définition de l'ATP ?
**a)** Une molécule qui sert de réserve de nourriture.
**b)** Une molécule qui fournit de l'énergie pour accomplir un travail.
**c)** Une molécule qui sert de réserve d'énergie.
**d)** Une molécule utilisée comme source de phosphate.

**6.** Laquelle des molécules suivantes est une molécule organique ?
**a)** $H_2O$ (eau)
**b)** $O_2$ (oxygène)
**c)** $C_{18}H_{29}SO_3$ (polystyrène)
**d)** FeO (oxyde ferreux)
**e)** $F_2C = CF_2$ (téflon)

Classez les molécules des questions 7 à 10 dans les groupes suivants. Les produits de dissociation des molécules sont indiqués pour faciliter la tâche.
**a)** Acide
**b)** Base
**c)** Sel

**7.** $HNO_3 \rightarrow H^+ + NO_3^-$

**8.** $H_2SO_4 \rightarrow 2H^+ + SO_4^{2-}$

**9.** $NaOH \rightarrow Na^+ + OH^-$

**10.** $MgSO_4 \rightarrow Mg^{2+} + SO_4^{2-}$

## QUESTIONS À COURT DÉVELOPPEMENT

**1.** Quand on fait des bulles dans un verre d'eau en soufflant dans une paille, les réactions suivantes ont lieu :

$$H_2O + CO_2 \xrightarrow{A} H_2CO_3 \xrightarrow{B} H^+ + HCO_3^-$$

**a)** Quelle est la nature de la réaction *A* ?
**b)** Comment la réaction *B* révèle-t-elle la nature de la molécule $H_2CO_3$ ?

**2.** Quelles sont les caractéristiques structurales communes des molécules d'ATP et d'ADN ?

**3.** Si *E. coli* est cultivé à 37 °C après avoir poussé pendant un certain temps à 25 °C, qu'advient-il de la quantité relative de lipides insaturés dans sa membrane plasmique ?

**4.** Les girafes, les termites et les koalas se nourrissent seulement de matière végétale. Les animaux étant incapables de digérer la cellulose, comment pensez-vous que ces espèces obtiennent les nutriments emmagasinés dans les feuilles et le bois qu'elles mangent ?

## APPLICATIONS CLINIQUES

*N. B. Certaines de ces questions nécessitent que vous cherchiez des réponses dans les différents chapitres du livre.*

**1.** Les détergents et les déboucheurs de conduits contiennent des enzymes produites par différents microorganismes tels que *Bacillus subtilis,* une bactérie, et *Aspergillus niger*, un mycète. À quelles fins utilise-t-on ces enzymes (*Indice :* voir le chapitre 28.)

**2.** *Thiobacillus ferrooxidans,* une bactérie, a occasionné des dommages aux bâtiments dans la région au sud de Montréal, au Québec, en modifiant la composition du sol sur lequel ils étaient construits. Comment la bactérie a-t-elle causé cette destruction ?

**3.** Quand elle se multiplie dans un animal, *Bacillus anthracis*, une bactérie, produit une capsule protectrice qui résiste à la phagocytose. Pourquoi la capsule est-elle résistante à la digestion par les phagocytes de l'hôte ? Cette bactérie est transmissible à l'humain. Quelle maladie provoque-t-elle ? À quel événement très particulier pouvez-vous relier cette maladie ? Donnez un argument qui justifie l'état d'alerte déclenché face à la gravité de l'infection. (*Indice :* voir le chapitre 23.)

**4.** L'amphotéricine B est un antibiotique qui cause des fuites dans les cellules en se combinant aux stérols de la membrane plasmique. À votre avis, l'amphotéricine B serait-elle indiquée pour combattre une infection bactérienne ? une mycose ? Selon vous, pourquoi cet antibiotique a-t-il des effets secondaires graves chez les humains ? (*Indice :* voir le chapitre 20.)

**5.** La réfrigération est un procédé largement utilisé comme agent de conservation de nombreux produits, dont les aliments et les médicaments. Expliquez en quoi le froid peut freiner la multiplication des microbes qui altèrent ces produits. (*Indice :* voir le chapitre 6.)

Chapitre 3

# L'observation des microorganismes au microscope

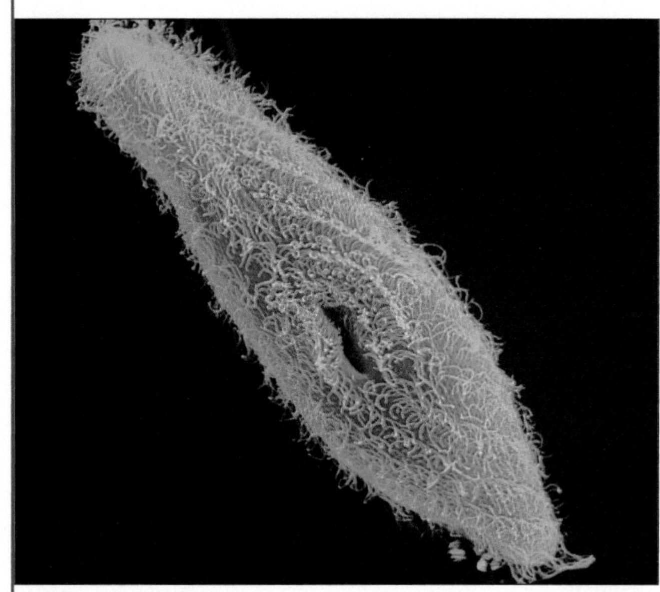

Paramecium caudatum.
*Les structures externes de cette paramécie, notamment les cils et la cavité buccale, sont révélées grâce au microscope électronique à balayage.*

Les microorganismes sont beaucoup trop petits pour être vus à l'œil nu. Pour les examiner, on doit se munir d'un microscope. Le mot « microscope » dérive du latin *micro*, qui signifie « petit », et du grec *skopein*, qui veut dire « examiner ». Les microbiologistes d'aujourd'hui se servent de microscopes qui agrandissent de dix à des milliers de fois les images que van Leeuwenhoek obtenait avec une lentille unique (figure 1.2a). Dans la première partie de ce chapitre, nous décrirons le fonctionnement et les avantages des différents types de microscopes.

À cause de leur taille plus importante ou de la présence de certaines particularités, certains microorganismes sont plus visibles que d'autres. Toutefois, avant leur observation au microscope, un grand nombre d'entre eux doivent subir plusieurs étapes de coloration de sorte que leur paroi cellulaire, leurs membranes et d'autres structures qui ne sont pas naturellement pigmentées deviennent visibles. Dans la dernière partie du chapitre, nous nous pencherons sur quelques-unes des méthodes de préparation d'échantillons les plus courantes.

Vous vous demandez peut-être comment les spécimens que nous étudierons sont triés, comptés et mesurés. Voyons dans un premier temps comment le système international d'unités est utilisé pour mesurer la taille des microbes.

## Les unités de mesure

### Objectif d'apprentissage

- *Nommer les unités servant à mesurer la taille des microorganismes et donner leurs équivalents métriques.*

Rappelons d'emblée que l'unité de longueur à la base du système international d'unités est le mètre (m) et que ses unités sont décimales. Ainsi, 1 mètre (m) équivaut à 10 décimètres (dm), 100 centimètres (cm) ou 1 000 millimètres (mm). Les microorganismes et leurs parties constituantes sont mesurés par les unités métriques les plus petites, soit les micromètres et les nanomètres. Un **micromètre** (**μm**) équivaut à 0,000 001 m ($10^{-6}$ m). Le préfixe *micro* indique que l'unité de mesure qui suit doit être divisée par 1 million, ou $10^6$ (voir la section sur la notation exponentielle à l'annexe C). Un **nanomètre** (**nm**) vaut 0,000 000 001 m ($10^{-9}$ m). Mis en relation, un nanomètre équivaut à $10^{-3}$ mm. Autrefois,

**Tableau 3.1** *Unités de longueur métriques*

| Unité métrique | Valeur du préfixe | Équivalent métrique |
|---|---|---|
| 1 kilomètre (km) | *kilo* = 1 000 | 1 000 m = $10^3$ m |
| 1 mètre (m) | | Unité de longueur étalon |
| 1 décimètre (dm) | *déci* = 1/10 | 0,1 m = $10^{-1}$ m |
| 1 centimètre (cm) | *centi* = 1/100 | 0,01 m = $10^{-2}$ m |
| 1 millimètre (mm) | *milli* = 1/1 000 | 0,001 m = $10^{-3}$ m |
| 1 micromètre ($\mu$m) | *micro* = 1/1 000 000 | 0,000 001 m = $10^{-6}$ m |
| 1 nanomètre (nm) | *nano* = 1/1 000 000 000 | 0,000 000 001 m = $10^{-9}$ m |

on utilisait l'unité Angstrom (Å) pour indiquer $10^{-10}$ m, ou 0,1 nm.

Le tableau 3.1 présente les principales unités de longueur métriques. À l'aide de ce tableau, vous êtes à même de comparer les unités de mesure microscopiques, tels les micromètres et les nanomètres, avec les unités de mesure macroscopiques que l'on utilise couramment, tels les millimètres, les centimètres, les mètres et les kilomètres. En jetant un coup d'œil à la figure 3.2, vous pourrez comparer la taille relative de différents organismes mesurés à l'échelle métrique.

# La microscopie : les appareils

Le microscope simple utilisé par van Leeuwenhoek au XVII^e^ siècle n'est constitué que d'une lentille unique semblable à un verre grossissant. Cependant, grâce à son talent insurpassable de polisseur de lentilles, van Leeuwenhoek fabrique des lentilles avec une précision telle qu'une seule d'entre elles peut grossir un microbe 300 fois. Ainsi, il est le premier à observer les bactéries au moyen d'un microscope rudimentaire.

Les contemporains de van Leeuwenhoek, dont Robert Hooke, construisent des microscopes composés, c'est-à-dire constitués de plusieurs lentilles. De fait, l'inventeur de ce type de microscope est un lunetier hollandais, Zaccharias Janssen, qui monte le premier microscope composé vers 1600. Toutefois, ces premiers microscopes sont de piètre qualité et ne peuvent servir à examiner les bactéries. Il faut attendre jusqu'en 1830 pour qu'un microscope de qualité nettement meilleure soit mis au point par Joseph Jackson Lister, le père de Joseph Lister. Les améliorations successives apportées au microscope de Lister ont conduit à la mise au point des microscopes composés modernes, ceux dont on se sert aujourd'hui dans les laboratoires de microbiologie. Au moyen de ces appareils, l'étude de microorganismes vivants a révélé un monde d'interactions extraordinaires (voir l'encadré de la page 64).

## La microscopie optique

### Objectifs d'apprentissage

- *Décrire le trajet de la lumière dans un microscope optique composé à fond clair en nommant les différentes structures traversées.*
- *Définir le grossissement total et la résolution.*
- *Nommer une application de la microscopie à fond clair, à fond noir, à contraste de phase, à contraste d'interférence différentielle, à fluorescence et confocale.*
- *Comparer les caractéristiques des images obtenues grâce aux différents types de microscopie optique.*

Le terme **microscopie optique** renvoie à l'observation d'un objet à l'aide d'un microscope qui fait appel à la lumière visible. Nous étudions dans cette section les différentes techniques de microscopie optique.

### La microscopie optique composée

Le **microscope optique composé** (**MO**) moderne est constitué d'une série de lentilles et utilise la lumière visible comme source lumineuse (figure 3.1a). Avec un tel microscope, il est possible d'examiner de très petits organismes, de même que certains de leurs détails. Une série de lentilles parfaitement polies (figure 3.1b) forme une image nette qui agrandit plusieurs fois l'objet observé. Pour obtenir une image agrandie bien définie, les rayons de la **source lumineuse,** dont la quantité est régie par un diaphragme, traversent le **condenseur** (aussi appelé condensateur) où des lentilles les focalisent vers l'objet. Puis, la lumière continue son trajet à travers les lentilles de l'**objectif,** soit celles situées le plus près de l'objet. L'image de l'objet est agrandie une dernière fois par l'**oculaire,** contre lequel l'observateur place son œil. Le système lenticulaire de l'objectif et de l'oculaire produit le grossissement total de l'objet observé. L'image réelle est inversée et renversée par le système de lentilles.

On calcule le **grossissement total** d'un échantillon en multipliant le grossissement de l'objectif par le grossissement

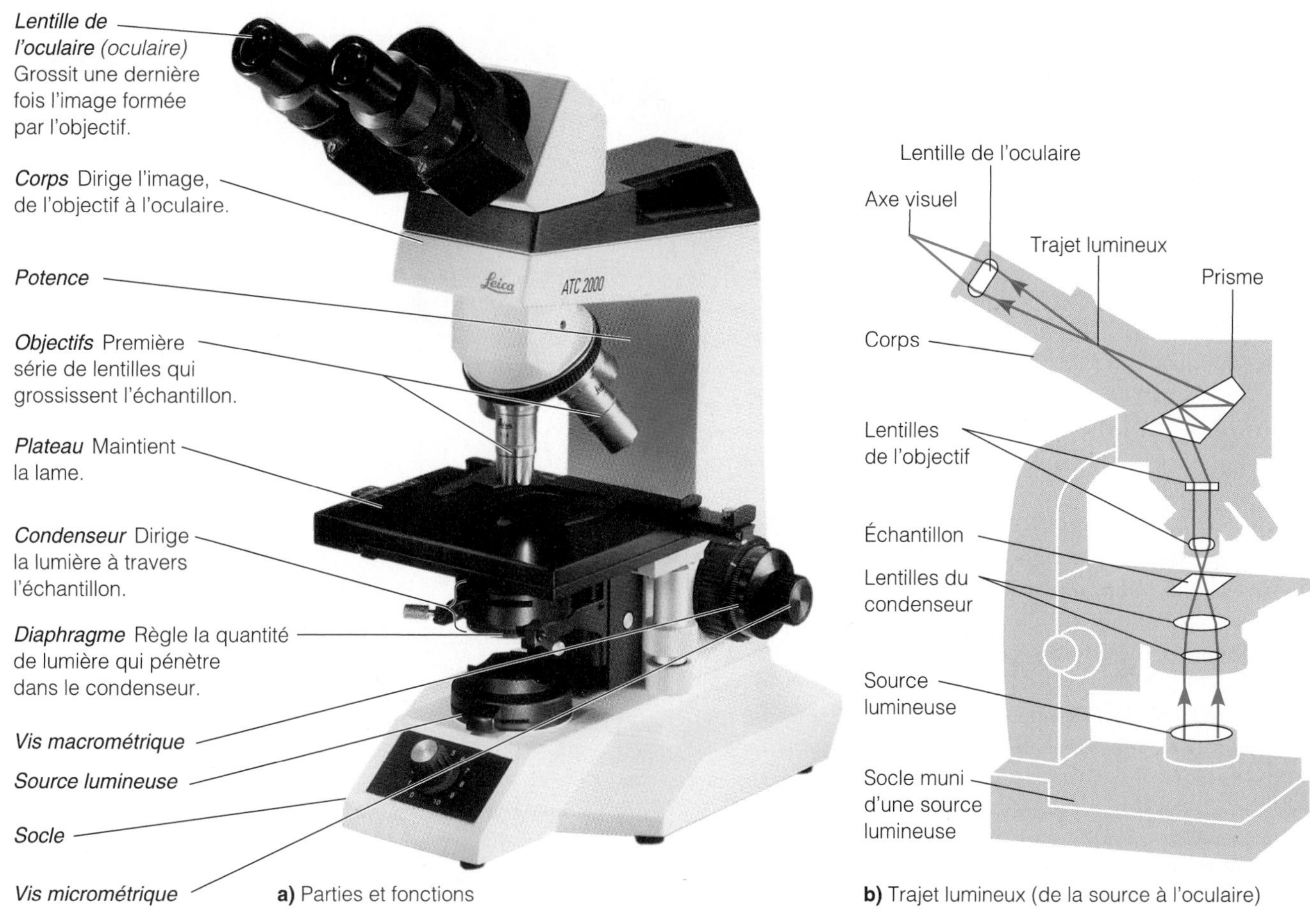


**FIGURE 3.1 Microscope optique composé.**

■ Comment calcule-t-on le grossissement total d'un échantillon examiné à l'aide d'un microscope optique composé ?

de l'oculaire. La plupart des microscopes utilisés en microbiologie sont munis de plusieurs objectifs, dont l'objectif 10 × (faible grossissement), l'objectif 40 × (fort grossissement) et l'objectif 100 × (qui nécessite de l'huile à immersion, sera décrit sous peu). La plupart des oculaires agrandissent l'échantillon par un facteur de 10. Le produit du grossissement d'un objectif donné (10 ×, 40 ×, 100 ×) par le grossissement de l'oculaire aboutit à un grossissement total de 100 × à faible grossissement, de 400 × à fort grossissement et de 1 000 × à un grossissement faisant appel à l'huile à immersion.

La **résolution** (ou *pouvoir de résolution*) est la capacité d'une lentille à séparer deux structures très proches l'une de l'autre ou à distinguer les détails fins d'une même structure. Par exemple, si un microscope a un pouvoir de résolution de 0,4 $\mu$m, il peut produire deux images distinctes de deux points espacés d'au moins 0,4 $\mu$m. Deux points plus rapprochés apparaîtraient comme un seul objet. Selon un principe général de microscopie, plus la longueur d'onde de la lumière qui éclaire l'échantillon est courte, plus la résolution du microscope est importante. Étant donné la longueur d'onde relativement longue de la lumière blanche, les microscopes optiques composés ne peuvent percevoir les structures inférieures à approximativement 0,2 $\mu$m. Par conséquent, ce facteur et certaines autres considérations d'ordre pratique restreignent le grossissement du meilleur microscope optique à environ 2 000 ×. À des fins de comparaison, sachez que le microscope de van Leeuwenhoek avait une résolution de 1 $\mu$m.

La figure 3.2 illustre divers spécimens visibles à l'œil nu, au microscope optique et au microscope électronique.

Pour obtenir une image claire et bien définie d'un objet observé au microscope optique composé, on doit faire contraster fortement l'objet avec son *milieu* (substance traversée par la lumière). Pour atteindre un tel contraste, on doit modifier l'indice de réfraction de l'échantillon par rapport à celui du milieu. L'**indice de réfraction** mesure la capacité d'un milieu à faire dévier les rayons de la lumière. Il est possible de modifier l'indice de réfraction d'un échantillon grâce à la coloration, procédé que nous allons décrire sous peu. D'ordinaire, les rayons lumineux traversent un milieu

APPLICATIONS DE LA MICROBIOLOGIE

# Les bactéries peuvent-elles rendre la nourriture propre à la consommation?

Dans la vie comme à travers un microscope, les apparences et les premières impressions sont parfois trompeuses. Par exemple, à première vue, *Bdellovibrio,* une bactérie, ressemble à un banal bacille incurvé à Gram négatif d'à peine 1 $\mu$m de long. *Bdellovibrio* se déplace et tournoie à la manière des bactéries dotées d'un flagelle, même s'il se meut dix fois plus rapidement que n'importe quelle autre bactérie de même taille. Cependant, une observation minutieuse de cette bactérie, à l'aide d'un microscope muni d'une caméra vidéo, révèle que son comportement est bien différent de celui des bactéries connues à ce jour.

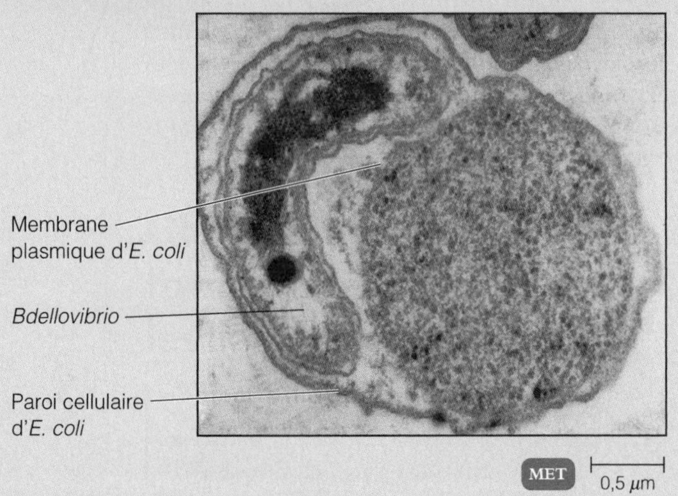


*Bdellovibrio,* une bactérie, a pénétré la paroi cellulaire d'*E. coli*. Une fois qu'il a tué sa proie, *Bdellovibrio* utilise son contenu pour grossir et se multiplier.

Un drame microbien particulier se joue lorsque *Bdellovibrio* est mis en suspension avec des bactéries telles que *E. coli*. Apparemment attiré par des substances chimiques, *Bdellovibrio* fonce vers le lent et imposant *E. coli* et le percute. Les deux cellules se lient l'une à l'autre et virevoltent rapidement. Durant cette danse, *Bdellovibrio* paralyse *E. coli* par un mécanisme encore inconnu qui semble mettre en jeu une des protéines de *Bdellovibrio*. Ce dernier anéantit *E. coli* sans dégrader les composantes de sa paroi cellulaire.

Puis, dans le but d'aménager dans son nouvel habitat, *Bdellovibrio* ajoute des constituants structuraux à la membrane lipidique externe d'*E. coli,* qui est un bacille à Gram négatif. Cette opération, propre à *Bdellovibrio,* a pour but de stabiliser la membrane externe. Une fois qu'il a pénétré la paroi cellulaire d'*E. coli*, *Bdellovibrio* perd son flagelle et se glisse dans le périplasme (situé entre la membrane plasmique interne et la paroi cellulaire), puis se prépare à festoyer.

Le cytoplasme d'*E. coli* décharge ses macromolécules dans le périplasme. *Bdellovibrio* les digère alors et se transforme en un long filament en spirale. Au bout de 2 à 3 heures, le contenu du cytoplasme de la bactérie hôte, y compris son ADN, est complètement digéré. Ensuite, *Bdellovibrio* se fragmente en plus de 20 bâtonnets incurvés au bout desquels se forme un flagelle. Les enzymes de *Bdellovibrio* lysent alors la cellule hôte, ce qui libère les bâtonnets dans le milieu. En moins de 4 heures, de nouvelles cellules de *Bdellovibrio* sont produites et se lancent à la poursuite d'autres bactéries.

On a longtemps considéré que *Bdellovibrio* était un simple parasite. Toutefois, des études plus approfondies ont montré que *Bdellovibrio* ne se contente pas de vider son hôte de ses nutriments et de son énergie, il absorbe en fait son contenu et le digère. Ainsi, on considère maintenant que *Bdellovibrio* est une bactérie prédatrice. Comme les protozoaires et les bactériophages (virus infectant les bactéries), il joue un rôle important en écologie par son action sur la régulation de la population bactérienne du sol.

Par ailleurs, maintenant que l'on connaît son comportement, *Bdellovibrio* pourrait être utilisé en tant que bactérie exterminatrice. Des chercheurs du ministère américain de l'Agriculture (USDA), supervisés par Richard Whitting, mènent des recherches sur l'utilisation de *Bdellovibrio* pour lutter contre les agents pathogènes à Gram négatif vivant dans la nourriture, tels que *E. coli* O157:H7 (responsable de la maladie du hamburger) et *Salmonella*. Bien que ces bactéries soient détruites à la cuisson, les aliments contenant des œufs crus ou du jus de pomme non pasteurisé peuvent être contaminés. Cependant, il est difficile de se débarrasser d'*E. coli* dans la viande et les fruits sans faire appel à la chaleur. Même un lavage avec des acides carboxyliques (pH 3,6) ne détruit pas *E. coli* O157:H7. Or, *Bdellovibrio* est capable de tuer des concentrations même élevées d'*E. coli* à 20 °C et à un pH allant de 5,6 à 8,6. Les chercheurs étudient également la possibilité d'introduire *Bdellovibrio* dans les poulets par le biais de leur alimentation (nourriture et eau) afin de tuer leurs salmonelles.

Bien qu'il soit mortel pour les autres bactéries, *Bdellovibrio* n'est pas dangereux pour les humains. À cause de son effet prédateur envers les bactéries à Gram négatif, les chercheurs de l'USDA espèrent s'en servir un jour pour éliminer biologiquement les organismes pathogènes de la nourriture et ceux qui la détériorent.

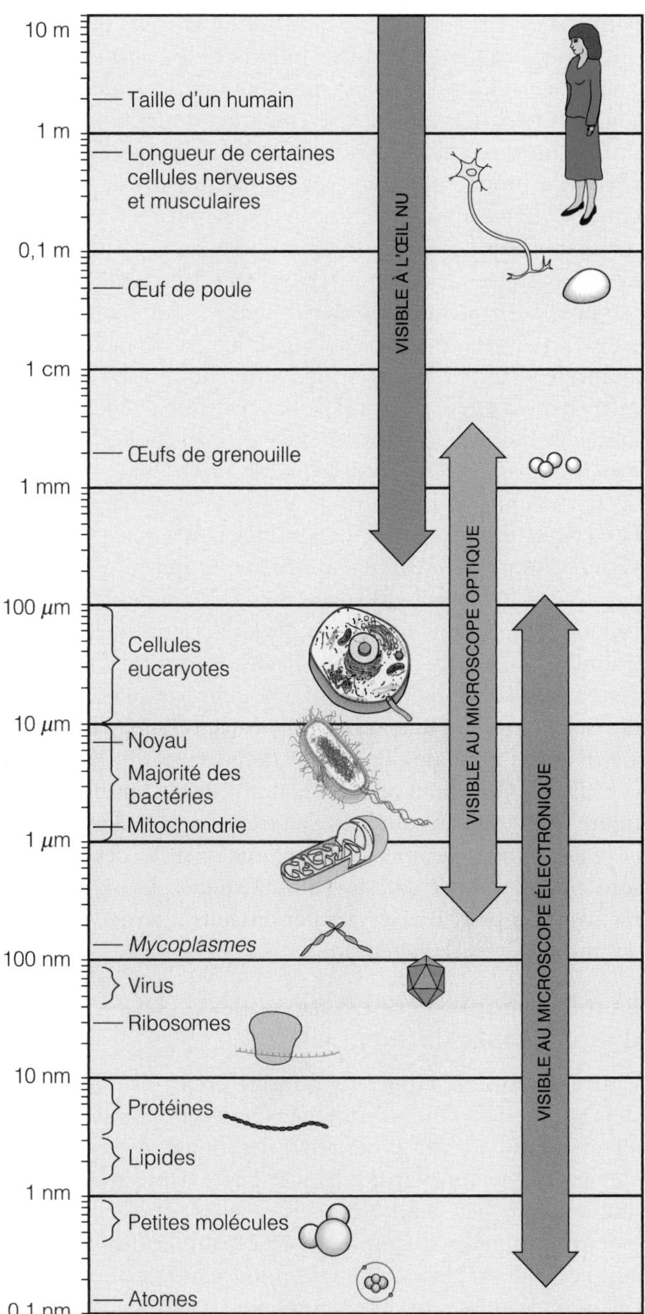


**FIGURE 3.2 Taille relative de divers spécimens et pouvoirs de résolution de l'œil humain, du microscope optique et du microscope électronique.** La taille de la plupart des microorganismes que nous étudierons dans ce manuel se situe dans la région colorée en jaune.

■ **Quel est le pouvoir de résolution de l'œil humain par comparaison avec celui du microscope optique et celui du microscope électronique?**

en ligne droite. Cependant, après coloration, lorsqu'ils parcourent deux matériaux (l'échantillon et son milieu) dont les indices de réfraction diffèrent, ils changent de direction et s'écartent de leur parcours rectiligne ; on dit alors qu'ils

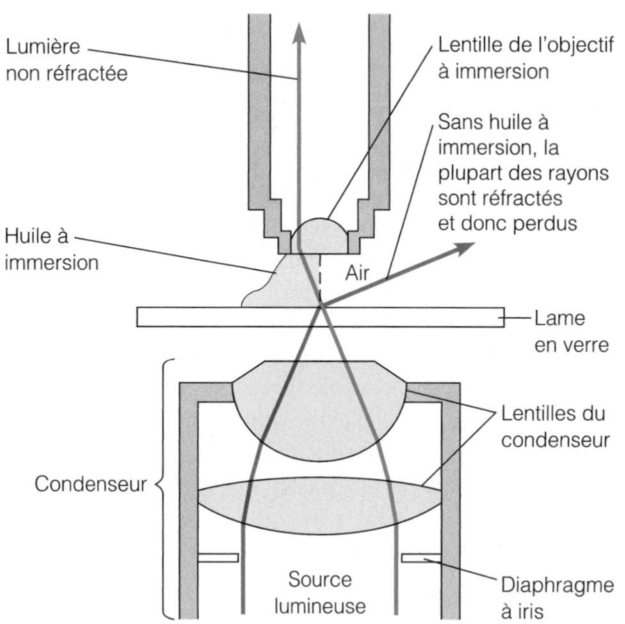


**FIGURE 3.3 Phénomène de la réfraction dans un microscope composé muni d'un objectif à immersion.** Étant donné que la lame en verre et l'huile à immersion ont le même indice de réfraction, les rayons lumineux ne sont pas réfractés lorsqu'ils passent de l'un à l'autre dans un objectif à immersion. Cette méthode permet une meilleure résolution à des grossissements de plus de 900 ×.

sont réfractés. À l'interface des deux matériaux, ils forment un angle, ce qui augmente le contraste entre l'échantillon et son milieu. Ensuite, les rayons émergent de l'objet et pénètrent dans l'objectif. C'est ainsi que l'image agrandie est bien définie.

Le grossissement produit par un microscope optique est limité par la qualité du système lenticulaire des objectifs et des oculaires. Pour donner une résolution élevée à un fort grossissement, la lentille de l'objectif 100 × doit être de faible diamètre. Bien que la lumière qui traverse l'échantillon et son milieu doive être réfractée différemment, il ne faut pas que les rayons lumineux se dispersent une fois l'échantillon traversé. Pour éviter cette perte et maintenir le trajet de la lumière, on dépose de l'huile à immersion entre la lame de verre et l'objectif à immersion à fort grossissement (figure 3.3). L'huile à immersion possède le même indice de réfraction que le verre, si bien que l'huile devient partie intégrante de l'optique du microscope. Sans huile à immersion, les rayons lumineux sont réfractés au moment où ils sortent de la lame et entrent en contact avec l'air ; il faudrait donc augmenter le diamètre de la lentille de l'objectif pour les capter. Or, l'huile produit le même résultat qu'une augmentation du diamètre de la lentille de l'objectif; elle augmente donc la résolution de la lentille. Lorsqu'un objectif à immersion est utilisé sans huile à immersion, la résolution est de piètre qualité et l'image est floue.

## La microscopie à fond clair

Dans les conditions normales d'utilisation, le champ de vision d'un microscope optique composé est brillant. En focalisant la lumière, le condenseur produit un éclairage à fond clair (figure 3.4a) de telle sorte que l'échantillon apparaît foncé sur un fond brillant. Ce type de **microscope à fond clair** sert à examiner des frottis de microorganismes morts et colorés. C'est le type de microscopie optique utilisée de façon courante en laboratoire par les étudiants.

Il n'est pas toujours indiqué de colorer un échantillon. Comme nous l'avons mentionné plus haut, une cellule non colorée offre un faible contraste avec son milieu, ce qui rend son observation difficile. Il existe cependant des microscopes composés modifiés qui facilitent l'examen de cellules non colorées. Nous les présentons dans la section suivante.

## La microscopie à fond noir

Un **microscope à fond noir** sert à examiner les microorganismes vivants qui sont invisibles en microscopie optique sur fond clair standard, ceux qui ne peuvent être colorés par les méthodes habituelles ou ceux qui sont si déformés par la coloration qu'on ne peut les identifier. Au lieu d'un condenseur standard, le microscope à fond noir est constitué d'un condenseur particulier doté d'un disque opaque. Le rôle de ce disque est de supprimer les rayons lumineux qui autrement pénètreraient directement la lentille de l'objectif. Seule la lumière réfléchie par l'échantillon pénètre l'objectif. Le champ n'étant pas éclairé, l'échantillon forme une image brillante sur fond noir, d'où l'appellation de ce type de microscopie (figure 3.4b). Cette technique sert fréquemment à l'étude des microorganismes très petits, vivants et non colorés en suspension et des spirochètes très minces comme *Treponema pallidum*, l'agent causal de la syphilis.

## La microscopie à contraste de phase

Une autre façon d'observer les microorganismes consiste à employer un **microscope à contraste de phase.** Ce type de microscopie est particulièrement utile, car il permet d'examiner en détail les structures internes de microorganismes *vivants*. De surcroît, il ne requiert ni fixation (qui permet l'adhérence des microorganismes à la lame), ni coloration de l'échantillon, procédés susceptibles de déformer ou de tuer les microorganismes. En principe, ce microscope permet d'augmenter le contraste entre des structures d'épaisseurs variées qui ne sont pas visibles avec un microscope à fond clair, par exemple. Ce contraste est rendu possible parce que les composantes du microscope convertissent les différences d'indice de réfraction des structures cellulaires en différences d'intensité lumineuse, ce qui rend les structures cellulaires visibles même si elles ne sont pas colorées.

Le fonctionnement du microscope à contraste de phase repose sur la nature ondulatoire de la lumière et sur le fait que les rayons lumineux peuvent être *en phase* (leurs sommets et leurs creux se superposent) ou *déphasés*. Si le sommet des ondes d'un faisceau provenant d'une source lumineuse coïncide avec le sommet des ondes d'un faisceau provenant d'une autre source, les rayons lumineux se *renforcent* (d'où une brillance). En revanche, si le sommet des ondes d'une source lumineuse rencontre le creux des ondes d'une autre source lumineuse, les rayons interagiront pour produire une *interférence* (noirceur). En microscopie à contraste de phase, le condenseur est muni d'un diaphragme annulaire (ou anneau transparent) et l'objectif est doté d'une lame de phase (ou disque optique spécial) qui régissent l'éclairage de façon à produire des zones de brillance différentes. Ainsi, en partant d'une seule source lumineuse modifiée par le diaphragme annulaire, une partie des rayons lumineux émane directement de la source, alors que l'autre partie est réfléchie, ou diffractée, par une structure donnée de l'échantillon. (La *diffraction* est le phénomène par lequel les rayons lumineux sont fléchis lorsqu'ils «touchent» le pourtour de l'échantillon.) Les rayons diffractés sont déviés et retardés lorsqu'ils traversent l'objet, contrairement aux rayons qui ne pénètrent pas l'échantillon et dont le trajet demeure rectiligne; en traversant l'objectif, les rayons non déviés se trouvent en opposition de phase avec les rayons déviés. La combinaison des deux types de rayons – ceux qui sont directs et ceux qui sont diffractés – forme une image de l'échantillon à l'oculaire. Cette image présente des régions dont le spectre s'étend de la brillance (rayons en phase) à la noirceur (rayons déphasés, figure 3.4c), en passant par des tons de gris. Ainsi, dans ce type de microscopie, les structures internes des cellules sont plus finement définies, d'où l'intérêt de ce type de microscopie pour révéler des constituants internes tels que des inclusions et des endospores.

## La microscopie à contraste d'interférence différentielle

La **microscopie à contraste d'interférence différentielle (CID)** ressemble à la microscopie à contraste de phase, car elle met aussi à profit la variation des indices de réfraction. Cependant, le microscope fait ici appel à deux faisceaux lumineux au lieu d'un seul. Des prismes scindent chaque faisceau lumineux, ce qui colore l'échantillon de manière contrastée. Il en résulte une résolution plus importante que celle que l'on obtient en microscopie à contraste de phase. De surcroît, l'image est brillante, colorée et presque tridimensionnelle, ce qui représente un intérêt non négligeable (figure 3.5).

## La microscopie à fluorescence

La **microscopie à fluorescence** s'appuie sur la **fluorescence,** c'est-à-dire la capacité d'une substance à absorber la lumière à des longueurs d'onde courtes (lumière ultraviolette) et à émettre de la lumière à des longueurs d'onde longues (lumière visible). Certains organismes sont naturellement fluorescents lorsqu'ils sont exposés à la lumière ultraviolette. Toutefois, si l'échantillon que l'on examine ne présente pas naturellement de fluorescence, il doit être coloré avec un colorant fluorescent de la famille des *fluorochromes*. Dans un microscope à fluorescence, le microorganisme marqué au

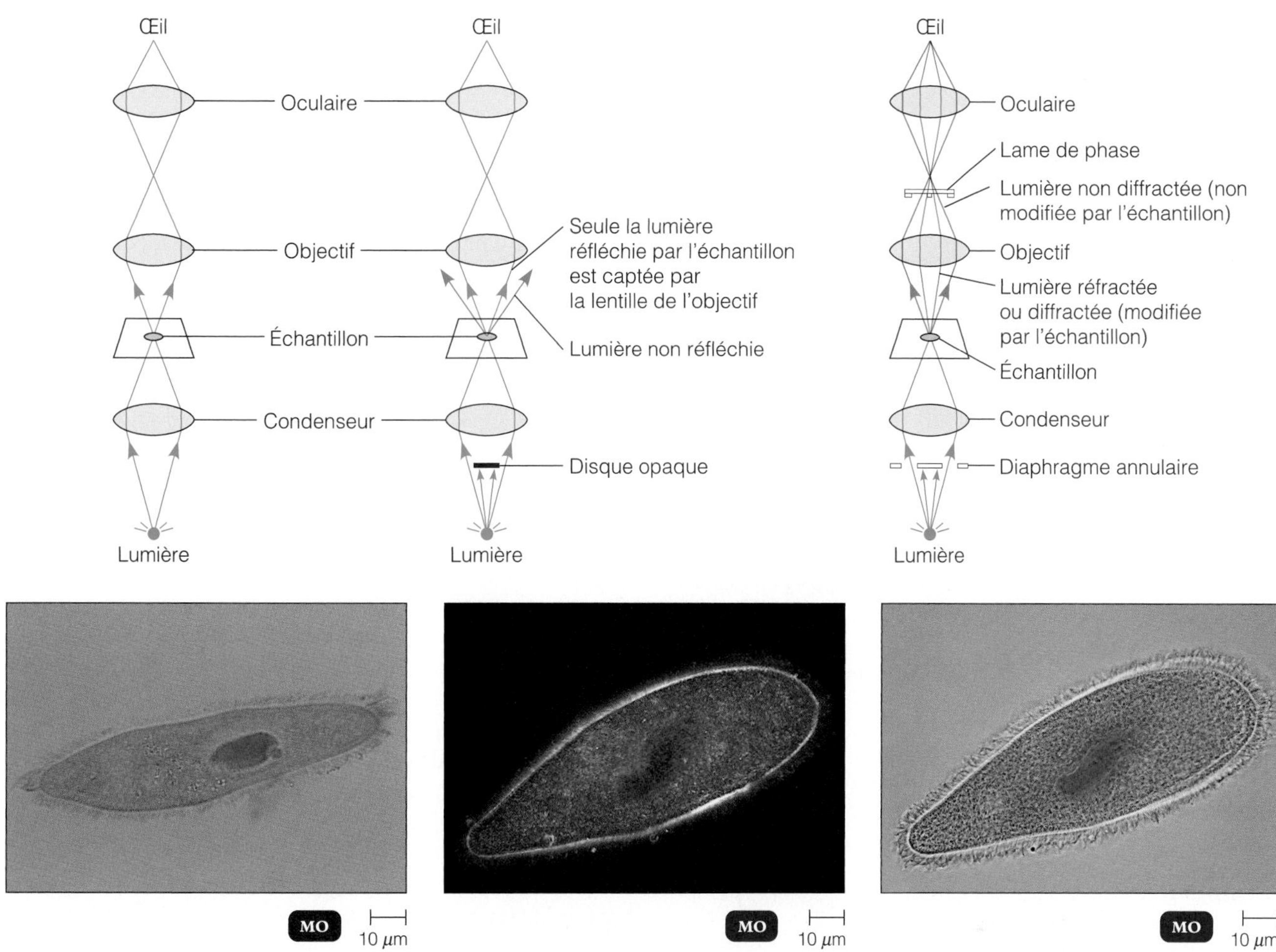


**a) Microscopie à fond clair.** (Schéma) Trajet lumineux typique dans un microscope optique composé standard. (Photo) La microscopie à fond clair révèle certaines structures internes artificiellement colorées et le contour transparent de la membrane cellulaire.

**b) Microscopie à fond noir.** (Schéma) Un condenseur particulier muni d'un disque opaque élimine tous les rayons lumineux situés au centre du faisceau. Les rayons lumineux qui atteignent l'échantillon arrivent en biais. En conséquence, seule la lumière réfléchie par l'échantillon (flèches bleues) traverse l'objectif. (Photo) Le fond noir permet de mettre en évidence le pourtour clair de la cellule et la brillance de certaines structures internes, et rend la membrane cellulaire presque visible.

**c) Microscopie à contraste de phase.** (Schéma) L'échantillon est éclairé par un faisceau lumineux filtré par un diaphragme annulaire. Quand ils traversent l'échantillon, les rayons lumineux directs (non modifiés par l'échantillon) suivent un trajet différent de celui des rayons réfléchis, ou diffractés. Ces deux sortes de rayons forment l'image. Sur ce schéma, les rayons réfléchis sont colorés en bleu ; les rayons directs, en rouge. (Photo) Dans ce type de microscopie, les structures internes apparaissent clairement et la paroi cellulaire est bien distincte.

FIGURE 3.4 **Microscopie à fond clair, à fond noir et à contraste de phase.** Les schémas montrent le trajet lumineux dans ces trois types de microscopes. Les photos illustrent le même échantillon de *Paramecium* observé dans chacun des appareils.

■ Quelles sont les caractéristiques de l'image des spécimens observés, obtenue grâce à la microscopie à fond clair, à fond noir et à contraste de phase ?

fluorochrome est éclairé par une source émettant dans l'ultraviolet ou à des longueurs d'onde similaires et apparaît comme un objet luminescent et brillant sur fond noir.

Les fluorochromes ne sont pas absorbés de la même manière par tous les microorganismes. Par exemple, l'auramine O, fluorochrome qui émet une couleur jaune en réponse à la stimulation de la lumière ultraviolette, est fortement absorbé par *Mycobacterium tuberculosis*, la bactérie responsable de la tuberculose. Si on soupçonne qu'un échantillon contient ces bactéries, on le colore avec un fluorochrome.

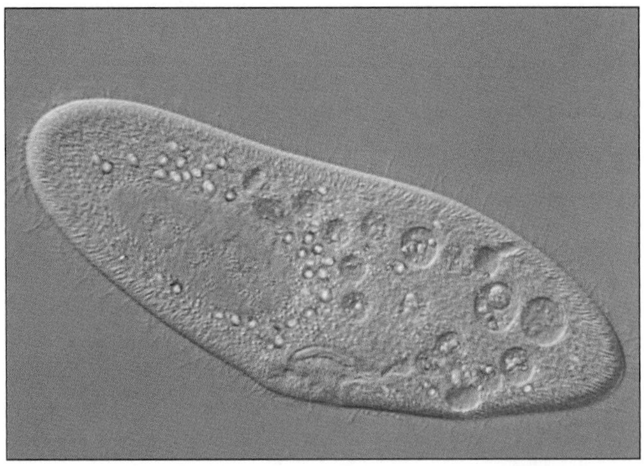


**FIGURE 3.5 Microscopie à contraste d'interférence différentielle (CID).** Comme dans le cas du microscope à contraste de phase, ce type de microscope met à profit les variations d'indice de réfraction pour produire une image. Cette photo, dont les couleurs sont obtenues par deux faisceaux lumineux scindés par plusieurs prismes, montre *Paramecium*, un protozoaire.

- En ce qui concerne l'image obtenue, quel est l'avantage du microscope à contraste d'interférence différentielle par rapport au microscope à contraste de phase?

Au microscope, leur présence se manifeste sous la forme de microorganismes qui apparaissent jaune vif sur un fond noir (tableau 3.2). *Bacillus anthracis*, la bactérie causant l'anthrax, arbore une couleur vert pomme lorsqu'elle est colorée par le fluorochrome appelé isothiocyanate de fluorescéine (ITFC).

La microscopie à fluorescence est principalement utilisée dans une technique de diagnostic en microbiologie médicale, appelée **détection par les anticorps fluorescents (AF)** ou **immunofluorescence.** Cette technique fait intervenir des anticorps combinés à des molécules fluorescentes. Les **anticorps** sont des molécules de défense immunitaire naturellement produites par les cellules humaines et animales en réponse à la présence de substances étrangères appelées *antigènes*. Les anticorps fluorescents dirigés contre un antigène spécifique sont obtenus de la manière suivante: on injecte à un animal un antigène donné, une bactérie par exemple. L'animal se met alors à produire des anticorps dirigés contre cet antigène. Au bout d'un certain laps de temps, on extrait les anticorps du sérum de l'animal. Puis, comme le montre la figure 3.6a, on les marque chimiquement au fluorochrome. On dépose ensuite ces anticorps fluorescents sur une lame de microscope contenant une bactérie inconnue. Si la bactérie inconnue est identique à la bactérie qui a été injectée à l'animal, les anticorps fluorescents se lieront aux antigènes situés à la surface de la bactérie inconnue, ce qui la rendra fluorescente.

Cette technique permet de détecter les bactéries ou autres microorganismes pathogènes, même s'ils sont situés à l'intérieur des cellules, des tissus ou d'autres échantillons cliniques de même nature (figure 3.6b). Soulignons que cette technique permet d'identifier un microorganisme en quelques minutes. L'immunofluorescence est particulièrement utile pour diagnostiquer la syphilis et la rage. Nous étudierons plus en détail les réactions antigène-anticorps et l'immunofluorescence au chapitre 18.

### La microscopie confocale

La **microscopie confocale** résulte des progrès récents réalisés en microscopie optique. Comme dans le cas de la microscopie à fluorescence, les échantillons sont colorés avec des fluorochromes afin qu'ils puissent émettre de la lumière. Dans cette technique, un plan d'une petite région de l'échantillon est éclairé par un laser et la lumière émise traverse une ouverture alignée dans le même plan que la région éclairée. À chaque plan correspond une image représentant une tranche de l'échantillon. Des plans des régions successives sont exposés au laser jusqu'à ce que l'échantillon en entier ait été balayé. Parce qu'il utilise de très petites ouvertures, le microscope confocal élimine la perte de résolution qui accompagne d'autres types de microscopes. C'est pourquoi cette technique microscopique donne lieu à des images bidimensionnelles exceptionnellement claires, dont la résolution dépasse de 40% celle des autres microscopes optiques.

La plupart des microscopes confocaux sont couplés à des ordinateurs. Tous les plans d'un échantillon obtenus par balayage, sorte de pile d'images, sont transformés en information digitale, qui est utilisée par l'ordinateur pour construire une représentation tridimensionnelle. Les images reconstruites peuvent subir des rotations et être visualisées dans n'importe quelle direction. Par cette technique, on peut obtenir des images tridimensionnelles de cellules entières et de constituants cellulaires (figure 3.7). De surcroît, on peut étudier la physiologie cellulaire en mesurant, par exemple, la distribution et la concentration de substances telles que l'ATP et les ions calcium.

## La microscopie électronique

### Objectifs d'apprentissage

- *Expliquer en quoi la microscopie électronique diffère de la microscopie optique sur le plan de la source de rayonnement, du type de lentilles et du moyen d'observation.*
- *Nommer un usage des microscopes électroniques à transmission et à balayage ainsi que des microscopes à sonde.*

Les objets qui mesurent moins de 0,2 μm, par exemple les virus et les structures internes des cellules, doivent être étudiés à l'aide d'un **microscope électronique.** Ce type de microscope éclaire l'échantillon au moyen d'un faisceau d'électrons libres qui se déplacent sous la forme d'ondes. Son pouvoir de résolution se situe bien au-delà de celui des

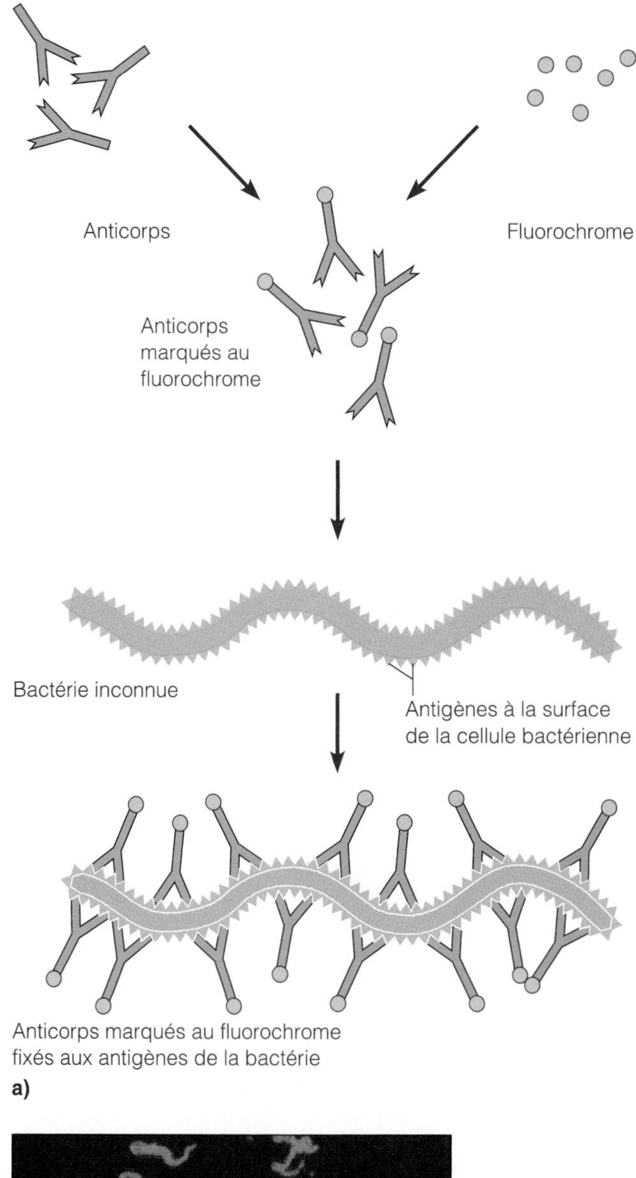


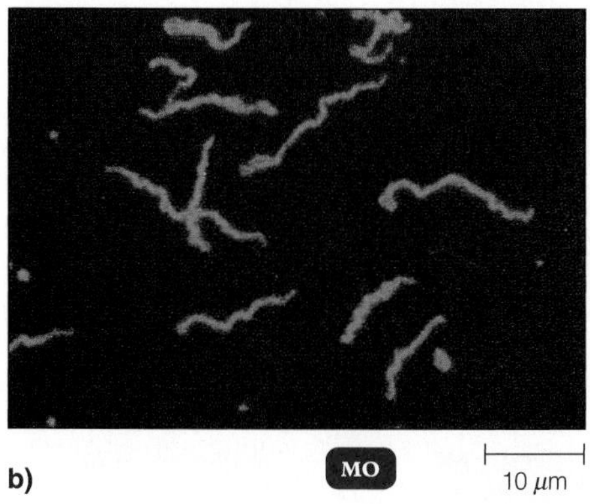


**FIGURE 3.6 Principe de l'immunofluorescence. a)** On marque au fluorochrome des anticorps spécifiques qui agissent sur une bactérie particulière. Puis, on dépose cette préparation sur une lame contenant des bactéries. S'il s'agit de ce type de bactéries, les anticorps s'y fixent, ce qui rend les bactéries fluorescentes lorsqu'elles sont exposées à la lumière ultraviolette. **b)** Dans l'épreuve de détection des tréponématoses par les anticorps fluorescents, utilisée ici pour diagnostiquer la syphilis, *Treponema pallidum* est mis en évidence grâce à sa fluorescence sur fond noir.

- Quel est le principe à la base de l'apparition de la fluorescence d'une bactérie, mise en évidence par la technique de détection par les anticorps fluorescents?

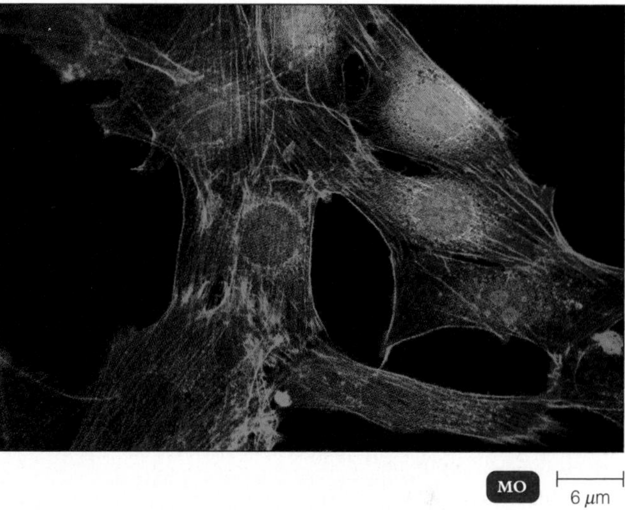


**FIGURE 3.7 Microscopie confocale.** Observation de cellules entières et de constituants cellulaires.

- La microscopie confocale produit des images tridimensionnelles et sert à examiner l'intérieur des cellules.

microscopes optiques que nous avons décrits jusqu'à présent. Par conséquent, les microscopes électroniques servent à observer les structures que le microscope optique ne peut révéler. Ils fournissent toujours des images en noir et blanc qu'on colore parfois artificiellement pour en accentuer certains détails.

Pour focaliser le faisceau d'électrons sur l'échantillon, le microscope électronique emploie des lentilles (ou aimants) électromagnétiques plutôt que des lentilles de verre. Il existe deux types de microscopes électroniques : à transmission et à balayage.

## La microscopie électronique à transmission

Dans un **microscope électronique à transmission** (**MET**), un faisceau d'électrons, finement focalisé, émis par un canon à électrons pénètre une préparation composée d'une couche ultramince d'un spécimen (figure 3.8a). Le faisceau est dirigé sur une petite portion du spécimen par la lentille électromagnétique du condenseur, lequel joue un rôle similaire à celui du condenseur du microscope optique, c'est-à-dire qu'il aligne le faisceau d'électrons pour éclairer l'échantillon.

## Tableau 3.2 *Récapitulation des différents types de microscopes*

| Type de microscope | Particularités | Image type | Principaux usages |
|---|---|---|---|
| **Microscope optique** (MO) | | | |
| À fond clair | Éclaire l'échantillon à la lumière visible ; ne permet pas de distinguer les structures en deçà de 0,2 $\mu$m ; le spécimen habituellement plus foncé apparaît sur un fond clair. Bon marché et facile à utiliser. | 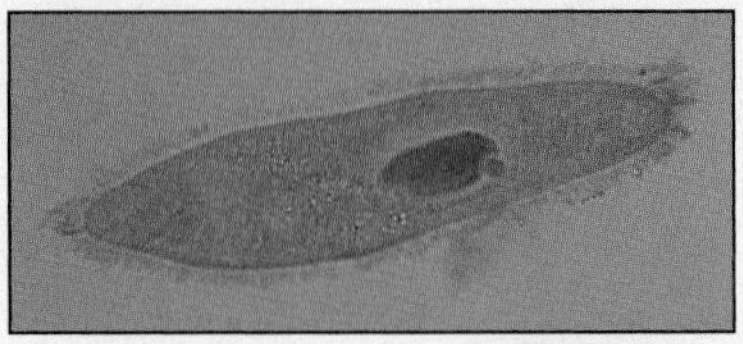 MO 10 $\mu$m | Observation d'une variété d'échantillons colorés et décompte des microorganismes ; ne peut détecter les virus. |
| À fond noir | Éclaire l'échantillon à la lumière visible ; fait appel à un condenseur muni d'un disque opaque qui empêche les rayons lumineux de pénétrer directement l'objectif ; seule la lumière réfléchie par l'échantillon pénètre l'objectif ; le spécimen brille alors sur un fond noir. | 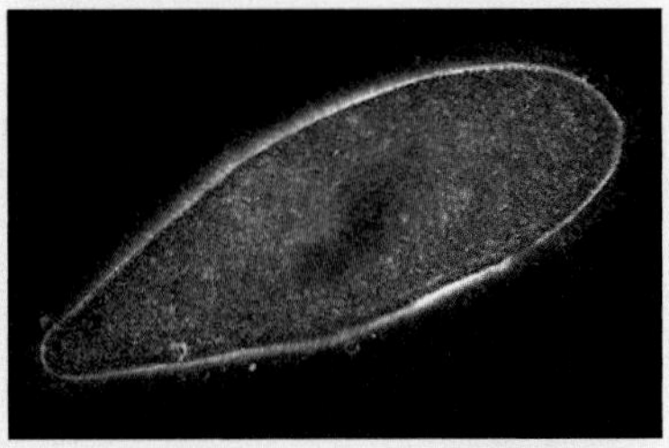 MO 10 $\mu$m | Observation de microorganismes vivants invisibles en microscopie à fond clair, difficiles à colorer ou facilement déformés par la coloration ; fréquemment employé pour détecter *Treponema pallidum* dans le diagnostic de la syphilis. |
| À contraste de phase | Éclaire l'échantillon à la lumière visible ; utilise un condenseur doté d'un diaphragme annulaire et d'un objectif spécial muni d'une lame de phase. Le diaphragme annulaire permet aux rayons lumineux de traverser le condenseur, qui focalise la lumière sur le spécimen et sur la lame de phase de l'objectif. Les rayons directs et les rayons réfléchis (ou diffractés) sont combinés pour produire une image dont on a accentué les contrastes. Ne nécessite pas de coloration. | 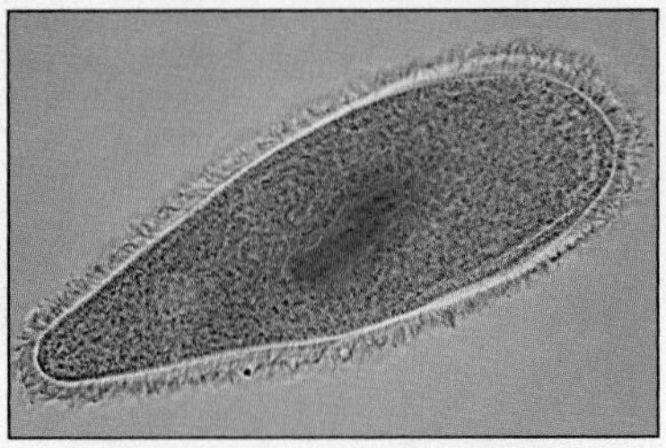 MO 10 $\mu$m | Observation détaillée des structures internes d'épaisseurs variées de spécimens vivants. |
| À contraste d'interférence différentielle (CID) | Éclaire l'échantillon à la lumière visible et, comme le microscope à contraste de phase, met à profit les variations d'indice de réfraction pour produire des images. Est constitué de deux faisceaux lumineux scindés par des prismes grâce auxquels le spécimen apparaît coloré. Ne nécessite pas de coloration. | 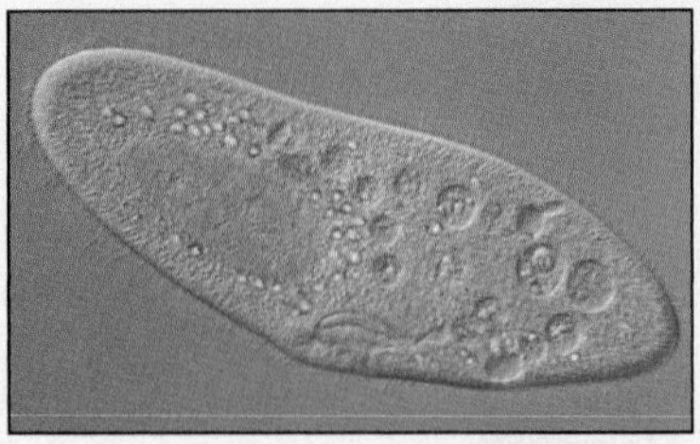 MO 10 $\mu$m | Obtention d'images tridimensionnelles. |
| **Microscope optique** (MO) | | | |
| À fluorescence | Éclaire l'échantillon par une source lumineuse émettant dans l'ultraviolet ou à des longueurs d'onde proches, ce qui produit la fluorescence (jaune) des microorganismes. | 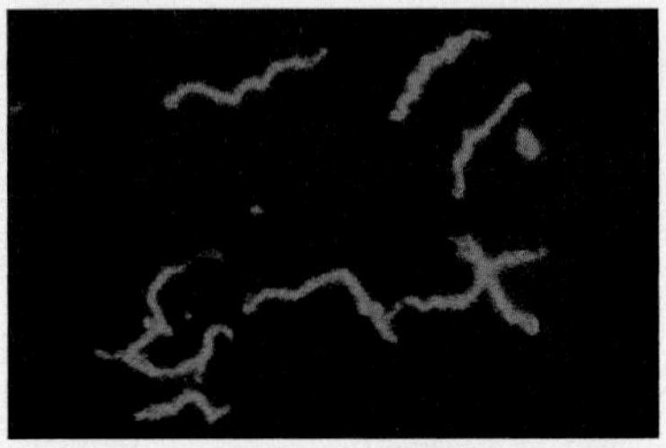 MO 10 $\mu$m | Détection et identification rapides des microbes présents dans les tissus ou d'autres échantillons cliniques par la technique des anticorps fluorescents (immunofluorescence). |

**Tableau 3.2** *(suite)*

| Type de microscope | Particularités | Image type | Principaux usages |
|---|---|---|---|
| **Microscope confocal** | Un laser éclaire un plan du spécimen à la fois, l'échantillon étant coloré avec une substance fluorescente. | 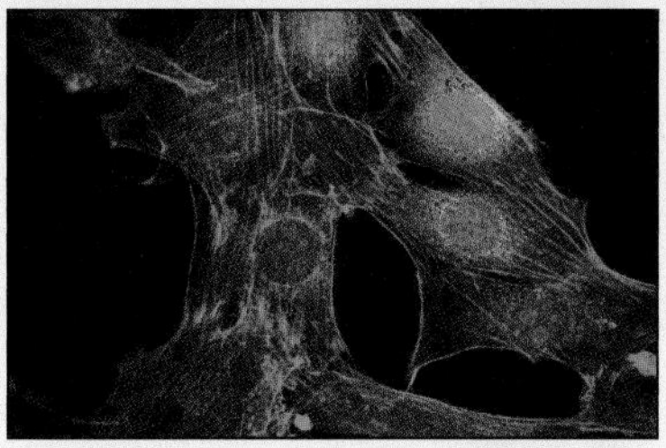 MO 6 $\mu$m | Obtention d'images digitalisées de cellules à deux ou trois dimensions; surtout utilisé dans le domaine biomédical. |
| **Microscope électronique** | | | |
| À transmission | Emploie un faisceau d'électrons et non la lumière; grâce à la longueur d'onde plus courte des électrons, permet d'examiner les structures inférieures à 0,2 $\mu$m. L'image produite est bidimensionnelle. | 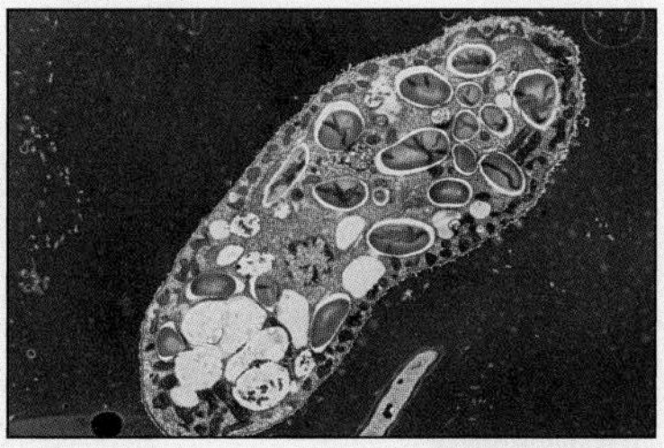 MET 10 $\mu$m | Examen des virus ou de la structure interne de couches ultraminces de cellules (grossissement habituel: de 10 000 à 100 000 ×). |
| À balayage | Fait appel à un faisceau d'électrons et non à la lumière; grâce à la longueur d'onde plus courte des électrons, permet d'observer les structures inférieures à 0,2 $\mu$m. L'image produite est tridimensionnelle. | 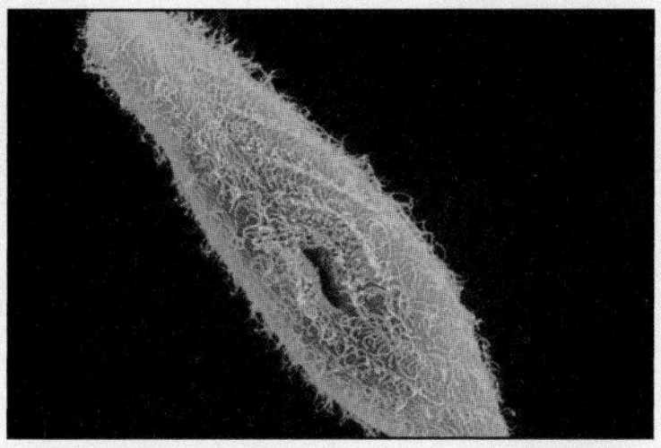 MEB 10 $\mu$m | Observation de la morphologie des cellules et des virus (grossissement habituel: de 1 000 à 10 000 ×). Obtention d'images en relief. |
| **Microscope à sonde** | | | |
| À sonde à effet tunnel | Utilise une sonde métallique qui balaye la surface d'un échantillon et produit une image révélant les aspérités des atomes situés à sa surface; résolution beaucoup plus importante que celle d'un microscope électronique. L'échantillon ne requiert pas de préparation particulière. |  STM 20 nm | Obtention de vues très détaillées des molécules situées à l'intérieur des cellules. |
| À force atomique | Emploie une sonde en métal et en diamant qui effleure le long de la surface de l'échantillon; produit une image tridimensionnelle. L'échantillon ne requiert pas de préparation particulière. | 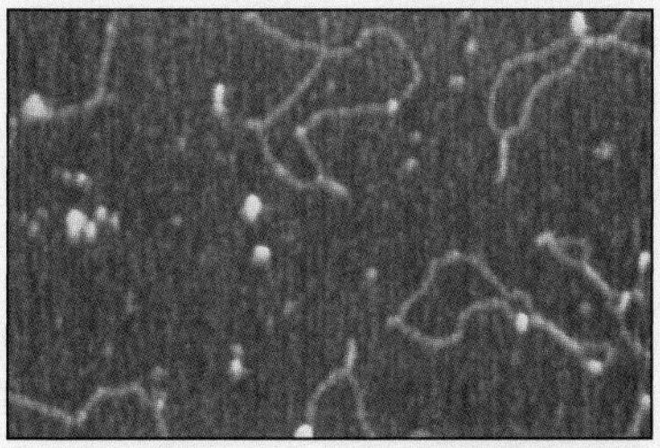 MFA 15 nm | Obtention d'images de molécules biologiques à l'échelle atomique ainsi que de processus moléculaires. |

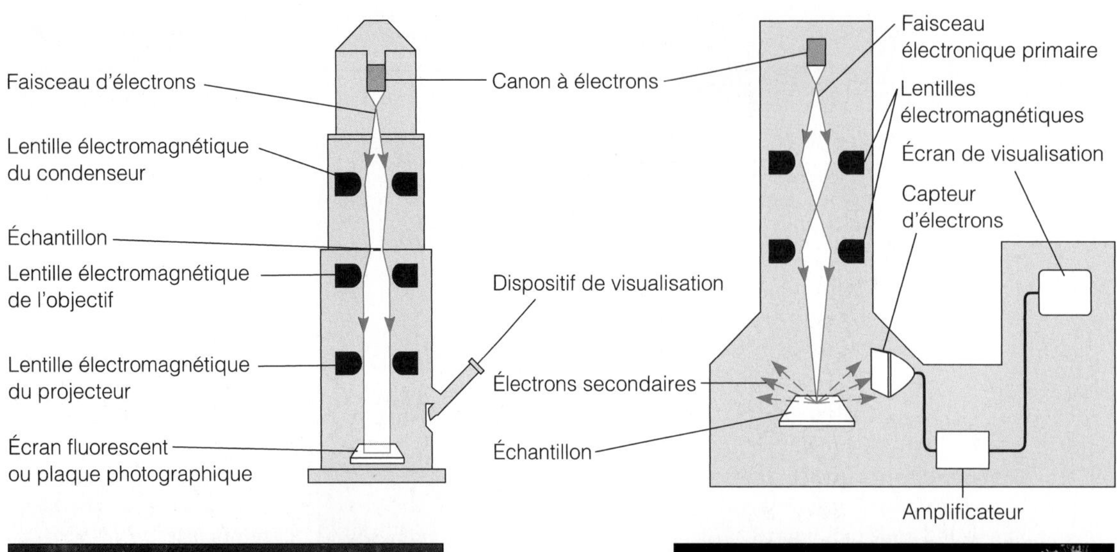


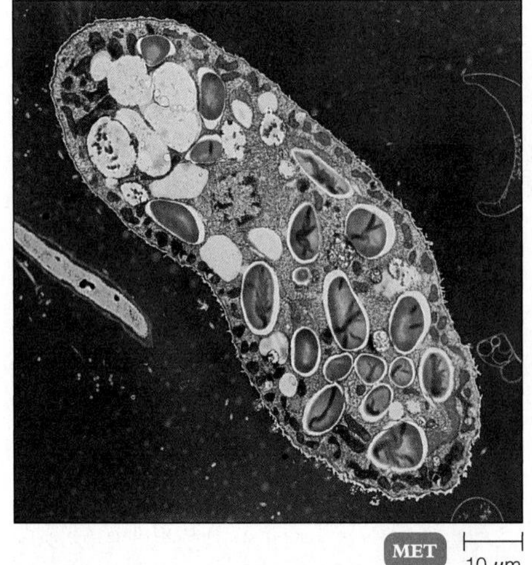


**a) Microscopie électronique à transmission.**
(Schéma) Dans un microscope électronique à transmission, les électrons traversent l'échantillon et sont focalisés par des lentilles électromagnétiques qui dirigent l'image sur un écran fluorescent ou sur une plaque photographique. (Photo) Cette image colorée de microscope électronique à transmission illustre, en deux dimensions, une couche ultramince de *Paramecium*. Ce type de microscopie permet d'observer les structures internes de la cellule présentes dans la coupe très mince.

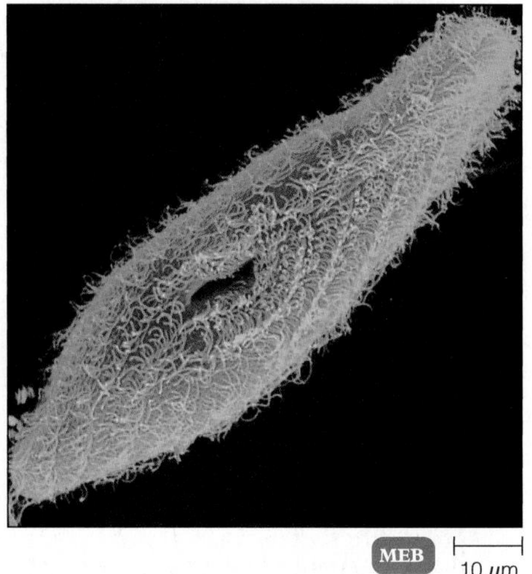


**b) Microscopie électronique à balayage.**
(Schéma) Dans un microscope électronique à balayage, les électrons d'un faisceau primaire balayent un spécimen et éjectent les électrons qui sont situés à la surface de ce dernier. Ces électrons secondaires sont recueillis par un capteur, amplifiés et convertis en un signal transmis sur un écran ou sur une plaque photographique. (Photo) Dans cette image colorée de microscopie électronique à balayage, on peut observer les structures externes de *Paramecium*. Notez l'apparence tridimensionnelle de cette cellule comparativement à celle de la figure en *a*.

FIGURE 3.8 **Microscopie électronique à transmission et à balayage.** Les schémas illustrent le trajet des faisceaux d'électrons utilisés pour produire une image du spécimen. Les photos représentent *Paramecium,* un protozoaire, observé au moyen de ces deux types de microscopie électronique.

■ En quoi les images de microscopie électronique à transmission et à balayage d'un même microorganisme diffèrent-elles ?

Les microscopes électroniques font appel à des lentilles électromagnétiques pour régler le faisceau d'électrons, le focaliser et l'amplifier. Au lieu d'être placé sur une lame de verre, comme c'est le cas pour le microscope optique, le spécimen est déposé sur une grille en cuivre. En quittant les lentilles électromagnétiques du condenseur, le faisceau d'électrons traverse l'échantillon, puis la lentille électromagnétique de l'objectif, qui agrandit l'image. Ensuite, les électrons sont focalisés sur un écran fluorescent ou sur une plaque photographique par une lentille projecteur, également électromagnétique. Cette lentille remplace en quelque sorte la lentille de l'oculaire du microscope optique. L'image finale, appelée *image de microscopie électronique à transmission*, est composée de plusieurs régions dont la densité est proportionnelle au nombre d'électrons absorbés par les différentes parties de l'échantillon.

En pratique, ce microscope peut distinguer des objets rapprochés de 2,5 nm et possède un pouvoir grossissant de 10 000 à 100 000 ×. Étant donné la minceur de la plupart des échantillons, le contraste entre leurs structures ultrafines et le fond est faible. C'est la raison pour laquelle on emploie un « colorant » qui absorbe les électrons et qui engendre ainsi une région plus foncée à l'endroit où la couleur a été fixée. Les sels d'une variété de métaux lourds, tels que le plomb, l'osmium, le tungstène et l'uranium, sont couramment utilisés comme colorants. Ces métaux ont le pouvoir de se fixer sur l'échantillon (*coloration positive*) ou servent à augmenter l'opacité du fond (*coloration négative*). La coloration négative est utile lorsqu'on étudie des spécimens très petits comme les virus, les flagelles de bactéries et les molécules de protéines.

En plus d'être mis en évidence par une coloration positive ou une coloration négative, les microorganismes peuvent être visualisés par une technique nommée *ombrage métallique*. Un métal lourd comme le platine ou l'or est vaporisé sur le microbe à un angle de 45°, de sorte qu'il ne se dépose que d'un seul côté. Le métal s'accumule d'un côté et forme une ombre tout en faisant contraster le côté non recouvert de métal situé sur le côté opposé du microorganisme, qui apparaît alors illuminé. Cette technique confère une forme tridimensionnelle au spécimen et donne une idée générale de sa forme et de sa taille (figure 4.6d).

Le microscope électronique à transmission possède une résolution élevée et s'avère d'une grande utilité pour étudier les diverses couches d'un même spécimen. Cette technique de microscopie présente toutefois certains désavantages. En raison du faible pouvoir pénétrant des électrons, seules les couches très minces de spécimen (environ 100 nm) donnent de bons résultats. Il s'ensuit que le spécimen ne peut être perçu en trois dimensions. En outre, il est nécessaire que l'échantillon soit fixé et déshydraté et que la colonne du microscope contenant les lentilles et l'échantillon soit sous vide afin d'empêcher la dispersion et la déviation des électrons. Non seulement ces traitements tuent les microorganismes, mais ils les déforment et les rapetissent aussi au point que l'on croit parfois percevoir de nouvelles structures dans la préparation. Ces fausses structures, qui résultent de la méthode de préparation, sont appelées *artéfacts*.

### La microscopie électronique à balayage

Le **microscope électronique à balayage** (**MEB**) résout le problème associé aux coupes ultraminces utilisées en microscopie à transmission. Ce type de microscope fournit des images de spécimens impressionnantes à trois dimensions (figure 3.8b). Son fonctionnement fait appel à un canon à électrons émettant un faisceau d'électrons finement focalisé appelé faisceau d'électrons primaires. Ces électrons traversent les lentilles électromagnétiques et sont dirigés directement sur la surface du spécimen. Les électrons primaires éjectent les électrons situés sur la surface du spécimen. Ces électrons, dits secondaires, sont recueillis par un détecteur. Par la suite, leur signal est amplifié et converti en une image projetée sur un écran ou sur une plaque photographique. Cette image est appelée *image de microscopie électronique à balayage*. Ce microscope est particulièrement utile pour étudier la structure externe des cellules intactes et des virus. Grâce à la grande profondeur de champ des images, on peut même examiner les microorganismes dans leur environnement naturel, par exemple des staphylocoques incrustés entre les cellules de la peau. En pratique, le microscope permet de distinguer des objets proches de 20 nm et il peut grossir un objet de 1 000 à 10 000 ×.

## La microscopie à sonde

Depuis le début des années 1980, plusieurs nouveaux types de microscopes, les **microscopes à sonde** (« scanned-probe microscopes »), ont vu le jour. Ils se servent d'une variété de sondes pour observer de près la surface des spécimens, sans les modifier ni les endommager par des rayonnements de haute énergie. À l'aide de tels microscopes, on peut déterminer la forme des atomes et des molécules, établir certaines propriétés magnétiques et chimiques et mesurer les variations de température ayant cours dans les cellules. Les microscopes à sonde comprennent entre autres les microscopes à sonde à effet tunnel et les microscopes à force atomique, que nous présentons ci-dessous.

### La microscopie à sonde à effet tunnel

Par une fine sonde métallique (en tungstène), le **microscope à sonde à effet tunnel** (**STM** pour « scanning tunneling microscope ») balaie l'échantillon et produit une image qui révèle les aspérités des atomes situés à la surface (figure 3.9a). Son pouvoir de résolution est de loin supérieur à celui d'un microscope électronique puisqu'il permet de distinguer des objets d'une grosseur équivalente à 1/100 de la taille d'un atome. De surcroît, il ne nécessite pas que l'échantillon soit préparé de façon particulière. En faisant appel à ces microscopes, on obtient des images tridimensionnelles incroyablement détaillées de molécules telles que l'ADN.

### Le microscope à force atomique

Dans le cas du **microscope à force atomique** (**MFA**), une sonde en métal et en diamant est placée au contact direct de l'échantillon. À mesure qu'elle parcourt la surface de l'échantillon, ses mouvements sont enregistrés et une image tridimensionnelle est produite (figure 3.9b). Comme dans le cas de la microscopie à effet tunnel, les échantillons observés en microscopie à force atomique ne requièrent pas de préparation particulière. On se sert de ce type de microscopie pour examiner à la fois les substances biologiques (leur détail

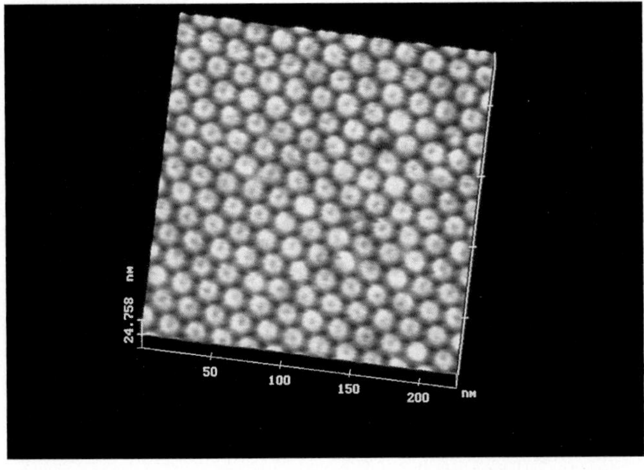


a)

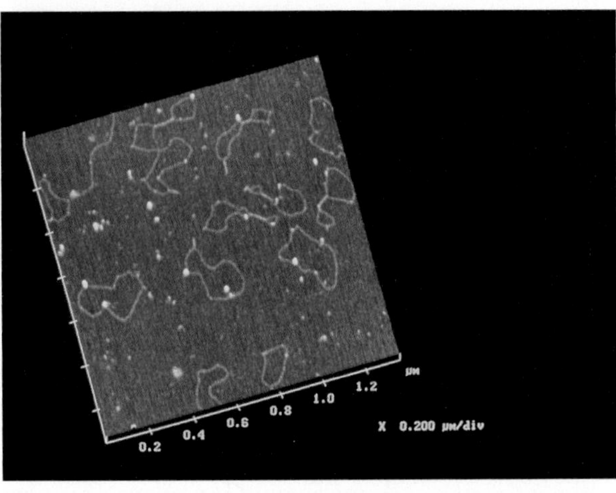


b)

FIGURE 3.9 **Microscopie à sonde. a)** Image de microscopie à sonde à effet tunnel (STM) montrant la surface de *Deinococcus radiodurans,* une bactérie à Gram positif. Contrairement aux autres bactéries à Gram positif, *Deinococcus* possède une membrane externe. Un des hexagones que l'on voit ici mesure environ 18 nm de diamètre. **b)** Image de microscopie à force atomique (MFA) représentant des enzymes de restriction en train de digérer des plasmides d'ADN. L'ADN mesure environ 3 nm de large.

■ La microscopie à sonde permet l'obtention d'images de molécules.

atomique) et les réactions moléculaires (telles que l'assemblage de la fibrine, protéine de la coagulation).

Toutes les techniques microscopiques que nous venons de décrire sont récapitulées au tableau 3.2.

# La préparation des échantillons en microscopie optique

### Objectifs d'apprentissage

- *Décrire le but visé par les techniques de coloration.*
- *Expliquer l'importance des informations données par les colorations d'échantillons de bactéries en microbiologie médicale.*
- *Différencier les colorants acides des colorants basiques.*
- *Comparer les buts visés par la coloration simple, la coloration différentielle et la coloration des structures spécifiques.*
- *Énumérer dans l'ordre toutes les étapes d'une coloration de Gram et décrire l'apparence des cellules à Gram positif et à Gram négatif après chaque étape.*
- *Distinguer la coloration de Gram de la coloration acido-alcoolo-résistante.*

En raison de leur absence de couleur, on doit souvent préparer la plupart des microorganismes avant de les observer au microscope optique standard. Une des méthodes de préparation consiste à les colorer. Dans les sections suivantes, nous nous penchons sur les différentes techniques de coloration.

## La préparation des frottis en vue de la coloration

En premier lieu, on examine généralement les microorganismes au moyen de préparations colorées. La **coloration** est le procédé par lequel on utilise un colorant pour mettre en évidence certaines structures microbiennes. Cependant, toute coloration nécessite au préalable la **fixation** du microorganisme sur une lame. La fixation entraîne à la fois la mort du microorganisme et son adhérence à la lame. Elle préserve également certaines structures cellulaires dans leur état naturel et ne les déforme que très peu.

Pour fixer un échantillon, on étend une mince goutte du prélèvement contenant les microorganismes sur une lame. Cette préparation, appelée **frottis,** est séchée à l'air. Dans la plupart des méthodes de coloration, on fixe le frottis, orienté vers le haut, par un chauffage rapide au-dessus de la flamme d'un bec Bunsen. On répète cette étape plusieurs fois. C'est le séchage à l'air et la chaleur qui fixent les microorganismes à la lame. Un autre procédé de fixation consiste à couvrir le frottis de méthanol pendant 1 minute. Ensuite, on recouvre le frottis de colorant, on le rince avec de l'eau et l'excédent de liquide est éliminé sur un papier absorbant. Sans la fixation, le colorant détacherait les microbes de la lame. On peut ensuite observer les microorganismes colorés.

Il existe plusieurs types de colorants qui tirent leur coloration de la présence de groupes chromophores pouvant se lier aux cellules par un jeu d'interactions chimiques. Certains colorants sont des sels composés d'ions positifs ou d'ions négatifs qui se lient aux cellules par interaction ionique. Les

**colorants basiques** tirent leur couleur de la présence d'ions positifs et les **colorants acides,** de la présence d'ions négatifs. À pH 7, les bactéries sont légèrement chargées négativement. Il s'ensuit que les ions positifs d'un colorant basique sont naturellement attirés vers la charge négative portée par les bactéries. Les colorants basiques – notamment le bleu de méthylène, le vert de malachite, le violet de cristal et la safranine – sont plus couramment employés en bactériologie que leurs équivalents acides. En effet, parce qu'ils sont composés d'ions négatifs, les colorants acides sont repoussés par les charges négatives situées à la surface des bactéries. C'est pourquoi ces colorants ne colorent pas la plupart des bactéries, mais plutôt le fond de la lame. Ce type de coloration, appelée **coloration négative,** est très utile pour observer la forme, la taille et les capsules des bactéries, qui forment un contraste avec le fond coloré (figure 3.12a). Dans cette méthode, la taille et la forme des cellules sont relativement bien conservées, car, d'une part, la fixation à la chaleur n'a pas lieu et, d'autre part, les cellules ne sont pas altérées par le colorant. Parmi les colorants acides, on compte l'éosine, la fuchsine acide et la nigrosine.

Les microbiologistes font appel aux colorants acides et basiques dans trois méthodes de coloration: la coloration simple, la coloration différentielle et les colorations spéciales de structures spécifiques.

## La coloration simple

En **coloration simple,** on emploie une solution aqueuse ou alcoolisée d'un seul colorant basique. Même si les différents colorants se fixent spécifiquement à diverses structures de la cellule, le but premier visé par la coloration simple est de faire ressortir les cellules en entier afin de visualiser leur taille, leur forme et leur groupement ainsi que certaines structures fondamentales. On couvre le frottis fixé de colorant pendant un certain laps de temps, on rince l'excès de colorant, puis on sèche la lame et on l'examine. On ajoute parfois un agent chimique, appelé **mordant,** à la solution afin d'intensifier la coloration. Le mordant a pour fonctions d'augmenter l'affinité du colorant pour le spécimen biologique et d'enrober les structures (le flagelle, par exemple) pour les rendre plus épaisses et visibles après coloration. Le bleu de méthylène, la fuchsine basique, le violet de cristal et la safranine sont les colorants simples les plus couramment utilisés en laboratoire de bactériologie.

## La coloration différentielle

Au contraire des colorants simples, les **colorants différentiels** réagissent différemment avec les bactéries selon leur affinité tinctoriale (pour le colorant). C'est cette différence de réaction qui permet de les distinguer. La coloration de Gram et la coloration acido-alcoolo-résistante font partie des colorations différentielles les plus fréquemment employées. Ces deux types de coloration différentielle nécessitent une étape de décoloration afin de mettre en évidence et de distinguer les bactéries qui retiennent ou ne retiennent pas le premier colorant.

### La coloration de Gram

La **coloration de Gram** a été mise au point en 1884 par le bactériologiste danois Hans Christian Gram. Cette technique est l'une des méthodes de coloration les plus utiles, car elle permet de diviser les bactéries en deux grands groupes: les bactéries à Gram positif et les bactéries à Gram négatif.

Dans cette technique de coloration (figure 3.10a), ❶ on recouvre un frottis fixé à la chaleur d'un colorant basique violet, habituellement le violet de cristal. Cette coloration violette est qualifiée de **primaire,** car toutes les bactéries sont colorées sans discrimination. ❷ Après un court laps de temps, on lave le colorant violet à l'eau et on traite le frottis avec une solution d'iode, le mordant. Lorsque l'excédent d'iode est enlevé, les bactéries à Gram positif et à Gram négatif apparaissent toutes en violet foncé. ❸ Ensuite, on lave la lame avec un mélange d'isopropanol et d'acétone (ou d'éthanol à 95%). Cette solution **décolorante** élimine la couleur violette des bactéries de certaines espèces, mais est inopérante pour d'autres espèces. ❹ Le surplus de la solution décolorante est chassé par un lavage à l'eau, puis on traite le frottis avec la safranine, un colorant rouge basique. On effectue un nouveau lavage, puis on égoutte la lame sur du papier absorbant et on l'observe au microscope optique, le plus souvent à l'immersion.

Le colorant violet et l'iode se mélangent dans le cytoplasme de la bactérie et la colorent en violet foncé. Les bactéries qui gardent leur couleur violette après un lavage décolorant sont dites **à Gram positif,** et celles qui perdent cette couleur après la décoloration sont dites **à Gram négatif** (figure 3.10b). Étant donné qu'elles sont incolores, les bactéries à Gram négatif ne sont plus visibles au microscope. C'est la raison pour laquelle on procède à une deuxième coloration, à la safranine cette fois, qui leur donne une couleur rouge rosée (les microbiologistes s'entendent pour la couleur rose). Les colorants tels que la safranine qui fournissent une couleur contrastante après une coloration primaire sont appelés **contre-colorants.** Quant aux bactéries à Gram positif, elles ne peuvent être contre-colorées, car elles ont gardé leur coloration primaire violette.

Comme nous le verrons au chapitre 4, les différentes espèces de bactéries réagissent différemment à la coloration de Gram pour des raisons liées à la structure de leur paroi cellulaire. Selon sa composition, cette dernière retient ou laisse échapper le mélange de violet de cristal et d'iode, plus spécifiquement appelé complexe violet-iode (CV–I). Parmi les différences sur le plan de la structure des parois cellulaires, notons que les bactéries à Gram positif sont dotées d'une paroi formée d'une couche plus épaisse de peptidoglycane (assemblage de disaccharides et d'acides aminés) comparativement à la paroi des bactéries à Gram négatif, qui possède une couche mince de peptidoglycane doublée d'une couche externe de lipopolysaccharides (assemblage de lipides et de polysaccharides) (figure 4.12). Ainsi, lorsque les bactéries

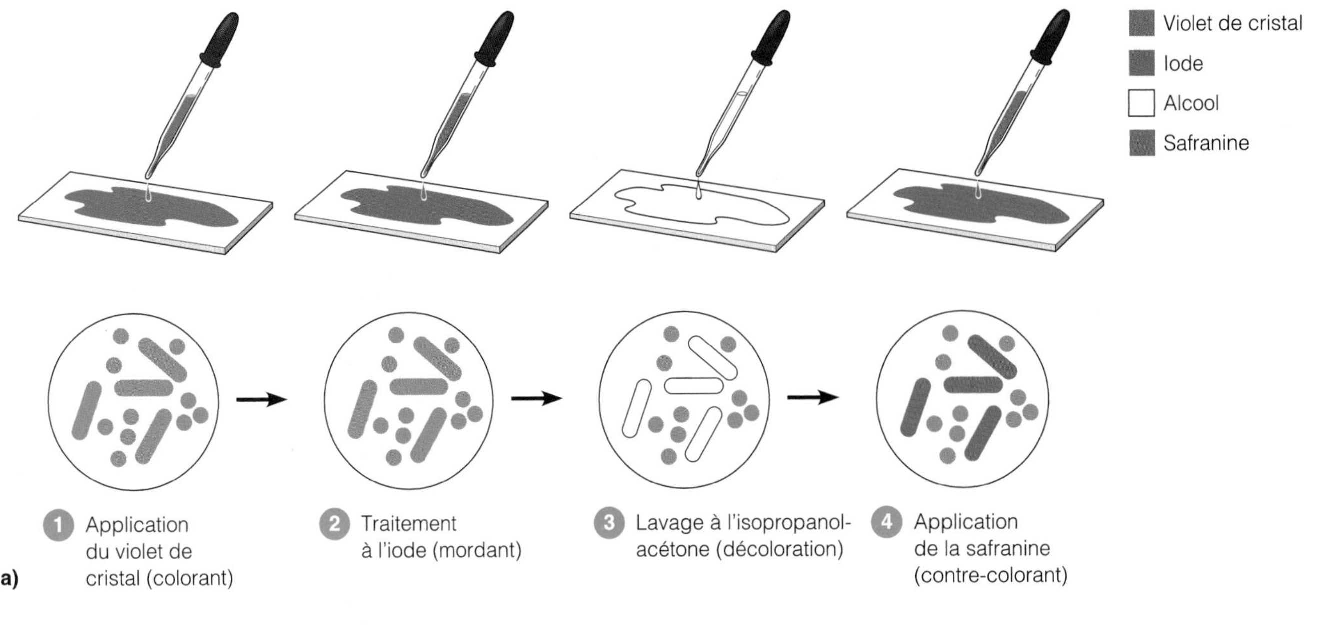


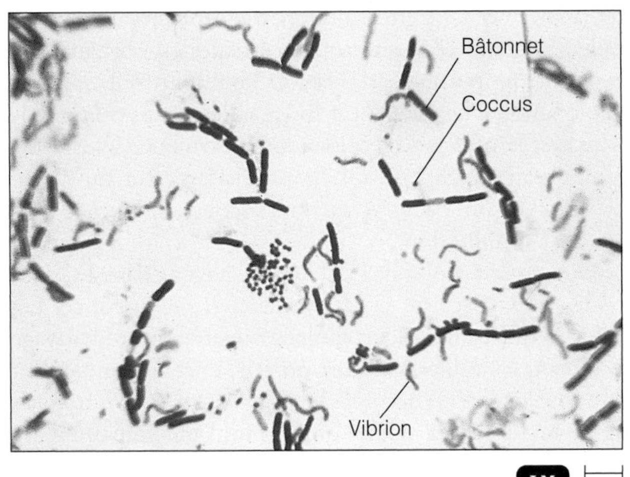


**FIGURE 3.10 Coloration de Gram. a)** Étapes du procédé de coloration. **b)** Micrographie de bactéries ayant subi une coloration de Gram. Les bâtonnets et les cocci colorés en violet sont des bactéries à Gram positif; les vibrions colorés en rose, de forme incurvée, sont des bactéries à Gram négatif.

■ **En quoi la coloration de Gram peut-elle servir à prescrire un traitement antibiotique?**

à Gram positif et à Gram négatif sont colorées, le violet de cristal et l'iode pénètrent successivement dans les cellules et y forment un complexe CV−I. Ce complexe, de taille plus imposante qu'une molécule de violet de cristal, est retenu à l'intérieur de la cellule par l'épaisse couche de peptidoglycane des bactéries à Gram positif, malgré le lavage avec la solution décolorante. C'est la raison pour laquelle ces bactéries gardent la couleur du violet de cristal. Dans le cas des bactéries à Gram négatif en revanche, la solution décolorante dissout la couche externe de lipopolysaccharides et libère ainsi le complexe CV−I, qui passe à travers la couche mince de peptidoglycane. En conséquence, les cellules à Gram négatif sont incolores avant leur contre-coloration à la safranine, qui les fait virer au rose.

En résumé, les cellules à Gram positif gardent le colorant et restent violettes. Les bactéries à Gram négatif perdent le colorant; elles sont incolores jusqu'à ce qu'elles soient contre-colorées avec la safranine, qui les fait apparaître roses; c'est ce qui explique l'appellation «différentielle» donnée à la coloration de Gram.

La coloration de Gram est l'un des procédés de coloration les plus importants en microbiologie médicale. Cette technique de coloration différentielle fournit de précieux renseignements pour traiter les maladies causées par des bactéries. Ainsi, les bactéries à Gram positif sont généralement détruites par les pénicillines et les céphalosporines, tandis que les bactéries à Gram négatif y sont généralement résistantes, car ces antibiotiques ne peuvent pénétrer au-delà de leur couche de lipopolysaccharides. Les antibiotiques ont donc une action différente sur les bactéries selon la composition de la paroi cellulaire de ces dernières, qui peut être mise en évidence par la coloration de Gram, d'où la grande utilité de cette coloration pour déterminer le choix des antibiotiques. Par contre, il faut mentionner que la résistance présentée parfois par les bactéries, autant à Gram négatif qu'à Gram positif, s'explique par leur capacité à inactiver les antibiotiques.

C'est lorsque les bactéries sont en croissance dans des milieux de culture que la réaction de Gram donne les meilleurs résultats. On peut toutefois effectuer la coloration directement sur un échantillon prélevé chez un patient. Ce procédé permet d'émettre un diagnostic de présomption et de commencer un traitement rapide avec des antibiotiques connus. Cependant, cette méthode de coloration ne peut être utilisée avec toutes les bactéries, car certaines d'entre elles se colorent mal, voire pas du tout.

### La coloration acido-alcoolo-résistante

La **coloration acido-alcoolo-résistante** est une autre coloration différentielle importante dans laquelle les colorants se lient fortement aux bactéries dont la paroi cellulaire contient des cires (lipides). Les microbiologistes se servent de cette méthode de coloration pour identifier les bactéries du genre *Mycobacterium*, y compris deux agents pathogènes importants: *Mycobacterium tuberculosis* et *Mycobacterium lepræ*, respectivement responsables de la tuberculose et de la lèpre. On emploie également cette coloration pour identifier les espèces pathogènes du genre *Nocardia,* agents pathogènes opportunistes souvent en cause dans les infections respiratoires.

Le procédé de la coloration acido-alcoolo-résistante comprend les étapes suivantes. On recouvre d'abord le frottis fixé d'un colorant rouge, la fuchsine basique, puis on chauffe légèrement la lame pendant quelques minutes. La chaleur accentue la pénétration et la rétention du colorant. On refroidit la lame et on la rince à l'eau. Ensuite, on procède à la décoloration du frottis avec une solution d'acide et d'alcool. Les bactéries acido-alcoolo-résistantes demeurent rouges parce que la fuchsine basique se solubilise plus aisément dans les lipides de leur paroi cellulaire que dans le mélange d'alcool et d'acide, d'où leur résistance à ce traitement (figure 3.11). Par contre, chez les bactéries non acido-alcoolo-résistantes, dont la paroi ne renferme pas de lipides, le colorant est rapidement éliminé au cours de la décoloration. Ces bactéries redeviennent alors incolores. Par la suite, on traite le frottis au bleu de méthylène, le contre-colorant, qui colore les bactéries en bleu.

Cette coloration met en évidence la résistance de la paroi des bactéries du genre *Mycobacterium* à un traitement avec des substances acides. Certains désinfectants acides sont donc moins efficaces sur ce type de bactéries acido-alcoolo-résistantes.

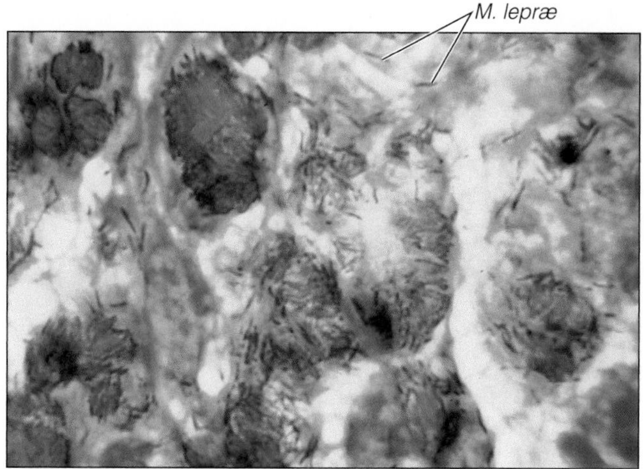


**FIGURE 3.11 Bactéries acido-alcoolo-résistantes.** *Mycobacterium lepræ,* la bactérie qui a infecté ce tissu, a subi une coloration acido-alcoolo-résistante et a été coloré en rouge.

■ Quelles bactéries pathogènes particulières peuvent être identifiées par la coloration acido-alcoolo-résistante ?

## La coloration de structures spécifiques

### Objectif d'apprentissage

- *Expliquer dans quel but les capsules, les endospores et les flagelles sont spécifiquement colorés en laboratoire de bactériologie.*

Certaines structures de bactéries, telles que les endospores et les flagelles, et la présence de capsules sont révélées par des méthodes particulières de coloration. Ces procédés de coloration permettent d'obtenir des renseignements importants sur la présence, la localisation et la forme de ces organites bactériens. Ces indications taxinomiques (aidant à la classification) servent à l'identification des bactéries responsables de maladies lors d'examens effectués en vue d'établir un diagnostic.

### La coloration négative des capsules

Un grand nombre de microorganismes sont recouverts d'une enveloppe gélatineuse, la **capsule,** que nous aborderons au chapitre 4 dans notre étude des bactéries.

En microbiologie médicale, la présence de capsules est un indice de la **virulence** d'un organisme, c'est-à-dire la capacité d'un agent pathogène à causer une maladie.

Par comparaison avec les autres méthodes de coloration, la coloration de la capsule est plus difficile, car les constituants capsulaires sont solubles dans l'eau et peuvent être délogés ou éliminés par un lavage trop énergique. Pour vérifier leur présence, un microbiologiste mélange les bactéries à une solution contenant une fine suspension colloïdale de particules colorées (habituellement de l'encre de Chine ou de la nigrosine) ou utilise un colorant comme la safranine. Puis il étale le frottis sur une lame et l'observe au microscope optique, ce qui lui permet de voir les capsules autour des bactéries sur un fond foncé. À cause de leur composition chimique, les capsules n'absorbent pas la plupart des colorants biologiques tels que la safranine. Le colorant forme alors un halo autour de chaque bactérie (figure 3.12a).

### La coloration des endospores

Une **endospore** est une structure dormante intracellulaire particulière qui protège la bactérie contre des conditions environnementales défavorables. Bien que, en général, les bactéries ne produisent pas d'endospores, il existe néanmoins quelques

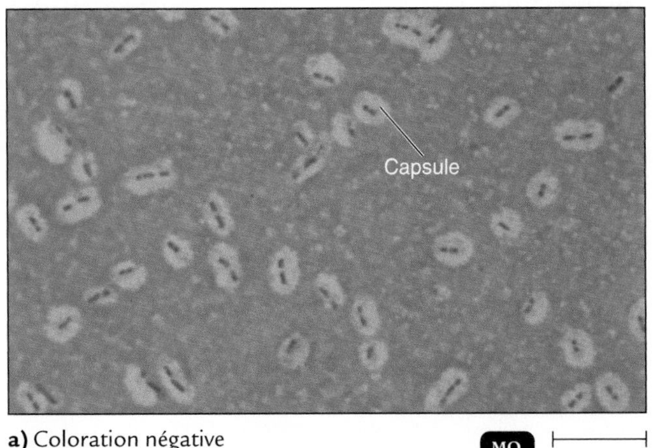


**a)** Coloration négative MO 10 µm

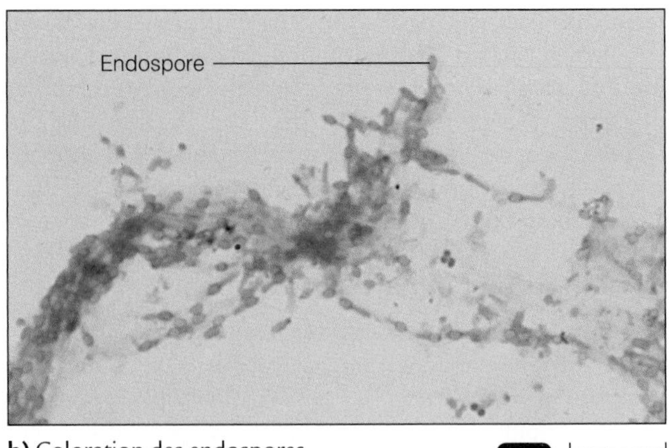


**b)** Coloration des endospores MO 10 µm

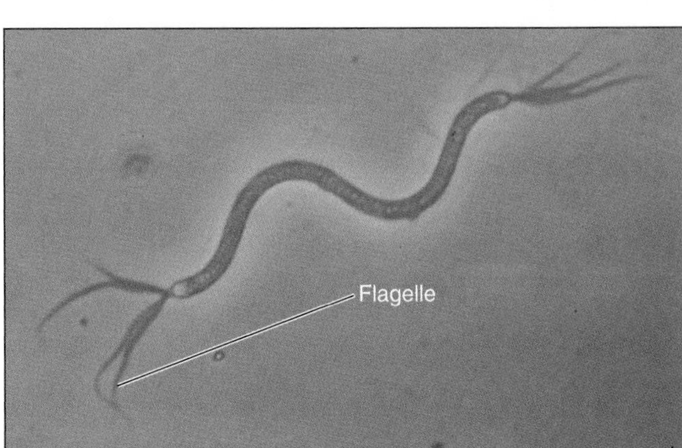


**c)** Coloration des flagelles

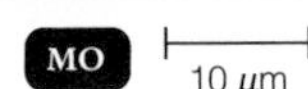


FIGURE 3.12 **Coloration de structures spécifiques.**
**a)** La coloration négative des capsules de *Klebsiella pneumoniæ* permet de les faire apparaître comme des régions brillantes (halos) enrobant les bactéries colorées, en contraste avec le fond foncé. **b)** La coloration de Shaeffer-Fulton colore en vert les endospores de *Bacillus cereus*. **c)** La coloration des flagelles a mis en évidence ces prolongements situés aux extrémités de *Spirillum volutans*. Comparativement à la bactérie, le flagelle est beaucoup plus épais que la normale, car l'utilisation d'un mordant a favorisé l'accumulation de plusieurs couches de colorant.

■ Quel est le but visé par les méthodes de coloration des capsules, des endospores et des flagelles en laboratoire de microbiologie médicale ?

genres de bactéries à Gram positif qui sporulent. Les endospores ne peuvent être colorées par les méthodes habituelles car les colorants pénètrent difficilement à travers la paroi sporale. Par exemple, traitées à la coloration de Gram, les bactéries sporulées se colorent mais l'endospore demeure transparente. Dans le contexte d'un diagnostic microbiologique où il importe de vérifier leur présence pour identifier l'agent pathogène, il faut colorer spécifiquement les endospores.

Le procédé de coloration le plus courant pour les endospores est la *coloration de Schaeffer-Fulton* (figure 3.12b). On recouvre d'abord le frottis fixé à la chaleur de vert de malachite, le colorant primaire, puis on chauffe jusqu'à évaporation pendant environ 5 minutes. La chaleur favorise la pénétration du colorant à travers la paroi de l'endospore. Puis, on lave la préparation à l'eau pendant environ 30 secondes pour éliminer le vert de malachite en excédent qui se trouve ailleurs que dans l'endospore. Ensuite, on procède au traitement à la safranine, le contre-colorant, pour colorer les constituants bactériens qui ne sont pas des endospores. Si le frottis a été correctement préparé, les endospores vont apparaître en vert à l'intérieur de bactéries colorées en rouge ou en rose. En raison de leur pouvoir de réfraction élevé, les endospores peuvent être visualisées au microscope optique à fond clair même si elles ne sont pas colorées. Cependant, sans coloration, elles ne peuvent être distinguées des inclusions intracellulaires et l'intérêt d'un examen de laboratoire pour établir un diagnostic est alors négligeable.

## La coloration des flagelles

Les **flagelles** de bactéries sont des structures de locomotion trop fines pour être vues au microscope optique sans coloration. Leur coloration, un procédé fastidieux et délicat, fait appel à un mordant et à la fuchsine basique pour augmenter leur diamètre et les rendre ainsi visibles (figure 3.12c). Les microbiologistes s'appuient sur le nombre et l'arrangement des flagelles pour établir un diagnostic.

* * *

Le tableau 3.3 présente une récapitulation des différentes méthodes de coloration. Dans le chapitre suivant, nous examinerons en détail la structure des microbes et nous étudierons la façon dont ils se protègent, se nourrissent et se reproduisent.

**Tableau 3.3** *Récapitulation des différentes méthodes de coloration et de leurs usages*

| Coloration | Principaux usages |
|---|---|
| **Simple** (bleu de méthylène, fuchsine basique, violet de cristal, safranine) | Solution aqueuse ou alcoolique dans laquelle est dissous un colorant basique unique. (On ajoute parfois un mordant pour intensifier la coloration.) Met en évidence la taille, la forme et le groupement des microorganismes. |
| **Différentielle** | La réaction obtenue lors de la coloration permet de distinguer le type de bactérie. |
| de Gram | Divise les bactéries en deux grands groupes : à Gram positif et à Gram négatif. Les bactéries à Gram positif gardent le violet de cristal, alors que les bactéries à Gram négatif le perdent et restent incolores jusqu'à leur contre-coloration à la safranine, qui les fait apparaître roses. |
| Acido-alcoolo-résistante | Différencie les espèces de *Mycobacterium* et certaines espèces de *Nocardia*. Une fois traitées à la fuchsine basique et lavées avec un mélange acide-alcool, les bactéries acido-alcoolo-résistantes demeurent rouges, car elles gardent le colorant. En revanche, après avoir subi le même traitement, puis une coloration au bleu de méthylène, celles qui ne sont pas acido-alcoolo-résistantes vont apparaître en bleu, car, à la suite de la décoloration par le mélange acide-alcool, elles ne retiennent pas la fuchsine basique et sont donc à même de fixer le bleu de méthylène. |
| **De structures spécifiques** | Colore et fait ressortir certaines structures telles que les capsules, les endospores et les flagelles ; peut servir d'outil diagnostique. |
| Négative | Révèle la présence de capsules. En raison de leur incapacité à absorber la plupart des colorants, les capsules, contrastées par le fond foncé, prennent l'apparence de halos autour des bactéries. |
| Endospore | Révèle la présence d'endospores chez les bactéries. Le frottis de cellules bactériennes fixé à la chaleur est traité au vert de malachite. Le colorant pénètre dans les endospores, ce qui les colore en vert. Puis, on lave le frottis et on le traite ensuite avec de la safranine (rouge) pour colorer les autres parties des cellules en rouge ou en rose. |
| Flagelle | Révèle la présence de flagelles. On utilise un mordant pour augmenter le diamètre des flagelles afin de les rendre visibles au microscope au moyen de la coloration à la fuchsine basique. |

# RÉSUMÉ

## LES UNITÉS DE MESURE (p. 61-62)

1. L'étalon des mesures de longueur est le mètre (m).
2. Les microorganismes sont mesurés en micromètres, $\mu$m ($10^{-6}$ m), et en nanomètre, nm ($10^{-9}$ m).

## LA MICROSCOPIE : LES APPAREILS (p. 62-74)

Un microscope simple est composé d'une seule lentille, alors qu'un microscope composé en comprend plusieurs.

### La microscopie optique (p. 62-68)

#### *La microscopie optique composée* (p. 62-65)

1. Le microscope le plus employé en microbiologie est le microscope optique composé (MO).
2. Dans un microscope optique composé, le trajet de la lumière part de la source lumineuse, puis traverse les lentilles du condenseur qui les focalise sur l'échantillon. Les rayons passent ensuite au travers des lentilles de l'objectif puis au travers de celles de l'oculaire.
3. Le grossissement total d'un objet est la multiplication du grossissement de l'objectif par le grossissement de l'oculaire.
4. Le microscope optique composé fonctionne à l'aide de la lumière visible.
5. La résolution maximale, ou pouvoir de résolution (capacité de distinguer clairement deux points proches l'un de l'autre), d'un microscope optique composé est de 0,2 $\mu$m. Son grossissement maximal est de 2 000 ×.
6. La coloration des échantillons accentue la différence entre l'indice de réfraction du spécimen et celui de son milieu, ce qui permet d'augmenter la visibilité du spécimen.
7. L'objectif à immersion requiert de l'huile pour réduire la perte de rayons lumineux entre la lame et la lentille.
8. Les frottis colorés sont observés à l'aide d'un microscope à fond clair. Ils sont très utiles en laboratoire médical pour l'étude des bactéries et de leur morphologie.

9. Il est préférable d'examiner les cellules non colorées par microscopie à fond noir, à contraste de phase ou à contraste d'interférence différentielle (CID).

### *La microscopie à fond noir* (p. 66)

1. La microscopie à fond noir permet de percevoir la forme de l'organisme illuminé sur un fond noir.
2. Cette technique est très utile pour observer des microorganismes sensibles à la coloration et chez lesquels la détection des petits détails n'est pas nécessaire.

### *La microscopie à contraste de phase* (p. 66)

1. Le microscope à contraste de phase combine en phase les rayons lumineux directs et réfléchis, ou diffractés, pour former une image de l'échantillon sur l'oculaire.
2. Cette technique de microscopie permet d'observer des cellules vivantes non colorées. Les structures internes d'épaisseur variée, telles que les inclusions et les endospores, peuvent être mises en contraste et sont donc mieux distinguées.

### *La microscopie à contraste d'interférence différentielle* (p. 66)

1. Le microscope à contraste d'interférence différentielle (CID) produit des images tridimensionnelles de l'objet observé, qui apparaît coloré par le jeu de contraste de la lumière.
2. Il permet l'étude détaillée d'organismes vivants.

### *La microscopie à fluorescence* (p. 66-68)

1. En microscopie à fluorescence, l'échantillon doit d'abord être marqué avec un fluorochrome. On le visualise au moyen d'un microscope composé dont la source de lumière émet des rayonnements ultraviolets.
2. Dans ce type de microscopie, les microorganismes apparaissent lumineux et contrastent avec le fond foncé.
3. La microscopie à fluorescence est principalement employée dans la détection par les anticorps fluorescents (AF), ou immunofluorescence, technique surtout utilisée dans le diagnostic de la syphilis.

### *La microscopie confocale* (p. 68)

1. En microscopie confocale, l'échantillon est coloré avec une substance fluorescente pour que chacun de ses plans puisse être observé successivement à l'aide d'un éclairage au laser. Sa résolution est près de 40 fois supérieure à celle des autres MO.
2. Pour produire des images de cellules à deux ou trois dimensions, ce microscope est couplé à un ordinateur.

## La microscopie électronique (p. 68-73)

1. Le microscope électronique fait appel à un faisceau d'électrons plutôt qu'à la lumière pour éclairer l'échantillon.
2. Il est particulièrement utile pour l'étude des virus ou de fines structures intracellulaires dans de minces couches cellulaires.
3. Des aimants électromagnétiques, plutôt que des lentilles de verre, règlent la focalisation, l'éclairage et l'agrandissement de l'image qui est projetée sur un écran fluorescent ou sur une plaque photographique.
4. Le microscope électronique à transmission (MET) permet l'observation de minces couches de cellules. Son grossissement est de 10 000 × à 100 000 × et son pouvoir de résolution est de 2,5 nm.
5. Par le microscope électronique à balayage (MEB), on obtient des images tridimensionnelles de la surface de microorganismes entiers. Son grossissement est de 1 000 × à 10 000 × et son pouvoir de résolution est de 20 nm.

## La microscopie à sonde (p. 73)

Le microscope à sonde à effet tunnel (STM) et le microscope à force atomique (MFA) fournissent des images tridimensionnelles de la surface des molécules.

# LA PRÉPARATION DES ÉCHANTILLONS EN MICROSCOPIE OPTIQUE (p. 74-79)

## La préparation des frottis en vue de la coloration (p. 74-75)

1. Colorer un microorganisme signifie le traiter avec un colorant pour rendre visibles certaines de ses structures.
2. La fixation est le procédé par lequel le spécimen est tué et fixé sur la lame au moyen de la chaleur ou de l'alcool.
3. Un frottis est une goutte de prélèvement déposée sur une lame pour une observation ultérieure au microscope.
4. Certains colorants se lient aux cellules par liaison ionique. Les bactéries sont chargées négativement, c'est pourquoi les ions positifs des colorants basiques se lient aux bactéries et les colorent.
5. Les ions négatifs des colorants acides colorent le fond d'un frottis, ce qui donne une coloration négative.

## La coloration simple (p. 75)

1. Un colorant simple est constitué d'une solution aqueuse ou alcoolique dans laquelle un colorant basique est dissous.
2. Cette méthode de coloration met en évidence la taille, la forme et le groupement des cellules.
3. Un mordant peut être utilisé pour augmenter l'affinité entre le colorant et le spécimen.

## La coloration différentielle (p. 75-77)

1. Les réactions des bactéries avec les colorants différentiels, y compris notamment les colorants de Gram et ceux qui sont acido-alcoolo-résistants, permettent de les identifier.
2. La coloration de Gram emploie un colorant violet (le violet de cristal), de l'iode qui sert de mordant, un décolorant (une solution d'isopropanol et d'acétone) et un contre-colorant rouge (la safranine).
3. Les bactéries à Gram positif gardent la coloration violette après l'étape de décoloration, alors que les bactéries à Gram négatif la perdent et apparaissent donc roses après la contre-coloration.
4. Les microbes acido-alcoolo-résistants, qui comprennent les membres des genres *Mycobacterium* et *Nocardia*, retiennent la fuchsine basique après une décoloration avec un mélange d'alcool et d'acide et apparaissent rouges, alors que les bactéries non acido-alcoolo-résistantes fixent le bleu de méthylène, le contre-colorant.

### La coloration de structures spécifiques (p. 77-79)

1. Certaines parties des bactéries comme les capsules, les endospores et les flagelles nécessitent des colorations spécifiques.
2. La coloration négative fait ressortir les capsules microbiennes.
3. Les colorations de structures spécifiques sont très utiles pour l'identification et la classification des bactéries en laboratoire médical.

## AUTOÉVALUATION

### RÉVISION

1. Complétez les espaces ci-dessous :
   **a)** 1 $\mu$m = __________ m
   **b)** 1 __________ = $10^{-9}$ m
   **c)** 1 $\mu$m = __________ nm

2. Nommez les parties du microscope optique composé illustré ci-dessous :

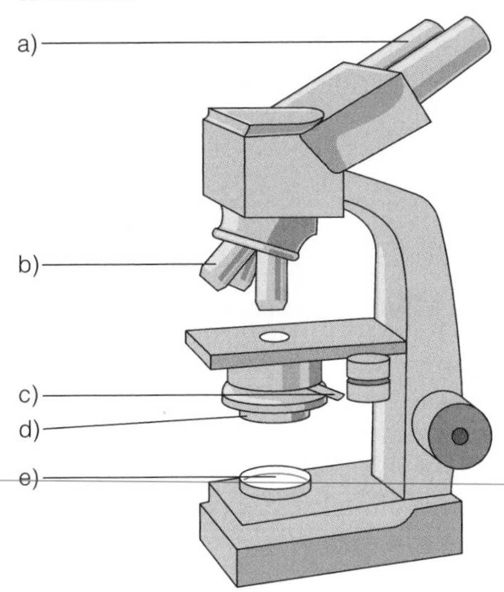


**a)** __________ **d)** __________
**b)** __________ **e)** __________
**c)** __________

3. Calculez le grossissement total du noyau d'une cellule que l'on observe au microscope optique à l'aide d'un oculaire 10 × et d'un objectif à immersion.

4. Quel type de microscope serait idéal pour examiner les objets suivants ?
   **a)** Un frottis bactérien coloré
   **b)** Des bactéries encapsulées non colorées dont il n'est pas nécessaire de percevoir tous les détails
   **c)** Certaines structures intracellulaires telles que les inclusions et les endospores dans les cellules vivantes
   **d)** Un échantillon qui émet de la lumière lorsqu'il est exposé à la lumière ultraviolette
   **e)** Les structures intracellulaires d'une cellule de 1 $\mu$m
   **f)** Un échantillon de microorganismes dans leur environnement naturel, comme des bactéries de la muqueuse de la bouche

5. Contrairement au microscope optique dans lequel l'échantillon est éclairé avec de la lumière, le microscope électronique fait appel à __________ focalisé par __________. L'image est projetée sur __________ et non visualisée au moyen d'un oculaire.

6. L'agrandissement maximal que l'on peut obtenir avec un microscope composé est de __________ et celui d'un microscope électronique, de __________. Le pouvoir de résolution maximal du microscope composé est de __________ et celui du microscope électronique, de __________. L'intérêt du microscope à balayage par rapport au microscope à transmission réside dans sa capacité à créer des images __________.

7. Pourquoi les colorants basiques colorent-ils les bactéries ? Expliquez la raison pour laquelle les colorants acides ne se fixent pas à ces dernières.

8. Dans quelles circonstances est-il approprié de faire usage des colorations suivantes ?
   **a)** Coloration simple
   **b)** Coloration différentielle
   **c)** Coloration négative
   **d)** Coloration du flagelle

9. Quel est le rôle du mordant dans la coloration de Gram ? dans la coloration du flagelle ?

10. En coloration acido-alcoolo-résistante, pourquoi faut-il contre-colorer ?

11. En coloration de Gram et en coloration acido-alcoolo-résistante respectivement, dans quel but doit-on décolorer ?

12. Complétez la phrase ci-dessous à l'aide de l'un des mots suivants : contre-colorant, décolorant, mordant, colorant primaire.
    Dans la coloration de Gram, la safranine est utilisée comme __________.

13. Complétez le tableau suivant, qui traite de la coloration de Gram :

| | Aspect des cellules après chacune des étapes | |
|---|---|---|
| Étapes | Bactéries à Gram positif | Bactéries à Gram négatif |
| Violet de cristal | | |
| Iode | | |
| Isopropanol-acétone | | |
| Safranine | | |

## QUESTIONS À CHOIX MULTIPLE

**1.** Vous désirez procéder à l'identification d'une bactérie à Gram négatif inconnue. Laquelle(lesquelles) des colorations suivantes sera(seront) superflue(s) ?
**a)** Coloration négative
**b)** Coloration acido-alcoolo-résistante
**c)** Coloration du flagelle
**d)** Coloration des endospores
**e)** *b* et *d*

**2.** Vous avez traité un frottis de *Bacillus* avec du vert de malachite à la chaleur et vous l'avez contre-coloré avec la safranine. Au microscope, les structures vertes que vous observez représentent :
**a)** la paroi cellulaire.
**b)** les capsules.
**c)** les endospores.
**d)** les flagelles.
**e)** Impossible d'identifier ces structures

**3.** En examinant un microorganisme accomplissant la photosynthèse, vous notez que les chloroplastes apparaissent verts en microscopie à fond clair et rouges en microscopie à fluorescence. Vous concluez que :
**a)** la chlorophylle est fluorescente.
**b)** le grossissement a déformé l'image.
**c)** vous n'observez pas la même structure dans les deux microscopes.
**d)** le colorant a masqué la couleur verte.
**e)** Aucune des réponses ci-dessus

**4.** Lequel des appariements suivants *n'*est *pas* constitué de colorants analogues (basique ou acide) sur le plan de la fonction ?
**a)** Nigrosine et vert de malachite
**b)** Violet de cristal et fuchsine basique
**c)** Safranine et bleu de méthylène
**d)** Isopropanol-acétone et acide-alcool
**e)** Aucune des réponses ci-dessus

**5.** Lequel des appariements suivants est incorrect ?
**a)** Capsule – coloration négative
**b)** Groupement des cellules – coloration simple
**c)** Taille des cellules – coloration négative
**d)** Coloration de Gram – identification des bactéries
**e)** Aucune des réponses ci-dessus

**6.** Vous chauffez un frottis de *Clostridium* en présence d'un colorant, le vert de malachite, vous lavez à l'eau, puis vous contre-colorez avec un autre colorant, la safranine. Au microscope, les endospores vont paraître ___1___ et les cellules, ___2___.
**a)** 1 : vertes ; 2 : roses
**b)** 1 : roses ; 2 : transparentes
**c)** 1 : transparentes ; 2 : roses
**d)** 1 : vertes ; 2 : transparentes
**e)** 1 : roses ; 2 : vertes

**7.** Vous observez au microscope un frottis de cocci roses et de bacilles violets préalablement traités à la coloration de Gram. De façon certaine, vous pouvez conclure que :
**a)** vous avez fait une erreur durant la coloration.
**b)** vous êtes en présence de deux espèces différentes.
**c)** certaines bactéries sont vieilles ou mortes.
**d)** certaines bactéries sont en croissance.
**e)** Aucune des réponses ci-dessus

**8.** Le bleu de méthylène :
**a)** augmente la visibilité des organismes observés au microscope optique.
**b)** est un colorant basique.
**c)** peut servir de colorant pour une coloration simple.
**d)** peut servir de contre-colorant dans la coloration acido-alcoolo-résistante.
**e)** Toutes les réponses ci-dessus

**9.** Le microscope utilisé pour observer les structures internes d'une cellule vivante sans qu'on ait besoin de la colorer est :
**a)** un microscope à fond clair.
**b)** un microscope à fond noir.
**c)** un microscope électronique.
**d)** un microscope à contraste de phase.
**e)** un microscope à fluorescence.

**10.** Lequel des microscopes suivants ne résulte pas de la modification du microscope optique composé ?
**a)** Microscope à fond clair
**b)** Microscope à fond noir
**c)** Microscope électronique
**d)** Microscope à contraste de phase
**e)** Microscope à fluorescence

## QUESTIONS À COURT DÉVELOPPEMENT

**1.** En coloration de Gram, on peut sauter une étape sans compromettre la différenciation entre les bactéries à Gram positif et les bactéries à Gram négatif. Quelle est-elle ? Quel sera alors le problème ?

**2.** Si vous aviez accès à un bon microscope optique composé constitué d'un oculaire 10 ×, d'une lentille à immersion 100 × et dont le pouvoir de résolution est de 0,3 $\mu$m (micromètre), seriez-vous en mesure de distinguer deux objets séparés par une distance de 3 $\mu$m ? de 0,3 $\mu$m ? de 300 nm (nanomètres) ?

**3.** Dans les bactéries non colorées, les endospores peuvent apparaître comme des structures réfringentes (plus brillantes) tandis que, dans les bactéries traitées à la coloration de Gram, elles forment des régions transparentes. Dans quelles situations particulières est-il nécessaire de les colorer spécifiquement ?

## APPLICATIONS CLINIQUES

*N. B. Certaines de ces questions nécessitent que vous cherchiez des réponses dans les différents chapitres du livre.*

**1.** En 1882, le bactériologiste allemand Paul Erhlich a décrit une méthode pour colorer *Mycobacterium* et a fait l'observation suivante : « Il est probable que les agents de désinfection acides n'altéreront pas ce bacille [de tubercule] et qu'il faudra avoir recours à des agents alcalins. » Sans avoir auparavant expérimenté ces désinfectants, comment en était-il venu à cette conclusion ?

**2.** En laboratoire, le diagnostic d'une infection à *Neisseria gonorrhoeæ* est établi par un examen au microscope d'un échantillon de pus traité à la coloration de Gram. L'agent pathogène est une bactérie à Gram négatif en forme de cocci accolés deux à deux. À l'aide de cette image de microscopie optique, pourriez-vous confirmer la présence éventuelle de cette bactérie dans l'échantillon ? Associée, chez l'homme, aux symptômes de brûlure lors de la miction, de quelle maladie le patient pourrait-il être atteint ? Le médecin pourrait-il émettre un diagnostic de présomption et commencer le traitement par antibiotiques ? Justifiez cette dernière réponse. (*Indice* : voir le chapitre 26.)

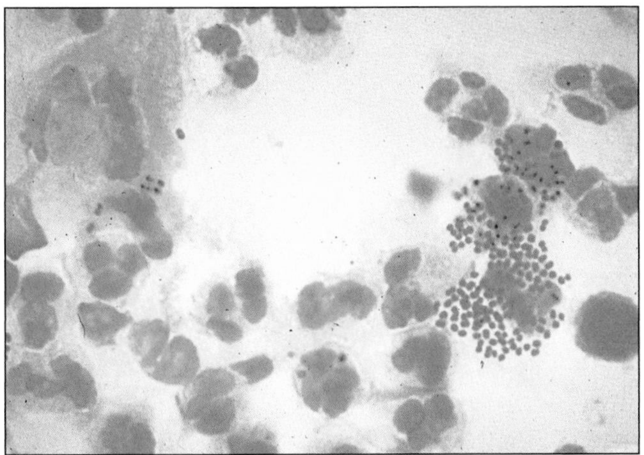

MO 10 $\mu$m

3. Vous observez un échantillon clinique ayant fait l'objet d'une coloration. Des cellules rose-rouge, biconcaves et mesurant entre 8 $\mu$m et 10 $\mu$m sont recouvertes de petites cellules bleues mesurant 0,5 $\mu$m $\times$ 1,5 $\mu$m. Quels sont les deux types de cellules qui apparaissent au microscope ? Laquelle de ces cellules serait une bactérie ?

4. Le laboratoire procède à une technique d'immunofluorescence sur un échantillon de sperme en utilisant des anticorps anti-*Treponema pallidum* fluorescents. L'observation au microscope à la lumière ultraviolette ne révèle aucun spécimen coloré en jaune vif sur le fond foncé. Qu'en sera-t-il du diagnostic microbiologique ? Justifiez votre réponse.

5. Un échantillon du crachat de Calle, un éléphant asiatique de 30 ans, est déposé sur une lame et séché à l'air. Une fois fixé, on dépose de la fuchsine basique sur le frottis et on le chauffe pendant 5 minutes. Après un rinçage à l'eau, on le traite avec un mélange d'alcool et d'acide durant 30 secondes. Enfin, pendant 30 secondes, on le colore avec du bleu de méthylène, on le rince à l'eau et on le sèche. À un grossissement de 1 000 $\times$, le vétérinaire du zoo aperçoit des bâtonnets rouges sur la lame. Quel type d'infection pourrait être en cause ? (Après un traitement par antibiotiques, Calle s'est complètement rétabli.) Donnez quatre arguments qui appuient votre réponse.

# Chapitre 4

# *Anatomie fonctionnelle des cellules procaryotes et des cellules eucaryotes*

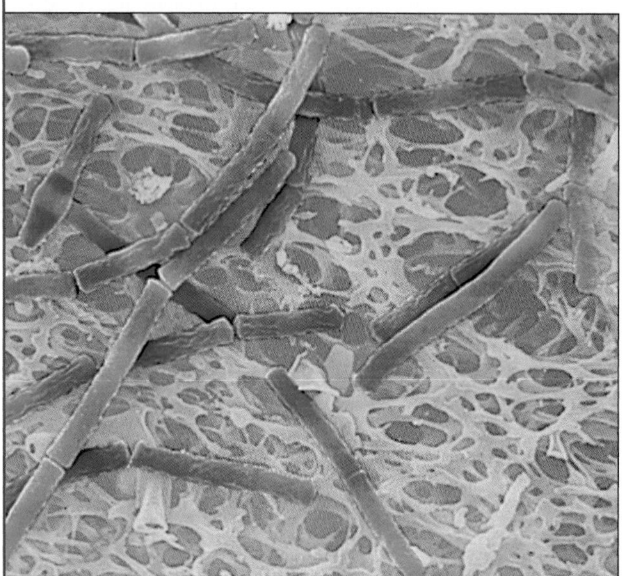

Bacillus. *Les cellules du genre* Bacillus *forment souvent de longues chaînes.*

Malgré leur complexité et leur variété, toutes les cellules vivantes peuvent être classées en deux groupes selon leur ultrastructure, qui nous est révélée par la microscopie électronique. Ces groupes sont les procaryotes et les eucaryotes. Les plantes et les animaux sont entièrement composés de cellules eucaryotes. Dans l'univers microbien, les bactéries et les archéobactéries sont des procaryotes. Les autres microbes cellulaires - mycètes (levures et moisissures), protozoaires et algues - sont des cellules eucaryotes.

Les virus, qui sont des éléments acellulaires, font bande à part et n'appartiennent à aucune classe de cellule vivante. Ce sont des particules dotées d'un patrimoine héréditaire, qui peuvent se répliquer, mais qui sont incapables d'accomplir les activités chimiques habituelles des cellules vivantes. Nous examinerons au chapitre 13 la structure et l'activité virales.

Dans le domaine médical, il est crucial de pouvoir reconnaître les caractéristiques propres à chacun des groupes de microorganismes et de les distinguer les uns des autres. Dans le présent chapitre, nous posons les premiers jalons de notre étude des microorganismes et des maladies qu'ils causent ; en effet, nombre des caractéristiques morphologiques des microorganismes jouent un rôle important dans leur pouvoir pathogène. Nous ferons fréquemment référence dans les chapitres ultérieurs (chapitres 21 à 26) aux notions présentées ici.

## Comparaison des cellules procaryotes et des cellules eucaryotes : un survol

### Objectif d'apprentissage

- *Comparer la structure cellulaire des cellules procaryotes et des cellules eucaryotes.*

Les cellules procaryotes et les cellules eucaryotes sont semblables sur le plan chimique, en ce sens qu'elles contiennent toutes des acides nucléiques, des protéines, des lipides et des glucides. Elles font appel aux mêmes types de réactions chimiques pour métaboliser la nourriture, fabriquer des protéines et stocker l'énergie. C'est avant tout la structure des parois cellulaires et celle des membranes, ainsi que l'absence d'*organites* membranaires (structures cellulaires spécialisées ayant des fonctions précises), qui distinguent les procaryotes des eucaryotes.

Les principaux traits distinctifs des **procaryotes** (de deux mots grecs signifiant « prénoyau ») sont les suivants :

1. Le matériel héréditaire (l'ADN) n'est pas enveloppé par une membrane et est constitué d'un seul chromosome circulaire.
2. L'ADN n'est pas associé à des histones (protéines chromosomiques uniques aux eucaryotes) ; d'autres protéines sont associées à l'ADN.
3. Il n'y a pas d'organites limités par des membranes.
4. La paroi cellulaire contient presque toujours du peptidoglycane, un polysaccharide complexe.
5. Ces organismes se divisent habituellement par **scissiparité.** Au cours de ce processus, l'ADN est copié et la cellule se scinde en deux. La scissiparité ne fait pas intervenir autant de structures et de processus que la division cellulaire eucaryote.

Les **eucaryotes** (de deux mots grecs signifiant « véritable noyau ») ont les traits distinctifs suivants :

1. L'ADN se trouve dans le noyau de la cellule, qui est séparé du cytoplasme par une enveloppe nucléaire, et il forme plusieurs chromosomes multiples.
2. L'ADN est normalement associé à des protéines chromosomiques appelées histones ainsi qu'à des non-histones.
3. Il y a un certain nombre d'organites limités par des membranes, dont les mitochondries, le réticulum endoplasmique, le complexe de Golgi, les lysosomes et, dans certains cas, les chloroplastes.
4. La paroi cellulaire, quand elle existe, est simple sur le plan chimique et ne contient pas de peptidoglycane.
5. Ces cellules se divisent habituellement par mitose. Au cours de la mitose, les chromosomes se répliquent et deux noyaux contenant des chromosomes identiques se forment. Le processus est guidé par le fuseau mitotique, assemblage de microtubules dont la forme rappelle un ballon de football (décrit plus loin). Il est suivi par la division du cytoplasme et des autres organites et aboutit à la formation de deux cellules identiques.

Le tableau 4.2 présente d'autres différences entre les cellules procaryotes et les cellules eucaryotes. Nous abordons maintenant une description détaillée des parties de la cellule procaryote.

# LA CELLULE PROCARYOTE

Les espèces qui appartiennent au monde des procaryotes constituent un vaste groupe hétérogène d'organismes unicellulaires minuscules. Les procaryotes comprennent les bactéries et les archéobactéries. La majorité des procaryotes, y compris les cyanobactéries qui sont capables de photosynthèse, font partie des bactéries. Bien qu'elles se ressemblent, les bactéries et les archéobactéries diffèrent par leur composition chimique, comme nous le verrons plus loin. Les milliers d'espèces de bactéries se distinguent les unes des autres par un grand nombre de facteurs, dont la morphologie (forme), la composition chimique de leur paroi cellulaire (souvent révélée par la réaction aux colorants), les besoins nutritifs, l'activité biochimique et la source d'énergie requise (rayonnement solaire ou énergie chimique). Pour en savoir plus sur les interactions entre les bactéries, voyez l'encadré de la page 86.

## Taille, forme et groupement des cellules bactériennes

### Objectifs d'apprentissage

- *Comparer les dimensions de la cellule bactérienne avec celles des cellules eucaryotes.*
- *Reconnaître les trois principales formes de la cellule bactérienne.*
- *Reconnaître les principaux modes de groupement des cellules bactériennes.*

Il y a une très grande diversité de tailles et de formes de bactéries. La plupart d'entre elles ont de 0,2 à 2,0 $\mu$m de diamètre et de 2 à 8 $\mu$m de long. La petitesse des bactéries, par rapport à la grosseur des cellules humaines par exemple, est un élément important qui favorise leur croissance et leur multiplication si rapides. Les cellules bactériennes individuelles présentent trois formes principales : la forme sphérique des **cocci** (coccus au singulier = grain), la forme en bâtonnet des **bacilles** (= baguette) et la forme en **spirale.**

Les cocci sont habituellement ronds mais peuvent être ovales, allongés ou plats d'un côté (réniformes). Quand elles se divisent pour se reproduire, les bactéries peuvent rester attachées les unes aux autres et se présenter en groupements caractéristiques de l'espèce à laquelle elles appartiennent. Les plans suivant lesquels les bactéries se divisent déterminent le groupement des cellules. Les modes de groupement des cocci sont variés. Ainsi, les cocci qui restent groupés par paires après s'être divisés sont appelés **diplocoques** ; ceux qui forment des chaînettes sont appelés **streptocoques** (figure 4.1a).

LA MICROBIOLOGIE DANS L'ACTUALITÉ

## Les bactéries sont-elles pluricellulaires?

La théorie selon laquelle les bactéries seraient unicellulaires a été remise en question par certains biologistes. Ces derniers affirment que les cellules bactériennes ne se comportent pas comme des organismes unicellulaires quand elles se multiplient en colonies. On constate plutôt qu'elles interagissent et font preuve d'une organisation pluricellulaire. C'est ainsi que les cellules d'une colonie ne sont pas identiques; elles se différencient, si bien que certaines d'entre elles présentent des structures et des fonctions différentes de celles des cellules avoisinantes. Les chercheurs citent un certain nombre d'exemples qui les amènent à conclure que les bactéries ont une organisation pluricellulaire.

### *STAPHYLOCOCCUS*

Des chercheurs de l'université du Montana ont découvert que l'origine d'une septicémie récurrente chez un patient était une colonie de *Staphylococcus aureus* croissant sur son stimulateur cardiaque. La colonie résistait à la pénicilline parce qu'elle était protégée par une couche visqueuse. Cependant, les cellules individuelles qui se détachaient de la colonie étaient sensibles à l'antibiotique. Les cellules ne se comportaient pas de la même façon selon qu'elles étaient en colonie ou qu'elles croissaient isolément (voir les biofilms, figure 27.8).

### *BACILLUS*

Les cellules de *Bacillus* qui héritent de certains gènes forment des chaînes hautement organisées comme celles de la figure *a*. Après la division cellulaire, la séparation des cellules filles est inhibée, si bien que ces dernières restent attachées au niveau du septum (paroi transverse). La chaîne de cellules qui se forme s'enroule et se replie sur elle-même jusqu'à ce qu'elle donne naissance à une fibre hélicoïdale. Les chercheurs de l'université de l'Arizona et de l'université de Cambridge estiment que la structure enroulée est plus organisée et, par conséquent, plus stable qu'une chaîne mobile.

### *PROTEUS*

L'observation d'une colonie de *Proteus* révèle dès le premier coup d'œil que toutes les bactéries ne sont pas identiques (figure *b*). Elles se différencient pour produire, d'une part, des cellules bactériennes normales, de 2 μm de long, ayant de 6 à 10 flagelles et, d'autre part, des cellules envahissantes de 40 μm de long possédant des milliers de flagelles. Les cellules envahissantes se dirigent vers la périphérie de la colonie et, pendant plusieurs heures, causent son expansion en se répandant sur la gélose. Puis, elles redeviennent des cellules ordinaires et de nouvelles cellules envahissantes se forment. Lorsqu'elles sont isolées de la colonie, les cellules envahissantes individuelles restent immobiles. Cela indique que les membres de la colonie communiquent entre eux pour assurer son expansion.

### LES MYXOBACTÉRIES

On trouve les myxobactéries dans la matière organique en décomposition et dans l'eau douce partout au monde. Bien qu'il s'agisse de bactéries, beaucoup de myxobactéries n'existent jamais sous forme de cellules individuelles. *Myxococcus xanthus* donne l'impression de chasser en meute. Dans leur milieu aquatique naturel, les cellules de *M. xanthus* forment des colonies sphériques autour de leurs proies, en l'occurrence d'autres bactéries; elles sécrètent alors des enzymes digestives qui attaquent les bactéries et absorbent les nutriments libérés. Sur des substrats solides, d'autres cellules myxobactériennes glissent sur la surface et y laissent des pistes visqueuses que les autres cellules empruntent. Quand la nourriture est rare, les cellules forment des agrégats. Certaines d'entre elles se différencient en une fructification qui comprend une tige visqueuse et des amas de spores comme celle de la figure *c*.

* * *

Il est clair qu'une série complexe d'échanges s'effectue entre les cellules bactériennes, peut-être par le truchement de molécules de signalisation extracellulaires semblables à celles des eucaryotes pluricellulaires. Les bactéries forment-elles des colonies pluricellulaires ou s'agit-il de cellules individuelles qui communiquent pour agir ensemble? Quoi qu'il en soit, le temps est peut-être venu de réévaluer l'idée centenaire selon laquelle les bactéries sont *simplement* des organismes unicellulaires.

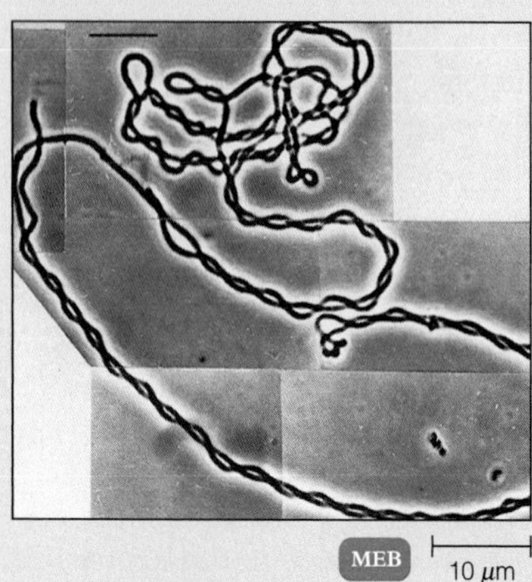


**a)** Hélice bicaténaire formée par *Bacillus subtilis.*

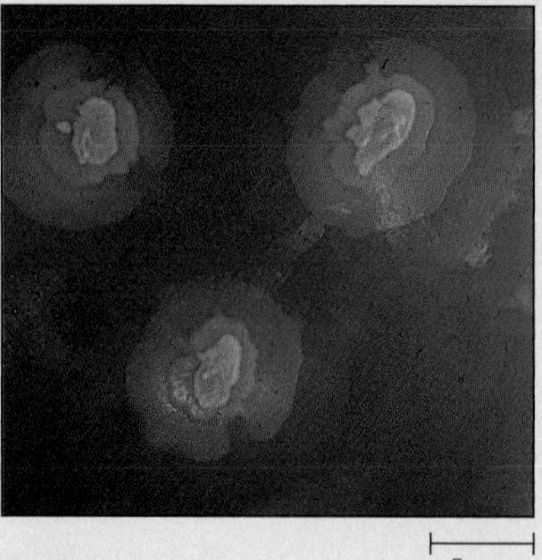


**b)** Colonie envahissante de *Proteus mirabilis.*

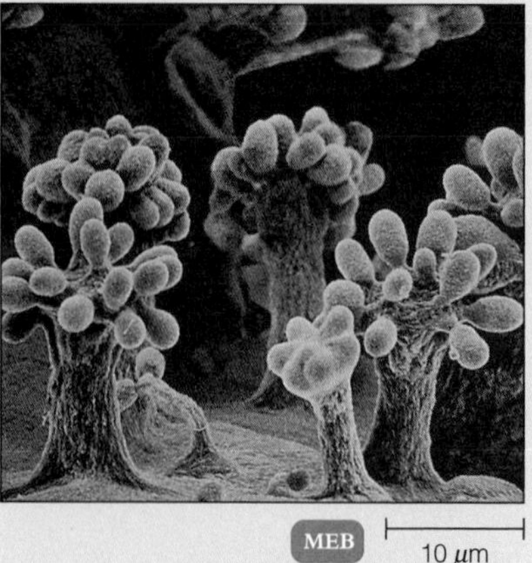


**c)** Fructification d'une myxobactérie.

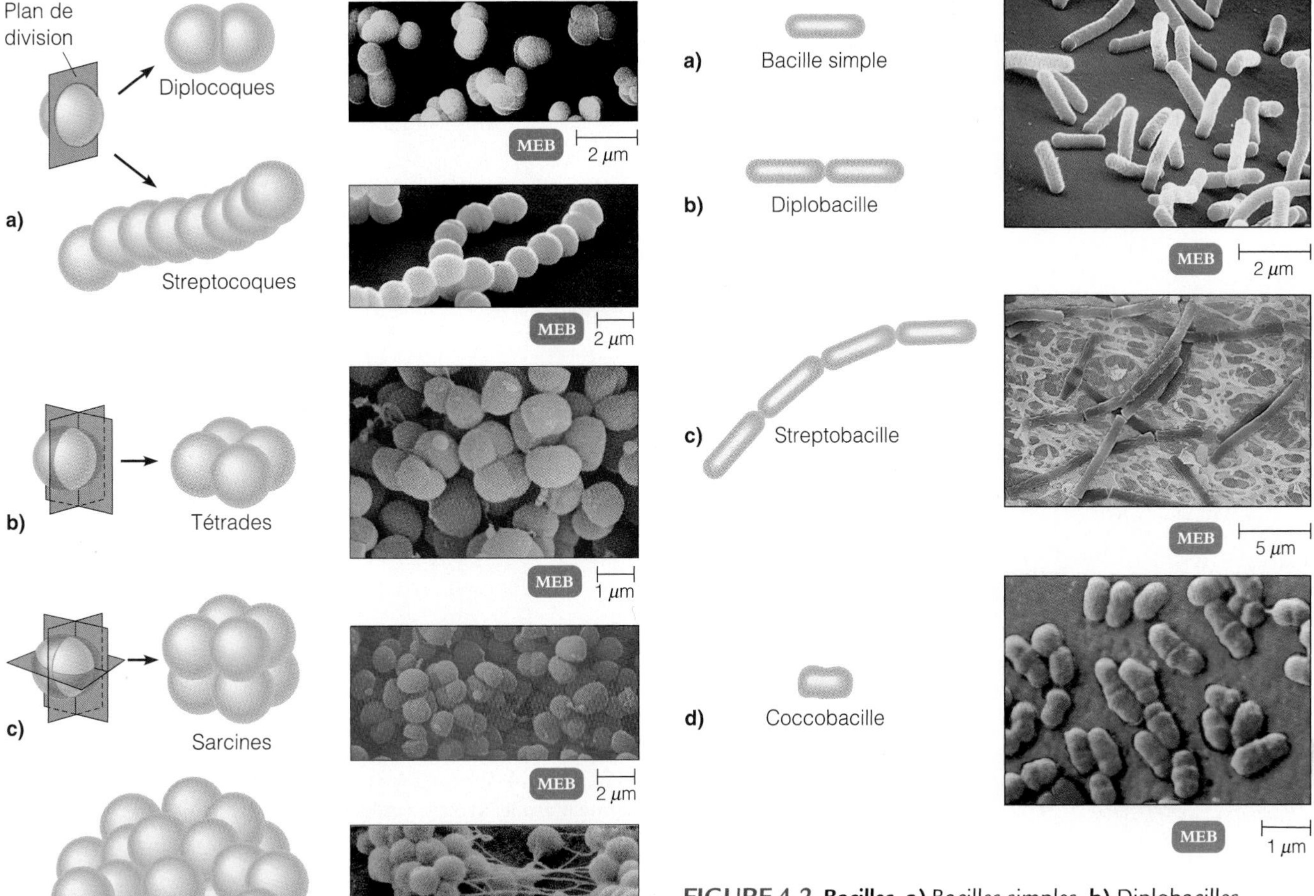


**FIGURE 4.1** **Groupements de cocci. a)** La division dans un même plan produit des diplocoques et des streptocoques. **b)** La division sur deux plans produit des tétrades. **c)** La division sur trois plans produit des sarcines. **d)** La division dans de nombreuses directions produit des staphylocoques.

■ Quel facteur détermine les différents types de groupement des bactéries ?

**FIGURE 4.2** **Bacilles. a)** Bacilles simples. **b)** Diplobacilles. Situées dans la partie supérieure de la micrographie, quelques paires de bacilles reliés servent d'exemples de diplobacilles. **c)** Streptobacilles. **d)** Coccobacilles.

■ Pourquoi les bacilles ne forment-ils ni tétrades ni grappes ?

Ceux qui se divisent sur deux plans et constituent des groupements de quatre cellules portent le nom de **tétrades** (figure 4.1b). Ceux qui se divisent sur trois plans et restent attachés en groupements cubiques de huit cellules s'appellent **sarcines** (figure 4.1c). Ceux qui se divisent dans de nombreuses directions et forment des grappes sont appelés **staphylocoques** (figure 4.1d). Ces groupements sont une caractéristique qui facilite souvent l'identification de certains cocci.

La division des bacilles s'effectue dans un seul plan, de part et d'autre du petit axe transversal. En conséquence, on observe moins de groupements de bacilles que de groupements de cocci. La plupart des bacilles sont des bâtonnets simples (figure 4.2a). Les **diplobacilles** restent par paires après leur division (figure 4.2b) et les **streptobacilles** forment des chaînettes (figure 4.2c). Certains bacilles ressemblent à des pailles. D'autres ont les extrémités effilées, comme des cigares. D'autres encore sont ovales et ont une apparence tellement semblable à celle des cocci qu'on les appelle **coccobacilles** (figure 4.2d).

Les bactéries spiralées présentent une ou plusieurs courbes ; elles ne sont jamais droites. Celles qui ont la forme d'un bâtonnet incurvé et qui ressemblent à des virgules s'appellent **vibrions** (figure 4.3a). D'autres, appelées **spirilles,** ont une forme hélicoïdale, comme un tire-bouchon, et un corps passablement rigide (figure 4.3b). Un troisième groupe est caractérisé par une forme flexible en hélice ; ce sont les **spirochètes** (figure 4.3c). Contrairement aux spirilles, qui se déplacent à l'aide d'appendices externes en forme de fouets appelés flagelles, les spirochètes avancent au moyen de filaments axiaux, qui ressemblent à des flagelles mais sont contenus dans une gaine externe flexible, nommée endoflagelle.

Outre les trois principales formes, on trouve aussi des cellules en étoile (genre *Stella*), des cellules plates et rectangulaires (archéobactéries halophiles) du genre *Haloarcula* (figure 4.4) ainsi que des cellules triangulaires.

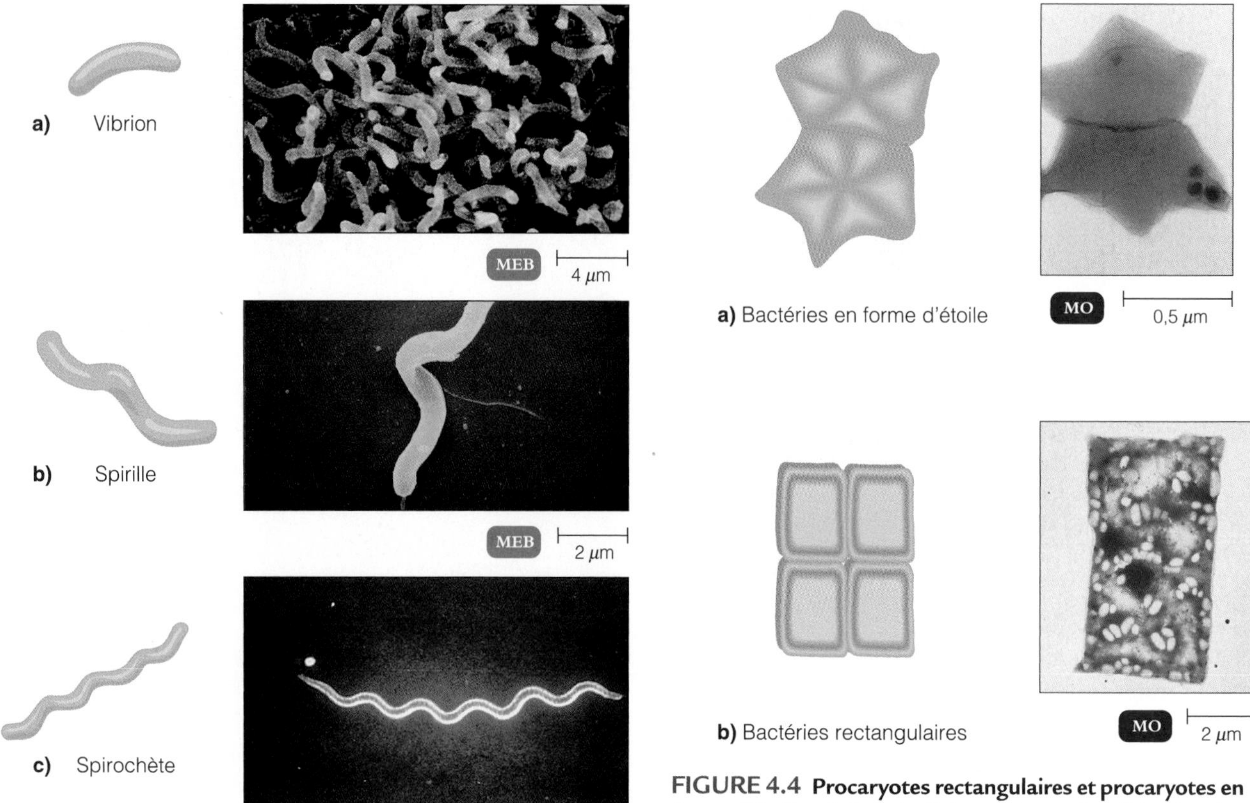


**FIGURE 4.4 Procaryotes rectangulaires et procaryotes en forme d'étoile. a)** *Stella* (cellules en forme d'étoile). **b)** *Haloarcula,* sorte d'archéobactérie halophile (cellules rectangulaires).

**FIGURE 4.3 Bactéries spiralées. a)** Vibrions. **b)** Spirille. **c)** Spirochète.

- Quels sont les noms des bactéries spiralées selon qu'elles présentent une ou plusieurs courbes ?

Les formes des bactéries sont déterminées par l'hérédité. La plupart des bactéries sont **monomorphes** sur le plan génétique, c'est-à-dire qu'elles conservent toujours la même forme. Toutefois, certaines conditions du milieu peuvent altérer cette forme. Dans ce cas, l'identification est plus difficile. Par ailleurs, certaines bactéries, telles que *Rhizobium* et *Corynebacterium,* sont génétiquement **pléomorphes,** ce qui signifie qu'elles peuvent se présenter sous plusieurs formes plutôt que sous une seule.

La structure de la cellule procaryote typique est représentée à la figure 4.5. Nous en examinons les composantes dans l'ordre suivant: 1) structures à l'extérieur de la paroi cellulaire, 2) paroi cellulaire et 3) structures à l'intérieur de la paroi cellulaire.

# Les structures à l'extérieur de la paroi cellulaire

## Objectifs d'apprentissage

- *Décrire la structure et la fonction du glycocalyx, des flagelles, des filaments axiaux, des fimbriæ et des pili.*
- *Décrire les rôles importants que jouent les structures suivantes dans la virulence des bactéries : glycocalyx, flagelles et filaments axiaux, fimbriæ et pili.*

Parmi les structures situées à l'extérieur de la paroi cellulaire procaryote, on trouve le glycocalyx, les flagelles, les filaments axiaux, les fimbriæ et les pili.

## Le glycocalyx

Le **glycocalyx** est le terme générique employé pour désigner les substances qui enveloppent les cellules. Le glycocalyx bactérien est un polymère gélatineux et visqueux, situé à l'extérieur de la paroi cellulaire et composé de polysaccharides, de polypeptides ou des deux. Sa composition chimique diffère énormément d'une espèce à l'autre. En règle générale, il est produit à l'intérieur de la cellule et excrété à sa surface. Si la substance est organisée et solidement fixée à la paroi, le glycocalyx porte le nom de **capsule.**

On peut révéler la présence d'une capsule au moyen de la coloration négative, dont nous avons décrit la technique au chapitre 3 (figure 3.12a). Si la substance est moins bien organisée et associée de façon lâche à la paroi, le glycocalyx est nommé **couche visqueuse.**

Chez certaines espèces, la capsule joue un rôle important dans la virulence de la bactérie – sa capacité à causer la

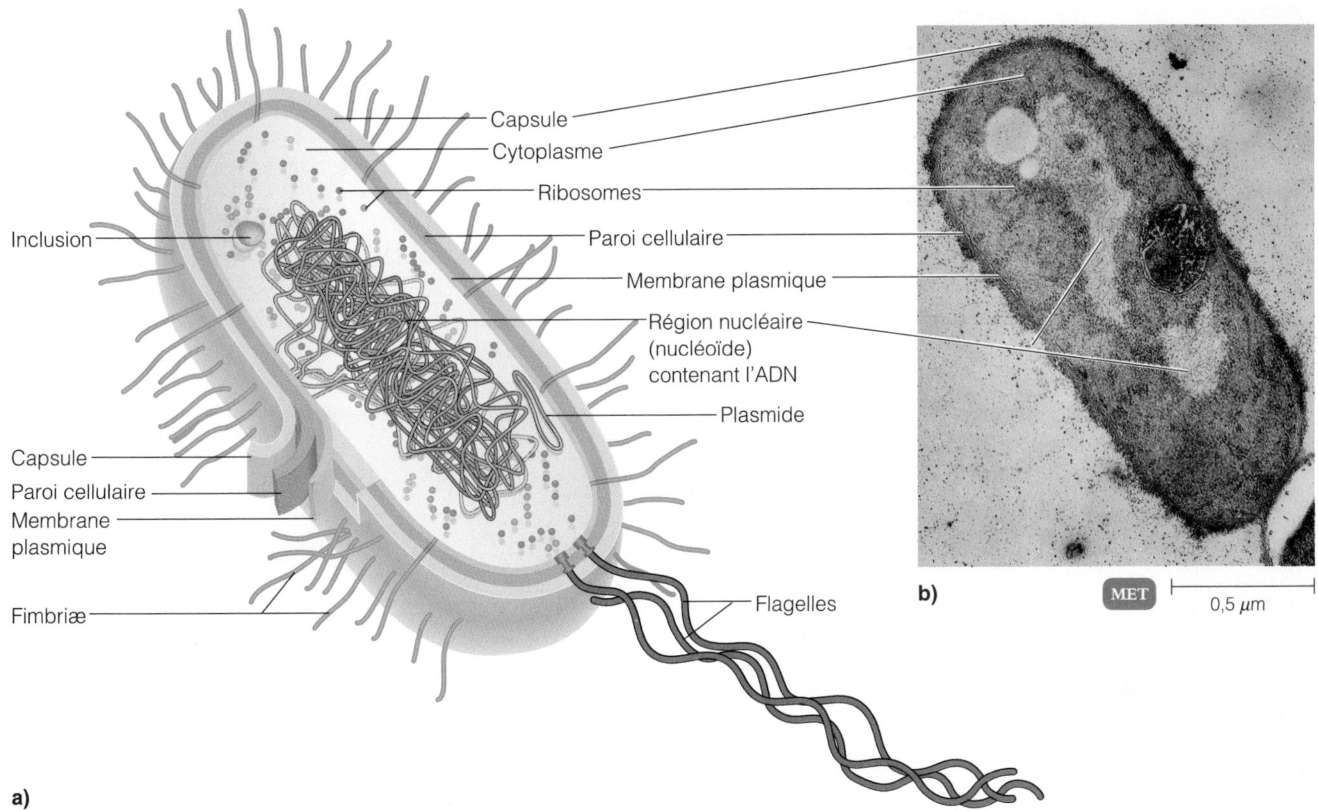


**FIGURE 4.5 La cellule procaryote et ses principales structures. a)** Le schéma et **b)** la micrographie représentent une bactérie dans le sens de la longueur de façon à en révéler la composition interne.

■ La cellule procaryote diffère de la cellule eucaryote surtout par la structure de la paroi et des membranes cellulaires ainsi que par l'absence d'organites.

maladie. La capsule protège souvent les bactéries pathogènes contre la phagocytose par les cellules de l'hôte. C'est le cas de *Bacillus anthracis,* qui produit une capsule composée d'acide D-glutamique. (Nous avons indiqué au chapitre 2 que les acides aminés de forme D sont rares.) Les cellules phagocytaires ne peuvent digérer que des molécules de forme L, ce qui expliquerait la résistance de cette capsule à la phagocytose. Puisque seuls les *B. anthracis* capsulés causent l'anthrax (maladie du charbon), on croit que le rôle de la capsule est de prévenir la destruction de ces bactéries par phagocytose.

Mentionnons aussi *Streptococcus pneumoniæ,* qui cause la pneumonie seulement quand ses cellules sont protégées par une capsule composée de polysaccharides. Lorsqu'il est dépourvu de sa capsule, *S. pneumoniæ* est incapable de provoquer la maladie et est facilement phagocyté. La capsule de polysaccharides de *Klebsiella* prévient aussi la phagocytose ; de plus, elle permet à la bactérie d'adhérer aux voies respiratoires et de les coloniser. Un glycocalyx constitué de sucres est appelé **polysaccharide extracellulaire** (**PSE**). Le PSE donne à la bactérie la capacité de se fixer à diverses surfaces dans son environnement naturel afin d'assurer sa survie. De cette façon, les bactéries peuvent croître sur diverses surfaces telles que les pierres dans les cours d'eau rapides, les racines des plantes, les dents humaines, les implants chirurgicaux, les conduites d'eau et les filtres des humidificateurs et même, d'autres bactéries (figure 27.8). *Streptococcus mutans,* qui cause souvent des caries dentaires, se fixe à la surface des dents par un glycocalyx. Cette bactérie peut même utiliser sa capsule comme source de nourriture. Quand les réserves d'énergie sont basses, elle dégrade la capsule et en tire les sucres. Le glycocalyx peut protéger la bactérie contre la déshydratation. De plus, il est possible que sa viscosité inhibe la fuite des nutriments de la cellule. Nous reparlerons de l'importance et du rôle de la capsule dans la virulence bactérienne au chapitre 15, où nous traiterons des différents mécanismes de pathogénie microbienne. Au chapitre 27, nous discuterons de la propriété des bactéries d'adhérer les unes aux autres pour former des biofilms sur les surfaces humides.

## Les flagelles

Certaines cellules procaryotes ont des **flagelles** (= fouet). Il s'agit de minces et longs appendices filamenteux qui permettent aux bactéries de se déplacer (figure 4.6).

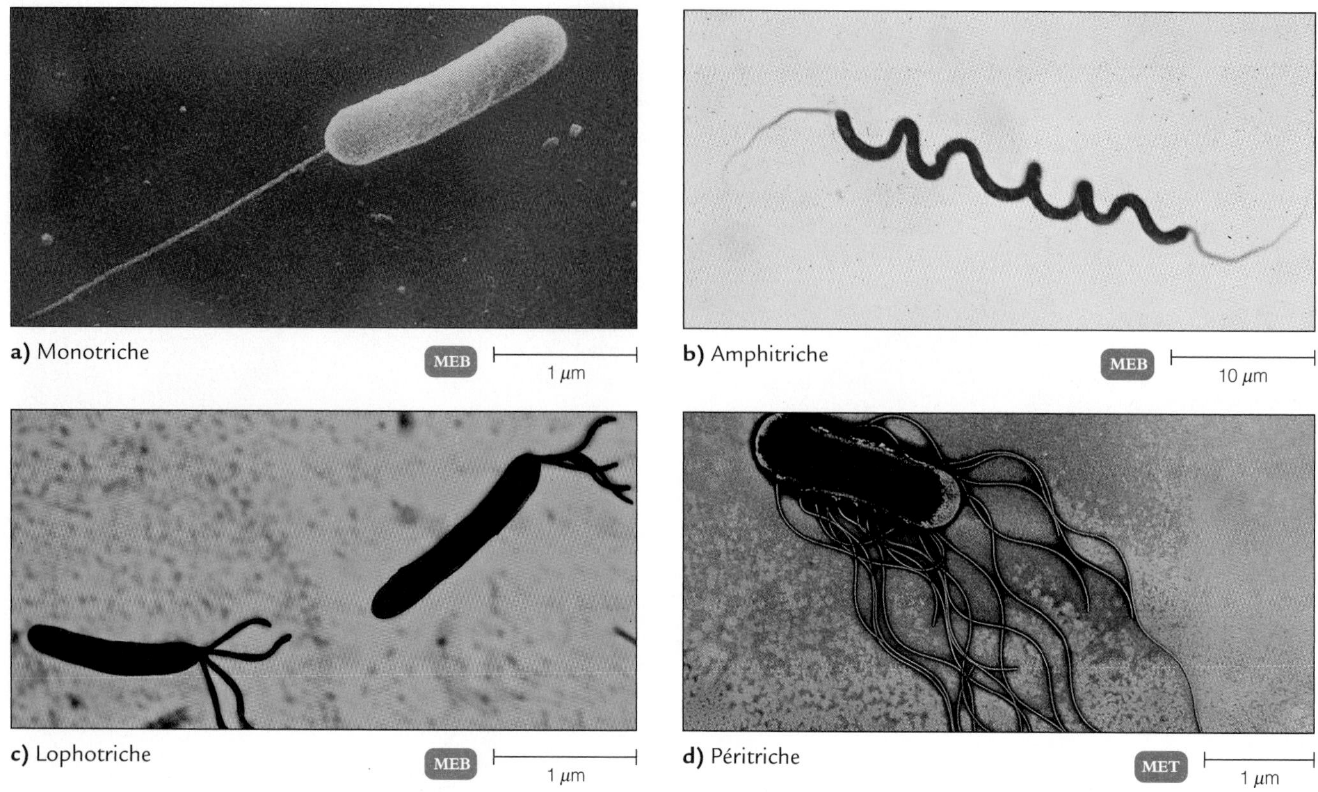


a) Monotriche b) Amphitriche c) Lophotriche d) Péritriche

**FIGURE 4.6 Les quatre modes d'insertion des flagelles bactériens.**

■ Les flagelles contribuent à la mobilité des bactéries.

Il y a quatre types d'arrangements des flagelles bactériens (figure 4.6) : **monotriche** (un seul flagelle polaire), **amphitriche** (un ou plusieurs flagelles aux deux extrémités de la cellule), **lophotriche** (deux ou plusieurs flagelles à une extrémité de la cellule) et **péritriche** (des flagelles répartis sur toute la surface de la cellule).

Le flagelle comprend trois parties principales (figure 4.7). Le *filament* est la partie visible du flagelle qui s'étend à partir de la surface de la bactérie. C'est un long segment de diamètre constant, en forme de cylindre creux et composé de *flagelline,* une protéine globulaire (plus ou moins sphérique). Cette protéine est assemblée en plusieurs chaînes entrelacées formant une hélice autour d'un centre vide, d'où la forme de cylindre creux. Chez la plupart des bactéries, les filaments ne sont pas recouverts d'une membrane, ou gaine, comme dans le cas des filaments des cellules eucaryotes. Le filament est fixé à un *crochet* un peu plus large, constitué d'une protéine différente. La troisième partie du flagelle est le *corpuscule basal,* qui ancre la structure dans la paroi cellulaire et la membrane plasmique.

Le corpuscule basal est composé d'une petite tige centrale insérée dans une série d'anneaux. Les bactéries à Gram négatif contiennent deux paires d'anneaux ; la paire externe est ancrée à différentes parties de la paroi cellulaire et la paire interne, à la membrane plasmique. Chez les bactéries à Gram positif, seule la paire interne est présente. Nous verrons plus loin que les flagelles (et les cils) des cellules eucaryotes sont plus complexes que ceux des cellules procaryotes.

Les bactéries munies de flagelles sont mobiles, c'est-à-dire qu'elles sont en mesure de se déplacer sans aide. Chaque flagelle des cellules procaryotes est une structure hélicoïdale semi-rigide qui fait avancer la cellule en tournant sur lui-même à partir du corpuscule basal. Sa rotation s'effectue autour de son grand axe dans le sens des aiguilles d'une montre ou dans le sens inverse. (Par contraste, le flagelle des cellules eucaryotes a un mouvement ondulatoire.) Le mouvement du flagelle des cellules procaryotes résulte de la rotation du corpuscule basal et ressemble à celui de l'arbre d'un moteur électrique. En tournant, les flagelles s'assemblent en un faisceau qui pousse contre le liquide environnant et propulse la bactérie. Les principes mécaniques et chimiques dont dépend le fonctionnement de ce « moteur » biologique ne sont pas complètement élucidés, mais nous savons qu'ils reposent sur la production continuelle d'énergie par la cellule.

Les cellules bactériennes peuvent modifier la vitesse et le sens de rotation de leurs flagelles. C'est ainsi que leur **mobilité,** soit la faculté de se déplacer par elles-mêmes, peut s'exercer de plusieurs façons. Quand une bactérie avance

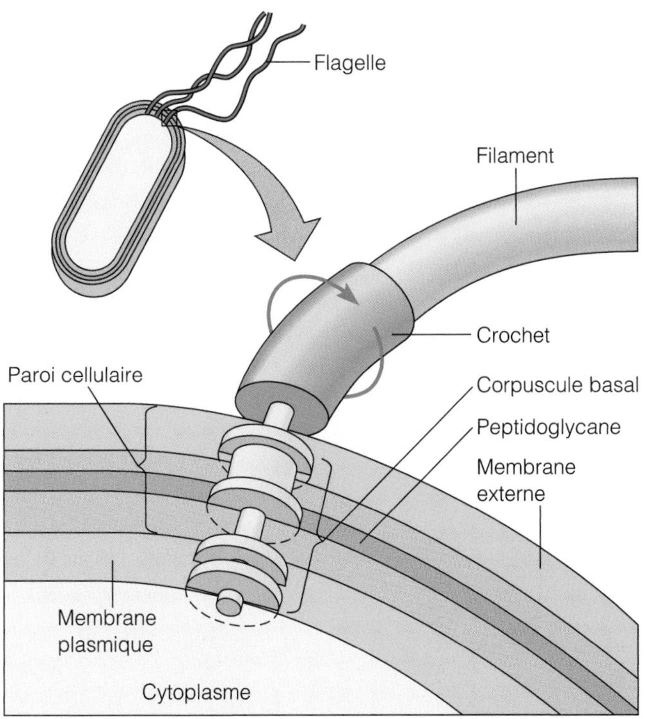


**FIGURE 4.7 Structure d'un flagelle procaryote.** Les parties et l'insertion d'un flagelle de bactérie à Gram négatif sont représentées de façon très schématique.

■ Quelles sont les trois parties principales du flagelle ?

dans le même sens pendant un certain temps, le mouvement s'appelle « course » ou « nage ». Les nages sont interrompues périodiquement par des changements de direction abrupts et aléatoires appelés « culbutes ». Les culbutes sont causées par un renversement de la rotation des flagelles (figure 4.8a) et sont suivies par une nouvelle nage. Certaines espèces de bactéries dotées de nombreux flagelles – par exemple, *Proteus* (figure 4.8b ; voir également l'encadré de la page 86) – peuvent « essaimer », c'est-à-dire se répandre rapidement par vagues successives sur un milieu de culture solide.

Un des avantages de la mobilité est de permettre à la bactérie de se diriger vers un environnement favorable ou de fuir de mauvaises conditions. La réaction d'une bactérie qui la pousse à se rapprocher ou à s'éloigner d'un stimulus particulier s'appelle **tactisme.** Les stimuli peuvent être de nature chimique (**chimiotactisme**) et de nature lumineuse (**phototactisme**). Les bactéries mobiles possèdent des récepteurs à divers endroits, tels que dans la paroi cellulaire ou juste au-dessous. Ces récepteurs captent les stimuli chimiques, tels que l'oxygène, le ribose et le galactose. L'information communiquée par le stimulus est transmise aux flagelles. Dans le cas d'un signal chimiotactique positif, dit *attractif*, les bactéries se dirigent vers le stimulus en faisant de nombreuses nages et peu de culbutes. Dans le cas d'un signal chimiotactique négatif, dit *répulsif*, la fuite des bactéries s'accompagne de culbutes fréquentes.

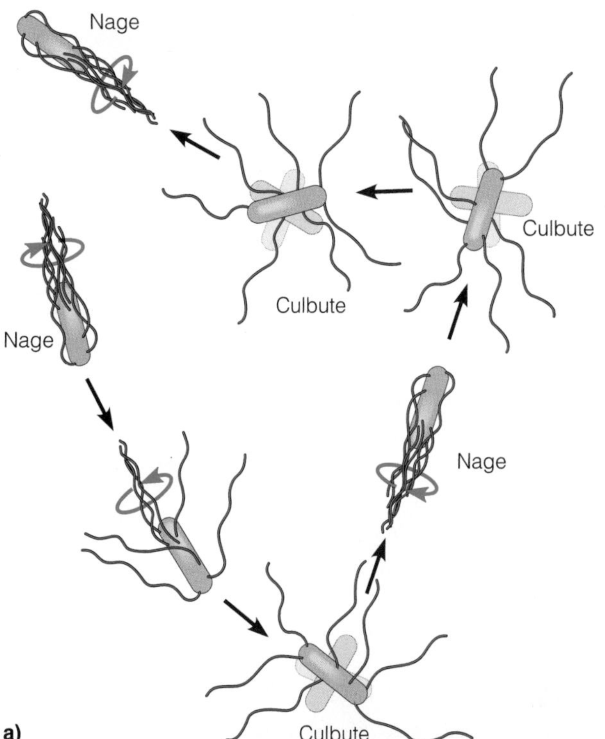


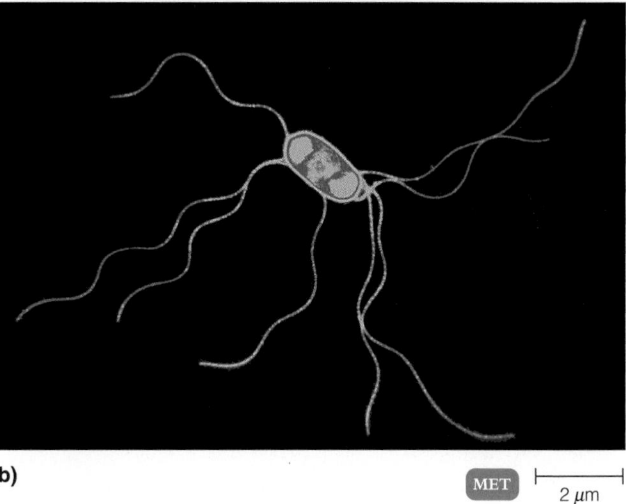


**FIGURE 4.8 Flagelles et mobilité bactérienne. a)** Nages et culbutes d'une bactérie. Notez que le sens de la rotation flagellaire détermine lequel de ces mouvements se manifeste. **b)** Au stade où elles se répandent, les cellules de *Proteus* peuvent posséder plus de 1 000 flagelles péritriches.

■ La mobilité d'un microbe est la faculté qu'il possède de se déplacer par lui-même.

On peut identifier certaines bactéries pathogènes grâce à leurs protéines flagellaires. La protéine flagellaire appelée antigène H permet de distinguer les **sérotypes,** c'est-à-dire les variations au sein d'une même espèce, de bactéries flagellées à Gram négatif. Par exemple, il y a au moins 50 antigènes

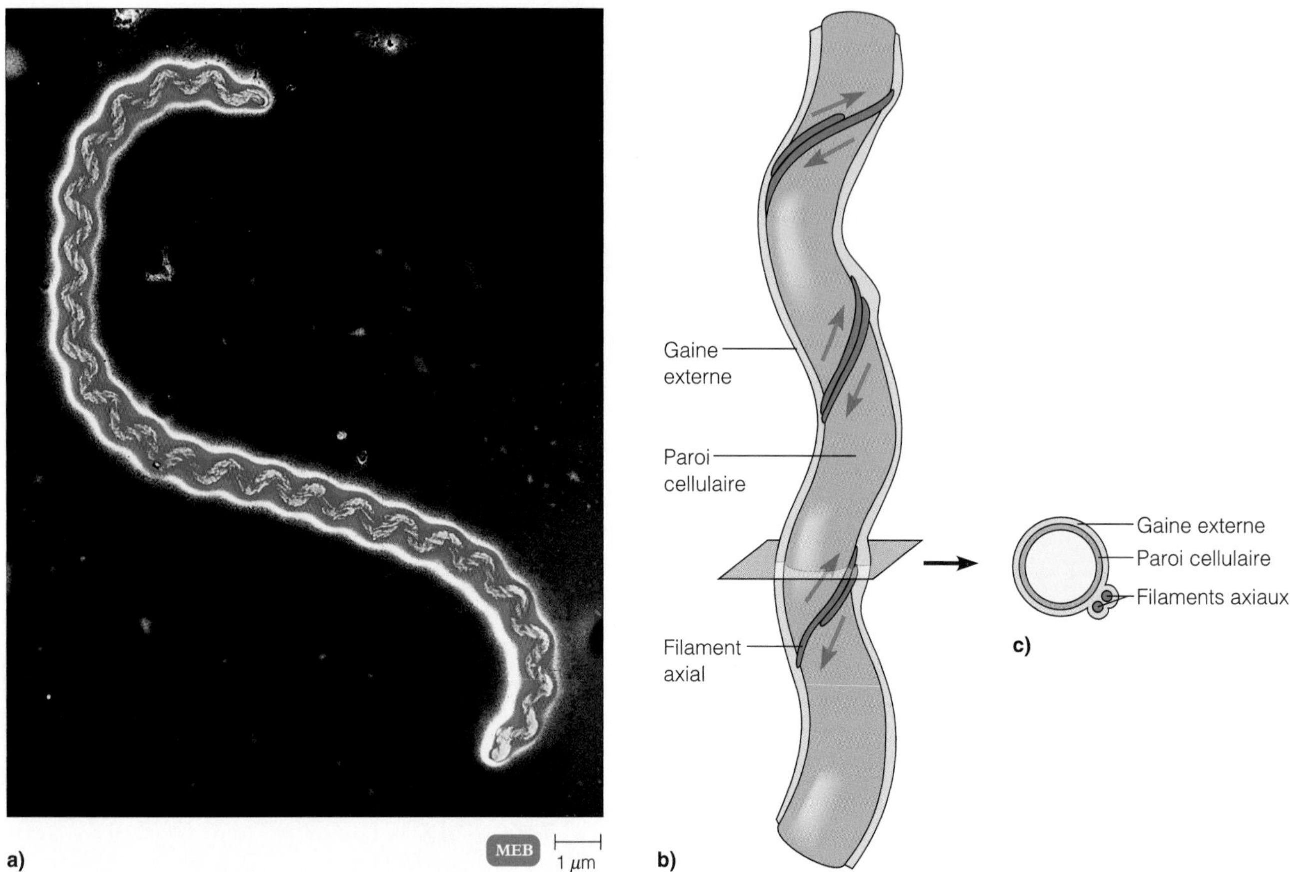


**FIGURE 4.9 Filaments axiaux. a)** Micrographie de *Leptospira,* un spirochète, mettant en évidence un filament axial. **b)** Diagramme de filaments axiaux s'enroulant autour d'une partie d'un spirochète. **c)** Coupe transversale schématique du spirochète, montrant la position des filaments axiaux.

■ Quelle est la différence entre les flagelles et les filaments axiaux?

H différents chez la bactérie *Escherichia coli.* Les sérotypes *E. coli* O157:H7 sont associés aux épidémies diffusées par les aliments, par exemple la maladie du hamburger.

## Les filaments axiaux

Les spirochètes sont un groupe de bactéries dont la structure et la mobilité sont uniques. Un des spirochètes les mieux connus est *Treponema pallidum,* qui cause la syphilis. Un autre est *Borrelia burgdorferi,* qui cause la maladie de Lyme. Ces bactéries se déplacent au moyen de **filaments axiaux,** ou **endoflagelles.** Il s'agit de faisceaux de fibrilles qui prennent naissance aux extrémités de la bactérie sous une gaine externe et qui forment une spirale autour du corps de la cellule (figure 4.9).

Les filaments axiaux, qui sont amarrés à une extrémité du spirochète, ont une structure semblable à celle des flagelles. La rotation des filaments imprime à la gaine externe un mouvement qui fait vriller la bactérie et lui permet d'avancer. Ce type de mouvement ressemble à celui d'un tire-bouchon qui se fraie un chemin dans le liège. Il permet probablement aux bactéries telles que *T. pallidum* de se déplacer efficacement dans les liquides organiques, ce qui contribue à la virulence du microbe.

## Les fimbriæ et les pili

Beaucoup de bactéries à Gram négatif possèdent des appendices filiformes qui sont plus courts, plus droits et plus minces que les flagelles et qui servent plutôt à fixer la bactérie qu'à la faire avancer. Ces structures, constituées d'une protéine appelée *piline* assemblée en hélice autour d'un noyau central, sont de deux types, les fimbriæ et les pili, qui ont des fonctions très différentes. (Contrairement à certains microbiologistes qui utilisent indifféremment les deux termes pour désigner toutes les structures de ce type, nous employons ces deux mots dans des sens distincts.)

Les **fimbriæ** (fimbria au singulier) émergent des pôles de la cellule bactérienne ou sont uniformément distribuées sur toute sa surface. Leur nombre peut varier de quelques-unes à plusieurs centaines par cellule (figure 4.10). Les fimbriæ jouent un rôle important dans la virulence de la bactérie;

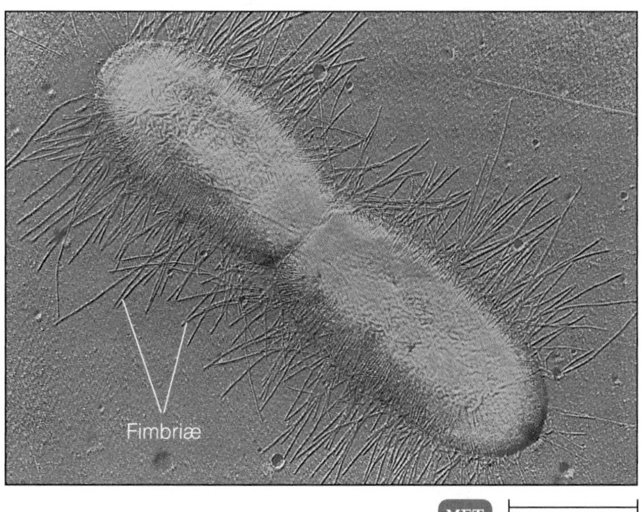


**FIGURE 4.10 Fimbriæ.** Les fimbriæ semblent se hérisser à la surface de cette cellule d'*E. coli,* qui commence à se diviser.

- Les fimbriæ permettent aux bactéries d'adhérer à la surface d'une cellule.

comme le glycocalyx, elles permettent aux bactéries d'adhérer aux surfaces, y compris à celles d'autres cellules. Par exemple, les fimbriæ de *Neisseria gonorrhoeæ,* bactérie qui cause la blennorragie, facilitent la colonisation des muqueuses par ce microbe et rendent ainsi possible l'apparition de la maladie. Quand il n'y a pas de fimbriæ (par suite d'une mutation génique), l'implantation n'a pas lieu et la maladie ne se manifeste pas. Nous traiterons des fimbriæ plus en détail au chapitre 15, dans l'étude de la virulence bactérienne.

Les **pili** (pilus au singulier) sont généralement plus longs que les fimbriæ et leur nombre ne dépasse pas un ou deux par cellule. Les pili relient les bactéries en vue du transfert d'ADN d'une cellule à l'autre lors d'un processus de reproduction appelé conjugaison. C'est pourquoi on les appelle parfois **pili sexuels** (figure 8.26).

# La paroi cellulaire

## Objectifs d'apprentissage

- *Décrire les fonctions de la paroi cellulaire des bactéries.*
- *Décrire les rôles importants que joue la paroi cellulaire dans la virulence des bactéries.*
- *Comparer la composition des parois cellulaires des bactéries à Gram positif et des bactéries à Gram négatif, des archéobactéries et des mycoplasmes.*
- *Distinguer les protoplastes des sphéroplastes et décrire leur comportement dans des solutions de concentrations variées.*

La **paroi cellulaire** de la bactérie est une structure semi-rigide complexe, qui confère forme et rigidité à la cellule; elle protège la fragile membrane plasmique (cytoplasmique) sous-jacente. Presque toutes les cellules procaryotes ont une paroi cellulaire (figure 4.5).

La principale fonction de la paroi cellulaire est de protéger la bactérie et son milieu intérieur contre les variations défavorables de l'environnement; par exemple, elle empêche que les cellules bactériennes n'éclatent quand la pression de l'eau à l'intérieur est supérieure à celle de l'environnement. Elle contribue aussi à maintenir la forme de la bactérie et sert de point d'ancrage pour les flagelles. Sa superficie et celle de la membrane plasmique s'accroissent au besoin, au fur et à mesure que le volume de la bactérie augmente.

Au point de vue médical, la paroi cellulaire est importante parce que, chez certaines espèces, quelques composants de leur paroi cellulaire peuvent augmenter le pouvoir pathogène de la bactérie, c'est-à-dire la capacité de cette dernière à causer une maladie; par ailleurs, la paroi cellulaire peut être la cible de certains antibiotiques utilisés pour détruire les bactéries. En laboratoire clinique, la composition chimique de la paroi cellulaire permet de distinguer les types de bactéries.

Bien que les cellules de certains eucaryotes, dont les plantes, les algues et les mycètes, possèdent des parois cellulaires, leurs parois sont différentes de celles des procaryotes au point de vue chimique; leur structure chimique est aussi plus simple et elles sont moins rigides.

## Composition et caractéristiques

La paroi cellulaire bactérienne est composée d'un réseau macromoléculaire, le **peptidoglycane** (aussi appelé *muréine*), qui est présent seul ou associé à d'autres substances. Le peptidoglycane est constitué d'un disaccharide qui se répète pour former des chaînes reliées entre elles par des polypeptides. Cet assemblage en treillis enveloppe toute la cellule et la protège. Le disaccharide est composé de monosaccharides appelés N-acétylglucosamine (NAG) et acide N-acétylmuramique (NAM) (de *murus,* mur), qui sont apparentés au glucose. Les formules développées de NAG et de NAM sont présentées à la figure 4.11.

Les divers composants du peptidoglycane sont assemblés dans la paroi cellulaire (figure 4.12a). Les molécules de NAM et de NAG se suivent en alternance pour former des rangées de 10 à 65 sucres qui constituent un «squelette» glucidique (la partie glycane du peptidoglycane). Les rangées adjacentes sont reliées par des **polypeptides** (la partie peptide du peptidoglycane). La structure du lien polypeptidique varie mais elle comprend toujours un *tétrapeptide latéral,* composé de quatre acides aminés reliés aux NAM du squelette. Ces courtes chaînes sont formées d'une alternance d'isomères D et d'isomères L (figure 2.14), ce qui est particulier au monde bactérien parce que les acides aminés des autres protéines sont de la forme L. Les tétrapeptides parallèles peuvent être liés directement les uns aux autres ou au moyen d'un *pont peptidique,* constitué d'une petite chaîne d'acides aminés.

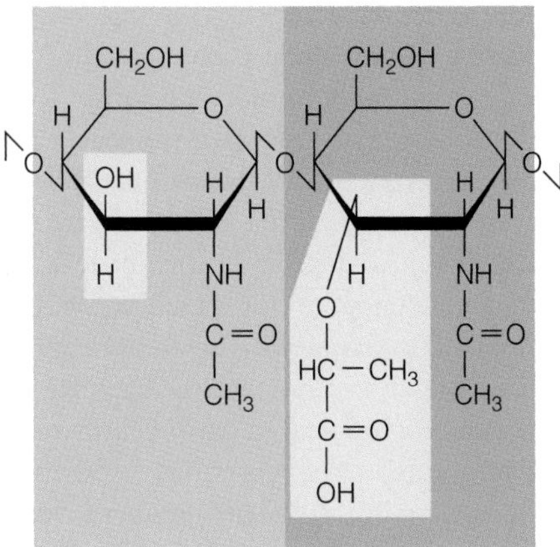


**FIGURE 4.11 N-acétylglucosamine (NAG), acide N-acétylmuramique (NAM) et leur liaison dans le peptidoglycane.** Les régions rose pâle montrent les différences entre les deux molécules. La liaison entre elles est du type $\beta$-1,4.

En microbiologie médicale, la lutte contre les microbes est constante. Étant donné que la paroi cellulaire est essentielle à la bactérie, toute action qui perturbe l'intégrité de sa structure va porter préjudice à la bactérie et finira par provoquer sa destruction. Par exemple, la pénicilline perturbe les liens entre les rangées de peptidoglycane et les ponts peptidiques (figure 4.12a). En conséquence, la paroi cellulaire se trouve très affaiblie et, comme elle ne peut plus protéger la bactérie, cette dernière est soumise à la **lyse,** c'est-à-dire que la bactérie est détruite par suite de la rupture de sa membrane plasmique et de la perte de son cytoplasme.

Nous avons vu que, en laboratoire, la coloration de Gram permet de distinguer deux types de bactéries selon l'affinité particulière de la paroi pour les colorants, soit les bactéries à Gram positif et les bactéries à Gram négatif (figure 3.10).

## Les parois cellulaires à Gram positif

Chez la plupart des bactéries à Gram positif, la paroi cellulaire est composée de multiples couches de peptidoglycane, qui forment une structure homogène, épaisse et rigide (figure 4.12b). Par comparaison, la paroi des bactéries à Gram négatif contient seulement une mince couche de peptidoglycane (figure 4.12c).

De plus, la paroi cellulaire des bactéries à Gram positif contient des *acides teichoïques*, qui sont formés principalement d'un alcool (tel que le glycérol ou le ribitol) et de phosphate. Il y a deux classes d'acides teichoïques: l'*acide lipoteichoïque,* qui traverse la couche de peptidoglycane et se lie aux lipides de la membrane plasmique, et l'*acide teichoïque de paroi,* qui se fixe à la couche de peptidoglycane. Leurs fonctions ne sont pas toutes connues mais, en raison de leur charge négative due aux groupements phosphate, on croit que les acides teichoïques se lient aux cations (ions positifs) et assurent la régulation de leur entrée dans la cellule et de leur sortie. Il est possible qu'ils jouent aussi un rôle dans la croissance de la cellule, empêchant la détérioration massive de sa paroi et sa lyse éventuelle. Enfin, les acides teichoïques confèrent à la paroi la majeure partie de sa spécificité antigénique et rendent ainsi possible l'identification des bactéries par certains tests de laboratoire (voir le chapitre 10).

La paroi cellulaire des streptocoques à Gram positif est recouverte de divers polysaccharides qui permettent d'en faire une classification utile en médecine. Celle des bactéries acido-alcoolo-résistantes, telles que *Mycobacterium,* contient jusqu'à 60% d'acide mycolique, un lipide cireux, le reste étant du peptidoglycane. Ces bactéries retiennent le violet de crystal de la coloration de Gram et sont considérées comme des bactéries à Gram positif.

## Les parois cellulaires à Gram négatif

La paroi cellulaire des bactéries à Gram négatif comprend une couche, ou quelques couches seulement, de peptidoglycane ainsi qu'une membrane externe (figure 4.12c). La membrane externe contient des lipoprotéines – lipides unis par des liaisons covalentes à des protéines – qui sont liées au peptidoglycane sous-jacent, de telle sorte que les deux structures forment un tout. Entre la membrane externe et la membrane cytoplasmique se trouve l'*espace périplasmique,* région remplie d'un liquide appelé périplasme. L'espace périplasmique contient une concentration élevée d'enzymes de dégradation et de transporteurs protéiques et abrite la couche de peptidoglycane. La paroi des bactéries à Gram négatif n'a pas d'acides teichoïques. En raison de la faible quantité de peptidoglycane qu'elle contient, elle risque davantage de se briser quand elle est soumise à un effort mécanique et à des variations de pression osmotique.

En plus des lipoprotéines, la *membrane externe* de la bactérie à Gram négatif est composée de lipopolysaccharides (LPS) et de phospholipides (figure 4.12c). Elle accomplit plusieurs fonctions spécialisées. Sa forte charge négative est un facteur important qui permet à la bactérie d'échapper à la phagocytose et à l'action du complément – groupe d'enzymes sériques qui lysent les bactéries et favorisent la phagocytose. La phagocytose et le complément sont deux moyens de défense immunitaire (nous y reviendrons en détail au chapitre 16). La membrane externe des bactéries à Gram négatif constitue également une barrière qui protège la bactérie contre certains antibiotiques (par exemple, la pénicilline) et contre les enzymes digestives telles que le lysozyme, les désinfectants, les métaux lourds, les sels biliaires et certaines teintures. L'encadré du chapitre 7 (p. 220) montre l'importance de la membrane externe des bactéries à Gram négatif en médecine; ainsi, ces bactéries offrent une plus grande résistance aux désinfectants (quats, par exemple) que les bactéries à Gram positif.

Cependant, la membrane externe ne s'oppose pas au passage de toutes les substances de l'environnement puisque les nutriments doivent la traverser pour soutenir le métabolisme

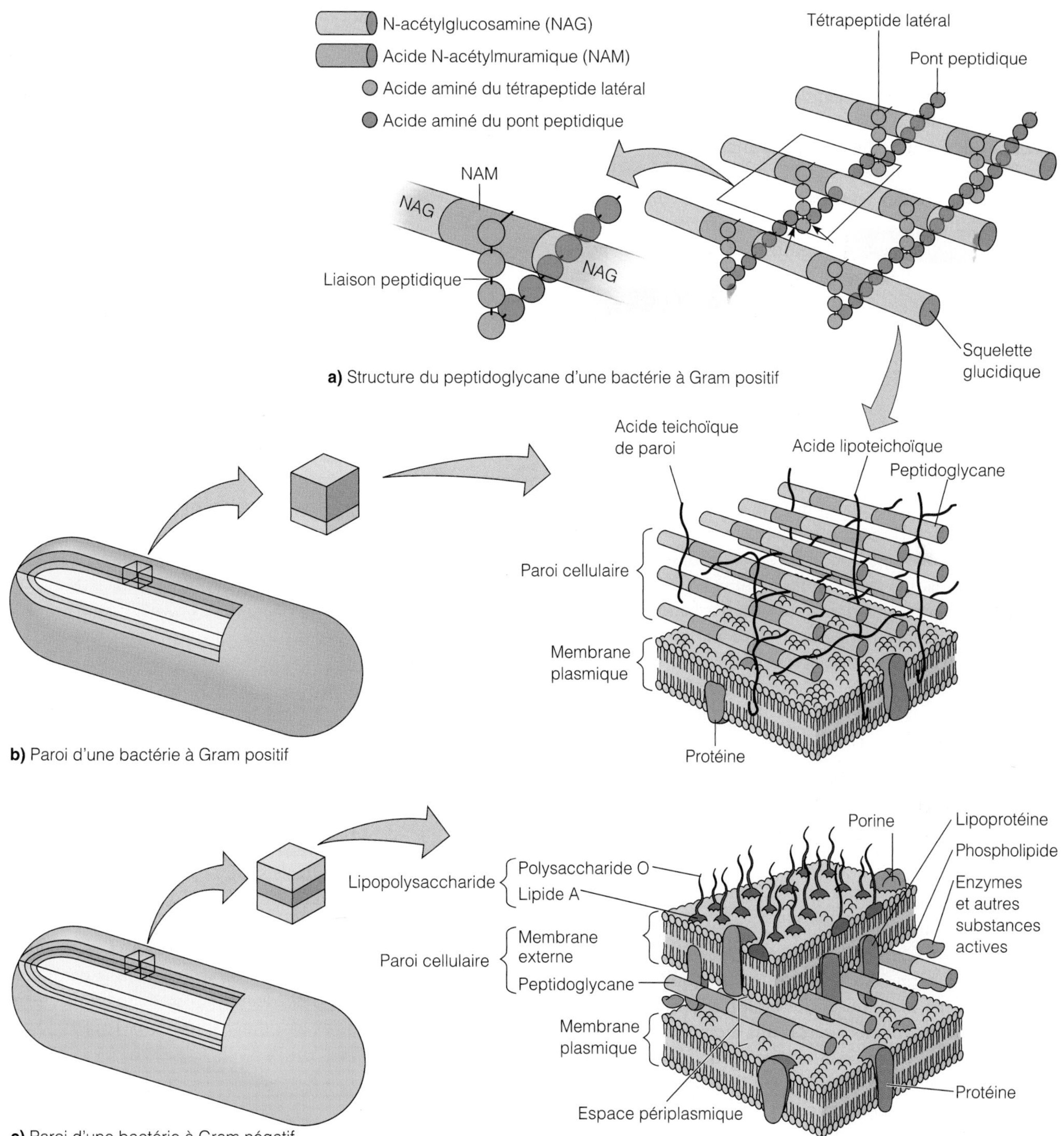


**FIGURE 4.12 Parois cellulaires bactériennes. a)** Structure du peptidoglycane d'une bactérie à Gram positif. Le squelette glucidique (partie glycane de la molécule) et le tétrapeptide latéral (partie peptidique) forment le peptidoglycane. La fréquence des ponts peptidiques et le nombre d'acides aminés qu'ils contiennent varient selon les espèces de bactéries. Les petites flèches indiquent les liaisons qui se forment normalement entre les rangées de peptidoglycane et les ponts peptidiques, et dont la pénicilline empêche la formation. **b)** Paroi d'une bactérie à Gram positif. **c)** Paroi d'une bactérie à Gram négatif.

■ Quelles sont les principales différences structurales entre les parois des bactéries à Gram positif et des bactéries à Gram négatif?

de la cellule. Sa perméabilité est due en partie à des protéines membranaires, appelées **porines,** qui forment des canaux. Les porines laissent passer des molécules telles que les nucléotides, les disaccharides, les peptides, les acides aminés, la vitamine $B_{12}$ et le fer.

L'un des deux éléments de la membrane externe, les **lipopolysaccharides** (**LPS**), est à l'origine de deux caractéristiques importantes des bactéries à Gram négatif. Premièrement, la partie glucidique est composée de sucres, appelés *polysaccharides O,* qui jouent le rôle d'antigènes et permettent de différencier les espèces de bactéries à Gram négatif. Par exemple, l'agent pathogène *E. coli* O157 :H7, qui contamine la nourriture (par exemple, la viande hachée), peut être distingué des autres sérotypes par certains tests de laboratoire permettant de révéler les antigènes O, qui lui sont spécifiques. Ce rôle est comparable à celui des acides teichoïques des bactéries à Gram positif. Deuxièmement, la partie lipidique du lipopolysaccharide, appelée *lipide A,* porte aussi le nom d'*endotoxine.* La toxicité du lipide A s'exerce quand des bactéries pathogènes à Gram négatif sont détruites. La mort cellulaire entraîne la dispersion de fragments de la paroi cellulaire ; l'endotoxine est alors libérée et devient toxique quand elle se trouve dans la circulation sanguine ou le tube digestif de l'hôte. L'endotoxine circulante occasionne de la fièvre et des frissons et peut causer l'état de choc ; partie intégrante de la paroi cellulaire, elle entraîne les mêmes effets toxiques, quelle que soit la bactérie à Gram négatif qui l'a produite. Nous examinons la nature et l'importance des endotoxines et des autres toxines bactériennes au chapitre 15.

## Les parois cellulaires et le mécanisme de la coloration de Gram

Ayant étudié la coloration de Gram (chapitre 3, p. 75) et la composition chimique de la paroi cellulaire bactérienne (ci-dessus), vous comprendrez plus facilement le mécanisme de la coloration de Gram. Ce mécanisme est fondé sur les différences structurales entre les parois cellulaires des bactéries à Gram positif et à Gram négatif, et sur les effets que produisent sur elles les divers réactifs utilisés dans la coloration. Le violet de cristal, qui est le colorant primaire, confère une couleur violette aux deux types de bactéries, qu'elles soient à Gram positif ou à Gram négatif, parce qu'il pénètre jusqu'au cytoplasme des deux types de cellules. Quand l'iode (le mordant) est ajouté, il forme avec le colorant des cristaux (complexe violet-iode) qui sont trop gros pour s'échapper en traversant la paroi cellulaire. La solution d'isopropanol et d'acétone (ou d'éthanol à 95 %) qu'on ajoute par la suite déshydrate l'épaisse couche de peptidoglycane des bactéries à Gram positif, ce qui rend leur paroi encore plus imperméable aux cristaux du complexe violet-iode ; ces bactéries conservent alors la coloration violette initiale, d'où leur nom de bactéries à Gram positif. L'effet de ce traitement sur les bactéries à Gram négatif est assez différent. L'alcool dissout la membrane externe des bactéries à Gram négatif et laisse même de petits trous dans la mince couche de peptidoglycane, par lesquels les cristaux du complexe violet-iode diffusent et sortent des bactéries ; leur paroi perd alors la couleur violette, d'où leur nom de bactéries à Gram négatif. Les bactéries à Gram négatif étant incolores après le traitement à l'isopropanol-acétone, on ajoute de la safranine (contre-coloration), ce qui les fait apparaître en rose.

Dans toute population de bactéries, certaines cellules à Gram positif réagissent comme si elles étaient des cellules à Gram négatif. Ce sont habituellement des cellules mortes. Toutefois, il existe quelques genres à Gram positif qui présentent une proportion croissante de cellules à Gram négatif au fur et à mesure que la culture vieillit. *Bacillus, Clostridium* et *Mycobacterium* sont les mieux connus de ce groupe et sont souvent appelés cellules *à Gram variable.*

Le tableau 4.1 met en parallèle certaines caractéristiques des bactéries à Gram positif et à Gram négatif.

## Les parois cellulaires atypiques

Certaines cellules procaryotes n'ont pas de paroi ou ne possèdent que des rudiments de paroi. Elles appartiennent au genre *Mycoplasma* ou aux organismes apparentés. Les mycoplasmes sont les plus petites bactéries connues à pouvoir croître et se reproduire hors d'une cellule hôte vivante. En raison de leur taille et de l'absence de paroi cellulaire, ces bactéries traversent la plupart des filtres antibactériens. C'est ainsi qu'on les a pris à l'origine pour des virus. Leur membrane plasmique est particulière en ce qu'elle contient des lipides appelés *stérols,* qui contribuent, croit-on, à augmenter leur résistance en les protégeant de la lyse (rupture), par exemple lorsque les mycoplasmes se trouvent dans des milieux dilués (hypotoniques).

Les archéobactéries sont dépourvues de paroi ou possèdent une paroi inhabituelle composée de polysaccharides et de protéines mais non de peptidoglycane. Toutefois, ces parois contiennent une substance semblable au peptidoglycane appelée *pseudomuréine,* qui comprend de l'acide N-acétyltalosaminuronique à la place de NAM et ne contient pas les acides D-aminés qu'on trouve dans la paroi cellulaire bactérienne. Nous décrivons une archéobactérie représentative dans l'encadré du chapitre 5 (p. 157).

## Les altérations de la paroi cellulaire

Les produits chimiques qui endommagent la paroi cellulaire des bactéries, ou nuisent à sa synthèse, épargnent souvent les cellules de l'hôte animal parce que la paroi bactérienne possède une composition chimique qui n'existe pas dans la cellule eucaryote. En conséquence, la synthèse de la paroi cellulaire est la cible de certains médicaments antimicrobiens. On peut fragiliser la paroi en l'exposant au *lysozyme,* enzyme digestive qui fait normalement partie de certaines cellules eucaryotes et qui est un constituant des larmes, du mucus et de la salive. L'action du lysozyme s'exerce particulièrement sur le peptidoglycane, composant majeur de la paroi de la plupart des bactéries à Gram positif, rendant celles-ci vulnérables à la lyse. Le lysozyme catalyse l'hydrolyse des

**Tableau 4.1** ***Comparaison de certaines caractéristiques des bactéries à Gram positif et à Gram négatif***

| Caractéristiques | À Gram positif | À Gram négatif |
|---|---|---|
| | MO 2 μm | MO 2 μm |
| Réaction à la coloration de Gram | Les bactéries retiennent le violet de cristal et se colorent en violet ou en pourpre foncé | Les bactéries se décolorent pour accepter la contre-coloration (safranine) et apparaître en rose (ou en rouge) |
| Couche de peptidoglycane | Épaisse (multiples couches) | Mince (une seule couche) |
| Acides teichoïques | Souvent présents | Absents |
| Espace périplasmique | Absent | Présent |
| Membrane externe | Absente | Présente |
| Quantité de lipopolysaccharides (LPS) | Presque nulle | Élevée |
| Quantité de lipides et de lipoprotéines | Faible (les bactéries acidorésistantes ont des lipides liés au peptidoglycane) | Élevée (en raison de la membrane externe) |
| Structure des flagelles | Corpuscule basal à 2 anneaux | Corpuscule basal à 4 anneaux |
| Toxines produites | Exotoxines surtout | Endotoxines surtout |
| Résistance à la rupture par les agents physiques | Élevée | Faible |
| Altération de la paroi cellulaire par le lysozyme | Importante | Légère (nécessite un traitement préalable pour déstabiliser la membrane externe) |
| Sensibilité à la pénicilline et au sulfamide | Élevée | Faible |
| Sensibilité à la streptomycine, au chloramphénicol et à la tétracycline | Faible | Élevée |
| Inhibition par les colorants basiques | Élevée | Faible |
| Sensibilité aux détergents anioniques | Élevée | Faible |
| Résistance à l'azoture de sodium | Élevée | Faible |
| Résistance à l'assèchement | Élevée | Faible |

liaisons entre les sucres des chaînes de disaccharides polymérisés qui forment le «squelette» du peptidoglycane. C'est comme si on coupait les supports d'acier d'un pont avec un chalumeau : la paroi de la bactérie à Gram positif est presque complètement détruite par le lysozyme. Le contenu cellulaire encore enveloppé par la membrane plasmique reste intact s'il n'y a pas de lyse ; on appelle cette cellule sans paroi un **protoplaste.** En règle générale, le protoplaste est sphérique, car il a perdu sa forme rigide ; quoique très fragile, il est encore capable de métabolisme.

Quand on expose des bactéries à Gram négatif au lysozyme, la paroi n'est habituellement pas atteinte aussi gravement que celle des bactéries à Gram positif. Une partie de la membrane externe est aussi épargnée. Dans ce cas, le contenu de la cellule, la membrane plasmique et la couche de paroi externe restante forment une cellule également sphérique appelée **sphéroplaste**. Pour que le lysozyme exerce son action sur les bactéries à Gram négatif, on doit traiter ces dernières au préalable avec de l'acide éthylène-diamino-tétraacétique (EDTA). L'EDTA affaiblit les liaisons ioniques de la membrane externe et produit des brèches par lesquelles le lysozyme accède à la couche de peptidoglycane.

Sans paroi cellulaire pour les protéger, les protoplastes et les sphéroplastes éclatent dans l'eau distillée ou les solutions de sel ou de sucre très diluées parce que les molécules d'eau du liquide ambiant pénètrent massivement dans la cellule, dont la concentration interne en eau est beaucoup plus faible, et la font gonfler. Cette rupture s'appelle **lyse osmotique** et sera étudiée en détail un peu plus loin. La présence de la paroi cellulaire assure donc à la bactérie une bonne protection contre la lyse osmotique.

Nous avons indiqué plus haut que certains antibiotiques, tels que la pénicilline, détruisent les bactéries en perturbant la mise en place des ponts peptidiques du peptidoglycane, empêchant ainsi la formation d'une paroi cellulaire fonctionnelle. La plupart des bactéries à Gram négatif ne sont pas aussi sensibles à la pénicilline que les bactéries à Gram positif parce que leur membrane externe constitue une barrière qui s'oppose à l'entrée non seulement de la pénicilline mais d'autres substances également, et parce qu'elles possèdent moins de ponts peptidiques. En revanche, les bactéries à Gram négatif sont assez sensibles à d'autres antibiotiques, dont certaines $\beta$-lactamines (bêta-lactamines) qui pénètrent mieux la membrane externe que la pénicilline. Nous nous pencherons en détail sur les antibiotiques au chapitre 20.

# Les structures à l'intérieur de la paroi cellulaire

Jusqu'ici, nous avons examiné la paroi cellulaire des procaryotes et les structures situées au dehors. Nous nous tournons maintenant vers l'intérieur de la cellule pour décrire les structures et les fonctions de la membrane plasmique et des constituants du cytoplasme des cellules procaryotes.

## La membrane plasmique

### Objectifs d'apprentissage

- *Décrire la composition chimique, la structure et les fonctions de la membrane plasmique procaryote.*
- *Décrire les rôles importants que joue la membrane plasmique dans la virulence des bactéries.*
- *Définir la diffusion simple, la diffusion facilitée, l'osmose, le transport actif et la translocation de groupe.*
- *Décrire le comportement des bactéries dans les solutions isotonique, hypotonique et hypertonique.*
- *Décrire l'importance particulière du mécanisme de transport par translocation de groupe pour la bactérie.*

La **membrane plasmique** (**cytoplasmique**), ou *membrane interne*, est une structure mince, à la fois souple et résistante, qui s'étend sous la paroi cellulaire et qui enveloppe et retient le cytoplasme de la cellule (figure 4.5). Chez les procaryotes, elle est composée principalement de phospholipides (figure 2.11), qui sont les molécules les plus abondantes de la membrane, et de protéines. La membrane plasmique eucaryote contient en plus des glucides et des stérols, tels que le cholestérol. Étant dépourvue de stérols, la membrane plasmique procaryote est moins rigide que celle des eucaryotes. *Mycoplasma,* un procaryote sans paroi, fait exception à cet égard : sa membrane contient des stérols.

### La structure

Au microscope électronique, la membrane plasmique des procaryotes et des eucaryotes (ainsi que la membrane externe des bactéries à Gram négatif) apparaît comme une structure à deux couches ; on aperçoit deux lignes foncées séparées par un espace plus pâle (figure 4.13a). Les molécules de phospholipides s'assemblent en deux rangées parallèles et forment une *bicouche de phospholipides* (figure 4.13b). Nous avons indiqué au chapitre 2 que chaque molécule de phospholipide comprend une tête polaire, composée d'un groupement phosphate et de glycérol, qui est hydrophile (ami de l'eau) et soluble dans l'eau, et une queue non polaire, composée de chaînes d'acides gras qui sont hydrophobes (craignent l'eau) et insolubles dans l'eau (figure 4.13c). Les têtes polaires occupent les deux surfaces exposées de la bicouche de phospholipides et les queues non polaires sont tournées vers l'intérieur de la bicouche.

Les molécules de protéines peuvent être disposées de plusieurs façons dans la membrane. Certaines, appelées *protéines périphériques,* sont situées à la surface interne ou à la surface externe de la membrane. Ces protéines périphériques peuvent agir comme des enzymes qui catalysent des réactions chimiques, comme des molécules structurales qui forment des « échafaudages » et comme des médiateurs qui modifient la forme de la membrane lors des mouvements de la cellule. D'autres protéines, appelées *protéines intrinsèques,* s'enfoncent dans la bicouche de phospholipides. On croit que certaines protéines intrinsèques traversent complètement la membrane ; elles portent alors le nom de protéines transmembranaires. Certaines sont des canaux qui possèdent un pore, ou orifice, par lequel des substances pénètrent dans la cellule ou en sortent.

Les recherches ont révélé que les molécules de phospholipides et de protéines de la bicouche ne sont pas immobiles mais se déplacent plutôt librement dans le plan de la membrane. Ces mouvements sont probablement associés aux nombreuses fonctions remplies par la membrane plasmique. Puisque les queues d'acides gras ont tendance à se coller les unes aux autres, les phospholipides forment en présence d'eau une bicouche qui se répare spontanément et se referme d'elle-même lorsqu'une brèche apparaît. La fluidité de la membrane doit être voisine de celle de l'huile d'olive afin de permettre aux protéines membranaires de se déplacer assez librement pour accomplir leurs tâches sans détruire

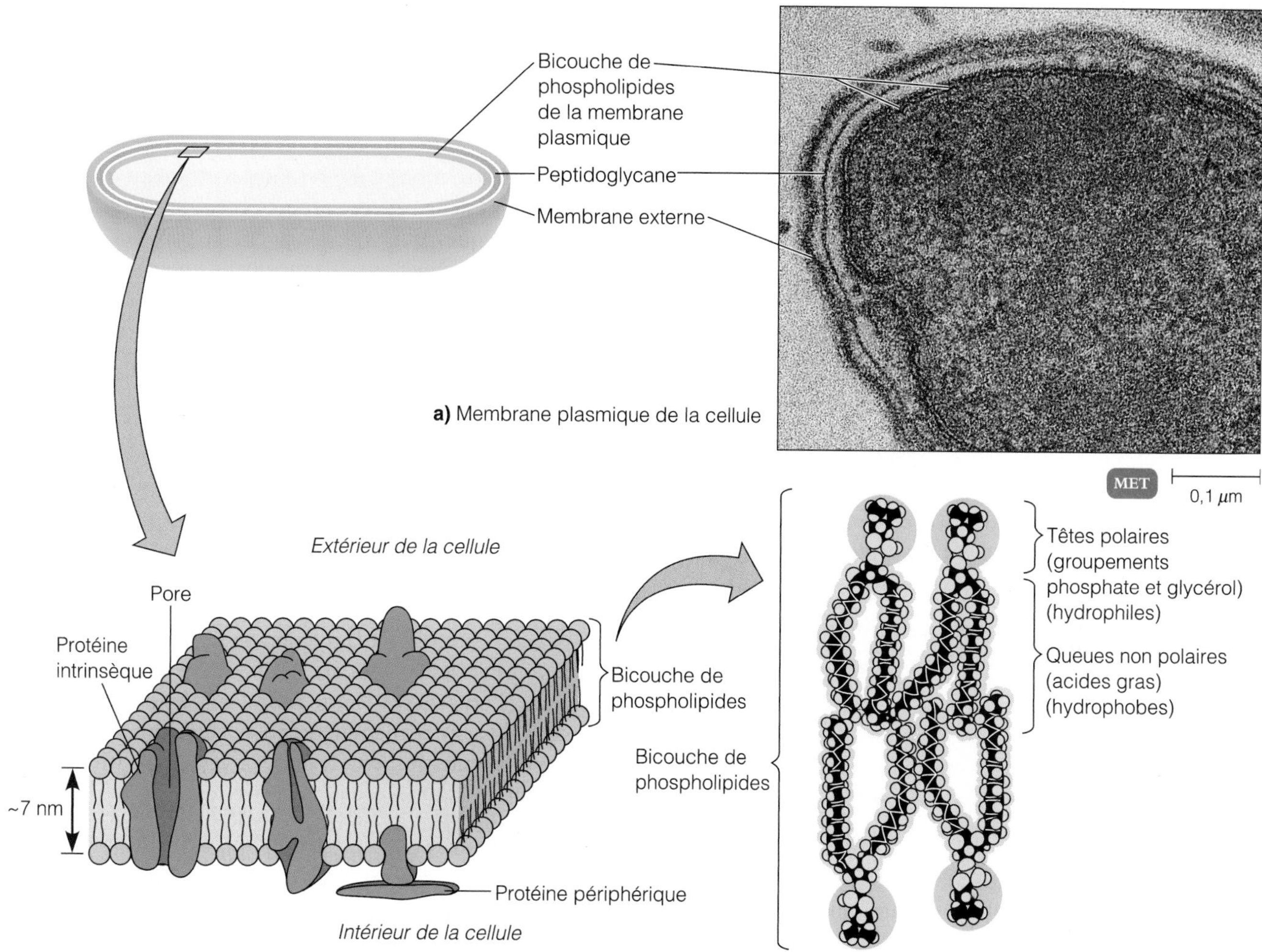


FIGURE 4.13 **Membrane plasmique. a)** Schéma et micrographie de la bicouche de phospholipides qui forme la membrane plasmique interne de *Aquaspirillum serpens*, une bactérie à Gram négatif. Les couches de la paroi cellulaire, y compris la membrane externe, sont représentées à l'extérieur de la membrane plasmique interne. **b)** Coupe de la membrane interne montrant la bicouche de phospholipides et des protéines. La membrane externe des bactéries à Gram négatif est aussi une bicouche de phospholipides. **c)** Modèles « compacts » de quelques molécules et de leur disposition dans la bicouche de phospholipides.

■ Quelles sont les fonctions de la membrane plasmique ?

la structure de la bicouche. Cet arrangement dynamique de phospholipides et de protéines est appelé **modèle de la mosaïque fluide.** Ce modèle propose une compréhension de la structure dynamique de la membrane plasmique comme une mer fluide composée de lipides contenant une mosaïque de protéines en mouvement.

## Les fonctions

La plus importante fonction de la membrane plasmique est de dresser une barrière sélective par laquelle les substances doivent passer pour entrer dans la cellule ou en sortir. Pour cela, les membranes plasmiques sont dotées d'une **perméabilité sélective** (on dit aussi qu'elles sont *semi-perméables*). Cette expression signifie que certaines molécules et certains ions sont autorisés à traverser la membrane alors que d'autres ne le sont pas. La perméabilité de la membrane dépend de plusieurs facteurs, dont la taille des molécules ou leur solubilité dans les lipides ou dans l'eau. Les grosses molécules (telles que les protéines) ne peuvent pas franchir la membrane plasmique, peut-être parce que leur diamètre est plus grand que celui des pores des protéines intrinsèques qui servent de canaux. En revanche, les plus petites molécules (telles que

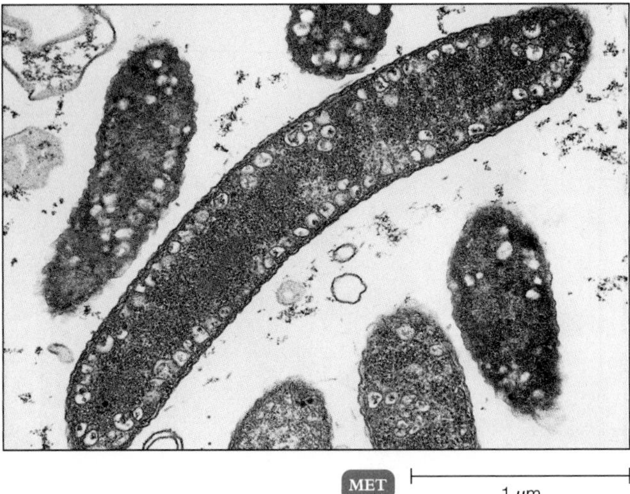


FIGURE 4.14 **Chromatophores.** Les chromatophores sont visibles dans cette micrographie de *Rhodospirillum rubrum,* une bactérie pourpre non sulfo-réductrice.

■ Les chromatophores sont des structures où s'effectue la photosynthèse.

l'eau, l'oxygène, le dioxyde de carbone et certains sucres simples) passent habituellement sans difficulté. Les ions pénètrent la membrane très lentement. Les substances qui sont facilement dissoutes dans les lipides (telles que l'oxygène, le dioxyde de carbone et les molécules organiques non polaires) entrent et sortent plus facilement que les autres substances parce que la membrane est constituée principalement de phospholipides. Le mouvement des matières à travers la membrane plasmique dépend aussi de molécules de transport, qui seront décrites sous peu.

La membrane plasmique des bactéries joue aussi un rôle important dans la dégradation des nutriments et la production d'énergie. Elle contient des enzymes capables de catalyser les réactions chimiques qui dégradent les nutriments et produisent de l'ATP. Chez certaines bactéries photosynthétiques, les pigments et les enzymes qui participent au processus de la photosynthèse se trouvent dans des invaginations de la membrane plasmique qui s'enfoncent dans le cytoplasme. Ces structures membraneuses portent le nom de **chromatophores,** ou **thylakoïdes** (figure 4.14).

Au microscope électronique, la membrane plasmique bactérienne présente souvent un ou plusieurs grands replis irréguliers appelés **mésosomes.** On a attribué beaucoup de fonctions à ces mésosomes. Mais, on sait aujourd'hui que ce sont des artéfacts, et non de véritables structures cellulaires. On croit que les mésosomes sont des replis de la membrane plasmique qui se forment au cours de la préparation des spécimens pour la microscopie électronique.

## La destruction de la membrane plasmique par les agents antimicrobiens

La membrane plasmique étant vitale pour la cellule bactérienne, toute action qui perturbe l'intégrité de sa structure va porter préjudice à la bactérie et finira par provoquer sa destruction ; il n'est donc pas étonnant qu'elle soit la cible de plusieurs agents antimicrobiens. En plus des substances chimiques qui endommagent la paroi cellulaire et exposent ainsi indirectement la membrane interne aux lésions, beaucoup de composés s'attaquent directement à la membrane plasmique. Ils comprennent certains alcools et composés d'ammonium quaternaire, qui servent de désinfectants. Un groupe d'antibiotiques appelés *polymyxines* perturbent l'intégrité de la structure des phospholipides membranaires et provoquent ainsi des fuites du contenu intracellulaire qui finissent par tuer la cellule. Nous reviendrons sur ce mécanisme au chapitre 20.

## Le mouvement des substances à travers la membrane plasmique

Les substances traversent la membrane plasmique des cellules procaryotes et des cellules eucaryotes grâce à deux types de processus : l'un passif et l'autre actif. Dans les *processus passifs,* elles franchissent la membrane en se dirigeant d'une zone où leur concentration est élevée (+) vers une autre où leur concentration est basse (−) ; le déplacement s'effectue dans le sens du gradient de concentration, sans que la cellule dépense d'énergie (ATP). Dans les *processus actifs,* la cellule doit utiliser de l'énergie (ATP) pour déplacer les substances d'une zone de faible concentration vers une autre de concentration élevée en remontant le gradient de concentration.

**Processus passifs** Les processus passifs comprennent la diffusion simple, la diffusion facilitée et l'osmose.

Dans une solution où les solutés et le solvant ne sont pas bien mélangés, la **diffusion simple** est le processus qui va permettre l'homogénéisation. La diffusion simple est le déplacement de molécules ou d'ions (les solutés) d'une région de concentration élevée vers une région de faible concentration (figure 4.15). Le déplacement se poursuit jusqu'à ce que les molécules ou les ions soient distribués uniformément dans le solvant : la solution est devenue homogène. Lorsque ce dernier état est atteint, on dit qu'il y a *équilibre.* À l'état d'équilibre, la concentration des solutés est uniforme dans la solution, la diffusion nette cesse mais le mouvement des molécules continue. Les cellules comptent sur la diffusion simple pour faire passer directement certaines petites molécules liposolubles, telles que l'oxygène et le dioxyde de carbone, à travers la bicouche de phospholipides de la membrane plasmique. Notez que, puisque la membrane plasmique est composée de lipides (le solvant), seules les molécules liposolubles (les solutés) pourront diffuser au travers.

Dans le cas de la **diffusion facilitée,** la substance à transporter (par exemple, le glucose) se combine à une protéine de la membrane plasmique appelée *transporteur.* Selon un des mécanismes proposés pour la diffusion facilitée, le transporteur

a) 

b) 

**FIGURE 4.15 Principe de la diffusion simple. a)** Quand on met une pastille de colorant dans un bécher d'eau, les molécules de matière colorante diffusent dans l'eau à partir de la région où leur concentration est élevée vers celles où leur concentration est faible. **b)** Diffusion d'un colorant, le permanganate de potassium.

■ Dans le cas des processus passifs, tels que la diffusion simple, pourquoi les cellules n'ont-elles pas à dépenser d'énergie (ATP)?

(parfois appelé *perméase*) se lie à la substance d'un côté de la membrane et, en changeant de forme, la fait passer de l'autre côté, où elle est larguée (figure 4.16). La diffusion facilitée est semblable à la diffusion simple en ce que la cellule n'a pas à dépenser d'énergie, la substance passant d'une concentration élevée à une concentration basse. Le processus se distingue de la diffusion simple parce qu'il fait appel à un transporteur protéique.

Dans certains cas, les molécules dont la bactérie a besoin sont trop grosses pour être transportées de cette façon à l'intérieur de la cellule. Toutefois, la plupart des bactéries produisent des enzymes qui peuvent réduire les grosses molécules en composés plus simples (par exemple, les protéines en acides aminés, les polysaccharides en sucres simples ou les nucléotides en bases azotées). Ces enzymes, qui sont libérées par les bactéries dans le milieu environnant, sont appelées, à juste titre, *enzymes extracellulaires* ou *exoenzymes.* Après que les enzymes ont dégradé les grosses molécules, les sous-unités passent dans la cellule grâce aux transporteurs protéiques. Par exemple, des transporteurs spécifiques récupèrent les bases d'ADN, telles que la guanine, qui se trouvent dans le milieu extracellulaire et les déposent dans le cytoplasme de la cellule.

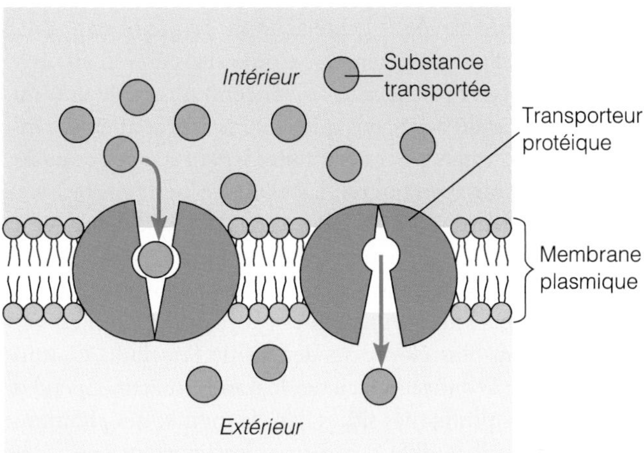


**FIGURE 4.16 Diffusion facilitée.** Les transporteurs protéiques de la membrane plasmique font passer les molécules à travers la membrane à partir d'une région de haute concentration vers une région de basse concentration en suivant le gradient de concentration. Un changement s'opère dans la forme des transporteurs afin que le passage des substances puisse avoir lieu. Le processus ne requiert pas d'ATP.

■ Quelle est la différence entre la diffusion simple et la diffusion facilitée?

L'**osmose** est le déplacement net des molécules du solvant à travers une membrane à perméabilité sélective. Dans les systèmes vivants, le principal solvant est l'eau. L'osmose est donc la diffusion de l'eau d'une région où la concentration des molécules d'eau est élevée vers une région où elle est plus faible. On peut aussi décrire l'osmose en considérant les concentrations de solutés: on dira que l'osmose est le déplacement de l'eau d'une région où la concentration des solutés est faible vers une région où elle est plus élevée. L'osmose est un processus qui se produit soit à travers une membrane perméable dans le cas de l'eau, soit à travers une membrane à perméabilité sélective dans le cas des solutés.

On peut faire une démonstration de l'osmose à l'aide du dispositif présenté à la figure 4.17. On remplit un sac de cellophane d'une solution de saccharose (sucre de table) à 20%. La membrane du sac est une membrane perméable à l'eau et imperméable au saccharose. Le sac est fermé avec un bouchon percé d'un tube de verre ouvert aux extrémités. Pour la démonstration, on plonge le sac dans un bécher contenant de l'eau distillée (sans soluté). Au départ, les concentrations d'eau de part et d'autre de la membrane sont différentes. Dans le sac de cellophane contenant la solution de saccharose à 20%, la concentration de l'eau est réduite à 80%, alors que l'eau est pure à 100% dans le bécher. En suivant leur gradient de concentration, les molécules d'eau se déplacent du bécher vers l'intérieur du sac de cellophane (figure 4.17a).

Par contre, le sucre ne s'échappe pas du sac pour passer dans le bécher parce que le cellophane est imperméable aux molécules de sucre – ces molécules sont en effet trop grosses pour les pores de la membrane. Au fur et à mesure que l'eau entre dans le sac de cellophane, la solution de saccharose se dilue de plus en plus et, comme le sac est étiré à la limite par l'accroissement du volume d'eau, le liquide se met à monter dans le tube de verre. On pourrait penser que le déplacement de l'eau du bécher vers le sac va se poursuivre longtemps sans atteindre l'équilibre. Cependant, avec le temps, l'eau qui s'est accumulée dans le sac et le tube commence à exercer une pression sur la membrane, et cette pression force des molécules d'eau à sortir du sac et à retourner dans le bécher. C'est ainsi que, plus le volume de la solution dans le sac augmente, plus la pression exercée sur la membrane par la solution augmente. Cette pression, appelée *pression hydrostatique du liquide*, force les molécules d'eau à retraverser la membrane vers le bécher. Nous avons mentionné que le sucre ne s'échappe pas du sac. Une solution qui contient des molécules de soluté ne pouvant traverser la membrane exerce sur cette dernière une force appelée **pression osmotique.** La pression osmotique s'oppose au déplacement de l'eau pure vers la solution contenue dans le sac. La pression osmotique est proportionnelle à la concentration des solutés retenus par la membrane ; plus la solution est concentrée, plus la pression osmotique de la solution est élevée. Dans notre démonstration, on peut évaluer la pression osmotique en imaginant la pression qu'il faudrait appliquer sur la solution contenue dans le tube pour que l'eau reflue vers le sac et repasse dans le bécher. Autrement dit, la pression osmotique est la pression requise pour arrêter l'écoulement de l'eau à travers la membrane à perméabilité sélective, d'un milieu contenant de l'eau pure vers une solution contenant des solutés. Quand les molécules d'eau quittent le sac de cellophane au même rythme qu'elles y entrent, l'équilibre est atteint (figure 4.17b).

La cellule bactérienne peut être soumise à trois types de solutions osmotiques : isotonique, hypotonique et hypertonique. Une **solution isotonique** est un milieu dans lequel la concentration des solutés est égale à la concentration des solutés à l'intérieur de la cellule (*iso-* = égal). L'eau entre dans la cellule et en sort au même rythme, et le déplacement osmotique net est nul. Une bactérie placée dans une solution isotonique ne subit pas de modification de son volume, et la concentration du milieu intracellulaire est en équilibre avec la concentration de la solution à l'extérieur de la paroi cellulaire (figure 4.17c).

Une **solution hypotonique** à l'extérieur de la cellule est un milieu dont la concentration des solutés est inférieure à la concentration des solutés à l'intérieur de la cellule (*hypo-* = sous ou moins). L'eau pénètre rapidement par osmose à l'intérieur de la bactérie en se déplaçant selon le gradient de concentration. La plupart des bactéries évoluent dans des solutions hypotoniques et résistent au gonflement grâce à leur paroi cellulaire qui les protège. Les cellules dont la paroi est faible, telles que les bactéries à Gram négatif, peuvent éclater ou subir la lyse osmotique par suite d'une absorption excessive d'eau (figure 4.17d). Nous avons mentionné plus haut que le lysozyme et certains antibiotiques endommagent la paroi des cellules bactériennes et causent la rupture, ou lyse, de ces dernières. Cette rupture se produit parce que le cytoplasme bactérien contient habituellement une concentration de solutés si élevée que, lorsque la paroi est affaiblie ou disparaît, tels les protoplastes et les sphéroplastes, l'eau afflue dans la cellule par osmose et la fait gonfler. La paroi cellulaire endommagée (ou absente) ne peut s'opposer au gonflement exagéré de la cellule et la membrane plasmique éclate. Il s'agit là d'un exemple de lyse osmotique causée par l'immersion, dans une solution hypotonique, de bactéries dont la paroi cellulaire est disparue ou très affaiblie.

Une **solution hypertonique** est un milieu qui a une concentration de solutés plus élevée que l'intérieur de la cellule (*hyper-* = au-dessus ou plus), ce qui signifie que la cellule est plus riche en eau. La plupart des cellules bactériennes plongées dans une solution hypertonique rétrécissent, s'affaissent et subissent ce qu'on appelle une **plasmolyse** parce que l'eau s'en échappe par osmose (figure 4.17e). Certaines bactéries peuvent résister à la plasmolyse. Par exemple, quand il est exposé à une solution hypertonique, *E. coli* utilise un transporteur protéique « actif » qui pompe des ions $K^+$ (ions potassium) dans la cellule en même temps que de l'eau par osmose. L'énergie dépensée pour faire entrer l'eau sert à diminuer l'effet de la perte d'eau dans un milieu hypertonique. Rappelons que les termes *isotonique, hypotonique* et *hypertonique* désignent la concentration des solutions à l'extérieur des cellules *par rapport à* la concentration à l'intérieur des cellules.

**Processus actifs** La diffusion simple et la diffusion facilitée sont des mécanismes de transport utiles pour faire entrer les substances dans les cellules quand la concentration des substances est plus élevée à l'extérieur de la membrane. Mais quand une cellule bactérienne se trouve dans un milieu où les nutriments sont présents à basse concentration, elle doit utiliser des processus actifs, tels que le transport actif et la translocation de groupe, pour accumuler les substances requises.

Lors du **transport actif,** la cellule *utilise de l'énergie* sous la forme d'adénosine triphosphate (ATP) pour acheminer les substances à travers la membrane plasmique. Le déplacement des substances par transport actif se fait généralement de l'extérieur vers l'intérieur, même si la concentration est parfois beaucoup plus élevée au-dedans de la cellule. Comme dans le cas de la diffusion facilitée, le transport actif dépend de transporteurs protéiques situés dans la membrane plasmique (figure 4.16). Il semble y avoir un transporteur spécifique pour chaque substance transportée ou chaque groupe de substances transportées de nature très semblable.

Dans le transport actif, la substance qui traverse la membrane ne change pas. Toutefois, lors de la **translocation de groupe,** elle subit une modification chimique en passant dans la membrane. Une fois qu'elle est modifiée et absorbée par la cellule, la membrane plasmique lui est désormais imperméable, si bien qu'elle ne peut pas s'échapper. Ce mécanisme important permet à la cellule d'accumuler diverses substances même si leur concentration dans le milieu extracellulaire est

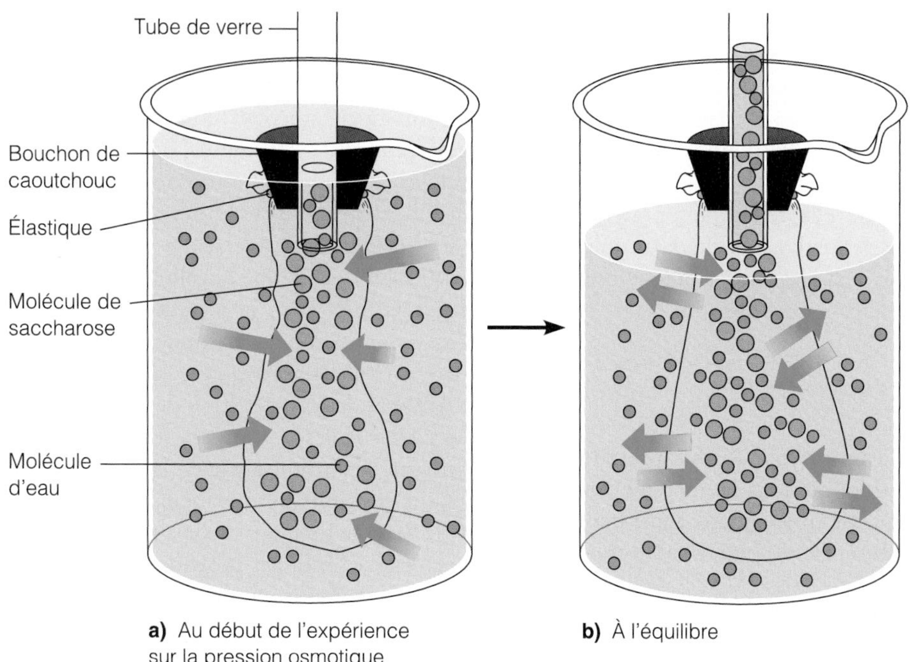
Tube de verre
Bouchon de caoutchouc
Élastique
Molécule de saccharose
Molécule d'eau
a) Au début de l'expérience sur la pression osmotique
b) À l'équilibre

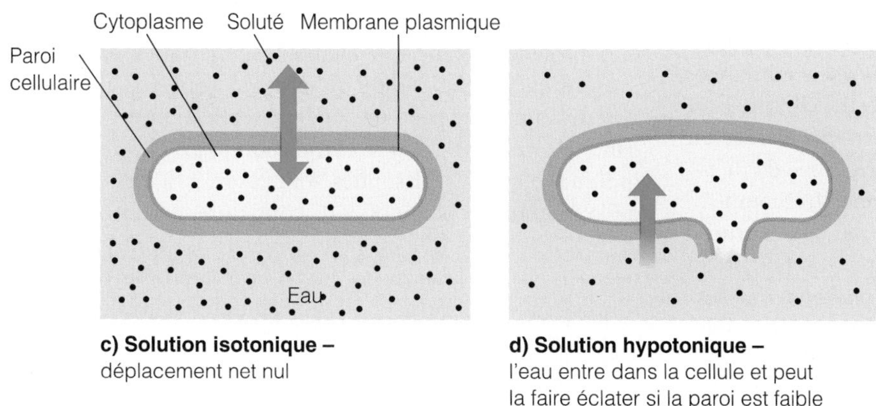
Cytoplasme
Soluté
Membrane plasmique
Paroi cellulaire
Eau
c) Solution isotonique – déplacement net nul
d) Solution hypotonique – l'eau entre dans la cellule et peut la faire éclater si la paroi est faible ou endommagée (lyse osmotique)
e) Solution hypertonique – l'eau s'échappe de la cellule et cause le rétrécissement de la membrane plasmique (plasmolyse)

FIGURE 4.17 **Le principe de l'osmose.** **a)** Système au début de l'expérience sur la pression osmotique. Les molécules d'eau commencent à entrer dans le sac à partir du bécher en suivant le gradient de concentration. **b)** Système à l'équilibre. La pression osmotique exercée par la solution dans le sac freine l'osmose pour équilibrer la vitesse d'entrée de l'eau. La hauteur de la colonne de solution dans le tube de verre à l'équilibre est une mesure de la pression osmotique. **c)** à **e)** Effets de diverses solutions sur les cellules bactériennes.

- L'osmose est le déplacement de l'eau à travers une membrane à perméabilité sélective à partir d'une région où sa concentration est plus élevée vers une autre où elle est plus basse.

faible. La translocation de groupe nécessite une dépense énergétique qui fait intervenir des composés phosphatés riches en énergie, tels que l'acide phosphoénolpyruvique (PEP).

Le transport du glucose, un glucide qui fait souvent partie des milieux de culture des bactéries, est un exemple de translocation de groupe. Pendant que la molécule de glucose est acheminée à travers la membrane par un transporteur protéique spécifique, un groupement phosphate est ajouté au sucre. Sous cette forme phosphorylée, le glucose ne peut pas être retransporté vers l'extérieur et s'engage alors dans les voies métaboliques de la cellule.

La membrane plasmique constitue la véritable barrière qui contrôle la sélection des molécules qui entrent dans la cellule et qui en sortent. La paroi cellulaire ne doit pas y faire obstacle. Ainsi, les molécules essentielles à la cellule diffusent à travers les parois des bactéries à Gram positif, alors que les petites molécules hydrosolubles passent dans les porines et les canaux protéiques présents dans la membrane externe des bactéries à Gram négatif.

Certaines cellules eucaryotes (celles qui sont dépourvues de paroi cellulaire) peuvent faire appel à deux autres moyens de transport actif appelés phagocytose et pinocytose. Nous reviendrons plus loin sur ces processus, qui n'ont pas lieu chez les bactéries.

## Le cytoplasme

Dans le cas de la cellule procaryote, le **cytoplasme** est la substance contenue à l'intérieur de la membrane plasmique (figure 4.5). Le cytoplasme est épais, aqueux, semi-transparent et élastique. Il est constitué d'eau à environ 80 % et contient surtout des protéines (enzymes), des glucides, des lipides, des ions inorganiques et un grand nombre de composés de faible masse moléculaire. Les ions inorganiques sont présents dans le cytoplasme à des concentrations beaucoup plus élevées que celles qui existent dans la plupart des milieux. Nous avons vu que le mécanisme de la translocation de groupe permettait à la bactérie d'accumuler diverses substances même si leur concentration dans le milieu extracellulaire était faible. Le cytoplasme est donc riche en molécules et en nutriments, situation qui favorise un taux très élevé de métabolisme et, par ricochet, un taux de croissance très rapide.

Du point de vue médical, toute action qui perturbe l'intégrité du cytoplasme en altérant ses composants va porter préjudice à la bactérie et finira par provoquer sa destruction. Les composants du cytoplasme sont ainsi les cibles de plusieurs antibiotiques.

Dans les cellules procaryotes, les principales structures du cytoplasme sont la région nucléaire (contenant l'ADN), des particules appelées ribosomes et des réserves sous forme de dépôts appelées inclusions. Le cytoplasme des procaryotes est dépourvu de certaines caractéristiques observées dans le cytoplasme des cellules eucaryotes, comme le cytosquelette, le reticulum endoplasmique et les mitochondries. Nous décrivons ces éléments plus loin.

## La région nucléaire

### Objectifs d'apprentissage

- *Nommer les fonctions de la région nucléaire, des ribosomes et des inclusions.*
- *Décrire les avantages que les plasmides confèrent aux bactéries qui en possèdent.*

La région nucléaire, ou **nucléoïde,** de la cellule bactérienne (figure 4.5) contient un long filament simple, continu, de forme circulaire, composé d'ADN bicaténaire et appelé **chromosome bactérien.** C'est le patrimoine génétique de la bactérie, qui porte toute l'information nécessaire à la production de ses structures et à l'accomplissement de ses fonctions. Contrairement aux chromosomes des cellules eucaryotes, celui des bactéries n'est pas entouré d'une enveloppe (membrane) nucléaire et ne contient pas d'histones. La région nucléaire peut être sphérique, allongée ou renflée aux extrémités comme un haltère. L'absence de membrane nucléaire rend le chromosome bactérien très accessible et facilite la synthèse des protéines. Dans une bactérie en croissance active, jusqu'à 20 % du volume de la cellule est occupé par l'ADN parce que la cellule synthétise d'avance le matériel nucléaire pour les cellules à venir. Le chromosome est fixé à la membrane plasmique. On croit que des protéines de la membrane plasmique se chargent de la réplication de l'ADN et de la ségrégation des nouveaux chromosomes dans les cellules filles au moment de la division cellulaire. On peut dire que le chromosome est le plan génétique de la bactérie.

Du point de vue médical, toute action qui perturbe la structure du chromosome va porter préjudice à la bactérie et finira par provoquer sa destruction. Des antibiotiques, tels que les fluoroquinolones dont l'action inhibe la synthèse de l'ADN, sont efficaces pour tuer des bactéries.

En plus de leur chromosome, les bactéries contiennent souvent de petites molécules circulaires d'ADN bicaténaire appelées **plasmides** (voir le facteur F de la figure 8.27a). Ces molécules sont des éléments génétiques extrachromosomiques, c'est-à-dire qu'elles ne sont pas reliées au chromosome bactérien et que leur réplication est indépendante de celle de l'ADN chromosomique. Des recherches indiquent que les plasmides sont associés à des protéines de la membrane plasmique. Ils contiennent habituellement de 5 à 100 gènes qui, en règle générale, ne sont pas essentiels à la vie de la bactérie quand les conditions de l'environnement sont normales; ils peuvent être acquis ou perdus sans que cela nuise à la bactérie. Par contre, dans certaines conditions, les plasmides confèrent plus d'un avantage aux cellules. Ils peuvent porter des gènes pour des activités telles que la résistance aux antibiotiques, la tolérance aux métaux toxiques, la production de toxines et la synthèse d'enzymes; la présence des plasmides contribue généralement à l'augmentation de la virulence des bactéries. Ces structures peuvent être transmises à une bactérie par un virus; elles sont ensuite transmises d'une bactérie à l'autre.

Du point de vue médical, la découverte des plasmides a permis de comprendre des phénomènes tels que la progression rapide de la résistance aux antibiotiques et la grande virulence de certaines souches bactériennes comme *E. coli* O157:H7, responsables de la maladie du hamburger, et *Streptococcus pyogenes*, groupe A, responsables de la maladie mangeuse de chair.

Les chercheurs en biotechnologie utilisent l'ADN sous forme de plasmide dans leurs recherches sur les manipulations génétiques.

## Les ribosomes

Toutes les cellules eucaryotes et procaryotes contiennent des **ribosomes,** qui sont le siège de la synthèse des protéines.

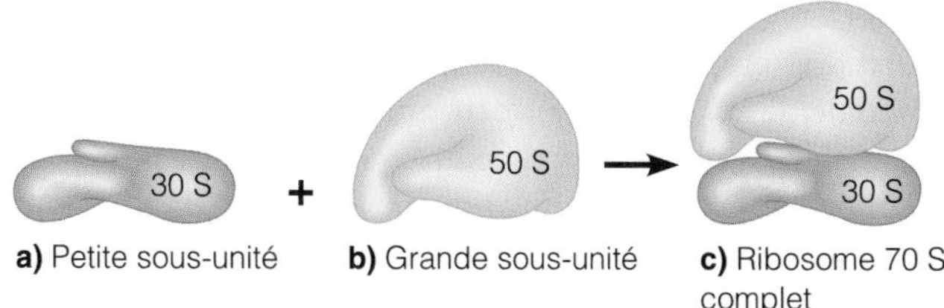


FIGURE 4.18 **Ribosome procaryote. a)** Une petite sous-unité 30 S et **b)** une grande sous-unité 50 S composent **c)** le ribosome procaryote complet de 70 S.

■ Quelle est l'importance des différences entre les ribosomes des cellules procaryotes et ceux des cellules eucaryotes pour les thérapies aux antibiotiques?

Les cellules qui ont un taux élevé de synthèse de protéines, telles que celles qui sont en croissance active, ont un grand nombre de ribosomes. La cellule procaryote renferme des dizaines de milliers de ces très petites structures dispersées dans le cytoplasme, qui donnent à ce dernier son aspect granuleux (figure 4.5). La présence des très nombreux ribosomes dans le cytoplasme, sa très forte teneur en nutriments et le fait que le chromosome peut y flotter librement constituent trois caractéristiques de l'organisation structurale de la bactérie qui favorisent ses activités métaboliques, dont la synthèse des protéines. Par analogie, on pourrait comparer l'organisation cellulaire de la bactérie à un petite maison à bâtir où beaucoup d'ouvriers sont engagés sur le chantier (les ribosomes), où tous les matériaux sont disponibles (les nutriments) et où le contremaître a entre les mains le plan de la construction (le chromosome) dans tous ses détails.

Les ribosomes sont composés de deux sous-unités, comprenant chacune des *protéines* et un type d'ARN appelé *ARN ribosomal* (*ARNr*). Les ribosomes des cellules procaryotes se distinguent des ribosomes des cellules eucaryotes par le nombre de protéines et de molécules d'ARNr qu'ils contiennent; ils sont aussi un peu plus petits et moins denses que ceux des cellules eucaryotes. C'est ainsi qu'ils sont appelés ribosomes 70 S (figure 4.18) alors que leurs pendants eucaryotes portent le nom de ribosomes 80 S. La lettre S est le symbole de l'unité Svedberg, qui indique la vitesse de sédimentation relative lors de la centrifugation à ultra-haute vitesse. La vitesse de sédimentation d'une particule est fonction de sa taille, de sa masse et de sa forme. Les sous-unités du ribosome 70 S sont une petite sous-unité de 30 S contenant une molécule d'ARNr et une grosse sous-unité de 50 S contenant deux molécules d'ARNr.

Du point de vue médical, plusieurs antibiotiques agissent sur les bactéries en ciblant les ribosomes, ce qui entraîne l'arrêt de la synthèse des protéines bactériennes. C'est ainsi que la streptomycine et la gentamicine se fixent à la sous-unité 30 S et nuisent à la synthèse des protéines. D'autres antibiotiques, tels que l'érythromycine et le chloramphénicol, perturbent la synthèse des protéines en s'attachant à la sous-unité 50 S. En raison des différences entre les ribosomes des eucaryotes et ceux des procaryotes, les antibiotiques peuvent tuer la cellule microbienne sans porter atteinte aux ribosomes cytoplasmiques de la cellule hôte eucaryote.

## Les inclusions

On trouve dans le cytoplasme de la cellule procaryote plusieurs types de dépôts de réserve, appelés **inclusions.** La cellule y accumule certains nutriments quand ils sont en abondance et les utilise quand le milieu s'appauvrit. Les résultats expérimentaux suggèrent que les macromolécules concentrées dans les inclusions préviennent l'augmentation de la pression osmotique qui aurait lieu si ces molécules étaient dispersées dans le cytoplasme. Certaines inclusions sont communes à un large éventail de bactéries, alors que d'autres sont limitées à un petit nombre d'espèces et servent alors de points de repère pour l'identification.

### Les granules métachromatiques

Les **granules métachromatiques** sont de grandes inclusions qui doivent leur nom au fait qu'elles se colorent parfois en rouge sous l'action de certains colorants bleus tels que le bleu de méthylène. On les appelle aussi collectivement **volutine.** La volutine est une réserve de phosphates inorganiques (polyphosphates) qui peut servir à la synthèse d'ATP. Elle se forme habituellement dans les cellules qui croissent dans des milieux riches en phosphate. On observe des granules métachromatiques non seulement chez les bactéries, mais aussi chez les algues, les mycètes et les protozoaires. Elles sont caractéristiques de *Corynebacterium diphteriæ*, germe causal de la diphtérie; elles ont ainsi une valeur diagnostique.

### Les granules de polysaccharides

Les inclusions appelées **granules de polysaccharides** sont généralement constituées de glycogène et d'amidon, et leur présence peut être révélée par l'application d'iode aux cellules. En présence d'iode, les granules de glycogène sont brun rougeâtre et les granules d'amidon, bleus.

### Les inclusions de lipides

On observe des **inclusions de lipides** dans diverses espèces de *Mycobacterium*, de *Bacillus*, d'*Azotobacter*, de *Spirillum* et d'autres genres. Une façon répandue de stocker les lipides, unique aux bactéries, est de les emmagasiner sous la forme d'un polymère, l'*acide poly-β-hydroxybutyrique*. On révèle les inclusions de lipides en traitant les cellules aux colorants liposolubles, tels que les colorants au noir Soudan.

### Les granules de soufre

Certaines bactéries – par exemple, les thiobactéries qui appartiennent au genre *Thiobacillus* – tirent de l'énergie de l'oxydation du soufre et des composés sulfurés. Ces bactéries

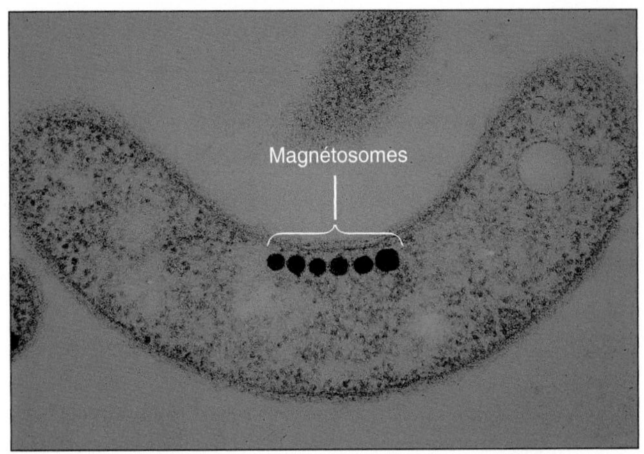


**FIGURE 4.19 Magnétosomes.** Cette micrographie d'*Aquaspirillum magnetotacticum* montre une chaîne de magnétosomes. La membrane externe de la paroi à Gram négatif est aussi visible.

- **Les magnétosomes sont des inclusions d'oxyde de fer, formées par certaines espèces de bactéries à Gram négatif, qui agissent comme des aimants.**

peuvent former des **granules de soufre** dans la cellule, qui servent de réserves d'énergie.

### Les carboxysomes

Les **carboxysomes** sont des inclusions qui contiennent une enzyme, la ribulose 1,5-diphosphate carboxylase. Les bactéries dont la seule source de carbone est le dioxyde de carbone ont besoin de cette enzyme pour fixer le dioxyde de carbone durant la photosynthèse. Parmi les bactéries qui ont des carboxysomes, on compte les bactéries nitrifiantes, les cyanobactéries et les thiobacilles.

### Les vacuoles gazeuses

On appelle **vacuoles gazeuses,** ou **à gaz,** certaines cavités présentes chez de nombreuses cellules procaryotes aquatiques, dont les cyanobactéries, les bactéries photosynthétiques anoxygéniques et les bactéries halophiles. Chaque vacuole est constituée de plusieurs *vésicules à gaz* alignées, qui sont des cylindres creux recouverts de protéine. Les vacuoles gazeuses sont des organes de flottaison qui permettent à la cellule de se maintenir dans l'eau à une profondeur appropriée, où elles reçoivent suffisamment d'oxygène, de lumière et de nutriments.

### Les magnétosomes

Les **magnétosomes** sont des inclusions d'oxyde de fer ($Fe_3O_4$), constituées par plusieurs espèces de bactéries à Gram négatif telles que *Aquaspirillum magnetotacticum*, qui agissent comme des aimants (figure 4.19). Les bactéries peuvent se servir des magnétosomes pour se déplacer vers le bas jusqu'à ce qu'elles atteignent un point d'attache qui leur convient. En laboratoire, les magnétosomes peuvent décomposer le peroxyde d'hydrogène, qui se forme dans les cellules en présence d'oxygène. Les chercheurs estiment qu'ils protègent la cellule contre l'accumulation de cette molécule. Dans l'industrie, les microbiologistes sont en train de mettre au point des méthodes de culture pour obtenir de grandes quantités de magnétite des bactéries qui serviront à produire des rubans magnétiques pour les enregistrements de sons et de données numériques.

## Les endospores

### Objectifs d'apprentissage

- *Décrire les fonctions des endospores en insistant sur leurs caractéristiques et sur les problèmes que ces structures génèrent en milieu clinique.*
- *Décrire les processus de la sporulation et de la germination des endospores.*

Quand les nutriments essentiels viennent à manquer, certaines bactéries à Gram positif, telles que celles des genres *Clostridium* et *Bacillus*, constituent des cellules « dormantes » spécialisées, appelées **endospores** (figure 4.20). Les endospores, qui sont uniques aux bactéries, sont des cellules déshydratées, très durables, munies d'une paroi épaisse et de couches externes supplémentaires. Elles se forment à l'intérieur de la membrane de la cellule bactérienne.

Quand elles sont libérées dans l'environnement, elles peuvent résister à la chaleur extrême, à l'absence d'eau ainsi qu'à l'exposition à de nombreux corps chimiques et aux rayonnements. Par exemple, des endospores de *Thermoactinomyces vulgaris*, vieilles de 7 500 ans, ont été extraites de la vase glaciale de Elk Lake au Minnesota et ont germé après avoir été mises dans un milieu nutritif et incubées. On a rapporté que des endospores vieilles de 25 millions d'années, emprisonnées dans l'ambre, ont germé après avoir été mises dans un milieu nutritif. On trouve les véritables endospores chez les bactéries à Gram positif, mais une espèce à Gram négatif, *Coxiella burnetii* – microorganisme causant la fièvre Q, une forme de pneumonie atypique –, produit des structures qui leur sont semblables, qui résistent comme elles à la chaleur et aux agents chimiques, et qui réagissent aux mêmes colorants.

La formation d'une endospore dans une **cellule végétative** – cellule mère dont les fonctions métaboliques sont actives – s'effectue sur plusieurs heures et s'appelle **sporulation,** ou **sporogenèse** (figure 4.20a). On n'a pas encore élucidé la nature des nutriments qui déclenchent ce processus. Durant le premier stade observable de la sporulation, un chromosome bactérien récemment répliqué et une petite quantité de cytoplasme sont isolés par des invaginations de la membrane plasmique qui donnent naissance à ce qu'on appelle le *septum transversal.* Ce dernier devient une membrane double qui enveloppe le chromosome et le cytoplasme. La structure ainsi formée, entièrement contenue dans la cellule

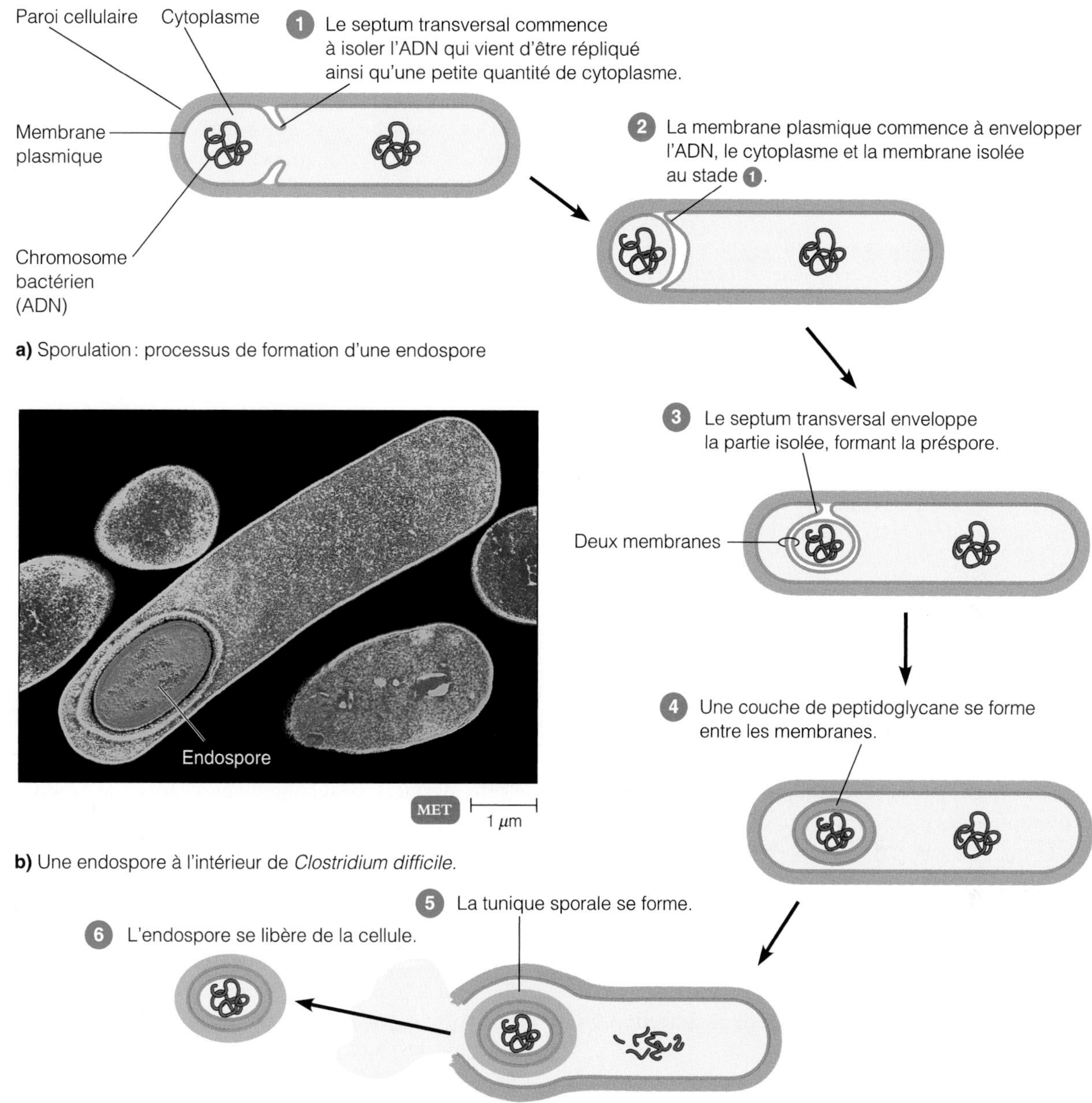

Paroi cellulaire
Cytoplasme
1 Le septum transversal commence à isoler l'ADN qui vient d'être répliqué ainsi qu'une petite quantité de cytoplasme.
Membrane plasmique
Chromosome bactérien (ADN)
2 La membrane plasmique commence à envelopper l'ADN, le cytoplasme et la membrane isolée au stade 1.
a) Sporulation : processus de formation d'une endospore
3 Le septum transversal enveloppe la partie isolée, formant la préspore.
Deux membranes
Endospore
MET
1 µm
4 Une couche de peptidoglycane se forme entre les membranes.
b) Une endospore à l'intérieur de Clostridium difficile.
5 La tunique sporale se forme.
6 L'endospore se libère de la cellule.

**FIGURE 4.20 Formation d'endospores, ou sporulation.**

■ Quelles sont les conditions qui entraînent la formation d'endospores chez les bactéries ?

d'origine, s'appelle *préspore.* D'épaisses couches de peptidoglycane se constituent entre les deux membranes. Puis, une épaisse *tunique sporale* composée de protéines se forme autour de la membrane externe. La tunique confère à l'endospore sa résistance à un grand nombre d'agents chimiques ou physiques nocifs.

Le diamètre de l'endospore peut être égal à celui de la cellule végétative. Il peut aussi être plus petit ou plus grand – dans le cas d'une spore non déformante et d'une spore déformante, respectivement. Selon l'espèce, la position de l'endospore dans la cellule végétative peut être *terminale* (formée à une extrémité), *subterminale* (formée près d'une extrémité ; figure 4.20b) ou *centrale.* Quand l'endospore est mûre, la paroi de la cellule végétative se rompt (lyse). La cellule meurt et libère l'endospore.

La majeure partie de l'eau qui se trouve dans le cytoplasme de la préspore est éliminée au cours de la sporulation et il n'y a pas de réactions métaboliques dans l'endospore.

L'intérieur hautement déshydraté de l'endospore contient seulement de l'ADN, de petites quantités d'ARN, des ribosomes, des enzymes et quelques petites molécules importantes. Parmi celles-ci se trouve une quantité étonnante d'un composé organique, appelé *acide dipicolinique,* accompagné d'un grand nombre d'ions calcium. Ces composants cellulaires sont essentiels à la reprise du métabolisme qui s'effectuera plus tard.

Les endospores peuvent rester en dormance pendant des millénaires. Elles retournent à l'état végétatif grâce à un processus appelé **germination,** qui est déclenché par le retour de conditions environnementales favorables. À la suite d'une lésion de la tunique sporale par un agent physique ou chimique, les enzymes de l'endospore se mettent à dégrader les couches protectrices qui l'enveloppent, l'eau y entre et le métabolisme reprend. Puisque la cellule végétative ne forme qu'une endospore qui, après la germination, constitue une seule cellule, la sporulation chez les bactéries *n'est pas* un moyen de reproduction. Le processus ne fait pas augmenter le nombre de cellules.

Les endospores jouent un rôle important en milieu clinique et dans l'industrie de l'alimentation, d'une part parce qu'elles sont très volatiles (du fait qu'elles sont déshydratées) et se dispersent facilement dans l'air, et d'autre part parce qu'elles résistent aux traitements qui tuent normalement les cellules végétatives. Ces derniers comprennent la chaleur, le gel, la dessiccation, l'utilisation d'agents chimiques et les rayonnements. Alors que la plupart des cellules végétatives sont tuées par l'exposition à des températures supérieures à 70 °C, les endospores peuvent survivre dans l'eau bouillante pendant plusieurs heures. Les endospores des bactéries thermophiles peuvent y résister pendant 19 heures.

Du point de vue médical, les bactéries qui forment des endospores représentent un danger évident. Leur dissémination facile (elles sont volatiles) et leur résistance à des traitements ordinaires de stérilisation et de désinfection en font des agents pathogènes redoutables.

Les bactéries qui forment des endospores sont aussi une source de problèmes dans l'industrie de l'alimentation parce qu'elles peuvent survivre à des traitements inadéquats et, si les conditions de croissance sont réunies, elles peuvent, selon les espèces, occasionner la production de toxines et des maladies. Par exemple, en 1975 aux États-Unis, on a rapporté une centaine de cas de mortalité de jeunes bébés à la suite d'une intoxication à une bactérie sporulante, *Clostridium botulinum,* dont les endospores auraient été trouvées dans du miel. Il semble que l'organisme des très jeunes enfants combatte moins bien l'action toxique des endospores qui germent et se développent. Nous examinons au chapitre 7 les méthodes particulières qui permettent d'éliminer les microorganismes producteurs d'endospores.

Nous avons indiqué au chapitre 3 que les endospores sont difficiles à détecter par coloration. C'est ainsi que l'on doit utiliser un colorant de préparation spéciale accompagné d'un traitement à la chaleur. (On emploie fréquemment la coloration de Schaeffer-Fulton.)

* * *

Retenons que l'organisation structurale et fonctionnelle de la bactérie en fait une cellule dont le potentiel de croissance et de multiplication est phénoménal. Sa petitesse – associée à un cytoplasme contenant beaucoup de molécules dissoutes dont la concentration élevée est assurée par la membrane semi-perméable et la paroi cellulaire –, la présence de nombreux ribosomes dispersés dans tout le cytoplasme et la présence d'un chromosome libre et accessible constituent une organisation qui permet à la bactérie de produire à grande vitesse toutes les protéines nécessaires à sa croissance et à sa multiplication. Toute altération d'un de ces composants essentiels constitue une attaque grave sinon mortelle à l'intégrité de la cellule bactérienne, ce qui finira par provoquer la mort de cette dernière. Beaucoup de procédés et de produits chimiques antimicrobiens, tels que les antiseptiques, les désinfectants et les antibiotiques, doivent leur efficacité à leur action sur l'un ou l'autre de ces constituants bactériens.

Ayant examiné l'anatomie fonctionnelle de la cellule procaryote, nous nous penchons maintenant sur celle de la cellule eucaryote. Nous constaterons que l'anatomie de la cellule eucaryote est plus complexe que celle de la cellule procaryote ; sa taille est aussi plus volumineuse. On pourrait croire que les bactéries, qui sont des cellules procaryotes, sont moins évoluées parce qu'elles sont moins complexes. Retenons que les bactéries ont été parmi les premières cellules à apparaître sur la Terre et qu'elles sont encore présentes aujourd'hui en grande partie grâce à leur simplicité, qui leur confère une grande capacité d'adaptation. Leur petitesse leur donne aussi un avantage majeur ; elles se multiplient en effet beaucoup plus rapidement que les cellules eucaryotes.

# LA CELLULE EUCARYOTE

Nous avons déjà mentionné que les organismes eucaryotes comprennent les algues, les protozoaires, les champignons, les plantes supérieures et les animaux. Certains d'entre eux sont susceptibles de causer des maladies. Par exemple, des algues sont toxiques, des protozoaires provoquent des diarrhées, des mycètes (ou champignons) infectent la peau, des helminthes sont responsables de troubles digestifs. L'étude de la cellule eucaryote nous permettra d'aborder l'organisation anatomique des cellules qui composent ces organismes.

En règle générale, la cellule eucaryote est plus grosse et plus complexe sur le plan structural que la cellule procaryote (figure 4.21). En comparant la structure de la cellule

**Tableau 4.2** *Principales différences entre les cellules procaryotes et les cellules eucaryotes*

| Caractéristiques | Procaryote | Eucaryote |
|---|---|---|
| Taille de la cellule | Diamètre typique : de 0,2 à 2,0 $\mu$m | Diamètre typique : de 10 à 100 $\mu$m |
| Noyau | Sans enveloppe nucléaire ni nucléole | Vrai noyau, comprenant une enveloppe nucléaire et un ou des nucléoles |
| Organites limités par une membrane | Absents | Présents ; exemples : lysosomes, complexe de Golgi, réticulum endoplasmique, mitochondries et chloroplastes |
| Flagelle | Assemblé à partir de deux composants protéiques | Complexe ; composé de multiples microtubules |
| Glycocalyx | Présent sous forme de capsule ou de couche visqueuse | Présent sur certaines cellules dépourvues de paroi cellulaire |
| Paroi cellulaire | Habituellement présente ; chimiquement complexe (la paroi cellulaire des bactéries comprend généralement du peptidoglycane) | Chimiquement simple lorsqu'elle est présente |
| Membrane plasmique | Absence de glucides et, en général, de stérols | Présence de stérols et de glucides qui servent de récepteurs |
| Cytoplasme | Absence de cytosquelette et de mouvements cytoplasmiques (cyclose) | Cytosquelette ; cyclose |
| Ribosomes | Petite taille (70 S) | Grande taille (80 S) ; petite taille (70 S) dans les organites, telles les mitochondries |
| Structure du chromosome (ADN) | Chromosome circulaire unique ; dépourvu d'histones | Multiples chromosomes linéaires avec histones |
| Division cellulaire | Scissiparité | Mitose |
| Reproduction sexuée | Absence de méiose ; transfert d'ADN limité à des fragments | Caractérisée, entre autres processus, par la méiose |

procaryote représentée à la figure 4.5 avec celle de la cellule eucaryote, on se rend compte des différences entre ces deux types de cellules. Le tableau 4.2 présente un résumé des principales différences entre les cellules procaryotes et les cellules eucaryotes.

Notre description de la cellule eucaryote suit le même plan que celle de la cellule procaryote. C'est ainsi que nous commençons par les structures externes qui se situent dans le prolongement de la cellule.

## Les flagelles et les cils

### Objectif d'apprentissage

- *Comparer les flagelles des cellules procaryotes et eucaryotes.*

Beaucoup de types de cellules eucaryotes ont des prolongements qui servent à la locomotion ou au déplacement de substances à la surface de la cellule. Ces structures contiennent

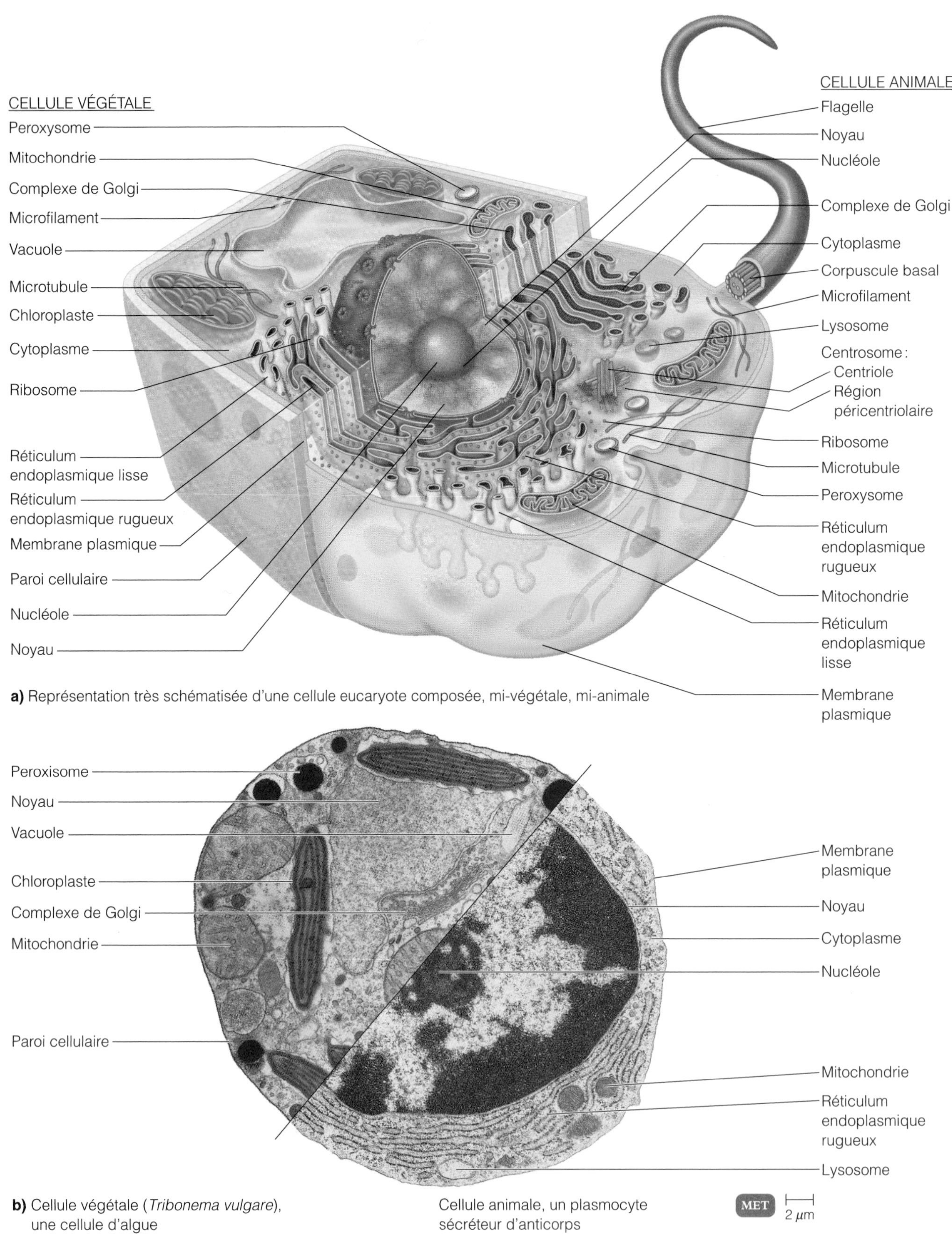


**a)** Représentation très schématisée d'une cellule eucaryote composée, mi-végétale, mi-animale

**b)** Cellule végétale (*Tribonema vulgare*), une cellule d'algue

Cellule animale, un plasmocyte sécréteur d'anticorps

**FIGURE 4.21 Cellules eucaryotes et leurs principales structures.**

■ Quels règnes comptent des organismes eucaryotes dans leurs rangs ?

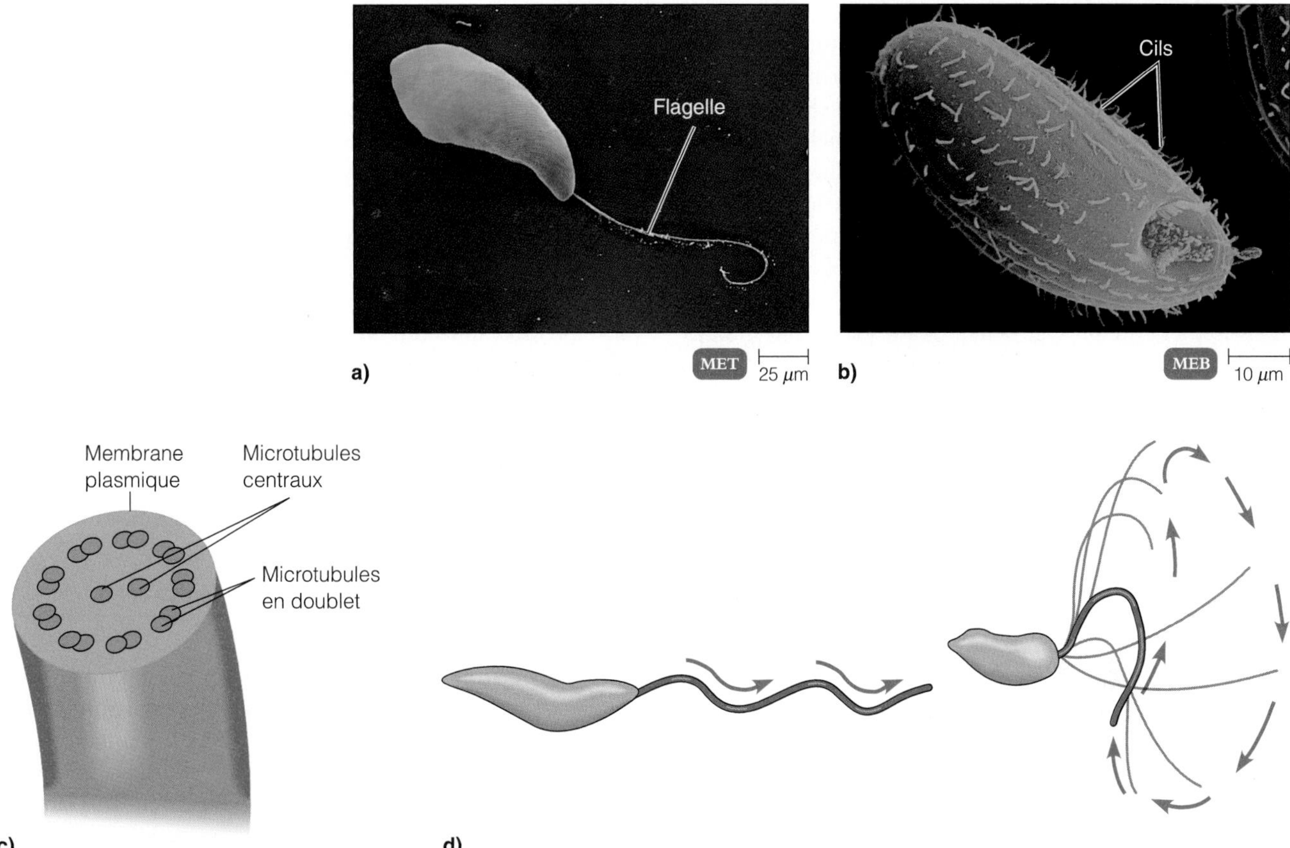


**FIGURE 4.22 Flagelles et cils eucaryotes. a)** Micrographie d'*Euglena,* un unicellulaire muni de son flagelle. **b)** Micrographie de *Tetrahymena,* un protozoaire commun en eau douce, et de ses cils. **c)** Structure interne d'un flagelle (ou d'un cil), avec ses microtubules en disposition de type 9 + 2. **d)** Mouvement ondulatoire du flagelle eucaryote.

- Quelles sont les différences entre le flagelle procaryote et le flagelle eucaryote ? Leur fonction diffère-t-elle ?

du cytoplasme et sont limitées par la membrane plasmique. Si elles sont peu nombreuses et longues par rapport à la taille de la cellule, on les appelle **flagelles.** Si elles sont nombreuses et courtes, et ressemblent à des poils, on les appelle **cils.**

Les euglènes sont des unicellulaires qui utilisent un long flagelle pour se déplacer, alors que les protozoaires tels que *Tetrahymena* se servent de cils (figure 4.22a et b). Les flagelles et les cils sont ancrés dans la membrane plasmique par un corpuscule basal. Le filament du flagelle procaryote est un cylindre creux composé d'une protéine nommée *flagelline,* tandis que les flagelles et les cils eucaryotes sont formés de neuf paires de microtubules (doublets) disposées en cercle et d'une paire de microtubules centraux, arrangement appelé *disposition de type 9 + 2* (figure 4.22c). Les **microtubules** sont de longs cylindres creux composés d'une protéine appelée *tubuline.* Le flagelle procaryote tourne sur lui-même, alors que le mouvement du flagelle eucaryote est ondulatoire, l'onde pouvant être plate ou hélicoïdale (figure 4.22d). Pour chasser les matières étrangères des poumons, les cellules ciliées du système respiratoire humain font avancer les substances le long de leur surface dans les bronches et la trachée vers la gorge et la bouche (figure 16.4).

## La paroi cellulaire et le glycocalyx

### Objectif d'apprentissage

- *Comparer la paroi cellulaire et le glycocalyx des cellules procaryotes et eucaryotes.*

La plupart des cellules eucaryotes possèdent une paroi cellulaire, bien que cette dernière soit en règle générale beaucoup plus simple que celle de la cellule procaryote. Beaucoup d'algues ont une paroi constituée (comme celle de toutes les plantes) de *cellulose,* un polysaccharide ; d'autres molécules peuvent aussi être présentes. La paroi de certains mycètes contient également de la cellulose, mais chez la plupart de ces organismes, le principal composant structural de la paroi cellulaire est la *chitine,* un polysaccharide formé d'unités de N-acétylglucosamine (NAG) polymérisés. (La chitine est aussi le principal composant structural de l'exosquelette des crustacés et des insectes.) La paroi cellulaire des levures contient du *glucane* et du *mannane*, deux polysaccharides. Chez les eucaryotes dépourvus de paroi cellulaire, la membrane plasmique peut servir d'enveloppe externe; toutefois, les cellules qui sont en contact direct avec l'environnement ont parfois un revêtement qui protège la membrane plasmique. Les protozoaires n'ont pas de paroi cellulaire au sens strict; ils ont plutôt une enveloppe externe flexible.

Dans le cas des autres cellules eucaryotes, y compris les cellules animales, la membrane plasmique est recouverte d'un **glycocalyx,** couche de matière contenant une quantité substantielle de glucides visqueux. Certains de ces glucides sont combinés par des liaisons covalentes à des protéines et à des lipides de la membrane plasmique pour former des glycoprotéines et des glycolipides qui fixent le glycocalyx à la cellule. Le glycocalyx renforce la surface cellulaire, favorise l'adhérence des cellules les unes aux autres et contribue peut-être à la reconnaissance intercellulaire.

Les cellules eucaryotes ne contiennent pas de peptidoglycane, qui constitue la charpente de la paroi des bactéries. Cette propriété est importante sur le plan médical parce que les antibiotiques tels que les pénicillines et les céphalosporines agissent sur le peptidoglycane et, de ce fait, ne touchent pas les cellules eucaryotes humaines.

## La membrane plasmique

### Objectif d'apprentissage

- *Comparer la membrane plasmique des cellules procaryotes et eucaryotes.*

Les cellules procaryotes et eucaryotes ont des **membranes plasmiques** (cytoplasmiques) qui sont très semblables par leur fonction et leur structure fondamentale. Toutefois, il y a des différences quant aux types de protéines qui s'y trouvent. Les membranes eucaryotes contiennent aussi des glucides, qui servent de sites récepteurs ayant un rôle dans des fonctions telles que la reconnaissance intercellulaire. Ces glucides procurent aux bactéries des sites d'attachement auxquels elles peuvent se fixer. Les membranes plasmiques eucaryotes contiennent également des *stérols,* lipides complexes qui sont absents des membranes plasmiques procaryotes (sauf dans les cellules de *Mycoplasma*). Les stérols semblent liés à la capacité des membranes à résister à la lyse causée par l'élévation de la pression osmotique.

Les substances peuvent traverser les membranes plasmiques procaryotes et eucaryotes par diffusion simple, diffusion facilitée, osmose ou transport actif. La translocation de groupe n'existe pas dans les cellules eucaryotes. En revanche, ces dernières peuvent utiliser un mécanisme appelé **endocytose,** qui a lieu quand un segment de membrane plasmique enveloppe complètement une particule ou une grosse molécule et la fait pénétrer dans la cellule. L'endocytose est un des moyens par lesquels les virus s'introduisent dans les cellules animales.

La phagocytose et la pinocytose sont deux types d'endocytose très importants. Durant la *phagocytose,* des prolongements cellulaires appelés pseudopodes entourent les particules et les font entrer dans la cellule. La phagocytose est utilisée par certains leucocytes pour détruire les bactéries et les substances étrangères (figure 16.8 et texte correspondant). Au cours de la *pinocytose,* la membrane plasmique forme une invagination qui entraîne du liquide extracellulaire dans la cellule avec les substances qui y sont dissoutes. Les virus peuvent pénétrer dans la cellule par pinocytose.

## Le cytoplasme

### Objectif d'apprentissage

- *Comparer le cytoplasme des cellules procaryotes et eucaryotes.*

Le **cytoplasme** des cellules eucaryotes comprend la substance contenue à l'intérieur de la membrane plasmique et à l'extérieur du noyau (figure 4.21). C'est la substance dans laquelle on trouve divers composants cellulaires. Le terme **cytosol** désigne la partie liquide du cytoplasme, dans laquelle se trouvent les organites. Une des principales différences entre le cytoplasme procaryote et le cytoplasme eucaryote, c'est que ce dernier possède une structure interne complexe, sorte de réseau constitué de plusieurs types de filaments protéiques appelés respectivement, des plus petits aux plus gros, *microfilaments, filaments intermédiaires* et *microtubules.* Ensemble, ils composent le **cytosquelette.** Ce dernier soutient la cellule et contribue à lui donner sa forme. Il aide à maintenir les organites en place (tel le noyau) et facilite le transport des substances dans le cytoplasme ainsi que le déplacement de la cellule entière, comme dans le cas de la phagocytose. Le mouvement du cytoplasme eucaryote d'une partie de la cellule à l'autre, qui contribue à la distribution des nutriments, au déplacement des organites en suspension et à la progression de la cellule sur une surface solide, s'appelle **cyclose.** Le cytoplasme de la cellule eucaryote se distingue également de celui de la cellule procaryote par le fait que beaucoup d'enzymes importantes qui sont en suspension dans le liquide cytoplasmique chez les procaryotes se trouvent séquestrées dans des organites chez les eucaryotes.

## Les organites

### Objectifs d'apprentissage

- *Définir l'organite.*
- *Décrire les fonctions du noyau, du réticulum endoplasmique, des ribosomes, du complexe de Golgi, des lysosomes, des vacuoles, des mitochondries, des chloroplastes, des peroxysomes et des centrosomes.*

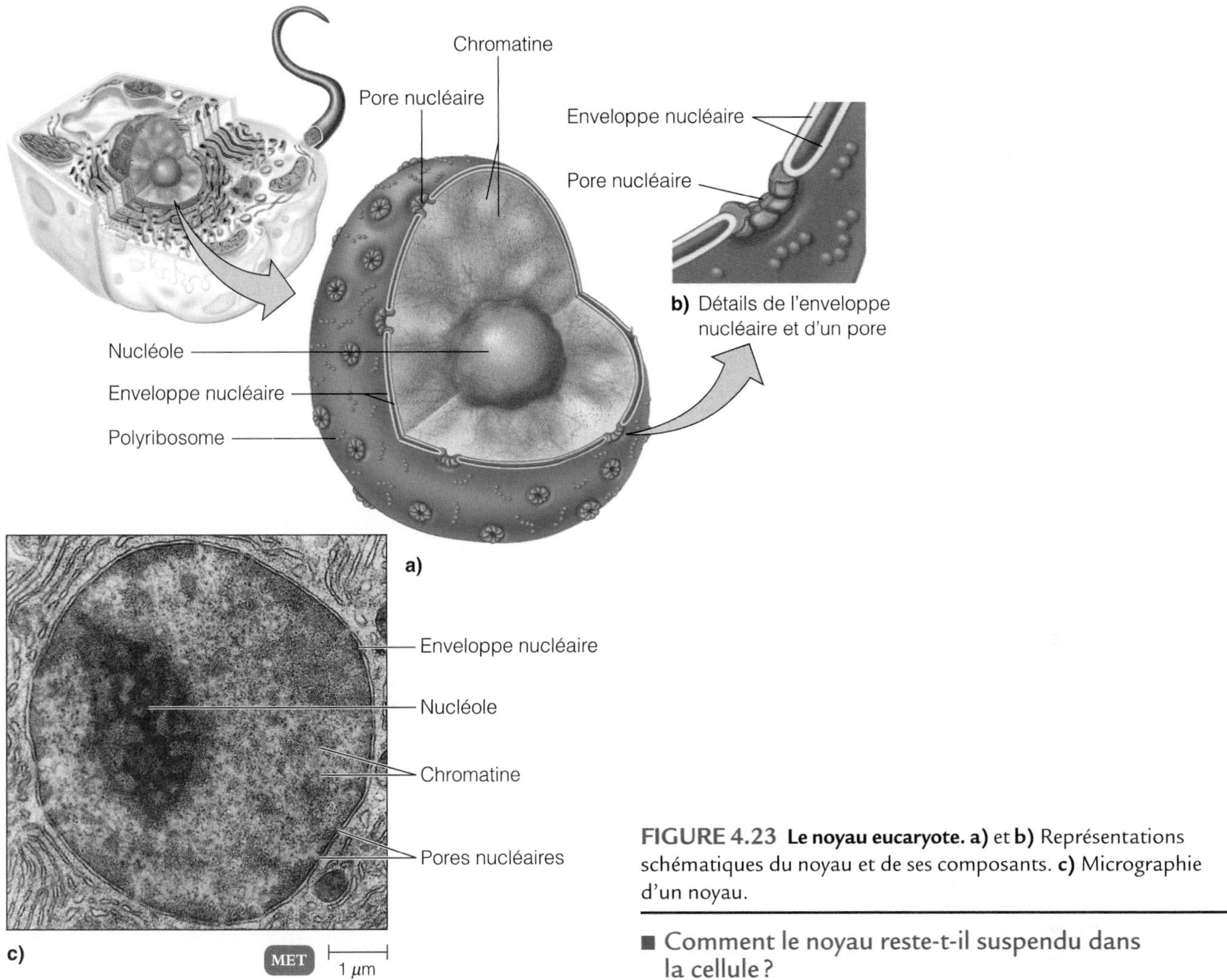


**FIGURE 4.23 Le noyau eucaryote. a)** et **b)** Représentations schématiques du noyau et de ses composants. **c)** Micrographie d'un noyau.

■ Comment le noyau reste-t-il suspendu dans la cellule ?

Les **organites** sont des structures caractéristiques des cellules eucaryotes, qui ont des formes spécifiques et des fonctions spécialisées. Ils comprennent le noyau, le réticulum endoplasmique, les ribosomes, le complexe de Golgi, les lysosomes, les vacuoles, les mitochondries, les chloroplastes, les peroxysomes et les centrosomes. De plus, la cellule eucaryote contient des ribosomes qui sont plus gros et plus denses que ceux de la cellule procaryote.

## Le noyau

Le **noyau** (figure 4.23) est l'organite le plus caractéristique de la cellule eucaryote. Il est habituellement sphérique ou ovale ; il est fréquemment la plus grande structure dans la cellule et contient presque tout le patrimoine héréditaire (ADN) de cette dernière. Une petite quantité d'ADN se trouve également dans les mitochondries et dans les chloroplastes des organismes qui réalisent la photosynthèse.

Le noyau est entouré d'une membrane double appelée **enveloppe nucléaire.** Chacune de ces deux membranes ressemble par sa structure à la membrane plasmique. De minuscules canaux appelés **pores nucléaires** traversent les membranes et permettent au noyau de communiquer avec le cytoplasme. Ces pores régissent le mouvement des substances entre le noyau et le cytoplasme. Dans l'espace limité par l'enveloppe nucléaire se trouvent un ou plusieurs corps sphériques appelés **nucléoles.** Ces derniers sont en fait des régions de chromosomes condensées où s'effectue la synthèse d'ARN ribosomal, composant essentiel des ribosomes (voir ci-après).

L'ADN contenu dans le noyau est combiné à plusieurs protéines, dont certaines protéines basiques appelées **histones** ainsi que des non-histones. La combinaison d'environ 165 paires de bases d'ADN et de 9 molécules d'histones constitue ce qu'on appelle un *nucléosome.* Quand la cellule n'est pas en train de se reproduire, l'ADN et ses protéines ressemblent à une masse de filaments enchevêtrés appelée **chromatine.** Durant la division nucléaire, la chromatine s'enroule sur elle-même pour constituer des corps en forme de bâtonnets courts et épais appelés **chromosomes.** Ce

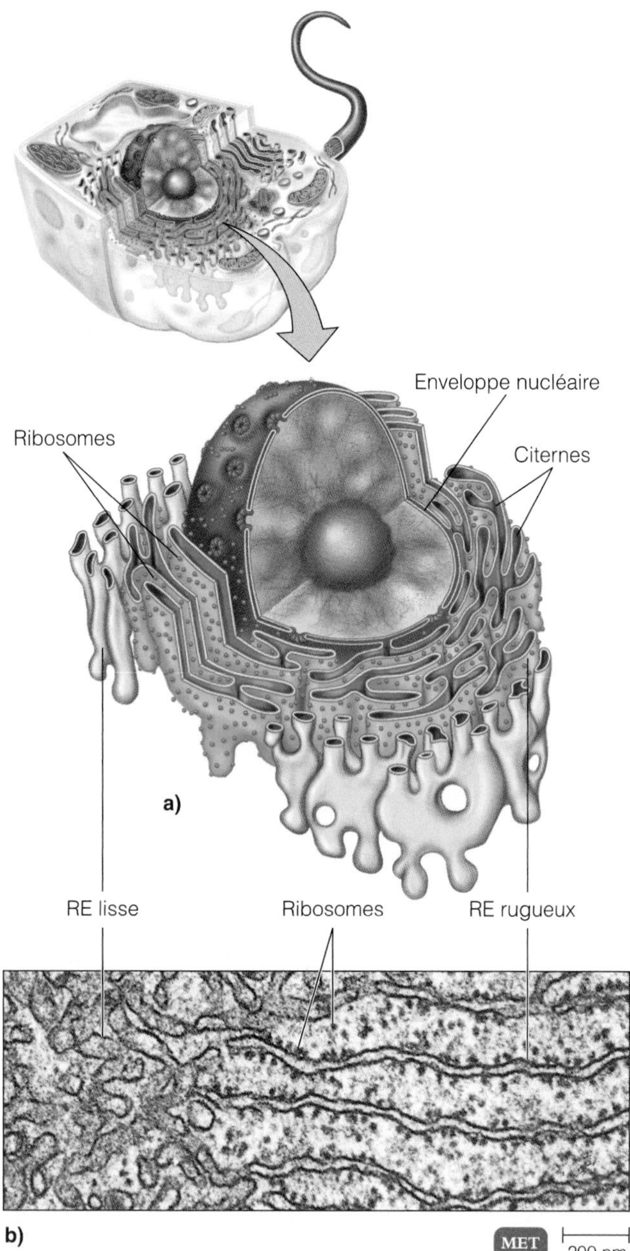


**FIGURE 4.24 Réticulum endoplasmique rugueux et ribosomes.** **a)** Schéma du réticulum endoplasmique. **b)** Micrographie du réticulum endoplasmique et des ribosomes.

■ Quelles sont les différences, sur le plan de l'organisation structurale et des fonctions, entre le RE rugueux et le RE lisse ?

processus n'a pas lieu dans la cellule procaryote. De plus, le chromosome de la cellule procaryote n'a pas d'histones et n'est pas contenu à l'intérieur d'une enveloppe nucléaire.

La cellule eucaryote fait appel à deux mécanismes complexes, la mitose et la méiose, pour effectuer la ségrégation des chromosomes avant la division cellulaire. Aucun de ces processus n'existe chez les procaryotes.

## Le réticulum endoplasmique

Le **réticulum endoplasmique** (**RE**) constitue dans le cytoplasme de la cellule eucaryote un réseau étendu de sacs ou tubules membraneux et aplatis appelés **citernes** (figure 4.24). Le réseau du RE et l'enveloppe nucléaire sont dans le prolongement l'un de l'autre.

La plupart des cellules eucaryotes contiennent deux formes de RE qui diffèrent par leur structure et leurs fonctions mais qui ont des rapports étroits. La membrane du **RE rugueux,** ou **RE granulaire,** prolonge celle de l'enveloppe nucléaire et ses replis composent habituellement une série de sacs aplatis. La surface externe du RE rugueux est parsemée de ribosomes, sièges de la synthèse des protéines. Les protéines synthétisées par ces ribosomes passent à l'intérieur des citernes du RE où elles sont traitées et triées. Dans certains cas, des enzymes situées dans les citernes lient les protéines à des glucides pour former des glycoprotéines. Dans d'autres cas, des enzymes lient les protéines à des phospholipides, également synthétisés dans le RE rugueux. Ces molécules peuvent être incorporées aux membranes d'organites ou à la membrane plasmique. Ainsi, le RE rugueux est une usine où s'effectue la synthèse de protéines destinées à la sécrétion et de molécules membranaires.

Le **RE lisse,** ou **RE agranulaire,** prolonge le RE rugueux pour former un réseau de tubules membraneux (figure 4.24). Contrairement au RE rugueux, il ne possède pas de ribosomes à la surface externe de sa membrane. En revanche, il contient des enzymes uniques qui en font une structure plus diversifiée que le RE rugueux sur le plan fonctionnel. Bien qu'il ne synthétise pas de protéines, il produit des phospholipides, à l'instar du RE rugueux. Il synthétise aussi des corps gras et des stéroïdes, tels que les œstrogènes et la testostérone. Dans les cellules du foie, les enzymes du RE lisse participent à la libération du glucose dans la circulation sanguine. Elles contribuent également à inactiver et à détoxiquer les drogues, les médicaments et les autres substances qui peuvent avoir des effets nocifs (par exemple, l'alcool). Dans les cellules musculaires, les ions calcium libérés par le réticulum sarcoplasmique, une forme de RE lisse, déclenchent le processus de la contraction.

## Les ribosomes

Les **ribosomes** (figure 4.24) sont fixés à la surface externe du RE rugueux, mais se trouvent aussi à l'état libre dans le cytoplasme. Comme chez les procaryotes, les ribosomes sont le siège de la synthèse des protéines dans la cellule.

Les ribosomes du RE rugueux et du cytoplasme eucaryotes sont un peu plus gros et denses que ceux des cellules procaryotes. Ce sont des ribosomes de 80 S, composés d'une grande sous-unité de 60 S ayant trois molécules d'ARNr et d'une petite sous-unité de 40 S ayant une molécule d'ARNr.

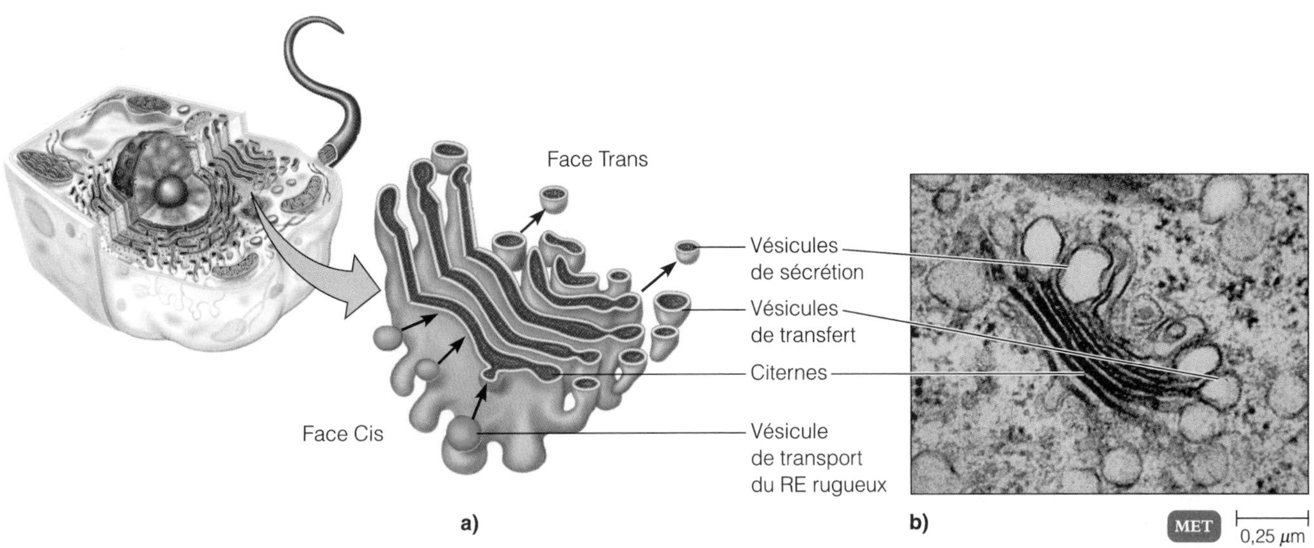


**FIGURE 4.25 Complexe de Golgi. a)** Schéma du complexe de Golgi. **b)** Micrographie du complexe de Golgi.

■ Quels sont les rôles du complexe de Golgi ?

Les sous-unités sont synthétisées séparément dans le nucléole. Elles quittent ensuite le noyau et se réunissent dans le cytosol. Les chloroplastes et les mitochondries contiennent des ribosomes de 70 S, ce qui indique peut-être que ces structures descendent des procaryotes. Nous examinons cette hypothèse plus loin dans le présent chapitre. Nous décrivons plus en détail au chapitre 8 le rôle des ribosomes dans la synthèse des protéines.

Nous avons mentionné que, en raison des différences entre les ribosomes des eucaryotes et ceux des procaryotes, les antibiotiques peuvent tuer la cellule bactérienne sans porter atteinte aux ribosomes cytoplasmiques de la cellule hôte eucaryote. Toutefois, les ribosomes des mitochondries, qui sont semblables aux ribosomes bactériens, peuvent être touchés par les antibiotiques et, dès lors, empêcher la synthèse de leurs protéines ; la cellule hôte est donc atteinte elle aussi.

Certains ribosomes, appelés *ribosomes libres,* ne sont liés à aucune autre structure du cytoplasme. Ils synthétisent principalement des protéines qui sont utilisées *à l'intérieur de* la cellule. Les autres ribosomes, appelés *ribosomes liés à la membrane,* se fixent à l'enveloppe nucléaire et au réticulum endoplasmique rugueux. Ils synthétisent des protéines qui seront insérées dans la membrane plasmique ou exportées par la cellule (par sécrétion). Parfois, on trouve de 10 à 20 ribosomes reliés en chapelet ; ils portent alors le nom de *polyribosome.*

## Le complexe de Golgi

La plupart des protéines synthétisées par les ribosomes fixés au RE rugueux finissent par être transportées vers d'autres régions de la cellule. La première étape de cette voie de transport est le passage dans un organite appelé **complexe de Golgi,** ou complexe golgien. Ce dernier comprend de 3 à 20 sacs membraneux aplatis au milieu et bombés à la périphérie, nommés **saccules** ou **citernes,** qui ressemblent à des pains pitas empilés (figure 4.25). Les citernes sont souvent courbées et confèrent à cet organite l'aspect d'une tasse. La face concave est appelée *face Cis* et la face convexe *face Trans.*

Les protéines synthétisées par les ribosomes du RE rugueux sont enveloppées par des portions de la membrane du RE, qui se détachent de la surface membranaire par bourgeonnement pour constituer des **vésicules de transport.** Les vésicules de transport fusionnent avec des citernes du complexe de Golgi et déversent leurs protéines dans les citernes (face Cis). Les protéines sont modifiées et acheminées d'une citerne à l'autre par des **vésicules de transfert** qui se forment par bourgeonnement aux extrémités de chacune des citernes. Les enzymes des citernes modifient les protéines pour constituer des glycoprotéines, des glycolipides et des lipoprotéines. Certaines des protéines traitées quittent les citernes dans des **vésicules de sécrétion,** qui se détachent des citernes (face Trans) et transportent les protéines jusqu'à la membrane plasmique où elles sont déversées dans le milieu par exocytose. D'autres protéines traitées quittent les citernes dans des vésicules et sont acheminées à la membrane plasmique pour y être incorporées. Enfin, certaines protéines traitées sont expédiées des citernes dans des **vésicules de stockage.** La principale vésicule de stockage est le lysosome, dont nous allons maintenant examiner la structure et les fonctions. En résumé, le complexe de Golgi modifie, trie et incorpore dans des vésicules les protéines qu'il a reçues du RE rugueux ; il libère des protéines par exocytose ; il remplace des portions de la membrane plasmique et forme les lysosomes.

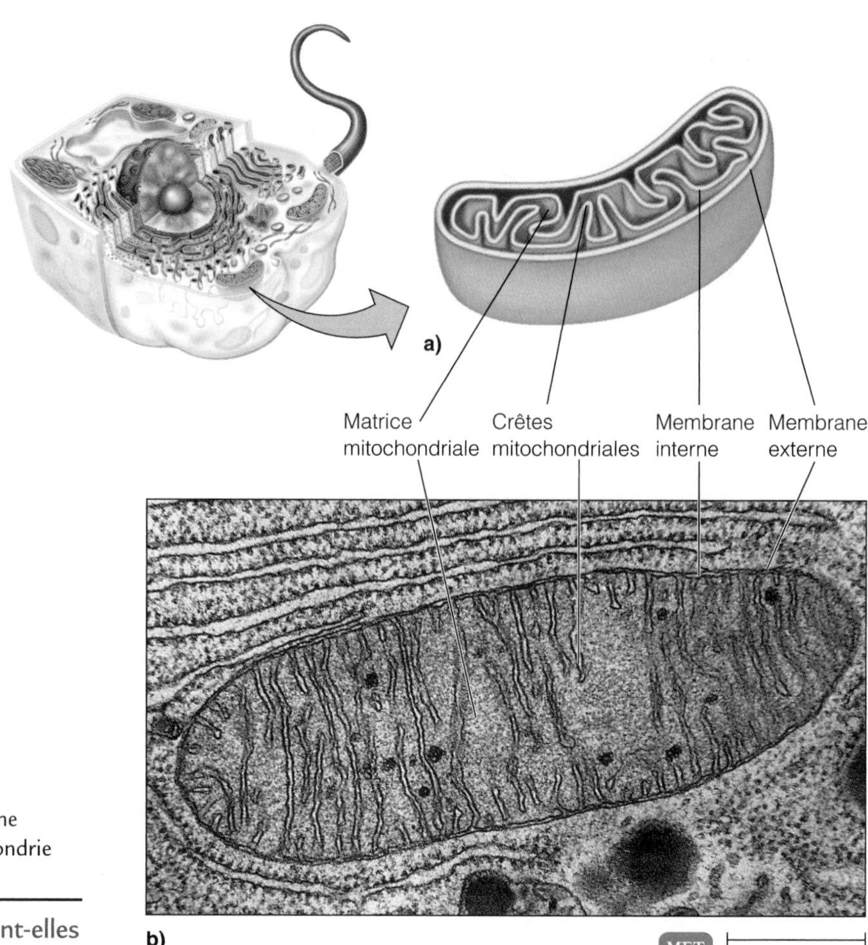


FIGURE 4.26 **Mitochondrie. a)** Schéma d'une mitochondrie. **b)** Micrographie d'une mitochondrie d'une cellule pancréatique de rat.

■ En quoi les mitochondries ressemblent-elles aux cellules procaryotes ?

## Les lysosomes

Les **lysosomes** sont formés à partir du complexe de Golgi et ont l'aspect de sphères limitées par une membrane. Contrairement aux mitochondries, ils possèdent une seule membrane et sont dépourvus de structure interne (figure 4.21). Toutefois, ils contiennent jusqu'à 40 sortes d'enzymes digestives puissantes capables de dégrader diverses molécules. De plus, ces enzymes peuvent digérer certaines bactéries qui entrent dans la cellule. Par exemple, les leucocytes (globules blancs) humains, qui utilisent la phagocytose pour ingérer les bactéries, contiennent un grand nombre de lysosomes.

## Les vacuoles

Une **vacuole** (figure 4.21) est un espace ou une cavité dans le cytoplasme d'une cellule qui est limité par une membrane appelée *tonoplaste*. Chez les plantes, les vacuoles peuvent occuper de 5 à 90 % du volume cellulaire, selon le type de cellule. Les vacuoles se forment à partir du complexe de Golgi et accomplissent diverses fonctions. Certaines d'entre elles servent d'organites de stockage temporaire pour des substances telles que des protéines, des glucides, des acides organiques et des ions inorganiques. D'autres se forment au moment de l'endocytose et contribuent à l'approvisionnement de la cellule en nutriments. Beaucoup de cellules végétales y emmagasinent des déchets et des poisons qui seraient nocifs s'ils s'accumulaient dans le cytoplasme. Enfin, les vacuoles peuvent absorber de l'eau, ce qui permet aux cellules végétales d'augmenter leur taille et procure une certaine rigidité aux feuilles et aux tiges.

## Les mitochondries

Les **mitochondries** sont des organites sphériques ou en forme de bâtonnets qui sont disséminés dans le cytoplasme de la plupart des cellules eucaryotes. Le nombre de mitochondries par cellule est très variable. Par exemple, *Giardia* est un protozoaire – souvent en cause dans les diarrhées – qui en est totalement dépourvu, alors que chaque cellule du foie en contient de 1 000 à 2 000. La mitochondrie est limitée par deux membranes dont la structure ressemble à celle de la membrane plasmique (figure 4.26). La membrane mitochondriale externe est lisse. La membrane mitochondriale interne forme une série de replis appelés **crêtes.** L'intérieur de l'organite consiste en une substance semi-liquide appelée **matrice mitochondriale.** En raison de la nature et de la disposition des crêtes, la membrane interne présente une énorme

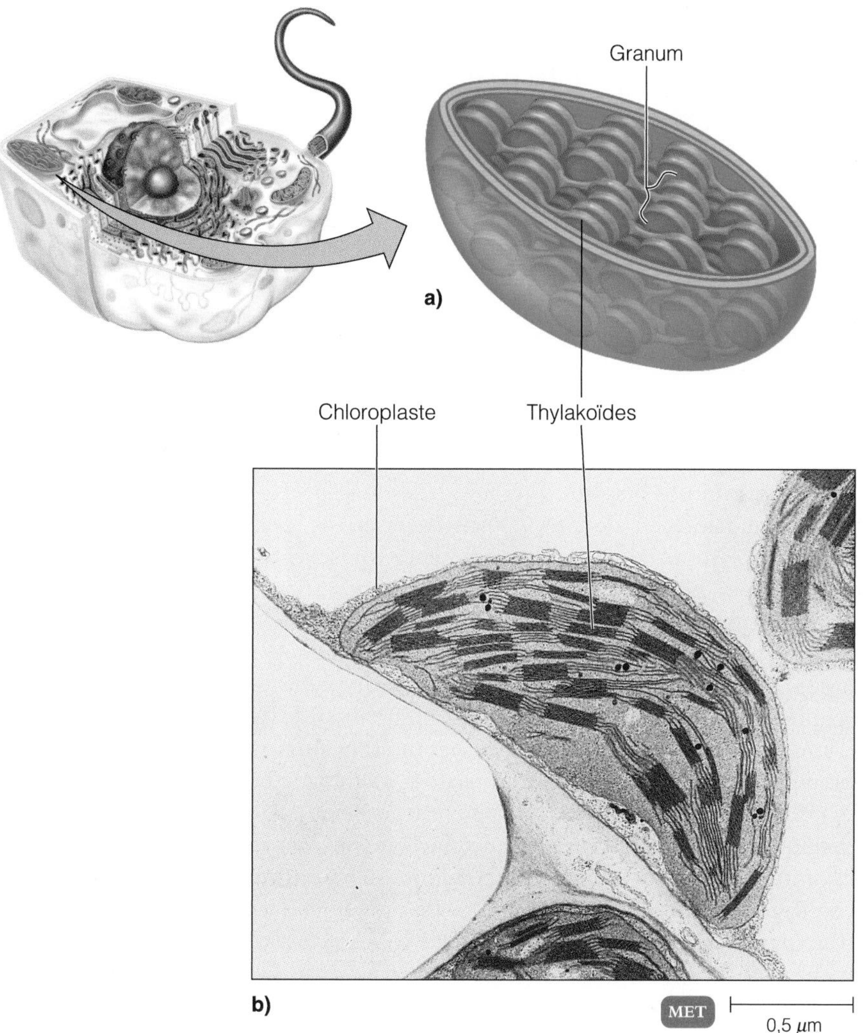


**FIGURE 4.27 Chloroplaste.** La photosynthèse a lieu dans les chloroplastes ; les pigments qui captent la lumière sont situés sur les thylakoïdes. **a)** Schéma d'un chloroplaste et de ses grana. **b)** Micrographie de chloroplastes dans la cellule d'une plante.

■ Quelles sont les ressemblances entre les chloroplastes et les cellules procaryotes ?

superficie qui se prête aux réactions chimiques. Certaines protéines qui participent à la respiration cellulaire, y compris les enzymes qui produisent l'ATP, sont situées sur les crêtes de la membrane mitochondriale interne et un grand nombre des étapes métaboliques de la respiration cellulaire sont concentrées dans la matrice (voir le chapitre 5). On qualifie souvent la mitochondrie de « centrale énergétique » de la cellule à cause du rôle clé qu'elle joue dans la production d'ATP.

Les mitochondries contiennent des ribosomes 70 S et une certaine quantité d'ADN qui leur est propre, ainsi que tout ce qu'il faut pour répliquer, transcrire et traduire l'information codée dans leur ADN. De plus, elles peuvent se reproduire par elles-mêmes en grandissant et en se divisant en deux.

## Les chloroplastes

Les algues et les plantes vertes possèdent un organite unique appelé **chloroplaste** (figure 4.27). Il s'agit d'une structure limitée par une membrane qui contient un pigment, la chlorophylle, et les enzymes nécessaires pour les phases de la photosynthèse au cours desquelles la lumière est absorbée. La chlorophylle est située dans des sacs membraneux aplatis appelés **thylakoïdes** ; ces derniers forment des piles appelées *grana* (granum au singulier).

Comme les mitochondries, les chloroplastes contiennent des ribosomes 70 S, de l'ADN et des enzymes qui participent à la synthèse des protéines. Ils sont en mesure de se multiplier par eux-mêmes dans la cellule. La multiplication des chloroplastes et des mitochondries – qui s'effectue par une augmentation de taille suivie d'une division en deux – ressemble remarquablement à celle des bactéries.

## Les peroxysomes

Les **peroxysomes** (figure 4.21) sont des organites dont la structure rappelle celle des lysosomes mais en plus petit. On a cru par le passé qu'ils se formaient par bourgeonnement du RE, mais il est généralement admis aujourd'hui qu'ils se forment par division de peroxysomes existants.

Les peroxysomes contiennent une ou plusieurs enzymes qui peuvent oxyder diverses substances organiques. Par exemple, au cours du métabolisme cellulaire normal, il y a oxydation de substances telles que les acides aminés et les acides gras dans les peroxysomes. De plus, certaines enzymes assurent l'oxydation de substances toxiques, telles que l'alcool. Ces réactions d'oxydation donnent lieu à la formation de peroxyde d'hydrogène ($H_2O_2$), composé qui peut lui-même être toxique. Toutefois, on trouve aussi dans les peroxysomes une enzyme appelée *catalase* qui décompose la molécule de $H_2O_2$ (chapitre 6, p. 175). Comme la production et la dégradation de cette molécule s'effectuent dans le même organite, les peroxysomes protègent le reste de la cellule contre les effets toxiques de $H_2O_2$.

### Le centrosome

Le **centrosome,** qui est situé près du noyau, est constitué de deux éléments : la région péricentriolaire et les centrioles (figure 4.21). La *région péricentriolaire* est une zone du cytosol composée d'un réseau serré de petites fibres protéiques. Elle est le centre d'organisation du fuseau mitotique, qui joue un rôle clé durant la division cellulaire, et des microtubules (un élément du cytosquelette) qui se forment dans les cellules qui ne sont pas en train de se diviser. Dans cette région, on trouve les *centrioles,* paire de structures cylindriques dont chacune est composée de neuf groupes de trois microtubules (triplets) disposés en cercle. Cet arrangement porte le nom de *disposition de type 9 + 0.* Le 9 désigne les neuf groupes de microtubules et le 0, l'absence de microtubules au centre (notez la différence entre cet arrangement et celui du flagelle eucaryote). L'axe longitudinal d'un centriole est perpendiculaire à l'axe longitudinal de l'autre. Les centrioles jouent un rôle dans la formation et la régénération des cils et des flagelles.

## L'évolution des eucaryotes

**Objectif d'apprentissage**

- *Examiner les faits sur lesquels s'appuie l'hypothèse de l'origine endosymbiotique des eucaryotes.*

Selon l'**hypothèse de l'origine endosymbiotique,** les précurseurs des cellules eucaryotes auraient été des associations de petites cellules procaryotes symbiotiques (vivant ensemble), existant à l'intérieur de cellules procaryotes de plus grande taille. Cette hypothèse vise principalement à expliquer l'origine des mitochondries et des chloroplastes (qui se multiplient, *grosso modo,* à la façon des bactéries). De bons arguments soutiennent l'idée que les ancêtres des mitochondries étaient probablement des bactéries hétérotrophes aérobies. (Les *hétérotrophes* obtiennent les molécules dont ils se nourrissent en mangeant d'autres organismes ou ce qu'ils produisent ; voir le chapitre 5.) On croit que les chloroplastes sont des descendants de procaryotes photosynthétiques. Selon certains, les hétérotrophes aérobies et les procaryotes photosynthétiques se seraient introduits dans de grosses cellules procaryotes sous forme soit de proie non digérée, soit de parasite interne. L'enveloppe nucléaire et les autres membranes internes auraient pu se constituer à partir d'invaginations de la membrane plasmique (figure 10.2).

Le sujet qui retiendra notre attention à partir de maintenant est le métabolisme microbien. Dans le chapitre 5, vous constaterez l'importance des enzymes pour les microorganismes et verrez comment les microbes produisent et utilisent l'énergie.

---

## RÉSUMÉ

### COMPARAISON DES CELLULES PROCARYOTES ET DES CELLULES EUCARYOTES : UN SURVOL (p. 84-85)

1. Les cellules procaryotes et eucaryotes se ressemblent par leur composition chimique et leurs réactions chimiques.
2. La cellule procaryote est dépourvue d'organites limités par une membrane. Elle n'a pas de noyau ; le chromosome est unique, circulaire et composé d'ADN.
3. Il y a du peptidoglycane dans la paroi cellulaire des procaryotes mais non dans celle des eucaryotes.
4. La cellule eucaryote possède un noyau limité par une membrane et d'autres organites.

### LA CELLULE PROCARYOTE (p. 85-108)

1. Les bactéries sont unicellulaires et la plupart d'entre elles se multiplient par scissiparité.
2. Les espèces bactériennes se distinguent les unes des autres par leur morphologie, leur composition chimique, leurs besoins nutritifs, leur activité biochimique et leur source d'énergie.

### TAILLE, FORME ET GROUPEMENT DES CELLULES BACTÉRIENNES (p. 85-88)

1. La petitesse des bactéries est une caractéristique importante : la plupart des bactéries ont de 0,2 à 2,0 $\mu$m de diamètre et de 2 à 8 $\mu$m de long.
2. Les bactéries ont trois formes principales : sphérique (les cocci), en bâtonnet (les bacilles) et courbée (les bactéries spiralées). Elles peuvent se présenter en groupements caractéristiques de l'espèce à laquelle elles appartiennent.

3. Les bactéries pléomorphes peuvent se présenter sous plusieurs formes.

## LES STRUCTURES À L'EXTÉRIEUR DE LA PAROI CELLULAIRE (p. 83-93)

### Le glycocalyx (p. 88-89)

1. Le glycocalyx (capsule, couche visqueuse et polysaccharide extracellulaire) forme une enveloppe gélatineuse composée de polysaccharides, de polypeptides ou des deux.
2. La capsule est une structure dont la présence augmente la virulence des bactéries. Elle protège certaines bactéries pathogènes contre la phagocytose ; elle facilite l'adhérence aux surfaces, prévient la déshydratation de la bactérie et lui procure des nutriments dans certains cas.

### Les flagelles (p. 89-92)

1. Le flagelle est un appendice filamenteux relativement long, composé d'un filament, d'un crochet et d'un corpuscule basal.
2. Le flagelle procaryote tourne sur lui-même pour faire avancer la cellule en la poussant.
3. Les bactéries mobiles sont capables de tactisme ; le tactisme positif est un déplacement dirigé vers un signal attractif et le tactisme négatif est une fuite causée par un signal répulsif. La mobilité due aux flagelles confère aux bactéries l'avantage de pouvoir s'approcher d'un environnement particulier ou de s'en éloigner. Les flagelles sont donc des structures dont la présence peut favoriser la virulence des bactéries.
4. La protéine flagellaire (H) a des propriétés antigéniques. Plusieurs sérotypes d'une espèce bactérienne sont différenciés grâce à ces antigènes H.

### Les filaments axiaux (p. 92)

1. Les cellules spiralées qui se déplacent grâce à un filament axial (endoflagelle) sont appelées spirochètes.
2. Les filaments axiaux ressemblent aux flagelles, sauf qu'ils s'enroulent autour de la cellule.

### Les fimbriæ et les pili (p. 92-93)

1. Les fimbriæ et les pili sont des appendices courts et minces.
2. Les fimbriæ sont des structures dont la présence augmente la virulence des bactéries : elles facilitent l'adhérence des bactéries aux surfaces, telles les muqueuses humaines, d'où leur capacité de faire apparaître une maladie.
3. Les pili relient les bactéries en vue du transfert d'ADN d'une bactérie à l'autre (conjugaison). Au cours du transfert, des gènes de virulence peuvent être transportés.

## LA PAROI CELLULAIRE (p. 93-98)

### Composition et caractéristiques (p. 93-96)

1. La paroi cellulaire confère forme et rigidité à la bactérie, enveloppe la membrane plasmique, protège la bactérie contre les variations de pression d'eau et maintient une concentration en solutés élevée dans le cytoplasme.
2. La paroi cellulaire des bactéries est composée de peptidoglycane, polymère constitué de NAG et de NAM, et de chaînes courtes d'acides aminés. Le peptidoglycane est un composé propre aux cellules bactériennes ; les cellules humaines n'en contiennent pas.
3. La paroi cellulaire des bactéries à Gram positif est formée de nombreuses couches de peptidoglycane et contient des acides teichoïques.
4. Les bactéries à Gram négatif ont une membrane externe de lipopolysaccharides-lipoprotéines-phospholipides qui enveloppent une couche mince de peptidoglycane.
5. Des agents chimiques, tels que la pénicilline et le lysozyme, perturbent la synthèse du peptidoglycane ; ils détruisent les parois des bactéries à Gram positif ; les bactéries à Gram négatif y sont beaucoup moins sensibles.
6. La membrane externe des bactéries à Gram négatif protège la cellule contre la phagocytose et contre la pénicilline, le lysozyme et d'autres agents chimiques.
7. Les porines sont des protéines qui permettent le passage des petites molécules à travers la membrane externe ; des canaux protéiques spécifiques permettent à d'autres molécules de traverser la membrane externe.
8. La composition chimique de la paroi cellulaire participe à la virulence des bactéries : la partie lipopolysaccharide de la membrane externe des bactéries à Gram négatif est constituée de glucides (polysaccharides O) qui jouent le rôle d'antigènes et de lipide A, qui est une endotoxine. L'endotoxine est libérée à la mort de la bactérie. L'endotoxine contribue à la virulence des bactéries qui en libèrent.

### Les parois cellulaires et le mécanisme de la coloration de Gram (p. 96)

1. Le complexe formé par le violet de cristal et l'iode se combine au peptidoglycane de la paroi cellulaire.
2. L'agent décolorant augmente la rétention du violet chez les bactéries à Gram positif, qui conservent le violet ; par contre, l'agent décolorant altère la structure de la membrane externe lipidique des bactéries à Gram négatif, qui perdent le violet de cristal et se décolorent. Le contre-colorant, la safranine, colore les bactéries à Gram négatif en rose.

### Les parois cellulaires atypiques (p. 96)

1. *Mycoplasma* est un genre bactérien naturellement dépourvu de paroi cellulaire ; la membrane plasmique contient des stérols qui confèrent une protection à la bactérie.
2. Les archéobactéries possèdent de la pseudomuréine ; elles n'ont pas de peptidoglycane.

### Les altérations de la paroi cellulaire (p. 96-98)

1. En présence de lysozyme, la paroi des bactéries à Gram positif est détruite et le contenu cellulaire, limité par la seule membrane cytoplasmique, prend une forme sphérique appelée protoplaste.
2. En présence de lysozyme, la paroi des bactéries à Gram négatif n'est pas complètement détruite mais grandement affaiblie ; la cellule qui reste est appelée sphéroplaste.
3. Protoplastes et sphéroplastes sont sujets à la lyse osmotique dans des milieux hypotoniques.

4. Les antibiotiques tels que la pénicilline perturbent la synthèse de la paroi cellulaire bactérienne mais pas celle des cellules humaines – qui ne possèdent pas de paroi cellulaire –, différence importante dans le contexte d'une thérapie par antibiotiques.

## LES STRUCTURES À L'INTÉRIEUR DE LA PAROI CELLULAIRE (p. 98-108)

### La membrane plasmique (p. 98-104)

1. La membrane plasmique enveloppe le cytoplasme et se compose d'une bicouche de phospholipides associée à des protéines périphériques et intrinsèques (modèle de la mosaïque fluide).
2. La membrane plasmique est pourvue de perméabilité sélective.
3. La membrane plasmique porte des enzymes qui catalysent des réactions métaboliques, telles que la dégradation de nutriments, la production d'énergie et la photosynthèse.
4. Les mésosomes, invaginations irrégulières de la membrane plasmique, sont des artéfacts et non de véritables structures cellulaires.
5. La membrane plasmique peut être détruite par les alcools et les polymyxines (antibiotiques).

#### *Le mouvement des substances à travers la membrane* (p. 100-104)

1. Les substances peuvent traverser la membrane par des processus passifs, au cours desquels elles se déplacent des régions de haute concentration vers des régions de basse concentration, sans que la cellule dépense d'énergie.
2. Dans le cas de la diffusion simple, les solutés tels que les molécules et les ions se déplacent jusqu'à ce que l'équilibre soit atteint.
3. Dans le cas de la diffusion facilitée, les substances franchissent la membrane à l'aide de transporteurs protéiques à partir de régions de concentration élevée vers des régions de basse concentration.
4. L'osmose est un déplacement d'eau à travers une membrane à perméabilité sélective, à partir de régions de concentration élevée en eau vers des régions de basse concentration en eau. Le déplacement se poursuit jusqu'à ce que l'équilibre soit atteint.
5. Dans le cas du transport actif, les substances passent de régions de basse concentration à des régions de concentration élevée à l'aide de transporteurs protéiques et la cellule doit dépenser de l'énergie.
6. Dans la translocation de groupe, la cellule dépense de l'énergie pour modifier des molécules et les transporter à travers la membrane. Les substances modifiées pour pénétrer dans la bactérie ne peuvent en sortir, si bien que la bactérie peut les accumuler.

### Le cytoplasme (p. 104)

1. Le cytoplasme est le composant liquide retenu à l'intérieur de la membrane plasmique.
2. Le cytoplasme est surtout constitué d'eau avec des molécules inorganiques et organiques, de l'ADN, des ribosomes et des inclusions. Il est épais, transparent et très riche en molécules dissoutes.

### La région nucléaire (p. 104)

1. La région nucléaire contient l'ADN du chromosome bactérien qui est unique, circulaire et dépourvu de membrane nucléaire, ce qui le rend très accessible lors des processus liés à la synthèse des protéines.
2. Les bactéries peuvent aussi contenir des plasmides, qui sont des molécules d'ADN extrachromosomique circulaires contenant des gènes de résistance et des gènes de toxicité. La présence de plasmides est associée à une virulence accrue des bactéries.

### Les ribosomes (p. 104-105)

1. Le cytoplasme du procaryote contient de nombreux ribosomes 70 S; les ribosomes sont formés d'ARNr et de protéines. Ils sont dispersés dans tout le cytoplasme.
2. La synthèse des protéines s'effectue au niveau des ribosomes; elle peut être inhibée par certains antibiotiques.

### Les inclusions (p. 105-106)

1. Les inclusions sont des dépôts dans lesquels les cellules procaryotes et eucaryotes accumulent des réserves.
2. Les inclusions des bactéries comprennent, entre autres éléments, les granules métachromatiques (phosphate inorganique), les granules de polysaccharides (habituellement de glycogène ou d'amidon), les inclusions de lipides, les granules de soufre, les carboxysomes (ribulose 1,5-diphosphate carboxylase), les magnétosomes ($Fe_3O_4$) et les vacuoles gazeuses.

### Les endospores (p. 106-108)

1. Les endospores sont des structures dormantes formées par certaines bactéries pour assurer leur survie lorsque les conditions de l'environnement sont défavorables.
2. Les endospores sont déshydratées et donc très volatiles; elles résistent à des agents physiques, tels que la chaleur, l'absence d'eau et les rayonnements, et à des agents chimiques, tels que les désinfectants et les antibiotiques.
3. Le processus de formation des endospores s'appelle sporulation; le retour d'une endospore à l'état végétatif s'appelle germination.

## LA CELLULE EUCARYOTE (p. 108-118)

## LES FLAGELLES ET LES CILS (p. 109-111)

1. Les flagelles sont peu nombreux et longs par rapport à la taille de la cellule; les cils sont abondants et courts.
2. Les flagelles et les cils servent à la mobilité de la cellule; les cils permettent aussi de déplacer des substances le long de la surface de la cellule.
3. Les flagelles et les cils sont formés de neuf paires de microtubules disposées en cercle autour de deux microtubules simples.

## LA PAROI CELLULAIRE ET LE GLYCOCALYX (p. 111-112)

1. La paroi cellulaire de nombreuses algues et de certains mycètes contient de la cellulose.
2. Le principal composant de la paroi cellulaire des mycètes est la chitine.

3. La paroi cellulaire des levures est composée de glucane et de mannane.
4. La cellule animale est entourée d'un glycocalyx qui renforce la cellule et lui procure un moyen de se fixer à d'autres cellules.

## LA MEMBRANE PLASMIQUE (CYTOPLASMIQUE) (p. 112)

1. Comme celle des procaryotes, la membrane plasmique des eucaryotes est une bicouche de phospholipides contenant des protéines.
2. La membrane plasmique eucaryote contient des glucides fixés aux protéines et des stérols qui n'existent pas dans la cellule procaryote (sauf chez *Mycoplasma,* une bactérie).
3. Dans la cellule eucaryote, les substances traversent la membrane plasmique grâce aux processus passifs également utilisés par les procaryotes, mais aussi grâce au transport actif et à l'endocytose (phagocytose et pinocytose), processus absents chez les bactéries.

## LE CYTOPLASME (p. 112)

1. Le cytoplasme de la cellule eucaryote comprend la substance contenue à l'intérieur de la membrane plasmique et à l'extérieur du noyau.
2. Les caractéristiques chimiques du cytoplasme de la cellule eucaryote ressemblent à celles du cytoplasme de la cellule procaryote ; le cytoplasme bactérien est cependant plus concentré et plus riche en molécules dissoutes.
3. Le cytoplasme eucaryote possède un cytosquelette ; il est aussi capable de cyclose.

## LES ORGANITES (p. 112-118)

1. Les organites sont des structures spécialisées, limitées par une membrane, dans le cytoplasme de la cellule eucaryote.
2. Le noyau, qui contient l'ADN sous forme de chromosomes, est l'organite le plus caractéristique de la cellule eucaryote.
3. L'enveloppe nucléaire est reliée à un système de membranes du cytoplasme appelé réticulum endoplasmique (RE).
4. Le RE procure une surface pour les réactions chimiques, sert de réseau de transport et emmagasine les molécules qui sont synthétisées. La synthèse et le transport des protéines ont lieu dans le RE rugueux ; la synthèse des lipides s'effectue dans le RE lisse.
5. Les ribosomes 80 S sont situés dans le cytoplasme ou sont fixés au RE rugueux. Les ribosomes des bactéries sont plus petits (70 S), différence importante dans le contexte des thérapies par antibiotiques.
6. Le complexe de Golgi est constitué de sacs aplatis appelés citernes. Il a pour fonctions la formation des membranes et la sécrétion des protéines.
7. Les lysosomes se forment à partir du complexe de Golgi. Ils renferment de puissantes enzymes digestives.
8. Les vacuoles sont des cavités limitées par une membrane qui se forment à partir du complexe de Golgi ou résultent de l'endocytose. On les trouve habituellement dans les cellules des plantes où elles emmagasinent diverses substances, participent à l'absorption des nutriments, augmentent la taille des cellules et contribuent à la rigidité des feuilles et des tiges.
9. Les mitochondries sont le principal siège de la production d'ATP. Elles contiennent des ribosomes 70 S et de l'ADN, et elles se multiplient par scissiparité.
10. Les chloroplastes contiennent la chlorophylle et les enzymes de la photosynthèse. Comme les mitochondries, ils sont pourvus de ribosomes 70 S et d'ADN, et se multiplient par scissiparité.
11. Divers composés organiques sont oxydés dans les peroxysomes. La catalase de ces organites détruit les molécules toxiques de $H_2O_2$.
12. Le centrosome est constitué de la région péricentriolaire et des centrioles. Les centrioles sont composés de neuf triplets de microtubules qui jouent un rôle dans la formation des microtubules mitotiques et flagellaires.

## L'ÉVOLUTION DES EUCARYOTES (p. 118)

Selon l'hypothèse de l'origine endosymbiotique, la cellule eucaryote se serait formée à partir de procaryotes symbiotiques vivant à l'intérieur d'autres cellules procaryotes. Cette hypothèse a été formulée à partir de l'observation de la structure des mitochondries des cellules eucaryotes.

# AUTOÉVALUATION

## RÉVISION

1. Faites un dessin de chacun des modes d'insertion flagellaire suivants :
   **a)** lophotriche
   **b)** monotriche
   **c)** péritriche
2. La formation d'une endospore s'appelle ____________. Elle est déclenchée par ____________. La formation d'une nouvelle cellule à partir d'une endospore s'appelle ____________. Ce processus est déclenché par ____________.
3. Représentez par un dessin les formes bactériennes suivantes (indiquées en *a*, *b* et *c*). Montrez, par un dessin, comment les formes en *d*, *e* et *f* sont des cas (ou des groupements) particuliers des formes en *a*, *b* et *c*, respectivement.
   **a)** en spirale **d)** spirochète
   **b)** bacille **e)** streptobacille
   **c)** coccus **f)** staphylocoque
4. Associez la ou les structures à leur fonction :

| Structure | Fonction |
|---|---|
| ____ paroi cellulaire | **a)** adhérence aux surfaces |
| ____ endospore | **b)** forme et rigidité conférées à la bactérie |
| ____ fimbriæ | **c)** mobilité |
| ____ flagelle | **d)** protection contre la phagocytose |
| ____ glycocalyx (capsule) | **e)** dormance |
| ____ pili | **f)** synthèse des protéines |
| ____ membrane plasmique | **g)** perméabilité sélective |
| ____ ribosome | **h)** transfert de matériel génétique |

5. Pourquoi les mycoplasmes sont-ils résistants aux antibiotiques qui perturbent la synthèse de la paroi cellulaire ?

6. Répondez aux questions suivantes à l'aide des diagrammes ci-dessous, qui représentent des coupes transversales de la paroi cellulaire bactérienne.
   a) Quel diagramme représente une bactérie à Gram positif ? Qu'est-ce qui vous permet de l'affirmer ?

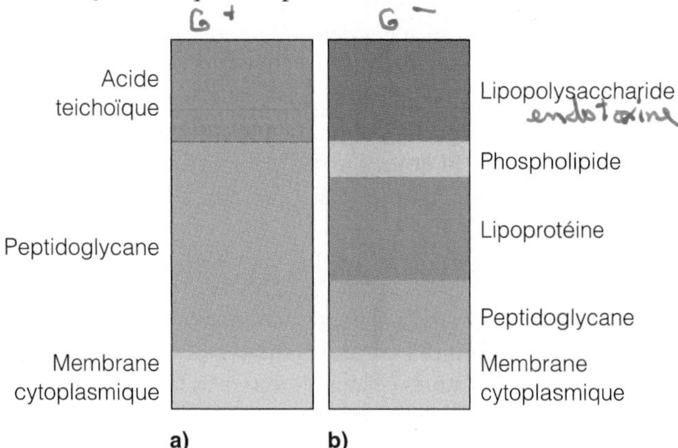


   b) Pourquoi la pénicilline est-elle sans effet sur la plupart des bactéries à Gram négatif ?
   c) Comment les molécules essentielles traversent-elles chaque type de paroi pour entrer dans la cellule ?
   d) Quelle paroi cellulaire est toxique pour les humains ?

7. Comparez les processus suivants :
   a) diffusion simple et diffusion facilitée
   b) transport actif et diffusion facilitée
   c) transport actif et translocation de groupe

8. L'amidon est métabolisé sans difficulté par beaucoup de cellules, mais la molécule d'amidon est trop grosse pour traverser la membrane plasmique. Comment la cellule obtient-elle les molécules de glucose qui forment le polymère d'amidon ? Quel moyen la cellule emploie-t-elle pour faire passer les molécules de glucose à travers la membrane plasmique et les accumuler ?

9. Certaines espèces de bactéries produisent des endospores.
   a) Pourquoi l'endospore est-elle appelée une structure dormante ?
   b) Quels sont les avantages de la sporulation pour la cellule bactérienne ?

10. Associez les caractéristiques suivantes des cellules eucaryotes à leur fonction :

| | |
|---|---|
| ____ centriole | a) stockage d'enzymes digestives |
| ____ chloroplastes | b) oxydation d'acides gras |
| ____ complexe de Golgi | c) formation de microtubules (fuseau mitotique) |
| ____ lysosomes | d) photosynthèse |
| ____ mitochondries | e) synthèse des protéines |
| ____ peroxysomes | f) production d'énergie |
| ____ RE rugueux | g) triage et transport interne des protéines |
| ____ ribosomes | h) sécrétion de protéines |

11. L'érythromycine est un antibiotique qui se lie à la sous-unité 50 S des ribosomes. Comment cela influe-t-il sur la cellule bactérienne ? sur la cellule humaine ?

12. Quel processus une cellule eucaryote, telle qu'un leucocyte (globule blanc), utiliserait-elle pour ingérer une cellule procaryote ? un virus ?

13. Une cible pour les antibiotiques qui n'entraîne pas d'effet sur les composantes des cellules humaines est ________.

14. Il est possible que la cellule eucaryote se soit développée à partir de cellules procaryotes primitives vivant en étroite association. Quels aspects connus des organites eucaryotes seraient de nature à conforter cette hypothèse ?

## QUESTIONS À CHOIX MULTIPLE

1. Laquelle des caractéristiques suivantes *n'*est *pas* un trait distinctif de la cellule procaryote ?
   a) Elle possède un seul chromosome circulaire.
   b) Elle est dépourvue d'organites limités par une membrane.
   c) Elle possède une paroi cellulaire contenant du peptidoglycane.
   d) Son ADN n'est pas associé à des histones.
   e) Elle est dépourvue de membrane plasmique.

Utilisez les choix suivants pour répondre aux questions 2 à 4.
   a) Il n'y aura pas de changement ; la solution est isotonique.
   b) L'eau entrera dans la cellule.
   c) L'eau sortira de la cellule.
   d) L'eau entrera dans la cellule et la cellule sera détruite par lyse osmotique.
   e) Le saccharose entrera dans la cellule en se déplaçant d'une région de concentration élevée vers une région de faible concentration.

2. Quel énoncé rend le mieux compte de ce qui se passe quand on met une bactérie à Gram positif dans de l'eau distillée contenant de la pénicilline ?

3. Quel énoncé rend le mieux compte de ce qui se passe quand on met une bactérie à Gram négatif dans de l'eau distillée contenant de la pénicilline ?

4. Quel énoncé rend le mieux compte de ce qui se passe quand on met une bactérie à Gram positif dans une solution aqueuse de lysozyme et de saccharose à 10 % ?

5. Lequel des énoncés suivants rend le mieux compte de ce qui se passe quand on expose une cellule aux polymyxines qui détruisent les phospholipides ?
   a) Dans une solution isotonique, il ne se passe rien.
   b) Dans une solution hypotonique, il y a lyse de la cellule.
   c) L'eau entrera dans la cellule.
   d) Le contenu intracellulaire s'échappera de la cellule.
   e) N'importe lequel des scénarios ci-dessus est possible.

6. Laquelle des affirmations suivantes *n'*est *pas* vraie pour les fimbriæ ?
   a) Elles sont composées de protéines.
   b) Elles peuvent être utilisées pour fixer la bactérie à des surfaces.
   c) Elles se trouvent sur les bactéries à Gram négatif.
   d) Elles sont composées de piline.
   e) Elles peuvent servir à la mobilité.

7. Lequel des appariements suivants est incorrect?
   a) Glycocalyx – adhérence
   b) Pili – transfert de matériel génétique (ADN)
   c) Membrane – forme de la bactérie
   d) Paroi cellulaire – protection
   e) Membrane plasmique – échanges

8. Lequel des appariements suivants est incorrect?
   a) Granules métachromatiques – stockage de phosphates
   b) Granules de polysaccharides – stockage d'amidon
   c) Inclusions de lipides – acide poly-$\beta$-hydroxybutyrique
   d) Granules de soufre – réserve d'énergie
   e) Ribosomes – stockage de protéines

9. Vous avez isolé une cellule mobile, à Gram positif, sans noyau apparent. Vous pouvez déjà dire que cette cellule possède:
   a) des ribosomes.
   b) des mitochondries.
   c) un réticulum endoplasmique.
   d) un complexe de Golgi.
   e) tous les éléments ci-dessus.

10. L'amphotéricine B est un antibiotique qui perturbe la membrane plasmique en se combinant aux stérols; elle agit sur toutes les cellules suivantes *sauf*:
    a) les cellules animales.
    b) les cellules bactériennes.
    c) les cellules des mycètes.
    d) les cellules de *Mycoplasma*.
    e) les cellules des plantes.

## QUESTIONS À COURT DÉVELOPPEMENT

1. Comment la cellule bactérienne peut-elle accomplir toutes les fonctions nécessaires à la vie et avoir un métabolisme très élevé, bien qu'elle soit plus petite et de structure plus souple que la cellule eucaryote?

2. Certaines structures bactériennes, essentielles à la viabilité de la cellule, constituent d'excellentes cibles pour une thérapie par antibiotiques. Quelles sont ces structures, et pourquoi leur destruction entraîne-t-elle la mort de la bactérie?

3. Expliquez comment la coloration de Gram permet de distinguer entre les deux types de parois cellulaires, à Gram positif et à Gram négatif.

4. Expliquez pourquoi la perte de la capsule ou celle des fimbriæ entraîne chez les bactéries une perte de virulence.

5. *Clostridium botulinum* est une bactérie anaérobie stricte, c'est-à-dire qu'elle est tuée par l'oxygène moléculaire ($O_2$) présent dans l'air. Comment cette bactérie survit-elle sur les plantes cueillies pour la consommation humaine? Pourquoi les conserves faites à la maison sont-elles la source la plus fréquente de botulisme? (*Indice:* voir le chapitre 22.)

6. Expliquez l'avantage que donne à une bactérie la présence d'un plasmide dans son cytoplasme.

7. Le nom donné aux agents pathogènes est complexe. Par exemple, *E. coli* O157:H7 est une bactérie responsable d'épidémies de diarrhée. Que signifient les combinaisons de lettres et de nombres (O157 et H7) dans ce sérotype?

## APPLICATIONS CLINIQUES

*N. B. Certaines de ces questions nécessitent que vous cherchiez des réponses dans les différents chapitres du livre.*

1. Une enfant souffrant d'une infection à *Neisseria*, bactérie à Gram négatif à diffusion hématogène, a été traitée à la gentamicine. Après le traitement, on a tenté sans succès d'obtenir une culture de *Neisseria* à partir de son sang, ce qui indique que les bactéries avaient été détruites par l'antibiotique. Néanmoins, les symptômes de fièvre et de malaise de l'enfant ont persisté et se sont même aggravés avec un état de choc. Expliquez pourquoi le traitement aux antibiotiques a causé une exacerbation des symptômes. (*Indice:* voir le chapitre 15.)

2. Une infirmière en poste au Centre de prévention des infections est chargée d'enseignement auprès du personnel. Quelles explications donnera-t-elle pour faire comprendre le grand danger que représentent les endospores dans le milieu hospitalier, particulièrement les endospores de *Clostridium perfringens,* l'agent causal de la gangrène, dans un service où sont hospitalisés des patients atteints de diabète? (*Indice:* voir le chapitre 14.)

3. Dans un grand hôpital, cinq patients en hémodialyse se sont mis à souffrir de fièvre et de frissons au cours d'une période de trois jours. Chez trois de ces patients, on a isolé *Pseudomonas æruginosa* et *Klebsiella pneumoniæ*. On a aussi isolé *P. æruginosa, K. pneumoniæ* et *Enterobacter agglomerans* dans les appareils de dialyse. La coloration de Gram indique que ces bactéries ont toutes trois des parois à Gram négatif. Pourquoi ces trois bactéries causent-elles des symptômes semblables? (*Indice:* voir le chapitre 15.)

4. Une infirmière remarque que plusieurs enfants hospitalisés dans une chambre commune ont contracté une pneumonie causée par une bactérie. Elle fait une demande de dépistage de l'agent pathogène dans l'environnement. On trouve des bactéries dans l'humidificateur de la chambre. Comment une bactérie peut-elle se trouver dans les voies respiratoires humaines et sur les filtres d'un humidificateur? Comment la contamination a-t-elle pu se produire? (*Indice:* voir le chapitre 15.)

5. Une jeune maman demande à une infirmière de lui expliquer pourquoi, dans un livre sur l'alimentation des bébés, une diététicienne québécoise recommande aux parents de ne pas donner de miel à manger à leur bébé avant l'âge de 1 an. Quelle serait l'explication donnée par l'infirmière? (*Indice:* voir le chapitre 22.)

# Chapitre 5 Le métabolisme microbien

*Test de fermentation. Les tests biochimiques tels que celui de la fermentation sont utilisés pour étudier le métabolisme et comprendre le rôle des bactéries dans l'environnement.*

Dans le chapitre précédent, vous vous êtes familiarisé avec la structure de la cellule procaryote. Nous pouvons maintenant aborder les activités qui permettent aux microbes de vivre. Même chez les organismes les plus simples, les processus vitaux font intervenir un grand nombre de réactions biochimiques complexes. La plupart des processus biochimiques des bactéries, mais non tous, se retrouvent aussi chez les microbes eucaryotes et dans les cellules des organismes pluricellulaires, y compris celles des humains. Toutefois, les réactions qu'on observe uniquement chez les bactéries sont fascinantes parce qu'elles permettent aux cellules bactériennes de faire des choses qui, pour nous, sont impossibles. Par exemple, certaines bactéries se nourrissent de cellulose, alors que d'autres peuvent vivre de pétrole. Par leur métabolisme, les bactéries recyclent des éléments qui ont été utilisés et rejetés par d'autres organismes. Les chimioautotrophes subviennent à leurs besoins en consommant des substances inorganiques telles que le dioxyde de carbone, le fer, le soufre, l'hydrogène à l'état gazeux et l'ammoniac.

Dans le présent chapitre, nous examinons des réactions chimiques représentatives qui produisent de l'énergie (réactions cataboliques) ou en consomment (réactions anaboliques) chez les microorganismes. Nous étudions également comment ces diverses réactions sont intégrées dans la cellule.

## Les réactions cataboliques et les réactions anaboliques

### Objectifs d'apprentissage

- *Définir le métabolisme et décrire les différences fondamentales entre l'anabolisme et le catabolisme.*
- *Reconnaître le rôle de l'ATP en tant qu'intermédiaire entre le catabolisme et l'anabolisme.*

Nous utilisons le terme **métabolisme** pour désigner la somme des réactions chimiques qui se déroulent dans un organisme vivant. Puisqu'il y a soit libération, soit absorption d'énergie lors de ces réactions, on peut considérer le métabolisme comme un processus visant le maintien de l'équilibre énergétique. C'est ainsi qu'on peut diviser le métabolisme en deux classes de réactions chimiques : celles qui libèrent de l'énergie et celles qui en nécessitent.

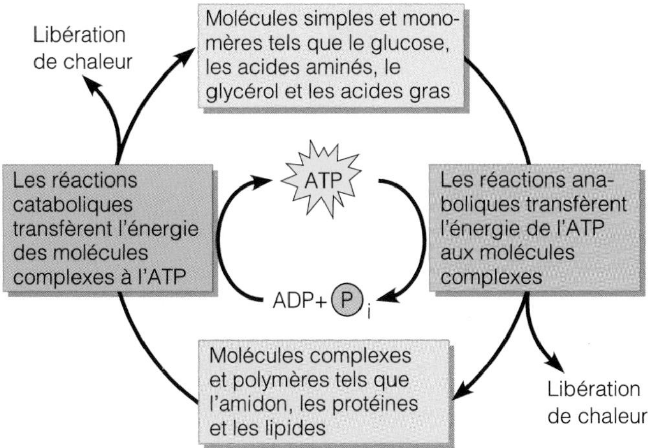


**FIGURE 5.1 Rôle de l'ATP dans le couplage des réactions anaboliques et cataboliques.** Quand des molécules complexes sont fragmentées (catabolisme), une partie de l'énergie est transférée à l'ATP qui l'emmagasine et le reste est dissipé sous forme de chaleur. Quand des molécules simples sont combinées pour former des molécules complexes (anabolisme), l'ATP fournit l'énergie nécessaire à la synthèse et, encore une fois, une partie de l'énergie est libérée sous forme de chaleur.

- Le couplage des réactions anaboliques et cataboliques s'effectue par le truchement de l'ATP.

Dans les cellules vivantes, les réactions qui libèrent de l'énergie sont généralement celles qui appartiennent au **catabolisme,** c'est-à-dire la dégradation de composés organiques complexes en substances plus simples. Ces réactions sont dites *cataboliques,* ou *de dégradation.* Les réactions cataboliques sont en général des réactions d'hydrolyse (qui consomment de l'eau et dans lesquelles des liaisons chimiques sont rompues) et elles sont exergoniques (elles produisent plus d'énergie qu'elles n'en consomment). Un exemple de catabolisme est celui de la cellule qui dégrade des glucides en dioxyde de carbone et en eau.

Les réactions qui nécessitent de l'énergie interviennent, pour la plupart, dans l'**anabolisme,** c'est-à-dire la production de molécules organiques complexes à partir de composants plus simples. Ces réactions sont dites *anaboliques,* ou *de biosynthèse.* Les réactions anaboliques font souvent appel à des réactions de synthèse par déshydratation (qui libèrent de l'eau) et elles sont endergoniques (elles consomment plus d'énergie qu'elles n'en produisent). Les réactions anaboliques comprennent, entre autres processus, la formation des protéines à partir des acides aminés, celle des acides nucléiques à partir des nucléotides et celle des polysaccharides à partir des sucres simples. Ces réactions de biosynthèse produisent les matériaux qui servent à la croissance cellulaire.

Les réactions cataboliques fournissent l'énergie nécessaire aux réactions anaboliques. Ce couplage des réactions qui requièrent de l'énergie et de celles qui en libèrent est rendu possible par la molécule appelée adénosine triphosphate (ATP) (figure 2.19). L'ATP emmagasine l'énergie dérivée des réactions cataboliques et la libère, le moment venu, pour alimenter les réactions anaboliques et accomplir du travail cellulaire. Nous avons vu au chapitre 2 qu'une molécule d'ATP est constituée d'une adénine, d'un ribose et de trois groupements phosphate. Quand le groupement phosphate terminal est retiré de l'ATP, il y a formation d'adénosine diphosphate (ADP) et libération d'énergie pour les réactions anaboliques. Si nous représentons le groupement phosphate par Ⓟ, la réaction s'écrit :

$$\text{ATP} \longrightarrow \text{ADP} + Ⓟ_i + \text{énergie}$$

Ensuite, l'énergie des réactions cataboliques est utilisée pour combiner ADP et Ⓟ et synthétiser une nouvelle molécule d'ATP :

$$\text{ADP} + Ⓟ_i + \text{énergie} \longrightarrow \text{ATP}$$

Ainsi, les réactions anaboliques sont couplées à la dégradation de l'ATP et les réactions cataboliques, à sa synthèse. Cette notion de réactions couplées est très importante ; vous comprendrez pourquoi au fil du présent chapitre. Pour l'instant, retenez que la composition chimique de la cellule vivante change constamment : certaines molécules sont dégradées alors que d'autres sont synthétisées. Ce flux équilibré de substances chimiques et d'énergie maintient la cellule en vie.

Le rôle joué par l'ATP dans le couplage des réactions anaboliques et cataboliques est illustré à la figure 5.1. Une partie seulement de l'énergie libérée par le catabolisme est en fait disponible pour les fonctions cellulaires, car une certaine quantité de cette énergie est dissipée dans l'environnement sous forme de chaleur. Puisque la cellule doit utiliser de l'énergie pour rester en vie, il lui faut continuellement s'approvisionner à une source d'énergie externe.

Avant d'aborder ce qui permet à la cellule de produire de l'énergie, examinons les principales propriétés d'un groupe de protéines qui interviennent dans presque toutes les réactions chimiques importantes sur le plan biologique. Ces protéines, les enzymes, ont été décrites brièvement au chapitre 2. Il est important de comprendre que les **voies métaboliques** (suites de réactions chimiques) de la cellule sont déterminées par ses enzymes, qui sont à leur tour déterminées par le patrimoine génétique de la cellule.

# Les enzymes

### Objectifs d'apprentissage

- *Reconnaître les composants d'une enzyme.*
- *Décrire le mécanisme de l'action enzymatique.*
- *Nommer les facteurs qui influent sur l'activité enzymatique.*
- *Définir la ribozyme.*

Nous avons indiqué au chapitre 2 qu'il y a réaction chimique lorsque des liaisons chimiques sont formées ou rompues. Pour que ces réactions aient lieu, les atomes, les ions ou les molécules doivent entrer en collision. Pour qu'une collision

**Tableau 5.1** *Classification des enzymes basée sur le type de réaction chimique catalysée*

| Classe | Type de réaction chimique catalysée | Exemples |
|---|---|---|
| Oxydoréductase | Réactions d'oxydoréduction au cours desquelles des atomes d'oxygène et d'hydrogène sont gagnés ou perdus | Cytochrome oxydase, lactate déshydrogénase |
| Transférase | Transfert de groupements fonctionnels, tels que groupement amine, groupement acétyle ou groupement phosphate | Acétate kinase, alanine désaminase |
| Hydrolase | Hydrolyse (addition d'eau) | Lipase, sucrase |
| Lyase | Élimination de groupements d'atomes sans hydrolyse | Oxalate décarboxylase, isocitrate lyase |
| Isomérase | Redistribution d'atomes dans une molécule | Glucose-phosphate isomérase, alanine racémase |
| Ligase | Combinaison de deux molécules (à l'aide d'énergie habituellement obtenue par dégradation d'ATP) | Acétyl-CoA synthétase, ADN ligase |

produise une réaction, il faut que la vitesse et la conformation spécifique des particules, ainsi que l'énergie d'activation, répondent à certaines conditions. Paradoxalement, la température et la pression physiologiques inhérentes aux organismes sont trop basses pour que les réactions chimiques aient lieu à un rythme assez rapide pour maintenir la vie. Élever la température et la pression ainsi que le nombre de molécules de réactifs augmenterait la fréquence des collisions et la vitesse des réactions chimiques. Par contre, de tels changements pourraient aussi faire du tort à l'organisme, voire le tuer. La solution de ce problème réside dans les enzymes (figure 2.5), qui peuvent accélérer les réactions chimiques de plusieurs façons. Par exemple, une enzyme peut rapprocher deux réactifs l'un de l'autre et les orienter de manière à ce qu'ils réagissent. Quelle que soit la méthode employée, l'action de l'enzyme a pour effet d'abaisser l'énergie d'activation de la réaction sans faire augmenter la température ou la pression dans la cellule.

Dans les cellules vivantes, *les enzymes servent de catalyseurs biologiques* parce qu'elles ont la propriété d'accélérer considérablement les réactions. En tant que catalyseurs, elles sont *hautement spécifiques*. Chacune d'elles exerce son action sur une substance spécifique (substrat) et ne catalyse qu'une réaction. Par exemple, le saccharose (sucre de table) est le substrat de la saccharase, enzyme qui catalyse l'hydrolyse du saccharose en glucose et en fructose.

La spécificité des enzymes tient à leur structure tridimensionnelle ; en règle générale, ce sont de grosses protéines globulaires. Chacune des milliers d'enzymes connues possède une forme tridimensionnelle caractéristique avec une configuration spécifique en surface. Ces propriétés sont déterminées par les structures primaire, secondaire et tertiaire de la protéine (figure 2.16). La configuration unique de chaque enzyme lui permet de « trouver » le substrat approprié parmi la multitude de molécules dans la cellule.

*Les enzymes sont extrêmement efficaces.* Dans les conditions optimales, elles peuvent catalyser les réactions à des vitesses de $10^8$ à $10^{10}$ fois (environ 10 milliards de fois) supérieures à celles de réactions comparables sans enzyme. Certaines enzymes peuvent répéter leur action catalytique entre 1 et 10 000 fois par seconde ; ce chiffre peut même atteindre 500 000. La **fréquence d'échange** (« turnover number ») équivaut au nombre maximal de molécules de substrat converties en produits par molécule d'enzyme en une seconde. Par exemple, l'ADN polymérase I, enzyme qui participe à la synthèse de l'ADN, a une fréquence d'échange de 15, alors que la lactate déshydrogénase, qui supprime des atomes d'hydrogène de l'acide lactique, a une fréquence d'échange de 1 000.

Beaucoup d'enzymes sont présentes dans la cellule sous des formes actives et des formes inactives. La vitesse à laquelle elles passent d'une forme à l'autre est déterminée par l'environnement cellulaire. Le type d'enzymes et l'activité enzymatique sont des particularités propres aux différentes cellules ; de ce fait, on peut différencier les espèces de bactéries grâce à des tests biochimiques qui mettent en évidence leur activité enzymatique spécifique (chapitre 10, p. 312).

## La nomenclature des enzymes

Les noms d'enzymes se terminent habituellement par le suffixe *-ase*. On peut grouper toutes les enzymes en six classes, selon le type de réaction chimique qu'elles catalysent (tableau 5.1). À l'intérieur de chacune de ces grandes classes, les enzymes sont nommées en fonction du type de réaction spécifique qu'elles accélèrent. Par exemple, celles de la classe des oxydoréductases interviennent dans les réactions d'oxydoréduction (qui seront décrites sous peu). Les enzymes de la classe des oxydoréductases qui retirent de l'hydrogène d'un substrat sont appelées *déshydrogénases* ; celles qui ajoutent de l'oxygène moléculaire ($O_2$) sont appelées *oxydases.* Nous

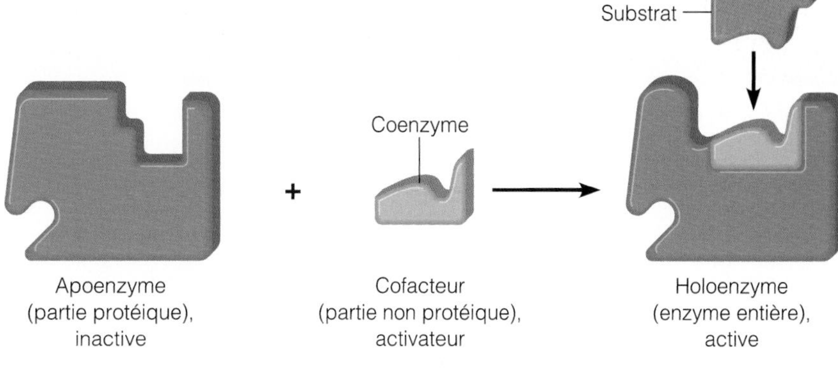


**FIGURE 5.2 Composants d'une holoenzyme.** La conformation de l'apoenzyme (partie protéique) est celle d'une molécule inactive ; l'apoenzyme doit s'associer à un cofacteur (partie non protéique) pour prendre une conformation active. Le cofacteur peut être un ion métallique ; on l'appelle coenzyme s'il est formé d'une molécule organique (comme celle qui est représentée ici). L'apoenzyme et le cofacteur constituent ensemble une holoenzyme, soit une enzyme entière activée. Le substrat est le réactif sur lequel l'enzyme exerce son action.

■ Quelle est la fonction des enzymes dans les organismes vivants ?

verrons plus loin que les déshydrogénases et les oxydases portent des noms encore plus spécifiques, tels que lactate déshydrogénase et cytochrome oxydase, selon le substrat spécifique sur lequel elles agissent.

## Les composants des enzymes

Certaines enzymes sont entièrement constituées de protéine, mais la plupart comprennent une partie protéique appelée **apoenzyme** et une partie non protéique appelée **cofacteur.** Les cofacteurs peuvent être, entre autres composants, des ions métalliques de fer, de zinc, de magnésium ou de calcium. Si le cofacteur est une molécule organique, il s'appelle **coenzyme.** Les apoenzymes sont inactives par elles-mêmes ; elles doivent être activées par un cofacteur. Ensemble, l'apoenzyme et le cofacteur constituent une **holoenzyme,** c'est-à-dire une enzyme entière et active (figure 5.2). Si le cofacteur est supprimé, l'apoenzyme ne peut pas fonctionner.

La coenzyme peut participer à l'action de l'enzyme en acceptant des atomes retirés du substrat ou en donnant des atomes à ce dernier. Certaines coenzymes jouent le rôle de transporteurs d'électrons, retirant des électrons du substrat et les donnant à d'autres molécules lors de réactions qui viennent par la suite. Beaucoup de coenzymes sont dérivées des vitamines (tableau 5.2). Deux des coenzymes les plus importantes du métabolisme cellulaire sont le **nicotinamide adénine dinucléotide** (**$NAD^+$**) et le **nicotinamide adénine dinucléotide phosphate** (**$NADP^+$**). Ces deux composés contiennent des produits dérivés de l'acide nicotinique (ou niacine), une vitamine B, et sont tous deux des transporteurs d'électrons. Alors que le $NAD^+$ intervient surtout dans les réactions cataboliques (qui libèrent de l'énergie), le $NADP^+$ est surtout présent dans les réactions anaboliques (qui consomment de l'énergie). Les coenzymes à base de flavine telles que la **flavine mononucléotide** (**FMN**) et la **flavine adénine dinucléotide** (**FAD**) contiennent des dérivés de la riboflavine, aussi une vitamine B, et sont également des transporteurs d'électrons. Une autre coenzyme importante, la **coenzyme A** (**CoA**), contient un dérivé de l'acide pantothénique, lui aussi une vitamine B. Cette coenzyme joue un rôle important dans la synthèse et la dégradation des lipides et dans une série de réactions d'oxydation appelée cycle de Krebs. Nous reparlerons de toutes ces coenzymes en étudiant le métabolisme plus loin dans le présent chapitre.

Nous avons déjà mentionné que certains cofacteurs sont des ions métalliques, tels que le fer, le cuivre, le magnésium, le manganèse, le zinc, le calcium et le cobalt. Ces cofacteurs peuvent contribuer à catalyser des réactions en formant un pont entre l'enzyme et le substrat. Par exemple, le magnésium ($Mg^{2+}$) est nécessaire à beaucoup d'enzymes de phosphorylation (qui transfèrent un groupement phosphate de l'ATP à un autre substrat). L'ion $Mg^{2+}$ peut former un lien entre l'enzyme et la molécule d'ATP. La plupart des oligoéléments essentiels aux cellules vivantes sont probablement utilisés de la sorte pour activer des enzymes cellulaires.

## Le mécanisme de l'action enzymatique

Les scientifiques n'ont pas complètement élucidé comment les enzymes abaissent l'énergie d'activation des réactions chimiques. Toutefois, dans l'ensemble, on sait que les étapes de l'action enzymatique se déroulent de la façon suivante (figure 5.3a ; voir aussi la figure 5.2) :

1. Une portion de la surface du substrat entre en contact avec une région spécifique de la surface de la molécule d'enzyme active appelée **site actif.**
2. Un composé intermédiaire temporaire se forme. On l'appelle **complexe enzyme-substrat.**
3. La molécule du substrat est transformée soit par un réarrangement des atomes existants, soit par la dégradation de la molécule de substrat ou sa combinaison à un autre substrat.

**Tableau 5.2** *Quelques vitamines et leurs fonctions coenzymatiques*

| Vitamine | Fonction |
|---|---|
| Vitamine $B_1$ (thiamine) | Fait partie de la cocarboxylase, une coenzyme ; accomplit de nombreuses fonctions, dont le métabolisme de l'acide pyruvique. |
| Vitamine $B_2$ (riboflavine) | Coenzyme des flavoprotéines ; participe aux transferts d'électrons. |
| Niacine (acide nicotinique) | Fait partie de la molécule de NAD ; participe aux transferts d'électrons. |
| Vitamine $B_6$ (pyridoxine) | Coenzyme du métabolisme des acides aminés. |
| Vitamine $B_{12}$ (cyanocobalamine) | Coenzyme (méthylcyanocobalamide) intervenant dans le transfert des groupements méthyle ; participe au métabolisme des acides aminés. |
| Acide pantothénique | Fait partie de la coenzyme A ; intervient dans le métabolisme de l'acide pyruvique et des lipides. |
| Biotine | Intervient dans les réactions de fixation du dioxyde de carbone et dans la synthèse des acides gras. |
| Acide folique | Coenzyme utilisée pour la synthèse des purines et des pyrimidines. |
| Vitamine E | Nécessaire aux synthèses cellulaires et macromoléculaires. |
| Vitamine K | Coenzyme utilisée pour le transport des électrons (naphtoquinones et ubiquinones). |

❹ Les molécules de substrat transformées – les *produits de la réaction* – se détachent de l'enzyme parce qu'elles n'épousent plus la forme du site actif.

❺ N'ayant pas changé, l'enzyme est maintenant libre de catalyser une nouvelle réaction avec d'autres molécules de substrat.

Grâce à cet ensemble d'actions, l'enzyme accélère la réaction chimique.

Nous avons mentionné plus haut que les enzymes sont dotées de *spécificité* à l'égard de substrats particuliers. Par exemple, une enzyme donnée ne sera en mesure d'hydrolyser la liaison peptidique qu'entre deux acides aminés spécifiques. D'autres enzymes (l'amylase, par exemple) peuvent hydrolyser l'amidon, mais non la cellulose ; bien que l'amidon et la cellulose soient tous deux des polysaccharides composés de sous-unités de glucose, l'orientation de ces sous-unités est différente dans les deux polymères. Les enzymes possèdent cette spécificité parce que la forme tridimensionnelle du site actif et celle du substrat s'épousent l'une l'autre, un peu comme une serrure et sa clé (figure 5.3b). Toutefois, le site actif et le substrat sont flexibles et changent quelque peu de forme en se combinant, de façon à s'ajuster plus étroitement l'un à l'autre. Le substrat est habituellement beaucoup plus petit que l'enzyme et le site actif est formé d'une fraction relativement faible des acides aminés de l'enzyme.

Un composé peut être le substrat de plusieurs enzymes différentes qui catalysent des réactions différentes, si bien que le sort de ce composé dépend de l'enzyme qui agit sur lui. Le glucose-6-phosphate est une molécule importante dans le métabolisme cellulaire qui peut être soumis à l'action d'au moins quatre enzymes différentes, et chaque réaction aboutit à un produit de réaction différent.

## Les facteurs influant sur l'activité enzymatique

*Les enzymes sont soumises à divers mécanismes de régulation cellulaire.* Les deux principaux types de régulation sont celui de la *synthèse* des enzymes et celui de l'*activité* enzymatique (d'une part, combien il y a d'enzymes et, d'autre part, dans quelle mesure elles sont actives).

Plusieurs facteurs influent sur l'activité d'une enzyme. Parmi les plus importants, on compte la température, le pH, la concentration du substrat et la présence ou l'absence d'inhibiteurs. Toute modification du milieu qui ne respecte pas les conditions optimales nécessaires à l'activité enzymatique peut altérer la protéine, souvent de façon permanente, et rendre l'enzyme inactive : il en résulte la **dénaturation** de l'enzyme, c'est-à-dire la perte de sa structure tridimensionnelle caractéristique (structure tertiaire). La dénaturation d'une enzyme modifie l'arrangement des acides aminés dans le site actif, ce qui en altère la forme et cause la perte de son activité catalytique. Dans certains cas, la dénaturation est partiellement ou entièrement réversible. Mais si elle se poursuit au-delà de certaines limites, l'enzyme ne peut plus récupérer ses propriétés d'origine. Les enzymes peuvent être dénaturées par une température trop élevée, les bases et les acides concentrés, les ions de métaux lourds (tels que le plomb, l'arsenic ou le mercure), l'alcool et le rayonnement ultraviolet.

Dans le domaine médical, certains produits sont utilisés comme désinfectants et antiseptiques à cause de leur capacité à dénaturer les enzymes microbiennes.

### La température

Lorsque la température s'élève, le nombre de collisions entre les molécules augmente et la vitesse de la plupart des réactions

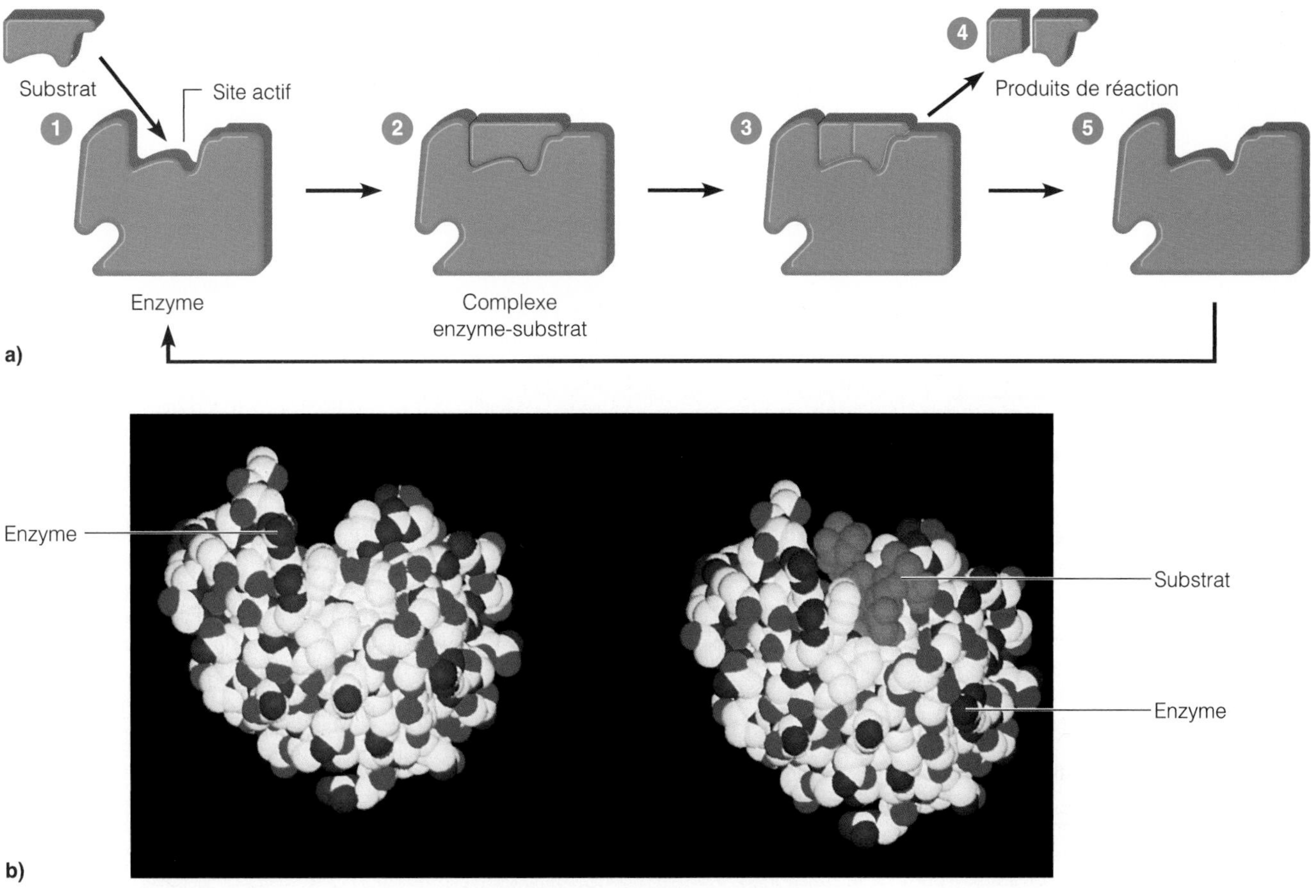


FIGURE 5.3 **Mécanisme de l'action enzymatique. a)** ❶ Le substrat entre en contact avec le site actif de l'enzyme pour former ❷ un complexe enzyme-substrat. ❸ Le substrat est alors transformé en produits de réaction, ❹ les produits sont libérés et ❺ l'enzyme est récupérée, inchangée. Dans l'exemple ci-dessus, la transformation en produits prend la forme d'une dégradation du substrat en deux produits. Toutefois, d'autres types de transformations sont possibles. **b)** À gauche : Modèle moléculaire de l'enzyme à l'étape ❶ de la partie *a*. Le site actif de l'enzyme apparaît ici comme un creux à la surface de la protéine. À droite : Quand l'enzyme et le substrat se combinent à l'étape ❷ de la partie *a*, ils changent légèrement de forme pour s'ajuster plus étroitement l'un à l'autre.

chimiques s'accroît en conséquence. La température optimale d'une enzyme est celle qui favorise les collisions de sorte que les chances que l'enzyme rencontre ses substrats sont maximales. La température optimale de la plupart des bactéries pathogènes qui s'introduisent dans le corps humain se situe entre 35 et 40 °C.

Les molécules se déplacent plus lentement à basse température qu'à température élevée et le nombre de collisions diminue, si bien que l'énergie des molécules peut être insuffisante pour causer une réaction chimique ; si la température est inférieure à la température optimale, la vitesse de réaction peut même diminuer au point de devenir incompatible avec le maintien de la vie. Si la température dépasse la valeur de la température optimale, la vitesse de réaction diminue rapidement (figure 5.4a). Toutefois, la diminution de la vitesse de réaction résulte de la **dénaturation** de l'enzyme (figure 5.5). La dénaturation d'une protéine comprend la destruction des liaisons hydrogène et d'autres liaisons non covalentes ; un exemple bien connu est la transformation par la chaleur du blanc d'œuf frais (une protéine appelée albumine) en une matière solide. Ainsi, si la température s'élève au point où la protéine perd sa solubilité et coagule, l'enzyme ne peut plus récupérer ses propriétés d'origine et la dénaturation est alors irréversible.

## Le pH

Pour la plupart des enzymes, il existe un pH optimal auquel l'activité enzymatique est typiquement maximale. Au-dessus ou au-dessous de ce pH, cette activité et, par conséquent, la vitesse de la réaction diminuent (figure 5.4b). Quand la concentration des ions $H^+$ (pH) change dans le milieu, la structure tridimensionnelle de la protéine est modifiée. Les changements de pH extrêmes peuvent entraîner la dénaturation.

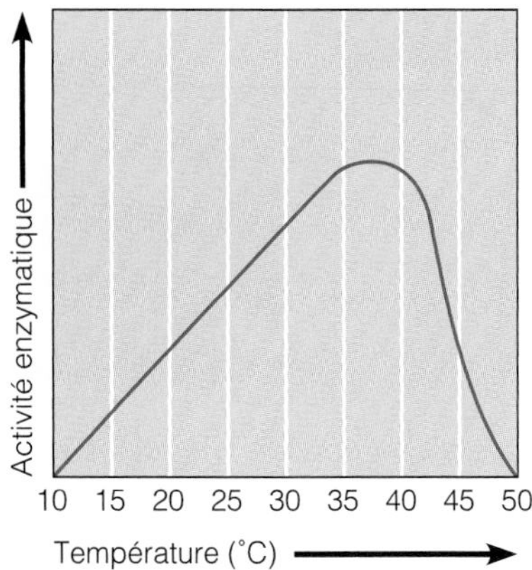


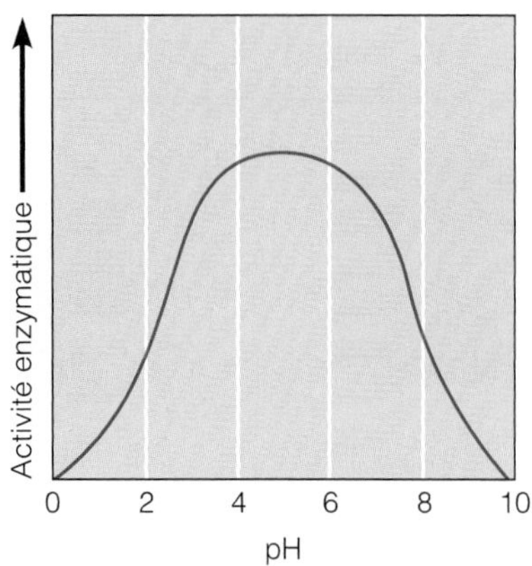


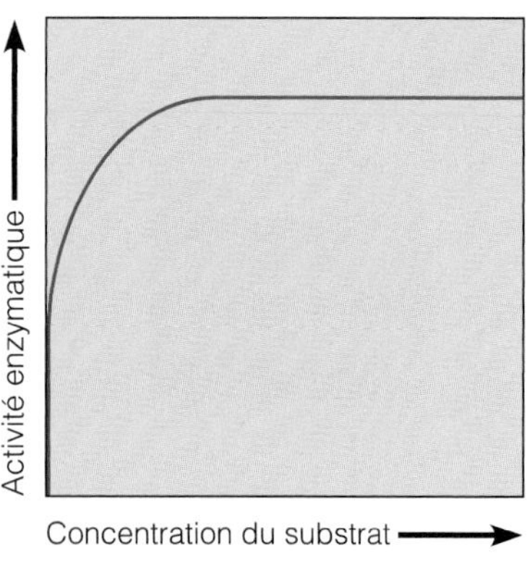


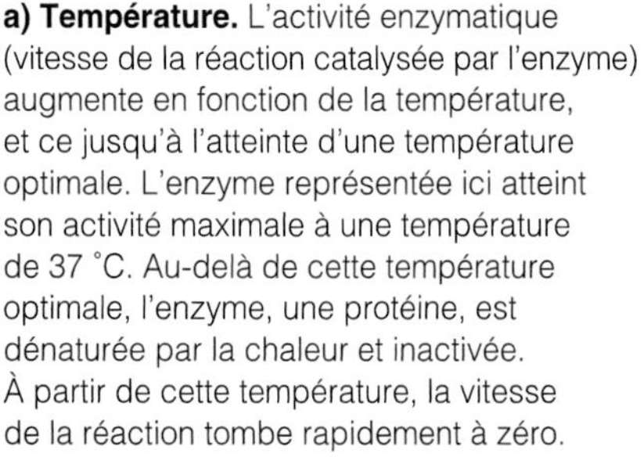

**a) Température.** L'activité enzymatique (vitesse de la réaction catalysée par l'enzyme) augmente en fonction de la température, et ce jusqu'à l'atteinte d'une température optimale. L'enzyme représentée ici atteint son activité maximale à une température de 37 °C. Au-delà de cette température optimale, l'enzyme, une protéine, est dénaturée par la chaleur et inactivée. À partir de cette température, la vitesse de la réaction tombe rapidement à zéro.

**b) pH.** L'enzyme représentée ici atteint son activité maximale à pH 5,0 environ. Au-delà de ce pH, la vitesse de la réaction tombe à zéro.

**c) Concentration du substrat.** Au fur et à mesure que la concentration des molécules de substrat augmente, la vitesse de la réaction augmente aussi jusqu'à ce que les sites actifs de toutes les molécules d'enzyme soient occupés (saturation). La vitesse maximale de la réaction est alors atteinte. L'ajout de substrats supplémentaires n'a plus d'effet.

FIGURE 5.4 **Facteurs influant sur l'activité enzymatique.** (Les valeurs représentées sont celles d'une enzyme hypothétique.)

■ Quelle sera l'activité de cette enzyme à 25 °C? à 45 °C? à pH 7?

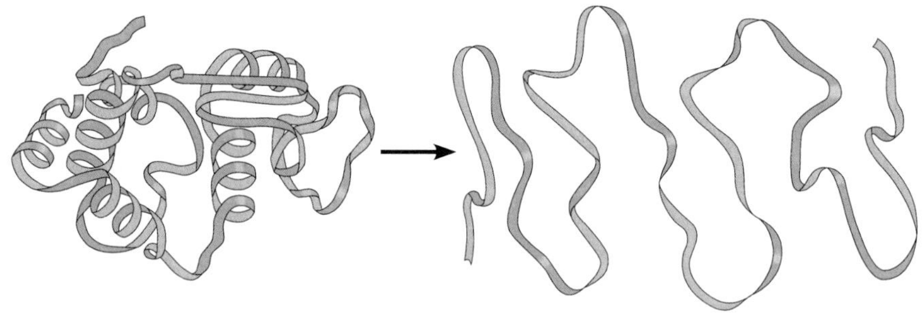


FIGURE 5.5 **Dénaturation d'une protéine.** La destruction des liaisons non covalentes (telles que les liaisons hydrogène) qui stabilisent la forme tridimensionnelle de la protéine active rend la molécule dénaturée non fonctionnelle.

■ Quels facteurs peuvent causer la dénaturation d'une enzyme?

## La concentration du substrat

Pour une certaine quantité d'enzyme, la concentration du substrat influe sur la vitesse à laquelle se déroulera la réaction spécifique qu'elle catalyse. Plus la concentration du substrat s'élève, plus la vitesse des réactions augmente. C'est seulement quand la concentration du substrat, ou des substrats, est extrêmement élevée que la réaction atteint cette vitesse maximale. Lorsque cela se produit, on dit que l'enzyme est dans des conditions de **saturation,** c'est-à-dire que son site actif est toujours occupé par des molécules de substrat. Dans ce cas, toute augmentation supplémentaire de la concentration du substrat n'a aucun effet sur la vitesse de réaction parce que tous les sites actifs sont déjà remplis (figure 5.4c). Dans les conditions cellulaires normales, les enzymes ne sont pas saturées par leurs substrats. À tout moment, il y a beaucoup de molécules d'enzymes qui sont inactives faute de substrat; ainsi, la vitesse de réaction peut être régulée par la concentration de substrat.

## Les inhibiteurs

Plusieurs stratégies sont utilisées dans la lutte contre les microbes (chapitre 7). Par exemple, un moyen efficace de limiter la croissance des bactéries est de combattre leurs enzymes. Certains poisons, tels que le cyanure, l'arsenic et

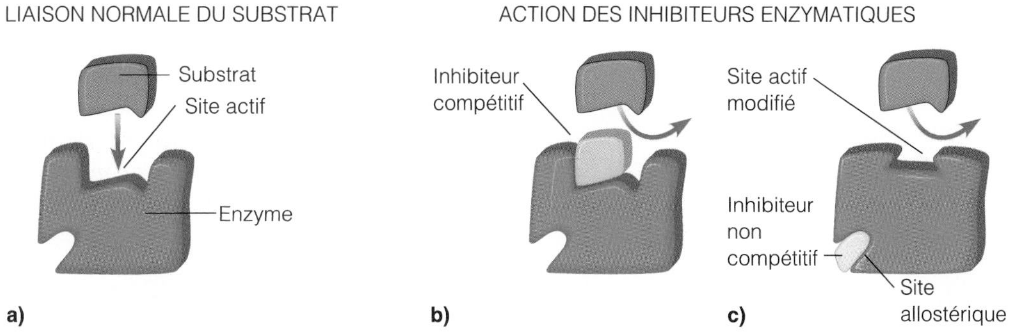

**FIGURE 5.6 Inhibiteurs enzymatiques. a)** Une enzyme et son substrat normal, sans inhibiteur. **b)** Inhibiteur compétitif. **c)** Un type d'inhibiteur non compétitif, causant une inhibition allostérique.

■ Quel est le mode d'action des inhibiteurs compétitifs ?

le mercure, se combinent aux enzymes et les empêchent de fonctionner. Les cellules cessent alors de fonctionner et meurent.

Il y a deux catégories d'inhibiteurs enzymatiques : les inhibiteurs compétitifs et les inhibiteurs non compétitifs (figure 5.6). Les **inhibiteurs compétitifs** occupent le site actif de l'enzyme et sont ainsi en compétition avec le substrat normal pour ce site. Ils sont en mesure de se substituer au substrat parce qu'ils ont une forme et une structure chimique qui ressemblent à celles de ce dernier (figure 5.6b). Mais, contrairement au substrat, ils ne déclenchent pas de réaction qui amènerait la formation de produits de réaction. Certains inhibiteurs compétitifs se lient de façon irréversible aux acides aminés du site actif, rendant ainsi impossible toute autre interaction avec le substrat. D'autres se lient de façon réversible, occupant et libérant tour à tour le site actif ; ces inhibiteurs ralentissent les interactions de l'enzyme avec le substrat. On peut vaincre l'inhibition compétitive réversible en augmentant la concentration du substrat. Au fur et à mesure que les sites actifs se libèrent, les molécules de substrat, qui sont en plus grand nombre que celles de l'inhibiteur compétitif, ont plus de chances de s'y lier.

Le sulfanilamide est un bon exemple d'inhibiteur compétitif. Il agit sur l'enzyme dont le substrat normal est l'acide para-aminobenzoïque (PABA) :

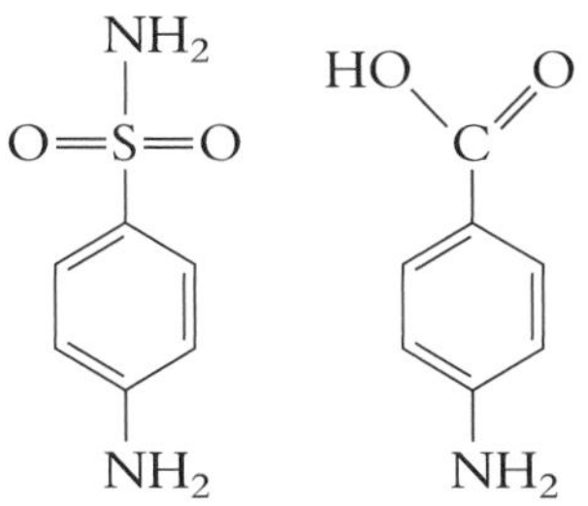

Sulfanilamide PABA

Le PABA est un nutriment essentiel utilisé par beaucoup de bactéries pour la synthèse de l'acide folique, une vitamine qui joue le rôle de coenzyme.

Quand on prescrit du sulfanilamide à un patient qui souffre d'une infection urinaire, par exemple, ce médicament diffuse dans l'environnement des bactéries ; au cours du métabolisme bactérien, l'enzyme qui convertit normalement le PABA en acide folique se combine plutôt avec le sulfanilamide. L'acide folique n'est pas synthétisé et la bactérie ne peut pas se multiplier. Puisque les cellules humaines n'utilisent pas le PABA pour produire leur acide folique, elles ne sont pas touchées par le sulfanilamide qui, par contre, inhibe la croissance des bactéries. L'infection est alors contrôlée.

Les **inhibiteurs non compétitifs** ne font pas concurrence au substrat pour le déplacer du site actif ; ils agissent plutôt sur une autre partie de l'enzyme (figure 5.6c). Lors de ce processus, appelé **inhibition allostérique** (« autre espace »), l'inhibiteur se lie à un site sur l'enzyme qui n'est pas le site de liaison du substrat et qui porte le nom de **site allostérique.** Cette liaison provoque une modification de la forme du site actif, le rendant ainsi non fonctionnel. En conséquence, l'activité de l'enzyme est réduite. Cet effet peut être soit réversible, soit irréversible, selon que le site actif est capable ou non de reprendre sa forme d'origine. Dans certains cas, les interactions allostériques peuvent activer une enzyme plutôt que l'inhiber. Il existe un autre type d'inhibition non compétitive qui s'exerce sur les enzymes dont l'activité nécessite un ion métallique. Certains agents chimiques peuvent se combiner aux ions métalliques activateurs ou les neutraliser et prévenir ainsi les réactions enzymatiques. Le cyanure peut se lier au fer des enzymes qui en contiennent et le fluorure, au calcium ou au magnésium. Les substances comme le cyanure et le fluorure sont parfois appelées *poisons d'enzymes* parce qu'elles occasionnent une inactivation permanente de ces protéines. À faible dose, le fluorure tue les bactéries de la bouche qui peuvent contribuer à la carie dentaire.

## La rétro-inhibition

Les inhibiteurs allostériques jouent un rôle dans un type de régulation biochimique appelé **rétro-inhibition** ou

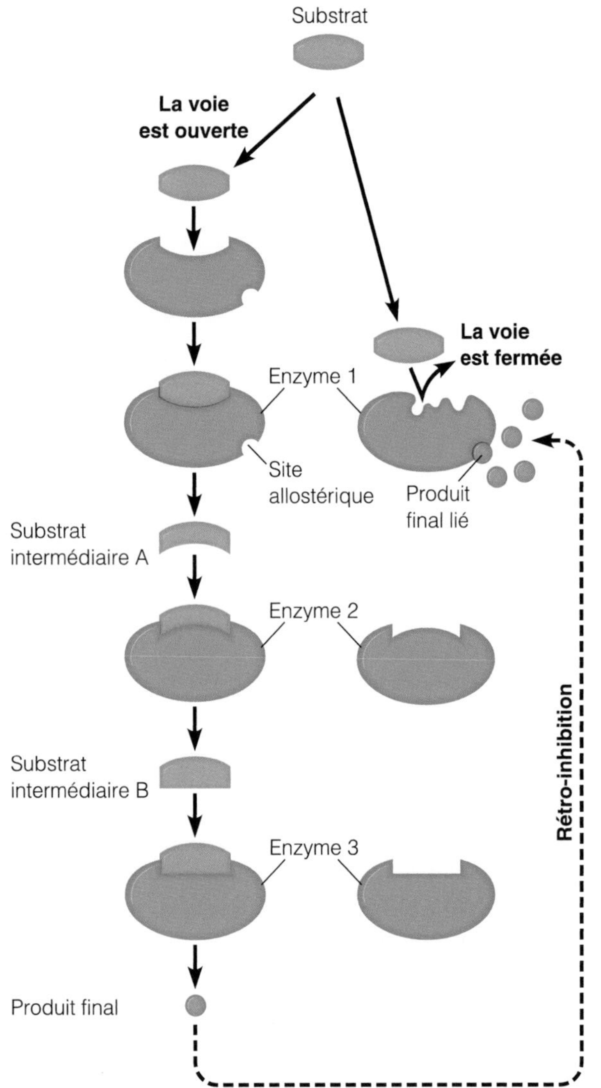


FIGURE 5.7 **Rétro-inhibition.**

■ Comment fonctionne le processus de la rétro-inhibition ?

**inhibition par produit final.** Ce mécanisme empêche la cellule de gaspiller des ressources chimiques, et ce en s'opposant à ce qu'elle produise plus de substances qu'elle n'en a besoin. Dans certaines réactions métaboliques, il faut plusieurs étapes pour synthétiser un composé chimique donné, appelé *produit final* ou *produit terminal.* Le processus ressemble à une chaîne de montage où chaque étape est catalysée par une enzyme différente (figure 5.7). Dans beaucoup de voies anaboliques, le produit final peut inhiber par allostérie l'activité d'une des enzymes qui agit à une étape antérieure sur la voie. C'est ce phénomène qui s'appelle rétro-inhibition.

En règle générale, la rétro-inhibition s'exerce sur la première enzyme de la voie métabolique (c'est un peu comme interrompre une chaîne de montage en ordonnant à la première personne de cesser de travailler). L'enzyme étant inhibée, le produit de la première réaction enzymatique de la voie n'est pas synthétisé. Ce produit non synthétisé serait normalement le substrat de la deuxième enzyme dans la voie. Comme ce substrat manque à l'appel, la deuxième réaction est aussi immédiatement interrompue. En conséquence, même si c'est seulement la première enzyme de la cascade qui est inhibée, la voie entière est bloquée et aucun nouveau produit final n'est formé. En inhibant la première enzyme de la voie, la cellule prévient aussi l'accumulation des intermédiaires métaboliques. Au fur et à mesure que la cellule consomme le produit final existant, le site allostérique de la première enzyme commence à se libérer et la voie redevient active. Il y a donc rétro-inhibition lorsqu'une série d'enzymes effectue la synthèse d'un produit final qui inhibe la première enzyme de la série, ou bien une enzyme intermédiaire, et ferme ainsi la voie entière dès qu'il y a une quantité suffisante de produit final.

Le cas de la bactérie *E. coli* permet d'illustrer la rétro-inhibition dans la synthèse de l'isoleucine, un acide aminé nécessaire à la croissance cellulaire. Dans cette voie métabolique, il faut cinq étapes enzymatiques pour convertir la thréonine, l'acide aminé de départ, en isoleucine. Si on ajoute de l'isoleucine au milieu de culture d'*E. coli,* l'acide aminé inhibe la première enzyme de la voie et la bactérie cesse de synthétiser l'isoleucine. Cette situation se maintient jusqu'à l'épuisement de l'isoleucine. Ce type de rétro-inhibition intervient également dans la régulation de la production par la cellule d'autres acides aminés, de vitamines, des purines et des pyrimidines.

## Les ribozymes

Avant 1982, on croyait que seules les protéines étaient capables d'activité enzymatique. Des chercheurs qui étudiaient des microbes ont découvert un type d'ARN unique en son genre appelé **ribozyme.** Comme les enzymes protéiques, les ribozymes jouent le rôle de catalyseurs, possèdent un site actif qui lie des substrats et ne sont pas altérées par la réaction chimique à laquelle elles participent. Leur action, qui s'exerce spécifiquement sur des brins d'ARN, consiste à enlever des segments de la molécule d'ARN et à épisser ceux qui restent. À cet égard, les ribozymes ont une action plus restreinte que celle des enzymes protéiques, c'est-à-dire que les substrats avec lesquels elles interagissent sont moins diversifiés.

# La production d'énergie

### Objectifs d'apprentissage

- *Expliquer ce qu'on entend par oxydoréduction.*
- *Nommer trois types de réactions de phosphorylation qui produisent de l'ATP et en donner des exemples.*

Les molécules de nutriments, comme toutes les molécules, possèdent de l'énergie associée aux électrons qui forment les liaisons entre leurs atomes. Quand cette énergie est répartie dans toute la molécule, il est difficile pour la cellule de l'utiliser. Toutefois, diverses réactions des voies cataboliques concentrent l'énergie dans les liaisons de l'ATP, qui constitue un transporteur d'énergie commode. On dit en général de l'ATP qu'elle possède des liaisons riches en énergie. En réalité, il serait probablement plus approprié de parler de liaisons instables. Bien que la quantité d'énergie dans ces liaisons ne soit pas exceptionnellement élevée, elle peut être libérée rapidement et facilement. D'une certaine façon, l'ATP ressemble à un liquide très inflammable tel que le kérosène. Une grosse bûche qui brûle finirait peut-être par produire plus de chaleur qu'une tasse de kérosène, mais ce dernier est plus facile à allumer et on en tire de la chaleur plus rapidement et avec moins d'efforts. De la même façon, les liaisons instables riches en énergie de l'ATP procurent à la cellule de l'énergie d'accès immédiat pour les réactions anaboliques.

Avant de nous pencher sur les voies cataboliques, nous allons considérer deux aspects généraux de la production d'énergie : le concept d'oxydoréduction et le mécanisme de production de l'ATP.

## Les réactions d'oxydoréduction

Lorsqu'un atome ou une molécule perd des électrons ($e^-$), il se produit une réaction appelée **oxydation.** Cette réaction produit souvent de l'énergie. La figure 5.8 représente un exemple d'oxydation dans laquelle la molécule A perd un électron au profit de la molécule B. La molécule A a été soumise à l'oxydation (c'est-à-dire qu'elle a perdu un ou des électrons), alors que la molécule B est l'objet d'une **réduction** (c'est-à-dire qu'elle a acquis un ou des électrons)*. Les réactions d'oxydation et de réduction sont toujours couplées ; autrement dit, chaque fois qu'une substance est oxydée, il y en a une autre qui est simultanément réduite. Ces réactions couplées s'appellent **réactions d'oxydoréduction** ou **réactions redox.**

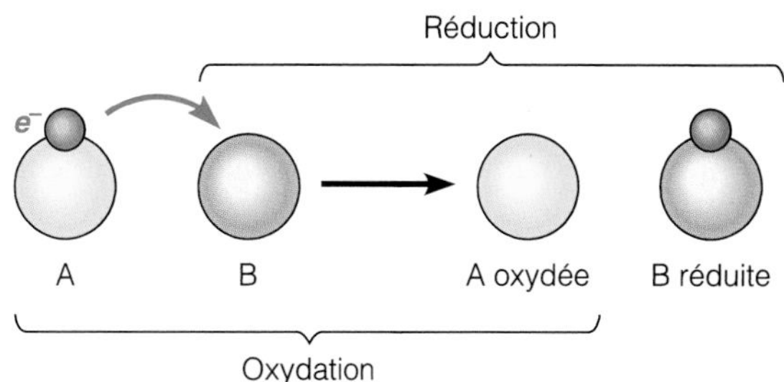


**FIGURE 5.8 Réactions d'oxydoréduction.** Un électron est transféré de la molécule A à la molécule B. Au cours de cette réaction, la molécule A est oxydée et la molécule B est réduite.

■ L'oxydation se traduit par une perte d'électrons et la réduction, par un gain d'électrons.

Dans beaucoup d'oxydations cellulaires, il y a perte simultanée d'électrons et de protons (ions hydrogène, $H^+$) ; cela équivaut à la perte d'atomes d'hydrogène, parce que cet élément est constitué d'un proton et d'un électron (tableau 2.2). Puisque la plupart des oxydations biologiques se traduisent par la perte d'atomes d'hydrogène, elles portent aussi le nom de réactions de **déshydrogénation.** La figure 5.9 représente un exemple d'oxydation biologique. Une molécule organique est oxydée par la perte de deux atomes d'hydrogène et une molécule de $NAD^+$ est réduite. Nous avons mentionné plus haut, à propos des coenzymes, que le $NAD^+$ participe à l'activité des enzymes en acceptant des atomes d'hydrogène cédés par le substrat, dans le cas présent, la molécule organique. La figure 5.9 montre que le $NAD^+$ accepte deux électrons et un proton. Il reste ainsi un proton ($H^+$) qui est libéré dans le milieu. La coenzyme réduite, NADH, contient

* Les appellations ne paraissent pas logiques sauf si on considère l'historique de la découverte de ces réactions. Quand on chauffe du mercure, sa masse augmente par suite de la formation d'oxyde de mercure ; on a appelé ce processus *oxydation*. Il a plus tard été établi que, en fait, le mercure *perdait* des électrons. En conséquence, la réduction consiste en une *addition* d'électrons.

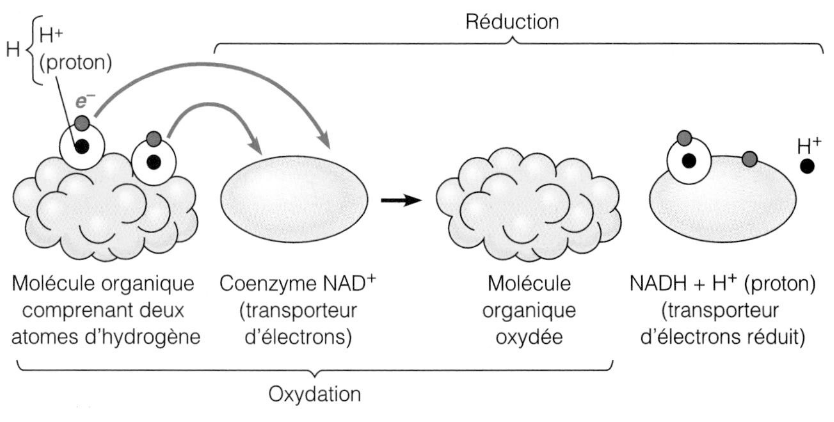


**FIGURE 5.9 Oxydation biologique représentative.** Deux électrons et deux protons (qui équivalent ensemble à deux atomes d'hydrogène) sont transférés d'une molécule de substrat organique à une coenzyme, le $NAD^+$. En réalité, le $NAD^+$ reçoit un atome d'hydrogène et un électron, et un proton est libéré dans le milieu. Le $NAD^+$ est réduit en NADH, qui est une molécule plus riche en énergie.

■ Les organismes utilisent les réactions d'oxydoréduction lors du catabolisme pour extraire de l'énergie des molécules de nutriments, tels que le glucose.

plus d'énergie que $NAD^+$. Cette énergie pourra servir à produire de l'ATP au cours d'une réaction à venir.

À propos des réactions d'oxydoréduction biologiques, il est important de se rappeler que les cellules les utilisent lors du catabolisme pour extraire de l'énergie des molécules de nutriments. Les cellules absorbent les nutriments – dont certains servent de source d'énergie – et les transforment, de composés hautement réduits (avec beaucoup d'atomes d'hydrogène) en composés hautement oxydés. Par exemple, quand une cellule oxyde une molécule de glucose ($C_6H_{12}O_6$) en $CO_2$ et en $H_2O$, l'énergie contenue dans le glucose est retirée par étapes et finit par être emmagasinée dans l'ATP, qui devient alors une source d'énergie pour les réactions qui en ont besoin. Les composés tels que le glucose, qui ont beaucoup d'atomes d'hydrogène, sont des composés hautement réduits, contenant une grande quantité d'énergie potentielle. C'est pourquoi le glucose est un nutriment précieux pour les cellules, y compris les cellules microbiennes. On peut aussi comprendre l'importance de l'ATP dans le métabolisme cellulaire ; l'ATP est une molécule riche en énergie potentielle qui s'insère comme une forme de réserve intermédiaire entre les réactions qui libèrent de l'énergie et celles qui exigent de l'énergie.

## La production d'ATP

Une grande partie de l'énergie libérée durant les réactions d'oxydoréduction est retenue dans la cellule sous forme d'ATP. Plus précisément, un groupement phosphate, Ⓟ, est ajouté à une molécule d'ADP moyennant un investissement d'énergie pour former de l'ATP :

$$\overbrace{\text{Adénosine}—Ⓟ\sim Ⓟ}^{\textbf{ADP}} + \text{Énergie} + Ⓟ \rightarrow \underbrace{\text{Adénosine}—Ⓟ\sim Ⓟ\sim Ⓟ}_{\textbf{ATP}}$$

Le symbole ~ désigne une liaison riche en énergie, c'est-à-dire une liaison qui peut être facilement rompue pour libérer de l'énergie utilisable. D'une certaine façon, la liaison riche en énergie qui attache le troisième Ⓟ contient l'énergie emmagasinée dans cette réaction. Quand ce Ⓟ est retiré, l'énergie utilisable est libérée. L'addition de Ⓟ à un composé chimique est appelée **phosphorylation.** Les organismes emploient trois mécanismes de phosphorylation pour produire de l'ATP à partir d'ADP.

### La phosphorylation au niveau du substrat

La **phosphorylation au niveau du substrat** produit de l'ATP quand un Ⓟ riche en énergie est transféré directement d'un composé phosphorylé (un substrat) à une molécule d'ADP. En règle générale, le Ⓟ a acquis son énergie au cours d'une réaction antérieure, durant laquelle le substrat lui-même a été oxydé. (Ce processus se déroule dans le cytoplasme.) L'exemple suivant montre seulement le squelette carboné et le Ⓟ d'un substrat typique :

$$\text{C—C—C} \sim Ⓟ + \text{ADP} \longrightarrow \text{C—C—C} + \text{ATP}$$

### La phosphorylation oxydative

La **phosphorylation oxydative** transfère des électrons d'un composé organique à un des groupes de transporteurs d'électrons, habituellement $NAD^+$ et FAD qui sont réduits respectivement en NADH et en $FADH_2$. Ensuite, les électrons passent par une série de transporteurs d'électrons différents pour aboutir à des molécules de dioxygène ($O_2$) ou à d'autres molécules inorganiques. Ce processus se déroule dans la membrane plasmique des procaryotes et dans la membrane mitochondriale interne des eucaryotes. La suite de transporteurs d'électrons utilisée lors de la phosphorylation oxydative est appelée **chaîne de transport des électrons** (figure 5.13). Le transfert d'électrons d'un transporteur à l'autre libère de l'énergie, qui sert en partie à la production d'ATP à partir d'ADP par un processus appelé *chimiosmose,* que nous décrirons sous peu.

### La photophosphorylation

Le troisième mécanisme de phosphorylation, la **photophosphorylation,** n'a lieu que dans les cellules photosynthétiques comme les cellules végétales et certaines bactéries, qui contiennent des pigments, tels que les chlorophylles, capables de capter la lumière. Au cours de la photosynthèse, des molécules organiques, surtout des glucides, sont synthétisées grâce à l'énergie de la lumière à partir de composants faibles en énergie, soit le dioxyde de carbone et l'eau. La photophosphorylation amorce ce processus en convertissant l'énergie de la lumière en énergie chimique sous forme d'ATP et de NADPH. Ces derniers servent à leur tour à la synthèse de molécules organiques. Comme dans le cas de la phosphorylation oxydative, ce mécanisme fait intervenir une chaîne de transport des électrons.

## Les voies métaboliques de la production d'énergie

**Objectif d'apprentissage**

- *Expliquer la fonction générale des voies métaboliques.*

Les organismes libèrent et stockent l'énergie des molécules organiques au moyen d'une série de réactions contrôlées plutôt qu'en une seule opération violente. Si toute l'énergie était libérée d'un seul coup, sous la forme d'une grande quantité de chaleur, elle ne pourrait pas être facilement employée pour alimenter les réactions chimiques et ferait en fait du tort à la cellule. Pour extraire l'énergie des composés organiques et l'emmagasiner dans des liaisons chimiques, les organismes font passer les électrons d'un composé à l'autre au moyen d'une série de réactions d'oxydoréduction.

Nous avons mentionné plus haut qu'une séquence de réactions chimiques catalysées par des enzymes dans une cellule est appelée voie métabolique. La voie hypothétique présentée ci-dessous convertit la matière de départ A en produit final F par une série de cinq étapes:

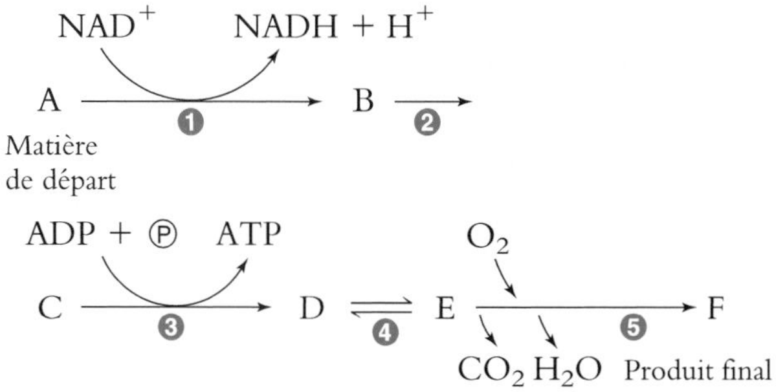

$$\mathrm{A} \xrightarrow[\text{①}]{\mathrm{NAD^+} \to \mathrm{NADH + H^+}} \mathrm{B} \xrightarrow[\text{②}]{}$$

Matière de départ

$$\mathrm{C} \xrightarrow[\text{③}]{\mathrm{ADP} + Ⓟ \to \mathrm{ATP}} \mathrm{D} \underset{\text{④}}{\rightleftharpoons} \mathrm{E} \xrightarrow[\text{⑤}]{O_2 \;\to\; CO_2\; H_2O} \mathrm{F}$$

Produit final

❶ La première étape consiste à convertir la molécule A en molécule B. La flèche courbée indique que la réduction de la coenzyme $NAD^+$ en NADH est couplée à cette réaction; les électrons et les protons proviennent de la molécule A. De la même façon, les deux flèches en ❸ montrent le couplage de deux réactions. Pendant que C est converti en D, une molécule d'ADP est convertie en ATP; l'énergie requise provient de C au moment où cette substance se transforme en D. ❹ La réaction qui convertit D en E est facilement réversible, comme l'indique la double flèche. La réaction ❷ au cours de laquelle B est convertie en C s'effectue par contre dans un sens unique. ❺ Au cours de la cinquième étape, la flèche courbée reliée à $O_2$ signale que $O_2$ est un réactif qui intervient dans cette réaction. Les flèches courbées reliées à $CO_2$ et à $H_2O$ révèlent que ces substances sont des produits secondaires de la réaction et qu'elles s'ajoutent à F, le produit final qui (en principe) nous intéresse davantage. Les produits secondaires, tels que $CO_2$ et $H_2O$ ici, sont parfois appelés «sous-produits» ou «déchets». Rappelons que, sauf exception, chacune des réactions d'une voie métabolique est catalysée par une enzyme spécifique; il arrive qu'on écrive le nom de l'enzyme à côté de la flèche.

# Le catabolisme des glucides

## Objectifs d'apprentissage

- *Décrire les réactions chimiques de la glycolyse.*
- *Expliquer les produits du cycle de Krebs.*
- *Décrire le modèle de la production d'ATP par chimiosmose.*

La plupart des microorganismes ont recours à l'oxydation des glucides comme principal moyen d'obtention de leur énergie cellulaire. Par conséquent, le **catabolisme des glucides,** soit la dégradation des molécules de glucide pour produire de l'énergie, revêt une importance capitale dans le métabolisme des cellules. Le glucose est le glucide le plus souvent utilisé comme source d'énergie par les cellules. Nous verrons plus loin que les microorganismes peuvent aussi cataboliser divers lipides et protéines pour produire de l'énergie.

Pour produire de l'énergie à partir du glucose, les microorganismes font appel à deux grands processus: la *respiration cellulaire* et la *fermentation.* (Quand nous parlons de respiration cellulaire, nous utilisons souvent le mot respiration sans autre qualificatif, mais il importe de ne pas confondre ce phénomène avec ce qui se passe dans les poumons.) Les deux processus commencent habituellement de la même façon, par la glycolyse, puis s'engagent par la suite dans des voies différentes (figure 5.10). Avant d'analyser en détail la respiration et la fermentation, nous allons donner une vue d'ensemble de ces processus.

La figure 5.10 montre que la respiration cellulaire du glucose s'effectue habituellement en trois grandes phases: la glycolyse, le cycle de Krebs et la chaîne de transport des électrons.

❶ La glycolyse est l'oxydation du glucose en acide pyruvique accompagnée de la production d'une certaine quantité d'ATP et de NADH riche en énergie.

❷ Le cycle de Krebs est l'oxydation de l'acétyl CoA (un dérivé de l'acide pyruvique) au cours d'une série de réactions chimiques, où du $CO_2$ est formé, accompagnée de la production d'une certaine quantité d'ATP et de NADH riche en énergie et d'un autre transporteur d'électrons réduit, la $FADH_2$.

❸ Dans la chaîne de transport des électrons, le NADH et la $FADH_2$ sont oxydés, cédant les électrons qu'ils ont transportés des substrats à une «cascade» de réactions d'oxydoréduction qui fait intervenir une nouvelle série de transporteurs d'électrons. L'énergie de ces réactions sert à produire une quantité considérable d'ATP. Au cours de la respiration cellulaire, la plupart des molécules d'ATP proviennent de la troisième phase, soit la chaîne de transport d'électrons.

Puisque la respiration cellulaire est en fait une longue série de réactions d'oxydoréduction, on peut considérer l'ensemble du processus comme un déplacement d'électrons ayant comme point de départ une molécule de glucose riche en énergie et comme point d'arrivée des molécules qui sont relativement pauvres en énergie. Par exemple, le point d'arrivée de la respiration dite aérobie sera formé des molécules de $CO_2$ et de $H_2O$. Le couplage de la production d'ATP à ce déplacement est en quelque sorte analogue à la production d'énergie électrique grâce à la force exercée par un cours d'eau. Poursuivant l'analogie, on peut imaginer que la glycolyse et le cycle de Krebs ressemblent à un ruisseau qui coule doucement et dont l'énergie fait tourner deux roues à aubes antiques. Puis, une dénivellation importante transforme le ruisseau en torrent dans la chaîne de transport des électrons et fournit l'énergie nécessaire pour alimenter une grande centrale hydroélectrique moderne. De la même façon, la glycolyse et le cycle de Krebs produisent une petite quantité d'ATP et procurent par ailleurs les électrons qui vont créer beaucoup d'ATP durant la phase de la chaîne de transport des électrons.

Très souvent, la première phase de la fermentation est aussi la glycolyse (figure 5.10). Toutefois, après cette dernière, l'acide pyruvique est converti en un ou plusieurs produits différents, selon le type de cellule. On peut trouver parmi ces produits de l'alcool (éthanol) et de l'acide lactique. Contrairement à la respiration cellulaire, il n'y a pas de cycle de Krebs ni de chaîne de transport des électrons lors de la

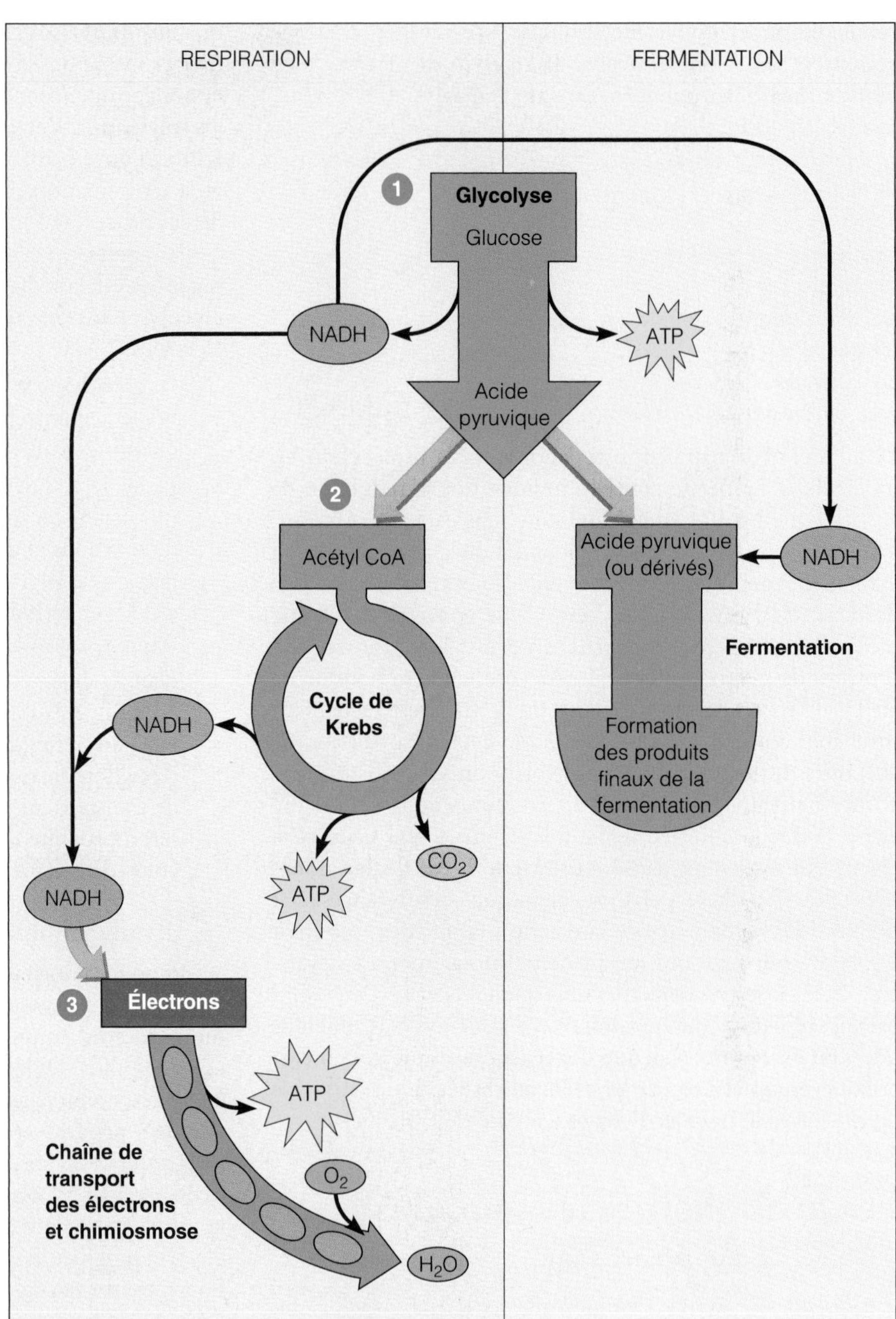


**FIGURE 5.10 Vue d'ensemble des processus de la respiration cellulaire et de la fermentation.** ❶ La glycolyse produit de l'ATP et réduit $NAD^+$ en NADH tout en oxydant le glucose en acide pyruvique. Lors de la respiration cellulaire, l'acide pyruvique est converti en une molécule, l'acétyl CoA, qui devient le premier réactif du ❷ cycle de Krebs, lequel produit de l'ATP et réduit le $NAD^+$ en NADH (et le FAD en $FADH_2$) tout en libérant du $CO_2$. Le NADH de ces deux processus fournit des électrons à ❸ la chaîne de transport des électrons où leur énergie sert à produire beaucoup d'ATP. Lors de la fermentation, l'acide pyruvique et les électrons fournis par la glycolyse sous forme de NADH sont incorporés dans les produits finaux sans passer par le cycle de Krebs ni la chaîne de transport d'électrons. La présente figure sera reproduite en format réduit à côté de plusieurs autres figures du chapitre pour montrer comment les différentes réactions s'insèrent dans l'ensemble du processus.

■ Quelle est la différence fondamentale entre la respiration et la fermentation ?

fermentation. Par conséquent, la production d'ATP, qui résulte uniquement de la glycolyse, est beaucoup plus faible.

## La glycolyse

La **glycolyse,** soit l'oxydation du glucose en acide pyruvique, constitue habituellement la première phase du catabolisme des glucides. La plupart des microorganismes utilisent cette voie ; en fait, elle est présente dans beaucoup de cellules vivantes.

La glycolyse est aussi appelée *voie d'Embden-Meyerhof.* Le mot *glycolyse* signifie « décomposition de sucre », et c'est précisément ce qui se produit. Les enzymes de la glycolyse catalysent la dégradation du glucose, un sucre à six carbones, en deux sucres à trois carbones. Ces sucres sont par la suite oxydés, libérant de l'énergie, et leurs atomes sont réarrangés pour former deux molécules d'acide pyruvique. Durant la glycolyse, le $NAD^+$ est réduit en NADH, et il y a production nette de deux molécules d'ATP par phosphorylation au niveau du substrat. La glycolyse peut avoir lieu avec ou sans molécules de dioxygène. Cette voie est constituée d'une série de dix réactions chimiques, dont chacune est catalysée par une enzyme particulière. Les étapes sont schématisées sur la figure 5.11 ; voir aussi l'appendice B pour une représentation plus détaillée de la glycolyse.

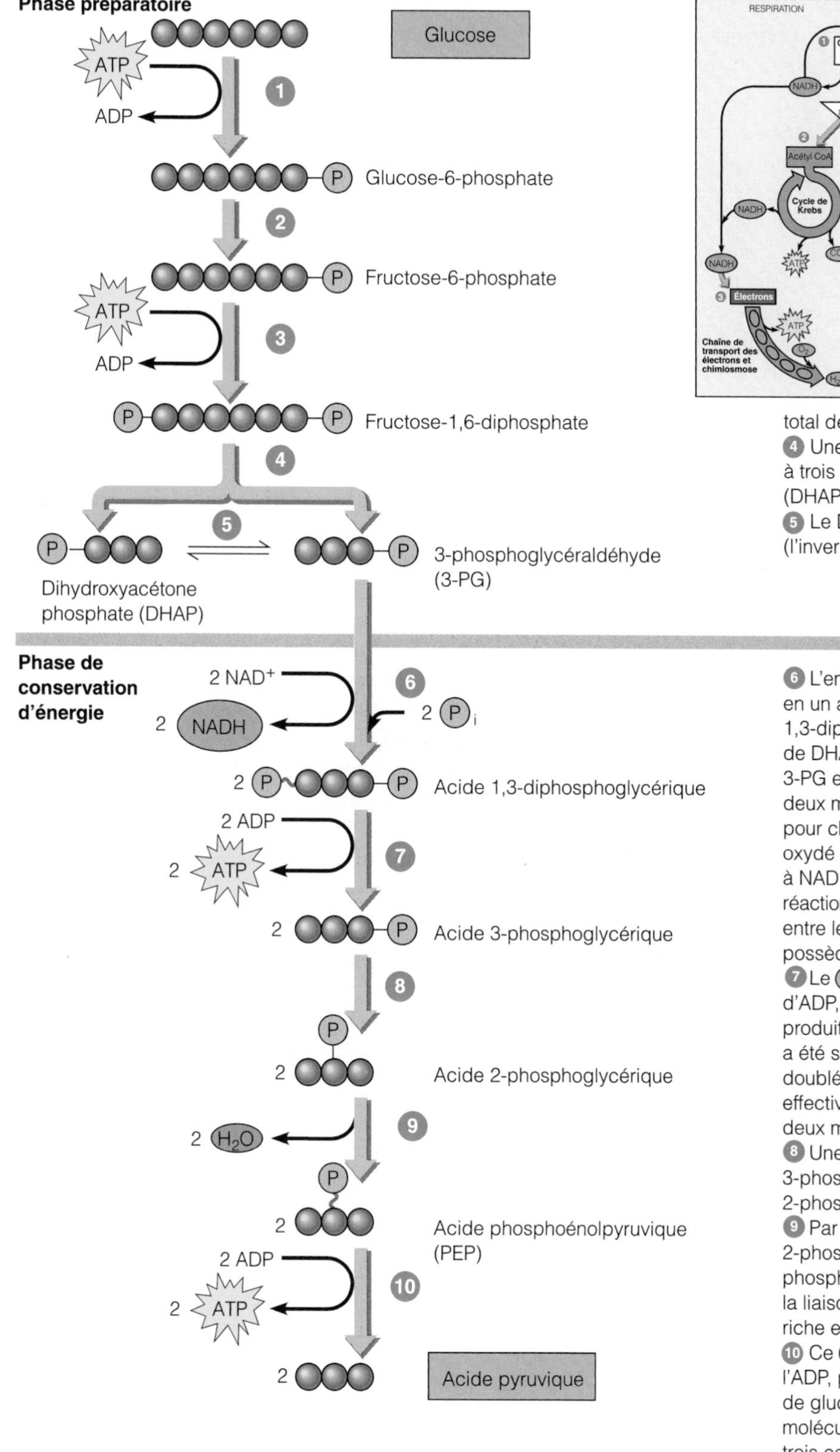


❶ Le glucose pénètre dans la cellule, où il est phosphorylé. Le groupement Ⓟ provient d'une molécule d'ATP. Le produit est le glucose-6-phosphate.
❷ Le glucose-6-phosphate est converti en fructose-6-phosphate.
❸ Le Ⓟ d'une autre ATP est utilisé pour produire du fructose-1,6-diphosphate, qui est lui aussi un composé à six carbones. (Notons l'investissement total de deux molécules d'ATP jusqu'ici.)
❹ Une enzyme scinde le sucre en deux molécules à trois carbones : le dihydroxyacétone phosphate (DHAP) et le 3-phosphoglycéraldéhyde (3-PG).
❺ Le DHAP est facilement converti en 3-PG (l'inverse est aussi possible).

❻ L'enzyme suivante convertit chacun des 3-PG en un autre composé à trois carbones, l'acide 1,3-diphosphoglycérique. Puisque chaque molécule de DHAP peut être convertie en 3-PG, puis chaque 3-PG en acide 1,3-diphosphoglycérique, on obtient deux molécules d'acide 1,3-diphosphoglycérique pour chaque molécule de glucose. Le 3-PG est oxydé par le transfert de deux atomes d'hydrogène à $NAD^+$ pour former NADH. L'enzyme couple cette réaction à la création d'une liaison riche en énergie (~) entre le sucre et un Ⓟ. Le sucre à trois carbones possède maintenant deux groupements Ⓟ.
❼ Le Ⓟ riche en énergie est cédé à une molécule d'ADP, pour former une ATP, la première à être produite par la glycolyse. (Depuis que le sucre a été scindé à l'étape 4, tous les produits sont doublés. En conséquence, cette étape rembourse effectivement l'investissement précédent de deux molécules d'ATP.)
❽ Une enzyme déplace le Ⓟ qui reste sur l'acide 3-phosphoglycérique pour former de l'acide 2-phosphoglycérique en vue de l'étape suivante.
❾ Par la perte d'une molécule d'eau, l'acide 2-phosphoglycérique est converti en acide phosphoénolpyruvique (PEP). Du même coup, la liaison phosphate est élevée au rang de liaison riche en énergie (~).
❿ Ce Ⓟ riche en énergie est transféré du PEP à l'ADP, pour former de l'ATP. Pour chaque molécule de glucose de départ, cette étape produit *deux* molécules d'ATP et deux molécules d'un composé à trois carbones appelé acide pyruvique.

FIGURE 5.11 **Résumé des réactions de la glycolyse.** Le médaillon situe la glycolyse par rapport à l'ensemble des processus de la respiration et de la fermentation. Nous présentons un plan plus détaillé de la glycolyse à l'appendice B.

- La glycolyse est l'oxydation d'une molécule de glucose en deux molécules d'acide pyruvique, ce qui entraîne la production de deux molécules d'ATP et de deux molécules de NADH.

Pour résumer le processus, on peut dire que la glycolyse comprend deux grandes phases, une phase préparatoire et une phase de conservation d'énergie; la figure 5.11 illustre le processus en 10 étapes.

1. Tout d'abord, à la phase préparatoire (étapes ❶ à ❹), deux molécules d'ATP sont utilisées pour phosphoryler, restructurer et diviser une molécule de glucose à six carbones en deux composés à trois carbones: le 3-phosphoglycéraldéhyde (3-PG) et le dihydroxyacétone phosphate (DHAP). ❺ Le DHAP est facilement converti en 3-PG. (La réaction inverse est aussi possible.) La conversion de DHAP en 3-PG signifie que, à partir de ce moment dans la glycolyse, deux molécules de 3-PG sont soumises aux réactions chimiques qui suivent.
2. Dans la phase de conservation d'énergie (étapes ❻ à ❿), les deux molécules à trois carbones sont oxydées par une suite d'étapes en deux molécules d'acide pyruvique. Au cours de ces réactions, deux molécules de $NAD^+$ sont réduites en NADH, et quatre molécules d'ATP sont formées par phosphorylation au niveau du substrat.

Puisqu'il a fallu deux molécules d'ATP pour amorcer la glycolyse et que le processus en produit quatre, *il y a un gain net de deux molécules d'ATP pour chaque molécule de glucose oxydée.*

## Les voies parallèles de la glycolyse

Beaucoup de bactéries utilisent d'autres voies pour oxyder le glucose, en plus de la glycolyse. La plus répandue est la voie des pentoses phosphates; la voie d'Entner-Doudoroff en est une autre.

### La voie des pentoses phosphates

La **voie des pentoses phosphates** fonctionne en même temps que la glycolyse et fournit un moyen de dégrader les sucres à cinq carbones (pentoses) en plus du glucose. Un des éléments clés de cette voie est la production d'importants pentoses intermédiaires qui servent à la synthèse 1) des acides nucléiques (ribose et désoxyribose), 2) du glucose à partir du dioxyde de carbone par la photosynthèse et 3) de certains acides aminés. Cette voie est un producteur important de la coenzyme réduite NADPH à partir de $NADP^+$. La voie des pentoses phosphates permet un gain net de seulement une molécule d'ATP par molécule de glucose oxydée. Les bactéries qui utilisent cette voie comprennent *Bacillus subtilis, Escherichia coli, Leuconostoc mesenteroides* et *Enterococcus fæcalis.*

### La voie d'Entner-Doudoroff

Pour chaque molécule de glucose, la **voie d'Entner-Doudoroff** produit deux molécules de NADPH et une molécule d'ATP qui sont utilisées dans les réactions de biosynthèse cellulaire. Les bactéries qui possèdent les enzymes de la voie d'Entner-Doudoroff peuvent métaboliser le glucose sans passer par la glycolyse ni par la voie des pentoses phosphates. Cette voie est présente chez certaines bactéries à Gram négatif, dont *Rhizobium, Pseudomonas* et *Agrobacterium*; en règle générale, elle est absente des bactéries à Gram positif. Dans les laboratoires d'analyses médicales, on identifie parfois *Pseudomonas* au moyen de tests qui mesurent la capacité d'oxyder le glucose par cette voie.

## La respiration cellulaire

**Objectif d'apprentissage**

- *Comparer la respiration aérobie et la respiration anaérobie.*

Après la dégradation du glucose en acide pyruvique, ce dernier peut être acheminé vers la phase suivante, c'est-à-dire soit vers la fermentation (voir plus loin), soit vers la respiration cellulaire (figure 5.10). La **respiration cellulaire,** ou simplement la **respiration,** est définie comme un processus de production d'ATP au cours duquel des molécules sont oxydées et l'accepteur d'électrons final est (presque toujours) une molécule inorganique. Un élément essentiel de la respiration est le fonctionnement d'une chaîne de transport d'électrons.

Il y a deux types de respiration, selon que l'organisme est un **aérobie** ou un **anaérobie.** Lors de la **respiration aérobie,** l'accepteur d'électrons final est $O_2$; dans la **respiration anaérobie,** l'accepteur d'électrons final est une molécule inorganique autre que $O_2$ ou, plus rarement, une molécule organique. Nous allons d'abord décrire la respiration qui se poursuit habituellement dans la cellule aérobie.

### La respiration aérobie

**Le cycle de Krebs** Le **cycle de Krebs,** aussi appelé *cycle de l'acide citrique*, est une suite de réactions chimiques au cours de laquelle la grande quantité d'énergie chimique potentielle emmagasinée dans l'acétyl CoA est libérée par étapes (figure 5.10). Le cycle comprend une série d'oxydations et de réductions qui transfèrent cette énergie potentielle, sous forme d'électrons, à des coenzymes transporteurs d'électrons, surtout le $NAD^+$. Les dérivés de l'acide pyruvique sont oxydés et les coenzymes, réduites.

L'acide pyruvique, qui est le produit de la glycolyse, ne peut pas entrer dans le cycle de Krebs directement. Au cours d'une étape préparatoire, il doit perdre une molécule de dioxyde de carbone ($CO_2$) et se transformer en un composé à deux carbones (figure 5.12, en haut). Ce processus s'appelle **décarboxylation.** Il s'agit de la première réaction qui dégage du $CO_2$ dans ce processus de la respiration cellulaire. Le composé à deux carbones, appelé *groupement acétyle,* se fixe à la coenzyme A par une liaison riche en énergie; le complexe obtenu porte le nom d'*acétyl coenzyme A* (*acétyl CoA*). Durant cette réaction, l'acide pyruvique est aussi oxydé et le $NAD^+$ est réduit en NADH.

Rappelons que l'oxydation d'une molécule de glucose produit deux molécules d'acide pyruvique. Ainsi, au cours

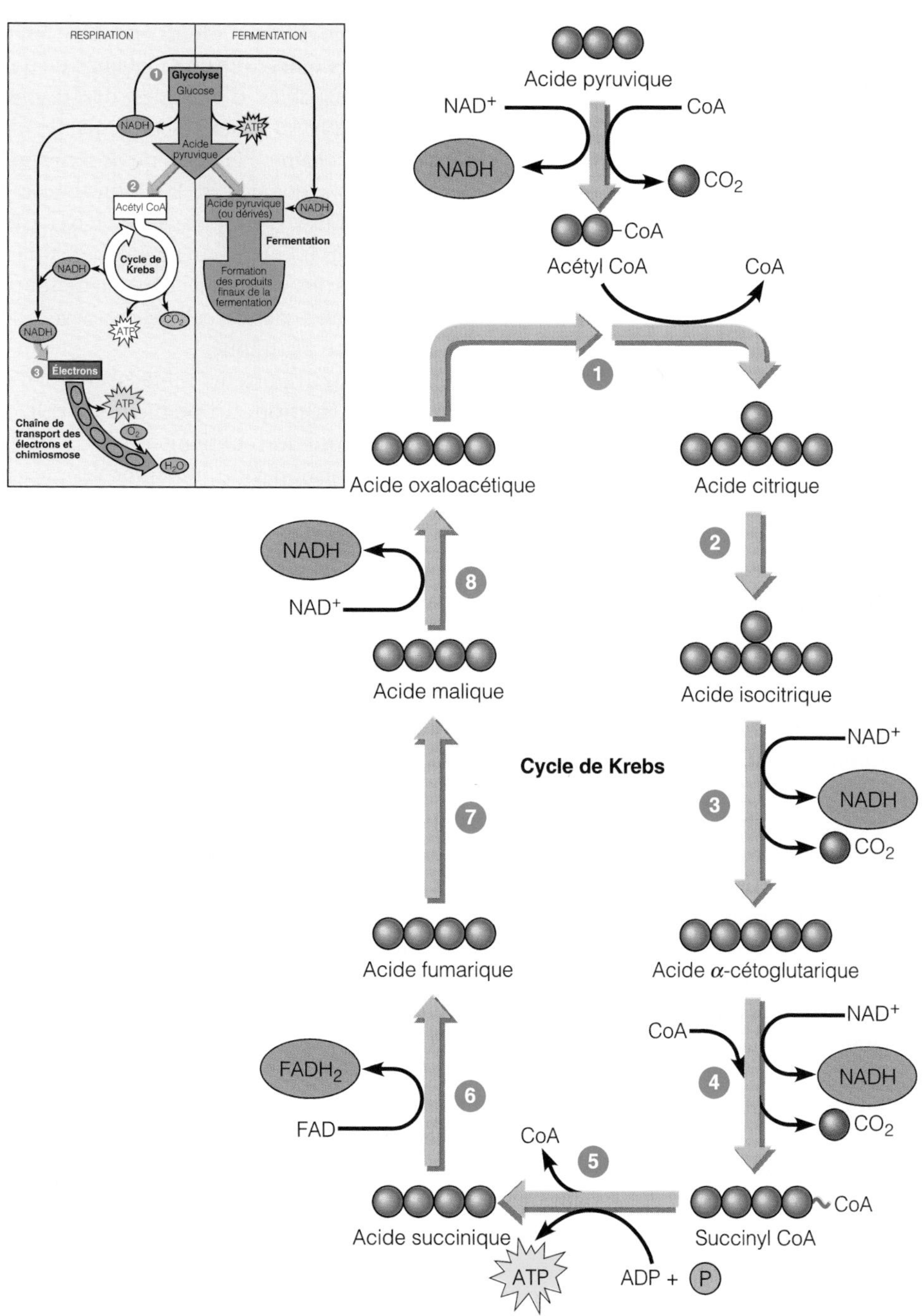


1 Le cycle est amorcé par une enzyme qui arrache la partie CoA de l'acétyl CoA et combine le groupement acétyle avec ses deux carbones à l'acide oxaloacétique, un composé à quatre carbones. L'addition du groupement acétyle produit une molécule à six carbones, l'acide citrique.

2 – 4 L'étape 2 est un réarrangement moléculaire. Les étapes 3 et 4 combinent des oxydations et des décarboxylations pour retirer les deux atomes de carbone en provenance de l'acide oxaloacétique. Ces carbones sont libérés sous forme de $CO_2$ et les oxydations transforment des $NAD^+$ en NADH (étape 3). Durant la deuxième oxydation (étape 4), une molécule de CoA est introduite dans le cycle pour produire le succinyl CoA et elle forme un lien riche en énergie potentielle (~).

5 Il y a production d'ATP par phosphorylation au niveau du substrat. La CoA est retirée du succinyl CoA, laissant de l'acide succinique, un composé à quatre carbones.

6 – 8 Des enzymes réarrangent les liaisons chimiques, produisant trois molécules à quatre carbones différentes avant de reconstituer l'acide oxaloacétique. À l'étape 6, une réaction d'oxydation produit une molécule de $FADH_2$. À l'étape 8, une dernière oxydation produit une molécule de NADH et convertit l'acide malique en acide oxaloacétique, qui peut alors amorcer un autre tour ; c'est pourquoi on parle du cycle de Krebs. Voir l'appendice B.

FIGURE 5.12 **Résumé des réactions du cycle de Krebs.** Le médaillon situe le cycle de Krebs par rapport à l'ensemble du processus de la respiration.

- Le cycle de Krebs est l'oxydation en $CO_2$ de groupements acétyle avec production d'ATP, de NADH et de $FADH_2$.

de cette étape préparatoire, deux molécules de $CO_2$ sont libérées, deux molécules de NADH sont produites et deux molécules d'acétyl CoA sont formées à partir de chaque molécule de glucose. Dès que l'acide pyruvique a été décarboxylé et que son dérivé (le groupement acétyle) s'est fixé à la CoA, l'acétyl CoA ainsi produit est prêt à entrer dans le cycle de Krebs, au cours duquel la grande quantité d'énergie chimique potentielle emmagasinée dans l'acétyl CoA sera graduellement libérée.

À son entrée dans le cycle de Krebs, l'acétyl CoA se scinde en deux, libérant la CoA et un groupement acétyle. Le groupement acétyle à deux carbones se combine à un composé à quatre carbones appelé acide oxaloacétique pour former une molécule à six carbones, l'*acide citrique* (d'où l'un des noms de ce cycle). Cette réaction de synthèse nécessite de l'énergie, qui provient de la rupture de la liaison riche en énergie entre le groupement acétyle et la CoA. Ainsi, la formation d'acide citrique constitue la première étape du cycle de Krebs. Les principales réactions chimiques du cycle sont résumées à la figure 5.12. Rappelons que chaque réaction est catalysée par une enzyme spécifique.

Plusieurs grandes catégories de réactions chimiques sont représentées dans le cycle de Krebs; l'une d'elles est la décarboxylation. Par exemple, à l'étape ❸, l'acide isocitrique, un composé à six carbones, est décarboxylé en un composé à cinq carbones appelé acide a-cétoglutarique. Une autre décarboxylation a lieu à l'étape ❹. Puisqu'il y a une décarboxylation à l'étape préparatoire et deux dans le cycle de Krebs, les trois atomes de carbone de l'acide pyruvique finissent par être libérés sous forme de $CO_2$ au cours du cycle de Krebs. Cela représente la conversion en $CO_2$ des six atomes de carbone contenus au départ dans la molécule de glucose.

Une autre grande catégorie de réactions chimiques du cycle de Krebs est l'oxydoréduction. Par exemple, à l'étape ❸, deux atomes d'hydrogène sont perdus au cours de la conversion de l'acide isocitrique, qui a six carbones, en un composé à cinq carbones. Autrement dit, le composé à six carbones est oxydé. D'autres atomes d'hydrogène sont libérés dans le cycle de Krebs aux étapes ❹, ❻ et ❽, et sont captés par les coenzymes $NAD^+$ et FAD. Puisque le $NAD^+$ reçoit deux électrons mais seulement un proton, sa forme réduite est représentée par NADH; quant à la FAD, elle reçoit deux atomes d'hydrogène complets et se trouve réduite en $FADH_2$.

Si on considère l'ensemble du cycle de Krebs, on constate que, pour deux molécules d'acétyl CoA (composé à deux carbones) qui entrent dans le cycle, quatre ($2 \times 2$) molécules de dioxyde de carbone ($CO_2$) sont libérées par décarboxylation, six molécules de NADH ($2 \times 3$) et deux molécules de $FADH_2$ ($2 \times 1$) sont produites par des réactions d'oxydoréduction, et deux molécules d'ATP ($2 \times 1$) sont créées par phosphorylation au niveau du substrat. Beaucoup d'intermédiaires du cycle de Krebs jouent également des rôles dans d'autres voies métaboliques, en particulier dans la biosynthèse des acides aminés (nous y reviendrons plus loin dans le présent chapitre).

Le $CO_2$ qui se dégage au cours du cycle de Krebs finit par être libéré dans l'atmosphère; il constitue un sous-produit gazeux de la respiration aérobie. (Les humains produisent du $CO_2$ par le cycle de Krebs dans la plupart des cellules du corps; le $CO_2$ diffuse dans le sang et l'organisme le rejette par les poumons au cours de l'expiration.) Les coenzymes réduites NADH et $FADH_2$ sont les produits les plus importants du cycle de Krebs parce qu'elles contiennent la majeure partie de l'énergie emmagasinée au départ dans le glucose. Durant la phase suivante de la respiration, une suite de réductions transfère indirectement à l'ATP l'énergie stockée dans ces coenzymes. L'ensemble de ces réactions porte le nom de chaîne de transport des électrons.

**La chaîne de transport des électrons** On appelle **chaîne de transport des électrons** une séquence de transporteurs moléculaires capables d'effectuer des réactions d'oxydation et de réduction. Au fur et à mesure que les électrons se déplacent sur la chaîne, l'énergie qu'ils renferment est libérée par paliers et sert à activer la chimiosmose par laquelle l'ATP est produite (voir plus loin). L'oxydation finale est irréversible. Dans la cellule eucaryote, la chaîne des transporteurs d'électrons est contenue dans la membrane interne des mitochondries; dans la cellule procaryote, elle fait partie de la membrane plasmique.

Il y a trois classes de transporteurs moléculaires dans les chaînes de transport des électrons. La première est celle des **flavoprotéines.** Ces protéines contiennent de la flavine, coenzyme dérivée de la riboflavine (vitamine $B_2$), et sont capables d'effectuer en alternance des oxydations et des réductions. Une importante coenzyme à base de flavine est la flavine mononucléotide (FMN). La deuxième classe de transporteurs moléculaires est composée de **cytochromes,** protéines avec un groupement porteur de fer (groupement hème) qui peut se présenter tour à tour sous forme réduite ($Fe^{2+}$) et sous forme oxydée ($Fe^{3+}$). Les cytochromes qui font partie de la chaîne de transport des électrons comprennent le cytochrome *b* (cyt *b*), le cytochrome $c_1$ (cyt $c_1$), le cytochrome *c* (cyt *c*), le cytochrome *a* (cyt *a*) et le cytochrome $a_3$ (cyt $a_3$). La troisième classe est formée de molécules appelées **ubiquinones** ou **coenzymes Q,** représentées par le symbole Q; ce sont de petits transporteurs non protéiques. Les trois types de transporteurs, soit la FMN, les cytochromes *b* et $c_1$ et les cytochromes *a* et $a_3$, sont insérés dans la membrane; les électrons sont relayés entre ces transporteurs par deux transporteurs mobiles, soit Q et le cytochrome *c*.

Chez les bactéries, les chaînes de transport des électrons ne sont pas toutes identiques. La nature exacte des transporteurs utilisés par une bactérie et l'ordre dans lequel ils fonctionnent peuvent être différents de ceux d'une autre bactérie et de ceux des systèmes mitochondriaux eucaryotes. Une bactérie peut même posséder plusieurs types de chaînes de transport des électrons. Toutefois, il faut se rappeler que toutes ces chaînes ont la même fonction de base, celle de libérer de l'énergie par le transfert d'électrons de composés riches en énergie à des composés pauvres en énergie. Comme la chaîne de transport des électrons dans la mitochondrie des cellules eucaryotes a été abondamment étudiée, c'est cette chaîne que nous allons décrire dans notre étude du métabolisme bactérien.

Dans la mitochondrie, la première étape de la chaîne de transport des électrons consiste à transférer des électrons riches en énergie du NADH à la FMN, premier transporteur de la chaîne (figure 5.13). Le transfert comprend en fait le passage d'un atome d'hydrogène avec deux électrons à la FMN, qui retire alors un autre proton $H^+$ du milieu aqueux. Par suite du premier transfert, le NADH est oxydé en $NAD^+$ et la FMN est réduite en $FMNH_2$. Au cours de la deuxième étape de la chaîne de transport des électrons, la $FMNH_2$ expédie 2 $H^+$ de l'autre côté de la membrane

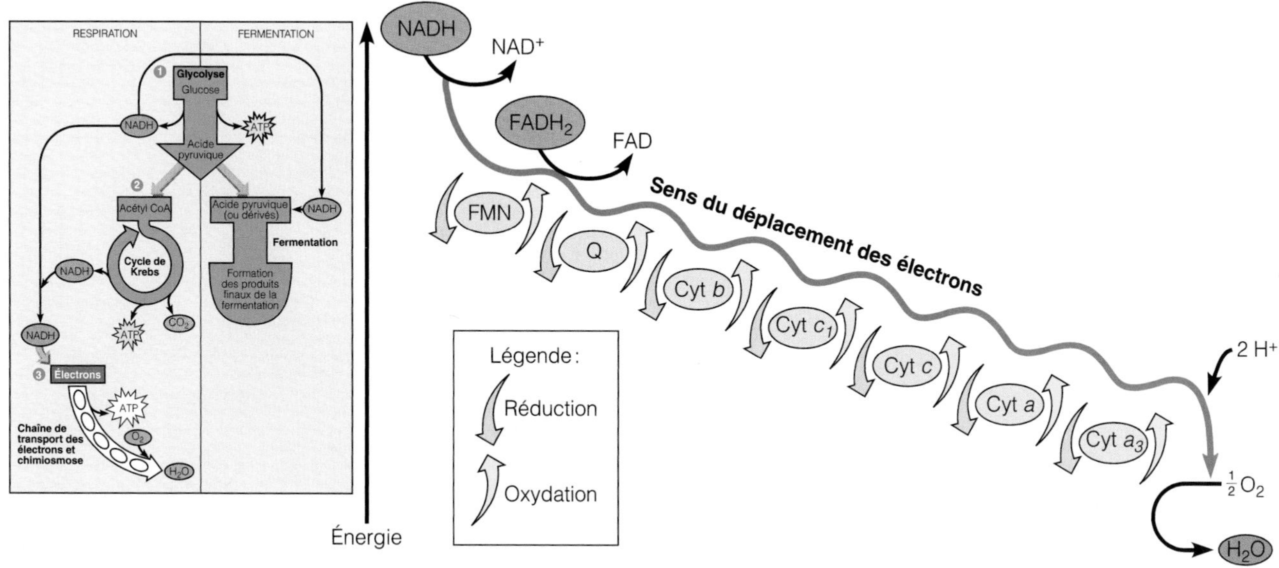


FIGURE 5.13 **Une chaîne de transport des électrons.** Le médaillon montre où se situe la chaîne de transport des électrons par rapport à l'ensemble du processus de la respiration. Dans la chaîne de transport mitochondriale représentée ici, les électrons se déplacent le long de la chaîne par paliers successifs, de telle sorte que l'énergie est libérée par parcelles faciles à gérer. Consultez la figure 5.15 pour savoir où l'ATP se forme.

■ Dans la chaîne de transport des électrons, le NADH et la $FADH_2$ sont oxydés, et les transporteurs d'électrons sont oxydés et réduits pour produire de l'ATP.

mitochondriale (figure 5.15) et donne deux électrons à la coenzyme Q. En retour, la $FMNH_2$ est oxydée en FMN. En même temps, la coenzyme Q, qui se déplace librement dans la membrane, capte 2 $H^+$ supplémentaires dans le milieu aqueux et les libère de l'autre côté de la membrane.

Les étapes suivantes de la chaîne de transport des électrons mettent en jeu les cytochromes. Les électrons passent successivement de Q au cyt *b*, au cyt $c_1$ et au cyt *c*, lequel se déplace pour relayer les électrons, puis au cyt *a* et au cyt $a_3$. Chacun des cytochromes de la chaîne est réduit lorsqu'il capte des électrons et oxydé lorsqu'il les cède. Le dernier cytochrome, le cyt $a_3$, cède ses électrons à une molécule de dioxygène ($O_2$), qui devient chargée négativement et se lie à des protons ($H^+$) du milieu pour former $H_2O$.

Notez que la figure 5.13 présente la $FADH_2$, qui provient du cycle de Krebs, comme une autre source d'électrons. Toutefois, la $FADH_2$ ajoute ses électrons à la chaîne de transport à un niveau inférieur à celui utilisé par le NADH. Par conséquent, la chaîne de transport des électrons donne environ un tiers moins d'énergie pour la production d'ATP quand c'est la $FADH_2$ plutôt que le NADH qui donne les électrons.

Un des traits importants de la chaîne de transport des électrons est la présence de certains transporteurs, tels que la FMN et Q, qui acceptent et libèrent des protons en plus des électrons, et d'autres transporteurs, tels que les cytochromes, qui se limitent à transférer des électrons. Le déplacement des électrons le long de la chaîne s'accompagne à plusieurs endroits du transport actif de protons (pompe à protons) à travers la membrane mitochondriale interne, à partir du côté qui fait face à la matrice vers l'autre côté de la membrane. Il en résulte une accumulation de protons d'un côté de la membrane (figure 5.14). Comme l'eau retenue par un barrage forme un réservoir d'énergie qui peut servir à produire de l'électricité, cette accumulation de protons procure de l'énergie qui peut servir à la synthèse d'ATP par le mécanisme de la chimiosmose.

### Le mécanisme de production d'ATP par chimiosmose

Le mécanisme de synthèse d'ATP au moyen de la chaîne de transport des électrons s'appelle **chimiosmose.** Pour comprendre la chimiosmose, il y a lieu de rappeler plusieurs concepts abordés au chapitre 4 dans la section sur le mouvement des substances à travers les membranes (p. 100). Souvenons-nous que la diffusion passive des substances à travers les membranes s'effectue à partir de régions où leur concentration est élevée vers les régions où leur concentration est basse ; cette diffusion libère de l'énergie. Rappelons également que le mouvement des substances *contre* un tel gradient de concentration *nécessite* de l'énergie, et que, lors

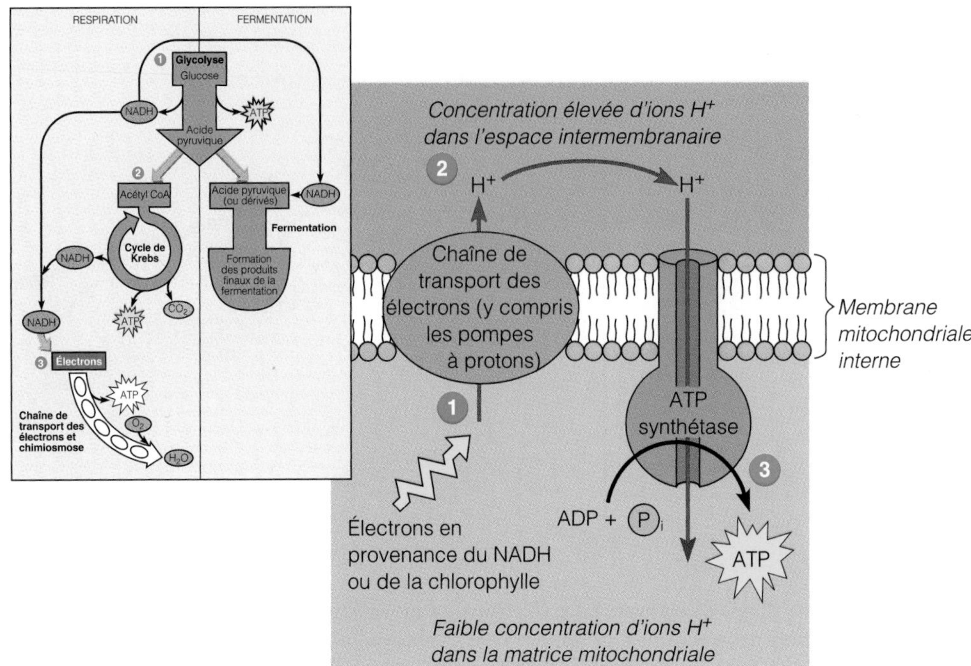


**FIGURE 5.14 Chimiosmose.** Vue d'ensemble du mécanisme de la chimiosmose. La membrane pourrait être une membrane plasmique procaryote, une membrane mitochondriale eucaryote ou un thylakoïde photosynthétique. Les étapes représentées par des numéros sont décrites dans le texte.

■ Qu'est-ce que la force protonique motrice?

de ce transport actif de molécules ou d'ions à travers les membranes biologiques, l'énergie requise provient habituellement de l'ATP. Dans la chimiosmose, l'énergie libérée par une substance qui se déplace en suivant le gradient est utilisée pour *synthétiser* de l'ATP. Dans le cas présent, la «substance» est représentée par des protons ($H^+$). Au cours de la respiration, la chimiosmose est responsable de la majeure partie de la production d'ATP. Les étapes de la chimiosmose sont les suivantes (figures 5.14 et 5.15):

1. Au fur et à mesure que les électrons chargés d'énergie en provenance du NADH (ou de la chlorophylle) descendent le long de la chaîne de transport, certains des transporteurs de cette chaîne pompent – font passer par transport actif – des protons d'un côté de la membrane à l'autre. Ces transporteurs moléculaires sont appelés *pompes à protons.*
2. La membrane, qui se compose de phospholipides, est normalement imperméable aux protons, si bien que ce pompage à sens unique crée un gradient de protons (une différence entre les concentrations de protons) de part et d'autre de la membrane cytoplasmique. En plus du gradient de concentration, il se forme un gradient de charges électriques. Le surplus d'ions $H^+$ d'un côté de la membrane confère une charge positive à ce côté par rapport à l'autre. Le gradient électrochimique ainsi formé est porteur d'énergie potentielle, appelée *force protonique motrice* ou *force protonmotrice.*
3. Les protons situés du côté de la membrane où leur concentration est plus élevée ne peuvent traverser la membrane par diffusion qu'en passant par des canaux protéiques spécifiques qui contiennent une enzyme appelée *adénosine triphosphatase* (*ATP synthase* ou *ATP synthétase*). Lorsqu'ils empruntent ces canaux, il y a libération d'énergie qui est utilisée par l'enzyme pour synthétiser de l'ATP à partir d'ADP et de $P_i$.

La figure 5.15 montre en détail comment, chez les eucaryotes, l'action de la chaîne de transport des électrons entraîne le mécanisme de la chimiosmose. ❶ Les électrons chargés d'énergie en provenance du NADH descendent les chaînes de transport des électrons. Dans la membrane mitochondriale interne, les transporteurs de la chaîne sont organisés de façon à former trois complexes, où Q transporte les électrons entre le premier et le deuxième complexe, et cyt *c* les transporte entre le deuxième et le troisième. ❷ Trois des composants du système pompent des protons: le premier, le complexe NADH déshydrogénase, le deuxième, le complexe cytochrome $b$-$c_1$, et le troisième, le complexe Q. À la fin de la chaîne, les électrons se joignent à des protons et à l'oxygène moléculaire, ou dioxygène ($O_2$), présent dans le liquide de la matrice pour former de l'eau ($H_2O$). Ainsi, $O_2$ est le dernier accepteur d'électrons.

Les cellules procaryotes, comme les cellules eucaryotes, utilisent le mécanisme de la chimiosmose pour produire l'énergie nécessaire à la création d'ATP. Cependant, dans la cellule eucaryote, ❸ la membrane mitochondriale interne contient les transporteurs de la chaîne et l'ATP synthétase alors que, dans la plupart des cellules procaryotes, ces protéines se trouvent dans la membrane plasmique. Il y a aussi

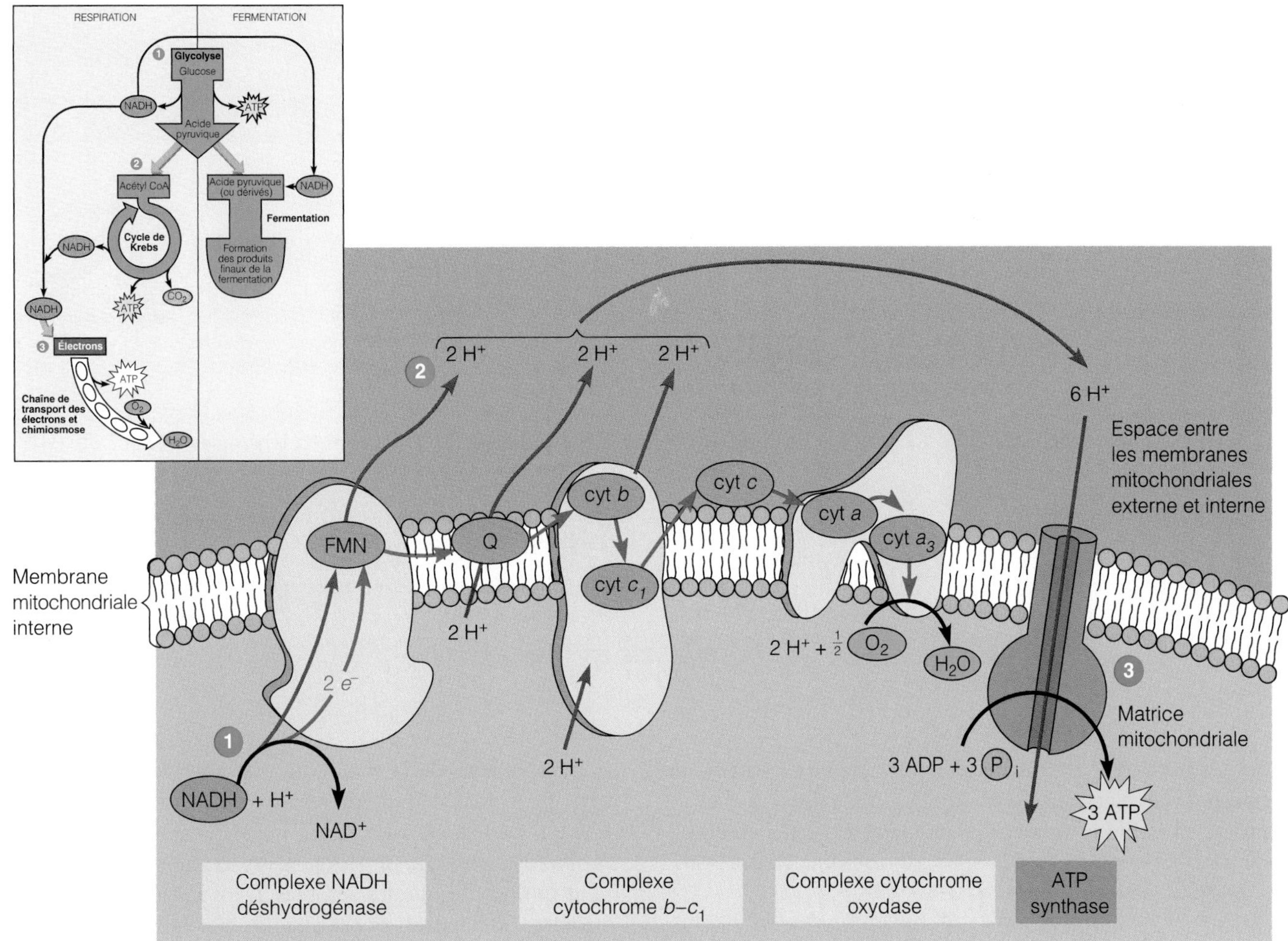


**FIGURE 5.15 Transport des électrons et production d'ATP par chimiosmose.** Dans la membrane mitochondriale interne, les transporteurs d'électrons sont organisés de façon à former trois complexes et, sous l'impulsion des pompes, les protons ($H^+$) traversent la membrane à trois endroits. Dans la cellule eucaryote, ils sont pompés à partir du côté de la membrane mitochondriale qui fait face à la matrice vers l'autre côté, l'espace intermembranaire. Le déplacement des électrons figure en rose.

■ Quelle est la différence entre la chimiosmose des eucaryotes et celle des procaryotes ?

une chaîne de transport des électrons à l'œuvre lors de la photophosphorylation ; elle se situe dans la membrane des thylakoïdes chez les cyanobactéries et dans celle des chloroplastes des cellules eucaryotes.

**Récapitulation de la respiration aérobie** Les divers transferts d'électrons de la chaîne de transport des électrons produisent environ 34 molécules d'ATP par molécule de glucose oxydée : approximativement trois molécules d'ATP proviennent de chacune des dix molécules de NADH (30 ATP au total), et approximativement deux de chacune des deux molécules de $FADH_2$ (4 ATP au total). Pour calculer le nombre total de molécules d'ATP produites par molécule de glucose, on ajoute aux 34 ATP de la chimiosmose celles obtenues par oxydation lors de la glycolyse et du cycle de Krebs. Au cours de la respiration aérobie chez les procaryotes, 38 molécules d'ATP au total peuvent être produites à partir d'une molécule de glucose. Notons que quatre de ces ATP proviennent de la phosphorylation au niveau du substrat durant la glycolyse (2 ATP) et le cycle de Krebs (2 GTP). Le tableau 5.3 dresse le bilan détaillé de la production d'ATP durant la respiration aérobie chez les procaryotes.

Chez les eucaryotes, la respiration aérobie ne produit au total que 36 molécules d'ATP. Il y en a moins que chez les procaryotes parce qu'une partie de l'énergie est perdue lorsque les électrons traversent la membrane mitochondriale

**Tableau 5.3** *ATP produite à partir d'une molécule de glucose au cours de la respiration aérobie dans une cellule procaryote*

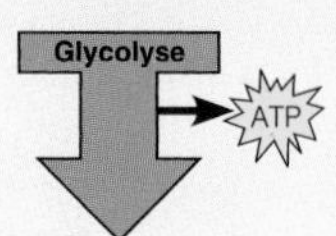


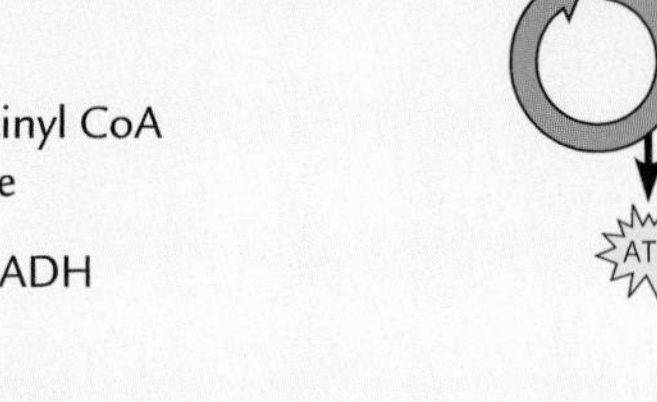


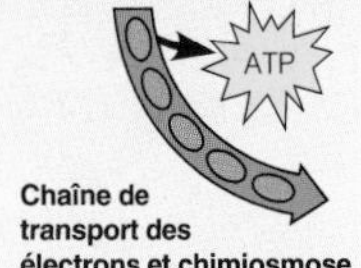


| Source | ATP produite (méthode) |
|---|---|
| **Glycolyse** | |
| 1. Oxydation du glucose en acide pyruvique | 2 ATP (phosphorylation au niveau du substrat) |
| 2. Production de 2 NADH | 6 ATP (phosphorylation oxydative par la chaîne de transport des électrons) |
| **Étape préparatoire** | |
| 1. La formation de l'acétyl CoA produit 2 NADH | 6 ATP (phosphorylation oxydative par la chaîne de transport des électrons) |
| **Cycle de Krebs** | |
| 1. Oxydation du succinyl CoA en acide succinique | 2 GTP (équivalent de l'ATP ; phosphorylation au niveau du substrat) |
| 2. Production de 6 NADH | 18 ATP (phosphorylation oxydative par la chaîne de transport des électrons) |
| 3. Production de 2 $FADH_2$ | 4 ATP (phosphorylation oxydative par la chaîne de transport des électrons) |
| | Total : 38 ATP |

qui sépare la glycolyse (dans le cytoplasme) de la chaîne de transport des électrons. Cette séparation n'existe pas chez les procaryotes. Nous pouvons maintenant résumer l'ensemble de la réaction constituant la respiration aérobie chez les procaryotes de la façon suivante :

$$\underset{\text{Glucose}}{C_6H_{12}O_6} + \underset{\text{Dioxygène}}{6\ O_2} + 38\ \text{ADP} + 38\ Ⓟ_i \longrightarrow \underset{\text{Dioxyde de carbone}}{6\ CO_2} + \underset{\text{Eau}}{6\ H_2O} + 38\ \text{ATP}$$

La figure 5.16 présente une récapitulation des diverses phases de la respiration aérobie chez les procaryotes.

## La respiration anaérobie

Dans le cas de la respiration anaérobie, l'accepteur d'électrons final est une substance inorganique autre que le dioxygène ($O_2$). Certaines bactéries, telles que *Pseudomonas* et *Bacillus*, peuvent utiliser l'ion nitrate ($NO_3^-$) comme accepteur d'électrons final ; l'ion nitrate est réduit en ion nitrite ($NO_2^-$), en oxyde de diazote ($N_2O$) ou en diazote ($N_2$). D'autres bactéries, telles que *Desulfovibrio,* utilisent l'ion sulfate ($SO_4^{2-}$) comme accepteur final pour former du sulfure d'hydrogène ($H_2S$). D'autres encore transforment l'ion carbonate ($CO_3^{2-}$) en méthane ($CH_4$). La respiration anaérobie des bactéries qui font appel au nitrate et au sulfate comme accepteurs d'électrons finaux est essentielle aux cycles de l'azote et du soufre présents dans la nature. La quantité d'ATP produite par la respiration anaérobie varie d'un organisme et d'une voie métabolique à l'autre. Une partie du cycle de Krebs fonctionne en anaérobiose et tous les transporteurs de la chaîne de transport des électrons ne participent pas à ce type de respiration. Ainsi, la production d'ATP n'y est jamais aussi élevée qu'au cours de la respiration aérobie. Par conséquent, les anaérobies croissent généralement moins vite que les aérobies. Dans le cas des bactéries anaérobies facultatives, la présence de dioxygène ($O_2$) les fait passer en mode respiration aérobie, où une grande quantité d'énergie est produite ; leur métabolisme est augmenté et leur croissance est plus rapide. En l'absence de dioxygène ($O_2$), ces bactéries passent en mode respiration anaérobie ; la quantité d'énergie produite étant moins élevée, leur métabolisme est plus lent et leur croissance est aussi ralentie.

# La fermentation

### Objectif d'apprentissage

- *Décrire les réactions chimiques de la fermentation et en nommer des produits.*

Après la transformation du glucose en acide pyruvique, ce dernier peut être complètement dégradé, comme nous l'avons vu, par la respiration ou il peut être converti en un produit organique par la fermentation (figure 5.10). On peut définir la **fermentation** de plusieurs façons (voir l'encadré de la page 147) ; nous la définissons ici comme un processus qui :

1. libère de l'énergie par la dégradation de sucres ou d'autres molécules organiques, telles que les acides aminés, les acides carboxyliques, les purines et les pyrimidines ;
2. ne nécessite pas de dioxygène ($O_2$), mais peut parfois se poursuivre en sa présence ;

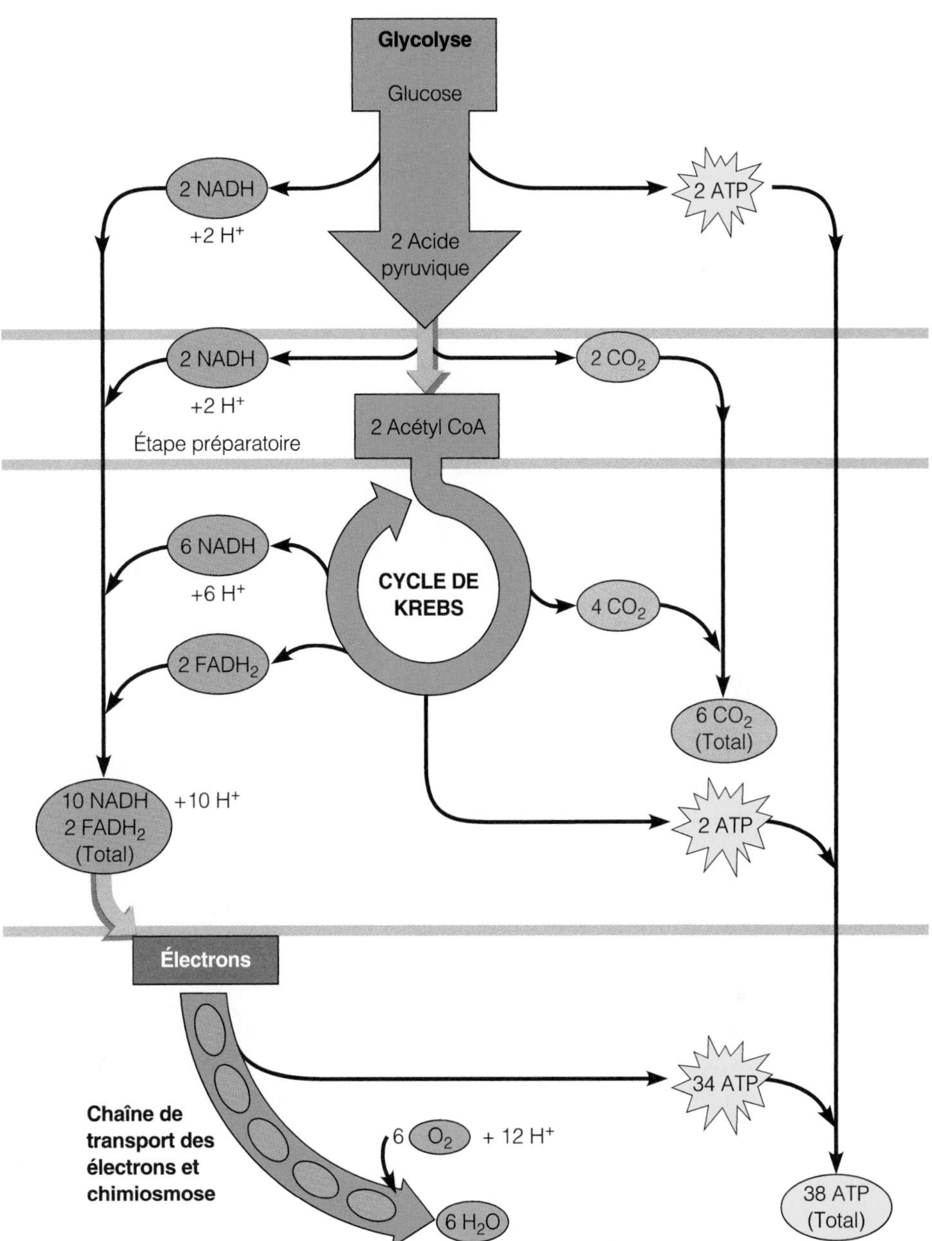


**FIGURE 5.16 Récapitulation de la respiration aérobie chez les procaryotes.** La dégradation complète du glucose en dioxyde de carbone et en eau produit de l'ATP. Le processus se déroule en trois grandes phases : la glycolyse, le cycle de Krebs et la chaîne de transport des électrons. L'étape préparatoire fait le pont entre la glycolyse et le cycle de Krebs. La respiration aérobie présente un phénomène clé : des électrons sont cédés par des intermédiaires de la glycolyse et du cycle de Krebs, captés par $NAD^+$ ou FAD et acheminés par NADH ou $FADH_2$ jusqu'à la chaîne de transport des électrons. Il y a aussi production de NADH lors de la conversion de l'acide pyruvique en acétyl CoA. La plupart des molécules d'ATP produites par la respiration aérobie sont obtenues par le mécanisme de la chimiosmose durant la phase qui met en jeu la chaîne de transport des électrons ; ce processus est appelé phosphorylation oxydative.

■ Quelle est la différence entre les respirations aérobie et anaérobie ?

3. ne nécessite pas l'utilisation du cycle de Krebs ni d'une chaîne de transport des électrons ;
4. utilise une molécule organique comme accepteur d'électrons final ;
5. produit seulement de petites quantités d'ATP (une ou deux molécules d'ATP par molécule de la substance de départ, par exemple du glucose) parce qu'une grande partie de l'énergie contenue à l'origine dans le glucose reste emprisonnée dans les liaisons chimiques du produit final, qui est une molécule organique telle que l'acide lactique ou l'éthanol.

Au cours de la première phase de la fermentation, tout comme dans la respiration, la glycolyse oxyde le glucose en deux acides pyruviques ; l'agent oxydant est le $NAD^+$, lequel est réduit en NADH : il y a production nette de deux molécules d'ATP par phosphorylation au niveau du substrat. Durant la deuxième phase de la fermentation, les électrons – ainsi que des protons – de la coenzyme réduite (NADH) sont transférés directement à l'acide pyruvique ou à un de ses dérivés (figure 5.17a). La réduction de ces accepteurs d'électrons finaux se traduit par la formation des produits représentés à la figure 5.17b. Du même coup, le $NAD^+$ est régénéré et peut s'engager dans une autre ronde de glycolyse. Une des fonctions essentielles de la deuxième phase de la fermentation est d'assurer un approvisionnement ininterrompu de $NAD^+$ pour que la glycolyse puisse se poursuivre. Au cours de la fermentation, toute l'ATP est produite par la glycolyse. Rappelons que, dans la respiration aérobie, le NADH est régénéré en $NAD^+$ par la chaîne de

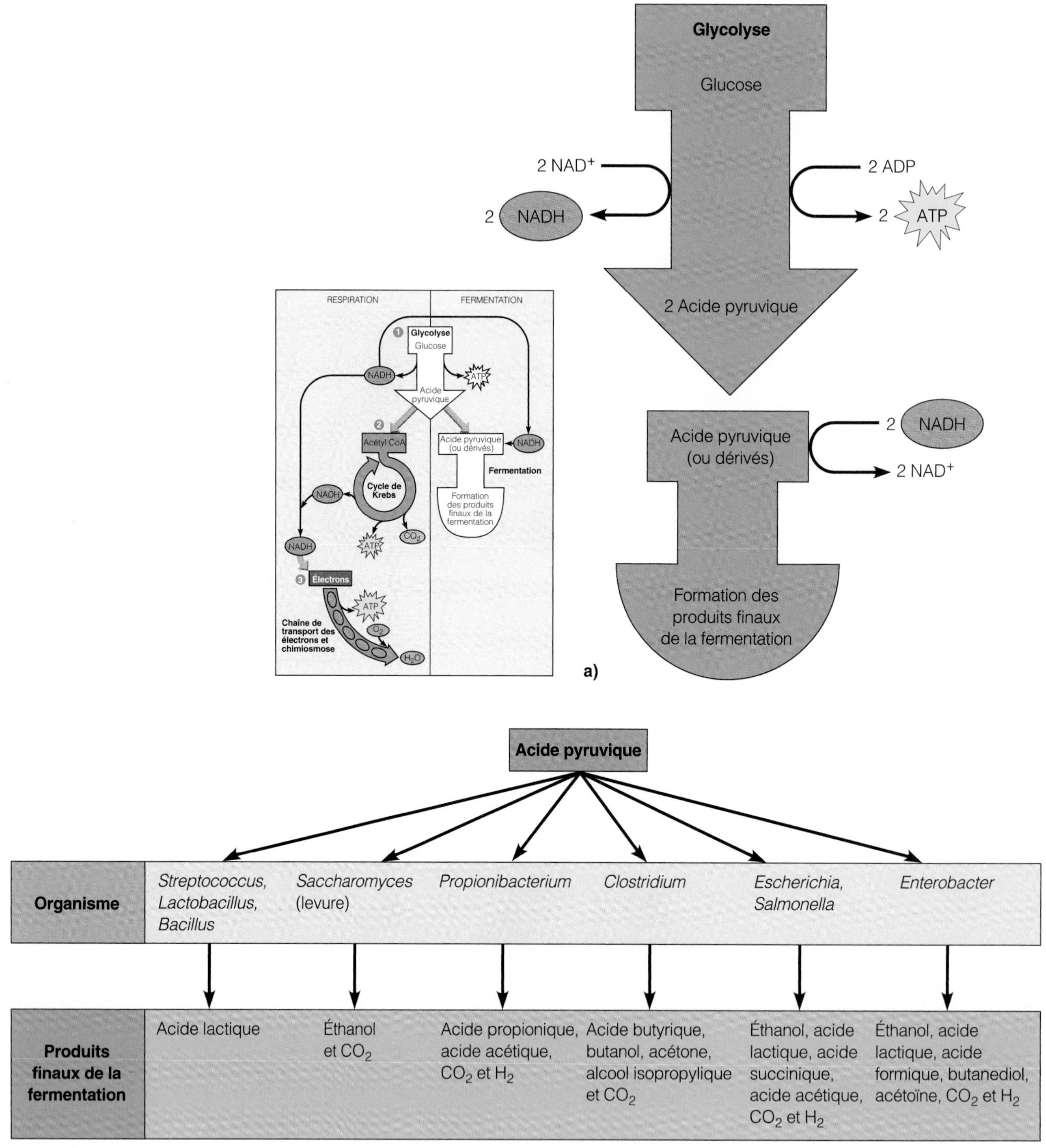


FIGURE 5.17 **Fermentation.** Le médaillon situe la fermentation par rapport à l'ensemble des processus producteurs d'énergie. **a)** Vue d'ensemble de la fermentation. La première phase est la glycolyse, c'est-à-dire la conversion du glucose en acide pyruvique. Au cours de la deuxième phase, la coenzyme réduite provenant de la glycolyse ou des voies alternatives (NADH) donne ses électrons et ses ions hydrogène à l'acide pyruvique ou à un de ses dérivés pour former le produit final de la fermentation. **b)** Produits finaux de diverses fermentations microbiennes.

■ Au cours de la fermentation, toute l'ATP est produite par la glycolyse.

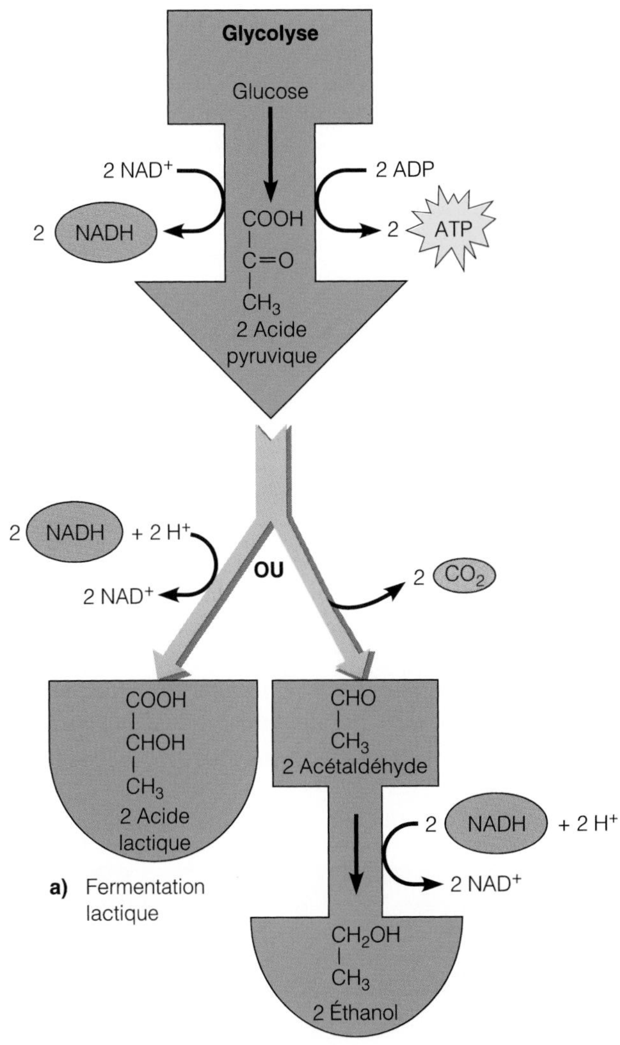


**a)** Fermentation lactique

**b)** Fermentation alcoolique

**FIGURE 5.18** Types de fermentation

■ Quelle différence peut-on faire entre des organismes homolactiques et des organismes hétérolactiques ?

transport des électrons avec production d'une grande quantité d'ATP par phosphorylation oxydative ; au cours de la fermentation, par contre, les réactions qui régénèrent le $NAD^+$ transfèrent les électrons du NADH à l'acide pyruvique ou à ses dérivés. Le rendement énergétique de la fermentation est faible puisque l'ATP est produite seulement par la glycolyse.

Divers microorganismes peuvent faire fermenter divers substrats ; le produit final dépend de la nature du microorganisme, du substrat et des enzymes qui sont présentes et actives. L'analyse chimique du produit final est utile lorsqu'on veut identifier le microorganisme qui en est la cause. Nous considérerons maintenant deux des processus les plus importants : la fermentation lactique et la fermentation alcoolique.

## La fermentation lactique

Durant la glycolyse, qui est la première phase de la **fermentation lactique,** une molécule de glucose est transformée par oxydation en deux molécules d'acide pyruvique (figure 5.18 ; voir aussi la figure 5.11). Cette oxydation fournit l'énergie qui est utilisée pour former les deux molécules d'ATP. Au cours de la phase suivante, les deux molécules d'acide pyruvique sont directement réduites par deux molécules de NADH pour donner deux molécules d'acide lactique, sans libérer de $CO_2$ (figure 5.18a). Étant le produit final de la réaction, l'acide lactique n'est pas oxydé davantage et conserve la majeure partie de l'énergie qu'il renferme. En

APPLICATIONS DE LA MICROBIOLOGIE

## Qu'est-ce que la fermentation ?

Pour un grand nombre d'entre nous, la fermentation signifie simplement la production d'alcool : des grains et des fruits sont mis à fermenter pour produire de la bière et du vin. Quand la nourriture surit, on dit parfois qu'elle a « tourné » ou fermenté. Voici quelques définitions de la fermentation, qui vont des acceptions générales ou courantes aux acceptions scientifiques. La fermentation, c'est :

1. Toute détérioration des aliments par des microorganismes (sens courant).
2. Tout processus qui donne des boissons alcoolisées ou des produits laitiers acidulés (sens courant).
3. Tout processus microbien à grande échelle qui se déroule en présence ou en l'absence d'air (définition courante dans l'industrie).
4. Tout processus métabolique qui libère de l'énergie et se déroule seulement dans des conditions anaérobies (définition plus scientifique).
5. Tout processus métabolique qui libère de l'énergie contenue dans un sucre ou une autre molécule organique, qui ne nécessite pas de dioxygène ($O_2$) ni de chaîne de transport des électrons, et qui utilise une molécule organique comme accepteur d'électrons final (définition adoptée dans le présent ouvrage).

conséquence, la fermentation ne produit qu'une petite quantité d'énergie au moment de la glycolyse.

*Streptococcus* et *Lactobacillus* sont deux genres importants de bactéries à fermentation lactique. Comme ces microbes ne produisent que de l'acide lactique, on les qualifie d'**homolactiques** (ou d'*homofermentaires*). La fermentation lactique peut faire avarier les aliments. Mais elle peut aussi produire du yogourt et des fromages à partir du lait, ou de la choucroute à partir de choux frais, ou encore des cornichons à partir de concombres.

Un groupe de bactéries, les bifidobactéries, fermentent le lactose et d'autres sucres en acide lactique et en acide acétique. *Bifidobacterium bifidus* est une bactérie commensale de la flore intestinale qui peut fermenter le lactose et donner lieu à la formation d'acides; la présence de cette bactérie entraîne donc, à un certain degré, l'acidification du milieu intestinal, ce qui aurait un effet régulateur sur la croissance d'entérobactéries putréfactives dont l'activité enzymatique est perturbée par un pH acide.

## La fermentation alcoolique

La **fermentation alcoolique** débute aussi par la glycolyse d'une molécule de glucose qui produit deux molécules d'acide pyruvique et deux molécules d'ATP. Au cours de la réaction qui suit, les deux molécules d'acide pyruvique sont converties en deux molécules d'acétaldéhyde et deux molécules de $CO_2$ (figure 5.18b). Ensuite, les deux molécules d'acétaldéhyde sont réduites par deux molécules de NADH pour former deux molécules d'éthanol. La fermentation alcoolique est elle aussi un processus dont le rendement énergétique est faible parce que la majeure partie de l'énergie contenue au départ dans la molécule de glucose reste emprisonnée dans l'éthanol, le produit final.

La fermentation alcoolique est accomplie par un certain nombre de bactéries et de levures. L'éthanol et le dioxyde de carbone produits par la levure *Saccharomyces* sont des déchets pour cette cellule mais sont utiles aux humains. L'éthanol produit par les levures est l'alcool que nous consommons dans les boissons alcoolisées et le dioxyde de carbone qu'elles dégagent fait lever notre pain (voir l'encadré du chapitre 1, p. 4).

Les organismes qui produisent de l'acide lactique ainsi que d'autres acides ou des alcools sont dits **hétérolactiques** (ou *hétérofermentaires*) et utilisent souvent la voie des pentoses phosphates.

Le tableau 5.4 dresse une liste de diverses fermentations microbiennes employées par l'industrie pour convertir des matières premières peu coûteuses en produits finaux utiles.

**Tableau 5.4** *Quelques usages industriels des divers types de fermentation*

| Produit final de la fermentation | Usage industriel ou commercial | Matière première | Microorganisme |
|---|---|---|---|
| Éthanol | Bière | Extrait de malt | *Saccharomyces cerevisiæ* (levure: du groupe des mycètes) |
| | Vin | Raisin ou autre jus de fruit | *Saccharomyces cerevisiæ* sous-esp. *ellipsoideus* |
| | Carburant | Déchets agricoles | *Saccharomyces cerevisiæ* |
| Acide acétique | Vinaigre | Éthanol | *Acetobacter* (bactérie) |
| Acide lactique | Fromage, yogourt | Lait | *Lactobacillus, Streptococcus* (bactéries) |
| | Pain de seigle | Grain, sucre | *Lactobacillus bulgaricus* (bactérie) |
| | Choucroute | Chou | *Lactobacillus plantarum* (bactérie) |
| | Saucisson | Viande | *Pediococcus* (bactérie) |
| Acide propionique et dioxyde de carbone | Gruyère, emmental | Acide lactique | *Propionibacterium freudenreichii* (bactérie) |
| Acétone et butanol | Usages pharmaceutiques, industriels | Mélasse | *Clostridium acetobutylicum* (bactérie) |
| Glycérol | Usages pharmaceutiques, industriels | Mélasse | *Saccharomyces cerevisiæ* |
| Acide citrique | Arôme | Mélasse | *Aspergillus* (mycète) |
| Méthane | Carburant | Acide acétique | *Methanosarcina* (bactérie) |
| Sorbose | Vitamine C (acide ascorbique) | Sorbitol | *Acetobacter* |

**Tableau 5.5** *Respiration aérobie, respiration anaérobie et fermentation*

| Processus producteur d'énergie | Conditions de croissance | Accepteur d'hydrogène (d'électrons) final | Type de phosphorylation employé pour produire l'ATP | Molécules d'ATP produites par molécule de glucose |
|---|---|---|---|---|
| Respiration aérobie | Aérobiose | Dioxygène ($O_2$) | Au niveau du substrat et oxydative | 36 ou 38* |
| Respiration anaérobie | Anaérobiose | Généralement une substance inorganique (telle que $NO_3^-$, $SO_4^{2-}$ ou $CO_3^{2-}$), mais non le dioxygène ($O_2$) | Au niveau du substrat et oxydative | Variable (moins de 38 mais plus de 2) |
| Fermentation | Aérobiose ou anaérobiose | Molécule organique | Au niveau du substrat | 2 |

* Lors de la respiration aérobie procaryote, 38 molécules d'ATP sont produites ; lors de la respiration aérobie eucaryote, 36 molécules d'ATP sont produites.

Le tableau 5.5 présente en parallèle les grandes lignes de la respiration aérobie, de la respiration anaérobie et de la fermentation.

## Le catabolisme des lipides et des protéines

### Objectif d'apprentissage

- *Décrire le catabolisme des lipides et des protéines.*

Au cours de notre description de la production d'énergie, nous avons mis l'accent sur l'oxydation du glucose, le principal glucide employé comme source d'énergie. Mais les microbes oxydent aussi des lipides et des protéines, et ces différentes formes d'oxydation sont reliées les unes aux autres.

Rappelons que les graisses sont des lipides formés d'acides gras et de glycérol. Les microbes produisent des enzymes extracellulaires appelées *lipases* qui dégradent les graisses en leurs composants : acides gras et glycérol. Par la suite, chacun de ces composants traverse la membrane cytoplasmique et est métabolisé séparément (figure 5.19). L'oxydation du glycérol et des acides gras s'effectue dans le cycle de Krebs. Beaucoup de bactéries qui hydrolysent les acides gras peuvent utiliser les mêmes enzymes pour dégrader les dérivés du pétrole. Bien qu'elles soient la cause d'ennuis quand elles se multiplient dans les réservoirs à carburant, ces bactéries sont utiles quand elles s'attaquent aux déversements de pétrole. La **$\beta$-oxydation** (oxydation des acides gras) du pétrole est traitée dans l'encadré du chapitre 2 (p. 38-39).

Les protéines sont trop grosses pour traverser les membranes plasmiques sans aide. Les microbes produisent des *protéases* et des *peptidases* extracellulaires qui dégradent les protéines en acides aminés et leur permettent ainsi de franchir les membranes. Cependant, pour qu'ils puissent être

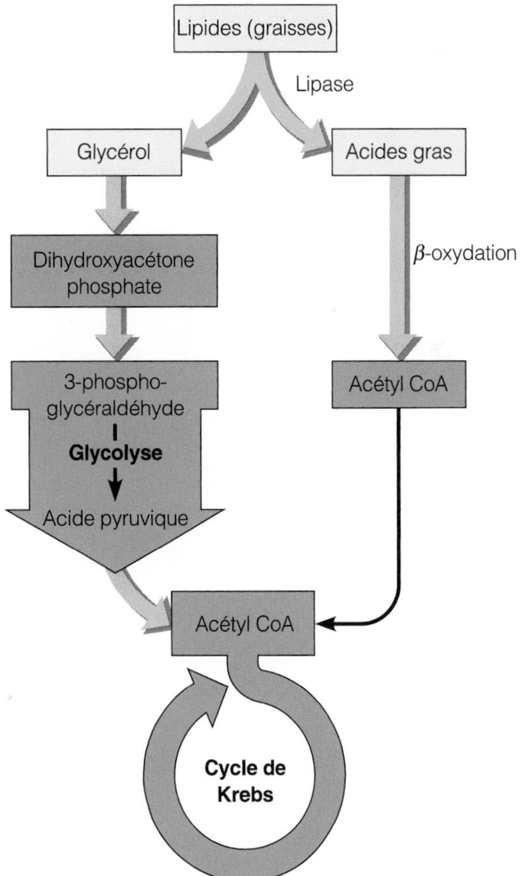


**FIGURE 5.19 Catabolisme des lipides.** Le glycérol est converti en dihydroxyacétone phosphate (DHAP) et métabolisé grâce à la glycolyse et au cycle de Krebs. Les acides gras sont soumis à la $\beta$-oxydation, au cours de laquelle des fragments composés de deux atomes de carbone sont détachés pour former de l'acétyl CoA, qui peut être métabolisé dans le cycle de Krebs.

- La dégradation du glycérol et des acides gras s'effectue suivant des voies métaboliques différentes.

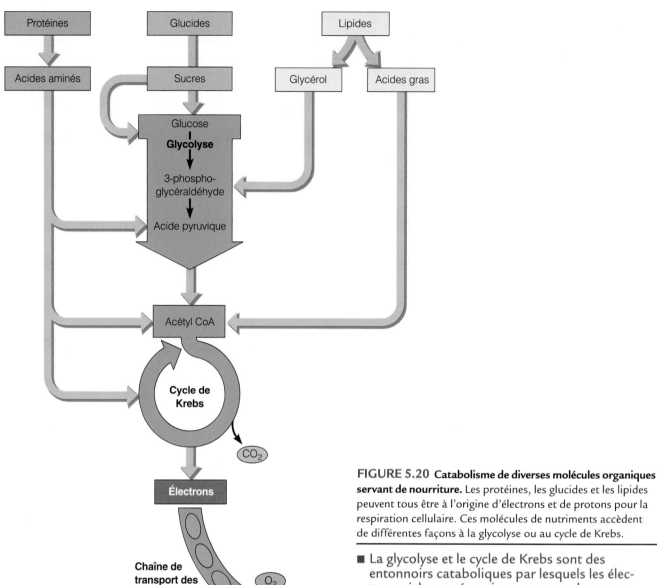

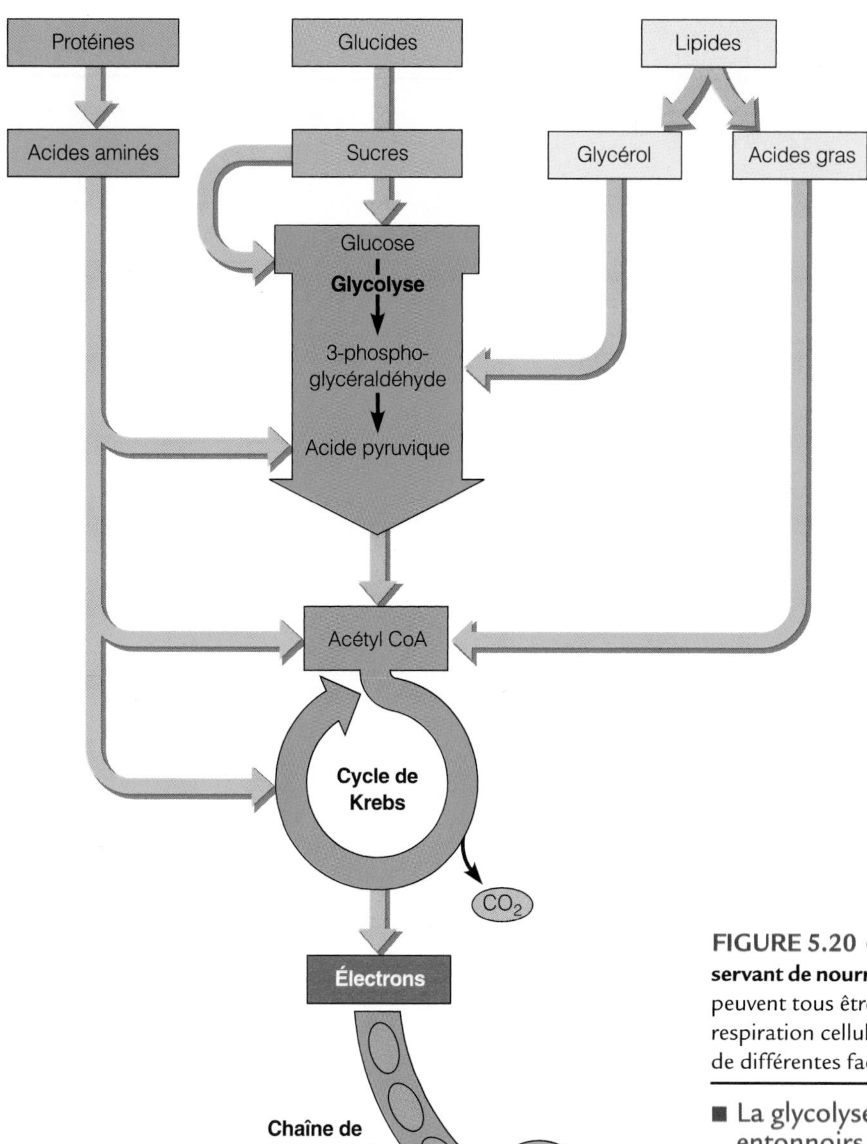


FIGURE 5.20 **Catabolisme de diverses molécules organiques servant de nourriture.** Les protéines, les glucides et les lipides peuvent tous être à l'origine d'électrons et de protons pour la respiration cellulaire. Ces molécules de nutriments accèdent de différentes façons à la glycolyse ou au cycle de Krebs.

- La glycolyse et le cycle de Krebs sont des entonnoirs cataboliques par lesquels les électrons riches en énergie, provenant de toutes sortes de molécules organiques, passent en suivant les voies métaboliques qui leur font libérer leur énergie.

catabolisés, les acides aminés doivent d'abord être convertis par des enzymes en substances qui ont accès au cycle de Krebs. Une de ces conversions, appelée **désamination,** consiste à retirer le groupement amine de l'acide aminé et à le transformer en ammoniac ($NH_3$), qui peut alors être excrété par la cellule. L'autre partie de la molécule est un acide carboxylique qui peut entrer dans le cycle de Krebs. Les autres conversions comprennent la **décarboxylation** (perte de —COO) et la **déshydrogénation.**

La figure 5.20 présente une récapitulation des rapports entre le catabolisme des glucides, des lipides et des protéines.

## Les tests biochimiques et l'identification des bactéries

### Objectif d'apprentissage

- *Décrire deux exemples de tests biochimiques qui servent à l'identification des bactéries en laboratoire.*

On a souvent recours aux tests biochimiques pour identifier les bactéries et les levures parce que les espèces se distinguent les unes des autres par les enzymes qu'elles produisent. Ces

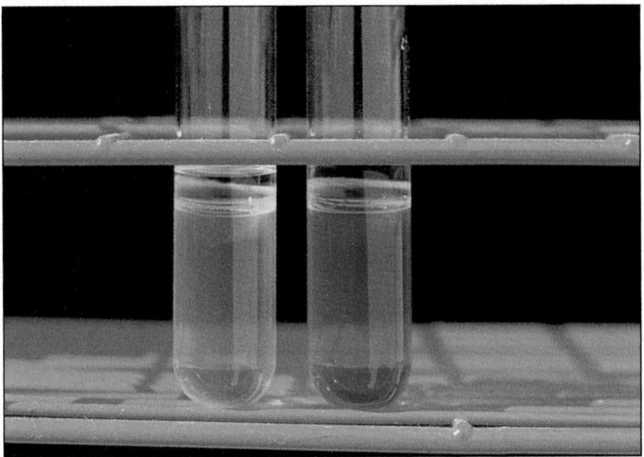

FIGURE 5.21 **Détection en laboratoire des enzymes métabolisant les acides aminés.** Des bactéries sont ensemencées dans des éprouvettes contenant du glucose, un indicateur de pH et un acide aminé connu. **a)** L'indicateur de pH devient jaune quand la bactérie produit de l'acide à partir du glucose. **b)** Il devient violet sous l'action des produits alcalins de la décarboxylation.

■ Qu'est-ce que la décarboxylation?

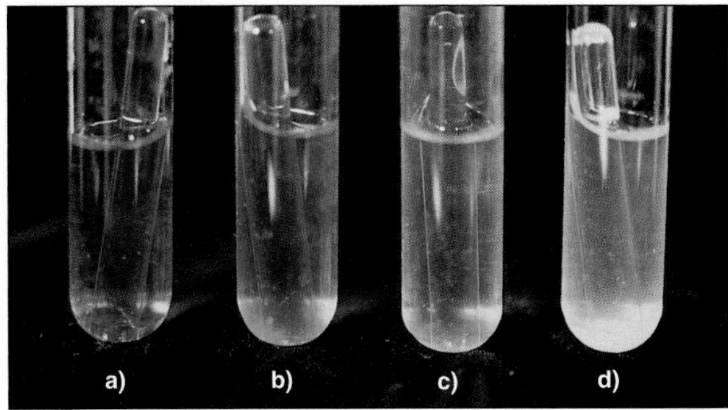


FIGURE 5.22 **Test de fermentation. a)** Une éprouvette de fermentation ensemencée contenant comme glucide du mannitol. **b)** *Staphylococcus epidermidis* s'est multiplié en se nourrissant de la protéine mais n'a pas touché au glucide. Ce type d'organisme est qualifié de mannitol−. **c)** *Staphylococcus aureus* produit de l'acide mais non du gaz. Cette espèce est mannitol+. **d)** *Escherichia coli* est aussi mannitol+ et il produit de l'acide et du gaz à partir du mannitol. Le gaz est emprisonné dans la cloche.

■ Quelle est l'importance des tests biochimiques?

tests biochimiques ont pour but de déceler la présence d'enzymes. Certains d'entre eux révèlent les enzymes qui effectuent le catabolisme des acides aminés par décarboxylation et déshydrogénation (dont nous avons parlé plus haut; voir aussi la figure 5.21). Le **test de fermentation** est une autre méthode biochimique. Le tube de fermentation contient un milieu-test constitué de protéines, d'un seul glucide, d'un indicateur de pH et d'une petite cloche renversée (cloche de Durham) qui permet d'évaluer la production éventuelle de gaz (figure 5.22). Les bactéries inoculées dans le tube peuvent utiliser les protéines ou le glucide comme source de carbone et d'énergie. Si elles métabolisent le glucide et produisent de l'acide, l'indicateur de pH change de couleur. Certains organismes produisent du gaz en plus de l'acide lors du catabolisme du glucide. La présence d'une bulle dans la cloche de Durham révèle la formation de gaz (figure 5.22b-d). Un autre exemple de test biochimique est illustré dans la figure 10.9.

Signalons que, dans certains cas, les déchets d'un microorganisme peuvent devenir la source de carbone et d'énergie d'une autre espèce. La bactérie *Acetobacter* est capable d'oxyder l'éthanol libéré par les levures. *Propionibacterium* peut utiliser l'acide lactique provenant d'autres bactéries. Les propionibactéries convertissent l'acide lactique en acide pyruvique en vue du cycle de Krebs. Au cours du cycle, il y a production d'acide propionique et de $CO_2$. À cet effet, les trous du gruyère et de l'emmental sont formés par l'accumulation de $CO_2$.

# La photosynthèse

### Objectifs d'apprentissage

- *Comparer la photophosphorylation de type cyclique avec celle de type non cyclique.*
- *Comparer les réactions photochimiques (phase lumineuse) et les réactions du cycle de Calvin-Benson (phase sombre) de la photosynthèse.*
- *Comparer la phosphorylation oxydative et la photophosphorylation.*

Dans toutes les voies métaboliques que nous avons examinées jusqu'ici, les organismes obtiennent l'énergie nécessaire au travail cellulaire par l'oxydation de composés chimiques organiques. Mais d'où viennent ces composés organiques? Certains organismes, dont les animaux et beaucoup de microbes, se nourrissent de la matière produite par d'autres organismes. Par exemple, certaines bactéries dégradent les composés provenant de plantes et d'animaux morts ou obtiennent leur alimentation d'un hôte vivant.

D'autres organismes synthétisent des composés organiques complexes à partir de substances inorganiques simples. Le principal mécanisme par lequel s'effectue cette synthèse est un processus appelé **photosynthèse.** Il est utilisé par les plantes et beaucoup de microbes. Essentiellement, la photosynthèse est la conversion en énergie chimique de l'énergie lumineuse provenant du Soleil. Par la suite, l'énergie chimique sert à convertir le $CO_2$ issu de l'atmosphère en composés carbonés plus réduits, principalement en glucides. Le terme *photosynthèse* résume le processus : *photo* signifie « lumière » et *synthèse* désigne l'assemblage des composés organiques. La synthèse de glucides à partir de l'incorporation d'atomes de carbone tirés du $CO_2$ atmosphérique s'appelle aussi **fixation du carbone.** La continuité de la vie telle que nous la connaissons sur Terre dépend du recyclage du carbone qui s'opère de cette façon. Les cyanobactéries, les algues et les plantes vertes contribuent ensemble à ce recyclage vital par la photosynthèse.

On peut résumer la photosynthèse par l'équation suivante :

$$6\ CO_2 + 12\ H_2O + \text{Énergie lumineuse} \longrightarrow C_6H_{12}O_6 + 6\ O_2 + 6\ H_2O$$

Au cours de la photosynthèse, des électrons sont cédés par les atomes d'hydrogène de l'eau, une molécule pauvre en énergie, et incorporés dans un sucre, une molécule riche en énergie. Le supplément d'énergie provient de la lumière, quoique indirectement.

La photosynthèse se déroule en deux phases. Dans la première, appelée **phase lumineuse,** l'énergie lumineuse est utilisée pour convertir des molécules d'ADP et de Ⓟ en ATP au cours des **réactions photochimiques.** De plus, dans la forme prédominante des réactions photochimiques, le transporteur d'électrons NADP est réduit en NADPH. La coenzyme NADPH, à l'instar du NADH, est un transporteur d'électrons riche en énergie. Dans la deuxième phase, appelée **phase sombre,** ces électrons, ainsi que de l'énergie en provenance d'ATP, servent à réduire le $CO_2$ en sucre au cours des **réactions du cycle de Calvin-Benson.**

### Les réactions photochimiques : la photophosphorylation

La photophosphorylation est un des trois moyens mis au point par la nature pour produire de l'ATP et elle n'a lieu que dans les cellules photosynthétiques. L'énergie lumineuse est absorbée dans ces cellules par les molécules de chlorophylle, dont elle excite certains des électrons. La principale chlorophylle utilisée par les plantes vertes, les algues et les cyanobactéries est la *chlorophylle a.* Elle se situe dans les thylakoïdes membraneux des chloroplastes chez les algues et les plantes vertes (figure 4.27) et dans les thylakoïdes des structures photosynthétiques chez les cyanobactéries. Les autres bactéries utilisent les *bactériochlorophylles.* La photophosphorylation est décrite à la figure 5.23.

Les électrons de la chlorophylle, excités par les rayons lumineux, bondissent sur le premier transporteur d'une suite de transporteurs moléculaires, qui forment une chaîne de transport des électrons semblable à celle de la respiration. Au fur et à mesure du passage des électrons d'un transporteur à l'autre, des protons sont pompés d'un côté de la membrane à l'autre et l'ADP est converti en ATP par chimiosmose. Au cours des réactions photochimiques, le transport d'électrons peut se faire selon deux trajets, soit cyclique, soit non cyclique. Dans le cas de la **photophosphorylation cyclique,** l'électron finit par retourner à la chlorophylle (figure 5.23a). Dans celui de la **photophosphorylation non cyclique,** qui est le processus le plus répandu, les électrons cédés par la chlorophylle ne retournent pas à cette dernière mais sont incorporés au NADPH (figure 5.23b). Les électrons perdus par la chlorophylle sont remplacés par d'autres provenant d'une substance réductrice contenant des atomes d'hydrogène telle que $H_2O$ (ou d'un autre composé oxydable tel que le sulfure d'hydrogène, $H_2S$). En résumé, les produits de la photophosphorylation non cyclique sont l'ATP (formée par chimiosmose grâce à l'énergie libérée par une chaîne de transport des électrons), $O_2$ (provenant des molécules d'eau) et NADPH (dont les protons et les électrons d'hydrogène proviennent à l'origine de l'eau).

### Les réactions du cycle de Calvin-Benson

Les **réactions du cycle de Calvin-Benson** ont lieu durant la phase dite sombre parce que ces réactions peuvent se dérouler sans l'intervention directe de la lumière. Elles comprennent une voie métabolique cyclique et complexe au cours de laquelle le $CO_2$ est « fixé » – c'est-à-dire utilisé pour synthétiser des sucres (figure 5.24). Dans les réactions du cycle de Calvin-Benson, l'ATP est utilisée pour assembler les molécules de dioxyde de carbone en sucres ; il n'y a pas de production d'ATP.

## Résumé des mécanismes de production d'énergie

**Objectif d'apprentissage**

- *Écrire une phrase qui résume la production d'énergie dans la cellule.*

Dans le monde vivant, l'énergie passe d'un organisme à l'autre sous forme d'énergie potentielle et cette dernière est contenue dans les liaisons des composés chimiques. Les organismes obtiennent l'énergie grâce à des réactions d'oxydation. Pour que cette énergie soit obtenue sous une forme utilisable, la cellule doit dans un premier temps renfermer un donneur d'électrons (ou d'hydrogène), qui lui sert de source d'énergie initiale. Il existe une grande diversité de donneurs d'électrons possibles, tels que les pigments photosynthétiques (la chlorophylle, par exemple), le glucose ou d'autres composés organiques, le soufre, l'ammoniac ou le dihydrogène ($H_2$) (figure 5.25). Dans une deuxième étape, les électrons cédés par les sources d'énergie chimique sont transférés à des transporteurs d'électrons, tels que les coenzymes $NAD^+$, $NADP^+$ et FAD (figure 5.25). Ce transfert est une réaction d'oxydoréduction ; la source d'énergie initiale est oxydée tandis que le premier transporteur d'électrons est réduit pour donner NADH, NADPH et $FADH_2$. Durant cette phase, une certaine quantité d'ATP est produite. À la troisième

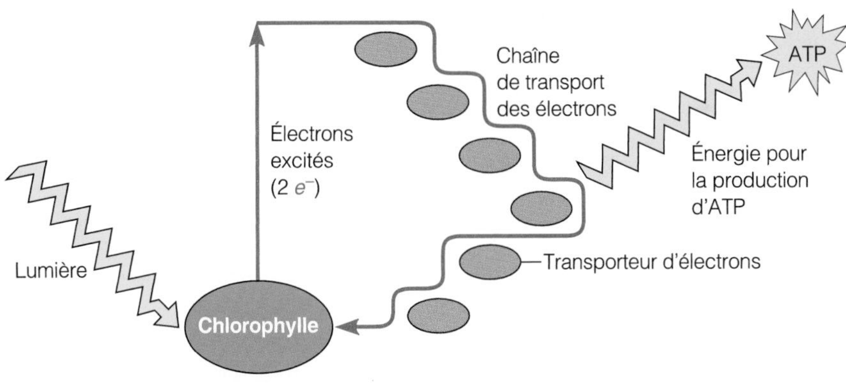


**a)** Photophosphorylation cyclique

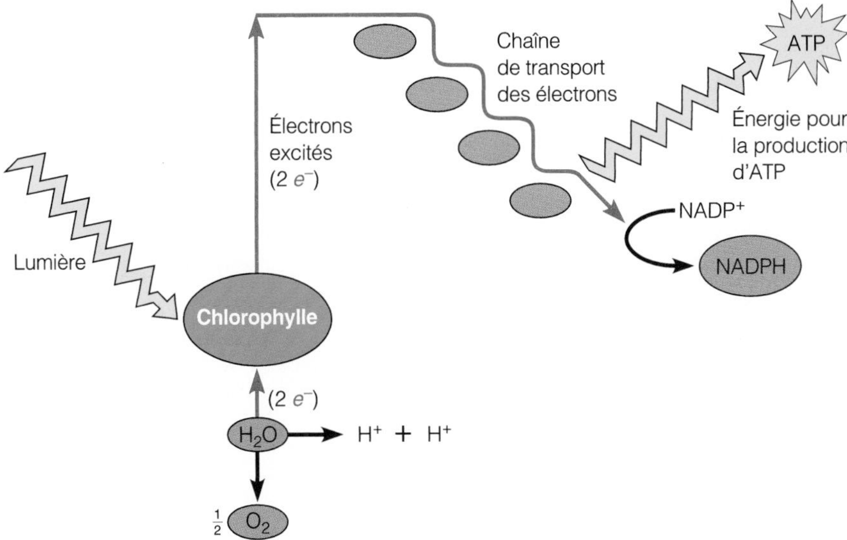


**b)** Photophosphorylation non cyclique

FIGURE 5.23 **Photophosphorylation.** **a)** Au cours de la photophosphorylation cyclique, les électrons arrachés à la chlorophylle par la lumière retournent à la chlorophylle après leur passage le long de la chaîne de transport des électrons. L'énergie du transfert des électrons est convertie en ATP. **b)** Dans le cas de la photophosphorylation non cyclique, les électrons cédés par la chlorophylle sous l'effet de la lumière sont remplacés par des électrons provenant de l'eau. Les électrons de la chlorophylle sont acheminés le long de la chaîne de transport jusqu'à l'accepteur d'électrons $NADP^+$. $NADP^+$ se combine à des électrons et à des ions hydrogène provenant de l'eau, pour former le NADPH. Le courant d'électrons qui passe dans la chaîne de transport produit de l'ATP par chimiosmose.

■ En quoi la phosphorylation oxydative et la photophosphorylation se ressemblent-elles ?

étape, les électrons sont transférés des transporteurs d'électrons aux accepteurs d'électrons finaux grâce à des réactions d'oxydoréduction (figure 5.25), qui produisent plus d'ATP.

Dans le cas de la respiration aérobie, le dioxygène ($O_2$) est l'accepteur d'électrons final. Dans celui de la respiration anaérobie, des substances inorganiques autres que l'oxygène, telles que les ions nitrate ($NO_3^-$) ou les ions sulfate ($SO_4^{2-}$), servent d'accepteurs d'électrons finaux. Lors de la fermentation, les accepteurs d'électrons finaux sont des composés organiques. Dans la respiration aérobie et anaérobie, une suite de transporteurs d'électrons appelée chaîne de transport des électrons libère l'énergie que le mécanisme de la chimiosmose utilise pour synthétiser l'ATP. Quelles que soient leurs sources d'énergie, tous les organismes emploient des réactions d'oxydoréduction semblables pour transférer les électrons et des mécanismes semblables pour produire l'ATP à partir de l'énergie libérée.

# La diversité métabolique des organismes

### Objectif d'apprentissage

- *Classer les divers types nutritionnels observés chez les organismes selon la source de carbone qu'ils emploient et selon les mécanismes de catabolisme des glucides et de production d'ATP qu'ils utilisent.*

Nous avons examiné en détail certaines des voies métaboliques de production d'énergie utilisées par les animaux et les plantes, ainsi que par beaucoup de microorganismes. Toutefois, les microbes se distinguent par leur grande diversité métabolique et certains d'entre eux sont capables de se nourrir de substances inorganiques en utilisant des voies qui ne sont pas à la portée des plantes ou des animaux. On peut

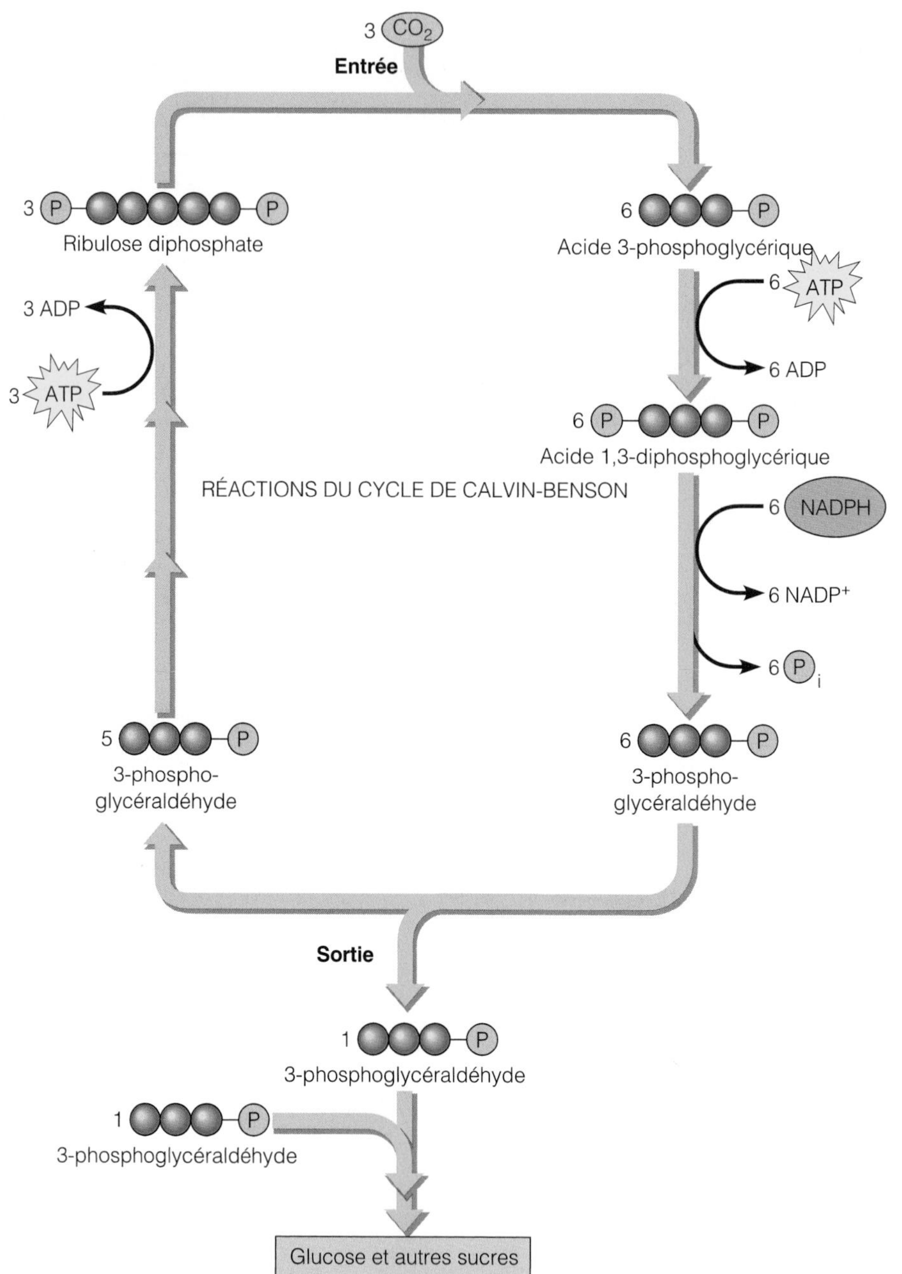


**FIGURE 5.24 Schéma simplifié des réactions du cycle de Calvin-Benson.** Le diagramme illustre trois tours du cycle, au cours desquels trois molécules de $CO_2$ sont fixées et une molécule de 3-phosphoglycéraldéhyde est produite et larguée dans le milieu. Il faut deux molécules de 3-phosphoglycéraldéhyde pour faire une molécule de glucose. En conséquence, le cycle doit effectuer six tours par molécule de glucose produite, ce qui représente un investissement total de 6 molécules de $CO_2$, 18 molécules d'ATP et 12 molécules de NADPH.

■ Dans les réactions du cycle de Calvin-Benson, des sucres sont synthétisés à partir du $CO_2$.

classifier tous les organismes (y compris les microbes), sur le plan métabolique, selon leur *type nutritionnel* – leur source d'énergie et leur source de carbone.

Si nous considérons d'abord la source d'énergie, on peut généralement regrouper les organismes en phototrophes et en chimiotrophes. Les **phototrophes** utilisent la lumière comme principale source d'énergie, alors que les **chimiotrophes** dépendent pour leur énergie de réactions d'oxydoréduction auxquelles participent des composés inorganiques ou des composés organiques. Comme principale source de carbone, les **autotrophes** (qui se nourrissent par eux-mêmes) utilisent le dioxyde de carbone et les **hétérotrophes** (qui se nourrissent à partir des autres) ont besoin d'une source de carbone organique. Les autotrophes portent aussi le nom de *lithotrophes* (mangeurs de roche) et les hétérotrophes, celui d'*organotrophes.*

Combinant les sources d'énergie et de carbone, on obtient les classes nutritionnelles suivantes: *photoautotrophes, photohétérotrophes, chimioautotrophes* et *chimiohétérotrophes* (figure 5.26). Presque tous les microorganismes d'importance médicale dont nous traitons dans le présent ouvrage sont des chimiohétérotrophes. Habituellement, les organismes infectieux catabolisent des substances organiques tirées de l'hôte, l'humain en l'occurrence.

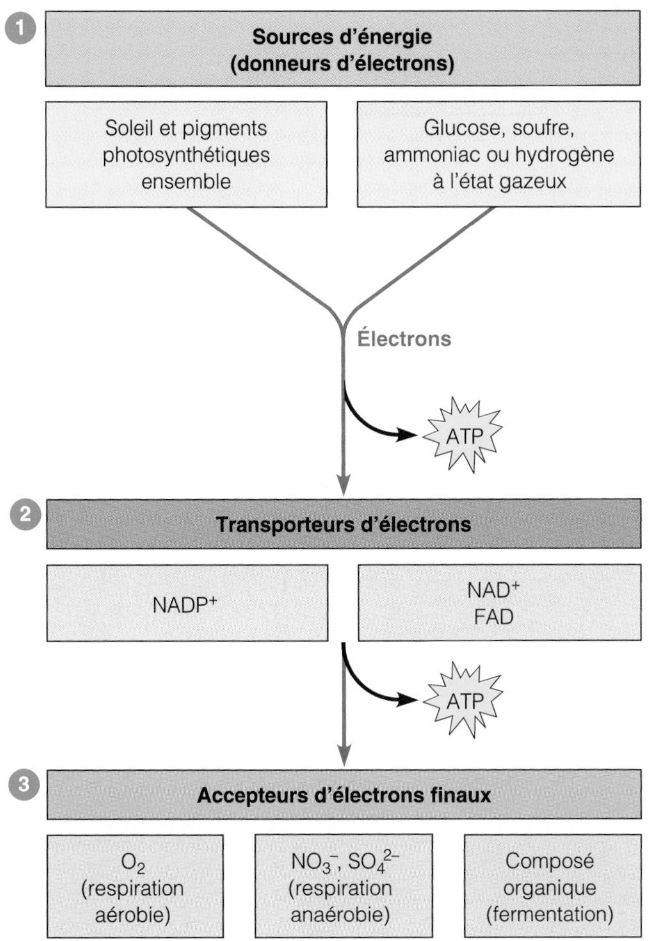


FIGURE 5.25 **Éléments nécessaires à la production d'ATP.** La production d'ATP nécessite ❶ une source d'énergie initiale (donneur d'électrons), ❷ le transfert d'électrons à un transporteur d'électrons au cours d'une réaction d'oxydoréduction et ❸ le transfert d'électrons à un accepteur d'électrons final.

## Les photoautotrophes

Les **photoautotrophes** utilisent la lumière comme source d'énergie et le dioxyde de carbone comme principale source de carbone. Ils comprennent les bactéries photosynthétiques (bactéries vertes sulfureuses et pourpres sulfureuses et cyanobactéries), les algues et les plantes vertes. Lors des réactions photosynthétiques des cyanobactéries, des algues et des plantes vertes, les atomes d'hydrogène de l'eau ($H_2O$) servent à réduire le dioxyde de carbone et il y a libération d'oxygène sous forme gazeuse. En raison de la production de dioxygène ($O_2$), ce processus photosynthétique est parfois dit **oxygénique.**

En plus des cyanobactéries, il y a plusieurs autres familles de procaryotes photosynthétiques. Elles sont classifiées selon la méthode qu'elles emploient pour réduire le $CO_2$. Ces bactéries ne peuvent pas utiliser l'$H_2O$ pour réduire le $CO_2$ et sont incapables d'accomplir la photosynthèse en présence de dioxygène ($O_2$) (elles doivent se trouver dans un environnement anaérobie). En conséquence, leur processus photosynthétique ne produit pas de dioxygène et est dit **anoxygénique.** Les photoautotrophes anoxygéniques sont les bactéries vertes sulfureuses et les bactéries pourpres sulfureuses. Les **bactéries vertes sulfureuses** (aussi appelées bactéries vertes sulfo-réductrices), telles que *Chlorobium,* utilisent le soufre (S), les composés sulfurés (tels que le sulfure d'hydrogène, $H_2S$) ou le dihydrogène ($H_2$) pour réduire le dioxyde de carbone ($CO_2$) et former des composés organiques. Grâce à l'énergie de la lumière et aux enzymes appropriées, ces bactéries procèdent à l'oxydation des ions sulfure ($S^{2-}$) ou du soufre (S) pour donner des sulfates ($SO_4^{2-}$), ou du dihydrogène pour donner de l'eau ($H_2O$). Les **bactéries pourpres sulfureuses** (aussi appelées bactéries pourpres sulfo-réductrices), telles que *Chromatium* (figure 11.10), utilisent aussi le soufre, des composés sulfurés ou le dihydrogène pour réduire le dioxyde de carbone. Elles se distinguent des bactéries vertes sulfureuses par le type de chlorophylle qu'elles possèdent, les endroits où elles stockent le soufre et l'ARN ribosomal.

Les chlorophylles utilisées par ces bactéries photosynthétiques s'appellent *bactériochlorophylles.* Elles absorbent la lumière à des longueurs d'onde plus grandes que celles captées par la chlorophylle *a*. Les bactériochlorophylles des bactéries vertes sulfureuses se trouvent dans des vésicules appelées *chlorosomes* ou *vésicules de chlorobium,* fixées à la surface interne de la membrane plasmique. Chez les bactéries pourpres sulfureuses, les bactériochlorophylles sont situées dans des invaginations de la membrane plasmique (*membranes intracytoplasmiques*).

Le tableau 5.6 présente plusieurs des caractéristiques qui distinguent la photosynthèse eucaryote de la photosynthèse procaryote. L'encadré de la page 157 fait état d'un système photosynthétique exceptionnel qui existe chez *Halobacterium* et qui se passe de chlorophylle.

## Les photohétérotrophes

Les **photohétérotrophes** utilisent la lumière comme source d'énergie mais sont incapables de convertir le $CO_2$ en sucre ; à la place, ils emploient des composés organiques, tels que les alcools, les acides gras, d'autres acides carboxyliques et des glucides comme sources de carbone. Ils sont anoxygéniques. Les **bactéries vertes non sulfureuses** (aussi appelées bactéries vertes non sulfo-réductrices), telles que *Chloroflexus,* et les **bactéries pourpres non sulfureuses** (aussi appelées bactéries pourpres non sulfo-réductrices), telles que *Rhodopseudomonas,* sont photohétérotrophes.

## Les chimioautotrophes

Les **chimioautotrophes** se servent de $CO_2$ comme principale source de carbone (voir le cycle du carbone à la figure 27.2). Ils utilisent les électrons provenant de composés inorganiques réduits comme source d'énergie. Les sources inorganiques d'énergie chez ces organismes comprennent le sulfure d'hydrogène ($H_2S$) pour *Beggiatoa,* l'élément soufre (S) pour *Thiobacillus thiooxidans,* l'ammoniac ($NH_3$)

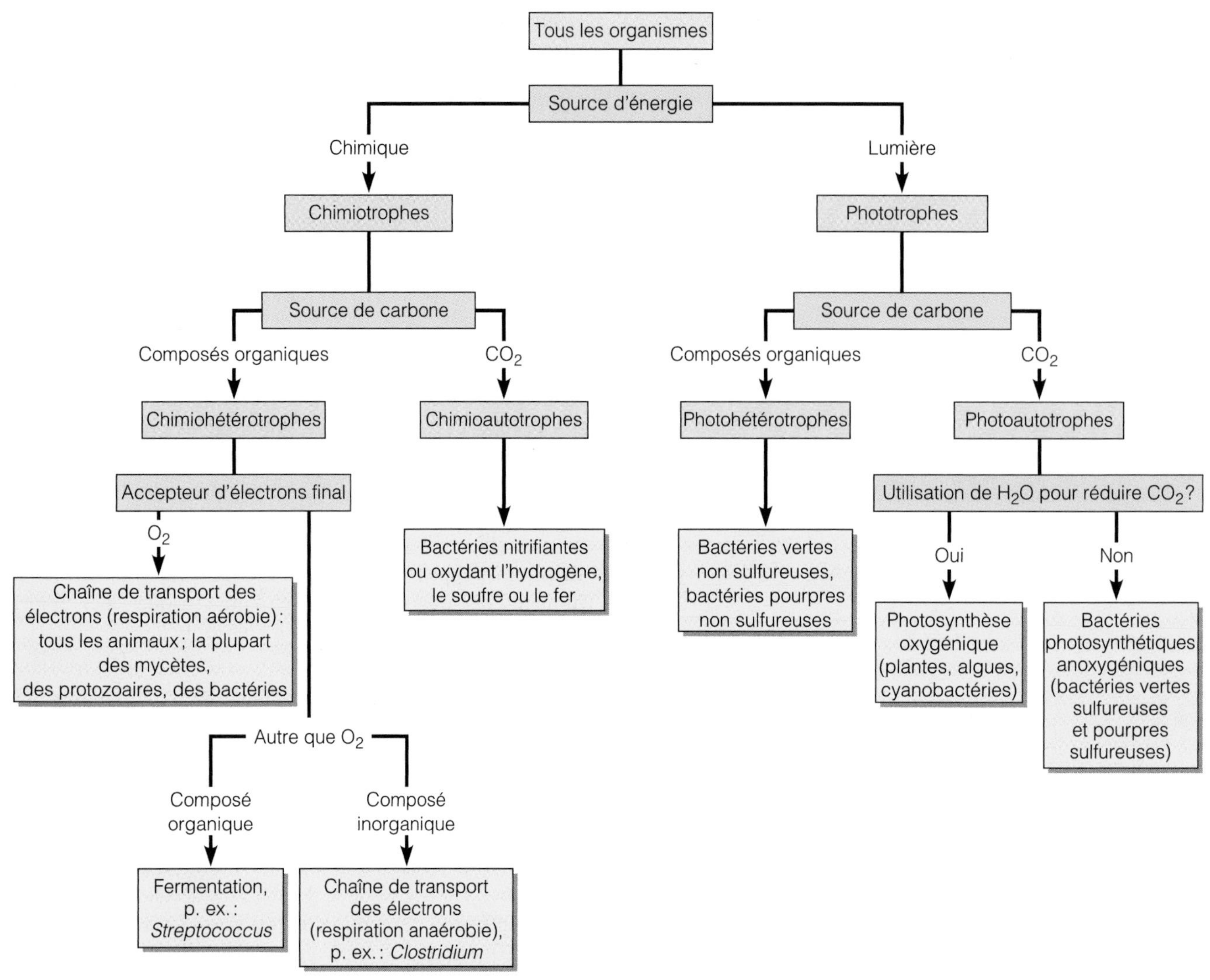


FIGURE 5.26 **Classification des organismes par types nutritionnels.**

■ Quelle est la principale différence entre les chimiotrophes et les phototrophes ?

**Tableau 5.6** ***Comparaison des types de photosynthèse chez quelques eucaryotes et procaryotes***

| Caractéristique | Eucaryotes | Procaryotes | | |
|---|---|---|---|---|
| | Algues, plantes | Cyanobactéries | Bactéries vertes sulfureuses | Bactéries pourpres sulfureuses |
| Substance qui réduit le $CO_2$ | Atome H de $H_2O$ | Atome H de $H_2O$ | Soufre, composés sulfurés, $H_2$ gazeux | Soufre, composés sulfurés, $H_2$ gazeux |
| Production d'$O_2$ | Oxygénique | Oxygénique (et anoxygénique) | Anoxygénique | Anoxygénique |
| Pigment capteur de lumière | Chlorophylle *a* | Chlorophylle *a* | Bactériochlorophylle *a* | Bactériochlorophylle *a* ou *b* |
| Siège de la photosynthèse | Chloroplastes et thylakoïdes | Thylakoïdes | Chlorosomes | Membrane intracytoplasmique |
| Environnement | Aérobie | Aérobie (et anaérobie) | Anaérobie | Anaérobie |

APPLICATIONS DE LA MICROBIOLOGIE

## Des ordinateurs plus rapides et plus intelligents, grâce aux bactéries

Un des membres les plus intéressants des Archéobactéries, *Halobacterium,* vit là où presque rien ne pousse. Cette bactérie se trouve dans les lacs salés, sur les pierres à lécher des ranchs, dans les salants ou tout autre environnement ayant une concentration de sel de cinq à sept fois supérieure à celle de la mer. Les halobactéries sont faciles à repérer parce que leur environnement tourne au pourpre (voir la photographie). Ces bactéries sont incapables de fermenter les glucides et ne possèdent pas de chlorophylle ; en conséquence, on a longtemps pensé que toute leur énergie provenait de la phosphorylation oxydative. Puis, on a fait l'extraordinaire découverte d'un nouveau système de photophosphorylation en étudiant la membrane plasmique de *Halobacterium halobium*.

Des chercheurs ont découvert que la membrane plasmique de *H. halobium* se sépare en deux fractions (rouge et pourpre) quand la cellule est fragmentée et que ses composants sont triés. La fraction rouge, qui constitue la majeure partie de la membrane, contient des cytochromes, des flavoprotéines et d'autres parties de la chaîne de transport des électrons, où se déroule la phosphorylation oxydative. La fraction pourpre est plus intéressante. La membrane pourpre se trouve dans des plaques distinctes de la membrane plasmique présentant une structure en treillis hexagonaux. La couleur provient d'une protéine qui constitue 75 % de la membrane pourpre. Cette protéine ressemble à la rhodopsine, un pigment des cellules en bâtonnets qui font partie de la rétine de l'œil humain. C'est pourquoi on l'a appelée bactériorhodopsine. Lorsqu'on l'a découverte, sa fonction était encore un mystère.

Les études qui ont suivi ont révélé que *H. halobium* peut croître en présence soit de la lumière, soit de l'$O_2$, mais non si aucun de ces facteurs n'est présent.

Ce résultat inattendu suggère que *Halobacterium* peut utiliser deux systèmes pour obtenir de l'énergie, un qui fonctionne en présence d'$O_2$ (phosphorylation oxydative) et l'autre en présence de lumière (une certaine forme de photophosphorylation). On s'est aperçu que la synthèse d'ATP par *H. halobium* atteint sa vitesse maximale quand la cellule reçoit une lumière dont la longueur d'onde se situe entre 550 et 600 nm, ce qui correspond précisément au spectre d'absorption de la bactériorhodopsine.

*Halobacterium* (en pourpre) se multiplie dans les milieux fortement salés comme les étangs d'évaporation solaire autour de la baie de San Francisco, qui servent à la production de sel.

Les chercheurs ont émis l'hypothèse que la bactériorhodopsine, comme les systèmes qui contiennent de la chlorophylle, joue le rôle d'une pompe à protons et sert à créer un gradient de protons de part et d'autre d'une membrane cellulaire ; dans le cas présent, le gradient se forme de part et d'autre de la membrane pourpre. Ce gradient de protons est en mesure d'accomplir du travail cellulaire – il peut alimenter la synthèse d'ATP ou transporter des solutés.

### *HALOBACTERIUM* REMPLACE LA PUCE ÉLECTRONIQUE

Au Centre d'électronique moléculaire de l'université de Syracuse, Robert Birge cultive *Halobacterium* pendant cinq jours par lots de cinq litres, puis il en extrait la bactériorhodopsine en vue d'un usage original. Il a mis au point une puce électronique composée d'une mince couche de bactériorhodopsine.

Les ordinateurs traditionnels stockent l'information sur des tranches minces de silicium. Ils traitent l'information en « lisant » des suites de zéros et de un produits lorsque des électrons passent par des commutateurs gravés dans le silicium ; un commutateur qui laisse passer les électrons représente un 1 alors qu'un commutateur qui bloque la circulation des électrons représente un 0. Toutefois, le silicium ne peut pas retenir assez d'information ou la traiter assez vite pour certaines applications telles que l'intelligence artificielle ou la création de robots capables de vision.

Par contraste, la puce à la bactériorhodopsine sera en mesure de stocker plus d'information que celle au silicium et de la traiter plus rapidement, se rapprochant ainsi davantage du cerveau humain. La puce de bactériorhodopsine fonctionne au moyen de la lumière qui, on le sait, se déplace à la vitesse de la lumière, soit beaucoup plus vite que les électrons. La lumière verte fait plier la protéine ; sous cette forme, elle représente le 1, alors que la protéine dépliée est perçue comme le 0. On utilise un rayon laser pour « voir » la conformation de la protéine.

À l'heure actuelle, il faut conserver la puce protéique à $-4$ °C pour qu'elle garde sa structure, mais Birge et ses collaborateurs espèrent pouvoir résoudre ce problème. Des scientifiques russes ont mis au point un processeur protéique pour les radars militaires et on croit que l'armée de l'air américaine utilise la puce protéique dans ses avions de combat. Si un de ces avions tombe au sol, le système de refroidissement s'arrête et la puce est détruite avec les renseignements secrets, qu'on protège ainsi des voleurs. Un jour, ces puces plus petites, plus rapides et de plus grande capacité permettront probablement de créer des ordinateurs en mesure d'accomplir des fonctions qui se rapprochent davantage de l'intelligence humaine, telles que remplacer les yeux chez les personnes aveugles.

pour *Nitrosomonas,* l'ion nitrite ($NO_2^-$) pour *Nitrobacter,* le dihydrogène ($H_2$) pour *Hydrogenomonas* et l'ion ferreux ($Fe^{2+}$) pour *Thiobacillus ferrooxidans* (figure 28.13). L'énergie obtenue par l'oxydation de ces composés inorganiques est finalement stockée dans des molécules d'ATP, qui sont produites par phosphorylation oxydative. Parce qu'ils consomment des substances inorganiques souvent présentes dans des déchets industriels polluants contenant du fer, du soufre, de l'arsenic, de l'ammoniac, du méthane, etc., les chimioautotrophes ont une grande importance dans l'équilibre des écosystèmes terriens et aquatiques.

### Les chimiohétérotrophes

Quand on parle de photoautotrophes, de photohétérotrophes et de chimioautotrophes, il est facile de reconnaître la source d'énergie et celle de carbone parce qu'il s'agit d'entités distinctes. Par contre, chez les chimiohétérotrophes, la distinction n'est pas aussi claire parce que ces sources se trouvent généralement dans le même composé organique – par exemple, le glucose. Les **chimiohétérotrophes** utilisent spécifiquement comme source d'énergie les électrons provenant des atomes d'hydrogène qui font partie des composés organiques.

On subdivise aussi les hétérotrophes selon leur source de molécules organiques. Les **saprophytes** se nourrissent de matière organique en décomposition et les **parasites** obtiennent leurs nutriments d'hôtes vivants.

Du point de vue de la microbiologie humaine, l'organisme humain est un environnement composé de matière chimique organique ; il constitue une source d'énergie et de carbone pour les microorganismes chimiohétérotrophes qui satisfait leurs besoins nutritifs et énergétiques. Ainsi, les saprophytes font partie de la flore bactérienne qui colonise l'épiderme de la peau, dont la couche externe est composée de cellules mortes ; les bactéries pathogènes qui infectent l'individu et le rendent malade sont des parasites. Les microorganismes qui s'installent dans l'organisme humain y trouvent aussi les conditions optimales pour leur croissance, conditions liées aux exigences physiques (température, pH, pression osmotique) ou chimiques (présence ou non de dioxygène, humidité, etc.).

La plupart des bactéries et tous les mycètes, les protozoaires et les animaux sont des chimiohétérotrophes. Chez les bactéries et les mycètes, une grande diversité de composés organiques servent de sources de carbone et d'énergie. C'est pourquoi ces organismes peuvent vivre dans toutes sortes d'environnements. Comprendre la diversité microbienne est intéressant sur le plan scientifique et important sur le plan économique. Dans certains cas, la multiplication des bactéries est indésirable, comme lorsque des bactéries qui décomposent le caoutchouc s'attaquent à un joint d'étanchéité ou à la semelle des chaussures. En revanche, ces mêmes bactéries peuvent rendre service si elles dégradent des objets en caoutchouc qui ont été mis au rebut, tels que des pneus. *Rhodococcus erythropolis* est largement répandu dans le sol et peut occasionner des maladies chez les humains et d'autres animaux. Cette même espèce est en mesure de remplacer les atomes de soufre dans le pétrole par des atomes d'oxygène. À l'heure actuelle, une société du Texas se sert de *R. erythropolis* pour produire du pétrole sans soufre.

* * *

Nous allons maintenant examiner comment les cellules utilisent les voies de l'ATP pour faire la synthèse de composés organiques tels que les glucides, les lipides, les protéines et les acides nucléiques.

## Les voies métaboliques consommatrices d'énergie

#### Objectif d'apprentissage

- *Décrire les principaux types d'anabolisme et leurs relations avec le catabolisme.*

Jusqu'ici nous nous sommes penchés sur la production d'énergie. Grâce à l'oxydation de molécules organiques, les êtres vivants produisent de l'énergie par respiration aérobie et anaérobie, et par fermentation. Une grande part de cette énergie est dissipée sous forme de chaleur. L'oxydation métabolique complète du glucose en dioxyde de carbone et en eau est considérée comme un processus très efficace, mais environ 45 % de l'énergie du glucose est perdue sous forme de chaleur. Les cellules utilisent de diverses façons le reste de l'énergie, qui est emprisonnée dans les liaisons de l'ATP. Les microorganismes se servent de l'ATP pour obtenir l'énergie nécessaire au transport des substances à travers la membrane plasmique – c'est le processus de transport actif que nous avons décrit au chapitre 4. Ils dépensent aussi une certaine quantité d'énergie dans le mouvement flagellaire (également décrit au chapitre 4). Cependant, la majeure partie de l'ATP sert à la production de nouveaux composants cellulaires. Cette production est un processus continuel dans les cellules et, en général, elle se déroule plus rapidement dans les cellules procaryotes que dans les cellules eucaryotes.

Les autotrophes fabriquent leurs composés organiques en fixant le dioxyde de carbone au moyen du cycle de Calvin-Benson (figure 5.24). Cela nécessite à la fois de l'énergie (ATP) et des électrons (provenant de l'oxydation de NADPH). Par contraste, les hétérotrophes doivent disposer d'une source immédiate de composés organiques pour la biosynthèse, c'est-à-dire la production des composants cellulaires dont ils ont besoin et qui s'effectue habituellement à partir de molécules plus simples. Les cellules utilisent ces composés à la fois comme source de carbone et comme source d'énergie. Nous allons maintenant considérer la biosynthèse de quelques classes représentatives de molécules biologiques : glucides, lipides, protéines, purines et pyrimidines. Ce faisant, nous vous invitons à garder à l'esprit que les réactions de synthèse exigent un apport net d'énergie.

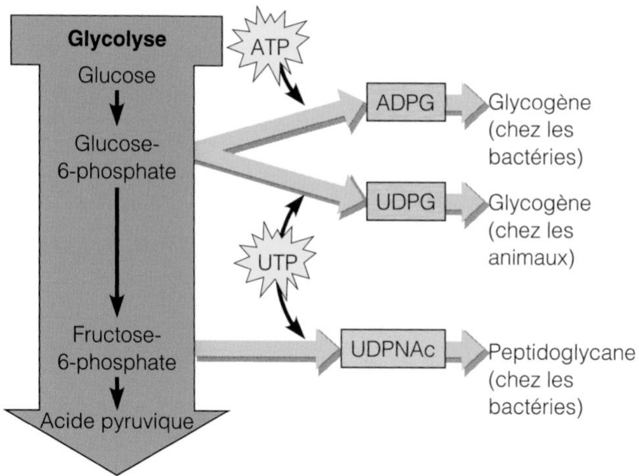


FIGURE 5.27 **Biosynthèse des polysaccharides.**

## La biosynthèse des polysaccharides

Les microorganismes synthétisent des glucides, tels que des monosaccharides et des polysaccharides. Les atomes de carbone nécessaires à la synthèse du glucose proviennent des intermédiaires produits par des processus tels que la glycolyse et le cycle de Krebs, ainsi que des lipides ou des acides aminés. Après la synthèse du glucose (ou d'autres oses), les bactéries peuvent assembler les molécules obtenues afin de former des polysaccharides complexes tels que le glycogène. Pour faire du glycogène à partir du glucose, les unités de glucose doivent être phosphorylées et liées les unes aux autres. Le produit de la phosphorylation du glucose est le glucose-6-phosphate. Ce processus exige une dépense d'énergie, généralement sous la forme d'ATP. Pour synthétiser le glycogène, les bactéries ajoutent une molécule d'ATP au glucose-6-phosphate afin de former de l'*adénosine diphosphoglucose* (*ADPG*) (figure 5.27). Une fois synthétisées, les unités d'ADPG sont liées les unes aux autres pour former le glycogène.

À l'aide d'un nucléotide appelé uridine triphosphate (UTP) comme source d'énergie, ainsi que du glucose-6-phosphate, les animaux synthétisent le glycogène (et beaucoup d'autres glucides) en formant d'abord de l'*uridine diphosphoglucose* (*UDPG*) (figure 5.27). Un composé apparenté à l'UDPG, appelé *UDP-N-acétylglucosamine* (*UDPNAc*), est une matière première capitale pour la biosynthèse du peptidoglycane, la substance constitutive des parois cellulaires bactériennes. L'UDPNAc est formée à partir du fructose-6-phosphate et la réaction consomme aussi de l'UTP.

## La biosynthèse des lipides

La composition chimique des lipides est fort variée. En conséquence, leur synthèse s'effectue par diverses voies. Les cellules synthétisent les graisses en joignant du glycérol à des acides gras. La partie glycérol des graisses est dérivée du dihydroxyacétone phosphate, un intermédiaire de la glycolyse. Les acides gras, qui sont des hydrocarbures (atomes d'hydrogène liés à des atomes de carbone) à chaîne longue, sont assemblés à partir de fragments à deux carbones provenant de l'acétyl CoA, qui sont attachés les uns à la suite des autres (figure 5.28). Comme dans le cas de la synthèse des polysaccharides, les unités qui composent les graisses et les autres lipides sont reliées les unes aux autres au moyen de réactions de synthèse par déshydratation qui nécessitent de l'énergie, mais pas toujours sous forme d'ATP.

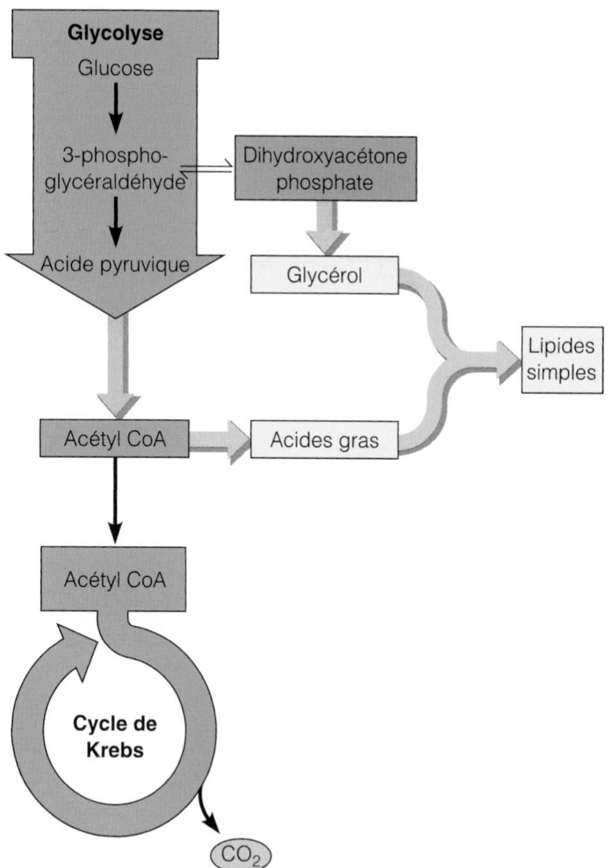


FIGURE 5.28 **Biosynthèse des lipides simples.**

■ Quelle est la fonction première des lipides dans les cellules ?

Le rôle le plus important des lipides consiste à former les composants structuraux des membranes biologiques, et la plupart des lipides membranaires sont des phospholipides, ou phosphoglycérolipides. Le cholestérol, un lipide ayant une tout autre structure, fait aussi partie de la membrane plasmique des cellules eucaryotes. Les cires sont des lipides qui constituent des composants importants de la paroi cellulaire des bactéries acidorésistantes. D'autres lipides, tels que

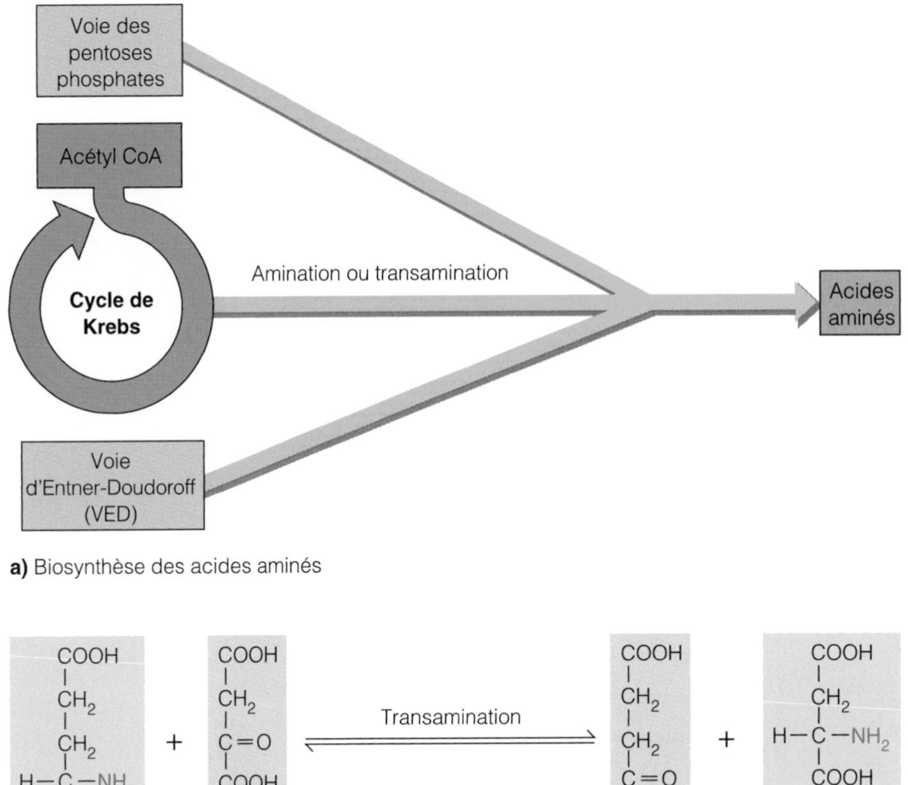


FIGURE 5.29 **Biosynthèse des acides aminés. a)** Voies de la biosynthèse des acides aminés, mettant en jeu l'amination ou la transamination d'intermédiaires du métabolisme des glucides issus du cycle de Krebs, de la voie des pentoses phosphates et de la voie d'Entner-Doudoroff. **b)** Transamination, processus par lequel de nouveaux acides aminés sont formés à partir des groupements amine provenant d'acides aminés périmés. L'acide glutamique et l'acide aspartique sont tous deux des acides aminés ; les deux autres composés sont des intermédiaires du cycle de Krebs.

les caroténoïdes, fournissent les pigments rouges, orange et jaunes de certains microorganismes. Certains lipides font partie des molécules de chlorophylle. D'autres jouent aussi un rôle dans le stockage d'énergie. Rappelons que les produits de la dégradation des lipides résultant de l'oxydation biologique entrent dans le cycle de Krebs.

## La biosynthèse des acides aminés et des protéines

Les acides aminés sont essentiels à la biosynthèse des protéines. Certains microbes, comme *Escherichia coli*, contiennent les enzymes nécessaires à l'utilisation de matières premières, telles que le glucose et des sels inorganiques, pour faire la synthèse de tous les acides aminés dont ils ont besoin. Les organismes qui ont les enzymes requises peuvent synthétiser tous les acides aminés directement ou indirectement à partir d'intermédiaires du métabolisme des glucides (figure 5.29a). D'autres microbes doivent puiser dans l'environnement certains acides aminés déjà formés.

Une source importante de *précurseurs* (intermédiaires) pour la synthèse des acides aminés est le cycle de Krebs. L'ajout d'un groupement amine (—$NH_2$) à l'acide pyruvique ou à un acide carboxylique approprié du cycle de Krebs convertit cette molécule en acide aminé. Ce processus s'appelle **amination.** Si le groupement amine provient d'un autre acide aminé, le processus s'appelle **transamination** (figure 5.29b).

La plupart des acides aminés dans les cellules sont destinés à la synthèse des protéines. Les protéines accomplissent des fonctions très importantes dans la cellule ; elles jouent plusieurs rôles, entre autres, ceux d'enzymes, de composants structuraux

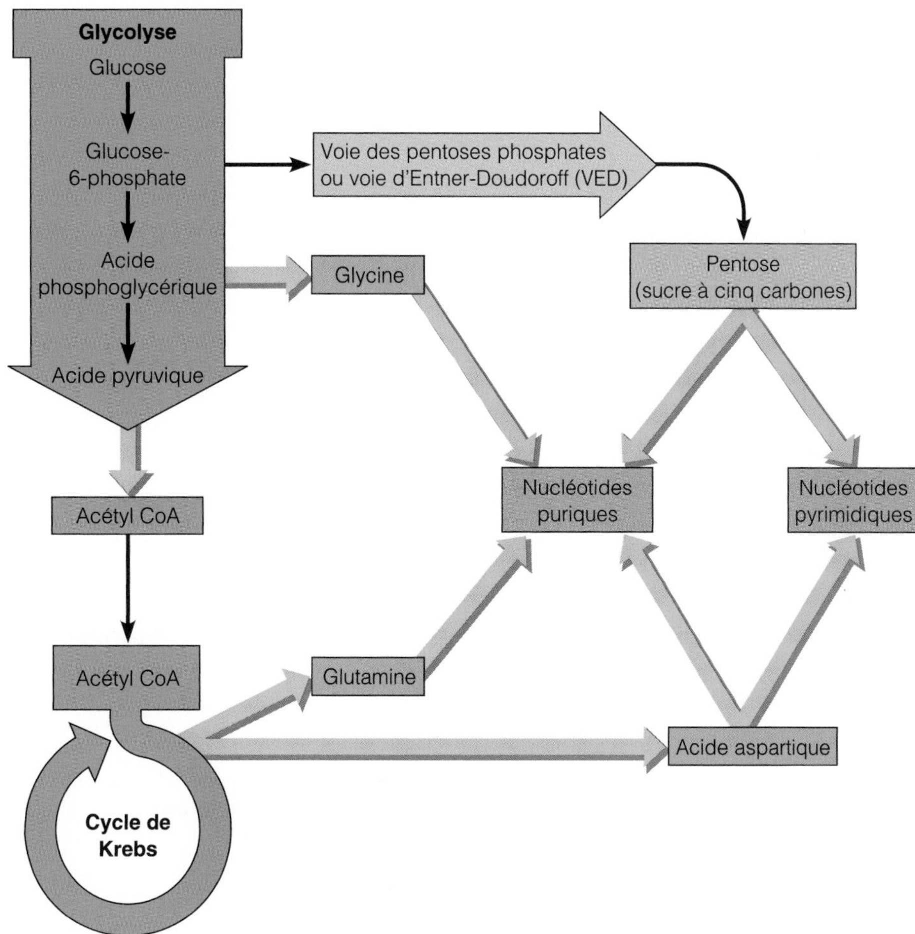


**FIGURE 5.30 Biosynthèse des nucléotides puriques et pyrimidiques.**

■ Quelles sont les fonctions des nucléotides dans la cellule ?

et de toxines. La combinaison des acides aminés pour former les protéines comprend des réactions de synthèse par déshydratation et nécessite de l'énergie sous forme d'ATP. Le mécanisme de cette synthèse met en jeu des gènes ; nous y reviendrons au chapitre 8.

## La biosynthèse des purines et des pyrimidines

Nous avons vu au chapitre 2 que l'ADN et l'ARN sont des molécules porteuses d'information constituées d'une suite de sous-unités appelées *nucléotides.* Ces derniers sont eux-mêmes formés d'une base azotée (une purine ou une pyrimidine), d'un pentose (sucre à cinq atomes de carbone) et d'un groupement phosphate. Les sucres à cinq atomes de carbone (ribose et désoxyribose) sont dérivés soit de la voie des pentoses phosphates, soit de la voie d'Entner-Doudoroff. Certains acides aminés – acide aspartique, glycine et glutamine – issus d'intermédiaires produits durant la glycolyse et dans le cycle de Krebs participent à la biosynthèse des purines et des pyrimidines (figure 5.30). Les atomes de carbone et d'azote tirés de ces acides aminés forment les noyaux des purines et des pyrimidines, et l'énergie pour la synthèse provient de l'ATP. L'ADN contient toute l'information nécessaire à la détermination des structures et des fonctions spécifiques de la cellule. Il faut de l'ARN aussi bien que de l'ADN pour la synthèse des protéines. De plus, certains nucléotides tels que l'ATP, le $NAD^+$ et le $NADP^+$ jouent un rôle dans la stimulation et l'inhibition de la vitesse du métabolisme cellulaire. Au chapitre 8, nous nous pencherons sur la synthèse de l'ADN et de l'ARN à partir des nucléotides.

# L'intégration du métabolisme

**Objectif d'apprentissage**

■ *Définir les voies amphiboliques.*

Nous avons vu jusqu'ici que les processus métaboliques des microbes produisent de l'énergie à partir de la lumière, de composés inorganiques et de composés organiques. D'autres réactions utilisent de l'énergie pour la biosynthèse. Compte

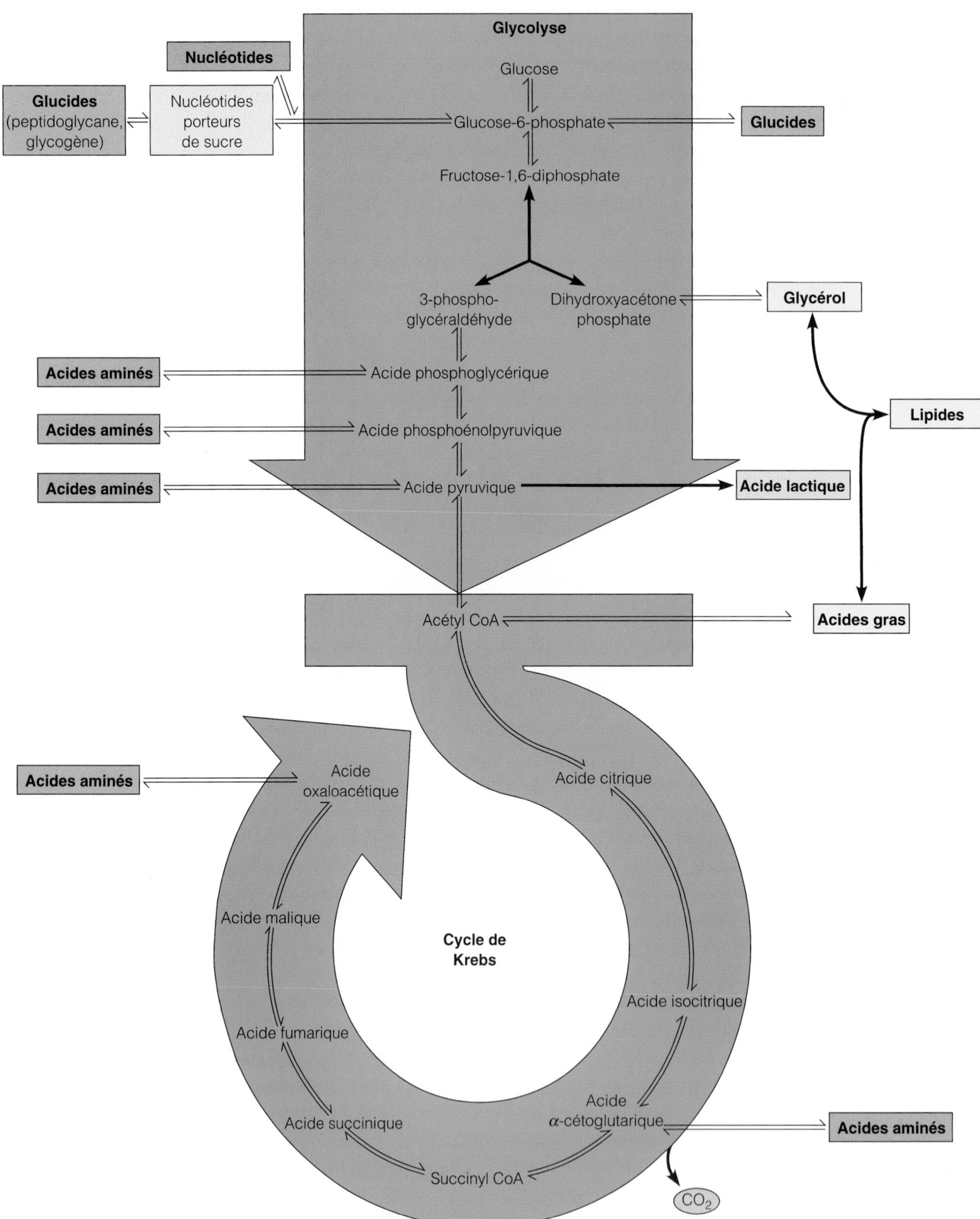


**FIGURE 5.31 Intégration du métabolisme.** Seuls les intermédiaires clés sont présentés. La figure ne l'indique pas, mais des acides aminés et du ribose sont nécessaires à la synthèse des nucléotides puriques et pyrimidiques (figure 5.30). Les flèches doubles représentent des voies amphiboliques.

■ Qu'est-ce qu'une voie amphibolique ?

tenu de cette diversité d'activité, on pourrait imaginer que les réactions anaboliques et cataboliques se déroulent indépendamment les unes des autres dans l'espace et dans le temps. En réalité, les réactions anaboliques et cataboliques sont reliées par un groupe d'intermédiaires communs (intermédiaires clés de la figure 5.31, p. 162). Certaines voies métaboliques, telles que la glycolyse et le cycle de Krebs, servent à la fois à l'anabolisme et au catabolisme. Par exemple, des réactions du cycle de Krebs participent non seulement à l'oxydation du glucose, mais produisent aussi des intermédiaires qui peuvent être convertis en acides aminés. Ainsi, le cycle de Krebs est une source de précurseurs (intermédiaires) pour la synthèse d'acides aminés tels que l'acide glutamique dans le cas de l'acide $\alpha$-cétoglutarique et de l'acide aspartique dans le cas de l'acide oxaloacétique. Quant à l'acétyl CoA, il sert d'intermédiaire dans la synthèse des acides gras qui composent les lipides. Les voies métaboliques qui interviennent aussi bien dans l'anabolisme que dans le catabolisme sont appelées **voies amphiboliques,** ce qui veut dire qu'elles ont une double fonction.

Les voies amphiboliques réunissent les réactions qui appartiennent à la dégradation et à la synthèse des glucides, des lipides, des protéines et des nucléotides. Ces voies autorisent des réactions simultanées au cours desquelles le produit de dégradation d'une réaction est utilisé dans une autre réaction pour synthétiser un composé différent, et vice versa. Puisque divers intermédiaires sont communs aux réactions et anaboliques et cataboliques, il existe des mécanismes qui assurent la régulation des voies de la synthèse et de la dégradation de façon à permettre qu'elles fonctionnent simultanément. Un de ces mécanismes fait appel à l'utilisation de coenzymes différentes selon que les voies sont utilisées dans un sens ou dans l'autre. Par exemple, $NAD^+$ intervient dans les réactions cataboliques, alors que $NADP^+$ sert aux réactions anaboliques. Les enzymes peuvent aussi coordonner les voies anaboliques et cataboliques en augmentant ou en réduisant la vitesse des réactions biochimiques.

Les réserves énergétiques de la cellule peuvent aussi influer sur la vitesse des réactions biochimiques. Par exemple, si l'ATP s'accumule, une enzyme fait cesser la glycolyse ; cette régulation contribue à synchroniser la vitesse de la glycolyse et celle du cycle de Krebs. Ainsi, si la consommation d'acide citrique augmente, soit parce qu'il y a une plus grande demande d'ATP, soit parce que les voies anaboliques drainent les intermédiaires du cycle de l'acide citrique, la glycolyse s'accélère et comble le vide.

# RÉSUMÉ

## LES RÉACTIONS CATABOLIQUES ET LES RÉACTIONS ANABOLIQUES (p. 124-125)

1. La somme des réactions chimiques qui se déroulent dans un organisme vivant s'appelle métabolisme.
2. Le catabolisme comprend les réactions chimiques qui entraînent la dégradation de molécules organiques complexes en substances plus simples. En général, les réactions cataboliques libèrent de l'énergie.
3. L'anabolisme comprend les réactions chimiques au cours desquelles des substances plus simples sont combinées pour former des molécules plus complexes. En général, les réactions anaboliques nécessitent de l'énergie.
4. L'énergie des réactions cataboliques est la force motrice derrière les réactions anaboliques.
5. L'énergie nécessaire aux réactions chimiques est emmagasinée dans l'ATP.

## LES ENZYMES (p. 125-132)

1. Les enzymes sont des protéines, produites par les cellules vivantes, qui catalysent les réactions chimiques en abaissant l'énergie d'activation.
2. En général, les enzymes sont des protéines globulaires avec une forme tridimensionnelle caractéristique.
3. Les enzymes sont efficaces ; elles fonctionnent à des températures optimales (selon l'enzyme) et sont soumises à divers mécanismes de régulation cellulaire.

### La nomenclature des enzymes (p. 126-127)

1. Les noms d'enzymes se terminent habituellement par le suffixe *-ase*.
2. Il y a six classes d'enzymes, selon le type de réaction qu'elles catalysent.

### Les composants des enzymes (p. 127)

1. La plupart des enzymes sont des holoenzymes, composées d'une partie protéique (apoenzyme) et d'une partie non protéique (cofacteur).
2. Le cofacteur peut être un ion métallique (fer, cuivre, magnésium, manganèse, zinc, calcium ou cobalt) ou une molécule organique complexe appelée coenzyme ($NAD^+$, $NADP^+$, FMN, FAD, coenzyme A).

### Le mécanisme de l'action enzymatique (p. 127-128)

1. Lorsqu'une enzyme et un substrat se combinent, le substrat est transformé et l'enzyme est récupérée.
2. Les enzymes sont dotées de spécificité, caractéristique qui réside dans leur site actif.

### Les facteurs influant sur l'activité enzymatique (p. 128-131)

1. À haute température, les enzymes subissent la dénaturation et perdent leurs propriétés catalytiques ; à basse température, la vitesse de la réaction diminue. La température à laquelle l'activité enzymatique est maximale s'appelle température optimale.
2. Le pH auquel l'activité enzymatique est maximale s'appelle pH optimal.
3. Jusqu'à un certain point, dit de saturation, l'activité enzymatique augmente proportionnellement à l'augmentation de la concentration du substrat.
4. Les inhibiteurs compétitifs sont en compétition avec le substrat normal pour le site actif de l'enzyme. Les inhibiteurs non compétitifs agissent sur d'autres parties de l'apoenzyme (site allostérique) ou sur le cofacteur et entravent la capacité de l'enzyme à se combiner au substrat normal.

### La rétro-inhibition (p. 131-132)

Il y a rétro-inhibition quand le produit final d'une voie métabolique inhibe l'activité d'une enzyme qui intervient près du début de la voie. La rétro-inhibition se fait généralement sur le site allostérique.

### Les ribozymes (p. 132)

Les ribozymes sont des molécules d'ARN enzymatiques qui coupent et épissent l'ARN dans les cellules eucaryotes.

## LA PRODUCTION D'ÉNERGIE (p. 132-135)

### Les réactions d'oxydoréduction (p. 133-134)

1. L'oxydation est la perte de un ou plusieurs électrons par un substrat. Des protons ($H^+$) sont souvent cédés en même temps que les électrons.
2. La réduction d'un substrat signifie que ce dernier gagne un ou plusieurs électrons.
3. Chaque fois qu'une substance est oxydée, une autre est simultanément réduite : on parle de réactions d'oxydoréduction.
4. $NAD^+$ est la forme oxydée ; NADH est la forme réduite.
5. Le glucose est une molécule réduite ; l'oxydation du glucose dans la cellule permet la libération d'énergie sous forme d'ATP.

### La production d'ATP (p. 134)

1. L'énergie libérée durant certaines réactions métaboliques peut être captée pour former de l'ATP à partir d'ADP et de Ⓟ (phosphate). L'ajout d'un Ⓟ à une molécule s'appelle phosphorylation.
2. Au cours de la phosphorylation au niveau du substrat, un Ⓟ riche en énergie provenant d'un substrat intermédiaire du catabolisme est ajouté à une molécule d'ADP pour donner de l'ATP.
3. Au cours de la phosphorylation oxydative, la libération d'énergie s'effectue quand les électrons passent d'un accepteur d'électrons au suivant, le long d'une chaîne de transport des électrons, pour aboutir à un accepteur final qui peut être soit une molécule de dioxygène ($O_2$), soit un autre composé inorganique.
4. Au cours de la photophosphorylation, l'énergie de la lumière est captée par la chlorophylle et des électrons passent par une suite d'accepteurs d'électrons. Le transport des électrons libère de l'énergie qui sert à la synthèse d'ATP.

### Les voies métaboliques de la production d'énergie (p. 134-135)

Les voies métaboliques sont des suites de réactions chimiques catalysées par des enzymes, qui permettent de stocker l'énergie dans des molécules organiques (anabolisme) ou de la libérer de ces dernières (catabolisme).

## LE CATABOLISME DES GLUCIDES (p. 135-148)

1. La majeure partie de l'énergie de la cellule provient de l'oxydation des glucides.
2. Le glucose est le glucide le plus souvent utilisé.
3. Les deux principales formes de catabolisme du glucose sont la respiration cellulaire, au cours de laquelle le glucose est complètement dégradé, et la fermentation, au cours de laquelle il est partiellement dégradé.

### La glycolyse (p. 136)

1. La voie la plus souvent utilisée pour l'oxydation du glucose est la glycolyse. L'acide pyruvique est le produit final.
2. Deux molécules d'ATP et deux molécules de NADH sont produites à partir d'une molécule de glucose.

### Les voies parallèles de la glycolyse (p. 138)

1. La voie des pentoses phosphates sert à métaboliser les sucres à cinq carbones ; une molécule d'ATP et 12 molécules de NADPH sont produites à partir d'une molécule de glucose.
2. La voie d'Entner-Doudoroff produit une molécule d'ATP et deux molécules de NADPH à partir d'une molécule de glucose.

### La respiration cellulaire (p. 138-144)

1. Au cours de la respiration, il y a oxydation de molécules organiques. La chaîne de transport des électrons produit de l'énergie.
2. Lors de la respiration aérobie, $O_2$ sert d'accepteur d'électrons final.
3. Lors de la respiration anaérobie, l'accepteur d'électrons final est une molécule inorganique autre que $O_2$.

### La respiration aérobie (p. 138-144)

#### *Le cycle de Krebs* (p. 138-140)

1. La décarboxylation de l'acide pyruvique produit une molécule de $CO_2$ et un groupement acétyle (coenzyme A).
2. Des groupements acétyle à deux carbones sont oxydés dans le cycle de Krebs. Les électrons sont captés par $NAD^+$ et FAD qui les acheminent à la chaîne de transport des électrons.
3. À partir d'une molécule de glucose, l'oxydation produit six molécules de NADH, deux molécules de $FADH_2$ et deux molécules d'ATP.

4. La décarboxylation produit six molécules de $CO_2$.

### *La chaîne (le système) de transport des électrons* (p. 140–141)

1. Les électrons sont acheminés à la chaîne de transport des électrons par le NADH.
2. La chaîne de transport des électrons est constituée de transporteurs, entre autres, de flavoprotéines, de cytochromes et d'ubiquinones.

### *Le mécanisme de production d'ATP par chimiosmose* (p. 141–143)

1. Les protons ($H^+$) sont pompés à travers la membrane tandis que les électrons passent par une suite d'accepteurs ou de transporteurs. Ce processus crée une force protonique motrice.
2. L'énergie libérée par le retour des protons à travers la membrane est utilisée par l'ATP synthétase pour produire de l'ATP à partir d'ADP et de P.
3. Chez les eucaryotes, les transporteurs d'électrons sont situés dans la membrane mitochondriale interne; chez les procaryotes, ils se trouvent dans la membrane plasmique.

### *Récapitulation de la respiration aérobie* (p. 143–144)

1. Chez les procaryotes aérobies, 38 molécules d'ATP peuvent être produites par l'oxydation complète d'une molécule de glucose au moyen de la glycolyse, du cycle de Krebs et de la chaîne de transport des électrons.
2. Chez les eucaryotes, 36 molécules d'ATP sont produites par l'oxydation complète d'une molécule de glucose.

### *La respiration anaérobie* (p. 144)

1. Les accepteurs d'électrons finaux de la respiration anaérobie sont des ions inorganiques autres que $O_2$; ces ions comprennent, entre autres, $NO_3^-$, $SO_4^{2-}$ et $CO_3^{2-}$.
2. La production totale d'ATP est inférieure à celle de la respiration aérobie parce qu'une partie du cycle de Krebs fonctionne en anaérobiose.

### **La fermentation** (p. 144–149)

1. La fermentation libère par oxydation l'énergie contenue dans les sucres ou autres molécules organiques.
2. $O_2$ n'est pas nécessaire à la fermentation.
3. Deux molécules d'ATP sont produites par phosphorylation au niveau du substrat.
4. Les électrons cédés par le substrat réduisent $NAD^+$.
5. L'accepteur d'électrons final est une molécule organique.
6. Au cours de la fermentation lactique, l'acide pyruvique est réduit par NADH en acide lactique.
7. Au cours de la fermentation alcoolique, l'acétaldéhyde est réduit par NADH pour produire de l'alcool.
8. Les organismes hétérolactiques peuvent utiliser la voie des pentoses phosphates pour produire de l'acide lactique et de l'éthanol.

## LE CATABOLISME DES LIPIDES ET DES PROTÉINES (p. 149–150)

1. Les lipases hydrolysent les lipides en glycérol et en acides gras.
2. Les acides gras et autres hydrocarbures sont catabolisés par $\beta$-oxydation.
3. La dégradation des produits du catabolisme peut se poursuivre par la glycolyse et le cycle de Krebs.
4. Avant d'être catabolisés, les acides aminés doivent être convertis en diverses substances qui entrent dans le cycle de Krebs.
5. Les réactions de transamination, de décarboxylation et de déshydrogénation permettent de convertir les acides aminés destinés au catabolisme.

## LES TESTS BIOCHIMIQUES ET L'IDENTIFICATION DES BACTÉRIES (p. 150–151)

1. On peut identifier les bactéries et les levures en révélant l'action de leurs enzymes.
2. Les tests de fermentation servent à déterminer si un organisme peut faire fermenter un glucide pour produire de l'acide et du gaz.

## LA PHOTOSYNTHÈSE (p. 151–152)

La photosynthèse est la conversion en énergie chimique de l'énergie lumineuse provenant du Soleil; l'énergie chimique sert à la fixation du carbone.

### **Les réactions photochimiques : la photophosphorylation** (p. 152)

1. La chlorophylle *a* est utilisée par les plantes vertes, les algues et les cyanobactéries; on la trouve dans les membranes des thylakoïdes.
2. Les électrons provenant de la chlorophylle passent par une chaîne de transport des électrons, grâce à laquelle de l'ATP est produite par chimiosmose.
3. Dans le cas de la photophosphorylation cyclique, les électrons retournent à la chlorophylle.
4. Dans le cas de la photophosphorylation non cyclique, les électrons sont utilisés pour réduire $NADP^+$, et les électrons qui retournent à la chlorophylle proviennent de $H_2O$ ou de $H_2S$.
5. Quand $H_2O$ est oxydé par les plantes vertes, les algues et les cyanobactéries, il y a production de dioxygène ($O_2$).

### **Les réactions du cycle de Calvin-Benson** (p. 152)

Le $CO_2$ est utilisé pour synthétiser des sucres dans le cycle de Calvin-Benson.

## RÉSUMÉ DES MÉCANISMES DE PRODUCTION D'ÉNERGIE (p. 152–153)

1. La lumière solaire est convertie en énergie chimique par des réactions d'oxydoréduction chez les phototrophes. Les chimiotrophes peuvent utiliser cette énergie chimique.
2. Au cours des réactions d'oxydoréduction, l'énergie provient du transfert des électrons.
3. Pour produire de l'énergie, la cellule a besoin d'un donneur d'électrons (organique ou inorganique), d'un système de transporteurs d'électrons et d'un accepteur d'électrons final (organique ou inorganique).

## LA DIVERSITÉ MÉTABOLIQUE DES ORGANISMES (p. 153-158) (Voir la figure 5.26.)

1. Les photoautotrophes obtiennent leur énergie de la photophosphorylation et fixent le carbone provenant du $CO_2$ grâce au cycle de Calvin-Benson pour synthétiser des composés organiques.
2. Les cyanobactéries sont des phototrophes oxygéniques. Les bactéries vertes sulfureuses et les bactéries pourpres sulfureuses sont des phototrophes anoxygéniques.
3. Les photohétérotrophes utilisent la lumière comme source d'énergie et un composé organique comme source de carbone ou donneur d'électrons.
4. Les chimioautotrophes utilisent des composés inorganiques comme source d'énergie et le $CO_2$ comme source de carbone.
5. Les chimiohétérotrophes utilisent des molécules organiques complexes comme sources de carbone et d'énergie. Les bactéries potentiellement pathogènes et les agents pathogènes qui agressent l'organisme humain font partie de cette catégorie.

## LES VOIES MÉTABOLIQUES CONSOMMATRICES D'ÉNERGIE (p. 158-161)

### La biosynthèse des polysaccharides (p. 159)

1. Le glycogène est formé à partir de molécules d'ADPG (adénosine diphosphoglucose).
2. L'UDPNAc est la matière première de la biosynthèse du peptidoglycane.

### La biosynthèse des lipides (p. 159-160)

1. Les lipides sont synthétisés à partir d'acides gras et de glycérol.
2. Le glycérol est dérivé du dihydroxyacétone phosphate et les acides gras sont assemblés à partir de molécules d'acétyl CoA.

### La biosynthèse des acides aminés et des protéines (p. 160-161)

1. Les acides aminés sont un composant essentiel de la biosynthèse des protéines.
2. Tous les acides aminés peuvent être synthétisés soit directement, soit indirectement, à partir d'intermédiaires du métabolisme des glucides, en particulier du cycle de Krebs.

### La biosynthèse des purines et des pyrimidines (p. 161)

1. Les sucres qui font partie des nucléotides sont dérivés soit de la voie des pentoses phosphates, soit de la voie d'Entner-Doudoroff.
2. Les atomes de carbone et d'azote provenant de certains acides aminés forment le squelette des purines et des pyrimidines.

## L'INTÉGRATION DU MÉTABOLISME (p. 161-163)

1. Les réactions anaboliques et cataboliques sont intégrées grâce à un groupe d'intermédiaires communs.
2. Ces voies métaboliques intégrées portent le nom de voies amphiboliques.

# AUTOÉVALUATION

## RÉVISION

1. Définissez le métabolisme.

2. Distinguez entre le catabolisme et l'anabolisme. Comment ces processus sont-ils liés ?

3. À l'aide des diagrammes ci-dessous, montrez :
   a) le site actif.
   b) le site allostérique.
   c) l'endroit où le substrat se lie.
   d) l'endroit où l'inhibiteur compétitif se lie.
   e) l'endroit où l'inhibiteur non compétitif se lie.
   f) lequel des quatre éléments pourrait être l'inhibiteur dans le cas de la rétro-inhibition.
   g) En vous référant aux diagrammes, décrivez, par une analogie, le type de liaison qui caractérise l'union de l'enzyme avec son substrat.

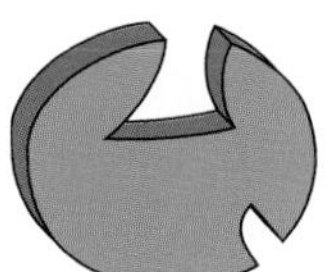
Enzyme

Substrat

Inhibiteur compétitif

Inhibiteur non compétitif

4. Quel sera l'effet des réactions de la question 3 lorsque :
   a) le substrat s'unit à l'enzyme ?
   b) l'inhibiteur compétitif s'unit à l'enzyme ?
   c) l'inhibiteur non compétitif s'unit à l'enzyme ?
   d) un produit final s'unit à l'enzyme ?

5. Pourquoi la plupart des enzymes sont-elles actives à une température particulière ? Pourquoi sont-elles moins actives à des températures inférieures ? Que se passe-t-il quand la température est plus élevée ?

6. Une enzyme se combine à son substrat. Au début, la vitesse de la réaction suit la courbe du graphique ci-dessous. Pour compléter le graphique :
   a) montrez les effets produits par l'augmentation de la concentration du substrat jusqu'à saturation puis l'ajout de substrat au-delà du point de saturation (ligne rouge).
   b) montrez l'effet de l'augmentation de la température au-delà de la température optimale (ligne noire).

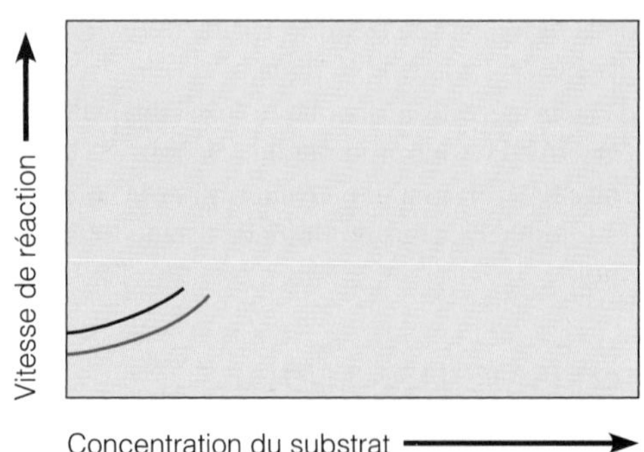

7. Soit la réaction d'oxydoréduction **A***é* + **B** → **A** + **B***é*, où **A***é* est une molécule avec un électron qui est transféré à une molécule **B**.
   **a)** Quelle est la molécule réduite au départ?
   **b)** Quelle molécule a été soumise à une oxydation au cours de cette réaction?
   **c)** Quelle molécule sera l'objet d'une réduction au cours de cette réaction?
   **d)** Selon vous, laquelle des molécules **B** et **B***é* contient le plus d'énergie?

8. Pourquoi le glucose est-il considéré comme le combustible privilégié pour les cellules, y compris les cellules microbiennes?

9. Expliquez la différence entre les termes suivants:
   **a)** Respiration aérobie et anaérobie
   **b)** Respiration et fermentation
   **c)** Photophosphorylation cyclique et photophosphorylation non cyclique

10. Expliquez dans vos propres mots le rôle de l'ATP. Pourquoi l'ATP est-elle un intermédiaire clé du métabolisme?

11. La voie des pentoses phosphates produit seulement une molécule d'ATP. Nommez quatre avantages de cette voie pour la cellule.

12. Toutes les réactions biochimiques productrices d'énergie qui se déroulent dans les cellules, telles que la photophosphorylation et la glycolyse, sont des réactions d'______________.

13. Nommez quatre composés qui peuvent être produits à partir de l'acide pyruvique par les organismes qui utilisent seulement la fermentation.

14. Trois mécanismes de phosphorylation de l'ADP permettent de produire de l'ATP. Donnez le nom du mécanisme qui correspond à chacune des réactions figurant dans le tableau suivant.

| ATP produite par | Réaction |
|---|---|
| ______________ | Un électron, arraché à la chlorophylle par la lumière, se déplace le long d'une chaîne de transport des électrons. |
| ______________ | Le cytochrome *c* cède deux électrons au cytochrome *a*. |
| ______________ | $CH_2{=}C(O{\sim}Ⓟ){-}COOH \rightarrow CH_3{-}C({=}O){-}COOH$<br>Acide phosphoénol-pyruvique → Acide pyruvique |

15. Indiquez dans le tableau suivant la source de carbone et la source d'énergie correspondant à chaque type d'organisme.

| Organisme | Source de carbone | Source d'énergie |
|---|---|---|
| Photoautotrophe | | |
| Photohétérotrophe | | |
| Chimioautotrophe | | |
| Chimiohétérotrophe | | |

## QUESTIONS À CHOIX MULTIPLE

1. Laquelle des substances est l'objet d'une réduction dans la réaction suivante?

$$\underset{\text{Acétaldéhyde}}{H{-}C({=}O){-}CH_3} + NADH{+}H^+ \rightarrow \underset{\text{Éthanol}}{H{-}CH(OH){-}CH_3} + NAD^+$$

   **a)** Acétaldéhyde
   **b)** NADH
   **c)** Éthanol
   **d)** $NAD^+$

2. Laquelle des réactions suivantes produit le plus de molécules d'ATP durant le métabolisme aérobie?
   **a)** Glucose → glucose-6-P
   **b)** Acide phosphoénolpyruvique → acide pyruvique
   **c)** Glucose → acide pyruvique
   **d)** Acétyl CoA → $CO_2$ + $H_2O$
   **e)** Acide succinique → acide fumarique

3. Lesquels des processus suivants ne produisent pas d'ATP?
   **a)** Photophosphorylation
   **b)** Cycle de Calvin-Benson
   **c)** Phosphorylation oxydative
   **d)** Phosphorylation au niveau du substrat
   **e)** Aucun des processus mentionnés

4. Lequel des composés suivants offre la plus grande quantité d'énergie rapidement utilisable par la cellule?
   **a)** $CO_2$
   **b)** ATP
   **c)** Glucose
   **d)** $O_2$
   **e)** Acide lactique

5. Lequel des énoncés suivants constitue la meilleure définition du cycle de Krebs?
   **a)** Oxydation de l'acide pyruvique
   **b)** Moyen par lequel les cellules produisent du $CO_2$
   **c)** Suite de réactions chimiques au cours de laquelle il y a production de molécules de NADH à partir de l'oxydation de l'acide pyruvique
   **d)** Méthode de production d'ATP par phosphorylation d'ADP
   **e)** Suite de réactions chimiques au cours de laquelle il y a production de beaucoup d'ATP à partir de l'oxydation de l'acide pyruvique

6. Lequel des énoncés suivants constitue la meilleure définition du processus de la respiration aérobie?
   **a)** Suite de transporteurs moléculaires avec $O_2$ pour accepteur d'électrons final
   **b)** Suite de transporteurs moléculaires avec une molécule inorganique pour accepteur d'électrons final
   **c)** Méthode de production d'ATP
   **d)** Suite de réactions au cours de laquelle se produit l'oxydation complète du glucose en $CO_2$ et en $H_2O$
   **e)** Suite de réactions au cours de laquelle l'acide pyruvique est oxydé en $CO_2$ et en $H_2O$

Utilisez les choix suivants pour répondre aux questions 7 à 10.

**a)** La bactérie *E. coli* est mise en culture dans un bouillon de glucose à 35 °C sans $O_2$ pendant 5 jours.
**b)** La même bactérie est mise en culture dans un bouillon de glucose à 35 °C avec $O_2$ pendant 5 jours.
**c)** Les deux cultures *a* et *b*.
**d)** Aucune des cultures.

**7.** Quelle(s) culture(s) produit (produisent) le plus d'acide lactique ?

**8.** Quelle(s) culture(s) produit (produisent) le plus d'acide d'ATP ?

**9.** Quelle(s) culture(s) utilise(nt) le $NAD^+$ ?

**10.** Quelle(s) culture(s) utilise(nt) le plus de glucose ?

## QUESTIONS À COURT DÉVELOPPEMENT

*N. B. Certaines de ces questions nécessitent que vous cherchiez des réponses dans les différents chapitres du livre.*

**1.** Écrivez votre propre définition du mécanisme de production d'ATP par chimiosmose.

**2.** Expliquez pourquoi *Streptococcus* se multiplie lentement, même dans des conditions idéales.

**3.** Le graphique ci-dessous montre la vitesse de réaction normale d'une enzyme et de son substrat (en noir) et la vitesse observée quand il y a un excès d'inhibiteur compétitif (en rouge). Expliquez pourquoi on obtient les deux courbes suivantes.

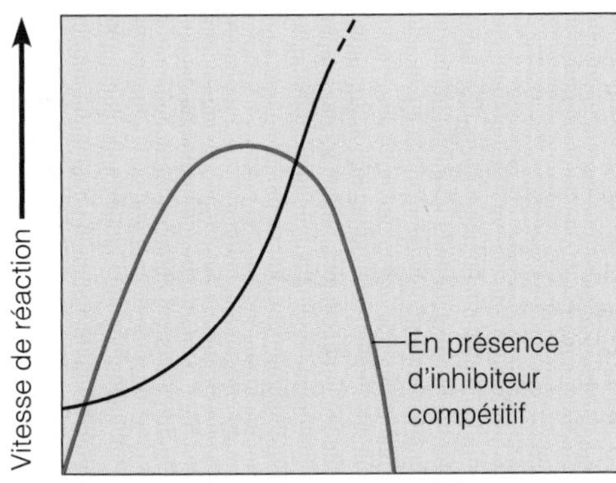


**4.** *Thiobacillus* est un chimioautotrophe qui peut obtenir de l'énergie par l'oxydation du fer ($Fe^{2+} \rightarrow Fe^{3+}$). Comment cette réaction fournit-elle de l'énergie ? Comment cette bactérie peut-elle être utile aux humains ?

**5.** Des bactéries sont capables de cataboliser des hydrocarbures à chaîne longue tels que le pétrole. Quel lien faites-vous avec des procédés de biorhéhabilitation ? (*Indice :* voir le chapitre 27.)

**6.** *Hæmophilus influenzæ* a besoin de deux facteurs de croissance présents dans le sang pour croître, soit d'hématine (facteur X), le précurseur des cytochromes, et de $NAD^+$ (facteur V).

**a)** À quelle fin cette bactérie utilise-t-elle ces deux facteurs de croissance ?
**b)** Sur quel type de milieu de culture peut-on isoler cette bactérie ?

## APPLICATIONS CLINIQUES

*N. B. Certaines de ces questions nécessitent que vous cherchiez des réponses dans les différents chapitres du livre.*

**1.** Henri, un homme de 53 ans, a eu un malaise cardiaque qui a nécessité son admission à l'hôpital. Son médecin l'avait averti des troubles que pouvait entraîner la gravité de son état d'hypertension artérielle chronique. L'angine de poitrine a été probablement causée par un caillot logé dans un vaisseau coronarien qui irrigue le muscle cardiaque. Le médecin soupçonne la présence possible d'autres caillots sanguins ; il prescrit à Henri un traitement à la streptokinase (*Indice :* voir le chapitre 28.).

Pourquoi l'injection de la streptokinase ne cause-t-elle pas une infection par le streptocoque, le microorganisme qui synthétise cette enzyme ? Quelle est l'action de la streptokinase ? Quels seront les effets probables du traitement chez Henri ?

**2.** Corinne, une femme de 62 ans, a souffert de deux cystites au cours des trois derniers mois. Elle revient consulter son médecin pour ce qui semble être une troisième cystite. Le médecin lui avait prescrit du sulfanilamide lors des deux accès précédents.

Quel est le mode d'action du sulfanilamide ? Quel est son effet sur les bactéries traitées ? Corinne dit à son médecin qu'elle n'aura pas besoin d'acheter le médicament puisqu'il lui en reste. Elle explique qu'elle arrête le traitement lorsque la douleur s'estompe. Pourquoi le médecin exige-t-il que Corinne respecte la posologie du médicament ?

**3.** Julie, une étudiante en sciences infirmières, doit présenter à ses camarades un exposé sur les bienfaits de l'allaitement maternel. Durant sa recherche, elle apprend que le lait maternel, riche en lactose, favorise la colonisation de la muqueuse intestinale par une espèce bactérienne, *Bifidobacterium bifidus*. (*Indice :* voir le chapitre 14.)

Quelles caractéristiques du métabolisme de cette bactérie permettent d'expliquer les bienfaits de sa présence ? Quels troubles intestinaux seront peut-être évités au nouveau-né nourri au sein ?

**4.** Les applications industrielles du métabolisme microbien sont nombreuses. Plusieurs d'entre elles ont un effet bénéfique sur la santé. Par exemple, les probiotiques suscitent un intérêt grandissant.

Faites une recherche qui vous permette de découvrir : les probiotiques, leur mode d'action et leurs effets bénéfiques escomptés.

# Chapitre 6 La croissance microbienne

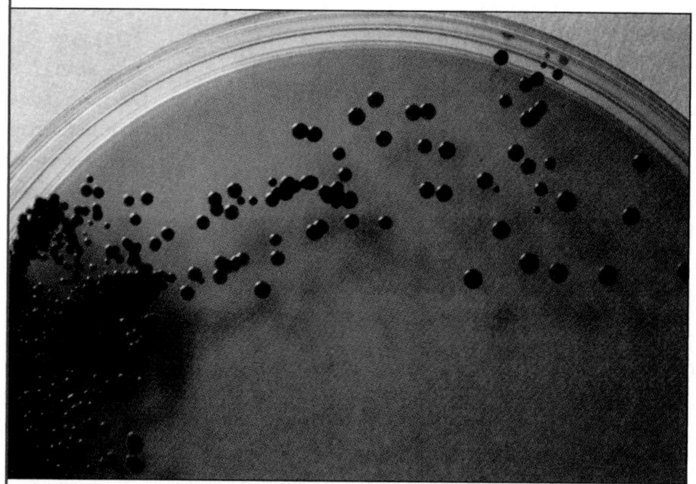

Staphylococcus aureus. *La formation de colonies noires sur une gélose tellurite glycine (Baird-Parker) permet d'identifier cette bactérie à coagulase positive.*

La notion de croissance microbienne se rapporte au *nombre* de cellules, et non à la taille de celles-ci. Les microbes qui «se développent» augmentent en nombre et forment des *colonies* (groupes de cellules assez importants pour être visibles sans l'aide d'un microscope) de centaines de milliers de cellules ou des *populations* de milliards de cellules. En général, on ne s'intéresse pas au développement d'une seule cellule. Bien que la taille d'une cellule double presque durant sa croissance, cet accroissement est minime comparativement à l'augmentation de la taille d'une plante ou d'un animal depuis la naissance jusqu'à la mort.

Nous allons voir dans le présent chapitre qu'une population de microbes peut atteindre un volume considérable dans un laps de temps très court. La compréhension des facteurs essentiels à la croissance microbienne permet d'établir des méthodes de lutte contre le développement de microbes qui causent des maladies ou la détérioration des aliments. Elle permet également de découvrir des moyens de stimuler le développement de microbes utiles ou de microbes qu'on se propose d'étudier. À première vue, le directeur d'une station d'épuration des eaux usées et le directeur d'une brasserie ont peu de choses en commun; pourtant, ils souhaitent tous deux favoriser une activité microbienne rapide.

Dans ce chapitre, nous allons examiner les conditions physiques et chimiques essentielles à la croissance microbienne, les divers milieux de culture, la division bactérienne, les phases de la croissance microbienne et les méthodes de mesure de cette croissance. Nous verrons dans des chapitres ultérieurs comment lutter contre le développement de microbes indésirables.

## Les facteurs essentiels à la croissance

Les facteurs essentiels à la croissance microbienne se divisent en deux grandes catégories selon qu'ils sont de nature physique ou de nature chimique. Les facteurs physiques comprennent la température, le pH et la pression osmotique; les facteurs chimiques incluent l'approvisionnement en carbone, en azote, en soufre, en phosphore, en oligoéléments, en oxygène et en facteurs organiques de croissance.

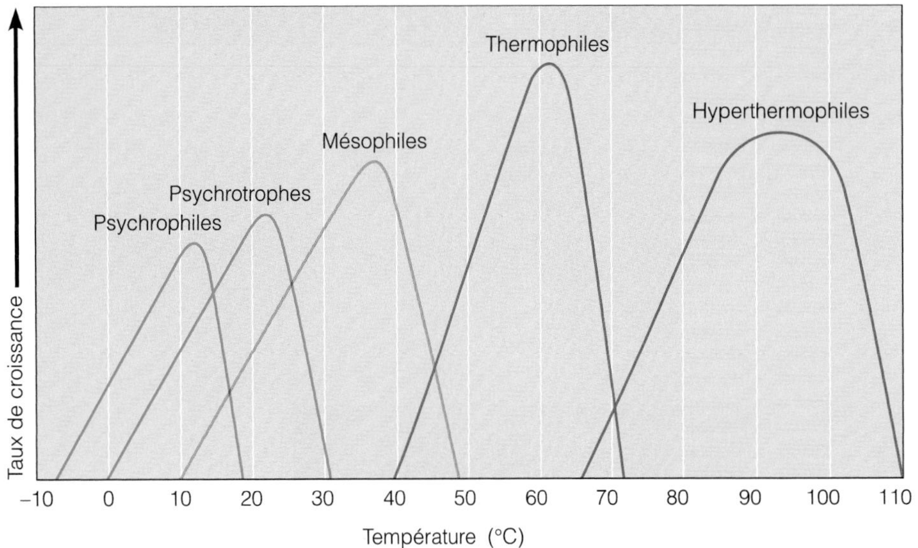


**FIGURE 6.1 Taux de croissance caractéristiques de divers types de microorganismes, selon la température.** La croissance optimale (c'est-à-dire le taux le plus élevé de reproduction) correspond au sommet de la courbe de croissance. Notez que le taux de reproduction diminue très rapidement dès que la température dépasse la température optimale de croissance propre à chaque type de microorganismes. À l'une ou l'autre extrémité de l'intervalle de températures, le taux de reproduction est nettement inférieur à sa valeur observée à la température optimale.

■ **Pourquoi est-il difficile de définir les termes psychrophile, mésophile et thermophile ?**

## Les facteurs physiques

### Objectifs d'apprentissage

- *Classer les microbes en fonction de leur sensibilité à des facteurs physiques tels que la température, le pH et la pression osmotique.*
- *Décrire comment et pourquoi on contrôle le pH d'un milieu de culture.*
- *Expliquer le rôle de la pression osmotique dans la croissance microbienne.*

### La température

La majorité des microorganismes se développent bien aux températures que préfèrent les humains. Il existe néanmoins des bactéries capables de croître à des températures extrêmes qui mettraient certainement en péril la majorité des organismes eucaryotes.

On classe les microorganismes en trois grands groupes selon l'échelle de température où leur croissance est optimale : les **psychrophiles** (du grec *psychro-* = froid, et *-phile* = ami), les **mésophiles** (du grec *méso-* = moyen) et les **thermophiles** (du grec *thermo-* = chaud). La plupart des bactéries se développent seulement si la température du milieu se situe dans une fourchette donnée, et l'intervalle de températures – soit la différence entre leurs températures maximale et minimale de croissance – ne comprend que 30 °C. En règle générale, le développement des bactéries est faible aux extrémités minimale et maximale de température et nul si la température excède leurs températures limites.

Chaque espèce de bactéries possède des températures minimale, optimale et maximale de croissance. On appelle **température minimale de croissance** d'une espèce la température la plus basse à laquelle celle-ci peut se développer ; la **température optimale de croissance** est la température à laquelle l'espèce croît le plus rapidement ; la **température maximale de croissance** est la température la plus élevée à laquelle l'espèce peut encore se développer. Le graphique du taux de croissance microbienne dans un intervalle de températures indique que la température optimale de croissance se situe d'ordinaire plus près de la limite de température maximale que de la limite de température minimale ; au-dessus de la température maximale, le taux de croissance diminue à toute allure (figure 6.1). Cela est sans doute dû au fait que l'augmentation de la température au-delà de cette valeur inactive les systèmes enzymatiques de la cellule qui jouent un rôle essentiel dans la croissance.

Les valeurs des limites maximale et minimale de température et les valeurs des températures optimales de croissance en fonction desquelles on classe les bactéries en psychrophiles, mésophiles et thermophiles ne sont pas définies de façon rigoureuse. Cependant, on admet qu'il existe deux groupes bien distincts de microorganismes capables de se développer à une température de 0 °C. Le premier groupe, composé de psychrophiles au sens strict, peut vivre à des températures variant de –10 °C à 20 °C, mais sa température optimale de croissance est d'environ 15 °C. La majorité des membres de ce groupe sont tellement sensibles à la chaleur qu'ils ne croissent pas dans une pièce moyennement chaude (25 °C). On les trouve surtout dans les grands fonds marins ou dans certaines régions polaires, et ils constituent rarement un problème en ce qui a trait à la conservation des aliments. Le second groupe capable de se développer à 0 °C comprend les **psychrotrophes.** Les membres de ce groupe peuvent croître à des températures variant de 0 à 35 °C et leur température optimale de croissance, plus élevée, est d'ordinaire comprise entre 20 et 30 °C. Ce sont les microorganismes psychrotrophes qui causent la plupart du temps la détérioration des aliments gardés à basse température, car ils se développent assez bien aux températures habituelles de réfrigération.

La réfrigération est la méthode la plus courante de conservation des aliments. Elle repose sur le principe suivant: le taux de reproduction des microbes est plus faible à basse température. Même s'ils survivent en général à des températures au-dessous du point de congélation (ils peuvent être en dormance), le nombre des microbes diminue petit à petit. Certaines espèces dépérissent plus rapidement que d'autres. En fait, les psychrotrophes ne se développent pas bien à basse température, sauf si on les compare avec d'autres organismes, mais ils finissent tout de même par dégrader les aliments. La détérioration peut être d'ordre visuel (changement de couleur des aliments, apparition de mycélium de moisissure à leur surface) ou d'ordre gustatif (altération du goût). La température à l'intérieur d'un réfrigérateur bien réglé ralentit considérablement la croissance de la majorité des organismes putréfiants et empêche la croissance de presque toutes les bactéries pathogènes, qui ne peuvent ni se multiplier ni produire d'entérotoxines. Par contre, des toxines apparaissent si la nourriture est laissée à la température ambiante.

Par exemple, *Staphylococcus aureus* est une bactérie souvent responsable d'intoxications alimentaires survenant lors de pique-niques agrémentés de charcuteries et de gâteaux à la crème. La contamination se produit d'ordinaire lorsqu'un individu porteur du germe touche à la nourriture avec ses mains. Une autre bactérie, *Bacillus cereus,* est aussi susceptible de se multiplier dans de la nourriture conservée dans des conditions de réfrigération inadéquates; elle produit alors des toxines et peut être responsable d'intoxications diarrhéiques (chapitre 25). La figure 6.2 montre combien il est important de maintenir des températures basses pour éviter le développement de microorganismes putréfiants ou responsables de maladies. Par ailleurs, dans le cas de grandes quantités d'aliments chauds à réfrigérer, il faut tenir compte du faible taux de refroidissement de telles quantités (figure 6.3).

Les mésophiles, qui peuvent vivre à des températures variant de 10 à 45 °C, constituent le type le plus courant de microbes. Les organismes qui se sont adaptés à la vie dans le corps d'un animal ont d'ordinaire une température optimale de croissance voisine de la température de leur hôte. Cette température optimale est d'environ 37 °C chez beaucoup de bactéries pathogènes, et on règle habituellement les incubateurs utilisés pour les cultures cliniques à environ 37 °C. La majorité des microorganismes pathogènes ou de ceux qui entraînent la putréfaction sont mésophiles.

Les thermophiles sont des microorganismes capables de se développer à des températures élevées. Nombre d'entre eux ont une température optimale de croissance comprise entre 55 et 65 °C, soit à peu près la température de l'eau qui coule d'un robinet d'eau chaude. C'est aussi, à peu de chose près, la température du sol exposé au Soleil et des eaux thermales d'une source chaude. Il est à noter que beaucoup de thermophiles sont incapables de se développer à des températures inférieures à 45 °C environ. Les endospores produites par des bactéries thermophiles sont souvent thermorésistantes; elles peuvent survivre au traitement thermique appliqué de coutume aux conserves en boîte. Même si une température d'entreposage élevée permet à des endospores ayant survécu de germer et de se développer, ce qui entraîne la détérioration des aliments, on ne considère pas que les bactéries thermophiles constituent un problème de santé publique. Les thermophiles jouent un rôle important dans les tas de compost organique (chapitre 27, p. 833), où la température atteint rapidement de 50 à 60 °C.

La température optimale de croissance de certaines Archéobactéries est d'au moins 80 °C. Ces bactéries sont dites **hyperthermophiles** ou **thermophiles extrêmes.** La majorité de ces organismes vivent dans les sources thermales associées à l'activité volcanique, et le soufre joue d'habitude un rôle important dans leur métabolisme. On a enregistré une température record à laquelle les bactéries se développent – environ 110 °C –, et ce au fond de l'océan, à proximité de cheminées hydrothermales. La pression considérable qui existe sur les grands fonds empêche l'eau de bouillir même à des températures supérieures à 100 °C.

## Le pH

Nous avons vu au chapitre 2 (p. 42) que le pH indique l'acidité ou l'alcalinité d'une solution. La majorité des bactéries ont une croissance optimale dans un intervalle de pH étroit voisin de la neutralité, soit entre 6,5 et 7,5. Très peu de bactéries se développent dans un milieu ayant un pH acide inférieur à 4 environ. C'est pourquoi un certain nombre d'aliments, dont la choucroute, les cornichons et des fromages, se conservent bien grâce aux acides produits par la fermentation bactérienne. Il existe cependant des bactéries, dites **acidophiles,** qui tolèrent remarquablement bien l'acidité. Ainsi, *Lactobacillus* tolère un pH 6. Un type de bactéries chimioautotrophes, que l'on trouve dans les eaux usées provenant de mines de charbon, forme de l'acide sulfurique en oxydant le soufre et peut survivre dans un milieu à pH 1 (chapitre 28, p. 865). Les moisissures et les levures se développent dans un intervalle de pH plus étendu que ne le font les bactéries, mais le pH optimal pour ces deux types de microorganismes est souvent inférieur – généralement, pH 5 à 6 – au pH optimal des bactéries. L'alcalinité inhibe aussi la croissance microbienne, mais on n'y a guère recours comme méthode de conservation des aliments.

Les bactéries que l'on fait croître en laboratoire produisent souvent des acides qui finissent par faire obstacle à leur propre développement. Pour neutraliser ces acides et maintenir un pH optimal, on ajoute des solutions tampons au milieu de culture. Les peptones et les acides aminés présents dans certains milieux jouent le rôle de tampons; beaucoup de milieux contiennent aussi des phosphates. Ces sels présentent l'avantage d'exercer un effet tampon qui maintient la valeur du pH dans l'intervalle adéquat pour la croissance de la majorité

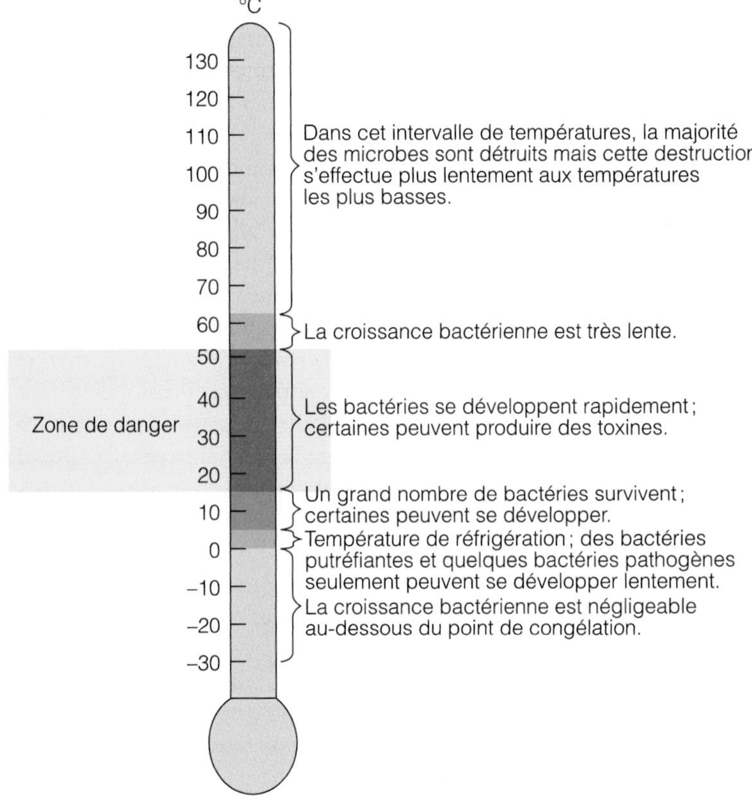

°C
130
120
110
100
90
80
70
60
50
40
30
20
10
0
–10
–20
–30
Dans cet intervalle de températures, la majorité des microbes sont détruits mais cette destruction s'effectue plus lentement aux températures les plus basses.
La croissance bactérienne est très lente.
Zone de danger
Les bactéries se développent rapidement; certaines peuvent produire des toxines.
Un grand nombre de bactéries survivent; certaines peuvent se développer.
Température de réfrigération; des bactéries putréfiantes et quelques bactéries pathogènes seulement peuvent se développer lentement.
La croissance bactérienne est négligeable au-dessous du point de congélation.

**FIGURE 6.2 Températures auxquelles les aliments se détériorent.** La conservation par réfrigération repose sur le principe selon lequel le taux de reproduction des microbes est plus faible à basse température.

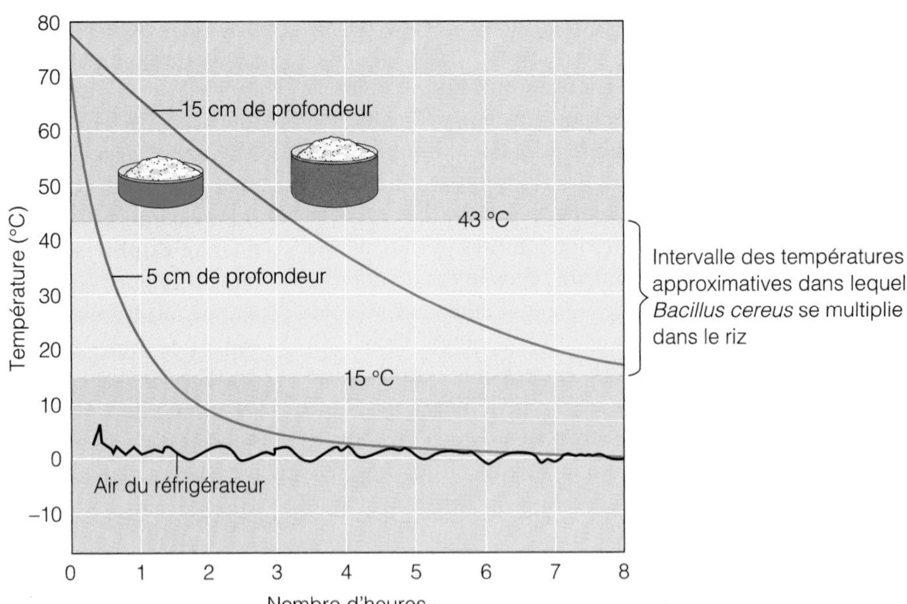


**FIGURE 6.3 Effet de la quantité d'aliments sur le taux de refroidissement dans un réfrigérateur et risque de détérioration.** Dans l'exemple illustré, deux plats de riz ont été soumis à l'intervalle de températures correspondant à la température d'incubation de *Bacillus cereus*. Notez que le plat de riz de 5 cm de profondeur s'est refroidi en 1 h environ, alors que le plat de riz de 15 cm de profondeur s'est refroidi en près de 5 h.

■ Quel est le problème auquel doivent faire face les personnes qui préparent de la nourriture pour de grands groupes?

des bactéries. De plus, ils sont non toxiques et fournissent même un nutriment essentiel: le phosphore.

## La pression osmotique

Les microorganismes tirent presque tous les nutriments dont ils ont besoin des eaux environnantes, où ces substances sont dissoutes. La concentration en molécules de soluté du milieu environnant est donc un facteur de croissance essentiel. Les microorganismes ont aussi besoin d'eau pour se développer, et sont eux-mêmes composés de 80 à 90% d'eau. Le cytoplasme bactérien est très riche en molécules de toutes sortes et, par conséquent, la pression osmotique y

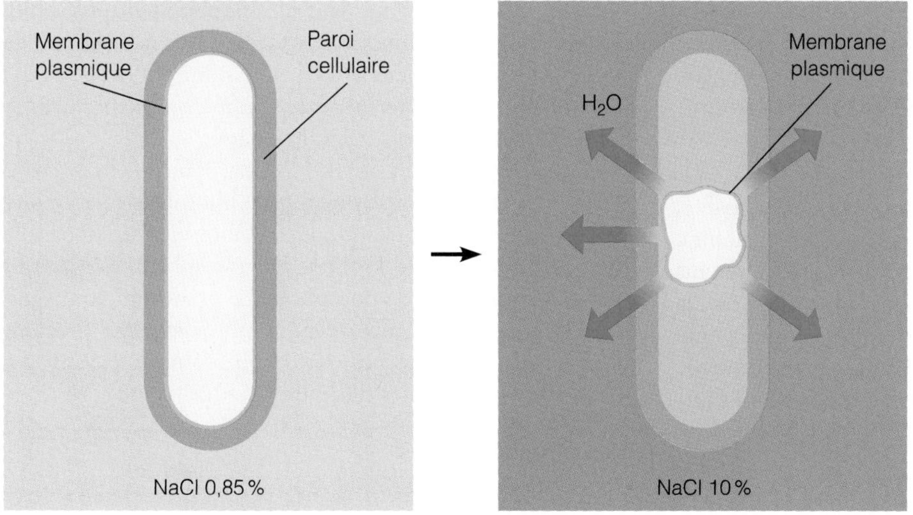


**FIGURE 6.4 Plasmolyse.** (À gauche) Une cellule bactérienne normale dans laquelle la pression osmotique équivaut à celle d'une solution de chlorure de sodium (NaCl) à 0,85%. (À droite) Si la concentration du soluté est plus élevée dans le milieu environnant (solution hypertonique) que dans la cellule bactérienne, l'eau a tendance à quitter la cellule et cette dernière se déshydrate, d'où son rétrécissement (plasmolyse).

■ Pourquoi l'ajout de sels est-il un procédé utilisé pour la conservation des aliments?

est généralement plus élevée que dans les milieux où vivent les bactéries. Quand on place une bactérie dans un milieu hypotonique, la pression osmotique élevée du cytoplasme bactérien tend à faire entrer l'eau dans la bactérie et à la faire gonfler; toutefois, sa paroi rigide lui confère une certaine protection contre la lyse osmotique. Par contre, quand on place une bactérie dans une solution hypertonique, l'eau contenue dans la cellule traverse la membrane plasmique pour gagner la solution à forte concentration en soluté. (Voir la section traitant de l'osmose au chapitre 4, p. 103, et la figure 4.17, qui illustre les trois types de solutions dans lesquelles une cellule peut se trouver.) Cette perte d'eau dans le milieu environnant entraîne la **plasmolyse,** c'est-à-dire le rétrécissement de la membrane plasmique de la cellule (figure 6.4).

La plasmolyse est un phénomène important du fait que la croissance d'une cellule bactérienne est inhibée lorsque la membrane plasmique s'éloigne de la paroi cellulaire. Ainsi, l'ajout d'un sel ou d'un autre soluté (le sucre, par exemple) à une solution, et l'augmentation de la pression osmotique du milieu qui s'ensuit, peuvent servir à la conservation des aliments. C'est en grande partie ce phénomène qui assure la conservation du poisson salé, du miel et du lait concentré sucré; à cause de la concentration élevée en sel ou en sucre, l'eau s'échappe de toutes les cellules microbiennes présentes, de sorte que celles-ci cessent de se développer. Les effets de la pression osmotique dépendent en règle générale du nombre de molécules et d'ions dissous dans un volume de solution donné.

Certains organismes, appelés **halophiles extrêmes,** sont si bien adaptés à des concentrations élevées en sel qu'ils ont en fait besoin de sels pour se développer. Dans ce cas, on parle d'**halophiles stricts.** Les microorganismes qui vivent dans des eaux très salines, comme celles de la mer Morte, ont souvent besoin d'une concentration en sel de près de 30%; ainsi, lors d'un prélèvement, on doit d'abord immerger dans une solution saturée de sel l'anse de repiquage (dispositif servant à manipuler les bactéries au laboratoire) utilisée pour les ensemencer. Les **halophiles facultatifs,** qui sont plus communs, ne requièrent pas une concentration en sel élevée, mais ils sont capables de se développer tant que celle-ci ne dépasse pas 2%, alors qu'une telle concentration inhibe la croissance de bien d'autres microorganismes. Quelques espèces d'halophiles facultatifs tolèrent une concentration en sel de 7,5%; c'est le cas de *S. aureus*. D'autres espèces tolèrent même une concentration en sel de 15%. Nous décrivons un halophile, *Halobacterium*, dans l'encadré du chapitre 5, p. 157.

Le comportement des microorganismes vis-à-vis de la pression osmotique est donc un facteur dont il faut tenir compte lorsqu'on veut les cultiver. On doit cultiver la majorité des microorganismes dans un milieu composé presque uniquement d'eau. Par exemple, la concentration de l'agar (un polysaccharide complexe extrait d'algues marines) utilisée pour solidifier les milieux de croissance microbienne est souvent d'environ 1,5%. Si on emploie une concentration beaucoup plus élevée, le développement de certaines bactéries risque d'être inhibé car la pression osmotique du milieu est alors trop forte.

## Les facteurs chimiques

### Objectifs d'apprentissage

- *Nommer une utilisation de chacun des quatre éléments (carbone, azote, soufre et phosphore) dont une grande quantité est essentielle à la croissance microbienne.*
- *Expliquer comment on classe les microbes en fonction de leurs besoins en oxygène.*
- *Décrire des moyens utilisés par les microorganismes aérobies pour éviter d'être intoxiqués par les formes nocives d'oxygène.*

Plusieurs facteurs chimiques sont indispensables à la croissance microbienne et doivent être présents en grande quantité; ce sont les macroéléments. Le sigle CHOAPS est un bon moyen mnémotechnique pour apprendre le nom de ces éléments: C pour carbone, H pour humidité (eau), O pour oxygène s'il y a lieu, A pour azote, P pour phosphore, S pour soufre.

## Le carbone

Le carbone est, avec l'eau, l'une des substances indispensables à la croissance bactérienne. Il constitue le squelette structural de la matière vivante ; tous les composés organiques présents dans une cellule vivante contiennent du carbone. En fait, la moitié de la biomasse sèche d'une cellule bactérienne typique est composée de carbone. On distingue les microorganismes selon la nature de la source de carbone qu'ils utilisent. Les chimiohétérotrophes tirent la plus grande partie du carbone dont ils ont besoin de leur source d'énergie chimique, soit de substances organiques telles que les protéines, les glucides et les lipides. Les chimioautotrophes et les photoautotrophes tirent le carbone dont ils ont besoin du dioxyde de carbone ($CO_2$). Nous avons étudié ces différents types de microorganismes au chapitre 5.

## L'azote, le soufre et le phosphore

Les microorganismes ont besoin d'éléments autres que le carbone pour synthétiser la matière cellulaire. Par exemple, la synthèse des protéines requiert des quantités considérables d'azote, de même que du soufre. La synthèse des acides nucléiques – ADN et ARN – nécessite également de l'azote et du phosphore, et il en est de même de la synthèse de l'ATP, molécule qui joue un rôle crucial dans l'entreposage et le transfert de l'énergie chimique au sein de la cellule. L'azote représente environ 14% de la biomasse sèche d'une cellule bactérienne, tandis que le soufre et le phosphore constituent à eux deux près de 4% de cette biomasse.

Les organismes utilisent l'azote surtout pour former le groupement amine des acides aminés des protéines. De nombreuses bactéries répondent à ce besoin en décomposant des substances protéiques et en réincorporant les acides aminés dans des protéines nouvelles et d'autres composés azotés. D'autres bactéries utilisent l'azote provenant d'ions ammonium ($NH_4^+$), qui sont des composés déjà réduits, présents en règle générale dans la matière cellulaire organique. Enfin, il existe aussi des bactéries capables de tirer de l'azote des nitrates (composés qui libèrent des ions nitrate, $NO_3^-$, en se dissolvant).

Des bactéries importantes, y compris de nombreuses cyanobactéries phototrophes, utilisent directement le diazote ($N_2$) atmosphérique. Ce processus s'appelle **fixation de l'azote.** Certains des organismes capables de fixer l'azote vivent à l'état libre, le plus souvent dans le sol, mais d'autres vivent en **symbiose** avec les parties souterraines de légumineuses, telles que le trèfle, le soja, la luzerne, les haricots et les pois. L'azote fixé en symbiose est utilisé à la fois par la plante et par la bactérie (figure 27.3).

Le soufre sert à synthétiser les acides aminés renfermant du soufre et des vitamines, telles que la thiamine et la biotine. Nous décrivons dans l'encadré des pages 177-178 un écosystème exceptionnel reposant sur une abondance en sulfure d'hydrogène ($H_2S$) qui serait toxique pour la majorité des organismes. L'ion sulfate ($SO_4^{2-}$), le sulfure d'hydrogène et les acides aminés renfermant du soufre comptent parmi les principales sources naturelles de soufre.

Le phosphore est essentiel à la synthèse des acides nucléiques et des phospholipides (ou phosphoglycérolipides) de la membrane cytoplasmique, et il intervient aussi dans les liaisons phosphate de l'ATP. L'ion phosphate ($PO_4^{3-}$) est une source majeure de phosphore. Le potassium, le magnésium et le calcium comptent au nombre des autres éléments dont les microorganismes ont besoin, souvent en tant que cofacteurs des enzymes (chapitre 5, p. 127).

## Les oligoéléments

Les microbes ont besoin de très petites quantités de divers autres minéraux tels que le fer, le cuivre, le molybdène et le zinc ; on les appelle **oligoéléments.** La majorité des oligoéléments sont essentiels au bon fonctionnement de certaines enzymes, le plus souvent en tant que cofacteurs. Bien qu'en laboratoire on ajoute parfois des oligoéléments au milieu de culture, on suppose habituellement qu'ils sont présents dans l'eau du robinet et d'autres constituants naturels des milieux de culture. Même si la plupart des eaux distillées contiennent des quantités appropriées d'oligoéléments, on exige parfois l'utilisation de l'eau du robinet de façon à garantir que ces oligoéléments soient présents dans le milieu de culture.

## L'oxygène

Chacun sait que la molécule de dioxygène, ou $O_2$, est essentielle à la vie. Pourtant, dans une certaine mesure, ce gaz est toxique. La molécule de dioxygène a été absente de l'atmosphère durant la plus grande partie de l'histoire de la Terre ; en fait, la vie ne serait peut-être pas apparue si l'atmosphère originelle en avait contenu. Cependant, le métabolisme de nombreuses formes de vie actuelles requiert des molécules de dioxygène pour la respiration aérobie. Nous avons vu que, dans le processus de la respiration cellulaire aérobie, les atomes d'hydrogène (H) extraits de composés organiques se combinent à des molécules de dioxygène pour former de l'eau (figure 5.13). Cette réaction libère une grande quantité d'énergie sous forme d'ATP tout en neutralisant un gaz potentiellement toxique – la molécule de dioxygène –, ce qui constitue tout compte fait une excellente solution.

Les microorganismes qui ont obligatoirement besoin de molécules de dioxygène pour vivre sont dits **aérobies stricts** (tableau 6.1a). En fait, la molécule de dioxygène est l'accepteur obligatoire d'électrons dans la chaîne respiratoire. En l'absence de molécules de dioxygène, les aérobies stricts ne peuvent pas se développer.

La croissance des bactéries aérobies stricts est limitée par la présence de molécules de dioxygène, peu solubles dans l'eau du milieu où elles vivent. C'est pourquoi de nombreuses bactéries aérobies ont acquis ou conservé la capacité de se développer de façon continue en l'absence de molécules de dioxygène ou en présence de celles-ci en quantité variable. Ces microorganismes qui s'adaptent à la quantité de molécules de dioxygène présentes s'appellent **anaérobies facultatifs** (tableau 6.1b). Autrement dit, les anaérobies facultatifs peuvent utiliser les molécules de dioxygène si elles sont présentes dans le milieu ; la production d'ATP est alors maximale, ce qui permet aux bactéries de se développer rapidement. Les anaérobies facultatifs peuvent aussi se développer grâce à la fermentation ou à la respiration anaérobie en l'absence de molécules de dioxygène ; la production d'ATP est alors moins élevée, ce qui réduit la croissance des bactéries. Les anaérobies facultatifs comprennent *E. coli,* bactérie bien connue présente dans le tube digestif, de même que plusieurs levures. Dans notre discussion sur la respiration anaérobie (chapitre 5, p. 144), nous avons vu que de nombreux microbes sont capables de remplacer la molécule de dioxygène par divers autres accepteurs d'électrons, tels que les ions nitrate.

Les **anaérobies stricts** (tableau 6.1c) sont des bactéries incapables d'utiliser la molécule de dioxygène lors de réactions qui libèrent de l'énergie. En fait, les molécules de dioxygène sont toxiques, voire mortelles, pour la majorité de ces microorganismes. Le genre *Clostridium,* qui comprend les espèces responsables du tétanos et du botulisme, regroupe les anaérobies stricts les mieux connus. Ces bactéries utilisent les atomes d'oxygène présents dans la matière cellulaire ; ces atomes proviennent en général de l'eau.

Pour comprendre de quelle façon la molécule de dioxygène peut endommager les organismes, nous allons définir brièvement les formes toxiques d'oxygène.

1. L'**oxygène singulet** est une molécule de dioxygène normale ($O_2$) rendu très réactif du fait de l'augmentation de son niveau d'énergie. Cette forme d'oxygène est présente dans les cellules phagocytaires, qui ingèrent les petits corps étrangers tels que les bactéries (figure 16.8). Cet oxygène toxique est utilisé pour tuer les microorganismes pathogènes.
2. Les **radicaux superoxyde** ($O_2^{\cdot -}$) sont formés lorsque la molécule de dioxygène est réduite à la suite de l'acceptation des électrons supplémentaires sur son dernier niveau énergétique. Ce processus est hautement toxique.

**Tableau 6.1** *Effet de l'oxygène sur la croissance de divers types de bactéries*

| | a) Aérobies stricts | b) Anaérobies facultatifs | c) Anaérobies stricts | d) Anaérobies aérotolérants | e) Microaérophiles |
|---|---|---|---|---|---|
| **Effet de l'oxygène sur la croissance** | Croissance aérobie seulement ; la présence de molécules de dioxygène est essentielle. | Croissance aérobie ou anaérobie ; croissance optimale en présence de molécules de dioxygène. | Croissance anaérobie seulement ; arrêt de la croissance en présence de molécules de dioxygène. | Croissance anaérobie seulement ; toutefois, la croissance se poursuit en présence de molécules de dioxygène. | Croissance aérobie seulement ; les molécules de dioxygène sont essentielles en faible concentration. |
| **Croissance bactérienne dans un tube contenant un milieu de culture solide** | | | | | |
| **Explication du modèle de croissance** | La croissance a lieu seulement là où une forte concentration de molécules de dioxygène a diffusé dans le milieu. | La croissance est optimale là où la concentration de molécules de dioxygène est la plus élevée, mais elle a lieu partout dans le tube. | La croissance a lieu seulement là où il n'y a pas de molécules de dioxygène. | La croissance est uniforme partout dans le tube ; la molécule de dioxygène n'a aucun effet. | La croissance a lieu seulement là où une faible quantité de molécules de dioxygène a diffusé dans le milieu. |
| **Explication des effets de l'oxygène** | La présence d'enzymes (catalase et SOD) permet la neutralisation des formes toxiques de la molécule de dioxygène qui peut être alors utilisée. | La présence d'enzymes (catalase et SOD) permet la neutralisation des formes toxiques de la molécule de dioxygène qui peut être alors utilisée. | Il n'y a pas d'enzyme permettant la neutralisation des formes toxiques de la molécule de dioxygène ; la molécule de dioxygène n'est pas tolérée. | La présence d'une enzyme, la SOD, permet la neutralisation partielle des formes toxiques de la molécule de dioxygène ; la molécule de dioxygène est tolérée. | Des quantités létales de formes toxiques de la molécule d'oxygène sont produites en présence d'oxygène atmosphérique. |

Les radicaux superoxyde sont formés en petite quantité durant la respiration cellulaire aérobie (par les organismes qui utilisent la molécule de dioxygène comme accepteur d'électrons final et qui produisent ainsi de l'eau). Dans un milieu où les molécules de dioxygène sont présentes, les anaérobies stricts semblent également former des radicaux superoxyde. Les radicaux superoxyde produits sont très toxiques parce que ce sont des agents oxydants très puissants qui détruisent les composants cellulaires. Leur toxicité est telle que tous les microorganismes qui tentent de se développer en présence de dioxygène atmosphérique doivent fabriquer une enzyme, la **superoxyde dismutase (SOD)**, qui sert à neutraliser les radicaux et, par conséquent, à protéger les microorganismes. La toxicité de ces derniers est due à leur grande instabilité ; ils attirent facilement un électron d'une molécule voisine, qui se transforme elle-même en un radical, lequel acquiert un électron, et ainsi de suite. Les bactéries aérobies, les anaérobies facultatifs qui se développent par voie aérobie et les anaérobies aérotolérants (dont nous traitons plus loin) produisent de la superoxyde dismutase, qu'ils utilisent pour convertir le radical superoxyde en dioxygène ($O_2$) et en peroxyde d'hydrogène ($H_2O_2$) :

$$O_2^{\bar{\cdot}} + O_2^{\bar{\cdot}} + 2\,H^+ \longrightarrow H_2O_2 + O_2$$

3. Le peroxyde d'hydrogène résultant de cette réaction contient l'**anion peroxyde** ($O_2^{2-}$) et est également toxique. Nous verrons au chapitre 7 (p. 221) qu'il constitue le composant actif de deux agents antimicrobiens : le peroxyde d'hydrogène et le peroxyde de benzoyle. Étant donné que le peroxyde d'hydrogène produit par la respiration aérobie normale est toxique, les microbes ont élaboré des enzymes pour le neutraliser. La mieux connue de ces enzymes est la **catalase,** qui transforme le peroxyde d'hydrogène ($H_2O_2$) en eau ($H_2O$) et en dioxygène ($O_2$) :

$$2\,H_2O_2 \longrightarrow 2\,H_2O + O_2$$

La catalase est facilement décelable, car elle agit sur le peroxyde d'hydrogène ; si on ajoute une goutte de peroxyde d'hydrogène à une colonie de cellules bactériennes qui produisent de la catalase, des bulles de dioxygène sont libérées. S'il vous est arrivé de tamponner une blessure avec du peroxyde d'hydrogène, vous savez que les cellules des tissus humains contiennent elles aussi de la catalase. La seconde enzyme qui décompose le peroxyde d'hydrogène est la **peroxydase,** qui se distingue de la catalase par le fait qu'elle ne produit pas de dioxygène au cours de la réaction suivante :

$$H_2O_2 + 2\,H^+ \longrightarrow 2\,H_2O$$

4. Le **radical hydroxyle** (OH·) est probablement la forme intermédiaire d'oxygène la plus réactive. Il est produit dans le cytoplasme de la cellule par l'action de rayonnements ionisants (rayons X et rayons gamma, par exemple). En général, la respiration aérobie produit des radicaux hydroxyle.

Les anaérobies stricts ne produisent habituellement ni superoxyde dismutase ni catalase. Étant donné que les conditions aérobies sont favorables à l'accumulation de radicaux superoxyde toxiques dans le cytoplasme, les anaérobies stricts mis en présence de dioxygène ne peuvent y survivre.

Les **anaérobies aérotolérants** (tableau 6.1d) ne peuvent utiliser la molécule de dioxygène pour se développer, mais ils la tolèrent assez bien. Ils croissent sur la surface d'un milieu de culture solide sans qu'il soit nécessaire d'appliquer les techniques requises pour les anaérobies stricts (dont il sera question plus loin). Un grand nombre de bactéries aérotolérantes produisent de l'acide lactique par fermentation des glucides. À mesure qu'il s'accumule, l'acide lactique inhibe le développement des concurrents aérobies et crée une niche écologique favorable aux producteurs de l'acide lactique. Le lactobacille offre un exemple courant de producteur anaérobie aérotolérant ; il est utilisé pour la fabrication de divers aliments fermentés acides, tels que les marinades et le fromage. Au laboratoire, on manipule et on cultive les lactobacilles à peu près de la même façon que les autres bactéries, mais ils n'utilisent pas le dioxygène de l'air. Ces bactéries tolèrent la présence de molécules de dioxygène dans leur milieu parce qu'elles produisent de la superoxyde dismutase, ou qu'elles sont dotées d'un système équivalent, capable de neutraliser les formes toxiques de molécules de dioxygène dont il a été question plus haut.

Il existe quelques bactéries **microaérophiles** (tableau 6.1e). Elles sont aérobies, c'est-à-dire qu'elles ont besoin de dioxygène, mais elles se développent uniquement dans un milieu où la concentration de dioxygène est inférieure à celle de l'air. Dans une éprouvette contenant un milieu nutritif solide, elles croissent seulement à une profondeur où de petites quantités de molécules de dioxygène ont diffusé ; elles ne se développent pas à la surface, riche en molécules de dioxygène, ni au-dessous de la zone étroite où la concentration des molécules de dioxygène est appropriée. La tolérance limitée de ces bactéries s'explique probablement par leur sensibilité aux radicaux superoxyde et aux peroxydes, qu'elles produisent en concentration létale dans un milieu riche en molécules de dioxygène.

### Les facteurs organiques de croissance

Les composés organiques dont un organisme a besoin mais qu'il est incapable de synthétiser s'appellent **facteurs organiques de croissance** ; ils doivent être tirés directement du milieu. Les vitamines constituent un groupe de facteurs organiques de croissance pour les humains. La majorité des vitamines jouent le rôle de coenzymes, c'est-à-dire les cofacteurs organiques sans lesquels certaines enzymes ne peuvent remplir leur fonction. De nombreuses bactéries synthétisent leurs propres vitamines ; elles ne dépendent donc pas de sources extérieures. Par contre, d'autres bactéries ne possèdent pas les enzymes nécessaires à la synthèse de certaines vitamines, si bien que ces vitamines sont pour elles des facteurs organiques de croissance. Parmi les autres facteurs organiques de croissance requis par quelques bactéries, citons les acides aminés, les purines et les pyrimidines.

APPLICATIONS DE LA MICROBIOLOGIE

# L'étude des bactéries hydrothermales

Avant que les humains explorent les fonds océaniques, les scientifiques pensaient que seules quelques formes de vie pouvaient survivre dans ce milieu où la pression est très élevée, l'obscurité, totale, et la teneur en dioxygène, très faible. Puis, en 1977, le premier submersible habitable capable de descendre dans les plus grandes profondeurs océaniques a transporté deux scientifiques sur la dorsale des Galápagos, à 2 600 mètres sous la surface de la mer et à environ 350 kilomètres au nord-est des îles Galápagos. À cet endroit, au milieu de grandes étendues de roches de basalte stériles, les chercheurs ont découvert de riches oasis étonnamment foisonnantes d'organismes vivants, tels que des mollusques, des crustacés et des vers (voir la photo). Comment ces êtres vivants parviennent-ils à survivre dans des conditions aussi rigoureuses ? Les scientifiques ont rapporté à la surface de nombreux échantillons de bactéries, qui font toujours l'objet de recherches.

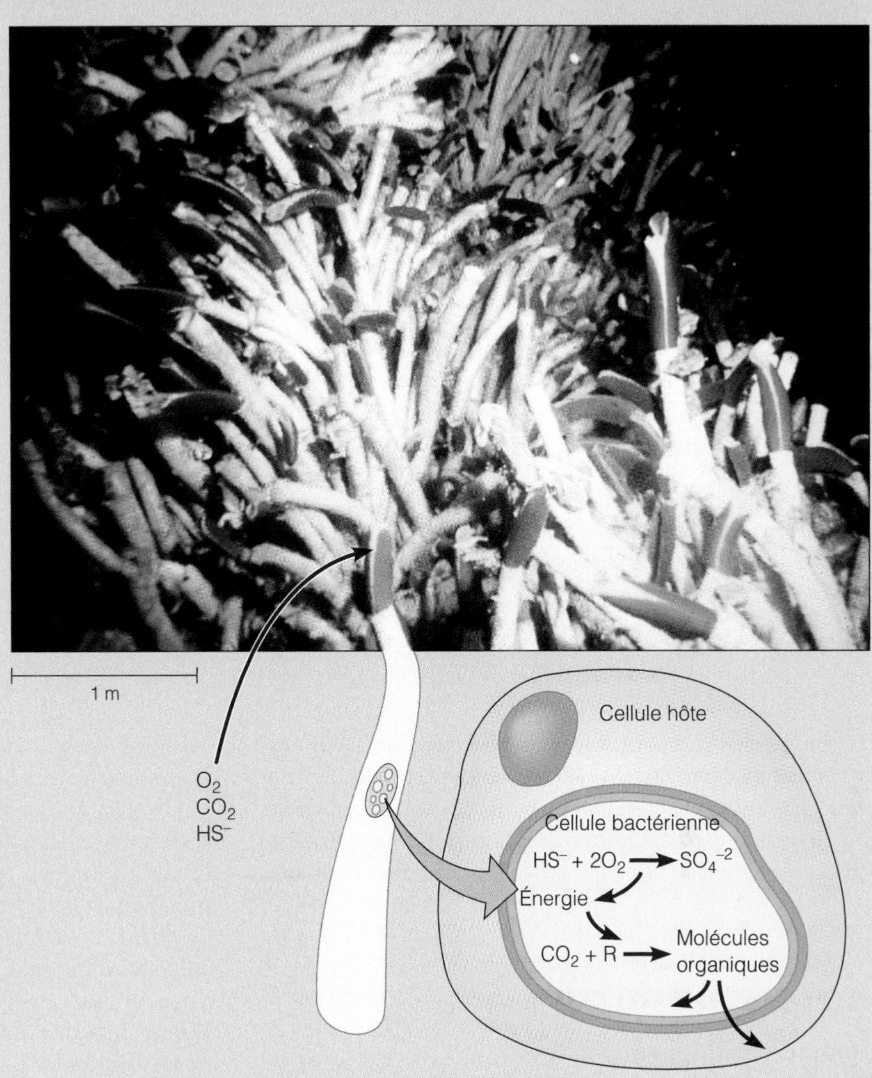


Vers et mollusques des cheminées thermales des Galápagos.

## L'ÉCOSYSTÈME DES CHEMINÉES HYDROTHERMALES

La vie à la surface des océans terrestres dépend de microorganismes photosynthétiques, tels que les bactéries et les algues, qui utilisent l'énergie solaire pour produire des glucides en fixant le dioxyde de carbone ($CO_2$). Sur les grands fonds, où aucune lumière ne pénètre, la photosynthèse ne peut avoir lieu. Les scientifiques ont observé que les principaux producteurs des grands fonds sont des bactéries chimioautotrophes, qui utilisent l'énergie chimique du sulfure d'hydrogène ($H_2S$) pour fixer le $CO_2$ et produire des molécules organiques, créant ainsi un milieu capable de subvenir aux besoins de formes supérieures de vie.

Les sources hydrothermales des fonds océaniques fournissent du $H_2S$ et du $CO_2$. Lorsque de l'eau surchauffée en provenance de l'intérieur de la Terre s'élève à travers des fractures de la croûte terrestre, elle dissout des ions métalliques, des sulfures et du $CO_2$ en réagissant avec les roches environnantes. Les écosystèmes des cheminées thermales dépendent de l'abondance de composés sulfurés dans l'eau chaude. La concentration en sulfures ($S^{2-}$) est trois fois plus élevée que la teneur en dioxygène dans les cheminées et aux environs. Une telle concentration en sulfures est toxique pour de nombreux organismes, mais pas pour les êtres qui vivent dans ce milieu exotique.

Des couches de bactéries se développent sur les parois des cheminées, où la température est supérieure à 100 °C. Il s'agit là de la température la plus élevée qu'un organisme puisse tolérer. Au-dessus d'une cheminée, où la température est de 30 °C environ, la concentration en bactéries est à peu près quatre fois plus grande que dans l'eau qui se trouve à une certaine distance de la bouche, et le taux de croissance bactérienne est le même

## L'étude des bactéries hydrothermales (suite)

que dans les eaux côtières fécondes exposées au Soleil. Dans une cheminée et aux environs, les bactéries créent un milieu où elles sont les producteurs qui subviennent aux besoins de consommateurs (tels que des myes, des mollusques et des vers) et de décomposeurs.

### L'UTILISATION BIOTECHNOLOGIQUE DES CHEMINÉES HYDROTHERMALES

Des chercheurs du Laboratoire national d'Oak Ridge, au Tennessee, ont découvert deux Archéobactéries vivant à proximité de sources hydrothermales, qui pourraient constituer une source d'énergie renouvelable. *Thermoplasma acidophilus* et *Pyrococcus furiosus* produisent un combustible, soit de l'hydrogène gazeux – pouvant servir de source d'énergie –, et un polysaccharide extracellulaire à partir de glucose. Puisqu'il est produit par des bactéries et des plantes, le glucose est aussi une ressource renouvelable. De plus, comme il est formé en grande quantité, ce polysaccharide pourrait avoir des applications industrielles, par exemple en tant qu'épaississant pour les aliments et d'autres produits.

On utilise actuellement des ADN polymérases – enzymes qui synthétisent des polymères spécifiques – isolées de deux Archéobactéries qui vivent à proximité de cheminées hydrothermales dans une technique d'amplification en chaîne par polymérase (ACP), procédé qui permet d'obtenir beaucoup d'exemplaires d'un segment d'ADN. Cette méthode consiste à produire de l'ADN monocaténaire (simple brin) en élevant la température d'un fragment de chromosome à 98 °C puis en refroidissant celui-ci, de manière à ce que l'ADN polymérase puisse dupliquer chaque brin. Les ADN polymérases formés par *Thermococcus litoralis* (appelé $Vent_R$ en anglais) et par *Pyrococcus* (appelé Deep $Vent_R$ en anglais) ne sont pas dénaturés à une température de 98 °C. On peut donc les utiliser dans les appareils automatiques à cyclage thermique – qui reproduisent les cycles de chauffage et de refroidissement – pour obtenir facilement et rapidement de nombreux exemplaires de fragments d'ADN. Les deux enzymes ajoutent des bases à l'ADN à un rythme de 1 000 bases par minute.

Maintenant que nous savons que les microorganismes se distinguent par leurs exigences particulières sur le plan des conditions physiques et chimiques de croissance qu'ils requièrent, nous allons intégrer ces notions dans un cadre d'applications pratiques, soit par le biais de l'étude des milieux de culture.

## Les milieux de culture

### Objectifs d'apprentissage

- *Distinguer le milieu synthétique (défini) du milieu complexe (empirique).*
- *Justifier l'utilisation des éléments suivants : les techniques anaérobies, les cellules hôtes vivantes, les jarres anaérobies, les milieux sélectifs, les milieux différentiels et les milieux d'enrichissement.*

Une préparation nutritive destinée à la croissance de microorganismes en laboratoire s'appelle **milieu de culture.** Certaines bactéries se développent bien dans presque tous les milieux de culture, tandis que d'autres ont besoin d'un milieu particulier. Enfin, il existe des bactéries pour lesquelles on n'a pas encore découvert de milieu artificiel (non vivant) dans lequel elles puissent se développer. Le prélèvement de microbes introduits dans un milieu de culture en vue de leur croissance s'appelle **inoculum** ; les microbes qui se développent et se multiplient dans ou sur un milieu de culture constituent une **culture.**

Si on désire faire croître un microorganisme donné, par exemple un microbe provenant d'un échantillon clinique, à quels critères le milieu de culture doit-il satisfaire ? Premièrement, il doit contenir les nutriments dont le microorganisme qu'on veut faire croître a besoin, soit des ions minéraux, des facteurs organiques de croissance, des sources de carbone et d'énergie. Il doit également présenter des taux adéquats d'humidité et de pH, ainsi qu'une pression osmotique et une concentration en molécules de dioxygène appropriées, ce qui signifie parfois que cette dernière doit être nulle. Il est essentiel que le milieu de culture soit initialement **stérile,** c'est-à-dire qu'il ne contienne aucun microorganisme vivant, de manière que la culture soit constituée uniquement des microbes ajoutés au milieu et de leurs descendants. Enfin, le milieu de croissance doit être incubé à une température appropriée.

Il existe une grande diversité de milieux destinés à la culture de microorganismes en laboratoire. On peut se procurer la majorité d'entre eux dans le commerce sous la forme de mélanges auxquels on doit ajouter de l'eau et que l'on doit ensuite stériliser. On élabore constamment de nouveaux milieux de culture, et on améliore les milieux existants, en vue de l'isolement et de l'identification de bactéries auxquelles s'intéressent les chercheurs dans des domaines tels que l'alimentation, l'épuration de l'eau et la microbiologie clinique.

Les milieux liquides, appelés couramment **bouillons de culture,** sont fort utiles mais, lorsqu'il est préférable de faire croître des bactéries sur un milieu solide, on ajoute au bouillon de culture un agent de solidification tel que l'**agar-agar,** ou

**agar** ; le milieu de culture s'appelle alors **gélose.** L'agar-agar est un polysaccharide extrait d'une algue marine, depuis longtemps utilisé comme gélifiant dans la préparation d'aliments tels que les gelées et la crème glacée.

À cause de ses propriétés, l'agar est très utile en microbiologie, et on n'a encore découvert aucun produit de remplacement satisfaisant. Très peu de microorganismes sont capables de le dégrader, de sorte que l'agar reste solide. L'agar forme avec l'eau un gel solide à une température inférieure à environ 60 °C ; il se liquéfie à environ 100 °C (le point d'ébullition de l'eau) et, au niveau de la mer, il se solidifie à peu près à 40 °C. En laboratoire, on conserve la gélose préparée dans un bain-marie maintenu à 50 °C, car à cette température on peut soit la verser dans une boîte de Petri (figure 6.16b), soit la verser directement sur des bactéries qui tolèrent bien la chaleur (figure 6.16a). Une fois qu'elle s'est solidifiée, il est possible d'incuber la gélose à des températures atteignant près de 100 °C sans qu'elle se liquéfie de nouveau. Cette propriété est particulièrement utile pour la culture de bactéries thermophiles.

En général, on place un milieu contenant de l'agar dans une éprouvette ou dans une boîte de Petri. La gélose est dite *inclinée* si elle s'est solidifiée lorsque l'éprouvette était maintenue en position inclinée de manière à agrandir la surface de croissance ; elle est dite *profonde* lorsque l'éprouvette est maintenue en position verticale et que le contenu se solidifie. Une boîte de Petri (du nom de son inventeur) est un récipient transparent peu profond, muni d'un couvercle qui s'emboîte sur le fond de manière à empêcher toute contamination. Selon la quantité d'agar ajoutée, les milieux peuvent être solides ou semi-solides (géloses molles).

## Les milieux synthétiques

Pour qu'un microbe puisse se développer, le milieu de culture doit lui fournir une source d'énergie de même que des sources de carbone, d'azote, de soufre, de phosphore et de tout autre facteur organique de croissance qu'il est incapable de synthétiser. On appelle **milieu synthétique** (« chemically defined medium ») un milieu de culture dont on connaît exactement la composition chimique, qualitativement et quantitativement. Pour répondre aux besoins nutritifs d'une bactérie chimiohétérotrophe, un milieu synthétique contiendra une quantité connue de facteurs organiques de croissance, qui servent de sources d'énergie et de carbone. Par exemple, on met une quantité précise de glucose dans les milieux employés pour faire croître le chimiohétérotrophe *E. coli* (tableau 6.2).

Les microorganismes qui ont besoin de plusieurs facteurs de croissance sont dits exigeants. On utilise parfois des microorganismes qui ont des exigences nutritionnelles particulières, tels que *Lactobacillus,* dans des épreuves servant à déterminer la concentration d'une vitamine donnée dans une substance. Pour effectuer ce type d'*épreuve microbiologique,* on prépare d'abord un milieu de culture contenant toute la matière essentielle au développement de la bactérie, à l'exception de la vitamine à analyser. On mélange ensuite le milieu de culture, la substance testée et la bactérie, puis on mesure la croissance de la bactérie. Celle-ci se reflète dans la quantité d'acide lactique produite, quantité qui devrait être proportionnelle à la quantité de vitamine contenue dans la substance étudiée. Il faut comprendre ici que la croissance de *Lactobacillus,* qui dépend de la présence de la vitamine, entraîne la production d'acide lactique. Ainsi, plus il y a production d'acide lactique, plus la croissance de *Lactobacillus* a été stimulée et, par conséquent, plus la quantité de vitamine contenue dans la substance est élevée.

**Tableau 6.2** *Milieu synthétique destiné à la culture d'un chimiohétérotrophe typique tel que* E. coli

| Constituant | Quantité |
|---|---|
| Glucose | 5,0 g |
| Dihydrogénophosphate d'ammonium ($NH_4H_2PO_4$) | 1,0 g |
| Chlorure de sodium (NaCl) | 5,0 g |
| Sulfate de magnésium heptahydraté ($MgSO_4 \cdot 7H_2O$) | 0,2 g |
| Hydrogénophosphate de potassium ($K_2HPO_4$) | 1,0 g |
| Eau | 1 L |

## Les milieux complexes

En général, les milieux synthétiques ne sont employés que pour des travaux expérimentaux en laboratoire ou pour la culture de bactéries autotrophes. De façon courante, la majorité des bactéries hétérotrophes (qui utilisent les composés chimiques comme sources de carbone) et des mycètes sont mis en culture dans des milieux naturels appelés **milieux complexes** ou *milieux empiriques.* Les milieux complexes sont constitués de nutriments tels que des extraits de levure, de viande ou de plantes, ou de macérations de protéines contenues dans ces extraits ou d'autres sources. Ils contiennent donc des ingrédients dont la composition chimique est indéterminée. De plus, la composition chimique exacte d'un milieu complexe peut varier légèrement d'un lot à un autre. Le tableau 6.3 présente une recette d'usage courant.

Dans un milieu de culture complexe, ce sont essentiellement les protéines qui fournissent aux microorganismes l'énergie, le carbone, l'azote et le soufre dont ils ont besoin pour leur croissance. Une protéine est une grosse molécule, plus ou moins insoluble, que peu de microorganismes sont capables d'utiliser directement ; la digestion partielle par un acide ou une enzyme réduit une protéine en chaînes plus

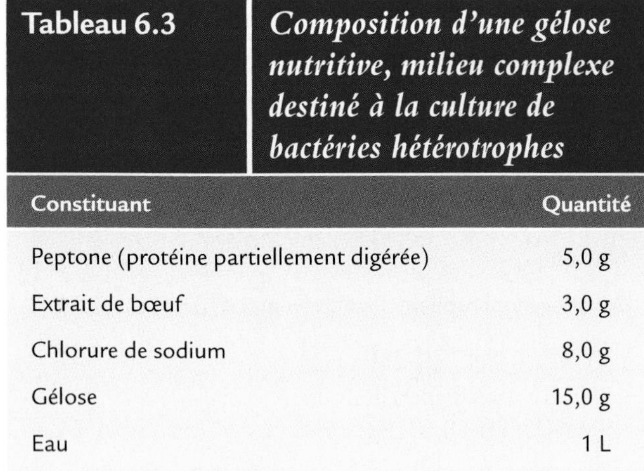

**Tableau 6.3** *Composition d'une gélose nutritive, milieu complexe destiné à la culture de bactéries hétérotrophes*

| Constituant | Quantité |
|---|---|
| Peptone (protéine partiellement digérée) | 5,0 g |
| Extrait de bœuf | 3,0 g |
| Chlorure de sodium | 8,0 g |
| Gélose | 15,0 g |
| Eau | 1 L |

courtes d'acides aminés, appelées *peptones*. Les bactéries sont alors capables de digérer ces petits fragments de peptones solubles.

Les vitamines et d'autres facteurs organiques de croissance sont fournis par des extraits de viande ou de levure. Les vitamines et les minéraux solubles contenus dans la viande ou la levure sont dissous dans l'eau d'extraction, que l'on fait ensuite évaporer de manière à accroître la concentration en facteurs organiques. Les extraits fournissent aussi l'azote organique et des composés du carbone. Les extraits de levure sont particulièrement riches en vitamine B. Les milieux complexes sont de composition et de préparation assez simples et contiennent une même base nutritive. À l'état liquide, un milieu complexe s'appelle **bouillon nutritif**; si on y ajoute de l'agar, il se solidifie et porte le nom de **gélose nutritive.** (Cette terminologie peut prêter à confusion; rappelez-vous que la gélose n'est pas elle-même un nutriment.) La gélose nutritive constitue un excellent milieu sur lequel la plupart des microorganismes peuvent se développer. Les bactéries étalées à la surface de la gélose formeront autant de colonies qu'il y avait de bactéries à l'origine. Au moyen d'une technique adéquate, on peut isoler les colonies les unes des autres; c'est pourquoi la gélose nutritive constitue un bon **milieu d'isolement.** Par la suite, on pourra procéder au prélèvement d'une colonie isolée pour obtenir des cultures pures et éventuellement réaliser une étude systématique en vue d'identifier les agents pathogènes. Nous traitons ce point plus loin dans la section intitulée «la préparation d'une culture pure».

## Les milieux et méthodes de culture des anaérobies

La culture des bactéries anaérobies pose un problème particulier. Puisque les anaérobies peuvent être tués du fait de la présence de molécules de dioxygène, on doit utiliser un **milieu réducteur.** Les milieux de ce type contiennent des ingrédients, tels que le thioglycolate de sodium, qui réagissent avec les molécules de dioxygène dissoutes et éliminent ainsi

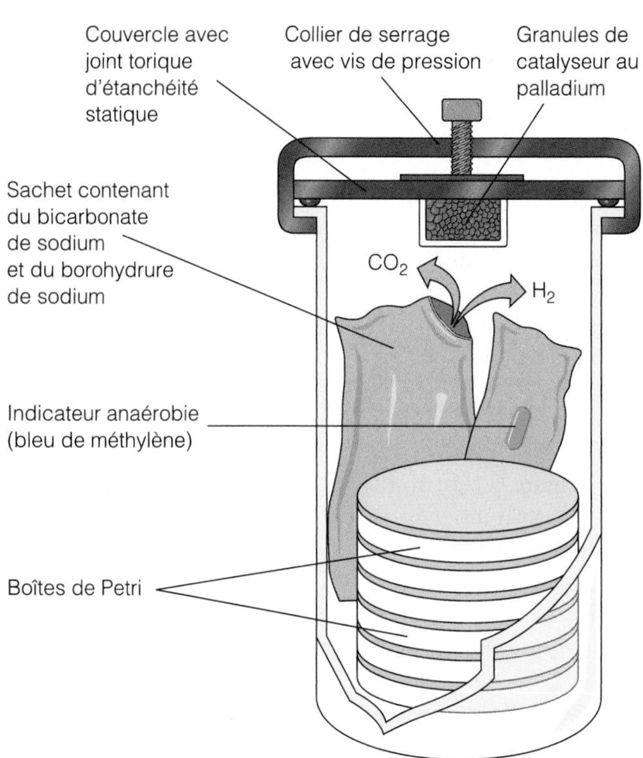


FIGURE 6.5 **Jarre servant à la culture de bactéries anaérobies sur des boîtes de Petri.** Si on humidifie le sachet contenant du bicarbonate de sodium et du borohydrure de sodium, il se forme du dihydrogène et du dioxyde de carbone. En réagissant sur la surface d'un catalyseur au palladium (placé dans une chambre de réaction grillagée ou à l'intérieur du sachet de substances chimiques), le dihydrogène et le dioxygène atmosphérique contenus dans la jarre se combinent pour former de l'eau. La molécule de dioxygène est ainsi éliminée. La jarre contient en outre un indicateur anaérobie, soit du bleu de méthylène, qui est bleu lorsqu'il est oxydé (comme dans l'illustration) et incolore quand la molécule de dioxygène a été éliminée.

■ Le $CO_2$ produit dans la jarre favorise la croissance de nombreuses bactéries anaérobies.

celles-ci du milieu de culture. Pour obtenir des cultures pures d'anaérobies stricts et les conserver, les microbiologistes emploient souvent des milieux réducteurs entreposés dans des éprouvettes ordinaires hermétiquement fermées. Ils réchauffent légèrement les éprouvettes juste avant de s'en servir, de manière à éliminer toutes les molécules de dioxygène absorbées par le milieu de culture.

Lorsqu'on doit faire croître un microorganisme anaérobie dans une boîte de Petri pour être en mesure d'observer les différentes colonies, on utilise une jarre anaérobie (figure 6.5). On place les boîtes de Petri dans la jarre, dont on retire les molécules de dioxygène comme suit: on humidifie avec quelques millilitres d'eau un sachet, composé de substances chimiques (bicarbonate de sodium et borohydrure de sodium), que l'on a placé dans la jarre, puis on ferme hermétiquement la jarre. La réaction des substances chimiques avec l'eau génère alors du dihydrogène ($H_2$) et du dioxyde de carbone

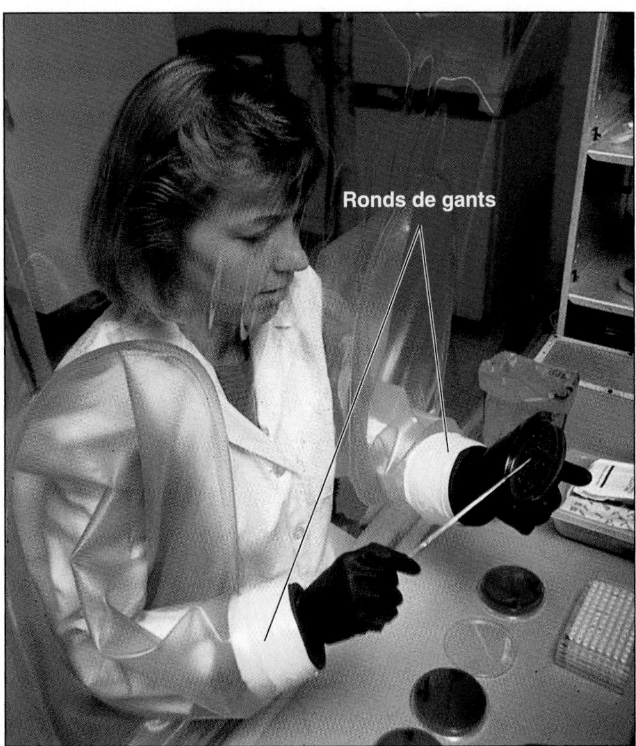


FIGURE 6.6 **Chambre anaérobie.** La technicienne tient une boîte de Petri et une anse de repiquage qui se trouvent dans une chambre anaérobie remplie d'un gaz inerte exempt de molécules de dioxygène. Les microorganismes et le matériel sont introduits dans la chambre et en sont retirés à travers un sas, et les manipulations se font au moyen de gants fixés à des ronds de gants.

($CO_2$). Un catalyseur au palladium inséré dans le couvercle combine le dioxygène de la jarre avec le dihydrogène produit par la réaction chimique, ce qui donne de l'eau. Une atmosphère anaérobie est ainsi créée : le dioxygène rapidement éliminé et le dioxyde de carbone produit contribuent au développement de nombreuses bactéries anaérobies.

Les chercheurs qui étudient les anaérobies utilisent des chambres anaérobies transparentes, munies de sas et remplies de gaz inertes (figure 6.6). Les techniciens manipulent le matériel en insérant les mains dans des gants de caoutchouc étanches, fixés à la paroi de la chambre avec des ronds de gants.

## Les techniques spéciales de culture

Certaines bactéries s'avèrent réfractaires à la culture sur des milieux artificiels en laboratoire. À l'heure actuelle, on a tendance à cultiver *Mycobacterium lepræ*, le bacille de la lèpre, dans un petit mammifère, le tatou, ou armadille, dont la température corporelle relativement basse correspond aux exigences de ce microbe. Le spirochète de la syphilis ne se prête pas bien non plus à la culture en laboratoire, bien qu'on ait réussi à faire croître des souches non pathogènes de ce microbe sur des milieux artificiels. À quelques exceptions près, les bactéries intracellulaires strictes, telles que la rickettsie et la chlamydie, ne se développent pas sur des milieux artificiels. Tout comme les virus, elles se reproduisent uniquement dans une cellule hôte vivante.

De nombreux laboratoires de biologie médicale disposent d'*étuves avec dioxyde de carbone* pour la culture de bactéries aérobies qui ont besoin d'une concentration de $CO_2$ plus élevée ou plus faible que celle que l'on trouve dans l'atmosphère. On maintient la concentration de $CO_2$ recherchée à l'aide de commandes électroniques. On emploie également une *jarre à vide* simple pour obtenir une concentration élevée de $CO_2$ (figure 6.7a). On place les cultures dans une grande jarre étanche contenant une chandelle allumée, qui consume les molécules de dioxygène. La chandelle s'éteint lorsque la concentration des molécules de dioxygène de l'air contenu dans la jarre est inférieure à celle de l'atmosphère – mais encore suffisante pour permettre à des bactéries aérobies de se développer. La concentration de $CO_2$ est alors élevée. Les microbes dont la croissance est favorisée par une telle concentration de $CO_2$ sont dits **capnophiles.** Ces conditions d'un milieu dont la concentration en molécules de dioxygène est faible et la concentration en $CO_2$ est élevée sont semblables à celles que l'on trouve dans le tube digestif, le système respiratoire et d'autres tissus humains où se développent des bactéries pathogènes.

De nos jours, on a tendance à remplacer les jarres à vide par des mélanges de substances chimiques offerts sur le marché afin de créer dans des récipients une atmosphère riche en carbone (figure 6.7b). S'ils ont besoin d'incuber une ou deux cultures seulement sur des boîtes de Petri, les chercheurs des laboratoires cliniques se servent volontiers de petits sachets en plastique qui contiennent un générateur chimique de gaz complet, qui est activé lorsqu'on froisse l'enveloppe ou qu'on l'humidifie avec quelques millilitres d'eau. Il existe des sachets conçus pour fournir des concentrations données en dioxyde de carbone (concentration généralement supérieure à celle que l'on obtient avec une jarre à vide) et en molécules de dioxygène, et qui sont destinés à la culture d'organismes tels que *Campylobacter*, une bactérie microaérophile.

## Les milieux sélectifs et les milieux différentiels

En microbiologie clinique et dans le domaine de la santé publique, on a souvent besoin de déceler la présence de microorganismes spécifiques associés à des maladies ou à de mauvaises conditions d'hygiène. On utilise alors des milieux sélectifs et des milieux différentiels.

Les **milieux sélectifs** sont conçus pour inhiber la croissance des bactéries indésirables et stimuler celle des microbes recherchés. Par exemple, une gélose au sulfite de bismuth constitue un milieu approprié pour extraire de fèces (selles) la bactérie à Gram négatif responsable de la typhoïde, *Salmonella typhi*. Le sulfite de bismuth inhibe la croissance des bactéries à Gram positif, de même que celle de la majorité des bactéries intestinales à Gram négatif autres que *S. typhi*.

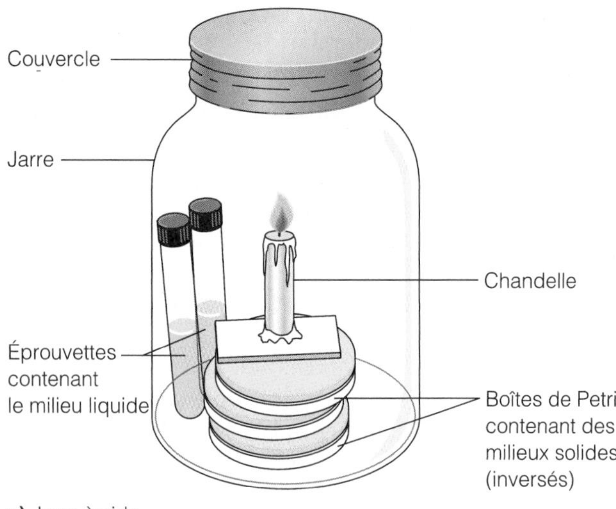


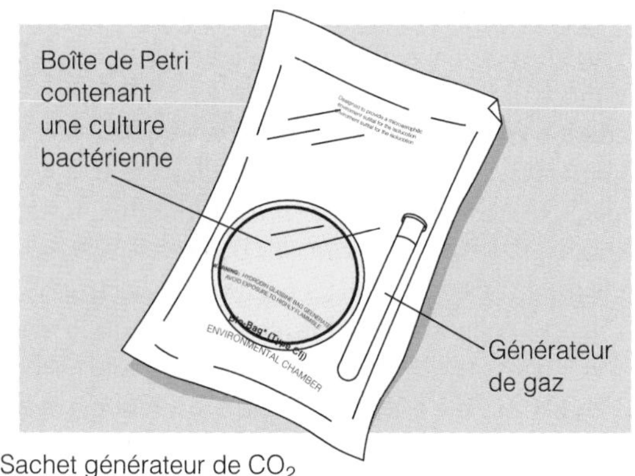


**FIGURE 6.7 Dispositifs servant à créer une atmosphère riche en $CO_2$. a)** On place les boîtes de Petri et les éprouvettes contenant des milieux inoculés avec *Neisseria meningitidis,* par exemple, dans une jarre renfermant une chandelle allumée, puis on ferme hermétiquement la jarre. Il se crée alors une atmosphère où la concentration en $CO_2$ est d'environ 3 %. **b)** Le sachet comprend une boîte de Petri et un tube contenant un générateur de $CO_2$. On écrase le générateur pour mélanger les substances dont il est composé, ce qui déclenche la réaction qui produit du $CO_2$. L'apport de $CO_2$ réduit la concentration en molécules de dioxygène dans le sachet à environ 5 % et augmente la concentration en $CO_2$, qui atteint approximativement 10 %.

■ Quelle est la propriété des microbes dits capnophiles ?

On utilise une gélose Sabouraud dextrose, milieu à pH 5,6, pour isoler les mycètes dont la croissance est supérieure à celle de la majorité des bactéries à cette valeur de pH. Les colorants, tels que le vert brillant, inhibent de façon sélective les bactéries à Gram positif, de sorte qu'on utilise une gélose au vert brillant comme milieu de culture sélectif pour isoler *Salmonella,* qui est une bactérie à Gram négatif.

Les **milieux différentiels** sont conçus pour faciliter la distinction entre les colonies du microbe recherché et

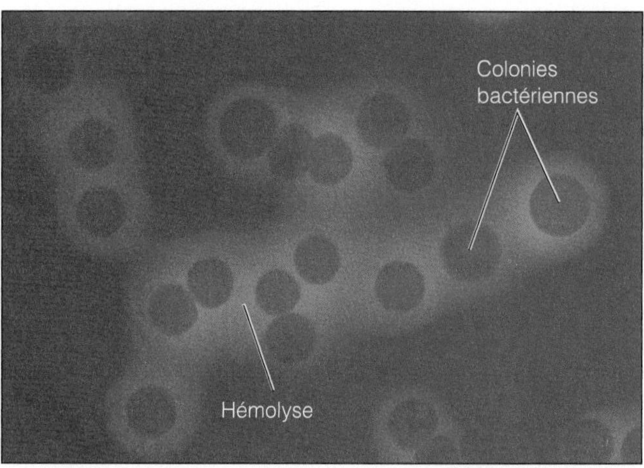


**FIGURE 6.8 La gélose au sang est un milieu différentiel contenant des érythrocytes.** Les bactéries ont lysé les érythrocytes (hémolyse), d'où l'apparition de régions pâles autour des colonies.

■ Quelle est l'utilité des milieux dits différentiels ?

les autres colonies qui se développent sur la même boîte de Petri. De plus, les cultures pures de microorganismes ont des réactions caractéristiques reconnaissables sur les milieux différentiels en éprouvette ou sur boîte de Petri. Les microbiologistes utilisent souvent comme milieu la gélose au sang (qui contient des érythrocytes) pour identifier les espèces bactériennes qui détruisent les érythrocytes. Dans le cas de ces espèces, auxquelles appartient la bactérie responsable de l'angine à streptocoques, *Streptococcus pyogenes,* il se forme un anneau pâle autour des colonies, là où elles ont lysé les érythrocytes avoisinants (figure 6.8).

On prépare parfois un milieu possédant aussi bien les caractéristiques des milieux sélectifs que celles des milieux différentiels. Cela s'avère utile par exemple pour isoler la bactérie *Staphylococcus aureus,* présente dans les voies aériennes supérieures. Ce microorganisme tolère une forte concentration en chlorure de sodium (NaCl), et il produit de l'acide en provoquant la fermentation du mannitol, un glucide. La gélose mannitol contient 7,5 % de chlorure de sodium, concentration qui inhibe le développement des microorganismes compétitifs ; elle favorise donc de façon *sélective* la croissance de *S. aureus.* Ce milieu salin contient également un indicateur de pH dont la couleur change lorsque le mannitol est transformé en acide par fermentation. On peut ainsi *distinguer* les colonies de *S. aureus,* qui provoquent la fermentation du mannitol, des colonies de bactéries qui ne la provoquent pas. En laboratoire, il est facile de reconnaître les bactéries qui tolèrent une concentration élevée en sel et provoquent la fermentation du mannitol en acide grâce au changement de couleur de l'indicateur. Ce sont probablement des colonies de *S. aureus,* et on peut effectuer des tests additionnels pour s'en assurer.

La gélose de Mac Conkey est aussi à la fois un milieu sélectif et un milieu différentiel. Elle contient des sels biliaires

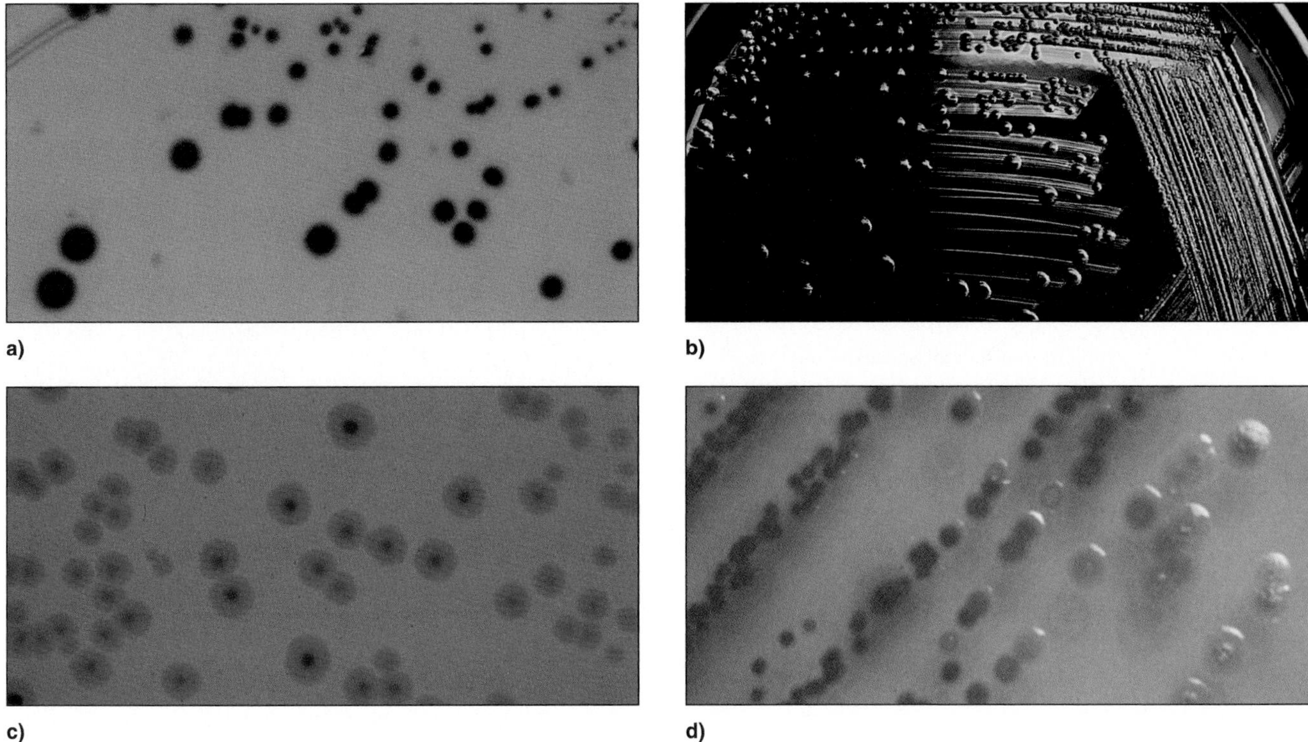

FIGURE 6.9 **Colonies de bactéries sur différents milieux différentiels.**
a) *Staphylococcus aureus* sur une gélose tellurite glycine (Baird-Parker).
b) *Escherichia coli* sur une gélose éosine bleu de méthylène (EMB). Les colonies au centre noir sont entourées d'une couche brillante caractéristique, d'un vert métallique.
c) Sur une gélose éosine bleu de méthylène (EMB), *Enterobacter ærogenes* forme des colonies caractéristiques, au centre sombre.
d) Sur une gélose pseudomonas P (PSP), *Pseudomonas æruginosa* produit un pigment bleu-vert soluble dans l'eau.

■ Lequel des milieux illustrés est à la fois un milieu sélectif et un milieu différentiel ?

et du violet de cristal, qui inhibent le développement des bactéries à Gram positif. Comme ce milieu contient en outre du lactose, il permet de distinguer les bactéries à Gram négatif qui peuvent croître sur le lactose de celles qui en sont incapables. Les bactéries qui fermentent le lactose forment des colonies rouges ou roses ; les bactéries qui ne le fermentent pas forment des colonies incolores. On peut ainsi reconnaître *Salmonella* (une bactérie pathogène) parmi des bactéries apparentées. La figure 6.9 illustre l'aspect de colonies bactériennes sur divers milieux différentiels.

## Les milieux d'enrichissement

Étant donné qu'un petit nombre de bactéries peut facilement passer inaperçu, surtout si d'autres bactéries sont présentes en beaucoup plus grand nombre, il est parfois nécessaire d'utiliser un **milieu d'enrichissement.** C'est souvent le cas pour les échantillons de sol ou de fèces. Un milieu d'enrichissement est d'ordinaire liquide, et il fournit des nutriments et des conditions favorables à la croissance d'un seul microbe donné. En ce sens, il s'agit aussi d'un milieu sélectif, mais il est conçu pour favoriser la multiplication du microorganisme recherché, initialement présent en très petit nombre, de manière qu'il forme des colonies observables sur une gélose.

Supposons par exemple que nous voulions isoler d'un échantillon de sol un microbe capable de se développer en présence de phénol, mais qui se trouve en petite quantité dans l'échantillon par rapport à d'autres espèces. Si on place l'échantillon de sol dans un milieu enrichi liquide où le phénol est l'unique source de carbone et d'énergie, les microbes incapables de métaboliser le phénol ne se développent pas. On laisse le milieu de culture incuber pendant quelques jours, puis on en transfère une petite quantité dans un autre flacon contenant le même milieu. Si on répète cette opération à quelques reprises, tous les microbes de l'inoculum initial dont la croissance est inhibée par le phénol sont rapidement dilués au cours des transferts successifs, et la population obtenue sera formée uniquement de bactéries capables de métaboliser le phénol. La période durant laquelle on permet

**Tableau 6.4 — *Milieux de culture***

| Type de milieu | Utilisations |
|---|---|
| Synthétique | Croissance de chimioautotrophes et de photoautotrophes, et dosages de microbiologie. |
| Complexe | Croissance de la majorité des organismes chimiohétérotrophes. |
| Réducteur | Croissance des anaérobies stricts. |
| Sélectif | Inhibition de la croissance des microbes indésirables et stimulation de la croissance des microbes recherchés. |
| Différentiel | Différenciation de la croissance de microorganismes grâce à leurs réactions caractéristiques identifiables sur ces milieux. |
| D'enrichissement | Utilisations semblables à celles des milieux sélectifs, mais il y a d'abord augmentation du nombre des microbes recherchés pour que ces derniers forment des colonies observables. |

aux bactéries de se développer dans le milieu, entre deux transferts, s'appelle phase d'enrichissement (voir l'encadré du chapitre 11, p. 356). Si on étale le produit de la dernière dilution sur un milieu solide de même composition, seules des colonies de bactéries capables d'utiliser le phénol devraient se développer. L'un des aspects intéressants de cette technique, c'est que le phénol est normalement létal pour la majorité des bactéries.

Lorsque les cultures sur des milieux différentiels et sélectifs ont permis de mettre en évidence la croissance d'une espèce pathogène, il faut encore procéder à une identification précise. Les milieux d'identification sont alors utiles parce qu'ils servent à mettre en évidence des particularités biochimiques et métaboliques spécifiques. Nous étudierons ces milieux au chapitre 10, où nous traiterons des méthodes et des techniques de classification et d'identification des microorganismes.

* * *

Le tableau 6.4 donne un bref aperçu des principales applications des divers types de milieux de culture.

## La préparation d'une culture pure

### Objectifs d'apprentissage

- *Définir une colonie.*
- *Décrire l'isolement d'une culture pure par la méthode des stries.*

La majorité des prélèvements effectués dans le but d'identifier des agents pathogènes, tels que le pus, les expectorations et l'urine, contiennent plusieurs types de bactéries; il en est de même des échantillons de sol, d'eau et d'aliments. En clinique, il faut isoler les agents pathogènes recherchés.

Pour ce faire, on utilise une technique de laboratoire qui consiste à étaler l'une de ces substances, du pus par exemple, à la surface d'une gélose nutritive en boîte de Petri, de telle sorte que chaque bactérie se développe et forme une **colonie** isolée. Chaque colonie contiendra des copies exactes de la bactérie initiale. Théoriquement, une colonie est une masse, visible à l'œil nu, de cellules microbiennes qui proviennent toutes d'une même cellule mère – soit d'une cellule végétative soit d'une spore – ou d'un groupe de microorganismes identiques assemblés en amas ou en chaînettes. La plupart des colonies ont un aspect caractéristique de leur espèce, ce qui permet de différencier les microbes (figure 6.9). Il est toutefois nécessaire que les bactéries soient suffisamment disséminées pour que l'on puisse distinguer les colonies les unes des autres.

La majorité des travaux reliés à la bactériologie portent sur des cultures pures, ou clones, de bactéries. La technique la plus courante d'isolement est la **méthode des stries** (figure 6.10). Elle consiste à plonger une anse de repiquage dans une culture mixte (qui contient plus d'un type de bactéries), puis à tracer des stries avec l'anse sur la surface d'une gélose. Des bactéries passent de l'anse au milieu durant le traçage, et les dernières bactéries qui quittent l'anse sont assez dispersées pour former des colonies distinctes. Une de ces colonies, parfaitement isolée, peut être ensuite prélevée et transférée, toujours au moyen d'une anse de repiquage, dans un milieu nutritif, où les bactéries forment à leur tour des colonies identiques à la colonie prélevée. On parle alors de *culture pure*, c'est-à-dire que la culture ne contient qu'un seul type de bactéries.

La méthode des stries donne de bons résultats dans le cas où le microorganisme à isoler est présent en grande quantité relativement à la population totale. Cependant, si cette condition n'est pas satisfaite, il faut accroître la population du microbe à isoler par enrichissement sélectif avant d'appliquer la méthode des stries (voir la section sur les milieux d'enrichissement).

## La conservation d'une culture bactérienne

### Objectif d'apprentissage

- *Expliquer deux méthodes de conservation des microorganismes : la surgélation et la lyophilisation.*

La réfrigération permet de conserver des cultures bactériennes pendant un court laps de temps, mais les deux méthodes les plus courantes pour la conservation durant une

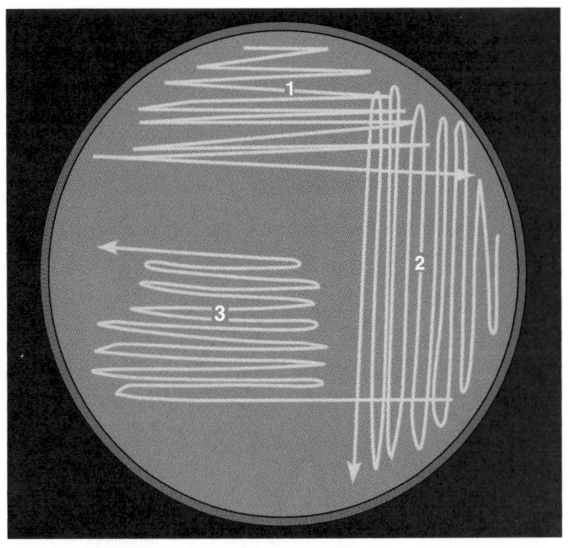


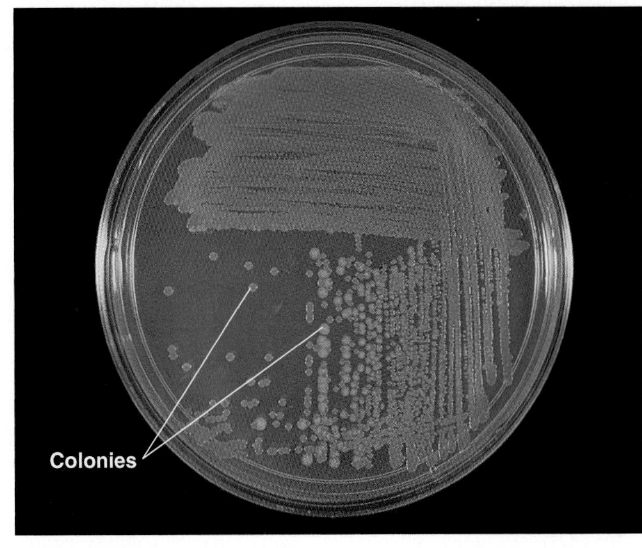


FIGURE 6.10 **Isolement de cultures bactériennes pures par la méthode des stries.** **a)** La direction du traçage des stries est indiquée par les flèches. Le premier ensemble de stries a été effectué avec la culture bactérienne originale. L'anse de repiquage doit être stérilisée après chaque opération de traçage. Dans les deuxième et troisième ensembles de stries, on prélève avec l'anse des bactéries provenant de l'ensemble précédent, de sorte que la concentration de bactéries est diluée à chaque opération. Il existe plusieurs variantes des modèles illustrés. **b)** Notez que le troisième ensemble de stries comprend des colonies bien distinctes de deux types différents de bactéries.

■ Quelle est l'utilité de l'ensemencement de microorganismes par la méthode des stries ?

longue période sont la surgélation et la lyophilisation. La **surgélation** consiste à placer une culture microbienne pure dans un liquide en suspension et à la refroidir rapidement à des températures variant de −50 à −95 °C. Ce traitement permet d'ordinaire de décongeler la culture et de la faire croître, même au bout de plusieurs années. La **lyophilisation,** ou **cryodéshydratation,** consiste à congeler rapidement une suspension de microbes à des températures allant de −54 à −72 °C tout en éliminant l'eau par la création d'un vide poussé (processus de sublimation). Le récipient est scellé alors qu'il est encore sous vide au moyen d'une torche à haute température. Le produit qui contient les microbes ayant survécu est entreposé sous forme de poudre, et il peut être conservé pendant des années. Il est possible en tout temps de ranimer les microorganismes par hydratation avec un milieu nutritif liquide approprié.

# La croissance d'une culture bactérienne

## Objectif d'apprentissage

- *Définir la croissance bactérienne, y compris la division par scissiparité.*

En microbiologie, il est essentiel de pouvoir représenter graphiquement les populations considérables résultant de la croissance de cultures bactériennes. On doit également être en mesure de déterminer le nombre des bactéries, soit directement en les dénombrant, soit indirectement en mesurant leur activité métabolique.

## La division bactérienne

Nous avons souligné au début du chapitre que la notion de croissance microbienne a trait à l'augmentation du nombre de bactéries, et non à l'augmentation de la taille des cellules. Le mode de reproduction des bactéries est normalement la division par **scissiparité** (figure 6.11).

Il existe d'autres modes de reproduction, peu courants. Quelques espèces de bactéries se reproduisent par **bourgeonnement** ; la bactérie produit d'abord une petite excroissance (un bourgeon) qui grossit jusqu'à ce que sa taille atteigne presque celle de la cellule mère, dont elle se sépare alors. Des bactéries filamenteuses (certains actinomycètes) se reproduisent en formant des chaînes de conidies, qui s'accrochent sur la face externe des extrémités des filaments. Enfin, quelques espèces filamenteuses se divisent simplement en fragments, dont la croissance donne naissance à de nouvelles cellules.

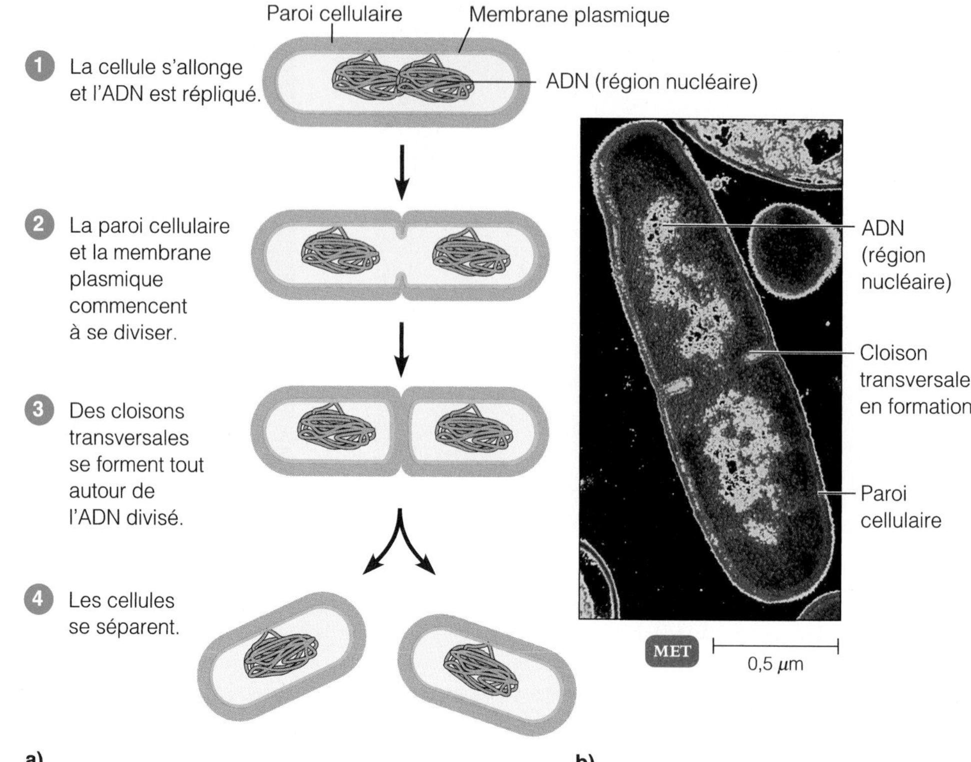

Paroi cellulaire
Membrane plasmique
1 La cellule s'allonge et l'ADN est répliqué.
ADN (région nucléaire)
2 La paroi cellulaire et la membrane plasmique commencent à se diviser.
3 Des cloisons transversales se forment tout autour de l'ADN divisé.
4 Les cellules se séparent.
ADN (région nucléaire)
Cloison transversale en formation
Paroi cellulaire
MET
0,5 μm
a)
b)

**FIGURE 6.11 Division bactérienne par scissiparité.** **a)** Diagramme illustrant les phases successives de la division d'une bactérie. **b)** Mince couche d'une cellule de *Bacillus licheniformis* qui commence à se diviser.

■ Pourquoi les bactéries d'une même colonie sont-elles identiques ?

## Le temps de génération

Nous nous en tiendrons au calcul du temps de génération des bactéries qui se divisent par scissiparité, qui est de loin le mode de reproduction le plus courant. La figure 6.12 illustre le fait que la scissiparité est un dédoublement : la division d'une bactérie donne deux cellules, la division de deux bactéries donne quatre cellules, et ainsi de suite. Puisque la population de bactéries double à chaque génération, l'augmentation du nombre de bactéries peut s'exprimer sous la forme de la puissance $2^n$, l'exposant correspondant au nombre de dédoublements subis par la bactérie mère.

Le temps que met une cellule à se diviser (et la population dont elle provient, à doubler) s'appelle **temps de génération.** Il varie considérablement d'un microorganisme à l'autre et en fonction des conditions du milieu, notamment la température. Le temps de génération de la majorité des bactéries est de 1 à 3 h et d'à peine 20 min dans des conditions idéales ; il est de plus de 24 h pour certaines espèces. Grâce au processus de la division par scissiparité, une bactérie peut produire un nombre considérable de cellules. Dans le cas d'*E. coli*, par exemple, si les conditions sont favorables, un dédoublement a lieu toutes les 20 min, de sorte qu'après 21 générations – soit près de 7 h – une seule bactérie initiale donne naissance à plus de 1 million de cellules. En 30 générations – soit 10 h –, la population atteint 1 milliard de cellules et, en 24 h, elle est de l'ordre de $10^{20}$. Il est difficile de représenter graphiquement l'accroissement rapide par dédoublement de la population à l'aide d'une échelle arithmétique. C'est pourquoi on emploie généralement une échelle logarithmique pour représenter la croissance bactérienne. Il est essentiel de comprendre la représentation logarithmique de populations bactériennes pour l'étude de la microbiologie en laboratoire, et les notions mathématiques requises sont expliquées dans l'appendice D.

| Nombre de générations | Puissance de 2 | Nombre de cellules | $log_{10}$ du nombre de cellules |
|---|---|---|---|
| 0 | | 1 | 0 |
| 5 | $(2^5)$ = | 32 | 1,51 |
| 10 | $(2^{10})$ = | 1 024 | 3,01 |
| 15 | $(2^{15})$ = | 32 768 | 4,52 |
| 16 | $(2^{16})$ = | 65 536 | 4,82 |
| 17 | $(2^{17})$ = | 131 072 | 5,12 |
| 18 | $(2^{18})$ = | 262 144 | 5,42 |
| 19 | $(2^{19})$ = | 524 288 | 5,72 |
| 20 | $(2^{20})$ = | 1 048 576 | 6,02 |

**FIGURE 6.12 Scissiparité.** Si on exprime le nombre de cellules de chaque génération sous la forme d'une puissance de $2^n$, l'exposant est égal au nombre de dédoublements (ou de générations) qui ont eu lieu.

■ Si une bactérie se reproduit toutes les 20 min, combien y aura-t-il de bactéries au bout de 2 h ?

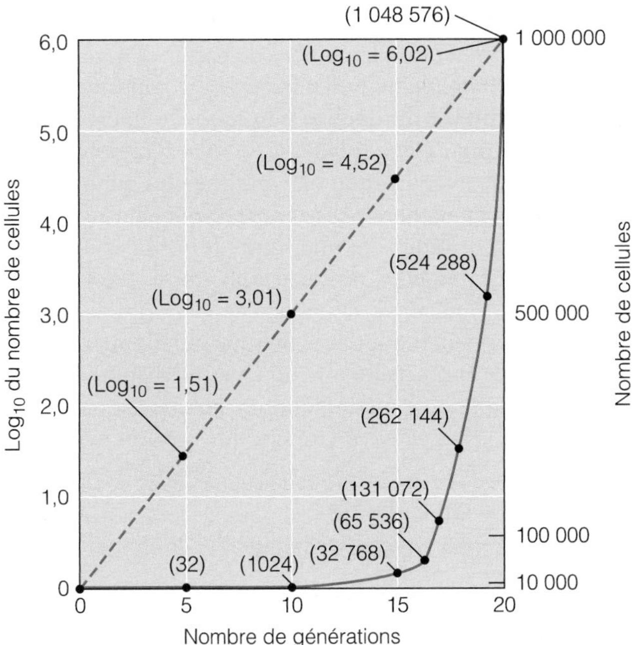


**FIGURE 6.13 Représentations logarithmique (ligne en pointillé) et arithmétique (trait plein) de la croissance d'une population qui augmente de façon exponentielle.**

■ Si on prolongeait la représentation arithmétique de manière à inclure deux générations supplémentaires, le graphique sortirait-il de la page ?

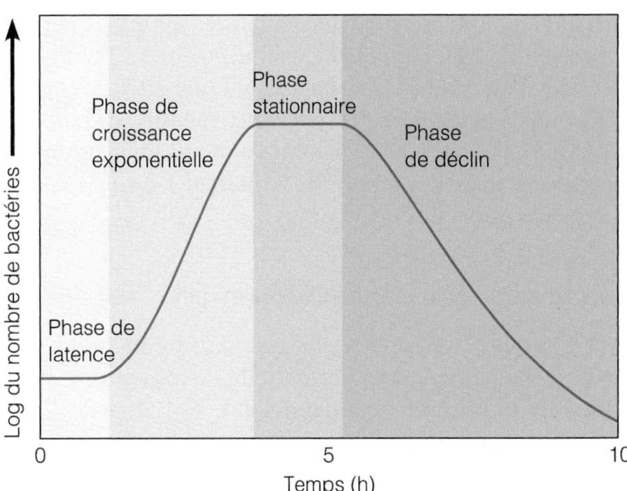


**FIGURE 6.14 Courbe de croissance bactérienne illustrant les quatre phases fondamentales de croissance.**

■ Quelles sont les quatre phases de la courbe de croissance bactérienne ?

## La représentation logarithmique d'une population de bactéries

Nous allons utiliser l'expression de 20 générations de bactéries sous forme arithmétique et sous forme logarithmique pour illustrer la différence entre ces deux modes de représentation d'une population de bactéries. Au bout de 5 générations ($2^5$), une bactérie donne 32 cellules ; au bout de 10 générations ($2^{10}$), il y a 1 024 cellules, et ainsi de suite. (Si vous disposez d'une calculatrice munie des fonctions $y^x$ et log, vous pouvez faire les calculs qui donnent le résultat inscrit dans la troisième colonne.)

Dans la figure 6.13, notez que la courbe tracée à l'échelle arithmétique (en trait plein) ne représente pas clairement les variations de la population durant les premières générations. En fait, la courbe semble se confondre avec l'axe des abscisses pour les dix premières générations. De plus, si on voulait représenter une ou deux générations additionnelles à la même échelle arithmétique, la hauteur du graphique serait telle qu'il sortirait de la page.

Comme l'indique la droite en pointillé de la figure 6.13, on évite les problèmes énumérés ci-dessus en traçant le graphique de $\log_{10}$ du nombre de cellules de la population. On a d'abord représenté par des points les valeurs de $\log_{10}$ de la taille de la population pour 5, 10, 15 et 20 générations. Remarquez qu'en reliant ces points on obtient une droite et qu'on pourrait représenter une population 1 000 fois plus grande (1 000 000 000 ou $\log_{10}$ 9,0) sans avoir besoin de beaucoup plus d'espace. Cependant, pour profiter des avantages de la représentation logarithmique, il faut accepter d'aller à l'encontre de notre perception habituelle de la situation réelle. Il n'est pas habituel de considérer les choses à l'aide de relations logarithmiques, mais il faut s'y exercer si on veut comprendre vraiment la représentation graphique de populations de microbes.

## Les phases de croissance

### Objectif d'apprentissage

■ *Comparer les différentes phases de la croissance microbienne et décrire la relation de chacune avec le temps de génération.*

Si on ensemence un milieu de culture liquide avec quelques bactéries, puis que l'on dénombre la population de bactéries à intervalles réguliers, il est possible de tracer la **courbe de croissance bactérienne** qui indique le développement des cellules en fonction du temps (figure 6.14). La croissance comprend quatre phases fondamentales : la phase de latence, la phase de croissance exponentielle, la phase stationnaire et la phase de déclin.

### La phase de latence

Au début, le nombre de cellules varie très peu parce que celles-ci ne commencent pas à se reproduire immédiatement après leur introduction dans un nouveau milieu. Cette période où les cellules ne se divisent pas, ou très peu, s'appelle **phase de latence,** et elle dure entre une heure et plusieurs jours. Les cellules ne sont toutefois pas dormantes ; la population microbienne connaît une période d'activité métabolique intense, particulièrement en ce qui a trait à la synthèse de l'ADN et des enzymes nécessaires à l'utilisation des sources de carbone. (On peut établir une analogie entre ce phénomène et la situation d'une nouvelle usine de montage d'automobiles: il y a beaucoup d'activité pour assurer le démarrage mais le nombre de véhicules fabriqués n'augmente pas immédiatement.)

### La phase de croissance exponentielle

Après la phase de latence, les cellules commencent à se diviser; elles entrent dans une période de croissance appelée **phase de croissance exponentielle.** C'est la période durant laquelle la reproduction cellulaire est la plus intense, et le temps de génération atteint est constant et a la plus courte durée. Comme le temps de génération est constant pendant cette phase, la représentation logarithmique de la croissance est une droite. C'est aussi pendant la phase de croissance exponentielle que l'activité métabolique des bactéries est la plus intense. On tient compte de ce fait pour les applications industrielles lorsque, par exemple, on veut produire une substance de façon efficace.

Durant la phase de croissance exponentielle, les microorganismes sont très sensibles à des conditions défavorables. Les rayonnements et de nombreux médicaments antimicrobiens, tels que la pénicilline, empêchent le déroulement normal d'étapes importantes du processus de croissance; ils sont donc particulièrement nocifs durant la phase infectieuse active.

### La phase stationnaire

Si elle se déroule normalement, la phase de croissance exponentielle entraîne la production d'une myriade de cellules. Par exemple, une seule bactérie (dont la masse est de $9,5 \times 10^{-13}$ g) qui se divise toutes les 20 minutes pendant seulement 25 heures et demie peut théoriquement donner naissance à une population dont la masse totale est égale à celle d'un porte-avions de plus de 73 millions de kilogrammes (80 000 tonnes). Mais il en est autrement en pratique; le taux de croissance finit par ralentir jusqu'à ce que le nombre de bactéries qui meurent soit égal au nombre de nouvelles bactéries, et la population se stabilise. À ce moment, l'activité métabolique des cellules diminue elle aussi. Cette période d'équilibre s'appelle **phase stationnaire.**

On ne sait pas toujours ce qui met fin à la croissance exponentielle. L'épuisement des nutriments, l'accumulation de déchets ainsi que des variations défavorables du pH sont autant de facteurs qui peuvent jouer un rôle dans un milieu de culture non renouvelé. Dans un appareil appelé *chémostat,* on peut maintenir indéfiniment une population de cellules en phase de croissance exponentielle en remplaçant continuellement le milieu usé par du milieu frais. Ce type de *culture continue* est utilisé pour la fermentation industrielle (chapitre 28, p. 861).

### La phase de déclin

Il vient un moment où le nombre de bactéries qui meurent dépasse le nombre de nouvelles bactéries; la population entre alors dans la **phase de déclin,** ou **phase de décroissance logarithmique.** Cette phase se poursuit régulièrement jusqu'à ce que la population ne constitue plus qu'une toute petite fraction du nombre de bactéries présentes durant la phase stationnaire, ou jusqu'à ce que toutes les cellules meurent. Chez certaines espèces, les quatre phases se déroulent en quelques jours seulement, tandis que des bactéries de diverses autres espèces peuvent survivre presque indéfiniment. Nous reparlerons de la mortalité microbienne au chapitre 7.

Il existe plusieurs méthodes pour mesurer la croissance microbienne; elles peuvent être soit directes, soit indirectes.

## La mesure directe de la croissance microbienne

**Objectif d'apprentissage**

- *Décrire quatre méthodes de mesure directe de la croissance microbienne.*

Plusieurs techniques permettent de mesurer directement la croissance d'une population microbienne, c'est-à-dire de voir et de compter les microbes. Ces mesures directes comprennent le dénombrement des colonies après culture, le dénombrement de cellules microbiennes et l'estimation du nombre le plus probable (NPP) de bactéries.

En général, on exprime la population par le nombre de cellules dans 1 millilitre (mL) de liquide ou dans 1 gramme (g) de matière solide. Étant donné que les populations de bactéries sont habituellement considérables, la majorité des méthodes de comptage reposent sur la mesure du nombre de bactéries dans de très petits échantillons; on effectue ensuite des calculs pour déterminer la taille de la population tout entière. Par exemple, si 1 millionième de millilitre (ou $10^{-6}$ mL) de lait aigre contient 70 bactéries, il devrait y avoir 70 millions de bactéries par millilitre.

Toutefois, il n'est pas pratique de mesurer le nombre de bactéries dans un volume aussi petit qu'un millionième de millilitre de liquide ou dans une quantité aussi petite qu'un millionième de gramme d'un aliment. On utilise donc une méthode comportant des dilutions successives. Par exemple, si on ajoute 1 mL de lait à 99 mL d'eau, le nombre de bactéries dans chaque millilitre de suspension est égal à un centième du nombre de bactéries dans chaque millilitre de l'échantillon initial – dilution centésimale (1:100). En effectuant plusieurs dilutions successives de ce type, on arrive facilement à estimer le nombre de bactéries dans l'échantillon. Pour dénombrer les microbes dans un aliment (un hamburger, par exemple), on broie finement, au mélangeur, une partie homogène d'aliment dans neuf parties d'eau – dilution décimale (1:10). On transfère ensuite à l'aide d'une pipette des échantillons de cette première dilution afin de les diluer davantage et de dénombrer les bactéries qu'ils contiennent.

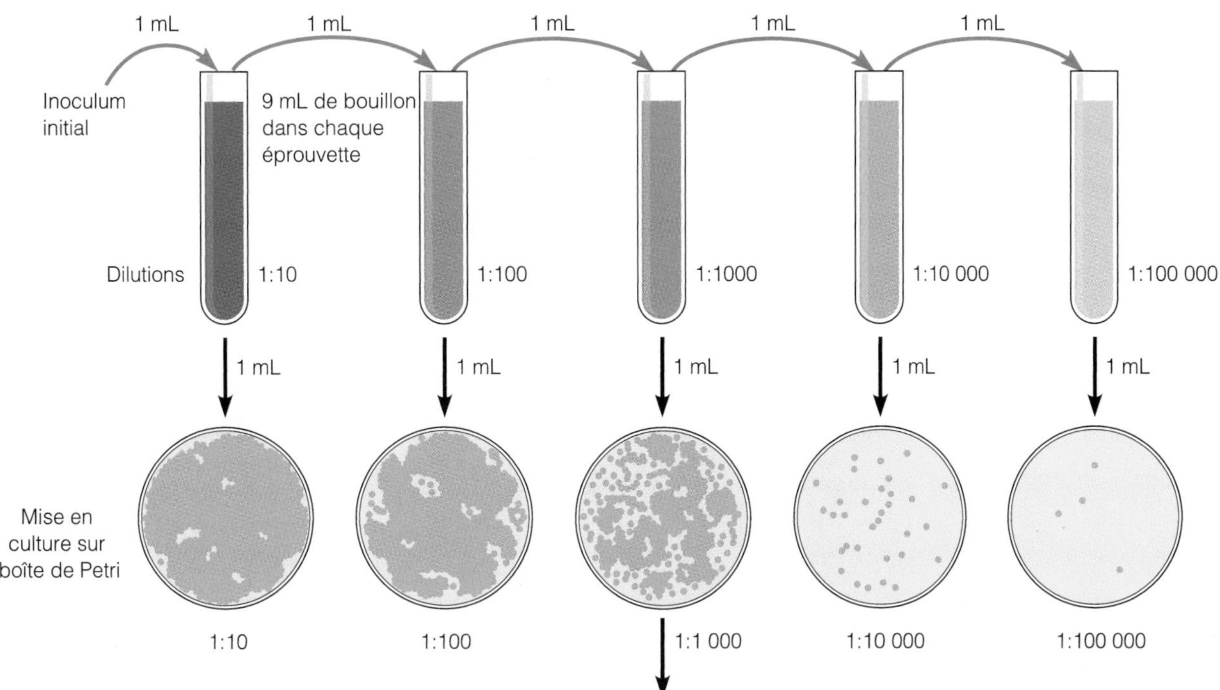


FIGURE 6.15 **Dénombrement de colonies après culture et dilution en série.** La dilution en série consiste à diluer successivement l'inoculum initial dans plusieurs éprouvettes. Dans l'exemple illustré, chaque éprouvette contient seulement un dixième du nombre de bactéries présentes dans l'éprouvette précédente. On étale une suspension de volume connu (1 mL) pour inoculer la surface des géloses. On remarque que l'inoculum provenant de l'éprouvette (1:10 000), étalé à la surface de la gélose, donne des colonies qui peuvent être dénombrées. On estime ensuite le nombre de bactéries dans l'échantillon original à l'aide du résultat du comptage en unités formant colonies.

■ Quelle est la méthode la plus courante pour évaluer la taille d'une population de bactéries ?

## Le dénombrement de colonies après culture

La méthode la plus courante pour mesurer une population de bactéries s'appelle **dénombrement de colonies après culture** (« plate count »). Cette méthode offre un avantage considérable : elle permet de mesurer le nombre de bactéries viables. Mais elle présente un inconvénient : il faut attendre en général 24 heures ou plus pour que se forment des colonies visibles. Cette période d'attente pose problème pour certaines applications industrielles, telles que le contrôle de la qualité du lait, parce qu'on ne peut garder un lot donné durant un laps de temps aussi long.

Cette méthode de mesure suppose que, en se développant et en se divisant, chaque bactérie donne naissance à une seule colonie. Or, ce n'est pas toujours le cas puisque les bactéries restent souvent assemblées en chaînettes ou en amas durant leur croissance (figure 4.1, p. 87). Une colonie provient donc souvent non d'une cellule unique mais d'un petit fragment d'une chaînette ou d'un amas de bactéries. Pour tenir compte de cette réalité, on exprime fréquemment le résultat d'un dénombrement en **unités formant colonies** (**UFC**).

Lorsqu'on effectue un dénombrement de colonies, il importe qu'un nombre limité de colonies se développe sur la gélose en boîte de Petri. Si les colonies sont trop nombreuses, certaines bactéries ne se développent pas parce qu'elles sont trop entassées, ce qui fausse le résultat du comptage. En général, on utilise uniquement des géloses contenant entre 25 et 250 colonies. Pour être certain d'obtenir des échantillons de cette taille, on dilue plusieurs fois l'inoculum initial au moyen d'un processus appelé **dilution en série** (figure 6.15).

**Dilution en série** Supposons qu'un échantillon de lait contient 10 000 bactéries par millilitre. Si on applique la méthode du dénombrement de colonies après culture à 1 mL de l'échantillon, 10 000 colonies devraient théoriquement se

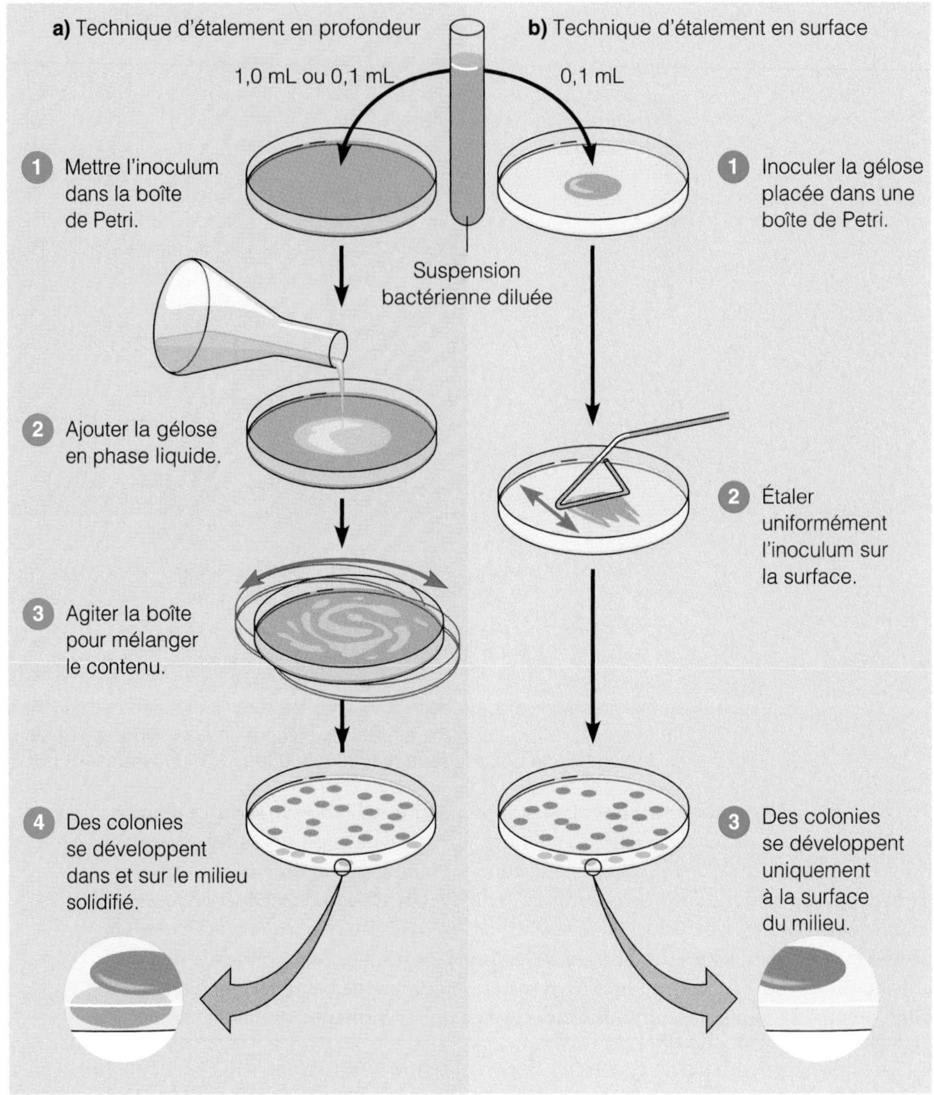


**FIGURE 6.16 Techniques de préparation des boîtes de Petri pour le dénombrement des colonies.**

■ Quels avantages chaque technique présente-t-elle ?

développer sur la gélose en boîte de Petri. Mais, en pratique, les colonies trop nombreuses dans ce milieu ne sont évidemment pas dénombrables. Si on transfère 1 mL de l'échantillon initial dans une éprouvette contenant 9 mL d'eau stérilisée, chaque millilitre de la suspension devrait contenir 1 000 bactéries. Mais si on ensemence une gélose en boîte de Petri avec 1 mL de cette suspension, les colonies seront probablement encore trop nombreuses pour qu'on puisse les compter. Il est donc préférable d'effectuer une seconde dilution : on transfère 1 mL de liquide contenant 1 000 bactéries dans une autre éprouvette renfermant 9 mL d'eau. Chaque millilitre de cette deuxième suspension devrait contenir 100 bactéries seulement. Si on applique la méthode du dénombrement de colonies après culture à 1 mL de la suspension, on devrait observer le développement de 100 colonies, ce qui constitue un échantillon facilement dénombrable. Une partie importante de certains exercices de laboratoire en microbiologie est consacrée à l'apprentissage par les étudiants de la mise en œuvre d'une dilution en série.

**Isolement de colonies par des techniques d'étalement en profondeur et d'étalement en surface** Le dénombrement de colonies après culture sur une gélose en boîte de Petri peut se faire par des techniques d'étalement en surface ou en profondeur. La **technique d'étalement en profondeur** (« pour plate ») est illustrée dans la figure 6.16a. On verse 1,0 ou 0,1 mL d'une suspension bactérienne diluée dans le fond d'une boîte de Petri, puis on verse sur l'échantillon bactérien de la gélose liquide, que l'on a maintenue dans un bain-marie à environ 50 °C. Enfin, on remue légèrement la boîte pour bien mélanger l'échantillon et la gélose liquide. Lorsque la gélose s'est solidifiée, on incube la boîte. Ainsi, les colonies bactériennes se développent tant à l'intérieur qu'à la surface de la gélose à partir des bactéries en suspension dans le milieu au moment où la gélose s'est solidifiée.

La technique décrite ci-dessus présente des inconvénients. En versant la gélose liquide, on risque d'endommager certains microorganismes thermosensibles, qui seront alors incapables de former des colonies. Par ailleurs, si on utilise

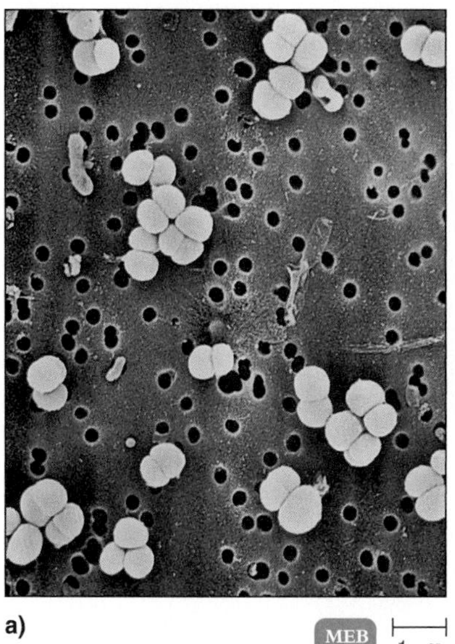


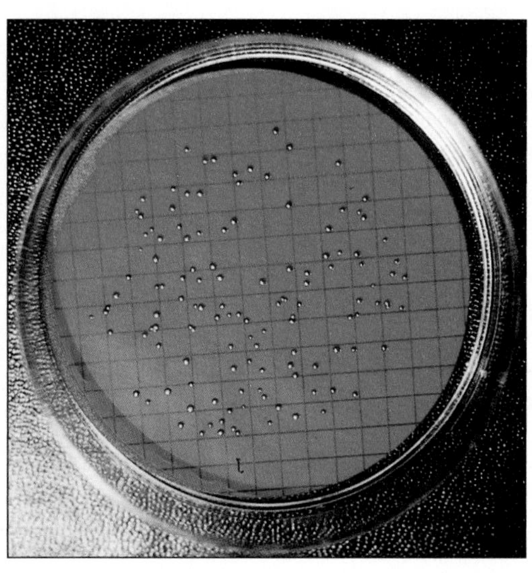


FIGURE 6.17 **Dénombrement de colonies par la méthode de filtration sur membrane.** **a)** Les bactéries contenues dans 100 mL d'eau sont retenues sur la surface d'une membrane filtrante. **b)** Une membrane semblable, sur laquelle les bactéries sont beaucoup plus dispersées, est placée sur un tampon imprégné d'un milieu Endo liquide, qui est un milieu sélectif pour les bactéries à Gram négatif. Les bactéries forment alors des colonies visibles. Dans le cas illustré, il y a 124 colonies visibles, ce qui signifie qu'il devrait y avoir 124 bactéries contenues dans 100 mL d'eau d'échantillon.

■ Quel est l'avantage de la méthode de dénombrement des colonies après filtration sur membrane ?

certains milieux de culture différentiels, l'aspect distinctif de la colonie à la surface joue un rôle dans l'établissement d'un diagnostic ; les colonies qui se développent sous la surface d'un milieu coulé en boîte de Petri ne conviennent pas pour les épreuves de ce type. Pour pallier ces inconvénients, on a souvent recours à la **technique d'étalement en surface** (« spread plate ») (figure 6.16b). Par exemple, on place 0,1 mL d'un échantillon sur la surface d'une gélose, puis on étale uniformément l'inoculum avec une tige en verre stérilisée de forme particulière. Grâce à cette méthode, toutes les colonies se développent sur la surface et les bactéries n'entrent jamais en contact avec la gélose en phase liquide.

**Filtration sur membrane** Lorsque la teneur en bactéries est très faible dans l'échantillon, comme c'est le cas dans les lacs et les cours d'eau relativement purs, on a recours à une méthode appelée **filtration sur membrane** pour dénombrer les colonies (figure 6.17). L'une des techniques mises en œuvre consiste à faire passer au moins 100 mL d'eau à travers une membrane filtrante dont les pores sont trop petits pour que les bactéries s'y introduisent. Les bactéries ne sont pas filtrées, car elles restent sur la membrane. On place ensuite le filtre dans une boîte de Petri contenant un tampon imprégné de milieu nutritif liquide, ce qui permet aux bactéries sur le filtre de se développer et de former des colonies. On utilise fréquemment cette méthode pour déceler et compter les bactéries coliformes, qui sont des indicateurs de la contamination fécale des aliments ou de l'eau (chapitre 27, p. 839). Elle permet de distinguer les colonies formées par des coliformes si on emploie un milieu de culture différentiel. (Les colonies illustrées dans la figure 6.9b et c sont des exemples de colonies de coliformes.)

## La méthode du nombre le plus probable

Il existe une autre technique pour estimer le nombre de bactéries dans un échantillon, soit la **méthode du nombre le plus probable** ou **méthode du NPP,** illustrée dans la figure 6.18. Il s'agit d'une technique d'estimation fondée sur le fait que, plus le nombre de bactéries dans un échantillon est grand, plus il faut diluer celui-ci pour que la concentration diminue au point qu'aucune bactérie ne se développe dans les éprouvettes au cours d'une épreuve de dilution en série. Cette méthode du NPP s'avère particulièrement utile dans le cas où les microbes à dénombrer ne se développent pas sur un milieu solide (tels que les bactéries nitrifiantes chimioautotrophes). On l'applique aussi quand on veut identifier des bactéries en observant leur croissance dans un milieu liquide différentiel. Par exemple, cette méthode est utile lors de la vérification de la qualité de l'eau, pour trouver les bactéries coliformes qui fermentent le lactose en acide. Comme son nom l'indique, cette méthode permet seulement d'affirmer que la probabilité que la population de bactéries se situe dans un intervalle donné est de 95 %, et que le résultat est la valeur la plus fréquente.

## Le dénombrement de cellules microbiennes

Le **dénombrement de cellules microbiennes,** ou la numération, est une méthode qui permet notamment d'évaluer quantitativement de grandes populations microbiennes. Le dénombrement peut se faire directement par une méthode de lecture au microscope ou à l'aide de compteurs spéciaux. La *technique de Breed,* utilisée par exemple pour compter le nombre de bactéries dans un échantillon de lait, consiste à étaler un volume connu de 0,01 mL de lait sur une aire de

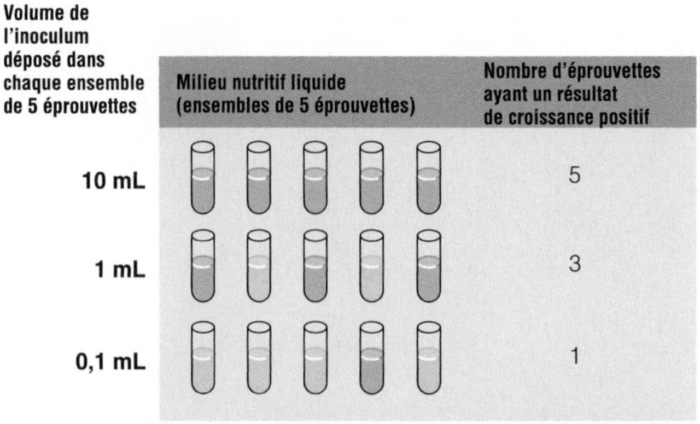

**FIGURE 6.18 Méthode du nombre le plus probable (ou méthode du NPP).** Dans l'exemple illustré, il y a trois ensembles de cinq éprouvettes. On verse 10 mL d'inoculum, provenant par exemple d'un échantillon d'eau, dans chacune des cinq éprouvettes du premier ensemble, 1 mL dans les éprouvettes du deuxième ensemble, et 0,1 mL dans les éprouvettes du troisième ensemble. L'échantillon contient suffisamment de bactéries pour qu'on puisse observer leur croissance dans chacune des cinq éprouvettes du premier ensemble, et le résultat est positif dans chaque cas. Les éprouvettes du second ensemble contiennent dix fois moins d'inoculum, et le résultat est positif dans trois cas seulement. Dans le troisième ensemble, les éprouvettes contiennent cent fois moins d'inoculum que les éprouvettes du premier ensemble, et un seul résultat est positif. À l'aide de la table de détermination du NPP, on peut calculer, pour un échantillon donné, le nombre de microbes pour lequel on devrait statistiquement obtenir de tels résultats. On cherche dans la première colonne la combinaison correspondant aux résultats de croissance positifs obtenus pour les trois ensembles : 5, 3, 1. Dans ce cas, la valeur de l'indice NPP pour 100 mL est de 110. Du point de vue statistique, cela signifie que 95 % des échantillons d'eau pour lesquels les résultats sont 5-3-1 contiennent de 40 à 300 bactéries (dans 100 mL), le nombre le plus probable étant 110.

■ **Dans quels cas utilise-t-on la méthode du NPP pour déterminer le nombre de bactéries dans un échantillon ?**

| Volume de l'inoculum déposé dans chaque ensemble de 5 éprouvettes | Milieu nutritif liquide (ensembles de 5 éprouvettes) | Nombre d'éprouvettes ayant un résultat de croissance positif |
|---|---|---|
| 10 mL | | 5 |
| 1 mL | | 3 |
| 0,1 mL | | 1 |

| Combinaison de résultats positifs | Index NPP/ 100 mL | Limites de confiance de 95 % | |
|---|---|---|---|
| | | Inférieure | Supérieure |
| 4-2-0 | 22 | 9 | 56 |
| 4-2-1 | 26 | 12 | 65 |
| 4-3-0 | 27 | 12 | 67 |
| 4-3-1 | 33 | 15 | 77 |
| 4-4-0 | 34 | 16 | 80 |
| 5-0-0 | 23 | 9 | 86 |
| 5-0-1 | 30 | 10 | 110 |
| 5-0-2 | 40 | 20 | 140 |
| 5-1-0 | 30 | 10 | 120 |
| 5-1-1 | 50 | 20 | 150 |
| 5-1-2 | 60 | 30 | 180 |
| 5-2-0 | 50 | 20 | 170 |
| 5-2-1 | 70 | 30 | 210 |
| 5-2-2 | 90 | 40 | 250 |
| 5-3-0 | 80 | 30 | 250 |
| 5-3-1 | 110 | 40 | 300 |
| 5-3-2 | 140 | 60 | 360 |

1 cm$^2$ tracée à la surface d'une lame porte-objet. Après avoir procédé au séchage et à la fixation, on ajoute un colorant qui permet de voir les bactéries et on examine ensuite l'échantillon à travers un objectif à immersion dont le champ de vision a été calibré. Après avoir compté toutes les bactéries, vivantes et mortes, dans plusieurs champs, on calcule le nombre moyen de bactéries par champ. Enfin, les données obtenues permettent de calculer le nombre de bactéries dans le carré de 1 cm$^2$ sur lequel on a étalé l'échantillon. Comme le volume de celui-ci est de 0,01 mL, le nombre de bactéries dans chaque millilitre de suspension est 100 fois plus grand que le nombre de bactéries dans l'échantillon mesuré.

On peut aussi utiliser une lame spéciale, appelée *chambre de comptage de Petroff-Hausser,* pour dénombrer des cellules microbiennes directement au microscope (figure 6.19). ❶ Une grille, dont l'aire des carrés est connue, est tracée au centre de la lame porte-objet ; une lamelle couvre-objet recouvre la grille. Entre la grille et la lamelle, il y a un espace qui forme une sorte de chambre de faible profondeur. ❷ On remplit la chambre avec la quantité appropriée de suspension microbienne. ❸ On calcule le nombre moyen de bactéries dans plusieurs carrés. ❹ Le volume connu du liquide recouvrant le grand carré étant de 1/1 250 000 mL, on multiplie le résultat du comptage par le facteur 1 250 000, ce qui donne le nombre de bactéries par millilitre.

Les méthodes de mesure directe au microscope présentent certains inconvénients. D'une part, il est difficile de dénombrer des bactéries mobiles à l'aide de ces méthodes sans encourir des erreurs de comptage. D'autre part, on ne peut pas procéder au dénombrement des cellules viables car on risque de compter les cellules mortes aussi bien que les cellules vivantes. Par ailleurs, la concentration de bactéries doit être élevée (environ 10 millions de bactéries par millilitre) pour qu'il soit possible de dénombrer celles-ci. Mais les méthodes de mesure par lecture directe présentent l'immense avantage de ne pas exiger de période d'incubation. On applique donc ces méthodes presque uniquement dans les cas où il est prioritaire d'effectuer le comptage en un court laps de temps. Le *compteur de cellules électronique,* parfois appelé *compteur de Coulter,* qui dénombre automatiquement le nombre de cellules dans un volume donné de liquide, présente le même avantage. On utilise des instruments de ce type dans les laboratoires et les hôpitaux.

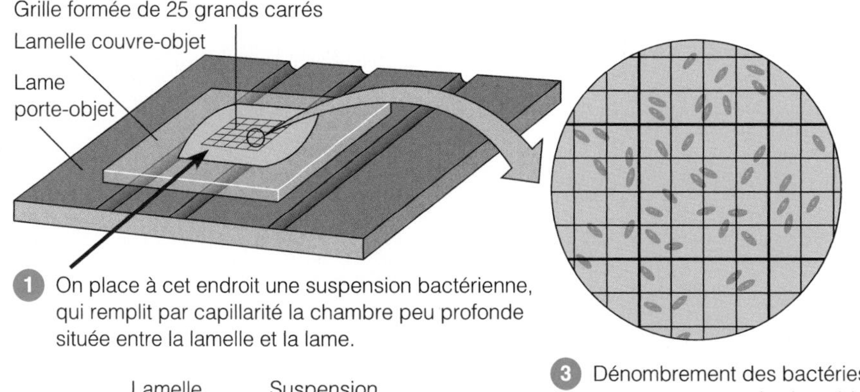

Grille formée de 25 grands carrés
Lamelle couvre-objet
Lame porte-objet
1 On place à cet endroit une suspension bactérienne, qui remplit par capillarité la chambre peu profonde située entre la lamelle et la lame.
Lame porte-objet
Lamelle couvre-objet
Suspension bactérienne
Position des carrés
2 Section transversale de la chambre de comptage. On connaît la hauteur de la chambre située entre la lamelle et la lame, de même que l'aire des carrés, de sorte qu'on peut calculer le volume occupé par la suspension bactérienne recouvrant les carrés (volume = hauteur × aire).
3 Dénombrement des bactéries : on compte toutes les bactéries dans plusieurs grands carrés (lignes en tracé gras), puis on calcule la moyenne par grand carré. Dans le grand carré illustré, il y a 14 cellules bactériennes.
4 Le volume connu du liquide recouvrant le grand carré est de 1/1 250 000 mL. Comme il y a 14 bactéries dans le carré illustré, il y a 14 fois 1 250 000 (soit 17 500 000) bactéries par millilitre.


**FIGURE 6.19 Dénombrement de cellules microbiennes à l'aide de la chambre de comptage de Petroff-Hausser.** Le produit du nombre moyen de bactéries dans un grand carré et d'un facteur de 1 250 000 est égal au nombre de bactéries par millilitre.

■ Quelle est l'utilité du dénombrement de microbes par une méthode de lecture directe au microscope ?

## L'estimation du nombre de bactéries par une méthode indirecte

### Objectifs d'apprentissage

- *Faire la distinction entre les méthodes directes et les méthodes indirectes de mesure de la croissance microbienne.*
- *Décrire deux méthodes indirectes de mesure de la croissance bactérienne.*

Il n'est pas toujours nécessaire de compter les cellules microbiennes pour estimer leur nombre. En recherche et dans l'industrie, on emploie souvent des méthodes indirectes semblables à celles qui sont décrites dans cette section pour déterminer le nombre des microbes et leur activité.

### La détermination de la biomasse sèche

Les méthodes courantes de dénombrement des bactéries donnent des résultats plus ou moins satisfaisants dans le cas des organismes filamenteux, tels que les moisissures. Par exemple, le dénombrement de colonies après culture ne permet pas de mesurer l'augmentation de la masse filamenteuse. Si on applique cette technique à des moisissures, on compte souvent en fait le nombre de spores asexuées, ce qui n'est pas une mesure adéquate de la croissance. La *détermination de la biomasse sèche* fournit l'une des mesures les plus satisfaisantes de la croissance des organismes filamenteux. Cette technique consiste à retirer le mycète du milieu de culture, à le filtrer pour éliminer les substances étrangères, à le placer dans un ballon puis à le dessécher dans un dessicateur et, enfin, à le peser. On emploie à peu près la même méthode dans le cas des bactéries, mais celles-ci sont généralement retirées du milieu de culture par centrifugation, séchées puis pesées. On évalue ensuite la population en considérant que 1 mg de poids sec correspond à quelques milliards de bactéries. La biomasse sèche totale de la population est souvent directement proportionnelle au nombre de cellules.

### La mesure de la croissance par turbidimétrie

Dans certains travaux expérimentaux, il est pratique d'utiliser la mesure de la turbidité comme indice de la croissance bactérienne. Au fur et à mesure que des bactéries se multiplient dans un milieu liquide, celui-ci devient de plus en plus opaque, les cellules formant un léger trouble semblable à un nuage.

On mesure l'état du trouble, ou *turbidité*, à l'aide d'un *spectrophotomètre* dans lequel un faisceau lumineux frappe une suspension bactérienne avant d'être transmis à un détecteur photosensible (figure 6.20). Au fur et à mesure que le nombre de bactéries augmente, la quantité de lumière qui atteint le détecteur photosensible diminue. Cette variation est indiquée en *pourcentage transmis* sur la graduation de l'instrument, qui comprend aussi une expression logarithmique appelée *absorbance* ou *densité optique* ; l'instrument peut également donner une valeur dérivée du pourcentage de lumière transmis. On se sert de l'absorbance pour représenter graphiquement la croissance bactérienne. Lorsque les bactéries sont en phase de croissance exponentielle ou en phase de déclin, la courbe de l'absorbance en fonction du temps est approximativement une droite. Si, pour une culture donnée, on établit la correspondance entre les valeurs de l'absorbance et celles de mesures directes au microscope, la corrélation obtenue peut servir par la suite à estimer le nombre de bactéries à partir de mesures de la turbidité.

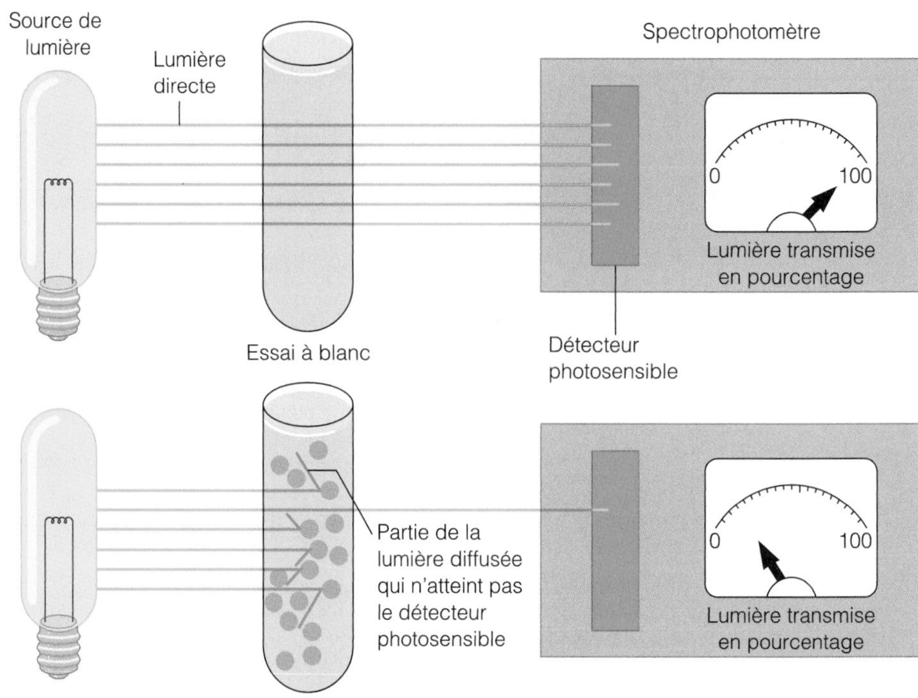


**FIGURE 6.20 Estimation du nombre de bactéries par turbidimétrie.** Dans des conditions normales, la quantité de lumière qui frappe le détecteur photosensible du spectrophotomètre est inversement proportionnelle au nombre de bactéries : plus la quantité de lumière transmise est faible, plus il y a de bactéries dans l'échantillon.

■ Pourquoi la mesure de la densité optique par turbidimétrie est-elle une méthode indirecte de la croissance bactérienne ?

La turbidité commence à être observable seulement lorsque le nombre de bactéries par millilitre de liquide dépasse le million. Il faut de 10 à 100 millions de bactéries par millilitre d'une suspension pour que la turbidité de celle-ci soit mesurable à l'aide d'un spectrophotomètre. On ne peut donc pas utiliser la turbidité comme mesure de la contamination d'un liquide qui contient un nombre relativement faible de bactéries.

## La mesure de la croissance par la mesure de l'activité métabolique

On peut aussi calculer indirectement le nombre de bactéries d'une population en mesurant l'*activité métabolique* de celle-ci. Cette méthode suppose que la quantité d'un produit donné du métabolisme, tel qu'un acide ou le $CO_2$, est directement proportionnelle au nombre de bactéries présentes. Comme exemple d'application pratique d'une épreuve métabolique, citons le dosage de microbiologie, qui consiste à déterminer la quantité de vitamines à l'aide de la quantité d'acide lactique produite par *Lactobacillus* (voir plus haut la section sur les milieux synthétiques).

* * *

Vous savez maintenant quels sont les facteurs indispensables à la croissance microbienne et comment on mesure cette croissance. Dans le chapitre suivant, nous verrons comment on contrôle la croissance microbienne en laboratoire, dans les hôpitaux et dans l'industrie, ainsi que chez soi.

# RÉSUMÉ

## LES FACTEURS ESSENTIELS À LA CROISSANCE (p. 169-177)

1. La croissance d'une population est l'augmentation du nombre de cellules. On parle de la croissance de la population microbienne.
2. Les facteurs essentiels à la croissance microbienne sont de nature physique ou chimique.
3. Les facteurs physiques comprennent la température, le pH et la pression osmotique ; les facteurs chimiques incluent l'approvisionnement en eau, en carbone, en azote, en soufre, en phosphore, en oligoéléments, en oxygène et en facteurs organiques de croissance.

### Les facteurs physiques (p. 170-173)

1. On classe les microbes en psychrophiles (psychrophiles au sens strict et psychrotrophes), mésophiles et thermophiles (thermophiles et thermophiles extrêmes), selon l'échelle optimale de température qui permet la croissance microbienne.

2. La température minimale de croissance d'une espèce est la température la plus basse à laquelle cette espèce peut vivre; la température optimale de croissance est la température à laquelle l'espèce se développe le mieux; la température maximale de croissance est la température la plus élevée à laquelle l'espèce peut se développer.
3. La croissance de la majorité des bactéries est favorisée par une valeur du pH située entre 6,5 et 7,5. Les bactéries acidophiles tolèrent des milieux plus acides.
4. La plupart des microbes subissent la plasmolyse dans une solution hypertonique, mais les microorganismes halophiles tolèrent une concentration élevée en sel. Les microbes dont la paroi cellulaire est fragile ou altérée subissent une lyse osmotique dans une solution hypotonique.

### Les facteurs chimiques (p. 173-178)

1. Tous les organismes ont besoin d'une source d'énergie; les phototrophes utilisent l'énergie de la lumière, les chimiotrophes utilisent l'énergie fournie par l'oxydation de molécules chimiques.
2. Tous les organismes ont besoin d'une source de carbone; les hétérotrophes tirent cet élément de molécules organiques, tandis que les autotrophes le tirent du dioxyde de carbone.
3. Les agents pathogènes qui agressent l'organisme humain sont des chimiohétérotrophes qui tirent leur source de carbone et leur source d'énergie de composés chimiques organiques.
4. L'azote est indispensable à la synthèse des protéines et des acides nucléiques. Il provient de la décomposition de protéines ou des ions $NH_4^+$ ou $NO_3^-$; quelques bactéries sont capables de fixer le diazote ($N_2$).
5. Selon leurs besoins en molécules de dioxygène, on classe les organismes en aérobies stricts, anaérobies facultatifs, anaérobies stricts, anaérobies aérotolérants et microaérophiles.
6. Les aérobies, de même que les anaérobies facultatifs et les anaérobies aérotolérants, ont besoin d'une enzyme, la superoxyde dismutase ($2\ O_2^{\cdot -} + 2\ H^+ \rightarrow O_2 + H_2O_2$), et de l'une de deux enzymes, la catalase ($2\ H_2O_2 \rightarrow 2\ H_2O + O_2$) et la peroxydase ($H_2O_2 + 2\ H^+ \rightarrow 2\ H_2O$), pour neutraliser les effets toxiques des radicaux dérivés de la molécule de dioxygène.
7. Les autres substances essentielles à la croissance microbienne comprennent le soufre, le phosphore, des oligoéléments et, dans le cas de quelques microorganismes, des facteurs organiques de croissance.

## LES MILIEUX DE CULTURE (p. 178-183)

1. On appelle milieu de culture toute préparation nutritive destinée à la croissance de bactéries en laboratoire.
2. On appelle culture l'ensemble des microbes qui se développent et se multiplient dans ou sur un milieu de culture.
3. L'agar est un agent de solidification couramment utilisé dans la préparation de milieux de culture.

### Les milieux synthétiques (p. 179)

On appelle milieu synthétique un milieu de culture dont on connaît exactement la composition chimique.

### Les milieux complexes (p. 179-180)

On appelle milieu complexe un milieu de culture dont on ne connaît qu'approximativement la composition chimique; celle-ci varie légèrement d'un lot à un autre.

### Les milieux et méthodes de culture des anaérobies (p. 180-181)

1. En utilisant des agents chimiques réducteurs dans la préparation d'un milieu de culture anaérobie, on élimine la molécule de dioxygène ($O_2$) qui nuirait à la croissance des anaérobies.
2. On incube les boîtes de Petri dans une jarre à vide ou dans une chambre anaérobie hermétiquement close.

### Les techniques spéciales de culture (p. 181)

1. La culture de certains parasites et de certaines bactéries exigeantes n'est possible que chez un animal vivant ou dans une culture de cellules hôtes vivantes.
2. On utilise un incubateur au $CO_2$ pour la culture des bactéries qui exigent une concentration élevée en dioxyde de carbone.

### Les milieux sélectifs et les milieux différentiels (p. 181-183)

1. Un milieu sélectif contient des sels, des colorants ou d'autres substances qui inhibent le développement des microorganismes indésirables, de sorte qu'il permet seulement la croissance des microbes recherchés.
2. Un milieu différentiel sert à distinguer différents microorganismes grâce à leurs réactions caractéristiques identifiables sur ce type de milieu.

### Les milieux d'enrichissement (p. 183-184)

Un milieu d'enrichissement sert à stimuler la croissance d'un microorganisme donné présent initialement en petite quantité dans un échantillon ou dans un milieu de culture mixte.

## LA PRÉPARATION D'UNE CULTURE PURE (p. 184)

1. On appelle colonie une masse visible de cellules microbiennes qui proviennent toutes théoriquement d'une même cellule mère.
2. On emploie généralement la méthode des stries pour la préparation d'une culture pure.
3. Une culture pure contient un seul type de bactéries.

## LA CONSERVATION D'UNE CULTURE BACTÉRIENNE (p. 184-185)

On peut conserver des microbes durant une longue période grâce à la surgélation ou à la lyophilisation.

## LA CROISSANCE D'UNE CULTURE BACTÉRIENNE (p. 185-194)

### La division bactérienne (p. 185)

1. Les bactéries se reproduisent normalement par scissiparité, c'est-à-dire que chaque cellule se divise en deux cellules identiques.
2. Quelques espèces de bactéries se reproduisent par bourgeonnement, d'autres par la formation de spores aériennes et d'autres encore par fragmentation.

### Le temps de génération (p. 186)

On appelle temps de génération le temps requis pour qu'une bactérie se divise ou que la taille d'une population double.

### La représentation logarithmique d'une population de bactéries (p. 187)

La division des bactéries suit une progression logarithmique (deux cellules, puis quatre, huit, etc.) ; la population double à chaque génération.

### Les phases de croissance (p. 187-188)

1. Durant la phase de latence, il y a peu de variation du nombre de cellules, mais l'activité métabolique intense assure les conditions nécessaires à la croissance bactérienne.
2. Durant la phase de croissance exponentielle, les bactéries se multiplient aussi rapidement que le permettent les conditions ambiantes. La population double à chaque génération.
3. Durant la phase stationnaire, il existe un équilibre entre la division et la mort des cellules.
4. Durant la phase de déclin, le nombre de morts de cellules est plus élevé que le nombre de nouvelles cellules.

### La mesure directe de la croissance bactérienne (p. 188-193)

1. Le dénombrement de colonies après culture, méthode qui suppose que chaque bactérie forme une seule colonie, donne le nombre de bactéries viables dans l'échantillon ; on exprime le résultat en unités formant colonies.
2. Pour dénombrer les colonies, il faut obtenir des colonies isolées sur des boîtes de Petri. On utilise soit la technique de dilution en série, soit la technique d'étalement en surface, soit la technique d'étalement en profondeur.
3. La filtration sur membrane consiste à retenir les bactéries sur la surface d'une membrane filtrante, puis à placer celle-ci dans un milieu de culture où les bactéries se développent avant d'être comptées sous forme de colonies.
4. La méthode du nombre le plus probable (ou méthode du NPP) de microbes viables est une méthode d'estimation statistique ; on l'utilise pour dénombrer des bactéries qui se développent dans un milieu liquide.
5. Le dénombrement de cellules microbiennes consiste à compter les microbes présents dans un volume donné d'une suspension bactérienne au moyen d'une lame porte-objet quadrillée et calibrée et d'une lecture au microscope.

### L'estimation du nombre de bactéries par une méthode indirecte (p. 193-194)

1. Dans le cas des organismes filamenteux, tels que les mycètes, la détermination de la biomasse sèche est une méthode pratique de mesure de la croissance.
2. On utilise un spectrophotomètre pour déterminer la turbidité ; cet instrument permet de mesurer la quantité de lumière transmise par un liquide contenant des bactéries en suspension.
3. La mesure de l'activité métabolique d'une population (par exemple, la production d'acide ou la consommation d'oxygène) est une méthode indirecte d'estimation du nombre de bactéries.

## AUTOÉVALUATION

## RÉVISION

1. Décrivez les étapes du processus de la division par scissiparité. Quel est l'effet de ce mode de division sur le taux de croissance de la popularité bactérienne ?

2. Tracez une courbe de croissance bactérienne typique. Délimitez et définissez chacune des quatre phases de croissance.

3. Quels sont les macroéléments (nécessaires en quantité relativement grande) indispensables à la survie d'une cellule, et pourquoi celle-ci en a-t-elle besoin ? (*Indice :* le sigle CHOAPS pourrait servir à représenter les macroéléments.)

4. Quelles sont les limites de l'intervalle de pH le plus favorable à la croissance de la majorité des bactéries ? Quel est l'effet des sécrétions acides du corps humain tel le chlorure d'hydrogène (HCl) sécrété par l'estomac ?

5. Pourquoi une concentration élevée en sel ou en sucre contribue-t-elle à la conservation des aliments ?

6. Déterminez et expliquez l'importance des deux substances suivantes : la catalase et la superoxyde dismutase.

7. Dans le présent chapitre, nous avons décrit six méthodes de mesure de la croissance bactérienne. Classez-les en deux catégories : les méthodes directes et les méthodes indirectes.

8. On peut conserver des bactéries pendant de longues périodes, sans qu'elles se détériorent, grâce à la surgélation. Pourquoi la réfrigération et la congélation ralentissent-elles la dégradation des aliments ?

9. Un pâtissier a inoculé accidentellement une tarte à la crème avec 6 cellules de *S. aureus.* Si la durée de génération de *S. aureus* est de 60 min, combien de cellules la tarte à la crème renfermera-t-elle au bout de 7 h ?

10. Expliquez ce qui distingue un milieu complexe et un milieu synthétique.

## QUESTIONS À CHOIX MULTIPLE

Utilisez les données suivantes pour répondre aux questions 1 et 2. On a ensemencé deux milieux de culture avec quatre bactéries différentes. À la fin de la période d'incubation, on a noté les résultats suivants.

| Organisme | Milieu 1 | Milieu 2 |
|---|---|---|
| *Escherichia coli* | Colonies rouges | Aucune croissance |
| *Staphylococcus aureus* | Aucune croissance | Croissance |
| *S. epidermidis* | Aucune croissance | Croissance |
| *Salmonella enteritidis* | Colonies incolores | Aucune croissance |

1. Le milieu de culture 1 est:
   a) un milieu sélectif.
   b) un milieu différentiel.
   c) un milieu à la fois sélectif et différentiel.

2. Le milieu de culture 2 est:
   a) un milieu sélectif.
   b) un milieu différentiel.
   c) un milieu à la fois sélectif et différentiel.

Utilisez le graphique suivant pour répondre aux questions 3, 4 et 5.

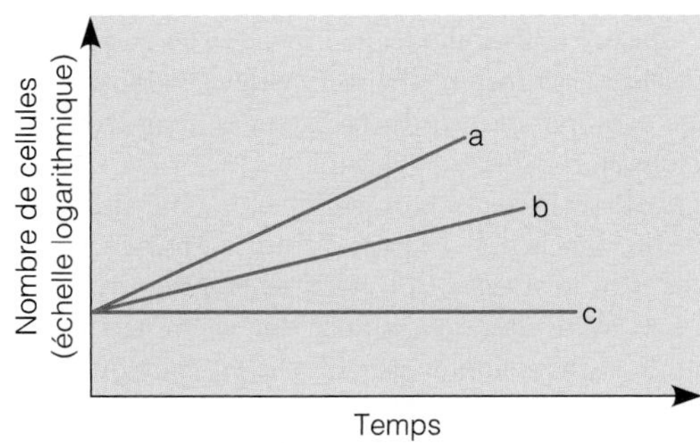


3. Quelle courbe représente le mieux la phase de croissance exponentielle d'un thermophile incubé à la température ambiante de 22 °C?

4. Quelle courbe représente le mieux la phase de croissance exponentielle de *Listeria monocytogenes* à l'intérieur du corps humain?

5. Quelle courbe représente le mieux la phase de croissance exponentielle d'une bactérie halophile facultative dans un produit de charcuterie contenant 3,5% de sel?

6. Vous avez ensemencé la surface de deux géloses nutritives avec 100 bactéries anaérobies facultatives d'une même espèce, puis vous avez incubé la première boîte de Petri dans des conditions aérobies et la seconde, dans des conditions anaérobies. Au bout de 48 h, il devrait y avoir:
   a) plus de colonies sur la boîte incubée dans des conditions aérobies.
   b) plus de colonies sur la boîte incubée dans des conditions anaérobies.
   c) le même nombre de colonies sur les deux boîtes.

7. Le terme *oligoélément* désigne:
   a) les macroéléments.
   b) les vitamines.
   c) l'azote, le phosphore et le soufre.
   d) des minéraux essentiels en très petite quantité.
   e) des substances toxiques.

8. Laquelle des températures suivantes serait probablement mortelle pour un mésophile?
   a) −50 °C
   b) 0 °C
   c) 9 °C
   d) 37 °C
   e) 60 °C

9. Tous les énoncés suivants sont vrais *sauf*:
   a) La gélose est une source de nutriments incorporée aux milieux de culture.
   b) La gélose est un polysaccharide.
   c) La gélose se liquéfie à 100 °C.
   d) La gélose se solidifie à 40 °C environ.
   e) La plupart des bactéries ne métabolisent pas la gélose.

10. Lequel des milieux de culture suivants ne peut pas être utilisé pour la culture d'aérobies?
   a) Milieu sélectif
   b) Milieu réducteur
   c) Milieu d'enrichissement
   d) Milieu différentiel
   e) Milieu complexe

## QUESTIONS À COURT DÉVELOPPEMENT

1. Après avoir incubé *E. coli*, dans des conditions aérobies, dans un milieu nutritif contenant deux sources différentes de carbone, on a obtenu la courbe de croissance suivante.

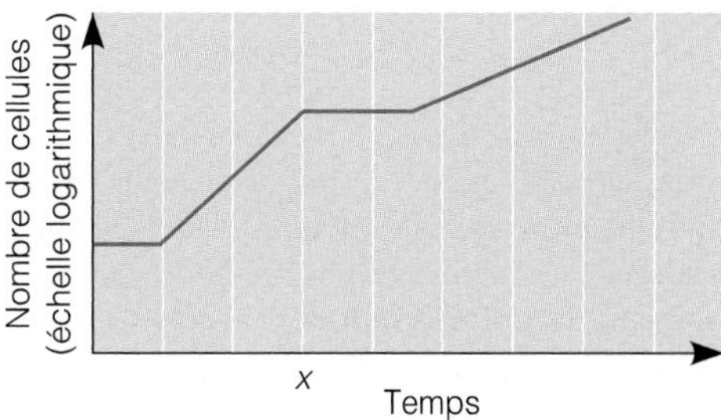


   a) Expliquez ce qui s'est produit à l'instant *x*.
   b) Quel substrat a le plus favorisé la croissance de la bactérie? Justifiez votre réponse.

2. Deux flacons, *A* et *B*, contiennent un bouillon de culture glucose-sels minimaux renfermant des cellules de levure. On incube le flacon *A* à 30 °C dans des conditions aérobies et le flacon *B*, à 30 °C dans des conditions anaérobies. (Les levures sont des anaérobies facultatifs.) Pour chacune des questions, justifiez votre réponse.
   a) Quelle culture produit le plus d'ATP?
   b) Quelle culture produit le plus d'alcool?
   c) Pour quelle culture la durée de génération est-elle la plus courte?
   d) Dans quelle culture la biomasse cellulaire est-elle la plus grande?
   e) Quelle culture a la plus grande absorbance au test de la turbidimétrie?

3. Expliquez pourquoi la bactérie *Listeria monocytogenes* peut constituer un danger pour l'organisme humain lorsqu'elle est ingérée avec de la nourriture normalement réfrigérée. (*Indice:* voir le chapitre 22.)

## APPLICATIONS CLINIQUES

*N. B. Certaines de ces questions nécessitent que vous cherchiez des réponses dans les différents chapitres du livre.*

1. Marie est étudiante en soins infirmiers et partage un appartement avec trois amies. Les filles ont l'habitude de se laver avec le même pain de savon lorsqu'elles prennent leur douche.

Marie apporte le savon au laboratoire de microbiologie ; elle en gratte une petite surface équivalant à 1 g de savon et dilue l'échantillon de manière à obtenir une solution $1:10^6$. Elle effectue ensuite un étalement sur gélose. À la fin d'une période d'incubation de 24 h, elle dénombre 168 colonies.

Combien de bactéries y avait-il dans l'échantillon de savon ? D'où ces bactéries vivantes proviennent-elles ? Les 168 colonies dénombrées sont-elles de la même espèce ? Quel critère peut aider Marie à les différencier ? Quelle alternative pourrait-elle proposer à ses camarades, qui serait plus appropriée dans la situation de cohabitation ? Que devrait-elle penser si, au cours d'un stage en pédiatrie, elle trouvait dans les salles de bain attenantes aux chambres d'enfants malades des savonnettes sur les bordures de lavabo ?

2. Les comptoirs de cafétéria comprennent souvent une table alimentée par des bacs d'eau très chaude, servant à maintenir des aliments cuits à environ 50 °C durant une période pouvant aller jusqu'à 12 h. On a réalisé l'expérience suivante pour vérifier si cette méthode représente un danger éventuel pour la santé.

On a ensemencé la surface de cubes de bœuf avec 500 000 bactéries, puis on a incubé les cubes à des températures comprises entre 43 et 53 °C pour déterminer l'échelle de température de croissance des bactéries. On a obtenu les résultats suivants en appliquant une méthode standard de dénombrement des colonies, 6 h et 12 h après la contamination de la viande.

| | | Nombre de bactéries par gramme de bœuf | |
|---|---|---|---|
| | T (°C) | Au bout de 6 h | Au bout de 12 h |
| *S. aureus* | 43 | 140 000 000 | 740 000 000 |
| | 51 | 810 000 | 59 000 |
| | 53 | 650 | 300 |
| *S. typhimurium* | 43 | 3 200 000 | 10 000 000 |
| | 51 | 950 000 | 83 000 |
| | 53 | 1 200 | 300 |
| *C. perfringens* | 43 | 1 200 000 | 3 600 000 |
| | 51 | 120 000 | 3 800 |
| | 53 | 300 | 300 |

À quelle température recommanderiez-vous de conserver les cubes de bœuf en vue d'un effet bactéricide optimal ? S'il est vrai que la cuisson détruit normalement les bactéries, d'où proviennent celles qui peuvent contaminer les aliments ? Quelle maladie chacune des trois espèces de bactéries étudiées peut-elle causer ? (*Indice:* voir le chapitre 25.)

3. Julianne, une infirmière, s'occupe d'une stagiaire qui l'accompagne dans l'exercice de ses fonctions. Julianne doit effectuer un premier prélèvement d'urine vésicale et un deuxième prélèvement de pus en vue d'une recherche d'anaérobies. Le délai de transport au laboratoire est d'environ 2 h. Julianne doit expliquer à la stagiaire les risques encourus par les bactéries lorsqu'elles sont prélevées et, par conséquent, lorsqu'elles sont retirées des tissus qui assurent leurs conditions de croissance.

Quelle sera l'explication de Julianne pour justifier qu'elle doive déposer le prélèvement d'urine au réfrigérateur ? (*Indice :* voir le chapitre 20.) Julianne mentionne à la stagiaire une procédure essentielle qu'elle doit suivre lors du prélèvement de l'échantillon de pus. Quelle est cette procédure ? Quelle procédure doit-on respecter finalement pour tous les prélèvements bactériologiques lorsqu'on prévoit un délai pour leur transport au laboratoire ? En quoi cette question se référant aux prélèvements est-elle en lien avec le sujet du présent chapitre ?

# Chapitre 7 La lutte contre les microbes

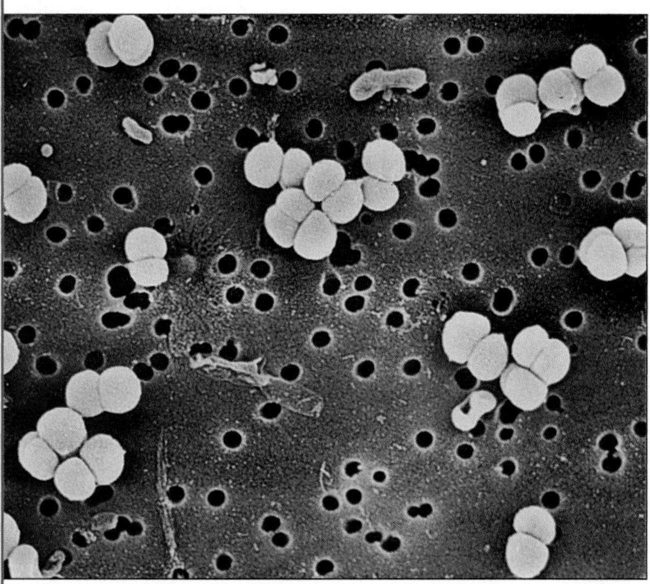

*Bactéries recueillies sur une membrane filtrante. On utilise la filtration notamment pour éliminer les microorganismes de l'eau et de solutions.*

Le contrôle scientifique de la croissance microbienne n'existe que depuis une centaine d'années. Nous avons vu au chapitre 1 que les travaux de Pasteur sur les microorganismes ont amené les scientifiques à penser que les microbes étaient peut-être responsables de certaines maladies. Au milieu du XIXe siècle, deux médecins, le Hongrois Ignác Semmelweis et l'Anglais Joseph Lister, convaincus du bien-fondé de cette hypothèse, élaborent quelques-unes des premières mesures de lutte contre les microbes dans le cadre de la pratique médicale. Ces mesures comprennent le lavage des mains avec du chlorure de chaux, un agent antimicrobien, et des techniques de **chirurgie aseptique** à base de phénol, destinées à éviter la contamination des plaies opératoires. Jusque-là, la contamination hospitalière, ou *infection nosocomiale,* était responsable de la mort de 10 % des patients opérés, et le taux de décès lors des accouchements atteignait 25 %. On se doutait si peu de l'existence des microbes que, durant la guerre de Sécession, il n'aurait pas été étonnant de voir un chirurgien nettoyer son scalpel sur la semelle de ses bottes entre deux incisions.

Au cours du XXe siècle, les scientifiques élaborent toute une gamme de méthodes physiques et d'agents chimiques pour combattre la croissance microbienne. Les méthodes physiques comprennent l'utilisation de la chaleur, la filtration, la dessiccation, l'augmentation de la pression osmotique et l'emploi de rayonnements. Les agents chimiques sont des substances qui détruisent les microbes ou en limitent la croissance sur les êtres vivants ou sur les objets inanimés. Au chapitre 20, nous traiterons des méthodes destinées à lutter contre les microbes après l'apparition d'une infection, et plus particulièrement de l'emploi thérapeutique d'antibiotiques.

# La terminologie de la lutte contre les microbes

### Objectif d'apprentissage

- *Définir les termes clés suivants, relatifs à la lutte contre les microbes : stérilisation, désinfection, antisepsie, décontamination, asepsie, germicide, bactériostatique.*

On emploie fréquemment le terme stérilisation, parfois de façon abusive, lorsqu'il est question de lutte contre les microbes. Au sens strict, la **stérilisation** est la destruction de *toutes les formes* de vie microbiennes, y compris les endospores, qui sont la forme la plus résistante. Les produits stériles sont exempts à 100 % de microbes et ce résultat doit être permanent, ce qui suppose l'obligation de conserver le produit dans un emballage imperméable à toute recontamination. De plus, l'emballage doit indiquer une date de péremption dont il est essentiel de tenir compte lors de l'utilisation du produit stérile. Il faut par ailleurs veiller à ne pas déballer le matériel stérile à l'avance lorsqu'on prévoit l'utiliser.

La méthode de stérilisation la plus courante est le traitement par la chaleur. Bien des gens pensent que les conserves en boîte vendues dans les supermarchés sont tout à fait stériles. En fait, le traitement par la chaleur qu'on devrait appliquer pour s'assurer d'une stérilité absolue réduirait inutilement la qualité des aliments. On soumet donc ceux-ci à une température tout juste suffisante pour détruire les endospores de *Clostridium botulinum,* qui sont susceptibles de produire une toxine mortelle. Ce traitement partiel par la chaleur s'appelle *stérilisation commerciale.* Les endospores de certaines bactéries thermophiles, qui peuvent détériorer les aliments mais ne causent pas de maladie chez les humains, tolèrent bien mieux la chaleur que *C. botulinum.* Des endospores de ce type peuvent survivre dans des conserves, mais cela n'a pas vraiment d'importance car elles ne germent pas et ne se développent pas à une température normale d'entreposage. Toutefois, si on faisait incuber des conserves achetées dans un supermarché à une température adéquate pour la croissance des thermophiles (soit environ 45 °C), on observerait une détérioration notable des aliments.

Il existe bien d'autres cas où une stérilisation complète n'est pas nécessaire. Par exemple, l'organisme est d'ordinaire capable de se défendre contre les microbes présents dans la nourriture et contre quelques microbes qui s'infiltrent dans une plaie opératoire. Dans les restaurants, la lutte contre les microbes consiste simplement à éliminer, par exemple d'un verre ou d'une fourchette, les microorganismes potentiellement pathogènes qui risqueraient d'être transmis d'une personne à une autre.

La **désinfection** est une mesure qui vise à détruire, éliminer ou inhiber des microorganismes potentiellement pathogènes et/ou à inactiver des virus indésirables. Il s'agit en général d'éliminer des agents pathogènes végétatifs (qui ne produisent pas d'endospores), processus qui diffère de la stérilisation complète. La désinfection vise la stérilité mais ne l'atteint pas ; elle ne s'applique qu'aux microorganismes présents, et le résultat n'est que temporaire. Pour désinfecter, on utilise surtout des substances chimiques, des rayonnements ultraviolets, de l'eau bouillante ou de la vapeur. Mais, en pratique, le terme désinfection désigne le plus souvent l'emploi d'une substance chimique, appelée *désinfectant,* pour traiter essentiellement la surface d'objets inertes. Si elle est appliquée à un tissu vivant, la désinfection s'appelle **antisepsie,** et la substance antimicrobienne est un *antiseptique.* Donc, en pratique, une même substance se nomme désinfectant ou antiseptique selon l'usage que l'on en fait. Bien sûr, de nombreux produits utilisés pour nettoyer le dessus d'une table ne peuvent pas être appliqués sur un tissu vivant ou, à tout le moins, pas à la même concentration. Par définition, un antiseptique est un produit non irritant et non toxique pour les tissus vivants. On entend souvent dire dans le milieu hospitalier que l'« on désinfecte une plaie », mais vous savez maintenant que cette expression ne correspond pas à la stricte définition du terme.

Il existe des variantes de la désinfection et de l'antisepsie. La **décontamination** vise à détruire ou à éliminer les microorganismes, ou à inhiber la croissance microbienne ; des microbes peuvent donc survivre. Par ailleurs, la décontamination peut porter à la fois sur des tissus vivants et sur des supports inertes.

Dans le domaine médical par exemple, avant de pratiquer une injection, on nettoie la peau avec un tampon imprégné d'alcool. Ce procédé de décontamination, aussi appelé **nettoyage antiseptique,** consiste à éliminer mécaniquement, et non à détruire, la majorité des microbes présents sur une petite surface de tissus vivants. On nettoie aussi le matériel médical en vue de le décontaminer ; rappelez-vous cependant que les microorganismes ne seront détruits que lors d'une stérilisation ultérieure. Dans les restaurants, on soumet la verrerie, la vaisselle et la coutellerie à une décontamination afin de diminuer le nombre de microbes ; il s'agit de respecter les normes d'hygiène et de réduire au minimum les risques de transmission d'une maladie d'un client à un autre. Ces *mesures sanitaires* consistent en général à laver les objets avec de l'eau très chaude ou, dans le cas de la verrerie utilisée dans un bar, à les laver à l'évier puis à les plonger dans un désinfectant.

Le nom des produits utilisés pour détruire réellement les microorganismes porte le suffixe *-cide,* qui signifie « tuer ». Ainsi, un **germicide,** ou **biocide,** tue les microorganismes (à quelques exceptions près, les endospores par exemple) ; un **bactéricide** tue les bactéries ; un **fongicide** tue les mycètes ; un **virucide** inactive les virus, et ainsi de suite. Il existe aussi des produits qui inhibent ou freinent la croissance des bactéries sans les détruire ; les termes qui les désignent se terminent par le suffixe *-statique,* qui signifie « propre à arrêter ». Par exemple, un agent **bactériostatique** empêche la multiplication des bactéries mais, si on le retire, la croissance bactérienne reprend.

La **sepsie** (du grec *sepsis* = putréfaction) est l'infection par des bactéries ; la *septicité* est le caractère septique et infectieux

**Tableau 7.1** *Terminologie de la lutte contre les microbes*

| | Définition | Commentaires |
|---|---|---|
| **Stérilisation** | Destruction de toute forme de vie microbienne, y compris les endospores. | Se fait généralement au moyen d'agents physiques (ex. : chaleur, rayonnements ionisants, etc.) ; l'oxyde d'éthylène est l'un des seuls produits chimiques stérilisants. |
| **Désinfection** | Destruction ou élimination des agents pathogènes végétatifs présents exclusivement sur des supports inertes. | Se fait au moyen d'agents physiques ou chimiques. |
| **Antisepsie** | Destruction ou élimination des agents pathogènes végétatifs présents sur des tissus vivants. | Se fait presque toujours au moyen d'agents antimicrobiens chimiques non toxiques. |
| **Décontamination** | Destruction ou élimination des agents pathogènes végétatifs présents sur des tissus vivants et sur des objets inertes, ou inhibition seulement de leur croissance. | Se fait au moyen de produits désinfectants ou chimiques, selon les objectifs visés. |
| **Asepsie** | Ensemble des mesures de contrôle antimicrobien destinées à empêcher tout apport de microorganismes exogènes. | Est obtenue par divers traitements : stérilisation, désinfection, antisepsie et décontamination. |

d'une maladie. Le qualificatif *septique* se rapporte à la contamination microbienne ; dans le domaine du traitement des eaux usées, par exemple, on parle de fosse septique. La **septicémie** désigne la présence de bactéries dans le sang (chapitre 23, p. 690). Par ailleurs, le qualificatif *aseptique* signifie « exempt d'agents pathogènes » ; l'**asepsie** est l'absence d'une contamination significative. Les traitements de stérilisation, de désinfection, d'antisepsie et de décontamination sont des méthodes employées pour réaliser une asepsie.

Les techniques d'asepsie utilisées en chirurgie visent à réduire la contamination par les instruments, l'équipe chirurgicale et le patient lui-même. On a également recours à une technique d'asepsie lorsqu'on applique un antiseptique sur la surface de la peau avant de procéder à une injection : on cherche ainsi à éliminer les microbes. L'emballage aseptique employé dans l'industrie alimentaire est fabriqué dans un environnement stérile, et sert à emballer des aliments préalablement stérilisés.

Le tableau 7.1 présente une récapitulation de certains termes relatifs à la lutte contre les microbes.

## Le taux de mortalité d'une population microbienne

### Objectifs d'apprentissage

- *Décrire le schéma d'inactivation ou de mortalité d'une population de microorganismes.*
- *Décrire les facteurs qui influent sur la destruction des microbes par des agents antimicrobiens.*

Les microorganismes ne sont pas tous tués instantanément dès qu'on les soumet à l'action d'un agent antimicrobien. La mort d'une population microbienne, tout comme sa croissance, suit une courbe exponentielle (ou logarithmique), en l'occurrence une courbe de décroissance logarithmique. Ainsi, lorsqu'on applique un traitement par la chaleur ou par un agent antimicrobien à une population de bactéries, celles-ci meurent en général à un rythme constant. Par exemple, si on traite une population de 1 million de microbes pendant 1 min et que 90 % de la population est détruite, il reste 100 000 microbes survivants ; si on traite ces derniers pendant 1 min encore et que 90 % des *survivants* meurent, il ne reste plus que 10 000 microbes. Autrement dit, à chaque application du traitement pendant 1 min, 90 % de la population restante est détruite (tableau 7.2). Le taux de mortalité est donc constant et la courbe des décès à l'échelle logarithmique est une droite (figure 7.1a).

Voici cinq facteurs qui influent sur l'efficacité d'un traitement antimicrobien, quels que soient le produit ou le moyen utilisés.

1. *Le type de microorganismes.* Les espèces microbiennes présentent des sensibilités différentes face aux agents antimicrobiens. Certaines bactéries sont très sensibles à un traitement particulier, qu'il soit physique ou chimique, alors que d'autres y sont résistantes. Leur résistance est réduite durant la phase de croissance exponentielle où la croissance est optimale ; les endospores sont plus résistantes. Les virus sont aussi beaucoup plus difficiles à traiter que les bactéries.
2. *Le nombre initial de microorganismes.* Plus il y a de microbes au départ, plus il faut de temps pour détruire

**Tableau 7.2** ***Taux de mortalité des microbes : un exemple***

| Temps (min) | Décès par minute | Nombre de survivants |
|---|---|---|
| 0 | 0 | 1 000 000 |
| 1 | 900 000 | 100 000 |
| 2 | 90 000 | 10 000 |
| 3 | 9 000 | 1 000 |
| 4 | 900 | 100 |
| 5 | 90 | 10 |
| 6 | 9 | 1 |

la population tout entière (figure 7.1b). Dans le cas de tissus contaminés, plus la contamination est profonde, plus il faut de temps pour atteindre les microbes.

3. *Les facteurs environnementaux.* Divers facteurs environnementaux influent sur l'efficacité des traitements antimicrobiens. Premièrement, la présence de matière organique (telle que des protéines) inhibe l'action des agents antimicrobiens.

Dans les hôpitaux, on tient compte de la présence de matière organique (pus, sang, matières vomies ou fèces) lors du choix d'un désinfectant ou d'un antiseptique. Par exemple, un antiseptique à base d'alcool provoque la coagulation des protéines des tissus humains ; il n'est donc pas approprié d'y avoir recours pour nettoyer une plaie parce que la diffusion de l'alcool dans les tissus de la plaie est très limitée.

Deuxièmement, les bactéries ne se développent pas de la même façon dans la nature et en laboratoire. Sur les milieux de culture, elles forment des colonies isolées typiques. Sur d'autres surfaces, les bactéries s'y fixent, se multiplient sur place et forment un **biofilm** qui protège les microcolonies. C'est une organisation semblable, illustrée à la figure 27.8, que l'on observe sur des biomatériaux utilisés en médecine (cathéters, prothèses, etc.). Ces biofilms font obstacle à l'action des désinfectants sur les différents microbes qui contaminent le matériel médical. Troisièmement, la température joue un rôle dans les traitements antimicrobiens. Comme ils agissent par l'intermédiaire de réactions chimiques qui dépendent de la température, les agents actifs des désinfectants sont plus efficaces à une température relativement élevée. Ainsi, une étiquette placée sur le contenant précise souvent que le désinfectant doit être dilué avec de l'eau chaude. Quatrièmement, la nature du milieu de suspension est un facteur déterminant dans le cas,

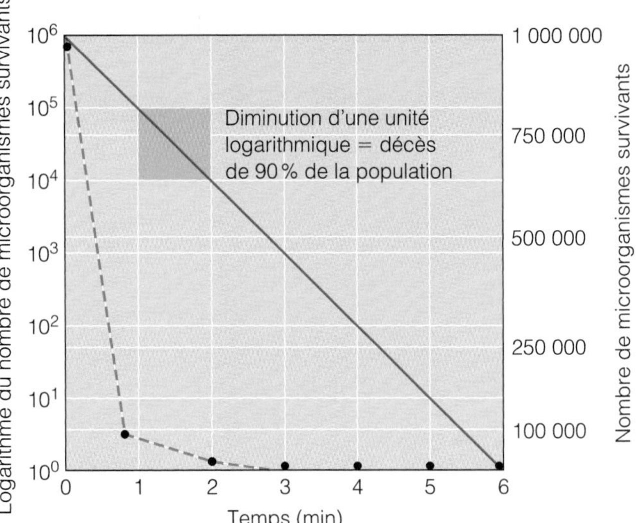


a)

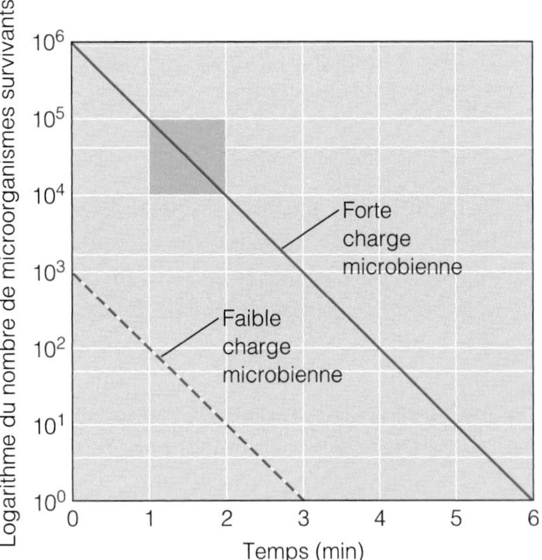


b)

**FIGURE 7.1 Courbe des décès dans une population de microbes.** **a)** La courbe en trait plein est à l'échelle logarithmique et la courbe en pointillé, à l'échelle arithmétique. Dans le cas représenté, les cellules microbiennes meurent à un rythme de 90 % par minute. **b)** Les deux courbes montrent l'effet de la taille de la charge microbienne initiale. Si le taux de mortalité est identique, il faut plus de temps pour détruire tous les microbes d'une grande population que ceux d'une population de taille plus modeste, et ce tant dans le cas d'un traitement par la chaleur que dans le cas d'un traitement par un agent chimique.

■ Si vous utilisez le même produit désinfectant pour laver votre table de cuisine et la poubelle, quelles conditions devrez-vous respecter pour que la désinfection soit efficace dans les deux cas ?

par exemple, d'un traitement par la chaleur. Les graisses et les protéines jouent un rôle protecteur, de sorte que les microbes présents dans un milieu riche en graisses et en protéines ont un taux de survie plus élevé. C'est pourquoi tous les instruments, ciseaux et pinces doivent être débarrassés de toute substance organique avant d'être stérilisés à la chaleur. La chaleur est aussi nettement plus efficace dans des conditions de pH acide.

4. *La durée d'exposition.* La durée d'exposition à un agent antimicrobien doit souvent être assez longue pour que les microbes et les endospores les plus résistants en subissent l'effet. Dans le cas d'un traitement par la chaleur, on peut augmenter la durée d'exposition si la température n'est pas très élevée, notamment pour la pasteurisation des produits laitiers. Les effets de l'irradiation de microbes sont aussi fonction de la durée d'exposition si tous les autres paramètres sont constants.
5. *Les caractéristiques des microbes.* Dans la dernière section du présent chapitre, nous verrons comment les caractéristiques des microorganismes influent sur l'efficacité des méthodes chimiques et physiques de lutte contre les microbes.

# Le mode d'action des agents antimicrobiens

### Objectifs d'apprentissage

- *Décrire les objectifs visés par les stratégies antimicrobiennes élaborées pour lutter contre les microorganismes.*
- *Décrire les effets des agents antimicrobiens sur les structures cellulaires.*

Dans la présente section, nous allons étudier de quelle façon divers agents détruisent ou inhibent les microbes. Prenons une analogie : dans la guerre que nous livrons aux microbes, nous pouvons élaborer des stratégies visant à détruire les ennemis eux-mêmes et à empêcher la satisfaction de leurs besoins nutritifs – ou à les entraver ; nous pouvons également tenter de rendre l'environnement impropre à leur reproduction.

Ainsi, au chapitre 4, nous avons vu que les bactéries, qui sont des cellules procaryotes, se composent de structures dont la présence est essentielle à leur croissance et à leur survie : la paroi cellulaire, la membrane plasmique, le cytoplasme, les ribosomes et l'ADN du chromosome. Au chapitre 5, nous avons traité de l'importance des enzymes dans le métabolisme cellulaire. Par conséquent, attaquer une des structures cellulaires ou dénaturer les enzymes, c'est viser l'intégrité de la cellule microbienne et provoquer sa mort.

## L'altération de la paroi cellulaire

La paroi cellulaire est la cible de nombreux agents antimicrobiens. Les ultrasons, par exemple, la font éclater. La destruction de la paroi des bactéries entraîne à son tour la lyse des bactéries. Ainsi, les dentistes utilisent des appareils à ultrasons pour stériliser les instruments dont ils se servent. Cependant, l'effet bactéricide de ces appareils diffère selon les espèces de bactéries : si *Escherichia coli* meurt, *Mycobacterium tuberculosis* n'est que partiellement détruit. Certains antibiotiques agissent aussi sur la paroi cellulaire ; nous en reparlerons au chapitre 20.

## L'altération de la perméabilité de la membrane

La membrane plasmique des microorganismes, située juste sous la paroi cellulaire, est la cible de nombreux agents antimicrobiens. Cette membrane joue un rôle actif dans la régulation de l'entrée des nutriments dans la cellule et de l'élimination des déchets hors de la cellule. La détérioration des lipides ou des protéines de la membrane plasmique par un agent antimicrobien entraîne la rupture de la membrane et l'écoulement du contenu de la cellule dans le milieu environnant, ce qui fait obstacle à la croissance de la cellule.

## La détérioration des protéines cytoplasmiques et des acides nucléiques

On se représente parfois une bactérie comme un « petit sac d'enzymes ». Les enzymes, qui sont essentiellement des protéines, jouent un rôle crucial dans toutes les activités métaboliques de la cellule microbienne. Nous avons vu que les propriétés fonctionnelles d'une protéine dépendent de sa forme tridimensionnelle (figure 2.16). Celle-ci résulte des liaisons chimiques qui unissent les portions adjacentes de la chaîne d'acides aminés qui se courbe et s'enroule sur elle-même. Certaines de ces liaisons sont des liaisons hydrogène, susceptibles de se rompre sous l'action de la chaleur ou de substances chimiques, et leur rupture entraîne la dénaturation de la protéine (figure 5.5). Les liaisons covalentes, plus fortes, peuvent tout de même être touchées. Par exemple, les ponts disulfure – qui influent sur la structure protéique en reliant les acides aminés qui comportent des groupements sulfhydryle (—SH) – peuvent être rompus par certaines substances chimiques ou une température trop élevée. En inactivant ses enzymes, on condamne la bactérie à l'arrêt de son métabolisme et donc à la mort.

Les acides nucléiques (ADN et ARN) sont les porteurs de l'information génétique des cellules. Leur détérioration par l'action de la chaleur, de rayonnements ou de substances chimiques entraîne fréquemment la mort de la cellule, parce qu'elle ne peut plus se reproduire ni remplir ses fonctions métaboliques normales, telles que la synthèse des enzymes.

L'action antimicrobienne s'exerce par l'intermédiaire de produits ou de procédés dont l'objectif est de détruire les microbes, d'inhiber leur croissance ou de les éliminer de leur environnement. Certaines méthodes font intervenir des agents physiques, d'autres des agents chimiques.

# Les méthodes physiques de lutte contre les microbes

### Objectifs d'apprentissage

- *Comparer l'efficacité de la chaleur humide (ébouillantage, stérilisation en autoclave, pasteurisation) et de la chaleur sèche.*
- *Décrire de quelle façon la filtration, le maintien à basse température, la dessication et une pression osmotique élevée inhibent la croissance microbienne.*
- *Expliquer de quelle façon les rayonnements ionisants ont des effets germicides.*

C'est probablement dès l'âge de pierre que les humains ont utilisé des méthodes physiques de lutte contre les microorganismes pour conserver les aliments. Le séchage et la salaison de la viande ou du poisson ont sans doute fait partie des premières techniques employées.

Lorsqu'on choisit une méthode de lutte contre les microbes, il faut tenir compte de ses effets potentiels sur d'autres éléments. Par exemple, la chaleur est susceptible d'inactiver des vitamines utiles qui sont en solution dans le milieu à stériliser. Certains instruments utilisés dans les laboratoires ou les hôpitaux, tels que les tuyaux en caoutchouc ou en latex, se détériorent si on les chauffe à plusieurs reprises. Il faut également prendre en compte le facteur économique ; par exemple, il est peut-être moins coûteux de se servir d'un récipient en plastique préalablement stérilisé et jetable que d'employer pendant un certain temps un récipient en verre que l'on doit stériliser après chaque usage. De plus, l'emploi de matériel à usage unique élimine les risques inhérents à une méthode de stérilisation inefficace.

## La chaleur

La chaleur est un procédé largement utilisé tant dans l'industrie de la conserve que dans la fabrication de conserves familiales ou encore en milieu hospitalier. Une visite dans un supermarché suffit à se convaincre que la mise en conserve appertisée est l'une des méthodes les plus courantes de conservation des aliments. L'appertisation est un procédé qui combine la préparation d'aliments dans des boîtes de conserve étanches et leur stérilisation par la chaleur afin de détruire et d'inactiver tous les microorganismes – ou leurs toxines – dont la présence pourrait rendre la nourriture impropre à la consommation (figure 28.1). Les conserves et confitures familiales sont stérilisées par la chaleur. C'est aussi à ce procédé qu'on a d'ordinaire recours pour stériliser les milieux de culture et le matériel en verre de laboratoire, de même que les instruments médicaux.

Il semble que la chaleur détruise les microorganismes en dénaturant leurs enzymes ; il en résulte un changement de la forme tridimensionnelle de ces protéines, qui sont ainsi inactivées. La résistance à la chaleur varie selon les types de microorganismes. Il existe des normes scientifiques auxquelles on peut se référer. Ainsi, la **valeur d'inactivation thermique** (**TDP** pour « thermal death point ») est la température minimale à laquelle tous les microorganismes en suspension dans un liquide sont détruits en 10 min. Toutefois, cette valeur n'est pas une mesure très précise parce que plusieurs facteurs expérimentaux peuvent intervenir, tels que la qualité de la suspension (concentration des bactéries, quantité d'eau, présence de matière organique), le choix des milieux de croissance après l'épreuve, etc.

Il est donc également indispensable de tenir compte du temps requis pour tuer les microbes. On exprime ce facteur par le **temps d'inactivation thermique** (**TDT** pour « thermal death time »), soit le temps minimal requis pour que, à une température donnée, toutes les bactéries présentes dans un milieu de culture liquide soient détruites. La valeur et le temps d'inactivation thermique sont utiles en tant qu'indicateurs de la rigueur du traitement nécessaire pour tuer une population donnée de bactéries.

Le **temps de réduction décimale**, ou **valeur D,** est le troisième concept relié à la résistance des bactéries à la chaleur. Il s'agit du temps exigé (exprimé en minutes) à une température donnée pour réduire d'une puissance de 10 le nombre de microorganismes ; ainsi, la contamination initiale est divisée par 10 chaque fois que l'opération de destruction est prolongée d'un temps **D,** soit le temps de réduction décimale. Par exemple, dans le tableau 7.2 et la figure 7.1a, le temps de réduction décimale est de 1 min et la population initiale est de $10^6$ bactéries (1 000 000). Après 1 min, 90 % de la population est détruite, ce qui laisse $10^5$ bactéries survivantes (100 000). Ce concept est particulièrement utile pour l'industrie de la conserve.

La stérilisation par la chaleur consiste en un traitement soit par la chaleur humide, soit par la chaleur sèche. L'action de la chaleur dépend de l'environnement, de l'état physiologique des microorganismes (bactérie en croissance, spore) et du nombre de ces derniers.

### La chaleur humide

La chaleur humide tue les microorganismes surtout parce qu'elle provoque la coagulation des protéines, et ce en rompant les liaisons hydrogène qui donnent aux protéines leur structure tridimensionnelle. C'est le phénomène que l'on observe lorsqu'on fait cuire un blanc d'œuf à la poêle. Notez que la coagulation, ou dénaturation, des protéines est plus rapide en présence d'eau.

L'ébouillantage, qui est une forme de stérilisation par la chaleur humide, tue les bactéries pathogènes végétatives, presque tous les virus, ainsi que les mycètes et leurs spores en 10 min environ, et souvent beaucoup plus rapidement. La température de la vapeur en écoulement libre (et non sous pression) est à peu près la même que celle de l'eau bouillante. Cependant, cette technique n'est pas toujours une méthode sûre de stérilisation car il faut bien plus de 10 min pour détruire certaines endospores et certains virus. Par exemple, des virus de l'hépatite peuvent survivre jusqu'à 30 min après le début de l'ébullition et certaines endospores bactériennes, plus de 20 h. Toutefois, même à une altitude élevée, un bref

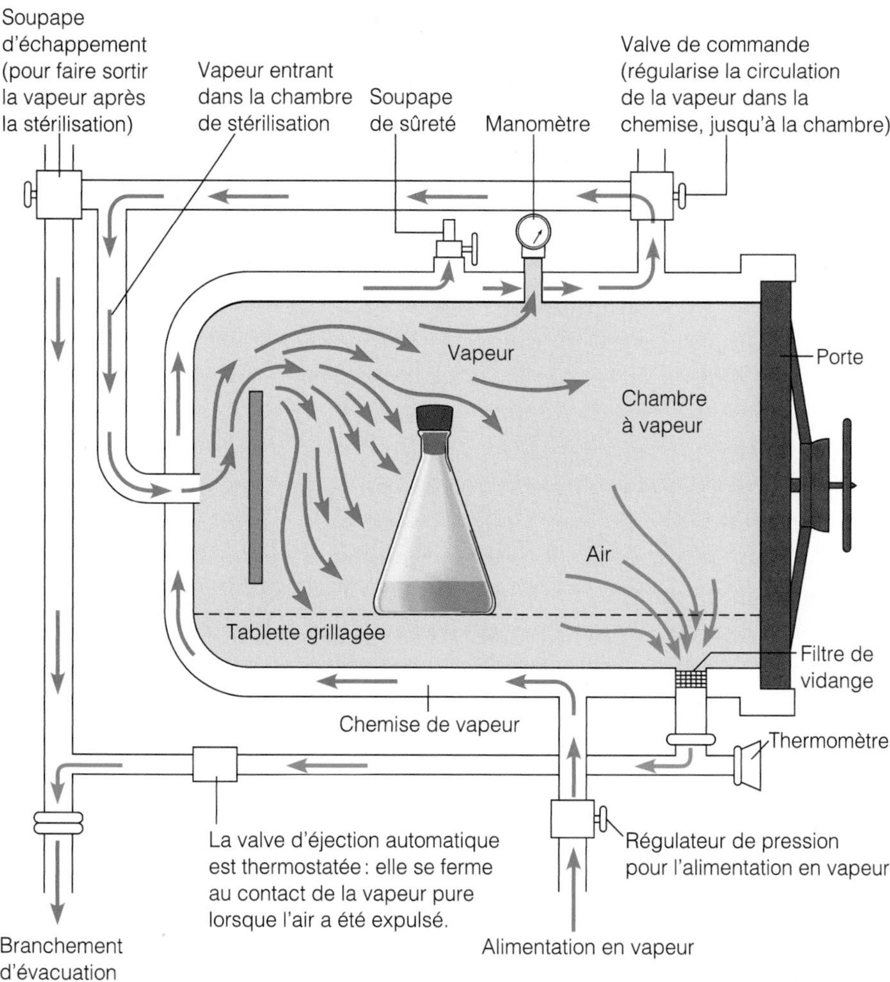


**FIGURE 7.2 Autoclave.** La vapeur qui entre par la gauche pousse l'air (flèches rouges), qui sort par le fond (flèches bleues). La valve d'éjection automatique reste ouverte tant qu'un mélange d'air et de vapeur sort par le branchement d'évacuation. Lorsque l'air a été complètement évacué, la valve se ferme, car la température de la vapeur pure est plus élevée que celle du mélange, et la pression à l'intérieur de la chambre augmente.

■ Quelle est l'utilité de la stérilisation en autoclave ?

ébouillantage tue la majorité des agents pathogènes, ce qui satisfait aux critères habituels de bonne hygiène. On applique ce principe lorsqu'on stérilise un biberon par ébouillantage.

Pour être plus fiable, la stérilisation par chaleur humide doit se faire à une température supérieure au point d'ébullition de l'eau (100 °C). La méthode la plus courante pour obtenir des températures de cet ordre est l'utilisation de vapeur sous pression dans un **autoclave** (figure 7.2). En fait, c'est à la stérilisation en autoclave qu'on a toujours recours, à moins que la matière à stériliser ne risque d'être endommagée par la chaleur ou l'humidité, ou qu'elle ne contienne des substances thermolabiles, c'est-à-dire sensibles à la chaleur.

Un autoclave est une enceinte métallique hermétiquement fermée, dans laquelle l'eau est chauffée et la vapeur, mise sous pression. Dans ces conditions, la température de la vapeur d'eau s'élève et atteint 121 °C et la pression, 103,42 kPa (ou 1 bar). À la pression normale du niveau de la mer, la température de la vapeur d'eau en écoulement libre est de 100 °C ; si on exerce sur de la vapeur libre une pression supérieure, la température de la vapeur monte. Lorsqu'on enferme de la vapeur dans un contenant hermétique et qu'on exerce une pression, par exemple une pression équivalant à 103,42 kPa, la température atteint 121 °C ; si on fait monter la pression à 137,90 kPa, la température atteint 126 °C. Le tableau 7.3 donne la relation entre la température et la pression. La température dans un autoclave est d'autant plus élevée que la pression est grande.

La stérilisation en autoclave est d'autant plus efficace que les microorganismes, présents sur de la verrerie ou dans un milieu de culture, sont soit en contact direct avec la vapeur, soit plongés dans une petite quantité d'une solution aqueuse. Dans ces conditions, de la vapeur à 121 °C tue *tous* les microorganismes et les endospores entre 15 et 20 min environ.

Dans le milieu médical, on emploie la stérilisation en autoclave pour stériliser les milieux de culture, les instruments, les pansements, les cathéters, les applicateurs, les solutions, les seringues, les dispositifs servant à la transfusion, la literie et de nombreux autres objets qui tolèrent des températures et des pressions élevées.

Le fonctionnement des énormes autoclaves industriels et des autocuiseurs utilisés pour la mise en conserve artisanale repose sur le même principe.

La chaleur met plus de temps à atteindre le centre d'un solide, tel qu'une conserve de viande, parce qu'il n'existe

**Tableau 7.3** *Relation entre la pression et la température de la vapeur au niveau de la mer**

| Pression (kPa au-dessus de la pression atmosphérique) | Température (°C) |
|---|---|
| 0 kPa | 100 |
| 34,47 kPa | 110 |
| 68,95 kPa | 116 |
| 103,42 kPa | 121 |
| 137,90 kPa | 126 |
| 206,84 kPa | 135 |

* À une altitude plus élevée, où l'atmosphère est moins dense, la pression indiquée par un manomètre serait plus grande que la valeur donnée dans le tableau. À Denver par exemple, la pression serait supérieure à 103,42 kPa si la température dans l'autoclave était de 121 °C.

**Tableau 7.4** *Effet des dimensions du récipient sur la durée de stérilisation en autoclave d'une solution liquide**

| Dimensions du récipient | Volume du liquide | Durée de stérilisation (min) |
|---|---|---|
| Éprouvette : 18 mm × 150 mm | 10 mL | 15 |
| Flacon Erlenmeyer : 125 mL | 95 mL | 15 |
| Flacon Erlenmeyer : 2 000 mL | 1 500 mL | 30 |
| Flacon à fermentation : 9 000 mL | 6 750 mL | 70 |

* La durée de stérilisation en autoclave comprend le temps requis pour que le contenu du récipient atteigne la température de stérilisation. Dans le cas d'un petit récipient, il faut au plus 5 min, mais pour un flacon de 9 000 mL, cela peut prendre jusqu'à 70 min. Notez qu'un contenant est généralement rempli à 75 % au plus de sa capacité.

pas dans la matière solide de courants de convection qui distribuent la chaleur dans les liquides de manière efficace. Par ailleurs, rappelez-vous que, plus un récipient est grand, plus il faut de temps pour en chauffer le contenu. Le tableau 7.4 donne le temps requis pour stériliser le liquide contenu dans des récipients de différentes dimensions. Pour stériliser la surface d'un solide, la vapeur doit entrer directement en contact avec celle-ci. Lorsqu'on stérilise de la verrerie sèche, des pansements et d'autres objets semblables, il faut donc s'assurer que la vapeur entre en contact avec toutes les surfaces. Par exemple, la pellicule d'aluminium est imperméable à la vapeur, et on ne doit donc pas s'en servir pour envelopper de la matière sèche à stériliser ; il faut plutôt utiliser du papier. On doit également éviter d'emprisonner de l'air au fond d'un récipient sec, parce que l'air s'opposera au passage de la vapeur, plus légère. L'air emprisonné agit un peu à la manière d'un four à air chaud, dans lequel il faut plus de temps et une température plus élevée pour stériliser du matériel, comme nous allons le voir sous peu. On place donc les récipients susceptibles d'emprisonner l'air en position inclinée, de manière que la vapeur puisse chasser l'air. On n'emploie pas les méthodes de stérilisation appliquées aux solutions aqueuses pour des produits dans lesquels la vapeur ne peut pénétrer, tels que l'huile de paraffine et la vaseline.

De nombreux produits offerts sur le marché portent sur l'emballage une indication relative à la stérilisation par la chaleur. Dans certains cas, un indicateur chimique change de couleur après une période donnée et lorsque la température requise est atteinte (figure 7.3). Dans d'autres cas, le mot « stérile » apparaît sur l'emballage ou sur une étiquette. Parfois, un contenant de verre possède une granule qui fond si la stérilisation est adéquate. En laboratoire, on peut effectuer un test d'usage courant, qui est constitué de bandes de papier imprégnées d'endospores d'espèces données de bactéries. À la fin de la stérilisation en autoclave, on procède à l'inoculation de ces endospores dans un milieu de culture. Si elles germent et se développent, cela indique que des endospores ont survécu et que, par conséquent, la stérilisation n'était pas adéquate.

La stérilisation par vapeur sous pression n'a pas lieu si l'air n'a pas été complètement évacué de l'autoclave, ce qui se produit en général lorsqu'on ferme trop tôt la valve d'éjection automatique (figure 7.2). Les principes de la stérilisation par la chaleur ont des implications pour la mise en conserve artisanale. Toute personne qui s'est adonnée à cette activité sait que la vapeur doit sortir intensément, pendant plusieurs minutes, de la valve installée dans le couvercle avant que tout l'air contenu dans l'autocuiseur soit expulsé. S'il reste de l'air dans l'autocuiseur, la température interne demeurera inférieure à la température correspondant normalement à une pression donnée. Pour éviter tout risque de botulisme – forme d'intoxication alimentaire causée par la persistance des endospores après une stérilisation inadéquate des conserves (chapitre 22, p. 669) –, les personnes qui pratiquent la mise en conserve artisanale doivent s'informer de la méthode à employer et suivre rigoureusement les directives.

## La pasteurisation

Nous avons vu au chapitre 1 que la découverte par Pasteur d'une méthode pratique de conservation de la bière et du vin compte parmi les premières réalisations de la microbiologie. Le chercheur a utilisé un léger chauffage pour détruire les microorganismes responsables de la détérioration de ces boissons, sans en altérer notablement le goût. Le même principe a été appliqué par la suite au lait pour obtenir ce qu'on appelle aujourd'hui le lait pasteurisé. La pasteurisation du lait vise à en détruire tous les microbes pathogènes. Elle réduit également le nombre total de microbes, ce qui prolonge la durée de conservation par réfrigération. Beaucoup de bactéries thermorésistantes survivent à la pasteurisation, mais elles risquent peu de causer des maladies ou de détériorer le lait réfrigéré.

La durée et la température de pasteurisation varient considérablement d'un produit à l'autre selon qu'il s'agit de lait, de crème glacée, de yogourt, de bière, de vin, de jus de fruits, etc. Les causes de ces variations sont en partie dues à l'efficacité moins grande de la chaleur sur des aliments visqueux et au fait que les graisses ont un effet protecteur. L'industrie laitière emploie d'habitude une *épreuve à la phosphatase* (la phosphatase est une enzyme naturellement présente dans le lait) pour déterminer si un produit a été bien pasteurisé. Si c'est le cas, la phosphatase du lait est inactivée.

Quels que soient les procédés de pasteurisation utilisés, tous laissent intactes les propriétés biochimiques du lait, ses qualités nutritives et ses qualités organoleptiques, c'est-à-dire couleur, saveur et odeur. Autrefois, la pasteurisation du lait consistait à exposer celui-ci à une température relativement basse d'environ 63 °C, et ce pendant 30 min. On a tendance aujourd'hui à employer des températures plus élevées, soit 72 °C et plus, mais pendant 15 s seulement. Ce traitement, appelé **pasteurisation rapide à haute température,** est appliqué pendant que le lait coule continuellement entre des plaques chauffantes, puis le lait est brusquement refroidi à 10 °C. En plus de tuer les agents pathogènes, ce type de pasteurisation réduit le nombre total de bactéries, de sorte que le lait se conserve bien par réfrigération.

On peut aussi stériliser le lait (ce qui n'est pas du tout la même chose que la pasteurisation) par un **traitement à ultra-haute température** (**UHT**), de manière à obtenir une longue conservation et à pouvoir l'entreposer à la température fraîche ambiante. Ce procédé s'avère particulièrement utile dans les pays où peu d'individus ont accès à un appareil de réfrigération. Au Canada comme aux États-Unis, on applique le procédé UHT aux petits contenants de crème servis avec le café dans les restaurants. Pendant la stérilisation UHT, pour éviter que le lait n'ait un goût de cuit, on fait passer le lait en mince film à travers une boîte à vapeur surchauffée, où il atteint une température de 140 °C en moins de 1 s. Il reste 3 s dans un chambreur tubulaire, puis il est refroidi brusquement dans une chambre à vide, d'où la vapeur sort très rapidement.

Les traitements par la chaleur décrits ci-dessus illustrent le concept de **traitements équivalents** : plus on augmente la température, moins il faut de temps pour tuer un nombre donné de microbes. Par exemple, si la destruction d'endospores thermorésistantes prend 70 min à 115 °C, elle se fait en 7 min à 125 °C. Les deux traitements donnent le même résultat. Le concept de traitement équivalent explique aussi le fait que la pasteurisation traditionnelle à 63 °C pendant 30 min, la pasteurisation rapide à haute température à 72 °C (ou plus) pendant 15 s et le traitement UHT à 140 °C pendant moins de 1 s ont des effets similaires.

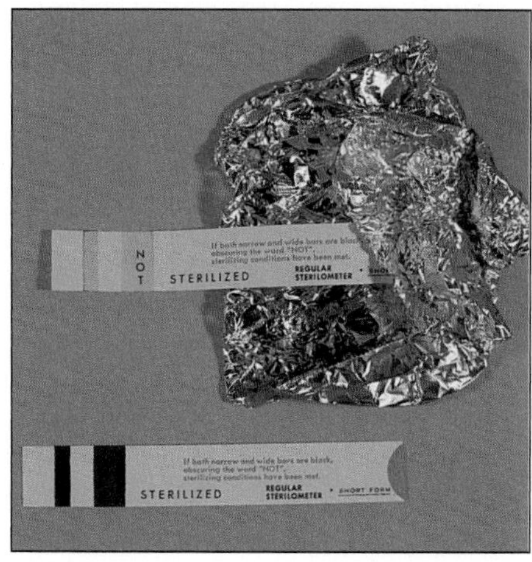


**FIGURE 7.3 Exemples d'indicateurs de stérilisation.** Les inscriptions sur les bandes de papier indiquent si l'objet a été stérilisé adéquatement par la chaleur : le mot NOT apparaît si le chauffage n'était pas suffisant. Dans l'illustration, l'indicateur qui était enveloppé dans une pellicule d'aluminium n'a pas été stérilisé parce que la vapeur ne traverse pas ce type d'emballage.

### La stérilisation à la chaleur sèche

La chaleur sèche détruit les microorganismes par oxydation. Le processus est analogue à la carbonisation d'un morceau de papier dans un four allumé où la température n'atteint pas le point d'inflammation du papier. Le **flambage** direct est l'une des méthodes les plus simples de stérilisation à la chaleur sèche. Vous utiliserez ce procédé au laboratoire de microbiologie pour stériliser des anses de repiquage. Pour qu'il soit efficace, il faut chauffer l'anse jusqu'à ce qu'elle émette une lueur rougeoyante. On applique un principe similaire dans le cas de l'*incinération,* qui constitue une méthode efficace de stérilisation et d'élimination de produits contaminés dans le milieu hospitalier de même que d'élimination de produits domestiques dans les grands immeubles.

La **stérilisation par air chaud** est une autre forme de stérilisation à la chaleur sèche. Dans ce cas, on place les objets à stériliser dans un four où l'on maintient généralement une température d'environ 170 °C pendant près de 2 h. La durée de stérilisation est plus longue, et la température plus élevée, que pour la stérilisation par chaleur humide parce que la chaleur se transmet plus facilement à un corps froid dans l'eau que dans l'air. Essayez d'imaginer la différence entre plonger vos mains dans de l'eau bouillante, à 100 °C, et les tenir dans un four à air chaud, à la même température, pendant un même laps de temps.

## La filtration

Nous avons vu au chapitre 6 que la **filtration** est le passage d'une substance à travers une matière poreuse qui retient les

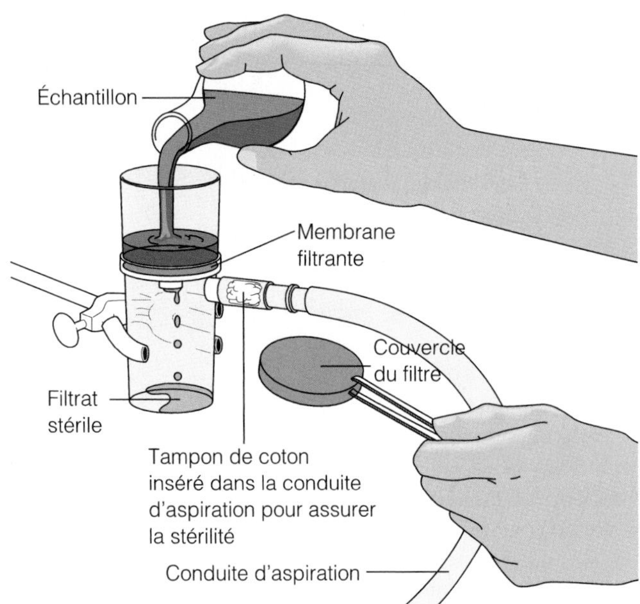


FIGURE 7.4 **Stérilisation par filtration : appareil filtrant préalablement stérilisé et jetable.** On place l'échantillon dans le récipient du haut, et le liquide est aspiré à travers la membrane filtrante dans le récipient du bas, où l'on a créé le vide. Les pores de la membrane filtrante sont plus petits que les bactéries, de sorte que celles-ci restent sur le filtre. On peut ensuite décanter l'échantillon stérilisé contenu dans le récipient du bas. On utilise des dispositifs similaires munis de disques filtrants amovibles pour le dénombrement des bactéries d'un échantillon.

■ Quel est l'avantage de la stérilisation par filtration ?

microorganismes en raison de la dimension de ses pores. On se sert fréquemment d'un dispositif muni d'une membrane filtrante pour dénombrer les microbes (figure 6.17). On emploie aussi les procédés de filtration sur membrane pour stériliser des solutions renfermant des substances thermolabiles, telles que les protéines (enzymes), des milieux de culture, des vaccins ou des solutions antibiotiques. On peut donc réaliser à l'aide de filtres adéquats une « filtration stérilisante à froid » qui élimine mécaniquement les microorganismes du milieu où ils se trouvent.

En laboratoire et dans l'industrie, on emploie couramment depuis quelques années des **membranes filtrantes,** composées de substances telles que l'acétate de cellulose et les polymères de plastique (figure 7.4). L'épaisseur de ces filtres n'est que de 0,1 mm, et le diamètre des pores des membranes filtrantes utilisées pour retenir les bactéries est, par exemple, de 0,22 $\mu$m ou au plus de 0,45 $\mu$m. Cependant, des bactéries très flexibles (telles que les spirochètes) et les mycoplasmes (qui sont dépourvus de paroi) passent parfois à travers les filtres de ce type. Il existe maintenant des filtres dont les pores n'ont que 0,01 $\mu$m de diamètre ; ils peuvent ainsi retenir les virus et même certaines grosses molécules protéiques.

Ces matériaux sont sensiblement différents des matériaux filtrants utilisés aux débuts de la microbiologie. Par exemple, on utilisait un filtre de porcelaine non vernissé, en forme de chandelle creuse, pour filtrer les liquides. Les bactéries étaient absorbées par les parois du filtre durant leur long parcours sinueux. Les agents pathogènes invisibles qui passaient à travers le filtre (susceptibles de causer des maladies telles que la rage) étaient appelés *virus filtrants.*

La filtration est une technique qu'on applique également à la purification de l'air.

On crée une atmosphère filtrée dans les salles d'opération et dans les chambres occupées par de grands brûlés, afin de réduire le nombre de microbes dans l'air. En laboratoire, les hottes de sécurité biologique utilisées pour la purification de produits fortement contaminés sont munies de **filtres à air à haute efficacité contre les particules** (ou filtres HEPA pour « high-efficiency particular air »), qui éliminent presque tous les microorganismes dont le diamètre est supérieur à 0,3 $\mu$m environ.

## Les basses températures

L'effet de basses températures sur les microorganismes dépend de la nature des microbes et de l'intensité du traitement. Par exemple, aux températures normales de réfrigération (entre 0 et 7 °C), la vitesse du métabolisme de la majorité des microbes est réduite au point qu'ils ne sont plus capables de se reproduire ou de synthétiser des toxines. Autrement dit, la réfrigération courante a un effet bactériostatique. Toutefois, les psychrotrophes croissent quand même lentement aux températures de réfrigération (figure 6.1) et, avec le temps, ils altèrent l'apparence et le goût des aliments. Par exemple, un microbe qui se reproduit ne serait-ce que trois fois par jour donne naissance à une population de plus de 2 millions de microorganismes en une semaine. Les bactéries pathogènes ne se développent généralement pas aux températures de réfrigération, mais il existe au moins une exception importante, *Listeria monocytogenes*, dont il est question au chapitre 22 (p. 666).

*Listeria* est une bactérie psychrophile qui se développe à des températures comprises entre 3 et 45 °C, et sa température optimale est de 37 °C. Le fait qu'elle peut croître aussi bien à une température de réfrigération qu'à celle du corps humain la rend très dangereuse.

Il est étonnant de constater que des microorganismes peuvent se développer à des températures inférieures au point de congélation. S'ils sont placés à de telles températures rapidement, les microbes ont tendance à entrer en état de latence, mais ils ne meurent pas nécessairement. La congélation lente est plus nuisible aux bactéries ; les cristaux de glace qui se forment et se développent détruisent leurs structures cellulaires et moléculaires. Le tiers d'une population de certaines espèces de bactéries végétatives peut survivre jusqu'à un an après la congélation mais, chez d'autres espèces, il n'y aura que quelques survivants après ce laps de temps. De nombreux parasites, tels que le ver responsable de la trichinose, meurent au bout de plusieurs jours d'exposition à des températures inférieures au point de congélation. La figure 6.2

décrit d'importants effets de la température sur les microorganismes et la dégradation des aliments.

## La dessiccation

En l'absence d'eau, les microorganismes, dits en état de **dessiccation,** ne peuvent croître ni se reproduire, mais ils demeurent viables pendant des années. Ainsi, si on leur fournit de l'eau, ils recommencent à se développer et à se diviser. C'est cette propriété qu'on applique en laboratoire quand on conserve des microbes par lyophilisation. (Ce procédé est décrit au chapitre 6, p. 184.) On applique également la lyophilisation à des aliments, tels que le café et les fruits ajoutés aux céréales sèches, pour mieux les conserver.

La résistance à la dessiccation des cellules végétatives varie en fonction de l'espèce et du milieu. Par exemple, la bactérie responsable de la gonorrhée résiste à peine une heure à la sécheresse, tandis que la bactérie responsable de la tuberculose reste viable pendant des mois. Les virus résistent généralement à la dessication, mais pas aussi bien que les endospores bactériennes, dont certaines ont survécu pendant des siècles.

Dans le domaine hospitalier, la résistance variée des microbes à la sécheresse est un facteur décisif dont il faut tenir compte lors de techniques de prélèvements. Ainsi, dans le cas de la bactérie responsable de la gonorrhée, il est essentiel d'acheminer au laboratoire tout prélèvement de sperme ou de sécrétions vaginales dans un milieu de transport adéquat de sorte que les bactéries potentiellement présentes ne meurent pas. De plus, la capacité de certains microbes et endospores déshydratés à rester revivifiables est déterminante dans le contexte hospitalier. La poussière, les vêtements, la lingerie et les pansements sont susceptibles de contenir du mucus, de l'urine, du pus ou des fèces séchés qui renferment des microbes potentiellement infectieux. Par exemple, lorsqu'on refait les lits, il faut veiller à ne pas secouer les draps trop vigoureusement afin de ne pas projeter dans l'air de nombreux microbes. En effet, ces derniers pourraient se retrouver quelques minutes plus tard sur une plaie humide; il s'ensuivrait rapidement l'hydratation des microbes, leur retour à l'état infectieux et, par conséquent, l'apparition d'une infection.

## La pression osmotique

L'emploi de grandes concentrations de sel ou de sucre pour la conservation des aliments repose sur les effets de la *pression osmotique.* Une concentration élevée d'une substance de ce type crée un milieu hypertonique autour des microorganismes qui y sont plongés, ce qui provoque la sortie de l'eau de la cellule microbienne vers le milieu (figure 6.4). Ce procédé ressemble à la conservation par dessiccation, en ce sens que les deux méthodes privent la cellule de l'eau indispensable à sa croissance. Le principe de l'augmentation de la pression osmotique est appliqué à la conservation des aliments. Par exemple, on utilise des solutions salines concentrées pour saler la viande ou le poisson, et des solutions sucrées épaisses pour conserver les fruits.

En général, les moisissures et les levures se développent bien mieux que les bactéries dans un milieu à faible teneur en eau. C'est en partie pour cette raison que des moisissures apparaissent sur un mur humide ou un rideau de douche. C'est également parce que certaines moisissures sont capables de croître dans des conditions acides ou dans un milieu à pression osmotique élevée, que la détérioration des fruits, des confitures et des céréales est plus souvent due à des moisissures qu'à des bactéries.

## Les rayonnements

Les rayonnements ont différents effets sur les cellules selon leur longueur d'onde, leur intensité et leur durée. Du point de vue de la physique, la quantité d'énergie cédée par un rayonnement à une cellule vivante est d'autant plus élevée que la longueur d'onde du rayonnement est petite. Du point de vue de la biologie, le danger d'un rayonnement est lié à la quantité d'énergie qui frappe la cellule. Les rayonnements qui détruisent les microorganismes (dits rayonnements stérilisants) sont de deux types : ionisants et non ionisants. Il s'agit d'une autre forme de « stérilisation à froid ».

Les **rayonnements ionisants** – soit les rayons gamma, les rayons X et les faisceaux d'électrons à haute énergie – ont une plus petite longueur d'onde que les rayonnements non ionisants : elle est inférieure à 1 nm environ. Ils transportent donc beaucoup plus d'énergie (figure 7.5). Les *rayons gamma*, dont la longueur d'onde est la plus courte, sont émis par des éléments radioactifs, dont le cobalt, et les faisceaux d'électrons sont produits lorsque des énergies très élevées sont communiquées à des électrons, dans un appareil dit « accélérateur ». Les *rayons X,* produits par des appareils similaires aux accélérateurs, ressemblent aux rayons gamma. Les rayons gamma et les rayons X pénètrent profondément dans la matière, mais ils mettent parfois des heures à stériliser de grandes masses de matière ; les *faisceaux d'électrons à haute énergie* ont une capacité de pénétration bien plus faible, mais ils stérilisent généralement la matière exposée en quelques secondes seulement.

Le principal effet des rayonnements ionisants est l'ionisation de l'eau, qui donne des radicaux hydroxyles très réactifs (voir la description des formes toxiques d'oxygène au chapitre 6, p. 175-176). Ces radicaux réagissent avec les constituants organiques de la cellule, plus particulièrement avec l'ADN, en provoquant la rupture et/ou des changements chimiques dans la structure de ce dernier. Pour tenter d'expliquer la détérioration par les rayonnements, on suppose que des particules ionisantes, qui agiraient comme des missiles chargés d'énergie, passent à travers des parties vitales de la cellule, ou à proximité de celles-ci ; c'est ce qu'on appelle un « coup au but » (« target theory »). Quelques coups au but, ou un seul qui atteint l'ADN, ne provoquent en général qu'une mutation non mortelle ; mais de nombreux coups au but entraîneront sans doute suffisamment de mutations pour que le microbe en meure.

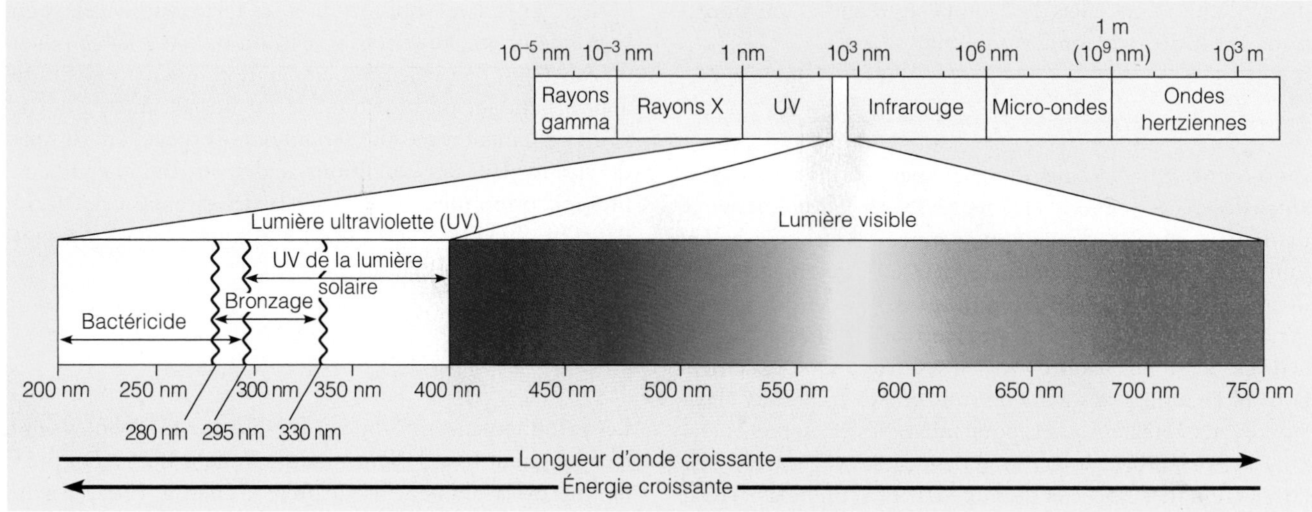


**FIGURE 7.5 Spectre de l'énergie de rayonnement.** La lumière visible et les autres types d'énergie de rayonnement irradient dans l'espace sous la forme d'ondes de différentes longueurs. Les rayonnements ionisants, tels que les rayons gamma et les rayons X, ont une longueur d'onde inférieure à 1 nm. Les rayonnements non ionisants, comme la lumière ultraviolette (UV), ont une longueur d'onde comprise entre 1 et 380 nm environ, soit la limite inférieure du spectre de lumière visible.

■ Quel effet l'augmentation de la quantité de rayonnements UV (due à la diminution de la couche d'ozone) peut-elle avoir sur les écosystèmes terrestres?

En Amérique du Nord, l'industrie alimentaire manifeste un regain d'intérêt pour l'emploi des rayonnements dans la conservation d'aliments tels que les épices, la viande et les légumes (chapitre 28, p. 855). Précisons que l'utilisation de faibles doses de rayonnements ionisants dans l'alimentation est soumise à des règles administratives qui diffèrent selon les pays. Notons par ailleurs que les rayonnements font l'objet d'une controverse: on a évalué certains de leurs effets sur les microorganismes, mais on ne connaît pas encore leurs effets sur les substances environnantes ni, par ricochet, sur l'humain qui consomme les aliments traités.

Les rayonnements ionisants, notamment les faisceaux d'électrons à haute énergie, sont aussi utilisés pour la stérilisation de produits pharmaceutiques et de matériel dentaire ou médical jetable tels que les seringues et les contenants en plastique, les gants chirurgicaux, les accessoires de suture et les cathéters.

Les **rayonnements non ionisants** ont une plus grande longueur d'onde que les rayonnements ionisants: elle est généralement supérieure à 1 nm environ. La lumière ultraviolette (UV) constitue le meilleur exemple de ce type de rayonnement; elle détériore l'ADN des cellules qui y sont exposées en provoquant la formation de liaisons entre des molécules adjacentes de thymine dans un des brins d'ADN (figure 8.20). L'anomalie produite empêche la réplication correcte de l'ADN lors de la reproduction de la cellule. La figure 7.5 indique les différentes longueurs d'onde des rayonnements ultraviolets. Les UV les plus efficaces pour la destruction de microorganismes ont une longueur d'onde d'environ 260 nm; les rayons de cette longueur d'onde sont plus facilement absorbés par l'ADN cellulaire. On utilise aussi les rayonnements UV pour limiter la présence des microbes dans l'air.

Dans les hôpitaux, il n'est pas rare de trouver une lampe ultraviolette, dite «lampe germicide», dans une chambre, une pouponnière, une salle d'opération ou la cafétéria. On a également recours à la lumière ultraviolette pour désinfecter des vaccins, d'autres produits médicaux et des surfaces de travail telles que des tables de laboratoire. La faible capacité de pénétration des rayonnements UV constitue un obstacle majeur à l'utilisation de ce type de lumière comme désinfectant; en effet, les microorganismes à détruire doivent être directement exposés aux rayonnements car, s'ils sont recouverts de papier, de verre ou d'une matière textile, ils ne sont pas endommagés. La lumière ultraviolette pose un autre problème potentiel chez les humains: elle risque d'endommager les yeux, et une exposition prolongée peut provoquer des brûlures ou un cancer de la peau.

La lumière solaire contient des rayonnements UV, mais les rayonnements de faible longueur d'onde – les plus efficaces pour lutter contre les bactéries – sont absorbés par la couche atmosphérique d'ozone. L'effet antimicrobien de la lumière solaire est dû essentiellement à la formation d'oxygène singulet dans le cytoplasme (chapitre 6, p. 175). Les bactéries produisent de nombreux pigments qui les protègent contre la lumière solaire.

Les **micro-ondes** ont peu d'effet direct sur les microorganismes, et on trouve souvent des bactéries à l'intérieur d'un four à micro-ondes juste après son utilisation. Les fours à micro-ondes ne peuvent chauffer que les produits qui absorbent les ondes, soit l'eau et les graisses. On ne peut donc s'en servir pour stériliser du matériel ou des substances sèches. Les micro-ondes réchauffent les aliments humides en activant les molécules d'eau à la température de 100 °C, chaleur qui tue habituellement la majorité des agents pathogènes. Toutefois, leur effet n'est pas certain car la chaleur n'est pas distribuée uniformément dans les aliments solides parce que l'eau n'y est pas distribuée de façon uniforme. Dans les faits, les fours à micro-ondes ont l'efficacité d'une pasteurisation. Des cas d'intoxication alimentaire et de trichinose ont pu être attribués à la consommation de viande cuite au four à micro-ondes, par exemple de la viande de bœuf contaminée par *Clostridium botulinum* ou de la viande de porc contaminée par *Trichinella spiralis*.

Les ultrasons peuvent tuer les microorganismes mis en suspension dans un liquide. Par exemple, on peut placer des instruments contaminés dans un tube rempli de liquide et déposer le tube dans un appareil qui émet des ultrasons. Le bombardement des cellules microbiennes par les ultrasons provoque la lyse de la paroi cellulaire et la libération du contenu de la cellule.

* * *

Le tableau 7.5 présente une récapitulation des méthodes physiques de lutte contre les microbes.

# Les méthodes chimiques de lutte contre les microbes

On utilise des agents chimiques pour inhiber la croissance des microbes, tant sur les tissus vivants que sur les objets inanimés. Il existe malheureusement peu d'agents chimiques qui assurent la stérilisation; la majorité d'entre eux ne font que réduire les populations de microbes à des taux qui ne présentent pas de risque, ou ils éliminent des objets inanimés les formes végétatives des agents pathogènes. Le choix d'un agent chimique fait partie des problèmes courants que pose la désinfection. Il n'y a pas un désinfectant unique qui convienne dans tous les cas.

## Les principes d'une désinfection efficace

### Objectif d'apprentissage

- *Énumérer les facteurs déterminants d'une désinfection efficace.*

L'étiquette apposée sur une bouteille de désinfectant fournit de nombreuses informations sur les propriétés du produit. Elle indique habituellement contre quels types de microorganismes le désinfectant est efficace, si ce dernier est germicide ou seulement bactéricide, etc. Rappelez-vous que l'action d'un désinfectant dépend en partie de sa *concentration*; il est donc impératif de suivre rigoureusement les directives du manufacturier concernant la dilution. En effet, une trop grande concentration pourrait être toxique et corrosive, alors qu'une trop faible concentration pourrait laisser des survivants et entraîner la sélection de bactéries plus résistantes.

On doit aussi tenir compte de la *nature des objets* à désinfecter. Il faut se demander par exemple si la présence de matière organique risque d'atténuer l'effet du désinfectant. De même, le *pH du milieu* influe grandement sur l'action d'un désinfectant.

Il importe aussi de savoir si le désinfectant peut entrer facilement en *contact avec les microbes*. On doit parfois laver et rincer une surface avant d'appliquer un désinfectant. D'ordinaire, la désinfection est un processus graduel. Dans certains cas, il faut laisser le produit sur la surface pendant plusieurs heures pour qu'il soit efficace. La *durée d'exposition* a donc aussi son importance. Un bon désinfectant aura une action rapide, pénétrante et non corrosive.

## L'évaluation d'un désinfectant

### Objectif d'apprentissage

- *Interpréter les résultats de l'évaluation d'un désinfectant d'après la méthode dite des porte-germes et d'après la méthode de diffusion en gélose.*

### La méthode des porte-germes

Il est nécessaire d'évaluer l'efficacité des désinfectants et des antiseptiques. Pendant longtemps, la méthode la plus couramment employée a été l'*épreuve du coefficient de phénol,* qui consistait à comparer l'activité d'un désinfectant donné avec celle du phénol. On a recours à différentes méthodes aujourd'hui, dont la **méthode des porte-germes.** Dans la majorité des cas, cette épreuve est effectuée avec trois types de bactéries susceptibles d'apporter des renseignements pertinents sur les désinfectants testés: *Salmonella cholerœsuis, Staphylococcus aureus* et *Pseudomonas æruginosa.* Ainsi, on sait que *Pseudomonas* résiste à divers désinfectants parce que cette bactérie à Gram négatif est capable de métaboliser plusieurs molécules organiques et d'inactiver les désinfectants qui en contiennent. Les bactéries sont d'abord fixées sur des supports inertes, dits porte-germes, tels que des bandelettes de papier ou des pièces de métal. Par exemple, on peut plonger des anneaux métalliques porte-germes dans des cultures normalisées de la bactérie étudiée, que l'on a fait croître dans un milieu liquide; on les retire de la culture puis on les fait sécher à 37 °C pendant un court laps de temps. On place ensuite les cultures séchées sur les porte-germes, dans une solution du désinfectant dont la concentration est conforme aux directives du manufacturier, puis on laisse reposer pendant 10 min à 20 °C. À la fin de cette période, on transfère les anneaux porte-germes dans un milieu favorable à la croissance de toute bactérie qui aurait survécu. Il est alors possible de déterminer l'efficacité du désinfectant en dénombrant les colonies qui se sont développées.

On emploie des variantes de cette méthode pour évaluer l'efficacité d'agents antimicrobiens contre les endospores, les mycobactéries responsables de la tuberculose (qui résistent

**Tableau 7.5** *Méthodes physiques de lutte contre les microbes*

| Méthode | Mode d'action | Commentaires | Principales utilisations |
|---|---|---|---|
| **Chaleur** | | | |
| 1. Chaleur humide | | | |
| a) Ébouillantage ou courant de vapeur | Dénaturation des protéines. | Destruction des agents pathogènes bactériens végétatifs ou fongiques et de presque tous les virus en 10 min; moins efficace pour les endospores. | Vaisselle, cuvettes et matériel divers. |
| b) Stérilisation en autoclave | Dénaturation des protéines. | Méthode de stérilisation très efficace; à une pression de 103 kPa (121 °C), destruction de toutes les cellules végétatives et des endospores en 15 à 20 min environ. | Milieux de culture microbienne, solutions, lingerie, ustensiles, pansements, matériel divers et autres objets qui tolèrent la température et la pression requises. |
| 2. Pasteurisation | Dénaturation des protéines. | Traitement du lait par la chaleur (72 °C pendant environ 15 s) qui tue tous les agents pathogènes et la majorité des microorganismes non pathogènes. | Lait, crème, jus de fruits et certaines boissons alcoolisées (bière et vin). |
| 3. Chaleur sèche | | | |
| a) Flambage direct | Réduction en cendres des contaminants. | Méthode de stérilisation très efficace. | Anses de repiquage. |
| b) Incinération | Réduction en cendres. | Méthode de stérilisation très efficace. | Gobelets de papier, pansements contaminés, carcasses animales, sacs, tampons, déchets domestiques. |
| c) Stérilisation par air chaud | Oxydation. | Méthode de stérilisation très efficace, mais à une température de 170 °C pendant environ 2 h. | Verrerie vide, instruments, aiguilles et seringues en verre. |
| **Filtration** | Élimination des bactéries en suspension dans un liquide. | Élimination des microbes d'une substance par le passage de celle-ci à travers une matière poreuse. La majorité des filtres d'usage courant sont faits d'acétate de cellulose ou de nitrocellulose dont les pores ne mesurent guère que de 0,22 à 0,45 μm. | Stérilisation de liquides (ex.: enzymes, vaccins) qui seraient détruits par la chaleur. |

aux produits acides) et les mycètes, parce qu'il est difficile de lutter contre ces microorganismes avec des substances chimiques. En outre, l'évaluation de produits antimicrobiens destinés à des usages particuliers, comme la désinfection de la vaisselle utilisée dans l'industrie laitière, remplace parfois d'autres épreuves bactériennes. On évalue généralement les agents virucides sur des cultures du virus responsable de la maladie de Newcastle (qui touche la sauvagine et les oiseaux de basse-cour). Après les avoir exposées à la substance chimique, on injecte les cultures dans des œufs embryonnés de poulet; si des virus ont survécu, ils tuent les embryons.

## La méthode de diffusion en gélose

On utilise la *méthode de diffusion en gélose* dans les laboratoires d'enseignement pour évaluer l'efficacité d'un agent chimique. On imprègne un disque de papier filtre de la substance chimique testée, puis on le place sur une gélose en boîte de Petri inoculée au préalable avec un microorganisme donné, et on incube la gélose. À la fin de la période d'incubation et si la substance est efficace, une zone pâle apparaît autour du disque, là où la croissance microbienne a été inhibée (figure 7.6, p. 214): cette région s'appelle zone d'inhibition. Par ailleurs, on ne peut pas dire si l'effet du désinfectant est bactéricide ou bactériostatique; pour ce faire, il faudrait prendre un échantillon dans la zone d'inhibition et l'ensemencer sur un milieu de culture. L'absence de croissance confirmerait l'effet bactéricide.

On trouve sur le marché des disques de papier filtre imprégnés d'antibiotiques, qui servent à déterminer la sensibilité des microbes à l'antibiotique. Ce test s'appelle antibiogramme (figure 20.16).

**Tableau 7.5** *Méthodes physiques de lutte contre les microbes (suite)*

| Méthode | Mode d'action | Commentaires | Principales utilisations |
|---|---|---|---|
| **Froid** | | | |
| 1. Réfrigération | Ralentissement des réactions chimiques et modification possible des protéines. | Effet bactériostatique. | Conservation des aliments, des médicaments et des milieux de culture. |
| 2. Surgélation (chap. 6, p. 184) | Ralentissement des réactions chimiques et modification possible des protéines. | Méthode efficace de conservation de cultures microbiennes qui consiste à refroidir celles-ci rapidement, jusqu'à une température comprise entre −50 et −95 °C. | Conservation des aliments, des médicaments et des milieux de culture. |
| 3. Lyophilisation (chap. 6, p. 184) | Ralentissement des réactions chimiques et modification possible des protéines. | Méthode la plus efficace pour la conservation de cultures microbiennes durant une longue période; l'eau est éliminée par la création d'un vide, à basse température. | Conservation des aliments, des médicaments et des milieux de culture. |
| **Dessiccation** | Détérioration du métabolisme. | Élimination de l'eau contenue dans les microbes; méthode essentiellement bactériostatique. | Conservation des aliments. |
| **Pression osmotique** | Plasmolyse. | Méthode qui provoque la perte d'eau par les cellules microbiennes. | Conservation des aliments. |
| **Rayonnements** | | | |
| 1. Ionisants | Destruction de l'ADN. | D'usage peu fréquent pour la stérilisation ordinaire. | Stérilisation de matériel pharmaceutique, médical ou dentaire, et de contenants de plastique. |
| 2. Non ionisants | Détérioration de l'ADN. | Rayonnements peu pénétrants. | Lutte contre les microbes dans un milieu fermé au moyen d'une lampe UV. |

## Les types de désinfectants

### Objectifs d'apprentissage

- *Décrire le mode d'action et les principales utilisations des désinfectants chimiques.*
- *Faire la distinction entre les halogènes utilisés comme antiseptiques et ceux utilisés comme désinfectants.*
- *Décrire les utilisations appropriées des agents de surface.*
- *Énumérer les avantages du glutaraldéhyde comparativement aux autres désinfectants.*
- *Décrire la méthode de stérilisation des ustensiles de laboratoire en plastique.*

### Le phénol et les dérivés phénolés

Lister fut le premier à employer le **phénol** pour lutter contre les infections chirurgicales dans la salle d'opération. On avait pensé à cette utilisation à cause de l'efficacité du phénol pour combattre les odeurs émanant des eaux usées. Aujourd'hui, on se sert rarement de cette substance comme antiseptique ou désinfectant parce qu'elle irrite la peau et les muqueuses et a une odeur désagréable. Toutefois, on l'emploie dans des onguents cutanés ou pour la fabrication de pastilles pour la gorge à cause de son effet bactériostatique local, mais elle a peu d'effet antimicrobien à la faible concentration utilisée. Par contre, le phénol a une action antibactérienne importante si la concentration avoisine les 10%. La figure 7.7a représente la structure d'une molécule de phénol.

Les **dérivés phénolés** contiennent une molécule de phénol qu'on a chimiquement altérée afin d'en réduire les propriétés irritantes ou d'en accroître l'activité antimicrobienne en conjugaison avec un savon ou un détergent. Les dérivés phénolés agissent en endommageant les membranes cytoplasmiques qui contiennent des lipides, ce qui entraîne la fuite du contenu de la cellule. La paroi cellulaire des mycobactéries, responsables de la tuberculose et de la lèpre, est riche en lipides, ce qui rend ces microorganismes sensibles aux dérivés phénolés. On emploie fréquemment ces derniers comme désinfectants parce que leur action est efficace, quoique atténuée, en présence de composés organiques, qu'ils sont stables et qu'ils restent actifs longtemps après leur

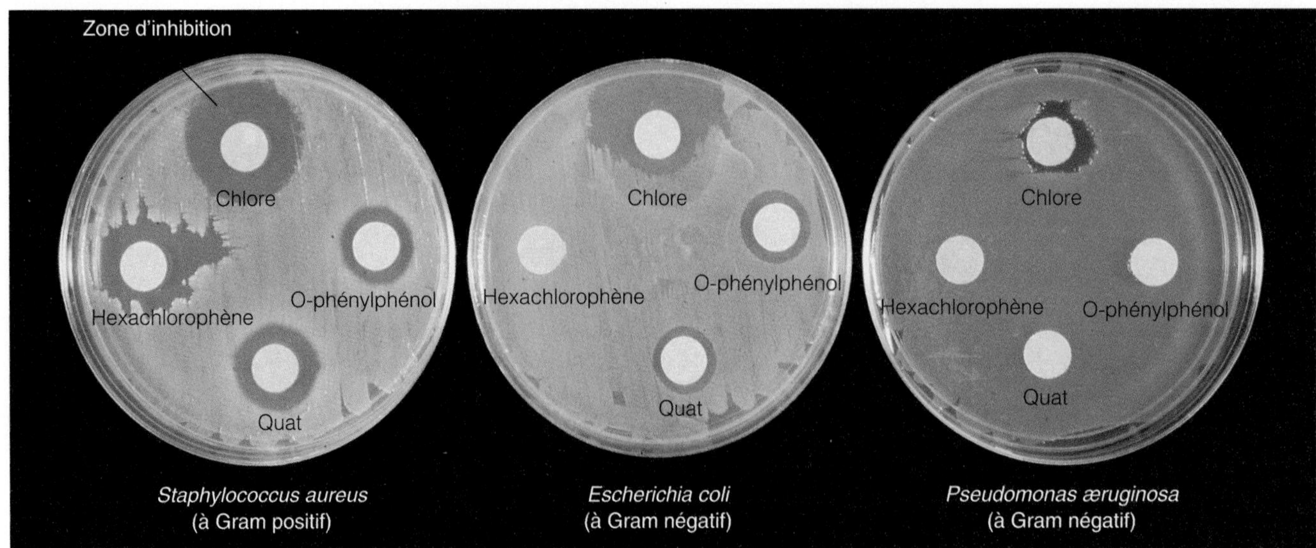


FIGURE 7.6 **Évaluation de désinfectants par la méthode de diffusion en gélose.** Dans cette expérience, on a placé des disques de papier filtre imprégnés d'une solution de désinfectant sur la surface d'une gélose nutritive que l'on avait au préalable ensemencée par étalement avec des bactéries d'espèces connues, de manière qu'elles se développent uniformément à la surface de la gélose. Dans la partie supérieure de chaque boîte de Petri, l'examen des zones d'inhibition montre que le chlore (sous la forme d'hypochlorite de sodium) est efficace contre les trois espèces de bactéries étudiées, notamment contre les bactéries à Gram positif. Dans la partie inférieure des boîtes de Petri, l'examen montre que le composé d'ammonium quaternaire (ou quat) est aussi plus efficace contre les bactéries à Gram positif et qu'il n'a aucun effet sur *Pseudomonas,* la bactérie à Gram négatif. Dans la partie gauche des boîtes de Petri, les tests effectués indiquent que l'hexachlorophène est efficace uniquement contre les bactéries à Gram positif. Enfin, dans la partie droite des boîtes de Petri, les test effectués indiquent que le o-phénylphénol n'a aucun effet sur *Pseudomonas,* mais qu'il a la même efficacité contre les bactéries à Gram positif et les bactéries à Gram négatif telles que *E. coli.* En bref, les quatre substances chimiques ont un effet sur la bactérie à Gram positif étudiée (*S. aureus*), mais une seule, le chlore, agit sur *Pseudomonas.*

- Quelle espèce de bactérie est la plus résistante aux désinfectants évalués ?

application. Pour ces mêmes raisons, les dérivés phénolés sont des agents appropriés pour désinfecter les objets contaminés par du pus, de la salive ou des fèces.

Les *crésols,* dérivés du goudron de houille, sont des substances phénolées d'usage courant. L'un des plus importants est le *o-phénylphénol* (figures 7.6 et 7.7b), qui est le principal ingrédient du désinfectant commercial Lysol[MD]. Les crésols sont d'excellents désinfectants de surface.

## Les bisphénols

Les **bisphénols** sont des dérivés phénolés qui contiennent deux groupements phénol reliés par un pont (*bis* indique le doublement). L'hexachlorophène et le triclosan sont deux bisphénols.

L'*hexachlorophène* (figures 7.6 et 7.7c) est l'un des ingrédients d'une lotion antiseptique d'ordonnance vendue en pharmacie, le PHYSOHEX[MD], utilisée pour ses effets bactériostatiques sur les microbes dans les hôpitaux et, en particulier, dans les salles d'opération. Les staphylocoques et les streptocoques à Gram positif, susceptibles de causer des infections de la peau chez les nouveau-nés, sont particulièrement sensibles à l'hexachlorophène, de sorte qu'on emploie souvent cette substance dans les pouponnières pour combattre les infections de ce type. Cependant, un usage excessif de l'hexachlorophène, comme le fait de l'employer plusieurs fois par jour pour donner un bain à un bébé, comporte des risques d'absorption du produit dans le sang et de lésions neurologiques subséquentes. C'est pourquoi ce produit n'est plus d'usage courant; il ne serait utilisé en pédiatrie qu'en cas d'épidémie à staphylocoques, par exemple.

Le *triclosan* est aussi un bisphénol d'usage courant (figures 7.6 et 7.7d). C'est un ingrédient de savons antibactériens, de dentifrices, de bains de bouche, de désodorisants ou de mousses à raser. On incorpore même le triclosan dans des planches à découper, des manches de couteau et d'autres ustensiles de cuisine en plastique. Son utilisation est tellement répandue qu'on a découvert l'existence de bactéries résistantes, et on s'inquiète à l'heure actuelle de ses effets sur la résistance des microbes à certains antibiotiques. On ne connaît pas le mode d'action du triclosan, mais il semble qu'il agisse principalement sur la membrane cytoplasmique. Son spectre d'activité est étendu, surtout en ce qui concerne les bactéries à Gram positif et les mycètes.

## La chlorhexidine

La *chlorhexidine* appartient au groupe des **biguanidines,** qui a un large spectre d'activité s'exerçant aussi bien sur les bactéries à Gram positif que sur les bactéries à Gram négatif; selon la concentration utilisée, c'est un antiseptique bactéricide ou bactériostatique. Hibitane$^{MD}$ et Hibiscrub$^{MD}$ sont des exemples de produits d'usage courant.

La chlorhexidine en solution aqueuse est souvent utilisée pour lutter contre les microbes présents sur la peau et les muqueuses et, combinée à un détergent ou à de l'alcool, elle sert au lavage chirurgical des mains et à la préparation de la peau d'un patient avant une opération. Elle sert aussi comme antiseptique pour les plaies et brûlures superficielles peu étendues. Pour ce type d'applications, la forte tendance de la chlorhexidine à se fixer à la peau et aux muqueuses et sa faible toxicité constituent des avantages. Cependant, elle risque de causer des dommages si elle entre en contact avec les yeux ou les muqueuses génitales, et elle peut aussi provoquer des allergies.

La chlorhexidine détruit la plupart des bactéries végétatives et des mycètes en endommageant leur membrane cytoplasmique. Par contre, les mycobactéries tolèrent relativement bien la chlorhexidine, qui n'a aucun effet sur les endospores et les kystes de protozoaires. Les virus entourés d'une enveloppe lipidique sont les seuls sur lesquels la chlorhexidine agit (chapitre 13).

## Les halogènes

Les **halogènes** – notamment l'iode, le chlore et le fluor – sont des agents antimicrobiens efficaces, qu'ils soient employés seuls ou comme constituants de composés inorganiques ou organiques. L'*iode* ($I_2$) a été l'un des premiers antiseptiques utilisés, et c'est aussi l'un des plus efficaces. Il agit contre tous les types de bactéries, de nombreuses endospores, différents mycètes et certains virus. Selon une des théories expliquant son mode d'action, l'iode se combinerait à des acides aminés présents dans les enzymes et dans d'autres protéines de la cellule, mais il n'existe pas encore de certitude à ce sujet.

L'iode se vend sous forme de **teinture,** c'est-à-dire dissous dans une solution aqueuse d'alcool, et est utilisé comme antiseptique de la peau; le terme teinture est consacré par l'usage. L'efficacité de la teinture d'iode est excellente mais le produit est irritant pour la peau et il peut tacher. On l'utilise moins que d'autres antiseptiques du fait de sa toxicité. L'iode se vend aussi sous forme d'**iodophore,** qui est une

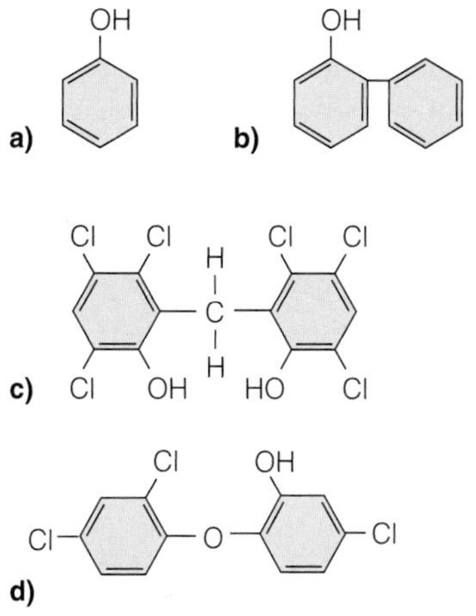

a) OH
b) OH
c) Cl Cl H C H Cl Cl Cl OH HO Cl
d) Cl OH Cl O Cl

**FIGURE 7.7 Structure chimique des dérivés phénolés et des bisphénols. a)** Phénol. **b)** O-phénylphénol. **c)** Hexachlorophène (un bisphénol). **d)** Triclosan (un bisphénol).

■ Le phénol a un effet antibactérien important à une concentration supérieure à 10 %.

combinaison d'iode et d'une molécule organique. Les iodophores ont une activité antimicrobienne identique à celle de l'iode, mais ils offrent des avantages: ils ne tachent pas, sont moins irritants et ils libèrent lentement l'iode, d'où leur utilisation courante comme antiseptique préopératoire pour la peau. Les produits commerciaux les plus utilisés sont la Betadine$^{MD}$ et l'Isodine$^{MD}$, qui sont des *polyvidones* (ou *polyvinylpyrrolidones iodées*). La polyvidone est un iodophore de surface qui accroît le pouvoir mouillant d'une substance et sert de réservoir d'iode libre. On se sert des produits à base d'iode surtout pour le nettoyage antiseptique de la peau et le traitement de blessures; les iodophores ne sont pas des désinfectants. Par ailleurs, beaucoup de campeurs connaissent bien l'utilisation de l'iode pour le traitement de l'eau, qui consiste à ajouter des comprimés d'iode à l'eau ou à faire passer l'eau à travers un filtre de résine imprégné d'iode. Cette technique constitue l'un des seuls usages de l'iode à des fins de désinfection.

Le *chlore* ($Cl_2$), sous forme de gaz ou combiné à d'autres substances chimiques, est aussi un désinfectant d'usage courant et un des antiseptiques les plus utilisés. Son action germicide est due à un acide – le monooxochlorate d'hydrogène (HClO), ou acide hypochloreux – qui se forme lorsqu'on place du chlore dans l'eau:

1)

$$\underset{\text{Chlore}}{Cl_2} + \underset{\text{Eau}}{H_2O} \rightleftharpoons \underset{\text{Ion hydrogène}}{H^+} + \underset{\text{Ion chlorure}}{Cl^-} + \underset{\text{Acide hypochloreux}}{HClO}$$

2)

$$\underset{\text{Acide hypochloreux}}{HClO} \rightleftharpoons \underset{\text{Ion hydrogène}}{H^+} + \underset{\text{Ion hypochlorite}}{ClO^-}$$

On ne sait pas exactement de quelle façon l'acide hypochloreux détruit les microorganismes. Il s'agit d'un agent oxydant puissant, qui entrave le fonctionnement d'une bonne partie du système enzymatique cellulaire. L'acide hypochloreux est la forme de chlore la plus efficace parce qu'il est électriquement neutre et diffuse aussi rapidement que l'eau à travers la paroi cellulaire. Par contre, l'ion hypochlorite ($ClO^-$) ne pénètre pas facilement dans la cellule à cause de sa charge négative.

On emploie très fréquemment du chlore gazeux comprimé, à l'état liquide, pour désinfecter l'eau d'alimentation des agglomérations, l'eau des piscines et les eaux usées. Plusieurs composés du chlore sont aussi des désinfectants efficaces. Par exemple, on utilise des solutions d'*hypochlorite de calcium* pour désinfecter l'équipement de laiterie et les couverts utilisés dans les restaurants. Dans les hôpitaux de Paris, on imprégnait les pansements de ce composé (appelé alors chlorure de chaux) dès 1825, soit bien avant l'élaboration de la théorie germinale des maladies. Le désinfectant utilisé par Semmelweis dans les années 1840 pour combattre les infections nosocomiales durant l'accouchement était aussi du chlorure de chaux (chapitre 1, p. 12). Un autre composé du chlore, soit l'*hypochlorite de sodium* (figure 7.6), mieux connu sous le nom d'eau de Javel, est utilisé comme agent de blanchiment ménager, comme désinfectant dans les laiteries, les installations de traitement des aliments et les appareils d'hémodialyse et comme antiseptique de la peau ; l'eau de Javel adéquatement diluée devient un excellent antiseptique de la peau sous le nom de solution Dakin. Lorsqu'on doute de la qualité de l'eau potable, l'emploi d'un agent de blanchiment ménager donne à peu près le même résultat que la chloration effectuée par les municipalités. Si on ajoute 2 gouttes d'un tel agent à 1 L d'eau et qu'on laisse reposer la solution pendant 30 min, on obtient de l'eau considérée comme potable dans les situations d'urgence. Les soldats et les campeurs peuvent utiliser des comprimés (Chlor-Floc^MD^) renfermant du *dichloroisocyanurate de sodium,* un dérivé du chlore combiné à un agent qui provoque la floculation (ou la coagulation) des matières en suspension dans un échantillon d'eau, de sorte que celles-ci forment un dépôt, ce qui clarifie l'eau.

Les *chloramines* sont des composés formés de chlore et d'ammoniac. On les utilise comme désinfectant, antiseptique ou agent de nettoyage. Ce sont des composés très stables qui libèrent du chlore pendant de longues périodes. Ils sont relativement efficaces dans la matière organique, mais ils agissent plus lentement et ont un pouvoir de purification moins élevé que d'autres composés du chlore. On emploie les chloramines pour nettoyer la verrerie et les couverts, de même que pour traiter l'équipement de laiterie et de fabrique de produits alimentaires. On ajoute habituellement de l'ammoniac au chlore dans les systèmes municipaux de traitement de l'eau, de manière à former des chloramines. Les chloramines servent à résoudre les problèmes d'altération du goût et de l'odeur de l'eau causés par la réaction du chlore avec des composés azotés, autres que l'ammoniac, présents dans l'eau. Étant donné que les chloramines ont un pouvoir germicide moins grand que le chlore, il faut ajouter une quantité appropriée de chlore pour s'assurer de la présence d'un résidu de chlore sous la forme de HClO. (Les chloramines sont toxiques pour les poissons d'aquarium, mais les animaleries vendent des produits qui neutralisent ces substances.)

Le fluor est une substance naturelle présente dans la plupart des sources d'eau potable. À faible dose, le fluor inhiberait l'activité enzymatique des bactéries et entraînerait ainsi leur destruction. On ajoute du fluor dans des produits d'hygiène tels que la pâte dentifrice et les bains de bouche, et, dans certaines villes du Canada et des États-Unis, dans l'eau destinée à la distribution publique.

## Les alcools

Les **alcools** sont d'une grande efficacité pour détruire les bactéries et les mycètes, mais pas les endospores ni les virus sans enveloppe lipidique. Un alcool agit généralement en dénaturant les protéines, mais il peut aussi rompre les membranes et dissoudre différents lipides, y compris le constituant lipidique des virus enveloppés. Les alcools présentent l'avantage de s'évaporer rapidement après avoir agi, sans laisser de résidu.

Lorsqu'on badigeonne la peau (pour la décontaminer) avant une injection, l'action antimicrobienne est due en grande partie au fait que le nettoyage enlève les poussières et les microorganismes en même temps que les huiles naturelles. Cependant, les alcools ne sont pas des antiseptiques appropriés pour le traitement de blessures ; ils provoquent la coagulation d'une couche de protéines sous laquelle les bactéries continuent de se développer.

L'éthanol et l'isopropanol sont les deux alcools les plus couramment utilisés. La concentration optimale recommandée est de 70 % dans le cas de l'*éthanol,* qui semble détruire les microorganismes aussi rapidement à une concentration comprise entre 60 et 95 % (tableau 7.6). L'éthanol pur est moins efficace qu'une solution aqueuse de cet alcool (mélange d'eau et d'éthanol) parce que l'eau joue un rôle essentiel dans la dénaturation des protéines. L'*isopropanol,* souvent vendu sous le nom d'alcool à friction, est un peu plus efficace que l'éthanol en tant qu'antiseptique et désinfectant. De plus, il est moins volatile, moins coûteux et plus facile à produire que l'éthanol. Notons que l'usage de ce dernier est plus répandu en Europe. On utilise fréquemment l'éthanol et l'isopropanol pour accroître l'efficacité d'autres agents chimiques. Par exemple, une solution aqueuse de Zephiran^MD^ (voir la description, p. 218) détruit environ 40 % d'une population de microorganismes en 2 min, tandis qu'une teinture de Zephiran^MD^ (solution d'alcool) tue environ 85 % de la même population durant le même laps de temps. On compare l'efficacité de teintures et de solutions aqueuses dans la figure 7.10.

## Les métaux lourds et leurs sels

Plusieurs métaux lourds, dont l'argent, le mercure, le zinc et le cuivre, ont des propriétés désinfectantes ou antiseptiques.

**Tableau 7.6** ***Effet germicide de solutions aqueuses d'éthanol, de diverses concentrations, contre* Streptococcus pyogenes**

| Concentration d'éthanol (%) | Temps (s) | | | | |
|---|---|---|---|---|---|
| | 10 | 20 | 30 | 40 | 50 |
| 100 | – | – | – | – | – |
| 95 | + | + | + | + | + |
| 90 | + | + | + | + | + |
| 80 | + | + | + | + | + |
| 70 | + | + | + | + | + |
| 60 | + | + | + | + | + |
| 50 | – | – | + | + | + |
| 40 | – | – | – | – | – |

REMARQUES : Le signe moins indique qu'on n'a observé aucun effet germicide (il y a croissance bactérienne) ; le signe plus indique qu'on a observé un effet germicide (il n'y a pas de croissance bactérienne). La région ombrée représente les bactéries détruites par le germicide.

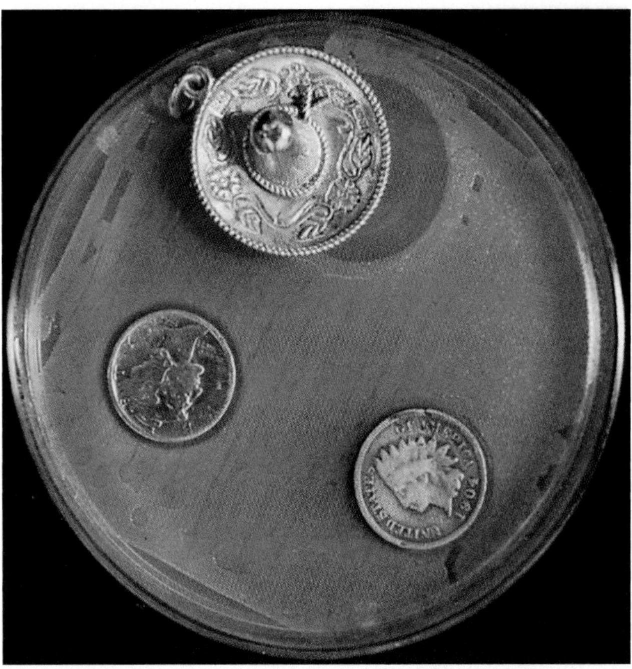

**FIGURE 7.8 Action oligodynamique des métaux lourds.** On observe des zones pâles là où la croissance bactérienne a été inhibée, soit autour de la breloque en forme de sombrero (qui a été déplacée) et des pièces de dix cents et de un cent. La breloque et la pièce de dix cents contiennent de l'argent, tandis que la pièce de un cent renferme du cuivre.

■ Les pièces choisies pour l'expérience ont été frappées il y a très longtemps. Pourquoi n'a-t-on pas utilisé des pièces neuves ?

La capacité d'un métal lourd, en particulier de l'argent et du cuivre, à exercer en très petite quantité une activité antimicrobienne s'appelle **action oligodynamique** (*oligo-* = peu nombreux). On peut observer ce type d'activité en plaçant une pièce de monnaie, ou un morceau quelconque de métal propre contenant de l'argent ou du cuivre, sur une culture en boîte de Petri. Une très petite quantité de métal diffuse dans le milieu de culture et inhibe la croissance des bactéries dans un certain rayon autour de la pièce (figure 7.8). Cet effet est dû à l'action des ions de métaux lourds sur les microbes. Lorsque ces ions se combinent avec des groupements sulfhydryle (—SH) des protéines cellulaires, celles-ci subissent une dénaturation.

On utilise l'argent comme antiseptique sous la forme d'une solution de *nitrate d'argent* à 1 %. Jusqu'à récemment, on appliquait systématiquement quelques gouttes de nitrate d'argent dans les yeux des nouveau-nés pour prévenir l'ophtalmie gonococcique du nouveau-né, infection contractée par le bébé lors d'un accouchement naturel. De nos jours, on a plutôt recours aux antibiotiques. L'emploi de l'argent comme agent antimicrobien connaît à l'heure actuelle un regain d'intérêt. On a constaté que des pansements imprégnés d'une préparation qui libère lentement des ions d'argent peuvent s'avérer très utiles dans le cas de bactéries antibio-résistantes. La préparation la plus courante est la *sulfadiazine d'argent,* mélange d'argent et de sulfadiazine (une substance médicamenteuse). Il s'agit d'une crème topique destinée au traitement des brûlures. On incorpore aussi des préparations à base d'argent dans les sondes urinaires à demeure, qui sont souvent une source d'infections nosocomiales, et dans les pansements.

Des composés inorganiques du mercure, tels que le *chlorure de mercure* (I), sont utilisés depuis longtemps dans des pommades antiseptiques. Un composé organique du mercure, le mercurochrome, est aussi un antiseptique courant. Ces composés inorganiques et organiques ont un large spectre d'activité et leur effet est essentiellement bactériostatique. Les désinfectants à base de mercure ont cependant un emploi restreint à cause de leur toxicité, de leur corrosivité et de leur inefficacité en présence de matière organique ; on s'en sert pour désinfecter les instruments chirurgicaux, par exemple. Aujourd'hui, les substances mercurielles permettent surtout de prévenir la formation de moisissures dans les peintures.

On a recours au cuivre et au zinc comme antiseptiques sous forme de pommades topiques et d'onguents pour prévenir l'infection dans les cas d'érythème fessier chez les bébés. On emploie aussi le cuivre et le zinc comme désinfectants. Sous forme de *sulfate de cuivre,* le cuivre sert surtout à détruire les algues vertes (algicide) qui croissent dans les réservoirs d'eau, les piscines et les aquariums. Si l'eau ne contient pas

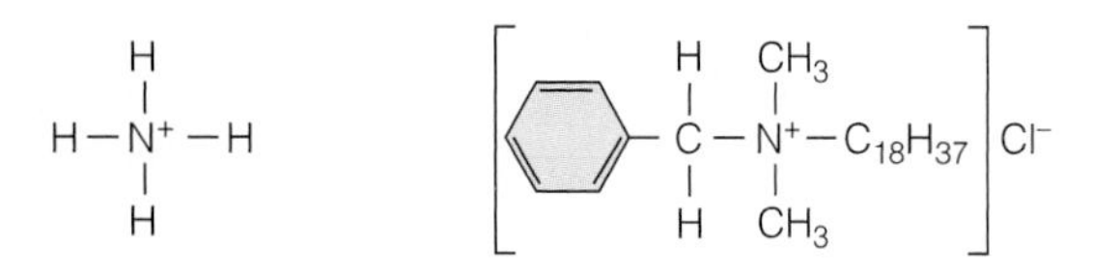

Ion ammonium

Chlorure de benzalkonium

**FIGURE 7.9 L'ion ammonium et un composé d'ammonium quaternaire, le chlorure de benzalkonium (Zephiran[MD]).** Notez que les atomes d'hydrogène de l'ion ammonium sont remplacés par divers groupements.

■ Quel est le pouvoir bactéricide des composés d'ammonium quaternaire dans le cas des bactéries à Gram positif et à Gram négatif?

une très grande quantité de matière organique, le sulfate de cuivre est efficace à une concentration d'une partie par million. On incorpore parfois des composés du cuivre, tels que le 8-hydroxyquinoléinate de cuivre, à la peinture afin de prévenir la formation de moisissures.

## Les agents de surface

Les **agents de surface,** ou **surfactants,** possèdent le pouvoir de réduire la tension superficielle entre les molécules d'un liquide. Ils comprennent les savons et les détergents.

Le savon est peu efficace comme antiseptique, mais il joue un rôle important dans le lavage destiné à éliminer mécaniquement les microbes. La peau est normalement recouverte de cellules mortes, de poussière, de sueur séchée, de microbes et de sécrétions grasses provenant des glandes sébacées. Le savon sépare le film gras en fines gouttelettes ; ce processus, appelé *émulsification,* permet à l'eau savonnée de soulever les graisses émulsifiées et les débris, qui sont éliminés lors du rinçage. En ce sens, les savons sont de bons agents antimicrobiens mécaniques. Beaucoup de savons dits désodorisants, de pommades et de mousses à raser contiennent du *triclocarban* (*TTC*), substance particulièrement efficace contre les bactéries à Gram positif qui colonisent la peau aussi bien en surface qu'en profondeur (follicules pileux et glandes). Le triclocarban est un bon antiseptique incolore qui respecte le pH de la peau.

Les détergents se divisent en deux groupes. Les *détergents anioniques* sont essentiels pour le nettoyage de la vaisselle et de l'équipement de laiterie. Leur pouvoir d'assainissement vient de la partie de la molécule chargée négativement (anion), qui réagit avec la membrane plasmique. Les nettoyeurs de ce type combattent une vaste gamme de microbes, y compris les bactéries thermorésistantes dont il est difficile de se débarrasser. De plus, ils ne sont ni toxiques ni corrosifs, et ils agissent rapidement. Les *détergents cationiques* les plus importants sont les composés d'ammonium quaternaire.

## Les composés d'ammonium quaternaire (quats)

Les agents de surface les plus couramment utilisés sont les détergents cationiques, et en particulier les **composés d'ammonium quaternaire** (aussi appelés **quats**). Leur pouvoir détersif vient de la partie de la molécule chargée positivement (cation) et ils tirent leur nom du fait qu'ils résultent de la modification de l'ion ammonium, $NH_4^+$, de valence 4 (figure 7.9). Les composés d'ammonium quaternaire ont un grand pouvoir bactéricide dans le cas des bactéries à Gram positif, mais ils sont moins efficaces, voire inefficaces pour lutter contre les bactéries à Gram négatif (figure 7.6).

Les quats sont également fongicides et amœbicides, et ils sont actifs contre les virus à enveloppe lipidique, mais ils ne détruisent pas les endospores ni les mycobactéries. On ne connaît pas leur mode d'action chimique, mais ils influent probablement sur la membrane plasmique. Ils modifient la perméabilité de la cellule et provoquent la perte de composants cytoplasmiques essentiels, tels que le potassium.

Le *chlorure de benzalkonium* (Zephiran[MD] ; figure 7.9) et le *chlorure de cetylpyridinium* (Cepacol[MD]) sont deux quats d'usage courant. Ce sont deux agents antimicrobiens puissants, incolores, inodores, insipides, stables, faciles à diluer, et non toxiques sauf en concentration élevée. Si le bain de bouche que vous employez mousse lorsque vous agitez la bouteille, il contient sans doute un quat. Toutefois, la présence de matière organique réduit considérablement l'activité des quats, qui sont par ailleurs rapidement neutralisés par les savons et les détergents anioniques. Toute personne qui utilise des quats à des fins médicales doit savoir que des bactéries, telles que certaines espèces de *Pseudomonas,* survivent dans les composés d'ammonium quaternaire, et même s'y développent. On observe cette résistance non seulement dans des solutions de ce type de désinfectant, mais aussi dans de la gaze et des pansements humides, dont les fibres tendent à neutraliser les quats. (Voir l'encadré de la page 220.)

Avant de passer à l'étude d'un autre groupe d'agents chimiques, voyez la représentation graphique de l'efficacité relative de divers antiseptiques de la figure 7.10.

## Les additifs de conservation

On emploie fréquemment des additifs chimiques pour retarder la détérioration des aliments. On a longtemps utilisé le *dioxyde de soufre* ($SO_2$) comme désinfectant, surtout en vinification. Homère parle de l'emploi de ce composé dans son poème épique, l'*Odyssée,* composé il y a près de 3000 ans. Le benzoate de sodium, l'acide sorbique et le propionate de calcium comptent parmi les additifs d'usage courant. Ces substances sont des acides carboxyliques simples ou des sels d'acides carboxyliques, facilement métabolisés par l'organisme et dont la présence dans les aliments est en général considérée comme étant sans danger. L'*acide sorbique* ou le *sorbate de potassium* – le sel plus soluble de cet acide –, de même que le *benzoate de sodium* préviennent la formation de moisissures dans des aliments acides tels que les fromages, les fruits (par exemple les pruneaux) et les boissons gazeuses. Ces aliments, dont le pH ne dépasse pas 5,5, sont particulièrement susceptibles d'être attaqués par des moisissures. Le *propionate de calcium,* un agent fongistatique efficace ajouté au pain, prévient le développement de moisissures superficielles et de *Bacillus,* bactérie qui rend le pain collant. Les acides carboxyliques sont donc d'excellents agents de conservation des aliments; ils inhibent la croissance des moisissures et ne modifient pas le pH, mais ils perturbent le métabolisme de ces microorganismes ou altèrent l'intégrité de leur membrane plasmique.

On ajoute du *nitrate de sodium* et du *nitrite de sodium* à de nombreux produits carnés, tels que le jambon, le bacon, la saucisse fumée et les saucisses en général. L'ingrédient actif est le nitrite de sodium, que certaines bactéries présentes dans la viande sont capables de synthétiser à partir de nitrate de sodium. Ces bactéries utilisent le nitrate au lieu d'oxygène dans des conditions anaérobies. Le nitrite a deux fonctions principales: conserver à la viande sa couleur rouge attrayante en réagissant avec les constituants du sang présents dans la viande et prévenir la germination et le développement de toute endospore de botulisme dans la viande. Parce que la réaction des nitrites avec les acides aminés donne peut-être des produits cancérogènes, appelés **nitrosamines,** on a maintenant tendance à réduire la quantité de nitrites ajoutée aux aliments. On continue cependant d'utiliser ces substances parce qu'il a été établi que leur emploi prévient le botulisme. Étant donné que l'organisme produit des nitrosamines à partir de diverses sources, le risque additionnel que représente l'ajout de petites quantités de nitrites et de nitrates à la viande est moins important qu'on ne l'avait cru.

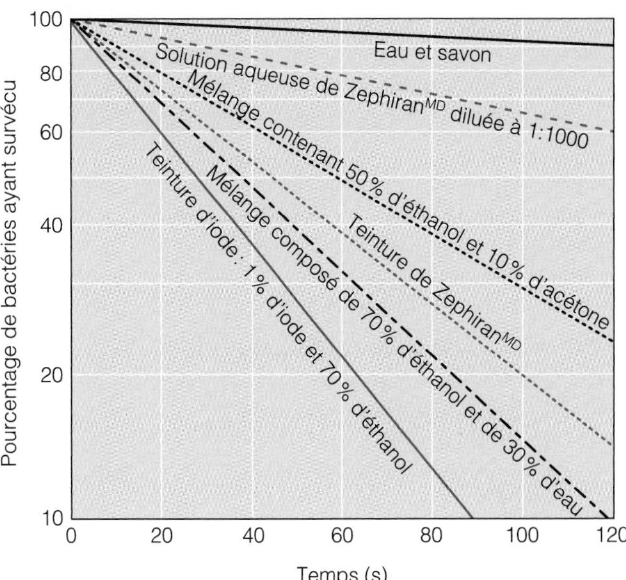


**FIGURE 7.10 Comparaison de l'efficacité de divers antiseptiques.** Un antiseptique est d'autant plus efficace que la pente (vers le bas) de la courbe de décès est grande. La solution contenant 1% d'iode et 70% d'éthanol est donc l'agent le plus efficace, tandis que l'eau et le savon constituent l'agent le moins efficace. Notez que la teinture de Zephiran$^{MD}$ est plus efficace que la solution aqueuse de cet antiseptique.

■ Pourquoi la teinture de Zephiran$^{MD}$ est-elle plus efficace que la solution aqueuse de cet antiseptique?

## Les antibiotiques

Les agents antimicrobiens dont il est question dans le présent chapitre ne servent pas à traiter des maladies par ingestion ou par injection. Ce sont les antibiotiques qui sont destinés à cet usage. Il existe des restrictions importantes à l'emploi des antibiotiques à d'autres fins que médicales; toutefois deux substances de ce type sont largement utilisées pour la conservation des aliments. La *nisine,* additif fréquemment ajouté au fromage pour inhiber la croissance de bactéries productrices d'endospores qui détériorent les aliments, est un exemple de bactériocine, c'est-à-dire une protéine produite par une bactérie et qui en inhibe une autre (chapitre 8, p. 263). La nisine est naturellement présente en petite quantité dans de nombreux produits laitiers. Elle est insipide, facile à digérer et non toxique. La *natamycine* (ou pimaricine) est un antibiotique antifongique dont l'ajout aux aliments, et en particulier au fromage, est autorisé.

## Les aldéhydes

Les **aldéhydes** comptent parmi les agents antimicrobiens les plus efficaces. Le formaldéhyde et le glutaraldéhyde en sont deux exemples. Ils inactivent les protéines en formant des liaisons transversales covalentes avec plusieurs de leurs groupements fonctionnels organiques (—$NH_2$, —OH, —COOH et —SH). Le *formaldéhyde gazeux* est un excellent désinfectant. On le trouve surtout sous la forme d'une solution aqueuse à 37% appelée *formol,* couramment utilisée autrefois pour conserver les spécimens biologiques et pour inactiver les bactéries et les virus présents dans les vaccins.

Le *glutaraldéhyde* est une substance chimique apparentée au formaldéhyde, mais il est moins irritant, agit en présence de substances organiques et est efficace plus rapidement. On emploie le glutaraldéhyde dans les hôpitaux pour désinfecter les instruments médicaux, notamment le matériel d'inhalothérapie. Sous la forme d'une solution à 2%, il est bactéricide – en particulier pour la bactérie de la tuberculose –, virucide en 10 min et sporicide en 3 à 10 h. Le glutaraldéhyde est l'un des rares désinfectants liquides que l'on puisse considérer comme un agent de stérilisation. Cependant, on suppose en général qu'un sporicide doit agir en au plus 30 min, et le glutaraldéhyde ne satisfait pas à cette exigence.

Les entrepreneurs de pompes funèbres utilisent le glutaraldéhyde et le formol pour l'embaumement.

## Les gaz stérilisants

Les gaz stérilisants sont des substances destinées à la stérilisation en chambre fermée. La formule de l'*oxyde d'éthylène,* qui convient bien à cette fin, est:

$$\begin{array}{c} H_2C—CH_2 \\ \diagdown \ \diagup \\ O \end{array}$$

Cet oxyde agit en dénaturant les protéines. Les atomes d'hydrogène des protéines, appartenant par exemple aux groupements —SH, —COOH ou —OH, sont remplacés par

RÉSOLUTION DE CAS CLINIQUES

## L'infection nosocomiale

Voici une suite de questions que les cliniciens se posent quand ils doivent formuler un diagnostic et choisir un traitement. Essayez de répondre à chaque question avant de lire la suivante.

1. D'août 1996 à juin 1998, l'unité de soins intensifs de deux hôpitaux a obtenu des cultures positives pour *Burkholderia cepacia* à partir de spécimens prélevés sur les voies respiratoires de 74 patients. Ces derniers, âgés de 17 à 87 ans, avaient été admis à l'unité de soins intensifs pour différentes raisons, mais aucun ne présentait de trouble médical relié à une infection par *B. cepacia* (par exemple, la fibrose kystique du pancréas ou la granulomatose septique chronique). L'électrophorèse en gel d'agarose de l'ADN a révélé que les isolats de *B. cepacia* provenant des 74 patients étaient similaires.

   *Que suggère l'isolement de la même souche bactérienne chez 74 patients ? De quelles informations supplémentaires aurait-on besoin ?*

2. On définit un cas d'infection, ou de colonisation, comme la présence d'une culture positive pour *B. cepacia,* préparée à partir d'un spécimen des voies respiratoires d'un patient quelconque de l'unité de soins intensifs. L'examen des dossiers de microbiologie des deux hôpitaux pour les deux années précédentes (soit de juin 1994 à août 1996) a mis au jour un seul cas d'infection par *B. cepacia* chez les patients des unités de soins intensifs.

   *Une fois que l'on a démontré l'augmentation du taux d'infection, de quelles autres informations a-t-on besoin relativement aux patients touchés ?*

3. Tous les patients infectés avaient été intubés et ventilés mécaniquement durant leur séjour à l'unité de soins intensifs. De plus, ils avaient tous reçu des soins courants de la bouche, y compris l'irrigation de la trachée avec une solution saline, l'aspiration trachéale de la salive et des débris, le nettoyage de la bouche à la polyvidone iodée et le rinçage avec un bain de bouche.

   *Selon vous, quelles sont les sources potentielles de* B. cepacia *?*

4. Les solutions saline et iodée, de même que l'eau, ont donné des cultures négatives pour *B. cepacia.* Les cultures préparées à partir du bain de bouche contenu dans des bouteilles scellées ont été positives pour *B. cepacia, Alcaligenes xylosoxidans* et *Pseudomonas fluorescens.*

   *Selon vous, quelle est la source de* B. cepacia *? Quelle est la réaction Gram de ces trois espèces de bactéries ?*

5. L'ingrédient actif du bain de bouche utilisé est le chlorure de cétylpyridinium, et la préparation ne renferme pas d'alcool.

   *Quels facteurs ont contribué à la survie des trois espèces de bactéries dans le bain de bouche ?*

6. Les trois bactéries appartiennent à des espèces à Gram négatif. La présence de la membrane externe caractéristique des parois Gram négatives permet généralement une plus grande résistance aux désinfectants et aux antiseptiques que les bactéries à Gram positif. L'ingrédient actif, un quat, peut être neutralisé par de la matière organique ; de plus, *Burkholderia* est souvent capable de métaboliser les quats.

   *Le bain de bouche utilisé à l'unité de soins intensifs présenterait-il un risque s'il était employé à la maison ?*

7. Des agents pathogènes peuvent se trouver en petit nombre dans de nombreux produits non stériles. Les patients mécaniquement ventilés sont particulièrement vulnérables aux agents pathogènes présents dans la bouche et les voies aériennes supérieures, parce qu'ils ne peuvent maintenir la fonction mucociliaire et le réflexe de la toux qui protègent d'ordinaire les voies respiratoires inférieures. Jusqu'à 60 % des patients intubés dans une unité de soins intensifs risquent de souffrir de pneumonie, et *B. cepacia* est responsable de 0,6 % de tous les cas de pneumonie associés à l'emploi d'un respirateur. Enfin, on a observé de nombreux cas d'infection par *B. cepacia* chez les patients atteints de fibrose kystique du pancréas.

SOURCE : Adapté de *Morbidity and Mortality Weekly Report,* vol. 47, n° 43, 6 novembre 1998, p. 926-928.

des groupements alkyle (alkylation) tels que $—CH_2CH_2OH$. L'oxyde d'éthylène tue tous les microbes et toutes les endospores, à condition que la période d'exposition dure de 4 à 18 h. C'est une substance toxique et explosive lorsqu'elle est pure, de sorte qu'on la mélange généralement avec un gaz non inflammable, par exemple du dioxyde de carbone ou du diazote. L'oxyde d'éthylène possède un grand pouvoir de pénétration, et c'est à cause de cet avantage qu'on l'a choisi pour stériliser les engins spatiaux qui se sont posés sur la Lune et sur Mars. Il était en effet impossible de stériliser par la chaleur les instruments électroniques placés à bord de ces engins.

Étant donné qu'ils ne nécessitent pas l'emploi de la chaleur, les gaz comme l'oxyde d'éthylène sont aussi couramment utilisés pour stériliser le matériel médical, en particulier les objets en plastique. De nombreux centres hospitaliers possèdent des stérilisateurs à l'oxyde d'éthylène, dont certains sont assez vastes pour qu'on puisse y placer des matelas. Il est même possible de désinfecter des locaux spécialisés et des chambres de malades contaminées. L'oxyde de propylène et la bêta-propiolactone sont aussi des stérilisants gazeux.

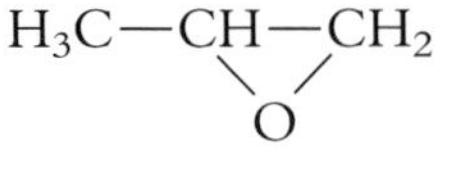

$$H_3C-CH-CH_2 \quad (\text{avec pont } O \text{ entre les deux derniers C})$$

Oxyde de propylène

$$H_2C-CH_2 \quad / \quad O-C{=}O$$

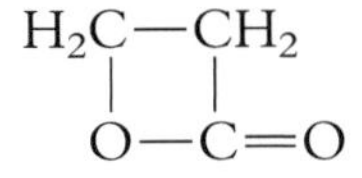

Bêta-propiolactone

Cependant, il est possible que tous ces gaz soient cancérogènes, en particulier la bêta-propiolactone. C'est pourquoi l'exposition du personnel hospitalier à l'oxyde d'éthylène employé dans les stérilisateurs est sujet d'inquiétude. La stérilisation en chambre fermée pourrait donc être remplacée par la *stérilisation au gaz plasma*. Cette méthode fait appel à des vapeurs de peroxyde d'hydrogène (dont nous parlons plus loin) soumises à des rayonnements à fréquence radioélectrique ou à des micro-ondes, de manière à obtenir des radicaux réactifs. Il n'y a pas de produit secondaire toxique pour les humains, et ces radicaux sont des désinfectants à action stérilisante.

### Les peroxydes + l'ozone (agents oxydants)

Les **peroxydes** et l'ozone sont des agents oxydants; ils exercent une action microbienne qui repose sur l'oxydation de constituants cellulaires des microbes visés.

L'*ozone* ($O_3$) est une forme très réactive d'oxygène produite lorsque cet élément est soumis à des décharges électriques à haute tension. On lui doit l'odeur d'air frais qui se dégage après un orage électrique, ou à proximité d'une étincelle électrique ou d'une lampe ultraviolette. On ajoute souvent de l'ozone au chlore pour désinfecter l'eau parce que l'ozone permet de neutraliser les saveurs et les odeurs. L'ozone est un agent antimicrobien plus efficace que le chlore, mais il est difficile de maintenir son activité résiduelle dans l'eau, et son coût est plus élevé que celui du chlore.

Le *peroxyde d'hydrogène* est un agent antiseptique que l'on trouve dans l'armoire à pharmacie de nombreux foyers et dans les réserves de fournitures des hôpitaux. Ce n'est pas un antiseptique approprié pour le traitement des plaies ouvertes, car il est susceptible de ralentir la cicatrisation. En effet, il se décompose rapidement en eau et en dioxygène ($O_2$) sous l'action d'une enzyme présente dans les cellules humaines, la catalase (chapitre 6, p. 175). Cependant, le peroxyde d'hydrogène est un désinfectant efficace pour les objets inanimés; dans ce cas il est même sporicide, surtout à des températures élevées. Sur une surface inerte, les enzymes des bactéries aérobies ou anaérobies facultatives, qui jouent normalement un rôle protecteur, sont inhibées par le peroxyde utilisé en forte concentration (de 10 à 20%). Compte tenu de ces facteurs, l'industrie alimentaire emploie de plus en plus le peroxyde d'hydrogène pour l'emballage aseptique (chapitre 28, p. 855). On plonge le matériau d'emballage dans une solution chaude de ce composé avant d'en faire des récipients. Par ailleurs, les utilisateurs de lentilles cornéennes connaissent bien la désinfection au peroxyde d'hydrogène. Lorsqu'ils ont procédé à cette étape, ils ont recours à un catalyseur, inclus dans le nécessaire à désinfection, pour détruire le peroxyde d'hydrogène résiduel de manière qu'il n'en reste plus sur les lentilles, parce qu'il pourrait être irritant.

Les agents oxydants peuvent être utiles pour irriguer les plaies profondes, où les molécules de dioxygène ($O_2$) libérées créent un milieu qui inhibe la croissance des bactéries anaérobies.

Le *peroxyde de benzoyle* est également employé pour le traitement des plaies infectées par des agents pathogènes anaérobies, mais il est mieux connu comme le principal ingrédient des médicaments en vente libre contre l'acné, qui est causée par l'infection des follicules pileux par une bactérie anaérobie.

L'*acide peracétique* est l'un des sporicides liquides les plus efficaces et il est considéré comme un stérilisant. Il agit généralement sur les endospores et les virus en 30 min, et il tue les bactéries végétatives et les mycètes en moins de 5 min. Cet acide a de nombreuses applications reliées à la désinfection des machines à préparer les aliments et du matériel médical, parce qu'il ne laisse pas de résidu toxique et qu'il est peu sensible à la présence de matière organique.

## Les caractéristiques des microbes et la lutte contre les microbes

### Objectif d'apprentissage

- *Expliquer de quelle façon la nature des microbes influe sur la lutte contre la croissance microbienne.*

De manière générale, les germicides sont plus efficaces contre les bactéries à Gram positif que contre les bactéries à Gram négatif. Ce fait est illustré dans la figure 7.11, qui établit une classification sommaire des principaux groupes de microbes en fonction de leur résistance relative aux germicides. La membrane externe de lipopolysaccharide des bactéries à Gram négatif est un facteur déterminant de cette résistance. Dans ce groupe de bactéries, celles qui appartiennent aux genres *Pseudomonas* et *Burkholderia* présentent un intérêt particulier. Elles sont étroitement apparentées, offrent une résistance exceptionnelle aux germicides (figure 7.6) et peuvent même croître dans certains désinfectants et antiseptiques, notamment dans les composés d'ammonium quaternaire. (Voir l'encadré de la page 220.) Nous constaterons au chapitre 20 que ces bactéries sont également résistantes à de nombreux antibiotiques. La résistance aux agents antimicrobiens dépend principalement des caractéristiques des *porines* (orifices structuraux de la paroi des bactéries à Gram négatif; figure 4.12c). Ces dernières sont très sélectives quant aux molécules qu'elles laissent entrer dans la cellule.

Les mycobactéries constituent également un groupe de bactéries qui ne produisent pas d'endospores et dont la résistance aux germicides est supérieure à la moyenne. Ce groupe comprend *Mycobacterium tuberculosis*, l'agent pathogène responsable de la tuberculose. La paroi cellulaire de cet organisme

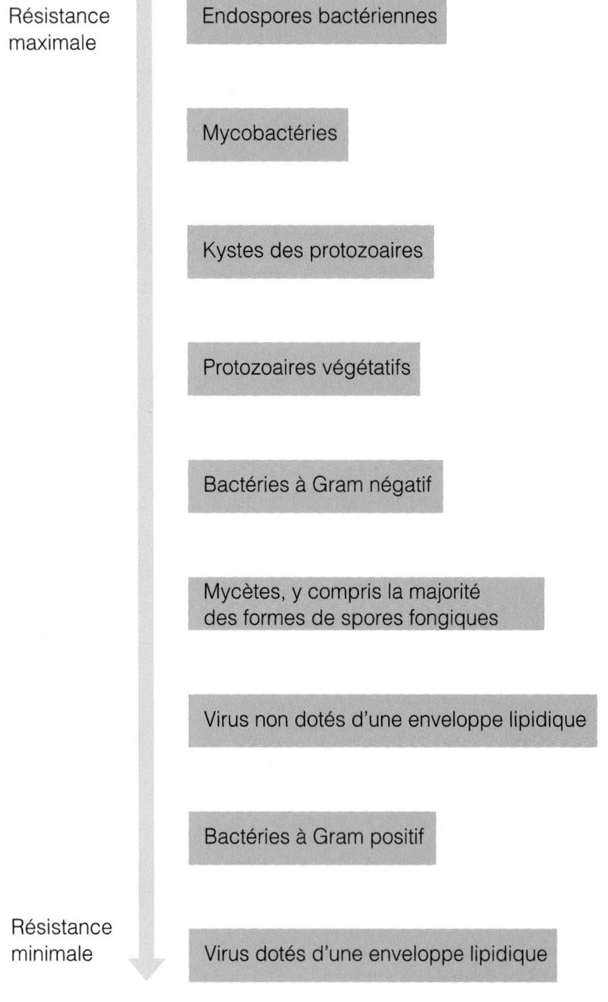


**FIGURE 7.11 Classification des microorganismes par ordre décroissant de la résistance aux germicides chimiques.**

| **Tableau 7.7** | ***Efficacité des agents antimicrobiens chimiques contre les endospores et les mycobactéries*** | |
|---|---|---|
| **Agent antimicrobien** | **Endospores** | **Mycobactéries** |
| Mercure | Effet nul | Effet nul |
| Phénol et dérivés | Peu efficace | Efficace |
| Bisphénols | Effet nul | Effet nul |
| Composés d'ammonium quaternaire (quats) | Effet nul | Effet nul |
| Chlore et dérivés | Moyennement efficace | Moyennement efficace |
| Iode | Peu efficace | Efficace |
| Alcools | Peu efficace | Efficace |
| Glutaraldéhyde | Moyennement efficace | Efficace |
| Chlorhexidine | Effet nul | Moyennement efficace |

et de certaines autres mycobactéries comporte un constituant cireux, riche en lipides. L'étiquette apposée sur un désinfectant précise souvent si celui-ci est tuberculocide, ce qui indique si le produit est efficace contre les mycobactéries. On a élaboré des épreuves d'effet tuberculocide pour évaluer spécifiquement l'efficacité des germicides contre les mycobactéries.

Peu de germicides agissent sur les endospores bactériennes. (L'effet des principaux types d'agents antimicrobiens contre les mycobactéries et les endospores est résumé dans le tableau 7.7.) Les spores et les kystes des protozoaires sont aussi relativement résistants aux désinfectants chimiques.

Les virus ne sont pas particulièrement résistants aux germicides, mais il faut distinguer les virus dotés d'une enveloppe lipidique de ceux qui ne le sont pas. Les agents antimicrobiens liposolubles sont en théorie plus efficaces contre les virus à enveloppe. Si c'est le cas, l'étiquette apposée sur un produit l'indique. Les virus qui ne possèdent pas d'enveloppe et sont recouverts uniquement d'une couche protéique sont plus résistants que les autres; peu de germicides agissent sur eux.

En résumé, il ne faut pas oublier que les méthodes de lutte contre les microbes, et en particulier l'usage de germicides, n'ont pas la même efficacité contre tous les microorganismes; le choix d'un désinfectant ou d'un antiseptique requiert donc une attention particulière.

* * *

Le tableau 7.8 présente la liste des principaux agents chimiques employés pour combattre les microbes.

Les composés dont il est question dans le présent chapitre ne sont généralement pas utiles pour le traitement de maladies. Étant donné que les antibiotiques sont employés en chimiothérapie, nous examinerons ces substances et les agents pathogènes qu'elles combattent dans le chapitre 20.

**Tableau 7.8** *Agents chimiques de lutte contre les microbes*

| Agent chimique | Mode d'action | Principales utilisations | Commentaires |
|---|---|---|---|
| **Phénol et dérivés phénolés** | | | |
| 1. Phénol | Rupture de la membrane plasmique et dénaturation des enzymes. | Rarement utilisé, sauf pour établir une comparaison. | Rarement utilisé comme désinfectant ou antiseptique parce qu'il est irritant et dégage une odeur désagréable. |
| 2. Dérivés phénolés | Rupture de la membrane plasmique et dénaturation des enzymes. | Surfaces environnementales, instruments médicaux souillés; surface de la peau et muqueuses. | Dérivés phénolés réactifs même en présence de matière organique; par exemple, o-phénylphénol (crésols). |
| 3. Bisphénols | Rupture probable de la membrane plasmique. | Désinfectants de surfaces culinaires; instruments médicaux; savons antiseptiques pour la peau, dentifrices. | Le triclosan est l'exemple le plus courant de bisphénol; large spectre d'activité, mais particulièrement efficaces contre les bactéries à Gram positif. L'hexachlorophène en est un autre. |
| **Biguanidines (chlorhexidine)** | Rupture de la membrane plasmique. | Nettoyage antiseptique de la peau, en particulier lors du lavage chirurgical des mains. | Agissent contre les bactéries à Gram positif et à Gram négatif; non toxiques et à action prolongée. |
| **Halogènes** | L'iode inhibe le fonctionnement des protéines et c'est un agent oxydant puissant; le chlore forme le monooxychlorate d'hydrogène, puissant agent oxydant qui altère les composants de la cellule; le fluor agit sur l'activité enzymatique. | L'iode est un antiseptique efficace sous la forme de teinture ou d'iodophore; on emploie le chlore gazeux pour la désinfection de l'eau, et les composés du chlore pour la désinfection de l'équipement de laiterie, des instruments médicaux, des couverts, des articles ménagers et de la verrerie; le fluor est ajouté dans l'eau potable, les dentifrices et les bains de bouche. | L'iode et le chlore agissent seuls ou en tant que constituants de composés inorganiques. |
| **Alcools** | Dénaturation des protéines et dissolution des lipides. | Désinfection de thermomètres et autres instruments; lors du nettoyage de la peau à l'alcool avant une injection, l'action désinfectante est probablement due en grande partie à la simple élimination par frottage de la poussière et de certains microbes. | Bactéricides et fongicides, non efficaces contre les endospores et les virus sans enveloppe; l'éthanol et l'isopropanol sont les alcools les plus couramment utilisés. |
| **Métaux lourds et leurs sels** | Dénaturation des enzymes et de diverses autres protéines essentielles. | Le nitrate d'argent peut être utilisé pour prévenir l'ophtalmie gonococcique du nouveau-né; le mercurochrome est un antiseptique pour la peau et les muqueuses; le sulfate de cuivre est un algicide. Les sels de cuivre et de zinc sont incorporés dans des onguents antiseptiques contre la peau irritée. | Certains métaux lourds, dont l'argent et le mercure, sont germicides. Le cuivre et le zinc sont des antimicrobiens. |

➤

**Tableau 7.8** *Agents chimiques de lutte contre les microbes (suite)*

| Agent chimique | Mode d'action | Principales utilisations | Commentaires |
|---|---|---|---|
| **Agents de surface** | | | |
| 1. Savons et détergents acides anioniques | Élimination mécanique des microbes lors du lavage. | Élimination des microbes et des débris présents sur la peau. | Plusieurs savons antibactériens contiennent des agents antimicrobiens. |
| 2. Détergents acides anioniques | Plus ou moins connu ; a peut-être trait à l'inactivation ou à la rupture d'enzymes. | Désinfectant utilisé dans l'industrie laitière et alimentaire. | Large spectre d'activité ; non toxiques, non corrosifs et à action rapide. |
| 3. Détergents cationiques (composés d'ammonium quaternaire) | Inhibition des enzymes, dénaturation des protéines et rupture de la membrane plasmique. | Antiseptique utilisé pour nettoyer la peau ; désinfectant pour les instruments, les ustensiles et les objets en caoutchouc. | Bactéricides, bactériostatiques et fongicides ; agissent de plus contre les virus dotés d'une enveloppe ; le Zephiran^MD^ et le Cepacol^MD^ sont des produits à base de quats. |
| **Acides organiques** | Inhibition du métabolisme affectant plus particulièrement les moisissures ; le mode d'action n'a rien à voir avec l'acidité. | L'acide sorbique et l'acide benzoïque sont efficaces dans un milieu à pH faible ; les parahydroxybenzoates sont couramment utilisés pour la fabrication de cosmétiques et de shampoings ; on ajoute du propionate de calcium au pain ; en majorité antifongiques. | Largement utilisés pour combattre les moisissures et certaines bactéries présentes dans les aliments et les cosmétiques. |
| **Aldéhydes** | Dénaturation des protéines. | Le glutaraldéhyde (Gidex^MD^) est moins irritant que le formaldéhyde ; on l'utilise pour la désinfection du matériel médical. | Agents antimicrobiens très efficaces. |
| **Stérilisants gazeux** | Dénaturation des protéines. | Excellents agents de stérilisation, surtout pour les objets qui risqueraient d'être endommagés par la chaleur ; stérilisation de locaux et de gros objets tels que des matelas. | L'oxyde d'éthylène est le plus couramment utilisé. |
| **Peroxydes et ozone (agents oxydants)** | Oxydation. | Surfaces contaminées ; certaines plaies profondes, à cause de leur efficacité contre les anaérobies sensibles à l'oxygène. | Le traitement à l'ozone remplace souvent la chloration ; le peroxyde d'hydrogène est un antiseptique médiocre mais un bon désinfectant ; l'acide peracétique est particulièrement efficace. |

## RÉSUMÉ

### LA TERMINOLOGIE DE LA LUTTE CONTRE LES MICROBES (p. 200-201)

**1.** La lutte contre les microbes vise à prévenir les infections et la détérioration des aliments.

**2.** On appelle stérilisation le processus qui consiste à détruire toutes les cellules vivantes, tous les microorganismes, toutes les endospores et tous les virus présents sur un objet.

**3.** On appelle stérilisation commerciale le traitement des conserves en boîte par la chaleur, qui vise à détruire les endospores de *C. botulinum*.

**4.** On appelle désinfection le processus qui vise à détruire, éliminer ou inhiber des agents potentiellement pathogènes et, enfin, à rendre le milieu impropre à leur prolifération. Un désinfectant est un produit antimicrobien utilisé exclusivement sur des supports inertes.

5. On appelle antisepsie le processus qui vise à détruire, éliminer ou inhiber des agents potentiellement pathogènes afin de prévenir une infection. Un antiseptique est un produit antimicrobien utilisé sur des tissus vivants.
6. On appelle décontamination les processus qui visent à éliminer ou à réduire le nombre de microbes sur des tissus vivants et sur des objets inertes à des taux considérés comme sans danger, de manière à respecter les normes d'hygiène et de santé publique.
7. L'asepsie est l'ensemble des mesures de contrôle antimicrobien destinées à empêcher toute entrée de microorganismes.
8. Le suffixe *-cide* signifie « tuer » et le suffixe *-statique,* « propre à arrêter ».
9. Le terme sepsie désigne l'infection par des bactéries; le terme septicité se rapporte au caractère septique et infectieux d'une maladie.

## LE TAUX DE MORTALITÉ D'UNE POPULATION MICROBIENNE (p. 201-203)

1. Dans une population microbienne soumise à un traitement par la chaleur ou par un agent antimicrobien, le taux de mortalité suit un rythme généralement constant.
2. Une courbe de décès tracée à l'échelle logarithmique est une droite dont la pente est égale au taux de mortalité.
3. Le temps requis pour détruire une population de microbes est proportionnel à la taille de la population.
4. La sensibilité à un agent physique ou chimique de lutte contre les microbes varie en fonction de plusieurs facteurs dont: les caractéristiques de l'espèce microbienne (dans le cas des endospores); la phase du cycle de vie du microbe (phase exponentielle); le nombre initial de microbes; la durée d'exposition au produit; la concentration du produit; les facteurs environnementaux, y compris les effets de la présence de matière organique, ceux de la température et du pH, ainsi que la nature du milieu de suspension.
5. La présence de matière organique peut réduire l'efficacité d'un traitement par la chaleur ou par un agent antimicrobien.
6. Une longue exposition à une température relativement peu élevée a généralement le même effet qu'une exposition plus courte à une température plus élevée.

## LE MODE D'ACTION DES AGENTS ANTIMICROBIENS (p. 203)

### L'altération de la paroi cellulaire (p. 203)

Les agents physiques ou chimiques qui détruisent ou font éclater la paroi entraînent la lyse de la cellule.

### L'altération de la perméabilité de la membrane (p. 203)

1. La sensibilité de la membrane cytoplasmique aux agents antimicrobiens est due au fait que certains de ses composants sont de nature lipidique ou protéique.
2. Certains agents antimicrobiens endommagent la membrane plasmique en modifiant sa perméabilité, ce qui perturbe tous les échanges cellulaires.

### La détérioration des protéines cytoplasmiques et des acides nucléiques (p. 203)

1. Certains agents antimicrobiens endommagent les protéines cellulaires en provoquant la rupture de liaisons hydrogène ou de liaisons covalentes. Les enzymes sont sensibles à la dénaturation, ce qui perturbe le métabolisme cellulaire.
2. D'autres agents antimicrobiens font obstacle à la réplication de l'ADN et de l'ARN, de même qu'à la synthèse des protéines. La reproduction cellulaire est alors impossible.

## LES MÉTHODES PHYSIQUES DE LUTTE CONTRE LES MICROBES (p. 204-211)

### La chaleur (p. 204-207)

1. On emploie fréquemment la chaleur pour éliminer les microorganismes.
2. La chaleur humide tue les microbes en dénaturant les enzymes.
3. On appelle valeur d'inactivation thermique (TDP) la température minimale à laquelle tous les microbes présents dans un milieu de culture liquide sont détruits en 10 min.
4. On appelle temps d'inactivation thermique (TDT) le temps minimal requis, à une température donnée, pour détruire toutes les bactéries présentes dans un milieu de culture liquide.
5. Le temps de réduction décimal (valeur D) est le temps requis, à une température donnée, pour détruire 90% d'une population de bactéries.
6. L'ébouillantage (100 °C) détruit beaucoup de cellules végétatives et de virus en 10 min.
7. La stérilisation en autoclave (vapeur sous pression) est la méthode de stérilisation par chaleur humide la plus efficace. La vapeur doit entrer directement en contact avec la matière à stériliser.
8. La pasteurisation rapide à haute température consiste à détruire les agents pathogènes par exposition à une température élevée pendant un court laps de temps (15 s à 72 °C), ce qui n'altère pas la saveur des aliments. On utilise le traitement à ultra-haute température (UHT; 3 s à 140 °C) pour stériliser les produits laitiers.
9. Les méthodes de stérilisation à la chaleur sèche comprennent le flambage direct, l'incinération et la stérilisation par air chaud. La chaleur sèche tue les microorganismes par oxydation.
10. Des méthodes différentes qui produisent le même effet (réduction de la croissance microbienne) sont appelées traitements équivalents.

### La filtration (p. 207-208)

1. La filtration d'une substance consiste à faire passer celle-ci à travers un filtre qui retient les microbes en raison de la faible dimension de ses pores.
2. On élimine les microbes de l'air au moyen d'un filtre à air à haute efficacité contre les particules.
3. On emploie couramment une membrane filtrante en nitrocellulose ou en acétate de cellulose pour filtrer les bactéries, les virus et même les grosses protéines.

### Les basses températures (p. 208-209)

1. L'efficacité des basses températures dépend de la nature du microorganisme et de l'intensité du traitement.

2. La majorité des microorganismes ne se reproduisent pas aux températures normales de réfrigération (de 0 à 7 °C).
3. Beaucoup de microbes survivent (mais ne croissent pas) aux températures inférieures à 0 °C, auxquelles on conserve les aliments.

### La dessiccation (p. 209)

1. Les microorganismes sont incapables de se développer en l'absence d'eau, mais ils peuvent demeurer viables.
2. Les virus et les endospores tolèrent la dessiccation.

### La pression osmotique (p. 209)

1. Les microorganismes plongés dans une solution à forte concentration en sel ou en sucre sont plasmolysés.
2. Les levures et les mycètes croissent mieux que les bactéries dans un milieu à faible teneur en eau.

### Les rayonnements (p. 209-211)

1. L'effet d'un rayonnement dépend de sa longueur d'onde, de son intensité et de sa durée.
2. Les rayonnements ionisants (rayons gamma, rayons X et faisceaux d'électrons à haute énergie) ont un grand pouvoir de pénétration ; leur principal effet est l'ionisation de l'eau, qui forme des radicaux hydroxyles très réactifs.
3. Les rayonnements ultraviolets (UV) sont une forme de rayonnement non ionisant ; ils ont un faible pouvoir de pénétration et endommagent les cellules en produisant des liaisons entre des thymines adjacentes dans l'ADN, dont la réplication est ainsi compromise. Les rayonnements les plus efficaces pour leur effet germicide ont une longueur d'onde de 260 nm.
4. Les micro-ondes peuvent détruire indirectement les microbes en chauffant l'eau présente dans la matière.

## LES MÉTHODES CHIMIQUES DE LUTTE CONTRE LES MICROBES (p. 211-221)

1. On emploie des agents chimiques comme antiseptiques sur les tissus vivants et comme désinfectants sur les objets inanimés.
2. Il existe peu d'agents chimiques capables d'assurer la stérilisation.

### Les principes d'une désinfection efficace (p. 211)

1. Il est important de tenir compte des propriétés et de la concentration d'un désinfectant.
2. Il faut aussi prendre en compte la présence de matière organique, le degré de contact avec les microorganismes, la durée d'exposition, la température et le pH.

### L'évaluation d'un désinfectant (p. 211-212)

1. La méthode dite des porte-germes peut servir à déterminer le taux de survie de bactéries (*S. choleræsuis, S. aureus* et *P. æruginosa*) dans une solution de désinfectant dont la concentration est conforme aux directives du manufacturier.
2. Les virus, les bactéries qui produisent des endospores, les mycobactéries et les mycètes peuvent aussi faire l'objet de la méthode des porte-germes.
3. La méthode de diffusion en gélose consiste à imprégner un disque de papier filtre d'une substance chimique, puis à le placer sur une gélose inoculée en boîte de Petri ; l'apparition d'une zone d'inhibition indique que la substance est efficace.

### Les types de désinfectants (p. 213-221)

#### *Le phénol et les dérivés phénolés* (p. 213-214)

Le phénol et les dérivés phénolés agissent en endommageant la membrane cytoplasmique. Ils ont peu d'effet antiseptique, mais ce sont des désinfectants efficaces.

#### *Les bisphénols* (p. 214-215)

Les bisphénols, comme le triclosan (vendu sans ordonnance) et l'hexachlorophène (vendu sur ordonnance), sont des antiseptiques d'usage courant pour les soins personnels de la peau.

#### *La chlorhexidine* (p. 215)

La chlorhexidine endommage la membrane cytoplasmique des cellules végétatives. Antiseptique utilisé en pré-opératoire ; l'Hibitane^MD^ est d'usage courant.

#### *Les halogènes* (p. 215-216)

1. On emploie des halogènes (par exemple l'iode, le chlore et le fluor) seuls ou en tant que constituants de solutions organiques ou inorganiques.
2. En se combinant à certains acides aminés, l'iode inactive les enzymes et d'autres protéines de la cellule.
3. L'iode est offert sur le marché sous la forme de teinture (solution renfermant aussi de l'alcool) ou d'iodophore (combiné à une molécule organique). La Betadine^MD^ et l'Isodine^MD^ (vendus sans ordonnance) sont des antiseptiques d'usage courant pour les soins de la peau.
4. L'action germicide du chlore repose sur le fait qu'il se forme de l'acide hypochloreux (HClO) quand on ajoute du chlore à l'eau.
5. Comme désinfectant, on utilise le chlore sous forme gazeuse ($Cl_2$) ou sous forme de composés tels que l'hypochlorite de calcium, l'hypochlorite de sodium (eau de Javel), le dichloroisocyanurate de sodium et les chloramines.
6. Le fluor agit contre les bactéries responsables de la carie dentaire ; on l'ajoute dans l'eau potable, les dentifrices et les bains de bouche.

#### *Les alcools* (p. 216)

1. Les alcools agissent en dénaturant les protéines et en dissolvant les lipides.
2. Sous forme de teintures, les alcools accroissent l'efficacité de divers autres agents antimicrobiens.
3. L'éthanol et l'isopropanol en solution aqueuse (de 60 à 95 %) sont utilisés comme désinfectants et antiseptiques.

#### *Les métaux lourds et leurs sels* (p. 216-218)

1. On utilise l'argent, le mercure, le cuivre et le zinc comme germicides.
2. L'action antimicrobienne des métaux lourds est de nature oligodynamique. La combinaison d'ions d'un métal lourd avec des groupements sulfhydryle (—SH) provoque la dénaturation des protéines.

### *Les agents de surface* (p. 218)

1. Les agents de surface, ou surfactants, réduisent la tension superficielle entre les molécules d'un liquide; les savons et les détergents en sont des exemples.
2. Les savons ont une action germicide limitée, mais ils contribuent à l'élimination des microorganismes lors du lavage.
3. On utilise des détergents anioniques pour nettoyer l'équipement de laiterie.

### *Les composés d'ammonium quaternaire (quats)* (p. 218)

1. Les quats sont des détergents cationiques liés à $NH_4^+$.
2. Les quats provoquent la rupture de la membrane plasmique, ce qui entraîne l'écoulement des constituants cytoplasmiques hors de la cellule.
3. Les quats sont particulièrement efficaces pour combattre les bactéries à Gram positif. Les plus courants sont le Zephiran[MD] et le Cepacol[MD].

### *Les additifs de conservation* (p. 218-219)

1. Le dioxyde de soufre et l'acide sorbique ou le sorbate de potassium – le sel le plus soluble de cet acide –, de même que le benzoate de sodium et le propionate de calcium inhibent le métabolisme des moisissures; c'est pourquoi on les utilise comme additifs de conservation dans les aliments.
2. Le nitrite et le nitrate sont des sels qui préviennent la germination des endospores de *Clostridium botulinum* dans la viande.

### *Les antibiotiques* (p. 219)

La nisine et la natamycine sont deux antibiotiques utilisés pour la conservation des aliments, en particulier du fromage.

### *Les aldéhydes* (p. 219)

1. Les aldhéhydes, tels que le formaldéhyde et le glutaraldéhyde, exercent une action antimicrobienne en inactivant les protéines.
2. Les aldéhydes comptent parmi les désinfectants chimiques les plus efficaces pour stériliser le matériel médical.

### *Les gaz stérilisants* (p. 219-221)

1. L'oxyde d'éthylène est le gaz le plus fréquemment utilisé comme stérilisant.
2. L'oxyde d'éthylène pénètre la majorité des substances et tue tous les microorganismes en dénaturant les protéines.

### *Les peroxydes et l'ozone (agents oxydants)* (p. 221)

1. L'ozone, le peroxyde d'hydrogène et l'acide peracétique sont des agents antimicrobiens.
2. Les peroxydes agissent en oxydant des molécules contenues dans les cellules.

## LES CARACTÉRISTIQUES DES MICROBES ET LA LUTTE CONTRE LES MICROBES (p. 221-224)

1. Les bactéries à Gram négatif sont généralement plus résistantes aux désinfectants et aux antiseptiques que les bactéries à Gram positif.
2. Les mycobactéries, les endospores, de même que les spores et les kystes des protozoaires sont très résistants aux désinfectants et aux antiseptiques.
3. Les virus sans enveloppe lipidique sont généralement plus résistants aux désinfectants et aux antiseptiques que les virus à enveloppe.

# AUTOÉVALUATION

## RÉVISION

1. Déterminez la cause de la mort des bactéries résultant de la détérioration:
   a) de la paroi cellulaire.
   b) de la membrane plasmique.
   c) des protéines.
   d) des acides nucléiques.
2. Le temps d'inactivation thermique pour des endospores de *B. subtilis* en suspension est de 30 min à la chaleur sèche et de 10 min en autoclave. Quel type de chaleur est le plus efficace? Justifiez votre réponse.
3. On sait que la pasteurisation n'est pas une méthode de stérilisation. Pourquoi donc pasteurise-t-on des aliments tels que le lait ou les jus de fruits?
4. La valeur d'inactivation thermique n'est pas considérée comme une mesure précise de l'efficacité de la stérilisation par la chaleur. Nommez deux autres données utiles en tant qu'indicateurs de la rigueur du traitement nécessaire pour tuer une population donnée de bactéries. Expliquez ce qui différencie chacun des concepts.
5. À quoi est dû l'effet antimicrobien des rayons gamma? À quoi est dû l'effet antimicrobien des rayonnements ultraviolets?
6. Le graphique suivant se rapporte à une culture bactérienne en phase de croissance exponentielle (*a*). À l'instant *x*, on a ajouté un composé antibactérien à la culture. Quelle courbe (ligne pleine ou pointillée) représente l'effet de l'addition d'un agent bactéricide? d'un agent bactériostatique? Justifiez vos réponses et expliquez pourquoi le nombre de cellules viables ne tombe pas immédiatement à zéro à l'instant *x*.

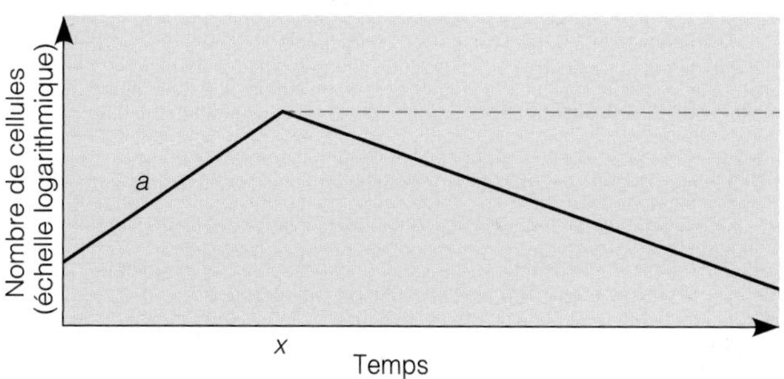

7. Les sels et les sucres sont utilisés pour conserver des aliments.
   a) Expliquez l'effet conservateur du sel et des sucres.
   b) Comment expliquez-vous le fait que la moisissure *Penicillium* se développe parfois dans une gelée de fruits contenant 50 % de saccharose ?

8. Énumérez quelques facteurs dont il faut tenir compte lors du choix d'un désinfectant. De quel facteur essentiel faut-il tenir compte lors du choix d'un antiseptique ?

9. Déterminez le mode d'action et au moins une utilisation courante des désinfectants suivants.
   a) Les dérivés phénolés
   b) L'iode
   c) Le chlore
   d) L'alcool
   e) Les métaux lourds
   f) Les aldéhydes
   g) L'oxyde d'éthylène
   h) Les agents oxydants

10. Une épreuve qui mesure l'activité bactéricide a fourni les valeurs suivantes pour deux désinfectants évalués dans des conditions identiques : désinfectant $A - 1:2$ ; désinfectant $B - 1:10\ 000$. Si les deux produits sont destinés à un même usage, lequel choisiriez-vous ? Justifiez votre réponse.

## QUESTIONS À CHOIX MULTIPLE

1. Laquelle des méthodes suivantes *ne* détruit *pas* les endospores ?
   a) Stérilisation en autoclave
   b) Incinération
   c) Stérilisation par air chaud
   d) Pasteurisation
   e) Aucune des méthodes ci-dessus

2. Lequel des éléments suivants peut servir pour la stérilisation de matelas ou de boîtes de Petri en plastique ?
   a) Le chlore
   b) L'oxyde d'éthylène
   c) Le glutaraldéhyde
   d) La stérilisation en autoclave
   e) Les rayonnements non ionisants

3. Lequel des désinfectants suivants *n'*agit *pas* en provoquant la rupture de la membrane plasmique ?
   a) Dérivés phénolés
   b) Phénol
   c) Composés d'ammonium quaternaire
   d) Halogènes
   e) Chlorhexidine

4. Lequel des éléments suivants *ne* peut *pas* servir pour la stérilisation d'une solution thermolabile entreposée dans un récipient en plastique ?
   a) Rayons gamma
   b) Oxyde d'éthylène
   c) Rayonnements non ionisants
   d) Autoclave
   e) Rayonnements à faible longueur d'onde

5. Laquelle des expressions suivantes *ne* représente *pas* une caractéristique des composés d'ammonium quaternaire ?
   a) Bactéricide qui s'attaque aux bactéries à Gram positif
   b) Sporicide
   c) Amœbicide
   d) Fongicide
   e) Agent de lutte contre les virus à enveloppe

6. Laquelle des méthodes suivantes est probablement bactéricide ?
   a) La filtration au moyen d'une membrane
   b) L'emploi de rayonnements ionisants
   c) La dessiccation
   d) La surgélation
   e) Toutes ces méthodes sont également bactéricides.

7. Lesquelles des substances suivantes utilise-t-on pour prévenir la croissance microbienne dans les aliments ?
   a) Les acides carboxyliques tels que l'acide sorbique
   b) Les alcools
   c) Les aldéhydes
   d) Les métaux lourds
   e) Toutes les substances énumérées ci-dessus

8. Laquelle des substances suivantes utilise-t-on pour procéder à un lavage chirurgical des mains en milieu hospitalier ?
   a) La chlorhexidine
   b) Le phénol
   c) L'alcool
   d) Les composés d'ammonium quaternaire
   e) Toutes les substances énumérées ci-dessus

L'utilisation de la méthode des porte-germes pour tester quatre désinfectants employés pour combattre *Salmonella cholerœsuis* a fourni les données contenues dans le tableau suivant. Utilisez ces informations pour répondre aux questions 9 et 10.

| | Croissance bactérienne après l'exposition au | | | |
|---|---|---|---|---|
| Dilution | Désinfectant A | Désinfectant B | Désinfectant C | Désinfectant D |
| 1:2 | – | + | – | – |
| 1:4 | – | + | – | + |
| 1:8 | – | + | + | + |
| 1:16 | + | + | + | + |

9. Quel désinfectant est le plus efficace ? A

10. Quel(s) désinfectant(s) est (sont) bactéricide(s) ?
    a) A, B, C et D
    b) A, C et D
    c) A seulement
    d) B seulement
    e) Aucun des désinfectants ci-dessus

## QUESTIONS À COURT DÉVELOPPEMENT

1. En appliquant la méthode de diffusion en gélose pour évaluer trois désinfectants, on a obtenu les résultats suivants.

| Désinfectant | Zone d'inhibition |
|---|---|
| X | 0 mm |
| Y | 5 mm |
| Z | 10 mm |

   a) Quel désinfectant est le plus efficace ?
   b) Pouvez-vous déterminer si le composé Y est bactéricide ou bactériostatique ? Justifiez votre réponse.

2. Pourquoi chacune des bactéries suivantes est-elle résistante à plusieurs désinfectants ?
   a) *Mycobacterium*
   b) *Pseudomonas*
   c) *Bacillus*

**3.** En utilisant la méthode des porte-germes pour évaluer l'efficacité de deux désinfectants contre *Salmonella cholerœsuis,* on a obtenu les résultats suivants :

| Durée d'exposition (min) | Croissance bactérienne après l'exposition au Désinfectant A | Désinfectant B dilué dans de l'eau distillée | Désinfectant B dilué dans de l'eau du robinet |
|---|---|---|---|
| 10 | + | – | + |
| 20 | + | – | – |
| 30 | – | – | – |

**a)** Quel désinfectant est le plus efficace ?

**b)** Peut-on se fier à ces résultats pour connaître le désinfectant que l'on devrait utiliser pour combattre *Staphylococcus aureus* ? Justifiez votre réponse.

**4.** On a préparé deux suspensions de $10^5$ bactéries d'échantillon d'*E. coli* pour déterminer le pouvoir de destruction des micro-ondes ; sur le graphique, cette quantité de bactéries est exprimée par le chiffre 5 à l'échelle logarithmique. Dans l'expérience, on a exposé l'une des suspensions telle quelle aux micro-ondes ; la deuxième suspension a d'abord été lyophilisée, puis exposée aux rayonnements. Dans le graphique ci-dessous, les traits en pointillé indiquent la température des deux échantillons en fonction du temps.

**a)** Pourquoi les températures des deux échantillons sont-elles différentes ?

**b)** Dans quelle suspension les micro-ondes détruiront-elles probablement le plus grand nombre de microorganismes ? Justifiez votre réponse en utilisant les données du graphique.

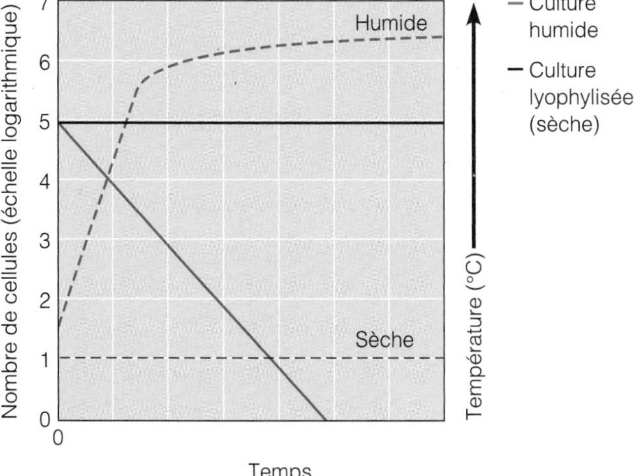


## APPLICATIONS CLINIQUES

*N. B. Certaines de ces questions nécessitent que vous cherchiez des réponses dans les différents chapitres du livre.*

**1.** Sébastien est préposé aux malades dans le service de gériatrie d'un grand hôpital. Il lave les patients dans une baignoire en acier inoxydable et, après chaque usage, il doit nettoyer la baignoire avec un produit à base de quat, que l'on utilise depuis quelques semaines seulement. On signale à l'infirmière en chef que 14 patients sur 20 ont contracté une infection de plaies à *Pseudomonas*. Elle soupçonne que l'infection est liée aux bains.

À la suite de quelles circonstances cette bactérie peut-elle se trouver dans la baignoire ? Le choix du désinfectant a-t-il un rapport avec le taux élevé d'infections ? Justifiez votre réponse. Quels facteurs hospitaliers augmentent les risques d'infection dans la situation présente ? (*Indice :* voir le chapitre 14.)

**2.** Les administrateurs d'une clinique privée ont décidé de faire des économies. Ils demandent au personnel d'augmenter la dilution des produits désinfectants pour obtenir de plus grandes quantités ; ils exigent également une accélération de la cadence des techniques de soins et, par ricochet, une réduction du temps consacré à la désinfection et à l'antisepsie. Plusieurs membres du personnel soignant protestent vivement. À votre avis, quels seraient les arguments invoqués dans cette situation par le personnel ?

**3.** Entre le 9 mars et le 12 avril, cinq malades chroniques traités dans un hôpital par dialyse péritonéale contractent une infection à *Pseudomonas œruginosa.* Par suite de cette infection, quatre de ces patients présentent une péritonite (inflammation du péritoine) et le cinquième, une infection de la peau au point d'introduction du cathéter. Les patients atteints de péritonite ont un peu de fièvre ; leur liquide péritonéal est trouble et ils ont des douleurs abdominales. On avait posé aux cinq malades une sonde péritonéale à demeure, sonde que le personnel infirmier nettoyait au moyen d'une gaze hydrophile imprégnée d'une solution d'iodophore (Betadine^MD^), chaque fois que le cathéter était raccordé à la tubulure du dialyseur ou en était débranché. Les portions requises d'iodophore étaient transférées de bouteilles standard à des flacons destinés à une utilisation immédiate. Les cultures effectuées à partir du dialysat concentré et d'échantillons provenant des parties internes du dialyseur ont toutes été négatives ; une culture pure de *P. œruginosa* a été obtenue à partir de l'iodophore contenu dans l'un des petits flacons en plastique.

Quelle technique inappropriée a été à la source de l'infection ? Justifiez votre réponse.

**4.** Dans un service de chirurgie orthopédique, onze patients ont contracté une arthrite septique attribuable à *Serratia marcescens*, une bactérie à Gram négatif que l'on trouve dans l'environnement hospitalier. On procède à la vérification du contenu des bouteilles scellées de méthylprednisolone qui portent le même numéro de lot que le liquide utilisé, et on constate qu'il est stérile ; la méthylprednisolone était conservée à l'aide d'un quat. Le bouchon en caoutchouc des flacons pour injection à usages multiples était nettoyé avec un tampon d'ouate avant que le médicament ne soit prélevé avec une seringue jetable. Le point cutané d'injection était également nettoyé avec un tampon d'ouate. Les tampons étaient imprégnés de chlorure de benzalkonium (Zephiran^MD^), et on renouvelait au fur et à mesure le contenu de la jarre servant à l'entreposage des tampons. On constate que les flacons usagés de médicament et la jarre sont infectés par *S. marcescens.*

Quelles sont les sources de contamination de la jarre ? des flacons de médicament ? De quelle façon l'infection s'est-elle transmise ? Quels ont été les éléments erronés de la procédure suivie, et en quoi sont-ils liés à la contamination subséquente des patients ?

**5.** Jacinthe doit utiliser du matériel stérile à la clinique dentaire où elle vient d'être embauchée. Le dentiste lui donne trois conseils à suivre afin que le matériel soit véritablement stérile au moment de son utilisation. Quels sont ces trois conseils ?

**6.** Jean-Pierre est un homme de 58 ans atteint d'une septicémie. Son médecin soupçonne que le cathéter mis en place pour le soigner est la cause de l'infection. Il demande au laboratoire de réaliser une culture à partir du cathéter. Les cultures mettent en évidence la présence de *Staphylococcus aureus* à coagulase négative, de *Corynebacterium* et de *Propionibacterium.* Le médecin pense aussi que ces bactéries ont formé des biofilms à la surface du cathéter. (*Indice :* voir les chapitres 22 et 27.)

La présence de biofilms bactériens risque de compliquer le traitement antimicrobien. Quelle est votre explication de la situation ?

# Chapitre 8 La génétique microbienne

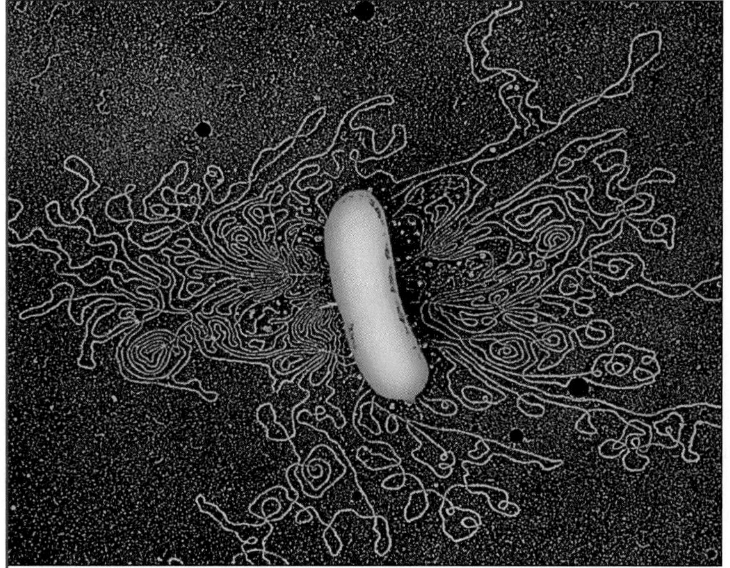

*Chromosome bactérien. Le chromosome unique s'enroule normalement sur lui-même dans un petit espace de la cellule bactérienne. On voit ici une cellule d'*E. coli *dont le chromosome s'est répandu par suite de la rupture de la paroi cellulaire et de la membrane plasmique.*

Presque tous les traits microbiens dont il a été question dans les chapitres précédents sont gouvernés ou influencés par l'hérédité. Les traits héréditaires des microbes comprennent leur forme et leurs caractéristiques structurales, leur métabolisme, leur capacité de se déplacer ou d'entreprendre certaines actions, et celle d'interagir avec d'autres organismes – causant parfois des maladies. Chacun de ces organismes transmet ses caractéristiques à sa descendance au moyen de gènes, c'est-à-dire les unités du matériel héréditaire contenant l'information qui détermine ces caractéristiques.

La génétique constitue un outil indispensable à la compréhension de plusieurs concepts en microbiologie. Par exemple, beaucoup d'antibiotiques agissent sur la synthèse des protéines, dont ils inhibent certaines étapes. Savoir comment l'information biologique passe des gènes aux protéines nous permet de comprendre comment certains antibiotiques exercent leur action, ce qui ouvre la porte à l'élaboration de nouvelles armes pour combattre la maladie.

À l'heure actuelle, les chercheurs tentent de résoudre le problème médical épineux de la résistance aux antibiotiques qui devient de plus en plus répandue chez les microbes. Un microorganisme peut devenir résistant aux antibiotiques de plusieurs façons mais, quel qu'en soit le mécanisme, cette résistance a toujours sa source dans une information génétique. Les microbes résistants ont réussi à obtenir un gène ou un ensemble de gènes qui s'opposent à l'action de l'antibiotique.

Les maladies émergentes offrent un autre exemple de l'importance d'être au fait de la génétique. Les nouvelles maladies résultent de changements héréditaires qui s'opèrent chez certains organismes existants. À l'heure actuelle, les biologistes se servent de la génétique pour découvrir les liens de parenté entre les organismes et établir comment la vie a évolué sur Terre. C'est en étudiant leurs gènes, entre autres structures, que Carl Woese a découvert qu'il y a deux types de procaryotes, les bactéries et les archéobactéries.

# La structure et la fonction du matériel héréditaire

**Objectifs d'apprentissage**

- *Définir la génétique, le génome, le chromosome, le gène, le code génétique, le génotype, le phénotype et la génomique.*
- *Décrire comment l'ADN sert de support pour l'information génétique.*

La **génétique** est la science de l'hérédité; elle a pour objet d'élucider ce que sont les gènes, comment ils conservent l'information, comment ils se répliquent et sont transmis d'une génération de cellules à la suivante ou d'un organisme à l'autre, et comment l'expression de leur information au sein de l'organisme détermine les traits particuliers de cet organisme. L'information génétique de la cellule s'appelle **génome.** Le génome de la cellule est organisé en chromosomes. Les **chromosomes** sont des structures contenant l'ADN, qui constitue le support physique de l'information héréditaire; les chromosomes sont composés de gènes. Les **gènes** sont des segments d'ADN (excepté chez certains virus où ils sont formés d'ARN) qui déterminent la synthèse de produits fonctionnels tels que les protéines. Nous avons vu au chapitre 2 (p. 54) que l'ADN est une macromolécule constituée d'une suite d'unités appelées *nucléotides.* Rappelons que chaque nucléotide est composé d'une base azotée (adénine, thymine, cytosine ou guanine), d'un désoxyribose (un sucre du groupe des pentoses) et d'un groupement phosphate (figure 2.17). Le modèle de la double hélice représente la molécule d'ADN comme une échelle spiralée dans la cellule. Les montants de cette échelle sont constitués de deux longs brins de nucléotides. Chaque brin est une chaîne de sucres alternant avec des groupements phosphate – le *squelette sucre-phosphate.* Les barreaux de l'échelle sont constitués de bases azotées, dont chacune est liée à un sucre du squelette. Les deux brins sont retenus ensemble par des liaisons hydrogène entre les bases azotées. Les **paires de bases** sont toujours formées suivant une règle précise: l'adénine est toujours associée à la thymine et la cytosine à la guanine. Grâce à cette règle très spécifique, la séquence des bases d'un brin d'ADN détermine celle de l'autre brin. Ainsi, les deux brins d'ADN sont *complémentaires.* On peut se représenter ces séquences complémentaires d'ADN comme l'épreuve positive d'une photographie et son négatif.

La structure de l'ADN permet d'expliquer deux caractéristiques importantes du stockage de l'information biologique. Premièrement, la séquence linéaire des bases représente l'information elle-même. L'information héréditaire est codée dans la séquence de bases le long du brin d'ADN. On peut comparer cela à la langue écrite, qui fait appel à des séquences linéaires de lettres pour former des mots et des phrases. Toutefois, le langage génétique possède un alphabet qui ne contient que quatre lettres – les quatre bases azotées de l'ADN (ou de l'ARN). Mais 1 000 de ces quatre bases, soit le nombre qu'on trouve en moyenne dans un gène, permettent $4^{1\,000}$ permutations. Ce nombre astronomique explique comment les gènes peuvent être assez différents les uns des autres pour fournir toute l'information requise par la cellule pour croître et accomplir ses fonctions. Le **code génétique,** c'est-à-dire l'ensemble des règles qui déterminent comment une séquence de nucléotides est convertie en une séquence d'acides aminés pour former une protéine, sera examiné en détail plus loin dans le présent chapitre.

Deuxièmement, la structure complémentaire rend possible la duplication précise de l'ADN durant la division cellulaire. Encore une fois, considérez l'analogie de la photographie: si vous possédez le négatif, vous pouvez toujours tirer une nouvelle épreuve positive. Il en est de même pour l'ADN: sachant la séquence d'un brin, on connaît du même coup celle du brin complémentaire.

Une grande part du métabolisme cellulaire est consacrée à la traduction des messages contenus dans les gènes en vue de produire des protéines spécifiques. Le code inscrit dans un gène détermine habituellement la synthèse d'une molécule d'ARN messager (ARNm) qui dirige la formation d'une protéine. Mais le produit du gène peut aussi être une molécule d'ARN ribosomal (ARNr) ou d'ARN de transfert (ARNt). Nous verrons bientôt que tous ces types d'ARN interviennent dans la synthèse des protéines. Quand la molécule dont un gène détient le code est finalement produite (par exemple, une protéine), on dit que le gène est *exprimé.*

## Le génotype et le phénotype

Le **génotype** d'un organisme est son bagage héréditaire, l'information codée qui détermine tous ses traits particuliers. Le génotype représente les propriétés *potentielles,* non pas les propriétés elles-mêmes. Le **phénotype** désigne les propriétés *réelles, exprimées,* telles que la capacité, pour un organisme, d'exécuter une réaction chimique particulière. En conséquence, le phénotype est la manifestation du génotype.

Sur le plan moléculaire, le génotype d'un organisme est la collection de gènes qu'il possède, son ADN entier. Qu'est-ce qui constitue le phénotype de l'organisme au niveau moléculaire? Dans un certain sens, le phénotype d'un organisme est sa collection de protéines. La plupart des propriétés de la cellule découlent de la structure et des fonctions de ses protéines. Chez les microbes, la plupart des protéines sont soit enzymatiques (elles catalysent des réactions précises), soit structurales (elles font partie de grands complexes fonctionnels tels que les membranes et les ribosomes). Même les phénotypes qui dépendent de macromolécules structurales qui ne sont pas des protéines (mais plutôt des lipides ou des polysaccharides) sont gouvernés indirectement par des protéines. Par exemple, la structure d'un lipide ou d'un polysaccharide complexe résulte de l'activité catalytique d'enzymes qui synthétisent ces molécules, les traitent et les dégradent. Par conséquent, même s'il n'est pas tout à fait exact de dire que les phénotypes sont dus seulement à des protéines, c'est là une simplification utile.

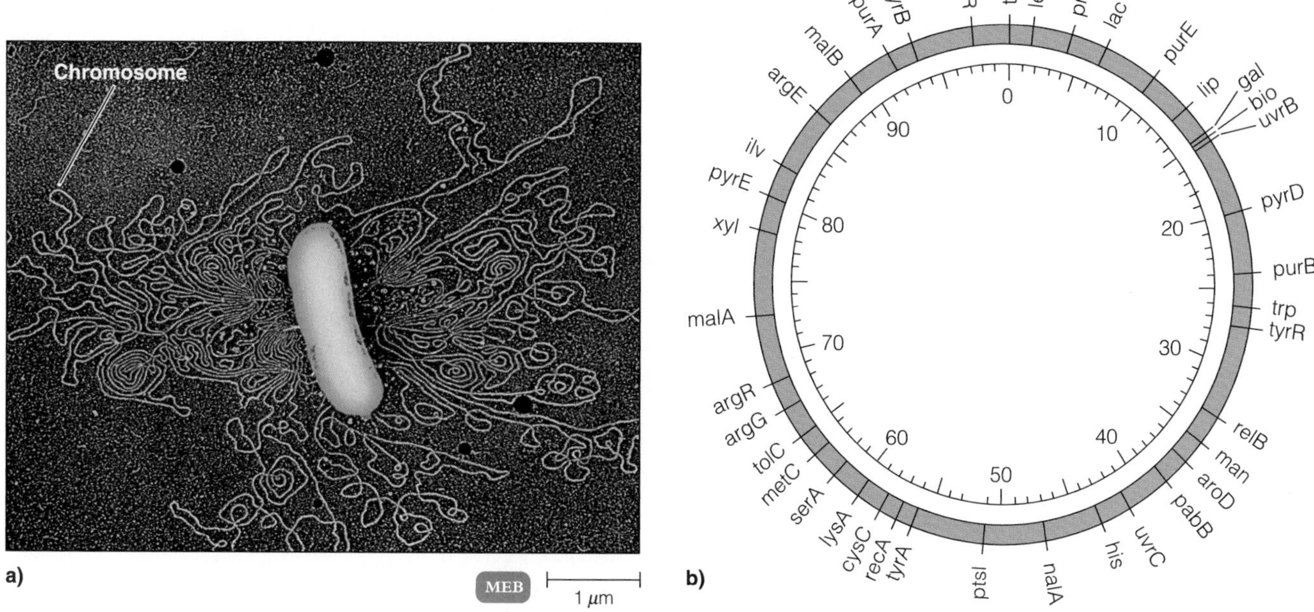


**FIGURE 8.1 Chromosomes. a)** Chromosome procaryote. La masse enchevêtrée et les filaments enroulés d'ADN qui émergent de cette cellule éventrée d'*E. coli* font partie de son chromosome unique. **b)** Carte génétique du chromosome d'*E. coli*. Les nombres représentent des minutes et correspondent au temps requis pour transférer les gènes d'une cellule donneuse à une cellule receveuse.

## L'ADN et les chromosomes

En règle générale, les bactéries possèdent un seul chromosome circulaire qui consiste en une molécule unique d'ADN associée à des protéines. Le chromosome forme des boucles et des replis (figure 8.1a) et il est relié par un ou plusieurs points d'attache à la membrane plasmique. L'ADN d'*E. coli*, l'espèce bactérienne la plus étudiée, comprend environ 4 millions de paires de bases et mesure à peu près 1 mm de long – 1 000 fois la longueur de la cellule entière. Toutefois, l'ADN étant très mince et bien tassé dans la cellule, cette macromolécule toute en spirales et en lacets finit par occuper seulement quelque 10 % du volume de l'organisme.

La position des gènes sur le chromosome bactérien est révélée par des expériences sur le transfert des gènes d'une cellule à l'autre. Nous reviendrons sur ces processus plus loin dans le chapitre. La carte du chromosome bactérien qu'on obtient ainsi est divisée en minutes qui correspondent au temps nécessaire pour que les gènes soient transférés d'une cellule donneuse à une cellule receveuse (figure 8.1b).

Au cours des dernières années, on a établi la séquence de bases complète de plusieurs chromosomes bactériens. Le séquençage et la caractérisation moléculaire des génomes s'appelle **génomique.** Les questions les plus importantes sur lesquelles on se penche en génétique portent sur la façon dont les cellules utilisent l'information génétique à leur disposition.

## La circulation de l'information génétique

La réplication de l'ADN rend possible la transmission de l'information génétique d'une génération à la suivante. La figure 8.2 montre que l'ADN de la cellule se réplique avant la division cellulaire, si bien que chaque cellule fille reçoit un chromosome identique à celui de la cellule mère. Au sein de la cellule dont le métabolisme est actif, l'information génétique contenue dans l'ADN circule aussi d'une autre façon : elle est transcrite en ARNm, puis traduite en protéines. L'information génétique circule encore d'une autre façon : grâce à la recombinaison, elle est transférée entre les cellules d'une même génération. Nous reviendrons plus loin dans le présent chapitre sur la synthèse des protéines et sur les processus de la recombinaison.

## La réplication de l'ADN

### Objectif d'apprentissage

- *Décrire le processus de la réplication de l'ADN.*

Lors de la réplication de l'ADN, une molécule « parentale » d'ADN bicaténaire est convertie en deux molécules « filles » identiques. La structure complémentaire de la séquence des bases azotées est la clé qui permet de comprendre la réplication de l'ADN. Comme les bases qui se suivent le long des brins de la double hélice d'ADN sont complémentaires,

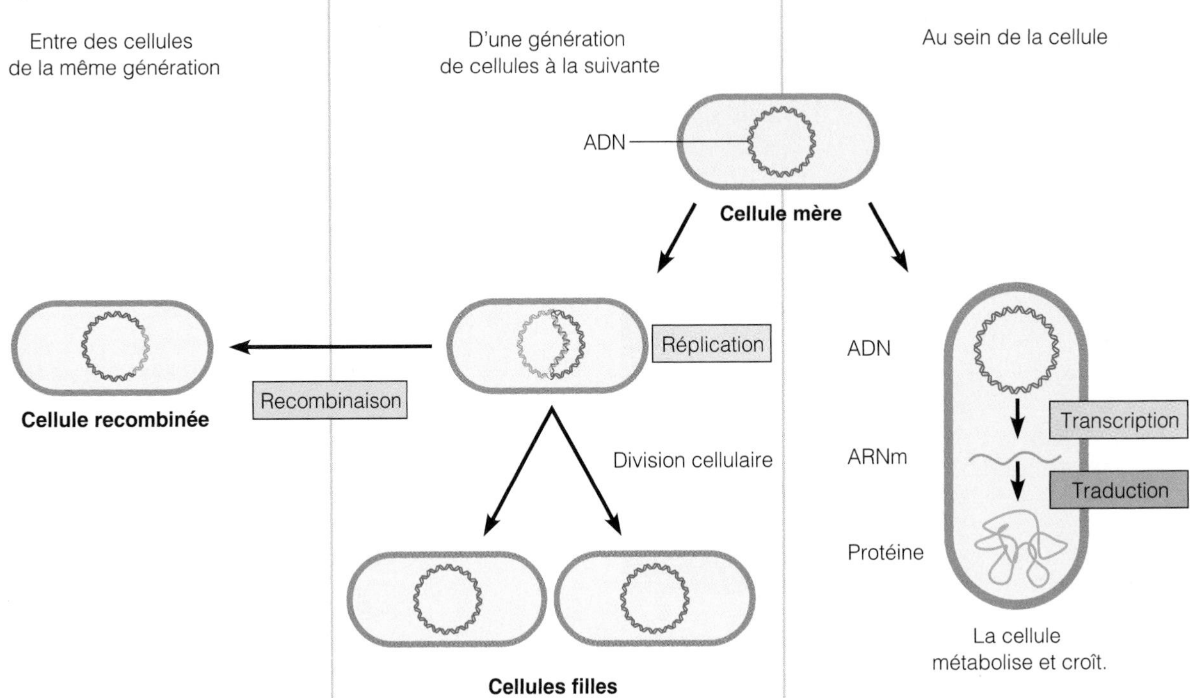


**FIGURE 8.2 Vue d'ensemble de la circulation de l'information génétique.** L'information génétique peut être transmise d'une génération de cellules à la suivante, grâce à la réplication de l'ADN. À l'occasion, de l'information génétique peut être transférée entre les cellules d'une même génération, grâce à la recombinaison. L'information génétique est aussi utilisée au sein de la cellule pour produire les protéines qui lui permettent de fonctionner, grâce à la transcription et à la traduction. La cellule représentée ici est une bactérie ayant un chromosome circulaire unique. Cette illustration sera reproduite en format réduit à côté de certaines figures du présent chapitre pour faire ressortir les relations entre les différents processus.

■ Tous ces processus peuvent se dérouler en même temps dans la cellule bactérienne. Quel processus aboutit à la reproduction?

chaque brin peut servir de *matrice* pour la production du brin opposé (figure 8.3).

La réplication de l'ADN nécessite la présence de protéines enzymatiques cellulaires dont l'action est orchestrée de façon à produire une suite d'événements précis. Quand la réplication débute, les deux brins de l'ADN parental sont déroulés et séparés l'un de l'autre sur une courte distance. Des nucléotides libres, présents dans le cytoplasme de la cellule, se lient aux bases exposées des brins simples d'ADN, suivant les règles d'appariement. Là où il y a des thymines sur le brin d'origine, seules des adénines peuvent se mettre en place pour former le nouveau brin; là où il y a des guanines sur le brin d'origine, seules des cytosines peuvent être en face, et ainsi de suite. Les bases qui ne sont pas appariées correctement sont remplacées par les enzymes de réplication afin d'obtenir une réplique conforme du brin d'ADN original. Une fois en place, le nouveau nucléotide est lié au brin d'ADN naissant par une enzyme appelée **ADN polymérase.** Puis, l'ADN d'origine s'ouvre un peu plus pour permettre l'ajout des nucléotides suivants. L'endroit où la réplication s'effectue s'appelle *fourche de réplication*; il s'agit d'une région en forme d'Y où les nouveaux brins d'ADN subissent une élongation.

Au fur et à mesure que la fourche de réplication se déplace le long de l'ADN d'origine, chacun des brins simples exposés se combine à de nouveaux nucléotides. L'ancien brin et le brin nouvellement synthétisé s'enroulent alors en double hélice. Puisque chacune des deux nouvelles molécules d'ADN bicaténaire contient un brin qui a été conservé de la molécule d'origine et un nouveau brin, le processus de la réplication porte le nom de **réplication semi-conservatrice.**

Avant d'étudier la réplication plus en détail, examinons de plus près la structure de l'ADN (figure 2.17). Il est important de comprendre que les deux brins d'ADN appariés

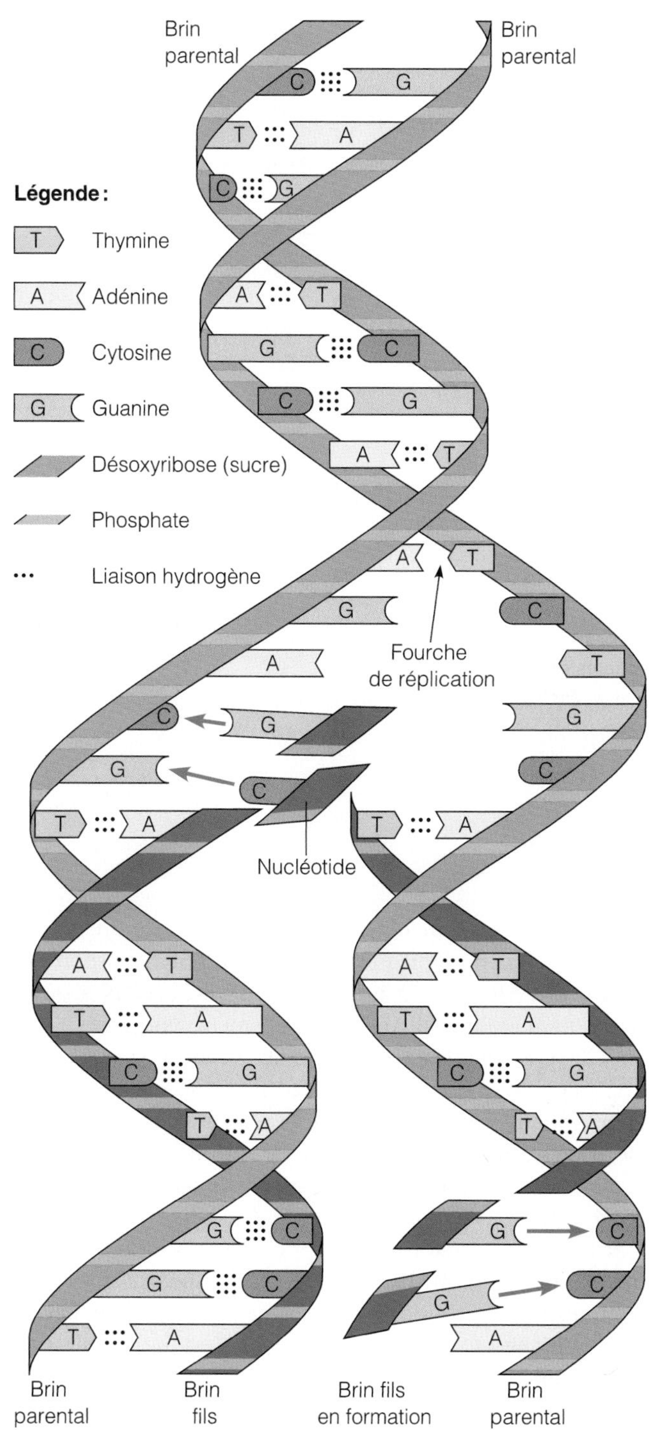


**FIGURE 8.3 Réplication de l'ADN.** La double hélice de l'ADN, qui sert de matrice parentale, se sépare quand les liaisons hydrogène faibles entre les nucléotides des brins opposés cèdent sous l'action des enzymes de réplication. Ensuite, les nouveaux nucléotides s'apparient aux nucléotides de chaque brin de la matrice parentale pour former de nouvelles paires de bases complémentaires unies par des liaisons hydrogène. Des enzymes catalysent la formation de liaisons sucre-phosphate entre les nucléotides qui se suivent sur chacun des brins fils ainsi créés.

■ Qu'entend-on par réplication semi-conservatrice ?

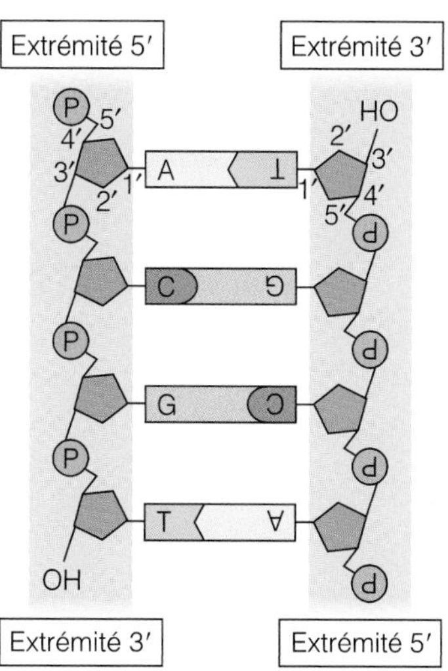


**FIGURE 8.4 Les deux brins d'ADN sont antiparallèles.** Le squelette sucre-phosphate d'un des brins est inversé par rapport à celui de l'autre brin. Tenez le livre à l'envers pour vous en convaincre.

sont orientés dans des directions opposées l'un par rapport à l'autre. Remarquez à la figure 2.17 que les atomes de carbone du sucre de chaque nucléotide sont numérotés de 1′ à 5′ (le signe prime permet de distinguer les atomes de carbone du sucre de ceux des bases azotées). Pour que les bases appariées soient en face l'une de l'autre, les sucres dans un brin doivent être à l'envers par rapport à ceux dans l'autre brin. L'extrémité qui porte un groupement hydroxyle attaché au carbone 3′ est appelée extrémité 3′; l'extrémité avec un groupement phosphate attaché au carbone 5′ s'appelle extrémité 5′. Pour que les deux brins s'épousent bien, la direction 5′ → 3′ d'un des brins doit être l'inverse de la direction 5′ → 3′ de l'autre brin (figure 8.4). Cette structure antiparallèle de la double hélice d'ADN influe sur le processus de la réplication parce que les ADN polymérases ne peuvent ajouter les nouveaux nucléotides qu'à l'extrémité 3′ seulement, et jamais à l'extrémité 5′. Par conséquent, pendant que la fourche de réplication se déplace le long de l'ADN d'origine, les deux nouveaux brins doivent s'allonger en sens inverse, un nouveau brin d'ADN ne pouvant s'allonger que dans le sens 5′ → 3′.

La réplication de l'ADN s'accompagne d'une grande dépense d'énergie. Cette dernière provient des nucléotides, qui sont en fait des nucléosides *tri*phosphate. Vous connaissez déjà l'ATP (adénosine triphosphate) ; la seule différence entre l'ATP et le nucléotide d'adénine qui fait partie de l'ADN est le sucre. Le désoxyribose est le sucre des nucléosides qui servent à la synthèse de l'ADN ; quant à l'ARN, il est synthétisé à partir de nucléosides triphosphate contenant du ribose. Deux groupements phosphate sont cédés par le nucléotide au moment où il est ajouté au brin d'ADN

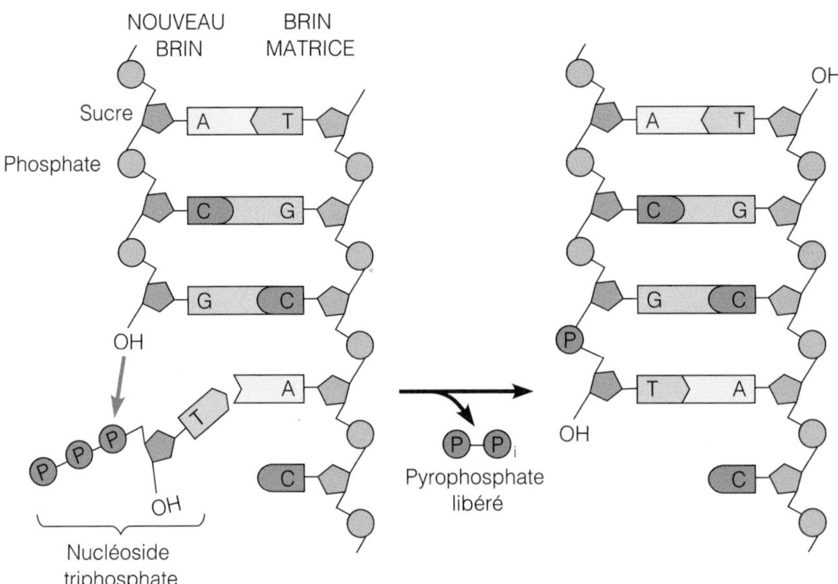


**FIGURE 8.5 Addition d'un nucléotide à un brin d'ADN.** Quand un nucléoside triphosphate se lie au sucre d'un brin d'ADN naissant, il perd deux phosphates sous la forme d'une molécule de pyrophosphate. L'ADN polymérase catalyse cette réaction de synthèse, et l'hydrolyse des liaisons phosphate fournit l'énergie nécessaire à la réaction.

naissant ; l'hydrolyse du nucléoside est exothermique et fournit l'énergie pour la formation de la nouvelle liaison du nucléotide au brin d'ADN (figure 8.5).

La figure 8.6 donne des détails supplémentaires sur les nombreuses étapes de ce processus complexe. ❶ – ❷ Une fois que l'ADN d'origine est déroulé et stabilisé par l'action de protéines fixatrices, la fourche de réplication se forme à un endroit fixe appelé *origine de réplication.* ❸ Un nouveau brin d'ADN, appelé **brin directeur,** est synthétisé de façon continue par l'ADN polymérase (enzyme) qui suit le mouvement d'ouverture de la fourche de réplication et produit de l'ADN dans la direction 5′ → 3′. ❹ Pour synthétiser l'autre brin d'ADN, l'ADN polymérase doit procéder à l'inverse et donc suivre le brin matrice en s'éloignant de la fourche de réplication. Rappelons que l'ADN polymérase peut ajouter de nouveaux nucléotides à l'extrémité 3′ seulement ; l'action de l'ADN polymérase est aussi limitée par le fait qu'elle ne peut attacher un nouveau nucléotide qu'à un autre nucléotide déjà en place. En conséquence, il faut qu'un court segment, servant en quelque sorte d'amorce, soit mis en place pour démarrer la synthèse de l'autre brin d'ADN. Ce segment, formé d'ARN et non d'ADN, est appelé **amorce d'ARN** et sa synthèse est catalysée par l'ADN primase. Une fois que l'amorce d'ARN est insérée près de la fourche de réplication, l'ADN polymérase peut ajouter un nucléotide à l'extrémité 3′ de l'amorce et entreprendre la synthèse du brin d'ADN ; l'élongation se fait par courts segments de nucléotides, d'où l'appellation de **brin discontinu.** Le brin discontinu est synthétisé par segments d'environ 1 000 nucléotides et il faut une amorce pour chaque segment fabriqué. ❺ L'ADN polymérase retire l'amorce d'ARN et ❻ une autre enzyme, l'**ADN ligase,** réunit les fragments d'ADN nouvellement synthétisés.

Chez certaines bactéries, telles qu'*E. coli,* la réplication de l'ADN est *bidirectionnelle* autour du chromosome (figure 8.7). Deux fourches de réplication se déplacent en sens opposé à partir de l'origine de réplication. Le chromosome bactérien étant une boucle fermée, les fourches finissent par se rencontrer au terme de la réplication. De nombreux résultats expérimentaux indiquent qu'il y a une association entre la membrane plasmique bactérienne et l'origine de réplication. Si, après la duplication, les copies de l'origine sont liées à la membrane aux pôles opposés, alors chaque cellule fille recevra une copie de la molécule d'ADN – c'est-à-dire un chromosome complet.

La réplication de l'ADN est un processus d'une extraordinaire précision. En règle générale, le taux d'erreur est de seulement 1 sur $10^{10}$ bases incorporées. Cette précision est due en grande partie à la *fonction correctrice* de l'ADN polymérase. Chaque fois qu'une nouvelle base s'ajoute, l'enzyme évalue si elle est appariée correctement de façon à respecter la complémentarité des paires de bases. Si elle ne l'est pas, l'enzyme excise la mauvaise base et la remplace par celle qui convient. C'est ainsi que la réplication de l'ADN peut s'effectuer avec une grande précision, pour permettre à chacun des nouveaux chromosomes d'être pratiquement identiques à l'ADN parental.

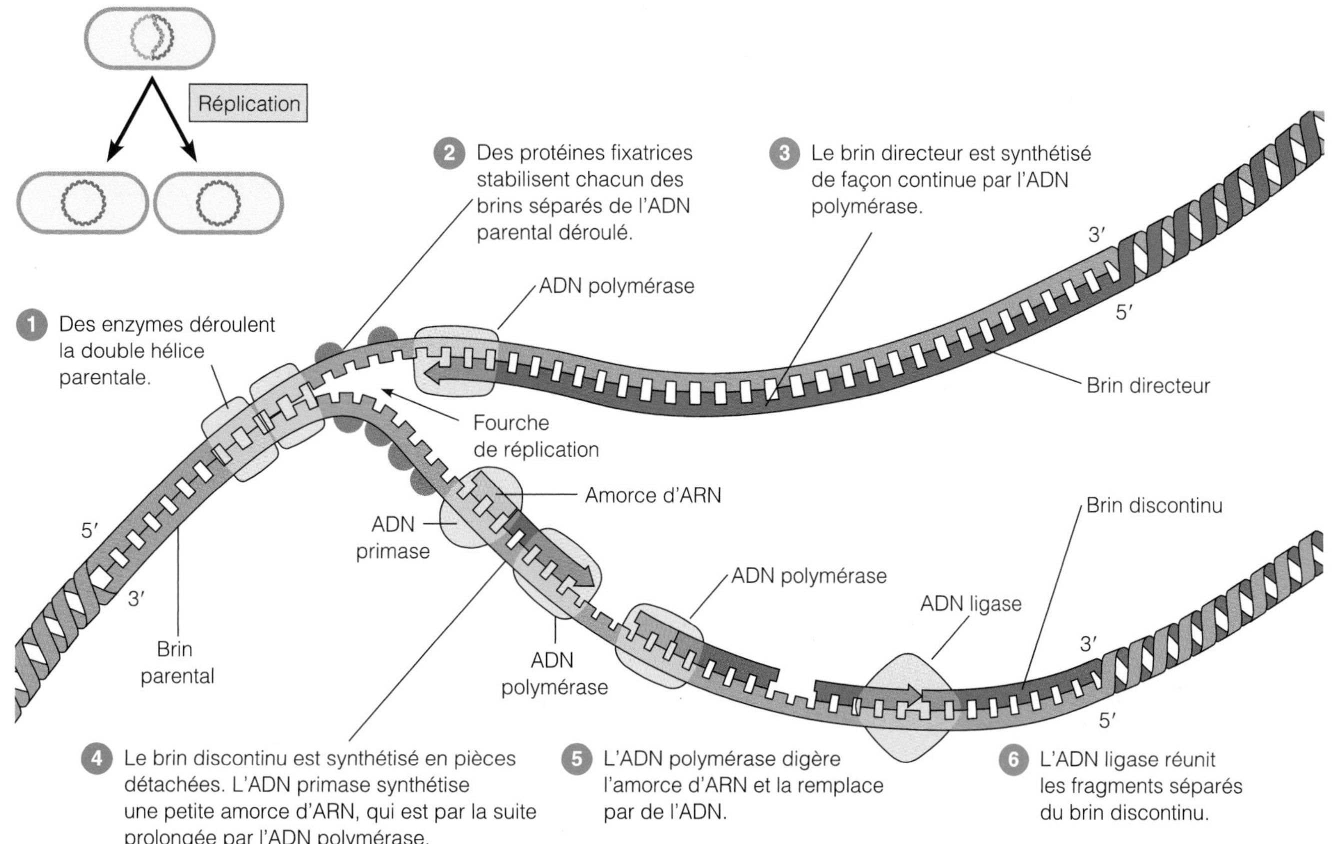


FIGURE 8.6 **Résumé des événements qui se déroulent à la fourche de réplication de l'ADN.** Des enzymes à la fourche de réplication déroulent la double hélice parentale. L'ADN polymérase synthétise un brin continu de nouvel ADN – le brin directeur – en utilisant un des brins parentaux comme matrice. L'ADN polymérase se sert aussi de l'autre brin parental comme matrice, mais puisque l'orientation des sucres est dans le sens opposé, la synthèse est mise en route par l'ARN polymérase qui ajoute un petit segment d'ARN appelé amorce d'ARN. L'ADN polymérase synthétise un court segment d'ADN, digérant du même coup l'amorce d'ARN. Ensuite, ces segments sont réunis par l'ADN ligase pour former le brin discontinu.

■ Pourquoi un des brins de l'ADN est-il synthétisé de façon discontinue ?

## La synthèse de l'ARN et des protéines

### Objectif d'apprentissage

- *Décrire la synthèse des protéines, y compris la transcription, le traitement de l'ARN et la traduction.*

Comment l'information contenue dans l'ADN est-elle utilisée pour produire les protéines qui dirigent l'activité cellulaire ? Au cours du processus de la *transcription*, l'information génétique de l'ADN est copiée, ou transcrite, sous forme de séquence de bases d'ARN complémentaires. La cellule utilise alors l'information encodée dans la molécule d'ARN pour synthétiser des protéines spécifiques au moyen du processus de la *traduction*. Nous allons maintenant examiner comment ces deux processus se déroulent dans la cellule bactérienne.

### La transcription

La **transcription** est la synthèse d'un brin d'ARN complémentaire à partir d'une matrice d'ADN. Nous avons mentionné plus haut qu'il y a trois sortes d'ARN dans la cellule bactérienne : l'ARN messager, l'ARN ribosomal et l'ARN de transfert. L'ARN ribosomal fait partie intégrante des ribosomes, ces robots cellulaires qui font la synthèse des protéines. L'ARN de transfert intervient aussi dans la synthèse des protéines ; nous y reviendrons. L'**ARN messager** (**ARNm**) transmet l'information codée (d'où le terme de messager), de l'ADN aux ribosomes, où les protéines sont synthétisées.

Durant la transcription, un brin d'ARNm est synthétisé à partir d'un gène spécifique – un segment de l'ADN – qui sert de matrice. Autrement dit, l'information génétique

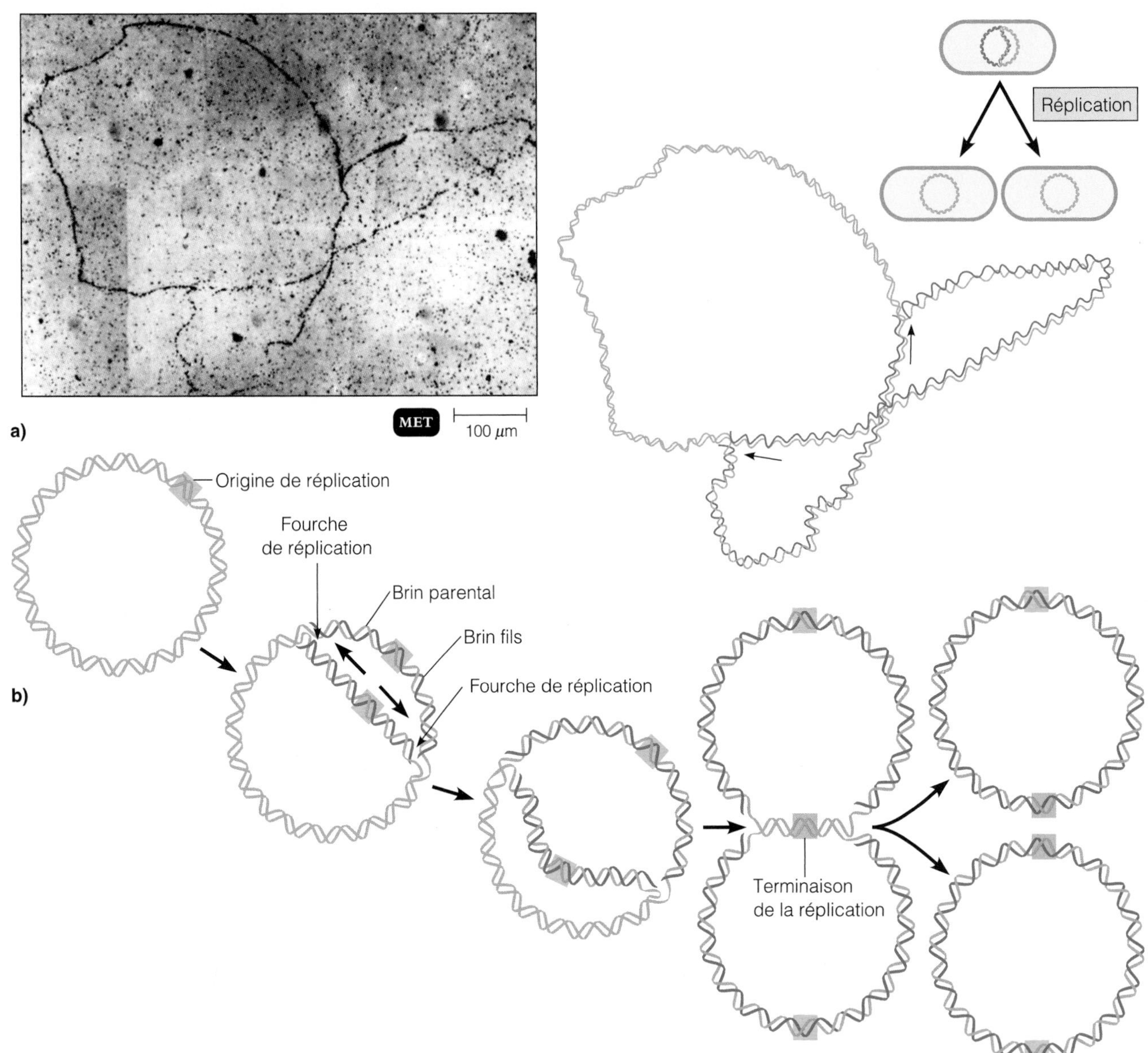


FIGURE 8.7 **Réplication de l'ADN bactérien. a)** Un chromosome d'*E. coli* en voie de réplication. (Dans le diagramme correspondant à droite, les flèches indiquent les deux fourches de réplication.) Environ un tiers du chromosome a été répliqué. Notez qu'une des nouvelles hélices croise l'autre. **b)** Diagramme de la réplication bidirectionnelle de la molécule d'ADN circulaire d'une bactérie. Les brins de la double hélice parentale sont en violet pâle et les nouveaux brins synthétisés sont en violet foncé.

■ Qu'est-ce que l'origine de réplication ?

contenue dans la séquence de bases azotées de l'ADN est recopiée de telle sorte que la même information se retrouve dans la séquence de bases de l'ARNm. Comme dans le cas de la réplication, un G sur la matrice d'ADN détermine la mise en place d'un C sur l'ARNm naissant, un C sur la matrice d'ADN signifie un G sur l'ARNm, et un T réclame un A sur l'ARNm. Toutefois, un A sur la matrice d'ADN entraîne l'insertion d'un uracile (U) sur l'ARNm parce que l'ARN contient des U à la place des T. (La structure chimique du U est légèrement différente de celle du T, mais les deux bases s'apparient de la même façon avec le A.) Par exemple, si le segment d'ADN qui sert de matrice présente la séquence de bases ATGCAT, le brin d'ARNm nouvellement synthétisé aura la séquence de bases complémentaires UACGUA. Le langage de l'ARNm se compose de **codons,** c'est-à-dire des groupes de trois nucléotides, tels que AUG,

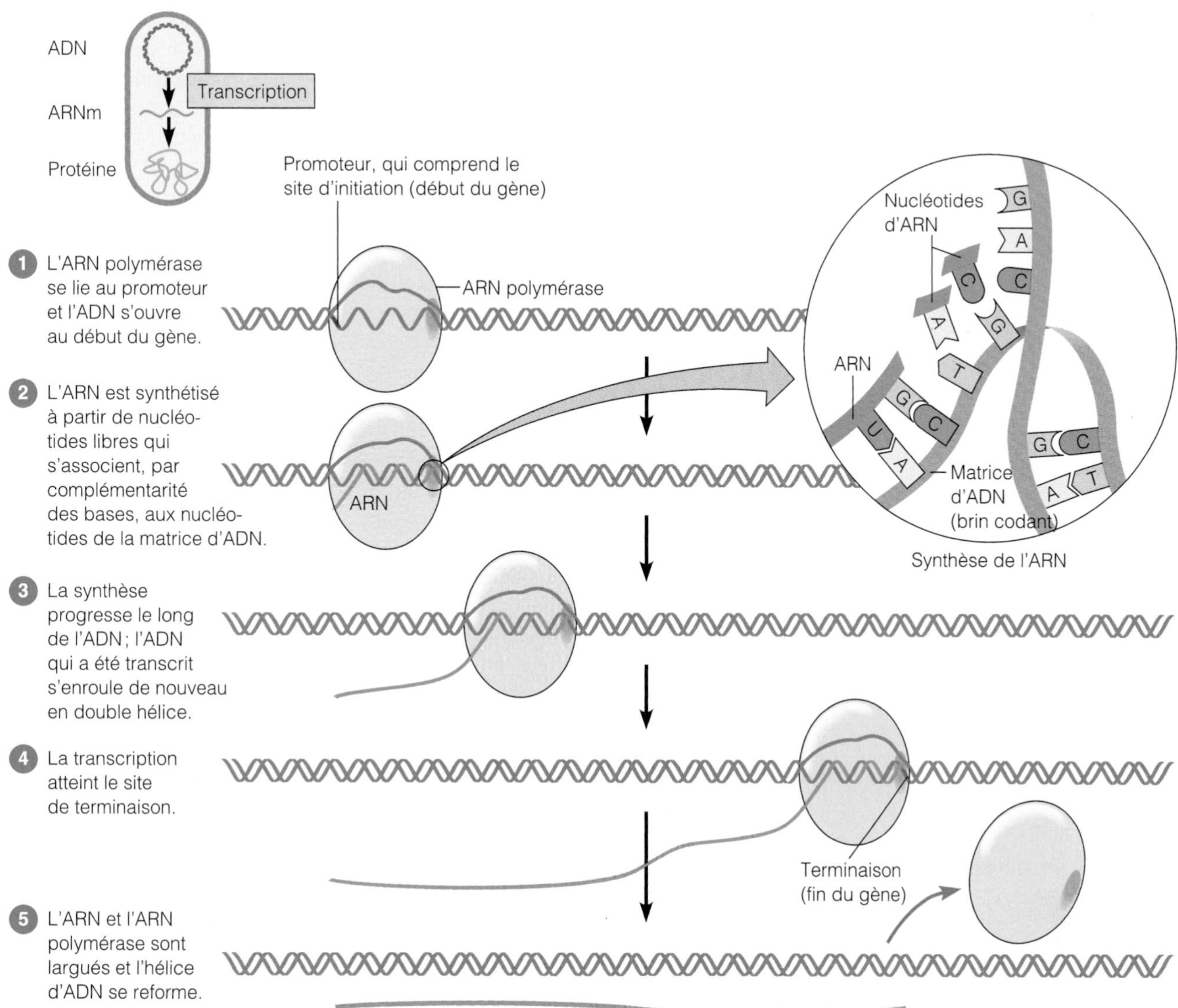
ADN
ARNm
Protéine
Transcription
Promoteur, qui comprend le site d'initiation (début du gène)
1 L'ARN polymérase se lie au promoteur et l'ADN s'ouvre au début du gène.
ARN polymérase
2 L'ARN est synthétisé à partir de nucléotides libres qui s'associent, par complémentarité des bases, aux nucléotides de la matrice d'ADN.
ARN
3 La synthèse progresse le long de l'ADN ; l'ADN qui a été transcrit s'enroule de nouveau en double hélice.
4 La transcription atteint le site de terminaison.
Terminaison (fin du gène)
5 L'ARN et l'ARN polymérase sont largués et l'hélice d'ADN se reforme.
Nucléotides d'ARN
ARN
Matrice d'ADN (brin codant)
Synthèse de l'ARN

**FIGURE 8.8 Le processus de la transcription.** Le petit diagramme du haut situe la transcription par rapport à l'ensemble de la circulation de l'information génétique dans la cellule.

- **La transcription consiste à copier, ou transcrire, l'information génétique contenue dans l'ADN en utilisant comme support une séquence de bases complémentaires d'ARN.**

GGC ou AAA. Partant, la séquence des bases azotées qui se suivent dans la molécule d'ADN peut aussi se subdiviser en triplets appelés **génons** qui s'associent, par complémentarité, aux codons de l'ARNm.

Le processus de la transcription nécessite une enzyme appelée *ARN polymérase* et des nucléotides d'ARN (figure 8.8). La transcription commence quand ❶ l'ARN polymérase se lie à l'ADN à un endroit spécifique appelé **promoteur** ; le promoteur comprend le site d'initiation, qui est le point de départ de la transcription du gène. Un seul des deux brins d'ADN sert de matrice à la synthèse de l'ARN d'un gène donné. Comme l'ADN, l'ARN est synthétisé dans le sens $5' \rightarrow 3'$. ❷ L'ARN polymérase assemble les nucléotides libres en un nouveau brin, suivant l'ordre déterminé par l'appariement des bases complémentaires. ❸ Au fur et à mesure que le nouveau brin d'ARN s'allonge, l'ARN polymérase se déplace le long du brin codant de l'ADN. ❹ La synthèse de l'ARN se poursuit jusqu'à ce que l'ARN polymérase atteigne un point de l'ADN appelé **site de terminaison.** ❺ À cet endroit, l'ARN polymérase et l'ARNm

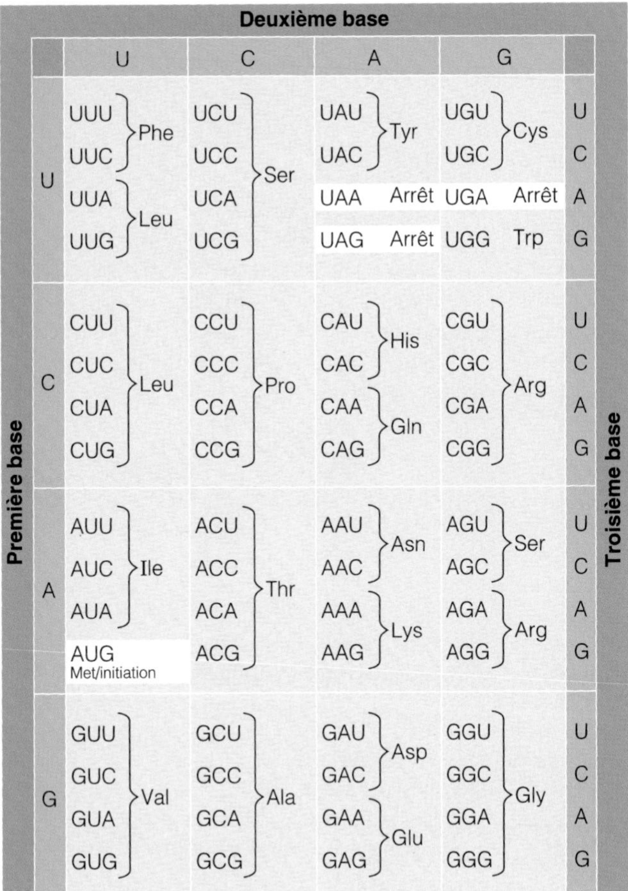

| Première base | Deuxième base U | Deuxième base C | Deuxième base A | Deuxième base G | Troisième base |
|---|---|---|---|---|---|
| U | UUU Phe | UCU Ser | UAU Tyr | UGU Cys | U |
| U | UUC Phe | UCC Ser | UAC Tyr | UGC Cys | C |
| U | UUA Leu | UCA Ser | UAA Arrêt | UGA Arrêt | A |
| U | UUG Leu | UCG Ser | UAG Arrêt | UGG Trp | G |
| C | CUU Leu | CCU Pro | CAU His | CGU Arg | U |
| C | CUC Leu | CCC Pro | CAC His | CGC Arg | C |
| C | CUA Leu | CCA Pro | CAA Gln | CGA Arg | A |
| C | CUG Leu | CCG Pro | CAG Gln | CGG Arg | G |
| A | AUU Ile | ACU Thr | AAU Asn | AGU Ser | U |
| A | AUC Ile | ACC Thr | AAC Asn | AGC Ser | C |
| A | AUA Ile | ACA Thr | AAA Lys | AGA Arg | A |
| A | AUG Met/initiation | ACG Thr | AAG Lys | AGG Arg | G |
| G | GUU Val | GCU Ala | GAU Asp | GGU Gly | U |
| G | GUC Val | GCC Ala | GAC Asp | GGC Gly | C |
| G | GUA Val | GCA Ala | GAA Glu | GGA Gly | A |
| G | GUG Val | GCG Ala | GAG Glu | GGG Gly | G |

FIGURE 8.9 **Le code génétique.** Les trois nucléotides d'un codon d'ARNm sont appelés, respectivement, la première, la deuxième et la troisième base. Chaque groupe de trois nucléotides correspond à un acide aminé particulier, représenté par une abréviation de trois lettres (tableau 2.4). Le codon AUG, dont l'acide aminé correspondant est la méthionine, marque aussi le point de départ, ou d'initiation, de la synthèse des protéines. Le mot Arrêt indique les codons qui signalent la terminaison de la synthèse des protéines.

■ Pourquoi dit-on que le code génétique est dégénéré?

simple brin qui vient d'être formé se séparent de l'ADN. Après la transcription, les deux brins d'ADN reprennent leur forme de double hélice.

Le processus de la transcription permet à la cellule de reproduire les gènes d'une manière temporaire et d'utiliser ces copies comme source d'information directe pour la synthèse des protéines. L'ARN messager constitue un intermédiaire entre l'ADN, le support permanent de l'information, et le processus qui l'utilise, la traduction.

## La traduction

Nous avons vu comment l'information génétique contenue dans l'ADN est transférée à l'ARNm durant la transcription. Nous allons maintenant examiner comment l'ARNm sert de source d'information pour la synthèse des protéines. La synthèse des protéines est appelée **traduction** parce qu'elle passe par un décodage du «langage» des acides nucléiques et par la conversion de l'information obtenue en «langage» des protéines.

Nous avons mentionné que le langage de l'ARNm se compose de triplets de nucléotides appelés codons. La séquence des codons de la molécule d'ARNm détermine la séquence des acides aminés de la protéine en cours de synthèse. Chaque codon correspond à un acide aminé particulier. C'est le code génétique (figure 8.9).

On représente les codons par les séquences de bases qu'ils forment sur l'ARNm. Remarquez qu'il y a 64 codons possibles mais seulement 20 acides aminés. Cela signifie que la plupart des acides aminés sont représentés par plusieurs codons. C'est pourquoi on dit qu'il y a **dégénérescence** du code. Par exemple, il y a 6 codons pour la leucine et 4 pour l'alanine. La dégénérescence permet à l'ADN de subir certains changements, ou mutations, sans que soit altérée la protéine qui finira par être produite.

Des 64 codons, 61 sont des codons qui représentent des acides aminés, alors que 3 sont des codons appelés **codons d'arrêt,** qui ne correspondent pas à des acides aminés. Ces derniers – UAA, UAG et UGA – signalent la fin de la synthèse de la molécule de protéine. Le codon d'initiation qui démarre la synthèse de la molécule de protéine est AUG, qui est aussi le codon de la méthionine. La méthionine d'initiation est souvent supprimée plus tard, si bien que toutes les protéines ne commencent pas par cet acide aminé. Chez les bactéries, l'AUG d'initiation désigne la formylméthionine plutôt que la méthionine qu'on trouve ailleurs dans la protéine.

Les codons de l'ARNm donnent naissance à des protéines par le processus de la traduction. Les codons sont «lus» à la suite. En réponse à chacun d'eux, l'acide aminé approprié est mis en place et relié à la chaîne naissante d'acides aminés. La traduction s'effectue sur un ribosome et les molécules d'**ARN de transfert** (**ARNt**) ont pour double tâche de reconnaître les codons spécifiques et de mettre en place les acides aminés qui leur correspondent.

Chaque molécule d'ARNt possède un **anticodon,** c'est-à-dire une séquence de trois bases qui forment des paires complémentaires avec les bases du codon. C'est ainsi qu'une molécule d'ARNt et un codon peuvent s'associer par appariement de leurs bases respectives. Chaque ARNt porte aussi à son autre extrémité l'acide aminé spécifié par le codon qu'il reconnaît. La fonction du ribosome est d'assurer que les ARNt se lient dans l'ordre à leurs codons respectifs et d'assembler les acides aminés ainsi mis en place de façon à former une chaîne qui deviendra une protéine.

La figure 8.10 illustre la traduction en détail. ❶ Les composants nécessaires s'assemblent: les deux sous-unités ribosomales, un ARNt d'initiation portant l'anticodon UAC et la molécule d'ARNm à traduire, ainsi que plusieurs autres facteurs protéiques (non illustrés). Ce montage place le codon d'initiation (AUG) à l'endroit approprié pour que

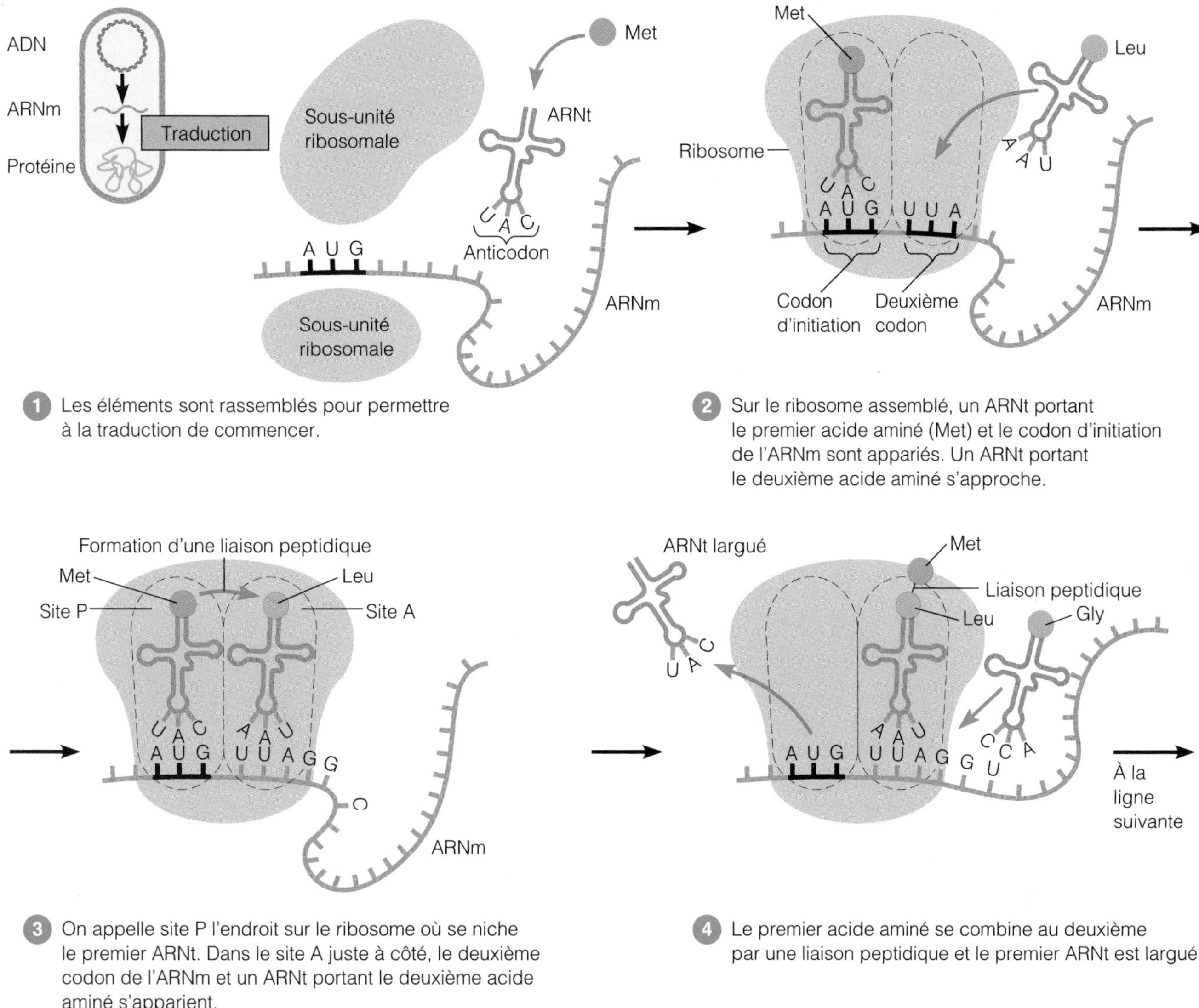
ADN
ARNm
Protéine
Traduction
Sous-unité ribosomale
Met
ARNt
A U G
Anticodon
U A C
Sous-unité ribosomale
ARNm
❶ Les éléments sont rassemblés pour permettre à la traduction de commencer.
Met
Leu
Ribosome
U A C
A U G
U U A
A A U
Codon d'initiation
Deuxième codon
ARNm
❷ Sur le ribosome assemblé, un ARNt portant le premier acide aminé (Met) et le codon d'initiation de l'ARNm sont appariés. Un ARNt portant le deuxième acide aminé s'approche.
Formation d'une liaison peptidique
Met
Leu
Site P
Site A
U A C
A A U
A U G
U U A G G
C
ARNm
❸ On appelle site P l'endroit sur le ribosome où se niche le premier ARNt. Dans le site A juste à côté, le deuxième codon de l'ARNm et un ARNt portant le deuxième acide aminé s'apparient.
ARNt largué
Met
Liaison peptidique
Leu
Gly
U A C
A U G
U U A G G U
C C A
À la ligne suivante
❹ Le premier acide aminé se combine au deuxième par une liaison peptidique et le premier ARNt est largué.

**FIGURE 8.10 Le processus de la traduction.** Le principal objectif de la traduction est de produire des protéines en utilisant les molécules d'ARNm comme source d'information biologique. La suite complexe d'événements illustrée ici montre le rôle primordial des ARNt et des ribosomes dans le décodage de cette information. Le ribosome est le poste de travail où l'information contenue dans l'ARNm est décodée et où les acides aminés sont assemblés en une chaîne polypeptidique. Les molécules d'ARNt sont les véritables « traducteurs » dans cette grande opération – chaque ARNt reconnaît un codon spécifique d'ARNm à une de ses extrémités et porte à l'autre extrémité l'acide aminé correspondant à ce codon.

■ La traduction est le processus par lequel la séquence de bases de l'ARNm détermine la séquence des acides aminés d'une protéine.

la traduction puisse commencer. ❷ Le premier ARNt se lie au codon d'initiation, entraînant avec lui une molécule de méthionine, un acide aminé. ❸ Quand l'ARNt qui reconnaît le deuxième codon se met en place sur le ribosome, ce dernier transfère le premier acide aminé. ❹ Après qu'il a combiné les deux acides aminés au moyen d'une liaison peptidique, le ribosome largue la première molécule d'ARNt. ❺ Le ribosome se déplace alors le long de l'ARNm jusqu'au codon suivant. ❻ Au fur et à mesure que les acides aminés appropriés viennent s'ajouter, un à la fois, des liaisons

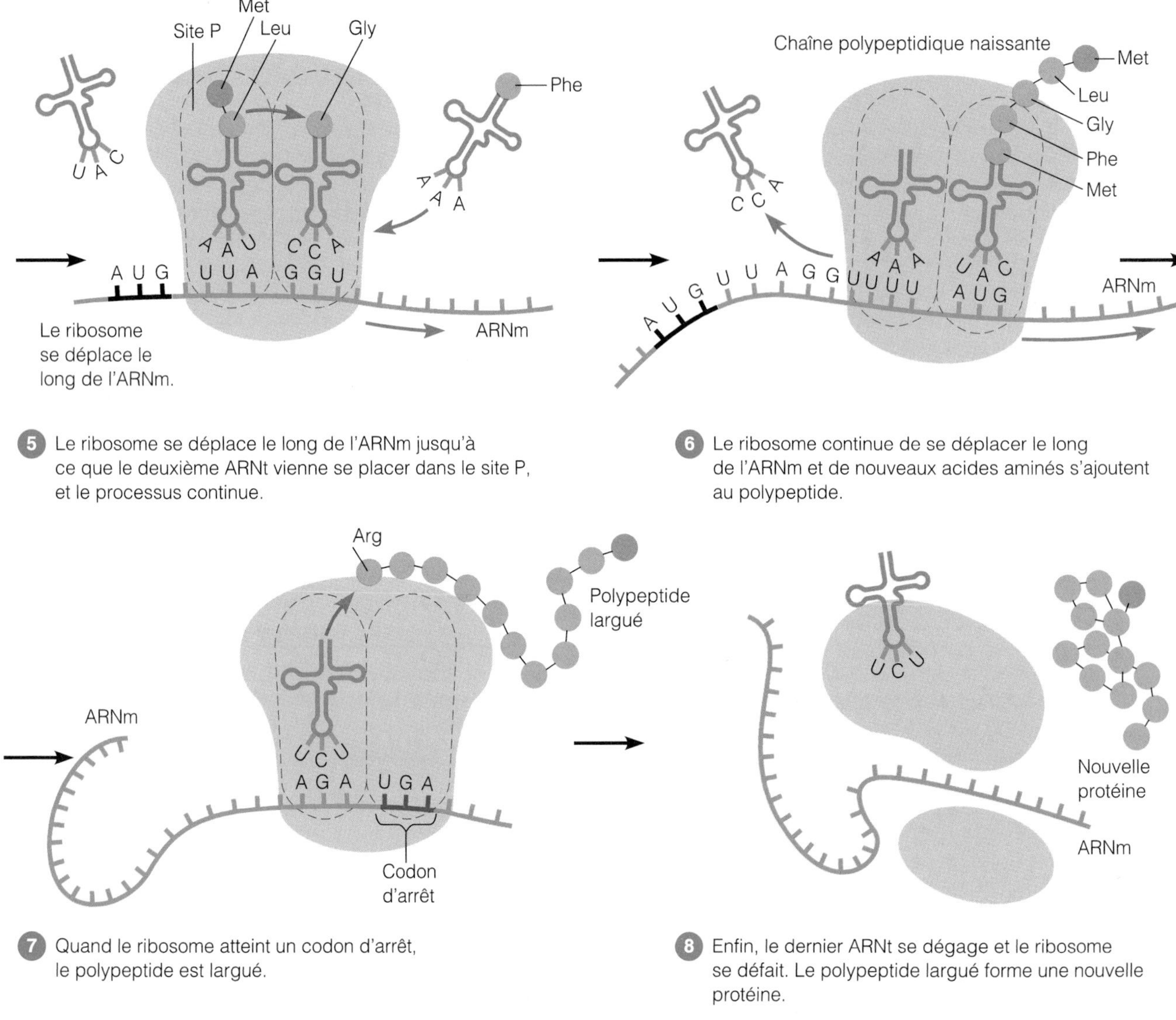

Site P
Met
Leu
Gly
Phe
U A C
A A A
A A U
C C A
A U G
U U A
G G U
Le ribosome se déplace le long de l'ARNm.
ARNm
5 Le ribosome se déplace le long de l'ARNm jusqu'à ce que le deuxième ARNt vienne se placer dans le site P, et le processus continue.
Chaîne polypeptidique naissante
Met
Leu
Gly
Phe
Met
C C A
A U G U U A G G U U U U
A A A
U A C
A U G
ARNm
6 Le ribosome continue de se déplacer le long de l'ARNm et de nouveaux acides aminés s'ajoutent au polypeptide.
Arg
Polypeptide largué
ARNm
U C U
A G A
U G A
Codon d'arrêt
7 Quand le ribosome atteint un codon d'arrêt, le polypeptide est largué.
U C U
Nouvelle protéine
ARNm
8 Enfin, le dernier ARNt se dégage et le ribosome se défait. Le polypeptide largué forme une nouvelle protéine.

**FIGURE 8.10 Le processus de la traduction.** (suite)

peptidiques se forment pour les réunir et la chaîne polypeptidique s'allonge. ❼ La traduction prend fin quand un des trois codons d'arrêt est atteint sur l'ARNm. ❽ Quand le ribosome arrive à ce codon, ses deux sous-unités se séparent. L'ARNm et la chaîne polypeptidique qui vient d'être synthétisée sont libérés. Le ribosome, l'ARNm et les ARNt peuvent alors être réutilisés.

Le ribosome se déplace le long de l'ARNm dans le sens $5' \rightarrow 3'$. Peu après que la progression du ribosome est entamée, le codon d'initiation devient à nouveau exposé. D'autres ribosomes peuvent alors se constituer et commencer la synthèse de la protéine. C'est ainsi qu'il y a habituellement sur chaque molécule d'ARNm un certain nombre de ribosomes à divers stades de synthèse de la protéine. Dans la cellule procaryote, la traduction de l'ARNm en protéine peut commencer avant même que la transcription soit terminée (figure 8.11). Puisque l'ARNm est produit dans le cytoplasme, le codon d'initiation d'un ARNm en cours de transcription est accessible aux ribosomes avant même que toute la molécule d'ARNm soit produite. Ainsi, la traduction peut commencer avant la fin de la transcription. Cette possibilité d'effectuer simultanément le processus de la transcription et celui de la traduction confère aux bactéries une grande capacité de synthèse des protéines, ce qui augmente leur taux de croissance et leur taux de reproduction.

Dans la cellule eucaryote, la transcription s'effectue dans le noyau. L'ARNm doit être complètement synthétisé et traverser l'enveloppe nucléaire vers le cytoplasme avant que la traduction puisse commencer. De plus, l'ARN doit être « traité » avant de quitter le noyau. Dans la cellule eucaryote, les régions des gènes qui contiennent le code des protéines sont souvent interrompues par de l'ADN non codant. Ainsi, les gènes eucaryotes sont composés d'**exons** – régions de l'ADN qui sont *exprimées* – et d'**introns** – régions *interposées*

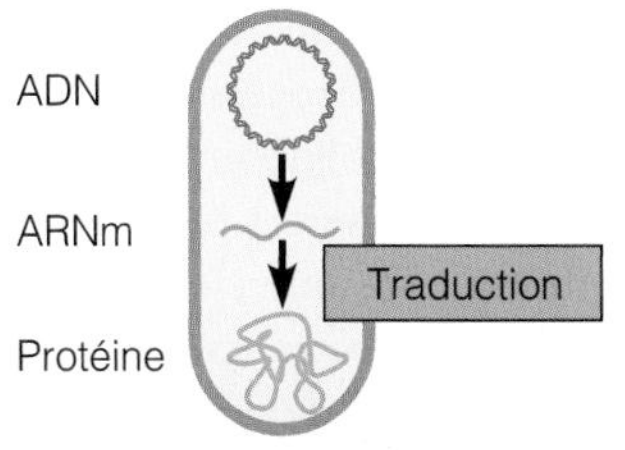


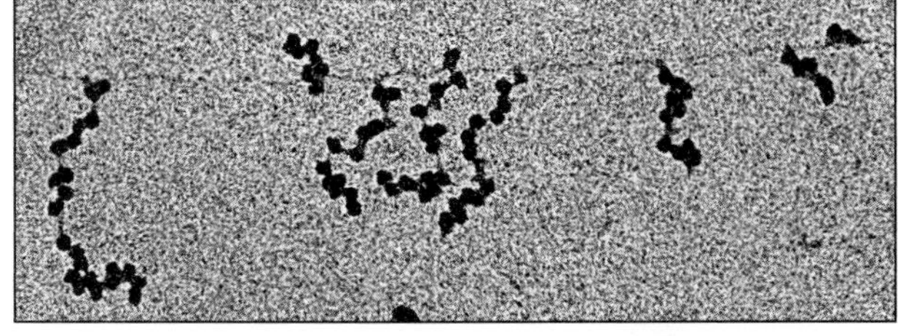

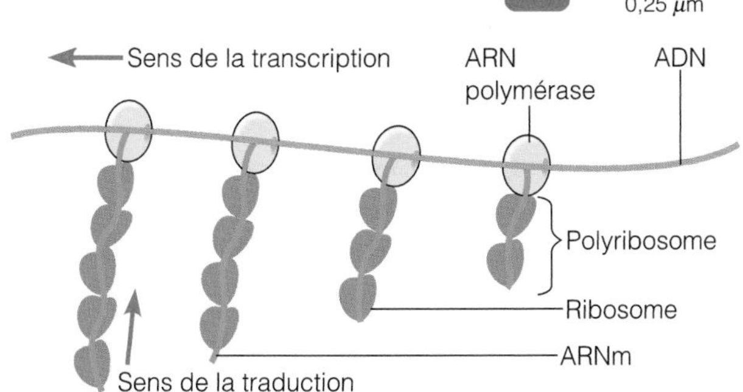


**FIGURE 8.11 Transcription et traduction simultanées chez les bactéries.** La micrographie et le diagramme illustrent ces processus pour un seul gène bactérien. Un grand nombre de molécules d'ARNm (4 molécules d'ARNm sont représentées) sont synthétisées en même temps à partir d'un brin codant d'ADN. Les plus longues ont été les premières à être transcrites à partir du promoteur. Remarquez les ribosomes accrochés aux brins d'ARNm en cours de transcription ; la traduction, par les ribosomes, des molécules d'ARNm en polypeptides a lieu simultanément. Les polypeptides dont la synthèse est en cours ne sont pas visibles. Reproduit, avec la permission de l'éditeur, de O. L. Miller Jr., B. A. Hamkalo et C. A. Thomas Jr., *Science,* vol. 169, 24 juillet 1970, p. 392. © 1970 American Association for the Advancement of Science.

■ Pourquoi la traduction peut-elle commencer avant la fin de la transcription chez les procaryotes, tels que les cellules bactériennes, mais non chez les eucaryotes ?

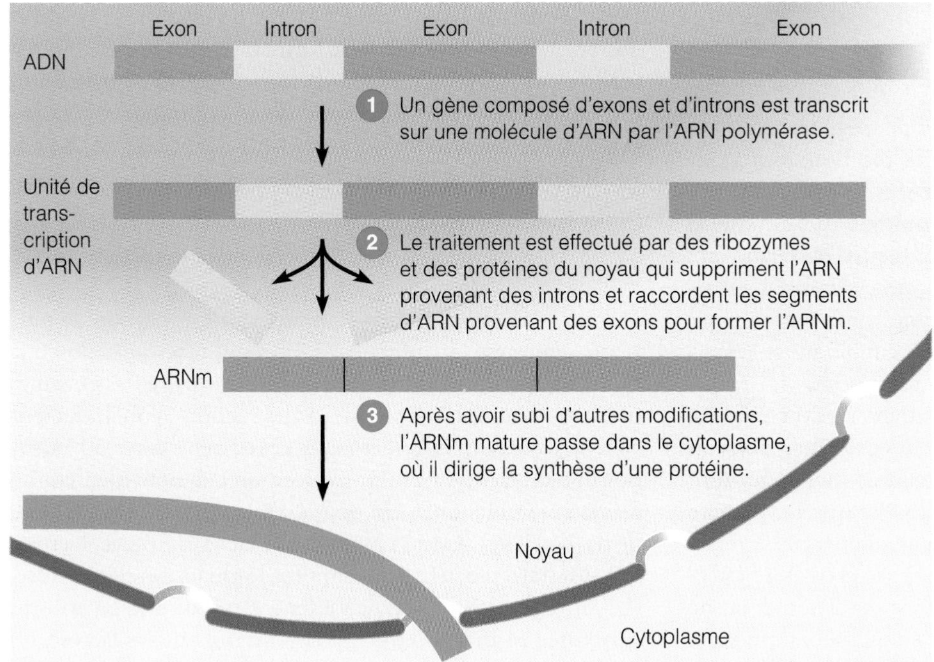

Exon
Intron
Exon
Intron
Exon
ADN
1 Un gène composé d'exons et d'introns est transcrit sur une molécule d'ARN par l'ARN polymérase.
Unité de transcription d'ARN
2 Le traitement est effectué par des ribozymes et des protéines du noyau qui suppriment l'ARN provenant des introns et raccordent les segments d'ARN provenant des exons pour former l'ARNm.
ARNm
3 Après avoir subi d'autres modifications, l'ARNm mature passe dans le cytoplasme, où il dirige la synthèse d'une protéine.
Noyau
Cytoplasme


**FIGURE 8.12 Traitement de l'ARN dans la cellule eucaryote (épissage).**

■ Pourquoi l'unité de transcription d'ARN n'est-elle pas utilisable pour la traduction ?

de l'ADN qui n'ont pas de séquences codantes pour les protéines – (figure 8.12). ❶ Dans le noyau de la cellule eucaryote, l'ARN polymérase synthétise une molécule d'ARN composée d'exons et d'introns, et appelée *unité de transcription d'ARN.* ❷ Cette longue molécule d'ARN est ensuite traitée par des ribozymes, qui suppriment l'ARN dérivé des introns et raccordent les segments dérivés des exons, pour produire l'ARNm ; le traitement par lequel la molécule d'ARN subit l'excision des introns, suivie du recollage des exons, s'appelle **épissage.** ❸ L'ARNm ainsi formé quitte le noyau et se joint aux molécules d'ARNr et d'ARNt pour la synthèse des protéines.

* * *

En résumé, le gène est l'unité d'information biologique encodée dans la séquence de bases des nucléotides de l'ADN. Un gène est exprimé, ou transformé en produit dans la cellule, par les processus de la transcription et de la traduction. L'information génétique contenue dans l'ADN est transférée à une molécule temporaire d'ARNm par la transcription. Puis, durant la traduction, l'ARNm dirige l'assemblage des acides aminés en une chaîne polypeptidique: l'ARNm se joint à un ribosome, les ARNt apportent les acides aminés au ribosome conformément aux indications représentées par la séquence de codons de l'ARNm et le ribosome assemble les acides aminés en une chaîne qui sera la protéine nouvellement synthétisée.

# La régulation de l'expression génique chez les bactéries

### Objectif d'apprentissage

- *Expliquer la régulation de l'expression génique chez les bactéries par l'induction, la répression et la répression catabolique.*

Les processus génétiques et métaboliques de la cellule sont intégrés et interdépendants. Nous avons vu au chapitre 5 que la cellule bactérienne est le siège d'un très grand nombre de réactions métaboliques. Toutes ces réactions ont pour caractéristique commune d'être catalysées par des enzymes. Nous avons également indiqué au chapitre 5 (p. 132) que la rétro-inhibition permet à la cellule de mettre un terme aux réactions chimiques qui ne sont pas nécessaires. La rétro-inhibition stoppe l'activité des enzymes déjà synthétisées. Examinons maintenant les mécanismes qui bloquent la synthèse des enzymes dont la cellule n'a pas besoin.

Nous avons mentionné que, par la transcription et la traduction, les gènes dirigent la synthèse des protéines, dont un grand nombre servent d'enzymes – celles-là même qui sont utilisées dans le métabolisme cellulaire. Puisque la synthèse des protéines exige une énorme dépense d'énergie, la régulation de ce processus est importante pour l'économie énergétique de la cellule. La cellule conserve de l'énergie en ne produisant que les protéines dont elle a un besoin immédiat. Nous examinons maintenant comment la régulation des réactions chimiques peut s'effectuer par celle de la synthèse des enzymes.

Beaucoup de gènes, peut-être de 60 à 80%, ne sont pas régulés mais sont plutôt *constitutifs,* c'est-à-dire que leurs produits sont synthétisés constamment à une cadence régulière. En règle générale, ces gènes qui fonctionnent effectivement sans arrêt produisent des enzymes dont la cellule a besoin en assez grand nombre pour ses processus vitaux les plus importants; les enzymes de la glycolyse en sont des exemples. La production des autres enzymes est régulée de telle sorte qu'elles ne sont présentes que lorsque c'est nécessaire. Par exemple, *Trypanosoma,* le protozoaire parasite qui cause la maladie du sommeil en Afrique, possède des centaines de gènes pour l'expression de glycoprotéines de surface. Chaque cellule protozoaire n'utilise qu'un de ces gènes. Pendant que les parasites qui affichent un type de molécule de surface sont la cible du système immunitaire de l'hôte, ceux qui présentent d'autres glycoprotéines de surface peuvent échapper à l'attaque et continuer à se multiplier (chapitre 17).

## La répression et l'induction

Il existe deux mécanismes génétiques, appelés répression et induction, qui régulent la transcription des ARNm et par conséquent la synthèse des enzymes auxquelles ces ARNm donnent naissance. Ces mécanismes agissent sur la formation et l'abondance des enzymes dans la cellule, non sur leur activité.

### La répression

Le mécanisme de régulation qui inhibe l'expression génique et freine la synthèse des enzymes s'appelle **répression.** La répression est habituellement déclenchée par la surabondance du produit final d'une voie métabolique; elle entraîne une diminution de la vitesse à laquelle s'effectue la synthèse des enzymes à l'origine de la formation du produit. Elle est réalisée par des protéines régulatrices appelées **répresseurs,** qui empêchent l'ARN polymérase de commencer la transcription du gène inhibé (figure 8.13). Les enzymes dont la synthèse est inhibée par des répresseurs sont appelées *enzymes répressibles.*

### L'induction

Le processus qui déclenche la transcription d'un ou de plusieurs gènes est l'**induction.** Une substance qui amorce la transcription d'un gène s'appelle **inducteur,** et les enzymes qui sont synthétisées par suite de l'action d'un inducteur sont des *enzymes inductibles.* Les gènes nécessaires au métabolisme du lactose chez *E. coli* sont un exemple bien connu de système inductible. Un de ces gènes gouverne la synthèse de la $\beta$-galactosidase, enzyme qui décompose le lactose, son substrat, en deux sucres simples, le glucose et le galactose. (La lettre $\beta$ qualifie le type de liaison qui unit le glucose au galactose.) Si *E. coli* se trouve dans un milieu sans lactose, ses cellules ne contiennent presque pas de $\beta$-galactosidase; mais quand on ajoute du lactose au milieu, les cellules bactériennes se mettent à produire l'enzyme en grande quantité. Le lactose est converti dans la cellule en allolactose, un composé apparenté qui est l'inducteur de ces gènes. Ainsi, la présence d'un substrat, le lactose dans ce cas-ci, incite indirectement les cellules à synthétiser une plus grande

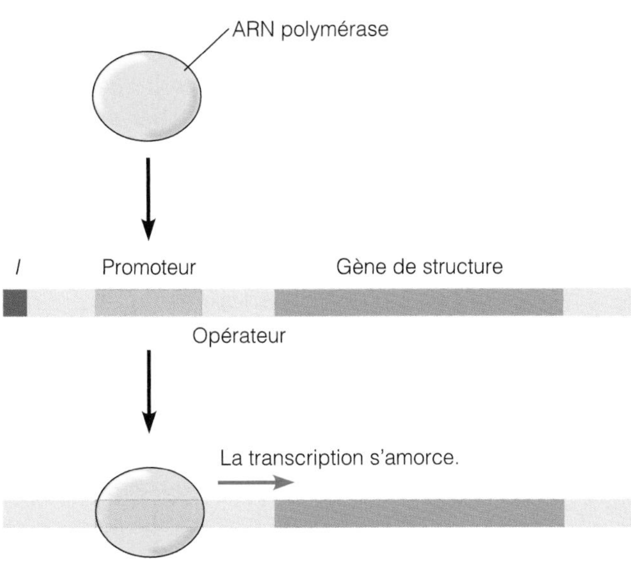


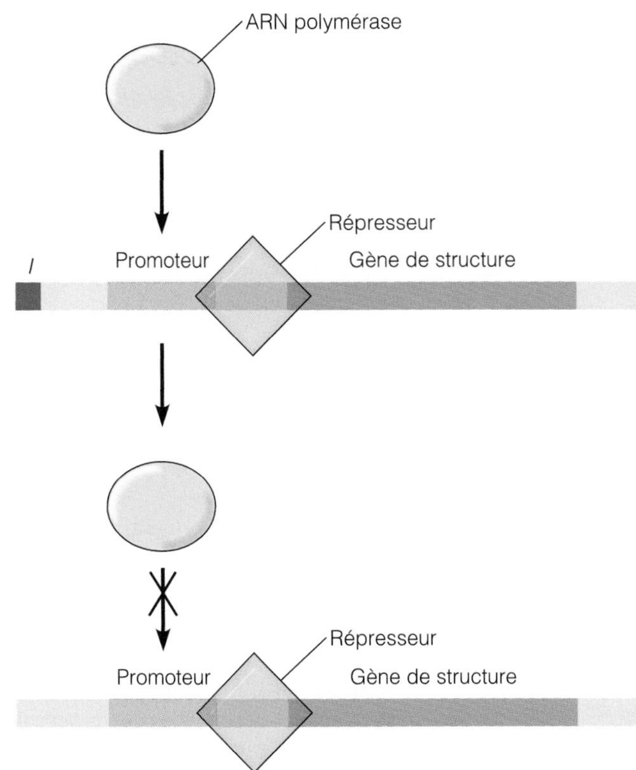


**FIGURE 8.13 Un modèle de répression.** La synthèse du répresseur protéique est commandée par le gène *I*. Quand ce répresseur est présent, il empêche la liaison de l'ARN polymérase au promoteur ou il bloque sa progression le long de l'ADN. Quel que soit le mécanisme, le répresseur a pour effet d'inhiber la transcription du gène.

■ La répression est un mécanisme de régulation qui inhibe l'expression d'un gène et fait diminuer la synthèse d'une enzyme.

quantité d'enzymes nécessaire au catabolisme du lactose. Cette réaction, régulée au niveau des gènes, porte le nom d'**induction enzymatique.**

## L'expression génique : le modèle de l'opéron

Le modèle de l'opéron explique en détail la régulation de l'expression génique par l'induction et la répression. François Jacob et Jacques Monod formulent ce modèle général en 1961 pour rendre compte de la régulation de la synthèse des protéines. Leur modèle est issu de leurs études sur l'induction des enzymes qui assurent le catabolisme du lactose chez *E. coli*. En plus de la $\beta$-galactosidase, ces enzymes comprennent la perméase, qui intervient dans l'absorption du lactose par transport à travers la membrane, et la transacétylase, qui métabolise certains disaccharides autres que le lactose.

Les gènes des trois enzymes qui interviennent dans l'absorption et l'utilisation du lactose sont situés l'un à côté de l'autre sur le chromosome bactérien et sont régulés ensemble (figure 8.14a). On appelle **gènes de structure** les gènes qui déterminent la structure des protéines, pour les distinguer des régions régulatrices adjacentes sur l'ADN. Quand on introduit du lactose dans le milieu de culture, les gènes de structure *lac* sont transcrits et traduits rapidement et simultanément. Voyons maintenant comment cette régulation s'effectue.

Dans la région régulatrice de l'opéron *lac* se trouvent deux segments d'ADN relativement courts. L'un d'eux, le *promoteur*, est la région de l'ADN où l'ARN polymérase amorce la transcription. L'autre est l'**opérateur,** qui joue un rôle analogue à celui d'un feu de circulation, c'est-à-dire qu'il donne le signal de départ ou d'arrêt pour la transcription des gènes de structure. On définit l'**opéron** comme l'ensemble des sites promoteur et opérateur, et des gènes de structure qu'ils régulent. C'est ainsi qu'on appelle opéron *lac* la combinaison des trois gènes de structure *lac* et des régions régulatrices adjacentes.

Près de l'opéron *lac* sur l'ADN bactérien, il y a un gène régulateur appelé gène *I* qui commande la synthèse d'un répresseur protéique. ❷ Quand il n'y a pas de lactose, le répresseur protéique se lie étroitement au site opérateur. Cette liaison empêche l'ARN polymérase de transcrire les gènes de structure adjacents. Par conséquent, il n'y a ni synthèse d'ARNm, ni production d'enzyme. ❸ Mais quand le lactose est présent, quelques molécules sont transportées à travers la membrane et converties en allolactose, qui joue le rôle d'inducteur. Ce dernier se lie au répresseur protéique et le rend incapable de s'accrocher au site opérateur. En l'absence du répresseur protéique fixé à l'opérateur, l'ARN polymérase peut transcrire les gènes de structure en ARNm qui est alors traduit en enzymes. Grâce à ce mécanisme, des enzymes sont produites en présence de lactose. On dit alors que le lactose déclenche la synthèse des enzymes et l'opéron *lac* est qualifié d'opéron inductible.

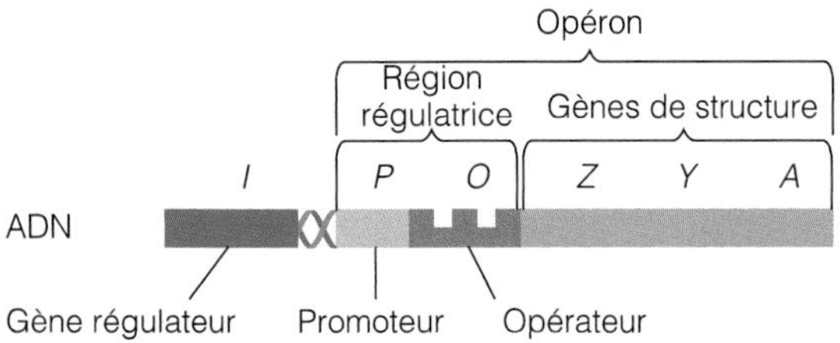


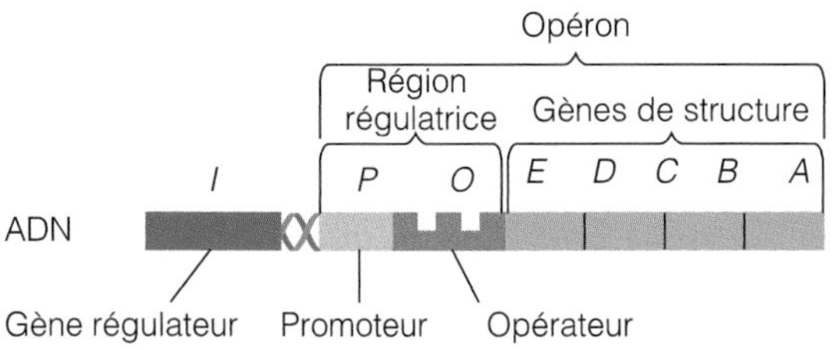


**1 Structure de l'opéron.** L'opéron est constitué des sites promoteur (*P*) et opérateur (*O*), et des gènes de structure qui contiennent le code des protéines. L'opéron est régulé par le produit du gène régulateur (*I*).

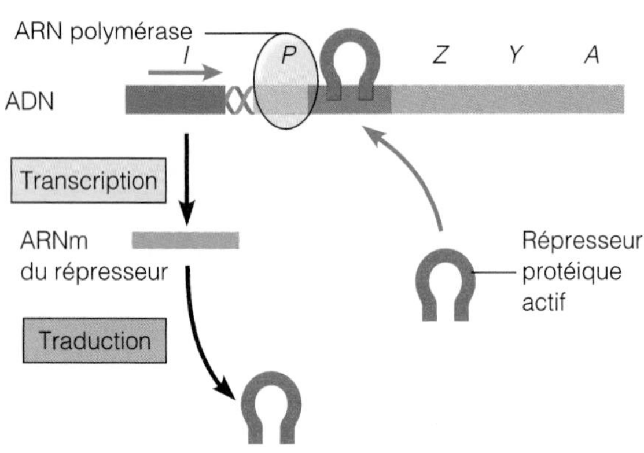


**2 Répresseur actif, opéron inhibé.** Le répresseur protéique se lie à l'opérateur et empêche la transcription de l'opéron.

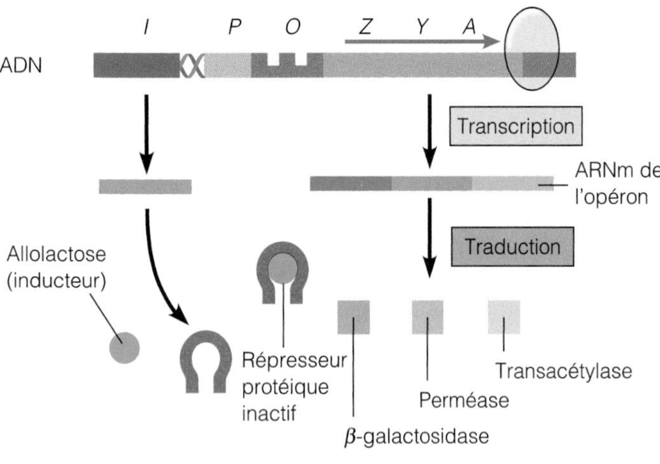


**3 Répresseur inactif, opéron fonctionnel.** Quand l'inducteur, ici l'allolactose, se lie au répresseur protéique, ce dernier est inactivé et n'est plus en mesure de bloquer la transcription. Les gènes de structure sont transcrits, ce qui entraîne la production des enzymes nécessaires au catabolisme du lactose.

**a)** Opéron inductible

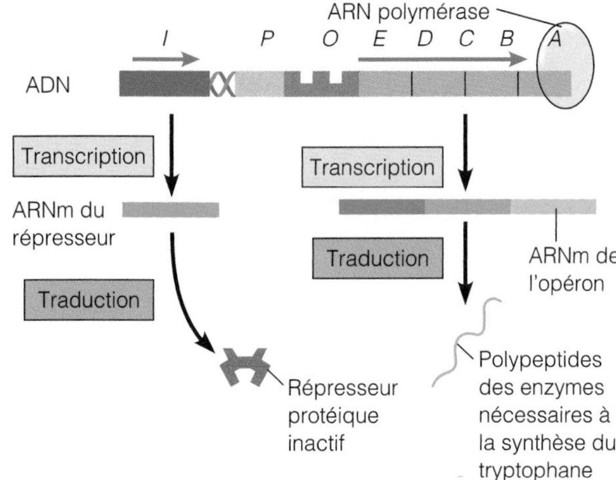


**2 Répresseur inactif, opéron fonctionnel.** En l'absence de tryptophane, le répresseur est inactif. La transcription et la traduction se poursuivent et aboutissent à la synthèse du tryptophane.

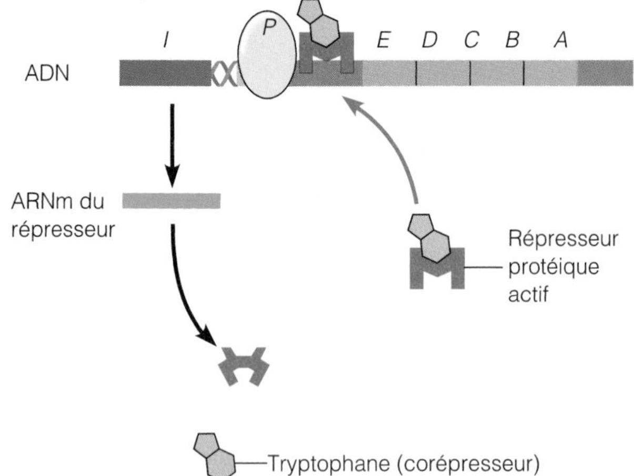


**3 Répresseur actif, opéron inhibé.** Quand le corépresseur, ici le tryptophane, se lie au répresseur protéique, ce dernier est activé et se lie à l'opérateur, empêchant la transcription de l'opéron.

**b)** Opéron répressible

FIGURE 8.14 **L'opéron : régulation de l'expression génique. a)** La dégradation du lactose emprunte une voie catabolique catalysée par des enzymes inductibles. **b)** Le tryptophane est un acide aminé produit par une voie anabolique catalysée par des enzymes répressibles.

■ Quelle est la différence entre une enzyme répressible et une enzyme inductible ?

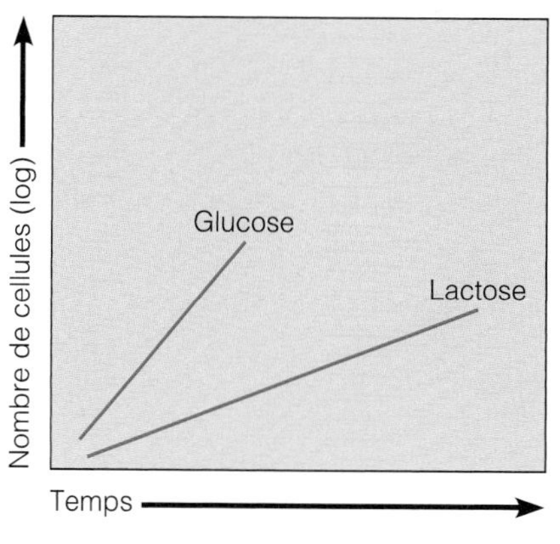


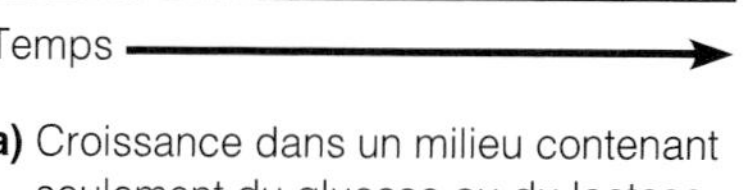


**a)** Croissance dans un milieu contenant seulement du glucose ou du lactose

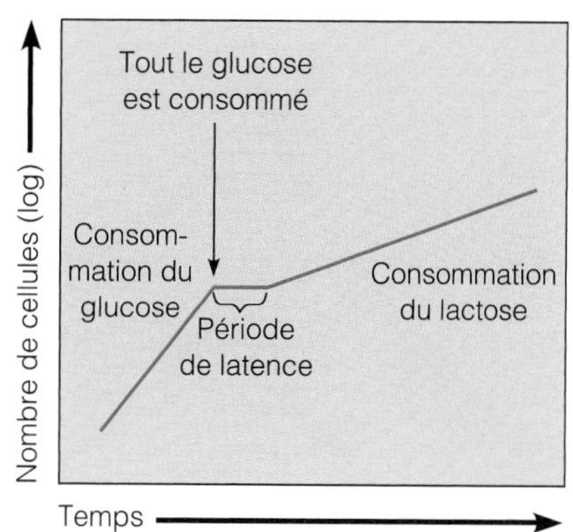


**b)** Croissance dans un milieu contenant du glucose et du lactose

FIGURE 8.15 **Taux de croissance d'*E. coli* nourri au glucose ou au lactose.** Plus la pente de la droite est élevée, plus la croissance est rapide. **a)** Les bactéries dont la seule source de carbone est le glucose se multiplient plus vite que celles dont la seule source est le lactose. **b)** Les bactéries en culture dans un milieu contenant les deux sucres consomment d'abord le glucose puis, après une brève période de latence, passent au lactose. Pendant l'intervalle, l'AMP cyclique intracellulaire augmente, l'opéron *lac* est transcrit, le transport du lactose vers le cytoplasme s'accélère et la $\beta$-galactosidase est synthétisée pour dégrader le lactose.

■ La transcription de l'opéron *lac* a-t-elle lieu en présence de lactose et de glucose ? en présence de lactose et en l'absence de glucose ? en présence de glucose et en l'absence de lactose ?

Dans le cas des opérons répressibles, les gènes de structure sont transcrits jusqu'à ce qu'ils soient inhibés (figure 8.14b). ❶ Les gènes des enzymes qui catalysent la synthèse du tryptophane sont régulés de cette façon. ❷ Les gènes de structure sont transcrits et traduits, pour donner lieu à la synthèse du tryptophane. ❸ Quand il y en a trop, le tryptophane devient **corépresseur** et se lie au répresseur protéique. Ce dernier peut maintenant s'accrocher à l'opérateur et bloquer la synthèse du tryptophane : c'est un opéron répressible.

La régulation de l'opéron du lactose dépend aussi de la quantité de glucose dans le milieu, laquelle influe sur le taux intracellulaire d'**AMP cyclique** (**AMPc**), petite molécule dérivée de l'ATP qui sert de signal d'alarme cellulaire. Les enzymes qui métabolisent le glucose sont constitutives et les cellules se multiplient à leur vitesse maximale quand le glucose est leur source de carbone parce qu'elles savent l'utiliser avec la plus grande efficacité (figure 8.15). Quand il n'y a plus de glucose dans le milieu, l'AMP cyclique (AMPc) s'accumule dans la cellule. Il se lie au site allostérique de la *protéine réceptrice de l'AMPc* (*CRP*). La CRP se fixe ensuite au promoteur *lac*, ce qui amorce la transcription en facilitant la liaison de l'ARN polymérase au promoteur. Ainsi, la transcription de l'opéron *lac* exige à la fois la présence de lactose et l'absence de glucose (figure 8.14a).

L'AMP cyclique est un exemple d'*alarmone,* signal d'alarme de nature chimique utilisé par la cellule pour réagir à un stress environnemental ou nutritionnel. (Dans le cas présent, le stress est causé par la pénurie de glucose.) Ce mécanisme déclenché par l'AMPc permet aussi à la cellule de se nourrir d'autres sucres. L'inhibition du métabolisme des autres sources de carbone par le glucose s'appelle **répression catabolique** (ou *effet glucose*). Quand le glucose est disponible, le taux d'AMPc dans la cellule est bas et, partant, la CRP n'est pas liée.

## La mutation, ou la modification du matériel génétique

Une **mutation** est une modification de la séquence de bases de l'ADN. Il arrive qu'un tel changement entraîne une altération du produit du gène. Par exemple, quand une mutation touche le gène d'une enzyme, cette dernière peut perdre toute activité ou devenir moins efficace par suite d'une modification de sa séquence d'acides aminés. Ce type de changement dans le génotype peut être défavorable, voire létal, si la cellule perd un trait phénotypique essentiel. En revanche, une mutation peut être avantageuse si, par exemple, l'enzyme altérée

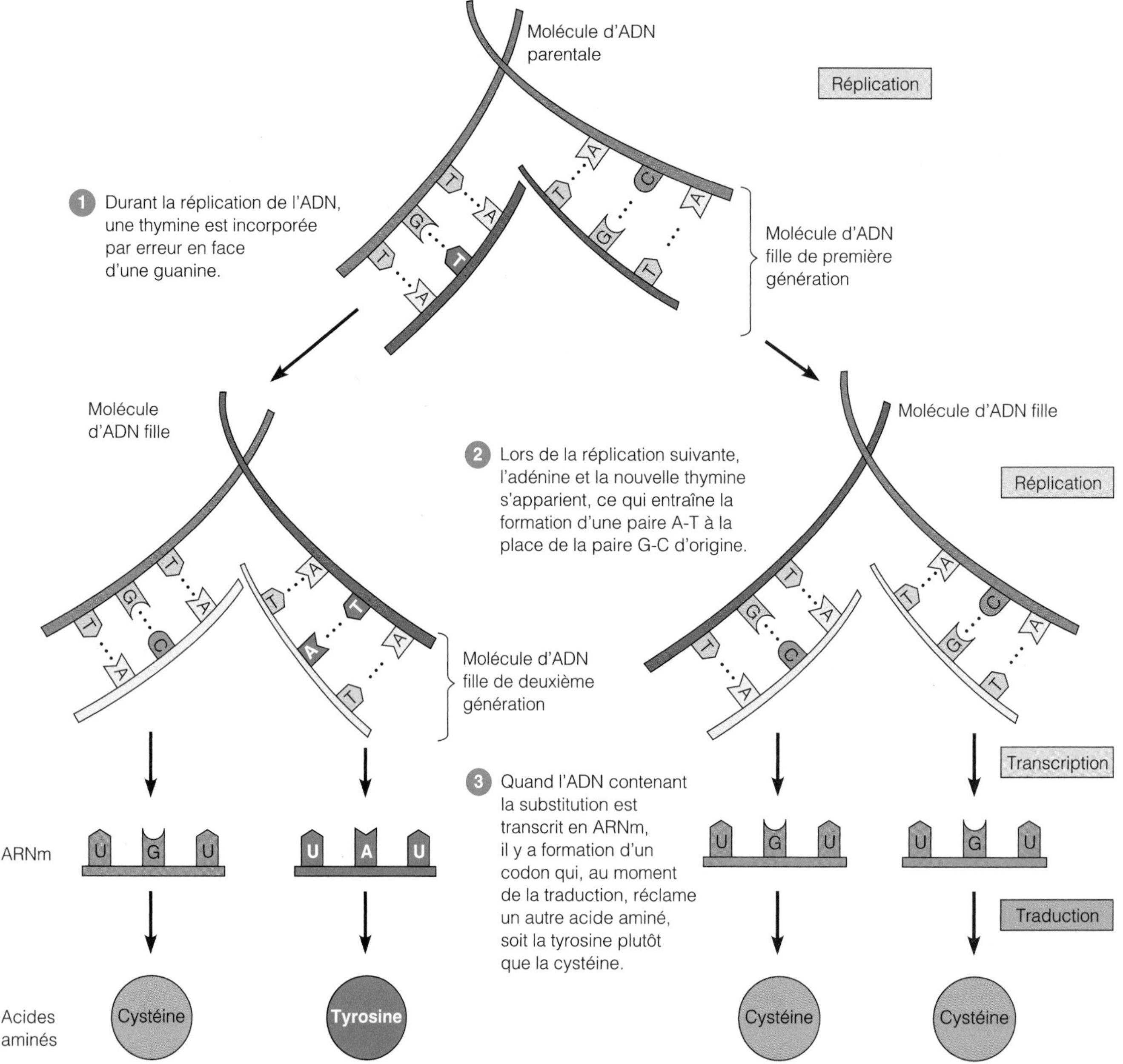


**FIGURE 8.16 Substitution de bases.** Cette mutation donne naissance à une protéine altérée dans une cellule fille de la deuxième génération.

■ Lors d'une substitution de bases, il y a d'abord remplacement d'une simple base à un point quelconque de la séquence d'ADN.

obtenue à partir du gène mutant possède une nouvelle fonction ou une activité améliorée qui sont utiles pour la cellule.

Beaucoup de mutations simples sont *silencieuses* (neutres) ; le changement dans la séquence de bases de l'ADN n'influe pas sur l'activité du produit du gène. C'est souvent le cas quand il y a substitution d'un seul nucléotide d'ADN, en particulier à une position correspondant à la troisième base du codon d'ARNm. En raison de la dégénérescence du code génétique, il est possible que le nouveau codon représente le même acide aminé. Même si l'acide aminé est substitué, la fonction de la protéine peut être inchangée si le nouvel acide aminé est très semblable, sur le plan chimique, à celui qu'il remplace ou si la modification a lieu dans une région non fonctionnelle de la protéine.

## Les types de mutations

### Objectif d'apprentissage

- *Définir les types de mutations.*

On observe deux types de mécanismes qui conduisent à des mutations : 1) les mutations par substitution de bases, qui donnent naissance à des mutations faux-sens ou à des mutations non-sens, et 2) les mutations par décalage du cadre de lecture, qui surviennent quand une ou plusieurs paires de nucléotides sont insérées ou supprimées.

La **substitution d'une paire de bases** (ou *mutation ponctuelle*) est la plus répandue des mutations agissant sur une seule paire de bases. Elle commence par le remplacement d'une seule base à un point donné de la séquence d'ADN. Lors de la réplication de l'ADN, il se forme une nouvelle paire de bases (figure 8.16, p. 248). Par exemple, AT peut se substituer à GC, ou CG à GC. Si la substitution a lieu dans le gène d'une protéine, l'ARNm transcrit à partir de ce gène devient porteur d'une base inappropriée à cette position. Quand l'ARNm est traduit en protéine, la base inappropriée peut causer l'insertion d'un acide aminé inapproprié dans la protéine. Si la substitution de bases entraîne la substitution d'un acide aminé dans la protéine synthétisée, la modification de l'ADN porte le nom de **mutation faux-sens** (figure 8.17a et b). Dans ce type de mutations, le codon qui porte la mutation code encore pour un acide aminé et a donc un sens, mais ce sens peut ne pas être approprié.

Les effets d'une telle mutation peuvent être considérables. Par exemple, l'anémie à hématies falciformes est causée par un seul changement dans le gène de la globine, composant protéique de l'hémoglobine. L'hémoglobine a pour fonction majeure de transporter l'oxygène des poumons aux tissus. Une simple mutation faux-sens, le remplacement d'un A par un T à un endroit précis, entraîne le remplacement d'un acide glutamique dans la protéine par une valine. Il en résulte que la forme de la molécule d'hémoglobine change quand le taux d'oxygène est bas, ce qui modifie la forme des érythrocytes et entrave gravement leur circulation dans les capillaires.

La substitution d'une base sur le brin d'ADN peut entraîner la formation d'un codon dont l'écriture peut correspondre à celle d'un codon d'arrêt (figure 8.9). En créant un codon d'arrêt au milieu d'une molécule d'ARNm, certaines substitutions de paires de bases empêchent effectivement la synthèse d'une protéine fonctionnelle complète ; seule une partie de cette dernière est synthétisée. En conséquence, une substitution de bases qui donne naissance à un codon d'arrêt est appelée **mutation non-sens** (figure 8.17c).

En plus des mutations dues à la substitution d'une paire de bases, il y a aussi des modifications de l'ADN qui surviennent quand une ou plusieurs paires de nucléotides sont ajoutées ou supprimées ; ces modifications donnent lieu à des mutations par **décalages du cadre de lecture** (figure 8.17d). Comme leur nom l'indique, ces mutations déplacent le « cadre de lecture de la traduction », c'est-à-dire les regroupements

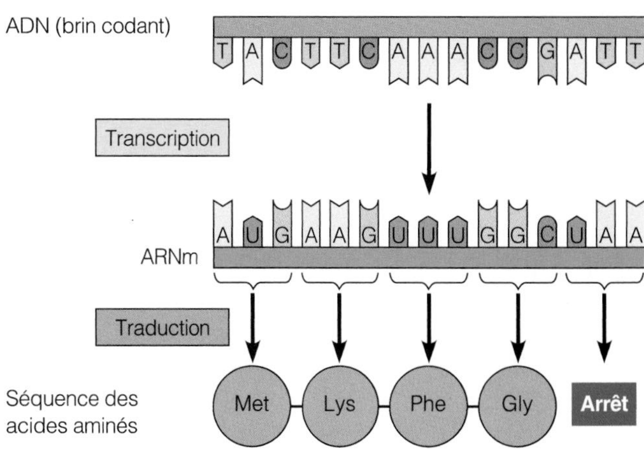


**a)** Molécule d'ADN normale

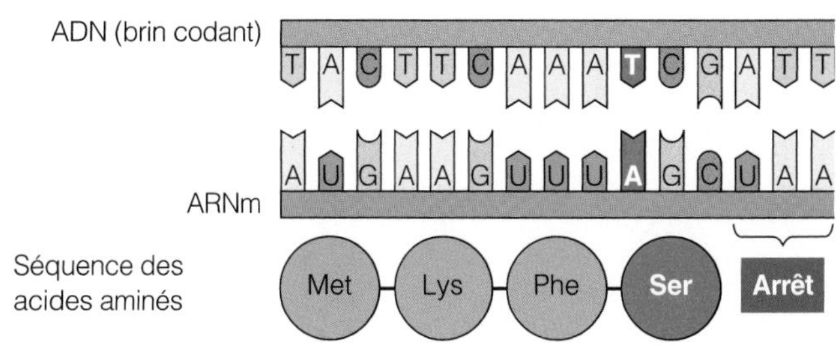


**b)** Mutation faux-sens

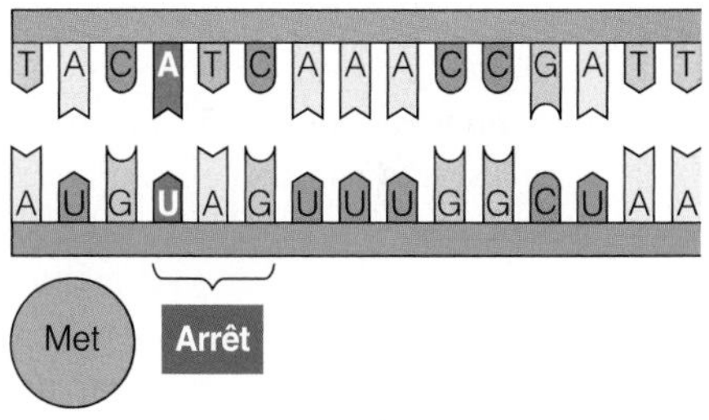


**c)** Mutation non-sens

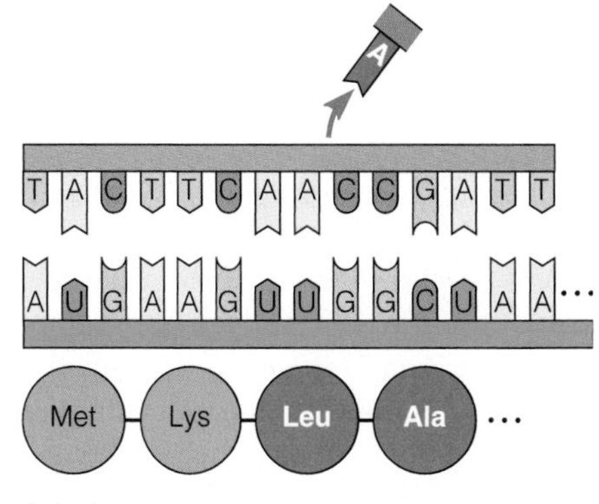


**d)** Décalage du cadre de lecture

**FIGURE 8.17 Les types de mutations et leurs effets sur la séquence d'acides aminés des protéines.**

- Quels critères utilise-t-on pour distinguer les mutations faux-sens, les mutations non-sens et les décalages du cadre de lecture ?

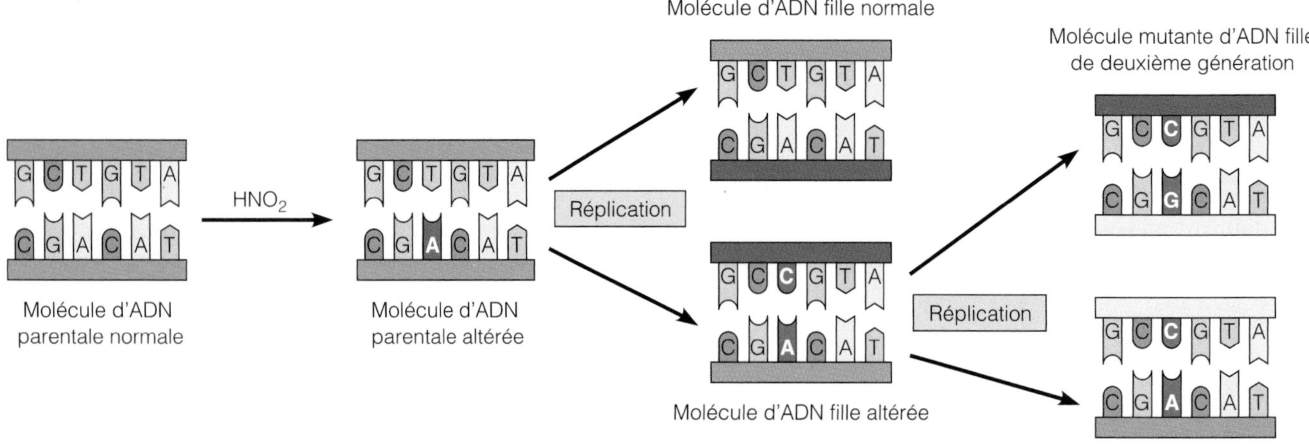


**FIGURE 8.18 L'action mutagène de l'acide nitreux ($HNO_2$).** L'acide nitreux (acide dioxonitrique) modifie l'adénine de telle sorte qu'elle s'apparie à la cytosine plutôt qu'à la thymine.

■ On qualifie de mutagène tout agent présent dans l'environnement qui peut donner naissance directement ou indirectement à une mutation.

trois à trois (triplets) des nucléotides qui forment les codons reconnus par les ARNt durant la traduction. Par exemple, la délétion, ou suppression, d'une paire de nucléotides au milieu d'un gène entraîne de nombreuses substitutions d'acides aminés en aval de la mutation d'origine. À l'occasion, on trouve des mutations où un nombre important de bases sont insérées dans un gène. Par exemple, la chorée de Huntington est une maladie neurologique progressive causée par l'insertion de bases supplémentaires dans un gène particulier. On tente à l'heure actuelle d'élucider pourquoi ces insertions surviennent précisément dans ce gène. Les insertions ou les délétions de bases qui entraînent des décalages du cadre de lecture donnent presque toujours naissance à une longue suite d'acides aminés sans rapport avec la séquence normale ; une protéine inactive est alors synthétisée. Dans la plupart des cas, il y a formation d'un codon d'arrêt qui termine la traduction.

Les substitutions de paires de bases et les décalages du cadre de lecture peuvent se produire spontanément lorsqu'une erreur se glisse dans la réplication de l'ADN. Ces **mutations spontanées** ont lieu apparemment en l'absence de causes externes. Les agents présents dans l'environnement, tels que certaines substances chimiques et divers rayonnements, qui donnent naissance directement ou indirectement à des mutations, sont appelés **mutagènes.** Presque tous les agents qui peuvent exercer une action physique ou chimique sur l'ADN sont des causes potentielles de mutations. Toutes sortes de substances chimiques, dont beaucoup sont communes dans la nature et même dans les maisons, sont des mutagènes connus. De nombreuses formes de rayonnements, y compris les rayons X et la lumière ultraviolette, sont également mutagènes, comme nous allons le constater sous peu.

Dans le monde microbien, certaines mutations ont pour conséquence la résistance aux antibiotiques ou un pouvoir pathogène transformé. Une mutation dans un gène de la membrane externe d'une bactérie peut faire augmenter le pouvoir pathogène ; par exemple, *Salmonella typhimurium* peut vivre à l'intérieur de phagocytes lorsque sa membrane externe est modifiée. Une mutation dans un gène de la capsule peut entraîner une diminution du pouvoir pathogène parce que les phagocytes sont en mesure de détruire la bactérie ; c'est le cas chez *Streptococcus pneumoniæ*, *Hæmophilus influenzæ* et *Neisseria meningitidis.*

## Les mutagènes

### Objectifs d'apprentissage

- *Définir un mutagène et nommer différents types de mutagènes.*
- *Décrire deux moyens de réparer les mutations.*

### Les mutagènes chimiques

L'acide nitreux (acide dioxonitrique) est un des nombreux corps chimiques dont l'action mutagène est bien connue. La figure 8.18 illustre comment le traitement de l'ADN à l'acide nitreux peut convertir l'adénine (A) en une forme qui s'apparie non plus à la thymine (T) mais à la cytosine (C). Quand l'ADN contenant ce type d'adénine altérée se réplique, une des molécules filles d'ADN présente une séquence de paires de bases différente de celle de la molécule parentale. À la fin, certaines paires AT de la molécule d'ADN parentale auront été remplacées par des paires GC dans les molécules d'ADN filles de la deuxième génération.

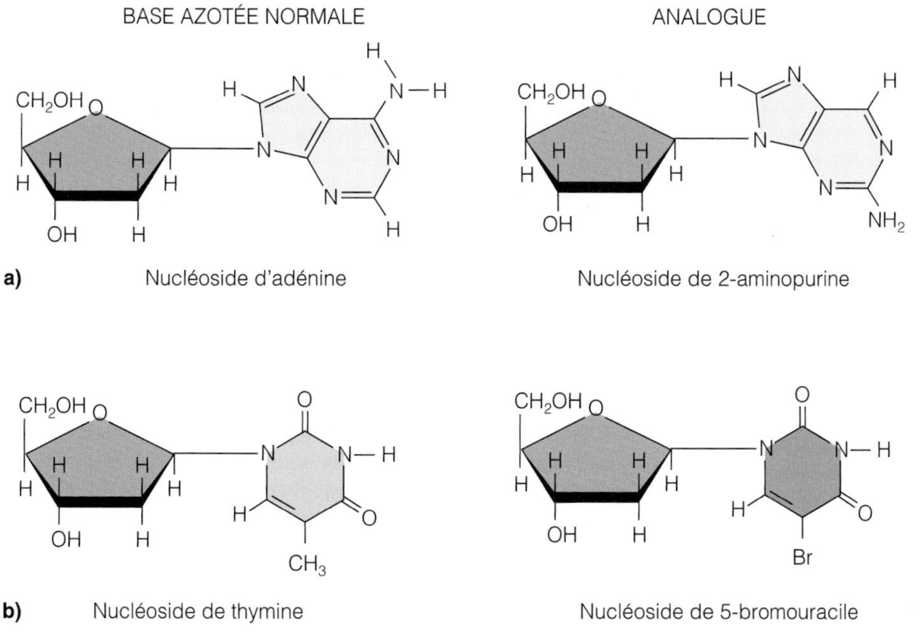

BASE AZOTÉE NORMALE | ANALOGUE

a) Nucléoside d'adénine | Nucléoside de 2-aminopurine

b) Nucléoside de thymine | Nucléoside de 5-bromouracile

**FIGURE 8.19 Les analogues de nucléosides et les bases azotées qu'ils remplacent. a)** Nucléosides d'adénine et de 2-aminopurine. **b)** Nucléosides de thymine et de 5-bromouracile.

■ Qu'est-ce qu'un analogue de nucléoside ?

L'acide nitreux est à l'origine d'un changement spécifique dans les paires de bases de l'ADN. Comme tous les mutagènes, il altère l'ADN au hasard.

Les **analogues de nucléosides** sont un autre type de mutagène chimique. Il s'agit de molécules qui ressemblent par leur structure aux bases azotées ordinaires, mais qui affichent des propriétés légèrement différentes en ce qui concerne l'appariement des bases. La 2-aminopurine et le 5-bromouracile en sont des exemples (figure 8.19). La molécule de 2-aminopurine est incorporée dans l'ADN à la place de l'adénine mais peut parfois former une paire avec la cytosine. La molécule de 5-bromouracile est incorporée dans l'ADN à la place de la thymine (T) mais elle forme souvent une paire avec la guanine. Quand on fournit des analogues de nucléosides à des cellules en croissance, ils sont incorporés au hasard dans l'ADN cellulaire au lieu des bases normales. Puis, lors de la réplication de l'ADN, ils causent des erreurs d'appariement des bases. Les bases introduites par erreur sont copiées au cours des réplications suivantes de l'ADN, ce qui occasionne des substitutions de paires de bases dans les cellules filles. Certains médicaments antiviraux et anticancéreux sont des analogues de nucléosides. C'est le cas de l'AZT (azidothymidine), un des principaux agents utilisés pour traiter les infections par le VIH.

D'autres mutagènes chimiques causent des délétions ou des insertions courtes, qui peuvent entraîner des décalages du cadre de lecture. Par exemple, dans certaines conditions, le benzopyrène, présent dans la fumée et la suie, est un *mutagène* efficace *causant des décalages du cadre de lecture.* Il existe d'autres mutagènes de ce type, tels que l'aflatoxine – produite par *Aspergillus flavus,* une moisissure qui pousse sur les arachides et les céréales, qui cause des infections respiratoires –, de même que les colorants d'acridine utilisés expérimentalement contre les infections par l'herpèsvirus. Les mutagènes qui entraînent des décalages du cadre de lecture possèdent habituellement la taille et les propriétés chimiques appropriées pour se glisser entre les paires de bases de la double hélice d'ADN. On croit qu'ils réussissent à faire décaler légèrement les deux brins de l'ADN, créant un espace ou un renflement dans un des brins. Quand les brins décalés sont copiés durant la synthèse de l'ADN, une ou plusieurs paires de bases peuvent être insérées dans la nouvelle double hélice ou en être retirées. Fait intéressant, les mutagènes qui causent des décalages du cadre de lecture sont souvent de puissants cancérogènes.

## Les rayonnements

Les rayons X et les rayons gamma sont des formes de rayonnements capables d'effets mutagènes importants parce qu'ils peuvent ioniser des atomes et des molécules. Les rayonnements ionisants peuvent pénétrer en profondeur et arracher les électrons à leurs niveaux énergétiques habituels (chapitre 2). Ces électrons bombardent d'autres molécules et causent eux aussi des dommages. De plus, un grand nombre des ions et des radicaux libres (fragments moléculaires avec des électrons non appariés) ainsi produits ont une très grande réactivité. Certains de ces ions peuvent se combiner aux bases de l'ADN, entraînant des erreurs de réplication et de réparation de l'ADN qui aboutissent à des mutations. Les effets sont encore plus graves quand il y a rupture de liaisons covalentes dans le squelette sucre-phosphate de l'ADN, ce qui entraîne des bris de chromosomes.

Il existe une autre forme de rayonnements mutagènes, les rayonnements ultraviolets (UV), qui sont une composante non ionisante des ondes solaires. Toutefois, la partie la plus mutagène des rayonnements ultraviolets (longueur d'onde de 260 nm) est retenue par la couche d'ozone de l'atmosphère. L'exposition directe de l'ADN aux rayonnements UV se traduit par la formation de liaisons covalentes indésirables

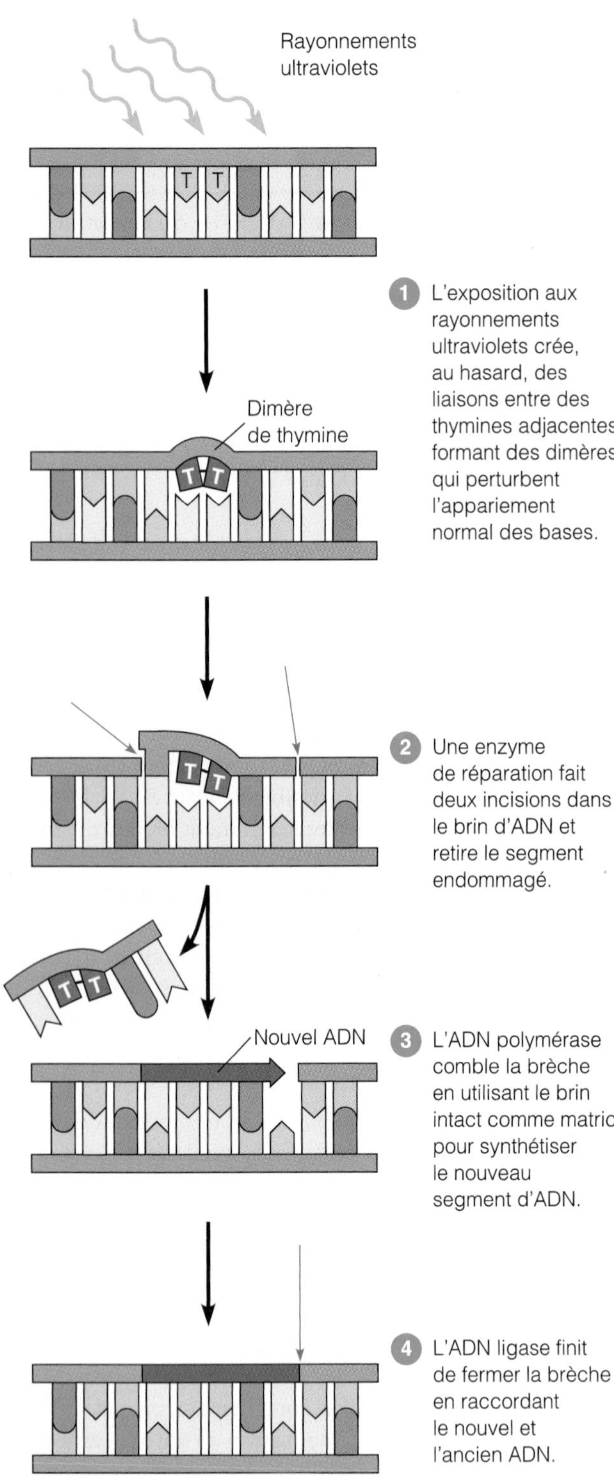

Rayonnements ultraviolets
T T
Dimère de thymine
T T
1 L'exposition aux rayonnements ultraviolets crée, au hasard, des liaisons entre des thymines adjacentes, formant des dimères qui perturbent l'appariement normal des bases.
2 Une enzyme de réparation fait deux incisions dans le brin d'ADN et retire le segment endommagé.
Nouvel ADN
3 L'ADN polymérase comble la brèche en utilisant le brin intact comme matrice pour synthétiser le nouveau segment d'ADN.
4 L'ADN ligase finit de fermer la brèche en raccordant le nouvel et l'ancien ADN.


**FIGURE 8.20 Création d'un dimère de thymine par rayonnement ultraviolet et sa réparation.** Lors de l'exposition aux rayonnements UV, deux thymines adjacentes peuvent se lier l'une à l'autre pour former un dimère. En l'absence de lumière visible, le mécanisme de réparation par excision-resynthèse est utilisé par la cellule pour remettre l'ADN à neuf.

- Les bactéries et autres organismes possèdent des enzymes qui réparent les dommages causés par les rayonnements.

entre certaines bases. Les thymines adjacentes dans un brin d'ADN peuvent se lier deux à deux pour former des dimères de thymine. S'ils ne sont pas extirpés, ces dimères peuvent occasionner des dommages graves à la cellule, voire la tuer, parce qu'ils empêchent cette dernière de répliquer l'ADN touché ou de le transcrire correctement. Il existe des mécanismes de réparation qui protègent les cellules.

Les bactéries et d'autres organismes possèdent des enzymes qui peuvent réparer les dégâts des rayonnements ultraviolets. Des enzymes de photoréactivation, appelées **photolyases,** utilisent l'énergie de la lumière visible pour séparer les dimères et redonner aux thymines leur forme originale. En l'absence de lumière visible, un autre mécanisme peut se produire. La **réparation par excision-resynthèse,** illustrée à la figure 8.20, est utilisée par la cellule pour réparer les dommages causés par les rayons solaires ; elle peut également corriger des mutations d'origines diverses. Les enzymes retirent les thymines jumelées qui déforment l'ADN en pratiquant une large ouverture. Puis, elles comblent la brèche avec de l'ADN nouvellement synthétisé et complémentaire au brin qui n'a pas été endommagé. De cette façon, la séquence originale des paires de bases est restaurée. La dernière étape est la formation par l'ADN ligase de la liaison covalente qui referme le squelette d'ADN. À l'occasion, il se produit une erreur lors de ce processus de réparation et la séquence originale des paires de bases n'est pas reconstituée intégralement. La conséquence de cette erreur est une mutation.

Chez les humains, l'exposition aux rayonnements UV, par exemple par des bronzages excessifs, donne naissance à de nombreux dimères de thymine dans les cellules de la peau. Les dimères qui ne sont pas réparés peuvent occasionner des cancers de la peau. Les humains atteints de xeroderma pigmentosum, trouble héréditaire qui s'accompagne d'une sensibilité accrue aux rayons solaires, ont une défectuosité du mécanisme de réparation par excision-resynthèse de nucléotides ; en conséquence, ils ont un risque plus élevé de présenter un jour un cancer de la peau.

## La fréquence des mutations

### Objectif d'apprentissage

- *Décrire l'effet des mutagènes sur le taux de mutation.*

Le **taux de mutation** est la probabilité qu'un gène subisse une mutation quand la cellule se divise. Ce taux est habituellement exprimé par une puissance de 10 et, les mutations étant très rares, l'exposant est toujours un nombre négatif. Par exemple, s'il y a une chance sur 10 000 qu'un gène ait une mutation quand la cellule se divise, le taux de mutation est de 1/10 000, ou $10^{-4}$. Les erreurs spontanées lors de la réplication de l'ADN surviennent à un taux très faible, peut-être seulement une fois par $10^9$ paires de bases répliquées (taux de mutation de $10^{-9}$). Puisque le gène moyen possède environ $10^3$ paires de bases, le taux de mutation spontanée est d'environ une fois sur $10^6$ gènes répliqués (un million).

En général, les mutations surviennent plus ou moins au hasard le long des chromosomes. L'apparition de rares mutations aléatoires est un aspect essentiel de l'adaptation des espèces à leur milieu, car l'évolution exige que la diversité génétique soit produite au hasard et à un faible rythme. Par exemple, dans une population bactérienne de taille importante – supérieure à $10^7$ cellules – quelques cellules mutantes sont produites à chaque nouvelle génération. La plupart des mutations sont soit silencieuses, soit nuisibles et appelées à disparaître du pool génique à la mort des cellules qui les portent. Par contre, quelques mutations peuvent être avantageuses. Par exemple, une mutation qui confère une résistance aux antibiotiques est souhaitable si une population de bactéries est régulièrement exposée à ces médicaments. Une fois qu'un de ces traits s'est manifesté par suite d'une mutation, les cellules dotées du gène mutant ont plus de chances de survivre et de se reproduire que les autres. Bientôt, la plupart des cellules de la population possèdent le gène mutant; il y a eu évolution, même si c'est à une petite échelle.

En règle générale, les mutagènes font augmenter par un facteur de 10 à 1 000 le taux de mutations spontanées, qui est d'environ une mutation par $10^6$ gènes répliqués. Autrement dit, sous l'action d'un mutagène, le taux normal de $10^{-6}$ mutation par gène répliqué s'élève pour se situer entre $10^{-5}$ et $10^{-3}$ mutation par gène répliqué. On utilise les mutagènes en laboratoire pour stimuler la production de cellules mutantes qui servent soit à la recherche sur les propriétés génétiques des microorganismes, soit à des fins commerciales.

## La détection des mutants

### Objectif d'apprentissage

- *Donner un aperçu des méthodes de sélection directe et indirecte des mutants.*

On peut mettre en évidence les mutants en sélectionnant ou en révélant les nouveaux phénotypes. Avec ou sans mutagène, les cellules mutantes ayant des mutations précises sont toujours rares par rapport à l'ensemble de la population. Mais il est difficile de repérer ces événements rares.

Les expériences portent habituellement sur des bactéries parce qu'elles se reproduisent rapidement, si bien qu'on peut facilement utiliser de grands nombres d'organismes (plus de $10^9$ par millilitre de bouillon de culture). De plus, les bactéries n'ont en général qu'une copie de chaque gène par cellule, les bactéries ne contenant qu'un seul chromosome. En conséquence, les effets d'un gène mutant ne sont pas masqués par la présence d'une copie normale du même gène, comme c'est le cas chez beaucoup d'organismes eucaryotes.

La **sélection positive** (**directe**) comprend la détection des cellules mutantes par rejet des cellules parentales normales. Par exemple, supposons que nous recherchons des bactéries mutantes qui résistent à la pénicilline. Quand les cellules bactériennes sont mises en culture sur un milieu contenant de la pénicilline, on peut identifier les mutants directement. Les quelques cellules de la population qui sont résistantes (mutantes) se multiplient et forment des colonies, alors que les cellules parentales normales et sensibles à la pénicilline ne poussent pas.

Pour révéler des mutations qui touchent d'autres types de gènes, on peut utiliser la **sélection négative** (**indirecte**). Ce processus isole les cellules qui sont incapables d'accomplir une certaine fonction au moyen de la technique de **réplique sur boîte.** Par exemple, supposons que nous voulions utiliser cette technique pour trouver une cellule bactérienne qui a perdu la capacité de synthétiser l'histidine, un acide aminé (figure 8.21). Tout d'abord, environ 100 cellules bactériennes sont étalées sur une gélose dans une boîte de Petri. Cette boîte, appelée boîte maîtresse, contient un milieu avec de l'histidine sur lequel toutes les cellules peuvent se multiplier. Après plusieurs heures d'incubation, chaque cellule bactérienne se reproduit pour former une colonie. Puis, un tampon de matière stérile, par exemple en latex, en papier filtre ou en velours, est appliqué à la surface de la boîte maîtresse et quelques-unes des cellules de chaque colonie adhèrent au tampon. Ensuite, le tampon est appliqué à la surface de deux (ou plusieurs) boîtes stériles. Une des boîtes contient un milieu avec de l'histidine et l'autre, un milieu sans histidine sur lequel la bactérie non mutante d'origine peut croître. Toute colonie qui se forme sur le milieu avec histidine de la boîte maîtresse mais qui est incapable de synthétiser cet acide aminé n'apparaîtra pas sur le milieu sans histidine. On peut alors repérer la colonie mutante dans la boîte maîtresse. Bien sûr, compte tenu de la rareté des mutants (même s'ils sont déclenchés par des mutagènes), il faut produire beaucoup de boîtes par cette technique pour isoler un mutant spécifique.

La technique de réplique sur boîte est un moyen très efficace d'isoler des mutants qui ont besoin d'un ou de plusieurs nouveaux facteurs de croissance. Tout microorganisme mutant ayant un besoin nutritionnel qui n'existe pas chez le parent est appelé **auxotrophe.** Par exemple, un auxotrophe peut être dépourvu d'une enzyme nécessaire à la synthèse d'un acide aminé particulier; par conséquent, on devra lui fournir cet acide aminé comme facteur de croissance dans son milieu de culture.

## La détection des agents chimiques cancérogènes

### Objectif d'apprentissage

- *Décrire le test de Ames et en préciser le but.*

Beaucoup de mutagènes connus s'avèrent également **cancérogènes,** c'est-à-dire qu'ils provoquent des cancers chez les animaux, y compris chez les humains. Au cours des dernières années, certains agents chimiques dans l'environnement, les lieux de travail et l'alimentation ont été mis en cause dans l'apparition de cancers chez les humains. On se sert habituellement d'animaux pour effectuer les tests qui permettent de déterminer quels agents sont des cancérogènes

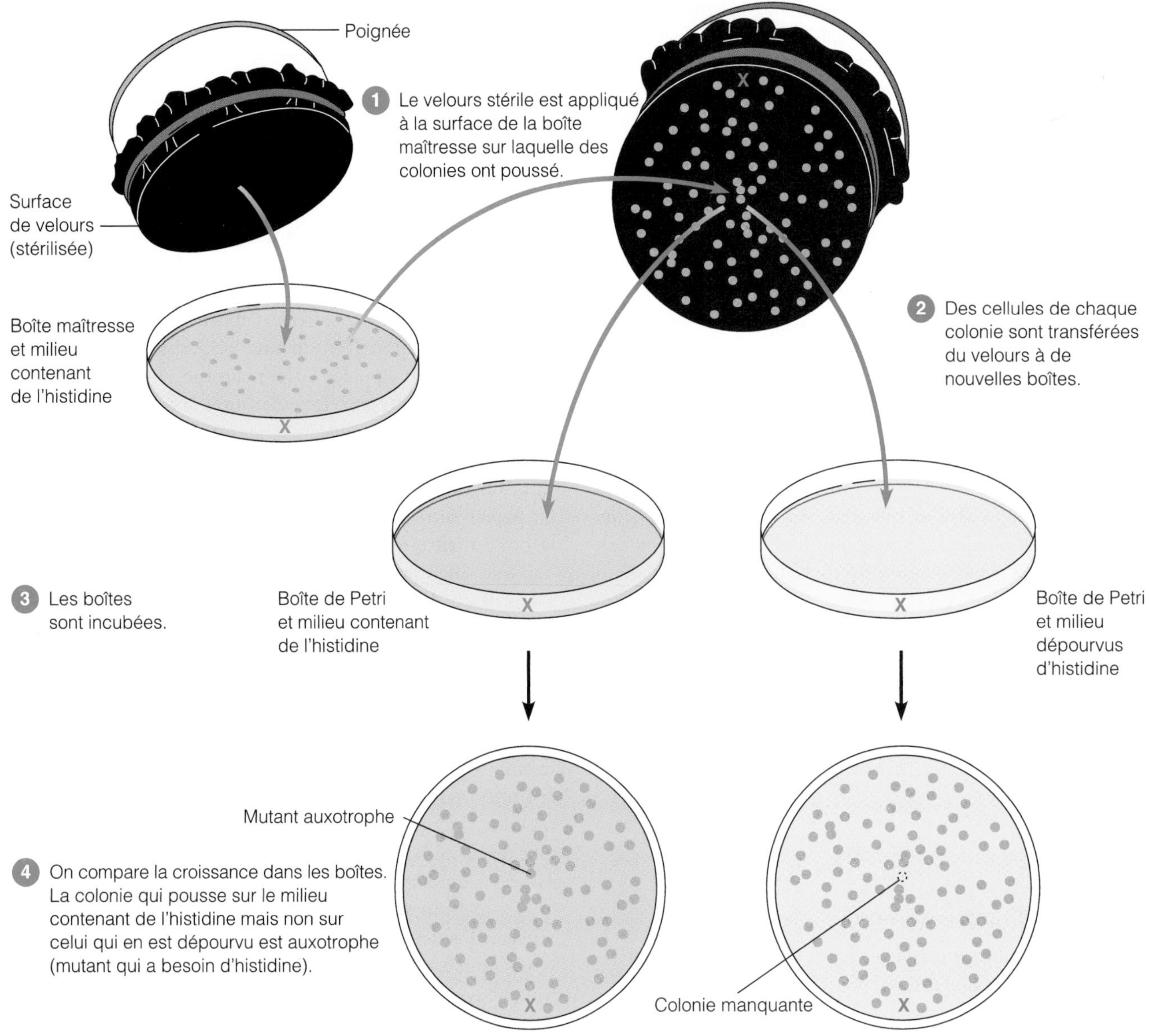
Poignée
1 Le velours stérile est appliqué à la surface de la boîte maîtresse sur laquelle des colonies ont poussé.
Surface de velours (stérilisée)
Boîte maîtresse et milieu contenant de l'histidine
X
2 Des cellules de chaque colonie sont transférées du velours à de nouvelles boîtes.
3 Les boîtes sont incubées.
Boîte de Petri et milieu contenant de l'histidine
Boîte de Petri et milieu dépourvus d'histidine
Mutant auxotrophe
4 On compare la croissance dans les boîtes. La colonie qui pousse sur le milieu contenant de l'histidine mais non sur celui qui en est dépourvu est auxotrophe (mutant qui a besoin d'histidine).
Colonie manquante

FIGURE 8.21 **Technique de réplique sur boîte.** Dans le présent exemple, le mutant auxotrophe est incapable de synthétiser l'histidine. Les boîtes doivent être soigneusement marquées (ici au moyen d'un X) pour maintenir toujours la même orientation et permettre de situer les colonies par rapport à la boîte maîtresse.

- La technique de réplique sur boîte sert à repérer les mutants auxotrophes, bactéries qui ont perdu la capacité de synthétiser un nutriment essentiel.

potentiels; ces méthodes exigent beaucoup de temps et sont coûteuses. Il existe maintenant des moyens plus rapides et moins chers de faire le triage préliminaire des cancérogènes potentiels. Un de ceux-ci, appelé **test de Ames,** utilise des bactéries comme indicateurs d'agents cancérogènes.

Le test de Ames est fondé sur l'observation que l'exposition de bactéries mutantes à des substances mutagènes peut causer de nouvelles mutations qui abolissent l'effet (le changement de phénotype) de la première mutation. On parle alors de mutations réverses ou de *rétromutations.* Plus précisément,

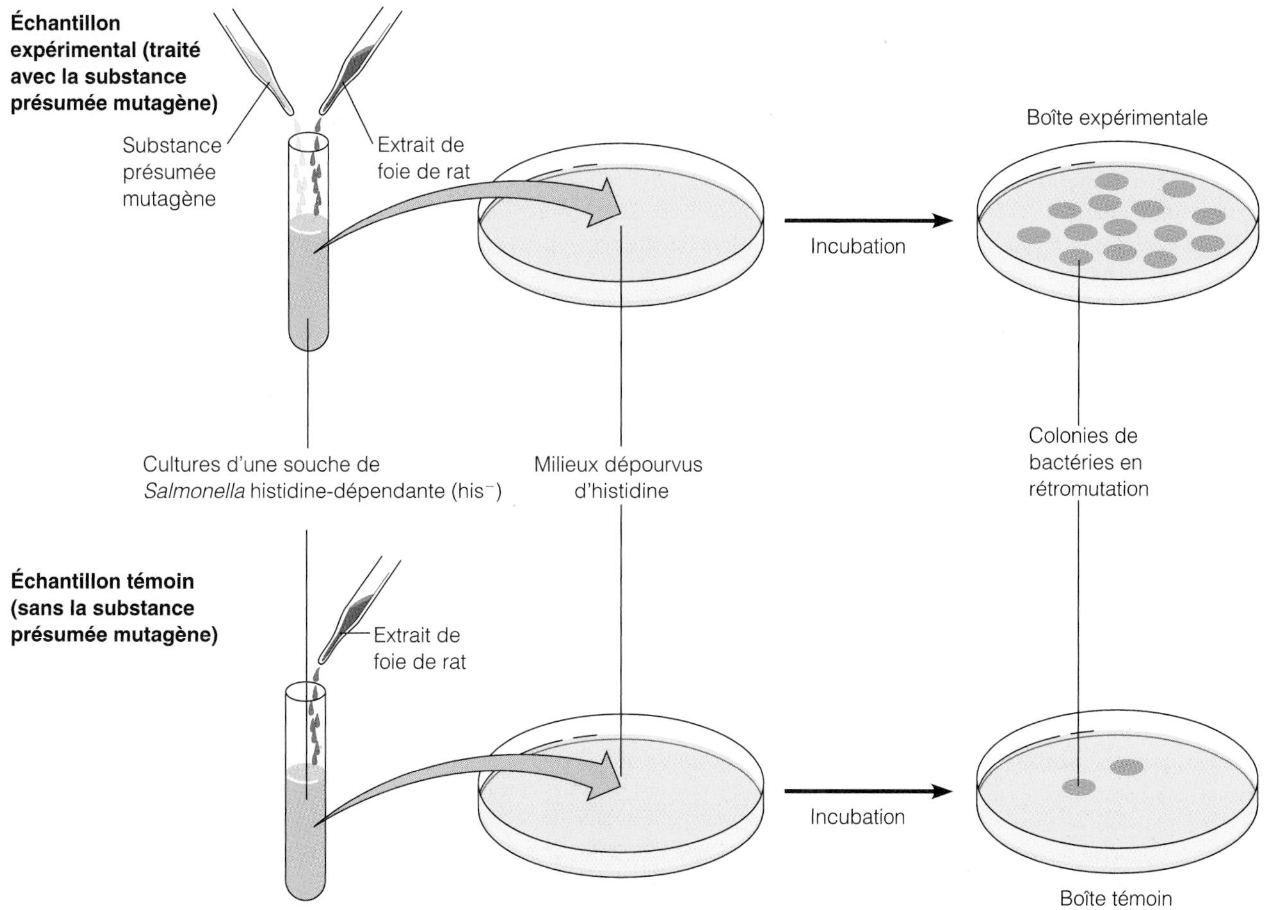


1. On prépare deux cultures de bactéries du genre *Salmonella* qui ont perdu la capacité de synthétiser l'acide aminé histidine (histidine-dépendantes).
2. La substance présumée mutagène est ajoutée seulement à l'échantillon expérimental ; on ajoute de l'extrait de foie de rat (un activateur) aux deux échantillons.
3. Chacun des échantillons, expérimental et témoin, est étalé sur un milieu dépourvu d'histidine. Puis, les boîtes sont incubées à 37 °C pendant deux jours. Les bactéries mutantes ne poussent pas sur un milieu dépourvu d'histidine. Seules les bactéries qui ont recouvré par une mutation réverse (rétromutation) la capacité de synthétiser l'histidine formeront des colonies.
4. On compare le nombre de colonies de la boîte expérimentale à celui de la boîte témoin. Il est possible que cette dernière contienne quelques rétromutants spontanés qui synthétisent l'histidine. Cependant, la boîte expérimentale aura un plus grand nombre de bactéries rétromutantes qui synthétisent l'histidine si l'agent chimique testé est effectivement un mutagène et un cancérogène potentiel. Plus la concentration de mutagène utilisée est élevée, plus il y a de colonies rétromutantes.

**FIGURE 8.22 Le test de Ames.**

■ Le test de Ames sert à mesurer la mutagénicité de diverses substances chimiques et à repérer les mutagènes que l'on croit capables de causer le cancer chez les humains.

le test mesure la rétromutation de cellules de *Salmonella* qui sont auxotrophes pour l'histidine (cellules his$^-$ ou histidine-dépendantes, mutants ayant perdu la capacité de synthétiser cet acide aminé). On cherche les cellules qui ont retrouvé la capacité de produire de l'histidine (his$^+$) après avoir été exposées à un agent mutagène (figure 8.22). Les bactéries sont incubées avec et sans la substance mise à l'épreuve. Puisque beaucoup d'agents chimiques – au départ non mutagènes – doivent être activés (transformés en substances mutagènes réactives) par des enzymes animales pour que se manifeste leur pouvoir mutagène ou cancérogène, l'agent testé et les bactéries mutantes sont incubés ensemble avec de

LA MICROBIOLOGIE DANS L'ACTUALITÉ

## Le rôle des bactéries dans le cancer

En 1996, l'Agence internationale de la recherche sur le cancer classe la bactérie *Helicobacter pylori* parmi les agents cancérogènes. Aucun mécanisme spécifique n'est proposé pour expliquer le rapport entre *H. pylori* et le cancer de l'estomac. Les chercheurs savent depuis le début des années 1970 qu'il existe une relation entre le régime alimentaire et certains types de cancers. Toutefois, ce n'est peut-être pas la nourriture elle-même qui cause le cancer mais son interaction avec la flore microbienne normale, c'est-à-dire les centaines d'espèces de microorganismes qui vivent chez l'individu moyen.

L'importance des microorganismes dans l'apparition des cancers a été constatée pour la première fois quand on a donné à manger à des rats de la cycasine, substance naturelle tirée du fruit du cycas. La $\beta$-glucosidase, une enzyme bactérienne, convertit la cycasine en méthylazoxyméthanol, qui cause le cancer chez les rats. Les rats axéniques (sans germes) ne sont pas affectés par la cycasine, mais ceux qui possèdent une flore intestinale normale finissent par présenter des cancers du côlon.

Afin de déterminer le rôle des bactéries intestinales dans la conversion de corps chimiques en cancérogènes, Elena McCoy et ses collaborateurs au New York Medical College ont utilisé le test de Ames pour comparer le pouvoir mutagène du 2-aminofluorène activé par des enzymes de cellules hépatiques, des enzymes de cellules intestinales seules, des enzymes de *Bacteroides fragilis* seules, et les enzymes de cellules intestinales combinées aux enzymes de *B. fragilis.* McCoy et son équipe ont découvert que les enzymes du foie sont les plus efficaces pour transformer ce produit chimique en agent mutagène. Les enzymes intestinales et bactériennes, agissant isolément, sont capables d'une certaine conversion mutagène. La combinaison des enzymes intestinales et bactériennes produit un effet presque aussi grand que celui des enzymes du foie.

Certains composés qui se forment à la surface des viandes ou des poissons frits ou grillés ont été associés à un risque accru de cancer du côlon. Un de ces composés, appelé IQ, est converti en une molécule appelée OHIQ, par les bactéries intestinales. Des chercheurs de la American Health Foundation à New York ont montré que OHIQ est un mutagène par le test de Ames et que son pouvoir mutagène augmente sous l'action des enzymes du foie.

Pour déterminer le rôle des bactéries dans le cancer de la vessie, des chercheurs du Centre médical de Kyushu au Japon ont utilisé le test de Ames afin d'évaluer le pouvoir mutagène de l'urine humaine soumise à une activation bactérienne. On a obtenu les bactéries de patients atteints d'infections urinaires. On a mesuré la capacité des isolats bactériens à réduire les ions nitrate ($NO_3^-$) en ions nitrite ($NO_2^-$). L'activité mutagène observée quand on ajoute des ions nitrite indique que ces molécules peuvent provoquer des mutations (voir le tableau ci-dessous). Les résultats obtenus suggèrent qu'un corps chimique qui atteint la vessie peut être activé par des enzymes bactériennes et devenir cancérogène.

Le changement de régime alimentaire n'a qu'un effet minime sur les espèces de bactéries qui peuplent l'intestin, mais il influe de façon spectaculaire sur l'activité métabolique de ces bactéries. Il est possible que ce soient les enzymes bactériennes qui soient importantes. Par exemple, la $\beta$-glucuronidase bactérienne rend à nouveau toxiques les cancérogènes détoxiqués par le foie ; l'azoréductase bactérienne peut produire des cancérogènes à partir de certains colorants alimentaires et la nitroréductase bactérienne peut donner naissance à des nitrosamines cancérogènes à partir d'acides aminés et de nitrates. L'ammoniac qui résulte de l'activité de l'uréase produite par *H. pylori* favorise peut-être la division cellulaire.

| Substance testée | Ampleur relative de la croissance bactérienne par le test de Ames |
|---|---|
| Urine humaine normale | – |
| Urine + bactérie réductrice de $NO_3^-$ | +++ |
| Urine + bactérie non réductrice de $NO_3^-$ | + |
| Urine + $NO_2^-$ | +++ |

l'extrait de foie de rat, source riche en enzymes d'activation. Si la substance étudiée est mutagène, elle provoquera la rétromutation de bactéries $his^-$ en bactéries $his^+$ à un taux plus élevé que celui des rétromutations spontanées. Le nombre de rétromutants observés est un indice du pouvoir mutagène d'une substance et, par conséquent, de son potentiel cancérogène.

Le test peut s'utiliser de bien des façons. On peut analyser qualitativement plusieurs mutagènes potentiels en déposant de petites pastilles de papier, chacune imprégnée d'un agent chimique différent, sur une même boîte ensemencée avec des bactéries. On peut aussi vérifier la présence de substances mutagènes dans des mélanges tels que le vin, le sang, les condensats de fumée et les extraits d'aliments. L'encadré de la page précédente donne un exemple de l'utilisation du test de Ames pour explorer le rôle des bactéries dans le cancer.

Environ 90 % des substances qui se révèlent mutagènes par le test de Ames ont aussi un pouvoir cancérogène chez les animaux. De même, les substances les plus mutagènes sont généralement aussi les plus cancérogènes.

# Les transferts génétiques et la recombinaison

### Objectifs d'apprentissage

- *Comparer les mécanismes de recombinaison génétique chez les bactéries.*
- *Distinguer entre le transfert horizontal de gènes et le transfert vertical de gènes.*

La **recombinaison génétique** est l'échange de gènes entre deux molécules d'ADN qui donne lieu à la formation de nouvelles combinaisons de gènes sur un chromosome. La figure 8.23 illustre un type de recombinaison génétique entre deux segments d'ADN, que nous appelons A et B, et que nous considérons comme des chromosomes pour plus de simplicité. Si ces deux chromosomes sont coupés puis réunis comme l'indique la figure – processus appelé **enjambement** –, certains des gènes portés par ces chromosomes se trouvent permutés. Les chromosomes d'origine se sont recombinés, si bien que chacun d'eux possède maintenant une partie des gènes de l'autre.

Si A et B représentent l'ADN d'individus différents, comment peuvent-ils se rapprocher suffisamment l'un de l'autre pour qu'il y ait recombinaison ? Chez les eucaryotes, la recombinaison génétique est un processus ordonné qui fait habituellement partie du cycle sexuel de l'organisme. En règle générale, elle a lieu durant la formation des cellules reproductrices, de telle sorte que ces cellules contiennent de l'ADN recombiné. Chez les bactéries, la recombinaison génétique peut s'effectuer de plusieurs façons, que nous décrivons dans les prochaines sections.

Comme les mutations, la recombinaison contribue à la diversité génétique des populations et constitue un des ressorts de l'évolution. Chez les organismes très évolués, comme les microbes d'aujourd'hui, la recombinaison a plus de chances que la mutation d'avoir des effets bénéfiques. En effet, elle est moins susceptible d'empêcher la fonction des gènes et elle peut engendrer des combinaisons de gènes qui permettent aux organismes d'accomplir des fonctions inédites et avantageuses.

La principale protéine du flagelle de *Salmonella* est aussi une de celles qui contribuent le plus à faire réagir notre système immunitaire. Toutefois, la bactérie est capable de donner naissance à deux protéines flagellaires différentes. Pendant que notre système immunitaire se prépare à riposter contre les bactéries qui présentent une des formes de la protéine flagellaire, les salmonelles qui produisent l'autre forme sont épargnées. Le type de protéine flagellaire synthétisé est déterminé par une recombinaison qui semble survenir de façon plutôt aléatoire sur l'ADN chromosomique. Ainsi, en changeant de protéine flagellaire, *Salmonella* peut plus facilement se soustraire aux défenses de l'hôte.

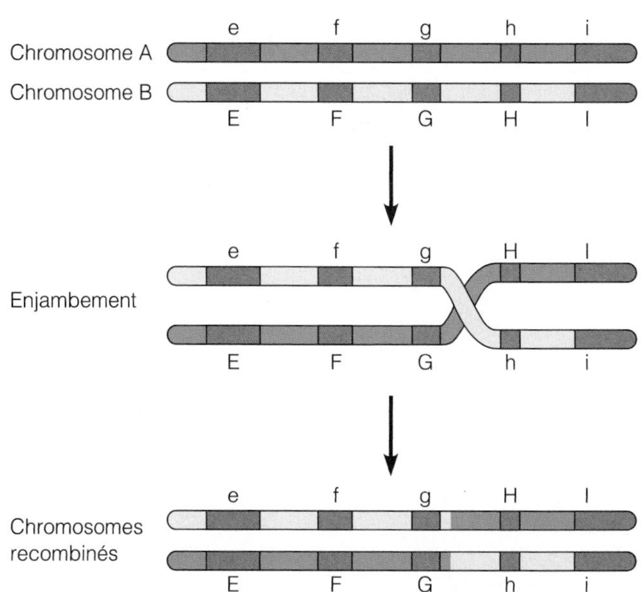


**FIGURE 8.23 Recombinaison génétique par enjambement de deux chromosomes homologues.** Les chromosomes A et B possèdent chacun une version des gènes E à I. Les chromosomes forment des enjambements en se brisant puis en se joignant à nouveau, parfois à plusieurs endroits. Il en résulte deux chromosomes recombinés, portant chacun des gènes provenant des deux molécules d'origine.

- La recombinaison génétique est l'échange de gènes entre deux molécules d'ADN qui donne lieu à la formation de nouvelles combinaisons de gènes.

Le **transfert vertical de gènes** a lieu quand les gènes sont transmis d'un organisme à sa descendance. Les plantes et les animaux transmettent leurs gènes de cette façon. Les bactéries peuvent donner leurs gènes non seulement à leur progéniture, mais aussi à d'autres microbes de la même génération. Il s'agit alors de **transfert horizontal de gènes.** Ce type d'échange peut s'effectuer de plusieurs façons. Quel que soit le mécanisme, le transfert fait intervenir une **cellule donneuse** qui cède une partie de son ADN à une **cellule receveuse.** Une fois que le transfert a été accompli, une partie de l'ADN de la cellule donneuse est habituellement incorporé à l'ADN de la cellule receveuse ; le reste est dégradé par des enzymes cellulaires. La cellule receveuse qui incorpore de l'ADN de la cellule donneuse à son propre ADN est dite *recombinée.* Le transfert de matériel génétique entre bactéries n'est pas du tout fréquent ; il se produit seulement dans 1 % ou moins de la population. Examinons en détail les types de transferts génétiques, soit les processus de transformation, de conjugaison et de transduction.

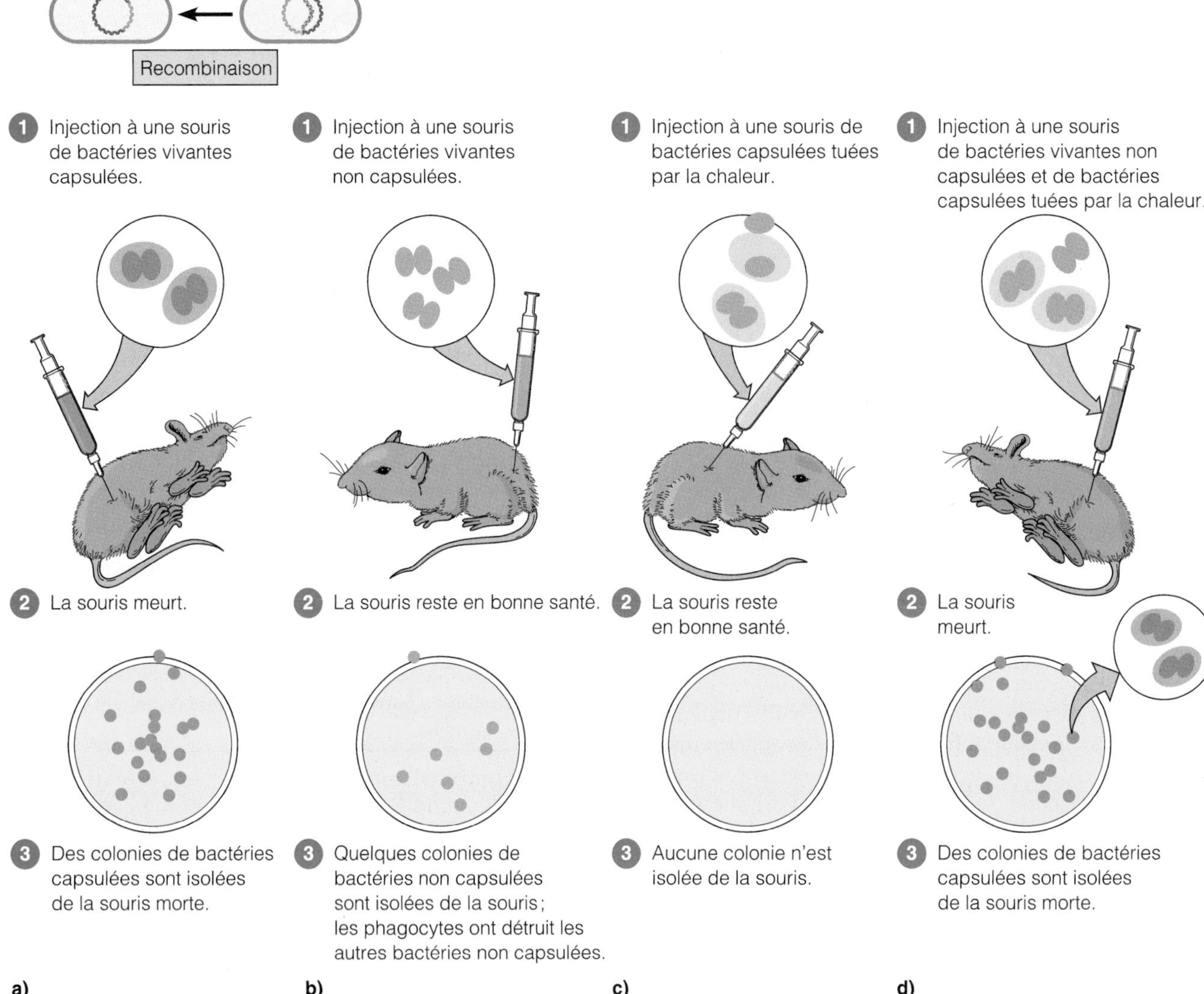


FIGURE 8.24 **L'expérience qui a permis à Griffith de révéler la transformation génétique. a)** Des bactéries vivantes capsulées injectées à des souris leur transmettent la maladie et causent leur mort. **b)** Les bactéries vivantes non capsulées sont facilement détruites par les phagocytes de l'hôte, si bien que les souris injectées restent en bonne santé. **c)** Après avoir été tuées par la chaleur, les bactéries capsulées perdent le pouvoir de causer la maladie. **d)** Cependant, la combinaison de bactéries vivantes non capsulées et de bactéries capsulées tuées par la chaleur (qui, séparément, ne causent pas la maladie) est en mesure de rendre les souris malades. Les bactéries vivantes non capsulées sont transformées d'une certaine façon par les bactéries mortes capsulées de telle sorte qu'elles acquièrent la capacité de former une capsule protectrice et peuvent, par conséquent, causer la maladie. Des expériences réalisées par la suite permettent de prouver que le facteur de transformation est l'ADN.

■ Pourquoi les bactéries capsulées tuent-elles la souris, contrairement aux bactéries non capsulées? Qu'est-ce qui tue la souris en *d*?

## La transformation chez les bactéries

Durant le processus de la **transformation,** des gènes sont transférés d'une bactérie à une autre sous forme d'ADN «nu» en solution. En d'autres termes, la transformation entraîne la modification du matériel génétique d'une bactérie qui a absorbé des fragments d'ADN présents dans le milieu extracellulaire. On a mis au jour ce processus il y a plus de 70 ans, mais on ne pouvait pas l'expliquer à l'époque. La transformation a permis non seulement de montrer que le matériel génétique peut être transféré d'une cellule bactérienne à une autre, mais aussi de découvrir que l'ADN est le matériel héréditaire.

La première expérience sur la transformation est faite par Frederick Griffith en Angleterre en 1928 (figure 8.24) à l'occasion de ses travaux sur deux souches de *Streptococcus pneumoniæ*. L'une d'elles, une souche virulente (pathogène), possède une capsule de polysaccharide qui la protège de la phagocytose. La bactérie se multiplie et cause la pneumonie. L'autre est avirulente ; elle est dépourvue de capsule et ne donne pas la maladie. Griffith veut savoir si des injections de bactéries de la souche capsulée, préalablement tuées par exposition à la chaleur, peuvent servir à vacciner des souris contre la pneumonie. Comme prévu, les injections de bactéries vivantes capsulées tuent les souris (figure 8.24a) ; les injections de bactéries vivantes non capsulées (figure 8.24b) ou mortes mais capsulées ne tuent pas les souris (figure 8.24c). Mais quand on injecte aux souris un mélange de bactéries mortes capsulées et de bactéries vivantes non capsulées, beaucoup de souris meurent. Dans le sang des souris mortes, Griffith découvre des bactéries vivantes capsulées. Du matériel héréditaire (gènes) mis à nu lors de la mort des bactéries s'est introduit dans les bactéries vivantes et les a modifiées sur le plan génétique, si bien que leur descendance est pourvue d'une capsule et est donc virulente (figure 8.24d). Ce phénomène est assez spectaculaire si l'on considère que des bactéries, même mortes, constituent encore un danger.

D'autres recherches, dans la foulée de celles de Griffith, révèlent que la transformation bactérienne peut s'opérer sans les souris. On ensemence un bouillon avec des bactéries vivantes non capsulées. Ensuite, on ajoute des bactéries mortes capsulées. Après incubation, on observe que la culture contient des bactéries vivantes qui sont capsulées et virulentes. Les bactéries non capsulées ont été transformées ; elles ont acquis un nouveau trait héréditaire en assimilant des gènes qui proviennent des bactéries mortes capsulées et qui codent pour la production de la capsule.

L'étape suivante consiste à extraire divers composants chimiques des cellules tuées pour déterminer lequel cause la transformation. Ces expériences cruciales sont réalisées aux États-Unis par Oswald T. Avery et ses collaborateurs Colin M. MacLeod et Maclyn McCarty. Après des années de recherche, ils annoncent en 1944 que le composant qui permet de transformer des cellules inoffensives de *S. pneumoniæ* en microbes virulents est l'ADN. Leurs résultats indiquent que l'ADN est effectivement le support de l'information héréditaire.

Depuis l'époque des expériences de Griffith, on a recueilli une quantité considérable de renseignements sur la transformation. Dans la nature, certaines bactéries, peut-être après leur mort et la lyse de leurs cellules, libèrent leur ADN dans l'environnement. D'autres bactéries peuvent alors y être exposées. Selon l'espèce et les conditions de croissance, elles peuvent absorber des fragments de cet ADN nu et les intégrer à leur propre chromosome par recombinaison. Une cellule receveuse qui possède cette nouvelle combinaison de gènes est une sorte de cellule hybride ou recombinée (figure 8.25). Tous ses descendants lui sont identiques. La transformation s'observe naturellement chez quelques genres de bactéries seulement, dont *Bacillus, Hæmophilus, Neisseria, Acinetobacter* et certaines souches des genres *Streptococcus* et *Staphylococcus.*

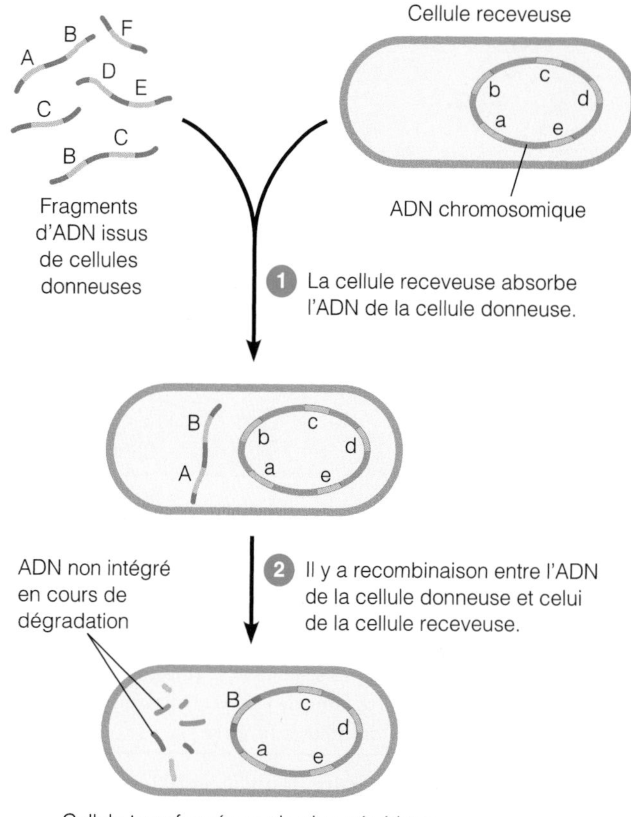


FIGURE 8.25 **Mécanisme de la transformation génétique chez les bactéries.**

■ Une cellule receveuse avec une nouvelle combinaison de gènes est une cellule dite hybride ou recombinée.

La transformation s'opère le mieux quand les cellules donneuse et receveuse ont un lien de parenté étroit. Même si une petite partie seulement de l'ADN d'une cellule est transférée à la cellule receveuse, la molécule qui doit traverser la paroi cellulaire et la membrane de cette dernière est tout de même très grosse. On dit que la cellule receveuse est compétente quand elle se trouve dans un état physiologique propice à l'absorption de l'ADN de la cellule donneuse. La **compétence** résulte de modifications de la paroi cellulaire qui la rendent perméable aux grosses molécules d'ADN.

*E. coli* est une bactérie dont on connaît bien le fonctionnement et qui est largement utilisée, mais qui n'est pas naturellement compétente pour la transformation. Toutefois, un simple traitement de laboratoire permet à cette bactérie d'absorber facilement de l'ADN. La découverte de ce traitement a ouvert la voie à l'utilisation d'*E. coli* en génie génétique. Nous y reviendrons au chapitre 9.

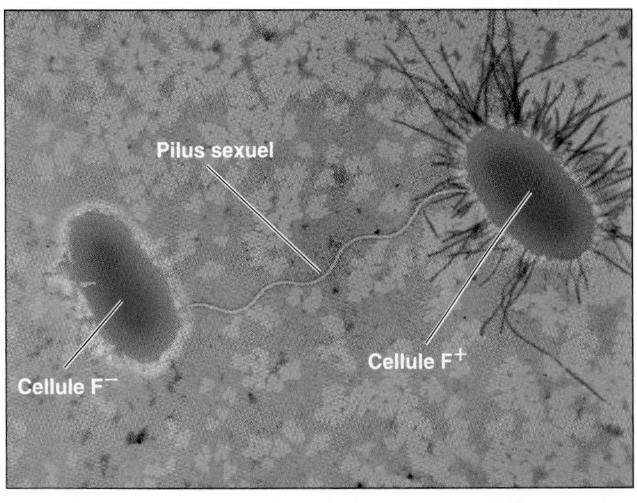


**FIGURE 8.26 Conjugaison bactérienne.** Le pilus sexuel reliant ces bactéries dont la conjugaison est en cours permet le transfert d'information génétique. Au moment précis où l'échange génétique a lieu, le pont entre les bactéries se contracte et ramène ces dernières beaucoup plus près l'une de l'autre. Notez qu'une des bactéries possède de nombreuses fimbriæ.

- Chez les bactéries à Gram négatif, le plasmide porte des gènes qui dirigent la synthèse des pili sexuels.

## La conjugaison chez les bactéries

Un autre mécanisme permet le transfert de matériel héréditaire d'une bactérie à une autre ; c'est la **conjugaison.** La conjugaison est rendue possible par un type de *plasmide,* molécule d'ADN circulaire qui se réplique indépendamment du chromosome bactérien (nous y reviendrons plus loin dans le présent chapitre). Toutefois, les plasmides diffèrent des chromosomes bactériens par le fait que les gènes qu'ils portent ne sont généralement pas essentiels à la croissance de la cellule dans les conditions normales. Les plasmides responsables de la conjugaison peuvent être transmis d'une cellule à l'autre durant cette conjugaison.

Il y a deux grandes différences entre la conjugaison et la transformation. Premièrement, il faut que les bactéries soient en contact direct pour qu'il y ait conjugaison. Deuxièmement, les cellules bactériennes doivent en général être de « sexes » opposés ; les cellules donneuses doivent posséder le plasmide alors que les cellules receveuses en sont habituellement dépourvues. Chez les bactéries à Gram négatif, le plasmide porte des gènes qui dirigent la synthèse de *pili sexuels,* prolongements de la surface de la cellule donneuse qui établissent un pont avec la cellule receveuse et contribuent à mettre les deux bactéries en contact direct. Les bactéries à Gram positif produisent des molécules de surface adhérentes qui maintiennent les cellules en contact les unes avec les autres. Au cours de la conjugaison, le plasmide se réplique en même temps qu'une copie monocaténaire de son ADN est transférée à la cellule receveuse, où le brin complémentaire est synthétisé.

Puisque la plupart des expériences sur la conjugaison ont été réalisées à l'aide d'*E. coli,* nous allons maintenant décrire le processus tel qu'il se déroule dans ce microorganisme. Le **facteur F** (**facteur de fertilité**) est le premier plasmide dont on a observé le transfert d'une bactérie à l'autre durant la conjugaison (figure 8.26). Les bactéries donneuses ayant des facteurs F (cellules F$^+$) transfèrent le plasmide à des cellules receveuses (cellules F$^-$), qui deviennent alors F$^+$ (figure 8.27a). Dans certaines bactéries, le facteur F s'intègre au chromosome, convertissant la cellule F$^+$ en **cellule Hfr** (haute fréquence de recombinaison) (figure 8.27b). Quand la conjugaison s'effectue entre une cellule Hfr et une cellule F$^-$, le chromosome de la première se réplique (ainsi que son facteur F intégré), et un brin parental du chromosome est transféré à la cellule receveuse (figure 8.27c). La réplication du chromosome Hfr commence au milieu du facteur F intégré, si bien qu'une petite partie de ce dernier constitue le premier élément à pénétrer dans la cellule F$^-$ avec les autres gènes chromosomiques à sa suite. Habituellement, le chromosome se brise avant d'être entièrement transféré mais, une fois qu'il est à l'intérieur, l'ADN de la cellule donneuse peut se recombiner avec celui de la cellule receveuse. (L'ADN de la cellule donneuse qui n'est pas intégré est dégradé.) En conséquence, par suite de sa conjugaison avec une cellule Hfr, une cellule F$^-$ peut acquérir de nouvelles versions des gènes chromosomiques (comme dans le cas de la transformation). Par contre, elle demeure une cellule F$^-$ si elle n'a pas reçu un facteur F entier au cours de la conjugaison.

On utilise la conjugaison pour cartographier le chromosome bactérien, c'est-à-dire situer les gènes les uns par rapport aux autres (figure 8.1b). Remarquez que les gènes qui déterminent la synthèse de la thréonine (*thr*) et de la leucine (*leu*) sont les premiers sur la carte, si vous lisez dans le sens des aiguilles d'une montre à partir de 0. On a établi leur position par des expériences de conjugaison. Supposons qu'on laisse la conjugaison se poursuivre pendant seulement 1 minute entre une souche Hfr qui est his$^+$, pro$^+$, thr$^+$ et leu$^+$, et une souche F$^-$ qui est his$^-$, pro$^-$, thr$^-$ et leu$^-$. Si la cellule F$^-$ devient capable de synthétiser la thréonine, alors le gène *thr* est situé au début du chromosome, entre 0 et 1 minute. Si, après 2 minutes, la cellule F$^-$ devient thr$^+$ et leu$^+$, la position de ces deux gènes sur le chromosome doit être *thr, leu,* dans l'ordre.

## La transduction chez les bactéries

La **transduction** est un troisième mécanisme de transfert génétique entre les bactéries. Lors de ce processus, l'ADN bactérien est transféré d'une cellule donneuse à une cellule receveuse après avoir été transporté à l'intérieur d'un virus qui infecte les bactéries et qui porte le nom de **bactériophage** ou **phage.** (Nous examinons ces organismes plus en détail au chapitre 13.)

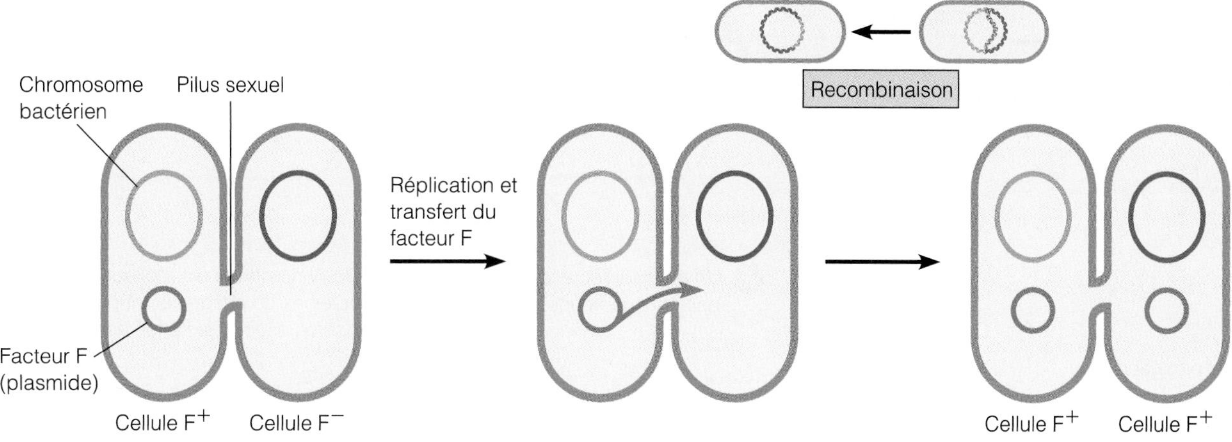


**a)** Quand un facteur F (un plasmide) est transféré d'une cellule donneuse ($F^+$) à une cellule receveuse ($F^-$), la cellule $F^-$ est convertie en cellule $F^+$.

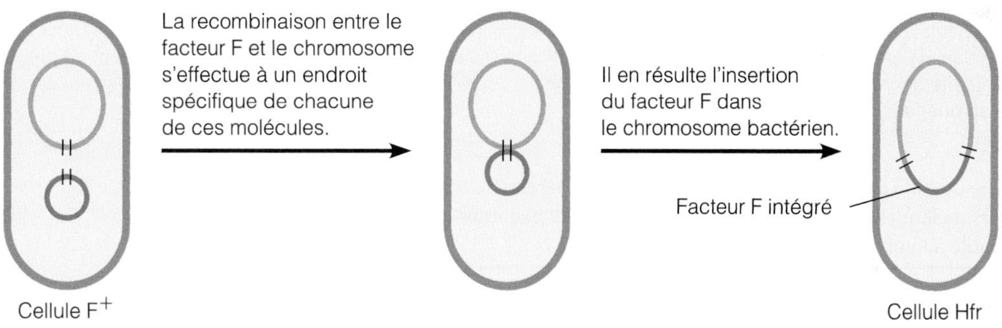


**b)** Quand un facteur F s'intègre au chromosome d'une cellule $F^+$, il y a formation d'une cellule à haute fréquence de recombinaison (Hfr).

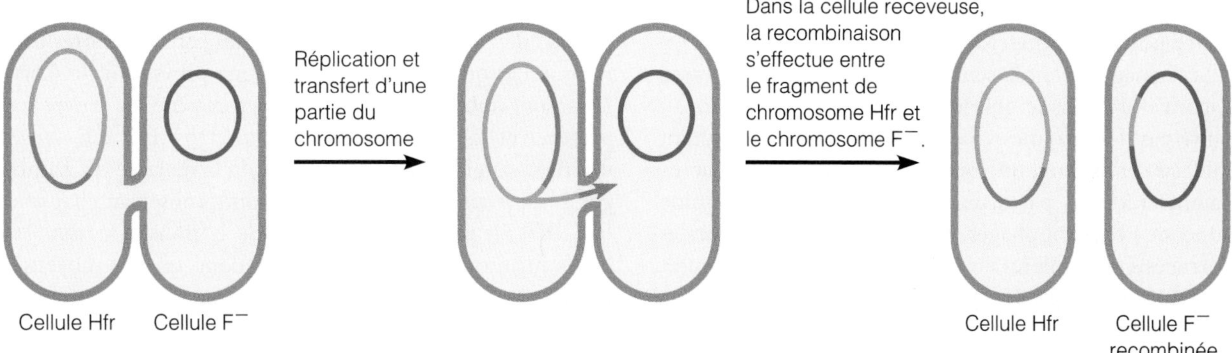


**c)** Quand une cellule Hfr donneuse transmet une partie de son chromosome à une cellule receveuse $F^-$, il en résulte une cellule $F^-$ recombinée. Elle demeure $F^-$ si le facteur F ne passe pas en entier lors de la conjugaison.

**FIGURE 8.27 La conjugaison chez *E. coli*.**

■ Quelle est la différence entre la conjugaison et la transformation ?

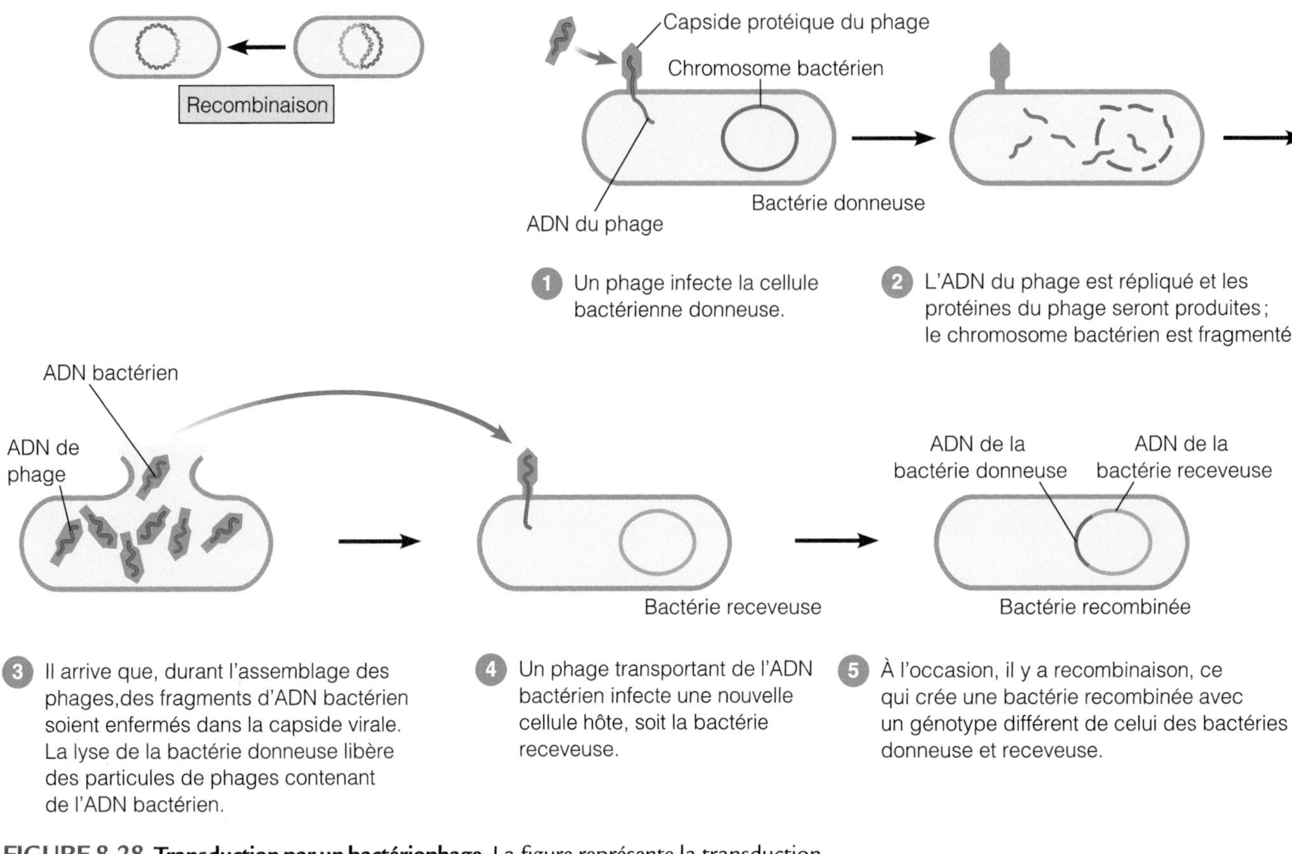


FIGURE 8.28 **Transduction par un bactériophage.** La figure représente la transduction généralisée, au cours de laquelle n'importe quelle partie de l'ADN bactérien peut être transférée d'une cellule à l'autre.

■ Qu'est-ce que la transduction?

Pour comprendre le mécanisme de la transduction, nous nous penchons sur le cycle vital d'un type de phage transducteur d'*E. coli*; ce phage effectue une **transduction généralisée** (figure 8.28). ❶ Au cours de l'infection, le phage se fixe à la paroi de la cellule bactérienne donneuse et injecte son ADN dans la bactérie. ❷ L'ADN du phage sert de matrice pour la synthèse de nouvelles molécules d'ADN viral. Il dirige également la synthèse de la capside protéique du phage. Pendant ce temps, le chromosome bactérien est fragmenté par des enzymes virales et ❸ il arrive que, durant l'assemblage des phages, quelques fragments d'ADN bactérien soient enfermés par erreur à l'intérieur de la capside protéique des bactériophages. Certaines particules virales ainsi formées contiennent alors de l'ADN bactérien plutôt que de l'ADN de phage. ❹ Quand les particules virales libérées infectent par la suite une nouvelle population de bactéries, il y a à l'occasion transfert de gènes bactériens à des cellules receveuses. ❺ La transduction d'ADN cellulaire par un virus peut avoir pour conséquence la recombinaison de l'ADN de la cellule hôte donneuse et de celui de la cellule hôte receveuse. Le processus de la transduction généralisée est typique des bactériophages tels que le phage P1 d'*E. coli* et le phage P22 de *Salmonella*.

Tous les gènes contenus dans une bactérie infectée par un phage capable de transduction généralisée ont des chances égales d'être enfermés dans la capside virale et transférés. Un autre type de transduction, appelé **transduction localisée,** n'autorise que le transfert de certains gènes bactériens. Dans un des types de transduction localisée, les phages contiennent le code de certaines toxines produites par leurs hôtes bactériens, telles que la toxine diphtérique provenant de *Corynebacterium diphtheriæ*, la toxine érythrogène de *Streptococcus pyogenes* et la vérotoxine d'*E. coli* O157:H7 qui cause la diarrhée sanglante caractéristique de la maladie du hamburger. Nous traitons de la transduction localisée au chapitre 13 (p. 418). En plus des mutations, de la transformation et de la conjugaison, la transduction est donc un des moyens par lesquels les bactéries obtiennent de nouveaux génotypes.

## Les plasmides et les transposons

### Objectif d'apprentissage

■ *Décrire les fonctions des plasmides et des transposons.*

Les plasmides et les transposons sont des éléments génétiques qui s'ajoutent aux autres mécanismes de changement du patrimoine héréditaire. On les trouve aussi bien dans les organismes procaryotes que dans les organismes eucaryotes, mais dans cette section nous traitons de leur rôle dans le changement génétique chez les procaryotes seulement.

## Les plasmides

Nous avons déjà mentionné que les plasmides sont de petites molécules d'ADN circulaires qui contiennent des gènes et sont capables de réplication autonome. Leur taille se situe entre 1 et 5 % de celle du chromosome bactérien (figure 8.29a). On les trouve surtout chez les bactéries, mais aussi chez certains microorganismes eucaryotes, tels que *Saccharomyces cerevisiæ*. Le facteur F est un **plasmide conjugatif** qui porte des gènes codant pour les pili sexuels et le transfert d'une copie du plasmide à une autre bactérie. Bien que les plasmides ne soient pas indispensables en général, les gènes qu'ils portent peuvent, dans certaines conditions, jouer un rôle crucial dans la survie et la croissance de la bactérie. Par exemple, les **plasmides métaboliques** portent des gènes qui déterminent la synthèse d'enzymes, lesquelles déclenchent le catabolisme de substances telles que des sucres et des hydrocarbures inhabituels. C'est ainsi que certaines espèces de *Pseudomonas* peuvent utiliser, comme sources principales de carbone et d'énergie, des substances inusitées telles que le toluène (un composé aromatique), le camphre et les hydrocarbures pétroliers ; en effet, ces bactéries possèdent des enzymes cataboliques dont les gènes sont portés par des plasmides. Ces aptitudes spécialisées permettent à ces microorganismes de vivre dans des milieux très diversifiés et inhospitaliers. Puisqu'ils peuvent dégrader et détoxiquer un éventail de composés très particuliers, beaucoup de ces microbes font l'objet d'études visant à les utiliser un jour pour faire disparaître certains déchets de l'environnement, tels que des pesticides.

D'autres plasmides dirigent la synthèse de protéines qui augmentent le pouvoir pathogène des bactéries. La souche d'*E. coli* qui cause la diarrhée infantile et celle des voyageurs contient des plasmides qui déterminent la production d'une toxine et la fixation de la bactérie aux cellules intestinales. Sans ces plasmides, *E. coli* est un résident inoffensif du gros intestin ; s'il en est porteur, il est pathogène. Les plasmides sont à l'origine d'autres toxines telles que la toxine exfoliante de *Staphylococcus aureus*, la neurotoxine de *Clostridium tetani* et les toxines de *Bacillus anthracis*. D'autres plasmides contiennent des gènes pour la synthèse de **bactériocines,** protéines toxiques synthétisées par des bactéries et qui tuent d'autres bactéries tentant d'occuper leur territoire ; les bactéries productrices sont évidemment résistantes à leurs propres bactériocines. Certaines bactériocines sont mises à profit dans l'industrie alimentaire ; par exemple, la nisine est une bactériocine utilisée comme agent de conservation alimentaire. On trouve ces plasmides dans beaucoup de genres de bactéries ; ils constituent des marqueurs utiles pour l'identification de certaines bactéries dans les laboratoires d'analyses médicales.

Les **facteurs R** (**facteurs de résistance**) sont des plasmides qui jouent un rôle important en médecine. Ils ont été découverts au Japon à la fin des années 1950 à la suite de plusieurs épidémies de dysenterie. On a observé à cette époque que l'agent infectieux à l'origine de certaines de ces épidémies était résistant aux antibiotiques habituels. Après avoir isolé l'agent pathogène, on a constaté qu'il était résistant à plus d'un antibiotique. De plus, d'autres bactéries de la flore normale des patients (telles qu'*E. coli*) étaient résistantes elles aussi. Les chercheurs ont bientôt découvert que ces bactéries devenaient résistantes par la propagation de gènes d'un microorganisme à l'autre. Les plasmides qui rendent ces transferts possibles sont les facteurs R.

Les facteurs R portent des gènes qui rendent la cellule hôte résistante aux antibiotiques, aux métaux lourds ou aux toxines cellulaires. Par exemple, c'est grâce à un facteur R que la bactérie *Pseudomonas* peut synthétiser une protéine capable d'absorber des ions mercuriques toxiques et de les transformer en atomes de mercure inoffensifs ; *Pseudomonas* peut ainsi vivre dans un milieu pollué par du mercure toxique qui tuerait d'autres microorganismes. Beaucoup de facteurs R contiennent deux groupes de gènes. L'un d'eux est appelé **facteur de transfert de résistance** (**RTF**) ; il comprend des gènes nécessaires à la réplication du plasmide et à son transfert par conjugaison. L'autre groupe, appelé **déterminant r,** est formé des gènes de résistance, qui dirigent la production d'enzymes capables d'inactiver certains médicaments ou substances toxiques (figure 8.29b). Lorsqu'ils se trouvent dans la même cellule, différents facteurs R peuvent produire par recombinaison des facteurs R avec de nouveaux ensembles de gènes dans leurs déterminants r.

Dans certains cas, le nombre de gènes de résistance qui s'accumulent dans un même plasmide est assez remarquable. Par exemple, la figure 8.29b représente la carte génétique du plasmide de résistance R100. Ce dernier porte des gènes de résistance aux sulfamides, à la streptomycine, au chloramphénicol et à la tétracycline, ainsi que des gènes de résistance au mercure. Plusieurs espèces de bactéries intestinales peuvent s'échanger ce plasmide, y compris *Escherichia, Klebsiella* et *Salmonella.*

Les facteurs R posent des problèmes très importants pour le traitement des maladies infectieuses par les antibiotiques. L'utilisation répandue des antibiotiques en médecine et en agriculture (beaucoup de farines pour les animaux contiennent des antibiotiques) a favorisé la survie (sélection) des bactéries possédant des facteurs R, de telle sorte que les populations de bactéries résistantes ne cessent de prendre de l'ampleur. Le transfert de la résistance entre les cellules d'une population de bactéries et même entre les bactéries de genres différents ne fait qu'aggraver le problème. Chez les eucaryotes, une espèce est définie par la capacité des individus qui en font partie de se reproduire sexuellement. Chez les bactéries, une espèce peut s'unir à une autre espèce par conjugaison et lui transférer des plasmides. Il est possible que *Neisseria* ait acquis de *Streptococcus* le plasmide qui lui permet de produire la pénicillinase. Par ailleurs, *Agrobacterium* peut transférer des plasmides à des cellules de plantes (figure 9.17). Les plasmides non conjugatifs peuvent passer d'une cellule à l'autre

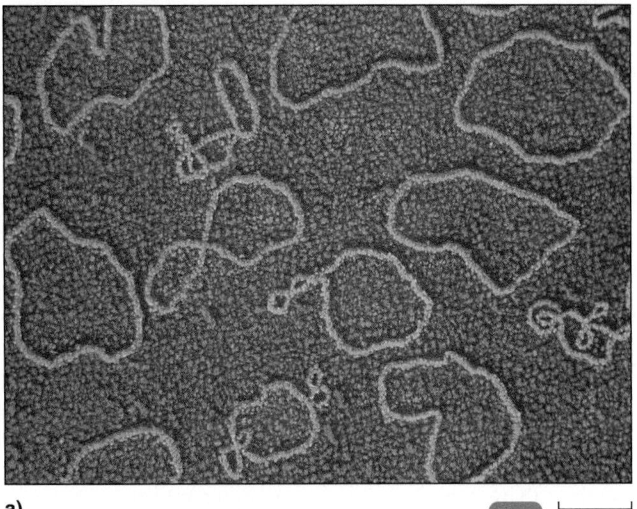


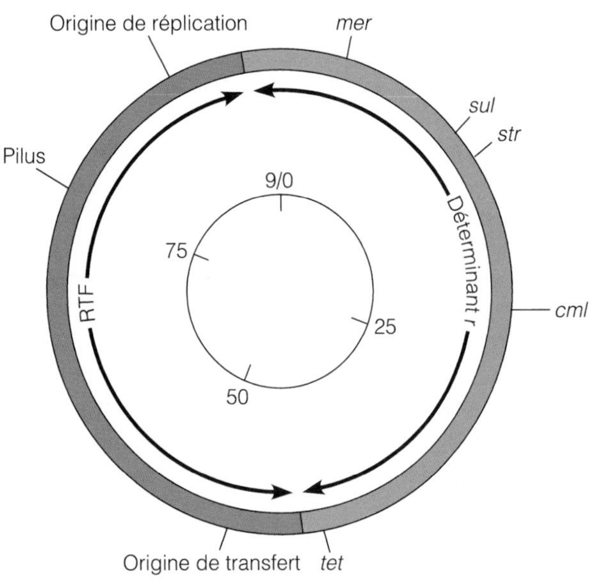


**FIGURE 8.29 Le facteur R, un type de plasmide. a)** Plasmide isolé de la bactérie *Bacteroides fragilis*, qui confère la résistance à la clindamycine, un antibiotique. **b)** Diagramme d'un facteur R. Les deux parties du facteur sont représentées : le RTF contient des gènes nécessaires à la réplication du plasmide et à son transfert par conjugaison ; le déterminant r porte des gènes qui confèrent la résistance à quatre antibiotiques différents.

■ Pourquoi les facteurs R sont-ils importants pour le traitement des maladies infectieuses ?

en s'insérant dans un plasmide conjugatif ou un chromosome. Ce processus est rendu possible par une séquence d'insertion, qui est décrite plus loin.

Les plasmides sont d'importants outils du génie génétique. Nous y reviendrons au chapitre 9.

### Les transposons

Les **transposons** sont de petits segments d'ADN qui peuvent se déplacer (par « transposition ») d'une région de la molécule d'ADN à une autre région. Ces éléments d'ADN ont de 700 à 40 000 paires de bases.

Dans les années 1950, la généticienne américaine Barbara McClintock découvre les transposons dans le maïs, mais ils existent chez tous les organismes et les études les plus approfondies sur ce sujet ont été faites chez les microorganismes. Les transposons peuvent se déplacer d'un site à un autre sur le même chromosome, ou aboutir sur un autre chromosome ou sur un plasmide. On peut imaginer que de fréquents déplacements de transposons seraient dévastateurs pour la cellule. Par exemple, en sautant d'un endroit à l'autre sur le chromosome, ils peuvent s'insérer *au milieu* d'un gène et l'inactiver. Heureusement, la transposition est un phénomène assez rare. Sa fréquence est comparable au taux de mutation spontanée observé chez les bactéries – c'est-à-dire de $10^{-5}$ à $10^{-7}$ fois par génération.

Tous les transposons contiennent l'information nécessaire à leur propre transposition. On peut voir à la figure 8.30a que les transposons les plus simples, aussi appelés **séquences d'insertion** (**IS**), contiennent seulement un gène et des sites de reconnaissance nommés *répétitions inversées*. Le gène code pour une enzyme, la *transposase,* laquelle coupe l'ADN et le referme lors de la transposition. Les répétitions inversées, qui encadrent le gène de la transposase, sont de courtes séquences d'ADN que l'enzyme reconnaît comme des sites de recombinaison entre le transposon et le chromosome. Ces séquences sont dites inversées parce que les séries de bases se trouvent en sens inverse l'une par rapport à l'autre.

Les transposons complexes portent aussi d'autres gènes sans lien avec le processus de la transposition. Par exemple, les transposons bactériens peuvent contenir des gènes d'entérotoxines ou de résistance aux antibiotiques (figure 8.30b). Les plasmides tels que les facteurs R sont souvent le résultat d'un assemblage de transposons (figure 8.30c).

Les transposons qui portent des gènes de résistance aux antibiotiques sont bien sûr d'un intérêt pratique, mais ils peuvent contenir toutes sortes de gènes. Ainsi, les transposons constituent un mécanisme naturel puissant par lequel les gènes peuvent se déplacer d'un chromosome à l'autre. De plus, puisqu'ils peuvent circuler entre les cellules par l'intermédiaire de plasmides ou de virus, ils peuvent aussi se propager d'un organisme – voire d'une espèce – à l'autre. En conséquence, les transposons ont le potentiel de constituer un ressort important de l'évolution des organismes.

## Les gènes et l'évolution

### Objectif d'apprentissage

■ *Expliquer comment les mutations et la recombinaison génétique produisent la matière première sur laquelle opère la sélection naturelle.*

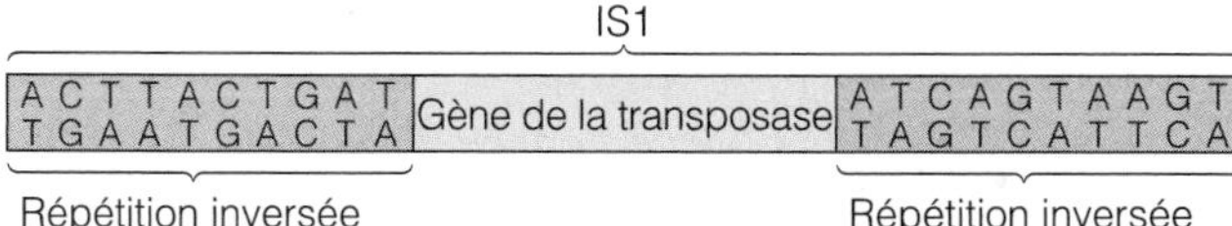


**a)** Séquence d'insertion « IS1 »

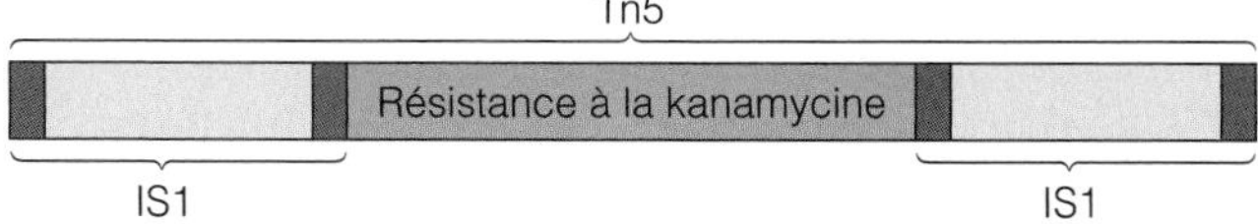


**b)** Transposon complexe « Tn5 »

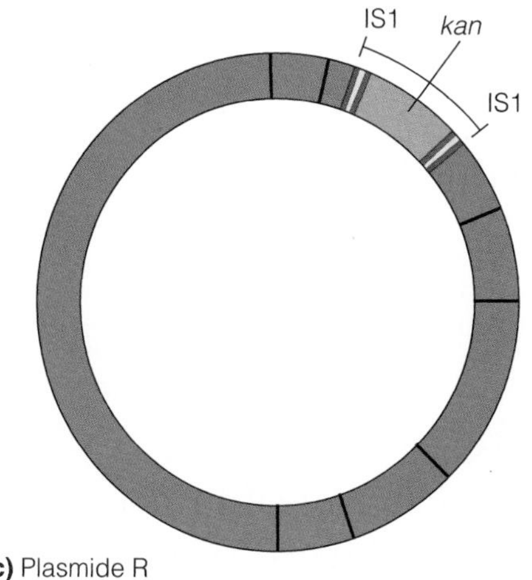


**c)** Plasmide R

**FIGURE 8.30 Transposons et séquences d'insertion. a)** La séquence d'insertion (IS), qui est la forme la plus simple du transposon, contient le gène de la transposase, enzyme qui catalyse la transposition. Le gène de la transposase est borné aux deux bouts par des répétitions inversées qui servent de sites de reconnaissance pour le transposon. IS1 est un exemple de séquence d'insertion, représenté ici avec des répétitions inversées simplifiées. **b)** Les transposons complexes portent d'autres éléments génétiques en plus des gènes de la transposase. L'exemple qui figure ici, Tn5, contient le gène de la résistance à la kanamycine et des copies complètes de la séquence d'insertion IS1 à chaque extrémité. **c)** Transposition du transposon Tn5 dans le plasmide R100. Notez que les plasmides peuvent acquérir des éléments IS.

■ Les transposons sont de petits segments d'ADN qui peuvent se déplacer d'une région de la molécule d'ADN à une autre.

Nous avons vu comment l'activité des gènes est soumise aux mécanismes régulateurs internes de la cellule et comment les gènes eux-mêmes peuvent être modifiés ou réarrangés par la mutation, la recombinaison et la transposition. Tous ces processus créent de la diversité chez les descendants des cellules. L'évolution trouve sa matière première dans cette diversité et la sélection naturelle lui procure sa force motrice. La sélection naturelle agit sur les populations qui se diversifient de manière à assurer la survie des individus adaptés au milieu particulier où ils se trouvent. Les différents types de microorganismes qui existent aujourd'hui sont l'aboutissement d'une longue évolution. Les microorganismes changent depuis toujours et continuent de le faire en modifiant leurs propriétés génétiques et en s'adaptant à de nombreux habitats différents.

## RÉSUMÉ

### LA STRUCTURE ET LA FONCTION DU MATÉRIEL HÉRÉDITAIRE (p. 232-241)

1. La génétique est la science qui a pour objet d'élucider ce que sont les gènes, comment ils conservent l'information, comment leur information est exprimée, comment ils se répliquent et comment ils sont transmis d'une génération de cellules à la suivante ou d'un organisme à l'autre.
2. L'ADN se présente dans la cellule sous la forme d'une double hélice dont les deux brins sont antiparallèles ; le squelette sucre-phosphate d'un des brins est inversé par rapport à celui de l'autre brin. Les deux brins sont retenus ensemble par des liaisons hydrogène entre des bases azotées qui forment des paires spécifiques : AT et CG.
3. Le gène est un segment d'ADN qui contient, sous forme de code, l'information nécessaire à la synthèse d'un produit fonctionnel, habituellement une protéine.
4. Lors de l'expression d'un gène, l'ADN est transcrit pour produire de l'ARN ; l'ARNm est alors traduit en protéine.
5. L'ADN est copié avant que la cellule se divise, afin que chaque cellule fille reçoive la même information génétique.

#### Le génotype et le phénotype (p. 232)

1. Le génotype d'un organisme est sa composition génétique, l'ensemble de son ADN.
2. Le phénotype est l'expression des gènes : les protéines de la cellule et les propriétés qu'elles confèrent à l'organisme.

#### L'ADN et les chromosomes (p. 233)

1. L'ADN qui forme un chromosome est une longue double hélice associée à diverses protéines qui régulent l'activité génétique.

2. L'ADN bactérien est circulaire. Par exemple, le chromosome d'*E. coli* contient environ 4 millions de paires de bases et est approximativement 1 000 fois plus long que la cellule.
3. La génomique a pour objet la caractérisation moléculaire des génomes.
4. L'information contenue dans l'ADN est transcrite en ARN et traduite en protéines.

### La réplication de l'ADN (p. 233-237)

1. Durant la réplication de l'ADN, les deux brins de la double hélice se séparent à la fourche de réplication. En utilisant chaque brin comme matrice, les molécules d'ADN polymérase synthétisent deux nouveaux brins d'ADN suivant les règles d'appariement des bases azotées.
2. La réplication de l'ADN crée deux nouveaux brins d'ADN, associés chacun à un des brins d'origine grâce à la complémentarité de leurs séquences de bases. L'ADN polymérase est l'enzyme qui catalyse la polymérisation des nucléotides.
3. Puisque chaque molécule d'ADN bicaténaire contient un des brins d'origine et un nouveau brin, on dit que la réplication est semi-conservatrice ; ce mécanisme assure la transmission d'au moins un brin original de l'ADN parental.
4. L'ADN est synthétisé dans un sens seulement, appelé $5' \rightarrow 3'$. À la fourche de réplication, le brin directeur est synthétisé de façon continue et le brin discontinu est synthétisé par petits fragments à partir d'une amorce d'ARN.
5. L'ADN polymérase vérifie la nouvelle molécule d'ADN et élimine les bases qui contreviennent aux règles d'appariement avant de continuer la synthèse de l'ADN.
6. Quand une bactérie se divise, chaque cellule fille reçoit un chromosome identique, sauf exception, à celui de la cellule mère.

### La synthèse de l'ARN et des protéines (p. 237-241)

1. La transcription est le processus par lequel l'ARN polymérase synthétise un brin d'ARN à partir d'un des brins de l'ADN bicaténaire, qui sert de matrice ; ce dernier est l'ARN messager (ARNm), ainsi appelé parce que son rôle consiste à transmettre l'information génétique contenue dans l'ADN aux ribosomes qui effectuent la synthèse des protéines.
2. L'ARN est composé de nucléotides contenant les bases A, C, G et U, qui forment des paires avec les bases du brin d'ADN utilisé pour la transcription.
3. Le promoteur est la région où l'ARN polymérase se lie à l'ADN ; il comprend le site d'initiation, qui est le point de départ de la transcription du gène ; le site de terminaison est la région de l'ADN où la transcription prend fin ; l'ARNm est synthétisé dans le sens $5' \rightarrow 3'$.
4. La traduction est le processus par lequel l'information contenue dans la séquence des bases de nucléotides de l'ARNm est utilisée pour déterminer la séquence des acides aminés d'une protéine.
5. L'ARNm s'associe à des ribosomes, qui sont constitués d'ARNr et de protéines.
6. On appelle codon un segment d'ARNm composé de trois bases (codons) représentant un acide aminé.
7. Le code génétique révèle la relation qui existe entre la séquence des bases de nucléotides de l'ADN (génons), les codons correspondants de l'ARNm et les acides aminés correspondants dans la protéine.
8. Le code génétique est dégénéré, c'est-à-dire que la plupart des acides aminés sont représentés par plus d'un codon.
9. Sur les 64 codons, 61 sont des codons qui représentent des acides aminés et 3 sont des codons qui ne correspondent pas à des acides aminés ; ces 3 codons constituent des signaux d'arrêt pour la traduction.
10. Le codon d'initiation, AUG, est aussi celui de la méthionine chez les cellules eucaryotes et celui de la formylméthionine chez les procaryotes, telles que les cellules bactériennes.
11. Les acides aminés sont combinés à des molécules d'ARNt spécifiques. Une autre partie de l'ARNt possède un triplet de bases appelé anticodon.
12. L'appariement des bases du codon de l'ARNm et de l'anticodon de l'ARNt au niveau du ribosome a pour résultat d'introduire l'acide aminé spécifique dans le site de synthèse de la protéine.
13. Le ribosome se déplace le long du brin d'ARNm au fur et à mesure que les acides aminés s'ajoutent au polypeptide naissant ; l'ARNm est lu dans le sens $5' \rightarrow 3'$.
14. La traduction se termine quand le ribosome atteint un codon d'arrêt sur l'ARNm.
15. Chez les procaryotes, la traduction peut commencer avant la fin de la transcription, ce qui accélère la production des protéines.

## LA RÉGULATION DE L'EXPRESSION GÉNIQUE CHEZ LES BACTÉRIES (p. 244-247)

1. La régulation de la synthèse des protéines au niveau des gènes est une mesure qui conserve l'énergie parce que les protéines sont alors produites seulement quand elles sont requises.
2. Les produits des gènes constitutifs sont synthétisés à une cadence régulière. Les gènes des enzymes de la glycolyse sont des exemples de gènes constitutifs.
3. Dans le cas de ces mécanismes de régulation génique, le contrôle s'exerce sur la synthèse de l'ARNm (transcription).

### La répression et l'induction (p. 244-245)

1. La répression est le processus par lequel la synthèse d'une ou de plusieurs enzymes est inhibée (enzymes répressibles).
2. Quand des cellules sont exposées à un produit final particulier, la synthèse des enzymes liées à ce produit diminue.
3. L'induction est le processus par lequel la présence de certaines substances chimiques (inducteurs) active la synthèse d'une plus grande quantité d'enzymes.
4. La production de l'enzyme $\beta$-galactosidase par *E. coli* en présence de lactose – le substrat qui sert d'inducteur – est un exemple d'induction. Lorsque le lactose se lie au répresseur, ce dernier n'est plus en mesure de bloquer la transcription de la $\beta$-galactosidase ; le lactose peut alors être métabolisé.

### L'expression génique : le modèle de l'opéron (p. 245-247)

1. La composition des enzymes est déterminée par des gènes de structure.
2. Chez les bactéries, on appelle opéron un groupe de gènes de structure ayant des fonctions métaboliques apparentées qui s'expriment de façon coordonnée, avec les sites promoteur et opérateur qui régulent leur transcription.

3. Selon le modèle de l'opéron appliqué à un système inductible, un gène régulateur détermine la synthèse d'un répresseur protéique.
4. Quand l'inducteur est absent, le répresseur se lie à l'opérateur et l'ARNm n'est pas synthétisé.
5. Quand l'inducteur est présent, il se lie au répresseur, si bien que ce dernier est incapable de s'accrocher à l'opérateur. Par conséquent, il y a production d'ARNm et la synthèse de l'enzyme est amorcée.
6. Dans les systèmes répressibles, le répresseur doit s'associer à un corépresseur pour se lier au site opérateur. Par conséquent, le corépresseur régule la synthèse de l'enzyme. Le produit final agit comme corépresseur.
7. La transcription des gènes de structure des enzymes cataboliques (telles que la $\beta$-galactosidase) est déclenchée par l'absence de glucose. L'AMP cyclique et la CRP doivent se fixer à un promoteur en présence d'un autre glucide.
8. La présence de glucose inhibe par répression catabolique le métabolisme des autres sources de carbone ; c'est ainsi que les organismes utilisent de façon préférentielle le glucose par rapport à d'autres sources secondaires de carbone.

## LA MUTATION, OU LA MODIFICATION DU MATÉRIEL GÉNÉTIQUE (p. 247-257)

1. Une mutation est une modification de la séquence des bases azotées de l'ADN. Ce changement entraîne une altération du produit du gène (la protéine) qui a subi la mutation.
2. Beaucoup de mutations sont silencieuses, ou neutres, certaines sont défavorables, voire létales, et d'autres sont avantageuses.

### Les types de mutations (p. 249-250)

1. On appelle substitution de bases le remplacement d'une paire de bases de l'ADN par une paire différente.
2. Les modifications de l'ADN peuvent donner naissance à des mutations faux-sens (qui causent des substitutions d'acides aminés dans la protéine sans nécessairement produire d'effet ni des protéines altérées) et à des mutations non-sens (qui créent des codons d'arrêt et, partant, empêchent la synthèse de la protéine).
3. Dans le cas des mutations par décalage du cadre de lecture, une ou plusieurs paires de bases sont ajoutées à l'ADN ou en sont supprimées : on parle d'insertions ou de délétions de bases.
4. Les mutagènes sont des agents présents dans l'environnement qui causent des changements permanents dans l'ADN.
5. Les mutations spontanées ont lieu sans l'intervention d'agents mutagènes.

### Les mutagènes (p. 250-252)

1. Les mutagènes chimiques comprennent ceux qui agissent sur les paires de bases (p. ex. : acide nitreux), les analogues de nucléosides (p. ex. : 2-aminopurine et 5-bromouracile), et ceux qui causent des décalages du cadre de lecture (p. ex. : benzopyrène).
2. Les rayonnements ionisants occasionnent la formation d'ions et de radicaux libres qui réagissent avec l'ADN ; il en résulte des substitutions de bases ou des ruptures du squelette sucre-phosphate.
3. Les rayonnements ultraviolets (UV) sont non ionisants ; ils causent la formation de liaisons entre les thymines adjacentes.
4. Les enzymes de photoréactivation réparent les dimères de thymines en présence de la lumière visible.
5. En l'absence de lumière, les dommages causés à l'ADN par les rayonnements UV ou par tout autre agent mutagène peuvent être réparés par des enzymes qui excisent les segments d'ADN touchés et les remplacent.

### La fréquence des mutations (p. 252-253)

1. Le taux de mutation est la probabilité qu'un gène subisse une mutation quand la cellule se divise ; ce taux est exprimé par une puissance négative de 10.
2. En règle générale, les mutations surviennent au hasard le long des chromosomes.
3. Un faible taux de mutations spontanées est avantageux, car il procure la diversité génétique nécessaire à l'évolution.

### La détection des mutants (p. 253)

1. On peut mettre en évidence les mutants en sélectionnant les nouveaux phénotypes ou en les révélant.
2. La sélection positive comprend la sélection des cellules mutantes et le rejet des cellules non mutantes.
3. La technique de réplique sur boîte est utilisée pour la sélection négative, par exemple pour détecter des auxotrophes ayant des besoins nutritionnels qui n'existent pas dans les cellules parentales (non mutantes).

### La détection des agents chimiques cancérogènes (p. 253-257)

1. Le test de Ames est un moyen relativement peu coûteux et rapide de repérer les agents chimiques qui ont un pouvoir cancérogène.
2. Le test est fondé sur l'hypothèse que, grâce à une rétromutation, une cellule mutante peut redevenir normale en présence d'un mutagène et que beaucoup de mutagènes sont cancérogènes.
3. Des cellules de *Salmonella,* auxotrophes pour l'histidine, sont exposées à un agent potentiellement cancérogène qui a reçu un traitement enzymatique. Ensuite, on sélectionne les salmonelles qui retrouvent le phénotype non mutant par rétromutation.

## LES TRANSFERTS GÉNÉTIQUES ET LA RECOMBINAISON (p. 257-265)

1. La recombinaison génétique, soit le réarrangement de gènes appartenant à des groupements de gènes distincts, fait habituellement intervenir l'ADN d'organismes différents ; elle contribue à la diversité génétique.
2. Au cours de l'enjambement, des gènes provenant de deux chromosomes sont recombinés sur le même chromosome, qui contient alors des gènes de chacun des chromosomes d'origine.
3. Le transfert vertical de gènes a lieu durant la reproduction quand les gènes sont transmis d'un organisme à sa descendance.
4. Chez les bactéries, le transfert horizontal de gènes signifie qu'une partie de l'ADN cellulaire passe d'une cellule donneuse à une cellule receveuse, les deux cellules appartenant à la même génération.

5. Quand une partie de l'ADN de la cellule donneuse est intégrée à l'ADN de la cellule receveuse, on dit que la cellule ainsi obtenue est recombinée.

### La transformation chez les bactéries (p. 258-259)

1. Durant ce processus, des gènes sont transférés d'une bactérie à une autre sous forme d'ADN « nu » en solution, ce qui signifie que les bactéries absorbent l'ADN du milieu extracellulaire. Cet ADN peut provenir de bactéries mortes qui ont libéré leur contenu cellulaire.
2. Ce processus a été observé pour la première fois chez *Streptococcus pneumoniæ*. Il se produit naturellement chez quelques genres de bactéries.

### La conjugaison chez les bactéries (p. 260)

1. Ce processus exige un contact entre des bactéries vivantes unies par un pilus sexuel ; pendant le contact, il y a transfert de matériel génétique d'une bactérie donneuse à une bactérie receveuse.
2. La cellule $F^+$ est un exemple de cellule donneuse de gènes ; la cellule receveuse est $F^-$. Les cellules $F^+$ contiennent des plasmides appelés facteurs F qui sont transférés aux cellules $F^-$ durant la conjugaison.
3. Quand le plasmide devient incorporé au chromosome, il y a formation d'une cellule Hfr (haute fréquence de recombinaison).
4. Durant la conjugaison, une cellule Hfr peut transférer de l'ADN chromosomique à une cellule $F^-$. Habituellement, le chromosome Hfr se brise avant d'être entièrement transféré, de sorte que le plasmide F n'est pas totalement transféré ; la cellule obtenue est recombinée mais reste $F^-$.

### La transduction chez les bactéries (p. 260-262)

1. Au cours de ce processus, de l'ADN est transporté d'une bactérie à une autre par un bactériophage ; il est ensuite incorporé à l'ADN de la cellule receveuse.
2. Lors de la transduction généralisée, n'importe quel gène bactérien peut être transféré ; lors de la transduction localisée, seuls des gènes spécifiques sont transférés.

### Les plasmides et les transposons (p. 262-264)

1. Les plasmides sont des molécules d'ADN circulaires, capables de réplication autonome et portant des gènes qui, en général, ne sont pas essentiels à la vie de la cellule.
2. Il y a plusieurs types de plasmides, dont les plasmides conjugatifs, les plasmides métaboliques, les plasmides qui portent des gènes de toxines ou de bactériocines, et les facteurs de résistance (facteurs R).
3. Les transposons sont de courts segments d'ADN qui peuvent se déplacer d'une région d'un chromosome à une autre, ou aboutir sur un autre chromosome ou sur un autre plasmide.
4. On trouve des transposons sur les chromosomes des organismes, dans les plasmides et dans le matériel génétique des virus. Ils peuvent être simples (séquences d'insertion) ou complexes.
5. Les transposons complexes peuvent porter n'importe quel type de gène, y compris des gènes de résistance aux antibiotiques. Par conséquent, ils constituent un mécanisme naturel par lequel les gènes peuvent se déplacer d'un chromosome à l'autre.

## LES GÈNES ET L'ÉVOLUTION (p. 264-265)

1. La diversité est un préalable de l'évolution.
2. La mutation, la transposition et les processus de la recombinaison génétique, telles la transformation, la conjugaison et la transduction, créent une diversité d'organismes. Le processus de la sélection naturelle favorise la croissance de ceux qui sont le mieux adaptés à leur milieu.

# AUTOÉVALUATION

## RÉVISION

1. Décrivez brièvement la structure et les composants de l'ADN et expliquez le rapport de ce dernier avec l'ARN et les protéines sur le plan fonctionnel.

2. Faites un diagramme qui montre un segment de chromosome en train de se répliquer.
   - **a)** Indiquez où se trouve la fourche de réplication.
   - **b)** Quel est le rôle de l'ADN polymérase dans la réplication de l'ADN du chromosome ?
   - **c)** Pourquoi ce processus est-il qualifié de réplication semiconservatrice ?

3. Supposons un brin d'ADN ayant le code suivant.

| | | | | | | | | | | | | | | | | | | | |
|---|---|---|---|---|---|---|---|---|---|---|---|---|---|---|---|---|---|---|---|
| ADN 3′ | A | T | A | T | _ | _ | _ | T | T | T | _ | _ | _ | _ | _ | _ | _ | _ | _ |
| | 1 | 2 | 3 | 4 | 5 | 6 | 7 | 8 | 9 | 10 | 11 | 12 | 13 | 14 | 15 | 16 | 17 | 18 | 19 |
| ARNm | | | | | | | | | | | C | G | U | | | | U | G | A |
| ARNt | | | | | | | | | | | | | | U | G | G | | | |
| Acide aminé | | | | | | Met | | | ____ | | | ____ | | | ____ | | | ____ | |
| ATAT = séquence du promoteur | | | | | | | | | | | | | | | | | | | |

   - **a)** À l'aide du code génétique de la figure 8.9, complétez la séquence du segment d'ADN.
   - **b)** Complétez la séquence des acides aminés dont le code est contenu dans le brin d'ADN.
   - **c)** Écrivez le code du brin d'ADN complémentaire de celui que vous avez complété à la question *a*.
   - **d)** Quel est l'anticodon de la lysine ?
   - **e)** Que se passerait-il si C était substitué à T à la base 10 ? À quel type de mutation cette substitution de base donne-t-elle lieu ?
   - **f)** Que se passerait-il si A était substitué à G à la base 11 ? À quel type de mutation cette substitution de base donne-t-elle lieu ?
   - **g)** Que se passerait-il si G était substitué à T à la base 14 ? À quel type de mutation cette substitution de base donne-t-elle lieu ?
   - **h)** Que se passerait-il si C était inséré entre les bases 9 et 10 ? À quel type de mutation cette substitution de base donne-t-elle lieu ?
   - **i)** Quel effet les rayonnements UV auraient-ils sur ce brin d'ADN ?
   - **j)** Trouvez une séquence non-sens dans ce brin d'ADN.

4. Décrivez le processus de la traduction et prenez soin d'employer les termes suivants : ribosomes, ARNm, ARNt, anticodon, codon, acides aminés et protéine.

5. Expliquez comment vous trouveriez un mutant résistant aux antibiotiques par sélection directe et comment vous trouveriez un mutant sensible aux antibiotiques par sélection indirecte.

6. Associez les mutagènes suivants à leur définition.

____ Mutagène qui est incorporé à l'ADN à la place d'une base normale.
____ Mutagène qui cause la formation d'ions très réactifs.
____ Mutagène qui altère l'adénine de telle sorte qu'elle s'associe à la cytosine lors de l'appariement des bases.
____ Mutagène qui cause des insertions.
____ Mutagène qui cause la formation de dimères de thymines.

**a)** Mutagène causant un un décalage du cadre de lecture
**b)** Analogue de nucléoside
**c)** Mutagène qui agit sur les paires de bases
**d)** Rayonnements ionisants
**e)** Rayonnements non ionisants

7. Décrivez le principe sur lequel repose la détection des agents chimiques cancérogènes par le test de Ames.

8. Définissez les plasmides et expliquez le rapport entre les facteurs F et la conjugaison.

9. Utilisez la voie métabolique suivante pour répondre aux questions.

$$\text{Substrat } A \xrightarrow{\text{enzyme } a} \text{Substrat intermédiaire } B \xrightarrow{\text{enzyme } b} \text{Produit final } C$$

**a)** Si l'enzyme *a* est une enzyme inductible qui n'est pas synthétisée maintenant, un __________ protéique doit être lié étroitement au site __________. Quand l'inducteur, __________ dans ce cas-ci, est présent, il se lie au __________ de telle sorte que la __________ du gène peut s'effectuer.
**b)** Si l'enzyme *a* est une enzyme répressible, le produit final *C*, appelé __________, se combine au __________ de telle sorte que la molécule activée se lie à l' __________, ce qui bloque la __________ du gène.
**c)** Si l'enzyme *a* est constitutive, la présence de *A* ou de *C* aura-t-elle un effet sur elle ? Lequel ?
**d)** Si le produit final *C* se lie au site allostérique de l'enzyme *a*, que se passera-t-il ?

10. Nommez deux façons de réparer les erreurs dans l'ADN.

11. Définissez les termes suivants :
**a)** génotype **b)** phénotype **c)** recombinaison

12. Quelle séquence est la plus susceptible d'être endommagée par les rayonnements UV : AGGCAA, CTTTGA ou GUAAAU ? Justifiez votre réponse.

13. On vous donne des cultures ayant les caractéristiques suivantes :
Culture 1 : $F^+$, génotype $A^+ \ B^+ \ C^+$
Culture 2 : $F^-$, génotype $A^- \ B^- \ C^-$
**a)** Indiquez les génotypes possibles d'une cellule recombinée issue de la conjugaison des cultures 1 et 2.
**b)** Indiquez les génotypes possibles d'une cellule recombinée issue de la conjugaison des deux cultures après que la cellule $F^+$ est devenue Hfr.

14. Pourquoi la réplication semi-conservatrice et la dégénérescence du code génétique sont-elles avantageuses pour la survie des espèces ?

15. Pourquoi la mutation et la recombinaison sont-elles importantes pour le processus de la sélection naturelle et l'évolution des organismes ?

## QUESTIONS À CHOIX MULTIPLE

Associez les termes suivants aux définitions des questions 1 à 3.
**a)** Conjugaison **d)** Transformation
**b)** Transcription **e)** Traduction
**c)** Transduction

1. Transfert d'ADN d'une cellule donneuse à une cellule receveuse par un bactériophage.

2. Transfert d'ADN d'une cellule donneuse à une cellule receveuse sous forme d'ADN nu en solution.

3. Transfert d'ADN d'une cellule donneuse à une cellule receveuse par l'intermédiaire d'un pilus sexuel.

4. La rétro-inhibition diffère de la répression parce qu'elle :
**a)** est moins précise.
**b)** agit plus lentement.
**c)** empêche l'action d'enzymes préexistantes.
**d)** empêche la synthèse de nouvelles enzymes.
**e)** Tout ce qui précède

5. Les bactéries peuvent acquérir la résistance aux antibiotiques par :
**a)** mutation.
**b)** insertion de transposons.
**c)** acquisition de plasmides.
**d)** Tout ce qui précède
**e)** Rien de ce qui précède

6. Supposons que vous ensemencez trois flacons contenant un bouillon salin minimal avec *E. coli*. Le flacon A contient du glucose. Le flacon B contient du glucose et du lactose. Le flacon C contient du lactose. Après quelques heures d'incubation, vous vérifiez s'il y a présence de $\beta$-galactosidase dans les flacons. Selon vous, lequel (ou lesquels) des flacons aura (auront) cette enzyme ?
**a)** A
**b)** B
**c)** C
**d)** A et B
**e)** B et C

7. Les plasmides diffèrent des transposons parce qu'ils :
**a)** s'insèrent dans les chromosomes.
**b)** se répliquent de façon autonome à l'extérieur du chromosome.
**c)** se déplacent d'un chromosome à l'autre.
**d)** portent des gènes de résistance aux antibiotiques.
**e)** Rien de ce qui précède

8. Quel est le mécanisme par lequel le lactose détermine l'action de l'opéron *lac* ?
**a)** Répression catabolique
**b)** ADN polymérase
**c)** Induction
**d)** Répression
**e)** Traduction

**9.** Laquelle des modifications suivantes deux cellules filles sont-elles le plus susceptibles d'hériter de la cellule mère ?
**a)** Un nucléotide modifié dans l'ARNm
**b)** Un nucléotide modifié dans l'ARNt
**c)** Un nucléotide modifié dans l'ARNr
**d)** Un nucléotide modifié dans l'ADN
**e)** Une protéine modifiée

**10.** Lequel des phénomènes suivants *n*'est *pas* un moyen de transfert horizontal de gènes ?
**a)** Scissiparité
**b)** Conjugaison
**c)** Intégration d'un transposon
**d)** Transduction
**e)** Transformation

## QUESTIONS À COURT DÉVELOPPEMENT

**1.** Les analogues de nucléosides et les rayonnements ionisants sont utilisés pour traiter le cancer. Ces mutagènes peuvent causer le cancer. Comment alors, selon vous, peuvent-ils servir à combattre la maladie ?

**2.** La bactérie *E. coli* peut accomplir toutes les fonctions nécessaires à la vie, bien qu'elle soit plus petite que la cellule eucaryote. Le temps de génération d'*E. coli* est de 26 min. La vitesse de croissance et, partant, la capacité de reproduction de cette bactérie sont donc très grandes. (*Indice :* voir le chapitre 4, réponse à la question n° 1 de la section Questions à court développement.)
**a)** La grande rapidité de croissance d'une bactérie est liée à son processus de synthèse des protéines. Quelle est la caractéristique particulière de ce processus ?
**b)** Quel avantage *E. coli* tire-t-il de son métabolisme élevé lorsqu'il infecte l'organisme humain ?

**3.** Expliquez pourquoi une bactérie virulente morte constitue encore un danger.

**4.** *Pseudomonas* possède un plasmide qui contient l'opéron *mer*, qui comprend le gène d'une enzyme qui catalyse la réduction de l'ion mercurique $Hg^{2+}$ à la forme métallique du mercure, $Hg^0$. $Hg^{2+}$ est toxique pour les cellules ; $Hg^0$ ne l'est pas.
**a)** De quel type de plasmide s'agit-il ? Décrivez-le.
**b)** Selon vous, quel est l'inducteur de cet opéron ?
**c)** La protéine produite par un des gènes *mer* capte l'ion $Hg^{2+}$ dans l'espace périplasmique et l'entraîne dans la cellule. Pourquoi une cellule absorberait-elle un produit toxique ?
**d)** Quelle est l'utilité de l'opéron *mer* pour *Pseudomonas* ?

## APPLICATIONS CLINIQUES

*N. B. Certaines de ces questions nécessitent que vous cherchiez des réponses dans les différents chapitres du livre.*

**1.** La chloroquine, l'érythromycine et l'acyclovir sont utilisés pour traiter les infections microbiennes. La chloroquine exerce son action en s'insérant entre les paires de bases de la molécule d'ADN. L'érythromycine se lie en face du site A de la sous-unité 50 S du ribosome. L'acyclovir est un analogue de la guanine.

Quelle est l'étape de la synthèse des protéines inhibée par chacun de ces médicaments ? Lequel des médicaments est le plus efficace contre les bactéries ? Pourquoi ? Lequel des médicaments est le plus efficace contre les virus ? Pourquoi ? Quels médicaments auront des effets sur les cellules de l'hôte ? Pourquoi ? Consultez l'index pour trouver la maladie contre laquelle on utilise le plus souvent la chloroquine. Pourquoi cette dernière est-elle plus efficace que l'érythromycine dans ce cas ? Consultez l'index pour trouver la maladie contre laquelle on utilise le plus souvent l'acyclovir. Pourquoi ce dernier est-il plus efficace que l'érythromycine dans ce cas ?

**2.** On a isolé le VIH (virus du SIDA) de trois individus et on a établi la séquence des acides aminés de la capside virale.

D'après les séquences d'acides aminés ci-dessous, quels sont les deux virus les plus apparentés ? Pourquoi est-il utile de connaître ces séquences d'acides aminés d'un virus ?

| Patient | Séquence des acides aminés viraux |
|---|---|
| A | Asn Gln Thr Ala Ala Ser Lys Asn Ile Asp Ala Glu Leu |
| B | Asn Leu His Ser Asp Lys Ile Asn Ile Ile Leu Gln Leu |
| C | Asn Gln Thr Ala Asp Ser Ile Val Ile Asp Ala Cys Leu |

**3.** L'herpèsvirus humain 8 (HHV-8) est répandu dans certaines régions d'Afrique, du Moyen-Orient et de la Méditerranée. Il est rare ailleurs, sauf chez les patients atteints du SIDA chez qui il provoque le sarcome de Kaposi. Les analyses génétiques indiquent que la souche africaine n'est pas en train de changer, alors que la souche occidentale accumule les changements.

Imaginons que les segments du génome de HHV-8 décrits ci-dessous contiennent le code d'une des protéines virales. Établissez le degré de similitude entre ces deux virus en comparant les séquences d'ADN et les séquences d'acides aminés que les deux fragments d'ADN de ces virus vont coder. (*Indice :* calculez la proportion de changements dans les acides aminés et dans les nucléotides.) Quel mécanisme serait à l'origine des changements ? Ce mécanisme a-t-il toujours des effets sur le type de protéines virales ? Justifiez votre réponse. Quel est l'effet des changements qui s'opèrent dans la souche occidentale du virus ?

Occidentale 3′ ATGGAGTTCTTCTGGACAAGA
Africaine 3′ ATAAACTTTTTCTTGACAACG

**4.** M. Ranger est un patient alcoolique ; il a contracté de nombreuses maladies infectieuses contre lesquelles il a reçu à plusieurs reprises des doses massives d'antibiotiques. Dernièrement, il s'est fracturé l'avant-bras ; on a dû l'opérer pour réduire la fracture et solidifier les os. Il vient d'être à nouveau hospitalisé à la suite de l'infection de la plaie. Le médecin a prescrit immédiatement une culture bactérienne de la plaie et du nez du patient ainsi que d'une vis retirée de l'os fracturé. Le pus de la plaie et le nez de M. Ranger contenaient des staphylocoques multirésistants aux antibiotiques. Un staphylocoque sensible aux antibiotiques a été trouvé sur la vis retirée. Une culture du nez du chirurgien a aussi révélé la présence du staphylocoque sensible aux antibiotiques.

Formulez une explication qui décrive comment les bactéries de M. Ranger ont acquis leur multirésistance aux antibiotiques. Le médecin représente-t-il un danger pour ses patients ? Justifiez votre réponse. Expliquez en quoi la contamination par des bactéries multirésistantes d'un jeune enfant hospitalisé aura des conséquences sur sa propre flore bactérienne normalement sensible aux antibiotiques.

# Chapitre 9 La biotechnologie et l'ADN recombiné

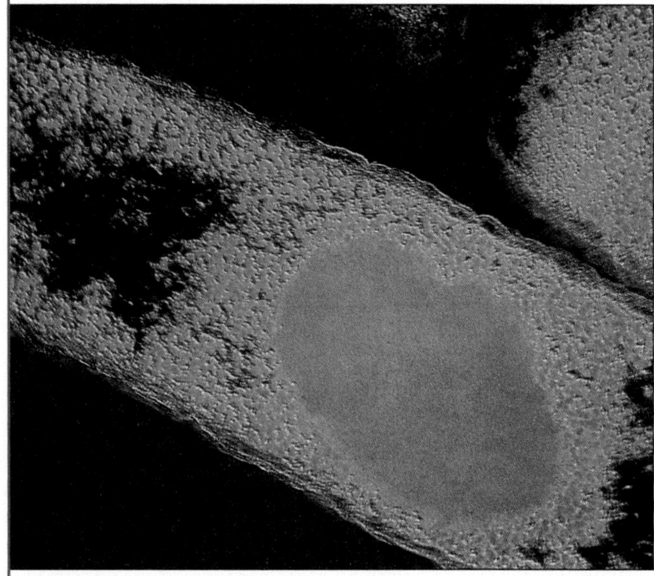

Escherichia coli. *Cette bactérie a été génétiquement modifiée dans le but de produire une protéine humaine, l'interféron gamma. Contrairement aux cellules humaines,* E. coli *ne sécrète pas cette protéine, d'où la nécessité de la lyser pour récolter la protéine.*

Depuis des milliers d'années, nous consommons des aliments transformés par l'action de microorganismes. Le pain, le chocolat, le vin, les fromages et la sauce soja figurent parmi les exemples les plus connus. Toutefois, ce n'est que depuis une centaine d'années que les scientifiques ont démontré le rôle des microorganismes dans la fabrication de ces denrées. Cette découverte a pavé la voie à l'utilisation courante des microorganismes pour créer des produits cruciaux. Dès la Première Guerre mondiale, on se sert des microorganismes pour élaborer une variété de substances chimiques, telles que l'alcool éthylique, l'acétone et l'acide citrique. Depuis la Deuxième Guerre mondiale, on les cultive à grande échelle pour fabriquer des antibiotiques. Plus récemment, leur action et celle de leurs enzymes se substituent à diverses réactions chimiques visant à produire le papier, certains textiles et le fructose. L'utilisation de microorganismes et de leurs enzymes, au lieu du recours à la synthèse chimique, offre plusieurs avantages : les microorganismes peuvent utiliser une matière première peu onéreuse et abondante, telle que l'amidon ; ils sont actifs à des températures et à des pressions courantes, ce qui évite l'utilisation de systèmes pressurisés dangereux dont le fonctionnement s'avère coûteux ; enfin, ils ne forment pas de déchets toxiques ou difficiles à traiter. Tous ces facteurs expliquent pourquoi la recherche de microorganismes susceptibles de produire de nouveaux antibiotiques et porteurs d'enzymes utiles ne cesse de prendre de l'ampleur (voir l'encadré de la page 275).

Nous aborderons au chapitre 28 les procédés utilisés dans la fabrication à grande échelle des microorganismes et de leurs produits. Dans le présent chapitre, nous traitons des outils et techniques nécessaires à la recherche et à la mise au point d'un produit biotechnologique.

# Introduction à la biotechnologie

### Objectif d'apprentissage

- *Différencier la biotechnologie, le génie génétique et la technologie de l'ADN recombiné.*

Tous les produits que nous venons de citer résultent de la **biotechnologie,** soit l'utilisation des propriétés biochimiques des microorganismes, des cellules ou de leurs composantes pour fabriquer un produit particulier. Depuis des années, on a recours aux microorganismes pour élaborer commercialement des aliments, des vaccins, des antibiotiques et des vitamines. L'industrie minière utilise les bactéries pour extraire les métaux précieux du minerai (figure 28.13). Depuis les années 1950, on se sert de cellules animales pour créer des vaccins antiviraux. Jusque dans les années 1980, les produits dérivés de cellules vivantes étaient *naturellement* fabriqués par les cellules, et le rôle des scientifiques consistait à trouver la cellule appropriée et à mettre au point une méthode de culture des cellules à grande échelle.

Aujourd'hui, on se sert des microorganismes, de même que des plantes, comme de véritables petites « usines » pour fabriquer des produits chimiques que ces organismes ne produisent pas normalement. Pour ce faire, on fait appel au **génie génétique,** c'est-à-dire l'ensemble des techniques de manipulation contrôlée et de transfert de gènes qui permet de modifier *expérimentalement* le matériel génétique des êtres vivants. L'évolution constante des techniques du génie génétique ne cesse de repousser les limites de la biotechnologie*.

## La technologie de l'ADN recombiné

Nous avons vu au chapitre 8 que la recombinaison de l'ADN est un processus qui se déroule naturellement chez les microorganismes. Au cours des années 1970 et 1980, les scientifiques du génie génétique ont mis au point des techniques qui permettent de procéder *in vitro* à la recombinaison de l'ADN ; l'ensemble de ces techniques s'appelle **technologie de l'ADN recombiné** et fait partie des procédés utilisés par le génie génétique (notez cependant que les deux appellations sont parfois employées comme synonymes).

Par ces procédés, il est possible d'insérer le gène d'un animal vertébré, y compris l'humain, dans l'ADN d'une bactérie, ou encore le gène d'un virus dans une levure. Puis le receveur peut exprimer le gène, qui peut coder pour un produit d'intérêt commercial. C'est ainsi que l'on a inséré dans des bactéries le gène codant pour l'insuline humaine ; les bactéries produisent de l'insuline, qui est utilisée dans le traitement du diabète. De même, on a inséré un gène de l'hépatite – un virus – dans une levure afin de faire fabriquer par cette dernière une protéine virale utilisée dans le vaccin contre l'hépatite B. Les scientifiques espèrent que la technologie de l'ADN recombiné permettra de créer des vaccins pour lutter contre d'autres agents infectieux, et que l'on pourra alors éviter l'utilisation d'animaux pour leur fabrication.

L'une des nouvelles techniques de l'ADN recombiné permet également de fabriquer des milliers de copies de la même molécule d'ADN – cette *amplification* du gène cloné procure une quantité suffisante d'ADN à des fins d'expérimentation et d'analyse. L'amplification fait aussi l'objet d'applications pratiques pour identifier certains microorganismes, tels que les virus, qui ne peuvent être mis en culture.

## Les procédés de l'ADN recombiné : un survol

### Objectif d'apprentissage

- *Reconnaître le rôle joué par le clone et le vecteur en génie génétique.*

La figure 9.1 présente un aperçu des procédés couramment utilisés en génie génétique, de même que certaines de leurs applications les plus prometteuses. Suivons la procédure d'une technique de génie génétique étape par étape. Durant les étapes préparatoires, on choisit un gène en fonction de l'intérêt particulier qu'il suscite, et la molécule vecteur dans laquelle on l'insérera. Dans cet exemple-ci, ❶ le vecteur d'ADN est un plasmide contenu dans une bactérie, ❷ l'ADN porteur du gène est fragmenté par l'action d'une enzyme spécifique et ❸ le gène recherché est inséré *in vitro* dans le vecteur plasmidique. La molécule d'ADN qui tient lieu de vecteur doit être capable de se répliquer de façon indépendante, comme c'est le cas pour les plasmides ou les génomes viraux. ❹ Par la suite, ce vecteur plasmidique contenant de l'ADN recombiné est introduit dans une cellule, par exemple une bactérie, où il se multiplie. ❺ La cellule qui contient le vecteur d'ADN recombiné est alors mise en culture pour produire des **clones,** soit des cellules identiques sur le plan génétique et dont chacune porte une copie du vecteur. Chaque clone cellulaire comporte donc plusieurs copies du gène recherché. C'est pourquoi les vecteurs d'ADN recombiné sont souvent appelés *vecteurs de clonage de gènes* ou, tout simplement, *vecteurs de clonage.*

La dernière étape varie selon le résultat que l'on désire obtenir : le gène lui-même ou son produit. 6A À partir des clones cellulaires, le spécialiste en génie génétique isole (« récolte ») de grandes quantités du gène recherché, qui, à leur tour, seront utilisées à diverses fins. Le gène peut même être inséré dans un autre vecteur, qui sera lui-même introduit dans un autre type de cellule (végétale ou animale). Autrement, 6B si le clone cellulaire exprime – lors du processus de la biosynthèse des protéines – le gène recherché, ❼ on recueille la protéine produite, qui servira dans de nombreuses applications.

La production de l'hormone de croissance humaine (hGH pour « human growth hormone ») est l'une des premières réalisations du génie génétique et illustre bien les

* La Loi canadienne sur la protection de l'environnement (LCPE) définit ainsi la biotechnologie : [...] l'application des sciences ou de l'ingénierie à l'utilisation des organismes vivants ou de leurs parties ou produits sous leur forme naturelle ou modifiée.

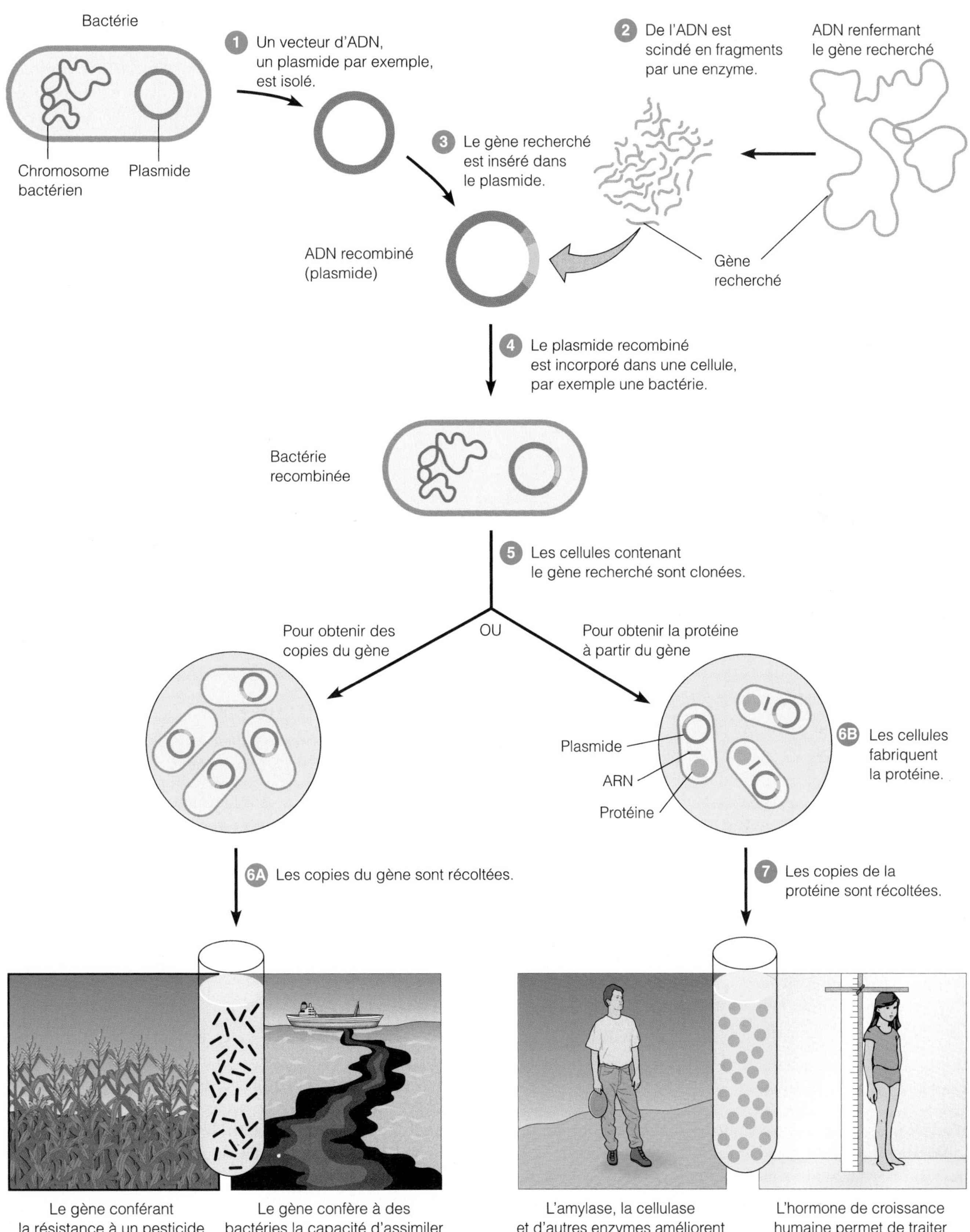

Bactérie
1 Un vecteur d'ADN, un plasmide par exemple, est isolé.
2 De l'ADN est scindé en fragments par une enzyme.
ADN renfermant le gène recherché
Chromosome bactérien
Plasmide
3 Le gène recherché est inséré dans le plasmide.
ADN recombiné (plasmide)
Gène recherché
4 Le plasmide recombiné est incorporé dans une cellule, par exemple une bactérie.
Bactérie recombinée
5 Les cellules contenant le gène recherché sont clonées.
Pour obtenir des copies du gène
OU
Pour obtenir la protéine à partir du gène
Plasmide
ARN
Protéine
6B Les cellules fabriquent la protéine.
6A Les copies du gène sont récoltées.
7 Les copies de la protéine sont récoltées.
Le gène conférant la résistance à un pesticide est inséré dans des plantes.
Le gène confère à des bactéries la capacité d'assimiler des déchets toxiques.
L'amylase, la cellulase et d'autres enzymes améliorent l'aspect des étoffes.
L'hormone de croissance humaine permet de traiter le retard de croissance.

**FIGURE 9.1 Aperçu des techniques couramment utilisées en génie génétique.**

## ■ Qu'est-ce que le génie génétique ?

immenses avantages offerts par ces techniques. Certains individus ne sécrètent pas des quantités suffisantes de hGH, ce qui compromet leur croissance. Afin de pallier le déficit en hGH, on l'extrayait autrefois d'hypophyses de cadavres humains. (L'hormone de croissance provenant d'autres animaux est inefficace chez l'humain.) Cette pratique s'est avérée non seulement coûteuse mais aussi dangereuse, car certaines maladies neurologiques ont été ainsi transmises. En revanche, l'hormone de croissance produite par des bactéries *E. coli* génétiquement modifiées est pure et rentable. De plus, les techniques de l'ADN recombiné permettent un temps de production beaucoup plus rapide que les méthodes traditionnelles.

# Les outils de la biotechnologie

### Objectif d'apprentissage

- *Distinguer la sélection et la mutation.*

Les chercheurs et les techniciens isolent les bactéries et les mycètes de l'environnement dans lequel ils se trouvent, l'eau et le sol par exemple, pour trouver ou *sélectionner* les organismes qui fabriquent le produit désiré. On peut alors soumettre l'organisme sélectionné à des *mutations* afin de le rendre capable de fabriquer de plus grandes quantités d'un produit donné ou un produit de meilleure qualité.

## La sélection

Dans la nature, les organismes qui possèdent des caractéristiques favorisant leur survie ont plus de chances de survivre et de se reproduire que les organismes qui en sont dépourvus. C'est la *sélection naturelle*. Lorsqu'ils choisissent des races d'animaux à élever ou des variétés de plantes à cultiver, les humains font appel à la **sélection artificielle.** De manière similaire, les microbiologistes isolent des cultures pures de microorganismes afin de sélectionner les individus capables de réaliser le but visé, tel qu'un procédé de fermentation de la bière plus efficace ou encore la production d'un nouvel antibiotique. On a découvert plus de 2 000 souches de bactéries produisant des antibiotiques en procédant à l'analyse de bactéries du sol et à la sélection de souches productrices d'antibiotiques. L'encadré du chapitre 11 (p. 356) décrit l'isolement d'une bactérie qui transforme des déchets en produits utiles.

## La mutation

Nous avons vu au chapitre 8 que les mutations sont responsables de la diversité que l'on observe dans la nature. Une bactérie ayant subi une mutation qui lui confère la résistance à un antibiotique survivra dans un milieu qui en contient, et elle se reproduira. Or, les biologistes qui effectuent des recherches sur les bactéries produisant des antibiotiques ont découvert qu'ils pouvaient créer de nouvelles souches en exposant les bactéries à des mutagènes. Après avoir réalisé des mutations aléatoires, à l'aide de rayonnements, chez *Penicillium* – la moisissure produisant la pénicilline –, ils ont sélectionné parmi les survivantes les cellules qui fournissaient le meilleur rendement. Puis, ils les ont exposées de nouveau à un mutagène. Ainsi, par le biais de mutations successives, les biologistes ont réussi à faire fabriquer mille fois plus de pénicilline par cette moisissure.

Les gènes qui subissent des mutations aléatoires ne sont pas nécessairement les gènes ciblés, et il serait fastidieux de vérifier si chacune des cellules mutantes fabrique la pénicilline. La **mutagenèse dirigée** permet de modifier spécifiquement un gène en un point précis. Prenons l'exemple suivant : vous pensez que le remplacement d'un acide aminé par un autre rend une enzyme de lessive plus efficace dans l'eau froide. En utilisant le code génétique (figure 8.9), vous pourriez produire la séquence d'ADN qui code pour cet acide aminé et insérer cette séquence dans le gène de l'enzyme grâce à des techniques que nous allons décrire ci-après.

Le génie génétique a progressé au point où beaucoup de techniques de clonage courantes sont maintenant réalisées à l'aide de trousses et de protocoles qui ressemblent fort à des recettes de cuisine. Les spécialistes en génie génétique disposent de tout un ensemble de méthodes parmi lesquelles ils peuvent choisir celle qui s'applique le mieux à leurs expériences. Nous étudions maintenant quelques outils et techniques particulièrement importants, puis nous aborderons certaines applications spécifiques du génie génétique.

## Les enzymes de restriction

### Objectif d'apprentissage

- *Définir l'enzyme de restriction et expliquer son utilisation pour fabriquer de l'ADN recombiné.*

Le génie génétique est né, sur le plan technique, à la suite de la découverte des **enzymes de restriction,** enzymes particulières qui scindent l'ADN et que l'on trouve chez de nombreuses bactéries. Les enzymes de restriction sont isolées pour la première fois en 1970, mais leur activité a déjà été observée dans la nature, notamment lors de la découverte de la spécificité de certains bactériophages (virus) envers leurs bactéries hôtes. On remarque alors que, lorsqu'on utilise ces phages pour infecter d'autres bactéries que les bactéries hôtes habituelles, les enzymes de restriction de ces nouvelles bactéries dégradent l'ADN des phages, empêchant ainsi l'infection des bactéries par les phages. En effet, les enzymes de restriction protègent les bactéries en hydrolysant l'ADN phagique. Quant à l'ADN bactérien, il est protégé de la digestion en raison de la **méthylation** – ajout de groupements méthyle – de certaines de ses cytosines. Des formes purifiées de ces enzymes bactériennes sont aujourd'hui employées par les spécialistes du génie génétique.

L'enzyme de restriction présente une particularité importante pour le génie génétique ; elle ne reconnaît et ne coupe, ou ne digère, qu'une séquence particulière de bases dans l'ADN, et elle coupe toujours cette séquence de la même manière. Les enzymes typiques utilisées dans les expériences

APPLICATIONS DE LA MICROBIOLOGIE

## Le blue-jean

La popularité des jeans en toile bleue n'a cessé de croître depuis que Levi Strauss et Jacob Davis les ont conçus pour les chercheurs d'or californiens en 1873. À l'heure actuelle, nombre d'usines à travers le monde les manufacturent. Au cours des années, leur procédé de fabrication n'a guère été modifié.

La toile des jeans est à base de coton. Pour croître, les plants de coton nécessitent de l'eau, des engrais coûteux et des pesticides potentiellement nocifs pour la santé. La production de coton repose par conséquent sur les conditions météorologiques et sur la résistance des plantes aux maladies. Après avoir été récolté, le coton est transformé en une fibre, qui subit par la suite un blanchiment au chlore. Sous forme gazeuse, le chlore est relativement dangereux, mais sous forme liquide (hypochlorite) – plus sûre –, il s'avère plus dispendieux. Après que la fibre a été tissée en étoffe, on traite cette dernière avec de l'amidon pour la rendre plus rigide, puis on la teint à l'indigo. À l'origine, l'indigo était tiré de la fermentation de la plante du même nom par la bactérie *Clostridium*. Toutefois, ce procédé a été remplacé il y a une centaine d'années par un procédé chimique nécessitant des agents chimiques mutagènes et un pH très élevé.

Aujourd'hui, les sociétés qui manufacturent la toile des jeans et ses dérivés se tournent vers la microbiologie pour mettre au point des méthodes de production fiables qui diminuent à la fois la quantité de déchets toxiques et les coûts qui sont associés à leur traitement. Non seulement ces procédés réduisent les coûts de production, mais ils fournissent également des matières premières abondantes et renouvelables.

Dans les années 1980, une toile plus souple, dite «délavée à la pierre», a fait son apparition. L'étoffe n'est pas vraiment lavée à la pierre. Ce sont des enzymes appelées cellulases, produites par le champignon *Trichoderma*, qui digèrent une partie de la cellulose du coton et, de ce fait, l'assouplissent. D'autres enzymes microbiennes pourraient assurer l'entière fabrication, sans danger, du produit. On a détecté des milliers d'enzymes chez les microbes ; étant donné qu'elles sont des protéines, elles se dégradent facilement, ce qui facilite leur élimination des eaux usées. Les enzymes catalysent les réactions en quelques secondes, alors que les procédés chimiques peuvent prendre des jours, voire des semaines. De plus, les réactions enzymatiques ont habituellement lieu à des températures et à des pH modérés, contrairement aux conditions extrêmes qu'exigent les procédés chimiques.

**Le blanchiment** Le peroxyde est un agent de blanchiment moins dangereux que le chlore, et il peut être facilement éliminé du tissu et des eaux usées par les enzymes. Des chercheurs de Novo Nordisk Biotech ont extrait d'un mycète un gène de peroxydase, qu'ils ont cloné dans une levure ; ils ont cultivé la levure dans des conditions semblables à celles qui prévalent dans une machine à laver le linge. Ils ont sélectionné les levures survivantes comme levures productrices de peroxydase.

**Le coton** À l'époque de Pasteur déjà, les scientifiques savaient qu'*Acetobacter xylinum*, une bactérie, laissait un film de cellulose à la surface d'un vin ayant tourné ou d'un fruit ayant pourri. Dans la nature, *A. xylinum* sécrète des bandes de cellulose étroites et spiralées grâce auxquelles il peut s'ancrer à son substrat. La cellulose est produite par l'assemblage, en chaînes, d'unités de glucose sous forme de microfibrilles. Par le biais d'un pore, les microfibrilles de cellulose sont relâchées à la surface de la membrane externe de la bactérie, où les paquets qu'elles forment sont entortillés en rubans. Chaque bactérie peut produire de 3 à 5 mm de cellulose par jour et cette capacité est transmise aux cellules filles lors de la division bactérienne. Une colonie de *A. xylinum* sécrète de grandes quantités de fibres en quelques heures. Les chercheurs ont observé que certaines teintures chimiques provoquent un élargissement des rubans de cellulose qui s'accumulent dans le milieu de culture. Cette cellulose microbienne pourrait s'ajouter aux méthodes agricoles traditionnelles de production de coton, ou constituer une méthode de production de rechange, qui a l'avantage de ne requérir ni surfaces de terres agricoles énormes, ni eau.

**L'indigo** La synthèse chimique de l'indigo utilisée à l'heure actuelle exige un pH élevé et produit des déchets qui explosent au contact de l'air. Ce procédé va disparaître si les sociétés biotechnologiques réussissent à fabriquer de l'indigo d'origine microbiologique. Une société de biotechnologie californienne, Genencor, fournit déjà aux manufacturiers de jean des échantillons d'indigo dérivés de microorganismes. Dans les laboratoires de Genencor, *E. coli* arbore une teinte bleue après avoir incorporé le gène d'une bactérie du sol, *Pseudomonas putida*, qui transforme l'indole en indigo. En ayant recours à la mutagenèse dirigée et en modifiant certaines conditions du milieu dans lequel vit la bactérie, les scientifiques sont capables de lui faire augmenter sa production d'indigo. Une autre société, W. R. Grace, a mis au point un mycète muté qui produit aussi de l'indigo.

**Le plastique** Les microorganismes peuvent même fabriquer des fermetures éclair en plastique et du matériel d'emballage pour les jeans. Plus de 25 bactéries produisent des corps d'inclusion contenant du polyhydroxyalcanoate (PHA), qui leur servent de nutriments de réserve. Ce plastique est similaire aux plastiques déjà connus et, parce qu'il est sécrété par des bactéries, il peut être facilement dégradé par de nombreuses bactéries. Le polyhydroxyalcanoate est donc un plastique biodégradable qui pourrait remplacer les plastiques traditionnels dérivés du pétrole.

de clonage reconnaissent des séquences de quatre, six ou huit paires de bases. De nombreuses enzymes coupent les deux brins d'une molécule d'ADN de manière décalée, c'est-à-dire que les coupures sur chacun des brins ne sont pas situées l'une vis-à-vis de l'autre. La figure 9.2 illustre le rôle des enzymes de restriction. ❶ La molécule d'ADN présente deux séquences de bases, appelées séquences de reconnaissance ; elles peuvent être reconnues par l'enzyme de restriction capable de couper chacun des brins d'ADN en un point précis entre deux bases, la guanine (G) et l'adénine (A) ; c'est le *site de restriction.* Compte tenu de la complémentarité des bases dans l'ADN bicaténaire, la séquence de reconnaissance (en mauve foncé) est la même sur les deux brins, mais elle se lit cependant à l'envers sur le brin opposé. ❷ Habituellement, la coupure n'est pas franche ; elle laisse des extrémités d'ADN monocaténaire (simple brin) sur les fragments d'ADN bicaténaire. Ce type d'extrémité porte le nom d'*extrémité cohésive,* car elle peut se « coller » par appariement à l'ADN monocaténaire situé sur l'autre extrémité. On connaît maintenant des centaines d'enzymes de restriction dont chacune produit des fragments d'ADN aux extrémités distinctes. ❸ Si un deuxième fragment d'ADN (en bleu) provenant d'une source différente, par exemple d'un plasmide, a été coupé par la même enzyme de restriction, les deux fragments (le mauve et le bleu) présentent des extrémités cohésives identiques et peuvent être joints ensemble (recombinés) *in vitro.* ❹ Les bases complémentaires des extrémités cohésives s'unissent d'abord spontanément, grâce à des liaisons hydrogène, en adoptant une forme linéaire ou circulaire. ❺ Puis, l'ADN ligase, une enzyme, lie de manière covalente les squelettes des deux brins d'ADN, ce qui donne une molécule d'ADN recombiné. Il s'agit d'une nouvelle molécule d'ADN parce qu'elle est composée d'ADN provenant de deux sources différentes et qu'elle porte une information génétique unique.

Les enzymes de restriction sont donc des outils importants qui permettent aux spécialistes de la manipulation génétique de fabriquer de l'ADN recombiné en laboratoire.

## Les vecteurs

### Objectifs d'apprentissage

- *Nommer trois propriétés des vecteurs.*
- *Expliquer l'utilité des vecteurs plasmidiques et viraux.*

Différents types de molécules d'ADN peuvent servir de vecteurs à condition qu'ils possèdent certaines propriétés. La plus importante est la réplication de manière autonome : une fois qu'il a pénétré une cellule, le vecteur doit être capable de se répliquer. Par la même occasion, tout ADN qui aura été intégré dans le vecteur sera aussi multiplié. En somme, les vecteurs tiennent lieu de véhicules permettant de répliquer les séquences d'ADN recherchées.

Les vecteurs doivent aussi avoir une taille adéquate qui autorise leur manipulation en dehors d'une cellule au cours des techniques de l'ADN recombiné. Les petits vecteurs sont plus faciles à manipuler comparativement aux grosses molécules d'ADN, qui ont tendance à être plus fragiles. Parmi les autres propriétés importantes des vecteurs, citons la capacité de conservation. L'ADN du vecteur doit être circulaire, car c'est cette forme qui lui évite d'être détruit par la cellule hôte. À la figure 9.3, on peut noter que l'ADN des plasmides est circulaire. L'insertion rapide dans le chromosome de la cellule hôte est également un mécanisme qui permet la conservation de l'ADN viral, un autre type de vecteur (figure 13.12).

Pour repérer aisément les cellules contenant un vecteur, il est utile d'incorporer un gène marqueur au vecteur. Les gènes marqueurs les plus courants sont ceux codant pour la résistance à un antibiotique ou pour une enzyme qui provoque une réaction facilement reconnaissable.

Les plasmides, particulièrement les différents facteurs R, sont les vecteurs les plus employés. L'ADN du plasmide et le gène qui sera cloné doivent être coupés avec la même enzyme de restriction afin de produire les mêmes extrémités cohésives.

Lorsque les divers fragments sont mélangés ensemble, le fragment d'ADN contenant le gène à cloner s'incorpore dans le plasmide grâce à l'appariement des bases complémentaires (figure 9.3) ; un plasmide recombiné est ainsi formé. Ce plasmide devient donc le vecteur du gène. Après avoir été incorporé dans une cellule bactérienne, le gène sera cloné grâce à la réplication du plasmide ; c'est pourquoi on appelle ce dernier **vecteur de clonage.**

Certains plasmides peuvent être intégrés à différentes espèces. Ces plasmides, appelés **vecteurs navette,** sont utilisés pour véhiculer des séquences d'ADN à cloner d'un organisme à l'autre, par exemple entre des cellules de bactéries, de levures et de mammifères, ou entre des cellules de bactéries, de mycètes et de plantes. Ces vecteurs navette sont d'une grande utilité pour modifier génétiquement les organismes pluricellulaires, par exemple lorsqu'on désire insérer des gènes de résistance aux herbicides à l'intérieur de cellules de plantes.

Outre les plasmides, les virus – ou ADN viral – peuvent servir de vecteurs de clonage. L'ADN viral est habituellement capable de recevoir des fragments d'ADN étranger dont la taille est plus grande que celle des fragments que les plasmides acceptent. L'insertion d'un fragment d'ADN étranger dans le vecteur viral conduit à la formation d'un ADN recombiné qui peut ensuite être introduit dans la cellule hôte du virus. Une fois à l'intérieur de la cellule, l'ADN recombiné se réplique, entraînant ainsi le clonage du gène étranger. Le choix du vecteur est fonction de nombreux facteurs, dont le type d'organisme hôte utilisé et la taille de l'ADN à cloner. Les rétrovirus, les adénovirus et les herpèsvirus servent à introduire des gènes correcteurs dans des cellules humaines qui renferment un gène défectueux. Nous abordons la thérapie génique à la page 287.

## L'amplification en chaîne par polymérase

### Objectif d'apprentissage

- *Esquisser les grandes lignes de l'amplification en chaîne par polymérase et donner un exemple d'application.*

L'**amplification en chaîne par polymérase** (**ACP**), aussi appelée réaction en chaîne de la polymérase, est une technique

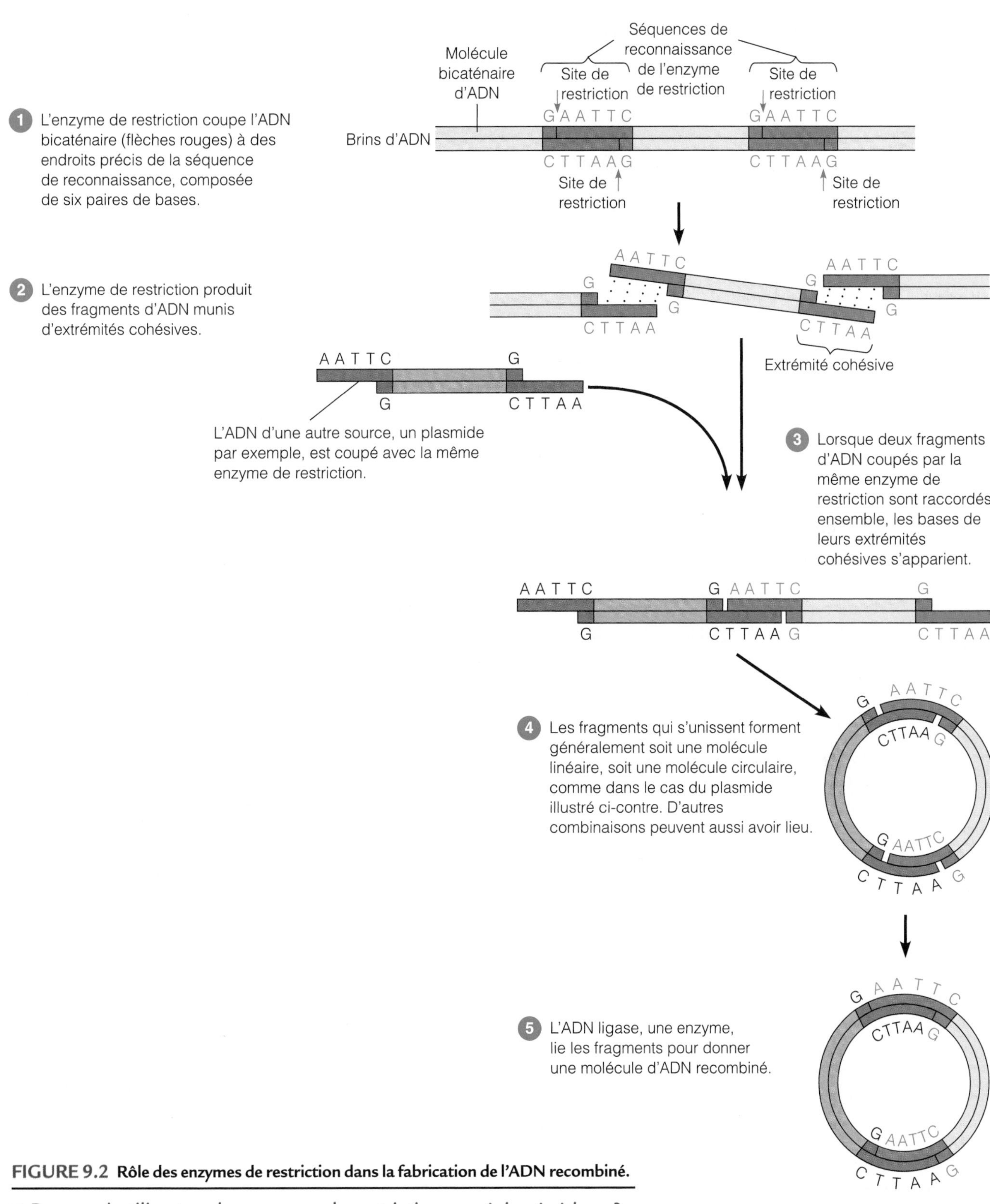
Séquences de reconnaissance de l'enzyme de restriction
Molécule bicaténaire d'ADN
Site de restriction
Site de restriction
G A A T T C
G A A T T C
Brins d'ADN
C T T A A G
C T T A A G
Site de restriction
Site de restriction
1 L'enzyme de restriction coupe l'ADN bicaténaire (flèches rouges) à des endroits précis de la séquence de reconnaissance, composée de six paires de bases.
2 L'enzyme de restriction produit des fragments d'ADN munis d'extrémités cohésives.
Extrémité cohésive
L'ADN d'une autre source, un plasmide par exemple, est coupé avec la même enzyme de restriction.
3 Lorsque deux fragments d'ADN coupés par la même enzyme de restriction sont raccordés ensemble, les bases de leurs extrémités cohésives s'apparient.
4 Les fragments qui s'unissent forment généralement soit une molécule linéaire, soit une molécule circulaire, comme dans le cas du plasmide illustré ci-contre. D'autres combinaisons peuvent aussi avoir lieu.
5 L'ADN ligase, une enzyme, lie les fragments pour donner une molécule d'ADN recombiné.
ADN recombiné

**FIGURE 9.2 Rôle des enzymes de restriction dans la fabrication de l'ADN recombiné.**

■ Pourquoi utilise-t-on les enzymes de restriction en génie génétique ?

très sensible au cours de laquelle un fragment d'ADN donné peut être rapidement amplifié, c'est-à-dire copié *in vitro* en quantité assez élevée pour permettre une analyse.

Grâce à cette technique, un seul fragment d'ADN de la taille d'un gène suffit pour générer littéralement des milliards de copies du fragment en l'espace de quelques heures. La

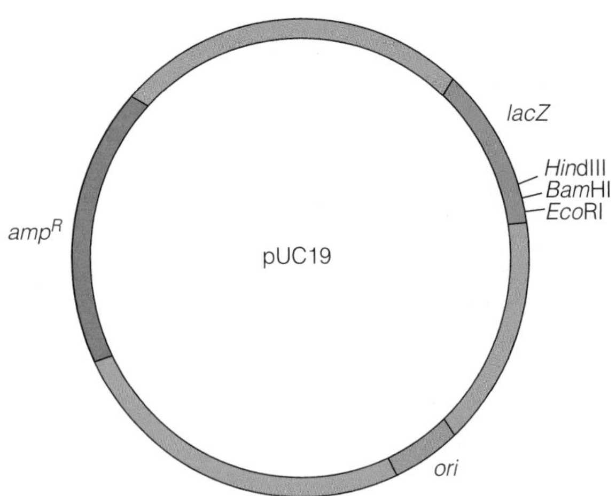


**FIGURE 9.3 Exemple d'un plasmide utilisé pour le clonage de gènes.** pUC19 est un vecteur plasmidique servant à effectuer un clonage de gènes dans la bactérie *E. coli*. L'origine de réplication (*ori*) permet au plasmide de se répliquer de manière autonome. Deux gènes, l'un (*amp*$^R$) codant pour la résistance à un antibiotique, l'ampicilline, et l'autre (*lacZ*) codant pour une enzyme, la $\beta$-galactosidase, tiennent lieu de marqueurs. L'ADN étranger peut être inséré dans les sites de l'enzyme de restriction.

figure 9.4 illustre cette méthode d'amplification. ❶ Chaque brin de l'ADN cible servira de matrice pour la synthèse des copies d'ADN. ❷ À cet ADN sont ajoutés une certaine quantité de chacun des quatre nucléosides – qui seront assemblés pour former le nouvel ADN –, l'enzyme qui catalysera la synthèse – soit l'ADN polymérase – ainsi que de courts fragments d'ARN qui servent d'amorces pour commencer la synthèse (chapitre 8, p. 236). Les amorces sont complémentaires aux extrémités de l'ADN cible et ❸ s'hybrident avec ce dernier. ❹ Partant de l'amorce, l'ADN polymérase ajoute des nucléosides et synthétise de nouveaux brins complémentaires. ❺ Après chaque cycle de synthèse, on chauffe l'ADN pour séparer les ADN nouvellement formés en simples brins, puis on refroidit pour permettre l'hybridation des amorces sur les nouveaux brins d'ADN qui servent à leur tour de matrice. Ce processus donne une quantité croissante d'ADN, qui augmente de manière exponentielle. Tous les réactifs nécessaires sont ajoutés dans une éprouvette, laquelle est déposée dans un appareil dont la température monte et s'abaisse au cours d'un cycle. L'appareil est réglé aux températures désirées et le temps d'incubation et le nombre de cycles sont programmés. L'emploi de cet appareil automatisé a été rendu possible par la découverte d'une ADN polymérase que l'on a isolée à partir d'une bactérie thermophile telle que *Thermus aquaticus*. L'enzyme de ces microorganismes est capable de survivre à des températures élevées (voir l'encadré du chapitre 6, p. 177). Trente cycles accomplis en quelques heures suffisent pour augmenter la quantité d'ADN cible par un facteur de plus de un milliard. Notez que l'amplification en chaîne par polymérase n'est employée que pour multiplier de courts fragments d'ADN dont la séquence est déterminée par le choix des amorces. Elle ne peut servir à amplifier un génome en entier.

L'ACP peut s'appliquer à toute situation qui requiert une multiplication de l'ADN d'un échantillon pour que ce dernier devienne détectable.

Mentionnons en particulier les tests diagnostiques qui détectent la présence d'agents infectieux indécelables par une autre technique. L'amplification permet de détecter les virus ainsi que de quantifier les charges virales lors d'un bilan des sujets infectés par le VIH. Elle permet aussi le séquençage de gènes, le diagnostic de maladies génétiques et constitue un outil très utile dans les manipulations génétiques.

L'ACP s'avère aussi d'une grande utilité dans le processus de détection et d'identification d'un agent pathogène inconnu. Comme nous l'avons vu plus haut, les amorces utilisées pour commencer la réaction sont complémentaires aux extrémités de l'ADN cible ; elles sont donc spécifiques. Si on emploie des amorces connues et qu'elles s'hybrident avec les extrémités d'un fragment d'ADN d'un agent pathogène inconnu, on peut par ricochet identifier ce dernier. Nous reparlerons des processus de classification et d'identification des microorganismes au chapitre 10.

# Les techniques du génie génétique

Le génie génétique met en œuvre des techniques de manipulation et de clonage de gènes dans le but de fabriquer des produits nouveaux, utiles et souvent très rentables. La fabrication de ces produits passe par quatre grandes étapes : l'insertion d'ADN étranger dans les cellules, l'obtention d'ADN pour le clonage, la sélection d'un clone pourvu de gènes étrangers et, enfin, la fabrication d'un produit génique.

## L'insertion d'ADN étranger dans une cellule

### Objectif d'apprentissage

- *Décrire cinq façons d'introduire de l'ADN dans une cellule.*

Les techniques de l'ADN recombiné requièrent que des molécules d'ADN soient manipulées hors de la cellule (*in vitro*) pour y être ensuite réintroduites. Il existe plusieurs façons d'introduire de l'ADN dans les cellules. Le choix de la méthode est en général déterminé par le type de vecteur et la cellule hôte employés.

Dans la nature, les plasmides sont habituellement transférés entre les bactéries d'espèces apparentées par contact direct de cellule à cellule, comme dans la conjugaison (figure 8.26). En génie génétique en revanche, le plasmide est inséré dans une cellule par **transformation,** mécanisme par lequel les cellules peuvent incorporer l'ADN « nu » situé dans leur environnement immédiat (figure 8.25).

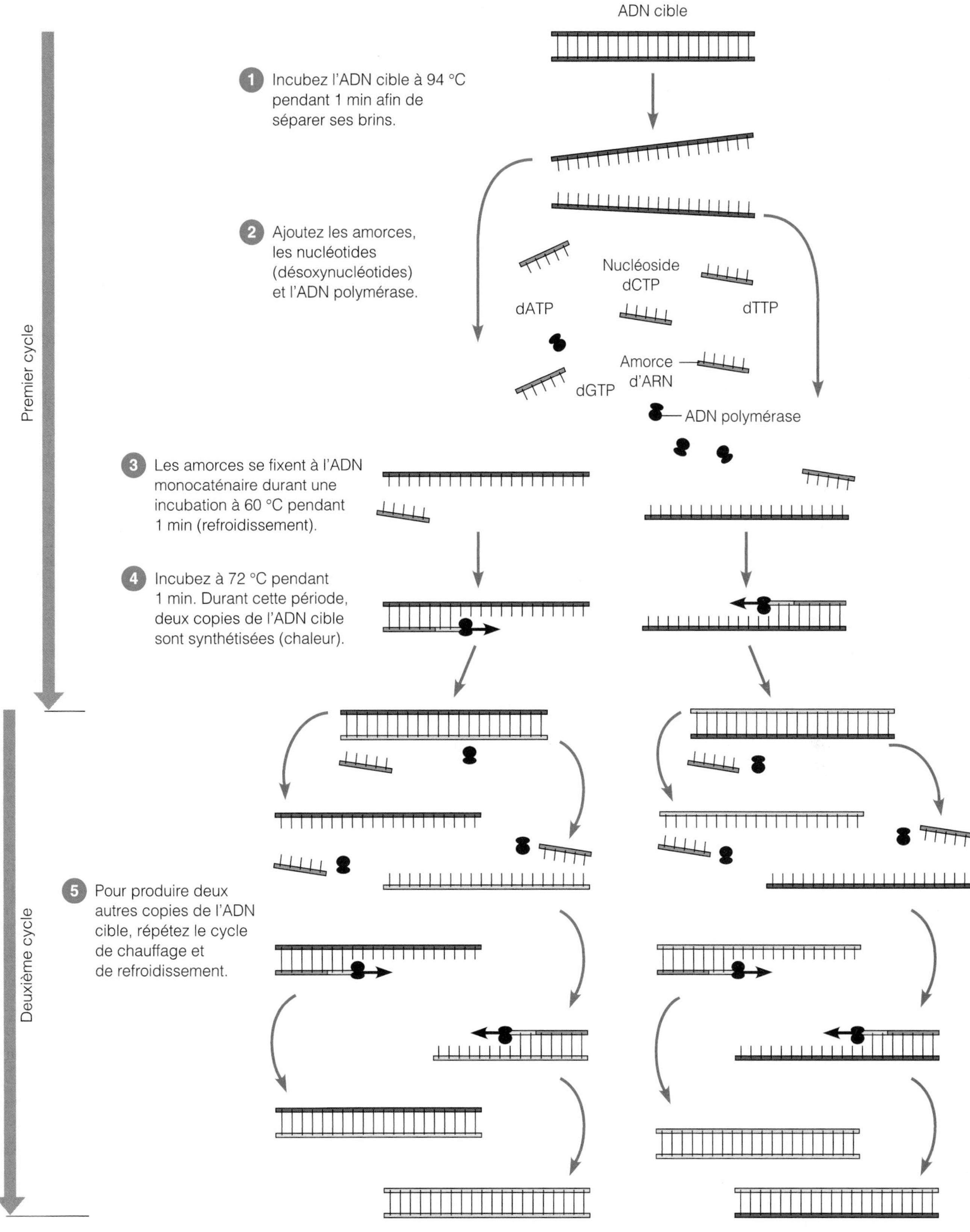


**FIGURE 9.4 L'amplification en chaîne par polymérase.**

- On utilise l'amplification en chaîne par polymérase pour multiplier de petits échantillons d'ADN en vue d'obtenir les quantités requises pour une analyse.

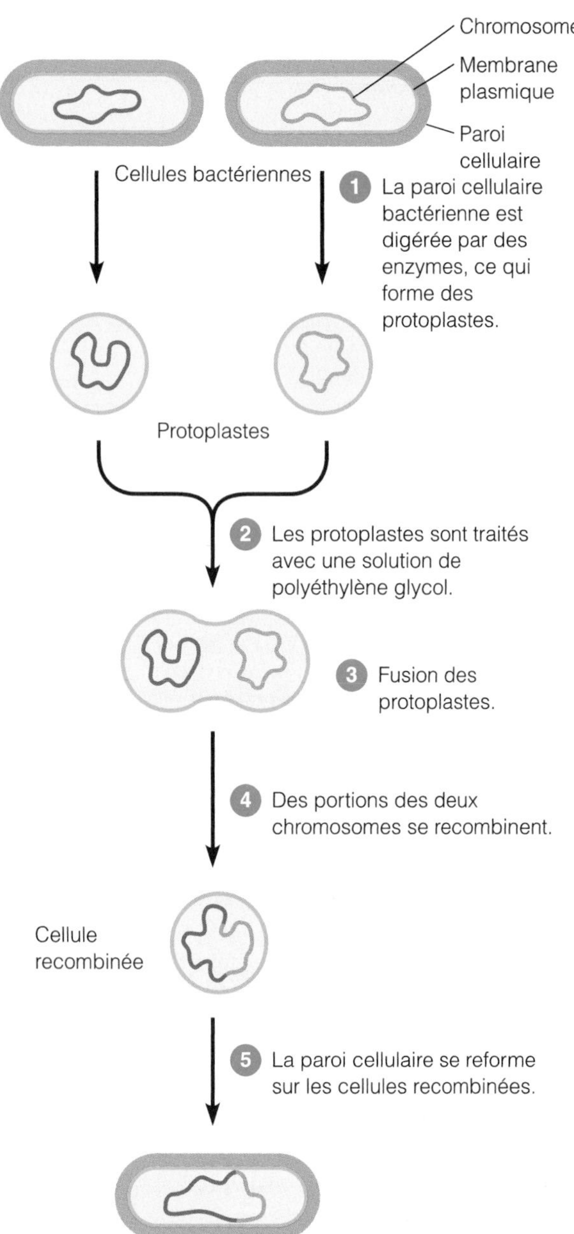


**a)** Processus de la fusion de protoplastes

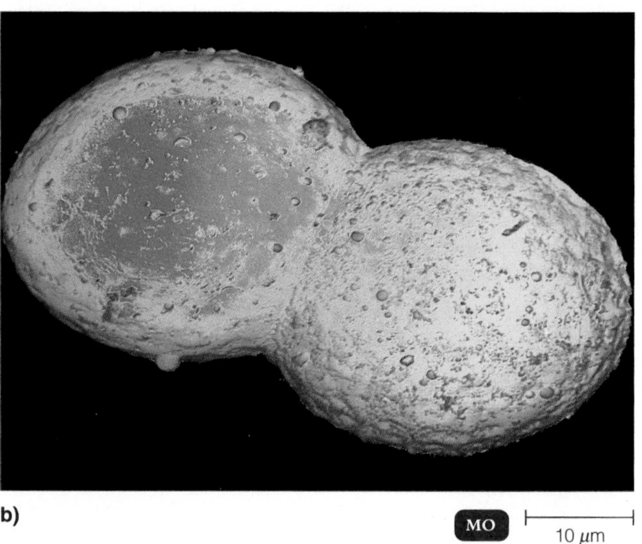


**b)**

**FIGURE 9.5 Fusion de protoplastes. a)** Diagramme d'une fusion de protoplastes dérivés de cellules bactériennes. **b)** Deux protoplastes de cellules végétales extraites d'un plant de tabac fusionnent. Une fois que la paroi cellulaire a été éliminée, les deux membranes plasmiques peuvent unir leur contenu cellulaire, permettant ainsi la recombinaison de l'ADN.

■ Les protoplastes résultent de l'élimination enzymatique de la paroi cellulaire.

De nombreux types de cellules, y compris *E. coli*, les levures et les cellules de mammifères, n'intègrent pas spontanément l'ADN étranger. Toutefois, ces cellules peuvent être rendues *compétentes*, c'est-à-dire aptes à incorporer de l'ADN étranger, par de simples traitements chimiques. Dans le cas d'*E. coli*, les cellules doivent être incubées dans une solution de chlorure de calcium pendant une brève période de temps. Puis, l'ADN cloné est ajouté aux cellules compétentes, et on fait subir au mélange un léger choc thermique. Certaines des cellules incorporent alors l'ADN par transformation.

Il existe d'autres modes d'insertion de l'ADN dans des cellules. L'**électroporation** en est un. Ce processus fait appel à un courant électrique qui forme des pores microscopiques dans la membrane cytoplasmique, par lesquels l'ADN peut pénétrer la cellule. Bien que l'on puisse appliquer cette méthode à tous les types de cellules, il faut souvent procéder au préalable à la transformation en protoplastes des cellules dotées d'une paroi cellulaire (chapitre 4, p. 93). L'élimination de la paroi cellulaire à la suite d'une action enzymatique convertit une cellule en **protoplaste** et permet un accès direct à la membrane plasmique.

Le processus de la **fusion de protoplastes** met à profit une propriété de ces cellules. En effet, les protoplastes en solution fusionnent à une vitesse lente, mais néanmoins significative. Or, l'addition de polyéthylène glycol augmente la fréquence des fusions (figure 9.5a). C'est dans la nouvelle cellule hybride que l'ADN provenant des deux cellules « parentales » peut se recombiner. Cette méthode est particulièrement précieuse lors de la manipulation génétique des cellules végétales (figure 9.5b).

Il existe une autre manière assez remarquable d'introduire de l'ADN étranger dans une cellule végétale ; il s'agit littéralement de bombarder sa paroi cellulaire à l'aide d'un *canon à gènes* (figure 9.6). Des particules microscopiques de tungstène ou d'or enrobées d'ADN sont expulsées du canon par un jet d'hélium en vue de cribler la paroi cellulaire. Par la suite, certaines cellules végétales expriment l'ADN introduit de cette façon, comme s'il leur appartenait.

Enfin, dans le cas des cellules animales, l'ADN peut être inséré par **micro-injection.** Cette technique fait appel à une micropipette de verre dont le diamètre est bien plus petit que

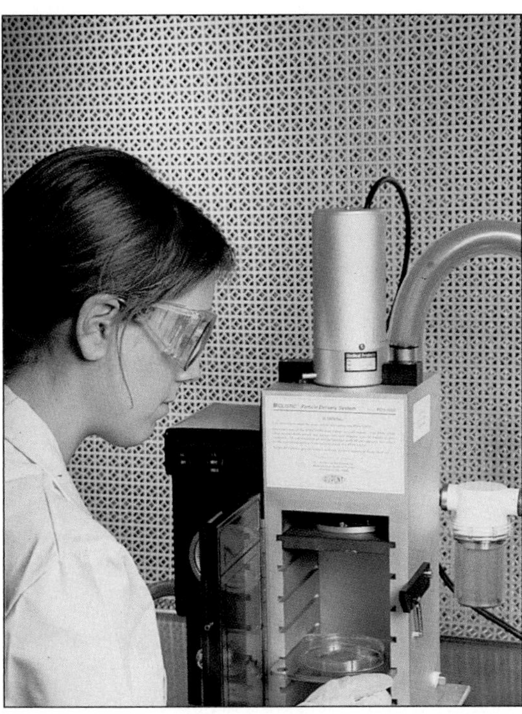

FIGURE 9.6 **Un canon à gènes sert à introduire des billes enrobées d'ADN à l'intérieur d'une cellule.**

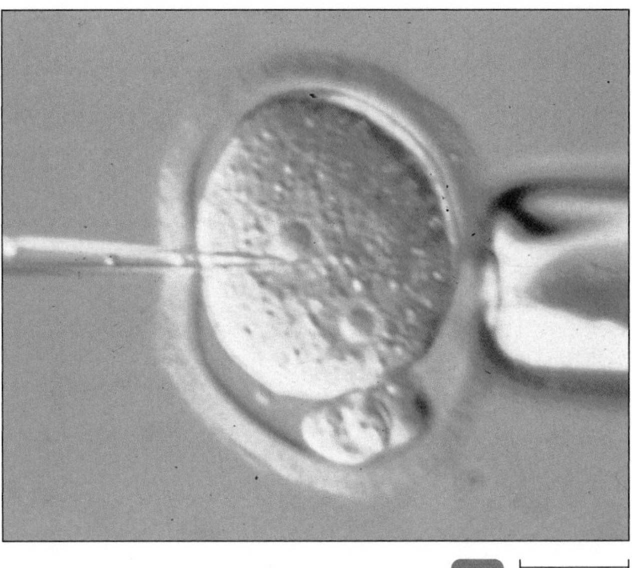


FIGURE 9.7 **Micro-injection d'ADN étranger à l'intérieur d'un ovule fertilisé de souris.** On immobilise d'abord l'ovule en appliquant une légère succion au moyen d'une pipette relativement grosse et épointée (à droite). Puis, à travers le minuscule embout d'une micropipette (à gauche), on injecte plusieurs centaines de copies du gène recherché dans le noyau de la cellule.

- La micro-injection consiste à insérer de l'ADN à l'intérieur de la cellule à l'aide d'une micropipette de verre dont le diamètre est inférieur à celui de la cellule.

celui de la cellule. La micropipette transperce la membrane plasmique, et on injecte l'ADN dans la cellule (figure 9.7).

Il existe donc une panoplie d'enzymes de restriction, de vecteurs et de méthodes d'insertion de l'ADN dans les cellules. Cependant, il faut noter que l'ADN étranger ne survivra que s'il a été intégré à un vecteur se répliquant de manière autonome ou s'il a été incorporé dans un des chromosomes cellulaires par recombinaison.

## L'obtention d'ADN pour le clonage

Nous avons vu comment les gènes peuvent être introduits dans les vecteurs par le biais d'enzymes de restriction, et transformés ou transférés à l'intérieur de différents types de cellules. Mais comment les spécialistes du génie génétique obtiennent-ils les gènes qui les intéressent? Il existe deux principales sources de gènes pour le clonage: 1) les banques formées de copies de gènes ou de copies d'ADNc dérivé de l'ARNm de gènes et 2) l'ADN synthétique.

### Les banques de gènes

Objectif d'apprentissage

- *Décrire la fabrication d'une banque de gènes.*

Il n'est guère aisé d'isoler des gènes spécifiques sous la forme de fragments d'ADN individuels. C'est la raison pour laquelle les chercheurs intéressés par les gènes d'un organisme donné, qu'il s'agisse d'une plante, d'un animal ou d'un microorganisme, commencent par extraire son ADN en lysant les cellules et en faisant précipiter l'ADN. Ce processus donne un agrégat d'ADN qui renferme tout le génome de l'organisme. Après que l'ADN a été digéré par des enzymes de restriction, les fragments qui en résultent sont insérés dans un vecteur plasmidique ou dans un phage. Puis, ces vecteurs recombinés sont transférés dans des cellules bactériennes. Le but visé est de fabriquer suffisamment de clones pour s'assurer qu'il existe au moins un clone pour chaque gène de l'organisme. Cet ensemble de clones contenant divers fragments d'ADN constitue une **banque de gènes,** ou **banque génomique,** et chaque élément de l'ensemble est une bactérie ou un phage porteur d'un fragment du génome (figure 9.8). De telles banques sont essentielles pour conserver les clones d'ADN et pour en chercher un en particulier. On peut même se les procurer dans le commerce.

Le clonage de gènes extraits de cellules eucaryotes présente un problème particulier. En effet, ces gènes contiennent généralement et des **exons** – segments d'ADN qui codent pour une protéine – et des **introns** – portions intercalées d'ADN qui ne codent pas pour une protéine. Lors du clonage d'un gène eucaryote, il est préférable d'employer une version du gène sans introns, car un gène contenant des introns serait difficilement maniable en raison de sa taille.

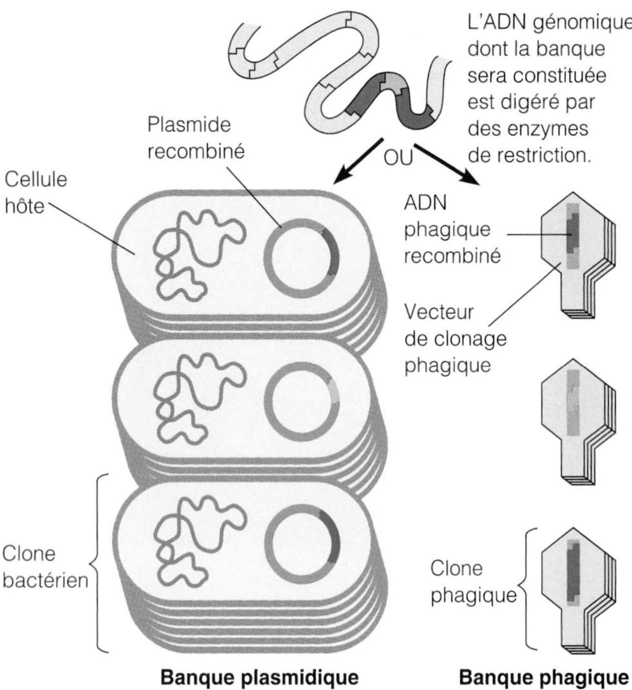


FIGURE 9.8 **Banques génomiques.** Chaque fragment d'ADN, qui contient approximativement un gène, est transporté par un vecteur, soit le plasmide d'une bactérie, soit un phage.

■ Une banque génomique renferme un grand nombre de fragments d'ADN extraits d'un génome.

Par ailleurs, si un tel gène est introduit dans une cellule bactérienne, cette dernière n'est généralement pas apte à retirer les introns de l'ARN et, par conséquent, elle ne pourra pas fabriquer la protéine recherchée. On peut cependant synthétiser en laboratoire un gène qui ne renferme que des exons, et ce par le biais d'une technique de production d'**ADN complémentaire** (**ADNc**). L'ADNc est considéré comme une sorte de gène artificiel sans introns. On le synthétise, à l'aide d'une enzyme nommée **transcriptase inverse,** à partir d'un ARNm qui sert de matrice.

La figure 9.9 illustre les étapes de la synthèse de l'ADNc d'un gène eucaryote. ❶ Un gène composé d'exons et d'introns est transcrit en ARN prémessager. ❷ Lorsque l'ARN prémessager correspondant au gène est converti en ARNm, les introns sont éliminés par un processus portant le nom d'épissage (figure 8.12) et les exons s'assemblent. ❸ L'ARNm est isolé de la cellule et on le met en présence de la transcriptase inverse; ❹ l'enzyme fabrique alors une copie d'ADN à partir de l'ARNm. Cette synthèse constitue en fait l'inverse du processus de la transcription, qui convertit l'ADN en ARNm. ❺ Dans l'étape suivante, l'ARNm est digéré par des enzymes. ❻ Puis l'ADN polymérase synthétise le brin d'ADN complémentaire, ce qui aboutit à la formation d'un fragment d'ADN bicaténaire contenant l'information originale de l'ARNm. Les molécules d'ADNc dérivées des ARNm tissulaires ou cellulaires peuvent alors être clonées pour former une banque d'ADNc.

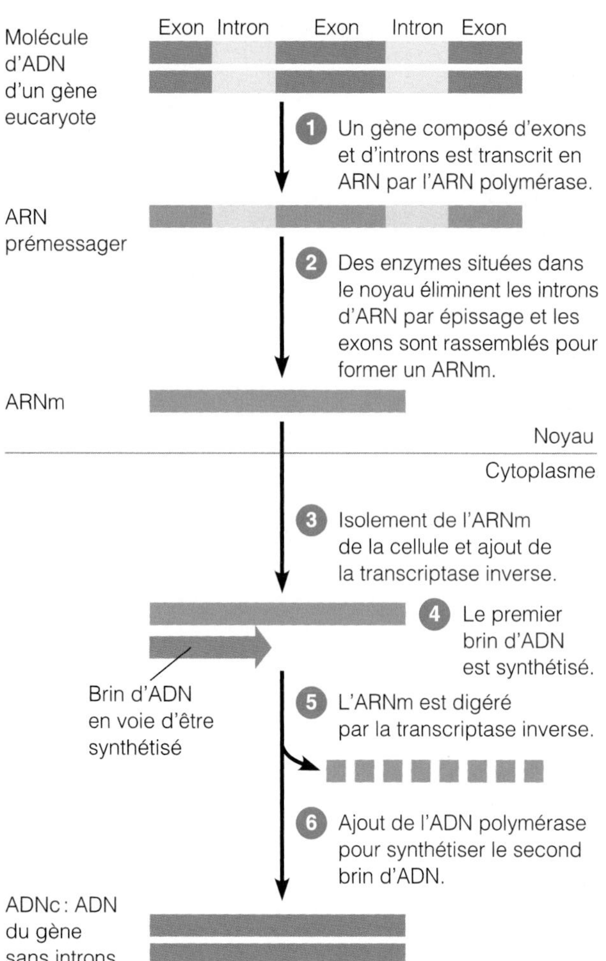


FIGURE 9.9 **Synthèse de l'ADN complémentaire (ADNc) d'un gène eucaryote.** La transcriptase inverse catalyse la synthèse d'ADN bicaténaire à partir d'une matrice d'ARNm.

■ En quoi la transcriptase inverse diffère-t-elle de l'ADN polymérase?

Pour obtenir des gènes eucaryotes, on a habituellement recours à la production d'ADNc. Cependant, cette technique présente une difficulté; en effet, les longues molécules d'ARNm ne peuvent pas être complètement transcrites en ADN de façon inverse. La transcription inverse avorte souvent et ne fournit que des portions du gène recherché.

## L'ADN synthétique

### Objectif d'apprentissage

- *Distinguer l'ADNc de l'ADN synthétique.*

Dans certaines circonstances, il est possible de fabriquer des gènes *in vitro* en faisant appel à des machines qui synthétisent de l'ADN (figure 9.10). Le clavier de l'appareil sert à entrer la séquence de nucléotides recherchée, tout comme on tape des lettres avec un logiciel de traitement de texte pour former des phrases. Un microprocesseur régit la synthèse en puisant

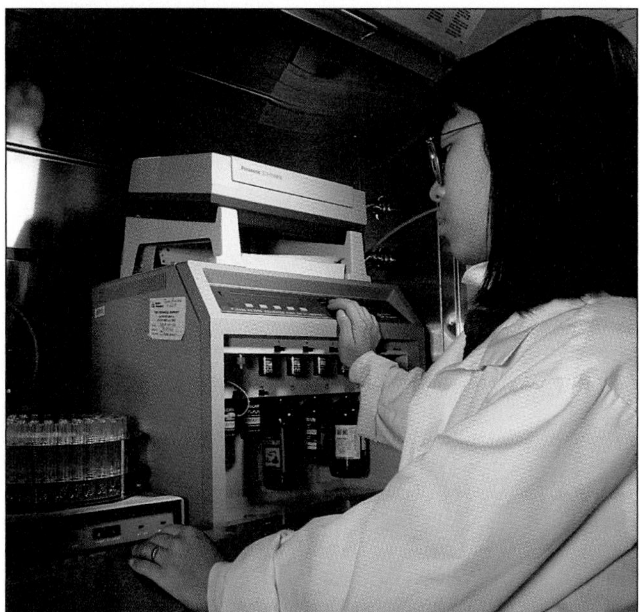

FIGURE 9.10 **Appareil synthétisant de l'ADN.** De courtes séquences d'ADN peuvent être synthétisées par un appareil semblable à celui qui est représenté ici.

■ Quelles sont les limites d'un appareil synthétisant de l'ADN ?

dans un stock de nucléotides et d'autres réactifs nécessaires. On peut synthétiser une chaîne de plus de 120 nucléotides à partir de cet appareil. À moins qu'il ne soit très court, on doit habituellement synthétiser plusieurs portions du gène séparément et les joindre pour former le gène en entier.

Cette approche comporte toutefois une difficulté : il faut évidemment connaître la séquence du gène avant d'en effectuer la synthèse. Si le gène n'a pas encore été isolé, la seule manière de prédire la séquence de son ADN est de connaître la séquence des acides aminés de la protéine qu'il produit. En principe, si cette séquence est connue, on peut remonter à la séquence de l'ADN.

Malheureusement, la dégénérescence du code génétique – phénomène qui fait qu'un acide aminé peut être codé par plus d'un codon (figure 8.9) – empêche que la séquence d'un gène soit déterminée de façon non équivoque. Par exemple, si la protéine contient une leucine, lequel des six codons de cet acide aminé se trouve dans le gène ?

Pour toutes ces raisons, il est rare que l'on clone un gène en le synthétisant directement, bien que les gènes de certaines substances commerciales – telles que l'insuline, l'interféron et la somatostatine – dérivent d'une synthèse chimique. Des sites de restriction ont été ajoutés aux gènes synthétiques de sorte que ces gènes puissent être insérés dans un vecteur plasmidique pour être clonés dans *E. coli*. L'ADN synthétique joue un rôle encore plus important dans les méthodes de sélection de clone, comme nous le verrons dans la section qui suit.

## La sélection d'un clone pourvu de gènes étrangers

### Objectif d'apprentissage

- *Expliquer l'utilité des gènes de résistance aux antibiotiques, des sondes d'ADN et des produits géniques pour localiser un clone.*

Comme nous l'avons mentionné, on peut avoir recours à plusieurs techniques pour insérer de l'ADN dans une cellule. Lors du clonage, il est nécessaire d'identifier les cellules qui contiennent le gène recherché. Cette étape est difficile, car un très petit nombre de cellules seulement – quelques-unes sur des millions – sont susceptibles de renfermer ce gène. Nous étudierons ici une méthode de criblage typique, le *criblage bleu-blanc*, ainsi appelé en raison de la couleur des colonies bactériennes qui se forment à la fin de la procédure de détection.

Le plasmide d'ADN – ou vecteur plasmidique – utilisé dans cette technique comporte un gène ($amp^R$) conférant la résistance à l'ampicilline, un antibiotique. La bactérie hôte ne pourra donc pas se multiplier dans un milieu contenant de l'ampicilline, à moins qu'elle n'ait reçu le vecteur plasmidique. Ce dernier comporte également un deuxième gène (*lacZ*), celui de l'enzyme β-galactosidase. À la figure 9.3, notez que le gène *lacZ* comprend plusieurs sites qui peuvent être coupés par des enzymes de restriction. On emploie aussi un fragment d'ADN étranger qui contient un gène que l'on veut cloner ; pour ce faire, on procédera à la sélection des bactéries recombinées qui l'auront incorporé.

La technique de criblage est illustrée à la figure 9.11. La présence des deux gènes ($amp^R$ *et lacZ*), appelés gènes marqueurs, permet de vérifier que le plasmide d'ADN a bel et bien été inséré dans la bactérie hôte. Voyons maintenant les étapes de cette technique. ❶ Le vecteur plasmidique d'origine et un fragment d'ADN étranger sont coupés par la même enzyme de restriction. ❷ L'ADN étranger (en jaune) est inséré dans le gène codant pour la β-galactosidase, produisant ainsi un vecteur plasmidique recombiné dont le gène *lacZ* se trouve être inactivé. ❸ Des bactéries sensibles à l'ampicilline sont mises en présence du vecteur plasmidique recombiné et certaines l'incorporent par transformation. Par conséquent, les bactéries transformées porteuses d'un plasmide recombiné ne produiront pas la β-galactosidase, et elles deviendront aussi résistantes à l'ampicilline.

❹ Une banque de bactéries traitées est mise en culture dans un milieu spécifique appelé X-gal. En plus de contenir tous les nutriments nécessaires à la croissance bactérienne, ce milieu renferme deux substances essentielles. L'une est l'ampicilline, laquelle empêche la croissance des bactéries qui n'ont pas intégré le plasmide conférant la résistance à cet antibiotique. L'autre est le X-gal, le substrat de l'enzyme β-galactosidase. ❺ Les bactéries qui ont incorporé le plasmide recombiné croissent et se multiplient sur le milieu du fait de leur résistance à l'ampicilline. Cependant, elles n'hydrolysent pas le X-gal parce que le plasmide recombiné est

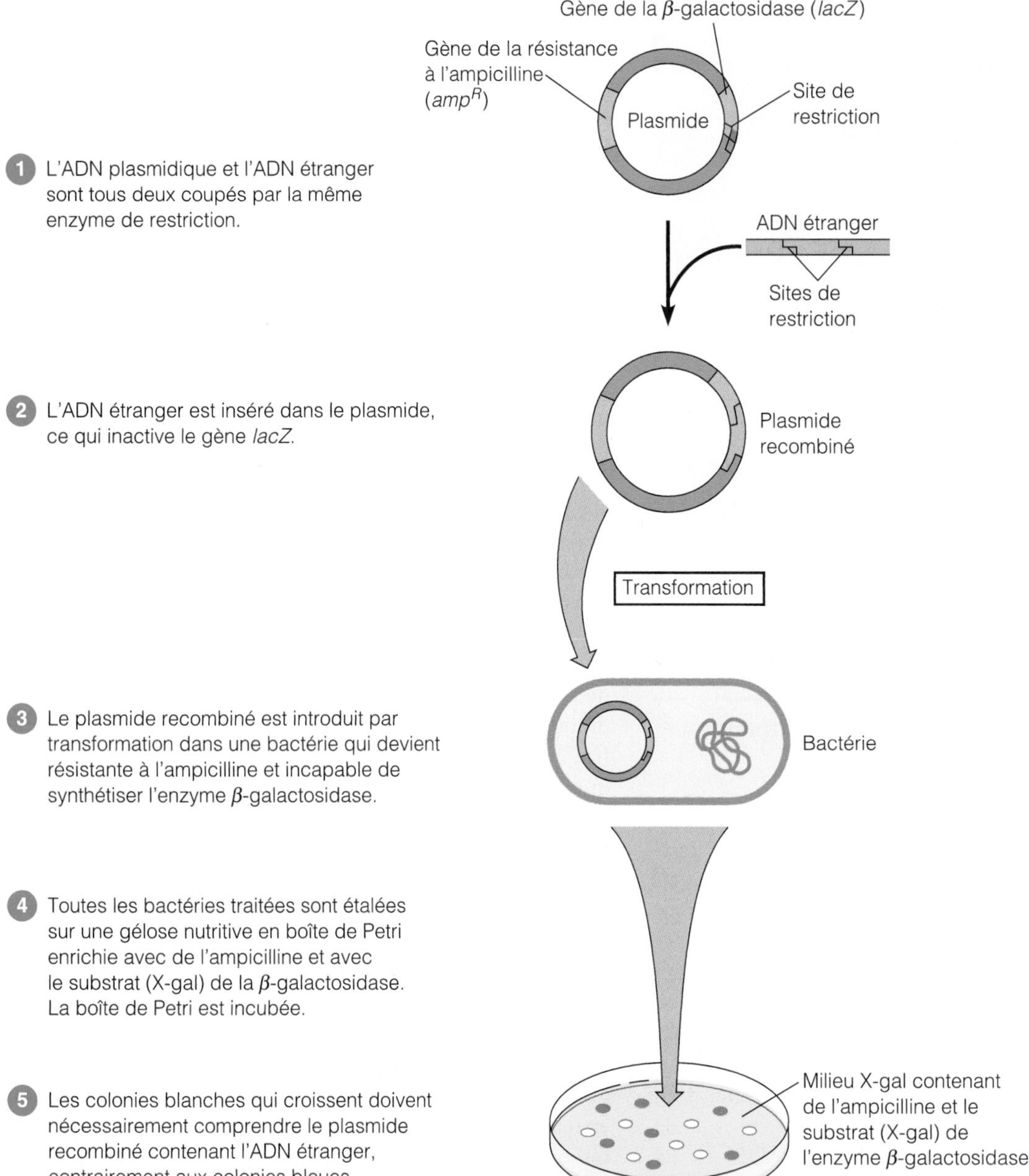

Gène de la β-galactosidase (lacZ)
Gène de la résistance à l'ampicilline ($amp^R$)
Plasmide
Site de restriction
1 L'ADN plasmidique et l'ADN étranger sont tous deux coupés par la même enzyme de restriction.
ADN étranger
Sites de restriction
2 L'ADN étranger est inséré dans le plasmide, ce qui inactive le gène lacZ.
Plasmide recombiné
Transformation
3 Le plasmide recombiné est introduit par transformation dans une bactérie qui devient résistante à l'ampicilline et incapable de synthétiser l'enzyme β-galactosidase.
Bactérie
4 Toutes les bactéries traitées sont étalées sur une gélose nutritive en boîte de Petri enrichie avec de l'ampicilline et avec le substrat (X-gal) de la β-galactosidase. La boîte de Petri est incubée.
5 Les colonies blanches qui croissent doivent nécessairement comprendre le plasmide recombiné contenant l'ADN étranger, contrairement aux colonies bleues.
Milieu X-gal contenant de l'ampicilline et le substrat (X-gal) de l'enzyme β-galactosidase.


**FIGURE 9.11 Une méthode de sélection des bactéries recombinées.**

■ Pourquoi certaines colonies sont-elles bleues alors que d'autres sont blanches ?

porteur du gène *lacZ*, qui est inactivé par la présence de l'ADN étranger ; elles produisent donc des colonies blanches.

Lors d'une telle expérience, des bactéries hôtes incorporent le plasmide d'origine, qui contient un gène *lacZ* intact ; elles hydrolysent alors le X-gal pour produire un composé bleu, responsable de l'apparition de colonies colorées en bleu. Par ailleurs, les bactéries hôtes n'incorporent pas toutes un plasmide, qu'il soit d'origine ou recombiné, et elles ne subissent donc pas de transformation. Mises en culture sur le milieu X-gal, elles ne croissent pas en raison de leur sensibilité à l'ampicilline.

La détection des bactéries recombinées qui ont incorporé de l'ADN étranger a été rendue possible par l'isolement des colonies blanches. La sélection du clone n'est pas pour autant terminée et les étapes suivantes présentent des difficultés. Les colonies blanches qui contiennent l'ADN étranger ont été localisées, mais on ne sait toujours pas si les bactéries renferment le gène recherché. Il faut donc procéder à une deuxième étape pour identifier le contenu génétique de ces bactéries. Deux méthodes permettent de vérifier la présence du gène. Si l'ADN étranger du plasmide code pour un produit (une protéine) détectable, la bactérie

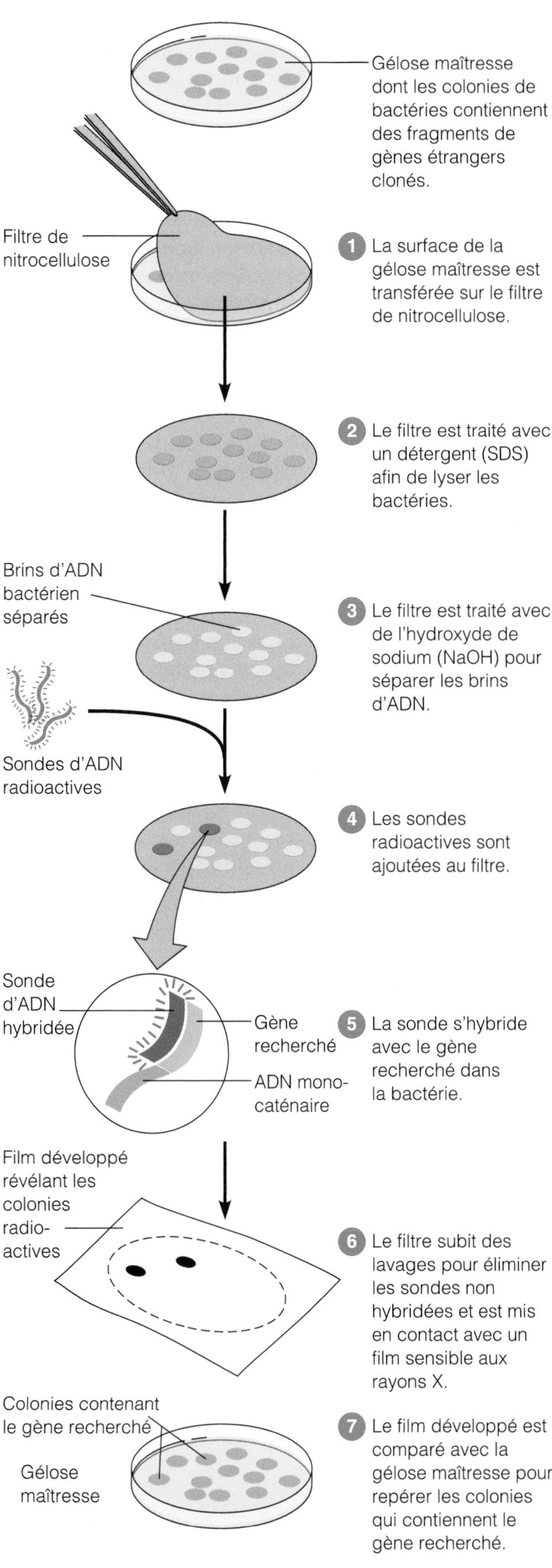
Gélose maîtresse dont les colonies de bactéries contiennent des fragments de gènes étrangers clonés.
Filtre de nitrocellulose
1 La surface de la gélose maîtresse est transférée sur le filtre de nitrocellulose.
2 Le filtre est traité avec un détergent (SDS) afin de lyser les bactéries.
Brins d'ADN bactérien séparés
3 Le filtre est traité avec de l'hydroxyde de sodium (NaOH) pour séparer les brins d'ADN.
Sondes d'ADN radioactives
4 Les sondes radioactives sont ajoutées au filtre.
Sonde d'ADN hybridée
Gène recherché
ADN mono-caténaire
5 La sonde s'hybride avec le gène recherché dans la bactérie.
Film développé révélant les colonies radio-actives
6 Le filtre subit des lavages pour éliminer les sondes non hybridées et est mis en contact avec un film sensible aux rayons X.
Colonies contenant le gène recherché
Gélose maîtresse
7 Le film développé est comparé avec la gélose maîtresse pour repérer les colonies qui contiennent le gène recherché.

est isolée, mise en culture et testée afin de mettre en évidence la fabrication du produit génique. Dans certains cas toutefois, il est nécessaire de localiser le gène lui-même directement dans la bactérie hôte.

L'**hybridation sur colonie** est la technique couramment employée pour déceler les cellules qui transportent un gène cloné spécifique. Cette technique fait appel à une **sonde d'ADN** ; il s'agit d'une courte séquence d'ADN monocaténaire, complémentaire du gène recherché et synthétisée chimiquement à partir d'une portion connue de la séquence de nucléotides du gène recherché. Pour révéler sa présence, on marque la sonde à l'aide d'un isotope radioactif ou d'une substance fluorescente. En principe, si elle trouve son brin correspondant, la sonde d'ADN radioactive s'apparie au gène recherché (hybridation), et la cellule apparaît alors comme un clone porteur du gène recherché. Une fois que l'on a sélectionné un clone porteur du gène recherché et qu'on l'a isolé, on le cultive pour produire une grande quantité du gène lui-même ou pour fabriquer le produit génique dont le gène porte le code. La figure 9.12 illustre une expérience typique d'hybridation de colonie.

## La fabrication d'un produit génique

### Objectif d'apprentissage

- *Nommer un avantage de l'utilisation d'*E. coli*, de* Saccharomyces cerevisiæ*, des cellules de mammifères et des cellules végétales en génie génétique.*

Nous venons de voir que l'un des moyens de reconnaître les cellules porteuses d'un gène particulier est de vérifier la présence du produit génique. Bien sûr, ces produits géniques sont souvent l'objet de recherches en génie génétique. La plupart des premiers travaux effectués dans ce domaine ont utilisé la bactérie *E. coli* pour synthétiser un produit génique. *E. coli* se cultive facilement, et les chercheurs connaissent bien cette bactérie et son génome. On a par exemple utilisé *E. coli* pour produire de l'interféron gamma (figure 9.13). Notons cependant que l'utilisation d'*E. coli* comporte aussi divers désavantages. Comme dans le cas d'autres bactéries à Gram négatif, la membrane externe d'*E. coli* contient des endotoxines (lipide A). Parce qu'elles causent la fièvre et un choc toxique chez les animaux, la présence accidentelle d'endotoxines dans des produits destinés aux humains constituerait un sérieux problème.

*E. coli* présente un autre inconvénient : cette bactérie ne sécrète que très peu de protéines. Par conséquent, pour obtenir un produit génique, habituellement une protéine

**FIGURE 9.12 Hybridation sur colonie : utilisation d'une sonde d'ADN pour détecter le gène cloné recherché.**

- Une sonde est une courte séquence d'ADN monocaténaire complémentaire à celle du gène recherché. Elle s'hybride avec le gène dans la bactérie.

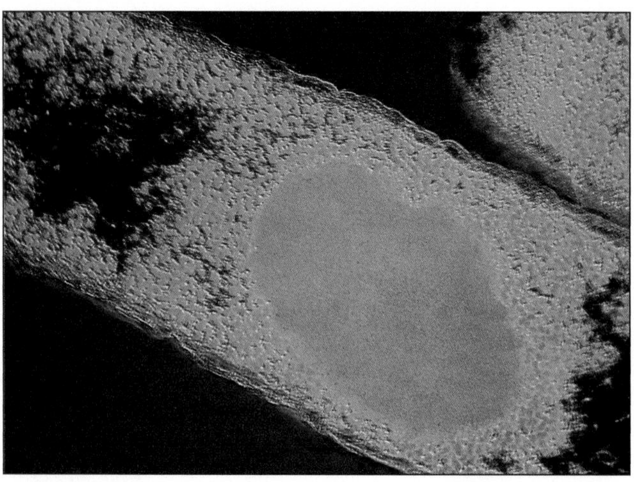


**FIGURE 9.13 *E. coli* est modifié génétiquement pour produire de l'interféron gamma, protéine humaine importante dans la réponse immunitaire.** Le produit, que l'on voit ici sous la forme d'un granule orange, est libéré après la lyse de la cellule.

■ Nommez un avantage et un désavantage de l'utilisation d'*E. coli* en génie génétique.

non sécrétée, les bactéries doivent être lysées et le produit doit être purifié du lysat, qui renferme également toutes les composantes cellulaires de la bactérie. L'isolement du produit génique d'un tel mélange s'avère coûteux à l'échelle industrielle. Il est plus rentable de faire sécréter le produit par un microorganisme et de le recueillir régulièrement dans le milieu de culture où il se multiplie. C'est pourquoi on a associé le produit génique recherché à une protéine naturelle d'*E. coli* que la bactérie sécrète déjà. Cependant, les bactéries à Gram positif, telles que *Bacillus subtilis*, sécrètent plus facilement leurs produits géniques, ce qui en fait des microorganismes de choix pour l'industrie.

*Saccharomyces cerevisiæ,* la levure de boulanger, sert également de véhicule d'expression de gènes génétiquement modifiés. Son génome a une taille qui est environ quatre fois plus grande que celle du génome d'*E. coli.* et, de tous les génomes eucaryotes, c'est celui que l'on connaît sans doute le mieux. La levure peut véhiculer des plasmides, et on peut facilement transférer ces derniers dans sa cellule après que sa paroi a été éliminée. En tant que cellule eucaryote, la levure exprime probablement avec plus de succès que la bactérie les gènes eucaryotes étrangers. En outre, elle a tendance à sécréter le produit de manière continue. Pour toutes ces raisons, elle est devenue le microorganisme eucaryote « à tout faire » de la biotechnologie.

Tout comme les bactéries, les cellules de mammifères en culture, y compris les cellules humaines, peuvent servir à fabriquer des produits dérivés de manipulations génétiques. Les scientifiques ont mis au point des méthodes efficaces afin de cultiver certaines cellules de mammifères qui agissent en tant qu'hôtes pour multiplier les virus (chapitre 13, p. 411). En génie génétique, ces cellules sont souvent le mieux adaptées à la fabrication de produits protéiques à usage médical. Parmi ces produits, on compte les hormones, les cytokines (modulateurs du système immunitaire) et l'interféron (substance antivirale naturelle aussi employée dans le traitement de certains cancers). L'utilisation de ces cellules en vue de fabriquer des produits géniques étrangers à l'échelle industrielle requiert souvent une étape préliminaire au cours de laquelle il est nécessaire de cloner le gène dans des bactéries. Prenons le cas du facteur de stimulation des colonies (CSF), une protéine sécrétée naturellement en quantité infinitésimale par les leucocytes. Le CSF est une molécule précieuse parce qu'il stimule la croissance de certaines cellules qui nous protègent contre les infections. Pour fabriquer d'énormes quantités de CSF, le gène doit d'abord être inséré dans un plasmide et cloné par des bactéries, qui produisent de multiples copies du plasmide recombiné (figure 9.1). Après avoir été extraits des bactéries, les plasmides recombinés sont introduits dans des cellules de mammifères, qui sont ensuite mises en culture dans des flacons.

Il est également possible de cultiver des cellules végétales, de les manipuler génétiquement par les techniques de l'ADN recombiné et de produire des plantes génétiquement modifiées. Ces plantes peuvent être extrêmement utiles en tant que sources de produits précieux, tels que les alcaloïdes (la codéine par exemple, un analgésique), les isoprénoïdes, qui servent de matière première à la fabrication du caoutchouc synthétique, et la mélanine (pigment de l'épiderme animal), qui entre dans la composition des écrans solaires. (Nous reviendrons sur le génie génétique végétal plus loin dans le présent chapitre, p. 289).

# Les applications du génie génétique

### Objectif d'apprentissage

■ *Nommer cinq applications du génie génétique.*

Nous venons de décrire l'ensemble du processus qui mène au clonage d'un gène. Comme nous l'avons vu, les applications des gènes clonés sont multiples. L'emploi de tels gènes peut rendre un procédé de production de substances plus efficace et diminuer les coûts qui lui sont associés (voir l'encadré de la page 275). Ces gènes peuvent aussi contribuer à l'obtention de données en recherche fondamentale ou en médecine. Ils peuvent également modifier les caractéristiques des cellules ou des organismes. L'encadré du chapitre 28 (p. 867) décrit comment des cellules recombinées ont été créées pour détecter la présence de polluants.

## Les applications thérapeutiques

L'insuline – une hormone – est un produit pharmaceutique de très grande valeur. Cette petite protéine est sécrétée par le pancréas et régularise l'assimilation du glucose par les cellules à partir du sang. Pendant longtemps, les personnes souffrant de diabète insulinodépendant ont contrôlé leur maladie en s'injectant de l'insuline provenant du pancréas d'animaux d'abattoir. La purification de cette insuline était un processus onéreux, sans compter que cette hormone n'était pas aussi efficace que celle d'origine humaine.

En raison de la valeur de l'insuline humaine et de la petite taille de cette protéine, l'industrie pharmaceutique a cherché très tôt à la produire par les techniques de l'ADN recombiné. Pour fabriquer l'hormone, les gènes de chacune des deux courtes chaînes polypeptidiques formant sa molécule sont d'abord synthétisés chimiquement. En raison de la petite taille de ces chaînes – l'une est constituée de 21 acides aminés et l'autre, de 30 –, il est possible d'employer des gènes synthétiques. Suivant la méthode décrite plus haut (figure 9.11), chacun des deux gènes synthétiques est inséré dans un vecteur plasmidique et joint à l'extrémité du gène codant pour la $\beta$-galactosidase, si bien que le polypeptide est produit parallèlement à cette enzyme bactérienne. Deux cultures différentes d'*E. coli,* dans lesquelles on a inséré un des vecteurs plasmidiques, servent à produire l'insuline, et chacune sécrète une chaîne polypeptidique différente. Les polypeptides sont récoltés, séparés de la $\beta$-galactosidase et chimiquement assemblés pour fabriquer l'insuline humaine. Cette réalisation, qui illustre également les principes et les méthodes traités dans ce chapitre, a été l'un des premiers succès commerciaux du génie génétique.

La somatostatine (ou hormone d'inhibition de l'hormone de croissance, GHIH) est une autre hormone humaine que l'on produit maintenant commercialement en procédant à la modification génétique d'*E. coli*. Il fut un temps où la production de 5 mg de somatostatine animale à des fins expérimentales nécessitait 500 000 cerveaux de moutons. En comparaison, on n'a besoin maintenant que de 8 L de culture de bactéries modifiées génétiquement pour obtenir une même quantité d'hormone humaine.

L'activateur tissulaire du plasminogène (t-PA) et la streptokinase dissolvent les caillots sanguins. Ils accélèrent donc la guérison des patients ayant subi une crise cardiaque et aident à prévenir les récidives, en particulier lorsqu'ils sont administrés aussitôt après la crise. L'activateur tissulaire du plasminogène est produit par des cellules de mammifères génétiquement modifiées et mises en culture, alors que la streptokinase, produit connu depuis un certain temps, est fabriquée naturellement par les bactéries.

Fabriqués par des levures modifiées génétiquement, les **vaccins sous-unitaires** sont composés de protéines qui ne représentent qu'une portion – ou sous-unité – du microorganisme pathogène, par exemple une protéine du revêtement de la paroi d'une bactérie ou de la capside d'un virus. Ce type de vaccins a été élaboré pour nombre de maladies, notamment l'hépatite B. Le fait qu'il est impossible d'être infecté par le vaccin constitue l'un des avantages des vaccins sous-unitaires sur les vaccins traditionnels. La protéine vaccinale est récoltée à partir des cellules modifiées mises en culture et purifiée pour être utilisée comme vaccin. Les virus animaux, tels que le virus de la vaccine à l'origine du vaccin contre la variole, peuvent aussi être manipulés pour transporter, par exemple, le gène d'une protéine de surface d'une bactérie. Une fois injecté, le virus agit comme un vaccin dirigé contre la bactérie. Grâce à de tels procédés, le virus de la vaccine peut transporter les gènes utiles pour la vaccination contre plusieurs maladies. On ne pourra jamais assez insister sur l'importance de la technologie de l'ADN recombiné dans la recherche médicale. Le tableau 9.1 énumère quelques produits dérivés du génie génétique dont il est fait usage en médecine.

Les progrès rapides accomplis par la manipulation génétique de divers types d'organismes ont engendré la création d'une vaste panoplie de produits médicinaux et de méthodes. Le sang artificiel utilisé lors de transfusions est maintenant préparé avec de l'hémoglobine humaine fabriquée par des porcs modifiés génétiquement. On a également recours à cette technique pour amener les brebis à sécréter des médicaments dans leur lait. Il semble que cette technique n'ait pas de répercussions sur l'animal, et elle fournit une source abondante de matière première qui ne nécessite pas l'abattage de l'animal.

La **thérapie génique** pourra un jour offrir des traitements de certaines maladies génétiques. Il est tout à fait envisageable d'extraire certaines cellules d'un individu et de les transformer avec un gène qui remplace un gène non fonctionnel ou muté. Une fois réintroduites dans l'organisme de l'individu, ces cellules devraient fonctionner normalement. Par exemple, prenons le cas d'une mutation rare et mortelle qui cause une déficience en adénosine désaminase et qui perturbe le fonctionnement du système immunitaire. Des expériences récentes de thérapie génique sur cette maladie ont donné des résultats concluants. C'est en 1999 que la première thérapie génique humaine est appliquée. Elle traite l'hémophilie par le biais d'un rétrovirus atténué qui tient lieu de vecteur. Les essais de thérapie génétique augmenteront à mesure que les techniques évolueront et que les premiers essais connaîtront des succès. Cependant, il reste encore beaucoup de travaux préliminaires à réaliser, et on ne trouvera pas nécessairement un traitement pour toutes les maladies génétiques.

## Les applications scientifiques

### Objectifs d'apprentissage

- *Énumérer les étapes de la technique de transfert de Southern et donner un exemple de son utilisation.*
- *Énumérer les étapes de la technique de l'empreinte génétique et donner un exemple de son utilisation.*

On peut utiliser la technologie de l'ADN recombiné pour fabriquer des produits géniques, mais ce n'est pas sa seule application importante. Du fait de sa capacité à produire de nombreuses copies d'ADN, on peut comparer cette technologie à une «presse à imprimer» l'ADN. Une fois qu'on l'a

**Tableau 9.1** *Quelques produits pharmaceutiques dérivés du génie génétique*

| Produit | Description (les cellules productrices sont génétiquement modifiées) |
|---|---|
| Activateur tissulaire du plasminogène (Activase^MD) | Dissout la fibrine des caillot sanguins ; traitement des crises cardiaques ; produit par des cellules de mammifères mises en culture. |
| Érythropoïétine | Traitement de l'anémie ; produite par des cellules de mammifères mises en culture. |
| Insuline humaine | Traitement du diabète ; se tolère mieux que l'insuline animale ; produite par *Escherichia coli*. |
| Interleukine-2 (IL-2) | Traitement anticancéreux potentiel ; stimule le système immunitaire ; produite par *E. coli*. |
| Interféron alpha | Traitement anticancéreux et antiviral potentiel ; produit par *E. coli* et *Saccharomyces cerevisiæ* (levure). |
| Interféron gamma | Traitement des maladies granulomateuses chroniques ; produit par *E. coli*. |
| Facteur nécrosant des tumeurs (TNF) | Cause la désintégration des cellules tumorales ; produit par *E. coli*. |
| Hormone de croissance humaine (hGH) | Corrige les défauts de croissance chez les enfants ; produite par *E. coli*. |
| Facteur de croissance épidermique (EGF) | Guérit les blessures, les brûlures et les ulcères ; produit par *E. coli*. |
| Prourokinase | Anticoagulant ; traitement des crises cardiaques ; produite par *E. coli* et des levures. |
| Facteur VIII | Traitement de l'hémophilie ; améliore la coagulation ; produit par des cellules de mammifères mises en culture. |
| Facteur stimulant des colonies (CSF) | Neutralise les effets de la chimiothérapie ; améliore la résistance aux maladies infectieuses telles que le SIDA ; traitement de la leucémie ; produit par *E. coli* et *S. cerevisiæ*. |
| Superoxyde dismutase (SOD) | Réduit au minimum les dommages causés par les radicaux libres de l'oxygène lorsque le sang est redistribué aux tissus privés d'oxygénation ; produite par *S. cerevisiæ* et *Pichia pastoris* (levure). |
| Anticorps monoclonaux | Traitement potentiel contre le cancer et le rejet du greffon ; utilisés dans les tests diagnostiques ; produits par des cellules de mammifères mises en culture (à partir de la fusion entre des cellules cancéreuses et des cellules sécrétant des anticorps). |
| Vaccin contre l'hépatite B | Produit par *S. cerevisiæ*, dans lequel a été introduit un plasmide portant le gène du virus de l'hépatite B. |
| Protéines morphogènes osseuses | Déclenchent la formation de nouveau tissu osseux ; utilisées pour guérir les fractures et les séquelles des chirurgies de reconstruction ; produites par des cellules de mammifères mises en culture. |
| Taxol | Produit végétal servant à traiter le cancer des ovaires ; produit par *E. coli*. |
| Orthoclone^MD | Anticorps monoclonal administré aux patients ayant subi une transplantation afin de supprimer la réponse immunitaire ; réduit les risques de rejet des tissus ; produit par des cellules de souris. |
| Relaxine | Facilite l'accouchement ; produite par *E. coli*. |
| Pulmozyme^MD (rhDNase) | Enzyme qui désagrège le mucus des patients atteints de fibrose kystique du pancréas ; produite par des cellules de mammifères mises en culture. |

multiplié en quantité importante, on peut « lire » le fragment d'ADN au moyen de diverses techniques d'analyse, que nous abordons dans cette section.

Quels types de renseignements peut-on obtenir d'un ADN cloné ? Le **séquençage de l'ADN** en est un ; il s'agit de la détermination de la séquence exacte des nucléotides dans une molécule d'ADN. Grâce à la récente automatisation de cette technique, les chercheurs sont en mesure de séquencer plus de 1 000 bases par jour. Il est maintenant relativement aisé d'obtenir les séquences de génomes viraux entiers. Les génomes de *Saccharomyces cerevisiæ*, d'*E. coli* et de plusieurs autres microorganismes ont été cartographiés. Le projet colossal de séquencer tout l'ADN humain, intitulé « Progamme génome humain », est en cours (p. 294).

Parmi les applications du séquençage des gènes humains, citons l'identification et le clonage d'un gène mutant responsable de la fibrose kystique du pancréas. Cette maladie se caractérise par une sécrétion abondante de mucus qui entraîne le blocage des voies respiratoires. La séquence connue du gène muté sert d'outil diagnostique de la maladie chez une personne où la même séquence du gène est trouvée. On utilise la technique d'hybridation appelée **technique de transfert de Southern** (figure 9.14), du nom de son inventeur Ed Southern qui l'a mise au point en 1975.

Penchons-nous sur les étapes de cette technique. ❶ Une molécule d'ADN humain, extraite de leucocytes, est d'abord coupée par une enzyme de restriction pour donner des milliers de fragments de différentes tailles, dont l'un est porteur du gène recherché. Les fragments sont alors soumis à l'**électrophorèse sur gel,** ce qui permet de les différencier. ❷ Les fragments d'ADN sont déposés dans un puits situé à une extrémité d'un gel d'agarose. Ensuite, on fait passer un courant électrique à travers le gel. Lorsque le courant est appliqué, les différents fragments d'ADN migrent à des vitesses variant en fonction de leur taille et forment des bandes caractéristiques sur le gel. Les petites différences de taille entre les fragments sont décelables parce qu'elles produisent ce qu'on appelle des **polymorphismes de taille des fragments de restriction (RFLP*).** ❸ – ❹ Une fois séparés, les fragments d'ADN sont séparés pour donner des brins simples qui sont transférés sur un filtre de nitrocellulose par buvardage ; ils conservent ainsi la même position sur le filtre que sur le gel. ❺ Puis, le filtre est incubé dans une solution contenant une sonde d'ADN radioactive ; cette sonde est une molécule d'ADN monocaténaire fabriquée à partir du gène recherché cloné, dans ce cas-ci, le gène de la fibrose kystique du pancréas. La sonde se lie au brin du gène mutant, mais pas au brin du gène normal. ❻ On révèle les brins d'ADN sur lesquels la sonde s'est hybridée en mettant le filtre en contact avec un film sensible aux rayons X.

L'analyse des RFLP par la technique de transfert de Southern permet de tester l'ADN de chaque personne pour vérifier la présence d'un gène muté. On utilise ce processus, appelé **dépistage génétique,** pour déceler la présence de plusieurs centaines de maladies génétiques. On peut appliquer cette technique à de futurs parents porteurs d'un gène défectueux, mais aussi aux tissus fœtaux. Parmi les gènes couramment recherchés, on compte celui qui est associé à certaines formes héréditaires du cancer du sein et celui de la chorée de Huntington.

Grâce à l'essor du génie génétique, on peut maintenant avoir recours à divers outils diagnostiques importants. Plusieurs de ces outils font appel à la technique d'hybridation. Rappelons que l'hybridation permet de reconnaître une séquence particulière d'ADN parmi d'autres. C'est exactement ce que vise la recherche d'un diagnostic – il s'agit d'identifier un agent pathogène parmi d'autres. Les infections virales sont souvent diagnostiquées par le biais de cette technique. La sonde reconnaissant un gène viral donné est synthétisée, puis utilisée dans la technique de transfert de Southern pour vérifier la présence du virus dans le sang ou le tissu d'un patient. Le génie génétique a aussi joué un rôle important dans la mise au point de la méthode ELISA (figure 18.12).

Les RFLP sont aussi utilisés dans la **technique de l'empreinte génétique,** qui permet d'identifier des agents pathogènes bactériens ou viraux (figure 9.15). En médecine légale, cette méthode sert à déterminer la paternité ou à confirmer ou infirmer la culpabilité d'un meurtrier présumé par une analyse du sang trouvé sur la victime. La technique de transfert de Southern nécessite une quantité importante d'ADN. Comme nous l'avons vu, de petites quantités d'ADN peuvent être rapidement multipliées par l'amplification en chaîne par polymérase (ACP) pour répondre aux besoins d'une analyse.

Il est même possible d'extraire l'ADN de matériaux fossilisés que l'on a conservés, tels que des momies ou des plantes et des animaux disparus. Bien que ce matériau soit très rare et qu'il soit le plus souvent partiellement dégradé, l'ACP permet aux chercheurs d'analyser ce matériel génétique qui n'existe plus à l'état naturel. En taxinomie notamment, des progrès ont été réalisés à la suite d'études sur la génétique d'organismes insolites. Nous en reparlerons au chapitre 10.

Les sondes d'ADN comme celles qui servent à sélectionner des banques génomiques constituent des outils prometteurs pour identifier rapidement les microorganismes. Dans un contexte de diagnostic médical, ces sondes dérivent de l'ADN d'un microorganisme pathogène et sont marquées (à la radioactivité, par exemple). En se fixant à l'ADN de l'agent pathogène pour révéler sa présence dans le tissu (ou encore dans les aliments), elles conduisent au diagnostic. On les utilise aussi dans des domaines de la microbiologie non reliés à la médecine – par exemple, pour localiser certains microorganismes du sol et les identifier. Nous examinerons d'autres applications des sondes d'ADN et de l'ACP au chapitre 10.

## Les applications agricoles

### Objectif d'apprentissage

- *Esquisser les grandes lignes du génie génétique faisant appel à la bactérie* Agrobacterium.

Il a toujours été fastidieux de sélectionner génétiquement les plantes. Le croisement traditionnel de plants est laborieux et exige un temps d'attente alloué à la germination des graines et à la maturation de la plante. Or, la multiplication des plantes a été révolutionnée par la mise au point de techniques de culture des cellules végétales. Des clones de cellules végétales, y compris de cellules manipulées par les techniques de l'ADN recombiné, peuvent être mis en culture en grande quantité. Ensuite, on les utilise pour générer des plants entiers, à partir desquels on récolte des graines.

L'ADN recombiné peut être introduit dans les cellules végétales de diverses façons. Nous avons traité plus haut de la fusion de protoplastes et des billes enrobées d'ADN. La

* *Restriction fragment length polymorphisms.*

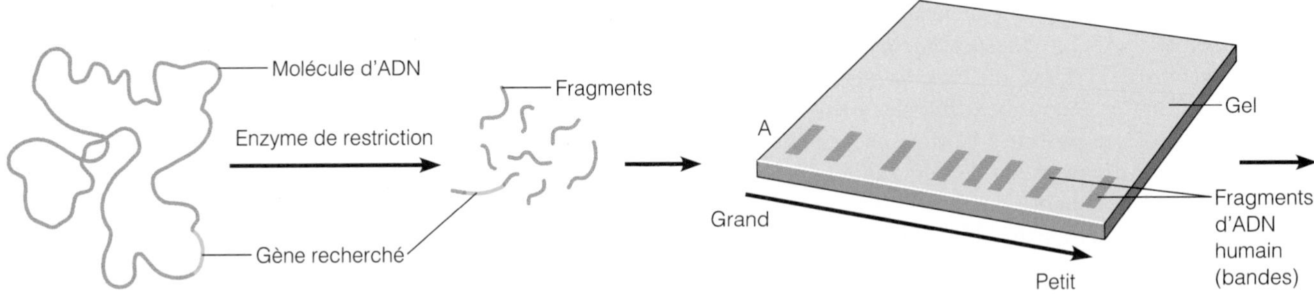


1. L'ADN renfermant le gène recherché est extrait de cellules humaines (leucocytes) et coupé en de multiples fragments par des enzymes de restriction.

2. Les fragments d'ADN sont séparés selon leur taille par électrophorèse sur gel. Chaque bande représente de nombreuses copies d'un fragment d'ADN spécifique. Les bandes invisibles peuvent être visualisées grâce à un colorant qui présente une fluorescence sous l'effet de la lumière ultraviolette.

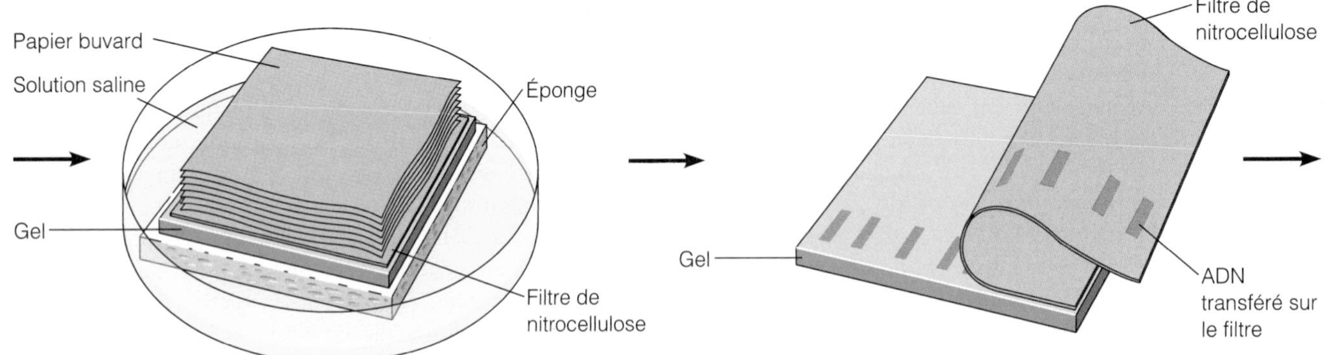


3. Les bandes d'ADN sont transférées sur le filtre de nitrocellulose par buvardage. La solution traverse le gel, le filtre, puis le papier buvard.

4. Il en résulte un filtre de nitrocellulose où la position des brins d'ADN est exactement la même que celle des fragments sur le gel.

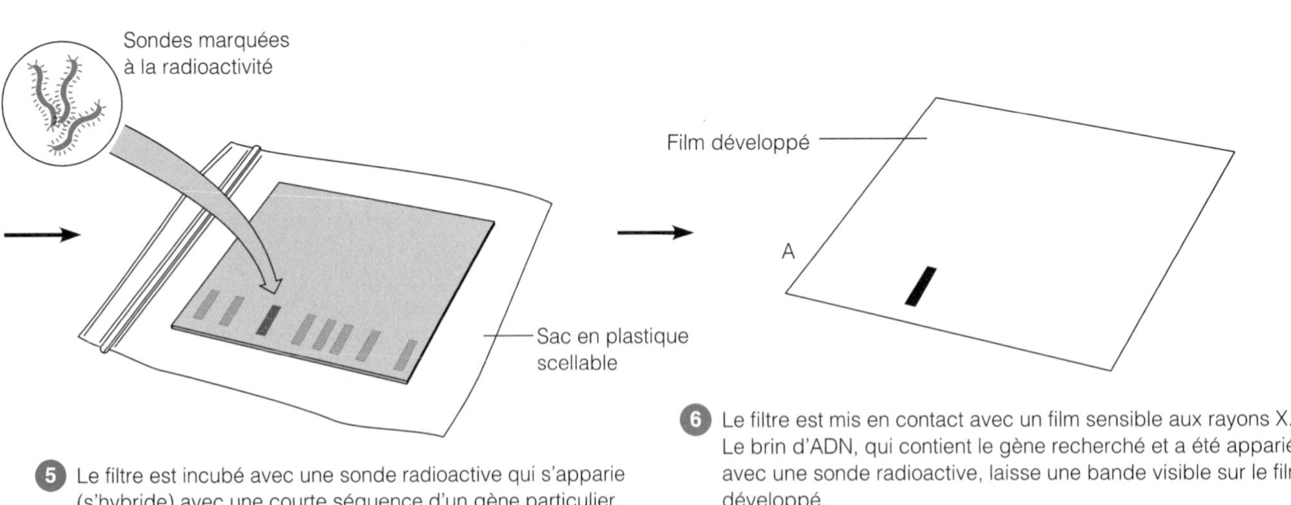


5. Le filtre est incubé avec une sonde radioactive qui s'apparie (s'hybride) avec une courte séquence d'un gène particulier.

6. Le filtre est mis en contact avec un film sensible aux rayons X. Le brin d'ADN, qui contient le gène recherché et a été apparié avec une sonde radioactive, laisse une bande visible sur le film développé.

**FIGURE 9.14 Technique de transfert de Southern.**

■ Quel est le but de la technique de transfert de Southern ?

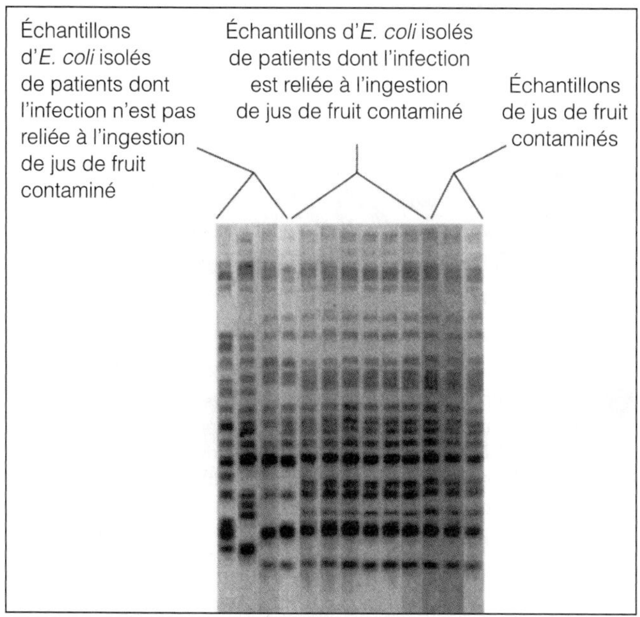


**FIGURE 9.15 Dépistage d'une maladie infectieuse par la technique de l'empreinte génétique.** On peut voir ici la relation entre des tracés d'ADN d'isolats bactériens après une flambée d'infections par *Escherichia coli* O157:H7. Les isolats de jus de pomme (à droite) sont identiques aux tracés d'isolats prélevés chez les patients qui ont bu du jus de fruit contaminé (au centre), mais différents des tracés d'isolats prélevés chez les patients dont l'infection n'est pas reliée à l'ingestion de jus de fruit (à gauche). (CDC)

**FIGURE 9.16 Galle du collet sur un plant de tomate.** La croissance de la tumeur est stimulée par un gène du plasmide Ti porté par *Agrobacterium tumefaciens,* la bactérie qui a infecté la plante.

■ Nommez quelques-unes des applications de la technologie de l'ADN recombiné utilisées en agriculture.

méthode la plus sophistiquée consiste toutefois à faire usage de plasmides appelés **plasmides Ti** (Ti pour «tumor-inducing») que l'on trouve communément chez *Agrobacterium tumefaciens*. Cette bactérie infecte certaines plantes chez lesquelles le plasmide Ti cause la formation d'une excroissance tumorale nommée galle du collet (figure 9.16). Une portion du plasmide Ti, appelée T-ADN, s'intègre au génome des cellules de la plante infectée. Elle stimule une croissance cellulaire localisée (la galle du collet) et entraîne simultanément la production de certains produits utilisés par la bactérie comme sources de carbone et d'azote.

Pour les spécialistes des plantes, l'intérêt du plasmide Ti réside dans sa capacité à transporter un ADN modifié génétiquement et à l'introduire dans la plante (figure 9.17). Un scientifique peut insérer des gènes étrangers dans le T-ADN, réintroduire le plasmide recombiné dans la cellule d'*Agrobacterium* et se servir de la bactérie pour insérer le plasmide Ti recombiné dans une cellule végétale. La cellule munie du gène étranger peut alors générer un nouveau plant. Avec de la chance, le nouveau plant exprimera le gène étranger. L'ensemble du processus vise à améliorer la plante originale. *Agrobacterium* n'infecte pas les graminées, ce qui empêche l'amélioration de céréales comme le blé, le riz ou le maïs.

Parmi les réalisations remarquables qui résultent de cette approche, on compte l'introduction dans les cellules de plantes d'un gène codant la résistance au glyphosate, un herbicide, et l'introduction d'un gène bactérien (*Bacillus thuringiensis*) qui porte le code d'une toxine insecticide. Normalement, un herbicide élimine à la fois les mauvaises herbes et les bonnes plantes en inhibant une enzyme nécessaire à la production de certains acides aminés essentiels. On a découvert que *Salmonella* possède cette enzyme et que certaines de ces bactéries contiennent une enzyme mutée qui résiste à l'herbicide. Lorsque le gène muté de l'enzyme d'origine bactérienne est introduit dans une plante, toute la récolte devient résistante à l'herbicide, qui ne tue alors que les mauvaises herbes. Il existe maintenant une variété de plantes résistantes à divers herbicides et pesticides, qui ont été produites par manipulation génétique. D'autres caractères ont été transférés à des plantes agricoles, par exemple la résistance à la sécheresse, aux infection virales et à divers stress environnementaux. *Bacillus thuringiensis* est une bactérie pathogène pour certains insectes, car elle sécrète une protéine, la toxine Bt, qui endommage le tube digestif de l'insecte. Le gène Bt a donc été inséré dans une panoplie de plantes agricoles, y compris le coton et les pommes de terre, afin que les insectes qui s'en nourrissent soient tués.

La tomate MacGregor offre un autre exemple du génie génétique appliqué aux plantes. Cette tomate reste ferme longtemps après sa récolte, car le gène de la polygalacturonase (PG), l'enzyme qui dégrade la pectine, a été inactivé. L'inactivation du gène a été rendue possible grâce à la

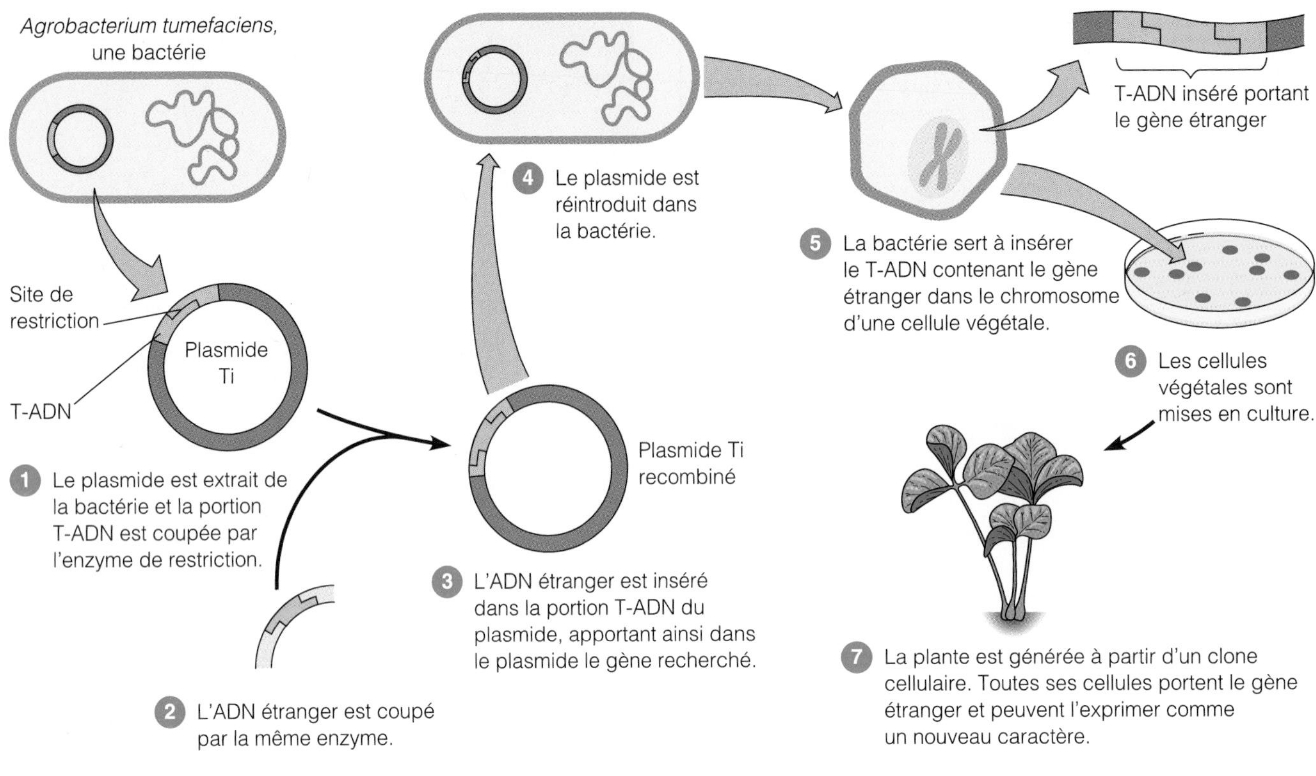


**FIGURE 9.17 Le plasmide Ti, vecteur utilisé en génie génétique végétal.**

■ En quoi le plasmide Ti est-il important en biotechnologie?

**technologie de l'ADN antisens.** D'abord, un segment d'ADN complémentaire à l'ARNm de l'enzyme PG est synthétisé chimiquement. Cet ADN antisens est incorporé par la cellule. Lorsque le gène de maturation s'exprime, il transcrit un ARNm; l'ADN antisens complémentaire s'hybride à l'ARNm pour inhiber la traduction et bloquer la synthèse de l'enzyme. L'hybride ADN antisens-ARNm est ensuite dégradé par des enzymes cellulaires, libérant ainsi l'ADN antisens qui peut alors inactiver un autre ARNm. Comme l'enzyme PG n'est plus présente, la pectine n'est plus dégradée et la maturation de la tomate est retardée. C'est ainsi que la tomate MacGregor conserve sa fermeté plus longtemps.

Les manipulations génétiques les plus prometteuses chez les plantes touchent la fixation de l'azote, capacité par laquelle les cellules vivantes convertissent l'azote de l'air en nutriments (chapitre 27). La présence de tels nutriments riches en azote est le principal facteur qui limite habituellement la croissance des plantes agricoles. Dans la nature, seules quelques bactéries possèdent les gènes qui confèrent cette capacité. Certaines plantes, telles que la luzerne, bénéficient d'une relation symbiotique avec ces bactéries. Certaines espèces de *Rhizobium*, une bactérie symbiotique, ont été génétiquement manipulées pour augmenter leur capacité de fixation de l'azote. On espère pouvoir modifier très bientôt des souches de *Rhizobium* dans le but de coloniser des plantes comme le maïs ou le blé, ce qui conduira peut-être à éliminer leurs besoins en matière de fertilisant. Le but ultime de ce champ d'étude est d'introduire des gènes de fixation de l'azote fonctionnels directement dans les plantes. Même si les connaissances actuelles ne permettent pas d'atteindre ce but, les scientifiques y travaillent jour après jour en raison de son potentiel à augmenter considérablement les réserves alimentaires mondiales.

*Pseudomonas fluorescens* constitue un autre exemple de bactérie manipulée génétiquement qui est utilisée à l'heure actuelle en agriculture à titre de bactérie productrice d'insecticide. La bactérie modifiée produit la toxine que *Bacillus thuringiensis* sécrète normalement et qui tue certains agents pathogènes de plantes, tels que la pyrale du maïs. La variété modifiée génétiquement de *Pseudomonas,* qui fabrique une bien plus grande quantité de toxine que *B. thuringiensis,* peut être ajoutée aux graines et, avec le temps, pénétrer le système vasculaire de la plante à mesure que celle-ci croît. Si une larve de la pyrale du maïs ingère cette toxine, elle sera tuée. La toxine ne représente cependant aucun danger pour les humains et les autres animaux à sang chaud.

L'élevage a aussi bénéficié de l'essor du génie génétique. Nous avons vu que l'une des premières réalisations commerciales du génie génétique a été la production de l'hormone de croissance humaine. Par des techniques de production similaires, il est possible de fabriquer l'hormone de croissance d'origine bovine, ou somatotropine bovine (BST). Lorsqu'on l'injecte à un bœuf, l'hormone provoque une augmentation du poids. Lorsqu'on l'injecte à une vache

**Tableau 9.2** *Quelques produits agricoles importants issus du génie génétique*

| Produit | Description |
|---|---|
| **Produits agricoles** | |
| *Pseudomonas syringæ*, bactérie « antiglaçogène » | Protège la plante contre les dégâts du gel parce qu'elle ne produit pas une protéine qui déclencherait la formation non désirée de cristaux de glace dans les plantes. |
| *Pseudomonas fluorescens*, bactérie | Contient un gène extrait de *Bacillus thuringiensis*, bactérie pathogène naturelle des insectes ; le produit du gène est une toxine qui tue les insectes mangeurs de racines. |
| *Rhizobium meliloti*, bactérie | Modifiée pour augmenter sa capacité à fixer l'azote. |
| Round-Up[MD], plantes résistantes au glyphosate, un herbicide | Plants renfermant ce gène bactérien ; permet l'utilisation d'herbicides contre les mauvaises herbes et n'endommage pas ces plants. |
| Coton Bt et maïs Bt | Plants ayant intégré un gène de *B. thuringiensis*, qui produit une toxine ; la toxine tue les insectes qui se nourrissent de ces plants. |
| Tomate MacGregor | Le gène responsable de la dégradation de la pectine est inactivé pour permettre aux fruits d'avoir une plus longue durée de conservation. |
| **Produits animaux** | |
| Hormone de croissance porcine | Augmente le poids des porcs ; produite par *E. coli*. |
| Hormone de croissance bovine | Augmente le poids des bovins et la production de lait des vaches laitières ; produite par *E. coli*. |
| Animaux transgéniques | Animaux génétiquement modifiés de sorte qu'ils sécrètent des produits pharmaceutiques dans leur lait. |
| **Produits alimentaires** | |
| Rennine | Coagule le lait lors de la fabrication de produits laitiers ; produite par *Aspergillus niger*. |
| Cellulase | Enzymes qui dégradent la cellulose pour produire de la nourriture pour les animaux ; produites par *E. coli*. |

laitière, l'hormone augmente de 10 % la production de lait. L'utilisation de tels procédés se heurte à la résistance des consommateurs, notamment en Europe ; on craint en effet que la présence potentielle de BST dans la viande et le lait ne s'avère nocive à long terme pour la santé. À l'heure actuelle en Amérique du Nord, de nombreux spécialistes du génie génétique pensent que ces craintes sont sans fondement.

Le tableau 9.2 dresse la liste de certains produits génétiquement modifiés utilisés dans l'élevage et l'agriculture.

## Le génie génétique : problèmes de sécurité et d'éthique

### Objectifs d'apprentissage

- *Énumérer les avantages et les problèmes associés à l'utilisation des techniques du génie génétique.*
- *Discuter des répercussions possibles du séquençage du génome humain.*

Les questions de sécurité entourant une nouvelle technologie sont toujours préoccupantes, et le génie génétique et la biotechnologie ne font pas exception. Une des inquiétudes suscitées par ces techniques repose sur le fait qu'il est pratiquement impossible de prouver qu'un produit peut être sûr à 100 % dans toutes les conditions possibles. On se demande si les techniques modifiant un microorganisme ou une plante pour les rendre utiles aux humains peuvent aussi les rendre accidentellement pathogènes, dangereuses, voire créer un désastre écologique. C'est pourquoi les laboratoires spécialisés dans la recherche sur l'ADN recombiné doivent satisfaire à des normes très strictes de sécurité afin d'éviter la fuite accidentelle d'organismes génétiquement modifiés (OGM) dans l'environnement ou l'exposition à des risques d'infection. Pour réduire encore les risques de dissémination, les microbiologistes éliminent souvent certains gènes du génome essentiels à la croissance des microorganismes dans un environnement autre que le laboratoire. Enfin, les microorganismes porteurs d'un ADN recombiné et destinés à vivre dans l'environnement (ceux qui sont utilisés en agriculture, par exemple) peuvent être modifiés de façon à contenir un gène « suicide » qui peut s'activer au besoin pour produire une toxine qui les tue. De cette manière, ils ne survivent pas très longtemps après avoir accompli leur tâche.

Les questions entourant la sécurité des produits agricoles dérivés de la biotechnologie sont similaires à celles soulevées par les pesticides chimiques : sont-ils dangereux pour les humains et les espèces non nuisibles ? Même si leur nocivité n'a pas été démontrée, les aliments génétiquement modifiés ne connaissent pas un grand succès auprès des consommateurs. En 1999, des chercheurs en Ohio ont observé que certaines personnes présentaient des allergies à la toxine de *Bacillus thuringiensis* après avoir travaillé dans des champs traités avec l'insecticide. Une autre étude, effectuée en Iowa, a montré que la chenille du monarque, un papillon, pouvait mourir des suites de l'ingestion de pollen contaminé par la toxine Bt, et déposé par le vent sur l'asclépiade, son aliment de base. Les plantes agricoles peuvent aussi être manipulées génétiquement pour être résistantes aux herbicides. Ainsi, on peut faire des pulvérisations sur les champs, sans que la récolte soit touchée. Cependant, si les plantes modifiées pollinisent de mauvaises herbes qui leur sont apparentées, ces dernières peuvent acquérir la résistance aux herbicides, ce qui rend la lutte contre les mauvaises herbes beaucoup plus difficile. À l'heure actuelle, on ne sait toujours pas si la dissémination d'organismes génétiquement modifiés dans l'environnement aura des répercussions sur l'évolution à mesure que les gènes seront intégrés dans les espèces sauvages.

Ces technologies en évolution constante soulèvent des questions d'ordre éthique et moral. Si les tests de dépistage des maladies génétiques deviennent courants, qui devrait avoir accès à l'information ainsi obtenue ? Les employeurs et les sociétés d'assurance devraient-elles avoir le droit de connaître les résultats ? Il sera très difficile de protéger l'accès à cette information, d'où les problèmes de confidentialité que certains soulignent. Comment s'assurer qu'un tel type de renseignement ne puisse pas servir à introduire une discrimination contre des individus ?

Les applications du dépistage des maladies génétiques ne sont pas limitées aux adultes. Or, la capacité de diagnostiquer une maladie génétique chez un fœtus complique davantage le débat sur l'avortement. Le conseil génétique, qui offre des services de consultation et de soutien aux futurs parents ayant des antécédents familiaux de maladie génétique, tend désormais à s'étendre à la décision de procréation. Et cette décision va devenir plus difficile pour certaines familles, à mesure que s'approfondiront les connaissances des causes de diverses maladies génétiques, telles que le cancer ou la chorée de Huntington.

Quels coûts additionnels le génie génétique ajoute-t-il à notre système de santé déjà surchargé ? Le dépistage génétique et la thérapie génique sont des techniques onéreuses et nous devons réfléchir à la manière de fournir ces services à la population à mesure que la technologie progresse. Y aura-t-il suffisamment de conseillers en génétique pour répondre à la demande du public ? Les traitements dispendieux ne seront-ils accessibles qu'aux individus nantis ?

Toute technologie nouvelle comporte probablement autant d'applications nuisibles que d'applications bénéfiques. On imagine facilement que le génie génétique puisse être employé à la mise au point de nouvelles armes biologiques plus dangereuses encore. De plus, étant donné que ce type de recherches sont effectuées dans le secret le plus absolu, il est impossible pour le commun des mortels d'en connaître les détails.

De toutes les nouvelles technologies, c'est probablement le génie génétique qui va bouleverser la vie des humains de manières qui nous sont encore inconcevables. Il importe que la société et les individus soient à tout moment en mesure d'évaluer les conséquences possibles de ces percées scientifiques.

Tout comme l'invention du microscope, le perfectionnement des techniques de l'ADN recombiné a entraîné des changements majeurs en science, en agriculture et en médecine. Née il y a une trentaine d'années seulement, cette technologie toute neuve ne permet guère de prévoir avec certitude les changements à venir. Mais, en regard de la précision déjà prodigieuse que permettent les techniques de manipulation de l'ADN, il est probable que, dans trente ans à peine, nombre de traitements et de méthodes diagnostiques abordés dans ce livre seront obsolètes.

Nous avons déjà parlé d'un projet colossal qui fait largement appel à la nouvelle technologie. Le Programme génome humain (projet Hugo) vise à cartographier les quelque 70 000 gènes de l'ADN humain et à séquencer le génome en entier, soit environ 3 milliards de paires de nucléotides. L'aspect technique de ce projet a été comparé à la reconstruction du contenu de vastes encyclopédies déchirées en morceaux. L'an 2000 a vu le génome humain entièrement séquencé, et le chromosome 22 a été entièrement cartographié. Même s'il est loin d'être achevé, le projet Hugo a déjà fourni des informations précieuses pour notre compréhension de la biologie. Il aura également des retombées formidables en médecine, notamment en ce qui concerne le diagnostic des maladies génétiques et, peut-être, leur traitement.

---

## RÉSUMÉ

### INTRODUCTION À LA BIOTECHNOLOGIE (p. 272-274)

1. La biotechnologie est l'application des sciences à l'utilisation des microorganismes, des cellules ou des composantes cellulaires, sous leur forme naturelle ou modifiée pour fabriquer un produit (antibiotiques, vitamines, hormones, etc.).
2. Le génie génétique est l'ensemble des techniques qui donne lieu à la fabrication et à la manipulation *in vitro* de matériel génétique.

#### La technologie de l'ADN recombiné (p. 272)

1. Les organismes étroitement apparentés peuvent naturellement échanger des gènes par recombinaison.
2. Les gènes peuvent être transférés entre individus d'espèces différentes par un ensemble de manipulations en laboratoire.

3. L'ADN recombiné résulte de la manipulation artificielle de gènes provenant de deux sources d'ADN différentes.

### Les procédés de l'ADN recombiné : un survol (p. 272-274)

1. Le gène recherché est inséré dans un vecteur d'ADN, tel qu'un plasmide ou le génome d'un virus.
2. Le vecteur insère l'ADN dans une nouvelle cellule, qui est mise en culture pour former des clones.
3. Des quantités importantes du produit génique peuvent être récoltées à partir des clones.

## LES OUTILS DE LA BIOTECHNOLOGIE (p. 274-278)

### La sélection (p. 274)

Les microorganismes qui présentent le caractère recherché sont sélectionnés pour être mis en culture dans des conditions spécifiques.

### La mutation (p. 274)

1. Les mutagènes causent des mutations (changements au niveau d'un gène) qui peuvent engendrer le caractère recherché chez un microorganisme.
2. La mutagenèse dirigée permet de modifier un codon spécifique dans un gène.

### Les enzymes de restriction ( p. 274-276)

1. Il existe des trousses commerciales pour de nombreuses techniques du génie génétique.
2. Une enzyme de restriction est une enzyme qui reconnaît une séquence de nucléotides particulière de l'ADN et la coupe (digestion de l'ADN). L'utilisation des enzymes de restriction permet d'obtenir des fragments d'ADN susceptibles d'être utiles pour des techniques de clonage.
3. Certaines enzymes de restriction produisent des extrémités cohésives, c'est-à-dire de courts fragments d'ADN monocaténaire situés à l'extrémité des fragments d'ADN bicaténaire.
4. Les fragments d'ADN produits par la même enzyme de restriction s'unissent spontanément au moyen de liaisons hydrogène. L'ADN ligase les lie de façon covalente pour former un ADN recombiné.

### Les vecteurs (p. 276)

1. Un vecteur est une molécule d'ADN à laquelle on peut intégrer un fragment étranger d'ADN dans le but de cloner cet ADN en grandes quantités.
2. Un vecteur doit pouvoir se répliquer de façon autonome, être d'une taille adéquate et pouvoir se conserver, c'est-à-dire ne pas être détruit par la cellule hôte.
3. Les plasmides et certains virus (ADN viral) peuvent servir de vecteurs.
4. Les vecteurs navette sont des plasmides qui peuvent exister dans les cellules de plusieurs espèces différentes.
5. Un plasmide contenant un nouveau gène peut être inséré dans une cellule bactérienne par transformation.
6. Un virus contenant un nouveau gène peut insérer ce dernier dans une cellule cible par transduction.

### L'amplification en chaîne par polymérase (p. 276-278)

1. L'amplification en chaîne par polymérase (ACP) est utilisée pour multiplier les fragments d'ADN à l'aide de l'ADN polymérase, une enzyme.
2. L'ACP peut servir à augmenter les quantités d'ADN d'un échantillon afin qu'il devienne détectable. Cette amplification permet le séquençage de gènes, le diagnostic de maladies génétiques ou la détection de virus.

## LES TECHNIQUES DU GÉNIE GÉNÉTIQUE (p. 278-286)

### L'insertion d'ADN étranger dans une cellule (p. 278-281)

1. On introduit de l'ADN dans les cellules au moyen du processus de la transformation. On fait subir des traitements chimiques aux cellules qui ne sont pas naturellement transformées afin de les rendre aptes à absorber l'ADN contenu dans leur environnement ; elles sont alors *compétentes.*
2. Un des moyens de faire pénétrer de l'ADN dans les protoplastes et les cellules animales consiste à les soumettre à une technique d'électroporation, qui forme des pores dans leur membrane.
3. La fusion de protoplastes est la réunion de deux cellules dont la paroi a été éliminée ; l'ADN des cellules fusionnées peut se recombiner.
4. On peut introduire de l'ADN étranger dans les cellules végétales en bombardant ces dernières avec des billes enrobées d'ADN, à l'aide d'un canon à gènes.
5. On peut injecter de l'ADN étranger dans les cellules animales au moyen d'une fine micropipette de verre (technique de micro-injection).

### L'obtention d'ADN pour le clonage (p. 281-283)

1. Il existe deux principales sources de gènes pour le clonage : les banques formées de copies de gènes ou de copies d'ADNc, et l'ADN synthétique.
2. On fabrique les banques génomiques en faisant couper un génome entier par des enzymes de restriction et en insérant les fragments obtenus dans des vecteurs plasmidiques bactériens ou dans des phages ; les vecteurs sont ensuite intégrés dans des cellules, des bactéries, des levures, etc., pour former des clones.
3. L'ADNc (ADN complémentaire) obtenu par transcription inverse de l'ARNm peut être cloné dans une banque génomique.
4. L'ADN synthétique peut être fabriqué *in vitro* par un appareil qui synthétise chimiquement l'ADN.

### La sélection d'un clone pourvu de gènes étrangers (p. 283-285)

1. On fait appel à des gènes marqueurs insérés dans des vecteurs plasmidiques pour identifier par sélection directe les cellules qui contiennent le vecteur.
2. Dans la technique du criblage bleu-blanc, le vecteur plasmidique utilisé contient les gènes pour l'ampicilline et la $\beta$-galactosidase.

3. Le vecteur plasmidique et le fragment d'ADN étranger qui contient le gène recherché sont coupés par la même enzyme de restriction.
4. Dans le vecteur plasmidique recombiné, le gène recherché est inséré dans le gène de la $\beta$-galactosidase, ce qui rend ce gène non fonctionnel.
5. Les vecteurs plasmidiques, recombinés ou non, sont incorporés dans les bactéries par transformation.
6. Les clones de bactéries qui renferment le vecteur recombiné sont résistants à l'ampicilline et sont incapables d'hydrolyser le X-gal (d'où la couleur blanche des colonies). Les clones qui transportent le vecteur sans le gène recherché sont bleus à cause de leur capacité à hydrolyser le X-gal. Les clones sans vecteur ne se multiplient pas parce qu'ils sont sensibles à l'ampicilline.
7. Il est possible de tester la présence du gène recherché chez les clones contenant l'ADN étranger.
8. Une courte séquence d'ADN marquée, appelée sonde d'ADN, est utilisée pour détecter les clones qui portent le gène recherché.

### La fabrication d'un produit génique (p. 285-286)

1. On utilise *E. coli* pour produire des protéines en génie génétique parce qu'on peut le cultiver facilement et que l'on connaît bien son génome.
2. S'il est destiné à l'humain, le produit d'un gène ne doit pas être contaminé par l'endotoxine d'*E. coli*.
3. Pour récolter le produit d'un gène, on doit lyser *E. coli* ou on doit associer le gène recherché à un gène qui produit une substance naturellement sécrétée par la bactérie.
4. Les levures peuvent être modifiées génétiquement et sécrètent habituellement de manière continue le produit du gène inséré.
5. Il est possible de manipuler génétiquement les cellules de mammifères pour fabriquer des protéines, telles que les hormones, destinées à l'usage médical.
6. Les cellules végétales peuvent être altérées génétiquement pour donner des plantes présentant de nouvelles caractéristiques.

## LES APPLICATIONS DU GÉNIE GÉNÉTIQUE (p. 286-293)

L'ADN cloné sert à fabriquer des produits, à étudier l'ADN cloné et à modifier le phénotype d'un organisme.

### Les applications thérapeutiques (p. 286-287)

1. Lorsqu'on insère dans *E. coli* un vecteur plasmidique contenant des gènes synthétiques associés au gène de la $\beta$-galactosidase (*lacZ*), on modifie cette bactérie pour qu'elle produise les deux polypeptides de l'insuline humaine et les sécrète.
2. Il est possible de manipuler génétiquement des cellules pour qu'elles fabriquent des protéines de surface, qui pourront servir de vaccins sous-unitaires.
3. Les virus animaux peuvent être modifiés de façon à ce qu'ils transportent le gène d'une protéine de surface exprimée par un pathogène. Lorsque ces virus sont utilisés comme vaccins, leur hôte acquiert une immunité contre l'agent pathogène.
4. La thérapie génique sert à traiter les maladies génétiques en remplaçant le gène défectueux ou manquant.

### Les applications scientifiques (p. 287-289)

1. Les techniques de l'ADN recombiné sont utilisées pour améliorer nos connaissances de la génétique, pour réaliser la technique de l'empreinte génétique et pour la recherche en thérapie génique.
2. Les appareils à séquencer l'ADN déterminent la séquence des bases d'un gène.
3. La technique de transfert de Southern sert à localiser un gène recherché dans une cellule.
4. Le dépistage génétique fait appel à la technique de transfert de Southern pour rechercher les mutations (gènes mutés) responsables de maladies héréditaires humaines.
5. La technique de transfert de Southern est également utilisée dans la technique de l'empreinte génétique pour identifier les bactéries ou les virus pathogènes présents dans des infections ou dans des produits contaminés.
6. Les sondes d'ADN permettent de déceler rapidement la présence d'un agent pathogène dans un tissu ou dans la nourriture.

### Les applications agricoles (p. 289-293)

1. On peut cloner des cellules de plantes portant les caractéristiques recherchées afin de produire de nombreuses cellules identiques. On peut alors utiliser ces cellules pour produire des plants entiers à partir desquels on récolte des graines.
2. On peut modifier génétiquement les cellules végétales au moyen du vecteur plasmidique Ti. Les gènes T-ADN responsables de l'apparition d'une tumeur sont remplacés par les gènes recherchés, puis l'ADN recombiné est inséré dans *Agrobacterium*. Cette bactérie intègre spontanément son ADN à celui de la plante hôte, qu'elle infecte.
3. On a introduit dans des plantes agricoles le gène conférant la résistance au glyphosate, un herbicide, le gène codant pour la toxine Bt, un insecticide, et le gène supprimant l'effet de la pectinase (chez les tomates).
4. *Rhizobium* a été génétiquement modifié pour augmenter sa capacité à fixer l'azote.
5. *Pseudomonas* a été génétiquement modifié en vue de sécréter la toxine de *Bacillus thuringiensis* contre les insectes.
6. *E. coli* produit l'hormone de croissance bovine.

## LE GÉNIE GÉNÉTIQUE : PROBLÈMES DE SÉCURITÉ ET D'ÉTHIQUE (p. 293-294)

1. Des normes de sécurité très strictes visent à éviter la dissémination accidentelle de microorganismes génétiquement modifiés.
2. Certains microbes issus du génie génétique ont été altérés de façon à ce qu'ils ne puissent pas survivre en dehors du laboratoire.
3. Les microorganismes destinés à être utilisés dans l'environnement peuvent être manipulés de façon à contenir des gènes suicide qui les empêchent de survivre longtemps.
4. Les techniques du génie génétique soulèvent des questions d'ordre éthique, par exemple : les employeurs et les sociétés d'assurance devraient-ils avoir accès aux données génétiques

des individus? Certains individus seront-ils sélectionnés en vue de la reproduction ou de la stérilisation? Tous les individus pourront-ils bénéficier du conseil génétique?

5. Les produits agricoles manipulés génétiquement doivent être sans danger pour la consommation et pour l'environnement.
6. Le génome humain est actuellement cartographié à l'aide des techniques du génie génétique dans le cadre du Programme génome humain.
7. Ce projet permettra le diagnostic des maladies génétiques et, peut-être, leur traitement.

# AUTOÉVALUATION

## RÉVISION

1. Qu'est-ce que l'ADN recombiné? Faites la différence entre les sources naturelles d'ADN recombiné et celles obtenues par génie génétique.

2. Dans un processus d'obtention d'ADN pour le clonage, en quoi la banque génomique se différencie-t-elle de l'ADN synthétique?

3. Laquelle des techniques suivantes ne permet pas d'introduire un gène particulier dans une cellule? Justifiez votre réponse.
   **a)** Fusion de protoplastes
   **b)** Canon à gènes
   **c)** Micro-injection
   **d)** Électroporation

4. Quelques-unes des enzymes de restriction le plus couramment utilisées sont données dans le tableau ci-dessous. Le site de restriction est indiqué par ↓. Quelles sont les enzymes qui produisent des extrémités cohésives? Quel est le rôle de ces dernières dans la fabrication d'ADN recombiné?

| Enzyme | Source bactérienne | Séquence de reconnaissance |
|---|---|---|
| *Bam*HI | *Bacillus* | G↓G A T C C |
| | *amyloliquefaciens* | C C T A G↑G |
| *Eco*RI | *Escherichia* | G↓A A T T C |
| | *coli* | C T T A A↑G |
| *Hae*III | *Hæmophilus* | G G↓C C |
| | *ægyptius* | C C↑G G |
| *Hind*III | *Hæmophilus* | A↓A G C T T |
| | *influenzæ* | T T C G A↑A |

5. Vous avez synthétisé un gène et vous voulez maintenant en obtenir plusieurs copies. Comment feriez-vous pour obtenir les copies nécessaires par clonage? par ACP?

6. Donnez au moins deux exemples d'application du génie génétique en médecine et en agriculture.

7. Vous tentez d'insérer un gène de la tolérance à l'eau saline dans une plante en utilisant le plasmide Ti. En plus du gène recherché, vous introduisez un gène de la résistance à la tétracycline ($tet^R$) dans le plasmide. Dans quel but utilisez-vous le gène $tet^R$?

## QUESTIONS À CHOIX MULTIPLE

1. La sonde d'ADN 3'GGCTTA s'hybridera avec l'ADN contenant:
   **a)** 5'CCGUUA
   **b)** 5'CCGAAT
   **c)** 5'GGCTTA
   **d)** 3'CCGAAT
   **e)** 3'GGCAAU

2. La technique utilisée pour détecter rapidement la présence d'un agent pathogène dans un tissu ou dans la nourriture est:
   **a)** l'utilisation de la sonde d'ADN.
   **b)** le clonage.
   **c)** la fusion de protoplastes.
   **d)** l'utilisation d'ADN synthétique.
   **e)** Aucune de ces réponses

3. Quelle est la technique qui permet d'obtenir de multiples copies d'un gène?
   **a)** Fusion de protoplastes
   **b)** Technique de transfert de Southern
   **c)** Amplification en chaîne par polymérase
   **d)** Technique de l'ADN recombiné
   **e)** Aucune de ces réponses

4. Dans la technique de transfert de Southern, on trouve dans le désordre les étapes suivantes. Quelle est l'étape qui permet de révéler la présence du gène recherché?
   **a)** Transfert sur un filtre de nitrocellulose
   **b)** Fragmentation d'un gène par une enzyme de restriction
   **c)** Exposition à des sondes d'ADN spécifiques radioactives
   **d)** Séparation par électrophorèse sur gel

Associez les termes suivants aux énoncés des questions 5 à 10.
   **a)** ADN antisens
   **b)** Clone
   **c)** Banque génomique
   **d)** Technique de transfert de Southern
   **e)** Vecteur
   **f)** ADNc
   **g)** Fragment de restriction
   **h)** Sonde d'ADN
   **i)** ADN recombiné
   **j)** Plasmide

5. Fragments d'ADN emmagasinés dans des clones de cellules bactériennes ou dans des phages.

6. Population de cellules véhiculant un plasmide recherché.

7. Court brin monocaténaire d'ADN capable de s'hybrider avec l'ADN complémentaire d'un gène recherché.

8. ADN se répliquant de manière autonome et transférant un gène d'un organisme à l'autre.

9. Segment, obtenu par digestion enzymatique, contenant une séquence de nucléotides particulière d'ADN et muni d'extrémités cohésives.

10. Vecteur dans lequel on peut insérer un gène étranger et qui peut être introduit dans une bactérie par transformation.

## QUESTIONS À COURT DÉVELOPPEMENT

1. On fait subir une technique de transformation à des bactéries dans le but de leur insérer un vecteur contenant un nouveau gène. Pour vérifier si la transformation a bien eu lieu, on fait digérer diverses molécules d'ADN de ces bactéries par l'enzyme de restriction *Eco*RI, puis on soumet les ADN des

bactéries à l'épreuve de l'électrophorèse sur gel. On obtient le patron de bandes suivant. Pouvez-vous conclure de ces résultats que la transformation a bel et bien eu lieu ? Justifiez votre réponse.

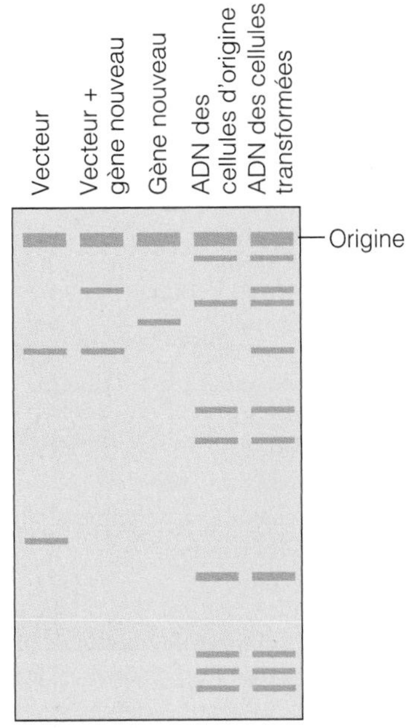


2. Lorsqu'ils procèdent à une ACP, pourquoi les chercheurs peuvent-ils ajouter l'ADN polymérase de la bactérie *Thermus aquaticus* aux réactifs du tube qui sera chauffé à des températures programmées ?

3. La photo suivante illustre des colonies bactériennes qui poussent sur un milieu contenant du X-gal et de l'ampicilline, produits couramment utilisés dans la technique de criblage bleu-blanc. Quelles colonies contiennent le plasmide recombiné ? Quelle est l'utilité de cette technique ?

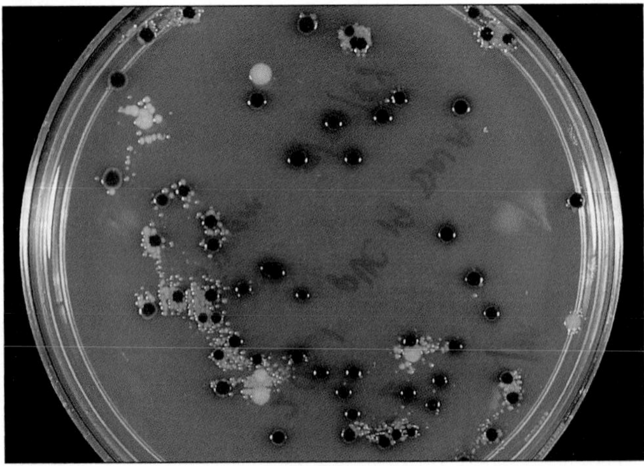

## APPLICATIONS CLINIQUES

*N. B. Certaines de ces questions nécessitent que vous cherchiez des réponses dans les différents chapitres du livre.*

1. On se sert de l'amplification en chaîne par polymérase (ACP) pour détecter la présence de *Vibrio choleræ* dans des huîtres. Des huîtres prélevées dans diverses régions sont homogénéisées et leur ADN est extrait des homogénats. L'ADN est digéré par l'enzyme de restriction *Hinc*II. Des amorces dérivées du gène de l'hémolysine, présent chez *V. choleræ*, sont utilisées pour commencer l'ACP. Après l'ACP, chaque échantillon est soumis à une électrophorèse et le gel est incubé avec une sonde d'ADN reconnaissant le gène de l'hémolysine. On soumet trois échantillons d'huître à des épreuves afin de déceler une contamination potentielle.

   Lequel (lesquels) des échantillons d'huître est (sont) positif(s) ? Comment en êtes-vous arrivé à cette conclusion ? Pourquoi veut-on détecter *V. choleræ* dans les huîtres ? Quel est l'avantage de l'ACP par rapport aux méthodes biochimiques traditionnelles en matière d'identification des bactéries ? (*Indice :* voir le chapitre 25.)

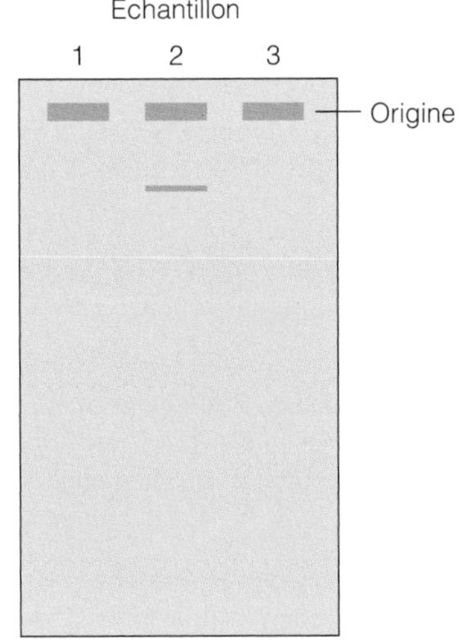


2. Natacha a deux enfants âgés respectivement de 8 et 9 ans. Le Comité consultatif national de l'immunisation (CCNI) recommande la mise en œuvre d'un programme de vaccination contre l'hépatite B, qui vise tous les enfants de cet âge. De nombreux parents s'interrogent quant aux dangers potentiels liés à la vaccination, et le fait notamment que le vaccin choisi appartienne à la génération des vaccins sous-unitaires issus du génie génétique suscite leur inquiétude.

   À quel ensemble d'arguments auriez-vous recours s'il vous fallait présenter à un groupe de parents les avantages des nouveaux vaccins, tel le vaccin contre l'hépatite B. (*Indice :* voir les chapitres 18 et 25.)

3. Le génie génétique fait l'objet de débats houleux entre ses adeptes et ses opposants. L'utilisation d'organismes génétiquement modifiés (OGM) constitue un sujet de controverse mondial. Des médecins ont déjà fait des tentatives de thérapie génique.

   Choisissez l'un des deux exemples ci-dessous et expliquez votre position sur le sujet en appuyant votre argumentation sur des faits précis.
   Exemples :
   – production de l'hormone de croissance humaine (hGH) ;
   – production de l'insuline (une hormone également).
   (Vous pouvez choisir d'autres exemples.)

# Deuxième partie

# *Vue d'ensemble du monde microbien*



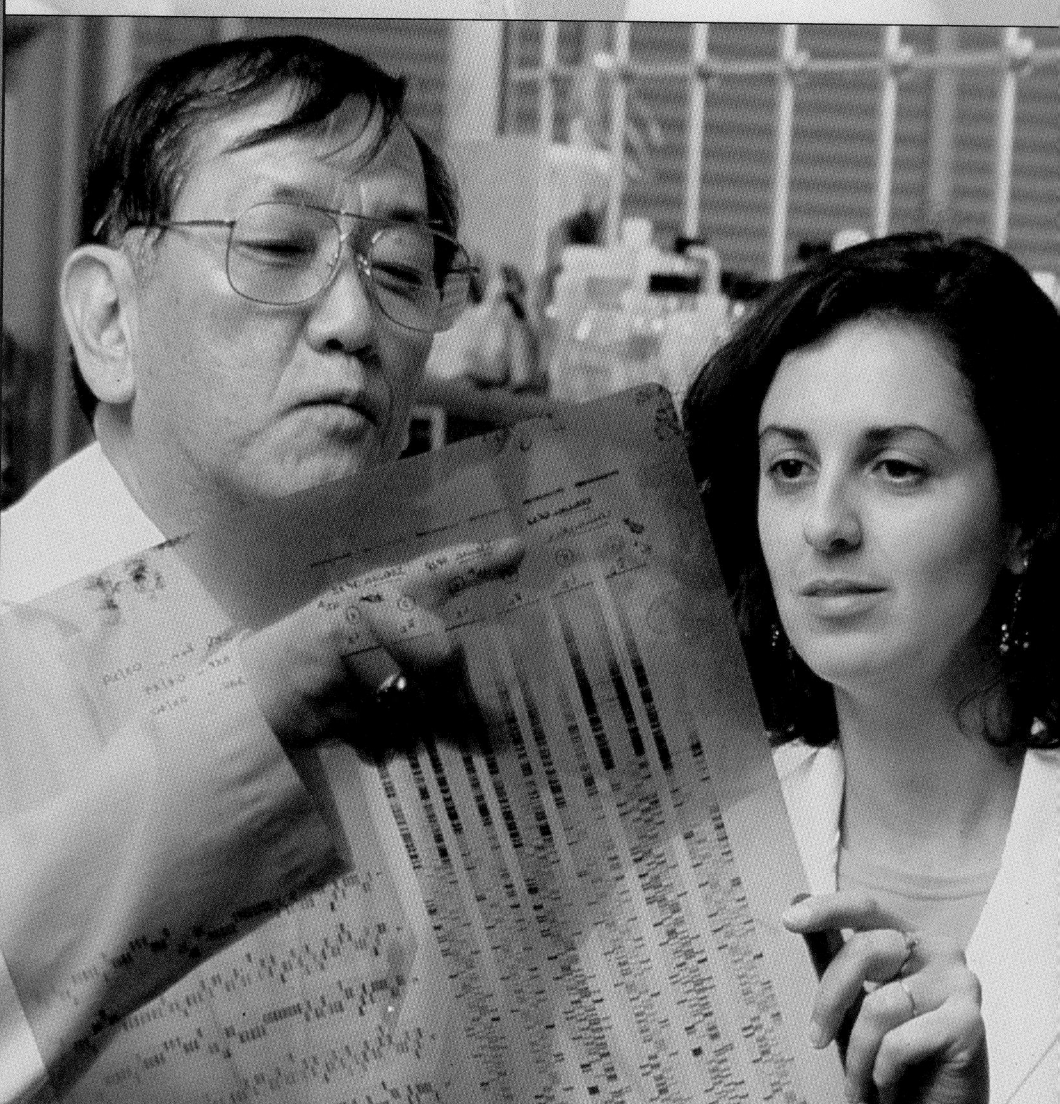

*Deux microbiologistes examinent une séquence d'ADN qui a été soumise à une électrophorèse sur gel. Les bandes sombres sont des fragments d'ADN qui migrent à différentes vitesses sous l'action d'un courant électrique, et que la coloration rend visibles. On utilise des empreintes génétiques de ce type pour classer les organismes que l'on découvre et identifier l'agent responsable d'une maladie infectieuse.*

# Chapitre 10 La classification des microorganismes

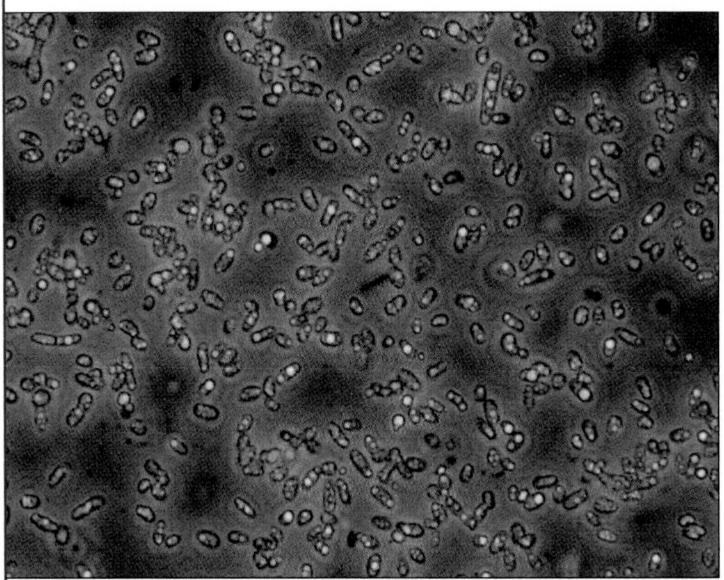

Chromatium. *Les bactéries pourpres sulfureuses utilisent le sulfure d'hydrogène comme donneur d'électrons et elles emmagasinent des granules de soufre dans leurs cellules.*

La science des lois de la classification, et en particulier de la classification des formes de vie, s'appelle **taxinomie** (mot formé des éléments grecs *taxi-* = arrangement, ordre ; *-nomie* = lois) ; on dit aussi taxonomie. L'objectif de la taxinomie est donc de nommer les organismes vivants et de les classer, c'est-à-dire d'établir des relations entre deux groupes d'organismes et de faire la distinction entre eux. Il existe peut-être 30 millions d'organismes vivants distincts, dont 10 % au plus sont connus actuellement ; la proportion d'organismes classés et identifiés est encore plus faible.

Un système taxinomique permet de décrire un organisme inconnu, puis de le classer avec d'autres organismes présentant des caractéristiques similaires. Par exemple, en 1985, des chercheurs tentent de déterminer la cause d'une maladie diarrhéique qui sévit au Pérou et au Népal. Des études microscopiques, effectuées notamment à partir de micrographies électroniques, indiquent que les cellules microbiennes excrétées par les personnes atteintes sont des procaryotes de forme ovoïde. En 1993, l'observation du cycle de vie de l'organisme inconnu permet à Ynes Ortega de définir ce dernier comme une nouvelle espèce de protozoaire (un eucaryote), *Cyclospora cayetanensis,* qui a été reconnue depuis comme responsable de maladies à l'échelle planétaire.

La taxinomie fournit également des points de repère pour l'identification d'organismes classés. Par exemple, si on pense qu'une bactérie isolée d'un patient est responsable d'une maladie donnée, on tente de découvrir une correspondance entre les caractéristiques de bactéries classées et celles de l'isolat afin de reconnaître ce dernier. Si on réussit, on peut choisir un médicament qui influe sur la bactérie identifiée ; la taxinomie présente donc un grand intérêt pour la médecine qui traite des maladies infectieuses. Enfin, en tant que langage universel, la taxinomie est un outil fondamental et indispensable pour les scientifiques.

La taxinomie moderne constitue un champ d'étude fascinant et dynamique. Des techniques récentes, reliées à la biologie moléculaire et à la génétique, permettent d'aborder la classification et l'évolution sous de nouvelles perspectives. Dans le présent chapitre, nous décrivons différents systèmes et critères de classification, de même que des épreuves servant à reconnaître des microorganismes déjà classés.

## L'étude des relations phylogénétiques

### Objectifs d'apprentissage

- *Définir la taxinomie, le taxon et la phylogenèse.*
- *Examiner les limites d'un système de classification à deux règnes.*

Les organismes vivants présentent une unité et une diversité considérables. Jusqu'ici, les biologistes ont décrit plus de 1,5 million d'organismes différents, dont certains se ressemblent sur de nombreux points. Par exemple, tous les organismes vivants sont composés de cellules entourées d'une membrane cytoplasmique ; ils utilisent tous l'ATP comme source d'énergie et ils emmagasinent tous l'information génétique dans l'ADN. Ces similitudes s'expliquent par l'évolution, c'est-à-dire par la descendance d'un ancêtre commun. En 1859, le naturaliste britannique Charles Darwin émet l'hypothèse que la sélection naturelle est responsable à la fois des similitudes et des différences entre les organismes. Il attribue ces différences à la survie des organismes dont les caractéristiques sont le mieux adaptées à un milieu donné.

Pour faciliter la recherche, l'apprentissage et la communication, on classe les organismes en unités taxinomiques, appelées **taxons,** de manière à faire ressortir les degrés de similitude. La **phylogenèse** est l'étude de l'histoire évolutive, ou généalogie, d'un groupe d'organismes. La hiérarchie des taxons met en évidence les relations évolutives probables, ou *phylogénétiques,* entre ces derniers. La **systématique** est l'étude de la diversité biologique ; elle englobe la phylogenèse et la taxinomie.

La taxinomie est une science de synthèse en constante évolution. Depuis l'époque d'Aristote, les organismes vivants ont été classés en deux catégories seulement : les plantes et les animaux. Mais l'essor des sciences biologiques incite les chercheurs à chercher un système de classification *naturel,* qui regrouperait les organismes en fonction de leurs relations ancestrales et permettrait de percevoir un certain ordre dans les formes de vie. Au XVIIIe siècle, Carl von Linné élabore une première classification des organismes à partir de la similitude de leurs structures. En 1857, Karl Wilhelm von Nägeli, botaniste contemporain de Pasteur, suggère de classer les bactéries et les champignons dans le règne des Plantes. En 1866, Ernst Haeckel propose de regrouper les bactéries, les protozoaires, les algues et les champignons dans le règne des Protistes. Mais comme on n'arrive pas à s'entendre sur la définition des protistes, les biologistes continuent pendant un siècle encore à classer les bactéries et les champignons dans le règne des Plantes, comme l'avait suggéré Nägeli. Il est ironique de constater que, selon le séquençage de l'ADN – qui est une technique récente –, les champignons sont plus apparentés aux animaux qu'aux plantes. Depuis 1959, on considère que les champignons constituent un règne à part, le règne des Mycètes.

L'invention du microscope électronique a permis d'observer les différences structurales entre des cellules. Edward Chatton est le premier, en 1937, à employer le mot *procaryote* pour caractériser les cellules dépourvues de noyau et les distinguer des cellules nucléées des plantes et des animaux (qui sont des eucaryotes). En 1961, Roger Stanier énonce la définition des procaryotes encore en usage aujourd'hui : cellules dans lesquelles le matériel nucléaire (nucléoplasme) n'est pas entouré d'une membrane. En 1968, Robert G. E. Murray suggère de créer un troisième règne, celui des Procaryotes.

En 1969, Robert H. Whittaker élabore un système à cinq règnes dans lequel les procaryotes forment le règne des Monères, tandis que les eucaryotes se répartissent dans quatre autres règnes : Protistes, Mycètes, Plantes et Animaux. La création du règne regroupant les procaryotes reposait sur des observations microscopiques. Depuis, de nouvelles techniques de biologie moléculaire ont montré qu'il existe en fait deux types de cellules procaryotes, alors que toutes les cellules eucaryotes sont d'un même type.

## Les trois domaines

### Objectifs d'apprentissage

- *Examiner les avantages du système à trois domaines (unité taxinomique supérieure au règne).*
- *Énumérer les caractéristiques du domaine des Bactéries, de celui des Archéobactéries et de celui des Eucaryotes.*

C'est la constatation que les ribosomes ne sont pas identiques dans toutes les cellules (chapitre 4, p. 104) qui a mené à la découverte de trois types différents de cellules. Comme toutes les cellules contiennent des ribosomes, ceux-ci peuvent servir de critères de comparaison. Ainsi, en comparant les séquences de nucléotides de l'ARN ribosomal (ARNr) de différents types de cellules, on constate qu'il existe trois groupes distincts de cellules : les Eucaryotes, les Bactéries et les Archéobactéries.

En 1978, Carl R. Woese suggère de faire des trois types de cellules des divisions taxinomiques supérieures aux règnes : les **domaines.** Il pense que les Archéobactéries (*Archæa*) et les Bactéries (*Bacteria*), bien qu'apparemment semblables, devraient former deux domaines séparés dans l'arbre phylogénétique (figure 10.1). Dans ce modèle largement accepté, le troisième domaine, celui des **Eucaryotes** (*Eucarya*), est constitué par le règne des Animaux (*Animalia*), le règne des Plantes (*Plantæ*), le règne des Mycètes et le règne des Protistes. Les organismes sont classés dans les trois domaines selon le type de cellules. Ils se différencient non seulement par l'ARNr, mais aussi par la structure lipidique membranaire, les molécules d'ARN de transfert et la sensibilité aux antibiotiques (tableau 10.1) ; ces différences sont liées à la composition chimique des cellules.

Le domaine des **Bactéries** comprend tous les procaryotes pathogènes, beaucoup de procaryotes non pathogènes présents dans le sol et dans l'eau, ainsi que les procaryotes photoautotrophes. Le domaine des **Archéobactéries** regroupe les procaryotes dont la paroi cellulaire ne contient pas de peptidoglycane. Ces organismes vivent souvent dans des

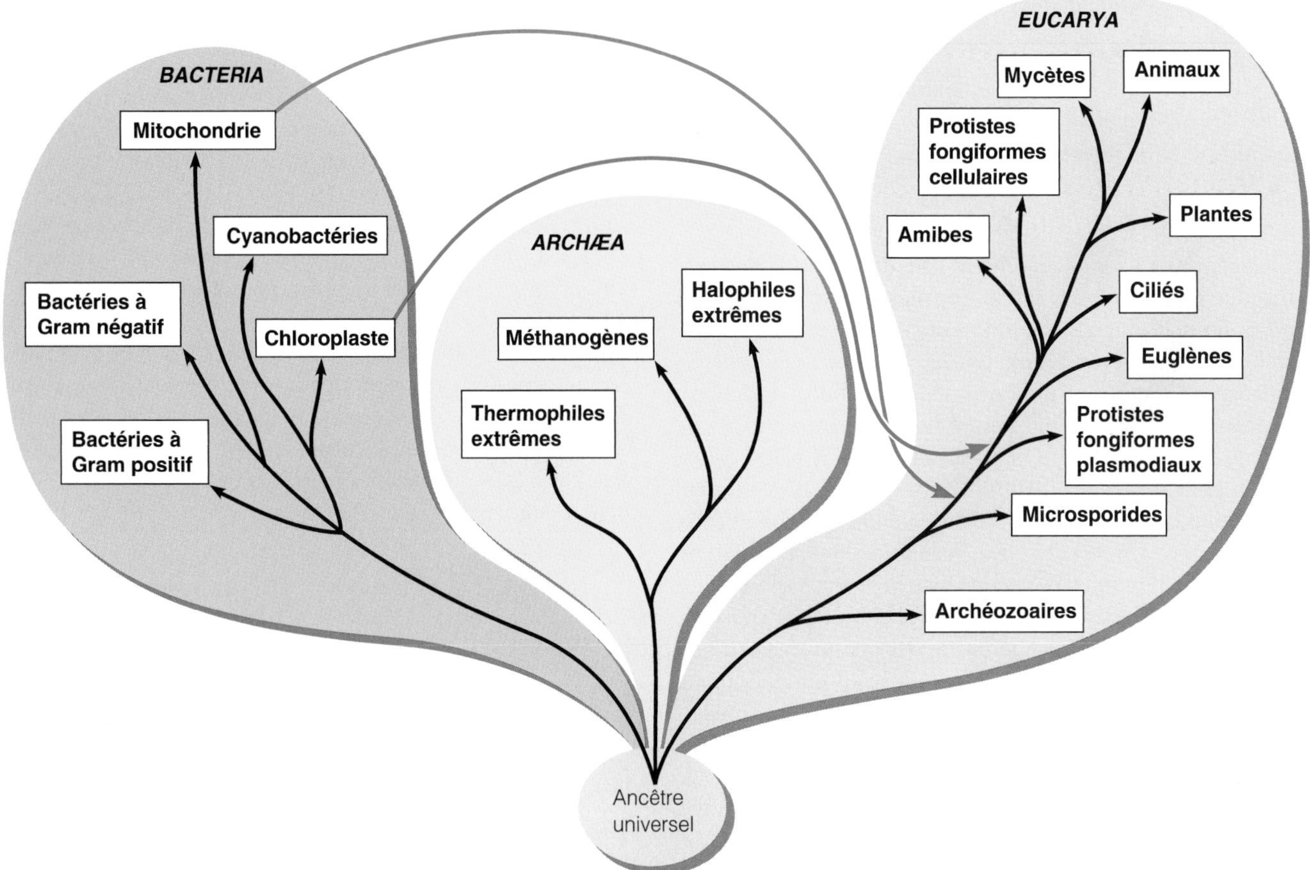


FIGURE 10.1 **Classification des êtres vivants en trois domaines.** Ce système est fondé sur l'existence de trois types de cellules (issus d'un ancêtre commun) : le domaine des Bactéries (*Bacteria*), celui des Archéobactéries (*Archæa*) et celui des Eucaryotes (*Eucarya*). Le domaine des Eucaryotes comprend le règne des Animaux, le règne des Plantes, le règne des Mycètes et le règne des Protistes, dont il sera question à la page 307.

■ Sur quelles caractéristiques la classification en trois domaines repose-t-elle ?

conditions environnementales extrêmes et ils sont le siège de processus métaboliques exceptionnels. Les Archéobactéries comprennent trois grands groupes :

1. Les bactéries méthanogènes, qui sont des anaérobies stricts produisant du méthane ($CH_4$) à partir de dioxyde de carbone et d'hydrogène.
2. Les bactéries halophiles extrêmes, qui vivent uniquement dans les milieux à forte concentration en sel.
3. Les bactéries thermophiles extrêmes, qui croissent normalement dans les sources chaudes sulfureuses et acides.

Woese et d'autres chercheurs ont poursuivi des études sur les relations phylogénétiques entre les trois domaines. On a d'abord cru que les Archéobactéries constituaient le groupe le plus primitif et que les Bactéries étaient plutôt apparentées aux Eucaryotes. Cependant, des études portant sur l'ARNr indiquent qu'un ancêtre rudimentaire universel a donné naissance à trois lignées – les Archéobactéries, les Bactéries et les Eucaryotes (figure 10.1). Les fossiles les plus anciens sont constitués des restes de procaryotes ayant vécu il y a plus de 3,5 milliards d'années. Les cellules eucaryotes sont apparues plus récemment, il y a environ 1,4 milliard d'années. Selon l'hypothèse de l'origine endosymbiotique (*endo-* = à l'intérieur ; symbiose = vivre ensemble), des cellules eucaryotes se sont développées à partir de cellules procaryotes qui vivaient les unes à l'intérieur des autres, c'est-à-dire comme des endosymbiotes (ou endosymbiontes) (chapitre 4, p. 118). En fait, les similitudes entre les cellules procaryotes et les organites intracellulaires des eucaryotes fournissent des preuves frappantes d'une telle relation endosymbiotique (tableau 10.2).

La cellule eucaryote originelle était de structure procaryote. Cependant, des invaginations de sa membrane plasmique entouraient peut-être la région nucléaire, de manière à constituer un véritable noyau (figure 10.2). Cette cellule a

**Tableau 10.1** *Quelques caractéristiques des domaines des Archæa, des Bacteria et des Eucarya*

| | *Archæa* | *Bacteria* | *Eucarya* |
|---|---|---|---|
| | *Methanosarcina* MEB 10 μm | *E. coli* MEB 1 μm | *Amœba* MEB 1 μm |
| **Type de cellule** | Procaryote | Procaryote | Eucaryote |
| **Paroi cellulaire** | Composition variable; ne contient pas de peptidoglycane | Contient du peptidoglycane | Composition variable; contient des glucides |
| **Lipides membranaires** | Composés de chaînes de carbone ramifiées unies à du glycérol par des liaisons éther | Composés de chaînes de carbone droites unies à du glycérol par des liaisons ester | Composés de chaînes de carbone droites unies à du glycérol par des liaisons ester |
| **Codon d'initiation de la synthèse des protéines** | Méthionine | Formylméthionine | Méthionine |
| **Sensibilité aux antibiotiques** | Non | Oui | Non |
| **Boucle d'ARNr*** | Absente | Présente | Absente |
| **Fragment commun d'ARNt**** | Absent | Présent | Présent |

* Se lie aux protéines des ribosomes; présente dans toutes les bactéries.

** Séquence de bases d'ARNt, présente chez tous les eucaryotes et toutes les bactéries guanine-thymine-pseudouridine-cytosine-guanine.

**Tableau 10.2** *Comparaison des cellules procaryotes et des organites des eucaryotes*

| | Cellule procaryote | Cellule eucaryote | Organites des eucaryotes (mitochondries et chloroplastes) |
|---|---|---|---|
| **ADN** | Circulaire | Linéaire | Circulaire |
| **Histones** | Non | Oui | Non |
| **Ribosomes** | 70S | 80S | 70S |
| **Croissance** | Scissiparité | Mitose | Scissiparité |

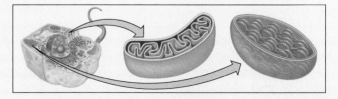

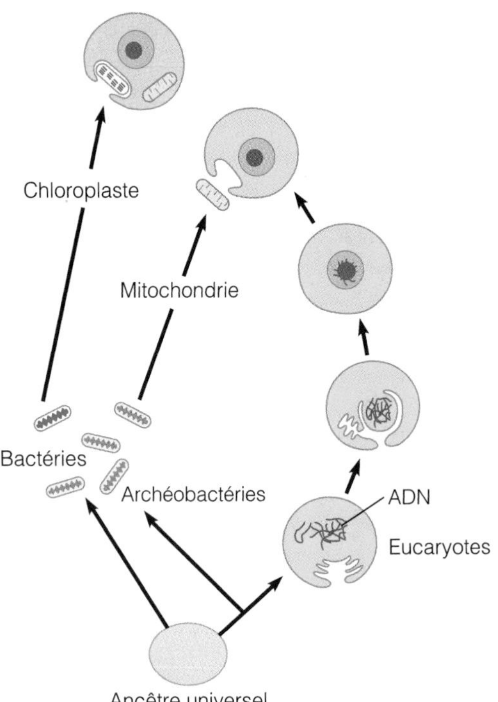


**FIGURE 10.2 Un modèle de l'origine des eucaryotes.** Il est possible que l'enveloppe nucléaire et le réticulum endoplasmique se soient formés à partir d'invaginations de la membrane plasmique. La présence d'éléments communs, y compris des séquences d'ARN, indiquent que des procaryotes endosymbiotes seraient à l'origine des mitochondries et des chloroplastes.

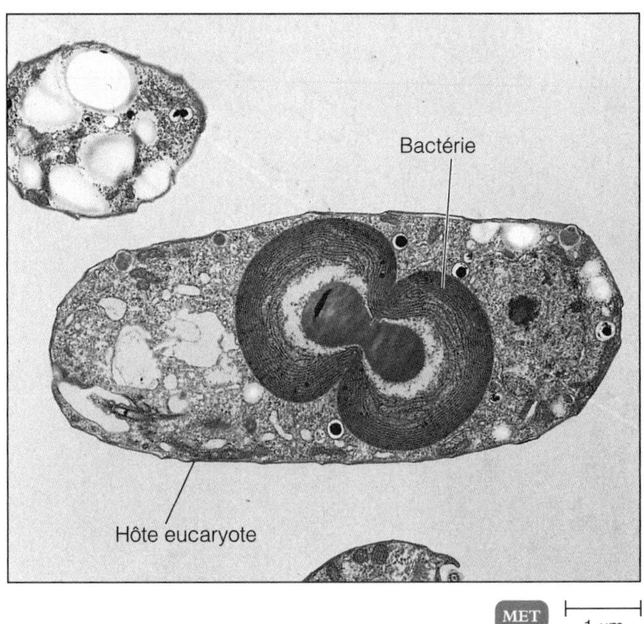


**FIGURE 10.3** ***Cyanophora paradoxa.*** Cet organisme, dans lequel l'hôte eucaryote et la bactérie ont besoin l'un de l'autre pour survivre, est un exemple actuel d'un modèle d'évolution des cellules eucaryotes.

- **Les organites eucaryotes résulteraient de l'évolution de cellules procaryotes vivant à l'intérieur de cellules hôtes.**

été le premier hôte dans lequel des bactéries endosymbiotes se sont transformées en organites. La figure 10.3 représente un exemple d'un procaryote actuel qui vit dans une cellule hôte eucaryote. La cellule qui ressemble à une cyanobactérie et l'hôte eucaryote ont besoin l'un de l'autre pour survivre.

En effectuant le séquençage du génome d'un procaryote, *Thermotoga maritima,* la microbiologiste Karen Nelson a observé que cette espèce possède des gènes semblables à la fois à ceux des Bactéries et à ceux des Archéobactéries. Cette découverte porte à croire que *Thermotoga* est l'une des cellules les plus anciennes, et qu'elle existait avant que les Bactéries et les Archéobactéries se différencient.

La taxinomie fournit des outils pour mieux comprendre l'évolution des organismes et les relations qui les unissent. On découvre chaque jour de nouveaux organismes, et les taxinomistes tentent toujours d'élaborer un système naturel de classification qui reflète les relations phylogénétiques.

## Une hiérarchie phylogénétique

Dans une hiérarchie phylogénétique, le regroupement d'organismes en fonction de propriétés communes suppose qu'un groupe donné d'organismes résulte de l'évolution d'un ancêtre commun, chaque espèce ayant conservé certaines caractéristiques de cet ancêtre. Les fossiles fournissent une partie de l'information utilisée pour établir la classification et déterminer les relations phylogénétiques entre les organismes d'ordre supérieur. Les os, les carapaces et les tiges contenant des minéraux ou ayant laissé une empreinte dans le roc, autrefois à l'état de boue, sont des exemples de fossiles.

La structure de la majorité des microorganismes ne se fossilise pas facilement. Voici toutefois quelques exceptions.

- Des colonies fossilisées d'un protiste marin forment les falaises de craie blanche de Dover, en Angleterre.
- Les stromatolithes, qui sont des restes fossilisés de communautés microbiennes ayant prospéré il y a entre 0,5 et 2 milliards d'années.
- Les cyanobactéries fossilisées découvertes dans des roches d'Australie-Occidentale et qui datent de 3,0 à 3,5 milliards d'années. Ce sont les plus vieux fossiles connus. La figure 10.4 représente des procaryotes fossilisés.

Comme il n'existe pas de fossile de la majorité des procaryotes, leur classification repose sur d'autres types de données. Il existe cependant une exception remarquable : des scientifiques ont isolé des bactéries et des levures vivantes vieilles de 25 à 40 millions d'années. En 1995, le microbiologiste américain Raul Cano et ses collaborateurs ont affirmé qu'ils faisaient la culture de *Bacillus sphæricus* et de divers autres microorganismes non connus qui avaient survécu

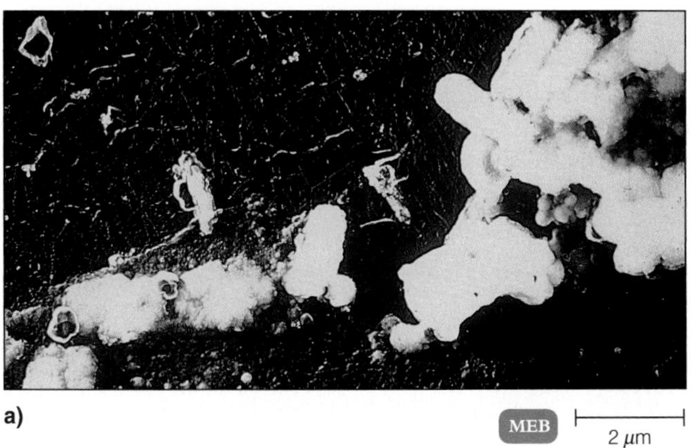


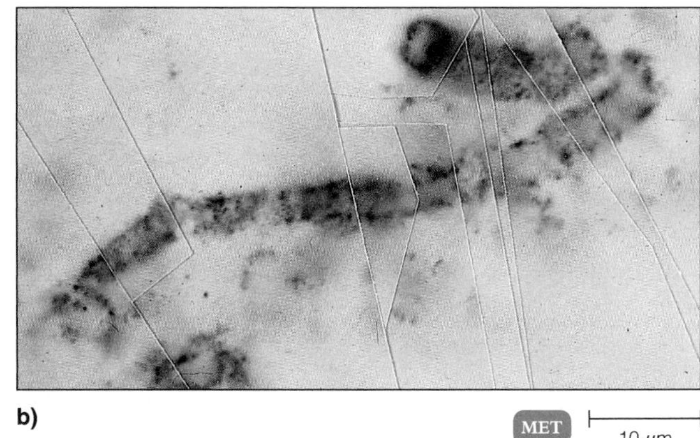


FIGURE 10.4 **Procaryotes fossilisés. a)** Cyanobactéries coccoïdes datant de la fin du Précambrien (soit d'environ 850 millions d'années), découvertes dans le centre de l'Australie. **b)** Procaryotes filamenteux datant du début du Précambrien (soit d'environ 3,5 milliards d'années), découverts en Australie-Occidentale.

■ Comme la majorité des procaryotes n'ont pas laissé de traces fossiles, leur phylogenèse repose sur d'autres types d'informations.

dans de l'ambre (résine végétale fossilisée) pendant des millions d'années. Si les résultats sont confirmés, cette découverte devrait fournir des informations nouvelles sur l'évolution des microorganismes.

Les conclusions d'études portant sur le séquençage de l'ARNr et l'hybridation de l'ADN (sujets abordés p. 319 et 320) de certains ordres et familles d'eucaryotes confirment les données provenant de l'examen de fossiles. Cette constatation a incité les chercheurs à se servir du séquençage de l'ARNr et de l'hybridation de l'ADN pour mieux comprendre les relations phylogénétiques entre les divers groupes de procaryotes.

# La classification des organismes

### Objectif d'apprentissage

■ *Distinguer les espèces d'eucaryotes, de procaryotes et de virus.*

Les organismes vivants sont regroupés en fonction de caractéristiques communes (classification), et chaque organisme est désigné par un nom scientifique unique. Les règles de classification et de nomenclature, utilisées par tous les biologistes dans le monde, sont décrites dans les paragraphes suivants.

## La nomenclature binominale

### Objectif d'apprentissage

■ *Expliquer l'utilité de la nomenclature binominale.*

Comme le monde est habité par des millions d'organismes vivants, les biologistes doivent s'assurer qu'ils savent exactement de quel organisme ils parlent entre eux. L'emploi de noms courants (ou noms vernaculaires) n'est pas satisfaisant parce qu'un même nom désigne souvent des organismes distincts dans des régions différentes. Par exemple, deux plantes distinctes sont couramment appelées herbe à puce et herbe à poux au Québec; ni l'une ni l'autre de ces plantes n'ont respectivement de puces ni de poux. La première cause une dermatite de contact, la seconde provoque une rhinite allergique. Étant donné que les appellations courantes sont rarement spécifiques et qu'elles prêtent souvent à confusion, on a élaboré au XVIIIe siècle un système de noms scientifiques faisant référence à une *nomenclature systématique*; ainsi, l'herbe à puce porte le nom de *Rhus radicans* L. et l'herbe à poux, le nom d'*Ambrosia artemisiifolia* L.

Nous avons vu au chapitre 1 (p. 3) que chaque organisme est désigné par deux mots latins, ou binôme. Ces mots sont le **genre** et l'**épithète spécifique** (qui désigne l'**espèce**), et ils sont toujours imprimés en italique – comme dans ce manuel – ou soulignés. Le mot désignant le genre commence par une majuscule, et c'est toujours un nom; le mot précisant l'espèce commence par une minuscule, et c'est généralement un adjectif. Comme ce système désigne chaque organisme au moyen de deux mots, il est appelé **nomenclature binominale.**

Voici quelques exemples. L'être humain est désigné par le genre et l'épithète spécifique *Homo sapiens.* Le nom, qui désigne le genre, signifie homme et l'adjectif, ou épithète spécifique, signifie sage. Une moisissure qui contamine le pain s'appelle *Rhizopus nigricans. Rhizo-* (racine) évoque les structures qui ressemblent à des racines et *nigri-* (noir) se rapporte à la couleur des sporanges qui renferment les spores. D'autres exemples sont présentés dans le tableau 10.3.

**Tableau 10.3** *Familiarisation avec les noms scientifiques*

Il est intéressant de comprendre la signification d'un nom scientifique. Un nom paraît moins étrange si on en comprend la signification. Il est bon aussi de se familiariser avec de nouvelles appellations.

Voici quelques exemples de noms de microbes utilisés tant par les médias qu'au laboratoire.

| | Origine du nom du genre | Origine de l'épithète spécifique |
|---|---|---|
| *Klebsiella pneumoniæ* (bactérie) | Du nom du bactériologiste Edwin Klebs | De la maladie provoquée par la bactérie |
| *Salmonella typhimurium* (bactérie) | Du nom du microbiologiste en santé publique Daniel Salmon | De la stupeur (*typh-*) provoquée chez les souris (*muri-*) |
| *Streptococcus pyogenes* (bactérie) | De l'apparence des cellules assemblées en chaînettes (*strepto-*) | De la formation de pus (*pyo-*) |
| *Saccharomyces cerevisiæ* (levure) | De la propriété du mycète (*-myces*) qui utilise du sucre (*saccharo-*) | De son utilité pour la fabrication de la bière (*cerevisia*) |
| *Penicillium notatum* (mycète) | De la forme évoquant un pinceau (*penicill-*) observée au microscope | De la dissémination facile des spores dans l'air (*notus* = vent) |
| *Trypanosoma cruzi* (protozoaire) | De la forme en tire-bouchon (*trypano-* = vrille; *soma* = corps) observée au microscope | Du nom de l'épidémiologiste Oswaldo Cruz |

Les scientifiques du monde entier emploient la nomenclature binominale, quelle que soit leur langue maternelle, de manière à partager leurs connaissances de façon efficace et précise. Plusieurs entités scientifiques sont responsables de l'établissement des règles qui régissent la désignation des organismes. Ainsi, l'*International Code of Zoological Nomenclature* contient les règles de nomenclature des protozoaires et des vers parasites, et l'*International Code of Botanical Nomenclature,* les règles de nomenclature des mycètes et des algues. Le *Comité international de bactériologie systématique,* qui fait lui-même partie de l'*Union internationale des associations de microbiologie,* fixe les règles de la nomenclature des bactéries nouvellement classées et de l'intégration de ces bactéries dans un taxon; ces règles sont colligées dans le *Bacteriological Code.* La description des bactéries et les données servant à les classer sont d'abord publiées dans l'*International Journal of Systematic Bacteriology,* puis elles sont intégrées dans le manuel de Bergey* (voir l'appendice A). Selon le *Bacteriological Code,* tout nom scientifique doit être un mot latin (le terme désignant le genre peut toutefois être emprunté au grec) ou un mot latinisé par l'ajout d'un suffixe approprié. Par exemple, dans le domaine des Bactéries, les suffixes employés pour les termes désignant un ordre et une famille sont respectivement *–ales* et *–aceæ.*

Lorsque de nouvelles techniques de laboratoire permettent de caractériser des bactéries de façon plus précise, il arrive qu'on regroupe deux genres distincts en un seul, ou encore qu'on divise un genre unique en deux genres distincts. Par exemple, en 1974, on a regroupé les genres « *Diplococcus* » et *Streptococcus*; il existe actuellement une seule espèce diplocoque, soit *Streptococcus pneumoniæ.* (Le *Bacteriological Code* précise toutefois qu'on devrait employer le nom de l'ancien genre dans certains cas.) En 1984, des études portant sur l'hybridation de l'ADN ont montré que « *Streptococcus fæcalis* » et « *Streptococcus fæcium* » n'étaient que faiblement apparentés aux autres espèces streptococciques. On a donc créé un nouveau genre, soit *Enterococcus,* et les deux espèces ont été renommées *E. fæcalis* et *E. fæcium,* car les règles de nomenclature stipulent qu'on doit conserver l'épithète spécifique originale.

Un changement de nom risque de créer une confusion. C'est pourquoi on écrit souvent l'ancien nom entre parenthèses. Par exemple, un médecin qui cherche à déterminer la cause des symptômes d'un patient ayant de la fièvre et une irritation des yeux (maladie des griffes du chat) trouvera de l'information sur une bactérie appelée *Bartonella* (*Rochalimæa*) *henselæ.*

Il est important de connaître le nom d'un organisme pour décider du traitement à appliquer, parce que ce choix se fait en fonction du type d'agents agresseurs; ainsi, les médicaments antifongiques n'ont aucun effet sur les bactéries et les médicaments antibactériens n'affectent pas les virus.

## La hiérarchie taxinomique

### Objectif d'apprentissage

- *Énumérer les principaux taxons par ordre décroissant.*

On classe tous les organismes dans des divisions successives qui forment la hiérarchie taxinomique. L'organisation en taxons permet donc de voir les relations phylogénétiques qui existent entre les organismes. Une **espèce eucaryote** est un ensemble d'organismes étroitement apparentés et interféconds. (Nous traitons plus loin d'espèces bactériennes, où

* Dans ce livre, nous désignons par la référence « manuel de Bergey » à la fois le *Bergey's Manual of Systematic Bacteriology* et le *Bergey's Manual of Determinative Bacteriology*; nous donnons les titres complets seulement lorsque le sujet à l'étude est traité exclusivement dans l'un des deux ouvrages.

le mot espèce a une autre définition.) Un **genre** se compose d'espèces génétiquement apparentées, mais qui présentent des différences. Par exemple, les chênes appartiennent au genre *Quercus,* qui regroupe tous les arbres de ce type (chêne blanc, chêne rouge, chêne à gros fruits, chêne rouvre, etc.). De la même façon qu'un genre regroupe des espèces, des genres apparentés forment une **famille.** Les familles apparentées constituent un **ordre,** et un ensemble d'ordres semblables forment une **classe.** Les classes apparentées forment à leur tour un **embranchement,** ou **phylum** (ce dernier terme est plutôt utilisé en botanique). Ainsi, un organisme donné – ou une espèce – est désigné par un nom de genre et une épithète spécifique, et il appartient à une famille, un ordre, une classe et un embranchement. Tous les embranchements apparentés constituent un **règne,** et les règnes apparentés sont regroupés dans un **domaine.** (Figure 10.5.)

## La classification des organismes procaryotes

On trouve un modèle de classification taxinomique des procaryotes dans la deuxième édition du *Bergey's Manual of Systematic Bacteriology* (voir l'appendice A), dont le premier tome a été publié en 2000, les quatre autres tomes devant paraître dans les années à venir. Dans cette édition, les procaryotes sont divisés en deux domaines : les Bactéries (*Bacteria*) et les Archéobactéries (*Archæa*), et chaque domaine est divisé en embranchements. Rappelez-vous que la classification est fondée sur les similitudes des séquences de nucléotides de l'ARNr, et que les classes sont divisées en ordres, les ordres en familles, les familles en genres, et les genres en espèces.

On ne définit pas une espèce procaryote exactement de la même façon qu'une espèce eucaryote, qui est un ensemble d'organismes étroitement apparentés et interféconds. Contrairement à la reproduction des organismes eucaryotes, la division cellulaire des bactéries est asexuée (elle n'est pas directement reliée à la conjugaison sexuée, peu fréquente et pas toujours spécifique). On peut donc définir une **espèce procaryote** simplement comme une population de cellules bactériennes ayant des caractéristiques semblables. (Il sera question plus loin des caractéristiques servant à la classification.) Toutefois, dans certains cas, des cultures pures d'une même espèce ne sont pas tout à fait identiques. On utilise alors le terme de **souche** pour désigner chaque groupe, une souche étant un ensemble de cellules bactériennes descendant toutes d'une même cellule mère. On distingue les souches d'une même espèce en faisant suivre l'épithète spécifique d'un numéro, d'une lettre ou d'un nom. Par exemple, la souche *E. coli* O157:H7 est l'agent responsable de la diarrhée associée à la maladie du hamburger. On différencie les espèces ou les souches d'une même espèce en se fondant généralement sur plusieurs critères distinctifs. Des comités internationaux ont été constitués pour définir les critères et proposer une définition de l'espèce, et ce parce que la définition varie en fonction des critères retenus. Dans ce livre, nous retiendrons que l'espèce bactérienne est constituée par sa souche type et par l'ensemble des souches considérées comme suffisamment proches de la souche type pour être incluses au sein de la même espèce.

Le manuel de Bergey est un ouvrage de référence pour l'identification de bactéries au laboratoire, et il fournit un modèle de classification des bactéries. La figure 10.6 présente un modèle des relations phylogénétiques entre les bactéries. Nous parlerons au chapitre 11 des caractéristiques utilisées pour classer et identifier les bactéries.

## La classification des organismes eucaryotes

### Objectif d'apprentissage

- *Énumérer les principales caractéristiques servant à différencier les quatre règnes d'Eucaryotes.*

Le schéma de la figure 10.1 présente quelques règnes du domaine des Eucaryotes (*Eucarya*). Nous traiterons des Eucaryotes au chapitre 12.

En 1969, on a regroupé les organismes eucaryotes simples, en majorité unicellulaires, dans le règne des **Protistes,** qui est un règne fourre-tout comprenant une grande diversité d'organismes. Pendant longtemps, on a classé parmi les Protistes tous les organismes eucaryotes qui ne semblaient pas appartenir aux autres règnes. Le séquençage de l'ARN ribosomal permet aujourd'hui de diviser les protistes en catégories fondées sur la descendance d'un ancêtre commun. Pour des raisons pratiques, nous employons le terme *protiste* pour désigner n'importe quel eucaryote unicellulaire et tout organisme qui lui est étroitement apparenté.

Les Mycètes, les Plantes et les Animaux constituent les trois règnes d'organismes eucaryotes plus complexes, en majorité pluricellulaires.

Le règne des **Mycètes** comprend les levures unicellulaires, les moisissures pluricellulaires et des espèces macroscopiques telles que les champignons. Les mycètes obtiennent les matières premières essentielles à leurs fonctions vitales en absorbant, à travers leur membrane plasmique, de la matière organique dissoute. Les cellules de nombreux mycètes pluricellulaires sont unies de manière à former de petits tubes appelés *hyphes.* Les hyphes sont divisés en unités polynucléées par des cloisons transversales percées de trous, de manière que le cytoplasme puisse circuler d'une unité à l'autre. La majorité des mycètes sont dépourvus de flagelles. Ces organismes se développent à partir de spores ou de fragments d'hyphes.

Le règne des **Plantes** (***Plantæ***) comprend certaines algues, toutes les mousses et fougères, et tous les conifères et plantes à fruits. Tous les membres du règne végétal sont des organismes pluricellulaires photoautotrophes. Une plante obtient l'énergie dont elle a besoin par photosynthèse – processus de conversion du dioxyde de carbone et de l'eau en molécules organiques utilisées par la cellule.

Le règne des **Animaux** (***Animalia***), également composé d'organismes pluricellulaires, comprend notamment les spongiaires, les vers, les insectes et les animaux pourvus d'une colonne vertébrale (les Vertébrés). Les animaux sont

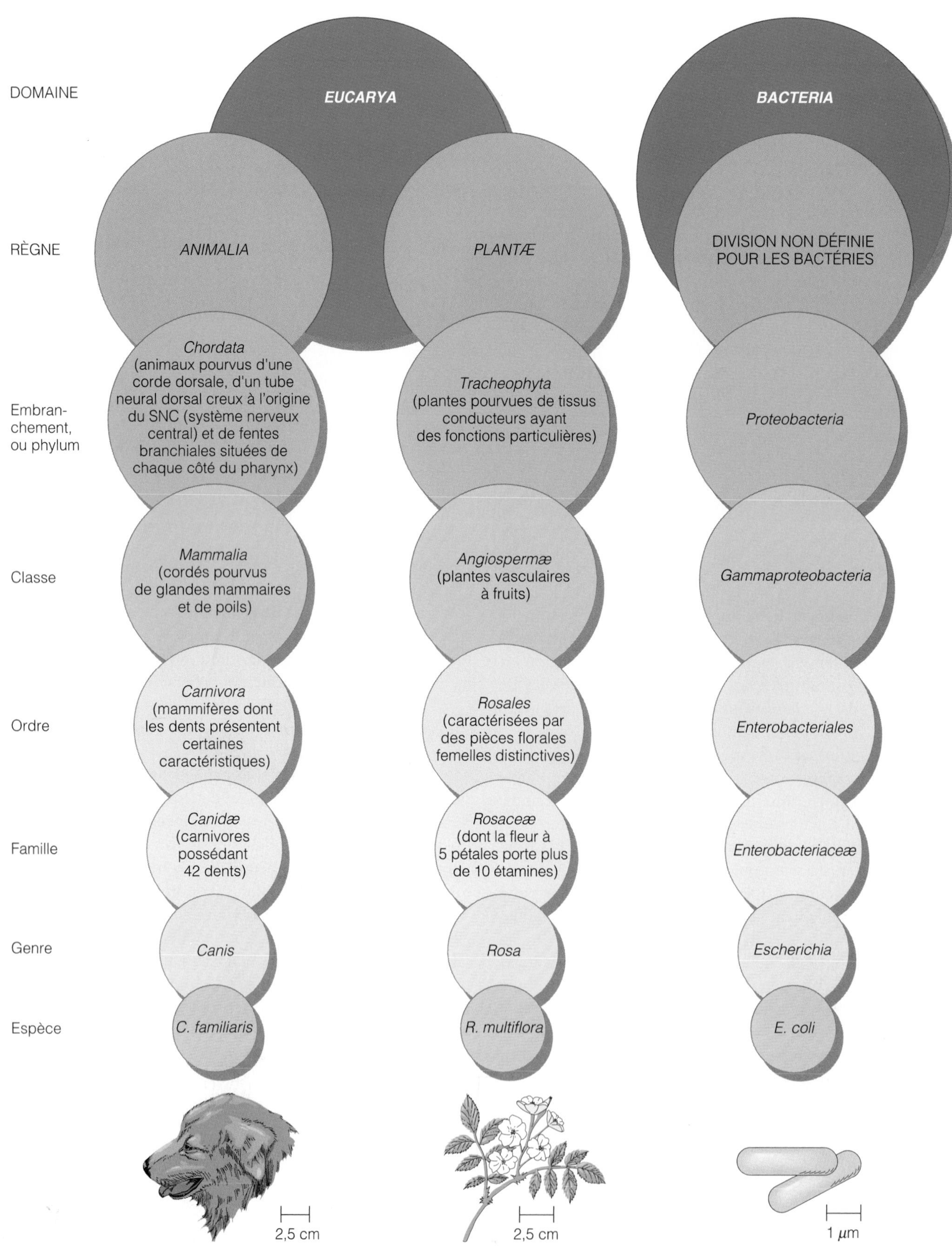


**FIGURE 10.5** **La hiérarchie taxinomique.**

■ Quelle est la définition d'une famille taxinomique ?

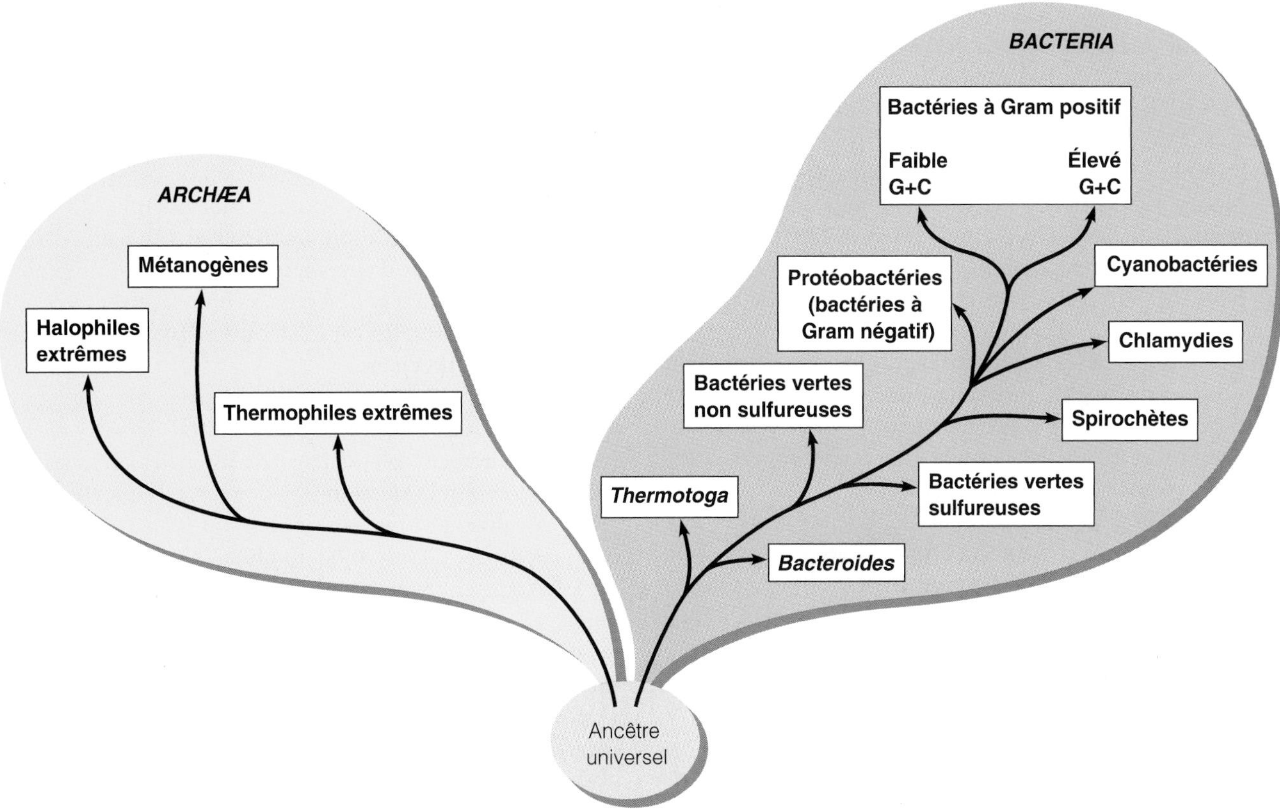


**FIGURE 10.6 Relations phylogénétiques entre des procaryotes.** Les flèches indiquent les principales lignées de descendants des groupes bactériens. Quelques embranchements sont nommés dans les rectangles blancs.

■ Quel est l'embranchement dont on peut reconnaître les membres au moyen d'une épreuve de coloration de Gram?

des organismes chimiohétérotrophes qui obtiennent les nutriments et l'énergie dont ils ont besoin en ingérant de la matière organique par une sorte de bouche.

## La classification des virus

Les virus sont des agents infectieux acellulaires; ils utilisent les systèmes anabolisants de leur cellule hôte pour se multiplier. On ne les classe dans aucun des trois domaines parce qu'ils ne possèdent pas de ribosomes. Le génome d'un virus peut régir la biosynthèse à l'intérieur de la cellule hôte, et le génome de certains virus s'intègre même au génome de la cellule hôte. La niche écologique d'un virus est sa cellule hôte spécifique, de sorte que les virus sont parfois plus apparentés à leur hôte qu'à d'autres virus. En 1991, le Comité international de taxonomie des virus a défini une **espèce virale** comme une population de virus présentant des caractéristiques similaires (relatives à la morphologie, aux gènes et aux enzymes) et ayant une niche écologique spécifique.

Les virus sont des parasites intracellulaires obligatoires; ils ne peuvent donc apparaître qu'au moment où il existe une cellule hôte appropriée. Deux hypothèses ont été retenues à propos de l'origine des virus: 1) ils sont issus de brins d'acides nucléiques à réplication indépendante (tels que les plasmides); 2) ils se sont développés à partir de cellules dégénérescentes qui ont graduellement perdu, en de nombreuses générations, la capacité de survivre de façon indépendante, mais pouvaient encore vivre en association avec une autre cellule. Nous traiterons des virus au chapitre 13.

# Les méthodes de classification et d'identification des microorganismes

### Objectifs d'apprentissage

- *Comparer et différencier les notions de classification et d'identification.*
- *Expliquer l'utilité du manuel de Bergey.*
- *Décrire leà rôle des caractères morphologiques, des caractères tinctoriaux et des épreuves biochimiques dans l'identification des bactéries.*

Un modèle de classification fournit une liste de caractéristiques et une méthode de comparaison destinées à faciliter l'identification des organismes. Une fois que l'on a déterminé ses caractéristiques, on peut situer un organisme dans un modèle de classification préétabli.

On *identifie* les microorganismes pour des raisons pratiques, par exemple, pour définir un traitement approprié contre une infection. On n'emploie pas nécessairement les mêmes techniques pour identifier les microorganismes et pour les classer. La majorité des processus d'identification s'effectuent facilement au laboratoire et ils font appel au plus petit nombre possible d'épreuves; en effet, l'identification d'un microorganisme isolé d'un patient doit se faire avec rapidité et efficacité. On identifie généralement les protozoaires, les vers parasites et les mycètes à l'aide d'un microscope. La plupart des microorganismes procaryotes présentent peu de traits morphologiques distinctifs ou de différences marquées quant à la taille ou à la forme. Les microbiologistes ont donc dû élaborer diverses méthodes pour mettre en évidence les réactions métaboliques et d'autres caractéristiques des procaryotes qui permettent de les reconnaître.

Le *Bergey's Manual of Determinative Bacteriology* est un manuel de référence largement utilisé depuis la parution de la première édition en 1923. Dans la neuvième édition, publiée en 1994, l'auteur ne classe pas les bactéries en fonction de relations phylogénétiques; il propose un modèle d'identification fondé sur des critères tels que la composition de la paroi cellulaire, la morphologie, la coloration différentielle, les besoins en oxygène et des épreuves biochimiques. La majorité des Bactéries et des Archéobactéries n'ont jamais fait l'objet de culture, et les scientifiques estiment qu'on ne connaît pas plus de 1 % des microbes de ce type.

Les taxinomistes considèrent généralement le pouvoir pathogène des microorganismes comme un caractère accessoire de classification, parce que 10 % seulement des 2 600 espèces de bactéries énumérées dans *Approved Lists of Bacterial Names* sont des agents pathogènes connus chez l'humain. Cependant, la microbiologie médicale – branche de la microbiologie qui traite des agents pathogènes agressant l'organisme humain – est à l'origine de l'intérêt grandissant suscité par les microbes, et ce fait se reflète dans plusieurs nouveaux modèles d'identification.

Dans les paragraphes suivants, nous allons examiner quelques critères et méthodes de classification des microorganismes et les processus courants d'identification de certains d'entre eux. Ces méthodes et processus tiennent compte non seulement des propriétés du microorganisme lui-même, mais aussi de la source et de l'habitat de l'isolat bactérien.

## Les caractères morphologiques

Depuis deux siècles, les taxinomistes utilisent notamment les caractères morphologiques (structuraux) pour classer les organismes; la morphologie cellulaire fournit peu d'information à propos des relations phylogénétiques. La classification des organismes d'ordre supérieur se fait souvent d'après des détails anatomiques, mais beaucoup de microorganismes se ressemblent trop pour qu'il soit possible de les classer uniquement en fonction de leur morphologie. Des bactéries ayant des métabolismes et des propriétés physiologiques différents peuvent paraître semblables lorsqu'on les observe au microscope; des centaines d'espèces bactériennes ont en effet l'apparence de petits bâtonnets ou de petits cocci.

Les caractères morphologiques sont utiles pour orienter le processus d'identification des bactéries. On peut ainsi distinguer les bactéries d'après leur forme, leurs groupements et leur taille; de plus, les différences entre des structures telles que les endospores, les capsules ou les flagelles fournissent des indications précieuses.

Les microorganismes de taille relativement plus grande que les bactéries, dotés de structures intracellulaires, ne sont pas nécessairement plus faciles à classer. La pneumonie à *Pneumocystis* est l'infection opportuniste la plus courante chez les individus dont les réactions immunitaires sont affaiblies, et elle cause la mort de nombreuses personnes atteintes du SIDA. L'agent responsable de cette infection, *Pneumocystis carinii,* n'a été reconnu comme agent pathogène que durant les années 1970. Ce microorganisme ne possède pas de structure qui permette de l'identifier facilement (figure 24.22) et sa position dans la classification systématique est toujours incertaine depuis sa découverte en 1909. On l'a d'abord classé provisoirement parmi les protozoaires, mais des études récentes portant sur la comparaison de sa séquence d'ARNr avec celle de divers autres organismes (protozoaires, *Euglena,* protistes fongiformes cellulaires, plantes, mammifères et mycètes) indiquent qu'il pourrait appartenir au règne des Mycètes. Les chercheurs n'ont pas réussi à obtenir de culture de *Pneumocystis,* mais ils ont élaboré des traitements contre la pneumonie à *Pneumocystis.* S'ils prennent en compte le fait que ce microorganisme est apparenté aux mycètes, ils arriveront peut-être à mettre au point des méthodes de culture, ce qui contribuerait à la découverte de traitements.

## Les caractères tinctoriaux: la coloration différentielle

En mettant en évidence les similitudes ou les différences dans la composition de la paroi cellulaire des microorganismes étudiés, les caractères tinctoriaux fournissent des informations à propos des relations phylogénétiques. Nous avons vu au chapitre 3 que la coloration différentielle est l'une des premières étapes du processus d'identification d'une bactérie. La majorité des bactéries sont soit à Gram positif, soit à Gram négatif. D'autres colorations différentielles, telles que la coloration acido-alcoolo-résistante, peuvent servir à identifier des microorganismes appartenant à des groupes plus restreints. Rappelez-vous que ces colorations sont élaborées en fonction de la composition chimique de la paroi cellulaire et qu'elles ne permettent donc pas d'identifier les bactéries sans paroi ou les archéobactéries dont la paroi présente des caractéristiques inhabituelles.

L'observation au microscope d'une coloration de Gram ou d'une coloration acido-alcoolo-résistante permet d'obtenir rapidement des informations dans un contexte clinique. Le rapport de laboratoire d'un technicien fournit parfois assez de données au médecin pour que ce dernier puisse entreprendre immédiatement le traitement approprié (figure 10.7 ; voir l'encadré du chapitre 21, p. 640).

**DEMANDE D'ANALYSES MICROBIOLOGIQUES**

| Laboratoire : <br> Date et heure de réception : | Date : | Heure : | Fiche rédigée par : |
|---|---|---|---|
| | Nom du médecin : | Prélèvements effectués par : | Numéro de dossier du patient : |

NE RIEN ÉCRIRE DANS CET ESPACE

**INSCRIRE UNE SEULE DEMANDE PAR FICHE**

**RAPPORT DE COLORATION DE GRAM**

- ☐ COCCI À GRAM POS., GROUPES
- ☐ COCCI À GRAM POS., PAIRES OU CHAÎNETTES
- ☐ BACILLES À GRAM POS.
- ☒ COCCI À GRAM NÉG.
- ☐ BACILLES À GRAM NÉG.
- ☐ COCCOBACILLES À GRAM NÉG.
- ☐ LEVURES
- ☐ AUTRE

- ☐ AUCUNE CROISSANCE
- ☐ AUCUNE CROISSANCE EN ___ JOURS
- ☐ MICROBIOTOPE MIXTE
- ☐ SPÉCIMEN RECUEILLI OU TRANSPORTÉ DE FAÇON INADÉQUATE
- ☐ ___ TYPES DIFFÉRENTS D'ORGANISMES
- ☐ NÉGATIF POUR *SALMONELLA, SHIGELLA* ET *CAMPYLOBACTER*
- ☐ AUCUN ŒUF, SPORE OU PARASITE OBSERVÉ
- ☒ DIPLOCOQUES À GRAM NÉG., À OXYDASE POS.
- ☐ PRÉSOMPTION DE STREP. BÊTA DU GROUPE A, PAR LA BACITRACINE

**SOURCE DU SPÉCIMEN**

- ☐ SANG
- ☐ LIQUIDE CÉPHALORACHIDIEN
- ☐ LIQUIDE (précisez la source) ___
- ☐ GORGE
- ☐ EXPECTORATIONS
- ☐ AUTRE sécrétion des voies respiratoires (décrire) ___
- ☐ URINE du milieu du jet, dans un flacon propre
- ☐ URINE, sonde à demeure
- ☐ URINE, sonde ordinaire
- ☐ URINE, 1re miction du matin, complète
- ☐ URINE, autre (décrire) ___
- ☐ SELLES
- ☑ GU (préciser la source) *vag.*
- ☐ ABCÈS (préciser la source) ___
- ☐ TISSU (préciser la source) ___
- ☐ ULCÈRE (préciser la source) ___
- ☐ BLESSURE (préciser la source) ___
- ☐ VÉRIFICATION D'UN STÉRILISATEUR

**ÉPREUVE(S) DEMANDÉE(S)**

**Bactériologie**

- ☐ **Cultures courantes ;** coloration de Gram, culture anaérobie, épreuve de sensibilité. Infection de la gorge au strep. du groupe A
- ☐ Culture de *Legionella*
- ☐ *Rochalimæa*
- ☐ Hémoculture

**Cultures non courantes**

- ☐ *E. coli* 0157:H7
- ☐ *Vibrio*
- ☐ *Yersinia*
- ☑ *H. ducreyi*
- ☐ *B. pertussis*
- ☐ Autre ___

**Cultures sélectives**

- ☑ Gonocoque
- ☐ Strep. du groupe B
- ☐ Strep. du groupe A
- ☐ Autre ___

- ☐ **BACILLES ACIDO-ALCOOLO-RÉSISTANTS**
- ☐ **MYCÈTES**

**VIRUS**

- ☐ Culture courante
- ☐ *Herpes simplex*
- ☐ Anticorps fluorescents (méthode directe) pour ___

**PARASITOLOGIE**

- ☐ Recherche d'œufs et de parasites dans l'intestin
- ☐ Test immunologique pour *Giardia*
- ☐ *Cryptosporidium*
- ☐ Prép. d'oxyure
- ☐ Parasites dans le sang
- ☐ Concentration de filaires
- ☐ *Trichomonas*
- ☐ Autre ___

**DÉTECTION DE TOXINES**

- ☐ *Clostridium difficile*

**DÉTECTION D'ANTIGÈNES**

- ☐ Antigène LCR cryptococcal seulement
- ☐ Antigènes bactériens (préciser) ___

**PARTICULARITÉS**

- ☐ Épreuves antimicrobiennes (CMI)

*rempli par une personne — *rempli par une personne différente

**FIGURE 10.7 Formulaire de rapport de laboratoire de microbiologie clinique.** Dans le domaine des soins de santé, la morphologie des microorganismes et la coloration différentielle jouent un rôle important dans la détermination du traitement approprié contre une maladie microbienne. Un médecin remplit un formulaire dans lequel il précise la nature de l'échantillon et les épreuves à effectuer. Dans le cas illustré, on demande d'examiner un échantillon génito-urinaire (GU) prélevé dans le vagin afin de dépister une maladie transmise sexuellement. Le technicien de laboratoire a inscrit les résultats de la coloration de Gram (cocci à Gram négatif) et de la culture (diplocoques à Gram négatif, à oxydase positive). (Nous parlerons de la concentration minimale inhibitrice, CMI, des antibiotiques au chapitre 20, p. 625.)

- Un médecin utilise un formulaire de demande d'analyses microbiologiques pour obtenir des informations sur le ou les agents pathogènes prélevés chez un patient atteint d'une maladie infectieuse.

## Les épreuves biochimiques

L'activité enzymatique sert souvent à différencier des bactéries. Il est généralement possible de distinguer des bactéries étroitement apparentées et de les regrouper en des espèces distinctes au moyen d'épreuves biochimiques, comme celle qu'on utilise pour déterminer leur capacité à provoquer la fermentation d'une gamme donnée de glucides (figures 5.21 et 5.22). L'encadré de la page 316 contient un exemple d'identification de bactéries (isolées de mammifères marins dans ce cas précis) à l'aide d'épreuves biochimiques. Ces épreuves peuvent aussi fournir des informations sur la niche écologique d'une espèce à l'intérieur d'un écosystème. Par exemple, on sait qu'une bactérie du sol capable de fixer l'azote atmosphérique ou d'oxyder le soufre joue un rôle important comme fournisseur de nutriments aux plantes et aux animaux. Nous en reparlerons au chapitre 27.

Du point de vue médical, la différenciation de l'activité enzymatique des bactéries au moyen d'épreuves biochimiques constitue une étape dans le processus d'identification des bactéries. Les entérobactéries à Gram négatif forment un vaste groupe hétérogène de microbes dont l'habitat naturel est le tractus intestinal des humains et de divers autres animaux. Cette famille comprend plusieurs espèces de bactéries pathogènes responsables de maladies diarrhéiques. Un technicien de laboratoire dispose de nombreuses épreuves biochimiques pour identifier rapidement l'agent pathogène, de manière que le médecin puisse entreprendre le traitement approprié et que l'épidémiologiste puisse déterminer la source de la maladie. Ainsi, tous les genres de la famille des *Enterobacteriaceæ* – soit *Escherichia, Enterobacter, Shigella, Citrobacter* et *Salmonella* – ont la propriété commune de ne pas produire d'oxydase. *Escherichia, Enterobacter* et *Citrobacter,* qui transforment le lactose en acide et en gaz par fermentation, se distinguent de *Salmonella* et de *Shigella,* qui n'ont pas cette capacité. D'autres épreuves biochimiques permettent de différencier les genres d'entérobactéries, comme l'indique la figure 10.8.

On réduit considérablement le temps nécessaire pour identifier des bactéries en utilisant des milieux de culture sélectifs et différentiels ou des méthodes d'identification rapides. Nous avons vu au chapitre 6 (p. 181) que les milieux sélectifs contiennent des ingrédients qui stimulent la croissance du microorganisme recherché et inhibent le développement des organismes compétitifs, et que les milieux différentiels permettent au microorganisme recherché de former des colonies présentant des traits distinctifs. La croissance ou l'inhibition de la croissance bactérienne est fonction des besoins spécifiques du métabolisme bactérien.

On trouve sur le marché des méthodes et des outils d'identification rapide de groupes de bactéries importantes sur le plan médical, telles que les entérobactéries. Ces outils, où la rapidité est souvent alliée à la miniaturisation, sont conçus pour permettre d'effectuer plusieurs épreuves biochimiques simultanément et d'identifier des bactéries dans un intervalle de 4 à 24 heures. On assigne aux résultats de chaque épreuve un code numérique (qui varie selon l'outil utilisé) indiquant la fiabilité et l'importance relatives de

**FIGURE 10.8 Identification d'un genre d'entérobactéries à l'aide de caractères métaboliques.**

- Les épreuves biochimiques permettent en général de distinguer des espèces même étroitement apparentées de bactéries.

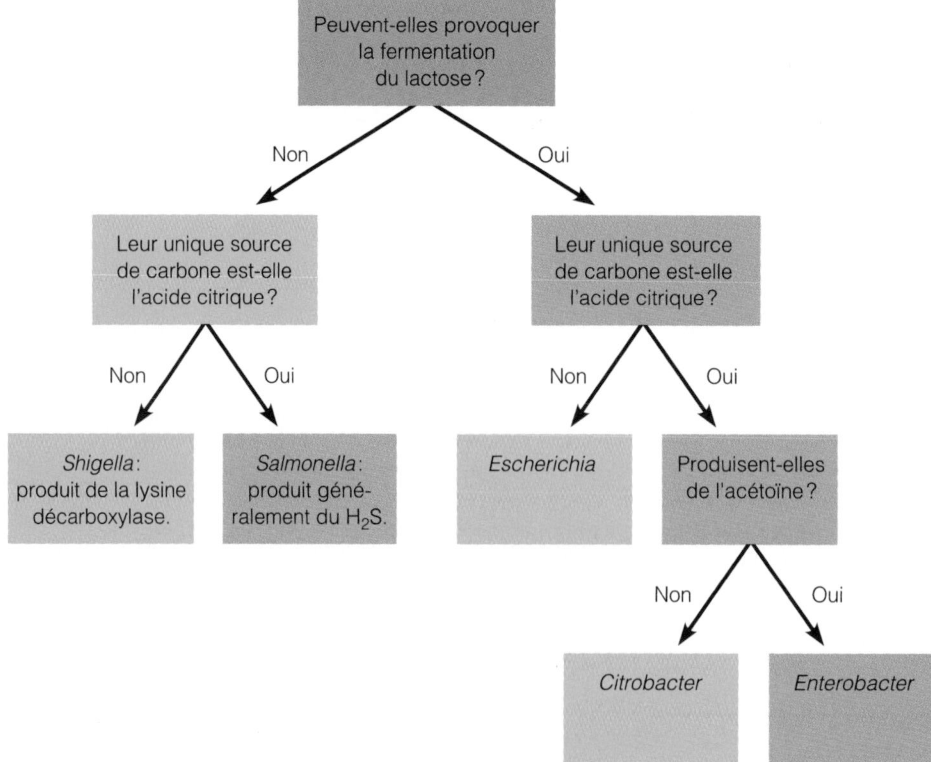

l'épreuve. Les résultats des épreuves simultanées peuvent être interprétés par un technicien ou par un ordinateur, au moyen d'une grille d'interprétation fournie par le fabricant.

La figure 10.9 illustre la méthode rapide d'identification de l'Enterotube[MD] II de Becton Dickinson, qui comporte une série de 15 épreuves. ❶ On introduit une tige contaminée par une entérobactérie inconnue dans une éprouvette, munie de compartiments, qui contient des milieux de culture conçus pour effectuer 15 épreuves biochimiques différentes. ❷ À la fin de la période d'incubation, on observe les résultats obtenus dans chaque compartiment, ❸ et on enregistre ceux qui sont positifs sur une feuille de pointage. Notez qu'une valeur est assignée à chaque épreuve, et que le nombre résultant du pointage de toutes les épreuves est appelé valeur ID (valeur d'identification, ou profil numérique). La fermentation du glucose étant un élément important, une réaction positive correspond à la valeur 2, alors que la production d'acétoïne (épreuve V-P) est de valeur nulle. ❹ Les résultats des épreuves simultanées peuvent être interprétés par ordinateur. Dans l'exemple illustré, les résultats – typiques pour la bactérie recherchée – indiquent que la bactérie est *Enterobacter cloacæ*.

Un autre système d'identification rapide, le système API 20 E, est largement utilisé pour l'identification des espèces d'entérobactéries et d'autres bactéries à Gram négatif. Le système API comporte une série de 20 épreuves biochimiques; les substrats déshydratés sont disposés dans des microcupules qui peuvent être ensemencées avec une solution de bactéries. Les résultats de ces épreuves simultanées peuvent aussi être interprétés par un technicien ou par un ordinateur.

Les épreuves biochimiques ont une portée limitée; en effet, les mutations et l'acquisition d'un plasmide peuvent donner naissance à des souches présentant des caractéristiques différentes. À moins d'effectuer un nombre considérable de tests, il est toujours possible de commettre une erreur lors de l'identification d'un microorganisme.

Dans le manuel de Bergey, l'importance relative des épreuves biochimiques n'est pas évaluée et toutes les souches de microorganismes ne sont pas décrites. Or, lorsqu'on veut établir le diagnostic clinique d'une maladie, on doit identifier l'espèce et la souche du microorganisme en cause afin d'être en mesure de déterminer le traitement approprié. C'est pourquoi plusieurs firmes ont élaboré des ensembles d'épreuves biochimiques spécifiquement destinés à l'identification rapide dans les laboratoires des hôpitaux. Des systèmes de plus en plus sophistiqués – miniaturisés, automatisés et assistés par ordinateur – permettent une

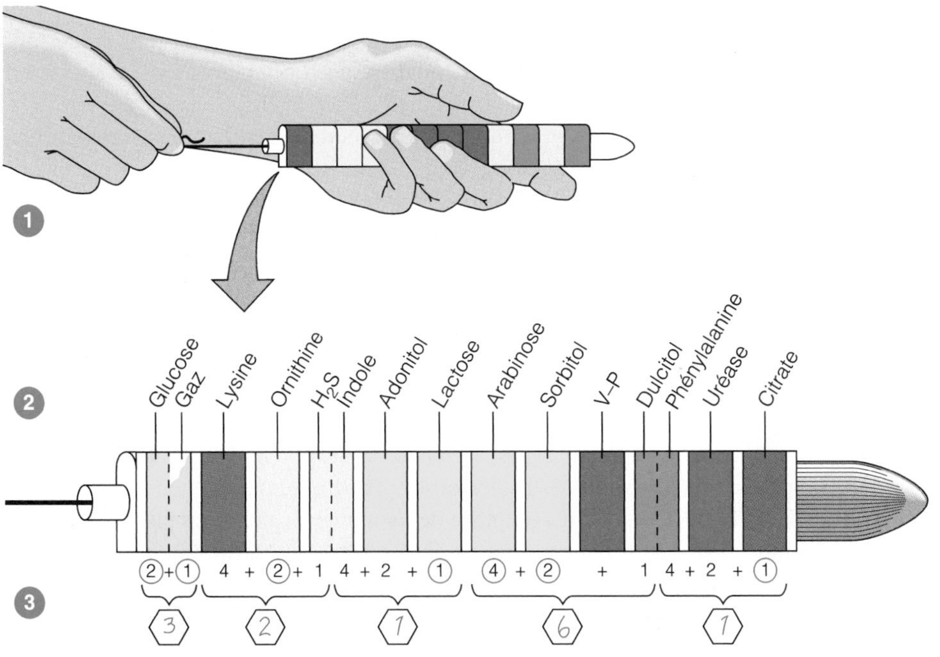


| Valeur ID | Organisme | Résultats atypiques | Test de confirmation |
|---|---|---|---|
| 32143 | *Enterobacter cloacæ* | Sorbitol⁻ | – |
| | *Enterobacter sakasakii* | Urée⁺ | + |
| 32161 | *Enterobacter cloacæ* | Aucun | VP⁺ |
| 32162 | *Enterobacter cloacæ* | Citrate⁻ | |

**FIGURE 10.9 L'une des méthodes d'identification rapide de bactéries : Enterobube[MD] II de Becton Dickinson.** ❶ On inocule un ensemble de 15 milieux de culture contenus dans une éprouvette. ❷ À la fin de la période d'incubation, on note les résultats obtenus. ❸ On encercle la valeur de chaque épreuve positive, puis on additionne toutes les valeurs obtenues pour un groupe d'épreuves, ce qui donne la valeur ID pour chaque portion. ❹ La comparaison des valeurs ID avec une liste de résultats obtenus par ordinateur indique que le microorganisme inoculé est *Enterobacter cloacæ*. L'exemple illustre les résultats obtenus dans le cas d'une souche typique d'*E. cloacæ*; cependant, d'autres souches de la même bactérie peuvent donner des résultats différents, qui sont notés dans la colonne portant le titre Résultats atypiques. On emploie l'épreuve V-P pour confirmer l'identification.

■ Dans les méthodes d'identification rapide, les résultats des épreuves sont pondérés selon leur importance relative.

identification fiable et très rapide. Par exemple, le système Vitek se présente sous la forme d'une petite carte (57 mm × 90 mm × 3,2 mm) munie de 30 épreuves biochimiques, entièrement automatisée et assistée par ordinateur. Des épreuves de ce type permettent l'identification de nombreuses espèces de bactéries à Gram positif et à Gram négatif, et celle de levures et de divers mycètes.

## La nature des acides gras

Les bactéries synthétisent une large gamme d'acides gras et, en général, les mêmes acides gras sont présents chez tous les individus d'une espèce particulière. Il existe un procédé commercial pour isoler les acides gras d'une cellule et les comparer avec ceux d'organismes connus. Toutefois, il faut souvent compléter les données que l'on possède sur la nature des acides gras en procédant à des épreuves biochimiques. Par ailleurs, ces données ne servent qu'à l'identification des bactéries, et non à la détermination des relations phylogénétiques.

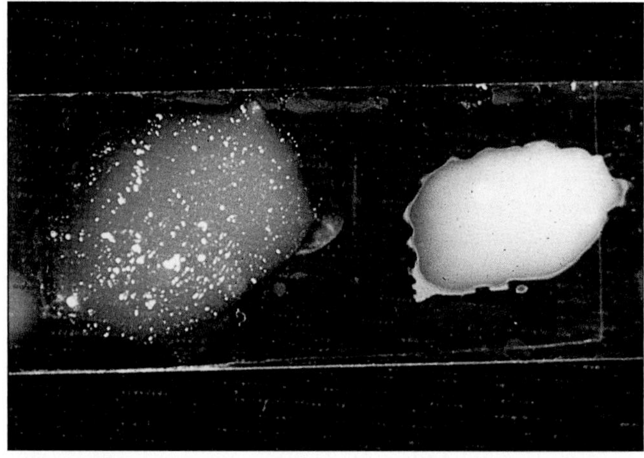

a) Test positif b) Test négatif

FIGURE 10.10 **Test d'agglutination sur lame. a)** Lorsque le test est positif, l'apparence granuleuse de l'échantillon est due à l'agglutination (ou agglomération) des bactéries. **b)** Lorsque le test est négatif, les bactéries conservent une distribution uniforme dans la solution saline et l'antisérum.

- Il y a agglutination lorsque les bactéries sont mélangées à des anticorps produits en réaction à des bactéries de même souche.

## Les épreuves sérologiques

### Objectifs d'apprentissage

- *Expliquer de quelle façon on identifie une bactérie inconnue au moyen d'épreuves sérologiques.*
- *Expliquer l'utilité de la technique de transfert de Western.*

La **sérologie** est la science qui étudie le sérum sanguin et les réponses immunitaires mises en évidence par l'examen du sérum (chapitre 18). Les microorganismes sont antigéniques, c'est-à-dire que leur présence dans le corps d'un animal incite celui-ci à produire des anticorps. Les anticorps sont des protéines, produites par l'organisme infecté, qui circulent dans le sang et se combinent de façon très spécifique avec les bactéries qui ont déclenché leur production. Par exemple, le système immunitaire d'un lapin auquel on a injecté des bactéries mortes de la typhoïde réagit en produisant des anticorps contre ce type de bactéries.

On trouve sur le marché des trousses commerciales contenant des solutions d'anticorps destinées à l'identification de divers microorganismes importants d'un point de vue médical. Ce type de solution s'appelle **antisérum** ou **immunsérum**. Si on isole une bactérie inconnue d'un patient, on peut souvent l'identifier rapidement à l'aide d'antisérums connus.

Le **test d'agglutination sur lame** avec l'antisérum est une procédure qui consiste à incorporer des échantillons d'une bactérie inconnue dans des gouttes de solution saline (eau physiologique) placées sur différentes lames. On ajoute ensuite un antisérum différent à chaque échantillon. Les bactéries s'agglutinent (ou forment des grumeaux) lorsqu'elles sont mélangées aux anticorps spécifiquement produits en réaction à cette espèce ou souche de bactérie; l'agglutination indique que l'épreuve est positive. La figure 10.10 illustre des tests positif et négatif d'agglutination sur lame.

Les **épreuves sérologiques** permettent de différencier non seulement des espèces de microorganismes, mais aussi des souches d'une même espèce. Nous avons vu au chapitre 1 que Rebecca Lancefield (1933) a réussi à classer des sérotypes de streptocoques grâce à l'étude de réactions sérologiques. Elle a découvert que les antigènes présents sur la paroi cellulaire de divers sérotypes de streptocoques stimulaient la production d'anticorps spécifiques. Par ailleurs, puisque des bactéries étroitement apparentées, mais provenant d'espèces ou de souches bactériennes différentes, produisent certains des mêmes antigènes, les épreuves sérologiques servent aussi à vérifier si des isolats bactériens présentent ou non des similitudes. Si un antisérum réagit avec des protéines provenant d'espèces ou de souches bactériennes différentes, on peut effectuer des épreuves additionnelles pour vérifier à quel point ces bactéries sont apparentées.

On a employé des épreuves sérologiques pour déterminer si l'augmentation du nombre de cas de fasciite nécrosante observée aux États-Unis et en Angleterre depuis 1987 est due à une source commune d'infection. On n'a pas découvert une telle source, mais on a constaté une augmentation de la fréquence d'apparition de deux sérotypes de *Streptococcus pyogenes,* connus sous le nom de bactérie mangeuse de chair.

La **méthode immunoenzymatique,** ou **méthode ELISA** (pour «enzyme-linked immunosorbent assay») est largement utilisée à cause de sa rapidité (figures 1.7b et 18.12). Le couplage des réactifs avec une réaction enzyme-substrat produit une modification visible de la couleur, ce qui donne la possibilité de lire les résultats avec un lecteur automatique. Une méthode ELISA directe consiste à placer

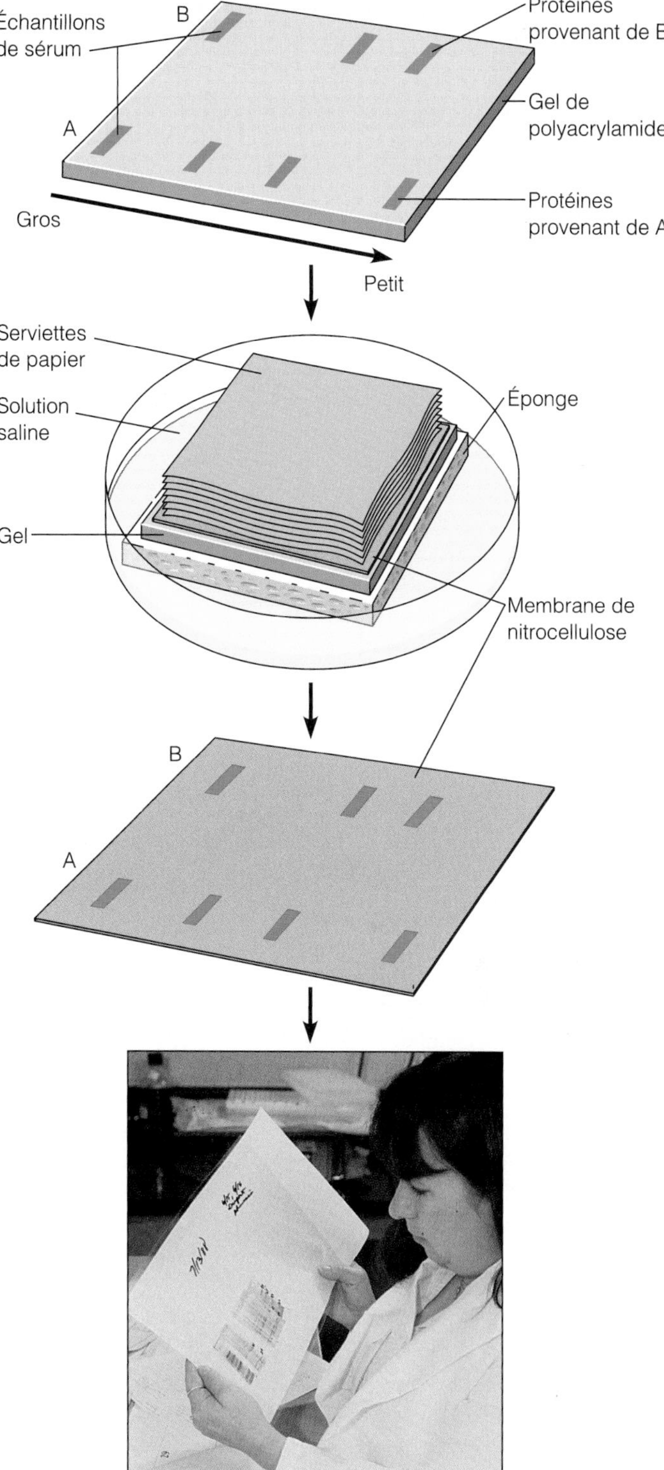


1 Lorsqu'on soupçonne par exemple la maladie de Lyme chez un patient, on prélève un échantillon de son sérum afin de vérifier si le microorganisme est présent. Puis on sépare les protéines antigéniques contenues dans celui-ci par électrophorèse sur un gel de polyacrylamide. Les protéines migrent et se séparent en bandes ; chaque bande est composée de nombreuses molécules d'une protéine donnée (un antigène). Les bandes ne sont pas visibles à cette étape.

2 On transfère les bandes sur une membrane de nitrocellulose par buvardage.

3 On place la membrane contenant les protéines (les antigènes) exactement dans la même position qu'elle occupait sur le gel, puis on la met en contact avec des anticorps spécifiques à un antigène donné. Les anticorps sont marqués au moyen d'un colorant de manière qu'ils soient visibles lorsqu'ils se combinent avec leur antigène spécifique (illustré en violet).

4 On lit les résultats du test. Si les anticorps marqués adhèrent à la membrane, cela indique la présence du microorganisme recherché (dans le cas présent, *Borrelia burgdorferi*) dans le sérum du patient.

**FIGURE 10.11 Technique de transfert de Western.** On décèle la présence de protéines antigéniques, qui ont été séparées par électrophorèse et transférées sur une membrane de nitrocellulose, grâce à leur réaction avec des anticorps marqués avec un colorant.

■ Nommez deux maladies que l'on peut diagnostiquer par la technique de transfert de Western.

des anticorps connus dans les puits d'une plaque de microtitration, puis à ajouter un spécimen de bactéries inconnues (l'antigène à tester) dans chaque alvéole. Il se produit entre l'anticorps et la bactérie une réaction qui permet d'identifier la bactérie. Une méthode ELISA indirecte permet la détection des anticorps dans le sang d'un patient au moyen d'antigènes connus. On utilise par exemple une méthode ELISA pour effectuer les tests de détection des antigènes de la salmonellose et du choléra et pour les tests de détection des anticorps anti-VIH (figure 1.7a).

L'épreuve sérologique appelée **technique de transfert de Western,** ou technique de Western Blot, sert à identifier des antigènes bactériens présents dans le sérum d'un patient (figure 10.11). On utilise cette épreuve pour confirmer une

LA MICROBIOLOGIE DANS L'ACTUALITÉ

## Un nombre considérable de décès chez les mammifères marins attire l'attention des microbiologistes vétérinaires

Un nombre sans précédent de lamantins sont morts dans les eaux côtières de la Floride en 1996, et la moitié de ces décès étaient dus à une pneumonie. En 1994, des chercheurs du Marine Mammal Center en Californie ont noté la présence d'une dermatose chez les éléphants de mer du nord. Les microbiologistes se sont alors mis à chercher la cause de ces deux maladies.

La population de dauphins a également été atteinte par une maladie inhabituelle, potentiellement inquiétante. En temps normal, du New Jersey à la Virginie, de 10 à 12 cadavres de dauphins sont rejetés sur les plages chaque année. Toutefois, le bilan a grimpé récemment à plus de 200 décès en une année, et les scientifiques pensent que des centaines d'autres dauphins sont peut-être morts au large. Ces données font craindre que des populations entières de mammifères marins ne finissent par être décimées. De plus, des baigneurs inquiets ont demandé s'ils risquaient de contracter les maladies qui affectent ces mammifères. L'organisme chargé de la recherche navale continue de financer des recherches sur les mammifères marins, effectuées dans les universités américaines, et visant à déterminer la cause de la mort des dauphins.

On a découvert chez ces dauphins un grand nombre d'agents pathogènes opportunistes, dont 55 espèces de *Vibrio.* Ces bactéries font partie du microbiotope normal des dauphins et du biotope des eaux côtières ; elles ne rendent les animaux malades que si le système immunitaire de ces derniers, c'est-à-dire leurs défenses normales contre l'infection, est affaibli. Pour déterminer la cause des décès, les scientifiques doivent découvrir ce qui a entraîné l'affaiblissement du système immunitaire des mammifères marins.

L'une des causes possibles est la pollution chimique. On a constaté la présence d'insecticides et de polychlorobiphényles (BPC) chez les dauphins, les lamantins et les éléphants de mer. Daniel Martineau de l'université Cornell affirme que les BPC sont des immunosuppresseurs puissants. Il est également possible qu'une infection virale affecte le système immunitaire des mammifères marins. On sait maintenant que la cause de la mort de milliers de phoques en Europe du Nord, en avril 1988, est un virus jusque-là inconnu. Un nouveau virus infecterait-il d'autres mammifères marins ?

### LA RARETÉ DES INFORMATIONS

Les questions soulevées ci-dessus sont du ressort de la microbiologie vétérinaire, qui était considérée jusqu'à tout récemment comme une branche peu importante de la microbiologie médicale. Bien que les maladies qui touchent certains animaux tels que les vaches, les poulets et les visons aient été étudiées, en partie parce que les chercheurs ont facilement accès à ces bêtes, la microbiologie des animaux sauvages, et en particulier des mammifères marins, est un domaine d'étude relativement nouveau. La collecte d'échantillons d'animaux vivant en haute mer et l'analyse bactériologique de ces échantillons présentent de grandes difficultés. À l'heure actuelle, on étudie principalement les animaux vivant en captivité (voir la photo) et ceux qui viennent se reproduire sur les côtes, tels que l'otarie à fourrure de l'Alaska.

Les scientifiques identifient les bactéries présentes chez les mammifères marins à l'aide de batteries de tests traditionnels (voir la figure) et de données génomiques relatives aux espèces connues. Ils comparent ces bactéries aux espèces décrites dans le manuel de Bergey afin de les nommer ou de les identifier. On découvrira peut-être ainsi de nouvelles espèces de bactéries chez les mammifères marins.

Les microbiologistes vétérinaires espèrent que l'intensification de l'étude de la microbiologie des animaux sauvages, et en particulier des mammifères marins, améliorera non seulement la gestion de la faune, mais fournira aussi des modèles pour l'étude des maladies humaines.

infection par le VIH et souvent pour diagnostiquer la maladie de Lyme, causée par *Borrelia burgdorferi* (chapitre 23, p. 699). ❶ On sépare par électrophorèse (chapitre 9, p. 289) les protéines (bactériennes, virales ou autres) contenues dans le sérum du patient ; les protéines migrent à une distance qui est fonction de leur masse moléculaire. ❷ On transfère ensuite les protéines séparées sur une membrane de nitrocellulose par un procédé de buvardage. ❸ Enfin, on verse sur la membrane des solutions d'anticorps marqués avec un colorant. Si l'antigène spécifique (dans ce cas-ci, des protéines de *Borrelia*) est présent dans le sérum, les anticorps forment, en se combinant à l'antigène, une bande colorée visible sur la membrane. La mise en évidence de protéines antigéniques appartenant à une espèce ou une souche bactérienne est d'une grande utilité dans le diagnostic d'une infection.

## La lysotypie

### Objectif d'apprentissage

- *Expliquer de quelle façon on identifie une bactérie inconnue au moyen de la lysotypie.*

La lysotypie sert, comme les épreuves sérologiques, à déterminer les similitudes entre des bactéries. Ces deux méthodes sont utiles pour trouver l'origine d'une maladie et suivre son évolution. La **lysotypie** est une épreuve destinée à identifier

**(suite)**

Des chercheurs qui étudient les mammifères marins examinent un dauphin à gros nez du Pacifique.

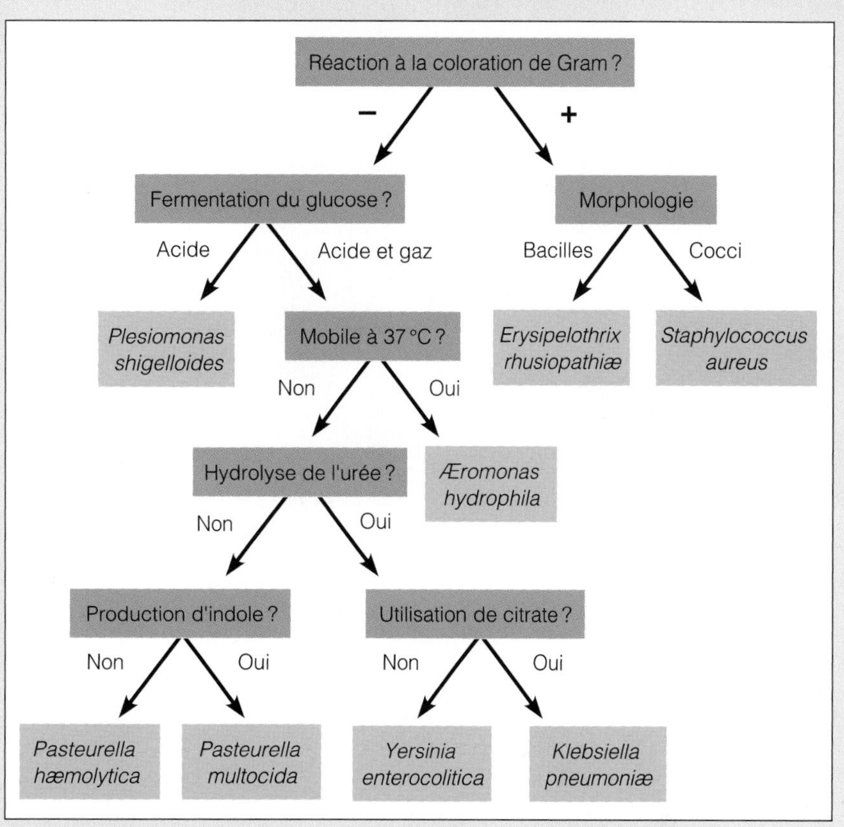


Identification à l'aide d'épreuves biochimiques d'espèces particulières d'agents pathogènes humains isolés de mammifères marins.

les phages auxquels une bactérie est sensible. Nous avons vu au chapitre 8 (p. 262) que les bactériophages (ou phages) sont des virus qui infectent des bactéries, dont ils provoquent généralement la lyse. La lysotypie se fonde sur le fait que les phages sont très spécialisés, en ce sens qu'ils n'infectent le plus souvent que les membres d'une espèce donnée, ou même de souches données d'une espèce. Une souche bactérienne peut être sensible à deux phages distincts, tandis qu'une autre souche de la même espèce est sensible aux deux mêmes phages, et aussi à un troisième. Nous traitons des bactériophages plus en détail au chapitre 13.

Une version de la lysotypie consiste à faire d'abord croître des bactéries sur toute la surface d'une boîte de Petri contenant de la gélose. On place ensuite sur les bactéries des gouttes de différentes solutions contenant chacune l'un des phages à étudier. Partout où les phages infectent les cellules bactériennes et les lysent, il se forme des zones pâles (appelées plages de lyse) où la croissance des bactéries est inhibée (figure 10.12). Une telle épreuve peut montrer, par exemple, que des bactéries prélevées sur une plaie opératoire ont le même type de sensibilité aux phages que les bactéries prélevées sur le chirurgien qui a pratiqué l'opération ou sur le personnel infirmier qui l'a assisté. Les résultats démontrent alors que le chirurgien ou un membre du personnel infirmier sont à l'origine de l'infection. La lysotypie est une technique utile en épidémiologie ; par exemple, lors d'une épidémie de fièvre thyphoïde, la lysotypie des germes isolés des patients permet de savoir s'il s'agit du même germe contaminant ou s'il s'agit de cas non reliés entre eux. La lysotypie est particulièrement utile pour déterminer la source des infections d'origine alimentaire.

## La cytométrie en flux

### Objectif d'apprentissage

- *Expliquer de quelle façon on identifie une bactérie inconnue au moyen de la cytométrie en flux.*

La **cytométrie en flux** est une technique d'analyse de cellules et de constituants cellulaires ; elle sert à identifier les

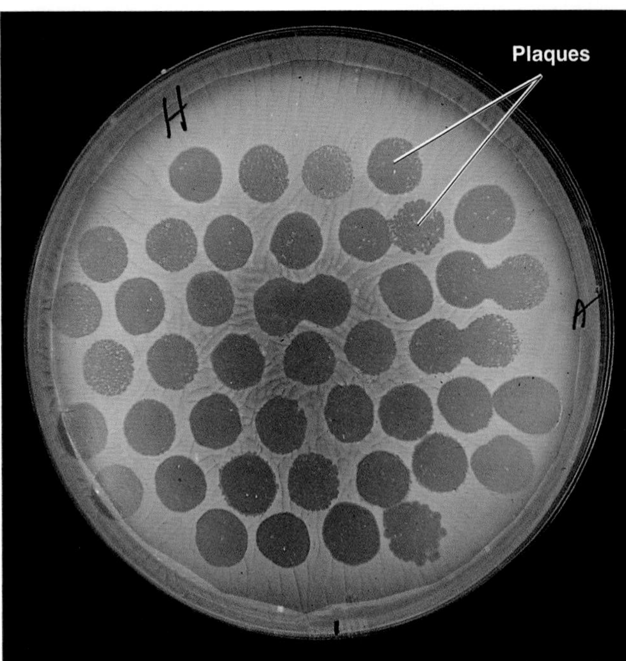


**FIGURE 10.12 Lysotypie d'une souche de *Salmonella typhi*.** La culture de la souche à tester recouvre toute la boîte de Petri. Les plages, ou régions, de lyse ont été produites par des bactériophages, ce qui indique que la souche étudiée est sensible à l'infection par ces phages. Les bactéries ayant ce genre de sensibilité sont appelées lysotypes *Salmonella typhi* A.

■ Qu'est-ce que la lysotypie permet d'identifier?

bactéries présentes dans un échantillon sans qu'il soit nécessaire d'en faire la culture. On utilise la fluorescence pour détecter les cellules naturellement fluorescentes, telles que *Pseudomonas,* ou des cellules marquées avec un liquide fluorescent. Dans un *cytomètre en flux,* les bactéries, préalablement marquées avec des anticorps spécifiques fluorescents et en suspension dans un liquide en mouvement, sont guidées vers une petite ouverture (figure 18.11). Lorsqu'on éclaire au laser le liquide qui passe par l'ouverture, les anticorps fluorescents fixés aux bactéries sont excités; la fluorescence émise est transformée en signal électrique. Un détecteur décèle la présence des bactéries en enregistrant la différence de conductivité électrique entre les cellules bactériennes et le milieu environnant. La dispersion de la lumière fournit des informations à propos de la taille, de la forme, de la densité et de la surface de la cellule; ces données sont ensuite analysées à l'aide d'un ordinateur. L'accroissement de la sensibilité des instruments utilisés, lié à la simplification et à l'informatisation de la technique, a favorisé la mise au point d'appareils de routine ayant des applications intéressantes dans le domaine biomédical et pour le contrôle de la qualité des aliments.

Le lait est un véhicule potentiel de transmission de maladies. Il existe une épreuve destinée à déceler la présence de *Listeria monocytogenes* (chapitre 22, p. 666) dans le lait par la technique de cytométrie en flux, qui permet d'identifier la bactérie sans qu'il soit nécessaire d'en faire la culture, ce qui représente une économie de temps. Cette méthode consiste à marquer des anticorps contre *Listeria* avec un liquide fluorescent, puis à ajouter les anticorps au lait à tester. On fait passer le lait dans un cytomètre en flux, qui enregistre la dispersion de la lumière par les bactéries combinées aux anticorps fluorescents.

## La composition des bases d'ADN

### Objectifs d'apprentissage

- *Décrire les nouvelles techniques de classification : détermination de la composition des bases d'ADN, séquençage de l'ARNr, analyse des empreintes génétiques, amplification en chaîne par polymérase et hybridation d'un acide nucléique.*
- *Distinguer les objectifs respectifs visés par les techniques de transfert de Western et de Southern.*

Les taxinomistes utilisent fréquemment une technique de classification appelée **détermination de la composition des bases d'ADN.** La composition des bases s'exprime généralement sous la forme du pourcentage de guanine et de cytosine (G + C). En théorie, la composition des bases d'une espèce donnée est une propriété constante; ainsi, la comparaison des teneurs en guanine et en cytosine de différentes espèces devrait refléter le degré de parenté entre ces espèces. Nous avons vu au chapitre 8 que chaque guanine (G) de l'ADN est associée à une cytosine complémentaire (C). De même, chaque adénine (A) de l'ADN est associée à une thymine complémentaire (T). Donc, le pourcentage de bases d'ADN qui sont des paires GC indique également le pourcentage de bases qui sont des paires AT (car GC + AT = 100 %). Si deux organismes sont étroitement apparentés, c'est-à-dire s'ils ont en commun de nombreux gènes identiques ou similaires, leur ADN renfermera à peu près les mêmes quantités des différentes bases. Toutefois, si la différence des pourcentages de paires G + C est supérieure à 10 % (par exemple, l'ADN d'une bactérie contient 40 % de G + C, tandis que l'ADN d'une seconde bactérie en contient 60 %), les deux organismes ne sont probablement pas apparentés. Il est clair que, même si deux organismes ont un pourcentage de G + C équivalent, cela ne signifie pas qu'ils soient étroitement apparentés; ce fait doit être étayé par d'autres données pour qu'on puisse en tirer des conclusions sur une relation phylogénétique.

## La technique de l'empreinte génétique

Il existe des méthodes biochimiques modernes qui permettent de déterminer la séquence complète de bases de l'ADN d'un organisme mais, en pratique, ce processus est applicable seulement aux microorganismes les plus petits (soit les virus) à cause du temps requis. Cependant, les chercheurs peuvent comparer les séquences de bases de différents organismes à l'aide d'enzymes de restriction. Ces dernières coupent une molécule d'ADN en chaque point où il y a une séquence spécifique de bases, ce qui produit des fragments de restriction (chapitre 9, p. 274). Par exemple, l'enzyme *Eco*RI coupe l'ADN à l'endroit indiqué par la flèche dans chaque séquence :

. . . G↓A A T T C . . .
. . . C T T A A↑G . . .

La technique de comparaison consiste à traiter l'ADN de deux (ou plusieurs) microorganismes différents avec une même enzyme de restriction, puis à séparer les fragments de restriction obtenus par électrophorèse sur une mince couche de gélose. On obtient ainsi des cartes de restriction, qui sont en quelque sorte des cartes d'identité du génome où est représentée la localisation des sites de restriction sur la molécule d'ADN. En comparant le nombre et la taille des fragments de restriction provenant de divers organismes, on obtient des informations sur les similitudes et différences génétiques. Plus il y a de similarités, c'est-à-dire plus les *empreintes génétiques* se ressemblent, plus les organismes devraient être apparentés (figure 10.13).

On utilise la **technique de l'empreinte génétique** notamment pour déterminer la source des infections nosocomiales. Dans un hôpital par exemple, des patients ayant subi un pontage coronarien ont contracté une infection à *Rhodococcus bronchialis*. Les empreintes génétiques des bactéries isolées des patients et d'une infirmière se sont révélées identiques. L'hôpital a ainsi été en mesure d'interrompre la chaîne de transmission de l'infection en incitant l'infirmière à utiliser la technique d'asepsie requise. L'encadré du chapitre 25 (p. 767) décrit comment la technique de l'empreinte génétique a permis de localiser la source des diarrhées contractées par des individus dans un restaurant.

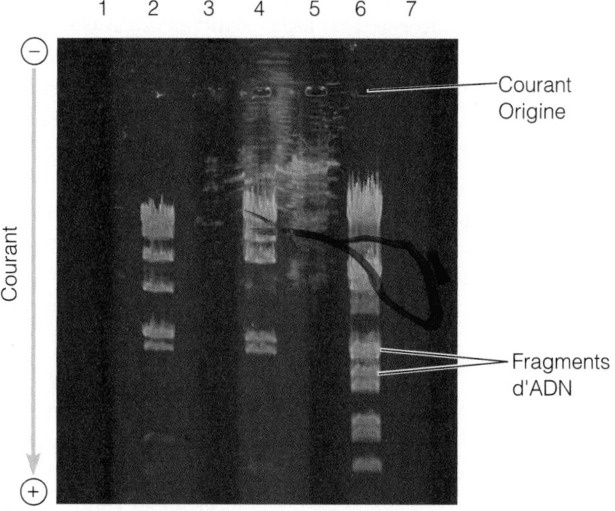


**FIGURE 10.13 Technique de l'empreinte génétique.** Une même enzyme de restriction a digéré les plasmides de cinq bactéries différentes. On place chaque produit de digestion dans une alvéole distincte (origine) de gel d'agarose. (Les alvéoles 1 et 7 sont vides.) On applique ensuite un courant électrique au gel pour séparer les fragments en fonction de leur taille et de leur charge électrique. On rend l'ADN visible par coloration au bromure d'éthidium, qui présente une fluorescence sous l'effet de la lumière ultraviolette. La comparaison des bandes indique que tous les échantillons d'ADN sont distincts (et que, par conséquent, toutes les bactéries sont distinctes).

■ On utilise la technique de l'empreinte génétique pour déterminer la source des infections nosocomiales.

## Le séquençage de l'ARN ribosomal

À l'heure actuelle, le **séquençage de l'ARNr** sert à caractériser la diversité des organismes et les relations phylogénétiques entre eux ; cette technique a notamment permis d'établir les relations phylogénétiques entre les bactéries. L'emploi de l'ARNr présente plusieurs avantages. Premièrement, toutes les cellules contiennent des ribosomes. Le nombre de bases distinctes de l'ARNr de deux organismes est d'autant moins grand que ceux-ci sont étroitement apparentés. Deuxièmement, les gènes de l'ARNr ont peu changé au cours des ans. On emploie en général la petite unité des ribosomes. Troisièmement, il n'est pas nécessaire de faire la culture de cellules en laboratoire.

On peut augmenter la quantité d'ADN contenu dans un échantillon microbien de sol ou d'eau au moyen de la technique d'amplification en chaîne par polymérase (ACP), en utilisant une amorce d'ARNr.

## L'amplification en chaîne par polymérase

Lorsqu'il est impossible d'obtenir une culture d'un microorganisme par une méthode traditionnelle, on risque de ne pouvoir reconnaître l'agent responsable d'une maladie infectieuse. Cependant, l'**amplification en chaîne par polymérase** (**ACP**) permet de multiplier l'ADN microbien et d'obtenir des quantités auxquelles on peut ensuite appliquer une électrophorèse sur gel (figure 9.4).

En 1992, des chercheurs ont utilisé l'ACP pour mettre en évidence l'agent responsable de la maladie de Whipple, soit une bactérie que l'on a nommée depuis *Tropheryma whippelii*. George Whipple a été le premier, en 1907, à décrire cette maladie comme un trouble gastro-intestinal et neurologique causé par un bacille inconnu. Personne n'arrivait à faire la culture de cette bactérie pour l'identifier et il n'existait donc aucune méthode fiable de diagnostic ni aucun traitement.

Récemment, l'ACP a permis plusieurs découvertes que l'on n'aurait pu faire à l'aide d'autres méthodes. Par exemple, en 1992, Raul Cano a amplifié par polymérase l'ADN de bactéries du genre *Bacillus* enfermées dans de l'ambre vieux de 25 à 40 millions d'années. Les amorces faites à partir de séquences d'ARNr de *Bacillus circulans*, une espèce vivante, ont servi à amplifier le codage de l'ADN pour l'ARNr provenant de l'ambre. Les mêmes amorces multiplient également l'ADN de *Bacillus* appartenant à d'autres espèces, mais elles ne multiplient pas l'ADN de diverses autres bactéries, telles que *Escherichia* ou *Pseudomonas.* On a procédé au séquençage de l'ADN après l'amplification, et on a utilisé les données obtenues pour déterminer les relations entre les bactéries anciennes et les bactéries actuelles.

En 1993, à l'aide de l'ACP, des microbiologistes ont identifié un *Hantavirus* comme l'agent pathogène responsable d'une fièvre virale hémorragique qui sévissait dans le sud-ouest des États-Unis. La détermination de l'agent pathogène s'est faite en un temps record, soit en moins de deux semaines. En 1994, on a employé l'ACP pour identifier l'agent responsable d'une nouvelle maladie à tiques (l'ehrlichiose granulocytaire humaine) : *Ehrlichia chaffeensis,* une bactérie. L'encadré du chapitre 22 (p. 679) décrit l'emploi de l'ACP pour identifier des virus de la rage.

En 1996, Applied Biosystems a mis sur le marché TaqMan[MD], procédé fondé sur l'ACP et destiné à identifier *E. coli* dans les aliments et l'eau ; immédiatement après avoir été amplifié, l'ADN de cet agent pathogène émet une fluorescence et peut ainsi être décelé par un gel d'électrophorèse.

## L'hybridation moléculaire

La figure 10.14 illustre la technique de l'hybridation. ❶ Le fait de soumettre une molécule d'ADN double brin à la chaleur entraîne la séparation des brins complémentaires par rupture des liaisons hydrogène entre les bases. ❷ et ❸ Si on refroidit ensuite les brins simples lentement, ils se regroupent pour former une molécule double brin identique à la molécule originale. (Cette réunion est possible à cause de la complémentarité séquentielle des brins simples.) ❹ En appliquant cette technique à des brins d'ADN séparés qui proviennent de deux organismes différents, on peut déterminer à quel point les séquences de bases se ressemblent. Cette méthode, appelée **hybridation moléculaire,** est fondée sur l'hypothèse que, si deux espèces sont similaires ou apparentées, une bonne partie des séquences des nucléotides sont semblables. Elle permet de mesurer la capacité des brins d'ADN d'un organisme à s'hybrider (à s'unir par appariement de bases complémentaires) avec des brins d'ADN d'un autre organisme. Le degré d'hybridation est d'autant plus élevé que les deux organismes sont apparentés.

Nous avons vu au chapitre 8 que l'ARN est monocaténaire et que sa transcription se fait à partir d'un brin d'ADN ; un brin donné d'ARN est donc complémentaire au brin d'ADN dont il provient par transcription, et il peut s'hybrider avec ce brin séparé d'ADN. Ainsi, on peut employer l'hybridation ADN-ARN pour déterminer le degré de parenté entre l'ADN d'un organisme et l'ARN d'un second organisme, de la même façon qu'on utilise l'hybridation ADN-ADN.

L'hybridation moléculaire sert également à déceler des microorganismes inconnus par la technique de transfert de Southern (figure 9.14). Rappelons qu'on fait appel à la technique de transfert de Southern pour identifier un gène inconnu à partir d'un fragment d'ADN combiné à une sonde radioactive spécifique.

On élabore actuellement des méthodes d'identification rapide où interviennent des **sondes d'ADN.** L'une de ces méthodes consiste à fragmenter l'ADN extrait de *Salmonella* au moyen d'une enzyme de restriction, puis à

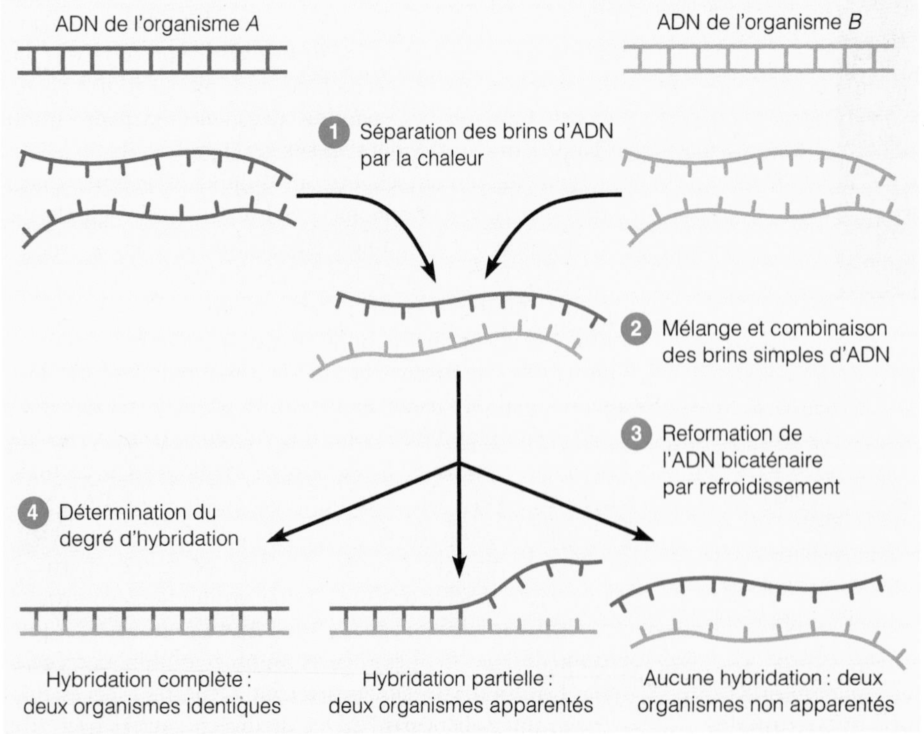
ADN de l'organisme A
ADN de l'organisme B
1 Séparation des brins d'ADN par la chaleur
2 Mélange et combinaison des brins simples d'ADN
3 Reformation de l'ADN bicaténaire par refroidissement
4 Détermination du degré d'hybridation
Hybridation complète : deux organismes identiques
Hybridation partielle : deux organismes apparentés
Aucune hybridation : deux organismes non apparentés

**FIGURE 10.14 Hybridation ADN-ADN.** Deux organismes sont d'autant plus étroitement apparentés que le nombre d'appariements de brins d'ADN (hybridation) provenant de ces deux organismes est élevé.

■ Quel principe sous-tend le degré d'hybridation de l'ADN de deux organismes ?

choisir un fragment spécifique comme sonde pour *Salmonella* (figure 10.15). Il faut que ce fragment soit capable de s'hybrider avec l'ADN de toutes les souches de *Salmonella,* mais il ne faut pas qu'il s'hybride avec l'ADN d'entérobactéries étroitement apparentées. ❶ On clone le fragment d'ADN choisi (la sonde) dans un plasmide introduit dans *E. coli,* ce qui aboutit à la formation de centaines de fragments spécifiques d'ADN de *Salmonella.* ❷ On marque ces fragments avec des isotopes radioactifs ou un colorant fluorescent, puis on les sépare de manière à produire des brins simples d'ADN. ❸ – ❻ On mélange les sondes d'ADN ainsi obtenues avec de l'ADN monocaténaire préparé à partir d'un échantillon d'un aliment susceptible de contenir *Salmonella.* ❼ Si *Salmonella* est présent dans l'échantillon, les sondes d'ADN s'hybrident avec l'ADN de *Salmonella.* On sait si ce processus d'hybridation a eu lieu grâce à la radioactivité ou à la fluorescence des sondes.

La **puce à ADN** est une nouvelle technique fascinante. Elle devrait permettre de séquencer rapidement des génomes entiers et de déceler un agent pathogène dans un hôte par identification d'un gène spécifique à cet agent. Une puce à ADN se compose de sondes d'ADN et d'un colorant fluorescent qui sert d'indicateur. Si on ajoute à la puce un échantillon contenant de l'ADN d'un organisme inconnu, l'hybridation entre la sonde d'ADN et l'ADN contenu dans l'échantillon est décelée par fluorescence.

## La combinaison de plusieurs méthodes de classification

### Objectif d'apprentissage

- *Faire la distinction entre clé dichotomique et cladogramme.*

Il y a quelques années, les seuls outils d'identification disponibles étaient les caractères morphologiques, la coloration différentielle et les épreuves biochimiques. Grâce aux progrès de la technologie, on peut aujourd'hui employer couramment des techniques d'analyse des acides nucléiques qui servaient autrefois exclusivement à la classification. (Un exemple pratique est décrit dans l'encadré du chapitre 22, p. 679.) Le tableau 10.4 contient un résumé des critères et méthodes taxinomiques.

Les données relatives aux microbes obtenues à l'aide des méthodes énumérées dans le tableau servent à l'identification et à la classification des organismes. Il existe deux techniques d'application des données obtenues.

### Les clés dichotomiques

On utilise couramment des **clés dichotomiques,** ou **clés analytiques,** pour l'identification d'organismes. Une clé dichotomique est une série de questions auxquelles on peut répondre de deux façons (dichotomique signifie « qui

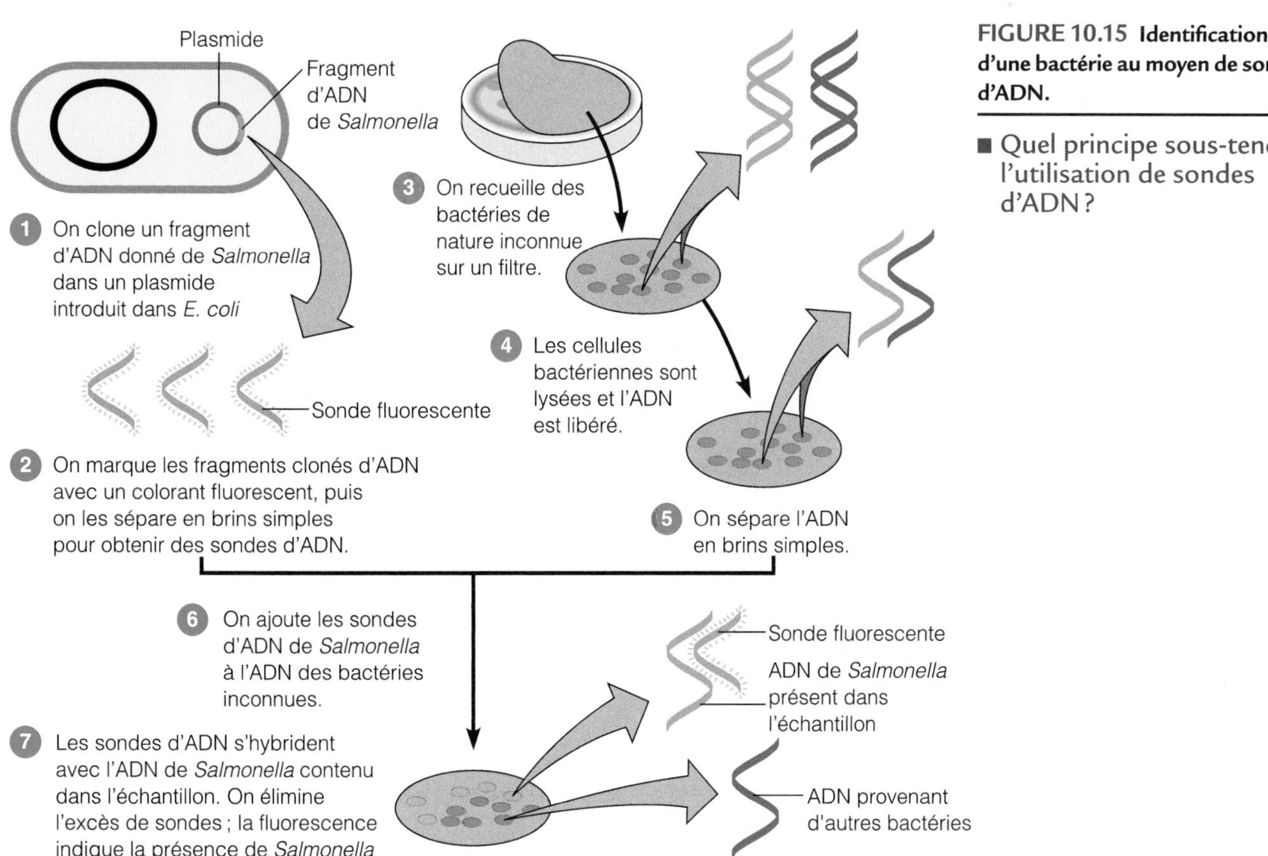
Plasmide
Fragment d'ADN de *Salmonella*
1 On clone un fragment d'ADN donné de *Salmonella* dans un plasmide introduit dans *E. coli*
Sonde fluorescente
2 On marque les fragments clonés d'ADN avec un colorant fluorescent, puis on les sépare en brins simples pour obtenir des sondes d'ADN.
3 On recueille des bactéries de nature inconnue sur un filtre.
4 Les cellules bactériennes sont lysées et l'ADN est libéré.
5 On sépare l'ADN en brins simples.
6 On ajoute les sondes d'ADN de *Salmonella* à l'ADN des bactéries inconnues.
7 Les sondes d'ADN s'hybrident avec l'ADN de *Salmonella* contenu dans l'échantillon. On élimine l'excès de sondes ; la fluorescence indique la présence de *Salmonella*
Sonde fluorescente
ADN de *Salmonella* présent dans l'échantillon
ADN provenant d'autres bactéries

**FIGURE 10.15 Identification d'une bactérie au moyen de sondes d'ADN.**

- Quel principe sous-tend l'utilisation de sondes d'ADN ?

**Tableau 10.4** *Critères et méthodes taxinomiques de classification et d'identification des bactéries*

| Critère ou méthode | Applications | |
|---|---|---|
| | Classification | Identification |
| Caractères morphologiques | Non (sauf pour les cyanobactéries) | Oui |
| Coloration différentielle | Oui (pour les bactéries pourvues d'une paroi cellulaire) | Oui |
| Épreuves biochimiques | Non | Oui |
| Nature des acides gras | Non | Oui |
| Sérologie | Non | Oui |
| Lysotypie | Non | Oui |
| Cytométrie en flux | Non | Oui |
| Composition des bases d'ADN | Oui | Non |
| Empreinte génétique | Non | Oui |
| Séquençage de l'ARNr | Oui | Non |
| ACP | Oui | Oui |
| Hybridation moléculaire | Oui | Oui (sondes d'ADN et puces à ADN) |

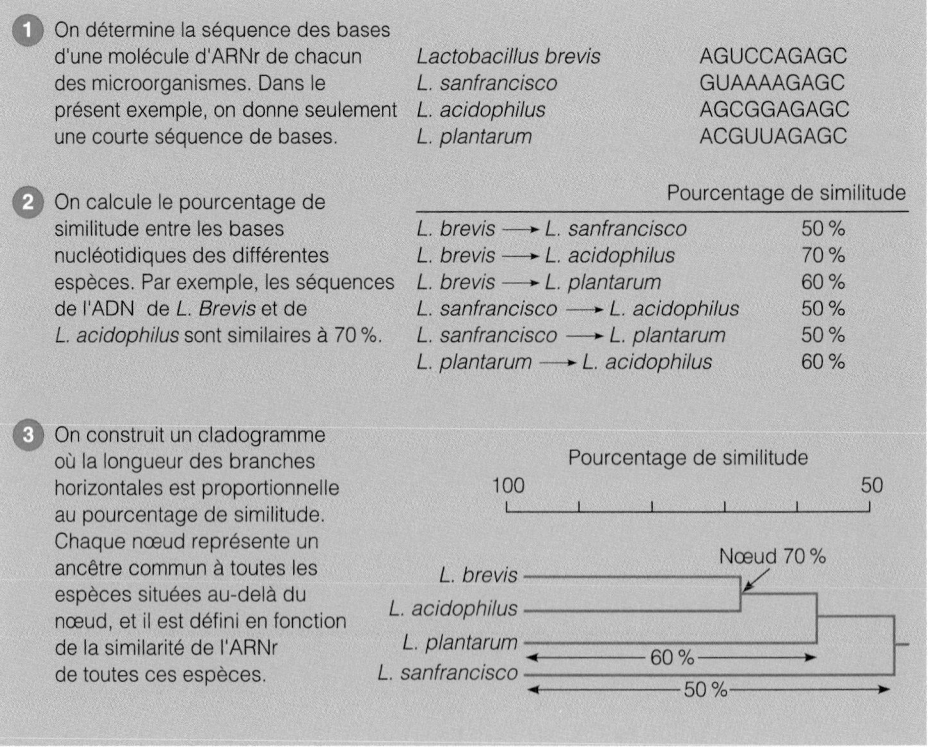


**FIGURE 10.16 Construction d'un cladogramme.**

■ Pourquoi les branches correspondant à *L. Brevis* et à *L. acidophilus* partent-elles d'un même nœud ?

procède par divisions binaires»). La réponse à une question mène le chercheur à une autre question, jusqu'à ce que l'organisme soit identifié. Bien que les clés n'aient souvent pas grand-chose à voir avec les relations phylogénétiques, elles sont des outils très précieux. Une clé dichotomique destinée à l'identification d'une bactérie commencerait par exemple par une question portant sur une caractéristique facile à déterminer, telle que la forme de la cellule, puis elle pourrait se poursuivre par une question portant sur la capacité à provoquer la fermentation d'un sucre. La figure 10.8 et l'encadré de la page 316 fournissent des exemples de clés dichotomiques.

### Les cladogrammes

Un **cladogramme** (*clado-* = branche) est un schéma arborescent qui met en évidence les relations phylogénétiques entre les organismes. Dans les cladogrammes des figures 10.1 et 10.6, chaque point d'intersection de deux branches correspond à une caractéristique commune aux espèces situées après ce nœud. On a longtemps établi des cladogrammes pour les vertébrés sur la base de données provenant de l'examen des fossiles. On utilise maintenant les séquences d'ARNr pour confirmer les hypothèses élaborées de cette façon. Nous avons souligné que la majorité des microorganismes ne laissent pas de traces fossiles. Le séquençage de l'ARNr sert donc principalement à préparer des cladogrammes de microorganismes sur la base de leurs relations phylogénétiques. On emploie la petite sous-unité d'ARNr qui comporte 1 500 bases, et les calculs sont effectués par ordinateur. La figure 10.16 résume les étapes de la construction d'un cladogramme. ❶ On décrit deux séquences d'ARNr et ❷ on calcule le pourcentage de similitudes entre ces séquences. ❸ On trace les branches horizontales du cladogramme de manière que leur longueur soit proportionnelle au pourcentage de similitude calculé. Toutes les espèces situées après un nœud (l'intersection de deux branches) ont des séquences semblables d'ARNr, ce qui permet de supposer qu'elles descendent d'un même ancêtre, correspondant au nœud.

## RÉSUMÉ

### INTRODUCTION (p. 300)

1. La taxinomie est la science de la classification des organismes, dont le but est de mettre en évidence les relations et les différences entre les organismes.
2. La taxinomie fournit des critères de classification et des outils pour l'identification de microorganismes inconnus, d'où sa grande utilité en médecine clinique.

### L'ÉTUDE DES RELATIONS PHYLOGÉNÉTIQUES (p. 301-305)

1. La phylogenèse est l'histoire évolutive d'un groupe d'organismes.
2. La hiérarchie taxinomique met en évidence les relations évolutives, ou phylogénétiques, entre les organismes.
3. En 1969, on a divisé les êtres vivants en cinq règnes.

#### Les trois domaines (p. 301-304)

1. On classe actuellement les êtres vivants en trois domaines.
2. Dans la classification actuelle, les règnes des Plantes, des Animaux, des Mycètes et des Protistes appartiennent au domaine des Eucaryotes. Les Bactéries (dont la paroi contient du peptidoglycane) forment un deuxième domaine. Les Archéobactéries (dont la paroi cellulaire est exceptionnelle) forment un troisième domaine.

#### Une hiérarchie phylogénétique (p. 304-305)

1. On regroupe les organismes dans des taxons définis en fonction de relations phylogénétiques (descendance d'un ancêtre commun).
2. Les fossiles fournissent des données à propos des relations phylogénétiques entre les eucaryotes.
3. On détermine les relations phylogénétiques entre les procaryotes par séquençage de l'ARNr et hybridation de l'ADN.

### LA CLASSIFICATION DES ORGANISMES (p. 305-309)

#### La nomenclature binominale (p. 305-306)

1. La nomenclature binominale assigne à chaque organisme un nom composé de deux termes, dont le premier désigne le genre et le second – appelé épithète spécifique – désigne l'espèce.
2. C'est le Comité international de bactériologie systématique qui fixe les règles de nomenclature des bactéries, qui sont publiées dans le *Bacteriological Code*.
3. Les règles de nomenclature des mycètes et des algues sont contenues dans l'*International Code of Botanical Nomenclature*.
4. Les règles de nomenclature des protozoaires sont contenues dans l'*International Code of Zoological Nomenclature*.

#### La hiérarchie taxinomique (p. 306-307)

1. Une espèce eucaryote est un groupe d'organismes interféconds qui ne peuvent se reproduire avec des individus d'une autre espèce.
2. Les espèces semblables forment un genre ; les genres semblables, une famille ; les familles, un ordre ; les ordres, une classe ; les classes, un embranchement ou phylum ; les embranchements, un règne ; les règnes, un domaine.

#### La classification des organismes procaryotes (p. 307)

1. Le *Bergey's Manual of Systematic Bacteriology* est l'ouvrage de référence en matière de classification des bactéries.
2. On appelle souche un groupe de bactéries descendant d'une même cellule.

3. Une espèce procaryote est définie comme une population de cellules ayant des caractéristiques semblables.
4. Des souches bactériennes étroitement apparentées forment une espèce.
5. Les procaryotes sont divisés en deux domaines, soit les Archéobactéries et les Bactéries.
6. Le domaine des Archéobactéries comprend les procaryotes dont la paroi cellulaire ne contient pas de peptidoglycane et qui vivent dans des environnements souvent extrêmes.
7. Le domaine des Bactéries comprend les bactéries procaryotes dont la paroi cellulaire contient du peptidoglycane.

### La classification des organismes eucaryotes (p. 307)

1. Les organismes eucaryotes appartiennent à l'un des quatre règnes suivants : Protistes, Mycètes, Plantes et Animaux.
2. Le règne des Protistes regroupe en majorité des organismes unicellulaires.
3. Le règne des Mycètes comprend les levures, les moisissures et les champignons ; ce sont des chimiohétérotrophes qui absorbent les matières premières essentielles à leurs fonctions vitales à travers leur membrane plasmique ; ils peuvent se développer à partir de spores.
4. Les photoautotrophes pluricellulaires appartiennent au règne des Plantes.
5. Les chimiohétérotrophes pluricellulaires dotés d'un système digestif appartiennent au règne des Animaux.

### La classification des virus (p. 307-309)

1. Les virus ne sont classés dans aucun domaine ni aucun règne. Ils sont acellulaires et ne peuvent se développer qu'à l'intérieur d'une cellule hôte, d'où le nom de parasite intracellulaire obligatoire qu'on leur donne.
2. Une espèce virale est une population de virus présentant des caractéristiques similaires (relatives à la morphologie, aux gènes et aux enzymes) et occupant une niche écologique spécifique.

## LES MÉTHODES DE CLASSIFICATION ET D'IDENTIFICATION DES MICROORGANISMES (p. 309-323)

1. Un modèle de classification fournit une liste de caractéristiques et une méthode de comparaison destinées à faciliter l'identification des organismes, c'est-à-dire leur détermination précise, et ce afin de définir – dans le domaine médical, par exemple – le traitement approprié contre une infection.
2. Le *Bergey's Manual of Determinative Bacteriology* est l'ouvrage de référence pour l'identification de bactéries au laboratoire ; il propose un modèle d'identification fondé sur des critères tels que la composition de la paroi cellulaire, la morphologie, la coloration différentielle, les besoins en oxygène et les épreuves biochimiques.
3. Les caractères morphologiques sont utiles pour identifier des microorganismes, en particulier à l'aide de techniques de microscopie qui permettent de mettre en évidence la forme, la taille et les structures cellulaires.
4. Les techniques de coloration différentielle sont utiles pour identifier des microorganismes à partir de l'affinité tinctoriale de la paroi cellulaire pour certains colorants ; elles permettent aussi d'établir des relations phylogénétiques.
5. La présence de diverses enzymes et la manifestation de l'activité enzymatique, déterminées par des épreuves biochimiques, servent à l'identification de microorganismes.
6. La présence d'acides gras donnés permet d'identifier des organismes.
7. Les épreuves sérologiques, qui font intervenir les réactions des microorganismes avec des anticorps spécifiques, sont utiles pour déterminer l'identité de souches et d'espèces bactériennes ou virales, de même que les relations phylogénétiques entre des organismes. La méthode ELISA et la technique de transfert de Western sont deux exemples d'épreuves sérologiques.
8. La lysotypie consiste à identifier des espèces ou des souches bactériennes par la détermination de leur sensibilité à divers phages.
9. La cytométrie en flux sert à déterminer des caractéristiques physiques et chimiques des cellules de façon à pouvoir les trier, et ce sans qu'il soit nécessaire d'en faire la culture.
10. Le pourcentage de paires de bases GC dans l'acide nucléique d'une cellule sert à classer des organismes.
11. Le nombre et la taille des fragments d'ADN produits par les enzymes de restriction forment des empreintes génétiques, qui servent à déterminer les similitudes génétiques entre les organismes.
12. La composition des bases de l'ARN ribosomal sert à classer des organismes.
13. L'amplification en chaîne par polymérase (ACP) permet d'amplifier de petites quantités d'ADN microbien dans un échantillon afin de l'identifier.
14. Des brins complémentaires d'ADN, ou d'ADN et d'ARN, qui proviennent d'organismes apparentés produisent une molécule bicaténaire en formant des liaisons hydrogène ; la formation de telles liaisons s'appelle hybridation moléculaire.
15. La technique de transfert de Southern et l'emploi de sondes d'ADN sont deux exemples de techniques d'hybridation ADN-ARN employées pour classer et identifier des microorganismes.
16. Les clés dichotomiques (analytiques) servent à identifier des organismes, et les cladogrammes représentent les relations phylogénétiques entre des organismes.

# AUTOÉVALUATION

## RÉVISION

1. Qu'est-ce que la taxinomie ? Quel est son intérêt du point de vue médical ?
2. Sur quels types de faits ou de critères repose la classification des organismes en trois domaines ?
3. Nommez et définissez les quatre règnes dans lesquels sont répartis les organismes eucaryotes.

4. Comparez et distinguez les deux domaines d'organismes suivants :
   a) les Archéobactéries et les Bactéries.
   b) les Bactéries et les Eucaryotes.
   c) les Archéobactéries et les Eucaryotes.

5. Qu'est-ce que la nomenclature binominale ?

6. Pourquoi est-il préférable d'utiliser la nomenclature binominale plutôt que les noms courants des organismes ?

7. En prenant *Escherichia coli* et *Entamœba coli* comme exemples, expliquez pourquoi il faut toujours écrire au long le genre d'un organisme lorsqu'il en est question pour la première fois dans un texte.

8. Ordonnez les termes suivants, du plus général au plus spécifique : ordre, classe, genre, domaine, espèce, embranchement, famille.

9. Définissez les termes suivants : espèce eucaryote, espèce bactérienne, espèce virale.

10. Pouvez-vous dire lesquels des organismes énumérés dans le tableau suivant sont le plus étroitement apparentés ? Deux des organismes énumérés appartiennent-ils à une même espèce ?

| Caractéristique | A | B | C | D |
|---|---|---|---|---|
| Morphologie | Bâtonnet | Coccus | Bâtonnet | Bâtonnet |
| Réaction à la coloration de Gram | + | − | − | + |
| Utilisation du glucose | Fermentation | Oxydation | Fermentation | Fermentation |
| Oxydase cytochrome | Présente | Présente | Absente | Absente |
| % de moles de GC | 48 à 52 | 23 à 40 | 50 à 54 | 49 à 53 |

## QUESTIONS À CHOIX MULTIPLE

1. Les organismes *Bacillus* et *Lactobacillus* n'appartiennent pas au même ordre. Ce fait indique que le critère suivant ou la méthode suivante *ne* permet *pas* à lui seul ou à elle seule d'assigner un organisme à un taxon :
   a) les caractéristiques biochimiques.
   b) le séquençage d'acides aminés.
   c) la lysotypie.
   d) la sérologie.
   e) les caractères morphologiques.

2. Lesquelles des caractéristiques suivantes utilise-t-on pour classer des organismes dans le domaine des Bactéries ?
   a) Organisme capable de photosynthèse et doté d'une paroi cellulaire
   b) Organisme unicellulaire, doté d'une paroi cellulaire et procaryote
   c) Organisme pluricellulaire, sans paroi cellulaire et eucaryote
   d) Organisme absorbant, doté d'une paroi cellulaire et eucaryote
   e) Organisme doté d'une bouche, sans paroi cellulaire, pluricellulaire et eucaryote

3. Lequel des énoncés suivants est faux relativement à la nomenclature binominale ?
   a) Chaque nom est spécifique.
   b) Les noms varient en fonction de la situation géographique.
   c) Les noms sont normalisés.
   d) Chaque nom est formé d'un terme désignant le genre et d'une épithète spécifique.
   e) Elle a été inventée par Carl von Linné.

4. Il est possible d'identifier une bactérie inconnue à l'aide de toutes les techniques suivantes *sauf* :
   a) l'hybridation d'une sonde d'ADN d'une bactérie connue avec l'ADN de la bactérie inconnue.
   b) la détermination de la nature des acides gras de la bactérie inconnue.
   c) l'agglutination de la bactérie inconnue par un antisérum spécifique.
   d) la détermination de la sensibilité de la bactérie à un phage.
   e) la détermination du pourcentage de guanine et de cytosine.

Répondez aux questions 5 et 6 en choisissant parmi les réponses suivantes.
   a) Le règne des Animaux
   b) Le règne des Mycètes
   c) Le règne des Plantes
   d) Les bactéries à Gram positif (firmicutes)
   e) Les bactéries à Gram négatif (protéobactéries)

5. Dans quel règne classeriez-vous un organisme pluricellulaire pourvu d'une bouche, qui vit à l'intérieur du foie humain ?

6. Dans quel règne classeriez-vous un organisme photosynthétique sans noyau, pourvu d'une mince paroi de peptidoglycane entourée d'une membrane externe ?

Répondez aux questions 7 et 8 en choisissant parmi les réponses suivantes.
   1) 9 + 2 flagelles
   2) Ribosome 70S
   3) Fimbriæ
   4) Noyau
   5) Peptidoglycane
   6) Membrane plasmique

7. Lequel ou lesquels de ces éléments sont présents dans les organismes des trois domaines ?
   a) 2 et 6
   b) 5
   c) 2, 4 et 6
   d) 1, 3 et 5
   e) Les six éléments

8. Lequel ou lesquels de ces éléments sont présents *uniquement* chez les cellules procaryotes ?
   a) 1, 4 et 6
   b) 3 et 5
   c) 1 et 2
   d) 4
   e) 2, 4 et 5

**9.** Associez les types de critères ou les méthodes de classification et/ou d'identification avec leur description.

- ___ Permet d'identifier les microorganismes d'après les réactions des anticorps spécifiques avec les antigènes microbiens.
- ___ Permet d'identifier les microorganismes d'après leur forme et la présence d'éléments structuraux.
- ___ Permet d'identifier et de classer les microorganismes en mettant en contact un brin d'ADN d'un gène d'un microorganisme connu avec un brin d'ADN d'un gène d'un microorganisme inconnu.
- ___ Permet d'identifier et de classer les microorganismes grâce à la multiplication de petites quantités d'ADN microbien dans un échantillon.
- ___ Permet de classer les microorganismes d'après la composition des bases de l'ARN ribosomal.
- ___ Permet d'identifier et de classer les bactéries d'après leur affinité tinctoriale.
- ___ Permet d'identifier les bactéries selon leur sensibilité à des phages.
- ___ Permet d'identifier les bactéries par la mise en évidence de l'activité enzymatique.
- ___ Permet de classer les microorganismes d'après le pourcentage de guanine et de cytosine dans l'acide nucléique.
- ___ Permet d'identifier les microorganismes d'après des caractéristiques physiques et chimiques des cellules.
- ___ Permet d'identifier les microorganismes d'après leurs similitudes génétiques en comparant le nombre et la taille des fragments d'ADN produits par les enzymes de restriction.

**Critères ou méthodes**

**a)** Caractères morphologiques
**b)** Coloration différentielle
**c)** Épreuves biochimiques
**d)** Sérologie
**e)** Lysotypie
**f)** Cytométrie en flux
**g)** Détermination de la composition des bases complémentaires
**h)** Technique de l'empreinte génétique
**i)** Séquençage de l'ARNr
**j)** Amplification en chaîne par polymérase
**k)** Hybridation de l'acide nucléique

**10.** Une espèce bactérienne se définit comme :
**a)** un groupe d'organismes interféconds qui ne peuvent se reproduire avec des individus d'une autre espèce.
**b)** une population de cellules ayant des caractéristiques semblables.
**c)** une population présentant des caractéristiques similaires (relatives à la morphologie, aux gènes et aux enzymes) et ayant une niche écologique donnée.
**d)** un groupe d'organismes ayant une aire géographique limitée pour leur reproduction.
**e)** Aucune de ces définitions.

## QUESTIONS À COURT DÉVELOPPEMENT

**1.** Voici quelques informations supplémentaires concernant les organismes décrits dans la question 10 de la section Révision.

| Organisme | Pourcentage d'hybridation de l'ADN |
|---|---|
| A et B | 5 à 15 |
| A et C | 5 à 15 |
| A et D | 70 à 90 |
| B et C | 10 à 20 |
| B et D | 2 à 5 |

Lesquels de ces organismes sont le plus étroitement apparentés ? Comparez votre réponse avec celle que vous avez donnée à la question 10.

**2.** La concentration en G + C est de 66 à 75 % chez *Micrococcus*, et de 30 à 40 % chez *Staphylococcus*. Doit-on conclure de ces données que les deux genres sont étroitement apparentés ?

**3.** Décrivez l'utilisation d'une sonde d'ADN pour :
**a)** identifier rapidement une bactérie.
**b)** déterminer quelles bactéries d'un groupe donné sont le plus étroitement apparentées.

**4.** À l'aide des informations supplémentaires contenues dans le tableau suivant, construisez un cladogramme pour une partie des organismes énumérés dans la question précédente. À quoi un cladogramme sert-il ? Quelle est la différence entre un cladogramme et une clé dichotomique portant sur le même ensemble d'organismes ?

| | Similitude des bases de l'ARNr |
|---|---|
| *P. æruginosa – M. pneumoniæ* | 52 % |
| *P. æruginosa – C. botulinum* | 52 % |
| *P. æruginosa – E. coli* | 79 % |
| *M. pneumoniæ – C. botulinum* | 65 % |
| *M. pneumoniæ – E. coli* | 52 % |
| *E. coli – C. botulinum* | 52 % |

## APPLICATIONS CLINIQUES

*N.B. Certaines de ces questions nécessitent que vous cherchiez des réponses dans les différents chapitres du livre.*

**1.** Une campagne de vaccination est lancée contre la méningite de type C à la suite du décès de quelques enfants et jeunes adultes dans la région de Montréal. Marie, une adolescente de 17 ans, vient de se faire vacciner. La semaine précédente, son ami qui appartient à un groupe d'entraînement sportif a été hospitalisé d'urgence. Un prélèvement du liquide cérébrospinal (LCS), un liquide normalement stérile, a permis de déceler des cocci à Gram négatif en grain de café groupés 2 à 2 ; un diagnostic présomptif a été établi quant à la possibilité d'une méningite bactérienne. Un traitement initial à la pénicilline a été immédiatement administré sur la base des symptômes du jeune homme et du résultat de la coloration de Gram. Par la suite, une épreuve rapide d'agglutination a permis d'identifier la bactérie *Neisseria meningitidis* du groupe B. On a administré des antibiotiques à ses proches et à tous les membres du groupe d'entraînement sportif. (*Indice :* voir le chapitre 22.)

La coloration de Gram est-elle une technique d'identification suffisante pour établir un diagnostic précis ? Justifiez votre réponse. Quels réactifs le test de l'agglutination comprend-il ? Marie devra-t-elle prendre les antibiotiques ? Justifiez votre réponse. Expliquez pourquoi les tests diagnostics et le traitement doivent être effectués rapidement.

2. Un jeune homme, André, travaille depuis 2 mois dans un centre d'hébergement de personnes âgées en perte d'autonomie ; en tant qu'aide-soignant, il donne des soins d'hygiène aux personnes âgées et les aide à se nourrir. Avant ce travail, André a voyagé ; il a parcouru l'Asie, notamment l'Indonésie. À son retour, des tests microbiologiques obligatoires ont révélé qu'il était porteur sain de *Salmonella parathyphi B* ; on lui a dit de ne pas s'inquiéter, et que les bactéries allaient normalement disparaître de sa flore intestinale en quelques mois. Cependant, depuis trois semaines, plusieurs personnes âgées et des membres du personnel présentent des signes et symptômes semblables : nausées et vomissements, crampes et douleurs abdominales, diarrhée et fièvre. Le médecin pense qu'il s'agit d'une fièvre entérique du type salmonellose. Des prélèvements de selles sont immédiatement effectués chez toutes les personnes âgées et tout le personnel (soignant, des cuisines, de l'entretien). Tous les échantillons sont soumis à des épreuves biochimiques sur des milieux sélectifs et différentiels, ce qui permet de déterminer qu'il s'agit bien d'un début d'épidémie de salmonellose causée par la bactérie *Salmonella typhimurium*. Outre les personnes malades contaminées, on a découvert qu'une infirmière, une aide soignante et le cuisinier sont porteurs sains de *s. typhimurium*. Les œufs des dernières livraisons alimentaires sont aussi contaminés. Pour tester les échantillons d'œufs, on a dû procéder à l'amplification en chaîne par polymérase ; on a terminé les tests en soumettant les différents types de spécimens à la technique de l'empreinte génétique. (*Indice :* voir le chapitre 25.)

   André se demande s'il est à l'origine de l'épidémie. Quelle réponse lui donneriez-vous, et avec quelle explication ? Donnez une explication plausible de la façon dont l'infection a pu se propager entre le point d'origine, les personnes âgées et le personnel. Quel est l'intérêt d'utiliser l'amplification en chaîne par polymérase (ACP) ? Quel est l'intérêt d'utiliser la technique de l'empreinte génétique dans le cas d'une épidémie potentielle ?

3. Un vétérinaire de 55 ans tousse, fait de la fièvre et souffre de douleurs à la poitrine depuis deux jours ; il est hospitalisé. Une analyse des expectorations par la méthode de coloration de Gram révèle la présence de bacilles à Gram négatif. Une culture préparée à partir des expectorations met en évidence la présence de bacilles inactifs sur le plan biochimique. On envoie des échantillons à un laboratoire spécialisé, lequel procède à un test d'absorption avec des anticorps fluorescents sur le spécimen bactérien, puis à une lysotypie. Ces techniques permettent de déceler la présence de *Yersinia pestis* dans les expectorations et le sang du patient, d'où la décision de lui administrer du chloramphénicol et de la tétracycline. Le vétérinaire meurt quelques jours après son admission à l'hôpital, et on administre de la tétracycline à 220 personnes qui ont été en contact avec lui (personnel hospitalier, famille, collègues de travail). (*Indice :* voir le chapitre 23.)

   Pourquoi a-t-on acheminé des échantillons du patient au laboratoire spécialisé ? En quoi consistent la lysotypie et la technique des anticorps fluorescents ? De quelle maladie le patient souffrait-il ? Pourquoi a-t-on traité 220 personnes qui l'avaient côtoyé ? Une telle histoire médicale apparaît-elle plausible dans un pays comme les États-Unis ou le Canada ? Justifiez votre réponse.

4. Une fillette de 6 ans est hospitalisée pour une pharyngite sévère compliquée d'une endocardite. On procède à des prélèvements du pharynx et de sang. Une coloration de Gram effectuée à partir du prélèvement du pharynx révèle la présence de bacilles à Gram positif avec une extrémité en forme d'haltère, ce qui lance le médecin sur la piste des bactéries du genre *Corynebacterium*. Des cultures sur des milieux sélectifs effectuées à partir de prélèvements sanguins révèlent la présence d'un bacille anaérobie, que le laboratoire de l'hôpital identifie comme étant *Corynebacterium xerosis*, une bactérie qui peut faire partie de la flore normale du pharynx et de la peau et qui est rarement mise en cause dans des maladies graves telles qu'une endocardite. La fillette est traitée à la pénicilline et au chloramphénicol, administrés par injection intraveineuse ; son état se détériore et elle meurt six semaines après le début du traitement. La sévérité des symptômes et la mort de la fillette amènent le médecin à douter du diagnostic microbiologique. Il envoie donc un prélèvement sanguin à un laboratoire spécialisé. Ce laboratoire effectue des tests sur la bactérie, qu'il identifie comme étant *Corynebacterium diphteriæ*. Voici les résultats obtenus par les deux laboratoires.

| | Labo de l'hôpital | Autre labo |
|---|---|---|
| Catalase | + | + |
| Réduction des nitrates | + | + |
| Urée | − | − |
| Hydrolyse de l'esculine | − | − |
| Fermentation du maltose | + | + |
| Fermentation du sucrose | − | + |
| Test sérologique portant sur la production de toxines | Aucun test | + |
| Diagnostic | *C. xerosis* | *C. diphteriæ* |

   Donnez une explication plausible du fait que le laboratoire de l'hôpital n'a pas identifié correctement l'agent pathogène. En quoi consiste un test sérologique ? L'absence d'amélioration des symptômes aurait-elle dû enclencher une remise en question du diagnostic ? Justifiez votre réponse. Quelles conséquences le fait de ne pas identifier *C. diphteriæ* risque-t-il d'avoir du point de vue de la santé publique ? (*Indice :* voir le chapitre 24.)

# Chapitre 11 *Les domaines des* Bacteria *et des* Archæa

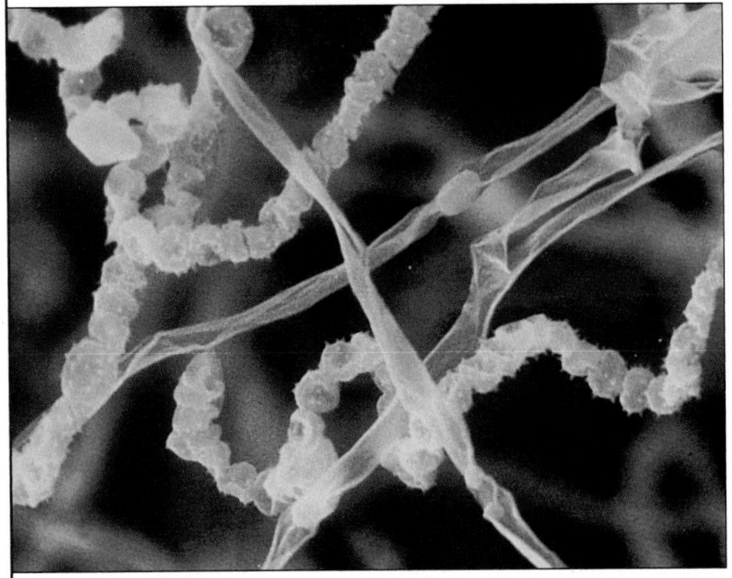

Streptomyces. *Les bactéries* Streptomyces *se développent en formant des filaments et elles produisent des conidies. Ce sont ces bactéries qui fabriquent la majorité des antibiotiques employés en médecine.*

La première fois que des biologistes ont découvert des bactéries microscopiques, ils se sont demandé comment classer ces organismes. De toute évidence, il ne s'agissait ni d'animaux ni de plantes à racines. On a d'abord placé les bactéries avec les mycètes, dont beaucoup de membres sont aussi microscopiques. Malgré de nombreuses tentatives, on n'a pas réussi à élaborer un système taxinomique pour les bactéries en prenant comme modèle le système établi pour les plantes et les animaux et fondé sur les relations phylogénétiques (chapitre 10). On a donc classé les bactéries en fonction de leur morphologie (sphérique, hélicoïdale, en forme de bâtonnet), de leurs réactions à la coloration, de la présence d'endospores et d'autres caractéristiques évidentes. Bien que ce système présente des avantages du point de vue pratique, les microbiologistes étaient conscients qu'il comportait de nombreuses lacunes. Par exemple, les bactéries lactiques étaient classées dans deux catégories peu apparentées et caractérisées soit par la forme sphérique, soit par la forme en bâtonnet. Plus tard, des études de l'ARN ribosomal (ARNr) ont montré que ces deux groupes sont en fait étroitement apparentés. Le premier volume d'une deuxième édition en cinq tomes du manuel de Bergey est paru en 2000. Depuis la publication de la première édition, la connaissance des bactéries à l'échelle moléculaire a progressé à tel point que, dans la deuxième édition, il a été possible de classer ces microorganismes en fonction de relations phylogénétiques. Les différences phylogénétiques se reflètent principalement dans l'ARNr, qui est un critère extrêmement utile pour les divisions plus générales que l'espèce. L'ARNr ne change que lentement et il remplit les mêmes fonctions dans tous les organismes. On est maintenant en mesure de construire des arbres phylogénétiques en se fondant sur la comparaison des séquences de gènes. On regroupe les organismes selon le degré de différence entre des gènes donnés, que l'on exprime parfois par la notion de distance évolutive (figure 10.6). En général, on observe plus de variations si le temps a permis l'accumulation de différences dans le matériel génétique.

# LES GROUPES DE PROCARYOTES

Dans la deuxième édition du manuel de Bergey, les procaryotes sont divisés en deux domaines: les *Archæa* et les *Bacteria*. Tous ces organismes sont formés de cellules procaryotes. Le reste des organismes, qui sont des eucaryotes – unicellulaires ou pluricellulaires –, sont regroupés dans un troisième domaine, celui des *Eucarya*. La division des organismes vivants en trois grands domaines est présentée dans la figure 10.1 et le tableau 10.1. Chaque domaine est divisé en embranchements, chaque embranchement en classes, et ainsi de suite. Les embranchements dont il est question dans le présent chapitre sont énumérés dans le tableau 11.1. (Voir également l'appendice A, qui présente la classification des bactéries de la deuxième édition du manuel de Bergey.)

# LE DOMAINE DES *BACTERIA*

On imagine généralement les bactéries comme de petites créatures invisibles et potentiellement dangereuses. Mais, en réalité, peu d'espèces de bactéries causent des maladies chez les humains, les animaux, les plantes ou quelque organisme que ce soit. L'étude de la microbiologie devrait vous faire prendre conscience que la vie telle qu'on la connaît serait en grande partie impossible sans la présence de bactéries. En fait, tous les organismes constitués de cellules eucaryotes descendent probablement d'organismes du type bactérien, qui comptent parmi les premières formes de vie.

Dans le présent chapitre, vous allez apprendre ce qui distingue les différents groupes de bactéries ainsi que l'importance de ces organismes dans le monde de la microbiologie. Nous nous attardons aux bactéries utiles sur le plan pratique, particulièrement en médecine, et à celles qui illustrent des principes biologiques exceptionnels ou intéressants. Certaines espèces de bactéries sont responsables d'infections. Vous trouverez à l'appendice E les relations établies entre le nom d'une maladie infectieuse, le nom de la bactérie pathogène et les pages du manuel où nous traitons de cette maladie.

En 1999, la Commission judiciaire a décidé de remplacer le terme «bactérie» par celui de «procaryote». Cette décision entraîne par voie de conséquence le changement de tous les mots dérivés de «bactérie». Par exemple, «bactériologie» devient «procaryologie» et «procaryotique» remplace «bactérien». Étant donné que les microbiologistes ne semblent toutefois pas disposés à accepter ce changement, nous conserverons le terme «bactérie» dans le présent manuel.

## L'embranchement des *Proteobacteria*

On suppose que les protéobactéries (*Proteobacteria*), qui comprennent la majorité des bactéries à Gram négatif chimiohétérotrophes, descendent d'un ancêtre commun photosynthétique. Elles forment actuellement le groupe taxinomique de bactéries le plus nombreux. Peu d'entre elles sont encore photosynthétiques, cette caractéristique ayant été remplacée par d'autres modes de métabolisme et de nutrition. Les relations phylogénétiques entre les protéobactéries sont fondées sur des études de l'ARNr. Le terme **Protéobactérie** vient du nom du dieu grec Protée, qui pouvait changer de forme. Les classes de Protéobactéries sont désignées par des lettres grecques: $\alpha$ (alpha), $\beta$ (bêta), $\gamma$ (gamma), $\delta$ (delta) et $\varepsilon$ (epsilon).

### La classe des *Alphaproteobacteria*

**Objectifs d'apprentissage**

- *Analyser, à titre de modèle, la construction de la clé dichotomique destinée à distinguer les α-protéobactéries décrites dans le présent chapitre.*
- *Distinguer, s'il y a lieu, les espèces de bactéries d'intérêt médical des autres espèces d'intérêt écologique, industriel ou commercial.*
- *Identifiez quelques caractéristiques des espèces de bactéries d'intérêt médical.*

Le présent chapitre va vous permettre de vous familiariser avec les organismes à étudier et vous aider à reconnaître les similitudes et les différences entre ces organismes. Pour comprendre les relations établies entre les différents groupes de bactéries, il est utile d'élaborer une clé dichotomique. À titre d'exemple, nous vous donnons ci-dessous une clé, dont vous pouvez vous servir comme modèle. Cette clé sert à distinguer les $\alpha$-protéobactéries (*Alphaproteobacteria*). Il s'agit là d'un exercice rigoureux qui s'avère d'un grand intérêt dans le cadre d'une étude scientifique.

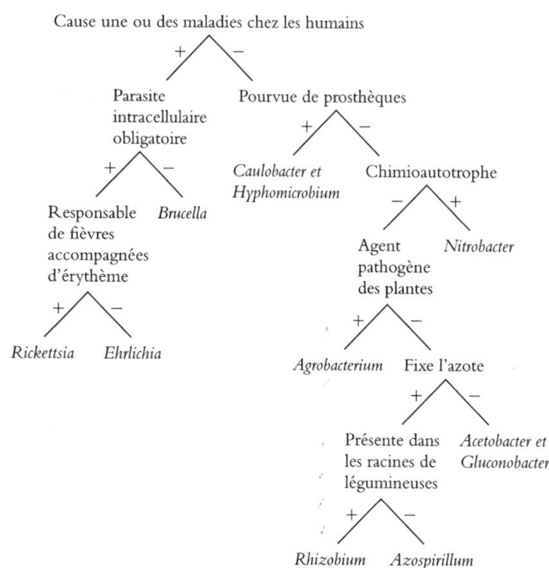


La classe des $\alpha$-protéobactéries rassemble la majorité des protéobactéries capables de se développer même si la quantité de nutriments disponibles est très faible. Certains de ces organismes ont une morphologie singulière; ils comportent

**Tableau 11.1** *Quelques caractéristiques des procaryotes : extrait de la deuxième édition du manuel de Bergey*

| Domaine<br>Embranchement<br>Classe | Genres importants | Réaction à la coloration de Gram | Traits caractéristiques | Chapitres |
|---|---|---|---|---|
| **Domaine des *Bacteria*** | | | | |
| ***Proteobacteria*** | | | | |
| *Alphaproteobacteria* | *Acetobacter* | Négative | Se développent même si la quantité de nutriments est faible ; certaines sont pourvues de prosthecæ faisant saillie à la surface de la cellule. | – |
| | *Agrobacterium* | | | 9 |
| | *Azospirillum* | | | – |
| | *Bradyrhizobium* | | | 27 |
| | *Brucella* | | | 23 |
| | *Caulobacter* | | | – |
| | *Ehrlichia* | | | 23 |
| | *Gluconobacter* | | | – |
| | *Hyphomicrobium* | | | – |
| | *Nitrobacter* | | | 27 |
| | *Rhizobium* | | | 27 |
| | *Rickettsia* | | | 23 |
| *Betaproteobacteria* | *Bordetella* | Négative | Présentes dans le sol et l'eau ; certaines sont des agents pathogènes humains ; certaines sont autotrophes. | 24 |
| | *Burkholderia* | | | 7 |
| | *Neisseria* | | | 22 |
| | *Nitrosomonas* | | | – |
| | *Sphærotilus* | | | 27 |
| | *Spirillum* | | | – |
| | *Thiobacillus* | | | – |
| | *Zooglea* | | | 28 |
| *Gammaproteobacteria* | | | Comprennent la majorité des chimiohétérotrophes communs, dont les entérobactéries. | |
| **Ordre** | | | | |
| *Thiotrichales* | *Beggiatoa* | Négative | | 27 |
| | *Francisella* | | | 23 |
| *Pseudomonadales* | *Azotobacter* | Négative | | 27 |
| | *Azomonas* | | | 27 |
| | *Moraxella* | | | 24 |
| | *Pseudomonas* | | | 21-25 |
| *Legionellales* | *Coxiella* | Négative | *Coxiella* produit des éléments ressemblant à des spores. | 24 |
| | *Legionella* | | | 24 |
| *Vibrionales* | *Vibrio* | Négative | Anaérobies facultatifs en forme de bâtonnet incurvé ; présents dans les habitats aquatiques. | 25 |
| *Enterobacteriales* | *Enterobacter* | Négative | En forme de petits bâtonnets ; présentes dans le sol et le tractus intestinal des animaux ; beaucoup sont d'importants agents pathogènes. | – |
| | *Erwinia* | | | – |
| | *Escherichia* | | | 25 |
| | *Klebsiella* | | | 24 |
| | *Proteus* | | | – |
| | *Salmonella* | | | 25 |
| | *Serratia* | | | – |
| | *Shigella* | | | 25 |
| | *Yersinia* | | | 23 |
| *Pasteurellales* | *Hæmophilus* | Négative | Non mobiles ; certaines sont d'importants agents pathogènes humains. | 24 |
| | *Pasteurella* | | | 23 |

**Tableau 11.1** *(suite)*

| Domaine<br>Embranchement<br>Classe | Genres importants | Réaction à la coloration de Gram | Traits caractéristiques | Chapitres |
|---|---|---|---|---|
| *Deltaproteobacteria* | *Bdellovibrio*<br>*Desulfovibrio*<br>*Myxococcus* | Négative | Certaines sont des prédateurs d'autres bactéries ; certaines sont sulfureuses. | 27<br>27<br>4 |
| *Epsilonproteobacteria* | *Campylobacter*<br>*Helicobacter* | Négative | Hélicoïdales ou en forme de bâtonnet incurvé. | 25<br>25 |
| ***Cyanobacteria*** | *Anabæna*<br>*Gœocapsa*<br>*Spirulina* | Négative | Produisent de l'oxygène par photosynthèse ; beaucoup d'espèces fixent l'azote. | -<br>-<br>- |
| ***Chlamydiæ*** | *Chlamydia* | Négative | Parasites intracellulaires ; le cycle vital inclut un corps élémentaire et un corps réticulé. | 26 |
| ***Spirochætes*** | *Borrelia*<br>*Leptospira*<br>*Treponema* | Négative | Morphologie hélicoïdale ; mobilité assurée par des filaments axiaux ; plusieurs agents pathogènes importants. | 23<br>26<br>26 |
| ***Bacteroidetes*** | | | | |
| *Bacteroidetes* | *Bacteroides*<br>*Prevotella* | Négative | Anaérobies ; certaines résident dans le tractus intestinal des humains. | -<br>- |
| *Sphingobacteria* | *Cytophaga* | Négative | Dégradent la cellulose ; mobilité par glissement. | 27 |
| ***Fusobacteria*** | *Fusobacterium* | Négative | Anaérobies ; certaines résident dans la bouche des humains. | - |
| ***Firmicutes*** | | | | |
| *Mollicutes* | | | | |
| **Ordre** | | | | |
| *Mycoplasmatales* | *Mycoplasma*<br>*Ureaplasma* | | Pléomorphes ; sans paroi cellulaire ; parasites des animaux et des plantes. | 24<br>26 |
| *Entomoplasmales* | *Spiroplasma* | | | - |
| *Clostridia* | | | | |
| *Clostridiales* | *Clostridium*<br>*Veillonella* | Positive | Présentes dans le sol et les animaux ; comprennent des anaérobies stricts ; *Clostridium* produit des endospores. | 22<br>- |
| *Bacilli* | | | | |
| *Bacillales* | *Bacillus*<br>*Listeria*<br>*Staphylococcus* | Positive | Plusieurs produisent des endospores ; d'autres sont plus résistantes aux contraintes du milieu (froid et pression osmotique). | 23<br>22<br>21-23 |
| *Lactobacillales* | *Lactobacillus*<br>*Lactococcus*<br>*Streptococcus* | Positive | Certaines sont des anaérobies aérotolérants (dépourvus de cytochromes) ; bactéries lactiques ; certaines sont d'importants agents pathogènes humains. | -<br>26<br>21, 23 |

➤

**Tableau 11.1** *Quelques caractéristiques des procaryotes : extrait de la deuxième édition du manuel de Bergey (suite)*

| Domaine<br>Embranchement<br>Classe | Genres importants | Réaction à la coloration de Gram | Traits caractéristiques | Chapitres |
|---|---|---|---|---|
| ***Actinobacteria*** | | | | |
| **Ordre** | | | | |
| *Actinomycetales* | *Actinomyces* | Positive | Fréquemment présentes | - |
| | *Corynebacterium* | | dans le sol ; certaines | 24 |
| | *Frankia* | | produisent des filaments | 27 |
| | *Mycobacterium* | | ramifiés portant des | 22-24 |
| | *Nocardia* | | conidies reproductrices. | - |
| | *Propionibacterium* | | | 21 |
| | *Streptomyces* | | | 20 |
| *Bifidobacteriales* | *Gardnerella* | | | 26 |
| **Domaine des *Archæa*** | | | | |
| ***Crenarchæota*** | | | | |
| Thermophiles extrêmes | *Pyrodictium* | Négative | Haute température ; | 1 |
| | *Sulfolobus* | | milieux très acides. | - |
| ***Euryarchæota*** | | | | |
| Méthanobactéries | *Methanobacterium* | Positive pour certaines et négative pour d'autres | Milieux anaérobies ; producteurs utiles de $CH_4$. | 27 |
| Halobactéries | *Halobacterium* | Négative ou variable | Milieux à pression | 5 |
| | *Halococcus* | | osmotique élevée. | - |

par exemple des appendices faisant saillie à la surface de la cellule, appelés ***prosthecæ*** (*prostheca* au singulier) ou prosthèques. Les $\alpha$-protéobactéries comprennent également des agents pathogènes des plantes et des humains, de même que des bactéries qui jouent un rôle important en agriculture parce qu'elles déclenchent le processus de fixation du diazote ($N_2$) chez les plantes avec lesquelles elles vivent en symbiose.

***Azospirillum*** Les agromicrobiologistes se sont intéressés aux espèces du genre *Azospirillum*, soit des bactéries du sol qui se développent en association étroite avec les racines de diverses plantes, notamment avec celles des plantes herbacées tropicales. La bactérie utilise les nutriments excrétés par ces plantes et, à son tour, fixe le diazote atmosphérique. Cette forme de fixation du diazote est remarquable chez certaines plantes herbacées tropicales et de la canne à sucre, bien que l'on puisse isoler *Azospirillum* des racines de nombreuses plantes de régions tempérées, telles que le maïs. (Le nom générique de nombreuses bactéries fixatrices de diazote commence par le préfixe *azo-*, formé de *a*, qui exprime la privation, et de *zo-*, qui vient de *zôê* = vie. Ce préfixe évoque le fait qu'aux débuts de la chimie on éliminait le dioxygène ($O_2$) d'une atmosphère expérimentale en faisant brûler une chandelle. Sans doute ne restait-il alors principalement que du diazote, et on a constaté qu'aucun mammifère ne pouvait survivre dans une telle atmosphère. On a donc associé le diazote avec l'absence de vie.)

***Acetobacter* et *Gluconobacter*** *Acetobacter* et *Gluconobacter* sont des organismes aérobies importants pour l'industrie ; ils convertissent l'éthanol en acide acétique (vinaigre).

***Rickettsia*** Dans la première édition du manuel de Bergey, les genres *Rickettsia, Coxiella* et *Chlamydia* avaient été classés dans des groupes apparentés parce que ces bactéries possèdent une caractéristique commune : ce sont des parasites intracellulaires obligatoires, c'est-à-dire qu'elles se reproduisent uniquement à l'intérieur d'une cellule vivante de mammifère. Les mêmes organismes sont classés dans des groupes non apparentés dans la deuxième édition. Vous trouverez une comparaison entre les rickettsies, les chlamydies et les virus dans le tableau 13.1.

Les rickettsies sont des bactéries à Gram négatif en forme de petit bâtonnet ou de courts bacilles (figure 11.1a). Presque toutes les rickettsies ont une caractéristique commune : elles se transmettent aux humains, comme *Coxiella* (dont nous reparlerons en examinant les $\gamma$-protéobactéries), lors de morsures de tiques ou d'insectes suceurs de sang, qui en sont les vecteurs. Les rickettsies pénètrent dans la cellule hôte en provoquant la phagocytose. Elles entrent rapidement dans le cytoplasme de la cellule, où elles se reproduisent par

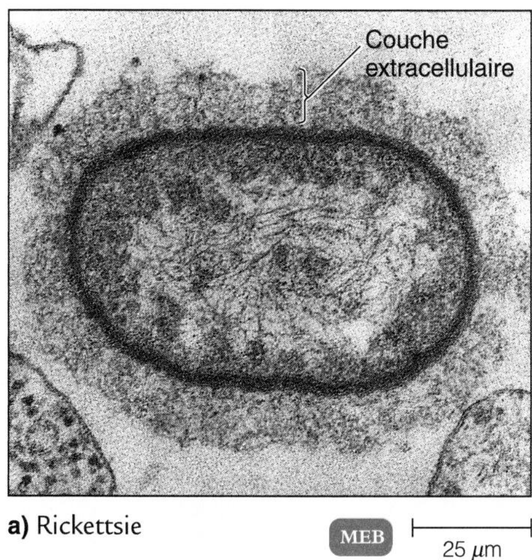


a) Rickettsie

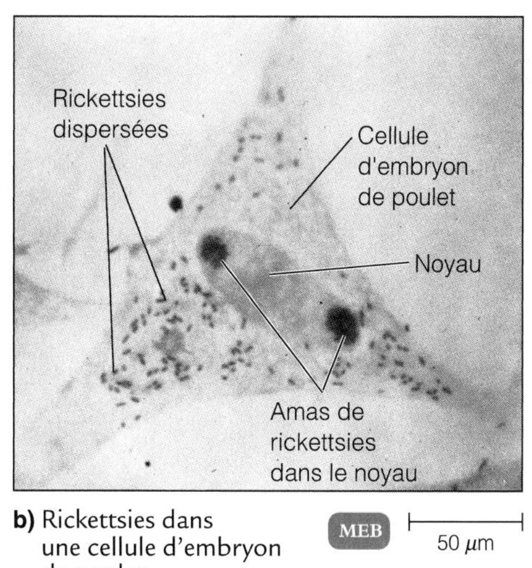


b) Rickettsies dans une cellule d'embryon de poulet

**FIGURE 11.1 Rickettsies. a)** Micrographie de *Rickettsia prowazekii,* l'agent responsable du typhus épidémique. **b)** La micrographie montre une cellule de forme triangulaire ; il s'agit d'une cellule d'embryon de poulet infectée par des rickettsies intracellulaires. Notez la présence de rickettsies dispersées dans le cytoplasme et de deux amas distincts de rickettsies dans la région du noyau cellulaire ovale.

■ De quelle façon les rickettsies se transmettent-elles d'un hôte à un autre ?

scissiparité (figure 11.1b). En général, on peut les faire croître artificiellement dans une culture cellulaire ou dans un embryon de poulet (figure 13.7).

Les rickettsies sont responsables de plusieurs maladies, appelées rickettsioses. Celles-ci comprennent le typhus épidémique, causé par *Rickettsia prowazekii* et transmis par les poux, le typhus murin (endémique), causé par *R. typhi* et transmis par les puces de rats, et la fièvre pourprée des montagnes Rocheuses, causée par *R. rickettsii* et transmise par les tiques (figure 23.13). Chez les humains, les rickettsies infectent les cellules endothéliales des petits vaisseaux sanguins, altérant ainsi la perméabilité des capillaires ; les cellules endothéliales atteintes se rompent, ce qui entraîne la formation de petits caillots puis le blocage des vaisseaux, d'où l'apparition d'un érythème maculopapuleux caractéristique (figure 23.14).

***Ehrlichia*** Les bactéries du genre *Ehrlichia* sont des bactéries à Gram négatif qui ressemblent aux rickettsies. Ces bactéries sont des parasites intracellulaires obligatoires des leucocytes. Les diverses espèces d'*Ehrlichia* se transmettent aux humains par les tiques et elles causent l'ehrlichiose, une maladie potentiellement fatale.

***Caulobacter* et *Hyphomicrobium*** *Caulobacter* et *Hyphomicrobium* produisent des appendices proéminents appelés *prosthecæ*. Une prosthèque est un appendice plus mince que la cellule, qui est également enveloppé par la membrane cytoplasmique et la paroi cellulaire. Les membres du genre *Caulobacter* résident dans les milieux aquatiques pauvres en nutriments, tels que les lacs. Ils sont dotés de prosthèques qui leur permettent de se fixer à diverses surfaces (figure 11.2). Cette propriété accroît la quantité de nutriments qu'ils peuvent absorber, car ils sont ainsi exposés à un flux d'eau qui change continuellement, et la présence des prosthèques augmente le rapport entre la surface et le volume de la cellule. De plus, si elles se fixent à la surface d'un hôte vivant, les bactéries peuvent utiliser les excrétions de ce dernier comme nutriments. Si la concentration en nutriments est particulièrement faible, la taille des prosthèques augmente, afin sans doute que la surface d'absorption des nutriments soit la plus grande possible.

Certaines bactéries ne se divisent pas par scissiparité pour former deux cellules identiques ; elles se reproduisent par bourgeonnement. Le processus de bourgeonnement ressemble à la reproduction asexuée de diverses levures (figure 12.3). La cellule mère conserve son identité tandis que le bourgeon fait saillie à sa surface et augmente de volume, jusqu'à ce qu'il se sépare pour constituer une cellule tout à fait distincte. D'autres bactéries forment un bourgeon à l'intérieur de leur prosthèque lorsque cette dernière est présente. Le genre *Hyphomicrobium* fournit l'exemple, illustré dans la figure 11.3, d'une bactérie dont la prosthèque peut être reproductrice parce qu'elle contient un bourgeon. À l'instar de *Caulobacter*, *Hyphomicrobium* vit dans des milieux aquatiques pauvres en nutriments, et l'on a même constaté que ces bactéries sont capables de se développer dans un bain-marie au laboratoire.

***Rhizobium* et *Agrobacterium*** Le genre *Rhizobium* comprend des bactéries qui jouent un rôle important en agriculture ; elles vivent dans les racines de certaines légumineuses, telles que les fèves, les pois et le trèfle. La présence de ces bactéries

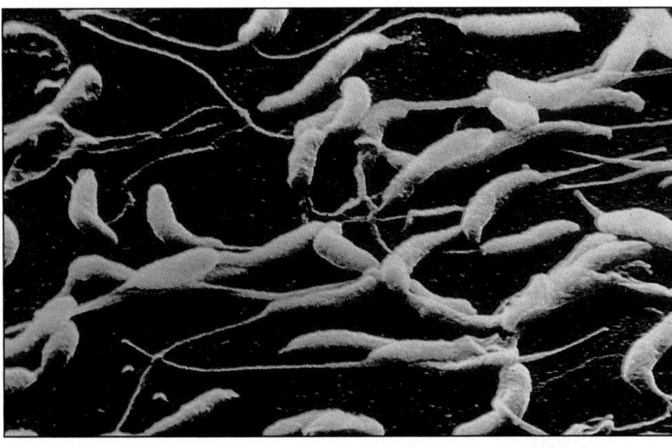


FIGURE 11.2 ***Caulobacter.*** La plupart des bactéries *Caulobacter* représentées dans la photo sont au stade où elles sont munies de prosthèques.

■ Quel avantage les prosthecæ procurent-elles ?

provoque la formation de nodosités dans lesquelles les bactéries et la plante vivent en symbiose, entraînant la fixation du diazote atmosphérique que la plante utilise (figure 27.4).

Les bactéries du genre *Agrobacterium* sont capables elles aussi de pénétrer dans les plantes. Cependant, elles ne provoquent pas la formation de nodosités sur les racines ni la fixation du diazote. *Agrobacterium tumefaciens* présente un intérêt particulier, car cette espèce est l'agent des plantes responsable de la maladie de la galle du collet. (Le collet est la zone de la plante d'où émergent d'un côté les racines et de l'autre, la tige.) La galle, d'apparence tumorale, se forme lorsque *A. tumefaciens* insère un plasmide contenant de l'information génétique bactérienne dans l'ADN chromosomique de la plante (figure 9.16). C'est la raison pour laquelle les microbiologistes généticiens s'intéressent de près à ce microorganisme. En effet, les plasmides sont les principaux vecteurs utilisés par les spécialistes du génie génétique pour transporter des gènes étrangers dans une cellule, et il est particulièrement difficile de faire franchir à ceux-ci la paroi épaisse des cellules végétales (figure 9.17).

***Brucella*** *Brucella* est un petit coccobacille non mobile. Le genre *Brucella* ne comporte qu'une seule espèce, *B. melitensis,* dont on connaît plusieurs variétés sérologiques ; tous les sérotypes sont des parasites obligatoires de cellules de mammifère, qui sont responsables d'une maladie appelée brucellose ou fièvre ondulante. Du point de vue médical, soulignons la capacité de *Brucella* à survivre à la phagocytose, qui constitue une défense importante des humains contre les bactéries (chapitre 16, p. 505).

***Nitrobacter* et *Nitrosomonas*** Ces deux bactéries nitrifiantes sont importantes sur le plan de l'environnement et en agriculture. Ce sont des chimioautotrophes qui sont capables d'obtenir l'énergie dont ils ont besoin de l'oxydation de

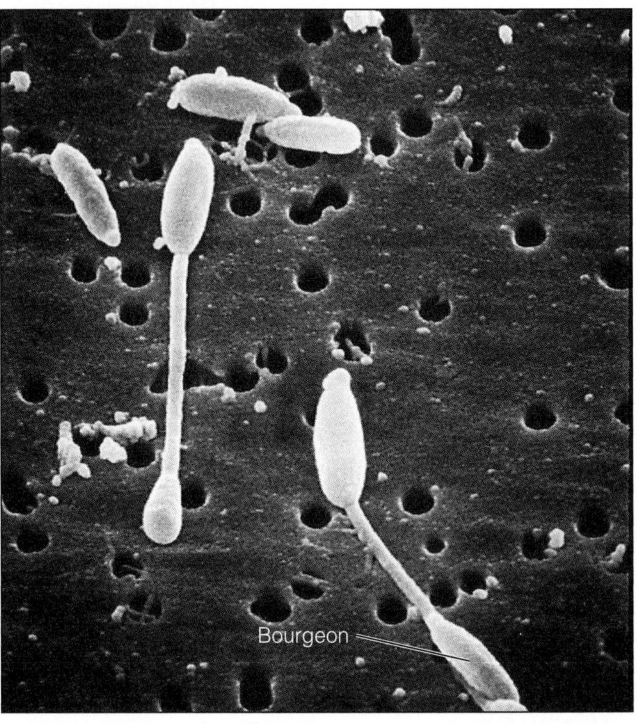


FIGURE 11.3 ***Hyphomicrobium,* un genre de bactéries bourgeonnantes (où le bourgeon se trouve à l'intérieur de la prosthèque).**

■ Peu de bactéries se reproduisent par bourgeonnement ; quel est le mode de reproduction le plus courant des bactéries ?

substances chimiques inorganiques, et de tirer le carbone dont ils ont besoin uniquement du dioxyde de carbone ($CO_2$), à partir duquel ils synthétisent tous leurs constituants organiques complexes. Les bactéries du genre *Nitrobacter* et du genre *Nitrosomonas* (ce dernier fait partie des $\beta$-protéobactéries) tirent leur énergie de composés azotés réduits. Les espèces *Nitrosomonas* transforment l'ammoniac ($NH_3$) en nitrite ($NO_2^-$) par oxydation, et les espèces *Nitrobacter* transforment le nitrite en nitrate ($NO_3^-$), également par oxydation, au cours du processus appelé *nitrification.* L'ion nitrate joue un rôle essentiel en agriculture, car cette forme de l'azote est très mobile dans le sol, de sorte que les plantes ont de bonnes chances d'entrer en contact avec elle et de l'utiliser.

## La classe des *Betaproteobacteria*

### Objectifs d'apprentissage

- *Distinguer, s'il y a lieu, les espèces de bactéries d'intérêt médical des autres espèces d'intérêt écologique, industriel ou commercial.*
- *Identifier quelques caractéristiques des espèces de bactéries d'intérêt médical.*

Les $\beta$-protéobactéries (*Betaproteobacteria*) et les $\alpha$-protéobactéries ont des traits communs, par exemple les bactéries nitrifiantes dont il a été question plus haut. De nombreuses $\beta$-protéobactéries utilisent les nutriments qui diffusent depuis des zones de décomposition anaérobie de matière organique, en particulier le dihydrogène, l'ammoniac et le méthane. Ce type de bactéries comprend plusieurs agents pathogènes importants.

***Thiobacillus*** Les espèces *Thiobacillus* et d'autres bactéries sulfo-oxydantes jouent un rôle décisif dans le cycle du soufre (figure 27.5). Ces bactéries chimioautotrophes sont capables de se procurer de l'énergie en transformant par oxydation les substances sulfurées réduites, telles que le sulfure d'hydrogène ($H_2S$) et le soufre élémentaire ($S^0$), en ions sulfate ($SO_4^{2-}$).

***Spirillum*** Dans la deuxième édition du manuel de Bergey, le genre *Spirillum* est classé dans la même famille que les thiobacilles. Les bactéries de ce type vivent principalement dans les masses d'eau douce. Une caractéristique morphologique importante les distingue des spirochètes hélicoïdaux: leur mobilité est assurée par des flagelles polaires ordinaires, et non des filaments axiaux. Les spirilles sont des bactéries aérobies à Gram négatif relativement grosses. On utilise souvent des lames commerciales de *Spirillum volutans* pour faire la démonstration du fonctionnement du microscope optique dans les cours de microbiologie (figure 11.4).

***Sphærotilus*** Les bactéries engainées, dont fait partie *Sphærotilus natans,* sont présentes dans les masses d'eau douce et les eaux usées. Ce sont des bactéries à Gram négatif, pourvues de flagelles polaires, qui vivent à l'intérieur d'une gaine filamenteuse creuse qu'elles produisent elles-mêmes (figure 11.5).

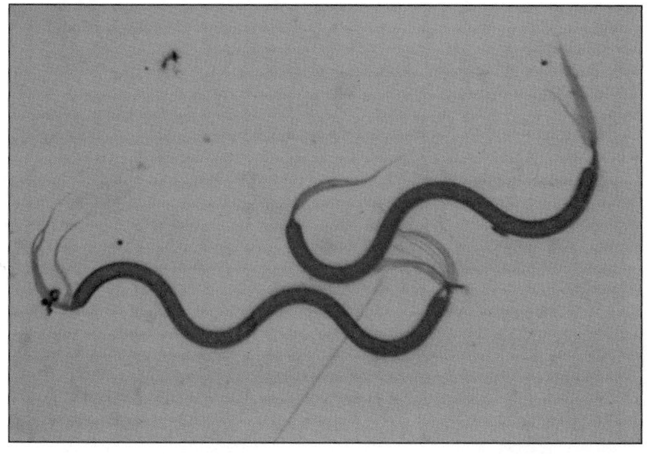

MEB 10 μm

**FIGURE 11.4** ***Spirillum volutans.*** Cette grosse bactérie hélicoïdale vit dans les milieux aquatiques. Notez la présence de flagelles polaires.

■ *Spirillum volutans* est-elle une bactérie mobile? Qu'est-ce qui vous permet de l'affirmer?

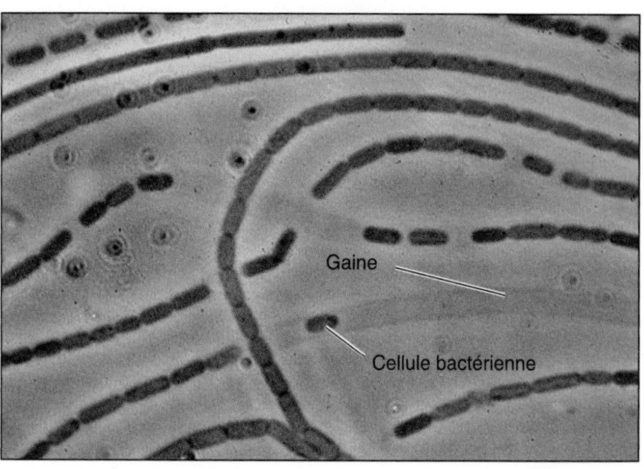

**FIGURE 11.5** ***Sphærotilus natans.*** Cette bactérie engainée vit dans les eaux usées diluées et les milieux aquatiques. Elle produit une gaine allongée qui lui sert d'abri; elle est dotée de flagelles (non illustrés) et peut finir par sortir de sa gaine en nageant.

■ À quoi sert la gaine de *Sphærotilus natans*?

La cellule bactérienne est libre à l'intérieur de cette gaine qui la protège et lui permet d'accumuler des réserves nutritives. *Sphærotilus* contribue probablement au problème majeur que représente le gonflement des eaux usées lors de leur traitement (chapitre 28).

***Burkholderia*** On a reclassé récemment le genre *Burkholderia*; il se trouvait anciennement avec le genre *Pseudomonas*, qui fait partie des $\gamma$-protéobactéries. À l'instar de *Pseudomonas*, presque toutes les espèces de *Burkholderia* se déplacent au moyen d'un unique flagelle polaire ou d'une touffe de flagelles. L'espèce la mieux connue est *Burkholderia cepacia,* un bacille à Gram négatif aérobie. Ce bacille a un éventail nutritionnel extraordinaire; il est capable de dégrader plus de 100 molécules organiques différentes. (Voir l'encadré du chapitre 7, p. 220.) Cette aptitude contribue souvent à la contamination du matériel ou de médicaments en milieu hospitalier; en fait, *B. cepacia* peut même se développer dans des solutions désinfectantes. Cette bactérie est également une source de problèmes pour les patients atteints de fibrose kystique du pancréas, car elle est capable de métaboliser les sécrétions qui s'accumulent dans les voies respiratoires.

***Bordetella*** *Bordetella pertussis,* qui est un bacille à Gram négatif aérobie, non mobile, est particulièrement important. Cet agent pathogène virulent est responsable de la coqueluche (figure 24.8).

***Neisseria*** Les bactéries du genre *Neisseria* sont des cocci aérobies à Gram négatif qui résident habituellement dans les muqueuses des mammifères. Les espèces pathogènes comprennent le gonocoque *Neisseria gonorrhoeæ,* agent de la

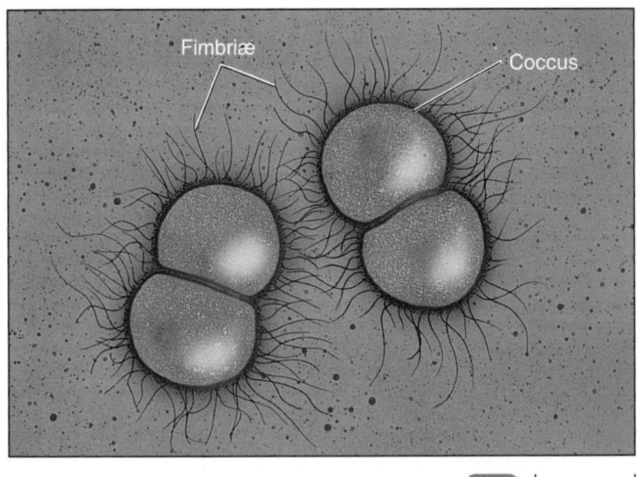


**FIGURE 11.6** ***Neisseria gonorrhoeæ*, coccus à Gram négatif.** Notez que les cocci sont disposés en paires (diplocoques) par leur face concave. Les fimbriæ permettent au microorganisme de se fixer à une muqueuse et contribuent ainsi à sa pathogénicité. *N. gonorrhoeæ* est l'agent de la blennorragie.

■ À quoi servent les fimbriæ?

blennorragie (figure 11.6), et *N. meningitidis,* agent de la méningite méningococcique (figure 22.3).

***Zooglœa*** Le genre *Zooglœa* joue un rôle de premier plan dans certains types de traitement aérobie des eaux usées, tels que le système d'activation des boues (figure 27.17). Lorsqu'elles se développent, les bactéries *Zooglœa* produisent des masses mucilagineuses, visqueuses, essentielles à l'application du procédé.

## La classe des *Gammaproteobacteria*

### Objectifs d'apprentissage

- *Distinguer, s'il y a lieu, les espèces de bactéries d'intérêt médical des autres espèces d'intérêt écologique, industriel ou commercial.*
- *Identifier quelques caractéristiques des espèces de bactéries d'intérêt médical.*

Les $\gamma$-protéobactéries (*Gammaproteobacteria*) constituent la classe de bactéries la plus nombreuse, et comprennent des microorganismes très diversifiés sur le plan physiologique. Nous décrivons une espèce qui joue un rôle en microbiologie industrielle dans l'encadré de la page 356. Les $\gamma$-protéobactéries comptent plusieurs ordres.

### L'ordre des *Thiotrichales*

***Beggiatoa*** *Beggiatoa alba,* l'unique espèce de ce genre peu répandu, se développe dans les sédiments aquatiques, à l'interface des couches aérobie et anaérobie. Ce microorganisme ressemble par sa morphologie à certaines cyanobactéries filamenteuses, mais il n'est pas photosynthétique. Il se déplace par glissement. Il utilise le sulfure d'hydrogène ($H_2S$) comme source d'énergie et accumule des réserves nutritives internes de granules de soufre. Dans la description du cycle du soufre au chapitre 27, nous parlons du rôle que *B. alba* a joué dans la découverte du métabolisme autotrophe.

***Francisella*** Le genre *Francisella* regroupe de petites bactéries pléomorphes qui se développent uniquement sur des milieux complexes, enrichis de sang ou d'extraits tissulaires. *Francisella tularensis* est l'agent d'une maladie appelée tularémie.

### L'ordre des *Pseudomonadales*

Les membres de l'ordre des *Pseudomonadales* sont des bacilles ou des cocci aérobies à Gram négatif. Le genre le plus important est *Pseudomonas.*

***Pseudomonas*** *Pseudomonas* est un genre très important, composé de bacilles à Gram négatif aérobies dont la mobilité est assurée soit par un unique flagelle polaire, soit par une touffe de flagelles polaires (figure 11.7). Plusieurs espèces du genre *Pseudomonas* excrètent des pigments extracellulaires, solubles dans l'eau, qui diffusent dans le milieu. L'espèce *Pseudomonas æruginosa* produit des pigments jaune-vert solubles. Dans certaines conditions, et en particulier chez un hôte affaibli, elle infecte les voies urinaires, les brûlures et les blessures, et peut causer une septicémie (invasion des vaisseaux sanguins par la bactérie), des abcès ou la méningite. On soupçonne la présence de cette bactérie lorsque les sécrétions purulentes d'une plaie chez un patient

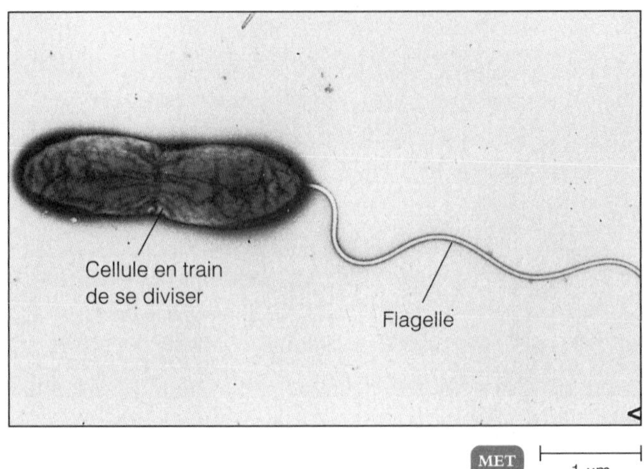


**FIGURE 11.7** ***Pseudomonas.*** Cette photo de *Pseudomonas* montre le flagelle polaire caractéristique de ce genre de bactéries.

■ Les membres de l'ordre des *Pseudomonadales* sont des bactéries à Gram négatif.

deviennent jaune verdâtre; cette bactérie est souvent en cause dans des infections nosocomiales. D'autres espèces de *Pseudomonas* produisent des pigments solubles fluorescents, qui luisent en présence de lumière ultraviolette. L'espèce *P. syringæ* est un agent pathogène occasionnel des plantes. (À la suite d'études de l'ARNr, certaines espèces de *Pseudomonas* ont été reclassées dans le genre *Burkholderia,* dont il a été question dans la section consacrée aux $\beta$-protéobactéries.)

On trouve couramment des espèces de *Pseudomonas* dans le sol et d'autres milieux naturels. Ces bactéries utilisent moins efficacement que d'autres hétérotrophes nombre de nutriments communs, mais elles compensent cette lacune de diverses façons. Par exemple, elles sont capables de synthétiser un nombre considérable d'enzymes et de métaboliser une large gamme de substrats. Elles jouent donc sans doute un rôle majeur dans la décomposition de substances chimiques qui ont été répandues dans l'environnement, telles que les pesticides ou les hydrocarbures des déversements de pétrole. Beaucoup d'espèces de *Pseudomonas* sont susceptibles de se développer aux températures de réfrigération. Cette caractéristique, combinée à la capacité d'utiliser les protéines et les lipides, en fait des agents importants de la dégradation des aliments.

Dans les hôpitaux et autres lieux où l'on prépare des agents pharmaceutiques, la capacité des *Pseudomonas* à se développer en utilisant des quantités infimes de carbone provenant de sources inhabituelles (telles que les résidus de savon ou les adhésifs de joints contenus dans une solution) pose des problèmes sérieux auxquels on ne s'attendait pas. Ces bactéries peuvent même croître dans des antiseptiques tels que les composés d'ammonium quaternaire. Leur résistance à la majorité des antibiotiques, inquiétante sur le plan médical, est probablement reliée aux caractéristiques des porines de la paroi cellulaire, qui régularisent le passage de molécules à travers cette paroi (chapitre 4, p. 96).

Bien que les espèces de *Pseudomonas* soient classées parmi les aérobies, certaines sont capables d'utiliser l'ion nitrate au lieu du dioxygène comme accepteur final d'électrons. Ce processus, appelé respiration anaérobie, fournit presque autant d'énergie que la respiration aérobie. Toutefois, leur présence dans le sol causent d'importantes pertes de diazote, un constituant précieux des engrais. L'ion nitrate ($NO_3^-$) est la forme d'azote la plus facile à utiliser pour les plantes. Dans des conditions anaérobies, par exemple dans un sol recouvert d'eau, les *Pseudomonas* finissent par transformer les précieux ions nitrate en diazote ($N_2$), gaz qui s'échappe dans l'atmosphère (chapitre 27).

***Azotobacter* et *Azomonas*** Certaines bactéries fixatrices d'azote, telles que *Azotobacter* et *Azomonas,* vivent à l'état libre dans le sol. Ce sont de grosses bactéries ovoïdes dotées d'une capsule épaisse, que l'on utilise fréquemment au laboratoire pour expliquer la fixation du diazote. Cependant, pour fixer des quantités de diazote significatives du point de vue de l'agriculture, elles auraient besoin de sources d'énergie, telles que les glucides, dont le sol ne contient qu'une réserve limitée.

***Moraxella*** Les espèces du genre *Moraxella* sont des coccobacilles aérobies stricts, c'est-à-dire que leur forme se situe entre celle des cocci et celle des bacilles. *Moraxella lacunata* est un agent de la conjonctivite – inflammation de la conjonctive, membrane qui recouvre l'œil et tapisse les paupières. *M. catarrhalis* est un agent causal des pneumonies.

## L'ordre des *Legionellales*

Les genres *Legionella* et *Coxiella* sont étroitement apparentés selon la deuxième édition du manuel de Bergey, où ils sont tous deux classés dans l'ordre des *Legionellales*. Étant donné que les bactéries *Coxiella* sont des parasites intracellulaires, comme les rickettsies, on considérait auparavant qu'elles étaient de nature rickettsoïde, et on regroupait tous ces microorganismes dans un même genre. Les bactéries *Legionella* ne se développent que sur un milieu artificiel approprié.

***Legionella*** On a isolé *Legionella* pour la première fois au cours d'une étude portant sur la cause d'une forme de pneumonie appelée depuis légionnellose ou maladie du légionnaire. Les recherches se sont avérées ardues parce que ces bactéries ne se développaient pas sur les milieux d'isolement couramment employés à l'époque au laboratoire. D'intenses efforts ont permis de mettre au point un milieu spécifique sur lequel il est possible d'isoler et de faire croître *Legionella.* On sait maintenant que les microbes appartenant à ce genre sont fréquemment présents dans les cours d'eau et qu'ils colonisent divers habitats, dont les canalisations d'eau chaude des hôpitaux et l'eau contenue dans les refroidisseurs atmosphériques des circuits de climatisation. Leur capacité de survivre et de se reproduire à l'intérieur d'amibes aquatiques complique leur élimination des réseaux d'aqueduc.

***Coxiella*** L'espèce *Coxiella burnetii,* qui est responsable de la fièvre Q, était autrefois classée avec les rickettsies. Comme ces dernières, elle se reproduit uniquement à l'intérieur d'une cellule hôte de mammifère mais, contrairement aux rickettsies, elle n'est pas transmise aux humains par les piqûres d'insectes ou les morsures de tiques. Bien qu'elle infeste la tique du bétail, *C. burnetii* se transmet principalement par les particules aérosolées et le lait contaminé. On a observé l'existence d'un cycle sporogène (formation d'une spore) (figure 24.16b), ce qui explique peut-être que la bactérie tolère relativement bien le stress de la transmission atmosphérique et du traitement par la chaleur. Aux environs de 1950, on a haussé la température recommandée pour la pasteurisation du lait afin de s'assurer que cet agent pathogène est bien éliminé.

## L'ordre des *Vibrionales*

Les membres de l'ordre des *Vibrionales* sont des bacilles à Gram négatif, anaérobies facultatifs, dont un bon nombre sont légèrement incurvés. On les trouve surtout dans des habitats aquatiques.

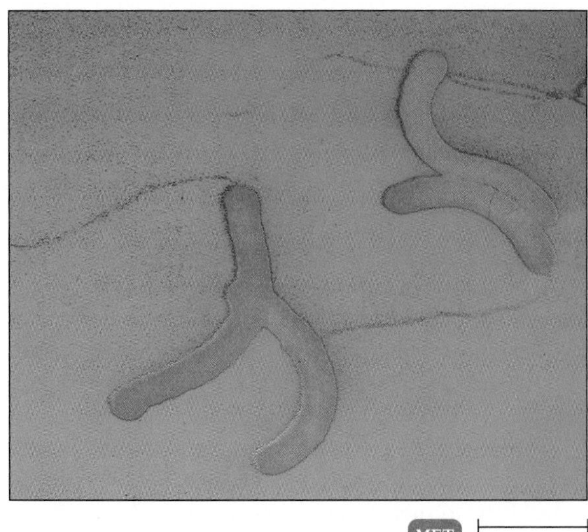


FIGURE 11.8 ***Vibrio choleræ.*** Notez la forme légèrement incurvée des bacilles, caractéristique du genre.

■ De quelle maladie *Vibrio choleræ* est-il responsable ?

***Vibrio*** Les espèces du genre *Vibrio* sont des bacilles et plusieurs d'entre eux sont légèrement incurvés (figure 11.8). *Vibrio choleræ* est un agent pathogène important, responsable du choléra. Cette maladie est caractérisée par une diarrhée liquide profuse. *V. parahæmolyticus* cause une forme de gastroentérite moins grave. Cette espèce, qui vit en général dans les eaux côtières salées, est transmise aux humains principalement par des crustacés et coquillages crus ou pas assez cuits.

## L'ordre des *Enterobacteriales*

L'ordre des *Enterobacteriales* regroupe des bacilles à Gram négatif, anaérobies facultatifs, dont certains sont mobiles et pourvus de flagelles péritriches. Ces bacilles ont une morphologie rectiligne et des besoins nutritifs simples. Il s'agit d'un groupe majeur de bactéries, communément appelées **entérobactéries.** Cette appellation reflète le fait que ces organismes résident dans le tractus intestinal des humains et de divers autres animaux. La majorité des entérobactéries sont des agents fermentaires actifs du glucose et de divers autres glucides.

Étant donné leur importance clinique, il existe plusieurs méthodes d'isolement et d'identification des entérobactéries. Reportez-vous à la figure 10.8, qui représente une clé dichotomique destinée à identifier certaines de ces bactéries, et à la figure 10.9, qui illustre un outil moderne dans lequel interviennent 15 épreuves biochimiques. Les épreuves biochimiques sont essentielles pour les études cliniques en laboratoire, la microbiologie alimentaire et la microbiologie de l'eau. On distingue les entérobactéries en fonction des antigènes présents à leur surface, c'est-à-dire grâce à des tests sérologiques (chapitres 10 et 18).

Les entérobactéries sont dotées de fimbriæ qui leur permettent de se fixer à la surface des muqueuses. Les pili sexuels spécialisés servent à l'échange d'informations génétiques entre les bactéries lors du processus de la conjugaison, et notamment à la transmission de la résistance aux antibiotiques (figures 8.26 et 8.27).

Comme bien d'autres bactéries, les entérobactéries produisent des protéines, appelées bactériocines, qui provoquent la lyse des espèces bactériennes étroitement apparentées. Les bactériocines sont susceptibles de contribuer au maintien de l'équilibre écologique des diverses entérobactéries de l'intestin.

***Escherichia*** La bactérie *Escherichia coli* est l'un des résidents les plus communs du tractus intestinal des humains, et c'est probablement l'organisme le mieux connu en microbiologie. Nous avons vu dans les chapitres précédents qu'on a accumulé un grand nombre d'informations relatives à la biochimie et à la génétique d'*E. coli,* et que cette bactérie est encore aujourd'hui un outil crucial pour la recherche fondamentale en biologie ; en fait, bien des chercheurs la considèrent presque comme un animal de compagnie au laboratoire. La présence d'*E. coli* dans l'eau ou les aliments est un indice de contamination fécale (chapitre 27). Bien que ce microorganisme ne soit habituellement pas un agent pathogène, il cause parfois des infections des voies urinaires ; certaines souches produisent des **entérotoxines** responsables de la turista (diarrhée des voyageurs), et provoquent occasionnellement de très graves maladies d'origine alimentaire telles que la maladie du hamburger (voir *E. coli* O157 :H7 au chapitre 25, p. 771).

***Salmonella*** Presque toutes les espèces du genre *Salmonella* sont potentiellement pathogènes. Cela explique qu'on ait mis au point toute une batterie de tests biochimiques et sérologiques pour isoler et identifier les salmonelles. On trouve fréquemment ces bactéries dans le tractus intestinal de nombreux animaux, et en particulier de la volaille et du bétail. Lorsque les conditions d'hygiène sont médiocres, il y a un risque de contamination des aliments et, par conséquent, des humains.

La nomenclature du genre *Salmonella* est inhabituelle. Pour des raisons pratiques, on considère souvent que ce genre est formé d'une seule espèce, soit *Salmonella enterica,* divisée en plus de 2 300 **sérovars** ou sérotypes. D'un point de vue technique, un sérovar tel que *Salmonella typhimurium* n'est pas une espèce, de sorte qu'on devrait en fait écrire « *Salmonella enterica* sérovar Typhimurium ». Il existe diverses variantes de cette appellation, et les spécialistes n'en sont pas encore venus à un consensus. Pour éviter toute confusion, nous désignons les sérovars de salmonelles de la même façon que les espèces, c'est-à-dire que nous écrivons par exemple *S. typhimurium.*

Dans le but d'effectuer des tests sérologiques en laboratoire de microbiologie clinique, on utilise des préparations commerciales d'anticorps spécifiques pour identifier les antigènes de bactéries pathogènes. Par exemple, si on injecte des salmonelles d'un sérovar spécifique dans un animal approprié, leurs flagelles, leur capsule et leur paroi cellulaire jouent le rôle d'*antigènes,* de sorte que l'animal produit, dans son sang, des *anticorps* spécifiques aux antigènes de chacune de ces structures. On se sert donc des méthodes sérologiques pour distinguer les microorganismes entre eux. Nous étudierons la sérologie plus en détail au chapitre 18; il suffit pour le moment de savoir qu'elle sert à différencier et à identifier des bactéries.

On utilise des anticorps spécifiques pour différencier les sérovars de *Salmonella* à l'aide d'une méthode appelée modèle de Kauffmann-White. Dans ce modèle, on désigne un microorganisme par des nombres et des lettres qui correspondent à des antigènes spécifiques présents sur la capsule, la paroi cellulaire et les flagelles, ces structures étant représentées respectivement par les lettres K, O et H. Ainsi, la formule antigénique de la bactérie *S. typhimurium* est O1,4,[5],12:H,i,1,2*. On désigne plusieurs salmonelles uniquement par leur formule antigénique. On différencie à leur tour les sérovars en **biovars,** ou **biotypes,** en fonction de propriétés biochimiques ou physiologiques caractéristiques.

La fièvre typhoïde, due à *Salmonella typhi,* est la maladie la plus grave causée par un membre du genre *Salmonella.* La salmonellose est une maladie gastro-intestinale moins grave, due à d'autres salmonelles. C'est l'une des formes les plus fréquentes de maladie d'origine alimentaire.

Des progrès de la technologie moléculaire ont entraîné récemment un changement taxinomique, soit la création de l'espèce *Salmonella bongori.* Cette bactérie, qui infeste les animaux à sang froid mais rarement les humains, a été isolée pour la première fois chez un lézard, dans la ville de Bongor, au Tchad, dans le désert africain.

***Shigella*** L'espèce *Shigella* est responsable d'une maladie appelée dysenterie bacillaire ou shigellose. Contrairement aux salmonelles, ces bactéries n'infestent que les humains. Elles viennent au deuxième rang, après *E. coli,* parmi les causes les plus fréquentes de la turista. Certaines souches de *Shigella* sont responsables d'une dysenterie potentiellement mortelle.

***Klebsiella*** Les espèces du genre *Klebsiella* sont fréquemment présentes dans le sol et l'eau. Nombre de ces bactéries sont capables de fixer l'azote atmosphérique, ce que certains considèrent comme un avantage sur le plan nutritif pour les populations isolées dont le milieu environnemental comprend peu d'azote protéique. L'espèce *Klebsiella pneumoniæ* cause parfois une forme grave de pneumonie chez les humains.

***Serratia*** *Serratia marcescens* se distingue par le fait qu'elle produit un pigment rouge. En milieu hospitalier, on trouve parfois cette bactérie sur les sondes, dans les solutions d'irrigation salines et dans diverses autres solutions soi-disant stériles. Cette forme de contamination est probablement responsable de bon nombre d'infections nosocomiales des voies urinaires ou respiratoires et de septicémies lors de chirurgies cardiaques.

***Proteus*** Les colonies de *Proteus* qui se développent sur gélose présentent un mode de croissance par essaimage: les cellules sont disséminées sur la gélose en boîte de Petri, où elles forment des anneaux concentriques (photo de l'encadré du chapitre 4, p. 86). La mobilité de *Proteus mirabilis* est assurée par des flagelles péritriches (figure 11.9). Cette bactérie joue un rôle dans de nombreuses infections des voies urinaires, où l'activité de l'enzyme qu'elle produit, l'uréase, est un facteur déterminant, ainsi que dans des blessures.

***Yersinia*** *Yersinia pestis* est responsable de la peste bubonique, qui a ravagé l'Europe au Moyen Âge. Les rats, dans certaines villes du monde, et les écureuils fouisseurs, dans le Sud-Ouest des États-Unis, sont porteurs de ces bactéries, qui se transmettent généralement aux humains et aux autres animaux par l'intermédiaire des puces. Le contact avec

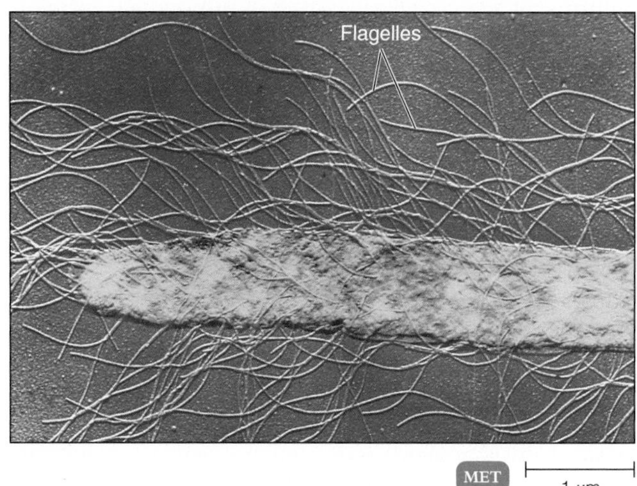


**FIGURE 11.9** ***Proteus mirabilis,*** **bacille à Gram négatif doté de flagelles péritriches.**

■ Qu'est-ce qui distingue le système de flagelles de cette entérobactérie de celui de *Pseudomonas*?

* Les lettres viennent des termes en usage en allemand; ainsi K est la première lette du mot allemand qui signifie «capsule». (Les salmonelles dotées d'une capsule sont identifiées du point de vue sérologique par un antigène d'enveloppe spécifique appelé Vi, pour virulence.) Les colonies qui forment un mince film sur une surface de gélose sont désignées en allemand par le terme Hauch (film). La mobilité indispensable à la formation d'un tel film suppose la présence de flagelles, et la lettre H représente les antigènes portés par les flagelles. Les bactéries non mobiles sont qualifiées de ohne Hauch, c'est-à-dire sans film, de sorte que O représente les antigènes de la surface cellulaire. On emploie une terminologie semblable pour E. coli O157:H7, Vibrio choleræ O:1 et d'autres organismes.

des gouttelettes de salive d'animaux ou de personnes infectées peut aussi jouer un rôle dans la transmission de cette infection qui sévit encore dans certains pays tels que l'Inde (figure 23.9).

***Erwinia*** Les espèces du genre *Erwinia* sont surtout des agents pathogènes de plantes cultivées. *Erwinia carotovora* est responsable d'une forme de décomposition de légumes appelée pourriture molle. Elle produit des enzymes qui hydrolysent la pectine présente entre les cellules végétales, ce qui entraîne la séparation de ces dernières.

***Enterobacter*** Deux espèces du genre *Enterobacter,* soit *E. cloacæ* et *E. ærogenes,* causent des infections des voies urinaires et des infections nosocomiales. Elles sont très répandues chez les humains et les animaux, ainsi que dans l'eau, les eaux usées et le sol.

### L'ordre des *Pasteurellales*

Les bactéries de l'ordre des *Pasteurellales* sont non mobiles; elles sont surtout connues en tant qu'agents pathogènes pour les humains et les animaux.

***Pasteurella*** Le genre *Pasteurella* est d'abord connu en tant qu'agent pathogène pour les animaux domestiques. Il cause la septicémie chez le bétail, le choléra chez les poulets et la volaille en général, et la pneumonie chez divers animaux. L'espèce la plus étudiée est *Pasteurella multocida,* transmissible aux humains par les morsures de chien ou de chat.

***Hæmophilus*** Le genre *Hæmophilus* regroupe d'importantes bactéries pathogènes, fréquemment présentes dans la flore normale des muqueuses des voies respiratoires supérieures, de la bouche, du vagin et du tractus intestinal. L'espèce la mieux connue parmi celles qui affectent les humains est *Hæmophilus influenzæ,* ainsi nommée autrefois parce qu'on pensait à tort qu'elle était responsable de la grippe.

Le nom *Hæmophilus* reflète le fait que ces bactéries ont besoin de facteurs de croissance présents dans le sang pour se multiplier, comme l'indique l'étymologie grecque de leur nom (*hemo-* = sang; *-phile* = ami). Le milieu de culture qui permet la croissance de ces bactéries doit donc contenir du sang. *Hæmophilus* est incapable de synthétiser des composés majeurs du système de cytochromes, indispensables à la chaîne de transport des électrons (respiration cellulaire). C'est pourquoi le milieu de culture doit fournir deux facteurs de croissance essentiels à leur croissance: le **facteur X,** ou hématine, tiré de l'hémoglobine sanguine et le **facteur V,** ou nicotinamide-adénine-dinucléotide ($NAD^+$ ou $NADP^+$), un cofacteur. Les laboratoires cliniques emploient des tests portant sur les besoins relatifs à l'un ou l'autre de ces deux facteurs, ou aux deux, pour vérifier si un isolat bactérien contient une espèce particulière d'*Hæmophilus.*

*Hæmophilus influenzæ* est responsable de plusieurs maladies importantes. Cette bactérie, en particulier *H. influenzæ* sérotype b, constitue une cause fréquente de méningite et d'otite moyenne chez les jeunes enfants. Parmi les autres états cliniques attribuables à *H. influenzæ,* on note l'épiglottite (infection, potentiellement mortelle, de l'épiglotte, accompagnée d'inflammation), l'arthrite septique de l'enfant, la bronchite et la pneumonie. Une autre espèce, *H. ducreyi,* est responsable d'une maladie transmise sexuellement, appelée chancre mou ou chancrelle.

## Les bactéries photosynthétiques pourpres ou vertes

### Objectif d'apprentissage

- *Établir les différences et les similitudes entre les bactéries photosynthétiques pourpres ou vertes et les cyanobactéries.*

La classification taxinomique des bactéries photosynthétiques prête quelque peu à confusion. Ce groupe physiologique comprend les cyanobactéries, les bactéries pourpres sulfureuses ou non sulfureuses, de même que les bactéries vertes sulfureuses ou non sulfureuses.

Les bactéries photosynthétiques sont disséminées dans différentes classes taxinomiques (tableau 11.2 et appendice A). La catégorie importante des bactéries pourpres sulfureuses fait partie des $\gamma$-protéobactéries, tandis que les bactéries pourpres non sulfureuses font partie des $\alpha$-protéobactéries. Quant aux bactéries vertes, sulfureuses ou non, elles ne sont pas considérées comme des protéobactéries et sont classées dans d'autres embranchements. La morphologie des bactéries photosynthétiques est très diversifiée; on note des formes hélicoïdales, en bâtonnet, sphériques et même en bourgeon. Ces bactéries photosynthétiques, qui ne sont pas nécessairement de couleur pourpre ou verte, sont en général anaérobies. Elles vivent habituellement dans les couches sédimentaires profondes des lacs et des étangs. Comme les plantes, les algues et les cyanobactéries, elles produisent des glucides ($CH_2O$) par photosynthèse. En raison de l'habitat en zones profondes qu'elles occupent (figure 27.9), elles sont pourvues de chlorophylle qui utilise des rayons du spectre visible que n'interceptent pas les organismes photosynthétiques vivant à de moins grandes profondeurs. Les chlorophylles utilisées par ces bactéries photosynthétiques s'appellent *bactériochlorophylles.* De plus, contrairement à la photosynthèse de type végétal, la photosynthèse des bactéries pourpres ou vertes est *anoxygénique* – elle ne produit pas de dioxygène (figure 5.23).

Les cyanobactéries, tout comme les plantes et les algues dont il va être question sous peu, produisent de l'oxygène ($O_2$) à partir de l'eau ($H_2O$) lors de la photosynthèse. En raison de la production d'$O_2$, le processus photosynthétique chez les cyanobactéries est dit *oxygénique* (figure 5.23).

$$1)\ 2\,H_2O + CO_2 \xrightarrow{\text{lumière}} (CH_2O) + H_2O + O_2$$

Les *bactéries pourpres sulfureuses* et les *bactéries vertes sulfureuses* utilisent des composés sulfurés réduits, dont le sulfure d'hydrogène ($H_2S$), au lieu de l'eau, et elles produisent des

**Tableau 11.2** *Quelques caractéristiques des bactéries photosynthétiques*

| Nom courant | Exemple (genre) | Embranchement | Donneurs d'électrons pour la réduction de $CO_2$ | Oxygéniques ou anoxygéniques | Traits caractéristiques |
|---|---|---|---|---|---|
| Cyanobactérie | *Anabæna* | *Cyanobacteria* | Généralement $H_2O$ | Généralement oxygénique | Système photosynthétique semblable à celui des plantes; certaines sont capables de photosynthèse bactérienne dans des conditions anaérobies. |
| Bactérie verte non sulfureuse | *Chloroflexus* | *Chloroflexi* | Composés organiques | Anoxygénique | Photohétérotrophe, mais également capable de se développer en aérobiose comme un chimiohétérotrophe. |
| Bactérie verte sulfureuse | *Chlorobium* | *Chlorobi* | Généralement $H_2S$ | Anoxygénique | Photoautotrophe; dépose des granules de soufre à l'extérieur de la cellule. |
| Bactérie pourpre non sulfureuse | *Rhodospirillum* | *Proteobacteria* | Composés organiques | Anoxygénique | Fait partie des $\alpha$-protéobactéries; photohétérétrophe, mais également capable de se développer comme un chimiohétérotrophe. |
| Bactérie pourpre sulfureuse | *Chromatium* | *Proteobacteria* | Généralement $H_2S$ | Anoxygénique | Fait partie des $\gamma$-protéobactéries; photoautotrophe; dépose des granules de soufre à l'extérieur de la cellule. |

granules de soufre ($S^0$), et non du dioxygène (processus anoxygénique):

$$2)\ 2H_2S + CO_2 \xrightarrow{\text{lumière}} (CH_2O) + H_2O + 2S^0$$

Le genre *Chromatium* (figure 11.10) est représentatif des bactéries pourpres sulfureuses. À une certaine époque, l'une des questions importantes en biologie était de savoir d'où provient l'oxygène produit par la photosynthèse végétale: du $CO_2$ ou de l'$H_2O$? Jusqu'à la découverte des marqueurs radioactifs, qui ont permis de détecter l'oxygène de l'eau et du dioxyde de carbone, ce qui a réglé la question, la comparaison des équations 1 et 2 constituait la meilleure preuve que l'oxygène provenait de $H_2O$. La comparaison de ces équations permet également de comprendre comment des composés sulfurés réduits, tels que $H_2S$, peuvent remplacer la photosynthèse comme source d'énergie. Des formes de vie complexes et interdépendantes, que l'on trouve dans des cavernes ou sur les fonds marins obscurs, utilisent fréquemment des composés sulfurés comme source d'énergie.

Les *bactéries pourpres non sulfureuses* et les *bactéries vertes non sulfureuses,* qui sont aussi photoautotrophes, réduisent le dioxyde de carbone par photosynthèse à l'aide de composés organiques tels que les acides et les glucides.

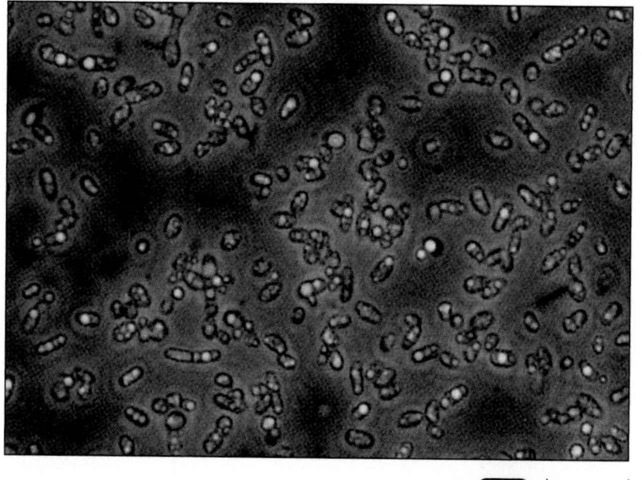


**FIGURE 11.10 Bactéries pourpres sulfureuses.** Dans la micrographie de cellules du genre *Chromatium,* les granules de soufre intracellulaires ont l'aspect d'objets réfractaires multicolores. L'examen de l'équation 2 donnée dans le texte permet de poser une hypothèse qui explique l'accumulation de soufre.

■ Les bactéries pourpres sulfureuses sont des photoautotrophes anoxygéniques.

## La classe des *Deltaproteobacteria*

**Objectif d'apprentissage**

- *Décrire le rôle écologique des δ-protéobactéries.*

Les δ-protéobactéries (*Deltaproteobacteria*) ont ceci de particulier qu'elles comptent des prédateurs de diverses autres bactéries. Elles jouent également un rôle majeur dans le cycle du soufre.

### L'ordre des *Bdellovibrionales*

L'ordre des *Bdellovibrionales* comprend le genre *Bdellovibrio,* dont les espèces sont des microorganismes prédateurs.

***Bdellovibrio*** Les bactéries du genre *Bdellovibrio* attaquent des bactéries à Gram négatif (*bdella* = sangsue). Elles s'y fixent solidement et traversent leur couche externe, après quoi elles se reproduisent dans le périplasme. Là, les cellules s'allongent pour former une hélice serrée, qui se fragmente ensuite en plusieurs cellules flagellées, produites presque simultanément. Les cellules hôtes se lysent alors pour libérer les cellules flagellées. La photo de l'encadré du chapitre 3, p. 64, montre *Bdellovibrio* en train de parasiter *Escherichia coli.*

### L'ordre des *Desulfovibrionales*

Les espèces de l'ordre des *Desulfovibrionales* sont des bactéries sulfureuses, anaérobies stricts, qui, comme accepteurs d'électrons, utilisent des formes oxydées de soufre – telles que l'ion sulfate ($SO_4^{2-}$) et le soufre élémentaire – plutôt que du dioxygène. Le produit de la réduction est du sulfure d'hydrogène ($H_2S$). (Comme celui-ci n'est pas assimilé en tant que nutriment, ce type de métabolisme est dit *sans assimilation.*) L'activité de ces bactéries libère des millions de tonnes de $H_2S$ dans l'atmosphère chaque année ; elles jouent donc un rôle primordial dans le cycle du soufre (figure 27.5). Les bactéries sulfo-oxydantes telles que *Beggiatoa* sont capables d'utiliser $H_2S$ soit lors de la photosynthèse, soit comme source d'énergie autotrophe.

***Desulfovibrio*** Le genre de bactéries sulfureuses le plus étudié est *Desulfovibrio,* que l'on trouve dans les sédiments anaérobies, de même que dans le tractus intestinal des humains et des animaux. Les bactéries qui réduisent le soufre et l'ion sulfate se servent de composés organiques – tels que le lactate, l'éthanol et les acides gras – comme donneurs d'électrons. Le soufre et l'ion sulfate sont ainsi réduits en $H_2S$. Lorsqu'il réagit avec le fer, le $H_2S$ produit du FeS insoluble, responsable de la couleur noire de nombreux types de sédiments.

### L'ordre des *Myxococcales*

Dans la première édition du manuel de Bergey, l'ordre des *Myxococcales* était classé parmi les bactéries fructifères et mucilagineuses. Cet ordre illustre la forme la plus complexe du cycle de vie bactérien, qui comprend une phase pendant laquelle les bactéries sont des microprédateurs de diverses autres bactéries.

***Myxococcus*** Les espèces du genre *Myxococcus* sont des bactéries à Gram négatif qui vivent dans le sol. Les cellules végétatives des myxobactéries (*myxo-* = mucus) laissent, en se déplaçant par glissement, une trace visqueuse (figure 11.11a). *Myxococcus xanthus* et *M. fulvus* sont des représentants très étudiés du genre *Myxococcus.* Lorsque les myxobactéries se déplacent, les bactéries qu'elles rencontrent constituent leur source de nutrition ; elles lysent ces bactéries par action enzymatique, puis les digèrent. L'assèchement du sol ou une diminution de la quantité de nutriments dans le milieu déclenche la différenciation des myxobactéries. Un grand nombre d'entre elles s'agglomèrent puis, en se différenciant, elles forment un organe sporifère pédonculé microscopique qui contient des cellules dormantes, appelées *myxospores* ; ces dernières sont souvent incluses dans des structures fermées elles-mêmes appelées sporangioles ou sporanges (figure 11.11b). Dans des conditions favorables, résultant habituellement d'une modification de la source de nutriments, les myxospores germent et donnent de nouvelles cellules mucilagineuses végétatives.

## La classe des *Epsilonproteobacteria*

**Objectif d'apprentissage**

- *Identifier quelques caractéristiques des espèces de bactéries d'intérêt médical.*

Les ε-protéobactéries (*Epsilonproteobacteria*) sont de minces bacilles à Gram négatif de forme hélicoïdale ou incurvés en virgule. Une bactérie hélicoïdale est dite incurvée en virgule si elle ne forme pas un tour complet. Nous traitons ici des deux genres majeurs de ε-protéobactéries, dont tous les membres se déplacent au moyen de flagelles et sont microaérophiles.

***Campylobacter*** Les bactéries du genre *Campylobacter* sont des vibrions microaérophiles ; chaque cellule est dotée d'un flagelle polaire. L'espèce *C. fetus* est l'agent responsable d'avortements spontanés chez les animaux domestiques, et *C. jejuni* est l'une des principales causes des maladies intestinales d'origine alimentaire.

***Helicobacter*** Le genre *Helicobacter* est constitué de bacilles incurvés microaérophiles, dotés de plusieurs flagelles. On a découvert récemment que l'espèce *Helicobacter pylori* est la cause la plus fréquente de l'ulcère gastroduodénal chez les humains (figures 11.12 et 25.12).

# Les bactéries à Gram négatif autres que les protéobactéries

**Objectifs d'apprentissage**

- *Distinguer, s'il y a lieu, les espèces de bactéries d'intérêt médical des autres espèces d'intérêt écologique, industriel ou commercial.*
- *Identifier quelques caractéristiques des espèces de bactéries d'intérêt médical.*

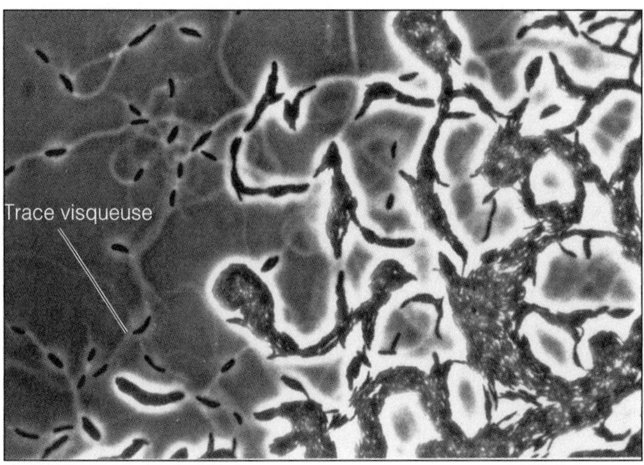


**a)** Traces visqueuses laissées par des myxobactéries

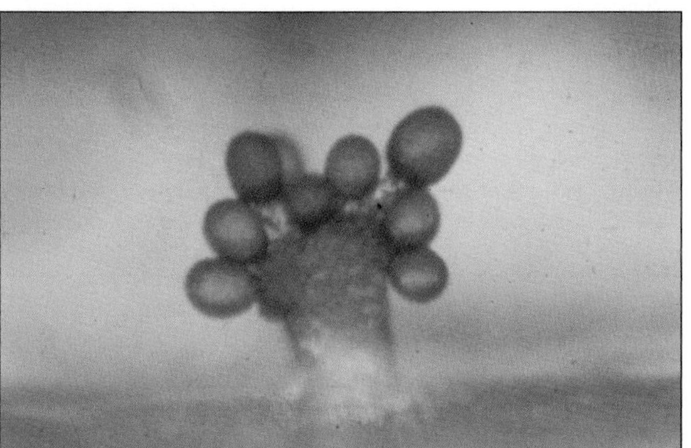


**b)** Myxobactérie avec sporangioles

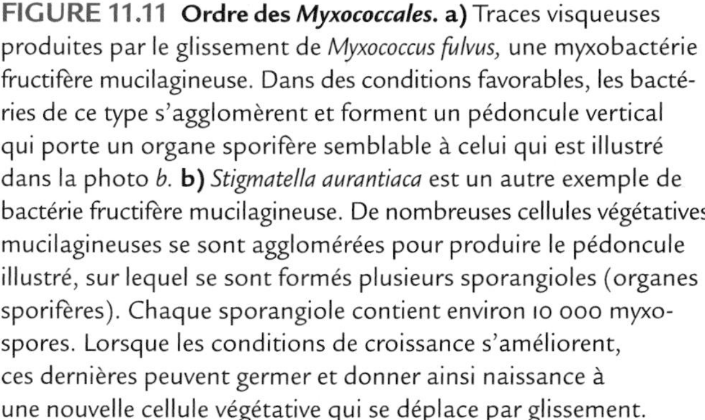

FIGURE 11.11 **Ordre des *Myxococcales*. a)** Traces visqueuses produites par le glissement de *Myxococcus fulvus,* une myxobactérie fructifère mucilagineuse. Dans des conditions favorables, les bactéries de ce type s'agglomèrent et forment un pédoncule vertical qui porte un organe sporifère semblable à celui qui est illustré dans la photo *b*. **b)** *Stigmatella aurantiaca* est un autre exemple de bactérie fructifère mucilagineuse. De nombreuses cellules végétatives mucilagineuses se sont agglomérées pour produire le pédoncule illustré, sur lequel se sont formés plusieurs sporangioles (organes sporifères). Chaque sporangiole contient environ 10 000 myxospores. Lorsque les conditions de croissance s'améliorent, ces dernières peuvent germer et donner ainsi naissance à une nouvelle cellule végétative qui se déplace par glissement.

■ Quelques bactéries se déplacent par glissement sur diverses surfaces et laissent habituellement une trace visqueuse.

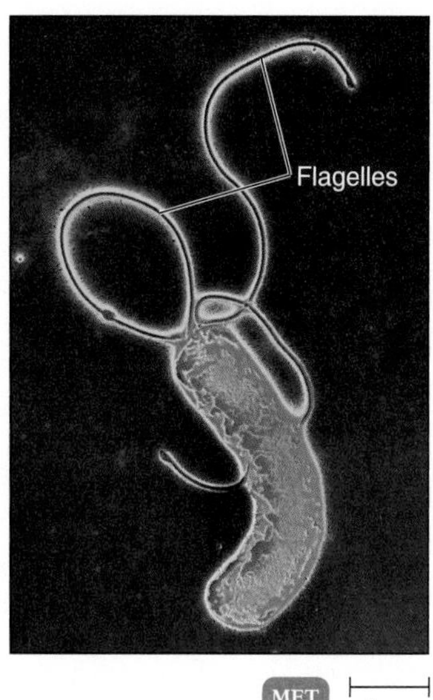


FIGURE 11.12 ***Helicobacter pylori* est un exemple de bacille incurvé en virgule qui ne forme pas un tour complet.**

■ Qu'est-ce qui distingue les bactéries incurvées des spirochètes ?

Bien que l'embranchement des Protéobactéries comprenne la majorité des bactéries chimiohétérotrophes à Gram négatif, certaines bactéries à Gram négatif ne sont pas classées dans cet embranchement parce qu'elles n'y sont pas étroitement apparentées. Ces autres bactéries à Gram négatif comprennent des bactéries distinctes sur le plan physiologique, telles que des bactéries photosynthétiques, et des bactéries distinctes sur le plan morphologique, telles que les spirochètes. Les relations phylogénétiques entre ces groupes d'organismes sont fondées sur des études de l'ARNr. Dans cette section, nous allons étudier certains genres de bactéries qui appartiennent aux embranchements suivants : *Cyanobacteria, Chlamydiæ, Spirochætes, Bacteroidetes* et *Fusobacteria* (voir l'appendice A).

## L'embranchement des *Cyanobacteria*

Les **cyanobactéries,** dont le nom évoque la pigmentation caractéristique bleu-vert (ou cyan), étaient autrefois appelées algues bleu-vert. Bien qu'elles ressemblent aux algues eucaryotes et qu'elles occupent souvent les mêmes niches écologiques, l'appellation d'algue est inappropriée parce que ce sont des bactéries, alors que les algues n'en sont pas. Les cyanobactéries effectuent un type de photosynthèse qui scinde la molécule d'eau et libère du dioxygène ($O_2$), à la manière des plantes et des algues eucaryotes. Beaucoup de cyanobactéries sont en outre capables de fixer le diazote ($N_2$). Des cellules spécialisées, appelées **hétérocystes,** contiennent des enzymes qui fixent le diazote atmosphérique, de sorte que les cellules en croissance puissent l'utiliser (figure 11.13a). De nombreuses espèces qui se développent dans l'eau sont pourvues de *vacuoles à gaz* (une série de chambres ou de vésicules à gaz) entourées d'une paroi protéique, imperméable à l'air mais non à l'eau. Ces vacuoles fournissent à la

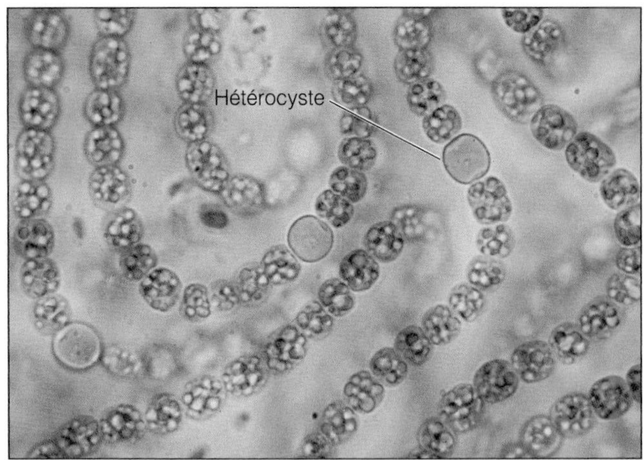


**a)** Cyanobactérie filamenteuse dotée d'hétérocystes

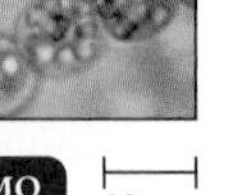


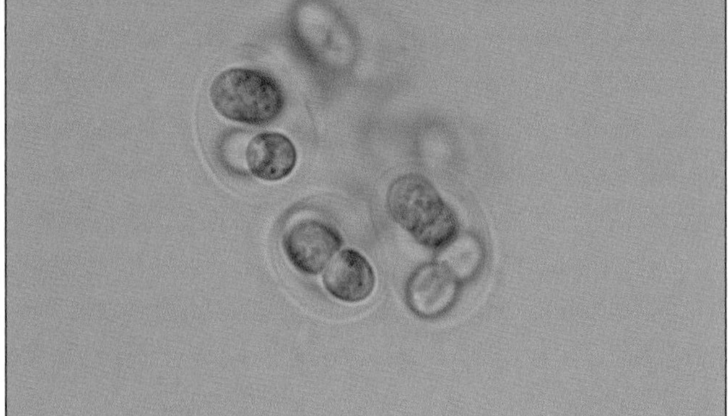

**b)** Cyanobactérie non filamenteuse : *Gleocapsa*

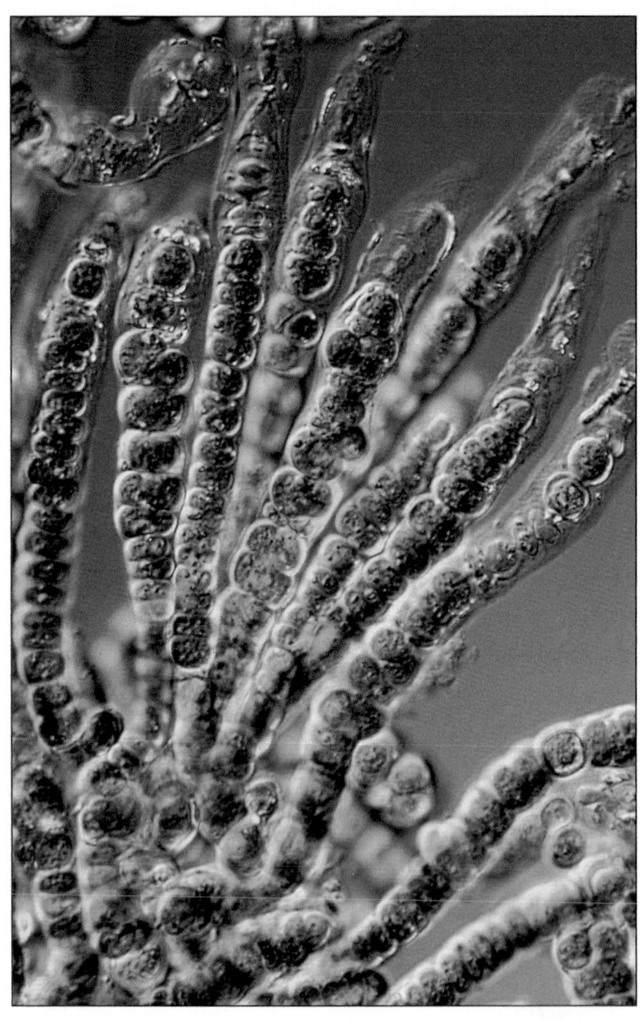

**c)** Cyanobactérie filamenteuse ramifiée

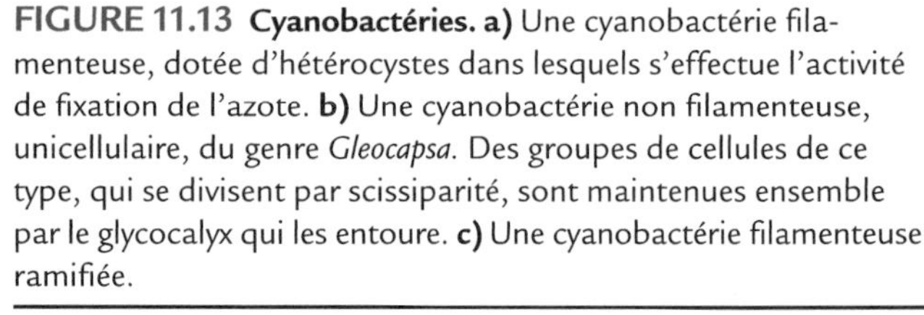

FIGURE 11.13 **Cyanobactéries. a)** Une cyanobactérie filamenteuse, dotée d'hétérocystes dans lesquels s'effectue l'activité de fixation de l'azote. **b)** Une cyanobactérie non filamenteuse, unicellulaire, du genre *Gleocapsa*. Des groupes de cellules de ce type, qui se divisent par scissiparité, sont maintenues ensemble par le glycocalyx qui les entoure. **c)** Une cyanobactérie filamenteuse ramifiée.

■ Qu'est-ce qui distingue la photosynthèse qui se produit dans une cyanobactérie de celle qui a lieu dans une bactérie pourpre sulfureuse ?

cellule la flottabilité requise pour se déplacer vers un milieu favorable. Les cyanobactéries qui sont mobiles se déplacent par glissement.

Les cyanobactéries présentent une grande diversité morphologique. Elles comprennent des formes unicellulaires qui se divisent par scissiparité simple (figure 11.13b), des formes en colonies qui se divisent par scissiparité multiple et des formes filamenteuses qui se reproduisent par fragmentation des filaments. Chez ces dernières, il y a généralement une certaine différenciation des cellules, qui sont souvent assemblées à l'intérieur d'une enveloppe ou gaine (figure 11.13c).

Les cyanobactéries qui produisent du dioxygène ont joué un rôle de premier plan dans l'évolution de la vie sur Terre, où, à l'origine, il n'existait à peu près pas de dioxygène à l'état libre, élément essentiel aux formes de vie actuelles. Des preuves fossiles indiquent que, au moment où les cyanobactéries sont apparues, l'atmosphère ne contenait que 0,1 % environ de dioxygène. Lorsque les plantes eucaryotes qui produisent du dioxygène ont fait leur apparition, la concentration de dioxygène avait augmenté et dépassait les 10 %. Cette augmentation a probablement résulté de l'activité photosynthétique des cyanobactéries. L'air que nous respirons aujourd'hui contient environ 20 % de dioxygène.

Les cyanobactéries, en particulier celles qui fixent l'azote, jouent un rôle environnemental essentiel. Elles occupent des niches écologiques similaires à celles des algues eucaryotes (figure 12.11), mais le fait que beaucoup de cyanobactéries peuvent fixer le diazote accroît encore leur capacité d'adaptation. Nous examinerons en détail le rôle environnemental des cyanobactéries dans le chapitre 27, lorsqu'il sera question d'eutrophisation, c'est-à-dire de l'accumulation excessive de matières nutritives dans une masse d'eau.

## L'embranchement des *Chlamydiæ*

Dans la première édition du manuel de Bergey, les genres *Chlamydia* et *Rickettsia* sont regroupés, car ils rassemblent tous deux des parasites intracellulaires à Gram négatif. Dans la deuxième édition, les rickettsies font partie des $\alpha$-protéobactéries, alors que le genre *Chlamydia* est inclus dans l'embranchement des *Chlamydiæ* et classé avec des bactéries génétiquement similaires dont la paroi cellulaire ne contient pas de peptidoglycane.

***Chlamydia*** Les chlamydies présentent un cycle de développement unique, qui constitue peut-être leur caractéristique la plus distinctive (figure 11.14a). Ces microorganismes forment au cours de leur cycle vital des structures appelées corps élémentaires; ces structures constituent la forme infectante du microbe. Les chlamydies sont des bactéries coccoïdes à Gram négatif (figure 11.14b). Contrairement aux rickettsies, les chlamydies ne se transmettent pas par l'intermédiaire d'insectes ou de tiques. Elles se transmettent aux humains par contact interpersonnel ou, dans l'air, par voie respiratoire.

Il existe trois espèces de chlamydies qui sont des agents pathogènes importants pour l'humain. *Chlamydia trachomatis* est l'agent du trachome, infection de la cornée et de la conjonctive qui cause fréquemment la cécité chez les humains (figure 21.19). Cette bactérie est aussi considérée comme le principal agent responsable à la fois de l'urétrite non gonococcique, qui est sans doute la maladie transmise sexuellement la plus fréquente aux États-Unis, et de la lymphogranulomatose vénérienne, une autre maladie transmise sexuellement. *C. psittaci* est l'agent responsable de la psittacose (ou ornithose), maladie transmise aux humains par des oiseaux contaminés. Une troisième espèce, *C. pneumoniæ*, provoque une forme légère de pneumonie, notamment chez les jeunes adultes. Comme il s'agit de parasites intracellulaires obligatoires, on ne peut faire croître les chlamydies que dans les tissus d'animaux de laboratoire, dans des cultures cellulaires ou dans le sac vitellin d'œufs embryonnés de poule.

## L'embranchement des *Spirochætes*

Les spirochètes ont une morphologie spiralée qui leur donne l'apparence d'un ressort de métal dont les spires sont plus ou moins serrées selon l'espèce. Cependant, leur trait le plus distinctif est leur mode de mobilité, qui dépend de deux ou plusieurs **filaments axiaux** logés entre une enveloppe externe et le corps de la bactérie; c'est pourquoi on parle aussi d'endoflagelles. Une extrémité de chaque filament est fixée près d'un pôle de la bactérie (figure 11.15; voir aussi figure 4.9). Si la cellule tourne un filament axial dans un sens, elle effectue une rotation en sens opposé, plus ou moins en tire-bouchon, ce qui constitue un mode de locomotion très efficace dans un liquide. Pour une bactérie, il est en effet plus difficile qu'il n'y paraît de se déplacer dans un liquide. À l'échelle de ces microorganismes, l'eau est aussi visqueuse que de la mélasse pour un animal. Cependant, une bactérie parcourt fréquemment des distances égales à 100 fois sa longueur en 1 seconde (soit environ 50 $\mu$m/sec), tandis qu'un gros poisson, comme le thon, ne parcourt qu'environ 10 fois sa longueur durant le même laps de temps.

On trouve de nombreux types de spirochètes dans la cavité buccale des humains. Ils furent probablement parmi les premiers microorganismes à avoir été décrits par van Leeuwenhoek, au XVIIe siècle, qui les isola de la salive et de substances prélevées sur les dents. Il est étonnant de trouver des spirochètes sur la surface de certains protozoaires, capables de digérer la cellulose, qui vivent dans les termites; ils y jouent peut-être le rôle de flagelles.

***Treponema*** Les spirochètes comprennent un certain nombre de bactéries pathogènes importantes, dont les mieux connues sont celles du genre *Treponema*, qui inclut *Treponema pallidum*, l'agent de la syphilis (figure 26.10).

***Borrelia*** Les membres du genre *Borrelia* sont responsables de la fièvre récurrente et de la maladie de Lyme, deux maladies graves généralement transmises par les tiques ou les poux.

***Leptospira*** La leptospirose est une maladie habituellement transmise aux humains lors de la consommation d'eau contaminée par l'espèce *Leptospira*. Ces bactéries sont présentes dans l'urine de certains animaux, tels que les chiens, les rats et les porcs, ce qui explique que l'on vaccine fréquemment les chiens et les chats domestiques contre la leptospirose. Les cellules de *Leptospira* ont des extrémités caractéristiques en forme de crochet (figure 26.4).

## L'embranchement des *Bacteroidetes*

L'embranchement des *Bacteroidetes* regroupe plusieurs genres de bactéries anaérobies dont certaines appartiennent aux classes des *Bacteroidetes* et des *Sphingobacteria*. *Bacteroides* et *Prevotella* sont deux genres représentatifs de la classe des *Bacteroidetes*.

***Bacteroides*** Les bactéries du genre *Bacteroides* ne sont pas mobiles et ne forment pas d'endospores. Elles résident de façon prédominante dans le tractus intestinal des humains; on en dénombre presque un milliard par gramme de fèces. Certaines espèces de *Bacteroides* occupent des habitats anaérobies, dont le sillon gingival (figure 25.2), et on les isole fréquemment de tissus profonds infectés. Les infections dues à des *Bacteroides* résultent souvent de blessures ou de plaies chirurgicales, et elles sont une cause courante de péritonite – inflammation déclenchée par la perforation de l'intestin.

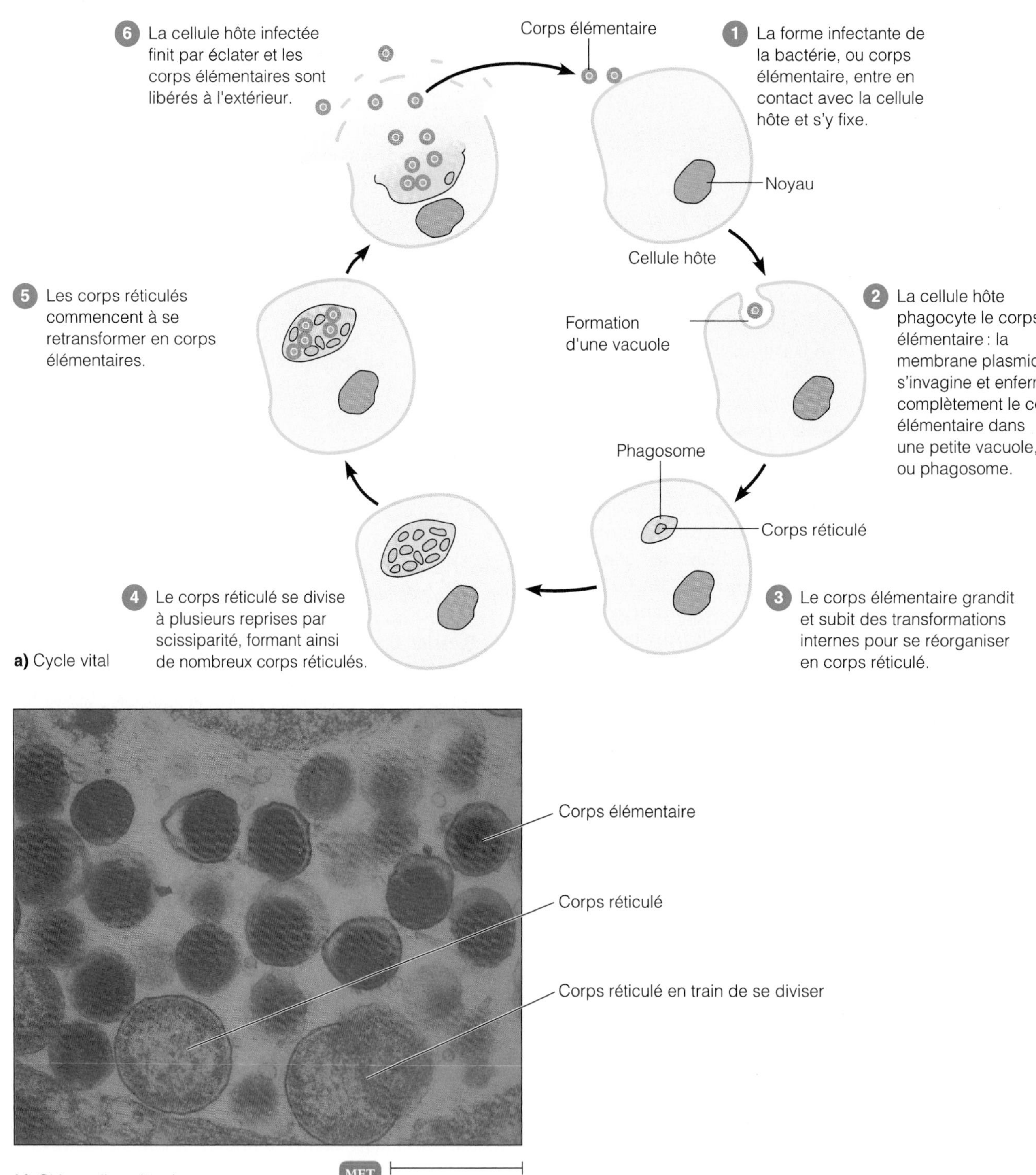

6 La cellule hôte infectée finit par éclater et les corps élémentaires sont libérés à l'extérieur.
Corps élémentaire
1 La forme infectante de la bactérie, ou corps élémentaire, entre en contact avec la cellule hôte et s'y fixe.
Noyau
Cellule hôte
5 Les corps réticulés commencent à se retransformer en corps élémentaires.
Formation d'une vacuole
2 La cellule hôte phagocyte le corps élémentaire : la membrane plasmique s'invagine et enferme complètement le corps élémentaire dans une petite vacuole, ou phagosome.
Phagosome
Corps réticulé
4 Le corps réticulé se divise à plusieurs reprises par scissiparité, formant ainsi de nombreux corps réticulés.
3 Le corps élémentaire grandit et subit des transformations internes pour se réorganiser en corps réticulé.
a) Cycle vital
Corps élémentaire
Corps réticulé
Corps réticulé en train de se diviser
b) Chlamydia psittaci
MET
1 μm

**FIGURE 11.14 Chlamydies. a)** Cycle vital général d'une chlamydie, dont la durée est d'environ 48 heures. **b)** Micrographie de *Chlamydia psittaci,* prise à partir de la coupe du cytoplasme d'une cellule hôte. Les corps élémentaires relativement petits, denses et sombres, ont une paroi mince semblable à celle de diverses autres bactéries à Gram négatif. Les chlamydies se reproduisent à l'intérieur de la cellule hôte sous la forme de corps réticulés, dont la division est illustrée à l'étape 4. Les corps intermédiaires représentés sont des cellules de chlamydies, dont l'aspect se situe entre celui du corps élémentaire et celui du corps réticulé.

- Les chlamydies se reproduisent uniquement à l'intérieur d'une cellule hôte ; le corps élémentaire est la forme infectante de leur cycle vital.

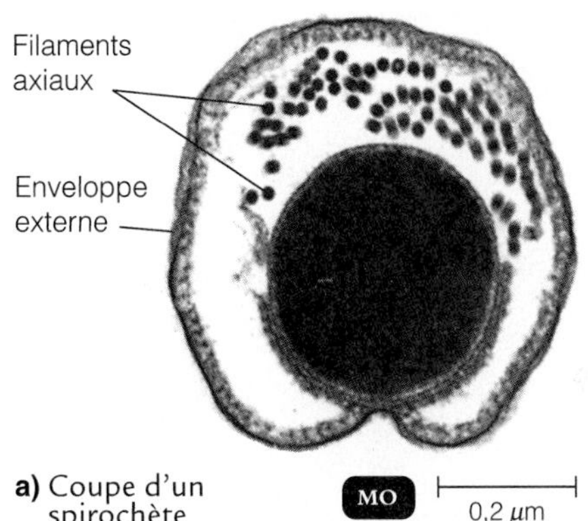


a) Coupe d'un spirochète

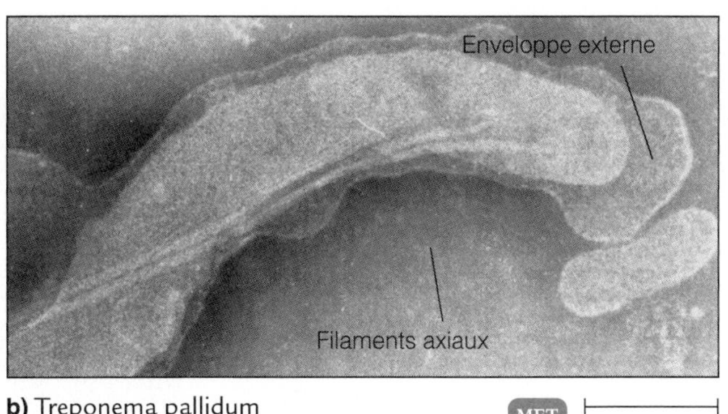


b) Treponema pallidum

**FIGURE 11.15 Spirochètes.** Les spirochètes sont de forme hélicoïdale (forme de ressort plus ou moins serré) et ils possèdent des filaments axiaux, localisés sous une enveloppe externe, qui leur permettent de se mouvoir par des mouvements de rotation selon une trajectoire en tire-bouchon. **a)** Coupe d'un spirochète où l'on voit plusieurs filaments axiaux entre la cellule, sombre, et la couche externe. **b)** *Treponema pallidum*, un spirochète.

■ Qu'est-ce qui distingue le mode de mobilité d'un spirochète de celui de *Spirillum* (figure 11.4) ?

***Prevotella*** Les bactéries du genre *Prevotella* sont souvent isolées de spécimens prélevés dans la bouche lors de gingivites (chapitre 25), ou dans les voies respiratoires et les voies urogénitales.

L'embranchement des *Bacteroidetes* comprend aussi la classe des *Sphingobacteria,* qui inclut des bactéries chimiohétérotrophes dotées de diverses capacités métaboliques. Par exemple, le genre *Sphingobacterium* est capable d'hydrolyser des huiles végétales et de produire ainsi des substances présentant une utilité commerciale. *Cytophaga* est un genre représentatif de cette classe.

***Cytophaga*** Les membres du genre *Cytophaga* sont importants parce qu'ils dégradent la cellulose présente dans le sol et qu'ils jouent un rôle dans le traitement des eaux usées. Ils sont entourés d'une couche visqueuse et glissent sur les surfaces, en laissant souvent une trace visible.

## L'embranchement des *Fusobacteria*

Les bactéries fusiformes constituent un autre embranchement d'anaérobies. Ces bactéries sont souvent polymorphes mais, comme l'indique leur nom, elles ont généralement la forme d'un fuseau (*fusus* = fuseau).

***Fusobacterium*** Les bactéries du genre *Fusobacterium* sont de longs bâtonnets minces dont les extrémités sont plutôt pointues qu'arrondies (figure 11.16). Chez les humains, on les trouve le plus souvent dans le sillon gingival, où elles sont responsables d'abcès dentaires, et dans le tractus intestinal.

**FIGURE 11.16 *Fusobacterium*.** Il s'agit d'un bacille anaérobie souvent présent dans l'intestin des humains. Notez la forme pointue caractéristique des extrémités.

■ En quel autre endroit du corps humain trouve-t-on fréquemment *Fusobacterium* ?

# Les bactéries à Gram positif

On divise les bactéries à Gram positif en deux grandes catégories, selon que leur rapport G + C (rapport guanine-cytosine est élevé ou faible. Voici quelques exemples. Le genre *Streptococcus* a une faible teneur en G + C, qui se situe entre 33 et 44 %, tandis que le genre *Clostridium* a une teneur comprise entre 21 et 54 %. Les mycoplasmes sont dépourvus de paroi cellulaire et n'ont donc pas de réaction de Gram (certains leur attribuent par défaut une réaction négative). Leur rapport G + C est compris entre 23 et 40 %, ce qui constitue une faible teneur en G + C.

Par contre, les actinobactéries filamenteuses du genre *Streptomyces* ont une teneur élevée en G + C, comprise entre 69 et 73 %. Les bactéries à Gram positif des genres *Corynebacterium* et *Mycobacterium,* dont la morphologie est plus ordinaire, ont une teneur élevée en G + C, de 51 à 63 % et de 62 à 70 % respectivement.

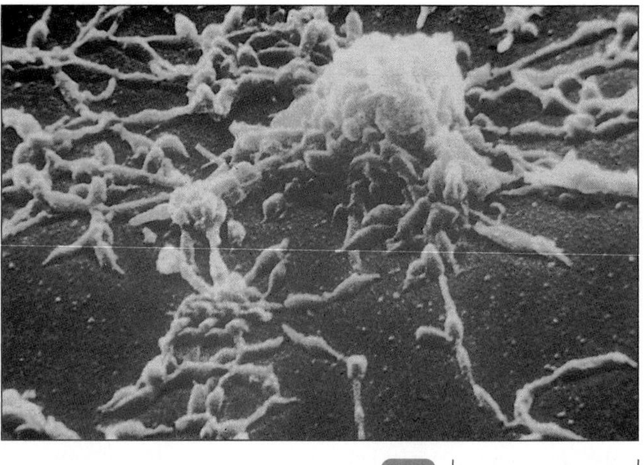


**FIGURE 11.17** ***Mycoplasma pneumoniæ.*** Les bactéries du type *M. pneumoniæ* n'ont pas de paroi cellulaire et leur morphologie est irrégulière (ce sont des pléomorphes). Dans la micrographie, on voit des filaments comportant de nombreux renflements; *M. pneumoniæ* se reproduit par fragmentation des filaments aux points de renflement. On peut faire croître les mycoplasmes sur des milieux de culture très spécialisés, où ces organismes forment de petites colonies ayant un aspect d'« œuf poêlé » lorsqu'on les grossit.

- En quoi la structure cellulaire des mycoplasmes est-elle responsable de leur caractère pléomorphe ?

## Les bactéries à Gram positif à faible teneur en G + C

### Objectifs d'apprentissage

- *Distinguer, s'il y a lieu, les espèces de bactéries d'intérêt médical des autres espèces d'intérêt écologique, industriel ou commercial.*
- *Identifier quelques caractéristiques des espèces de bactéries d'intérêt médical.*

### L'embranchement des *Firmicutes*

L'embranchement des *Firmicutes* regroupe des bactéries à Gram positif à faible teneur en G + C; on y trouve des genres importants, tels que les mycoplasmes et des bactéries, dont les formes peuvent être des bacilles ou des cocci.

### L'ordre des *Mycoplasmatales*

Les mycoplasmes sont tout à fait pléomorphes, puisqu'ils sont dépourvus de paroi cellulaire – notez que ce sont les seuls procaryotes qui présentent cette particularité (figure 11.17). Ils produisent des filaments ressemblant à des mycètes, d'où leur appellation (*myco-* = champignon; *-plasma* = chose façonnée). Cet ordre comprend deux genres importants, les *Mycoplasma* et les *Ureaplasma.*

***Mycoplasma*** Les bactéries du genre *Mycoplasma* sont très petites – elles font d'ailleurs partie des plus petites cellules: leur dimension varie entre 0,1 et 0,25 μm; de toutes les bactéries, ce sont elles qui ont le génome le plus limité. Chez les mycoplasmes, le principal agent pathogène de l'humain est *M. pneumoniæ,* responsable d'une forme courante et légère de pneumonie.

***Ureaplasma*** Parmi les autres genres de l'ordre des *Mycoplasmatales,* citons le genre *Ureaplasma,* ainsi nommé parce que les bactéries qui en font partie dégradent l'urée en urine par action enzymatique et qu'elles sont associées à des infections des voies urinaires.

Les mycoplasmes ont une croissance extracellulaire et peuvent donc se développer sur des milieux de culture artificiels qui leur fournissent des stérols (au besoin) et d'autres nutriments particuliers, de même que des conditions physiques appropriées. Une colonie a un diamètre inférieur à 1 mm et un aspect caractéristique d'« œuf poêlé » lorsqu'on la grossit (figure 24.15). Pour beaucoup d'applications, des méthodes de culture cellulaire sont souvent plus satisfaisantes. En fait, les mycoplasmes se développent tellement bien de cette façon qu'ils constituent fréquemment un problème de contamination dans les laboratoires de culture cellulaire.

Le genre *Spiroplasma,* maintenant classé dans l'ordre des *Entomoplasmatales,* est composé de bactéries dont la morphologie ressemble à un tire-bouchon au pas de vis serré; elles sont de virulents agents pathogènes des plantes et des parasites communs des insectes qui se nourrissent de plantes.

### L'ordre des *Clostridiales*

***Clostridium*** Les espèces du genre *Clostridium* sont des bacilles à Gram positif, anaérobies stricts. Ces bactéries contiennent des endospores qui provoquent généralement leur déformation (figure 11.18). Le fait que les bactéries produisent des endospores est important à la fois pour la médecine et pour l'industrie alimentaire à cause de la résistance des endospores à la chaleur et à de nombreuses substances chimiques qui servent de désinfectants ou d'antiseptiques. Les maladies associées aux clostridies comprennent le tétanos, dû à *C. tetani* (figure 22.6), le botulisme, provoqué par *C.*

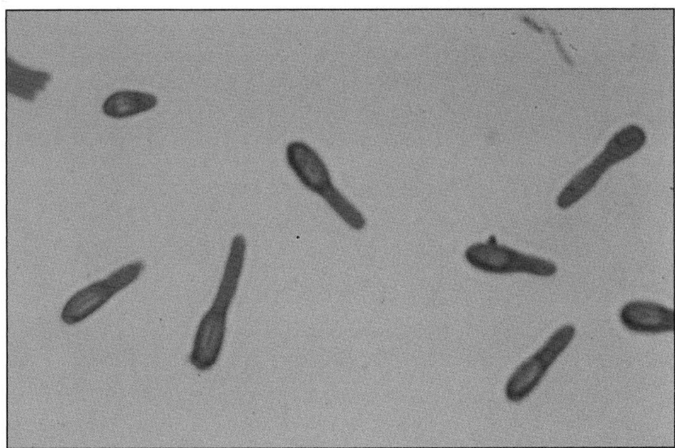

FIGURE 11.18 ***Clostridium tetani.*** Les endospores des clostridies déforment généralement la paroi cellulaire, comme on le voit ici.

■ Les endospores, qui sont très résistantes, constituent l'un des facteurs importants pris en compte dans les normes de stérilisation.

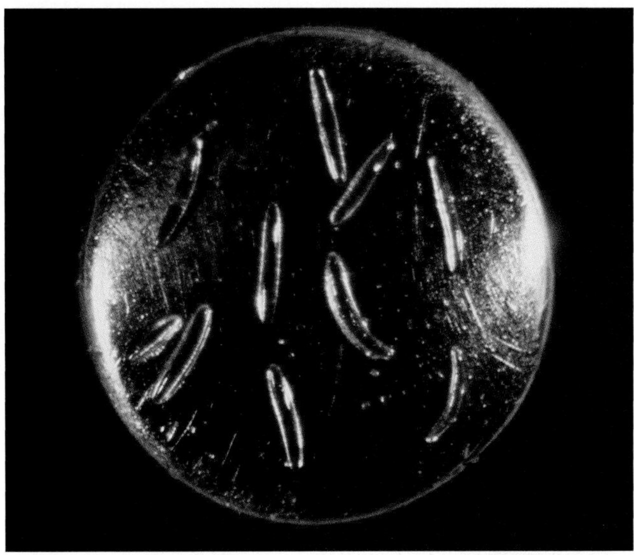


FIGURE 11.19 **Une cellule procaryote géante, *Epulopiscium fishelsoni*.** Plusieurs de ces bactéries, dont chacune est un million de fois plus volumineuse que *E. coli*, sont visibles ici sur la pointe d'une aiguille de métal.

■ Pourquoi cette cellule géante est-elle classée comme une bactérie chez les procaryotes ?

*botulinum*, et la gangrène gazeuse, due à *C. perfringens* et à d'autres clostridries. *C. perfringens* est en outre responsable d'une forme courante de diarrhée d'origine alimentaire. *C. difficile* réside normalement dans le tractus intestinal et est susceptible de causer une forme grave de diarrhée ; cela ne se produit que si une thérapie aux antibiotiques modifie la flore intestinale normale et permet à *C. difficile* de croître en trop grand nombre, car cette espèce produit une toxine.

***Veillonella*** *Veillonella* fait partie de la flore buccale normale et c'est un constituant de la plaque dentaire. Ce genre est composé de cocci à Gram positif anaérobies qui s'assemblent de façon caractéristique par paires ou en courtes chaînes. Les cocci sont non mobiles et ils ne produisent pas d'endospores.

***Epulopiscium*** Les biologistes ont longtemps pensé que toute bactérie était nécessairement de petite taille ; ces microorganismes ne sont pas dotés d'un système interne de transport des nutriments comme les organismes eucaryotes, d'ordre supérieur, et ils dépendent donc uniquement de la diffusion pour se procurer ces éléments. Cette caractéristique devrait en principe limiter considérablement la taille des bactéries. Aussi, lorsqu'on a observé pour la première fois, en 1991, un organisme en forme de cigare vivant en symbiose dans le tube digestif du poisson-chirurgien de la mer Rouge, on a pensé qu'il s'agissait d'un protozoaire, à cause de ses dimensions. Il mesure pas moins de 80 $\mu$m sur 600 $\mu$m – soit une longueur de plus d'un demi-millimètre – et est visible à l'œil nu (figure 11.19). Il est donc à peu près un million de fois plus gros que la bactérie bien connue *E. coli*, qui mesure environ 1 $\mu$m sur 2 $\mu$m.

Des études subséquentes de cet organisme en forme de cigare ont mis en évidence le fait que les structures externes que l'on avait d'abord considérées comme les cils d'un protozoaire ressemblent en réalité à des flagelles bactériens, et que l'organisme ne possède pas de noyau entouré d'une membrane. L'analyse de l'ARN ribosomal a permis de classer *Epulopiscium* parmi les procaryotes. (Le nom signifie « invité au banquet d'un poisson ».) Il ressemble plus particulièrement aux bactéries à Gram positif du genre *Clostridium*. Il est étonnant de constater que *Epulopiscium fishelsoni* ne se reproduit pas par scissiparité. Les cellules filles se forment dans la cellule et sont libérées à travers une mince fente percée dans la cellule mère. Cette caractéristique est peut-être reliée à l'apparition évolutive de la sporulation.

*Epulopiscium* est une bactérie extraordinaire, très importante pour les biologistes. Étant donné que la longueur de certains eucaryotes n'est que de 1 à 2 $\mu$m, les dimensions des cellules procaryotes et eucaryotes sont assez proches. Autrefois, les scientifiques qui étudiaient les microfossiles considéraient tous ceux qui sont de petite taille comme des procaryotes, et ceux de plus grande taille comme des eucaryotes. La découverte d'un procaryote géant a remis cette conception en question, et pourrait obliger les chercheurs à réexaminer leur façon de voir le développement évolutif. Elle soulève de plus des questions à propos de l'efficacité du système interne de transport des nutriments des bactéries ou de l'utilité de la diffusion simple comme moyens de subvenir aux besoins d'une grosse cellule. Étant donné sa taille, les scientifiques peuvent insérer des sondes électroniques dans *E. fishelsoni* pour étudier directement ces aspects de la physiologie bactérienne, ce qui n'est pas possible dans le cas des bactéries de petite et moyenne tailles. À la fin du présent chapitre, nous allons décrire une autre bactérie géante, découverte plus récemment, soit *Thiomargarita* (figure 11.26, p. 355).

## L'ordre des *Bacillales*

L'ordre des *Bacillales* comprend plusieurs genres de bacilles et de cocci à Gram positif, dont *Thermoactinomyces.* Ce genre exceptionnel produit des chaînes filamenteuses de cellules, appelées collectivement mycélium, et des endospores. Ces dernières ont une durée de vie très longue et on a observé qu'elles pouvaient croître après être restées dans de la boue gelée pendant plus de 7 000 ans.

***Bacillus*** Les bactéries du genre *Bacillus* sont en général des bacilles qui produisent des endospores. On les trouve fréquemment dans le sol, et seulement quelques-unes de ces bactéries sont des agents pathogènes qui infectent l'humain. Plusieurs espèces produisent des substances antimicrobiennes pour contrôler leur environnement ; la médecine les utilise comme source d'antibiotiques.

*Bacillus anthracis* est responsable de l'anthrax, maladie qui affecte les bœufs, les moutons et les chevaux, et qui est transmissible aux humains (figure 23.6). C'est l'un des agents qui pourrait être utilisé lors d'une guerre bactériologique. Ce scénario catastrophe a pris corps dans la réalité dans les mois qui ont suivi les attaques terroristes du 11 septembre 2001 ; des envois postaux de lettres contaminées avec *B. anthracis* ont en effet déclenché une véritable panique aux États-Unis. Le bacille de l'anthrax est une grosse bactérie non mobile, aérobie ou anaérobie facultatif, qui forme souvent des chaînettes dans une culture. Les endospores, localisées au centre, ne déforment pas la paroi cellulaire.

*Bacillus thuringiensis* est probablement l'agent pathogène microbien des insectes le mieux connu (figure 11.20a). Il produit des cristaux intracellulaires lors de la sporulation. Des produits commerciaux contenant des endospores et des toxines cristallines de *B. thuringiensis* sont vendus dans les boutiques de matériel de jardinage. Lorsqu'on les vaporise sur les plantes et qu'ils sont ingérés par des insectes, la toxine provoque rapidement la paralysie du tube digestif de ces derniers, qui ne peuvent plus se nourrir. Chez certains insectes, les endospores ingérées germent, et la croissance bactérienne contribue à la mort de l'insecte. Des bactéries étroitement associées aux racines de plantes ont été génétiquement modifiées de manière à contenir la toxine produite par *B. thuringiensis*, de sorte que les insectes qui se nourrissent de ces plantes en meurent (chapitre 9, voir les applications agricoles du génie génétique). En revanche, cette bactérie représente un véritable fléau dans l'industrie de l'apiculture, car elle peut aussi attaquer les abeilles.

*Bacillus cereus* (figure 11.20b) est une bactérie fréquemment présente dans l'environnement et parfois responsable d'intoxications alimentaires, dues le plus souvent à l'ingestion de féculents, tels que le riz, et à des conditions inadéquates de réfrigération (figure 6.3).

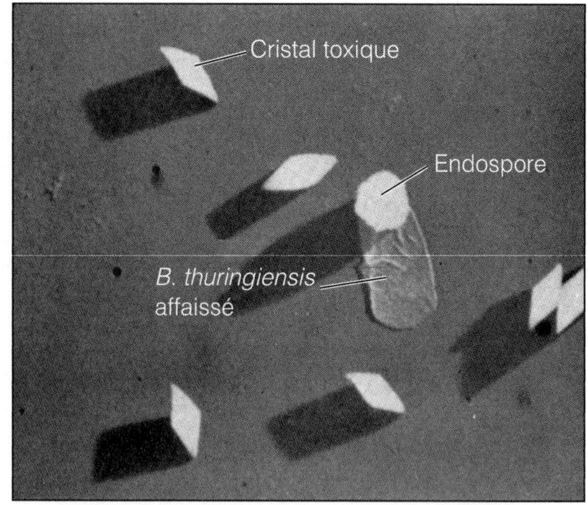


a) *Bacillus thuringiensis*

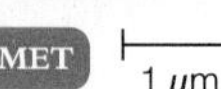

b) *Bacillus cereus* en phase de germination

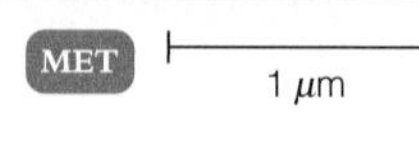


**FIGURE 11.20** ***Bacillus.*** **a)** *Bacillus thuringiensis* ; le cristal en forme de diamant, près de l'endospore, est toxique pour les insectes qui l'ingèrent. **b)** Une cellule de *Bacillus cereus* en phase de germination.

■ Quelle structure résistante les bactéries des genres *Clostridium* et *Bacillus* produisent-elles ?

***Staphylococcus*** Les staphylocoques sont des cocci qui s'assemblent en grappes caractéristiques (figure 11.21). L'espèce la plus importante, *Staphylococcus aureus,* est ainsi

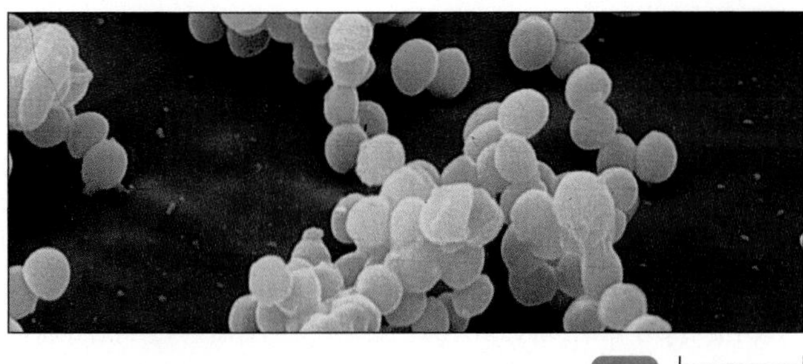


FIGURE 11.21 ***Staphylococcus aureus.*** Notez le rassemblement en grappes des cocci à Gram positif.

■ Les bactéries sphériques sont généralement résistantes aux contraintes du milieu.

nommée à cause de la pigmentation jaune des colonies (*aureus* = doré). Elle est constituée d'anaérobies facultatifs à Gram positif.

Certaines caractéristiques des staphylocoques sont responsables de leur pathogénicité, qui revêt plusieurs formes. Les staphylocoques se développent relativement bien dans des conditions de pression osmotique élevée et de faible taux d'humidité, ce qui explique en partie qu'ils croissent dans les sécrétions nasales (ils sont souvent présents dans le nez) et sur la peau, et y survivent. Les mêmes caractéristiques expliquent que *S. aureus* se développe dans certains aliments dans lesquels la pression osmotique est élevée (tels que le jambon et d'autres viandes salées et fumées) ou bien la teneur en eau faible, facteurs qui inhibent la croissance d'autres microorganismes. La pigmentation jaune des staphylocoques les protège probablement dans une certaine mesure contre l'action antimicrobienne de la lumière solaire.

*S. aureus* produit de nombreuses toxines qui contribuent à sa pathogénicité en accroissant sa capacité à pénétrer dans l'organisme et les tissus. L'infection de plaies chirurgicales par cette bactérie est un problème courant dans les hôpitaux. En outre, la capacité de *S. aureus* à devenir rapidement résistant aux antibiotiques tels que la pénicilline rend cette bactérie plus dangereuse pour les patients hospitalisés. *S. aureus* produit la toxine responsable du syndrome de choc toxique staphylococcique, infection grave caractérisée par une fièvre élevée et des vomissements, et parfois fatale. *S. aureus* produit également une **entérotoxine** dont l'ingestion provoque des vomissements et la nausée ; c'est l'une des causes les plus fréquentes d'intoxication alimentaire.

***Listeria*** *Listeria monocytogenes* est un agent pathogène qui peut contaminer les aliments, en particulier les produits laitiers. Parmi ses caractéristiques importantes, notez sa capacité de survivre à l'intérieur de phagocytes (figure 22.4) ; lorsqu'il infecte une femme enceinte, cet organisme risque de provoquer l'accouchement d'un enfant mort-né ou de causer de graves dommages au fœtus. *L. monocytogenes* peut aussi se développer aux températures de réfrigération, ce qui en fait un agent d'intoxications alimentaires.

## L'ordre des *Lactobacillales*

L'ordre des *Lactobacillales* comprend plusieurs genres importants de bacilles et de cocci, qui se caractérisent par leur capacité de dégrader les sucres et de les transformer en acide lactique. Le genre *Lactobacillus,* qui est représentatif des bactéries lactiques, est utile pour l'industrie parce que ces dernières produisent de l'acide lactique. La majorité des bactéries de cet ordre n'ont pas de système de cytochromes et ne peuvent donc pas utiliser l'oxygène en tant qu'accepteur d'électron. Toutefois, contrairement à la plupart des anaérobies stricts, elles sont aérotolérantes et donc capables de se développer en présence de dioxygène. Dans ce cas cependant, leur croissance est limitée comparativement à celle des microbes qui utilisent le dioxygène. Par ailleurs, la production d'acide lactique à partir de glucides simples inhibe la croissance des microorganismes compétitifs, de sorte que la croissance des bactéries lactiques demeure comparable à celles des microbes compétitifs en dépit de leur handicap métabolique. Le genre *Streptococcus* présente les mêmes caractéristiques métaboliques que *Lactobacillus.* Il comprend plusieurs espèces importantes pour l'industrie, mais on connaît surtout les streptocoques en raison de leur pathogénicité.

***Lactobacillus*** Chez les humains, les bactéries du genre *Lactobacillus* sont présentes dans le vagin, le tractus intestinal et la cavité buccale. Les lactobacilles participent activement au maintien de l'équilibre de l'écosystème microbien de ces muqueuses. Leur présence entraîne une légère acidification des sécrétions vaginales, caractéristique du milieu qui régule la prolifération des mycètes (*Candida albicans*) et des bactéries pathogènes.

Les lactobacilles sont utilisés commercialement. On les emploie pour la production industrielle de choucroute, de marinades, de babeurre et de yogourt. En général, une série de lactobacilles, dont chacun est plus tolérant à l'acide que le précédent, prennent part aux fermentations successives de l'acide lactique.

***Streptococcus*** Les espèces du genre *Streptococcus* sont des bactéries à Gram positif sphériques qui forment des chaînettes caractéristiques (figure 11.22). Il s'agit d'un groupe complexe, qui cause probablement un plus grand nombre et une plus large gamme de maladies que tout autre ensemble de bactéries. Le principal agent pathogène de ce genre est le streptocoque du groupe A (ou *Streptococcus pyogenes*), responsable entre autres maladies de la scarlatine, de la pharyngite, de l'otite et de la sinusite, de l'érysipèle, de l'impétigo, du rhumatisme articulaire aigu et de la terrible maladie de la fasciite nécrosante – communément appelée maladie de la bactérie mangeuse de chair (figures 21.6, 21.7 et 21.8).

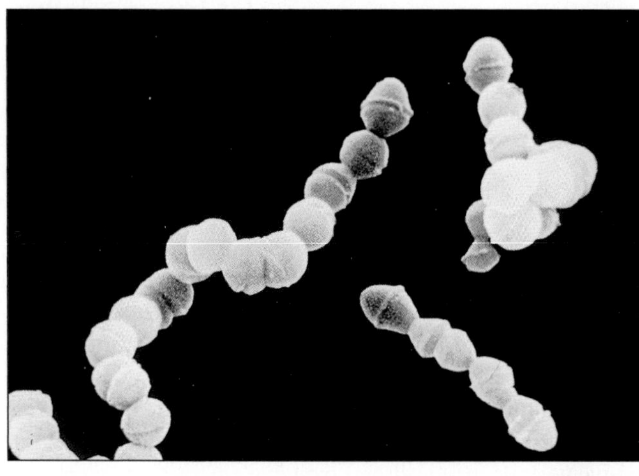


FIGURE 11.22 ***Streptococcus.*** Notez les chaînettes de cellules caractéristiques de la majorité des streptocoques. Bon nombre des cellules sphériques sont divisées et semblent ovoïdes, surtout si on les observe au microscope optique, dont le pouvoir de grossissement est moins grand que celui du microscope électronique qui a servi à produire cette photographie.

- Qu'est-ce qui distingue les arrangements de cellules de *Streptococcus* et de *Staphylococcus* ?

On classe les streptocoques notamment en fonction de leur effet sur la gélose au sang. Les espèces de streptocoques $\alpha$-hémolytiques produisent une substance, appelée $\alpha$-hémolysine, qui réduit l'hémoglobine (rouge) en méthémoglobine (verte) ; cette réaction provoque l'apparition d'une zone verdâtre autour de la colonie. Les espèces de streptocoques $\beta$-hémolytiques produisent une hémolysine qui forme une zone d'hémolyse claire sur la gélose au sang (figure 6.8). Certaines espèces ne semblent avoir aucun effet sur les érythrocytes ; elles sont dites non hémolytiques.

Les streptocoques produisent plusieurs substances extracellulaires qui contribuent à leur pathogénicité. Certaines de ces substances détruisent les phagocytes, qui sont des éléments essentiels du système immunitaire. Les enzymes sécrétées par certains streptocoques propagent des infections en digérant le tissu conjonctif de leur hôte, ce qui entraîne en outre une importante destruction de tissu. Les enzymes qui lysent la fibrine (protéine filamenteuse) des caillots sanguins propagent également des infections depuis le site d'une blessure.

Parmi les streptocoques pathogènes, citons *S. mutans*, responsable de la carie dentaire, et *S. pneumoniæ*, qui est probablement la cause la plus fréquente de pneumonie. Cette dernière espèce se développe le plus souvent par paires, plutôt qu'en chaînettes (figure 24.14). Quelques espèces non pathogènes jouent un rôle important dans la fabrication de produits laitiers.

## Les bactéries à Gram positif à forte teneur en G + C

### Objectifs d'apprentissage

- *Distinguer, s'il y a lieu, les espèces de bactéries d'intérêt médical des autres espèces d'intérêt écologique, industriel ou commercial.*
- *Identifier quelques caractéristiques des espèces de bactéries d'intérêt médical.*

Les bactéries à Gram positif à forte teneur en G + C sont regroupées dans l'embranchement des *Actinobacteria*, qui comprend les bactéries filamenteuses des genres *Streptomyces, Nocardia, Actinomyces* et *Frankia*. Cet embranchement inclut aussi des agents pathogènes virulents, comme l'espèce *Mycobacterium*, responsable de la tuberculose et de la lèpre.

### L'ordre des *Actinomycetales*

***Mycobacterium*** Les mycobactéries sont des bacilles aérobies qui ne produisent pas d'endospores. L'élément *myco-* évoque le fait que ces bactéries présentent parfois des excroissances filamenteuses semblables à celles des mycètes. Certaines caractéristiques des mycobactéries, telles que la réaction à la coloration acido-alcoolo-résistante, la résistance à des médicaments et la pathogénicité, sont reliées à la nature particulière de leur paroi cellulaire, qui ressemble à celle des bactéries à Gram négatif sur le plan structural (figure 4.12c). Cependant, la couche périphérique de lypopolysaccharide est remplacée chez les mycobactéries par des acides mycoliques qui forment une couche imperméable cireuse. Ces microorganismes deviennent ainsi résistants aux contraintes du milieu – l'assèchement par exemple –, si bien que peu de médicaments antimicrobiens sont capables de pénétrer dans la bactérie. De plus, les nutriments traversent très lentement cette couche cireuse pour entrer dans la cellule, ce qui explique en partie le faible taux de croissance des mycobactéries ; il faut parfois des semaines pour que des colonies visibles apparaissent. Les mycobactéries comprennent les importants agents pathogènes *Mycobacterium tuberculosis* (figure 24.9), responsable de la tuberculose, et *M. lepræ*, responsable de la lèpre. D'autres espèces de mycobactéries, présentes dans le sol et l'eau, sont des agents pathogènes occasionnels.

***Corynebacterium*** Les corynebactéries (*coryne* = renflé, en forme d'outre) sont généralement pléomorphes et leur morphologie varie en fonction de l'âge de la bactérie. L'espèce la mieux connue, *Corynebacterium diphteriæ*, est l'agent de la diphtérie (figure 24.5).

***Propionibacterium*** Le nom *Propionibacterium* évoque la capacité des bactéries de ce genre à produire de l'acide propionique ; certaines espèces jouent un rôle important dans la fermentation de cet acide lors de la fabrication du fromage suisse. On trouve fréquemment *Propionibacterium acnes* sur la peau des humains, et c'est la principale cause bactérienne de l'acné.

L'ordre des *Actinomycetales* regroupe aussi des bactéries filamenteuses, dont la morphologie ressemble à première vue à celle des mycètes filamenteux. Cependant, les filaments des actinomycètes sont en réalité constitués de cellules procaryotes dont le diamètre est beaucoup plus petit que celui des cellules eucaryotes des moisissures. Par ailleurs, certains actinomycètes se reproduisent comme les moisissures au moyen de spores asexuées externes.

Les actinomycètes résident couramment dans le sol, où le mode de croissance filamenteux présente des avantages. Il permet en effet aux bactéries d'établir des ponts au-dessus des espaces secs qui séparent entre elles les particules du sol, pour se déplacer vers de nouveaux sites de nutrition. La morphologie des actinomycètes leur procure un rapport entre la surface et le volume relativement élevé, ce qui accroît leur efficacité sur le plan nutritionnel dans le milieu très compétitif qu'est le sol.

***Frankia*** Les bactéries du genre *Frankia* provoquent la formation de nodules de fixation de diazote dans les racines de l'aulne, un peu à la manière dont *Rhizobium* entraîne la formation de nodules sur les racines des légumineuses.

***Streptomyces*** Les bactéries du genre *Streptomyces* sont les actinomycètes les mieux connus et les plus fréquemment isolés du sol (figure 11.23). Des spores reproductrices asexuées, appelées *conidies,* se forment aux extrémités des filaments aériens. Si chaque conidie atterrit sur un substrat approprié, elle peut y germer et former une nouvelle colonie. Les espèces du genre *Streptomyces* sont des aérobies stricts. La plupart produisent des enzymes extracellulaires qui leur permettent d'utiliser les protéines, les polysaccharides – tels que l'amidon –, la cellulose et bien d'autres substances organiques présentes dans le sol. Les espèces *Streptomyces* produisent en outre un composé gazeux caractéristique, appelé *géosmine,* qui donne à la terre fraîche son odeur distinctive de moisi. Ces espèces sont précieuses, car ce sont elles qui fournissent la majorité des antibiotiques fabriqués à l'échelle industrielle (tableau 20.1). Cela explique qu'on ait étudié en détail le genre *Streptomyces,* dont on a décrit environ 500 espèces.

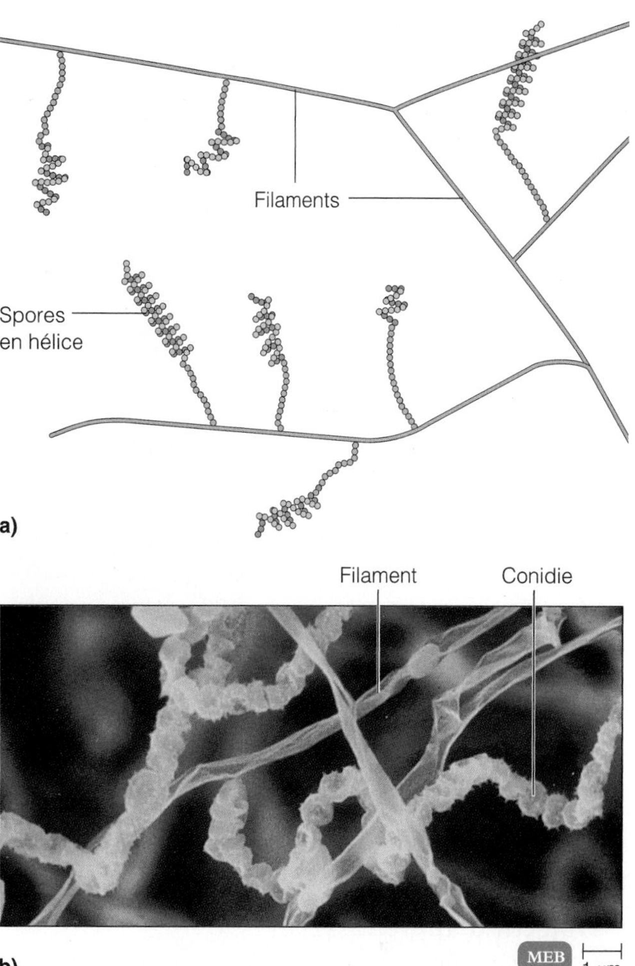


**FIGURE 11.23** ***Streptomyces.*** **a)** Illustration d'une bactérie représentative du genre *Streptomyces,* présentant une excroissance ramifiée et filamenteuse. Les extrémités des filaments portent des conidies reproductrices asexuées. **b)** La chaîne de conidies est entourée de filaments du streptomycète.

■ **Les streptomycètes sont des bactéries filamenteuses qui constituent une bonne partie de la population bactérienne des sols.**

***Actinomyces*** Le genre *Actinomyces* est constitué d'anaérobies facultatifs qu'on trouve dans la bouche et la gorge des humains et des animaux. Ces bactéries forment parfois des filaments susceptibles de se fragmenter (figure 11.24). L'espèce *Actinomyces israelii* est responsable de l'actinomycose, maladie qui entraîne la destruction de tissus et qui est généralement localisée dans la tête, le cou ou les poumons.

***Nocardia*** Les bactéries du genre *Nocardia* ont une morphologie semblable à celle des bactéries du genre *Actinomyces,* mais ce sont des aérobies. Pour se reproduire, ces bactéries forment des filaments rudimentaires qui se fragmentent en courts bâtonnets. La paroi cellulaire a une structure similaire à celle des mycobactéries ; les membres du genre *Nocardia* sont donc souvent acido-alcoolo-résistants. On trouve couramment les espèces *Nocardia* dans le sol et certaines d'entre elles, dont *Nocardia brasiliensis,* causent occasionnellement une infection pulmonaire chronique, difficile à traiter. *N. brasiliensis* est en outre l'un des agents de l'actinomycétome, infection chronique et destructrice principalement localisée sur les pieds et les membres inférieurs.

## L'ordre des *Bifidobacteriales*

***Gardnerella*** La bactérie *Gardnerella vaginalis* est responsable de l'une des formes les plus courantes de vaginite. Il a toujours été difficile de situer cette espèce dans la classification taxinomique ; il s'agit d'une bactérie à Gram variable dont la morphologie est tout à fait pléomorphe.

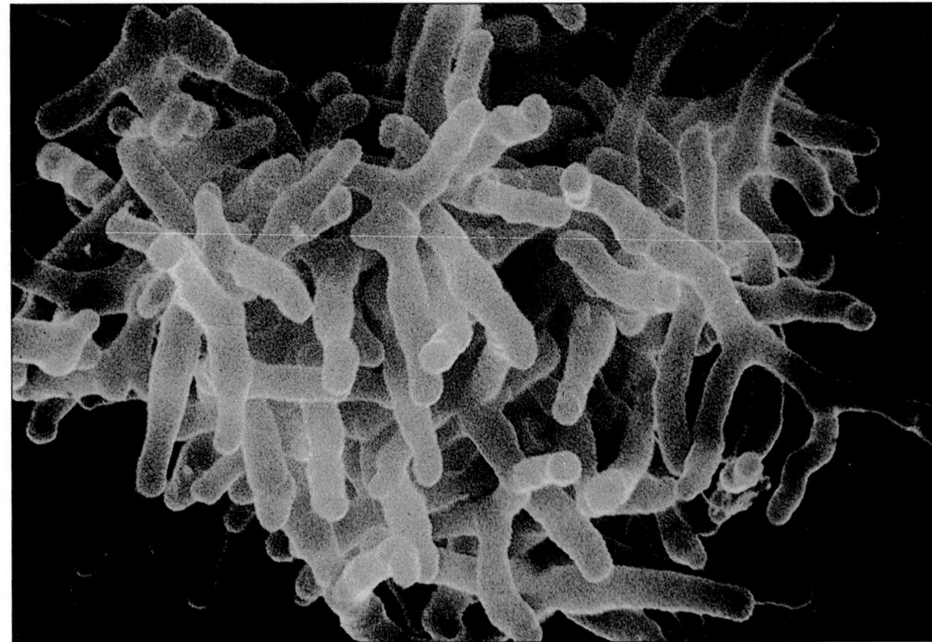


FIGURE 11.24 ***Actinomyces.*** Notez la morphologie filamenteuse ramifiée.

■ Pourquoi les bactéries du genre *Actinomyces* ne font-elles pas partie des Mycètes ?

# LE DOMAINE DES *ARCHÆA*

## Objectif d'apprentissage

■ *Nommer un habitat de chaque groupe d'archéobactéries.*

À la fin des années 1970, on a découvert un type particulier de cellules procaryotes, tellement différentes des bactéries qu'on a pensé qu'elles formaient pratiquement une troisième forme de vie. Le plus étonnant, c'est que leur paroi cellulaire ne contenait pas de peptidoglycane comme celle de la majorité des autres bactéries. On s'est bientôt rendu compte qu'elles avaient aussi en commun de nombreuses séquences d'ARNr, et que ces séquences différaient de celles du domaine des *Bacteria* et du domaine des *Eucarya*. L'analyse du génome des archéobactéries (*Archæa*) a montré que, même si ces dernières ont des gènes qu'on trouve chez les bactéries, plus de la moitié de leurs gènes leur sont propres.

Les archéobactéries présentent une grande diversité. La morphologie de la plupart de ces microorganismes est ordinaire : sphérique, hélicoïdale ou en forme de bâtonnet, mais dans quelques cas elle est tout à fait exceptionnelle, comme l'illustre la figure 11.25 (voir aussi la figure 4.4b). Certaines archéobactéries sont à Gram positif et d'autres, à Gram négatif; certaines se divisent par scissiparité et d'autres, par fragmentation ou par bourgeonnement; quelques-unes n'ont pas de paroi cellulaire. Les archéobactéries présentent également une grande diversité physiologique, depuis les aérobies jusqu'aux anaérobies stricts en passant par les anaérobies facultatifs. Du point de vue nutritionnel, ce domaine comprend des chimioautotrophes, des photoautotrophes et des chimiohétérotrophes. Il est particulièrement intéressant pour les microbiologistes de constater que de nombreuses archéobactéries résident dans des milieux où les conditions de température, d'acidité et de pression sont extrêmes.

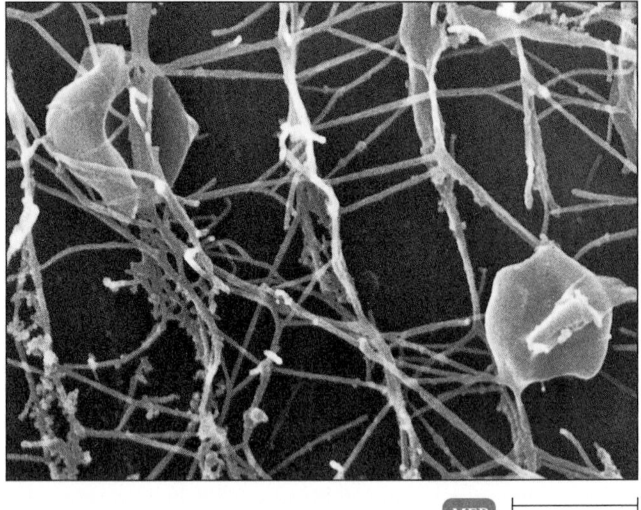


FIGURE 11.25 **Archéobactéries.** *Pyrodictium abyssi* est une archéobactérie étonnante qui croît dans les sédiments des grands fonds marins, à une température de 110 °C. Les cellules en forme de disque sont dotées d'un réseau de tubules. La majorité des archéobactéries ont une morphologie plus courante.

Les bactéries halophiles extrêmes sont prédominantes dans le domaine des *Archæa*. Elles survivent dans des milieux à très forte concentration en sel, tels que le Grand Lac Salé et les étangs de distillation solaire. Deux représentants de ce groupe, *Halobacterium* (voir l'encadré du chapitre 5, p. 157) et *Halococcus,* vivent dans des milieux très riches en chlorure de sodium (NaCl) et ils ont en fait besoin d'une forte concentration en sel pour se développer.

On trouve des archéobactéries sur les fonds abyssaux, près des cheminées hydrothermales. Quelques exemples de bactéries thermophiles extrêmes capables de survivre à des températures très élevées sont présentés dans l'encadré du chapitre 6, p. 177. D'autres archéobactéries survivent dans des sources thermales acides et riches en soufre, d'où leur nom de thermoacidophiles extrêmes. C'est le cas de *Sulfolobus,* dont le pH optimal de croissance est d'environ 2 et la température optimale, de plus de 70 °C.

Le domaine des *Archæa* comprend également des membres anaérobies stricts, qui produisent du méthane ; ces bactéries sont dites méthanogènes et elles appartiennent au genre *Methanobacterium*. Elles sont très importantes sur le plan économique. On les trouve dans l'intestin des humains et elles sont utilisées pour le traitement des eaux usées (chapitre 27). Ces archéobactéries tirent l'énergie dont elles ont besoin de la production de méthane ($CH_4$) à partir d'hydrogène ($H_2$) et de dioxyde de carbone ($CO_2$). Une constituante essentielle du traitement des eaux usées consiste à stimuler la croissance de bactéries méthanogènes dans des cuves de digestion anaérobie afin de convertir les boues en $CH_4$. De plus, ces microorganismes produisent du méthane pouvant servir à divers usages, par exemple comme combustible pour le chauffage des habitations.

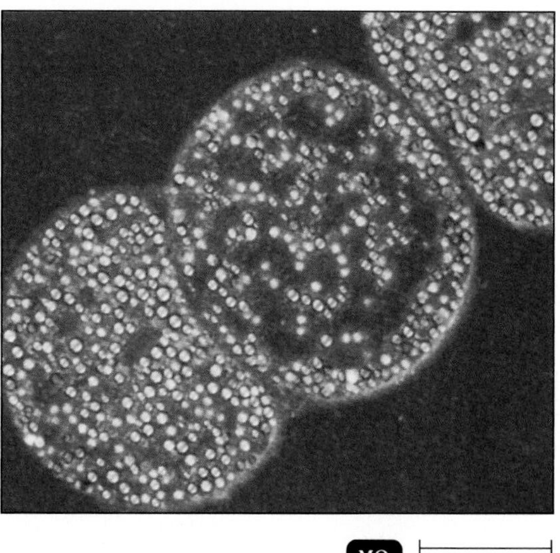


**FIGURE 11.26** ***Thiomargarita namibiensis.*** L'espèce *Thiomargarita namibiensis* tire l'énergie dont elle a besoin de composés sulfurés réduits, dont le sulfure d'hydrogène. Notez que cette bactérie visible au microscope optique a un diamètre de 750 μm. Comparez ses dimensions avec celles de l'archéobactérie présentée à la figure 11.25.

■ L'intérieur de cette bactérie géante est occupé en grande partie par une vacuole remplie de fluide ; *T. namibiensis* peut donc se procurer des nutriments par diffusion, comme des bactéries beaucoup plus petites, et les mettre en réserve dans la vacuole.

# LA DIVERSITÉ MICROBIENNE

## Objectif d'apprentissage

- *Nommer deux facteurs qui limitent notre connaissance de la diversité des microbes.*

Dans le présent chapitre, nous avons décrit une bactérie géante, *Epulopiscium*. En 1999, on a découvert une autre bactérie géante, à une profondeur de 100 m, dans les sédiments des eaux côtières qui bordent la Namibie, pays situé dans le sud-ouest de l'Afrique. On a nommé cette bactérie *Thiomargarita namibiensis,* ce qui signifie « perle de soufre de Namibie ». Il s'agit d'un organisme sphérique dont le diamètre atteint 750 μm (figure 11.26), ce qui est un peu plus que la taille d'*Epulopiscium*. Nous avons souligné que l'un des facteurs qui limitent les dimensions des cellules procaryotes est le fait que les nutriments doivent entrer dans le cytoplasme par diffusion simple. Dans le cas de *T. namibiensis,* ce problème est en partie résolu du fait que cette bactérie ressemble à un ballon rempli de fluide, l'intérieur de la cellule étant en bonne partie occupé par une vacuole entourée d'une couche relativement mince de cytoplasme. Les principaux nutriments sont le sulfure d'hydrogène, qui se trouve en abondance dans les sédiments où réside habituellement *T. namibiensis,* et l'ion nitrate, que la bactérie extrait de façon intermittente de l'eau de mer – qui contient une grande quantité de ces ions – lorsqu'une tempête provoque le brassage des sédiments mobiles. La vacuole, qui occupe environ 98 % du volume de la cellule, sert de réserve pour entreposer les ions nitrate entre deux périodes d'approvisionnement. La cellule tire l'énergie dont elle a besoin de l'oxydation du sulfure d'hydrogène ; l'ion nitrate, qui constitue une source d'azote nutritionnel, sert principalement d'accepteur d'électrons en l'absence de dioxygène.

La découverte de bactéries étonnamment volumineuses a soulevé la question suivante : quelle taille peut atteindre une cellule procaryote tout en étant capable de se nourrir par simple diffusion ? À l'autre extrême, l'observation dans des roches profondes de *nannobactéries,* dont la taille ne dépasse pas de 0,02 à 0,03 μm, a amené les chercheurs à se demander s'il existe une limite inférieure pour les dimensions d'un microorganisme vivant. Des scientifiques ont calculé, en s'appuyant sur des données théoriques, qu'une cellule doit avoir un diamètre d'au moins 0,1 μm pour que son activité métabolique soit suffisante. Les microbiologistes ont décrit jusqu'à présent 5 000 espèces de bactéries seulement, dont 3 000 sont énumérées dans le manuel de Bergey, mais on pense qu'il en existe peut-être des millions. On n'arrive pas à faire croître dans les conditions et milieux de culture habituels nombre des bactéries présentes dans le sol,

APPLICATIONS DE LA MICROBIOLOGIE

## D'une maladie des plantes à la fabrication de shampoings et de vinaigrettes

*Xanthomonas campestris,* un bacille à Gram positif, est l'agent d'une maladie des plantes appelée nervation noire. Lorsqu'il réussit à se frayer un chemin jusqu'aux tissus vasculaires d'une plante, *X. campestris* utilise le glucose transporté dans ces tissus pour produire une substance collante. En s'accumulant, cette substance forme des amas gommeux qui finissent par obstruer le système de transport des nutriments de la plante. La gomme dont sont composés ces amas, le xanthane, est formée d'un polymère de mannose de masse moléculaire élevée (voir la photo).

Xanthomonas campestris *produit du xanthane de petit-lait.* MEB 2 μm

Bien qu'il soit dommageable pour les plantes, le xanthane ne cause pas de problèmes aux humains qui l'ingèrent. Ses caractéristiques permettent son utilisation comme épaississeur dans la fabrication d'aliments, tels que les produits laitiers (crèmes glacées) et les vinaigrettes, ainsi que dans les cosmétiques, tels que les crèmes pour la peau et les shampoings.

Ainsi, lorsque des scientifiques du ministère de l'Agriculture américain (USDA) se sont demandé quels produits utiles on pourrait fabriquer avec le petit-lait, produit en grande quantité par l'industrie laitière, ils ont cherché à savoir s'il est possible de transformer cette substance en xanthane. Cependant, étant donné que le petit-lait est composé principalement d'eau et de lactose, il fallait que *X. campestris* puisse produire du xanthane à partir de lactose au lieu de glucose.

Une équipe de chercheurs a décidé de modifier génétiquement *X. campestris* de manière que la bactérie obtenue hydrolyse plus efficacement le lactose. Ils ont utilisé une souche $F^+$ d'*E. coli* qui contient un plasmide comportant un opéron *lac.* Ils ont incubé des microorganismes appartenant à cette souche avec *X. campestris* et, comme l'a montré par la suite l'examen des fragments des enzymes de restriction, les plasmides contenant le gène *lac* ont été transférés par conjugaison. Cependant, des mutations qui se sont produites dans l'ADN de *X. campestris* ont entraîné une réduction de sa capacité d'utiliser le lactose.

Une autre équipe de scientifiques de l'USDA, travaillant pour la Stauffer Chemical Company, a adopté une approche plus simple, fondée sur deux exigences seulement : la bactérie doit croître dans un milieu à base de petit-lait et elle doit produire du xanthane. Les chercheurs ont d'abord ensemencé un milieu à base de petit-lait avec *X. campestris,* puis ils l'ont laissé incuber pendant 24 h. Ils ont ensuite transféré l'inoculum de ce milieu de culture dans un flacon contenant un bouillon de lactose afin d'isoler une cellule utilisant le lactose. Ils n'exigeaient pas que la souche fabrique du xanthane à partir du bouillon, mais uniquement qu'elle se développe et utilise le lactose.

Des transferts en série ont permis d'isoler une souche utilisant le lactose, la souche retenue à chaque étape étant celle qui avait la meilleure croissance. Après une période d'incubation de dix jours, un inoculum a été transféré dans un autre flacon contenant un bouillon de lactose, et ce processus a été répété encore deux fois. La dernière bactérie utilisant le lactose que l'on a retenue a été transférée dans un flacon contenant un milieu à base de petit-lait, où elle s'est développée ; on a constaté que le milieu de culture était devenu très visqueux – il y avait eu production de xanthane. Notez que la sélection naturelle de cette bactérie est un processus moins lourd que celui qui fait appel aux techniques du génie génétique.

Il a fallu ensuite raffiner le procédé. Les chercheurs ont résolu divers problèmes ; ils ont notamment découvert comment stériliser le petit-lait sans détruire les constituants essentiels et comment manipuler les produits de fermentation extrêmement visqueux. Ils ont finalement mis au point une technique permettant de transformer 1 L de solution contenant 40 g de petit-lait en poudre en 1 L de solution contenant 30 g de gomme de xanthane. Si vous regardez les étiquettes apposées sur les produits vendus au supermarché de votre quartier, vous vous rendrez vite compte à quel point le projet décrit ici a été couronné de succès.

l'eau ou d'autres milieux naturels. En outre, certaines bactéries font partie d'une chaîne alimentaire complexe et ne peuvent se développer qu'en présence de divers autres microbes qui leur fournissent des facteurs de croissance spécifiques. Des chercheurs ont récemment obtenu, à l'aide de l'amplification en chaîne par polymérase (ACP), des millions de copies de gènes prélevés au hasard dans un échantillon de sol. En comparant les gènes résultant de l'application répétée de ce procédé, ils arrivent à estimer les différentes espèces bactériennes présentes dans l'échantillon. Une expérience de ce type indique qu'un seul gramme de sol peut contenir environ 10 000 types différents de bactéries, soit à peu près le double du nombre de bactéries décrites jusqu'à aujourd'hui. Dans le chapitre 27, qui traite de la microbiologie environnementale, il sera question de bactéries qui vivent dans l'eau bouillante, à des profondeurs de plusieurs kilomètres dans le roc ou sur les grands fonds marins, où la pression est considérable.

# RÉSUMÉ

## INTRODUCTION (p. 328)

1. Dans le manuel de Bergey, les bactéries sont classées en taxons en fonction des séquences d'ARNr.
2. Le manuel de Bergey énumère des caractéristiques qui permettent d'identifier les bactéries : réaction à la coloration de Gram, morphologie cellulaire, besoins en oxygène, propriétés nutritionnelles, etc.

## LES GROUPES DE PROCARYOTES (p. 329)

1. Les microorganismes procaryotes sont divisés en deux domaines : les *Bacteria* et les *Archæa*.

## LE DOMAINE DES *BACTERIA* (p. 329-353)

1. Les bactéries sont essentielles à la vie sur Terre.

## L'EMBRANCHEMENT DES *PROTEOBACTERIA* (p. 329-342)

1. Les membres de l'embranchement des *Proteobacteria* sont pour la plupart des bactéries à Gram négatif.
2. Les $\alpha$-protéobactéries comprennent des bactéries fixatrices d'azote, des chimioautotrophes et des chimiohétérotrophes ; elles comprennent *Brucella* et *Rickettsia*.
3. Les $\beta$-protéobactéries comprennent des chimioautotrophes et des chimiohétérotrophes ; elles comprennent *Bordetella* et *Neisseria*.
4. Les organismes classés dans les ordres des *Thiotrichales*, des *Pseudomonadales*, des *Legionellales*, des *Vibrionales*, des *Enterobacteriales* et des *Pasteurellales* sont considérés comme des $\gamma$-protéobactéries.
5. Les bactéries photosynthétiques pourpres ou vertes sont des photoautotrophes qui utilisent l'énergie de la lumière et le dioxyde de carbone ($CO_2$) ; elles ne produisent pas de dioxygène ($O_2$).
6. *Myxococcus* et *Bdellovibrio* sont des $\delta$-protéobactéries prédatrices de diverses autres bactéries.
7. Les $\varepsilon$-protéobactéries comprennent *Campylobacter* et *Helicobacter*.

## LES BACTÉRIES À GRAM NÉGATIF AUTRES QUE LES PROTÉOBACTÉRIES (p. 342-347)

1. Plusieurs embranchements de bactéries à Gram négatif n'ont pas de relation phylogénétique avec les Protéobactéries.
2. Les cyanobactéries sont des photoautotrophes qui utilisent l'énergie solaire et le dioxyde de carbone ($CO_2$), et produisent de l'oxygène ($O_2$).
3. *Chlamydia*, les spirochètes, *Bacteroides* et *Fusobacterium* sont des exemples de chimiohétérotrophes.

## LES BACTÉRIES À GRAM POSITIF (p. 347-353)

1. Dans le manuel de Bergey, les bactéries à Gram positif sont divisées en deux grandes catégories, selon que leur rapport G + C est faible ou élevé.
2. Les bactéries à Gram positif à faible teneur en G + C comprennent des bactéries des sols, les bactéries lactiques et plusieurs agents pathogènes chez l'humain, tels les *Staphylococcus* et les *Streptococcus*.
3. Les bactéries à Gram positif à forte teneur en G + C comprennent les mycobactéries, les corynebactéries et les actinomycètes.

## LE DOMAINE DES *ARCHÆA* (p. 354-355)

1. Les halophiles extrêmes, les hyperthermophiles et les méthanogènes font partie des Archéobactéries.

## LA DIVERSITÉ MICROBIENNE (p. 355-357)

1. Un petit nombre seulement de procaryotes ont été isolés et identifiés.
2. On utilise l'ACP pour déceler la présence de bactéries qu'il est impossible de faire croître au laboratoire.

## AUTOÉVALUATION

### RÉVISION

1. Voici une clé servant à identifier des bactéries importantes sur le plan médical. Inscrivez le nom d'un genre représentatif dans l'espace prévu à cette fin.

| | Nom d'un genre représentatif |
|---|---|
| **I.** À Gram positif | |
| **A.** Bacilles produisant des endospores | |
| **1.** Anaérobie strict | ________ |
| **2.** Anaérobie facultatif | ________ |
| **B.** Ne produit pas d'endospore | |
| **1.** Cellules en forme de bâtonnet | |
| **a)** Produit des conidies | ________ |
| **b)** Alcoolo-acido-résistant | ________ |
| **2.** Cellules sphériques | |
| **a)** Sans système de cytochromes | ________ |
| **b)** Utilise la respiration aérobie | ________ |
| **II.** À Gram négatif | |
| **A.** Cellules hélicoïdales ou incurvées | |
| **1.** Filament axial | ________ |
| **2.** Sans filament axial | ________ |
| **B.** Cellules en forme de bâtonnet | |
| **1.** Aérobie non fermentaire | ________ |
| **2.** Anaérobie facultatif | ________ |
| **III.** Sans paroi cellulaire | ________ |
| **IV.** Parasite intracellulaire obligatoire | |
| **A.** Transmis par les tiques | ________ |
| **B.** Corps réticulé dans la cellule hôte | ________ |

2. Indiquez ce qui rapproche et ce qui distingue les deux types d'organismes donnés.
   **a)** Les cyanobactéries et les algues
   **b)** Les actinomycètes et les mycètes
   **c)** *Bacillus* et *Lactobacillus*
   **d)** *Pseudomonas* et *Escherichia*
   **e)** *Leptospira* et *Spirillum*
   **f)** *Veillonella* et *Bacteroides*
   **g)** *Rickettsia* et *Chlamydia*
   **h)** *Ureaplasma* et *Mycoplasma*

3. Associez les éléments suivants.

___ Bactérie de la flore normale des muqueuses vaginales
___ Bactérie responsable de la contamination fécale de l'eau
___ Bactérie pathogène transmise par des tiques
___ Bactérie responsable de la maladie de la bactérie mangeuse de chair
___ Bactérie mise en cause dans les ulcères d'estomac
___ Bactérie pathogène responsable de la coqueluche
___ Bactérie souvent mise en cause dans les cas de méningite infantile
___ Bactérie responsable de cas de turista
___ Bactérie capable de survivre sur des savons et dans des désinfectants
___ Bactérie responsable d'intoxications alimentaires

**a)** *Hæmophilus influenzæ*
**b)** *Pseudomonas*
**c)** *Lactobacillus*
**d)** *Escherichia coli*
**e)** *Rickettsia*
**f)** *Shigella*
**g)** *Helicobacter pylori*
**h)** *Bordetella pertussis*
**i)** Streptocoque du groupe A
**j)** *Listeria monocytogenes*

4. Associez les éléments suivants.

___ Bactérie qui joue un rôle dans la lutte contre les insectes
___ Bactérie largement utilisée dans la recherche en génie génétique
___ Bactérie qui produit la majorité des antibiotiques utilisés dans le traitement des maladies
___ Bactérie utilisée dans l'industrie agroalimentaire des produits laitiers
___ Bactérie qui joue un rôle dans le traitement des eaux usées
___ Bactérie essentielle au recyclage des nitrites et des nitrates du sol

**a)** *Nitrobacter* et *Nitrosomonas*
**b)** *Lactobacillus*
**c)** *Escherichia coli*
**d)** *Bacillus thuringiensis*
**e)** *Cytophaga*
**f)** *Streptomyces*

5. Associez les éléments suivants.

**I.** À Gram positif
  **A.** Fixateur d'azote ___
**II.** À Gram négatif
  **A.** Phototrophe
    **1.** Anoxygénique ___
    **2.** Oxygénique ___
  **B.** Chimioautotrophe
    **1.** Oxyde le $NO_2^-$ ___
    **2.** Réduit le $CO_2$ en $CH_4$ ___
  **C.** Chimiohétérotrophe
    **1.** Cellules engainées ___
    **2.** Produit des myxospores ___
    **3.** Réduit l'ion sulfate en $H_2S$ ___
      **a)** Anaérobie
      **b)** Thermophile
    **4.** Laisse des traces visqueuses visibles ___
    **5.** Forme des excroissances sur la cellule ___

**a)** Cyanobactérie
**b)** *Cytophaga*
**c)** *Desulfovibrio*
**d)** *Frankia*
**e)** *Hyphomicrobium*
**f)** Méthanogène
**g)** Myxobactérie
**h)** *Nitrobacter*
**i)** Bactérie pourpre
**j)** *Sphærotilus*
**k)** *Sulfolobus*

### QUESTIONS À CHOIX MULTIPLE

1. Si on applique la coloration de Gram aux bactéries qui résident dans l'intestin des humains, on devrait surtout trouver :
   **a)** des cocci à Gram positif.
   **b)** des bacilles à Gram négatif.
   **c)** des bacilles à Gram négatif producteurs d'endospores.
   **d)** des bactéries fixatrices de diazote à Gram négatif.
   **e)** Tous les types d'organismes énumérés ci-dessus

2. Lequel des groupes d'organismes suivants *n'*est *pas* apparenté aux autres ?
   **a)** *Enterobacteriales*
   **b)** *Lactobacillales*
   **c)** *Legionellales*
   **d)** *Pasteurellales*
   **e)** *Vibrionales*

3. Les bactéries pathogènes peuvent être :
   **a)** mobiles.
   **b)** des bacilles.
   **c)** des cocci.
   **d)** anaérobies.
   **e)** Toutes ces réponses sont exactes

4. Lequel des organismes suivants est un parasite intracellulaire ?
   a) *Rickettsia*
   b) *Mycobacterium*
   c) *Bacillus*
   d) *Staphylococcus*
   e) *Streptococcus*

5. Lequel des termes suivants est le plus spécifique ?
   a) Bacille
   b) *Bacillus*
   c) À Gram positif
   d) Bacille ou coccus producteur d'endospores
   e) Anaérobie

6. Lesquels des organismes suivants produisent la majorité des antibiotiques utilisés pour traiter des maladies ?
   a) Les bacilles et les cocci producteurs d'endospores
   b) *Streptococcus*
   c) *Streptomyces*
   d) Les $\beta$-protéobactéries
   e) Les mycètes

7. Lesquels des organismes suivants sont mal appariés ?
   a) Bacilles à Gram positif anaérobies producteurs d'endospores – *Clostridium*
   b) Bacilles à Gram négatif anaérobies facultatifs – *Escherichia*
   c) Bacilles à Gram négatif anaérobies facultatifs – *Shigella*
   d) Bacilles à Gram positif pléomorphes – *Corynebacterium*
   e) Spirochètes – *Helicobacter*

8. *Spirillum* ne fait pas partie des spirochètes parce que ces derniers :
   a) ne sont pas des agents pathogènes.
   b) sont pourvus de filaments axiaux.
   c) sont pourvus de flagelles.
   d) sont des procaryotes.
   e) Aucune de ces réponses

9. Les bactéries *Serratia marcescens* et *Burkholderia cepacia* de même que les bactéries des genres *Legionella* et *Pseudomonas* sont :
   a) des agents responsables d'infections nosocomiales.
   b) des parasites intracellulaires obligatoires.
   c) des bactéries essentielles à l'équilibre écologique des sols.
   d) des bactéries dépourvues de paroi cellulaire.
   e) Aucune de ces réponses

10. Les bactéries *Staphylococcus aureus* et *Salmonella enterica* sont :
   a) utilisées dans l'industrie agroalimentaire.
   b) transmises par des tiques.
   c) mises en cause dans des infections ou des intoxications alimentaires.
   d) productrices d'endospores très résistantes.
   e) Aucune de ces réponses

## QUESTIONS À COURT DÉVELOPPEMENT

1. Démontrez à l'aide d'exemples pertinents que les bactéries ont une importance remarquable dans les domaines médical, agroalimentaire, environnemental et industriel, ainsi que dans la recherche.

2. Quel genre d'organismes correspond le mieux à la description suivante ? Détaillez les situations présentées.
   a) Des organismes qui produisent un combustible utilisé pour le chauffage des habitations et la production d'électricité.
   b) Des bactéries à Gram positif qui constituent le principal problème d'origine microbienne pour l'industrie de l'apiculture.
   c) Des bacilles à Gram positif utilisés par l'industrie laitière pour la fermentation.
   d) Des $\gamma$-protéobactéries utilisées pour dégrader les hydrocarbures à la suite d'un déversement de pétrole.

3. En vous servant du tableau 11.1, classez les bactéries suivantes dans la catégorie appropriée.
   a) Bactérie munie d'une paroi cellulaire sans peptidoglycane.
   b) Bactérie sans paroi cellulaire.
   c) Bactérie munie d'une paroi cellulaire avec peptidoglycane et membrane externe.

4. Auquel des groupes d'organismes suivants la bactérie photosynthétique *Chromatium* est-elle le plus étroitement apparentée ? (Justifiez votre réponse.)
   a) Les cyanobactéries
   b) *Chloroflexus*
   c) *Escherichia*

## APPLICATIONS CLINIQUES

*N. B. Ces questions nécessitent que vous cherchiez des réponses dans les différents chapitres du livre.*

1. Après avoir été en contact avec du liquide cérébrospinal (LCS) prélevé chez un patient atteint de méningite, un technicien de laboratoire a souffert de fièvre et de nausée, et des lésions pourpres sont apparues sur son cou et ses membres. Des diplocoques à Gram négatif se sont développés dans des milieux de culture inoculés avec des prélèvements de sa gorge et du LCS.

   À quel genre appartient la bactérie responsable de l'infection ? Énumérez les éléments qui vous ont mis sur la piste. (*Indice :* voir le chapitre 22.)

2. Entre le 1er avril et le 15 mai d'une même année, 22 enfants résidant dans trois villes différentes ont souffert de diarrhée, de fièvre et de vomissements. Tous ces enfants avaient reçu un caneton comme animal de compagnie. On a isolé un bacille anaérobie facultatif à Gram négatif, non sporulant, à la fois des fèces des patients et des excréments des canetons. Le laboratoire tente de déterminer le sérotype du bacille, ce qui permettrait de le distinguer des 2 000 sérotypes existants.

   À quel genre appartient-elle ? Énumérez les éléments qui vous ont mis sur la piste. (*Indice :* voir le chapitre 25.)

3. Une femme qui se plaignait de douleurs du bas-ventre et dont la température était de 39 °C a donné naissance à un enfant mort-né. Une hémoculture effectuée à partir d'un prélèvement provenant de l'enfant a révélé la présence de bacilles à Gram positif. La mère avait mangé des saucisses fumées crues durant sa grossesse.

   Quel organisme a probablement provoqué la mort de l'enfant ? Énumérez les éléments qui vous ont mis sur la piste. (*Indice :* voir le chapitre 22.)

Chapitre 12

# Le domaine des Eucarya : mycètes, protozoaires et helminthes

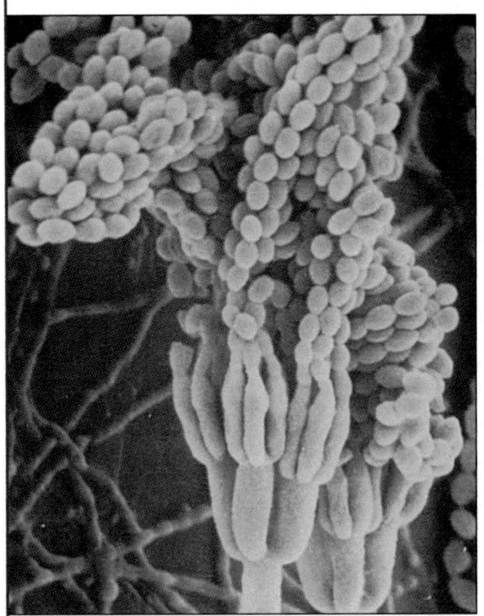

*Penicillium.* Les mycètes comme *Penicillium* sont des décomposeurs importants qui recyclent la matière organique dans le sol.

Plus de la moitié de la population mondiale est infectée par des eucaryotes pathogènes. L'Organisation mondiale de la santé (OMS) compte 6 maladies parasitaires parmi les 20 premières causes de mort par infection microbienne au monde. Chaque année dans les pays en voie de développement, les cas rapportés de paludisme, de bilharziose, d'amibiase, d'ankylostomiase, de trypanosomiase africaine et de parasitoses intestinales se chiffrent à plus de 5 millions pour chacune de ces affections. Dans les pays industrialisés, on assiste à l'émergence d'agents pathogènes eucaryotes tels que *Pneumocystis,* la première cause de mort chez les patients atteints du SIDA ; *Cryptosporidium* et *Cyclospora,* deux protozoaires qui causent des diarrhées ; *Stachybotrys,* un mycète à l'origine d'une nouvelle maladie respiratoire ; et des algues qui occasionnent de plus en plus d'intoxications jusque-là inconnues.

Dans le présent chapitre, nous examinons les microorganismes eucaryotes qui affectent les humains : mycètes, algues, protozoaires et helminthes parasites ou vers. Le tableau 12.1 dresse une liste comparative de leurs caractéristiques. Plusieurs maladies causées par ces agents pathogènes sont décrites dans la quatrième partie (chapitres 21 à 26).

## Le règne des Mycètes

Depuis les 10 dernières années, on assiste à une augmentation de l'incidence des mycoses graves. Il s'agit d'infections nosocomiales qui touchent les personnes dont le système immunitaire est affaibli. De plus, des milliers de maladies fongiques affectent les plantes qui ont une valeur économique importante, causant des pertes de plus d'un milliard de dollars par année.

Les mycètes sont aussi utiles. Ils jouent un rôle important dans la chaîne alimentaire parce qu'ils décomposent la matière végétale morte, recyclant ainsi des éléments vitaux. Grâce à des enzymes extracellulaires telles que les cellulases, les mycètes sont les principaux décomposeurs des parties dures des plantes, que les animaux sont incapables de digérer. Presque toutes les plantes dépendent de mycètes symbiotiques, qui forment avec eux des **mycorhizes,** à l'aide desquelles leurs racines absorbent les minéraux et l'eau du

**Tableau 12.1** ***Microorganismes eucaryotes : principales différences entre les mycètes, les algues, les protozoaires et les helminthes***

| | Mycètes | Algues | Protozoaires | Helminthes |
|---|---|---|---|---|
| Règne | Mycètes | Protistes | Protistes | Animaux |
| Type nutritionnel | Chimiohétérotrophe | Photoautotrophe | Chimiohétérotrophe | Chimiohétérotrophe |
| Organismes pluricellulaires | Tous, sauf les levures | Quelques-uns | Aucun | Tous |
| Arrangement cellulaire | Unicellulaire, filamenteux, charnu (comme les champignons) | Unicellulaire, en colonies, filamenteux ; en tissus | Unicellulaire | En tissus et organes |
| Mode d'acquisition de la nourriture | Absorption | Absorption | Absorption ; ingestion (cytostome) | Ingestion (bouche) ; absorption |
| Traits caractéristiques | Spores sexuées et asexuées | Pigments | Mobilité ; certains forment des kystes | Beaucoup ont des cycles vitaux complexes comprenant œuf, larve et adulte |
| Embryogenèse | Aucune | Aucune | Aucune | Tous |

**Tableau 12.2** ***Comparaison des mycètes et des bactéries d'après certains critères***

| | Mycètes | Bactéries |
|---|---|---|
| Type de cellule | Eucaryotes | Procaryotes |
| Membrane cellulaire | Présence de stérols | Absence de stérols, sauf chez *Mycoplasma* |
| Paroi cellulaire | Glucanes ; mannanes ; chitine (aucun peptidoglycane) | Peptidoglycane |
| Spores | Produisent des spores reproductrices sexuées et asexuées de toutes sortes | Endospores (sans rapport avec la reproduction) ; dans certains cas, spores reproductrices asexuées |
| Métabolisme | Seulement hétérotrophe ; aérobies, anaérobies facultatifs | Hétérotrophe, chimioautotrophe, photoautotrophe ; aérobies, anaérobies facultatifs, anaérobies |
| Sensibilité aux antibiotiques | Souvent sensibles aux polyènes, aux imidazoles et à la griséofulvine | Souvent sensibles aux pénicillines, aux tétracyclines et aux aminosides |

D'après B. D. Davis et coll., *Microbiology*, 4e édition, Philadelphie, J. B. Lippincott, 1990, p. 746.

sol (chapitre 27). Les mycètes sont aussi utiles aux animaux. Certaines fourmis cultivent des mycètes qui dégradent la cellulose et la lignine des plantes afin qu'elles puissent digérer ces substances. Les humains utilisent les mycètes comme nourriture et s'en servent pour produire d'autres aliments (pain, acide citrique), des boissons (alcool) et des médicaments (pénicilline). Il y a plus de 100 000 espèces de mycètes ; de ce nombre, seulement une centaine sont pathogènes pour les humains et les animaux.

L'étude des mycètes s'appelle **mycologie.** Nous examinerons d'abord les structures sur lesquelles on se fonde pour identifier les mycètes dans les laboratoires d'analyses médicales. Puis nous nous pencherons sur leur cycle vital, surtout parce qu'on classe les mycètes en fonction du stade sexué de leur cycle vital. Nous avons vu au chapitre 10 qu'il est souvent indispensable d'identifier les agents pathogènes pour bien traiter la maladie et prévenir sa propagation.

Nous étudierons également les besoins nutritionnels de ces microorganismes. Tous les mycètes sont chimiohétérotrophes : ils dépendent des composés organiques pour leurs sources d'énergie et de carbone. Les mycètes sont des aérobies ou des anaérobies facultatifs ; on ne connaît que quelques espèces anaérobies. Le tableau 12.2 dresse la liste des principales différences entre les mycètes et les bactéries.

**FIGURE 12.1 Caractéristiques des hyphes de mycètes.**
**a)** Les hyphes segmentés ont des cloisons qui les divisent en unités semblables à des cellules. **b)** Les cénocytes n'ont pas de cloisons. **c)** Les hyphes grandissent par prolongement de leurs extrémités.

■ Qu'est-ce qu'un hyphe ? un mycélium ?

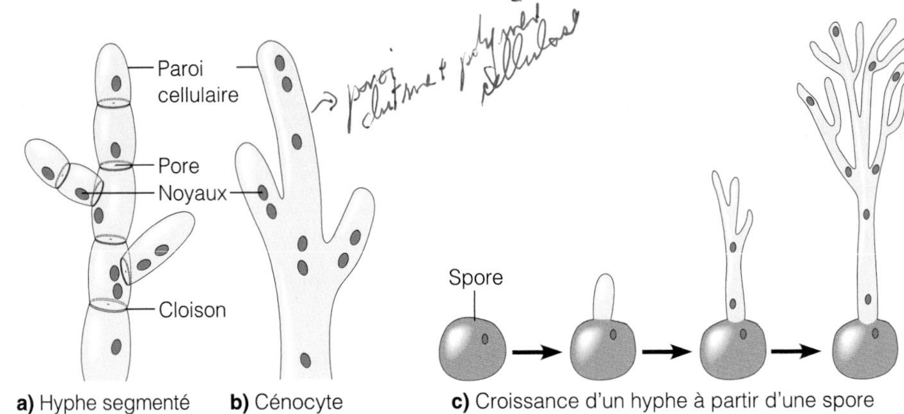


## Les caractéristiques des mycètes

### Objectifs d'apprentissage

- *Énumérer les traits caractéristiques morphologiques et fonctionnels des mycètes.*
- *Distinguer la reproduction asexuée et la reproduction sexuée, et décrire chacun de ces processus chez les mycètes.*

L'identification des levures, comme celle des bactéries, se fait à l'aide de tests biochimiques. Par contre, celle des mycètes pluricellulaires repose sur leurs traits physiques, dont les caractéristiques des colonies et les spores reproductrices.

### Les structures végétatives

Les colonies de mycètes sont qualifiées de structures **végétatives** parce qu'elles se composent de cellules ayant pour fonction le catabolisme et la croissance.

**Moisissures et mycètes charnus.** Le corps végétatif d'un mycète s'appelle **thalle.** Chez une moisissure ou un mycète charnu, le thalle est constitué de longs filaments de cellules reliées les unes aux autres ; ces filaments s'appellent **hyphes.** Ces structures sont souvent petites mais peuvent atteindre des proportions énormes. On a trouvé au Michigan un mycète dont les hyphes s'étendent sur 16 hectares et ont une masse estimée à plus de 10 tonnes.

Chez la plupart des moisissures, les hyphes sont divisés par des **cloisons,** ou **septa** (septum au singulier), formant des unités qui ressemblent à des cellules distinctes avec un seul noyau. On les appelle alors **hyphes segmentés** ou **septés** (figure 12.1a). Dans quelques classes de Mycètes, les hyphes ne contiennent pas de cloisons et ont l'aspect de longues cellules continues à noyaux multiples ; ils sont appelés **cénocytes** (figure 12.1b). Chez les mycètes à hyphes segmentés, il y a habituellement des ouvertures dans les cloisons qui font en sorte que le cytoplasme des « cellules » adjacentes est continu ; en réalité, ces structures sont aussi des cénocytes.

Les hyphes, qu'ils soient segmentés ou non, sont en fait de petits tubules transparents entourés d'une paroi cellulaire rigide. La composition de cette paroi est très différente de celle des bactéries ; elle contient de la chitine et des polymères de la cellulose, éléments chimiques qui lui confèrent une plus grande rigidité, une plus grande longévité et une plus grande capacité de résistance à la chaleur et à des pressions osmotiques élevées – plus élevées que celles que supportent normalement les bactéries. Les mycètes sont donc capables de vivre dans des habitats où ne peuvent survivre des bactéries.

Les hyphes croissent grâce à l'allongement de leurs extrémités (figure 12.1c). Chacune des parties de l'hyphe est capable de croissance. Quand un fragment se détache, il peut s'allonger pour former un nouvel hyphe. Dans le laboratoire, la culture des mycètes se fait habituellement à partir de fragments de thalles.

La partie de l'hyphe qui obtient les nutriments s'appelle *hyphe végétatif* ; la partie consacrée à la reproduction est l'*hyphe reproducteur* ou *aérien,* ainsi nommé parce qu'il s'élève au-dessus du milieu sur lequel le mycète croît. Les hyphes aériens portent souvent des spores reproductrices (figure 12.2a) ; nous y reviendrons plus loin. Quand les conditions du milieu le permettent, les hyphes grandissent pour former une masse filamenteuse caractéristique appelée **mycélium,** qui est visible à l'œil nu (figure 12.2b). Cet aspect duveteux permet de distinguer relativement bien une colonie de moisissures d'une colonie de bactéries.

**Levures.** Les **levures** sont des mycètes unicellulaires, non filamenteux qui sont généralement sphériques ou ovales. Comme les moisissures, les levures sont très répandues dans la nature ; elles se présentent souvent sous forme de poudre blanche sur les fruits et les feuilles. Les **levures bourgeonnantes,** telles que *Saccharomyces,* se divisent de façon asymétrique. Lors du bourgeonnement (figure 12.3), il se forme une protubérance (bourgeon) à la surface de la cellule mère. Pendant que le bourgeon grossit, le noyau de la cellule mère se divise (mitose). Un des noyaux obtenus gagne le bourgeon. Une paroi cellulaire commence à se former entre la cellule mère et le bourgeon, et ce dernier finit par se détacher. Le bourgeon se développe, grossit et devient à son tour une levure adulte capable de bourgeonnement.

Une cellule mère de levure peut produire avec le temps jusqu'à 24 cellules filles par bourgeonnement. Certaines levures font des bourgeons qui ne se détachent pas ; il se

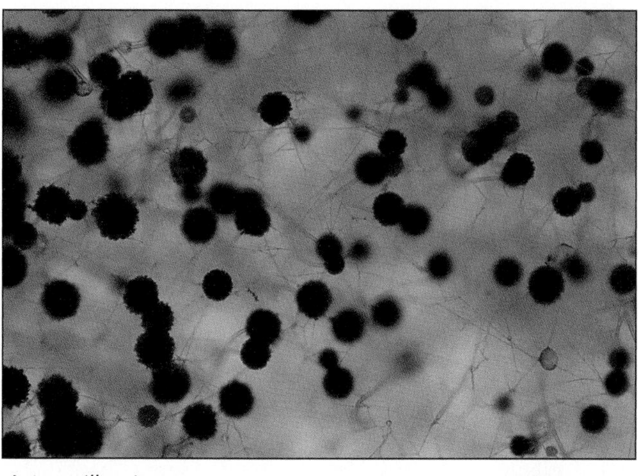


a) *Aspergillus niger*

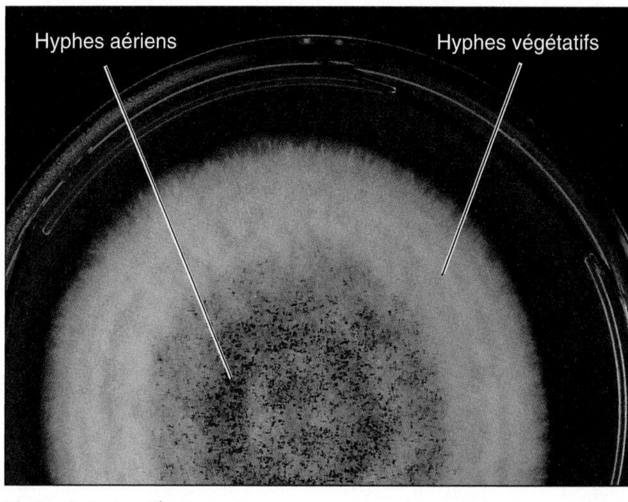


b) *A. niger* sur gélose

FIGURE 12.2 **Hyphes aériens et végétatifs. a)** Micrographie d'hyphes aériens dont on peut voir les spores reproductrices. **b)** Colonie d'*Aspergillus niger* en culture sur une gélose au glucose. Les hyphes végétatifs et aériens sont visibles.

■ Comment les colonies de mycètes diffèrent-elles des colonies de bactéries ?

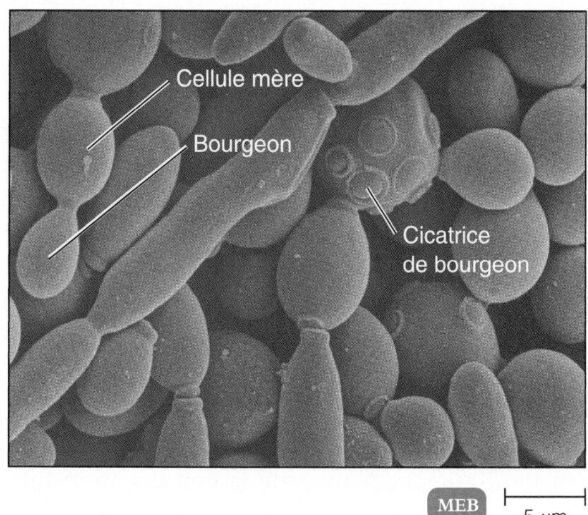


FIGURE 12.3 **Levure bourgeonnante.** Micrographie de *Saccharomyces cerevisiæ* présentant des bourgeons à divers stades de formation.

■ Après la mitose, certaines cellules de levures produisent un petit bourgeon qui grandit et devient une cellule adulte ; ce processus s'appelle bourgeonnement.

forme alors une courte chaîne de cellules appelée **pseudohyphe** ; en grandissant, les pseudohyphes constituent une masse caractéristique appelée pseudomycélium. *Candida albicans* se fixe aux cellules épithéliales humaines sous forme de levure mais doit généralement produire un pseudomycélium pour envahir les tissus sous-jacents (figure 21.16a).

Les **levures scissipares,** telles que *Schizosaccharomyces* se divisent de façon symétrique pour donner deux nouvelles cellules filles. Durant la division, la cellule mère s'allonge, son noyau se divise et deux cellules filles sont produites. Lorsque le nombre de cellules d'une levure augmente sur une gélose, on voit apparaître une colonie dont l'aspect est semblable à celui d'une colonie bactérienne.

Les levures sont capables de croissance anaérobie facultative. Elles peuvent utiliser la molécule de dioxygène ($O_2$) ou un composé organique comme accepteur d'électrons final ; cette adaptation est précieuse parce qu'elle leur permet de vivre dans divers environnements. S'il y a des molécules de dioxygène dans le milieu, les levures se servent de la respiration aérobie pour métaboliser les glucides en dioxyde de carbone ($CO_2$) et en eau ; si elles en sont privées, elles fermentent les glucides et produisent de l'éthanol et du dioxyde de carbone. Cette fermentation est exploitée dans l'industrie pour fabriquer de la bière, du vin et du pain. Diverses espèces de *Saccharomyces* produisent l'éthanol dans les boissons fermentées et le dioxyde de carbone qui fait lever la pâte pour le pain et les pâtisseries.

**Mycètes dimorphes.** Certains mycètes, plus particulièrement les espèces pathogènes, sont dotés de **dimorphisme** – ils croissent sous deux formes. Ils peuvent se présenter soit comme une moisissure, soit comme une levure. Sous la forme de moisissure, ils produisent des hyphes végétatifs et aériens ; sous la forme de levure, ils se reproduisent par bourgeonnement. Le dimorphisme chez les mycètes pathogènes est lié à la température. À 37 °C – dans les tissus humains –, le mycète se comporte comme une levure, alors qu'à 25 °C – dans la nature –, il ressemble à une moisissure. Cependant,

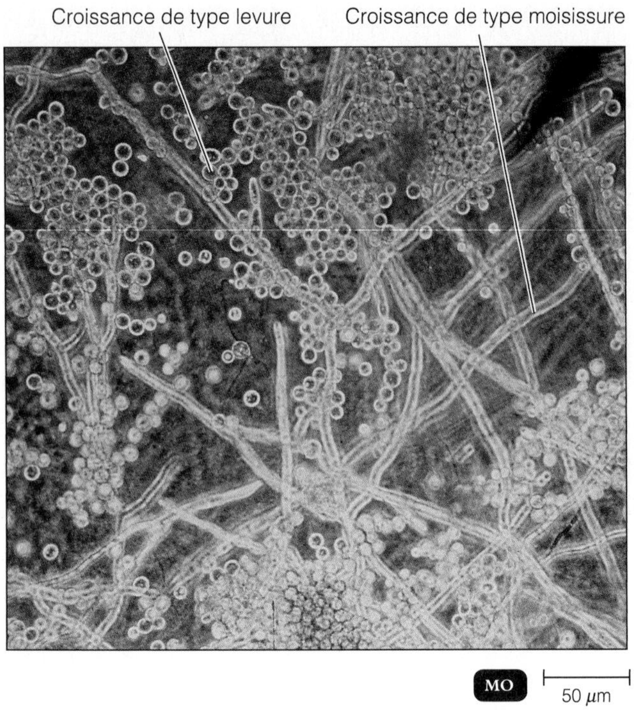

FIGURE 12.4 **Dimorphisme fongique.** Chez le mycète *Mucor rouxii* le dimorphisme dépend de la concentration de $CO_2$. À la surface de la gélose, la croissance de *Mucor* est semblable à celle d'une levure, mais sous la surface, le mycète ressemble à une moisissure.

■ Qu'est-ce que le dimorphisme fongique?

l'aspect du mycète dimorphe (non pathogène dans le cas présent) qui est représenté à la figure 12.4 change selon la concentration de $CO_2$. (Figure 24.18.)

## Le cycle vital

La reproduction chez les mycètes s'effectue par la formation de **spores,** de manière sexuée ou de manière asexuée. Les mycètes filamenteux peuvent se reproduire de manière asexuée par fragmentation de leurs hyphes ou par formation de spores asexuées. En fait, l'identification de ces organismes est habituellement fondée sur les types de spores.

Les spores des mycètes sont passablement différentes des endospores bactériennes. En effet, les endospores bactériennes permettent aux cellules bactériennes de survivre – dans un état de dormance – malgré des conditions environnementales défavorables (chapitre 4). Une bactérie végétative ne forme qu'une seule endospore qui, lors de la germination, sort de son état de dormance pour redevenir une cellule végétative. Il ne s'agit donc pas de reproduction parce que ce processus ne fait pas augmenter le nombre total de cellules bactériennes. Dans le cas des mycètes, la spore que forme une moisissure se détache de la cellule mère et, après germination, devient une nouvelle moisissure (figure 12.1c). Contrairement à l'endospore bactérienne, elle est une véritable spore reproductrice parce qu'elle donne naissance à un deuxième organisme. Bien que les spores des mycètes puissent résister longtemps à la sécheresse et à la chaleur, la plupart n'affichent pas la longévité et la tolérance extrême des endospores bactériennes.

Les spores naissent à partir des hyphes aériens et se forment de plusieurs façons, selon l'espèce. Les spores de mycètes peuvent être asexuées ou sexuées. Les **spores asexuées** sont produites par les hyphes d'un organisme sans l'intervention d'un autre membre de l'espèce. Quand elles germent, elles donnent naissance à des individus identiques au parent sur le plan génétique. Les **spores sexuées** naissent de la fusion de noyaux de deux cellules provenant de souches compatibles de la même espèce. Les organismes issus de spores sexuées possèdent des caractères héréditaires des deux souches parentales. Les mycètes produisent plus souvent des spores asexuées que des spores sexuées. Les spores étant d'une importance considérable pour l'identification des mycètes, nous examinons maintenant quelques-uns des divers types de spores asexuées et sexuées.

**Spores asexuées.** Les spores asexuées se forment au sein d'un même individu par mitose puis division cellulaire; il n'y a pas de fusion de noyaux provenant de cellules différentes. Les spores asexuées sont de deux types: la conidie et la sporangiospore. La **conidie** est une spore unicellulaire ou pluricellulaire qui n'est pas enfermée dans un sac; certains mycètes produisent des conidies qui forment des chaînes à l'extrémité d'un hyphe aérien appelé **conidiophore** (figure 12.5a). Ces conidies sont produites notamment par *Aspergillus* et *Penicillium.* On différencie les conidies selon leur mode de production par les mycètes. L'**arthroconidie** est un type de conidie issue de la fragmentation d'un hyphe segmenté en cellules simples et légèrement épaissies (figure 12.5b). On la trouve chez *Coccidioides immitis* (figure 24.20) et, inhalée, elle provoque des symptômes d'atteinte pulmonaire. La **blastoconidie,** un autre type de conidie, se constitue par bourgeonnement d'une cellule mère (figure 12.5c). On l'observe chez toutes les levures, par exemple chez *Candida albicans* et *Cryptococcus.* La **chlamydoconidie** apparaît au sein d'un segment de l'hyphe à la suite de la condensation du cytoplasme et de la formation d'une paroi épaisse (figure 12.5d). Les chlamydoconidies sont produites, entre autres levures, par *C. albicans.*

La **sporangiospore** est le deuxième type de spore asexuée; elle prend naissance dans un **sporange,** ou sac, à l'extrémité d'un hyphe aérien appelé **sporangiophore.** Le sporange peut contenir des centaines de sporangiospores (figure 12.5e). On trouve ce type de spores asexuées chez *Rhizopus.*

**Spores sexuées.** Ce type de spores est le résultat de la reproduction sexuée qui comprend trois phases:

1. **Plasmogamie.** Phase où se produit la fusion protoplasmique, qui met en présence deux noyaux à l'intérieur d'une même cellule: le noyau haploïde d'une cellule donneuse (+) pénètre dans le cytoplasme d'une cellule receveuse (−).

a) Conidies

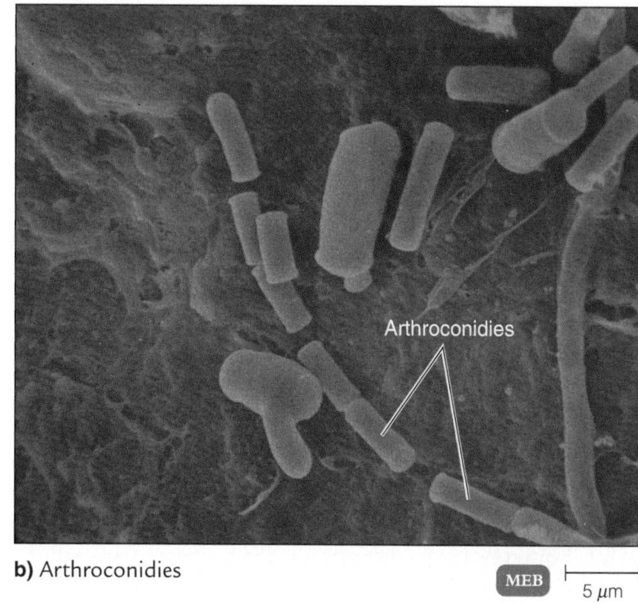


b) Arthroconidies

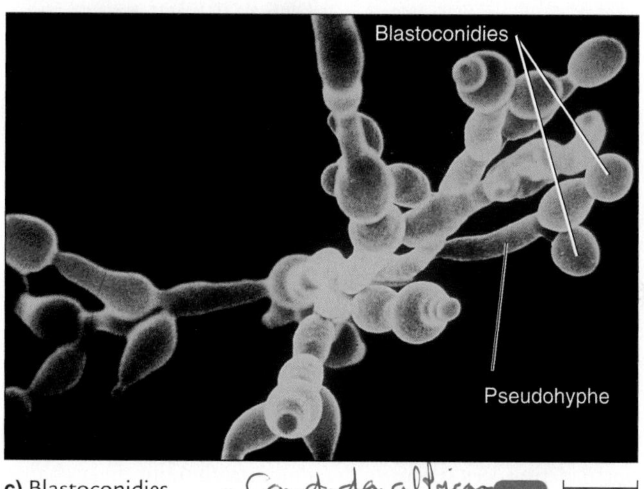


c) Blastoconidies

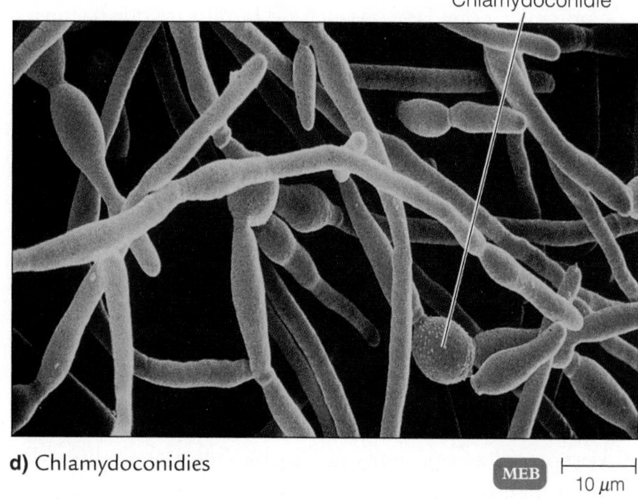


d) Chlamydoconidies

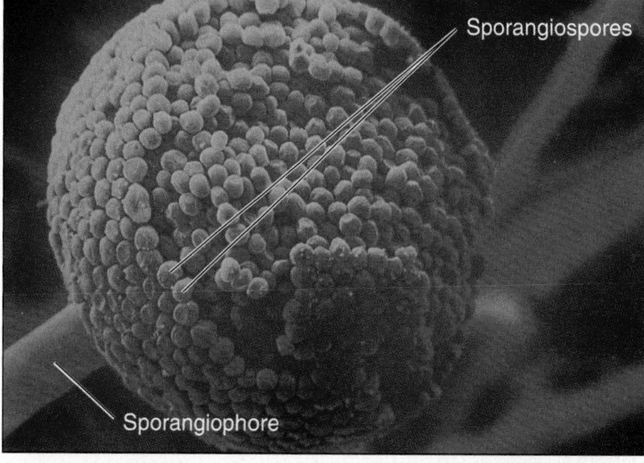

e) Sporangiospores

**FIGURE 12.5 Spores asexuées représentatives. a)** Les conidies forment des chaînes à l'extrémité d'un conidiophore d'*Aspergillus flavus.* **b)** La fragmentation des hyphes amène la formation d'arthroconidies chez *Coccidioides immitis.* **c)** Des blastoconidies se forment à partir des bourgeons d'une cellule parentale de *Candida albicans.* **d)** Les chlamydoconidies sont des cellules aux parois épaisses formées au sein des hyphes d'un mycète, ici *C. albicans.* **e)** Les sporangiospores se forment dans un des sporanges (sacs de spores) de ce *Rhizopus.*

■ Quel est le rôle des conidies ?

2. **Caryogamie.** Les noyaux (+) et (−) fusionnent pour former le noyau diploïde d'un zygote.
3. **Méiose.** Le noyau diploïde donne naissance à des noyaux haploïdes (spores sexuées). Les noyaux issus de la méiose sont parfois recombinés.

Les spores sexuées servent de critère pour la classification des mycètes. Dans le laboratoire, la plupart de ces organismes ne produisent que des spores asexuées. Par conséquent, l'identification clinique est fondée sur l'examen microscopique des spores asexuées.

### Les adaptations nutritionnelles

Les mycètes sont généralement adaptés à des environnements qui seraient hostiles aux bactéries. Ce sont des chimiohétérotrophes et, à l'instar des bactéries, ils absorbent les nutriments plutôt que de les ingérer comme le font les animaux. Toutefois, ils se distinguent des bactéries par certains besoins que le milieu doit satisfaire et par les caractéristiques nutritionnelles suivantes :

- En règle générale, les mycètes se développent mieux dans un environnement dont le pH est d'environ 5, ce qui est trop acide pour la croissance de la plupart des bactéries habituelles.
- Presque toutes les moisissures sont aérobies. La plupart des levures sont des anaérobies facultatifs.
- La plupart des mycètes résistent mieux à la pression osmotique que les bactéries ; par conséquent, la plupart peuvent croître dans des milieux où la concentration de sucre ou de sel est relativement élevée.
- Les mycètes peuvent se nourrir de substances qui contiennent une très faible teneur en eau, généralement trop faible pour permettre la croissance des bactéries.
- Les mycètes ont un peu moins besoin de diazote que les bactéries pour atteindre un taux équivalent de croissance.
- Les mycètes sont souvent capables de métaboliser des glucides complexes, tels que la lignine (un constituant du bois), que la plupart des bactéries ne peuvent pas utiliser comme nutriments.

Ces traits permettent aux mycètes de pousser sur des substrats qui semblent peu propices à la vie, tels que les murs de salles de bain, le cuir et les vieux journaux.

## Les embranchements de Mycètes importants en médecine

**Objectifs d'apprentissage**

- *Nommer les traits caractéristiques des trois embranchements de Mycètes importants en médecine.*
- *Décrire les caractéristiques infectieuses des mycoses.*
- *Classer les mycoses selon l'importance de la pénétration des tissus.*

La présente section donne une vue d'ensemble des embranchements de Mycètes importants en médecine. Les maladies causées par ces microorganismes seront étudiées dans la quatrième partie du manuel, aux chapitres 21 à 26. Notons que ce ne sont pas tous les mycètes qui provoquent des maladies. Les autres embranchements de Mycètes ne retiennent pas notre attention parce qu'ils ne comptent pas d'espèces pathogènes.

Parmi les genres nommés dans les paragraphes suivants, il y en a beaucoup qui sont des contaminants faciles à repérer dans la nourriture et les cultures bactériennes de laboratoire. Bien qu'ils ne soient pas tous d'une importance capitale en médecine, ils constituent des exemples représentatifs de leurs groupes respectifs.

### L'embranchement des *Zygomycota*

Les Zygomycètes, ou mycètes à conjugaison, sont des moisissures **saprophytes** dont les hyphes sont cénocytiques (non segmentés). *Rhizopus nigricans,* la moisissure noire du pain, en est un exemple familier. Les spores asexuées de *Rhizopus* sont des sporangiospores (figure 12.6, en haut, à droite). Les sporangiospores sombres à l'intérieur du sporange donnent à *Rhizopus* son nom commun. Le sporange de forme élargie est situé à l'extrémité d'un sporangiophore. ❶ – ❹ Quand le sporange éclate, les sporangiospores sont dispersées. Si elles tombent sur un milieu propice, elles germent pour former un nouveau thalle de moisissure.

❺ – ⓫ Les spores sexuées sont des **zygospores.** Deux cellules qui se ressemblent sur le plan morphologique fusionnent leur paroi et forment un tube de fécondation. Ce tube permet la rencontre des deux noyaux, qui est suivie de la production de grosses spores limitées par une paroi épaisse, échancrée et de couleur foncée (figure 12.6, en bas, à gauche). La zygospore forme un zygote qui produit un nouveau sporange, lequel laissera échapper de nouvelles spores.

### L'embranchement des *Ascomycota*

Les Ascomycètes, ou mycètes à sacs, comprennent des moisissures à hyphes segmentés et certaines levures. Leurs spores asexuées sont habituellement des conidies qui forment de longues chaînes au bout des conidiophores. On peut voir la disposition des conidies d'*Eupenicillium* sur la figure 12.7, à droite. Le mot *conidie* signifie poussière. ❶ – ❹ À la moindre perturbation, ces spores se détachent facilement de la chaîne à laquelle elles appartiennent et flottent dans l'air comme des grains de poussière. Les conidies germent et forment des mycéliums.

❺ – ❾ L'**ascospore** résulte de la fusion des noyaux de deux cellules qui peuvent être semblables ou non sur le plan morphologique. Ces spores sont produites dans des structures appelées **asques** qui ressemblent à des sacs (figure 12.7). Cet embranchement de Mycètes tire son nom de ces asques.

### L'embranchement des *Basidiomycota*

Les Basidiomycètes, ou mycètes à massue, possèdent aussi des hyphes segmentés. Cet embranchement comprend les organismes qu'on appelle champignons à chapeau (figure 12.8). ❶ – ❸ Un fragment de l'hyphe aboutit à la formation d'un

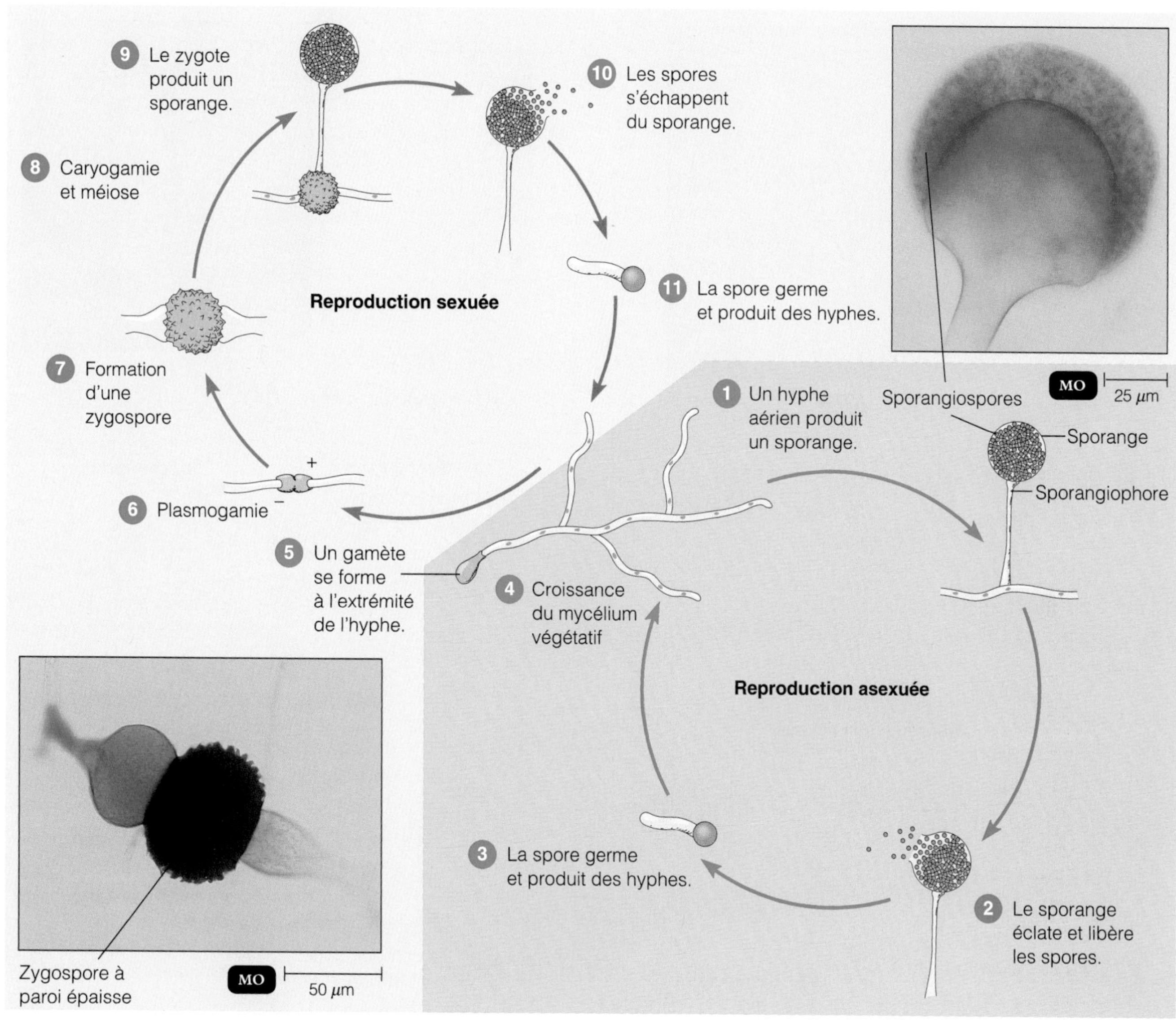


**FIGURE 12.6 Cycle vital de *Rhizopus*, un zygomycète.** Ce mycète se reproduit la plupart du temps de façon asexuée en formant des sporangiospores. Dans la reproduction sexuée, deux cellules de souches compatibles (désignées par les signes + et −) sont nécessaires pour donner naissance à une zygospore.

■ Où trouve-t-on souvent *Rhizopus nigricans* ? Quel danger représente-t-il pour les humains ?

nouveau mycélium. 4 – 9 Les **basidiospores** se forment à l'extérieur sur une sorte de petit socle appelé **baside.** (C'est cette structure qui donne son nom à cet embranchement de Mycètes.) Il y a habituellement quatre basidiospores par baside. Certains basidiomycètes produisent des conidies asexuées. La figure 12.9 montre des basidiomycètes représentatifs.

Les mycètes que nous avons examinés jusqu'ici sont des **téléomorphes,** c'est-à-dire qu'ils produisent des spores sexuées et asexuées. Certains ascomycètes ont perdu la capacité de se reproduire sexuellement. Ces mycètes asexués sont appelés **anamorphes.** *Penicillium* est un exemple d'anamorphe issu par mutation d'un téléomorphe. Jusqu'à maintenant, les mycètes auxquels on ne connaissait pas de cycle sexué étaient classés dans une « catégorie temporaire » appelée **Deutéromycètes** ou **Mycètes imparfaits.** Aujourd'hui, les mycologues se servent du séquençage de l'ARNr pour classifier ces organismes. La plupart de ces deutéromycètes, jusqu'ici non classifiés, sont des Ascomycètes au stade anamorphe (asexué) ; quelques-uns sont des Basidiomycètes. Le tableau 12.3 énumère certains mycètes qui causent des maladies chez les humains. Dans certains cas, deux noms de genre sont indiqués. Il s'agit de mycètes importants sur le plan médical qui sont mieux connus en clinique par le nom qu'ils portent dans leur phase anamorphe.

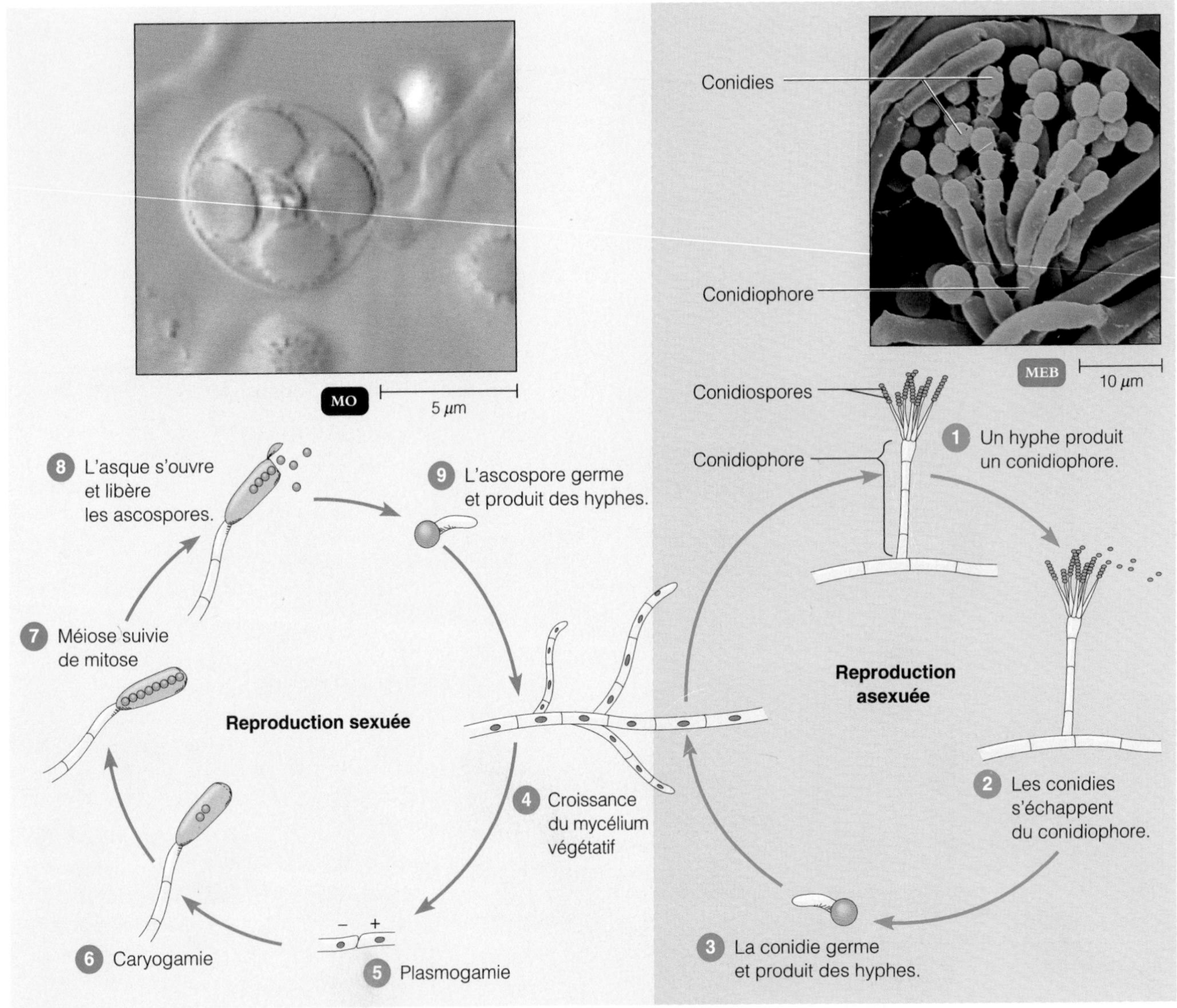


**FIGURE 12.7** **Cycle vital d'*Eupenicillium*, un ascomycète.** À l'occasion, quand deux cellules compatibles appartenant à des souches différentes (+ et −) fusionnent, il y a reproduction sexuée et formation d'une ascospore.

■ Nommez un ascomycète qui peut infecter les humains.

## Les mycoses

Toute infection fongique s'appelle **mycose.** Les mycoses se caractérisent par quelques aspects particuliers. Elles sont généralement des infections chroniques (de longue durée) parce que les mycètes croissent lentement. En effet, la paroi cellulaire des mycètes, composée de chitine et de polymères de cellulose (tableau 12.2), n'entraîne chez l'organisme infecté qu'une faible réponse immunitaire; de plus, les mycètes sont sensibles à une gamme moins grande d'antibiotiques que les bactéries. Les mycètes responsables de mycoses sont présents dans divers habitats, et la contamination se fait souvent par inhalation des spores ou par contact avec des végétaux et des animaux. Les processus de résistance naturelle de l'organisme humain le protègent relativement bien contre l'apparition d'une mycose. C'est en présence de conditions favorables que l'infection se met en place, par exemple chez les individus dont le système immunitaire est affaibli ou qui sont atteints d'une maladie chronique telle que l'asthme, ou encore chez ceux qui, ayant la peau irritée, marchent pieds nus sur le sol des douches publiques (pied d'athlète). Les mycoses ne se déclenchent pas facilement mais, une fois qu'elles sont apparues, elles deviennent souvent chroniques si elles demeurent sans traitement.

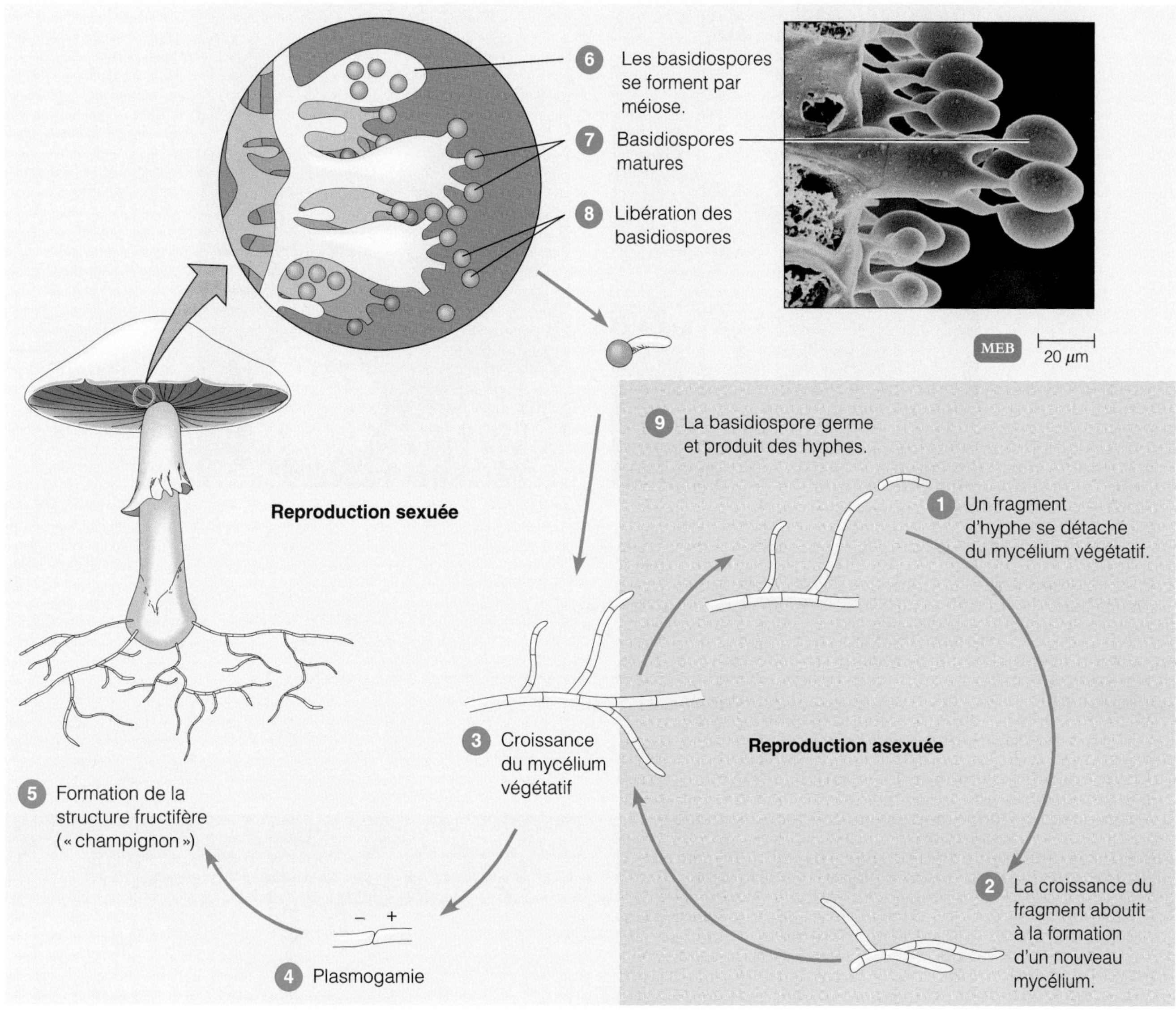


**FIGURE 12.8 Cycle vital type d'un basidiomycète.** Les champignons apparaissent lorsqu'il y a eu fusion de cellules appartenant à deux souches compatibles (+ et −).

■ Sur quoi se fonde-t-on pour classer les mycètes en embranchements ?

Les mycoses sont classées en cinq groupes selon la façon dont le mycète s'introduit dans l'hôte et l'importance de la pénétration dans les tissus ; c'est ainsi que les mycoses peuvent être systémiques, sous-cutanées, cutanées, superficielles ou opportunistes.

Les **mycoses systémiques** sont des infections fongiques profondes. Elles ne sont pas limitées à une région particulière du corps mais peuvent toucher plusieurs tissus et organes. Les mycoses systémiques sont habituellement causées par des mycètes présents dans le sol. La voie de transmission est l'inhalation de spores ; ces infections commencent le plus souvent dans les poumons, puis se propagent aux autres tissus du corps. Elles ne se transmettent pas de l'animal à l'humain ni d'humain à humain. Deux mycoses systémiques, l'histoplasmose (*Histoplasma capsulatum*) et la coccidioïdomycose (*Coccidioides immitis*), sont décrites au chapitre 24.

Les **mycoses sous-cutanées** sont des infections fongiques sous la peau causées par des mycètes saprophytes qui vivent dans le sol et sur la végétation. L'infection se produit par l'implantation directe de spores ou de fragments de mycélium dans la peau à la suite d'une blessure par perforation. La sporotrichose, une mycose sous-cutanée, est décrite au chapitre 21.

Les mycètes qui infectent seulement l'épiderme, les cheveux et les ongles s'appellent **dermatophytes.** Les maladies qu'ils provoquent s'appellent dermatomycoses ou **mycoses**

a) *Crucibulum vulgare*

b) *Amanita muscaria*

FIGURE 12.9 **Basidiomycètes représentatifs. a)** Un champignon « nid d'oiseau » (*Crucibulum vulgare*) sur une brindille. Les basidiospores visibles dans une des cupules seront éjectées quand le champignon sera frappé par une goutte de pluie. **b)** *Amanita muscaria* vit en association étroite avec des racines de plantes (mycorrhize). L'amanite produit une neurotoxine et peut-être une molécule anticancéreuse.

■ Quel est le principal rôle des mycètes dans l'écosystème ?

**Tableau 12.3** *Caractéristiques de quelques mycètes pathogènes*

| Embranchement | Caractéristiques de croissance | Types de spores asexuées | Agents pathogènes pour l'humain |
|---|---|---|---|
| *Zygomycota* | Hyphes non segmentés | Sporangiospores | *Rhizopus*<br>*Mucor* |
| *Ascomycota* | Dimorphisme | Conidies | *Aspergillus*<br>*Blastomyces** (*Ajellomyces***) *dermatitidis*<br>*Histoplasma** (*Ajellomyces***) *capsulatum* |
| | Hyphes segmentés, forte affinité pour la kératine | Conidies<br>Arthroconidies | *Microsporum*<br>*Trichophyton** (*Arthroderma***) |
| Anamorphes | | Conidies | *Epidermophyton* |
| | Dimorphisme | Conidies<br>Arthroconidies | *Sporothrix schenckii, Stachybotrys*<br>*Coccidioides immitis* |
| | Ressemblent à des levures, pseudohyphes | Chlamydoconidies | *Candida albicans* |
| | Inconnues | Inconnues | *Pneumocystis* |
| *Basidiomycota* | Hyphes segmentés ; comprend les rouilles et les charbons des céréales et des agents pathogènes des plantes ; cellules capsulées ressemblant à des levures | Conidies | *Cryptococcus neoformans** (*Filobasidiella***) |

* Nom anamorphe
** Nom téléomorphe

**cutanées** (figure 21.15). Les dermatophytes sécrètent de la kératinase, une enzyme qui dégrade la **kératine.** Cette dernière est une protéine présente dans les poils, la peau et les ongles. L'infection se transmet d'humain à humain ou de l'animal à l'humain par contact direct ou par contact avec des cellules épidermiques ou des cheveux infectés (par exemple sur les instruments de coiffeurs ou les planchers de douches).

Les mycètes qui causent les **mycoses superficielles** occupent les tiges des poils et les cellules épidermiques superficielles. Ces infections sont courantes dans les climats tropicaux.

Les **agents pathogènes opportunistes** sont généralement inoffensifs dans leur habitat normal mais peuvent causer des maladies chez les hôtes qui sont gravement affaiblis, ont subi un traumatisme important, prennent des antibiotiques à large spectre d'action ou des immunosuppresseurs, ou souffrent d'une maladie qui atteint leur système immunitaire. *Pneumocystis* est un agent pathogène opportuniste chez les individus dont le système immunitaire est affaibli, et constitue la principale cause de mort chez les patients atteints du SIDA (figure 24.21). Les mycètes sont des organismes eucaryotes, ce qui rend souvent difficile le traitement des mycoses chez les humains et les autres animaux puisqu'ils sont eux aussi des organismes composés de cellules eucaryotes.

*Stachybotrys* est un autre exemple d'agent pathogène opportuniste. Ce mycète se nourrit normalement de la cellulose des plantes en décomposition, mais on le trouve depuis quelques années dans les maisons, en train de pousser sur les murs endommagés par l'eau. Une fois inhalées, les spores germent et le mycète produit des toxines (trichothécènes, chapitre 15) qui peuvent provoquer des hémorragies pulmonaires fatales chez les nourrissons. La mucormycose est une mycose opportuniste causée par *Rhizopus* et *Mucor*; on observe cette infection surtout chez les patients qui souffrent du diabète sucré ou de la leucémie, ou qui prennent des immunosuppresseurs. L'aspergillose est aussi une mycose opportuniste qui touche particulièrement les poumons ; elle est causée par *Aspergillus* (figure 12.2b). Cette maladie touche les personnes qui ont des maladies respiratoires débilitantes ou des cancers, ou sont immunodéprimées, et qui aspirent des spores d'*Aspergillus* présentes dans le sol et sur les débris organiques. La **candidose** est causée le plus souvent par *Candida albicans* et peut prendre la forme soit d'une vulvo-vaginite à *Candida* soit du muguet, candidose cutanéo-muqueuse de la bouche. Elle atteint souvent les nouveau-nés, les personnes qui ont le SIDA et celles qui prennent des antibiotiques à large spectre d'action (figure 21.16).

Certains mycètes provoquent la maladie en produisant des toxines. Nous examinerons ces toxines au chapitre 15.

**Tableau 12.3** *(suite)*

| Habitat | Type de mycose | Notes cliniques | Chapitres |
|---|---|---|---|
| Ubiquiste | Systémique | Agent pathogène opportuniste | 11 |
| Ubiquiste | Systémique | Agent pathogène opportuniste | 11 |
| Ubiquiste | Systémique | Agent pathogène opportuniste | 25 |
| Inconnu | Systémique | Inhalation/agent pathogène opportuniste (plaies) | 24 |
| Sol | Systémique | Inhalation | 24 |
| Sol, animaux | Cutanée | Teigne tondante | 21 |
| Sol, animaux | Cutanée | Pied d'athlète | 21 |
| Sol, humains | Cutanée | Eczéma marginé de Hebra, onychomycose | 21 |
| Sol | Sous-cutanée | Blessure par perforation | 21-24 |
| Sol | Systémique | Inhalation | 24 |
| Flore microbienne normale de l'humain | Cutanée, systémique, cutanéo-muqueuse | Agent pathogène opportuniste | 21-26 |
| Ubiquiste | Systémique | Agent pathogène opportuniste | 24 |
| Sol, excréments d'oiseaux | Systémique | Inhalation | 22 |

## L'importance économique des mycètes

### Objectif d'apprentissage

- *Nommer deux effets bénéfiques et deux effets indésirables des mycètes sur l'économie.*

On utilise les mycètes en biotechnologie depuis bien des années. Par exemple, *Aspergillus niger* sert à produire de l'acide citrique pour la préparation des aliments et des boissons depuis 1914. La levure *Saccharomyces cerevisiæ* est employée pour faire du pain et du vin. Elle a aussi été modifiée par génie génétique pour produire diverses protéines, y compris un vaccin contre l'hépatite B. *Saccharomyces* et une autre levure, *Torulopsis,* sont administrés comme compléments protéiques aux humains et au bétail. *Trichoderma* est utilisé commercialement pour produire de la cellulase, une enzyme qui permet d'éliminer les parois cellulaires des plantes et de clarifier ainsi les jus de fruits. Quand on a découvert le taxol, un médicament anticancéreux provenant de l'if, on a craint que les forêts de ce conifère ne soient décimées dans la ruée pour la substance thérapeutique. Mais en 1993 Andrea et Donald Stierle ont sauvé les ifs en découvrant que le mycète *Taxomyces* produit lui aussi du taxol.

On utilise des mycètes dans la lutte biologique contre les insectes nuisibles. En 1990, le mycète *Entomorphaga* s'est mis subitement à proliférer et à tuer la spongieuse, un papillon qui était en train de détruire les arbres dans l'Est des États-Unis et du Canada. À l'heure actuelle, on poursuit des recherches en vue d'établir si ce mycète peut remplacer les insecticides chimiques. Chaque année, de 25 à 50% des fruits et des légumes cueillis sont gâtés par les mycètes. On ne peut pas utiliser les fongicides chimiques contre ce fléau pour des raisons de sécurité et de protection de l'environnement. Toutefois, on peut employer sans risque, et on le fait, un autre mycète, *Candida oleophila,* pour empêcher la croissance des mycètes sur les fruits cueillis. Cette forme de biocontrôle est efficace parce que *C. oleophila* recouvre la surface du fruit avant que les mycètes nuisibles s'y établissent.

Contrairement à ces effets bénéfiques, les mycètes peuvent avoir des effets indésirables sur l'industrie et l'agriculture en raison de leurs adaptations nutritionnelles. La détérioration des fruits, des céréales et des légumes par les moisissures est assez répandue et bien connue de la plupart d'entre nous, et celle qui est causée par les bactéries est beaucoup moins importante. La surface intacte de ces aliments retient peu d'humidité et l'intérieur des fruits est trop acide pour beaucoup de bactéries. Les confitures et les gelées sont souvent acides également et les sucres qu'elles contiennent leur confèrent une pression osmotique élevée. Tous ces facteurs s'opposent à la croissance des bactéries mais favorisent celle des moisissures. Une couche de paraffine qui ferme un pot de gelée maison contribue à arrêter la croissance des mycètes parce que ces derniers sont des aérobies qui se voient ainsi privés d'oxygène. En revanche, la viande fraîche et certains autres aliments sont des substrats si propices à la croissance des bactéries que ces microorganismes non seulement poussent plus vite que les moisissures, mais inhibent aussi la croissance de ces dernières dans ce type de nourriture.

En Irlande, au milieu des années 1800, 1 million de personnes sont mortes de faim parce que la récolte des pommes de terre a été dévastée. Le mycète à l'origine du mildiou de la pomme de terre, *Phytophthora infestans,* a été un des premiers microorganismes dont on a révélé l'association à une maladie. Aujourd'hui, *Phytophthora* infecte les graines de soja et de cacao, en plus de la pomme de terre.

Le châtaignier d'Amérique, qui figure dans les écrits de Longfellow, ne pousse plus aux États-Unis sauf dans quelques endroits isolés. La brûlure du châtaignier a tué presque tous les arbres de cette espèce. Elle est causée par l'ascomycète *Cryphonectria parasitica,* qui vient de Chine et a été introduit en Amérique du Nord vers 1904. Le mycète permet aux racines de l'arbre de vivre et de produire des pousses régulièrement, puis il s'emploie à détruire les rejetons tout aussi régulièrement. On est en voie de créer une variété de châtaigniers qui résiste à *Cryphonectria.* La maladie hollandaise de l'orme est une autre maladie fongique des plantes qui a été importée. Elle est causée par *Ceratocystis ulmi* et transportée d'un arbre à l'autre par un insecte, le scolyte de l'orme. Le mycète bloque la circulation de l'arbre auquel il s'attaque. La maladie a décimé la population des ormes partout en Amérique du Nord.

# Les lichens

### Objectifs d'apprentissage

- *Énumérer les traits caractéristiques des lichens et décrire leurs besoins nutritionnels.*
- *Décrire le rôle du mycète et celui de l'algue dans le lichen.*

Le **lichen** résulte de la combinaison d'une algue verte (ou d'une cyanobactérie) et d'un mycète. On considère que les lichens appartiennent au règne des Mycètes et on les classe selon le partenaire d'origine fongique, qui est la plupart du temps un ascomycète. Les deux organismes entretiennent une relation *mutualiste,* bénéfique à chacun d'eux. Le lichen diffère considérablement de l'algue ou du mycète seuls et, si les partenaires sont séparés, le lichen n'existe plus. Il y a environ 13 500 espèces de lichens qui occupent des habitats assez diversifiés. Pouvant vivre dans des régions où ni le mycète ni l'algue ne survivraient seuls, les lichens sont souvent les premiers êtres vivants à coloniser un sol ou un rocher qui vient d'être exposé. Les lichens sécrètent des acides carboxyliques qui érodent chimiquement la roche et ils accumulent des nutriments nécessaires à la croissance des plantes. On les trouve aussi sur les arbres, les structures en béton et les toits. Ils sont parmi les organismes dont la croissance est la plus lente sur Terre.

On regroupe les lichens en trois catégories morphologiques (figure 12.10a). Les *lichens crustacés* croissent bien collés au substrat et y paraissent incrustés, les *lichens foliacés* ressemblent plus à des feuilles et les *lichens fruticuleux*, semblables

a)

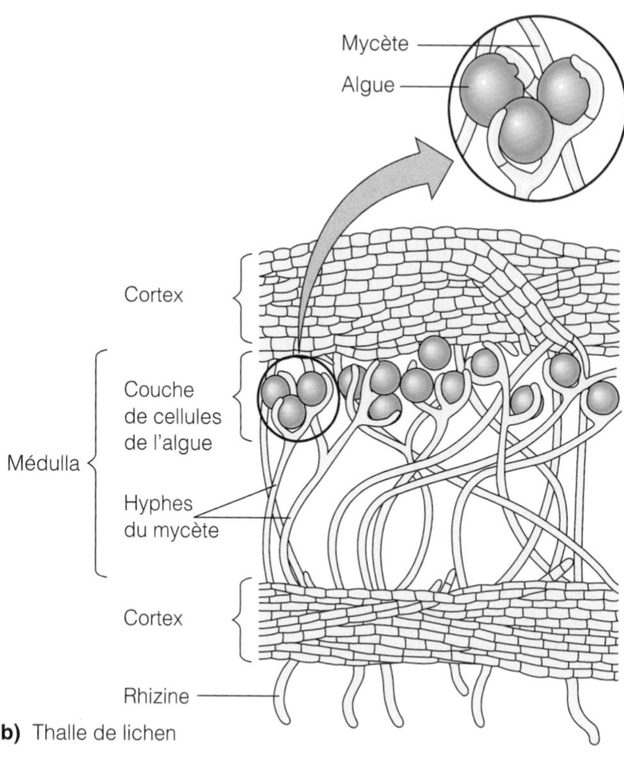


**b)** Thalle de lichen

FIGURE 12.10 **Lichens. a)** Trois types de lichens. **b)** La médulla se compose d'hyphes du mycète qui pénètrent la couche de cellules de l'algue et l'enveloppent. Le cortex protecteur est une couche d'hyphes du mycète qui recouvre le dessus et parfois le dessous du lichen. Les rhizines ancrent le lichen à son support et l'y fixent.

■ En quoi les lichens sont-ils uniques ?

à un arbuste, ont des prolongements en forme de doigts. Le thalle, ou corps, du lichen prend naissance quand les hyphes du mycète s'étendent autour des cellules de l'algue pour devenir la **médulla** (figure 12.10b). Les hyphes forment aussi un **cortex,** sorte d'enveloppe protectrice, au-dessus et parfois au-dessous de la couche d'algues ; l'enchevêtrement des hyphes de cette enveloppe permet de retenir l'eau et les minéraux. Les hyphes fongiques se prolongent sous le corps du lichen pour créer des **rhizines,** ou crampons, qui fixent solidement le lichen à son habitat. Après son incorporation dans le thalle du lichen, l'algue continue de proliférer et les hyphes en croissance peuvent s'associer aux nouvelles cellules d'algue.

Quand l'algue qui constitue un des partenaires du lichen est cultivée séparément *in vitro*, environ 1 % des glucides produits par la photosynthèse sont libérés dans le milieu ; mais quand l'algue est associée à un mycète, sa membrane plasmique est plus perméable et jusqu'à 60 % des produits de la photosynthèse sont donnés au mycète ou refont surface sous forme de produits finaux du métabolisme fongique. Ainsi, l'algue nourrit le mycète et ce dernier profite clairement de cette association. Bien qu'elle cède des nutriments précieux, l'algue y gagne aussi ; elle obtient du mycète à la fois une protection contre le dessèchement (cortex) et une fixation (crampon).

Dans la Grèce antique et dans d'autres parties de l'Europe, les lichens avaient une importance économique considérable comme sources de teintures pour les vêtements. L'acide usnique produit par le lichen *Usnea* est utilisé comme agent antimicrobien en Chine. L'érythrolitmine, une teinture incorporée au papier tournesol pour indiquer les changements de pH, est extraite de divers lichens. Certains lichens ou leurs acides peuvent causer un eczéma de contact allergique chez les humains.

Les populations de lichens incorporent facilement les cations (ions de charge positive) dans leur thalle. En conséquence, on peut déterminer les types et les concentrations de cations dans l'atmosphère par l'analyse chimique des thalles de lichens. De plus, on peut obtenir des indications sur la qualité de l'air par la présence ou l'absence d'espèces qui sont sensibles aux polluants. En 1985, une étude effectuée dans la vallée de la Cuyahoga en Ohio a révélé que 81 % des 172 espèces de lichens qui s'y trouvaient en 1917 avaient disparu. Comme cette région était très touchée par la pollution de l'air, on en a déduit que les polluants atmosphériques, surtout le dioxyde de soufre (principale cause des pluies acides), étaient à l'origine de la mort des espèces sensibles.

Les lichens constituent la principale nourriture des herbivores de la toundra tels que les caribous et les rennes. Après la catastrophe nucléaire de Tchernobyl en 1986, il a fallu abattre en Laponie 70 000 rennes, qu'on avait élevés pour leur viande, parce qu'ils présentaient de hauts niveaux de radioactivité. Les lichens dont se nourrissaient les animaux avaient absorbé du césium 137, un élément radioactif qui s'était répandu dans l'air.

# Les algues

Nous connaissons les algues par les étendues de varech brun au bord de la mer, la mousse verte dans les flaques d'eau et les taches vertes sur le sol ou les roches. Quelques algues sont à l'origine d'intoxications alimentaires. Certaines sont unicellulaires, d'autres forment des chaînes de cellules (sont filamenteuses) et quelques-unes ont des thalles.

Les algues sont surtout aquatiques, bien qu'on en trouve quelques-unes dans le sol et sur les arbres quand l'humidité y est assez élevée. Parmi les habitats rares, on compte les poils de l'ours polaire et ceux du paresseux d'Amérique du Sud, qui se déplace peu. L'eau leur sert de support et est nécessaire à leur reproduction et à la diffusion des nutriments. En règle générale, les algues vivent dans les eaux plutôt froides des zones tempérées, mais les grands tapis de l'algue brune *Sargassum* flottent sur une mer subtropicale, celle des Sargasses. Certaines espèces d'algues brunes poussent dans les eaux de l'Antarctique.

## Les caractéristiques des algues

**Objectif d'apprentissage**

- *Énumérer les traits caractéristiques des algues.*

Les algues sont des eucaryotes photoautotrophes relativement simples qui sont dépourvus des tissus (racines, tige et feuilles) propres aux plantes. L'identification des algues unicellulaires et filamenteuses nécessite un examen microscopique. La plupart des algues se trouvent dans la mer. Leur choix d'habitat dépend de la disponibilité des nutriments appropriés, des longueurs d'onde de la lumière et des surfaces sur lesquelles elles peuvent croître. La figure 12.11a montre la localisation probable d'algues représentatives.

### Les structures végétatives

Le corps d'une algue pluricellulaire s'appelle thalle. Celui des plus grosses algues pluricellulaires est composé d'un **crampon** ramifié (qui fixe l'algue à une roche), d'un **stipe** qui rappelle une tige, souvent vide au milieu, et de **frondes** ressemblant à des feuilles (figure 12.11b). Les cellules qui recouvrent le thalle sont capables de photosynthèse ; la fronde présente la plus grande surface de photosynthèse. Le thalle n'a pas le tissu conducteur (xylème et phloème) caractéristique des plantes vasculaires ; toute la surface de l'algue est utilisée pour l'absorption des nutriments de l'eau. Le stipe n'est pas lignifié comme les tissus du bois, si bien qu'il ne procure pas le soutien d'une tige de plante ; c'est plutôt l'eau environnante qui supporte le thalle de l'algue. Certaines algues sont aussi soutenues par une vésicule flottante, remplie de gaz, appelée *pneumatocyste.*

### Le cycle vital

Toutes les algues peuvent se reproduire de façon asexuée. Les algues pluricellulaires qui ont un thalle et des formes filamenteuses peuvent se fragmenter ; chaque morceau est alors capable de former un nouveau filament et un nouveau thalle. Quand une algue unicellulaire se reproduit, son noyau commence par se diviser (mitose) et les deux nouveaux noyaux se rendent aux pôles opposés de la cellule. Puis la cellule se scinde en deux cellules complètes (cytocinèse).

Les algues sont aussi capables de reproduction sexuée (figure 12.12). Chez certaines espèces, la reproduction asexuée peut avoir lieu pendant plusieurs générations ; puis, sous l'influence de nouvelles conditions, ces mêmes espèces se reproduisent de façon sexuée. Chez d'autres espèces, il y a alternance de générations, si bien que les descendants de la reproduction sexuée se reproduisent de façon asexuée et ceux de la génération suivante, de façon sexuée.

### La nutrition

Les algues sont photoautotrophes. En conséquence, on les trouve à tous les niveaux de la zone euphotique (lumineuse) des masses d'eau. La chlorophylle *a* (un pigment qui capte la lumière) et les pigments accessoires qui interviennent dans la photosynthèse sont à l'origine des couleurs distinctives de nombreuses algues.

On classe les algues selon leur structure, leurs pigments et d'autres propriétés (tableau 12.4). Nous décrivons ci-dessous quelques groupes d'algues.

## Quelques embranchements d'algues

**Objectif d'apprentissage**

- *Énumérer les traits marquants des cinq embranchements d'algues examinés dans le présent chapitre.*

Le mot *algue* est un terme générique qui regroupe plusieurs embranchements du règne des Protistes ; toutefois, les nouvelles techniques de séquençage de l'ARNr apportent des informations qui tendent à rendre ce règne obsolète. Une nouvelle classification, actuellement en voie d'élaboration, classerait de nouveaux règnes dans le domaine des *Eucarya.*

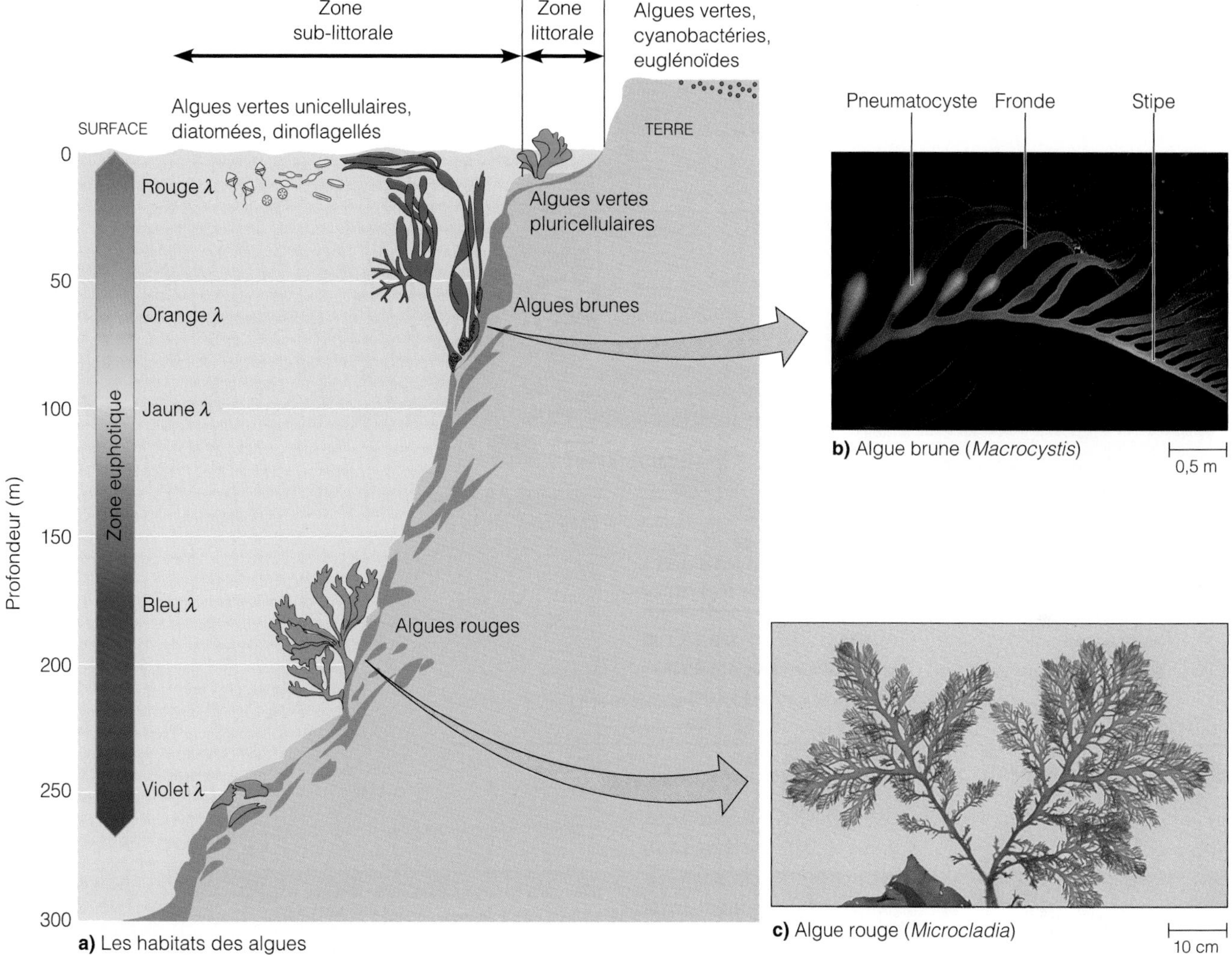


**a)** Les habitats des algues

**b)** Algue brune (*Macrocystis*)

**c)** Algue rouge (*Microcladia*)

**FIGURE 12.11 Les algues et leurs habitats. a)** Bien que l'on trouve des algues unicellulaires et filamenteuses dans le sol, elles occupent fréquemment des milieux marins ou d'eau douce, où elles forment le plancton. Les algues pluricellulaires vertes, brunes et rouges doivent trouver un endroit adéquat pour se fixer, assez d'eau pour assurer leur soutien et de la lumière de longueurs d'onde appropriées. **b)** *Macrocystis porifera,* une algue brune. Le stipe creux et les pneumatocystes remplis de gaz maintiennent le thalle à la verticale afin qu'il reçoive assez de lumière solaire pour sa croissance. **c)** *Microcladia,* une algue rouge. Les algues rouges aux ramifications délicates obtiennent leur couleur de pigments accessoires appelés phycobilines.

■ Quelle algue rouge est toxique pour les humains ?

Les *algues brunes,* ou varech, constituent l'embranchement des *Phæophyta* (dans la nouvelle classification, elles seraient regroupées avec les diatomées et les algues dorées pour former le règne des *Stramenopila*).

Les algues brunes sont macroscopiques ; certaines atteignent 50 m de long (figure 12.11b). On trouve la plupart des algues brunes dans les eaux côtières. Ces algues possèdent un taux de croissance phénoménal. Certaines croissent de plus de 20 cm par jour, ce qui permet de les récolter régulièrement. L'**algine** est une substance extraite de leurs parois cellulaires que l'on utilise comme épaississant dans de nombreux aliments (tels que la crème glacée et les décorations pour gâteaux). L'algine est aussi employée pour la production d'articles non comestibles de toutes sortes, y compris les pneus en caoutchouc et les lotions pour les mains. Dans la cuisine japonaise, l'algue brune *Laminaria* – appelée *kombu* – est consommée dans les soupes. En chirurgie, on se sert de *Laminaria japonica* pour dilater le vagin et faciliter l'accès à l'utérus par les voies naturelles.

Les *algues rouges* constituent l'embranchement des *Rhodophyta* (dans la nouvelle classification, elles deviendraient un règne à part entière dans le domaine des *Eucarya*). La plupart des algues rouges possèdent un thalle finement découpé et peuvent vivre à de plus grandes profondeurs

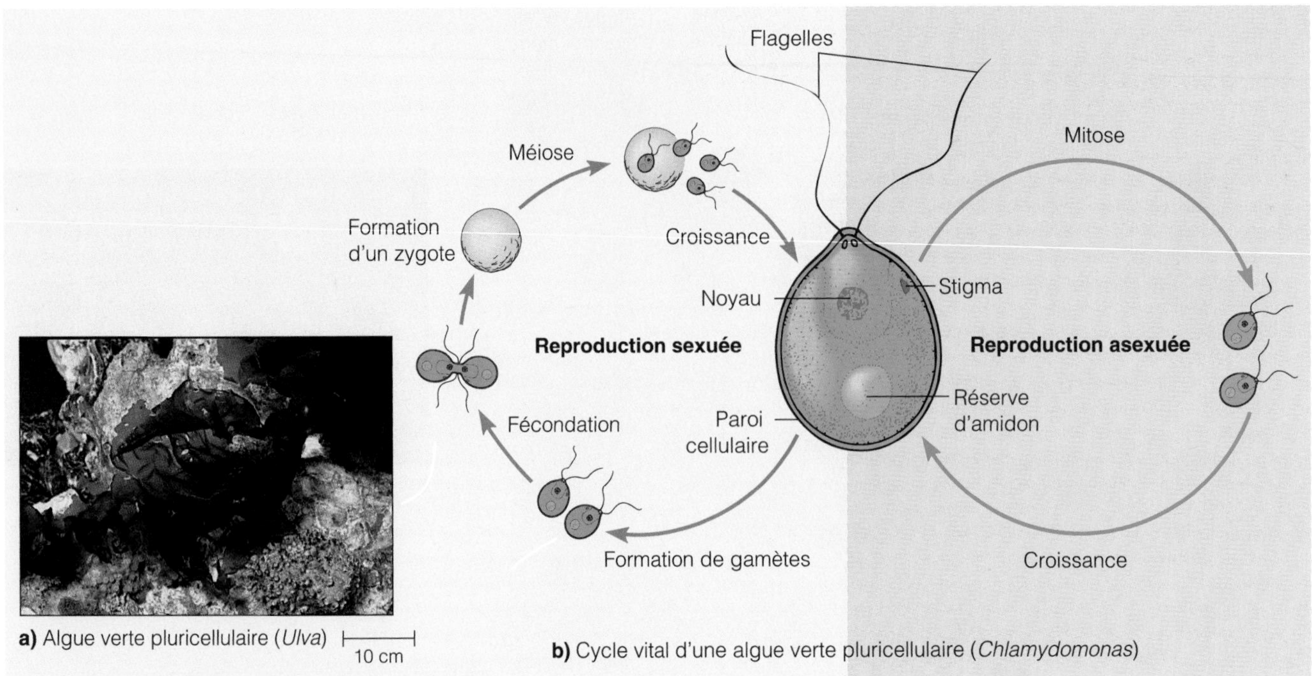


**FIGURE 12.12 Algues vertes. a)** *Ulva,* une algue verte pluricellulaire. **b)** Cycle vital de l'algue verte unicellulaire *Chlamydomonas.* Cette cellule se déplace grâce à deux flagelles en forme de fouets.

■ Quel est le rôle principal des algues dans l'écosystème?

**Tableau 12.4** *Caractéristiques de quelques types d'algues*

| | Algues brunes | Algues rouges | Algues vertes | Diatomées | Dinoflagellés |
|---|---|---|---|---|---|
| Division | *Phæophyta* | *Rhodophyta* | *Chlorophyta* | *Bacillariophyta* | *Pyrrhophyta* |
| Couleur | Brunâtre | Rougeâtre | Vert | Brunâtre | Brunâtre |
| Paroi cellulaire | Cellulose et acide alginique | Cellulose | Cellulose | Pectine et silice | Cellulose dans la membrane |
| Organisation cellulaire | Pluricellulaire | La plupart sont pluricellulaires | Unicellulaire et pluricellulaire | Unicellulaire | Unicellulaire |
| Pigments | Chlorophylles *a* et *c*, xanthophylles | Chlorophylles *a* et *d*, phycobilines | Chlorophylles *a* et *b* | Chlorophylles *a* et *c*, carotène, xanthophylles | Chlorophylles *a* et *c*, carotène, xanthines |
| Reproduction sexuée | Oui | Oui | Oui | Oui | Chez quelques espèces (?) |
| Réserves | Glucides | Polymères du glucose | Polymères du glucose | Huile | Amidon |

océaniques que les autres algues (figure 12.11c). Les thalles de quelques algues rouges forment des revêtements croûtés sur les roches et les coquillages. Les pigments rouges permettent à ces algues d'absorber la lumière bleue, qui pénètre plus profondément dans la mer. La gélose, ou agar-agar, utilisée dans les milieux de culture en microbiologie est extraite de nombreuses algues rouges. Une autre matière gélatineuse, la carragénine, provient d'une espèce d'algue rouge communément appelée mousse d'Irlande, abondante sur la côte atlantique du Canada. La carragénine et la gélose sont employées comme ingrédients épaississants dans le lait condensé, la crème glacée, la sauce au chocolat et les préparations

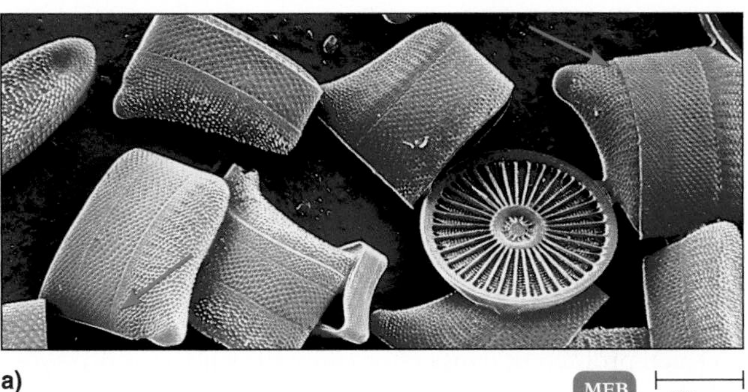

FIGURE 12.13 **Diatomées. a)** On peut voir sur cette micrographie d'*Isthmia nervosa* comment les parties de la paroi cellulaire s'emboîtent (flèches). **b)** Reproduction asexuée d'une diatomée. Durant la mitose, chaque cellule fille reçoit une moitié de la paroi cellulaire de la cellule mère (en vert) et doit synthétiser l'autre moitié (en bleu).

■ Quelle maladie humaine est causée par des diatomées ?

pharmaceutiques. Dans la cuisine japonaise, l'algue rouge *Porphyra* – appelée *nori* – enveloppe les sushis. Certaines espèces de *Gracilaria*, qui poussent dans l'océan Pacifique, servent de nourriture aux humains. Toutefois, des membres de ce genre peuvent produire une toxine mortelle.

Les *algues vertes* constituent l'embranchement des *Chlorophyta* (dans la nouvelle classification, les algues vertes seraient regroupées avec les Plantes). Elles ont des parois cellulaires de cellulose, contiennent de la chlorophylle *a* et de la chlorophylle *b*, et emmagasinent de l'amidon comme les plantes (figure 12.12a). On croit qu'elles ont donné naissance aux plantes terrestres. La plupart des algues vertes sont microscopiques, mais elles peuvent être soit unicellulaires, soit pluricellulaires. Certains types filamenteux forment dans les étangs une mousse d'un vert qui rappelle l'herbe.

Les *diatomées* (figure 12.13) constituent l'embranchement des *Bacillariophyta*. Ce sont des algues unicellulaires ou filamenteuses dont les parois cellulaires complexes sont composées de pectine et d'une couche de silice. Les deux parties de la paroi s'imbriquent comme les moitiés d'une boîte de Petri. Les structures caractéristiques des parois sont très utiles pour l'identification des diatomées. Ces algues emmagasinent l'énergie captée par la photosynthèse sous forme d'huile, caractéristique sur laquelle nous reviendrons plus loin dans notre étude du rôle des algues dans la nature.

C'est en 1987, à l'Île-du-Prince-Édouard au Canada, que l'on a observé pour la première fois l'éclosion d'une maladie neurologique causée par des diatomées. Les personnes touchées avaient mangé des moules qui s'étaient nourries de ces algues. Les diatomées produisent de l'**acide domoïque,** une biotoxine qui se concentre dans les moules. Les symptômes de l'intoxication connue sous le nom d'**intoxication par phycotoxine amnestique** (IPA) comprennent la nausée, les vomissements, la diarrhée et la perte de mémoire. Le taux de mortalité clinique a été de près de 4 %.

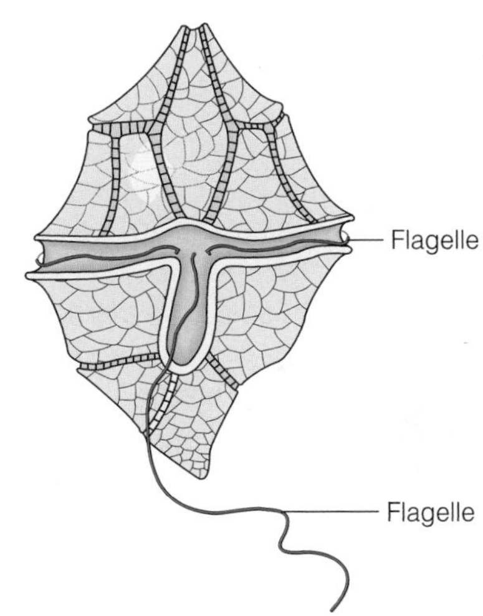


FIGURE 12.14 ***Peridinium*, un dinoflagellé.** Comme certains autres dinoflagellés, *Peridinium* possède deux flagelles situés dans des sillons perpendiculaires. Quand les deux flagelles battent en même temps, la cellule tourne sur elle-même.

■ Quelles maladies humaines sont causées par des dinoflagellés ?

Depuis 1991, des centaines d'oiseaux de mer et d'otaries sont morts de cette même intoxication à l'acide domoïque en Californie.

Les *dinoflagellés* constituent l'embranchement des *Pyrrhophyta*. Ce sont des algues unicellulaires qui forment ce qu'on appelle le **plancton,** ou organismes en suspension dans l'eau (figure 12.14). Ils ont une structure rigide qui est due à la cellulose enchâssée dans la membrane plasmique.

Certains dinoflagellés produisent des neurotoxines. Au cours des 20 dernières années, la prolifération planétaire des algues marines toxiques a tué des millions de poissons, des centaines de mammifères marins et même quelques humains. Quand des poissons nagent au milieu d'un grand nombre de *Gymnodinium breve,* certaines cellules du dinoflagellé restent emprisonnées dans les ouïes des poissons et libèrent une neurotoxine qui empêche ces derniers de respirer. *Alexandrium* est un genre de dinoflagellés dont les neurotoxines, appelées **saxitoxines** ou **mytilotoxines,** causent l'**intoxication par phycotoxine paralysante.** La toxine est concentrée quand les mollusques, tels que les moules ou les myes, consomment de grandes quantités de dinoflagellés. La paralysie touche les humains qui s'intoxiquent en mangeant ces mollusques. Des concentrations élevées d'*Alexandrium* donnent à la mer une couleur rouge foncé ; c'est de là que vient l'expression **marée rouge** (figure 27.13). On ne doit pas récolter les mollusques pour les consommer en cas de marée rouge. Quand le dinoflagellé *Gambierdiscus toxicus* remonte la chaîne alimentaire et devient concentré dans les gros poissons, on observe une maladie appelée ciguatera. Cette maladie est endémique (constamment présente) dans le Pacifique Sud et les Antilles.

## Le rôle des algues dans la nature

Les algues sont un élément important de toute chaîne alimentaire aquatique parce qu'elles fixent le dioxyde de carbone et en font des molécules organiques que peuvent consommer les chimiohétérotrophes. Grâce à l'énergie produite au cours de la photophosphorylation, les algues convertissent le dioxyde de carbone de l'atmosphère en glucides. La molécule de dioxygène ($O_2$) est un sous-produit de leur photosynthèse. Toute masse d'eau contient, près de la surface, une population d'algues planctoniques qui peut s'étendre jusqu'à quelques mètres de profondeur. Puisque 75 % de la Terre est recouverte d'eau, on estime que 80 % du dioxygène de la planète sont produits par les algues planctoniques.

Les changements saisonniers auxquels sont soumis les éléments nutritifs, la lumière et la température causent des fluctuations dans les populations d'algues ; les augmentations périodiques du nombre d'algues planctoniques s'appellent **fleurs d'eau.** Les épisodes de prolifération des dinoflagellés sont à l'origine des marées rouges saisonnières. La prolifération de quelques espèces particulières indique que l'eau dans laquelle elles poussent est polluée parce que ces algues s'épanouissent là où il y a des concentrations élevées de matière organique, comme c'est le cas dans les eaux d'égout et les effluents industriels. Quand les algues meurent, la décomposition de la masse de cellules associée à la fleur d'eau fait chuter le taux d'oxygène dissous dans l'eau. (Nous reviendrons sur ce phénomène au chapitre 27.)

Une grande partie du pétrole de la planète provient des diatomées et des autres microorganismes planctoniques qui ont vécu il y a plusieurs millions d'années. Quand ces organismes sont morts et ont été ensevelis sous les sédiments, les molécules organiques qu'ils contenaient ne se sont pas décomposées pour reprendre leur place dans le cycle du carbone sous forme de $CO_2$. La chaleur et la pression résultant des mouvements géologiques de la Terre ont modifié les huiles emmagasinées dans les cellules et leurs membranes. L'oxygène et les autres éléments ont été éliminés, laissant un résidu composé d'hydrocarbures qui se sont constitués en dépôts de pétrole et de gaz naturel.

Beaucoup d'algues unicellulaires sont des symbiotes d'animaux. La palourde géante *Tridacna* possède des organes spéciaux qui abritent des dinoflagellés. Lorsque la palourde se trouve en eau peu profonde, les algues qui sont exposées au soleil prolifèrent dans ces organes. Elles libèrent du glycérol dans la circulation sanguine du mollusque et satisfont ainsi ses besoins en glucides. De plus, la recherche indique que la palourde phagocyte les algues vieillissantes et obtient ainsi des protéines essentielles.

# Les protozoaires

Les protozoaires sont des eucaryotes unicellulaires et chimiohétérotrophes. Nous allons voir qu'il existe de nombreuses variantes de cette structure cellulaire chez les protozoaires. On trouve ces microorganismes dans l'eau et dans le sol. Durant le stade où ils s'alimentent et croissent, ils portent le nom de **trophozoïtes,** par opposition à leur stade enkysté. Ils se nourrissent de bactéries et de particules de matière. Certains protozoaires font partie de la flore microbienne normale des animaux. Il y a près de 20 000 espèces de protozoaires ; de ce nombre, il y en a relativement peu qui causent des maladies, et ils sévissent pour la plupart dans les pays tropicaux.

## Les caractéristiques des protozoaires

### Objectif d'apprentissage

- *Énumérer les traits caractéristiques des protozoaires.*

Le mot *protozoaire* signifie « premier animal », ce qui rend compte de manière générale de son mode d'alimentation semblable à celui des animaux. En plus de se procurer de la nourriture, le protozoaire doit se reproduire et les espèces parasites doivent être capables de passer d'un hôte à l'autre.

### Le cycle vital

Les protozoaires se reproduisent de façon asexuée par scissiparité, bourgeonnement ou schizogonie. La **schizogonie** est une forme de division multiple ; le noyau se divise à plusieurs reprises avant que la division cellulaire ait lieu. Après la formation des nombreux noyaux, une petite partie du cytoplasme se concentre autour de chacun d'eux et la cellule unique se sépare en cellules filles.

La reproduction sexuée a été observée chez certains protozoaires. Les ciliés, tels que *Paramecium,* se reproduisent sexuellement par **conjugaison** (figure 12.15), processus très différent de celui des bactéries (figure 8.26). Durant la conjugaison des protozoaires, deux cellules compatibles s'accolent, fusionnent et s'échangent un noyau haploïde (le micronoyau). Ce micronoyau haploïde fusionne avec celui de la cellule receveuse. Les cellules parentales se séparent, formant chacune une cellule fécondée. Par la suite, quand elles se divisent, elles produisent des cellules filles avec de l'ADN recombiné. Certains protozoaires produisent des **gamètes** (appelés **gamétocytes** chez les protozoaires), qui sont des cellules sexuelles haploïdes. Durant la reproduction, deux gamètes fusionnent pour former un zygote diploïde.

**Enkystement.** Quand les conditions du milieu sont trop difficiles, certains protozoaires produisent une enveloppe protectrice appelée **kyste.** Cette adaptation leur permet de survivre, sous une forme dormante, quand il y a pénurie de nourriture, d'humidité ou de molécules de dioxygène, que les températures sont défavorables ou que des molécules toxiques sont présentes. Le kyste permet aussi aux espèces parasites de vivre à l'extérieur de l'hôte. Cela est important parce que les protozoaires parasites doivent parfois être excrétés pour se propager à un nouvel hôte. Certains kystes sont dits reproductifs ; ainsi, le kyste des organismes de l'embranchement des *Apicomplexa,* appelé **ookyste,** est une structure reproductrice dans laquelle de nouvelles cellules sont produites de façon asexuée – par division cellulaire.

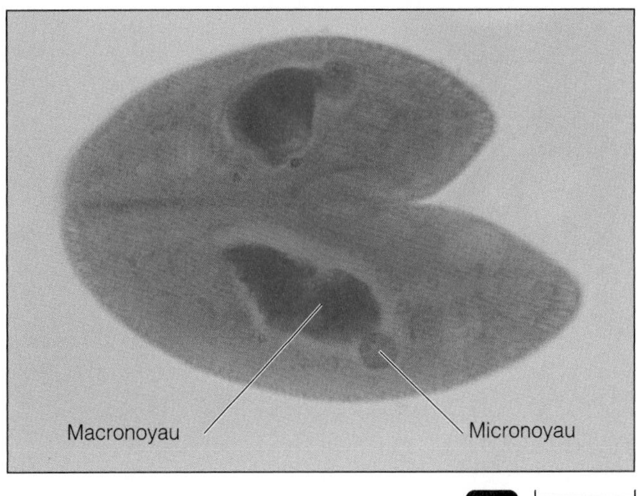


**FIGURE 12.15 Conjugaison de *Paramecium,* un protozoaire cilié.** La reproduction sexuée chez les ciliés s'effectue par conjugaison. Chaque cellule possède deux noyaux : un micronoyau et un macronoyau. Le micronoyau est haploïde et spécialisé pour la conjugaison. Chaque cellule donnera un micronoyau à l'autre au cours de l'appariement. Par la suite, chaque cellule engendrera deux cellules filles dotées d'ADN recombiné.

■ Certains protozoaires se reproduisent aussi bien de façon sexuée que de façon asexuée.

### La nutrition

En règle générale, les protozoaires sont des aérobies hétérotrophes, mais beaucoup de protozoaires intestinaux sont capables de croissance anaérobie. Deux groupes pourvus de chlorophylle, les dinoflagellés et les euglénoïdes, sont souvent assimilés aux algues.

Tous les protozoaires vivent dans des milieux où l'eau est abondante. Certains absorbent leur nourriture par transport à travers la membrane plasmique. Par contre, certains possèdent une enveloppe protectrice, ou *pellicule,* et doivent par conséquent avoir recours à des structures spécialisées pour s'alimenter. Les ciliés se nourrissent en agitant leurs cils en direction d'une sorte de bouche appelée **cytostome.** Les amibes englobent leur nourriture au moyen de pseudopodes et l'absorbent par phagocytose. Chez tous les protozoaires, la digestion s'effectue dans des **vacuoles** limitées par une membrane et les déchets sont éliminés à travers la membrane plasmique ou par une structure spécialisée, le **cytoprocte** ou **pore anal.**

## Les embranchements de protozoaires importants en médecine

### Objectifs d'apprentissage

- *Décrire les traits saillants des sept embranchements de protozoaires importants en médecine et donner un exemple de chacun d'eux.*
- *Distinguer entre l'hôte intermédiaire et l'hôte définitif.*

Nous examinons dans le présent chapitre la biologie des protozoaires. Nous nous pencherons sur les maladies qu'ils causent dans la quatrième partie du manuel.

Les protozoaires forment un groupe nombreux et diversifié. À l'heure actuelle, comme dans le cas des algues, la classification des espèces de protozoaires en embranchements repose sur l'analyse de leurs séquences d'ARNr. Les chercheurs ont commencé à regrouper les protistes selon leurs antécédents évolutifs, c'est-à-dire que tous les membres d'un groupe descendent d'un ancêtre unique. Les groupes que nous présentons ici constituent en ce moment des embranchements du règne des Protistes. L'obtention de nouveaux renseignements amènera peut-être à considérer certains de ces groupes comme des règnes du domaine des *Eucarya.*

### Les *Archæzoa*

Les ***Archæzoa*** sont des protozoaires eucaryotes dépourvus de mitochondries. L'absence de ces organites laisse supposer que les *Archæzoa* sont apparus avant l'événement d'endosymbiose qui a donné naissance aux mitochondries ou qu'ils ont perdu la capacité de produire ces dernières. Beaucoup d'*Archæzoa* sont des symbiotes qui vivent dans le tube digestif d'animaux. Ils sont généralement fusiformes et projettent des flagelles vers l'avant (figure 12.16a). La plupart possèdent deux flagelles ou plus, qui s'agitent comme des fouets et tirent la cellule en avant dans le milieu.

*Trichomonas vaginalis* est un exemple d'*Archæzoa* parasite de l'humain (figure 12.16b). Comme certains autres flagellés, *T. vaginalis* possède une **membrane ondulante,** c'est-à-dire une membrane bordée d'un flagelle. *T. vaginalis*

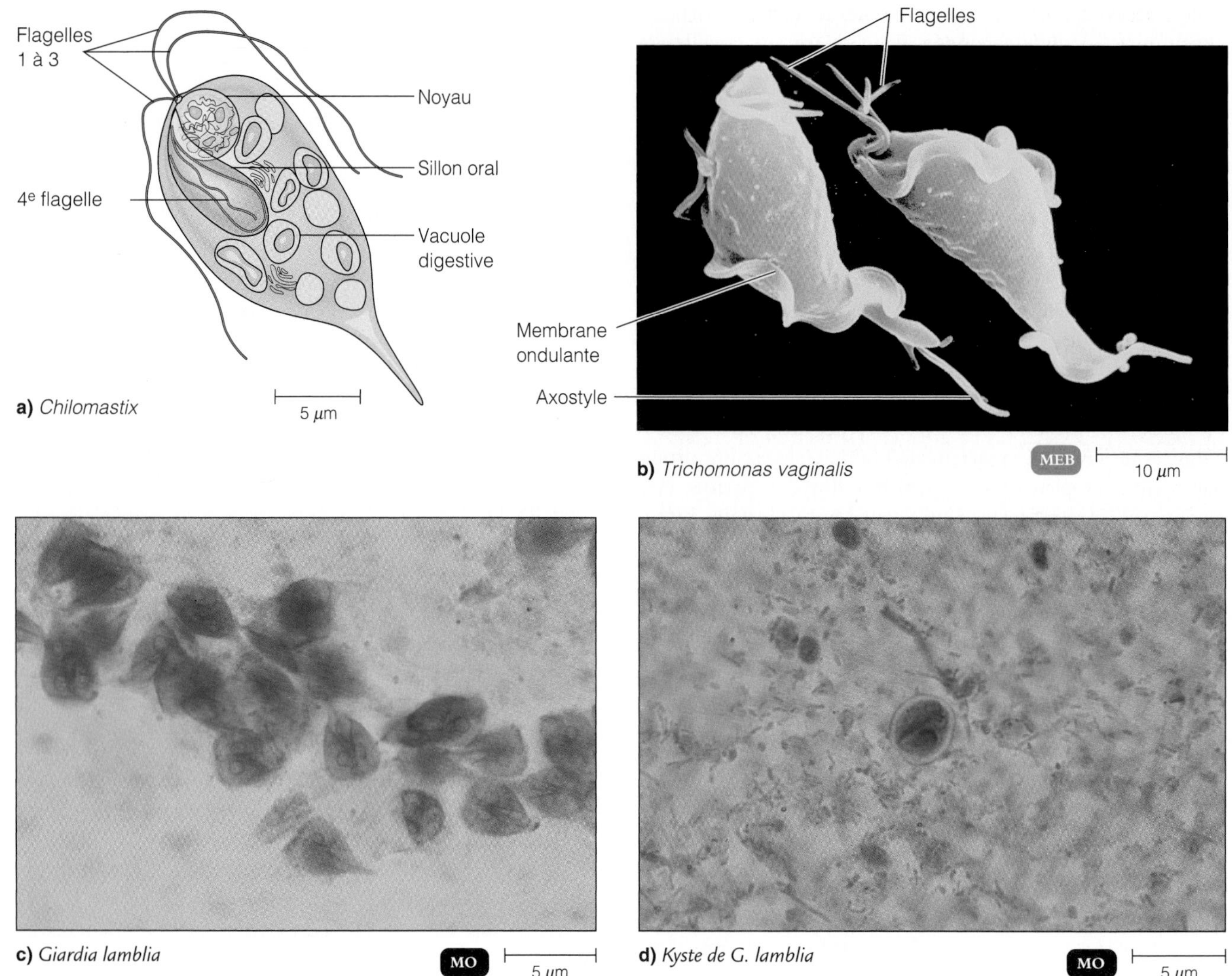


FIGURE 12.16 ***Archæzoa.*** **a)** *Chilomastix.* Ce flagellé, qu'on trouve dans l'intestin humain, est peut-être légèrement pathogène. Les kystes survivent pendant des mois à l'extérieur de l'hôte humain. Le quatrième flagelle sert à faire entrer la nourriture dans le sillon oral, où se forment les vacuoles digestives. **b)** *Trichomonas vaginalis.* Ce flagellé cause des infections des voies urinaires et génitales. Notez la petite membrane ondulante. Ce protozoaire ne forme pas de kystes. **c)** *Giardia lamblia.* Le trophozoïte de ce parasite intestinal possède huit flagelles et deux gros noyaux, qui lui donnent un aspect unique. **d)** Le kyste de *G. lamblia* protège ce protozoaire des assauts de l'environnement jusqu'à ce qu'il soit ingéré par un nouvel hôte.

■ Comment les *Archæzoa* obtiennent-ils leur énergie sans mitochondries ?

ne passe pas par le stade de kyste et doit être transféré rapidement quand il change d'hôte pour éviter de se dessécher. On trouve ce protozoaire dans le vagin, chez la femme, et dans les voies urinaires, chez l'homme. Il est habituellement transmis par contact sexuel mais peut l'être aussi par les sièges ou les serviettes des toilettes.

*Giardia lamblia* est un autre *Archæzoa* parasite (les figures 12.16c et 25.17 montrent le trophozoïte végétatif et la figure 12.16d, le stade de kyste). On trouve ce parasite dans l'intestin grêle des humains et d'autres mammifères. Il est excrété dans les matières fécales sous forme de kyste et persiste dans l'environnement avant d'être ingéré par l'hôte suivant, par exemple lorsque ce dernier boit l'eau d'une source ou d'un ruisseau. On établit souvent le diagnostic de giardiase, la maladie dont *G. lamblia* est la cause, par la présence de kystes dans les selles. Au Canada, de nombreux lacs et cours d'eau sont contaminés par ce protozoaire, en particulier les eaux où vivent des animaux tels que les castors et les rats musqués ; c'est pourquoi cette maladie est aussi appelée *fièvre du castor.*

(Dans la nouvelle classification, les *Archæzoa* constitueraient un règne à part entière, qui inclurait les organismes faisant partie de l'actuel embranchement des *Microsporidia* dans le règne des Protistes).

## Les *Microsporidia*

Les ***Microsporidia,*** tout comme les *Archæzoa,* sont des protozoaires eucaryotes singuliers, parce qu'ils sont dépourvus de mitochondries. Les *Microsporidia*, ou microsporidies, sont des parasites intracellulaires obligatoires. Depuis 1984, on attribue à ces protozoaires – notamment à des membres du genre *Nosema* – un certain nombre de maladies humaines, dont la diarrhée chronique et la kératoconjonctivite (une inflammation de la conjonctive aux abords de la cornée), plus particulièrement chez les patients atteints du SIDA.

## Les *Rhizopoda*

Les ***Rhizopoda,*** ou **rhizopodes,** se déplacent au moyen de prolongements globuleux du cytoplasme appelés **pseudopodes**; ces organismes sont aussi appelés **amibes** (figure 12.17a). L'amibe peut émettre plusieurs pseudopodes du même côté, puis s'y glisser tout entière, pour avancer ainsi vers son but.

*Entamœba histolytica,* le germe causal de la dysenterie amibienne, est la seule amibe pathogène qu'on trouve dans l'intestin humain (figure 12.17b). *E. histolytica* se nourrit principalement d'érythrocytes et se transmet d'humain à humain par l'ingestion de kystes excrétés dans les selles des personnes infectées; cet amibe entraîne la formation d'ulcères intestinaux (figure 25.19). *Acantamœba,* qui pousse dans l'eau, y compris l'eau du robinet, peut infecter la cornée et causer la cécité (figure 21.19).

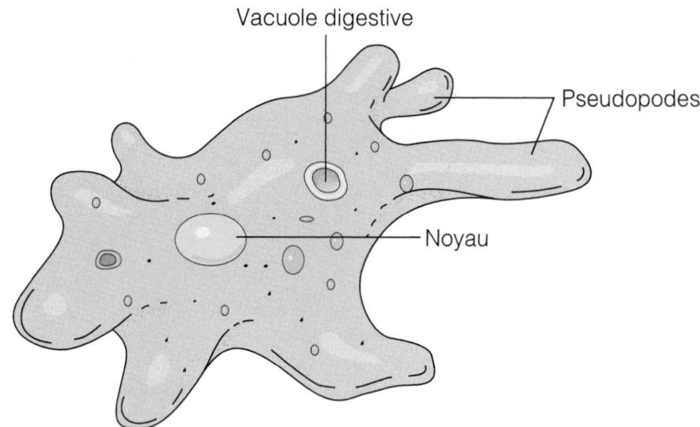


**a)** *Amœba proteus*

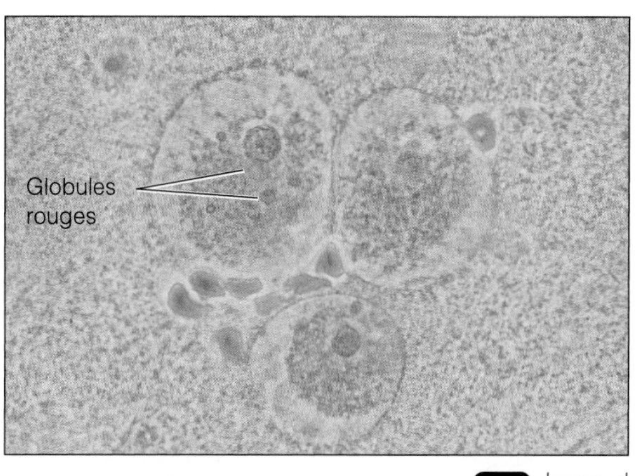


**b)** *Entamœba histolytica*

FIGURE 12.17 ***Rhizopoda.*** **a)** Pour se déplacer et englober leur nourriture, les amibes (ici *Amœba proteus*) projettent en avant des structures cytoplasmiques appelées pseudopodes. Les vacuoles digestives se forment quand les pseudopodes enveloppent la nourriture et la font pénétrer dans la cellule. **b)** *Entamœba histolytica*. La présence de globules rouges ingérés est signe d'une infection par *Entamœba.*

■ Quelle est la différence entre la dysenterie amibienne et la dysenterie bacillaire?

## Les *Apicomplexa*

Les ***Apicomplexa,*** ou **apicomplexes,** ne sont pas mobiles dans leur forme adulte et sont des parasites intracellulaires obligatoires. Ils se caractérisent par la présence d'un complexe d'organites spécialisés à l'apex (extrémité) de la cellule (d'où le nom de cet embranchement). Les organites de ce complexe apical contiennent des enzymes qui pénètrent les tissus de l'hôte.

Les apicomplexes ont un cycle vital compliqué au cours duquel les protozoaires passent par plusieurs hôtes. *Plasmodium,* le germe causal du paludisme, est un exemple de ce type de microorganisme (chapitre 23). La complexité de son cycle vital fait obstacle à l'élaboration d'un vaccin contre le paludisme (voir l'encadré du chapitre 18, p. 555).

Prenons l'exemple de *Plasmodium,* dont le cycle de reproduction présente une phase asexuée en alternance avec une phase sexuée dans deux hôtes différents. Ce microorganisme se multiplie par reproduction sexuée dans un moustique piqueur, l'anophèle (figure 12.18). ❶ Quand un anophèle porteur de *Plasmodium* au stade infectieux, celui des **sporozoïtes,** pique un humain, les microorganismes peuvent être injectés dans la circulation sanguine. Les sporozoïtes sont alors transportés par le sang jusqu'au foie. ❷ Dans les cellules du foie, ils se multiplient par schizogonie, processus de reproduction asexuée produisant des milliers de descendants appelés **mérozoïtes.** ❸ Les mérozoïtes entrent dans la circulation sanguine et infectent des érythrocytes. ❹ Le jeune parasite ressemble à un anneau dans lequel le noyau et le cytoplasme sont visibles. Cette phase s'appelle **stade de l'anneau.** ❺ L'anneau grossit et se divise à plusieurs reprises, donnant d'autres mérozoïtes. ❻ Les érythrocytes finissent par éclater et libèrent les mérozoïtes (figure 23.20). Les déchets de ces derniers sont déversés en même temps qu'eux dans la circulation et causent de la fièvre et des frissons. La plupart des mérozoïtes infectent de nouveaux érythrocytes et le cycle de reproduction asexuée se perpétue. Toutefois,

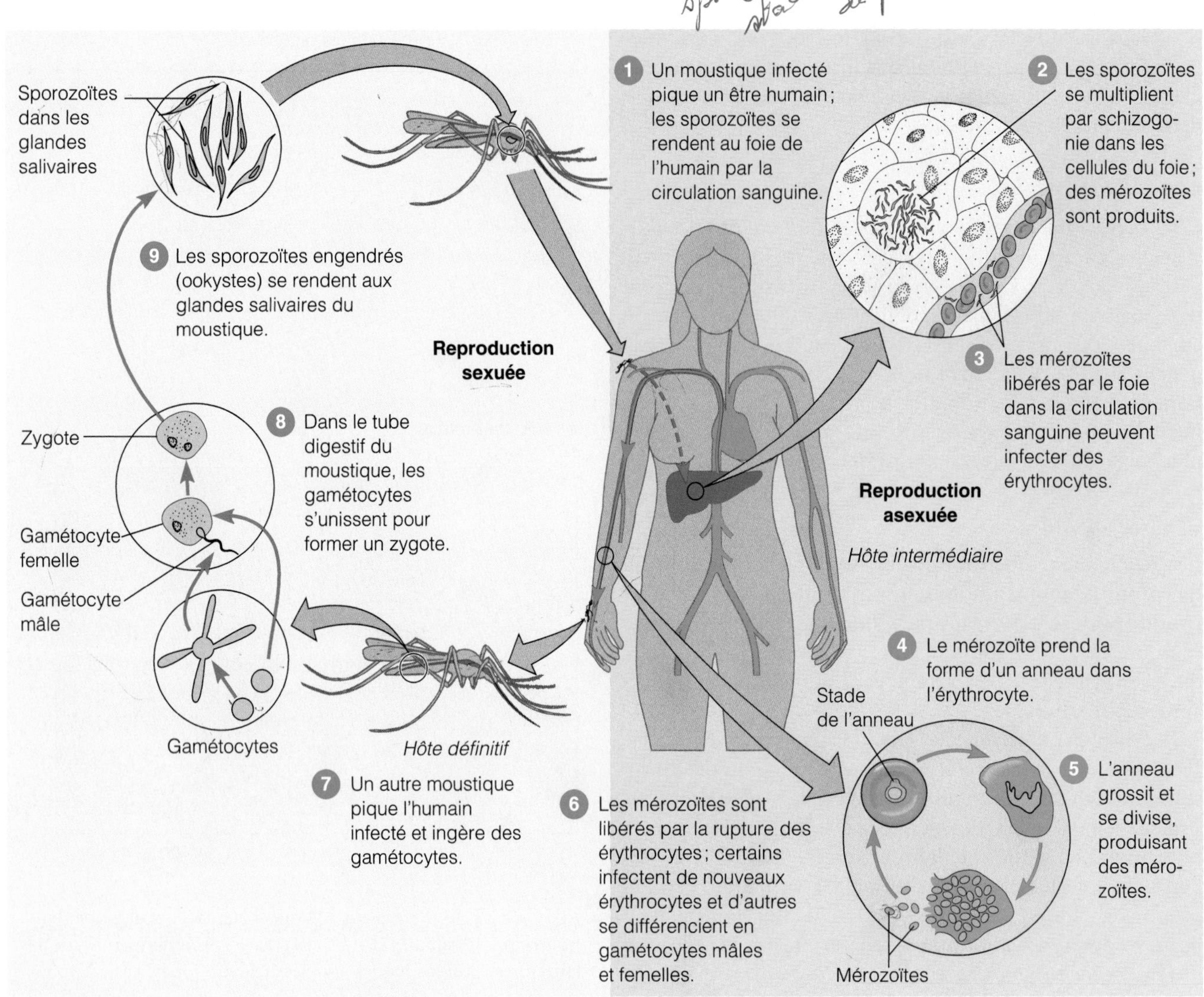


**FIGURE 12.18 Cycle vital de *Plasmodium vivax*, qui cause le paludisme.**
La reproduction asexuée du parasite a lieu dans le foie et les érythrocytes de l'hôte humain. La reproduction sexuée s'effectue dans l'intestin d'un moustique, l'anophèle, après l'ingestion de sang contenant des gamétocytes par l'insecte.

■ Quel est l'hôte définitif de *Plasmodium* ?

certains d'entre eux se différencient et deviennent des cellules sexuelles mâles et femelles (gamétocytes). Bien que les gamétocytes eux-mêmes ne fassent pas d'autres dégâts dans l'organisme humain, ❼ ils peuvent être absorbés par un autre anophèle qui vient piquer la personne infectée ; ils peuvent alors entrer dans l'intestin du moustique et amorcer leur cycle sexué. ❽ Les gamétocytes mâle et femelle s'unissent pour devenir un zygote. Le zygote forme un ookyste, dans lequel la division cellulaire a lieu, et donne naissance à des sporozoïtes asexués. ❾ La rupture de l'ookyste libère les sporozoïtes, qui se rendent dans les glandes salivaires du moustique. Les sporozoïtes peuvent alors être injectés dans un nouvel hôte humain par la piqûre de l'insecte. Le moustique est l'**hôte définitif** parce que *Plasmodium* y accomplit son stade de reproduction sexuée. Dans l'**hôte intermédiaire,** le parasite se multiplie par reproduction asexuée (l'humain, dans le cas présent).

En laboratoire, on établit le diagnostic du paludisme en faisant un frottis de sang épais qu'on examine au microscope pour vérifier la présence de *Plasmodium*. On observe un phénomène curieux propre au paludisme : l'intervalle entre les périodes de fièvre causées par la libération des mérozoïtes est toujours le même pour une espèce de *Plasmodium* donnée et est toujours un multiple de 24 heures. La raison de cette précision et le mécanisme par lequel elle se réalise a attiré l'attention des scientifiques. En effet, pourquoi un parasite a-t-il besoin d'une horloge biologique ? Frank Hawking et ses collaborateurs ont montré que le développement de

*Plasmodium* est régulé par la température du corps de l'hôte, qui fluctue normalement sur une période de 24 heures. Ce synchronisme rigoureux du parasite assure que les gamétocytes arrivent à maturité la nuit, quand les anophèles se nourrissent, ce qui facilite la transmission du parasite à un nouvel hôte.

*Babesia microti,* un autre apicomplexe, parasite les érythrocytes. Il cause de la fièvre et de l'anémie chez les individus dont le système immunitaire est affaibli. Aux États-Unis, il est transmis par la tique *Ixodes scapularis.*

*Toxoplasma gondii* est un parasite intracellulaire des humains qui fait aussi partie des Apicomplexes. Le cycle vital de ce parasite fait intervenir le chat domestique. Les trophozoïtes, appelés **tachyzoïtes,** se reproduisent sexuellement et asexuellement dans les chats infectés, et les oocystes, qui contiennent chacun huit sporozoïtes, sont excrétés dans les selles. Si les oocystes sont ingérés par les humains ou d'autres animaux, les sporozoïtes se transforment en trophozoïtes qui peuvent se reproduire dans les tissus du nouvel hôte (figure 23.18). *T. gondii* est dangereux chez les femmes enceintes, car il peut entraîner des infections congénitales chez l'enfant. Le diagnostic d'infection par ce microorganisme est établi en examinant les tissus et en révélant la présence de *T. gondii.* Les anticorps sont détectés au moyen d'un dosage par la méthode ELISA et par immunofluorescence indirecte (figure 18.12).

*Cryptosporidium* est un parasite de l'humain reconnu depuis peu. Chez les patients atteints du SIDA ou autrement immunodéprimés, *Cryptosporidium* peut occasionner des infections des voies respiratoires et de la vésicule biliaire. Il peut être une importante cause de décès. Le microorganisme, qui vit à l'intérieur des cellules tapissant l'intestin grêle, peut être transmis aux humains par l'intermédiaire des matières fécales du bétail, des rongeurs, des chiens et des chats. On a aussi observé certaines infections transmises par l'eau et d'autres d'origine nosocomiale. Dans la cellule hôte, chaque *Cryptosporidium* forme quatre oocystes (figure 25.18), contenant chacun quatre sporozoïtes. Quand l'oocyste éclate, les sporozoïtes peuvent soit infecter de nouvelles cellules de l'hôte, soit être évacués dans les selles. On diagnostique la maladie par coloration acido-alcoolo-résistante ou par immunofluorescence.

Durant les années 1980, on a observé des épidémies de diarrhée transmise par l'eau sur tous les continents sauf l'Antarctique. On les a attribuées à tort à une cyanobactérie parce qu'elles se produisaient pendant les mois d'été et que l'agent pathogène ressemblait à une cellule procaryote. En 1993, on a découvert que l'organisme était un apicomplexe semblable à *Cryptosporidium.* En 1996, le nouveau parasite, appelé *Cyclospora cayetanensis,* a été responsable, aux États-Unis et au Canada, de 850 cas de diarrhée associée aux framboises.

## Les *Ciliophora*

Les ***Ciliophora,*** ou **ciliés,** possèdent des cils qui sont apparentés aux flagelles, mais sont plus courts. Les cils sont disposés en rangées précises sur la cellule (figure 12.19). Ils battent à l'unisson pour faire avancer la cellule dans son milieu et diriger les particules de nourriture vers le cytostome. Les ciliés possèdent deux noyaux de dimensions et de fonctions différentes. Le macronoyau contient les gènes nécessaires à la synthèse des protéines, à la régulation du métabolisme et à d'autres fonctions cellulaires communes. Le micronoyau intervient lors de la reproduction sexuée au cours du processus de conjugaison qui est particulier aux ciliés : deux cellules compatibles s'accolent, fusionnent et échangent leur micronoyau haploïde. Les cellules parentales conjuguées se séparent, formant chacune une cellule fécondée dans laquelle les deux micronoyaux gamétiques fusionnent et constituent

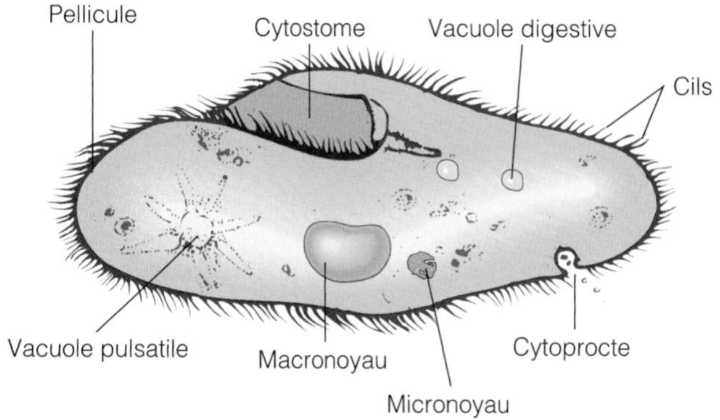


a) *Paramecium*

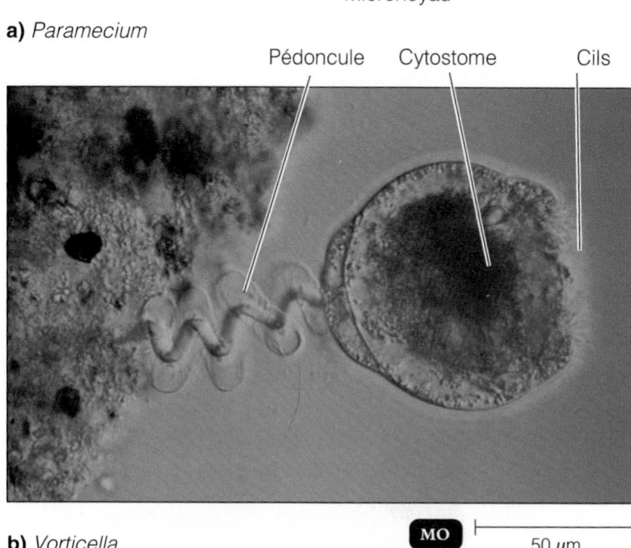


b) *Vorticella*

**FIGURE 12.19 Ciliés. a)** La paramécie est couverte de rangées de cils. Elle possède des structures spécialisées pour l'ingestion de la nourriture (cytostome), l'élimination des déchets (cytoprocte) et la régulation de la pression osmotique (vacuoles pulsatiles). Le macronoyau se consacre à la synthèse des protéines et à d'autres fonctions cellulaires communes. Le micronoyau intervient lors de la reproduction sexuée. **b)** *Vorticella* se fixe aux objets dans l'eau par la base de son pédoncule. Cette structure en forme de ressort à boudin peut s'étirer pour permettre au protozoaire de se déplacer vers sa nourriture. Le cytostome de *Vorticella* est entouré de cils.

■ Quel cilié peut causer une maladie chez les humains ?

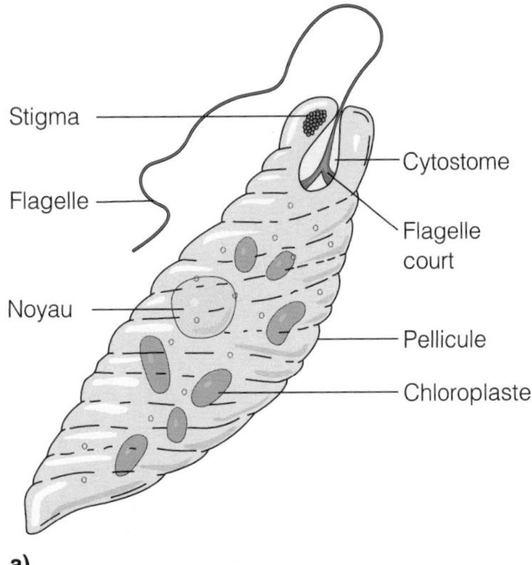


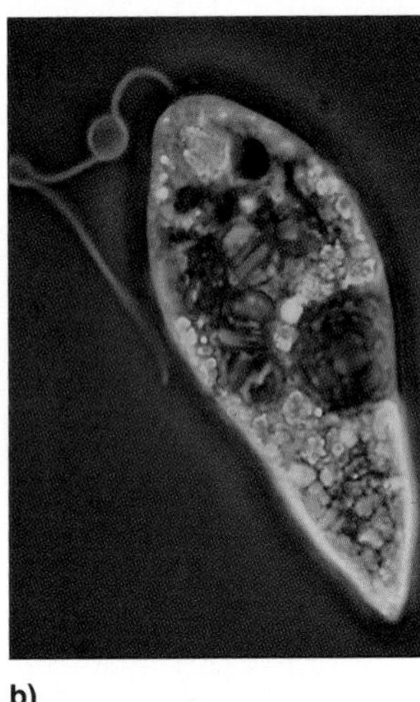
b)

FIGURE 12.20 ***Euglena.*** Les euglénoïdes sont photoautotrophes. Les anneaux semi-rigides qui soutiennent la pellicule permettent à cette euglène de changer de forme.

■ Pourquoi *Euglena* fait-elle partie du même groupe que les hémoflagellés ?

un zygote (diploïde). Par la suite, quand elles se divisent, elles produisent des cellules filles avec de l'ADN recombiné.

Le seul cilié parasite des humains est *Balantidium coli,* le germe responsable d'un type de dysenterie grave, bien que rare. Quand ils sont ingérés par l'hôte, les kystes pénètrent dans le gros intestin. Là, les trophozoïtes sont libérés et se multiplient en se nourrissant de bactéries et de matières fécales. Les kystes qu'ils produisent sont excrétés dans les selles.

Dans la nouvelle classification, les ciliés, les apicomplexes et les dinoflagellés pourraient être regroupés dans leur propre règne, appelé ***Alveolata,*** parce qu'ils possèdent sous la surface cellulaire des cavités (alvéoles) limitées par des membranes et qu'ils ont en commun des séquences d'ARNr. Le tableau 12.5 tient compte de ce regroupement.

### Les *Euglenozoa*

Les ***Euglenozoa,*** qui pourraient former un règne dans la nouvelle classification, comprennent deux groupes de cellules flagellées qui ont en commun des séquences d'ARNr, des mitochondries en forme de disques et le fait qu'ils sont incapables de reproduction sexuée. Ce sont les euglénoïdes et les hémoflagellés.

Les **euglénoïdes** sont photoautotrophes (figure 12.20). Ils possèdent une membrane plasmique semi-rigide appelée pellicule et se déplacent grâce à un flagelle qu'ils portent à l'extrémité antérieure. La plupart des euglénoïdes ont aussi un *stigma* rouge à ce bout de la cellule. Cet organite, qui contient un caroténoïde, est sensible à la lumière et oriente la cellule dans la bonne direction au moyen d'un *flagelle court.* Certains euglénoïdes sont des chimiohétérotrophes facultatifs. Dans l'obscurité, ils ingèrent de la matière organique par un cytostome. Les euglénoïdes sont souvent regroupés avec les algues parce qu'ils sont capables de photosynthèse.

Les **hémoflagellés** (parasites du sang) sont transmis par les insectes qui se nourrissent de sang. On les trouve dans le système circulatoire des hôtes qui ont été piqués. Pour survivre dans ce liquide visqueux, les hémoflagellés sont dotés d'un corps long et mince, et d'une membrane ondulante (bordée d'un flagelle).

Le genre *Trypanosoma* comprend l'espèce à l'origine de la maladie du sommeil, *T. brucei gambiense,* qui est transmise par la mouche tsé-tsé. *T. cruzi* (figure 23.17), le germe responsable de la maladie de Chagas, est transmis par des insectes apparentés aux punaises – les réduves, particulièrement les triatomes – qui piquent la peau, quelquefois le visage au niveau de la conjonctive (figure 12.31d). Après s'être introduit dans l'insecte lorsque ce dernier absorbe le sang contaminé d'un être humain, le trypanosome se multiplie rapidement par scissiparité. S'il arrive à l'insecte de déféquer pendant qu'il pique à nouveau un humain, les trypanosomes libérés peuvent contaminer la piqûre.

Le tableau 12.5 énumère quelques protozoaires parasites typiques et les maladies qu'ils causent.

## Les protistes fongiformes

### Objectif d'apprentissage

■ *Comparer les protistes fongiformes cellulaires et les protistes fongiformes plasmodiaux.*

Les **protistes fongiformes** ont des caractéristiques qui les rapprochent à la fois des mycètes et des amibes ; ils sont probablement plus apparentés aux amibes. Il y a deux embranchements de protistes fongiformes : l'un est cellulaire et l'autre, plasmodial. Les *protistes fongiformes cellulaires* constituent l'embranchement des Acrasiomycètes. Ce sont des cellules eucaryotes typiques qui ressemblent aux amibes. Durant le cycle vital de ces organismes, illustré à la figure 12.21, ❶ les cellules amiboïdes vivent et se multiplient en ingérant des mycètes microscopiques et des bactéries par phagocytose.

**Tableau 12.5** *Quelques protozoaires parasites représentatifs*

| Division | Organismes pathogènes | Traits caractéristiques | Maladie | Source des infections humaines | Figure et tableau |
|---|---|---|---|---|---|
| *Archæzoa* | *Giardia lamblia* | Pas de mitochondries Stade d'enkystement | Giardiase | Contamination de l'eau potable par les matières fécales | Figure 25.17 |
| | *Trichomonas vaginalis* | Pas de mitochondries ; pas de stade d'enkystement | Urétrite, vaginite | Contact d'un écoulement vaginal ou urétral | Figure 26.15 |
| *Microsporidia* | *Nosema* | Parasites obligatoires intracellulaires | Diarrhée, kératoconjonctivite, conjonctivite | Autres animaux | – |
| *Rhizopoda* | *Acanthamœba* | Pseudopodes | Kératite | Eau | Figure 21.19 |
| | *Entamœba histolytica* | Pseudopodes ; stade d'enkystement | Dysenterie amibienne | Contamination de l'eau potable par les matières fécales | Figure 25.19 |
| *Alveolata* (classification proposée) | | | | | |
| *Apicomplexa* | *Babesia microti* | Parasite obligatoire intracellulaire | Babésiose | Animaux domestiques, tiques | – |
| | *Cryptosporidium* | Parasites obligatoires intracellulaires ; cycles vitaux pouvant nécessiter plus d'un hôte | Diarrhée | Humains, autres animaux, eau | Figure 25.18 |
| | *Cyclospora* | Parasites obligatoires intracellulaires | Diarrhée | Eau | Tableau 25.2 |
| | *Isospora* | Parasite obligatoire intracellulaire | Diarrhée | Animaux domestiques | Tableau 19.5 |
| | *Plasmodium* | Parasites obligatoires intracellulaires ; cycles vitaux pouvant nécessiter plus d'un hôte | Paludisme | Piqûre d'insecte piqueur (anophèle) | Figure 12.18 Figure 23.20 |
| | *Toxoplasma gondii* | Parasites obligatoires intracellulaires ; cycles vitaux pouvant nécessiter plus d'un hôte | Toxoplasmose | Chats, autres animaux ; voie congénitale | Figure 23.18 |
| Dinoflagellés | *Alexandrium*, *Gambierdiscus toxicus* | Photosynthèse | Intoxication par phycotoxine paralysante ; ciguatera | Ingestion de dinoflagellés dans les mollusques ou poissons | Figure 27.13 Figure 12.14 |
| *Ciliophora* | *Balantidium coli* | Seul cilié parasite de l'humain ; enkystement | Dysenterie balantidienne | Contamination de l'eau potable par les matières fécales | – |
| *Euglenozoa* | *Leishmania* | Forme flagellée dans les moustiques ; forme ovoïde dans l'hôte vertébré | Leishmaniose | Piqûre d'insecte piqueur (phlébotome) | Figure 23.21 |
| | *Nægleria fowleri* | Formes flagellée et amiboïde | Méningo-encéphalite | Eau où les individus se baignent | Figure 22.14 |
| | *Trypanosoma cruzi* | Membrane ondulante | Maladie de Chagas | Piqûre du réduve (triatome) | Figure 23.17 |
| | *T. brucei gambiense* *T. b. rhodesiense* | | Trypanosomiase africaine | Piqûre de la mouche tsé-tsé | – |

Les protistes fongiformes cellulaires intéressent les biologistes qui se penchent sur la migration et l'agrégation cellulaire parce que, lorsque les conditions sont défavorables, ❷ – ❸ les cellules amiboïdes se rassemblent en grand nombre pour former une structure unique. Cette agrégation a lieu parce que certaines amibes individuelles produisent de l'AMP cyclique (AMPc), molécule qui attire les autres amibes. ❹ La colonie de cellules amiboïdes est enfermée dans une

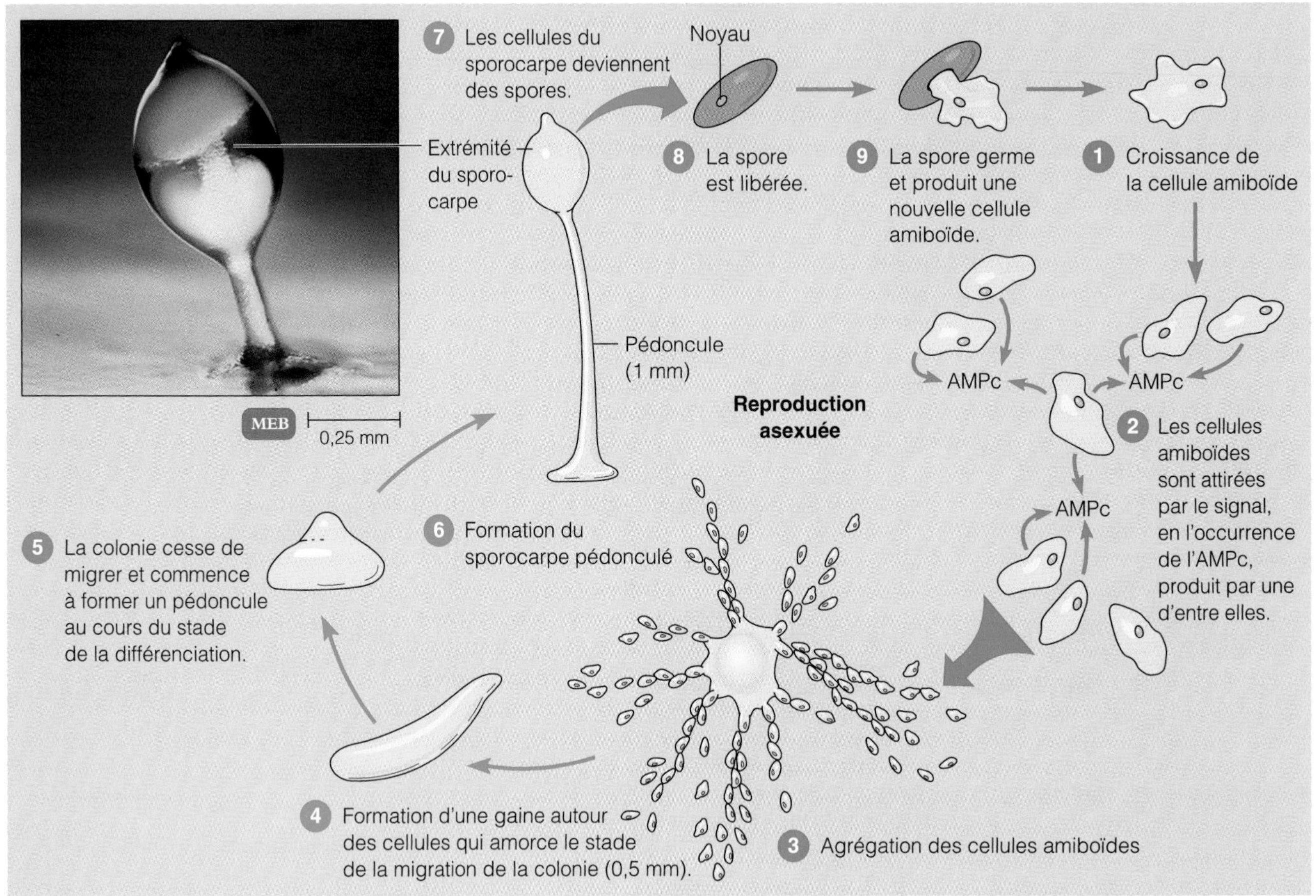

7 Les cellules du sporocarpe deviennent des spores.
Noyau
8 La spore est libérée.
9 La spore germe et produit une nouvelle cellule amiboïde.
1 Croissance de la cellule amiboïde
Extrémité du sporocarpe
Pédoncule (1 mm)
MEB
0,25 mm
Reproduction asexuée
AMPc
AMPc
AMPc
2 Les cellules amiboïdes sont attirées par le signal, en l'occurrence de l'AMPc, produit par une d'entre elles.
5 La colonie cesse de migrer et commence à former un pédoncule au cours du stade de la différenciation.
6 Formation du sporocarpe pédonculé
4 Formation d'une gaine autour des cellules qui amorce le stade de la migration de la colonie (0,5 mm).
3 Agrégation des cellules amiboïdes

FIGURE 12.21 **Cycle vital d'un protiste fongiforme cellulaire type.** La micrographie représente un sporocarpe de *Dictyostelium*.

■ Les protistes fongiformes ont des traits qui les rapprochent des mycètes et des protozoaires (amibes).

gaine visqueuse qui la fait ressembler à une *limace*. La colonie migre en bloc vers la lumière. ❺ Au bout d'un certain nombre d'heures, la limace cesse de migrer et commence à former des structures différenciées, des *sporocarpes*, qui vont assurer la reproduction asexuée. ❻ Certaines cellules amiboïdes se constituent en pédoncule. D'autres gravissent le pédoncule, se rassemblent à l'extrémité et ❼ la plupart d'entre elles se différencient en spores, une forme dormante et résistante du protiste fongiforme. ❽ Quand les spores sont libérées et que les conditions sont favorables, ❾ elles germent et chacune donne naissance à une cellule amiboïde.

En 1973, un résident de Dallas découvre sur sa pelouse une masse rouge animée de pulsations. Les médias rapportent qu'il s'agit d'une « matière vivante d'un type inconnu ». Pour certains, cet « organisme » fait renaître certains moments d'épouvante provoqués par un vieux film de science-fiction. Avant que les gens ne se laissent emporter par leur imagination, les biologistes interviennent pour apaiser les pires cauchemars (ou les plus grands espoirs). Ils déclarent que la substance amorphe est simplement un protiste fongiforme plasmodial. Mais sa taille sans précédent – 46 cm de diamètre – étonne même les scientifiques.

Les *protistes fongiformes plasmodiaux* ont été reconnus pour la première fois par les scientifiques en 1729. Ils appartiennent à l'embranchement des **Myxomycètes.** Ils se présentent comme une masse de protoplasme contenant un grand nombre de noyaux (ils sont plurinucléés). Cette masse de protoplasme porte le nom de **plasmode.** Le cycle vital d'un protiste fongiforme plasmodial est illustré à la figure 12.22. ❶ Le plasmode entier se déplace comme une amibe géante ; il englobe les détritus organiques et les bactéries. Les biologistes ont découvert que des protéines avec des propriétés rappelant les protéines musculaires et qui s'assemblent en microfilaments, permettent d'expliquer le mouvement du plasmode. ❷ Quand on cultive des protistes fongiformes plasmodiaux en laboratoire, on observe un phénomène appelé **cyclose,** au cours duquel le protoplasme à l'intérieur du plasmode circule et change aussi bien de vitesse que de direction pour permettre une distribution uniforme de l'oxygène et des nutriments.

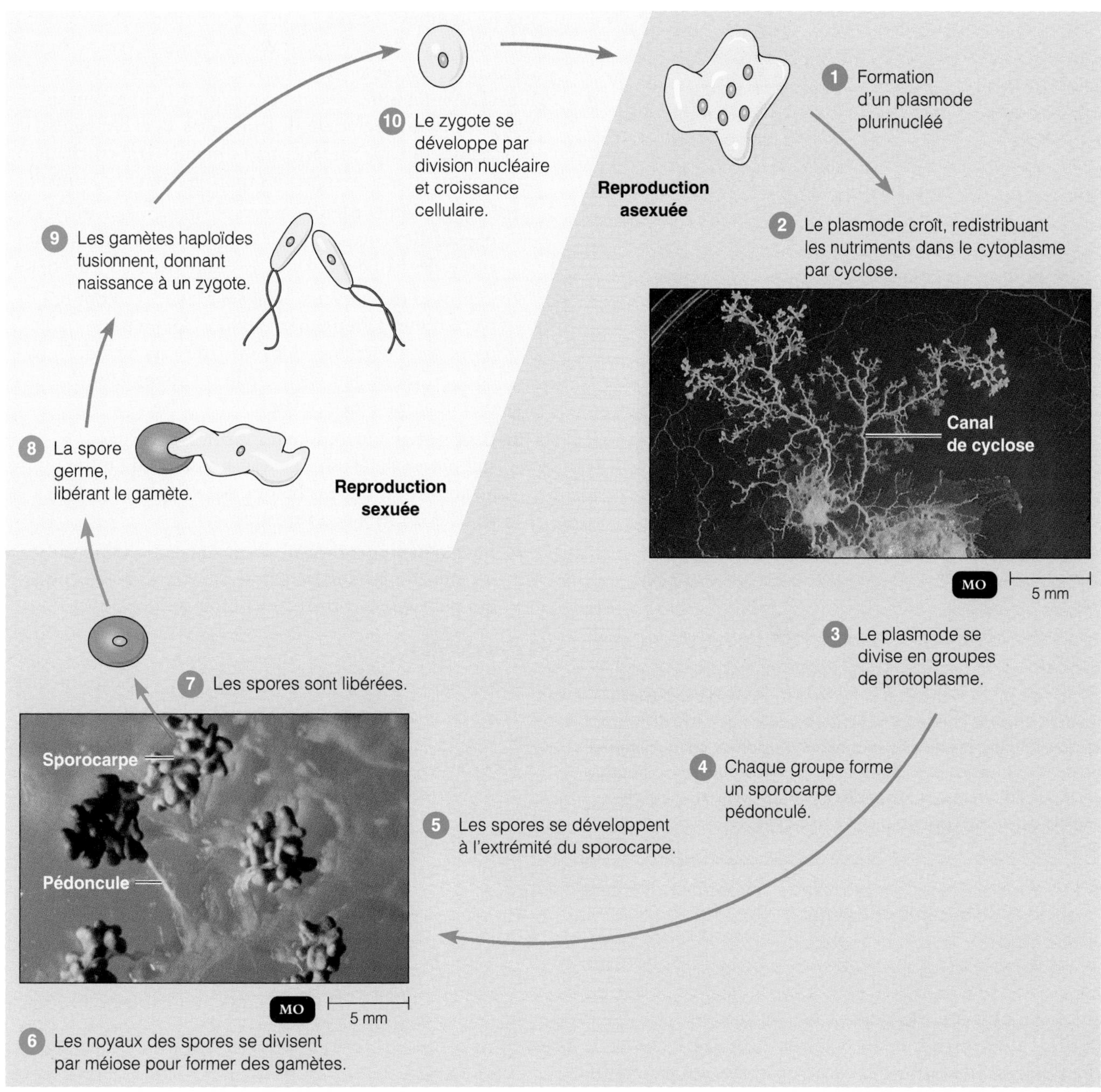


FIGURE 12.22 **Cycle vital d'un protiste fongiforme plasmodial.** Les micrographies montrent *Physarum*.

## ■ Quelle différence y a-t-il entre les protistes fongiformes cellulaires et les protistes fongiformes plasmodiaux ?

Le plasmode continue de croître tant qu'il y a assez de nourriture et d'eau pour assurer sa subsistance. ❸ Quand l'un ou l'autre de ces éléments vient à manquer, le plasmode se divise en de nombreux groupes de protoplasme, première ébauche de la construction des sporocarpes – les structures sporifères qui servent à la reproduction sexuée ; ❹ les sporocarpes sont formés d'un pédoncule terminé par une extrémité renflée, ❺ dans laquelle se développent des spores. ❻ Les noyaux à l'intérieur de ces spores se divisent par méiose et donnent naissance à des cellules haploïdes uninucléées (gamètes). ❼ Les spores sont alors libérées. ❽ Quand les conditions s'améliorent, ces spores germent et donnent des gamètes de forme amiboïde ou flagellée ; ❾ des gamètes semblables fusionnent pour constituer un zygote diploïde ; ❿ le zygote subit plusieurs mitoses sans qu'il y ait de division cytoplasmique et donne ainsi un nouveau plasmode plurinucléé. Le plasmode est donc différent de la forme de limace des protistes fongiformes cellulaires, dans laquelle les cellules demeurent des cellules individuelles haploïdes.

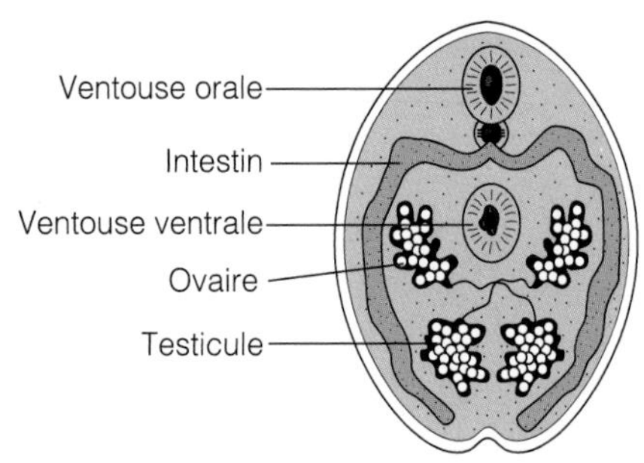


**a)** Anatomie de la douve

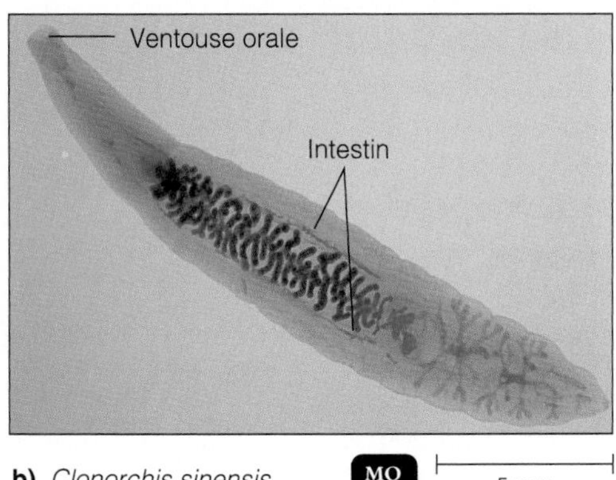


**b)** *Clonorchis sinensis*

FIGURE 12.23 **Douves. a)** Anatomie simplifiée de la douve adulte, en coupe transversale. Les ventouses orale et ventrale fixent la douve à l'hôte. La bouche est située au centre de la ventouse orale. Les douves sont hermaphrodites; chaque animal possède des testicules et des ovaires. **b)** *Clonorchis sinensis,* la douve asiatique du foie. Les infestations graves peuvent boucher les canaux biliaires en provenance du foie. Notez le système digestif incomplet.

- Le système digestif du ver plat a une seule ouverture qui sert de bouche et d'anus.

# Les helminthes

Il y a un certain nombre d'animaux parasites qui passent une partie ou la totalité de leur vie à l'intérieur du corps humain. La plupart de ces animaux appartiennent à deux embranchements: les Plathelminthes (vers plats) et les Nématodes (vers ronds). Ces vers sont communément appelés **helminthes.** Ces embranchements comprennent aussi des espèces qui vivent à l'état libre, mais nous nous limitons ici à traiter des espèces parasites. Nous examinons les maladies causées par les vers parasites dans la quatrième partie du manuel.

## Les caractéristiques des helminthes

### Objectifs d'apprentissage

- *Énumérer les traits caractéristiques des helminthes parasites.*
- *Expliquer pourquoi il est nécessaire que le cycle vital des vers parasites soit aussi complexe.*

Les helminthes sont des animaux eucaryotes pluricellulaires qui possèdent généralement des systèmes nerveux, digestif, circulatoire, excréteur et reproducteur lorsqu'ils vivent à l'état libre. Les helminthes *parasites* doivent être hautement spécialisés pour vivre à l'intérieur de leurs hôtes. Ils se distinguent des organismes qui appartiennent aux mêmes embranchements mais vivent à l'état libre par les traits généraux suivants:

1. Les helminthes parasites peuvent être *dépourvus* d'un tube digestif. Ils peuvent obtenir leurs nutriments de la nourriture, des liquides organiques et des tissus de leurs hôtes.
2. Leur système nerveux est *rudimentaire.* Ils n'ont pas besoin d'un système nerveux développé parce qu'ils n'ont pas à chercher leur nourriture ou à réagir beaucoup à leur milieu. Leur environnement à l'intérieur de l'hôte est assez constant.
3. Leur système locomoteur est soit *rudimentaire,* soit *inexistant.* Puisqu'ils sont transférés d'un hôte à l'autre, ils n'ont pas besoin de se déplacer pour trouver un habitat adéquat.
4. Leur système reproducteur est souvent complexe; un individu produit un grand nombre d'œufs fécondés qui permettent d'infecter un hôte approprié.

### Le cycle vital

Le cycle vital des helminthes parasites peut être extrêmement complexe. Il peut comprendre une suite d'hôtes intermédiaires pour chacun des stades **larvaires** du développement du parasite et un hôte définitif pour le stade adulte.

Les helminthes adultes peuvent être **dioïques**; les organes de reproduction mâles sont portés par un individu et les organes femelles par un autre. Dans ces espèces, la reproduction n'a lieu que lorsqu'il y a deux adultes de sexes différents dans le même hôte.

Les helminthes adultes peuvent aussi être **monoïques** ou **hermaphrodites** – le même animal possède les organes de reproduction mâles et femelles. Deux hermaphrodites peuvent s'accoupler et se féconder l'un l'autre. Quelques types d'hermaphrodites peuvent se féconder eux-mêmes.

## Les Plathelminthes

### Objectifs d'apprentissage

- *Énumérer les caractéristiques des trois groupes d'helminthes parasites et donner un exemple de chacun d'eux.*
- *Décrire des maladies parasitaires pour lesquelles l'humain est l'hôte définitif, l'hôte intermédiaire ou les deux.*

Les membres de l'embranchement des Plathelminthes, ou **vers plats,** ont un corps aplati d'une extrémité à l'autre. Parmi les classes de vers plats parasites, on compte les Trématodes et les Cestodes.

### Les Trématodes

Les Trématodes, tels que les **douves,** ont souvent un corps plat, en forme de feuille, avec une ventouse ventrale et une ventouse orale (figure 12.23). Les ventouses maintiennent

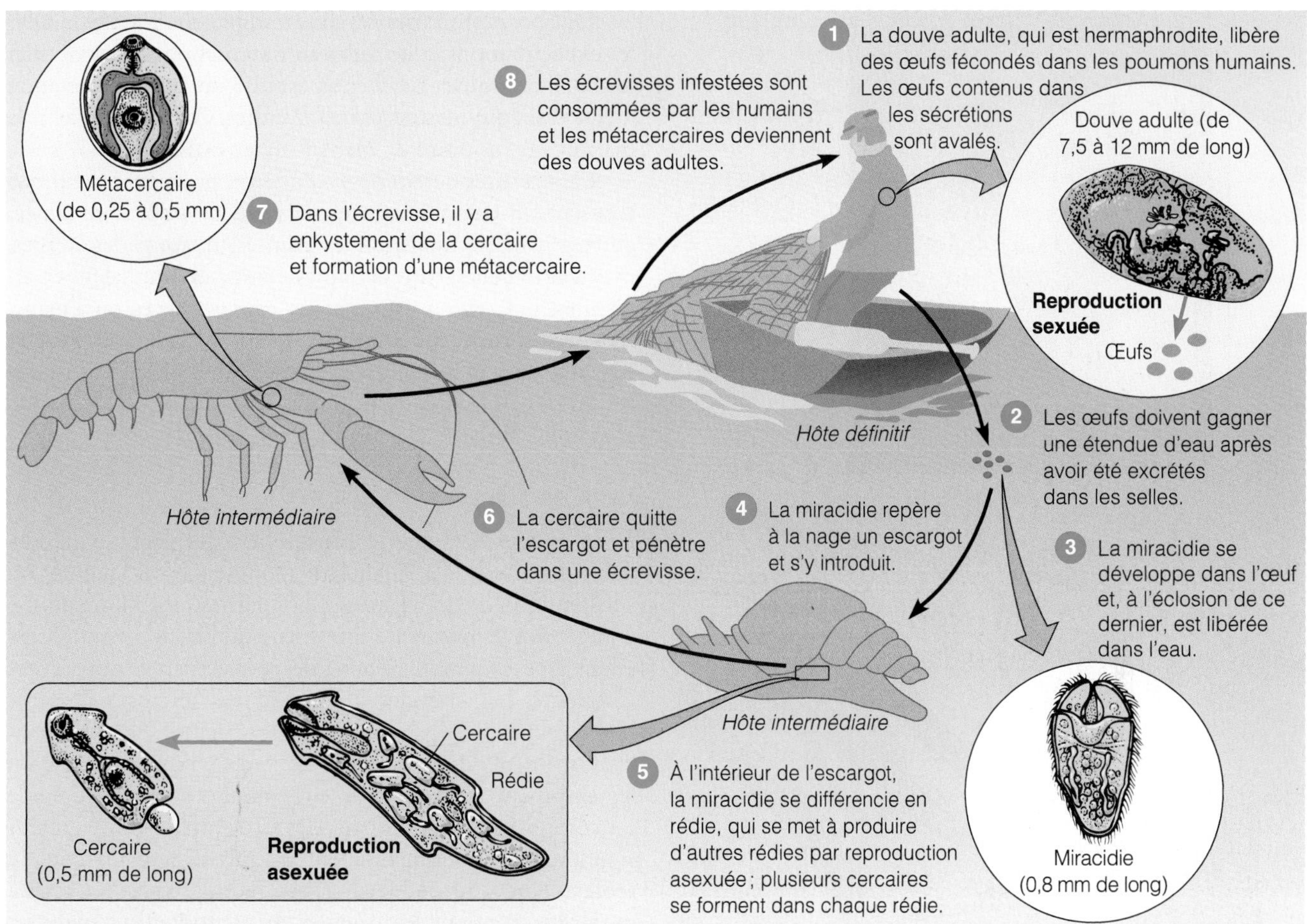

1 La douve adulte, qui est hermaphrodite, libère des œufs fécondés dans les poumons humains. Les œufs contenus dans les sécrétions sont avalés.
Douve adulte (de 7,5 à 12 mm de long)
Reproduction sexuée
Œufs
2 Les œufs doivent gagner une étendue d'eau après avoir été excrétés dans les selles.
3 La miracidie se développe dans l'œuf et, à l'éclosion de ce dernier, est libérée dans l'eau.
Miracidie (0,8 mm de long)
4 La miracidie repère à la nage un escargot et s'y introduit.
Hôte intermédiaire
5 À l'intérieur de l'escargot, la miracidie se différencie en rédie, qui se met à produire d'autres rédies par reproduction asexuée ; plusieurs cercaires se forment dans chaque rédie.
Cercaire
Rédie
Cercaire (0,5 mm de long)
Reproduction asexuée
6 La cercaire quitte l'escargot et pénètre dans une écrevisse.
Hôte intermédiaire
7 Dans l'écrevisse, il y a enkystement de la cercaire et formation d'une métacercaire.
Métacercaire (de 0,25 à 0,5 mm)
8 Les écrevisses infestées sont consommées par les humains et les métacercaires deviennent des douves adultes.
Hôte définitif


FIGURE 12.24 **Cycle vital de la douve pulmonaire *Paragonimus westermani*.** Ce trématode se reproduit de façon sexuée chez l'humain et de façon asexuée chez l'escargot, son premier hôte intermédiaire. Les larves qui se sont établies par enkystement dans le deuxième hôte intermédiaire, une écrevisse, infectent les humains quand elles sont ingérées. Voyez aussi le cycle vital de *Schistosoma* à la figure 23.22.

■ Les parasites ont souvent un cycle vital complexe grâce auquel leurs descendants aboutissent dans un hôte approprié.

l'organisme en place et lui permettent d'aspirer les liquides de l'hôte. Les Trématodes peuvent aussi absorber des nutriments à travers leur **cuticule,** une enveloppe externe protectrice. Parmi les Trématodes, on distingue les douves et les schistosomes. Les adultes des douves peuvent infecter les conduits biliaires, l'intestin ou les poumons. Elles tirent souvent leur nom commun du tissu de l'hôte définitif dans lequel s'établit le parasite adulte (par exemple, douve pulmonaire, douve du foie). À l'occasion, on observe la douve du foie, *Clonorchis sinensis,* qui est d'origine asiatique, chez les immigrants aux États-Unis et au Canada, mais elle n'est pas transmissible parce que ses hôtes intermédiaires ne sont pas dans ces pays.

Pour illustrer le cycle vital d'une douve, examinons le cas de *Paragonimus westermani,* la douve pulmonaire, représenté à la figure 12.24. On trouve les hôtes intermédiaires de ce parasite et, par conséquent, la douve elle-même partout dans le monde, y compris aux États-Unis et au Canada. La douve pulmonaire adulte vit dans les bronchioles des humains et d'autres mammifères. Elle mesure environ 6 mm de large et 12 mm de long.

Le cycle vital de la douve pulmonaire est complexe. ❶ Les adultes hermaphrodites libèrent des œufs dans les bronches de l'organisme humain. Les œufs contenus dans les expectorations bronchiques sont souvent avalés. C'est pourquoi ils se retrouvent dans l'intestin et sont habituellement excrétés dans les selles de l'hôte définitif. Pour que le cycle vital se poursuive, ❷ il faut que les œufs parviennent à une étendue d'eau. ❸ Une larve, appelée **miracidie** (ou **miracidium**), peut alors se développer dans l'œuf. À l'éclosion de ce dernier, ❹ la larve s'introduit dans un mollusque approprié. Seules quelques espèces d'escargots aquatiques peuvent être ce premier hôte intermédiaire. ❺ À l'intérieur de l'escargot, la miracidie devient une **rédie,** qui se multiplie pour produire

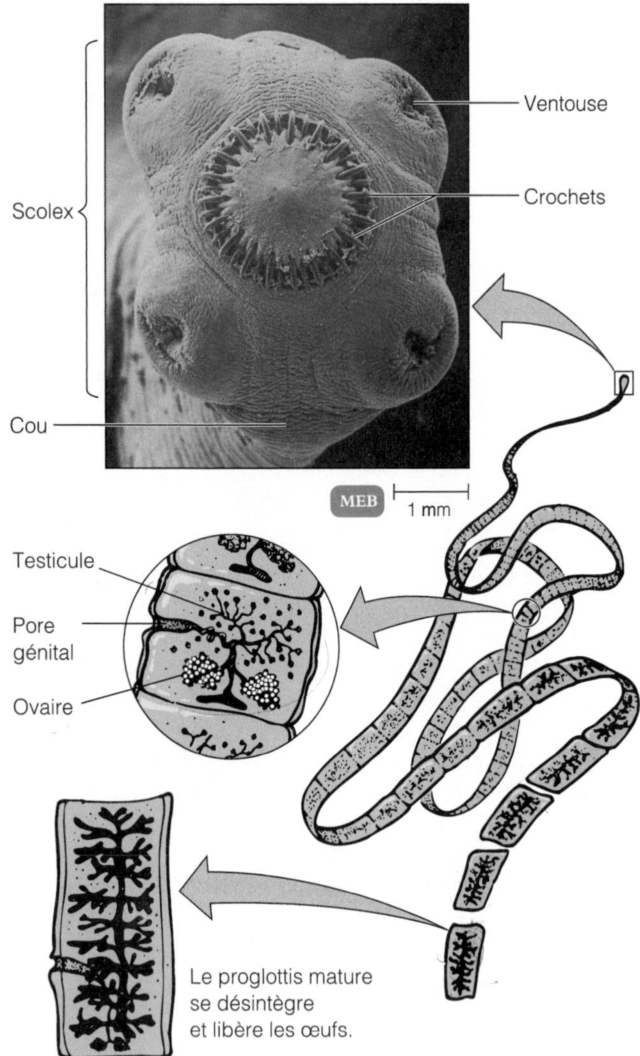


**FIGURE 12.25 Anatomie simplifiée d'un cestode adulte.** Le scolex, représenté sur la micrographie, se compose de ventouses et de crochets qui se fixent aux tissus de l'hôte. Le corps s'allonge au fur et à mesure que se forment de nouveaux proglottis dans la région du cou. Chaque proglottis contient des testicules et des ovaires.

■ Quelles sont les similitudes entre les cestodes et les douves?

d'autres rédies par reproduction asexuée. Chaque rédie produit des **cercaires** – une forme larvaire – qui ❻ se fraient un chemin dans les tissus du mollusque, s'échappent dans l'eau et vont pénétrer la paroi d'une écrevisse, le deuxième hôte intermédiaire. ❼ La larve parasite forme des kystes dans les tissus, dont les muscles, de l'écrevisse; elle porte alors le nom de **métacercaire.** ❽ Quand l'écrevisse est mangée par un humain, la métacercaire est libérée dans l'intestin grêle. Elle traverse la paroi de l'intestin et, après plusieurs détours dans la circulation sanguine, pénètre dans les poumons, où elle gagne les bronchioles et devient une douve pulmonaire adulte. La métacercaire est donc la forme larvaire enkystée qui infecte l'hôte définitif.

En laboratoire, l'épreuve diagnostique consiste à examiner les expectorations et les selles au microscope pour y déceler les œufs de douve. L'infection résulte de la consommation d'écrevisses qui ne sont pas assez cuites. On peut prévenir la maladie en s'assurant de bien cuire ces crustacés.

Les cercaires de *Schistosoma* ne sont pas ingérées. Elles se creusent un chemin à travers la peau de l'hôte humain et entrent dans la circulation sanguine. On trouve les adultes, mâles et femelles, dans certaines veines abdominales et pelviennes. Les œufs sont éliminés dans les fèces ou l'urine. La schistosomiase, ou bilharzie, est une maladie qui pose un des plus importants problèmes de santé au monde; nous reviendrons sur la description du cycle de reproduction au chapitre 23 (figure 23.22).

## Les Cestodes

Les Cestodes, tels que le **ténia,** sont des parasites intestinaux. La figure 12.25 illustre leur structure. La tête, ou **scolex,** possède des ventouses qui permettent à l'organisme d'adhérer à la muqueuse intestinale de l'hôte définitif; certaines espèces possèdent aussi de petits crochets qui servent d'attaches. Les cestodes n'ingèrent pas les tissus de leurs hôtes; en fait, ils n'ont pas de système digestif. Ils obtiennent les nutriments dont ils ont besoin dans l'intestin grêle en les absorbant à travers leur cuticule. Le corps du cestode est composé de segments appelés **proglottis.** Ces segments sont produits continuellement dans la région du cou du scolex, tant que ce dernier est fixé et vivant. Chaque proglottis contient les organes de reproduction mâles et femelles. Ceux qui sont le plus éloignés du scolex sont matures et contiennent les œufs fécondés. Les proglottis matures sont essentiellement des sacs d'œufs et chaque œuf est capable d'infester un hôte intermédiaire approprié. Grâce à son système reproducteur qui assure la formation d'œufs fécondés, le cestode peut vivre seul dans l'intestin, d'où son appellation courante de ver solitaire.

**L'humain en tant qu'hôte définitif.** L'adulte de *Tænia saginata,* le ténia du bœuf, est un parasite du corps humain qui peut atteindre 6 m de long. Le scolex mesure environ 2 mm de long et peut avoir mille proglottis et plus à sa suite. Les selles d'un humain infesté contiennent des proglottis matures qui renferment chacun des milliers d'œufs. En se tortillant pour se dégager des matières fécales, les proglottis augmentent leurs chances d'être ingérés par un herbivore. L'ingestion des œufs par le bétail les fait éclore et les larves se creusent un chemin à travers la paroi intestinale. Elles migrent jusqu'aux muscles (viande) où elles forment des kystes et prennent le nom de **cysticerques.** Quand les cysticerques sont ingérés par un humain, tout est digéré sauf le scolex qui s'accroche à l'intestin grêle et se met à produire des proglottis à sa suite.

On établit un diagnostic d'infestation par un cestode chez l'humain en révélant la présence de proglottis matures et d'œufs dans les selles. Les cysticerques sont visibles à l'œil nu dans la viande et lui donnent une apparence caractéristique.

Une des façons de prévenir les infestations par le ténia du bœuf consiste à inspecter la viande destinée à la consommation humaine et à éliminer celle qui contient des cysticerques. Une autre méthode de prévention consiste à éviter l'utilisation des excréments humains non traités pour fertiliser les pâturages. Dans les pays où les mesures de surveillance alimentaire sont déficientes, la cuisson en profondeur de la viande reste le meilleur moyen d'éviter la contamination ; en effet, les cysticerques sont détruits à des températures supérieures à 55 °C.

L'être humain est le seul hôte définitif connu de *Tænia solium,* le ténia du porc. Les vers adultes qui vivent dans l'intestin humain produisent des œufs qui sont expulsés dans les selles. Quand les porcs ingèrent les œufs, les larves de l'helminthe envahissent leurs muscles et y forment des cysticerques. Les humains deviennent infestés quand ils consomment du porc qui n'est pas suffisamment cuit. Le cycle de *T. solium*, de l'humain au porc à l'humain, est courant en Amérique latine, en Asie et en Afrique. Mais, aux États-Unis et au Canada, *T. solium* est à peu près inexistant chez les porcs ; le parasite se propage par contagion interhumaine. Les œufs provenant d'une personne et ingérés par une autre donnent naissance à des larves qui forment des cysticerques dans le cerveau et ailleurs dans le corps, causant une cysticercose (figure 25.21). L'humain qui porte les larves de *T. solium* sert d'hôte intermédiaire. Dans environ 7 % des quelques centaines de cas observés au cours des dernières années aux États-Unis, il s'agissait d'individus qui n'avaient jamais quitté le pays. Il est possible qu'ils aient été atteints en vivant avec des personnes nées ailleurs ou ayant voyagé à l'étranger. Dans ce cas, la meilleure prévention réside dans un lavage des mains efficace pour toutes les personnes afin d'empêcher la transmission oro-fécale des œufs.

**L'humain en tant qu'hôte intermédiaire.** L'être humain est l'hôte intermédiaire d'*Echinococcus granulosus*. Le chien, le loup et le renard sont l'hôte définitif de ce cestode minuscule (de 2 à 8 mm).

Le cycle vital d'*Echinococcus granulosus* est représenté à la figure 12.26. ❶ Dans la nature, les œufs sont excrétés par des loups, chiens, coyotes et renards, qui contaminent l'environnement en rejetant leurs excréments. ❷ Les œufs sont ingérés par les cerfs et les orignaux, qui deviennent les hôtes intermédiaires de ce ver parasite. ❸ L'éclosion des œufs a lieu dans l'intestin grêle de l'animal herbivore et les formes larvaires (oncosphères) se rendent au foie ou aux poumons. ❹ La larve se transforme en un **kyste hydatique** (contenant des *vésicules proligères*) où des milliers de scolex peuvent être produits. ❺ Par la suite, le loup prédateur se contamine en dévorant les organes contaminés du cerf qu'il chasse. ❻ Les scolex, la forme larvaire infestante pour les canidés, peuvent alors se fixer à l'intestin du loup et produire des proglottis. Ce cycle peut aussi avoir lieu chez le chien nourri avec de la viande de gibier contaminée ; les chiens s'auto-infectent et infectent les autres chiens. Les humains en contact avec des chiens peuvent être infestés par les mains (salive d'un chien qui s'est léché, poils, fèces). Dans un élevage, on peut observer un cycle parasitaire faisant intervenir, par exemple, des moutons comme hôtes intermédiaires et les chiens d'accompagnement comme hôtes définitifs. Si, dans ce contexte, la contamination de l'humain est grandement facilitée, notons que, en tant qu'hôte intermédiaire, l'humain constitue une impasse parasitaire. Le diagnostic de kystes hydatiques n'est souvent posé qu'à l'autopsie, bien que l'on puisse détecter les kystes aux rayons X (figure 25.22).

## Les Nématodes

Les membres de l'embranchement des Nématodes, ou **vers ronds,** sont cylindriques et effilés aux extrémités. Les vers ronds ont un système digestif *complet*, composé d'une bouche, d'un intestin et d'un anus. La plupart des espèces sont dioïques. Les mâles sont plus petits que les femelles et possèdent un ou deux **spicules** rigides à l'extrémité postérieure. Ces structures servent à guider le sperme vers le pore génital de la femelle.

Certaines espèces de nématodes vivent à l'état libre dans le sol et l'eau, alors que d'autres sont des parasites des plantes et des animaux. Les nématodes parasites ne passent pas par la suite de stades larvaires qu'on observe chez les vers plats. Certains accomplissent leur cycle vital entier, de l'œuf au stade adulte, dans le même hôte.

Chez l'humain, les infestations par les nématodes peuvent être regroupées en deux catégories selon qu'elles sont causées par l'œuf ou par la larve.

### L'infestation des humains par les œufs

L'oxyure *Enterobius vermicularis* passe sa vie entière dans un hôte humain (figure 12.27). La contamination se fait par les œufs qui se trouvent généralement dans l'eau, les aliments ou chez les individus infectés ; les enfants sont des hôtes cibles. On trouve les oxyures adultes dans le gros intestin. De là, l'oxyure femelle migre jusqu'à l'anus et dépose ses œufs sur l'épiderme périanal. Après un grattage, les œufs restent sous les ongles et peuvent être ingérés par l'enfant ou une autre personne exposée à des objets tels que des jouets, à de la literie ou à des vêtements souillés. Les infestations par les oxyures sont révélées par la méthode du ruban collant de Graham. On applique à la peau périanale un peu de ruban collant transparent de telle sorte que les œufs qui ont été déposés auparavant y adhèrent. Ensuite, on examine le ruban au microscope pour déceler la présence d'œufs.

*Ascaris lumbricoides* est un gros nématode (30 cm de long) (figure 25.24). Il est dioïque et se distingue par son **dimorphisme sexuel,** c'est-à-dire que le mâle et la femelle sont d'apparences très différentes, le premier étant plus petit et pourvu d'une queue recourbée. L'*Ascaris* adulte vit dans l'intestin grêle des humains et des animaux domestiques (tels que les porcs et les chevaux) ; il se nourrit principalement d'aliments partiellement digérés. Les œufs, excrétés dans les selles, peuvent survivre longtemps dans le sol jusqu'à ce qu'ils soient accidentellement ingérés par un nouvel hôte, qui mange par exemple des légumes non lavés. Les œufs éclosent dans l'intestin grêle de l'hôte, deviennent adultes dans les poumons et, de là, retournent à l'intestin.

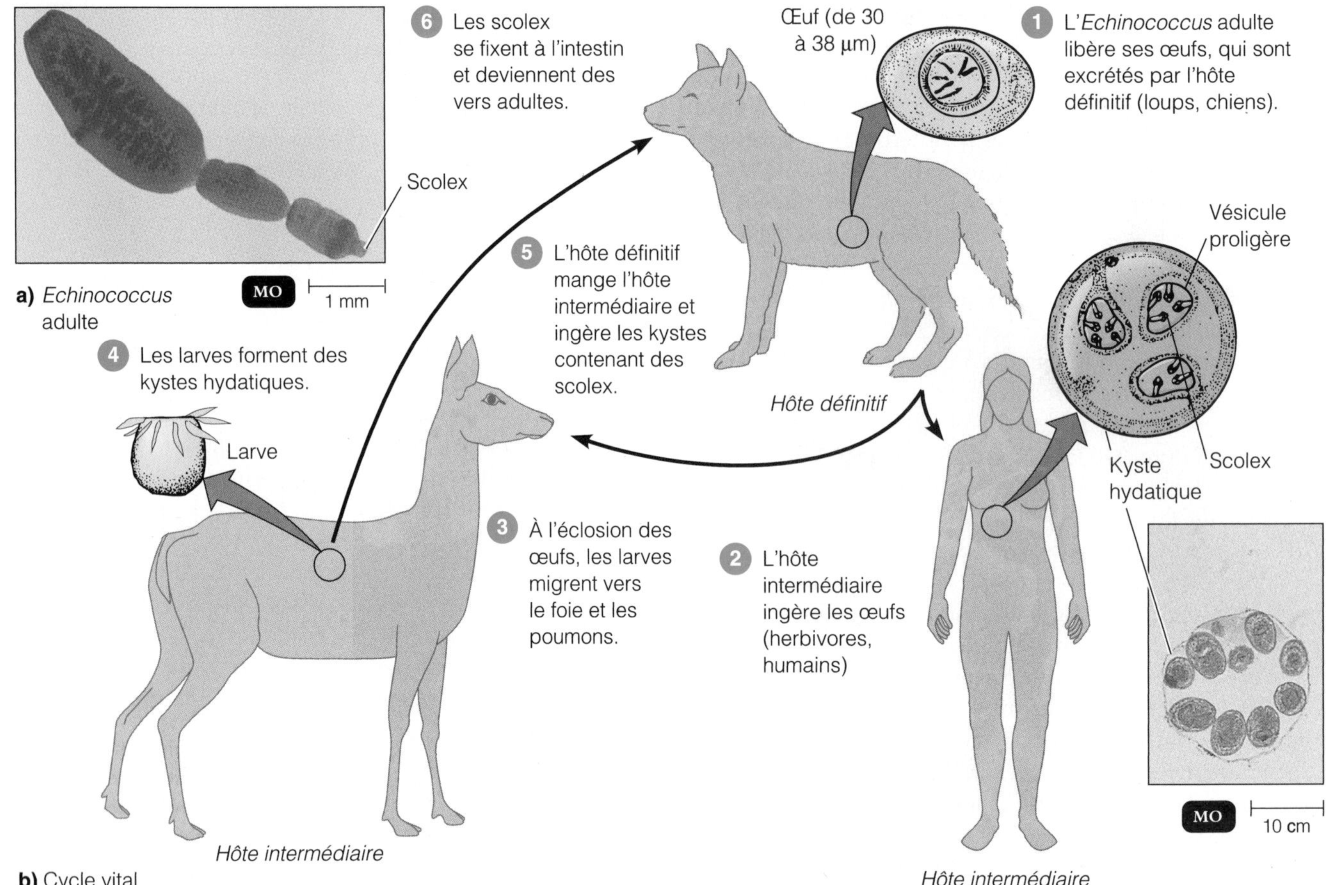

6 Les scolex se fixent à l'intestin et deviennent des vers adultes.
Œuf (de 30 à 38 µm)
1 L'Echinococcus adulte libère ses œufs, qui sont excrétés par l'hôte définitif (loups, chiens).
Scolex
Vésicule proligère
5 L'hôte définitif mange l'hôte intermédiaire et ingère les kystes contenant des scolex.
a) Echinococcus adulte
MO
1 mm
4 Les larves forment des kystes hydatiques.
Larve
Hôte définitif
Kyste hydatique
Scolex
3 À l'éclosion des œufs, les larves migrent vers le foie et les poumons.
2 L'hôte intermédiaire ingère les œufs (herbivores, humains)
MO
10 cm
Hôte intermédiaire
b) Cycle vital
Hôte intermédiaire

FIGURE 12.26 **Le cestode *Echinococcus granulosus*.** On trouve ce minuscule ténia dans l'intestin du chien, du loup et du renard. **a)** Le stade adulte d'*Echinococcus multilocularis*, un proche parent. **b)** Cycle vital. La micrographie représente un kyste hydatique. Le parasite ne peut compléter son cycle vital que si les kystes sont ingérés par un hôte définitif qui mange l'hôte intermédiaire.

- L'humain constitue une impasse parasitaire pour le ténia dont il est l'hôte intermédiaire, sauf s'il est mangé par un animal.

On pose souvent le diagnostic quand les vers adultes sont excrétés dans les selles. On peut prévenir l'infestation chez les humains par une bonne hygiène. Chez le porc, le cycle vital d'*Ascaris* peut être interrompu en gardant les animaux dans des endroits sans matières fécales.

## L'infestation des humains par les larves

L'ankylostomiase est une infection parasitaire due à des vers de la classe des Nématodes, tels que *Ancylostoma duodenale* et *Necator americanus*. L'adulte des ankylostomes vit dans l'intestin grêle des humains (figures 12.28 et 25.23) ; les œufs sont excrétés dans les selles. Les larves éclosent dans le sol, où elles se nourrissent de bactéries. La larve s'introduit dans un hôte en traversant la peau. Elle gagne alors un vaisseau sanguin ou lymphatique qui la transporte jusqu'aux poumons. Elle est rejetée dans le pharynx avec les expectorations, puis elle est avalée et acheminée vers l'intestin grêle. Le diagnostic est fondé sur la présence d'œufs dans les selles. On peut prévenir les infestations par l'ankylostome en portant des chaussures.

Dans la plupart des régions du monde, les infestations par *Trichinella spiralis*, appelées trichinoses, résultent principalement de la consommation de larves enkystées dans la viande de porc mal cuite. Aux États-Unis et au Canada, on contracte plus souvent la trichinose en mangeant du gibier, tel que l'ours. Dans le tube digestif humain, les larves s'échappent des kystes. Elles deviennent adultes dans l'intestin grêle et s'y reproduisent de façon sexuée. Les œufs se développent dans la femelle, qui donne naissance à des larves. Les larves pénètrent dans les vaisseaux sanguins et lymphatiques de l'intestin et se propagent partout dans le corps. Elles s'enkystent dans les muscles et ailleurs et y restent (figure 25.25).

On diagnostique la trichinose en faisant une biopsie musculaire qu'on examine au microscope pour vérifier la présence de larves. Il est possible de prévenir la maladie en faisant bien cuire la viande avant de la consommer.

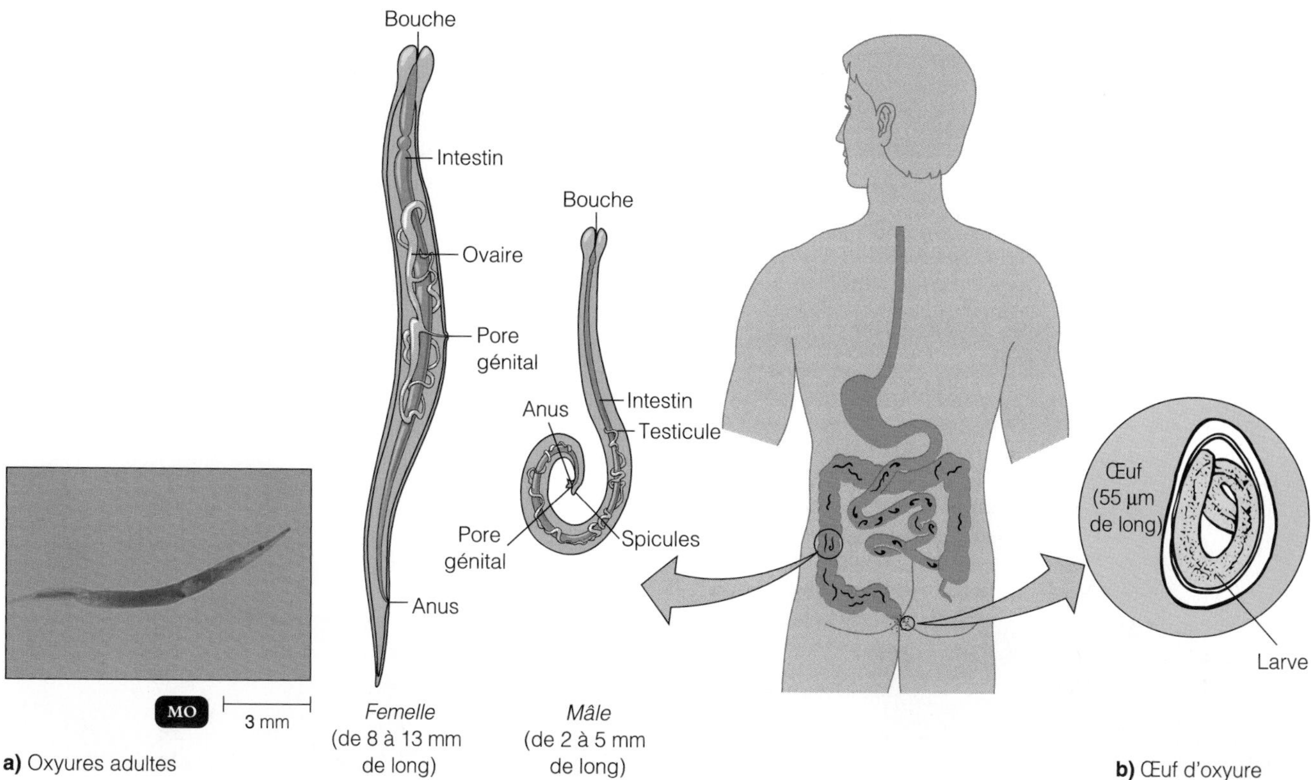


**a)** Oxyures adultes

**b)** Œuf d'oxyure

**FIGURE 12.27 L'oxyure *Enterobius vermicularis*. a)** L'oxyure adulte vit dans le gros intestin des humains. La plupart des vers ronds sont dioïques et la femelle (représentée à gauche et sur la micrographie) est souvent bien plus grosse que le mâle (à droite). **b)** Les œufs de l'oxyure sont déposés par la femelle sur la peau périanale durant la nuit.

■ Les vers ronds ont un système digestif complet avec une bouche, un intestin et un anus.

Quatre genres de vers ronds appelés anisakines, dont le « ver du hareng », peuvent se transmettre accidentellement aux humains par l'intermédiaire de poissons d'eau de mer infestés et consommés crus, peu cuits, fumés ou marinés artisanalement. L'anisakiase, la maladie qu'ils provoquent, est bien connue dans les pays riverains de la mer du Nord et de la mer Baltique, ainsi qu'au Japon (consommation de sushis et de shashimis) et en Chine ; elle est moins fréquente aux États-Unis et au Canada. Certains cas ont été signalés en France. Les larves se trouvent dans l'intestin des poissons et migrent vers les muscles durant l'entreposage réfrigéré. Elles sont tuées si la chair est congelée ou bien cuite.

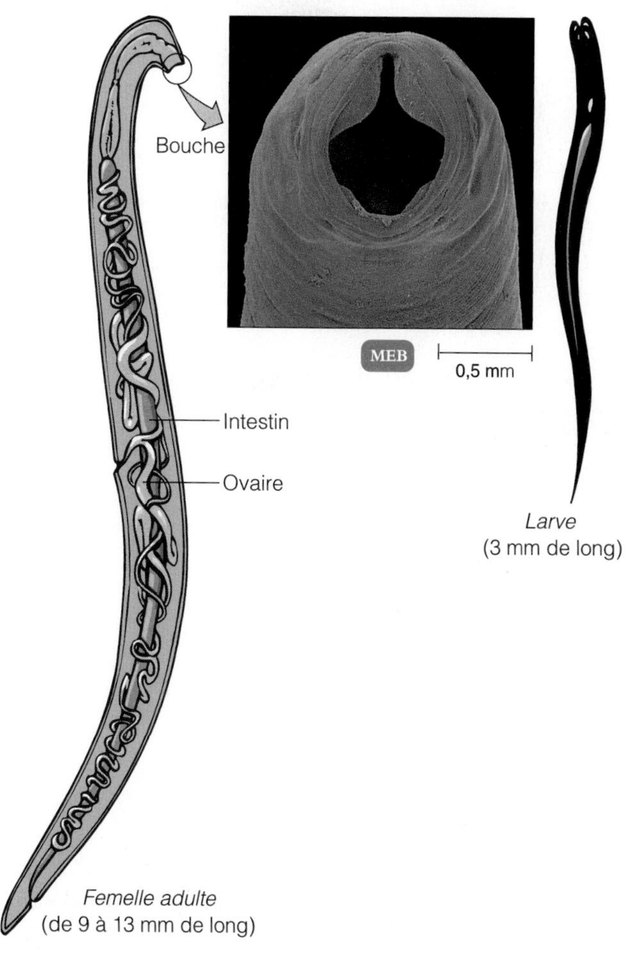


**FIGURE 12.28 L'ankylostome *Necator americanus*.** On trouve les vers adultes dans l'intestin grêle de l'humain. Les crochets qui entourent la bouche de l'organisme lui permettent de se fixer aux tissus de l'hôte et d'en tirer sa nourriture. Les larves vivent à l'état libre dans le sol et s'introduisent dans l'hôte définitif (humain) en pénétrant dans la peau.

■ En quoi les vers ronds et les vers plats diffèrent-ils ?

Le tableau 12.6 présente une liste d'helminthes parasites typiques de chaque embranchement et classe, ainsi que les maladies qu'ils causent.

## Les arthropodes en tant que vecteurs

### Objectifs d'apprentissage

- *Définir l'arthropode vecteur.*
- *Distinguer entre la tique et le moustique, et nommer une maladie transmise par chacun de ces arthropodes.*

Les Arthropodes sont des animaux qui se caractérisent par un corps segmenté, un squelette externe et des pattes articulées. Comprenant près de 1 million d'espèces, cet embranchement est le plus important du règne animal. Bien qu'ils ne soient pas eux-mêmes des microbes, nous décrivons brièvement ici les arthropodes parce que certains d'entre eux sucent le sang des humains et d'autres animaux, et peuvent ainsi transmettre des maladies microbiennes. Les arthropodes qui transportent des microorganismes pathogènes s'appellent **vecteurs.** La gale est une maladie qui est causée par un arthropode. Nous y reviendrons au chapitre 21, p. 652.

Les groupes suivants sont des classes représentatives d'arthropodes :

- Arachnides (huit pattes) : araignées, acariens, tiques.
- Crustacés (quatre antennes) : crabes, écrevisses.
- Insectes (six pattes) : abeilles, mouches, poux.

**Tableau 12.6** ***Helminthes parasites représentatifs***

| Embranchement | Classe | Parasites humains | Hôte intermédiaire | Hôte définitif et organe cible | Stade transmis à l'humain ; mode de transmission | Maladie | Localisation chez l'humain | Figure |
|---|---|---|---|---|---|---|---|---|
| Plathelminthes | Trématodes | *Paragonimus westermani* | Escargot d'eau douce et écrevisse | Humain ; poumons | Métacercaire dans l'écrevisse ; ingestion | Paragonimiase (douve pulmonaire) | Poumons | 12.24 |
| | | *Schistosoma* | Escargot d'eau douce | Humain ; sang | Cercaire ; par la peau | Schistosomiase | Veines | 23.22<br>23.23 |
| | Cestodes | *Tænia saginata* | Bétail | Humain ; intestin grêle | Cysticerque dans le bœuf ; ingestion | Téniase | Intestin grêle | - |
| | | *Tænia solium* | Humain ; porc | Humain | Œufs ; ingestion | Neurocysticercose | Encéphale ; n'importe quel tissu | 25.21 |
| | | *Echinococcus granulosus* | Humain | Chien et autres animaux ; intestins | Œufs provenant d'autres animaux ; ingestion | Hydatidose | Poumons, foie, encéphale | 12.26<br>25.22 |
| Nématodes | | *Ascaris lumbricoides* | - | Humain ; intestin grêle | Œufs ; ingestion | Ascaridiase | Intestin grêle | 25.24 |
| | | *Enterobius vermicularis* | - | Humain ; gros intestin | Œufs ; ingestion | Oxyurose | Gros intestin | 12.27 |
| | | *Necator americanus* | - | Humain ; intestin grêle | Larves ; par la peau | Ankylostomiase | Intestin grêle | 12.28 |
| | | *Ancylostoma duodenale* | - | Humain ; intestin grêle | Larves ; par la peau | Ankylostomiase | Intestin grêle | 25.23 |
| | | *Trichinella spiralis* | - | Humain, porc et autres mammifères ; intestin grêle | Larves ; ingestion | Trichinose | Muscles | 25.25 |
| | | Anisakines | Poisson marin et calmar | Mammifères marins | Larves dans les poissons ; ingestion | Anisakiase (« ver du hareng ») | Tube digestif | - |

*Note :* L'étude des helminthes parasites est répartie dans les chapitres 12, 23 et 25.

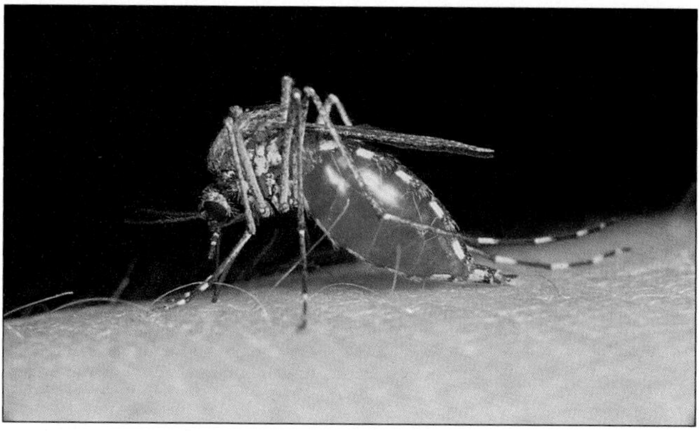

**a)** Moustique femelle

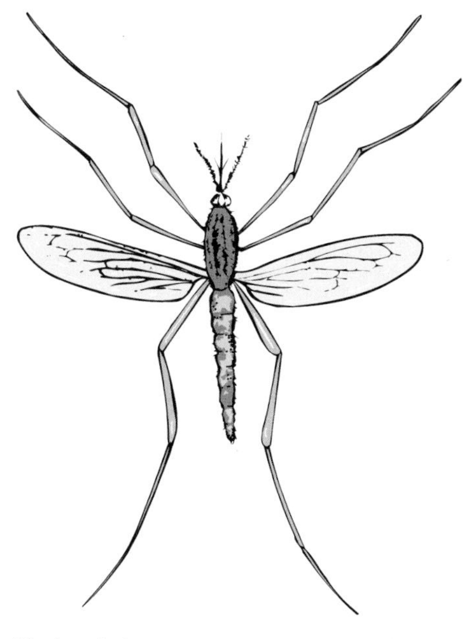

**b)** *Anopheles*

**FIGURE 12.29 Moustiques. a)** Moustique femelle suçant le sang à travers la peau d'un humain. Les moustiques transmettent plusieurs maladies de personne à personne, entre autres la dengue et la fièvre jaune, toutes deux d'origine virale. **b)** L'anophèle est le moustique qui transmet le paludisme.

■ Les Moustiques sont une famille de Diptères.

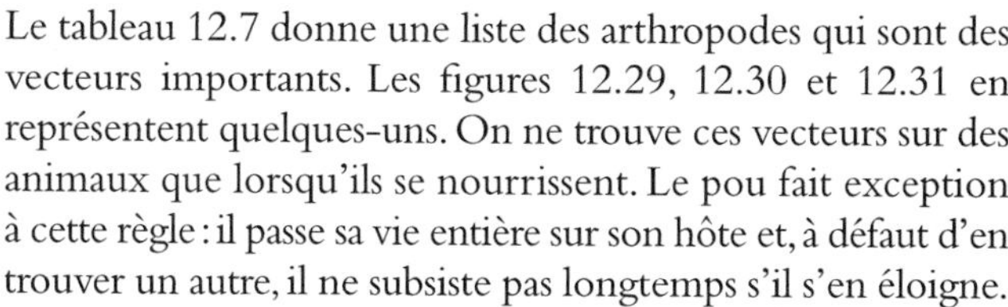

Le tableau 12.7 donne une liste des arthropodes qui sont des vecteurs importants. Les figures 12.29, 12.30 et 12.31 en représentent quelques-uns. On ne trouve ces vecteurs sur des animaux que lorsqu'ils se nourrissent. Le pou fait exception à cette règle : il passe sa vie entière sur son hôte et, à défaut d'en trouver un autre, il ne subsiste pas longtemps s'il s'en éloigne.

Certains vecteurs sont uniquement un moyen physique de transport pour l'agent pathogène. Par exemple, la mouche domestique pond ses œufs sur la matière organique en décomposition, telle que les excréments. Un organisme pathogène peut alors se retrouver sur les pattes ou le corps de la mouche qui le transporte et le dépose inopinément sur notre nourriture.

Certains parasites se multiplient au sein de leurs vecteurs. Dans ce cas, ils peuvent s'accumuler dans les fèces ou la salive de ces derniers. Par la suite, ils sont déposés en grand nombre sur ou dans l'hôte pendant que le vecteur est là en train de se nourrir. C'est ainsi que les tiques transmettent le spirochète qui cause la maladie de Lyme. Le virus de la dengue est transmis de la même façon par des moustiques (chapitre 23).

Nous avons indiqué plus haut que *Plasmodium* est un exemple de parasite dont le vecteur doit aussi être l'hôte définitif. La reproduction sexuée de *Plasmodium* n'est possible que dans l'intestin d'un moustique du genre *Anopheles.* Le parasite est introduit dans l'hôte humain par la salive du moustique, dont l'action anticoagulante assure la fluidité du sang.

Les travailleurs de la santé s'emploient à éliminer les vecteurs dans leur lutte contre les affections, telles que la maladie du sommeil, qui sont transmises par ces intermédiaires.

**Tableau 12.7** ***Importants arthropodes vecteurs de maladies humaines***

| Classe | Ordre | Vecteur | Maladie | Figure |
|---|---|---|---|---|
| Arachnides | Acariens et tiques | *Dermacentor* (tique) | Fièvre pourprée des montagnes Rocheuses | – |
| | | *Ixodes* (tique) | Maladie de Lyme, babésiose, ehrlichiose | 12.30 |
| | | *Ornithodorus* (tique) | Fièvre récurrente | – |
| Insectes | Poux suceurs | *Pediculus* (pou de l'humain) | Typhus épidémique | 12.31a |
| | Puces | *Xenopsylla* (puce du rat) | Typhus murin (endémique), peste | 12.31b |
| | Diptères | *Chrysops* (taon du cerf) | Tularémie | 12.31c |
| | | *Ædes* (moustique) | Dengue, fièvre jaune | – |
| | | *Anopheles* (moustique) | Paludisme | 12.29 |
| | | *Culex* (moustique) | Encéphalite à arbovirus | – |
| | | *Glossina* (mouche tsé-tsé) | Trypanosomiase africaine | – |
| | Hémiptères | *Triatoma* (réduve) | Maladie de Chagas (trypanosomiase américaine) | 12.31d |

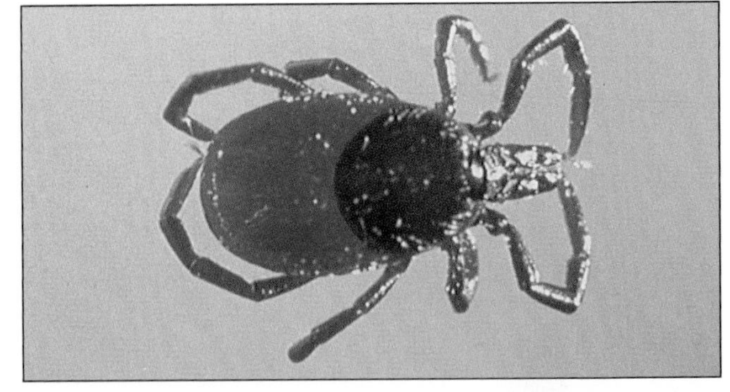


**FIGURE 12.30 Tiques.** *Ixodes pacificus* est le vecteur de la maladie de Lyme sur la côte ouest des États-Unis.

■ Pourquoi les tiques ne sont-elles pas classifiées parmi les Insectes?

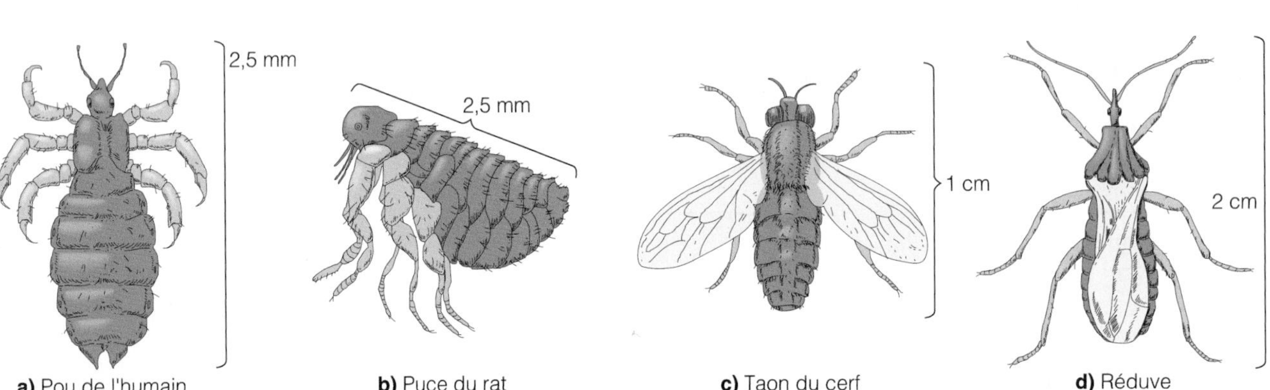


**FIGURE 12.31 Arthropodes vecteurs. a)** Le pou de l'humain, *Pediculus.* **b)** La puce du rat, *Xenopsylla.* **c)** Le taon du cerf, *Chrysops.* **d)** Le réduve, *Triatoma.*

■ Nommez une maladie transmise par chacun de ces vecteurs.

# RÉSUMÉ

## LE RÈGNE DES MYCÈTES (p. 360-372)

1. La mycologie est l'étude des mycètes.
2. Le nombre de mycoses graves est à la hausse.
3. Les mycètes sont des chimiohétérotrophes aérobies ou anaérobies facultatifs.
4. La plupart des mycètes sont des décomposeurs. Certains sont des parasites de plantes et d'animaux.

### Les caractéristiques des mycètes (p. 362-366)

1. Le thalle des mycètes est constitué de filaments de cellules appelés hyphes; les hyphes peuvent être segmentés ou non (cénocytes); une masse d'hyphes s'appelle mycélium.
2. L'hyphe, segmenté ou non, est un petit tubule transparent qui fait office de cellule; il est entouré d'une paroi cellulaire rigide contenant de la chitine et des polymères de la cellulose.
3. La paroi cellulaire des mycètes leur confère une plus grande rigidité, une plus grande longévité et une plus grande capacité de résistance à la chaleur et à des pressions osmotiques élevées; la paroi cellulaire des mycètes est peu antigénique et ils sont peu sensibles aux antibiotiques; les infections fongiques sont souvent chroniques.
4. Les levures sont des mycètes unicellulaires. Pour se reproduire, les levures scissipares se divisent de façon symétrique, alors que les levures bourgeonnantes se divisent de façon asymétrique.
5. Les bourgeons qui ne se séparent pas de la cellule mère forment des pseudohyphes.
6. Les mycètes dimorphes pathogènes se comportent comme des levures à 37 °C et comme des moisissures à 25 °C.
7. Les spores suivantes peuvent être produites de façon asexuée: les conidies, qui forment des chaînes à l'extrémité d'un conidiophore; les arthroconidies, qui apparaissent à la suite de la fragmentation des hyphes; les blastoconidies, qui naissent des bourgeons d'une cellule parentale; les chlamydoconidies (cellules aux parois épaisses), qui se développent au sein des hyphes; les sporangiospores, qui se forment dans un sporange (sac de spores).
8. On classifie les mycètes selon le type de spores sexuées qu'ils produisent; ce sont les Zygomycètes, les Ascomycètes et les Basidiomycètes.

9. Les spores sexuées sont habituellement produites en réponse à des circonstances particulières, souvent des changements dans le milieu.
10. Les mycètes peuvent croître en aérobiose dans des environnements acides et peu humides.
11. Ils sont en mesure de métaboliser des glucides complexes.

### Les embranchements de Mycètes importants en médecine (p. 366-367)

1. Les Zygomycètes ont des hyphes cénocytiques et produisent des sporangiospores et des zygospores; ils comprennent les mycètes *Rhizopus* et *Mucor*.
2. Les Ascomycètes ont des hyphes segmentés; ils produisent des ascospores et souvent des conidies; ils comprennent *Blastomyces dermatitidis*, *Aspergillus* et *Histoplasma capsulatum*.
3. Les Basidiomycètes ont des hyphes segmentés et produisent des basidiospores; certains font des conidies; ils comprennent *Cryptococcus neoformans*.
4. Les mycètes téléomorphes produisent des spores sexuées et asexuées. Les mycètes anamorphes produisent seulement des spores asexuées; ils comprennent *Stachybotrys*, *Candida albicans* et *Coccidioides immitis*.

### Les mycoses (p. 368-371)

1. Les mycoses systémiques sont des infections fongiques profondes qui touchent beaucoup de tissus et d'organes.
2. Les mycoses sous-cutanées sont des infections fongiques sous la peau.
3. Les mycoses cutanées touchent les tissus qui contiennent de la kératine, tels que les cheveux, les ongles et la peau.
4. Les mycoses superficielles ont pour cible les tiges des poils et les cellules superficielles de la peau.
5. Les mycoses opportunistes sont causées par les mycètes de la flore microbienne normale ou par certains mycètes qui ne sont pas pathogènes habituellement.
6. Les mycoses opportunistes comprennent, entre autres, la mucormycose, causée par certains zygomycètes, l'aspergillose, causée par *Aspergillus*, et la candidose, causée par *Candida*.
7. Les mycoses opportunistes peuvent atteindre n'importe quel tissu. Toutefois, elles sont habituellement systémiques.

### L'importance économique des mycètes (p. 372)

1. *Saccharomyces* et *Trichoderma* sont employés dans la production des aliments.
2. Les mycètes sont utilisés dans la lutte biologique contre les insectes nuisibles.
3. La détérioration des fruits, des céréales et des légumes par les moisissures est plus importante que celle causée par les bactéries.
4. Beaucoup de mycètes sont à l'origine de maladies des plantes (par exemple, ils s'attaquent à la pomme de terre, au châtaignier et à l'orme).

## LES LICHENS (p. 372-374)

1. Le lichen résulte de la combinaison mutualiste d'une algue (ou d'une cyanobactérie) et d'un mycète.
2. L'algue se charge de la photosynthèse et procure des glucides au lichen; le mycète protège le lichen et le fixe solidement à son substrat.
3. Les lichens colonisent des habitats où ni l'algue ni le mycète ne pourraient subsister seuls.
4. On classifie les lichens en trois catégories selon leur morphologie: crustacés, foliacés et fruticuleux.
5. Les lichens sont recherchés pour leurs pigments et servent d'indicateurs de la qualité de l'air.

## LES ALGUES (p. 374-378)

1. Les algues sont unicellulaires, filamenteuses ou pluricellulaires (thallophytes).
2. La plupart des algues sont aquatiques.

### Les caractéristiques des algues (p. 374)

1. Toutes les algues sont des eucaryotes photoautotrophes.
2. Le thalle (corps) des algues pluricellulaires est généralement constitué d'un stipe, d'un crampon et de frondes.
3. Les algues se reproduisent de façon asexuée par division cellulaire et fragmentation.
4. Beaucoup d'algues sont capables de reproduction sexuée.
5. Les algues sont des photoautotrophes qui produisent de l'oxygène.
6. Les algues sont classifiées selon leurs structures et leurs pigments.

### Quelques embranchements d'algues (p. 374-378)

1. On récolte les algues brunes (varech) pour l'algine qu'elles contiennent.
2. Les algues rouges poussent plus en profondeur dans la mer que les autres algues parce que, grâce à leurs pigments rouges, elles peuvent absorber la lumière bleue qui pénètre jusque-là. Elles sont utiles pour la production d'agar-agar; certaines sont toxiques.
3. Les algues vertes possèdent de la cellulose, de la chlorophylle *a* et de la chlorophylle *b*. Elles emmagasinent de l'amidon.
4. Les diatomées sont unicellulaires et leur paroi cellulaire contient de la pectine et de la silice; certaines produisent de l'acide domoïque, toxine responsable de l'intoxication par phycotoxine amnestique.
5. Les dinoflagellés produisent des neurotoxines qui causent l'intoxication par phycotoxine paralysante et la ciguatera lorsqu'ils se concentrent dans des poissons comestibles.

### Le rôle des algues dans la nature (p. 378)

1. Les algues sont les principaux producteurs des chaînes alimentaires aquatiques.
2. Les algues planctoniques produisent la majeure partie de l'oxygène de l'atmosphère terrestre.
3. Le pétrole se forme à partir des restes des algues planctoniques.
4. Certaines algues unicellulaires sont des symbiotes d'animaux tels que *Tridacna*.

## LES PROTOZOAIRES (p. 378-384)

1. Les protozoaires sont des eucaryotes unicellulaires et chimiohétérotrophes.

2. On trouve les protozoaires dans le sol et l'eau. Certains font partie de la flore microbienne normale des animaux.

### Les caractéristiques des protozoaires (p. 378-379)

1. La forme végétative s'appelle trophozoïte.
2. La reproduction asexuée s'effectue par scissiparité, bourgeonnement ou schizogonie.
3. La reproduction sexuée s'accomplit par conjugaison.
4. Durant la conjugaison, chez les ciliés, deux noyaux haploïdes fusionnent pour produire un zygote.
5. Certains protozoaires peuvent former un kyste qui les protège quand les conditions du milieu sont défavorables.
6. Les protozoaires sont des cellules complexes possédant une pellicule, un cytostome et un cytoprocte.

### Les embranchements de protozoaires importants en médecine (p. 379-384)

1. Les *Archæzoa* sont dépourvus de mitochondries mais possèdent des flagelles; ils comprennent *Trichomonas vaginalis* et *Giardia lamblia.*
2. Les *Microsporidia* sont dépourvus de mitochondries; certains causent la diarrhée chez les patients atteints du SIDA.
3. Les *Rhizopoda* sont des amibes; ils comprennent *Entamœba histolytica* et *Acanthamœba.*
4. Les *Apicomplexa* possèdent des organites apicaux pour pénétrer les tissus de leurs hôtes; ils comprennent *Plasmodium, Toxoplasma gondii, Cryptosporidium* et *Cyclospora.*
5. Les *Ciliophora* se déplacent grâce à leurs cils; *Balantidium coli* est le seul cilié parasite de l'humain.
6. Les *Euglenozoa* se déplacent au moyen de flagelles et sont incapables de reproduction sexuée; ils comprennent *Trypanosoma,* l'agent du paludisme.

## LES PROTISTES FONGIFORMES (p. 384-388)

1. Les protistes fongiformes cellulaires ressemblent à des amibes et ingèrent des bactéries par phagocytose.
2. Les protistes fongiformes plasmodiaux sont constitués d'une masse de protoplasme plurinucléée appelée plasmode, qui englobe les détritus organiques et les bactéries en se déplaçant.

## LES HELMINTHES (p. 388-394)

1. Les vers plats parasites appartiennent à l'embranchement des Plathelminthes, qui incluent les Trématodes et les Cestodes.
2. Les vers ronds parasites appartiennent à l'embranchement des Nématodes.

### Les caractéristiques des helminthes (p. 388)

1. Les helminthes sont des animaux pluricellulaires; quelques-uns sont des vers parasites de l'humain.
2. Les exigences du parasitisme ont modifié l'anatomie et le cycle vital des helminthes qui vivent aux dépens d'autres organismes. La plupart ont un système nerveux rudimentaire mais pas de système locomoteur, certains ont un tube digestif et d'autres pas; seul le système reproducteur est développé.
3. Les helminthes parasites peuvent pénétrer dans un organisme par ingestion de larves ou d'œufs.
4. Chez les helminthes parasites, le stade adulte a lieu dans l'hôte définitif.
5. Chaque stade larvaire d'un helminthe parasite nécessite un ou des hôtes intermédiaires.
6. Les helminthes peuvent être monoïques (mâles ou femelles) ou dioïques (hermaphrodites).

### Les Plathelminthes (p. 388-391)

1. Les vers plats sont des animaux aplatis dans le sens dorsoventral. Les vers plats parasites sont parfois dépourvus de système digestif.
2. Les trématodes adultes, tels que les douves, possèdent des ventouses orale et ventrale grâce auxquelles ils se fixent aux tissus de leur hôte et en tirent leur nourriture.
3. À l'éclosion, les œufs des trématodes libèrent dans l'eau des miracidies capables de nager librement, qui s'introduisent dans le premier hôte intermédiaire. Les miracidies se différencient en rédies, qui se multiplient. Les rédies produisent des cercaires qui se fraient un chemin à travers les tissus du premier hôte intermédiaire pour s'échapper et pénétrer le deuxième hôte intermédiaire. Les cercaires s'enkystent dans le deuxième hôte intermédiaire et deviennent des métacercaires. Après l'ingestion de l'hôte intermédiaire par l'hôte définitif, les métacercaires se transforment en vers adultes.
4. Les cestodes, tels que le ver solitaire, sont composés d'un scolex (tête) et de proglottis.
5. Les humains sont les hôtes définitifs du ténia du bœuf et le bétail est l'hôte intermédiaire.
6. Les humains sont les hôtes définitifs et peuvent être des hôtes intermédiaires du ténia du porc.
7. L'humain est un hôte intermédiaire d'*Echinococcus granulosus*; les hôtes définitifs sont le chien, le loup et le renard.

### Les Nématodes (p. 391-394)

1. Les vers ronds ont un système digestif complet.
2. Les nématodes qui infestent les humains au moyen de leurs œufs sont *Enterobius vermicularis* (oxyure) et *Ascaris lumbricoides.*
3. Les nématodes qui infestent les humains au moyen de leurs larves sont *Necator americanus* et *Ancylostoma duodenale* (ankylostomes), *Trichinella spiralis* et les anisakines.

## LES ARTHROPODES EN TANT QUE VECTEURS (p. 394-396)

1. Les animaux dotés d'un corps segmenté, d'un squelette externe et de pattes articulées, tels que les tiques et les insectes, appartiennent à l'embranchement des Arthropodes.
2. Les arthropodes qui transmettent des maladies sont appelés vecteurs.
3. Le contrôle ou l'éradication des vecteurs est le meilleur moyen d'éliminer les maladies qu'ils transmettent.

## AUTOÉVALUATION

### RÉVISION

1. Comparez les mécanismes de formation des conidies et des ascospores chez les mycètes.

2. Sous quel aspect morphologique trouve-t-on *Candida albicans* lors de l'observation microscopique d'un prélèvement vaginal ? Quel facteur influe sur sa forme ?

3. Quelle est la principale différence entre l'endospore d'une bactérie et la spore d'un mycète ?

4. On trouve le microorganisme *Rhyzopus* sur du pain moisi. Pourquoi les moisissures poussent-elles plus facilement que des bactéries ? La contamination d'autres aliments est facile. Pourquoi ?

5. Dans les boutiques d'aliments naturels, on trouve une levure alimentaire appelée Torula. À quelle fin la vend-on ?

6. On ensemence les milieux de culture suivants avec un mélange d'*Escherichia coli* et de *Penicillium chrysogenum*. Sur quels milieux chacun de ces organismes est-il susceptible de pousser ? Pourquoi ?
   **a)** Eau du robinet contenant 0,5 % de peptone
   **b)** Eau du robinet contenant 10 % de glucose
   **c)** Viande
   **d)** Dessus de confiture

7. Remplissez le tableau suivant.

| Embranchement | Type de spores | |
|---|---|---|
| | Sexuées | Asexuées |
| *Zygomycota* | | |
| *Ascomycota* | | |
| *Basidiomycota* | | |

8. Quel est le rôle de l'algue dans un lichen ? Quel est le rôle du mycète ?

9. Expliquez brièvement l'importance des lichens dans la nature. Quel rôle jouent-ils en rapport avec la santé des humains ?

10. Expliquez brièvement l'importance des algues dans la nature.

11. Remplissez le tableau suivant (s'il y a lieu).

| Groupe | Apports bénéfiques | Importance médicale |
|---|---|---|
| Dinoflagellés | | |
| Diatomées | | |
| Algues rouges | | |
| Algues brunes | | |
| Algues vertes | | |

12. Voici une liste de mycètes. Nous indiquons pour chacun d'eux comment ils pénètrent dans le corps et où se situent les infections qu'ils causent. Dites s'il s'agit de mycoses cutanées, opportunistes, sous-cutanées, superficielles ou systémiques.

| Genre | Mycose | |
|---|---|---|
| | Moyen de pénétration | Foyer d'infection |
| *Blastomyces* | Inhalation | Poumons |
| *Sporothrix* | Blessure par perforation | Lésions ulcérées |
| *Microsporum* | Contact | Ongles |
| *Trichosporon* | Contact | Tiges des poils |
| *Aspergillus* | Inhalation | Poumons |

13. Pourquoi les mycoses sont-elles souvent des maladies chroniques ? des infections opportunistes ?

14. Remplissez le tableau suivant.

| Embranchement | Maladies | |
|---|---|---|
| | Système locomoteur | Parasites de l'humain |
| *Archæzoa* | | |
| *Microsporidia* | | |
| *Rhizopoda* | | |
| *Apicomplexa* | | |
| *Ciliophora* | | |
| *Euglenozoa* | | |

15. Le protozoaire *Trichomonas vaginalis* est transmis sexuellement.
   **a)** Sa survie dépend de son transfert rapide entre deux hôtes. Pourquoi ?
   **b)** Qu'est-ce qu'un kyste et pourquoi est-il important dans le cycle vital d'un protozoaire ?

16. Distinguez entre les protistes fongiformes cellulaires et les protistes fongiformes plasmodiaux. Comment chacun de ces groupes d'organismes se défend-il contre les conditions défavorables du milieu ?

17. Rappelez-vous le cycle vital de *Plasmodium*.
   **a)** Où a lieu la reproduction asexuée ?
   **b)** Où a lieu la reproduction sexuée ?
   **c)** Nommez l'hôte définitif.
   **d)** Nommez le vecteur.

18. Par quels moyens les helminthes parasites sont-ils transmis aux humains ?

19. À quel embranchement et à quelle classe l'animal suivant appartient-il ?

   **a)** Nommez deux traits particuliers de cet animal.
   **b)** Nommez les parties du corps.
   **c)** Quel est le nom de la larve enkystée de cet animal ?

20. La plupart des nématodes sont dioïques. Que signifie ce mot ?

## QUESTIONS À CHOIX MULTIPLE

**1.** Combien d'embranchements sont représentés par les organismes suivants : *Echinococcus, Cyclospora, Aspergillus, Tænia, Toxoplasma, Trichinella* ?
**a)** 1 **b)** 2 **c)** 3 **d)** 4 **e)** 5

Utilisez les choix suivants pour répondre aux questions 2 et 3.
**1)** Métacercaire
**2)** Rédie
**3)** Ver adulte
**4)** Miracidie
**5)** Cercaire

**2.** Classez les stades mentionnés ci-dessus par ordre chronologique à partir de l'œuf.
**a)** 5, 4, 1, 2, 3
**b)** 4, 2, 5, 1, 3
**c)** 2, 5, 4, 3, 1
**d)** 3, 4, 5, 1, 2
**e)** 2, 4, 5, 1, 3

**3.** Si l'escargot est le premier hôte intermédiaire d'un parasite qui présente ces stades, quel stade trouve-t-on dans l'escargot ?
**a)** 1
**b)** 2
**c)** 3
**d)** 4
**e)** 5

**4.** Lesquelles des affirmations suivantes à propos des levures sont vraies ?
**1)** Les levures sont des mycètes.
**2)** Les levures peuvent former des pseudohyphes.
**3)** La reproduction asexuée chez les levures a parfois lieu par bourgeonnement.
**4)** Les levures sont des anaérobies facultatifs.
**5)** Toutes les levures sont pathogènes.
**6)** Toutes les levures sont dimorphes.
**a)** 1, 2, 3, 4
**b)** 3, 4, 5, 6
**c)** 2, 3, 4, 5
**d)** 1, 3, 5, 6
**e)** 2, 3, 4

**5.** Lequel des événements suivants se produit à la suite de la fusion cellulaire chez les ascomycètes ?
**a)** Formation de conidiophores
**b)** Germination des conidies
**c)** Ouverture des asques
**d)** Formation d'ascospores
**e)** Libération de conidies

**6.** L'hôte définitif de *Plasmodium vivax* est :
**a)** l'humain.
**b)** l'anophèle.
**c)** un sporocyte.
**d)** un gamétocyte.

**7.** La puce est l'hôte intermédiaire du cestode *Dipylidium caninum* et le chien en est l'hôte définitif. À quel stade le parasite peut-il se trouver dans la puce ?
**a)** Cysticerque
**b)** Proglottis
**c)** Scolex
**d)** Adulte

Utilisez les choix suivants pour répondre aux questions 8, 9 et 10.
**a)** *Apicomplexa*
**b)** *Ciliophora*
**c)** Dinoflagellés
**d)** *Microsporidia*

**8.** Ce sont des parasites intracellulaires obligatoires qui sont dépourvus de mitochondries.

**9.** Ce sont des parasites non mobiles pourvus d'organites spécialisés grâce auxquels ils pénètrent les tissus de l'hôte.

**10.** Ce sont des organismes photosynthétiques qui peuvent causer l'intoxication par phycotoxine paralysante.

## QUESTIONS À COURT DÉVELOPPEMENT

**1.** La figure ci-dessous résume le cycle vital d'une douve du foie *Clonorchis sinensis.*
**a)** Nommez l'hôte intermédiaire (ou les hôtes s'il y en a plus d'un).
**b)** Nommez l'hôte définitif (ou les hôtes s'il y en a plus d'un).
**c)** À quel embranchement et à quelle classe cette douve appartient-elle ?
**d)** Pourquoi les Canadiens et les Canadiennes ne risquent-ils pas de contracter cette douve du foie ?

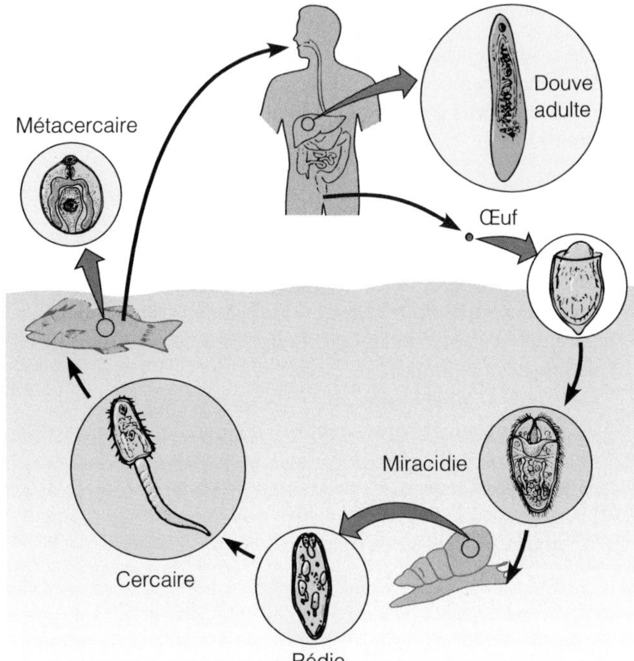


**2.** La taille de la cellule est limitée par le rapport entre sa surface et son volume ; en d'autres termes, si le volume devient trop grand, la chaleur interne ne se dissipe pas, et les nutriments et les déchets ne peuvent pas être transportés efficacement. Comment les protistes fongiformes plasmodiaux parviennent-ils à contourner cette difficulté ?

**3.** *Trypanosoma brucei gambiense* (figure a) est le germe causal de la maladie du sommeil ; il sévit en Afrique.
**a)** À quel groupe de flagellés appartient-il ? Comment sa morphologie est-elle adaptée à son environnement ?
**b)** La figure b résume le cycle vital de *T. b. gambiense.* Nommez l'hôte et le vecteur de ce parasite.
**c)** Comment le parasite se transmet-il ?

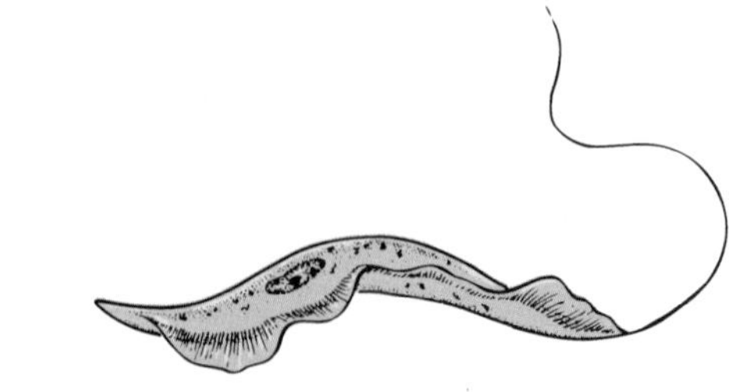

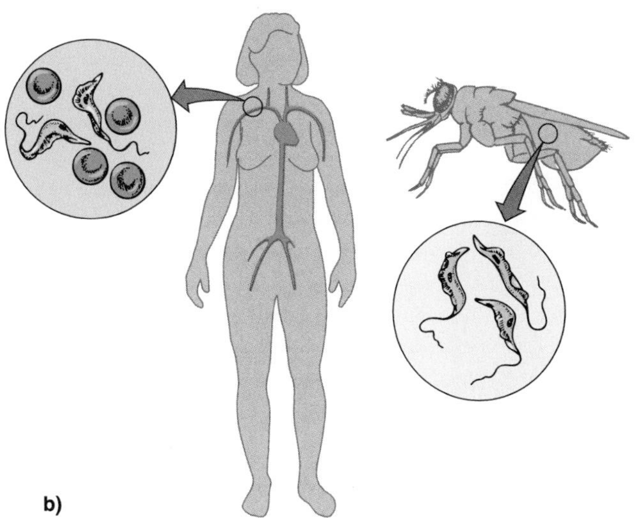
b)

4. De jeunes amis à vous préparent un voyage en Afrique. Ils sont d'ores et déjà invités à un méchoui. Quelle recommandation leur feriez-vous ?

## APPLICATIONS CLINIQUES

*N. B. Certaines de ces questions nécessitent que vous cherchiez des réponses dans les différents chapitres du livre.*

1. Émilie, 4 ans, va à la garderie. Depuis quelques jours, elle est irritable, fatiguée et a perdu l'appétit. La nuit dernière, Émilie s'est réveillée en pleurant ; son anus la démange et elle se gratte sans soulagement. Sa mère découvre des petits vers blancs à peine plus gros qu'un cil. À la clinique, on donne à la mère un tube de prélèvement dans lequel elle trouve une languette munie d'un papier gommé. Durant la nuit, elle applique la languette gommée sur l'anus de la petite fille. Au laboratoire, l'examen révèle la présence d'œufs. On prescrit à Émilie un médicament antiparasitaire, le pamoate de pyrantel (Combantrin$^{MD}$), et tous les membres de sa famille doivent en prendre également. (*Indice :* voir le chapitre 25.)

   Quel est l'agent pathogène le plus probable ? Expliquez pourquoi le prélèvement doit être effectué la nuit, en appuyant votre argumentation sur le cycle vital de cet agent pathogène. Comment la contamination d'Émilie s'est-elle produite ? celle des membres de sa famille ?

2. Un homme travaille dans un ranch dans une région semi-désertique de la Californie. Il présente les signes et symptômes suivants : une température subfébrile, une douleur thoracique, de la toux et une perte de poids. La radiographie montre une infiltration pulmonaire. Un examen microscopique de ses expectorations révèle la présence de sphérules, petites structures contenant des spores. La culture des expectorations fait apparaître des mycéliums et des arthroconidies. (*Indice :* voir le chapitre 24.)

   Quel type d'organisme est la cause probable de ces symptômes ? Énumérez les éléments qui vous ont mis sur la piste de l'agent pathogène. Comment cette maladie est-elle transmise ? Quelle précaution doit prendre le personnel de laboratoire lors de la manipulation des prélèvements ?

3. Un homme d'affaires a séjourné une semaine en Afrique rurale subsaharienne. Il se plaint de fièvre rémittente qui survient à des intervalles de 2 jours, de frissons et de fatigue. Un frottis épais de sang révèle des parasites en forme d'anneau dans ses érythrocytes. Il est traité, avec succès, à la primaquine et à la chloroquine. (*Indice :* voir le chapitre 23.)

   Quel type de parasite est en cause ici ? De quelle maladie s'agit-il ? Expliquez en quoi sa maladie est liée à son voyage.

4. Dans 10 hôpitaux, 17 patients présentant des plaies ont une mycose causée par *Rhizopus*. Dans les 17 cas, on utilise des tampons de gaze stérile retenus par des bandages Elastoplast pour recouvrir les plaies. Quatorze de ces patients ont des plaies chirurgicales, deux des piqûres de perfusion intraveineuse et un a été mordu. Les lésions observées quand on retire les bandages vont des éruptions vésiculopustuleuses aux ulcérations et à la nécrose de la peau nécessitant l'excision des débris de la plaie.

   Comment les plaies se sont-elles le plus probablement contaminées ? Comment vérifier l'hypothèse de cette contamination ? Pourquoi le contaminant dans ce cas est-il plus probablement un mycète qu'une bactérie ? *Rhizopus* est souvent mis en cause dans des infections opportunistes. Est-ce le cas ici ?

5. À la mi-décembre, une femme qui prenait de la prednisone et qui souffre de diabète insulino-dépendant tombe et s'écorche le dos de la main droite. On lui donne de la pénicilline. La plaie tarde à guérir et on continue la médication. À la fin de janvier, la plaie est devenue un ulcère et la patiente est envoyée à un chirurgien plasticien. Le 30 janvier, un prélèvement de la plaie est mis en culture à 35 °C sur une gélose au sang. Le même jour, on effectue un prélèvement pour une coloration de Gram. Cette dernière révèle la présence d'éléments fongiques. Des colonies brunâtres et cireuses ont poussé sur la gélose au sang. Des cultures sur lame ensemencées le 1$^{er}$ février et incubées à 25 °C révèlent des hyphes segmentés et des conidies simples. On identifie le mycète *Blastomyces dermatitidis*. (*Indice :* voir le chapitre 24.)

   Selon vous, que faut-il faire maintenant sur le plan de la médication ? Quel est le mode habituel de contamination de *B. dermatitidis* ? Comment expliquer son isolement dans ce cas-ci dans une plaie cutanée ?

6. Dans la région de Montréal, durant l'hiver 2002, trois hôpitaux sont aux prises avec la présence du mycète *Stachybotrys* dans leurs murs.

   Quel est le problème à la base de la prolifération de ce mycète dans les murs des hôpitaux ? Quel est le danger à craindre lorsqu'on procédera à la réparation des murs ? Ce mycète peut-il être mis en cause dans des infections opportunistes graves ? Justifiez votre réponse.

7. Une jeune fille de 22 ans souffre d'attaques convulsives généralisées. On soupçonne un trouble neurologique et on procède à des tests. La scanographie révèle une lésion cérébrale unique qui pourrait être une tumeur. Par la suite, la biopsie de la lésion révèle la présence d'un cysticerque. Il est reconnu que le porc est l'hôte de ce parasite.

   Quel type de parasite est à l'origine de son affection ? Précisez l'espèce. Quels sont les indices qui vous ont permis de déterminer le nom du parasite ? Si, au Canada, toute la viande de porc est inspectée et, par conséquent, sans risque pour les consommateurs, et que la patiente n'a jamais quitté sa région au sud du Québec, comment cette maladie a-t-elle été transmise à la jeune fille ? Quelles sont les mesures de prévention à prendre ?

# Chapitre 13 Les virus, les viroïdes et les prions

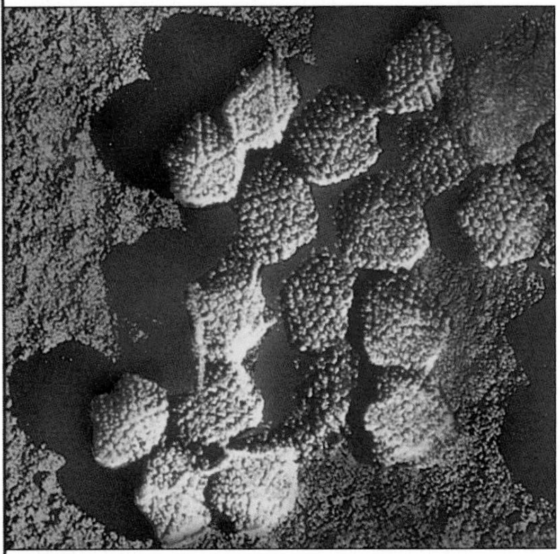

Mastadenovirus. *Ce virus cause une infection des voies respiratoires supérieures chez l'homme.*

En 1886, le chimiste hollandais Adolf Mayer démontre que la maladie de la mosaïque du tabac est transmissible d'une plante malade à une plante saine. En 1892, au cours d'une expérience visant à isoler la cause de cette maladie, le bactériologiste russe Dimitri Ivanowski filtre la sève de plants de tabac malades à travers un filtre en porcelaine qui retient normalement les bactéries. Il s'attend à trouver le microbe retenu dans le filtre ; or, l'agent infectieux passe à travers les minuscules pores du filtre. Lorsqu'il injecte le filtrat à des plants sains, ces derniers contractent la maladie – qui donne aux feuilles de tabac une coloration tachetée dite en mosaïque.

Ivanowski était toujours persuadé que l'agent infectieux était une bactérie assez petite pour passer à travers le filtre. Plus tard, cependant, des scientifiques dirigés par le botaniste hollandais Martinus Beijerinck observent une différence de comportement entre cet agent infectieux et les bactéries. Au début des années 1900, on établit finalement une distinction entre les bactéries et les virus, ces agents infectieux responsables de la mosaïque du tabac et de beaucoup d'autres maladies. (*Virus* est un mot latin qui signifie poison.) En 1935, le chimiste américain Wendell M. Stanley isole le virus de la mosaïque du tabac ou VMT (genre *Tobamovirus*). De cet isolement découlent les premières études morphologiques et chimiques d'un virus purifié. Vers la même époque, les virus deviennent visibles grâce à l'invention du microscope électronique.

Aujourd'hui, nous savons que les virus parasitent tous les types d'organismes, car ils ne peuvent se reproduire qu'à l'intérieur de cellules vivantes. De nombreuses maladies humaines sont causées par les virus ; certaines maladies animales et végétales qui sévissent dans le secteur agricole dérivent également de leur pouvoir infectant. Les virus infectent aussi les mycètes, les bactéries et les protistes.

Les progrès accomplis par les techniques de biologie moléculaire au cours des années 1980 et 1990 ont mis en évidence de nouveaux virus humains. Ces virus ne sont pas nécessairement nouveaux dans la mesure où certains existaient peut-être avant que la médecine occidentale les reconnaisse. Le virus de l'immunodéficience humaine (VIH) se trouvait dans la nature bien avant que la médecine occidentale le découvre en 1983. Les maladies virales émergentes sont dues le plus souvent aux animaux sauvages et domestiques. Malgré l'isolement précoce de l'*Hantavirus* Sin Nombre à partir de rongeurs, la maladie associée à cet agent n'a pas été signalée aux États-Unis avant 1993, année durant laquelle de nombreux Américains du Sud-Ouest moururent après avoir contracté la maladie. En 1999, à New York, le virus du Nil occidental a été à l'origine d'une épidémie d'encéphalite ; en 2002, quelques cas sont apparus au Canada. On soupçonne certains oiseaux migrateurs d'en avoir été les vecteurs.

Les responsables de la santé publique craignent que ces virus émergents ne constituent un danger pour la santé, et que la facilitation des voyages internationaux ainsi que la modification des environnements ne facilitent leur dissémination.

# Les caractéristiques générales des virus

### Objectifs d'apprentissage

- *Distinguer un virus d'une bactérie.*
- *Reconnaître les caractéristiques des virus comme agents infectieux.*

Le caractère vivant des virus prête à controverse. On peut définir un processus vital comme un ensemble complexe de réactions résultant de l'action de protéines codées par des acides nucléiques. Les acides nucléiques concourent continuellement à faire fonctionner la cellule vivante. Étant donné qu'ils sont inertes en dehors de la cellule hôte vivante, les virus ne sont pas considérés comme des organismes vivants. Cependant, une fois que les virus ont pénétré à l'intérieur d'une cellule hôte, les acides nucléiques viraux deviennent actifs et il en résulte une prolifération virale. À cet égard, les virus sont vivants lorsqu'ils se multiplient dans les cellules hôtes qu'ils infectent. D'un point de vue clinique, on considère que les virus sont vivants parce qu'ils causent des infections et des maladies, à l'instar des bactéries, des mycètes et des protozoaires pathogènes. Selon le point de vue qu'on adopte, on peut considérer un virus comme un agrégat exceptionnellement complexe de substances chimiques inertes ou comme un microorganisme vivant extrêmement simple.

Comment alors peut-on définir un virus? À l'origine, les virus ont été distingués des autres agents infectieux en raison de leur taille minuscule (ils sont filtrables) et parce qu'ils sont des **parasites intracellulaires obligatoires** – c'est-à-dire qu'ils dépendent totalement de leur cellule hôte pour se reproduire. Toutefois, il est à noter que certaines petites bactéries, telles que diverses rickettsies, possèdent également ces deux propriétés. Le tableau 13.1 offre une comparaison entre les virus et les bactéries.

On sait aujourd'hui que les virus se démarquent des autres microorganismes vivants par leur organisation structurale et leur mécanisme de reproduction. Les **virus** sont des entités infectieuses qui :

- ne possèdent pas d'organisation cellulaire (ils sont acellulaires) ;
- ne renferment qu'un seul type d'acide nucléique – soit de l'ADN, soit de l'ARN ;
- sont constituées d'une coque protéique (parfois entourée d'une enveloppe de lipides, de protéines et de glucides) qui contient le matériel génétique ;
- se reproduisent uniquement à l'intérieur d'une cellule vivante en détournant le métabolisme énergétique de la cellule au profit de la synthèse de leurs constituants viraux ;
- provoquent la synthèse de virions, structures spécialisées capables de transférer l'acide nucléique viral aux autres cellules.

**Tableau 13.1** *Comparaison entre les virus et les bactéries*

| | Bactéries | | Virus |
|---|---|---|---|
| | Bactérie typique | Rickettsies/ chlamydies | |
| Parasite intracellulaire | Non | Oui | Oui |
| Membrane plasmique | Oui | Oui | Non |
| Scissiparité | Oui | Oui | Non |
| Filtrable par un filtre bactériologique | Non | Non/oui | Oui |
| Renferme à la fois de l'ADN et de l'ARN | Oui | Oui | Non |
| Métabolisme générant de l'ATP | Oui | Oui/non | Non |
| Ribosomes | Oui | Oui | Non |
| Sensible aux antibiotiques | Oui | Oui | Non |
| Sensible à l'interféron | Non | Non | Oui |

Les virus ne possèdent pas de système enzymatique qui leur permettrait de produire leur propre énergie et de synthétiser leurs propres protéines. Pour se reproduire, ils doivent détourner à leur avantage le métabolisme de la cellule hôte, ce qui cause des dommages à cette dernière. Cette capacité revêt une signification particulière en médecine en ce qui concerne la mise au point de médicaments antiviraux. En effet, la plupart des médicaments qui empêcheraient la multiplication virale agiraient également sur le fonctionnement de la cellule hôte ; ils sont par conséquent trop toxiques pour être utilisés cliniquement. (Nous traiterons des médicaments antiviraux au chapitre 20.)

## Le spectre d'hôtes cellulaires

Le **spectre d'hôtes cellulaires** d'un virus est l'éventail de cellules hôtes qu'un virus peut infecter. Les virus s'attaquent aussi bien aux invertébrés qu'aux vertébrés, aux plantes, aux protistes, aux mycètes et aux bactéries. Toutefois, la plupart des virus n'infectent que des types spécifiques de cellules provenant d'une espèce donnée. Dans ce chapitre, nous traitons des virus touchant soit les humains, soit les bactéries. Les virus qui infectent les bactéries s'appellent **bactériophages** ou **phages.**

Le spectre d'hôtes cellulaires d'un virus est déterminé par les exigences du virus concernant son adhérence spécifique (adsorption) sur la cellule hôte, et par la présence, au sein de la cellule hôte, des constituants cellulaires nécessaires à la multiplication virale : on parle de la niche écologique du virus. Pour que le virus puisse infecter la cellule hôte, sa face externe doit réagir chimiquement avec des sites récepteurs spécifiques situés à la surface de la cellule hôte. Les deux sites complémentaires, fonctionnant à la manière d'une clé et d'une serrure, sont retenus par de faibles liaisons chimiques telles que les liaisons hydrogène. Certains bactériophages reconnaissent des sites récepteurs localisés sur la paroi cellulaire de la bactérie hôte ; d'autres reconnaissent des sites récepteurs sur les fimbriæ ou sur les flagelles bactériens. Enfin, les virus animaux reconnaissent les sites récepteurs localisés sur la membrane plasmique de la cellule hôte.

## La taille des virus

La taille des virus est évaluée à l'aide du microscope électronique. Les virus varient considérablement en taille. Même si la plupart d'entre eux sont notablement plus petits que les bactéries, certains des plus gros virus – tels que le virus de la vaccine – ont une taille semblable à celle de certaines des plus petites bactéries (mycoplasmes, rickettsies et chlamydies, par exemple). La figure 13.1 compare la taille de plusieurs virus avec celles des bactéries *E. coli* et *Chlamydia*.

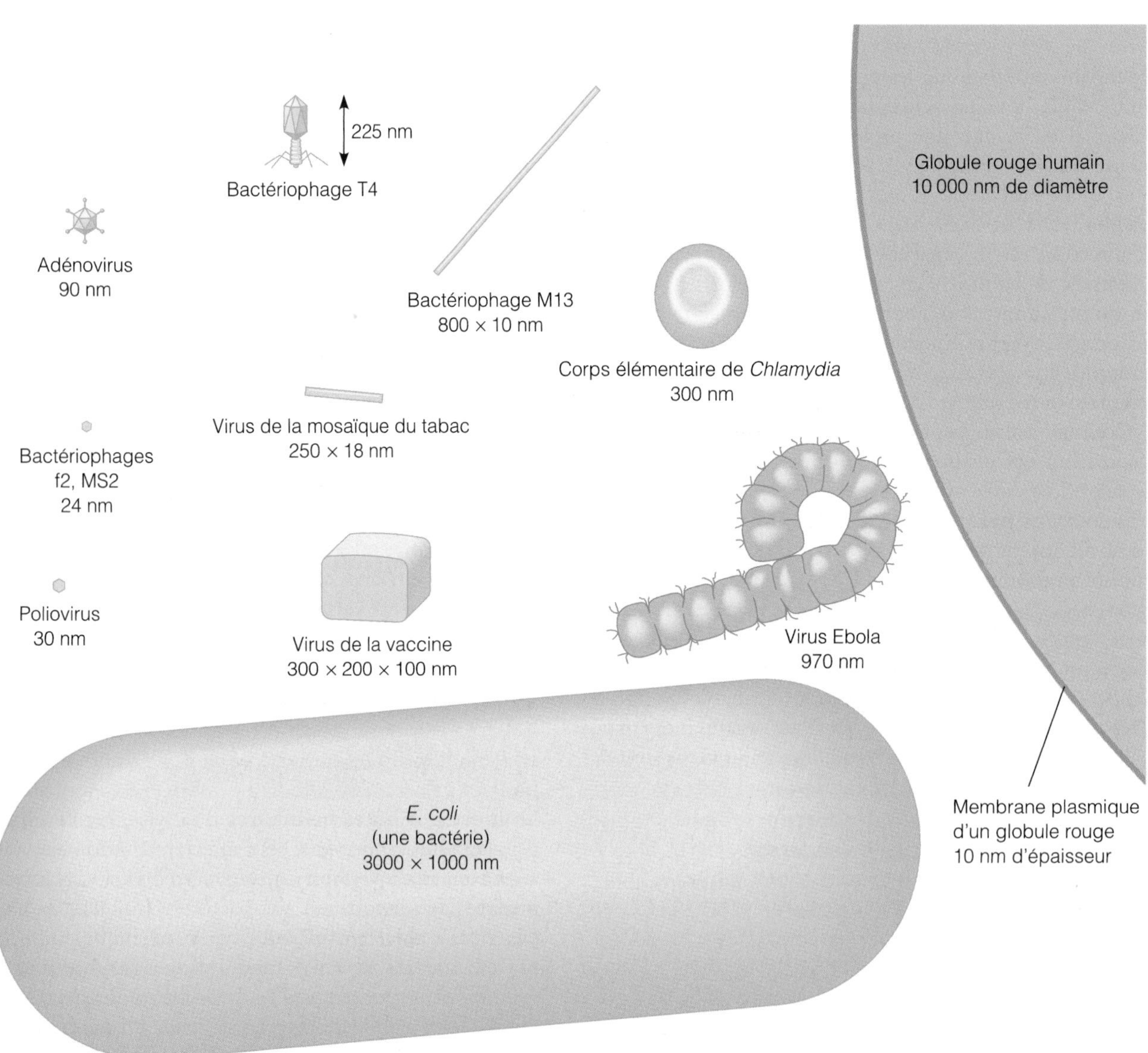


**FIGURE 13.1 Tailles de virus.** La taille de plusieurs virus (en bleu) et de plusieurs bactéries (en mauve) est comparée avec celle d'un globule rouge humain, représenté à droite des microorganismes. Les dimensions sont données en nanomètres (nm) et représentent soit le diamètre de la particule, soit sa longueur sur sa largeur.

■ Quelles sont les différences entre les virus et les bactéries ?

# La structure virale

## Objectifs d'apprentissage

- *Décrire la structure chimique et l'organisation morphologique des virus enveloppés et des virus sans enveloppe.*
- *Décrire les rôles des structures virales par rapport à la capacité d'un virus d'infecter une cellule hôte.*

Un **virion** est une particule virale infectieuse, complète et entièrement développée. Il se compose d'un acide nucléique enfermé dans une coque protéique qui le protège de l'environnement et lui sert de véhicule pour se propager d'une cellule hôte à une autre.

## L'acide nucléique

Contrairement aux cellules procaryotes et eucaryotes, dans lesquelles l'ADN est toujours le matériel génétique de base (et l'ARN, l'acide nucléique secondaire), un virus contient soit de l'ADN, soit de l'ARN, mais jamais les deux à la fois. Le matériel génétique d'un virus peut être monocaténaire (simple brin) ou bicaténaire (double brin). On trouve donc des virus à ADN bicaténaire, des virus à ADN monocaténaire, des virus à ARN bicaténaire et des virus à ARN monocaténaire. Selon le type de virus, l'acide nucléique peut être linéaire ou circulaire. Chez certains (comme le virus de la grippe), l'acide nucléique est segmenté en plusieurs fragments séparés.

Le pourcentage d'acide nucléique codant pour des protéines est d'environ 1 % chez les virus du genre *Influenzavirus*, et d'environ 50 % chez certains bactériophages. La quantité totale d'acide nucléique varie entre quelques milliers de paires de nucléotides (ou paires de bases) et quelque 250 000 nucléotides. À des fins de comparaison, notez que le chromosome d'*E. coli* contient environ 4 millions de paires de bases. C'est pourquoi on parle plutôt de génome que de chromosome chez un virus. Malgré sa petitesse, l'acide nucléique viral contient les gènes essentiels codant pour la synthèse des protéines enzymatiques qui entrent en jeu dans les différentes phases de son cycle de réplication, et pour le détournement du métabolisme de la cellule hôte au profit du virus.

## La capside et l'enveloppe

L'acide nucléique d'un virus est entouré d'une coque protéique appelée **capside** (figure 13.2a) ; l'ensemble forme la *nucléocapside.* La structure de la capside est déterminée par l'acide nucléique viral et sa masse constitue presque la masse totale du virus, en particulier chez les petits virus. Chaque capside est composée de sous-unités protéiques, les **capsomères.** Selon les virus, les protéines composant les capsomères sont d'un seul ou de plusieurs types. Les capsomères sont souvent visibles individuellement au microscope électronique (figure 13.2b). L'arrangement structural des capsomères détermine la morphologie de la capside ; cet arrangement est caractéristique du type de virus. Chez certains virus, la capside est recouverte d'une **enveloppe** membraneuse (figure 13.3a) généralement constituée d'un mélange de lipides, de protéines et de glucides. Certains virus animaux et humains acquièrent cette enveloppe lorsqu'ils sont relâchés de la cellule hôte ; ils arrachent pour ainsi dire une portion de membrane de la cellule lors de leur expulsion. Cette enveloppe membraneuse joue également un rôle lors de la pénétration d'un virus dans une nouvelle cellule hôte. Dans de nombreux cas, outre les constituants de la membrane de la cellule hôte, l'enveloppe contient des glycoprotéines d'origine virale.

Selon les virus, les enveloppes sont parfois couvertes de **spicules,** complexes de protéines et de glucides (glycoprotéines) formant des projections proéminentes à la surface. C'est par ces spicules que certains virus se fixent à la cellule hôte et peuvent ensuite y pénétrer. Ces structures de l'enveloppe sont si caractéristiques qu'elles peuvent servir à identifier certains virus. La capacité de certains virus, tels que les *Influenzavirus*, à s'attacher aux érythrocytes est due à la présence des spicules. Ces virus se lient aux érythrocytes et forment même des ponts entre eux. Ce phénomène d'agrégation, mis à profit dans plusieurs tests de laboratoire fort utiles, s'appelle *hémagglutination* (figure 18.7).

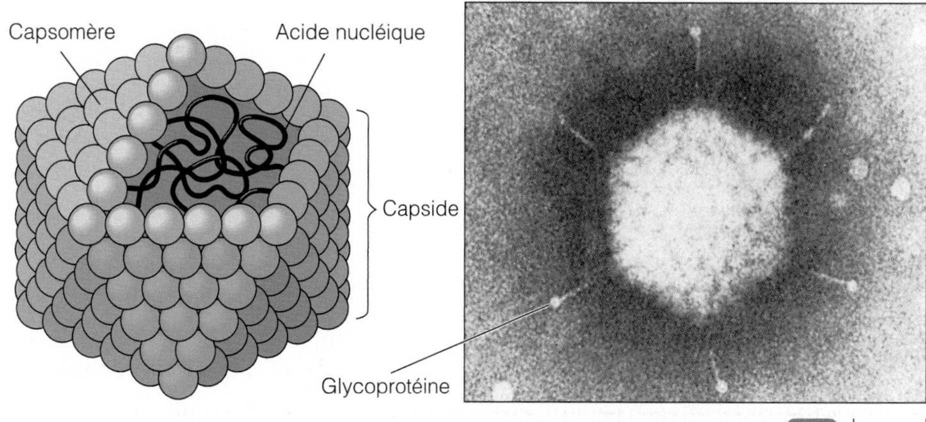

**FIGURE 13.2 Morphologie d'un virus polyédrique sans enveloppe. a)** Diagramme d'un virus polyédrique (icosaédrique). **b)** Micrographie de *Mastadenovirus,* un adénovirus. Les capsomères de la capside sont visibles.

- La capside virale est composée de capsomères qui forment habituellement un icosaèdre.

**FIGURE 13.3 Morphologie d'un virus hélicoïdal enveloppé.**
**a)** Diagramme d'un virus hélicoïdal enveloppé.
**b)** Micrographie du virus grippal type $A_2$. Notez l'anneau de spicules saillant de la surface de chacune des enveloppes (chapitre 24).

■ Quel type d'acide nucléique contient un virus?

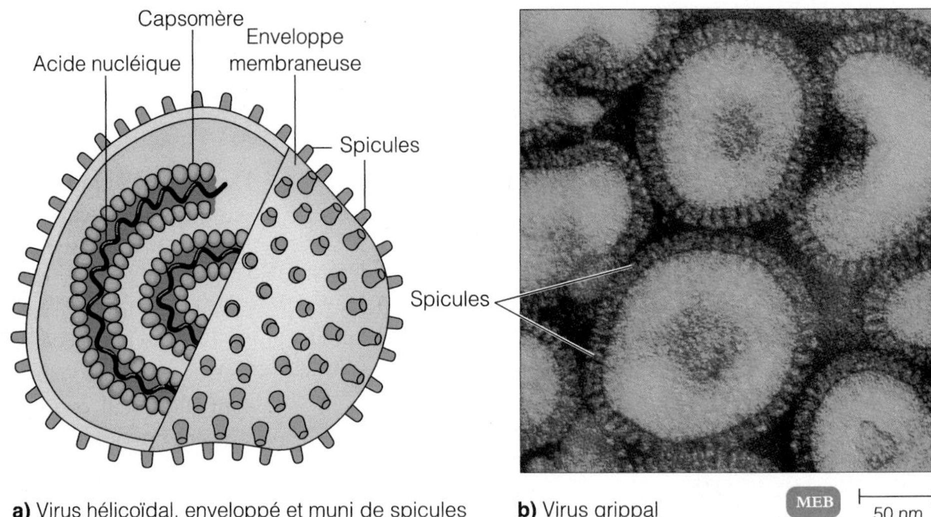


**a)** Virus hélicoïdal, enveloppé et muni de spicules **b)** Virus grippal

Les virus dont la capside n'est pas entourée d'une enveloppe portent le nom de *virus sans enveloppe* (figure 13.2). Leur capside protège l'acide nucléique contre la digestion enzymatique effectuée par les nucléases présentes dans les liquides biologiques. Les capsomères qui constituent la capside fonctionnent comme des enzymes et comme des sites récepteurs, et permettent ainsi au virus de se fixer à une cellule hôte potentielle et d'y pénétrer.

Lorsque l'hôte a été infecté par un virus, son système immunitaire est stimulé à produire des anticorps – protéines qui réagissent spécifiquement avec les protéines de surface du virus. La réaction entre les anticorps de l'hôte et les protéines virales inactive généralement le virus et arrête la propagation de l'infection. Cependant, certains virus peuvent se prémunir contre l'action des anticorps, car les régions des gènes codant pour les protéines de surface de ces virus subissent des mutations. Les descendants des virus mutants arborent alors des protéines de surface modifiées, si bien que les anticorps sont incapables de les reconnaître. Les virus grippaux (*Influenzavirus*) modifient fréquemment leurs spicules de cette manière. C'est la raison pour laquelle il est possible de contracter la grippe plus d'une fois. Même si vous avez produit des anticorps contre un virus de la grippe, le virus peut muter et vous infecter à nouveau. Cette capacité de mutation augmente la virulence virale et, par ricochet, le nombre de personnes réceptives.

## La morphologie générale

Les virus peuvent être classés en plusieurs groupes morphologiques selon la structure de leur capside. On examine cette dernière au moyen de la microscopie électronique et de la cristallographie aux rayons X. Selon l'arrangement des capsomères, la capside présente deux types de symétrie architecturale: hélicoïdale et cubique. Les virus bactériens, ou bactériophages, présentent une structure complexe alliant les deux types de symétrie.

### Les virus polyédriques

De nombreux virus animaux, végétaux et bactériens sont polyédriques, c'est-à-dire qu'ils présentent plusieurs faces. La capside de la plupart de ces virus a la forme d'un *icosaèdre*, soit un polyèdre régulier composé de 20 faces triangulaires et de 12 sommets (figure 13.2a). Les capsomères de chacune des faces forment un triangle équilatéral. L'adénovirus illustré à la figure 13.2b et le poliovirus sont des exemples de virus icosaédriques. La capside creuse contient l'acide nucléique enroulé sur lui-même.

### Les virus enveloppés

Comme nous l'avons mentionné plus haut, la capside de certains virus est recouverte d'une enveloppe. Les virus enveloppés sont plus ou moins sphériques. Quand un virus hélicoïdal ou polyédrique possède une enveloppe, il est appelé *virus hélicoïdal enveloppé* ou *virus polyédrique enveloppé*. Les virus grippaux (genre *Influenzavirus*) sont des virus hélicoïdaux enveloppés (figure 13.3b); les virus de l'herpès humain types 1 et 2 (*Simplexvirus*) sont des virus polyédriques (icosaédriques) enveloppés (figure 13.14, p. 419).

### Les virus hélicoïdaux

Les virus hélicoïdaux ressemblent à de longs filaments qui peuvent être rigides ou flexibles. Leur acide nucléique se trouve dans une capside cylindrique creuse (figure 13.4). Les capsomères sont liés les uns aux autres et forment un ruban continu enroulé en spirale, ce qui détermine la structure hélicoïdale de la capside. Les virus responsables de la rage et de la fièvre hémorragique Ebola font partie de ce groupe.

### Les virus complexes

Certains virus, en particulier les virus bactériens, présentent des structures complexes, d'où leur nom de **virus complexes.**

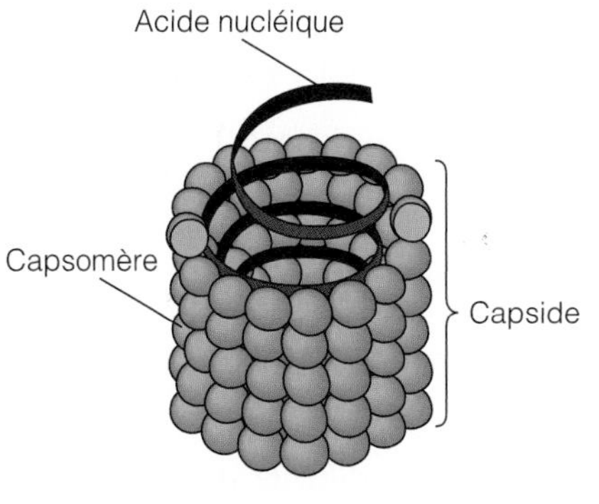


a) Virus hélicoïdal

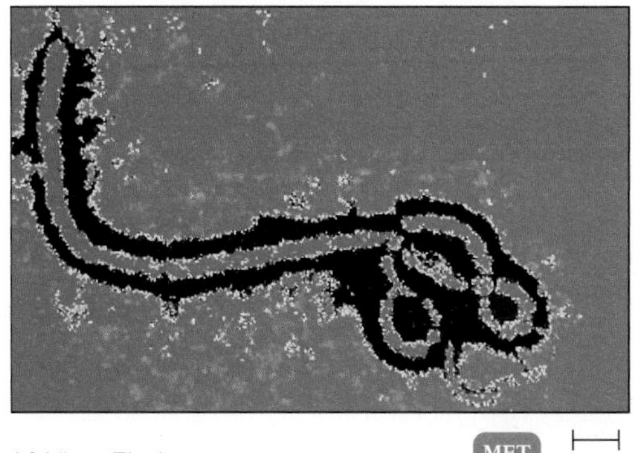

b) Virus Ebola

MET 100 nm

**FIGURE 13.4 Morphologie d'un virus hélicoïdal.**
**a)** Diagramme d'une portion d'un virus hélicoïdal. Plusieurs rangées de capsomères ont été éliminées afin de révéler la présence de l'acide nucléique.
**b)** Micrographie du virus Ebola, un *Filovirus* hélicoïdal en forme de filament.

■ Les virus hélicoïdaux ressemblent à de longs filaments en spirale.

65 nm
Capside (tête)
ADN
Spicule
Fibre de la queue
Plaque terminale
Gaine contractile

MET 100 nm

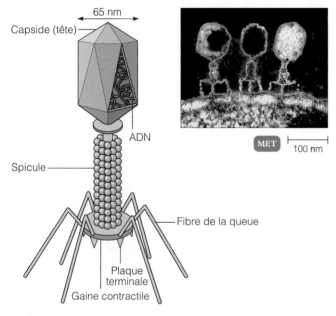

a) Un bactériophage T-pair

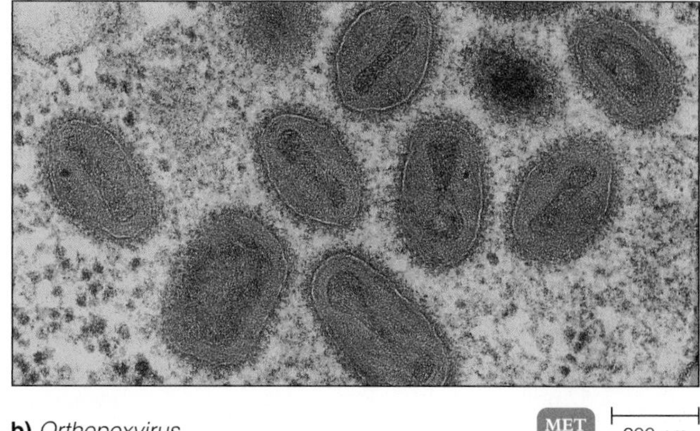

b) *Orthopoxvirus*

MET 200 nm

**FIGURE 13.5 Morphologie des virus complexes. a)** Diagramme et micrographie d'un bactériophage T-pair. **b)** Micrographie du virus de la variole (genre *Orthopoxvirus*).

■ Quelle est la composition chimique de la capside virale ?

Parmi les virus complexes, on compte les bactériophages. Certains d'entre eux possèdent des capsides sur lesquelles d'autres structures sont attachées (figure 13.5a). Dans cette figure, remarquez que la capside (tête) est polyédrique et que la gaine est de forme hélicoïdale. La tête renferme l'acide nucléique. Plus loin dans le chapitre, nous traiterons de la fonction des autres structures telles que la gaine, les fibres de la queue, la plaque terminale et les spicules. Les poxvirus (figure 13.5b) sont également des virus complexes. Ils ne possèdent pas de capside clairement identifiable, mais l'acide nucléique est entouré de plusieurs enveloppes.

## La taxinomie virale

### Objectifs d'apprentissage

- *Définir une espèce virale.*
- *Donner, à titre d'exemple, la famille, le genre et le nom commun d'un virus.*

Tout comme pour les plantes, les animaux et les bactéries, nous avons besoin d'une taxinomie qui permette de classer les nouveaux virus et de les comprendre. Le plus ancien système de classification des virus reposait sur la symptomatologie des maladies qu'ils entraînent, telles que les maladies respiratoires. Ce système était pratique mais pas assez rigoureux scientifiquement, car le même virus peut causer plus d'une maladie selon le tissu qu'il touche. En outre, ce système regroupait arbitrairement des virus n'infectant pas les humains.

Les virologistes s'attaquèrent au problème de la taxinomie virale en 1966 en formant le Comité international sur la taxonomie des virus (CITV). Depuis lors, le CITV a regroupé les virus en familles sur la base 1) du type d'acide nucléique qu'ils contiennent, 2) de leur mode de réplication et 3) de leur morphologie. Les noms de genre se terminent par le suffixe *–virus,* les noms de famille par le suffixe *–viridæ* et les noms d'ordre par le suffixe *–ales*. Le CITV reconnaît deux ordres : celui des *Nidovirales,* qui comprend les *Coronavirus* et le virus de l'artérite des équidés, et celui des *Mononegavirales,* dont font partie les virus munis d'ARN monocaténaire, brin négatif. Dans l'usage scientifique, les noms des familles et des genres sont présentés de la façon suivante : famille des *Herpesviridæ*, genre *Simplexvirus*, virus de l'herpès humain types 1 et 2 (ou HHV-1 et 2 ; on dit aussi virus de l'herpès simplex de types 1 et 2 ou HSV-1 et 2).

Une **espèce virale** est définie comme un groupe de virus ayant le même bagage génétique et la même niche écologique. On ne fait pas appel à des épithètes spécifiques pour nommer les virus. Par conséquent, les espèces virales sont désignées par des noms courants descriptifs, tels que le virus de l'immunodéficience humaine (VIH), avec – s'il y a lieu – un chiffre qui indique la sous-espèce (VIH-1). Le tableau 13.2 dresse une récapitulation de la classification des virus qui infectent les humains.

## L'isolement, la culture et l'identification des virus

Compte tenu de leur incapacité à se propager en dehors d'un hôte cellulaire vivant, il est difficile de détecter les virus, de les compter et de les identifier et, par conséquent,

**Tableau 13.2** *Familles de virus infectant les humains*

| Caractéristiques/ dimensions | Famille | Genre | Caractéristiques cliniques ou particulières |
|---|---|---|---|
| ADN monocaténaire, sans enveloppe 18 à 25 nm | *Parvoviridæ* | *Dependovirus* | Dépendent d'une co-infection par un adénovirus ; mortels, causent la gastroentérite. |
| ADN bicaténaire, sans enveloppe 70 à 90 nm | *Adenoviridæ* | *Mastadenovirus* | Virus de taille moyenne qui provoquent diverses infections respiratoires chez les humains ; certains causent des tumeurs chez les animaux. |
| 40 à 57 nm | *Papovaviridæ* | *Papillomavirus* (virus du papillome humain)<br>*Polyomavirus* | Petits virus qui causent des tumeurs ; le virus du papillome humain (verrue) et certains des virus provoquant les cancers chez les animaux (polyome et cancer du singe) appartiennent à cette famille. Voir les chapitres 21 et 26. |
| ADN bicaténaire, enveloppé 200 à 350 nm | *Poxviridæ* | *Orthopoxvirus* (virus de la vaccine et virus de la variole)<br>*Molluscipoxvirus* | Virus complexes de grosse taille, en forme de briques, associés à des maladies telles que la variole, le molluscum contagiosum (petite tumeur bénigne de la peau) et la vaccine. Voir le chapitre 21. |
| 150 à 200 nm | *Herpesviridæ* | *Simplexvirus* (HHV-1 et 2)<br>*Varicellovirus* (HHV-3)<br>*Lymphocryptovirus* (HHV-4)<br>*Cytomegalovirus* (HHV-5)<br>*Roseolovirus* (HHV-6)<br>HHV-7<br>Sarcome de Kaposi (HHV-8) | Virus de taille moyenne responsables de diverses maladies humaines telles que les boutons de fièvre (vésicules herpétiques), la varicelle, le zona et la mononucléose infectieuse ; causent le lymphome de Burkitt, un cancer humain. Voir les chapitres 21, 23, 25 et 26. |
| 42 nm | *Hepadnaviridæ* | *Hepadnavirus* (virus de l'hépatite B) | Après la synthèse protéique, le virus de l'hépatite B utilise une transcriptase inverse pour produire son ADN à partir de l'ARNm ; cause l'hépatite B et les tumeurs hépatiques. Voir le chapitre 25. |
| ARN monocaténaire, brin positif, sans enveloppe 28 à 30 nm | *Picornaviridæ* | *Enterovirus*<br>*Rhinovirus* (virus du rhume commun)<br>Virus de l'hépatite A | On a isolé plus de 70 *Enterovirus*, notamment les virus poliomyélitiques, les virus Coxsackie et les virus Echo ; il existe plus de 100 *Rhinovirus*, qui sont la principale cause des rhumes. Voir les chapitres 22, 24 et 25. |
| 35 à 40 nm | *Caliciviridæ* | Virus de l'hépatite E<br>Virus Norwalk | Provoquent les gastroentérites et un type d'hépatite humaine. Voir le chapitre 25. |

**Tableau 13.2** *Familles de virus infectant les humains (suite)*

| Caractéristiques/ dimensions | Famille | Genre | Caractéristiques cliniques ou particulières |
|---|---|---|---|
| ARN monocaténaire, brin positif, enveloppé 60 à 70 nm | *Togaviridæ* | *Togavirus* (virus de la rubéole) | Comprennent de nombreux virus transmis par les arthropodes (*Alphavirus*) ; responsables notamment de l'encéphalite de l'Est et de l'encéphalite de l'Ouest. Le virus de la rubéole se transmet par voie respiratoire. Voir les chapitres 21, 22 et 23. |
| 40 à 50 nm | *Flaviviridæ* | *Flavivirus*<br>*Pestivirus*<br>Virus de l'hépatite C | Peuvent se répliquer dans les arthropodes qui les transmettent ; responsables notamment de la fièvre jaune, de la dengue, de l'encéphalite de Saint-Louis et de la maladie du virus du Nil occidental. Voir les chapitres 22 et 23. |
| *Nidovirales* 80 à 160 nm | *Coronaviridæ* | *Coronavirus* | Associés aux infections des voies respiratoires supérieures et au rhume commun. Voir le chapitre 24. |
| *Mononegavirales* ARN monocaténaire, brin négatif 70 à 180 nm | *Rhabdoviridæ* | *Vesiculovirus* (virus de la stomatite vésiculeuse)<br>*Lyssavirus* (virus de la rage) | Virus fuselés recouverts d'une enveloppe avec des spicules, provoquent la rage et de nombreuses maladies animales. Voir le chapitre 22. |
| 80 à 14 000 nm | *Filoviridæ* | *Filovirus* | Virus hélicoïdaux enveloppés ; le virus Ebola et le virus de Marburg sont des *Filovirus*. Voir le chapitre 23. |
| 150 à 300 nm | *Paramyxoviridæ* | *Paramyxovirus*<br>*Morbillivirus* | Les *Paramyxovirus* comprennent les virus parinfluenza types 1 à 4, le virus des oreillons, le virus de la rougeole, le virus respiratoire syncytial et le virus de la maladie de Newcastle chez le poulet. Voir les chapitres 21, 24 et 25. |
| ARN monocaténaire, brin négatif 32 nm | *Deltaviridæ* | Virus de l'hépatite D | Dépend d'une co-infection par un *Hepadnavirus*. Voir le chapitre 25. |
| Multiples brins d'ARN, brin négatif 80 à 200 nm | *Orthomyxoviridæ* | *Influenzavirus* (virus de la grippe A et B)<br>Virus de la grippe C | Les spicules de l'enveloppe peuvent agglutiner les érythrocytes. Voir le chapitre 24. |
| 90 à 120 nm | *Bunyaviridæ* | *Bunyavirus* (virus de l'encéphalite californienne)<br>*Hantavirus* | Les *Hantavirus* sont responsables de fièvres hémorragiques telles que la fièvre hémorragique coréenne et le syndrome pulmonaire à *Hantavirus* ; associés aux rongeurs. Voir le chapitre 23. |
| 50 à 300 nm | *Arenaviridæ* | *Arenavirus* | La capside hélicoïdale contient des granules qui renferment l'ARN ; causent la chorioméningite lymphocytaire et la fièvre hémorragique vénézuélienne. Voir le chapitre 23. |
| Produit de l'ADN 100 à 120 nm | *Retroviridæ* | Oncovirus *Lentivirus* (VIH) | Comprennent tous les virus à ARN provoquant des tumeurs et les virus à ARN bicaténaire. Des oncovirus causent la leucémie et des tumeurs chez les animaux ; le *Lentivirus* VIH est responsable du SIDA. Voir le chapitre 19. |
| ARN bicaténaire, Sans enveloppe 60 à 80 nm | *Reoviridæ* | *Reovirus*<br>Virus de la fièvre à tiques du Colorado | Jouent un rôle dans les infections respiratoires mineures et les gastroentérites infantiles ; une espèce non classée cause la fièvre à tiques du Colorado. |

de déterminer le facteur causal d'une maladie que l'on pense être d'origine virale. Au lieu d'un simple milieu de substances chimiques, tel que la gélose nutritive, ils nécessitent des cellules vivantes pour proliférer. Les plantes et les animaux vivants requièrent des soins particuliers et coûteux, et les virus pathogènes qui ne se développent que chez les primates supérieurs et les humains créent des difficultés supplémentaires. Heureusement, il est relativement facile de multiplier les virus qui parasitent une bactérie – les bactériophages – sur une culture bactérienne. C'est la raison pour laquelle la plupart de nos connaissances sur la réplication virale proviennent de l'étude des bactériophages.

## La culture des bactériophages en laboratoire

**Objectif d'apprentissage**

- *Décrire la culture des bactériophages.*

Les bactériophages ou phages peuvent être mis en culture dans une suspension bactérienne liquide ou sur une culture bactérienne en milieu solide. L'utilisation d'un milieu solide permet de détecter les virus et de les compter par la *méthode des plages*. On verse de l'agar (ou gélose) liquide comprenant des bactériophages et des bactéries hôtes sur le dessus d'une boîte de Petri contenant une couche de gélose solide. En se solidifiant, le mélange de bactériophages et de bactéries forme une couche très mince. Chaque bactériophage infecte alors une bactérie, se réplique et donne naissance à plusieurs centaines de nouveaux phages. Ces virus infectent à leur tour les bactéries situées dans leur environnement immédiat, ce qui engendre d'autres virus. Après plusieurs cycles de prolifération, toutes les bactéries adjacentes à la bactérie hôte infectée par le premier phage sont détruites. Il en résulte un éclaircissement du tapis de bactéries situé à la surface de la gélose, qu'on appelle **plage de lyse** (figure 13.6) ; cette zone circulaire est exempte de toute bactérie. En même temps que les plages de lyse se forment, les bactéries non infectées par le virus se multiplient rapidement ailleurs sur la gélose, ce qui rend la surface de cette dernière légèrement opaque ; l'observation des plages de lyse s'en trouve facilitée.

En théorie, chaque plage de lyse correspond à un virus de la suspension originelle. Par conséquent, en comptant le nombre de plages, il est possible de mesurer la concentration de la suspension virale, qui est généralement exprimée en **unités formatrices de plages de lyse** (**UFP**).

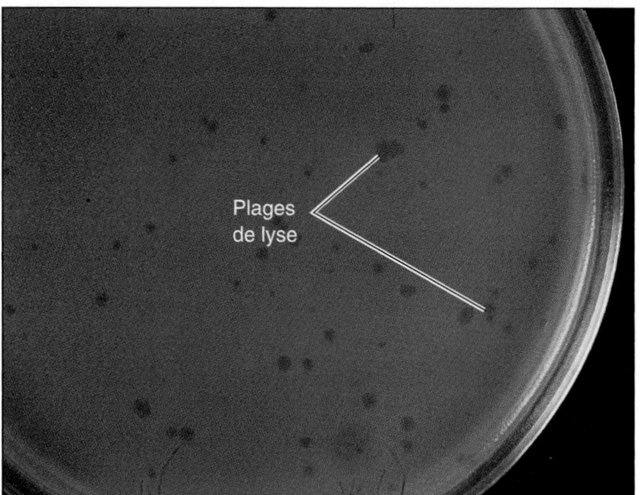


**FIGURE 13.6 Plages de lyse formées par des bactériophages.** Des bactériophages lambda ont formé des plages de lyse virale de différentes tailles (régions claires) sur un tapis bactérien d'*E. coli*.

- Qu'est-ce qu'une unité formatrice de plage de lyse ?

## La culture des virus animaux en laboratoire

**Objectif d'apprentissage**

- *Décrire la culture des virus animaux.*

En laboratoire, il existe trois méthodes de mise en culture des virus animaux. Ces méthodes utilisent des animaux, des œufs embryonnés ou des cellules en culture.

### La culture par propagation dans les animaux vivants

Certains virus animaux ne peuvent être cultivés que chez des animaux vivants, tels que les souris, les lapins et les cochons d'Inde. Dans la plupart des expériences portant sur la réponse du système immunitaire aux infections virales, on doit aussi recourir à des animaux vivants que l'on infecte. L'inoculation d'un animal avec un échantillon clinique peut servir à identifier un virus, à l'isoler et, ensuite, à poser un diagnostic. Après avoir inoculé l'animal avec l'échantillon, on observe ses signes cliniques, ou on le sacrifie et on vérifie la présence du virus dans les tissus infectés.

Certains virus humains ne peuvent croître et se multiplier dans les animaux, ou bien prolifèrent mais ne causent pas de maladies. L'absence de modèles animaux dans la recherche sur le SIDA a d'ailleurs retardé notre compréhension de la maladie et a empêché la mise en place d'expériences *in vivo* avec des médicaments inhibiteurs de la croissance du virus. On peut infecter les chimpanzés avec une sous-espèce du virus de l'immunodéficience humaine (VIH-1, genre *Lentivirus*). Toutefois, parce qu'ils ne présentent pas de symptômes, ces animaux ne peuvent servir à étudier les effets de la croissance virale et les traitements possibles. À l'heure actuelle, on expérimente des vaccins contre le SIDA chez des humains, mais la maladie progresse si lentement qu'il s'écoulera des années avant que l'on puisse évaluer leur efficacité. En 1986, le SIDA simiesque, la maladie immunodéficitaire chez le singe vert, a été mis en évidence, suivi, en 1987, d'une version féline chez le chat domestique. Ces maladies sont causées par des *Lentivirus*, qui sont apparentés au VIH, et elles se développent en quelques mois ; elles offrent donc un modèle pour étudier la prolifération du virus dans divers tissus. En 1990, en examinant des souris immunodéficientes greffées pour produire des lymphocytes T humains et des gammaglobulines humaines (anticorps), on a découvert une façon d'infecter ces animaux avec le virus du SIDA humain. Bien qu'elles ne puissent servir à la mise au point d'un vaccin contre le SIDA, les souris constituent néanmoins un modèle fiable pour les recherches sur la réplication virale.

## La culture dans les œufs embryonnés

Si le virus peut proliférer dans un *œuf embryonné*, cet hôte peut être un moyen pratique et peu coûteux pour cultiver de nombreux virus animaux. Pour ce faire, on perce d'un trou la coquille de l'œuf embryonné et on injecte dans l'œuf une suspension virale ou un tissu présumé infecté. L'œuf possède plusieurs membranes, et on injecte le virus près de celle qui favorisera sa croissance (figure 13.7). La multiplication virale est annoncée par la mort de l'embryon, par des lésions cellulaires chez l'embryon ou par la formation de vésicules typiques ou de lésions dans les membranes de l'œuf. Il fut un temps où cette méthode était la plus utilisée pour isoler des virus et les faire croître. Elle est encore adoptée de nos jours pour produire certains vaccins, et c'est pour cette raison qu'on vous questionne parfois sur vos allergies avant de vous administrer un vaccin. En effet, les protéines de l'œuf pourraient encore être présentes dans la préparation vaccinale du virus et causer une réaction allergique (nous abordons les réactions allergiques au chapitre 19).

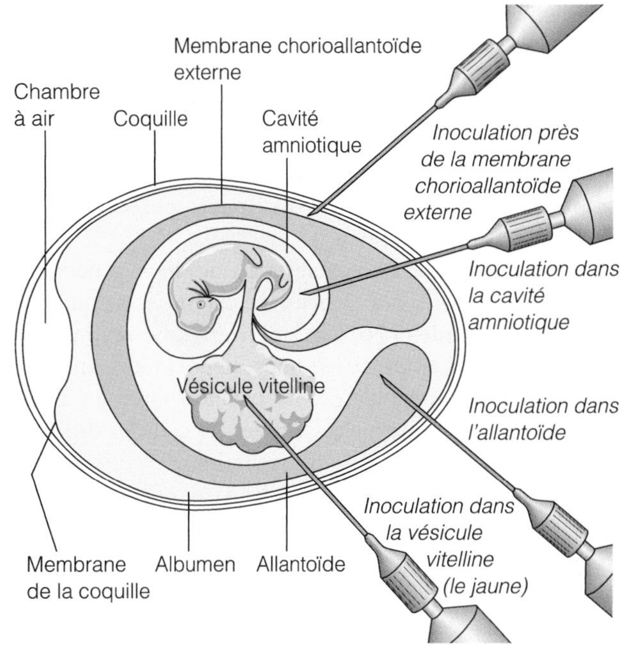


**FIGURE 13.7 Inoculation d'un œuf embryonné.** Le site d'injection détermine sur quelle membrane le virus se multipliera.

■ **Les virus doivent être cultivés dans des cellules hôtes vivantes.**

## La culture dans les cellules

Aujourd'hui, on a recours aux cultures de cellules *in vitro* plutôt qu'aux œufs embryonnés pour multiplier les virus. Une culture de cellules est un procédé de laboratoire qui permet de multiplier des cellules dans un milieu de culture. En raison de son homogénéité et du fait qu'on peut multiplier les cellules et les manipuler comme les cultures bactériennes, l'utilisation de ce type de culture est beaucoup plus pratique que celle des animaux ou des œufs embryonnés.

La figure 13.8 illustre les étapes de la culture de cellules *in vitro*. La culture de lignées cellulaires ❶ débute par le traitement enzymatique d'un tissu animal, lequel sépare les cellules individuellement. Ces cellules sont ensuite ❷ mises en suspension dans une solution qui leur fournit les nutriments, les facteurs de croissance et la pression osmotique dont elles ont besoin pour se développer. Les cellules normales ❸ ont tendance à adhérer au contenant de verre ou de plastique et se reproduisent en formant une seule couche. Les virus qui infectent cette couche causent parfois la détérioration des

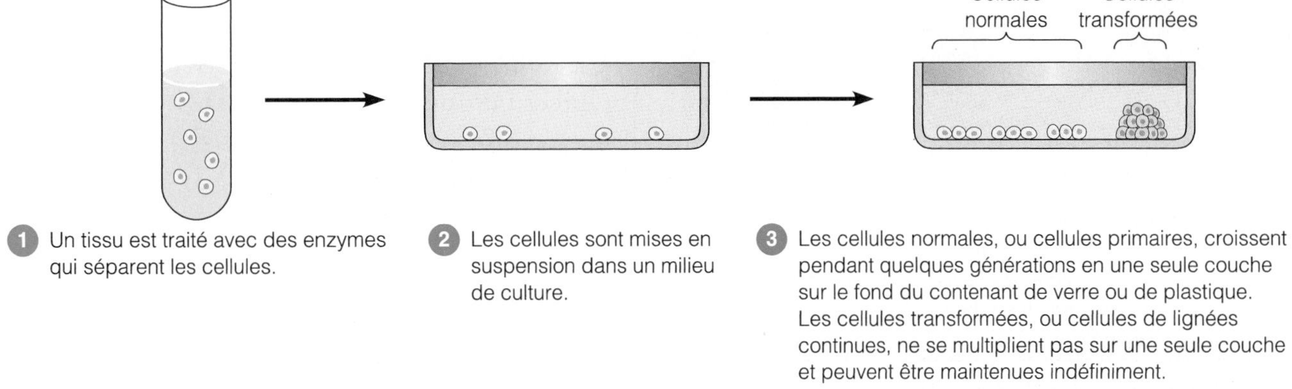

Cellules normales
Cellules transformées
❶ Un tissu est traité avec des enzymes qui séparent les cellules.
❷ Les cellules sont mises en suspension dans un milieu de culture.
❸ Les cellules normales, ou cellules primaires, croissent pendant quelques générations en une seule couche sur le fond du contenant de verre ou de plastique. Les cellules transformées, ou cellules de lignées continues, ne se multiplient pas sur une seule couche et peuvent être maintenues indéfiniment.


**FIGURE 13.8 Cultures de cellules *in vitro*.** On peut cultiver les cellules en laboratoire.

cellules à mesure qu'ils se multiplient. Cette détérioration cellulaire porte le nom d'**effet cytopathogène** (figure 13.9). Elle peut s'exprimer par des modifications dégénératives ou par l'apparition de lésions ou d'altérations qui conduisent inexorablement à la mort de la cellule (figure 13.9b). L'effet cytopathogène peut être détecté et mesuré de la même manière que les plages de lyse des bactériophages sur le tapis bactérien.

Les virus peuvent proliférer dans des lignées de cellules primaires ou dans des lignées de cellules continues. Les **lignées de cellules primaires** dérivent de spécimens tissulaires et tendent à mourir au bout de quelques générations seulement. Certaines lignées de cellules obtenues à partir d'embryons humains, appelées **lignées de cellules diploïdes,** peuvent se garder durant une centaine de générations et servent habituellement à cultiver les virus qui requièrent un hôte humain. Elles sont utilisées pour cultiver le virus de la rage (genre *Lyssavirus*) en vue de produire un vaccin antirabique appelé vaccin sur cellules diploïdes humaines (chapitre 22).

Lorsqu'on met régulièrement des virus en culture, on fait appel à des **lignées de cellules continues** ou *cellules en lignée continue* (figure 13.8). Ces cellules transformées (cancéreuses) peuvent être maintenues vivantes pendant un nombre de générations indéfini, d'où leur autre nom de *lignées de cellules immortelles* (voir la section sur le processus de transformation, plus loin dans le chapitre). Une de ces lignées, la lignée HeLa, a été isolée des tumeurs cancéreuses d'une femme décédée en 1951. Après des années de culture, nombre de ces lignées ont perdu presque toutes les caractéristiques de la cellule d'origine, mais ces modifications n'ont pas empêché l'utilisation des cellules en vue de la prolifération virale. Bien que l'isolement et la multiplication des virus à l'aide de la culture de cellules soient une réussite, certains virus n'ont jamais pu être cultivés de cette manière.

L'idée de mettre les cellules en culture date de la fin du XIX$^{e}$ siècle, mais la technique n'a vu le jour en laboratoire qu'après la Deuxième Guerre mondiale grâce aux progrès de la recherche sur les antibiotiques. En effet, la culture de cellules présente un inconvénient majeur, soit le risque de contamination bactérienne. C'est pourquoi cette technique requiert des techniciens formés et expérimentés travaillant à temps plein. À cause de ces difficultés, la plupart des laboratoires des hôpitaux et nombre de laboratoires de santé gouvernementaux ne procèdent ni à l'isolement de virus ni à leur identification. Ils envoient donc les échantillons de tissu ou de sérum à des laboratoires spécialisés. L'encadré de la page 413 discute des risques de contamination par le virus du SIDA et des précautions à prendre en milieu de travail.

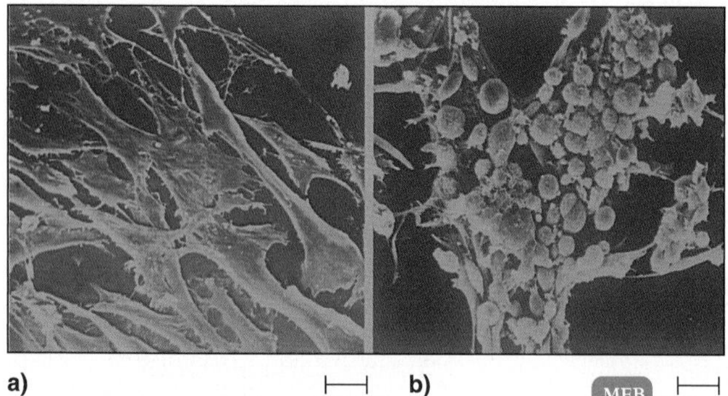


FIGURE 13.9 **L'effet cytopathogène des virus. a)** Les cellules de souris non infectées prolifèrent côte à côte pour former une seule couche. **b)** Les mêmes cellules, 24 heures après une infection par le virus de la stomatite vésiculaire (figure 13.18b). Notez que les cellules forment un amas et se sont arrondies.

■ Comment l'infection par un virus modifie-t-elle la cellule hôte ?

## L'identification des virus

### Objectif d'apprentissage

■ *Énumérer trois techniques d'identification des virus.*

L'identification des virus d'un isolat est une tâche malaisée, d'autant plus qu'ils ne sont visibles qu'au microscope électronique. Les méthodes sérologiques, telles que la technique de transfert de Western, sont les méthodes d'identification les plus courantes (figure 10.11). Au cours de ces techniques, les virus sont détectés et identifiés grâce à leur réaction avec des anticorps. Nous traiterons en détail des anticorps au chapitre 17 et des tests immunologiques d'identification des virus au chapitre 18. L'observation de l'effet cytopathogène, décrit au chapitre 15 (p. 489), constitue une autre méthode d'identification.

Pour identifier les virus et les caractériser, les virologistes ont également recours à des techniques moléculaires modernes telles que l'amplification en chaîne par polymérase (ACP) et les polymorphismes de taille des fragments de restriction (RFLP) (chapitre 9, p. 279 et 289). L'ACP a servi à amplifier l'ARN aviaire et humain afin d'identifier le virus du Nil occidental lors de l'épidémie qui a frappé les États-Unis en 1999.

# La multiplication virale

### Objectif d'apprentissage

■ *Reconnaître les fonctions cellulaires perturbées lors d'une infection virale.*

L'acide nucléique d'un virion ne renferme que quelques-uns des gènes nécessaires à la synthèse de nouveaux virus. Parmi eux, on compte des gènes régulateurs, les gènes des constituants structuraux, tels que les protéines de la capside, et les gènes de certaines enzymes utilisées au cours du cycle viral. Ces enzymes ne sont synthétisées et ne fonctionnent que lorsque le virus est à l'intérieur de sa cellule hôte. En pratique,

LA MICROBIOLOGIE ET LES ÉTUDES ÉPIDÉMIOLOGIQUES

## Le SIDA et les risques encourus par les travailleurs de la santé

Depuis que l'épidémie de SIDA a fait son apparition, les travailleurs de la santé se préoccupent, à juste titre, des risques de contracter la maladie après une exposition aux liquides biologiques de patients infectés. Cependant, si l'on prend certaines précautions, le risque encouru est très faible, même pour les personnes qui soignent les patients sidéens.

### COMPRENDRE LES RISQUES

La première mesure à adopter consiste à connaître précisément le mode de transmission du SIDA dans un contexte professionnel. Dans l'état actuel de nos connaissances, le seul mode de transmission avéré dans le milieu de la santé est la contamination directe par du matériel infecté. Les matériels infectés sont le sang, le sperme, les sécrétions vaginales et le lait maternel. La voie de transmission la plus commune demeure la piqûre accidentelle par une aiguille souillée. Cependant, il peut y avoir inoculation chez le personnel soignant par contact des muqueuses ou par contact d'une blessure cutanée avec du matériel infecté. Pour le moment, il n'existe pas de preuves de la transmission du virus par les aérosols, la voie oro-fécale, la bouche, le toucher ou un contact avec des objets tels que les planchers, les murs, les chaises ou le siège des toilettes. Même s'il a été décelé dans des liquides tels que la salive, les larmes, le liquide céphalorachidien, le liquide amniotique et l'urine, le VIH ne se transmet probablement pas à la suite d'une exposition à ces fluides.

Aux États-Unis, les Centers for Disease Control and Prevention (CDC) surveillent le nombre de travailleurs de la santé infectés et examinent l'origine de leur infection. Au milieu de l'année 1997, parmi les 52 travailleurs ayant contracté le SIDA et ayant nié avoir encouru d'autres risques que ceux liés à leur travail, 45 avaient été contaminés à la suite d'une blessure engendrée par une aiguille souillée. Dans 5 cas, l'infection était due à un contact par les muqueuses. Dans 3 cas, il y avait eu exposition à des virus concentrés lors d'un travail en laboratoire.

Les CDC estiment que la probabilité de transmission après une piqûre d'aiguille souillée de sang contaminé est de 3 sur 1 000 ou 0,3 %. Quant aux infections consécutives à une contamination des muqueuses par le sang, les risques sont de 0,1 %. En comparaison, les risques de contracter l'hépatite B après avoir subi une blessure avec une aiguille souillée avec du sang contenant le HVB (virus de l'hépatite B) sont de l'ordre de 6 à 30 %.

### LES PRÉCAUTIONS

Les CDC ont mis sur pied une stratégie recommandant des « précautions universelles » à suivre par *tous* les membres du personnel soignant. En voici une description.

**Gants.** Des gants jetables devraient être portés lors d'un contact direct avec du sang, des liquides biologiques et des tissus contaminés. Les gants doubles sont recommandés lors des chirurgies effractives. Lorsqu'ils présentent eux-mêmes des lésions de la peau ouvertes, des dermatites suintantes ou des blessures cutanées, les travailleurs ne devraient pas donner des soins.

**Saraux, masques et lunettes.** Il est recommandé de porter un masque et des lunettes de protection quand il y a risque d'éclaboussures, notamment au cours de manipulations des voies respiratoires, lors d'une endoscopie et d'une opération dentaire, et en laboratoire.

**Aiguilles.** Pour réduire les risques de piqûre, il est préférable de ne pas recouvrir les aiguilles de leur capuchon après utilisation et de s'en débarrasser dans un contenant à l'épreuve des coupures en vue d'une stérilisation ultérieure. Lorsque le budget le permet, on peut aussi acheter des dispositifs d'aiguilles sécuritaires qui minimisent les risques de blessures.

**Désinfection.** L'entretien ménager des lieux devrait comprendre le lavage du plancher, des murs et des endroits habituellement non associés à la transmission de la maladie avec une dilution de 1 partie d'eau de Javel pour 100 parties d'eau. Une dilution de 1 :10 est recommandée pour le nettoyage d'un déversement.

### LE TRAITEMENT PRÉVENTIF APRÈS UNE EXPOSITION

Le meilleur moyen de protection du travailleur consiste à éviter l'exposition. Cependant, il faut admettre qu'on n'échappe pas toujours aux accidents. Des études ont montré que les individus exposés peuvent réduire leurs risques de contracter la maladie par la prise prophylactique d'un médicament antiviral, la zidovudine (AZT).

### LES RISQUES ENCOURUS PAR LES PATIENTS

On a étudié la transmission du HBV (virus de l'hépatite B) des travailleurs aux patients durant les opérations dentaires effractives (extraction de dent). Les seuls cas déclarés de transmission d'un membre du personnel soignant à un patient ont trait à un dentiste en Floride et à un chirurgien en France. Ce risque de transmission est faible et peut être réduit grâce aux précautions universelles.

Les associations médicale et dentaire américaines, de même que les CDC et d'autres organisations ont évalué les situations où il serait indiqué d'empêcher les travailleurs infectés par le virus d'accomplir certaines tâches. Dans leurs recommandations, ces organismes stipulent que les risques de transmission du VIH du personnel soignant aux patients sont les plus élevés lors des opérations et que le choix d'empêcher ou non un travailleur de la santé de traiter certains patients relève d'une analyse au cas par cas.

SOURCE : Adapté de *Morbidity and Mortality Weekly Report (MMWR)*, vol. 38, n° S-2, 12 mai 1989, et de *MMWR*, vol. 47, n° RR-7, 15 mai 1998.

l'action des enzymes virales ne porte que sur la réplication ou sur la maturation moléculaire de l'acide nucléique viral. En revanche, les enzymes qui participent à la synthèse des protéines virales, les ribosomes, les ARNt, les acides aminés et les différents constituants qui interviennent dans le processus de production d'énergie, proviennent de la cellule hôte. Bien que les plus petits virions non enveloppés ne contiennent pas d'enzymes présynthétisées, les plus gros peuvent posséder une ou plusieurs enzymes dont le rôle est de seconder le virus lors de la pénétration dans la cellule hôte ou lors de la réplication de son propre acide nucléique.

Par conséquent, pour qu'il puisse se multiplier, un virus doit envahir une cellule hôte et détourner le métabolisme de cette dernière à son profit. Un seul virion peut donner naissance à quelques copies de virus, voire des milliers, à partir d'une seule cellule hôte ; ce processus de prolifération s'appelle **réplication virale** de l'acide nucléique. La réplication virale peut modifier radicalement la cellule hôte et même entraîner sa mort. Du point de vue médical, le pouvoir pathogène des virus est directement lié au type de cellule hôte infectée et aux dommages causés. La capacité des virus de produire et de libérer des particules virales au détriment de la cellule infectée et la capacité des nouveaux virus d'infecter d'autres cellules, placent les virus parmi les agents agresseurs infectieux.

## Un modèle d'étude : la multiplication des bactériophages

### Objectifs d'apprentissage

- *Décrire le cycle lytique à l'aide de l'exemple des bactériophages T-pairs.*
- *Décrire le cycle lysogénique à l'aide de l'exemple des bactériophages lambda.*
- *Reconnaître les trois conséquences importantes de la lysogénie.*

Même si les modes de pénétration des virus dans la cellule hôte et leurs modes de sortie de cette dernière varient, le mécanisme de base de la multiplication virale est similaire pour tous les virus. Le cycle viral des bactériophages est le cycle le plus étudié et peut servir de modèle. Les phages se multiplient par deux mécanismes : le cycle lytique et le cycle lysogénique. Le **cycle lytique** s'achève avec la lyse et la mort de la cellule hôte, alors que dans le **cycle lysogénique** la cellule hôte reste vivante. Parce que les *bactériophages T-pairs* (T2, T4 et T6) ont fait l'objet de recherches approfondies, nous décrirons la réplication de ces virus dans leur bactérie hôte, *E. coli*, à titre d'exemple d'un cycle lytique.

### Le cycle lytique du bactériophage T-pair

Les virions des bactériophages T-pairs sont de grosses particules complexes non enveloppées, présentant la tête et la queue caractéristiques de la structure des virus complexes (figures 13.5a et 13.10). Même si la longueur de la molécule d'ADN contenue dans ces bactériophages ne représente que 6 % de celle d'*E. coli*, le phage possède néanmoins assez d'ADN pour plus de 100 gènes. Le cycle de multiplication de ce phage, tout comme celui de tous les virus, comporte cinq phases distinctes : l'adsorption, la pénétration, la synthèse, la maturation et la libération (figure 13.10).

**Adsorption.** ❶ L'*adsorption* ou *attachement* a lieu lorsque les bactériophages entrent accidentellement en collision avec des bactéries. Durant cette phase, le site de fixation du virus se lie à un site récepteur spécifique situé sur la bactérie. De cette fixation résulte une interaction dans laquelle des liens chimiques sont formés entre les deux sites complémentaires. Comme site de fixation, les bactériophages T-pairs utilisent les fibres situées à l'extrémité de leur queue. Le site récepteur complémentaire se trouve sur la paroi bactérienne. Ainsi, un bactériophage ne se fixe pas sur n'importe quelle bactérie ; l'adsorption est spécifique.

**Pénétration.** ❷ Après l'adsorption, le bactériophage injecte son ADN (l'acide nucléique) dans la bactérie. Pour ce faire, sa queue libère une enzyme, le lysozyme, qui dégrade une partie de la paroi bactérienne, diminuant ainsi la rigidité et la résistance de la bactérie à cet endroit. Durant la *pénétration*, la gaine de la queue se contracte, et le tube central creux se fraye un chemin dans la paroi et perce la membrane plasmique ; l'ADN logé dans la tête descend dans la queue, franchit la membrane plasmique et pénètre dans la cellule bactérienne. La capside vide reste à l'extérieur de la bactérie. Voilà pourquoi on peut comparer le phage qui injecte son ADN dans une bactérie à une seringue hypodermique.

**Synthèse.** ❸ Une fois que l'ADN du bactériophage a atteint le cytoplasme de la bactérie hôte, la synthèse des protéines de la bactérie est arrêtée pour deux raisons : 1) soit le virus provoque une dégradation de l'ADN bactérien, ce qui entraîne un arrêt total de toutes les synthèses bactériennes ; 2) soit le virus cause une inhibition de l'ADN bactérien en nuisant à la transcription ou à la traduction. Les autres structures bactériennes restent intactes et fonctionnelles et vont être détournées vers la synthèse du bactériophage ; la bactérie est maintenant sous la gouverne du virus parasite.

D'abord, le phage utilise les nucléotides de la bactérie hôte et plusieurs de ses enzymes pour synthétiser de nombreuses copies de son ADN viral. Peu de temps après, la synthèse des protéines virales débute. À cette étape, tout l'ARN produit dans la bactérie hôte provient de la transcription de l'ADN viral en ARNm. Durant le cycle de multiplication, des gènes régulateurs gouvernent le moment de la transcription des différentes régions de l'ADN viral en ARNm. Par exemple, au début du cycle, des gènes précoces provoquent la synthèse de protéines précoces nécessaires au détournement du métabolisme de la bactérie hôte et à la réplication de l'ADN du phage. De la même façon, des gènes tardifs gouvernent la production de protéines tardives qui entrent dans la composition de la tête, de la queue et des fibres caudales du phage.

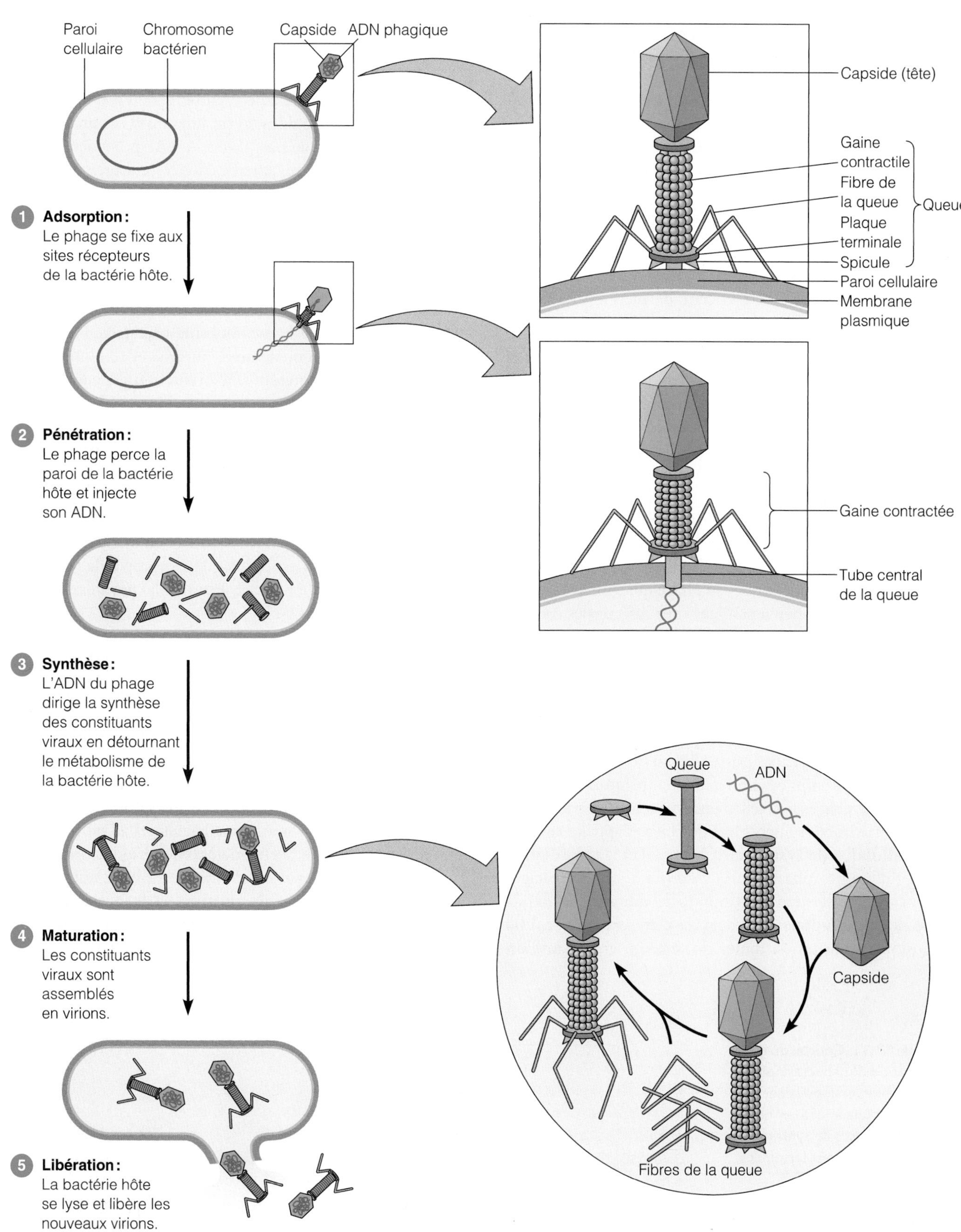
Paroi cellulaire
Chromosome bactérien
Capside
ADN phagique
Capside (tête)
Gaine contractile
Fibre de la queue
Plaque terminale
Spicule
Queue
Paroi cellulaire
Membrane plasmique
1 Adsorption :
Le phage se fixe aux sites récepteurs de la bactérie hôte.
2 Pénétration :
Le phage perce la paroi de la bactérie hôte et injecte son ADN.
Gaine contractée
Tube central de la queue
3 Synthèse :
L'ADN du phage dirige la synthèse des constituants viraux en détournant le métabolisme de la bactérie hôte.
Queue
ADN
Capside
4 Maturation :
Les constituants viraux sont assemblés en virions.
Fibres de la queue
5 Libération :
La bactérie hôte se lyse et libère les nouveaux virions.

**FIGURE 13.10 Cycle lytique d'un bactériophage T-pair.**

- Le cycle lytique aboutit à la lyse de la bactérie hôte et à la libération de nouveaux phages.

Quelques minutes après la pénétration de l'ADN viral, on ne trouve pas encore de phages complets dans la bactérie hôte. On ne peut détecter que des constituants séparés – l'ADN et les protéines. La période du cycle de réplication durant laquelle on n'observe pas encore de virions complets et infectieux s'appelle **phase d'éclipse.**

**Maturation.** ④ L'étape suivante voit l'assemblage des particules virales ; c'est l'étape de la *maturation*. L'ADN du bactériophage et la capside (tête, queue et fibres) sont assemblés pour donner des virions complets. La tête et la queue du phage sont montées séparément à partir des sous-unités protéiques, l'ADN est inséré dans la tête et cette dernière est fixée à la queue. Les constituants viraux essentiels s'associent spontanément en particules virales.

**Libération.** ⑤ La *libération* des virions de la bactérie hôte constitue la dernière étape de la multiplication virale. En général, on emploie le mot **lyse** pour désigner cette phase du cycle de multiplication des phages T-pairs, car, dans ce cas particulier, la membrane plasmique éclate (se lyse). Le lysozyme, qui est codé par un gène du phage, est synthétisé dans la cellule hôte. Cette enzyme détériore l'intérieur de la paroi bactérienne, qui éclate, et les bactériophages nouvellement assemblés sont libérés de la bactérie. Les nouveaux phages sont rigoureusement identiques au phage qui a infecté la bactérie au départ, et ils peuvent à leur tour infecter les cellules bactériennes adjacentes. Le cycle de réplication virale est ainsi répété à l'intérieur de ces cellules.

## Une expérience de cycle unique

Le temps qui s'écoule entre l'adsorption du phage et la libération de nouveaux phages porte le nom de **temps de lyse** et dure de 20 à 40 min environ à une température de 37 °C. Le nombre de phages nouvellement synthétisés à partir d'une seule bactérie hôte et libérés lors de la lyse s'appelle **rendement cellulaire de lyse** et varie entre 50 et 200 particules.

Les différentes phases de la multiplication des phages peuvent être observées en laboratoire durant une expérience de cycle unique. Au cours de cette expérience, une suspension de phages est diluée de sorte qu'un échantillon du mélange ne contienne que quelques phages. Ces derniers sont mis en contact avec une culture bactérienne. Des échantillons de ce mélange sont alors régulièrement prélevés et servent à inoculer une gélose en boîte de Petri tapissée de bactéries hôtes susceptibles d'être lysées par ces phages. On fait appel à la méthode des plages de lyse pour déterminer le nombre de phages infectieux dans les cultures inoculées avec les différents échantillons.

La courbe du cycle unique est illustrée dans la figure 13.11. Notez la présence de phages inoculés au début de l'expérience ; cinq minutes après leur pénétration dans les bactéries hôtes, il n'y en a plus aucun.

Une fois injecté à l'intérieur des cellules infectées, l'ADN viral gouverne le métabolisme bactérien. L'étape de réplication de l'acide nucléique s'amorce et se poursuit par des synthèses qui conduisent à la production des constituants viraux ; la période de maturation est l'intervalle de temps entre l'apparition de l'acide nucléique viral et la synthèse de phages matures (qui ne sont pas encore libérés). Au bout de quelques minutes – soit près de vingt-cinq minutes après le début de l'expérience –, le nombre de phages infectieux présents dans les échantillons prélevés s'accroît par suite de la libération des virions par la lyse des cellules. Le rendement cellulaire de lyse est mesuré lorsque le nombre de particules demeure constant, c'est-à-dire lorsque la prolifération du phage a cessé.

## Le cycle lysogénique du bactériophage lambda

À l'opposé de celle des bactériophages T-pairs, la réplication de certains virus n'entraîne pas la lyse et la mort de la cellule hôte. Ces virus sont capables d'incorporer leur ADN dans le chromosome de la cellule hôte au cours d'un processus de **lysogénisation.** Des phages dits *tempérés,* capables d'entamer un cycle lytique, sont également capables d'incorporer leur ADN dans le chromosome d'une bactérie. La **lysogénie** est l'état de la bactérie qui porte un génome phagique incorporé à son chromosome ; sous cette forme, le phage reste inactif ou latent. Dans ce type de relation, la bactérie hôte est qualifiée de cellule *lysogène*. Pour illustrer la lysogénisation (figure 13.12), nous aurons recours au bactériophage λ

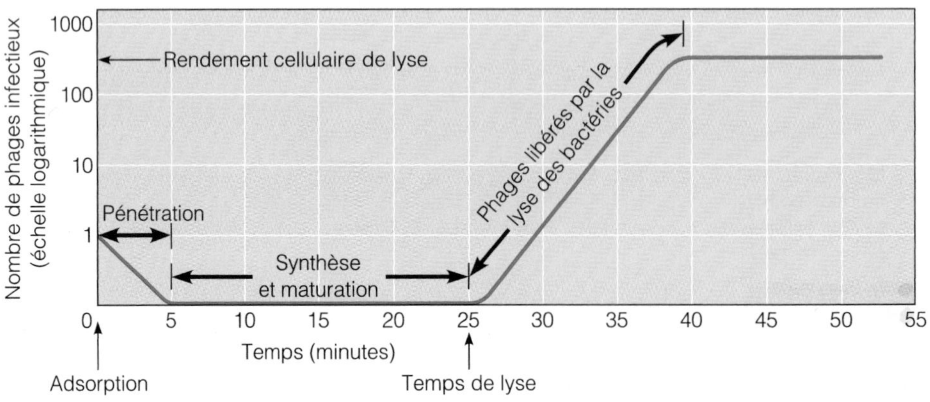


**FIGURE 13.11 Courbe du cycle de réplication d'un bactériophage.** On peut observer la présence de phages complets infectieux une fois que les phases de synthèse et de maturation sont terminées.

■ Que trouve-t-on dans la cellule durant les phases de synthèse et de maturation ?

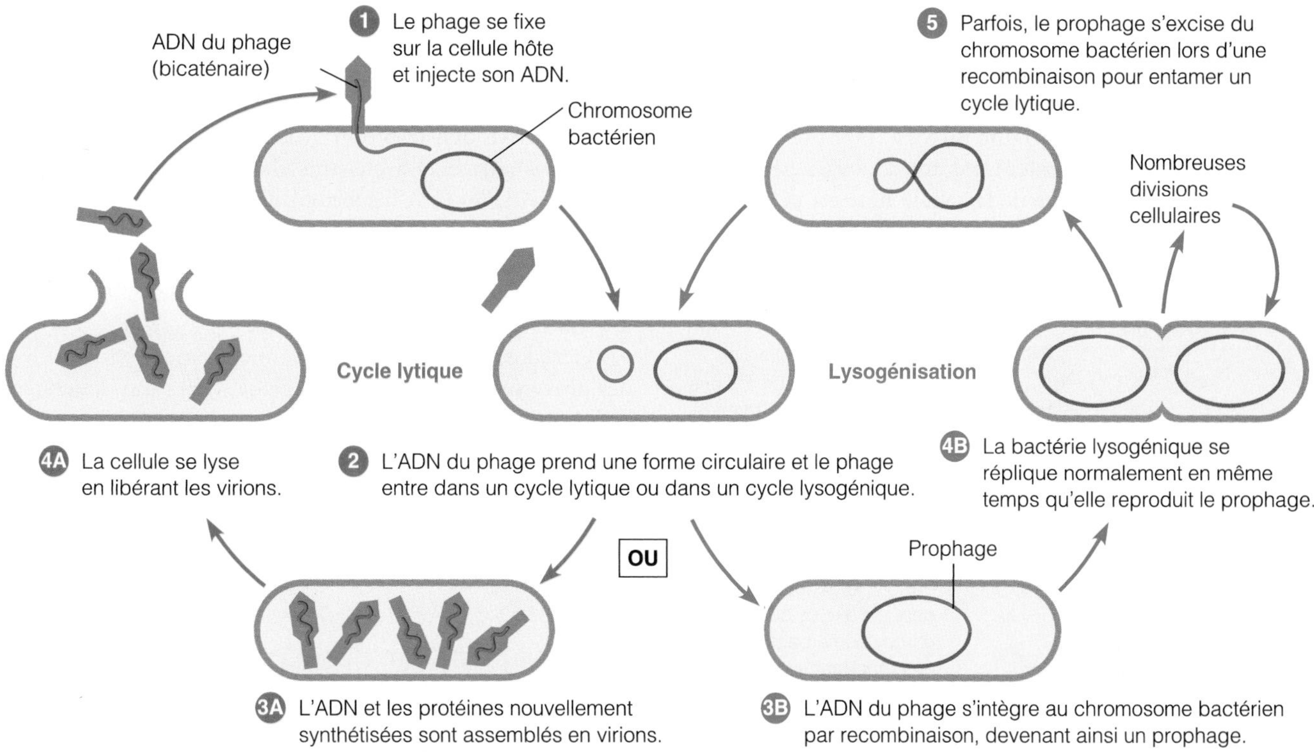


**FIGURE 13.12 Cycle lytique et lysogénisation du bactériophage λ dans *E. coli*.**

■ En quoi la lysogénisation diffère-t-elle du cycle lytique ?

(lambda), phage lysogénique bien connu de la bactérie *E. coli*. ❶ Après avoir pénétré dans *E. coli*, ❷ l'ADN linéaire du phage prend une forme circulaire. Deux voies sont possibles : ❸A cet ADN circulaire peut se répliquer et les gènes viraux sont transcrits, donnant ainsi naissance à de nouvelles particules phagiques et ❹A entraînant la lyse de la bactérie, ce qui a pour effet de libérer les virions. Ces étapes sont celles du cycle lytique puisque la réplication du phage entraîne la lyse de la bactérie hôte.

❸B L'ADN du phage peut aussi opter pour un autre mode de réplication : il peut s'incorporer à un site spécifique du chromosome circulaire bactérien (lysogénisation). L'ADN phagique qui s'est inséré s'appelle **prophage.** La plupart des prophages demeurent latents à l'intérieur de la cellule hôte ; ils sont inhibés par deux répresseurs protéiques produits par des gènes phagiques. Ces répresseurs bloquent la transcription de tous les autres gènes phagiques en se liant aux opérons. Par conséquent, les gènes du phage qui auraient dirigé la synthèse et la libération de nouveaux virions sont inhibés – de la même façon que, chez *E. coli*, les gènes de l'opéron *lac* sont inhibés par le répresseur *lac* (figure 8.14).

Chaque fois que la cellule hôte réplique le chromosome bactérien, ❹B elle réplique également le prophage. Ce dernier se transmet de génération en génération tout en demeurant latent à l'intérieur des bactéries filles. ❺ Toutefois, l'ADN du phage peut s'exciser (se retirer) de l'ADN bactérien et amorcer un cycle lytique. Ce phénomène peut survenir à la suite d'une exposition aux rayonnements ultraviolets ou à certaines substances chimiques, ou spontanément, quoique cela arrive rarement.

La lysogénisation se traduit par trois conséquences importantes. Premièrement, les cellules lysogènes sont immunisées contre toute réinfection par le même phage. (Cependant, la cellule hôte n'est pas protégée contre les autres phages.) Deuxièmement, la lysogénisation peut aboutir à une **conversion phagique,** c'est-à-dire que la cellule hôte peut présenter de nouvelles caractéristiques, souvent associées à une plus grande virulence. Par exemple, *Corynebacterium diphteriæ*, l'agent causal de la diphtérie, est une bactérie pathogène dont la nocivité est associée à la synthèse d'une toxine. Or, cette bactérie ne produit la toxine que lorsqu'elle renferme un phage tempéré sous la forme d'un prophage, car ce dernier porte le gène codant pour la toxine. Par exemple encore, seuls les streptocoques renfermant un phage tempéré ont la capacité de produire la toxine associée à la scarlatine. La toxine produite par *Clostridium botulinum,* l'agent du botulisme, est codée par le gène d'un prophage, ainsi que la toxine sécrétée par les souches pathogènes de *Vibrio choleræ*, l'agent responsable du choléra. De la même façon, les bactéries peuvent recevoir des gènes de résistance à des antibiotiques. Il s'agit ici d'une véritable synergie microbienne : le virus, bien caché au cœur de la bactérie, lui confère des caractéristiques qui accroissent sa virulence. Plus la bactérie se multiplie et se propage, plus le virus se trouve lui-même propagé par la même occasion.

Troisièmement, la lysogénie rend possible la **transduction localisée.** Nous avons vu au chapitre 8 que les gènes bactériens peuvent être enfermés dans une capside phagique et transférés à une autre bactérie au cours d'un processus appelé transduction généralisée (figure 8.28). N'importe quel gène bactérien peut être transféré par transduction généralisée parce que le chromosome de la cellule hôte est découpé en fragments, dont chacun peut être enfermé dans une capside phagique. Dans la transduction localisée cependant, seuls certains gènes bactériens peuvent être transférés. La transduction localisée s'effectue par l'intermédiaire d'un phage lysogénique. Quand il s'excise du chromosome de la bactérie hôte, il arrive que le prophage emporte avec lui les gènes bactériens adjacents à chacune de ses extrémités. Dans la figure 13.13, ❶ -❸ le bactériophage λ a soutiré à sa bactérie hôte à galactose positif le gène *gal,* responsable de la dégradation du galactose. ❹ -❻ Le phage transporte ce gène à l'intérieur d'une cellule à galactose négatif, et cette dernière devient une cellule à galactose positif.

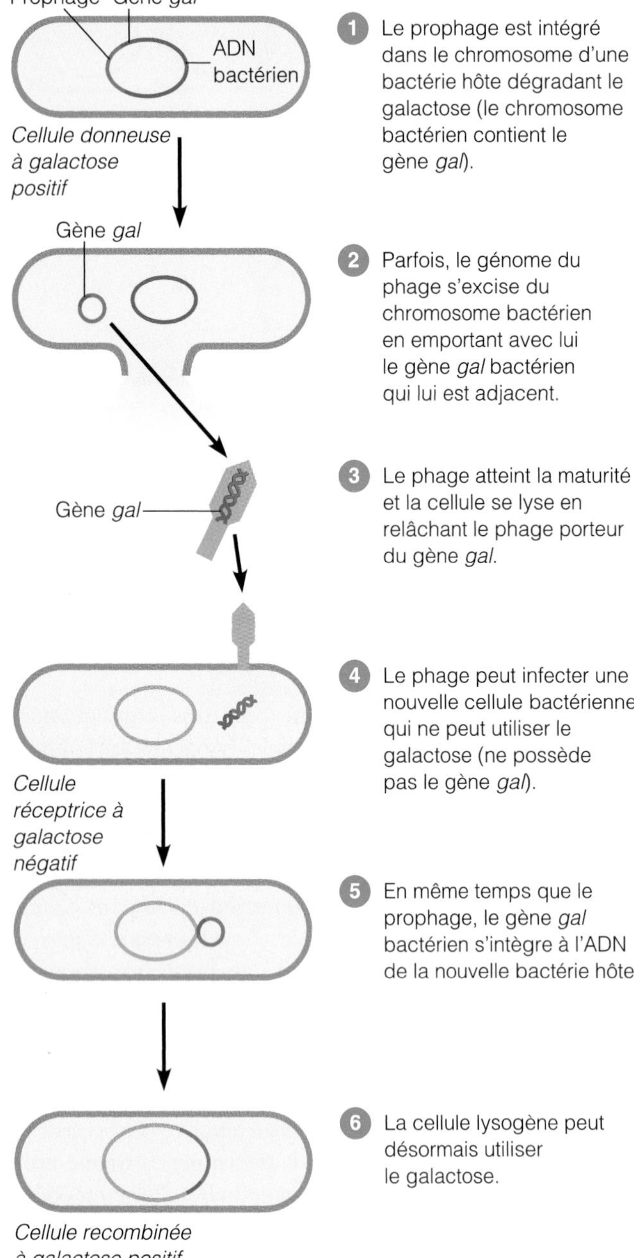
Prophage Gène *gal*
ADN bactérien
Cellule donneuse à galactose positif
Gène *gal*
Gène *gal*
Cellule réceptrice à galactose négatif
Cellule recombinée à galactose positif
❶ Le prophage est intégré dans le chromosome d'une bactérie hôte dégradant le galactose (le chromosome bactérien contient le gène *gal*).
❷ Parfois, le génome du phage s'excise du chromosome bactérien en emportant avec lui le gène *gal* bactérien qui lui est adjacent.
❸ Le phage atteint la maturité et la cellule se lyse en relâchant le phage porteur du gène *gal*.
❹ Le phage peut infecter une nouvelle cellule bactérienne qui ne peut utiliser le galactose (ne possède pas le gène *gal*).
❺ En même temps que le prophage, le gène *gal* bactérien s'intègre à l'ADN de la nouvelle bactérie hôte.
❻ La cellule lysogène peut désormais utiliser le galactose.

**FIGURE 13.13 Transduction localisée.** Quand il s'excise du chromosome de l'hôte, le prophage peut emporter une portion de l'ADN du chromosome bactérien qui lui est adjacent.

■ En quoi la transduction localisée diffère-t-elle de la transduction généralisée ?

Certains virus animaux peuvent également être soumis à des processus similaires à la lysogénie. Ceux qui demeurent latents dans les cellules pendant de longues périodes sans proliférer ni causer de maladie, peuvent se trouver insérés dans le chromosome, ou bien rester séparés de l'ADN dans un état réprimé (comme dans le cas de certains phages lysogéniques). Nous verrons plus loin dans le chapitre que des virus causant le cancer peuvent aussi être latents.

## La multiplication des virus animaux

### Objectifs d'apprentissage

- *Déterminer précisément les phases du cycle de réplication virale.*
- *Comparer le cycle de réplication des virus animaux à ADN et à ARN.*

Fondamentalement, les virus animaux se répliquent selon un mode similaire à celui des bactériophages. Les phases de leur cycle présentent toutefois quelques différences dont le tableau 13.3 offre une récapitulation. Si, comme les phages, les virus animaux doivent d'abord s'attacher spécifiquement à une cellule hôte selon le modèle clé-serrure, ils choisissent une cellule dont la membrane plasmique n'est pas recouverte d'une paroi cellulaire rigide, et leur mécanisme d'entrée n'est pas le même. Après la pénétration du virus dans la cellule hôte, la synthèse et l'assemblage des nouveaux constituants viraux diffèrent également, en partie du fait des différences entre cellules procaryotes et cellules eucaryotes. Les virus animaux possèdent des types d'enzymes qui n'existent pas chez les bactériophages. Enfin, le mécanisme de maturation, le mode de libération et les conséquences de l'infection sur la cellule hôte ne sont pas les mêmes pour les deux types de virus.

Dans notre étude de la réplication des virus animaux, nous allons nous pencher sur les phases communes aux virus animaux à ARN et à ADN. Ces phases sont l'adsorption, la pénétration et la décapsidation, la synthèse, la maturation et la libération. Nous comparerons de façon plus détaillée la synthèse des virus à ADN et celle des virus à ARN.

### L'adsorption

À l'instar des bactériophages, les virus animaux possèdent des sites d'adsorption qui se fixent à des sites récepteurs complémentaires situés sur la membrane plasmique de la

**Tableau 13.3** ***Comparaison entre la multiplication des bactériophages et celle des virus animaux***

| Phase | Bactériophage | Virus animaux |
| --- | --- | --- |
| Adsorption | Adsorption spécifique des fibres de la queue du phage sur les protéines de la paroi cellulaire | Adsorption spécifique du virus sur les protéines et sur les glycoprotéines de la membrane plasmique |
| Pénétration | Injection de l'ADN viral à l'intérieur de la bactérie hôte | Pénétration de la capside par endocytose ou par fusion |
| Décapsidation | Non requise | Décapsidation enzymatique |
| Synthèse | Dans le cytoplasme | Dans le noyau (virus à ADN) ou le cytoplasme (virus à ARN) |
| Infection chronique | Lysogénie | Latence ; infections virales lentes ; cancer |
| Libération | Libération des phages par lyse de la bactérie hôte | Libération des virus enveloppés par bourgeonnement ; libération des virus non enveloppés par lyse de la membrane plasmique |

cellule hôte. Dans le cas des cellules animales, les sites récepteurs sont des protéines et des glycoprotéines de la membrane plasmique (figure 13.14a). Par ailleurs, les virus animaux ne disposent pas pour se fixer de certaines structures propres aux bactériophages, telles que les fibres de la queue. Les sites d'adsorption des virus animaux sont distribués sur la surface de la particule virale. Ils varient selon le groupe auquel le virus appartient. Chez les adénovirus, de forme icosaédrique, des petites fibres de glycoprotéines situées aux sommets de l'icosaèdre font office de sites (figure 13.2b). Chez de nombreux virus enveloppés, tels que chez les *Influenzavirus*, ces sites sont les spicules exposés à la surface de l'enveloppe (figure 13.3b). Dès qu'un spicule se fixe à un récepteur de la cellule hôte, d'autres sites récepteurs localisés sur la membrane plasmique migrent vers le virus. L'adsorption est achevée lorsque de nombreux sites viraux sont attachés aux sites récepteurs de la membrane.

Les sites récepteurs sont des caractères hérités de la cellule hôte, ce qui signifie que le site récepteur d'un virus donné peut varier d'une personne à une autre. Cette différence

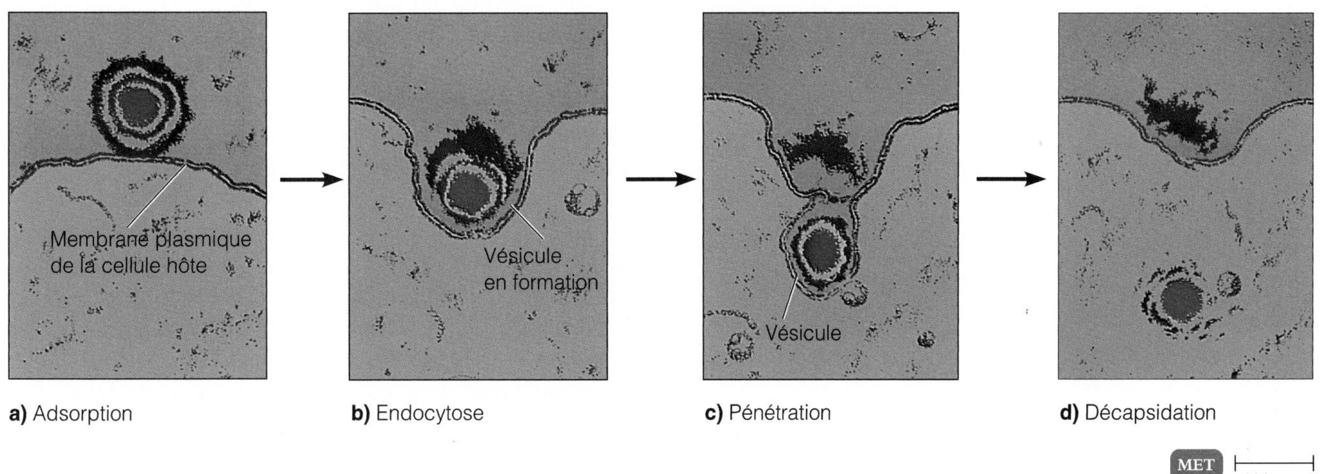


**FIGURE 13.14 Entrée du virus de l'herpès humain (*Simplexvirus*) dans une cellule animale. a)** Adsorption de l'enveloppe virale sur la membrane plasmique. **b)** La membrane plasmique de la cellule se creuse et forme une vésicule autour du virus ; l'enveloppe est éliminée. **c)** La capside non enveloppée pénètre dans le cytoplasme de la cellule par le biais de la vésicule. **d)** L'acide nucléique est mis à nu à la suite d'une digestion de la capside (décapsidation).

■ Les virus pénètrent dans les cellules animales par endocytose.

pourrait expliquer pourquoi la susceptibilité à un virus en particulier varie selon les individus. La compréhension du mécanisme d'adsorption pourrait conduire à la mise au point de médicaments qui préviendraient les infections virales. Les anticorps monoclonaux (abordés au chapitre 17) qui se lient au site d'adsorption du virus ou au site récepteur de la cellule hôte pourraient bientôt être utilisés dans le traitement de certaines infections virales. Un des traitements expérimentaux du SIDA consistait à injecter au patient de nombreuses molécules, analogues à des récepteurs cellulaires. S'il s'y fixe, le virus ne peut plus s'attacher aux sites récepteurs des cellules.

## La pénétration

Après l'adsorption, la pénétration a lieu. Les virus pénètrent dans les cellules eucaryotes par **endocytose,** processus cellulaire actif par lequel les nutriments et d'autres molécules sont transportés dans une cellule (chapitre 4, p. 112). Lors de l'endocytose, la membrane plasmique de la cellule s'invagine et se referme pour former des vésicules. Ces dernières renferment des éléments extérieurs apportés à l'intérieur de la cellule pour être digérés ultérieurement.

Si un virion s'attache à un petit repli (appelé microvillosité) de la membrane plasmique d'une cellule hôte potentielle, la cellule entourera le virion d'une partie de sa membrane pour former une vésicule (figure 13.14b et c). Une fois que le virion est enfermé dans la vésicule, l'enveloppe virale, si elle est présente, est détruite. La capside est dégradée au moment où la cellule tente de digérer le contenu de la vésicule, ou bien la capside non enveloppée peut être libérée dans le cytoplasme de la cellule hôte (figure 13.14d).

Les virus enveloppés peuvent pénétrer les cellules par un autre mode d'entrée nommé **fusion.** Au cours de la fusion, l'enveloppe virale fusionne avec la membrane plasmique et relâche la capside dans le cytoplasme de la cellule. Le VIH par exemple pénètre dans les cellules de cette manière.

## La décapsidation

La **décapsidation** est le processus par lequel l'acide nucléique viral est séparé de sa capside. Ce phénomène encore mal connu varie apparemment selon le type de virus. Certains virus animaux perdent leur capside sous l'action d'enzymes lysosomiales contenues dans les vacuoles phagocytaires et les lysosomes de la cellule hôte. Ces enzymes agissent en dégradant les protéines de la capside virale. Les poxvirus sont décapsidés par une enzyme spécifique codée par l'ADN viral et synthétisée aussitôt après la pénétration du virus. En ce qui concerne d'autres virus, il semble que la décapsidation soit causée exclusivement par des enzymes du cytoplasme de la cellule hôte (figure 13.14d). Dans le cas d'un virus au moins, le poliovirus, la décapsidation débute apparemment lorsque le virus est encore fixé à la membrane plasmique de la cellule hôte.

Après la décapsidation, la synthèse de nouveaux virus peut débuter. Les mécanismes de réplication virale diffèrent selon l'acide nucléique, soit ADN soit ARN, du génome viral. Toutefois, la molécule d'ARN messager (ARNm) porteuse de l'information qui sera traduite en protéines virales est toujours un brin d'ARN à polarité positive (tableau 13.4).

## La synthèse des virus à ADN

Généralement, les virus à ADN répliquent leur ADN dans le noyau de la cellule hôte en se servant d'enzymes virales, alors qu'ils synthétisent leur capside et d'autres protéines virales dans le cytoplasme en utilisant les enzymes de la cellule hôte. Une fois produites, les protéines virales migrent vers le noyau et sont jointes à l'ADN nouvellement synthétisé pour former des virions. Ces derniers sont transportés le long du réticulum endoplasmique dans la membrane plasmique pour être relâchés à l'extérieur de la cellule hôte. Les virus des *Herpesviridæ*, des *Papovaviridæ*, des *Adenoviridæ* et des *Hepadnaviridæ* procèdent ainsi pour se multiplier mais pas les virus des *Poxviridæ*, dont tous les constituants sont synthétisés dans le cytoplasme (tableau 13.4, p. 422).

La figure 13.15 illustre les étapes de la multiplication d'un virus à ADN bicaténaire, un papovavirus. Après ❶ l'adsorption, ❷ la pénétration et la décapsidation, l'ADN viral est libéré dans le cytoplasme et migre vers le noyau de la cellule hôte. ❸ L'étape des synthèses débute. Dans un premier temps, une partie seulement de l'ADN viral, les gènes « précoces », est transcrite en ARNm, puis traduite. Les produits de ces gènes sont les enzymes requises pour la réplication de l'ADN viral. Pour la plupart des virus à ADN, la transcription précoce est effectuée par la transcriptase de la cellule hôte (ARN polymérase), sauf dans le cas des poxvirus qui possèdent leur propre enzyme. ❹ La réplication de l'ADN viral se déroule dans le noyau de la cellule hôte ; après le déclenchement de la réplication, a lieu la transcription des gènes viraux « tardifs » en ARNm, suivie ❺ de la traduction de l'ARNm en protéines virales. Les protéines de la capside sont synthétisées dans le cytoplasme de la cellule hôte. ❻ Puis, les protéines de la capside migrent vers le noyau, où la maturation intervient. L'ADN viral et les protéines de la capside s'assemblent pour former des virus complets qui finiront par être libérés ❼ de la cellule hôte.

Voici quelques exemples de familles de virus à ADN.

***Adenoviridæ.*** Le nom de ces virus vient du mot « adénoïde », tissu duquel ils ont été isolés pour la première fois ; les adénoïdes sont de petites amygdales rhinopharyngiennes. Les adénovirus causent des maladies respiratoires de nature aiguë. Le rhume commun en est un exemple (figure 13.16a).

***Poxviridæ.*** Toutes les maladies associées aux poxvirus, notamment la variole et la vaccine, engendrent des lésions cutanées (figure 21.9). Pox fait référence aux lésions purulentes. La multiplication du génome viral est amorcée par la transcriptase virale. Les constituants viraux sont synthétisés et assemblés dans le cytoplasme de la cellule hôte.

***Herpesviridæ.*** On connaît une centaine d'herpèsvirus à ce jour (figure 13.16b). Ces virus tirent leur nom de l'apparence

Papovavirus
ADN viral
Capside
1 Adsorption : fixation spécifique du virus sur la cellule hôte
Cellule hôte
Noyau
Cytoplasme
2 Pénétration du virus dans la cellule ; décapsidation
ADN viral
ARNm
3 Synthèse : transcription précoce ; traduction de l'ARNm et synthèse des enzymes requises pour la réplication de l'ADN viral.
ARNm
4 Réplication de l'ADN viral ; transcription tardive
5 Traduction tardive et synthèse des protéines de la capside
Protéines de la capside
6 Maturation : assemblage des virions
7 Libération des virions
Virion

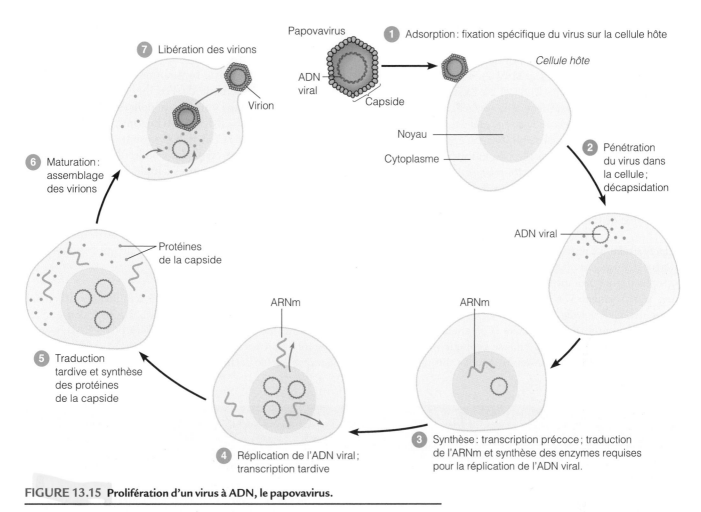

**FIGURE 13.15 Prolifération d'un virus à ADN, le papovavirus.**

■ Pour quelle raison l'ARNm positif est-il fabriqué ?

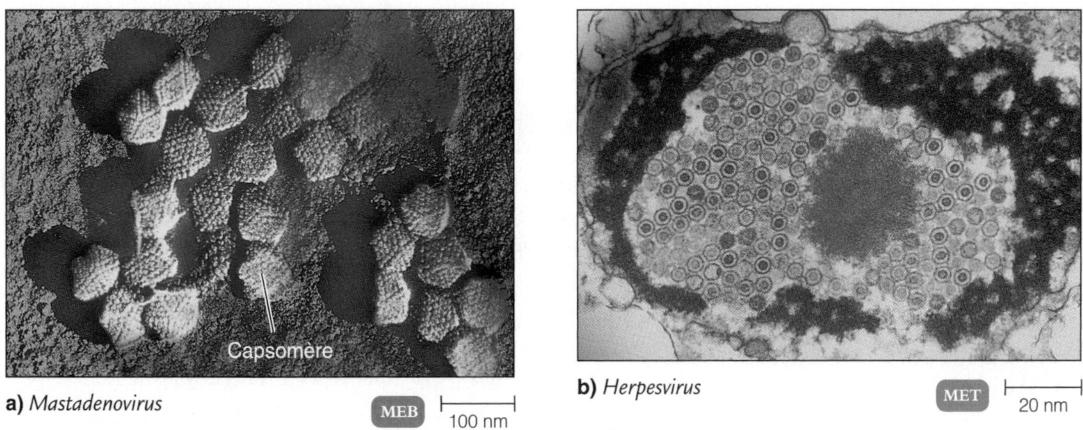


**a)** *Mastadenovirus*

**b)** *Herpesvirus*

**FIGURE 13.16 Virus animaux à ADN. a)** Coloration négative de *Mastadenovirus*, membres de la famille des *Adenoviridæ*, séparés par un gradient de concentration. Les capsomères individuels sont visibles. **b)** Coloration négative de la capside d'un herpèsvirus, membre de la famille des *Herpesviridæ*.

■ Quelle est la morphologie de ces virus ?

étalée des boutons de fièvre (infection herpétique). Les espèces d'herpèsvirus humaines comprennent les types de virus suivants. Les espèces HHV-1 et HHV-2, du genre *Simplexvirus* (aussi appelées HSV-1 et HSV-2), sont responsables des boutons de fièvre (figures 21.11 et 26.13). L'espèce HHV-3, du genre *Varicellovirus*, provoque la varicelle (figure 21.10a). L'espèce HHV-4, du genre *Lymphocryptovirus*, cause la mononucléose infectieuse. L'espèce HHV-5, du genre *Cytomegalovirus*, est responsable de la maladie à inclusions cytomégaliques. L'espèce HHV-6, du genre *Roseolovirus*, est associée à la roséole. L'espèce HHV-7 infecte la plupart des enfants et cause les éruptions de la rougeole. Enfin, l'espèce HHV-8 est l'agent du sarcome de Kaposi, en particulier chez les patients sidéens.

***Papovaviridæ.*** Le nom de papovavirus provient des papillomes (verrues), des polyomes (tumeurs) et de la vacuolation (vacuoles cytoplasmiques produites par certains de ces virus). Les verrues sont formées à la suite d'une infection par les virus du genre *Papillomavirus* (figure 26.14). Certaines espèces sont capables de transformer les cellules et d'entraîner ainsi l'apparition d'un cancer. L'ADN viral se réplique dans le noyau de la cellule hôte en même temps que les chromosomes de cette dernière. Les cellules hôtes peuvent alors se mettre à proliférer et donner naissance à une tumeur.

***Hepadnaviridæ.*** Ces virus sont nommés ainsi car ils causent l'hépatite et contiennent de l'ADN (DNA, en anglais). Le seul genre de cette famille est responsable de l'hépatite de type B (figure 25.15). (Même s'ils ne sont pas apparentés, les virus de l'hépatite A, C, D, E, F et G sont des virus à ARN. L'hépatite est une infection des cellules du foie causée par des virus appartenant à diverses familles ; nous l'étudions au chapitre 25.) Les *Hepadnavirus* se distinguent des autres virus à ADN, car ils synthétisent l'ADN à partir de l'ARN en utilisant une transcriptase inverse virale. Nous abordons l'étude de cette enzyme un peu plus loin dans la section consacrée aux rétrovirus, la seule autre famille virale qui la possède.

## La synthèse des virus à ARN

La multiplication des virus à ARN se déroule essentiellement de la même façon que celle des virus à ADN, sauf que les mécanismes de formation de l'ARNm et de l'ARN viral diffèrent selon les familles de virus à ARN (tableau 13.4). Bien que l'étude détaillée de ces mécanismes dépasse le cadre

**Tableau 13.4** *Comparaison de la synthèse des virus à ADN et à ARN*

| Acide nucléique viral | Famille de virus | Caractéristiques particulières de la synthèse de l'acide nucléique et de l'ARNm |
|---|---|---|
| ADN monocaténaire ou simple brin (sb) | *Parvoviridæ* | Une enzyme cellulaire transcrit l'ADN viral en ARNm positif dans le noyau ; l'ARNm positif sert par la suite pour la synthèse des protéines virales. |
| ADN bicaténaire ou double brin (db) | *Adenoviridæ*<br>*Herpesviridæ*<br>*Papovaviridæ*<br>*Poxviridæ* | Une enzyme cellulaire transcrit le brin d'ADN viral en ARNm positif dans le noyau ; l'ARNm positif sert par la suite pour la synthèse des enzymes virales.<br>Une enzyme virale transcrit l'ADN viral dans le cytoplasme pour donner des virions. |
| ADN bicaténaire ou double brin (db), transcriptase inverse | *Hepadnaviridæ* | Une enzyme cellulaire transcrit l'ADN viral en ARNm positif dans le noyau ; la transcriptase inverse se sert de l'ARNm comme matrice pour fabriquer l'ADN viral. |
| ARN monocaténaire ou simple brin + (sb +) | *Picornaviridæ*<br>*Togaviridæ* | Le brin positif de l'ARN viral sert de matrice pour la synthèse de l'enzyme ARN polymérase, qui copie un brin - d'ARN ; ce dernier est ensuite transcrit, dans le cytoplasme, en ARNm positif, puis incorporé dans la capside comme matériel génétique ; l'ARNm positif sert aussi pour la synthèse des protéines virales. |
| ARN monocaténaire ou simple brin - (sb -), | *Rhabdoviridæ* | Le brin négatif de l'ARN viral est d'abord transcrit, dans le cytoplasme, par l'enzyme virale en ARNm positif; ce dernier sert ensuite pour la synthèse des protéines virales et pour la synthèse de nouveaux brins - d'ARN incorporés dans les capsides. |
| ARN bicaténaire ou double brin (db) | *Reoviridæ* | L'enzyme virale copie, dans le cytoplasme, le brin - de l'ARN viral pour fabriquer de l'ARNm positif. |
| ARN, transcriptase inverse | *Retroviridæ* | La transcriptase inverse copie, dans le cytoplasme, le brin + d'ARN en ADN qui se déplace ensuite vers le noyau ; l'ADN est transcrit en ARNm positif, lequel sert par la suite pour la synthèse des protéines virales. |

de ce manuel, nous décrirons, à des fins de comparaison, le cycle de multiplication des virus en fonction des caractéristiques de l'ARN viral qu'ils renferment.

La réplication des virus à ARN débute par les phases ❶ d'adsorption et ❷ de pénétration et de décapsidation. Elle se poursuit ❸ par la phase de la transcription de l'ARN viral et par ❹ la phase de la traduction de l'ARNm et de la synthèse des protéines virales. Les virus à ARN se répliquent à l'intérieur du cytoplasme de la cellule hôte ; les principales différences entre les modes de réplication de ces virus tiennent à la façon dont l'ARNm et l'ARN viral sont transcrits et synthétisés (étapes 3 et 4). Une fois que l'ARN viral et les protéines virales ont été fabriqués, ❺ la phase de la maturation se déroule de la même façon dans tous les virus animaux, comme nous allons le voir ci-après. Les différents cycles de réplication de virus à ARN sont illustrés par les virus des familles des *Picornaviridæ*, des *Rhabdoviridæ* et des *Reoviridæ* dans la figure 13.18 et par les virus des familles des *Retroviridæ* dans la figure 13.19.

***Picornaviridæ.*** Les picornavirus, tels que les poliovirus, sont des virus à ARN monocaténaire (simple brin) à polarité positive (sb +). De tous les virus, ce sont les plus petits. Leur nom est formé du préfixe *pico-* (= petit) et de RNA (ARN, en français). La figure 13.18a illustre le mécanisme de réplication de ces virus.

Le simple brin de l'ARN de ce virion s'appelle **brin +** (polarité positive) ou **brin sens** car il peut jouer le rôle d'ARNm. Après que l'adsorption, la pénétration et la décapsidation sont terminées, l'ARN viral sb + est traduit en deux protéines majeures, dont l'une inhibe les processus de synthèse d'ARN et de protéines de la cellule hôte, et l'autre forme une enzyme appelée *ARN polymérase ARN-dépendante.* Cette enzyme catalyse la synthèse de l'autre brin d'ARN, dont la séquence de bases est complémentaire au brin + original. Le nouveau brin, appelé **brin −** (négatif) ou **brin antisens**, sert de matrice pour produire d'autres brins +. Les nouveaux brins + d'ARN peuvent jouer le rôle d'ARNm lors de la synthèse des protéines de la capside, être incorporés dans les capsides pour former un nouveau virus, ou encore servir de matrice pour continuer la réplication de l'ARN. Une fois que les brins d'ARN + et les protéines du virus ont été synthétisés, la maturation peut débuter ; elle conduira à l'assemblage et à la libération de nouveaux virus.

***Togaviridae.*** Les togavirus, qui comprennent les *Alphavirus* ou les *Arbovirus* transportés par les arthropodes, possèdent également un acide nucléique composé d'un simple brin + d'ARN. Ces virus sont enveloppés ; leur nom vient du mot latin *toga* qui signifie « toge » (figure 13.17a).

Une fois formé à partir du brin + d'ARN, le brin − d'ARN sert à transcrire deux types d'ARNm. L'un d'eux est le brin court codant pour les protéines de l'enveloppe ; l'autre, le brin long, code pour les protéines de la capside. Le brin long d'ARNm peut être incorporé à l'intérieur de la capside en tant qu'acide nucléique viral.

***Rhabdoviridæ.*** Les rhabdovirus, tels que le virus de la rage (genre *Lyssavirus*), sont habituellement de forme fuselée (figure 13.17b). *Rhabdo-* vient d'un mot grec qui signifie bâtonnet, mais il ne reflète pas de manière juste leur morphologie. Ces virus possèdent un acide nucléique formé

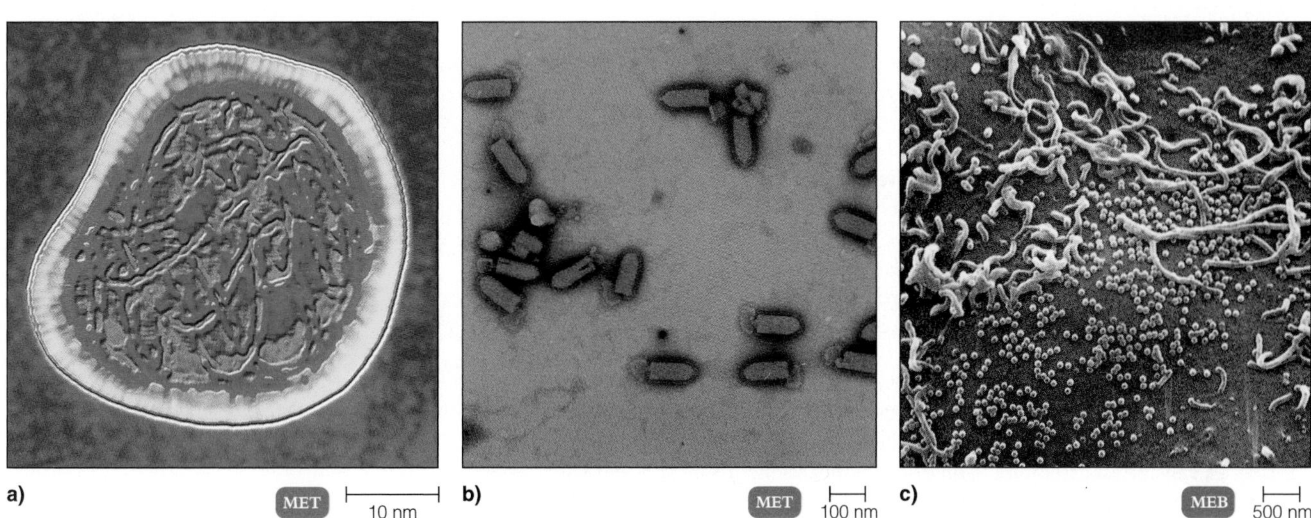


**FIGURE 13.17 Virus animaux à ARN. a)** Virus de la rubéole (*Rubivirus*), qui appartient à la famille des *Togaviridæ*. **b)** Virus de la stomatite vésiculaire (*Vesiculovirus*), de la famille des *Rhabdoviridæ*. **c)** Virus tumoral de la glande mammaire de la souris (MMTV), de la famille des *Retroviridæ*.

■ L'acide nucléique des virus à ARN brin + joue le rôle d'ARNm ; les virus à ARN brin − doivent fabriquer un brin + qui servira d'ARNm.

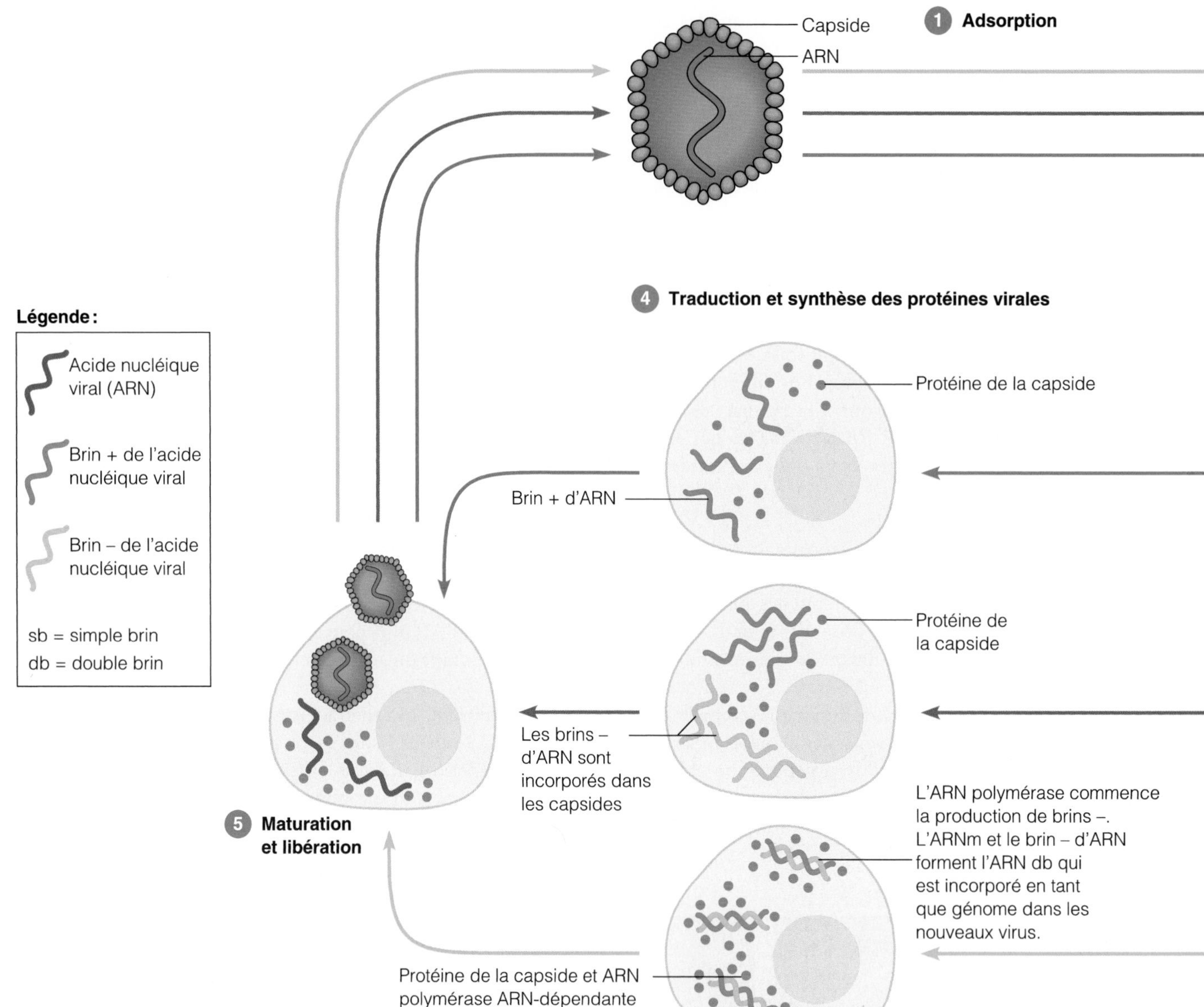


**FIGURE 13.18 Modes de réplication de divers virus à ARN. a)** Tracé rouge (ex. *Picornaviridæ*). Après ❶ l'adsorption et ❷ la décapsidation, les virus à ARN sb + utilisent leur brin + en guise de matrice pour ❸ produire des brins - d'ARN qui serviront à produire des brins + additionnels ; ces brins + d'ARN, qui tiendront lieu d'ARNm, seront à leur tour ❹ traduits en protéines de la capside. La capside est assemblée et un brin + d'ARN est incorporé dans chaque capside en tant que génome de l'acide nucléique lors ❺ de la maturation. **b)** Tracé violet (ex. *Rhabdoviridæ*). Après ❶ l'adsorption et ❷ la décapsidation, les virus à ARN sb - doivent d'abord transcrire leur brin - en brin + d'ARN, qui servira d'ARNm. Cet ARNm sert de matrice pour ❸ la production de brins - d'ARN additionnels ; il est aussi ❹ traduit en protéines de la capside. La capside est assemblée et un brin - d'ARN est incorporé dans chaque capside en tant que génome de l'acide nucléique lors ❺ de la maturation. **c)** Tracé jaune (ex. *Reoviridæ*). Après ❶ l'adsorption et ❷ la décapsidation, les virus à ARN db ❸ transcrivent un ARNm qui est ensuite traduit en protéines, celles de la capside y compris. L'enzyme ARN polymérase copie des brins - d'ARN pour former la double chaîne et l'incorporer ❹ en tant que génome de l'acide nucléique. Par suite de la maturation, ❺ la libération de virions a lieu.

■ Pourquoi le brin négatif d'ARN est-il synthétisé par les picornavirus ? par les rhabdovirus ?

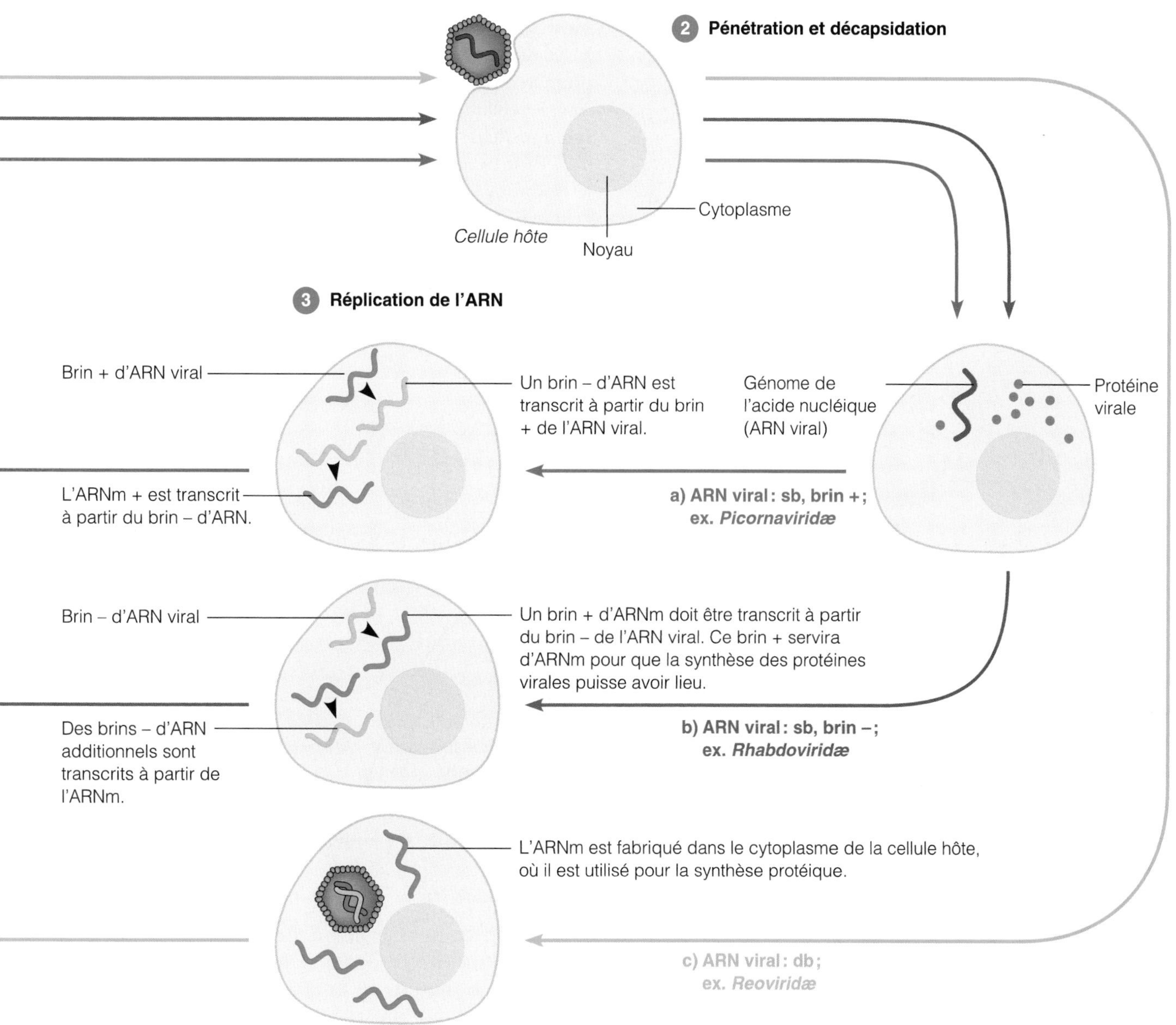

2 Pénétration et décapsidation
Cellule hôte
Noyau
Cytoplasme
3 Réplication de l'ARN
Brin + d'ARN viral
Un brin – d'ARN est transcrit à partir du brin + de l'ARN viral.
Génome de l'acide nucléique (ARN viral)
Protéine virale
L'ARNm + est transcrit à partir du brin – d'ARN.
a) ARN viral : sb, brin + ; ex. Picornaviridæ
Brin – d'ARN viral
Un brin + d'ARNm doit être transcrit à partir du brin – de l'ARN viral. Ce brin + servira d'ARNm pour que la synthèse des protéines virales puisse avoir lieu.
Des brins – d'ARN additionnels sont transcrits à partir de l'ARNm.
b) ARN viral : sb, brin – ; ex. Rhabdoviridæ
L'ARNm est fabriqué dans le cytoplasme de la cellule hôte, où il est utilisé pour la synthèse protéique.
c) ARN viral : db ; ex. Reoviridæ

d'un simple brin – d'ARN (figure 13.18b). Ils contiennent aussi l'enzyme ARN polymérase ARN-dépendante, qui utilise le brin – comme matrice pour produire un brin + d'ARN. Le brin + d'ARN joue le rôle à la fois d'ARNm pour la synthèse des protéines virales et de matrice pour la synthèse du nouvel ARN viral.

***Reoviridæ.*** On trouve les réovirus dans les systèmes respiratoire et digestif (entérique) des humains. Ils n'étaient pas associés à une maladie quelconque lors de leur découverte, si bien qu'on les a considérés comme des virus orphelins. Leur nom dérive des premières lettres des mots *r*espiratoire, *e*ntérique et *o*rphelin. On sait maintenant que trois sérotypes provoquent des infections des voies respiratoires et des voies gastro-intestinales.

La capside qui contient l'ARN bicaténaire est digérée lors de son entrée dans la cellule hôte. L'ARNm est produit dans le cytoplasme, où il est utilisé pour la synthèse des protéines virales (figure 13.18c). Une des protéines virales nouvellement produites joue le rôle de l'ARN polymérase ARN-dépendante pour produire des brins d'ARN –. Les brins + et – d'ARNm forment un ARN bicaténaire, qui est ensuite encapsidé.

***Retroviridæ.*** De nombreux rétrovirus infectent les vertébrés (figure 13.18c). Un genre de cette famille, *Lentivirus*, comprend les sous-espèces du virus de l'immunodéficience humaine, les VIH-1 et VIH-2, qui causent le SIDA. Nous nous pencherons sur les rétrovirus responsables du cancer plus loin dans ce chapitre-ci. Le rétrovirus est un virus enveloppé dont l'acide nucléique est composé de deux brins + d'ARN identiques.

La formation de l'ARNm et de l'ARN des virions de rétrovirus est schématisée à la figure 13.19. ❶ Après l'adsorption du virus, la pénétration a lieu par fusion de la membrane de l'enveloppe virale avec la membrane cytoplasmique de la cellule hôte. Ce type de virus transporte sa propre polymérase, une ADN polymérase ARN-dépendante. Cette enzyme est appelée transcriptase inverse, parce qu'elle permet une réaction (ARN → ADN) qui est l'inverse du processus de transcription habituel (ADN → ARN). Le nom *rétrovirus* a été forgé en utilisant les premières lettres des mots anglais *re*verse *tr*anscriptase. ❷ Après la décapsidation, la transcriptase inverse utilise un brin + d'ARN du virus pour synthétiser un brin d'ADN complémentaire qui, à son tour, se réplique pour former une double chaîne d'ADN. Cette enzyme dégrade aussi l'ARN viral d'origine. ❸ L'ADN viral formé dans le cytoplasme de la cellule hôte migre dans le noyau et est intégré dans l'ADN du chromosome de la cellule hôte. À cette étape, l'ADN viral s'appelle **provirus.**

Contrairement au prophage (lysogénisation, figure 13.12) le provirus ne s'excise jamais du chromosome. C'est sa qualité

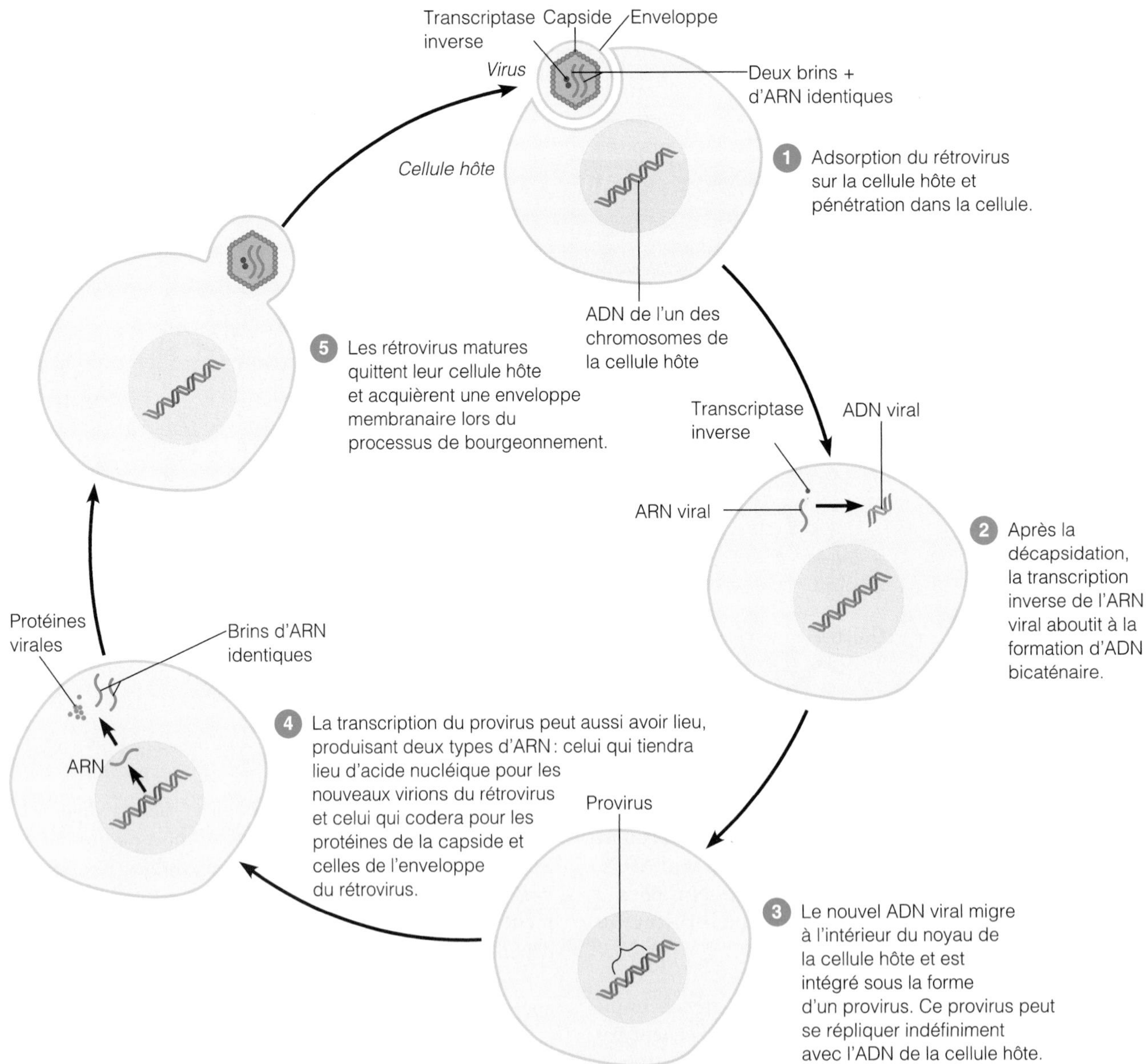


**FIGURE 13.19 Réplication des *Retroviridæ*.** Un rétrovirus peut devenir un provirus qui demeure à l'état latent ou qui donne naissance à de nouveaux virus.

■ En quoi la synthèse d'un rétrovirus diffère-t-elle de celle des autres virus à ARN ?

de provirus qui confère au VIH une protection contre le système immunitaire de l'hôte et contre les médicaments antiviraux.

Une fois que le provirus s'est intégré à l'ADN de la cellule hôte, plusieurs événements peuvent survenir. Parfois, le provirus demeure simplement latent et se réplique en même temps que l'ADN de la cellule hôte. ❹ Dans d'autres cas, il exprime ses gènes, ce qui entraîne la formation de particules virales complètes. L'étape de la synthèse requiert au préalable une nouvelle transcription de l'ADN en ARN, lequel tiendra lieu à la fois d'ARNm pour la synthèse protéique et d'acide nucléique qui sera incorporé à l'intérieur des nouveaux virions lors de la maturation. ❺ Les nouveaux virus sont libérés et peuvent alors infecter les cellules adjacentes. Les mutagènes tels que les rayonnements gamma peuvent entraîner l'expression des gènes du provirus. Le provirus peut aussi transformer la cellule hôte en cellule tumorale. Les mécanismes hypothétiques de ce phénomène seront abordés plus loin.

## La maturation et la libération

La première étape de la maturation virale consiste en l'assemblage habituellement spontané des protéines de la capside. Comme nous l'avons vu plus haut, la capside de nombreux virus animaux est entourée d'une enveloppe formée de protéines, de lipides et de glucides.

Parmi cette catégorie de virus, on compte les *Orthomyxovirus* et les *Paramyxovirus*. Les protéines de l'enveloppe sont codées par des gènes viraux et sont incorporées à la membrane plasmique de la cellule hôte. Les lipides et les glucides de l'enveloppe sont des constituants de la membrane plasmique de la cellule hôte. L'enveloppe se forme autour de la capside par un processus appelé **bourgeonnement** (figure 13.20). C'est ainsi que la capside entièrement assemblée et renfermant le génome viral forme une excroissance sur la membrane plasmique. Une partie de la membrane plasmique adhère au virus et devient son enveloppe. Le bourgeonnement est l'un des modes de libération des virus. Il ne conduit pas immédiatement à la mort de l'hôte et, dans certains cas, la cellule hôte y survit.

Les virus non enveloppés sont relâchés lors de la lyse de la membrane plasmique de la cellule hôte. Comparativement au bourgeonnement, ce mode de libération entraîne généralement la mort de la cellule hôte.

Ainsi, la capacité de s'adsorber spécifiquement sur une cellule hôte, d'y pénétrer, d'y répliquer de nouvelles particules virales, de libérer des virions capables d'infecter à leur tour d'autres cellules, placent les virus au rang d'agents infectieux. Étant donné qu'ils sont des parasites intracellulaires obligatoires, les virus sont pathogènes parce que l'infection dont ils sont responsables se fait au détriment de la cellule, qui peut en mourir. Les dommages cellulaires entraînent habituellement une altération de la fonction de l'organe atteint, d'où la maladie.

Du point de vue médical, la gravité d'une infection virale est généralement associée au type de cellule hôte humaine infectée et au type de dommages cellulaires qui en résultent. Par exemple, l'infection active des cellules hépatiques par le virus de l'hépatite C peut provoquer en peu de semaines la destruction du foie et la mort de l'individu. Le SIDA par contre, qui peut prendre des années à se manifester, est une infection grave mais, en règle générale, moins fulgurante.

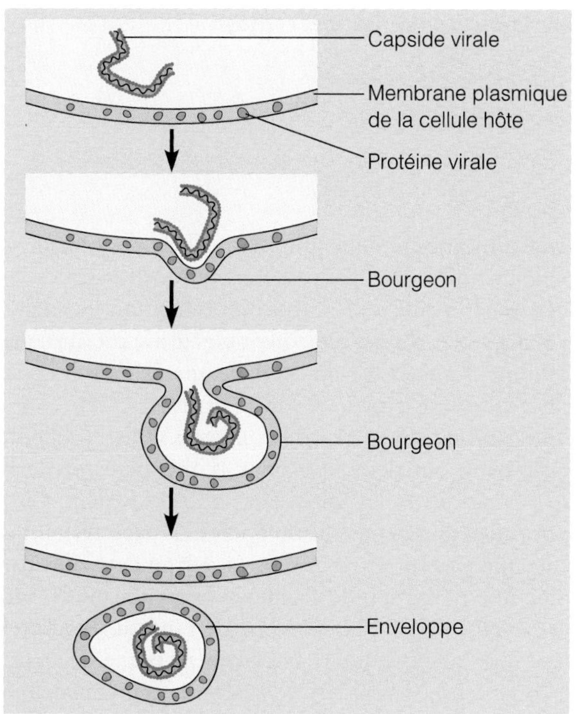


**a)** Libération par bourgeonnement

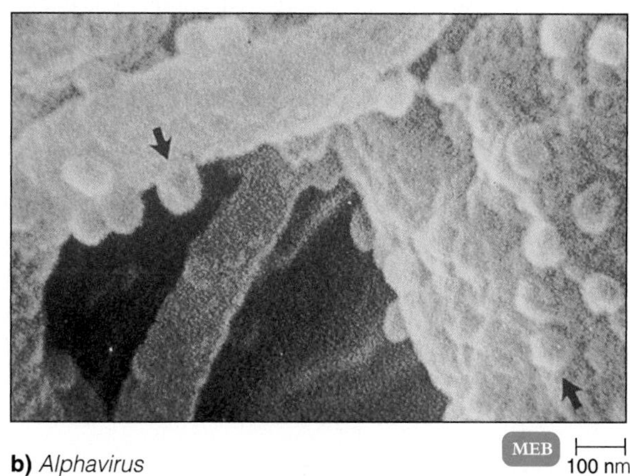

**b)** *Alphavirus*

MEB 100 nm

**FIGURE 13.20 Libération par bourgeonnement d'un virus enveloppé. a)** Diagramme du processus de bourgeonnement. **b)** Les petites excroissances visibles sur la membrane plasmique sont des virus Sindbis (*Alphavirus*) en train de se libérer de la cellule infectée.

■ L'enveloppe de la plupart des virus enveloppés renferme des constituants de la membrane plasmique de leur cellule hôte.

# Les virus et le cancer

**Objectifs d'apprentissage**

- *Définir l'oncogène et la cellule transformée.*
- *Discuter du lien entre les virus à ARN et à ADN et le cancer.*

On sait aujourd'hui que plusieurs types de cancer sont imputables à des virus. La recherche effectuée sur les virus cancérogènes a amélioré notre compréhension générale du cancer. La recherche en biologie moléculaire montre que le mécanisme des maladies est similaire, même dans les cas où le cancer n'est pas provoqué par un virus.

En 1908 au Danemark, les virologistes Wilhelm Ellerman et Olaf Bang ont démontré pour la première fois le lien entre la maladie et les virus alors qu'ils tentaient d'isoler l'agent causal de la leucémie du poulet. Ils découvrirent que la leucémie pouvait être transmise à des poulets sains par le biais de filtrats exempts de cellules mais contenant des virus. Trois ans plus tard, F. Peyton Rous, de l'Institut Rockefeller à New York, observa que le **sarcome** du poulet (cancer du tissu conjonctif) pouvait être contracté de la même manière. Les **adénocarcinomes** de souris (cancers des tissus épithéliaux glandulaires) causés par des virus ont été mis en évidence en 1936. À l'époque, une expérience a clairement montré que les tumeurs des glandes mammaires se transmettaient chez les descendants par le lait maternel. En 1972, la bactériologiste américaine Sarah Stewart a isolé un virus causant un cancer humain.

On associe difficilement une cause virale aux cancers, et ce pour plusieurs raisons. D'abord, la plupart des particules de certains virus infectent les cellules, mais ne provoquent pas de cancer. Deuxièmement, le cancer se manifeste parfois longtemps après l'infection virale. Troisièmement, les cancers ne semblent pas être contagieux, comme le sont habituellement les maladies virales.

## La transformation des cellules normales en cellules tumorales

Presque tout ce qui peut altérer le matériel génétique d'une cellule eucaryote peut potentiellement transformer une cellule normale en cellule cancéreuse. Ces modifications de l'ADN conduisant au cancer touchent une partie du génome que l'on appelle **oncogène.** Les oncogènes ont été identifiés pour la première fois dans les virus cancérogènes et étaient considérés comme une partie intégrante du génome viral normal. Cependant, les microbiologistes américains J. Michael Bishop et Harold E. Varmus ont démontré que ces gènes cancérogènes dont des virus sont les vecteurs provenaient en fait de cellules animales. Cette découverte leur a valu le prix Nobel en 1989. En 1976, Bishop et Varmus avaient montré que le gène cancérogène *src* chez le virus du sarcome aviaire provient d'une partie normale de gènes de poulet.

Les oncogènes peuvent être amenés à fonctionner de manière anormale par divers agents, notamment les substances chimiques mutagènes, les rayonnements de haute énergie et les virus. Les virus capables de provoquer des tumeurs chez les animaux s'appellent **virus oncogènes** ou *oncovirus*. Environ 10 % des cancers sont de nature virale.

Les virus à ARN aussi bien que les virus à ADN peuvent causer l'apparition de tumeurs chez les animaux. Lorsque cela se produit, les cellules tumorales subissent une **transformation,** c'est-à-dire qu'elles acquièrent des propriétés distinctes de celles de cellules non infectées ou de cellules infectées qui ne forment pas de tumeur. Tous les virus oncogènes présentent une caractéristique étonnante qui réside dans leur capacité à intégrer leur matériel génétique à l'intérieur de l'ADN de la cellule hôte et à se répliquer parallèlement avec les chromosomes de cette dernière. Ce mécanisme est semblable à la lysogénie bactérienne et peut modifier les caractéristiques de la cellule hôte de la même manière.

Les cellules animales normales cultivées en laboratoire se déplacent aléatoirement par un mouvement amiboïde et se divisent continuellement jusqu'à ce qu'elles se touchent. Dès qu'il y a contact, le mouvement des cellules et leur division s'arrêtent. Ce phénomène est connu sous le nom d'**inhibition de contact.** Or, les cellules transformées (tumorales) d'une culture cellulaire perdent cette capacité qui les rend sensibles à l'inhibition de contact et forment en revanche des masses cellulaires semblables à des tumeurs. Elles provoquent parfois des tumeurs si on les injecte à un animal réceptif.

Après avoir été transformées par des virus, de nombreuses cellules tumorales présentent des antigènes spécifiques au virus appelés **antigènes de transplantation spécifiques aux tumeurs** (**TSTA** pour « tumor-specific transplantation antigen ») à la surface de leur membrane ou des antigènes dans leur noyau appelés **antigènes T.** Les cellules transformées ont tendance à être moins sphériques que les cellules normales et à présenter certaines anomalies chromosomiques, telles qu'un nombre inhabituel de chromosomes ou des chromosomes fragmentés.

## Les virus oncogènes à ADN

On trouve les virus oncogènes dans plusieurs familles de virus à ADN. Parmi elles, on compte les *Adenoviridæ*, les *Herpesviridæ*, les *Poxviridæ*, les *Papovaviridæ* et les *Hepadnaviridæ*. Les *Papillomavirus*, de la famille des *Papovaviridæ*, sont responsables du cancer du col utérin.

Le genre *Lymphocryptovirus,* de la famille des *Herpesviridæ,* comprend le virus d'Epstein-Barr (virus EB) qui est associé à la mononucléose infectieuse et à deux cancers humains, le lymphome de Burkitt et le carcinome du rhinopharynx. Le lymphome de Burkitt est une forme rare de cancer du système lymphatique qui touche principalement les enfants dans certaines régions de l'Afrique (figure 23.15). Des cas de carcinome du rhinopharynx (cancer du nez et de la gorge) se retrouvent partout dans le monde. Certaines recherches indiquent également que le virus EB pourrait jouer un rôle dans la maladie de Hodgkin, un cancer du système lymphatique.

Environ 90% de la population nord-américaine est probablement porteuse du virus EB à l'état latent dans les lymphocytes, mais ne présente pas de symptômes. L'existence du virus au stade latent est révélée en laboratoire par la présence, dans le sérum, d'anticorps dirigés contre le virus. Bien qu'elle se manifeste par des symptômes légers chez les enfants sains, l'infection par ce virus peut provoquer la mononucléose infectieuse, surtout chez les adolescents; cette maladie est mieux connue sous le nom de maladie du baiser (chapitre 23).

En 1964, Michael Epstein et Yvonne Barr ont isolé le virus EB à partir des cellules d'un lymphome de Burkitt. La preuve démontrant le rôle du virus EB dans le cancer a été involontairement établie lorsqu'on fit une greffe de moelle osseuse à un jeune garçon de 12 ans connu sous le nom de David. David était né avec un système immunitaire déficient et avait passé toute sa vie à l'abri des microbes dans une «bulle» stérile; les médias l'avaient surnommé «le garçon bulle». (Les lymphocytes qui confèrent l'immunité sont produits dans la moelle osseuse rouge.) Plusieurs mois après la greffe, le garçon manifesta les symptômes de la mononucléose infectieuse et, au bout de quelques mois, il mourut d'un cancer. L'autopsie montra que le virus avait été introduit dans le corps de David avec le transplant de moelle. Ce cas a confirmé les soupçons que le virus EB peut provoquer un cancer chez des individus immunodéprimés.

Le virus de l'hépatite B (HBV, genre *Hepadnavirus*) est un autre virus à ADN cancérogène. De nombreuses études menées sur des animaux ont démontré que le virus est l'agent causal du cancer du foie. Une recherche effectuée sur les humains a révélé que presque toutes les personnes atteintes d'un cancer du foie avaient déjà souffert d'infections à HBV. En outre, les résultats de cette étude ont indiqué que le risque de présenter un cancer du foie est 98 fois plus élevé chez les personnes qui ont préalablement été infectées par le virus.

### Les virus oncogènes à ARN

Parmi les virus à ARN, seuls les oncovirus de la famille des *Retroviridæ* provoquent un cancer. Les virus de la leucémie des lymphocytes T humains (HTLV-1 et HTLV-2) sont les rétrovirus responsables de la leucémie des lymphocytes T de l'adulte et du lymphome chez les humains. (Les lymphocytes T sont un type de leucocytes – globules blancs – qui jouent un rôle dans la réponse immunitaire.)

Les virus associés aux sarcomes félins, aviaires et murins et les virus responsables des tumeurs des glandes mammaires chez les souris sont des rétrovirus. Un autre rétrovirus, le virus de la leucémie féline, cause et transmet la leucémie des chats. Un test permet de détecter la présence du virus dans le sérum félin.

La capacité des rétrovirus de causer un cancer est liée à la production de la transcriptase inverse grâce au mécanisme de formation d'un provirus que nous avons décrit plus haut (figure 13.19). Le provirus, un ADN bicaténaire copié à partir de l'ARN viral par l'enzyme, s'intègre à l'ADN de la cellule hôte, introduisant ainsi du nouveau matériel génétique dans le génome de cette dernière. C'est la raison pour laquelle les rétrovirus peuvent provoquer un cancer. Certains rétrovirus contiennent des oncogènes; d'autres possèdent des promoteurs qui activent les oncogènes ou d'autres facteurs causant le cancer.

## Les infections virales latentes

**Objectifs d'apprentissage**

- *Définir l'infection virale latente.*
- *Donner un exemple d'infection virale latente.*

Un virus peut vivre en harmonie avec son hôte et ne pas provoquer de maladie pendant une longue période qui dure souvent plusieurs années; l'infection est alors cachée et qualifiée d'*infection latente*. Tous les virus herpétiques humains peuvent demeurer dans les cellules de l'hôte durant toute sa vie. Lorsqu'un virus herpétique est réactivé lors d'une immunosuppression (par exemple, dans le cas du SIDA), l'infection qui en résulte peut être fatale. Toute réactivation n'est cependant pas aussi grave. L'infection cutanée imputable au virus de l'herpès humain type 1 (*Simplexvirus*) se manifeste par des vésicules («feux sauvages»); cette infection représente l'exemple classique d'une infection latente. Ce virus réside dans les cellules nerveuses de l'hôte, mais ne cause des dommages que lorsqu'il est soudainement activé par un stimulus comme la fièvre ou les coups de soleil, d'où le terme *boutons de fièvre* (figure 21.11). Lorsqu'il y a reprise de la maladie sans contact nouveau avec le pathogène, on parle alors d'*infection récurrente*. Même si un pourcentage important de la population est porteur, de 10 à 15% seulement des individus infectés manifesteront la maladie. Certains individus produisent des virus mais ne présentent jamais de symptômes. Les virus de certaines infections latentes existent à l'*état lysogénique* à l'intérieur des cellules hôtes.

Le virus de la varicelle (genre *Varicellovirus*, famille des *Herpesviridæ*) peut aussi être latent. La varicelle est une maladie de la peau que l'on contracte habituellement durant l'enfance. Le virus atteint la peau par le sang. Du sang, certains virus entrent dans les nerfs, où ils vont rester latents. Des modifications ultérieures de la réponse immunitaire peuvent activer ces virus latents et causer le zona, ou herpès zoster. Les éruptions de zona apparaissent sur la peau le long des nerfs dans lesquels le virus était latent. Le zona atteint de 10 à 20% des personnes ayant eu la varicelle (figure 21.10).

## Les infections virales persistantes

**Objectif d'apprentissage**

- *Distinguer les infections virales persistantes des infections virales latentes.*

Le terme *infection virale lente* a été forgé dans les années 1950 pour désigner une maladie qui s'étale sur une longue période de temps et dont l'agent causal présumé est un virus. Ces maladies chroniques sont mieux désignées par le terme **infection virale persistante** ou encore **infection à virus lent.** Ce type d'infection virale est habituellement fatal.

On a démontré qu'un bon nombre d'infections virales étaient dues à des virus courants. Par exemple, plusieurs années après avoir causé la maladie, le virus de la rougeole peut provoquer une forme d'encéphalite rare appelée leucoencéphalite sclérosante subaiguë. Il semble que c'est l'augmentation graduelle, sur une longue période de temps, du taux de virus détectable – c'est le cas de la plupart des infections virales persistantes – qui permet de distinguer l'infection virale persistante de l'infection virale latente, laquelle se caractérise plutôt par une augmentation soudaine.

Le tableau 13.5 donne plusieurs exemples d'infections virales persistantes imputables à des virus courants.

## Les prions

### Objectif d'apprentissage

- *Décrire comment une protéine peut devenir infectieuse.*

D'autres maladies infectieuses sans cause virale peuvent être provoquées par des agents appelés prions. En 1982, le neurobiologiste américain Stanley Prusiner a émis l'hypothèse que des protéines infectieuses étaient à l'origine d'une maladie neurologique du mouton appelée scrapie (mot anglais dérivé d'un verbe signifiant gratter). L'infectiosité des tissus infectés diminuait après un traitement aux protéases mais pas après un traitement aux rayonnements, ce qui suggérait que l'agent infectieux était une protéine pure. Prusiner a inventé le mot **prion** (de l'anglais «*pro*teinaceous *in*fectious particle») pour désigner la particule. Cette découverte continue de susciter beaucoup d'interrogations en raison de la nature même de cet agent infectieux, qui consiste en une simple protéine.

Neuf maladies animales, parmi lesquelles on compte la «maladie de la vache folle» qui a infecté le cheptel du Royaume-Uni en 1987, tombent maintenant sous cette catégorie d'agent infectieux. Il s'agit dans les neuf cas d'atteintes neurologiques nommées encéphalopathies spongiformes, car le cerveau se troue alors de grosses vacuoles (figure 22.15a). Les maladies humaines sont le kuru, la maladie de Creutzfeldt-Jakob (MCJ), le syndrome de Gerstmann-Sträussler-Scheinker et l'insomnie familiale fatale. (Nous examinons les maladies neurologiques au chapitre 22.) Ces maladies sont transmises dans certaines familles, ce qui suggère une cause génétique. Toutefois, elles ne peuvent être uniquement héréditaires pour deux raisons. D'une part, on sait que la maladie de la vache folle a été transmise au bétail par des farines animales contaminées avec de la viande de moutons infectés par la scrapie. D'autre part, la nouvelle variante (bovine) a été transmise aux humains par ingestion de viande insuffisamment cuite provenant de vaches infectées (chapitre 1, p. 21). Par ailleurs, on a observé que la MCJ a également été transmise par le biais de tissus nerveux transplantés et d'instruments chirurgicaux contaminés.

Une hypothèse visant à expliquer comment un agent infectieux peut ne pas posséder d'acide nucléique est illustrée à la figure 13.21. ❶ L'agent infectieux semble être une protéine, la PrP (pour protéine du prion), dont le gène fait partie de l'ADN normal de l'hôte. Chez les humains, le gène de la PrP est localisé sur le chromosome 20. Chez l'humain sain, la protéine PrP s'appelle $PrP^{c}$ (c pour cellulaire). La maladie pourrait être causée par la forme anormale de la PrP, nommée $PrP^{Sc}$, que l'on trouve dans le cerveau d'animaux atteints de scrapie. ❷ L'inoculation de $PrP^{Sc}$ chez des animaux de laboratoire sains provoque l'apparition de la maladie. ❸ La protéine anormale $PrP^{Sc}$ peut altérer la protéine normale $PrP^{c}$. Lorsqu'une $PrP^{Sc}$ est mise en contact avec une $PrP^{c}$ normale et qu'elle l'amène à se replier en forme de $PrP^{Sc}$, les nouvelles molécules de $PrP^{Sc}$ attaquent d'autres molécules de $PrP^{c}$ normales.

On ne connaît pas encore l'origine des lésions cellulaires. On a observé des plaques résultant de l'accumulation de $PrP^{Sc}$ dans le cerveau, mais elles ne semblent pas endommager les cellules. On s'appuie néanmoins sur leur présence lors de l'autopsie pour déterminer la cause de la mort.

## Les virus végétaux et les viroïdes

### Objectifs d'apprentissage

- *Différencier les virus, les viroïdes et les prions.*
- *Nommer un virus qui provoque une maladie des plantes.*

**Tableau 13.5** *Exemples d'infections virales persistantes chez les humains*

| Maladie | Principale conséquence | Virus causal |
|---|---|---|
| Leucoencéphalite sclérosante subaiguë | Détérioration mentale | Virus de la rougeole (*Morbillivirus*) |
| Encéphalite progressive | Détérioration mentale rapide | Virus de la rubéole (*Rubivirus*) |
| Leucoencéphalite multifocale progressive | Dégénérescence du cerveau | Papovavirus (famille des *Papovaviridæ*) |
| Complexe démentiel du SIDA | Dégénérescence du cerveau | VIH (*Lentivirus*) |
| Infection persistante à entérovirus | Détérioration mentale associée au SIDA | Echovirus |

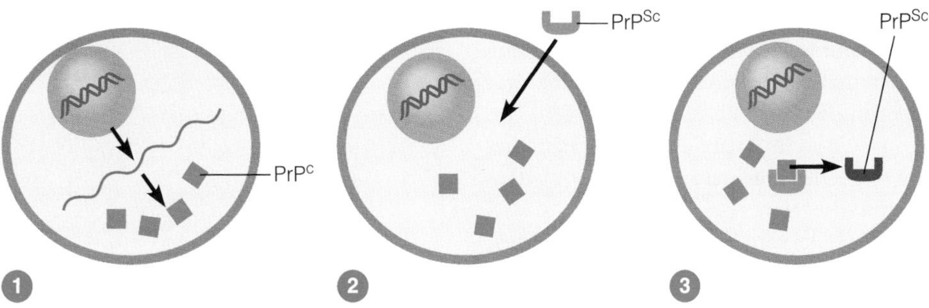


**FIGURE 13.21 Comment une protéine peut devenir infectieuse.** Lorsqu'il pénètre dans une cellule, un prion anormal (PrP$^{Sc}$) transforme un prion normal PrP$^{c}$ en PrP$^{Sc}$, qui à son tour modifiera un autre prion normal, et ainsi de suite. Cette réaction en chaîne aboutit à une accumulation de prions PrP$^{Sc}$ anormaux. Notez que la protéine PrP$^{c}$ (■) prend alors la forme de la protéine PrP$^{Sc}$ (⊔).

Les virus végétaux ressemblent aux virus animaux à plusieurs égards. Leur morphologie et les types d'acide nucléique qu'ils contiennent sont similaires (tableau 13.6). De fait, certains virus de plantes peuvent se répliquer à l'intérieur de cellules d'insectes. Ces virus causent de nombreuses maladies qui touchent des plantes agricoles importantes pour l'économie, telles que les légumineuses (virus de la mosaïque du haricot), le maïs, la canne à sucre (virus de la tumeur des blessures) et les pommes de terre (virus du nanisme jaune de la pomme de terre). Ils peuvent engendrer un changement de couleur, une déformation, un flétrissement et un étiolement de la partie infectée de la plante. Cependant, certains hôtes demeurent asymptomatiques et servent uniquement de réservoirs d'infection.

Les cellules végétales sont habituellement protégées contre la maladie grâce à une paroi cellulaire imperméable. En conséquence, les virus doivent pénétrer la plante par une blessure ou être aidés par des parasites des plantes tels que les

**Tableau 13.6** *Classification de quelques virus de plantes parmi les plus importants*

| Caractéristiques | Famille virale | Genre viral ou membres non classés | Morphologie | Mode de transmission |
|---|---|---|---|---|
| ADN bicaténaire, non enveloppé | *Papovaviridæ* | Virus de la mosaïque du chou-fleur | | Pucerons |
| ARN monocaténaire, brin +, non enveloppé | *Picornaviridæ* | Virus de la mosaïque du haricot | | Pollen |
| | *Tetraviridæ* | *Tobamovirus* | | Blessures |
| ARN monocaténaire, brin -, enveloppé | *Rhabdoviridæ* | Virus du nanisme jaune de la pomme de terre | | Cicadelles et pucerons |
| ARN bicaténaire, non enveloppé | *Reovirus* | Virus de la tumeur des blessures | | Cicadelles |

nématodes, les mycètes, et, comme cela se produit fréquemment, les insectes qui sucent la sève des plantes. Une fois que la plante est infectée, la maladie peut se propager à d'autres plantes par dissémination de pollen et de graines.

En laboratoire, on cultive les virus de plantes dans des protoplastes (cellules végétales sans paroi cellulaire) et dans des cultures cellulaires d'insectes.

Certaines maladies végétales sont causées par des **viroïdes,** petits fragments d'ARN nu longs de 300 à 400 nucléotides et sans capside ; les viroïdes sont donc des ARN infectieux. Les ribonucléotides forment souvent un appariement intramoléculaire des bases, si bien que la molécule possède une structure tridimensionnelle, repliée et fermée, qui semble la protéger contre les attaques d'enzymes cellulaires. L'ARN ne code pour aucune protéine. À ce jour, on a démontré que les viroïdes sont des agents pathogènes de plantes uniquement. Chaque année, des infections par viroïdes, tels que le viroïde responsable de la maladie des turbercules en fuseau de la pomme de terre (PSTV pour « potato spindle tuber viroid »), causent des dommages qui entraînent des pertes se chiffrant à des millions de dollars (figure 13.22).

La recherche actuelle sur les viroïdes a révélé des similarités entre la séquence des bases des viroïdes et celle des introns. Rappelez-vous que les introns sont des séquences de matériel génétique qui ne codent pas pour des polypeptides (chapitre 8, p. 243). On en a tiré l'hypothèse que les viroïdes pourraient dériver des introns, ce qui laisse penser que l'on pourrait un jour découvrir des viroïdes animaux.

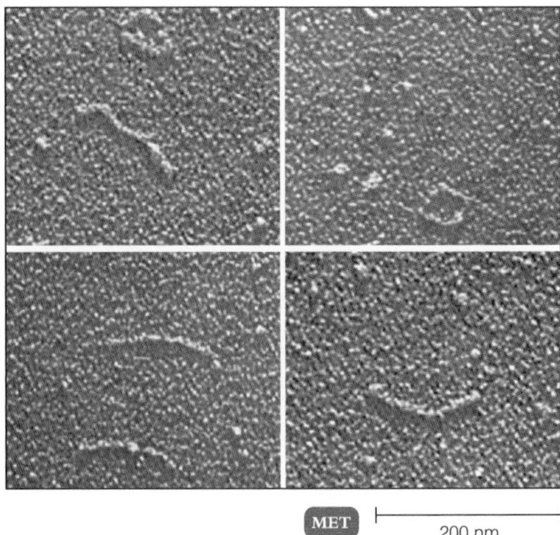


FIGURE 13.22 **Viroïdes linéaires et circulaires de la maladie des tubercules en fuseau de la pomme de terre.**

■ Un viroïde est un ARN infectieux, alors qu'un prion est une protéine infectieuse.

## RÉSUMÉ

### LES CARACTÉRISTIQUES GÉNÉRALES DES VIRUS (p. 403-404)

1. Selon le point de vue qu'on adopte, on peut considérer les virus comme des agrégats de substances chimiques, exceptionnellement complexes mais inertes, ou comme des microorganismes vivants extrêmement simples – d'où la difficulté de décrire les virus comme de la matière vivante ou comme de la matière non vivante.
2. Les virus contiennent un seul type d'acide nucléique (ADN ou ARN) et une coque protéique, parfois entourée d'une enveloppe composée de lipides, de protéines et de glucides.
3. Les virus sont des parasites intracellulaires obligatoires. Ils se multiplient en utilisant le métabolisme de la cellule hôte pour effectuer la synthèse de constituants viraux spécialisés ; ces derniers produiront de nouveaux virus susceptibles d'infecter d'autres cellules. Le pouvoir pathogène des virus est lié aux dommages causés aux cellules qu'ils infectent.

#### Le spectre d'hôtes cellulaires (p. 403)

1. Le spectre d'hôtes cellulaires fait référence à l'éventail de cellules hôtes dans lesquelles un virus peut proliférer.
2. La plupart des virus n'infectent que des types spécifiques de cellules d'une espèce donnée.
3. Le spectre d'hôtes cellulaires d'un virus est déterminé par les sites récepteurs spécifiques localisés à la surface de la membrane de la cellule hôte et par la présence des constituants cellulaires nécessaires à la multiplication virale.

#### La taille des virus (p. 404)

1. La taille des virus est évaluée à l'aide d'un microscope électronique ; l'unité de mesure est le nanomètre (nm).
2. La longueur des virus varie entre 20 et 14 000 nm.

### LA STRUCTURE VIRALE (p. 405-407)

1. La structure des virus reflète leur organisation acellulaire : ils ne possèdent ni membrane plasmique, ni cytoplasme, ni aucun organite ; ces caractéristiques les distinguent des bactéries.
2. Un virion est une particule virale complète et entièrement développée qui renferme un acide nucléique entouré d'une coque protéique.

#### L'acide nucléique (p. 405)

1. Les virus contiennent soit de l'ADN, soit de l'ARN, mais jamais les deux à la fois. L'acide nucléique peut être monocaténaire ou bicaténaire, linéaire, circulaire ou fragmenté en molécules séparées.

2. Chez les virus, le pourcentage d'acide nucléique codant pour des protéines varie de 1 à 50%.

### La capside et l'enveloppe (p. 405)

1. La coque protéique qui entoure l'acide nucléique d'un virus s'appelle capside.
2. La capside est composée de sous-unités, les capsomères, qui sont d'un seul ou de plusieurs types protéiques. La capside sert à l'adsorption des virus non enveloppés sur la cellule hôte.
3. Chez certains virus, la capside est entourée d'une enveloppe formée de lipides, de protéines et de glucides; cette enveloppe est acquise lors de l'expulsion des virus de la cellule hôte.
4. Certaines enveloppes sont couvertes de spicules, projections chimiquement complexes composées de glycoprotéines; ces spicules servent de sites récepteurs lors de l'adsorption des virus sur leur cellule hôte.
5. La capside et les spicules présentent des sites antigéniques qui stimulent la production d'anticorps chez l'hôte infecté.

### La morphologie générale (p. 406-407)

1. Les virus hélicoïdaux (le virus Ebola, par exemple) ont une forme fuselée et leur capside ressemble à un cylindre creux de forme hélicoïdale dans lequel se trouve l'acide nucléique enroulé en hélice.
2. Les virus polyédriques (les adénovirus, par exemple) possèdent une capside à plusieurs faces. Habituellement, leur capside est un icosaèdre (20 faces).
3. Les virus recouverts d'une enveloppe sont plus ou moins sphériques mais peuvent prendre des formes diverses. Il existe aussi des virus hélicoïdaux enveloppés (*Influenzavirus*, par exemple) et des virus polyédriques enveloppés (*Simplexvirus*, par exemple).
4. Les virus complexes présentent des structures complexes. Par exemple, de nombreux bactériophages possèdent une capside polyédrique munie d'une queue hélicoïdale.

## LA TAXINOMIE VIRALE (p. 408)

1. La classification virale repose sur le type d'acide nucléique (ADN ou ARN, soit monocaténaire soit bicaténaire), le mode de réplication et la morphologie des virus (symétrie cubique ou hélicoïdale). Elle ne repose pas sur le type de symptôme ni sur le type de cellule hôte infectée.
2. Les noms de famille des virus se terminent par le suffixe *-viridæ*, les noms de genre par le suffixe *-virus*.
3. Une espèce virale est définie comme un groupe de virus ayant le même bagage génétique et la même niche écologique.

## L'ISOLEMENT, LA CULTURE ET L'IDENTIFICATION DES VIRUS (p. 408-412)

1. Les virus doivent obligatoirement être cultivés dans des cellules vivantes.
2. Les bactériophages sont les virus les plus faciles à cultiver.

### La culture des bactériophages en laboratoire (p. 410)

1. Dans la méthode des plages, on mélange des bactériophages avec des bactéries hôtes et une gélose nutritive.
2. Après plusieurs cycles de prolifération virale, les bactéries adjacentes à la bactérie hôte infectée par le premier phage sont détruites à leur tour par les phages répliqués. L'endroit où la lyse bactérienne a lieu s'appelle plage de lyse.
3. Chaque plage de lyse tire son origine d'une seule particule virale. La concentration virale est exprimée en unités formatrices de plages de lyse.

### La culture des virus animaux en laboratoire (p. 410-412)

1. La culture de certains virus animaux requiert l'utilisation d'animaux vivants.
2. Les versions simiesque et féline du SIDA fournissent des modèles d'étude du SIDA humain.
3. Certains virus animaux se cultivent dans des œufs embryonnés.
4. Une culture de cellules est un procédé de laboratoire qui permet de multiplier des cellules dans un milieu de culture.
5. Les lignées de cellules dites primaires et les lignées de cellules diploïdes embryonnaires ne vivent qu'un certain temps *in vitro*.
6. Les lignées de cellules dites continues peuvent être maintenues indéfiniment *in vitro*.
7. L'infection des cultures cellulaires par des virus peut se traduire par un effet cytopathogène.

### L'identification des virus (p. 412)

1. Pour identifier les virus, on emploie la plupart du temps des tests sérologiques.
2. Les virus peuvent aussi être identifiés par les RFLP et l'ACP.

## LA MULTIPLICATION VIRALE (p. 412-427)

1. Les virus ne possèdent pas les enzymes nécessaires à la production d'énergie ou à la synthèse protéique.
2. Pour se multiplier, un virus doit envahir une cellule hôte, inhiber les processus de synthèse cellulaire et détourner le métabolisme de la cellule en vue de la synthèse d'enzymes et de constituants viraux; cette caractéristique de *parasite intracellulaire obligatoire* distingue les virus de la majorité des bactéries.
3. Les fonctions cellulaires perturbées lors de l'infection virale sont associées au détournement du métabolisme énergétique et des processus de synthèse de la cellule au profit des virus.

### Un modèle d'étude: la multiplication des bactériophages (p. 414-418)

1. Durant le cycle lytique, le phage cause la lyse et la mort de la cellule hôte; durant la lysogénisation, la cellule hôte reste vivante.
2. Les bactériophages T-pairs qui infectent *E. coli* ont fait l'objet de recherches approfondies.
3. Les étapes du cycle lytique des bactériophages T-pairs qui infectent *E. coli* sont les suivantes:
   - Adsorption: certains sites situés sur les fibres de la queue du phage se fixent sur des sites récepteurs complémentaires présents à la surface de la bactérie.
   - Pénétration: le lysozyme du phage détruit une partie de la paroi bactérienne, la gaine de la queue se contracte pour que le tube central se fraye un chemin à travers la paroi,

puis l'ADN du phage pénètre dans la bactérie. La capside demeure à l'extérieur de la bactérie.
   - Synthèse : l'ADN du phage est transcrit en ARNm codant pour les enzymes nécessaires à la prolifération du virus. L'ADN du phage est répliqué et les protéines de la capside sont synthétisées.
   - Maturation : l'ADN du phage et les composantes de la capside sont assemblés pour former des phages complets (virions).
   - Libération : une enzyme dégrade la paroi bactérienne pour relâcher les nouvelles particules de phages. La bactérie hôte éclate et meurt.
5. Le délai entre l'adsorption du phage et la libération des nouvelles particules s'appelle temps de lyse (de 20 à 40 minutes). Le rendement cellulaire de lyse, c'est-à-dire le nombre de phages nouvellement synthétisés à partir d'une cellule infectée, varie entre 50 et 200 particules.
6. Au cours de la lysogénisation, le prophage, intégré dans le chromosome de la cellule hôte, est gouverné par un répresseur qui l'oblige à demeurer latent. Il se réplique lors de la division cellulaire de la bactérie hôte.
7. L'exposition à certains mutagènes peut conduire à l'excision du prophage et au déclenchement d'un cycle lytique.
8. Du fait de leur état, les cellules bactériennes lysogènes sont immunisées contre toute réinfection par le même phage.
9. Les cellules bactériennes lysogènes peuvent subir une conversion, c'est-à-dire acquérir de nouvelles caractéristiques d'origine virale souvent associées à une augmentation de la virulence (par exemple, production de toxine).
10. Un phage lysogénique peut transporter des gènes bactériens d'une cellule à une autre par transduction localisée. N'importe quel gène peut être transféré par transduction généralisée, mais seuls des gènes spécifiques seront transférés par transduction localisée. Le transport de gènes peut entraîner le transfert de facteurs de virulence.

### La multiplication des virus animaux (p. 418-427)

1. Les premières étapes du cycle de réplication des virus animaux sont semblables à celles de la réplication des bactériophages. Au cours de l'adsorption, les virus animaux se fixent aux récepteurs spécifiques présents à la surface de la membrane plasmique de la cellule hôte. Les virus animaux pénètrent leur cellule hôte par endocytose ou par fusion des membranes. La capside des virus animaux est ensuite dégradée par des enzymes virales ou par celles de la cellule hôte (décapsidation). Toutefois, la synthèse de l'acide nucléique viral et celle des protéines diffèrent selon le type de virus, à ADN ou à ARN.
2. Synthèse chez les virus à ADN (ex. : familles des *Adenoviridæ*, des *Poxviridæ*, des *Herpesviridæ*, des *Papoviridæ* et des *Hepadnaviridæ*). L'acide nucléique de la plupart des virus à ADN est libéré à l'intérieur du cytoplasme puis migre vers le noyau de la cellule hôte ; l'ADN viral se réplique en plusieurs copies. L'ADN viral est transcrit en ARNm, lequel sert à la synthèse des protéines. Les protéines de la capside sont synthétisées dans le cytoplasme de la cellule hôte.
3. Synthèse chez les virus à ARN : la synthèse de l'acide nucléique et des protéines varie selon le type d'ARN des virus.
   - L'ARN viral des *Picornaviridæ* est un ARN sb + ; cet ARN viral agit comme ARNm et dirige la synthèse de l'ARN polymérase ARN-dépendante ; il sert aussi de matrice pour la synthèse d'un brin – d'ARN qui servira à produire des brins + additionnels. Les brins + d'ARN tiennent lieu d'ARNm et sont traduits en protéines de la capside. Les brin + d'ARN sont incorporés en tant que génome viral.
   - L'ARN viral des *Togaviridæ* est un ARN sb + qui sert de matrice à l'ARN polymérase ARN-dépendante pour transcrire des brins – d'ARN. Les nouveaux brins – d'ARN sont ensuite transcrits en brin + d'ARNm ; ce dernier est utilisé pour la synthèse des protéines virales.
   - L'ARN viral des *Rhabdoviridæ* est un ARN sb – qui tient lieu de matrice à l'ARN polymérase ARN-dépendante, qui le transcrit en brin + d'ARNm ; ce dernier est utilisé pour la synthèse des protéines virales et celle de nouveaux brins – d'ARN, qui seront incorporés dans la capside.
   - L'ARN des *Reoviridæ* est un ARN db. L'ARNm est produit dans le cytoplasme de la cellule hôte et sert à la synthèse protéique. L'ARN polymérase ARN-dépendante copie des brins – d'ARN pour former la double chaîne et l'incorporer en tant que génome viral.
   - La transcriptase inverse des *Retroviridæ* (ADN polymérase ARN-dépendante) copie le brin + d'ARN viral en ADN complémentaire dans le cytoplasme qui se déplace ensuite vers le noyau ; l'ADN viral s'intègre sous la forme d'un provirus. La transcription du provirus peut entraîner la production de nouveaux virions.
4. Maturation : l'acide nucléique viral et la capside sont assemblés pour former des virus complets.
5. Libération : après leur maturation, les nouveaux virus sont relâchés. Le bourgeonnement est l'un des modes de libération utilisés et forme une enveloppe autour du virus. Les virus nus sont libérés par suite d'une rupture de la membrane cytoplasmique de la cellule hôte.
6. La cellule infectée est gravement affectée lors de la libération des virus : elle éclate et meurt, ou est très affaiblie. La gravité des infections est liée aux dommages cellulaires causés par les virus et aux types de cellules hôtes infectées.

## LES VIRUS ET LE CANCER (p. 428-429)

1. Le lien entre le cancer et les virus a été démontré pour la première fois au début des années 1900, lorsque la leucémie du poulet et le sarcome du poulet ont été transmis à des animaux sains par le biais de filtrats sans cellules.

### La transformation des cellules normales en cellules tumorales (p. 428)

1. Lorsqu'ils sont activés, les oncogènes transforment les cellules normales en cellules cancéreuses.
2. Les virus capables de provoquer la formation de tumeurs s'appellent virus oncogènes.
3. Plusieurs virus à ADN et des rétrovirus sont oncogènes.
4. Le matériel génétique des virus oncogènes s'intègre à l'ADN de la cellule hôte.
5. Les cellules transformées perdent la propriété de l'inhibition de contact, elles contiennent des antigènes spécifiques aux virus (TSTA et antigène T), présentent des anomalies chromosomiques et peuvent causer la formation de tumeurs si elles sont injectées à des animaux réceptifs.

### Les virus oncogènes à ADN (p. 428-429)

1. On trouve les virus oncogènes chez les familles des *Adenoviridæ*, des *Herpesviridæ*, des *Poxviridæ* et des *Papovaviridæ*.
2. Le virus d'Epstein-Barr, un herpèsvirus, cause le lymphome de Burkitt et le carcinome du rhinopharynx. Les *Hepadnavirus* sont associés à certains cancers du foie.

### Les virus oncogènes à ARN (p. 429)

1. Parmi les virus à ARN, seuls les rétrovirus semblent être oncogènes.
2. Le HTLV-1 et le HTLV-2 sont responsables de certaines leucémies et de certains lymphomes humains.
3. La capacité d'un virus de provoquer la formation de tumeurs est liée à la production de transcriptase inverse. L'ADN synthétisé à partir de l'ARN viral s'intègre au génome de la cellule hôte sous la forme d'un provirus.
4. Un provirus peut demeurer à l'état latent, donner naissance à de nouvelles particules virales ou transformer la cellule hôte (cancer).

## LES INFECTIONS VIRALES LATENTES (p. 429)

1. Une infection virale latente est une infection au cours de laquelle le virus demeure dans la cellule hôte pendant de longues périodes sans se manifester par une maladie ; sous l'effet d'un stimulus, elle peut soudainement mener à la multiplication virale et à l'apparition de symptômes.
2. Parmi ce type d'infections, on compte les infections provoquées par des virus herpétiques, telles que les boutons de fièvre (« feu sauvage ») et le zona.

## LES INFECTIONS VIRALES PERSISTANTES (p. 429-430)

1. Les infections virales persistantes sont des infections qui durent longtemps et qui sont généralement fatales. La rougeole en est un exemple.
2. Ce type d'infection est causé par des virus courants qui s'accumulent progressivement dans l'organisme.

## LES PRIONS (p. 430)

1. Les prions sont des protéines infectieuses dépourvues d'acide nucléique qui ont été découvertes au début des années 1980.
2. Dans les encéphalites spongiformes subaiguës, telles que la maladie de Creutzfeldt-Jakob et la maladie de la vache folle, on observe une dégénérescence des tissus du cerveau.
3. Les encéphalites spongiformes subaiguës semblent être associées à la présence d'une protéine modifiée. Une mutation du gène normal codant pour la PrP ou une transformation par une protéine modifiée ($PrP^{Sc}$) pourraient être à l'origine de la maladie.

## LES VIRUS VÉGÉTAUX ET LES VIROÏDES (p. 430-432)

1. Les virus végétaux pénètrent à l'intérieur de leur cellule hôte par le biais de blessures ou grâce à des parasites qui envahissent les plantes, tels que les insectes.
2. Certains virus de plantes prolifèrent également dans des cellules d'insectes (vecteurs).
3. Les viroïdes sont des fragments d'ARN infectieux nus (dépourvus de capside) qui causent certaines maladies des plantes telles que la maladie des tubercules en fuseau de la pomme de terre.

# AUTOÉVALUATION

## RÉVISION

1. Les virus ont d'abord été mis en évidence en raison de leur caractère filtrable. Qu'entend-on par *filtrable* et comment cette propriété a-t-elle permis aux chercheurs de détecter les virus longtemps avant l'invention du microscope électronique ?
2. Pourquoi considère-t-on les virus comme des parasites intracellulaires obligatoires ?
3. Énumérez quatre propriétés des virus. Qu'est-ce qu'un virion ?
4. Les virus sont des agents infectieux pathogènes. Expliquez pourquoi ils sont capables de causer des maladies. Nommez deux facteurs qui influent sur la gravité de l'infection virale.
5. Décrivez comment on décèle la présence des bactériophages et comment on les compte par la méthode des plages.
6. Pour cultiver les virus, pourquoi est-il plus pratique d'utiliser les lignées de cellules continues que les lignées de cellules primaires ? Quelle est la particularité des lignées de cellules continues ?
7. En expliquant le phénomène de conversion, établissez la relation entre la présence du phage et le pouvoir toxique de *Vibrio choleræ*.
8. Décrivez les phases virales suivantes : adsorption, pénétration et décapsidation, synthèse, maturation et libération de virus à ADN enveloppés.
9. Dans le chapitre 1, nous avons vu que les postulats de Koch permettent de déterminer la cause d'une maladie. Pourquoi est-il si ardu de déterminer l'origine :
   **a)** d'une infection virale comme la grippe ?
   **b)** du cancer ?
10. Les infections virales persistantes telles que ______ peuvent être causées par ______, dont l'augmentation graduelle des taux est détectable.
11. L'ADN des virus oncogènes à ADN peut s'intégrer à l'ADN de l'hôte. Lorsqu'il s'est incorporé, l'ADN est appelé ______. Comment ce phénomène peut-il conduire à la transformation de la cellule ? Décrivez les modifications qu'engendre la transformation. Comment un virus à ARN peut-il être oncogène ?

12. Distinguez les viroïdes des prions. Nommez une maladie associée à chacun de ces organismes.

13. Les virus de plantes ne peuvent pas pénétrer dans les cellules végétales à cause de la présence d'une ____________; par conséquent, ils doivent entrer par ____________. Ces virus peuvent être cultivés dans ____________.

## QUESTIONS À CHOIX MULTIPLE

1. La capacité d'un virus à infecter un organisme est déterminée par:
   **a)** l'espèce à laquelle l'hôte appartient.
   **b)** le type de cellules.
   **c)** la présence d'un site d'adsorption.
   **d)** les facteurs cellulaires nécessaires à la réplication virale.
   **e)** Toutes ces réponses

2. Lequel des énoncés suivants est faux?
   **a)** Les virus contiennent de l'ADN ou de l'ARN.
   **b)** L'acide nucléique d'un virus est entouré d'une coque protéique.
   **c)** Les virus prolifèrent à l'intérieur de cellules vivantes en utilisant l'ARNm viral et l'ARNt ainsi que les ribosomes viraux.
   **d)** Le génome viral détermine la synthèse des virions.
   **e)** Les virus se multiplient à l'intérieur de cellules vivantes.

3. *Corynebacterium diphteriæ*, l'agent causal de la diphtérie, est une bactérie pathogène capable de produire une toxine seulement quand:
   **a)** elle détient un phage tempéré sous la forme d'un prophage, car ce dernier renferme le gène codant pour la toxine.
   **b)** elle détient un provirus qui renferme le gène codant pour la toxine.
   **c)** elle détient un virus qui se réplique.
   **d)** elle peut exprimer le gène bactérien codant pour la toxine.
   **e)** Aucune de ces réponses

4. Une infection virale latente est une infection:
   **a)** où les cellules hôtes perdent leur capacité d'inhibition de contact.
   **b)** au cours de laquelle les virus demeurent en équilibre avec l'hôte pendant de longues périodes sans se manifester par une maladie.
   **c)** où les cellules hôtes détruites par les virus se régénèrent.
   **d)** dans laquelle le nombre de virus infectieux augmente progressivement dans l'organisme sur une longue période.
   **e)** Aucune de ces réponses

5. Une espèce virale n'est pas définie sur la base des symptômes qu'elle provoque. La maladie qui constitue le meilleur exemple de cet énoncé est:
   **a)** la polio.
   **b)** la rage.
   **c)** l'hépatite.
   **d)** la varicelle et le zona.
   **e)** la rougeole.

6. Lequel des éléments suivants pourrait constituer un exemple de lysogénie chez les animaux?
   **a)** Une infection virale persistante
   **b)** Une infection virale latente
   **c)** Les bactériophages T-pairs
   **d)** Une infection qui se traduirait par une mort cellulaire
   **e)** Aucune de ces réponses

7. Lequel des types de virus suivants *ne* déclenche *pas* la synthèse d'ADN?
   **a)** Virus à ADN bicaténaire (*Poxviridæ*)
   **b)** Virus à ADN avec transcriptase inverse (*Hepadnaviridæ*)
   **c)** Virus à ARN avec transcriptase inverse (*Retroviridæ*)
   **d)** Virus à ARN monocaténaire (*Picornaviridæ*)
   **e)** Aucune de ces réponses

8. Ordonnez les molécules suivantes dans un ordre logique d'apparition en relation avec la synthèse d'un bactériophage: 1) le lysozyme du phage synthétisé par la bactérie, 2) l'ARNm, 3) l'ADN viral, 4) les protéines virales, 5) l'ADN polymérase.
   **a)** 5, 4, 3, 2, 1
   **b)** 1, 2, 3, 4, 5
   **c)** 5, 3, 4, 2, 1
   **d)** 3, 5, 2, 4, 1
   **e)** 2, 5, 3, 4, 1

9. Parmi les énoncés suivants, lequel pourrait constituer la première étape de la synthèse d'un virus à ARN avec la transcriptase inverse?
   **a)** Un brin complémentaire de l'ARN doit être synthétisé.
   **b)** L'ARN bicaténaire doit être synthétisé.
   **c)** Une double chaîne d'ADN doit être copiée à partir d'une matrice d'ARN viral.
   **d)** Un brin complémentaire d'ADN doit être copié à partir d'une matrice d'ADN.
   **e)** Aucune de ces réponses

10. Un virus muni de l'enzyme ARN polymérase ARN-dépendante:
   **a)** synthétise l'ADN à partir d'une matrice d'ARN.
   **b)** synthétise de l'ARN bicaténaire à partir d'une matrice d'ARN.
   **c)** synthétise de l'ARN bicaténaire à partir d'une matrice d'ADN.
   **d)** transcrit l'ARNm à partir de l'ADN.
   **e)** Aucune de ces réponses

## QUESTIONS À COURT DÉVELOPPEMENT

1. Présentez des arguments pour et contre le fait que les virus soient reconnus comme des organismes vivants.

2. Sur le plan clinique, les virus sont des agents agresseurs infectieux qui causent des maladies. Quels avantages l'organisation structurale et fonctionnelle des virus leur confère-t-elle en regard de l'expression de leur pouvoir pathogène? Quels sont les effets de l'infection virale sur la cellule hôte?

3. En prenant un exemple approprié, expliquez comment l'association d'une bactérie non pathogène et d'un prophage peut potentiellement accroître la virulence de la bactérie. Quel avantage le prophage tire-t-il de cette association?

4. On a comparé les prophages et les provirus aux plasmides bactériens. En quoi sont-ils similaires? différents?

## APPLICATIONS CLINIQUES

*N. B. Certaines de ces questions nécessitent que vous cherchiez des réponses dans les différents chapitres du livre.*

**1.** Depuis deux semaines, un homme de 40 ans atteint du SIDA présente des douleurs poitrinaires, une diarrhée persistante, de la fatigue et un peu de fièvre (38 °C). Une radiographie de la poitrine révèle la présence d'exsudats dans les poumons. La coloration de Gram et la coloration acido-alcoolo-résistante donnent des résultats négatifs. Un laboratoire spécialisé révèle la cause des signes et des symptômes: le HHV-5, un virus à ADN bicaténaire polyédrique enveloppé, de grande taille, a été mis en évidence dans les cellules cultivées sous forme d'une inclusion intranucléaire en « œil de poisson ».

Quel est ce virus et à quelle famille appartient-il? Pourquoi la culture virale a-t-elle été effectuée après l'obtention des résultats de la coloration de Gram et de la coloration acido-alcoolo-résistante? Pourquoi une infirmière non immunisée contre ce virus et qui deviendrait enceinte ne devrait-elle pas entrer en contact avec ce patient? (*Indice:* voir le chapitre 25.)

**2.** Thomas, 6 ans, souffre d'un gros rhume; il fait 39 °C de fièvre depuis 2 jours. Sa mère l'amène à la clinique parce qu'il présente maintenant de nombreuses lésions vésiculaires et ulcéreuses sur le pourtour de la bouche et du nez ainsi que sur la poitrine.

Quel virus est probablement responsable de l'apparition des boutons de fièvre? Pourquoi cette infection peut-elle survenir à d'autres reprises au cours de l'existence de cet enfant? Quels pourront être les facteurs ou les situations qui favoriseront la réapparition de l'infection? (*Indice:* voir le chapitre 21.)

**3.** Trente-deux personnes habitant la même ville consultent leur médecin pour les signes et les symptômes suivants: fièvre (40 °C), maux de tête, jaunisse et douleurs abdominales. Toutes ont bu des boissons glacées préparées dans la même épicerie. Les tests effectués sur l'activité fonctionnelle du foie des patients présentent des résultats anormaux. Au cours des semaines qui suivent, les symptômes diminuent et de nouveaux tests montrent que le foie des patients retourne à une activité normale.

De quelle maladie souffrent les patients? Quelles sont les deux informations qui vous ont mis sur la voie du type de maladie? Cette infection pourrait être attribuée à un virus appartenant à la famille des *Picornaviridæ*, des *Hepadnaviridæ* ou des *Flaviviridæ*; comparez le mode de transmission, la morphologie et le type de matériel génétique des virus appartenant à ces trois familles. De quel virus peut-il s'agir dans cette situation? (*Indice:* voir les chapitres 13 et 25.)

**4.** Laurent, un homme de 52 ans, boite; il a une jambe plus courte que l'autre. À l'âge de 4 ans, il a été atteint d'une poliomyélite antérieure aiguë qui l'a laissé paralysé.

Expliquez pourquoi une infection par le virus de la polio a résulté en une paralysie qui a entraîné des séquelles permanentes. Comment a t-il pu être contaminé par ce virus? (*Indice:* voir le chapitre 22.)

**5.** Un homme de 72 ans, atteint d'un cancer, est hospitalisé depuis quelques mois; on le transfère dans le service des soins prolongés, ce qui occasionne maintes sources de stress chez ce patient de nature très anxieuse. Il se plaint depuis quelques jours de douleurs semblables à des brûlures, qui touchent uniquement le côté droit du thorax. Des rougeurs puis des vésicules sont apparues dans le dos; l'éruption suit un tracé circulaire, depuis le dos jusqu'à la poitrine en passant sous le bras droit; le médecin soupçonne un zona intercostal.

Quelle est la cause infectieuse? Comment expliquer que les vésicules n'apparaissent que d'un seul côté? Quels sont les facteurs aggravants qui ont pu faciliter l'apparition de la maladie? La fille du patient doit venir lui rendre visite. Elle se demande si elle peut amener son fils de 2 ans voir son grand-père. Que lui répondriez-vous? (*Indice:* voir le chapitre 21.)

# Troisième partie

# *L'interaction entre un microbe et son hôte*



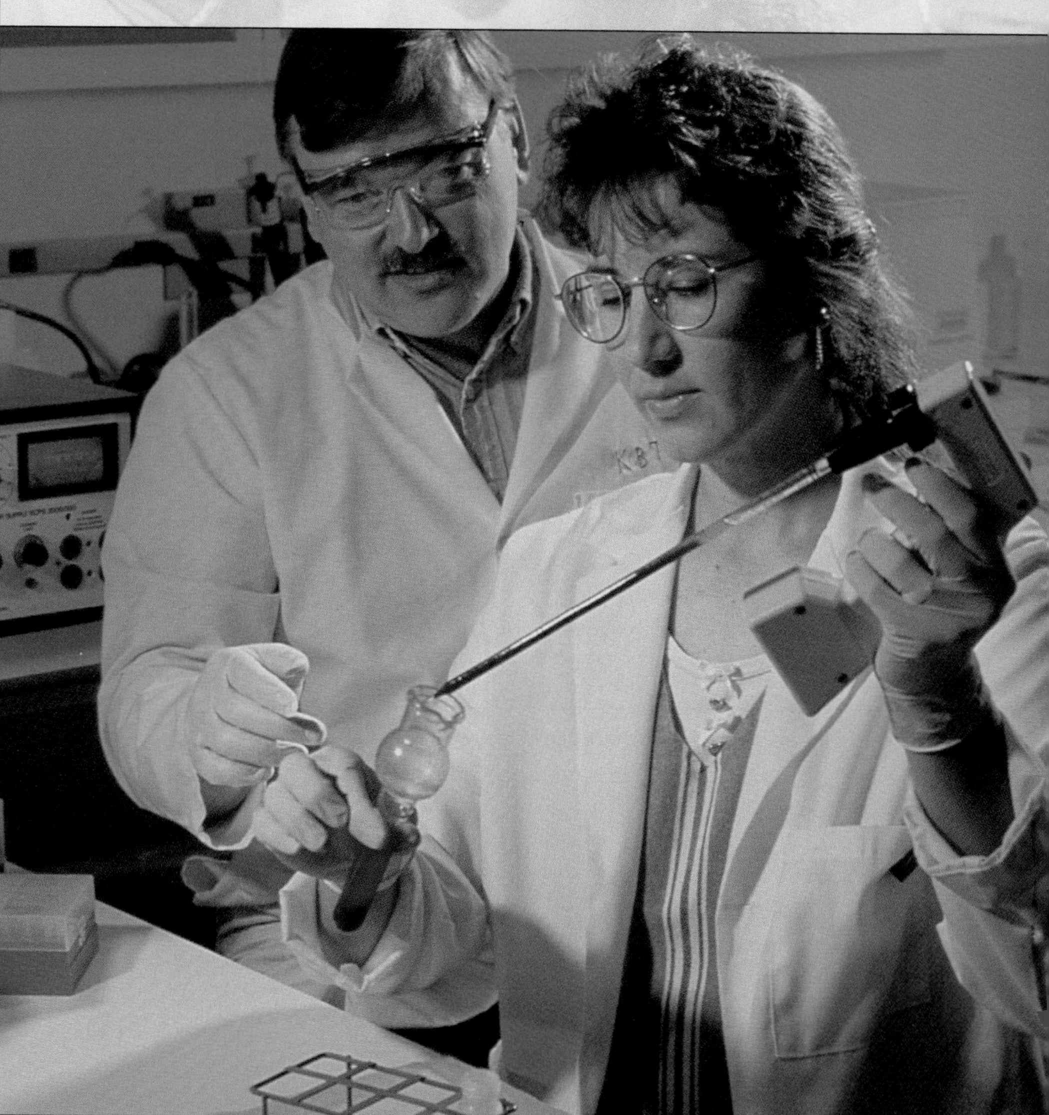

*Les vaccins servent à prévenir des maladies infectieuses. Les premiers vaccins contenaient des agents pathogènes vivants, inertes ou inactivés, parce que les protéines présentes sur la surface des agents pathogènes sont indispensables pour conférer l'immunité. Les vaccins plus récents contiennent uniquement la protéine de surface qui rend le vaccin plus sûr. La photographie représente deux microbiologistes en train de cloner de l'ARN messager afin de produire des protéines recombinées destinées à des recherches sur des vaccins.*

# Chapitre 14 La théorie des maladies et l'épidémiologie

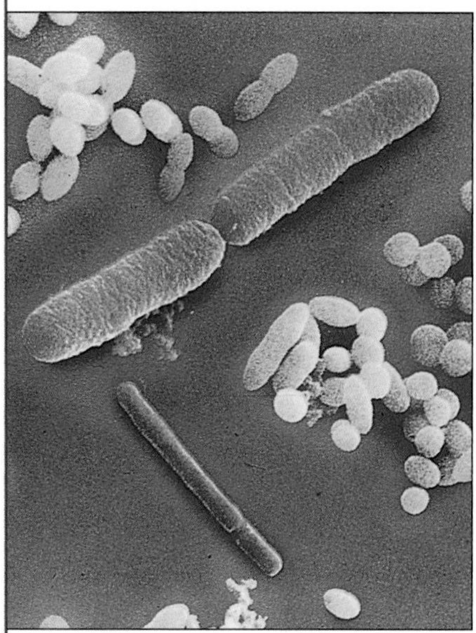

*Bactéries intestinales. Des millions de bactéries résident dans le gros intestin des humains ; elles sont essentielles à la santé.*

Vous avez acquis les connaissances de base sur les structures et les fonctions des microorganismes, et vous avez maintenant une idée de leur diversité. Dans le présent chapitre, nous examinons l'interaction entre le corps humain et différents microorganismes du point de vue de la santé et de la maladie.

Nous possédons tous des mécanismes de défense qui nous permettent de demeurer en bonne santé. Par exemple, la peau et les muqueuses intactes constituent des barrières efficaces contre l'invasion de microbes. À l'intérieur du corps, des cellules et certaines protéines spécialisées, appelées anticorps, travaillent de concert pour détruire les microbes. Cependant, en dépit de l'existence de moyens de défense, les humains sont sensibles à des **agents pathogènes** (microorganismes qui causent des maladies). Certaines bactéries peuvent pénétrer dans les tissus et résister au système de défense en produisant des capsules protectrices ou des enzymes ; d'autres bactéries libèrent des toxines capables de provoquer de graves maladies. Il existe un équilibre fragile entre les défenses du corps humain et le pouvoir pathogène des microorganismes. Si le système de défense résiste à l'agression des microorganismes, l'**homéostasie** est maintenue et l'individu demeure en bonne santé ; sinon, l'équilibre est brisé et le microorganisme déclenche une **maladie.** Une fois que la maladie s'est déclarée, l'individu infecté peut se rétablir complètement, souffrir de séquelles temporaires ou permanentes, ou mourir. L'issue dépend en fait de nombreux facteurs.

Dans les pays industrialisés, la mortalité due à une maladie infectieuse a fortement diminué durant la plus grande partie du XX$^{e}$ siècle. Toutefois, certaines périodes ont vu une augmentation notable du taux de mortalité dû principalement à ce type de maladies. Ainsi, en 1918 et 1919, l'accroissement brutal des décès est attribuable à une pandémie de grippe, qui a tué plus de 20 millions de personnes dans le monde. Cet exemple illustre l'inconstance du taux de mortalité lié à une maladie infectieuse.

Dans cette troisième partie du manuel, nous examinons certains aspects de la théorie des infections, les mécanismes physiopathologiques par lesquels les agents pathogènes provoquent une maladie, les défenses du corps humain contre la maladie, et l'utilisation de l'immunisation et de la chimiothérapie, respectivement, pour prévenir les maladies infectieuses et les traiter. Dans ce premier chapitre, qui traite des aspects généraux de la théorie des maladies, il est d'abord question de la signification et de l'importance de la pathologie. Dans la dernière section, qui porte sur l'épidémiologie, nous verrons comment on applique ces principes à l'étude et à la prévention des maladies.

## La relation d'équilibre ou homéostasie

### Objectifs d'apprentissage

- *Définir l'homéostasie.*
- *Définir les facteurs déterminants de l'homéostasie.*

L'observation des êtres vivants montre que, dans tous les cas, la presque totalité de l'énergie utilisée par l'individu sert à assurer sa survie et, par voie de conséquence, sa reproduction. Donc, qu'il s'agisse d'un insecte, d'une plante, d'un animal ou d'un être humain, l'objectif premier est le même : la survie.

Les microorganismes, si petits soient-ils, n'échappent pas à cette loi de la nature. Tous – bactéries, virus, mycètes ou protozoaires – obéissent à cet instinct de vie. Celui-ci est intimement lié au fait que les microorganismes recherchent constamment un environnement qui leur permette de satisfaire leurs besoins physiologiques et métaboliques et d'assurer, par leur reproduction, la continuité de l'espèce.

Les microorganismes sont omniprésents ; on les trouve dans tous les habitats naturels, tels que l'air, l'eau, le sol, les végétaux et les animaux. Pour certaines espèces microbiennes, l'humain constitue cet environnement privilégié capable de répondre à leurs besoins fondamentaux. On peut donc concevoir l'organisme humain comme une véritable terre d'asile accueillant plusieurs milliards de petits êtres vivants microscopiques !

Dans un contexte de survivance, il est clair que les deux parties, le microbe et l'organisme humain, ont tout intérêt à ce que la cohabitation se fasse dans l'harmonie plutôt que dans le désordre. La recherche de ce juste milieu se définit comme un équilibre dynamique dans lequel l'humain doit rester continuellement sur ses gardes et déployer des moyens de défense efficaces pour se protéger contre le danger potentiel d'une agression microbienne. Le maintien de cet équilibre résultant de l'interaction des défenses de l'organisme humain fait appel au concept d'**homéostasie.**

Durant une bonne part de notre vie, la bonne entente règne mais l'équilibre reste fragile. Lorsque les défenses de l'organisme ne sont pas adéquates, l'équilibre est rompu, l'infection s'installe et peut entraîner la maladie. La détérioration de la santé est reliée à la multiplication des microbes pathogènes et/ou à la sécrétion de substances toxiques qui endommagent les cellules ; les lésions cellulaires altèrent alors la capacité fonctionnelle d'un organe et d'un système de l'organisme humain.

L'infection qui conduit à la maladie peut se manifester par des signes et des symptômes. En général, ces derniers apparaissent lorsque les organes d'un système biologique présentent des dommages qui l'empêchent de fonctionner normalement. Par exemple, en réaction à l'infection par des pneumocoques pathogènes, les alvéoles pulmonaires se remplissent d'érythrocytes, de granulocytes neutrophiles et de liquide provenant de tissus adjacents ; l'altération des alvéoles réduit les échanges gazeux causant une détresse respiratoire. La maladie peut aussi provoquer la destruction du tissu pulmonaire, ce qui réduit la surface de tissu fonctionnel et, par ricochet, la capacité fonctionnelle des poumons. Il est donc essentiel d'établir un lien entre les infections et les mécanismes physiopathologiques afin de comprendre l'interaction des microorganismes et de l'organisme humain.

Au cours d'une agression microbienne, l'agresseur et l'agressé se font face, et chacun présente des atouts et des faiblesses. Ainsi, la sensibilité ou la résistance de l'organisme humain de même que le pouvoir pathogène des microorganismes constituent les facteurs déterminants de la capacité des microorganismes à causer ou non des infections. Dans tous les cas, c'est le plus fort qui gagne ! On peut considérer la sensibilité et la résistance de l'hôte à l'agression microbienne comme les deux plateaux d'une balance. Lorsque les deux plateaux sont en équilibre, l'organisme est en santé. Lorsque la sensibilité est plus grande, le plateau s'abaisse ; il y a alors déséquilibre et la maladie apparaît. Le renforcement de la résistance ramènera l'équilibre et par ricochet, la santé. La santé n'est donc pas un état permanent ; elle résulte d'une lutte constante des systèmes de défense immunitaire de l'organisme humain contre les microorganismes. Cette victoire se reflète dans la tendance à maintenir l'équilibre, soit à maintenir l'homéostasie. Dans le cas contraire, c'est la maladie infectieuse qui l'emporte, sujet que nous allons aborder maintenant.

## La pathologie, l'infection et la maladie

### Objectif d'apprentissage

- *Définir la pathologie, l'étiologie, l'infection et la maladie.*

La **pathologie** est la science qui a pour objet l'étude des maladies (*pathos* = souffrance, maladie ; *logos* = science). Elle comporte plusieurs branches, notamment l'**étiologie** – l'étude des causes des maladies – et la **pathogénie** ou **pathogenèse** – l'étude du processus par lequel une maladie se développe. Enfin, la pathologie étudie les changements structuraux et fonctionnels provoqués par la maladie, et les effets de ces changements sur l'organisme.

Bien que l'on emploie parfois indifféremment les termes *infection* et *maladie infectieuse,* ils n'ont pas exactement le même sens. Une **infection** est l'invasion d'un organisme par des microorganismes pathogènes et leur implantation au sein de cet organisme ; une **maladie** se déclare lorsqu'une infection produit un changement quelconque qui altère l'état de santé. La maladie est un état anormal caractérisé par l'incapacité d'une partie ou de la totalité d'un organisme à s'adapter ou à remplir normalement ses fonctions. En revanche, il peut y avoir infection en l'absence de toute maladie observable. Par exemple, un individu peut être infecté par le virus responsable du SIDA sans présenter aucun des symptômes de la maladie (cette personne est dite séropositive).

La présence d'un type donné de microorganismes dans une partie du corps où il ne devrait pas se trouver normalement constitue aussi une infection, et risque de provoquer une maladie. Par exemple, même si un grand nombre de cellules d'*Escherichia coli* résident normalement dans l'intestin d'une personne saine, l'infection des voies urinaires par cette bactérie cause le plus souvent une maladie.

Il existe peu de microorganismes pathogènes. En fait, la présence de certains microorganismes est bénéfique pour leur hôte. C'est pourquoi, avant d'examiner le rôle des microorganismes dans les maladies, nous allons étudier la relation entre ceux-ci et le corps humain en bonne santé.

## La flore microbienne normale

### Objectif d'apprentissage

- *Définir la flore normale et la flore transitoire.*

*In utero*, les animaux, y compris les humains, sont généralement exempts de tout microbe. (Notons que l'absence de microorganismes évite des dommages cellulaires au fœtus en développement.) À la naissance, cependant, des populations microbiennes normales et caractéristiques commencent à se développer dans l'organisme du nouveau-né. Immédiatement avant l'accouchement, les lactobacilles présents dans le vagin de la mère se multiplient rapidement. Les premiers microorganismes avec lesquels le nouveau-né entre en contact sont généralement ces lactobacilles, qui deviennent les principaux microorganismes présents dans l'intestin du bébé. D'autres microorganismes provenant de l'environnement pénètrent ensuite dans le corps du nouveau-né lorsqu'il commence à respirer et à se nourrir. Il semble que le mode d'allaitement influe sur le développement de certains types de microorganismes ; ainsi, le lait maternel favorise la croissance de la bactérie *Bifidobacterium bifidus,* alors que le lait animal diminue sa croissance au profit du développement d'autres espèces bactériennes, telles que les lactobacilles, les streptocoques fécaux, et les bactéries fermentatives (par exemple *E. coli,* bactérie souvent associée aux coliques des bébés).

Plusieurs microorganismes habituellement inoffensifs pénètrent aussi les différentes muqueuses de l'organisme sain ou se développent à la surface de la peau. La cohabitation des microbes et de l'organisme humain va durer toute la vie de l'individu. Toutefois, en réaction aux variations des conditions ambiantes, leur nombre et la composition des populations microbiennes peuvent augmenter ou diminuer, ce qui peut contribuer à l'apparition d'une maladie.

Le corps humain contient en général $10^{13}$ cellules somatiques et il héberge quelque $10^{14}$ cellules bactériennes. Ces chiffres permettent de se faire une idée de l'abondance des microorganismes qui résident normalement dans le corps humain. Les microorganismes qui habitent normalement l'organisme de façon permanente forment la **flore microbienne normale** ou tout simplement **flore normale** (figure 14.1). D'autres microorganismes demeurent sur les tissus de façon temporaire – quelques jours, quelques semaines, quelques mois – puis disparaissent : ils forment la **flore transitoire.** La flore transitoire est composée d'une part de microorganismes qui appartiennent à la flore normale et qui ont migré vers une autre région de l'organisme (par exemple, des doigts dans la bouche lors d'un repas, ou

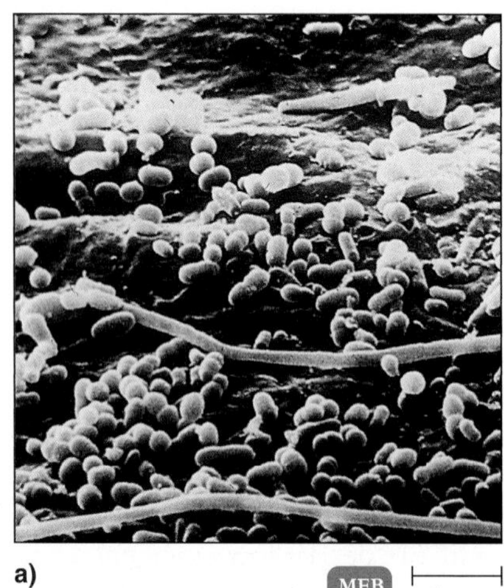


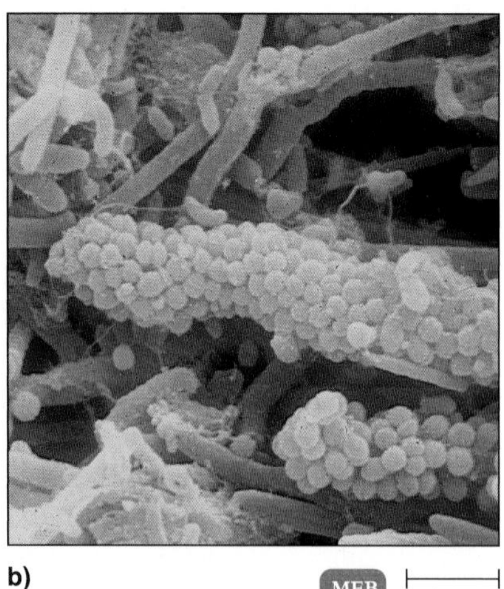


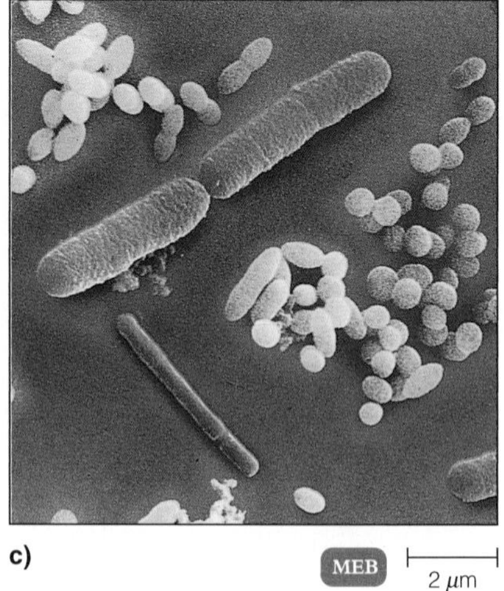


**FIGURE 14.1 Microorganismes représentatifs de la flore normale de diverses parties du corps. a)** Bactéries présentes à la surface de la peau. **b)** Plaque dentaire sur l'émail d'une dent, près de la gencive. Bien qu'elles fassent partie de la flore buccale normale, les bactéries responsables de la plaque dentaire causent des maladies gingivales et des caries si elles ne sont pas éliminées fréquemment. **c)** Bactéries présentes dans le gros intestin.

- Les microbes qui résident de façon plus ou moins permanente dans le corps humain, sans provoquer de maladie dans des conditions normales, constituent la flore normale.

de la gorge sur les mains lors d'un éternuement) et, d'autre part, de microorganismes provenant de l'environnement extérieur (air, eau, aliments, objets, autres humains).

Les microorganismes de la flore normale ne s'installent que sur certaines parties du corps humain, comme l'indique la figure 14.2 ; tous les organes du milieu interne demeurent stériles. L'installation de microorganismes qui ne perturbe pas la santé de l'individu s'appelle **colonisation.** On trouve des microbes de la flore normale sur la totalité de la surface de la peau ; toutes les muqueuses sont colonisées mais le territoire des microorganismes est limité aux régions proches des orifices naturels. Par exemple, la colonisation de la muqueuse respiratoire diminue progressivement de la muqueuse nasale à la muqueuse bronchique, et les alvéoles pulmonaires sont normalement exemptes de microbes. La muqueuse digestive est colonisée sur toute sa longueur, mais la flore est presque inexistante sur la muqueuse gastrique, qui est très acidifiée.

Le tableau 14.1 contient la liste des principaux microorganismes qui constituent la flore normale de différentes régions du corps, ainsi que certains traits caractéristiques de ces régions. Nous traitons plus en détail de la flore normale dans la quatrième partie du manuel.

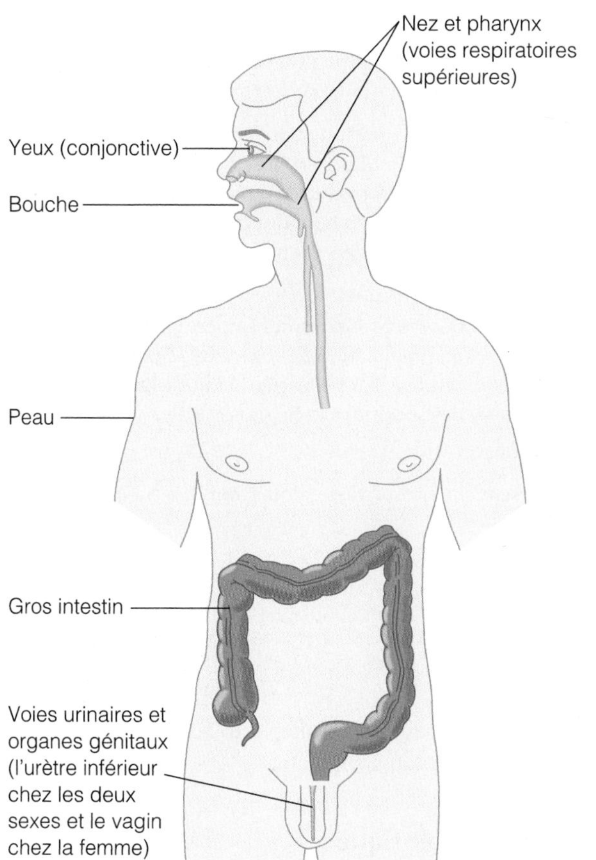


**FIGURE 14.2 Localisation de la flore normale.**

■ Pourquoi la flore normale est-elle essentielle à la bonne santé des humains ?

## Les relations entre la flore normale et l'hôte

### Objectif d'apprentissage

■ *Comparer le commensalisme, le mutualisme et le parasitisme, et donner un exemple de chacun de ces modes d'association.*

Une fois qu'elle s'est développée, la flore normale procure des avantages à son hôte en prévenant la croissance de microorganismes nuisibles à sa santé. Ce phénomène, appelé **antagonisme microbien** ou **effet barrière,** fait intervenir la compétition entre des microbes. La flore normale protège ainsi l'hôte contre l'implantation de microbes potentiellement pathogènes : elle entre en concurrence avec ces derniers pour les nutriments, elle produit des substances susceptibles de leur nuire et elle influe sur les conditions ambiantes, telles que le pH et la quantité de dioxygène disponible. Tout déséquilibre entre la flore normale et les microbes pathogènes peut avoir pour conséquence l'apparition d'une maladie infectieuse. Par exemple, la flore bactérienne normale du vagin d'une femme adulte maintient le pH des sécrétions vaginales entre 3,5 et 4,5, conditions qui limitent la croissance excessive de *Candida albicans.* Mais si la population bactérienne normale est éliminée par l'ingestion d'antibiotiques, l'utilisation abusive de douches vaginales ou l'emploi de désodorisants vaginaux, le pH des sécrétions vaginales devient presque neutre, de sorte que *C. albicans* peut croître au point de constituer le principal microorganisme dans le vagin. Il en résulte une forme de vaginite (infection vaginale à champignons).

On observe aussi l'antagonisme microbien dans la bouche, où des streptocoques produisent des composés qui inhibent la croissance de la majorité des cocci à Gram négatif ou à Gram positif. On le trouve également à l'œuvre dans le gros intestin, où les cellules d'*E. coli* produisent des *bactériocines* ; ces protéines inhibent la croissance de diverses autres bactéries de la même espèce ou d'espèces apparentées, dont les agents pathogènes *Salmonella* et *Shigella.* La bactériocine produite par une bactérie donnée ne tue pas cette dernière, mais elle peut détruire d'autres bactéries.

La présence de *Clostridium difficile* dans le gros intestin offre un autre exemple d'antagonisme bactérien. La flore normale du gros intestin inhibe cette bactérie de manière efficace, peut-être en occupant les récepteurs cellulaires de l'hôte, en s'appropriant les nutriments disponibles ou en produisant des bactériocines. Cependant, si la flore normale est éliminée – par des antibiotiques par exemple –, *C. difficile* peut poser des problèmes. Ce microbe est responsable de presque toutes les infections gastro-intestinales consécutives à une thérapie aux antibiotiques, depuis la diarrhée légère jusqu'à des colites (inflammations du côlon) graves et parfois même fatales. Le microbe envahit la paroi intestinale et libère des toxines qui provoquent la destruction de nombreuses cellules de la muqueuse intestinale et l'apparition d'une diarrhée, de la fièvre et de douleurs abdominales.

**Tableau 14.1** *Quelques membres représentatifs de la flore normale de diverses parties du corps humain**

| Partie du corps | Principaux microorganismes | Remarques |
|---|---|---|
| Peau | *Propionibacterium acnes, Staphylococcus epidermidis, Staphylococcus aureus, Corynebacterium xerosis, Pityrosporum* spp. (mycète), *Candida* spp. (mycète) | La majorité des microbes qui entrent directement en contact avec la peau n'y résident pas longtemps (microbes transitoires) parce que les sécrétions des glandes sudoripares et sébacées ont des propriétés antimicrobiennes. |
| Yeux (conjonctive) | *S. epidermidis, S. aureus,* diphtéroïdes | La conjonctive, qui est un prolongement de la peau ou de la muqueuse, contient fondamentalement la même flore microbienne que la peau. |
| Nez et pharynx (voies respiratoires supérieures) | *S. aureus, S. epidermidis* et des diphtéroïdes anaérobies dans le nez; *S. epidermidis, S. aureus,* des diphtéroïdes, *Streptococcus pneumoniæ, Hæmophilus* et *Neisseria* dans la gorge | Bien que certains microorganismes appartenant à la flore normale soient potentiellement pathogènes, leur capacité à causer des maladies est réduite par l'antagonisme microbien. |
| Bouche et dents | Diverses espèces de *Staphylococcus, Streptococcus, Lactobacillus, Actinomyces, Bacteroides, Hæmophilus, Fusobacterium, Corynebacterium, Treponema non pathogène* et *Candida* | Un fort taux d'humidité, la chaleur et la présence constante d'aliments font de la bouche un milieu idéal pour le développement de diverses grandes populations microbiennes, à la fois sur la langue, sur les joues, sur les dents et sur les gencives. |
| Jéjunum et iléum | Bactéries anaérobies à Gram négatif et entérobactéries en faible quantité | La vitesse de la progression des aliments réduit considérablement la flore. |
| Gros intestin | *Streptococcus* groupe D, *Bacteroides, Fusobacterium, Lactobacillus, Enterococcus, Bifidobacterium, Escherichia coli, Enterobacter, Citrobacter, Proteus, Klebsiella, Pseudomonas, Shigella* et *Candida* | Le gros intestin contient la plus grande partie des membres de la flore résidant normalement dans le corps humain parce qu'il fournit des conditions d'humidité appropriées et des nutriments en abondance. |
| Système urogénital | *Staphylococcus epidermidis,* micrococci aérobies, *Enterococcus, Lactobacillus,* diphtéroïdes aérobies, *Pseudomonas, Klebsiella* et *Proteus* dans l'urètre; lactobacilles, diphtéroïdes aérobies, *Streptococcus, Staphylococcus, Bacteroides, Clostridium, Candida albicans* et *Trichomonas vaginalis* à l'occasion dans le vagin | L'urètre inférieur, chez les deux sexes, abrite des microorganismes en permanence; une population de microbes acidorésistants résident dans le vagin du fait de la nature des sécrétions vaginales. |

* Certains des microbes énumérés dans le tableau ne sont pas étudiés dans le présent chapitre; il en sera question dans la quatrième partie du manuel. Sauf indication contraire, les organismes nommés sont des bactéries.

Il est donc essentiel que la flore normale demeure stable pour jouer son rôle protecteur. À la suite d'une modification du milieu ou d'un bouleversement qui entraîne en partie sa destruction, des microorganismes habituellement non pathogènes profitent de la situation pour remplacer la flore détruite; leur croissance risque de provoquer une infection. Par exemple, dans le milieu hospitalier, le personnel utilise fréquemment des savons antibactériens, ce qui risque de réduire, voire d'éliminer la flore normale de la peau des mains; il peut en résulter une augmentation de la susceptibilité de la peau à s'infecter.

## La relation symbiotique

La relation où la flore normale et l'hôte vivent en association pour leur survie s'appelle **symbiose.** Dans un type particulier de relation symbiotique appelé **commensalisme,** l'un des organismes tire avantage de l'association sans nuire au second, c'est-à-dire sans provoquer de maladies chez l'hôte; il se développe en utilisant les produits du métabolisme cellulaire de l'hôte. Nombre des microorganismes qui font partie de la flore normale des humains sont des commensaux; c'est le cas des corynébactéries présentes à la surface de l'œil et de certaines mycobactéries saprophytes qui résident dans l'oreille et sur les organes génitaux externes. Ces bactéries saprophytes (*sapro-* = pourri, gâté; *-phyte* = plante) se nourrissent de sécrétions et de cellules mortes exfoliées présentes à la surface de la peau et des muqueuses; elles en tirent elles-mêmes des bénéfices sur le plan du gîte et de la nourriture. Elles ne procurent apparemment aucun avantage à leur hôte, mais elles ne semblent pas non plus lui nuire.

Le **mutualisme** est une forme de symbiose qui procure des avantages aux deux organismes associés. Par exemple, le gros intestin contient des bactéries, telles que *E. coli*, qui synthétisent la vitamine K et certaines vitamines du complexe B. Ces vitamines passent dans le sang circulant, qui les distribue aux cellules qui en ont besoin. Une autre bactérie, *Bifidobacterium bifidus*, dégrade des déchets issus du métabolisme tels que le cholestérol et les acides biliaires. En échange, le gros intestin fournit aux bactéries les nutriments essentiels à leur survie.

Dans un autre mode de symbiose, un organisme tire parti de l'association aux dépens d'un second organisme; c'est ce qu'on appelle le **parasitisme.** De nombreuses bactéries pathogènes sont des parasites.

## Les microorganismes opportunistes

### Objectif d'apprentissage

- *Mettre en évidence les différences entre la flore normale ou transitoire et les microorganismes opportunistes.*

Bien qu'il soit pratique de classer les relations symbiotiques comme nous venons de le faire, il ne faut pas oublier que, dans certaines conditions, ces relations peuvent changer. Par exemple, si les conditions s'y prêtent, un organisme mutualiste, tel que *E. coli*, peut devenir nuisible. Cette bactérie est généralement inoffensive tant qu'elle demeure dans le gros intestin – son habitat normal –, mais si elle réussit par exemple à se rendre dans d'autres organes du corps habituellement stériles – tels que la vessie, les poumons, la moelle épinière – ou à pénétrer dans une blessure, elle est susceptible de causer respectivement une infection des voies urinaires, une infection des poumons, une méningite et un abcès. Les microbes de ce type s'appellent **agents pathogènes opportunistes.** Ils ne provoquent pas de maladie tant qu'ils résident dans leur habitat normal et que leur hôte est sain, mais ils deviennent pathogènes chez un hôte affaibli et moins résistant à l'infection ou lorsque les conditions sont modifiées de façon importante et avantageuse pour eux. Ainsi, les microbes qui pénètrent dans l'organisme par une incision dans la peau au cours d'une opération chirurgicale ou lors d'une extraction de dent et qui diffusent dans le sang peuvent causer des infections opportunistes. Les patients alités et impotents souffrent souvent d'escarres de décubitus et sont sujets à des infections par des bactéries d'origine intestinale puisque la plaie cutanée est à proximité de l'orifice anal. Par ailleurs, si l'hôte est déjà affaibli par une première infection, des microbes habituellement inoffensifs sont susceptibles de provoquer une infection secondaire. Le SIDA s'accompagne fréquemment d'une infection opportuniste, la pneumonie à *Pneumocystis*, qui est causée par le microorganisme *Pneumocystis carinii* (figures 24.21 et 24.22). Les personnes atteintes du SIDA contractent cette infection parce que leur système immunitaire est déficient. Ce type de pneumonie était rare avant le début de l'épidémie de SIDA.

De nombreux individus sont porteurs de microorganismes autres que ceux qui forment habituellement la flore normale; ils sont dits *porteurs de germes*. Ces microbes, bien qu'ils soient généralement considérés comme pathogènes, ne causent pas nécessairement de maladie chez les porteurs de germes, mais ils sont susceptibles d'en faire naître chez les personnes prédisposées. Parmi les agents pathogènes qu'on trouve souvent chez des individus sains, on compte les échovirus (*écho* vient de *e*nteric *c*ytopathogenic *h*uman *o*rphan), responsables de maladies intestinales, et les adénovirus, responsables de maladies respiratoires. *Neisseria meningitidis*, qui réside fréquemment dans les voies respiratoires sans poser de problème, peut provoquer la méningite – inflammation grave des membranes qui entourent l'encéphale et la moelle épinière; les nouveau-nés sont particulièrement sensibles à cette infection. *Streptococcus pneumoniæ*, qui réside normalement dans le nez et la gorge, est susceptible d'entraîner une pneumonie.

## La coopération entre les microorganismes

Si la compétition entre microbes peut être une source de maladies, il en est de même de la coopération. Dans certaines conditions, un microorganisme permet à un autre de provoquer une maladie ou de causer des symptômes plus graves qu'à l'ordinaire. Tel est le cas des streptocoques buccaux qui colonisent les dents. Les agents pathogènes qui causent la gingivite ont la capacité de se fixer aux streptocoques, alors qu'ils ne peuvent pas se fixer directement sur les dents (chapitre 15).

# L'étiologie des maladies infectieuses

### Objectif d'apprentissage

- *Énoncer les postulats de Koch.*

Les recherches sur certaines maladies, telles que la poliomyélite, la maladie de Lyme et la tuberculose, a permis de déterminer les causes de ces maladies. Par contre, l'étiologie de diverses autres maladies n'a pas encore donné de résultats sûrs; ainsi, la relation entre les ulcères gastriques ou duodénaux et la bactérie *Helicobacter pylori* reste à clarifier. Dans d'autres cas, comme celui de la maladie d'Alzheimer, la cause est inconnue malgré la découverte des prions (chapitre 13). Les microorganismes ne sont évidemment pas responsables de toutes les maladies. Ainsi, l'hémophilie est une *maladie héréditaire* (ou *génétique*), tandis que l'arthrite et la cirrhose sont considérées comme des *maladies dégénératives.* Il existe plusieurs autres catégories de maladies, mais dans le présent manuel nous nous intéressons uniquement aux *maladies infectieuses,* c'est-à-dire les maladies provoquées par des microorganismes. La description des travaux de Robert Koch, dont il a été question dans le chapitre 1 (p. 10), permet de comprendre la façon dont les microbiologistes abordent la cause d'une maladie infectieuse.

## Les postulats de Koch

Dans le survol historique de la microbiologie présenté au chapitre 1, il a été brièvement question des postulats de Koch. Nous avons souligné que ce médecin allemand a joué un rôle primordial dans la démonstration de l'hypothèse que les microorganismes causent des maladies données. En 1877, Koch a publié des articles novateurs sur l'anthrax, maladie du bétail qui affecte aussi les humains. Grâce à ses travaux, il a prouvé qu'une bactérie, appelée aujourd'hui *Bacillus anthracis,* était présente dans le sang de tous les animaux atteints d'anthrax, et qu'on ne la rencontrait pas dans les animaux sains. Il savait que la simple présence d'une bactérie ne prouvait pas que celle-ci était responsable de la maladie : la maladie pouvait tout aussi bien avoir entraîné la croissance de la bactérie. Il a donc poursuivi ses expériences.

Koch a prélevé un échantillon de sang chez un animal atteint d'anthrax et il l'a injecté à un animal sain. Ce dernier a contracté la même maladie et il en est mort. Le chercheur a répété la même expérience de nombreuses fois, et il a toujours obtenu le même résultat. (Cette approche est cruciale puisque l'un des critères fondamentaux de la validité d'une théorie scientifique est la possibilité de reproduire chaque expérience en obtenant toujours les mêmes résultats.) Koch a également fait croître le microorganisme dans des liquides, à l'extérieur du corps de l'animal, et il a prouvé que la bactérie est capable de causer l'anthrax même après de nombreux transferts d'une culture bactérienne à une autre.

Koch a ainsi montré qu'une maladie infectieuse spécifique (l'anthrax) est due à un microorganisme spécifique (*B. anthracis*), que l'on peut isoler et faire croître sur un milieu artificiel. Il a par la suite utilisé les mêmes méthodes pour démontrer que *Mycobacterium tuberculosis* est l'agent responsable de la tuberculose.

Les travaux de Koch ont fourni un cadre référentiel pour l'étiologie de n'importe quelle maladie infectieuse. Les exigences expérimentales énoncées par Koch sont aujourd'hui appelées **postulats de Koch** (figure 14.3). En voici un résumé.

1. Un même agent pathogène doit être présent chez chacun des individus atteints de la maladie.
2. On doit pouvoir isoler l'agent pathogène chez l'hôte malade et en obtenir une culture pure.

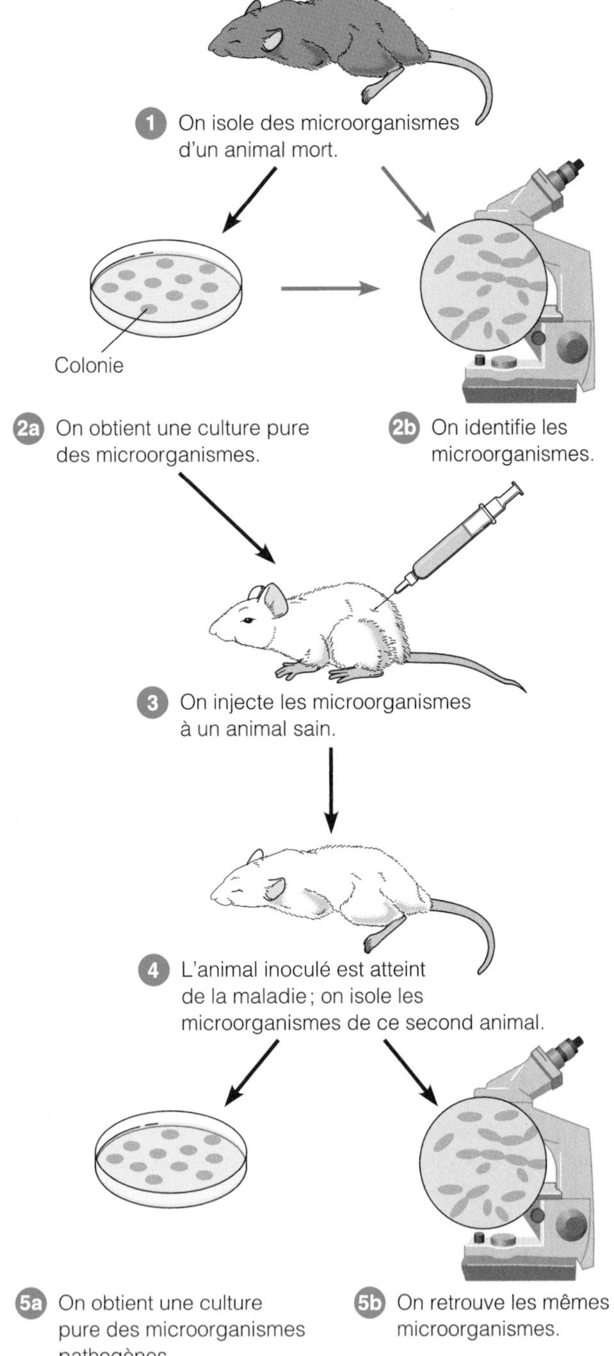

1 On isole des microorganismes d'un animal mort.
Colonie
2a On obtient une culture pure des microorganismes.
2b On identifie les microorganismes.
3 On injecte les microorganismes à un animal sain.
4 L'animal inoculé est atteint de la maladie ; on isole les microorganismes de ce second animal.
5a On obtient une culture pure des microorganismes pathogènes.
5b On retrouve les mêmes microorganismes.

**FIGURE 14.3 Application des postulats de Koch.**

■ Les postulats de Koch fournissent un cadre référentiel pour l'étiologie de la plupart des maladies infectieuses.

3. L'agent pathogène extrait de la culture pure doit provoquer la même maladie si on l'injecte à un animal de laboratoire sain et réceptif.
4. On doit pouvoir isoler l'agent pathogène de l'animal inoculé et démontrer qu'il s'agit bien du microorganisme originel.

### Les exceptions aux postulats de Koch

Dans la majorité des cas, les postulats de Koch sont utiles pour identifier l'agent responsable d'une maladie infectieuse, mais il existe des exceptions. Par exemple, certains microbes ont des exigences de croissance très particulières. On sait que *Treponema pallidum* cause la syphilis, mais on n'a jamais réussi à faire croître des souches virulentes de cette bactérie sur des milieux de culture artificiels. L'agent responsable de la lèpre, *Mycobacterium lepræ,* n'a pu être non plus cultivé sur des milieux artificiels. Il est également impossible de faire croître sur des milieux artificiels beaucoup de rickettsies ainsi que tous les virus pathogènes, qui ne se reproduisent qu'à l'intérieur de cellules vivantes.

La découverte de microorganismes incapables de se développer sur un milieu artificiel a entraîné la modification des postulats de Koch et l'utilisation d'autres méthodes de culture et de détection de microbes. Par exemple, lorsque les chercheurs qui tentaient de déterminer la cause de la légionellose (ou maladie des légionnaires; chapitre 24) se sont rendu compte qu'ils ne pouvaient isoler directement le microbe chez une victime, ils ont décidé d'inoculer du tissu pulmonaire provenant d'une victime à des cobayes. Ces derniers ont présenté les symptômes caractéristiques de la légionellose, qui ressemblent à ceux d'une pneumonie, tandis que les cobayes inoculés avec du tissu pulmonaire provenant d'une personne saine n'ont présenté aucun symptôme. Les chercheurs ont ensuite effectué des cultures d'œufs embryonnés ensemencées avec des échantillons de tissu pulmonaire provenant des cobayes malades, technique qui permet de mettre en évidence la croissance de microbes extrêmement petits (figure 13.7). Après avoir laissé incuber les embryons, les chercheurs ont fait des prélèvements et, à l'aide d'un microscope électronique, y ont observé des bactéries en forme de bâtonnet. Enfin, ils ont employé des techniques immunologiques modernes (dont il sera question dans le chapitre 18) pour montrer que les bactéries présentes dans les œufs embryonnés étaient identiques à celles qui se trouvaient chez les cobayes et les humains atteints de légionellose.

Dans certains cas, un hôte humain présente des signes et des symptômes associés exclusivement à un agent pathogène donné et à la maladie qu'il provoque. Par exemple, les agents responsables respectivement de la diphtérie et du tétanos déclenchent des signes et des symptômes caractéristiques qu'aucun autre microbe ne produit; il ne fait aucun doute que seuls ces microorganismes causent ces deux maladies cliniquement bien définies. Mais les choses ne sont pas toujours aussi tranchées; certaines maladies infectieuses constituent des exceptions aux postulats de Koch. Par exemple, la glomérulonéphrite (inflammation des reins) peut être due à plusieurs agents pathogènes différents qui provoquent tous les mêmes signes et symptômes. Il est donc souvent difficile de déterminer quel microorganisme se trouve à l'origine d'une maladie. Parmi les autres maladies infectieuses dont on ne connaît pas très bien la cause, citons la pneumonie, la méningite et la péritonite (inflammation du péritoine, cette membrane qui tapisse les cavités abdominale et pelvienne, et recouvre les organes qui y sont situés).

On a noté une autre exception aux postulats de Koch: certains agents pathogènes provoquent plusieurs états pathologiques. *Mycobacterium tuberculosis,* par exemple, joue un rôle dans des maladies des poumons, de la peau, des os et des organes internes. *Streptococcus pyogenes* est responsable notamment des angines, de la scarlatine, d'infections de la peau (dont l'érysipèle), de l'ostéomyélite (inflammation de l'os). En considérant à la fois les manifestations cliniques et les analyses de laboratoire, on arrive habituellement à distinguer ces infections de celles qui touchent les mêmes organes mais sont causées par d'autres agents pathogènes.

Par ailleurs, certaines considérations éthiques requièrent que l'on fasse exception aux postulats de Koch. Ainsi, il existe des agents anthropopathogènes pour lesquels on ne connaît pas d'autre hôte que l'être humain. C'est le cas du virus de l'immunodéficience humaine (VIH), l'agent du SIDA. La question éthique soulevée est la suivante: peut-on inoculer intentionnellement un individu avec un agent infectieux? En 1721, le roi George Ier fit une offre à des condamnés: s'ils acceptaient d'être inoculés avec la variole afin de tester un vaccin expérimental antivariolique, ceux qui survivraient seraient libérés. On considère aujourd'hui que l'expérimentation sur des humains dans le cas de maladies incurables est inacceptable. Il arrive toutefois qu'une personne soit inoculée accidentellement. C'est ainsi que l'utilisation d'un greffon contaminé de moelle osseuse a prouvé la validité du troisième postulat de Koch en montrant qu'un virus, le virus d'Epstein-Barr, peut causer le cancer.

## La classification des maladies infectieuses

**Objectifs d'apprentissage**

- *Distinguer les infections d'origine endogène et d'origine exogène.*
- *Définir les symptômes et les signes.*
- *Relier l'apparition des signes et symptômes d'une maladie infectieuse à ses manifestations physiologiques et métaboliques dans l'organisme.*
- *Distinguer les maladies transmissibles et les maladies non transmissibles.*

### La provenance des agents pathogènes

Nous avons vu plus haut que les microorganismes de la flore normale vivent en harmonie sur les tissus du corps humain. Toutefois, cette flore peut occasionnellement être la source d'une infection. Lorsque les microbes déjà présents à l'état inoffensif agressent le corps au cours de situations fortuites, l'infection qui en résulte est d'origine **endogène.** La vaginite en est un exemple classique.

Les infections endogènes sont fréquentes en milieu hospitalier. Par exemple, des plaies cutanées peuvent être contaminées par des bactéries venant des orifices naturels ; de même, le matériel biomédical contaminé par la flore normale peut provoquer des infections endogènes. L'origine endogène d'une infection est suspectée lorsque les bactéries en cause s'avèrent peu résistantes aux antibiotiques, ce qui est le cas chez les personnes qui n'ont pas d'antécédents d'antibiothérapie massive.

Lorsque les microbes proviennent de l'extérieur (personnes malades, porteurs sains ou asymptomatiques, environnement) et qu'ils agressent l'organisme, l'infection est d'origine **exogène.** La grippe et les MTS en sont des exemples. Les infections nosocomiales (contractées lors d'un séjour à l'hôpital) sont des infections exogènes.

## Les manifestations cliniques

Toute maladie qui touche le corps entraîne des modifications particulières de ses structures et de ses fonctions, et ces altérations se manifestent habituellement de plusieurs façons. Par exemple, le patient perçoit des **symptômes,** ou modifications des fonctions de l'organisme, tels que de la douleur ou un *malaise.* Ces changements *subjectifs* ne sont pas visibles pour un observateur. Mais le patient peut aussi présenter des **signes,** soit des modifications *objectives* que le médecin peut observer et mesurer. Les signes que l'on évalue fréquemment comprennent les changements produits par la maladie : les signes cutanés tels que les écoulements (pus), les lésions et les éruptions, le gonflement, la sudation, la couleur de la peau ; les changements dans les fréquences cardiaque et respiratoire, dans la valeur de la pression artérielle ; les troubles gastro-intestinaux ; la fièvre ; les signes neurologiques tels que les céphalées, la prostration, la paralysie et les raideurs, etc.

Un ensemble spécifique de symptômes ou de signes accompagne certaines maladies ; on l'appelle **syndrome.** Par exemple, la congestion, des écoulements nasaux épais et verdâtres, la toux, l'expectoration de sécrétions purulentes, la dyspnée sont habituellement des manifestations d'une atteinte des voies respiratoires ; les nausées, les vomissements, la diarrhée et les crampes abdominales révèlent le plus souvent la présence de troubles digestifs. On diagnostique par conséquent une maladie en évaluant les signes et les symptômes, en association avec les résultats des cultures et des analyses de laboratoire.

## La transmissibilité de l'infection

Les relations entre les microorganismes et l'humain concernent non seulement l'individu mais aussi, sur le plan épidémiologique, des groupes plus ou moins grands d'individus. On classe souvent les maladies en fonction de leur comportement chez un hôte et dans une population donnée. Toute maladie qui se transmet d'un hôte à un autre, directement ou indirectement, s'appelle **maladie transmissible.** La varicelle, la rougeole, l'herpès génital, la fièvre typhoïde et la tuberculose en sont des exemples. La varicelle et la rougeole sont également des **maladies contagieuses,** c'est-à-dire qu'elles se transmettent *facilement* d'une personne à une autre. Une **maladie non transmissible** ne se transmet pas d'un hôte à un autre. Elle est causée par un microorganisme qui réside normalement dans le corps et ne déclenche qu'occasionnellement une maladie, ou par un microorganisme qui réside à l'extérieur du corps et ne provoque une maladie que lorsqu'il pénètre dans le corps. Le tétanos est un exemple de maladie infectieuse non transmissible : *Clostridium tetani* ne provoque une maladie que lorsqu'il pénètre dans le corps au site d'une érosion ou d'une blessure.

## La fréquence d'une maladie

### Objectif d'apprentissage

- *Classer les maladies en fonction de leur fréquence.*

Pour comprendre l'importance exacte d'une maladie, il faut en connaître la fréquence. On appelle **incidence** d'une maladie le nombre de nouveaux cas apparus dans la population exposée durant une période donnée. La **prévalence** d'une maladie est le nombre total de cas – nouveaux et anciens – dans la population exposée, à un moment précis ou durant une période donnée, quel que soit le moment où la maladie a commencé à se manifester. La prévalence est une indication de l'importance et de la durée d'une maladie dans une population donnée. Par exemple, en 1999, l'incidence du SIDA aux États-Unis était de 45 000 individus, tandis que la prévalence était estimée à environ 700 000 individus pour la même année (figure 14.4). Au Canada, le Centre de prévention et de contrôle des maladies infectieuses estimait, au mois d'avril 2002, à 4 190 le nombre de personnes nouvellement infectées par le VIH au cours de l'année 1999 (incidence). À la fin de 1999, on estimait à 49 800 le nombre de personnes contaminées par le VIH, y compris celles qui sont atteintes du SIDA (prévalence). S'ils connaissent à la fois l'incidence et la prévalence d'une maladie dans différentes populations (qui correspondent par exemple à des régions géographiques ou à des groupes ethniques), les scientifiques sont en mesure d'estimer l'intervalle de fréquence de la maladie et le risque qu'un groupe de personnes soit affecté plus qu'un autre. L'incidence et la prévalence d'une infection sont deux indicateurs d'une donnée importante, la morbidité, décrite à la fin de ce chapitre.

La fréquence est l'un des critères utilisés pour classer les maladies selon les aspects de la diffusion dans les populations. Si une maladie n'apparaît qu'occasionnellement et par cas isolés, il s'agit d'une **maladie sporadique** ; au Canada et aux États-Unis, la fièvre typhoïde est considérée comme une maladie sporadique. Si une maladie est constamment présente dans une population, il s'agit d'une **maladie endémique** ; le rhume en est un exemple. Si un grand nombre de personnes d'une région donnée contractent une maladie donnée durant un laps de temps relativement court, il s'agit d'une **maladie épidémique** ; la grippe, qui apparaît subitement et se propage rapidement, est un exemple de maladie qui a tendance à devenir épidémique. Certains

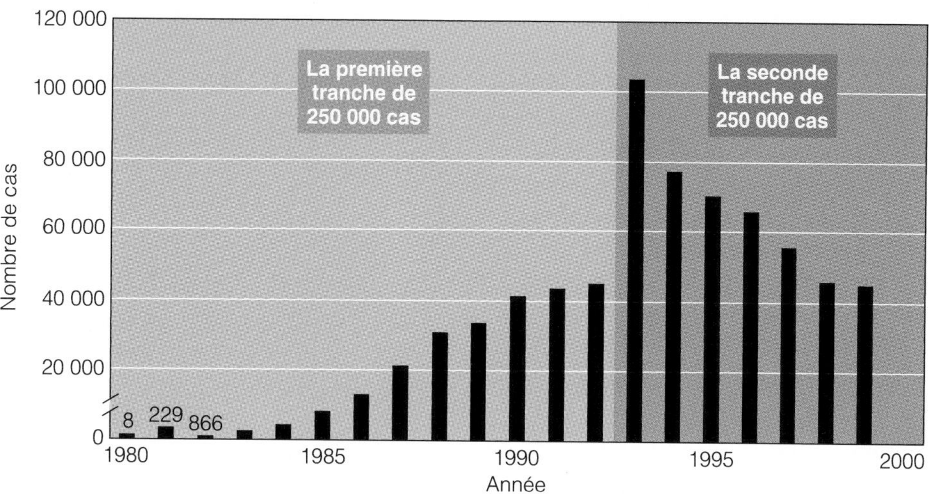


**FIGURE 14.4 Cas déclarés de SIDA aux États-Unis, entre 1980 et 1999.** Notez que, au cours de l'épidémie, les 250 000 premiers cas ont été déclarés sur une période de 12 ans, tandis que les 250 000 cas suivants ont été déclarés en 3 ans seulement (de 1993 à 1995). Une bonne partie de l'augmentation observée en 1993 est due au fait que la définition d'un cas de SIDA adoptée cette année-là a une portée plus large. (Source : Centers for Disease Control and Prevention.)

■ Faites la distinction entre maladies sporadique, endémique et épidémique, et pandémie.

scientifiques considèrent également la blennorragie et d'autres maladies transmises sexuellement comme épidémiques à l'heure actuelle (figure 26.5). Une maladie épidémique à l'échelle mondiale s'appelle une **pandémie.** On observe périodiquement des pandémies de grippe, et certains auteurs estiment que le SIDA est aussi une pandémie. Toutefois, le nombre de personnes atteintes peut être relativement petit, comme c'est le cas dans les épidémies dues à des *Staphylococcus aureus* multirésistants aux antibiotiques, qui apparaissent dans des hôpitaux. (Notons que le mot « épidémie » est souvent utilisé pour désigner la propagation rapide d'une maladie contagieuse.)

## La gravité et la durée d'une maladie

### Objectifs d'apprentissage

- *Classer les maladies selon leur gravité et leur durée.*
- *Définir la notion d'immunité collective.*

Les notions de gravité et de durée permettent également de définir de façon utile l'importance d'une maladie. Une **maladie aiguë** évolue rapidement, mais dure peu longtemps ; la grippe en est un bon exemple. Une **maladie chronique** évolue plus lentement et les réactions de l'organisme peuvent être moins graves, mais la maladie est en général constamment présente ou elle resurgit périodiquement. La tuberculose et l'hépatite B font partie de cette catégorie. Une maladie qui se situe entre l'état aigu et l'état chronique s'appelle **maladie subaiguë** ; c'est le cas de la leucoencéphalite sclérosante subaiguë (où le virus de la rougeole est souvent en cause), maladie cérébrale rare caractérisée par la diminution des facultés intellectuelles et par la perte des fonctions nerveuses. Dans une **maladie latente,** l'agent pathogène est inactif pendant un intervalle de temps plus ou moins long, après quoi il devient actif et provoque les symptômes de la maladie ; c'est le cas du zona, l'une des maladies dues à l'herpèsvirus humain 3 (HHV-3), aussi appelé virus de la varicelle et du zona.

La vitesse à laquelle une maladie, ou une épidémie, se propage dans une population et le nombre d'individus qu'elle atteint sont déterminés en partie par l'immunité de la population. La vaccination peut protéger un individu contre certaines maladies pour une longue période ou même toute la vie. Les personnes immunisées contre une maladie infectieuse n'en sont pas porteuses, ce qui réduit la fréquence de la maladie. Les personnes immunisées constituent en fait une sorte de barrière contre la propagation de l'agent infectieux. Ainsi, même si une maladie très facilement transmissible peut provoquer une épidémie, de nombreuses personnes non immunisées sont protégées parce que la probabilité qu'elles entrent en contact avec un individu infecté est faible. L'un des avantages importants de la vaccination réside dans le fait que la proportion de la population protégée contre la maladie est suffisante pour éviter que cette dernière ne se propage rapidement aux individus non vaccinés. Lorsqu'une communauté comprend un nombre élevé de membres immunisés, on dit qu'il existe une **immunité collective** ou *immunité de masse*: plus il y a d'individus immunisés et par conséquent réfractaires à une infection, plus la survie de l'agent pathogène est précaire.

## L'étendue des dommages causés à l'hôte

Les infections peuvent être aussi classées en fonction de l'étendue des dommages causés à l'hôte. Dans le cas d'une **infection locale,** les microorganismes envahisseurs résident uniquement dans une zone relativement petite de l'organisme. Les pustules et les abcès sont des exemples d'infections locales. Dans une **infection systémique** (ou **généralisée**), les microorganismes ou les substances qu'ils produisent se répandent dans tout l'organisme par l'intermédiaire du sang ou de la lymphe. La rougeole par exemple est une infection généralisée. Les infections des dents, des amygdales ou des sinus sont des infections locales. Toutefois, il arrive fréquemment que l'agent responsable d'une infection locale pénètre dans un vaisseau sanguin ou lymphatique, qu'il atteigne un ou des organes du corps et qu'il s'y installe. Ce phénomène s'appelle **infection focale.** C'est ainsi que des streptocoques infectant les amygdales peuvent pénétrer dans le sang par une lésion, atteindre les valvules cardiaques et y causer une endocardite.

La présence de bactéries dans le sang s'appelle **bactériémie** ; si ces bactéries se reproduisent dans le sang, on parle de **septicémie.** Une **toxémie** est la présence d'une toxine dans le sang (comme dans le cas du tétanos), et une **virémie** est la présence de virus dans le sang.

La capacité de résistance de l'hôte est aussi un facteur déterminant de la gravité des dommages causés par une infection. Une **primo-infection** ou **infection primaire** est une infection aiguë due à l'envahissement, pour la première fois, de l'organisme par un microbe ; une **infection secondaire** ou **surinfection** est une infection provoquée par un agent pathogène opportuniste lorsque les défenses de l'organisme sont déjà affaiblies par une infection primaire. Les surinfections de la peau et des voies respiratoires sont fréquentes et parfois plus dangereuses que les infections primaires. La pneumonie à *Pneumocystis* due au SIDA est un exemple de surinfection ; la bronchopneumonie streptococcique survenant à la suite d'une grippe est un exemple de surinfection plus grave que l'infection primaire. Une surinfection peut aussi avoir lieu à la suite du traitement par antibiotiques d'une infection primaire ; les bactéries sensibles sont détruites mais le traitement antibiotique entraîne l'apparition de bactéries résistantes qui causent une infection secondaire. Une **infection subclinique** (non apparente) ne se manifeste par aucune maladie observable. Ainsi, des personnes peuvent être porteuses du poliovirus ou du virus de l'hépatite A sans jamais être atteintes de la maladie.

# Les modèles de la maladie infectieuse

Il se produit généralement une suite bien définie d'événements au cours d'une infection et d'une maladie. Nous allons voir sous peu qu'une maladie infectieuse ne se déclare que s'il existe un *réservoir* ou une source d'*agents pathogènes.* De plus, il faut que l'agent pathogène soit transmis à un hôte réceptif par contact direct ou indirect, ou par l'intermédiaire d'un vecteur. L'invasion suit la *transmission,* c'est-à-dire que les microorganismes pénètrent dans l'hôte et s'y installent. Les agents pathogènes causent des dommages à l'hôte par un processus appelé pathogénie (dont il sera question plus loin dans le présent chapitre). La gravité de la maladie dépend de l'importance des dommages causés aux cellules de l'hôte, soit directement par les microbes soit par les toxines qu'ils produisent. En dépit des effets de tous ces facteurs, l'apparition de la maladie dépend en définitive de la résistance de l'hôte à l'action de l'agent pathogène.

Les scientifiques ont recours à un modèle pour illustrer le cycle de propagation de la maladie infectieuse ; il s'agit de la *chaîne épidémiologique,* soit la production en série des événements qui permettent à l'agent infectant de se transmettre d'un hôte à l'autre. Cette chaîne est illustrée à la figure 14.5.

L'hôte réceptif est l'un des maillons de cette chaîne. À la suite de l'agression microbienne, la maladie évolue par étapes.

## Les facteurs prédisposants

### Objectif d'apprentissage

- *Définir au moins quatre facteurs prédisposants de la maladie.*

Certains facteurs influent sur la survenue d'une maladie. On appelle **facteur prédisposant** ou **facteur de risque** (ou encore *facteur d'influence*) un élément qui rend l'organisme plus sensible à une maladie et qui peut agir sur l'évolution de cette dernière. L'**hôte réceptif,** aussi nommé *hôte sensible,* est un individu qui présente un risque élevé d'infection.

Les facteurs prédisposants peuvent être :

- génétiques : le sexe (p. ex. fréquence plus élevée des infections des voies urinaires chez les femmes que chez les hommes) ; les maladies ou anomalies héréditaires ;
- liés à l'âge (nourrisson, enfant et personne âgée) ; à des conditions physiologiques particulières (puberté, grossesse, ménopause) ; à la malnutrition (dénutrition, anorexie, etc.) ; à des habitudes de vie comportant des risques (nombreux partenaires sexuels) ; au stress et à des troubles de santé mentale ;
- liés à une maladie qui s'accompagne de déficiences d'ordre anatomique, physiologique, métabolique ou immunitaire. Il s'agit de maladies chroniques (diabète, asthme, cancer, etc.) ; de déficits immunitaires (maladies de la peau, leucopénie, hypogammaglobulinémie, SIDA, etc.) ; de déséquilibres hormonaux ; de troubles liés à l'obésité, à l'alcoolisme, au tabagisme ;

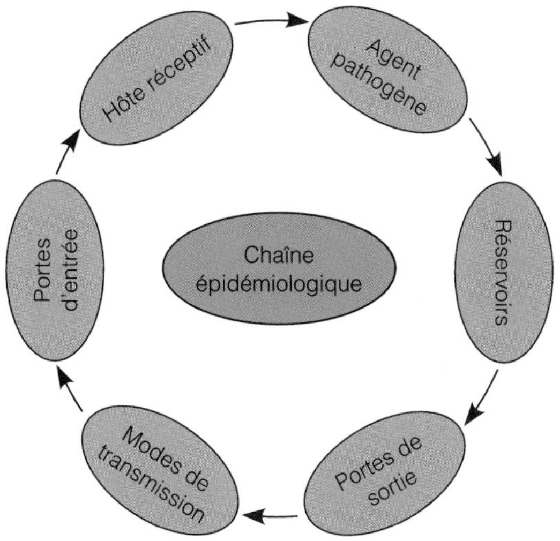


FIGURE 14.5 **Les maillons de la chaîne épidémiologique.**

■ La chaîne épidémiologique comprend une séquence de six maillons qui conduisent à la transmission de l'agent pathogène d'un hôte réceptif à l'autre.

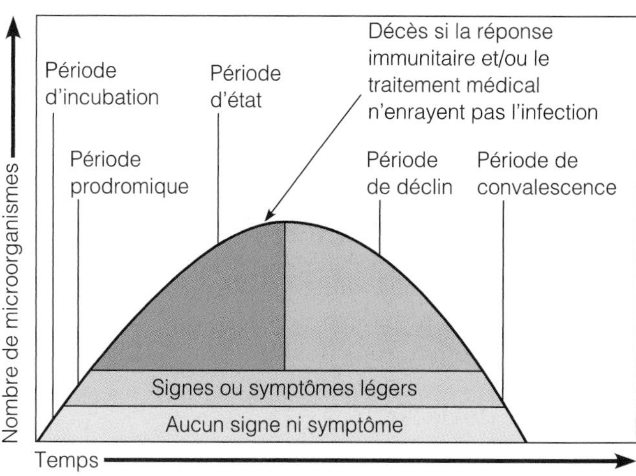


FIGURE 14.6 **Phases d'une maladie.**

■ Durant quelle phase une maladie est-elle transmissible?

– liés à la prise de médicaments (corticostéroïdes, antibiotiques, antiacides, etc.); à des traitements (chimiothérapie, immunothérapie, etc.); à des interventions effractives (opérations chirurgicales, installation de sondes – cathéter, tube endotrachéal –, appareillage technique pour l'hémodialyse, etc.); à des traumatismes accidentels (brûlures, plaies, infections, etc.);
– liés à l'environnement: hygiène (pollution de l'air, insalubrité); milieu de travail (exposition à des risques de contagion dans des hôpitaux et des garderies); causes géographiques et climatiques (p. ex. fréquence plus élevée des affections respiratoires durant l'hiver et des diarrhées durant l'été; voyages dans des pays où la maladie est endémique).

Il est souvent difficile de déterminer de manière précise l'importance relative de chacun des facteurs prédisposants; par ailleurs, l'action combinée de certains facteurs contribue à affaiblir la résistance de l'organisme à l'infection.

## L'évolution d'une maladie infectieuse

### Objectifs d'apprentissage

- *Reconnaître le caractère évolutif d'une maladie infectieuse.*
- *Décrire les concepts suivants selon le modèle d'évolution d'une maladie infectieuse: période d'incubation, période prodromique, période d'état, période de déclin, période de convalescence.*

Après qu'un microorganisme a vaincu les défenses de l'hôte, l'évolution de la maladie est à peu près la même, que l'infection soit aiguë ou chronique (figure 14.6). Cette évolution se déroule en cinq périodes.

### La période d'incubation

La **période d'incubation** est l'intervalle de temps compris entre l'infection initiale (introduction du microbe dans l'organisme) et la manifestation des premiers signes ou symptômes. Cette phase silencieuse est de longueur fixe ou variable selon le type de maladie. Elle dépend de la nature du microorganisme responsable, de son degré de pathogénicité, du nombre de microorganismes infectieux et de la résistance de l'hôte. (Le tableau 15.1 donne la période d'incubation de quelques maladies microbiennes.) Le *porteur en incubation* porte des agents pathogènes généralement transmissibles, mais n'est pas encore malade. Le fait que l'on ne peut reconnaître cette phase facilite la contagion; par exemple, les enfants se transmettent la varicelle bien avant que les vésicules apparaissent.

### La période prodromique

La **période prodromique** est un intervalle de temps relativement court qui suit la période d'incubation de certaines maladies. Elle est caractérisée par la manifestation des premiers symptômes de la maladie, le plus souvent légers (malaise) mais quelquefois assez intenses, tels que des douleurs généralisées.

### La période d'état

La **période d'état** de la maladie est la phase la plus aiguë de l'invasion microbienne; l'organisme ne peut s'y opposer efficacement. La personne présente des signes et des symptômes patents, qui atteignent leur intensité maximale: fièvre, frissons, douleurs musculaires (myalgie), sensibilité à la lumière (photophobie), maux de gorge (pharyngite), intumescence ou gonflement des nœuds lymphatiques (adénopathie), troubles gastro-intestinaux, etc. Le nombre de leucocytes (globules blancs) augmente ou diminue parfois. (Pour une description détaillée des signes et des symptômes caractéristiques de la période d'état, vous pouvez consulter les chapitres 21 à 27, où sont examinées différentes maladies infectieuses.)

En général, l'infection est freinée après un certain temps par la réponse immunitaire de la personne atteinte et par d'autres mécanismes de défense qui réussissent à vaincre l'agent pathogène, de sorte que la période d'état prend fin. Mais si l'agent pathogène à l'origine du déséquilibre biologique n'est pas neutralisé (ou si le traitement échoue), c'est au cours de cette phase que le déséquilibre s'accentue et s'aggrave à un point tel que la mort survient.

### La période de déclin

Durant la **période de déclin,** les signes et les symptômes s'estompent. Cette phase apparaît souvent quelques heures après l'administration d'un traitement efficace. La fièvre diminue, et il en est de même de la sensation de malaise. C'est durant cette phase, qui dure de moins de 24 heures à quelques jours, que le patient affaibli est susceptible de souffrir de surinfection.

### La période de convalescence

Durant la **période de convalescence,** la personne reprend des forces et se rétablit. L'organisme retourne à l'état antérieur à la maladie : c'est de nouveau l'homéostasie.

Chacun sait que durant la période d'état la personne infectée constitue une source de la maladie et qu'elle peut facilement transmettre l'infection à d'autres individus. Mais il faut savoir qu'elle peut également transmettre l'infection durant la période de convalescence. Cela s'applique particulièrement à des maladies comme la fièvre typhoïde et le choléra, car dans ces deux cas la personne convalescente peut demeurer porteuse des microorganismes pathogènes pendant des mois, voire des années. Le *porteur convalescent* n'est plus malade mais peut transmettre l'agent pathogène à son insu.

# La propagation d'une infection

Nous avons vu que l'hôte réceptif est l'un des maillons de la chaîne épidémiologique ; cette chaîne comprend aussi une source d'agents infectieux, appelée réservoir, de laquelle les agents pathogènes doivent pouvoir s'échapper pour se transmettre à un nouvel hôte réceptif.

Dans cette section, nous allons étudier les sources d'agents pathogènes, les voies de sortie ou d'échappement des microbes ainsi que les modes de transmission des maladies. Nous traiterons des voies de pénétration et des capacités d'agression des agents pathogènes dans le chapitre 15.

## Les réservoirs d'infection

**Objectifs d'apprentissage**

- *Définir la notion de réservoir d'infection.*
- *Faire la distinction entre réservoirs humain, animal et inanimé, et donner un exemple de chaque type de réservoir.*
- *Définir la notion de porteur de germe.*

Une maladie ne peut se perpétuer s'il n'existe pas une source continuelle des microorganismes qui en sont responsables. La source peut être un organisme vivant (être humain ou animal) ou un objet inanimé qui fournissent à l'agent pathogène les conditions appropriées à sa survie et qui lui permettent de se propager. Une telle source s'appelle **réservoir d'infection.**

### Les réservoirs humains

Le principal réservoir vivant de maladies humaines est le corps humain lui-même. Quantité de gens hébergent des agents pathogènes, qu'ils transmettent directement ou indirectement à d'autres personnes. Les individus qui présentent des signes et des symptômes d'une maladie peuvent la transmettre ; ce sont des *porteurs de germes actifs.* Toutefois, il existe des personnes qui abritent des agents pathogènes qu'elles sont susceptibles de transmettre, même si elles ne présentent aucun signe de maladie. Ces individus, appelés **porteurs sains** ou *porteurs inapparents,* n'ont pas la maladie, mais ils constituent d'importants réservoirs vivants. Par exemple, les porteurs sains de *Neisseria meningitidis,* l'agent de la méningite, abritent la bactérie dans le rhinopharynx ; ils peuvent la donner à de jeunes enfants, qui sont plus réceptifs que les adultes à la maladie. Certains porteurs abritent des agents pathogènes sous forme latente dans une *phase asymptomatique* de la maladie – soit en période d'incubation (avant que les symptômes se manifestent), soit en période de convalescence. Le portage de germes peut être de courte durée ou persister quelques mois. Par exemple, après avoir guéri d'une fièvre typhoïde, l'individu continue d'éliminer les bactéries dans ses selles pendant plusieurs mois. Les porteurs humains jouent un grand rôle dans la propagation de certaines maladies telles que le SIDA, la diphtérie, la fièvre typhoïde, l'hépatite, la blennorragie, la dysenterie amibienne et les infections streptococciques. À l'exception des porteurs actifs, les porteurs de germes ignorent la plupart du temps qu'ils sont susceptibles de transmettre la maladie, si bien qu'ils ne prennent pas les mesures de prévention adéquates pour éviter toute transmission, comme peuvent le faire les personnes malades qui se savent contagieuses. Ces porteurs constituent une véritable menace pour leur entourage familial et professionnel.

### Les réservoirs animaux

Les animaux sauvages ou domestiques constituent des réservoirs vivants de microorganismes susceptibles de causer des maladies humaines. Les maladies qui touchent principalement les animaux sauvages ou domestiques et qui sont transmissibles à l'être humain s'appellent **zoonoses.** La rage (présente chez les chauve-souris, les moufettes, les renards, les chiens et les chats), la peste et la maladie de Lyme sont des exemples de zoonoses. D'autres zoonoses représentatives sont énumérées dans le tableau 14.2.

On connaît environ 150 zoonoses. La transmission à l'être humain se fait de plusieurs façons : par contact direct

**Tableau 14.2** *Quelques zoonoses*

| Maladies | Agent responsable | Réservoir | Mode de transmission | Chapitre |
|---|---|---|---|---|
| **Viroses** | | | | |
| Certains types de grippe | *Influenzavirus* | Porcs, sauvagine (canards) | Contact direct | 24 |
| Rage | *Lyssavirus* | Chauve-souris, moufettes, renards, chiens, chats | Contact direct (morsure) | 22 |
| Encéphalite équine de l'Ouest | *Alphavirus* | Chevaux, oiseaux | Piqûre de *Culex*, un moustique | 22 |
| Syndrome pulmonaire à *Hantavirus* | *Hantavirus* | Rongeurs (en particulier, les souris sylvestres) | Contact direct avec la salive, les fèces ou l'urine d'un rongeur | 23 |
| **Bactérioses** | | | | |
| Anthrax | *Bacillus anthracis* | Bétail | Contact direct avec du cuir et des poils contaminés ou un animal infecté ; l'air ; les aliments | 23 |
| Brucellose | *Brucella spp.* | Bétail | Contact direct avec du lait ou de la viande contaminés, ou un animal infecté | 23 |
| Peste bubonique | *Yersinia pestis* | Rongeurs | Piqûre de puce | 23 |
| Maladie des griffes du chat | *Bartonella henselæ* | Chats domestiques | Contact direct | 23 |
| Leptospirose | *Leptospira* | Mammifères sauvages, chiens et chats domestiques | Contact direct avec l'urine, le sol ou l'eau | 26 |
| Maladie de Lyme | *Borrelia burgdorferi* | Mulots, cerfs | Morsure de tique | 23 |
| Psittacose (ou ornithose) | *Chlamydia psittaci* | Oiseaux, en particulier les perroquets et les perruches | Contact direct | 24 |
| Fièvre pourprée des montagnes Rocheuses | *Rickettsia rickettsii* | Rongeurs | Morsure de tique | 23 |
| Salmonellose | *Salmonella spp.* | Volaille, rats, tortues, reptiles | Ingestion d'aliments ou d'eau contaminés, et le fait de porter la main à la bouche | 25 |
| Typhus (endémique) | *Rickettsia typhi* | Rongeurs | Piqûre de puce | 23 |
| **Mycoses** | | | | |
| Teignes | *Trichophyton*<br>*Microsporum*<br>*Epidermophyton* | Mammifères domestiques | Contact direct ; objets inanimés | 21 |
| **Protozooses** | | | | |
| Paludisme | *Plasmodium spp.* | Singes | Piqûre d'*Anopheles*, un moustique | 23 |
| Toxoplasmose | *Toxoplasma gondii* | Chats et autres mammifères | Ingestion de viande contaminée ou contact direct avec des tissus infectés ou des matières fécales | 23 |
| **Helminthiases** | | | | |
| Ténia (porc) | *Tænia solium* | Porcs | Ingestion de porc contaminé insuffisamment cuit | 25 |
| Trichinose | *Trichinella spiralis* | Porcs, ours | Ingestion de porc contaminé insuffisamment cuit | 25 |

avec un animal infecté ; par contact direct avec les déjections d'un animal domestique ; par l'intermédiaire d'aliments ou d'eau contaminés ; par l'air en contact avec du cuir, de la fourrure ou des plumes contaminées ; par l'ingestion de produits d'animaux infectés (viandes, lait, œufs) ; par des insectes vecteurs (qui transmettent l'agent pathogène). Par exemple, la toxoplasmose est une infection généralement transmise à un enfant qui joue dans un bac à sable contaminé par des déjections d'oiseaux ou de chats, ou à un adulte qui nettoie une litière de chat ou une cage d'oiseau (chapitre 23).

### Les réservoirs inanimés

Les principaux réservoirs inanimés de maladies infectieuses sont le sol, l'eau, les objets et les aliments. Le sol abrite divers agents pathogènes : des mycètes responsables de mycoses et d'infections généralisées (tableau 12.3) ; *Clostridium botulinum,* la bactérie responsable du botulisme ; et *C. tetani,* la bactérie responsable du tétanos. Comme ces deux espèces de clostridies font partie de la flore intestinale normale des chevaux et des vaches, on les rencontre en particulier dans les sols fertilisés au moyen de fèces animales.

L'eau contaminée par des fèces humaines ou animales est un réservoir de nombreux agents pathogènes, en particulier ceux qui sont responsables de maladies gastro-intestinales. Ces agents comprennent *Vibrio choleræ,* qui cause le choléra, et *Salmonella typhi,* qui cause la fièvre typhoïde.

Les aliments préparés ou entreposés de façon inadéquate font également partie des réservoirs inanimés ; ils peuvent constituer des sources de maladies telles que la trichinose, la salmonellose et la listériose.

Les objets, tels les jouets, les ustensiles, les couvertures et les tapis, constituent des réservoirs de microbes ; il peuvent contribuer à la transmission de maladies telles que le rhume, l'hépatite A et l'herpès de type 1.

## La transmission des maladies infectieuses

### Objectifs d'apprentissage

- *Décrire les différents modes de transmission des maladies.*
- *Mettre en rapport le mode de transmission des agents pathogènes avec la propagation des maladies infectieuses.*

L'agent responsable d'une maladie – qu'il s'agisse d'une bactérie, d'un virus ou d'un mycète – peut se transmettre d'un réservoir à un hôte sensible selon trois principaux modes : par contact, par véhicule ou par vecteur (figure 14.7).

### La transmission par contact

On appelle **transmission par contact** la propagation d'un agent pathogène par contact direct ou indirect, ou par des gouttelettes. La **transmission par contact direct,** ou *transmission interpersonnelle,* est la propagation d'un agent pathogène par le contact physique entre une source et un hôte réceptif ; aucun objet ne joue le rôle d'intermédiaire (figure 14.7a). Les formes les plus courantes de contact direct

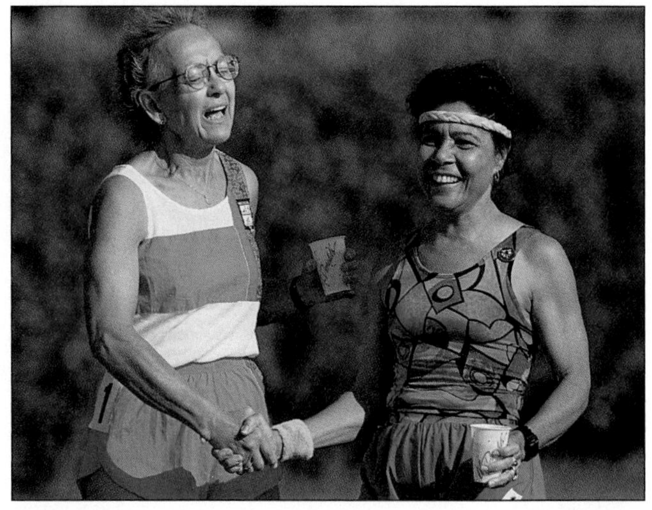

a)

b)

c)

FIGURE 14.7 **Modes de transmission des maladies.**
**a)** Par contact direct ; **b)** par un véhicule (aliments) ; **c)** par un vecteur.

- Qu'est-ce qu'un réservoir ? Qu'est-ce qu'un vecteur d'une maladie ?

permettant la transmission sont le toucher, le baiser et les relations sexuelles. Les maladies transmissibles par contact direct comprennent des maladies virales – telles que le rhume, la grippe, l'hépatite A et la rougeole –, des infections bactériennes – telles que l'impétigo et la scarlatine – et les maladies transmises sexuellement – telles que la syphilis, la blennorragie, l'herpès génital et les condylomes. Le contact direct est aussi l'un des modes de propagation du SIDA et de la mononucléose infectieuse.

Les membres du personnel soignant portent des gants et utilisent d'autres mesures de protection (figure 14.8) pour se prémunir contre la transmission interpersonnelle. Dans le milieu hospitalier, on enseigne aux stagiaires que les dix ennemis du patient sont les dix doigts du personnel soignant. Le lavage antiseptique des mains élimine la plupart des microorganismes présents sur la peau ; toutefois, au bout de quelques minutes, la sudation a fait remonter à la surface les bactéries enfouies dans les pores et les sillons épidermiques, d'où la nécessité de porter des gants. Les gants ont une double fonction : d'une part, ils protègent le patient contre les microbes transportés par le personnel, d'autre part, ils protègent le personnel lors de soins donnés à des patients infectés.

Des agents potentiellement pathogènes se transmettent aussi par contact direct entre un animal (ou un produit animal) et un être humain. C'est le cas des agents responsables de la rage et de l'anthrax.

On appelle **transmission par contact indirect** la propagation d'un agent pathogène d'un réservoir à un hôte réceptif par l'intermédiaire d'un objet inanimé – par exemple un mouchoir de papier ou de tissu, une serviette, la literie, les tapis, une couche, un gobelet, un couvert, un jouet, une pièce de monnaie ou un billet de banque, ou un thermomètre. De tels objets inanimés sont des **vecteurs passifs** dans la transmission des maladies infectieuses. Les seringues contaminées servent d'intermédiaire dans la transmission du SIDA et des hépatites B et C. D'autres objets – des clous rouillés, par exemple – peuvent transmettre des maladies comme le tétanos.

La **transmission par gouttelettes** est le troisième mode de transmission par contact : les microbes se propagent par des *gouttelettes* de mucus qui parcourent uniquement de courtes distances (figure 14.9). Ces gouttelettes sont expulsées dans l'air par un individu qui tousse, éternue, rit ou parle, et elles parcourent moins d'un mètre depuis le réservoir jusqu'à l'hôte. Un seul éternuement peut produire 20 000 gouttelettes. On ne considère pas que les agents pathogènes qui parcourent des distances aussi courtes se propagent par voie aérienne. (Il sera question plus loin de la transmission aérienne.) La grippe, la pneumonie, la méningite et la coqueluche sont des exemples de maladies transmissibles par gouttelettes.

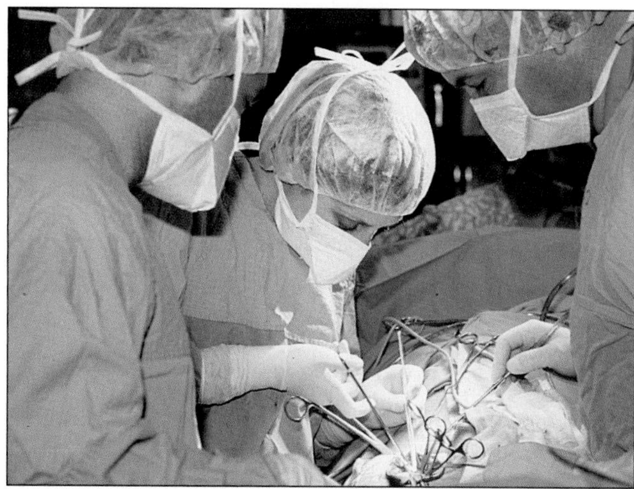

**FIGURE 14.8 Prévention de la transmission par contact direct.** Les professionnels de la santé portent un masque et des gants, et ils adoptent d'autres mesures de protection pour se prémunir contre la transmission d'agents pathogènes.

■ Qu'est-ce qui distingue la transmission par contact direct, la transmission par gouttelettes et la transmission par contact indirect ?

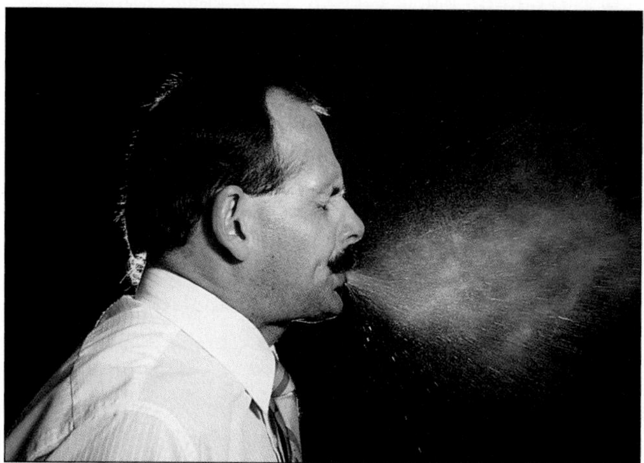

**FIGURE 14.9 La transmission par gouttelettes.** La photographie ultra-rapide montre l'expulsion de petites gouttelettes par la bouche lors d'un éternuement.

■ Dans la transmission par gouttelettes, les microbes se propagent dans le mucus expulsé dans l'air lorsqu'une personne tousse, éternue, rit ou parle. Les gouttelettes parcourent moins d'un mètre depuis le réservoir jusqu'à l'hôte.

## La transmission par un véhicule

On appelle **transmission par un véhicule** la propagation d'un agent pathogène par un intermédiaire, tel que l'eau, la nourriture ou l'air (figure 14.7b). Le sang et les autres liquides organiques, les médicaments et les solutés peuvent aussi servir d'intermédiaire. Une flambée d'infections à *Shigella* due à la transmission par un véhicule est décrite dans l'encadré du chapitre 25. Dans cette section, nous étudions les cas où le véhicule de transmission est l'eau, la nourriture ou l'air.

Dans la *transmission d'origine hydrique,* les agents pathogènes sont généralement disséminés par de l'eau contaminée telle que les eaux usées non traitées ou traitées de façon inadéquate. La poliomyélite, le choléra, la shigellose d'origine hydrique et la leptospirose sont des maladies transmises selon ce mode. Dans la *transmission d'origine alimentaire,* les agents pathogènes sont en général disséminés par l'intermédiaire d'aliments insuffisamment cuits, réfrigérés de façon inadéquate ou préparés dans des conditions non hygiéniques. Les intoxications alimentaires, la listériose due à la bactérie *Listeria monocytogenes* (chapitre 22) et l'infestation à ténias comptent au nombre des maladies causées par des agents pathogènes d'origine alimentaire.

On appelle *transmission aérienne* la dissémination d'agents pathogènes par l'intermédiaire de gouttelettes portées par des particules qui parcourent plus d'un mètre depuis le réservoir jusqu'à l'hôte. Par exemple, les gouttelettes nasopharyngées suffisamment fines pour demeurer en suspension dans l'air pendant de longues périodes peuvent être disséminées dans l'environnement. Le virus responsable de la rougeole et la bactérie qui provoque la tuberculose peuvent se propager par voie aérienne. Les particules de poussière sont susceptibles d'abriter divers agents pathogènes. Les staphylocoques et les streptocoques peuvent survivre dans des poussières et être transportés par voie aérienne. Les endospores produites par la bactérie *Clostridium perfringens* (responsable de la gangrène gazeuse) se transmettent facilement par voie aérienne, de même que les spores libérées par certains mycètes et susceptibles de causer des mycoses telles que l'histoplasmose, la coccidioïdomycose et la blastomycose (chapitre 24).

### Les vecteurs

Les arthropodes forment le principal groupe de vecteurs de maladies. On appelle **vecteur** un animal qui transporte des agents pathogènes d'un hôte à un autre. (Il est question des insectes et autres arthropodes vecteurs au chapitre 12, p. 394.) Les arthropodes vecteurs transmettent des maladies selon deux modes principaux. La **transmission mécanique** est le transport passif d'un agent pathogène par les pattes ou une autre partie du corps d'un insecte (figure 14.7c). Si l'insecte entre en contact avec la nourriture, l'agent pathogène risque d'être transféré aux aliments et ingéré par l'hôte. Ainsi, les mouches domestiques sont susceptibles de transporter les agents responsables de la fièvre typhoïde et de la dysenterie bacillaire (shigellose) depuis des fèces provenant de personnes infectées jusqu'à de la nourriture.

La **transmission biologique** est un processus actif et complexe. En mordant ou en piquant une personne ou un animal infectés, un arthropode ingère du sang contaminé. Les agents pathogènes se reproduisent ensuite dans le vecteur et l'augmentation de leur nombre accroît le risque de transmission à un second hôte. Certains parasites se reproduisent dans l'intestin des arthropodes et peuvent donc être présents dans les fèces de ces derniers. Si un arthropode défèque ou vomit au moment où il mord un hôte potentiel, le parasite peut pénétrer dans la blessure. D'autres parasites se reproduisent également dans l'intestin d'un vecteur, puis ils migrent vers la glande salivaire ; ils sont alors injectés directement au site de la morsure ou de la piqûre. Certains protozoaires et helminthes parasites utilisent un vecteur comme hôte durant la phase de développement de leur cycle vital.

Le tableau 14.3 contient une liste de quelques arthropodes vecteurs importants et des maladies qu'ils transmettent.

Dans tous les domaines – médical et agroalimentaire, restauration, etc. – où l'on cherche à éviter la contamination, l'adoption de mesures et techniques d'asepsie visent essentiellement à réduire les risques de transmission des agents pathogènes. À l'hôpital, par exemple, le port de masques empêche la transmission par gouttelettes, le lavage antiseptique des mains et le port de gants stériles freinent la transmission par contact direct, l'utilisation de matériel stérile à usage unique réduit les risques de transmission par contact indirect et la réfection des lits correctement effectuée devrait réduire les risques de contamination par voie aérienne.

## Les portes de sortie

Au chapitre 15, nous verrons que les microorganismes pénètrent dans le corps par des voies privilégiées, ou portes d'entrée, telles que les muqueuses et la peau. Comme nous nous intéressons maintenant à la propagation de maladies au sein d'une population, il est important de souligner que les agents pathogènes ont aussi des **portes de sortie** privilégiées, bien définies. En général, les portes de sortie sont reliées à la partie du corps infectée à partir de laquelle les microorganismes peuvent s'échapper.

Les principales portes de sortie sont les *voies respiratoires* et les *voies gastro-intestinales*. Par exemple, de nombreux agents pathogènes qui résident dans les voies respiratoires sortent par le nez ou par la bouche, dans les fluides expulsés lorsqu'une personne tousse ou éternue. Ces microorganismes sont présents dans les gouttelettes de mucus. Les agents responsables de la tuberculose, de la coqueluche, de la pneumonie, de la scarlatine, de la méningite à méningocoques, de la rougeole, des oreillons, de la variole et de la grippe sont expulsés par les voies respiratoires. D'autres agents pathogènes quittent le corps par les voies gastro-intestinales, dans les fèces ou la salive (lors de vomissements). Les fèces risquent d'être contaminées par les agents associés à la salmonellose, au choléra, à la fièvre typhoïde, à la shigellose, à la dysenterie amibienne et à la poliomyélite. La salive peut aussi contenir des agents pathogènes, tels que le virus de la mononucléose.

Les *voies urogénitales* sont également une porte de sortie importante. Les microbes responsables des maladies transmises sexuellement sont présents dans les sécrétions provenant du pénis et du vagin. L'urine peut aussi contenir les agents responsables de la fièvre typhoïde et de la brucellose, qui peuvent quitter le corps par les voies urinaires.

La *peau* est aussi une porte de sortie. Les infections transmises par la peau peuvent se faire par l'intermédiaire des pellicules (squames) de la peau ou par des écoulements de liquide

**Tableau 14.3** *Arthropodes vecteurs représentatifs et les maladies qu'ils transmettent*

| Maladie | Agent responsable | Arthropode vecteur | Chapitre(s) |
|---|---|---|---|
| Paludisme | *Plasmodium* spp. | *Anopheles* (moustique) | 12, 23 |
| Trypanosomiase africaine | *Trypanosoma brucei gambiense* et *T. b. rhodesiense* | *Glossina* sp. (mouche tsé-tsé) | 22 |
| Trypanosomiase sud-américaine | *Trypanosoma cruzi* | *Triatoma* sp. (réduve) | 12, 23 |
| Fièvre jaune | *Alphavirus* (virus de la fièvre jaune) | *Ædes* (moustique) | 23 |
| Dengue | *Alphavirus* (virus de la dengue) | *Ædes ægypti* (moustique) | 23 |
| Encéphalite transmise par les arthropodes | *Alphavirus* (virus de l'encéphalite) | *Culex* (moustique) | 22 |
| Typhus (épidémique) | *Rickettsia prowazekii* | *Pediculus humanus* (pou) | 12, 23 |
| Typhus murin (endémique) | *R. typhi* | *Xenopsylla cheopis* (puce de rat) | 12, 23 |
| Fièvre pourprée des montagnes Rocheuses | *R. rickettsii* | *Dermacentor andersoni* et autres espèces (tiques) | 23 |
| Peste | *Yersinia pestis* | *Xenopsylla cheopis* (puce de rat) | 12, 23 |
| Fièvre récurrente | *Borrelia* spp. | *Ornithodorus* spp. (tique molle) | 23 |
| Maladie de Lyme | *Borrelia burgdorferi* | *Ixodes* spp. (tique) | 12, 23 |

séreux ou purulent. Les infections cutanées comprennent l'impétigo, la scarlatine, les dermatophyties (mycoses), l'herpès et les verrues. Le liquide purulent qui s'écoule d'une plaie est susceptible de transmettre une infection à une autre personne, directement ou par contact avec un objet contaminé.

La *voie sanguine* est une autre porte de sortie. Lors d'une piqûre ou d'une morsure, un insecte peut aspirer du sang d'une personne infectée et l'injecter à une autre ; les maladies transmises par des piqûres ou des morsures d'insectes comprennent la fièvre jaune, la peste, la tularémie et le paludisme. Les aiguilles et les seringues contaminées jouent également un rôle dans la propagation des infections au sein d'une population ; le SIDA et les hépatites B et C se transmettent notamment par l'intermédiaire d'une aiguille ou d'une seringue contaminées.

Dans la lutte contre les maladies infectieuses, la prévention est primordiale. Un des éléments de la prévention a trait au dépistage des risques de contagion. Un **risque de contagion** est en fait toute situation qui favorise la transmission de microbes pathogènes, virulents ou opportunistes d'une personne à une autre. Les risques de contagion sont particulièrement élevés dans le milieu hospitalier ; les patients sensibles sont en effet exposés à des microbes résistants aux antibiotiques, ils subissent des techniques effractives et ils sont souvent contraints à l'immobilité.

# Les infections nosocomiales

## Objectif d'apprentissage

- *Définir les infections nosocomiales et montrer leur importance.*

Comme nous l'avons vu plus haut, les réservoirs de microorganismes sont nombreux et ces derniers peuvent se propager facilement grâce à divers modes de transmission. En outre, des conditions particulières augmentent le risque de certaines infections de manière significative. On appelle **infection nosocomiale** une infection contractée à l'hôpital, alors que le patient ne présentait aucun signe qu'il hébergeait l'agent pathogène, ou que celui-ci était en période d'incubation, au moment de l'admission. (L'adjectif *nosocomial* vient d'un mot latin signifiant « hôpital » ; il s'applique également aux infections contractées dans une maison de repos ou tout autre établissement sanitaire.) Dans les hôpitaux modernes, de 5 à 15 % de toutes les personnes hospitalisées contractent une forme quelconque d'infection nosocomiale. Les travaux des pionniers en matière de techniques aseptiques, dont Lister et Semmelweis (chapitre 1, p. 12), ont permis de réduire considérablement le taux des infections de ce type. Mais, en dépit des progrès des méthodes de stérilisation et de l'utilisation de matériel jetable, le taux des infections nosocomiales a augmenté de 36 % au cours des 20 dernières années. Aux États-Unis, environ 2 millions de personnes contractent une infection de ce type chaque année, et près de 90 000 d'entre elles en meurent.

Les infections nosocomiales résultent de l'interaction de plusieurs facteurs : 1) la présence de microorganismes dans le milieu hospitalier (réservoirs) ; 2) l'état d'affaiblissement de l'hôte ; 3) la présence d'une chaîne de transmission dans le milieu hospitalier. La figure 14.10 indique que l'existence d'un seul de ces facteurs ne suffit généralement pas pour provoquer une infection nosocomiale ; c'est l'interaction des trois facteurs qui constitue un risque important.

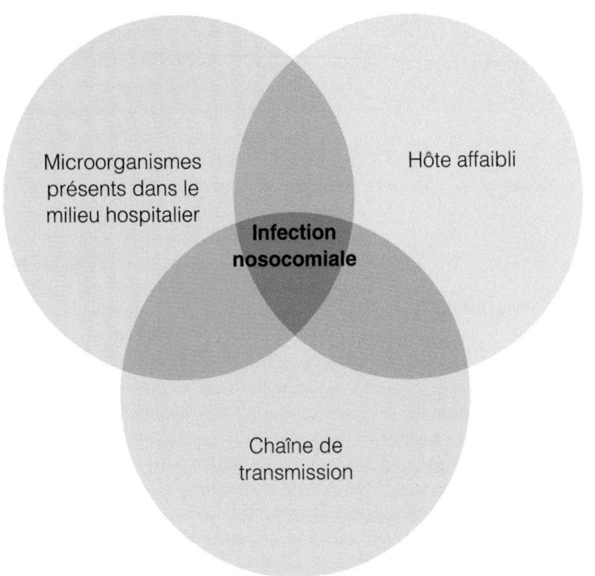


FIGURE 14.10 **Infections nosocomiales.**

- L'interaction de trois facteurs contribue aux infections nosocomiales : la présence de microorganismes dans le milieu hospitalier, l'état d'affaiblissement de l'hôte et l'existence d'une chaîne de transmission.

## La présence de microorganismes dans le milieu hospitalier

Nous avons vu plus haut que les microorganismes, notamment les bactéries infectieuses, ont une origine soit endogène (flore du patient) soit exogène (extérieure au patient). Malgré les efforts considérables déployés pour éliminer les microorganismes ou restreindre leur croissance en milieu hospitalier, cet endroit constitue un immense réservoir de divers agents pathogènes. Cela s'explique en partie du fait que la flore normale du corps humain comprend des microbes opportunistes qui sont particulièrement dangereux pour les patients affaiblis. En réalité, la majorité des microbes responsables d'infections nosocomiales ne provoquent pas de maladie chez les personnes saines ; ils sont pathogènes uniquement pour les personnes dont les défenses immunitaires sont affaiblies par la maladie ou une thérapie (voir l'encadré de ce chapitre plus loin et l'encadré du chapitre 7, p. 220). Rappelons que les microorganismes contractés lors d'une infection nosocomiale sont d'origine exogène.

Dans les années 1940 et 1950, la majorité des infections nosocomiales étaient dues à des microbes à Gram positif. Il fut un temps où la bactérie à Gram positif *Staphylococcus aureus* était la cause principale de ce type d'infections. Dans les années 1970, les bacilles à Gram négatif, telles que *E. coli* et *Pseudomonas æruginosa,* provoquaient la majorité des infections nosocomiales ; les infections à *P. æruginosa* étaient dues en grande partie à la capacité de ces bacilles de se développer sur des milieux pauvres (résidus de savon), dans des antiseptiques (composés d'ammonium quaternaire), partout où il y a de l'humidité (lavabos, balais à franges, humidificateurs, matériel d'inhalothérapie, air ambiant) de même que sur les aliments et sur les plantes (pots de fleurs). Dans les années 1980, des bactéries à Gram positif antibiorésistantes – telles que *Staphylococcus aureus* –, des staphylocoques à coagulase négative et *Enterococcus* spp. sont devenus des agents pathogènes nosocomiaux. Dans les années 1990, ces bactéries à Gram positif ont été responsables de 34 % des infections nosocomiales, tandis que quatre agents pathogènes à Gram négatif en ont provoqué 32 %. Le tableau 14.4 contient la liste des principaux microorganismes qui interviennent dans les infections nosocomiales.

Certains microorganismes présents en milieu hospitalier sont aussi résistants aux antibiotiques d'usage courant. Par exemple, il est difficile de maîtriser au moyen d'antibiotiques

**Tableau 14.4** ***Microorganismes intervenant dans la majorité des infections nosocomiales***

| Microorganisme | Pourcentage du nombre total d'infections | Infections |
|---|---|---|
| *Staphylococcus aureus*, staphylocoques à coagulase négative et entérocoques | 34 % | Infections de plaies chirurgicales, pneumonie, septicémie et infections des voies urinaires |
| *Escherichia coli, Pseudomonas æruginosa, Enterobacter* spp. et *Klebsiella pneumoniæ* | 32 % | Pneumonie et infections de plaies chirurgicales |
| *Clostridium difficile* | 17 % | Presque la moitié des diarrhées nosocomiales |
| Mycètes (principalement *Candida albicans*) | 10 % | Infections des voies urinaires et septicémie |
| Autres bactéries à Gram négatif (*Acinetobacter, Citrobacter* et *Hæmophilus*) | 7 % | Infections des voies urinaires et de plaies chirurgicales |

SOURCE : Centers for Disease Control and Prevention, National Nosocomial Infections Surveillance, 1990-1996.

la croissance de *P. æruginosa* et de diverses autres bactéries à Gram négatif, à cause de leur résistance aux antibiotiques (chapitre 8, p. 263). Cette résistance est génétique ; les gènes de la résistance sont portés par les facteurs R (des plasmides) et, lorsque ceux-ci se recombinent, il y a production de nouveaux facteurs de résistance multiple. La présence de bactéries résistantes dans le milieu hospitalier représente un autre problème majeur. En effet, les souches résistantes s'intègrent à la flore normale des patients et à celle du personnel hospitalier. La résistance est alors transférée aux bactéries de la flore normale, qui deviennent graduellement de plus en plus résistantes à l'antibiothérapie. Ces personnes deviennent ainsi partie intégrante du réservoir (et de la chaîne de transmission) de souches bactériennes antibiorésistantes ; ces dernières sont communes en milieu hospitalier. En général, si l'hôte se défend bien, les nouvelles souches résistantes ne causent pas vraiment de problème. Mais si les défenses de l'hôte sont affaiblies par la maladie, une opération chirurgicale ou un traumatisme, il peut être difficile, voire impossible, de traiter l'infection.

## L'état d'affaiblissement de l'hôte

### Objectif d'apprentissage

- *Définir la notion d'hôte affaibli.*

On appelle **hôte affaibli** une personne dont la résistance à l'infection est réduite. Les deux principaux états qui affaiblissent l'hôte sont les altérations de la peau ou d'une muqueuse, et la déficience du système immunitaire.

Tant qu'elles sont intactes, la peau et les muqueuses constituent une barrière physique très efficace contre la majorité des agents pathogènes (chapitre 16). Les brûlures, les plaies chirurgicales, les traumatismes (comme une plaie accidentelle), les injections, les techniques diagnostiques effractives (qui brisent la barrière), la ventilation assistée, les thérapies intraveineuses et les sondes vésicales (utilisées pour drainer l'urine) risquent toutes d'entamer la première ligne de défense d'un individu et d'augmenter les risques d'infection durant le séjour à l'hôpital. Les brûlés sont particulièrement sensibles aux infections nosocomiales.

Divers procédés effractifs constituent un risque d'infection, notamment l'anesthésie, qui altère la respiration et peut entraîner une pneumonie, et la trachéotomie, qui consiste à pratiquer une incision dans la trachée afin de faciliter la respiration. Les patients pour lesquels on a recours à des procédés effractifs souffrent généralement d'une affection sous-jacente grave, qui augmente leur sensibilité à l'infection. Le matériel effractif fournit une voie d'entrée aux microorganismes présents dans le milieu et il contribue au transport de microbes d'une partie du corps à une autre. De plus, les agents pathogènes se développent parfois sur le matériel lui-même. (Nous avons vu au chapitre 11 que diverses bactéries – *Serratia marcescens* et les espèces de *Pseudomonas* – sont souvent responsables d'infections nosocomiales du fait de leur capacité à contaminer le matériel médical.)

Chez les individus sains, les cellules du système immunitaire protègent l'organisme contre les agresseurs microbiens. Des leucocytes appelés lymphocytes T contribuent à la résistance de l'organisme en éliminant directement les agents pathogènes, en mobilisant les phagocytes et d'autres lymphocytes, et en sécrétant des substances chimiques qui tuent les agents pathogènes (chapitre 17). D'autres leucocytes appelés lymphocytes B, qui deviennent des cellules productrices d'anticorps, protègent aussi contre les infections. Les anticorps assurent l'immunité notamment en neutralisant les toxines, en empêchant la fixation d'un agent pathogène à une cellule hôte et en contribuant à la lyse des agents pathogènes. Certains facteurs peuvent limiter l'action des lymphocytes T ou B, affaiblir par le fait même les défenses immunitaires de l'hôte et augmenter sa sensibilité ; il s'agit de certains traitements (chimiothérapie, radiothérapie, stéroïdothérapie), de maladies (diabète, leucémie, maladies du rein), de plaies (brûlures, incisions chirurgicales), de circonstances aggravantes (stress et malnutrition). Surtout, le virus du SIDA s'introduit dans certains lymphocytes T et provoque leur destruction, d'où l'apparition d'un état de déficience immunitaire qui rend l'organisme très sensible aux infections opportunistes.

La figure 14.11 et le tableau 14.5 présentent une récapitulation des principaux sites d'infection nosocomiale.

## La chaîne de transmission des infections nosocomiales

### Objectif d'apprentissage

- *Énumérer plusieurs modes de transmission de maladies dans un hôpital.*

Étant donné la diversité des agents pathogènes (ou potentiellement pathogènes) présents en milieu hospitalier et l'état d'affaiblissement de l'hôte, il faut constamment prêter attention aux voies de transmission. Les principaux modes de propagation des infections nosocomiales sont la transmission par contact direct entre le patient et le personnel hospitalier ou un autre patient, la transmission par contact indirect, par l'intermédiaire d'objets ou d'un support contaminé et la transmission par véhicule, par l'intermédiaire de nourriture ou par le système de ventilation de l'établissement (transmission aérienne).

Comme le personnel hospitalier est en contact direct avec les patients, il arrive souvent qu'il transmette des maladies. Par exemple, un médecin ou une infirmière risque de transmettre à un patient des microorganismes faisant partie de la flore normale en refaisant un pansement, ou encore un employé de cuisine porteur de *Salmonella* peut contaminer de la nourriture.

Certaines zones d'un hôpital sont réservées à des soins spécialisés, tels que le traitement des brûlés, l'hémodialyse, la réanimation, les soins intensifs ou l'oncologie. Malheureusement, même dans ces services, les patients sont regroupés et le milieu se prête à la propagation épidémique d'infections nosocomiales d'un patient à un autre.

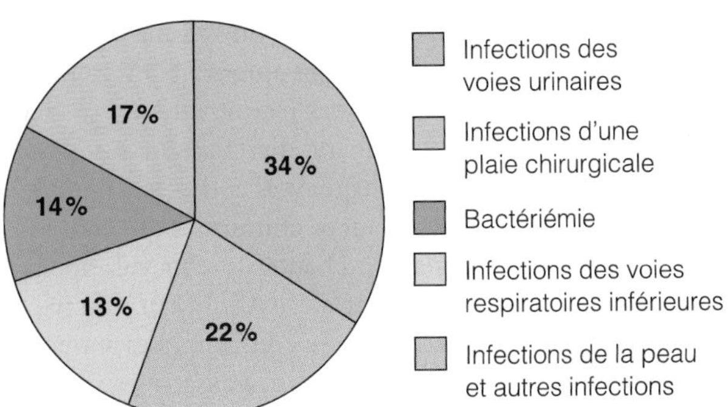


**FIGURE 14.11 Fréquence relative des infections nosocomiales.**

■ Les infections des voies urinaires constituent la majorité des infections nosocomiales.

Beaucoup de techniques diagnostiques et de procédés thérapeutiques favorisent la transmission par véhicule. La sonde vésicale utilisée pour drainer l'urine de la vessie joue un rôle dans de nombreuses infections nosocomiales. Les cathéters veineux, passés à travers la peau et insérés dans une veine, qui servent à administrer des fluides, des nutriments ou des médicaments, risquent aussi de transmettre des infections nosocomiales. Les appareils d'oxygénothérapie peuvent introduire des fluides contaminés dans les poumons et les aiguilles, des agents pathogènes dans les muscles ou dans le sang; si les pansements chirurgicaux sont contaminés, ils peuvent transmettre des microorganismes.

## La lutte contre les infections nosocomiales

### Objectif d'apprentissage

■ *Décrire comment on peut prévenir les infections nosocomiales.*

Les mesures de lutte contre les infections nosocomiales diffèrent d'un établissement à l'autre, mais certains procédés sont d'application courante. Il est essentiel de réduire le nombre d'agents pathogènes auxquels les patients sont exposés en appliquant des techniques d'asepsie, en manipulant prudemment le matériel contaminé, en insistant sur le lavage de mains fréquent et complet, en enseignant aux membres du personnel les mesures fondamentales de lutte contre les infections et en utilisant des chambres d'isolement et des services de contagieux.

Dans le domaine médical, le lavage des mains est de loin la mesure la plus importante de lutte contre la transmission des infections. Pourtant, en 1997 aux États-Unis, un rapport des CDC a révélé que, dans un établissement de soins prolongés, le personnel ne se lavait les mains avant d'intervenir auprès d'un patient que dans 27% des cas seulement. En 1996, des chercheurs ont estimé que, dans un service des urgences, le taux de lavage des mains n'était que de 31%.

Il importe également de désinfecter après chaque utilisation les lavabos et les baignoires utilisées pour laver les patients afin d'éviter que les bactéries d'un patient ne contaminent le suivant. Les respirateurs et les humidificateurs constituent à la fois un milieu favorable à la croissance de certaines bactéries et un moyen de transmission aérienne.

Il faut maintenir les sources d'infections nosocomiales parfaitement propres et les désinfecter, et le matériel employé pour les bandages et le cathétérisme (insertion d'une sonde dans un organe ou un conduit, tels que la trachée, l'urètre, un vaisseau sanguin) doit être jetable ou stérilisé après chaque usage. L'emballage qui assure la stérilité doit être retiré de façon aseptique. Les médecins peuvent aider leurs patients à accroître leur résistance aux infections en ne leur prescrivant des antibiotiques que lorsque cela est indispensable, en appliquant le moins souvent possible des techniques susceptibles de blesser la peau ou les muqueuses et en réduisant au minimum l'emploi de médicaments immunodépresseurs.

**Tableau 14.5** ***Principaux sites des infections nosocomiales***

| Type d'infection | Remarques |
|---|---|
| Infections des voies urinaires | Les plus courantes: constituent environ 34% de toutes les infections nosocomiales; reliées le plus souvent au port d'une sonde vésicale à demeure. |
| Infections d'une plaie chirurgicale | Viennent au second rang pour ce qui est de la fréquence (environ 17%). On estime que de 5 à 12% de tous les opérés présentent une infection postopératoire; ce pourcentage atteint jusqu'à 30% dans le cas de certaines chirurgies, dont les opérations au côlon et les amputations. |
| Bactériémie | Vient au troisième rang pour ce qui est de la fréquence (environ 14%). La pose d'un cathéter veineux joue un rôle dans plusieurs infections nosocomiales du sang circulant, et particulièrement dans les infections dues à des bactéries ou à des mycètes. |
| Infections des voies respiratoires inférieures | Les pneumonies nosocomiales viennent au quatrième rang; elles constituent environ 13% de toutes les infections nosocomiales et le taux de mortalité est élevé (de 13 à 55%). La majorité des pneumonies de ce type sont liées à l'utilisation d'appareils d'oxygénothérapie, qui servent à faciliter la respiration ou à administrer des médicaments. |
| Infections cutanées | Comptent parmi les infections nosocomiales les moins fréquentes, mais les nouveau-nés sont très sensibles aux infections de la peau et des yeux. |

SOURCE: Centers for Disease Control and Prevention, National Nosocomial Infections Surveillance, mai 1996.

Chaque hôpital agréé devrait se doter d'un comité de prévention des infections. En fait, la majorité des hôpitaux comptent au moins une infirmière responsable de la lutte anti-infectieuse ou un épidémiologiste (personne qui étudie la distribution des maladies dans une population). Ces personnes ont comme fonction de déterminer les sources de problèmes, telles que les souches de bactéries antibiorésistantes et les techniques inadéquates de stérilisation. La personne responsable de la prophylaxie des infections devrait examiner périodiquement le matériel hospitalier pour évaluer l'importance de la contamination microbienne. On devrait régulièrement analyser des échantillons prélevés sur les tubulures, les cathéters, les cartouches des respirateurs et d'autres pièces d'équipement. En tout temps, la prévention des infections est la meilleure mesure de lutte contre les agresseurs microbiens.

## Les maladies infectieuses émergentes

### Objectif d'apprentissage

- *Nommer plusieurs raisons probables de l'émergence de maladies infectieuses et donner un exemple illustrant chaque cas.*

Nous avons vu au chapitre 1 qu'une **maladie infectieuse émergente** est une maladie nouvelle ou en voie de changement, dont la fréquence a augmenté récemment ou augmentera potentiellement dans un proche avenir. Une maladie émergente est causée par un virus, une bactérie, un mycète, un protozoaire ou un helminthe. Il existe plusieurs critères pour déterminer ce type de maladies. Par exemple, certaines présentent des symptômes nettement distinctifs ; d'autres sont identifiées grâce à l'amélioration des techniques diagnostiques, qui permet la détermination d'un nouvel agent pathogène ; d'autres encore sont identifiées au moment où une maladie locale se généralise, une maladie rare devient fréquente, une maladie bénigne devient grave, ou l'accroissement de l'espérance de vie entraîne la survenue d'une maladie à évolution lente. Quelques maladies infectieuses émergentes sont énumérées dans le tableau 14.6 et décrites dans les encadrés des chapitres 21 et 23.

Divers facteurs contribuent à l'émergence de nouvelles maladies infectieuses.

- Un nouveau sérovar, tel que *Vibrio choleræ* O139, peut résulter du changement ou de l'évolution de microorganismes existants.
- L'utilisation répandue, et parfois injustifiée, d'antibiotiques et de pesticides favorise le développement de populations de microbes de plus en plus résistants, de même que d'insectes (moustiques et poux) et de tiques porteurs de tels microbes.
- Le réchauffement de la planète risque d'étendre la distribution des réservoirs et des vecteurs et d'améliorer leur survie, ce qui entraînerait la pénétration et la dissémination de maladies, telles que le paludisme, le syndrome pulmonaire à *Hantavirus* et la maladie due au virus du Nil occidental dans de nouvelles régions.
- Des maladies connues, telles que le choléra, peuvent s'étendre à de nouvelles régions géographiques à cause de l'utilisation accrue des transports modernes. Ce risque était moins grand il y a un siècle, car les déplacements prenaient tellement de temps que les voyageurs infectés soit mouraient, soit guérissaient durant le trajet.
- Des infections jusque-là méconnues peuvent apparaître chez des individus qui vivent ou travaillent dans des régions où il s'est produit des changements écologiques à la suite d'une catastrophe naturelle, de constructions, d'une guerre ou de l'étalement des établissements humains. En Californie, la fréquence de la coccidioïdomycose a été multipliée par 10 après le tremblement de terre de Northridge, en 1989. Les travailleurs qui défrichent les forêts d'Amérique du Sud contractent maintenant la fièvre hémorragique du Venezuela.
- Même les mesures de contrôle des populations animales peuvent modifier la fréquence d'une maladie. Il est possible que l'augmentation de la fréquence de la maladie de Lyme au cours des dernières années soit due à l'accroissement des populations de cerfs résultant de l'élimination de leurs prédateurs, tels que les loups.
- L'échec de programmes de santé publique risque de contribuer à l'émergence d'infections autrefois maîtrisées. Par exemple, dans les années 1990, le fait que des adultes ne se soient pas soumis à une vaccination antidiphtérique de rappel a provoqué une épidémie de diphtérie dans les républiques indépendantes issues du démembrement de l'Union soviétique. De même, la recrudescence de la tuberculose chez les sans-abri serait liée à la difficulté de s'assurer de la prise régulière des médicaments antituberculeux par ces personnes.

Les CDC, les National Institutes of Health (NIH) et l'Organisation mondiale de la santé (OMS), ainsi que d'autres organismes internationaux, ont élaboré des programmes ayant trait à l'émergence de maladies infectieuses. Voici quelques-unes des priorités.

1. Déceler, analyser rapidement et surveiller les agents pathogènes de maladies infectieuses émergentes, ainsi que ces maladies et les facteurs influant sur leur émergence.
2. Favoriser la recherche fondamentale et appliquée sur les facteurs écologiques et environnementaux, les modifications et l'adaptation des microbes, et les interactions entre les hôtes qui influent sur les maladies infectieuses émergentes.
3. Encourager la diffusion d'informations relatives à la santé publique et la mise en œuvre rapide de programmes de prévention en matière de maladies infectieuses émergentes.
4. Élaborer à l'échelle mondiale des programmes de surveillance des maladies infectieuses émergentes et de lutte contre ces maladies.

**Tableau 14.6** *Maladies infectieuses émergentes*

| Microorganisme | Année(s) d'émergence | Maladie | Chapitre |
|---|---|---|---|
| **Bactéries** | | | |
| *Borrelia burgdorferi* | 1975 | Maladie de Lyme | 23 |
| *Legionella pneumophila* | 1976 | Maladie des légionnaires | 24 |
| *Staphylococcus aureus* | 1978 | Syndrome de choc toxique staphylococcique | 21 |
| *Escherichia coli O157:H7* | 1982 | Diarrhée hémorragique | 25 |
| *Bartonella henselæ* | 1983 | Maladie des griffes du chat | 23 |
| *Ehrlichia chaffeenis* | 1986 | Ehrlichiose monocytaire humaine (à tiques) | 23 |
| *Vibrio choleræ* O139 | 1992 | Nouveau sérovar du choléra, Asie | 25 |
| *Corynebacterium diphteriæ* | 1994 | Diphtérie épidémique, Europe de l'Est | 24 |
| **Mycètes** | | | |
| *Pneumocystis carinii* | 1981 | Pneumonie chez les patients immunodéprimés | 24 |
| *Coccidioides immitis* | 1993 | Coccidioïdomycose | 24 |
| **Protozoaires** | | | |
| *Cryptosporidium parvum* | 1976 | Cryptosporidiose | 25 |
| *Cyclospora cayetanensis* | 1993 | Diarrhée grave et cachexie | 25 |
| *Plasmodium spp.* | 1986 | Paludisme aux États-Unis; 40% de la population mondiale est exposée; moustiques résistant aux insecticides et protozoaires pharmacorésistants | 23 |
| **Helminthes** | | | |
| Ténia non identifié | 1996 | Douleurs gastro-intestinales | 25 |
| **Virus** | | | |
| VIH | 1983 | SIDA | 19 |
| Virus de la dengue | 1984 | Dengue et dengue hémorragique; Amérique du Sud, Amérique centrale et Caraïbes | 23 |
| Virus de l'hépatite C | 1989 | Hépatite | 25 |
| Virus de l'hépatite E | 1990 | Hépatite | 25 |
| Virus de la fièvre hémorragique vénézuélienne | 1991 | Fièvre hémorragique virale, Amérique du Sud | 23 |
| *Hantavirus* | 1993 | Syndrome pulmonaire à *Hantavirus* | 23 |
| Virus de Hendra | 1994 | Symptômes apparentés à ceux de l'encéphalite, Australie | 22 |
| Virus Ebola | 1995, 1979, 1975 | Fièvre hémorragique due au virus Ebola | 23 |
| **Prions** | | | |
| Agent de l'encéphalopathie bovine spongiforme | 1996 | Maladie de la vache folle, Grande-Bretagne | 22 |

L'importance que la communauté scientifique accorde aux maladies infectieuses émergentes a mené à la publication de la revue *Emerging Infectious Diseases,* qui traite uniquement de ce sujet et dont le premier numéro est paru en janvier 1995. De plus, en raison de l'intérêt pour cette question à l'échelle mondiale, janvier 1996 a été proclamé le «mois des infections émergentes», et on a publié durant cette période 36 numéros de revues scientifiques sur la fréquence, les causes et les conséquences des maladies infectieuses émergentes et réémergentes.

RÉSOLUTION DE CAS CLINIQUES

## Flambée de cas de syndrome de choc toxique streptococcique

1. Le 23 décembre, une femme de 28 ans, jusque-là en bonne santé, a subi l'ablation d'une glande parathyroïde. Le 26 décembre, elle a commencé à souffrir d'une insuffisance rénale et elle est décédée le 29 décembre. Le lendemain, une femme de 56 ans, auparavant en bonne santé, a subi l'ablation chirurgicale de la glande thyroïde. Elle a quitté l'hôpital le 31 décembre et elle est morte chez elle le jour même. Le 30 décembre, une femme de 57 ans, auparavant en bonne santé, a subi elle aussi une thyroïdectomie et elle est sortie de l'hôpital le lendemain. Le 1er janvier, elle a été admise au service des soins intensifs à cause d'une septicémie et d'une insuffisance rénale. Elle a quitté l'hôpital un mois plus tard, le 4 février. Des prélèvements dans les plaies au cou de ces trois patientes ont été effectués et les tests de laboratoire ont permis l'isolement de streptocoques du groupe A, ou *Streptococcus pyogenes*, bactérie à Gram positif. Toutefois, cette bactérie est rarement responsable de l'infection nosocomiale d'une plaie chirurgicale ou d'une infection au cours du post-partum. On l'isole dans moins de 1 % des cas d'infection d'une plaie chirurgicale et dans 3 % des cas d'infections consécutives à un accouchement vaginal.

   *Quels organismes sont le plus fréquemment responsables d'infections nosocomiales ?*

2. Les bactéries à Gram négatif sont responsables de plus de 40 % de toutes les infections nosocomiales. L'infection des trois plaies chirurgicales par des streptocoques du groupe A est donc un fait particulier.

   *Quelle vérification doit être faite à ce stade-ci en vue de déterminer pourquoi ces personnes sont tombées malades ?*

   L'examen des statistiques microbiologiques de l'hôpital montre qu'il n'y a eu aucun cas d'infection postopératoire au streptocoque du groupe A au cours des six mois qui ont précédé la poussée épidémique.

   *Quelle est l'étape suivante dans la détermination de l'origine de la maladie des trois patientes ?*

3. Il est essentiel de procéder au dépistage des réservoirs susceptibles d'être les sources de l'agent pathogène streptococcique. Ainsi, les jours où ces patientes ont été opérées, 41 membres du personnel soignant avaient été affectés à la salle d'opération ou dans les zones préopératoires ou postopératoires. Le chirurgien *A* est le seul de ces personnes à avoir été en contact avec les trois patientes dans la salle d'opération ; quant au chirurgien *B*, il a servi d'assistant dans deux cas et il a donné des soins postopératoires à la troisième patiente.

   *Est-il étonnant qu'aucun des membres du personnel soignant ne présente une infection visible au streptocoque du groupe A ? Quels échantillons devrait-on prélever chez eux pour en faire des cultures ?*

4. Le streptocoque du groupe A est susceptible de faire partie de la flore normale ou transitoire ; il peut donc être présent sans causer de maladie. Le plus souvent, les membres du personnel soignant non malades mais qui sont des porteurs sains de cette bactérie l'hébergent dans l'anus ; cependant, on l'a déjà isolée du vagin, de la peau ou du pharynx de porteurs de ce type. On a donc fait des prélèvements de gorge, du rectum et du vagin chez tous les travailleurs en cause. Toutes les cultures ont été négatives, à l'exception de la culture du streptocoque du groupe A obtenue à partir du prélèvement de gorge d'un préposé aux soins. Le chirurgien *A* avait décidé lui-même de prendre de la pénicilline le 2 janvier, soit avant que les prélèvements requis aient été effectués.

   *Comment peut-on déterminer si les microorganismes présents chez le préposé aux soins et chez les patientes sont identiques ?*

5. Le séquençage du gène de la protéine M (protéine présente sur la capsule de la bactérie) a montré que les streptocoques du groupe A isolés chez les trois patientes étaient tous du type 1, tandis que le streptocoque isolé chez le préposé était du type STNS5. Cette technique a donc permis de déterminer que les patientes ont toutes les trois été contaminées par la même source d'agents pathogènes mais que ce n'est pas le préposé qui en est à l'origine.

   *Est-il possible qu'un membre du personnel constitue un maillon de la chaîne de transmission de l'infection ? Quelles mesures devraient être prises pour éviter que d'autres infections ne se produisent ? De quelle façon le streptocoque du groupe A se transmet-il ?*

6. Il est certainement possible que la contamination des patients provienne de membres du personnel hospitalier. Dans ce cas-ci, le doute plane sur le chirurgien *A* chez lequel on n'a pu effectuer de tests puisqu'il a déjà commencé à prendre des antibiotiques. Des cultures faites à partir de prélèvements de gorge des membres de la famille du chirurgien *A* ont été négatives. Dans ces circonstances, les chirurgiens *A* et *B* ont dû cesser de traiter des patients jusqu'à ce qu'ils aient terminé une antibiothérapie de 10 jours. On n'a pas observé d'autre infection postopératoire au streptocoque du groupe A. La transmission nosocomiale a le plus souvent comme origine un porteur qui donne des soins directs. Les porteurs du streptocoque du groupe A peuvent libérer le microorganisme dans le milieu, même s'ils utilisent une blouse et des gants appropriés. On suppose que la transmission se fait par voie aérienne.

SOURCE : Adapté de *Morbidity and Mortality Weekly Report*, vol. 48, n° 8, 3 mai 1999, p. 163-166.

## L'épidémiologie

### Objectif d'apprentissage

- *Définir l'épidémiologie et décrire trois types d'études épidémiologiques.*

Dans le monde actuel, surpeuplé, les maladies se propagent vite à cause de la fréquence des déplacements, de même que de la production de masse et de la distribution de produits alimentaires et autres à l'échelle mondiale. Par exemple, des aliments ou de l'eau contaminés risquent d'affecter des milliers de personnes très rapidement. Dès lors, il importe d'identifier l'agent pathogène responsable afin de lutter efficacement contre la maladie et de traiter les personnes infectées. Il importe aussi de comprendre le mode de transmission et la distribution géographique d'une maladie. La science qui étudie la distribution, le moment et la fréquence de l'apparition des maladies infectieuses, de même que leur mode de propagation au sein d'une population, s'appelle **épidémiologie.**

Les débuts de l'épidémiologie moderne, au milieu du XIXe siècle, ont été marqués par trois études célèbres. Le médecin anglais John Snow a effectué plusieurs recherches sur des poussées épidémiques de choléra à Londres. Au moment où l'épidémie de 1848-1849 faisait rage, il a recueilli des données sur les victimes et a interrogé des survivants qui vivaient dans les zones touchées. À l'aide de ces informations, il a dressé une carte montrant que la majorité des individus qui étaient morts du choléra s'approvisionnaient en eau potable à la pompe de Broad Street; ceux qui buvaient de l'eau provenant d'autres pompes (ou de la bière, comme les employés d'une brasserie du voisinage) n'avaient pas contracté le choléra. Snow en a conclu que la source de l'épidémie était l'eau provenant de la pompe de Broad Street. Lorsqu'on a retiré le manche de la pompe de manière que les gens ne puissent plus tirer d'eau de cet endroit, le nombre de cas de choléra a diminué de façon significative.

Entre 1846 et 1848, Ignác Semmelweis enregistra minutieusement le nombre de naissances et de décès d'accouchées à l'Hôpital général de Vienne, qui comprenaient deux cliniques de maternités fréquentées par des femmes de milieux défavorisés et par des filles mères. Une des deux cliniques d'accouchement faisait l'objet de rumeurs dans toute la ville de Vienne parce que le taux de décès des mères dus à la fièvre puerpérale y variait entre 13 et 18%, soit le quadruple du taux observé dans la seconde, qui pratiquait pourtant les mêmes méthodes d'accouchement et était logée dans les mêmes types de locaux. La fièvre puerpérale est une infection nosocomiale qui apparaît dans l'utérus après un accouchement ou un avortement, et est souvent due à *Streptococcus pyogenes.* Elle s'étend à la membrane de la cavité abdominale (péritonite) et se transforme dans de nombreux cas en septicémie (prolifération de microbes dans le sang). Les femmes des milieux aisés ne fréquentaient pas la clinique en cause et celles des milieux défavorisés savaient que leurs chances de survie étaient plus grandes si elles accouchaient ailleurs, même dans la rue, au lieu de se rendre à l'hôpital. En analysant ces informations, Semmelweis s'est rendu compte que les femmes des milieux aisés et celles des milieux défavorisés qui avaient accouché avant d'être admises à la «maternité de la mort» n'avaient pas été examinées par les étudiants en médecine qui avaient disséqué des cadavres le matin. En mai 1847, Semmelweis ordonna à tous les étudiants de se laver les mains avant d'entrer dans la salle d'accouchement, à la suite de quoi le taux de décès diminua et n'atteignit même plus 2%.

Florence Nightingale recueillit des données sur le typhus épidémique auprès des populations civile et militaire de Grande-Bretagne. En 1858, elle publia un rapport de 1 000 pages où elle démontrait, à l'aide de comparaisons de données, que des maladies, une mauvaise alimentation et des conditions non hygiéniques étaient responsables du décès de nombreux soldats. Ses travaux ont mené à des réformes dans l'armée britannique et lui ont permis d'être admise à la Statistical Society, jusque-là composée uniquement d'hommes.

Les trois études minutieuses dont il vient d'être question, et qui portaient sur le lieu et le moment de survenue d'une maladie, de même que sur son mode de transmission au sein d'une population, reflétaient une nouvelle approche en recherche médicale et elles ont mis en évidence l'importance de l'épidémiologie. Les travaux de Snow, Semmelweis et Nightingale ont provoqué des changements qui ont contribué à la réduction de la fréquence de maladies, même si on savait peu de choses sur les causes des maladies infectieuses. La majorité des médecins croyaient que les symptômes qu'ils observaient étaient les causes et non les conséquences de la maladie. Koch ne devait élaborer que 30 ans plus tard sa théorie microbienne de la maladie.

Un épidémiologiste ne détermine pas seulement la cause d'une maladie, mais aussi d'autres facteurs potentiellement décisifs, de même que des modèles concernant les populations atteintes. Une partie essentielle de la tâche d'un épidémiologiste consiste à recueillir et à analyser des données, telles que l'âge, le sexe, le métier ou la profession, les habitudes personnelles, le statut socioéconomique, les antécédents vaccinaux, la présence de toute autre maladie et les actions identiques (comme le fait de manger la même nourriture ou de consulter un même médecin) des individus atteints. Il importe également, si on veut prévenir de nouvelles poussées épidémiques, de savoir à quel endroit un hôte réceptif est entré en contact avec l'agent infectieux. L'épidémiologiste doit en outre prendre en compte la période à laquelle la maladie est survenue, en ce qui a trait soit aux saisons (pour déterminer si la maladie prédomine durant l'été ou l'hiver), soit aux années (pour évaluer les effets de la vaccination ou pour vérifier s'il s'agit d'une maladie émergente ou réémergente).

L'épidémiologiste s'intéresse aussi aux méthodes de lutte contre les maladies. Les techniques employées comprennent l'utilisation de médicaments (chimiothérapie) et de vaccins (immunisation). Parmi les autres méthodes, on note le dépistage des réservoirs humains, animaux et inanimés d'infection, le traitement de l'eau, l'élimination adéquate des eaux usées (maladies entériques), l'entreposage au froid, la pasteurisation, l'inspection des aliments et leur cuisson adéquate (maladies d'origine alimentaire), l'amélioration de la nutrition pour accroître les défenses de l'hôte, les modifications des habitudes personnelles, et l'examen du sang transfusé et des organes transplantés. En d'autres termes, l'épidémiologiste étudie les différents moyens susceptibles de bloquer la chaîne épidémiologique en agissant sur l'un ou l'autre des maillons de la chaîne.

Les graphiques de la figure 14.12 représentent la fréquence de quelques maladies. Ils indiquent si celles-ci sont sporadiques ou épidémiques et, dans le deuxième cas, de quelle façon elles se sont probablement propagées. En évaluant la fréquence d'une maladie dans une population donnée et en déterminant les facteurs responsables de la transmission, l'épidémiologiste est en mesure de fournir aux médecins des informations dont ils ont besoin pour établir le pronostic et le traitement. Les épidémiologistes évaluent également l'efficacité des mesures de lutte contre une maladie, telles que la vaccination, au sein d'une population. Enfin, ils peuvent fournir des données susceptibles de contribuer à l'évaluation et à la planification de l'ensemble des soins de santé dans une communauté.

Les épidémiologistes utilisent principalement trois types de méthodes pour analyser la fréquence d'une maladie : des méthodes descriptives, analytiques et expérimentales.

## L'épidémiologie descriptive

L'**épidémiologie descriptive** s'intéresse à la collecte de données relatives à la fréquence de la maladie étudiée. Les données pertinentes comprennent généralement des informations sur les individus atteints, de même que sur le lieu et le moment où la maladie est apparue. Les recherches de Snow sur la cause de la poussée épidémique de choléra à Londres relevaient de l'épidémiologie descriptive.

Les études épidémiologiques sont le plus souvent *rétrospectives* (c'est-à-dire qu'elles ont lieu après la fin d'une poussée épidémique). En d'autres termes, l'épidémiologiste tente de trouver la cause et la source d'une maladie (voir les encadrés des chapitres 23, 25 et 26). La recherche de la cause du syndrome de choc toxique est un exemple assez récent d'étude rétrospective. Au cours de la phase initiale d'une recherche épidémiologique, les études rétrospectives sont plus courantes que les études *prospectives* (concernant l'avenir), pour lesquelles l'épidémiologiste choisit un groupe d'individus n'étant pas atteints de la maladie étudiée. Les maladies dont souffrent ultérieurement les sujets durant une période donnée sont notées. En 1954 et 1955, on a effectué des études prospectives pour vérifier l'efficacité du vaccin de Salk contre la poliomyélite.

## L'épidémiologie analytique

L'**épidémiologie analytique** porte sur l'analyse d'une maladie donnée afin d'en déterminer la cause probable. Il existe deux méthodes pour effectuer ce genre d'études. La *méthode de cas-témoin* consiste à rechercher les facteurs préalables à la maladie. L'épidémiologiste compare deux

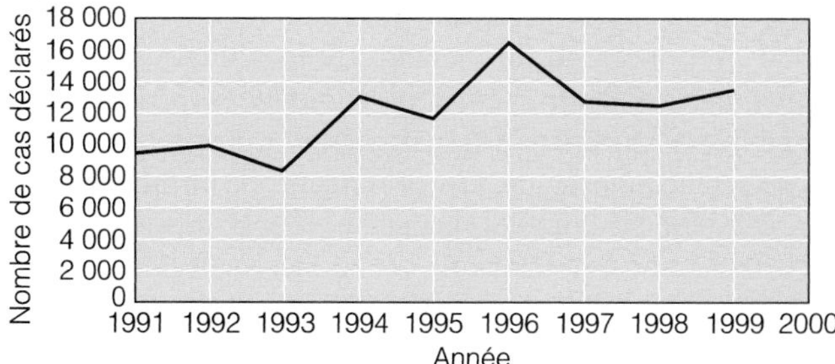


**a)** Cas de maladie de Lyme, 1991-1999

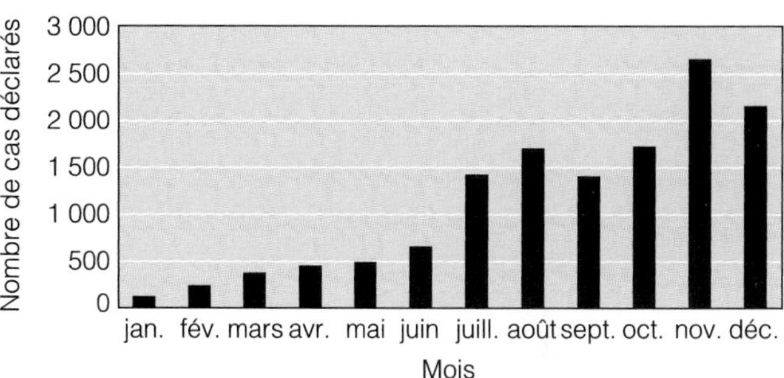


**b)** Cas de maladie de Lyme par mois, 1999

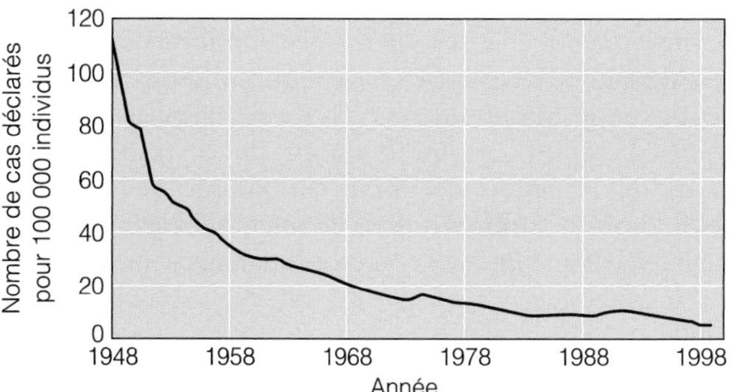


**c)** Cas de tuberculose déclarés, 1948-1999

**FIGURE 14.12 Graphiques épidémiologistes. a)** Représentation graphique des cas de maladie de Lyme indiquant la fréquence annuelle pour la période étudiée. **b)** Histogramme indiquant la fréquence de la maladie de Lyme pour une période donnée (1999), qui permet aux épidémiologistes de tirer des conclusions sur le développement de la maladie durant une année. On a observé que sur une période de plusieurs années la maladie a été transmise par un vecteur actif durant l'été et l'automne. **c)** Représentation graphique de la fréquence de la tuberculose qui indique une réduction du taux de diminution de la maladie depuis 1958. Les épidémiologistes cherchent les causes de cette réduction. Le graphique représente le nombre de cas pour 100 000 individus, au lieu du nombre total de cas. (Source : Centers for Disease Control and Prevention.)

- **Les graphiques représentant l'incidence d'une maladie indiquent si une épidémie est sporadique ou endémique, de quelle façon la maladie se transmet et si les mesures de lutte contre la maladie sont efficaces.**

groupes d'individus, le premier atteint de la maladie et l'autre sain. Par exemple, on forme deux groupes, l'un souffrant de la méningite et l'autre non, dont les membres appartiennent à une même catégorie d'âge, au même sexe et à une même classe socioéconomique, et qui résident en un même lieu. On compare les données recueillies pour déterminer quels facteurs potentiels – de nature génétique, environnementale, nutritionnelle ou autre – sont probablement responsables de la méningite. Les travaux de Nightingale relevaient de l'épidémiologie analytique : elle a comparé la maladie chez les soldats et dans la population civile. La *méthode des cohortes* consiste à étudier deux populations dont l'une a été en contact avec l'agent responsable d'une maladie et l'autre non (chaque population est appelée *cohorte*). Par exemple, la comparaison de deux groupes, dont l'un est composé d'individus ayant reçu une transfusion sanguine et l'autre, d'individus n'en ayant pas reçu, pourrait permettre d'associer la transfusion sanguine à l'incidence du virus de l'hépatite B.

## L'épidémiologie expérimentale

En **épidémiologie expérimentale,** on pose d'abord une hypothèse ayant trait à une maladie donnée, puis on réalise des expériences avec un groupe d'individus pour vérifier l'hypothèse. Par exemple, on suppose qu'un médicament est efficace contre une maladie donnée. On forme un groupe de personnes infectées et on choisit au hasard celles qui recevront le médicament et celles auxquelles on administrera un placebo (substance n'ayant aucun effet). Si on maintient tous les autres facteurs constants dans les deux groupes et si les sujets ayant reçu le médicament se rétablissent plus rapidement que les autres, on en conclut que le médicament est le facteur expérimental (ou la variable) responsable de la différence observée.

## La déclaration des cas

Dans le présent chapitre, nous avons vu qu'il est extrêmement important d'établir la chaîne de transmission d'une maladie, car il est alors possible de l'interrompre, de manière à ralentir ou à arrêter la dissémination de la maladie.

La *déclaration des cas* est une méthode très efficace pour établir la chaîne de transmission. Elle exige que les professionnels de la santé déclarent les cas de maladies données aux autorités nationales, régionales et locales en matière de santé publique. On peut comprendre que ces professionnels ne peuvent déclarer que les cas qu'ils diagnostiquent ; c'est pourquoi le nombre de cas déclarés est souvent inférieur au nombre de cas réels de la maladie. Les maladies à déclaration obligatoire comprennent entre autres le SIDA, la rougeole, la rage, la tuberculose, la coqueluche, les infections à méningocoques et la fièvre typhoïde. La déclaration des cas fournit aux épidémiologistes une valeur approximative de l'incidence et de la prévalence d'une maladie. Ces données sont utiles pour les autorités qui doivent décider s'il est nécessaire ou non d'effectuer des recherches sur une maladie spécifique.

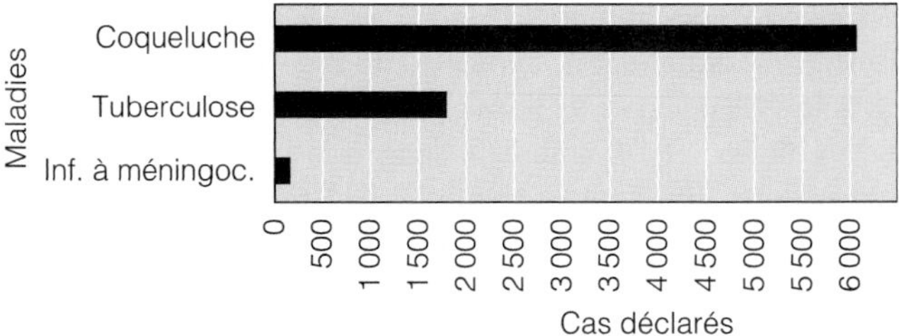


**FIGURE 14.13 Incidence de maladies infectieuses.** Les chiffres représentent les cas déclarés des deux sexes combinés, tous les âges, en 1999, au Canada. (Source : Centre de prévention et de contrôle des maladies infectieuses, Santé Canada, 2001.)

Ces données permettent aussi de comparer la fréquence des maladies, par exemple de comparer l'incidence, pour l'année 1999, de la coqueluche, des infections à méningocoques et de la tuberculose pour les cas déclarés au Canada (figure 14.13).

La déclaration des cas a fourni aux épidémiologistes de précieuses indications quant à la source et à la propagation du SIDA. En fait, l'un des premiers indices relatifs à cette maladie a été la déclaration de cas du sarcome de Kaposi chez des hommes jeunes, maladie qui n'affectait jusqu'alors que des hommes d'un certain âge. Ces données ont amené les épidémiologistes à entreprendre des études portant sur ces patients. Si une recherche épidémiologique montre qu'un segment important d'une population est atteinte d'une maladie, on cherche à isoler puis à identifier l'agent responsable au moyen de l'une ou l'autre d'une gamme de méthodes. L'identification de l'agent responsable fournit souvent des informations précieuses sur le réservoir de la maladie.

Si on arrive à établir la chaîne de transmission d'une infection, il est possible d'appliquer des mesures qui réduisent la dissémination de la maladie. Ces mesures comprennent par exemple l'élimination de la source d'infection, l'isolement des personnes infectées et leur traitement, l'élaboration de vaccins et, dans le cas du SIDA, l'éducation sanitaire.

## Les organismes de santé publique

### Objectif d'apprentissage

- *Définir la morbidité, la mortalité et la maladie à déclaration obligatoire.*

L'épidémiologie est une question importante pour les services de santé publique. De nombreux pays et grandes villes se sont dotés de services qui compilent des données épidémiologiques. L'Organisation mondiale de la santé (OMS) est une institution intergouvernementale, créée en 1948, qui fournit des statistiques à l'échelle mondiale sur les maladies et les causes de décès.

Les Centers for Disease Control and Prevention (CDC), organismes américains de santé publique dont le siège social est situé à Atlanta, en Géorgie, constituent une source centralisée d'informations épidémiologiques concernant les

États-Unis. Les CDC émettent une publication appelée *Morbidity and Mortality Weekly Report.* Le ***MMWR*** est lu par les microbiologistes, les médecins et d'autres professionnels de la santé. Il contient des données sur la **morbidité,** dont les indicateurs sont la prévalence et l'incidence des maladies à déclaration obligatoire, et sur la **mortalité,** c'est-à-dire le nombre de décès dus à ces maladies. Ces informations sont habituellement présentées par chaque État. Les **maladies à déclaration obligatoire** énumérées dans le tableau 14.7 sont celles dont les médecins sont tenus de déclarer chaque

**Tableau 14.7** ***Maladies à déclaration obligatoire, 1999***

| | |
|---|---|
| Anthrax (1) | Maladie invasive à *Hæmophilus influenzæ* |
| Ambibiase (2) | Maladie de Hansen (lèpre) |
| Botulisme | Maladies invasives au streptocoque du groupe A |
| Brucellose | Maladie de Lyme (1) |
| Campylobactériose (2) | Maladie méningococcique |
| Chancre mou | Méningite à pneumocoques (2) |
| Choléra | Méningite virale |
| Coccidioïdomycose (1) | Oreillons |
| Conjonctivite gonococcique du nouveau-né (2) | Paludisme |
| Coqueluche | Peste |
| Cryptosporidiose (1) | Poliomyélite paralytique |
| Diphtérie | Psittacose (1) |
| Encéphalite de type Californie (1) | Rage animale |
| Encéphalite équine de l'Est (1) | Rage humaine |
| Encéphalite équine de Saint-Louis (1) | Rougeole |
| Encéphalite équine de l'Ouest (1) | Rubéole |
| *Escherichia coli* producteur de vérotoxine | Salmonellose |
| Fièvre jaune | Shigellose |
| Fièvre parathyroïde (2) | *Streptococcus pneumoniæ* résistant aux médicaments (1) |
| Fièvre pourprée des montagnes Rocheuses (1) | Syndrome congénital rubéoleux |
| Fièvre typhoïde | Syndrome d'immunodéficience acquise (SIDA) |
| Giardiase (2) | Syndrome de choc toxique staphylococcique (1) |
| Gonococcies | Syndrome de choc toxique streptococcique (1) |
| Hépatite A | Syndrome hémolytique et urémique, postdiarrhéique (1) |
| Hépatite B | Syndrome pulmonaire à *Hantavirus* (1) |
| Hépatite C | Syphilis |
| Hépatite non A, non B (2) | Syphilis congénitale |
| Infections des voies génitales à *Chlamydia trachomatis* | Tétanos |
| Infection par le VIH chez les enfants | Trichinose |
| Légionellose | Tuberculose |
| Listériose (2) | Varicelle (2) |

(1) Maladies à déclaration obligatoire aux États-Unis.
(2) Maladies à déclaration obligatoire au Canada.
N.B. L'absence d'indication signifie que la maladie est déclarée dans les deux pays.

cas à la Direction des affaires sanitaires et sociales américaine (U.S. Public Health Service). Depuis janvier 1999, il y a eu en tout 52 maladies infectieuses à déclaration obligatoire aux États-Unis. Le **taux de morbidité** est le rapport entre le nombre de personnes atteintes d'une maladie durant une période donnée et la population totale exposée au risque de l'infection. Le **taux de mortalité** est le rapport entre le nombre de décès dus à une maladie durant une période donnée et la population totale.

Le *MMWR* contient des rapports sur les flambées épidémiques de différentes maladies, des études de cas présentant un intérêt particulier et des résumés de l'état de maladies données au cours d'une période récente. Ces articles comprennent souvent des recommandations quant aux procédés diagnostiques, à l'immunisation et au traitement. Un certain nombre de graphiques et de données inclus dans le présent manuel sont extraits du *MMWR*, et le texte des encadrés portant sur des études de cas est une adaptation de rapports tirés de cette publication.

La Direction générale de la santé de la population et de la santé publique, un organisme de Santé Canada, fait état régulièrement de l'incidence de maladies pour une période donnée. De façon plus spécifique, le Centre de prévention et de contrôle des maladies infectieuses établit des statistiques sur les maladies infectieuses à déclaration obligatoire. Certains graphiques du manuel sont générés à partir de logiciels disponibles (OWT Chart) sur le site Internet de Santé Canada (figure 14.13). Au Québec, les Bureaux de surveillance épidémiologique, sous la responsabilité de la Direction de la santé publique, publient des statistiques périodiques sur les maladies infectieuses à déclaration obligatoire sévissant dans les grandes villes, voire dans des quartiers.

En France, la Direction générale de la santé (DGS) et la Direction départementale des affaires sanitaires et sociales (DDASS) compilent les données statistiques sur les cas de maladies à déclaration obligatoire qui sont, à quelques exceptions près, les mêmes que celles des listes établies aux États-Unis et au Canada. Ces cas font aussi l'objet de déclarations hebdomadaires dans des publications scientifiques portant sur l'épidémiologie.

* * *

Dans le prochain chapitre, nous examinerons les mécanismes de la pathogénicité. Nous étudierons plus en détail les méthodes grâce auxquelles les microorganismes pénètrent dans le corps et causent la maladie, les effets de la maladie sur l'organisme et les moyens par lesquels les agents pathogènes sortent du corps.


## RÉSUMÉ

### INTRODUCTION (p. 440)

1. On appelle agent pathogène un microorganisme qui cause une maladie.
2. Les microorganismes pathogènes possèdent des propriétés caractéristiques qui leur permettent de pénétrer dans le corps humain ou de produire des toxines.
3. Quand un microorganisme réussit à vaincre les défenses de l'hôte, il en résulte une maladie.

### LA RELATION D'ÉQUILIBRE OU HOMÉOSTASIE (p. 441)

L'homéostasie est la tendance ou la capacité de l'organisme de maintenir un état d'équilibre de son milieu intérieur. Dans la relation de l'organisme humain avec les microorganismes, l'homéostasie résulte de l'efficacité des mécanismes de défenses immunitaires contre l'action des agents microbiens agresseurs.

### LA PATHOLOGIE, L'INFECTION ET LA MALADIE (p. 441-442)

1. La pathologie est la science qui a pour objet l'étude des maladies.
2. La pathologie comporte plusieurs branches, notamment l'étiologie (étude des causes des maladies) et la pathogénie (étude de leur évolution); elle porte aussi sur les conséquences des maladies.
3. On appelle infection la pénétration et la croissance d'agents pathogènes dans un organisme.
4. Un hôte est un organisme qui héberge un agent pathogène et en assure le développement.
5. La maladie est un état anormal dans lequel une partie ou la totalité d'un organisme n'arrive pas à s'adapter ou à remplir ses fonctions normales. La maladie infectieuse est l'altération de l'état de santé par un microorganisme.

### LA FLORE MICROBIENNE NORMALE (p. 442-445)

1. Les animaux, et en particulier les humains, sont généralement exempts de microbes *in utero*.
2. La colonisation est l'implantation et l'installation normale de microorganismes dans les tissus de l'organisme.
3. Les microorganismes commencent à coloniser le corps peu de temps après la naissance; la colonisation est limitée à la peau et aux muqueuses proches des orifices.
4. Les microorganismes qui colonisent le corps de façon permanente, sans causer de maladie (ils sont potentiellement pathogènes), constituent la flore normale.
5. La flore normale peut varier dans le temps mais elle est toujours renouvelée.

6. La flore transitoire est l'ensemble des microbes présents durant une période plus ou moins longue, mais qui finissent par disparaître.

### Les relations entre la flore normale et l'hôte (p. 443-445)

1. La flore normale empêche certains agents pathogènes de causer une infection; on appelle ce phénomène antagonisme microbien ou effet barrière. Il peut être dû à l'occupation des récepteurs cellulaires de l'hôte, à l'appropriation des nutriments disponibles, à la production de composés inhibiteurs tels que des substances acidifiantes ou encore à la production de bactériocines par les microorganismes.
2. La flore normale et l'hôte vivent en symbiose (mode d'association).
3. Les trois types de symbiose sont le commensalisme (un organisme tire profit d'un autre sans lui nuire), le mutualisme (les deux organismes tirent avantage de l'association) et le parasitisme (un organisme tire parti de l'association qui nuit au second organisme).
4. Les bactéries de la flore normale procurent des avantages à leur hôte dans le mutualisme: par exemple dans le gros intestin, des bactéries synthétisent la vitamine K et certaines vitamines du complexe B et dégradent des molécules.

### Les microorganismes opportunistes (p. 445)

1. Les agents pathogènes opportunistes ne causent pas de maladie dans des conditions normales, mais ils en provoquent dans des situations particulières, par exemple lorsque le système immunitaire de l'hôte est affaibli.

### La coopération entre les microorganismes (p. 445)

1. Dans certaines conditions, un microorganisme permet à un autre de provoquer une maladie ou de causer des symptômes plus graves qu'à l'ordinaire.

## L'ÉTIOLOGIE DES MALADIES INFECTIEUSES (p. 445-447)

### Les postulats de Koch (p. 446)

1. Les postulats de Koch sont des critères permettant de déterminer si un microbe spécifique cause une maladie spécifique.
2. Les postulats de Koch sont les suivants: a) l'agent pathogène doit être présent dans tous les cas de la maladie; b) on doit pouvoir obtenir une culture pure de l'agent pathogène isolé; c) l'agent pathogène isolé de la culture pure doit causer la même maladie chez un animal de laboratoire réceptif et sain; d) l'agent pathogène doit pouvoir être isolé de l'animal de laboratoire inoculé.

### Les exceptions aux postulats de Koch (p. 447)

1. On modifie les postulats de Koch pour déterminer la cause de maladies lorsque:
   **a)** les maladies sont causées par des virus ou des bactéries qu'il est impossible de faire croître sur des milieux de culture artificiels;
   **b)** les maladies, par exemple la pneumonie et la glomérulonéphrite, peuvent être dues à divers microbes qui provoquent tous les mêmes signes et symptômes;
   **c)** des agents pathogènes, tels que *Streptococcus pyogenes,* causent plusieurs maladies affectant différents tissus: peau, os, sang, poumons;
   **d)** des agents pathogènes, dont le VIH, provoquent des maladies uniquement chez les humains et que, pour des raisons éthiques, il est impossible d'inoculer l'humain à titre expérimental.

## LA CLASSIFICATION DES MALADIES INFECTIEUSES (p. 447-450)

### La provenance des agents pathogènes (p. 447-448)

1. Un patient présente généralement des symptômes (changements subjectifs des fonctions de l'organisme) et des signes (changements objectifs et mesurables), que le médecin prend en compte pour poser un diagnostic (détermination de la maladie).

### Les manifestations cliniques (p. 448)

1. Un ensemble de symptômes ou de signes qui accompagne toujours une même maladie s'appelle syndrome.

### La transmissibilité de l'infection (p. 448)

1. Les maladies transmissibles se propagent directement ou indirectement d'un hôte à un autre.
2. Une maladie qui se transmet facilement d'une personne à une autre est dite contagieuse.
3. Les maladies non transmissibles sont causées par des microorganismes qui se développent normalement à l'extérieur du corps humain, et elles ne se propagent pas d'un hôte à un autre.

### La fréquence d'une maladie (p. 448-449)

1. La fréquence d'une maladie s'exprime à l'aide de l'incidence (le nombre de personnes qui contractent la maladie à un moment donné) et de la prévalence (le nombre de cas – nouveaux et anciens – à un moment donné).
2. On classe les maladies en fonction de leur fréquence: maladies sporadiques (occasionnelles), endémiques (constantes) ou épidémiques (nombreux individus atteints sur un territoire donné), et pandémies (à l'échelle mondiale).

### La gravité et la durée d'une maladie (p. 449-450)

1. Selon sa gravité et sa durée, une maladie est aiguë, chronique, subaiguë ou latente.
2. On appelle immunité collective le fait que la majorité d'une population est immunisée contre une maladie.

### L'étendue des dommages causés à l'hôte (p. 450)

1. Une infection locale touche une petite région du corps, tandis qu'une infection systémique s'étend à tout le corps par l'intermédiaire du système cardiovasculaire.
2. Une surinfection apparaît chez un hôte affaibli par une infection primaire.

3. Une infection subclinique (ou non apparente) ne produit aucun signe de maladie chez l'hôte.

## LES MODÈLES DE LA MALADIE INFECTIEUSE (p. 450-452)

### Les facteurs prédisposants (p. 450-451)

1. Un facteur est dit prédisposant (ou de risque) s'il rend l'organisme plus réceptif à une maladie ou s'il modifie l'évolution de cette dernière.
2. Il existe de nombreux facteurs prédisposants : facteurs génétiques, âge, mauvaise alimentation, défenses immunitaires affaiblies, présence de maladies chroniques d'origine hormonale ou métabolique, tabagisme, alcoolisme, conditions environnementales inadéquates.

### L'évolution d'une maladie infectieuse (p. 451-452)

1. La période d'incubation est l'intervalle de temps compris entre l'infection initiale et l'apparition des premiers signes ou symptômes.
2. La période prodromique est caractérisée par l'apparition des premiers signes ou symptômes.
3. Durant la période d'état de la maladie, tous les signes et symptômes sont visibles et atteignent leur intensité maximale.
4. Durant la période de déclin, les signes et symptômes se résorbent.
5. Durant la période de convalescence, l'organisme revient à l'état qui prévalait avant la maladie : il recouvre la santé.

## LA PROPAGATION D'UNE INFECTION (p. 452-457)

### Les réservoirs d'infection (p. 452-454)

1. Un réservoir d'infection est une source continue d'infection.
2. Les personnes atteintes d'une maladie dont les symptômes sont visibles et celles qui sont porteuses d'un microorganisme pathogène sont des réservoirs humains, ou porteurs, actifs d'infection.
3. Les porteurs en incubation, les porteurs en convalescence et les porteurs asymptomatiques sont des réservoirs humains qui transmettent la maladie sans qu'elle soit apparente.
4. Les porteurs sains sont des individus qui ne sont pas malades mais qui peuvent transmettre des agents pathogènes à des personnes réceptives.
5. Les zoonoses sont des maladies qui affectent les animaux sauvages ou domestiques, et qui sont transmissibles aux humains.
6. Certains microorganismes pathogènes se développent dans des réservoirs inanimés, comme le sol, l'eau et les aliments.

### La transmission des maladies infectieuses (p. 454-456)

1. La transmission d'une maladie infectieuse peut se faire par différents modes : par contact direct et par contact indirect, par gouttelettes, par un véhicule et par l'intermédiaire de vecteurs.
2. La transmission par contact direct exige un contact physique étroit entre la source de la maladie et un hôte réceptif (transmission interpersonnelle).
3. La transmission par contact indirect se fait par l'intermédiaire d'un objet inanimé (mouchoirs, literie, jouets, etc).
4. La transmission par gouttelettes est la propagation d'une infection par l'intermédiaire de salive ou de mucus lorsqu'une personne tousse ou éternue ; les gouttelettes transportent l'agent pathogène sur une distance inférieure à 1 mètre.
5. La transmission par un véhicule se fait par l'intermédiaire d'une substance comme l'eau, la nourriture ou l'air.
6. La transmission aérienne est la propagation d'une infection par l'intermédiaire de gouttelettes ou de poussières qui transportent l'agent pathogène sur une distance supérieure à 1 mètre.
7. Les arthropodes vecteurs transportent des agents pathogènes d'un hôte à un autre et par transmission mécanique et par transmission biologique.

### Les portes de sortie (p. 456-457)

1. Les agents pathogènes ont non seulement des portes d'entrée privilégiées, mais aussi des portes de sortie bien définies.
2. Les portes de sortie courantes sont les voies respiratoires, lors de la toux ou de l'éternuement ; les voies gastro-intestinales, par l'intermédiaire de la salive, des vomissements ou des fèces ; les voies urogénitales, par l'intermédiaire des sécrétions vaginales ou des sécrétions émises par l'urètre ; la voie cutanée, par l'intermédiaire de la desquamation ou des écoulements de plaie ; et la voie sanguine, par l'intermédiaire de piqûres d'insectes, de transfusions ou de contacts avec le sang.

## LES INFECTIONS NOSOCOMIALES (p. 457-461)

1. On appelle infection nosocomiale toute infection contractée au cours d'un séjour dans un hôpital, dans une maison de repos ou dans n'importe quel autre établissement sanitaire.
2. De 5 à 15 % de tous les patients hospitalisés contractent une infection nosocomiale.

### La présence de microorganismes dans le milieu hospitalier (p. 458-459)

1. Des microbes faisant partie de la flore normale causent fréquemment des infections nosocomiales lorsqu'ils pénètrent dans l'organisme lors de traitements médicaux, comme une chirurgie ou un cathétérisme.
2. Les bactéries à Gram négatif, résistantes aux médicaments sont la cause la plus fréquente d'infection nosocomiale.

### L'état d'affaiblissement de l'hôte (p. 459)

1. Les patients qui présentent des brûlures ou des plaies chirurgicales, des maladies chroniques, ou dont le système immunitaire est déficient sont particulièrement sensibles aux infections nosocomiales.

### La chaîne de transmission des infections nosocomiales (p. 459-460)

1. Les infections nosocomiales se transmettent entre les membres du personnel hospitalier et les patients, et entre les patients.

2. Des objets inanimés, tels que les cathéters, les seringues et les appareils respiratoires, sont susceptibles de transmettre les infections nosocomiales.

### La lutte contre les infections nosocomiales (p. 460-461)

1. Les techniques aseptiques servent à prévenir les infections nosocomiales.
2. Les membres du personnel hospitalier responsables de la lutte anti-infectieuse doivent s'assurer que le matériel et les fournitures sont nettoyés, stérilisés, entreposés et manipulés de façon adéquate.

## LES MALADIES INFECTIEUSES ÉMERGENTES (p. 461-463)

1. Les nouvelles maladies et celles dont la fréquence augmente sont appelées maladies infectieuses émergentes.
2. Une maladie émergente peut résulter par exemple de l'utilisation d'antibiotiques ou de pesticides, de variations climatiques, de la circulation de personnes ou de biens, ou de l'absence de vaccination.
3. Les organismes de santé publique de plusieurs pays ainsi que l'OMS sont responsables de la surveillance des maladies infectieuses émergentes et de la lutte contre ces maladies.

## L'ÉPIDÉMIOLOGIE (p. 464-468)

1. L'épidémiologie est la science qui étudie la transmission, l'incidence et la prévalence des maladies.
2. Les débuts de l'épidémiologie moderne ont été marqués par les travaux de Snow, Semmelweis et Nightingale, au milieu du XIXe siècle.
3. L'épidémiologie descriptive s'intéresse à la collecte et à l'analyse de données sur des personnes infectées.
4. L'épidémiologie analytique porte sur la comparaison de groupes de personnes infectées et de personnes non infectées; ces études peuvent être rétrospectives ou prospectives.
5. L'épidémiologie expérimentale consiste dans la conception et la réalisation d'expériences contrôlées visant à vérifier des hypothèses.
6. La déclaration des cas fournit aux autorités locales, régionales et nationales des données sur l'incidence et la prévalence des maladies.
7. Les Centers for Disease Control and Prevention (CDC) constituent la principale source d'informations épidémiologiques aux États-Unis. Il existe des centres statistiques équivalents au Canada, en France et dans bien d'autres pays.
8. Les CDC publient le *Morbidity and Mortality Weekly Report* (*MMWR*), qui fournit des informations sur la morbidité (incidence) des maladies et la mortalité (décès).

## AUTOÉVALUATION

### RÉVISION

1. Faites la distinction entre les termes de chaque paire ci-dessous.
   a) Étiologie et pathogénicité
   b) Infection et maladie infectieuse
   c) Maladie transmissible et maladie contagieuse
2. Qu'est-ce que la flore microbienne normale? Qu'est-ce qui la distingue de la flore microbienne transitoire?
3. Définissez l'antagonisme microbien et donnez un exemple.
4. Définissez la symbiose. Faites la distinction entre commensalisme, mutualisme et parasitisme, et donnez un exemple de chacun de ces modes d'association.
5. Faites la distinction entre les maladies infectieuses endémique, épidémique, sporadique et pandémique. Donnez des exemples.
6. Faites la distinction entre symptôme et signe d'une maladie.
7. De quelle façon une infection bactérienne locale se transforme-t-elle en infection bactérienne systémique?
8. Placez les phases suivantes d'une maladie dans l'ordre chronologique : période de convalescence, période prodromique, période de déclin, période d'incubation et période d'état.
9. Nommez plusieurs facteurs prédisposants des maladies infectieuses.
10. Indiquez si les conditions énumérées ci-dessous sont caractéristiques d'une infection subaiguë, chronique ou aiguë.
    a) Un patient ressent subitement un malaise et il présente des symptômes pendant cinq jours.
    b) Un patient tousse et il éprouve de la difficulté à respirer depuis des mois.
    c) Un patient ne présente aucun symptôme, mais on sait qu'il est porteur d'un agent pathogène.
11. Qu'est-ce qu'un réservoir d'infection? Associez chacune des maladies suivantes avec le type de réservoir approprié.

| | |
|---|---|
| ______ Grippe | a) Nourriture |
| ______ Rage | b) Humain |
| ______ Botulisme | c) Animal |

12. Décrivez les divers modes de transmission des maladies pour chacune des catégories données ci-dessous. Associez chacune des maladies suivantes avec le mode de transmission approprié.
    ______ Paludisme
    ______ Tuberculose
    ______ Infections nosocomiales
    ______ Salmonellose
    ______ Pharyngite streptococcique
    ______ Coqueluche
    ______ Mononucléose
    ______ Rougeole
    ______ Hépatite A
    ______ Tétanos
    ______ Hépatite B
    ______ Grippe
    ______ Méningite à méningocoques
    ______ Urétrite à *Chlamydia*
    a) Transmission par contact direct
    b) Transmission par contact indirect

c) Transmission par un arthropode vecteur
d) Transmission par gouttelettes
e) Transmission par un véhicule
f) Transmission aérienne

13. Nommez des facteurs qui contribuent à l'émergence des maladies infectieuses.

14. Un tiers de tous les patients hospitalisés qui présentent une infection n'étaient pas infectés au moment de leur admission. Quels sont les hôtes les plus susceptibles à ces infections? Qu'est-ce qu'une infection nosocomiale? Quels sont les microorganismes le plus souvent impliqués dans les infections nosocomiales? De quelle façon les infections nosocomiales se transmettent-elles? Quels sont les principaux réservoirs de ce type d'infections?

15. Qu'est-ce que l'épidémiologie?

## QUESTIONS À CHOIX MULTIPLE

1. L'émergence de nouvelles maladies infectieuses est probablement due à chacun des facteurs suivants, *sauf*:
   a) le besoin des bactéries de causer des maladies;
   b) la capacité des humains à se déplacer par avion;
   c) les modifications environnementales (p. ex. inondation, sécheresse, pollution);
   d) le fait qu'un agent pathogène traverse les barrières de l'espèce humaine;
   e) l'accroissement de la population humaine.

2. Tous les membres d'un club d'ornithologues qui étudiaient l'effraie des clochers dans la nature ont contracté la salmonellose (gastroentérite à *Salmonella*). L'un des ornithologues amateurs en est à sa troisième infection. Quelle est la source la plus probable de ces infections?
   a) Les ornithologues ont tous mangé la même nourriture.
   b) Les ornithologues se sont tous contaminé les mains en manipulant les effraies et leurs nids.
   c) L'un des membres du club est porteur de la bactérie *Salmonella*.
   d) Les ornithologues ont tous bu de l'eau contaminée.

3. Lequel des énoncés suivants *n'*est *pas* un postulat de Koch?
   a) Un même agent pathogène doit être présent dans chaque cas de la maladie.
   b) On doit pouvoir isoler l'agent pathogène chez l'hôte infesté et le faire croître de manière à obtenir une culture pure.
   c) L'agent pathogène provenant de la culture pure doit causer la maladie si on l'injecte à un animal de laboratoire sain et réceptif.
   d) La maladie doit se transmettre d'un animal infecté à un animal sain et réceptif par un contact quelconque.
   e) On doit pouvoir obtenir une culture pure à partir de l'agent pathogène isolé chez un animal infecté intentionnellement au laboratoire.

Utilisez les informations suivantes pour répondre aux questions 4 et 5.

Le 6 septembre, un garçon de 6 ans fait de la fièvre et a des frissons. Le 7 septembre, il est hospitalisé car il vomit, a la diarrhée et présente des nœuds lymphatiques inguinaux enflés et douloureux; par ailleurs, on observe un début de suppuration des nœuds. Le 3 septembre, il avait été griffé et mordu à la cheville par un rat. On a trouvé le rat mort le 5 septembre, et on a isolé la bactérie *Yersinia pestis* de l'animal. On administre du chloramphénicol au garçon à partir du 8 septembre, après que l'on a isolé *Y. pestis* chez lui. Le 15 septembre, les symptômes témoignent d'une nette amélioration. Le 17 septembre, la température du garçon est revenue à la normale et le 22 septembre il quitte l'hôpital.

4. Déterminez la période d'incubation de ce cas de peste bubonique.
   a) Du 3 au 5 septembre
   b) Le 6 septembre
   c) Les 6 et 7 septembre
   d) Du 6 au 15 septembre

5. Déterminez la période prodromique de la maladie décrite.
   a) Le 6 septembre
   b) Le 7 septembre
   c) Les 7 et 8 septembre
   d) Du 6 au 17 septembre

Utilisez les informations suivantes pour répondre aux questions 6 à 8.

Une femme du Nouveau-Brunswick souffrant de déshydratation est hospitalisée. On isole *Vibrio choleræ* et *Plesiomonas shigelloides* chez la patiente. Elle n'a pas quitté le Canada, ni mangé de fruits de mer crus au cours du mois précédent. Elle a assisté à une réception deux jours avant son admission à l'hôpital; deux autres invités ont souffert de diarrhée aiguë et on a décelé chez ces personnes un taux élevé d'anticorps sériques contre *Vibrio*. Tous les invités avaient consommé du crabe et du pudding au riz contenant du lait de coco. Les restes de crabe ont été servis lors d'un autre repas auquel participaient 20 personnes. L'une de ces personnes a eu un début de diarrhée. Des tests sérologiques ont été effectués sur des spécimens prélevés sur les invités; les sérotypages avec l'antisérum spécifique dirigé contre *Vibrio* étaient négatifs chez 14 personnes sur 20. (*Indice:* voir le chapitre 25.)

6. Le cas décrit est un exemple de:
   a) transmission par un véhicule.
   b) transmission aérienne.
   c) transmission par contact indirect.
   d) transmission par contact direct.
   e) transmission nosocomiale.

7. L'agent responsable de la maladie est:
   a) *Plesiomonas shigelloides.*
   b) le crabe.
   c) *Vibrio choleræ.*
   d) le lait de coco.
   e) le pudding au riz.

8. Le réservoir de la maladie est:
   a) *Plesiomonas shigelloides.*
   b) le crabe.
   c) *Vibrio choleræ.*
   d) le lait de coco.
   e) le pudding au riz.

Utilisez les informations suivantes pour répondre aux questions 9 et 10.

Une garderie accueille près de 80 enfants âgés de 12 mois à 5 ans. À la mi-janvier, la direction déclare un cas de pneumonie à *Hæmophilus influenzæ* sérotype b; deux autres cas apparaissent la semaine suivante, et c'est l'alerte épidémique. Une des éducatrices, engagée au début de la même année, se révèle être un porteur sain.

**9.** Le (les) facteur(s) favorisant l'infection est (sont) :
**a)** l'âge des enfants.
**b)** la promiscuité.
**c)** l'échange des jouets.
**d)** les contacts étroits entre les enfants et les éducatrices.
**e)** Tous les facteurs précédents

**10.** Le réservoir d'origine est :
**a)** les enfants malades.
**b)** les enfants qui sont en période d'incubation.
**c)** l'éducatrice qui est porteur sain.
**d)** les objets contaminés.
**e)** le personnel de la garderie.

## QUESTIONS À COURT DÉVELOPPEMENT

**1.** Selon le graphique ci-dessous, qui représente le nombre de cas confirmés de diarrhées d'*E. coli*, à quel moment y a-t-il une pointe épidémique ? Quel réservoir contribue généralement à l'augmentation du nombre de cas ? Quel est le mode de transmission ?

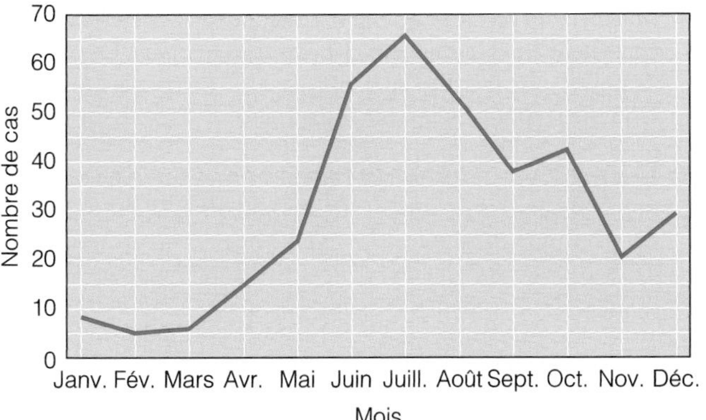


**2.** Le graphique suivant représente la fréquence de la fièvre typhoïde aux États-Unis entre 1954 et 1999. Indiquez sur ce graphique les portions qui correspondent à la période où la maladie est épidémique et à la période où elle est sporadique. Quel semble être le taux endémique ? Que devrait inclure le graphique pour indiquer une pandémie ? Quel est le mode de transmission de la fièvre typhoïde ? (*Indice :* voir le chapitre 25.)

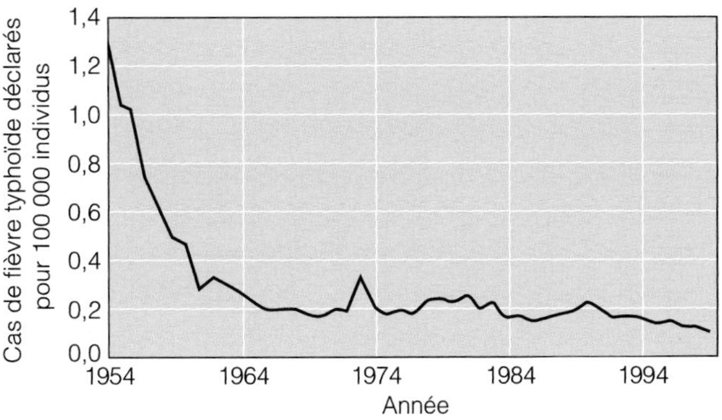


**3.** Voici le nombre de cas déclarés de SIDA, au Canada, entre 1991 et 1999.

| Année | 1991 | 1992 | 1993 | 1994 | 1995 | 1996 | 1997 | 1998 | 1999 |
|---|---|---|---|---|---|---|---|---|---|
| Cas déclarés | 1556 | 1732 | 1758 | 1733 | 1579 | 1063 | 688 | 599 | 415 |

Quelle en est la prévalence en 1999 ? l'incidence en 1995 ?

**4.** Parcourez les chapitres 21 à 26 du manuel et décrivez l'hôte ou les hôtes réceptifs et le mode de transmission de chacun des agents pathogènes responsables des maladies infectueuses suivantes.
**a)** coqueluche
**b)** salmonelle
**c)** hépatite B
**d)** toxoplasmose
**e)** maladie de Lyme

## APPLICATIONS CLINIQUES

*N. B. Certaines de ces questions nécessitent que vous cherchiez des réponses dans les différents chapitres du livre.*

**1.** Une femme âgée a fait une chute dans un escalier. Elle a dû subir une intervention chirurgicale pour consolider le fémur fracturé sous l'épiphyse proximale. Comme la douleur est intense, la patiente est maintenue sous analgésique. Elle est obèse et sa mobilisation est difficile.

Des facteurs prédisposent la patiente à l'infection de sa plaie. Quels sont-ils ? De quelle source potentielle pourraient provenir les bactéries à l'origine d'une infection de type endogène ? Justifiez votre réponse.

**2.** Un jeune garçon, Patrick, est transporté d'urgence à l'hôpital : selon la mère, sa température s'est brusquement élevée, il a été pris de violents maux de tête, de vomissements en jets et sa nuque est raide. À la suite de l'examen du patient, le médecin suspecte une méningite et effectue une ponction lombaire ; on remplit trois tubes de liquide cérébrospinal. Laurence, une infirmière, porte les prélèvements au laboratoire dans les plus brefs délais. Les tests rapides de laboratoire indiquent que l'enfant est atteint d'une infection à *Neisseria meningitidis.* Au cours de cette journée, Laurence a participé à l'intubation de Patrick. Quatre jours plus tard, elle présente des symptômes qui indiquent qu'elle aussi est atteinte de méningite de type C. Des 24 membres du personnel hospitalier ayant prodigué des soins au jeune patient, seule Laurence est atteinte de la maladie. Elle s'est rappelé avoir été en contact avec des sécrétions rhinopharyngées lors de l'intubation ; toutefois, se croyant vaccinée, elle n'en a pas avisé la responsable du service, et n'a donc pas reçu de traitement antibiotique.

Quelles sont les trois erreurs que l'infirmière a commises ? Quel est le mode de transmission de la méningite ? Même si les 24 membres du personnel hospitalier ne sont pas malades, quelle précaution faudrait-il prendre pour éviter toute transmission de la bactérie ? Sera-t-il utile de procéder à une décontamination des locaux où a séjourné le patient ? (*Indice :* voir le chapitre 22.)

3. Trois patients admis au service de gériatrie d'un grand hôpital contractent une infection à *Pseudomonas æruginosa* durant leur séjour. Les infections sont différentes : l'un des patients souffre d'une pneumonie, un autre d'une sinusite et le dernier, d'une escarre infectée. Les trois patients occupent chacun une chambre. D'autres patients dans le même service présentent des maladies respiratoires chroniques. La responsable de la prévention des infections constate que les membres du personnel chargé de la réfection des lits secouent les draps et pressent la literie sur leur uniforme avant de la déposer sur le plancher. La responsable demande au laboratoire de microbiologie d'effectuer des prélèvements sur les différents réservoirs potentiels de ce microbe. Les tests provenant de l'humidificateur de la salle commune et des robinets de lavabo de deux des trois chambres individuelles sont positifs.

   Expliquez en quoi la méthode utilisée pour la réfection des lits est liée à la contamination des humidificateurs et des robinets. Quelles caractéristiques de *P. æruginosa* rendent cette bactérie capable de survivre sur de tels réservoirs ? Ce microbe peut-il être à l'origine d'infections nosocomiales ? Justifiez votre réponse. (*Indice :* voir les chapitres 7, 11 et 21.)

4. Le 7 février, Édouard, un vétérinaire de 49 ans, a examiné et soigné un perroquet atteint d'une maladie respiratoire. Le 9 mars, Édouard est pris de frissons, se plaint de maux de tête et ressent des douleurs aux jambes. Le 16 mars, il présente des douleurs dans la poitrine, de la toux et de la diarrhée, et sa température atteint 41 °C. On lui administre les antibiotiques requis à partir du 17 mars, et, 12 heures plus tard, la fièvre a disparu. Il continue de prendre des antibiotiques pendant 14 jours. Une fois le traitement terminé, tout est revenu dans l'ordre. Il s'agissait de la psittacose.

   Quelle en est la cause ? Déterminez chaque période du développement de la maladie. (*Indice :* voir le chapitre 24.)

5. En 1989, dans un grand hôpital, 21 % des patients ont contracté une diarrhée et une colite à *Clostridium difficile* au cours de leur séjour. Ils ont dû rester hospitalisés plus longtemps que les patients non infectés. Des études épidémiologiques ont fourni les données suivantes.

   Taux d'infection des patients :

| | |
|---|---|
| En chambre individuelle | 7 % |
| En chambre pour deux personnes | 17 % |
| En chambre pour trois personnes | 26 % |

   Taux d'isolement de *C. difficile* dans le milieu :

| | |
|---|---|
| Côté de lit | 10 % |
| Commode | 1 % |
| Plancher | 18 % |
| Bouton d'appel | 6 % |
| Toilette | 3 % |

   Les prélèvements effectués sur les mains de membres du personnel après qu'ils ont été en contact avec les patients ont été positifs à la culture dans les proportions suivantes :

| | |
|---|---|
| Utilisation de gants | 0 % |
| Non-utilisation de gants | 59 % |
| Présence de *C. difficile* avant tout contact avec les patients | 3 % |
| Lavage avec un savon non désinfectant | 40 % |
| Lavage avec un savon désinfectant | 3 % |
| Pas de lavage des mains | 20 % |

   Quel facteur prédisposant peut favoriser l'infection à *C. difficile* ? Déterminez les différents maillons de la chaîne épidémiologique de cette maladie dans la situation présentée. Imaginez un scénario qui illustre comment la bactérie a probablement été transmise aux patients dans le milieu hospitalier. Appuyez votre scénario en vous basant sur les données fournies. Comment peut-on prévenir la transmission de cette bactérie ?

6. La bactérie *Mycobacterium avium-intracellulare* est fréquemment présente chez les personnes atteintes du SIDA. Pour tenter de déterminer la source de ce type d'infection, on a prélevé des échantillons d'eau dans le système d'alimentation d'un hôpital. L'eau contenait du chlore.

   Pourcentage des échantillons contenant *M. avium* :

| Eau chaude | | Eau froide | |
|---|---|---|---|
| Février | 88 % | Février | 22 % |
| Juin | 50 % | Juin | 11 % |

   Quel est le mode de transmission habituel de *Mycobacterium* ? Quelle est la source probable de ce type d'infection dans les hôpitaux ? Comment peut-on prévenir ce genre d'infection nosocomiale ? (*Indice :* voir le chapitre 27, les biofilms.)

# Chapitre 15 Les mécanismes de pathogénicité microbienne

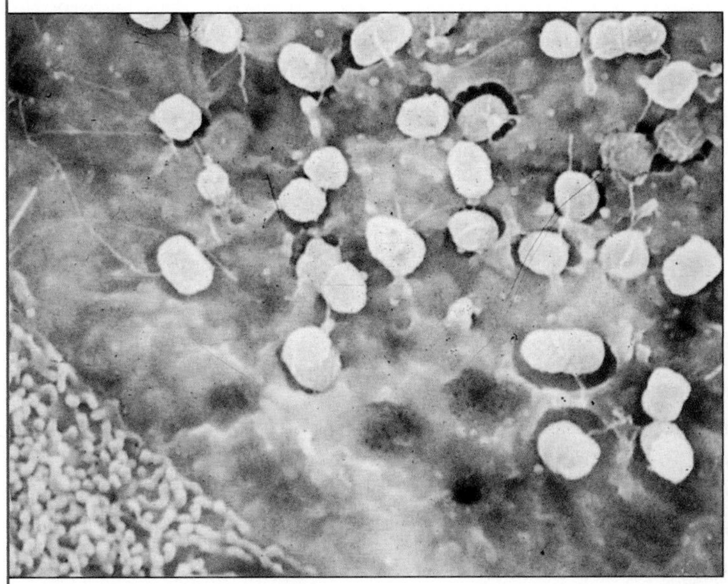

Salmonella. *Cette bactérie utilise le cytosquelette de la cellule hôte pour la pénétrer. Le cytosquelette réagit à sa présence en creusant une cavité en forme de panier autour de la cellule bactérienne.*

Maintenant que vous avez une vue d'ensemble de la façon dont les microorganismes peuvent causer une maladie infectieuse, nous allons examiner certaines des propriétés spécifiques qui leur confèrent leur **pouvoir pathogène** ou **pathogénicité** – leur capacité de causer la maladie en déjouant les défenses de l'hôte –, et leur **virulence** – l'intensité de leur pouvoir pathogène. (Lorsque nous employons le terme *hôte,* nous entendons habituellement l'être humain.) Rappelons que beaucoup de propriétés qui contribuent au pouvoir pathogène et à la virulence des microbes demeurent obscures ou inconnues. Toutefois, l'issue du conflit dépend grandement de l'état de sensibilité ou de résistance de l'hôte. Si la force d'agression microbienne est supérieure à la riposte des défenses de l'hôte, la maladie infectieuse survient.

Pour la majorité des gens, les microbes sont des « ennemis » ; on parle de « lutte » contre les microbes, de « résistance » à l'invasion microbienne et de « protection » contre les maladies infectieuses. Et de fait, les microbes nous attaquent bel et bien et nous devons nous défendre. La maladie infectieuse est le résultat du déséquilibre des forces en faveur des microbes. Le conflit entre l'agent pathogène et l'hôte se reflète à chacune des quatre étapes du processus infectieux. La première étape se caractérise par la capacité des microbes à pénétrer dans l'organisme hôte par une quelconque *porte d'entrée*; la deuxième étape, par leur capacité d'*adhérence* aux tissus et cellules de l'hôte de façon à ne pas être expulsés ; la troisième étape, par le processus d'*invasion* qui leur permet de franchir les défenses de l'hôte et d'y résister ; et la quatrième étape, par l'atteinte des tissus cibles et l'apparition du *dysfonctionnement physiologique* qui se manifeste dans l'organisme atteint par des signes et des symptômes. Le mécanisme par lequel un agent pathogène est capable de causer un déséquilibre physiologique et/ou métabolique est souvent très complexe. Il est toutefois important d'aborder le sujet de façon à en comprendre les étapes principales. C'est dans cet esprit que nous abordons dans ce manuel l'étude du pouvoir pathogène des microorganismes en relation avec les mécanismes physiopathologiques qui conduisent à l'apparition des principaux signes d'une maladie infectueuse.

# La pénétration des agents microbiens dans l'organisme hôte

Pour causer une maladie infectieuse, la plupart des agents pathogènes doivent s'introduire dans l'organisme hôte, adhérer à ses tissus, contourner ses défenses immunitaires et enfin endommager ses tissus. Certains microbes occasionnent parfois une maladie non en s'attaquant directement aux tissus de l'hôte, mais plutôt en causant une accumulation de déchets. Il existe aussi des microbes, comme ceux qui sont à l'origine de la carie dentaire et de l'acné, qui peuvent provoquer une maladie sans pénétrer dans le corps. Toutefois, la majorité des agents pathogènes peuvent s'introduire dans le corps humain et celui d'autres hôtes par plusieurs **voies,** appelées **portes d'entrée.**

## Les portes d'entrée

### Objectifs d'apprentissage

- *Mettre en évidence les premières lignes de défense de l'organisme agressé.*
- *Décrire les propriétés qui contribuent au pouvoir pathogène d'un microorganisme au cours de sa pénétration dans l'organisme humain.*
- *Nommer les principales portes d'entrée.*

L'organisme hôte possède plusieurs lignes de défense pour s'opposer à la pénétration d'un microorganisme agresseur. La première est le revêtement cutanéo-muqueux, qui joue le rôle important de barrière que peu de microbes sont capables de franchir si elle demeure intacte ; il faut une brèche, si petite soit-elle, pour permettre leur pénétration. Les portes d'entrée, ou voies d'entrée, des agents pathogènes sont les muqueuses, la peau et le dépôt direct de microbes sous la peau ou les membranes (la voie parentérale).

### Les muqueuses

Beaucoup de bactéries et de virus s'introduisent dans le corps humain en traversant les muqueuses qui tapissent les voies respiratoires, le tube digestif, les voies urogénitales et la conjonctive – membrane fragile qui recouvre le globe oculaire et l'intérieur de la paupière. La plupart des agents pathogènes passent par les muqueuses du tube digestif et des voies respiratoires.

Les voies respiratoires sont la porte d'entrée la plus accessible et la plus souvent utilisée par les microorganismes infectieux. Les microbes sont aspirés par le nez et la bouche dans des gouttelettes d'eau et sur des grains de poussière. La plupart des microbes aspirés sont arrêtés par les poils et le mucus du nez ; s'ils pénètrent plus profondément, ils sont capturés et refoulés vers le pharynx par l'escalier mucociliaire des voies respiratoires supérieures. Dans des poumons sains, une armée de macrophagocytes nettoient les alvéoles. Les microbes qui survivent peuvent provoquer des maladies. Les maladies communément contractées par l'intermédiaire des voies respiratoires comprennent le rhume et ses complications ORL, la pneumonie, la grippe, la rougeole, la varicelle et la tuberculose.

Les microorganismes peuvent s'introduire dans le tube digestif par les aliments et l'eau et par les doigts contaminés. (Voir l'encadré de la page 477, où on explique comment le comportement humain peut, avec le temps, influer sur la virulence des microorganismes.) La plupart des microbes qui pénètrent dans le corps de cette façon, par la bouche, sont détruits par le chlorure d'hydrogène (HCl) et les enzymes digestives de l'estomac, ou par la bile et les enzymes de l'intestin grêle. Ceux qui survivent peuvent provoquer des maladies. Les microbes qui passent par le tube digestif pour atteindre d'autres organes peuvent causer la poliomyélite et l'hépatite A, la fièvre typhoïde, la shigellose (dysenterie bacillaire), le choléra, la giardiase et la dysenterie amibienne ; ils peuvent aussi entraîner des dysfonctionnements dans l'intestin. Ces différents agents pathogènes sont éliminés dans les selles et peuvent être transmis à d'autres hôtes par l'eau, la nourriture ou les doigts contaminés. C'est ce qu'on appelle la transmission orofécale.

Le système urogénital est la porte d'entrée des agents pathogènes qui se propagent par l'intermédiaire des rapports sexuels. Certains microbes qui causent des maladies transmises sexuellement (MTS) peuvent pénétrer la muqueuse intacte. D'autres ont besoin d'une coupure ou d'une égratignure quelconque. Parmi les MTS, on compte l'infection par le VIH, les condylomes, les maladies à chlamydies, l'herpès, la syphilis et la gonorrhée.

### La peau

La peau est un des plus grands organes du corps par sa superficie et offre une protection importante contre la maladie. La peau intacte est impénétrable par la plupart des microorganismes ; la barrière cutanée (et celle des muqueuses) constitue la première ligne de défense antimicrobienne. Toutefois, les larves des ankylostomes se creusent un chemin dans la peau intacte et certains mycètes vivent de la kératine qui se trouve dans l'épiderme ou infectent la peau elle-même. En règle générale, les microbes s'introduisent dans la peau par les ouvertures naturelles, telles que les follicules pileux et les conduits des glandes sudoripares et sébacées.

### La voie parentérale

D'autres microorganismes pénètrent dans le corps quand ils sont déposés directement dans les tissus sous la peau ou dans les muqueuses quand ces barrières sont contournées ou endommagées. Ce moyen d'accès est appelé **voie parentérale.** Les piqûres, les morsures, les coupures, et les crevasses causées par les tuméfactions ou l'assèchement de la peau, peuvent devenir une voie parentérale. Dans de tels cas, les bactéries qui résident dans les sillons épidermiques et les orifices glandulaires se retrouvent dans le milieu chaud et humide de la plaie, riche en cellules endommagées, ce qui favorise l'infection.

LA MICROBIOLOGIE DANS L'ACTUALITÉ

## Comment le comportement humain influe sur l'évolution de la virulence des microorganismes

Selon la logique humaine, un parasite qui tue son hôte se nuit à lui-même. Ainsi, il nous apparaît sensé que certains parasites aient évolué de façon à établir une sorte de commensalisme avec leurs hôtes humains (relation bénéfique pour eux mais sans préjudice pour l'hôte). À cet égard, on pourrait considérer le ténia comme le «parasite parfait». Les ténias ne causent aucun symptôme apparent chez la plupart des patients, s'assurant ainsi que leurs hôtes continuent de se déplacer et de répandre des œufs de ténias qui seront ingérés par les hôtes intermédiaires.

Par contraste, d'autres maladies, telles que le choléra, la tuberculose résistante aux antibiotiques, les cancers viraux et la syphilis tuent parfois leurs hôtes. Un parasite a-t-il intérêt à tuer son hôte? Rappelons que la nature n'a pas de plan préétabli pour l'évolution; les variations génétiques qui rendent possible l'évolution sont le fruit de mutations aléatoires, et non de décisions logiques. Toutefois, selon la sélection naturelle, ce sont les organismes les mieux adaptés à leur milieu qui survivent et se reproduisent. Il semble y avoir coévolution du parasite et de son hôte: le comportement de l'un influe sur celui de l'autre.

Certains agents pathogènes, comme la bactérie du choléra, sont transmis avant que l'hôte meure. *Vibrio choleræ* provoque rapidement la diarrhée et menace ainsi la vie de son hôte en lui faisant perdre beaucoup de liquide et de sels, mais il se donne en même temps un moyen de transmettre ses descendants à une autre personne par l'ingestion d'eau contaminée. Ce cycle se perpétue dans les pays où la guerre et la pauvreté empêchent la mise en place de systèmes d'épuration de l'eau. En revanche, la sélection de la forme virulente du choléra n'est pas favorisée dans les pays où les systèmes de traitement de l'eau empêchent la bactérie d'atteindre de nouveaux hôtes. Après que l'Inde se fut dotée d'eau épurée, *V. choleræ*, qui peut être mortel, a été remplacé par un agent plus faible, *V. choleræ* biotype EL Tor.

Quand nous mettons en péril la survie d'un agent pathogène au moyen d'antibiotiques, nous sélectionnons par inadvertance les mutants résistants à ces traitements. La montée rapide de souches de *Mycobacterium tuberculosis* multirésistantes, rapportée dans les médias populaires et scientifiques, est un exemple de ce phénomène. Dans un environnement plein d'antibiotiques, la bactérie la «mieux» adaptée est celle qui résiste à leurs effets. On favorise la résistance aux antibiotiques quand on interrompt la chimiothérapie en cours de route et qu'on n'utilise pas les médicaments correctement. Par exemple, les protocoles de chimiothérapie pour la tuberculose sont très longs (jusqu'à 2 ans). Aux États-Unis comme au Canada, 75% seulement des patients vont jusqu'au bout de la chimiothérapie prescrite. Quand une personne ne suit pas à la lettre le schéma posologique indiqué, la concentration du médicament dans l'organisme diminue; certaines bactéries succombent à la dose, mais d'autres plus résistantes survivent. Ces bactéries résistantes se reproduisent et une partie de la nouvelle population est en mesure d'échapper à des doses encore plus élevées d'antibiotiques.

Une comparaison des infections par le virus de la leucémie à cellules T de l'adulte (HTLV-1) au Japon et en Jamaïque suggère que le comportement sexuel humain influe aussi sur la virulence des maladies transmises sexuellement. HTLV-1 est un rétrovirus transmis sexuellement qui cause un type de leucémie chez les adultes. Au Japon, l'âge d'apparition moyen des cancers causés par HTLV-1 est de 60 ans alors qu'en Jamaïque, il est d'environ 45 ans. Au Japon, l'usage des contraceptifs mécaniques est plus répandu que celui de la pilule. Comme le contraceptif mécanique permet aussi de contrecarrer la transmission de maladies infectieuses, l'hôte demeure en bonne santé plus longtemps. L'infection par le HTLV-1 survient donc à un âge plus avancé au Japon parce que les contraceptifs mécaniques y sont plus utilisés. En Jamaïque, les contraceptifs mécaniques ne s'utilisent pas beaucoup et HTLV-1 frappe des personnes plus jeunes, peut-être parce qu'il a plus de chances d'être transmis sexuellement, d'où la virulence accrue du virus.

Le comportement humain a peut-être aussi influé sur l'évolution de la syphilis. *Treponema pallidum* a une longue période d'incubation et passe par des périodes de latence non infectieuses entre les stades primaire, secondaire et tertiaire de la maladie. Bien que la bactérie ne soit pas transmissible pendant ce temps, les périodes d'incubation et de latence lui permettent de vivre pendant plusieurs années, et ce jusqu'à ce que l'hôte infecté change, au profit de la bactérie, de partenaire sexuel. Dans les sociétés monogames, plusieurs années peuvent s'écouler entre ces changements de partenaires, d'où l'intérêt pour la bactérie d'être patiente! Depuis 1994, au Canada, le nombre de cas de syphilis augmente dans les grandes villes comme Vancouver, Calgary et Toronto. La prévalence demeure faible mais l'augmentation des cas touche particulièrement les prostitué(e)s, les homosexuels et les individus qui ont de nombreux partenaires sexuels.

Paul Ewald d'Amherst College nous rappelle que le commensalisme n'est pas l'aboutissement inévitable de l'évolution. Pour enrayer la maladie, nous devons modifier nos comportements de telle sorte que le commensalisme constitue l'issue la plus avantageuse pour l'organisme pathogène. Par exemple, il faut s'assurer de respecter le schéma posologique d'antibiotiques qui est prescrit dans le cas de la tuberculose et faire usage de préservatifs (condoms) pour prévenir la propagation des maladies transmises sexuellement.

Dans le contexte médical où l'asepsie des mains est exigée, deux mesures peuvent être appliquées, soit le lavage antiseptique et le port de gants. Le lavage antiseptique a pour but de déloger et de détruire la flore bactérienne superficielle, mais le brossage ne peut éliminer la flore logée au creux des pores et dans les orifices glandulaires. Au bout de quelques minutes, le processus normal de transpiration fait remonter à la surface une partie de la flore, ce qui entraîne la contamination endogène de la peau des mains. C'est pourquoi le port de gants est essentiel en salle de chirurgie et pour toutes les techniques qui requièrent un certain temps pour être effectuées. Par exemple, *Staphylococcus epidermidis* à coagulase négative, une bactérie présente dans la flore cutanée normale, est généralement considéré comme non pathogène. Toutefois, on observe depuis quelques années une augmentation du taux d'infections nosocomiales dues à cette bactérie. Il semble que la voie d'entrée de la bactérie soit une contamination du sang par la flore cutanée, par exemple lors d'une injection, d'une ponction ou de la mise en place d'un cathéter. Une antisepsie insuffisante de la peau serait à l'origine de l'infection.

## La porte d'entrée préférée

Même après avoir pénétré dans le corps, les microorganismes ne causent pas nécessairement des maladies. L'apparition de la maladie dépend de plusieurs facteurs et la porte d'entrée n'est que l'un d'entre eux. Beaucoup d'agents pathogènes ont une porte d'entrée préférée qui détermine s'ils seront en mesure de provoquer une maladie. S'ils s'introduisent dans le corps par une autre porte, il n'y aura peut-être pas de maladie. Par exemple, la bactérie de la fièvre typhoïde, *Salmonella typhi,* déclenche tous les signes et symptômes de la maladie quand on l'avale (voie préférée), mais si on l'applique sur la peau, même en frictionnant, il n'y a pas de réaction (sauf peut-être une légère inflammation). Les streptocoques qui sont inhalés (voie préférée) peuvent causer la pneumonie ; en règle générale, ceux qui sont avalés n'occasionnent pas de signes ni de symptômes. Certains agents pathogènes, tels que *Yersinia pestis,* l'agent de la peste, peuvent provoquer la maladie à partir de plusieurs portes d'entrée. Le tableau 15.1 dresse une liste des portes d'entrée préférées de quelques organismes pathogènes communs.

## Le nombre de microbes envahisseurs

### Objectif d'apprentissage

- *Définir les notions de $DL_{50}$ et $DI_{50}$.*

Sauf exception, si un petit nombre de microbes pénètrent dans le corps, ils seront probablement éliminés par les défenses de l'hôte. Mais si beaucoup de microbes envahissent l'organisme, les conditions sont probablement favorables à l'éclosion de la maladie. Ainsi, la probabilité de la maladie augmente avec le nombre d'agents pathogènes. Lors d'un test diagnostique de laboratoire, un nombre très élevé d'agents pathogènes dans un produit prélevé sur un foyer infectieux indique la virulence de ce microorganisme.

On exprime souvent la virulence d'un microbe ou le pouvoir de sa toxine par l'abréviation $\mathbf{DL_{50}}$ (dose létale pour 50 % des hôtes), soit le nombre de microbes dans une dose qui tue 50 % des animaux-tests inoculés. La dose nécessaire pour provoquer une infection manifeste chez 50 % des animaux-tests s'appelle $\mathbf{DI_{50}}$ (dose infectieuse pour 50 % des hôtes). Le 50 n'est pas une valeur absolue. On l'utilise pour comparer les toxicités relatives ou pour étudier les conditions expérimentales. Par exemple, la $DI_{50}$ de *Vibrio choleræ* est de $10^8$ cellules mais, si l'acidité gastrique est neutralisée par du bicarbonate, le nombre de cellules requis pour provoquer l'infection diminue de façon importante.

## L'adhérence aux cellules hôtes

### Objectifs d'apprentissage

- *À l'aide d'exemples, expliquer comment les microbes adhèrent aux cellules de l'hôte.*
- *Décrire les propriétés qui contribuent au pouvoir pathogène d'un microorganisme au cours de l'étape d'adhérence aux cellules humaines.*

Nous avons déjà comparé l'agression du corps humain par des microorganismes à une véritable bataille. Comme tout agresseur qui part en guerre pour s'approprier un nouveau territoire et ses ressources, le microorganisme doit être équipé à la fois pour l'attaque et pour la riposte. Son pouvoir pathogène repose donc essentiellement sur l'efficacité des moyens de nature offensive et défensive dont il dispose.

Ainsi, une fois qu'ils ont franchi la première étape du processus infectieux – la pénétration dans l'hôte –, les microorganismes sont menacés par les divers mécanismes de défense naturels du corps humain, y compris ses processus de nettoyage naturel qui permettent l'écoulement ou l'expulsion des sécrétions vers l'extérieur. Les microbes pathogènes sont ceux qui franchiront ces barrières.

Pour déclencher une infection, presque tous les organismes pathogènes possèdent un moyen quelconque de se fixer aux cellules des tissus de l'hôte. Pour la plupart d'entre eux, cette propriété, appelée **adhérence** (ou adsorption chez les virus), est un élément essentiel de leur pouvoir pathogène. (Bien sûr, les microorganismes qui ne sont pas pathogènes ont aussi des structures pour se fixer à des cellules hôtes.) Les agents pathogènes s'attachent aux cellules hôtes au moyen de leurs propres molécules de surface. Ces molécules, appelées **adhésines** ou **ligands,** se lient de façon spécifique à des **récepteurs** à la surface des cellules de certains tissus de l'hôte (figure 15.1). Les adhésines peuvent se trouver dans le glycocalyx d'un microbe ou sur une autre structure de surface, telle que les fimbriæ – petits appendices présents à la surface de la paroi cellulaire de bactéries (chapitre 4). Une fois qu'il est bien fixé à une cellule hôte, le microorganisme

**Tableau 15.1** *Portes d'entrée des agents pathogènes de certaines maladies communes*

| Porte d'entrée | Agent pathogène[a] | Maladie | Période d'incubation |
|---|---|---|---|
| **Muqueuses** | | | |
| Voies respiratoires | *Streptococcus pneumoniæ* | Pneumonie à pneumocoques | Variable |
| | *Mycobacterium tuberculosis*[b] | Tuberculose | Variable |
| | *Bordetella pertussis* | Coqueluche | 12 à 20 jours |
| | *Influenzavirus* | Grippe | 18 à 36 heures |
| | Virus de la rougeole (*Morbillivirus*) | Rougeole | 11 à 14 jours |
| | Virus de la rubéole (*Rubivirus*) | Rubéole | 2 à 3 semaines |
| | Virus d'Epstein-Barr (*Lymphocryptovirus*) | Mononucléose infectieuse | 2 à 6 semaines |
| | Virus varicelle-zona (*Varicellovirus*) | Varicelle (primo-infection) | 14 à 16 jours |
| | *Histoplasma capsulatum* (mycète) | Histoplasmose | 5 à 18 jours |
| Tube digestif | *Shigella* spp. | Dysenterie bacillaire (shigellose) | 1 ou 2 jours |
| | *Brucella* spp. | Brucellose (fièvre ondulante) | 6 à 14 jours |
| | *Vibrio choleræ* | Choléra | 1 à 3 jours |
| | *Salmonella enterica* | Salmonellose | 7 à 22 heures |
| | *Salmonella typhi* | Fièvre typhoïde | 14 jours |
| | Virus de l'hépatite A (*Hepatovirus*) | Hépatite A | 15 à 50 jours |
| | Virus des oreillons (*Rubulavirus*) | Oreillons | 2 à 3 semaines |
| | *Trichinella spiralis* (helminthe) | Trichinose | 2 à 28 jours |
| Système urogénital | *Neisseria gonorrhoeæ* | Gonorrhée | 3 à 8 jours |
| | *Treponema pallidum* | Syphilis | 9 à 90 jours |
| | *Chlamydia trachomatis* | Urétrite non gonococcique | 1 à 3 semaines |
| | Virus Herpes simplex type 2 | Infections par les herpèsvirus | 4 à 10 jours |
| | Virus de l'immunodéficience humaine (VIH)[c] | SIDA | 10 ans |
| | *Candida albicans* (mycète)[c] | Candidose | 2 à 5 jours |
| **Peau ou voie parentérale** | *Clostridium perfringens* | Gangrène gazeuse | 1 à 5 jours |
| | *Clostridium tetani* | Tétanos | 3 à 21 jours |
| | *Rickettsia rickettsii* | Fièvre pourprée des montagnes Rocheuses | 3 à 12 jours |
| | Virus de l'hépatite B (*Hepadnavirus*)[b] | Hépatite B | 6 semaines à 6 mois |
| | Virus de la rage (*Lyssavirus*) | Rage | 10 jours à 1 an |
| | *Plasmodium* spp. (protozoaire) | Paludisme | 2 semaines |

[a] Tous les agents pathogènes sont des bactéries, sauf indication contraire. Dans le cas des virus, le nom de l'espèce et/ou du genre est indiqué.

[b] Ces agents pathogènes peuvent aussi causer la maladie en s'introduisant dans le corps par le tube digestif.

[c] Ces agents pathogènes peuvent aussi causer la maladie en s'introduisant dans le corps par la voie parentérale.

peut se multiplier sur place et produire, selon ses capacités, des enzymes et des toxines.

La plupart des adhésines des microorganismes étudiées à ce jour sont des glycoprotéines ou des lipoprotéines. Les récepteurs des cellules hôtes sont le plus souvent des sucres, tels que le mannose. La structure des adhésines peut varier d'une souche à l'autre de la même espèce de microorganismes pathogènes. La structure des récepteurs peut aussi varier d'une cellule à l'autre du même hôte.

Les exemples suivants illustrent la diversité des adhésines. *Streptococcus mutans* est une bactérie qui joue un rôle clé dans la carie dentaire (chapitre 25). Une enzyme produite par *S. mutans,* appelée glucosyltransférase, convertit le glucose en un polysaccharide visqueux et insoluble appelé dextran, qui forme le glycocalyx grâce auquel *S. mutans* peut adhérer à la surface des dents. *Actinomyces* possède des fimbriæ qui adhèrent au glycocalyx de *S. mutans,* et contribue ainsi à la formation de la plaque dentaire. En règle générale, la flore des dents et de la bouche est inoffensive. Toutefois, à la faveur d'une extraction dentaire par exemple, *S. mutans* peut diffuser dans le sang et adhérer aussi à la surface des valvules cardiaques, causant l'endocardite infectieuse. Les souches entéropathogènes d'*E. coli* (qui provoquent des maladies gastro-intestinales) possèdent des adhésines sur des fimbriæ qui se fixent seulement à des types spécifiques de cellules dans certaines régions de l'intestin grêle. Après avoir adhéré aux cellules hôtes,

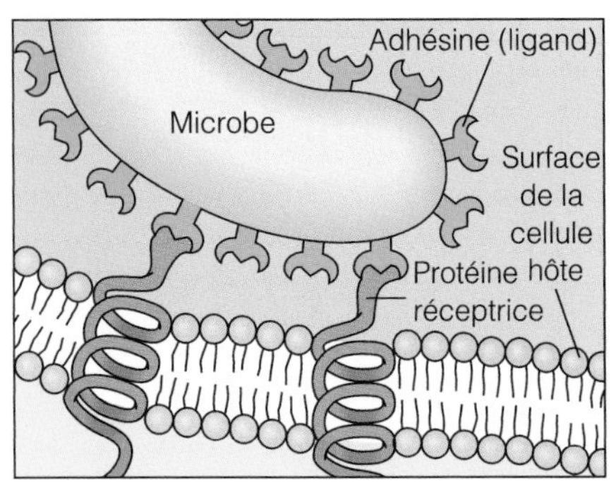


a) Des molécules à la surface des microorganismes pathogènes, appelées adhésines ou ligands, se lient spécifiquement à des récepteurs à la surface des cellules de certains tissus hôtes.

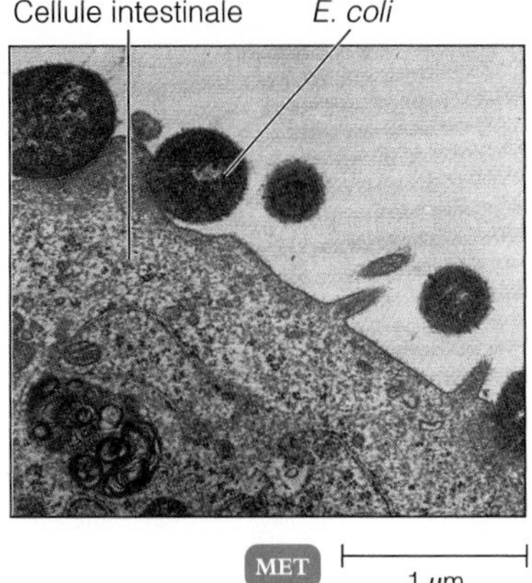


b) Adhérence sélective d'une souche pathogène d'*E. coli* aux cellules du tissu intestinal d'un lapin.

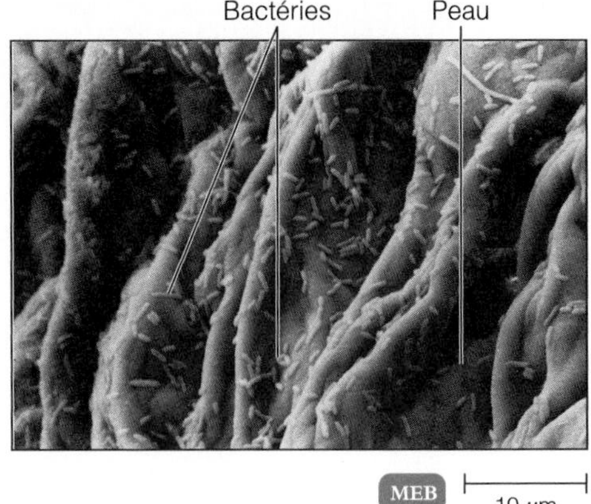


c) Bactéries adhérant à la peau d'une salamandre.

**FIGURE 15.1 Adhérence.**

- La plupart des adhésines sont des glycoprotéines ou des lipoprotéines présentes à la surface de la bactérie.

*Shigella* et *E. coli* provoquent l'endocytose, ce qui leur permet de pénétrer dans ces cellules et de s'y multiplier (figure 25.7). *Treponema pallidum,* une bactérie spiralée qui cause la syphilis, utilise son extrémité effilée comme crochet pour s'agripper aux cellules hôtes. *Listeria monocytogenes* produit une adhésine pour un récepteur spécifique sur les cellules qui lui servent d'hôtes (chapitre 22). *Neisseria gonorrhoeæ*, l'agent de la gonorrhée, possède aussi des fimbriæ contenant des adhésines, qui lui permettent de se fixer aux cellules de la muqueuse urogénitale possédant les récepteurs appropriés. *Staphylococcus aureus,* qui peut causer des infections de la peau, se lie aux cellules de l'épiderme par un mécanisme d'adhérence qui ressemble à celui de l'adsorption d'un virus sur une cellule hôte (chapitre 13). Les virus, de même que les mycètes et les helminthes, ont aussi des mécanismes de fixation aux cellules hôtes. Nous en traiterons plus loin dans le chapitre.

Dans certaines situations, l'adhérence de microorganismes peut aussi se faire sur la surface de matériel médical (cathéters intravasculaires, prothèses, etc). Certaines bactéries bien fixées forment même des amas de petites colonies appelés *biofilms,* qui leur assurent une meilleure protection contre les défenses de l'organisme. Des infections nosocomiales sont souvent causées par du matériel médical contaminé par des biofilms bactériens (figure 27.8).

Dans le domaine pharmaceutique, la lutte contre les microbes est possible dans la mesure où l'on peut modifier les adhésines ou les récepteurs, ou les deux, de façon à nuire à l'adhérence ; ainsi, on a mis au point des médicaments anti-adhésines qui peuvent prévenir (ou à tout le moins contenir) l'infection.

# Le processus d'invasion de l'hôte et le contournement de ses défenses par des bactéries pathogènes

### Objectif d'apprentissage

- *Expliquer comment la capsule, les composants de la paroi cellulaire, la production d'enzymes et l'utilisation de cytosquelette de la cellule hôte contribuent au pouvoir pathogène des bactéries.*

Bien que certains agents pathogènes puissent produire des lésions à la surface de la peau et des muqueuses, la plupart doivent pénétrer ces tissus pour causer la maladie. Nous examinons maintenant certains facteurs qui contribuent au pouvoir des bactéries d'envahir leur hôte et de résister aux réactions de défense de l'organisme hôte. Il s'agit de la troisième étape du processus infectieux.

## Les capsules

Nous avons vu au chapitre 4 que certaines bactéries produisent un glycocalyx qui forme une capsule autour de la paroi cellulaire ; cette propriété contribue au pouvoir pathogène de la bactérie et augmente la virulence de l'espèce. En effet, la capsule bactérienne fait obstacle aux défenses de l'hôte en perturbant la phagocytose, processus par lequel certaines cellules du corps capturent et détruisent les microbes (figure 16.8). Il semble que la nature chimique de la capsule empêche l'adhérence de la cellule phagocytaire à la bactérie. Cependant, le corps humain peut produire des anticorps contre la capsule (au bout de 7 à 10 jours) et, quand ces anticorps sont liés à la surface de la capsule, la bactérie capsulée peut être détruite facilement par phagocytose. Entre-temps, les bactéries pathogènes ont pu se multiplier, amorcer l'infection et causer des dommages à l'hôte.

*Streptococcus pneumoniæ,* l'agent de la pneumonie à pneumocoques, est une des bactéries qui doit sa virulence à la présence d'une capsule de polysaccharide appelée polysaccharide extracellulaire (PSE) (figure 24.14). Certaines souches de cette bactérie ont une capsule et d'autres n'en ont pas. Les souches capsulées sont virulentes alors que les souches sans capsule sont avirulentes parce qu'elles sont sans défense contre la phagocytose. Parmi les autres bactéries dont la virulence est liée à la production d'une capsule, on compte *Klebsiella pneumoniæ,* un germe causal de la pneumonie bactérienne, *Hæmophilus influenzæ,* une cause de pneumonie et de méningite chez les enfants, *Bacillus anthracis,* l'agent du charbon, et *Yersinia pestis,* l'agent de la peste bubonique. Rappelons que la capsule n'est pas le seul facteur à l'origine de la virulence. Beaucoup de bactéries non pathogènes produisent une capsule et la virulence de certains agents pathogènes n'est pas liée à la présence d'une capsule.

## Les composants de la paroi cellulaire

La paroi cellulaire de certaines bactéries contient des substances chimiques qui contribuent à la virulence. Par exemple, *Streptococcus pyogenes,* de la grande famille des streptocoques A, produit une protéine thermorésistante et acidorésistante appelée **protéine M** (figure 21.5). Cette protéine se trouve et à la surface de la bactérie et sur les fimbriæ. Elle permet à la bactérie d'adhérer aux cellules épithéliales de l'hôte et de résister à la phagocytose, et accroît ainsi la virulence de la bactérie. La protéine M est sous la régulation d'un gène qui a subi de nombreuses mutations au cours des années; en laboratoire, on a identifié et décrit 80 souches différentes classées en types M-1, M-2, M-3... M-80. Certaines souches, telles que les souches M-1 et M-3, sont associées aux formes fulminantes de pneumonie, de choc septique, de septicémie et de fasciite nécrosante (ou maladie de la bactérie « mangeuse de chair »). D'autres souches, moins virulentes mais toujours pathogènes, causent la scarlatine, l'amygdalite, l'impétigo, etc. L'immunité à *S. pyogenes* dépend de la production par le corps d'un anticorps spécifique correspondant à un type spécifique de protéine M.

Les cires qui entrent dans la composition de la paroi cellulaire de *Mycobacterium tuberculosis* font aussi augmenter la virulence de cette bactérie en lui permettant de résister à la digestion par les macrophagocytes. En fait, *M. tuberculosis* peut même se multiplier à l'intérieur des macrophagocytes (figure 24.10).

## Les enzymes extracellulaires

### Objectif d'apprentissage

- *Comparer les effets des leucocidines, des hémolysines, des coagulases, des kinases, de l'hyaluronidase et de la collagénase.*

On estime que la virulence de certaines bactéries est augmentée par la production d'enzymes extracellulaires (exoenzymes) et de substances apparentées. Ces molécules peuvent perforer les cellules, dissoudre la matière intercellulaire, et former ou décomposer les caillots de sang, entre autres fonctions. Pour la bactérie, il s'agit là d'un moyen de briser l'intégrité tissulaire et de poursuivre son processus d'invasion.

Des substances appelées **leucocidines,** produites par certaines bactéries, peuvent détruire les granulocytes neutrophiles, un type de leucocytes du sang circulant qui interviennent de façon très active dans la phagocytose. Les leucocidines s'attaquent aussi aux macrophagocytes – cellules phagocytaires présentes dans les tissus. Parmi les bactéries qui sécrètent des leucocidines, on compte les staphylocoques et les streptocoques. Par exemple, les leucocidines produites par un streptocoque donné dégradent les lysosomes (vacuoles digestives) du macrophagocyte qui l'a capturé. Les enzymes lysosomiales alors libérées dans le milieu interstitiel peuvent endommager les autres structures cellulaires et amplifier ainsi les lésions dues au streptocoque. Cette mise en échec des leucocytes contribue au pouvoir pathogène des bactéries et augmente leur virulence.

Les **hémolysines** sont des enzymes bactériennes qui provoquent la lyse des érythrocytes, dont le contenu cellulaire constitue une source de nutriments pour la croissance bactérienne. Les bactéries produisent des hémolysines qui diffèrent par leur capacité de lyser les diverses sortes d'érythrocytes (par exemple, ceux des humains, des moutons ou des lapins) et par le type de lyse qu'elles causent. Parmi les producteurs importants d'hémolysines, on compte les staphylocoques, *Clostridium perfringens* – l'agent le plus souvent à l'origine de la gangrène gazeuse – et les streptocoques. Les *streptolysines* sont des hémolysines sécrétées par les streptocoques. L'une d'elles, la *streptolysine O* (*SLO*), est ainsi nommée parce qu'elle est inactivée par l'oxygène atmosphérique. Une autre est appelée *streptolysine S* (*SLS*) parce qu'elle a une affinité pour une protéine (albumine) du sérum. Les deux streptolysines peuvent provoquer la lyse non seulement des érythrocytes, mais aussi des leucocytes phagocytaires et d'autres cellules de l'organisme. La destruction de ces cellules conduit inévitablement à l'apparition de troubles métaboliques et physiologiques importants. Il peut en résulter par exemple une anémie – qui perturbe l'apport en oxygène aux cellules de l'organisme – et une leucopénie grave, et, par conséquent, une diminution de l'intensité de la riposte immunitaire globale que l'organisme devrait mettre en place pour résister à l'invasion bactérienne. La production d'hémolysine contribue donc au pouvoir pathogène des bactéries qui les sécrètent et augmente leur virulence.

Les **coagulases** sont des enzymes bactériennes qui coagulent le fibrinogène du sang. Le fibrinogène est une protéine plasmatique produite par le foie qui est convertie par les coagulases en fibrine, substance filamenteuse qui forme la trame du caillot de sang. Le caillot fibrineux protégerait la bactérie de la phagocytose et l'isolerait des autres moyens de défense de l'hôte, ce qui expliquerait la contribution de la coagulase au pouvoir pathogène de la bactérie. Les coagulases sont synthétisées par certaines espèces du genre *Staphylococcus*; elles interviennent peut-être dans la formation de l'enveloppe protectrice qui entoure les abcès dus aux staphylocoques. La virulence de *S. aureus* à coagulase positive serait reliée à la capacité de la coagulase de provoquer la formation de caillots fibrineux septiques susceptibles d'être mis en circulation dans le sang et de bloquer de petits vaisseaux, entraînant ainsi des embolies septiques. Cependant, certains staphylocoques qui ne produisent pas de coagulases sont quand même virulents. (Il est possible que la capsule joue un rôle plus important dans la virulence.)

Les **kinases** bactériennes sont des enzymes qui dégradent la fibrine, défaisant ainsi les caillots formés par le corps pour isoler l'infection. Parmi les mieux connues de ces kinases, citons la *fibrinolysine* (*streptokinase*), sécrétée par des streptocoques tels que *Streptococcus pyogenes,* et la *staphylokinase,* produite par des staphylocoques tels que *Staphylococcus aureus.* Lors d'une extraction de dent, les streptocoques producteurs de streptokinase constituent un grand danger. La streptokinase lyse la fibrine du caillot qui ferme la plaie; la dissémination des bactéries dans le sang peut finir par causer une endocardite. On utilise avec succès la streptokinase à des fins thérapeutiques: on l'injecte directement dans la circulation pour dissoudre certains types de caillots de sang dans les cas de crises cardiaques consécutives à l'obstruction des artères coronaires.

La **hyaluronidase** est une enzyme sécrétée par certaines bactéries telles que les streptocoques. Elle hydrolyse l'acide hyaluronique, type de polysaccharide présent dans la matière intercellulaire, en particulier entre les cellules qui forment le tissu conjonctif. On croit que cette action digestive contribue à faire noircir les tissus des plaies infectées, et que la destruction du tissu conjonctif (tissu de soutien) favorise la dissémination du microorganisme à partir du premier foyer d'infection. La hyaluronidase est aussi produite par certaines espèces du genre *Clostridium* qui causent la gangrène gazeuse. La hyaluronidase a toutefois une utilité thérapeutique: on la mélange à un médicament pour favoriser la pénétration de ce dernier dans les tissus du corps.

Une autre enzyme, la **collagénase,** produite par plusieurs espèces de *Clostridium,* facilite la propagation de la gangrène gazeuse. La collagénase dégrade le collagène, protéine qui forme le tissu conjonctif entre les muscles et d'autres organes et tissus.

Parmi les autres substances bactériennes qui contribuent, croit-on, à la virulence, on compte les *nécrotoxines,* qui causent la mort des cellules; les *facteurs d'hypothermie,* qui font baisser la température corporelle; la *lécithinase,* qui détruit la membrane plasmique, surtout celle des érythrocytes; la *protéase,* qui dégrade les protéines, en particulier dans le tissu musculaire; et les *sidérophores,* qui retirent le fer des liquides organiques de l'hôte.

## L'utilisation du cytosquelette de la cellule hôte

### Objectif d'apprentissage

- *Décrire comment les bactéries pénètrent dans la cellule hôte en utilisant son cytosquelette.*

Nous avons déjà mentionné que les microbes se fixent aux cellules hôtes au moyen d'adhésines. Cette interaction déclenche des signaux dans la cellule, qui mettent en branle des facteurs dont l'action peut aboutir à la pénétration de certaines bactéries. En fait, le mécanisme est fourni par le cytosquelette de la cellule hôte. Nous avons vu au chapitre 4 que le cytoplasme eucaryote possède une structure interne complexe maintenue par des filaments protéiques – appelés microfilaments, filaments intermédiaires et microtubules – qui forment le cytosquelette.

Parmi les principaux composants du cytosquelette, on compte une protéine appelée actine, que certains microbes utilisent pour pénétrer dans les cellules hôtes et que d'autres emploient pour traverser ou contourner ces cellules. Voici des exemples intéressants.

Des souches de *Salmonella* et d'*Escherichia coli* viennent s'immobiliser contre la membrane plasmique de la cellule hôte. Des modifications spectaculaires de la membrane se produisent alors au point de contact. Les microbes affichent des protéines de surface appelées **invasines,** qui provoquent le réarrangement des filaments d'actine du cytosquelette situés à proximité de la membrane. Il en résulte la formation d'une projection cytoplasmique de la cellule hôte qui s'élève comme un piédestal sous la bactérie *Salmonella.* Cette structure soutient la cellule bactérienne, puis forme une sorte de panier d'actine qui semble enfermer la salmonelle et l'entraîner à l'intérieur de la cellule (figure 15.2).

Une fois qu'elles se sont introduites dans une cellule hôte, certaines bactéries telles que des espèces de *Shigella* et de *Listeria* peuvent se servir de l'actine du cytosquelette pour se déplacer à l'intérieur du cytoplasme et passer d'une cellule hôte à l'autre. La condensation de l'actine à une extrémité de la bactérie joue le rôle d'un moteur qui propulse cette dernière à travers le cytoplasme. Les bactéries entrent aussi en contact avec les jonctions membranaires qui font partie du réseau de communication entre les cellules hôtes. Elles utilisent une glycoprotéine appelée cadhérine, qui sert de pont dans les jonctions, pour passer d'une cellule à l'autre.

L'étude des nombreuses interactions entre les microbes et le cytosquelette des cellules hôtes est un secteur de la recherche sur les mécanismes de la virulence qui connaît une activité intense.

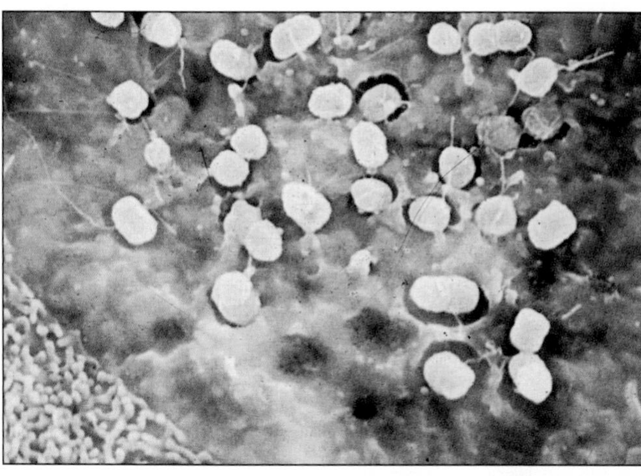


FIGURE 15.2 **Pénétration de *Salmonella* dans des cellules épithéliales.**

- Certaines bactéries produisent des protéines de surface appelées invasines qui réarrangent les filaments d'actine du cytosquelette de la cellule hôte.

## Les lésions directes

Une fois fixés aux cellules hôtes, les agents pathogènes activent leur métabolisme et se multiplient. Parfois, la lésion des cellules hôtes résulte non pas de l'attaque directe des microbes mais d'une forme de pollution par les déchets métaboliques produits par ces derniers. Les furoncles et les éruptions diverses (varicelle, scarlatine, dermatomycoses) sont des exemples de lésions sur la peau; des abcès peuvent aussi se former sur des muqueuses. Après une invasion localisée, les agents pathogènes peuvent quitter le premier site pour envahir d'autres tissus. Par exemple, certaines bactéries, telles que *E. coli, Shigella, Salmonella* et *Neisseria gonorrhoeæ*, peuvent forcer les cellules épithéliales hôtes à les englober par un processus qui ressemble à la phagocytose. Elles peuvent par la suite être expulsées des cellules hôtes par un processus d'exocytose (phagocytose à rebours) qui leur permet d'aller vers d'autres cellules hôtes. Certaines bactéries peuvent aussi pénétrer les cellules hôtes en sécrétant des enzymes et en se servant de leur propre mobilité; ces formes de pénétration peuvent elles-mêmes endommager les cellules hôtes. Cependant, la plupart des lésions causées par les bactéries sont l'œuvre des toxines.

# L'apparition des dysfonctionnements physiologiques dus aux effets des agents pathogènes bactériens

### Objectif d'apprentissage

- *Décrire les dysfonctionnements physiologiques qui peuvent apparaître à la suite d'une infection bactérienne.*

Quand un microorganisme envahit un tissu, il doit d'abord affronter les phagocytes de l'hôte. Si cette ligne de défense réussit à détruire l'envahisseur, l'hôte ne subit aucun autre dommage. Mais si l'organisme pathogène a raison des défenses de l'hôte, il peut entraîner l'apparition de troubles cellulaires et métaboliques qui déterminent les signes et les symptômes d'une maladie infectieuse. Il s'agit de la quatrième et dernière étape du processus infectieux.

Les microorganismes, tels que les bactéries, peuvent occasionner trois principaux types de lésions: 1) ils peuvent causer des lésions directes dans le voisinage immédiat de l'invasion; 2) ils peuvent produire des toxines qui sont transportées par le sang et la lymphe, et portent atteinte à des tissus éloignés du point d'entrée; 3) ils peuvent provoquer des réactions d'hypersensibilité (allergie) de l'hôte aux produits microbiens. Nous traitons en détail des réactions d'hypersensibilité au chapitre 19. Examinons maintenant les deux premiers types de lésions.

## La production de toxines bactériennes

### Objectifs d'apprentissage

- *Décrire la nature et les effets des exotoxines et des endotoxines, et les comparer.*
- *Donner un aperçu des mécanismes d'action des toxines diphtérique, botulinique, tétanique, cholérique et du lipide A.*
- *Décrire les dysfonctionnements physiologiques associés aux différents types d'exotoxines, aux endotoxines et au choc septique.*
- *Constater l'importance du test LAL.*

L'expression de troubles cellulaires et métaboliques chez l'hôte infecté peut être liée directement à la production de substances microbiennes toxiques. Les **toxines** sont des poisons produits par certains microorganismes. Elles constituent souvent le facteur qui contribue le plus aux propriétés pathogènes de ces microbes. On appelle **toxigénicité** la capacité des microorganismes de produire des toxines. Quand elles sont transportées par le sang et la lymphe, les toxines peuvent avoir des effets graves, et parfois mortels. Certaines causent de la fièvre, des troubles cardiovasculaires, la diarrhée et le choc septique. Elles peuvent aussi inhiber la synthèse des protéines, détruire les globules et vaisseaux sanguins, et perturber le système nerveux en provoquant des spasmes. On connaît environ 220 toxines bactériennes. Près de 40% d'entre elles rendent malade en endommageant les membranes des cellules eucaryotes qui composent le corps humain. La présence de toxines dans le sang s'appelle **toxémie.** Il y a deux types de toxines: les exotoxines et les endotoxines.

## Les exotoxines bactériennes

Les **exotoxines** sont produites à l'intérieur de certaines bactéries ; elles sont le résultat de leur croissance et de leur métabolisme, et sont libérées dans le milieu environnant (figure 15.3a). Les exotoxines sont des protéines et beaucoup sont des enzymes qui ne catalysent que certaines réactions biochimiques. La plupart des bactéries qui produisent des exotoxines sont des bactéries à Gram positif. Les gènes de la plupart (sinon de l'ensemble) des exotoxines sont portés par des plasmides bactériens ou par des phages. Étant solubles dans les liquides organiques, les exotoxines peuvent diffuser facilement dans le sang et sont rapidement disséminées dans le corps.

L'action des exotoxines consiste à détruire des parties précises des cellules hôtes ou à inhiber certaines fonctions métaboliques. Elles produisent des effets physiopathologiques très spécifiques sur les tissus du corps. Selon leur mode d'action, on les regroupe en trois grandes catégories : 1) les **cytotoxines,** qui tuent les cellules hôtes ou altèrent leur fonctionnement ; 2) les **neurotoxines,** qui perturbent la transmission des influx nerveux ; 3) les **entérotoxines,** qui s'attaquent aux cellules qui tapissent le tube digestif. Les exotoxines figurent parmi les poisons les plus mortels qu'on connaisse. Seulement 1 mg de la toxine botulinique suffit à tuer 1 million de cobayes. Heureusement, il n'y a que quelques espèces bactériennes qui produisent des exotoxines aussi puissantes.

Les maladies causées par les bactéries productrices d'exotoxines sont souvent engendrées par des quantités infimes de ces substances et non par les bactéries elles-mêmes. Ce sont les exotoxines qui sont à l'origine des signes et des symptômes spécifiques de la maladie. Ainsi, les exotoxines entraînent des maladies spécifiques. Par exemple, *Clostridium tetani* peut infecter une lésion qui n'est pas plus grande ou douloureuse qu'une piqûre d'épingle. Néanmoins, les bactéries qui se trouvent dans une plaie de cette taille peuvent sécréter assez de toxine tétanique pour tuer un être humain qui n'est pas vacciné.

Le corps produit des anticorps appelés **antitoxines** qui le protègent contre les exotoxines. Quand on rend les exotoxines inactives par un traitement à la chaleur ou à un agent chimique tel que le formaldéhyde ou l'iode, elles ne peuvent plus causer la maladie mais peuvent stimuler la production d'antitoxines dans le corps. Ces exotoxines modifiées sont appelées **toxoïdes** ou **anatoxines.** Quand elles sont injectées dans le corps sous forme de vaccin, elles provoquent la synthèse d'anticorps qui confèrent l'immunité. On peut prévenir la diphtérie et le tétanos en vaccinant avec des anatoxines.

Nous allons maintenant examiner brièvement quelques-unes des exotoxines les plus importantes (nous reviendrons sur les antitoxines au chapitre 18).

**Toxine diphtérique** La bactérie *Corynebacterium diphteriæ* ne produit la toxine diphtérique que lorsqu'elle est infectée par un phage lysogène portant le gène *tox* (prophage, chapitres 13 et 24). Cette cytotoxine inhibe la synthèse des protéines dans les cellules eucaryotes. Elle utilise pour ce faire un mécanisme qui constitue un excellent exemple du mode d'action des exotoxines sur les cellules hôtes (figure 15.4). En voici les étapes. ❶ La toxine diphtérique est une protéine composée de deux polypeptides différents, désignés A (actif) et B (de liaison) ; les deux polypeptides sont codés par le gène *tox* porté par le prophage. Seul le polypeptide A provoque les symptômes chez l'hôte, mais le polypeptide B est requis pour que le polypeptide A soit actif. ❷ Le polypeptide B se lie à des récepteurs à la surface de la membrane plasmique des cellules hôtes ; l'exotoxine entière (A+B) est alors transportée à travers la membrane plasmique et larguée à l'intérieur de la cellule. Après quoi, le polypeptide A entrave le processus de la synthèse des protéines dans la cellule cible, et en particulier dans les neurones et les cellules du cœur et des reins, ce qui a pour effet d'inhiber tout le métabolisme cellulaire et de provoquer la mort des cellules. (Ce modèle est aussi valable pour la toxine cholérique décrite à la page 485.)

**Toxines érythrogènes** *Streptococcus pyogenes* possède le matériel génétique nécessaire pour synthétiser trois types de cytotoxines, désignées par les lettres A, B et C. Ces toxines érythrogènes (*érythro-* = rouge ; *gène* = produire)

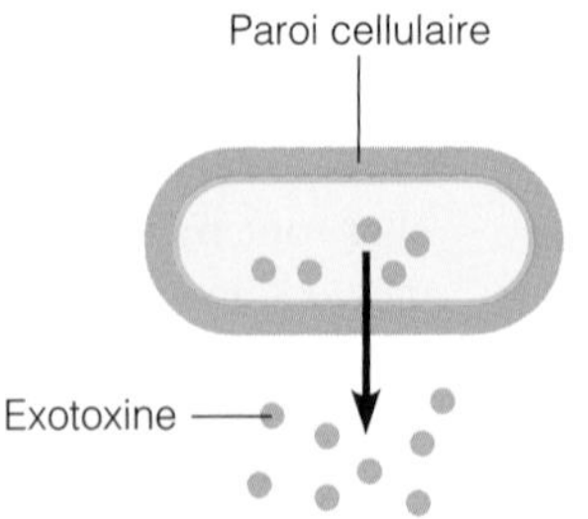


Endotoxine

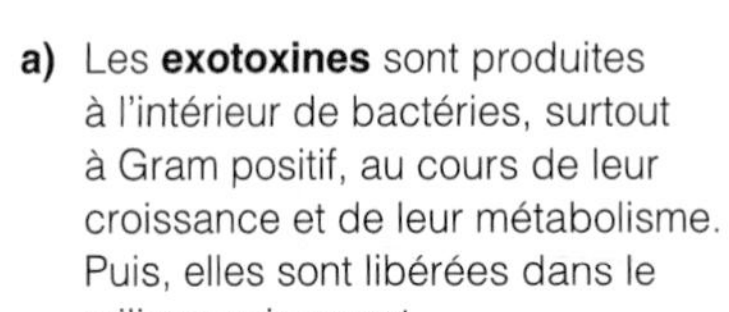

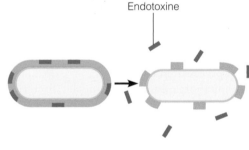

**FIGURE 15.3 Exotoxines et endotoxines.**

**a)** Les **exotoxines** sont produites à l'intérieur de bactéries, surtout à Gram positif, au cours de leur croissance et de leur métabolisme. Puis, elles sont libérées dans le milieu environnant.

**b)** Les **endotoxines** font partie de la couche externe de la paroi cellulaire (lipide A ; figure 4.12c) des bactéries à Gram négatif. Elles sont libérées quand les bactéries meurent et que la paroi cellulaire éclate.

■ Quelles sont les trois principales catégories d'exotoxines, selon leur mode d'action ?

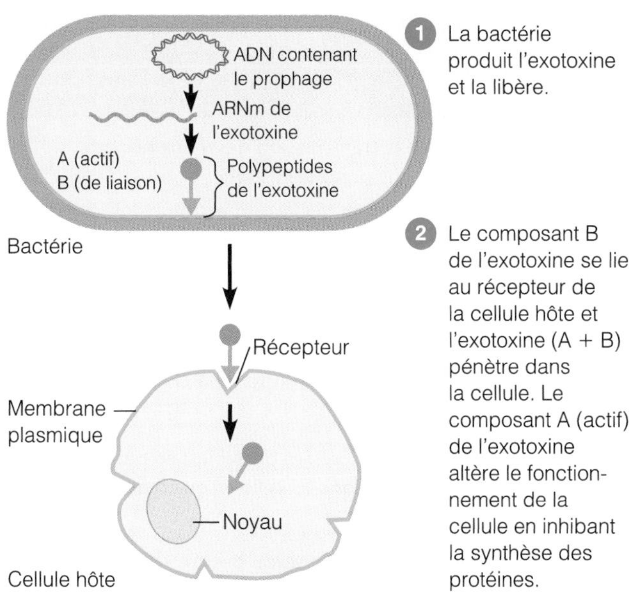
ADN contenant le prophage
ARNm de l'exotoxine
A (actif)
B (de liaison)
Polypeptides de l'exotoxine
Bactérie
Récepteur
Membrane plasmique
Noyau
Cellule hôte
1 La bactérie produit l'exotoxine et la libère.
2 Le composant B de l'exotoxine se lie au récepteur de la cellule hôte et l'exotoxine (A + B) pénètre dans la cellule. Le composant A (actif) de l'exotoxine altère le fonctionnement de la cellule en inhibant la synthèse des protéines.

**FIGURE 15.4 L'action d'une exotoxine.** Modèle proposé pour rendre compte du mécanisme d'action de la toxine diphtérique.

- La toxine diphtérique est composée de deux polypeptides différents : A (actif) et B (de liaison) ; B est requis pour rendre A actif.

endommagent les capillaires sanguins (vasodilatation) sous la peau et produisent un exanthème, c'est-à-dire une rougeur cutanée plus ou moins vive. La scarlatine, causée par les exotoxines de *S. pyogenes,* tire son nom de cette rougeur caractéristique (scarlatine signifie écarlate ; figure 24.4).

**Toxine botulinique** La toxine botulinique est produite par *Clostridium botulinum.* On trouve les spores de cette bactérie dans le sol et la nourriture. Bien que sa production soit associée à la germination des spores et à la multiplication des cellules végétatives, il y a très peu de toxine dans le milieu avant qu'elle soit libérée par la lyse des bactéries à la fin de leur croissance. La toxine botulinique est une neurotoxine ; elle exerce son action à la jonction neuromusculaire (point de contact d'une cellule nerveuse et d'une cellule musculaire) et bloque la transmission au muscle des influx en provenance de la cellule nerveuse. Elle suscite cet effet en se liant à la cellule nerveuse et en inhibant la libération d'un neurotransmetteur appelé acétylcholine. Il en résulte une paralysie caractérisée par l'absence de tonus musculaire (paralysie flasque). *C. botulinum* synthétise plusieurs types de toxines botuliniques de puissances variables. La toxine botulinique est thermolabile ; la cuisson des aliments à des températures adéquates inactive la toxine et diminue les risques d'intoxication alimentaire (chapitre 22).

**Toxine tétanique** *Clostridium tetani* est une bactérie anaérobie qui pénètre dans l'organisme à la faveur d'une plaie souillée de terre contenant des spores tétaniques. Dans une plaie ischémique ou nécrotique, les spores germent, mais les bactéries n'envahissent pratiquement pas les tissus avoisinants. Toutefois, elles produisent en phase de croissance la redoutable neurotoxine tétanique, appelée tétanospasmine. Cette toxine diffuse dans le sang et atteint le système nerveux central, particulièrement la moelle épinière, et se lie aux neurones moteurs qui régissent la contraction de divers muscles squelettiques. En fait, l'action spécifique de la neurotoxine tétanique consiste à bloquer l'arc réflexe sensitif-moteur. Normalement, ces cellules nerveuses envoient des influx inhibiteurs qui préviennent les contractions aléatoires et mettent fin aux contractions qui ont fait leur travail. Ainsi, lors de l'excitation du biceps du bras, on observe la contraction du biceps et le relâchement du triceps. Le relâchement du triceps est causé par l'inhibition de l'arc réflexe. Or, la liaison de la tétanospasmine bloque cette voie de relaxation ; il en résulte une contraction des deux muscles antagonistes, ce qui provoque le spasme. Lorsque la toxine atteint plusieurs arcs réflexes, il s'ensuit une activité musculaire irrépressible qui engendre les symptômes convulsifs (contractions spasmodiques) du tétanos (figure 22.5).

**Toxine cholérique** *Vibrio choleræ* produit une exoentérotoxine appelée toxine choléragène. Cette toxine, comme celle de la diphtérie, est constituée de deux polypeptides, A (actif) et B (de liaison). Le composant B se lie à la membrane plasmique des cellules épithéliales qui tapissent l'intestin grêle et le composant A provoque la formation d'AMP cyclique à partir de l'ATP (énergie cellulaire) qui se trouve dans le cytoplasme. Cette réaction pousse les cellules épithéliales à déverser de grandes quantités de liquides et d'électrolytes (ions) dans l'intestin. Les contractions musculaires normales de l'intestin sont perturbées, ce qui entraîne une diarrhée importante qui s'accompagne parfois de vomissements. La grande quantité de liquide perdue entraîne une grave déshydratation en même temps qu'une chute brutale de la pression artérielle qui peut causer un état de choc souvent fatal (chapitre 25).

L'*entérotoxine thermolabile* (ainsi nommée parce qu'elle est plus sensible à la chaleur que la plupart des toxines), produite par certaines souches d'*E. coli*, a une action identique à celle de la toxine choléragène. Les infections à *E. coli* sont souvent associées à la diarrhée des voyageurs (communément appelée « turista »).

**Staphylotoxine** *Staphylococcus aureus* produit une entérotoxine qui est ingérée avec la nourriture et qui affecte l'intestin de la même façon que la toxine choléragène. Il y a aussi une souche de *S. aureus* dont les entérotoxines déclenchent l'apparition des symptômes associés à l'intoxication alimentaire (chapitre 25).

Le tableau 15.2 présente un résumé des maladies causées par les exotoxines.

## Les endotoxines bactériennes

Les **endotoxines** se distinguent des exotoxines de plusieurs façons. Elles font partie de la couche externe de la paroi cellulaire des bactéries à Gram négatif, d'où leur nom d'*endo*toxine.

**Tableau 15.2** *Maladies causées par les exotoxines*

| Maladie | Bactérie | Mécanisme physiopathologique |
|---|---|---|
| Botulisme | *Clostridium botulinum* | La neurotoxine bloque la transmission des influx nerveux moteurs; il en résulte une paralysie flasque. |
| Tétanos | *Clostridium tetani* | La neurotoxine bloque les influx nerveux moteurs vers la voie de la relaxation musculaire; il en résulte une paralysie tétanique. |
| Gangrène gazeuse et intoxication alimentaire | *Clostridium perfringens* et autres espèces de *Clostridium* | Une des exotoxines (cytotoxine) cause une destruction massive des érythrocytes (hémolyse); une autre exotoxine (entérotoxine) est associée aux intoxications alimentaires et cause la diarrhée. |
| Diphtérie | *Corynebacterium diphteriæ* | La cytotoxine inhibe la synthèse des protéines, en particulier dans les neurones et dans les cellules du cœur et des reins. |
| Érythrodermie bulleuse avec épidermolyse, intoxication alimentaire et syndrome de choc toxique | *Staphylococcus aureus* | Une des exotoxines cause la séparation des couches de la peau et leur desquamation (épidermolyse); une autre exotoxine (entérotoxine) provoque la diarrhée et le vomissement; une autre produit les symptômes associés au syndrome de choc toxique. |
| Choléra | *Vibrio choleræ* | L'entérotoxine provoque la diarrhée. |
| Scarlatine | *Streptococcus pyogenes* | Les cytotoxines causent la vasodilatation qui est à l'origine de l'exanthème caractéristique. |
| Diarrhée des voyageurs | *Escherichia coli* entérotoxinogène et *Shigella* spp. | L'entérotoxine provoque une sécrétion excessive d'ions et d'eau, qui cause la diarrhée. |

Nous avons vu au chapitre 4 que les bactéries à Gram négatif possèdent une membrane externe qui enveloppe la couche de peptidoglycane de la paroi cellulaire. Cette membrane est constituée de lipoprotéines, de phospholipides et de lipopolysaccharides (LPS) (figure 4.12c). La partie lipidique du LPS, appelée **lipide A,** est l'endotoxine. Par conséquent, les endotoxines sont des lipopolysaccharides, alors que les exotoxines sont des protéines.

Les endotoxines exercent leur action quand les bactéries à Gram négatif meurent et que la lyse de leur paroi cellulaire libère l'endotoxine (figure 15.3b). Les antibiotiques employés pour traiter les maladies causées par les bactéries à Gram négatif peuvent entraîner la lyse des cellules bactériennes, ce qui peut libérer l'endotoxine et exacerber les symptômes dans l'immédiat. Toutefois, l'état du patient s'améliore habituellement au fur et à mesure que l'endotoxine se dégrade. Au contraire des exotoxines – dont l'action est spécifique –, toutes les endotoxines produisent les mêmes signes et symptômes, quelle que soit l'espèce de microorganisme, et c'est leur intensité qui peut varier. On observe des frissons, de la fièvre, des douleurs généralisées; un affaiblissement fréquemment associé à une hypoglycémie, des troubles de l'hémostase, la libération de substances vasoactives; et, dans certains cas, l'état de choc, voire la mort. Les endotoxines peuvent aussi provoquer une fausse couche.

La fièvre (réaction pyrogène) due aux endotoxines serait la conséquence de la succession d'événements illustrée à la figure 15.5. ❶ Quand des bactéries à Gram négatif sont ingérées par les macrophagocytes et ❷ dégradées dans les vacuoles de ces derniers, les LPS de la paroi cellulaire bactérienne sont libérés. En réaction à ces endotoxines, les macrophagocytes se mettent à produire une petite protéine appelée **interleukine 1** (**IL-1**), autrefois nommée *pyrogène endogène,* ❸ qui est transportée par le sang jusqu'à l'hypothalamus dans l'encéphale, où se trouve le centre thermorégulateur du corps. ❹ Sous l'action de l'IL-1, l'hypothalamus libère des lipides appelés prostaglandines, qui modifient la valeur de référence de la température du corps et règlent le thermostat de l'hypothalamus à une température plus élevée. Des frissons apparaissent alors et la fièvre en est la conséquence. La mort des cellules bactériennes causée par la lyse ou les antibiotiques peut aussi provoquer la fièvre par ce mécanisme. L'aspirine et l'acétaminophène réduisent la fièvre en inhibant la synthèse des prostaglandines. (Nous examinons la fonction de la fièvre dans le corps au chapitre 16, p. 512.)

Les endotoxines peuvent occasionner des troubles de l'hémostase. Entre autres choses, elles peuvent activer les protéines de la coagulation sanguine, entraînant la formation de petits caillots de sang. Ces caillots bouchent les capillaires, et la diminution de l'apport sanguin qui en résulte cause la

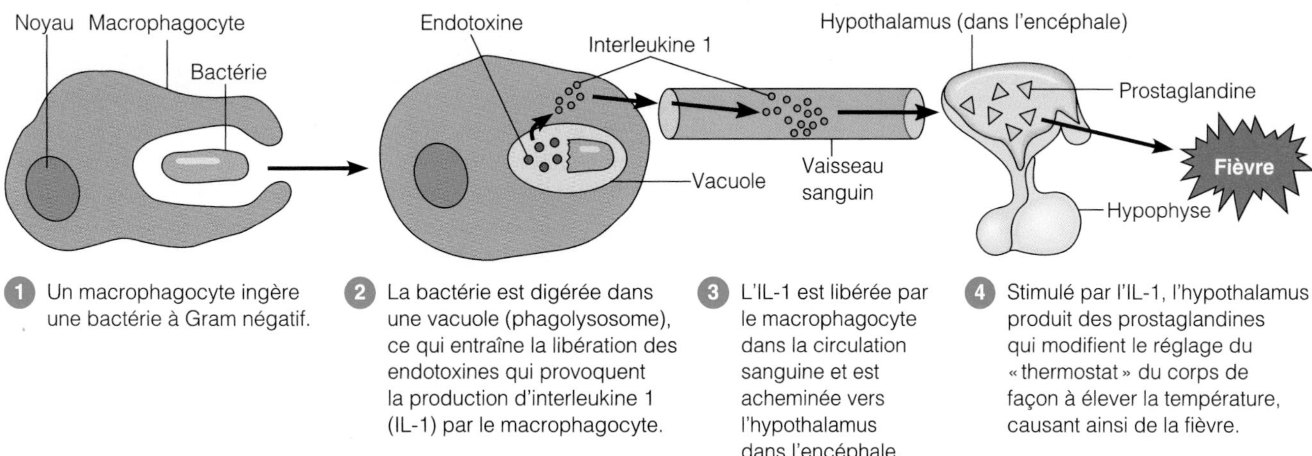
Noyau
Macrophagocyte
Bactérie
Endotoxine
Interleukine 1
Vacuole
Vaisseau sanguin
Hypothalamus (dans l'encéphale)
Prostaglandine
Fièvre
Hypophyse
1 Un macrophagocyte ingère une bactérie à Gram négatif.
2 La bactérie est digérée dans une vacuole (phagolysosome), ce qui entraîne la libération des endotoxines qui provoquent la production d'interleukine 1 (IL-1) par le macrophagocyte.
3 L'IL-1 est libérée par le macrophagocyte dans la circulation sanguine et est acheminée vers l'hypothalamus dans l'encéphale.
4 Stimulé par l'IL-1, l'hypothalamus produit des prostaglandines qui modifient le réglage du « thermostat » du corps de façon à élever la température, causant ainsi de la fièvre.

**FIGURE 15.5 Les endotoxines et la réaction pyrogène.** Mécanisme proposé pour expliquer comment les endotoxines causent la fièvre.

■ Toutes les endotoxines produisent les mêmes signes et symptômes, quelle que soit l'espèce de bactéries.

nécrose (mort) des tissus. Cette réaction s'appelle *coagulation intravasculaire disséminée* (*CIVD*). Un exemple saisissant de l'effet des endotoxines sur le processus de la coagulation est décrit lors de l'étude de la méningococcémie (chapitre 22). Dans certains cas, on observe une diminution des thrombocytes (plaquettes), ce qui amène l'apparition d'hémorragies plus ou moins graves.

On appelle **choc** toute défaillance du système cardiovasculaire entraînant une baisse de la pression artérielle qui met la vie en danger. L'état de choc dû à des bactéries se nomme **choc septique** ; quand il est dû à des bactéries à Gram négatif, il se nomme **choc endotoxique.** Comme la fièvre, la chute de la pression artérielle causée par les endotoxines est liée à la libération d'une substance, dans le sang, par les macrophagocytes. En effet, lorsqu'ils absorbent des bactéries à Gram négatif, ces macrophagocytes réagissent en sécrétant un polypeptide appelé **facteur nécrosant des tumeurs** (**TNF**), ou *cachectine.* Le TNF se lie aux cellules de nombreux tissus du corps et modifie leur métabolisme de plusieurs façons. Le TNF a notamment pour effet d'affaiblir les capillaires sanguins ; leur perméabilité est augmentée, et ils perdent de grandes quantités de liquide plasmatique. La déperdition de liquide crée une hypovolémie responsable de la chute de la pression artérielle, d'où l'état de choc.

Les endotoxines peuvent entraîner la libération de substances vasoactives, qui amènent également un état de choc. Par exemple, lors de septicémies mettant en cause des bactéries à Gram négatif, les substances vasoactives provoquent une vasoconstriction cutanée intense ; la peau devient froide et très pâle, et on parle de *choc froid.* Sur le plan physiopathologique, la résistance vasculaire de la peau augmente et la circulation sanguine en périphérie diminue. De plus, une partie du sang reste emprisonnée dans le système veineux et le retour veineux se trouve fortement réduit.

À l'inverse, dans le cas de septicémies causées par des bactéries à Gram positif telles que *S. aureus,* certaines substances vasoactives déclenchent une vasodilatation cutanée intense ; la peau est chaude, sèche et rouge, et on parle de *choc chaud.* Sur le plan physiopathologique, la résistance vasculaire de la peau diminue et la circulation sanguine en périphérie augmente ; le retour veineux se trouve fortement réduit.

Dans les deux cas, les mécanismes pathologiques dus aux substances vasoactives déclenchent une véritable hypovolémie fonctionnelle qui se traduit par l'effondrement de la pression artérielle. La faible pression artérielle entraîne des effets graves sur les reins, les poumons et le tube digestif. L'observation d'une accélération brutale du pouls (effet compensatoire de la chute de pression) et de la fréquence respiratoire, un arrêt du fonctionnement des reins (compensation par conservation des liquides) et un état de confusion doivent alerter le personnel médical et l'amener à suspecter un choc septique. Nous examinons un autre mécanisme qui cause le choc septique dans l'encadré du chapitre 16 (p. 509).

De plus, la présence de bactéries à Gram négatif telles que *Hæmophilus influenzæ* sérotype b dans le liquide cérébrospinal provoque la libération d'IL-1 et de TNF. Ces molécules affaiblissent la barrière hémato-encéphalique qui protège normalement le système nerveux central contre l'infection. L'affaiblissement de la barrière a pour but de laisser passer les macrophagocytes, mais il permet aussi à un plus grand nombre de bactéries de s'introduire dans le système nerveux à partir de la circulation sanguine.

Parmi les autres caractéristiques des endotoxines, mentionnons le fait qu'elles ne favorisent pas la formation d'antitoxines efficaces. Il y a production d'anticorps mais, en général, ils ne s'opposent pas à l'action de la toxine ; parfois, ils en augmentent même les effets.

**Tableau 15.3** *Exotoxines et endotoxines*

| Propriété | Exotoxine | Endotoxine |
|---|---|---|
| Origine bactérienne | Bactéries à Gram positif, surtout | Bactéries à Gram négatif |
| Fonction dans le microorganisme | Produit du métabolisme de la bactérie en croissance | Présente dans le LPS de la membrane externe de la paroi cellulaire et libérée seulement lors de la destruction de la cellule |
| Nature chimique | Protéine ou petit peptide | Partie lipidique (lipide A) du LPS de la membrane externe |
| Physiopathologie (effet sur le corps) | Action spécifique sur une structure ou une fonction cellulaire particulière de l'hôte (atteint principalement les fonctions cellulaires, les nerfs et le tube digestif) | Non spécifique, p. ex. : fièvre, faiblesses, douleurs et état de choc ; toutes les endotoxines ont les mêmes effets |
| Stabilité thermique | Instable ; est détruite en général entre 60 et 80 °C (sauf l'entérotoxine staphylococcique) | Stable ; résiste à l'autoclave (121 °C pendant 1 h) |
| Toxicité (capacité de provoquer la maladie) | Élevée | Faible |
| Capacité de produire de la fièvre | Non | Oui |
| Immunologie (quant aux anticorps) | Peut être convertie en anatoxine servant à immuniser contre la toxine ; est neutralisée par l'antitoxine | Difficile à neutraliser par l'antitoxine ; en conséquence, on ne peut pas produire d'anatoxines efficaces pour immuniser contre les endotoxines |
| Dose létale | Faible | Considérablement plus élevée |
| Maladies représentatives | Gangrène gazeuse, tétanos, botulisme, diphtérie, scarlatine, choléra | Fièvre typhoïde, infections du système urinaire et méningite à méningocoques |

Parmi les microorganismes qui produisent des endotoxines, *Salmonella typhi* (agent de la fièvre typhoïde), *Proteus* spp. (souvent à l'origine des infections du système urinaire) et *Neisseria meningitidis* (germe causal de la méningite à méningocoques) constituent des espèces représentatives.

Dans le domaine médical, il est important de posséder un test sensible pour révéler la présence d'endotoxines dans les médicaments injectables, sur les appareils médicaux et dans les liquides organiques. Le matériel qui a été stérilisé peut renfermer des endotoxines, même s'il ne contient pas de bactéries capables de croître en culture. Un de ces tests de laboratoire, appelé **test LAL** (Limulus *amœbocyte lysate*), peut révéler la présence d'endotoxines même en quantité infime. L'hémolymphe (sang) du limule de l'Atlantique, *Limulus polyphemus,* contient des globules blancs appelés amibocytes qui renferment, en grande quantité, une protéine (lysat) qui cause la coagulation. Les endotoxines provoquent la lyse des amibocytes et la libération de leur protéine coagulante. Il en résulte un caillot gélatineux (précipité) qui confirme la présence d'endotoxine. L'ampleur de la réaction est déterminée à l'aide d'un spectrophotomètre, instrument qui mesure le degré de turbidité.

Le tableau 15.3 présente en parallèle les propriétés des exotoxines et celles des endotoxines.

## Les plasmides, la lysogénie et le pouvoir pathogène des bactéries

### Objectif d'apprentissage

- *À l'aide d'exemples, décrire le rôle des plasmides et de la lysogénie dans le pouvoir pathogène des bactéries.*

Nous avons vu aux chapitres 4 (p. 104) et 8 (p. 262) que les plasmides sont de petites molécules d'ADN circulaires qui ne sont pas reliées au chromosome bactérien et sont capables de réplication autonome. Les plasmides appelés facteurs R (résistance) confèrent à certains microorganismes la résistance aux antibiotiques. Par ailleurs, ils peuvent être porteurs de l'information génétique codant pour des protéines qui déterminent le pouvoir pathogène des bactéries. La tétanospasmine, l'entérotoxine thermolabile (*E. coli*) et l'entérotoxine staphylococcique sont des exemples de facteurs de virulence dont les gènes sont situés sur des plasmides. Font aussi partie de ce groupe la dextrane-sucrase, une enzyme produite par *Streptococcus mutans* qui joue un rôle dans la carie dentaire ; les adhésines et la coagulase produites par *Staphylococcus aureus* ; et un type de fimbriæ propre aux souches entéropathogènes d'*E. coli*.

Au chapitre 13, nous avons mentionné que certains bactériophages (virus qui infectent les bactéries) peuvent incorporer leur ADN dans le chromosome bactérien. Ils deviennent ainsi des prophages, c'est-à-dire qu'ils restent latents et ne provoquent pas la lyse des bactéries. Cet état porte le nom de *lysogénie,* et les cellules qui contiennent un prophage sont appelées lysogènes. La lysogénie a plusieurs conséquences, notamment le fait que la cellule bactérienne hôte et ses descendants peuvent acquérir de nouvelles propriétés encodées dans l'ADN du prophage. Cette modification des caractéristiques d'un microbe causée par un prophage s'appelle **conversion phagique.** À la suite de cette conversion, la cellule bactérienne est immune – elle ne peut pas être infectée à nouveau par le même type de phage. Par ailleurs, les cellules lysogènes ont une importance médicale parce que certaines pathogénies bactériennes sont déterminées par les prophages qu'elles contiennent.

Parmi les gènes de bactériophages qui influent sur le pouvoir pathogène des bactéries, on compte ceux qui régissent la toxine diphtérique, les toxines érythrogènes, l'entérotoxine et la toxine pyrogène staphylococciques, la neurotoxine botulinique et la protéine de la capsule produite par *Streptococcus pneumoniæ*. Les souches pathogènes de *Vibrio choleræ* contiennent des phages qui les rendent lysogènes. Ces phages peuvent transmettre le gène de la toxine choléragène aux souches non pathogènes de *V. choleræ,* faisant ainsi augmenter le nombre de bactéries pathogènes.

# Les propriétés pathogènes des microorganismes non bactériens

## Les virus

### Objectifs d'apprentissage

- *Reconnaître le pouvoir pathogène des virus.*
- *Nommer les différents effets cytopathogènes des infections virales.*

Comme chez tous les microbes, les propriétés pathogènes des virus sont liées à leur capacité de s'introduire dans un hôte, de s'y fixer, de déjouer ses défenses et d'endommager ou de tuer ses cellules tandis qu'ils se reproduisent (chapitre 13).

Après avoir franchi la première étape du processus infectieux – la pénétration par l'une des portes d'entrée que le corps humain lui offre naturellement –, les virus abordent la deuxième étape – l'adsorption aux cellules hôtes.

### L'adsorption des virus aux cellules hôtes

Les virus se servent de divers mécanismes pour leurrer la cellule dans laquelle ils vont pénétrer. Dans un premier temps, l'adsorption d'un virus sur une cellule est possible parce qu'il possède des sites de liaison qui s'adaptent à un récepteur spécifique présent à la surface de la cellule cible. Quand un de ses sites de liaison est en contact avec le récepteur approprié, le virus peut s'arrimer à la cellule et passer à l'intérieur. Certains virus parviennent à entrer dans les cellules hôtes parce que leurs sites de liaison imitent des substances utiles à ces cellules. Par exemple, les sites de liaison du virus de la rage simulent l'acétylcholine, un neurotransmetteur. En conséquence, le virus pénètre dans la cellule hôte en même temps que le neurotransmetteur.

### Le processus d'invasion de l'hôte par des virus pathogènes et le contournement de ses défenses

Les virus sont, par définition, des parasites intracellulaires obligatoires. Cette caractéristique leur permet de se cacher à l'intérieur des cellules et de s'y trouver à l'abri des attaques du système immunitaire. Certains virus y demeurent pendant de longues périodes sous forme latente.

Le virus du SIDA (VIH) va plus loin. Il dissimule ses sites de liaison pour les soustraire à la réponse immunitaire et s'attaque à des éléments du système immunitaire lui-même. Comme certains autres virus, le VIH est spécifique d'un type de cellule, c'est-à-dire qu'il s'en prend seulement à certaines cellules du corps. Il se contente d'attaquer les cellules qui possèdent un marqueur de surface nommé protéine CD4, lesquelles sont pour la plupart des cellules du système immunitaire appelées lymphocytes T. Les sites de liaison du VIH sont complémentaires de la protéine CD4. La surface du virus est plissée de manière à former des crêtes et des vallées, et les sites de liaison sont situés au fond de ces vallées. Les protéines CD4 sont assez longues et minces pour s'arrimer à ces sites de liaison, alors que les molécules d'anticorps contre le VIH sont trop grosses pour les atteindre. En conséquence, il est difficile pour ces anticorps de détruire le VIH (chapitre 19).

### L'apparition des dysfonctionnements physiologiques dus aux effets cytopathogènes des virus

Quand une cellule hôte est infectée par un virus animal, elle en meurt la plupart du temps. La mort peut être causée par l'accumulation d'un grand nombre de virus qui se multiplient, par les effets des protéines virales sur la perméabilité de la membrane plasmique de la cellule hôte ou par l'inhibition de la synthèse de l'ADN, de l'ARN ou des protéines de la cellule hôte. Les effets visibles des dysfonctionnements cellulaires dus à un virus s'appellent **effets cytopathogènes.** Ceux qui aboutissent à la mort de la cellule sont nommés *effets cytocides* ; ceux qui occasionnent des lésions mais ne tuent pas la cellule sont appelés *effets non cytocides.* On utilise les effets cytopathogènes pour diagnostiquer de nombreuses infections virales.

Les effets cytopathogènes varient d'un virus à l'autre. C'est ainsi qu'ils ne se produisent pas tous au même moment du cycle d'infection virale. Certaines infections provoquent des changements dans la cellule hôte en peu de temps ; dans d'autres cas, les changements ne se manifestent que beaucoup plus tard. Par ailleurs, la gravité des répercussions des effets cytocides dépend du type de cellules cibles infecté par un virus donné. Ainsi, la mort d'une cellule épidermique et celle d'une cellule nerveuse causées toutes deux par le virus de la varicelle n'ont pas des conséquences identiques.

Un virus peut produire un ou plusieurs des effets cytopathogènes suivants.

1. *Arrêt de la mitose.* À une certaine étape de leur multiplication, les virus cytocides font cesser la synthèse des macromolécules dans la cellule hôte. Certains virus, tels que le virus de l'herpès simplex, bloquent la mitose de façon irréversible.
2. *Lyse.* Quand une cellule est infectée par un virus cytocide, ses lysosomes libèrent leurs enzymes, ce qui entraîne la destruction du contenu intracellulaire et la mort de la cellule hôte.
3. *Formation de corps d'inclusion.* Les **corps d'inclusion** sont des granules qui apparaissent dans le cytoplasme ou le noyau de certaines cellules infectées sans entraîner d'effet cytocide. Ces granules sont parfois des parties de virus – des acides nucléiques ou des protéines sur le point de s'assembler pour former des virions. La taille et la forme des granules, ainsi que leur réaction à la coloration, diffèrent d'un virus à l'autre. On caractérise les corps d'inclusion selon qu'ils sont sensibles aux colorants acides (acidophiles) ou basiques (basophiles). D'autres corps d'inclusion se forment à des endroits où il y a déjà eu synthèse virale mais ne contiennent eux-mêmes ni virus assemblés ni leurs composants. Les corps d'inclusion sont importants parce que leur présence peut faciliter l'identification du virus qui cause l'infection. Par exemple, le virus de la rage produit des corps d'inclusion (corps de Negri) dans le cytoplasme des cellules nerveuses et leur présence dans le tissu cérébral d'animaux soupçonnés d'avoir la rage a été utilisé comme outil diagnostique pour confirmer la maladie. On observe aussi des corps d'inclusion associés aux virus de la rougeole, de la vaccine et de la variole, ainsi qu'à certains herpèsvirus et aux adénovirus.
4. *Fusion de cellules infectées.* À l'occasion, plusieurs cellules infectées qui sont adjacentes fusionnent pour former une très grande cellule plurinucléée appelée **syncytium.** Ces cellules géantes sont produites à la suite d'infections par des virus non cytocides qui causent des maladies, telles que la rougeole, les oreillons et le rhume (*Paramyxovirus*), par l'herpèsvirus et par d'autres virus.
5. *Changements physiologiques et métaboliques.* Certaines infections virales entraînent des changements dans les fonctions des cellules hôtes sans produire d'effets visibles dans les cellules infectées. Par exemple, si un virus modifie la production d'une hormone, la cellule infectée ne change pas ; toutefois, les cellules ciblées par cette hormone ne fonctionneront pas normalement.
6. *Changements antigéniques.* Beaucoup d'infections virales provoquent des changements antigéniques à la surface des cellules hôtes atteintes. Ces changements antigéniques déclenchent la production d'anticorps par l'hôte contre ses propres cellules infectées. Ils destinent ainsi ces cellules à être détruites par le système immunitaire de l'hôte, ce qui permet en définitive aux virus cytocides de s'échapper de la cellule cible.
7. *Changements chromosomiques.* Certains virus provoquent des changements dans les chromosomes des cellules hôtes. Par exemple, certaines infections virales entraînent des lésions des chromosomes, le plus souvent des cassures chromosomiques. Les oncogènes (gènes à l'origine de cancers) proviennent fréquemment de virus ou sont activés par eux.
8. *Transformation des cellules hôtes.* La plupart des cellules normales cessent de croître *in vitro* quand elles sont juxtaposées à une autre cellule ; ce phénomène s'appelle **inhibition de contact.** Nous avons indiqué au chapitre 13 que les virus capables de causer le cancer *transforment* les cellules hôtes. Ce phénomène de transformation donne naissance à une cellule anormale en forme de fuseau qui n'obéit plus à l'inhibition de contact. La perte de l'inhibition de contact entraîne une croissance cellulaire déréglée et l'apparition d'une tumeur.
9. *Synthèse d'interféron.* Certaines cellules infectées par un virus produisent des substances appelées **interférons.** L'infection virale amène les cellules hôtes à produire des interférons, mais c'est l'ADN de la cellule hôte qui dirige leur synthèse. Ces substances protègent les cellules saines situées à proximité de l'infection virale. On peut dire qu'il s'agit là d'une bonne action de la part des virus ! (Nous reviendrons sur les interférons au chapitre 16, p. 517.)

Le tableau 15.4 donne la liste de quelques virus représentatifs qui produisent des effets cytopathogènes. Dans les chapitres 21 à 26, nous examinerons plus en détail les propriétés pathogènes des virus.

## Les mycètes, les protozoaires, les helminthes et les algues

### Objectifs d'apprentissage

- *Reconnaître les caractéristiques du pouvoir pathogène des mycètes, des protozoaires, des helminthes et des algues.*
- *Examiner les causes des symptômes des maladies qui ont pour origine un mycète, un protozoaire, un helminthe ou une algue.*

**Tableau 15.4** *Effets cytopathogènes de quelques virus*

| Virus (genre) | Effet cytopathogène |
|---|---|
| Virus de la poliomyélite (*Enterovirus*) | Cytocide (mort cellulaire) |
| Papovavirus (famille des *Papovaviridæ*) | Corps d'inclusion acidophiles dans le noyau |
| Adénovirus (*Mastadenovirus*) | Corps d'inclusion basophiles dans le noyau |
| Rhabdovirus (famille des *Rhabdoviridæ*) | Corps d'inclusion acidophiles dans le cytoplasme |
| Cytomégalovirus | Corps d'inclusion acidophiles dans le noyau et le cytoplasme |
| Virus de la rougeole (*Morbillivirus*) | Fusion cellulaire |
| Virus du polyome | Transformation |
| VIH (*Lentivirus*) | Destruction des lymphocytes T |

Dans la présente section, nous décrivons quelques effets pathologiques généraux des mycètes, des protozoaires, des helminthes et des algues qui causent des maladies chez l'humain. Nous examinons en détail dans la quatrième partie de ce manuel (chapitres 21 à 26) la plupart des maladies spécifiques causées par les mycètes, les protozoaires et les helminthes, ainsi que les propriétés pathogènes de ces organismes.

## Les mycètes

Bien qu'ils causent des maladies, les mycètes ne sont pas caractérisés par un ensemble bien défini de facteurs de virulence. Ils présentent toutefois des structures et des propriétés qui contribuent à leur pouvoir pathogène. Les mycètes possèdent des capsules, ils produisent des toxines et des métabolites, et certains d'entre eux, tels que les dermatomycètes, peuvent provoquer une réaction allergique chez l'hôte.

Tout comme les bactéries et les virus, les mycètes suivent les quatre étapes du processus infectieux: pénétration dans l'organisme hôte, adhérence aux cellules hôtes, invasion de l'hôte et contournement de ses défenses, atteinte des tissus cibles et apparition de dysfonctionnements physiologiques. *Candida albicans* et *Trichophyton* sont deux mycètes qui provoquent des infections cutanées et sécrètent des protéases. On croit que ces enzymes modifient la membrane des cellules de l'hôte de façon à permettre l'adhérence du microorganisme. *Cryptococcus neoformans* est un mycète qui entraîne un type de méningite; il produit une capsule qui l'aide à résister à la phagocytose.

Certains mycètes produisent des métabolites qui sont toxiques pour les hôtes humains. Toutefois, dans ces cas-là, la toxine est seulement une cause indirecte de la maladie, puisque le mycète est déjà en croissance sur ou dans l'hôte.

Les *trichothécènes* sont des toxines fongiques qui inhibent la synthèse des protéines dans les cellules eucaryotes. Elles provoquent des irritations cutanées, de la diarrhée et des hémorragies pulmonaires fatales. *Stachybotrys* est un mycète qui pousse sur les murs endommagés par l'eau. Au cours des dernières années, les trichothécènes qu'il élabore ont causé la mort de plusieurs nourrissons.

L'ergotisme, maladie courante en Europe au Moyen Âge, est le fait d'une toxine produite par un ascomycète pathogène des plantes, *Claviceps purpurea,* qui pousse sur les céréales. La toxine est contenue dans les **sclérotes,** segments très résistants des mycéliums qui remplissent les fleurs de seigle et qui sont capables de se détacher. La toxine elle-même, l'**ergot,** est un alcaloïde qui peut causer des hallucinations semblables à celles suscitées par le LSD; en fait, l'ergot est une source naturelle de LSD. La toxine provoque aussi la constriction des capillaires et peut entraîner la gangrène des membres en enrayant la circulation du sang dans le corps. Bien que *C. purpurea* pousse encore à l'occasion sur les céréales, les techniques de meunerie utilisées aujourd'hui éliminent habituellement les sclérotes (chapitre 25).

Plusieurs autres toxines sont élaborées par des mycètes qui croissent sur les céréales ou d'autres plantes. Par exemple, le beurre d'arachide est occasionnellement retiré de la vente en raison d'une quantité excessive d'**aflatoxine,** substance qui a des propriétés cancérogènes. L'aflatoxine est produite par la croissance de la moisissure *Aspergillus flavus.* À la suite de son ingestion, elle se transformerait dans le corps humain en un composé mutagène.

Quelques mycètes sont à l'origine de toxines appelées **mycotoxines** (toxines élaborées par des mycètes). La **phalloïdine** et l'**amanitine,** qui proviennent d'*Amanita phalloides,* sont des exemples de mycotoxines. Ces neurotoxines sont assez puissantes pour causer la mort de ceux qui mangent ce champignon macroscopique.

## Les protozoaires

Les protozoaires présentent aussi des facteurs de virulence liés à leur capacité de franchir les étapes qui conduisent à la maladie. Par exemple, *Toxoplasma* se fixe aux macrophagocytes et se laisse absorber par phagocytose. Le parasite bloque ensuite l'acidification et la digestion normales; il peut ainsi faire sa demeure dans la vacuole phagocytaire et y croître. D'autres protozoaires, tels que *Giardia lamblia,* le germe causal de la giardiase, sont ingérés par l'hôte sous forme de kystes résistants. Une fois dans l'intestin de l'hôte, les kystes libèrent des protozoaires qui s'agrippent aux parois en adhérant aux cellules. Les parasites se multiplient, causant une inflammation, et digèrent les cellules et les liquides des tissus.

Certains protozoaires peuvent déjouer les défenses de l'hôte et causer des maladies qui durent très longtemps. Par exemple, *G. lamblia,* qui provoque la diarrhée, et *Trypanosoma,* qui est à l'origine de la trypanosomiase africaine (maladie du sommeil), possèdent un mécanisme qui leur permet de garder leur avance sur le système immunitaire de l'hôte. (Le système immunitaire a pour tâche de reconnaître les substances étrangères appelées antigènes ; lorsqu'il en détecte, il se met à produire des anticorps dans le but de les détruire, chapitre 17). Quand *Trypanosoma* est introduit dans la circulation sanguine par une mouche tsé-tsé, le protozoaire produit et affiche un antigène spécifique. Le corps réagit en synthétisant des anticorps contre cet antigène. Cependant, le microbe riposte à son tour dans les 2 semaines qui suivent. Il cesse d'afficher l'antigène d'origine et se met à en produire un autre qu'il expose à la place. En conséquence, les premiers anticorps sont rendus inefficaces. Puisque le microbe peut élaborer jusqu'à 1 000 antigènes différents, l'infection peut durer des décennies. D'autres protozoaires, tels que *Plasmodium,* l'agent causal du paludisme, pénètrent à l'intérieur des cellules hôtes et s'y reproduisent ; le parasite évite ainsi le repérage immunitaire. Au cours de son cycle de développement, *Plasmodium* envahit les cellules hépatiques et les érythrocytes et entraîne leur rupture, d'où les troubles du métabolisme et les périodes intenses de fièvre et de grande faiblesse observés chez les sujets atteints de paludisme.

La croissance des protozoaires, l'excrétion des déchets de leur métabolisme, ainsi que la libération de substances par les tissus endommagés occasionnent souvent des symptômes de maladie chez les hôtes (tableau 12.5).

## Les helminthes

La présence d'helminthes produit aussi souvent des symptômes de maladie chez l'hôte (tableau 12.6). Les symptômes varient selon le mode d'action des parasites. Certains ont une action spoliatrice ; par exemple, des vers intestinaux détournent les nutriments à leur profit, entraînant des carences chez l'hôte infesté. D'autres ont une action toxique ; les déchets de leur métabolisme ou leurs toxines occasionnent les symptômes. D'autres encore ont une action mécanique ; ils utilisent les tissus de l'hôte pour leur propre croissance ou donnent naissance à de grosses masses parasitaires ; les lésions cellulaires qui en résultent font apparaître les symptômes. C'est le cas du ver rond *Wuchereria bancrofti,* qui est à l'origine de l'éléphantiasis. Le parasite bloque la circulation lymphatique, ce qui entraîne une accumulation de lymphe et finit par causer des tuméfactions grotesques dans les jambes et ailleurs sur le corps. La gravité de la maladie est en lien avec le nombre de parasites et le degré de virulence.

## Les algues

Quelques espèces d'algues produisent des neurotoxines. Par exemple, certains genres de dinoflagellés, tels qu'*Alexandrium,* sont importants sur le plan médical parce qu'ils synthétisent une neurotoxine appelée **saxitoxine.** Les mollusques qui se nourrissent de ces dinoflagellés n'ont aucun symptôme de maladie, mais les humains qui les consomment présentent des symptômes semblables à ceux du botulisme. L'affection porte le nom d'intoxication par phycotoxine paralysante. Les services de santé publique interdisent souvent la consommation de mollusques durant les marées rouges (chapitre 12, p. 378).

* * *

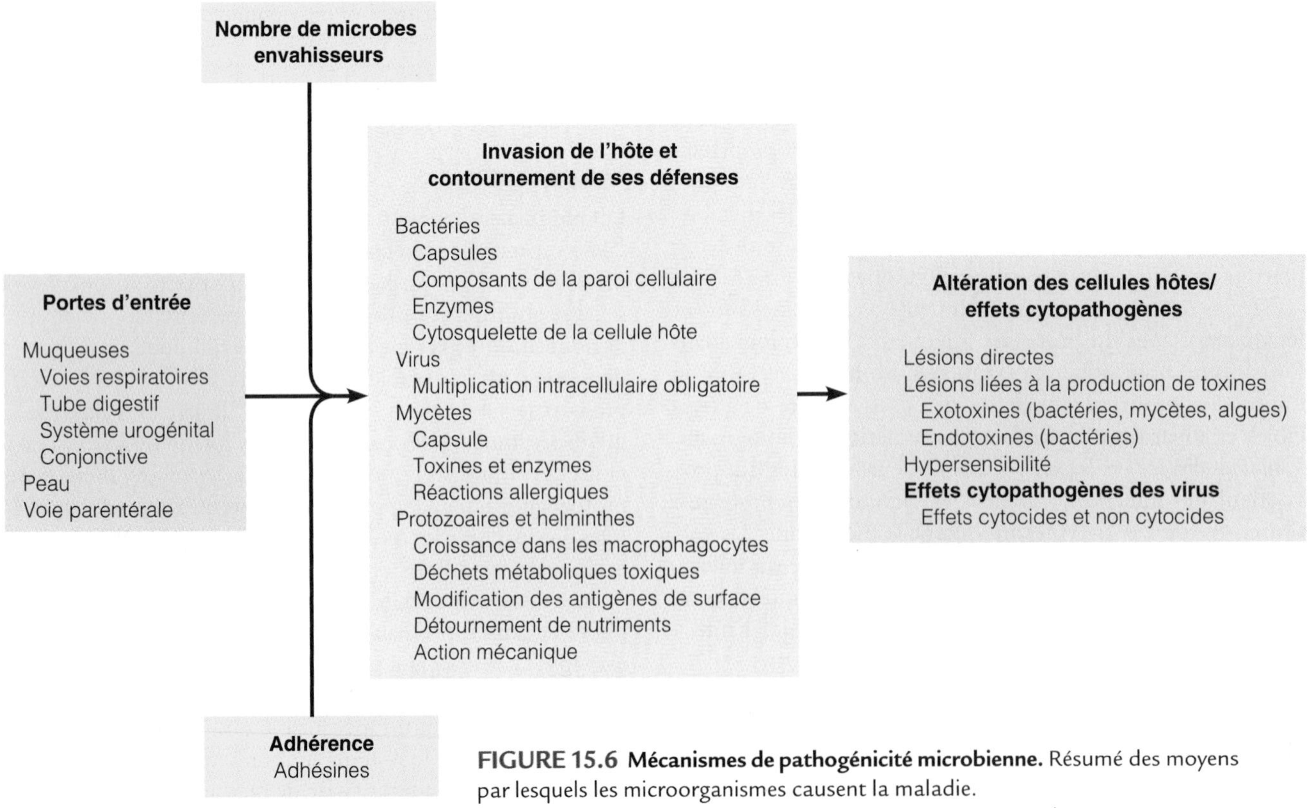

**Nombre de microbes envahisseurs**

**Portes d'entrée**

Muqueuses
- Voies respiratoires
- Tube digestif
- Système urogénital
- Conjonctive

Peau
Voie parentérale

**Invasion de l'hôte et contournement de ses défenses**

Bactéries
- Capsules
- Composants de la paroi cellulaire
- Enzymes
- Cytosquelette de la cellule hôte

Virus
- Multiplication intracellulaire obligatoire

Mycètes
- Capsule
- Toxines et enzymes
- Réactions allergiques

Protozoaires et helminthes
- Croissance dans les macrophagocytes
- Déchets métaboliques toxiques
- Modification des antigènes de surface
- Détournement de nutriments
- Action mécanique

**Adhérence**
Adhésines

**Altération des cellules hôtes/ effets cytopathogènes**

Lésions directes
Lésions liées à la production de toxines
- Exotoxines (bactéries, mycètes, algues)
- Endotoxines (bactéries)

Hypersensibilité
**Effets cytopathogènes des virus**
- Effets cytocides et non cytocides

FIGURE 15.6 **Mécanismes de pathogénicité microbienne.** Résumé des moyens par lesquels les microorganismes causent la maladie.

Dans le prochain chapitre, nous nous pencherons sur un groupe de moyens de défense non spécifiques de l'hôte contre la maladie. Mais avant d'aller plus loin, nous vous invitons à examiner attentivement la figure 15.6. Elle résume quelques-unes des notions clés étudiées dans le présent chapitre à propos des mécanismes de pathogénicité microbienne.

---

# RÉSUMÉ

## INTRODUCTION (p. 475)

1. Le pouvoir pathogène, ou pathogénicité, d'un microorganisme est sa capacité de causer la maladie en déjouant les défenses de l'hôte.
2. La virulence est l'intensité du pouvoir pathogène.
3. La suite d'événements qui conduisent à la maladie infectieuse sont : la pénétration de l'agent pathogène dans l'organisme hôte ; l'adhérence aux cellules de l'hôte ; l'invasion qui permet de contourner les défenses de l'hôte ; l'apparition de dysfonctionnements physiologiques.

## LA PÉNÉTRATION DES AGENTS MICROBIENS DANS L'ORGANISME HÔTE (p. 476-480)

1. La voie qu'emprunte un agent pathogène pour s'introduire dans le corps est appelée sa porte d'entrée.

### Les portes d'entrée (p. 476-478)

1. Beaucoup de microorganismes peuvent pénétrer la barrière cutanéo-muqueuse en traversant la peau et les diverses muqueuses de la conjonctive, des voies respiratoires, du tube digestif et du système urogénital.
2. Les voies respiratoires constituent la porte d'entrée la plus souvent utilisée ; les microorganismes sont aspirés dans des gouttelettes d'eau et sur des grains de poussière.
3. Les microorganismes entrent dans le tube digestif par l'intermédiaire de la nourriture, de l'eau et des doigts contaminés.
4. Les microorganismes qui passent par les voies urogénitales peuvent pénétrer dans le corps en traversant la muqueuse ; c'est la porte d'entrée des agents pathogènes qui se propagent par l'intermédiaire des rapports sexuels.
5. La plupart des microorganismes sont incapables de pénétrer la peau intacte ; ils entrent par les follicules pileux et les conduits des glandes sudoripares et sébacées.
6. Certains mycètes infectent la peau elle-même.
7. Certains microorganismes peuvent s'introduire dans les tissus par inoculation à travers la peau et les muqueuses lors de morsures, de piqûres et par d'autres plaies. Cette porte d'entrée est appelée la voie parentérale.

### La porte d'entrée préférée (p. 478)

1. Beaucoup de microorganismes ne peuvent causer des infections que s'ils passent par la porte d'entrée qui leur est spécifique. S'ils s'introduisent dans le corps par une autre porte, il n'y aura pas de maladie.

### Le nombre de microbes envahisseurs (p. 478)

1. On peut exprimer la virulence par l'abréviation $DL_{50}$ (dose létale pour 50% des hôtes inoculés) ou $DI_{50}$ (dose infectieuse pour 50% des hôtes inoculés).

### L'adhérence aux cellules hôtes (p. 478-480)

1. Les agents pathogènes tels que les bactéries possèdent à leur surface des molécules appelées adhésines (ou ligands) qui se lient à des récepteurs complémentaires sur les cellules hôtes.
2. Les adhésines peuvent être des glycoprotéines ou des lipoprotéines et sont souvent associées aux fimbriæ de la bactérie.
3. Le mannose, présent à la surface de la cellule hôte, est le récepteur le plus répandu.

## LE PROCESSUS D'INVASION DE L'HÔTE ET LE CONTOURNEMENT DE SES DÉFENSES PAR DES BACTÉRIES PATHOGÈNES (p. 480-482)

### Les capsules (p. 480-481)

1. Certains organismes pathogènes ont des capsules qui les protègent contre la phagocytose.
2. La variation des antigènes capsulaires fait apparaître différentes souches dans une même espèce, d'où la nécessité d'une réponse immunitaire spécifique contre chaque souche.

### Les composants de la paroi cellulaire (p. 481)

1. Certaines protéines de la paroi cellulaire facilitent l'adhérence ou protègent les organismes pathogènes contre la phagocytose.
2. Certains microbes peuvent se reproduire à l'intérieur des phagocytes.

### Les enzymes extracellulaires (p. 481-482)

1. Les leucocidines détruisent les granulocytes neutrophiles et les macrophagocytes.
2. Les hémolysines provoquent la lyse des érythrocytes.
3. Les infections locales peuvent être protégées par un caillot fibrineux qui se forme sous l'action de la coagulase, une enzyme bactérienne.
4. Les bactéries peuvent se disséminer à partir d'un foyer d'infection à l'aide de kinases (qui détruisent les caillots de sang), de la hyaluronidase (qui détruit un mucopolysaccharide dont la fonction est de lier les cellules les unes aux autres) et de la collagénase (qui hydrolyse le collagène du tissu conjonctif).

### L'utilisation du cytosquelette de la cellule hôte (p. 482)

1. La bactérie *Salmonella* produit des invasines. Ces protéines réarrangent l'actine du cytosquelette de la cellule hôte de telle sorte qu'elle forme un panier autour de la bactérie et l'entraîne dans la cellule.

## L'APPARITION DES DYSFONCTIONNEMENTS PHYSIOLOGIQUES DUS AUX EFFETS DES AGENTS PATHOGÈNES BACTÉRIENS (p. 483-489)

### Les lésions directes (p. 483)

1. Les cellules hôtes peuvent être détruites directement par la multiplication des microorganismes pathogènes qui les envahissent ou bien par les produits du métabolisme microbien.

### La production de toxines bactériennes (p. 483-488)

1. Les poisons produits par les microorganismes sont appelés toxines; la présence de toxines dans le sang s'appelle toxémie. La capacité des microorganismes de produire des toxines porte le nom de toxigénicité.
2. Les exotoxines sont des protéines produites par les bactéries et libérées dans le milieu environnant.
3. Ce sont les exotoxines, et non les bactéries, qui causent les symptômes spécifiques des maladies. Les cytotoxines, les neurotoxines et les entérotoxines sont des exotoxines.
4. Les anticorps produits contre les exotoxines s'appellent antitoxines.
5. On compte parmi les cytotoxines la toxine diphtérique (qui inhibe la synthèse des protéines) et les toxines érythrogènes (qui endommagent les capillaires).
6. Les neurotoxines comprennent la toxine botulinique (qui bloque la transmission nerveuse) et la toxine tétanique (qui bloque la transmission des influx nerveux inhibiteurs).
7. L'entérotoxine staphylococcique et la toxine de *Vibrio choleræ* sont des entérotoxines qui provoquent la perte de liquide et d'électrolytes par les cellules hôtes.
8. L'endotoxine est la partie lipidique, appelée lipide A, du lipopolysaccharide (LPS), composant de la paroi cellulaire des bactéries à Gram négatif.
9. La mort des cellules bactériennes, les antibiotiques et les anticorps peuvent entraîner la libération des endotoxines.
10. Les endotoxines causent toutes les mêmes signes et symptômes: par exemple, de la fièvre (en provoquant la libération d'interleukine 1) et l'état de choc (en stimulant la libération de TNF qui fait baisser la pression artérielle).
11. Les endotoxines permettent aux bactéries de traverser la barrière hémato-encéphalique.
12. Le test LAL permet de détecter les endotoxines dans les médicaments et sur les appareils médicaux.

### Les plasmides, la lysogénie et le pouvoir pathogène des bactéries (p. 488-489)

1. Les plasmides peuvent porter des gènes de résistance aux antibiotiques, ainsi que des gènes de toxines, de capsules et de fimbriæ.
2. La conversion phagique peut produire des bactéries qui possèdent des facteurs de virulence tels que des toxines ou des capsules.

## LES PROPRIÉTÉS PATHOGÈNES DES MICROORGANISMES NON BACTÉRIENS (p. 489-493)

### Les virus (p. 489-493)

1. Un virus peut se fixer à une cellule parce qu'il possède des sites de liaison qui s'adaptent à un récepteur spécifique sur la cellule cible.
2. Les virus échappent à la réponse immunitaire de l'hôte en se multipliant à l'intérieur des cellules; ce sont des parasites intracellulaires obligatoires.
3. Les signes visibles d'une infection virale sont appelés effets cytopathogènes.
4. Certains virus ont des effets cytocides (mort cellulaire). D'autres ont des effets non cytocides (lésions qui n'entraînent pas la mort).
5. Les effets cytopathogènes comprennent l'arrêt de la mitose, la lyse, la formation de corps d'inclusion, la fusion de cellules infectées, les changements antigéniques, les changements chromosomiques et la transformation.

### Les mycètes, les protozoaires, les helminthes et les algues (p. 490-493)

1. Les symptômes des mycoses peuvent être causés par des capsules, des toxines et des réactions allergiques.
2. Les symptômes des maladies causées par les protozoaires et les helminthes peuvent être la conséquence des lésions subies par les tissus de l'hôte ou des déchets métaboliques des parasites.
3. Certains protozoaires remplacent leurs antigènes de surface au cours de leur croissance dans l'hôte pour ne pas être tués par les anticorps de ce dernier.
4. Certaines algues produisent des neurotoxines qui causent la paralysie quand elles sont ingérées par les humains.

## AUTOÉVALUATION

### RÉVISION

1. Nommez trois portes d'entrée et décrivez comment les microorganismes s'introduisent dans l'organisme hôte en les empruntant.
2. Faites la distinction entre le pouvoir pathogène et la virulence.
3. Expliquez comment des médicaments qui se lient aux molécules suivantes influeraient sur le pouvoir pathogène d'un microorganisme.
   a) Mannose sur la membrane des cellules humaines
   b) Fimbriæ de *Neisseria gonorrhoeæ*
   c) Protéine M de *Streptococcus pyogenes*

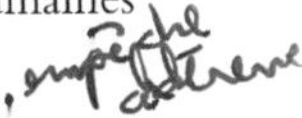

**4.** Définissez les deux types d'effets cytopathogènes causés par les virus et décrivez-en au moins cinq exemples.

**5.** Comparez les aspects suivants des endotoxines et des exotoxines : origine bactérienne, nature chimique, toxicité et dysfonctionnements physiologiques. Donnez un exemple de chaque toxine.

**6.** Quel rapport y a-t-il entre les capsules et les composants de la paroi cellulaire d'une part et le pouvoir pathogène d'une bactérie d'autre part ? Donnez des exemples précis.

**7.** Décrivez les types d'exotoxines selon leur mode d'action.

**8.** Décrivez comment les hémolysines, les leucocidines, la coagulase, les kinases et la collagénase contribuent au pouvoir pathogène des bactéries qui les produisent.

**9.** Décrivez les facteurs qui contribuent au pouvoir pathogène des mycètes, des protozoaires et des helminthes.

**10.** Lequel des genres suivants est le plus infectieux ? Justifiez votre réponse.

| Genre | $DI_{50}$ | Genre | $DI_{50}$ |
|---|---|---|---|
| Legionella | 1 cellule | *Shigella* | 200 cellules |
| Salmonella | $10^5$ cellules | *Treponema* | 52 cellules |

**11.** La $DL_{50}$ de la toxine botulinique est de 0,000 025 $\mu$g. La $DL_{50}$ de la toxine de *Salmonella* est de 200 $\mu$g. Laquelle de ces toxines est la plus puissante ? Comment les valeurs de la $DL_{50}$ vous permettent-elles de le savoir ?

**12.** Les empoisonnements causés par les aliments peuvent être classés en deux catégories : les infections par les aliments et les intoxications alimentaires. Expliquez la différence entre ces deux catégories.

**13.** Comment les virus peuvent-ils éviter d'être tués par la réponse immunitaire de l'hôte ? Et les helminthes ?

**14.** Nommez différents facteurs qui influent sur l'apparition d'une maladie infectueuse.

## QUESTIONS À CHOIX MULTIPLE

**1.** Dans lequel des organismes suivants peut-on réduire la virulence en enlevant les plasmides ?

**a)** *Clostridium tetani*
**b)** *Escherichia coli*
**c)** *Staphylococcus aureus*
**d)** *Streptococcus mutans*
**e)** Tous les agents pathogènes précédents

**2.** Quelle est la $DL_{50}$ de la toxine bactérienne analysée dans l'exemple ci-dessous ?

| *Dilution* | *Nombre d'animaux morts* | *Nombre d'animaux survivants* |
|---|---|---|
| **a)** 6 $\mu$g/kg | 0 | 6 |
| **b)** 12,5 $\mu$g/kg | 0 | 6 |
| **c)** 25 $\mu$g/kg | 3 | 3 |
| **d)** 50 $\mu$g/kg | 4 | 2 |
| **e)** 100 $\mu$g/kg | 6 | 0 |

**3.** Lequel des éléments suivants *n'*est *pas* une porte d'entrée pour les organismes pathogènes ?

**a)** Muqueuses des voies respiratoires
**b)** Muqueuses du tube digestif
**c)** Peau
**d)** Sang
**e)** Voie parentérale

**4.** Lequel des procédés suivants ne peut faire obstacle à l'évolution d'une infection bactérienne ?

**a)** Vaccination contre les fimbriæ
**b)** Phagocytose
**c)** Inhibition de la digestion phagocytaire
**d)** Destruction des adhésines
**e)** Modification du cytosquelette

**5.** La $DI_{50}$ de *Campylobacter* sp. est de 500 cellules ; celle de *Cryptosporidium* sp. est de 100 cellules. Lequel des énoncés suivants *n'*est *pas* vrai ?

**a)** Les deux microbes sont pathogènes.
**b)** Les deux microbes produisent des infections dans 50 % des hôtes inoculés.
**c)** *Cryptosporidium* est moins virulent que *Campylobacter.*
**d)** *Campylobacter* et *Cryptosporidium* sont virulents ; ils causent des infections dans le même nombre d'animaux-tests.
**e)** La gravité des infections causées par *Campylobacter* et *Cryptosporidium* ne peut pas être déterminée à partir de l'information fournie.

**6.** Une bactérie capsulée peut être virulente parce que la capsule :

**a)** empêche la phagocytose.
**b)** est une endotoxine.
**c)** détruit les tissus hôtes.
**d)** dérègle les processus physiologiques.
**e)** n'a aucun effet ; puisque beaucoup d'organismes pathogènes n'en ont pas, les capsules ne contribuent pas à la virulence.

**7.** Un médicament qui se lie au mannose sur les cellules humaines préviendrait :

**a)** l'entrée de l'entérotoxine de *Vibrio.*
**b)** l'adhérence de cellules pathogènes d'*E. coli.*
**c)** l'action de la toxine botulinique.
**d)** la phagocytose.
**e)** l'action de la toxine diphtérique.

**8.** Les premières vaccinations contre la variole consistaient à frictionner la peau d'une personne saine avec des tissus infectés. La personne qui recevait ce vaccin contractait une forme bénigne de la variole, se rétablissait et se trouvait ainsi immunisée. L'explication la plus probable du fait que ce vaccin ne tuait pas plus de personnes est que :

**a)** la peau n'est pas la porte d'entrée normale de la variole.
**b)** le vaccin consistait en une forme atténuée du virus.

**c)** la variole est normalement transmise par la peau d'une personne en contact direct avec celle d'une autre personne.
**d)** la variole est un virus.
**e)** le virus avait subi une mutation.

**9.** Une exotoxine est :
**a)** une protéine enzymatique intracellulaire qui permet aux bactéries qui la produisent de résister aux antibiotiques.
**b)** une substance toxique produite par des bactéries transitoires et dont l'action s'exerce contre les bactéries de la flore normale permanente.
**c)** une substance de composition chimique complexe considérée comme peu toxique et libérée dans le sang au moment de la lyse de la bactérie.
**d)** une protéine libérée dans le sang et dont l'action très toxique s'exerce de façon spécifique sur des cellules de l'hôte.
**e)** Rien de ce qui précède

**10.** Lequel des énoncés suivants est vrai ?
**a)** L'objectif principal d'un organisme pathogène est de tuer son hôte.
**b)** L'évolution ne retient que les agents pathogènes les plus virulents.
**c)** Un organisme pathogène « qui réussit » ne tue pas son hôte avant d'avoir été transmis.
**d)** Un organisme pathogène « qui réussit » ne tue jamais son hôte.

## QUESTIONS À COURT DÉVELOPPEMENT

**1.** Comment les plasmides et la lysogénie peuvent-ils transformer *E. coli,* un organisme normalement inoffensif, en agent pathogène ?

**2.** La cyanobactérie *Microcystis æruginosa* produit un peptide qui est toxique pour les humains. Selon le graphique ci-dessous, quel facteur influe sur la virulence de la cyanobactérie ? À quel moment cette bactérie est-elle le plus toxique ? Justifiez votre réponse. À quel moment de l'année peut-on s'attendre à des cas plus nombreux d'intoxication ?

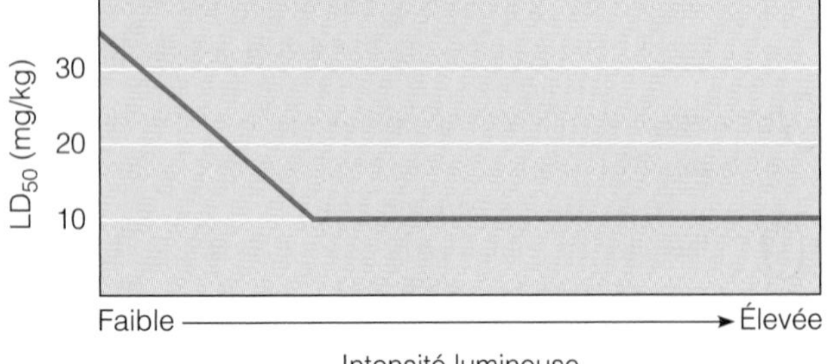


**3.** Comment chacune des stratégies suivantes contribue-t-elle à la virulence d'un agent pathogène ?
**a)** Production de leucocidine, une enzyme
**b)** Modification des antigènes de surface après son entrée dans l'hôte
**c)** Production d'une endotoxine
**d)** Croissance intracellulaire
**e)** Présence de fimbriæ

**4.** Parcourez les chapitres 21 à 26 du manuel et décrivez un facteur de virulence pour chacun des agents pathogènes responsables des maladies infectieuses suivantes.
**a)** *Streptococcus pyogenes* dans la scarlatine
**b)** *Hæmophilus influenzæ* type b dans la méningite
**c)** Virus de la poliomyélite
**d)** *Giardia lamblia* dans la giardiase
**e)** *Escherichia coli* O157 :H7 dans la colite hémorragique
**f)** *Clostridium perfringens* dans la gangrène gazeuse
**g)** Virus de l'herpès simplex

## APPLICATIONS CLINIQUES

*N. B. Certaines de ces questions nécessitent que vous cherchiez des réponses dans les différents chapitres du livre. Vous pouvez aussi revoir les applications cliniques du chapitre 4.*

**1.** Le 8 juillet, un homme de 47 ans se rend à une clinique médicale et on lui prescrit des antibiotiques pour traiter ce qu'on croit être une sinusite. Mais son état s'aggrave et il est incapable de manger pendant 4 jours parce qu'il souffre de raideur et de douleurs intenses dans la mâchoire. Le 12 juillet, il est hospitalisé pour des spasmes faciaux si graves que les contractures musculaires bloquent sa mâchoire. Lors de son admission, le patient signale au médecin que, le 5 juillet, alors qu'il était en camping, il s'est infligé une blessure par perforation à la base de l'orteil avec un vieux bout de racine ; il a nettoyé la plaie mais, préférant ne pas interrompre ses vacances, n'a pas consulté de médecin.

Quelle question le médecin doit-il poser à son patient en regard de l'incident lié à la blessure à l'orteil ? Quelle est la cause probable des signes et symptômes intenses de ce patient ? Quel est le réservoir qui héberge l'agent pathogène en cause ? Décrivez le mécanisme physiopathologique qui a conduit à l'apparition des spasmes musculaires. Pourquoi l'antibiotique administré n'a-t-il pas diminué les signes et les symptômes ? (*Indice :* voir le chapitre 22 et la figure 22.6.)

**2.** Pour chacun des exemples suivants, expliquez s'il s'agit d'une infection ou d'une intoxication par les aliments (chapitre 25).
**a)** Des personnes qui ont mangé des crevettes pêchées à Matane, au Québec, présentent, de 4 heures à 2 jours après le repas, les symptômes suivants : diarrhée, crampes, faiblesse, nausées, frissons, maux de tête et fièvre.
**b)** Des personnes qui ont mangé du barracuda pêché en Floride présentent, de 3 à 6 heures après le repas, les symptômes suivants : malaises, nausées, vision trouble, difficultés à respirer et engourdissement.

**3.** De l'eau de lavage contenant des *Pseudomonas,* des bactéries à Gram négatif, est stérilisée et utilisée à nouveau pour nettoyer des sondes intracardiaques. Trois patients qui ont subi un cathétérisme cardiaque sont atteints de fièvre, de frissons et d'hypotension. L'eau et les sondes étaient stériles. L'endotoxine produite par les bactéries est responsable de l'apparition des signes et symptômes.

Décrivez le mécanisme physiopathologique qui relie l'endotoxine à l'apparition de la fièvre et des frissons d'une part et, d'autre part, reliez l'endotoxine à l'apparition de l'hypotension. (*Indice :* voir le chapitre 16.) Y a t-il un lien avec le fait que l'eau et les sondes soient stériles ? Justifiez votre réponse.

4. La prévention contre le SIDA met l'accent sur les relations sexuelles protégées et sur la non-réutilisation de seringues usagées. On précise que la maladie n'est pas transmissible par la salive, ou très rarement. Par contre, bien des gens sont convaincus que le virus se transmet aussi par un simple baiser.

   Comment expliquez-vous que, dans la très grande majorité des cas de transmission du virus, la contamination a lieu au cours de relations sexuelles ? (chapitre 19)

5. Les patients traités par chimiothérapie pour leur cancer ont normalement une *plus* faible résistance à l'infection. Mais voilà qu'un patient recevant un médicament anticancéreux inhibant la division cellulaire (antimitotique) est résistant à *Salmonella* (ne peut contracter la maladie) durant la durée de son traitement. Proposez un mécanisme possible pour expliquer cette résistance.

6. Dans le film *Le hussard sur le toit*, adapté du roman du même nom de Jean Giono, l'héroïne contracte le choléra. Le héros reconnaît la maladie à ses vomissements intenses, à la froideur de son corps, à sa peau blafarde et à sa très grande faiblesse. Dans un geste désespéré pour lui sauver la vie, il la frictionne énergiquement des heures durant afin de raviver la circulation sanguine et la réchauffer. Ses efforts sont couronnés de succès. Le choléra est une toxi-infection causée par la bactérie *Vibrio choleræ* de sérotype 0:1. Celle-ci produit l'entérotoxine choléragène ; cette exotoxine provoque un état de choc sévère, une acidose métabolique et, sans traitement d'hydratation, une mort rapide dans les 24 à 48 heures. Démontrez que l'entérotoxine choléragène partage les propriétés pathogènes générales des exotoxines. Reliez les effets de l'entérotoxine à l'état de choc observé dans les cas sévères de choléra.

   Une épidémie de choléra a sévi dans les années 1990 en Amérique latine, se répandant du Pérou à la Colombie et dans six autres pays avoisinants. Quelle caractéristique de l'agent pathogène lui confère sa grande capacité à se transmettre si facilement ?

   (*Indice :* voir le chapitre 25 et la figure 25.11.)

# Chapitre 16 Les réactions de défense non spécifiques de l'hôte

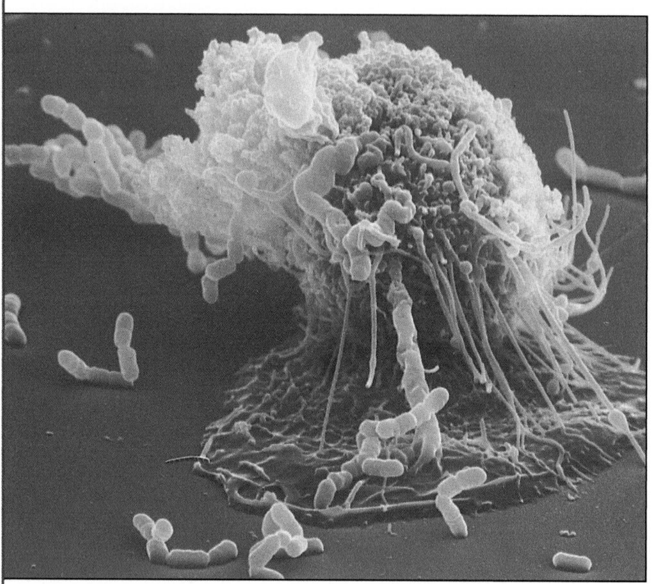

*Un macrophagocyte. Ce macrophagocyte avale les bactéries. Il les empêche ainsi de coloniser l'hôte et de le rendre malade.*

Nous avons établi jusqu'à maintenant que les microorganismes pathogènes sont dotés de propriétés particulières qui leur permettent de causer la maladie si l'occasion leur en est donnée. Si les microorganismes ne se butaient jamais à la résistance de l'hôte, nous serions toujours malades et finirions par succomber à toutes sortes de maladies. Mais, dans la plupart des cas, les défenses de l'organisme font obstacle aux microbes. Certains de ces moyens de défense sont destinés à interdire l'accès du corps aux microorganismes, d'autres éliminent les microorganismes s'ils parviennent à y entrer et d'autres encore leur livrent bataille s'ils arrivent à s'y implanter. On appelle **résistance** notre capacité de repousser la maladie grâce à nos réactions de défense. Cette résistance contribue au maintien de l'**homéostasie** de l'organisme. La vulnérabilité ou absence de résistance porte le nom de **susceptibilité.**

On regroupe les moyens de défense du corps en deux grandes catégories : non spécifique et spécifique (figure 16.1). La **résistance non spécifique** comprend les moyens qui nous protègent contre les agents pathogènes de toute nature, quelle que soit l'espèce à laquelle ces microbes appartiennent. Ils peuvent faire partie de la première ligne de défense (peau et muqueuses) ou de la deuxième ligne de défense (phagocytes, inflammation, fièvre et substances antimicrobiennes). La **résistance spécifique,** ou **immunité,** est la troisième ligne de défense dressée par le corps contre les agents pathogènes qui, dans ce cas, sont ciblés de façon spécifique. Ces moyens de défense reposent sur des cellules spécialisées du système immunitaire appelées lymphocytes (un type de leucocyte) et sur la production de protéines spécifiques appelées anticorps. Le chapitre 17 traite de la résistance spécifique. Dans le présent chapitre, nous nous penchons sur les activités de la résistance non spécifique mises en œuvre par le corps dans sa lutte contre les microbes.

## LA PREMIÈRE LIGNE DE DÉFENSE NON SPÉCIFIQUE

La peau et les muqueuses constituent d'excellents habitats pour les microorganismes qui y trouvent normalement gîte et nourriture (figure 14.2). Cependant, la présence de ces microorganismes sur les tissus externes du corps représente une menace réelle pour le milieu interne, qui doit demeurer stérile. Il n'est donc pas surprenant de constater que la peau

| Résistance non spécifique | | Résistance spécifique (réponses du système immunitaire) |
|---|---|---|
| **Première ligne de défense** | **Deuxième ligne de défense** | **Troisième ligne de défense** |
| • Protection par la peau et les muqueuses intactes<br>• Facteurs mécaniques, chimiques et cellulaires<br>• Effet barrière de la flore microbienne normale | • Phagocytose<br>• Inflammation<br>• Fièvre<br>• Substances anti-microbiennes<br>• Système du complément<br>• Interférons | • Réponse immunitaire à médiation humorale Lymphocytes B et anticorps<br>• Réponse immunitaire à médiation cellulaire Lymphocytes T |

FIGURE 16.1 **Vue d'ensemble des moyens de défense du corps.** La résistance non spécifique comprend les moyens qui nous protègent contre les agents pathogènes de toute nature, quelle que soit l'espèce à laquelle ces microbes appartiennent. La résistance spécifique comprend les moyens de défense dirigés contre des agents pathogènes ciblés.

et les muqueuses sont dotées de moyens de défense visant à limiter la pénétration des microorganismes et leur progression vers les tissus internes. Dans cette section, nous verrons que les systèmes du corps ouverts sur l'environnement possèdent leurs propres mécanismes de défense qui allient structure anatomique et fonctions physiologiques pour stopper l'invasion microbienne.

# La peau et les muqueuses

## Objectifs d'apprentissage

- *Décrire le rôle de la peau et des muqueuses dans la résistance non spécifique.*
- *Distinguer entre les facteurs mécaniques et chimiques, et donner cinq exemples de chaque catégorie.*
- *Décrire le rôle de la flore microbienne normale dans la résistance non spécifique.*

La peau et les muqueuses intactes constituent la première ligne de défense du corps contre les agents pathogènes. Cette fonction repose sur des facteurs mécaniques aussi bien que chimiques et cellulaires.

## Les facteurs mécaniques

La **peau** intacte est par sa superficie un des plus gros organes du corps humain. Elle est constituée de deux parties distinctes : le derme et l'épiderme (figure 16.2). Le **derme** est la partie interne et la plus épaisse de la peau. Il est composé de tissu conjonctif. L'**épiderme,** la partie externe et plus mince, se trouve en contact direct avec l'environnement. L'épiderme est formé d'une superposition de feuillets continus de cellules épithéliales, dont les plus nombreuses sont les kératinocytes, serrées les unes contre les autres et entre lesquelles il n'y a pas d'autre matière ou il y en a très peu. La couche supérieure des kératinocytes (couche cornée) est morte et contient une protéine protectrice appelée **kératine** (*kera* = corne) qui rend les cellules mortes semblables à de petites écailles. Cette couche superficielle de cellules mortes kératinisées desquame périodiquement ; la perte des cellules mortes est compensée

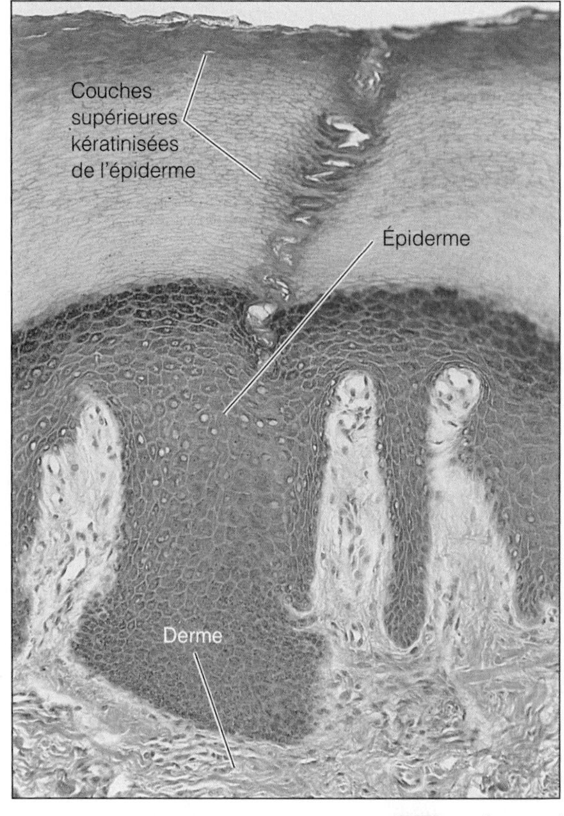


FIGURE 16.2 **Coupe de la peau humaine.** Les couches minces dans le haut de cette micrographie contiennent de la kératine. Ces couches et les cellules rose foncé situées au-dessous composent l'épiderme. La substance rose pâle dans le bas est le derme. (Voir la figure 21.1.)

■ La peau intacte et les muqueuses sont des composants de la première ligne de défense contre les agents pathogènes.

par un renouvellement constant des kératinocytes provenant de la couche profonde de l'épiderme (couche basale), qui assure le maintien de l'épaisseur normale de la peau. Nous avons vu au chapitre 14 que les microbes se propagent par différents modes de transmission. Ainsi, lorsque les cellules mortes se détachent de l'épiderme, elles entraînent avec elles les microbes qui y sont fixés et, par ricochet, deviennent des véhicules de transport qui contribuent à la contamination de l'air.

Quand on considère l'étroite juxtaposition des cellules, leur superposition en couches continues, la présence de la kératine dans la couche supérieure ainsi que le maintien de l'épaisseur normale de l'épiderme, on voit pourquoi la peau intacte constitue une barrière formidable contre la pénétration des microorganismes. La surface intacte d'un épiderme sain est rarement, sinon jamais, traversée par les microorganismes. Toutefois, l'épiderme comporte des sillons épidermiques, des follicules pileux et des poils, et des orifices glandulaires (figure 21.1). Ces détails anatomiques ont leur importance car les microorganismes ne sont pas uniquement présents à la surface de l'épiderme, ils s'enfoncent aussi dans les sillons et les pores. Ainsi, quand une brèche s'ouvre dans la peau, il en résulte souvent une infection sous-cutanée (sous la peau). Les bactéries les plus susceptibles de causer l'infection sont les staphylocoques qui vivent normalement sur l'épiderme, les follicules pileux et les glandes sébacées et sudoripares de la peau. Les infections de la peau et des tissus sous-jacents sont souvent la conséquence de brûlures, de coupures, de blessures par perforation et d'autres lésions qui entament la peau.

Dans l'épaisseur de l'épiderme se trouvent des macrophagocytes intraépidermiques, ou cellules de Langerhans. Il s'agit de phagocytes tissulaires issus de la moelle osseuse rouge qui ont migré vers l'épiderme. Ces macrophagocytes intraépidermiques participent à la résistance grâce à un système de coopération cellulaire ; ils capturent les microorganismes, les traitent et présentent les antigènes microbiens aux cellules de la résistance spécifique, nommées lymphocytes T auxiliaires, qui font augmenter la production d'anticorps, sécrètent des substances qui stimulent la prolifération des lymphocytes T et B et activent la réaction inflammatoire. (Nous traitons des lymphocytes T auxiliaires au chapitre 17.)

Dans le domaine médical, plusieurs mesures d'asepsie découlent de la compréhension du rôle de la peau dans le processus de défense du corps. Lorsqu'un patient présente une irritation ou une plaie sur la peau consécutive à un alitement prolongé, par exemple une escarre de décubitus, on évalue le potentiel de contamination de la plaie en fonction de la proximité des orifices naturels riches en microorganismes, tels que l'anus, afin d'éviter des infections d'origine endogène. De même, avant de procéder à une ponction veineuse ou à un cathétérisme qui auront comme conséquence de briser la barrière naturelle de la peau, on effectue des techniques précises d'asepsie afin d'éviter toute contamination. En effet, les staphylocoques à coagulase négative (SCON), qui constituent la flore prédominante non virulente de la peau, peuvent adhérer à la surface du matériel biomédical, pénétrer dans le sang et causer une septicémie.

Quand l'épiderme est moite, par exemple dans un environnement chaud et humide, les infections de la peau sont assez fréquentes ; les microbes en cause sont ceux qui colonisent les plis cutanés ou qui s'infiltrent dans les microfissures de la peau normale. Les mycètes sont des agents pathogènes souvent impliqués dans ce type d'infections parce qu'ils sont capables d'hydrolyser la kératine par l'action enzymatique de la kératinase en présence d'eau. C'est ce qui explique la fréquence élevée de mycoses, telles que le pied d'athlète, chez les usagers des piscines et des douches publiques qui circulent pieds nus sur le sol.

Dans le domaine médical, la peau moite et irritée des patients alités présente des risques élevés d'infection. Il est donc important, après un bain, d'assécher soigneusement la peau des patients hospitalisés, en particulier celle des personnes atteintes de diabète qui sont plus susceptibles aux infections causées par des mycètes opportunistes.

À l'instar de la peau, les **muqueuses** sont composées d'une couche épithéliale et d'une couche sous-jacente de tissu conjonctif. Elles font obstacle à l'entrée de nombreux microorganismes, mais elles protègent moins bien que la peau parce que, entre autres choses, leurs cellules ne sont pas kératinisées. Les muqueuses tapissent le tube digestif, les voies respiratoires et les voies urogénitales sur toute leur longueur. La couche épithéliale des muqueuses sécrète un liquide (mucus), qui fait en sorte que les conduits ne se dessèchent pas. Certains agents pathogènes qui peuvent proliférer dans les sécrétions humides des muqueuses parviennent à pénétrer ces dernières s'ils sont présents en quantité suffisante. *Treponema pallidum,* l'agent de la syphilis, est de ce nombre. La pénétration est souvent facilitée par des substances toxiques produites par le microorganisme, par une lésion préexistante consécutive à une infection virale ou encore par une irritation de la muqueuse.

En plus des barrières physiques que constituent la peau et les muqueuses, plusieurs autres facteurs mécaniques contribuent à prévenir les attaques contre certaines surfaces épithéliales. L'œil est protégé par un de ces mécanismes, l'**appareil lacrymal,** groupe de structures qui produit et évacue les larmes (figure 16.3). Les glandes lacrymales, qui sont situées dans la partie supérieure externe de chaque orbite, élaborent les larmes et les déversent sous la paupière supérieure. De là, les larmes sont dirigées vers le coin de l'œil près du nez et se jettent par deux petits orifices dans des conduits (canalicules lacrymaux) qui débouchent dans la cavité nasale. Les larmes sont répandues sur la surface de la conjonctive par le clignement des paupières. Normalement, elles s'évaporent ou passent dans le nez au fur et à mesure qu'elles sont sécrétées. Ce lavage continu s'oppose à l'établissement des microorganismes à la surface de l'œil. Si une substance irritante ou un grand nombre de microorganismes entrent en contact avec l'œil, les glandes lacrymales se mettent à produire des sécrétions abondantes, et les larmes qui s'accumulent ne peuvent pas être évacuées assez rapidement. Cette production excessive est un mécanisme de protection puisque la profusion de larmes dilue et emporte la substance ou les microorganismes irritants. Par contre, les personnes qui ne produisent pas suffisamment de larmes sont en général plus sensibles à des irritations et à des infections de la muqueuse de l'œil.

La **salive,** qui est produite par les glandes salivaires, exerce une action nettoyante très semblable à celle des larmes.

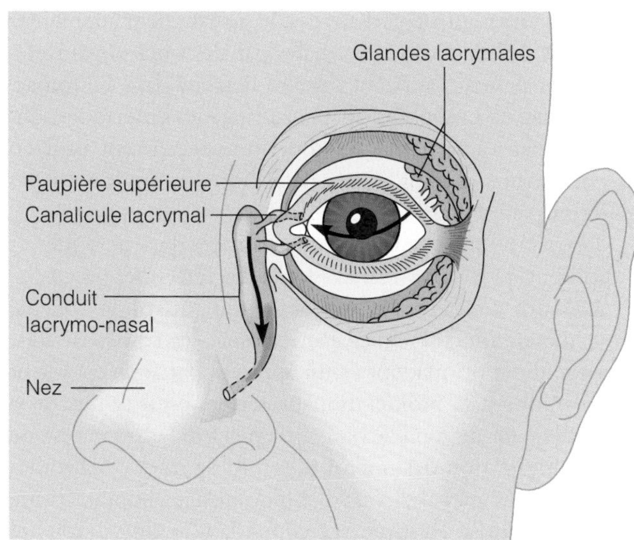


**FIGURE 16.3 L'appareil lacrymal.** Le rinçage effectué par les larmes est représenté par la flèche qui balaie la surface du globe oculaire. Les larmes produites par les glandes lacrymales baignent la surface du globe oculaire et se jettent par deux petits orifices dans les canalicules lacrymaux et le conduit lacrymo-nasal.

- L'appareil lacrymal protège l'œil en produisant continuellement des larmes qui emportent les microorganismes.

Elle contribue à diluer les microorganismes et elle les déloge de la surface des dents et de la muqueuse buccale, ce qui freine la colonisation par les microbes. De plus, les microorganismes sont avalés en même temps que la salive et la nourriture, et vont plonger dans un bain de chlorure d'hydrogène (HCl) dans l'estomac !

Les voies respiratoires et le tube digestif possèdent beaucoup de moyens de défense mécaniques. Le **mucus** est une sécrétion légèrement visqueuse produite par les cellules caliciformes des muqueuses. Il emprisonne nombre de microorganismes qui s'introduisent dans les voies respiratoires et le tube digestif. La muqueuse du nez possède aussi des poils enduits de mucus qui filtrent l'air aspiré et retiennent les microorganismes, la poussière et les polluants. Les cellules de la muqueuse des voies respiratoires inférieures sont tapissées de cils. Le mouvement synchronisé de ces cils refoule la poussière qui a été aspirée et les microorganismes emprisonnés dans le mucus, et les fait remonter vers le pharynx (la gorge). Cette espèce d'**escalier** (ou **tapis roulant**) **mucociliaire** (figure 16.4) maintient la couche de mucus en mouvement et la dirige vers le pharynx au rythme de 1 à 3 centimètres par heure; la toux et les éternuements accélèrent ce rythme. (Certaines substances dans la fumée de cigarette sont toxiques pour les cils et peuvent gravement entraver le fonctionnement de l'escalier mucociliaire; c'est pourquoi le tabagisme est l'un des facteurs prédisposants des infections respiratoires.) L'accès des microorganismes aux voies respiratoires inférieures est aussi contré par l'**épiglotte,** petit couvercle de cartilage qui ferme le larynx durant la déglutition. Dans le domaine médical, on observe souvent les effets d'un dysfonctionnement du mécanisme de la déglutition. Ainsi, les personnes qui deviennent hémiplégiques à la suite d'un accident vasculaire cérébral sont sujettes à des pneumonies dites par aspiration. En effet, la paralysie des muscles du larynx empêche la fermeture étanche de la glotte par l'épiglotte lors de la déglutition, ce qui favorise la pénétration des microbes de la salive dans les voies respiratoires; la position allongée aggrave les risques d'infection.

Le nettoyage de l'urètre par l'écoulement de l'**urine** constitue un autre facteur mécanique qui prévient la colonisation microbienne du système urogénital. De même,

**FIGURE 16.4 L'escalier mucociliaire.** Les microorganismes qui atteignent les voies respiratoires inférieures sont emprisonnés dans le mucus produit par les cellules caliciformes, puis refoulés vers le haut par le battement synchronisé des cils.

l'écoulement naturel des **sécrétions vaginales** évacue les microorganismes du corps de la femme.

## Les facteurs chimiques

À eux seuls, les facteurs mécaniques ne rendent pas compte de la résistance considérable opposée par la peau et les muqueuses aux invasions microbiennes. Certains facteurs chimiques jouent également des rôles importants.

Les glandes sébacées de la peau produisent une substance huileuse appelée **sébum** qui empêche les poils de se dessécher et de devenir cassants. Le sébum forme aussi une pellicule protectrice qui couvre la surface de la peau. Il est composé, entre autres substances, d'acides gras non saturés qui inhibent la croissance de certains mycètes et bactéries pathogènes. La peau a un pH qui se situe entre 3 et 5 et qui est entretenu en partie par la sécrétion d'acides gras et d'acide lactique. L'acidité de la peau décourage probablement la prolifération de nombreux microorganismes.

Les bactéries qui vivent en commensalisme sur la peau décomposent les cellules qui s'exfolient (desquamation). Les molécules organiques résultant de cette activité et les produits du métabolisme bactérien donnent naissance à l'odeur corporelle. Nous verrons au chapitre 21 que certaines bactéries souvent présentes sur la peau métabolisent le sébum et forment ainsi des acides gras libres qui causent la réaction inflammatoire associée à l'acné. L'isotretinoïne (Accutane$^{MD}$), un dérivé de la vitamine A qui empêche la formation du sébum, permet de traiter une forme grave de ce trouble appelée acné kystique.

Les glandes sudoripares de la peau produisent la sueur, qui contribue au maintien de la température corporelle et élimine certains déchets; la transpiration emporte les microorganismes qui se trouvent à la surface de la peau. La sueur contient du **lysozyme,** enzyme capable de dégrader la paroi cellulaire des bactéries à Gram positif et, dans une moindre mesure, celle des bactéries à Gram négatif (figure 4.12). Il y a aussi du lysozyme dans les larmes, la salive, les sécrétions nasales et les liquides tissulaires où il exerce son activité antimicrobienne.

Le **suc gastrique** est produit par les glandes de l'estomac. Il s'agit d'un mélange de chlorure d'hydrogène (HCl), d'enzymes et de mucus. Son acidité très élevée (pH 1,2 à 3,0) suffit à préserver la stérilité habituelle de l'estomac à jeun. Cette acidité détruit les bactéries et la plupart des toxines bactériennes, sauf celles de *Clostridium botulinum* et de *Staphylococcus aureus*.

Sur le plan clinique, on observe une fréquence plus élevée d'infections de l'estomac et de l'intestin lorsqu'un agent pathogène est capable de perturber les conditions normales d'acidité de la muqueuse gastrique. Par exemple, *Helicobacter pylori* neutralise l'acidité gastrique, ce qui permet à cette bactérie de proliférer dans l'estomac et d'occasionner des ulcères et des gastrites (figure 25.12). L'effet antimicrobien de l'acidité gastrique peut aussi être atténué par certaines conditions physiopathologiques; ainsi, l'état d'hypochlorhydrie caractéristique de certains cas de gastrite peut augmenter les risques d'infections intestinales par des microorganismes qui, normalement, auraient dû être détruits dans l'estomac. Par ailleurs, de nombreux agents pathogènes entériques sont protégés par les particules de nourriture et peuvent ainsi, en suivant le tube digestif, entrer dans l'intestin et y causer des infections alimentaires.

Les sécrétions vaginales sont aussi légèrement acides et s'opposent de la sorte à la croissance bactérienne.

Le sang contient des protéines qui jouent le rôle de molécules antimicrobiennes. Par exemple, les **transferrines,** bêtaglobulines plasmatiques ainsi appelées parce qu'elles lient le fer, inhibent la prolifération bactérienne en réduisant la quantité de fer disponible. Non seulement le fer est nécessaire à la multiplication des microbes (synthèse des cytochromes et de certaines enzymes), mais il inhibe aussi le chimiotactisme et la phagocytose. La surcharge en fer dans le sang augmente donc le risque d'infection.

## La flore microbienne normale et la résistance non spécifique

Au chapitre 14, nous avons décrit plusieurs relations entre la flore microbienne normale et les cellules hôtes. Certaines de ces relations contribuent à prévenir la croissance des agents pathogènes et peuvent ainsi être considérées comme des éléments de la résistance non spécifique; c'est ce qu'on appelle l'effet barrière de la flore microbienne. Par exemple, grâce à l'antagonisme microbien, la flore normale empêche les agents pathogènes de coloniser l'hôte en leur faisant concurrence pour les nutriments, en produisant des substances qui leur sont nocives et en altérant les conditions du milieu qui influent sur leur survie, telles que le pH et la quantité d'oxygène disponible. Ainsi, dans le gros intestin *E. coli* produit des bactériocines qui inhibent la croissance de *Salmonella* et de *Shigella*. Dans le vagin, sous l'influence des œstrogènes, les cellules épithéliales de la muqueuse secrètent du glycogène. Certaines bactéries de la flore vaginale normale métabolisent ce sucre en acide lactique, ce qui a pour effet d'acidifier légèrement les sécrétions. C'est ainsi que la présence de la flore normale acidifie le pH et freine la prolifération de *Candida albicans,* levure pathogène qui cause la vaginite. En milieu clinique, on observe fréquemment chez la femme un bouleversement de l'équilibre hormonal qui entraîne une réduction de l'acidité des sécrétions et, par voie de conséquence, une modification de la flore microbienne vaginale. C'est souvent ainsi que commence l'infection endogène à *Candida;* le stress émotif, la prise d'antibiotiques ou de fortes doses d'anovulants peuvent être des facteurs prédisposants.

Dans le cas du commensalisme, un organisme utilise le corps d'un organisme plus gros comme environnement physique et peut s'en servir pour obtenir des nutriments. Par conséquent, un des organismes profite de cette situation alors que l'autre n'est pas touché. La plupart des microbes qui font partie de la flore commensale se trouvent sur la peau et dans le tube digestif (tableau 14.1). La majorité de ces microbes sont des bactéries qui possèdent des mécanismes d'adhérence hautement spécialisés et leur survie dépend de la satisfaction par leur environnement d'exigences très précises. Normalement, ces microbes sont inoffensifs, mais ils peuvent causer des maladies si les conditions du milieu sont modifiées. Ce sont alors des agents pathogènes opportunistes; ils comprennent *E. coli* et *S. aureus.* Toutefois, dans certains cas, les commensaux peuvent rendre service à l'hôte en empêchant la colonisation par d'autres microbes pathogènes. C'est là une des fonctions de la flore intestinale. En fait, le commensalisme peut se transformer en mutualisme, où les deux organismes profitent de leur association.

# LA DEUXIÈME LIGNE DE DÉFENSE NON SPÉCIFIQUE

Lorsqu'ils ont franchi la première ligne de défense que constituent la peau et les muqueuses, les microorganismes agresseurs se heurtent à la deuxième ligne de la résistance non spécifique: la phagocytose, l'inflammation, la fièvre et les substances antimicrobiennes.

## La phagocytose

### Objectifs d'apprentissage

- *Définir la phagocytose et le phagocyte.*
- *Mettre en évidence le processus de la phagocytose comme activité de résistance non spécifique.*

La **phagocytose** (nom tiré de mots grecs signifiant manger et cellule) est l'ingestion par une cellule d'un microorganisme ou d'une particule de matière. Nous avons déjà mentionné que la phagocytose est le moyen employé par certains protozoaires pour se nourrir. Dans le présent chapitre, la phagocytose est considérée comme un des moyens utilisés par les cellules du corps humain pour combattre l'infection – il s'agit de la deuxième ligne de défense. Les cellules qui accomplissent cette tâche sont qualifiées de **phagocytes.** Elles font toutes partie des leucocytes ou en sont dérivées. Avant d'examiner plus précisément les phagocytes, considérons les divers constituants du sang en général.

### Les éléments figurés du sang

### Objectifs d'apprentissage

- *Classifier les cellules phagocytes et décrire le rôle des granulocytes et des monocytes.*
- *Reconnaître le rôle de la formule leucocytaire du sang dans le diagnostic des maladies infectieuses.*

Le sang est constitué d'un liquide appelé **plasma,** qui contient des **éléments figurés** – c'est-à-dire des cellules et des fragments de cellules. Parmi les cellules du tableau 16.1, celles qui retiennent présentement notre attention sont les **leucocytes,** ou globules blancs (figure 16.5).

Beaucoup de types d'infections, en particulier les infections bactériennes, occasionnent une augmentation du nombre total de leucocytes; cette prolifération s'appelle *leucocytose.* Durant la phase active d'une infection, la numération leucocytaire peut doubler, tripler ou quadrupler, selon la gravité de l'infection. Les maladies qui peuvent causer de telles élévations de la numération leucocytaire comprennent la méningite, la mononucléose infectieuse, l'appendicite, la pneumonie à pneumocoques et la gonorrhée. D'autres maladies, telles que la salmonellose et la brucellose, ainsi que certaines rickettsioses et infections virales, peuvent entraîner une *diminution* de la numération leucocytaire, appelée *leucopénie.* La leucopénie peut être associée soit à une production déficitaire de leucocytes, soit aux effets d'enzymes bactériennes telle la leucocidine, soit aux effets de la sensibilité accrue de la membrane des leucocytes à l'action délétère du complément – ensemble de protéines plasmatiques antimicrobiennes qui seront décrites plus loin dans le présent chapitre.

Dans le domaine médical, on peut déceler l'augmentation ou la diminution du nombre de leucocytes par la **formule leucocytaire du sang,** soit le calcul du pourcentage de chaque type de leucocyte dans un échantillon de 100 leucocytes. Les pourcentages de la formule leucocytaire normale figurent entre parenthèses dans la première colonne du tableau 16.1.

On regroupe les leucocytes en deux grandes catégories selon leur apparence au microscope optique: granulocytes et agranulocytes. Les **granulocytes** sont appelés ainsi parce que leur cytoplasme contient de grosses granulations visibles au microscope optique après coloration. On en distingue trois types selon la nature des colorants fixés. Les granulations des **granulocytes neutrophiles** prennent une teinte lilas pâle sous l'action d'un mélange de colorants acides et basiques, celles des **granulocytes basophiles** prennent une couleur bleu violet quand elles sont exposées au bleu de méthylène, un colorant basique, et celles des **granulocytes éosinophiles,** une couleur rouge ou orange sous l'action de l'éosine, un colorant acide.

Les granulocytes neutrophiles sont souvent appelés *leucocytes polynucléaires* parce que leur noyau est découpé en lobes, au nombre de deux à cinq. Les granulocytes neutrophiles, qui sont d'avides phagocytes très mobiles, entrent en action dès les premières phases d'une infection. Ils peuvent quitter la circulation sanguine, pénétrer un tissu infecté et détruire les microbes et les particules de matière étrangère.

Le rôle des granulocytes basophiles n'est pas clair. Toutefois, ils libèrent des substances, telles que les histamines, qui

**Tableau 16.1** *Éléments figurés du sang*

| Type de cellule | Quantité par microlitre ($\mu$L) | Fonction |
|---|---|---|
| **Érythrocytes (globules rouges)** | 4,8 à 5,4 millions | Transport d'$O_2$ et de $CO_2$ |
| **Leucocytes (globules blancs)** | 5 000 à 10 000 | |
| A. Granulocytes (colorés) | | Phagocytose |
| 1. Granulocytes neutrophiles (60 à 70 % des leucocytes) | | |
| 2. Granulocytes basophiles (0,5 à 1 %) | | Production d'histamine |
| 3. Granulocytes éosinophiles (2 à 4 %) | | Production de protéines toxiques pour certains parasites ; un peu de phagocytose |
| B. Agranulocytes (colorés) | | |
| 1. Monocytes (3 à 8 %) | | Phagocytose (après leur transformation en macrophagocytes) |
| 2. Lymphocytes (20 à 25 %) | | Production d'anticorps (descendants des lymphocytes B) ; réponse immunitaire à médiation cellulaire (lymphocytes T)* |
| **Plaquettes** | 150 000 à 400 000 | Coagulation du sang |

* Voir le chapitre 17.

exercent une action importante lors de l'inflammation et des réponses allergiques.

Les granulocytes éosinophiles sont quelque peu phagocytes et sont aussi capables de quitter la circulation sanguine. Leur principale fonction est de s'attaquer à certains parasites, tels que les helminthes. Bien qu'ils soient trop petits pour ingérer et détruire les helminthes, les granulocytes éosinophiles peuvent se fixer à leur surface externe et libérer des ions peroxyde qui les détruisent (figure 17.17). Leur nombre augmente de façon significative durant certaines infestations par les vers parasites et lors des réactions d'hypersensibilité (allergie).

Les **agranulocytes** possèdent aussi des granulations dans leur cytoplasme mais elles ne sont pas visibles au microscope optique après coloration. Les **monocytes** n'ont pas d'action phagocytaire jusqu'à ce qu'ils quittent la circulation sanguine, migrent vers les tissus du corps et s'y différencient en **macrophagocytes,** ou macrophages. En fait, la maturation et la prolifération des macrophagocytes (ainsi que des lymphocytes) est une des causes du gonflement des nœuds lymphatiques durant les infections. Au fur et à mesure que le sang et la lymphe traversent les organes qui contiennent des macrophagocytes, les microorganismes qui s'y trouvent sont retirés par phagocytose. Les macrophagocytes éliminent aussi les érythrocytes usés.

Les **lymphocytes** ne sont pas capables de phagocytose mais jouent un rôle clé dans l'immunité spécifique (chapitre 17). Ils occupent les tissus lymphatiques qui composent le système lymphatique : on les trouve dans les amygdales, la rate, le thymus, le conduit thoracique, la moelle osseuse rouge, l'appendice vermiforme, les follicules lymphatiques agrégés, ou plaques de Peyer, de l'intestin grêle et les nœuds lymphatiques des voies respiratoires, du tube digestif et du système génital (figure 16.6). Ils circulent aussi dans le sang.

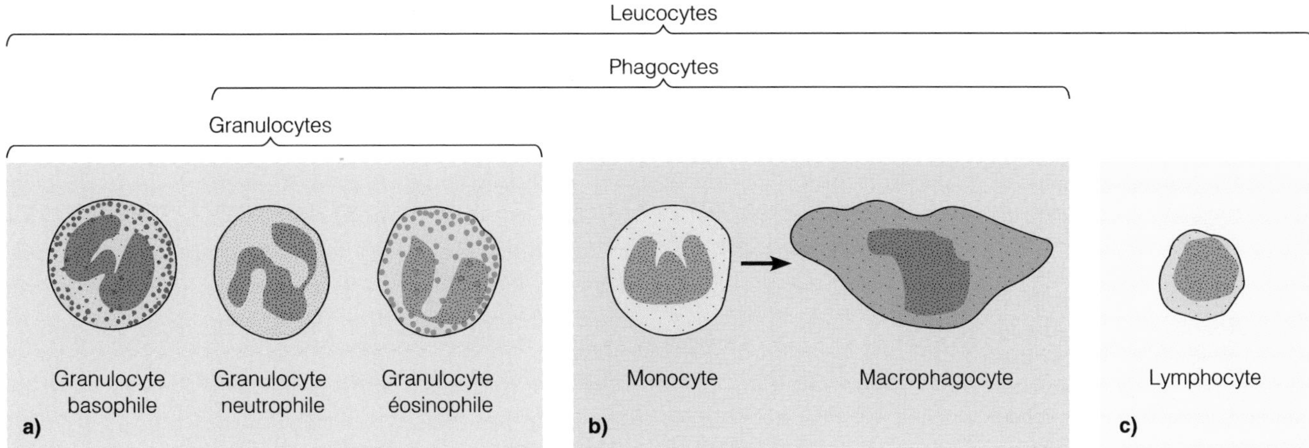


**FIGURE 16.5 Principaux types de leucocytes. a)** On distingue les granulocytes à la coloration. **b)** Les monocytes se transforment en macrophagocytes dont une des principales fonctions est la phagocytose. Les granulocytes neutrophiles et éosinophiles, et les macrophagocytes sont les cellules phagocytaires de la résistance non spécifique. **c)** Les lymphocytes jouent un rôle important dans la résistance spécifique.

■ Tous les phagocytes sont des leucocytes ou l'étaient à l'origine.

Les granulocytes neutrophiles et les monocytes différenciés en macrophagocytes sont donc les deux principaux types de phagocytes. Les phagocytes peuvent être activés par certains composants des bactéries tels que le lipide A ou les lipopolysaccharides (LPS). Parmi les activateurs les plus importants, on compte de petites hormones protéiques appelées cytokines, qui sont sécrétées par les phagocytes et d'autres cellules qui interviennent dans l'immunité (chapitre 17).

## Le rôle des phagocytes

Quand une infection est déclenchée, les granulocytes neutrophiles et les monocytes migrent vers la région infectée. Durant cette migration, les monocytes augmentent de taille et se transforment en macrophagocytes capables de phagocytose (figure 16.7). Puisque ces cellules quittent la circulation sanguine et migrent à travers les tissus vers les régions infectées, on les appelle **macrophagocytes libres.** Certains macrophagocytes, dits **macrophagocytes fixes,** sont situés dans certains tissus et organes du corps. On trouve les macrophagocytes fixes dans la peau et le tissu conjonctif (macrophagocytes intraépidermiques ou cellules de Langerhans), dans le foie (cellules de Kupffer), les poumons (macrophagocytes alvéolaires), le système nerveux (microglie), les conduits de l'arbre bronchique, la rate, les nœuds lymphatiques, la moelle osseuse rouge et les cavités péritonéale et pleurale. Les divers macrophagocytes du corps constituent le **système des phagocytes mononucléés** ou **système réticulo-endothélial.**

Au cours d'une infection, un changement se produit dans le type de leucocyte qui prédomine dans la circulation sanguine. Les granulocytes (surtout neutrophiles) dominent dans la phase initiale de l'infection bactérienne et sont alors des phagocytes actifs; cet état de fait est révélé par l'accroissement de leur nombre dans la formule leucocytaire. Mais au fur et à mesure que l'infection progresse, les macrophagocytes prennent la relève; ils débusquent, capturent, engloutissent et digèrent – phagocytent – les bactéries encore vivantes ainsi que celles qui sont mortes ou mourantes. L'augmentation du nombre de monocytes circulants (appelés à devenir des macrophagocytes) se reflète aussi dans la formule leucocytaire. Au cours des infections virales et des mycoses, les macrophagocytes dominent à tous les stades de la résistance non spécifique.

Le tableau 16.2 présente les différents types de phagocytes et résume leurs fonctions.

## Le mécanisme de la phagocytose

### Objectif d'apprentissage

■ *Décrire les différentes étapes de la phagocytose.*

Comment s'effectue la phagocytose? Pour en faciliter l'étude, nous divisons la phagocytose en quatre grandes étapes: le chimiotactisme, l'adhérence, l'ingestion et la digestion (figure 16.8).

### Le chimiotactisme

Le **chimiotactisme** est l'attraction chimique exercée sur les phagocytes par la présence des microorganismes.

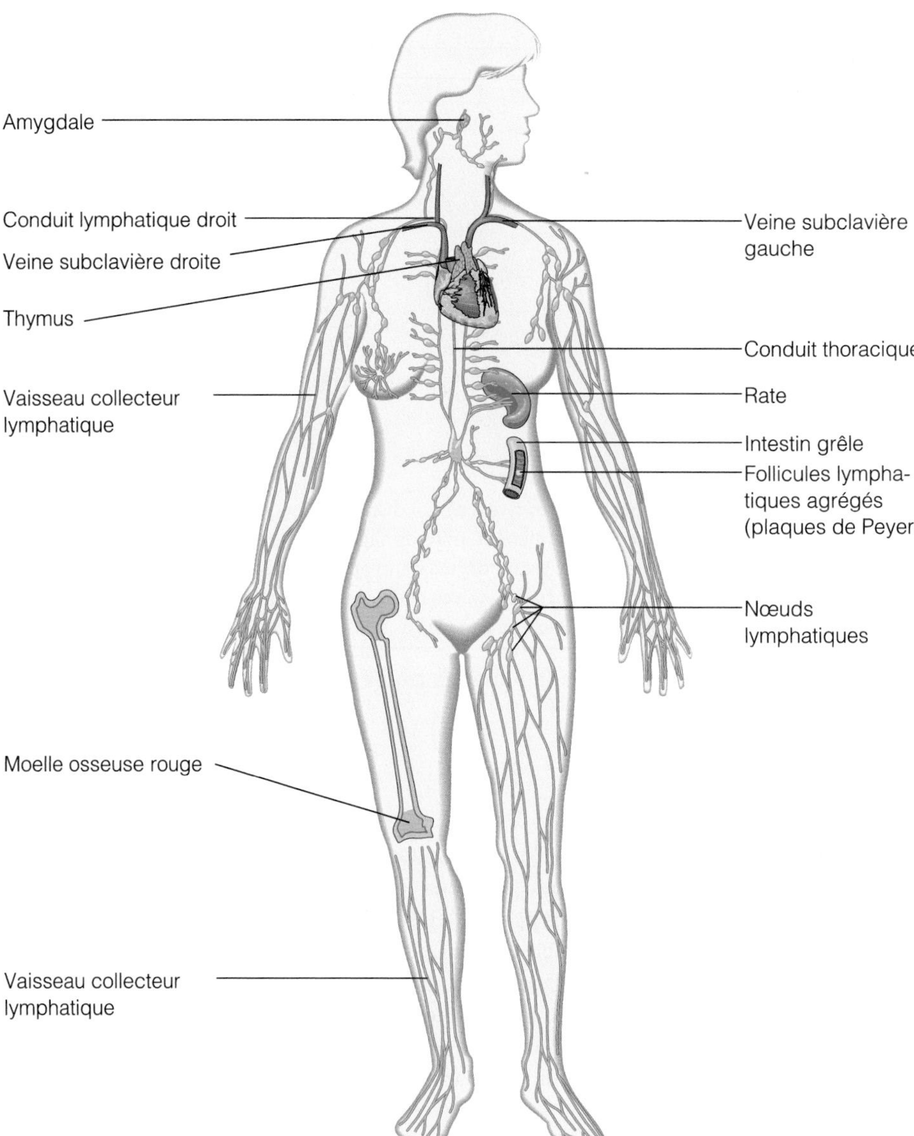


**FIGURE 16.6 Composants du système lymphatique.** Le liquide qui circule entre les cellules dans les tissus (liquide interstitiel) est recueilli par les vaisseaux collecteurs lymphatiques. Le liquide prend alors le nom de lymphe. Les microorganismes peuvent pénétrer dans les vaisseaux lymphatiques. Les macrophagocytes qui se trouvent dans les nœuds lymphatiques débarrassent la lymphe des microorganismes. La lymphe passe dans des vaisseaux lymphatiques plus gros et se jette dans le conduit lymphatique droit et le conduit thoracique. Elle finit par retourner à la circulation sanguine à la hauteur de la veine subclavière gauche, juste avant que le sang entre dans le cœur.

■ Pourquoi les nœuds lymphatiques enflent-ils durant une infection ?

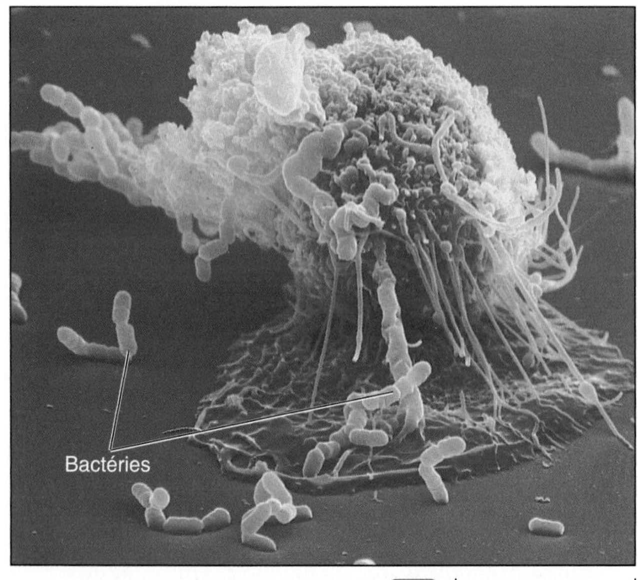


**FIGURE 16.7 Macrophagocyte englobant des bacilles.** Les macrophagocytes éliminent les microorganismes après la phase initiale de l'infection.

(Le mécanisme du chimiotactisme est examiné au chapitre 4, p. 91.) Parmi les molécules chimiotactiques qui attirent les phagocytes, on compte les produits microbiens, les composants des leucocytes et des cellules des tissus lésés, et les peptides dérivés du complément – système de résistance de l'hôte décrit plus loin dans le présent chapitre. Plusieurs substances chimiotactiques sont présentes à l'état inactif dans les cellules vivantes ; toutefois, dès qu'elles sont détruites par des microorganismes, les cellules libèrent ces substances chimiotactiques, qui s'activent alors et attirent ainsi les phagocytes sur le site de l'agression.

## L'adhérence

Nous avons vu que l'adhérence des microorganismes à des cellules hôtes est l'une des phases du processus infectieux. Dans le processus de la résistance non spécifique de l'hôte, ❶ l'**adhérence** est la fixation de la membrane plasmique d'un phagocyte à la surface d'un microorganisme étranger,

**Tableau 16.2 *Classification et fonctions des phagocytes***

| Types de phagocytes | Cellules fonctionnelles | Fonctions |
|---|---|---|
| Granulocytes | Granulocytes neutrophiles et éosinophiles | Phagocytose des microbes durant la phase initiale de l'infection |
| Agranulocytes | Système des phagocytes mononucléés : macrophagocytes libres et macrophagocytes fixes issus des monocytes | Phagocytose des microbes au fur et à mesure que l'infection progresse et des cellules sanguines usées au fur et à mesure que l'infection diminue ; interviennent également dans la réponse immunitaire à médiation cellulaire (chapitre 17) |

et constitue l'une des phases du processus de la phagocytose décrit à la figure 16.8.

Dans certains cas, l'adhérence s'effectue facilement et le microorganisme est phagocyté d'emblée. Toutefois, il arrive que la phagocytose soit inhibée par la présence de la protéine M ou celle d'une grosse capsule, qui procurent une résistance aux bactéries. Ainsi, nous avons mentionné au chapitre 15 (p. 481) que la protéine M de *Streptococcus pyogenes* inhibe l'adhérence des phagocytes à la surface de ce microbe et rend leur fixation plus difficile. Parmi les bactéries qui possèdent une grosse capsule protectrice, on compte *Streptococcus pneumoniæ* et *Hæmophilus influenzæ* sérotype b. De tels microorganismes bien capsulés ne peuvent être ingérés que si le phagocyte réussit à les plaquer contre une surface rugueuse, telle que celle d'un vaisseau sanguin, d'un caillot de sang ou de fibres de tissu conjonctif, d'où ils ne peuvent pas se glisser pour prendre la fuite.

Les microorganismes sont plus faciles à phagocyter s'ils sont d'abord enrobés de certaines protéines sériques (du sang) qui favorisent leur fixation aux phagocytes. Le processus par lequel les microbes sont enrobés s'appelle **opsonisation.** Les protéines qui jouent le rôle d'*opsonines* comprennent certains anticorps et des composants du système du complément. (Nous examinons ces molécules plus loin dans le présent chapitre et au chapitre 17.)

## L'ingestion

Après l'adhérence, ❷ l'**ingestion** a lieu. Au cours de ce processus, la membrane plasmique du phagocyte forme des prolongements appelés **pseudopodes** qui englobent le microorganisme. ❸ Une fois que ce dernier est cerné, les pseudopodes se touchent et fusionnent, enveloppant le microorganisme dans un sac appelé **phagosome** ou *vésicule phagolytique.* Le phagosome se libère ensuite de la membrane plasmique et entre dans le cytoplasme.

## La digestion

À cette étape de la phagocytose, le phagosome libre dans le cytoplasme entre en contact avec des lysosomes qui contiennent des enzymes digestives et des substances bactéricides (chapitre 4, p. 116). ❹ Lorsque le contact est établi, les membranes du phagosome et du lysosome fusionnent pour former une seule grande vacuole appelée **phagolysosome.** ❺ Le contenu du phagolysosome ne met que de 10 à 30 minutes pour tuer la plupart des types de bactéries.

Les enzymes lysosomiales qui s'attaquent directement aux cellules microbiennes comprennent le lysozyme. Ce dernier est capable d'hydrolyser le peptidoglycane de la paroi cellulaire bactérienne. Diverses autres enzymes, telles que les lipases, les protéases, la ribonucléase et la désoxyribonucléase, hydrolysent les autres composants macromoléculaires des microorganismes. L'activité des enzymes hydrolytiques est optimale à pH 4 environ, qui est le pH habituel du phagolysosome en raison de l'acide lactique produit par le phagocyte. Les lysosomes contiennent aussi des enzymes qui peuvent donner naissance à des produits oxygénés toxiques tels que le radical superoxyde ($O_2^{\bar{}}$), le peroxyde d'hydrogène ($H_2O_2$), l'oxygène singulet ($O_2$) et le radical hydroxyle ($OH\cdot$) (chapitre 6, p. 175). D'autres enzymes peuvent se servir de ces produits oxygénés toxiques pour tuer les microorganismes ingérés. Par exemple, l'enzyme myéloperoxydase convertit les ions chlorure ($Cl^-$) et le peroxyde d'hydrogène en acide hypochloreux ($HClO$), un composé très toxique. L'acide contient des ions hypochlorite, comme ceux qui se trouvent dans l'eau de Javel et lui confèrent son pouvoir antimicrobien (chapitre 7, p. 215).

❻ Après que les enzymes ont digéré le contenu du phagolysosome, l'organite renferme une matière indigestible qui s'appelle *corps résiduel.* ❼ Ce corps résiduel se déplace alors vers la périphérie de la cellule et évacue ses déchets dans le milieu extérieur par exocytose, processus inverse de l'ingestion. Bien que l'exocytose soit l'étape normale qui termine le processus de phagocytose, cette étape n'est pas toujours présente. Le phagocyte peut accumuler les corps résiduels sans les déverser dans le milieu extérieur, lequel en l'occurrence, est le milieu interstitiel. L'encadré de la page 509 décrit un autre mécanisme utilisé par les phagocytes pour tuer les microorganismes et les cellules des tumeurs.

La destruction de microorganismes par la phagocytose montre l'efficacité de ce moyen de protection. Toutefois, cette ligne de défense n'est pas infranchissable ; les enzymes lysosomiales ne tuent pas tous les microorganismes phagocytés, et certains poursuivent leur agression. En fait, *Coxiella burnetii,* le germe causal de la fièvre Q, a besoin du pH acide qui existe dans les phagolysosomes pour se multiplier. Les toxines de certains microbes, tels que les staphylocoques

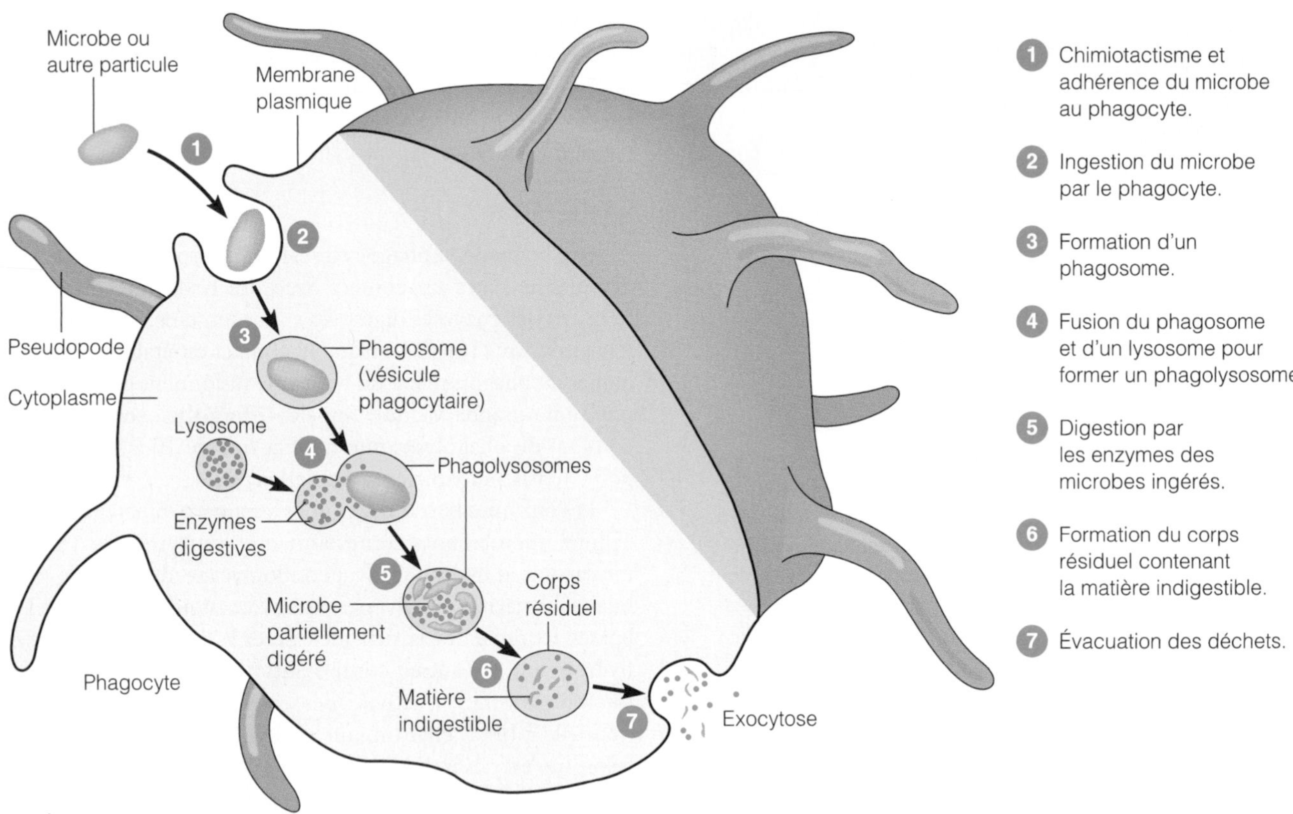


**a)** Étapes de la phagocytose

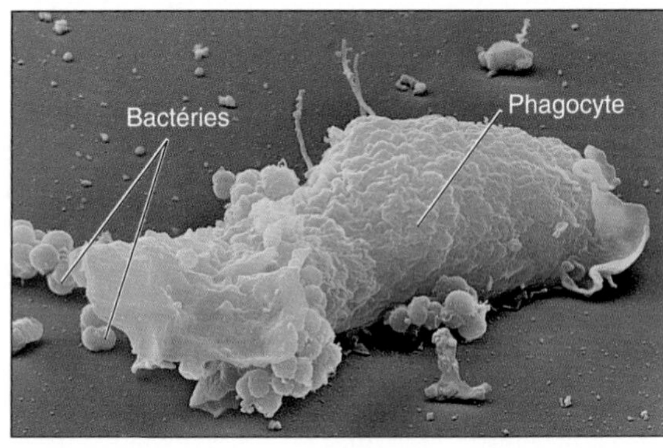


**b)** Un phagocyte en train d'englober des bactéries (*Neisseria gonorrhoeæ*)

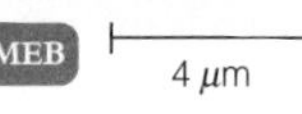


**FIGURE 16.8 Le mécanisme de la phagocytose.** Les étapes de la phagocytose sont le chimiotactisme, l'adhérence, l'ingestion et la digestion.

producteurs de toxines et *Actinomyces,* la bactérie de la plaque dentaire, ont la capacité de tuer les phagocytes. Certaines bactéries pathogènes, telles que *Listeria monocytogenes* (germe responsable de la listériose) et *Shigella flexneri* (germe causal de la shigellose) possèdent des enzymes qui lysent les phagolysosomes. Elles utilisent alors l'actine du cytosquelette de la cellule hôte pour se déplacer dans le cytoplasme à la recherche de nutriments et même pour passer dans les cellules voisines.

D'autres microorganismes, tels que le VIH (agent du SIDA), *Chlamydia, Mycobacterium tuberculosis, Leishmania* (un protozoaire) et les parasites du paludisme, peuvent échapper aux attaques du système immunitaire en s'introduisant dans les phagocytes. De plus, ces microbes peuvent empêcher la fusion des phagosomes et des lysosomes, ainsi que l'activation des enzymes digestives. Ils se multiplient alors à l'intérieur des phagocytes, occupant presque tout l'espace interne. Dans la plupart des cas, le phagocyte meurt, libérant les microbes par autolyse et leur permettant d'infecter d'autres cellules. D'autres microbes encore, tels que les germes qui causent la tularémie et la brucellose, peuvent demeurer dans un état de latence au sein des phagocytes pendant des mois ou des années.

L'organisme humain lutte contre l'agression microbienne. À la guerre, l'ennemi peut gagner une bataille en franchissant une ligne de défense. Dans la lutte contre les microorganismes agresseurs, nous avons vu que beaucoup de microorganismes utilisent des stratégies diverses pour se protéger contre la phagocytose. On sait maintenant que ces microorganismes ont une virulence accrue.

* * *

En plus de contribuer à la résistance non spécifique de l'hôte, la phagocytose joue un rôle dans l'immunité. Les macrophagocytes aident les lymphocytes T et B à accomplir des fonctions immunitaires vitales. Au chapitre 17, nous examinerons plus en détail comment la phagocytose vient appuyer l'immunité (figure 17.11b).

LA MICROBIOLOGIE DANS L'ACTUALITÉ

## L'arme secrète des macrophagocytes : NO

En 1998, trois scientifiques se voient décerner le prix Nobel de physiologie et de médecine pour avoir découvert que le monoxyde d'azote (NO) est une importante molécule de transmission de l'information dans le corps humain. Le NO est un messager chimique d'un genre inusité chez les humains. Les messagers chimiques tels que l'interféron ou l'adrénaline sont de grosses molécules organiques, alors que le NO est composé de deux atomes seulement, l'azote et l'oxygène (·N = O). Le monoxyde d'azote n'est pas le même composé que l'oxyde de diazote ($N_2O$), qui sert d'anesthésique et s'appelle aussi gaz hilarant.

Robert Furchgott du Centre des sciences de la santé de l'université d'État de New York, Ferid Murad de l'université du Texas, Centre des sciences de la santé de Houston, et Louis Ignarro de l'université de la Californie à Los Angeles ont découvert que le NO, libéré par les cellules endothéliales tapissant les vaisseaux sanguins, est la molécule qui cause le relâchement des muscles lisses des vaisseaux sanguins et favorise l'augmentation de la circulation sanguine. Murad a découvert que la nitroglycérine dilate les vaisseaux sanguins parce qu'elle libère du NO. Depuis sa découverte, on s'est aperçu que cette molécule intervient dans des processus de toutes sortes allant de la mémoire à l'immunité, en passant par l'impuissance sexuelle et la régulation de la pression sanguine.

On trouve des concentrations élevées de l'ion nitrate dans l'urine des personnes qui ont certains types d'infections. Il en est ainsi parce que les phagocytes produisent eux aussi du NO. La NO synthase, une enzyme des phagocytes, obtient le NO à partir d'un acide aminé, l'arginine, et cette molécule est oxydée en ions nitrate et nitrite, qui sont excrétés dans l'urine. Les phagocytes qui sont activés par l'interféron gamma provenant des lymphocytes T ou par les endotoxines bactériennes produisent de la NO synthase, qui donne du NO.

Il semble que le NO tue les microorganismes ainsi que les cellules tumorales en inhibant la production d'ATP. Le rôle du NO est attesté par des expériences qui révèlent que les phagocytes sont incapables de tuer les cellules tumorales ou les parasites si la production de NO est inhibée. Bien que le NO soit rapidement détruit après qu'il est produit, sa présence en grande quantité fait dilater les vaisseaux sanguins, ce qui occasionne une chute de la pression sanguine et peut plonger le patient dans un état de choc. C'est ainsi que les bactéries à Gram négatif causent le choc septique. Il est possible qu'un jour on arrive à traiter le choc septique par inhibition de la NO synthase.

### LE NO CONTRE L'AUTO-IMMUNITÉ

Il semble que les maladies auto-immunes, telles que le lupus érythémateux et la polyarthrite rhumatoïde, où une personne produit des anticorps contre ses propres molécules, sont peu fréquentes dans les pays en voie de développement. Des chercheurs australiens croient que l'explication se trouve dans l'incidence plus élevée d'infections durant l'enfance dans ces pays. Nous savons maintenant que la production de NO est stimulée par les infections et que cette molécule peut activer les cellules suppressives qui désamorcent les réponses immunitaires dirigées contre le soi. En conséquence, Bill Cowden de l'université nationale d'Australie estime qu'on pourrait peut-être prévenir les maladies auto-immunes en stimulant la production de NO. Avec ses collaborateurs, il est en train de mettre au point un vaccin préparé à partir de parasites tués du paludisme dans l'espoir que ce traitement fera obstacle aux réactions auto-immunes.

Dans la section suivante, nous verrons comment la phagocytose fait souvent partie d'un autre mécanisme de résistance non spécifique : l'inflammation.

# L'inflammation

### Objectifs d'apprentissage

- *Nommer les étapes de l'inflammation.*
- *Mettre en évidence l'inflammation comme activité de résistance non spécifique.*

Toute lésion des tissus déclenche dans le corps une réaction de défense appelée **inflammation** ou **réaction inflammatoire.** La lésion peut être causée par une infection microbienne, un agent physique (tel que la chaleur, les rayonnements, l'électricité ou un objet tranchant) ou par un agent chimique (acide, base et gaz). L'inflammation se caractérise habituellement par quatre signes et symptômes : *rougeur, chaleur, tuméfaction* et *douleur.* À l'occasion, il y en a un cinquième : la *perte fonctionnelle,* dont la présence dépend de la localisation et de l'importance de la lésion.

Bien que les signes et symptômes observés semblent démentir ce fait, la réaction inflammatoire est bénéfique. Elle a les fonctions suivantes : 1) détruire, si possible, l'agent nocif et débarrasser le corps de l'agent et de ses produits ; 2) si la destruction est impossible, limiter les effets sur le corps en isolant l'agent nocif et ses produits ; et 3) réparer ou remplacer le tissu lésé par l'agent nocif ou ses produits.

Durant l'inflammation, les concentrations de certaines substances chimiques varient sensiblement. Ces substances sont les médiateurs chimiques de la réaction inflammatoire. Elles comprennent les protéines du complément (p. 511-513), les cytokines (chapitre 17, p. 536) et plusieurs protéines spécialisées telles que le fibrinogène pour la coagulation et les kinines pour la vasodilatation.

Pour les besoins de la présente description, nous divisons le processus de l'inflammation en trois étapes : la vasodilatation et l'augmentation de la perméabilité des vaisseaux sanguins, la mobilisation des phagocytes et la phagocytose, et la réparation tissulaire. Les étapes du processus sont décrites à la figure 16.9.

## La vasodilatation et l'augmentation de la perméabilité des vaisseaux sanguins

### Objectifs d'apprentissage

- *Décrire le rôle de la vasodilatation, des kinines, des prostaglandines et des leucotriènes dans l'inflammation.*
- *Décrire les causes physiopathologiques qui entraînent chacun des signes et symptômes de l'inflammation.*

Immédiatement après l'apparition de la lésion, les vaisseaux sanguins dans la région se dilatent et deviennent plus perméables (figure 16.9a et b). La **vasodilatation** est une augmentation du diamètre des vaisseaux sanguins. Elle accroît le débit de sang dans la région atteinte et est à l'origine de la rougeur (érythème) et de la chaleur associées à l'inflammation.

L'*augmentation de la perméabilité* permet aux substances qui assurent la résistance mais qui sont normalement retenues dans la circulation de traverser les parois des vaisseaux sanguins et d'atteindre la région lésée. En permettant aux liquides de passer du sang aux zones interstitielles des tissus, la perméabilité accrue cause l'**œdème** (tuméfaction) propre à l'inflammation. La douleur peut être le fait de lésions nerveuses, de l'irritation provoquée par les toxines ou de la pression de l'œdème. Le liquide évacué peut se déverser dans une cavité, ce qui entraîne entre autres choses les écoulements aqueux abondants observés dans les cas de rhume.

❶ La vasodilatation et l'augmentation de la perméabilité des vaisseaux sanguins sont causées par des molécules que les cellules libèrent en réaction aux lésions qu'elles subissent. Parmi ces substances on compte l'**histamine,** qui est présente dans de nombreuses cellules du corps, en particulier dans les mastocytes (cellules particulièrement abondantes dans le tissu conjonctif de la peau et du système respiratoire, et dans les vaisseaux sanguins) du tissu conjonctif, les granulocytes basophiles circulants et les thrombocytes (plaquettes). L'histamine est libérée par les cellules qui en contiennent quand elles sont touchées directement ; elle est aussi sécrétée lorsque ces cellules sont stimulées par certains composants du système du complément (voir plus loin). Les granulocytes phagocytes attirés par la lésion peuvent aussi produire des molécules qui provoquent la libération d'histamine.

Les **kinines** constituent un autre groupe de substances à l'origine de la vasodilatation et de l'augmentation de la perméabilité des vaisseaux sanguins. Elles sont présentes dans le plasma sanguin et, lorsqu'elles sont activées, elles jouent un rôle dans le chimiotactisme en attirant les granulocytes phagocytes, surtout neutrophiles, dans la région de la lésion.

Les **prostaglandines** sont des substances qui sont libérées par les cellules atteintes. Elles augmentent les effets de l'histamine et des kinines, et facilitent le passage des phagocytes à travers les parois des capillaires. Les **leucotriènes** sont des substances produites par les mastocytes et par les granulocytes basophiles. Les leucotriènes font augmenter la perméabilité des vaisseaux sanguins et favorisent l'adhérence des phagocytes aux agents pathogènes. Divers composants du système du complément stimulent la libération d'histamine, attirent les phagocytes et facilitent la phagocytose.

La vasodilatation et l'augmentation de la perméabilité des vaisseaux sanguins contribuent également à faire parvenir les facteurs de coagulation du sang dans la région de la lésion. ❷ Les caillots de sang qui se forment autour du foyer d'activité empêchent les microbes (ou leurs toxines) d'atteindre d'autres parties du corps. ❸ En conséquence, il peut y avoir une accumulation locale de **pus** – mélange de cellules mortes et de liquides organiques – dans une cavité formée par la décomposition des tissus. Ce foyer d'infection s'appelle **abcès.** Les pustules et les furoncles sont des abcès communs.

L'étape suivante de l'inflammation est celle de la mobilisation des phagocytes qui aboutit à leur déploiement dans la région de la lésion.

## La mobilisation des phagocytes et la phagocytose

### Objectif d'apprentissage

- *Décrire les étapes de la mobilisation des phagocytes.*

En règle générale, dans l'heure qui suit le déclenchement du processus inflammatoire, les phagocytes migrent vers les lieux de l'agression (figure 16.9c). ❹ Avec le ralentissement graduel du débit sanguin, les phagocytes (granulocytes neutrophiles et monocytes) commencent à s'agripper à la surface de l'endothélium (revêtement intérieur) des capillaires ; ce processus d'adhésion s'appelle **margination.** ❺ Puis les phagocytes ainsi rassemblés se glissent entre les cellules endothéliales des capillaires pour passer du sang au milieu interstitiel et atteindre la région lésée. Ce processus, qui est semblable au mouvement amiboïde, est appelée **diapédèse** ; elle peut se faire en seulement 2 minutes. ❻ Les cellules de défense se mettent alors à détruire les microorganismes envahisseurs par phagocytose.

Nous avons mentionné plus haut que certaines substances chimiques attirent les granulocytes neutrophiles dans la région de la lésion (chimiotactisme). Ces substances peuvent être des molécules produites par les microorganismes ou même par d'autres granulocytes neutrophiles ; elles comprennent aussi les kinines, les leucotriènes et certains composants du système du complément. Le renouvellement des granulocytes neutrophiles est assuré par la moelle osseuse rouge qui les produit et les libère en un flot continu.

Pendant que la réaction inflammatoire se poursuit, les monocytes pénètrent dans la région infectée à la suite des granulocytes neutrophiles. Une fois que les monocytes

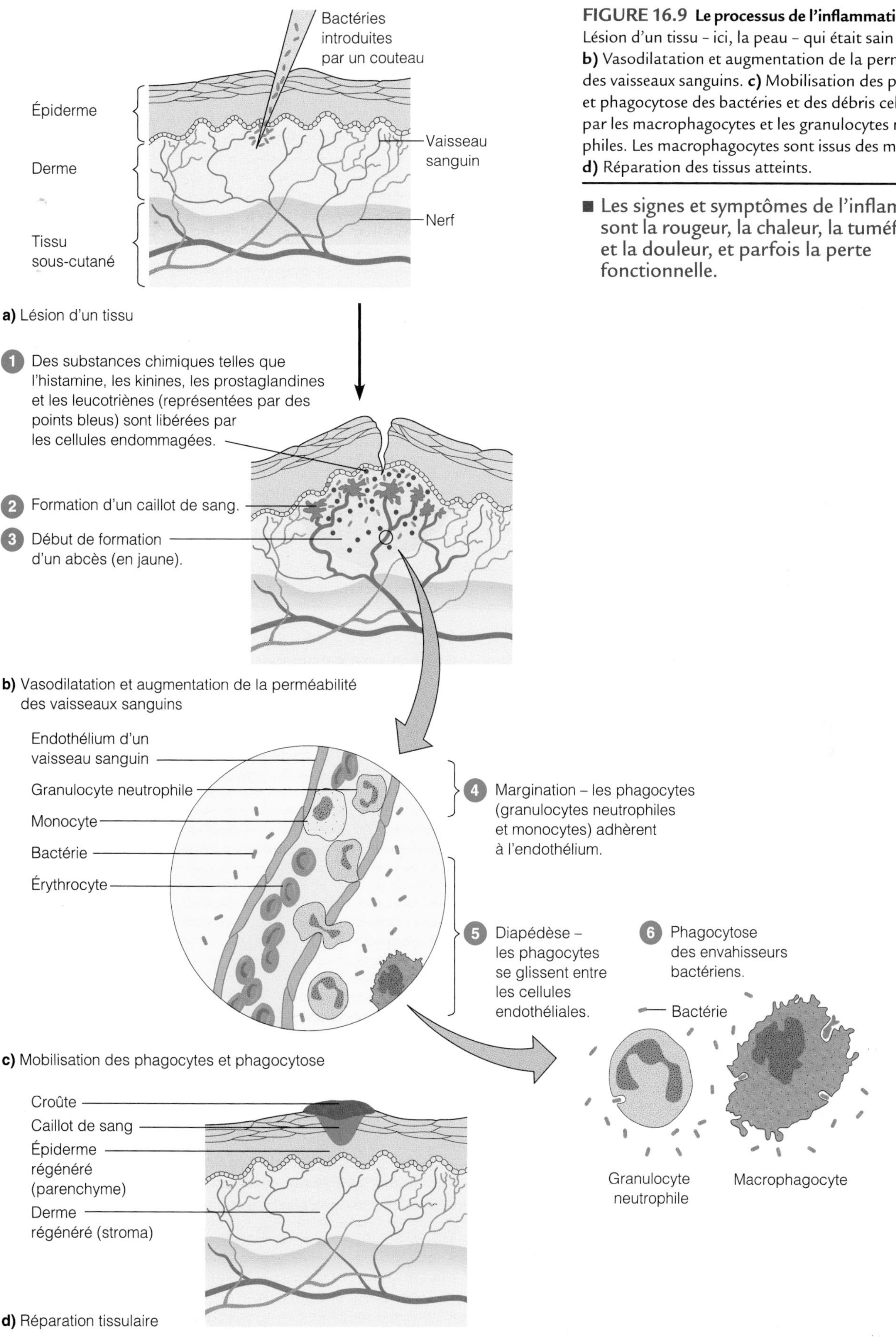
Bactéries
introduites
par un couteau
Épiderme
Derme
Tissu
sous-cutané
Vaisseau
sanguin
Nerf
a) Lésion d'un tissu
1 Des substances chimiques telles que l'histamine, les kinines, les prostaglandines et les leucotriènes (représentées par des points bleus) sont libérées par les cellules endommagées.
2 Formation d'un caillot de sang.
3 Début de formation d'un abcès (en jaune).
b) Vasodilatation et augmentation de la perméabilité des vaisseaux sanguins
Endothélium d'un vaisseau sanguin
Granulocyte neutrophile
Monocyte
Bactérie
Érythrocyte
4 Margination – les phagocytes (granulocytes neutrophiles et monocytes) adhèrent à l'endothélium.
5 Diapédèse – les phagocytes se glissent entre les cellules endothéliales.
6 Phagocytose des envahisseurs bactériens.
Bactérie
Granulocyte neutrophile
Macrophagocyte
c) Mobilisation des phagocytes et phagocytose
Croûte
Caillot de sang
Épiderme
régénéré
(parenchyme)
Derme
régénéré (stroma)
d) Réparation tissulaire

**FIGURE 16.9 Le processus de l'inflammation. a)** Lésion d'un tissu – ici, la peau – qui était sain jusque-là. **b)** Vasodilatation et augmentation de la perméabilité des vaisseaux sanguins. **c)** Mobilisation des phagocytes et phagocytose des bactéries et des débris cellulaires par les macrophagocytes et les granulocytes neutrophiles. Les macrophagocytes sont issus des monocytes. **d)** Réparation des tissus atteints.

■ Les signes et symptômes de l'inflammation sont la rougeur, la chaleur, la tuméfaction et la douleur, et parfois la perte fonctionnelle.

sont établis dans les tissus, leurs propriétés biologiques se modifient et ils deviennent des macrophagocytes. Les granulocytes neutrophiles dominent au début de l'infection mais ils se mettent à mourir rapidement. Les macrophagocytes entrent en scène plus tard au cours de l'infection, après que les granulocytes neutrophiles se sont acquittés de leur tâche. Leur pouvoir phagocytaire est plusieurs fois plus grand que celui des granulocytes et ils sont assez gros pour phagocyter les tissus détruits, les granulocytes épuisés et les microorganismes envahisseurs.

Après avoir englobé une grande quantité de microorganismes et de tissus endommagés, les granulocytes neutrophiles et les macrophagocytes finissent eux-mêmes par mourir. Il en résulte la formation de pus qui se continue habituellement jusqu'à ce que l'infection disparaisse. À l'occasion, le pus se fraie un chemin jusqu'à la surface du corps ou se déverse dans une cavité interne où il est dispersé. Dans d'autres cas, le pus reste présent même après la fin de l'infection. Il est alors détruit graduellement en quelques jours et est absorbé par le corps.

En milieu clinique on sait que, malgré l'efficacité de la phagocytose comme moyen de résistance non spécifique, il arrive que le mécanisme s'avère moins fonctionnel dans certaines conditions. Par exemple, au cours du vieillissement, l'efficacité de la phagocytose connaît un déclin progressif. Certains individus sont incapables, dès la naissance, de produire des phagocytes. Les receveurs de greffes du cœur ou du rein ont une résistance non spécifique amoindrie parce qu'ils prennent des médicaments qui combattent le rejet du greffon. La radiothérapie peut aussi diminuer les réactions de défense non spécifiques en altérant la moelle osseuse rouge ; les médicaments anti-inflammatoires, comme leur nom l'indique, luttent contre la réaction inflammatoire. Certaines maladies comme le SIDA et le cancer peuvent même porter atteinte au bon fonctionnement de la résistance non spécifique.

### La réparation tissulaire

La dernière étape de l'inflammation est la réparation tissulaire, c'est-à-dire le processus par lequel les tissus remplacent les cellules mortes ou endommagées (figure 16.9d). La réparation s'amorce durant la phase active de l'inflammation, mais elle ne peut pas s'achever tant que toutes les substances nocives ne sont pas neutralisées ou éliminées de l'endroit où se trouve la lésion. La capacité d'un tissu à se régénérer, ou se réparer lui-même, dépend du type de tissu. Par exemple, la peau a une capacité de régénération élevée, alors que le tissu musculaire du cœur n'en a pas du tout.

Un tissu se répare quand son stroma ou son parenchyme produit de nouvelles cellules. Le *stroma* est le tissu conjonctif de soutien et le *parenchyme* est la partie fonctionnelle du tissu. Par exemple, la séreuse qui enveloppe et protège le foie fait partie du stroma parce qu'elle n'intervient pas dans les fonctions de l'organe. Les cellules (hépatocytes) qui accomplissent les fonctions du foie font partie du parenchyme de cet organe. Si les cellules du parenchyme sont les seules à participer à la réparation, la reconstruction du tissu est parfaite ou presque. Comme exemple de reconstruction parfaite, citons celle qui suit une coupure mineure de la peau, où les cellules du parenchyme jouent le rôle principal. À l'inverse, si ce sont les cellules du stroma de la peau qui sont plus actives, il y a formation de tissu cicatriciel.

## La fièvre

**Objectifs d'apprentissage**

- *Décrire la cause de la fièvre.*
- *Décrire les causes physiopathologiques qui entraînent chacun des signes et symptômes de la fièvre.*
- *Mettre en évidence le processus de la fièvre comme activité de résistance non spécifique.*

L'inflammation est une réaction localisée du corps à une lésion. Il y a aussi des réactions systémiques, ou générales. Une des plus importantes est la **fièvre,** soit une élévation anormale de la température du corps. La cause la plus fréquente de la fièvre est l'infection par des bactéries (et leurs toxines) ou des virus.

La température corporelle est régie par une région de l'encéphale appelée hypothalamus. On donne parfois à ce dernier le nom de thermostat du corps et il est normalement réglé pour maintenir une température de 37 °C. On croit que certaines substances ont pour effet de régler l'hypothalamus à une température plus élevée. Nous avons vu au chapitre 15 que lorsque des phagocytes absorbent des bactéries à Gram négatif, les lipopolysaccharides (LPS) de la paroi cellulaire (endotoxines) sont libérés ; les phagocytes réagissent en sécrétant de l'interleukine 1 (autrefois appelée pyrogène endogène). Sous l'action de l'IL-1, l'hypothalamus libère des prostaglandines qui modifient à la hausse le réglage du thermostat hypothalamique, causant ainsi de la fièvre (figure 15.5).

Supposons que le corps est envahi par des agents pathogènes et que le réglage du thermostat est modifié pour s'établir à 39 °C. Pour se conformer au nouveau réglage, le corps ordonne la mise en action de mécanismes qui diminuent la perte de chaleur, tels que la constriction des vaisseaux sanguins périphériques, et celle de mécanismes qui augmentent la production de chaleur, tels qu'une augmentation de la vitesse du métabolisme et des *frissons* (petites contractions musculaires), qui ensemble font monter la température du corps. Même si la température corporelle commence à s'élever au-dessus de la normale, la peau reste froide et les frissons continuent. Cet état est un signe clair que la température du corps augmente. Quand elle atteint la valeur fixée par le thermostat, les frissons cessent. Le corps continue de maintenir sa température à 39 °C jusqu'à ce que l'IL-1 soit éliminée. Le thermostat se règle alors à nouveau à 37 °C. Quand l'infection diminue, les mécanismes de dissipation de la chaleur tels que la vasodilatation et la sudation entrent en jeu. La peau devient chaude et la personne se met à suer. Cette phase de la fièvre, appelée **crise,** indique que la température corporelle s'abaisse.

Jusqu'à un certain point, la fièvre est considérée comme un moyen de défense non spécifique contre la maladie car elle inhibe la croissance de certains microorganismes. L'interleukine 1 contribue à activer la production des lymphocytes T (figure 17.12). L'élévation de la température corporelle augmente l'effet des interférons (protéines antivirales qui seront examinées plus loin). On croit que ces derniers inhibent la croissance de certains microorganismes en faisant diminuer la quantité de fer à leur disposition. De plus, l'élévation de la température ayant pour effet d'accélérer les réactions du corps, on estime qu'elle permet aux tissus du corps de se réparer plus rapidement.

# Les substances antimicrobiennes

Le corps produit certaines substances antimicrobiennes en plus des facteurs chimiques que nous avons mentionnés plus haut. On compte parmi les plus importantes de celles-ci les protéines du système du complément et les interférons.

## Le système du complément

**Objectifs d'apprentissage**

- *Énumérer les composants du système du complément.*
- *Décrire deux voies d'activation du complément.*
- *Décrire le rôle de l'activation du système de complément dans la résistance à l'infection.*

Le **système du complément** est un mécanisme de résistance composé de protéines du sérum qui participent à la lyse de cellules étrangères, à l'inflammation et à la phagocytose. Le **sérum** est le plasma moins les protéines de la coagulation du sang. Le système du complément peut être activé de deux façons : 1) par une réaction immunitaire entre anticorps et antigènes qui constitue la *voie classique,* ou 2) par l'interaction directe de certaines protéines et de polysaccharides, formant la *voie alterne.* Quelle que soit la voie, le résultat est le même : la fragmentation (hydrolyse) d'une protéine appelée C3 (C pour complément), qui déclenche des réactions en cascade (figure 16.10). Nous allons maintenant examiner ces réactions et les principaux composants du complément.

Le système du complément est un mécanisme de la résistance non spécifique : les mêmes protéines peuvent être activées par la présence de n'importe quelle cellule étrangère. Toutefois, dans le cas de la voie classique, le complément prête main forte à l'immunité spécifique ou la complète.

### Les composants

Le système du complément est composé d'au moins 20 protéines qui se trouvent dans le sérum normal et réagissent les unes avec les autres. Ces protéines constituent environ 5% des protéines sériques chez les vertébrés. Les principaux composants de la voie classique sont désignés par un système de numérotation allant de C1 à C9. La protéine C1 comprend elle-même trois composants : C1q, C1r et C1s. La voie alterne comporte des protéines appelées facteur B, facteur D et facteur P (properdine), ainsi que les protéines C3 et C5 à C9 qui font également partie de la voie classique.

### Les voies d'activation

Les protéines des voies classique et alterne forment une séquence, ou *cascade,* et, à l'exception de C4, elles entrent en action dans l'ordre correspondant au numéro qui les désigne. Chaque protéine active la suivante dans la série, généralement en la scindant. Les fragments de protéines ainsi obtenus possèdent de nouvelles fonctions physiologiques ou enzymatiques. Par exemple, un fragment peut causer la dilatation des vaisseaux sanguins, alors qu'un autre devient une partie de l'enzyme qui scinde la protéine suivante dans la série.

C3 joue un rôle central dans le système du complément. Son activation met en branle plusieurs mécanismes qui participent à la destruction des microbes. On peut voir à la figure 16.10 que les deux voies aboutissent à l'activation de C3. La voie classique est amorcée par la liaison d'anticorps et d'antigènes ; c'est pourquoi on la dit associée au système immunitaire. Les antigènes peuvent être des bactéries ou d'autres cellules. La voie classique comprend aussi l'activation des protéines C1, C2 et C4. Nous examinons en détail ci-dessous le déclenchement du complément par cette voie.

La voie alterne ne fait pas intervenir d'anticorps ; elle est mise en action par certains polysaccharides qui interagissent avec des protéines appelées facteurs B, D et P. La plupart de ces polysaccharides font partie de la paroi cellulaire de bactéries et de mycètes, mais ils comprennent aussi des molécules présentes à la surface des érythrocytes de certaines espèces de mammifères autres que l'espèce humaine. La voie alterne est particulièrement efficace pour combattre les bactéries à Gram négatif entériques (habitent l'intestin). L'endotoxine (lipide A) déclenche cette voie. Notons qu'elle ne fait pas appel aux composants C1, C2 ou C4.

### Les conséquences de l'activation du complément

Comment le système du complément contribue-t-il à la destruction des microbes ? Les deux voies, classique et alterne, aboutissent à la fragmentation de C3 en deux produits, C3a et C3b. Ces molécules sont à l'origine de trois processus qui détruisent les microorganismes : la cytolyse, l'inflammation et l'opsonisation.

**Cytolyse** La principale fonction du système du complément consiste à détruire les cellules étrangères en endommageant leur membrane plasmique de telle sorte que leur contenu se déverse dans le milieu. Ce processus, appelé **cytolyse,** se déroule de la façon suivante (figure 16.11a). ❶ Des anticorps reconnaissent l'antigène présent à la surface d'un microorganisme et s'y fixent. La protéine C1 du complément se lie à deux ou plusieurs anticorps adjacents et devient par le fait

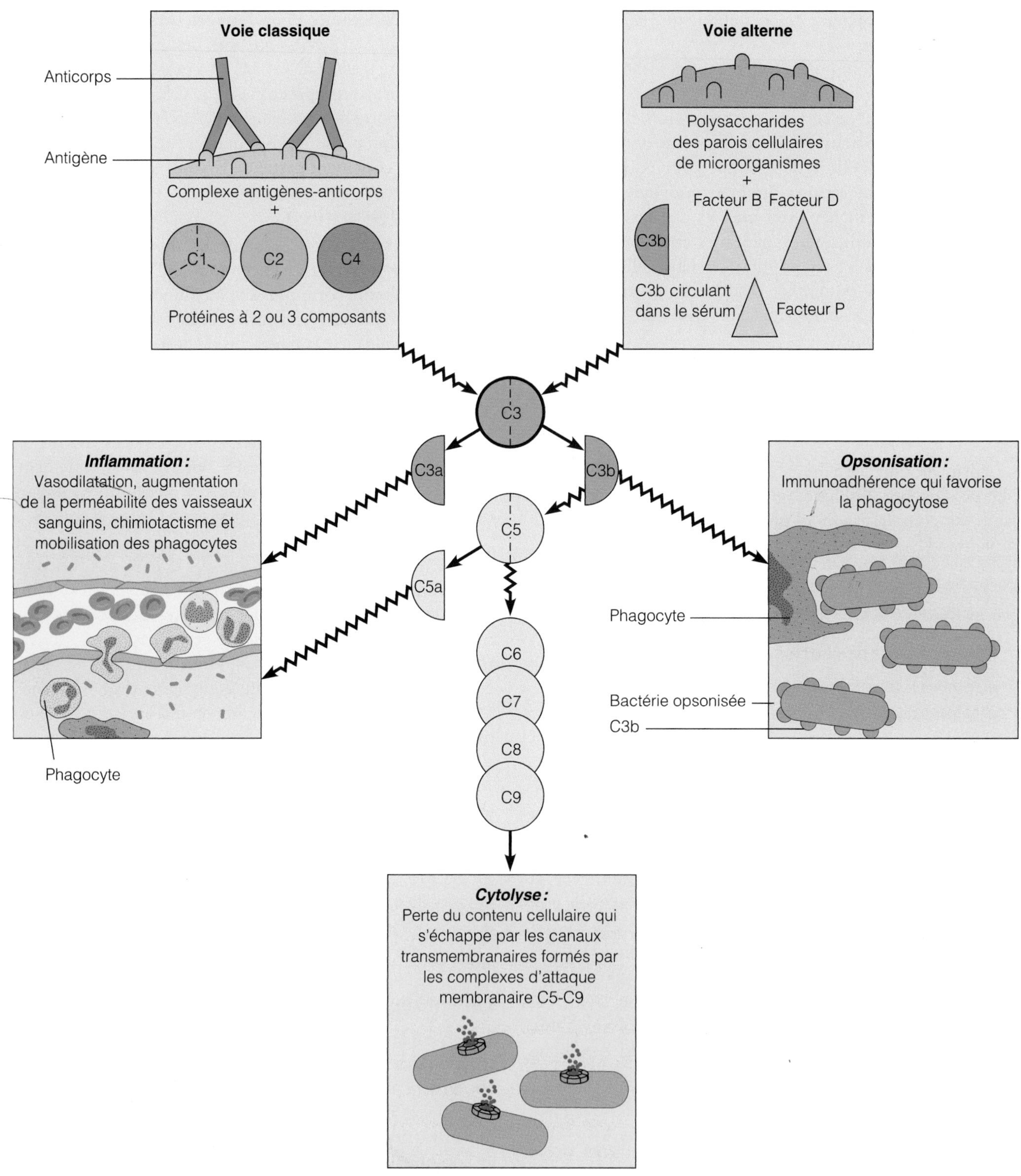


**FIGURE 16.10 Activation du complément par les voies classique et alterne.** Les réactions des voies classique et alterne aboutissent à la fragmentation de C3 en C3a et C3b. La formation de ces fragments a pour conséquence la destruction des microorganismes par trois mécanismes : cytolyse, inflammation et opsonisation. (La figure 16.11 présente un diagramme détaillé de la voie classique.)

- **Le système du complément est un mécanisme de résistance composé d'au moins 20 protéines du sérum dont les interactions forment une cascade.**

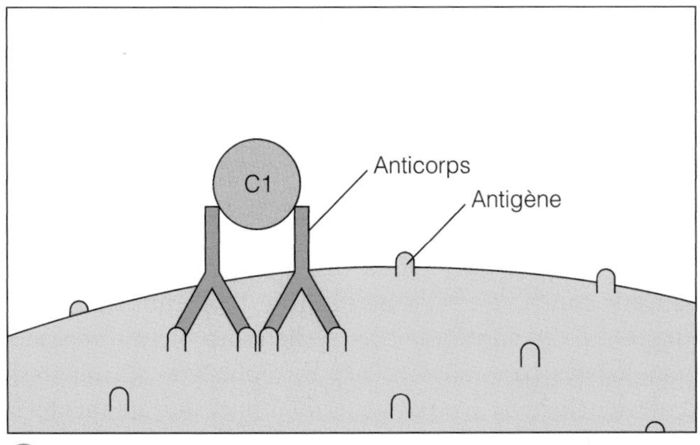


1 Des anticorps spécifiques reconnaissent l'antigène à la surface d'une cellule étrangère, une bactérie par exemple, et s'y fixent. Par la suite, la protéine C1 du complément se lie à deux anticorps adjacents.

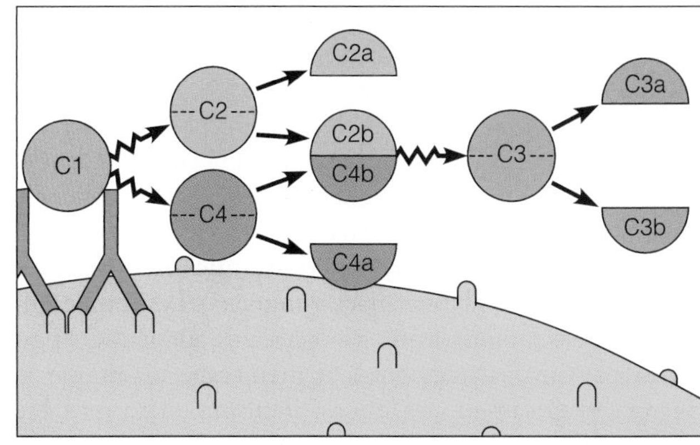


2 Par son action enzymatique, C1 coupe les protéines C2 et C4 en fragments. Les fragments C2b et C4b se combinent pour former une autre enzyme qui coupe C3 en deux fragments. Le fragment actif s'appelle C3b.

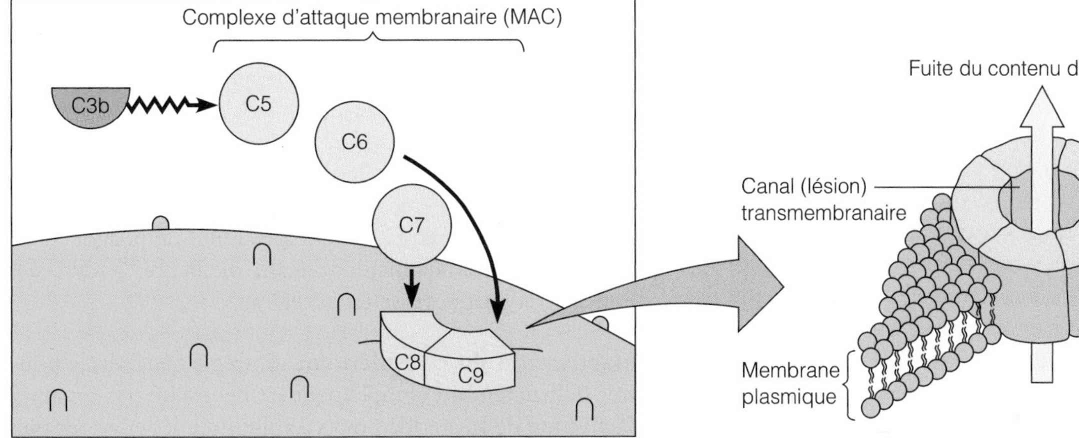


3 C3b est à l'origine d'une suite de réactions mettant en jeu les protéines C5–C9, qui ensemble portent le nom de complexe d'attaque membranaire. Ce complexe forme des canaux (lésions) transmembranaires circulaires dans la membrane de la cellule. Les protéines C9 joueraient un rôle clé dans ce processus.

4 Le résultat de ces réactions en cascade est que la cellule se vide de son contenu – c'est la cytolyse. Ici, représentation d'un canal transmembranaire.

a)

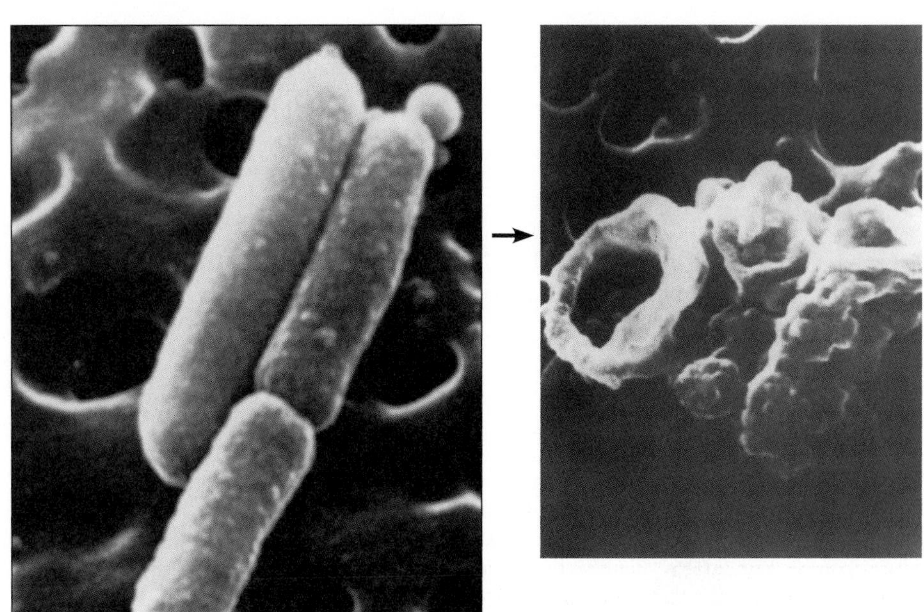

b)

**FIGURE 16.11 Cytolyse causée par la voie classique du complément. a)** Quelques étapes clés de la suite compliquée de réactions qui aboutissent à l'incorporation dans la membrane du « complexe d'attaque membranaire » qui entraîne la formation d'un canal transmembranaire. **b)** Micrographies d'une bactérie en bâtonnet avant la cytolyse (à gauche) et après (à droite). Tiré de R. D. Schreiber et coll., « Bactericidal Activity of the Alternative Complement Pathway Generated from 11 Isolated Plasma Proteins », *Journal of Experimental Medicine*, vol. 149, p. 870-882, 1979.

■ Comment le complément peut-il entraîner la mort d'une bactérie ?

même activée. ❷ La protéine C1 active à son tour les protéines C2 et C4 en les coupant en deux. Les fragments de C2 s'appellent C2a et C2b; ceux de C4, C4a et C4b. Ensuite, les fragments C2b et C4b se combinent pour former une nouvelle enzyme qui active la protéine C3 en la scindant en deux fragments, C3a et C3b. ❸ Le fragment C3b déclenche une suite de réactions comprenant les protéines C5 à C9, qui forment ensemble le **complexe d'attaque membranaire** (**MAC,** pour «membrane attack complex»). Les composants activés de ces protéines, qui, selon certains, auraient C9 pour acteur principal, s'attaquent à la membrane plasmique du microbe et ❹ causent des lésions circulaires ou de véritables trous; ces lésions forment des canaux transmembranaires qui occasionnent d'une part la perte d'ions et de contenu cellulaire et, d'autre part, l'entrée de liquide dans la cellule microbienne; il en résulte la cytolyse.

L'utilisation des composants du complément dans ce processus s'appelle **fixation du complément**; elle forme la base d'une épreuve de laboratoire d'analyses médicales qui sera expliquée au chapitre 18 (figure 18.9). La figure 16.11b illustre les effets du complément sur une cellule microbienne.

L'organisme humain n'a pas l'apanage de la résistance aux microorganismes par l'intermédiaire du complexe d'attaque membranaire; certains microorganismes ont aussi la capacité de s'attaquer aux cellules hôtes. Par exemple, un certain nombre d'agents pathogènes intracellulaires sécrètent des complexes d'attaque membranaire qui lysent les phagocytes dans lesquels ils pénètrent. Par exemple, *Trypanosoma cruzi* (germe responsable de la trypanosomiase américaine) et *Listeria monocytogenes* (germe de la listériose) produisent des complexes d'attaque membranaire qui transpercent les membranes des phagolysosomes et libèrent les microbes dans le cytoplasme du phagocyte, où ils se multiplient. Plus tard, les microbes sécrètent d'autres complexes d'attaque membranaire qui perforent la membrane plasmique et libèrent les microbes dans le milieu, provoquant ainsi la lyse du phagocyte et permettant l'infection des cellules avoisinantes.

**Inflammation** C3a, un des produits de la fragmentation de C3, et C5a, qui résulte de la fragmentation de C5, peuvent contribuer à l'apparition de l'inflammation aiguë (figure 16.12). Ces molécules se lient aux mastocytes, aux granulocytes basophiles et aux thrombocytes (plaquettes), et déclenchent la libération d'histamine, qui augmente la perméabilité des vaisseaux sanguins et, par ricochet, accentue la réaction inflammatoire. C5a constitue aussi un puissant facteur chimiotactique qui attire les phagocytes dans les tissus agressés où il y a fixation du complément.

**Opsonisation** Quand elle est fixée à la surface d'un microorganisme, la protéine C3b est en mesure d'interagir avec des récepteurs spéciaux sur les phagocytes et de favoriser la phagocytose (figure 16.10). Nous avons indiqué plus haut que ce phénomène porte le nom d'*opsonisation*. Au cours de ce processus, C3b joue le rôle d'opsonine en enrobant le microorganisme et en facilitant l'adhérence du phagocyte au microbe. L'immunoadhérence étant meilleure, la suite des étapes de la phagocytose est accélérée.

**Inactivation du complément** En règle générale, le pouvoir destructeur du complément est neutralisé très tôt après l'activation de la cascade pour en minimiser les effets néfastes sur les cellules de l'hôte. Ce sont diverses protéines de régulation présentes dans le sang de l'hôte ou sur certaines cellules,

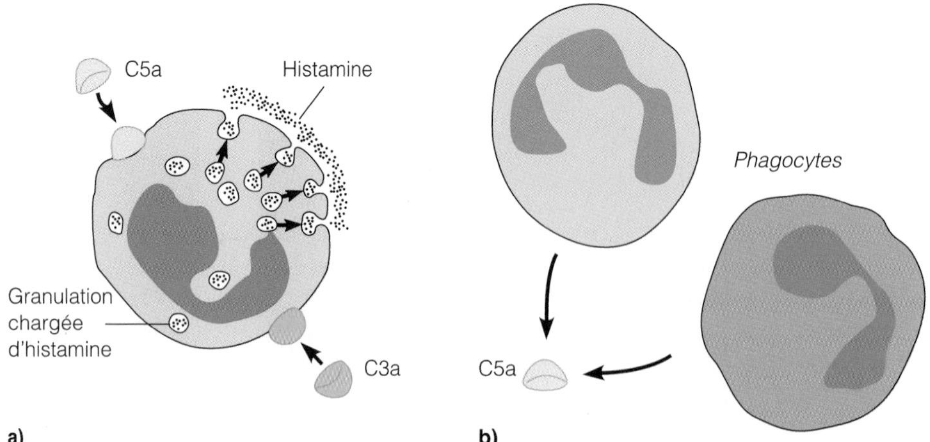


**FIGURE 16.12 Stimulation de l'inflammation par le complément. a)** C3a et C5a se lient aux mastocytes, aux granulocytes basophiles et aux thrombocytes, déclenchant ainsi la libération d'histamine qui augmente la perméabilité des vaisseaux sanguins. **b)** C5a constitue un facteur chimiotactique qui attire les phagocytes là où le complément est activé.

■ Comment le complément peut-il être une cause de maladie?

telles que les cellules sanguines, qui accomplissent cette tâche. Les protéines provoquent la dégradation du complément activé. Elles ont pour fonction d'inhiber les composants de ce dernier ou de les détruire par une action enzymatique.

### Le complément et la maladie

Les cliniciens savent que, même si les protéines du système du complément jouent un rôle important dans la résistance à l'infection, il arrive que ce mécanisme s'avère moins fonctionnel. Ainsi, en contribuant à l'augmentation de la libération d'histamine, le système du complément potentialise les réactions inflammatoires. Dans certaines infections, l'inflammation occasionne des signes et des symptômes très incommodants ; par exemple, la congestion et la dyspnée sont des signes associés à une inflammation consécutive à une infection des voies respiratoires. Comme l'histamine intervient dans les processus d'allergie (figure 19.1), les protéines du complément potentialisent aussi les réactions d'allergie.

De plus, comme pour toute protéine, la synthèse des différentes protéines du complément est sous régulation génétique. Si cette synthèse n'est pas normale, le système du complément peut contribuer à l'éclosion d'une maladie due, par exemple, à des déficiences héréditaires. Ainsi, des déficits en C1, C2 ou C4 occasionnent des troubles vasculaires du collagène qui entraînent l'hypersensibilité (anaphylaxie) ; un déficit en C3, bien que rare, se traduit par une plus grande susceptibilité aux infections bactériennes et les anomalies des protéines C5 à C9 donnent lieu à une plus grande susceptibilité aux infections causées par *Neisseria meningitidis* et *N. gonorrhoeæ*.

## Les interférons

### Objectifs d'apprentissage

- *Définir les interférons.*
- *Comparer l'action des interférons alpha et bêta à celle de l'interféron gamma.*
- *Décrire le rôle de l'interféron dans la résistance non spécifique à l'infection.*

Puisque les virus comptent sur les cellules hôtes pour accomplir beaucoup de fonctions liées à la multiplication virale, il est difficile d'inhiber cette dernière sans nuire à la cellule hôte elle-même. Un des moyens qui permet à l'hôte de combattre les infections virales est la libération d'interférons. Les **interférons** sont une classe de protéines antivirales ayant des caractéristiques communes et produites par certaines cellules animales qui ont été stimulées par des virus. Une des principales fonctions des interférons consiste à faire obstacle à la multiplication virale.

Ces molécules présentent une caractéristique intéressante : elles sont spécifiques des cellules de l'hôte mais non des virus, ce qui signifie que les interférons exercent leur action sur plus d'une espèce de virus.

De plus, différentes cellules produisent différents interférons. Les interférons humains sont de trois types principaux : l'*interféron alpha* (IFNa), l'*interféron bêta* (IFNb) et l'*interféron gamma* (IFNg). Il y a aussi des sous-types d'interférons dans chacun des principaux groupes. Dans le corps humain, les interférons sont sécrétés par les fibroblastes du tissu conjonctif et par les lymphocytes et autres leucocytes. Chacun des trois types exerce une action légèrement différente sur le corps.

Tous les interférons sont de petites protéines ; ils sont passablement stables même si le pH est acide et sont assez résistants à la chaleur.

Les interférons alpha et bêta proviennent de cellules hôtes infectées par un virus. Ils ne sont libérés qu'en très petite quantité et gagnent par diffusion les cellules avoisinantes qui ne sont pas infectées (figure 16.13). Ils se lient à des récepteurs de la membrane plasmique ou de l'enveloppe nucléaire et amènent les cellules non infectées à élaborer de l'ARNm pour la synthèse de **protéines antivirales.** Ces protéines sont des enzymes qui dérèglent diverses étapes de la multiplication virale. Par exemple, l'une d'elles, appelée *oligoadénylate synthétase,* dégrade l'ARNm viral. Une autre, appelée *protéine kinase,* inhibe la synthèse des protéines.

L'interféron gamma est produit par les lymphocytes ; il se lie à des récepteurs présents sur des granulocytes neutrophiles et rend ces derniers capables de tuer les bactéries. Chez les individus atteints de granulomatose familiale chronique – un trouble héréditaire –, les granulocytes neutrophiles ne tuent pas les bactéries. Mais si on administre à ces personnes de l'interféron gamma recombiné, les granulocytes neutrophiles recouvrent leur pouvoir bactéricide. Toutefois, l'interféron gamma ne les guérit pas de leur maladie et elles doivent en prendre toute leur vie.

Étant faible, la concentration à laquelle les interférons inhibent la multiplication virale n'est pas toxique pour les cellules non infectées. En raison des avantages qu'ils présentent, on pourrait croire que les interférons sont des substances antivirales idéales. Mais ils ont aussi des inconvénients. Tout d'abord, leur efficacité est passagère. Habituellement, ils jouent un rôle majeur dans les infections aiguës et de courte durée, telles que les rhumes et la grippe. Ensuite, ils sont sans effet sur la multiplication virale dans les cellules déjà infectées.

L'importance des interférons pour la protection du corps contre les virus, et leur potentiel anticancéreux font en sorte que leur production massive est devenu une priorité dans le domaine de la santé. Plusieurs équipes de chercheurs ont su tirer profit des techniques de l'ADN recombiné pour rendre certaines espèces de bactéries capables de produire des interférons. (Nous avons décrit cette technologie au chapitre 9.) Les interférons produits par les méthodes de l'ADN recombiné, appelés *interférons recombinés,* sont importants pour deux raisons : ils sont purs et on peut les synthétiser en grande quantité.

Dans les essais cliniques, les interférons n'ont pas eu d'effet sur certains types de tumeurs et seulement un effet mitigé

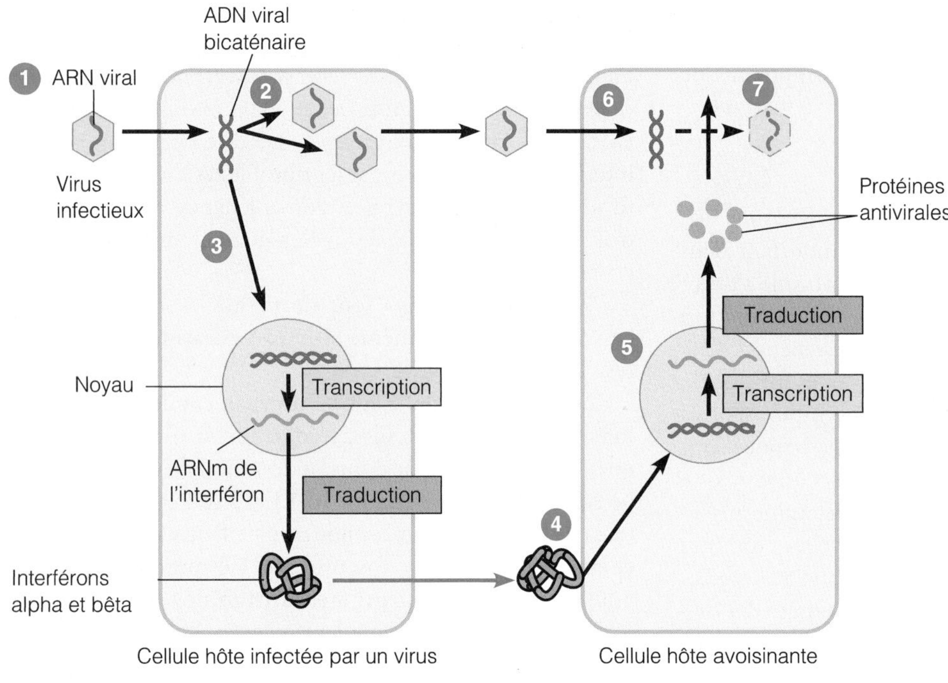


1 L'ARN viral d'un virus infectieux pénètre dans la cellule hôte.

2 Le virus infectieux se réplique et forme de nouveaux virus.

3 Le virus infectieux amène aussi la cellule hôte à synthétiser l'ARN messager (ARNm) de l'interféron, qui sera traduit en interférons alpha et bêta.

4 Les interférons libérés par la cellule hôte infectée diffusent et se lient à des récepteurs de la membrane plasmique ou de l'enveloppe nucléaire des cellules hôtes avoisinantes qui ne sont pas infectées.

5 Les interférons amènent la cellule avoisinante à produire des protéines antivirales. Ces dernières comprennent l'oligoadénylate synthétase et la protéine kinase.

6 Les nouveaux virus qui s'échappent de la cellule hôte infectée pénètrent dans les cellules hôtes avoisinantes.

7 Les protéines antivirales dégradent l'ARNm viral et inhibent la synthèse des protéines, perturbant ainsi la réplication virale.

**FIGURE 16.13 Action antivirale des interférons alpha et bêta.** Les interférons sont spécifiques des cellules de l'hôte mais non des virus.

sur d'autres. L'interféron alpha (Intron A[MD]) est approuvé aux États-Unis pour le traitement de plusieurs troubles associés à des virus. L'un d'eux est le sarcome de Kaposi, cancer fréquent chez les patients infectés par le VIH. L'interféron alpha est également approuvé pour le traitement de l'herpès génital (qui est causé par l'herpèsvirus), des hépatites à virus B et C. Des études sont aussi en cours pour déterminer s'il peut freiner l'évolution du SIDA chez les patients infectés par le VIH. Une forme d'interféron bêta (Betaseron[MD]) ralentit la progression de la sclérose en plaques et diminue la fréquence et l'intensité des crises causées par la maladie.

* * *

Au chapitre 17, nous traiterons des réponses immunitaires spécifiques. Nous examinerons également les principaux facteurs qui contribuent à l'immunité.

## RÉSUMÉ

### INTRODUCTION (p. 498)

1. La capacité de repousser la maladie infectieuse grâce aux réactions de défense du corps s'appelle résistance.
2. L'absence de résistance aux microorganismes pathogènes porte le nom de susceptibilité.
3. La résistance non spécifique comprend les moyens de défense qui protègent le corps contre les agents pathogènes de toute nature.
4. La résistance spécifique, ou immunité, est l'ensemble des moyens de défense – dont les anticorps – dirigés contre les microorganismes, qui sont alors ciblés de façon spécifique.

## LA PREMIÈRE LIGNE DE DÉFENSE NON SPÉCIFIQUE (p. 498-503)

La peau et les muqueuses intactes constituent la première ligne de défense non spécifique.

## LA PEAU ET LES MUQUEUSES (p. 499-503)

### Les facteurs mécaniques (p. 499-502)

1. La structure anatomique de la peau intacte et la kératine – protéine à l'épreuve de l'eau – permettent au corps de résister aux invasions microbiennes. La peau constitue une barrière dont les principales caractéristiques sont la couche superficielle de cellules mortes kératinisées, la juxtaposition serrée des kératinocytes (cellules épidermiques) et le renouvellement constant des cellules.
2. Certains agents pathogènes peuvent pénétrer les muqueuses s'ils sont assez nombreux.
3. L'appareil lacrymal – grâce au nettoyage naturel des larmes – protège les yeux contre les microorganismes et les substances irritantes.
4. La salive emporte les microorganismes qui se déposent sur les dents et les gencives.
5. Le mucus emprisonne nombre de microorganismes qui pénètrent dans les voies respiratoires et le tube digestif; dans les voies respiratoires inférieures, l'escalier mucociliaire pousse le mucus vers le haut et contribue à son expulsion.
6. La défécation est une voie d'expulsion de microbes.
7. L'écoulement de l'urine évacue les microorganismes du système urinaire et les sécrétions vaginales les expulsent du vagin.

### Les facteurs chimiques (p. 502)

1. Le sébum contient des acides gras non saturés, qui inhibent la croissance des bactéries pathogènes. Certaines bactéries qui se trouvent communément sur la peau peuvent métaboliser le sébum et occasionner la réaction inflammatoire associée à l'acné.
2. La transpiration emporte les microorganismes qui se trouvent sur la peau.
3. Le lysozyme, une enzyme antimicrobienne, est présent dans les larmes, la salive, les sécrétions nasales, les sécrétions vaginales et le sperme, ainsi que dans la sueur.
4. L'acidité élevée (pH 1,2 à 3,0) du suc gastrique empêche la croissance microbienne dans l'estomac.
5. Les sécrétions vaginales légèrement acides s'opposent à la croissance de certaines espèces bactériennes et à celle de levures telles que *Candida albicans*.
6. La flore microbienne normale s'oppose à la croissance de nombreux agents pathogènes.

### La flore microbienne normale et la résistance non spécifique (p. 502-503)

La flore normale modifie les conditions physicochimiques des tissus du corps, ce qui peut empêcher la croissance des agents pathogènes; il s'agit de l'effet barrière de la flore normale, ou antagonisme microbien.

## LA DEUXIÈME LIGNE DE DÉFENSE NON SPÉCIFIQUE (p. 503-518)

Les processus de la phagocytose, de l'inflammation et de la fièvre, ainsi que la production de substances antimicrobiennes constituent la deuxième ligne de défense non spécifique.

## LA PHAGOCYTOSE (p. 503-509)

1. La phagocytose est l'ingestion de microorganismes ou de particules de matière par une cellule.
2. La phagocytose est accomplie par les phagocytes. Ces derniers font partie des leucocytes ou en sont dérivés.

### Les éléments figurés du sang (p. 503-505)

1. Le sang est constitué de plasma (un liquide) et d'éléments figurés (des cellules et des fragments de cellules).
2. Les leucocytes (globules blancs) sont regroupés en deux catégories : les granulocytes (neutrophiles, basophiles et éosinophiles) et les agranulocytes (les lymphocytes et les monocytes).
3. Les granulocytes neutrophiles et les agranulocytes (monocytes) différenciés en macrophagocytes sont les deux principaux types de phagocytes.
4. Beaucoup d'infections s'accompagnent d'une élévation du nombre de leucocytes (leucocytose) ; certaines infections sont caractérisées par une diminution du nombre de leucocytes (leucopénie).
5. Les phagocytes sont activés par certains composants des bactéries (par exemple, le lipide A) ainsi que par des cytokines.

### Le rôle des phagocytes (p. 505)

1. Parmi les granulocytes, les granulocytes neutrophiles sont les principaux phagocytes qui interviennent au début de l'infection.
2. Les monocytes sont des agranulocytes qui se transforment en deux types de macrophagocytes capables de phagocytose ; ils augmentent de taille et deviennent des macrophagocytes libres et des macrophagocytes fixes. Les macrophagocytes fixes se trouvent dans certains tissus et organes du corps ; les macrophagocytes libres sont les monocytes qui quittent la circulation et qui migrent à travers les tissus vers les régions infectées. Les deux types de macrophagocytes font partie du système des phagocytes mononucléés.
3. Les granulocytes neutrophiles dominent dans la phase initiale de l'infection, tandis que les macrophagocytes s'imposent au fur et à mesure que l'infection diminue.

### Le mécanisme de la phagocytose (p. 505-509)

1. Le mécanisme de la phagocytose se produit en quatre étapes.
   - **a)** Chimiotactisme : processus par lequel les phagocytes sont attirés vers les microorganismes de la zone atteinte.
   - **b)** Adhérence : le phagocyte adhère aux cellules microbiennes ; ce processus est favorisé par l'opsonisation – qui a pour effet d'enrober les microbes de protéines du sérum.
   - **c)** Ingestion : les pseudopodes des phagocytes englobent les microorganismes et les enferment dans une vésicule phagolytique (phagolysosome).
   - **d)** Digestion : beaucoup de microorganismes phagocytés sont tués par les enzymes lysosomiales et les agents oxydants.

2. Certains microbes ne sont pas tués par les phagocytes et peuvent même se reproduire à l'intérieur de ces cellules.

## L'INFLAMMATION (p. 509-512)

1. L'inflammation est une réaction du corps aux lésions cellulaires. Elle est caractérisée par la rougeur, la chaleur, la tuméfaction et la douleur, et parfois par la perte fonctionnelle.
2. La réaction inflammatoire se réalise au cours des trois étapes suivantes: la vasodilatation et l'augmentation de la perméabilité des vaisseaux sanguins; la mobilisation des phagocytes et la phagocytose; la réparation tissulaire.

### La vasodilatation et l'augmentation de la perméabilité des vaisseaux sanguins (p. 510)

1. La libération d'histamine, de kinines, de prostaglandines et de leucotriènes entraîne la vasodilatation et l'augmentation de la perméabilité des vaisseaux sanguins.
2. Des caillots de sang peuvent se former autour d'un abcès pour enrayer la dissémination de l'infection.

### La mobilisation des phagocytes et la phagocytose (p. 510-512)

1. Margination: les phagocytes sont capables de s'agripper au revêtement intérieur des vaisseaux sanguins, notamment à proximité d'une zone lésée.
2. Diapédèse: les phagocytes sont aussi capables de quitter la circulation en se glissant entre les cellules endothéliales des capillaires, et de migrer vers la zone lésée.
3. Le pus est une accumulation de tissus endommagés ainsi que de microbes, de granulocytes et de macrophagocytes morts.

### La réparation tissulaire (p. 512)

1. Un tissu se répare quand le stroma (tissu de soutien) ou le parenchyme (tissu fonctionnel) produisent de nouvelles cellules.
2. Quand la réparation est faite par les fibroblastes du stroma, il y a production de tissu cicatriciel.

## LA FIÈVRE (p. 512-513)

1. La fièvre est une élévation anormale de la température corporelle consécutive à une infection bactérienne ou virale.
2. Les endotoxines bactériennes et l'interleukine 1 peuvent provoquer la fièvre.
3. Les frissons et la pâleur de la peau indiquent que la température du corps monte; la crise, qui se manifeste par la chaleur de la peau et la sudation, indique que la température s'abaisse.

## LES SUBSTANCES ANTIMICROBIENNES (p. 513-518)

### Le système du complément (p. 513-517)

1. Le système du complément est composé d'un groupe de protéines du sérum qui s'activent les unes à la suite des autres pour détruire les microorganismes envahisseurs. Le sérum est le liquide qui reste après la formation d'un caillot.
2. En simplifiant, la cascade d'événements qui active les diverses protéines du complément est la suivante: la protéine C1 se lie aux complexes antigènes-anticorps et interagit avec les protéines C2 et C4, ce qui entraîne au bout du compte l'activation de la protéine C3 (voie classique). Le facteur B, le facteur D, le facteur P et la protéine C3b sérique se fixent à certains polysaccharides des parois cellulaires de microorganismes pour activer C3 (voie alterne).
3. L'activation de C3 peut aboutir à la lyse cellulaire (cytolyse), à l'inflammation et à l'opsonisation, qui favorise la phagocytose.
4. Le complément est désactivé par des protéines de régulation de l'hôte.
5. Les déficiences en complément peuvent se traduire par une plus grande susceptibilité à la maladie.

### Les interférons (p. 517-518)

1. Les interférons sont des protéines antivirales produites à la suite d'une infection par un virus.
2. Les interférons sont spécifiques des cellules de l'hôte mais non des virus.
3. Il y a trois types d'interférons humains: l'interféron alpha, l'interféron bêta et l'interféron gamma. On a réussi à produire des interférons recombinés.
4. Les interférons alpha et bêta agissent sur les cellules non infectées et les amènent à produire des protéines antivirales qui empêchent la réplication virale.
5. L'interféron gamma rend les granulocytes neutrophiles capables de tuer les bactéries.

# AUTOÉVALUATION

## RÉVISION

1. Définissez les termes suivants.
   a) Résistance
   b) Susceptibilité
   c) Résistance non spécifique
   d) Résistance spécifique
2. Décrivez les caractéristiques tissulaires qui font de la peau une excellente barrière contre les microbes.
3. Nommez au moins un facteur mécanique et un facteur chimique qui empêchent les microbes d'entrer dans le corps par chacune des voies suivantes.
   a) Peau
   b) Œil
   c) Tube digestif
   d) Voies respiratoires
   e) Système urinaire
   f) Système génital
4. Décrivez les cinq types de leucocytes et nommez, pour chacun d'eux, une des fonctions qu'ils accomplissent pour résister à l'agression microbienne.

5. Définissez la phagocytose.

6. Comparez les fonctions des granulocytes neutrophiles et des agranulocytes (monocytes) en ce qui a trait à la phagocytose.

7. Quelle est la différence entre les macrophagocytes libres et les macrophagocytes fixes ?

8. Décrivez les deux étapes de la mobilisation des phagocytes vers le lieu d'une blessure.

9. Définissez l'inflammation et nommez-en les caractéristiques.

10. Pourquoi l'inflammation est-elle utile pour le corps ?

11. Pourquoi la fièvre est-elle un des moyens de défense associée à la résistance non spécifique ?

12. Qu'est-ce qui cause les périodes de frissons et de crise durant la fièvre ?

13. Expliquez les changements observés sur la peau, au cours de la fièvre, lorsqu'elle est tantôt froide et pâle, tantôt chaude, rouge et moite.

14. Qu'est-ce que le complément ? Résumez les principales conséquences de l'activation du complément.

15. Que sont les interférons ? Expliquez leur rôle dans la résistance non spécifique.

## QUESTIONS À CHOIX MULTIPLE

1. Si les actions suivantes sont placées dans l'ordre où elles se présentent dans la réaction inflammatoire, laquelle constituera la *troisième* étape ?
   - **a)** Diapédèse
   - **b)** Vasodilatation et augmentation de la perméabilité des vaisseaux
   - **c)** Réparation tissulaire
   - **d)** Phagocytose
   - **e)** Margination

2. *Chlamydia* peut empêcher la formation des phagolysosomes. En conséquence, cet organisme peut :
   - **a)** éviter la capture et l'ingestion par un phagocyte.
   - **b)** éviter la destruction par le complément.
   - **c)** empêcher l'adhérence.
   - **d)** éviter d'être digéré.
   - **e)** Rien de ce qui précède

3. Si les actions suivantes sont placées dans l'ordre où elles se présentent au cours de la phagocytose, laquelle constituera la *troisième* étape ?
   - **a)** Digestion
   - **b)** Adhérence
   - **c)** Formation d'un phagosome
   - **d)** Formation d'un phagolysosome
   - **e)** Ingestion

4. Si les actions suivantes sont placées dans l'ordre où elles se présentent dans l'activation du système du complément, laquelle constituera la *première* étape ?
   - **a)** Activation de C5–C9
   - **b)** Lyse de la cellule
   - **c)** Réaction antigènes-anticorps
   - **d)** Activation de C3
   - **e)** Activation de CI, et, ensuite, de C2–C4

5. Un hôte humain peut priver un agent pathogène du fer dont il a besoin en :
   - **a)** réduisant sa consommation de fer.
   - **b)** liant le fer à la transferrine.
   - **c)** liant le fer à l'hémoglobine.
   - **d)** excrétant l'excédent de fer.
   - **e)** liant le fer aux sidérophores.

6. Une déficience génétique qui entraîne une diminution de la production de C3 aurait pour conséquence :
   - **a)** une augmentation de la susceptibilité à l'infection.
   - **b)** une augmentation du nombre de leucocytes.
   - **c)** une augmentation de la phagocytose.
   - **d)** l'activation de C5–C9.
   - **e)** Rien de ce qui précède

7. La flore normale microbienne empêche l'implantation de bactéries pathogènes en :
   - **a)** modifiant les conditions physicochimiques des tissus, ce qui rend ces derniers inadéquats pour les bactéries pathogènes.
   - **b)** occupant le territoire.
   - **c)** produisant des substances qui sont nocives pour les bactéries pathogènes.
   - **d)** leur faisant concurrence pour les nutriments.
   - **e)** Toutes les réponses sont bonnes

8. *Helicobacter pylori* utilise une enzyme, l'uréase, pour neutraliser un moyen de défense chimique présent dans l'organe humain où il est établi. Ce moyen de défense chimique est :
   - **a)** le lysozyme.
   - **b)** le chlorure d'hydrogène.
   - **c)** les radicaux superoxyde.
   - **d)** le sébum.
   - **e)** le complément.

9. Lequel (lesquels) des éléments suivants *ne* fait (font) *pas* partie de la première ligne de défense contre les microbes ?
   - **a)** La présence de la flore normale microbienne
   - **b)** La réaction inflammatoire
   - **c)** Les larmes, la sueur et les sécrétions gastriques
   - **d)** La peau et les muqueuses intactes
   - **e)** Le lysozyme

10. Lequel des énoncés suivants concernant la période de crise de la fièvre *n*'est *pas* vrai ?
    - **a)** La peau est rouge.
    - **b)** Il y a des frissons.
    - **c)** La température s'abaisse.
    - **d)** La personne a chaud.
    - **e)** Il y a sudation.

## QUESTIONS À COURT DÉVELOPPEMENT

1. Pourquoi le taux sérique de transferrine combinée au fer augmente-t-il durant une infection ? Expliquez en quoi une bactérie capable de contrer l'élévation du taux de transferrine combinée au fer aurait ainsi une virulence accrue.

2. Il existe divers médicaments qui peuvent réduire l'inflammation. Dites pourquoi il peut être dangereux de mal utiliser ces anti-inflammatoires.

3. Le tableau suivant présente quelques microorganismes et associe à chacun un facteur de virulence. Décrivez l'effet de ces facteurs. Nommez une maladie causée par chacun des microorganismes.

| Microorganisme | Facteur de virulence |
|---|---|
| Streptocoque du groupe A | C3b ne se lie pas à la protéine M de la paroi cellulaire. |
| Virus de la grippe | Provoque la libération d'enzymes lysosomiales dans la cellule hôte. |
| *Mycobacterium tuberculosis* | Inhibe la fusion du lysosome et du phagosome. |
| *Toxoplasma gondii* | Empêche l'acidification des phagolysosomes. |
| *Trichophyton* | Sécrète de la kératinase. |
| *Trypanosoma cruzi* | Lyse la membrane des phagosomes. |

## APPLICATIONS CLINIQUES

*N. B. Certaines de ces questions nécessitent que vous cherchiez des réponses dans les différents chapitres du livre.*

1. Les personnes dont le nez et la gorge sont atteints d'une infection à *Rhinovirus* présentent un taux de kinines 80 fois plus élevé que la normale. Quels signes doit-on s'attendre à observer dans ce cas ? Comment ces signes contribuent-ils à la propagation de l'infection ? Quelle est la maladie causée par les espèces de *Rhinovirus* ? (*Indice :* voir le chapitre 24.)

2. Les hématologistes font souvent faire la formule leucocytaire du sang à partir d'un prélèvement sanguin. Cette formule donne les proportions des divers types de leucocytes. Pourquoi ces valeurs sont-elles importantes ? Qu'indique la formule leucocytaire d'un patient qui montre une neutropénie ? Quelle devra être la nature des mesures de prévention de l'infirmière auprès de ce patient ?

3. Janie est une enfant de trois ans dont la courte vie a été marquée par de multiples infections à répétition. Sa susceptibilité anormale aux infections a incité son médecin à vérifier la présence d'une déficience immunitaire. Les résultats des tests montrent un déficit d'adhérence leucocytaire, maladie héréditaire caractérisée par l'incapacité des granulocytes neutrophiles à reconnaître les microorganismes enrobés de C3b. En ce qui concerne l'agression microbienne, expliquez comment cette affection influe sur la résistance immunitaire de l'enfant. Ce diagnostic peut-il rendre compte des problèmes de santé de Janie ? Justifiez votre réponse.

4. Delphine a accouché il y a quelques semaines d'un bébé chez lequel on a diagnostiqué une maladie héréditaire très rare, le syndrome de Chediak-Higashi. Les enfants atteints de cette maladie présentent des leucocytes phagocytes anormaux. Ces derniers ont un nombre de récepteurs chimiotactiques inférieur à la normale et leurs lysosomes éclatent spontanément. En ce qui concerne l'agression microbienne, expliquez comment cette affection influe sur la résistance immunitaire de l'enfant, et comment elle affecte globalement sa santé et son espérance de vie. (*Indice :* voir le chapitre 4.)

5. Andréanne est atteinte de fibrose kystique du pancréas (mucoviscidose). Cette jeune fille a beaucoup de difficultés à suivre le rythme normal de ses études parce qu'elle est sujette à des infections respiratoires à répétition qui l'obligent à manquer des cours.

   Vous demandez à Andréanne pourquoi sa maladie la prédispose à un plus grand risque d'infections des voies respiratoires. Elle vous explique comment les voies respiratoires se débarrassent normalement des intrus microbiens et comment, chez elle, ce mécanisme est non fonctionnel et la prédispose aux infections. Décrivez ses réponses.

6. Les manuels de techniques de soins infirmiers mettent l'accent sur l'observation régulière et attentive des téguments. Vous faites partie d'un groupe de stagiaires dans le service d'oncologie d'un hôpital, et vous devez faire une présentation sur ce sujet à vos camarades. Écrivez un résumé de cette présentation en précisant pourquoi il est nécessaire de prêter une attention particulière, après le bain, à la peau des personnes alitées et en chimiothérapie anticancéreuse utilisant des médicaments antimitotiques. Faites le lien avec une plus grande susceptibilité aux infections cutanées. (*Indice :* voir les chapitres 12 et 21.)

# Chapitre 17 Les réactions de défense spécifiques de l'hôte : la réponse immunitaire

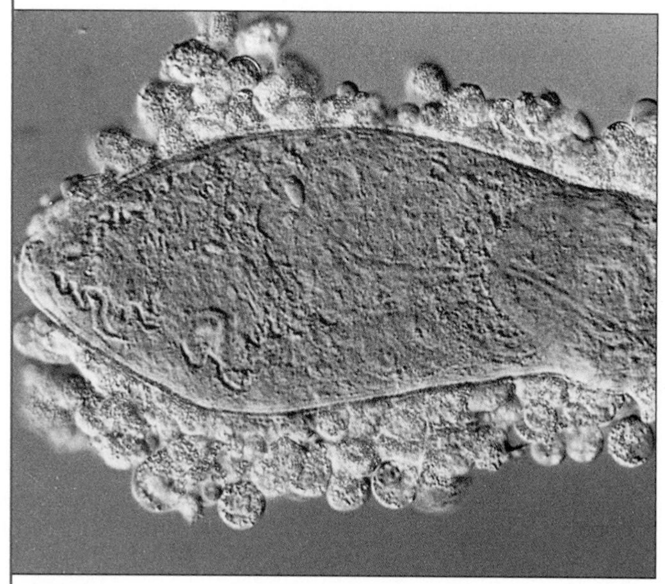

*Granulocytes éosinophiles en train d'attaquer une larve de douve. Certains leucocytes, comme ces granulocytes, peuvent tuer les parasites en se fixant à leur surface et en sécrétant des enzymes digestives.*

Au chapitre 16, nous nous sommes penchés sur les réactions de défense non spécifiques de l'hôte, dont le maintien de l'intégrité de la peau et des muqueuses, la phagocytose, l'inflammation et la fièvre. En plus de la résistance non spécifique, les humains ont une résistance innée à certaines maladies. Par exemple, les humains ne sont pas touchés par beaucoup de maladies infectieuses qui menacent d'autres animaux, telles que la maladie de Carré qui atteint le chien («canine distemper») et le choléra du porc. Cette immunité est due à une incompatibilité d'ordre génétique. En effet, s'il ne possède pas les caractéristiques anatomiques et physiologiques permettant la satisfaction des besoins physicochimiques nécessaires à la survie et à la croissance de certains microorganismes, l'organisme hôte est protégé contre l'attaque de ces microbes. Ce type d'immunité ne fait pas intervenir d'anticorps.

Par ailleurs, la résistance aux maladies humaines peut varier d'une personne à l'autre. Par exemple, la plupart du temps, la rougeole est relativement sans gravité chez les individus de descendance européenne, mais l'affection a décimé les populations des îles du Pacifique qui y ont été exposées par les explorateurs européens. Cette différence s'explique par la sélection naturelle. Chez les Européens, l'exposition au virus de la rougeole pendant de nombreuses générations a probablement favorisé la sélection de gènes qui confèrent une certaine résistance à cet agent pathogène. D'autres facteurs génétiques, ainsi que le sexe, l'âge, l'état nutritionnel et l'état de santé général d'un individu influent également sur sa résistance à la maladie.

Dans le présent chapitre, nous étudierons l'immunité, qui constitue une autre dimension du système de défense du corps. (Pour un rappel des moyens de défense du corps, voir la figure 16.1.)

## L'immunité

### Objectifs d'apprentissage

- *Distinguer entre l'immunité et la résistance non spécifique.*
- *Comparer les quatre types d'immunité acquise.*

L'**immunité** est une réaction de défense *spécifique* à une invasion par une substance ou un organisme étranger. Le système immunitaire humain reconnaît les substances qui ne font pas partie du corps et lance une opération destinée à les éliminer. Les substances qui provoquent ce type de réponse sont appelées *antigènes.* La réponse immunitaire se traduit par la production de protéines plasmatiques appelées *anticorps* et de lymphocytes spécialisés. Ces anticorps et lymphocytes spécialisés s'attaquent spécifiquement aux antigènes qui ont amené leur formation. Ils peuvent aussi les détruire ou les inactiver s'ils entrent de nouveau en contact avec eux.

Les organismes envahisseurs peuvent être des bactéries pathogènes, des virus, des mycètes, des protozoaires ou des helminthes ; les substances étrangères comprennent également le pollen, le venin d'insecte et les tissus greffés. Le corps reconnaît aussi comme étrangères les cellules qui deviennent cancéreuses et, dans certains cas, il les élimine. (Toutefois, si elles parviennent à s'établir sous forme de tumeur solide, le système immunitaire n'a plus d'emprise sur elles.) Nous verrons dans le présent chapitre, ainsi que dans le chapitre 19, que le système immunitaire est essentiel à la vie, mais qu'il peut aussi nuire à la santé si ses attaques sont mal dirigées.

## Les types d'immunité acquise

L'**immunité acquise** est la protection que se donne un animal, l'humain y compris, contre certains types de microbes ou de substances étrangères. Elle se met en place au cours de la vie d'un individu. La figure 17.1 résume les divers types d'immunité acquise.

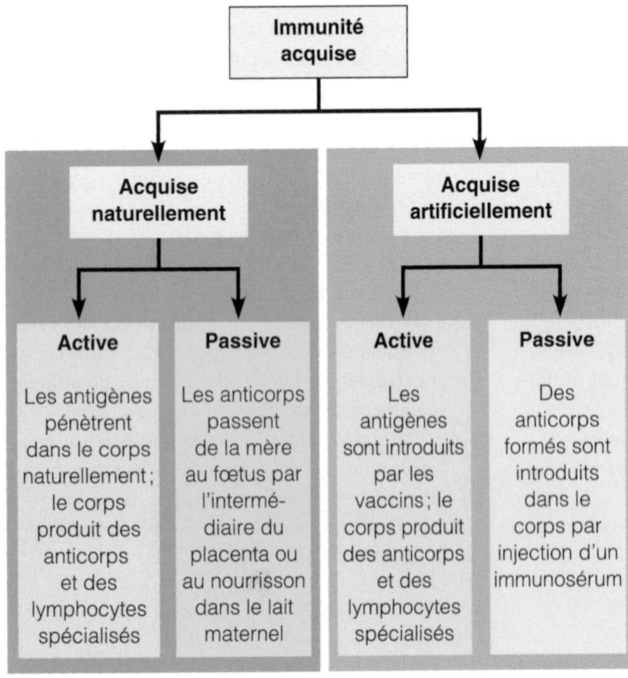


**FIGURE 17.1 Types d'immunité acquise.**

■ Quel type d'immunité, active ou passive, dure le plus longtemps ?

L'immunité peut être acquise soit activement, soit passivement. Elle est acquise *activement* quand une personne est exposée à des microorganismes ou à des substances étrangères et que son système immunitaire réagit contre eux ; sa durée est variable et dans le meilleur des cas elle est permanente. Elle est acquise *passivement* quand des anticorps sont transférés d'une personne à une autre. L'immunité passive est temporaire et dure tant que les anticorps reçus sont présents dans le corps – dans la plupart des cas, de quelques semaines à quelques mois. Que ce soit de façon active ou de façon passive, l'immunité peut être acquise par des moyens naturels ou artificiels.

### L'immunité acquise naturellement

L'**immunité active acquise naturellement** est celle qui se met en place spontanément chez une personne au fur et à mesure de son exposition à des antigènes microbiens. Une fois acquise, l'immunité dure toute la vie pour certaines maladies, telles que la rougeole et la varicelle. Pour d'autres affections, en particulier les troubles intestinaux, il arrive que l'immunité ne dure que quelques années. Les *infections subcliniques* (celles qui ne s'accompagnent d'aucun signe ou symptôme apparent de maladie) peuvent aussi conférer l'immunité.

L'**immunité passive acquise naturellement** s'établit par le transfert naturel d'anticorps d'une mère à son nourrisson. Le corps de la femme enceinte permet à certains de ses anticorps de gagner le fœtus en traversant le placenta selon un mécanisme nommé *transfert placentaire.* Si la mère est immunisée contre la diphtérie, la rubéole ou la polio, le nouveau-né le sera aussi pendant quelque temps. Certains anticorps passent également de la mère à son bébé quand elle le nourrit au sein, en particulier dans les premières sécrétions appelées *colostrum.* Chez le nourrisson, l'immunité dure généralement tant que les anticorps transmis sont présents – habituellement de quelques semaines à quelques mois. Ces anticorps maternels sont indispensables pour procurer une certaine immunité au bébé pendant que son propre système immunitaire se constitue.

Le colostrum est encore plus important chez certains autres mammifères. Par exemple, le veau vient au monde sans anticorps transmis par le placenta et doit s'en remettre au colostrum absorbé durant les premiers jours de la vie pour acquérir ce type d'immunité.

### L'immunité acquise artificiellement

L'**immunité active acquise artificiellement** résulte de la vaccination. La **vaccination,** aussi appelée **immunisation,** introduit dans le corps des antigènes spécialement préparés, nommés **vaccins.** Ces derniers peuvent être des toxines bactériennes inactivées (anatoxines), des microorganismes tués, des microorganismes vivants mais atténués ou des parties de microorganismes telles que les capsules. Ces substances ne peuvent plus causer de maladies, mais elles peuvent provoquer une réponse immunitaire, à la manière des agents pathogènes acquis naturellement. Nous examinons les vaccins plus en détail au chapitre 18.

**L'immunité passive acquise artificiellement** s'obtient par l'introduction d'anticorps (plutôt que d'antigènes) dans le corps. Ces anticorps proviennent d'un animal ou d'une personne qui sont eux-mêmes immunisés.

Les anticorps se trouvent dans le sérum de l'animal ou de l'individu immunisé. Puisque la plupart des anticorps restent dans le sérum, le mot *antisérum* est devenu un terme générique désignant les liquides dérivés du sang qui contiennent des anticorps. L'étude des réactions entre les anticorps et les antigènes porte le nom de **sérologie.** Une technique permet de mettre en évidence les anticorps dans le sérum ; si on soumet le sérum à un courant électrique au cours d'une manipulation de laboratoire appelée électrophorèse sur gel (chapitre 9), les protéines qu'il contient se déplacent à des vitesses différentes, comme l'illustre la figure 17.2. Les protéines se séparent, formant des fractions. Certaines de ces fractions, les **globulines,** contiennent des protéines simples de forme globulaire qui ont en commun certaines caractéristiques de solubilité. On les appelle globulines alpha, bêta et gamma. La fraction des globulines qui contient la plupart des anticorps de l'échantillon d'origine est la fraction gamma. Cette composante du sérum, riche en anticorps, porte le nom d'**immunoglobulines (Ig)** ou **gammaglobulines.**

Quand on injecte dans le corps les gammaglobulines d'un individu qui est immunisé contre une maladie, on transmet au receveur une protection instantanée contre cette affection. Mais bien que l'immunité passive acquise artificiellement soit immédiate, elle est de courte durée parce que les anticorps sont dégradés par le receveur. En règle générale, la demi-vie d'anticorps injectés (le temps requis pour que la moitié des anticorps disparaissent) est d'environ 3 semaines.

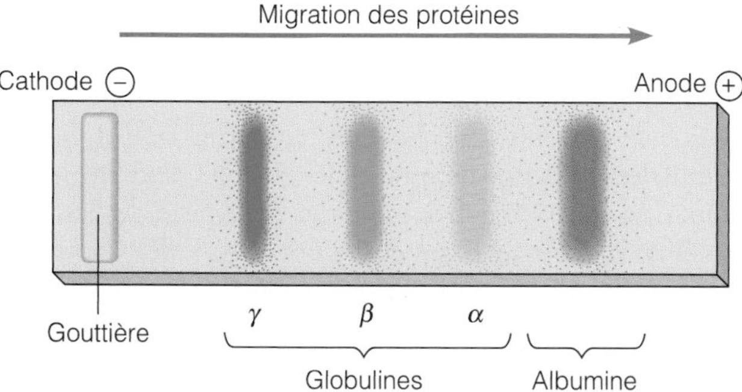


**FIGURE 17.2 Séparation des protéines du sérum par électrophorèse sur gel.** La technique consiste d'abord à déposer le sérum dans une gouttière creusée dans le gel. Lorsqu'elles sont soumises à un courant électrique, les protéines sériques de charge négative se déplacent dans le gel depuis l'extrémité qui possède la charge négative (cathode) vers celle dont la charge est positive (anode).

■ Les anticorps sont concentrés dans la fraction gamma (γ) des globulines, d'où le terme gammaglobuline, employé à l'origine.

## La dualité du système immunitaire

### Objectif d'apprentissage

- *Distinguer entre l'immunité humorale (basée sur les anticorps) et l'immunité à médiation cellulaire et expliquer l'interdépendance de ces deux types d'immunité.*

Le premier prix Nobel de physiologie et de médecine a été décerné en 1901 au bactériologiste allemand Emil von Behring qui a découvert que l'immunité pouvait être transférée d'un animal immunisé contre la diphtérie à un autre qui ne l'était pas. On appelait ce phénomène *immunité humorale,* parce qu'il dépendait de facteurs qui se trouvaient dans les liquides organiques (anciennement appelés humeurs dans le langage médical). On a su beaucoup plus tard, dans les années 1930, que ces facteurs étaient les anticorps.

Avant même la parution des travaux de von Behring, le biologiste russe Élie Metchnikoff avait révélé l'importance des phagocytes dans la résistance non spécifique du corps. Il avait aussi observé que ces cellules étaient beaucoup plus efficaces chez les animaux immunisés. (Metchnikoff a reçu le prix Nobel en 1908 pour ses travaux en immunologie.) Ce type d'immunité spécifique était appelé *immunité à médiation cellulaire.* Au cours des années 1940 et 1950, on a établi que les cellules responsables étaient les lymphocytes T. Par des expériences semblables à celles de von Behring, on a montré que les lymphocytes pouvaient transférer d'un animal à l'autre l'immunité acquise contre certaines maladies, telles que la tuberculose. Nous verrons sous peu que l'immunité humorale et l'immunité à médiation cellulaire sont étroitement liées.

### L'immunité humorale

L'**immunité humorale** met en jeu la production d'anticorps qui sont dirigés contre les substances et les agents pathogènes étrangers. Ces anticorps se trouvent dans les liquides extracellulaires, tels que le sérum sanguin, la lymphe, le liquide interstitiel et les mucosités. Des cellules appelées **lymphocytes B** sont les cellules à l'origine de la production des anticorps. La réponse immunitaire humorale a pour principales cibles les bactéries, les toxines bactériennes et les virus qui circulent librement dans les liquides organiques. Elle joue aussi un rôle dans certaines réactions de rejet des greffes.

### L'immunité à médiation cellulaire

L'**immunité à médiation cellulaire** est le fait de cellules spécialisées appelées **lymphocytes T** qui s'attaquent aux organismes et aux tissus étrangers. Les lymphocytes T ont aussi pour fonction la régulation de l'activation et de la prolifération d'autres cellules du système immunitaire, telles que les phagocytes. La réponse immunitaire à médiation cellulaire est le plus efficace contre les bactéries et les virus qui se trouvent dans les phagocytes ou les cellules hôtes infectées, et contre les mycètes, les protozoaires et les helminthes. C'est aussi elle qui est la principale cause de rejet des tissus greffés entre personnes différentes. L'immunité à médiation cellulaire réagit au tissu étranger et s'emploie à le détruire. Elle est également un facteur essentiel de la lutte engagée par le corps contre le cancer.

### La maturation des lymphocytes B et T

Les lymphocytes B et T sont issus de **cellules souches** (pluripotentes) situées dans la moelle osseuse rouge chez l'adulte et dans le foie chez le fœtus (figure 17.3). Les lymphocytes B sont produits durant toute la vie ; ils arrivent à maturation dans la moelle osseuse rouge puis entrent dans la circulation sanguine et émigrent vers des tissus lymphatiques, ou lymphoïdes, tels que les nœuds lymphatiques ou la rate (figure 16.6). Les lymphocytes T sont surtout produits avant la puberté ; ils quittent la moelle osseuse rouge et deviennent matures dans le thymus, puis ils émigrent vers des tissus lymphatiques. Les deux types de lymphocytes – B et T – sont des cellules dites *immunocompétentes* parce que, à la suite de leur stimulation par des antigènes, elles ont la capacité de provoquer une réponse immunitaire. Cette capacité est acquise lors de la maturation des lymphocytes, au cours de laquelle ces cellules acquièrent sur leur surface membranaire des *récepteurs d'antigènes* qui réagiront avec des antigènes spécifiques.

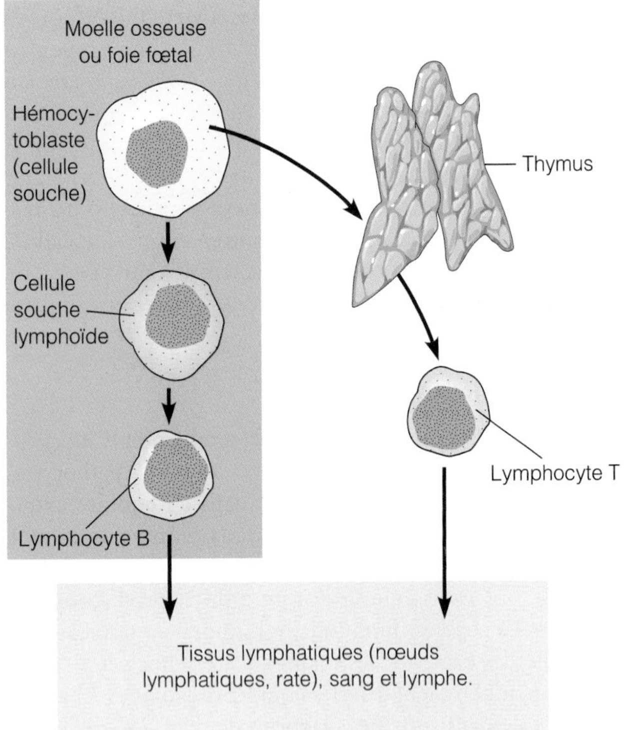


FIGURE 17.3 **Différenciation des lymphocytes B et T.** Les lymphocytes B et T proviennent de cellules souches situées dans la moelle osseuse rouge. (Les érythrocytes, les monocytes, les granulocytes neutrophiles et les autres leucocytes sont aussi issus de ces mêmes cellules souches.) Certaines cellules passent par le thymus et deviennent des lymphocytes T matures. D'autres restent probablement dans la moelle osseuse et deviennent des lymphocytes B. Ces deux types de cellules se rendent ensuite dans les tissus lymphatiques, tels que les nœuds lymphatiques ou la rate, et s'y installent.

■ Les lymphocytes B sont à l'origine de l'immunité humorale et les lymphocytes T, à l'origine de l'immunité à médiation cellulaire.

## Les antigènes et les anticorps

**Objectif d'apprentissage**

- *Définir l'antigène et l'haptène.*

Les antigènes et les anticorps ont des rôles clés à jouer dans les réponses du système immunitaire. Les antigènes (certains préfèrent les appeler *immunogènes,* terme plus descriptif) sont à l'origine d'une réponse immunitaire hautement spécifique dans l'organisme.

### La nature des antigènes

Normalement, le système immunitaire reconnaît le « soi », c'est-à-dire les composants du corps qu'il protège, et le distingue du « non-soi », c'est-à-dire les matières étrangères. C'est en raison de cette reconnaissance que le système de défense ne produit habituellement pas d'anticorps dirigés contre les propres tissus de l'individu (bien que cela puisse arriver à l'occasion, comme nous le verrons au chapitre 19).

La plupart des **antigènes** sont soit des protéines, soit des polysaccharides de grande taille. En règle générale, les lipides et les acides nucléiques ne sont antigéniques que s'ils sont combinés à des protéines ou à des polysaccharides. Les substances antigéniques sont souvent des composants de microbes envahisseurs, tels que la capsule, la paroi cellulaire, les flagelles, les fimbriæ et les toxines des bactéries ; la capside et les spicules des virus ; ou la surface d'autres types de microbes. En fait, on peut considérer une bactérie ou un virus comme des mosaïques d'antigènes en raison de la complexité antigénique de toutes les structures qui les composent. Les antigènes non microbiens comprennent le pollen, le blanc d'œuf, les molécules de surface des globules sanguins, les protéines du sérum d'autres individus ou espèces, et les molécules de surface des tissus et des organes greffés.

D'ordinaire, les anticorps reconnaissent des régions spécifiques des antigènes appelées **déterminants antigéniques** ou **épitopes** (figure 17.4). C'est avec ces épitopes qu'ils interagissent et la nature de l'interaction dépend de la taille, de la forme et de la nature chimique du déterminant antigénique, ainsi que de la structure chimique du site de liaison de l'anticorps.

La plupart des antigènes ont une masse molaire atomique (masse moléculaire) de 10 000 daltons ou plus. Une substance étrangère dont la masse molaire atomique est faible n'est pas antigénique dans bien des cas, sauf si elle est fixée à une molécule porteuse. Ces petits composés sont appelés **haptènes** (du grec *haptein,* saisir ; figure 17.5). Une fois qu'il

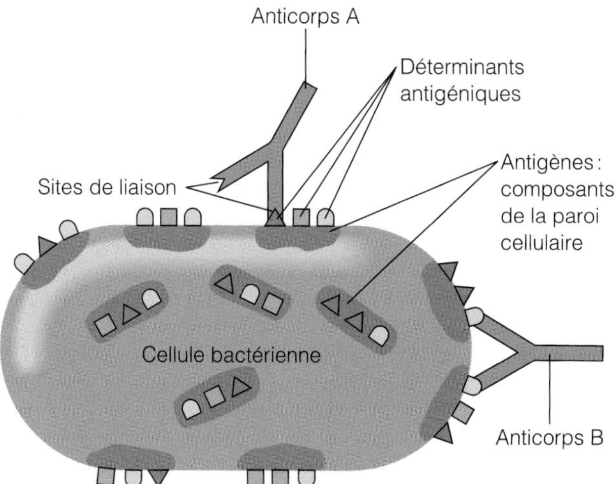


**FIGURE 17.4 Déterminants antigéniques (épitopes).** Dans le diagramme ci-dessus, les molécules antigéniques sont des composants de la paroi cellulaire d'une bactérie. Chaque antigène porte plus d'un déterminant antigénique. Chaque anticorps a au moins deux sites de liaison qui peuvent se fixer à un type de déterminant spécifique de l'antigène. Un anticorps peut aussi se lier en même temps à des déterminants identiques présents sur deux cellules différentes (figure 18.4), ce qui peut entraîner l'agglutination de cellules voisines les unes des autres.

■ Les molécules qui provoquent une réponse immunitaire sont appelées antigènes.

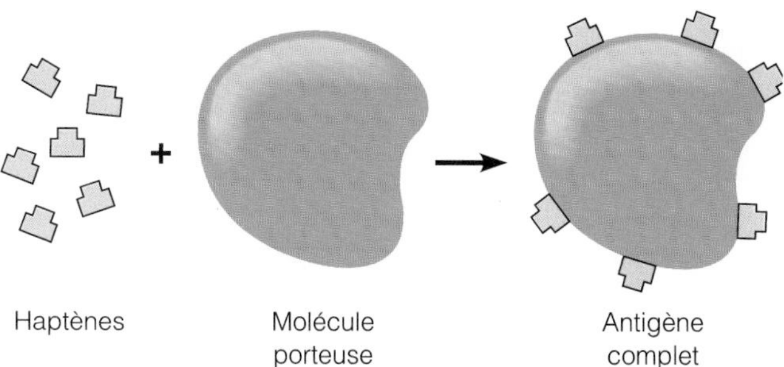


**FIGURE 17.5 Haptènes.** Un haptène est une molécule trop petite pour stimuler par elle-même la formation d'anticorps. Toutefois, quand il est combiné à une molécule porteuse de taille suffisante, habituellement une protéine, l'haptène et sa molécule porteuse constituent ensemble un antigène et peuvent provoquer une réponse immunitaire.

■ Un haptène est un antigène incomplet.

est formé, un anticorps dirigé contre un haptène peut réagir avec ce dernier indépendamment de la molécule porteuse. La pénicilline est un bon exemple d'haptène. Ce médicament n'est pas antigénique en soi, mais certaines personnes y deviennent allergiques. (La réaction allergique est une forme de réponse immunitaire.) Chez ces individus, la pénicilline qui se combine aux protéines du sérum forme un composé qui déclenche une réponse immunitaire conduisant à la réaction d'allergie.

## La nature des anticorps

### Objectifs d'apprentissage

- *Expliquer la fonction des anticorps et en décrire la structure et les caractéristiques chimiques.*
- *Nommer une fonction propre à chacune des cinq classes d'anticorps.*

Les **anticorps** sont des protéines qui sont synthétisées en réponse à un antigène et qui peuvent reconnaître cet antigène et s'y lier. En conséquence, ils peuvent contribuer à neutraliser ou à détruire l'antigène. Les anticorps reconnaissent les antigènes qui sont à l'origine de leur formation avec un degré très élevé de spécificité. Un antigène présent sur une bactérie ou un virus présente souvent plusieurs déterminants antigéniques qui stimulent la production d'anticorps différents.

Chaque anticorps possède au moins deux sites identiques qui se lient aux déterminants antigéniques. On les appelle **sites de fixation à l'antigène.** Le nombre de ces sites sur un anticorps est la **valence** de cet anticorps. Par exemple, la plupart des anticorps humains ont deux sites de fixation ; en conséquence, ils sont bivalents. Les anticorps font partie d'un groupe de protéines sériques appelées **immunoglobulines** (**Ig**).

### La structure des anticorps

Du fait qu'il présente la structure moléculaire la plus simple, l'anticorps bivalent est appelé **monomère.** Le monomère typique est formé de quatre chaînes protéiques : deux *chaînes légères* (*L* pour « light ») identiques et deux *chaînes lourdes* (*H* pour « heavy »), identiques aussi. (Les qualificatifs « légère » et « lourde » se rapportent aux masses molaires atomiques relatives des chaînes.) Les chaînes sont reliées par des ponts disulfure (figure 2.16c) et d'autres liaisons pour former une molécule en forme d'Y (figure 17.6). La molécule est flexible et peut prendre l'aspect d'un T (notez la région charnière à la figure 17.6a).

Les deux segments qui forment les extrémités des bras du Y s'appellent *régions variables* (*V*). La séquence des acides aminés, et partant la structure tridimensionnelle, de ces deux régions variables est particulière à chaque anticorps. Elles constituent les deux sites de fixation à l'antigène qui font partie de chaque anticorps monomère. (La spécificité de l'anticorps est due à ses régions variables ; en effet, leur structure est le reflet de l'antigène dont elles sont complémentaires, comme peut l'être une clé qui s'insère dans la bonne serrure.) La queue du Y et la partie inférieure des bras portent le nom de *région constante* (*C*). Il y a cinq grands types de régions C, qui correspondent aux cinq grandes classes d'immunoglobulines, que nous allons examiner sous peu.

La queue du Y de l'anticorps monomère est appelée *région Fc*, parce que, quand on s'est mis à étudier la structure

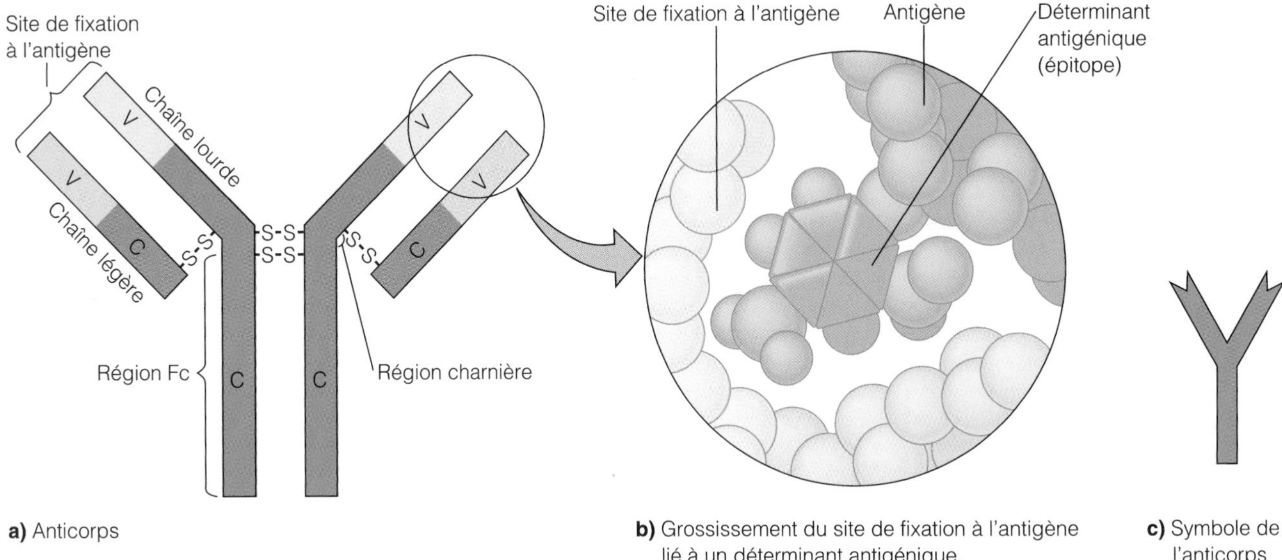


**a)** Anticorps

**b)** Grossissement du site de fixation à l'antigène lié à un déterminant antigénique.

**c)** Symbole de l'anticorps

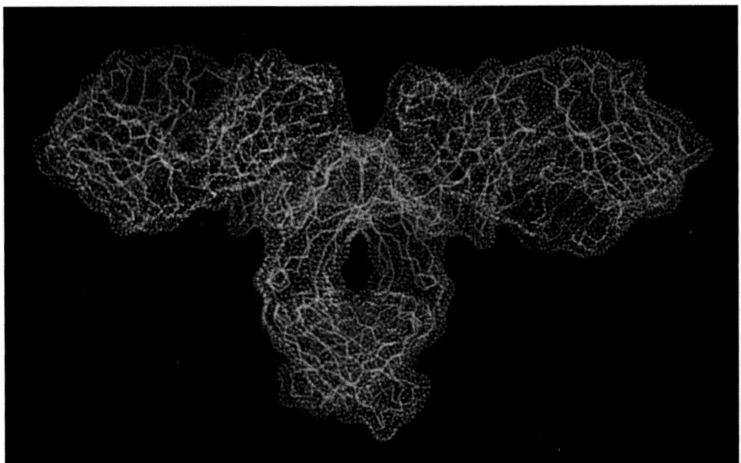

**d)** Modèle d'un anticorps réalisé par infographie

**FIGURE 17.6 Structure d'un anticorps type. a)** La molécule en forme d'Y se compose de deux chaînes légères et de deux chaînes lourdes reliées par des ponts disulfure (S-S). La majeure partie de la molécule est constituée de régions constantes (C), qui sont les mêmes pour tous les anticorps de la même classe. Les séquences d'acides aminés des régions variables (V), qui forment les deux sites de fixation à l'antigène, diffèrent d'une molécule à l'autre. **b)** Grossissement d'un site de fixation à l'antigène (en forme de cuvette) et du déterminant antigénique auquel il est lié (et dont la propre forme lui permet de s'insérer dans le site de fixation). **c)** Symbole qui représente un anticorps dans le présent ouvrage. **d)** Représentation par infographie d'un anticorps.

■ Qu'est-ce qui détermine la spécificité de chaque anticorps?

de cette molécule, on la retrouvait dans un fragment (F) qui cristallisait (c) au froid (c pour «cold»).

La région Fc joue souvent un rôle important dans les réactions immunologiques. Si elle est encore exposée après que les deux sites de fixation à l'antigène sont occupés, par exemple par une bactérie, les régions Fc d'anticorps adjacents peuvent se lier à la protéine C1 du système du complément. Le processus qui est alors déclenché amène la destruction de la bactérie, comme l'illustre la figure 16.11. À l'inverse, la région Fc peut se lier à une cellule; les sites de fixation d'anticorps adjacents restent ainsi libres de réagir avec les antigènes dont ils sont spécifiques (figure 19.1), ce qui peut provoquer des réactions allergiques.

## Les classes d'immunoglobulines

Les cinq classes d'immunoglobulines (Ig) sont représentées par les abréviations IgG, IgM, IgA, IgD et IgE. Chaque classe

**Tableau 17.1** *Résumé des classes d'immunoglobulines*



| Caractéristiques | IgG | IgM | IgA | IgD | IgE |
|---|---|---|---|---|---|
| Structure | Monomère | Pentamère | Dimère (lié au composant sécrétoire) | Monomère | Monomère |
| Pourcentage des anticorps dans le sérum | 80 % | 5 à 10 % | 10 à 15 %* | 0,2 % | 0,002 % |
| Localisation | Sang, lymphe, intestin | Sang, lymphe, surface des lymphocytes B (sous forme de monomère) | Sécrétions (larmes, salive, mucus, intestin, lait maternel), sang, lymphe | Surface des lymphocytes B, sang, lymphe | Liées aux mastocytes et aux granulocytes basophiles partout dans le corps, sang |
| Masse molaire atomique | 150 000 | 970 000 | 405 000 | 175 000 | 190 000 |
| Demi-vie dans le sérum | 23 jours | 5 jours | 6 jours | 3 jours | 2 jours |
| Fixation du complément | Oui | Oui | Non** | Non | Non |
| Transfert placentaire | Oui | Non | Non | Non | Non |
| Fonctions connues | Active la phagocytose ; neutralise les toxines et les virus ; protège le fœtus et le nouveau-né | Particulièrement efficace pour combattre les microorganismes et agglutiner les antigènes ; premiers anticorps produits en réponse à une première infection | Protection locale à la surface des muqueuses | Fonction dans le sérum inconnue ; leur présence sur les lymphocytes B joue un rôle dans le déclenchement de la réponse immunitaire | Réactions allergiques ; contribue peut-être à la lyse des vers parasites |

* Pourcentage calculé pour le sérum seulement ; si on tient compte des muqueuses et des sécrétions du corps, le pourcentage est beaucoup plus élevé.

** Peut-être oui par la voie alterne.

joue un rôle particulier dans la réponse immunitaire. La structure des molécules d'IgG, d'IgD et d'IgE est semblable à celle de la figure 17.6a. Les molécules d'IgA et d'IgM comprennent habituellement deux et cinq monomères, respectivement, reliés par des ponts disulfure. La structure et les caractéristiques des classes d'immunoglobulines sont résumées dans le tableau 17.1.

**IgG** Les **IgG** constituent environ 80 % de l'ensemble des anticorps dans le sérum. Ce sont des monomères qui traversent facilement les parois des vaisseaux sanguins et pénètrent dans le liquide interstitiel. Par exemple, les IgG maternelles peuvent traverser le placenta et conférer une immunité passive au fœtus.

Les IgG assurent une protection contre les bactéries et les virus qui se trouvent dans la circulation. Elles neutralisent les toxines bactériennes, déclenchent le système du complément et, lorsqu'elles sont liées à des antigènes, augmentent l'efficacité des phagocytes.

**IgM** Les anticorps de la classe des **IgM** (M pour *macro,* rappel de leur grande taille) constituent de 5 à 10 % des anticorps dans le sérum. Les IgM sont des pentamères, c'est-à-dire qu'elles sont composées de cinq monomères reliés par un polypeptide appelé *chaîne J* (pour «joining»). En raison de leur grande taille, les IgM ne se déplacent pas aussi facilement que les IgG. En règle générale, elles sont confinées aux vaisseaux sanguins et ne pénètrent pas dans les tissus environnants.

Les IgM sont les principaux anticorps de la réponse aux antigènes du système ABO qui se trouvent à la surface des érythrocytes (tableau 19.2). Elles se montrent également efficaces dans l'agglutination des antigènes et dans les réactions qui provoquent la fixation du complément. Enfin, elles peuvent favoriser l'ingestion des cellules cibles par les phagocytes, comme le font les IgG.

Les IgM sont les premiers anticorps observés en réponse à une première exposition à un antigène. Une deuxième exposition à un antigène donne lieu plutôt à une augmentation de la production d'IgG.

Puisqu'elles se manifestent les premières en réponse à une primo-infection et disparaissent relativement vite, les IgM présentent un intérêt unique pour le diagnostic des maladies. Si on détecte chez un patient une concentration élevée d'IgM dirigées contre un agent pathogène, ce dernier est probablement la cause de la maladie observée. La présence d'IgG, qui persistent assez longtemps, peut indiquer seulement que l'immunité contre un agent pathogène particulier a été acquise à un moment donné dans le passé.

**IgA** Les **IgA** ne constituent qu'entre 10 et 15% des anticorps dans le sérum, mais elles sont de loin la classe la plus répandue dans les muqueuses et les sécrétions du corps telles que le mucus, la salive, les sucs digestifs, les larmes et le lait maternel. Compte tenu de cette particularité, les IgA sont les immunoglobulines les plus abondantes de l'organisme. (Les IgG sont majoritaires dans le sérum.)

Les *IgA* dites *sériques* circulent dans le sérum surtout sous forme de monomère. Mais c'est en tant que dimère, appelé *IgA sécrétoire,* que cette molécule est la plus efficace. Elle est composée de deux monomères reliés par une chaîne J et est sécrétée sous cette forme par des plasmocytes présents dans les follicules lymphatiques intégrés dans les muqueuses. Les dimères traversent ensuite une cellule de la muqueuse où ils se lient à un polypeptide appelé *composant sécrétoire* qui les protège contre la dégradation enzymatique. La principale tâche des IgA sécrétoires est probablement d'empêcher les microorganismes pathogènes, notamment les virus et certaines bactéries, de se fixer à la surface de cellules hôtes des muqueuses. Cette fonction est particulièrement importante dans la résistance aux agents pathogènes des voies respiratoires. Et puisque l'immunité que procurent les IgA est relativement transitoire, la durée de la protection contre les infections respiratoires l'est aussi. Les IgA dans le colostrum aident probablement le nourrisson à résister contre les infections gastro-intestinales durant les premières semaines de sa vie.

**IgD** Les **IgD** ne constituent qu'environ 0,2% des anticorps du sérum. Leur structure est semblable à celle des IgG. On les trouve dans le sang et la lymphe, et à la surface des lymphocytes B sur laquelle elles agissent comme récepteurs antigéniques (figure 17.7). Elles jouent le rôle de récepteurs d'antigène à la surface des lymphocytes B; leur fonction dans le sérum est inconnue.

**IgE** Les anticorps de la classe des **IgE** sont légèrement plus gros que les IgG, mais ils ne constituent que 0,002% des anticorps dans le sérum. Ils se lient fortement par leur région Fc à des récepteurs présents sur des mastocytes et sur des granulocytes basophiles, deux types de cellules spécialisées qui participent aux réactions allergiques (chapitre 19). Quand un antigène, tel que le pollen, réagit avec les IgE fixées à leur surface, les mastocytes et les granulocytes basophiles libèrent de l'histamine et d'autres médiateurs chimiques. Ces molécules provoquent une réaction – par exemple, une allergie telle que le rhume des foins. Toutefois, la réaction peut aussi être protectrice, car elle attire des IgG, des protéines du complément et des phagocytes. Cela est particulièrement utile quand les anticorps se lient à des vers parasites.

## Les lymphocytes B et l'immunité humorale

### Objectifs d'apprentissage

- *Nommer la fonction des lymphocytes B.*
- *Décrire les étapes de la réponse immunitaire humorale.*
- *Définir l'apoptose et en indiquer une application médicale potentielle.*

Nous avons mentionné plus haut que les agents de la réponse immunitaire humorale sont les anticorps. Le processus qui aboutit à la production d'anticorps se met en branle quand des lymphocytes B sont exposés à des antigènes libres. Les lymphocytes B deviennent alors activés; chacun se divise et se différencie en un clone de cellules effectrices appelées **plasmocytes.** Ces plasmocytes se mettent à sécréter des anticorps dirigés contre l'antigène spécifique qui a activé le lymphocyte B d'origine.

Le processus par lequel les lymphocytes B sont activés par des antigènes et se mettent à élaborer des anticorps peut être intimement lié à la participation de lymphocytes T appartenant à l'autre branche du système immunitaire, celle des réponses à médiation cellulaire. Nous examinons ces interactions en détail, plus loin dans le présent chapitre (figure 17.15).

### L'apoptose

Le corps humain fabrique environ 100 millions de lymphocytes par jour et doit en éliminer autant, faute de quoi il en résulterait une prolifération de lymphocytes comme celle qui caractérise la leucémie. La nature s'acquitte de cette tâche grâce à l'**apoptose** (rejet, en grec), aussi appelée *mort cellulaire programmée.* Par exemple, les lymphocytes B qui ne sont pas mis en présence d'un antigène capable de les stimuler sont éliminés par apoptose au bout d'un certain temps. Les cellules qui meurent de cette mort programmée se contractent et sont rapidement ingérées par des phagocytes avant qu'il y ait une fuite importante de leur contenu. Par contraste, quand elles connaissent une fin brutale, appelée *nécrose,* à la suite de lésions ou d'infection des tissus, les cellules gonflent, éclatent et libèrent des substances qui déclenchent une réaction inflammatoire.

L'apoptose débarrasse également le corps d'autres cellules devenues inutiles. Par exemple, l'élimination des macrophagocytes actifs contribue à mettre fin aux réponses immunitaires. Les kératinocytes émergent des couches profondes de l'épiderme et meurent par apoptose, laissant des cellules mortes dans la couche cornée de l'épiderme. On croit même que les humains pourraient venir au monde avec les doigts palmés si l'apoptose ne faisait pas disparaître la palmature durant la vie embryonnaire.

L'approfondissement de nos connaissances sur l'apoptose laisse entrevoir l'éclosion de nombreuses applications. Par exemple, les virus qui ont infecté une cellule ne peuvent pas se reproduire efficacement durant une apoptose rapide, parce que les cellules hôtes sont continuellement détruites avant que le virus n'arrive à se reproduire. Par conséquent, empêcher l'inhibition de l'apoptose, ce qui revient à la stimuler, serait une puissante arme antivirale. Le cancer cause la prolifération effrénée des cellules et bloque en même temps l'apoptose. Cela donne à penser que le rétablissement de l'apoptose ouvrirait une nouvelle piste pour le traitement du cancer.

## L'activation des cellules productrices d'anticorps par la sélection clonale

### Objectifs d'apprentissage

- *Décrire le mécanisme de reconnaissance des antigènes par les lymphocytes B.*
- *Décrire la théorie de la sélection clonale.*

Dans son ensemble, la population de lymphocytes B matures d'une personne est en mesure de produire des anticorps contre une multitude d'antigènes. Mais les anticorps élaborés par un lymphocyte B donné sont dirigés de façon spécifique contre un seul antigène. Comment, alors, ces cellules reconnaissent-elles leur antigène complémentaire? Cette reconnaissance est fondée sur la *complémentarité des structures,* selon laquelle des récepteurs d'antigène présents à la surface d'un lymphocyte B ne se lient qu'aux antigènes dont ils sont spécifiques. Les **récepteurs d'antigène** sont des molécules d'anticorps de type IgD liées à la surface du lymphocyte B (tableau 17.1). Lorsqu'il arrive à maturité, un lymphocyte B peut porter jusqu'à 100 000 de ces anticorps enchâssés dans sa membrane plasmique, et chacun joue le rôle d'un récepteur d'antigène.

Examinons le cas le plus simple d'activation d'un lymphocyte B, celui où l'antigène se lie directement au récepteur d'antigène de la cellule (les étapes sont décrites à la figure 17.7). ❶ Lorsque l'antigène approprié se fixe à ses récepteurs d'antigènes, le lymphocyte B est stimulé selon un processus appelé **activation.** ❷ Le lymphocyte B activé accroît son métabolisme cellulaire; il prolifère, par une série de mitoses successives, pour former un grand clone de cellules selon un processus nommé **sélection clonale**. C'est ainsi que l'antigène est à l'origine de la *sélection* d'un lymphocyte qui se multiplie et produit un *clone* de cellules ayant la même spécificité immunologique. (Le même processus s'applique aux lymphocytes T.)

### La différenciation d'un clone de lymphocytes B

Selon certaines estimations, un individu serait capable de réagir à près de 100 millions d'antigènes différents, c'est-à-dire de produire autant d'anticorps différents. Le mécanisme qui rend possible l'élaboration de tous ces anticorps est semblable à celui qui permet de créer un très grand nombre de mots à partir d'un alphabet limité. Cet «alphabet» se trouve dans la composition génétique de la région variable de l'anticorps. L'immunologiste japonais Susumu Tonegawa a montré comment cette remarquable diversité est possible. Ses travaux lui ont valu le prix Nobel en 1987.

❹ Nous avons mentionné plus haut que certains de ces lymphocytes B activés se différencient en plasmocytes, ❺ qui sécrètent des anticorps spécifiques dirigés contre l'antigène. Chaque plasmocyte ne vit que quelques jours mais peut produire environ 2 000 anticorps par seconde.

❸ La stimulation d'un lymphocyte B par un antigène entraîne aussi l'éclosion d'une population de cellules appelées *lymphocytes B mémoires,* qui ont pour fonction d'assurer l'immunité à long terme. L'immunité médiée par ces lymphocytes mémoires rend l'individu réfractaire à une autre infection par l'agent pathogène présentant les mêmes antigènes.

La théorie de la sélection clonale soulève une question importante : pourquoi le système immunitaire ne se dresse-t-il pas contre les cellules et les macromolécules du corps dont il fait partie? Cette absence de réaction s'appelle **tolérance immunitaire,** c'est-à-dire la capacité de distinguer entre le *soi* et le *non-soi*. La réponse exacte à la question reste un mystère, mais on croit que les lymphocytes B et T qui réagissent aux antigènes du soi sont détruits d'une certaine façon durant le développement du fœtus et, en ce qui a trait aux lymphocytes T, très probablement au cours de leur passage dans le thymus. Ce mécanisme porte le nom de **délétion clonale.** Par exemple, la mort cellulaire programmée, ou apoptose, donne lieu à la tolérance par délétion. Plus récemment, on a proposé que le corps apprend à distinguer entre ce qui est dangereux et ce qui ne l'est pas, plutôt qu'entre le soi et le non-soi. Tout ce qui tue brutalement les cellules constitue un signal d'alarme et déclenche l'inflammation. Par exemple, dans le cas d'une transplantation, il est possible que la réponse immunitaire qui aboutit au rejet du

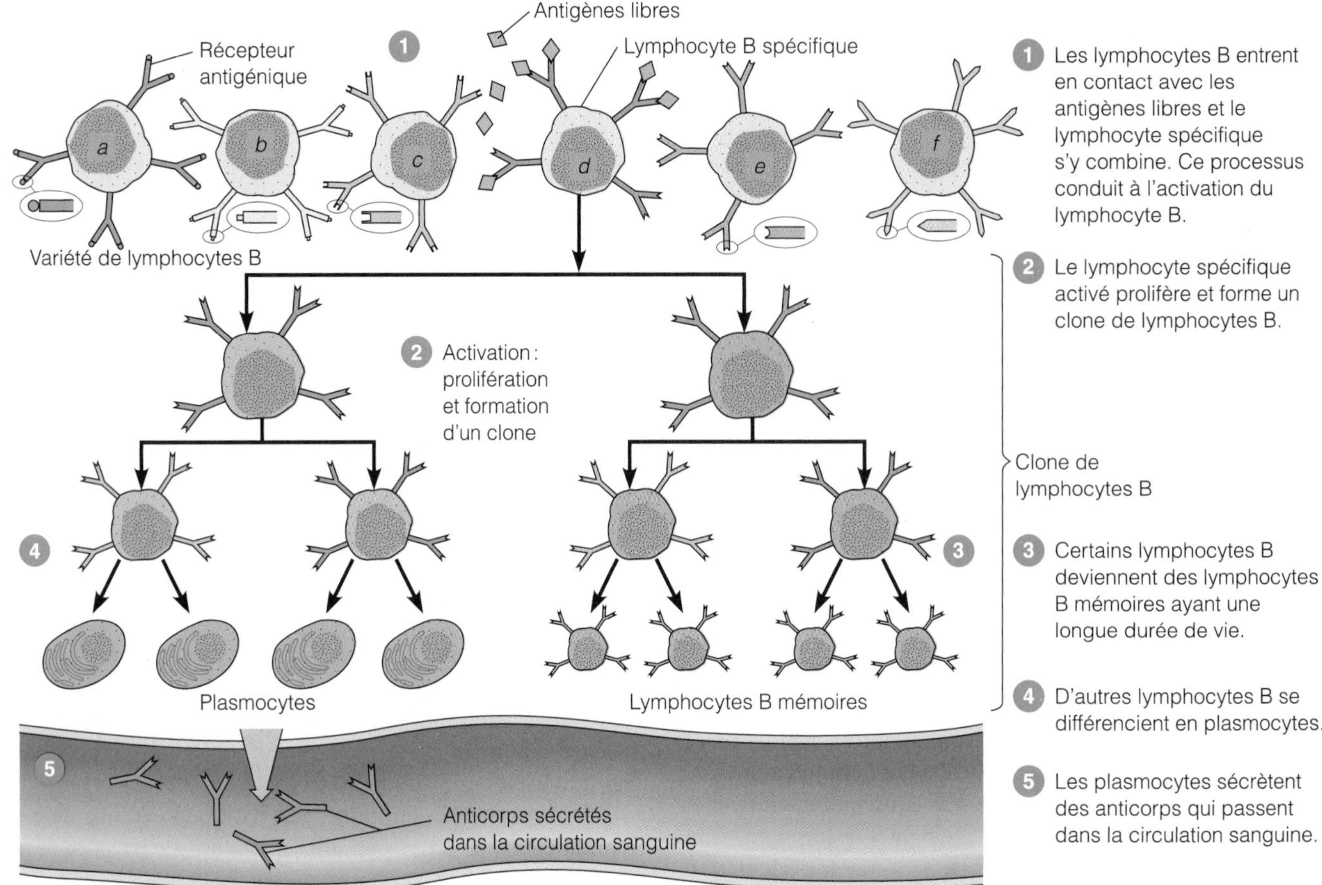


**FIGURE 17.7 Sélection clonale et différenciation des lymphocytes B.** Les lymphocytes B peuvent reconnaître un nombre presque infini d'antigènes, mais chaque lymphocyte B n'en reconnaît qu'un. Le contact d'un antigène particulier déclenche l'activation et la prolifération d'un lymphocyte B qui est spécifique de cet antigène. Il en résulte un clone composé de cellules ayant toutes la même spécificité, d'où l'expression sélection clonale.

■ Quels sont les types de cellules qui se développent à partir d'un lymphocyte B activé ?

greffon ne soit pas dirigée contre le non-soi, mais résulte des lésions cellulaires associées à l'intervention chirurgicale.

## La liaison antigène-anticorps et ses conséquences

### Objectif d'apprentissage

- *Expliquer comment un anticorps réagit avec un antigène et nommer les conséquences de la réaction.*

Quand un anticorps entre en contact avec un antigène dont il est spécifique, il se forme rapidement un **complexe antigène-anticorps.** La liaison de l'anticorps à l'antigène s'opère par le truchement du *site de fixation à l'antigène* (figure 17.6a et b). À l'occasion, en particulier quand il y a une grande quantité d'antigènes, certains de ces derniers s'accrochent à des sites de fixation auxquels ils ne s'adaptent pas tout à fait. De ce fait, la liaison de certains anticorps à l'antigène est plutôt faible ; on dit alors que ces anticorps ont moins d'*affinité*.

En fin de compte, la liaison d'un anticorps à un antigène protège l'hôte en marquant les cellules et les molécules étrangères d'un signe qui les destine à être détruites par les phagocytes et le complément. L'anticorps lui-même n'endommage pas l'antigène. Les toxines et les organismes étrangers sont rendus inoffensifs par quelques mécanismes seulement, représentés à la figure 17.8. Ce sont l'agglutination, l'opsonisation, la neutralisation, la cytotoxicité à médiation cellulaire dépendant des anticorps et l'action du complément, qui aboutissent à la lyse cellulaire et à l'inflammation (figure 16.11).

Il y a **agglutination** quand la combinaison des anticorps et des antigènes produit des amas. Par exemple, les

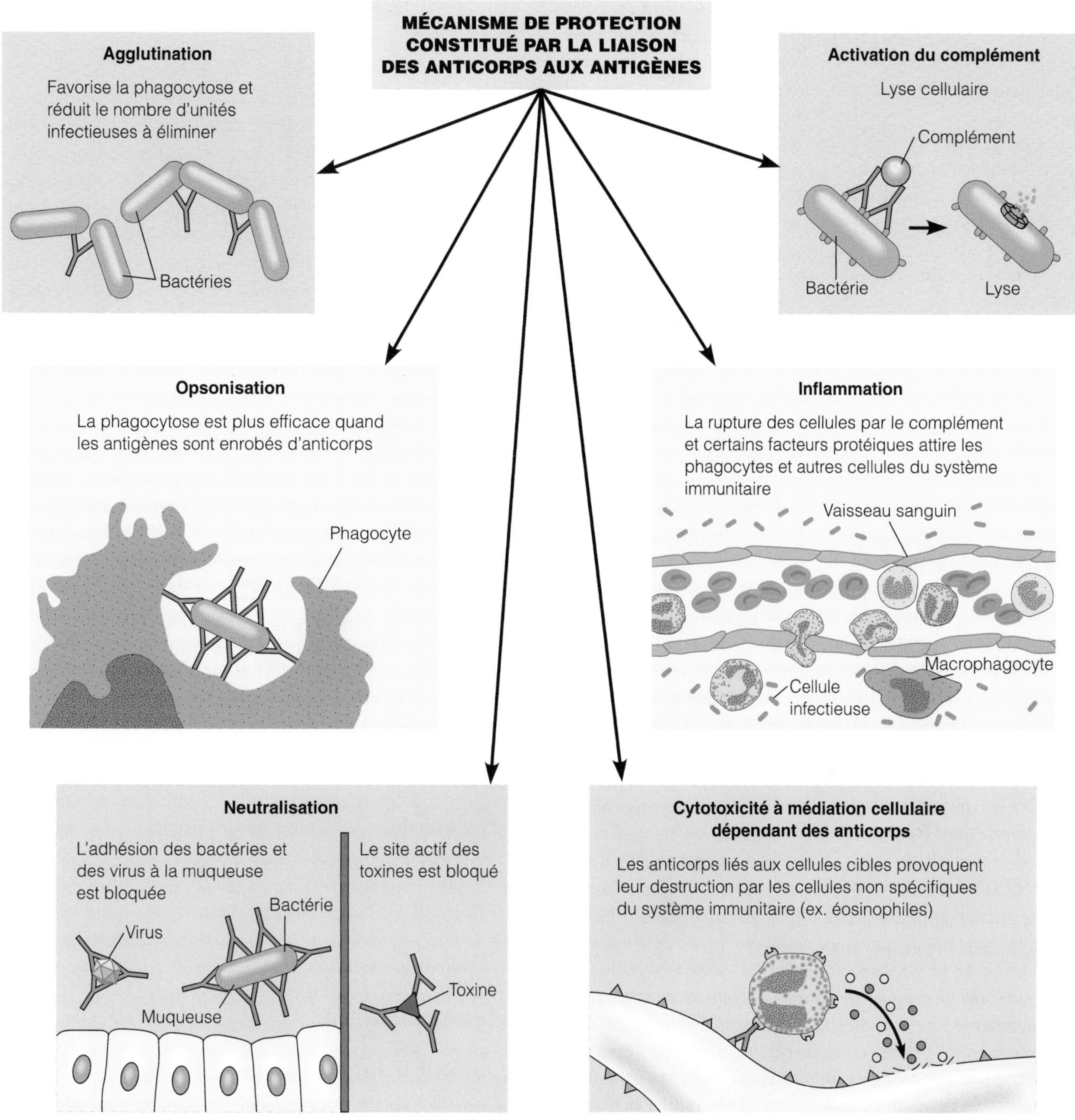


**FIGURE 17.8 Conséquences de la liaison des anticorps aux antigènes.** La liaison des anticorps aux antigènes forme des complexes antigène-anticorps qui marquent les cellules et les molécules étrangères et les destinent à la destruction par les phagocytes et le complément.

■ Quels sont certains des résultats qui peuvent être produits par la réaction d'un antigène et d'un anticorps ?

deux sites de fixation à l'antigène d'une molécule d'IgG peuvent se lier à des déterminants antigéniques situés sur deux bactéries différentes, formant ainsi un agrégat que les phagocytes ont plus de facilité à ingérer. Grâce à leurs nombreux sites de fixation, les IgM peuvent réticuler et agglutiner plus efficacement les particules antigéniques (figures 18.4). Il faut de 100 à 1 000 fois plus de molécules d'IgG pour obtenir le même résultat. (Au chapitre 18, nous verrons l'importance de l'agglutination dans l'établissement du diagnostic de certaines maladies.)

Dans le cas de la *neutralisation,* les IgG inactivent les virus en bloquant leur fixation aux cellules hôtes et rendent les toxines bactériennes inoffensives en occupant leur site actif. L'*opsonisation* est un processus au cours duquel l'antigène, tel qu'une bactérie, est enrobé d'anticorps qui facilitent son ingestion et sa lyse par les phagocytes. La *cytotoxicité à médiation cellulaire dépendant des anticorps* (figure 17.17a) ressemble à l'opsonisation en ce que le microorganisme ciblé se trouve enrobé d'anticorps. Toutefois, la destruction de ce dernier, qui est généralement volumineux, est l'œuvre de cellules non spécifiques du système immunitaire qui n'ingèrent pas leur cible.

Enfin, tant les IgG que les IgM peuvent déclencher le *système du complément,* ainsi nommé parce que son action et celle des anticorps sont complémentaires. L'**inflammation** est causée par une infection ou une lésion tissulaire (figure 16.9). Elle favorise souvent la fixation de certains facteurs protéiques à la surface des microbes dans la région enflammée. Le complément, qui se lie aux microbes ainsi enrobés, est activé et provoque la **lyse** des envahisseurs, ce qui attire dans le secteur les phagocytes et autres cellules du système immunitaire.

Nous verrons au chapitre 19 que l'action des anticorps peut aussi nuire à l'hôte. Par exemple, les complexes immuns formés d'anticorps, d'antigènes et de complément peuvent causer des lésions des tissus de l'hôte. Les antigènes qui se combinent aux IgE sur les mastocytes peuvent déclencher des réactions allergiques, et les anticorps peuvent réagir avec les cellules de l'hôte, occasionnant des maladies auto-immunes.

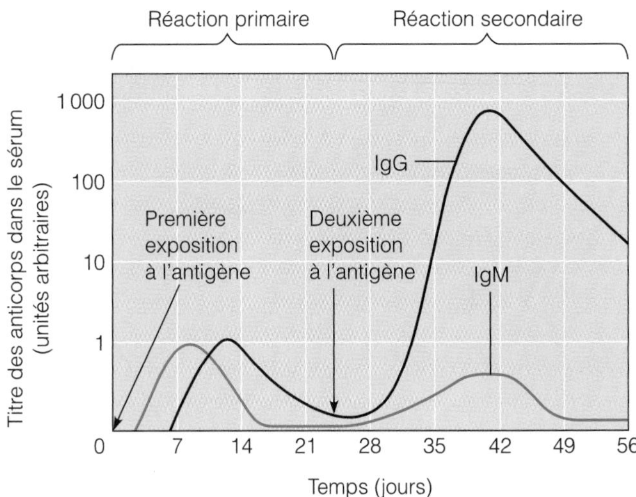


**FIGURE 17.9 Les réactions primaire et secondaire à l'antigène.** Les IgM apparaissent les premières dans la circulation à la suite de la première exposition. Les IgG suivent et procurent une immunité à plus long terme. La deuxième exposition au même antigène stimule les lymphocytes mémoires formés au moment de la première exposition ; ces cellules se mettent rapidement à produire une grande quantité d'anticorps, surtout des IgG.

■ **Pourquoi de nombreuses maladies, telles que la rougeole, ne se déclarent-elles qu'une fois chez un individu alors que d'autres, telles que le rhume, peuvent être contractées plus d'une fois ?**

## La mémoire immunologique

### Objectif d'apprentissage

■ *Distinguer entre la réaction primaire et la réaction secondaire du système immunitaire.*

L'intensité de la réponse humorale se reflète dans le **titre des anticorps,** c'est-à-dire la quantité d'anticorps dans le sérum. Après le premier contact avec un antigène, le sérum de la personne exposée ne contient pas d'anticorps en quantité mesurable pendant plusieurs jours. Puis, le titre des anticorps se met à augmenter lentement ; ce sont d'abord des IgM qui sont produites et, par la suite, des IgG (figure 17.9). Enfin, le titre des anticorps se remet à baisser graduellement. Cette évolution est caractéristique de la **réaction primaire** à l'antigène.

Les réponses immunitaires de l'hôte s'intensifient après une deuxième exposition au même antigène. Cette **réaction immunitaire secondaire** porte aussi le nom de **réponse anamnestique.** Comme nous l'avons vu dans la figure 17.7, certains lymphocytes B activés ne se transforment pas en plasmocytes producteurs d'anticorps mais persistent en tant que **lymphocytes mémoires,** ou **cellules mémoires,** qui se distinguent par leur longue durée de vie. Des années (peut-être des décennies) plus tard, ces lymphocytes déjà sensibilisés peuvent se différencier rapidement en plasmocytes producteurs d'anticorps s'ils sont stimulés par le même antigène. C'est leur présence qui explique la réaction secondaire rapide illustrée à la figure 17.9. On observe un phénomène semblable chez les lymphocytes T.

## Les anticorps monoclonaux et leur utilisation

### Objectif d'apprentissage

■ *Définir l'anticorps monoclonal et indiquer l'avantage de ces molécules sur les anticorps produits par les moyens habituels.*

Nous avons examiné les anticorps principalement en ce qui a trait à leur propriété de nous protéger contre la maladie. Mais ces molécules sont aussi utiles en médecine clinique, en particulier pour poser des diagnostics, sur lesquels nous nous attarderons davantage au chapitre 18.

Si on a en main un anticorps connu, on peut s'en servir, par exemple, pour déterminer un agent pathogène inconnu. Avant la découverte des anticorps monoclonaux, on utilisait généralement des animaux pour fabriquer les anticorps et la méthode employée ressemblait à l'infection naturelle. On injectait dans un animal un antigène tel qu'une toxine ou un microbe pathogène. S'il fallait beaucoup d'anticorps, on

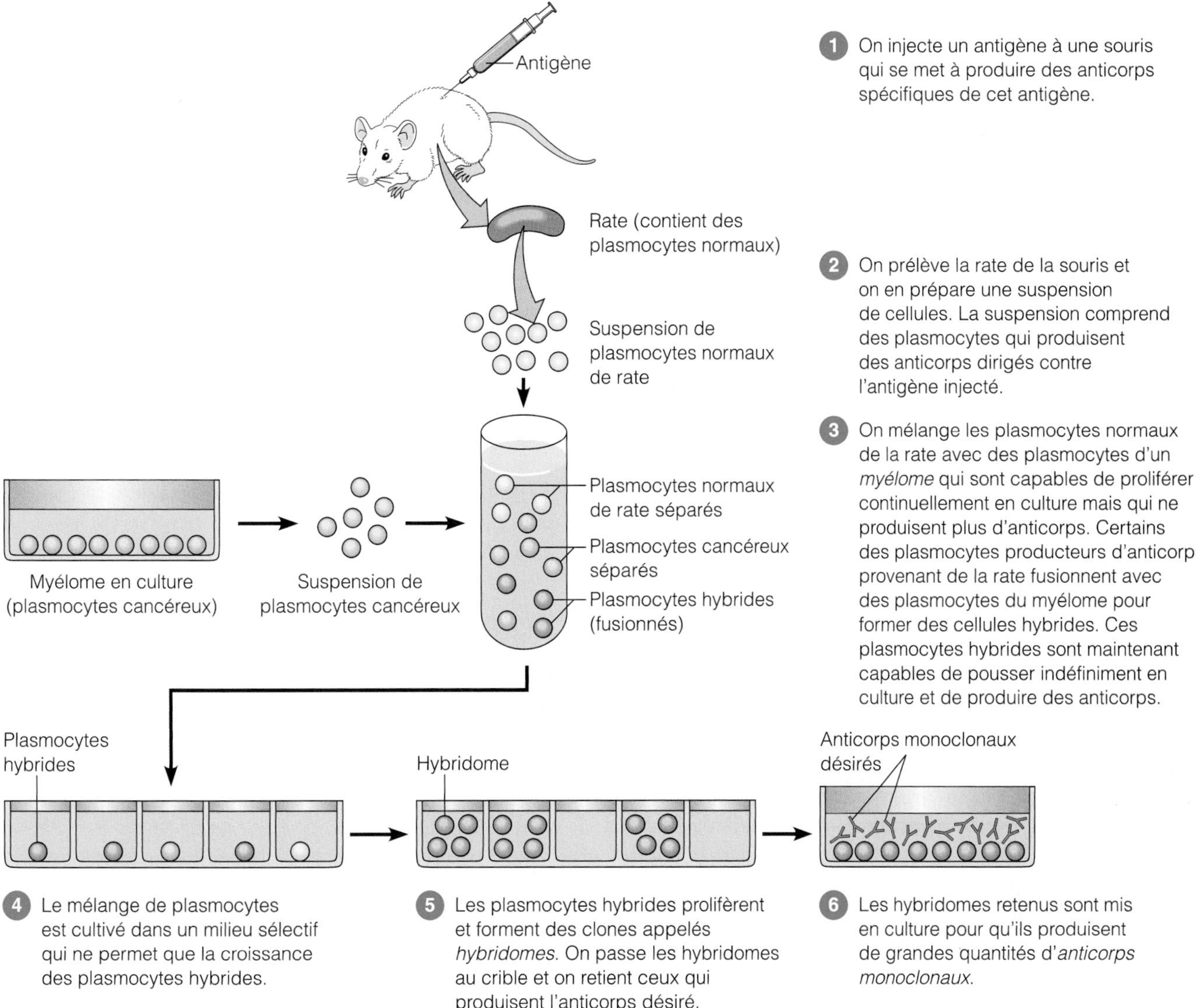


**FIGURE 17.10 Production d'anticorps monoclonaux.**

## ■ La production d'anticorps monoclonaux permet d'obtenir en grande quantité des préparations d'anticorps purs.

inoculait un animal de grande taille. Toutefois, les quantités obtenues étaient assez limitées et le sérum contenait beaucoup d'autres anticorps produits par l'animal. L'idéal aurait été de faire pousser un lymphocyte B par les méthodes de culture cellulaire habituelles, de telle sorte qu'il élabore l'anticorps désiré en quantité presque illimitée sans contamination par d'autres anticorps. Malheureusement, les lymphocytes B ne se divisent que quelques fois dans ces conditions.

En 1984, trois immunologistes reçoivent le prix Nobel pour avoir découvert une méthode permettant de prolonger la vie en culture des lymphocytes B différenciés en plasmocytes producteurs d'anticorps. La découverte, qui remonte à 1975, a été faite par Niels Jerne, Georges Köhler et César Milstein. Les scientifiques ont observé il y a longtemps que les plasmocytes producteurs d'anticorps peuvent se transformer en cellules cancéreuses. Ils forment alors des *myélomes* qui prolifèrent sans arrêt. On peut isoler ces plasmocytes cancéreux et les propager indéfiniment en culture. En ce sens, ces cellules sont « immortelles ». La percée scientifique s'est produite quand on est parvenu à combiner un plasmocyte cancéreux et « immortel » à un plasmocyte normal producteur d'anticorps. La lignée de cellules issue de cette fusion est appelée **hybridome.**

Étant composé de cellules génétiquement identiques, un hybridome élabore sans fin le type d'anticorps caractéristique du lymphocyte B dont il est issu. L'importance de la technique réside dans le fait qu'on peut garder indéfiniment en culture des clones de cellules productrices d'anticorps qui sécrètent d'énormes quantités d'anticorps identiques. Puisque ces anticorps proviennent d'un même clone de cellules, on les appelle **anticorps monoclonaux** (figure 17.10).

Les anticorps monoclonaux sont utiles pour trois raisons: ils sont homogènes, ils sont hautement spécifiques et on peut en produire facilement de grandes quantités. C'est pourquoi ils sont devenus des outils diagnostiques d'une énorme importance. Par exemple, il existe sur le marché des préparations d'anticorps monoclonaux qui permettent de détecter les chlamydias et les streptocoques. Les tests de grossesse qu'on peut se procurer sans ordonnance sont à base d'anticorps monoclonaux qui révèlent la présence d'une hormone excrétée uniquement dans l'urine des femmes enceintes.

On utilise aussi les anticorps monoclonaux pour contrer certains effets indésirables du système immunitaire, tels que le rejet d'organes greffés (chapitre 19). Dans ce cas, on prépare des anticorps qui se lient aux lymphocytes T à l'origine du rejet du greffon et les neutralisent.

On fonde également beaucoup d'espoir sur l'utilisation des anticorps monoclonaux pour traiter le cancer. Par exemple, on combine des anticorps monoclonaux spécifiques de cellules cancéreuses à une toxine pour former une **immunotoxine.** On espère que les immunotoxines seront disséminées dans le corps par le système cardiovasculaire pour se fixer spécifiquement aux cellules cancéreuses et les tuer, ou brouiller les signaux qui stimulent leur croissance.

Les applications thérapeutiques des anticorps monoclonaux sont encore limitées, parce que ces molécules proviennent à l'heure actuelle de cellules de souris. Le système immunitaire de certaines personnes réagit contre ces protéines étrangères. Des anticorps monoclonaux provenant de cellules humaines ne provoqueraient probablement pas autant de réactions. Ainsi, on poursuit plusieurs pistes dans le but de résoudre ce problème. L'une d'elles consiste à assembler, grâce au génie génétique, des anticorps ayant des régions variables dérivées de la souris et des régions constantes d'origine humaine. Ces anticorps, qui sont plus compatibles avec le système immunitaire humain, portent le nom d'**anticorps monoclonaux chimériques.** Le génie génétique permettra peut-être aussi de modifier les anticorps de souris pour leur donner des caractéristiques «plus humaines».

# Les lymphocytes T et l'immunité à médiation cellulaire

### Objectif d'apprentissage

- *Nommer au moins un des rôles de chacune des molécules suivantes dans l'immunité à médiation cellulaire: cytokines, interleukines et interférons.*

Nous avons mentionné plus haut que les antigènes qui stimulent l'immunité à médiation cellulaire sont surtout d'origine intracellulaire. De plus, ce type d'immunité ne maintient généralement son efficacité que si l'antigène est continuellement présent. Contrairement à l'immunité humorale, la réponse à médiation cellulaire n'est pas transférée au fœtus par le placenta.

L'immunité à médiation cellulaire est fondée sur l'activité de certains lymphocytes spécialisés, principalement les lymphocytes T.

## Les messagers chimiques des cellules immunes: les cytokines

Quand les immunologistes ont commencé à mettre en culture et à étudier les cellules du système immunitaire, ils ont découvert dans les liquides qui nourrissaient ces cultures un ensemble déconcertant de «facteurs» solubles – ou messagers chimiques – capables d'exercer une action régulatrice sur un grand nombre d'autres cellules du système immunitaire. Ils ont notamment observé que les cellules communiquaient entre elles et que certaines en activaient d'autres ou les poussaient à se différencier. Ils ont attribué des noms à ces facteurs, tels que facteur d'activation des lymphocytes B ou facteur de différenciation des lymphocytes B. Ce n'est qu'après des décennies de travail, depuis les années 1950, qu'on s'est mis à y voir plus clair.

On a fini par établir que beaucoup de ces facteurs aux appellations diverses étaient en fait des molécules identiques. On appelle aujourd'hui **cytokines** ces petites hormones protéiques et on en connaît plus de 60. On peut se représenter les multiples fonctions des cytokines un peu comme des mots qui ont des sens différents dans des contextes différents; en effet, des cytokines peuvent inhiber une réponse dans certaines circonstances et l'amplifier à un autre moment.

Les cytokines qui servent de messagers entre les populations de leucocytes portent le nom d'**interleukines** (entre leucocytes). Une cytokine est appelée interleukine quand on a assez d'information à son sujet, y compris sur la séquence des acides aminés; un comité international lui attribue alors un numéro. À l'heure actuelle, il y a 18 interleukines. Par exemple, l'*interleukine 1* (*IL-1*) est produite par toutes les cellules nucléées, en particulier par les macrophagocytes; elle influe sur un ensemble d'activités et sur presque tous les types de cellules (elle a porté au moins huit noms descriptifs). L'*interleukine 2* (*IL-2*) est produite principalement par les lymphocytes T auxiliaires CD4 (décrits plus loin p. 538) et joue un rôle important dans la prolifération des lymphocytes T.

Les interférons font aussi partie des cytokines. Ils contribuent à protéger les cellules contre les infections virales. La cachectine ou *facteur nécrosant des tumeurs (TNF)* est une autre cytokine majeure. La cachectine est une cytokine produite par les macrophagocytes lorsque ces derniers sont stimulés par des endotoxines bactériennes. Cette cytokine perturbe l'apport sanguin des cancers chez les animaux d'où son nom de *tumor necrosis factor* (TNF); ses effets sur les cellules humaines sont décrits au chapitre 15 (endotoxines). Le facteur stimulant la formation de colonies (CSF) provoque la croissance d'un certain nombre de cellules qui combattent les infections.

Les **chimiokines** – de chimiotactisme – se sont ajoutées depuis peu à la famille des cytokines. Elles stimulent la

**Tableau 17.2 Quelques cytokines importantes**

| Cytokine | Fonctions représentatives |
|---|---|
| Interleukine 1 (IL-1) | Stimule les lymphocytes T auxiliaires en présence d'antigènes ; exerce une attraction chimique sur les phagocytes lors de l'inflammation. |
| Interleukine 2 (IL-2) | Joue un rôle dans la prolifération des lymphocytes T auxiliaires stimulés par l'antigène, dans la prolifération et la différenciation des lymphocytes B, et dans l'activation des lymphocytes T cytotoxiques et des cellules tueuses naturelles. |
| Interleukine 8 (IL-8) | Exerce une attraction chimique, à partir d'un foyer d'inflammation, sur les cellules du système immunitaire et les phagocytes. |
| Interleukine 12 (IL-12) | Intervient principalement dans la différenciation des lymphocytes T CD4. |
| Interféron gamma (IFNγ) | Inhibe la réplication virale intracellulaire ; augmente l'activité des macrophagocytes dans la lutte contre les microbes et contre les cellules tumorales. |
| Facteur nécrosant des tumeurs bêta (TNF-$\beta$) | Cytotoxique pour les cellules tumorales ; augmente l'activité des phagocytes. |
| Facteur stimulant la formation de colonies de granulocytes-macrophages (GM-CSF) | Stimule la formation des érythrocytes et des leucocytes à partir de cellules souches. |

migration des leucocytes vers les foyers d'infection. Il y a au moins 30 chimiokines répertoriées dont la plus familière est l'IL-8. Le tableau 17.2 présente quelques-unes des cytokines les mieux connues.

En raison de leur rôle dans la stimulation du système immunitaire, on a envisagé d'utiliser les cytokines comme agents thérapeutiques (voir l'encadré de la page 542). Des expériences de laboratoire ont révélé que l'IL-1 pourrait s'avérer utile pour combattre plusieurs parasitoses et réduire le débit sanguin qui nourrit les tumeurs chez les animaux. L'utilisation possible du système immunitaire pour maîtriser le cancer incite aussi à se pencher sur les cytokines. Une des approches consiste à manipuler des cellules tumorales au moyen du génie génétique pour qu'elles se mettent à produire des cytokines qui stimuleront une réponse immunitaire à médiation cellulaire dirigée contre la tumeur.

## Les éléments cellulaires de l'immunité

### Objectif d'apprentissage

- *Décrire au moins une des fonctions de chacun des éléments suivants : lymphocyte T auxiliaire ($T_H$), lymphocyte T cytotoxique ($T_C$), lymphocyte de l'hypersensibilité retardée ($T_{DH}$), lymphocyte T suppresseur ($T_S$), CPA, CMH, macrophagocyte activé, cellule NK.*

Le lymphocyte T constitue l'élément central de l'immunité cellulaire. À l'instar des lymphocytes B et de toutes les autres cellules intervenant dans la réponse immunitaire, les lymphocytes T sont issus de cellules souches situées dans la moelle osseuse rouge (figure 17.3). Ils sont soumis à l'action du thymus où ils se différencient en lymphocytes matures (le T provient du mot thymus). Ensuite, ils gagnent les organes lymphatiques où a lieu le contact avec l'antigène.

La plupart des microorganismes pathogènes pénètrent dans le corps par les voies gastro-intestinales, respiratoires ou urogénitales, où ils se heurtent à la barrière des cellules qui composent les muqueuses. Dans l'épaisseur des muqueuses, en particulier celle de l'intestin grêle, se trouvent de petits follicules lymphatiques produisant des lymphocytes B, des lymphocytes T et des macrophagocytes. Ces follicules lymphatiques sont associés à des amas de cellules – cellules M – dispersés dans la muqueuse : leur association forme le MALT (pour *Mucosa-Associated Lymphoid Tissue*). Ces zones de cellules M constituent normalement les seules portes d'entrée que peuvent emprunter les microorganismes pour franchir la barrière des muqueuses et entrer dans le sang ou la lymphe. Du point de vue anatomique, les zones de cellules M sont situées directement au-dessus des follicules lymphatiques ; les antigènes qui les traversent activent les lymphocytes B et T, qui prolifèrent et forment des clones. Si, par exemple, un lymphocyte B est activé, les plasmocytes produisent des anticorps, qui, par la suite, effectueront le trajet en sens inverse pour se rendre à la surface des muqueuses. Ces anticorps sont surtout des IgA, qui jouent un rôle essentiel dans l'immunité des muqueuses. En plus des structures MALT, se trouvent aussi dans la muqueuse intestinale d'autres tissus lymphoïdes appelés « follicules lymphatiques agrégés » (anciennement plaques de Peyer) qui produisent des IgA et des lymphocytes T.

À l'instar des lymphocytes B de l'immunité humorale, les lymphocytes T utilisent des récepteurs d'antigènes pour reconnaître les corps étrangers et y réagir. De la même façon, chaque lymphocyte T ne réagit spécifiquement qu'à un seul antigène. La sélection clonale est également le mécanisme par lequel les lymphocytes T ayant les récepteurs d'antigènes appropriés sont activés et se différencient en lymphocytes T qui prolifèrent et accomplissent les fonctions de l'immunité à médiation cellulaire. Comme dans le cas des lymphocytes B, certains *lymphocytes T* activés deviennent des lymphocytes mémoires qui rendent possible une réaction immunitaire secondaire s'ils reconnaissent plus tard le même antigène. La capacité du corps de produire de nouveaux lymphocytes T diminue avec l'âge, à partir de la fin de l'adolescence. Le thymus, producteur de lymphocytes T, finit par devenir inactif et la moelle osseuse rouge donne naissance à moins de lymphocytes B. En conséquence, le système immunitaire est relativement faible chez les personnes âgées.

## Les types de lymphocytes T

Il semble y avoir quatre principaux types fonctionnels de lymphocytes T : les lymphocytes T auxiliaires ($T_H$ pour Helper), les lymphocytes T cytotoxiques ($T_C$), les lymphocytes T de l'hypersensibilité retardée ($T_{DH}$ pour *Delayed hypersensitivity*) et, peut-être, les lymphocytes T suppresseurs ($T_S$). On reconnaît les quatre types de lymphocytes T par les molécules caractéristiques qui se trouvent à la surface de ces cellules matures.

Il existe une autre classification des lymphocytes T fondée sur un type de récepteur à la surface de la cellule qu'on appelle CD (classes de différenciation). Les molécules CD4 et CD8 font partie de ces récepteurs. Les *lymphocytes T CD4* sont surtout des lymphocytes T auxiliaires, alors que les *lymphocytes T CD8* comprennent les lymphocytes T cytotoxiques et les lymphocytes T suppresseurs. La source du pouvoir pathogène du virus du SIDA a été établie par l'utilisation d'un anticorps monoclonal grâce auquel on a démontré que la population des lymphocytes T CD4 était décimée par cette infection. Ces cellules T CD4 sont essentielles à une réponse immunitaire vigoureuse.

Chaque lymphocyte T réagit spécifiquement à un seul antigène. De plus, ce dernier doit être présenté à la surface d'une cellule, qu'on appelle de ce fait **cellule présentatrice d'antigènes** (**CPA**). Les principales CPA sont des macrophagocytes (figure 16.8) et des **cellules dendritiques** (figure 17.11a). Les cellules dendritiques n'ont pas d'autre fonction. Lorsqu'il s'agit d'un macrophagocyte, il ingère le microorganisme par phagocytose, le digère partiellement et en présente ensuite des fragments d'antigène à la surface de sa membrane. Un lymphocyte T ne reconnaît un antigène sur une CPA que si le fragment antigénique est étroitement

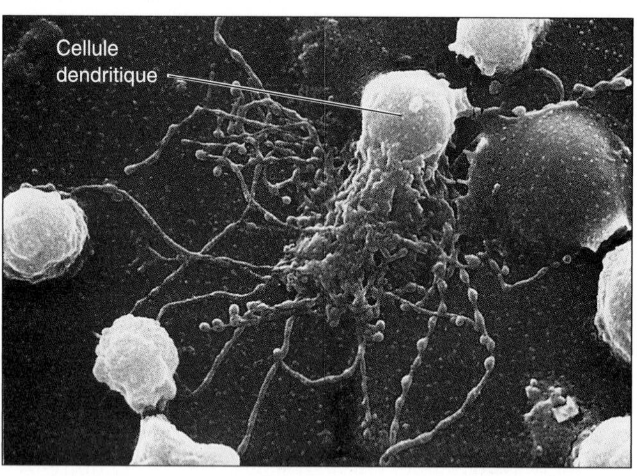


**FIGURE 17.11a Cellule présentatrice d'antigènes (CPA).** Les CPA sont habituellement des macrophagocytes ou des cellules dendritiques qui présentent les antigènes aux lymphocytes T auxiliaires. On voit sur la micrographie une cellule dendritique avec plusieurs des ramifications « en chapelet » qui ont valu leur nom à ces cellules. Ces filaments sont des prolongements du corps de la cellule. Les cellules dendritiques sont un type de leucocyte qui se trouve dans la peau, les voies aériennes et les organes lymphatiques. Les molécules d'antigènes qui sont présentées à la surface des cellules sont trop petites pour être visibles ici.
SOURCE : « Microanatomy of lymphoid tissue during humoral immune responses : structure function relationships », A. K. Szakal et coll., *Ann. Rev. Immunol.*, vol. 7, p. 91-109, 1989.

■ Quel est le rapport entre les CPA et le CMH ?

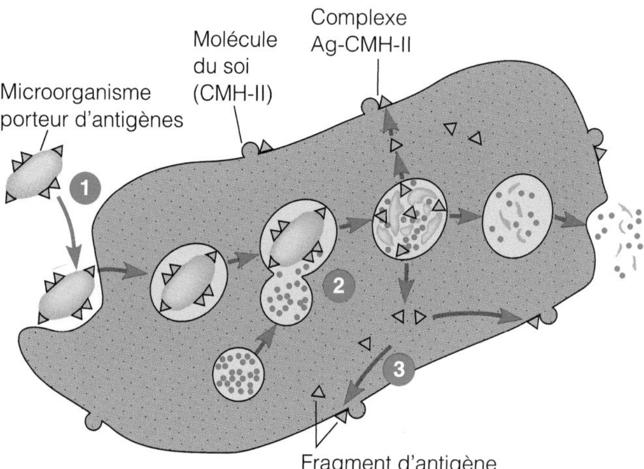


**FIGURE 17.11b Transformation d'un macrophagocyte en cellule présentatrice d'antigène (CPA).** Le processus de la phagocytose est celui illustré à la figure 16.8. De façon résumée, il y a ❶ exposition et ingestion du microorganisme porteur d'antigène (Ag). ❷ Le macrophagocyte procède ❷ au traitement, soit à la digestion du microorganisme suivie de la libération de fragments antigéniques ❸ qui migrent vers la membrane et s'associent aux protéines du CMH-II, pour former un complexe Ag - CMH-II.

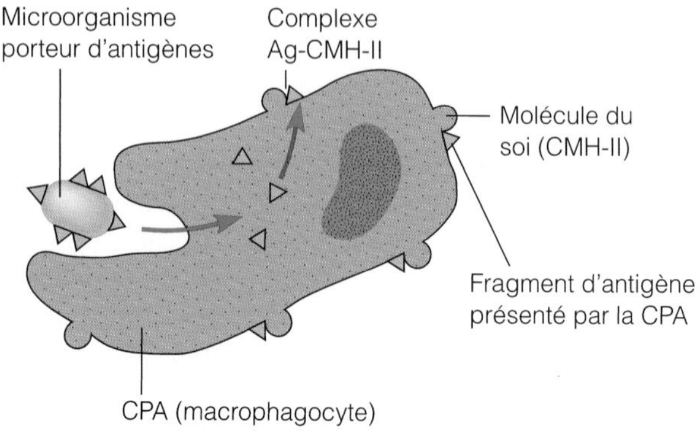


**FIGURE 17.11c** Illustration simplifiée d'un macrophagocyte qui devient une cellule présentatrice d'antigène (CPA).

associé à une molécule du soi qui se trouve également à la surface de la cellule. Les molécules du soi sont des protéines qui font partie du **complexe majeur d'histocompatibilité** (**CMH**) (figure 17.11b).

Les protéines du CMH forment un ensemble qui est unique à chaque individu. Il existe deux classes de molécules du CMH. Les protéines de la classe I sont exposées à la surface des membranes de toutes les cellules nucléées du corps, à l'exception des érythrocytes qui sont sans noyau. Les protéines de la classe II, beaucoup moins répandues, ne sont présentes que sur la surface de la membrane des lymphocytes B matures et des cellules présentatrices d'antigènes (CPA). Le rôle des protéines du CMH est essentiel; elles servent de points de repère grâce auxquels le système immunitaire distingue le soi du non-soi. Au chapitre 19, nous examinerons plus en détail le CMH et son rôle dans les maladies auto-immunes chez les humains.

**Lymphocytes T auxiliaires** Les cellules du système immunitaire appelées **lymphocytes T auxiliaires** (**$T_H$**) jouent un rôle clé dans la réponse aux antigènes. Les lymphocytes T auxiliaires sont des producteurs de cytokines particulièrement prolifiques. Dès qu'ils sont activés par un antigène, ils se servent de ces messagers chimiques pour influer sur l'activité d'autres cellules du système immunitaire. Ils sont aussi essentiels à la formation de beaucoup d'anticorps par les lymphocytes B. Nous reviendrons sur cet aspect plus loin dans le présent chapitre.

L'activation d'un lymphocyte T auxiliaire se déroule de la façon suivante (figure 17.12). ➊ Un macrophagocyte est exposé à un microorganisme porteur d'antigènes qu'il ingère et traite. Le traitement consiste en la digestion du microorganisme, suivie de la libération de fragments antigéniques qui migrent à la surface membranaire du macrophagocyte et s'associent aux protéines du CMH-II pour former un complexe antigène-CMH-II ou Ag-CMH-II. Le macrophagocyte devient ainsi une cellule présentatrice d'antigènes (CPA). ➋ Les récepteurs spécifiques d'un lymphocyte T auxiliaire ($T_H$) reconnaissent le complexe antigène-CMH-II présent à la surface de la CPA, et s'y lient. (La nécessité de reconnaître la combinaison plutôt que l'antigène isolé réduit au minimum le risque de produire des anticorps contre les tissus de l'hôte.) Ce contact stimule la CPA, qui se met à sécréter de l'interleukine 1 (IL-1). ➌ L'IL-1 est le messager chimique qui contribue à l'activation du lymphocyte T auxiliaire. Le lymphocyte T auxiliaire commence à synthétiser un second messager, l'interleukine 2 (IL-2). Le lymphocyte T auxiliaire recapte une partie de l'IL-2 sécrétée grâce à des récepteurs qui apparaissent à sa surface lors de l'activation. Il se met alors à proliférer pour former un clone et à se différencier pour produire des lymphocytes T auxiliaires mémoires et des lymphocytes T auxiliaires matures. Seuls les lymphocytes T auxiliaires activés possèdent des récepteurs d'IL-2. En conséquence, même si l'IL-2 est non spécifique, le clone de lymphocytes T auxiliaires engendré par son action est spécifique de l'antigène de départ. ➍ Les lymphocytes T auxiliaires matures se mettent alors à produire de

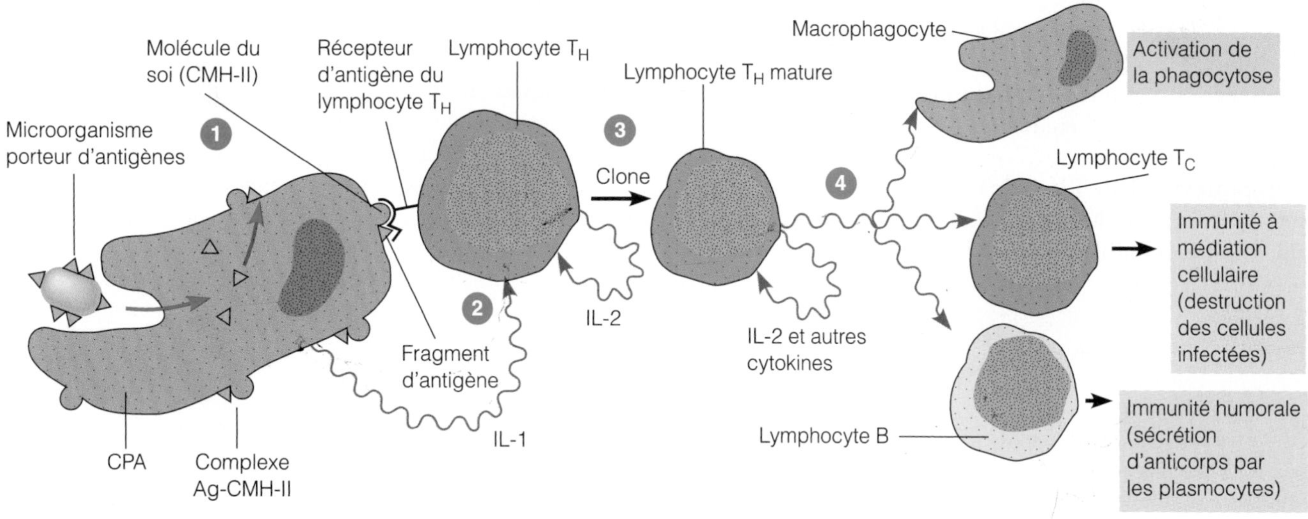


➊ Un macrophagocyte est exposé à un antigène qu'il ingère et traite, formant des complexes antigène-CMH-II qui sont présentés à sa surface; le macrophagocyte devient une cellule présentatrice d'antigènes (CPA).

➋ Le récepteur d'antigène d'un lymphocyte T auxiliaire ($T_H$) se lie au complexe Ag-CMH-II. L'interaction stimule la CPA, qui sécrète alors de l'interleukine 1 (IL-1).

➌ L'IL-1 active le lymphocyte $T_H$, qui se met à produire de l'interleukine 2 (IL-2). Cette dernière agit à son tour sur le lymphocyte $T_H$ qui l'a produite et le pousse à former un clone de lymphocytes $T_H$ matures.

➍ Les lymphocytes $T_H$ matures de ce clone produisent de l'IL-2 et d'autres cytokines qui accentuent la prolifération et l'activité des lymphocytes $T_H$ spécifiques ainsi que des macrophagocytes, des lymphocytes T cytotoxiques et des lymphocytes B.

**FIGURE 17.12 Le rôle clé des lymphocytes T auxiliaires.**

■ Quelle est la fonction des lymphocytes $T_H$ ?

l'IL-2 et d'autres cytokines, qui stimulent à leur tour d'autres lymphocytes T auxiliaires spécifiques de l'antigène qui prolifèrent et se différencient. Les cytokines stimulent aussi les lymphocytes B actifs dans l'immunité humorale (figure 17.15), les lymphocytes T cytotoxiques qui attaquent des cellules infectées par des virus ou autres parasites intracellulaires et les macrophagocytes, ce qui accentue la phagocytose.

**Lymphocytes T cytotoxiques** Les **lymphocytes T cytotoxiques ($T_C$)** détruisent les cellules cibles avec lesquelles ils entrent en contact. Les virus et certaines bactéries se reproduisent à l'intérieur des cellules hôtes, si bien qu'ils ne peuvent pas être touchés par les anticorps. Toutefois, les cellules infectées présentent à leur surface membranaire les antigènes des virus ou des bactéries qui les infectent; ces antigènes se combinent avec les protéines du CMH-I présentes à la surface de toutes les cellules nucléées. Ce complexe sonne l'alarme pour le système immunitaire qui, autrement, ne distinguerait pas les cellules infectées des cellules qui ne le sont pas. C'est alors que les lymphocytes $T_C$ passent à l'action et, par exemple, attaquent les cellules hôtes infectées par un virus. La figure 17.13 illustre de façon simplifiée l'action d'un lymphocyte $T_C$. ❶ Le lymphocyte $T_C$ se lie au complexe antigène-CMH-I à la surface de la cellule cible infectée. (Cette liaison conduit à l'activation du lymphocyte $T_C$, qui prolifère et se différencie en un clone de lymphocytes $T_C$ matures; cette étape n'est pas illustrée.) ❷ Le $T_C$ mature libère alors une protéine appelée **perforine,** qui perce un trou dans la membrane de la cellule cible et ❸ provoque sa lyse. Les lymphocytes $T_C$ continuent leur action tant que persiste l'antigène qui les stimule; quand ce dernier disparaît, ils meurent par apoptose. (Nous verrons au chapitre 19 comment les lymphocytes T cytotoxiques reconnaissent et tuent les cellules cancéreuses.)

**Lymphocytes T de l'hypersensibilité retardée** L'immunité à médiation cellulaire doit son nom aux **lymphocytes T de l'hypersensibilité retardée ($T_{DH}$ pour *Delayed hypersensitivity*)**. En effet, le transfert de l'immunité à la tuberculose s'accomplit par le transfert de lymphocytes T d'un animal à l'autre. Néanmoins, les lymphocytes $T_{DH}$ ne constituent sans doute pas une population distincte. Ce sont surtout des lymphocytes T auxiliaires et quelques lymphocytes T cytotoxiques qui interviennent dans ce type de réponse immunitaire. Ils sont associés à certaines réactions allergiques, comme celle au sumac vénéneux, et au rejet des tissus greffés (nous y reviendrons en détail au chapitre 19).

**Lymphocytes T suppresseurs** Les **lymphocytes T suppresseurs ($T_S$)** forment un groupe encore mal défini. On croit généralement qu'il s'agit de lymphocytes T qui assurent la régulation de la réponse immunitaire, c'est-à-dire qu'ils y mettent un terme quand l'antigène n'est plus présent. Selon la plupart des immunologistes, il est probable que ces cellules ne constituent pas une population distincte mais représentent une action suppressive accomplie par des populations de lymphocytes T auxiliaires et T cytotoxiques.

## Les éléments cellulaires non spécifiques

Les lymphocytes T, qui ont d'ordinaire pour cible des antigènes spécifiques, sont les principaux combattants de la résistance à médiation cellulaire. Les macrophagocytes activés et les cellules tueuses naturelles sont aussi des éléments essentiels, mais leur activité est moins spécifique.

**Macrophagocytes activés** Les macrophagocytes sont des phagocytes qui sont le plus souvent au repos. Leur pouvoir phagocytaire augmente de beaucoup quand ils sont stimulés et deviennent des **macrophagocytes activés.** Cette stimulation provient avant tout de l'ingestion de matières antigéniques. Toutefois, certaines cytokines provenant de lymphocytes T auxiliaires stimulés par l'antigène peuvent aussi activer les macrophagocytes. Les macrophagocytes activés sont plus efficaces. Leur apparence change aussi de façon marquée; ils sont plus gros et leur surface devient chiffonnée (figure 17.14).

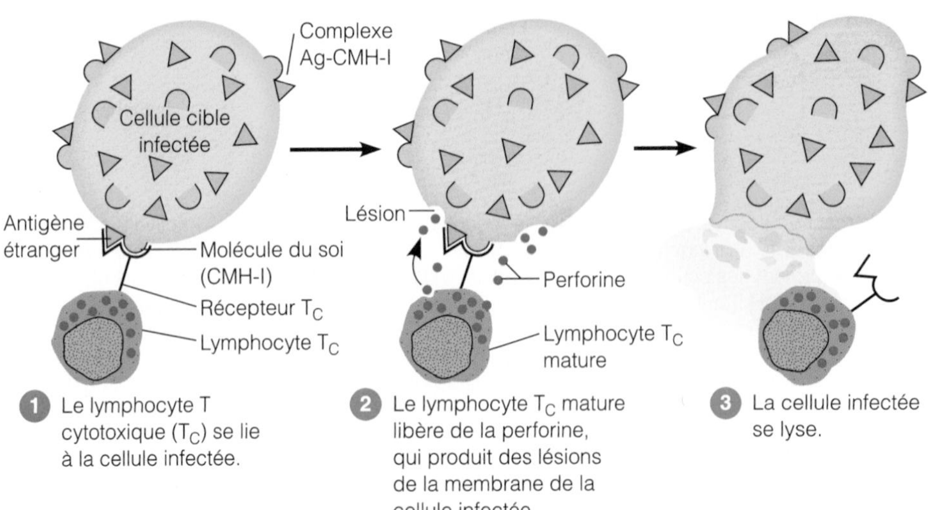
Complexe Ag-CMH-I
Cellule cible infectée
Antigène étranger
Molécule du soi (CMH-I)
Récepteur $T_C$
Lymphocyte $T_C$
Lésion
Perforine
Lymphocyte $T_C$ mature
❶ Le lymphocyte T cytotoxique ($T_C$) se lie à la cellule infectée.
❷ Le lymphocyte $T_C$ mature libère de la perforine, qui produit des lésions de la membrane de la cellule infectée.
❸ La cellule infectée se lyse.

FIGURE 17.13 **Cytotoxicité à médiation cellulaire.** Un lymphocyte T cytotoxique ($T_C$) se lie au complexe antigène-CMH-I exposé à la surface d'une cellule cible infectée. À la suite du contact, le lymphocyte $T_C$ libère une protéine appelée perforine, qui lyse la cellule infectée.

■ Quelle est la fonction des lymphocytes $T_C$?

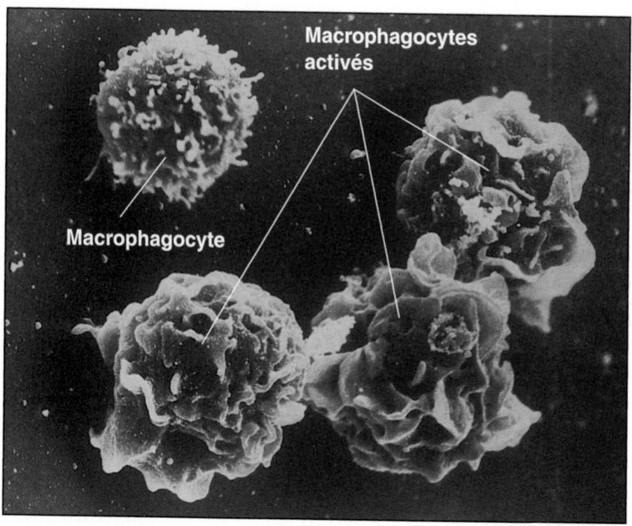


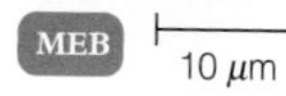


FIGURE 17.14 **Macrophagocytes activés.** Quand ils sont activés, les macrophagocytes deviennent plus gros et ont une apparence chiffonnée.

■ Comment les macrophagocytes deviennent-ils activés ?

**Tableau 17.3** *Principales cellules de l'immunité à médiation cellulaire*

| Cellules | Fonction |
|---|---|
| Lymphocyte T auxiliaire ($T_H$) | Active les lymphocytes T cytotoxiques et d'autres lymphocytes T auxiliaires ; nécessaire à l'activation des lymphocytes B par les antigènes T-dépendants. |
| Lymphocyte T cytotoxique ($T_C$) | Détruit les cellules cibles avec lesquelles il entre en contact. |
| Lymphocyte T de l'hypersensibilité retardée ($T_{DH}$) | Protège contre certains agents infectieux ; provoque l'inflammation associée aux réactions allergiques et au rejet des greffons. |
| Lymphocyte T suppresseur ($T_S$) | Régule la réponse immunitaire et contribue à maintenir la tolérance immunitaire. |
| Macrophagocyte activé | Grande capacité de phagocytose ; attaque les cellules cancéreuses. |
| Cellule tueuse naturelle (NK) | Attaque et détruit les cellules cibles ; participe à la cytotoxicité à médiation cellulaire dépendant des anticorps. |

Le pouvoir amplifié des macrophagocytes activés les rend particulièrement utiles pour éliminer certaines cellules infectées par des virus ou des bactéries pathogènes intracellulaires, telles que le bacille tuberculeux. Leur capacité d'attaquer et de détruire un grand nombre de cellules cancéreuses est d'une grande importance. De plus, ils fonctionnent bien comme cellules présentatrices d'antigènes (CPA).

**Cellules tueuses naturelles** Certains lymphocytes appelés **cellules tueuses naturelles** (**NK**) sont capables de détruire d'autres cellules, notamment celles qui sont infectées par des virus ou sont transformées en tumeurs. Les cellules tueuses naturelles peuvent aussi attaquer des parasites de grande taille, comme l'illustre la figure 17.17. Contrairement aux lymphocytes T cytotoxiques, les cellules NK ne présentent pas de spécificité immunologique, c'est-à-dire qu'elles peuvent être stimulées sans antigène. Elles ne sont pas capables de phagocytose mais doivent entrer en contact avec la cellule cible pour la lyser.

Le tableau 17.3 résume les fonctions des cellules tueuses naturelles et des autres cellules qui jouent un rôle de premier plan dans l'immunité à médiation cellulaire.

# Les interactions de l'immunité à médiation cellulaire et de l'immunité humorale

### Objectif d'apprentissage

- *Comparer l'immunité à médiation cellulaire et l'immunité humorale.*

Bien qu'elles soient considérées comme des branches distinctes du système immunitaire, l'immunité à médiation cellulaire et l'immunité humorale sont unies par des liens étroits de coopération. Quand nous avons examiné les mécanismes par lesquels les anticorps protègent l'organisme, nous avons noté des occasions où les immunoglobulines de la réponse immunitaire humorale et les cellules de la réponse à médiation cellulaire travaillent ensemble. En fait, il n'est pas possible de décrire la production de la plupart des anticorps – concept primordial de l'immunité humorale – sans mentionner la participation des lymphocytes T auxiliaires, qui sont au cœur de la réponse immunitaire à médiation cellulaire.

## La production des anticorps

### Objectifs d'apprentissage

- *Comparer les antigènes T-dépendants et T-indépendants.*
- *Décrire le rôle des anticorps et des cellules tueuses naturelles dans la cytotoxicité à médiation cellulaire dépendant des anticorps.*

Dans le cas de certains antigènes, la production d'anticorps destinés à les éliminer nécessite la participation de lymphocytes T auxiliaires ; ces antigènes sont appelés **antigènes**

LA MICROBIOLOGIE DANS L'ACTUALITÉ

## L'IL-12 est-elle le nouveau «remède miracle»?

Le cancer et le SIDA tuent 10 millions de personnes chaque année dans le monde. Si les épreuves de laboratoire laissent présager la voie de l'avenir, la cytokine IL-12 (interleukine 12) pourrait bien être le «remède miracle» qui permettra de vaincre le SIDA et de nombreuses formes de cancer.

Une douzaine d'équipes de recherche aux États-Unis et en Italie examinent le potentiel de l'IL-12 pour le traitement des maladies. Depuis sa découverte dans les années 1980, l'Il-12 ne cesse de se démarquer des autres cytokines. Tout d'abord, elle est composée des produits de deux gènes plutôt que d'un seul comme c'est habituellement le cas. Elle est libérée par les lymphocytes B et les macrophagocytes en réponse à l'infection. Elle inhibe la réponse humorale et active la réponse à médiation cellulaire en stimulant les lymphocytes T auxiliaires et en mobilisant les cellules tueuses naturelles (NK). Sous l'action de l'interféron gamma, les lymphocytes $T_H$ et les cellules NK sécrètent plus d'interféron gamma, ce qui active d'autres lymphocytes T auxiliaires et cellules NK.

Les premières études ont montré que des souris infectées par *Leishmania* et *Toxoplasma gondii* guérissent à la suite d'un traitement à l'IL-12; de plus, la cytokine pourrait protéger l'organisme contre les mycobactéries. Ces microbes empêchent les phagocytes de les digérer, si bien qu'ils peuvent vivre à l'intérieur des cellules, à l'abri des réponses immunitaires de l'hôte. L'IL-12 rend les phagocytes capables de tuer les parasites.

On sait que l'IL-12 inhibe une vingtaine de types de tumeurs chez la souris en empêchant la formation de vaisseaux sanguins destinés à les alimenter. À l'heure actuelle, le Genetics Institute of Massachusetts est en train de mener des essais cliniques sur l'efficacité de l'IL-12 chez des patients atteints d'un cancer du rein à un stade avancé. (La dose sans risque a été établie lors des essais de la phase I.)

Les chercheurs du Children's Hospital de Philadelphie ont montré que l'infection par le VIH fait diminuer la production d'IL-12, ce qui rend peut-être le patient moins résistant aux infections opportunistes. Toutefois, lorsqu'on les traite à l'IL-12, les lymphocytes $T_H$ provenant de personnes séropositives réagissent aux virus, y compris le VIH.

Il se peut aussi que l'IL-12 fournisse le coup de pouce nécessaire pour que les vaccins à l'ADN et la thérapie génique réussissent. On se sert de virus en thérapie génique comme vecteurs pour introduire les gènes désirés dans les cellules animales. Le malheur dans ce cas, c'est que la présence du virus provoque la production d'anticorps chez le receveur, ce qui interdit l'administration d'une deuxième dose. Cet inconvénient est particulièrement important parce que beaucoup de patients, tels que ceux qui sont atteints de fibrose kystique du pancréas, ont besoin de recevoir les nouveaux gènes en plusieurs doses. James Wilson des Centres médicaux de l'Université de Pennsylvanie a observé qu'il n'y a pas de production d'anticorps contre le virus qui porte les gènes s'il est administré avec de l'IL-12.

L'IL-12 est-elle la panacée? Il faudra faire d'autres études pour déterminer si les réponses démesurées causées par l'IL-12 peuvent avoir des effets indésirables, tels que l'éclosion de maladies auto-immunes.

**T-dépendants.** En règle générale, ce sont des protéines, comme celles qui se trouvent sur les virus, les bactéries, les érythrocytes étrangers et les composés formés d'un haptène et d'une molécule porteuse. La plupart des antigènes sont T-dépendants.

La figure 17.15 illustre le processus par lequel un antigène T-dépendant stimule la formation d'anticorps. ❶ L'antigène microbien est ingéré et traité par une CPA. Des fragments de l'antigène sont présentés à la surface de la CPA en association étroite avec des molécules du CMH-II. ❷ Un lymphocyte T auxiliaire spécifique de l'antigène réagit au complexe antigène-CMH-II. ❸ Le lymphocyte T auxiliaire qui réagit au complexe antigène-CMH-II se met alors à produire de l'IL-2; le lymphocyte auxiliaire reconnaît et stimule ensuite un lymphocyte B à ❹ se différencier en un plasmocyte qui sécrète des anticorps spécifiques de l'antigène T-dépendant. (Notez qu'un mécanisme semblable est à l'œuvre dans l'activation des lymphocytes T et leur différenciation en lymphocytes $T_C$; figure 17.12.)

Les antigènes qui peuvent stimuler les lymphocytes B directement, sans la participation des lymphocytes T, s'appellent **antigènes T-indépendants.** Ce sont habituellement des polysaccharides ou des lipopolysaccharides qui se présentent comme de longues suites de sous-unités identiques. Les capsules et les flagelles bactériens sont souvent de bons exemples d'antigènes T-indépendants. La figure 17.16 illustre comment les unités identiques peuvent se lier à une série de récepteurs d'antigène du lymphocyte B, ce qui explique probablement pourquoi il n'est pas nécessaire de faire appel aux lymphocytes T. En règle générale, les antigènes T-indépendants provoquent une réponse immunitaire plus faible que les antigènes T-dépendants et il arrive souvent que le système immunitaire des nourrissons ne réagisse pas à leur présence avant l'âge de 2 ans. Nous examinerons de nouveau ces facteurs quand nous traiterons des vaccins au chapitre 18.

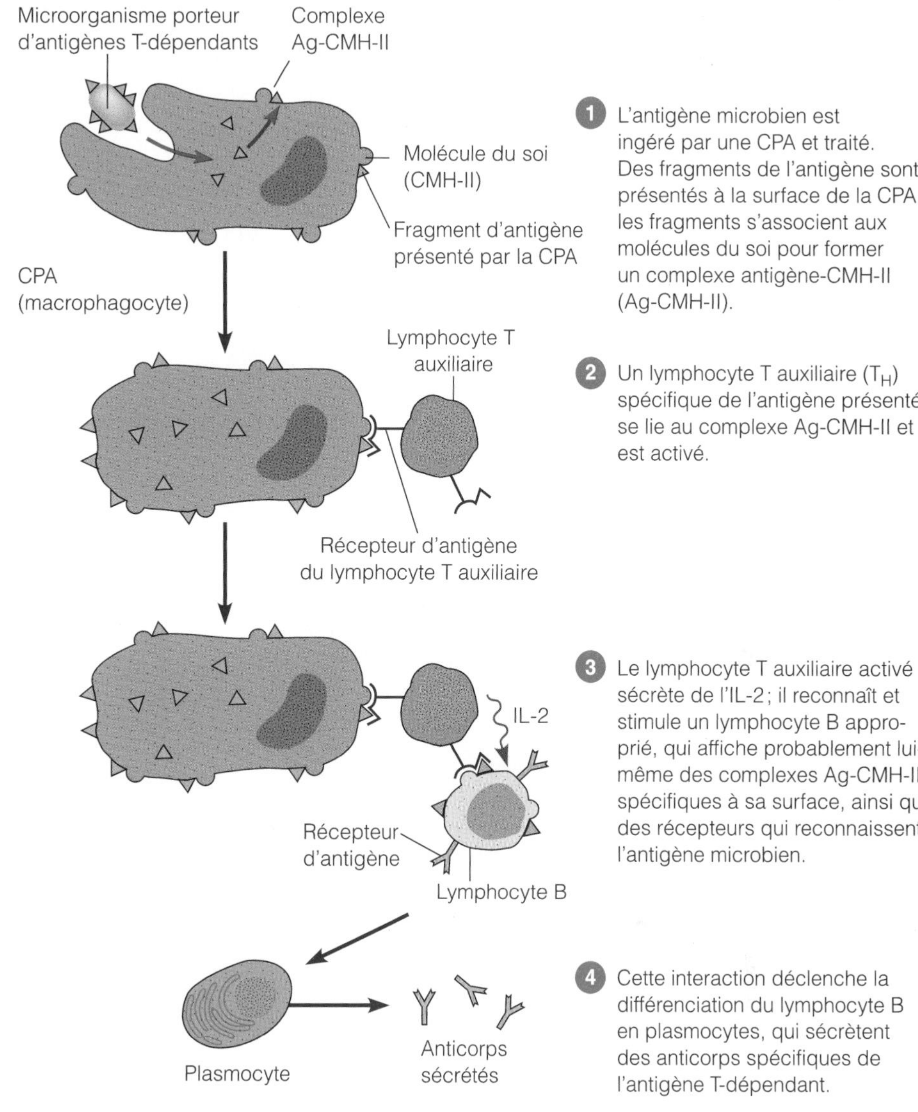

Microorganisme porteur d'antigènes T-dépendants
Complexe Ag-CMH-II
Molécule du soi (CMH-II)
Fragment d'antigène présenté par la CPA
CPA (macrophagocyte)
1 L'antigène microbien est ingéré par une CPA et traité. Des fragments de l'antigène sont présentés à la surface de la CPA ; les fragments s'associent aux molécules du soi pour former un complexe antigène-CMH-II (Ag-CMH-II).
Lymphocyte T auxiliaire
2 Un lymphocyte T auxiliaire ($T_H$) spécifique de l'antigène présenté se lie au complexe Ag-CMH-II et est activé.
Récepteur d'antigène du lymphocyte T auxiliaire
IL-2
3 Le lymphocyte T auxiliaire activé sécrète de l'IL-2 ; il reconnaît et stimule un lymphocyte B approprié, qui affiche probablement lui-même des complexes Ag-CMH-II spécifiques à sa surface, ainsi que des récepteurs qui reconnaissent l'antigène microbien.
Récepteur d'antigène
Lymphocyte B
Plasmocyte
Anticorps sécrétés
4 Cette interaction déclenche la différenciation du lymphocyte B en plasmocytes, qui sécrètent des anticorps spécifiques de l'antigène T-dépendant.


**FIGURE 17.15 Comment les lymphocytes T auxiliaires pourraient activer les lymphocytes B pour qu'ils produisent des anticorps contre les antigènes T-dépendants.** Les lymphocytes B ont besoin de la participation de cellules présentatrices d'antigènes (CPA) et de lymphocytes T auxiliaires pour produire des anticorps contre les antigènes T-dépendants.

■ Les lymphocytes B ont besoin des lymphocytes $T_H$ pour produire des anticorps contre certains antigènes dits antigènes T-dépendants.

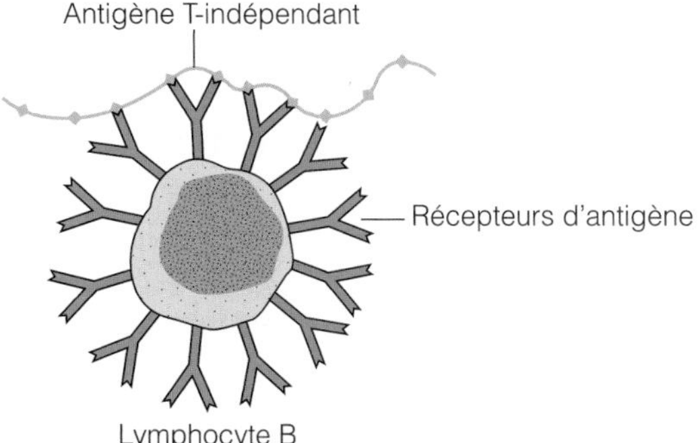


**FIGURE 17.16 Antigènes T-indépendants.** Les antigènes T-indépendants sont constitués de sous-unités identiques liées les unes à la suite des autres. Ces antigènes peuvent stimuler la production d'anticorps par les lymphocytes B sans l'intervention des lymphocytes T. Les polysaccharides des capsules bactériennes sont des exemples de ce type d'antigène.

■ Distinguez entre les antigènes T-dépendants et T-indépendants.

## La cytotoxicité à médiation cellulaire dépendant des anticorps

Avec le concours des anticorps produits par la réponse immunitaire humorale, la réponse à médiation cellulaire peut amener la mobilisation des cellules tueuses naturelles et d'autres cellules de la résistance non spécifique qui vont alors tuer les cellules cibles. C'est ainsi qu'un organisme – tel qu'un protozoaire ou un helminthe – qui est trop gros pour être phagocyté peut être attaqué par les cellules du système immunitaire, qui agissent à sa périphérie. Ce phénomène est appelé **cytotoxicité à médiation cellulaire dépendant des anticorps.** Il se déroule de la façon suivante : ❶ La cellule cible doit d'abord être enrobée d'anticorps dont la région Fc (la queue du Y) reste libre et tournée vers l'extérieur. ❷ En plus des cellules tueuses naturelles, plusieurs types de cellules cytotoxiques, dont les macrophagocytes et les granulocytes neutrophiles ou éosinophiles, possèdent des récepteurs qui se fixent à ces régions Fc exposées et, partant, aux cellules cibles. ❸ La cellule cible est alors lysée par des substances que sécrètent les cellules cytotoxiques. Grâce à ce processus, le système immunitaire peut détruire beaucoup d'organismes de taille relativement grande, tels que les helminthes parasites à divers stades de leur cycle vital (figure 17.17).

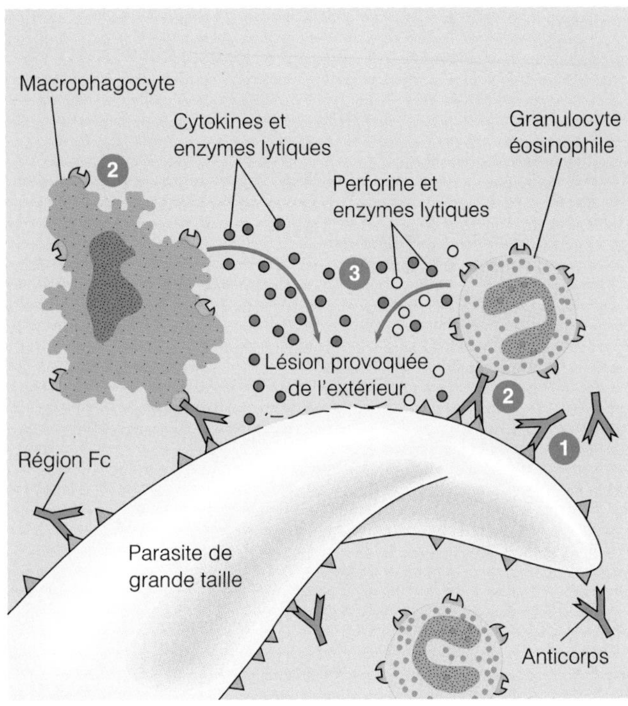


a)

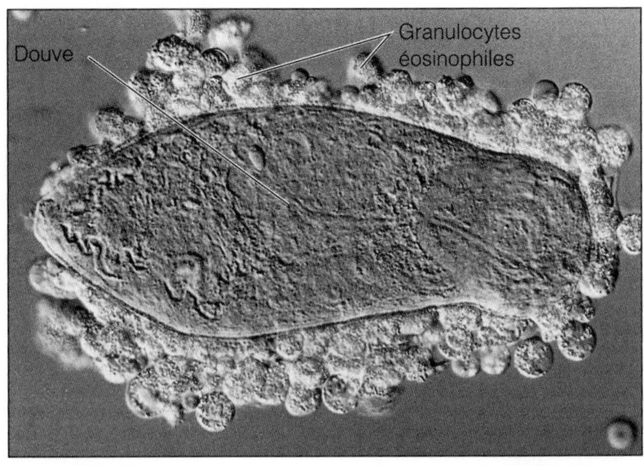


b)

**FIGURE 17.17 Cytotoxicité à médiation cellulaire dépendant des anticorps. a)** ❶ Le gros parasite est d'abord enrobé d'anticorps dont la région Fc reste tournée vers l'extérieur. ❷ Des cellules du système immunitaire, telles que les granulocytes éosinophiles et les macrophagocytes représentés ici, se lient étroitement à la région Fc des anticorps et, par ricochet, au parasite. ❸ Elles sécrètent alors des enzymes lytiques et d'autres facteurs qui détruisent le parasite.

**b)** Des granulocytes éosinophiles adhèrent à une douve parasite au stade larvaire.

■ Pourquoi dit-on que la cytotoxicité à médiation cellulaire dépendant des anticorps procure une protection importante contre les protozoaires et les helminthes parasites ?

La figure 17.18 (ci-contre) résume la dualité du système immunitaire et l'interaction de la réponse humorale (celle des anticorps) et de la réponse à médiation cellulaire. Au chapitre suivant, nous examinons l'immunisation et comment elle mobilise le système immunitaire pour qu'il fasse échec à la maladie. Nous décrivons également quelques tests courants utilisés pour diagnostiquer les maladies.

# RÉSUMÉ

## INTRODUCTION (p. 523)

1. Quand elle est déterminée par le patrimoine héréditaire, la résistance d'un individu à certaines maladies s'appelle résistance innée.
2. Le sexe, l'âge, l'état nutritionnel et l'état de santé général influent sur la résistance individuelle.

## L'IMMUNITÉ (p. 523-526)

1. L'immunité est la capacité du corps de neutraliser spécifiquement les substances ou les organismes étrangers appelés antigènes.
2. L'immunité résulte de la production de lymphocytes spécialisés et d'anticorps.

### Les types d'immunité acquise (p. 524-525)

1. L'immunité acquise est la résistance spécifique à l'infection qui se met en place au cours de la vie d'un individu.
2. L'immunité peut être acquise après la naissance.

#### *L'immunité acquise naturellement* (p. 524)

1. L'immunité résultant d'une infection est appelée immunité active acquise naturellement ; ce type d'immunité peut offrir une protection de longue durée.
2. Les anticorps transférés de la mère au fœtus (transfert placentaire) ou au nouveau-né par le colostrum confèrent au nourrisson une immunité passive acquise naturellement ; ce type d'immunité peut durer jusqu'à quelques mois.

#### *L'immunité acquise artificiellement* (p. 524-525)

1. L'immunité résultant de la vaccination est appelée immunité active acquise artificiellement ; elle peut procurer une protection de longue durée.

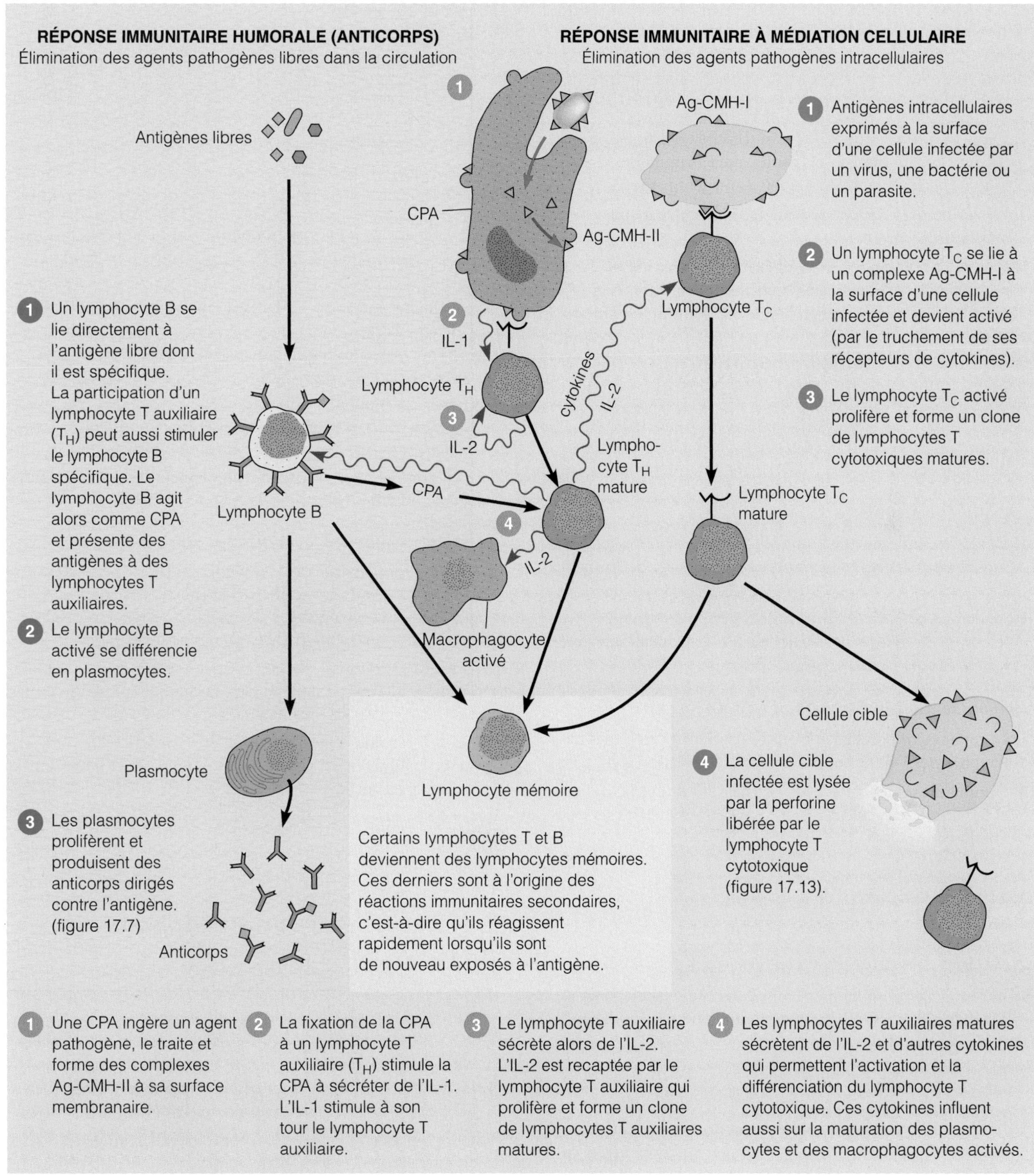

RÉPONSE IMMUNITAIRE HUMORALE (ANTICORPS)
Élimination des agents pathogènes libres dans la circulation
RÉPONSE IMMUNITAIRE À MÉDIATION CELLULAIRE
Élimination des agents pathogènes intracellulaires
Antigènes libres
CPA
Ag-CMH-II
Ag-CMH-I
1 Antigènes intracellulaires exprimés à la surface d'une cellule infectée par un virus, une bactérie ou un parasite.
2 Un lymphocyte $T_C$ se lie à un complexe Ag-CMH-I à la surface d'une cellule infectée et devient activé (par le truchement de ses récepteurs de cytokines).
3 Le lymphocyte $T_C$ activé prolifère et forme un clone de lymphocytes T cytotoxiques matures.
Lymphocyte $T_C$
1 Un lymphocyte B se lie directement à l'antigène libre dont il est spécifique. La participation d'un lymphocyte T auxiliaire ($T_H$) peut aussi stimuler le lymphocyte B spécifique. Le lymphocyte B agit alors comme CPA et présente des antigènes à des lymphocytes T auxiliaires.
2 Le lymphocyte B activé se différencie en plasmocytes.
IL-1
Lymphocyte $T_H$
IL-2
cytokines
IL-2
Lymphocyte B
CPA
Lympho-cyte $T_H$ mature
Lymphocyte $T_C$ mature
IL-2
Macrophagocyte activé
Cellule cible
Lymphocyte mémoire
4 La cellule cible infectée est lysée par la perforine libérée par le lymphocyte T cytotoxique (figure 17.13).
Plasmocyte
3 Les plasmocytes prolifèrent et produisent des anticorps dirigés contre l'antigène. (figure 17.7)
Anticorps
Certains lymphocytes T et B deviennent des lymphocytes mémoires. Ces derniers sont à l'origine des réactions immunitaires secondaires, c'est-à-dire qu'ils réagissent rapidement lorsqu'ils sont de nouveau exposés à l'antigène.
1 Une CPA ingère un agent pathogène, le traite et forme des complexes Ag-CMH-II à sa surface membranaire.
2 La fixation de la CPA à un lymphocyte T auxiliaire ($T_H$) stimule la CPA à sécréter de l'IL-1. L'IL-1 stimule à son tour le lymphocyte T auxiliaire.
3 Le lymphocyte T auxiliaire sécrète alors de l'IL-2. L'IL-2 est recaptée par le lymphocyte T auxiliaire qui prolifère et forme un clone de lymphocytes T auxiliaires matures.
4 Les lymphocytes T auxiliaires matures sécrètent de l'IL-2 et d'autres cytokines qui permettent l'activation et la différenciation du lymphocyte T cytotoxique. Ces cytokines influent aussi sur la maturation des plasmocytes et des macrophagocytes activés.


FIGURE 17.18 **La dualité du système immunitaire.** Les agents pathogènes ne peuvent entrer en contact avec les anticorps que s'ils se trouvent dans la circulation sanguine ou dans l'espace entre les cellules. Cependant, les virus, certaines bactéries pathogènes et des parasites ne se reproduisent que s'ils sont à l'intérieur de cellules vivantes, où les anticorps circulants ne peuvent pas les atteindre. L'élimination de ces organismes pathogènes intracellulaires nécessite des réponses immunitaires à médiation cellulaire qui relèvent des lymphocytes T, en particulier des lymphocytes T cytotoxiques.

■ Quand les lymphocytes B ont-ils besoin de la stimulation des lymphocytes T auxiliaires ?

2. Les vaccins peuvent être préparés à partir de microorganismes atténués, inactivés ou tués, et d'anatoxines.
3. L'immunité passive acquise artificiellement est obtenue par l'injection d'anticorps humoraux; ce type d'immunité peut durer quelques semaines ou quelques mois.
4. On peut injecter à un individu susceptible des anticorps produits par un humain ou par un autre mammifère afin de le protéger immédiatement contre un agent pathogène.
5. Un sérum qui contient des anticorps est souvent appelé antisérum.
6. Quand on soumet le sérum à l'électrophorèse sur gel, on trouve les anticorps dans la fraction gamma du sérum et on les appelle immunoglobulines ou gammaglobulines.

### La dualité du système immunitaire (p. 525-526)

1. L'immunité humorale est due à des anticorps que l'on trouve dans les liquides organiques.
2. L'immunité à médiation cellulaire est le fait de certains types de lymphocytes.

#### *L'immunité humorale* (p. 525)

1. La réponse immunitaire humorale fait intervenir des anticorps produits par des lymphocytes B qui réagissent à des antigènes spécifiques.
2. Les anticorps ont pour principale fonction de défendre le corps contre les bactéries, les virus et les toxines que l'on trouve dans le plasma sanguin et la lymphe.

#### *L'immunité à médiation cellulaire* (p. 525-526)

1. La réponse immunitaire à médiation cellulaire est le fait des lymphocytes T et ne fait pas appel à la production d'anticorps.
2. L'immunité à médiation cellulaire vise avant tout les bactéries et les virus intracellulaires, les parasites pluricellulaires, les tissus greffés et les cellules cancéreuses.

## LES ANTIGÈNES ET LES ANTICORPS (p. 526-530)

### La nature des antigènes (p. 526-527)

1. Un antigène (ou immunogène) est une substance chimique à laquelle le corps réagit par la production de lymphocytes T sensibilisés ou d'anticorps spécifiques.
2. En règle générale, les antigènes sont des substances étrangères; ils ne font pas partie de la composition chimique du corps.
3. La plupart des antigènes sont des composantes de microbes envahisseurs: protéines, nucléoprotéines, lipoprotéines, glycoprotéines ou gros polysaccharides ayant une masse molaire atomique supérieure à 10 000 daltons.
4. Les anticorps sont dirigés contre des régions spécifiques à la surface des antigènes qu'on appelle déterminants antigéniques.
5. La plupart des antigènes ont de nombreux déterminants différents.
6. Un haptène est une substance de masse molaire atomique faible qui ne provoque pas la formation d'anticorps sauf si elle est combinée à une molécule porteuse.

### La nature des anticorps (p. 527-530)

1. Un anticorps, ou immunoglobuline, est une protéine produite par un lymphocyte B (plasmocyte) en réponse à un antigène et capable de se combiner spécifiquement avec cet antigène.
2. Un anticorps possède au moins deux sites de fixation à l'antigène (valence). Ces sites sont identiques.

#### *La structure des anticorps* (p. 527-528)

1. Un simple anticorps bivalent est un monomère.
2. La plupart des anticorps monomères sont composés de quatre chaînes polypeptidiques. Il y a deux chaînes lourdes et deux chaînes légères.
3. Chaque chaîne comprend une région variable (V), où s'effectue la fixation à l'antigène, et une région constante (C). Les anticorps sont regroupés en classes selon leurs régions constantes.
4. L'anticorps monomère a la forme d'un Y; les régions variables constituent les extrémités des bras et les régions constantes, la racine des bras; la région Fc constitue la queue.
5. La région Fc peut se fixer au complément (les IgG) ou à une cellule hôte (les IgE).

#### *Les classes d'immunoglobulines* (p. 528-530)

1. Les IgG sont les anticorps les plus abondants dans le sérum; elles neutralisent les toxines bactériennes, participent à la fixation du complément et favorisent la phagocytose; elles procurent l'immunité passive acquise naturellement.
2. Les IgM sont composées de cinq monomères reliés par une chaîne J; elles interviennent dans l'agglutination des microbes et la fixation du complément.
3. Les IgA sériques sont des monomères; les IgA sécrétoires sont des dimères qui protègent les muqueuses contre les invasions par les agents pathogènes.
4. Les IgD sont des récepteurs d'antigènes sur les lymphocytes B.
5. Les IgE se lient aux mastocytes et aux granulocytes basophiles; elles jouent un rôle dans les réactions allergiques.

## LES LYMPHOCYTES B ET L'IMMUNITÉ HUMORALE (p. 530-536)

1. L'immunité humorale fait intervenir les anticorps qui sont produits par les lymphocytes B.
2. Les lymphocytes B sont issus de cellules souches de la moelle osseuse rouge.
3. Les lymphocytes B matures vont s'établir dans les organes lymphatiques tels la rate et les nœuds lymphatiques.
4. Les lymphocytes B matures reconnaissent les antigènes au moyen de récepteurs d'antigènes.

### L'apoptose (p. 530-531)

Les lymphocytes qui ne sont plus utiles meurent par apoptose, ou mort cellulaire programmée, et sont détruits par les phagocytes.

### L'activation des cellules productrices d'anticorps par la sélection clonale (p. 531-532)

1. Selon la théorie de la sélection clonale, un lymphocyte B devient activé quand un antigène réagit avec les récepteurs d'antigènes qu'il porte à sa surface.

2. Le lymphocyte B activé prolifère et produit un clone de cellules qui se différencient en plasmocytes et en lymphocytes B mémoires.
3. Les plasmocytes sécrètent des anticorps. Les lymphocytes B mémoires reconnaissent les agents pathogènes auxquels l'organisme a été exposé dans le passé.
4. Les lymphocytes T et B qui réagissent aux antigènes du soi sont détruits durant le développement du fœtus ; ce mécanisme porte le nom de délétion clonale.

### La liaison antigène-anticorps et ses conséquences (p. 532-534)

1. L'antigène se lie au site de fixation à l'antigène (région variable) qui se trouve sur l'anticorps pour former un complexe antigène-anticorps.
2. Les conséquences de la formation du complexe antigène-anticorps sont l'agglutination, l'action du système du complément, l'opsonisation, l'inflammation, la neutralisation et la cytotoxicité à médiation cellulaire dépendant des anticorps.
3. L'agglutination d'antigènes cellulaires forme des agrégats de microorganismes plus faciles à phagocyter.
4. Les complexes antigène-anticorps qui comprennent des IgG ou des IgM peuvent fixer le complément et provoquer la lyse des cellules bactériennes (antigènes). La rupture des cellules augmente le chimiotactisme et la réaction inflammatoire.
5. L'opsonisation des microorganismes facilite la phagocytose. Les IgG inactivent les virus et neutralisent les toxines bactériennes.
6. Les anticorps liés aux parasites provoquent la destruction de ces derniers par les cellules non spécifiques du système immunitaire.

### La mémoire immunologique (p. 534)

1. La quantité d'anticorps dans le sérum s'appelle titre des anticorps.
2. La réponse immunitaire provoquée par une première exposition à un antigène s'appelle réaction primaire. Elle se caractérise par l'apparition d'anticorps de type IgM suivis d'anticorps de type IgG.
3. Par la suite, les expositions au même antigène produisent un titre très élevé des anticorps et s'appellent réactions secondaires ou réponses anamnestiques. Les anticorps sont principalement des IgG.

### Les anticorps monoclonaux et leur utilisation (p. 534-536)

1. On obtient des hybridomes en laboratoire en fusionnant un plasmocyte cancéreux et un plasmocyte qui sécrète des anticorps.
2. En culture, un hybridome produit de grandes quantités d'anticorps identiques à ceux du plasmocyte ; ils sont appelés anticorps monoclonaux.
3. On utilise les anticorps monoclonaux dans les tests de détection sérologiques, pour prévenir le rejet de greffons et pour préparer des immunotoxines.
4. On peut produire une immunotoxine en combinant un anticorps monoclonal et une toxine ; cette dernière permet de traiter le cancer.

## LES LYMPHOCYTES T ET L'IMMUNITÉ À MÉDIATION CELLULAIRE (p. 536-541)

L'immunité à médiation cellulaire fait intervenir des lymphocytes spécialisés, surtout des lymphocytes T, qui réagissent aux antigènes d'origine intracellulaire.

### Les messagers chimiques des cellules immunes : les cytokines (p. 536-537)

1. Les cellules du système immunitaire communiquent entre elles au moyen de molécules appelées cytokines.
2. Les interleukines (IL) sont des cytokines qui servent de messagers entre les leucocytes.
3. Les interférons sont des cytokines qui protègent les cellules contre les virus.
4. Les chimiokines sont des cytokines qui stimulent la migration des leucocytes vers les foyers d'infection.
5. Les cytokines serviront peut-être un jour à traiter les tumeurs.

### Les éléments cellulaires de l'immunité (p. 537-541)

1. Les lymphocytes T sont responsables de l'immunité à médiation cellulaire.
2. Après leur différenciation dans le thymus, les lymphocytes T se rendent dans les tissus lymphatiques.
3. Les lymphocytes T se différencient en lymphocytes T effecteurs quand ils sont stimulés par un antigène.
4. Certains lymphocytes T deviennent des lymphocytes mémoires.

#### *Les types de lymphocytes T* (p. 538-540)

1. Les lymphocytes T sont regroupés selon leur fonction et selon certains récepteurs de surface appelés CD.
2. L'antigène doit être traité par une cellule présentatrice d'antigènes (CPA) et exposé à la surface de cette dernière.
3. Le complexe majeur d'histocompatibilité (CMH) est composé de protéines situées à la surface des cellules. Ces protéines constituent un ensemble unique à chaque individu et forment les molécules du soi. Il existe deux classes de protéines du CMH : les classes I et II.
4. Le lymphocyte T auxiliaire ($T_H$) reconnaît l'antigène associé au CMH-II sur une CPA. Cette interaction pousse la CPA à libérer de l'IL-1. Après s'être liés à une CPA, les lymphocytes T auxiliaires ou CD4 sécrètent de l'IL-2 qui active d'autres lymphocytes auxiliaires spécifiques du même antigène et d'autres cellules immunitaires.
5. Les lymphocytes T cytotoxiques ($T_C$) ou CD8 libèrent de la perforine qui lyse les cellules porteuses de l'antigène et du CMH-I ciblés.
6. Les lymphocytes T de l'hypersensibilité retardée ($T_{DH}$) sont associés à certains types de réactions allergiques et au rejet des greffons.
7. Les lymphocytes T suppresseurs ($T_S$) semblent jouer un rôle dans la régulation de la réponse immunitaire.

#### *Les éléments cellulaires non spécifiques* (p. 540-541)

1. Les macrophagocytes stimulés par l'ingestion d'un antigène ou par des cytokines deviennent activés, ce qui augmente leur pouvoir de phagocytose.
2. Les cellules tueuses naturelles (NK) lysent les cellules infectées par les virus et les cellules tumorales. Ce ne sont pas des lymphocytes T et elles ne sont pas spécifiques d'un antigène.

## LES INTERACTIONS DE L'IMMUNITÉ À MÉDIATION CELLULAIRE ET DE L'IMMUNITÉ HUMORALE (p. 541-545)

1. Les lymphocytes T auxiliaires activent les lymphocytes B et les rendent capables de produire des anticorps contre les antigènes T-dépendants.
2. Les antigènes qui activent directement les lymphocytes B sont appelés antigènes T-indépendants.
3. Il y a cytotoxicité à médiation cellulaire dépendant des anticorps quand des cellules tueuses naturelles, des macrophagocytes ou d'autres leucocytes lysent des organismes enrobés d'anticorps.
4. La cytotoxicité à médiation cellulaire dépendant des anticorps permet de neutraliser les helminthes parasites.

## AUTOÉVALUATION

### RÉVISION

1. Définissez l'immunité.
2. Distinguez entre les termes des paires suivantes.
   a) Résistance non spécifique et immunité
   b) Immunité humorale et immunité à médiation cellulaire
   c) Immunité active et immunité passive
   d) Résistance innée et immunité acquise
   e) Immunité naturelle et immunité artificielle
   f) Antigènes T-dépendants et antigènes T-indépendants
   g) CD4 et CD8
3. Dites si les exemples suivants relèvent de l'immunité active acquise naturellement, de l'immunité passive acquise naturellement, de l'immunité active acquise artificiellement ou de l'immunité passive acquise artificiellement.
   a) L'immunité qui résulte d'une injection d'anatoxine diphtérique
   b) L'immunité qui résulte d'une infection telle la coqueluche
   c) L'immunité d'un nouveau-né à la fièvre jaune
   d) L'immunité qui résulte de l'injection d'un sérum antirabique (contre la rage)
4. Définissez un antigène. Distinguez entre un antigène et un haptène.
5. Décrivez les caractéristiques d'un anticorps. Faites un diagramme de la structure d'un anticorps typique ; identifiez la chaîne lourde, la chaîne légère et les régions constantes, variables et Fc.
6. Décrivez le mécanisme de la sélection clonale.
7. Décrivez une fonction de chacune des cellules suivantes : $T_C$, $T_{DH}$, $T_H$ et $T_S$. Qu'est-ce qu'une cytokine ?
8. a) Sur le graphique qui suit, au temps *A*, l'hôte a reçu une injection d'anatoxine tétanique. Au temps *B*, il a reçu une dose de rappel. Expliquez ce que représentent les régions *a* et *b* de la courbe.
   b) Indiquez où se situerait sur le graphique la réponse humorale du même individu exposé à un nouvel antigène au temps *B*.

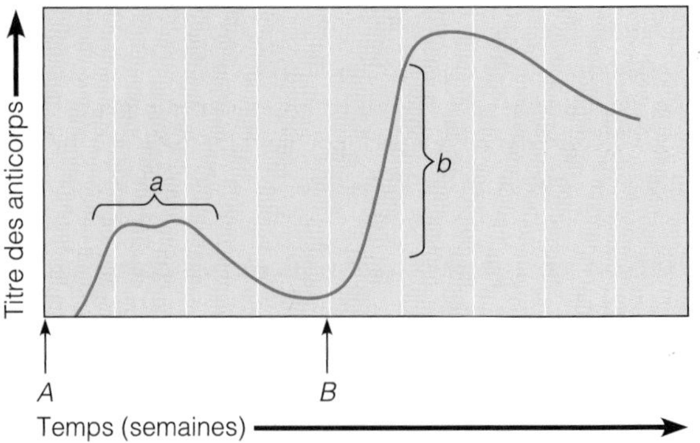


   c) Quel est le bénéfice de la réaction **b)** ?
9. Expliquez le mécanisme qui permet à l'anticorps de reconnaître un seul antigène et nommez les effets de la combinaison d'un anticorps à un antigène.
10. Comment s'effectue la reconnaissance de l'antigène par un lymphocyte T ?
11. Qu'est-ce qu'une cellule tueuse naturelle ?
12. Comment chacun des éléments suivants serait-il en mesure de prévenir l'infection ?
    a) Anticorps dirigés contre les fimbriæ de *Neisseria gonorrhoeæ*
    b) Anticorps dirigés contre le mannose des cellules hôtes
13. Quelles sont les utilités des anticorps monoclonaux ?
14. On administre parfois des globulines préparées à partir d'un mélange d'immunsérums humains à un patient qui a été exposé à l'hépatite A. Que sont les immunoglobulines humaines ? Quel type d'immunité ce traitement confère-t-il au patient ?
15. Pourquoi les IgA sécrétées dans les sucs digestifs ne sont-elles pas elles-mêmes digérées ?

### QUESTIONS À CHOIX MULTIPLE

Associez les choix suivants aux questions 1 à 3.
- a) Résistance innée
- b) Immunité active acquise naturellement
- c) Immunité passive acquise naturellement
- d) Immunité active acquise artificiellement
- e) Immunité passive acquise artificiellement

1. La protection que procure l'injection d'une anatoxine.
2. La protection que procure l'injection d'une antitoxine.
3. La protection qui suit une infection dont on se rétablit.

Associez les choix suivants aux énoncés des questions 4 à 6.

| | | |
|---|---|---|
| a) IgA | c) IgE | e) IgM |
| b) IgD | d) IgG | |

4. Les anticorps qui protègent le fœtus et le nouveau-né.

**5.** Les premiers anticorps synthétisés ; particulièrement efficaces contre les microorganismes.

**6.** Les anticorps qui sont liés aux mastocytes et qui interviennent dans les réactions allergiques.

**7.** Ordonnez les éléments suivants de façon à reconstituer le déroulement de la réponse humorale face à un antigène libre dans la circulation : 1) activation, prolifération et formation d'un clone de lymphocytes B ; 2) production d'anticorps par les plasmocytes ; 3) combinaison de l'antigène avec un lymphocyte B spécifique ; 4) différenciation des lymphocytes B activés en plasmocytes ; 5) sécrétion des anticorps dans la circulation.
- **a)** 3, 1, 4, 2, 5
- **b)** 5, 4, 3, 2, 1
- **c)** 3, 4, 5, 1, 2
- **d)** 2, 3, 4, 1, 5
- **e)** 4, 5, 3, 1, 2

Utilisez les choix suivants pour répondre aux questions 8 et 9.
- **a)** Antigène
- **b)** Haptène
- **c)** IL-1
- **d)** IL-2
- **e)** Perforine

**8.** Responsable de la différenciation d'un lymphocyte T combiné à une CPA.

**9.** Sécrétée par les lymphocytes T cytotoxiques et attaque la membrane des cellules cibles.

**10.** Les patients atteints du syndrome de Chediak-Higashi souffrent de divers cancers. De quelles cellules ces patients sont-ils probablement dépourvus ?
- **a)** Lymphocytes $T_{DH}$
- **b)** Lymphocytes $T_H$
- **c)** Lymphocytes B
- **d)** Cellules tueuses naturelles
- **e)** Lymphocytes $T_S$

## QUESTIONS À COURT DÉVELOPPEMENT

**1.** Décrivez l'importance des IgG et des IgA.

**2.** Expliquez l'interdépendance de l'immunité humorale et de l'immunité cellulaire.

**3.** Lorsqu'il est positif, le test cutané à la tuberculine indique une immunité à médiation cellulaire spécifique de *Mycobacterium tuberculosis.* Comment une personne peut-elle acquérir cette immunité ?

**4.** Donnez une explication pour les situations suivantes :
- **a)** L'IL-2 est utilisée pour traiter le cancer du pancréas.
- **b)** L'IL-2 amplifie les réactions des maladies autoimmunes.

## APPLICATIONS CLINIQUES

*N. B. Certaines de ces questions nécessitent que vous cherchiez des réponses dans les différents chapitres du livre.*

**1.** Christian doit partir en voyage en Amérique du Sud. Il vérifie son carnet de vaccination et s'aperçoit qu'il doit subir une injection de rappel du vaccin antitétanique, un vaccin contre la fièvre jaune et une injection de gammaglobuline anticholérique. Il est obligé de devancer son départ et s'envole trois jours à peine après qu'on lui a administré les substances. Quel sera l'état de la protection contre les trois types d'agents pathogènes lorsqu'il sera arrivé à destination ? S'il devait prolonger son séjour au-delà d'un an, la protection serait-elle encore efficace ? Justifiez vos réponses. (*Indice :* voir le chapitre 18.)

**2.** Patrick est un sans-abri atteint du SIDA. Depuis quelques mois, il ne suit plus aucun traitement. Il se présente au centre de soins en piètre état. Le médecin demande immédiatement une formule leucocytaire. Les résultats présentent un faible rapport T auxiliaire/T suppresseur. Reliez le désordre immunologique à la vulnérabilité de Patrick aux infections opportunistes. (*Indice :* voir le chapitre 19.)

**3.** André souffre de diarrhées chroniques. On découvre une déficience en IgA dans ses sécrétions intestinales, bien que la teneur de son sérum en IgA soit normale. Reliez le désordre immunologique aux diarrhées chroniques d'André.

**4.** Vous travaillez dans une clinique médicale. Le groupe de médecins a reçu le mois dernier 14 femmes enceintes, auxquelles ils ont fait subir un test sérologique pour déterminer leur état d'immunité au virus de la rubéole. Les résultats sont arrivés du laboratoire et vous procédez à leur compilation. (*Indice :* voir les chapitres 18 et 21.)

| Nombre de cas | Titre des IgM | Titre des IgG |
|---|---|---|
| 1 femme enceinte de 12 semaines | 512 | 0 |
| 2 femmes enceintes, respectivement de 15 et de 16 semaines | 0 | 0 |
| 11 femmes enceintes, de 12 à 17 semaines | 0 | Variable : de 128 et plus selon le cas |

Vous devez adresser au médecin traitant les cas à risque et donner les conseils appropriés aux autres mères. Quel(s) cas adresserez-vous le plus tôt possible au médecin traitant ? Expliquez votre raisonnement et décrivez le danger que le virus de la rubéole constitue pour cette ou ces femmes. Quels conseils donnerez-vous aux autres femmes ?

**5.** Delphine est une enfant de trois ans, sans dysfonctionnement d'ordre immunologique, qui a tout de même attrapé quatre rhumes durant l'année écoulée. Reliez la survenue de ces rhumes à répétition et l'apparition à chaque fois du gonflement des nœuds lymphatiques cervicaux chez l'enfant. (*Indice :* voir le chapitre 24.)

**6.** Expliquez pourquoi une personne rétablie d'une maladie infectieuse peut soigner d'autres personnes atteintes de l'infection sans craindre d'être atteinte de nouveau.

# Chapitre 18 Les applications pratiques de l'immunologie

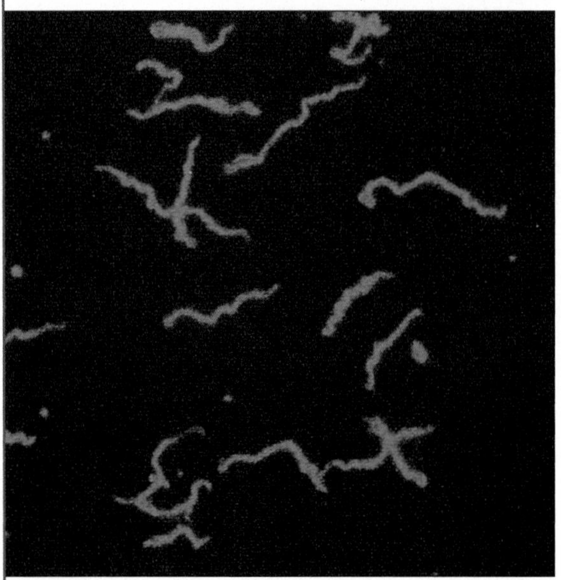

*Immunofluorescence. Ces streptocoques exposés aux rayonnements ultraviolets sont visibles par fluorescence parce qu'ils sont couverts d'anticorps liés à un fluorochrome.*

Au chapitre 17, nous avons présenté une vue d'ensemble du système immunitaire par lequel le corps reconnaît les microbes, les toxines ou les tissus étrangers. En réponse à ces intrus, il forme des anticorps et active des cellules qui sont programmées pour les reconnaître et les détruire s'ils se présentent de nouveau. Cette immunité, qui est spécifique, constitue bien sûr un des moyens de défense essentiels que le corps humain utilise pour résister aux agents pathogènes.

Dans le présent chapitre, nous examinons certains outils qui ont été créés grâce aux connaissances acquises sur le système immunitaire. Nous avons mentionné les vaccins au chapitre précédent; nous approfondissons ici notre étude de cet important domaine de l'immunologie. Le diagnostic des maladies dépend souvent de tests tirant profit de la spécificité du système immunitaire. Les anticorps, en particulier les anticorps monoclonaux, sont d'une grande utilité dans un grand nombre de ces tests diagnostiques.

## Les vaccins

### Objectif d'apprentissage

- *Définir le vaccin.*

Bien avant l'invention des vaccins, on savait que les personnes qui se rétablissent de certaines maladies, telles que la variole, sont immunisées contre elles pour toujours. Nous avons vu au chapitre 1 (p. 13) que les médecins chinois ont peut-être été les premiers à exploiter ce phénomène pour prévenir la maladie. Leur traitement, destiné aux enfants, consistait à faire aspirer par le nez des squames de pustules varioliques séchées.

En 1717, Mary Montagu raconte, au retour de ses voyages en Turquie, que là-bas « une vieille femme arrive avec une coquille de noix remplie de matière provenant d'un bon cas de variole et vous demande quelle veine (vaisseau sanguin) vous voulez qu'on ouvre. Elle met alors dans la veine autant de substance qu'elle peut en faire tenir sur la tête de son aiguille ». À la suite de cette intervention, la personne était habituellement légèrement malade pendant une semaine mais, une fois remise, elle était protégée contre la variole. La pratique, appelée **variolisation,** devint courante en Angleterre. Malheureusement, il arrivait qu'elle échouât et que le receveur en mourût. Au XVIII$^{e}$ siècle, en Angleterre, le taux de mortalité associé à la variolisation était d'environ 1 %, ce qui était une amélioration considérable par rapport au taux de 50 % auquel on pouvait s'attendre dans les cas infectieux de variole.

À l'âge de 8 ans, Edward Jenner est un de ceux qui reçoivent ce traitement antivariolique. Plus tard, après être devenu médecin, il s'interroge sur les propos d'une fermière qui affirme ne pas craindre la variole parce qu'elle a déjà contracté la vaccine. La vaccine est une maladie sans gravité qui cause des lésions sur les pis de vaches; les fermières s'infectent souvent les mains en tirant le lait. Inspiré par ses souvenirs de la variolisation, Jenner entreprend une série d'expériences en 1798 au cours desquelles il inocule la vaccine à des individus dans l'espoir de prévenir la variole. En l'honneur des travaux de Jenner, Louis Pasteur inventa le mot *vaccination* (*vacca* = vache). Un **vaccin** est une préparation d'anatoxines, de microorganismes inactivés ou affaiblis, ou de fragments de microorganismes, qui a la propriété de créer une immunité active acquise artificiellement. Deux siècles plus tard, la variole a été éliminée partout dans le monde en grande partie grâce à la vaccination, et deux autres maladies virales, la rougeole et la polio, sont en passe de l'être aussi.

## La vaccination : principe et effets

### Objectif d'apprentissage

- *Expliquer pourquoi la vaccination est efficace.*

Nous savons maintenant que les inoculations de Jenner ont fonctionné parce que le virus de la vaccine, qui n'est pas un agent très pathogène, est étroitement apparenté au virus de la variole. L'injection, par scarification, provoque chez le receveur une réponse immunitaire primaire qui se traduit par la formation d'anticorps et de lymphocytes mémoires ayant une longue durée de vie. Plus tard, quand le receveur est exposé au virus de la variole, les lymphocytes mémoires sont stimulés et produisent une réponse secondaire rapide et intense (figure 17.9). Cette réaction a toutes les caractéristiques de l'immunité acquise lorsqu'une personne se rétablit de la maladie. Le virus qui a servi aux premiers vaccins a été remplacé peu après par une autre forme du virus de la vaccine, qui confère aussi l'immunité à la variole. Curieusement, on connaît peu de choses de l'origine de ce virus de premier plan, mais il s'agit probablement d'un hybride formé, il y a longtemps, des virus de la vaccine et de la variole qu'on aurait accidentellement mélangés. La création de vaccins basés sur le modèle du vaccin antivariolique est, à elle seule, la plus importante application de l'immunologie.

On peut vaincre beaucoup de maladies transmissibles en modifiant les habitudes de vie ou l'environnement. Par exemple, une bonne hygiène peut empêcher la propagation du choléra et l'utilisation de préservatifs (condoms) ralentir celle des maladies transmises sexuellement. Si la prévention échoue, on peut souvent guérir les infections bactériennes par des antibiotiques. Par contre, il est plus difficile de traiter les maladies virales une fois qu'elles sont établies. En conséquence, la vaccination est souvent la seule méthode efficace pour lutter contre leur dissémination. On peut circonscrire une maladie sans qu'il soit nécessaire que toute la population soit immunisée contre elle. Si la majorité des gens sont immunisés – situation appelée *immunité collective* (chapitre 14) –, les éclosions de la maladie sont limitées à des cas sporadiques parce qu'il n'y a pas assez d'individus susceptibles pour entretenir une épidémie.

Les tableaux 18.1 et 18.2 énumèrent les principaux vaccins employés pour prévenir les maladies bactériennes et virales dans les pays industrialisés, tels que les États-Unis, le Canada et la France. Notez qu'en France, la vaccination contre le tétanos, la diphtérie, la coqueluche et la poliomyélite (anatoxines combinées dans le vaccin Tétracoq) est obligatoire. Le tableau 18.3 indique à quel moment il est

**Tableau 18.1** ***Principaux vaccins utilisés pour prévenir les maladies bactériennes chez les humains***

| Maladie | Vaccin | Recommandations | Rappel |
|---|---|---|---|
| Diphtérie | Anatoxine diphtérique purifiée | Voir le tableau 18.3 | Tous les 10 ans pour les adultes |
| Méningite à méningocoques | Polysaccharide purifié de *Neisseria meningitidis* | Individus qui courent un risque élevé d'infection | La nécessité n'a pas été établie |
| Coqueluche | *Bordetella pertussis* tués entiers ou fragments acellulaires | Enfants qui ne vont pas encore à l'école; voir le tableau 18.3 | Adultes à risque élevé |
| Pneumonie à pneumocoques | Polysaccharide purifié de *Streptococcus pneumoniæ* | Adultes qui ont certaines maladies chroniques; personnes de plus de 65 ans | Normalement non recommandé |
| Tétanos | Anatoxine tétanique purifiée | Voir le tableau 18.3 | Tous les 10 ans pour les adultes |
| Méningite à *Hæmophilus influenzæ* type b | Polysaccharide d'*Hæmophilus influenzæ* type b conjugué à une protéine pour en augmenter l'efficacité | Enfants qui ne vont pas encore à l'école; voir le tableau 18.3 | Aucun |

## Tableau 18.2 *Principaux vaccins utilisés pour prévenir les maladies virales chez les humains*

| Maladie | Vaccin | Recommandations | Rappel |
|---|---|---|---|
| Grippe | Virus inactivé | Pour les malades chroniques, en particulier ceux atteints de maladies respiratoires, ou pour les plus de 65 ans en bonne santé | Annuel |
| Rougeole | Virus atténué | Pour les nourrissons de 15 mois | Voir le tableau 18.3 |
| Oreillons | Virus atténué | Pour les nourrissons de 15 mois | (La durée de l'immunité est inconnue.) |
| Rubéole | Virus atténué | Pour les nourrissons de 15 mois ; pour les femmes en âge d'avoir des enfants qui ne sont pas enceintes | (La durée de l'immunité est inconnue.) |
| Varicelle | Virus atténué | Pour les nourrissons de 12 mois | (La durée de l'immunité est inconnue.) |
| Poliomyélite | Virus atténué ou inactivé (à activité améliorée) | Pour les enfants, voir le tableau 18.3 ; pour les adultes, si le risque d'exposition le justifie | (La durée de l'immunité est inconnue.) |
| Rage | Virus inactivé | Pour les biologistes en contact avec les animaux sauvages dans les zones endémiques ; pour les vétérinaires ; pour les personnes exposées au virus de la rage par suite de morsures | Tous les 2 ans |
| Hépatite B | Fragments antigéniques du virus | Pour les enfants, voir le tableau 18.3 ; pour les adultes, en particulier les professionnels de la santé, les hommes homosexuels, les usagers de drogue par voie intraveineuse, les hétérosexuels qui ont de nombreux partenaires et ceux qui côtoient des porteurs du virus de l'hépatite B chez eux | La durée de la protection est d'au moins 7 ans ; la nécessité de rappels n'est pas établie |
| Hépatite A | Virus inactivé | Surtout pour ceux qui se rendent dans les zones endémiques et pour protéger les personnes côtoyées lorsque la maladie se déclare | La durée de la protection est estimée à environ 10 ans |

## Tableau 18.3 *Calendrier d'immunisation des enfants*

| Vaccin | Naissance | 1 mois | 2 mois | 4 mois | 6 mois | 12 mois | 15 mois | 18 mois | 4 à 6 ans | 11 à 12 ans | 14 à 16 ans |
|---|---|---|---|---|---|---|---|---|---|---|---|
| Hépatite B (Hép. B) | Hép. B (si la mère est VHB-positive) | — | | | | | | | | | |
| | | Hép. B | — | — | Hép. B | — | — | — | | Hép. B | |
| Diphtérie, tétanos, coqueluche* | | | DTCa | DTCa | DTCa | | DTCa | — | DTCa | Td | — |
| *H. influenzæ* type b (Hib) | | | Hib | Hib | Hib | Hib | — | | | | |
| Polio** | | | VPI | VPI | VPI | — | — | — | VPI | | |
| Rougeole, oreillons, rubéole (ROR) | | | | | | ROR | — | | ROR | ROR | |
| Varicelle (Var.) | | | | | | Var. | — | — | | Var. | |

Les âges indiqués sont ceux habituellement recommandés. Les bandes indiquent l'intervalle des âges recommandés pour l'immunisation. Si une dose n'est pas administrée à l'âge recommandé, elle peut être reçue, s'il y a lieu et si possible, sous forme d'immunisation de rattrapage lors d'une visite ultérieure. Les bandes indiquent des vaccinations de rattrapage.

* DTCa (vaccin antidiphtérique, antitétanique et anticoquelucheux acellulaire) est le vaccin préféré quel que soit le moment du traitement. (Le vaccin Td contient seulement des anatoxines tétanique et diphtérique. Pour les adolescents et les adultes seulement.)

** VPI = vaccin à poliovirus inactivé.

*Remarque :* Le vaccin contre l'hépatite A est recommandé dans certaines régions et peut être reçu de l'âge de 24 mois à 12 ans.

SOURCE : Centers for Disease Control and Prevention.

recommandé d'immuniser les enfants contre certaines de ces maladies. Les voyageurs qui risquent d'être exposés au choléra, à la fièvre jaune ou à d'autres affections non endémiques dans leur pays d'origine peuvent se renseigner sur les inoculations recommandées à l'heure actuelle auprès des Services de santé publique.

L'expérience nous enseigne que les vaccins contre les bactéries entériques pathogènes, comme celles qui sont à l'origine du choléra et de la fièvre typhoïde, sont loin d'être aussi efficaces ou de protéger aussi longtemps que ceux administrés contre les maladies virales telles que la rougeole et la variole.

## Les types de vaccins et leurs caractéristiques

### Objectifs d'apprentissage

- *Distinguer entre les vaccins suivants et donner un exemple de chacun d'eux : atténué, inactivé, à anatoxine, à fractions antigéniques et conjugué.*
- *Comparer les vaccins à fractions antigéniques et les vaccins à acide nucléique.*
- *Discuter des bénéfices possibles de la découverte de nouveaux vaccins par rapport aux vaccins classiques (atténués et inactivés).*

Il y a aujourd'hui plusieurs grands types de vaccins. On a su exploiter au maximum les connaissances acquises et les techniques inventées au cours des dernières années pour mettre au point certains des types de vaccins les plus récents.

Les **vaccins atténués à agents complets** sont composés de microbes vivants mais atténués (affaiblis). Les vaccins contenant des microorganismes vivants simulent mieux les infections réelles. On obtient souvent une immunité à vie, surtout contre les virus, sans inoculation de rappel et il n'est pas rare d'atteindre un taux d'efficacité de 95 %. Cette action de longue durée s'établit probablement parce que les virus atténués se multiplient dans le corps, amplifiant ainsi la dose de départ et procurant une suite d'immunisations secondaires (rappels).

Le vaccin de Sabin contre la polio et celui qui est utilisé contre la rougeole, les oreillons et la rubéole (ROR) sont des exemples de vaccins atténués. Le vaccin très répandu contre le bacille de la tuberculose et certains vaccins récents contre la fièvre typhoïde, administrés par voie orale, contiennent des bactéries atténuées. Les microbes atténués sont habituellement dérivés d'organismes qui ont été cultivés longtemps et ont ainsi accumulé des mutations qui leur ont fait perdre leur virulence. Ces vaccins présentent toutefois certains dangers ; par exemple, les microbes vivants peuvent redevenir virulents par mutation réverse (nous y reviendrons plus loin dans le présent chapitre). Les vaccins atténués sont contre-indiqués chez les personnes dont le système immunitaire est affaibli. On leur préfère alors des vaccins inactivés s'ils existent.

Les **vaccins inactivés à agents complets** sont constitués de microbes qui ont été tués, habituellement par chauffage ou par des procédés chimiques au formol ou au phénol. Parmi ceux dont on se sert chez les humains, on compte les vaccins contre la rage (on donne parfois aux animaux un vaccin atténué mais on le considère comme trop dangereux pour les humains), contre la grippe (figure 18.1) et contre la polio (vaccin de Salk). Les vaccins à bactéries inactivées comprennent ceux contre la pneumonie à pneumocoques et le choléra. Plusieurs vaccins inactivés, longtemps utilisés, sont en passe d'être remplacés dans la plupart des situations par de nouvelles formes plus efficaces ; c'est le cas des vaccins contre la coqueluche et la fièvre typhoïde. Soulignons que les vaccins inactivés posent un problème : comme ils sont tués, les microorganismes ne se multiplient pas dans l'organisme ; il faut donc inoculer un plus grand nombre de microbes dans les vaccins inactivés que dans les vaccins atténués – ce qui augmente le coût du vaccin. L'utilisation de vaccins inactivés comporte également un danger ; en effet, si les procédés d'inactivation ne sont pas efficaces à 100 %, il peut rester des microorganismes actifs capables d'engendrer la maladie.

Les **anatoxines,** qui sont des toxines inactivées, sont utilisées comme vaccins pour protéger le corps contre les toxines produites par les agents pathogènes. Les anatoxines tétaniques et diphtériques font partie depuis longtemps de la série d'inoculations effectuées couramment chez les enfants. L'immunité complète nécessite une série d'injections, suivie d'un rappel tous les 10 ans. Beaucoup d'adultes âgés n'ont pas eu de rappels ; ils ont probablement un faible niveau de protection contre ces maladies.

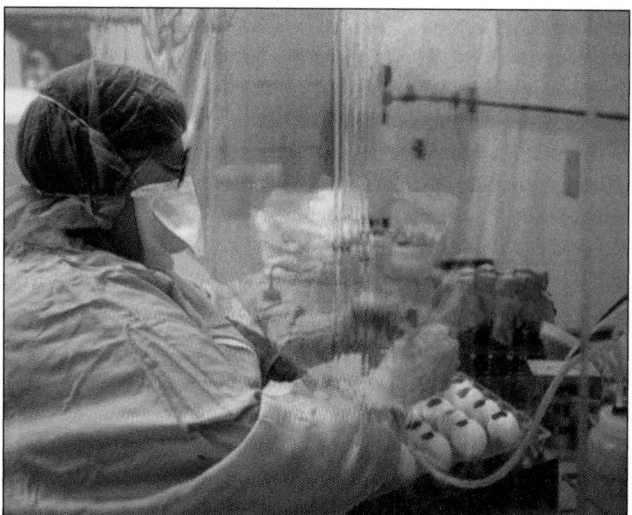

**FIGURE 18.1 Le virus de la grippe est cultivé sur des œufs embryonnés.** (Voir la figure 13.7.) Par la suite, le virus est inactivé pour produire le vaccin.

- Cette méthode de culture virale peut-elle avoir des effets nocifs chez les personnes allergiques aux œufs ?

Les **vaccins sous-unitaires** ne contiennent que les fragments antigéniques d'un microorganisme qui ont été purifiés afin de stimuler une bonne réponse immunitaire. C'est le cas du vaccin fabriqué avec le polysaccharide purifié de *Streptococcus pneumoniæ*. Quand ils sont produits par les techniques du génie génétique, c'est-à-dire que les fragments antigéniques sont synthétisés par des microbes d'une espèce différente qu'on a programmés à cet effet, on les appelle **vaccins recombinés (ou recombinants).** Par exemple, le vaccin contre l'hépatite B est constitué d'une partie de la coque protéique du virus et est produit par une levure modifiée au moyen du génie génétique.

Les vaccins sous-unitaires sont plus sûrs par nature parce qu'ils ne peuvent pas se reproduire dans le receveur. De plus, ils ne contiennent pas de matières étrangères ou en ont peu et, de ce fait, provoquent généralement moins d'effets secondaires fâcheux. De la même façon, il est possible de séparer les fragments de cellules bactériennes lysées et d'en retenir les parties antigéniques désirées. C'est ainsi qu'on prépare les nouveaux **vaccins acellulaires** contre la coqueluche.

Au cours des dernières années, on a mis au point des **vaccins conjugués** pour suppléer à la faible réponse immunitaire des enfants aux vaccins sous-unitaires constitués de polysaccharides capsulaires. Ces polysaccharides sont en fait des antigènes T-indépendants capables de se lier directement aux lymphocytes B (figure 17.16) ; toutefois, le système immunitaire des bébés réagit mal à ces antigènes jusqu'à l'âge de 15 à 24 mois. C'est pourquoi on les combine à des protéines telles que l'anatoxine diphtérique. Cette méthode a permis de créer un vaccin très efficace contre *Hæmophilus influenzæ* type b qui offre une protection appréciable même à 2 mois.

Les **vaccins à acide nucléique,** ou vaccins à ADN, sont une réalisation récente sur laquelle on fonde de grands espoirs. À l'heure actuelle, les efforts se poursuivent afin de mettre au point un vaccin de ce type pour l'humain. Des expériences chez les animaux révèlent que, en injectant dans les muscles des plasmides d'ADN « nu », on obtient la production de la protéine encodée dans cet ADN. (Nous avons décrit la méthode du « canon à gènes », qui permet d'injecter des acides nucléiques dans les cellules de plantes, au chapitre 9, figure 9.6.) Ces protéines persistent et stimulent une réponse immunitaire. Ce type de vaccin présente l'inconvénient que l'ADN ne demeure efficace que tant qu'il échappe à la dégradation. Certains résultats indiquent que l'ARN, qui peut se répliquer dans le receveur, serait un agent plus avantageux.

## La création de nouveaux vaccins

### Objectifs d'apprentissage

- *Décrire le vaccin « idéal ».*
- *Comparer la production des vaccins à agents complets à celle des vaccins recombinés et à ADN.*
- *Définir l'adjuvant.*
- *Décrire l'innocuité des vaccins.*

L'administration d'un vaccin efficace constitue la méthode la plus souhaitable de contrer la propagation de la maladie. Le vaccin fait en sorte que l'individu ne soit même pas atteint par l'affection ciblée et il est généralement plus économique car il évite les coûts engendrés par la maladie. Cet aspect est particulièrement important dans les régions du monde en voie de développement. Le vaccin « idéal » aurait les caractéristiques suivantes : il serait avalé plutôt qu'injecté, il procurerait une immunité à vie après une seule dose, resterait stable sans réfrigération et serait peu coûteux. Mais nous sommes loin de posséder cet outil idéal. Voir l'encadré ci-contre.

Même si la création de vaccins ne suscite pas autant d'intérêt depuis l'arrivée des antibiotiques, on assiste depuis quelques années à un regain d'activité dans ce domaine. Notons cependant que des groupes de pression sensibilisent la population à la gravité de certains effets postvaccinaux apparus chez des personnes vaccinées, et exigent des compagnies pharmaceutiques qu'elles créent des types de vaccins présentant le minimum de risques. Aux États-Unis, la menace de poursuites en justice a ainsi freiné l'enthousiasme des innovateurs. L'adoption en 1986 du National Childhood Vaccine Injury Act, qui limite la responsabilité des fabricants de vaccins, a contribué à renverser cette tendance. Toutefois, une grande vigilance reste essentielle.

Par le passé, la mise au point de vaccins n'était possible que si on parvenait à cultiver le microorganisme pathogène en quantités assez grandes pour être utiles. On a obtenu les premiers vaccins viraux en les cultivant sur des animaux. Par exemple, on faisait proliférer le virus de la vaccine, qu'on utilisait contre la variole, sur le ventre rasé de veaux. Il y a plus de cent ans, Pasteur préparait son vaccin contre la rage en faisant se multiplier le virus rabique dans le système nerveux central de lapins.

Il a fallu attendre la création des techniques de culture cellulaire pour voir l'introduction de vaccins contre la polio, la rougeole, les oreillons et plusieurs autres maladies dont les virus ne se multiplient que chez un être humain vivant. Les cultures cellulaires d'origine humaine, ou plus souvent d'animaux étroitement apparentés tels que le singe, ont permis de produire ces virus sur une grande échelle. L'embryon de poulet est un animal commode qui donne de nombreux virus (figure 13.7) et on l'utilise pour préparer plusieurs vaccins (par exemple, contre la grippe ; figure 18.1). Le premier vaccin contre l'hépatite B contenait des antigènes viraux que l'on avait tirés du sang d'humains infectés de façon chronique par le virus de cette maladie parce qu'on ne disposait d'aucune autre source. On a toutefois renoncé à cette source lorsqu'on s'est aperçu que le sang humain prélevé pouvait aussi contenir le virus du SIDA.

Pour les vaccins recombinés ou à ADN, il n'est pas nécessaire de cultiver le microbe de la maladie dans une cellule ou dans un hôte animal. Cela permet de contourner un obstacle majeur, celui de certains virus qu'il n'a pas été possible jusqu'à maintenant d'amplifier par culture cellulaire – par exemple, celui de l'hépatite B.

LA MICROBIOLOGIE DANS L'ACTUALITÉ

## Pourquoi ne pas vacciner contre toutes les maladies?

La vaccination a rendu possible l'éradication de la variole et laisse entrevoir la disparition de la polio et de la rougeole d'ici 5 à 10 ans. On s'attend à une intensification de la recherche et du développement dans le domaine, et à une augmentation de l'utilisation des vaccins dans la prochaine décennie. On est en train de mettre au point des vaccins pour la contraception et pour la lutte contre le cancer. On se propose même de créer un vaccin contre la cocaïnomanie. Il semble qu'il n'y ait pas de limite absolue au nombre de vaccins qu'une personne peut recevoir. Théoriquement, toutes les préparations courantes qui sont recommandées pour les enfants et les adultes peuvent être données à la même personne, à divers endroits sur le corps, le même jour ou à des semaines d'intervalle, sans risque d'effets nocifs ou d'interférence entre les vaccins. Il y a quelques exceptions. Par exemple, on ne doit pas administrer de vaccins vivants aux personnes immunodéprimées ou aux femmes enceintes, ni de vaccins bactériens vivants dans les 24 heures qui suivent la prise d'antibiotiques.

Alors, pourquoi ne pas utiliser systématiquement les vaccins? Par exemple, ceux contre la rage, le botulisme, la peste et la fièvre jaune ne sont pas employés couramment. En 1999, il y a eu aux États-Unis 0 cas de rage, 8 cas de peste et 58 cas de botulisme; la fièvre jaune n'a pas été observée dans le pays depuis 1924. On pourrait penser que la vaccination aurait prévenu ces cas de peste et de botulisme, quelque rares qu'ils eussent été. Toutefois, le vaccin contre la peste ne confère qu'une protection limitée et la société doit décider si le coût de la fabrication et de la distribution d'un vaccin est en rapport avec son utilité. L'objectif *premier* de la vaccination contre une maladie infectieuse est de procurer une immunité collective contre elle; si cette dernière existe déjà dans la société, il n'est généralement pas nécessaire de déployer des efforts pour vacciner tous les individus. Pourquoi ne vaccine-t-on pas contre la tuberculose? Comme celui contre la peste, le vaccin antituberculeux confère une protection variable et la tuberculose demeure une maladie de terrain, c'est-à-dire qu'elle est facilement évitée grâce à une alimentation saine et une hygiène adéquate. Cela présente toutefois un risque; si les gens prennent pour acquis qu'ils sont immunisés contre une maladie, ils cessent de prendre des précautions. Certains pays ont pris la décision de systématiser la vaccination contre la tuberculose, mais le Canada et les États-Unis ont préféré lancer des campagnes de sensibilisation et de prévention et ne faire administrer le vaccin qu'aux personnes susceptibles à l'infection, comme les sans-abri.

Même au Canada et aux États-Unis, où la vaccination des enfants contre les maladies devrait être systématique mais n'est pas obligatoire, tous les enfants ne sont pas vaccinés. Par exemple, en 1993, le gouvernement des États-Unis a mis sur pied un programme (Childhood Immunization Initiative ou CII) visant un taux de vaccination d'au moins 90% chez les enfants de 2 ans. On se donnait jusqu'en 1996 pour atteindre cet objectif (jusqu'en 1998 pour l'hépatite B). En 1997, le taux d'immunisation pour toute la série de vaccinations se situait à 78%, taux jusque-là inégalé; toutefois, 1 million d'enfants de moins de 2 ans n'avaient toujours pas reçu tous leurs vaccins.

L'Organisation mondiale de la santé s'emploie à étendre aux enfants de tous les pays la protection contre les maladies que la vaccination peut prévenir. Aujourd'hui encore, la rougeole est la cause de 10% de la mortalité chez les enfants de moins de 5 ans (approximativement 1 million de morts par année). Il faudrait trouver des vaccins contre des maladies qui touchent des millions de personnes dans les pays en voie de développement. Malheureusement, ces maladies ne sont pas souvent ciblées pour l'élaboration de nouveaux vaccins. Les populations touchées ne peuvent pas assumer les coûts, même s'ils sont réduits au minimum. De plus, s'il n'y a pas d'électricité et, partant, pas de réfrigération, beaucoup de vaccins thermosensibles sont inutilisables.

Les tentatives récentes pour mettre au point un vaccin contre le paludisme illustrent bien les difficultés techniques et cliniques rencontrées dans ce domaine. On observe dans le monde quelque 300 à 500 millions de nouveaux cas de paludisme, dont 2 millions de morts, par année. Les essais préliminaires d'un vaccin contre un antigène du sporozoïte responsable révèlent que les volontaires humains produisent des anticorps spécifiques de l'antigène. Cependant, les anticorps ont 30 minutes pour tuer les sporozoïtes, entre le moment de la piqûre du moustique et celui où les parasites disparaissent à l'intérieur des cellules du foie. Un autre vaccin est nécessaire pour provoquer une réponse immunitaire contre les mérozoïtes du stade suivant qui détruisent les érythrocytes et causent les symptômes typiques du paludisme.

Le programme américain CII définit des objectifs ambitieux pour l'élaboration de nouveaux vaccins et l'amélioration de ceux qui existent. Le vaccin idéal est peu coûteux et thermostable; il contient des antigènes multiples et s'administre par voie orale en une seule dose donnée à la naissance.

Entre les années 1870 et 1910, on a assisté à ce qui a été appelé l'âge d'or de l'immunologie. C'est l'époque où on a découvert les éléments clés de l'immunologie et où on a créé plusieurs vaccins essentiels. À l'heure actuelle, nous sommes peut-être sur le point de vivre un second âge d'or au cours duquel la nouvelle technologie sera mise à contribution pour lutter contre les maladies infectieuses émergentes et les problèmes posés par la diminution de l'efficacité des antibiotiques. Il est remarquable qu'il n'existe pas de vaccin utile contre les chlamydies, les mycètes, les protozoaires ou les helminthes parasites des humains. Par ailleurs, la protection offerte par les vaccins contre certaines maladies, telles que le choléra et la tuberculose, n'est pas parfaite. On s'emploie maintenant à trouver des vaccins contre au moins 75 maladies, allant d'affections mortelles importantes, telles que le SIDA et le paludisme, à des troubles communs tels que l'otalgie (maux d'oreille). Mais nous allons probablement constater que les découvertes faciles ont déjà eu lieu.

Les maladies infectieuses ne sont pas les seules cibles possibles de la vaccination. Des chercheurs sont en train d'examiner si des vaccins pourraient traiter et prévenir la cocaïnomanie et le cancer, et servir de moyen de contraception.

Des travaux sont en cours pour améliorer certains antigènes qui manquent parfois d'efficacité quand on les injecte seuls. Par exemple, certains produits chimiques, appelés **adjuvants,** sont ajoutés aux antigènes et augmentent de beaucoup leur potentiel. Seul l'alun (sel d'aluminium) est approuvé comme adjuvant dans les préparations destinées aux humains; on espère en trouver d'autres. Des expériences ont révélé qu'on peut rendre plus efficaces certains antigènes quand ils sont fixés à des particules microscopiques avant d'être injectés.

Pour tous ceux parmi vous qui rêvez de voir remplacer la seringue comme méthode de vaccination, certaines solutions de rechange pointent à l'horizon. Vous avez peut-être déjà reçu une injection par «pistolet» à haute pression. On expérimente aussi maintenant l'utilisation d'aérosols nasaux, de timbres transdermiques, et même d'antigènes produits dans les aliments, tels que les bananes, qu'il suffit d'ingérer pour être vacciné.

## L'innocuité des vaccins

Nous avons mentionné que la variolisation, qui fut la première méthode employée pour procurer l'immunité à la variole, causait parfois la maladie qu'elle était censée prévenir. Toutefois, à l'époque, on considérait qu'il était acceptable de prendre un tel risque. Nous verrons plus loin dans le présent ouvrage qu'aujourd'hui encore le vaccin oral contre la polio peut causer la maladie dans certains cas rares. En 1999, un vaccin pour prévenir la diarrhée infantile causée par un *Rotavirus* a été retiré du marché parce qu'il occasionnait chez plusieurs receveurs une occlusion intestinale qui mettait leur vie en danger. Mais la réaction du public à ces risques a changé; aujourd'hui, l'allégation d'effets nocifs, qu'elle soit fondée ou non, incite souvent les gens à éviter certains vaccins pour eux-mêmes ou pour leurs enfants, même si le risque des conséquences néfastes de la maladie est beaucoup plus élevé que celui du vaccin. Au chapitre 24, nous exposons une telle situation, et ses suites, en traitant de la coqueluche. Plus récemment, un article dans une revue médicale de Grande-Bretagne suggérait qu'il pouvait y avoir un lien entre une combinaison de vaccins, le vaccin ROR, dont l'administration est pratiquement universelle, et l'autisme. Dans le même numéro, les autorités médicales réfutaient le lien. Néanmoins, cet article suscita une grande inquiétude en Angleterre, aux États-Unis et au Canada, et certains parents se mirent à insister pour que les vaccins soient administrés séparément plutôt que sous leur forme habituelle. Les cas d'autisme observés sont souvent des cas isolés de telle sorte que les observations ne sont pas suffisantes pour prouver qu'il existe un lien réel; théoriquement, si la presque totalité de la population infantile reçoit un vaccin, on observera à coup sûr des cas d'autisme, de troubles neurologiques ou d'autres affections dans cette population. Toutefois, le grand public demeure souvent sceptique. Dans une telle situation, le lien doit être établi par une analyse statistique, méthode qui exige du temps et des ressources considérables. Les analyses statistiques actuelles ne confirment aucun lien entre la vaccination et l'autisme, et les recherches se poursuivent. Bien qu'il soit impossible de rendre toute intervention médicale, y compris la vaccination, exempte de risques, les efforts continuent pour produire des vaccins qui ont moins d'effets secondaires et sont plus économiques, efficaces et faciles à administrer. Dans un sens, la vaccination a pour défaut d'avoir réussi. De nos jours dans les pays industrialisés, peu de parents connaissent la terreur causée par les épidémies de polio paralysante, où ils sont réduits à l'impuissance devant la menace qui pèse sur leurs enfants. Peu nombreux sont ceux qui ont vu un cas de tétanos ou de diphtérie. Malgré les risques inévitables, c'est le bien-être du plus grand nombre de personnes que vise la vaccination, et elle demeure encore le moyen le plus sûr et le plus efficace de combattre les maladies infectieuses. Idéalement, la mise au point de méthodes de prévention – dont elle fait partie – devrait être associée à la lutte contre la pauvreté.

# L'immunologie diagnostique

### Objectif d'apprentissage

- *Expliquer comment les anticorps sont utilisés pour diagnostiquer les maladies.*

En général par le passé, l'établissement d'un diagnostic reposait le plus souvent sur l'observation des signes et des symptômes du patient. Les écrits des médecins de l'Antiquité et du Moyen Âge contiennent de nombreuses descriptions de maladies qu'on reconnaît facilement aujourd'hui encore.

La découverte de la grande spécificité du système immunitaire a très tôt suggéré l'idée que cette propriété pourrait servir à diagnostiquer les maladies. En fait, une observation fortuite, faite pendant qu'on poursuivait des recherches sur un vaccin contre la tuberculose, est à l'origine d'un des premiers tests diagnostiques de maladies infectieuses. Il y a plus de 100 ans, Robert Koch travaillait à l'élaboration d'un vaccin contre la tuberculose. Il remarqua que, si on injectait à des cobayes atteints de la maladie une suspension de *Mycobacterium tuberculosis,* le point d'injection devenait rouge et légèrement enflé 1 ou 2 jours plus tard. Certains reconnaîtront ces signes : ce sont ceux de la réaction positive au test par lequel on détermine si une personne a été infectée par l'agent pathogène de la tuberculose. Ce test est très répandu aujourd'hui ; nous avons presque tous été soumis à la cutiréaction à la tuberculine (figure 24.11). Bien sûr, Koch n'avait aucune idée du mécanisme de l'immunité à médiation cellulaire qui était à l'origine de ce phénomène ; il ignorait aussi l'existence des anticorps.

Depuis l'époque de Robert Koch, l'immunologie nous a donné de nombreux outils diagnostiques inestimables, qui exploitent pour la plupart les interactions des anticorps humoraux et des antigènes. Dans la présente section, nous examinons quelques-unes des techniques de premier plan qui servent à détecter les antigènes et les anticorps.

La présence d'anticorps contre un agent pathogène particulier dans le sang d'un patient peut relever de l'une des situations suivantes : le patient peut avoir la maladie, l'avoir eue dans le passé, avoir été vacciné ou avoir reçu une injection d'immunoglobulines spécifiques. La détection des anticorps est donc d'un intérêt diagnostique considérable. Toutefois, nos outils diagnostiques doivent surmonter certains problèmes, notamment le fait que nous ne pouvons pas observer les anticorps directement. Même à des grossissements bien au-dessus de 100 000 ×, ils apparaissent au mieux comme des particules informes, aux contours imprécis. En conséquence, il faut déterminer leur présence indirectement au moyen de diverses réactions (nous en décrivons quelques-unes plus loin dans le chapitre). Dans la plupart des cas, c'est avant tout la présence d'anticorps qu'on veut vérifier, mais on peut aussi procéder à rebours et utiliser des anticorps connus pour détecter les antigènes.

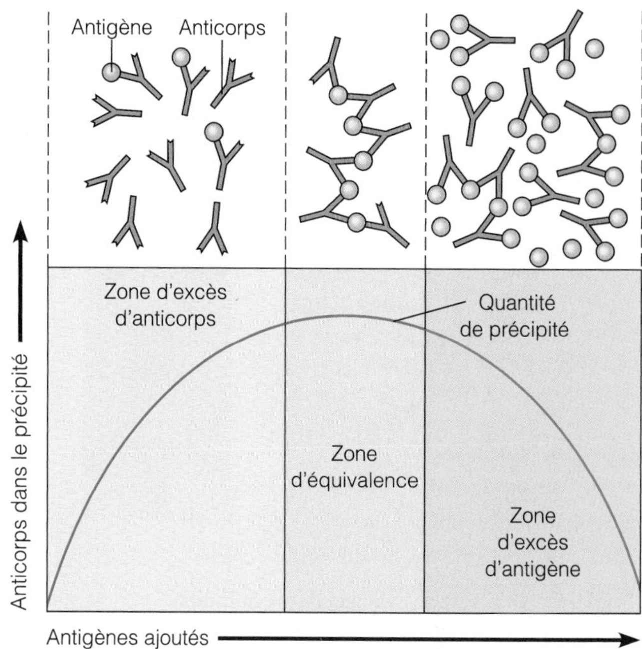


**FIGURE 18.2 Courbe de précipitation.** La courbe reflète le rapport entre les antigènes et les anticorps. La quantité de précipité est maximale dans la zone d'équivalence où le rapport est approximativement équivalent.

■ Les réactions de précipitation mettent en jeu des antigènes solubles et des précipitines.

## Les réactions de précipitation

### Objectif d'apprentissage

- *Décrire le principe sur lequel reposent les réactions de précipitation et les tests d'immunodiffusion.*

Les **réactions de précipitation** mettent en jeu des antigènes solubles et des anticorps polyvalents (nommés précipitines) de la classe des IgG ou de celle des IgM dont les interactions produisent de grands agrégats moléculaires appelés réseaux.

Les réactions de précipitation se déroulent en deux phases distinctes. Tout d'abord, les antigènes et les anticorps forment rapidement de petits complexes antigène-anticorps (chapitre 17). Cette interaction a lieu en quelques secondes et elle est suivie d'une réaction plus lente, qui peut durer des minutes ou des heures, au cours de laquelle les complexes antigène-anticorps s'assemblent en réseaux et précipitent. Normalement, ces réactions de précipitation n'ont lieu que si le rapport antigène-anticorps est optimal. La figure 18.2 montre qu'il n'y a pas de précipité visible là où un des deux réactifs est en excédent. Le rapport optimal est obtenu quand des solutions pures d'antigènes et d'anticorps sont mises en contact et peuvent se mélanger par diffusion. Dans le **test de l'anneau de précipitation** (figure 18.3), une zone de précipitation floconneuse (anneau) apparaît dans la région où le rapport est optimal (*zone d'équivalence*).

Les **tests d'immunodiffusion** sont des réactions de précipitation qui se déroulent sur gélose, soit dans une boîte de Petri, soit sur une lame de microscope. Un précipité apparaît sous la forme d'une ligne blanchâtre à l'endroit où le rapport antigène-anticorps est optimal.

D'autres tests font appel à l'électrophorèse pour accélérer le déplacement des antigènes et des anticorps dans le gel. La réaction se déroule parfois en moins d'une heure par ce moyen. Les techniques de l'immunodiffusion et de l'électrophorèse peuvent être combinées en une méthode appelée **immunoélectrophorèse.** Cette dernière est utilisée en recherche pour séparer les protéines dans le sérum humain et est à la base de certains tests diagnostiques.

Dans les laboratoires médicaux, cette méthode constitue une partie essentielle de la technique de transfert de Western dont on se sert pour diagnostiquer le SIDA (figure 10.11).

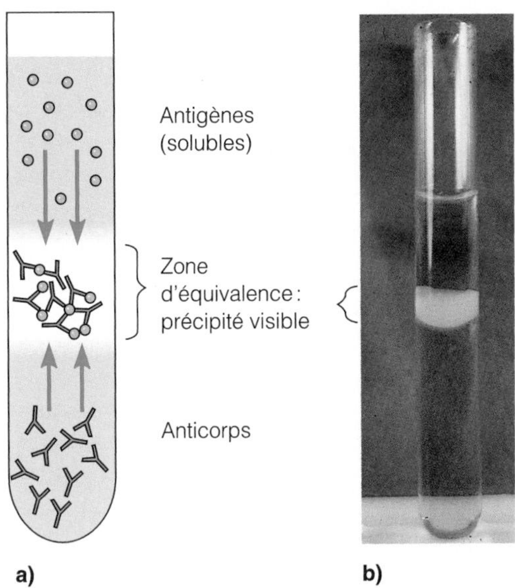


FIGURE 18.3 **Test de l'anneau de précipitation.**
**a)** Représentation de la diffusion des antigènes et des anticorps les uns vers les autres dans une éprouvette de faible diamètre. Dans la zone d'équivalence, où les réactifs sont dans un rapport optimal, un précipité apparaît sous forme de ligne ou d'anneau.
**b)** Photographie d'un anneau de précipitation.

■ Quelle est l'origine de la ligne visible?

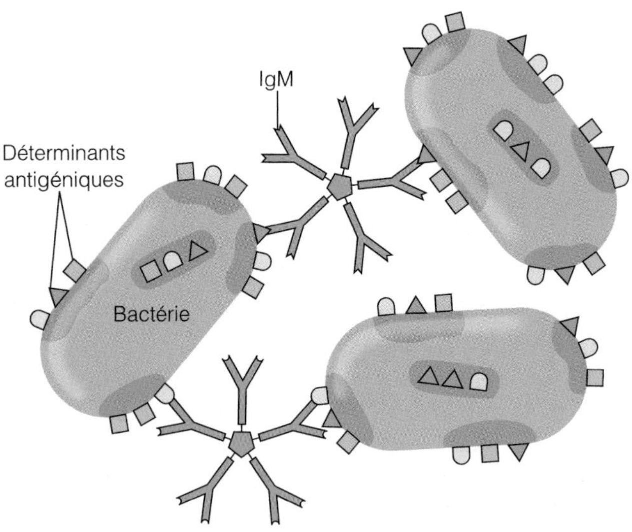


FIGURE 18.4 **Réaction d'agglutination.** Quand les anticorps réagissent avec les déterminants antigéniques de cellules voisines, tels que ceux de ces bactéries (ou ceux d'érythrocytes), les particules (cellules) s'agglutinent. Nous voyons ici des IgM, qui sont les immunoglobulines agglutinantes les plus efficaces, mais les IgG peuvent aussi produire des réactions d'agglutination.

■ Les réactions d'agglutination mettent en jeu des particules antigéniques.

## Les réactions d'agglutination

### Objectifs d'apprentissage

- *Distinguer entre les réactions d'agglutination directes et les réactions d'agglutination indirectes.*
- *Distinguer entre les réactions d'agglutination et les réactions de précipitation.*
- *Définir l'hémagglutination.*

Alors que les réactions de précipitation nécessitent des antigènes *solubles*, les réactions d'agglutination mettent en jeu des antigènes de la taille de *particules* (telles que des cellules portant des molécules antigéniques) ou des antigènes solubles retenus par des particules. Ces antigènes particulaires peuvent être reliés les uns aux autres par des anticorps spécifiques pour former des agrégats visibles. La réaction observée s'appelle **agglutination** (figure 18.4). Elle est très sensible, relativement facile à interpréter (figure 10.10), et se prête à de nombreuses applications. L'agglutination peut être directe ou indirecte.

### Les réactions d'agglutination directe

Les **réactions d'agglutination directe** servent à détecter les anticorps dirigés contre des antigènes cellulaires dont la taille est relativement grande, tels que ceux à la surface des érythrocytes, des bactéries et des mycètes. À une époque, la réaction se faisait dans une série d'éprouvettes; aujourd'hui, on utilise habituellement une *plaque de microtitrage* en plastique, formée de nombreux puits peu profonds qui remplacent les éprouvettes individuelles. Chaque puits contient la même quantité de particules antigéniques, mais la quantité d'immunsérum est diluée sur une suite de puits de telle manière que chacun de ces puits reçoit la moitié de la quantité d'anticorps du puits précédent.

Dans les laboratoires médicaux, on utilise ces réactions pour, par exemple, diagnostiquer la brucellose ou séparer les isolats de *Salmonella* en sérotypes, c'est-à-dire en sous-groupes qu'on identifie par des moyens sérologiques.

Il est évident que, plus la quantité d'anticorps est élevée au départ, plus il faut de dilutions afin de la réduire au point où elle est trop faible pour produire une réaction. C'est ainsi qu'on mesure le **titre des anticorps,** soit la concentration des anticorps dans le sérum (figure 18.5). Pour la plupart des maladies infectieuses, plus le titre des anticorps sériques est élevé, plus l'immunité est grande. Mais à lui seul, le titre est d'une utilité limitée pour établir le diagnostic d'une maladie existante. En effet, il est impossible de dire si la quantité d'anticorps mesurée est la conséquence de l'infection en cours ou d'un épisode antérieur. Pour les fins du diagnostic, c'est une *élévation du titre* qui importe; c'est-à-dire que le titre est plus élevé vers la fin qu'au début de la maladie. Par ailleurs, si on peut montrer que le titre des anticorps dans le sang de l'individu était nul avant la maladie mais qu'il devient appréciable au fur et à mesure qu'elle progresse, ce changement, appelé **séroconversion,** est aussi déterminant pour le diagnostic. On observe souvent cette situation dans le cas des infections par le VIH.

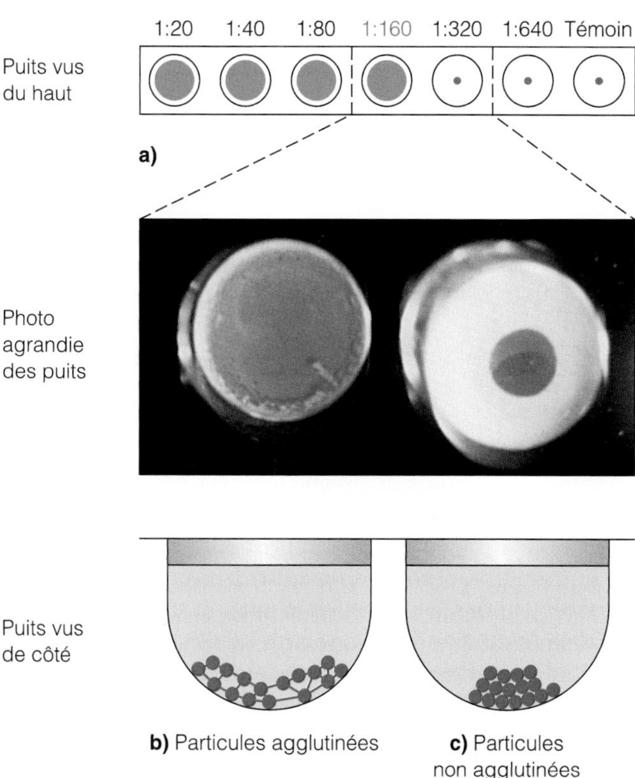


**a)** Dans cette plaque de microtitrage, le sérum est dilué de gauche à droite, si bien que chaque puits contient la moitié de la concentration du puits qui le précède. La concentration des particules antigéniques, ici des érythrocytes, est la même dans tous les puits.

**b)** Dans le cas d'une réaction positive (agglutination), il y a assez d'anticorps dans le sérum pour relier les antigènes les uns aux autres et former des complexes antigène-anticorps qui s'étalent en un tapis au fond du puits.

**c)** Dans le cas d'une réaction négative (aucune agglutination), il n'y a pas assez d'anticorps pour relier les antigènes. Les particules antigéniques glissent le long des parois du puits et s'empilent au fond où elles forment un point. Dans l'exemple présenté ici, le titre des anticorps est 160 parce que la dilution de 1:160 est la dernière, dans la suite, qui permette d'observer une réaction positive.

FIGURE 18.5 **Mesure du titre des anticorps au moyen de la réaction d'agglutination directe.**

■ Qu'entend-on par les expressions *titre des anticorps* et *séroconversion*?

Certains tests diagnostiques permettent de reconnaître les IgM de façon spécifique. Nous avons indiqué au chapitre 17 que les IgM, du fait qu'elles disparaissent rapidement, sont plus susceptibles de refléter une réponse à une maladie en cours.

## Les réactions d'agglutination indirecte (passive)

Les anticorps dirigés contre les antigènes solubles peuvent être détectés au moyen de la réaction d'agglutination si ces derniers sont fixés à des particules d'une substance telle que la bentonite ou, plus fréquemment, sur de minuscules billes de latex mesurant chacune environ un dixième du diamètre d'une bactérie. Les *tests d'agglutination au latex* sont utilisés couramment pour révéler rapidement la présence d'anticorps sériques contre les virus et les bactéries qui causent une foule de maladies. Au cours de ces **réactions d'agglutination indirecte (passive)**, les anticorps réagissent avec les antigènes solubles qui adhèrent aux particules (figure 18.6a). Ensuite, les particules s'agglutinent, comme celles des réactions

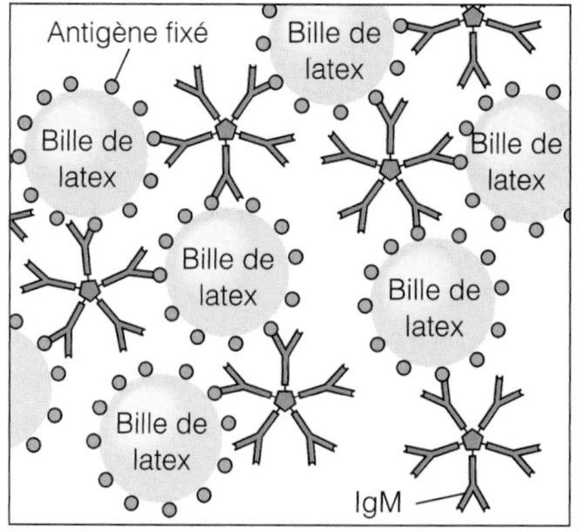


**a)** Réaction d'agglutination indirecte révélant la présence d'anticorps dans le sérum d'un patient

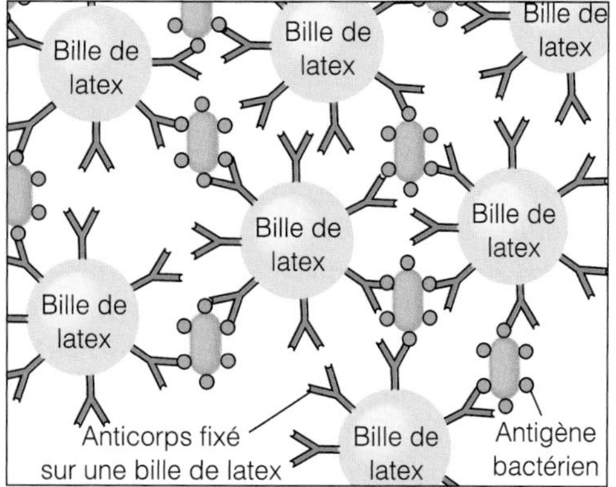


**b)** Réaction d'agglutination indirecte révélant la présence d'antigènes (dans un prélèvement pris chez un patient)

FIGURE 18.6 **Réactions d'agglutination indirecte.** On utilise pour ces réactions des antigènes ou des anticorps fixés sur des particules telles que de minuscules billes de latex. **a)** Quand les particules sont enrobées d'antigènes, l'agglutination indique la présence d'anticorps, tels que les IgM représentées ici. **b)** Quand les particules sont enrobées d'anticorps monoclonaux, l'agglutination indique la présence des antigènes correspondants.

■ Distinguez entre les réactions d'agglutination directe et indirecte.

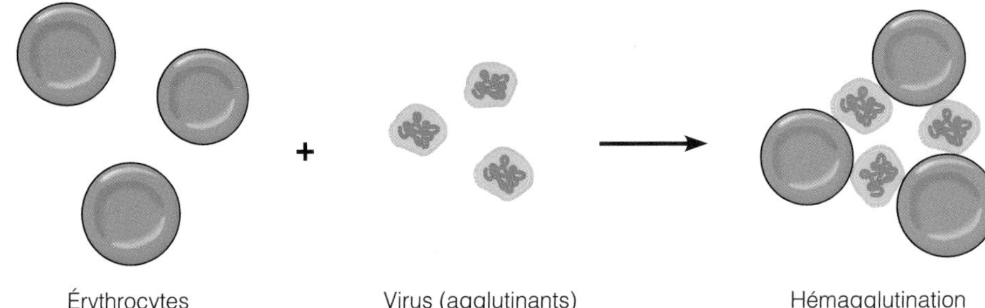


**FIGURE 18.7 Hémagglutination virale.** L'hémagglutination virale n'est pas une réaction antigène-anticorps.

■ On peut diagnostiquer certaines maladies virales grâce à la capacité des virus qui les causent d'agglutiner les érythrocytes.

d'agglutination directe. On peut appliquer le même principe à rebours et utiliser des particules enrobées d'anticorps pour détecter les antigènes dont ils sont spécifiques (figure 18.6b). Dans les laboratoires médicaux, cette méthode est souvent employée pour reconnaître les streptocoques qui causent les maux de gorge. On peut obtenir un diagnostic en une dizaine de minutes.

### L'hémagglutination

Quand on utilise des érythrocytes pour provoquer la formation de complexes agglutinants, la réaction porte le nom d'**hémagglutination.** Elle met en jeu les antigènes de surface des érythrocytes et leurs anticorps complémentaires. Dans les laboratoires médicaux, on se sert couramment de la réaction d'hémagglutination pour déterminer les groupes sanguins et poser des diagnostics de mononucléose infectieuse.

Certains virus, tels que ceux qui causent les oreillons, la rougeole et la grippe, sont capables d'agglutiner les érythrocytes sans passer par une réaction antigène-anticorps; ce phénomène s'appelle **hémagglutination virale** (figure 18.7). La réaction peut être inhibée par des anticorps qui neutralisent les virus agglutinants. Nous décrivons ci-dessous les tests diagnostiques qui font appel à ces réactions de neutralisation. Le diagnostic de maladie virale est fondé sur la détection, dans le sérum d'un patient, d'anticorps qui empêchent spécifiquement un type de virus d'agglutiner les érythrocytes.

## Les réactions de neutralisation

### Objectifs d'apprentissage

- *Décrire le principe sur lequel reposent les tests de neutralisation.*
- *Distinguer entre les réactions de précipitation et les réactions de neutralisation.*

La **neutralisation** est une réaction d'antigènes et d'anticorps par laquelle une exotoxine bactérienne ou un virus sont rendus inoffensifs par des anticorps spécifiques. Ce type de réactions a été décrit pour la première fois en 1890 lorsque des chercheurs ont observé qu'un immunsérum pouvait neutraliser les substances toxiques produites par *Corynebacterium diphteriæ,* germe causal de la diphtérie. L'agent neutralisant, appelé antitoxine, est un anticorps spécifique élaboré par un hôte qui réagit à une exotoxine bactérienne ou à l'anatoxine (toxine inactivée servant de vaccin) correspondante. L'antitoxine se combine à l'exotoxine pour la neutraliser (figure 18.8a). On peut donner par injection à un humain des antitoxines produites par un animal pour lui conférer l'immunité passive. On utilisait couramment des antitoxines de cheval pour prévenir ou traiter la diphtérie et le botulisme; notez que le sérum antitétanique est habituellement d'origine humaine.

L'utilisation thérapeutique de ces réactions de neutralisation a inspiré la création de certains tests diagnostiques. Par exemple, dans la réaction de Schick, l'injection intradermique d'une petite dose de toxine diphtérique vise à déterminer la présence d'anticorps antidiphtériques chez un individu. Si c'est le cas, les anticorps neutralisent la toxine et aucune réaction cutanée n'apparaît; dans le cas contraire, la toxine endommage localement le tissu sous-cutané et une plaque rouge apparaît au point d'injection. Lorsqu'on soupçonne une épidémie, la réaction de Schick permet de dépister les cas de personnes non immunisées et de limiter à ces personnes l'application de mesures prophylactiques. Par ailleurs, on peut exploiter les virus qui exercent leur pouvoir cytopathogène (d'endommager les cellules) en culture cellulaire ou sur des œufs embryonnés pour révéler la présence d'anticorps neutralisants qui leur sont spécifiques (chapitre 15, p. 489). Si le sérum à vérifier contient des anticorps dirigés contre le virus à l'étude, ces anticorps empêchent le virus d'infecter les cellules en culture ou celles des œufs; dans ce cas, il n'y a pas d'effet cytopathogène. C'est ainsi qu'on peut utiliser ces épreuves, appelées tests de neutralisation *in vitro,* à la fois pour identifier un virus et pour déterminer le titre des anticorps dirigés contre lui. Les tests de neutralisation *in vitro* sont assez compliqués à effectuer et sont de moins en moins répandus dans les laboratoires d'analyses médicales.

Il existe un test de neutralisation plus répandu, fondé sur la **réaction d'inhibition de l'hémagglutination virale.** Dans les laboratoires médicaux, on utilise ce test pour diagnostiquer la grippe, la rougeole, les oreillons et un certain nombre d'infections causées par des virus qui peuvent agglutiner les érythrocytes.

Si le sérum d'une personne contient des anticorps spécifiques d'un virus, les anticorps réagissent avec le virus en question et le neutralisent. Par exemple, s'il y a hémagglutination

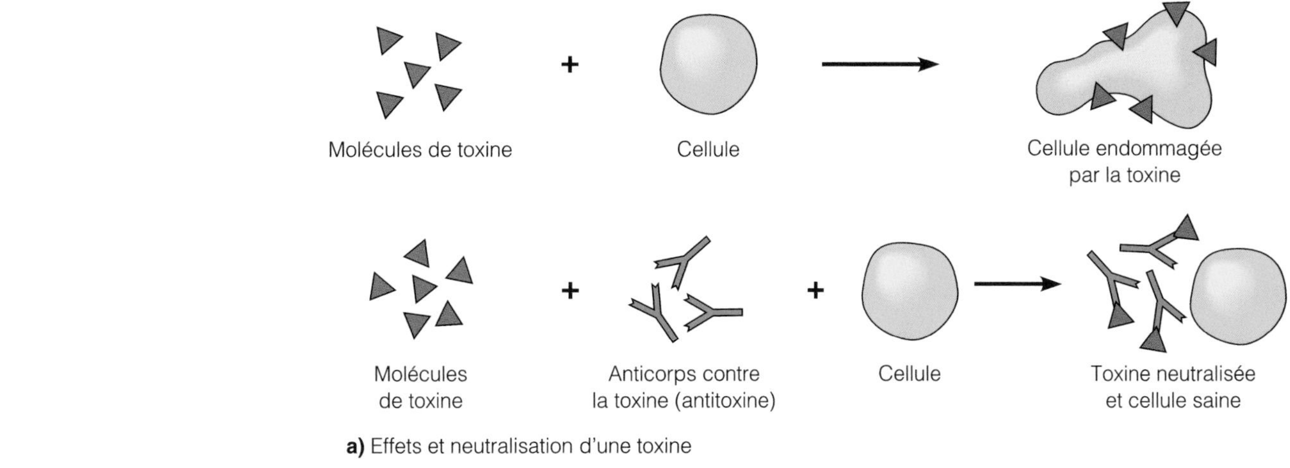


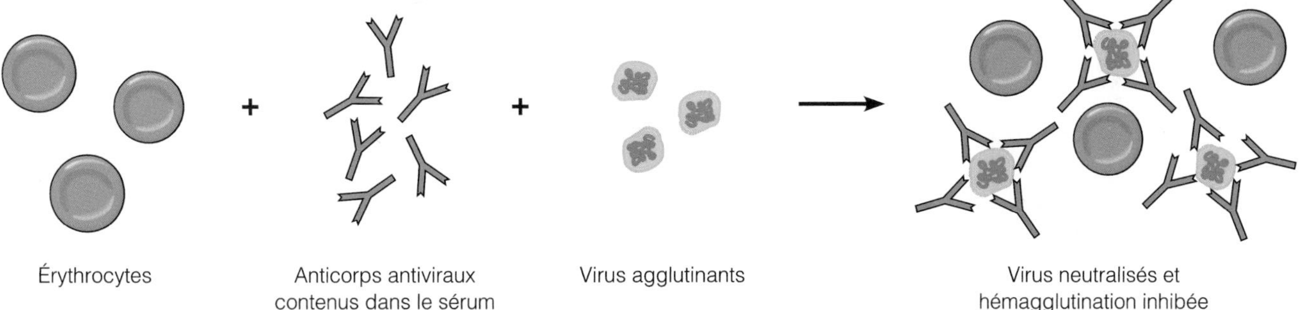


**FIGURE 18.8 Réactions de neutralisation. a)** Les effets d'une toxine sur une cellule vulnérable et neutralisation de la toxine par une antitoxine. **b)** Pour obtenir une réaction d'inhibition de l'hémagglutination virale, du sérum susceptible de contenir des anticorps contre un virus est mélangé avec des érythrocytes et le virus en question. S'il y a des anticorps, comme c'est le cas ici, ils neutralisent le virus et inhibent l'hémagglutination virale.

■ Pourquoi l'hémagglutination virale indique-t-elle qu'un patient n'a pas la maladie que le test a pour but de dépister?

dans un mélange de virus de la rougeole et d'érythrocytes mais non quand on y ajoute le sérum du patient, on peut conclure que le sérum contient des anticorps qui se sont liés au virus de la rougeole et l'ont neutralisé de telle sorte que les virus ne peuvent plus agglutiner les érythrocytes (figure 18.8b). La détection des anticorps chez le patient détermine par conséquent le diagnostic de maladie virale.

## La réaction de fixation du complément

### Objectif d'apprentissage

- *Décrire le principe sur lequel repose la réaction de fixation du complément.*

Au chapitre 16 (p. 511-513), nous avons décrit un groupe de protéines sériques appelé complément. Dans la plupart des réactions antigène-anticorps, le complément se lie aux complexes antigène-anticorps et réagit; on dit qu'il se fixe. Ce processus de **fixation du complément** peut être utilisé pour déceler de très petites quantités d'anticorps. C'est ainsi qu'il peut révéler la présence d'anticorps qui ne produisent pas de réaction visible, telle que la précipitation ou l'agglutination. On se servait autrefois de la fixation du complément pour obtenir un diagnostic de syphilis (réaction de Bordet-Wassermann).

Aujourd'hui, dans les laboratoires médicaux, on l'emploie pour diagnostiquer certaines mycoses, rickettsioses et maladies virales.

Pour mener à bien une réaction de fixation du complément, il faut travailler avec soin et bien contrôler les témoins. C'est pourquoi on cherche à la remplacer par de nouveaux tests plus simples. La réaction se déroule en deux phases: fixation du complément et addition du révélateur (figure 18.9).

**FIGURE 18.9 Réaction de fixation du complément.** On utilise cette réaction pour révéler la présence d'anticorps dirigés contre un antigène connu. Le complément se fixe à un complexe antigène–anticorps. Si tout le complément est fixé durant la première phase de la réaction, il n'y en a plus pour se fixer au complexe érythrocytes-anticorps et pour causer l'hémolyse des érythrocytes qui servent de révélateurs à la deuxième phase.

■ **Pourquoi la lyse des érythrocytes indique-t-elle que le patient n'a pas la maladie que le test a pour but de dépister?**

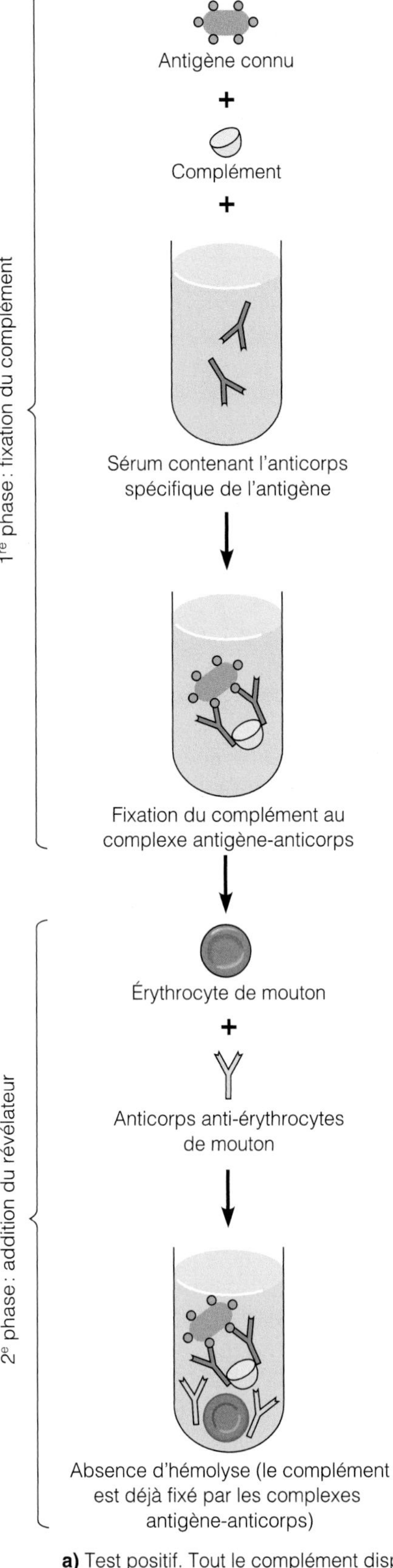


**a)** Test positif. Tout le complément disponible est fixé lors de la première réaction antigène-anticorps. Il n'y a pas d'hémolyse; en conséquence, la réaction révèle la présence d'anticorps spécifiques de l'antigène microbien suspecté.

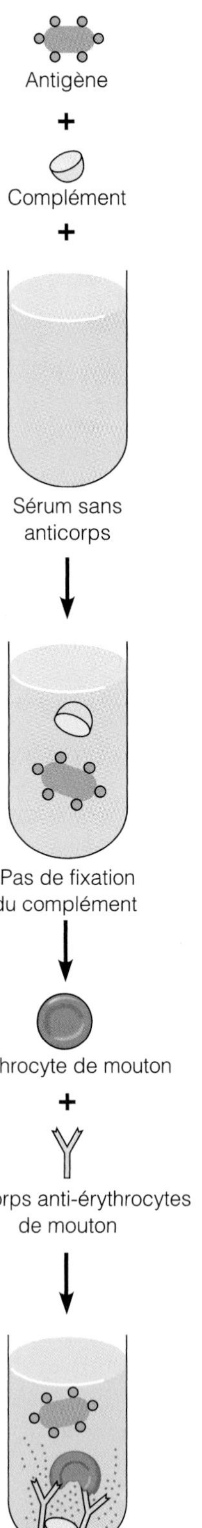


**b)** Test négatif. Il n'y a pas de réaction antigène-anticorps dans la première phase. Le complément reste libre et les érythrocytes sont lysés à la deuxième phase de la réaction En conséquence, le test est négatif.

## Les techniques d'immunofluorescence

### Objectif d'apprentissage

- *Décrire le principe sur lequel reposent les techniques d'immunofluorescence.*
- *Comparer les techniques d'immunofluorescence directe et indirecte.*

Les techniques de **détection par les anticorps fluorescents** (**AF**) ou **immunofluorescence** permettent d'identifier les microorganismes dans les échantillons cliniques et de révéler la présence d'anticorps spécifiques dans le sérum (figure 18.10). Elles sont fondées sur la combinaison de fluorochromes, tels que l'isothiocyanate de fluorescéine (FITC), et d'anticorps qu'on peut alors visualiser en les exposant à un rayonnement ultraviolet (figure 3.6). Ce sont des méthodes rapides, sensibles et très spécifiques ; on peut accomplir le test d'immunofluorescence pour la rage en quelques heures avec un taux d'exactitude de presque 100 %.

Les techniques d'immunofluorescence sont de deux types : directes et indirectes. L'**immunofluorescence directe** sert habituellement à identifier les microorganismes dans les prélèvements cliniques (figure 18.10a) ;

elle est particulièrement utile pour diagnostiquer les maladies associées aux streptocoques du groupe A, à *Escherichia coli*, à *Salmonella typhi*, à *Listeria monocytogenes*, à *Hæmophilus influenzæ* type b, etc. La méthode consiste à fixer sur une lame le prélèvement contenant les antigènes du microorganisme

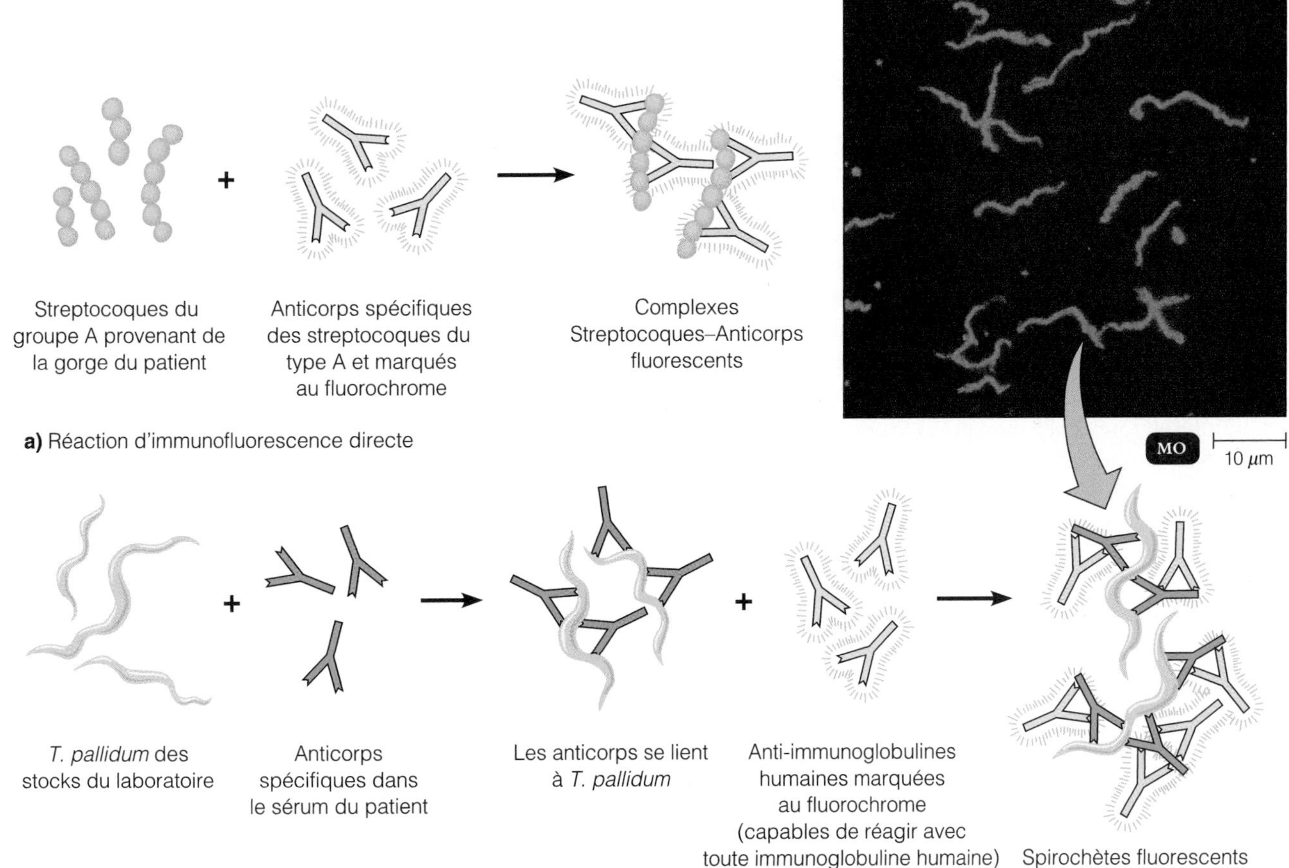


**FIGURE 18.10 Techniques d'immunofluorescence. a)** Réaction d'immunofluorescence directe permettant d'identifier des streptocoques du type A. **b)** Réaction d'immunofluorescence indirecte permettant de poser un diagnostic de syphilis. Le fluorochrome est fixé à des anti-immunoglobulines humaines. Ces dernières se lient à toute immunoglobuline humaine (telle que les anticorps spécifiques de *Treponema pallidum*) qu'on a fait réagir au préalable avec l'antigène. On observe la réaction au microscope à fluorescence (voir la micrographie). Le complexe antigène-anticorps – qui comprend ici *T. pallidum* – avec lequel l'anticorps marqué a réagi est rendu visible par fluorescence sous l'action du rayonnement ultraviolet.

- L'immunofluorescence directe indique la présence d'un antigène chez le patient. L'immunofluorescence indirecte révèle la présence d'anticorps.

inconnu qu'on veut identifier. On ajoute alors des anticorps connus marqués à la fluorescéine et la lame est soumise à une courte période d'incubation. Ensuite, on lave la lame pour éliminer les anticorps qui ne sont pas liés aux antigènes et on examine l'échantillon au microscope à fluorescence. Si des complexes antigène-anticorps se forment, ils apparaissent en vert-jaune; puisque les anticorps sont déjà connus, on peut identifier l'antigène.

L'**immunofluorescence indirecte** permet de révéler la présence d'anticorps spécifiques dans le sérum d'une personne qui a été exposée à un microorganisme (figure 18.10b). Cette méthode est souvent plus sensible que l'immunofluorescence directe. Elle consiste à fixer des microbes connus à une lame. On ajoute ensuite le sérum-test d'un patient. S'il contient des anticorps spécifiques du microbe, ils réagissent avec les antigènes pour former des complexes antigène-anticorps fixes. Pour visualiser les complexes antigène-anticorps, on dépose sur la lame une préparation d'**anti-immunoglobulines humaines** marquées à la fluorescéine, c'est-à-dire des anticorps qui réagissent spécifiquement avec *tout* anticorps humain – ce sont en fait des anticorps anti-anticorps. Les anti-immunoglobulines humaines ne sont retenues sur la lame que si les antigènes ont réagi avec les anticorps spécifiques et sont ainsi présents eux aussi. Après incubation et lavage (pour éliminer les anticorps libres), on examine la lame au microscope à fluorescence. Si l'antigène connu qui est fixé à la lame est fluorescent, l'anticorps qui lui est spécifique est présent. L'immunofluorescence indirecte sert entre autres choses à faire le diagnostic de la syphilis.

L'immunofluorescence rend possible une application particulièrement intéressante grâce à un appareil appelé **trieur de cellules activé par fluorescence.** Au chapitre 17, nous avons vu que les lymphocytes T portent des récepteurs de surface, tels que CD4 et CD8, qui possèdent eux-mêmes une spécificité antigénique et qui permettent de classer ces cellules en groupes distincts. Le SIDA est caractérisé par un faible taux de lymphocytes T CD4 dont on peut suivre l'évolution du nombre à l'aide d'un trieur de cellules activé par fluorescence.

Le trieur est une forme modifiée de l'appareil de *cytométrie en flux*, dans lequel les cellules, chacune en suspension dans sa propre gouttelette, passent par un ajutage qui règle leur débit (chapitre 10, p. 317). Un faisceau laser frappe chaque gouttelette avec sa cellule, puis est capté par un détecteur qui reconnaît certaines caractéristiques telles que la taille (figure 18.11). Si les cellules ont été marquées par des anticorps fluorescents qui permettent de distinguer entre les lymphocytes T CD4 et T CD8, un détecteur peut mesurer cette fluorescence. L'appareil peut alors communiquer une charge électrique positive ou négative aux cellules qui ont la taille voulue ou qui sont fluorescentes. Les gouttelettes chargées passent entre des électrodes qui les font dévier vers l'un de deux tubes collecteurs, triant ainsi les cellules selon leurs propriétés. Grâce à cette méthode, on peut séparer des millions de cellules en une heure, dans des conditions stériles, et on peut les utiliser par la suite pour faire des expériences.

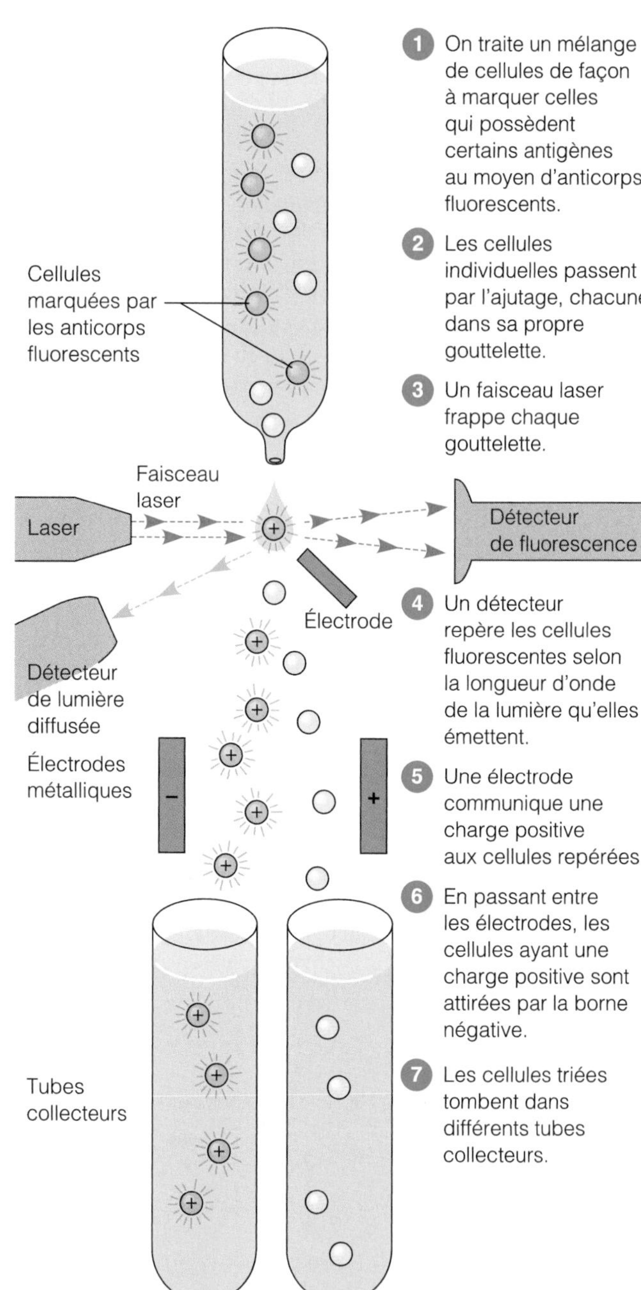
1 On traite un mélange de cellules de façon à marquer celles qui possèdent certains antigènes au moyen d'anticorps fluorescents.
2 Les cellules individuelles passent par l'ajutage, chacune dans sa propre gouttelette.
3 Un faisceau laser frappe chaque gouttelette.
Cellules marquées par les anticorps fluorescents
Faisceau laser
Laser
Détecteur de fluorescence
Électrode
Détecteur de lumière diffusée
Électrodes métalliques
4 Un détecteur repère les cellules fluorescentes selon la longueur d'onde de la lumière qu'elles émettent.
5 Une électrode communique une charge positive aux cellules repérées.
6 En passant entre les électrodes, les cellules ayant une charge positive sont attirées par la borne négative.
Tubes collecteurs
7 Les cellules triées tombent dans différents tubes collecteurs.

**FIGURE 18.11 Trieur de cellules activé par fluorescence.** On peut utiliser cet appareil pour trier les lymphocytes T par classes. Par exemple, on emploie un anticorps marqué par un fluorochrome qui réagit avec le récepteur CD4 sur les lymphocytes T.

- On utilise le trieur de cellules activé par fluorescence pour compter les lymphocytes T et suivre ainsi l'évolution d'une infection par le VIH.

## Les techniques immunoenzymatiques (ELISA)

### Objectif d'apprentissage

- *Décrire le principe sur lequel reposent les méthodes ELISA directe et indirecte.*

La **méthode ELISA** (pour « enzyme-linked immunosorbent assay ») est la *méthode immunoenzymatique* la plus utilisée. On se sert de la *méthode ELISA directe* pour détecter les antigènes et de la *méthode ELISA indirecte* pour détecter les anticorps. Dans les deux cas, on utilise une plaque de microtitrage possédant un grand nombre de puits peu profonds. Par ailleurs, il existe des variations de la technique ; par exemple, les réactifs peuvent être liés à de petites particules de latex plutôt qu'à la surface des puits. L'emploi des méthodes ELISA s'est répandu principalement parce que les résultats sont faciles à interpréter ; en effet, ils sont en général clairs, c'est-à-dire soit positifs, soit négatifs.

### La méthode ELISA directe

La méthode ELISA directe est illustrée à la figure 18.12. ❶ L'anticorps spécifique de l'antigène qu'on veut détecter est adsorbé sur la surface des puits de la plaque de microtitrage. ❷ On ajoute à chaque puits un échantillon prélevé du patient. Si l'antigène recherché est présent (par exemple, une drogue dans l'urine), il réagit spécifiquement avec l'anticorps adsorbé sur le puits et est retenu alors que les autres antigènes sont emportés lorsqu'on lave le puits. ❸ On ajoute alors un second anticorps spécifique de l'antigène. Si les deux anticorps réagissent avec l'antigène, ce dernier se trouve pris en sandwich. La réaction est révélée par une enzyme, telle que la peroxydase de raifort ou la phosphatase alcaline, conjuguée au second anticorps. On lave les puits pour éliminer les anticorps conjugués à l'enzyme qui ne sont pas liés à l'antigène. ❹ Le substrat de l'enzyme est ajouté. Un changement de couleur s'opère qui permet de visualiser l'activité enzymatique. On obtient un résultat positif si l'antigène a réagi avec les anticorps adsorbés au cours de la première étape. Par contre, si l'antigène test n'est pas présent ou s'il n'est pas spécifique de l'anticorps adsorbé sur la paroi des puits, il ne reste pas lié et est emporté lors du lavage de la plaque. On obtient alors un résultat négatif.

Dans les laboratoires médicaux, la méthode ELISA directe est souvent employée pour révéler la présence de drogues ou de produits dopants dans l'urine. Sans les anticorps monoclonaux, il n'aurait pas été possible de répandre l'utilisation de ce genre de test.

### La méthode ELISA indirecte

Au cours de la première étape ❶ de la méthode ELISA indirecte, c'est un antigène connu provenant du laboratoire, plutôt qu'un anticorps, qui est adsorbé sur les puits peu profonds de la plaque (figure 18.12b). Pour vérifier si un échantillon de sérum contient des anticorps dirigés contre cet antigène, ❷ on ajoute le sérum du patient aux puits. S'ils sont présents, les anticorps se lient à l'antigène adsorbé. Les puits sont lavés pour éliminer les anticorps qui n'ont pas réagi. On fait alors réagir des anti-immunoglobulines humaines avec les complexes antigène-anticorps. ❸ Les anti-immunoglobulines humaines, qui ont été conjuguées à une enzyme, réagissent avec les anticorps qui sont liés à l'antigène dans les puits. ❹ Enfin, on élimine par un lavage les anti-immunoglobulines humaines qui ne sont pas liées et on ajoute le substrat de l'enzyme. La réaction enzymatique, révélée par un produit coloré, a lieu dans les puits où l'antigène adsorbé s'est combiné avec l'anticorps présent dans l'échantillon de sérum. Ce processus ressemble à celui de la réaction d'immunofluorescence indirecte, sauf que l'anti-immunoglobuline humaine est conjuguée à une enzyme plutôt qu'à un fluorochrome.

Il existe un grand nombre de tests ELISA sous forme de préparations commerciales destinées à être utilisées en clinique. Les analyses sont souvent hautement automatisées, les résultats captés par lecteur optique et imprimés par ordinateur. Certains tests basés sur ce principe sont aussi offerts au grand public ; c'est le cas de nombreux tests de grossesse courants.

En microbiologie clinique, on se sert aussi de la méthode ELISA pour déceler la présence d'anticorps contre le VIH dans le sang.

## Le dosage radio-immunologique

On peut remplacer l'enzyme dans un test de type ELISA par un marqueur radioactif, habituellement un isotope d'iode. Cependant, l'utilisation d'isotopes radioactifs présente plusieurs inconvénients majeurs. Les isotopes ont une durée de conservation relativement courte ; de plus, il faut prendre des précautions particulières pour la manipulation de ces matières et le traitement des déchets radioactifs. En fait, c'est la volonté de contourner ces difficultés qui a amené la mise au point des méthodes enzymatiques.

La biologiste américaine Rosalyn Yalow a reçu le prix Nobel en 1977 pour sa création d'une technique radio-immunologique largement répandue aujourd'hui encore en chimie et en toxicologie, mais peu utilisée en microbiologie clinique. Toutefois, il existe des laboratoires d'analyses médicales qui emploient cette méthode pour déceler certains virus qui causent l'hépatite. La technique n'est pas directement comparable à la méthode ELISA illustrée à la figure 18.12. Elle est fondée sur le principe que les molécules d'un antigène sont en compétition les unes avec les autres pour se lier à un anticorps. Certaines des molécules d'antigène sont marquées par un isotope radioactif et peuvent être déplacées du site de liaison de l'anticorps par les molécules non marquées. Plus il y a d'antigène non marqué dans l'échantillon, plus il déplace l'antigène marqué. La mesure de la radioactivité qui reste liée à l'anticorps au terme de la compétition permet de quantifier l'antigène dans l'échantillon.

## L'avenir de l'immunologie diagnostique

**Objectif d'apprentissage**

- *Expliquer l'importance des anticorps monoclonaux.*

La technique qui a donné naissance aux anticorps monoclonaux a été à l'origine d'une révolution en immunologie diagnostique. Elle a rendu possible la production d'anticorps spécifiques en grande quantité et à prix abordable. Cela a

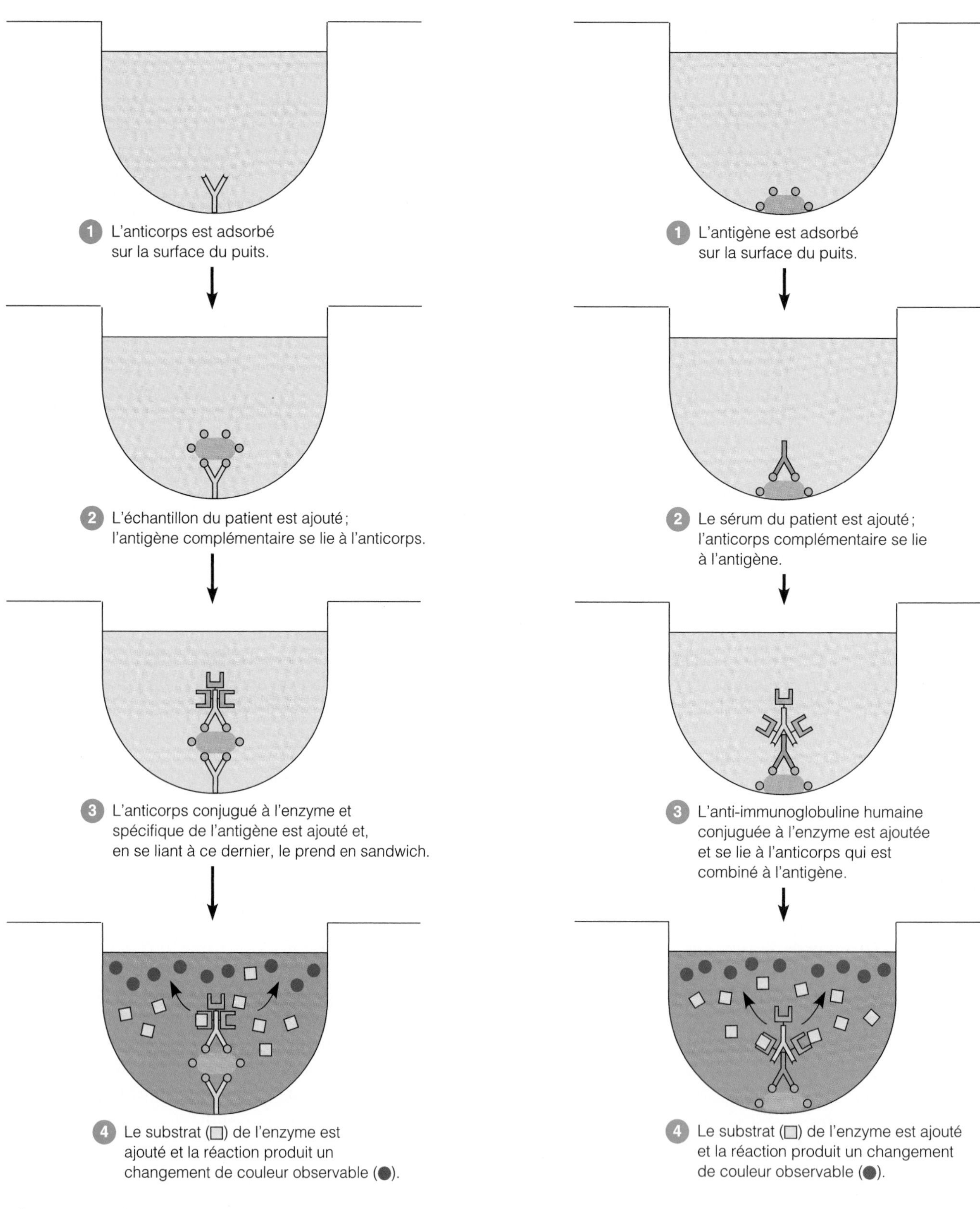

1 L'anticorps est adsorbé sur la surface du puits.
2 L'échantillon du patient est ajouté ; l'antigène complémentaire se lie à l'anticorps.
3 L'anticorps conjugué à l'enzyme et spécifique de l'antigène est ajouté et, en se liant à ce dernier, le prend en sandwich.
4 Le substrat (□) de l'enzyme est ajouté et la réaction produit un changement de couleur observable (●).
a) Méthode ELISA directe utilisée pour la détection d'antigènes dans un échantillon prélevé chez un patient
1 L'antigène est adsorbé sur la surface du puits.
2 Le sérum du patient est ajouté ; l'anticorps complémentaire se lie à l'antigène.
3 L'anti-immunoglobuline humaine conjuguée à l'enzyme est ajoutée et se lie à l'anticorps qui est combiné à l'antigène.
4 Le substrat (□) de l'enzyme est ajouté et la réaction produit un changement de couleur observable (●).
b) Méthode ELISA indirecte utilisée pour la détection d'anticorps dans le sérum d'un patient


FIGURE 18.12 **La méthode ELISA.** Les réactifs sont habituellement mélangés dans les petits puits d'une plaque de microtitrage.

■ Distinguez entre les méthodes ELISA directe et indirecte.

permis la création de nombreux nouveaux tests diagnostiques plus sensibles, spécifiques, rapides et faciles à utiliser. Par exemple, on a de plus en plus recours à ces tests pour diagnostiquer des infections à chlamydies transmises sexuellement et certaines parasitoses intestinales causées par des protozoaires. Par le passé, ces diagnostics exigeaient des méthodes de culture et de microscopie relativement compliquées. En même temps, on assiste à un déclin de l'utilisation de nombreux tests sérologiques classiques, tels que celui de la fixation du complément. Pour la plupart des nouveaux tests, l'interprétation est moins sujette à l'erreur humaine et, souvent, il faut moins de techniciens hautement qualifiés pour les mener à bien.

On utilise aussi de plus en plus certains tests *non immunologiques,* tels que l'amplification en chaîne par polymérase (ACP) et les sondes d'ADN que nous avons décrites au chapitre 10. Certains de ces tests commencent à être considérablement automatisés. Par exemple, on peut analyser un spécimen au moyen d'une puce d'ADN contenant plus de 50 000 sondes capables de repérer l'information génétique d'agents pathogènes possibles. La lecture de la puce et l'interprétation des données se font automatiquement. L'amplification en chaîne par polymérase devient aussi très automatisée, et l'utilisation d'instruments qui permettent de quantifier plusieurs virus pathogènes a déjà été approuvée. À l'autre extrémité de l'éventail technique, on s'emploie à procurer des méthodes diagnostiques peu coûteuses aux pays en voie de développement, où les dépenses annuelles en services médicaux sont limitées à quelques dollars par personne. On se montre aussi plus intéressé à mettre au point des méthodes de prélèvement moins effractives, telles que les analyses d'urine et de muqueuse orale.

Les méthodes que nous avons décrites dans le présent chapitre sont surtout utilisées pour dépister les maladies existantes. Il est probable qu'on verra à l'avenir des tests diagnostiques destinés à prévenir leur éclosion. Par exemple, les aliments et l'eau sont souvent contaminés par des organismes pathogènes, et la lutte contre les maladies propagées par l'ingestion de ces derniers constitue un problème de santé publique capital. À l'heure actuelle, la détection et l'identification de ces agents pathogènes nécessite habituellement l'isolement et la mise en culture des microorganismes pour qu'on soit à même d'utiliser les tests diagnostiques. Les délais qu'imposent ces manipulations posent des problèmes appréciables quand la source de l'infection est un produit de consommation périssable. Une bonne part de la recherche en méthodes diagnostiques vise maintenant à rendre les professionnels de la santé capables de détecter et d'identifier directement et rapidement, dans un échantillon de nourriture, les organismes pathogènes qui s'y trouvent, sans qu'il soit nécessaire de les isoler et de les mettre en culture.

---

# RÉSUMÉ

## LES VACCINS (p. 550-556)

1. Edward Jenner a jeté les bases de la pratique moderne de la vaccination en inoculant le virus de la vaccine à des personnes qu'il voulait protéger contre la variole.
2. Un vaccin est une préparation antigénique de parties de microorganismes ou de microorganismes entiers, morts ou vivants ; il provoque une réponse immunitaire primaire qui se traduit par la formation d'anticorps et de lymphocytes mémoires ayant une longue durée de vie.

### La vaccination : principe et effets (p. 551-553)

1. Principe : immunisation provoquée de façon à produire une réaction secondaire rapide et intense lors de contacts ultérieurs avec le microorganisme spécifique.
2. Effets : la vaccination peut conduire à une immunité collective, c'est-à-dire que les éclosions de la maladie sont limitées à des cas sporadiques parce qu'il n'y a pas assez d'individus susceptibles pour entretenir une épidémie.

### Les types de vaccins et leurs caractéristiques (p. 553-554)

1. Les vaccins atténués à agents complets sont constitués de microorganismes vivants et atténués (affaiblis) ; en règle générale, les vaccins à virus atténués confèrent une immunité qui dure toute la vie.
2. Les vaccins inactivés à agents complets sont constitués de bactéries ou de virus tués.
3. Les anatoxines sont des toxines inactivées.
4. Les vaccins sous-unitaires sont constitués des fragments antigéniques d'un microorganisme. Ils comprennent les vaccins recombinés et les vaccins acellulaires.
5. Les vaccins conjugués sont formés de l'antigène désiré combiné à une protéine qui stimule la réponse immunitaire.
6. Des recherches sont en cours pour mettre au point des vaccins à acide nucléique, ou vaccins à ADN.

### La création de nouveaux vaccins (p. 554-556)

1. On peut utiliser des animaux, des cultures cellulaires ou des œufs embryonnés pour faire croître les virus qui servent à préparer les vaccins.

2. Pour les vaccins recombinés ou à ADN, il n'est pas nécessaire de cultiver le microbe de la maladie dans une cellule ou dans un hôte animal.
3. Les adjuvants améliorent l'efficacité de certains antigènes.

### L'innocuité des vaccins (p. 556)

1. La vaccination est le moyen le plus sûr et le plus efficace de combattre spécifiquement les maladies infectieuses.

## L'IMMUNOLOGIE DIAGNOSTIQUE (p. 556-567)

1. Il existe de nombreux tests basés sur les interactions des anticorps et des antigènes. Ils servent à révéler la présence d'anticorps ou d'antigènes chez les patients.

### Les réactions de précipitation (p. 557)

1. L'interaction des antigènes solubles et des anticorps de la classe des IgG ou de celle des IgM est à l'origine des réactions de précipitation.
2. Les réactions de précipitation sont conditionnées par la formation de réseaux et réussissent le mieux quand la proportion des antigènes et des anticorps est optimale. S'il y a excès de l'un ou l'autre constituant, la formation des réseaux et la précipitation sont moins efficaces.
3. Le test de l'anneau de précipitation s'effectue dans une éprouvette de faible diamètre.
4. Les tests d'immunodiffusion sont des réactions de précipitation qui se déroulent sur gélose ou sur une lame de microscope.
5. L'immunoélectrophorèse est une combinaison d'électrophorèse et d'immunodiffusion qui permet d'analyser les protéines du sérum.

### Les réactions d'agglutination (p. 558-560)

1. L'interaction de particules antigéniques (cellules qui portent des antigènes) et d'anticorps est à l'origine des réactions d'agglutination.
2. On peut diagnostiquer des maladies en combinant le sérum de patients à des antigènes connus.
3. On pose un diagnostic de maladie quand le titre des anticorps augmente ou qu'il y a séroconversion (apparition d'anticorps chez un individu qui n'en avait pas jusque-là).
4. On peut utiliser les réactions d'agglutination directe pour établir le titre des anticorps.
5. Les anticorps occasionnent une agglutination observable d'antigènes solubles fixés à des billes de latex lors d'une réaction d'agglutination indirecte ou passive.
6. La présence d'antigènes dans un prélèvement clinique est révélée par une réaction d'agglutination observable avec des anticorps fixés à des billes de latex.
7. Les réactions d'hémagglutination sont des réactions d'agglutination dans lesquelles on utilise des érythrocytes. Elles servent à déterminer les groupes sanguins, à diagnostiquer certaines maladies et à identifier des virus.

### Les réactions de neutralisation (p. 560-561)

1. Dans les réactions de neutralisation, les effets nocifs d'une exotoxine bactérienne ou d'un virus sont éliminés par l'administration d'un antisérum contenant des anticorps spécifiques.
2. Une antitoxine est une préparation d'anticorps qui sont produits en réaction à une exotoxine bactérienne ou à une anatoxine et qui neutralisent cette exotoxine.
3. Au moyen d'un test de neutralisation *in vitro,* on peut détecter la présence d'anticorps dirigés contre un virus grâce à la capacité des anticorps de prévenir les effets cytopathogènes du virus sur des cellules en culture.
4. On peut détecter les anticorps dirigés contre certains virus grâce à leur capacité d'inhiber l'hémagglutination virale.

### La réaction de fixation du complément (p. 561-562)

La réaction de fixation du complément est à l'origine d'un test sérologique qui mesure la fixation d'une quantité connue de complément occasionnée par une réaction antigène-anticorps.

### Les techniques d'immunofluorescence (p. 563-564)

1. Les techniques d'immunofluorescence sont fondées sur l'utilisation d'anticorps marqués par des fluorochromes.
2. La réaction d'immunofluorescence directe sert à identifier les antigènes de microorganismes spécifiques présents dans un prélèvement clinique.
3. La réaction d'immunofluorescence indirecte sert à révéler la présence d'anticorps dans le sérum d'un patient.
4. On peut utiliser un trieur de cellules activé par fluorescence pour détecter et compter des cellules marquées au moyen d'anticorps fluorescents.

### Les techniques immunoenzymatiques (ELISA) (p. 564-565)

1. La méthode ELISA est fondée sur l'utilisation d'anticorps conjugués à une enzyme, telle que la peroxydase de raifort ou la phosphatase alcaline.
2. Le principe de la méthode repose sur la révélation des réactions antigène-anticorps par l'activité enzymatique. Si l'indicateur enzymatique apparaît dans un puits test, c'est qu'il y a eu une réaction antigène-anticorps.
3. La méthode ELISA directe permet de détecter un antigène lié à un anticorps spécifique qui est adsorbé sur un puits test.
4. La méthode ELISA indirecte permet de détecter des anticorps spécifiques d'un antigène qui est adsorbé sur un puits test.

### Le dosage radio-immunologique (p. 565)

1. Dans le dosage radio-immunologique, les anticorps spécifiques sont mis en présence d'antigène marqué par un isotope radioactif et d'un échantillon contenant une quantité inconnue d'antigène non marqué.
2. L'analyse de la radioactivité dans les complexes antigène-anticorps qui se forment permet de déterminer la quantité d'antigène dans l'échantillon.

### L'avenir de l'immunologie diagnostique (p. 565-567)

1. L'utilisation de la technique des anticorps monoclonaux continuera de donner naissance à de nouveaux tests diagnostiques.

# AUTOÉVALUATION

## RÉVISION

1. Classez les vaccins suivants selon leur type. Lequel pourrait causer la maladie qu'il est censé prévenir?
   **a)** Virus de la rougeole atténué
   **b)** *Rickettsia prowazekii* tué
   **c)** Anatoxine de *Vibrio choleræ*
   **d)** Antigène de l'hépatite B produit dans des cellules de levure
   **e)** Polysaccharides purifiés de *Streptococcus pyogenes*
   **f)** Polysaccharide d'*Hæmophilus influenzæ* lié à l'anatoxine diphtérique
   **g)** Plasmide contenant des gènes de protéines du virus de la grippe A

2. Quelles conclusions peut-on tirer de la détection d'anticorps dans le sérum d'un patient?

3. Quelles seraient les caractéristiques d'un vaccin idéal?

4. Décrivez le principe qui permet d'établir des diagnostics d'infection à partir des réactions suivantes et donnez un exemple d'application diagnostique fondée sur chacune des réactions.
   **a)** Hémagglutination virale
   **b)** Inhibition de l'hémagglutination
   **c)** Agglutination indirecte

5. Expliquez le principe sur lequel reposent les techniques d'immunofluorescence directe et indirecte et les méthodes ELISA directe et indirecte.

6. Décrivez la contribution des techniques immunologiques directes et indirectes au diagnostic d'infection à partir de l'exemple des réactions d'immunofluorescence directe et indirecte dans les situations suivantes.
   **a)** Après la mort d'une victime consécutive à une morsure par un animal atteint de la rage, on prélève un échantillon de tissu cérébral de la victime.
   **b)** On prélève le sérum d'un patient dont on pense que les signes et symptômes sont dus à la syphilis.

7. Décrivez la contribution des techniques immunologiques directes et indirectes au diagnostic d'infection à partir de l'exemple des méthodes ELISA directe et indirecte dans les situations suivantes.
   **a)** On prélève des sécrétions respiratoires en vue de rechercher le virus respiratoire syncitial.
   **b)** On prélève un échantillon de sang chez un patient que l'on pense atteint du virus de l'immunodéficience humaine.

## QUESTIONS À CHOIX MULTIPLE

1. Associez les tests sérologiques suivants aux traits qui les caractérisent.
   ____ Précipitation
   ____ Immuno-électrophorèse
   ____ Agglutination
   ____ Dosage radio-immunologique
   ____ Fixation du complément
   ____ Neutralisation
   ____ ELISA

   **a)** Se produit quand l'antigène est sous forme de particule.
   **b)** L'indicateur est une enzyme.
   **c)** L'indicateur est formé d'érythrocytes.
   **d)** Des anti-immunoglobulines humaines font partie de la réaction.
   **e)** Se produit quand l'antigène est libre et soluble.
   **f)** Sert à révéler la présence d'une antitoxine.
   **g)** L'indicateur est un isotope radioactif.

2. Associez les réactions suivantes à leur résultat positif.
   ____ Agglutination
   ____ Fixation du complément
   ____ ELISA
   ____ Immuno-fluorescence
   ____ Neutralisation
   ____ Précipitation

   **a)** Activité enzymatique de la peroxydase
   **b)** Absence d'effets nocifs attribuables à l'agent infectieux
   **c)** Absence d'hémolyse
   **d)** Trait blanc floconneux
   **e)** Amas de cellules
   **f)** Fluorescence

Utilisez les choix suivants pour répondre aux questions 3 et 4.
   **a)** Hémolyse
   **b)** Hémagglutination
   **c)** Inhibition de l'hémagglutination
   **d)** Absence d'hémolyse
   **e)** Formation d'un anneau de précipitation

3. On mélange dans une éprouvette un échantillon de sérum d'un patient, des virus de la grippe et des érythrocytes de mouton. Que se passe-t-il si le patient a des anticorps spécifiques du virus de la grippe?

4. On mélange dans une éprouvette un échantillon de sérum d'un patient, des *Chlamydia*, du complément de cobaye, des érythrocytes de mouton et des anticorps anti-érythrocytes de mouton. Que se passe-t-il si le patient a des anticorps spécifiques de *Chlamydia* ?

5. Dans les questions 3 et 4, il s'agit de réactions:
   **a)** directes.
   **b)** indirectes.

Utilisez les choix suivants pour répondre aux questions 6 et 7.
   **a)** Anti-*Brucella*
   **b)** *Brucella*
   **c)** Substrat de l'enzyme

6. Qu'est-ce qui provient du patient dans la méthode ELISA directe?

7. Qu'est-ce qui provient du patient dans la méthode ELISA indirecte?

Utilisez les choix suivants pour répondre aux questions 8 à 10.
   **a)** Immunofluorescence directe
   **b)** Immunofluorescence indirecte
   **c)** Immunoglobulines antirabiques
   **d)** Virus de la rage tués
   **e)** Rien de ce qui précède

8. Traitement à administrer à une personne mordue par une chauve-souris enragée.

9. Technique utilisée pour identifier le virus de la rage dans l'encéphale d'un chien.

10. Technique utilisée pour détecter la présence d'anticorps dans le sérum d'un patient.

## QUESTIONS À COURT DÉVELOPPEMENT

1. Quels sont les inconvénients associés à l'utilisation de vaccins atténués à agents complets? de vaccins inactivés à agents complets?

2. L'Organisation mondiale de la santé a annoncé l'éradication de la variole et s'emploie à éradiquer la rougeole et la polio. Pourquoi la vaccination a-t-elle plus de chances d'éradiquer une maladie virale qu'une maladie bactérienne?

3. Qu'est-ce qui freine la vaccination dans les pays en voie de développement?

4. Pour beaucoup de tests sérologiques, il faut disposer d'une provision d'anticorps spécifiques des agents pathogènes. Par exemple, pour reconnaître *Salmonella,* on mélange des anticorps anti-*Salmonella* avec des bactéries inconnues. D'où viennent ces anticorps? Décrivez leur importance dans le diagnostic des maladies infectieuses.

## APPLICATIONS CLINIQUES

*N. B. Certaines de ces questions nécessitent que vous cherchiez des réponses dans les différents chapitres du livre.*

1. Christophe, un jeune homme de 22 ans, a fait une demande d'emploi dans un centre hospitalier. Tout nouvel employé doit se soumettre à des tests de dépistage du virus de l'hépatite B (VHB). Lequel des résultats suivants constitue une preuve de maladie? Pourquoi l'autre résultat n'est-il pas une confirmation de maladie? Justifiez vos réponses.
   **a)** On identifie le VHB chez un employé.
   **b)** On découvre chez Christophe des anticorps anti-VHB.
   **c)** Expliquez pourquoi ce vaccin est administré au personnel d'un centre hospitalier. (*Indice:* voir le chapitre 25.)

2. Jacinthe travaille dans un centre de la petite enfance. Plusieurs enfants sont malades et on craint une épidémie de scarlatine. On met en place une procédure de dépistage qui vise à connaître les personnes non immunisées et susceptibles à la maladie. On soumet les enfants et le personnel à la réaction de Dick, épreuve qui consiste en l'injection intradermique de toxine érythrogène streptococcique. Quel sera le résultat du test cutané si Jacinthe a les anticorps spécifiques de cette toxine? De quel type de réaction immunitaire s'agit-il? Laurent, un enfant atteint de fibrose kystique du pancréas, a été en contact avec des enfants malades; toutefois, son test est négatif. Quelle est sa réaction au test cutané et que pourrait-on lui administrer pour qu'il soit immunisé rapidement? Justifiez vos réponses.

3. Des tests d'immunofluorescence pour établir la présence d'anticorps anti-*Legionella* ont été effectués chez quatre personnes. Les résultats figurent ci-dessous. Quelles conclusions pouvez-vous tirer de ces données pour chaque patient? Quel est le principe de cette technique? Quelles pourraient être les sources des agents pathogènes si les personnes atteintes de cette maladie ont fréquenté le même établissement hôtelier durant la même période? Quelle pourrait être l'évolution des signes de la maladie si l'une de ces personnes est immunodéprimée? (*Indice:* voir les chapitres 19 et 24.)

| | Titre des anticorps | | | |
|---|---|---|---|---|
| | Jour 1 | Jour 7 | Jour 14 | Jour 21 |
| Patient A | 128 | 256 | 512 | 1024 |
| Patient B | 0 | 0 | 0 | 0 |
| Patient C | 256 | 256 | 256 | 256 |
| Patient D | 0 | 0 | 128 | 512 |

# Chapitre 19 Les dysfonctionnements associés au système immunitaire

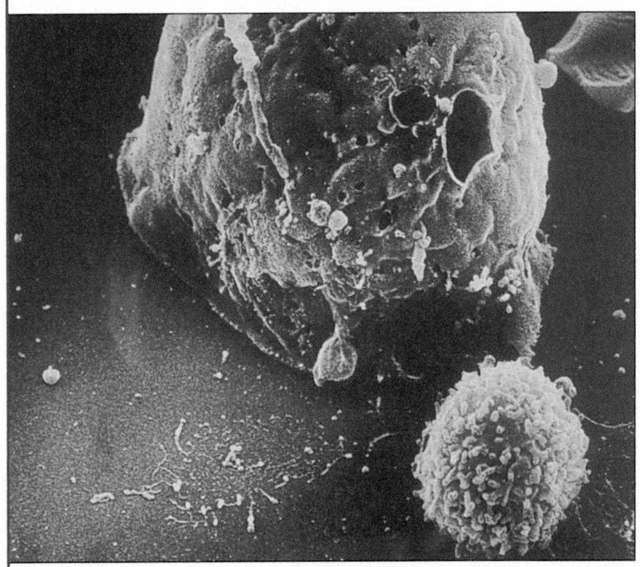

*Les lymphocytes T cytotoxiques détruisent les cellules cancéreuses. Ici, les enzymes d'un lymphocyte T cytotoxique (petite cellule) ont ouvert une brèche dans une cellule cancéreuse.*

Dans le présent chapitre, nous allons voir que les réponses du système immunitaire ne donnent pas toujours des résultats heureux, comme le serait l'immunité à une maladie. Il arrive que ces réactions soient nocives. C'est le cas du rhume des foins, affection bien connue qui résulte d'expositions répétées au pollen de certaines plantes. La plupart d'entre nous savons qu'une transfusion sanguine sera rejetée si le sang du donneur et celui du receveur ne sont pas compatibles, et que le rejet est une conséquence possible des greffes d'organes. Le rejet des transfusions ou des greffes a lieu parce que le système immunitaire reconnaît les cellules du donneur comme étrangères au soi et se met à les attaquer. Dans certains cas, le système immunitaire se tourne contre les tissus du soi et cause des maladies qu'on qualifie d'auto-immunes.

Le système immunitaire peut aussi nuire à notre santé s'il ne fonctionne pas bien. Par exemple, il est clair qu'un agent pathogène peut encore nous atteindre si la vaccination, ou le rétablissement à la suite d'une maladie antérieure, n'a pas suffi à nous immuniser contre lui. L'apparition d'un cancer peut être une autre indication, bien que moins évidente, d'une insuffisance du système immunitaire.

Certains antigènes provoquent une réponse immunitaire si énergique qu'ils ont été baptisés **superantigènes.** Au premier rang des superantigènes, on compte les entérotoxines staphylococciques qui causent les intoxications alimentaires et les toxines qui déclenchent le syndrome de choc toxique (chapitre 15). Ces toxines sont des antigènes relativement non spécifiques ; elles stimulent en même temps et sans distinction un grand nombre de récepteurs des lymphocytes T et donnent ainsi naissance à une réaction exagérée et nocive.

Certaines personnes viennent au monde avec un déficit immunitaire. Dans l'ensemble de la population, l'efficacité des réponses immunitaires diminue avec l'âge. Par ailleurs, beaucoup d'individus greffés se soumettent volontairement à des traitements qui paralysent leur système immunitaire (traitements immunosuppresseurs) afin de réduire le risque de rejet de leurs nouveaux organes. D'autres souffrent des effets du VIH, qui attaque le système immunitaire.

Lors de votre étude, il sera important d'établir les relations entre les différents dysfonctionnements du système immunitaire et les mécanismes physiopathologiques qui conduisent à l'apparation de maladies. Ces mécanismes sont toutefois complexes. Comme nous l'avons mentionné dans l'introduction du chapitre 15, nous n'abordons dans ce manuel que les principales étapes de ces mécanismes physiopathologiques de façon à montrer les liens entre le dysfonctionnement et l'apparition de signes et symptômes particuliers.

# L'hypersensibilité

### Objectif d'apprentissage

- *Définir ce qu'on entend par hypersensibilité.*

Le mot **hypersensibilité** s'applique aux réactions immunitaires qui dépassent ce qui est considéré comme normal ; le mot **allergie** est plus connu et est essentiellement synonyme. Ces réponses ont lieu chez les individus qui ont été *sensibilisés,* c'est-à-dire qui ont été exposés auparavant à un antigène – dans ce contexte, cet antigène porte le nom d'**allergène.** Quand un individu sensibilisé est exposé à nouveau à l'allergène, son système immunitaire déclenche une réaction dont les effets sont nocifs. Notez que la sensibilisation peut se préparer sur une période prolongée au cours de laquelle l'individu entre en contact plusieurs fois avec l'allergène ; une fois que l'état de sensibilisation est établi, une nouvelle exposition déclenche les manifestations de l'allergie. Les quatre principaux types de réactions d'hypersensibilité, figurant au tableau 19.1, sont les réactions anaphylactiques, cytotoxiques, à complexes immuns et à médiation cellulaire (ou hypersensibilités retardées).

## Les réactions de type I (anaphylactiques)

### Objectifs d'apprentissage

- *Comparer les manifestations physiopathologiques de l'anaphylaxie systémique et de l'anaphylaxie localisée.*
- *Relier la réaction d'hypersensibilité anaphylactique au mécanisme physiopathologique qui conduit à l'apparition des principaux signes de l'asthme et de l'allergie alimentaire ou médicamenteuse.*
- *Expliquer comment fonctionnent les tests d'allergie cutanés.*
- *Définir la désensibilisation et l'anticorps bloquant.*

La réaction de type I, ou réaction anaphylactique, est presque immédiate ; elle survient souvent entre 2 et 30 minutes après qu'un sujet a été exposé à un allergène auquel il a été préalablement sensibilisé. Le mot anaphylaxie signifie « à l'opposé de la protection », du grec *ana-* = en sens contraire et *phylaxis* = protection. L'**anaphylaxie** est un terme qui englobe les réactions occasionnées quand certains allergènes se combinent aux anticorps de la classe des IgE. L'anaphylaxie peut être *systémique* ou *localisée.* Dans le premier cas, elle entraîne un état de choc (chute de la pression artérielle) et des troubles respiratoires, et peut être fatale. Dans le second cas, elle comprend les allergies courantes telles que le rhume des foins, l'asthme et l'urticaire (plaques rouges qui font légèrement saillie sur la peau et s'accompagnent souvent de démangeaisons). On utilise aussi le terme *atopie* pour indiquer cette tendance de nature héréditaire ou constitutionnelle à développer des réactions d'hypersensibilité immédiate à des substances qui ne développent aucune réaction chez des sujets normaux.

La toute première exposition à l'allergène, tel que le venin d'un insecte, les spores de mycètes ou encore le pollen d'une plante, déclenche la production d'anticorps de type IgE ; cette réaction ne s'accompagne d'aucun symptôme mais conduit à la sensibilisation de la personne. Les premières étapes du processus de sensibilisation sont les mêmes que celles de la réponse immunitaire humorale : les allergènes entraînent l'activation de lymphocytes B spécifiques qui se transforment en plasmocytes producteurs d'anticorps, dans ce cas des IgE (figure 17.7). Le processus de sensibilisation est terminé lorsque les IgE s'attachent à la membrane plasmique

**Tableau 19.1** *Types d'hypersensibilités*

| Type de réaction | Délai d'apparition des signes cliniques | Caractéristiques | Exemples |
|---|---|---|---|
| **Type I (anaphylactique)** | < 30 min | Fixation des IgE aux mastocytes et aux granulocytes basophiles. La liaison de l'allergène à des IgE cause la dégranulation des mastocytes ou des granulocytes basophiles et la libération de substances réactives (médiateurs chimiques) telles que l'histamine. | Choc anaphylactique provoqué par les médicaments ou le venin d'insectes ; allergies courantes telles que le rhume des foins, l'asthme ou l'urticaire |
| **Type II (cytotoxique)** | 5 à 12 h | L'antigène déclenche la production d'IgM ou d'IgG qui se lient aux cellules cibles. Cette action combinée à celle du complément cause la destruction des cellules cibles. | Réaction à la transfusion sanguine, incompatibilité due au facteur Rh |
| **Type III (à complexes immuns)** | 3 à 8 h | Les anticorps et les antigènes forment des complexes qui entraînent une inflammation nocive. | Phénomène d'Arthus, maladie du sérum |
| **Type IV (à médiation cellulaire ou hypersensibilité retardée)** | 24 à 48 h | Les antigènes déclenchent la production de lymphocytes $T_C$ qui tuent les cellules cibles. | Rejet de greffe de tissu ; dermatite de contact, due par exemple au sumac vénéneux ; certaines maladies chroniques, telles que la tuberculose |

de certaines cellules telles que les mastocytes et les granulocytes basophiles. Ces deux types de cellules se ressemblent par leur morphologie et leur fonction dans les réactions allergiques. Les **mastocytes** sont particulièrement nombreux dans le tissu conjonctif de la peau et des voies respiratoires, et dans les vaisseaux sanguins environnants. Ils tirent leur nom du mot allemand *mastzellen,* qui signifie «bien nourri»; on a cru à tort, à une époque, que les granulations dont ils sont bourrés étaient ingérées (figure 19.1a). Les **granulocytes basophiles** se trouvent dans la circulation où ils forment moins de 1 % des leucocytes. Les deux types de cellules sont remplies de granulations contenant un éventail de molécules appelées *médiateurs chimiques.*

Les mastocytes et les granulocytes basophiles peuvent posséder jusqu'à 500 000 récepteurs pour les IgE. La région Fc (queue de l'anticorps) des IgE (figure 17.6) peut se lier à ces sites récepteurs spécifiques, laissant libres les deux sites de fixation à l'antigène. Bien sûr, les IgE monomères fixées aux cellules ne sont pas toutes spécifiques du même allergène, puisque le processus de sensibilisation peut se produire vis-à-vis de plusieurs types d'allergènes. Lors d'une exposition ultérieure à des allergènes, si un allergène, tel que le pollen d'une plante, se trouve en présence de deux anticorps adjacents ayant la spécificité appropriée, il peut se lier à ces anticorps par leur site de fixation et former un pont entre eux. Ce pont déclenche chez le mastocyte ou le granulocyte basophile le phénomène de la **dégranulation,** c'est-à-dire la libération des granulations contenues dans la cellule et celle des médiateurs qu'elles renferment, tels que l'histamine et les leucotriènes (figure 19.1b).

Ces médiateurs sont à l'origine des effets désagréables et nocifs des réactions allergiques. Le médiateur le mieux connu est l'**histamine.** La libération d'histamine augmente la perméabilité et la dilatation des capillaires sanguins, produisant ainsi de l'œdème (tuméfaction) et un érythème (rougeur). Elle stimule aussi la sécrétion de mucus (donnant lieu, par exemple, à l'écoulement nasal) et la contraction des muscles lisses, ce qui, dans les bronches, occasionne une gêne respiratoire.

Les autres médiateurs comprennent divers types de **leucotriènes** et les **prostaglandines.** Ces molécules ne sont pas produites d'avance et stockées dans les granulations, mais sont synthétisées par les cellules sous l'action des allergènes. Les leucotriènes tendent à provoquer des contractions prolongées de certains muscles lisses; c'est ainsi que leur action contribue à déclencher les spasmes des bronches observés durant les crises d'asthme. Les prostaglandines agissent sur les muscles lisses du système respiratoire et font augmenter la sécrétion de mucus.

Ensemble, ces médiateurs servent d'agents chimiotactiques qui, en quelques heures, attirent des granulocytes neutrophiles et éosinophiles dans les environs de la cellule dégranulée. Ils activent alors divers facteurs qui se manifestent chez l'individu par l'apparition de signes inflammatoires tels que la dilatation des capillaires, la tuméfaction, l'augmentation de la sécrétion de mucus et la contraction involontaire des muscles lisses (spasme).

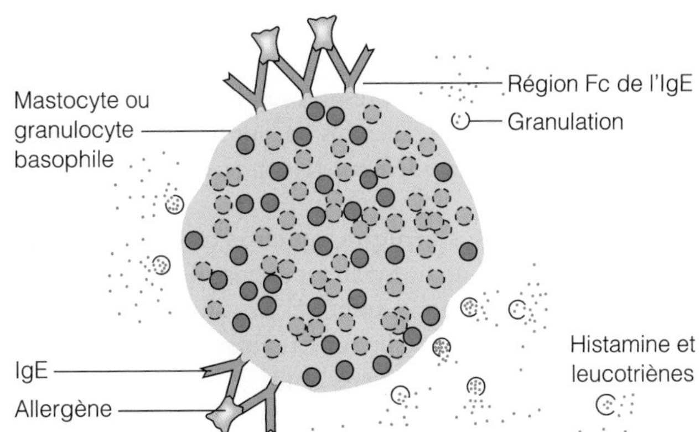


**a)** Les IgE, anticorps produits en réponse à un allergène, se fixent à la surface des mastocytes et des granulocytes basophiles. Quand un allergène forme un pont entre deux anticorps adjacents de la même spécificité, il y a dégranulation de la cellule et libération de médiateurs tels que l'histamine et les leucotriènes, qui sont responsables de l'apparition des symptômes de l'allergie.

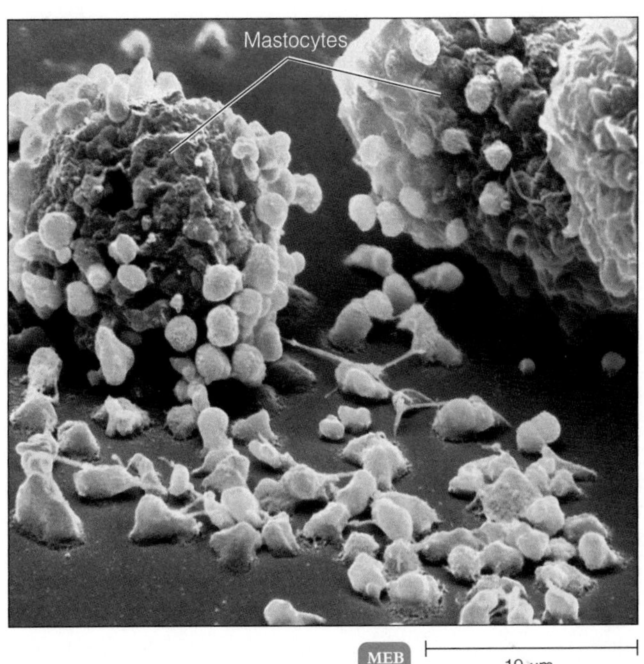


**b)** Mastocyte en voie de dégranulation à la suite d'une interaction avec un allergène. Les granulations libérées contiennent de l'histamine et d'autres médiateurs réactifs.

**FIGURE 19.1 Le mécanisme de l'anaphylaxie.**

■ L'interaction des allergènes et des IgE est à l'origine des réactions allergiques communes.

## L'anaphylaxie systémique

Au tournant du siècle dernier, deux biologistes français étudient la réaction provoquée chez des chiens par le venin contenu dans les piqûres de méduses. À forte dose, le venin tue habituellement les chiens, mais à l'occasion certains sont épargnés. Lorsque ces derniers reçoivent une nouvelle injection de venin, le résultat est étonnant. Une très faible dose de venin, qui serait à peu près inoffensive normalement, suffit à tuer les chiens. Ils souffrent d'oppression respiratoire, tombent en état de choc par suite du collapsus de leur système cardiovasculaire et meurent rapidement. Ce phénomène porte le nom de **choc anaphylactique**.

L'**anaphylaxie systémique,** ou **choc anaphylactique,** peut survenir quand un individu est exposé de nouveau à un allergène auquel il a été sensibilisé. Les allergènes injectés sont susceptibles de provoquer une réponse spectaculaire. La libération massive de médiateurs cause la dilatation des vaisseaux sanguins périphériques partout dans l'organisme suivie de la diminution du débit cardiaque et, par conséquent, d'une chute de la pression sanguine – d'où le choc. Cette réaction peut être fatale en quelques minutes. On dispose de très peu de temps pour agir lorsqu'on est atteint d'anaphylaxie systémique. Le traitement consiste habituellement à s'administrer une injection d'épinéphrine. L'épinéphrine est une substance sympathicomimétique qui a pour effet d'augmenter la pression sanguine.

Certains d'entre vous connaissez peut-être quelqu'un qui réagit à la pénicilline de cette façon. Chez ces individus, la pénicilline, qui est un haptène, se combine à une protéine du sang qui lui sert de molécule porteuse. C'est sous cette forme seulement que la pénicilline est immunogène et donc capable de déclencher la production d'anticorps IgE. Environ 2% de la population nord-américaine est probablement allergique à cet antibiotique. Il n'y a pas de test cutané complètement fiable pour dépister l'hypersensibilité à la pénicilline.

## L'anaphylaxie localisée

Alors que la sensibilisation à un allergène injecté est souvent la cause de l'anaphylaxie systémique, l'**anaphylaxie localisée** est habituellement associée à des allergènes qui sont ingérés (aliments) ou inhalés (pollen) (figure 19.2a). Les symptômes dépendent avant tout de la voie empruntée par l'allergène pour pénétrer dans le corps.

Dans le cas des allergies qui touchent les voies respiratoires supérieures, telles que le rhume des foins (et autres rhinites allergiques), la sensibilisation concerne en général les mastocytes de la muqueuse qui tapisse ces organes. La réaction allergique est déclenchée par une nouvelle exposition à l'allergène dans l'air, qui peut être une matière commune dans l'environnement, telle que le pollen d'une plante, les spores de mycètes, les fèces d'acariens de la poussière de maison (figure 19.2b), et les squames ou les phanères animaux*. Les symptômes typiques sont le larmoiement et le prurit oculaire, la congestion des voies nasales, la toux et les éternuements. On traite souvent ces symptômes au moyen d'antihistaminiques qui occupent les sites récepteurs de l'histamine. Pour être efficaces, les antihistaminiques doivent par conséquent être pris avant l'exposition aux allergènes.

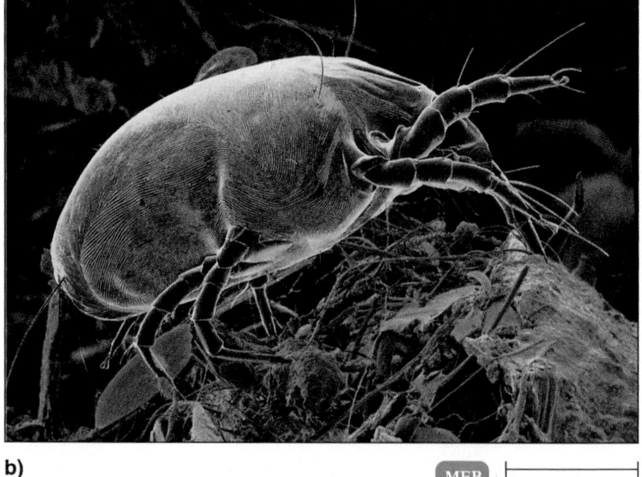


FIGURE 19.2 **Anaphylaxie localisée. a)** Micrographie de grains de pollen. **b)** Micrographie d'un acarien de la poussière de maison.

■ L'anaphylaxie localisée est habituellement associée à des allergènes qui sont ingérés ou inhalés.

L'asthme est une réaction allergique qui touche principalement les voies respiratoires inférieures. Les symptômes, tels que la respiration sifflante et l'essoufflement, sont causés par l'inflammation, la constriction des muscles lisses des bronches et l'accumulation de mucus.

L'asthme, on ne sait pas pourquoi, est en train de devenir une épidémie. Il touche environ 10% des enfants dans les sociétés occidentales, mais il s'atténue souvent avec l'âge. Prenant appui sur l'«hypothèse de l'hygiène», certains avancent que l'absence d'exposition des enfants des pays développés à de nombreuses infections est un des facteurs qui a favorisé l'accroissement de l'incidence de l'asthme. Le stress

* Les animaux libèrent dans l'air des particules microscopiques qui se détachent de leur peau ou de leurs poils. Par exemple, le chat transporte environ 100 mg de ces particules sur son pelage et en dissémine environ 0,1 mg par jour. Cette matière s'accumule sur les meubles et dans les tapis. Souvent, les personnes qui souffrent d'allergies aux souris, aux gerbilles et aux autres petits animaux semblables réagissent en fait aux composants de l'urine qui s'accumulent dans les cages.

mental ou émotif peut aussi contribuer à déclencher une crise. On traite habituellement les symptômes de l'asthme au moyen de produits en aérosol qui contiennent des bronchodilatateurs.

Les allergènes qui entrent dans le corps par le tube digestif peuvent aussi sensibiliser les individus. Nombre d'entre nous connaissons des personnes allergiques à certains aliments. Il est possible que, dans bien des cas, ce qu'on appelle une allergie alimentaire n'ait rien à voir avec l'hypersensibilité mais soit plutôt une *intolérance alimentaire.* Par exemple, beaucoup sont incapables de digérer le lactose du lait parce qu'ils n'ont pas l'enzyme qui permet de dégrader ce disaccharide. Le lactose passe dans l'intestin où il cause une rétention osmotique de liquides et provoque la diarrhée. Le malaise gastro-intestinal fait partie des symptômes qui accompagnent souvent l'allergie alimentaire, mais il peut aussi être occasionné par une foule d'autres facteurs.

L'urticaire est plus caractéristique de ce type d'allergie et l'ingestion de l'allergène peut déclencher une anaphylaxie systémique. Il est même arrivé que, sensibilisée à la chair de poisson, une personne soit morte d'avoir mangé des pommes de terre frites dans de l'huile qui avait servi auparavant à faire cuire du poisson. Les tests cutanés ne sont pas des indicateurs fiables pour le diagnostic des allergies alimentaires et les tests parfaitement contrôlés permettant de dépister l'hypersensibilité aux aliments ingérés sont très difficiles à réussir. Huit aliments seulement sont responsables de 97 % des allergies alimentaires : les œufs, les arachides, les noix et autres fruits à écales des arbres, le lait, le soja, les fruits de mer, le blé et les pois. La plupart des enfants qui sont allergiques au lait, aux œufs, au blé ou au soja deviennent tolérants en vieillissant, mais la réactivité aux arachides, aux noix et autres fruits à écales des arbres et aux fruits de mer a tendance à perdurer. Les sulfites, auxquels beaucoup de gens sont allergiques, occasionnent souvent des problèmes. On les utilise largement dans la nourriture et les boissons, et, bien que l'étiquetage soit censé en indiquer la présence, ils sont difficiles à éviter en pratique.

## La prévention des réactions anaphylactiques

La façon la plus évidente de prévenir les réactions allergiques consiste à éviter le contact avec l'allergène sensibilisant. Malheureusement, cela n'est pas toujours possible. (Bien qu'on soit tenu de signaler sur les étiquettes tous les ingrédients dans les aliments destinés à la vente, on déplore parfois des erreurs ou des oublis.) Certains individus allergiques peuvent ignorer à quel allergène exactement ils ont été sensibilisés. Dans d'autres cas, il peut s'avérer utile de faire des tests cutanés pour établir un diagnostic (figure 19.3). Pour ces tests, on inocule sous l'épiderme de petites quantités des allergènes soupçonnés. La sensibilité à l'allergène est révélée par une réaction inflammatoire immédiate qui produit une rougeur, de l'œdème et une démangeaison au point d'inoculation. Cette petite région porte le nom de *bulle d'œdème.*

Une fois que l'allergène responsable est identifié, la personne peut soit l'éviter, soit avoir recours à la **désensibilisation.** Ce traitement consiste à injecter une série de doses d'allergène sous la peau. Il a pour objectif de favoriser la production d'IgG, plutôt que d'IgE, dans l'espoir que ces molécules jouent le rôle d'*anticorps bloquants* dans la circulation et interceptent les allergènes de façon à les neutraliser avant qu'ils ne réagissent avec les IgE fixées sur les cellules. La désensibilisation n'est pas toujours couronnée de succès, mais elle est efficace chez 65 à 75 % des individus dont les allergies sont provoquées par des antigènes inhalés et chez 97 %, selon les chiffres publiés, de ceux qui réagissent au venin d'insectes.

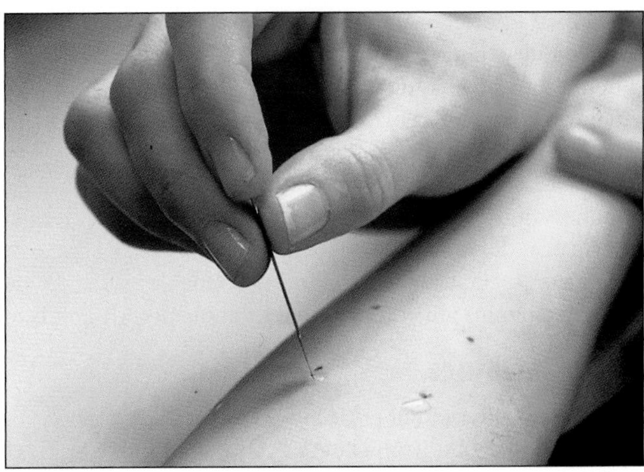

**FIGURE 19.3 Test d'allergie cutané.** On dépose sur la peau des gouttes de liquide contenant chacune une substance-test. On pratique une petite égratignure avec une aiguille pour permettre aux allergènes de pénétrer la peau. Une rougeur et de l'œdème autour d'un point d'inoculation indiquent que la substance est probablement capable de causer une réaction allergique.

■ Lors d'un test cutané, la sensibilité à une substance est révélée par une inflammation immédiate en réaction à l'antigène inoculé.

## Les réactions de type II (cytotoxiques)

### Objectifs d'apprentissage

- *Décrire le principe à la base de la classification des systèmes de groupes sanguins ABO et Rh.*
- *Expliquer le rapport entre les groupes sanguins, les transfusions sanguines et la maladie hémolytique du nouveau-né.*
- *Relier la réaction d'hypersensibilité cytotoxique aux mécanismes physiopathologiques qui conduisent à l'apparition des principaux signes de la maladie hémolytique du nouveau-né, du purpura thrombocytopénique, de l'agranulocytose et de l'anémie hémolytique.*

Dans les réactions d'hypersensibilité de type II (cytotoxiques), on observe généralement une activation du complément par suite de la combinaison d'anticorps IgG ou IgM avec des antigènes situés à la surface de cellules ou de tissus. Cette activation du complément aboutit à la lyse des cellules en cause, qui peuvent être soit d'origine étrangère, soit des cellules de l'hôte qui portent à leur surface un déterminant antigénique étranger (tel qu'un médicament). Dans les 5 à 8 heures qui suivent, d'autres dommages cellulaires peuvent être provoqués par les macrophagocytes et les leucocytes qui s'attaquent aux cellules coiffées d'anticorps.

Les réactions d'hypersensibilité cytotoxique les mieux connues sont les *réactions à la transfusion* qui occasionnent la destruction des érythrocytes lorsque ceux-ci réagissent avec les anticorps circulants. Elles font intervenir les systèmes de groupes sanguins qui comprennent les antigènes ABO et Rh.

## Le système ABO

En 1901, Karl Landsteiner découvre les quatre grands types de sang humain, qu'il appelle A, B, AB et O. Cette classification porte le nom de **système ABO.** On a découvert depuis d'autres systèmes de groupes sanguins, tels que le système Lewis et le système MN, mais nous nous limiterons ici à en décrire deux des mieux connus, les systèmes ABO et Rh. Le tableau 19.2 présente un résumé des principales caractéristiques du système ABO.

Le type sanguin d'une personne dépend de la présence ou de l'absence d'antigènes glucidiques sur la membrane plasmique des érythrocytes. Les érythrocytes du type O ne possèdent ni l'antigène A, ni l'antigène B; les érythrocytes du type AB possèdent les deux; les érythrocytes du type A possèdent l'antigène A et les érythrocytes du type B possèdent l'antigène B. Le tableau 19.2 montre que le plasma des individus d'un groupe sanguin donné contient des anticorps contre le ou les antigènes qu'il ne possède pas. Par exemple, dans le plasma d'une personne de groupe A, il y a des anticorps anti-B ; dans celui d'une personne de groupe B, il y a des anticorps anti-A. Les individus du groupe AB ne produisent pas d'anticorps puisque leurs érythrocytes présentent les antigènes A et B. Les individus du groupe O produisent des anticorps anti-A et anti-B puisque leurs érythrocytes ne présentent aucun des deux antigènes. Pour les groupes sanguins A, B et O, les anticorps ne sont pas présents à la naissance mais sont produits, durant les premières années de la vie, en réponse au contact avec des bactéries qui ont des déterminants antigéniques très semblables à ceux des groupes sanguins.

Lors d'une transfusion, le danger réside dans la possibilité que les anticorps du receveur puissent réagir avec les antigènes présents sur les érythrocytes du donneur. Comme les personnes du groupe O n'ont pas d'antigènes, leurs érythrocytes peuvent être transfusés sans difficulté, mais elles ne peuvent recevoir que du sang de type O ; par contre, les personnes du groupe AB peuvent recevoir du sang contenant des érythrocytes de type A, de type B et de type AB puisqu'elles n'ont pas d'anticorps anti-A ni d'anticorps anti-B.

Quand une transfusion est incompatible, par exemple lorsqu'on donne du sang de type B à une personne du groupe A, les antigènes de type B réagissent avec les anticorps anti-B circulant dans le plasma du receveur. Cette réaction antigène-anticorps active le complément et entraîne la lyse des érythrocytes du donneur au moment où ils arrivent dans le système du receveur. Dans un test de laboratoire *in vitro,* la réaction des anticorps entraîne l'agglutination des érythrocytes qui possèdent les antigènes correspondants.

**Tableau 19.2** *Le système ABO*

| Groupe sanguin | Antigènes des érythrocytes (globules rouges) | Représentation schématique | Anticorps du plasma | Donneurs compatibles | Fréquence (pourcentage de la population des É.-U.) Blancs | Noirs | Asiatiques |
|---|---|---|---|---|---|---|---|
| AB | A et B | | Ni anticorps anti-A, ni anticorps anti-B | A, B, AB, O<br>Receveur universel | 3 | 4 | 5 |
| B | B | | Anti-A | B, O | 9 | 20 | 27 |
| A | A | | Anti-B | A, O | 41 | 27 | 28 |
| O | Aucun | | Anti-A et anti-B | O<br>Donneur universel | 47 | 49 | 40 |

## Le système Rh

Dans les années 1930, les chercheurs découvrent un autre antigène à la surface des érythrocytes humains. Peu de temps après avoir injecté à des lapins des érythrocytes d'un singe rhésus, ils trouvent dans le plasma des lapins des anticorps dirigés contre les érythrocytes du singe et constatent que ces anticorps agglutinent aussi certains érythrocytes humains. Ce résultat indique que les érythrocytes des humains et ceux des singes rhésus ont un antigène en commun. On a appelé cet antigène **facteur Rh** (rhésus). Environ 85 % de la population possède l'antigène ; ces individus forment ce qu'on appelle le groupe $Rh^+$ ; les personnes qui n'ont pas cet antigène sur leurs érythrocytes (environ 15 %) sont du groupe $Rh^-$. Les anticorps qui réagissent avec l'antigène Rh ne se trouvent pas naturellement dans le plasma des individus $Rh^-$ mais, s'ils sont exposés à l'antigène, ces derniers deviennent sensibilisés et leur système immunitaire se met à produire des anticorps anti-Rh.

**Transfusions sanguines et incompatibilité Rhésus** Si on donne à un receveur $Rh^-$ du sang d'un donneur $Rh^+$, les érythrocytes du donneur stimulent la production d'anticorps anti-Rh chez le receveur. Si, par la suite, ce dernier reçoit une autre transfusion de sang $Rh^+$, il aura une réaction hémolytique immédiate et grave.

**Maladie hémolytique du nouveau-né** Une personne $Rh^-$ peut être sensibilisée à du sang $Rh^+$ autrement que par une transfusion sanguine. ❶ Quand une femme $Rh^-$ a un enfant d'un homme $Rh^+$, les chances que le rejeton soit $Rh^+$ sont de 50 % (figure 19.4). ❷ Si c'est le cas, la mère $Rh^-$ peut devenir sensibilisée à l'antigène Rh durant l'accouchement, quand les membranes placentaires se déchirent et laissent passer des érythrocytes $Rh^+$ du bébé dans la circulation maternelle ❸ où ils déclenchent la production d'anticorps anti-Rh de type IgG. ❹ Si le fœtus d'une grossesse ultérieure est $Rh^+$, les anticorps anti-Rh de la mère traversent le placenta et détruisent les érythrocytes fœtaux. Le corps du fœtus réagit à cette attaque immunitaire en produisant de grandes quantités d'érythrocytes immatures appelés érythroblastes – d'où le terme érythroblastose fœtale pour désigner cette affection qu'on appelle plus communément **maladie hémolytique du nouveau-né.** Avant la naissance du bébé, la circulation maternelle élimine la plupart des produits toxiques de la désintégration des érythrocytes fœtaux. Mais après la naissance, le sang fœtal n'est plus purifié par la mère et le nouveau-né souffre de jaunisse et d'une anémie grave.

Aujourd'hui, on peut habituellement prévenir la maladie hémolytique du nouveau-né en procédant à une immunisation passive de la mère $Rh^-$ chaque fois qu'elle accouche d'un enfant $Rh^+$, au moyen d'une préparation de gammaglobulines anti-Rh commercialisée (Rhogam[MD]). Ces anticorps anti-Rh se combinent rapidement aux érythrocytes $Rh^+$ fœtaux qui se sont introduits dans la circulation maternelle, si bien qu'il est beaucoup moins probable que la mère se sensibilise à l'antigène Rh. Si on n'a pas réussi à prévenir

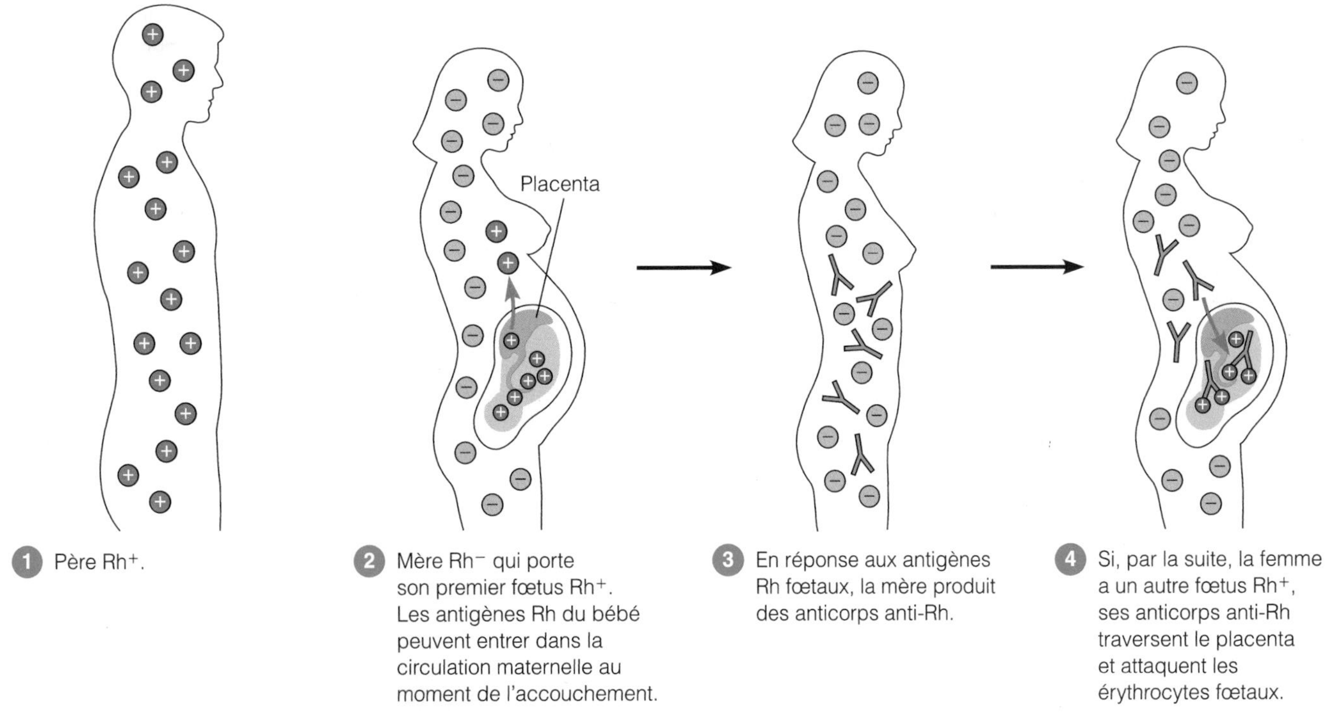

Placenta
1 Père Rh+.
2 Mère Rh− qui porte son premier fœtus Rh+. Les antigènes Rh du bébé peuvent entrer dans la circulation maternelle au moment de l'accouchement.
3 En réponse aux antigènes Rh fœtaux, la mère produit des anticorps anti-Rh.
4 Si, par la suite, la femme a un autre fœtus Rh+, ses anticorps anti-Rh traversent le placenta et attaquent les érythrocytes fœtaux.


**FIGURE 19.4 Maladie hémolytique du nouveau-né.**

■ La maladie hémolytique du nouveau-né est causée par des anticorps maternels qui traversent le placenta et attaquent les érythrocytes du fœtus.

la maladie, il peut être nécessaire de remplacer le sang $Rh^+$ du nouveau-né, et les anticorps maternels qui le contaminent, par une transfusion de sang non contaminé.

### Les réactions cytotoxiques d'origine médicamenteuse

Les thrombocytes (plaquettes sanguines), qui sont de minuscules fragments de cellules en circulation dans le sang, peuvent être détruites par une réaction cytotoxique d'origine médicamenteuse dans la maladie appelée **purpura thrombocytopénique.** En règle générale, les molécules des médicaments sont des haptènes, parce qu'elles sont trop petites pour être antigéniques par elles-mêmes. Dans la situation représentée dans la figure 19.5, on voit ❶ un thrombocyte mis en présence des molécules d'un médicament (la quinine est un exemple bien connu). ❷ Les molécules du médicament s'attachent à la surface du thrombocyte. Cette combinaison s'avère antigénique. ❸ La lyse du thrombocyte nécessite à la fois des anticorps et du complément. Puisque les thrombocytes sont essentiels à la coagulation du sang, leur perte entraîne des hémorragies qui forment des taches rouge violacé (purpura) sur la peau.

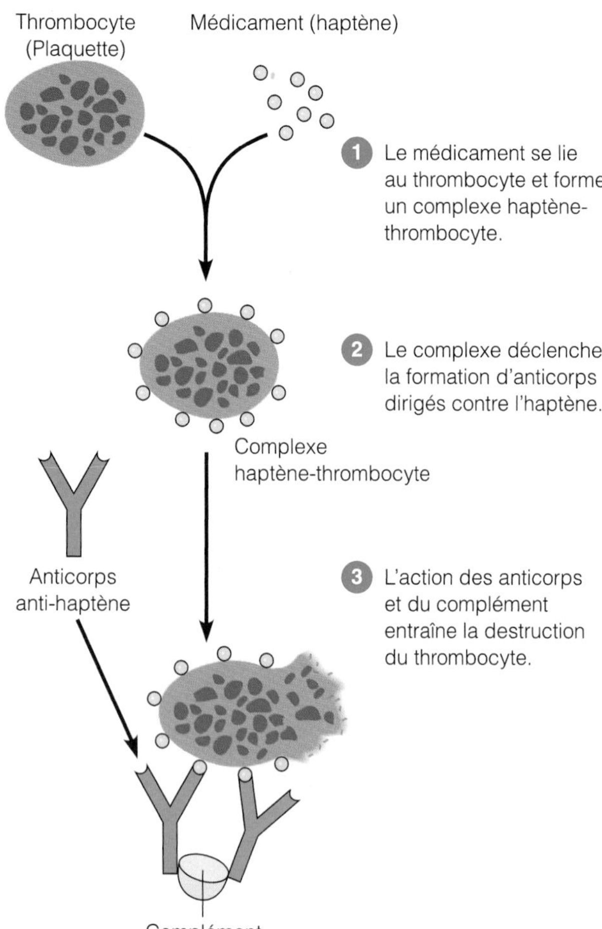
Thrombocyte (Plaquette)
Médicament (haptène)
1 Le médicament se lie au thrombocyte et forme un complexe haptène-thrombocyte.
2 Le complexe déclenche la formation d'anticorps dirigés contre l'haptène.
Complexe haptène-thrombocyte
Anticorps anti-haptène
3 L'action des anticorps et du complément entraîne la destruction du thrombocyte.
Complément

**FIGURE 19.5 Purpura thrombocytopénique d'origine médicamenteuse.** Les molécules de certains médicaments tels que la quinine s'accumulent à la surface des thrombocytes et stimulent une réponse immunitaire qui détruit ces derniers.

■ Qu'est-ce qui détruit en fait les thrombocytes dans le purpura thrombocytopénique ?

De la même façon, certains médicaments peuvent se lier aux leucocytes ou aux érythrocytes et causer des hémorragies localisées dont un des signes est l'apparition de taches rouges sur la peau. La destruction des granulocytes s'appelle **agranulocytose** ; elle altère la résistance immunitaire du corps en influant sur la phagocytose. Quand ce sont les érythrocytes qui sont détruits, l'affection s'appelle **anémie hémolytique**.

## Les réactions de type III (à complexes immuns)

### Objectif d'apprentissage

■ *Relier la réaction d'hypersensibilité à complexes immuns au mécanisme plupiopathologique qui conduit à l'apparition des lésions inflammatoires dans les vaisseaux sanguins.*

Les réactions immunitaires de type II visent des antigènes situés à la surface de cellules ou de tissus. Par contraste, les réactions de type III, aussi appelées réactions à complexes immuns ou encore réactions semi-retardées, sont causées par des anticorps précipitants, habituellement des IgG et des IgM, dirigés contre des antigènes qui circulent dans le sang. De nombreux virus, bactéries, mycètes ou protozoaires peuvent être en cause dans les réactions de type III.

Les **complexes immuns** se forment seulement quand le rapport entre les quantités d'antigènes et d'anticorps présente certaines valeurs. Un excédent appréciable d'anticorps entraîne la formation de complexes qui fixent le complément et qui sont rapidement éliminés de l'organisme par phagocytose. Toutefois, quand il existe un rapport antigène-anticorps où l'antigène est légèrement excédentaire, les complexes immuns précipitent et se déposent dans des organes tels que les vaisseaux sanguins, les reins et le cœur ; l'activation du système du complément entraîne des lésions de nature inflammatoire dans ces tissus et organes.

La figure 19.6 illustre une des conséquences de cette situation. ❶ Des complexes immuns circulent dans le sang, passent entre les cellules endothéliales des vaisseaux sanguins et restent emprisonnés dans la membrane basale sous les cellules. ❷ Là, ils peuvent activer le complément, causer une réaction inflammatoire transitoire et attirer les granulocytes neutrophiles. ❸ Ces derniers phagocytent les complexes immuns et libèrent des enzymes. L'introduction répétée du même antigène peut provoquer, dans un laps de temps de 2 à 8 heures, des lésions des cellules endothéliales adjacentes à la membrane basale et causer des réactions inflammatoires graves dans la paroi des vaisseaux sanguins. Cette maladie porte le nom de maladie du sérum ou **phénomène d'Arthus**.

L'hypersensibilité de type III se traduit parfois par des maladies pulmonaires graves dues par exemple à l'inhalation de foin moisi ou de spores de mycètes. La **glomérulonéphrite** est aussi une maladie à complexes immuns qui cause des lésions inflammatoires aux glomérules du rein.

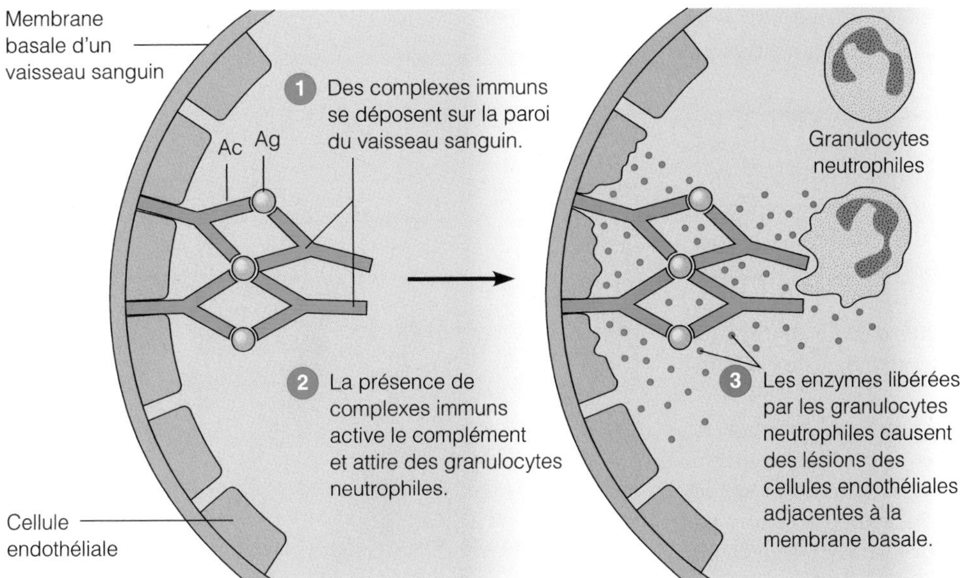
Membrane basale d'un vaisseau sanguin
Ac
Ag
1 Des complexes immuns se déposent sur la paroi du vaisseau sanguin.
2 La présence de complexes immuns active le complément et attire des granulocytes neutrophiles.
Cellule endothéliale
Granulocytes neutrophiles
3 Les enzymes libérées par les granulocytes neutrophiles causent des lésions des cellules endothéliales adjacentes à la membrane basale.

**FIGURE 19.6**
**Hypersensibilité de type III (à complexes immuns).**
❶ Des complexes immuns se déposent sur la membrane basale de la paroi d'un vaisseau sanguin où ❷ ils activent le complément et attirent sur les lieux des granulocytes neutrophiles. ❸ Les granulocytes neutrophiles libèrent des enzymes lorsqu'ils phagocytent les complexes immuns et causent ainsi des lésions aux cellules qui forment les tissus.

■ Nommez une maladie à complexes immuns.

## Les réactions de type IV (à médiation cellulaire)

### Objectif d'apprentissage

■ *Relier la réaction d'hypersensibilité retardée au mécanisme plupiopathologique qui conduit à l'apparition des lésions de la peau lors d'une dermatite de contact.*

Jusqu'à maintenant, nous avons examiné les réactions d'hypersensibilité humorale, c'est-à-dire celles qui mettent en jeu les IgE, les IgG et les IgM. Les réactions de type IV sont une forme de réponse immunitaire à médiation cellulaire et sont provoquées surtout par des lymphocytes T. Au lieu de se produire dans les minutes ou les heures après qu'un individu sensibilisé a été exposé de nouveau à un allergène, ces réactions retardées ne se manifestent qu'au bout de un ou plusieurs jours. Plusieurs facteurs expliquent ce retard, notamment le délai requis pour que les lymphocytes T et les macrophagocytes en cause se rendent en nombres suffisants là où se trouve l'allergène. Les lymphocytes T à l'origine des réactions d'**hypersensibilité retardée** sont principalement des lymphocytes $T_{DH}$ (pour *Delayed hypersensitivity*). Dans certains types d'hypersensibilité qui s'accompagnent de lésions tissulaires, on trouve aussi des lymphocytes $T_C$ cytotoxiques.

### Les causes des réactions de type IV

La figure 19.7 illustre quelques étapes du processus de la sensibilisation qui donne lieu aux réactions d'hypersensibilité de type IV. Ainsi, ces réactions se produisent quand ❶ certaines petites molécules étrangères, en particulier des haptènes qui se lient à des protéines présentes à la surface de cellules de la peau, forment des allergènes complets. Ces derniers sont phagocytés par les macrophagocytes intraépidermiques (CPA) et présentés aux récepteurs qui se trouvent à la surface des lymphocytes T. Le mécanisme est essentiellement le même que celui de la réponse immunitaire à médiation cellulaire. ❷ Le contact entre les déterminants antigéniques et les récepteurs T appropriés déclenche l'activation des lymphocytes T, leur prolifération et leur différenciation en lymphocytes T matures et en lymphocytes T mémoires (figure 17.12). Ces étapes, qui prennent de 7 à 10 jours, conduisent à la sensibilisation de la personne – état où aucun signe ni symptôme n'est encore apparent.

Quand une personne sensibilisée de cette façon est de nouveau exposée au même antigène, une réaction d'hypersensibilité à médiation cellulaire peut se déclencher. ❸ Les lymphocytes mémoires de la première exposition s'activent et prolifèrent rapidement (de 1 à 2 jours) pour donner un clone de lymphocytes T matures. ❹ Ces lymphocytes T migrent vers les sites d'introduction de l'allergène et libèrent des lymphokines (cytokines) destructrices par suite de leur interaction avec les cellules cibles porteuses de l'haptène. Par ailleurs, certaines cytokines alimentent la réaction inflammatoire à l'antigène en attirant des macrophagocytes sur les lieux et en les activant (figures 17.14 et 17.18).

### Les réactions d'hypersensibilité à médiation cellulaire touchant la peau

Nous avons vu que les symptômes d'hypersensibilité apparaissent souvent sur la peau. Parmi les réactions d'hypersensibilité à médiation cellulaire qui se manifestent sur la peau, on compte la cutiréaction, test cutané bien connu pour le dépistage de la tuberculose. Étant un microorganisme qui survit à l'intérieur des macrophagocytes, *Mycobacterium tuberculosis* peut stimuler une réponse immunitaire à médiation cellulaire. Le test consiste à injecter dans le derme des fragments protéiques de la bactérie ou de la tuberculine. Si le receveur est (ou a été) infecté par la bactérie de la tuberculose ou qu'il a été vacciné, une réaction inflammatoire au point d'injection de l'antigène se révélera sur la peau dans les 24 ou 48 heures qui suivent (figure 24.11) ; ce délai est typique des réactions d'hypersensibilité retardée.

Les **dermatites,** ou **eczémas de contact,** autre manifestation commune d'hypersensibilité de type IV, sont habituellement causées par des haptènes qui produisent chez certaines personnes une réponse immunitaire en se combinant aux protéines de la peau (plus particulièrement aux lysines, un type d'acide aminé) ; la combinaison devient le véritable allergène. Les réactions au sumac vénéneux (figure 19.7), aux produits de beauté et aux métaux dans les bijoux (en particulier le nickel) sont des exemples familiers de ces allergies de contact.

L'exposition de plus en plus répandue au latex dans les préservatifs (condoms), certains cathéters et les gants utilisés par les professionnels de la santé a attiré l'attention sur les dangers de l'hypersensibilité à cette substance. La mort par choc est aussi possible. Récemment, sur une période de 4 ans, 15 patients sont morts après avoir été exposés à des tubulures en latex servant à faire des lavements ou aux gants en latex des chirurgiens qui les opéraient à l'abdomen. Chez les médecins et le personnel infirmier, 3 % ou plus ont signalé ce type d'hypersensibilité aux gants qu'ils utilisent. Les réactions d'hypersensibilité retardée ne sont pas provoquées par le latex lui-même, mais par des produits chimiques employés pour sa fabrication. Il en résulte une dermatite de contact comme celle illustrée à la figure 19.8.

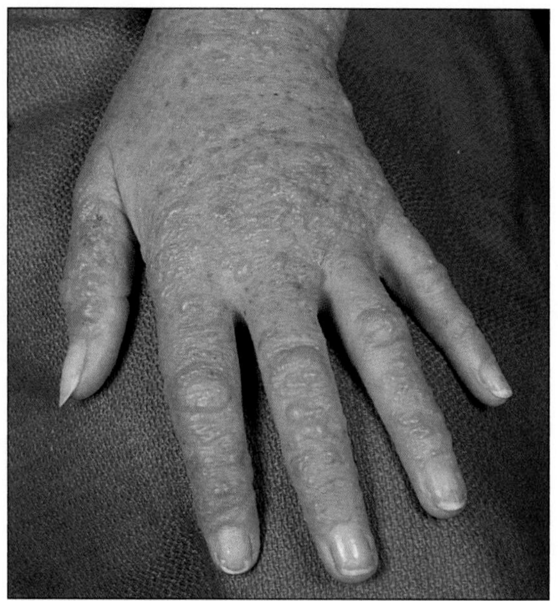

**FIGURE 19.8 Dermatite de contact.** Cas grave de dermatite de contact, un exemple de réaction d'hypersensibilité retardée, causée par le port de gants de chirurgien en latex.

■ **Qu'est-ce que la dermatite de contact ?**

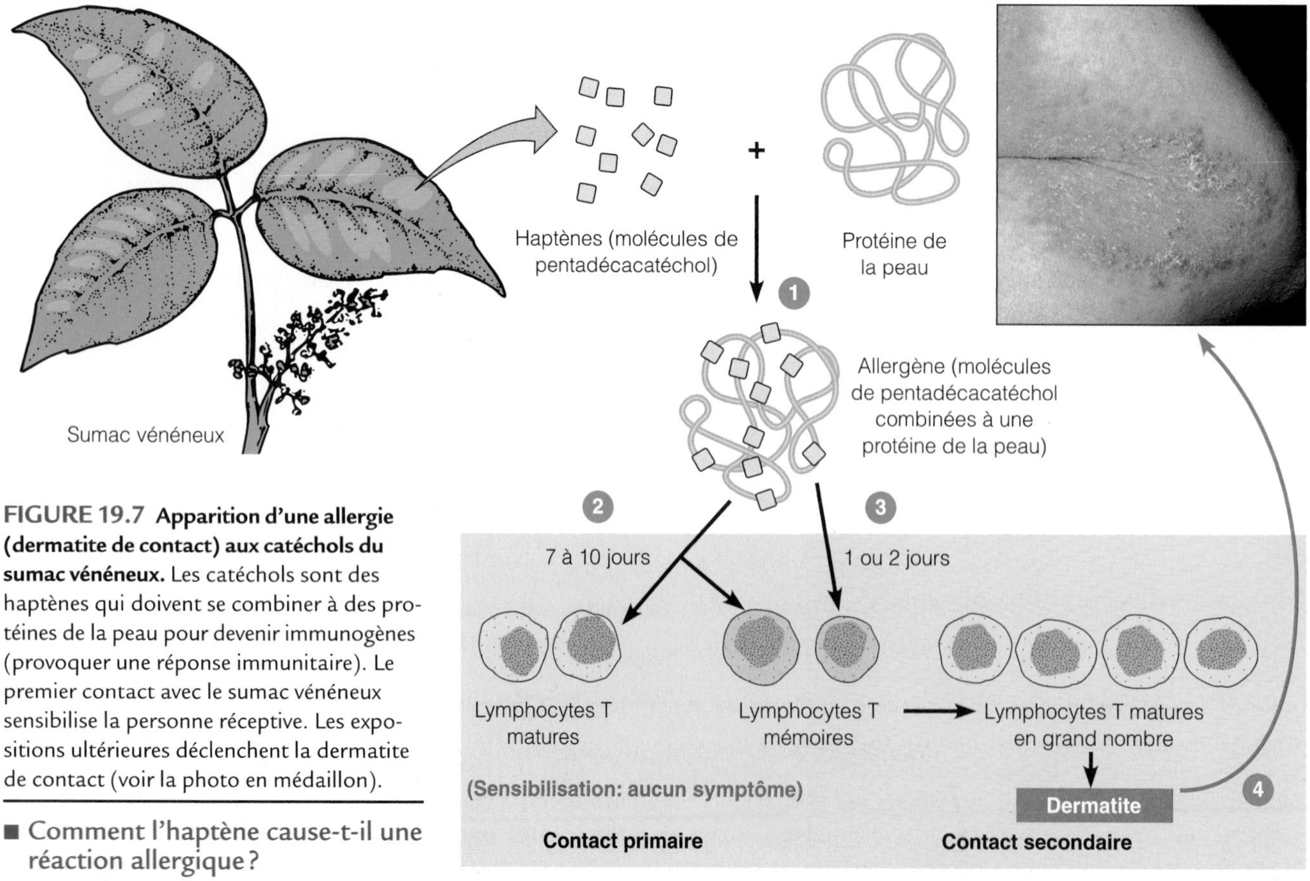

**FIGURE 19.7 Apparition d'une allergie (dermatite de contact) aux catéchols du sumac vénéneux.** Les catéchols sont des haptènes qui doivent se combiner à des protéines de la peau pour devenir immunogènes (provoquer une réponse immunitaire). Le premier contact avec le sumac vénéneux sensibilise la personne réceptive. Les expositions ultérieures déclenchent la dermatite de contact (voir la photo en médaillon).

■ **Comment l'haptène cause-t-il une réaction allergique ?**

La poudre ajoutée aux gants de latex est aussi une source d'ennuis ; elle absorbe les allergènes, se disperse dans l'air et peut être inhalée. En revanche, la peinture au latex ne risque pas de provoquer des réactions d'hypersensibilité. Malgré son nom, ce type de peinture ne contient pas de latex naturel, mais seulement des polymères synthétiques non allergènes.

On se sert habituellement d'un *épidermotest* pour établir la nature du facteur environnemental qui cause la dermatite de contact. Des échantillons des substances suspectées sont collés à la peau ; au bout de 48 heures, on vérifie s'il y a inflammation.

# Les maladies auto-immunes

## Objectifs d'apprentissage

- *Décrire un mécanisme qui rende compte de la tolérance immunitaire.*
- *Relier la réaction auto-immune au mécanisme physiopathologique qui conduit à l'apparition de maladies auto-immunes de type I, II, III et IV.*

Quand le système immunitaire réagit à des antigènes du soi et cause des lésions des organes chez une personne, on dit que cette dernière est atteinte d'une **maladie auto-immune.**

Le corps est protégé contre les maladies auto-immunes par la **tolérance immunitaire,** c'est-à-dire par la capacité du système immunitaire de distinguer entre le soi et le non-soi. Selon le modèle en vigueur, les lymphocytes T acquièrent cette capacité durant le développement du fœtus, lors de leur séjour dans le thymus. Nous avons vu au chapitre 17 (p. 531) que les lymphocytes T dont la cible est une cellule de l'hôte sont soit éliminés par *délétion clonale,* soit inactivés au cours de leur passage dans cet organe. C'est ainsi qu'il est peu probable de trouver des lymphocytes T en mesure d'attaquer les cellules du soi. Cette réaction est en quelque sorte une réaction d'auto-destruction qui entraîne des dommages tissulaires.

Dans les maladies auto-immunes, la perte de la tolérance immunitaire entraîne la production d'anticorps – des auto-anticorps – ou l'activation de lymphocytes T sensibilisés qui réagissent aux antigènes des tissus de l'hôte. Certaines réactions auto-immunes, et les maladies qu'elles engendrent, sont de nature cytotoxique, d'autres sont à complexes immuns et d'autres encore sont à médiation cellulaire.

## L'auto-immunité de type I

L'auto-immunité de type I est le fait d'anticorps qui attaquent le soi. Ces anticorps, de type IgG et IgM, sont parfois produits en réponse à un agent infectieux tel qu'une bactérie ou un virus mais, à cause de similitudes entre certaines séquences des protéines de l'hôte et de celles du micro-organisme, les anticorps se tournent contre les cellules du soi, ce qui entraîne des lésions. Par ce mécanisme de réactions croisées, une infection par des streptocoques du groupe A peut entraîner la production d'anticorps qui réagissent contre des cellules du tissu cardiaque et des articulations provoquant des lésions permanentes et caractéristiques de la maladie connue sous le nom de **rhumatisme articulaire aigu** (RAA, chapitre 23). De la même manière, le virus de l'hépatite C peut donner naissance à une hépatite auto-immune.

## Les réactions auto-immunes de type II (cytotoxiques)

La maladie de Basedow et la myasthénie grave sont deux exemples de troubles causés par des réactions auto-immunes de type II. Dans les deux cas, on observe des réactions humorales dirigées contre des récepteurs antigéniques situés à la surface des cellules ; le complément n'intervient pas et il n'y a pas de destruction des cellules de l'hôte par cytotoxicité.

La **maladie de Basedow** (ou maladie de Graves) est due à des auto-anticorps appelés activateurs thyroïdiens à action prolongée. Ces anticorps se lient, par mimétisme, à des récepteurs sur les cellules de la glande thyroïde qui sont normalement la cible de la thyrotrophine, une hormone élaborée par l'hypophyse. Il en résulte une stimulation de la glande thyroïde qui produit alors des hormones thyroïdiennes en abondance et dont la taille augmente considérablement. Les signes les plus frappants de la maladie sont le goitre, qui est une conséquence de l'hypertrophie de la thyroïde, les yeux exorbités ainsi que les symptômes habituels d'une hyperthyroïdie.

La **myasthénie grave** est une maladie caractérisée par un affaiblissement progressif des muscles. Elle est causée par des auto-anticorps qui coiffent les récepteurs d'acétylcholine aux jonctions neuromusculaires, où les influx nerveux sont transmis aux muscles volontaires innervés par les dix nerfs crâniens provenant du tronc cérébral. Il s'ensuit un dysfonctionnement et une faiblesse musculaires graves. On note parmi les symptômes une faiblesse des muscles oculaires, de la déglutition, de la mastication, de la locution et une faiblesse des membres. Avec le temps, les muscles du diaphragme et de la cage thoracique peuvent cesser de recevoir les signaux nerveux nécessaires. Il y a alors arrêt respiratoire et la mort s'ensuit.

## Les réactions auto-immunes de type III (à complexes immuns)

Le **lupus érythémateux disséminé** est une maladie auto-immune systémique qui comprend des réactions à complexes immuns et qui touche surtout les femmes. La cause de cette affection n'est que partiellement élucidée, mais les individus atteints produisent des anticorps dirigés contre des éléments de leurs propres cellules, y compris l'ADN, qui est probablement libéré durant la dégradation normale des tissus, en particulier celle de la peau. Les effets les plus nocifs de la maladie sont provoqués par le dépôt de complexes immuns dans les glomérules du rein.

La **polyarthrite rhumatoïde** est une maladie invalidante qui résulte du dépôt dans les articulations de complexes immuns d'IgM, d'IgG et de complément. En fait, il peut se former des complexes immuns, appelés *facteurs rhumatoïdes,* constitués d'IgM liées aux régions Fc d'IgG normales. On trouve ces facteurs chez 70 % des individus atteints de polyarthrite rhumatoïde. L'inflammation chronique due à ces dépôts finit par entraîner des lésions graves du cartilage et de l'os dans les articulations.

### Les réactions auto-immunes de type IV (à médiation cellulaire)

Il peut arriver au cours de la vie qu'il y ait modification des antigènes du soi par mutation ou par fixation de molécules étrangères – par exemple, un médicament – et dès lors, les antigènes modifiés déclenchent une réaction immunitaire. La **thyroïdite chronique de Hashimoto** résulte de la destruction de la glande thyroïde, surtout par des lymphocytes T au cours d'une réponse auto-immune à médiation cellulaire. Il s'agit d'une maladie assez répandue qui atteint souvent plusieurs personnes dans une même famille. Le **diabète insulinodépendant** est une affection bien connue qui est consécutive à la destruction, par le système immunitaire, des cellules sécrétrices d'insuline situées dans le pancréas. Les lymphocytes T jouent clairement un rôle dans cette maladie; les animaux qui ont une prédisposition héréditaire au diabète sont épargnés si on leur enlève le thymus peu après la naissance.

## Les réactions liées au système HLA (antigènes des leucocytes humains)

**Objectif d'apprentissage**

- *Définir le système HLA et expliquer son importance pour la susceptibilité à la maladie et les greffes de tissus.*

Les caractéristiques génétiques qui constituent le patrimoine héréditaire des individus ne s'expriment pas seulement dans la couleur de leurs yeux et les boucles de leurs cheveux mais aussi dans la composition des molécules du soi exposées à la surface de leurs cellules. Certaines de ces molécules sont des protéines appelées **antigènes d'histocompatibilité.** Ces protéines sont codées par des gènes regroupés sous l'appellation de **complexe majeur d'histocompatibilité (CMH)**. Chez l'humain, cet ensemble de gènes porte le nom de **système HLA** (pour « human leukocyte antigen »). Nous avons traité de ces molécules du soi au chapitre 17, où nous avons expliqué que la plupart des antigènes ne peuvent stimuler une réponse immunitaire que s'ils sont associés à des molécules du CMH.

On peut identifier et comparer les protéines HLA grâce à un procédé appelé *typage HLA*. Certains antigènes HLA vont de pair avec une plus grande susceptibilité à certaines maladies; une des applications médicales du typage HLA consiste à révéler ces susceptibilités. Le tableau 19.3 présente un aperçu de quelques-unes de ces relations.

Parmi les autres applications médicales importantes du typage HLA, on compte la greffe de tissus et d'organes, où la compatibilité entre le donneur et le receveur peut être vérifiée par *groupage tissulaire*. La méthode sérologique illustrée à la figure 19.9 est celle qu'on utilise le plus souvent. Pour effectuer le typage sérologique, les laboratoires emploient des antisérums normalisés ou des anticorps monoclonaux qui sont spécifiques d'antigènes HLA particuliers. ❶ On mélange les lymphocytes du sujet avec des anticorps qui sont spécifiques d'une molécule HLA particulière, et on les laisse réagir. ❷ On ajoute du complément et un colorant, tel que le bleu trypan. ❸ Si les anticorps réagissent spécifiquement avec les lymphocytes, les cellules lymphocytaires sont lysées par le système complément et fixent le colorant (les

**Tableau 19.3** *Maladies liées à des molécules HLA spécifiques*

| Maladie | Augmentation du risque pour certains types HLA* | Description |
|---|---|---|
| **Maladies inflammatoires** | | |
| Sclérose en plaques | 5 fois | Maladie inflammatoire évolutive du système nerveux |
| Rhumatisme articulaire aigu | 4 ou 5 fois | Réaction croisée d'un anticorps dirigé contre un antigène de streptocoque |
| **Maladies endocriniennes** | | |
| Maladie d'Addison | 4 à 10 fois | Déficit hormonal dû à une insuffisance des glandes surrénales |
| Maladie de Basedow | 10 à 12 fois | Des anticorps se lient à certains récepteurs de la glande thyroïde qui se met alors à augmenter de volume et à produire un excès d'hormones |
| **Affections malignes** | | |
| Maladie de Hodgkin | 1,4 à 1,8 fois | Cancer des nœuds lymphatiques |

* Par rapport à la population générale.

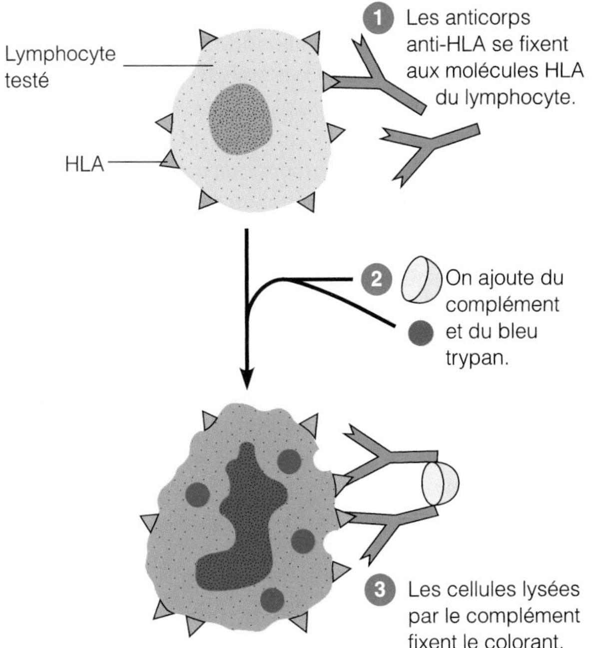
Lymphocyte testé
HLA
1 Les anticorps anti-HLA se fixent aux molécules HLA du lymphocyte.
2 On ajoute du complément et du bleu trypan.
3 Les cellules lysées par le complément fixent le colorant.

**FIGURE 19.9 Groupage tissulaire, une méthode sérologique.** On mélange les lymphocytes du sujet avec des anticorps anti-HLA qui proviennent des stocks du laboratoire et qui sont spécifiques d'une molécule particulière. Si, après incubation, les anticorps ont réagi avec les antigènes des lymphocytes, les cellules sont lysées par le complément et absorbent le colorant. Ce résultat, qui est positif, indique que le sujet possède la molécule HLA sur ces lymphocytes correspondant à l'anticorps utilisé.

■ À quoi sert le typage sérologique?

cellules intactes ne se colorent pas). On en conclut que le test est positif: il établit que les lymphocytes possèdent un certain antigène HLA. Cette méthode est simple et rapide.

L'*amplification en chaîne par polymérase* (*ACP*), qui permet d'étudier l'ADN d'une cellule, est une nouvelle technique prometteuse pour l'analyse du système HLA (figure 9.4). On peut faire passer ce test aux donneurs et aux receveurs et les apparier en fonction de la compatibilité de leurs ADN. La précision de cette méthode devrait permettre d'augmenter de beaucoup le taux de succès des greffes.

Deux grandes classes de molécules HLA jouent un rôle essentiel dans la compatibilité des tissus: il s'agit de la *classe I* (HLA-A, -B et -C) et de la *classe II* (HLA-DR, -DP et -DQ). Les gènes qui gouvernent la production de ces molécules du soi sont situés les uns près des autres sur le chromosome 6. Il est d'usage depuis longtemps de vérifier la compatibilité des donneurs et des receveurs quant aux molécules de classe I, qui sont exprimées sur toutes les cellules nucléées du corps. Ces antigènes du soi stimulent une réponse immunitaire vigoureuse par les anticorps et les lymphocytes $T_C$ qui sont à l'origine du rejet des greffes. Toutefois, la compatibilité des molécules de classe II, qui se trouvent principalement à la surface de certaines cellules spécialisées du système immunitaire (CPA et lymphocytes B), pourrait bien être plus importante, en particulier quand le tissu provient d'une personne sans lien de parenté avec le receveur. Si ces molécules du soi ne sont pas identiques chez le donneur et le receveur, la greffe sera probablement rejetée. Le donneur et le receveur doivent aussi être du même groupe sanguin ABO.

D'autres facteurs peuvent également jouer un rôle dans le succès d'une greffe. Au chapitre 17, nous avons signalé une hypothèse selon laquelle la réaction du corps aux tissus greffés pourrait être provoquée par les lésions cellulaires dues à la chirurgie. Autrement dit, le rejet de la greffe résulte peut-être d'une réaction apprise au signal d'alarme que constituent les dommages aux cellules plutôt que d'une réaction apprise au non-soi.

## Les réactions aux greffes

### Objectifs d'apprentissage

- *Définir le site privilégié.*
- *Définir l'autogreffe, l'isogreffe, l'allogreffe et la xénogreffe.*
- *Expliquer l'origine de la réaction du greffon contre l'hôte.*
- *Relier les réactions aux greffes au mécanisme physiologique qui déclenche leur rejet.*

Au XVIe siècle, en Italie, on punissait souvent les criminels en leur coupant le nez. Dans ses efforts pour réparer ce type de mutilation, un chirurgien de l'époque remarqua que, si la peau provenait du patient, elle guérissait bien, mais que tel n'était pas le cas si elle était prélevée sur une autre personne. Il vit là une manifestation de «la force et du pouvoir de l'individualité».

Nous connaissons aujourd'hui les principes qui soustendent ce phénomène de rejet. Les greffes qui sont reconnues comme non-soi sont rejetées – attaquées par des lymphocytes T qui lysent directement les cellules greffées, par des macrophagocytes activés par les lymphocytes T et, dans certains cas, par des anticorps qui activent le système du complément et endommagent les vaisseaux sanguins irriguant le tissu transplanté. Par contre, les greffes qui ne sont pas rejetées peuvent redonner à une personne de nombreuses années de bonne santé.

Pratiquée pour la première fois en 1954, la greffe du rein est presque devenue une opération de routine. Parmi les autres types de greffes maintenant possibles, on compte celles de la moelle osseuse rouge, du thymus, du cœur, du foie et de la cornée. Les tissus et les organes proviennent habituellement d'individus morts peu auparavant. À l'occasion, on peut prélever sur un donneur vivant un des organes pairs tels qu'un rein.

### Les sites privilégiés et les tissus privilégiés

Certaines greffes ou transplantations ne stimulent pas de réponse immunitaire. Par exemple, les greffes de cornée sont rarement rejetées, surtout parce que, d'ordinaire, il n'y a pas d'anticorps qui circulent dans cette partie de l'œil, qui est de ce fait considérée comme un **site privilégié** du point de vue immunologique. (Cependant, il y a parfois rejet, en particulier quand de nombreux vaisseaux sanguins se sont formés dans la cornée par suite d'infections ou de lésions.) L'encéphale est aussi un site immunologiquement privilégié, probablement parce qu'il est dépourvu de vaisseaux lymphatiques et que les parois de ses vaisseaux sanguins sont différentes de celles qu'on trouve ailleurs dans le corps (nous traitons de la barrière hémato-encéphalique au chapitre 22). Il sera peut-être même possible un jour de remplacer des nerfs endommagés dans l'encéphale et la moelle épinière par des greffes de nerfs étrangers. On a expérimenté ce type de greffes sur des rats et les résultats obtenus sont encourageants.

Il est possible de greffer un **tissu privilégié** et de prévenir ainsi le rejet par le système immunitaire. Par exemple, on peut remplacer une valve endommagée du cœur d'une personne par une valve provenant d'un cœur de porc. Toutefois, les sites et les tissus privilégiés sont plutôt l'exception que la règle.

Comment les animaux tolèrent-ils la grossesse sans rejeter le fœtus ? Ce phénomène n'est que partiellement élucidé. L'utérus n'est pas un site privilégié ; néanmoins, durant la grossesse, les tissus de deux individus différents sur le plan génétique sont en contact direct. Pour expliquer le phénomène, on a proposé récemment une théorie selon laquelle le placenta contiendrait une enzyme qui détruirait le tryptophane, nutriment nécessaire aux lymphocytes T qui seraient autrement portés à attaquer le fœtus.

### Les greffes

Quand un tissu est transplanté d'une partie du corps à une autre, comme c'est le cas dans le traitement des brûlures ou en chirurgie plastique, il n'est pas rejeté. Des techniques récentes permettent d'utiliser quelques cellules de la peau intacte d'un patient brûlé pour produire en culture de grands feuillets de peau neuve. Cette nouvelle peau est un exemple d'**autogreffe.** Les vrais jumeaux ont le même patrimoine héréditaire ; c'est pourquoi on peut greffer entre eux de la peau ou des organes tels qu'un rein sans provoquer de réponse immunitaire. Une telle transplantation s'appelle **isogreffe.**

Cependant, la plupart des greffes se font entre personnes qui ne sont pas de vrais jumeaux et, par conséquent, elles déclenchent une réponse immunitaire. On s'efforce de trouver les donneurs et les receveurs les plus compatibles possible quant aux antigènes HLA de manière à réduire le risque de rejet. Puisqu'ils ont plus de chances d'avoir des antigènes HLA en commun, les proches parents, en particulier les frères et sœurs, sont les donneurs préférés. Les transplantations entre personnes qui ne sont pas des jumeaux vrais s'appellent **allogreffes.**

En raison de la pénurie d'organes disponibles, il serait souhaitable que les **xénogreffes,** ou *hétérotransplantations,* dans lesquelles les tissus et les organes proviennent d'animaux, puissent mieux réussir chez les humains. Cependant, le corps lance habituellement une attaque particulièrement vigoureuse contre ce type de greffe, qui offre la compatibilité la plus faible entre donneur et receveur. On a tenté sans grand succès d'utiliser des organes de babouins et d'autres primates non humains. La recherche s'intéresse vivement à l'utilisation du génie génétique pour transformer des porcs en donneurs d'organes compatibles ; ces animaux sont abondants, d'une taille convenable et sont peu susceptibles d'attirer la sympathie du public. La principale inquiétude que suscitent les xénogreffes est la possibilité de transférer à l'humain des virus animaux nuisibles.

On effectue en ce moment certaines recherches préliminaires, qui permettront peut-être un jour d'obtenir en culture des os et des organes à partir de cellules prélevées sur l'hôte lui-même.

Pour réussir une xénogreffe, on doit surmonter le **rejet hyperaigu**, qui est causé par la production durant la tendre enfance d'anticorps dirigés contre tous les animaux avec lesquels nous avons un lien de parenté éloigné (évolution) tels que les porcs. À l'aide du complément, ces anticorps attaquent les tissus animaux transplantés et les détruisent en moins d'une heure. Le rejet hyperaigu ne survient dans les greffes entre humains que s'il y a eu auparavant formation d'anticorps par suite de transfusions, de greffes ou de grossesses antérieures.

### Les greffes de moelle osseuse rouge

On entend souvent parler des greffes de moelle osseuse dans les actualités. Les receveurs sont habituellement des individus qui n'ont pas la capacité de produire les lymphocytes B et T essentiels à l'immunité, ou qui souffrent de leucémie ou de myélome multiple. Nous avons vu au chapitre 17 que les cellules souches de la moelle osseuse rouge donnent naissance aux érythrocytes et aux leucocytes du système immunitaire. Les greffes de moelle osseuse rouge ont pour objectif de redonner au receveur la possibilité de produire ces cellules immunocompétentes vitales. Toutefois, elles peuvent provoquer une **réaction du greffon contre l'hôte**. La moelle osseuse du donneur contient des cellules immunocompétentes qui entraînent une réponse immunitaire, surtout à médiation cellulaire, contre les tissus de l'organisme dans lequel elles sont greffées. Puisque le receveur est dépourvu d'un système immunitaire qui fonctionne, la réaction du greffon immunocompétent contre l'hôte constitue une complication grave qui peut même être fatale.

Il existe une technique extrêmement prometteuse pour éviter ce problème. Au lieu de moelle osseuse, on utilise du *sang de cordon ombilical.* Ce sang provient du placenta et du cordon ombilical de nouveau-nés, soit de tissus qui seraient normalement jetés après l'accouchement. Le sang est très riche en cellules souches (figure 17.3) comme celles de la moelle osseuse rouge. Non seulement ces cellules prolifèrent pour donner les divers éléments figurés dont le receveur a besoin, mais elles sont aussi plus jeunes et moins différenciées, si bien que les exigences de compatibilité sont moins contraignantes que dans le cas de la moelle osseuse. Par conséquent, le risque de réaction du greffon contre l'hôte est plus faible.

## Les immunosuppresseurs

#### Objectif d'apprentissage

- *Expliquer comment on prévient le rejet des greffes.*

Pour mettre le problème du rejet des greffes en perspective, il y a lieu de rappeler que le système immunitaire ne fait que s'acquitter de sa tâche et n'a aucun moyen de reconnaître que son assaut sur le greffon est dommageable. On tente habituellement de prévenir le rejet en donnant au receveur d'une allogreffe un traitement destiné à freiner cette réponse immunitaire normale contre le greffon.

Sur le plan chirurgical, il est généralement souhaitable d'atténuer l'immunité à médiation cellulaire, qui constitue le facteur le plus important dans le rejet des greffes. Si on épargne l'immunité humorale, on conserve une bonne part de la résistance aux infections microbiennes. En 1976, on a isolé la *cyclosporine* d'une moisissure. (Fait curieux, ce mycète, dont le cycle sexuel se déroule dans un bousier, stimule l'insecte à grimper au sommet de la végétation et à mourir là, ce qui favorise la distribution aérienne de ses spores.)

Le succès des transplantations d'organes telles que celles du cœur et du foie remonte d'une manière générale à l'époque de la découverte de la cyclosporine. Utilisée comme médicament, cette substance supprime la sécrétion de l'interleukine 2 (IL-2) et perturbe ainsi l'immunité à médiation cellulaire, dont l'activité des lymphocytes T cytotoxiques. Dans la foulée de ces résultats encourageants, d'autres immunosuppresseurs n'ont pas tardé à faire leur apparition. Le *tacrolimus* (FK506) agit selon un mécanisme semblable à celui de la cyclosporine et est souvent utilisé à la place de cette dernière, mais les deux ont des effets secondaires importants. Ni la cyclosporine ni le tacrolimus ne freinent beaucoup la production d'anticorps par la branche humorale du système immunitaire.

Certains médicaments plus récents, tels que le *sirolimus* (rapamycine), inhibent aussi bien l'immunité humorale que l'immunité à médiation cellulaire. Cela peut être utile si on doit se prémunir contre le rejet chronique ou hyperaigu par les anticorps. Le sirolimus bloque l'action de l'IL-2. Des médicaments comme le *mycophénolate mofétil* inhibent la prolifération des lymphocytes T et B. En 1998, la FDA a approuvé l'utilisation de deux anticorps monoclonaux chimères (chapitre 17, p. 534), *basiliximab* et *daclizumab*, qui bloquent l'IL-2. On administre habituellement plus d'un immunosuppresseur à la fois.

Plusieurs autres médicaments sont à l'étude dans le but d'améliorer le taux de réussite déjà impressionnant des opérations de transplantation.

# L'immunodéficience

### Objectif d'apprentissage

- *Comparer l'immunodéficience congénitale et l'immunodéficience acquise.*
- *Relier l'immunodéficience au mécanisme physiologique qui conduit à la susceptibilité aux infections.*

L'insuffisance de réponses immunitaires adéquates s'appelle **immunodéficience** ou **déficit immunitaire.** Un tel déficit concerne la phagocytose ou l'immunité humorale ou cellulaire ; dans tous les cas, il entraîne une réceptivité plus grande aux infections. Il peut être soit congénital, soit acquis.

## L'immunodéficience congénitale

Certaines personnes ont à la naissance un système immunitaire déficient. Un certain nombre de gènes peuvent être à l'origine de l'**immunodéficience congénitale** lorsqu'ils présentent des défectuosités ou sont absents. Ainsi, les individus ayant un certain gène récessif peuvent être dépourvus de thymus et, par conséquent, d'immunité à médiation cellulaire. La présence d'un autre gène récessif se traduit par un nombre insuffisant de lymphocytes B et par une altération de l'immunité humorale ; l'agammaglobulinémie congénitale en est un exemple (a : absence ; gammaglobuline : anticorps ; -émie : sang).

## L'immunodéficience acquise

Divers médicaments, traitements, cancers ou agents infectieux peuvent occasionner des **immunodéficiences acquises**. L'immunodéficience peut être acquise dans des circonstances naturelles ou dans des circonstances artificielles après un traitement immunosuppresseur. Par exemple, la maladie de Hodgkin et le myélome multiple (deux formes de cancer) affaiblissent la réponse à médiation cellulaire. Beaucoup de virus sont capables d'infecter et de tuer les lymphocytes, diminuant ainsi les réponses immunitaires. L'ablation de la rate réduit l'immunité humorale. Le tableau 19.4 présente plusieurs des immunodéficiences les mieux connues, y compris le SIDA.

# Le système immunitaire et le cancer

### Objectif d'apprentissage

- *Relier le processus immunitaire au mécanisme physiopathologique qui conduit à l'apparition d'un cancer.*

À l'instar des maladies infectieuses, le cancer constitue une défaillance des moyens de défense de l'organisme, y compris du système immunitaire. Une des voies les plus prometteuses dans la recherche d'un traitement efficace du cancer fait appel aux techniques immunologiques.

Selon une hypothèse de longue date, les cellules cancéreuses seraient le résultat de mutations ou de changements provoqués par des virus et le système immunitaire, toujours à l'affût de ces modifications, éliminerait normalement les cellules transformées avant qu'elles ne deviennent des tumeurs établies. Ce processus est appelé **surveillance immunitaire.** Certains soutiennent que la réponse immunitaire à médiation cellulaire est apparue principalement pour remplir cette fonction. On observe, à l'appui de cette notion, que le cancer survient le plus souvent chez les adultes vieillissants ou chez les très jeunes enfants. Dans le premier cas, le système immunitaire est en perte d'efficacité et dans le second, il ne s'est peut-être pas développé complètement ou correctement. En outre, les individus immunodéprimés (immunosupprimés) par des moyens naturels ou artificiels

**Tableau 19.4 — *Immunodéficiences acquises***

| Maladie | Cellules atteintes | Commentaires |
|---|---|---|
| Syndrome d'immunodéficience acquise (SIDA) | Lymphocytes T (destruction des lymphocytes T auxiliaires [CD4] par un virus) | Ouvre la porte au cancer et aux maladies causées par les bactéries, les virus, les mycètes et les protozoaires ; résulte d'une infection par le VIH. |
| Déficit en IgA | Lymphocytes B, T | Atteint environ 1 individu sur 700, occasionnant des infections fréquentes des muqueuses ; cause spécifique incertaine. |
| Hypogammaglobulinémie commune variable | Lymphocytes B, T (faible quantité d'immunoglobulines) | Infections virales et bactériennes fréquentes ; au deuxième rang des immunodéficiences les plus courantes, atteignant environ 1 individu sur 70 000 ; héréditaire. |
| Dysgénésie réticulaire | Lymphocytes B, T et cellules souches (déficit immunitaire combiné ; déficits en lymphocytes B et T et en granulocytes neutrophiles) | Cause généralement la mort en très bas âge ; très rare ; héréditaire ; la greffe de moelle osseuse rouge constitue un traitement possible. |
| Déficit immunitaire combiné sévère | Lymphocytes B, T et cellules souches (déficits en lymphocytes B et T) | Atteint environ 1 individu sur 100 000 ; donne lieu à des infections graves ; héréditaire ; se traite par greffe de moelle osseuse rouge et de thymus fœtal ; la thérapie génique est prometteuse. |
| Athymie (syndrome de Di George) | Lymphocytes T (déficit en lymphocytes T causé par une malformation du thymus) | Absence d'immunité à médiation cellulaire ; cause généralement la mort en bas âge par suite de pneumonie à *Pneumocystis*, d'infections virales ou de mycoses ; due au fait que le thymus ne se développe pas dans l'embryon. |
| Syndrome de Wiskott-Aldrich | Lymphocytes B, T (thrombocytes en nombre insuffisant, lymphocytes T anormaux) | Infections fréquentes par les virus, les mycètes et les protozoaires ; eczéma, mauvaise coagulation du sang ; cause habituellement la mort pendant l'enfance ; héréditaire, lié au chromosome X. |
| Agammaglobulinémie infantile liée au chromosome X (maladie de Bruton) | Lymphocytes B (absence ou faible quantité d'immunoglobulines) | Infections bactériennes extracellulaires fréquentes ; atteint environ 1 individu sur 200 000 ; première immunodéficience reconnue (1952) ; héréditaire, liée au chromosome X. |

sont plus sujets au cancer, quoiqu'il s'agisse alors souvent de cancers du système immunitaire. Par contre, il existe beaucoup d'observations qui ne sont pas explicables par l'hypothèse de la surveillance.

Une cellule devient cancéreuse quand elle se transforme et se met à proliférer sans limite (chapitre 13, p. 428). Par suite de la transformation, la surface de cette cellule peut acquérir des antigènes tumoraux que le système immunitaire reconnaît comme non-soi. Certains lymphocytes T cytotoxiques activés réagissent à ces antigènes du non-soi. Ils se fixent aux cellules cancéreuses qui les portent et provoquent leur lyse (figure 19.10).

Il arrive que le cancer survienne même chez des personnes qui ont en principe un système immunitaire sain. Au départ, le cancer est constitué d'une cellule unique qui subit des mutations, peut-être par suite d'une exposition à des produits chimiques ou à des rayonnements. Le passage de l'état normal à l'état cancéreux est habituellement consécutif à des lésions multiples (qui touchent les gènes et sont souvent considérablement espacées dans le temps). Une infection virale peut aussi opérer ce changement. Les cellules cancéreuses individuelles qui apparaissent sont attaquées par le système immunitaire, un peu comme le sont les tissus étrangers dans une greffe. Une fois que la cellule cancéreuse se fixe à un tissu et que le tissu se vascularise (est relié à la circulation sanguine), la cellule cancéreuse se multiplie et forme rapidement une tumeur capable de résister au rejet immunitaire.

À l'heure actuelle, on connaît un certain nombre de mécanismes. Les cellules des tumeurs sont souvent dépourvues des molécules de surface nécessaires à l'activation des lymphocytes T cytotoxiques. Il arrive que ces molécules ne soient pas complètes : il leur manque une partie qui contribue par ailleurs à stimuler le système immunitaire. Les cellules des tumeurs exercent parfois une action suppressive sur le système immunitaire ; elles produisent des facteurs qui diminuent l'efficacité des lymphocytes T cytotoxiques et, dans certains cas, elles poussent les cellules immunitaires à se détruire par apoptose (chapitre 17). Une fois établies, les

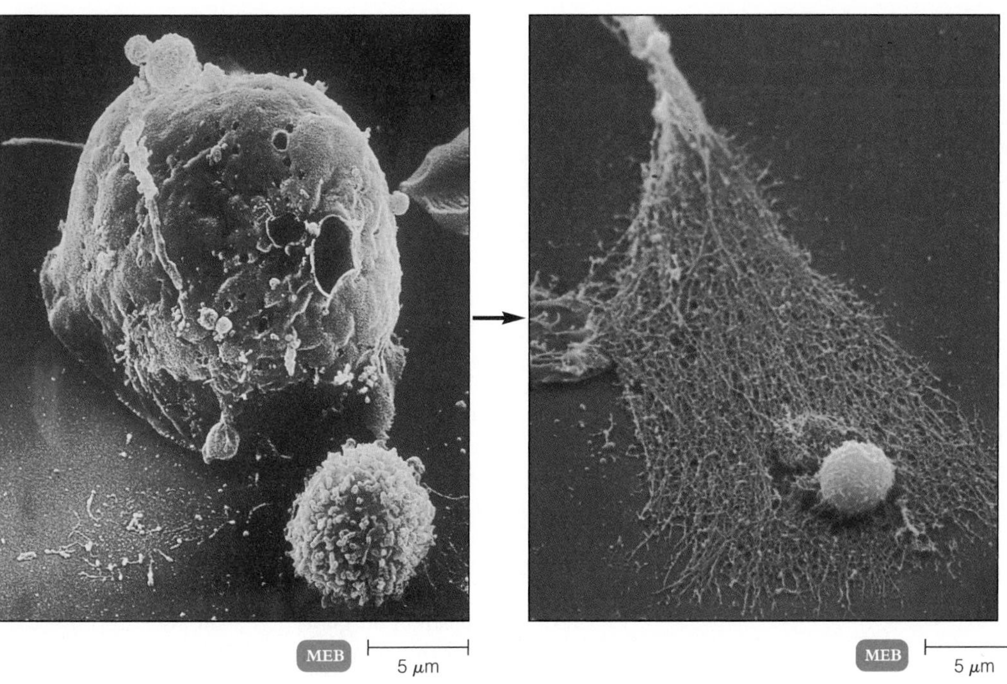


**FIGURE 19.10**
**Interaction d'un lymphocyte T cytotoxique ($T_C$) et d'une cellule cancéreuse.** Le lymphocyte $T_C$ (petite cellule dans la photo de gauche) a déjà perforé la cellule cancéreuse. À droite, il ne reste que le squelette de la cellule tumorale.

■ Les lymphocytes $T_C$ peuvent lyser les cellules cancéreuses. Comment s'y prennent-ils? (*Indice*: voir la figure 17.13.)

cellules tumorales peuvent se multiplier à un rythme tel qu'elles dépassent les capacités du corps à leur opposer une réponse immunitaire efficace.

Il est encourageant de constater que certains cancers disparaissent à l'occasion de façon spontanée, probablement détruits par la réponse immunitaire. Le phénomène de la résistance du cancer au système immunitaire suscite l'intérêt parce que, si on arrive à mieux le comprendre, on trouvera peut-être des moyens de le contourner, comme nous le verrons ci-dessous dans la section sur l'immunothérapie.

## L'immunothérapie

### Objectif d'apprentissage

- *Définir l'immunothérapie et en donner deux exemples.*

Au tournant du XX^e siècle, William B. Coley, médecin dans un hôpital de New York, observa que, lorsque des patients atteints de cancer contractaient la fièvre typhoïde, leur cancer diminuait souvent de façon marquée. Inspiré par cette découverte, Coley prépara des vaccins à partir de bactéries à Gram négatif tuées, appelés toxines de Coley, afin de simuler une infection bactérienne. Ces travaux paraissaient de bon augure, mais donnaient des résultats variables. Ils ont été éclipsés par les progrès de la chirurgie et de la radiothérapie.

Nous savons aujourd'hui que les endotoxines provenant de ces bactéries sont de puissants stimulants qui sollicitent les macrophagocytes et leur font produire le facteur nécrosant des tumeurs (TNF). Ce facteur est une petite protéine qui perturbe l'apport sanguin des cancers chez les animaux. On s'intéresse beaucoup à l'heure actuelle aux traitements du cancer fondés sur le facteur nécrosant des tumeurs et d'autres cytokines telles que l'interleukine 2 (chapitre 17, p. 536) et les interférons (chapitre 16, p. 517).

Le traitement du cancer par des moyens immunologiques, l'**immunothérapie,** est une approche qui est appelée à se répandre. Parmi ces techniques prometteuses, on compte les immunotoxines. Nous avons vu au chapitre 17 qu'une immunotoxine est préparée en combinant un anticorps monoclonal et un agent toxique, tel que la ricine (un poison) ou un composé radioactif. Les immunotoxines sont d'abord disséminées dans le corps par l'intermédiaire du système cardiovasculaire. L'anticorps monoclonal, qui est dirigé contre un type particulier d'antigène tumoral, localise alors sélectivement la cellule cancéreuse; l'agent toxique qu'il porte détruit cette dernière mais touche peu, ou pas du tout, les tissus sains. L'*herceptin* est un anticorps monoclonal employé à l'heure actuelle, de façon limitée, dans le traitement du cancer du sein. Il bloque le récepteur d'un facteur de croissance sur les cellules tumorales.

Les chercheurs s'intéressent à une technique récente et prometteuse pour la thérapie par les anticorps, qui consiste à neutraliser les cytokines à l'origine de l'apport sanguin nécessaire à la prolifération des tumeurs. Ce traitement a pour objectif d'empêcher la formation du tissu conjonctif qui compose la majeure partie de la masse d'une tumeur. Ainsi, les cellules cancéreuses isolées ne se transformeraient pas en tumeurs.

Il est aussi possible qu'on trouve un vaccin contre le cancer. Par exemple, il existe depuis longtemps un vaccin efficace contre la maladie de Marek, un type de cancer de la volaille. La mise au point d'un vaccin contre le cancer exige d'isoler des antigènes tumoraux appropriés et de les produire en grande quantité. Et ce ne sont là que les premières étapes d'une démarche longue et coûteuse.

# Le syndrome d'immunodéficience acquise (SIDA)

En 1981, quelques cas de pneumonie à *Pneumocystis* (chapitre 24) sont signalés dans la région de Los Angeles. Cette maladie extrêmement rare ne s'observe habituellement que chez les individus immunodéprimés (ou immunosupprimés). Les chercheurs établissent rapidement une corrélation entre l'apparition de cette maladie et l'incidence inattendue d'une forme rare de cancer de la peau et des vaisseaux sanguins appelée sarcome de Kaposi. Par ailleurs, les individus atteints sont tous des hommes homosexuels jeunes qui présentent une perte des fonctions immunitaires. Dès 1983, l'agent pathogène qui cause cette perte des fonctions immunitaires est déterminé. Il s'agit d'un virus qui infecte sélectivement les lymphocytes T auxiliaires et qui porte aujourd'hui le nom de virus de l'immunodéficience humaine (VIH).

## L'origine du SIDA

### Objectif d'apprentissage

- *Illustrer par deux exemples comment les maladies infectieuses émergentes voient le jour.*

On croit aujourd'hui que le VIH est apparu par suite de la mutation d'un virus présent depuis longtemps sous forme endémique dans certaines régions d'Afrique centrale. Les chercheurs pensent qu'un virus relativement inoffensif qui infecte les singes et les chimpanzés s'est introduit dans la population humaine lorsque les animaux ont été écorchés et dépecés avant d'être mangés. Selon les modèles mathématiques de Bette Korber du Los Alamos National Laboratory, qui rendent compte de l'évolution présumée du VIH, le virus est probablement passé chez l'humain vers 1930. La maladie se serait propagée lentement, sans attirer l'attention, tant que sa transmission restait limitée à de petits villages. Stratégiquement, le virus ne devait pas entraîner l'invalidité de ses hôtes ni leur mort rapide du fait d'une trop forte virulence ; sinon il n'aurait pas pu se maintenir dans les populations des villages. La cessation abrupte du colonialisme européen a perturbé les structures sociales de l'Afrique subsaharienne. La population s'est mise à migrer vers les villes ; on croit que les conséquences de l'urbanisation, telles que l'augmentation de la prostitution et la croissance du transport routier, sont responsables de la dissémination de la maladie. Le premier cas attesté de SIDA est celui d'un patient de Léopoldville au Congo belge (aujourd'hui Kinshasa, capitale de la République démocratique du Congo). L'homme est mort en 1959 ; les échantillons de son sang qui ont été conservés contiennent des anticorps anti-VIH. En Occident, le premier cas confirmé de SIDA est celui d'un marin norvégien mort en 1976, qui a probablement été infecté en 1961 ou 1962 par suite de contacts qu'il aurait eus en Afrique occidentale.

## L'infection par le VIH

### Objectifs d'apprentissage

- *Expliquer comment le VIH se fixe sur une cellule hôte.*
- *Nommer des moyens employés par le VIH pour éviter les attaques du système immunitaire de l'hôte.*
- *Décrire le processus physiopathologique d'une infection par le VIH.*
- *Relier le SIDA au mécanisme physiopathologique qui conduit à l'apparition d'une grande susceptibilité aux infections opportunistes.*

Une des erreurs les plus répandues concernant le VIH consiste à croire qu'être infecté par le virus est synonyme d'avoir le SIDA. Mais le SIDA n'est que le stade final d'une longue infection.

### La structure du VIH

Le VIH, qui appartient au genre *Lentivirus,* est un rétrovirus. Il possède deux brins identiques d'ARN, une enzyme – la transcriptase inverse – et une enveloppe de phospholipides (figure 19.11a). L'enveloppe est hérissée de spicules composés de glycoprotéines dont certaines sont appelées gp120.

### L'infectiosité et le pouvoir pathogène du VIH

Nous avons illustré les différentes phases de l'infection par un rétrovirus à la figure 13.19. Les figures 19.11 et 19.12 reprennent quelques étapes de ce déroulement. Les spicules permettent au virus de s'arrimer aux récepteurs CD4 et de s'adsorber à la cellule hôte (figure 19.11b). Les récepteurs CD4 sont présents sur les lymphocytes T auxiliaires, les macrophagocytes et les cellules dendritiques – principales cellules hôtes du VIH. À lui seul, le récepteur CD4 n'est pas suffisant pour que l'infection ait lieu. Certains corécepteurs, qui sont en fait des récepteurs de chimiokines, sont aussi requis. Les deux corécepteurs de chimiokines les mieux connus, qui portaient à l'origine le nom de fusines, sont appelés CCR5 et CXCR4. Cette nomenclature rébarbative représente la séquence des premiers acides aminés de ces protéines. L'expression CCR5 indique que la séquence de départ se compose de deux cystéines, d'où CC. Si un acide aminé quelconque est interposé entre les deux premières cystéines, on écrit CXC. La lettre R représente par convention le reste de la molécule. Grosso modo, le corécepteur CCR5 est surtout important pour l'infection des macrophagocytes et entre en jeu dans les premiers stades de l'infection. Le corécepteur CXCR4 intervient surtout dans l'infection des lymphocytes T auxiliaires et est présent surtout dans les stades ultérieurs.

L'adsorption du virus est suivie de sa pénétration dans la cellule hôte, par fusion de sa membrane lipidique avec celle de la cellule, un lymphocyte T auxiliaire (figure 13.19). Une fois à l'intérieur de la cellule, l'ARN viral est libéré et transcrit en ADN par l'action enzymatique de la transcriptase inverse. Cet ADN proviral s'intègre alors à l'ADN d'un chromosome du lymphocyte T auxiliaire. Deux situations

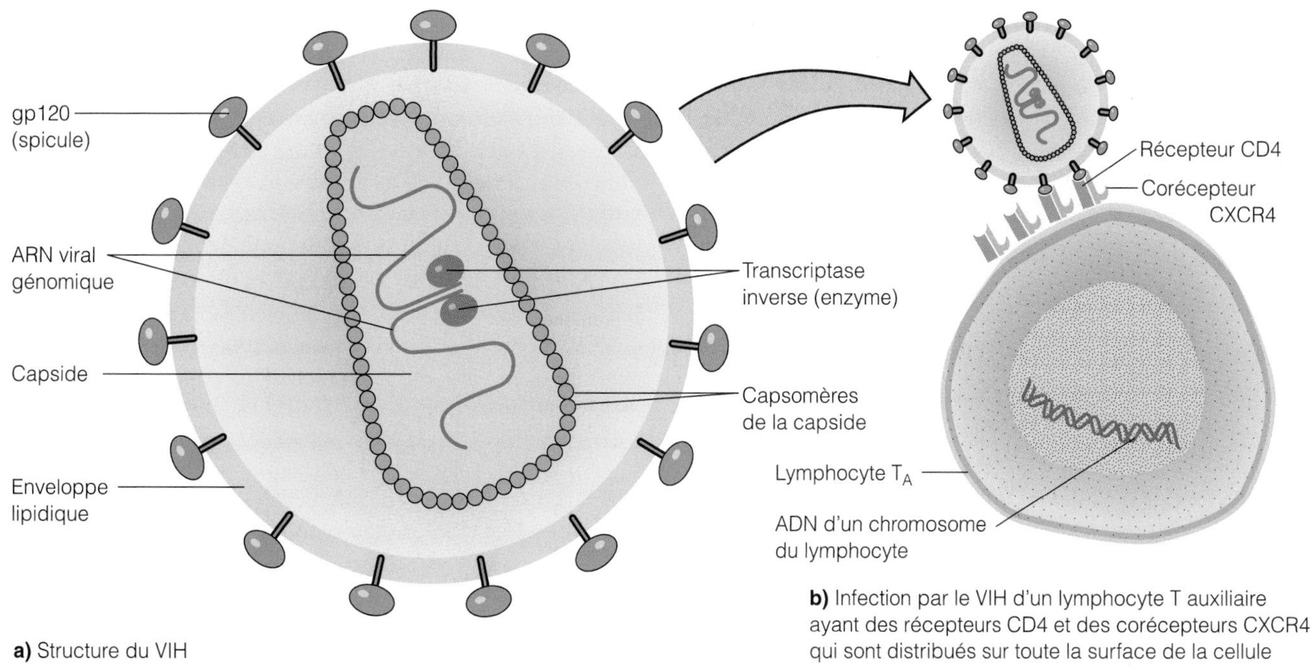


**a)** Structure du VIH

**b)** Infection par le VIH d'un lymphocyte T auxiliaire ayant des récepteurs CD4 et des corécepteurs CXCR4 qui sont distribués sur toute la surface de la cellule

FIGURE 19.11 **Structure du VIH et mode de fixation du virus sur les récepteurs des lymphocytes T ciblés.**

■ Pourquoi le VIH infecte-t-il de préférence les lymphocytes CD4?

peuvent se présenter. D'une part, l'ADN proviral intégré peut régir le déroulement d'une *infection active* au cours de laquelle a lieu la transcription de l'ADN proviral en ARN viral (génome) et en ARN messager, ce dernier étant par la suite traduit en protéines virales; de nouveaux virus se forment ainsi et quittent le lymphocyte T auxiliaire par bourgeonnement, comme l'illustre la figure 19.12b. La réplication du virus et son bourgeonnement peuvent se faire avec une telle rapidité que la cellule finit par éclater.

À l'opposé, l'ADN intégré peut rester inactif, ne pas produire de nouveaux VIH et demeurer tapi dans le chromosome de la cellule hôte sous forme de *provirus* (figure 19.12a). En tant que provirus, il échappe à la détection par le système immunitaire. Les VIH produits par une cellule hôte ne sont pas nécessairement libérés dans le milieu mais peuvent demeurer sous forme de *virions latents* dans des vacuoles au sein de la cellule, comme l'illustre la figure 19.13a. Si la cellule, par exemple un macrophagocyte, est activée, de nouveaux virus sont produits; les virions latents et les nouveaux virus sont libérés par bourgeonnement, alors que d'autres virions sont emprisonnés dans des vacuoles et persistent sous forme latente (figure 19.13b).

Cette capacité du virus de rester caché sous forme de provirus ou de virion latent à l'intérieur d'une cellule hôte est une des principales raisons pour lesquelles les anticorps anti-VIH élaborés par les individus infectés ne parviennent pas à inhiber l'évolution de l'infection. Le VIH utilise un autre moyen pour se soustraire aux attaques du système immunitaire; il s'agit de la fusion de cellules, moyen par lequel le virus se déplace d'une cellule infectée à une cellule voisine encore saine (voir la section sur les effets cytopathogènes au chapitre 15).

Le virus échappe aussi aux moyens de défense immunitaires en s'adonnant à des variations antigéniques rapides. En raison de l'étape de la transcriptase inverse, les rétrovirus ont un taux de mutation élevé par rapport aux virus à ADN. Ils sont aussi dépourvus du mécanisme d'édition qui permet aux virus à ADN de corriger les erreurs de réplication. En conséquence, chez une personne infectée, il apparaît probablement une mutation à chaque insertion du génome du VIH dans l'ADN de la cellule hôte, et ce à de nombreuses reprises tous les jours. Cela peut représenter une accumulation de 1 million de variantes du virus chez un individu asymptomatique et de 100 millions de variantes durant les derniers stades de l'infection. Ces quantités prodigieuses laissent entrevoir l'ampleur du problème de la résistance aux médicaments et les obstacles qui peuvent entraver l'élaboration de vaccins et de tests diagnostiques.

## Les sous-types de VIH

En se diversifiant, le VIH a commencé à former dans le monde des groupes distincts appelés *sous-types* ou *clades* (rameaux en grec). À l'heure actuelle, *VIH-1,* le plus répandu des grands types de VIH, est réparti en 11 sous-types. Les virus peuvent varier de 15 à 20% au sein de ces sous-types. Ils peuvent varier de 30% ou plus entre les sous-types. Un autre type de VIH important, *VIH-2,* se rencontre principalement en Afrique occidentale, rarement aux États-Unis et au Canada.

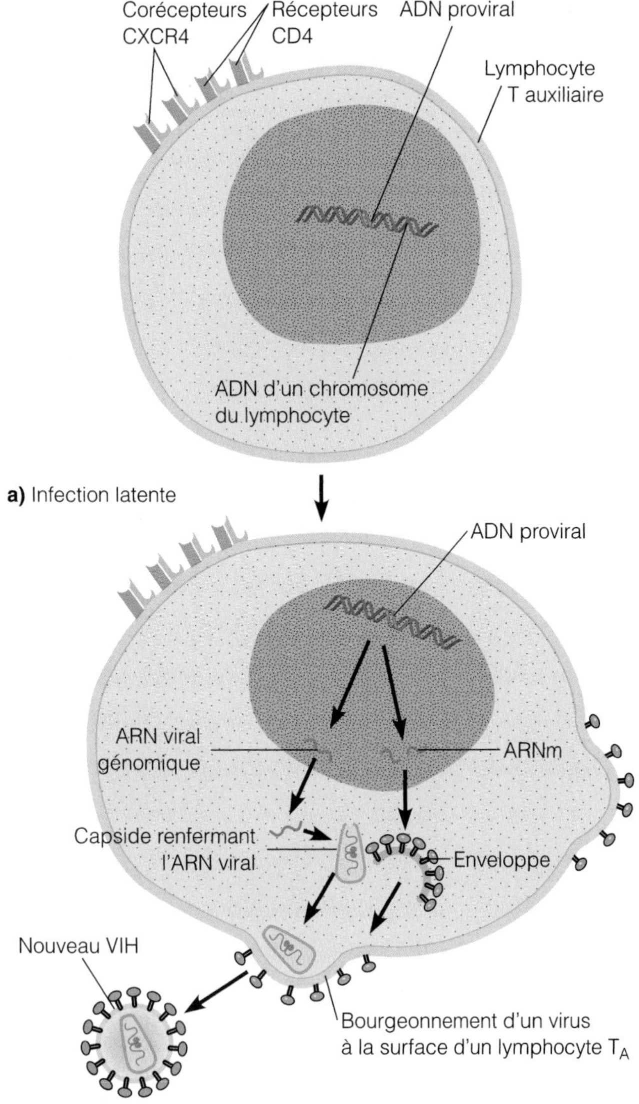


**FIGURE 19.12 Infection latente et infection active de lymphocytes T CD4 par le VIH. a)** Lors d'une infection latente, les gènes viraux ne sont pas transcrits et aucun nouveau virus n'est produit. **b)** Lors d'une infection active, l'ADN proviral régit la synthèse de nouveaux virus, qui quittent la cellule hôte par bourgeonnement.

■ L'infection des lymphocytes T CD4 par le VIH peut être active ou latente.

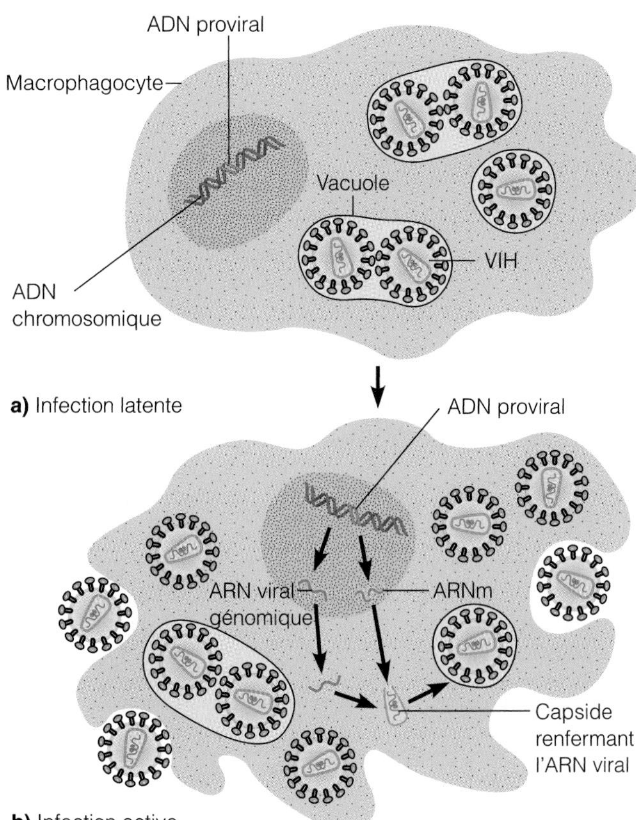


**FIGURE 19.13 Infection latente et infection active de macrophagocytes par le VIH. a)** Lors d'une infection latente, les nouveaux virus sont emmagasinés dans des vacuoles après leur synthèse. Le virus est aussi présent sous forme de provirus dans l'ADN chromosomique de la cellule. Si le macrophagocyte est activé (non le virus à l'origine de l'infection), les nouveaux virus sont libérés. **b)** Lors d'une infection active, il y a production de nouveaux virus ; certains demeurent dans des vacuoles, d'autres sont libérés. Notez aussi les provirus latents dans les chromosomes.

■ Quelle est la différence entre une infection active et une infection latente ?

L'évolution de l'infection jusqu'au SIDA est beaucoup plus longue dans le cas de VIH-2.

## Les stades de l'infection par le VIH

Les Centers for Disease Control (CDC) divisent l'évolution de l'infection par le VIH chez l'adulte en trois stades cliniques ou « catégories » (figure 19.14).

1. *Catégorie A.* À ce stade, l'infection peut être asymptomatique ou causer une lymphadénopathie (nœuds lymphatiques enflés) persistante.
2. *Catégorie B.* Ce stade est caractérisé par l'apparition des premiers signes d'insuffisance immunitaire. Il s'agit d'infections persistantes par la levure *Candida albicans,* qui peuvent se manifester dans la bouche, la gorge ou le vagin. On peut aussi observer d'autres affections, telles que le zona, des diarrhées et une fièvre persistantes, des plaques blanchâtres sur la muqueuse orale (leucoplasie chevelue) et certains états cancéreux ou précancéreux du col de l'utérus.
3. *Catégorie C.* C'est le stade du SIDA. Les signes importants de la maladie sont les infections par *Candida albicans* dans l'œsophage, les bronches et les poumons ; les infections des yeux par le cytomégalovirus ; la tuberculose ; la pneumonie à *Pneumocystis* ; la toxoplasmose encéphalique et le sarcome de Kaposi (probablement causé par l'herpèsvirus humain 8).

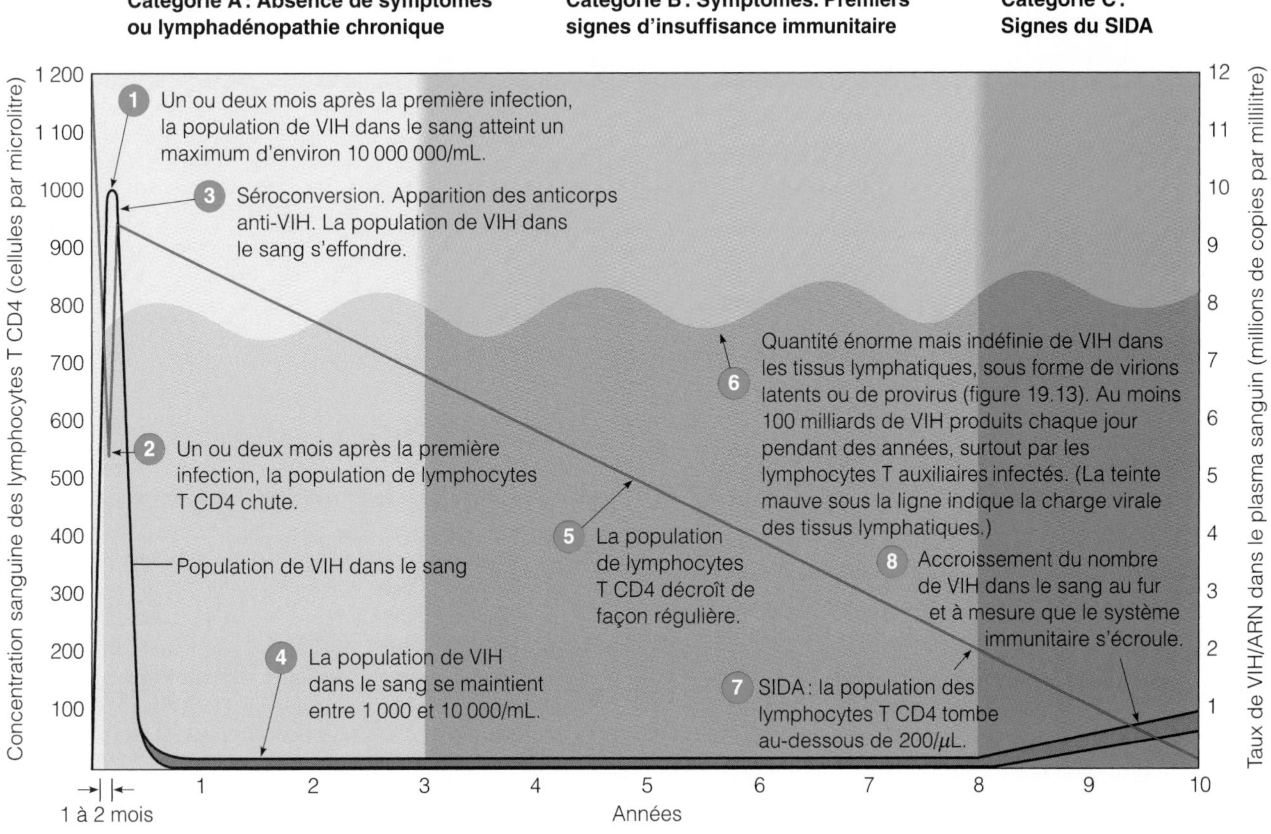


**FIGURE 19.14 Évolution de l'infection par le VIH.**

■ Qu'est-ce qui fait chuter la population de VIH dans les premiers mois après l'infection ?

Les CDC divisent aussi l'évolution des infections par le VIH selon les populations de lymphocytes T. Cette classification a pour objectif principal de fournir des indications pour le traitement telles que le moment approprié pour administrer certains médicaments. La population normale de lymphocytes T CD4 chez un individu sain est de 800 à 1 000 lymphocytes T CD4 par microlitre (1 microlitre = 1 mm$^3$). Un nombre inférieur à 200 par microlitre est considéré comme symptomatique du SIDA, quelle que soit la catégorie clinique observée.

En règle générale, l'évolution de la maladie, à partir de l'infection par le VIH jusqu'au SIDA, s'étend sur environ 10 ans chez l'adulte. Pendant ce temps, la guerre cellulaire fait rage sur une très grande échelle. Au moins 100 milliards de VIH sont produits tous les jours, chacun ayant une demi-vie remarquablement courte d'à peu près 6 heures. Ces virus doivent être éliminés par le corps qui se défend au moyen d'anticorps, de lymphocytes T cytotoxiques et de macrophagocytes. La plupart des VIH proviennent des lymphocytes T CD4 infectés, qui meurent au bout d'environ 2 jours (normalement, les lymphocytes T vivent plusieurs années). Chaque jour, près de 2 milliards de lymphocytes T CD4, en moyenne, sont produits pour compenser les pertes. Mais avec le temps, il y a une perte nette quotidienne d'au moins 20 millions de lymphocytes T CD4 ; c'est là un des principaux signes de l'évolution de l'infection par le VIH. Les études les plus récentes révèlent que la diminution des lymphocytes T CD4 n'est pas entièrement imputable à la destruction directe des cellules par le virus ; elle est plutôt causée par le raccourcissement de la durée de vie des cellules et l'incapacité du corps à combler les pertes en augmentant la production de lymphocytes T. En réduisant le nombre de virus, la chimiothérapie enlève apparemment cette inhibition qui limite la production de nouveaux lymphocytes T.

## L'infection par le VIH et le pronostic vital

L'infection par le VIH ravage le système immunitaire, si bien qu'il est incapable de réagir efficacement aux agents pathogènes. Le tableau 19.5 présente un résumé des maladies ou des états le plus souvent associés à l'infection par le VIH et au SIDA. Les succès obtenus dans le traitement de ces affections ont permis de prolonger la vie de nombreux individus infectés par ce virus.

Au fur et à mesure que s'accumulent les données sur l'épidémie du SIDA, on s'aperçoit que tous les séropositifs ne sont pas entraînés inexorablement vers le SIDA et la mort. Un groupe appréciable – environ 5 % des personnes infectées – est constitué de cas *non évolutifs à long terme*. Ces individus infectés sont épargnés par le SIDA et sont même sans symptômes ; de plus, ils ont un nombre stable de lymphocytes

**Tableau 19.5** *Quelques maladies souvent associées au SIDA*

| Agent pathogène ou maladie | Description de la maladie |
|---|---|
| **Protozoaires** | |
| *Cryptosporidium parvum* | Diarrhée persistante |
| *Toxoplasma gondii* | Encéphalite |
| *Isospora belli* | Gastroentérite |
| **Virus** | |
| Cytomégalovirus | Fièvre, encéphalite, cécité |
| Virus de l'herpès simplex | Vésicules sur la peau et les muqueuses |
| Virus de la varicelle et du zona | Zona |
| **Bactéries** | |
| *Mycobacterium tuberculosis* | Tuberculose |
| *M. avium-intracellulare* | Peut infecter beaucoup d'organes ; gastroentérite et autres symptômes très variables |
| **Mycètes** | |
| *Pneumocystis carinii* | Pneumonie qui menace la vie du malade |
| *Histoplasma capsulatum* | Infection disséminée |
| *Cryptococcus neoformans* | Maladie disséminée, mais en particulier méningite |
| *C. albicans* | Prolifération sur les muqueuses orale et vaginale (catégorie B d'infection par le VIH) |
| *C. albicans* | Prolifération dans l'œsophage, les poumons (catégorie C d'infection par le VIH) |
| **Cancers et états précancéreux** | |
| Sarcome de Kaposi | Cancer de la peau et des vaisseaux sanguins (probablement causé par HHV-8) |
| Leucoplasie chevelue | Plaques blanchâtres sur les muqueuses ; état généralement considéré comme précancéreux |
| Dysplasie cervicale | Tumeur du col de l'utérus |

T CD4. On prévoit une survie de plus de 25 ans. On a observé que, dans certains cas, le virus semble moins virulent ; mais dans la plupart des cas le système immunitaire, en particulier le contingent des lymphocytes $T_C$, est apparemment plus efficace chez ces individus.

L'âge de la personne infectée peut aussi être un facteur important. Les adultes plus âgés sont moins capables de remplacer les populations de lymphocytes T antiviraux. Les nouveau-nés de mères séropositives ne sont pas toujours infectés – en fait, c'est la minorité qui l'est. La vitesse de l'évolution de la maladie chez les nourrissons atteints est directement proportionnelle à la gravité de la maladie chez la mère. Les bébés les plus gravement infectés survivent moins de 18 mois.

L'épidémie du SIDA offre un autre aspect étonnant, à savoir le fait que certaines personnes sont exposées à de nombreuses reprises au VIH et ne sont jamais infectées. Les observations indiquent que leurs lymphocytes T CD4 ont une résistance innée.

## Les tests diagnostiques

### Objectif d'apprentissage

- *Décrire comment on pose un diagnostic d'infection par le VIH.*

En règle générale, il est plus simple et moins coûteux de révéler les anticorps dirigés contre le VIH que de chercher le virus lui-même. En conséquence, la plupart des tests de dépistage des infections par le VIH détectent en fait les anticorps anti-VIH ; un individu dont le test présente un résultat positif est dit *séropositif.* On utilise le plus souvent une variante de la méthode ELISA (figure 18.12). Les résultats positifs sont confirmés par la technique de transfert de Western (figure 10.11). Les tests fondés sur les anticorps présentent un inconvénient majeur : ils ne rendent pas compte de l'intervalle entre l'infection et l'apparition d'anticorps détectables, ou **séroconversion.** En raison du délai entre ces deux événements, il est possible de transfuser du sang ou de transplanter des tissus d'un donneur qui porte le virus mais qui, selon les tests, n'a pas encore d'anticorps anti-VIH détectables. On a réussi à réduire cet intervalle à environ 25 jours. Les tests basés sur les acides nucléiques, qui révèlent le virus lui-même, sont si sensibles qu'ils peuvent détecter une quantité aussi faible que 10 VIH. Ils sont passablement plus coûteux et il faut de 48 à 72 heures pour obtenir les résultats.

Notez sur la figure 19.14 que la séroconversion est précédée d'une première flambée de la population des VIH. Il y a plusieurs méthodes de détection et de quantification du virus. On détecte l'ARN viral après avoir reproduit certains fragments du génome viral au moyen de l'amplification en chaîne par polymérase (ACP). À l'heure actuelle, cette méthode est utilisée pour révéler les infections chez les nouveau-nés de mères infectées par le VIH (dans les cas où les anticorps maternels rendent les autres tests inutilisables), et dans certaines situations particulières telles que les travaux de recherche où il est nécessaire de connaître la charge virale. La Croix-Rouge américaine est en train d'instaurer les tests ACP pour la détection du VIH dans tous ses centres régionaux. On combine et on vérifie les échantillons de 120 dons à la fois. S'il y a présence de VIH, on met de nouveau à l'épreuve chaque échantillon de façon à dépister celui qui est infecté. On espère ainsi fermer l'intervalle qui permettait au virus de se transmettre.

Malgré les meilleurs tests existants, il subsiste toujours un risque faible mais réel de contracter le VIH par une transfusion ou une greffe. Il est aussi possible que les tests actuels ne détectent pas les innombrables variantes du VIH. Cela peut se produire, en particulier, quand des sous-types qui ne sont habituellement pas présents en Amérique du Nord y sont introduits inopinément. Les tests d'ARN viral ne mesurent que les virions qui se trouvent dans le sang. Néanmoins, il semble que ces nombres reflètent avec précision les quantités beaucoup plus considérables de virus contenus dans les cellules du système lymphatique, mais constamment libérés dans la circulation.

## La transmission du VIH

### Objectif d'apprentissage

- *Indiquer les voies de transmission du VIH.*

La transmission du VIH n'a lieu que si une personne reçoit des liquides organiques infectés ou entre en contact direct avec eux. Le liquide le plus important est le sang, qui contient de 1 000 à 100 000 virus infectieux par millilitre, suivi du sperme, qui contient de 10 à 50 virus par millilitre. Les virus se trouvent souvent à l'intérieur de cellules dans ces liquides, en particulier dans les macrophagocytes. Le VIH peut survivre plus de 1,5 jour au sein d'une cellule mais seulement quelque 6 heures au-dehors.

Les voies de transmission du VIH comprennent les relations sexuelles, le lait maternel, l'infection transplacentaire du fœtus, les seringues contaminées par du sang, les greffes d'organes, l'insémination artificielle et les transfusions sanguines. Le type de relation sexuelle le plus dangereux est vraisemblablement le coït anal. Lors du coït vaginal, il est beaucoup plus probable que le VIH se transmette de l'homme à la femme que l'inverse. Par ailleurs, la transmission dans un sens ou dans l'autre est beaucoup plus grande s'il y a présence de lésions génitales. La transmission peut aussi avoir lieu, bien que rarement, par contact orogénital.

Le VIH n'est pas transmis par les insectes ou par les contacts simples tels que serrer une personne infectée dans ses bras ou partager les mêmes articles ménagers. La salive contient généralement moins de 1 virus par millilitre, et on ne connaît aucun cas de contagion par les baisers. Dans les pays industrialisés, la transmission par les transfusions est peu probable parce qu'on s'assure que le sang ne contient pas d'anticorps anti-VIH. Cependant, il existe toujours un faible risque, comme nous l'avons mentionné plus haut.

## Le SIDA dans le monde

### Objectif d'apprentissage

- *Examiner la distribution géographique de la transmission du VIH.*

Environ deux décennies seulement après le premier cas reconnu du SIDA, les infections par le VIH sont devenues une pandémie planétaire. On estime que le SIDA a fait 2,5 millions de morts dans le monde et que plus de 47 millions d'adultes, d'enfants et de nourrissons sont infectés par le VIH. Il s'agit de la principale cause de mort en Afrique subsaharienne ainsi que dans un grand nombre de grandes villes des Amériques et d'Europe (figure 19.15). Il y a probablement 16 000 nouvelles infections par le VIH tous les jours dans le monde.

Trois grandes tendances épidémiologiques se dégagent :

- Aux États-Unis, au Canada, en Europe de l'Ouest, en Australie, en Afrique du Nord et dans certaines régions d'Amérique du Sud, le VIH atteint surtout les usagers de drogues par injection (UDI) ainsi que les hommes homosexuels et bisexuels. En Europe de l'Ouest et en Amérique du Nord, l'incidence de transmission hétérosexuelle augmente rapidement. On estime que les femmes seront bientôt infectées au même rythme que les hommes.
- En Afrique subsaharienne, la transmission du VIH s'effectue presque entièrement par contact hétérosexuel, et le nombre de femmes et d'hommes atteints est à peu près égal. Environ 3 % de la population est séropositive à l'égard du VIH ; dans certains centres urbains, la prévalence peut atteindre 30 %.
- L'infection s'est répandue ces dernières années en Europe de l'Est, au Moyen-Orient et, surtout, en Asie du Sud-Est. L'Organisation mondiale de la santé (OMS) estime que l'épidémie asiatique pourrait un jour éclipser toutes les autres par son importance et ses répercussions. Dans ces régions, l'épidémie touche les UDI, ceux qui vivent de la prostitution et les jeunes hommes hétérosexuels.

Les sous-types du VIH en Asie sont peut-être mieux adaptés à la transmission hétérosexuelle par les muqueuses. En Inde, l'OMS estime à l'heure actuelle qu'il y a jusqu'à 3,5 millions d'adultes infectés. Les prostituées des régions urbaines sont infectées à un taux qui frise parfois les 50 %, et on observe de plus en plus la maladie dans les milieux ruraux. L'Inde, dont la population est d'environ 1 milliard, aura peut-être bientôt plus de cas de SIDA que tout autre pays. Les statistiques sur l'infection par le VIH en Chine sont nébuleuses, mais l'OMS estime qu'il y a environ 400 000 individus atteints.

La figure 19.16 permet de comparer les modes de transmission du VIH aux États-Unis et dans le monde.

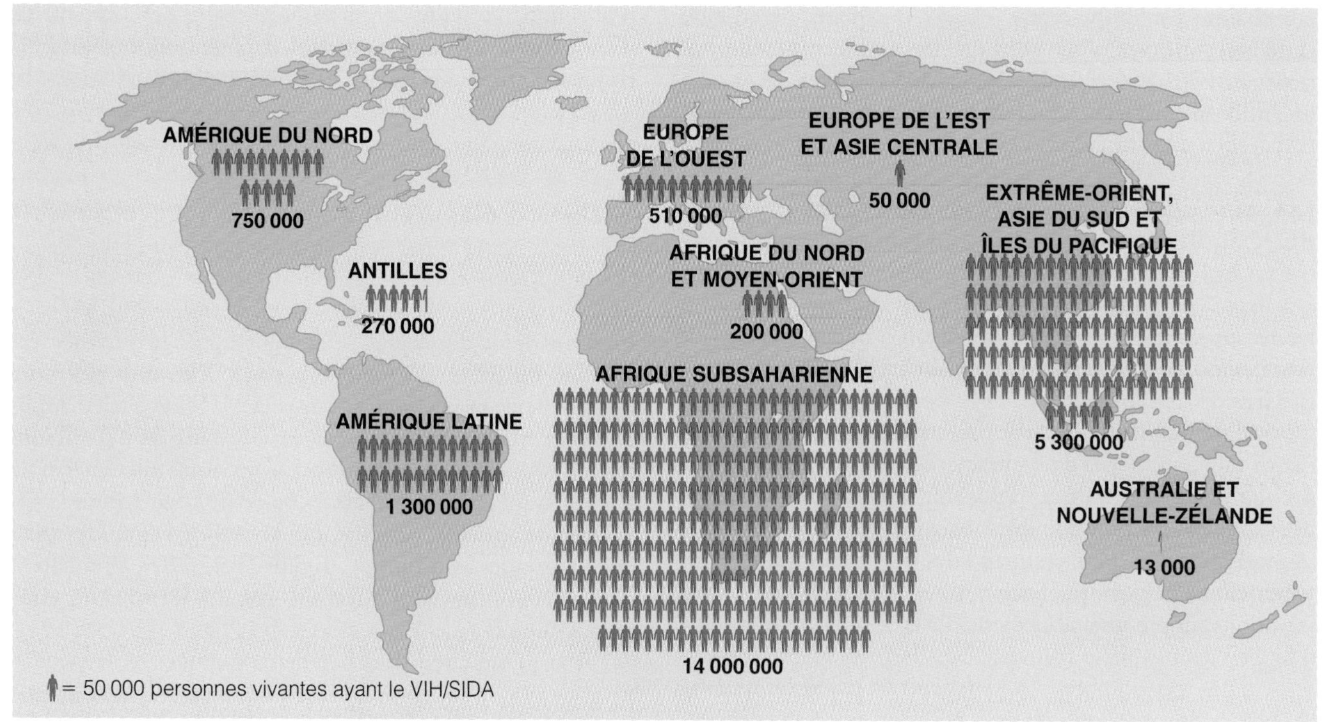


**FIGURE 19.15 Distribution des infections par le VIH et du SIDA dans le monde.** Chaque silhouette représente 50 000 personnes vivantes infectées par le VIH ou atteintes du SIDA. Dans le monde, 43 % des personnes vivantes ayant le VIH/SIDA sont des femmes.
SOURCE : Reproduit, avec la permission de l'éditeur, de *Confronting AIDS : Public Priorities in a Global Epidemic.* Carte produite à partir de données d'ONUSIDA par le service de cartographie de la Banque mondiale.

■ Selon vous, pour quelles régions les chiffres seraient-ils les plus exacts ?

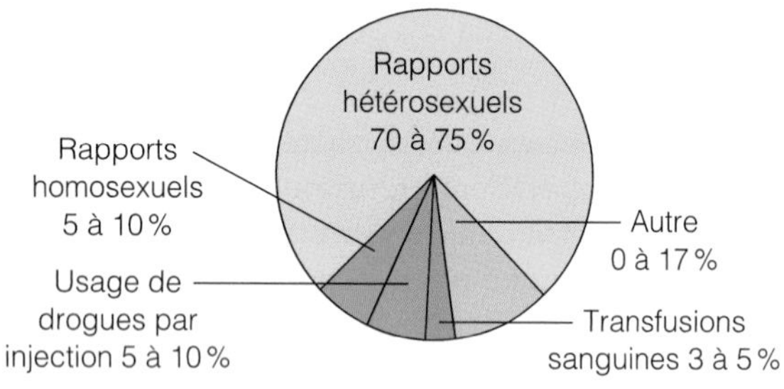


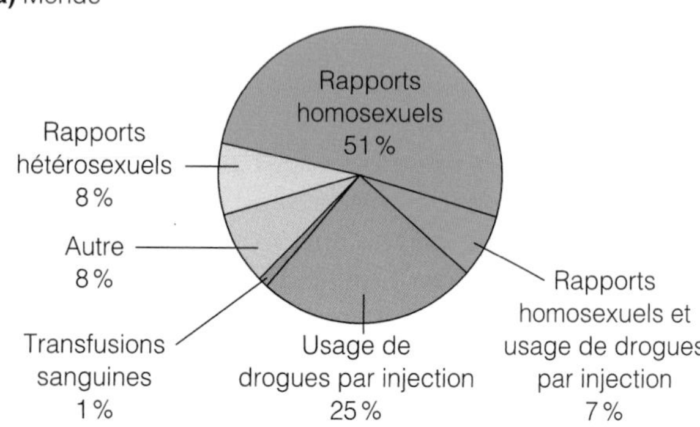


**FIGURE 19.16 Modes de transmission du VIH. a)** Dans la plupart des régions du monde, la transmission s'effectue principalement par les rapports hétérosexuels. **b)** Aux États-Unis comme au Canada, ce mode de transmission est beaucoup moins répandu, mais il est en croissance rapide. La transmission en Europe de l'Ouest ressemble à celle des États-Unis.

■ Dans le monde, le principal mode de transmission du VIH est celui des rapports hétérosexuels.

## La prévention et le traitement du SIDA

### Objectif d'apprentissage

- *Nommer les méthodes existantes de prévention et de traitement de l'infection par le VIH.*

À l'heure actuelle, dans la plupart des régions du monde, le seul moyen pratique de circonscrire l'infection consiste à freiner la transmission du virus. Pour ce faire, il faut des programmes d'éducation pour promouvoir l'utilisation du préservatif (condom) et décourager les rapports sexuels avec de nombreux partenaires. Il importe également de tenter de prévenir l'utilisation des seringues contaminées par les usagers de drogues par injection. Pour être efficaces, les programmes d'éducation exigent souvent des transformations sociales en profondeur qui ne sont pas faciles à réaliser, mais ils ont réussi à ralentir la propagation de l'infection à certains endroits.

Dans le milieu professionnel de la santé, les risques de contamination sont élevés et les mesures de prévention doivent être strictement observées. L'encadré du chapitre 13 (p. 413) décrit les situations auxquelles les travailleurs de la santé sont exposés et les précautions qu'ils doivent prendre afin d'éviter toute contamination par le virus du SIDA.

### Les vaccins contre le VIH

La seule façon réaliste et efficace d'enrayer cette épidémie consiste probablement à utiliser un vaccin bon marché. Cependant, l'élaboration d'un tel moyen s'est butée à un certain nombre d'obstacles, parmi lesquels on compte l'absence d'un hôte animal convenable qui manifeste les signes du SIDA. À l'heure actuelle, de nombreuses recherches portent sur le singe et le virus de l'immunodéficience simienne (VIS), qui présente de nombreuses similitudes avec le VIH (chapitre 13, p. 410). Le taux de mutation accéléré du VIH rend difficile la mise au point d'un vaccin efficace contre toutes les formes du virus.

La diversité des voies par lesquelles le VIH peut se transmettre constitue un autre obstacle à l'élaboration d'un vaccin. Un vaccin efficace doit protéger contre la transmission par différentes voies muqueuses, ce qui s'est avéré un objectif difficile à atteindre dans les expériences sur le VIS chez les singes, et contre le virus autant sous forme libre que retenu à l'intérieur de cellules. Il faut aussi qu'on puisse le vendre à un prix abordable dans les régions pauvres du monde et prendre les précautions qui s'imposent en matière de responsabilité civile. L'élaboration d'un vaccin contre le SIDA pose des difficultés beaucoup plus grandes que celles qu'il a fallu surmonter pour créer les vaccins existants, et les chances de réussite sont incertaines.

### La chimiothérapie

On a fait beaucoup de progrès dans l'utilisation de la chimiothérapie pour freiner les infections par le VIH. La première cible des médicaments anti-VIH a été la transcriptase inverse, enzyme qui n'est pas présente dans les cellules humaines. Plusieurs médicaments, tels que la *zidovudine* (qu'on représente par le sigle AZT et parfois ZDV), la *didanosine* (ddI) et la *zalcitabine* (ddC), sont des analogues de nucléosides qui mettent un terme à la transcription de l'ARN viral et, par conséquent, à sa synthèse par inhibition compétitive (chapitre 5, p. 131).

Les autres médicaments qui inhibent la transcription inverse ne sont pas des analogues d'acides nucléiques; ces inhibiteurs non nucléosidiques de la transcriptase inverse comprennent la *delavirdine,* l'*efavirenz* et la *nevirapine*.

La protéase virale constitue une autre cible prometteuse. Cette enzyme découpe certaines protéines en sous-unités qui servent par la suite à l'assemblage de la capside des nouvelles particules de VIH. On utilise à l'heure actuelle en clinique des inhibiteurs de la protéase, tels que, par exemple, l'*indinavir,* le *saquinavir* et le *ritonavir.* Le prochain groupe de médicaments anti-VIH comprendra probablement des inhibiteurs de l'intégrase. Cette enzyme incorpore l'ADN viral dans le chromosome de la cellule hôte. On peut interrompre sélectivement la production des VIH à plusieurs autres étapes. À l'heure actuelle, on est en train de mettre sur pied les premiers essais pour évaluer une classe de médicaments appelés inhibiteurs d'entrée ou de fusion, qui sont destinés à empêcher la pénétration du VIH (par endocytose) dans les cellules où il se multiplie.

L'expérience nous enseigne que le VIH devient rapidement résistant aux médicaments employés seuls. Mais on a obtenu des résultats encourageants en administrant des «cocktails» composés d'au moins trois inhibiteurs de la transcriptase inverse ou de la protéase. On peut réduire ainsi le nombre de VIH dans la circulation à tel point que le virus n'est plus détecté. Bien sûr, cela ne signifie pas nécessairement l'éradication, surtout si on considère les virions et les provirus «cachés» dans les cellules des tissus lymphatiques. Néanmoins, il est peut-être possible de réduire suffisamment la charge virale pour permettre au système immunitaire d'éliminer l'infection. Plus elle débute tôt, plus la chimiothérapie a de chances de réussir – du moins, de retarder l'échéance en ralentissant l'évolution du SIDA.

Les résultats à long terme de la chimiothérapie sont encore incertains. Toutefois, cette thérapie a remporté un succès incontestable; elle a en effet permis de réduire les risques de transmission du VIH des mères infectées à leur bébé. L'administration d'AZT seul suffit à en réduire nettement l'incidence. Le prix de ces médicaments est malheureusement un obstacle important à leur diffusion, même dans les pays prospères, et il est absolument prohibitif dans le reste du monde. (Voir l'encadré de la page suivante pour en savoir plus sur les nouvelles façons de traiter le SIDA.)

## L'épidémie du SIDA et l'importance de la recherche scientifique

L'épidémie du SIDA fournit un argument éloquent en faveur de la poursuite de la recherche fondamentale en science. Sans les percées qui ont été faites en biologie moléculaire au cours des dernières décennies, nous n'aurions même pas pu déterminer le germe causal du SIDA. Nous aurions été incapables de mettre au point les tests de dépistage du virus dans les dons de sang, de trouver les endroits, dans le cycle vital du VIH, contre lesquels élaborer des médicaments à toxicité sélective, voire de suivre l'évolution de l'infection. Au cours de notre vie, la plupart d'entre nous aurons eu l'occasion d'être témoins d'une page d'histoire médicale écrite par ceux qui luttent sans répit contre ce virus mortel si difficile à cerner.

LA MICROBIOLOGIE DANS L'ACTUALITÉ

# Les nouvelles armes contre le SIDA

Le VIH, qui est capable non seulement d'échapper aux cellules du système immunitaire mais aussi de les investir pour s'y cacher ou les détruire, est à l'origine d'une infection qui est extrêmement difficile à traiter ou à prévenir par la vaccination. Ce virus est si inusité et dangereux qu'il a provoqué un effort de recherche intense sur la vaccination et la chimiothérapie, avec des méthodes tant traditionnelles qu'extrêmement originales.

## LES VACCINS

On est en train d'élaborer des vaccins expérimentaux à partir de gp120 et d'autres glycoprotéines présentes à la surface de l'enveloppe virale. On estime que les anticorps dirigés contre les protéines de l'enveloppe permettront non seulement d'attaquer les virus libres, mais aussi de bloquer les gp120 à la surface des lymphocytes T auxiliaires infectés, prévenant ainsi la fusion des cellules et la transmission directe d'une cellule à l'autre. Ces vaccins et d'autres sont actuellement à l'essai chez l'humain. Au départ, ces essais cliniques servent seulement à établir si les vaccins provoquent une réponse immunitaire et si on peut les utiliser sans danger. Il est beaucoup plus difficile de déterminer s'ils préviennent effectivement le SIDA. Même si un volontaire sain devient infecté par le VIH peu de temps après le début de ces essais, les chercheurs prévoient qu'il faudra attendre entre 3 et 5 ans avant de savoir si le vaccin prévient le SIDA, parce que la maladie est très lente à se déclarer.

La société VaxGen en Californie commence les essais cliniques d'un vaccin contre le SIDA. Trois mille personnes non infectées qui ont un partenaire séropositif à l'égard du VIH seront vaccinées et 2 000 recevront des injections placebo. Les 5 000 sujets seront contrôlés au bout de 3 ans.

Le VIH s'introduit habituellement dans le corps par les muqueuses. Par conséquent, il est possible que l'application locale d'un produit chimique anti-VIH prévienne l'infection. L'AIDS Vaccine Evaluation Group est en train de prendre en considération l'administration orale, vaginale et rectale de vaccins pour activer la production d'anticorps de la classe IgA dirigés contre le VIH.

Bien que plusieurs essais cliniques de vaccins par la gp120 soient en cours, les chercheurs ne sont pas optimistes. Les vaccins stimulent la production d'anticorps contre les glycoprotéines gp120, mais l'antigène ciblé n'est pas bien exposé à la surface du virus et les anticorps n'y ont pas facilement accès. De plus, les essais récents de vaccination chez le singe, à l'aide de virus de l'immunodéficience simienne atténués, ont causé la mort des trois quarts des animaux-test. Le virus atténué avait la capacité de se reproduire et était encore virulent.

## L'IMMUNOTHÉRAPIE

On sait que, sous l'action de l'interféron-$\alpha$, les cellules produisent des protéines antivirales. En 1996, la société Interferon Sciences Inc. a mis sur pied des essais cliniques en vue de traiter des patients du SIDA par l'interféron-$\alpha$.

Au cours d'un essai effectué au National Institute of Allergy and Infectious Diseases, des personnes infectées par le VIH et souffrant d'une diminution modérée des fonctions immunitaires ont reçu de l'IL-2 pendant 8 mois. Sous l'action de l'IL-2, le nombre de cellules CD4 a augmenté de 50 % dans le groupe-test. En 1999, on a entrepris des essais cliniques du traitement à l'IL-2 dans plusieurs pays.

## LA THÉRAPIE GÉNIQUE

En 1996, la société Cell Genesys a lancé des essais cliniques de traitement du SIDA au moyen de la thérapie génique. La thérapeutique consiste à prélever des lymphocytes T des patients infectés, puis à les modifier par génie génétique de façon qu'ils reconnaissent et détruisent les cellules infectées par le VIH. Enfin, on réinjecte les lymphocytes T modifiés dans la circulation sanguine du patient.

## LA PROTECTION DES MUQUEUSES

La découverte de composés qui serviraient de barrières à la hauteur des muqueuses pourrait permettre de produire des gels vaginaux destinés à prévenir l'infection par le VIH.

## LES INHIBITEURS DES CORÉCEPTEURS

À l'heure actuelle, on emploie trois classes de médicaments pour traiter les infections par le VIH : 1) les inhibiteurs nucléosidiques de la transcriptase inverse, 2) les inhibiteurs non nucléosidiques de la transcripase inverse et 3) les inhibiteurs de la protéase. Les chercheurs de la Trimeris Company en Caroline du Nord font des études sur une quatrième classe de produits pharmaceutiques : les inhibiteurs de corécepteurs. Le nouveau médicament, T-20, empêche la pénétration du VIH dans la cellule hôte en perturbant la fusion de cette dernière avec la gp41 virale. Le T-20 fait actuellement l'objet d'essais cliniques.

## LES TRAITEMENTS MICROBIENS CONTRE LE VIH

Sharon Hill de l'Université de Pittsburgh a déterminé deux bactéries productrices d'acide lactique, *Lactobacillus crispatus* et *L. jensenii,* dans la flore microbienne du vagin qui produisent des bactériocines capables d'inhiber le VIH. Des études ont révélé une corrélation entre l'absence de ces bactéries et la transmission du VIH par les rapports sexuels.

Des chercheurs de la Yale Medical School expérimentent un virus qui tue les cellules en culture infectées par le VIH. Ils ont modifié par génie génétique un virus des bovins, le virus de la stomatite vésiculeuse (VSV), de façon qu'il exprime à sa surface la molécule CD4 et les corécepteurs. Les VSV se fixent aux cellules infectées par le VIH qui affichent la gp120 à leur surface. Ils pénètrent alors dans les cellules infectées et les tuent, mais n'ont aucun effet sur les cellules saines.

La recherche sur de nouveaux traitements et vaccins pour combattre le VIH se poursuit sans relâche. Toutefois, il faudra des années d'expérimentation et d'essais soutenus pour mettre au point des médicaments et des vaccins efficaces.

# RÉSUMÉ

## INTRODUCTION (p. 571)

1. Le rhume des foins, le rejet des greffes et l'auto-immunité sont des exemples de réactions immunitaires nocives.
2. Les infections et l'immunodéficience sont des exemples d'échecs du système immunitaire.
3. Les superantigènes stimulent un grand nombre de récepteurs des lymphocytes T, provoquant ainsi la libération d'une quantité excessive de cytokines qui peuvent occasionner chez l'hôte des réponses nocives.

## L'HYPERSENSIBILITÉ (p. 572-581)

1. Les réactions d'hypersensibilité sont des réponses immunitaires à un antigène (allergène) qui entraînent des lésions des tissus plutôt que l'immunité.
2. Les réactions d'hypersensibilité surviennent quand une personne a été sensibilisée au préalable à l'allergène.
3. Il y a quatre classes de réactions d'hypersensibilité : les types I, II et III sont des réactions qui relèvent de l'immunité humorale (avec anticorps) ; le type IV est une réaction retardée relevant de l'immunité à médiation cellulaire (avec lymphocytes T).

### Les réactions de type I (anaphylactiques) (p. 572-575)

1. Consécutives à l'exposition de l'individu à un allergène, les réactions anaphylactiques sont caractérisées par la production d'anticorps de la classe des IgE qui se lient aux mastocytes et aux granulocytes basophiles de telle sorte qu'ils sensibilisent l'hôte.
2. La liaison d'un allergène à deux anticorps IgE adjacents stimule la libération, par les mastocytes et les granulocytes basophiles, de médiateurs chimiques, tels que l'histamine, les leucotriènes et les prostaglandines, qui causent les réactions allergiques observées.
3. L'anaphylaxie systémique peut survenir dans les minutes qui suivent l'injection ou l'ingestion de l'allergène. Elle peut entraîner une chute de la pression sanguine, d'où l'état de choc et la mort : on parle de choc anaphylactique.
4. L'urticaire, le rhume des foins et l'asthme sont des exemples d'anaphylaxie localisée.
5. Les tests cutanés sont un moyen utile d'établir la sensibilité à un allergène.
6. La désensibilisation s'obtient par une suite d'injections de l'allergène qui aboutissent à la formation d'anticorps bloquants (IgG).

### Les réactions de type II (cytotoxiques) (p. 575-581)

1. Les réactions d'hypersensibilité de type II mettent en jeu des IgG ou des IgM et le système du complément.
2. Les anticorps sont dirigés contre des cellules, qui peuvent appartenir à l'hôte ou être d'origine étrangère. La fixation du complément peut entraîner la lyse des cellules. Les macrophagocytes et d'autres cellules peuvent aussi occasionner des lésions des cellules coiffées d'anticorps. Les réactions de type II mettent souvent en jeu les érythrocytes.

#### *Le système ABO* (p. 576)

1. Il y a quatre grands types de sang chez l'humain, qui sont désignés par les lettres A, B, AB et O.
2. La présence ou l'absence, à la surface des érythrocytes, de deux antigènes glucidiques appelés A et B détermine le groupe sanguin d'un individu.
3. Des anticorps produits naturellement contre les antigènes A et B opposés sont présents ou absents dans le sérum.
4. Une transfusion sanguine incompatible entraîne la lyse par le complément des érythrocytes du donneur.

#### *Le système Rh* (p. 577-578)

1. Environ 85 % de la population humaine possède un autre antigène de groupe sanguin, appelé antigène Rh ; on dit que ces personnes sont $Rh^+$.
2. L'absence de cet antigène chez certains individus ($Rh^-$) peut amener leur sensibilisation s'ils y sont exposés.
3. Une personne $Rh^+$ peut recevoir une transfusion de sang d'un donneur $Rh^+$ ou d'un donneur $Rh^-$.
4. Quand une personne $Rh^-$ reçoit du sang d'un donneur $Rh^+$, elle produit des anticorps anti-Rh.
5. Une nouvelle exposition à des cellules $Rh^+$ entraînera une réaction hémolytique immédiate aux conséquences graves.
6. Une mère $Rh^-$ qui porte un fœtus $Rh^+$ produit des anti-corps anti-Rh.
7. Les grossesses ultérieures où il y a incompatibilité Rh peuvent entraîner la maladie hémolytique du nouveau-né.
8. On peut prévenir la maladie par l'immunisation passive de la mère au moyen d'anticorps anti-Rh.

#### *Les réactions cytotoxiques d'origine médicamenteuse* (p. 578)

1. Le purpura thrombocytopénique est une maladie au cours de laquelle les thrombocytes (plaquettes) sont détruites par des anticorps et le complément.
2. L'agranulocytose et l'anémie hémolytique sont causées par des anticorps qui s'attaquent aux propres érythrocytes d'une personne quand les molécules d'un médicament se fixent à leur surface.

### Les réactions de type III (à complexes immuns) (p. 578)

1. Les maladies à complexes immuns surviennent lorsque des anticorps IgG et un antigène soluble forment de petits complexes précipitants qui se déposent dans des organes ; la fixation du complément qui s'ensuit provoque l'inflammation.
2. Certains complexes immuns restent emprisonnés dans la membrane basale sous les cellules endothéliales des vaisseaux sanguins.
3. La glomérulonéphrite est une maladie à complexes immuns.

### Les réactions de type IV (à médiation cellulaire) (p. 579-581)

1. Les haptènes qui se lient à des protéines cellulaires forment des allergènes complets ; ces derniers suscitent des réactions d'hypersensibilité de type IV, ou hypersensibilité retardée.
2. Les macrophagocytes phagocytent les allergènes complets et deviennent des CPA. Les CPA présentent les déterminants antigéniques à des lymphocytes T, qui forment un clone de cellules ; ces dernières se différencient en lymphocytes T matures et en lymphocytes T mémoires.
3. Lors d'un second contact, les réactions d'hypersensibilité retardée sont dues principalement à la prolifération de lymphocytes $T_{DH}$ mémoires qui migrent vers les sites d'introduction de l'allergène.
4. Les lymphocytes T sensibilisés sécrètent des lymphokines en réponse à l'antigène approprié.
5. Les lymphokines attirent et activent les macrophagocytes et sont à l'origine de lésions tissulaires.
6. Le test cutané à la tuberculine et la dermatite de contact sont des exemples d'hypersensibilité retardée.

## LES MALADIES AUTO-IMMUNES (p. 581-582)

1. L'auto-immunité résulte d'une perte de la tolérance immunitaire.
2. La tolérance immunitaire s'établit durant le développement du fœtus ; les lymphocytes T dont la cible est une cellule de l'hôte sont éliminés (délétion clonale) ou inactivés. L'auto-immunité pourrait être due au fait que ces lymphocytes ne sont pas éliminés ou inactivés.
3. L'auto-immunité de type I est probablement due à des anticorps dirigés contre des agents infectieux qui, par réactions croisées, se tournent vers des cellules de l'hôte.
4. La maladie de Basedow et la myasthénie grave sont des réactions auto-immunes de type II causées par des anticorps qui se lient à des récepteurs de surface sur les cellules hôtes ; le complément n'intervient pas et il n'y a pas de destruction cellulaire.
5. Le lupus érythémateux disséminé et la polyarthrite rhumatoïde sont des réactions auto-immunes de type III caractérisées par la formation et le dépôt de complexes immuns qui entraînent des lésions inflammatoires tissulaires.
6. La thyroïdite chronique de Hashimoto et le diabète insulinodépendant sont des réactions auto-immunes de type IV causées par des lymphocytes T (médiation cellulaire) qui détruisent les cellules de l'hôte.

## LES RÉACTIONS LIÉES AU SYSTÈME HLA (ANTIGÈNES DES LEUCOCYTES HUMAINS) (p. 582-585)

1. Les molécules du soi, ou d'histocompatibilité, situées à la surface des cellules sont l'expression de différences génétiques entre les individus ; ces antigènes sont régis par des gènes du complexe majeur d'histocompatibilité (CMH), ou système HLA.
2. Pour prévenir le rejet des greffes, on s'assure que les antigènes du HLA et le groupe sanguin ABO du donneur et du receveur sont le plus compatibles possible.

### Les réactions aux greffes (p. 583-585)

1. Les greffes reconnues comme antigènes étrangers peuvent être lysées par les lymphocytes T et attaquées par les macrophagocytes et les anticorps qui fixent le complément.
2. Une greffe dans un site privilégié (tel que la cornée) ou d'un tissu privilégié (tel qu'une valve de cœur de porc) ne provoque pas ou peu de réponse immunitaire.
3. On distingue quatre types de greffes selon le lien de parenté génétique qui existe entre le donneur et le receveur : ce sont les autogreffes, les isogreffes, les allogreffes et les xénogreffes.
4. Les xénogreffes sont sujettes au rejet hyperaigu.
5. Une greffe de moelle osseuse rouge (contenant des cellules immunocompétentes) peut entraîner une réaction du greffon contre l'hôte.
6. Le succès des greffes est souvent lié à l'utilisation d'immunosuppresseurs qui préviennent les réponses immunitaires dirigées contre les tissus transplantés.

## L'IMMUNODÉFICIENCE (p. 585-586)

1. L'immunodéficience peut être congénitale ou acquise.
2. L'immunodéficience congénitale est due à des gènes défectueux ou absents.
3. Divers médicaments, cancers et maladies infectieuses peuvent occasionner l'immunodéficience acquise.
4. L'immunodéficience entraîne une plus grande susceptibilité aux infections.

## LE SYSTÈME IMMUNITAIRE ET LE CANCER (p. 586-588)

1. Les cellules cancéreuses sont des cellules, normales au départ, qui se sont transformées, se multiplient sans arrêt et possèdent des antigènes tumoraux à la surface de leur membrane.
2. La réaction du système immunitaire au cancer est appelée surveillance immunitaire.
3. Les lymphocytes $T_C$ reconnaissent les cellules cancéreuses et les lysent.
4. Les cellules cancéreuses peuvent se soustraire à la surveillance du système immunitaire. Elles échappent ainsi à la destruction par les cellules immunitaires.
5. Les cellules cancéreuses exercent parfois une action suppressive sur les lymphocytes T ou se multiplient à un rythme tel qu'elles dépassent les capacités de réagir du système immunitaire.

### L'immunothérapie (p. 587)

1. Des essais sont en cours pour traiter le cancer grâce au facteur nécrosant des tumeurs (TNF) et à d'autres cytokines.
2. Les immunotoxines sont des poisons chimiques liés à des anticorps monoclonaux ; les anticorps débusquent les cellules cancéreuses et leur transmettent sélectivement le poison.

3. Un vaccin composé d'antigènes tumoraux a permis de circonscrire un type de cancer de la volaille.

## LE SYNDROME D'IMMUNODÉFICIENCE ACQUISE (SIDA) (p. 588-596)

### L'origine du SIDA (p. 588)

On croit que le VIH est apparu en Afrique centrale et qu'il a été introduit dans d'autres pays par le transport moderne et par l'intermédiaire de rapports sexuels non protégés.

### L'infection par le VIH (p. 588-592)

1. Le SIDA est le stade final de l'infection par le VIH.
2. Le VIH est un rétrovirus composé d'ARN simple brin, de transcriptase inverse et d'une enveloppe de phospholipides hérissée de spicules, dont certains sont des glycoprotéines gp120.
3. Les spicules du VIH se fixent aux récepteurs CD4 et aux corécepteurs des cellules hôtes ; on trouve le récepteur CD4 sur les lymphocytes T auxiliaires, les macrophagocytes et les cellules dendritiques.
4. L'ARN viral est transcrit en ADN par la transcriptase inverse. L'ADN viral est intégré dans un chromosome de l'hôte. Là, il peut soit régir la synthèse de nouveaux virus, soit rester latent sous forme de provirus.
5. Le VIH échappe au système immunitaire grâce à une infection intracellulaire : il peut devenir un provirus latent, rester à l'abri sous forme de virions latents dans des vacuoles, se transmettre par fusion directe entre cellules et utiliser la variation antigénique.
6. L'infection par le VIH se divise en stades caractérisés par des symptômes particuliers. Les catégories A (asymptomatique) et B (premiers symptômes) sont déclarées comme étant le SIDA si le nombre de lymphocytes T CD4 est inférieur à 200 cellules par microlitre. La catégorie C (manifestation du syndrome) est celle du SIDA.
7. La gravité de l'infection par le VIH se mesure aussi par le nombre de lymphocytes T CD4. À 200 lymphocytes CD4 par microlitre, une personne est considérée comme atteinte du SIDA.
8. L'évolution de la maladie, à partir de l'infection par le VIH jusqu'au SIDA, s'étend sur environ 10 ans.
9. On peut prolonger la vie d'un patient atteint du SIDA par le traitement approprié des infections opportunistes.

### Les tests diagnostiques (p. 592-593)

1. Les anticorps anti-VIH sont détectés par la méthode ELISA. Les antigènes du VIH sont révélés par la technique de transfert de Western.
2. Avant de les transplanter, on vérifie si les tissus et les organes humains sont contaminés par le VIH.

### La transmission du VIH (p. 593)

1. Le VIH se transmet par les relations sexuelles, le lait maternel, les seringues contaminées, la voie transplacentaire, l'insémination artificielle et les transfusions sanguines.
2. Dans les pays industrialisés, la transmission par les transfusions sanguines est improbable ou minime parce qu'on s'assure que le sang ne contient pas d'anticorps anti-VIH.

### Le SIDA dans le monde (p. 593-594)

1. Aux États-Unis, au Canada, en Europe de l'Ouest, en Australie, en Afrique du Nord et dans certaines régions d'Amérique du Sud, la transmission s'est effectuée par l'usage de drogues par injection (UDI) et par les relations sexuelles entre hommes. La transmission hétérosexuelle est de plus en plus fréquente.
2. En Afrique subsaharienne et ailleurs en Amérique du Sud, la transmission s'effectue principalement par contact hétérosexuel.
3. En Europe de l'Est et en Asie, la transmission s'opère par l'usage de drogues par injection et par les rapports hétérosexuels.

### La prévention et le traitement du SIDA (p. 594-596)

1. L'utilisation de préservatifs (condoms) et de seringues stériles prévient la transmission du VIH.
2. L'élaboration d'un vaccin est freinée par l'absence d'un hôte non humain pour le VIH.
3. Les analogues nucléosidiques AZT, ddI et ddC inhibent la transcriptase inverse et stoppent ainsi la synthèse de l'ADN viral.
4. Il existe des inhibiteurs qui bloquent la protéase, une enzyme virale.

# AUTOÉVALUATION

## RÉVISION

1. Définissez l'hypersensibilité.
2. Nommez trois médiateurs libérés lors d'une réaction d'hypersensibilité anaphylactique et expliquez leurs effets.
3. Expliquez comment la maladie hémolytique du nouveau-né apparaît et comment on peut la prévenir.
4. Quel type de greffe (autogreffe, isogreffe, allogreffe ou xénogreffe) est la plus compatible ? la moins compatible ? Expliquez le rôle de la réponse immunitaire dans une greffe de tissu incompatible.
5. Laquelle des transfusions sanguines suivantes est compatible ? Expliquez votre réponse.

| | Donneur | Receveur |
|---|---|---|
| a) | AB, Rh− | AB, Rh+ |
| b) | B, Rh+ | B, Rh− |
| c) | A, Rh+ | O, Rh+ |

Que se passe-t-il quand une personne reçoit du sang incompatible ?

6. Définissez l'auto-immunité. Proposez une hypothèse pour expliquer les réponses auto-immunes.

7. Distinguez entre les maladies auto-immunes de type I, II, III et IV. Donnez un exemple de chaque type.

8. Résumez les causes de l'immunodéficience. Quel est l'effet d'une immunodéficience ?

9. En quoi les cellules tumorales diffèrent-elles des cellules normales sur le plan antigénique ? Expliquez comment les cellules tumorales peuvent être détruites par le système immunitaire. Dans ce cas, comment le cancer parvient-il à s'établir ?

10. Distinguez l'état d'un patient séropositif à l'égard du VIH et l'état d'un patient atteint du SIDA. Comment le VIH se transmet-il ? Comment peut-on prévenir l'infection par le VIH ?

## QUESTIONS À CHOIX MULTIPLE

1. La désensibilisation, qui vise à prévenir les réactions allergiques, est obtenue par l'injection, à plusieurs reprises, de petites doses :
   **a)** d'anticorps IgE.
   **b)** d'antigène (allergène).
   **c)** d'histamine.
   **d)** d'anticorps IgG.
   **e)** d'antihistaminiques.

2. *In vivo,* le sérum du receveur de type B lyse les cellules du donneur de type A. La réaction *in vivo* est causée par :
   **a)** des lymphocytes T.
   **b)** le complément.
   **c)** des anticorps.
   **d)** l'auto-immunité.
   **e)** Rien de ce qui précède

3. L'auto-immunité cytotoxique diffère de l'auto-immunité à complexes immuns en ce que les réactions cytotoxiques :
   **a)** font intervenir des anticorps.
   **b)** ne font pas intervenir le complément.
   **c)** sont causées par des lymphocytes T.
   **d)** ne font pas intervenir les anticorps IgE.
   **e)** Rien de ce qui précède

4. En général dans le monde, la principale façon de transmettre le VIH est par :
   **a)** les rapports homosexuels.
   **b)** les rapports hétérosexuels.
   **c)** l'usage de drogues par injection.
   **d)** les transfusions sanguines.
   **e)** les baisers.

5. Lequel des éléments suivants *n'*est *pas* la cause d'une immunodéficience naturelle ?
   **a)** Un gène récessif entraînant l'absence du thymus
   **b)** Un gène récessif entraînant une pénurie de lymphocytes B
   **c)** L'infection par le VIH
   **d)** Un médicament immunosuppresseur
   **e)** Rien de ce qui précède

6. Quels anticorps trouve-t-on naturellement dans le sérum d'une personne du groupe sanguin A, $Rh^+$ ?
   **a)** Anti-A, anti-B, anti-Rh
   **b)** Anti-A, anti-Rh
   **c)** Anti-A
   **d)** Anti-B, anti-Rh
   **e)** Anti-B

Utilisez les choix suivants pour répondre aux questions 7 à 10.
   **a)** Hypersensibilité anaphylactique de type I
   **b)** Hypersensibilité cytotoxique de type II
   **c)** Hypersensibilité à complexes immuns de type III
   **d)** Hypersensibilité retardée de type IV
   **e)** Tout ce qui précède

7. Rhinite allergique.

8. Dermatite de contact.

9. Glomérulonéphrite

10. Réaction à une transfusion de sang incompatible.

## QUESTIONS À COURT DÉVELOPPEMENT

1. Dans quelles circonstances et comment notre système immunitaire distingue-t-il entre les antigènes du soi et ceux du non-soi ?

2. Lorsqu'ils administrent des vaccins à virus vivants atténués contre les oreillons et la rougeole préparés sur embryons de poulet, les professionnels de la santé sont tenus d'avoir de l'épinéphrine à leur disposition. L'épinéphrine n'est pourtant pas un traitement pour ces infections virales. Quelle est l'utilité d'avoir ce médicament à portée de la main ?

3. Les personnes atteintes du SIDA produisent-elles des anticorps ? Si oui, pourquoi dit-on qu'elles ont un déficit immunitaire ?

4. Deux types de maladies auto-immunes conduisent à des dysfonctionnements de la glande thyroïde. Comment peut apparaître une hypothyroïdie ? une hyperthyroïdie ?

## APPLICATIONS CLINIQUES

1. Étienne travaille dans une ferme de culture de champignons depuis plusieurs mois. Depuis quelques jours, il présente les signes suivants : eczéma, œdème et tuméfaction des nœuds lymphatiques. Le médecin diagnostique une allergie de type anaphylactique dans laquelle l'allergène est constitué de conidies (spores) produites par les moisissures qui poussent dans le terreau. Comment le médecin a-t-il pu déterminer l'état de sensibilité d'Étienne à cet allergène particulier ?

   Étienne souhaite continuer à travailler à la ferme, mais le médecin le lui déconseille. Décrivez le mécanisme physiopathologique à l'origine des signes d'allergie d'Étienne et expliquez pourquoi il ferait mieux de cesser son travail.

   Les autres employés ne présentent pas les signes d'Étienne. Expliquez pourquoi ils ne risquent pas de contracter la même maladie.

**2.** Au cours d'un repas au restaurant avec des amis, Robert est pris soudainement de malaises : ses lèvres et sa langue enflent, sa gorge est serrée. Il a de la difficulté à avaler et à respirer. Reconnaissant ses symptômes, Robert se fait immédiatement une injection d'épinéphrine (ÉpiPen$^{MD}$) sur la face latérale externe de la cuisse. Son état s'améliore mais il quitte ses amis pour l'hôpital. Reliez la réaction d'hypersensibilité anaphylactique au mécanisme physiopathologique qui a déclenché les symptômes de Robert.

**3.** Ariane est une adepte de la randonnée pédestre et elle aime se promener en forêt. Un beau matin du mois d'août, elle décide de reprendre une piste qu'elle avait empruntée l'été précédent. Le lendemain, elle constate que des petites bulles prurigineuses sont apparues sur ses jambes. À la clinique, on lui dit qu'elle présente une dermatite de contact causée par une plante communément appelée herbe à puce. Ariane se demande comment elle a pu attraper cette dermatite au cours de sa randonnée.

Décrivez le mécanisme physiopathologique à l'origine des signes et symptômes d'Ariane et expliquez pourquoi la dermatite de contact n'est pas une maladie qui s'attrape mais une réaction d'hypersensibilité. Expliquez comment les deux randonnées, celle de l'année précédente et celle de la veille, sont liées à l'apparition des signes et symptômes. Ariane demande au médecin si elle peut refaire la même randonnée sans s'exposer à une nouvelle réaction. Que pourrait-il lui conseiller ?

**4.** Une femme dont le groupe sanguin est $A^-$ a eu trois enfants : le premier est du groupe sanguin $B^-$ et le deuxième, du groupe $A^+$ ; le troisième enfant est venu au monde atteint de la maladie hémolytique du nouveau-né. Expliquez pourquoi ce troisième bébé a la maladie alors que les deux premiers n'en ont pas été atteints.

**5.** Josiane a 3 ans. L'année dernière, on a diagnostiqué chez elle une déficience immunitaire progressive associée à une incapacité de produire des gammaglobulines (anticorps). La maladie évolue vers une agammaglobulinémie. Hospitalisée depuis une semaine, la fillette est installée dans une chambre totalement isolée et maintenue dans une stérilité complète. Le médecin a décidé de pratiquer une greffe de moelle osseuse rouge et, au vu des résultats des tests d'histocompatibilité, de prélever le greffon chez le frère aîné de Josiane. Expliquez le mécanisme physiopathologique susceptible de s'enclencher si la tentative de greffe se solde par un échec.

**6.** Depuis quelques mois, une jeune fille se sent fatiguée, faible et frileuse. Elle a récemment pris 4 kilogrammes sans avoir changé son alimentation. Le médecin diagnostique une hypothyroïdie. Des tests supplémentaires révèlent que le dysfonctionnement thyroïdien est d'origine auto-immune. Reliez la maladie auto-immune au mécanisme physiopathologique qui a conduit à l'apparition des signes et symptômes de l'hypothyroïdie.

**7.** Une jeune femme de 20 ans consulte son médecin. Depuis quelque temps, elle souffre de faiblesse et d'épuisement musculaire. Un prélèvement sanguin révèle la présence d'anticorps anti-récepteurs d'acétylcholine. Établissez la relation entre la présence des anticorps et le mécanisme physiopathologique qui a conduit à l'apparition des symptômes de faiblesse musculaire.

**8.** Vous faites partie d'une équipe qui participe à une ExpoScience portant sur le SIDA. Votre équipe est chargée de présenter une synthèse de plusieurs aspects de l'infection virale. Vous pouvez avoir recours à différents moyens, du grand carton à la projection sur ordinateur. Les thèmes abordés sont les suivants :
- L'historique de la maladie et sa distribution dans le monde
- La structure du virus et ses facteurs de pathogénicité
- Les personnes réceptives et les facteurs prédisposants
- Les modes de transmission et les moyens de prévention
- Les désordres immunologiques et physiologiques causés par l'infection
- Les traitements et les perspectives d'avenir

# Chapitre 20 La chimiothérapie antimicrobienne

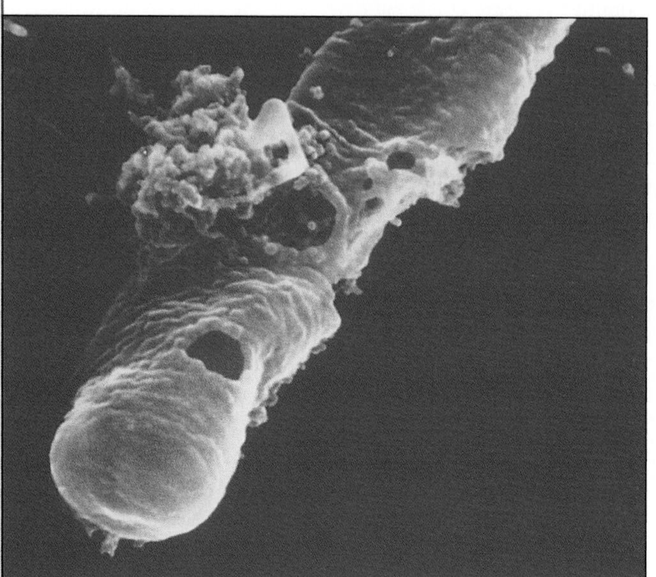

*Cette bactérie se lyse, parce qu'un antibiotique a empêché la synthèse de sa paroi cellulaire.*

Quand les défenses naturelles du corps ne peuvent empêcher la maladie ni la vaincre, on a souvent recours à la **chimiothérapie.** Dans ce chapitre, nous nous penchons sur les médicaments antimicrobiens, cette classe d'agents chimiothérapeutiques utilisés pour traiter les maladies infectieuses. À l'instar des désinfectants que nous avons étudiés au chapitre 7, les **agents antimicrobiens** s'opposent à la croissance des microorganismes. Cependant, contrairement aux désinfectants, ils doivent souvent agir *à l'intérieur* de l'hôte. Par conséquent, leur action sur les cellules et tissus de l'hôte est décisive. L'agent antimicrobien idéal tue le microorganisme nuisible sans endommager l'hôte ; c'est le principe de la **toxicité sélective.**

## L'historique de la chimiothérapie

### Objectifs d'apprentissage

- *Évaluer les contributions de Paul Ehrlich et d'Alexander Fleming à la chimiothérapie.*
- *Nommer les microorganismes qui produisent la plupart des antibiotiques.*

La chimiothérapie moderne tire ses origines des travaux effectués par Paul Ehrlich au début du XXe siècle en Allemagne. Alors qu'il tentait de colorer spécifiquement des bactéries en évitant le tissu adjacent, Ehrlich imagina une sorte de « tête chercheuse » sélective qui trouverait les agents pathogènes et les détruirait sans nuire à l'hôte. Cette idée fut à la base de la chimiothérapie, mot qu'il a d'ailleurs forgé.

En 1928, Alexander Fleming observa que la croissance de la bactérie *Staphylococcus aureus* était inhibée autour d'une colonie de moisissure ayant contaminé la boîte de Petri. La moisissure fut déterminée comme étant *Penicillium notatum,* et l'agent actif, isolé peu de temps après, fut nommé pénicilline. Des réactions similaires d'inhibition entre les colonies d'un milieu solide sont couramment observées en microbiologie. Ce mécanisme d'inhibition s'appelle *antibiose.* De ce mot dérive le terme **antibiotique,** soit une substance produite par un microorganisme – habituellement une bactérie ou un mycète – et qui, en petites quantités, inhibe un autre microorganisme. Par conséquent, les médicaments entièrement synthétiques (préparés en laboratoire), tels que les sulfamides par exemple, ne sont pas des antibiotiques sur le plan technique. Cependant, on ne fait pas toujours cette distinction dans la pratique médicale.

En 1940, un groupe de scientifiques de l'université d'Oxford, dirigés par Howard Florey et Ernst Chain, mènent à bien les premiers essais cliniques portant sur la pénicilline. Puis, des recherches intensives effectuées aux États-Unis conduisent à l'isolement de souches de *Penicillium* particulièrement efficaces pour fabriquer l'antibiotique à l'échelle industrielle. La plus célèbre souche productrice a été isolée à partir d'un cantaloup acheté au marché à Peoria, en Illinois.

En fait, on découvre régulièrement de nouveaux antibiotiques, mais peu d'entre eux ont une valeur médicale ou marchande. Certains servent à d'autres fins commerciales que le traitement des maladies, par exemple en tant que complément alimentaire pour les animaux (voir l'encadré de la page 616). Beaucoup sont toxiques pour l'humain ou ne comportent aucun avantage par rapport à ceux qui sont déjà sur le marché.

Plus de la moitié des antibiotiques que nous utilisons sont produits par les diverses espèces de *Streptomyces,* bactéries filamenteuses qui résident généralement dans le sol. Quelques-uns sont fabriqués par des bactéries du genre *Bacillus* et d'autres, par des moisissures dont la plupart appartiennent aux genres *Penicillium* et *Cephalosporium*. Le tableau 20.1 présente la source des antibiotiques courants. Chose curieuse, cette liste est constituée d'un nombre limité d'organismes. Notez que presque tous les microorganismes producteurs d'antibiotiques connaissent un processus semblable à la sporulation.

**Tableau 20.1** *Provenance des antibiotiques*

| Microorganisme | Antibiotique |
|---|---|
| **Bâtonnets à Gram positif** | |
| *Bacillus subtilis* | Bacitracine |
| *Bacillus polymyxa* | Polymyxine |
| **Actinomycètes** | |
| *Streptomyces nodosus* | Amphotéricine B |
| *Streptomyces venezuelæ* | Chloramphénicol |
| *Streptomyces aureofaciens* | Chlortétracycline et tétracycline |
| *Streptomyces erythræus* | Érythromycine |
| *Streptomyces fradiæ* | Néomycine |
| *Streptomyces griseus* | Streptomycine |
| *Micromonospora purpurea* | Gentamicine |
| **Mycètes** | |
| *Cephalosporium spp.* | Céfalotine |
| *Penicillium griseofulvum* | Griséofulvine |
| *Penicillium notatum* | Pénicilline |

# Le choix d'une chimiothérapie antimicrobienne

### Objectif d'apprentissage

- *Décrire les principes qui sous-tendent le choix d'une chimiothérapie antimicrobienne.*

Pour choisir une chimiothérapie antimicrobienne, il est essentiel de déterminer le type de microorganisme responsable de l'infection: bactérie, virus, mycète ou protozoaire. Certains principes régissent la prescription d'un médicament antimicrobien. Prenons l'exemple d'un antibiotique prescrit contre une infection bactérienne. Il faut d'abord isoler et identifier la bactérie responsable, et connaître sa sensibilité aux antibiotiques; toutefois, dans bien des cas, on se réfère aux connaissances épidémiologiques du médecin sans demander de tests de laboratoire. Il est aussi nécessaire de bien localiser le site de l'infection afin de choisir une substance qui y diffuse efficacement. Il importe également de connaître la condition physiologique de la personne qui va recevoir la substance antimicrobienne – âge, grossesse, obésité, allergie, prise de médicaments, etc. De plus, il faut déterminer le dosage, la posologie et la voie d'administration appropriés du médicament. Enfin, il faut assurer la surveillance des effets de la chimiothérapie sur les microorganismes en cause et sur le patient traité.

# Le spectre d'action antimicrobienne

### Objectifs d'apprentissage

- *Définir les termes suivants : spectre d'action, toxicité sélective, antibiotique à large spectre, surinfection.*
- *Décrire les complications susceptibles de survenir au cours d'une chimiothérapie en tenant compte du type d'agent agresseur : virus, mycète, protozoaire et helminthe.*

Il est relativement aisé de trouver ou de mettre au point des agents qui agissent sur les cellules procaryotes (bactéries) et qui n'influent pas sur les cellules eucaryotes de l'humain. Ces deux types de cellules présentent de nombreuses différences importantes telles que l'absence ou la présence d'une paroi cellulaire, la structure élaborée de leurs ribosomes et certains détails de leur métabolisme. En conséquence, la toxicité d'un agent antimicrobien vise beaucoup de cibles spécifiques des cellules procaryotes. Par exemple, dans la lutte contre les bactéries à Gram négatif, la toxicité sélective d'un agent antibactérien peut être dirigée vers les lipopolysaccharides de leur membrane externe et les porines qui forment des canaux à travers cette membrane (figure 4.12c).

Le problème est plus pointu lorsque l'agent pathogène est une cellule eucaryote telle qu'un mycète, un protozoaire ou un helminthe. Sur le plan cellulaire, ces organismes s'apparentent plus à une cellule humaine qu'à une cellule bactérienne. Nous verrons plus loin que notre arsenal contre ces types d'agents pathogènes est beaucoup plus limité que notre arsenal de médicaments antibactériens. Il est particulièrement difficile de traiter les infections virales, d'une part parce que le virus se trouve à l'intérieur de la cellule hôte, et d'autre part parce que le génome du virus commande à la cellule hôte de fabriquer de nouveaux virus et bloque la fabrication des constituants cellulaires normaux.

Certains médicaments possèdent un **spectre d'action antimicrobienne** étroit, c'est-à-dire qu'ils agissent sur un éventail restreint d'espèces de microorganismes. La pénicilline, par exemple, agit sur les bactéries à Gram positif mais sur peu de bactéries à Gram négatif. C'est pourquoi les antibiotiques qui influent sur une gamme étendue d'espèces bactériennes à Gram positif et à Gram négatif sont dits **à large spectre.**

Le tableau 20.2 présente le spectre d'action d'un certain nombre d'agents chimiothérapeutiques. Étant donné qu'il n'est pas toujours possible d'identifier rapidement un agent pathogène, on pourrait penser que l'emploi d'un agent à large spectre pour traiter la maladie permet de gagner un temps précieux. Cette approche présente un inconvénient majeur ; en effet, de nombreux microorganismes faisant partie de la flore microbienne normale de l'hôte sont détruits par les médicaments à large spectre. D'ordinaire, la flore normale entre en compétition avec les agents pathogènes et d'autres microbes et empêche leur croissance ; cet effet antagoniste maintient la composition et la densité de la population microbienne de la flore normale. Si une partie des microorganismes de la flore normale est détruite en même temps que les pathogènes par l'antibiotique, les survivants peuvent proliférer et devenir des agents pathogènes opportunistes. Par exemple, on observe parfois une prolifération de la levure *Candida albicans,* qui n'est pas sensible aux antibiotiques bactériens. Cette prolifération s'appelle **surinfection** ; ce terme s'applique également à la croissance d'un agent pathogène qui est devenu résistant à un antibiotique. Dans une telle situation, la souche résistante à l'antibiotique remplace la souche sensible d'origine, ce qui perpétue l'infection.

## Le mécanisme d'action des agents antimicrobiens

### Objectifs d'apprentissage

- *Mettre en évidence les principes qui sous-tendent la chimiothérapie par des agents antimicrobiens.*
- *Nommer cinq mécanismes d'action des agents antimicrobiens.*

Les agents antimicrobiens sont soit **bactéricides** (ils tuent directement les microorganismes), soit **bactériostatiques** (ils empêchent leur croissance). Lorsque l'effet est bactériostatique, les défenses de l'hôte, notamment la phagocytose et la production d'anticorps, finissent en général par détruire les microorganismes. Théoriquement, les agents antimicrobiens visent la destruction des agents agresseurs en s'attaquant directement à leurs structures essentielles (paroi cellulaire, ribosomes, membrane plasmique, ADN) et/ou en perturbant leur métabolisme et leurs fonctions. Lorsque ces agents antimicrobiens agissent par ricochet sur les cellules humaines et causent des désordres, on dit qu'ils entraînent des effets secondaires. La figure 20.1 présente un résumé des principaux mécanismes d'action des agents antimicrobiens.

**Tableau 20.2** *Spectre d'action de quelques antibiotiques et d'autres agents antimicrobiens*

| Procaryotes | | | | Eucaryotes | | | |
|---|---|---|---|---|---|---|---|
| Mycobactéries* | Bactéries à Gram négatif | Bactéries à Gram positif | Chlamydies, rickettsies** | Mycètes | Protozoaires | Helminthes | Virus |
| | | ←Pénicilline→ | | ←Kétoconazole→ | | ←Niclosamide→ (cestodes) | |
| ←Streptomycine | → | | | | ←Méfloquine→ (paludisme) | | |
| | | | | | | | ←Acyclovir→ |
| | | | | | | ←Praziquantel→ (trématodes) | |
| | ← | Tétracycline | → | | | | |
| ←Isoniazide→ | | | | | | | |

* Ces bactéries croissent souvent dans les macrophagocytes ou dans les structures tissulaires.
** Bactéries intracellulaires obligatoires.

## L'inhibition de la synthèse de la paroi cellulaire

Nous avons vu au chapitre 4 que la paroi cellulaire bactérienne est composée d'un réseau macromoléculaire appelé peptidoglycane. Le peptidoglycane est un composé propre aux parois cellulaires des bactéries. Or, la pénicilline et d'autres antibiotiques empêchent la synthèse du peptidoglycane ; par conséquent, la paroi cellulaire est grandement affaiblie, et la cellule finit par se lyser (figure 20.2). Puisque l'action de la pénicilline vise le processus de la synthèse, seules les cellules en croissance active sont touchées par ce type d'antibiotique. Et puisque la membrane des cellules humaines ne possède pas de peptidoglycane, la pénicilline n'a pas d'effet toxique direct sur la cellule hôte. Parmi les antibiotiques s'attaquant à la paroi cellulaire, on compte les pénicillines, les céphalosporines, la bacitracine et la vancomycine.

## L'inhibition de la synthèse protéique

Rappelons que, au cours de la synthèse protéique, les ribosomes sont les organites responsables de la traduction de l'ARNm et de l'assemblage des acides aminés en protéines. Cibler les ribosomes, c'est perturber le processus de synthèse des protéines et, par conséquent, tuer la cellule.

Puisqu'elle est commune à toutes les cellules – aussi bien procaryotes qu'eucaryotes –, il semblerait que la synthèse protéique ne puisse être la cible d'un agent à toxicité sélective. Or, les procaryotes et les eucaryotes se distinguent par la structure de leurs ribosomes. Comme nous l'avons vu au chapitre 4 (p. 105), les cellules eucaryotes possèdent des ribosomes 80 S (une sous-unité de 60 S et une de 40 S), alors que les cellules procaryotes contiennent des ribosomes 70 S (une sous-unité de 50 S et une de 30 S). C'est sur cette distinction que repose la toxicité sélective des antibiotiques qui visent la synthèse protéique. Cependant, les mitochondries (organites essentiels des cellules eucaryotes) ont aussi des ribosomes 70 S similaires à ceux des bactéries ; certains antibiotiques qui s'attaquent aux ribosomes 70 S peuvent donc entraîner des effets indésirables sur les mitochondries des cellules de l'hôte. Parmi les antibiotiques inhibant la synthèse protéique, on compte le chloramphénicol, l'érythromycine, la streptomycine et les tétracyclines (figure 20.3).

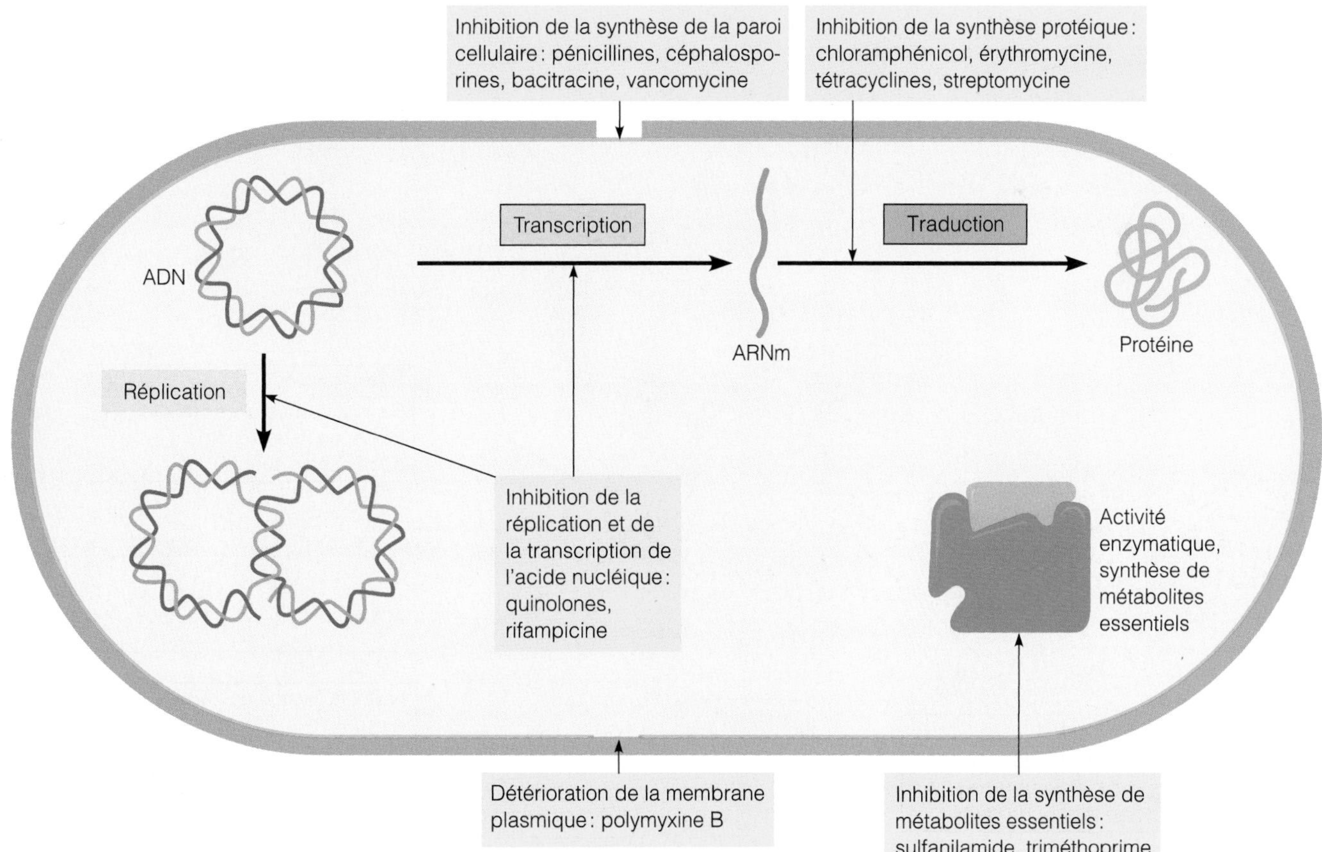


**FIGURE 20.1 Résumé des principaux mécanismes d'action des agents antimicrobiens.** On voit ici comment ces mécanismes peuvent influer sur une cellule bactérienne schématisée.

■ Quels mécanismes d'action sont efficaces contre les cellules procaryotes ? contre les cellules eucaryotes ?

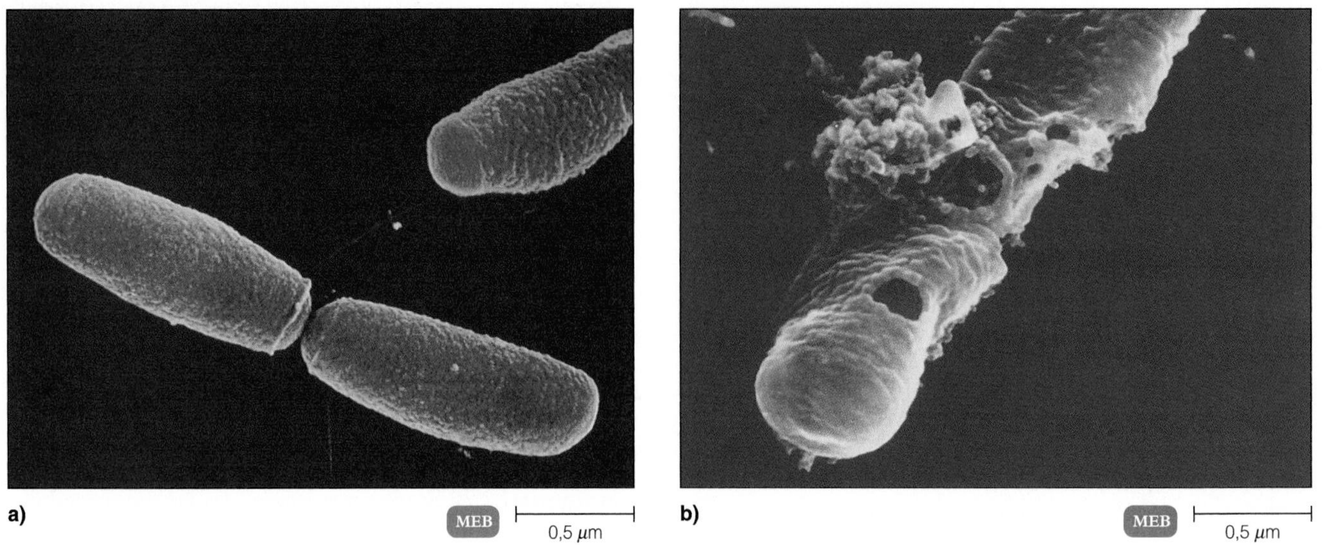


**FIGURE 20.2 Inhibition de la synthèse de la paroi bactérienne par la pénicilline.** **a)** Bacilles avant le traitement à la pénicilline. **b)** Lyse de la bactérie à la suite d'un affaiblissement de la paroi bactérienne imputable à la pénicilline.

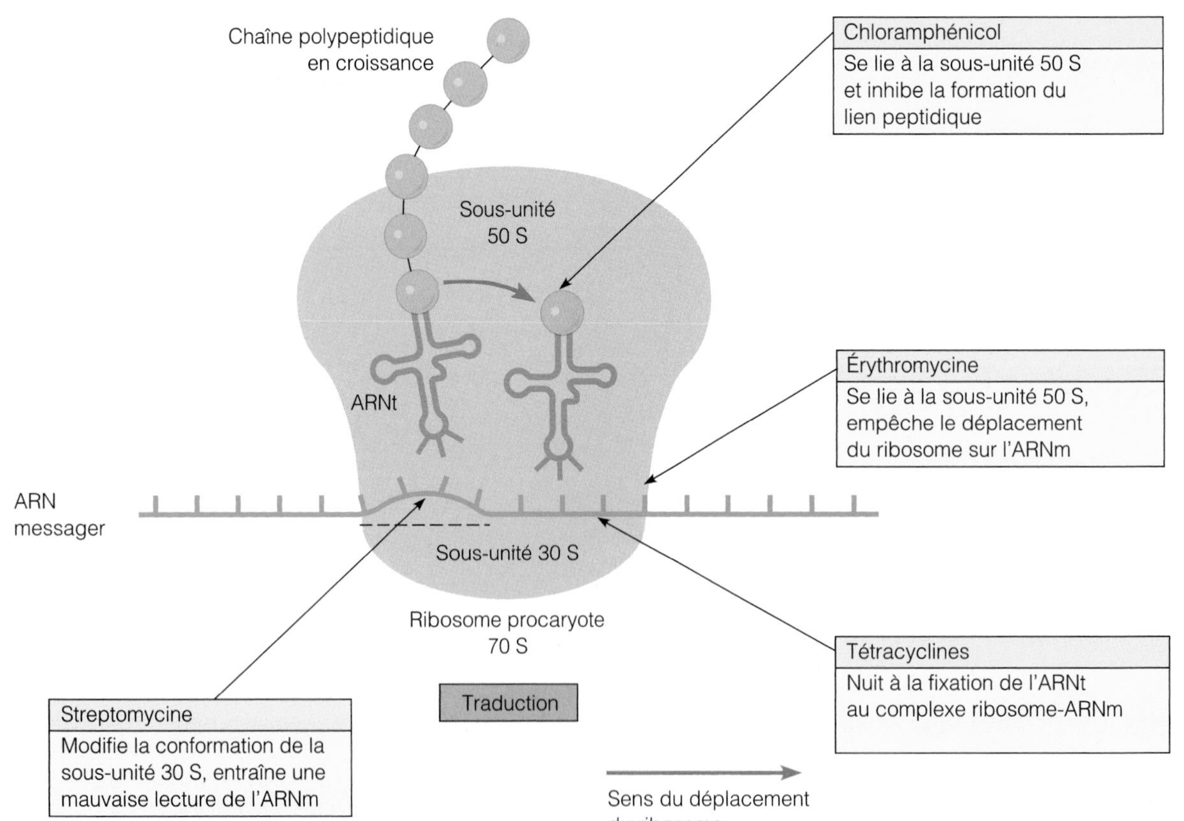


**FIGURE 20.3 Inhibition de la synthèse protéique par des antibiotiques.** Les flèches noires indiquent les endroits spécifiques où le chloramphénicol, l'érythromycine, les tétracyclines et la streptomycine exercent leurs effets.

■ Pourquoi les antibiotiques bloquant la synthèse protéique ont-ils un effet sur les bactéries et pas sur les cellules humaines ?

En réagissant avec la sous-unité 50 S du ribosome procaryote 70 S, le chloramphénicol inhibe la formation des liens peptidiques dans les polypeptides en croissance. L'érythromycine réagit également avec la sous-unité 50 S du ribosome procaryote 70 S en empêchant le déplacement du ribosome sur l'ARNm. La plupart des agents qui inhibent la synthèse protéique présentent un large spectre d'action, mais pas l'érythromycine. En effet, l'érythromycine ne pénètre pas la paroi cellulaire des bactéries à Gram négatif, et elle influe principalement sur les bactéries à Gram positif.

D'autres antibiotiques exercent leur activité sur la sous-unité 30 S du ribosome procaryote 70 S. Les tétracyclines nuisent à la fixation au complexe ARNm-ribosome de l'ARNt qui transporte les acides aminés, de sorte que l'addition de nouveaux acides aminés à la chaîne polypeptidique en croissance n'est plus possible. Les tétracyclines n'ont pas d'effet sur les ribosomes de mammifères, car elles ne pénètrent pas très bien les cellules intactes de mammifères. Il semble cependant que de petites quantités de l'antibiotique pénètrent quand même dans ces cellules, puisque certaines rickettsies et certaines chlamydies, qui sont des agents pathogènes intracellulaires, sont sensibles à son action. Dans ce cas particulier, la toxicité sélective du médicament est due à la plus grande sensibilité de la bactérie sur le plan ribosomal.

Les antibiotiques de la famille des aminosides, tels que la streptomycine et la gentamicine, bloquent les premières étapes de la synthèse protéique en modifiant la conformation de la sous-unité 30 S du ribosome procaryote 70 S. Cette modification entraîne une mauvaise lecture de l'ARNm.

## La détérioration de la membrane plasmique

Certains antibiotiques, en particulier les antibiotiques polypeptidiques, influent sur la perméabilité de la membrane plasmique. Ces modifications engendrent la rupture de la membrane et, par conséquent, la perte d'importants métabolites cellulaires. Par exemple, la polymyxine B provoque une rupture de la membrane plasmique en se fixant aux phospholipides de cette dernière.

Certains agents antifongiques, tels que l'amphotéricine B, le miconazole et le kétoconazole, sont efficaces contre une grande variété de mycoses. Ces agents se combinent avec les stérols de la membrane plasmique du mycète et altèrent ainsi la membrane (figure 20.4). Du fait de l'absence de stérols dans les membranes plasmiques bactériennes, ces antibiotiques n'agissent pas sur les bactéries. Cependant, les membranes plasmiques animales renferment des stérols, et l'amphotéricine B et le kétoconazole peuvent donc être toxiques pour les cellules de l'hôte. Heureusement, les membranes des cellules des animaux contiennent surtout du *cholestérol* alors que les cellules des mycètes possèdent surtout de l'*ergostérol* – substance contre laquelle le médicament est particulièrement efficace –, si bien que la toxicité s'exerce finalement contre le mycète.

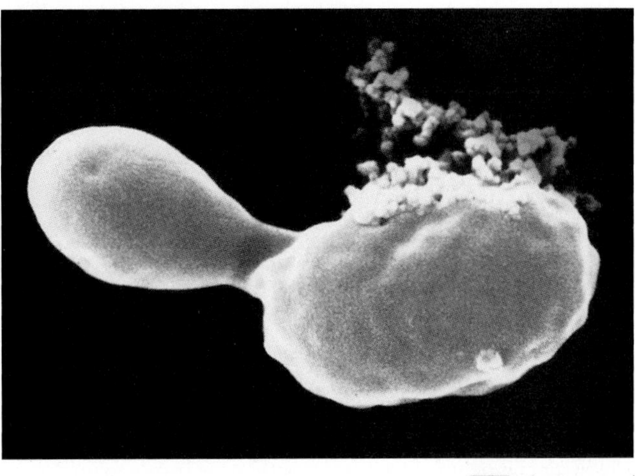


**FIGURE 20.4 Lésion à la paroi cellulaire d'une levure, causée par un agent antifongique.** La cellule libère son contenu cytoplasmique à mesure que la membrane plasmique se détériore sous l'action du miconazole, un agent antifongique.

- De nombreux agents antifongiques se combinent avec les stérols de la membrane plasmique.

## L'inhibition de la synthèse des acides nucléiques

Un certain nombre d'antibiotiques compromettent le processus de réplication et de transcription de l'ADN des microorganismes. Toutefois, certains des agents procédant par ce mécanisme sont d'une utilité très limitée, parce qu'ils exercent aussi une action sur l'ADN et l'ARN des cellules de mammifères. D'autres agents, tels que la rifampicine et les quinolones, sont employés plus couramment en chimiothérapie en raison de leur plus grande toxicité sélective.

## L'inhibition de la synthèse des métabolites essentiels

Nous avons mentionné au chapitre 5 que l'activité enzymatique particulière d'un microorganisme pouvait être *inhibée de manière compétitive* par une substance (l'antimétabolite) qui ressemble au substrat normal de l'enzyme (figure 5.6). La relation entre le sulfanilamide (un sulfamide), qui est un antimétabolite, et l'**acide para-aminobenzoïque** (**PABA**) est un exemple d'inhibition compétitive (figure 20.5). Chez beaucoup de microorganismes, le PABA est le substrat normal de la réaction enzymatique qui aboutit à la synthèse de l'acide folique, vitamine jouant le rôle de coenzyme dans la synthèse de certains constituants des acides nucléiques et de certains acides aminés. En présence de sulfanilamide, l'enzyme transformant habituellement le PABA en acide folique se combine avec cet agent plutôt qu'avec le PABA. La formation de ce complexe prévient la synthèse de l'acide

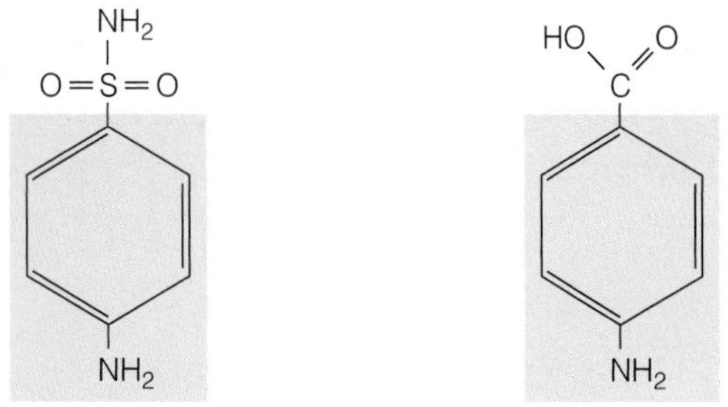

Sulfanilamide PABA

**FIGURE 20.5 Comparaison entre la structure du PABA et celle du sulfanilamide, un sulfamide qui inhibe la synthèse de métabolites essentiels.** Étant donné qu'il possède une structure chimique semblable à celle du PABA, le sulfanilamide peut agir comme inhibiteur compétitif et bloquer la synthèse de l'acide folique, composé nécessaire à la croissance des bactéries.

- Pourquoi les sulfamides sont-ils spécifiques des bactéries ?

folique et, par conséquent, bloque la croissance du microorganisme. Parce que les humains ne produisent pas d'acide folique à partir du PABA (ils l'obtiennent sous forme de vitamine dans les aliments qu'ils ingèrent), le sulfanilamide présente une toxicité sélective – c'est-à-dire qu'il influe sur les microorganismes qui synthétisent leur propre acide folique, mais n'a pas d'effet sur l'hôte humain. Parmi les agents chimiothérapeutiques qui agissent comme antimétabolites, on compte les sulfones et le triméthoprime.

# L'étude des agents antimicrobiens les plus couramment utilisés

### Objectif d'apprentissage

- *Expliquer pourquoi les agents décrits dans cette section ont une action spécifique contre les bactéries.*

Les tableaux 20.3 et 20.4 offrent une récapitulation des agents antimicrobiens les plus couramment employés.

## Les antibiotiques antibactériens : les inhibiteurs de la synthèse de la paroi cellulaire

### Objectifs d'apprentissage

- *Énumérer les avantages des pénicillines semi-synthétiques, des céphalosporines et de la vancomycine par rapport à la pénicilline.*
- *Expliquer pourquoi l'isoniazide et l'éthambutol sont antimycobactériens.*

### La pénicilline

Le terme **pénicilline** regroupe plus de 50 antibiotiques chimiquement apparentés (figure 20.6). Toutes les pénicillines ont une structure commune dans laquelle le cycle $\beta$-lactame tient lieu de noyau. Elles se distinguent par les chaînes latérales chimiques qui sont rattachées au noyau. Les pénicillines sont produites par voie naturelle ou par voie semi-synthétique.

Elles agissent en bloquant la réticulation des peptidoglycanes, ce qui empêche les dernières étapes de la formation de la paroi cellulaire (figure 4.12a). La perte de la paroi cellulaire empêche la croissance de la bactérie ; dépourvue de protection, la cellule bactérienne meurt rapidement. Dans le cas des bactéries à Gram négatif, il n'est pas toujours judicieux d'utiliser ce type d'antibiotiques qui attaquent la paroi puisque les endotoxines peuvent être ainsi libérées.

**Pénicillines naturelles** Les pénicillines extraites de cultures de la moisissure *Penicillium* existent sous plusieurs formes apparentées. On les appelle **pénicillines naturelles.** Le composé type de toutes les pénicillines est la *pénicilline G.* Cette molécule possède un spectre d'action étroit mais néanmoins utile, et constitue souvent le traitement de choix contre la plupart des staphylocoques et streptocoques et contre plusieurs spirochètes. Lorsqu'elle est injectée dans les muscles, la pénicilline G est rapidement excrétée du corps en 3 à 6 heures (figure 20.7). Lorsqu'elle est ingérée, l'acidité des liquides digestifs de l'estomac réduisent sa concentration. La *pénicilline procaïne,* mélange de pénicilline G et de procaïne, peut être détectée jusqu'à 24 heures après l'administration : son pic de concentration a lieu environ 4 heures après son administration. Toutefois, le temps de rétention le plus long est celui de la *pénicilline benzathine,* combinaison de pénicilline G et de benzathine. Même si son temps de rétention peut atteindre 4 mois, la concentration du médicament est si faible que les microorganismes ciblés doivent y être très sensibles. La pénicilline V, qui reste stable en dépit de l'acidité du suc gastrique et dont l'efficacité est optimale lorsqu'elle est prise par voie orale, et la pénicilline G sont les molécules naturelles le plus souvent prescrites.

Les pénicillines naturelles comportent toutefois des désavantages, notamment leur spectre d'action étroit et leur sensibilité aux pénicillinases. Les *pénicillinases* sont des enzymes qui clivent le cycle $\beta$-lactame de la molécule de pénicilline (figure 20.8). Elles sont produites par de nombreuses bactéries, particulièrement les espèces du genre *Staphylococcus.* À cause de leur mode d'action, les pénicillinases appartiennent au groupe d'enzymes appelées *bêtalactamases* (*$\beta$-lactamases*).

**Pénicillines semi-synthétiques** Un grand nombre de **pénicillines semi-synthétiques** ont été mises au point pour tenter de pallier les désavantages des molécules naturelles (figure 20.6b). Les scientifiques font appel à l'une ou l'autre de deux méthodes pour fabriquer ces pénicillines. Premièrement, ils bloquent la synthèse de la molécule par la moisissure *Penicillium* pour n'obtenir que le noyau commun de pénicilline. Deuxièmement, ils éliminent les

**Tableau 20.3** *Agents antibactériens*

| Agents classés par mode d'action | Commentaires |
|---|---|
| **Inhibiteurs de la synthèse de la paroi cellulaire** | |
| Pénicillines naturelles | De la famille des bêtalactamines. |
| Pénicilline G | Agit sur les bactéries à Gram positif, par injection. Bactéricide. |
| Pénicilline V | Agit sur les bactéries à Gram positif, par voie orale. Bactéricide. |
| Pénicillines semi-synthétiques | De la famille des bêtalactamines. |
| Ampicilline | À large spectre. Bactéricide. |
| Méthicilline | Résistante à la pénicillinase. Bactéricide. |
| Monobactame | De la famille des bêtalactamines; agit sur les bactéries à Gram négatif, y compris *Pseudomonas* spp. Bactéricide. |
| Aztréonam | |
| Céphalosporines | De la famille des bêtalactamines; résistantes à la pénicillinase; agit sur les bactéries à Gram négatif, à large spectre. Bactéricide. |
| Carbapénème | |
| Imipénème-cilastatin | De la famille des bêtalactamines, à très large spectre. Bactéricide. |
| Bacitracine | Polypeptide, agit sur les bactéries à Gram positif, voie topique. Bactéricide. |
| Vancomycine | Glycopeptide, agit sur les bactéries à Gram positif résistantes à la pénicilline. Bactéricide. |
| Isoniazide (INH) | Mycobactéries (tuberculose); inhibe la synthèse de l'acide mycolique, un constituant de la paroi mycobactérienne. Bactériostatique. |
| Éthambutol | Mycobactéries (tuberculose); inhibe l'incorporation d'acide mycolique dans la paroi mycobactérienne. Bactériostatique. |
| **Inhibiteurs de la synthèse protéique** | |
| Aminosides | |
| Streptomycine | À large spectre, y compris les mycobactéries. Bactéricide. |
| Néomycine | Voie topique, à large spectre. Bactéricide. |
| Gentamicine | À large spectre, y compris *Pseudomonas* spp. Bactéricide. |
| Tétracyclines | |
| Tétracycline, oxytétracycline, chlortétracycline | À large spectre, y compris les chlamydies et les rickettsies; complément alimentaire animal. Bactériostatique. |
| Chloramphénicol | À large spectre, potentiellement toxique. Bactériostatique. |
| Macrolides | |
| Érythromycine | Traitement de relais pour les sujets sensibles à la pénicilline. Bactériostatique. |
| Streptogramines (ou synergistines) | |
| Quinupristine et dalfopristine | Inhibe la synthèse protéique en se liant aux ribosomes. |
| **Détérioration de la membrane plasmique** | |
| Polymyxine B | Voie topique, bactéries à Gram négatif, y compris *Pseudomonas* spp. Bactéricide. |
| **Inhibiteurs de la synthèse des acides nucléiques** | |
| Rifamycines | |
| Rifampicine | Inhibe la synthèse de l'ARNm; traitement de la tuberculose. Bactéricide. |
| Quinolones et fluoroquinolones | |
| Acide nalidixique<br>Ofloxacine, norfloxacine, ciprofloxacine | Inhibe la synthèse de l'ADN; à large spectre; infections des voies urinaires. Bactéricide. |
| **Inhibiteurs compétitifs de la synthèse des métabolites essentiels** | |
| Sulfamides | |
| Triméthoprime-sulfaméthoxazole | À large spectre; combinaison couramment employée. Bactériostatique. |

chaînes latérales des molécules naturelles complètes, puis ajoutent chimiquement d'autres chaînes latérales qui, entre autres choses, confèrent une augmentation de la résistance à la pénicillinase. C'est pourquoi on qualifie ces molécules de semi-synthétiques: une partie de la pénicilline est produite par la moisissure, alors que l'autre est ajoutée de manière

**Tableau 20.4** *Agents antifongiques, antiviraux, antiprotozoaires et antihelminthiques*

| | Mécanisme d'action | Traitement |
|---|---|---|
| **Agents antifongiques** | | |
| Polyènes | | |
| Amphotéricine B | Détérioration de la membrane plasmique | Infections fongiques systémiques. Fongicide. |
| Azoles | Inhibition de la synthèse de la membrane plasmique | Clotrimazole, miconazole : voie topique pour les infections fongiques de la peau et des muqueuses. Possiblement fongicide. Kétoconazole : voie topique pour les infections fongiques de la peau ; voie orale pour les infection fongiques systémiques. Fongistatique. |
| Griséofulvine | Inhibition de la formation des microtubules mitotiques | Infections fongiques cutanées. Fongistatique. |
| Tolfanate | Inconnu | Pied d'athlète. Fongicide. |
| Flucytosine | Inhibition de la synthèse de l'ADN et de l'ARN | Infections fongiques systémiques. Fongicide. |
| **Agents antiviraux** | | |
| Amantadine | Blocage de l'entrée ou inhibition de la décapsidation | Prophylaxie de la grippe A. |
| Analogues des nucléosides | | |
| Acyclovir, ribavirine, ganciclovir, trifluoridine | Inhibition de la synthèse de l'ADN ou de l'ARN | Herpèsvirus. |
| Zidovudine, didanosine, zalcitabine | Inhibition de la synthèse de l'ADN par la transcriptase inverse | Infection par le VIH. |
| Inhibiteurs enzymatiques | | |
| Indinavir, saquinavir | Inhibition de la protéase virale | Infection par le VIH. |
| Interférons | | |
| Interféron α | Inhibition de la prolifération du virus à de nouvelles cellules | Hépatite virale. |
| **Agents antiprotozoaires** | | |
| Chloroquine | Inhibition de la synthèse de l'ADN | Paludisme ; efficace contre les globules rouges seulement. |
| Diiodohydroxyquine | Inconnu | Infections amibiennes. Tue les amibes. |
| Métronidazole | Détérioration de l'ADN | Protozoaires, *Entamœba, Trichomonas ;* bactéries anaérobiques. Tue les amibes et les trichomes. |
| **Agents antihelminthiques** | | |
| Niclosamide | Inhibition de la formation d'ATP dans les mitochondries | Infections par les plathelminthes. Tue les vers plats. |
| Praziquantel | Perturbation de la perméabilité de la membrane plasmique | Infestations par les plathelminthes et les trématodes. Tue les vers plats. |
| Pamoate de pyrantel | Bloquant neuromusculaire | Contre les némathelminthes intestinaux. Tue les vers ronds. |

synthétique. La *méthicilline,* mise au point pour contrecarrer la résistance à la pénicillinase, a été la première pénicilline semi-synthétique d'usage courant. De nombreuses bactéries ont fini toutefois par acquérir une résistance à cette molécule, d'où la mise au point d'autres molécules, telles que l'*oxacilline,* pour la remplacer.

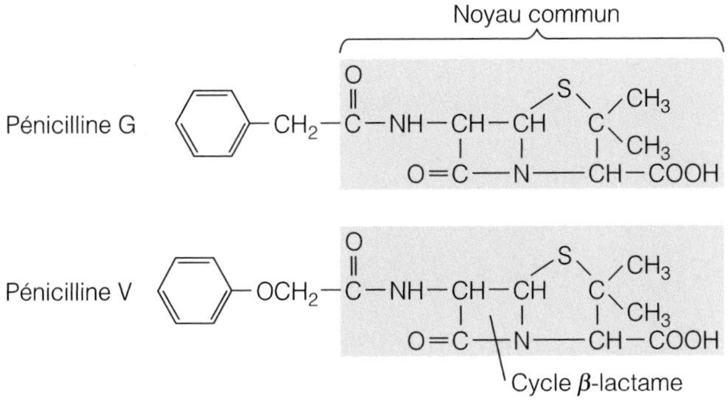

Noyau commun

Pénicilline G

Pénicilline V

Cycle $\beta$-lactame

**a)** Pénicillines naturelles

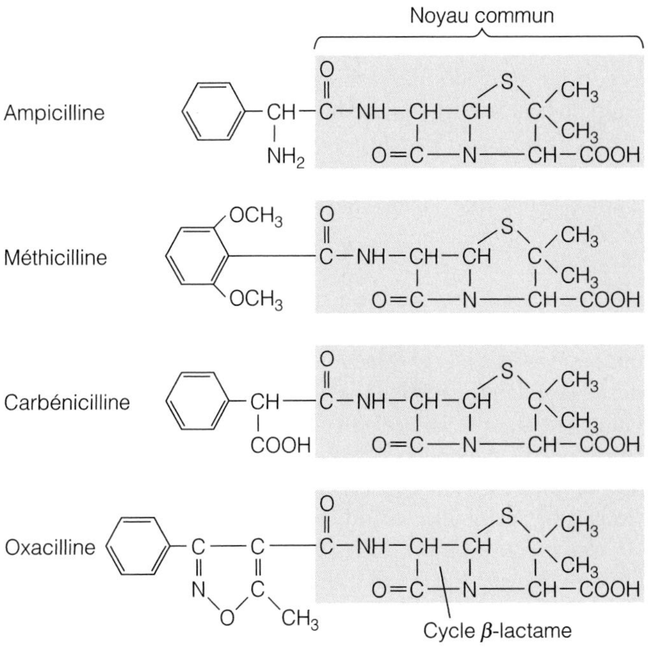

Ampicilline

Méthicilline

Carbénicilline

Oxacilline

**b)** Pénicillines semi-synthétiques

**FIGURE 20.6 La structure des pénicillines, antibiotiques antibactériens.** La portion commune à toutes les pénicillines – qui contient le cycle β-lactame – est ombrée. Les pénicillines se distinguent par leurs chaînes latérales (parties claires).

- **Les pénicillines semi-synthétiques comprennent le cycle β-lactame fabriqué par *Penicillium* ainsi que diverses chaînes latérales pour élargir leur spectre d'action ou augmenter leur résistance à la pénicillinase.**

Pénicilline G (injection intramusculaire)
Pénicilline G (voie orale)
Pénicilline procaïne
Pénicilline benzathine
Concentration dans le sang
Temps (heures)

**FIGURE 20.7 Temps de rétention de la pénicilline G.** La pénicilline G est habituellement injectée (ligne rouge). L'administration de ce médicament par injection se traduit par une concentration élevée dans le sang qui disparaît rapidement. Prise oralement (ligne pointillée rouge), la molécule est détruite par le suc gastrique et perd donc de son efficacité. Pour augmenter le temps de rétention de la pénicilline G, on la combine à d'autres composés tels que la procaïne ou la benzathine (ligne bleue et ligne noire, respectivement). Cependant, sa concentration sanguine est si faible que la bactérie ciblée doit être extrêmement sensible à ce mélange.

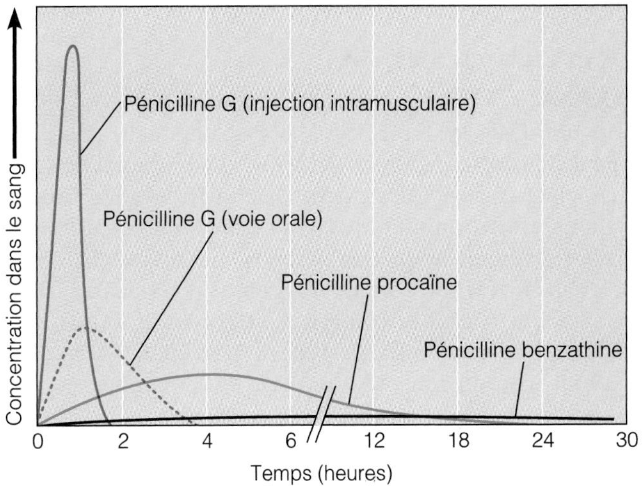

Cycle $\beta$-lactame
Pénicilline
Pénicillinase
Acide pénicilloïque

**FIGURE 20.8 Action de la pénicillinase sur les pénicillines.** La production de cette enzyme, que l'on voit ici ouvrir le cycle β-lactame, est de loin le moyen le plus couramment utilisé par les bactéries pour inactiver les pénicillines. La lettre R représente la chaîne latérale qui différencie les divers composés de cette famille d'agents.

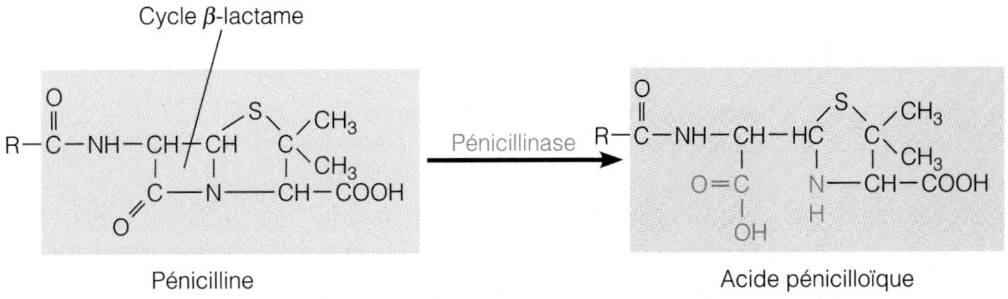

Pour remédier à l'étroitesse du spectre d'action des pénicillines naturelles, on a créé des molécules à spectre plus large. Ces nouvelles pénicillines sont efficaces contre beaucoup de bactéries et à Gram négatif et à Gram positif, même si elles ne sont pas résistantes aux pénicillinases. Les premières pénicillines ainsi mises au point ont été les aminopénicillines, telles que l'*ampicilline* et l'*amoxicilline.* Lorsque les bactéries y sont devenues résistantes, on a créé les carboxypénicillines. Les membres de cette famille, tels que la *carbénicilline* et la *ticarcilline,* ont une action encore plus grande contre les bactéries à Gram négatif et possèdent l'avantage de s'attaquer à *Pseudomonas æruginosa.* Parmi les nouveaux membres de la famille des pénicillines, on compte les uréidopénicillines, telles que la *mezlocilline* et l'*azlocilline.* Ces agents à large spectre découlent d'une modification de la structure de l'ampicilline. Les recherches se poursuivent en vue de trouver des pénicillines modifiées encore plus efficaces.

On a recours à une autre approche pour bloquer la production de pénicillinase ; il s'agit de combiner les pénicillines avec du *clavulanate de potassium* (*acide clavulanique*), produit synthétisé par un streptomycète. Le clavulanate de potassium, qui ne présente pratiquement aucune activité antimicrobienne, est un inhibiteur non compétitif de la pénicillinase. Cette molécule a été combinée avec quelques-unes des nouvelles pénicillines à large spectre, telles que l'amoxicilline (le mélange est connu sous les appellations commerciales Augmentin[MD] ou Ciblor[MD]). Notez que le même antibiotique peut être vendu sous différentes appellations commerciales dans le monde.

## Les monobactames

L'*aztréonam,* le premier agent d'une nouvelle classe d'antibiotiques, a aussi été créé dans le but de vaincre les effets de la pénicillinase. Cet antibiotique synthétique, muni d'un seul cycle plutôt que des deux cycles habituels des $\beta$-lactames, est donc un **monobactame.** Pour un composé apparenté aux pénicillines, le spectre d'action de l'aztréonam est remarquable ; cet antibiotique n'agit que sur certaines bactéries à Gram négatif, y compris *Pseudomonas* et *E. coli.* La faible toxicité de ce monobactame, qui est un caractère peu commun, constitue un autre avantage de cette molécule.

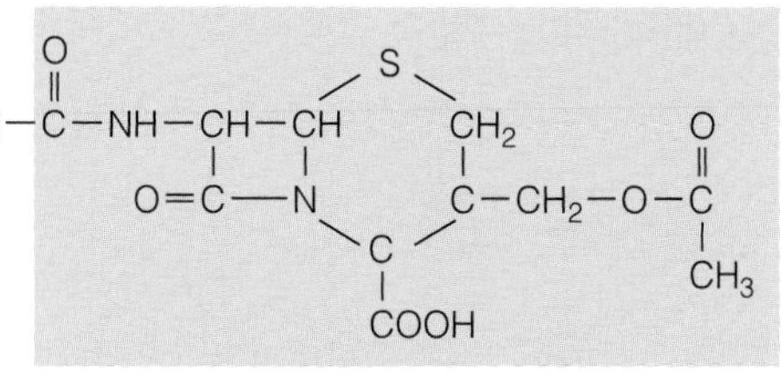

## Les céphalosporines

La structure du noyau des **céphalosporines** ressemble à celle du noyau de la pénicilline (figure 20.9). Les céphalosporines inhibent la synthèse de la paroi cellulaire essentiellement par le même mécanisme d'action que les pénicillines. Cependant, elles se distinguent des pénicillines par leur résistance aux pénicillinases et par leur efficacité contre un nombre plus grand de bactéries à Gram négatif que les pénicillines naturelles. Les céphalosporines sont toutefois sensibles à l'action d'un groupe particulier de $\beta$-lactamases.

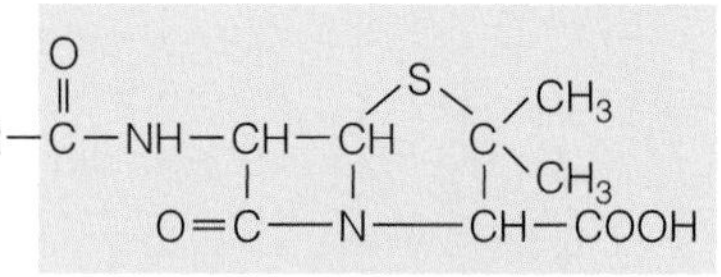

Le nombre de céphalosporines dites de deuxième, de troisième et même de quatrième génération, a considérablement augmenté au cours des dernières années. Cette famille comprend maintenant plus de 70 agents antimicrobiens. Chaque génération tend à être plus efficace contre les bactéries à Gram négatif et possède un spectre plus large que celui de la génération précédente. Parmi les céphalosporines typiques, on compte la *céfalotine,* le *céfamandole* et le *céfotaxime.*

Les patients préfèrent prendre ces antibiotiques par voie orale. Parmi les nouvelles molécules approuvées par les services de santé américains, on compte le *cefpodoxime* et le *cefixime.*


Noyau de la céphalosporine


Noyau de la pénicilline

**FIGURE 20.9 Comparaison entre la structure du noyau de la céphalosporine et celle du noyau de la pénicilline.**

- Pourquoi les céphalosporines sont-elles résistantes à la pénicillinase ?

## Les carbapénèmes

Les **carbapénèmes,** dont l'*imipénème-cilastatin,* possèdent un spectre d'action étonnamment étendu. Ces antibiotiques exercent leur activité en inhibant la synthèse de la paroi cellulaire et ils constituent une autre modification de la structure du cycle $\beta$-lactame. La préparation d'imipénème contient de la *cilastatine sodique,* substance qui empêche la dégradation du mélange dans les reins. Des épreuves ont montré que cette combinaison tue 98 % des microorganismes à Gram positif et à Gram négatif isolés de patients hospitalisés.

## La bacitracine

La *bacitracine* est un antibiotique polypeptidique qui est surtout efficace contre les bactéries à Gram positif, telles que les staphylocoques et les streptocoques. Son nom vient du mot *Bacillus,* qui représente sa source, et du nom de la jeune fille infectée, Tracy, de laquelle la bactérie a été isolée. La bacitracine inhibe la synthèse de la paroi cellulaire à un stade plus précoce que les pénicillines et les céphalosporines. Elle perturbe la synthèse des long filaments de peptidoglycane (figure 4.12a). On l'utilise uniquement en application topique pour traiter les infections superficielles.

## La vancomycine

La **vancomycine** fait partie d'un petit groupe d'antibiotiques glycopeptidiques. Cet agent est relativement toxique et doit être administré avec précaution. La molécule, dont l'action repose sur l'inhibition de la synthèse de la paroi cellulaire, possède un spectre très étroit.

Au fil du temps, *Staphylococcus aureus,* agent pathogène redoutable et très commun, est devenu résistant à toutes les classes de pénicillines, y compris les méthicillines. Pour traiter les infections à *S. aureus* multirésistant, on a recours en dernier lieu à la vancomycine. Cependant, l'apparition récente de souches de *S. aureus* et d'autres agents pathogènes importants, tels que certains entérocoques (voir l'encadré de la page 616), résistantes à la vancomycine suscite une vive inquiétude dans la communauté médicale. Pour faire face à cette situation, les chercheurs ont mis au point une nouvelle famille d'antibiotiques, les *streptogramines* ou *synergistines.* Ces antibiotiques sont un mélange de deux agents bactériostatiques dont la combinaison est bactéricide. Le premier antibiotique de cette famille est une combinaison de quinupristine et de dalfopristine, deux peptides cycliques produits par *Streptomyces* spp. Même si cet antibiotique est un bon produit de remplacement de la vancomycine, son coût et l'incidence élevée des effets secondaires qu'il engendre limitent son utilisation.

### L'isoniazide (INH)

L'**isoniazide** (**INH**) est un agent antimicrobien synthétique très efficace contre *Mycobacterium tuberculosis.* Son principal mécanisme d'action repose sur l'inhibition de la synthèse des acides mycoliques, constituants spécifiques de la paroi cellulaire des mycobactéries. Cet antibiotique a peu d'effets sur les autres bactéries. Lors du traitement contre la tuberculose, l'isoniazide est administré simultanément avec d'autres médicaments tels que la rifampicine ou l'éthambutol. Cette combinaison d'agents diminue la mise en place d'une résistance. Étant donné que le bacille de la tuberculose ne réside habituellement que dans les macrophagocytes ou dans les tissus, tout agent antituberculeux doit être capable de pénétrer dans ces derniers.

### L'éthambutol

L'**éthambutol** est efficace uniquement contre les mycobactéries. Cet antibiotique inhibe apparemment l'incorporation d'acide mycolique dans la paroi cellulaire. C'est un agent antituberculeux relativement faible. On l'utilise surtout comme traitement secondaire pour éviter la mise en place d'une résistance.

## Les inhibiteurs de la synthèse des protéines

Objectif d'apprentissage

- *Décrire comment les aminosides, les tétracyclines, le chloramphénicol et les macrolides inhibent la synthèse des protéines.*

### Les aminosides

Les **aminosides,** ou aminoglucosides, sont une famille d'antibiotiques dont les molécules sont reliées par des liens glycosidiques. Du fait de leur large spectre d'action, ces agents ont été parmi les premiers antibiotiques à présenter une action significative contre les infections sévères à bactéries à Gram négatif aérobies et contre les infections à staphylocoques.

L'aminoside le mieux connu est probablement la *streptomycine,* qui a été découverte en 1944. On y a encore recours comme traitement de relais contre la tuberculose, mais l'accroissement rapide de la résistance à cet antibiotique et ses effets toxiques sérieux ont fortement diminué son utilité.

Les aminosides sont bactéricides et inhibent la synthèse protéique. Ils peuvent causer des dommages permanents au nerf auditif et détériorer les reins. C'est pourquoi on y a moins souvent recours. La *néomycine* entre dans la composition de nombreuses préparations à usage topique vendues sans ordonnance. La *gentamicine,* qui s'écrit avec un «i» au lieu d'un «y» pour indiquer sa source – la bactérie filamenteuse *Micromonospora* –, est particulièrement efficace contre les infections à *Pseudomonas.* Ce genre de bactéries constitue une sérieuse complication pour les personnes atteintes de fibrose kystique du pancréas. Pour aider ces malades à vaincre l'infection, on fait appel à la *tobramycine* administrée en aérosol.

### Les tétracyclines

Les **tétracyclines** sont des antibiotiques à large spectre étroitement apparentés, produits par *Streptomyces* spp. Ils inhibent la synthèse protéique. Non seulement sont-ils efficaces contres les bactéries à Gram positif et à Gram négatif, mais ils pénètrent aussi facilement dans les tissus et les cellules et sont donc des alliés précieux contre les rickettsies et chlamydies intracellulaires. L'*oxytétracycline,* la *chlortétracycline* et la tétracycline elle-même sont les membres les plus utilisés de cette famille (figure 20.10). Il existe également quelques tétracyclines semi-synthétiques comme la *doxycycline* et la *minocycline.* L'avantage de ces molécules réside dans leur rétention plus longue par l'organisme.

On utilise les tétracyclines pour traiter beaucoup d'infections urinaires, de pneumonies à mycoplasmes et

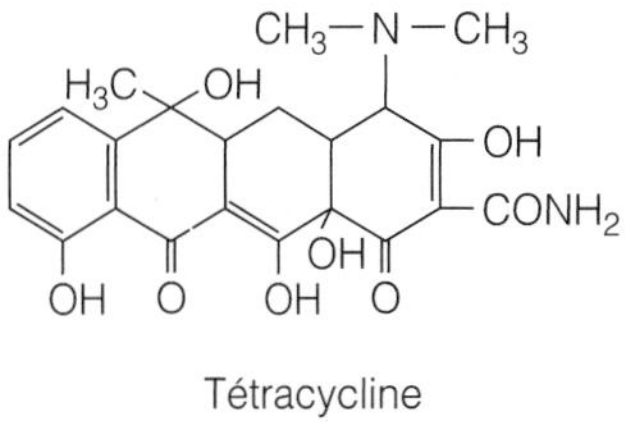

$CH_3-N-CH_3$
$H_3C$ OH
OH
$CONH_2$
OH
OH O OH O
Tétracycline

**FIGURE 20.10 Structure de la tétracycline, un antibiotique antibactérien.** Les autres membres de la famille des tétracyclines possèdent également une structure de quatre cycles.

- Les tétracyclines inhibent la synthèse protéique.

d'infections à chlamydies et à rickettsies. Elles servent aussi souvent de médicaments de relais dans le traitement de maladies telles que la syphilis et la gonorrhée. Les tétracyclines détruisent souvent la flore microbienne normale des intestins à cause de leur large spectre d'action. Ce déséquilibre entraîne des troubles gastro-intestinaux et ouvre la voie aux surinfections, notamment celles imputables au mycète *Candida albicans.* Il n'est recommandé de prescrire cet antibiotique ni aux enfants, chez qui son administration peut s'accompagner d'une coloration des dents, ni aux femmes enceintes, chez lesquelles il peut causer des dommages au foie. Les tétracyclines font partie des antibiotiques couramment ajoutés à l'alimentation des animaux pour faire augmenter rapidement leur poids. Cependant, cet ajout n'est pas sans conséquences sur la santé humaine (voir l'encadré de la page 616).

## Le chloramphénicol

Le **chloramphénicol** est un antibiotique bactériostatique à large spectre qui perturbe la synthèse protéique en inhibant la formation des liens peptidiques dans les polypeptides en croissance. Du fait de sa structure relativement simple (figure 20.11), il est moins dispendieux à synthétiser chimiquement qu'à isoler à partir de cultures de *Streptomyces.* Sa faible taille moléculaire facilite sa diffusion dans des régions du corps habituellement inaccessibles à beaucoup d'autres agents. Le chloramphénicol engendre toutefois d'importants effets secondaires dont le plus sérieux est l'inhibition de l'activité des cellules de la moelle osseuse. Cette inhibition se traduit par une diminution de la formation des cellules sanguines. Chez 1 patient sur 40 000, le médicament engendre une anémie aplastique, maladie potentiellement mortelle; l'incidence normale de cette anémie dans la population est de 1 individu sur 500 000. On recommande aux médecins de ne pas prescrire cet antibiotique lorsqu'un autre agent peut être tout aussi efficace.

## Les macrolides

Les **macrolides** font partie d'une famille d'antibiotiques qui tire son nom du macrocycle lactone que ces agents renferment.

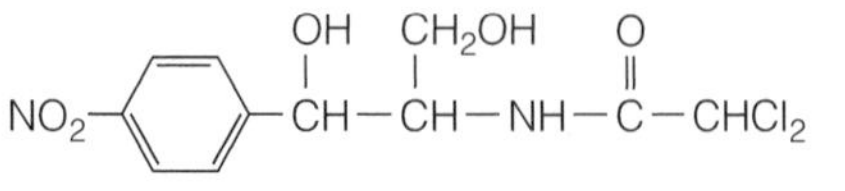

Chloramphénicol

**FIGURE 20.11 Structure du chloramphénicol, un antibiotique antibactérien.** La structure simple de cette molécule la rend moins coûteuse à synthétiser qu'à isoler de *Streptomyces.*

■ Quelle est la conséquence sur une cellule de la fixation du chloramphénicol à la sous-unité S des ribosomes?

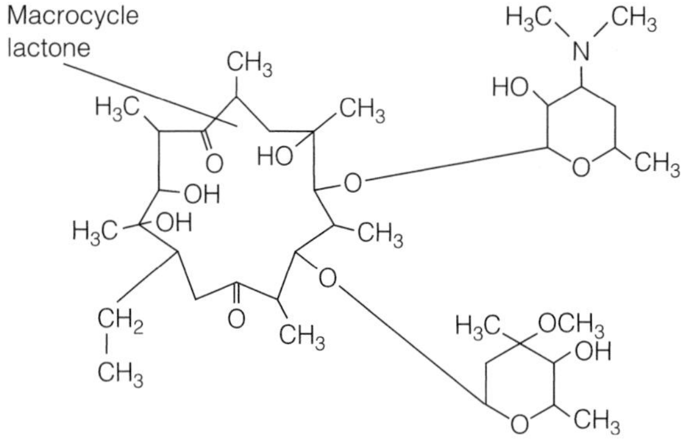

Érythromycine

**FIGURE 20.12 Structure de l'érythromycine, un antibiotique antibactérien typique de la famille des macrolides.** Tous les macrolides possèdent le macrocycle lactone illustré ici.

■ Les macrolides inhibent la synthèse protéique.

En milieu clinique, le macrolide le plus utilisé est l'*érythromycine* (figure 20.12). Son mécanisme d'action repose sur l'inhibition de la synthèse protéique. Toutefois, l'érythromycine ne peut pénétrer la paroi cellulaire de la plupart des bactéries à Gram négatif. Par conséquent, son spectre d'action est similaire à celui de la pénicilline G et l'érythromycine constitue une solution de rechange à la pénicilline. Parce qu'elle peut être administrée par voie orale, on prescrit souvent aux enfants une préparation d'érythromycine aromatisée à l'orange au lieu de pénicilline pour traiter les infections à streptocoques et à staphylocoques. L'érythromycine est l'antibiotique de choix pour le traitement de la légionellose, des pneumonies à mycoplasmes et de plusieurs autres infections.

# La détérioration de la membrane plasmique

### Objectif d'apprentissage

- *Comparer le mode d'action de la polymyxine B, de la bacitracine et de la néomycine.*

La *polymyxine B* est un antibiotique bactéricide efficace contre les bactéries à Gram négatif. Pendant longtemps, elle a été l'une des quelques substances médicamenteuses utilisées dans le traitement des infections à *Pseudomonas.* Elle agit en détériorant les membranes plasmiques. De nos jours on se sert rarement de la polymyxine B, sauf dans les préparations topiques destinées à guérir les infections superficielles.

La *bacitracine* et la *polymyxine B* entrent dans la composition d'onguents antiseptiques où ils sont habituellement combinés avec la *néomycine,* un aminoside à large spectre. Contrairement à la règle générale, ces médicaments sont en vente libre.

## Les inhibiteurs de la synthèse des acides nucléiques (ADN/ARN)

**Objectif d'apprentissage**

- *Décrire comment les rifamycines et les quinolones tuent les bactéries.*

### Les rifamycines

L'antibiotique le plus connu de la famille des **rifamycines** est la *rifampicine.* La structure de ces agents s'apparente à celle des macrolides et leur efficacité provient du fait qu'ils inhibent la synthèse de l'ARNm. La rifampicine, qui agit contre les mycobactéries, est principalement utilisée dans le traitement de la tuberculose et de la lèpre. Une de ses caractéristiques les plus importantes réside dans sa capacité à pénétrer les tissus et à atteindre une concentration thérapeutique dans le liquide cérébrospinal et dans les abcès, ce qui explique probablement son activité antituberculeuse. En effet, l'agent de la tuberculose est souvent situé dans les tissus ou dans les macrophagocytes. La rifampicine a un effet secondaire inusité : elle confère une teinte orangée à l'urine, aux selles, à la salive, à la sueur et même aux larmes.

### Les quinolones et les fluoroquinolones

Au début des années 1960, l'*acide nalidixique,* le premier membre de la famille des **quinolones,** a été synthétisé. Cet agent antibactérien exerce un effet bactéricide remarquable par son inhibition sélective d'une enzyme (l'ADN gyrase) nécessaire à la réplication de l'ADN. En dépit de son usage limité au traitement des infections urinaires, l'acide nalidixique a conduit dans les années 1980 à la mise au point d'une nouvelle famille d'antibiotiques particulièrement utile, les **fluoroquinolones.** Parmi les fluoroquinolones les plus employés, on compte la *norfloxacine, l'ofloxacine* et la *ciprofloxacine.* On a fréquemment recours aux fluoroquinolones à cause de leur large spectre d'action, de leur bonne pénétration dans les tissus et de leur innocuité chez l'adulte. Cependant, on déconseille leur prescription chez les enfants, les adolescents et les femmes enceintes, car ils peuvent nuire à la croissance du cartilage.

## Les inhibiteurs compétitifs de la synthèse des métabolites essentiels

**Objectif d'apprentissage**

- *Décrire le mécanisme d'action des sulfamides en regard de la croissance bactérienne.*

### Les sulfamides

Comme nous l'avons déjà mentionné, les **sulfamides** ou sulfonamides figurent parmi les premiers agents antimicrobiens synthétiques ayant servi à traiter les infections microbiennes. La découverte des antibiotiques a réduit leur utilisation en chimiothérapie, mais on a encore recours aux sulfamides pour traiter certaines infections urinaires et, dans quelques cas spécifiques – par exemple en association médicamenteuse telle que la *sulfadiazine d'argent* –, les infections chez les grands brûlés. Les sulfamides sont bactériostatiques. Nous avons vu que leur efficacité est due à la similarité de leur structure avec celle de l'acide para-aminobenzoïque (PABA) (figure 20.5).

Il est probable que le sulfamide le plus couramment utilisé de nos jours est une combinaison de *triméthoprime* et de *sulfaméthoxazole* (TMP-SMZ). Ce mélange constitue un excellent exemple d'un phénomène pharmacologique appelé **synergie.** Lorsque les deux sulfamides sont combinés, 10 % seulement de la concentration permet d'obtenir les mêmes effets que ceux de chaque sulfamide administré séparément. Ensemble, ils possèdent aussi un spectre d'action plus étendu et diminuent considérablement l'apparition de souches résistantes. (Nous reviendrons sur la synergie plus loin dans le chapitre ; figure 20.20.)

Le TMP-SMZ possède un spectre d'action étendu, mais il n'est pas efficace contre *Pseudomonas.* Il peut être administré par voie orale. On l'utilise parfois pour soigner la pneumonie à *Pneumocystis,* qui est due à un mycète et constitue souvent une complication du SIDA. Le TMP-SMZ peut pénétrer sans difficulté dans l'encéphale et atteindre le liquide céphalorachidien.

## Les agents antifongiques

**Objectif d'apprentissage**

- *Expliquer les mécanismes d'action des agents antifongiques actuellement utilisés.*

Les cellules eucaryotes telles que les mycètes synthétisent les protéines et les acides nucléiques par les mêmes mécanismes que les cellules des animaux supérieurs. Par conséquent, il est plus ardu de trouver un élément susceptible de faire l'objet d'une toxicité sélective dans les cellules eucaryotes que dans les cellules procaryotes. Le problème devient de plus en plus sérieux du fait de l'incidence accrue des infections fongiques, qui constituent des infections opportunistes chez les individus immunodéprimés, surtout chez les sujets atteints du SIDA.

### Les polyènes

De la famille des antibiotiques antifongiques appelés **polyènes,** l'*amphotéricine B* est l'agent le plus couramment employé (figure 20.13). Produits par des bactéries du genre *Streptomyces* vivant dans le sol, ces antibiotiques se combinent aux stérols de la membrane plasmique des mycètes, ce qui rend cette dernière très perméable et cause la mort de la cellule. La membrane plasmique des bactéries, sauf celle des *Mycoplasma,* ne renferme pas de stérols, et les bactéries ne sont donc pas sensibles aux polyènes. Pendant de nombreuses années, l'antibiothérapie à l'amphotéricine B a été le traitement de choix pour soigner les maladies fongiques systémiques telles que l'histoplasmose, la coccidioïdomycose et

LA MICROBIOLOGIE DANS L'ACTUALITÉ

# Les conséquences sur la santé humaine des antibiotiques ajoutés dans la nourriture des animaux

Il y a plus de quarante ans, les éleveurs ont commencé à ajouter des antibiotiques dans la nourriture d'animaux étroitement parqués qui étaient engraissés pour la consommation. Les agents antimicrobiens permirent de réduire le nombre d'infections bactériennes et de lutter contre la prolifération des bactéries dans des conditions aussi favorables à leur croissance. On s'aperçut en outre qu'ils accéléraient la croissance des animaux, ce qui a eu pour conséquence de généraliser leur utilisation. On croit que cet effet sur la croissance est attribuable à l'élimination de certaines bactéries intestinales, telles que *Clostridium* spp., qui produisent des quantités substantielles de gaz et de toxines susceptibles de retarder la croissance de l'animal. Aujourd'hui, plus de la moitié des antibiotiques utilisés à l'échelle planétaire est distribuée aux animaux de ferme pour favoriser leur engraissement et traiter les infections.

La viande et le lait vendus aux consommateurs ne contiennent pas de grandes quantités d'antibiotiques, car des organismes de surveillance gouvernementaux tels que Santé Canada et la Food and Drug Administration (FDA) ont établi des normes en matière de résidus d'antibiotiques dans les tissus propres à la consommation. Cependant, la présence constante d'antibiotiques chez ces animaux exerce une pression sélective sur leur flore microbienne naturelle, de même que sur leurs agents pathogènes. Les bactéries naturellement résistantes sont ainsi sélectionnées et leur prolifération favorise le développement d'une flore résistante.

## *SALMONELLA*

*Salmonella* est une bactérie qui peut être transmise des animaux aux humains par le truchement de la viande ou du lait. Le premier cas connu de salmonellose a été signalé en Allemagne en 1888, lorsque 50 personnes sont tombées malades après avoir ingéré du bœuf haché provenant du même animal. L'utilisation d'antibiotiques dans la nourriture des animaux permet la croissance de souches bactériennes qui résistent aux agents antibactériens couramment employés pour traiter les infections chez l'humain. Dans les années 1980, des chercheurs ont montré que des bactéries résistantes aux antibiotiques étaient directement transférées des animaux aux humains par le biais de la viande et du lait. En 1984, Scott Holmberg et ses collaborateurs des CDC ont découvert qu'une infection antibiorésistante à *Salmonella newport* ayant touché 18 individus vivant dans 4 États américains, provenait de bétail élevé dans le Dakota du Sud. En 1985, une souche de *S. typhimurium* antibiorésistante provenant d'une seule laiterie située en Illinois a infecté 16 000 personnes vivant dans 7 États américains. Des modèles de résistance similaires ont été mis en évidence dans d'autres pays. Avant 1984, en Europe, *S. dublin* était sensible aux antibiotiques. Depuis, les isolats bactériens extraits de bétail ainsi que d'enfants atteints de salmonellose présentent une résistance au chloramphénicol et à la streptomycine.

En 1985, près de 1 000 cas d'infection à *S. newport* résistant à divers antibiotiques ont été signalés dans la circonscription de Los Angeles en Californie. Une sonde radioactive d'ADN a permis de détecter un même plasmide portant des gènes de résistance à différents antibiotiques chez 99 % des isolats de *S. newport*. L'analyse du plasmide a permis de remonter à l'origine de la bactérie, soit des malades à un abattoir, puis à une usine de transformation et enfin à trois fermes.

## ENTÉROCOQUES RÉSISTANTS À LA VANCOMYCINE

Des souches d'*Enterococcus* spp. résistantes à la vancomycine (ERV) ont été isolées pour la première fois en France en 1986 et décelées aux États-Unis en 1989. En Europe, la vancomycine et l'avoparcine sont couramment ajoutées à la nourriture pour animaux. Au Danemark, des chercheurs en médecine vétérinaire ont mis en culture des entérocoques résistants à la vancomycine isolés à partir de chevaux, de cochons et de poulets provenant de 8 pays européens utilisant l'avoparcine. Ils ne trouvèrent d'entérocoques résistants ni en Suède ni aux États-Unis, où l'avoparcine n'est pas employée. Ils en conclurent que l'avoparcine avait créé un réservoir d'ERV dans les aliments pour animaux. On trouve fréquemment ces microorganismes résistants dans les aliments produits par les pays européens, et il n'est pas rare de rencontrer des personnes qui en sont les vecteurs. Cette découverte suggère que les ERV peuvent provenir de la consommation d'aliments européens contaminés. Les chercheurs émettent l'hypothèse que la forte incidence d'infections nosocomiales à ERV aux États-Unis est due 1) à l'introduction de la bactérie par les voyageurs ou par l'importation d'aliments contaminés, 2) à la transmission par le personnel hospitalier et 3) à l'utilisation massive d'antibiotiques dans le milieu hospitalier, qui cause la sélection de microbes résistants.

En 1996, l'utilisation vétérinaire de l'avoparcine a été proscrite en Allemagne. Après l'interdiction, les échantillons ERV positifs sont passés de 100 à 25 % et le pourcentage de vecteurs humains a diminué, passant de 12 à 3 %. En 1997, tous les pays de l'Union européenne ont emboîté le pas à l'Allemagne.

## AGENTS MICROBIENS REMPLAÇANT LES ANTIBIOTIQUES

Le U.S. Department of Agriculture (USDA) estime que, chaque année, les bactéries sont responsables des 3,6 à 7,1 millions de maladies transmissibles

**(suite)**

par la nourriture. Parmi les agents causals les plus fréquents, on compte *Salmonella, Campylobacter* et *Escherichia coli* O157 :H7 qui résident dans les intestins des animaux de ferme et qui ultérieurement contaminent la viande durant sa transformation. *E. coli* O157 :H7 colonise la plupart des troupeaux à un moment ou à un autre, et 25 % de la volaille crue est contaminée à *Salmonella*. Ces bactéries n'engendrent des maladies chez l'humain qu'à la suite de l'ingestion de viande mal cuite ou mal conservée. Parce qu'ils ne sont parfois présents qu'en petites quantités dans les carcasses, les agents pathogènes ne peuvent pas vraiment faire l'objet de tests de dépistage. Il est probablement nécessaire d'appliquer plusieurs mesures pour réduire le risque d'infection : 1) éviter la colonisation de ces bactéries dans les animaux de ferme, 2) réduire la contamination de la viande par les selles durant le processus de transformation à l'abattoir et 3) utiliser des modes de conservation et de cuisson appropriés. Étant donné qu'ils colonisent aussi d'autres animaux, ces agents pathogènes humains font l'objet d'études visant à empêcher la colonisation. Les microbiologistes vétérinaires s'intéressent à l'exclusion compétitive – c'est-à-dire l'utilisation de bactéries empêchant la colonisation de microorganismes indésirables –, qui permettrait d'éliminer les bactéries nuisibles des animaux sans faire appel aux antibiotiques.

Il est possible d'ajouter des bactéries bénéfiques à la nourriture pour animaux. Une fois ingérées, ces bactéries colonisent le système digestif, entrent en compétition pour les nutriments et les sites d'adsorption, et produisent des composés antibactériens. Des recherches en cours montrent qu'un mélange de trois souches bactériennes peut inhiber la colonisation de *Campylobacter* chez le poulet. Ces trois bactéries ne peuvent croître que sur un des constituants du mucus et n'engendrent donc pas d'infections aviaires. Elles sécrètent des métabolites qui inhibent *Campylobacter*.

Les microbiologistes vétérinaires cherchent également à mettre en évidence des bactéries capables d'exclusion compétitive envers *E. coli*. La première étape de cette approche consiste à examiner le bétail qui n'est pas contaminé avec *E. coli*. Puis, on effectue des tests sur la flore du système digestif des animaux pour déterminer si certaines de ces bactéries peuvent prévenir la colonisation d'*E. coli*.

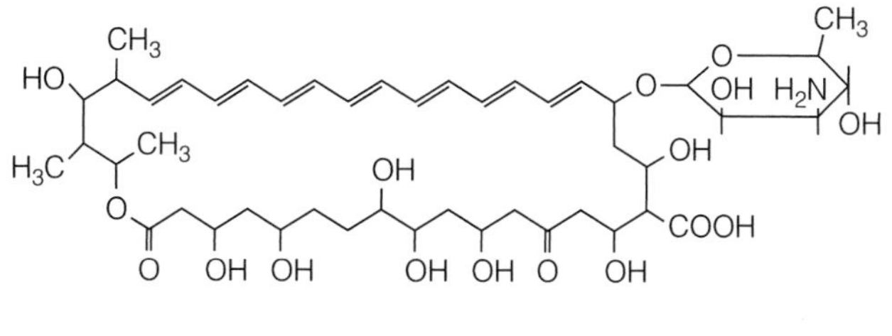

Amphotéricine B

**FIGURE 20.13 Structure de l'amphotéricine B, antifongique caractéristique des polyènes.**

■ Pourquoi les polyènes causent-ils des dommages à la membrane plasmique des mycètes et pas à celle des bactéries ?

la blastomycose. Cependant, la toxicité du médicament, en particulier sur le rein, a considérablement limité son utilisation. L'administration de l'antibiotique encapsulé dans des lipides (liposomes) semble le rendre moins toxique.

## Les azoles

Les **azoles,** dont les *imidazoles* et les *triazoles,* sont des agents antifongiques qui entravent surtout la synthèse des stérols de la membrane des mycètes, mais ils ont probablement d'autres effets antimétaboliques. Les imidazoles tels que le *clotrimazole* et le *miconazole* (figure 20.14) sont généralement administrés par voie topique pour traiter les mycoses cutanées comme le pied d'athlète ou les infections vaginales à champignons, et sont vendus sans ordonnance. Pris oralement, le *kétoconazole,* un autre imidazole, est efficace contre de nombreuses infections fongiques systémiques et moins toxique que l'amphotéricine B ; cependant, on observe parfois des dommages hépatiques. On utilise des pommades à

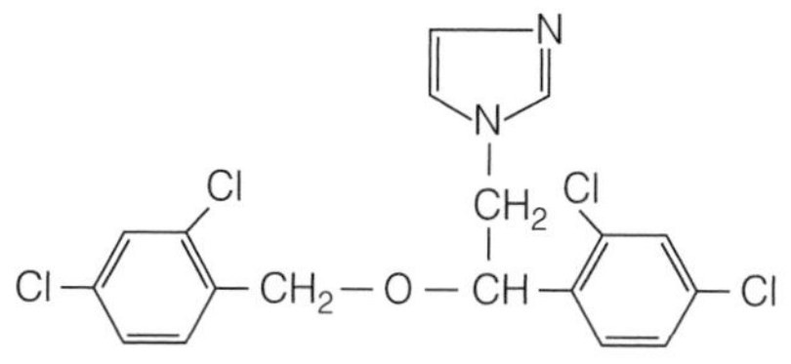

Miconazole

**FIGURE 20.14 Structure du miconazole, antifongique caractéristique des imidazoles.**

■ Les imidazoles causent des dommages à la membrane plasmique des mycètes.

base de kétoconazole pour soigner les dermatomycoses. Le kétoconazole possède également un spectre d'action inhabituellement large.

Les infections fongiques systémiques sont souvent traitées avec le *fluconazole* et l'*itraconazole,* qui sont des triazoles. Ces agents sont dotés du même mécanisme d'action que ceux de l'autre famille des azoles, mais ils sont moins toxiques que les autres antifongiques systémiques.

### La griséofulvine

La **griséofulvine** est un antibiotique produit par une espèce de *Penicillium.* Elle se caractérise par son activité contre les mycoses causées par des dermatophytes des cheveux (trichophytie du cuir chevelu et teigne) et des ongles, bien qu'elle soit administrée oralement. Il semble que la molécule se lie sélectivement à la kératine située dans la peau, dans les follicules du cheveu et dans les ongles. Elle agit essentiellement en bloquant l'assemblage des microtubules, ce qui nuit à la mitose et, par le fait même, à la reproduction du mycète.

### Autres agents antifongiques

Le *tolfanate* est un traitement topique de relais au miconazole pour soigner le pied d'athlète. Son mode d'action est inconnu. L'*acide undécylénique,* un acide gras, exerce également une activité antifongique contre le pied d'athlète, bien qu'il ne soit pas aussi efficace que le tolfanate ou les imidazoles.

La *flucytosine,* un antimétabolite analogue à la cytosine, est un antifongique qui interfère avec la synthèse de l'ADN et de l'ARN. Elle est absorbée de façon préférentielle par les cellules fongiques. Son spectre d'action ne couvre que quelques infections fongiques systémiques. Sa toxicité envers le rein et la moelle osseuse restreint son utilisation. La *pentamidine iséthionate* est utilisée dans le traitement de la pneumonie à *Pneumocystis,* une complication courante chez les patients immunodéprimés, surtout chez les sujets atteints du SIDA. On ne connaît pas son mode d'action, mais elle semble se fixer à l'ADN.

## Les agents antiviraux

**Objectif d'apprentissage**

- *Expliquer les mécanismes d'action des agents antiviraux courants.*

Dans les pays industrialisés, on estime que 60 % au moins des maladies infectieuses sont imputables aux virus et que 15 % environ de ces maladies sont causées par les bactéries. Chaque année, 90 % au moins de la population américaine souffre d'une maladie virale. Pourtant, le nombre d'agents antiviraux qui a été approuvé aux États-Unis est relativement peu élevé et leur spectre d'action englobe un groupe très limité de maladies.

La plupart des agents antiviraux récemment mis au point sont dirigés contre le VIH. Les médicaments antiviraux visent diverses phases de la prolifération virale (figures 13.15, 13.17 et 13.19), telles que l'attachement à la cellule hôte, la pénétration, la décapsidation, la synthèse ou la réplication de l'ADN ou de l'ARN et l'assemblage des nouvelles particules.

### Les analogues des nucléosides et des nucléotides

Plusieurs agents antiviraux importants sont des analogues des nucléosides et des nucléotides qui empêchent la réplication de l'acide nucléique viral. Dans la famille des analogues des nucléosides, l'*acyclovir* est l'agent le plus utilisé (figure 20.15). Bien qu'il soit surtout connu pour son utilisation dans le traitement de l'herpès génital, on s'en sert en général pour soigner la plupart des infections à *Herpesvirus,* notamment chez les individus immunodéprimés. Le *famciclovir,* que l'on peut prendre oralement, et le *ganciclovir* sont des dérivés de l'acyclovir et ont un mécanisme d'action semblable. La *trifluridine,* qui entre dans la composition des crèmes topiques traitant la kératite herpétique (infection de l'œil) résistante à l'acyclovir, est un analogue de la thymidine, un nucléoside constitué de thymine. La *ribavirine* ressemble à la guanine, un nucléoside, et perturbe la réplication virale.

La *zidovudine* (AZT), un analogue de nucléoside, est un agent chimiothérapeutique bien connu contre les infections à VIH. Elle bloque la synthèse de l'ADN par la transcriptase inverse (une enzyme) à partir de l'ARN. La vitalité de la recherche portant sur les agents contre le VIH a permis la découverte d'autres analogues de nucléosides qui inhibent aussi l'activité de la transcriptase inverse. La plupart de ces nouveaux analogues sont moins toxiques que la zidovudine. Ces agents comprennent la *didanosine* et la *zalcitabine.*

### Autres inhibiteurs d'enzyme

On a recours à une autre approche pour combattre les infections à VIH ; il s'agit d'inhiber les enzymes qui régissent la dernière phase de la réplication virale. Lorsque la cellule hôte, sous la direction du VIH, fabrique de nouveaux virus, elle doit scinder des grosses protéines au moyen d'enzymes, les protéases. Par la suite, ces fragments sont assemblés pour former les nouveaux virus. Or, les inhibiteurs de protéase sont des analogues des séquences d'acides aminés présentes dans ces grosses protéines, et ils entrent en compétition avec elles pour freiner l'action des protéases. On a constaté que l'*indinavir* et le *saquinavir* sont des inhibiteurs de protéases particulièrement efficaces lorsqu'ils sont combinés à des inhibiteurs de la transcriptase inverse.

Deux inhibiteurs de la neuraminidase, une enzyme, ont fait récemment leur apparition sur le marché pour traiter la grippe. Il s'agit du *zanamivir* (Relenza[MD]) et du *phosphate d'oseltaminvir* (Tamiflu[MD]).

### Les interférons

Les cellules infectées par un virus sécrètent souvent de l'interféron, substance qui empêche la diffusion de l'infection. Les interférons sont des cytokines ; nous avons étudié ces molécules au chapitre 17. À l'heure actuelle, l'*interféron*

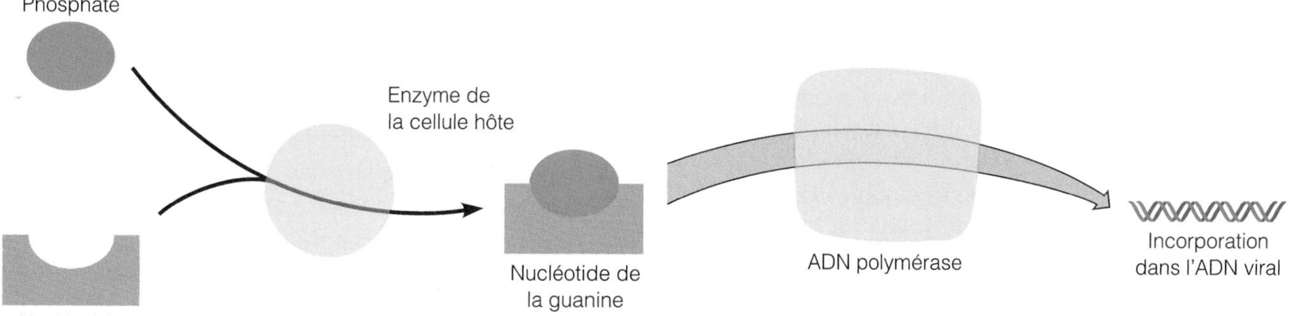


**a)** Synthèse d'un ADN viral normal contenant des nucléotides de la guanine

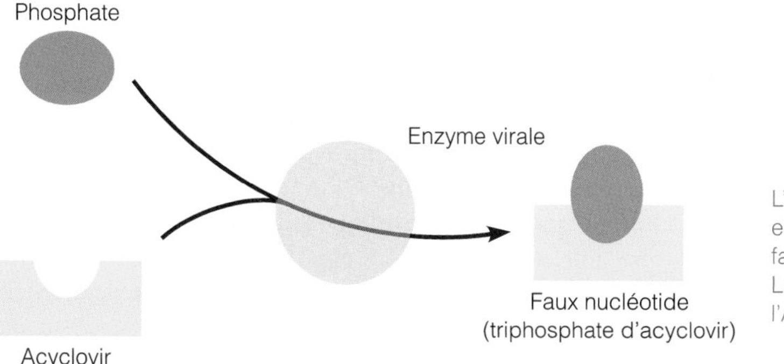

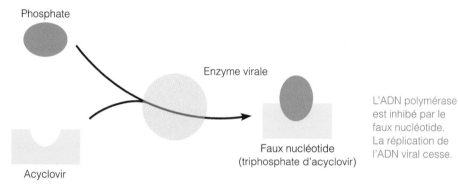

L'ADN polymérase
est inhibé par le
faux nucléotide.
La réplication de
l'ADN viral cesse.

**b)** Synthèse d'un ADN viral faux contenant des nucléotides de l'acyclovir

FIGURE 20.15 **Fonction de l'acyclovir, un agent antiviral.**
**a)** Au cours de la réplication de l'ADN viral, une enzyme de la cellule hôte associe des phosphates à des nucléosides, tels que le nucléoside de la guanine, pour former des nucléotides qui seront ultérieurement incorporés à l'ADN viral par l'ADN polymérase.
**b)** La structure de l'acyclovir s'apparente à celle du nucléoside de la guanine. Du fait de cette similarité structurale avec le nucléoside normal, l'acyclovir est utilisé par l'enzyme virale pour donner naissance à de faux nucléotides, qui ne peuvent être intégrés à l'ADN. La production de triphosphate d'acyclovir par l'*enzyme virale* est effectuée de manière beaucoup plus efficace que celle de nucléotide de la guanine par l'enzyme de la *cellule hôte,* d'où l'arrêt de la réplication virale.

■ Pourquoi est-il généralement difficile de traiter les infections virales au moyen d'agents chimiothérapeutiques ?

*alpha* (chapitre 16, p. 517) est le traitement de prédilection pour les hépatites virales.

## Les agents antiprotozoaires et les agents antihelminthiques

### Objectif d'apprentissage

- *Expliquer le mécanisme d'action des agents antiprotozoaires et antihelminthiques courants.*

Pendant des centaines d'années, la quinine a constitué le seul traitement efficace connu contre les infections parasitaires (paludisme). Extraite de l'écorce du quinquina, un arbre du Pérou, cette substance a été introduite en Europe au début des années 1600 sous le nom de « poudre des jésuites ». On dispose aujourd'hui de beaucoup d'agents antiprotozoaires et antiparasitaires, même si l'on considère que nombre d'entre eux n'en sont encore qu'au stade expérimental. Cependant, ils peuvent être prescrits par des médecins agréés.

### Les agents antiprotozoaires

On utilise encore la *quinine* pour combattre le paludisme, une protozoose (maladie due à des protozoaires), mais on a plus souvent recours à des dérivés synthétiques tels que la *chloroquine.* Pour éviter la propagation du paludisme dans les régions où le protozoaire a acquis une résistance à la chloroquine, on recommande de faire appel à un nouveau médicament, la *méfloquine.* La *diiodohydroxyquine* (*iodoquinol*) est un médicament fondamental prescrit contre plusieurs maladies intestinales provoquées par les amibes, mais son dosage doit être soigneusement contrôlé pour éviter des dommages au nerf optique. Son mode d'action est inconnu.

Le *métronidazole* (Flagyl[MD]) fait partie des agents antiprotozoaires les plus utilisés. Il se caractérise par son efficacité contre les protozoaires parasitaires, mais aussi contre les bactéries anaérobies. Par exemple, en tant qu'agent antiprotozoaire, il constitue le meilleur traitement contre la vaginite à *Trichomonas vaginalis.* Cependant, il est aussi prescrit pour soigner la giardiase et la dysenterie amibienne. Il agit en entravant le métabolisme anaérobie, type de métabolisme que ces protozoaires ont en commun avec certaines bactéries anaérobies obligatoires telles que *Clostridium.*

### Les agents antihelminthiques

Avec l'engouement croissant des gens pour le sushi, spécialité japonaise souvent à base de poisson cru, les CDC ont noté une augmentation de l'incidence des infestations par les plathelminthes (cestodes). Pour évaluer le nombre de cas, cet organisme vérifie les ordonnances de *niclosamide,* le médicament habituellement prescrit contre ce type d'infestation. Cet agent antihelminthique agit en inhibant la production d'ATP dans des conditions aérobies. Le *praziquantel* est tout aussi efficace que le *niclosamide* dans le traitement des maladies dues aux cestodes; il tue ces vers en altérant la perméabilité de leur membrane plasmique. Son spectre d'action est étendu et on recommande son utilisation pour soigner les maladies dues aux trématodes, en particulier les schistosomiases. Cet agent provoque des spasmes musculaires chez les helminthes et semble les rendre sensibles à l'attaque du système immunitaire. On pense qu'il provoque l'apparition d'antigènes sur leurs membranes, qui seront reconnus par les anticorps.

Le *mébendazole* sert fréquemment à soigner plusieurs des infestations intestinales les plus courantes causées par l'ascaris *Ascaris lumbricoides,* l'oxyure *Enterobius vermicularis* et le trichocéphale *Trichuris trichiura.* Son mode d'action repose sur le démantèlement des microtubules du cytoplasme, ce qui a pour conséquence indirecte de réduire la mobilité du ver. Le *pamoate de pyrvinium* s'attaque aux oxyures, aux vers à crochets et aux ascaris en les paralysant. Ces parasites seront ensuite éliminés du corps de l'hôte. Les éleveurs ont souvent recours à l'*ivermectine* pour traiter le bétail. Cet agent est également efficace contre plusieurs des nématodes infestant les humains, dont l'ascaris et les trichocéphales, qu'il paralyse.

## La démarche suivie en chimiothérapie

Le traitement d'une infection par chimiothérapie comprend diverses étapes. Il est d'abord nécessaire de procéder à l'identification de l'agent microbien responsable de l'infection et, pour ce faire, d'obtenir un échantillon susceptible de contenir cet agent. La qualité des échantillons cliniques prélevés puis acheminés au laboratoire de microbiologie est essentielle à l'identification de l'agent pathogène et, par conséquent, à la détermination de la chimiothérapie la plus appropriée.

### La qualité des prélèvements: un préalable à la détermination de la chimiothérapie appropriée

**Objectifs d'apprentissage**

- *Expliquer le rôle des prélèvements en microbiologie clinique.*
- *Expliquer la pertinence des mesures de manutention des prélèvements d'échantillons cliniques en regard de la validité du diagnostic microbiologique.*

Un **prélèvement** est l'action d'extraire du corps un échantillon pour l'examiner. On effectue des prélèvements de substances biologiques susceptibles de contenir des microorganismes pathogènes, telles que le pus, les crachats et expectorations, le sang, l'urine, les selles et le liquide cérébrospinal. Lors d'un prélèvement, les microorganismes présents dans l'échantillon subissent un changement radical des conditions de vie qui leur sont assurées par les tissus vivants; la température et le taux d'humidité, entre autres facteurs, chutent rapidement. Le transport des échantillons au laboratoire doit être fait dans des conditions telles que les microorganismes ne puissent ni mourir ni croître entre le moment où ils sont prélevés et celui où ils sont ensemencés sur des milieux de culture.

On constate régulièrement à l'hôpital que des demandes de tests sont reversées au dossier du patient, avec la mention que le prélèvement acheminé au laboratoire n'a pas permis de procéder à l'identification de l'agent pathogène à cause d'une manutention inadéquate ou d'une règle de procédure non suivie. Trois étapes cruciales peuvent influer sur la qualité des prélèvements ou celle du diagnostic: les informations consignées sur la demande de laboratoire, la procédure liée au prélèvement et le transport du prélèvement au laboratoire.

**Des données pertinentes sur la demande de laboratoire** On note tout d'abord le nom du patient et le numéro de sa chambre s'il est hospitalisé. On inscrit ensuite la date et l'heure auxquelles le prélèvement a été effectué; ces données permettent de tenir compte du temps de transport et de ses conséquences sur la viabilité des microorganismes. On indique également la nature et la provenance du spécimen, afin que le personnel du laboratoire puisse vérifier rapidement la qualité du prélèvement, par une coloration de Gram par exemple, et orienter la démarche d'identification de l'agent pathogène. On mentionne toute indication clinique pertinente telle que la médication ou l'antibiothérapie administrée au patient, ou encore toute investigation radiologique susceptible de rendre le spécimen prélevé inadéquat pour une culture microbienne. Ces données permettent, respectivement, d'établir une éventuelle incompatibilité médicamenteuse, de prévoir les difficultés d'identification de l'agent pathogène si des antibiotiques ont déjà perturbé l'image de l'infection, et d'interdire, par exemple, un prélèvement de selles après qu'un patient a subi un lavement baryté.

**Une procédure particulière pour chaque type de prélèvement en fonction des microorganismes recherchés** Tous les prélèvements doivent être obtenus de façon aseptique, ce qui suppose qu'ils n'aient pas été en contact avec la flore normale du patient présente à proximité du site de prélèvement ni avec des microorganismes de l'environnement. Il est donc essentiel d'utiliser du matériel stérile et de respecter les règles strictes d'asepsie : par exemple, faire les prélèvements à l'abri des courants d'air, éviter de parler, de tousser ou d'éternuer, ne pas toucher le matériel avec les doigts ni le mettre en contact avec des objets (literie, entre autres choses). Par ailleurs, on doit effectuer les prélèvements en tenant compte des activités qui s'exercent dans le milieu hospitalier. Ainsi, on s'abstiendra de faire un prélèvement d'une plaie juste après la réfection des lits, lorsque l'air est momentanément surchargé de microorganismes libérés par le secouage de la literie ; de même, on évitera de faire un prélèvement de sécrétions de gorge ou d'expectorations après que le patient a pris un repas ou subi des soins dentaires.

**Le transport des prélèvements, une étape cruciale** Les prélèvements doivent être acheminés immédiatement, ou le plus rapidement possible, au laboratoire ; en effet, tout délai est susceptible d'entraîner la croissance de certains microorganismes, et les déchets toxiques qu'ils produisent peuvent détruire d'autres microorganismes. Les microorganismes pathogènes sont plus vulnérables et meurent plus facilement si leurs conditions optimales de croissance ne sont pas maintenues. Il faut donc éviter de transporter ou de conserver les prélèvements dans des conditions inadéquates, conditions qui varient selon le type de microorganismes recherchés. Des sociétés spécialisées ont donc conçu des culturettes de transport munies d'écouvillons adaptés pour prélever des échantillons dans toutes les cavités corporelles.

La procédure reliée aux prélèvements et à leur transport doit impérativement tenir compte des particularités propres aux différents agents pathogènes recherchés pour assurer la validité du diagnostic microbiologique. Le tableau 20.5 décrit quelques exemples de prélèvements et leurs caractéristiques.

Un prélèvement correctement effectué et acheminé au laboratoire dans les plus brefs délais permet de procéder à l'identification du ou des microorganismes pathogènes responsables de l'infection observée chez le patient. Dans l'étape suivante, on procède à la mise en culture pure de l'agent pathogène et à la détermination de sa sensibilité à différents agents chimiothérapeutiques.

## Les épreuves de sensibilité aux antibiotiques

### Objectif d'apprentissage

- *Décrire deux méthodes mesurant la sensibilité des microorganismes aux agents chimiothérapeutiques.*

Les diverses espèces et souches microbiennes présentent divers degrés de sensibilité envers les substances antimicrobiennes. En outre, la sensibilité d'un microorganisme peut évoluer dans le temps, voire au cours d'une thérapie avec un agent donné. Par conséquent, un médecin doit connaître la sensibilité d'un agent pathogène avant de prescrire un traitement. Des épreuves de sensibilité aux antibiotiques, appelées antibiogrammes, permettent d'obtenir cette information déterminante pour le choix d'une chimiothérapie. Toutefois, il n'est pas toujours possible d'attendre les résultats des tests de sensibilité pour entreprendre un traitement, et le médecin doit alors déterminer de son mieux l'antibiotique à donner. Par exemple, pour des bactéries telles que *Pseudomonas æruginosa,* streptocoques $\beta$-hémolytiques ou gonocoques, dont on connaît déjà la sensibilité à certains antibiotiques, il n'est pas nécessaire de faire les tests. Les tests ne sont nécessaires que lorsqu'on ne peut prédire la sensibilité du microorganisme ou lorsqu'une résistance à l'antibiotique apparaît. Dans de tels cas, plusieurs méthodes permettent de déterminer quel agent chimiothérapeutique combattra l'agent pathogène avec le plus d'efficacité.

### Les méthodes de diffusion

Bien qu'elle ne soit pas la meilleure épreuve offerte, la **méthode de diffusion en gélose,** ou *test de Kirby-Bauer,* est probablement le test de sensibilité le plus couramment utilisé (figure 20.16). Toute la surface d'une gélose est inoculée uniformément avec une quantité normalisée du microorganisme à tester. Puis, des disques de papier-filtre imbibés de concentrations connues d'agents chimiothérapeutiques sont déposés à la surface d'une gélose en boîte de Petri. Durant l'incubation, les substances vont diffuser à partir des disques de façon circulaire dans l'agar. Plus l'agent s'éloigne du disque, plus sa concentration diminue. Si l'agent est efficace, une **zone d'inhibition** de la croissance se forme autour du disque après une incubation normalisée. Le diamètre de cette zone peut être mesuré. En général, plus la zone est étendue, plus le microorganisme est sensible à l'antibiotique. Le diamètre de la zone est comparé à un tableau de référence donnant les zones d'inhibition de cet agent en fonction de la concentration. Le microorganisme est ensuite classé comme *sensible, intermédiaire* ou *résistant.* Dans le cas d'un agent peu soluble cependant, la zone d'inhibition indiquant la sensibilité du microorganisme sera habituellement plus petite que celle d'un agent plus soluble et dont la diffusion est plus importante. Les résultats obtenus par la méthode par diffusion sur gélose sont souvent inadaptés aux besoins cliniques. Toutefois, le test est simple et peu coûteux, et c'est celui auquel on a le plus souvent recours lorsqu'on ne dispose pas d'un équipement de laboratoire sophistiqué.

Il existe une méthode de diffusion plus élaborée appelée **test E,** qui permet au personnel de laboratoire d'évaluer la **concentration minimale inhibitrice (CMI)**, soit la concentration la plus faible d'un antibiotique capable d'empêcher l'apparition d'une croissance bactérienne

**Tableau 20.5** *Principaux types de prélèvements et leurs caractéristiques*

| Type de culture | Indications de culture | Préparatifs | Prélèvement | Transport |
|---|---|---|---|---|
| **Culture de pus dans une plaie ou un abcès** | La présence d'un écoulement purulent, sa couleur verdâtre et son odeur particulière constituent des indices importants de l'infection d'une plaie. Les plaies superficielles abritent généralement des microorganismes aérobies, alors que les plaies postopératoires, les ulcères et les abcès, dont les tissus sont moins bien irrigués, sont habituellement infectés par des microorganismes anaérobies. La procédure de prélèvement doit tenir compte du type de microorganismes recherchés. | Une irrigation de la région avec de la saline stérile est nécessaire lorsqu'il faut enlever les croûtes de vieux pus séché et les débris de tissus (de pansements s'il y a lieu) qui adhèrent à la plaie. Il faut ensuite effectuer un lavage antiseptique autour du site (et non sur le site) du prélèvement avec un tampon d'ouate stérile imbibé d'alcool à 70 % ou avec une solution de proviodine afin de diminuer la flore normale qui colonise les pourtours de la plaie. | Si la plaie est superficielle ou si l'abcès est ouvert, il faut prélever un échantillon de pus à l'aide d'un écouvillon (tige montée d'un bout de coton à une extrémité) stérile en l'insérant profondément et atteindre du pus frais en évitant de contaminer les tissus environnants; il faut placer immédiatement l'écouvillon dans un tube choisi selon la recherche demandée. On étiquette le tube au nom du patient. Toutefois, si le prélèvement doit se faire dans un abcès fermé, il faut utiliser une seringue stérile pour retirer le pus et injecter immédiatement l'échantillon dans un tube de transport pour anaérobies ou l'envoyer dans la seringue au laboratoire. Si le prélèvement est effectué à l'aide d'écouvillons, il faut s'assurer que les tubes sont adéquats et hermétiquement bouchés afin d'éviter tout contact avec l'air. | Les prélèvements de pus doivent être transportés le plus rapidement possible au laboratoire dans un milieu assurant un taux d'humidité adéquat; l'assèchement du pus pourrait entraîner la mort des agents pathogènes suspectés et interdire ainsi leur identification. L'utilisation d'une culturette de transport est recommandée. |
| **Culture d'oreille** | L'infection des oreilles peut se limiter au tympan de l'oreille externe ou se manifester dans l'oreille moyenne. Si un écoulement purulent s'accumule dans l'oreille moyenne, il y a risque de rupture du tympan et d'écoulement de pus dans la trompe auditive. Ces deux situations peuvent nécessiter un prélèvement d'oreille. | Il faut d'abord procéder au nettoyage antiseptique de la peau de l'oreille avec une solution de teinture d'iode, à 1 % par exemple. | Le prélèvement doit être effectué en frottant légèrement la région infectée purulente avec un écouvillon stérile, qui doit être replacé dans son tube de transport choisi en fonction des microorganismes pathogènes recherchés. On étiquette ensuite le tube au nom du patient. | Dans les plus brefs délais. |
| **Culture d'œil** | La présence d'un écoulement purulent peut nécessiter un prélèvement. | L'œil doit d'abord être rincé avec une solution de saline stérile. | Le prélèvement doit être effectué en frottant légèrement la région infectée purulente avec un écouvillon stérile, qui doit être replacé dans son tube de transport choisi en fonction des microorganismes pathogènes recherchés. On étiquette ensuite le tube au nom du patient. | Dans les plus brefs délais. |

visible. Une languette enrobée de plastique et renfermant un gradient de concentration de l'antibiotique est déposée sur la gélose (au lieu d'un disque) et on peut lire la CMI sur l'échelle imprimée sur la languette (figure 20.17).

## La méthode de dilution en bouillon

Le fait de ne pas pouvoir déterminer si un agent est bactéricide ou bactériostatique constitue un des désavantages de

**Tableau 20.5** *(suite)*

| Type de culture | Indications de culture | Préparatifs | Prélèvement | Transport |
|---|---|---|---|---|
| **Culture de sang (hémoculture)** | L'apparition soudaine d'une fièvre élevée, une chute de la pression artérielle, des signes cutanés peuvent être, entre autres choses, des indications d'une septicémie. Un prélèvement de sang veineux doit être fait. | Il faut d'abord procéder au nettoyage antiseptique de la région où sera effectuée la ponction veineuse, au moyen d'un tampon d'ouate imbibé d'une solution de teinture d'iode à 2%. Ce nettoyage, d'une importance capitale, vise à éviter toute contamination du prélèvement par les *Staphylococcus* à coagulase négative (SCON), habituellement des résidents de la flore normale de la peau. Après un temps de contact adéquat de l'antiseptique, il faut l'enlever avec une gaze imbibée d'alcool à 70%. | L'aiguille est insérée dans la veine choisie et la quantité de sang exigée est prélevée. On étiquette ensuite le tube au nom du patient et on applique un bandage stérile sur le site de la ponction. | Dans les plus brefs délais. |
| **Culture d'urine** | Une sensation de brûlure à la miction et des mictions fréquentes en petites quantités constituent des symptômes et des signes d'infection urinaire. | Il est important de laver la région urogénitale avec un savon doux et de bien rincer à l'eau. Cette étape permet de diminuer la quantité de flore normale, très abondante dans cette région. | Munie d'un contenant stérile, la personne doit commencer à uriner afin de laver l'urètre des bactéries de la peau qui s'y trouvent; ensuite, il lui faut prélever, à mi-jet, un peu d'urine dans un contenant stérile approprié. La collecte de l'urine à mi-jet permet d'obtenir de l'urine moins contaminée par la flore normale. | Le diagnostic d'une infection urinaire est fondé sur la numération des bactéries dans l'urine normalement stérile. Une numération moyenne de $10^5$/L est considérée comme infectante. En cas de délai, les prélèvements d'urine devront être mis au réfrigérateur (à 4 °C) afin d'éviter la multiplication de microorganismes à croissance rapide qui pourrait fausser les résultats du comptage. |
| **Culture de selles (coproculture)** | De la diarrhée accompagnée de selles purulentes ou de sang, des douleurs abdominales font partie des signes et des symptômes possibles d'une infection intestinale. | Il faut s'assurer que le patient n'a pas été soumis à un traitement intestinal dans les heures précédentes. | Un petit échantillon est souvent requis. Il est possible de le prélever au moyen d'un écouvillon inséré dans le rectum ou simplement dans les selles. Dans le cas d'infestation où l'on suspecte des parasites, un petit échantillon des selles matinales doit être prélevé. | Les échantillons pour des tests bactériens doivent être envoyés au laboratoire dans des tubes de transport contenant du bouillon enrichi stérile. Les échantillons suspectés de contenir des œufs ou des parasites adultes doivent être placés dans un milieu de préservation pour un examen microscopique ultérieur. |
| **Culture d'expectorations** | | Le prélèvement doit être fait de préférence le matin, au réveil et avant que le patient se lève ou prenne son petit-déjeuner. Cette précaution vise à ce que l'échantillon prélevé contienne les microorganismes accumulés dans les voies respiratoires durant la nuit. S'il n'est pas à jeun, le patient doit se rincer vigoureusement la bouche avec de l'eau afin de diminuer la flore buccale et d'éliminer toute particule de nourriture présente. | Le patient doit tousser profondément de sorte que l'échantillon prélevé comprenne des expectorations et non pas de la salive. | Les infections respiratoires peuvent être causées par une variété de microorganismes pathogènes. Le transport des prélèvements doit être adapté à l'épreuve demandée. |

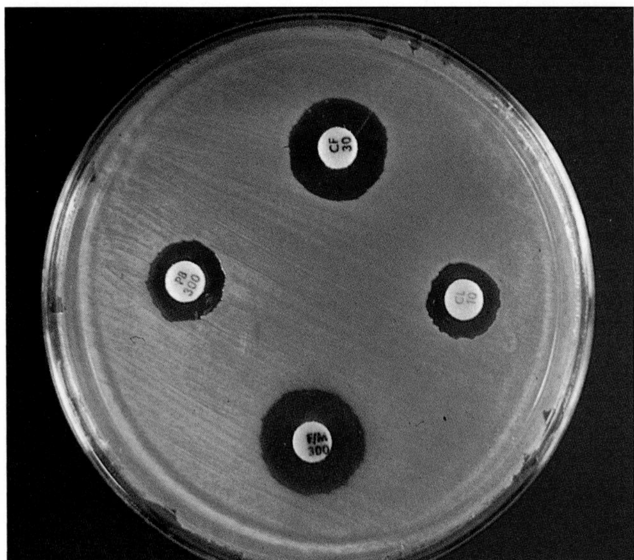

FIGURE 20.16 **La méthode de diffusion en gélose détermine l'efficacité des agents antimicrobiens.** Chaque disque contient un agent chimiothérapeutique différent qui diffuse sur une gélose préalablement inoculée avec des bactéries. L'inhibition de la croissance bactérienne se traduit par les zones claires.

■ Quel agent vous paraît le plus efficace contre la bactérie testée ?

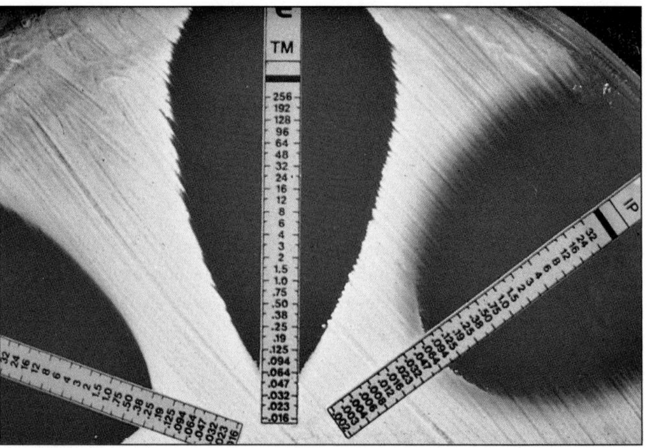

FIGURE 20.17 **Le test E, méthode de diffusion mesurant la sensibilité de l'antibiotique et évaluant sa concentration minimale inhibitrice (CMI).** La languette de plastique déposée sur une gélose inoculée avec la bactérie à tester contient un gradient de concentration de l'antibiotique.

■ Quels autres facteurs doit-on prendre en considération avant de prescrire un traitement ?

la méthode de diffusion. **La méthode de dilution en bouillon** est souvent très utile pour déterminer la CMI et la **concentration minimale létale** (**CML**), ou **concentration bactéricide minimale** (**CBM**), d'une substance antimicrobienne. On évalue la CMI en effectuant une dilution en série de l'agent antibactérien dans du bouillon, que l'on inocule ensuite avec la bactérie (figure 20.18). Le contenu des puits qui ne présentent pas de croissance bactérienne, c'est-à-dire dont la concentration est supérieure à la CMI, peut être cultivé dans un bouillon ne contenant pas l'agent antibactérien. S'il y a croissance dans le bouillon, l'antibiotique n'est pas bactéricide et on peut déterminer la CBM. Il est important de mesurer la CMI et la CBM, car ces données évitent une utilisation excessive ou erronée d'antibiotiques onéreux et réduisent au minimum les risques de toxicité associés à des doses inutilement élevées.

La méthode de dilution est souvent automatisée. Des antibiotiques déjà dilués dans un bouillon et contenus dans les puits d'une plaque en plastique sont offerts sur le marché. Il ne reste plus qu'à préparer une suspension du microorganisme à tester, et à inoculer tous les puits simultanément à l'aide d'un instrument spécial. Après l'incubation, on peut lire la turbidité à l'œil nu ou lire les plaques au moyen d'un appareil relié à un ordinateur qui analyse les données et fournit une impression de la CMI.

Il existe d'autres tests très utiles pour le clinicien. Par exemple, on peut déterminer la capacité d'un microorganisme à produire de la $\beta$-lactamase. On peut également

Bouillon seulement (contrôle négatif)

Doxycycline

Sulfaméthoxazole

Éthambutol

Streptomycine

Kanamycine

Diminution de la concentration de l'antibiotique ⟶

FIGURE 20.18 **Une plaque de microdilution.** La croissance est révélée par un point blanc apparaissant au fond du puits. Dans cette épreuve, la doxycycline n'a pas eu d'effet sur la croissance. La kanamycine et l'éthambutol ont présenté une efficacité égale. La streptomycine a été efficace à toutes les concentrations. Un point résiduel est observé avec le sulfaméthoxazole, car 80 % de la croissance à été inhibée. Le puits du contrôle négatif renferme uniquement du bouillon (pas d'agents antimicrobiens ni de bactéries) ; le puits du contrôle positif (non montré) a été inoculé, mais ne contient pas d'antibiotique.

■ La CMI est la concentration minimale inhibant la croissance bactérienne.

avoir recours à la céphalosporine, substance dont la teinte varie lors de l'ouverture du cycle $\beta$-lactame ; cette méthode rapide est couramment utilisée. Par ailleurs, il importe de procéder à l'évaluation de la *concentration sérique* d'un agent antimicrobien quand des antibiotiques toxiques sont prescrits à des patients. Ces études de la sensibilité aux antibiotiques varient selon l'antibiotique utilisé et ne sont pas toujours adaptées aux petits laboratoires.

# L'efficacité des agents chimiothérapeutiques

## La résistance aux agents chimiothérapeutiques

### Objectif d'apprentissage

- *Décrire les mécanismes de résistance aux agents antibactériens.*

Lorsqu'un agent chimiothérapeutique est sans effet sur des bactéries, on dit que ces dernières sont résistantes. La résistance des bactéries aux agents chimiothérapeutiques se fonde sur quatre mécanismes principaux : 1) la destruction ou l'inactivation de l'agent (par la $\beta$-lactamase, par exemple), 2) l'empêchement de sa pénétration jusqu'au site microbien visé (mécanisme fréquent dans la résistance à la tétracycline), 3) la détérioration des sites ciblés par l'agent (par exemple, la modification d'un seul acide aminé du ribosome suffit à rendre le microorganisme résistant à certains macrolides) et 4) l'expulsion rapide de l'agent hors de la cellule, avant qu'il puisse agir.

Il existe des variations de ces mécanismes. Par exemple, un microorganisme pourrait devenir résistant au triméthoprime (un antimétabolite) en synthétisant d'importantes quantités de l'enzyme ciblée par cet antibiotique. À l'inverse, les polyènes voient leur efficacité diminuer lorsque les bactéries résistantes produisent de plus petites quantités des stérols sur lesquels l'antibiotique agit. Il est possible que de tels *mutants résistants* finissent par remplacer les populations normales de microorganismes sensibles aux antibiotiques (voir l'encadré de la page 616). La figure 20.19 illustre la rapidité à laquelle les bactéries se multiplient durant une infection à mesure qu'elles acquièrent une résistance.

La résistance héréditaire aux agents antibactériens est souvent portée par les plasmides ou par de petits fragments d'ADN appelés transposons qui se déplacent d'une région de la molécule d'ADN à une autre (chapitre 8, p. 264). Certains plasmides, y compris les facteurs R, peuvent être transférés entre des cellules bactériennes au sein d'une population et entre des populations différentes mais étroitement apparentées (figure 8.27). Les facteurs R possèdent souvent des gènes de résistance à plusieurs antibiotiques.

Les antibiotiques ont été utilisés de façon abusive, surtout dans les pays en voie de développement. Le personnel

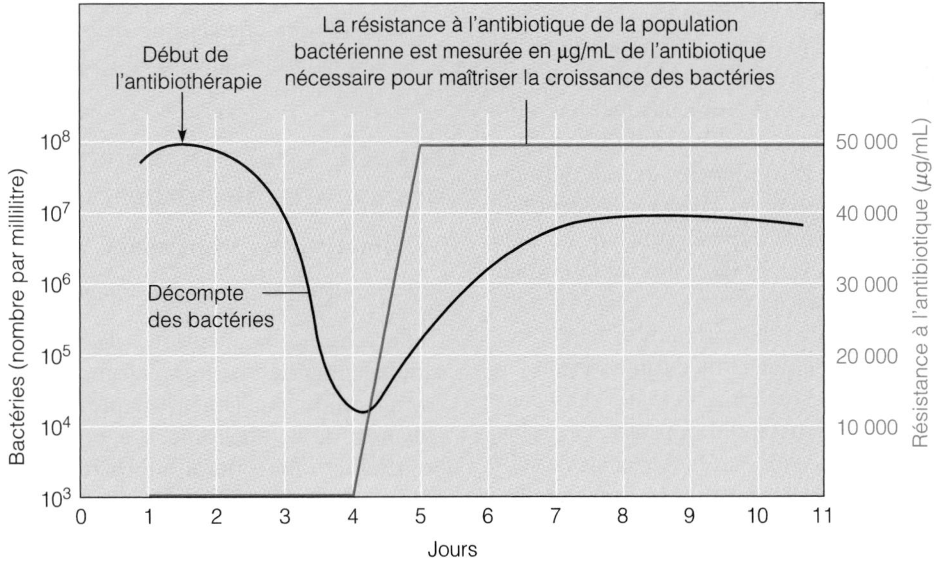


**FIGURE 20.19 Évolution de la résistance d'un mutant au cours d'une antibiothérapie.** Le patient, qui souffre d'une infection rénale chronique due à une bactérie à Gram négatif, a été traité avec de la streptomycine. La sensibilité à l'antibiotique est représentée par la CMI et est exprimée en microgrammes par millilitre.
SOURCE : tiré de *Biology of Microorganisms*, 7e édition, T. D. Brock, M. T. Madigan, J. M. Martinko et J. Parker, p. 410. © 1993. Adapté avec la permission de Prentice-Hall Inc., Upper Saddle River, New Jersey.

- En présence d'un antibiotique, les bactéries sensibles sont tuées, mais les mutants résistants continuent de croître.

qualifié est rare, notamment dans les régions rurales, ce qui explique peut-être en partie pourquoi ces médicaments sont offerts en vente libre dans ces pays. Par exemple, une enquête effectuée dans les campagnes du Bengladesh a révélé que 8 % seulement des antibiotiques avaient été prescrits par des médecins. Dans beaucoup de pays du globe, ils sont vendus à mauvais escient pour traiter les migraines et d'autres affections. Lorsqu'ils servent à la bonne indication, la durée du traitement est habituellement écourtée, si bien que la survie de souches bactériennes résistantes est favorisée. Les antibiotiques périmés, contrefaits, et, par conséquent, de concentration plus faible, sont aussi monnaie courante. Malheureusement, ces problèmes n'ont pas de solution évidente. La pauvreté est endémique et la situation est d'autant plus complexe lorsque des bouleversements politiques fragilisent des services médicaux déjà inadéquats.

Les pays industrialisés concourent également à l'augmentation de la résistance aux antibiotiques. Par exemple, les CDC estiment qu'aux États-Unis 30 % des antibiotiques prescrits par les médecins pour les infections de l'oreille, 100 % de ceux prescrits contre le rhume commun et 50 % de ceux prescrits pour le mal de gorge sont inutiles ; cette pratique est aussi courante au Canada. Les patients contribuent aussi à la sélection des bactéries résistantes quand ils interrompent prématurément leur traitement ou qu'ils ne respectent pas la posologie, ou encore lorsqu'ils utilisent les comprimés restants d'un antibiotique prescrit à un autre individu. La moitié au moins des antibiotiques produits aux États-Unis servent à favoriser la croissance du bétail, pratique que beaucoup désirent voir réduire.

On observe souvent des souches de bactéries résistantes aux antibiotiques chez les personnes qui travaillent dans les hôpitaux, où l'on utilise continuellement des antibiotiques. Les antibiotiques devraient être utilisés avec discernement, et la concentration administrée devrait toujours être optimale de façon à réduire les chances de survie de mutants résistants. De nombreux hôpitaux ont mis sur pied des comités de surveillance chargés de veiller au bon usage des antibiotiques et à leur coût.

On peut également réduire l'apparition de souches résistantes en administrant au moins deux médicaments simultanément. Si une souche est résistante à l'une des substances médicamenteuses, elle peut être sensible à l'autre. La probabilité qu'un microorganisme soit résistant aux deux substances est plus faible que les probabilités individuelles. Cependant, on voit apparaître des cas de tuberculose résistante à ce type de thérapie (voir l'encadré du chapitre 15, p. 477).

Les bactéries que les agents ne peuvent vaincre sont appelées *superbactéries.*

On espère qu'un contrôle plus strict de l'utilisation des antibiotiques aboutira à une augmentation du nombre de bactéries sensibles. On croit que ces bactéries pourraient se reproduire en plus grand nombre que les bactéries résistantes, parce qu'elles n'ont pas à dépenser une partie de leur énergie pour conserver les gènes de résistance.

Les scientifiques s'inquiètent à propos de l'utilisation de substances chimiques antibactériennes qui ne sont pas des antibiotiques, telles que le triclosan (p. 214), dans les savons et autres produits ménagers. Ces substances pourraient concourir à la survie et à la croissance de bactéries portant un plasmide. Ces bactéries pourraient aussi contenir des plasmides responsables de la résistance aux antibiotiques.

## Les notions de sécurité entourant les antibiotiques

Au cours de notre exposé sur les antibiotiques, nous avons mentionné à l'occasion leurs effets secondaires. Les réactions indésirables qu'ils sont susceptibles d'entraîner, telles que les dommages au foie ou aux reins, ou la détérioration de l'ouïe, peuvent avoir de graves répercussions sur l'organisme. L'administration de presque tous les médicaments antimicrobiens doit comporter une évaluation des risques et des bienfaits, c'est-à-dire une mesure de l'*indice thérapeutique.* Parfois, une combinaison de deux médicaments peut engendrer une toxicité qui n'apparaît pas lorsque le médicament est pris individuellement. Une substance médicamenteuse peut aussi neutraliser les effets désirés d'une autre. Par exemple, certains antibiotiques semblent diminuer l'efficacité des contraceptifs oraux (la « pilule »). Toutefois, la relation entre l'élimination de l'effet contraceptif et la prise de ces médicaments n'a pas encore été prouvée hors de tout doute. Par ailleurs, certains individus peuvent présenter des réactions d'hypersensibilité, par exemple aux pénicillines.

Une femme enceinte ne devrait prendre que des antibiotiques ne présentant aucun risque pour le fœtus.

## Les effets de la combinaison des agents chimiothérapeutiques

### Objectif d'apprentissage

- *Distinguer la synergie de l'antagonisme.*

L'effet chimiothérapeutique de deux agents administrés simultanément est parfois plus important que l'effet de chacun pris individuellement (figure 20.20). Nous avons parlé plus haut de ce phénomène, appelé synergie. Par exemple, pour traiter une endocardite bactérienne, l'association de la pénicilline et de la streptomycine est beaucoup plus efficace que chacun de ces agents pris séparément. En effet, la pénicilline endommage la paroi cellulaire bactérienne et facilite ainsi l'entrée de la streptomycine dans la cellule.

Toutefois, les combinaisons d'agents chimiothérapeutiques peuvent aussi présenter un **antagonisme.** Par exemple, l'utilisation simultanée de pénicilline et de tétracycline s'avère souvent moins efficace que l'administration de chacun des agents pris séparément. En arrêtant la prolifération bactérienne, la tétracycline, qui est bactériostatique, empêche l'action de la pénicilline, qui elle-même requiert des bactéries en croissance.

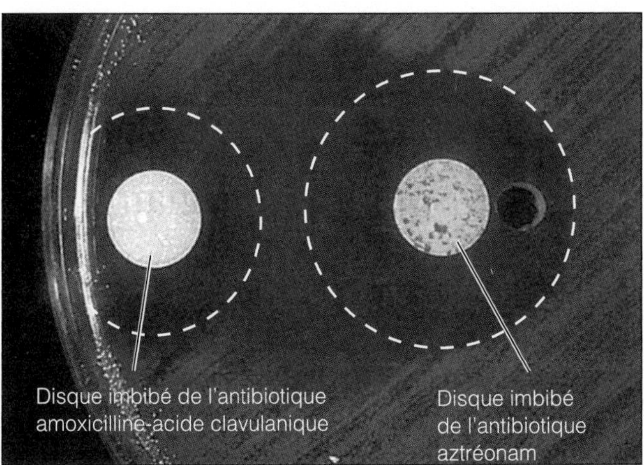


**FIGURE 20.20 Un exemple de synergie entre deux antibiotiques différents.** La photographie montre la surface d'une gélose en boîte de Petri ensemencée avec des bactéries. Le disque de papier à gauche est imbibé de l'association antibiotique amoxicilline-acide clavulanique ; le disque de papier à droite est imbibé de l'antibiotique aztréonam. Les lignes pointillées dessinées sur la photographie encerclent les zones d'inhibition de la croissance bactérienne, qui résultent de l'action de chacune des substances. Entre ces deux cercles et à l'extérieur de ces derniers, se trouve une zone d'inhibition additionnelle qui résulte de l'effet synergique des deux substances sur la croissance bactérienne.

## L'avenir des agents chimiothérapeutiques

### Objectif d'apprentissage

- *Nommer trois domaines de recherche sur les nouveaux agents chimiothérapeutiques.*

Les antibiotiques représentent sans contredit un des plus grands succès de la médecine, mais leur efficacité repose sur des mécanismes d'action visant un nombre limité de cibles. De plus en plus, les bactéries acquièrent une résistance à ces mécanismes. La résistance aux antibiotiques est désormais un problème aigu.

Cette situation de crise requiert à la fois des campagnes de sensibilisation intensives promouvant l'utilisation saine des antibiotiques et un redoublement des efforts en vue de créer de nouvelles substances.

La première étape vers la mise au point de nouveaux antibiotiques consiste à modifier les agents existants pour étendre leur spectre d'action et empêcher leur destruction par les enzymes bactériennes de résistance. Cette approche a été adoptée pour la famille des pénicillines. Les chercheurs poursuivent actuellement leurs efforts en vue de prévenir la stratégie de résistance qui consiste en l'expulsion rapide des antibiotiques hors de la bactérie. Par ailleurs, les chercheurs tentent de découvrir de nouvelles cibles cellulaires pour l'action antimicrobienne autres que celles résumées dans la figure 20.1.

La plupart de ces travaux s'appuient sur l'évolution de nos connaissances sur le génome bactérien ; ils visent à réévaluer certaines utilisations des antibiotiques, telles que leur administration au bétail, et à trouver de nouvelles fonctions aux substances chimiques déjà existantes.

La majorité des antibiotiques d'aujourd'hui sont fabriqués par d'autres microorganismes. On s'intéresse maintenant aux antibiotiques produits par des plantes et des animaux qui présentent souvent une résistance extraordinaire aux infections microbiennes. Il semble que les animaux utilisent des *peptides antimicrobiens* pour se défendre contre les infections bactériennes ; on pense que ce mécanisme pourrait être une forme primitive de système immunitaire. Ces peptides antimicrobiens utilisent un mécanisme d'action singulier qui perturbe la perméabilité de la membrane microbienne, mais pas celle des cellules hôtes. Dans cette classe de substances antibiotiques, on compte la *magainine* extraite de la peau de certains crapauds ; la *squalamine,* un peptide facile à synthétiser que l'on trouve dans les tissus de l'aiguillat commun, un requin ; et les *protégrines* isolés de cochons. Il semble que la peau et les cellules épithéliales de la langue et de la trachée humaines soient aussi des sources de peptides antimicrobiens. La *nisine,* cet agent de conservation dont nous avons déjà parlé, agit sur les membranes par un mécanisme semblable à celui de la magainine. Ce mécanisme d'action fait l'objet de recherches intensives afin de déterminer si les dérivés de la nisine pourraient remplacer la vancomycine dans la lutte contre les agents pathogènes à Gram positif.

Les insectes ne possèdent pas de système immunitaire semblable à celui des mammifères. En revanche, ils sécrètent une panoplie de peptides antimicrobiens qui les aident à se défendre contre les bactéries et les mycètes. La *cécropine,* par exemple, est produite par certains lépidoptères. Les peptides microbiens font donc partie d'une famille d'agents qui suscitent un vif intérêt.

Un autre domaine de recherche prometteur s'appuie sur l'utilisation de courts fragments d'ADN fabriqués par synthèse et complémentaires de gènes spécifiques d'un agent pathogène. Cette approche offre un grand avantage ; en effet, elle vise à prévenir la production d'une protéine pathogène, et non à tenter de neutraliser sélectivement une protéine déjà synthétisée. Elle présente cependant un inconvénient majeur puisque les fragments d'ADN pénètrent difficilement la bactérie ciblée.

Ces techniques, qui en sont encore au stade expérimental, visent principalement les infections virales et le cancer. On s'intéresse particulièrement à de tels agents antiviraux, de même qu'aux agents antifongiques et antiparasitaires, car l'arsenal dont on dispose actuellement est très limité.

* * *

Nous avons vu dans les derniers chapitres comment les avancées de la science ont permis de changer radicalement les effets des maladies infectieuses sur le taux de mortalité et la durée de vie humaine. Au tournant du XX$^{e}$ siècle, les maladies infectieuses constituaient les causes de mortalité les plus courantes. La plupart d'entre elles, y compris la tuberculose, la fièvre typhoïde et la diphtérie, étaient dues aux bactéries. Au début du XXIe siècle, ce sont des maladies virales telles que la grippe, les pneumonies virales et le SIDA qui constituent les seules maladies infectieuses figurant parmi les dix principales causes de mortalité aux États-Unis et au Canada. Ces faits témoignent de l'efficacité des mesures d'hygiène et des vaccins et, comme nous l'avons noté dans ce chapitre, de la découverte et de l'utilisation des antibiotiques. Dans les chapitres 21 à 26, nous verrons que cette lutte est encore à l'ordre du jour.

# RÉSUMÉ

## INTRODUCTION (p. 602)

1. Un agent antimicrobien est une substance chimique qui détruit les microorganismes pathogènes en causant des dommages minimes aux tissus de l'hôte.
2. Les agents chimiothérapeutiques sont des substances chimiques qui luttent contre les maladies.

## L'HISTORIQUE DE LA CHIMIOTHÉRAPIE (p. 602-603)

1. Paul Ehrlich a inventé le concept de chimiothérapie pour traiter les maladies microbiennes. Il a prédit la mise au point d'agents chimiothérapeutiques qui tueraient spécifiquement les agents pathogènes sans nuire à l'hôte.
2. Les sulfamides sont devenus des agents antimicrobiens importants à la fin des années 1930.
3. En 1929, Alexander Fleming a découvert le premier antibiotique, la pénicilline. Les premiers essais cliniques sur cet antibiotique ont eu lieu en 1940.

## LE CHOIX D'UNE CHIMIOTHÉRAPIE ANTIMICROBIENNE (p. 603)

1. Pour choisir un antibiotique, il faut d'abord isoler la bactérie, l'identifier et connaître sa sensibilité aux antibiotiques.
2. Il faut localiser le site de l'infection et connaître les conditions physiologiques du patient.
3. Il faut déterminer la posologie et la voie d'administration.

## LE SPECTRE D'ACTION ANTIMICROBIENNE (p. 603-604)

1. Les agents antibactériens visent de nombreuses cibles dans la cellule procaryote.
2. Les infections causées par des mycètes, des protozoaires et des helminthes sont beaucoup plus difficiles à traiter, car ces microorganismes sont des cellules eucaryotes.
3. Les agents à spectre étroit ne s'attaquent qu'à un éventail restreint d'espèces de microorganismes, par exemple aux bactéries à Gram positif. Les agents à large spectre influent sur une gamme étendue d'espèces de microorganismes.
4. Les agents composés de molécules hydrophiles de petite taille agissent sur les bactéries à Gram négatif.
5. Les agents antimicrobiens ne doivent pas nuire à la flore normale.
6. Les surinfections surviennent lorsqu'un agent pathogène acquiert une résistance au médicament ou lorsque les bactéries résistantes de la flore normale se multiplient à l'excès.

## LE MÉCANISME D'ACTION DES AGENTS ANTIMICROBIENS (p. 604-608)

1. Les agents antimicrobiens agissent en général soit en tuant directement le microorganisme (agents bactéricides), soit en inhibant sa croissance (agents bactériostatiques).
2. Certains antibiotiques, tels que la pénicilline, inhibent la synthèse de la paroi cellulaire chez les bactéries.
3. D'autres antibiotiques, tels que le chloramphénicol, l'érythromycine, les tétracyclines et la streptomycine, bloquent la synthèse des protéines en s'attaquant à l'une ou l'autre des sous-unités des ribosomes 70 S.
4. Certains antibiotiques, tels que la polymyxine B, détériorent la membrane plasmique.
5. La rifampicine et les quinolones entravent la synthèse des acides nucléiques.
6. Certains antibiotiques, tels que les sulfamides, agissent comme antimétabolites en inhibant l'activité enzymatique d'un microorganisme de manière compétitive.

## L'ÉTUDE DES AGENTS ANTIMICROBIENS LES PLUS COURAMMENT UTILISÉS (p. 608-620)

### Les antibiotiques antibactériens: les inhibiteurs de la synthèse de la paroi cellulaire (p. 608-613)

1. Toutes les pénicillines renferment un cycle $\beta$-lactame.
2. Les pénicillines naturelles produites par *Penicillium* sont efficaces contre les cocci à Gram positif et les spirochètes.
3. Les pénicillinases (ou $\beta$-lactamases) sont des enzymes bactériennes qui digèrent les pénicillines naturelles, ce qui rend les bactéries résistantes.
4. Les pénicillines semi-synthétiques sont synthétisées en laboratoire par l'ajout de différentes chaînes latérales au cycle $\beta$-lactame produit par le mycète.

5. Les pénicillines semi-synthétiques sont résistantes aux pénicillinases et possèdent un spectre d'action plus large que les pénicillines naturelles.
6. L'aztréonam, un monobactame, s'attaque seulement aux bactéries à Gram négatif.
7. Les céphalosporines sont employées contre les souches résistantes aux pénicillines.
8. Les carbapénèmes sont des antibiotiques à large spectre.
9. Les antibiotiques polypeptidiques tels que la bacitracine sont administrés par voie topique pour traiter les infections superficielles.
10. La bacitracine agit surtout sur des bactéries à Gram positif.
11. La vancomycine peut être utilisée contre les staphylocoques produisant de la pénicillinase. Les streptogramines (ou synergistines) sont des agents bactéricides qui bloquent la synthèse protéique et peuvent détruire les bactéries résistantes à la vancomycine.
12. L'isoniazide (INH) inhibe la synthèse de l'acide mycolique chez les mycobactéries. Cette substance est administrée conjointement avec la rifampicine ou l'éthambutol pour traiter la tuberculose.
13. L'éthambutol, un antimétabolite, est administré avec d'autres agents pour soigner la tuberculose.

### Les inhibiteurs de la synthèse des protéines (p. 613-614)

Les aminosides (ou aminoglucosides), les tétracyclines, le chloramphénicol et les macrolides inhibent la synthèse protéique au niveau des ribosomes 70 S.

### La détérioration de la membrane plasmique (p. 614)

La polymyxine B et la bacitracine détériorent les membranes plasmiques.

### Les inhibiteurs de la synthèse des acides nucléiques (ADN/ARN) (p. 615)

1. La rifampicine inhibe la synthèse de l'ARNm; elle est utilisée dans le traitement de la tuberculose.
2. Les quinolones et les fluoroquinolones bloquent l'action de l'ADN gyrase lors du traitement des infections urinaires.

### Les inhibiteurs compétitifs de la synthèse des métabolites essentiels (p. 615)

1. Les sulfamides (ou sulfonamides) inhibent de manière compétitive la synthèse de l'acide folique.
2. Le TMP-SMZ (triméthoprime-sulfaméthoxazole) bloque de manière compétitive la synthèse de l'acide folique des bactéries; la combinaison des substances a plus d'effets que chaque substance prise isolément.

### Les agents antifongiques (p. 615-618)

1. Les polyènes, comme la nystatine et l'amphotéricine B, se combinent avec les stérols de la membrane plasmique et sont fongicides.
2. Les azoles entravent la synthèse des stérols et sont utilisés dans le traitement des mycoses cutanées et systémiques.
3. La griséofulvine entrave la division des cellules eucaryotes et sert principalement à soigner les infections cutanées dues à un mycète.
4. La flucytosine, un agent antifongique, est un antimétabolite analogue à la cytosine.

### Les agents antiviraux (p. 618-619)

1. Les analogues des nucléotides et des nucléosides, notamment l'acyclovir, l'AZT, la didanosine (ddI) et la zalcitabine (ddC), inhibent la synthèse de l'ADN ou de l'ARN.
2. Les inhibiteurs de protéase tels que l'indinavir et le saquinavir bloquent l'activité d'une enzyme du VIH nécessaire à l'assemblage de la capside virale des nouvelles particules.
3. L'interféron alpha empêche la propagation des virus à de nouvelles cellules.

### Les agents antiprotozoaires et les agents antihelminthiques (p. 619-620)

1. La chloroquine, la quinacrine, la diiodohydroxyquine, la pentamidine et le métronidazole sont utilisés dans le traitement des infections dues aux protozoaires.
2. Les agents antihelminthiques comprennent le niclosamide, le mébendazole, le praziquantel et la pipérazine.
3. Le mébendazole rompt les microtubules; le pamoate de pyrvinium paralyse les vers ronds intestinaux.

## LA DÉMARCHE SUIVIE EN CHIMIOTHÉRAPIE (p. 620-625)

### La qualité des prélèvements: un préalable à la détermination de la chimiothérapie appropriée (p. 620-621)

1. La qualité des prélèvements est une condition essentielle à l'identification de l'agent responsable de l'infection et, en conséquence, à la détermination de la chimiothérapie appropriée.
2. La procédure reliée aux prélèvements et à leur transport doit tenir compte des particularités propres aux différents agents pathogènes recherchés.

### Les épreuves de sensibilité aux antibiotiques (p. 621-625)

1. On a recours à ces tests pour déterminer quel agent chimiothérapeutique sera le plus efficace contre un agent pathogène donné.
2. Ces tests sont utilisés lorsqu'on ne peut prédire la sensibilité de la ou des bactéries pathogènes ou lorsqu'on est en présence de bactéries résistantes.

### Les méthodes de diffusion (p. 621-622)

1. Dans la méthode de diffusion en gélose, ou test de Kirby-Bauer, on inocule une gélose avec une culture bactérienne et on y dépose des disques de papier-filtre imbibés d'agents chimiothérapeutiques.

2. Après l'incubation, l'absence de croissance bactérienne visible autour du disque est la zone d'inhibition.
3. Le diamètre de la zone d'inhibition, rapporté à un tableau de référence, sert à déterminer si l'organisme est sensible à l'agent, intermédiaire ou résistant.
4. La CMI est la concentration la plus faible d'un agent chimiothérapeutique capable d'empêcher la prolifération bactérienne. On peut estimer la CMI à l'aide du test E.

### La méthode de dilution en bouillon (p. 622-625)

1. Dans la méthode de dilution en bouillon, le microorganisme est mis en culture dans un milieu liquide contenant différentes concentrations de l'agent chimiothérapeutique.
2. La concentration la plus faible de l'agent chimiothérapeutique capable de tuer la bactérie est appelée concentration minimale bactéricide (CMB).

## L'EFFICACITÉ DES AGENTS CHIMIOTHÉRAPEUTIQUES (p. 625-628)

### La résistance aux agents chimiothérapeutiques (p. 625-626)

1. La résistance peut être due à la destruction enzymatique d'un agent chimiothérapeutique, à l'empêchement de la pénétration de l'agent au site cellulaire ciblé ou à des modifications cellulaires ou métaboliques de ces sites d'action.
2. Les facteurs de résistance (facteurs R) héréditaires à un agent chimiothérapeutique sont portés par les plasmides et les transposons.
3. La résistance peut être réduite par l'utilisation judicieuse d'agents chimiothérapeutiques à des concentrations et à des doses adéquates.

### Les notions de sécurité entourant les antibiotiques (p.626)

Les risques (par exemple, les effets secondaires) et les bienfaits (par exemple, la guérison) des antibiotiques doivent être évalués avant leur prescription.

### Les effets de la combinaison des agents chimiothérapeutiques (p. 626-627)

1. Certaines combinaisons d'agents chimiothérapeutiques entraînent des effets synergiques: ils sont plus efficaces lorsqu'ils sont pris simultanément plutôt qu'individuellement; leur toxicité peut être réduite en diminuant leur dosage individuel dans la combinaison.
2. Les combinaisons d'agents chimiothérapeutiques peuvent diminuer le développement de la résistance aux antibiotiques.
3. Certaines combinaisons d'agents chimiothérapeutiques ont des effets antagonistes: lorsqu'ils sont pris simultanément, les deux agents sont moins efficaces que lorsqu'ils sont pris individuellement.

### L'avenir des agents chimiothérapeutiques (p. 627-628)

1. De nombreuses maladies bactériennes autrefois traitables aux antibiotiques deviennent résistantes aux antibiotiques.
2. Certaines substances chimiques produites par les plantes et les animaux sont de nouveaux agents antimicrobiens. Parmi elles, on compte les peptides antimicrobiens.
3. Les nouveaux agents antibactériens comprennent les fragments d'ADN complémentaires à des gènes spécifiques d'un agent pathogène. Ces fragments se lient à l'ADN ou à l'ARNm de l'agent pathogène pour inhiber la synthèse protéique.

## AUTOÉVALUATION

## RÉVISION

1. Définissez l'agent chimiothérapeutique. Faites la distinction entre un agent synthétique et un antibiotique.
2. Énumérez les principes qui sous-tendent une chimiothérapie antimicrobienne.
3. Définissez les notions de spectre d'action et de toxicité sélective d'un agent chimiothérapeutique.
4. Énumérez cinq critères utilisés pour déterminer l'efficacité d'un agent antimicrobien.
5. Quels sont les problèmes similaires rencontrés avec les agents antiviraux, antifongiques, antiprotozoaires et antihelminthiques?
6. Nommez trois mécanismes d'action des agents antiviraux. Pour chacun des mécanismes d'action, nommez un agent antiviral courant qui lui est associé.
7. Dans quelle situation est-il préférable de procéder à la détermination du ou des agents chimiothérapeutiques appropriés pour combattre une infection particulière?
8. Quelle est l'importance des prélèvements et de leur transport adéquat au laboratoire en relation avec le choix d'un traitement efficace contre l'infection?
9. Décrivez la méthode de diffusion en gélose qui mesure la sensibilité des bactéries. Quelle information peut-on retirer de cette méthode? Faites la comparaison entre la méthode de dilution en bouillon et la méthode de diffusion en gélose quant aux informations qu'elles procurent.
10. Définissez la résistance aux agents chimiothérapeutiques. Comment est-elle produite? Sur quels mécanismes la résistance des bactéries est-elle fondée? Quelle est l'importance des plasmides (facteur R) dans l'accroissement de la résistance? Quelles mesures peut-on prendre pour limiter son développement?
11. Énumérez les avantages que comporte l'utilisation conjointe de deux agents chimiothérapeutiques pour traiter une maladie infectieuse. Quel problème peut-on rencontrer avec ce type de traitement?

## QUESTIONS À CHOIX MULTIPLE

**1.** Lequel des appariements suivants est incorrect ?
**a)** Antibactérien – inhibition de la synthèse des protéines
**b)** Antihelminthique – inhibition de la synthèse de la paroi cellulaire
**c)** Antifongique – détérioration de la membrane plasmique
**d)** Antifongique – inhibition de la mitose
**e)** Antiviral – inhibition de la synthèse de l'ADN

**2.** Toutes les inhibitions suivantes sont des mécanismes d'action des agents antiviraux *sauf*:
**a)** l'inhibition de la synthèse protéique au niveau des ribosomes 70 S.
**b)** l'inhibition de la synthèse de l'ADN.
**c)** l'inhibition de la synthèse de l'ARN.
**d)** l'inhibition de la décapsidation.
**e)** Aucune de ces réponses

**3.** Lequel des mécanismes d'action suivants *n*'est *pas* fongicide ?
**a)** Inhibition de la synthèse des peptidoglycanes
**b)** Inhibition de la mitose
**c)** Détérioration de la membrane cytoplasmique
**d)** Inhibition de la synthèse des acides nucléiques
**e)** Aucune de ces réponses

**4.** Un agent antimicrobien doit répondre à tous les critères suivants *sauf*:
**a)** la toxicité sélective.
**b)** l'apparition d'une hypersensibilité.
**c)** un spectre d'action étroit.
**d)** pas d'apparition d'une résistance aux antibiotiques.
**e)** Aucune de ces réponses

**5.** L'activité antimicrobienne la plus sélective serait exercée par un agent qui :
**a)** inhibe la synthèse de la paroi cellulaire.
**b)** inhibe la synthèse protéique.
**c)** détériore la membrane cytoplasmique.
**d)** bloque la synthèse des acides nucléiques.
**e)** Toutes ces réponses

**6.** Lequel des éléments suivants *ne* nuira *pas* aux cellules eucaryotes ?
**a)** Inhibition du fuseau mitotique
**b)** Liaison aux stérols
**c)** Fixation aux ribosomes 80 S
**d)** Liaison à l'ADN
**e)** Aucune de ces réponses

**7.** Un dommage à la membrane plasmique provoque la mort cellulaire parce que :
**a)** la cellule subit une lyse osmotique.
**b)** le contenu de la cellule se vide.
**c)** la cellule est en état de plasmolyse.
**d)** la cellule ne possède pas de paroi.
**e)** Aucune de ces réponses

**8.** La résistance bactérienne aux antibiotiques augmente lorsqu'il y a :
**a)** utilisation abusive d'antibiotiques dans l'industrie agroalimentaire.
**b)** utilisation abusive des antibiotiques dans des cas d'infections virales comme le rhume.
**c)** non-respect de la posologie par les patients.
**d)** vente libre d'antibiotiques dans certains pays en voie de développement.
**e)** Toutes ces réponses

**9.** La résistance bactérienne aux antibiotiques peut être due à différents mécanismes *sauf* à :
**a)** l'action d'une enzyme bactérienne qui dégrade l'antibiotique.
**b)** l'absence de récepteurs bactériens à l'antibiotique.
**c)** l'expulsion de l'antibiotique hors de la bactérie.
**d)** la dégradation enzymatique de l'antibiotique par les cellules humaines.
**e)** l'incapacité d'atteindre le site d'action bactérien.

**10.** L'agent antibiotique encore actif contre les *Staphylococcus aureus* multirésistants est :
**a)** l'érythromycine.
**b)** la tétracycline.
**c)** l'ampicilline.
**d)** la vancomycine.
**e)** les quinilones.

## QUESTIONS À COURT DÉVELOPPEMENT

**1.** Les agents suivants agissent-ils sur les cellules humaines ? Justifiez votre réponse.
**a)** Pénicilline
**b)** Indinavir
**c)** Érythromycine

**2.** Les données suivantes ont été obtenues grâce à la méthode de diffusion en gélose.

| Antibiotique | Zone d'inhibition |
|---|---|
| A | 15 mm |
| B | 0 mm |
| C | 7 mm |
| D | 15 mm |

**a)** Quel(s) antibiotique(s) vous paraît (paraissent) être le plus efficace(s) contre la bactérie testée ?
**b)** Quel antibiotique vous semble être le plus approprié pour traiter une infection causée par cette bactérie ? Justifiez votre réponse.
**c)** L'antibiotique A est-il bactéricide ou bactériostatique ? Justifiez votre réponse.

**3.** Expliquez pourquoi l'administration de pénicilline lors d'une infection par des bactéries à Gram négatif n'est pas recommandée.

**4.** Les résultats de sensibilité microbienne suivants ont été obtenus à partir de la méthode de dilution en bouillon.

| Concentration de l'antibiotique | Croissance | Croissance en sous-culture |
|---|---|---|
| 200 $\mu$g | – | – |
| 100 $\mu$g | – | – |
| 50 $\mu$g | – | + |
| 25 $\mu$g | + | + |

**a)** La CMI de cet antibiotique est de ______________.
**b)** La CMB de cet antibiotique est de ______________.

## APPLICATIONS CLINIQUES

*N. B. Certaines de ces questions nécessitent que vous cherchiez des réponses dans les différents chapitres du livre.*

**1.** Jérôme souffre d'un mal de gorge dû à des streptocoques ; il prend de la pénicilline pendant 2 des 10 jours prescrits. Parce qu'il se sent mieux, il garde les comprimés restants pour une autre occasion. Au bout de 3 jours, son mal de gorge réapparaît. Discutez des causes de cette récidive.

**2.** Jacinthe est une jeune maman dont la petite fille souffre d'une otite. Depuis 5 jours, elle administre à l'enfant de l'ampicilline par voie orale. L'otite semble disparaître, mais la petite souffre maintenant de diarrhée. Jacinthe appelle le Centre des services de santé pour se renseigner. Comment lui expliqueriez-vous la survenue de la diarrhée ? (*Indice :* voir le chapitre 14.)

**3.** Dans le dossier d'un patient, vous remarquez que la chimiothérapie prescrite consiste en la combinaison de deux antibiotiques, la pénicilline et la tétracycline. En tant qu'infirmière, vous devez signaler qu'il s'agit là d'une combinaison inappropriée. La pénicilline et la streptomycine peuvent être administrées conjointement dans certaines circonstances, mais ce n'est pas le cas de la pénicilline et de la tétracycline. Expliquez pourquoi.

**4.** Xavier est un jeune enfant qui souffre d'une pneumonie pour la deuxième année consécutive. Après l'admission de Xavier à l'hôpital, le médecin demande une culture des expectorations et un antibiogramme. La culture montre qu'il s'agit d'une pneumonie à pneumocoques, et l'antibiogramme indique que la bactérie responsable est sensible à la pénicilline et à l'érythromycine. Le médecin prescrit à Xavier de la pénicilline par voie intramusculaire ; cet antibiotique avait déjà été utilisé lors de sa première pneumonie. Le médecin prescrit également la préparation d'une seringue d'ÉpiPen. (*Indice :* voir le chapitre 19.)

Décrivez les raisons qui ont amené le médecin à prescrire la seringue d'ÉpiPen. L'érythromycine est le substitut de choix lorsqu'on ne peut administrer de la pénicilline. Pour quelles raisons l'érythromycine n'est-elle pas administrée aussi couramment que la pénicilline ?

**5.** Une patiente souffrant d'une infection de la vessie est traitée avec de l'acide nalidixique, mais sa santé ne s'améliore pas. Expliquez pourquoi son infection guérit lorsqu'elle prend par la suite un sulfamide.

## Quatrième partie

# *Les microorganismes et les maladies infectieuses humaines*



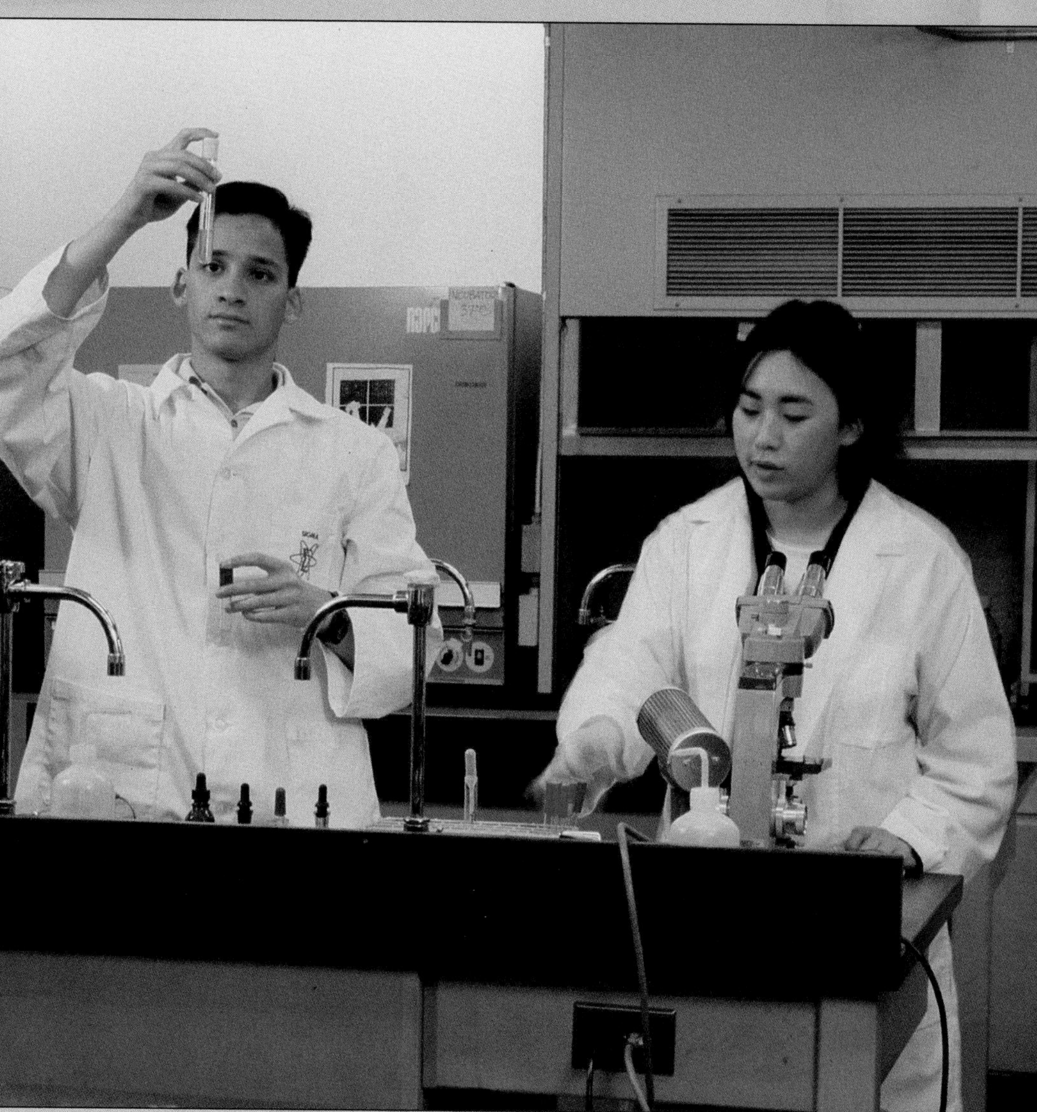

*Les techniciens des laboratoires de microbiologie utilisent des méthodes simples mais efficaces pour identifier les microorganismes responsables de maladies. Bien que les microbiologistes emploient plusieurs appareils modernes permettant de gagner du temps, la mise en culture sur boîte de Petri constitue une grande partie de leur travail. La photographie représente deux étudiants en microbiologie qui apprennent à utiliser les techniques de laboratoire servant à identifier des microorganismes.*

*À l'appendice E, vous trouverez un guide taxinomique des maladies infectieuses traitées dans les chapitres 21 à 26.*

# Chapitre 21 Les maladies infectieuses de la peau et des yeux

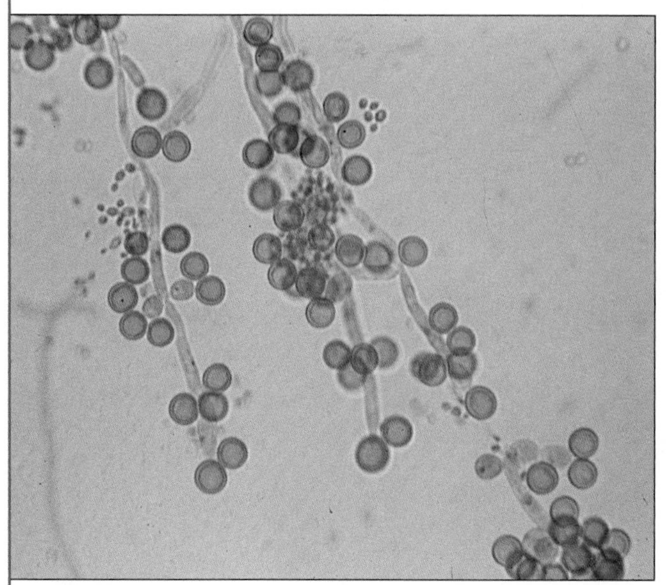

Candida albicans. *Cette levure provoque des infections de la peau et des muqueuses ; c'est en outre une cause fréquente d'infections nosocomiales du sang.*

La peau, qui recouvre et protège l'organisme, est la première ligne de défense à intervenir contre les agents pathogènes. La peau constitue un milieu inhospitalier pour la majorité des microorganismes parce que les substances qu'elle sécrète sont acides et qu'en général sa teneur en eau est faible. De plus, une grande partie de la peau est exposée à des rayonnements qui inhibent la croissance microbienne. Cependant, sur quelques parties du corps, telles que les aisselles, le taux d'humidité est suffisant pour permettre le développement de populations bactériennes relativement grandes. D'autres parties, comme le cuir chevelu du dessus de la tête, n'hébergent qu'un petit nombre de microorganismes. La peau constitue une barrière physique et chimique que les agents pathogènes ne peuvent pratiquement pas traverser. Toutefois, certains microbes peuvent pénétrer dans l'organisme par une brèche à peine visible de l'épiderme, et la forme larvaire de quelques parasites est même capable de traverser la peau saine.

À la fin du chapitre, les tableaux 21.1 et 21.2 présentent une récapitulation, par ordre taxinomique, des maladies infectieuses décrites ici.

## La structure et les fonctions de la peau

### Objectifs d'apprentissage

- *Décrire la structure et les fonctions de la peau et des muqueuses en mettant en évidence les mécanismes de protection qui s'opposent à l'entrée des microorganismes dans le corps.*
- *Décrire la façon dont les agents pathogènes pénètrent dans la peau ou les muqueuses et se disséminent dans le corps.*

### La peau

La peau d'un adulte moyen a une superficie totale d'environ 1,9 m$^2$, et son épaisseur varie de 0,05 à 3,0 mm. Au chapitre 16, nous avons vu que la peau constitue la première ligne de défense non spécifique qui s'oppose à la pénétration des microorganismes. Cette fonction est directement liée à sa structure anatomique. En effet, la peau se compose principalement de deux parties : l'épiderme et le derme (figure 21.1). L'**épiderme** est la partie externe, mince, formée de couches de cellules épithéliales appelées kératinocytes étroitement collées les unes aux autres. La couche superficielle

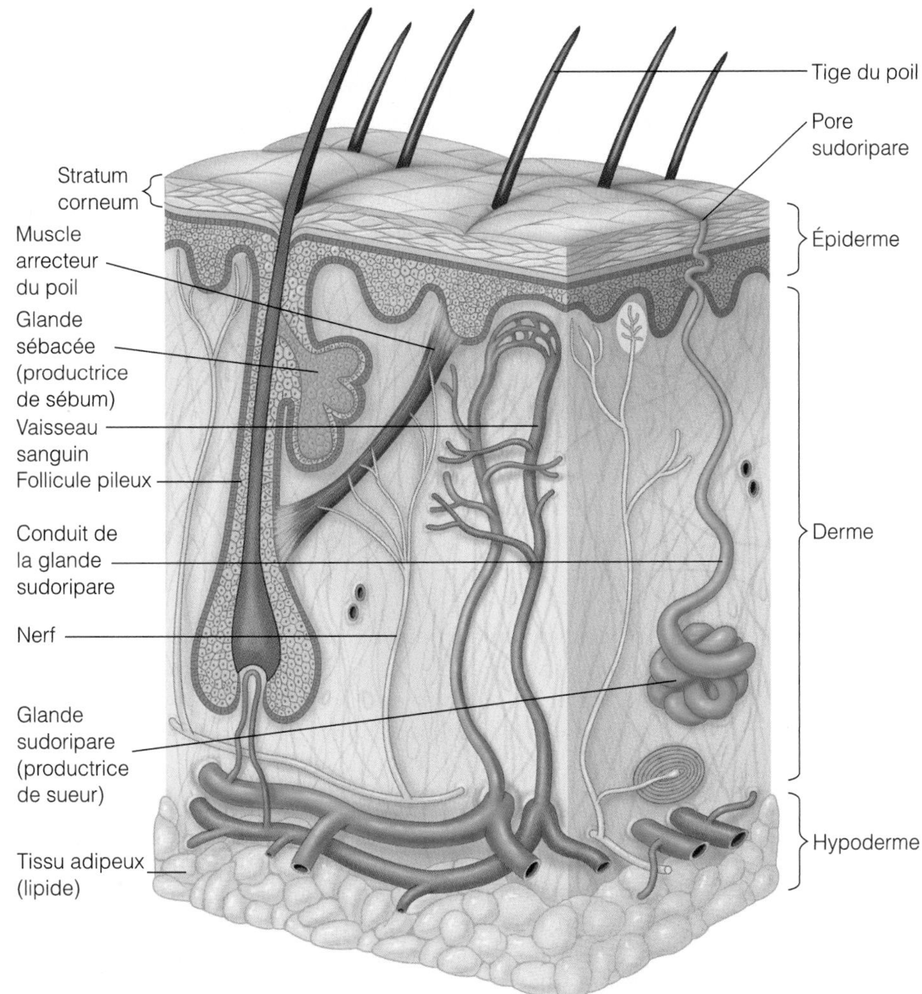


**FIGURE 21.1 Structure de la peau humaine.** Les microbes peuvent pénétrer dans les tissus profonds de la peau par les orifices des poils ou par les pores sudoripares.

■ La peau est un grand organe complexe qui protège l'organisme.

de l'épiderme, le *stratum corneum* ou couche cornée, est constituée de plusieurs strates de kératinocytes morts et aplatis qui contiennent de la kératine, une protéine imperméabilisante; cette protéine protège les couches plus profondes contre l'abrasion et contre la pénétration de microorganismes. La couche profonde de l'épiderme, le *stratum basale* ou couche basale, est composée d'une épaisseur de cellules souches qui assurent le renouvellement constant des kératinocytes. Dispersés dans les couches profondes de l'épiderme, se trouvent des macrophagocytes intraépidermiques; ces cellules, issues de la moelle osseuse rouge, ont migré vers l'épiderme où elles assurent la capture des microorganismes qui ont réussi à pénétrer dans la peau. À la condition d'être intact, l'épiderme est une barrière physique efficace contre les microorganismes.

Le **derme** est la partie profonde, relativement épaisse, de la peau; il est principalement composé de tissu conjonctif. Les follicules pileux et les conduits des glandes sudoripares et sébacées, situés dans le derme, constituent pour les microorganismes des portes d'entrée dans la peau et dans les tissus plus profonds.

La *transpiration,* soit la sécrétion de la sueur, fournit l'humidité et quelques nutriments essentiels à la croissance microbienne. Elle contient cependant du sel, qui inhibe le développement de nombreux microorganismes, et du lysozyme, enzyme capable de détruire la paroi cellulaire de certaines bactéries.

Le *sébum,* sécrété par les glandes sébacées, est un mélange de lipides (acides gras non saturés), de protéines et de sels, qui protège la peau et les cheveux contre l'assèchement. Bien que les acides gras inhibent la croissance de certains agents pathogènes, le sébum, à l'instar de la sueur, est un élément nutritif pour beaucoup de microorganismes.

En fait, la description de l'anatomie de la peau nous permet de faire deux constatations. D'une part, les tissus composant la peau forment un grand territoire caractérisé par des habitats variés peuplés par différents types de microorganismes. D'autre part, les composantes anatomiques et chimiques de la peau forment une barrière qui s'oppose à la progression des microbes vers les tissus internes. En terme d'homéostasie, la protection contre les microorganismes est maintenue tant que la barrière cutanée est intacte.

Certaines situations peuvent toutefois briser cette barrière et par ricochet, offrir à des microorganismes une occasion de se multiplier et de causer une infection locale sur la peau ou même une invasion tissulaire plus profonde. Ainsi, toute blessure ou traumatisme – irritation, abrasion, piqûre, coupure, brûlure, nécrose – peut ouvrir une brèche dans la barrière ou modifier les caractéristiques tissulaires de la peau. Par exemple, une plaie chaude, humide et riche en cellules mortes offre des conditions favorables à la croissance microbienne et à l'apparition d'une infection.

Prise dans son ensemble, la peau représente une grande surface sillonnée de nombreux plis et replis dont la quantité peut augmenter chez les personnes qui font de l'embonpoint. Sous les plis et les replis, les conditions – chaleur et humidité – sont propices à la colonisation microbienne. De toutes petites fissures peuvent devenir les portes d'entrée de microorganismes et le point d'origine d'une infection.

La lutte contre les microorganismes débute donc par les soins d'hygiène appropriés afin de maintenir la peau propre et saine.

### Les muqueuses

La barrière externe de protection qui tapisse les cavités du corps – et notamment les voies gastro-intestinales, respiratoires, urinaires et génitales – diffère de la peau. Les muqueuses présentent souvent des replis (par exemple les villosités intestinales), ce qui accroît considérablement leur superficie – la superficie totale des muqueuses du corps humain est d'environ 400 $m^2$ en moyenne, valeur bien supérieure à la superficie de la peau.

Une muqueuse est constituée de feuillets de *cellules épithéliales* étroitement juxtaposées, dont la base est fixée à une couche de matière extracellulaire, appelée *membrane basale.* Beaucoup de cellules épithéliales sécrètent du mucus, d'où le nom de **muqueuse,** tandis que d'autres sont dotées de cils. Dans le système respiratoire, le mucus retient les particules, y compris les microorganismes, et les cils les remontent et les propulsent vers l'extérieur (figure 16.4). Certaines muqueuses contiennent des cellules qui sécrètent des substances acides (par exemple l'HCl de l'estomac), ce qui contribue à restreindre leur population microbienne. Quant à la muqueuse de l'œil, elle est nettoyée mécaniquement par les larmes, et le lysozyme contenu dans ces dernières détruit la paroi cellulaire de certaines bactéries.

Malgré ces protections, plusieurs types d'infections peuvent toucher les muqueuses. Le processus infectieux est généralement facilité lorsque l'intégrité des muqueuses est atteinte et que l'homéostasie est perturbée. Ainsi, les agents irritants tels que la nicotine du tabac augmentent les risques d'infection respiratoire. De même, l'installation d'une sonde vésicale à demeure constitue une irritation constante de la muqueuse urétrale et il est fréquent d'observer chez de tels patients des infections urinaires.

Nous avons traité au chapitre 16 des différents mécanismes de défense non spécifiques concernant les muqueuses; nous traiterons des particularités des muqueuses respiratoires, gastro-intestinales et urogénitales dans les chapitres 24 à 26.

## La flore cutanée normale

**Objectifs d'apprentissage**

- *Décrire les caractéristiques et le rôle de la flore normale de la peau.*
- *Donner des exemples de microorganismes appartenant à la flore cutanée normale, et préciser les régions de la peau favorables à leur croissance.*

Bien qu'elle soit habituellement un milieu inhospitalier pour la majorité des microorganismes, la peau permet la croissance de certains microbes qui font partie de la flore normale (chapitre 14). La flore normale cutanée joue le rôle de barrière (antagonisme bactérien) en empêchant d'autres bactéries de s'installer sur la peau. Par exemple, sur la surface de la peau, des bactéries aérobies produisent des acides gras à partir du sébum. Ces acides inhibent le développement de nombreux microbes tout en favorisant la croissance de bactéries mieux adaptées.

Les microorganismes pour lesquels la peau constitue un milieu approprié tolèrent bien la sécheresse et une concentration en sel relativement élevée. La flore cutanée normale comprend un assez grand nombre de bactéries à Gram positif, telles que des staphylocoques et des microcoques. Certaines de ces bactéries sont capables de se développer dans un milieu où la concentration en chlorure de sodium (NaCl) est égale ou supérieure à 7,5 %. La micrographie électronique à balayage a permis d'observer que, sur la peau, les bactéries ont tendance à se rassembler en petits amas (figure 14.1a).

Un nettoyage vigoureux des mains peut réduire le nombre de microorganismes, mais il ne les élimine pas complètement. Les microorganismes qui restent dans les follicules pileux et les glandes sébacées ou sudoripares suffisent à reformer rapidement les populations normales. C'est pourquoi le lavage des mains avec un antiseptique entre les soins donnés à différents patients, est une mesure d'asepsie obligatoire, de même que le brossage des mains avec un antiseptique et le port de gants sont obligatoires en salle de chirurgie.

Les parties du corps où le taux d'humidité est plus élevé, comme les aisselles et l'entrejambe, hébergent les plus grandes populations de microbes. Ces derniers métabolisent les sécrétions des glandes sudoripares et sont donc en grande partie responsables des odeurs corporelles.

Les *diphtéroïdes,* qui sont des bacilles pléomorphes à Gram positif, font aussi partie de la flore cutanée normale. Certains de ces bacilles, tels que *Propionibacterium acnes,* sont en général anaérobies et résident dans les follicules pileux. Leur croissance est favorisée par la présence des sécrétions des glandes sébacées (sébum), qui, nous le verrons plus loin, jouent un rôle dans l'acné. Ces diphtéroïdes élaborent de l'acide propionique, ce qui contribue à acidifier la peau, dont la valeur du pH se situe normalement entre 3 et 5. D'autres diphtéroïdes, tels que *Corynebacterium xerosis,* sont par contre aérobies et résident sur la surface de la peau. Une levure normalement présente dans la flore cutanée, *Pityrosporum ovale,* est capable de croître de façon exagérée sur les sécrétions grasses de la peau, et on pense qu'elle est responsable de la desquamation, qui produit ce qu'on appelle des squames ou, plus communément, des pellicules. Les shampoings antipelliculaires contiennent du kétoconazole, un antibiotique antifongique, ou du pyrithione de zinc ou encore du sulfure de sélénium, substances qui contribuent toutes à éliminer les levures.

# Les maladies infectieuses de la peau

## Objectif d'apprentissage

- *Décrire les manifestations pathologiques susceptibles d'apparaître à la suite d'une infection de la peau.*

La présence d'une éruption ou d'une lésion cutanée n'est pas toujours le signe d'une infection; en fait, beaucoup de maladies généralisées qui touchent les organes internes se manifestent de cette façon. Les changements qui se produisent dans une lésion cutanée sont souvent utiles pour décrire les signes et symptômes de la maladie. Par exemple, une petite lésion gonflée remplie de liquide séreux est une **vésicule** (figure 21.2a); une vésicule dont le diamètre est supérieur à 1 cm environ est une **bulle** (figure 21.2b); une lésion plane et rougeâtre est une **macule** (figure 21.2c), et si le diamètre de la macule est supérieur à 100 mm, on parle d'une *plaque*; enfin, une lésion surélevée et ferme est une **pustule** ou une **papule** selon qu'elle contient ou non du pus (figure 21.2d). Notez que la présence de pus est un indice important d'une infection. Par ailleurs, les lésions cutanées peuvent s'aggraver et donner lieu à l'apparition de lésions secondaires, telles

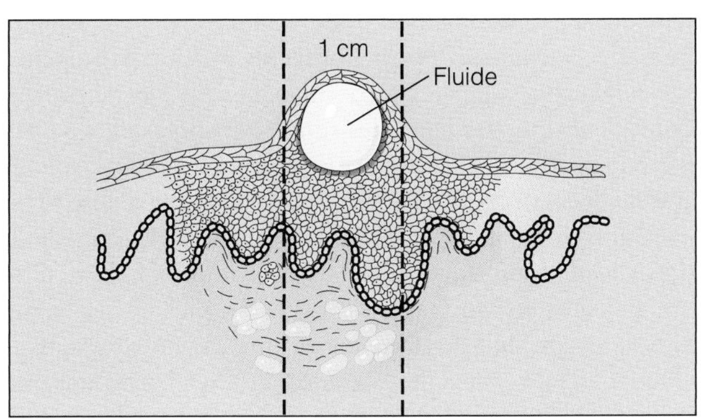


**a)** Vésicule

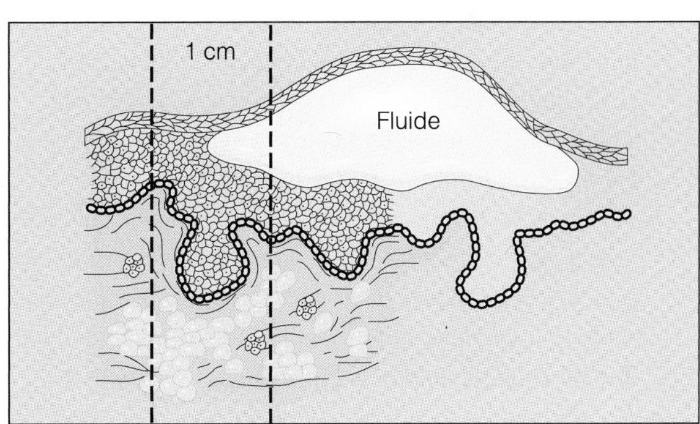


**b)** Bulle

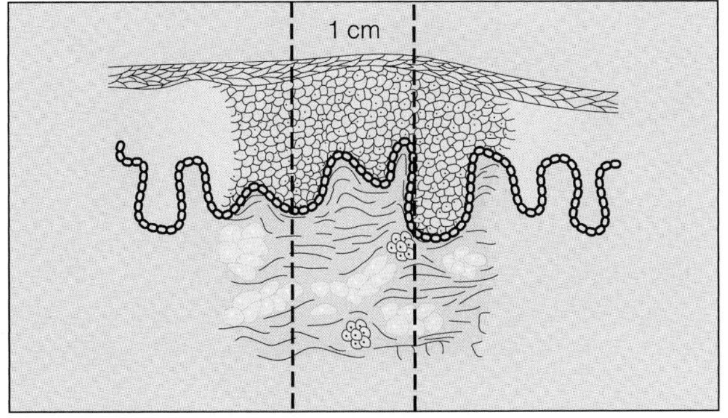


**c)** Macule

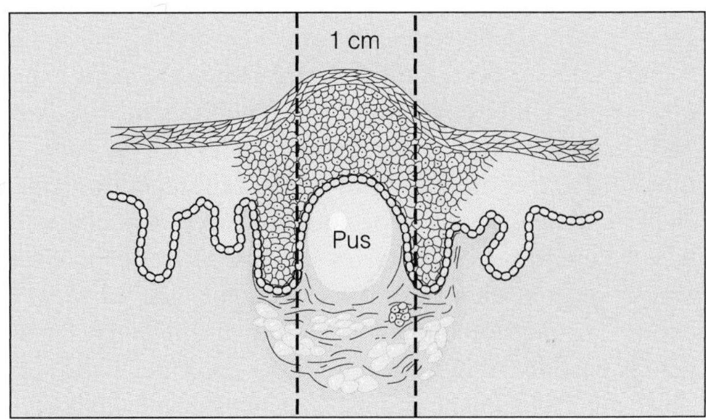


**d)** Papule (pustule ici)

FIGURE 21.2 **Lésions cutanées. a)** Une vésicule est une petite lésion remplie de liquide séreux. **b)** Une bulle est une lésion relativement grande, remplie de liquide. **c)** Une macule est une lésion plane, souvent rougeâtre, sans liquide. **d)** Une papule est une lésion surélevée; si elle contient du pus, comme dans l'illustration, elle est appelée pustule.

- Les microorganismes qui pénètrent dans le corps par les voies respiratoires se manifestent souvent par des lésions cutanées (p. ex. la varicelle).

que des *croûtes* – zones de sérosité, de sang ou de pus séchés – ou des *ulcères* – perte de la couche épidermique et d'une partie du derme. Bien que le foyer de l'infection soit souvent localisé dans une autre partie du corps, il est pratique de classer les infections cutanées en fonction de l'organe le plus visiblement atteint, soit la peau.

Le tableau 21.1 à la fin du chapitre contient la liste des principales maladies infectieuses de la peau. Dans l'encadré de la page 640, nous traitons d'une infection cutanée émergente.

## Les bactérioses de la peau

### Objectifs d'apprentissage

- *Faire la distinction entre les facteurs de virulence des staphylocoques et des streptocoques, et décrire des infections cutanées dues à l'une ou l'autre de ces bactéries en tenant compte du caractère évolutif de l'infection.*
- *Décrire l'épidémiologie des bactérioses suivantes, et notamment le pouvoir pathogène des agents en cause, leurs réservoirs, leurs modes de transmission, leurs portes d'entrée ainsi que les facteurs prédisposants de l'hôte réceptif : syndrome du choc toxique staphylococcique, impétigo streptococcique, infection au streptocoque invasif du groupe A et dermatite à Pseudomonas.*
- *Relier les bactérioses suivantes aux mécanismes physiopathologiques qui conduisent à l'apparition des principaux signes caractéristiques de la maladie : syndrome du choc toxique staphylococcique, infection au streptocoque invasif du groupe A, dermatite à Pseudomonas et acné.*
- *Relier certaines infections bactériennes cutanées à des moyens de prévention, à une thérapeutique et à des épreuves de diagnostic (s'il y a lieu).*

Deux genres de bactéries, *Staphylococcus* et *Streptococcus,* sont responsables de bon nombre des maladies touchant la peau. Nous nous y intéressons donc particulièrement dans le présent chapitre et nous en reparlerons dans les chapitres ultérieurs traitant d'autres organes et maladies. Les infections superficielles cutanées staphylococciques ou streptococciques sont très fréquentes. Les bactéries entrent souvent en contact avec la peau et elles se sont relativement bien adaptées aux conditions physiologiques de ce milieu. En outre, les deux genres produisent des enzymes invasives et des toxines nuisibles qui contribuent au processus physiopathologique.

### Les infections cutanées staphylococciques

Les staphylocoques sont des bactéries sphériques à Gram positif qui s'assemblent en grappes de forme irrégulière (figure 11.21). Ce regroupement s'explique du fait que les cellules bactériennes se divisent selon divers plans et que les cellules filles ne se séparent pas complètement les unes des autres (figure 4.1d). Pour la quasi-totalité des applications cliniques, on divise les staphylocoques en deux catégories selon qu'ils produisent ou non de la **coagulase,** enzyme qui provoque la formation de caillots de fibrine dans le sang ; les premiers sont dits à coagulase positive et les seconds, à coagulase négative.

Les souches de staphylocoques à coagulase négative (SCON) sont fréquemment présentes sur la peau, où elles constituent environ 90 % de la flore normale.

En général, ces bactéries ne sont pathogènes que lorsque la barrière cutanée est rompue ou perforée lors de l'application d'une technique médicale effractive, comme l'insertion ou le retrait d'un cathéter veineux. Sur la surface de celui-ci (figure 21.3), les bactéries ont tendance à former des biofilms qui les protègent contre le dessèchement et les désinfectants (la figure 27.8 offre l'illustration d'un biofilm bactérien qui adhère à la surface d'un matériel solide). Les SCON sont donc d'importants agents pathogènes nosocomiaux. On considérait autrefois que tous les staphylocoques à coagulase négative appartenaient à une même espèce, *Staphylococcus epidermidis.* On les divise maintenant en plusieurs espèces et le nom de *S. epidermidis* désigne uniquement l'espèce prédominant dans la flore normale de la peau humaine.

*Staphylococcus aureus* est le plus pathogène de tous les staphylocoques. Il donne lieu à des colonies d'une couleur dorée caractéristique. Presque toutes les souches pathogènes de *S. aureus* sont à coagulase positive. Les caillots de fibrine constitués autour des bactéries sont susceptibles de les protéger contre la phagocytose et de les rendre invulnérables à d'autres mécanismes de défense de l'hôte. Il existe une forte corrélation entre la capacité de la bactérie à sécréter de la coagulase et la production de toxines nuisibles dont plusieurs peuvent endommager les tissus. En plus de la coagulase, *S. aureus* produit de la *leucocidine,* une enzyme qui détruit les leucocytes phagocytaires. *S. aureus* produit également une

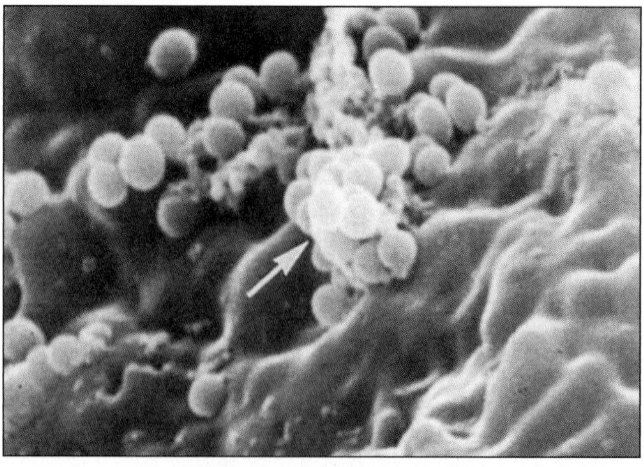


**FIGURE 21.3 Staphylocoques à coagulase négative.** Dans le cas illustré, les bactéries adhèrent à la surface d'une sonde en plastique.

- Les microbes introduits dans l'organisme par du matériel biomédical (sonde, par exemple) risquent de causer une maladie infectieuse.

*toxine exfoliatrice,* qui est responsable du syndrome de Ritter-Lyell (dont il sera question sous peu). Certaines toxines staphylococciques, appelées *entérotoxines,* touchent les voies gastro-intestinales; nous traitons de ce sujet au chapitre 25, qui porte sur les maladies infectieuses du système digestif.

*S. aureus* est fréquemment une source de problèmes en milieu hospitalier. Étant donné que les patients, les membres du personnel hospitalier et les visiteurs peuvent être des porteurs sains de cette bactérie, le risque d'infection des plaies chirurgicales ou de toute autre effraction de la peau est très élevé. De plus, ces infections sont difficiles à traiter parce que, en milieu hospitalier, *S. aureus* est exposé à de nombreux antibiotiques, de sorte qu'il devient rapidement résistant à ces substances. Autrefois, ce microorganisme était presque toujours très sensible à la pénicilline, mais de nos jours environ 10 % seulement des souches de *S. aureus* le sont. Nous avons mentionné au chapitre 20 la résistance de cette bactérie à plusieurs antibiotiques. La vancomycine est considérée comme une solution de dernier recours dans la lutte contre les souches résistantes à la pénicilline.

Les voies nasales constituent un milieu particulièrement favorable pour *S. aureus,* qui y réside souvent en grand nombre. En fait, les bactéries de cette espèce présentes sur la peau saine proviennent couramment des voies nasales. *S. aureus* pénètre à l'ordinaire dans le corps par un orifice naturel de la barrière cutanée, soit le conduit du follicule pileux qui traverse la couche épidermique. Les infections du follicule pileux, ou **folliculites,** prennent fréquemment la forme de *boutons.* Le follicule infecté d'un cil de l'œil s'appelle **orgelet.** Le **furoncle,** ou *clou,* est une infection plus grave de la structure pilosébacée; il s'agit d'une sorte d'**abcès** composé d'une région purulente entourée de tissu enflammé. Les antibiotiques ne pénètrent pas facilement dans les abcès, qui sont donc difficiles à traiter. Le drainage du pus constitue dans la plupart des cas la première étape d'un traitement efficace.

Si les défenses de l'organisme ne réussissent pas à circonscrire un furoncle, les tissus avoisinants risquent d'être graduellement envahis. Les dommages résultants, plus étendus, forment un **anthrax** (à ne pas confondre avec la maladie du charbon causée par *Bacillus anthracis*), qui est une inflammation sphérique profonde et dure du tissu sous-cutané. Si l'infection atteint ce stade, le patient présente alors habituellement les signes d'une maladie généralisée, dont de la fièvre.

Les staphylocoques constituent la principale cause d'un problème majeur pour les pouponnières, l'**impétigo du nouveau-né.** Le signe principal de cette maladie est l'apparition de vésicules cutanées à paroi mince qui se rompent, puis se recouvrent d'une croûte jaunâtre. Pour prévenir les poussées épidémiques, on prescrit couramment une lotion pour la peau contenant de l'hexachlorophène (chapitre 7).

Une infection staphylococcique risque toujours de s'étendre au tissu sous-jacent ou au sang circulant. La présence de toxines, telles que les toxines d'origine staphylococcique, dans le système cardiovasculaire s'appelle **toxémie.** Une de ces toxines, produite par des staphylocoques infectés par certains types de phages, est responsable du **syndrome de Ritter-Lyell.** (Il est question de la lysogénie et de la conversion phagique aux chapitres 13 et 15.) Le premier signe de ce syndrome sévère est l'apparition d'une lésion sur le pourtour du nez ou de la bouche, qui se transforme rapidement en un placard rouge brillant ayant tendance à s'étendre. En l'espace de 48 heures, la peau des zones touchées se décolle en larges lambeaux, au simple toucher (figure 21.4). Le syndrome de Ritter-Lyell, qu'on observe souvent chez des enfants de moins de deux ans et notamment chez des nouveau-nés, est une complication d'une infection staphylococcique. Les patients sont gravement malades, et il faut leur administrer une antibiothérapie intense; leur traitement est semblable à celui des grands brûlés.

Le syndrome de Ritter-Lyell est en outre caractéristique des dernières phases du **syndrome de choc toxique.** Ce syndrome, potentiellement fatal, est caractérisé par de la fièvre, des vomissements et une éruption cutanée (vasodilatation périphérique) rappelant un coup de soleil, suivis par une chute de la pression artérielle. Ce syndrome a attiré l'attention au moment où l'on a associé l'infection par des staphylocoques avec l'emploi d'un nouveau tampon hygiénique très absorbant; la corrélation est particulièrement forte lorsque le tampon, contaminé par *S. aureus,* reste en place durant une longue période. La toxine staphylococcique

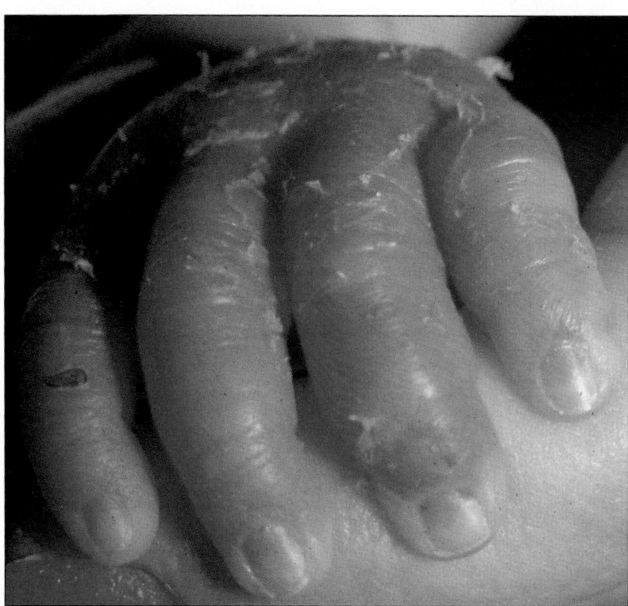

**FIGURE 21.4 Lésions associées au syndrome de Ritter-Lyell.** Certains staphylocoques produisent une toxine exfoliatrice, c'est-à-dire qui provoque le décollement de larges lambeaux de peau, comme sur la main de l'enfant photographié. Le syndrome de Ritter-Lyell touche surtout les enfants de moins de 2 ans.

■ Un phage lysogène provoque chez *S. aureus* la production d'une toxine responsable du décollement de la peau.

RÉSOLUTION DE CAS CLINIQUES

## Une maladie nécrosante émergente

La description de ce cas clinique comporte des questions que les cliniciens se posent lorsqu'ils cherchent à établir un diagnostic et à choisir un traitement. Essayez de répondre à chaque question avant de poursuivre votre lecture.

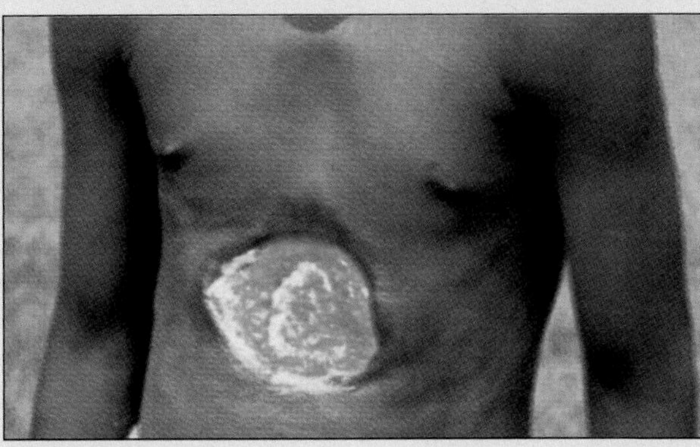

1. Un homme de 20 ans se présente à une clinique de Melbourne, en Australie, parce qu'il a un ulcère de 10 cm entouré d'une inflammation des tissus (cellulite), comme l'indique la photo. L'homme dit avoir perçu une nodosité sous-cutanée quelques semaines plus tôt. La nodosité a disparu rapidement, mais la région avoisinante est devenue rouge et prurigineuse. Durant la semaine suivante, le site du nodule a durci et l'ulcère cutané est apparu. Le patient s'est alors inquiété parce que l'ulcère ne guérissait pas et que la peau avoisinante commençait à peler. Il affirme ne pas avoir été mordu récemment par un animal ni avoir subi de traumatisme.
*Quelles épreuves diagnostiques peut-on faire rapidement pour confirmer une hypothèse infectieuse ?*
2. On prépare des frottis à partir d'un prélèvement sur écouvillon pour effectuer des épreuves de coloration et un examen microscopique. La coloration acido-alcoolo-résistante révèle la présence de petits bacilles colorés en rouge dans l'un des prélèvements.
*Selon les épreuves, à quel genre les bacilles appartiennent-ils ?*
3. Le genre *Mycobacterium* spp. est un groupe de bactéries qui comprend des bacilles acido-alcoolo-résistants, tels que le bacille de la tuberculose.
*Quel traitement proposeriez-vous ?*
4. On administre au patient deux médicaments antituberculeux : de la rifampicine et de l'éthambutol. On fait croître les bactéries prélevées sur un milieu de culture et dans une culture cellulaire, à une température variant entre 30 et 33 °C, incubés pendant 12 semaines.
*Si la chimiothérapie ne donne pas les résultats escomptés, existe-t-il un autre traitement ?*
5. Des chercheurs en médecine suggèrent que l'emploi d'un appareil permettant d'élever la température de la peau à 40 °C inhiberait peut-être la croissance de la bactérie. L'observation des dommages cutanés montre que la nécrose cellulaire s'étend au-delà de la zone de croissance de la bactérie.
*Qu'indique l'étalement de la zone nécrosée ?*
6. L'étendue des dommages cutanés suggère que la bactérie produit une exotoxine. Une étude des dossiers médicaux de la région d'origine du patient révèle que 28 personnes examinées présentent un nodule, un ulcère cutané ou une cicatrice résultant d'un ulcère.
*De quels types d'informations a-t-on besoin ?*
7. Il est nécessaire de connaître les maillons de la chaîne épidémiologique. Dans ce cas-ci, toutes les victimes résident à proximité d'un terrain de golf ; il n'existe aucun indice de transmission interhumaine ou de transmission par un arthropode.
*Quels réservoirs peut-on vérifier ?*
8. On a décelé la présence d'ADN de la bactérie dans le sol et dans l'eau des étangs du terrain de golf au moyen de la technique de l'amplification en chaîne par polymérase (ACP), mais on n'a pas réussi à faire croître la bactérie à partir d'échantillons du milieu.
*L'identification de la bactérie par des tests d'ADN, son dépistage dans des réservoirs tels que l'eau des étangs, le diagnostic lié à l'apparition d'un nodule suivie de l'ulcération de ce dernier et la difficulté de traiter l'infection constituent un ensemble de données susceptibles de poser le diagnostic de la maladie. Qu'en pensez-vous ?*

La maladie décrite est l'ulcère de Buruli, d'après le nom d'une région de l'Ouganda, en Afrique. La maladie et son agent causal, *Mycobacterium ulcerans,* ont été décrits pour la première fois en 1948, en Australie ; depuis, on a observé des cas d'ulcère de Buruli dans 25 pays et cinq parties du monde : en Afrique, en Asie, en Australie, en Amérique du Sud et en Amérique du Nord. Les zones où la maladie est présente sont des régions tropicales, et tous les cas sont associés avec la présence d'eau stagnante ou se déplaçant lentement. L'ulcère de Buruli est une maladie émergente dont la prévalence dépassera probablement celle de la lèpre, qui est également due à un microorganisme du genre *Mycobacterium*. Les stades cliniques de la maladie sont : 1) l'apparition d'un nodule sous-cutané ; 2) l'inflammation du tissu adipeux sous-cutané ; 3) l'apparition de cellulite ; et 4) la cicatrisation. L'ulcère de Buruli est rarement mortel, mais la destruction importante de tissus cause souvent le défigurement et peut entraîner la perte de l'usage d'un membre ou même l'amputation du membre atteint. Il est relativement facile de diagnostiquer la maladie, mais il n'existe pas de traitement efficace. En 1997, l'Organisation mondiale de la santé (OMS) a créé l'Initiative mondiale sur l'ulcère de Buruli, chargée d'effectuer des recherches et de trouver une méthode d'éradication de la maladie.

(principalement la toxine du syndrome de choc toxique de type 1) pénètre dans la circulation sanguine depuis le site de croissance de la bactérie, soit à l'intérieur et autour du tampon, et sa dissémination dans le sang cause les signes du choc septique, y compris la chute caractéristique de la pression artérielle.

À l'heure actuelle, un peu plus de la moitié seulement des cas de syndrome de choc toxique sont associés aux tampons hygiéniques utilisés lors des menstruations. Les autres cas résultent d'infections staphylococciques postérieures à une chirurgie nasale au cours de laquelle on a employé des tampons absorbants, à une incision chirurgicale, à la présence d'un instrument médical à demeure (cathéter, par exemple) ou à un accouchement.

## Les infections cutanées streptococciques

Les streptocoques sont des bactéries sphériques à Gram positif. Contrairement aux cellules staphylococciques, les cellules streptococciques se développent habituellement en chaînettes (figure 11.22). Les cocci s'étirent d'abord suivant l'axe de la chaînette, puis les cellules se divisent (figure 4.1a). Les streptocoques sont responsables de tout un éventail d'états pathologiques tels que la méningite, la pneumonie, l'angine, l'otite moyenne, l'endocardite, la fièvre puerpérale et même la carie dentaire; nous traitons de certaines de ces maladies dans les chapitres suivants.

Lorsqu'ils se développent, les streptocoques élaborent des toxines et des enzymes, qui sont des facteurs de virulence propres à chaque espèce. Les *hémolysines,* qui lysent les érythrocytes, sont des toxines streptococciques. On classe les streptocoques selon le type d'hémolysine qu'ils produisent (figure 6.8); on distingue les streptocoques $\alpha$-hémolytiques, $\beta$-hémolytiques et $\gamma$-hémolytiques (ces derniers étant en fait non hémolytiques). Les hémolysines peuvent lyser non seulement les érythrocytes, mais aussi presque n'importe quelle cellule. Cependant, on ne sait pas exactement quel rôle elles jouent dans la pathogénicité des streptocoques.

Les streptocoques $\beta$-hémolytiques sont souvent associés à des maladies humaines. On les subdivise en différents groupes sérologiques, désignés par les lettres A à T, selon le type de glucide antigénique présent sur leur paroi cellulaire. Les streptocoques $\beta$-hémolytiques du groupe A sont les plus importants. Ils sont classés en plus de 80 types immunologiques, suivant les propriétés antigéniques de la protéine M présente chez certaines souches (figure 21.5). Cette protéine est située à l'extérieur de la paroi cellulaire, sur une couche filamenteuse de fimbriæ. Elle possède des propriétés antiphagocytaires qui jouent un rôle majeur dans la pathogénicité des diverses souches. La protéine M semble aussi faciliter l'adhérence de la bactérie aux muqueuses, étape essentielle à l'infection de celles-ci (chapitre 15).

Les expressions streptocoque $\beta$-hémolytique du groupe A et *Streptococcus pyogenes* sont synonymes. Les humains constituent le réservoir naturel de cette bactérie que l'on trouve fréquemment dans les voies respiratoires supérieures et sur la peau. Des porteurs asymptomatiques la transmettent à des personnes sensibles, souvent par contact direct ou par des gouttelettes de salive. L'infection peut aussi être d'origine endogène. Lorsqu'il infecte le derme de la peau, *S. pyogenes* cause l'**érysipèle.** Cette maladie grave est caractérisée par l'apparition de placards rouges dont la périphérie est surélevée (figure 21.6), et son évolution peut entraîner la destruction des tissus; il arrive même que l'agent pathogène entre dans la circulation sanguine, provoquant ainsi une septicémie (chapitre 15, septicémie à Gram positif, p. 487). Habituellement, l'infection se manifeste d'abord sur le visage et dans la plupart des cas elle est précédée d'une **angine** (pharyngite) streptococcique. Elle s'accompagne couramment de fièvre élevée. Heureusement, *S. pyogenes* est encore sensible aux antibiotiques du type $\beta$-lactamine.

À l'instar des staphylocoques, *S. pyogenes* est susceptible de causer l'**impétigo,** infection localisée qui atteint surtout les tout-petits et les enfants qui fréquentent l'école élémentaire. L'impétigo streptococcique est caractérisé par l'apparition de pustules isolées – en particulier au visage – qui se recouvrent d'une croûte, puis se rompent (figure 21.7). Les lésions cutanées s'aggravent lorsque le liquide contamine les régions adjacentes de la peau. La maladie se transmet principalement par contact interpersonnel, et la bactérie pénètre dans la peau au site d'une abrasion légère ou d'une piqûre d'insecte. Les staphylocoques sont fréquemment responsables de ce type d'impétigo, mais on ne sait pas s'ils en sont la cause initiale ou la cause secondaire.

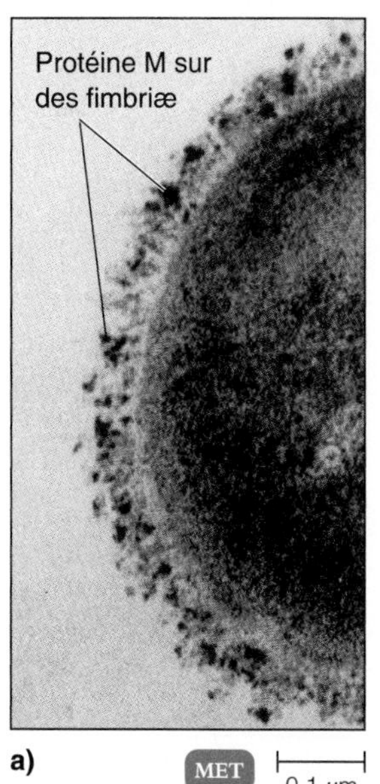


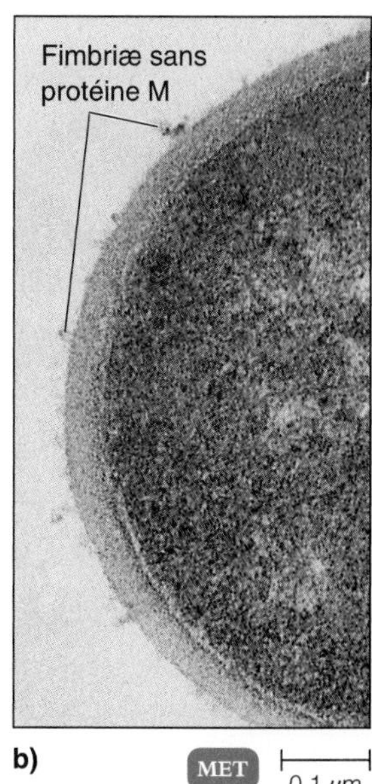


FIGURE 21.5 **La protéine M des streptocoques $\beta$-hémolytiques du groupe A. a)** Partie d'une cellule qui porte la protéine M sur une couche filamenteuse de fimbriæ superficielles. **b)** Partie d'une cellule dépourvue de protéine M.

■ La protéine M joue un rôle important dans la pathogénicité de certains streptocoques, en particulier en protégeant ces derniers contre la phagocytose.

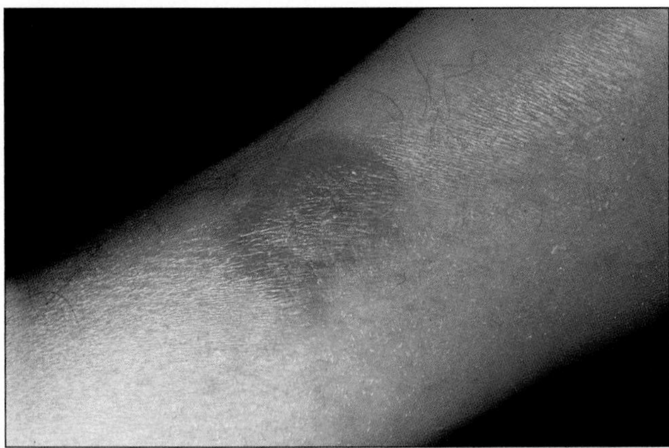

FIGURE 21.6 Lésions caractéristiques de l'érysipèle, qui est due à des toxines produites par des streptocoques ß-hémolytiques du groupe A.

■ Les toxines produites par ces bactéries peuvent causer des rougeurs de la peau.

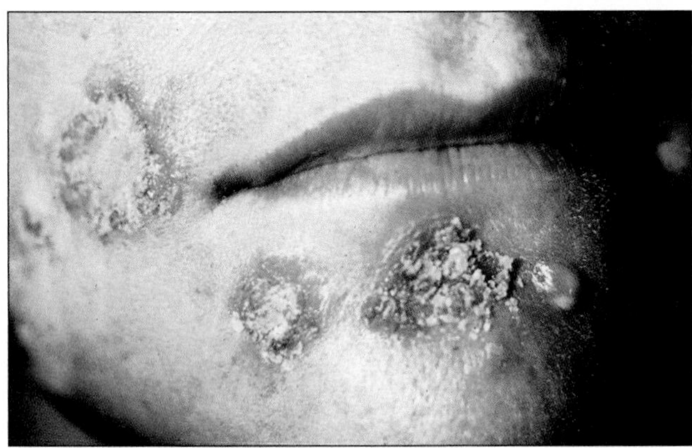

FIGURE 21.7 **Lésions d'impétigo.** L'impétigo est caractérisé par l'apparition de pustules isolées qui se recouvrent d'une croûte. Chez les enfants d'âge scolaire, comme dans le cas illustré, la maladie est généralement d'origine streptococcique.

■ Outre les streptocoques, quelle espèce bactérienne peut provoquer l'impétigo ?

Les infections cutanées streptococciques sont généralement localisées mais, si la bactérie atteint les tissus profonds, elle risque d'être très destructive ; lorsque l'infection atteint les tissus hypodermiques, on parle de **cellulite.** Certaines souches de streptocoques produisent des substances qui favorisent la diffusion rapide de l'infection. Parmi ces substances, on compte les *streptokinases,* enzymes qui dissolvent les caillots sanguins ; l'*hyaluronidase,* enzyme qui dissout l'acide hyaluronique – constituant de la substance interstitielle du tissu conjonctif ; la *désoxyribonucléase,* une enzyme qui dégrade l'ADN ; et plusieurs *protéases.* Les streptocoques élaborent aussi des *toxines érythrogènes,* qui sont responsables de la coloration rougeâtre de la peau caractéristique de la scarlatine (chapitre 24).

Des cas de **fasciite nécrosante due à *Streptococcus pyogenes*** invasif (streptocoque $\beta$-hémolytique du groupe A), attribuables à la bactérie dite *mangeuse de chair,* sont apparus partout dans le monde au cours des années 1980, alors que cette infection était plutôt confinée aux hôpitaux militaires dans les siècles précédents. Les infections de ce type détruisent les tissus aussi rapidement qu'on peut en faire l'ablation chirurgicale, et le taux de mortalité dépasse 40 % (figure 21.8). Voici les grandes lignes du mécanisme physiopathologique qui conduit à l'apparition des principaux signes de la maladie. Au début, les streptocoques anaérobies pénètrent une petite blessure et sécrètent localement des protéases, créant ainsi des lésions tissulaires locales. Il semble que l'un des facteurs déterminants de la virulence de la bactérie soit dû à la présence d'un phage qui entraîne la sécrétion dans le sang de l'*exotoxine A.* En agissant comme un superantigène, cette exotoxine déclenche une réaction exagérée et systémique du système immunitaire. En fait, l'exotoxine A entraîne une réponse massive de lymphocytes T qui s'accumulent sur les lieux de l'infection ; ils produisent alors des cytokines qui donnent lieu a une réaction inflammatoire systémique très intense occasionnant une sortie importante de liquide dans les tissus et, par conséquent, une chute rapide de la pression artérielle. Une vasoconstriction périphérique compensatrice s'ensuit, provoquant une ischémie des tissus et, par ricochet, une mauvaise oxygénation des cellules. Ces conditions contribuent à la destruction tissulaire et à l'apparition de zones de nécrose. Les streptocoques anaérobies attaquent les tissus nécrosés solides (*cellulite*), les muscles (*myosite*) ou l'enveloppe des muscles (*fasciite nécrosante*) de façon **fulminante,** et la progression de la maladie peut se faire à un rythme de 2,5 cm à l'heure si un traitement antibiotique n'est pas administré très rapidement. Depuis que Santé Canada en a fait l'objet d'une surveillance nationale en

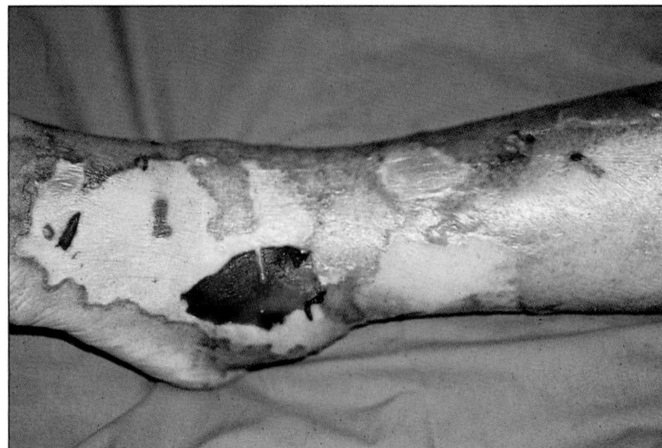

FIGURE 21.8 **La fasciite nécrosante est due à un streptocoque du groupe A.**

■ Quelle est l'origine de la virulence du streptocoque invasif du groupe A ?

janvier 2000, on a noté la présence de l'infection fulgurante au streptocoque du groupe A chez trois à sept personnes sur un million par année au Canada.

## Les infections à *Pseudomonas*

*Pseudomonas* est un bacille aérobie à Gram négatif, surtout présent dans le sol et l'eau. Il peut vivre dans n'importe quel milieu humide et est capable de se développer sur une infime quantité de matière organique, telle qu'un film de savon ou l'adhésif utilisé pour maintenir un pansement ou pour coller le joint d'un bouchon ; on le trouve aussi dans les humidificateurs et les pots de fleurs, et sur les balais à franges mouillées. Cette bactérie est résistante à plusieurs antibiotiques et désinfectants. L'espèce la plus importante est *Pseudomonas æruginosa,* qui est considérée comme un modèle d'agent pathogène opportuniste ; c'est aussi un agent commun d'infections nosocomiales (chapitres 7, 11 et 14).

Le bacille provoque fréquemment des poussées de **dermatite à *Pseudomonas*,** une éruption cutanée de petits boutons rouges qui régresse spontanément, dure environ deux semaines et est souvent associée à l'immersion dans une piscine ou dans un bain à remous. Par exemple, si un grand nombre d'enfants se baignent dans une piscine, l'alcalinité augmente et le chlore perd de son efficacité ; de plus, la concentration des nutriments indispensables au développement de *Pseudomonas* croît elle aussi. Les enfants, dont la peau est plus sensible, contractent une dermatite qui peut s'étendre sur presque tout le corps. L'immersion en eau chaude aggrave le problème parce que la chaleur entraîne la dilatation des follicules pileux, ce qui facilite la pénétration des bactéries. Par ailleurs, les nageurs de compétition souffrent couramment d'**otite externe,** douloureuse infection à *Pseudomonas* du canal de l'oreille externe, qui aboutit à l'inflammation de la membrane du tympan.

*P. æruginosa* produit plusieurs exotoxines, responsables en grande partie de la virulence de ce bacille, de même qu'une endotoxine. À l'exception d'infections cutanées superficielles et de l'otite externe, les infections à *P. æruginosa* sont rares chez les individus sains. Ce bacille cause cependant des infections opportunistes des voies respiratoires chez les personnes affaiblies par une déficience immunitaire (naturelle ou d'origine médicamenteuse) ou par une maladie pulmonaire chronique, et en particulier la muscoviscidose (ou fibrose kystique du pancréas). (Nous traiterons des infections respiratoires au chapitre 24.)

*P. æruginosa* est aussi un agent pathogène opportuniste très commun et très grave chez les brûlés, notamment chez ceux qui ont subi des brûlures au deuxième ou au troisième degré. Les infections s'accompagnent parfois de la production de pus bleu-vert dont la couleur est attribuable à la **pyocyanine,** un pigment bactérien, dont l'odeur de raisin est caractéristique.

La résistance relative aux antibiotiques, caractéristique de *Pseudomonas,* demeure un problème (chapitre 20). On a cependant élaboré plusieurs nouveaux antibiotiques au cours des dernières années, et la chimiothérapie utilisée pour traiter les infections dues à ce bacille est moins limitée qu'autrefois. Les médicaments d'élection sont généralement les fluoroquinolones et les nouveaux antibiotiques de la classe des $\beta$-lactamines. La sulfadiazine d'argent est très utile pour le traitement de l'infection à *P. æruginosa* d'une brûlure.

## L'acné

L'**acné** est probablement la maladie de la peau la plus fréquente chez les humains. On estime que plus de 85 % des adolescents en Amérique du Nord en sont atteints à divers degrés. Un certain nombre d'entre eux souffrent d'une forme d'acné exceptionnellement grave, appelée **acné kystique.** On observe alors sur le visage et le haut du corps des pustules enflammées (ou kystes) qui laissent des cicatrices grêlées. Bien que la survenue de l'acné diminue après l'adolescence, dans les cas graves, les cicatrices peuvent persister.

Le mécanisme physiopathologique qui conduit à l'apparition de l'acné kystique est le suivant. Dans un premier temps, on observe l'occlusion du conduit de la glande pilosébacée permettant normalement au sébum de se rendre à la surface de la peau. L'accumulation de sébum entraîne la formation de petites papules à tête blanche ; si la matière accumulée perce la peau, il se produit des lésions appelées comédons ou, plus couramment, points noirs. Dans un deuxième temps, des bactéries, et en particulier *Propionibacterium acnes* (un diphtéroïde anaérobie que l'on trouve fréquemment sur la peau), entrent en jeu. Les besoins nutritionnels de *P. acnes* comprennent le glycérol, présent dans le sébum ; en métabolisant le sébum, la bactérie sécrète des acides gras libres qui causent une réaction inflammatoire. Dans un troisième temps, les granulocytes neutrophiles qui sécrètent des enzymes capables d'endommager la paroi des follicules pileux sont attirés vers la zone enflammée ; la papule grossit autour du comédon et peut se transformer en pustule. C'est l'inflammation qui est responsable de la formation de pustules et des cicatrices grêlées qui s'ensuivent. L'emploi de cosmétiques, notamment de produits à base de corps gras, aggrave souvent l'acné ; par contre, il a été démontré que le régime alimentaire – y compris la consommation de chocolat – n'a pas d'effet mesurable sur la maladie.

Les lotions contre l'acné en vente libre qui contiennent du peroxyde de benzoyle sont efficaces contre les bactéries, en particulier *P. acnes,* et leur action déshydratante contribue à désobstruer les follicules. Le peroxyde de benzoyle est également offert sous la forme d'un gel, la benzamycine, dans lequel il est combiné avec un antibiotique, l'érythromycine ; le mélange des deux substances est plus efficace que l'une ou l'autre employée seule. Une crème, mise récemment sur le marché et contenant de l'acide azélaïque, est aussi efficace contre *P. acnes.* Elle réduit la formation de comédons, mais elle risque de provoquer l'apparition de zones claires indésirables chez les personnes dont la peau est foncée. Dans les cas graves d'acné kystique, il est préférable de consulter un dermatologue qui prescrira un traitement plutôt que d'employer les médicaments en vente libre. Les antibiotiques, à usage oral ou local, font souvent partie du traitement médical de l'acné.

La trétinoïne (Retin-A$^{MD}$) est efficace pour la prévention et l'élimination des lésions acnéiques mais, comme elle inactive le peroxyde de benzoyle, il faut appliquer les deux substances à différents moments de la journée. Par contre, la trétinoïne et l'acide azélaïque sont des composés synergiques. L'isotrétinoïne (Accutane $^{MD}$) a révolutionné le traitement de l'acné kystique. Administré par voie orale, ce dérivé de la vitamine A inhibe la production de sébum, entraînant ainsi une amélioration remarquable de l'état du patient. L'isotrétinoïne ne devrait cependant pas être utilisée pour le traitement de l'acné superficielle à cause de ses effets secondaires. Notez que l'isotrétinoïne a des propriétés *tératogènes* – c'est-à-dire qu'elle risque de causer des anomalies du fœtus –, même si une femme enceinte n'en prend que pendant quelques jours.

## Les viroses de la peau

### Objectifs d'apprentissage

- *Décrire l'épidémiologie des viroses suivantes, et notamment le pouvoir pathogène des agents en cause, leurs réservoirs, leurs modes de transmission, leurs portes d'entrée ainsi que les facteurs prédisposants de l'hôte réceptif : verrues, varicelle, herpès des gladiateurs, rougeole, rubéole.*
- *Relier le zona et les boutons de fièvre aux mécanismes physiopathologiques qui conduisent à la récurrence de ces maladies.*
- *Relier des viroses cutanées à des moyens de prévention, à une thérapeutique et à des épreuves de diagnostic (s'il y a lieu).*

Plusieurs viroses (maladies virales), de nature généralisée et transmissibles par les voies respiratoires ou autres, sont apparentes surtout par leurs effets sur la peau.

### Les verrues

Les **verrues,** aussi appelées condylomes ou encore papillomes, sont des excroissances de la peau, le plus souvent bénignes, causées par des virus. On sait depuis longtemps que les verrues sont transmissibles par contact interhumain, sexuel ou autre, mais ce n'est qu'en 1949 qu'on a isolé des virus à partir de tissus verruqueux. On connaît actuellement plus de 50 types de papillomavirus humains qui provoquent la formation de divers genres de verrues, dont l'apparence est très variable. Les verrues communes et les verrues plantaires en sont des exemples.

Le papillomavirus s'introduit par une éraflure ou une petite coupure à la surface de la peau. Fixé dans l'épiderme, il entraîne une prolifération anormale des cellules qui se manifeste par une petite excroissance ; toutefois, la verrue elle-même n'apparaît qu'après une période d'incubation de plusieurs semaines suivant l'infection. Dans certains cas, les virus restent latents pendant des années et ont tendance à produire des verrues en périodes de stress et de fatigue.

La transmission peut se faire par contact direct avec les verrues. Les personnes dont la peau est sèche, fendillée ou eczémateuse sont les plus susceptibles à l'infection. Le fait de marcher pieds nus dans des endroits publics, tels les piscines, les douches et les centres sportifs, favorise la transmission des verrues plantaires dont les virus persistent dans l'environnement. Les petites excoriations ou les microfissures de la peau de la plante des pieds constituent les portes d'entrée du virus.

Les verrues disparaissent souvent spontanément et le besoin de les traiter est plutôt esthétique, sauf en ce qui concerne les verrues plantaires. Parmi les traitements les plus courants, on compte l'application d'azote liquide à très basse température (cryothérapie), le dessèchement au moyen d'un courant électrique (électrocoagulation) et la destruction à l'aide d'un acide. L'application locale de médicaments d'ordonnance, tels que le podofilox, est souvent efficace. Dans le cas des verrues résistantes à tout traitement, on utilise des injections d'interféron ou le laser. Cependant, l'emploi du laser sur des verrues produit un aérosol chargé de virus, de sorte que des médecins qui ont appliqué ce traitement ont eux-mêmes contracté des verrues, en particulier dans les narines.

L'incidence des verrues génitales, dont il sera question au chapitre 26, a atteint des proportions épidémiques. Bien que ces verrues ne soient pas cancéreuses, certains cancers de la peau et du col de l'utérus sont associés aux virus du genre *Papillomavirus.*

### La variole

On estime qu'au Moyen Âge environ 80 % des Européens contractaient la **variole** à un moment ou à un autre de leur vie, et ceux qui survivaient à la maladie portaient des cicatrices défigurantes. La variole, introduite en Amérique par les colons européens, a été encore plus dévastatrice pour les autochtones, qui n'y avaient jamais été exposés et étaient donc peu résistants.

La variole est causée par un virus du genre *Poxvirus* appelé virus de la variole. Il existe deux formes principales de la maladie : la **variole majeure** et la **variole mineure,** dont les taux de mortalité sont respectivement d'au moins 20 % et de moins de 1 %. (La seconde forme a fait son apparition autour de 1900.)

Transmis initialement par les voies respiratoires, le virus infecte plusieurs organes internes avant que sa pénétration dans la circulation sanguine ne provoque l'infection de la peau et d'autres signes et symptômes facilement reconnaissables. La réplication du virus dans les cellules des couches de l'épiderme entraîne la formation de lésions (figure 21.9).

La variole est la première maladie contre laquelle on a élaboré un vaccin (chapitres 1 et 18) et la première à avoir été éradiquée à l'échelle mondiale. On estime que le dernier cas naturel de variole a été celui d'un Somalien qui s'est rétabli de la variole mineure en 1977. L'éradication de la maladie a été possible parce qu'on a mis au point un vaccin efficace et qu'il n'existe pas de réservoir animal. Les efforts

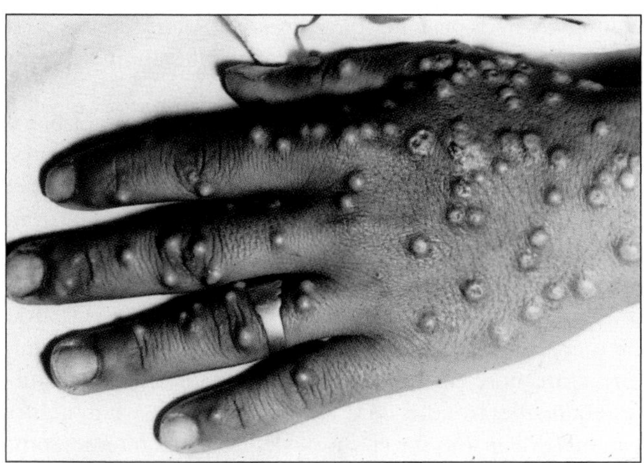

**FIGURE 21.9 Lésions varioliques.** Dans des cas graves, les lésions sont presque confluentes.

■ La variole a été éradiquée en 1977.

de vaccination à l'échelle planétaire ont été coordonnés par l'Organisation mondiale de la santé (OMS).

Depuis un certain nombre d'années, les sources les plus probables de la variole sont les stocks de virus conservés dans des laboratoires. Le risque n'est pas purement théorique : il y a eu plusieurs cas d'infections reliés à des expériences de laboratoire, dont l'un a été fatal. À l'heure actuelle, il n'existe plus que deux sites d'entreposage connus du virus, l'un aux États-Unis et l'autre en Russie. Une date pour la destruction de tous les stocks avait été choisie, mais l'échéance a été repoussée.

## La varicelle et le zona

La **varicelle,** communément appelée *picote,* est une maladie infantile relativement bénigne répandue dans le monde entier, et en particulier dans les grandes villes à population dense. L'humain est le seul réservoir. La varicelle est une maladie très contagieuse ; de 90 à 95 % de la population nord-américaine possède des anticorps spécifiques avant l'âge de 15 ans. Le taux de mortalité de la varicelle est très faible : on rapporte chaque année environ 100 décès dus à la maladie, généralement à la suite de complications telles que l'encéphalite et la pneumonie virales. Étant donné que la varicelle est habituellement d'autant plus grave que la personne atteinte est âgée, près de la moitié des personnes qui en meurent sont des adultes.

La varicelle (figure 21.10a) résulte d'une infection initiale causée par un virus appelé herpèsvirus humain type 3 (HHV-3) ou *Varicellovirus* – et, plus couramment, virus de la varicelle et du zona (chapitre 13).

Le mécanisme physiopathologique qui conduit à l'apparition des vésicules de la varicelle est le suivant. Le virus s'introduit dans le système respiratoire, puis dans le sang circulant (virémie), et l'infection s'installe dans les cellules de la peau 2 à 3 semaines plus tard (période d'incubation). Apparaissent alors une fièvre légère, des maux de tête, des écoulements de nez et un malaise général. La multiplication des virus dans les cellules de la peau et leur lyse entraînent l'apparition d'éruptions, d'abord maculaires puis vésiculaires, souvent accompagnées de prurit. Elles durent de 3 à 4 jours, pendant lesquels les vésicules se remplissent de fluide, se rompent et forment des croûtes avant de disparaître. Les lésions résident majoritairement sur le visage, la gorge et le bas du dos, mais elles peuvent s'étendre au thorax et aux épaules, notamment sur des zones de peau irritée. Elles apparaissent par vagues mais disparaissent généralement au bout de 2 semaines. Le fluide présent dans les lésions cutanées contient les virus ; une fois qu'elles sont devenues sèches et se sont recouvertes d'une croûte, les lésions ne sont plus contagieuses. La transmission se fait donc par contact direct avec la peau infectée et par inhalation de gouttelettes ayant touché les lésions. La contagion est possible de 1 à 2 jours avant le début de l'éruption et jusqu'à 5 jours après. Malgré le danger de la contagion, on ne préconise pas de tenir à l'écart d'un enfant malade des enfants en bonne santé puisqu'il est préférable de contracter la maladie en bas âge. Cependant, les enfants immunodéprimés doivent être tenus éloignés et, dans certains cas, recevoir des immunoglobulines spécifiques.

La varicelle est peu fréquente chez les adultes parce qu'elle a une forte incidence chez les enfants et qu'elle confère une immunité durable à la plupart des jeunes victimes. Cependant, elle est beaucoup plus grave chez les adultes, et le taux de mortalité est relativement élevé dans ce groupe. Les sujets immunodéprimés y sont particulièrement vulnérables ; des complications neurologiques peuvent apparaître. La varicelle provoque de graves anomalies fœtales dans environ 2 % des cas où la mère contracte la maladie au début de la grossesse.

Le **syndrome de Reye** est une complication grave, mais inhabituelle, de la varicelle, de la grippe et de diverses autres viroses. Quelques jours après la disparition de l'infection initiale, le patient est pris de vomissements incoercibles et il présente des signes de dysfonctionnement cérébral, tels qu'une léthargie marquée ou de l'agitation. Le coma et la mort peuvent s'ensuivre. Le taux de mortalité, qui a déjà été de près de 90 % des cas déclarés, a chuté avec l'amélioration des soins ; il est actuellement d'au plus 30 % dans les cas où la maladie est diagnostiquée et traitée relativement tôt. Les survivants, surtout s'ils sont très jeunes, peuvent souffrir de séquelles neurologiques. Le syndrome de Reye touche presque exclusivement les enfants et les adolescents. L'emploi de l'aspirine (acide salicylique) pour réduire la fièvre durant la varicelle ou la grippe accroît les risques de survenue du syndrome de Reye.

À l'instar de tous les herpèsvirus, le virus de la varicelle et du zona est capable de rester latent au sein de l'organisme. Après une primo-infection, il pénètre dans les nerfs périphériques et se rend dans un ganglion spinal (soit un groupe de cellules nerveuses sensitives situé en dehors du système nerveux central), où il demeure latent sous la forme d'ADN viral (figure 21.10a). Les anticorps humoraux ne peuvent pas pénétrer dans la cellule nerveuse infectée et, comme elle ne porte aucun antigène viral à sa surface, les lymphocytes T cytotoxiques ne sont pas activés. Par conséquent, aucune des deux branches du système immunitaire spécifique n'entre en lutte contre le virus latent.

À l'état de latence, le virus de la varicelle et du zona peut être réactivé ultérieurement, parfois des dizaines d'années plus tard. Le déclencheur peut être le stress ou simplement l'affaiblissement des défenses immunitaires dû au vieillissement. Les virions produits par l'ADN réactivé se déplacent le long des nerfs périphériques, jusqu'aux nerfs sensitifs de la peau, où ils causent une nouvelle manifestation du virus sous la forme de **zona** (figure 21.10b).

Le zona provoque l'apparition de vésicules semblables à celles de la varicelle, mais situées dans des régions différentes. Les vésicules sont le plus souvent regroupées en bouquet et distribuées au niveau de la taille, mais on observe aussi un zona facial et des infections du haut du thorax et du dos. En fait, la localisation de l'infection correspond à celle des nerfs sensitifs de la peau qui sont touchés, et chaque manifestation de la maladie est généralement unilatérale. Il arrive parfois que l'infection des nerfs laisse des séquelles qui se manifestent par des troubles de la vue ou même une paralysie. Les patients disent souvent éprouver des douleurs intenses semblables à des brûlures.

Le zona est une autre expression du virus responsable de la varicelle ; le virus s'exprime différemment parce que, ayant déjà eu la varicelle, la victime est en partie immunisée. Après avoir été exposés au zona, des enfants qui n'avaient jamais eu la varicelle ont contracté cette maladie. Le zona atteint rarement les personnes de moins de 20 ans, et l'incidence est nettement plus élevée chez les adultes d'un certain âge.

FIGURE 21.10 **La varicelle et le zona sont attribuables à *Varicellovirus*. a)** L'infection initiale par le virus, habituellement durant l'enfance, cause la varicelle, qui est caractérisée par la formation de lésions vésiculaires (illustrées par la photo). Le virus monte ensuite dans un ganglion spinal, situé près de la moelle épinière, où il reste indéfiniment à l'état de latence. **b)** Par la suite, en général à l'âge adulte, l'affaiblissement du système immunitaire ou le stress peuvent déclencher la réactivation du virus, qui provoque alors le zona. Dans le cas illustré par la photo, les lésions groupées en bouquets caractéristiques sont localisées sur le dos du patient.

- Les virus responsables de maladies de la peau restent parfois à l'état de latence dans le système nerveux, et peuvent se manifester plus tard sous une autre forme.

**a)** Infection initiale : varicelle

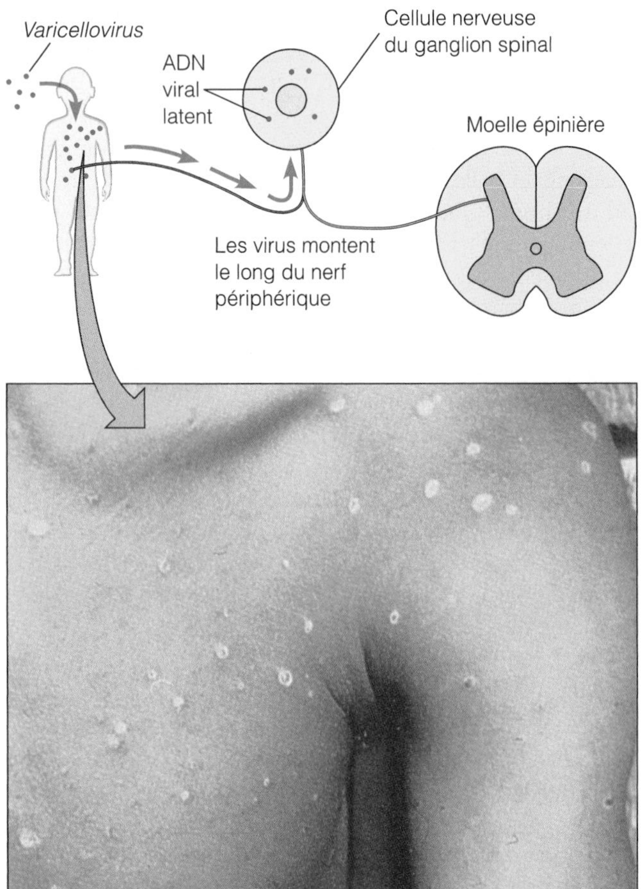


**b)** Récurrence de l'infection : zona

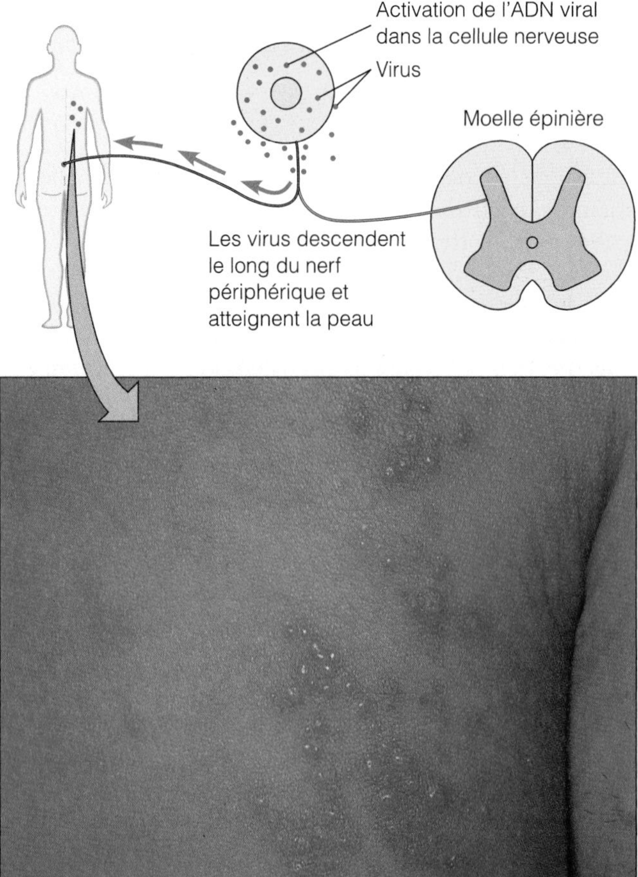

Chez les patients immunodéprimés, les infections dues au virus de la varicelle et du zona constituent un grave danger ; de nombreux organes sont touchés et le taux de mortalité est d'environ 17 %. Dans de tels cas, un médicament antiviral, l'acyclovir s'est révélé efficace.

En 1998, au Canada, un vaccin contre la varicelle a été mis sur le marché ; selon des études effectuées par Santé Canada, il fournirait une bonne protection sur une période de sept ans environ. En attendant des études complémentaires sur son efficacité, ce vaccin n'est pas encore recommandé à tous les enfants.

## L'herpès

Les virus de l'herpès se divisent en deux groupes bien distincts : l'*Herpes simplex virus* type 1 (HSV-1) et l'*Herpes simplex virus* type 2 (HSV-2). Le premier se transmet principalement par voie orale ou respiratoire, et l'infection se produit de coutume durant l'enfance, de façon presque inévitable. Des enquêtes sérologiques ont montré qu'environ 80 % de la population française et 90 % de la population nord-américaine sont infectées. La primo-infection est souvent inapparente, mais dans de nombreux cas on observe des lésions, appelées **boutons de fièvre** ou encore *feux sauvages* (figure 21.11), habituellement localisées sur la muqueuse buccale. Au niveau de la lésion, les virus se multiplient dans les cellules épithéliales ; après leur libération, ils migrent vers le ganglion sensitif du nerf trijumeau dont le trajet part du visage vers le système nerveux central. Les lésions guérissent lorsque l'infection cesse ; toutefois, le virus de l'herpès reste généralement à l'état de latence dans le ganglion (figure 21.12). Les récurrences sont déclenchées notamment par l'exposition aux rayonnements ultraviolets solaires, par un état fébrile, et par un stress émotionnel ou par un changement hormonal accompagnant les menstruations ; la fréquence de ces récurrences est plus forte si l'immunité est affaiblie. À la différence du zona, l'herpès simplex récidive souvent au même endroit. La kératite herpétique est une complication grave des infections dues au virus de l'herpès, dans laquelle la cornée de l'œil est infectée. Nous reviendrons sur cette maladie plus loin dans le chapitre.

L'infection à HSV-1 peut aussi se transmettre au cours de la pratique de sports de combat tels que le judo ou la lutte, d'où l'appellation imagée d'**herpès des gladiateurs.** L'incidence de ce type d'infection atteindrait 3 % chez les lutteurs – particulièrement les lutteurs *lourds*. Lors de la primo-infection, les lésions se localisent fréquemment au cou, à la tête, au tronc et aux extrémités et, quelquefois, aux yeux. L'infection se transmet par contact cutané direct ; les frottements violents de la peau sur la surface des tapis altèrent l'intégrité de la peau, ce qui contribue à la pénétration et à la diffusion du virus. La contamination demeure fréquente malgré la désinfection des tapis, entre autres parce que les sujets infectés continuent à lutter.

Un virus étroitement apparenté, soit l'*Herpes simplex virus* type 2 (HSV-2), se transmet principalement par contact sexuel. Il est la cause habituelle de l'*herpès génital* (chapitre 26). Le HSV-2 se distingue du HSV-1 par sa composition antigénique et par ses effets sur les cellules d'une culture tissulaire.

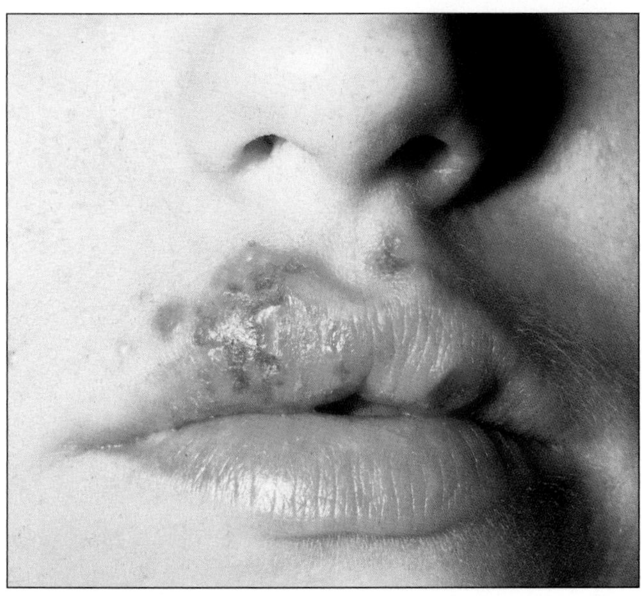

**FIGURE 21.11 Boutons de fièvre causés par le virus *Herpes simplex*.**

■ Pourquoi les boutons de fièvre sont-ils récurrents et pourquoi apparaissent-ils toujours au même endroit ?

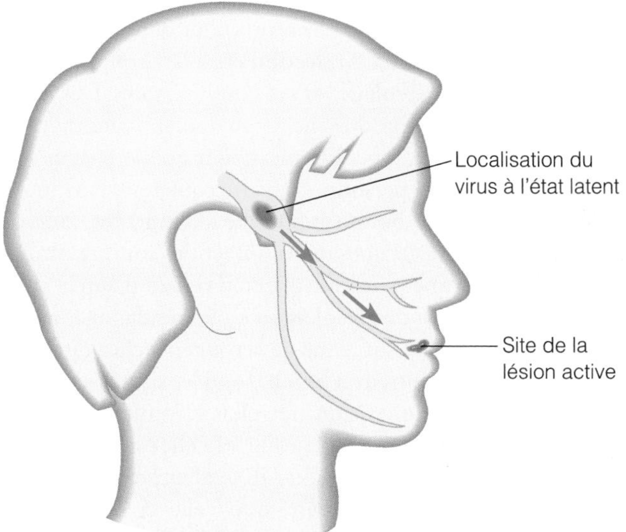


**FIGURE 21.12 Localisation de l'*Herpesvirus* type 1 dans le ganglion du nerf trijumeau.**

■ Quels sont les facteurs qui déclenchent la récurrence des boutons de fièvre ?

De plus, contrairement au HSV-1, à l'état de latence il est localisé dans le ganglion sensitif du nerf sacré, situé près de la base de la colonne vertébrale.

Il arrive rarement que l'un ou l'autre type de l'herpès simplex virus atteigne l'encéphale et cause ainsi une méningite ou une encéphalite herpétique. L'administration rapide d'acyclovir peut guérir ce genre d'encéphalite mais des séquelles neurologiques graves sont à craindre.

## La rougeole

La **rougeole** est une maladie virale extrêmement contagieuse qui sévit à longueur d'année dans le monde entier. Elle se transmet par les voies respiratoires ou par contact direct avec les sécrétions du nez ou de la gorge, rarement par contact direct avec des objets contaminés. Étant donné qu'une personne atteinte de rougeole est contagieuse avant l'apparition des premiers symptômes, la mise en quarantaine n'est pas une mesure de prévention efficace.

Les humains sont l'unique réservoir du virus de la rougeole. En théorie, il devrait donc être possible d'éradiquer cette maladie, comme on l'a fait pour la variole. Avant la mise au point d'un vaccin, le nombre de cas d'enfants infectés dépassait 135 millions par année à l'échelle mondiale; depuis, le nombre de cas a reculé de 99% dans les pays industrialisés. À l'heure actuelle, on enregistre seulement un peu plus de 100 cas par année aux États-Unis; en 1999 au Canada, seuls 28 cas ont été officiellement déclarés. Par contre, dans les pays en voie de développement, la rougeole demeure la cause de décès la plus importante chez les enfants de moins de 5 ans.

Toutefois, des obstacles se dressent contre l'éradication de la rougeole en Amérique du Nord. Ainsi, en dépit des fortes recommandations visant la vaccination de tous les enfants lors de leur admission à l'école, le taux de vaccination est faible dans certains centres-villes densément peuplés, de sorte que le taux d'infection est d'environ 40% chez les enfants d'âge préscolaire de ces communautés. Des éclosions de rougeole se produisent régulièrement dans diverses communautés de ce type. De plus, bien que le vaccin soit efficace à 95%, des personnes qui n'acquièrent pas ou ne conservent pas une bonne immunité contractent tout de même la maladie. Certaines de ces infections sont transmises par contact avec une personne infectée venant d'autres pays.

La vaccination antirougeoleuse a eu un résultat inattendu. On assiste en effet à la survenue de la rougeole chez de nombreux enfants de moins de 1 an, chez qui les risques de complications neurologiques sont très élevés. Avant la mise sur le marché du vaccin, les cas de rougeole chez les enfants de cette classe d'âge étaient rares, car ils étaient protégés par les anticorps transmis par la mère, que celle-ci avait acquis (immunité active et naturelle) en se rétablissant de la maladie. Comme elles sont maintenant vaccinées, les mères transfèrent à leur bébé des anticorps produits par la réaction à la vaccination. Or, ces anticorps ne confèrent pas une protection aussi efficace que ceux produits par la réaction naturelle à la maladie. De plus, le vaccin n'étant pas efficace si on l'administre à un enfant en très bas âge, la première vaccination n'a pas lieu avant l'âge de 1 an. Pour ces raisons, les bébés de moins de 1 an sont particulièrement vulnérables durant cette période.

L'évolution de la rougeole ressemble à celle de la variole et de la varicelle. L'infection commence dans les voies respiratoires supérieures. Après une période d'incubation de 10 à 12 jours, on note l'apparition de signes et symptômes semblables à ceux du rhume – tels que fièvre, mal de gorge, toux, écoulement de nez, rougeur des yeux – et celle de lésions sur la muqueuse buccale, à la hauteur des molaires, appelées *taches de Köplik* (petites taches rouges dont le centre ressemble à un grain de sable blanc). La présence de ces taches est un signe caractéristique de la maladie, utilisé pour le diagnostic. Dans un deuxième temps, on observe une éruption cutanée maculaire («rash»), qui atteint d'abord la face, puis s'étend au tronc et aux membres (figure 21.13).

La rougeole est une maladie très dangereuse, surtout pour les très jeunes enfants et les personnes très âgées. Les complications fréquentes comprennent l'infection de l'oreille moyenne et la pneumonie causée par le virus de la rougeole ou par une surinfection bactérienne. Environ 1 victime de la rougeole sur 1 000 souffre d'encéphalite, et les survivants de cette maladie sont souvent atteints de lésions cérébrales ou

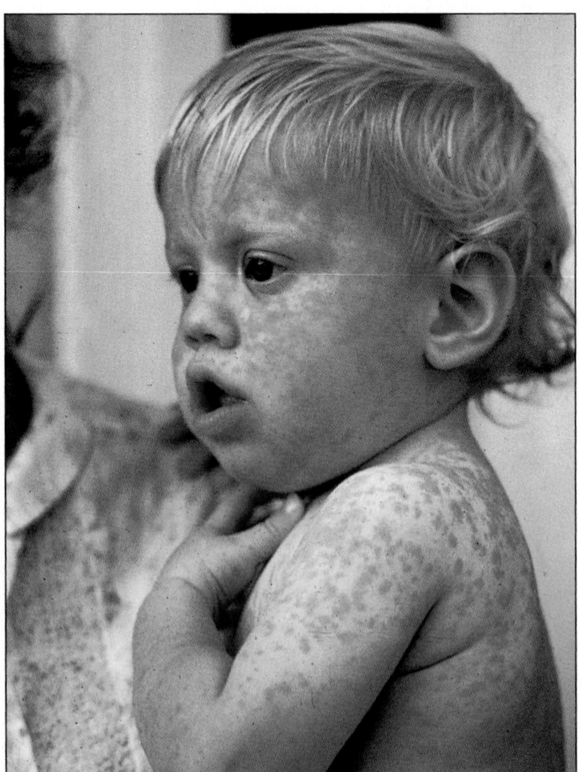

FIGURE 21.13 **Éruption caractéristique de la rougeole, formée de petites taches surélevées.** L'éruption commence généralement sur le visage, puis elle s'étend au tronc et aux membres.

■ Les enfants de moins de 1 an sont-ils aujourd'hui plus à risque de contracter la rougeole?

de surdité. Le taux de mortalité est de 1 sur 3 000, la majorité des victimes étant de très jeunes enfants. La virulence du virus semble ne pas être la même lors de différentes poussées épidémiques. La **panencéphalite sclérosante subaiguë** est une complication rare de la rougeole (environ 1 cas sur 1 million). Elle atteint surtout les sujets mâles et apparaît entre 1 et 10 ans après la guérison de la primo-infection. Des symptômes neurologiques graves mènent à la mort en quelques années (chapitre 13).

## La rubéole

La **rubéole** est une maladie virale contagieuse qui sévit partout dans le monde; elle est beaucoup moins grave que la rougeole et elle passe souvent inaperçue. Les signes et symptômes habituels sont une éruption maculaire, formée de petites taches rouges, et une fièvre légère accompagnée parfois de douleurs articulaires (figure 21.14). Les complications sont rares, en particulier chez les enfants, mais dans 1 cas sur 6 000, surtout chez les adultes, il se produit une encéphalite. La période d'incubation est normalement de 2 à 3 semaines, et la contagion peut se faire dès avant l'apparition des symptômes et jusqu'à 4 jours après. La transmission a lieu par les voies respiratoires ou par contact direct avec les sécrétions. Dans les cas cliniques et subcliniques, la guérison, qui survient une semaine après l'apparition des symptômes, semble conférer une bonne immunité.

On ne s'est rendu compte de la gravité de la rubéole qu'en 1941, lorsqu'on a établi un lien entre l'infection de la mère pendant le premier trimestre (3 mois) de la grossesse et des anomalies congénitales sérieuses, appelées **syndrome de la rubéole congénitale.** Si une femme enceinte contracte la rubéole durant cette période, le risque d'anomalies graves est d'environ 35 %, les conséquences incluant la surdité, des cataractes, des malformations cardiaques, la déficience mentale et la mort. Environ 15 % des bébés atteints du syndrome de la rubéole congénitale meurent avant l'âge de 1 an. La dernière épidémie importante de rubéole aux États-Unis remonte aux années 1964-1965. Quelque 20 000 enfants présentant une déficience grave sont nés durant cette période. Au Canada, 30 cas de rubéole congénitale ont été déclarés entre 1986 et 1995, mais seulement 1 cas par année entre 1996 et 1998.

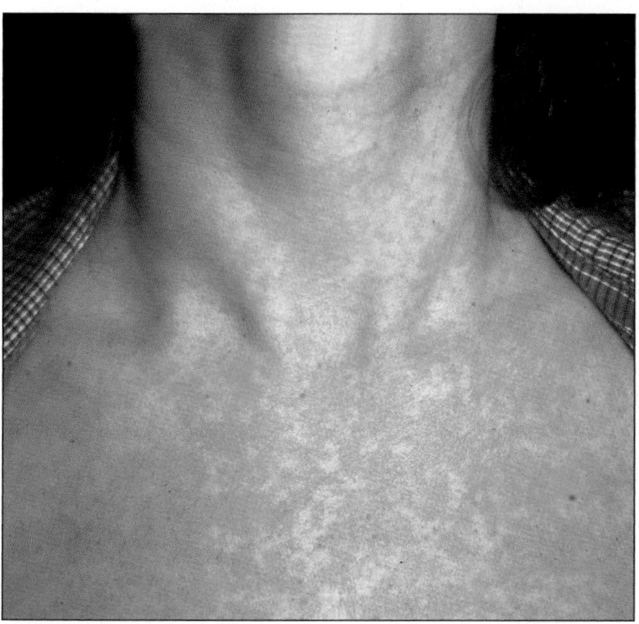

**FIGURE 21.14 Éruption caractéristique de la rubéole.** Les taches ne sont pas surélevées, comme dans le cas de la rougeole.

■ Qu'est-ce que la rubéole congénitale?

Il est donc essentiel de savoir si une femme en âge de procréation est immunisée contre la rubéole. Il existe sur le marché plusieurs tests de laboratoire permettant de doser les anticorps sériques. Ce genre d'épreuve est indispensable pour poser un diagnostic précis de l'état immunitaire, car la vérification des antécédents médicaux n'est pas fiable.

Un vaccin antirubéoleux a été mis sur le marché en 1969 et, en 1979, il a été remplacé par une variante plus efficace, ayant moins d'effets secondaires. Des études indiquent que plus de 90 % des individus vaccinés sont protégés pendant au moins 15 ans. Grâce aux mesures de prévention dont il vient d'être question, on enregistre maintenant moins de 10 cas de rubéole congénitale par année.

On ne recommande pas la vaccination des femmes enceintes. Cependant, l'étude de centaines de cas de femmes vaccinées au cours des trois mois précédant ou suivant la date estimée de la conception n'a mis en évidence aucun cas de malformation due au syndrome de la rubéole congénitale. Les personnes dont le système immunitaire est déficient ne devraient recevoir aucun vaccin atténué.

## Autres éruptions cutanées virales

**Cinquième maladie (ou érythème infectieux)** Les parents sont habituellement déconcertés lorsqu'on leur dit que leur jeune enfant est atteint de la cinquième maladie, dont ils n'ont jamais entendu parler. Le nom vient d'une liste des maladies exanthématiques dressée en 1905 : la rougeole, la scarlatine, la rubéole, la maladie de Filatow-Dukes (une forme bénigne de scarlatine) et la cinquième maladie (de la liste). La **cinquième maladie,** ou **érythème infectieux,** ne produit aucun symptôme chez environ 20 % des personnes infectées. En général, les signes et symptômes ressemblent à ceux d'une légère grippe, à l'exception d'une éruption faciale, ayant l'aspect de « face giflée », qui s'atténue lentement. Chez les adultes qui n'ont pas été atteints d'une infection immunisante durant l'enfance, la maladie peut causer l'anémie ou un épisode d'arthrite. La gravité de la maladie est souvent associée à la possibilité d'une fausse couche.

**Roséole** La **roséole** est une maladie infantile bénigne, très fréquente. L'enfant atteint présente une fièvre élevée pendant quelques jours, puis une éruption sur presque tout le corps durant une journée ou deux. Le rétablissement confère l'immunité. L'agent pathogène est l'herpèsvirus humain type 6 (HHV-6), qui a été découvert en 1988 et est présent dans la salive chez 85 % des adultes.

## Les mycoses de la peau

### Objectifs d'apprentissage

- *Faire la distinction entre mycoses cutanées et mycoses sous-cutanées, et donner un exemple de chaque type de maladie.*
- *Décrire l'épidémiologie des mycoses suivantes, et notamment le pouvoir pathogène des agents en cause, leurs réservoirs, leurs modes de transmission, leurs portes d'entrée ainsi que les facteurs prédisposants de l'hôte réceptif: teigne du cuir chevelu, teigne du pied, sporotrichose.*
- *Nommer l'agent le plus souvent responsable des candidoses et les facteurs prédisposants d'une candidose systémique.*
- *Relier des mycoses cutanées à des moyens de prévention, à une thérapeutique et à des épreuves de diagnostic (s'il y a lieu).*

La peau est particulièrement sensible aux microorganismes qui tolèrent bien une pression osmotique élevée et un faible taux d'humidité. Il n'est donc pas surprenant que les levures et les mycètes soient responsables d'un certain nombre de dermatoses. Toute infection fongique de l'organisme est appelée **mycose.** Une mycose est souvent opportuniste, ce qui suppose que la personne présente un facteur particulier qui favorise l'infection. Par exemple, les mycètes responsables de mycoses cutanées n'ont de prise sur la peau que si cette dernière est altérée.

### Les mycoses cutanées

Les mycètes qui colonisent les cheveux, les ongles et la couche superficielle de l'épiderme (stratum corneum, figure 21.1) sont appelés **dermatophytes ;** ils croissent uniquement sur la kératine de la couche cornée de l'épiderme, présente en ces endroits grâce à la production de kératinase. Les infections dues à ces mycètes sont appelées **dermatomycoses** ou, plus couramment, *teignes.* La **teigne du cuir chevelu,** ou *tinea capitis,* est relativement courante chez les enfants fréquentant l'école élémentaire et elle peut entraîner la chute des cheveux sur les zones atteintes. Cette caractéristique a amené les Romains à adopter l'appellation *tinea,* qui signifie mites, parce que les signes de l'infection évoquent les trous produits par les larves de la mite, notamment dans les tissus de laine. L'infection a tendance à s'étendre de façon concentrique (figure 21.15a), et elle se transmet généralement par contact avec un objet inanimé. Les chiens et les chats sont aussi souvent infectés par les mycètes qui causent la teigne chez les enfants. L'infection touche également d'autres parties du corps humain: on distingue ainsi la **teigne de l'aine,** ou *tinea cruris,* et la **teigne du pied,** aussi appelée **pied d'athlète** ou encore *tinea pedis* (figure 21.15b). Le fort taux d'humidité de ces zones favorise en effet les infections fongiques. L'**onychomycose** (mycose des ongles), ou *tinea unguium,* est fréquente chez les personnes dont les mains ou les pieds restent humides.

Trois genres de mycètes jouent un rôle dans les mycoses cutanées. *Trichophyton* peut infecter les cheveux, la peau et les ongles ; *Microsporum* n'attaque en général que les cheveux et la peau ; enfin, *Epidermophyton* touche seulement la peau et les ongles. Les spores ou conidies produites par des mycètes

**a)** Teigne

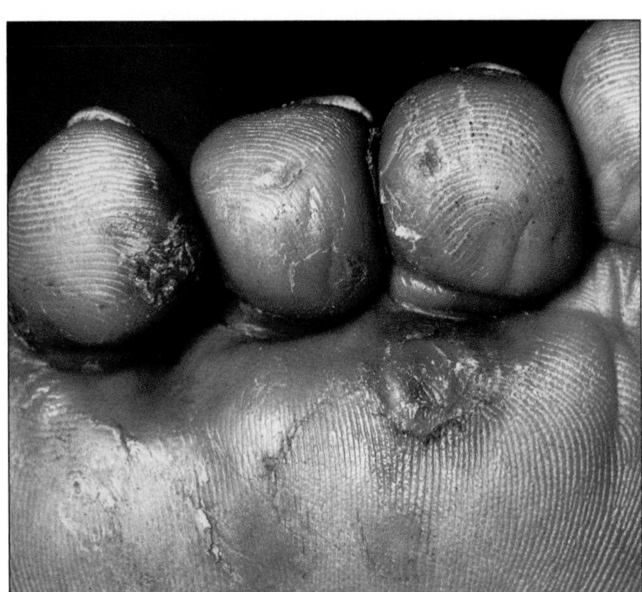

**b)** Pied d'athlète

**FIGURE 21.15 Dermatomycoses.**

- Les dermatophytes sont dotés de la kératinase, une enzyme.

persistent dans l'environnement, par exemple sur les planchers des douches publiques et des piscines, sur des tapis humides et dans des chaussures de course. Les mycoses sont opportunistes, si bien que l'implantation des spores dans la peau n'est favorisée que si cette dernière est altérée. Par conséquent, les personnes dont la peau des pieds est irritée, fissurée et moite, sont plus vulnérables à l'infection. De plus, certains mycètes tels que *Trichophyton* sécrètent des protéases qui modifient la membrane plasmique des cellules de la peau, ce qui permet l'attachement du mycète à la cellule hôte puis sa croissance.

Les médicaments topiques en vente libre pour le traitement des teignes comprennent le miconazole et le clotrimazole. Les traitements topiques ne sont pas très efficaces lorsque les cheveux sont atteints. Par contre, un antibiotique oral, la griséofulvine, s'avère souvent utile dans ces cas d'infections, car il se rend dans les tissus cornés. Si l'infection est exceptionnellement grave, on peut utiliser le kétoconazole par voie orale. Pour traiter l'infection des ongles, les médicaments d'élection sont l'itraconazole et la terbinafine.

La confirmation diagnostique d'une mycose cutanée est apportée par l'examen microscopique du produit de grattage des lésions ou par la mise en culture du prélèvement sur un milieu sélectif, le *Dermatophyte Test Medium.* Si, après quelques jours de croissance, les colonies floconneuses de mycètes rougissent, on considère que la culture est positive pour les dermatophytes.

### Les mycoses sous-cutanées

Les mycoses sous-cutanées sont plus graves que les mycoses cutanées. Même lorsque la peau est rompue, les mycètes cutanés semblent incapables de pénétrer plus loin que la couche cornée, peut-être parce que l'épiderme et le derme ne leur fournissent pas suffisamment de fer pour qu'ils puissent s'y développer.

Les mycoses sous-cutanées sont généralement dues à des mycètes qui résident dans le sol, en particulier dans la végétation en putréfaction, et qui pénètrent dans la peau par une petite blessure donnant accès aux tissus sous-cutanés. Ainsi, la **sporotrichose** est une mycose sous-cutanée provoquée par la croissance du mycète dimorphe *Sporothrix schenckii.* Cette mycose se rencontre typiquement chez les personnes qui manipulent le sol – horticulteurs, jardiniers, fermiers par exemple – et chez les animaux. L'infection produit fréquemment un petit ulcère sur les mains. Dans de nombreux cas, le mycète, sous la forme de levure, pénètre le système lymphatique dans la zone ulcérée et y forme des nodules sous-cutanés le long des vaisseaux lymphatiques. Dans les nodules, on trouve des levures dans le milieu extracellulaire ainsi qu'à l'intérieur des granulocytes neutrophiles et dans les macrophagocytes. La maladie est rarement fatale et l'administration orale d'une solution diluée d'iodure de potassium constitue un traitement efficace.

### Les candidoses

La flore microbienne des muqueuses des voies urogénitales et de la bouche inhibe habituellement la croissance de levures, telles que *Candida albicans,* qui se trouvent normalement dans la flore intestinale (figure 21.16a). Toutefois, des circonstances favorables peuvent déclencher une infection à *C. albicans.* Plusieurs autres espèces de *Candida,* notamment *C. tropicalis* et *C. krusei,* peuvent jouer un rôle dans les candidoses. Les infections à *Candida* sont le plus souvent d'origine endogène.

Étant donné que les médicaments antibactériens n'ont aucun effet sur les mycètes, ceux-ci prolifèrent sur les tissus des muqueuses lorsque l'ingestion d'antibiotiques à large spectre supprime la flore bactérienne normale. La variation du pH normal des muqueuses risque de produire le même effet. Une telle prolifération de *C. albicans* est appelée **candidose.** Les nouveau-nés, dont la flore normale n'est pas encore développée, présentent souvent un exsudat blanc crémeux, appelé communément **muguet** (figure 21.16b), sur la muqueuse buccale. Le muguet est favorisé lorsque les conditions chimiques qui prévalent dans la salive et la muqueuse sont perturbées, en particulier lorsqu'un pH moins acide contribue à la croissance des levures plutôt qu'à celle des bactéries. *C. albicans* est aussi une cause fréquente de vaginite (chapitre 26). Comme nous l'avons vu au chapitre 15, *C. albicans* sécrète des protéases qui modifient la membrane plasmique des cellules hôtes, ce qui permet la fixation de la levure à la cellule hôte puis sa croissance.

Les individus immunodéprimés ou ceux qui présentent une neutropénie, et notamment les patients atteints du SIDA, sont particulièrement prédisposés aux infections à *Candida* de la peau et des muqueuses. Chez les sujets obèses ou diabétiques, les régions de la peau typiquement humides constituent les sièges d'élection des infections à *Candida.* Les zones cutanées infectées sont d'un rouge brillant et elles sont entourées de lésions. Les candidoses œsophagiennes sont fréquentes chez les sidéens; les candidoses urinaires touchent souvent les personnes chez qui on a installé une sonde à demeure. Le traitement habituel des infections à *C. albicans* de la peau ou des muqueuses consiste en l'application locale de micozanole, de clotrimazole ou de nystatine. Dans le cas d'une candidose systémique, qui se produit notamment chez les individus immunodéprimés, la maladie peut être fulgurante (c'est-à-dire apparaître brusquement sous une forme grave) et fatale. L'administration de kétoconazole par voie orale ou d'amphotéricine par voie veineuse sont les traitements habituels pour la candidose systémique.

## Les parasitoses de la peau

#### Objectifs d'apprentissage

- *Décrire l'épidémiologie des parasitoses suivantes, et notamment le pouvoir pathogène des agents en cause, leurs réservoirs, leurs modes de transmission, leurs portes d'entrée ainsi que les facteurs prédisposants de l'hôte réceptif: gale et pédiculose du cuir chevelu.*
- *Relier certaines parasitoses à des moyens de prévention, à une thérapeutique et à des épreuves de diagnostic (s'il y a lieu).*

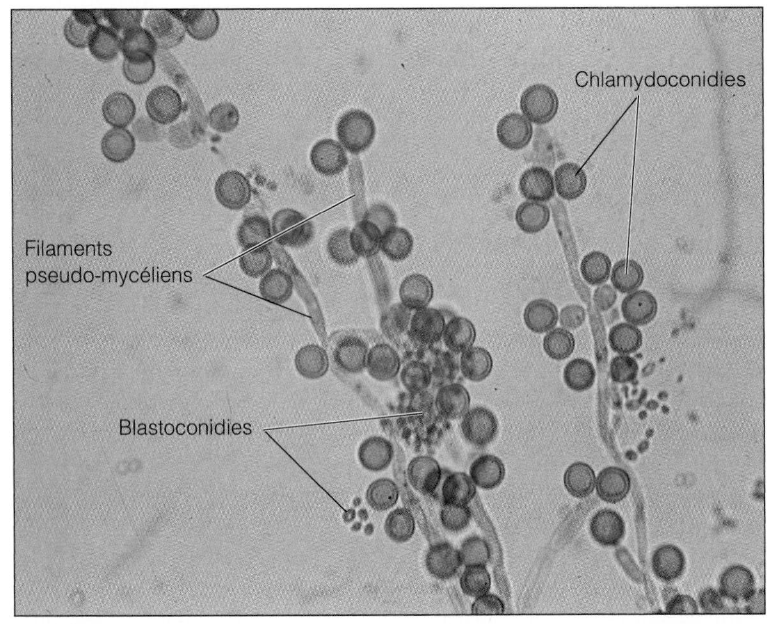


a) *Candida albicans*

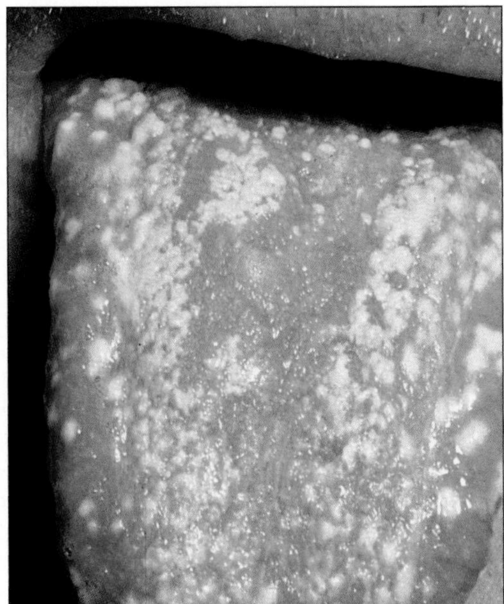

b) Candidose buccale ou muguet

**FIGURE 21.16 Candidoses. a)** *Candida albicans.* Notez les chlamydoconidies sphériques (spores asexuées formées à partir de cellules fongiques) et les blastoconidies (spores asexuées produites par bourgeonnement), plus petites (chapitre 12). Les filaments pseudo-mycéliens (longues cellules ressemblant à des hyphes) sont résistants à la phagocytose et peuvent donc contribuer à la pathogénicité du mycète. **b)** Dans le cas de candidose buccale (ou muguet) illustré, la langue est recouverte d'une couche épaisse d'un blanc crémeux.

■ Quel mycète est responsable des infections à levure chez les humains ?

Des organismes parasites, tels que certains protozoaires, helminthes et arthropodes microscopiques, peuvent infester la peau et causer des maladies. Nous nous limitons à la description de deux exemples d'infestations communes par des arthropodes ectoparasites : la gale et la pédiculose du cuir chevelu.

## La gale

La **gale,** qui a d'abord été décrite par un médecin italien en 1687, est probablement la première affection à propos de laquelle on a prouvé le lien entre un organisme microscopique et une maladie humaine. Elle cause une intense démangeaison locale et est provoquée par le minuscule acarien *Sarcoptes scabei,* dont la femelle creuse des sillons dans l'épiderme de la peau pour y déposer ses œufs (figure 21.17) ; il semble que les substances sécrétées par le parasite dans les sillons entraînent les sensations de prurit caractéristiques. Les sillons ont fréquemment l'aspect de lignes ondulantes d'à peu près 1 mm de largeur. L'acarien vit environ 2 mois et pond une vingtaine d'œufs ; le développement de l'œuf jusqu'au stade adulte prend 17 jours, et les signes et symptômes apparaissent 3 semaines après la contamination.

La gale se transmet par contact direct, sexuel ou non, et par des objets contaminés tels que les vêtements. Il arrive fréquemment que les membres d'une même famille, les pensionnaires d'une maison de repos ou les adolescents qui gardent de jeunes enfants soient atteints. Les membres des services ambulanciers et hospitaliers qui s'occupent de personnes infestées sont également sujets à la contamination. La

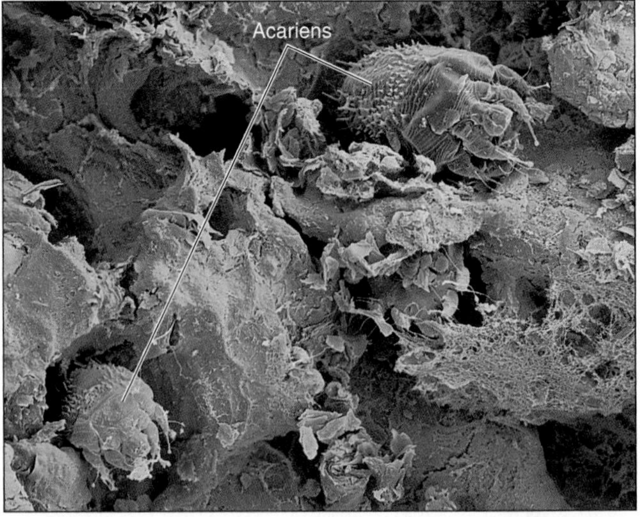


**FIGURE 21.17 Acariens responsables de la gale colonisant la peau.**

gale sévit partout dans le monde, mais sa fréquence augmente en présence de conditions d'hygiène inadéquates.

Le traitement recommandé consiste à appliquer localement une solution de perméthrine ou une solution de gamma benzène hexachlorure, un insecticide et ovocide (Kwellada[MD]). L'administration par voie orale d'ivermectine, un médicament contre les helminthes, est efficace dans les cas résistants.

### La pédiculose du cuir chevelu

L'infestation par des poux, appelée **pédiculose du cuir chevelu,** est due à l'espèce d'insecte *Pediculus humanus capitis,* couramment appelé pou de la tête. Cette infestation commune survient chaque année en milieu scolaire, surtout dans les quelques semaines qui suivent la rentrée à l'école ou à la garderie. Le dépistage et le traitement doivent viser aussi bien les enfants que le personnel et les parents. Les poux déposent leurs œufs, appelés *lentes,* sur le cheveu, près de la racine, en particulier à l'arrière de la tête et derrière les oreilles où chaleur et humidité constituent des conditions favorables à leur prolifération. Les lentes viables sont transparentes, luisantes et bombées ; les poux adultes provoquent une démangeaison. La transmission se fait d'un individu à l'autre, par contact de cheveux infestés avec d'autres cheveux. Au Canada, la recrudescence de la pédiculose – qui toucherait près de 20 000 enfants à l'école primaire tant au Québec qu'en Ontario – a incité les Centres de santé communautaire à mettre en place un protocole de mesures préventives pour lutter contre cette affection. Le traitement est le même que pour la gale.

# Les maladies infectieuses de l'œil

De nombreux microbes peuvent infecter l'œil, notamment par l'intermédiaire de la *conjonctive,* cette muqueuse qui tapisse les paupières et recouvre la face externe du globe oculaire. La conjonctive est une couche de cellules épithéliales transparentes qui recouvrent l'œil et lui tiennent lieu de peau.

## L'inflammation de la muqueuse de l'œil : la conjonctivite

**Objectifs d'apprentissage**

- *Définir la conjonctivite.*
- *Nommer les agents responsables et le mode de transmission des infections de l'œil suivantes : ophtalmie gonococcique du nouveau-né, conjonctivite à inclusions et trachome.*

La **conjonctivite** est une inflammation de la conjonctive. Ce terme s'applique à un large éventail de maladies causées par divers agents pathogènes bactériens et viraux ou par des protozoaires.

La popularité des lentilles cornéennes est liée à l'incidence accrue des infections de l'œil, et c'est particulièrement vrai pour les lentilles souples, que beaucoup de gens portent pendant de longues périodes. L'espèce *Pseudomonas,* qui fait partie des agents pathogènes bactériens responsables de la conjonctivite, peut causer de graves affections oculaires. Pour prévenir les infections, les utilisateurs de lentilles ne devraient jamais employer de solutions salines maison, qui sont une source courante d'infection, et ils devraient suivre minutieusement les directives du manufacturier relatives au nettoyage et à la désinfection des lentilles. La méthode de désinfection la plus efficace consiste en l'application de chaleur ; on peut désinfecter les lentilles ne résistant pas à la chaleur à l'aide de peroxyde d'hydrogène, que l'on neutralise ensuite.

## Les bactérioses de l'œil

Les microorganismes bactériens le plus fréquemment associés avec l'œil proviennent en général de la peau ou des voies respiratoires supérieures.

### L'ophtalmie gonococcique du nouveau-né

L'**ophtalmie gonococcique du nouveau-né** est une forme grave de conjonctivite provoquée par *Neisseria gonorrhoeæ* (agent causal de la blennorragie). Il se forme de grandes quantités de pus et, si l'infection n'est pas traitée immédiatement, il en résulte habituellement une ulcération de la cornée. Le nouveau-né contracte la maladie au moment de sa naissance par voie naturelle, et le risque que l'infection cause la cécité est élevé. Au début du XXe siècle, on a voté une loi prescrivant l'application d'une solution de nitrate d'argent à 1 % sur les yeux de tous les nouveau-nés, et ce traitement s'est avéré très efficace contre l'ophtalmie gonococcique. Entre 1906 et 1959, le pourcentage des admissions dans les écoles pour aveugles attribuables à cette maladie est passé de 24 % à seulement 0,3 %. Depuis, on a remplacé presque complètement le nitrate d'argent par des antibiotiques parce que les infections gonococciques s'accompagnent souvent d'infections à *Chlamydia* sexuellement transmissibles, et le nitrate d'argent n'est pas efficace contre les chlamydies. Dans les régions du monde où le coût des antibiotiques est trop élevé, l'application d'une solution de povidone-iode constitue un traitement efficace.

### La conjonctivite à inclusions

La conjonctivite à *Chlamydia,* ou **conjonctivite à inclusions,** est très courante de nos jours. Elle est due à *Chlamydia trachomatis,* une bactérie qui se développe uniquement sous la forme d'un parasite intracellulaire obligatoire. Chez les nouveau-nés, qui la contractent au cours de leur passage dans le canal vaginal, la maladie est en général spontanément résolutive en quelques semaines ou quelques mois, mais, dans des cas rares, elle laisse une cicatrice sur la cornée, comme dans le trachome (dont il est question plus loin). La conjonctivite à *Chlamydia* semble également se transmettre par l'intermédiaire de l'eau non chlorée des piscines ; dans ce cas, on parle de conjonctivite des piscines. L'application d'une pommade ophtalmique à la tétracycline constitue un traitement efficace.

### Le trachome

Le **trachome** est une infection grave provoquée par *Chlamydia trachomatis.* C'est la première cause de cécité d'origine infectieuse dans le monde à l'heure actuelle. Dans les régions arides d'Afrique et d'Asie, presque tous les enfants en bas âge contractent la maladie. À l'échelle mondiale, il y a probablement 500 millions de cas évolutifs et 7 millions de victimes aveugles. Il existe des cas sporadiques de trachome dans le Sud-Ouest des États-Unis, surtout chez les autochtones. La maladie se transmet fréquemment par le contact des mains ou par l'usage commun d'objets de toilette, tels que les essuie-mains. Les mouches peuvent également être porteuses de la chlamydie.

Le trachome est une forme de conjonctivite qui finit par laisser des cicatrices permanentes. La cécité résulte de l'abrasion mécanique de la cornée, sur une longue période, par ces cicatrices et par les cils recourbés vers l'intérieur (figure 21.18). Une chirurgie simple permet d'éviter que les cils ne frottent sur les yeux. Les surinfections bactériennes contribuent aussi à l'apparition de la cécité. Les pommades antibiotiques, en particulier la tétracycline, constituent généralement un traitement efficace. Le rétablissement confère une immunité partielle. On peut lutter contre la maladie en adoptant des mesures d'hygiène et par l'éducation en matière de santé.

## Autres maladies infectieuses de l'œil

### Objectif d'apprentissage

- *Définir la kératite.*
- *Nommer l'agent responsable et le mode de transmission des infections de l'œil suivantes : la kératite herpétique et la kératite à* Acanthamœba.

Des virus et des protozoaires peuvent aussi causer des maladies de l'œil. Celles dont il est question ici sont caractérisées par une inflammation de la cornée, appelée *kératite.*

### La kératite herpétique

La **kératite herpétique** est due, comme les boutons de fièvre, à l'*Herpes simplex virus* type 1 (HSV-1), qui reste à l'état de latence dans les nerfs trijumeaux (figure 21.12). Cette maladie est une infection de la cornée, qui produit souvent une ulcération profonde susceptible d'entraîner la cécité. La trifluridine est un traitement efficace dans de nombreux cas.

### La kératite à *Acanthamœba*

Le premier cas de **kératite à *Acanthamœba*** a été observé chez un grand éleveur texan, en 1973. Depuis, plus de 100 cas ont été diagnostiqués aux États-Unis. L'amibe responsable est présente dans les masses d'eau douce, l'eau du robinet, les cuves thermales et le sol. Les cas les plus récents ont été associés avec le port de lentilles cornéennes. Les facteurs aggravants sont des mesures de désinfection inappropriées ou antihygiéniques, ou encore des mesures mal appliquées (seule la chaleur assure la destruction des spores), l'utilisation de solutions salines maison, et le port de lentilles durant la nuit ou la baignade.

L'infection se manifeste initialement par une légère inflammation, mais à un stade plus avancé elle s'accompagne de douleurs intenses. Les dommages sont souvent assez importants pour nécessiter une greffe de cornée ou même l'ablation de l'œil. Le diagnostic est confirmé par la présence de trophozoïtes (figure 21.19) et de kystes dans les produits colorés de grattage de la cornée.

* * *

Les tableaux 21.1 et 21.2 présentent une récapitulation des maladies de la peau et de l'œil.

FIGURE 21.18 **Lésions dues au trachome.** Les paupières ont été écartées pour montrer les nodules inflammatoires sur la conjonctive, au point de contact avec la cornée, qui est endommagée par le frottement et sensible aux surinfections.

■ Quel microorganisme est responsable du trachome ?

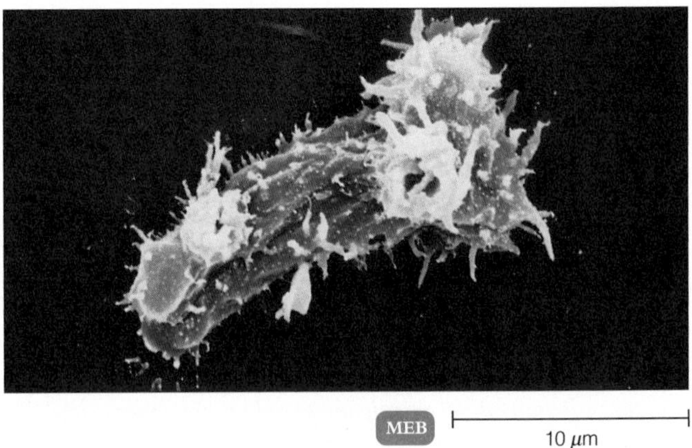


FIGURE 21.19 **Le trophozoïte de *Acanthamœba* est responsable de la kératite à *Acanthamœba*.** Dans l'eau, le microorganisme a une morphologie natatoire flagellée.

■ Le protozoaire *Acanthamœba* est présent dans l'eau servant à l'alimentation des agglomérations et il peut causer de graves dommages à l'œil chez les utilisateurs de lentilles cornéennes.

**Tableau 21.1** *Maladies infectieuses de la peau*

| | Agents pathogènes | Caractéristiques | Traitement |
|---|---|---|---|
| **Bactérioses** | | | |
| Impétigo | *Staphylococcus aureus* et, parfois, *Streptococcus pyogenes* | Infection cutanée superficielle ; pustules isolées | Pénicilline (uniquement pour les infections à *Streptococcus*) |
| Folliculite | *Staphylococcus aureus* | Infection des follicules pileux | Drainage du pus ; pénicilline |
| Syndrome de choc toxique | *Staphylococcus aureus* | Fièvre, éruption cutanée et état de choc septique | Pénicilline |
| Fasciite nécrosante | *Streptococcus pyogenes* | Destruction importante des tissus hypodermiques | Ablation de tissus ; pénicilline |
| Érysipèle | *Streptococcus pyogenes* | Placards rouges et, souvent, fièvre élevée | Pénicilline |
| Dermatite à *Pseudomonas* | *Pseudomonas æruginosa* | Éruption cutanée superficielle | En général, spontanément résolutive |
| Otite externe | *Pseudomonas æruginosa* | Infection superficielle de la trompe auditive | Fluoroquinolones |
| Acné | *Propionibacterium acnes* | Lésions inflammatoires dues à une rétention de sébum qui entraîne la rupture d'un follicule pileux | Peroxyde de benzoyle, isotrétinoïne et acide azélaïque |
| **Viroses** | | | |
| Verrues | *Papillomavirus* spp. | Excroissance cornée de la peau due à une prolifération de cellules | Cryocoagulation à l'aide d'azote liquide, électrocoagulation, acides ou laser |
| Variole | Virus de la variole | Pustules parfois presque confluentes ; infection virale généralisée qui touche beaucoup d'organes internes | Aucun |
| Varicelle | Virus de la varicelle et du zona (*Varicellovirus*) | Vésicules confinées, dans la majorité des cas, au visage, à la gorge et au bas du dos | Acyclovir pour les patients immunodéprimés |
| Zona | Virus de la varicelle et du zona (*Varicellovirus*) | Vésicules varicelliformes localisées et groupées, le plus souvent unilatéralement, à la taille, au visage et au cuir chevelu, ou dans la partie supérieure du thorax | Acyclovir pour les patients immunodéprimés |
| Herpès | Virus de l'herpès humain type 1, genre *Simplexvirus* | Vésicules autour de la bouche, appelées couramment boutons de fièvre ; peut toucher d'autres parties de la peau et des muqueuses | Acyclovir ; peut influer sur les symptômes |
| Rougeole | Virus de la rougeole, genre *Morbillivirus* | Éruption cutanée formée de macules rougeâtres, apparaissant d'abord sur le visage, puis s'étendant au tronc et aux membres | Aucun |
| Rubéole | Virus de la rubéole, genre *Rubivirus* | Maladie bénigne, caractérisée par une éruption cutanée qui ressemble à celle de la rougeole mais est moins étendue et disparaît en trois jours ou moins | Aucun |
| Cinquième maladie (érythème infectieux) | *Parvovirus* humain B 19 | Maladie bénigne caractérisée par une éruption cutanée sur le visage ; représente un danger pour les femmes enceintes | Aucun |
| Roséole | Virus de l'herpès humain type 6, genre *Roseolovirus* | Maladie infantile ; fièvre élevée suivie d'une éruption sur tout le corps | Aucun |

➤

**Tableau 21.1** *Maladies infectieuses de la peau (suite)*

| | Agents pathogènes | Caractéristiques | Traitement |
|---|---|---|---|
| **Mycoses** | | | |
| Teigne | *Microsporum, Trichophyton, Epidermophyton* spp. | Lésions cutanées d'apparence très variable ; située sur le cuir chevelu, peut entraîner la perte locale des cheveux | Griséofulvine (par voie orale), miconazole et clotrimazole (application locale) |
| Sporotrichose | *Sporothrix schenckii* | Ulcère au foyer infectieux, qui s'étend aux vaisseaux lymphatiques avoisinants | Solution d'iodure de potassium (par voie orale) |
| Candidoses | *Candida albicans* | Les symptômes varient selon le foyer infectieux ; touche généralement les muqueuses ou les régions humides de la peau | Miconazole et clotrimazole (application locale) |
| **Parasitose** | | | |
| Scabiose (gale) | *Sarcoptes scabiei* (acarien) | Papules dues à une réaction d'hypersensibilité aux acariens | Gamma benzène hexachlorure, et perméthrine (application locale) |
| Pédiculose du cuir chevelu | *Pediculus humanis capitis* | Lésions dues au grattage | Gamma benzène hexachlorure, et perméthrine (application locale) |

**Tableau 21.2** *Maladies infectieuses de l'œil*

| | Agents responsables | Caractéristiques | Traitement |
|---|---|---|---|
| **Bactérioses** | | | |
| Ophtalmie gonococcique du nouveau-né | *Neisseria gonorrhoeæ* | Infection aiguë et formation abondante de pus ; si un traitement n'est pas appliqué immédiatement, il y a ulcération de la cornée | Nitrate d'argent ou tétracycline, et érythromycine à titre préventif |
| Conjonctivite à inclusions | *Chlamydia trachomatis* | Gonflement de la paupière ; formation de mucus et de pus | Tétracycline |
| Trachome | *Chlamydia trachomatis* | Conjonctivite qui cause des cicatrices sur les paupières ; les cicatrices endommagent la cornée par frottement, ce qui provoque souvent des surinfections | Tétracycline |
| **Viroses** | | | |
| Kératite herpétique | *Herpes simplex virus* type 1 (HSV-1) | L'évolution peut mener à l'ulcération de la cornée et à des dommages graves | La trifluridine est parfois efficace |
| **Protozooses** | | | |
| Kératite à *Acanthamœba* | *Acanthamœba* spp. | Cause fréquemment de graves dommages à l'œil | Application locale d'iséothionate de propamidine ou de miconazole ; greffe de cornée ou ablation de l'œil si nécessaire |

## RÉSUMÉ

### INTRODUCTION (p. 634)

1. La peau constitue une barrière physique et chimique pour les microorganismes.
2. Les régions humides de la peau (comme les aisselles) hébergent de plus grandes populations de bactéries que les zones relativement sèches (comme le cuir chevelu).

## LA STRUCTURE ET LES FONCTIONS DE LA PEAU (p. 634-636)

1. La partie externe de la peau, appelée épiderme, contient de la kératine, qui forme une couche imperméable. La protection est assurée par de multiples couches de cellules étanches constamment renouvelées.
2. La partie interne de la peau, appelée derme, contient des follicules pileux, des glandes sudoripares et des glandes sébacées, qui constituent des portes d'entrée pour les microorganismes. Les glandes sébacées et sudoripares déversent leurs sécrétions à l'extérieur par des conduits et sont susceptibles d'inhiber la croissance des microorganismes.
3. Le sébum et la sueur fournissent des nutriments à certains microorganismes qui constituent la flore normale cutanée.
4. Les cavités du corps sont tapissées de cellules épithéliales qui forment des muqueuses. Certaines cellules épithéliales possèdent des cils vibratiles, d'autres sécrètent du mucus.

## LA FLORE CUTANÉE NORMALE (p. 636-637)

1. Les microorganismes qui résident sur la peau tolèrent bien la sécheresse et une forte concentration en sel. Les régions chaudes et humides sont favorables à leur croissance.
2. Les cocci à Gram positif prédominent sur la peau.
3. Le lavage de la peau n'élimine pas toute la flore normale.
4. Les membres du genre *Propionibacterium* métabolisent les lipides produits par les glandes sébacées et ils colonisent les follicules pileux.
5. La levure *Pityrosporum ovale* se développe sur les sécrétions grasses et cause parfois la formation excessive de pellicules.

## LES MALADIES INFECTIEUSES DE LA PEAU (p. 637-653)

Une vésicule est une petite lésion remplie de liquide ; une bulle est une vésicule de plus de 1 cm ; une macule est une lésion plane rougeâtre ; une papule est une lésion surélevée ; une pustule est une lésion surélevée contenant du pus.

### Les bactérioses de la peau (p. 638-644)

#### *Les infections cutanées staphylococciques* (p. 638-641)

1. Les staphylocoques sont des cocci à Gram positif groupés en grappes.
2. La majorité de la flore cutanée est composée de *S. epidermidis* à coagulase négative.
3. Presque toutes les souches pathogènes de *S. aureus* produisent de la coagulase.
4. L'agent pathogène *S. aureus* peut produire des entérotoxines, de la leucocidine et une toxine exfoliatrice.
5. Beaucoup de souches de *S. aureus* produisent de la pénicillinase, et on traite les infections qu'elles provoquent avec la vancomycine.
6. Les infections locales (orgelets, boutons, furoncles et anthrax) sont dues à la pénétration de *S. aureus* par une brèche de la peau.
7. L'impétigo du nouveau-né est une infection cutanée superficielle très contagieuse, provoquée par *S. aureus.*
8. La toxémie est la présence de toxines dans la circulation sanguine ; les toxémies staphylococciques comprennent le syndrome de Ritter-Lyell et le syndrome du choc toxique.

#### *Les infections cutanées streptococciques* (p. 641-643)

1. Les streptocoques sont des cocci à Gram positif groupés en chaînettes.
2. On classe les streptocoques en fonction de leurs enzymes hémolytiques et des antigènes de leur paroi cellulaire.
3. Les streptocoques $\beta$-hémolytiques du groupe A (*S. pyogenes*) sont les agents pathogènes humains les plus importants.
4. Les streptocoques $\beta$-hémolytiques du groupe A produisent plusieurs facteurs de virulence : la protéine M, des toxines érythrogènes, la désoxyribonucléase, des streptokinases et l'hyaluronidase.
5. L'érysipèle (placards rougeâtres) et l'impétigo (des pustules isolées) sont des infectées cutanées provoquées par *S. pyogenes.*
6. Les streptocoques invasifs $\beta$-hémolytiques du groupe A causent une destruction rapide et étendue des tissus couramment appelée maladie de la bactérie mangeuse de chair.

#### *Les infections à* Pseudomonas (p. 643)

1. *Pseudomonas* est un bacille aérobie à Gram négatif, que l'on trouve surtout dans le sol et l'eau, et qui est résistant à de nombreux désinfectants et antibiotiques. Cette bactérie est responsable d'infections opportunistes et nosocomiales.
2. L'espèce *Pseudomonas æruginosa* est prédominante ; elle produit une endotoxine et plusieurs exotoxines.
3. Les maladies provoquées par *P. æruginosa* comprennent l'otite externe, des infections respiratoires, des infections des brûlures et des dermatites.
4. Les infections à *Pseudomonas* produisent du pus d'une couleur bleu-vert caractéristique, due à un pigment appelé pyocyanine.
5. Les fluoroquinolones servent à traiter les infections à *P. æruginosa.*

#### *L'acné* (p. 643-644)

1. *Propionibacterium acnes* est capable de métaboliser le sébum emprisonné dans les follicules pileux obstrués.
2. Les déchets du métabolisme (acides gras) causent une réaction inflammatoire appelée acné.
3. Le trétinoïne, le peroxyde de benzoyle, l'érythromycine et l'Accutane^MD sont utilisés dans le traitement de l'acné.

### Les viroses de la peau (p. 644-650)

#### *Les verrues* (p. 644)

1. Les papillomavirus provoquent la prolifération des cellules de la peau et la formation d'excroissances bénignes, appelées verrues ou papillomes.
2. Les verrues se transmettent par contact direct.
3. Une verrue peut disparaître spontanément ou nécessiter une ablation chimique ou physique.
4. Le virus reste latent et peut produire des verrues en périodes de stress.

#### *La variole* (p. 644-645)

1. Le virus de la variole provoque deux types d'infections cutanées, la variole majeure et la variole mineure.

2. La variole se transmet par les voies respiratoires, et le virus se rend dans la peau par l'intermédiaire de la circulation sanguine.
3. Le seul hôte de la variole est l'être humain.
4. Les efforts de vaccination coordonnés par l'OMS ont permis d'éradiquer la variole.

### *La varicelle et le zona* (p. 645-647)

1. Le virus de la varicelle et du zona, *Varicellovirus*, se transmet surtout par les voies respiratoires; il est localisé dans les cellules de la peau, où il provoque la formation d'une éruption vésiculaire.
2. L'encéphalite et le syndrome de Reye sont deux complications de la varicelle.
3. Après la survenue de la varicelle, le virus demeure à l'état latent dans des ganglions spinaux sensitifs et peut se manifester ultérieurement sous la forme de zona.
4. Le zona est caractérisé par une éruption vésiculaire sur le trajet des nerfs sensitifs cutanés atteints.
5. L'acyclovir permet de lutter contre le virus; il existe aussi un vaccin à virus atténué modifié.

### *L'herpès* (p. 647-648)

1. L'infection de la peau ou d'une muqueuse par le virus de l'herpès produit des boutons de fièvre; l'encéphalite herpétique et la kératite herpétique constituent parfois des complications de cette infection.
2. Le virus reste à l'état de latence dans des cellules nerveuses, et les boutons de fièvre réapparaissent lorsqu'il est activé.
3. L'*Herpes simplex virus* type 1 se transmet principalement par les voies buccales et respiratoires.
4. L'acyclovir s'est révélé efficace pour le traitement de l'encéphalite herpétique.

### *La rougeole* (p. 648-649)

1. La rougeole est une infection virale très contagieuse qui se transmet par les voies respiratoires.
2. La vaccination confère une immunité efficace et durable.
3. À la fin de la période d'incubation dans les voies respiratoires supérieures, le virus provoque l'apparition de macules sur la peau et de taches de Köplik sur la muqueuse buccale.
4. L'infection de l'oreille moyenne, la pneumonie, l'encéphalite et les surinfections bactériennes font partie des complications de la rougeole.

### *La rubéole* (p. 649)

1. Le virus de la rubéole se transmet par les voies respiratoires.
2. Un individu infecté présente généralement une éruption cutanée rougeâtre et une légère fièvre, mais la maladie peut être asymptomatique.
3. Le syndrome de la rubéole congénitale peut toucher le fœtus lorsque la mère contracte la maladie au cours du premier trimestre de la grossesse.
4. L'accouchement d'un enfant mort-né, la surdité, la cataracte, les malformations cardiaques et l'arriération mentale sont des conséquences potentielles de la rubéole congénitale.
5. La vaccination avec le virus atténué de la rubéole confère l'immunité pour une durée indéterminée.

### *Autres éruptions cutanées virales* (p. 649-650)

La cinquième maladie et la roséole sont deux autres infections virales qui causent des éruptions cutanées.

## Les mycoses de la peau (p. 650-651)

### *Les mycoses cutanées* (p. 650-651)

1. Les mycètes qui colonisent la couche superficielle de l'épiderme provoquent des dermatomycoses.
2. *Microsporum, Trichophyton* et *Epidermophyton* causent des dermatomycoses appelées teignes.
3. Les mycètes responsables des teignes se développent sur la partie de l'épiderme qui contient de la kératine : les cheveux, la peau et les ongles.
4. Les mycoses sont souvent opportunistes dans le sens où elles apparaissent lorsque les barrières de la peau et des muqueuses sont altérées (par ex. irritation, fissure, abrasions).
5. On traite généralement les teignes par l'application locale de substances antifongiques.
6. Le diagnostic est fondé sur l'examen microscopique des produits de grattage de la peau ou de la culture des mycètes.

### *Les mycoses sous-cutanées* (p. 651)

1. La sporotrichose est due à un mycète présent dans le sol, qui pénètre dans la peau par une petite blessure.
2. Les mycètes croissent et produisent des nodules sous-cutanés le long des vaisseaux lymphatiques.

### *Les candidoses* (p. 651)

1. *Candida albicans* provoque des infections des muqueuses et est une cause fréquente du muguet (qui touche la muqueuse buccale) et de la vaginite.
2. *C. albicans* est un agent pathogène opportuniste qui risque de proliférer lorsque la flore bactérienne normale est éliminée.
3. L'application locale de substances antifongiques sert à traiter les candidoses.

## Les parasitoses de la peau (p. 651-653)

1. La gale est causée par un acarien qui creuse des sillons dans la peau et y dépose ses œufs.
2. La pédiculose du cuir chevelu est due aux poux du cuir chevelu; les lentes qu'ils déposent s'accrochent à la racine des cheveux à l'arrière du crâne et derrière les oreilles.
3. L'un des traitements courants de la gale et de la pédiculose du cuir chevelu consiste en l'application locale de gamma benzène hexachlorure.

# LES MALADIES INFECTIEUSES DE L'ŒIL (p. 653-654)

La conjonctive est la muqueuse qui tapisse les paupières et recouvre le globe oculaire.

## L'inflammation de la muqueuse de l'œil : la conjonctivite (p. 653)

Plusieurs bactéries peuvent provoquer la conjonctivite; celle-ci se transmet notamment par les lentilles cornéennes désinfectées de façon inadéquate.

### Les bactérioses de l'œil (p. 653-654)

1. La flore bactérienne de l'œil provient généralement de la peau et des voies respiratoires supérieures.
2. L'ophtalmie gonococcique du nouveau-né est due à la transmission de *Neisseria gonorrhoeæ* par la mère infectée, lors du passage du fœtus dans le canal vaginal.
3. On traite tous les nouveau-nés avec un antibiotique pour prévenir la croissance de *Neisseria* et les infections à *Chlamydia.*
4. La conjonctivite à inclusions est une infection de la conjonctive provoquée par *Chlamydia trachomatis.* Elle se transmet au nouveau-né au moment de l'accouchement ; elle se transmet également par l'intermédiaire des eaux de piscine non chlorées.
5. Le trachome, causé par *C. trachomatis,* entraîne la formation de tissu cicatriciel sur la cornée.
6. Le trachome se transmet par les mains, par des objets inanimés tels que les lentilles cornéennes et, peut-être, par des mouches.

### Autres maladies infectieuses de l'œil (p. 654)

1. La kératite est une inflammation de la cornée.
2. La kératite herpétique provoque l'ulcération de la cornée. Elle est due à l'invasion du système nerveux central par l'*Herpes simplex virus* type 1 et peut être récurrente.
3. La trifluridine est un traitement efficace contre la kératite herpétique.
4. Le protozoaire *Acanthamœba,* qui se transmet par l'eau, est responsable d'une forme grave de kératite.

# AUTOÉVALUATION

## RÉVISION

1. Nommez les portes d'entrée habituelles des bactéries dans la peau. Comparez avec les portes d'entrée des mycètes et des virus qui causent des infections cutanées.

2. Décrivez les conditions qui influent sur le type et la quantité de microorganismes qui composent la flore normale de la peau.

3. Quelles sont les caractéristiques communes de l'impétigo et de l'érysipèle, et qu'est-ce qui distingue ces deux maladies ? (Tenez compte de l'agent causal, des signes de la maladie et du traitement.)

4. Quels dangers représente la présence de bactéries telles que les staphylocoques à coagulase négative et *Pseudomonas æruginosa* dans le milieu hospitalier ? Justifiez votre réponse.

5. Pour les infections suivantes, décrivez les différents maillons de la chaîne épidémiologique, tels que l'agent microbien responsable (groupe de microorganismes), les réservoirs, les modes de transmission, les portes d'entrée et les hôtes réceptifs. Décrivez également les principaux signes et symptômes de la maladie et le type de thérapeutique utilisée.
   Impétigo streptococcique
   Dermatite à *Pseudomonas*
   Verrues
   Rougeole
   Gale

6. Expliquez pourquoi les personnes qui fréquentent les centres sportifs et utilisent leurs douches publiques risquent de contracter la mycose appelée pied d'athlète.

7. a) Qu'est-ce qui distingue la conjonctivite et la kératite ?
   b) Pourquoi lave-t-on les yeux de tous les nouveau-nés avec un antiseptique ou un antibiotique ?

8. La fasciite nécrosante, communément appelée « maladie de la bactérie mangeuse de chair », est une infection due à *Streptococcus pyogenes* du groupe A. Expliquez les causes de la virulence extrême de cette bactérie. Décrivez les différentes étapes du mécanisme physiopathologique responsable de l'état de choc sévère et de la destruction fulgurante des tissus que l'on observe chez les personnes atteintes de cette maladie.

9. Décrivez les différents types de manifestations physiopathologiques qui sont caractéristiques des infections cutanées.

10. Expliquez la récurrence des boutons de fièvre lors d'une grippe par exemple.

## QUESTIONS À CHOIX MULTIPLE

Utilisez les informations suivantes pour répondre aux questions 1 et 2.
Un médecin a reçu en consultation une petite fille de 6 ans qui présentait, à l'arrière de la tête, une éruption surélevée desquamante, d'un diamètre de 4 cm. Une culture des produits de grattage de la lésion s'est avérée positive pour un microorganisme montrant des hyphes et de nombreuses conidies.

1. La fillette avait :
   **a)** la rubéole.
   **b)** une candidose.
   **c)** une dermatomycose.
   **d)** un bouton de fièvre.
   **e)** Aucune de ces réponses

2. Ce type de maladie peut toucher le cuir chevelu et chacune des parties suivantes du corps *sauf* :
   **a)** les pieds.
   **b)** les ongles.
   **c)** l'aine.
   **d)** les tissus sous-cutanés.
   **e)** Aucune de ces réponses

Utilisez les informations suivantes pour répondre aux questions 3 et 4.
Un garçon de 12 ans présente de la fièvre, une éruption cutanée, des maux de tête, un mal de gorge et de la toux. L'éruption de type maculaire recouvre le tronc, le visage et les bras ; des petites taches rouges dont le centre est blanc sont présentes sur la muqueuse buccale. Une culture obtenue à partir des produits de grattage de la gorge est négative pour *Streptococcus pyogenes.*

**3.** Le garçon est probablement atteint:
**a)** d'une angine streptococcique.
**b)** de la rougeole.
**c)** de la rubéole.
**d)** de la varicelle.
**e)** Aucune de ces réponses

**4.** Cette maladie peut s'accompagner de toutes les complications suivantes, *sauf*:
**a)** d'une infection de l'oreille moyenne.
**b)** d'une pneumonie.
**c)** d'une anomalie congénitale.
**d)** d'une encéphalite.
**e)** Aucune de ces réponses

**5.** Une patiente présente une conjonctivite. Si on isole *Pseudomonas* du fard à cils qu'elle utilise depuis quelque temps, on pourrait en tirer toutes les conclusions suivantes, *sauf*:
**a)** le fard à cils est la source de l'infection.
**b)** *Pseudomonas* est responsable de l'infection.
**c)** *Pseudomonas* s'est développé à l'usage dans le fard à cils.
**d)** le fard à cils a été contaminé chez le manufacturier.
**e)** Aucune de ces réponses

**6.** L'examen des produits de grattage prélevés chez une personne atteinte de kératite à *Acanthamœba* devrait mettre en évidence:
**a)** un mycète.
**b)** un virus.
**c)** un coccus à Gram positif.
**d)** une amibe.
**e)** un bacille à Gram négatif.

Utilisez les choix suivants pour répondre aux questions 7 à 9.
**a)** *Pseudomonas*
**b)** *Staphylococcus aureus*
**c)** La gale
**d)** *Sporothrix*
**e)** Un virus

**7.** L'examen microscopique des produits de grattage de l'éruption du patient ne révèle rien.

**8.** L'examen microscopique de l'ulcère du patient révèle la présence de levures sphériques.

**9.** L'examen microscopique des produits de grattage de l'éruption du patient révèle la présence de bacilles à Gram négatif.

**10.** La pénicilline est particulièrement efficace contre:
**a)** *Chlamydia.*
**b)** *Pseudomonas.*
**c)** *Candida.*
**d)** *Streptococcus.*
**e)** *Herpes simplex virus* type 1.

## QUESTIONS À COURT DÉVELOPPEMENT

**1.** Une épreuve de laboratoire servant à identifier *Staphylococcus aureus* consiste à faire croître la bactérie sur une gélose mannitol-sel, un milieu de culture qui contient 7,5 % de chlorure de sodium (NaCl). Pourquoi cette gélose est-elle considérée comme un milieu sélectif pour *S. aureus*?

**2.** Est-il nécessaire de traiter un patient qui présente des verrues? Justifiez votre réponse.

**3.** Les données du tableau suivant proviennent de l'analyse de neuf cas de conjonctivite causés par différents agents pathogènes. Décrivez comment les cosmétiques et les lentilles cornéennes peuvent être des agents de transmission de l'infection. Comment peut-on la prévenir?

| Numéro | Étiologie | Isolat provenant d'un cosmétique pour les yeux ou de lentilles cornéennes |
|---|---|---|
| 5 | *S. epidermidis* | + |
| 1 | *Acanthamœba* | + |
| 1 | *Candida* | + |
| 1 | *P. æruginosa* | + |
| 1 | *S. aureus* | + |

**4.** Quel facteur a permis l'éradication de la variole? Quelle autre maladie satisfait au même critère?

**5.** Expliquez l'augmentation de l'incidence des cas de rougeole chez les bébés au cours de ces dernières années.

**6.** Pour quelles raisons doit-on vérifier, au cours des premiers mois de grossesse, si une femme enceinte est immunisée contre la rubéole?

## APPLICATIONS CLINIQUES

*N. B. Certaines de ces questions nécessitent que vous cherchiez des réponses dans les différents chapitres du livre.*

**1.** Vous êtes un infirmier ou une infirmière consultant(e) pour un centre de la petite enfance. Dans le groupe des enfants de 3 à 4 ans, comprenant 12 enfants, cinq cas de varicelle se sont déclarés depuis une dizaine de jours. La garderie compte 80 enfants âgés de 9 mois à 5 ans, et la directrice décide de faire appel à vous. Elle vous demande de lui fournir une fiche comportant des informations générales sur le microbe responsable de la varicelle, sur le mode de transmission, sur la période d'incubation et la contagiosité, sur le tableau clinique (principaux signes et symptômes) et sur la durée de la maladie. Elle vous demande également s'il faut prendre des mesures particulières en service de garde, et si les employés sont susceptibles d'être contaminés au même titre que les enfants. Vous devez répondre aux questions de la directrice. D'autre part, quelles mesures pourriez-vous lui suggérer d'adopter pour lutter contre l'apparition de nouveaux cas? (*Indice:* voir le chapitre 13.)

**2.** Marie-Andrée est une jeune fille de 12 ans atteinte de diabète; elle est sous perfusion continuelle d'insuline par voie sous-cutanée. Vous êtes l'infirmière qui assure le suivi à domicile. Lors de votre dernière visite, la jeune fille présente de la fièvre (39,4 °C), une pression artérielle plus faible que d'habitude, des douleurs abdominales, une éruption cutanée (« rash ») et des abcès aux points d'insertion de la perfusion. Elle devait changer de point d'insertion tous les trois jours, après avoir nettoyé la peau avec une solution iodée, mais elle vous dit qu'elle n'en a changé que tous les dix jours. Dans les circonstances, vous devez porter un jugement clinique sur l'état de la jeune fille. Vous recommandez aux parents d'emmener leur fille au service des urgences de l'hôpital. Le médecin qui la reçoit fait immédiatement une demande pour une culture en microbiologie. Les cultures obtenues à partir de produits de grattage des abcès sont positives quant à la croissance de *Staphylococccus aureus.* L'hémoculture est toutefois négative.

Quel indice vous a permis de recommander aux parents d'emmener leur fille à l'hôpital? Établissez une relation entre l'infection et le mécanisme physiopathologique qui a conduit à l'apparition du rash, de la fièvre et de la diminution de la pression artérielle. Quel est le syndrome regroupant ces signes? Pour quelle raison l'hémoculture est-elle négative? Quelles explications devrez-vous donner à la jeune fille pour éviter de telles complications à l'avenir? (*Indice :* voir les chapitres 14 et 15.)

3. Un groupe d'adolescents participe à un camp d'entraînement intensif de judo pendant trois semaines. Vous êtes le ou la responsable des soins infirmiers dans ce camp. Durant cette période, 34 % des adolescents attrapent une infection due à *Herpes simplex virus* type 1, forme dite *herpès des gladiateurs* car elle apparaît généralement lors de sports de contacts. Les lésions sont localisées à la tête et au cou, de même que sur les membres et aux extrémités. On note que les individus au *poids le plus élevé* sont aussi le plus souvent atteints. L'entraînement n'est interrompu pour aucun des adolescents, ni pour ceux qui présentent des lésions, ni pour ceux dont la peau est irritée par les multiples frottements sur les tapis. Bien que ces tapis aient été désinfectés tous les jours, la transmission du virus n'a pu être évitée. Les propriétaires du camp vous demandent de faire une évaluation de la situation en vue de prendre des mesures susceptibles de prévenir ce type d'infection durant le prochain camp d'entraînement. (*Indice :* voir le chapitre 14.)

   Vous devez énoncer les facteurs de risque qui favorisent l'infection de certains adolescents, établir la liste des réservoirs potentiels du virus et décrire ses modes de transmission et ses portes d'entrée. Vous devez également établir la série de mesures à prendre pour prévenir la transmission de l'infection. Si les mêmes adolescents viennent au prochain camp d'entraînement, les risques que la situation se reproduise seront-ils semblables? Justifiez votre réponse.

4. Joseph est un patient diabétique de 76 ans qui pèse 110 kilos. Il vient de subir une chirurgie en orthopédie pour une fracture de la cheville ; sa plaie s'infecte et se recouvre de pus bleu-vert, dégageant une odeur de raisin. En vous appuyant sur cette caractéristique, dites quelle est la cause probable de l'infection. Cette bactérie est fréquemment l'agent causal d'infections nosocomiales. Nommez quelques réservoirs qui contribuent à la dissémination de la bactérie. Expliquez pourquoi l'infection peut être difficile à maîtriser. Citez les données qui indiquent que la bactérie est opportuniste. (*Indice :* voir les chapitres 11 et 14.)

5. Annette est une dame de 80 ans qui vit dans une résidence pour personnes en perte d'autonomie. Depuis une semaine, elle se plaint de douleurs cuisantes dans le dos ; le personnel soignant lui recommande de marcher et de faire un peu d'exercice pour assouplir ses muscles. Toutefois, au moment d'aider la dame à prendre son bain, l'infirmière observe sur le côté droit du dos un groupe de vésicules de couleur foncée. Le médecin appelé en consultation diagnostique un cas de zona intercostal. Nommez l'agent pathogène responsable de l'infection. L'infirmière doit expliquer au personnel de soutien que l'infection n'est pas contagieuse ; toutefois, les personnes qui n'ont pas contracté la varicelle doivent éviter tout contact avec la dame. Établissez les relations entre la varicelle, le zona et le mécanisme physiopathologique qui ont conduit à l'apparition des vésicules dans le dos de la dame. (*Indice :* voir le chapitre 13.)

6. Amélie est un petit bébé de trois mois. Depuis 2 jours, elle pleure dès que ses parents veulent lui donner le biberon. Elle semble affamée mais ne veut pas boire. Les parents consultent leur médecin, qui diagnostique un muguet sur la langue et à l'intérieur des joues du bébé. Quel est l'agent pathogène responsable et quel est le signe particulier de l'infection? Indiquez s'il s'agit d'une infection d'origine exogène ou d'origine endogène. Pour quelle raison le médecin recommande-t-il aux parents de rincer soigneusement la tétine du biberon après l'avoir lavée à l'eau savonneuse? Un médicament antibactérien serait-il efficace? Justifiez vos réponses.

# Chapitre 22 Les maladies infectieuses du système nerveux

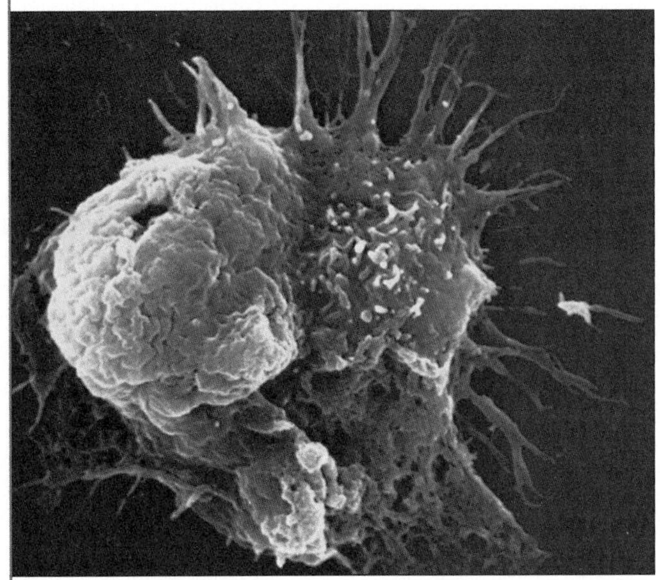

Nægleria fowleri. *Les infections provoquées par cette amibe sont associées à la baignade. Nægleria fowleri pénètre dans le système nerveux central en traversant la muqueuse nasale.*

Certaines des maladies infectieuses les plus graves touchent le système nerveux, en particulier l'encéphale et la moelle épinière. Étant donné leur importance primordiale, ces systèmes de régulation sont protégés contre les accidents et les infections par des structures qui les recouvrent. Les agents pathogènes susceptibles de causer des maladies du système nerveux présentent souvent des caractéristiques de virulence exceptionnelles, qui leur permettent de surmonter ces défenses.

À la fin du chapitre, le tableau 22.2 présente une récapitulation, par ordre taxinomique, des maladies infectieuses décrites ici.

## La structure et les fonctions du système nerveux

### Objectifs d'apprentissage

- *Définir le système nerveux central et la barrière hémato-encéphalique.*
- *Nommer les structures qui protègent les organes du système nerveux.*
- *Décrire des portes d'entrée d'agents pathogènes jusqu'au système nerveux.*
- *Faire la distinction entre méningite et encéphalite.*

Le système nerveux des humains comprend deux grandes parties: le système nerveux central et le système nerveux périphérique (figure 22.1). Le **système nerveux central** (**SNC**) est constitué de l'encéphale – lui-même formé du cerveau, du cervelet et du tronc cérébral – et de la moelle épinière. Le SNC est le centre de régulation de l'ensemble du corps; il recueille les informations sensorielles, les interprète et envoie des influx nerveux destinés à coordonner les activités de l'organisme. Le **système nerveux périphérique** (**SNP**) est composé de tous les nerfs – sensitifs et moteurs – qui émanent de l'encéphale et de la moelle épinière. Ces nerfs périphériques sont les voies de communication entre le système nerveux central, les différentes parties du corps et le milieu extérieur. Les organes du système nerveux sont protégés par la peau, les muscles, les os et d'autres structures, telles que le tissu adipeux.

L'encéphale et la moelle épinière sont recouverts de trois membranes continues nommées *méninges* (figure 22.2), qui assurent aussi leur protection. Il s'agit, de l'extérieur vers l'intérieur, de la *dure-mère,* de l'*arachnoïde* et de la *pie-mère.* L'espace compris entre la pie-mère et l'arachnoïde s'appelle

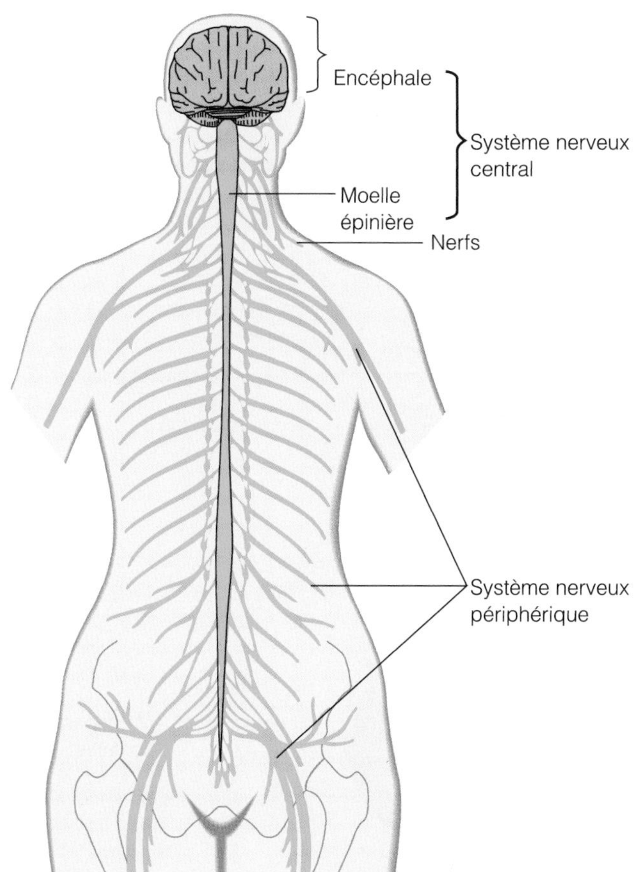


FIGURE 22.1 **Le système nerveux humain.** Illustration du système nerveux central et du système nerveux périphérique.

■ L'encéphalite est une infection de l'encéphale; la méningite est une infection des méninges.

*espace sous-arachnoïdien* et, chez l'adulte, il renferme de 100 à 160 mL *de liquide cérébrospinal* (*LCS*) (ou liquide céphalorachidien) circulant. Les organes du système nerveux ne possèdent pas de flore microbienne normale; leur milieu intérieur est donc stérile. Étant donné que le LCS ne contient qu'une faible quantité d'anticorps circulants et de cellules phagocytaires, les microorganismes qui ont pu l'atteindre peuvent s'y multiplier rapidement.

La **barrière hémato-encéphalique** est une caractéristique essentielle de l'encéphale. Comme son nom l'indique, cette barrière est formée par l'association très particulière des capillaires cérébraux avec des cellules spécialisées de la névroglie, les astrocytes. Les capillaires cérébraux ne laissent passer que certaines substances du sang à l'encéphale. Ils sont moins perméables que les autres capillaires du corps et donc plus sélectifs quant aux substances dont ils permettent normalement le passage.

Les substances médicamenteuses ne peuvent franchir la barrière hémato-encéphalique que si elles sont liposolubles. (Le glucose et de nombreux acides aminés non liposolubles traversent tout de même cette barrière parce qu'ils sont dotés de systèmes de transport particuliers.) Le chloramphénicol, un antibiotique liposoluble, pénètre facilement dans l'encéphale. La pénicilline n'est que faiblement liposoluble mais, administrée en très fortes doses, elle peut franchir la barrière hémato-encéphalique et s'avérer efficace. Toutefois, les inflammations de l'encéphale se traduisent par des modifications de la barrière qui laisse alors passer les antibiotiques, ce qui ne serait pas possible d'ordinaire.

Bien qu'il soit très bien protégé (figure 22.2), le système nerveux central peut être envahi par des microorganismes de différentes façons. Par exemple, des microorganismes peuvent y pénétrer à la suite d'une sinusite ou d'une otite, ou à l'occasion d'un trauma, tel qu'une fracture du crâne ou de la colonne vertébrale, ou lors d'un acte médical, comme une ponction lombaire, qui consiste à introduire une aiguille dans l'espace sous-arachnoïdien des méninges spinales pour retirer un échantillon de liquide cérébrospinal. Certains microorganismes sont également capables de se déplacer le long des nerfs périphériques et d'atteindre les organes du SNC. Toutefois, lorsqu'une inflammation modifie la perméabilité de la barrière hémato-encéphalique, les portes d'entrée du SNC les plus courantes sont les systèmes cardiovasculaire et lymphatique.

L'inflammation des méninges s'appelle **méningite**; l'inflammation d'une partie plus ou moins étendue de l'encéphale lui-même se nomme **encéphalite.**

# Les bactérioses du système nerveux

Les infections bactériennes du système nerveux central sont peu fréquentes, mais elles ont souvent de graves conséquences.

## Les méningites bactériennes

### Objectifs d'apprentissage

- *Décrire l'épidémiologie des méningites bactériennes suivantes, et notamment le pouvoir pathogène des agents en cause, leurs réservoirs, leurs modes de transmission, leurs portes d'entrée ainsi que les facteurs prédisposants de l'hôte réceptif: méningites à* Hæmophilus influenzæ, *à* Neisseria meningitidis, *à* Streptococcus pneumoniæ *et à* Listeria monocytogenes.
- *Relier les méningites bactériennes au mécanisme physiopathologique (général) qui conduit à l'apparition des principaux signes de la maladie.*
- *Relier la méningite à* Neisseria meningitidis *au mécanisme physiopathologique qui peut conduire à l'amputation de membres et à la mort.*
- *Relier certaines méningites bactériennes à des moyens de prévention, à une thérapeutique et à des épreuves de diagnostic (s'il y a lieu).*

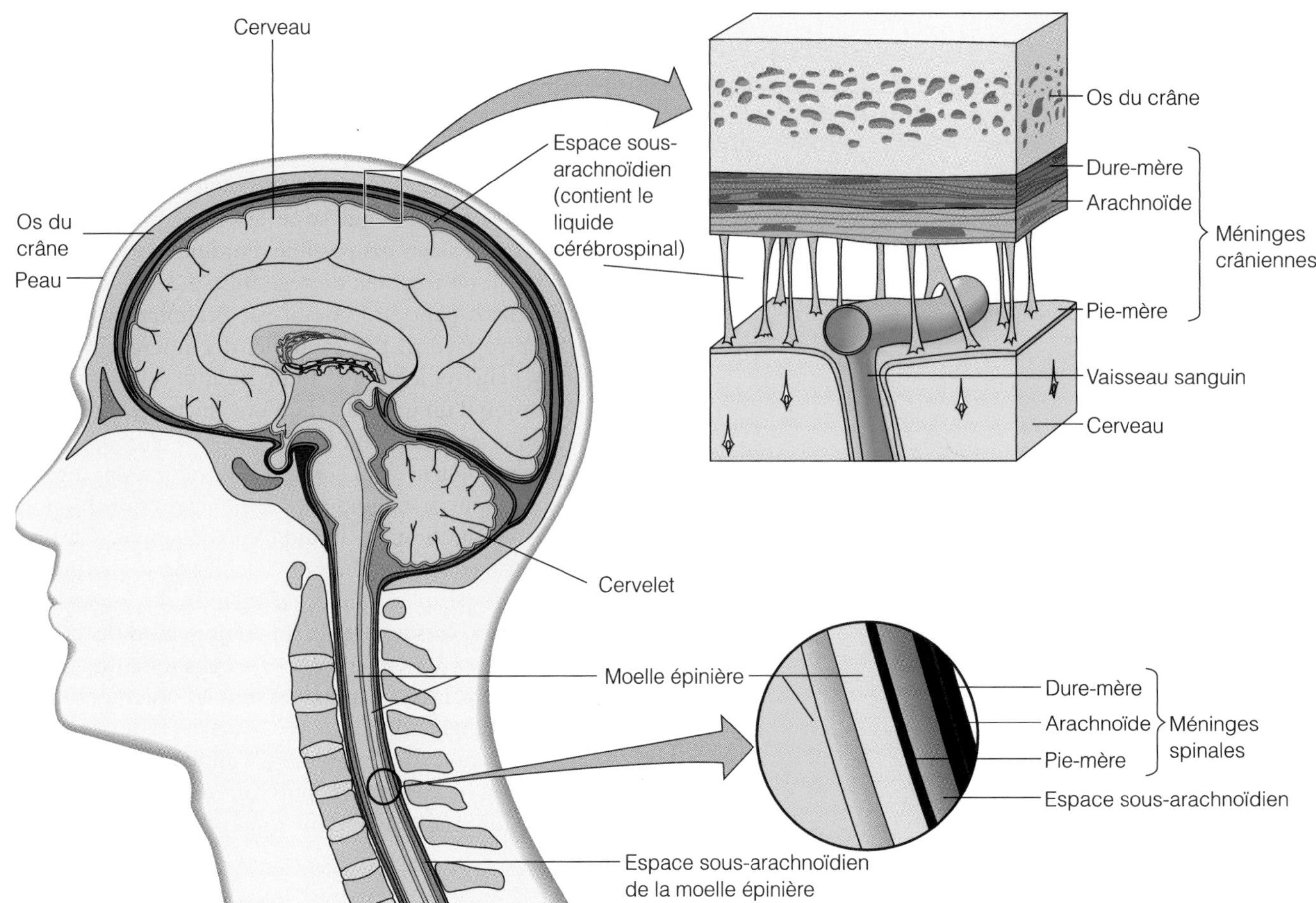


FIGURE 22.2 **Les méninges et le liquide cérébrospinal.** Les méninges – crâniennes et spinales – sont formées de trois membranes : la dure-mère, l'arachnoïde et la pie-mère. L'espace sous-arachnoïdien est compris entre l'arachnoïde et la pie-mère ; il abrite le liquide cérébrospinal (ou céphalorachidien). Notez que le SNC est susceptible d'être infecté par des microbes transportés par le sang et capables de franchir la barrière hémato-encéphalique en traversant la paroi des vaisseaux sanguins.

## ■ Le liquide cérébrospinal est susceptible d'être infecté par des microbes qui franchissent la barrière hémato-encéphalique.

D'ordinaire, les premiers signes et symptômes (période prodromique) de la **méningite** ne sont pas vraiment inquiétants : fièvre, céphalée et raideur de la nuque. Ils sont souvent suivis de nausées et de vomissements. Cependant, la maladie peut finir par entraîner des convulsions et le coma. Le taux de mortalité varie en fonction de l'agent pathogène, mais, de nos jours, il est généralement élevé pour une maladie infectieuse. Beaucoup de survivants souffrent d'altérations neurologiques plus ou moins graves.

La méningite peut être causée par différents agents pathogènes, y compris des bactéries, des virus, des mycètes et des protozoaires. La méningite virale, due le plus souvent à des échovirus, est sans doute beaucoup plus fréquente que la méningite bactérienne, mais il s'agit d'ordinaire d'une maladie bénigne.

Trois espèces bactériennes seulement sont responsables de plus de 70 % des cas de méningite et de 70 % des décès qui s'ensuivent. Il s'agit du diplocoque à Gram positif *Streptococcus pneumoniæ* et des bactéries à Gram négatif *Hæmophilus influenzæ* et *Neisseria meningitidis* (tableau 22.1) ; ces méningites sont dites purulentes. Le pouvoir pathogène de ces trois microorganismes est associé à la présence d'une capsule qui les protège contre la phagocytose lors de leur reproduction rapide dans la circulation sanguine, d'où ils peuvent passer dans le liquide cérébrospinal. La mort consécutive à la méningite d'origine bactérienne survient souvent de manière très rapide ; cela est sans doute dû au choc septique et à l'inflammation des méninges, causés par la libération d'endotoxines par les agents pathogènes à Gram négatif ou par la libération de fragments de la paroi cellulaire (peptidoglycanes et acides teichoïques) des bactéries à Gram positif. L'inflammation occasionne une pression sur le tissu nerveux, qui subit alors des altérations susceptibles d'entraîner des troubles neurologiques. La méningite purulente constitue

**Tableau 22.1** *Fréquence relative des méningites bactériennes aux États-Unis et au Canada*

| Bactérie | Pourcentage des cas | Taux de mortalité |
|---|---|---|
| *Streptococcus pneumoniæ* | 30 à 50 | 19 à 46 |
| *Neisseria meningitidis* | 15 à 40 | 3 à 17 |
| *Hæmophilus influenzæ* | 2 à 7 | 3 à 11 |

Les autres bactéries qui provoquent la méningite sont responsables de 6 à 8 % des cas.

SOURCE : Adapté de E. J. Phillips et A. E. Simor, « Bacterial Meningitis in Children and Adults », *Postgraduate Medicine,* vol. 103, n° 3, p. 104, 1998.

donc un grave danger ; on effectue une ponction lombaire pour poser le diagnostic.

Près de 50 autres espèces de bactéries sont des agents pathogènes opportunistes qui provoquent quelquefois la méningite. Les plus importantes sont *Listeria monocytogenes,* les streptocoques du groupe B, les staphylocoques et certaines bactéries à Gram négatif. Certains de ces microorganismes touchent surtout les nouveau-nés (*L. monocytogenes* et les streptocoques), d'autres résultent dans la plupart des cas d'une infection secondaire à une opération chirurgicale (les staphylocoques et les bactéries à Gram négatif).

## La méningite à *Hæmophilus influenzæ*

*Hæmophilus influenzæ* est un petit bacille (coccobacille) aérobie à Gram négatif qui fait couramment partie de la flore normale des voies respiratoires supérieures. Outre la méningite, ce microorganisme cause la pneumonie, l'épiglottite aiguë et l'otite moyenne. Sa capsule polysaccharidique est un facteur important de pathogénicité, en particulier chez les bactéries possédant des antigènes capsulaires sérotype b. (On distingue six sérotypes différents, de *a* à *f*.)

Ce microorganisme avait été initialement appelé *Hæmophilus influenzæ* parce qu'on pensait, à tort, qu'il était responsable des pandémies de grippe qui avaient eu lieu en 1890 et pendant la Première Guerre mondiale. En réalité, *H. influenzæ* était probablement un envahisseur secondaire au cours de ces épidémies d'origine virale. Le nom *Hæmophilus* évoque le fait que ce microorganisme a besoin de facteurs présents dans le sang pour se développer (*hemo-* = sang ; *philus* = ami).

La **méningite à *Hæmophilus influenzæ* sér. b** touche surtout les enfants de moins de 4 ans ; elle survient le plus souvent vers l'âge de 6 mois, lorsque la protection conférée par les anticorps de la mère s'affaiblit. L'incidence de cette maladie chez les enfants de 5 ans et moins est en déclin depuis la mise en place de l'administration d'un vaccin en 1988 ; on vise maintenant l'éradication de la maladie dans cette tranche d'âge. Au Canada comme aux États-Unis, on recommande de commencer l'administration d'une série de vaccins à l'âge de 2 mois, de manière que l'immunisation soit efficace vers l'âge de 6 mois. L'incidence chez les enfants de plus de 5 ans et chez les adultes a peu varié. Autrefois, la méningite à *Hæmophilus influenzæ* constituait environ 45 % des cas de méningite bactérienne déclarés et le taux de mortalité s'élevait à près de 6 %.

## La méningite à *Neisseria*

La **méningite à *Neisseria,*** ou **méningite à méningocoques,** est due à *Neisseria meningitidis.* Le méningocoque est une bactérie aérobie à Gram négatif. À l'instar de *H. influenzæ* sér. b et du pneumocoque, il est souvent présent dans la bouche et la gorge et ne provoque aucun symptôme (figure 22.3). Ces porteurs sains, qui constituent de 5 à 15 % des humains, sont un réservoir d'infection pendant les quelques mois où le germe est présent. La maladie est assez fréquente dans une même collectivité où les contacts sont étroits. Elle se transmet par des gouttelettes de salive ou de sécrétions respiratoires et par voie aérienne (chapitre 14) ; elle est aussi transmise indirectement par des jouets et des aliments contaminés par des sécrétions nasales et buccales.

Il existe trois principaux sérotypes de méningocoques : A, B et C. Les méningocoques du groupe A sont responsables d'épidémies étendues en Afrique, en Chine et au

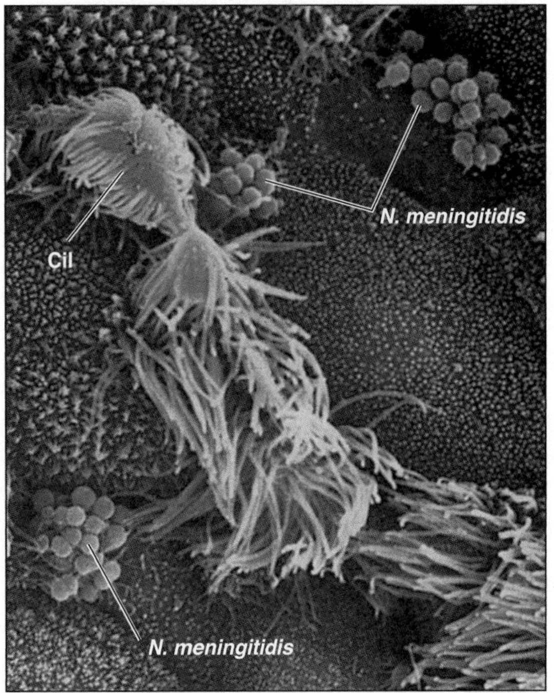


**FIGURE 22.3 Méningite à *Neisseria*.** Cette illustration produite par micrographie électronique à balayage représente des amas de *Neisseria meningitidis* fixés à des cellules de la muqueuse du pharynx.

Moyen-Orient, mais rarement en Amérique du Nord et en Europe. Le Canada et les États-Unis ont connu une recrudescence d'épidémies dues en majorité aux méningocoques du groupe C. Le sérotype C semble plus virulent que le sérotype B.

La méningite à méningocoques commence habituellement par une infection de la gorge, qui évolue vers une bactériémie puis vers une méningite, dont les premiers signes et symptômes peuvent être des nausées, des vomissements, une raideur de la nuque et des maux de tête violents. La méningite touche en général les enfants de moins de 2 ans et survient le plus souvent vers l'âge de 6 mois, soit après que l'immunité conférée par la mère s'est affaiblie ; toutefois, le sérotype C atteint plus fréquemment les adolescents. Chez environ 10 % des patients, les souches virulentes sont encapsulées, ce qui leur permet de résister à la phagocytose. La bactérie prolifère d'abord dans la circulation sanguine, déclenchant ainsi une septicémie à Gram négatif appelée méningococcémie ; des endotoxines sont donc responsables de l'état de choc. Cet état peut s'aggraver avec la formation de petits thrombus (caillots) qui se manifestent sur la peau par l'apparition de taches rouges – les pétéchies – caractéristiques du méningocoque (lire au chapitre 15, p. 486-487, la section sur les troubles de l'hémostase causés par les endotoxines). Les caillots bloquent les vaisseaux sanguins irriguant les tissus atteints, provoquant une destruction étendue de tissus. La nécrose tissulaire peut même nécessiter l'amputation d'une partie des membres touchés. D'autres sites anatomiques peuvent être atteints, tels que le péricarde, les articulations et des organes du SNC. La personne infectée sombre dans un état comateux et la mort peut survenir quelques heures après l'apparition des premiers symptômes. L'antibiothérapie a permis de réduire le taux de mortalité, qui s'élevait à 80 % à une certaine époque. Par ailleurs, toutes les personnes ayant été en contact avec des sujets atteints de méningite reçoivent une antibiothérapie de prévention, et des campagnes de sensibilisation incitent les gens à se faire vacciner. La vaccination constitue en effet un moyen de prévention efficace, et il existe des vaccins contre les sérotypes A et C. Chez les patients qui se sont rétablis, des séquelles neurologiques sont à craindre.

Les épidémies sont toutes causées par des méningocoques ; les autres cas de méningites bactériennes surviennent généralement de manière sporadique. Les épidémies coïncident souvent avec la saison sèche ou avec la saison hivernale, qui favorise le surchauffage des logements. En effet, une muqueuse nasale asséchée offre moins de résistance à l'invasion de ces bactéries.

## La méningite à *Streptococcus pneumoniæ*

À l'instar de *H. influenzæ*, *Streptococcus pneumoniæ* réside fréquemment dans la région nasopharyngée. Le pneumocoque est l'un des principaux agents pathogènes bactériens, et sa capsule est l'élément déterminant de sa pathogénicité. Chaque année aux États-Unis, il provoque près de 3 000 cas de méningite, 500 000 cas de pneumonie et des millions de cas d'otites douloureuses. Environ la moitié des cas de **méningite à pneumocoques,** ou **méningite à *Streptococcus pneumoniæ*,** concernent des enfants âgés de 1 mois à 4 ans, et le taux de mortalité est très élevé.

Les personnes âgées hospitalisées forment un autre groupe à risque, mais il est possible de les protéger par l'administration du vaccin contre la pneumonie à pneumocoques ; un vaccin conjugué, produit sur le modèle du vaccin Hib, est présentement sur le marché (tableau 18.1). On conseille d'administrer aussi ce vaccin conjugué aux enfants de moins de 2 ans ; la première dose peut être donnée dès l'âge de 6 semaines. La résistance aux antibiotiques constitue un obstacle de plus en plus sérieux pour le traitement des maladies à pneumocoques.

## Le diagnostic et le traitement des formes les plus courantes de méningites bactériennes

Il est essentiel de traiter rapidement toute forme de méningite bactérienne ; en général, on commence une chimiothérapie dans les cas suspectés de la maladie avant même d'être certain de la nature de l'agent pathogène. Les antibiotiques d'élection sont les céphalosporines de troisième génération, à large spectre. Dès que l'agent pathogène a été identifié, ou parfois lorsque la sensibilité de l'antibiotique a été déterminée à l'aide de cultures, on peut décider de modifier l'antibiothérapie.

Pour poser un diagnostic de méningite bactérienne, on prélève un échantillon de liquide cérébrospinal au moyen d'une ponction lombaire. Une simple coloration de Gram est souvent utile, car elle permet d'ordinaire d'identifier l'agent pathogène de façon relativement fiable. On prépare également des cultures à partir du liquide prélevé. Il faut alors manipuler l'échantillon rapidement et avec soin parce que beaucoup des agents pathogènes probablement présents sont très sensibles : ils ne survivent pas à la dessiccation ou même à des variations de température. Les épreuves sérologiques le plus couramment effectuées sur le liquide cérébrospinal sont les tests d'agglutination au latex. On obtient le résultat en 20 minutes environ ; un résultat négatif ne permet pas d'éliminer la possibilité de la présence de bactéries pathogènes moins communes ou de causes non bactériennes.

## La listériose

*Listeria monocytogenes* est un bacille à Gram positif dont on savait, avant de démontrer qu'il est responsable de maladies humaines, qu'il provoque l'accouchement de mort-nés et des affections neurologiques chez les animaux. Il est excrété dans les fèces des animaux, et est donc largement présent dans le sol et l'eau. Le nom *Listeria monocytogenes* évoque la prolifération des monocytes (un type de leucocytes) observée chez des animaux infectés par le bacille. La **listériose** est d'ordinaire une maladie bénigne, souvent asymptomatique chez les adultes sains, mais des sujets en voie de guérison ou apparemment sains rejettent souvent l'agent pathogène dans leurs selles pendant une période indéfinie. *L. monocytogenes* est ingéré par les phagocytes mais il n'est pas détruit, car il libère des enzymes qui lysent les phagolysosomes (figure 16.8). *L. monocytogenes* peut même proliférer à l'intérieur de ces cellules. Il a également la capacité exceptionnelle de se déplacer directement d'un phagocyte à un autre phagocyte adjacent (figure 22.4). Cette propriété ainsi que la capacité de croissance intracellulaire constituent deux des facteurs de pathogénicité de cette bactérie.

En tant qu'agent pathogène, *L. monocytogenes* présente deux caractéristiques principales. D'une part, il touche surtout les adultes immunodéprimés ou atteints d'un cancer, de diabète ou de cirrhose, et les femmes enceintes ; il se comporte donc comme un microbe opportuniste. D'autre part, il se développe de préférence dans le système nerveux central ou dans le placenta, qui fournit au fœtus des nutriments provenant de la mère. La croissance du bacille dans le SNC se manifeste en général par une méningite. Lorsqu'il infecte une femme enceinte, sa capacité à se propager d'une cellule à une autre est probablement l'un des facteurs qui expliquent sa capacité à franchir la barrière placentaire et à infecter le fœtus. Il en résulte un taux élevé de fausses couches et d'accouchements d'enfants mort-nés. Si le nouveau-né survit, il risque d'être atteint de septicémie et de méningite. Le taux de mortalité infantile reliée à ce type d'infection est de 60 % environ.

Les épidémies chez les humains sont le plus souvent d'origine alimentaire. On isole fréquemment *L. monocytogenes* d'une large gamme d'aliments tels que les charcuteries, les viandes, les légumes ; des produits laitiers ont été associés à plusieurs épidémies. *L. monocytogenes* fait partie des rares agents pathogènes psychrophiles – c'est-à-dire capables de se développer aux températures normales de réfrigération –, ce qui explique que le nombre de bacilles puisse augmenter pendant la durée de conservation d'un aliment. On a recours à un agent antimicrobien, la nisine, comme additif dans certaines préparations alimentaires afin de diminuer la prolifération des *Listeria* ; toutefois, il semble que des souches résistantes fassent aujourd'hui leur apparition (chapitre 20).

On tente actuellement d'améliorer les méthodes de détection de *L. monocytogenes* dans les aliments. On a réalisé des progrès considérables en employant des milieux de culture sélectifs et des épreuves biochimiques rapides. On pense que les sondes d'ADN et les épreuves sérologiques faisant intervenir des anticorps monoclonaux se révéleront les méthodes les plus utiles (chapitre 10). Chez les humains, le diagnostic se fonde sur l'isolement et la culture de l'agent pathogène, habituellement prélevé dans le sang ou dans le liquide cérébrospinal. La pénicilline G est l'antibiotique d'élection pour le traitement de la listériose.

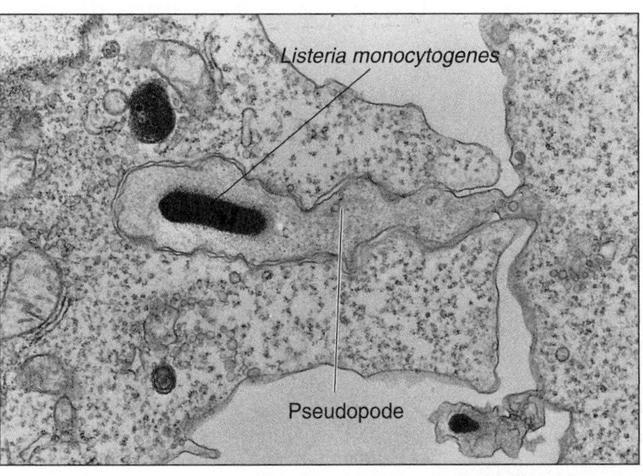


**FIGURE 22.4 Propagation de cellules à cellules de *Listeria monocytogenes*, l'agent de la listériose.** Notez que la bactérie a amené le phagocyte de la partie de droite, dans lequel elle résidait, à produire un pseudopode que le phagocyte de gauche est en train d'engloutir. Le pseudopode est sur le point de se détacher par pincement, de sorte que le microbe sera transféré au phagocyte de gauche.

■ De quelle façon contracte-t-on la listériose ?

## Le tétanos

### Objectifs d'apprentissage

- *Décrire l'épidémiologie du tétanos, et notamment le pouvoir pathogène de l'agent en cause, ses réservoirs, son mode de transmission, sa porte d'entrée ainsi que les facteurs prédisposants de l'hôte réceptif.*
- *Relier le tétanos au mécanisme physiopathologique qui conduit à l'apparition des principaux signes de la maladie.*
- *Relier le tétanos à des moyens de prévention, à une thérapeutique et à des épreuves de diagnostic (s'il y a lieu).*

L'agent du **tétanos**, *Clostridium tetani*, est un bacille à Gram positif, anaérobie strict et producteur d'une endospore. On le rencontre surtout dans les sols contaminés par des matières fécales animales, qui sont les principaux réservoirs de la maladie. Le bacille ne se transmet pas de personne à personne.

Les signes et symptômes du tétanos sont dus à une exotoxine extrêmement puissante, la *toxine tétanique*, ou spasmine tétanique, qui est libérée dans la plaie par autolyse de la bactérie en croissance ; il s'agit d'une neurotoxine (lire au chapitre 15, p. 484, la section sur les exotoxines). La toxine peut atteindre le système nerveux central par la voie sanguine et causer un *tétanos généralisé* ; elle peut aussi pénétrer les terminaisons axonales des fibres nerveuses motrices qui innervent la région de la plaie, remonter vers les corps cellulaires des neurones moteurs de la moelle épinière et causer un *tétanos localisé*. Plus la distance entre la porte d'entrée du bacille et la moelle épinière est courte, plus la période d'incubation de la maladie est brève. La toxine tétanique perturbe l'activité des neurones moteurs et bloque la transmission des influx nerveux inhibiteurs qui provoquent normalement le relâchement musculaire. Il en résulte les spasmes caractéristiques du tétanos (d'où l'autre nom de la toxine : spasmine) et un état de paralysie. On pourrait tuer 30 personnes avec une quantité de cette toxine dont la masse serait égale à celle de l'encre nécessaire pour imprimer un point. Les bactéries elles-mêmes ne quittent pas le site d'infection et il n'y a pas d'inflammation.

Dans le tétanos généralisé, les muscles de la mâchoire sont atteints dès le début de la maladie, rendant l'ouverture de la bouche difficile. On appelle ce symptôme *trismus*. Dans les cas extrêmes, les spasmes des muscles du dos provoquent la contracture vers l'arrière de la tête et des talons, état appelé *opisthotonos* (figure 22.5). Peu à peu, d'autres muscles squelettiques sont touchés, y compris les muscles responsables de la déglutition. Les spasmes des muscles respiratoires finissent par causer la mort.

Étant donné que le microbe est un anaérobie obligatoire, la plaie par laquelle il pénètre dans l'organisme doit fournir des conditions de croissance anaérobie ; c'est le cas notamment d'une blessure profonde mal nettoyée, causée par exemple par un clou rouillé (probablement contaminé par des saletés) ou par une morsure. Toutefois, de nombreux cas de tétanos sont dus à des blessures bénignes, provoquées par exemple par le fait de s'asseoir sur une punaise, que l'on ne juge pas assez sérieuses pour consulter un médecin. Des actes médicaux, tels qu'une chirurgie ou des injections effectuées à l'aide d'instruments non stériles, peuvent aussi être en cause.

L'infection ne confère pas nécessairement l'immunité, la dose de toxine produite par les bactéries étant trop petite pour être immunogène. L'individu est donc susceptible de contracter la maladie plus d'une fois. On dispose de vaccins antitétaniques efficaces depuis les années 1940 ; la vaccination s'est répandue avec son association à la vaccination contre la diphtérie et la coqueluche (vaccin DTCa) administrée aux enfants. À l'heure actuelle, environ 96 % des jeunes Américains et Canadiens de 6 ans sont bien protégés, mais le niveau de protection diminue avec l'âge ; seulement 30 % des adultes de 70 ans le sont. En France, 97 % de la population est couverte par la vaccination.

Le vaccin antitétanique est une *anatoxine*, c'est-à-dire une toxine inactivée qui stimule la formation d'anticorps capables de neutraliser la toxine produite par la bactérie. Il faut procéder à une injection de rappel tous les 10 ans afin d'assurer une bonne immunité, mais beaucoup de sujets, probablement près de 50 % de la population vaccinée, ne reçoivent pas ces doses de rappel et n'ont donc plus un taux d'anticorps efficace.

Malgré tout, le tétanos est devenu une maladie rare dans les pays qui appliquent une politique de vaccination adéquate : l'incidence de la maladie est inférieure à 1 % dans ces pays. À l'échelle mondiale, on estime que le nombre de cas de tétanos est d'environ 1 million par année, et au moins la moitié des victimes sont des nouveau-nés. Dans plusieurs régions du monde en effet, après avoir coupé le cordon ombilical, on recouvre ce qui en reste de terre, d'argile ou même de bouse de vache. On estime que le taux des décès dus au tétanos est d'environ 50 % dans les pays en voie de développement.

Si une blessure est assez grave pour nécessiter l'intervention d'un médecin, ce dernier doit décider si le patient a besoin d'être protégé contre le tétanos et, si oui, s'il faut procéder à une immunisation active – par un vaccin – ou à une immunisation passive – par une injection d'immunoglobulines spécifiques. Habituellement, même si on administre le vaccin antitétanique (anatoxine), celui-ci n'a pas le temps de stimuler suffisamment la production d'anticorps pour faire obstacle à l'évolution de l'infection, et ce même s'il s'agit d'une injection de rappel. L'administration de l'*immunoglobuline antitétanique* (TIG), préparée à partir de sérum contenant des anticorps provenant de personnes vaccinées, assure une immunité immédiate, quoique temporaire. (Avant

**FIGURE 22.5 Un cas avancé de tétanos.** Ce dessin, réalisé par Charles Bell du Royal College of Surgeons d'Édimbourg, représente un soldat britannique ayant participé aux guerres napoléoniennes. Les spasmes du type illustré, appelés opisthotonos, peuvent entraîner une rupture de la colonne vertébrale.

- La toxine tétanique (ou spasmine tétanique) est une neurotoxine qui, en agissant sur les nerfs, provoque l'inhibition du relâchement musculaire.

la Première Guerre mondiale, on employait une substance similaire, appelée *antitoxine tétanique,* qui comportait des anticorps fabriqués en inoculant des chevaux.)

Le choix d'un traitement par le médecin dépend en grande partie de l'étendue des blessures profondes et des antécédents vaccinaux du patient, qui parfois n'est pas conscient. Dans le cas de blessures superficielles qui causent peu de dommages aux tissus, on considère que le risque pour le patient de contracter le tétanos est faible. Dans le cas de plaies chroniques, telles que des ulcères variqueux, ou dans le cas de blessures étendues, pour lesquelles l'individu a reçu au moins 3 doses d'anatoxine tétanique au cours des 10 dernières années, on considère que le sujet est immunisé et on ne prend aucune mesure de prévention. Dans le cas où on ne connaît pas les antécédents vaccinaux d'un sujet ou lorsque son immunité est faible, on administre à celui-ci de l'immunoglobuline antitétanique afin de lui procurer une protection immédiate; de plus, on procède à l'injection de la première d'une série de doses d'anatoxine tétanique visant à lui conférer une immunité de plus longue durée. Si on administre à la fois de l'immunoglobuline antitétanique et de l'anatoxine tétanique, il faut utiliser des points d'injection différents pour éviter que la première ne neutralise la deuxième. Les adultes reçoivent un vaccin antidiphtérique et antitétanique (vaccin Td) qui renforce également leur immunité contre la diphtérie. Pour réduire au minimum la production de toxine, il est recommandé d'enlever les tissus endommagés (nécrosés) qui fournissent des conditions anaérobies favorables à la croissance de l'agent pathogène – c'est-à-dire d'effectuer un **débridement** – et d'administrer des antibiotiques. Une fois que la toxine s'est fixée aux nerfs, cette thérapie s'avère cependant peu utile.

## Le botulisme

### Objectifs d'apprentissage

- *Décrire l'épidémiologie du botulisme, et notamment le pouvoir pathogène de l'agent en cause, ses réservoirs, son mode de transmission, sa porte d'entrée ainsi que les facteurs prédisposants de l'hôte réceptif.*
- *Relier le botulisme au mécanisme physiopathologique qui conduit à l'apparition des principaux signes de la maladie.*
- *Relier le botulisme à des moyens de prévention, à une thérapeutique et à des épreuves de diagnostic (s'il y a lieu).*

Le **botulisme** est une forme d'intoxication alimentaire causée par *Clostridium botulinum,* un bacille à Gram positif producteur d'une endospore et anaérobie strict; on le rencontre fréquemment dans le sol et les sédiments des eaux douces. Nous allons voir sous peu pourquoi l'ingestion des endospores n'est habituellement pas nuisible. Cependant, dans un milieu anaérobie, telle qu'une boîte de conserve scellée, la bactérie produit une exotoxine qui est la plus virulente de toutes les toxines naturelles. Cette neurotoxine est hautement spécifique des terminaisons nerveuses périphériques, où elle bloque la libération de l'acétylcholine, substance indispensable à la transmission de l'influx nerveux à travers la synapse, ou jonction neuromusculaire (chapitre 15, p. 485).

Les sujets atteints de botulisme souffrent d'une *paralysie flasque* pendant 1 à 10 jours. Des nausées précèdent parfois les symptômes neurologiques, et le malade ne fait pas de fièvre. Les premiers signes et symptômes neurologiques varient, mais presque tous débutent par une atteinte bilatérale des nerfs crâniens, de sorte que les victimes présentent une vision double ou floue et une faiblesse générale. Les autres signes et symptômes comprennent une paralysie des muscles faciaux et de la gorge provoquant des troubles de la mastication et de la déglutition. L'effet neurotoxique peut atteindre les muscles du thorax, et les personnes risquent de succomber à une insuffisance respiratoire ou cardiaque. Le temps d'incubation varie, mais les premiers signes et symptômes apparaissent d'ordinaire en 1 ou 2 jours. Comme dans le cas du tétanos, la guérison ne confère pas l'immunité parce que la toxine n'est habituellement pas présente en quantité suffisante pour être vraiment immunogène.

La première description du botulisme comme maladie clinique remonte au début du XIXe siècle; on l'appelait alors «maladie du boudin» (du latin *botulus* = boudin). À l'époque, on préparait le boudin noir en remplissant l'estomac d'un porc avec du sang et de la viande hachée, puis on fermait toutes les ouvertures et on faisait bouillir la préparation pendant une courte période avant de la fumer au-dessus d'un feu de bois. On entreposait ensuite le boudin à la température ambiante. Cette méthode de conservation comportait presque toutes les conditions requises pour l'apparition d'une épidémie de botulisme. Elle tuait les bactéries compétitives mais permettait aux endospores de *C. botulinum,* plus thermostables, de survivre et elle fournissait des conditions anaérobies et une période d'incubation propices à la germination des spores et à la production de la toxine.

La toxine botulinique est thermolabile, c'est-à-dire qu'elle est détruite par la plupart des méthodes de cuisson ordinaires dans lesquelles on porte la température des aliments au point d'ébullition. Le boudin est rarement une source de botulisme aujourd'hui, en grande partie parce qu'on y ajoute des nitrites, qui inhibent la croissance de *C. botulinum* après la germination des endospores.

La toxine botulinique ne se forme pas dans les aliments acides (dont le pH est inférieur à 4,7), tels que les tomates, que l'on peut donc mettre en conserve en toute sécurité sans utiliser un autocuiseur. On a observé des cas de botulisme causés par des aliments acides qui, normalement, n'auraient pas dû assurer la croissance de l'agent pathogène; dans la majorité de ces cas, ceux-ci sont reliés au développement de moisissures qui métabolisent une quantité suffisante d'acide pour amorcer la croissance de *C. botulinum.*

### Les types de toxines botuliniques

Il existe plusieurs types sérologiques de la toxine botulinique produits par différentes souches de l'agent pathogène, et ils varient considérablement quant à leur virulence.

La *toxine de type A* est probablement la plus virulente. Elle a causé la mort de personnes qui avaient simplement goûté à des aliments contaminés, sans les avaler. Il est même possible d'absorber une dose létale de toxine par une brèche de la peau lors de la manipulation d'échantillons pour analyse. Le taux de mortalité est de 60 à 70% pour les cas non traités. Aux États-Unis, on la rencontre principalement dans les États suivants: Californie, Washington, Colorado, Oregon et Nouveau-Mexique. L'endospore de type A est la plus thermorésistante des spores produites par les souches de *C. botulinum*. Les clostridies de type A sont habituellement protéolytiques (c'est-à-dire capables de décomposer les protéines, ce qui libère des amines à l'odeur désagréable), mais l'odeur caractéristique de l'altération n'est pas toujours perceptible dans le cas d'aliments à faible teneur en protéines, tels que le maïs et les haricots.

La *toxine de type B* est responsable de la majorité des épidémies de botulisme en Europe et dans l'est des États-Unis. Le taux de mortalité est d'environ 25% pour les cas non traités. Les clostridies de type B comprennent aussi bien des souches protéolytiques que des souches non protéolytiques.

La *toxine de type E* est produite par des clostridies que l'on rencontre fréquemment dans les sédiments marins ou lacustres. Les épidémies de botulisme ont donc souvent comme origine des fruits de mer et elles ont lieu principalement dans le nord-ouest du Pacifique, en Alaska et dans la région des Grands Lacs. L'endospore responsable du botulisme de type E est moins thermorésistante que celle d'autres souches et elle est généralement détruite par l'ébouillantage. Elle n'est pas protéolytique, de sorte qu'il y a très peu de chances de détecter sa présence au moyen d'une odeur caractéristique de dégradation dans le cas des aliments riches en protéines, tels que le poisson. Par ailleurs, l'agent pathogène est capable de produire des toxines aux températures de réfrigération et il ne requiert pas des conditions strictement anaérobies pour se développer.

## L'incidence et le traitement du botulisme

Le botulisme n'est pas une maladie courante. On enregistre quelques cas par année seulement, mais les flambées causées par des aliments servis dans un restaurant peuvent faire de nombreuses victimes. Environ la moitié des cas de botulisme sont de type A, et l'autre moitié se partage également entre les types B et E. Ce sont probablement les autochtones de l'Alaska qui ont le plus fort taux de botulisme dans le monde, et il s'agit le plus souvent de botulisme de type E. Cela s'explique par les méthodes de préparation des aliments, qui reflètent la coutume d'employer le moins de combustible possible – une ressource rare – pour le chauffage et la cuisson. Ainsi, le *muktuk* est à l'origine des épidémies de botulisme en Alaska. On le prépare en découpant des ailerons de phoque ou de baleine en tranches, puis en faisant sécher ces dernières pendant quelques jours. Pour les attendrir, on les entrepose durant plusieurs semaines dans des conditions anaérobies, dans un récipient contenant de l'huile de phoque, jusqu'au point de putréfaction. Récemment, le taux de mortalité dû au botulisme de type E était encore de 40% chez les autochtones d'Alaska, ce qui montre à quel point les groupes ethniques isolés ont de la difficulté à recevoir un traitement rapide.

Les bactéries responsables du botulisme ne semblent pas capables de remporter la compétition contre la flore intestinale normale, de sorte que la production de toxines par des bactéries ingérées ne cause presque jamais la maladie chez les adultes. Ce n'est cependant pas le cas des nouveau-nés chez qui la flore intestinale n'est pas développée et ils souffrent parfois de **botulisme infantile.** Bien que les tout jeunes enfants aient souvent l'occasion d'ingérer de la terre ou d'autres substances contaminées par des endospores de *C. botulinum*, de nombreux cas déclarés ont été associés au miel. On rencontre assez souvent des endospores de *C. botulinum* dans cet aliment, et un nombre aussi peu élevé que 2 000 bactéries peut constituer une dose létale. On recommande donc de ne pas donner de miel aux enfants de moins de 1 an, mais il n'y a pas de risques pour les enfants plus âgés et les adultes, chez qui la flore intestinale normale a eu le temps de croître.

Le traitement du botulisme repose essentiellement sur les interventions de soutien. La guérison est longue, car elle met en jeu la régénération des terminaisons nerveuses périphériques. Le patient peut avoir besoin pendant longtemps d'une aide respiratoire en inhalothérapie, et certaines détériorations neurologiques persistent parfois pendant des mois. Les antibiotiques ne sont pratiquement d'aucun secours parce que la toxine est préformée. Il existe des immunoglobulines spécifiques capables de neutraliser les toxines A, B et E et, en général, on les administre simultanément. Cette immunothérapie trivalente n'a pas d'effet sur la toxine qui s'est déjà fixée à une terminaison nerveuse, et elle est probablement plus efficace contre le botulisme de type E que contre le botulisme des types A et B.

Le diagnostic du botulisme repose sur l'inoculation de souris avec des spécimens de sérum, de selles et de vomissures du patient (figure 22.6). On immunise plusieurs groupes de souris avec les anticorps de types A, B ou E, puis on inocule la toxine d'essai à toutes les souris. Si, par exemple, seules les souris immunisées avec l'antitoxine de type A survivent, on en déduit que la toxine est de type A. On peut aussi identifier la toxine présente dans des aliments en l'inoculant à des souris.

L'agent pathogène du botulisme est capable de se développer dans une blessure, un peu comme les espèces *Clostridium* responsables du tétanos ou de la gangrène gazeuse. Il se produit donc occasionnellement des épisodes de **botulisme cutané.**

Il peut sembler étonnant que la toxine botulinique, qui est mortelle, soit utilisée à des fins commerciales comme cosmétique: des injections locales à des intervalles de quelques mois éliminent les rides du front (que l'on attribue à l'inquiétude). On a également approuvé l'emploi de cette toxine pour le traitement de diverses affections plus graves causées par la contraction excessive des muscles, telles que le strabisme et le blépharospasme (incapacité de garder les paupières levées).

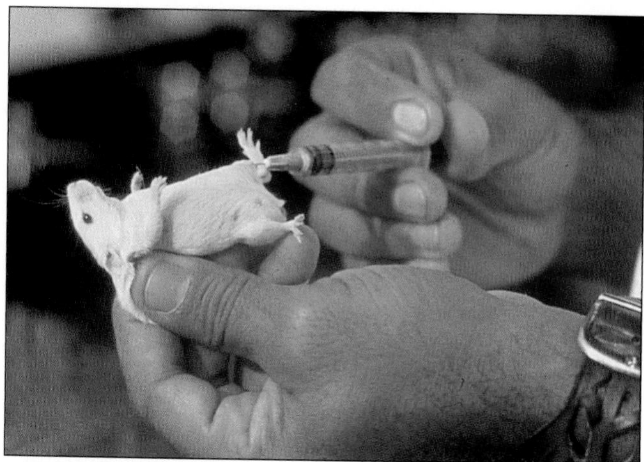

**FIGURE 22.6 Diagnostic du botulisme par la détermination du type de toxine botulinique.** Pour déterminer la présence de la toxine botulinique, on injecte à des souris la portion liquide d'extraits d'aliments ou d'extraits de cultures sans cellules. Si les souris meurent en deçà de 72 heures, la présence de toxine est démontrée. Pour déterminer le type de toxine présent, on procède à l'immunisation passive de groupes de souris au moyen d'immunsérums botuliniques spécifiques de *C. botulinum* de type A, B ou E. Si les souris d'un groupe survivent après avoir reçu un anticorps spécifique, tandis que les souris d'un autre groupe meurent, on sait quel type de toxine est présent dans l'aliment ou la culture étudiés.

■ Quels sont les signes et symptômes du botulisme?

## La lèpre

### Objectifs d'apprentissage

- *Décrire l'épidémiologie de la lèpre, et notamment le pouvoir pathogène de l'agent en cause, son réservoir, son mode de transmission (probable), sa porte d'entrée (probable) ainsi que les facteurs prédisposants de l'hôte réceptif.*
- *Relier la lèpre au mécanisme physiopathologique qui conduit à l'apparition des principaux signes de la maladie.*
- *Relier la lèpre à des moyens de prévention, à une thérapeutique et à des épreuves de diagnostic (s'il y a lieu).*

*Mycobacterium lepræ* est probablement la seule bactérie capable de se développer dans le système nerveux périphérique, et il croît aussi dans les cellules de la peau. C'est un bacille acido-alcoolo-résistant étroitement apparenté à l'agent causal de la tuberculose, *Mycobacterium tuberculosis.* Il a été isolé pour la première fois par le Norvégien Gerhard H. A. Hansen, vers 1870 ; c'était l'une des premières fois que l'on établissait un lien entre une bactérie et une maladie données. En fait, le nom formel de la **lèpre** est **maladie de Hansen,** et on a parfois recours à cette appellation pour éviter d'utiliser le mot lèpre, qui suscite la peur.

La température optimale de croissance de *M. lepræ* est de 30 °C et cette bactérie a une prédilection pour les régions périphériques, et donc les plus froides, du corps. On estime que le temps de génération est très long, soit environ 12 jours, et on n'a jamais réussi à faire croître la bactérie sur un milieu artificiel. L'organisme humain semble constituer le seul réservoir du germe. Toutefois, le tatou ou armadille, un animal dont la température corporelle n'est que de 30 à 35 °C, est souvent infecté dans son milieu naturel par un microorganisme très proche de *M. lepræ*. L'armadille constitue donc un animal de laboratoire très utile et on l'emploie pour étudier la maladie elle-même et évaluer l'efficacité d'agents chimiothérapeutiques.

Il existe deux formes principales de la lèpre (bien que l'on distingue aussi des types intermédiaires) qui semblent refléter l'efficacité du système immunitaire à médiation cellulaire de l'hôte. La *lèpre tuberculoïde* est la forme bénigne de la maladie ; elle se caractérise par la perte de sensation dans des régions de la peau entourées par une couronne de nodules (figure 22.7a). Elle atteint les sujets ayant une réponse immunitaire efficace, et une récupération spontanée est possible. On diagnostique la maladie par la détection de bacilles acido-alcoolo-résistants dans le liquide extrait d'une incision pratiquée dans une zone froide, comme le lobe de l'oreille : on y trouve généralement peu de bacilles mais beaucoup de cellules lymphocytaires. Le **test à la lépromine** consiste à injecter un extrait de tissu lépromateux dans la peau. S'il se produit une réaction apparente au point d'injection, on en déduit que l'organisme a élaboré une réponse immunitaire contre le bacille de la lèpre. Le test est négatif durant la phase lépromateuse, plus avancée, de la maladie.

Dans la *lèpre lépromateuse,* les cellules de la peau sont infectées et des nodules défigurants apparaissent sur tout le corps. Les sujets atteints de cette forme de la lèpre sont ceux dont la réponse immunitaire à médiation cellulaire (lymphocytes T) est la moins efficace, et chez lesquels, par conséquent, la maladie a évolué depuis la phase tuberculoïde. Les muqueuses du nez sont d'ordinaire touchées, et l'on associe souvent le faciès léonin à la lèpre de type lépromateux. La déformation de la main en griffe et une nécrose grave des tissus peuvent aussi survenir (figure 22.7b). Il est impossible de prédire l'évolution de la maladie ; des périodes de rémission alternent dans certains cas avec des phases de détérioration rapide.

On ne connaît pas exactement le mode de transmission du bacille de la lèpre, mais on sait que les sécrétions nasales et les exsudats (substances suintantes) des lésions des personnes atteintes de lèpre lépromateuse contiennent de grandes quantités de bacilles – ce qui prouve que la réaction immunitaire est faible. La plupart des patients contractent sans doute l'infection lorsque des sécrétions contenant l'agent pathogène entrent en contact avec leur muqueuse nasale. Toutefois, la lèpre n'est pas très contagieuse, et elle ne se transmet en général qu'entre des individus ayant des contacts étroits et prolongés. Il faut habituellement des années pour que les premiers signes et symptômes apparaissent, mais la période d'incubation est beaucoup plus courte chez les enfants. D'ordinaire, la mort ne découle pas de la lèpre elle-même mais de complications, telles que la tuberculose.

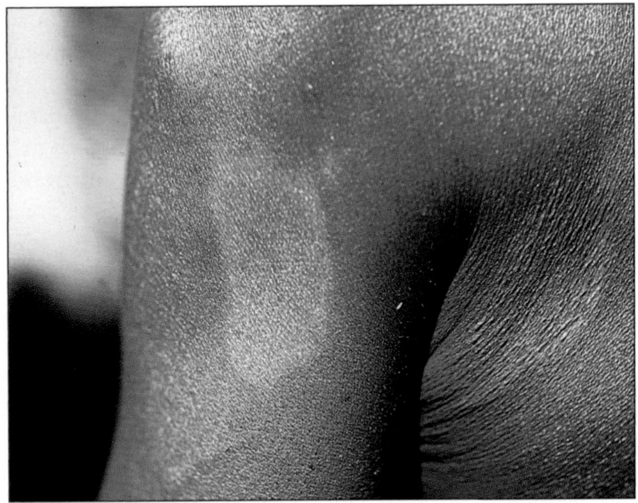

a) Lèpre tuberculoïde

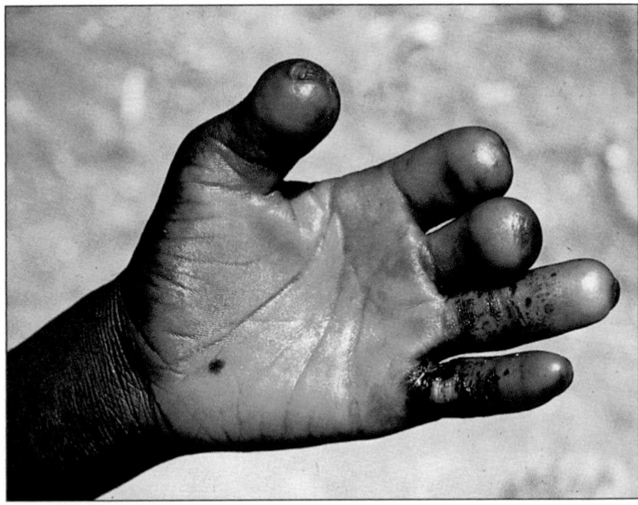

b) Lèpre lépromateuse (évolutive)

FIGURE 22.7 **Lésions lépreuses. a)** La région de la peau hypopigmentée et entourée d'une couronne de nodules est un trait distinctif de la lèpre tuberculoïde. **b)** Si le système immunitaire ne réussit pas à lutter contre la maladie, il en résulte une lèpre lépromateuse (évolutive). La main illustrée, gravement déformée, montre les dommages graduels causés aux tissus des zones les plus froides du corps et qui sont caractéristiques de cette phase plus avancée.

■ Qu'est-ce qui distingue la lèpre tuberculoïde de la lèpre lépromateuse ?

Il est probable que la peur de la lèpre est en grande partie attribuable aux évocations de la maladie dans la Bible et les textes historiques. Au Moyen Âge, les Européens atteints de la lèpre faisaient l'objet d'un rejet radical par la société normale et ils devaient parfois porter une cloche pour qu'on puisse les éviter. Cet isolement a peut-être contribué à la quasi-élimination de la maladie en Europe. Aujourd'hui, les patients atteints de la lèpre ne sont plus isolés, car ils ne sont plus contagieux au bout de quelques jours si on leur administre un médicament à base de sulfone. Le National Leprosy Hospital de Carville, en Louisiane, hébergeait autrefois des centaines de patients, mais il n'y reste plus que quelques personnes âgées et l'établissement va finir par fermer. La majorité des individus atteints de la lèpre sont maintenant traités dans des services de consultation externe.

Le nombre de cas de lèpre décroît graduellement aux États-Unis. On enregistre actuellement de 100 à 150 cas par année, et la majorité sont des personnes venant de l'étranger ; la maladie est généralement présente dans les pays tropicaux. Des millions d'individus, dont la plupart vivent en Asie ou en Afrique, souffrent aujourd'hui de la lèpre, et plus d'un demi-million de nouveaux cas sont déclarés chaque année.

La dapsone (un médicament à base de sulfone), la rifampicine et la clofazimine (une teinture liposoluble) sont les principaux médicaments administrés pour le traitement de la lèpre, et on emploie le plus souvent une combinaison de ces substances. Un vaccin mis sur le marché en Inde, en 1998, est utilisé conjointement avec la chimiothérapie. On teste actuellement d'autres vaccins qui pourraient constituer des moyens de prévention efficaces. Le fait que le vaccin BCG contre la tuberculose (également provoquée par une espèce de *Mycobacterium*) assure une certaine protection contre la lèpre est une découverte encourageante.

# Les viroses du système nerveux

## Objectifs d'apprentissage

- *Décrire l'épidémiologie des viroses suivantes, et notamment le pouvoir pathogène des agents en cause, leurs réservoirs, leurs modes de transmission, leurs portes d'entrée ainsi que les facteurs prédisposants de l'hôte réceptif : poliomyélite, rage et encéphalites à arbovirus.*
- *Relier la poliomyélite (forme paralytique) et la rage aux mécanismes physiopathologiques qui conduisent à l'apparition des principaux signes de ces maladies.*
- *Relier les viroses du système nerveux à des moyens de prévention, à une thérapeutique et à des épreuves de diagnostic (s'il y a lieu).*

La majorité des virus qui touchent le système nerveux y pénètrent par l'intermédiaire du système cardiovasculaire ou lymphatique. Certains virus peuvent s'introduire dans l'axone des nerfs périphériques, puis se déplacer le long de ceux-ci pour atteindre le système nerveux central.

## La poliomyélite

### Objectif d'apprentissage

- *Comparer les vaccins antipoliomyélitiques de Salk et de Sabin.*

Le fait le mieux connu au sujet de la **poliomyélite** (ou **polio**) est qu'elle peut causer la paralysie. Pourtant, la forme paralytique de la maladie touche probablement moins de 1 % de toutes les personnes infectées par le poliovirus. La très grande majorité des cas sont asymptomatiques ou ne présentent que des symptômes légers, tels des maux de tête et de gorge, de la fièvre et des nausées. Les cas asymptomatiques et bénins concernent pour la plupart des enfants très jeunes. Dans certaines régions du monde, où les conditions sanitaires sont médiocres et où la vaccination n'est pas répandue, beaucoup de nouveau-nés contractent la poliomyélite asymptomatique (alors qu'ils sont encore protégés par les anticorps maternels) et acquièrent ainsi l'immunité contre la maladie. Lorsque l'infection survient à l'adolescence ou au début de l'âge adulte, la forme paralytique est plus fréquente.

Les poliovirus sont plus stables que la plupart des autres virus; dans l'eau ou les aliments, ils peuvent rester infectieux durant une période relativement longue. Le mode principal de transmission est l'ingestion d'eau ou d'aliments contaminés par des fèces contenant le virus. La transmission interhumaine est possible par contact direct avec des mains sales. Les animaux ne sont pas des réservoirs du poliovirus.

Comme l'infection est déclenchée par l'ingestion du virus, les principales régions de réplication sont la gorge et l'intestin grêle. C'est ce qui explique l'apparition de maux de gorge et de nausées au début de la maladie; à ce stade initial, le virus est parfois transmis par la voie rhinopharyngée. Le virus envahit ensuite les amygdales et les nœuds lymphatiques du cou et de l'iléum (segment terminal de l'intestin grêle). Puis il passe des nœuds lymphatiques à la circulation sanguine; il se produit alors une *virémie.* Dans la majorité des cas, la virémie n'est que transitoire, l'infection ne dépasse pas la phase lymphatique, et il ne s'ensuit pas de maladie clinique. Dans les cas où la virémie persiste, le virus traverse la paroi des capillaires et entre dans le système nerveux central, où il témoigne d'une grande affinité pour les cellules nerveuses, en particulier pour les neurones moteurs de la corne antérieure (ventrale) de la moelle épinière. Il n'infecte pas les nerfs périphériques ni les muscles. La réplication du virus dans les corps cellulaires des neurones moteurs provoque la destruction de ces derniers, d'où l'apparition d'une paralysie flasque avec hypotonie musculaire; toutefois, il n'y a pas d'atteinte sensitive. La période d'état s'aggrave en cas d'insuffisance respiratoire, qui risque de provoquer la mort; si la personne atteinte survit, la maladie entraîne des atrophies musculaires.

Le diagnostic de la polio repose généralement sur des épreuves sérologiques ou sur l'isolement du virus à partir des fèces et à partir de sécrétions de la gorge. On peut inoculer des cultures cellulaires et observer les effets cytopathogènes sur les cellules (tableau 15.4).

L'incidence de la polio a considérablement décliné depuis la production d'un vaccin. La figure 22.8 illustre la situation aux États-Unis depuis l'avènement de la vaccination antipoliomyélitique. On y a déclaré les derniers cas attribuables à un virus sauvage en 1979. L'élaboration du premier vaccin antipoliomyélitique a été possible grâce à l'invention de

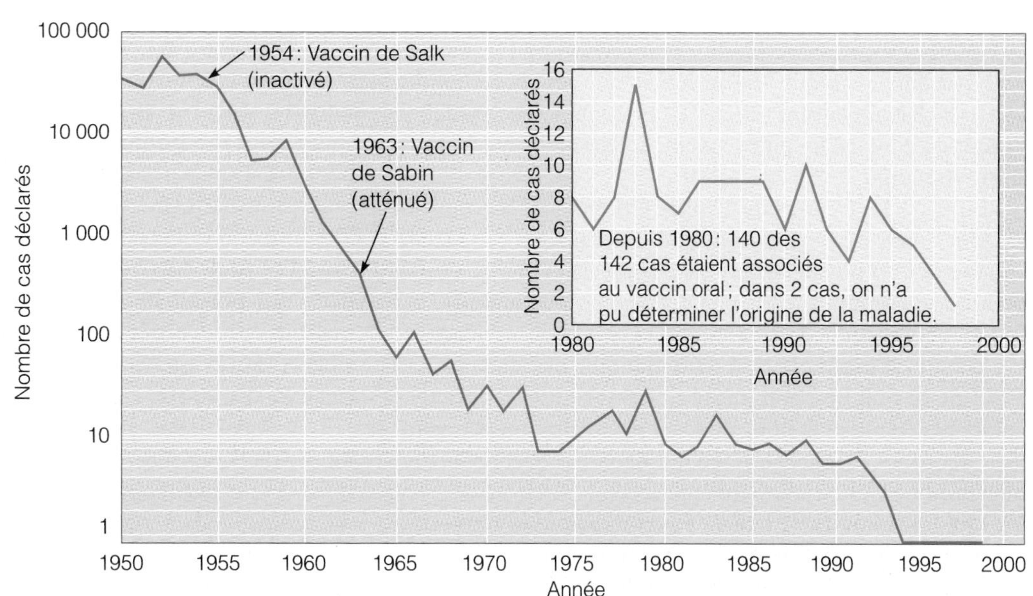


**FIGURE 22.8 Nombre de cas de poliomyélite déclarés aux États-Unis, de 1950 à 1999.** Notez que le nombre de cas a chuté après la mise sur le marché des vaccins de Salk et de Sabin. La portion de courbe en médaillon porte sur la période allant de 1980 à 1999. On constate que la majorité des cas sont associés au vaccin de Sabin. [SOURCES : Centers for Disease Control and Prevention, *Summary of Notifiable Diseases 1995* et *Summary of Notifiable Diseases 1998, Morbidity and Mortality Weekly Report,* vol. 48, n[os] 51 et 52, 7 janvier 2000.]

techniques de culture cellulaire, car le virus ne se développe dans aucun des animaux de laboratoire communs. Ce vaccin a servi de modèle pour la mise au point des vaccins contre les oreillons, la rougeole et la rubéole.

Il existe trois sérotypes différents du poliovirus et il faut assurer l'immunité contre les trois sérotypes. Deux types de vaccins sont sur le marché (chapitre 18). Le *vaccin de Salk,* élaboré en 1954, repose sur l'emploi de virus inactivés au formol. Les vaccins du même type, appelés vaccins à poliovirus inactivés (VPI), requièrent l'administration d'une série d'injections. Leur taux d'efficacité contre la polio paralytique peut atteindre 90%. La concentration d'anticorps diminue toutefois avec le temps, et il faut donner des doses de rappel à des intervalles de quelques années pour maintenir une immunité complète. Plusieurs pays européens ont réussi à éliminer presque complètement la polio de leurs populations en employant uniquement ce vaccin à poliovirus inactivé. Un nouveau vaccin de ce type, produit sur des cellules diploïdes humaines, a été élaboré. Cette version améliorée du vaccin à poliovirus inactivé (E-IPV, pour «*enhanced inactivated polio vaccine*») a remplacé le VPI originel aux États-Unis.

Le *vaccin de Sabin,* mis sur le marché en 1963, contient trois souches vivantes – atténuées – du virus et il a connu plus de popularité que le vaccin de Salk au Canada et aux États-Unis. Son administration est moins coûteuse et la majorité des gens préfèrent ingurgiter une petite quantité d'une boisson à la saveur d'orange contenant le virus que de recevoir une série d'injections. Ce vaccin est aussi appelé vaccin à poliovirus oral (VPO). L'immunité qu'il confère ressemble à celle que l'on acquiert lors d'une infection naturelle. À la suite de l'ingestion du vaccin, les virus atténués sont excrétés dans les selles.

Le vaccin de Sabin présente cependant un inconvénient majeur. Dans de rares cas, soit 1 sur 750 000 pour une première dose et 1 sur environ 2,4 millions pour une dose subséquente, l'une des souches atténuées du virus excrété (type 3) retrouve sa virulence et transmet la maladie. Ces cas sont dus fréquemment à une contamination secondaire, c'est-à-dire que les victimes ne sont pas des individus ayant eux-mêmes reçu le vaccin. On a enregistré 8 ou 9 cas de ce type par année, ce qui illustre le fait que les receveurs du vaccin de Sabin peuvent infecter les personnes avec lesquelles ils sont en contact. Le plus souvent, ces dernières acquièrent ainsi l'immunité.

En 2000, les Centers for Disease Control and Prevention en sont venus à la conclusion que les avantages du vaccin atténué (VPO) n'étaient plus assez appréciables pour ne pas prendre en compte le risque de réversion qu'il comporte, et ils ont recommandé d'utiliser uniquement le vaccin inactivé (VPI) pour l'immunisation systématique des enfants. Le VPO ne devrait être administré que pour lutter contre des épidémies étendues et pour protéger les enfants qui voyagent dans des zones à risque élevé ou qui n'ont pas reçu les quatre injections de VPI au moment approprié.

On doit administrer le E-IPV aux individus immunodéprimés, car ils risquent de contracter la polio si on leur donne un vaccin contenant un virus atténué.

Durant les années 1980, de nombreux adultes d'âge moyen qui avaient eu la polio au cours de leur enfance ont commencé à présenter une faiblesse musculaire appelée aujourd'hui *syndrome de postpoliomyélite.* Il se pourrait que des cellules nerveuses qui n'avaient pas été tuées alors, aient cependant subi des altérations dont les conséquences n'apparaissent que des années plus tard; c'est pourquoi ces cellules commencent à mourir, provoquant un état de faiblesse musculaire. Heureusement, l'évolution de la maladie est extrêmement lente.

La poliomyélite semble avoir été éliminée de l'Amérique du Nord et du Sud, de l'Europe et du Pacifique ouest, où aucun cas provoqué par un virus sauvage n'a été déclaré depuis plusieurs années. On a mis en œuvre des programmes de vaccination en Chine et en Inde, au cours desquels plus de 100 millions de personnes ont été vaccinées en une seule journée. L'éradication de la polio sera néanmoins plus difficile que celle de la variole. Cette dernière se manifestait par des signes et symptômes évidents, tandis que de nombreux cas de polio sont asymptomatiques, et la nature orofécale de la transmission rend l'endiguement plus difficile. L'éradication dans diverses régions d'Afrique, du Moyen-Orient et de l'Asie méridionale sera particulièrement ardue.

## La rage

### Objectif d'apprentissage

- *Comparer les traitements préexposition et postexposition de la rage.*

La **rage** (du latin *rabia* = transport de fureur) est une maladie qui déclenche presque toujours une encéphalite mortelle. L'agent causal est le virus rabique, un rhabdovirus à la forme fuselée caractéristique. Chez les humains, la transmission du virus se fait habituellement par la morsure ou par la griffure d'un animal infecté. Le seul fait d'être léché par l'animal est dangereux, car le virus contenu dans la salive peut s'introduire dans le corps par l'intermédiaire d'une éraflure minuscule. Le virus ne pénètre pas la peau saine, mais il peut traverser les muqueuses saines qui tapissent les yeux, le nez ou la bouche. Des scientifiques qui étudiaient des chauves-souris dans des grottes ont contracté la rage, probablement par inhalation, parce que le virus était présent dans l'atmosphère sous la forme d'aérosols de sécrétions des animaux. Des humains ont également contracté la maladie par inhalation d'aérosols du virus en faisant macérer des tissus infectés dans un mélangeur de laboratoire. Dans certains cas, la maladie s'est déclarée à la suite d'une greffe de cornée. Par ailleurs, notez que le virus reste virulent même dans des cadavres d'animaux contaminés.

❶-❷ Au début de l'infection, le virus se reproduit – près du site de la morsure – dans les cellules des muscles squelettiques et du tissu conjonctif, et il demeure dans ces régions du corps pendant une période allant de quelques jours à quelques mois. ❸ Il diffuse ensuite dans les nerfs périphériques où il chemine, à une vitesse de 15 à 100 mm par jour, jusqu'au SNC. ❹-❺ Il termine sa course dans les cellules nerveuses de l'encéphale; pour se fixer à ces cellules et y pénétrer, le virus simule l'acétylcholine, un neurotransmetteur. Le virus se multiplie dans les cellules et les détruit, provoquant ainsi une encéphalite (figure 22.9). On a observé des cas extrêmes pour lesquels la période d'incubation a atteint 6 ans, alors qu'elle est en moyenne de 30 à 50 jours. Une morsure dans une zone riche en fibres nerveuses, telle que la main ou le visage, est particulièrement dangereuse et la période d'incubation qui s'ensuit est d'ordinaire relativement courte.

Une fois que le virus a pénétré dans les nerfs périphériques, il échappe à l'action du système immunitaire jusqu'à ce que les cellules du SNC commencent à mourir (effet cytopathogène), ce qui déclenche une réponse immunitaire tardive.

Les premiers signes et symptômes, légers et variés – céphalées, fièvre, vomissements –, ressemblent à ceux de plusieurs infections courantes. Une fois que le système nerveux central est touché, des périodes d'agitation alternent d'ordinaire avec des périodes de calme. Le patient présente alors fréquemment des spasmes des muscles de la bouche et du pharynx lorsqu'il est exposé à un vent léger ou tente d'absorber du liquide. En fait, la seule vue ou la seule pensée de l'eau peuvent déclencher des spasmes, d'où l'appellation courante de la rage: *hydrophobie* (peur de l'eau). Les dernières phases de la maladie résultent d'une détérioration étendue des cellules nerveuses de l'encéphale et de la moelle épinière.

5 Le virus atteint l'encéphale et cause une encéphalite mortelle.
4 Le virus monte dans la moelle épinière.
3 Le virus chemine dans le système nerveux périphérique et atteint le SNC par l'intermédiaire de la moelle épinière.
2 Le virus se reproduit dans le muscle, près du site de la morsure.
6 Le virus entre dans les glandes salivaires et d'autres organes de la victime.
1 Le virus passe de la salive de l'animal qui mord au tissu de l'humain.


FIGURE 22.9 **Mécanisme physiopathologique de l'infection par le virus de la rage.**

Les animaux peuvent être atteints d'une forme spastique de la maladie, appelée **rage furieuse.** Ces animaux sont d'abord agités, puis ils deviennent extrêmement excitables et cherchent à attraper tout ce qui se trouve à leur portée. Cette tendance à mordre joue un rôle essentiel dans le maintien du virus dans la population animale. Les humains présentent des symptômes semblables. Durant la période d'état de la maladie, on observe une phase d'excitation accompagnée d'anxiété, de confusion, d'insomnie, de sensibilité à la lumière et au bruit ainsi que d'hallucinations et d'hyperactivité, y compris le fait de mordre d'autres personnes. Lorsque la paralysie apparaît, le flux de salive augmente à cause d'un spasme laryngopharyngé qui rend la déglutition difficile, et la régulation nerveuse disparaît peu à peu; c'est pourquoi un des signes classiques de la rage est l'hypersalivation. Le malade meurt presque inévitablement en quelques jours.

Certains animaux souffrent de **rage paralytique,** dans laquelle l'état d'excitation demeure assez faible. Cette forme de rage est particulièrement courante chez les chats. L'animal est relativement calme et semble plus ou moins conscient de son environnement, mais il peut s'irriter et chercher à mordre si on le manipule. On observe des manifestations semblables de la rage chez des humains, et la maladie est souvent confondue avec le syndrome de Guillain-Barré, une paralysie habituellement transitoire mais parfois mortelle, ou avec d'autres affections. Des chercheurs se demandent si les deux formes de la rage ne seraient pas dues à des virus légèrement différents.

Le diagnostic de laboratoire de la rage, tant chez les humains que chez les animaux, repose sur plusieurs données. Si le patient ou l'animal est vivant, on peut parfois poser le diagnostic grâce à l'immunofluorescence directe, technique permettant de déceler la présence d'antigènes viraux dans la salive, le sérum ou le liquide cérébrospinal. On peut aussi procéder à des biopsies cutanées ou à des frottis de muqueuses. Après la mort, on confirme le diagnostic au moyen d'une détection par les anticorps fluorescents pratiquée sur des tissus cérébraux.

## Le traitement de la rage

Lorsqu'une personne a été mordue, égratignée ou léchée par un animal suspecté d'être atteint de la rage, il faut procéder rapidement au lavage vigoureux de la plaie avec une solution d'eau de Javel, d'alcool ou d'iode, produits qui inactivent le virus rabique. Ensuite, le traitement consiste en une immunisation.

La rage présente une caractéristique unique: d'ordinaire, la période d'incubation est suffisamment longue pour que la victime puisse acquérir l'immunité grâce à une vaccination postexposition. (En général, la quantité de virus qui s'introduit par une blessure est trop faible pour provoquer assez rapidement une immunité naturelle efficace.) Ainsi, toute personne ayant été mordue par un animal dont on sait qu'il a la rage doit se soumettre à une *prophylaxie postexposition,* c'est-à-dire qu'elle doit recevoir une série de vaccins antirabiques et d'injections d'immunoglobulines spécifiques.

Il est également recommandé d'administrer un traitement antirabique aux personnes qui ont été mordues, sans provocation, par une mouffette, une chauve-souris, un renard, un coyote, un lynx ou un raton laveur lorsqu'il n'est plus possible d'examiner l'animal. Dans le cas d'une morsure de chien ou de chat, et s'il est impossible de trouver l'animal, on détermine la nécessité d'un traitement en fonction de la prévalence de la maladie dans la région. La morsure d'une chauve-souris n'est parfois pas plus apparente que la marque faite par l'aiguille d'une seringue hypodermique et, dans bien des cas, les victimes n'ont pas eu conscience de la morsure; il est donc recommandé de procéder à la vaccination après tout contact avec une chauve-souris, à moins qu'on ne puisse éliminer tout risque de morsure ou qu'une analyse ne permette d'établir que l'animal n'avait pas la rage. Il est en outre impossible d'éliminer tout risque de morsure dans le cas de jeunes enfants ou d'adultes ayant été en contact avec une chauve-souris durant leur sommeil. Les personnes dont le travail favorise les contacts avec les animaux domestiques ou sauvages (vétérinaires, gardes-chasse, etc.) peuvent bénéficier d'une *vaccination préexposition*.

Le traitement élaboré par Pasteur reposait sur l'atténuation du virus par assèchement dans la moelle épinière prélevée sur des lapins ayant contracté la rage; on utilise maintenant des vaccins inactivés préparés soit sur cellules diploïdes humaines, soit sur embryon de poulet. On administre 5 ou 6 doses de ces vaccins à l'intérieur d'une période de 30 jours suivies d'une dose de rappel au bout de 3 mois. L'immunisation passive est assurée simultanément par l'injection d'immunoglobulines antirabiques humaines prélevées chez des personnes immunisées contre la rage, par exemple chez des employés de laboratoire.

La rage est présente dans le monde entier. Dans son rapport de 2001, l'OMS signalait 50 000 cas de décès humains par année, dont plus de 30 000 en Inde – bien que près de 3 millions d'Indiens soient vaccinés. La maladie n'est pas présente en Australie, en Grande-Bretagne, en Nouvelle-Zélande et à Hawaii, où on applique une quarantaine rigoureuse. La maladie a longtemps été endémique chez les vampires (chauves-souris) d'Amérique du Sud. En Amérique du Nord, la rage est largement répandue dans la faune, en particulier chez les mouffettes, les renards et les ratons laveurs, et elle touche également des animaux domestiques (figure 22.10). En fait, à l'échelle mondiale, ce sont les chiens qui constituent le réservoir le plus courant de la rage; toutefois, dans les pays développés, la rage se rencontre principalement chez les animaux sauvages. En Europe et en Amérique du Nord, on effectue actuellement des recherches portant sur l'immunisation de la faune avec un vaccin antirabique atténué issu du génie génétique et ajouté à de la nourriture distribuée de manière que les animaux sauvages y aient accès. Par exemple, on a déterminé que les renards gris ont une prédilection pour les aliments pour chiens aromatisés à la vanille; quant aux coyotes, ils ne sont pas du tout exigeants. Ces expériences ont remporté beaucoup de succès en Europe.

Dans les différents pays où la vaccination des animaux domestiques s'est généralisée, l'incidence de la rage a été réduite à quelques cas par année chez l'humain (voir l'encadré de la page 679); au Canada, aucun cas de rage chez l'humain n'a été déclaré en 1998. Cependant, les cas de rage chez les animaux sauvages sont en progression, notamment en Amérique du Nord.

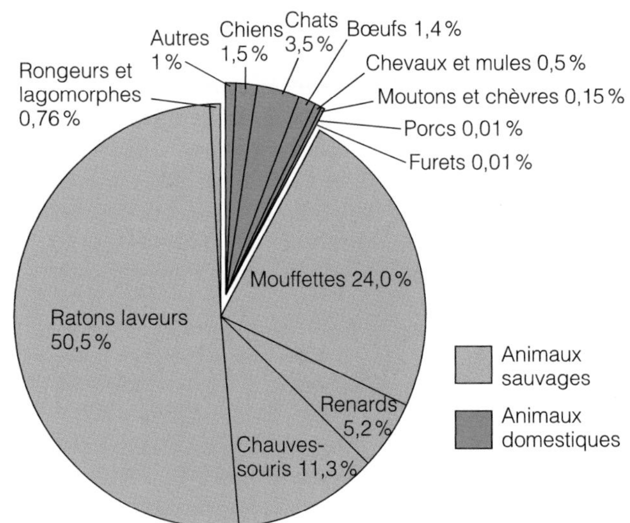


Cas de rage chez diverses espèces animales sauvages et domestiques aux États-Unis, en 1998.

**FIGURE 22.10 Les principales espèces sauvages touchées par la rage aux États-Unis.** Des souches du virus distinctes sur le plan antigénique sont associées à des animaux différents. Ce fait est souvent utile pour retrouver l'origine de cas lorsqu'on ne dispose pas d'autres données (voir l'encadré inséré dans le présent chapitre). [SOURCE : J. W. Krebs et coll. « Rabies surveillance in the United States during 1997 », *Journal of the American Veterinary Medical Association,* vol. 213, n° 12, 15 décembre 1998.]

■ Quel est le principal réservoir de la rage dans votre région ?

## Les encéphalites à arbovirus

### Objectif d'apprentissage

■ *Décrire les méthodes de prévention des encéphalites à arbovirus.*

Les **encéphalites à arbovirus,** provoquées par des virus transmis par des moustiques vecteurs, sont relativement courantes dans plusieurs régions du monde. (Le terme arbovirus est une abréviation de « *ar*thropod-*bo*rne virus ».) Le graphique de la figure 22.11 représente l'incidence de l'encéphalite de type Californie (EC) sur une période de quelques années. L'augmentation observée durant la saison estivale coïncide avec la période de prolifération des moustiques adultes (*Ædes*) ; les petits mammifères sont les animaux réservoirs du virus. On effectue régulièrement des tests sur des *animaux de faction* (« sentinel animals »), tels que des lapins et des poulets gardés en cage, pour vérifier s'ils possèdent des anticorps contre les arbovirus. Cette mesure fournit aux

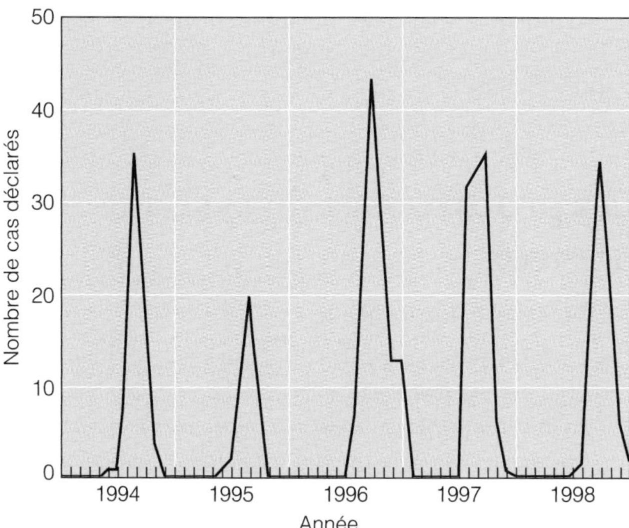


**FIGURE 22.11 Arboviroses infectant le système nerveux central.** Nombre de cas dus au virus de l'encéphalite de type Californie déclarés par mois aux États-Unis, de 1993 à 1997. Notez que la fréquence de la maladie est saisonnière.
[SOURCE : Centers for Disease Control and Prevention, *Summary of Notifiable Diseases, 1997, Morbidity and Mortality Weekly Report,* vol. 46, n° 54, vol. 44, n° 53, 3 janvier 1997.]

■ Pourquoi les arboviroses se produisent-elles durant la période estivale ?

autorités sanitaires des données sur l'incidence et les types de virus présents dans leur région.

On a déterminé plusieurs types cliniques d'encéphalites à arbovirus. Tous provoquent des symptômes classés de subcliniques à graves, et parfois même une mort rapide. Les cas évolutifs sont caractérisés par des frissons, des céphalées et de la fièvre, qui peuvent être suivis de confusion mentale et de coma. Les survivants courent le risque de souffrir de troubles neurologiques permanents.

Les chevaux, comme les humains, sont fréquemment atteints par les arbovirus ; ainsi, des souches d'arbovirus sont responsables de l'*encéphalite équine de l'Est* (*EEE*) et de l'*encéphalite équine de l'Ouest* (*EEO*). Ce sont ces deux virus qui risquent le plus de causer des maladies graves chez les humains. L'EEE est la forme la plus grave, le taux de mortalité étant d'au moins 35 %, et une bonne proportion des survivants souffrent de lésions cérébrales, de surdité ou de divers autres troubles neurologiques. Les chevaux et les oiseaux sont fréquemment les réservoirs du virus.

L'*encéphalite de Saint-Louis* (*ESL*) tire son nom de la localité où est survenue une première épidémie importante (au cours de laquelle on a découvert le rôle joué par les moustiques dans la transmission de la maladie). L'ESL est la forme la plus courante d'encéphalite à arbovirus, bien que moins de 1 % seulement des cas s'accompagnent de symptômes ; elle touche surtout les adultes de plus de 40 ans. Les oiseaux sont les réservoirs du virus qui est transmis par le moustique vecteur *Culex*. L'*encéphalite de type Californie* (*EC*) a été d'abord déterminée dans l'État du même nom, mais la majorité des cas se produisent ailleurs. La souche La Crosse est la plus importante sur le plan médical ; elle touche surtout les jeunes de 5 à 18 ans, tant en milieu rural que dans les banlieues.

À l'automne de 1999, un pathologiste vétérinaire travaillant dans un zoo de la région de New York a observé plusieurs décès chez des oiseaux exotiques, et les autorités sanitaires locales ont constaté une augmentation des décès chez les oiseaux sauvages, en particulier chez les corbeaux. On a déterminé que l'agent responsable était un virus transmis par les moustiques et dont on n'avait encore jamais noté la présence aux États-Unis, soit le *virus du Nil*. L'épidémie a aussi atteint des humains et provoqué plusieurs décès. On pense que le virus pourrait provenir du Moyen-Orient, bien que l'on ait aussi observé des épidémies en Europe de l'Est. Si des oiseaux migrateurs infectés la disséminent dans des régions où les moustiques survivent toute l'année, la maladie risque de se propager et de devenir endémique dans ces régions. Ainsi, des cas d'**encéphalite à virus du Nil** ont été déclarés aux États-Unis ; durant l'été 2002, des cas ont aussi été signalés au Canada, un pays dont les conditions climatiques sembleraient propres à mettre sa population hors d'atteinte de la maladie.

Il existe aussi des formes d'encéphalites à arbovirus endémiques en Extrême-Orient. La plus connue est l'**encéphalite B du Japon,** qui constitue un grave problème de santé publique, surtout au Japon, en Corée et en Chine. Dans ces pays, on utilise des vaccins pour lutter contre la maladie et on recommande souvent aux visiteurs de se faire vacciner.

Le diagnostic des encéphalites à arbovirus repose sur des épreuves sérologiques, en particulier la méthode ELISA, qui permet d'identifier les anticorps IgM. Le moyen de prévention le plus efficace est la lutte à l'échelle locale contre les moustiques.

# Une mycose du système nerveux

Les mycètes envahissent rarement le système nerveux central, mais il existe un mycète pathogène, du genre *Cryptococcus,* qui trouve des conditions de croissance favorables dans le liquide cérébrospinal.

## La méningite à *Cryptococcus neoformans* (cryptococcose)

### Objectifs d'apprentissage

- *Décrire l'épidémiologie de la méningite à* Cryptococcus neoformans, *et notamment le pouvoir pathogène de l'agent en cause, son réservoir (le plus répandu), son mode de transmission, sa porte d'entrée ainsi que les facteurs prédisposants de l'hôte réceptif.*
- *Relier la méningite à* Cryptococcus neoformans *à des moyens de prévention, à une thérapeutique et à des épreuves de diagnostic (s'il y a lieu).*

Les mycètes du genre *Cryptococcus* sont des cellules sphériques levuriformes. Ils se multiplient par bourgeonnement et produisent des capsules polysaccharidiques, dont certaines sont beaucoup plus épaisses que les cellules elles-mêmes (figure 22.12); le pouvoir pathogène du mycète est associé à la présence de cette capsule qui le protège contre la phagocytose (chapitre 15). Une seule espèce, *Cryptococcus neoformans,* est anthropopathogène; elle cause la maladie appelée **cryptococcose,** ou **méningite à *Cryptococcus neoformans*.** Le mycète est largement répandu dans le sol, et on le rencontre en particulier dans les sols contaminés par des excréments de pigeons. Il est aussi présent dans les nids et les perchoirs de pigeons que constituent les rebords des fenêtres des édifices urbains. La majorité des cas de cryptococcose surviennent dans les zones urbaines, et on pense que la maladie se transmet par inhalation d'excréments séchés de pigeons infectés. La maladie était relativement rare avant l'apparition du SIDA.

L'inhalation de *C. neoformans* provoque d'abord une infection pulmonaire, fréquemment subclinique, et dans la plupart des cas la maladie n'évolue pas davantage. Cependant, le microorganisme en croissance peut se propager par l'intermédiaire de la circulation sanguine à d'autres parties du corps, y compris l'encéphale et les méninges, notamment chez les individus immunodéprimés ou soumis à une stéroïdothérapie visant à lutter contre une maladie grave. La maladie se manifeste généralement par une méningite chronique, souvent évolutive et mortelle si elle n'est pas traitée.

La meilleure épreuve de diagnostic sérologique est un test d'agglutination au latex, qui permet de déceler les antigènes cryptococcaux dans le sérum ou dans le liquide cérébrospinal. Le traitement d'élection pour la cryptococcose est l'administration simultanée d'amphotéricine B et de flucytosine. Le taux de mortalité atteint près de 30% même si la maladie est traitée.

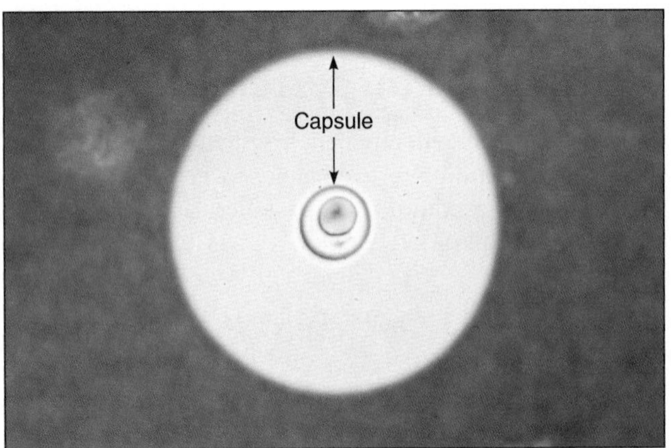


FIGURE 22.12 ***Cryptococcus neoformans.*** Ce mycète levuriforme possède une capsule exceptionnellement épaisse. Dans la micrographie, on a rendu la capsule visible en mettant les cellules en suspension dans de l'encre de Chine diluée.

■ Quel est le réservoir le plus répandu du mycète *C. neoformans*?

# Les protozooses du système nerveux

### Objectifs d'apprentissage

- *Décrire l'épidémiologie de la trypanosomiase africaine et de la méningoencéphalite à* Nægleria, *et notamment le pouvoir pathogène des agents en cause, leurs réservoirs, leurs modes de transmission, leurs portes d'entrée ainsi que les facteurs prédisposants de l'hôte réceptif.*
- *Relier la trypanosomiase africaine et la méningoencéphalite à* Nægleria *à des moyens de prévention, à une thérapeutique et à des épreuves de diagnostic (s'il y a lieu).*

Il existe peu de protozoaires capables d'envahir le système nerveux central. Cependant, ceux qui réussissent à y pénétrer causent de graves dommages.

## La trypanosomiase africaine

La **trypanosomiase africaine,** ou maladie du sommeil, est une protozoose touchant le système nerveux. En 1907, Winston Churchill a décrit l'Ouganda, durant une épidémie de cette maladie, comme un «magnifique jardin de la mort». Aujourd'hui encore, la protozoose fait environ 1 million de victimes en Afrique centrale et de l'Est, où approximativement 20 000 nouveaux cas sont déclarés chaque année.

La maladie du sommeil est causée par *Trypanosoma brucei gambiense* et *Trypanosoma brucei rhodesiense,* deux flagellés injectés lors d'une piqûre de la mouche tsé-tsé. Les réservoirs animaux des deux trypanosomes sont semblables, mais leurs habitats sont distincts et la transmission se fait par des espèces différentes de mouches tsé-tsé porteuses. La transmission interpersonnelle par l'intermédiaire de piqûres de l'insecte porteur est plus fréquente dans le cas des infections par *T. b. gambiense;* en effet, ce microorganisme circule dans le sang de la victime pendant toute la durée de la maladie, qui est de 2 à 4 ans. *T. b. rhodesiense* provoque une maladie plus aiguë, dont la durée n'est que de quelques mois.

Au début de l'une ou l'autre forme de la maladie, on peut trouver quelques trypanosomes dans le sang. L'agent pathogène passe ensuite dans le liquide cérébrospinal. L'atteinte des tissus nerveux entraîne des signes et symptômes qui comprennent une réduction de l'activité physique et mentale. Si la maladie n'est pas traitée, la victime entre dans le coma, et la mort est presque inévitable.

Il existe des agents chimiothérapeutiques moyennement efficaces, dont la suramine et l'iséthionate de pentamidine. L'eflornithine est un nouveau médicament qui inhibe une enzyme essentielle à la prolifération du parasite. Son efficacité

RÉSOLUTION DE CAS CLINIQUES

## Une affection neurologique

La description du problème comporte des questions que les cliniciens eux-mêmes se posent lorsqu'ils tentent d'établir un diagnostic et de choisir un traitement. Essayez de répondre à chaque question avant de poursuivre votre lecture.

1. Le 14 décembre, un Virginien de 29 ans se présente à une clinique ; il se plaint de céphalées, de douleurs musculaires, de vomissements et de crampes abdominales. Pour le soulager, on lui administre de l'acétaminophène, un analgésique. Le patient rentre chez lui, mais les signes et symptômes continuent d'évoluer : il ressent une douleur continue dans le poignet droit et des tremblements dans les muscles du bras droit, et il éprouve de la raideur et de la difficulté à marcher. Le 18 décembre, il est transporté au service des urgences, où l'on constate que sa température atteint 39,4 °C. L'examen physique relève une tension artérielle plus élevée que la normale dans le bras droit, une différence dans le diamètre des deux pupilles et une sensibilité anormalement grande aux stimuli, tels que la lumière et le bruit. Le patient est conscient et capable de s'orienter, mais il a des hallucinations visuelles.
   *De quelles informations supplémentaires avez-vous besoin pour orienter le diagnostic ?*

2. Les épreuves toxicologiques effectuées avec le sang du patient ont été négatives pour une intoxication aux pesticides et à la stramoine (graines de la plante *Datura stramonium*), et les tests effectués sur le liquide cérébrospinal sont négatifs pour la présence de l'herpèsvirus et de bactéries. L'état mental du patient continue de se détériorer, des périodes d'agitation alternent avec des périodes de calme ; sa température et sa tension artérielle présentent des fluctuations importantes. On procède à son intubation et on lui administre de fortes doses de sédatif le 20 décembre.
   *De quelle(s) maladie(s) le patient peut-il être atteint ? De quelles informations supplémentaires avez-vous besoin ?*

3. Le 22 décembre, on effectue une biopsie cutanée et une épreuve d'immunofluorescence directe est positive pour le virus de la rage ; l'analyse par la méthode ACP d'échantillons de salive et de peau est également positive le 23 décembre. Le 28 décembre, les titres des anticorps neutralisant le virus rabique sont de 1 :50 et de 1 :1200 respectivement dans des échantillons de sérum prélevés le 21 et le 28 décembre.
   *Qu'indique la variation dans le titre des anticorps ? De quelle maladie le patient est-il atteint ? Quel traitement recommanderiez-vous ?*

4. La présence du virus et l'élévation du titre des anticorps indiquent que le patient est atteint de la rage. Il n'existe aucun traitement pour cette maladie après que les symptômes ont commencé de se manifester. Le 28 décembre, le patient n'avait plus de réflexes provenant du tronc cérébral, et il est mort le 31 décembre.
   *Quel traitement administreriez-vous aux personnes ayant été en contact avec le patient entre le 14 décembre et le moment du décès ?*

5. On administre une prophylaxie postexposition (PPE) à 48 personnes, dont 15 dispensateurs de soins de santé et le pathologiste qui a pratiqué l'autopsie.
   *Le fait que les échantillons prélevés le 21 décembre n'aient pas été analysés immédiatement a-t-il eu un effet sur l'évolution de la maladie ? L'administration de sédatifs a peut-être masqué les symptômes classiques d'hydrophobie et d'hypersalivation. Quel problème cela a-t-il pu causer ?*

6. Un diagnostic précoce ne permet pas de sauver la vie d'un patient, mais il permet de réduire au minimum le risque potentiel d'exposition pour d'autres personnes ainsi que la nécessité d'administrer une PPE.
   *De quelles autres informations a-t-on besoin relativement à ce cas de rage ?*

7. À l'aide de la séquence de bases du produit de l'ACP, on a déterminé une variante du virus rabique associée aux chauves-souris de l'espèce pipistrelle de l'Est et de l'espèce argentée. Le patient ne croyait pas avoir été mordu par un animal et rien n'indiquait la présence de chauves-souris aux environs de sa maison.
   *Pourquoi la surveillance de la rage et la déclaration des cas sont-elles des mesures essentielles ?*

8. Aux États-Unis, la rage transmise par les chauves-souris est endémique chez les animaux sauvages, et des cas prouvés ont été observés dans chacun des 48 États contigus. Les chauves-souris sont responsables d'un pourcentage de plus en plus élevé des cas de rage transmis d'un animal sauvage à un humain. Depuis 1990, on a enregistré 27 cas de rage chez les humains aux États-Unis. Bien que 20 d'entre eux aient été attribués à des variantes du virus rabique associées aux chauves-souris, on n'a prouvé la présence d'une morsure que dans un seul cas. Des 20 cas attribués à une variante du virus associée aux chauves-souris, 15 ont été provoqués par la variante associée aux espèces pipistrelle de l'Est et argentée.

   La pipistrelle de l'Est et la chauve-souris argentée sont des insectivores dotés de petites dents, dont la morsure n'est pas nécessairement apparente sur la peau d'un humain. C'est pourquoi il importe de traiter les personnes qui risquent d'avoir été exposées au virus de la rage lorsqu'on ne peut pas éliminer toute possibilité de morsure.

SOURCE : Adapté de *Morbidity and Mortality Weekly Report*, vol. 48, n° 5, p. 95-97, 12 février 1999.

contre *T. b. gambiense* est telle qu'on le qualifie de « médicament miracle ». Cependant, son efficacité contre *T. b. rhodesiense* est variable.

On travaille actuellement à l'élaboration d'un vaccin, mais le fait que le trypanosome est capable de modifier ses antigènes de surface de nombreuses fois (au moins 100 fois) constitue un obstacle de taille ; en effet, il peut ainsi échapper à l'action des anticorps, qui sont efficaces seulement contre une protéine ou quelques-unes. Chaque fois que le système immunitaire réussit à supprimer un trypanosome, un nouveau clone du parasite, doté d'antigènes différents, fait son apparition (figure 22.13). Le pouvoir pathogène de ce parasite est donc associé à sa capacité de modifier ses antigènes de surface, ce qui contribue manifestement à la chronicité de l'infection.

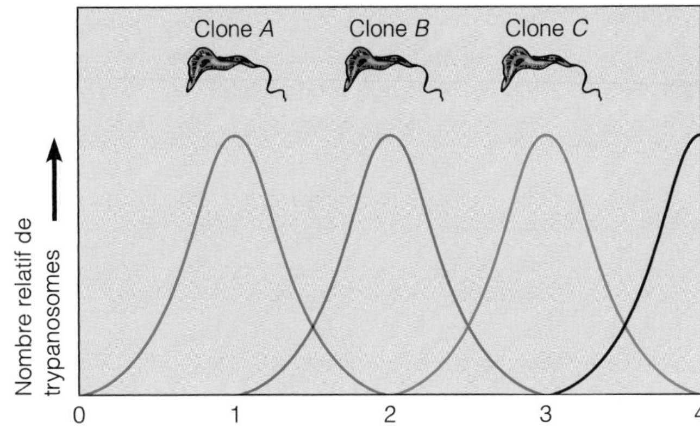


**FIGURE 22.13 Comment les trypanosomes échappent à l'action du système immunitaire.** La population de chaque clone de trypanosomes est presque réduite à zéro lorsque le système immunitaire élimine ses membres, mais les clones existants sont alors remplacés par de nouveaux clones dotés d'antigènes de surface différents. La courbe en noir représente le nombre de membres de la population de clones *D*.

■ Des cellules trypanosomiques différentes peuvent montrer des antigènes distincts à leur surface, de sorte que le système immunitaire n'est pas nécessairement capable de réagir simultanément à tous les antigènes présents.

## La méningoencéphalite à *Nægleria*

*Nægleria fowleri* est une amibe (protozoaire) responsable de l'affection neurologique appelée **méningoencéphalite à *Nægleria*** (figure 22.14). Bien que l'on enregistre des cas de la maladie dans la plupart des régions du monde, on ne relève que quelques cas par année aux États-Unis. Les victimes sont surtout des enfants qui vont se baigner dans des étangs ou des ruisseaux. Le microorganisme infecte d'abord la muqueuse nasale, puis il prolifère dans l'encéphale. Le taux de mortalité est de près de 100 % ; le diagnostic se fait généralement à l'autopsie.

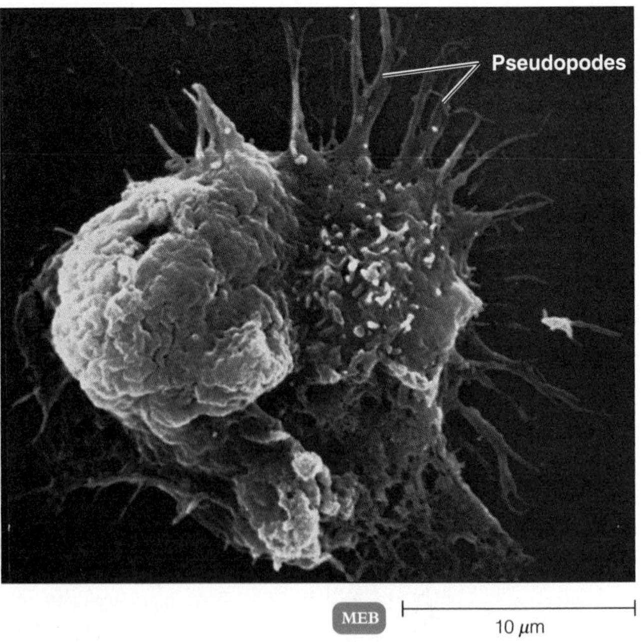


**FIGURE 22.14 *Nægleria fowleri*, agent causal de la méningoencéphalite à *Nægleria*.** La micrographie montre les nombreux pseudopodes de ce parasite mortel. On le voit ici sous la forme trophozoïte. Au stade infectieux, c'est un flagellé en forme de poire, mobile dans son habitat aqueux.

■ Quel est le mode de transmission de *N. fowleri* ?

# Les maladies du système nerveux dues à des prions

### Objectifs d'apprentissage

- *Définir le prion.*
- *Décrire le mode de transmission suspecté de l'encéphalopathie bovine spongiforme.*

Quelques maladies humaines mortelles du système nerveux central sont causées par des prions, qui sont des protéines autoreproductrices ne contenant aucun acide nucléique décelable (chapitre 13, p. 430). La période d'incubation de ces maladies, très longue, se mesure en années. Les altérations du SNC sont insidieuses et elles évoluent lentement ; la victime ne présente ni fièvre ni inflammation, contrairement à ce qui se passe dans le cas d'une encéphalite. L'autopsie révèle une dégénération spongiforme (poreuse comme une éponge) du cerveau caractéristique (figure 22.15a). On observe également des fibrilles caractéristiques dans les tissus cérébraux, altérations qui conduisent aux dommages neurologiques typiques de ces maladies (figure 22.15b). L'étude des maladies de ce type constitue depuis quelques années l'un des domaines les plus intéressants de la microbiologie médicale.

La **tremblante du mouton** est l'une des principales maladies dues à des prions. L'animal infecté se frotte contre les clôtures et les murs jusqu'à ce que sa chair soit à vif. Au cours des semaines ou des mois suivants, il perd toute régulation motrice et meurt. Le prion peut être transmis à d'autres animaux par l'injection de tissu cérébral prélevé sur l'animal malade.

Les humains souffrent d'affections neurologiques semblables à celles de la tremblante. La **maladie de Creutzfeldt-Jakob (MCJ)**, qui en est un exemple, est rare (environ 200 cas par année aux États-Unis et 100 cas recensés en France en 2000) et elle touche souvent plusieurs membres d'une même famille. Il ne fait aucun doute qu'un agent infectieux est en cause puisqu'on a observé des cas de transmission par greffe cornéenne ou par de légères entailles que des chirurgiens se sont causées avec un scalpel lors d'une autopsie. On a établi un lien entre l'injection d'une hormone de croissance dérivée de tissus humains et plusieurs cas de la maladie. L'incinération semble être le seul moyen fiable pour désinfecter des tissus ou du matériel contaminés. L'ébouillantage et l'irradiation n'ont aucun effet, et la stérilisation en autoclave elle-même n'est pas tout à fait sûre. Il semble nécessaire d'élever la température à 132 °C pendant 1 heure pour détruire les prions.

Des membres de tribus de Nouvelle-Guinée ont souffert d'une maladie due à un prion, le **kuru**, qui serait relié à l'ingestion de tissu cérébral lors de rituels cannibales. L'infection résulte de la pénétration de l'agent pathogène par des lésions ou des entailles. La maladie a pratiquement disparu depuis que les pratiques cannibales ont été abandonnées.

Aujourd'hui, l'**encéphalopathie bovine spongiforme (EBS)** constitue un problème de santé publique international. Depuis 1986, en Grande-Bretagne, des milliers de bœufs ont contracté cette maladie, appelée couramment *maladie de la vache folle*. Il devient impossible de maîtriser l'animal infecté, et on doit l'abattre. La maladie serait due à des prions transmis par des compléments alimentaires tirés d'animaux tels que le mouton. Bien qu'elle soit plausible, cette théorie n'a pas encore été démontrée expérimentalement. On espère que des mesures de quarantaine rigoureuses, ainsi que la destruction de tout troupeau soupçonné d'être infecté, permettront d'éradiquer rapidement l'EBS. En Europe, on a élaboré plusieurs épreuves et on espère qu'elles permettront de déceler de façon fiable la maladie chez les animaux.

Ce qui est plus inquiétant à court terme, c'est le fait qu'on a observé plusieurs cas de la maladie de Creutzfeldt-Jakob chez des Britanniques relativement jeunes, car cette affection touche rarement des sujets de ce groupe d'âge. On craint que ces cas rares de la maladie de Creutzfeldt-Jakob ne soient dus à l'ingestion de viande de bœuf. L'agent pathogène probable dans ces nouveaux cas, appelé *variante bovine*, a plusieurs caractéristiques communes avec l'agent responsable

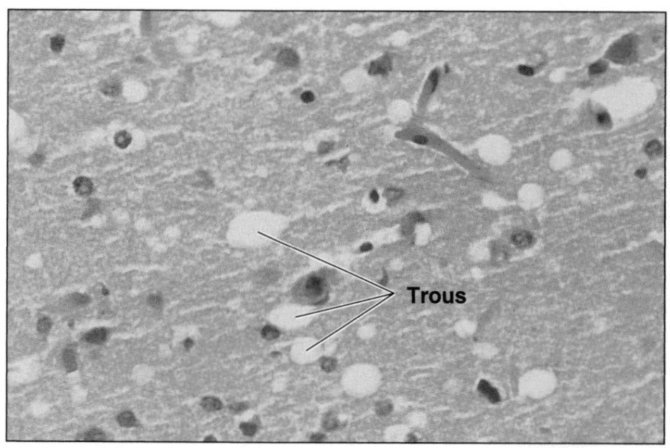


a) Tissu cérébral présentant des lésions spongiformes

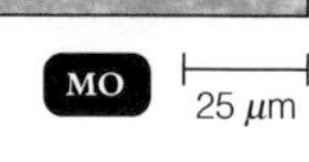


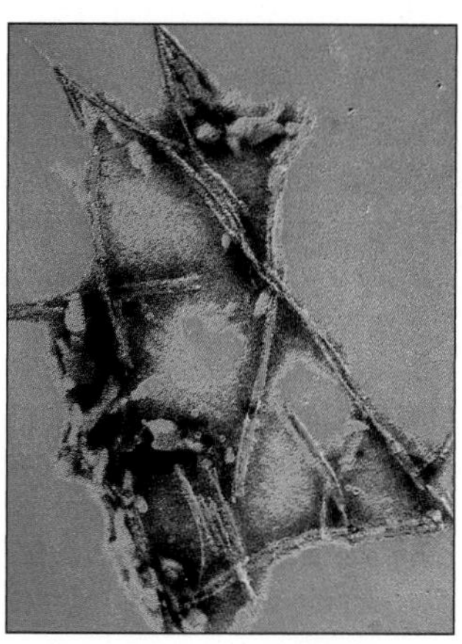

b) Fibrilles caractéristiques des maladies dues à des prions

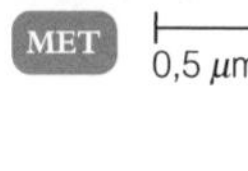


FIGURE 22.15 **Encéphalopathies spongiformes.** Les maladies de ce type, que l'on suppose être causées par des prions, comprennent l'encéphalopathie bovine spongiforme, la tremblante du mouton et la maladie de Creutzfeldt-Jakob chez les humains. Toutes ces maladies sont similaires sur le plan pathologique. **a)** Notez les trous (en blanc) qui confèrent au tissu cérébral son apparence spongiforme. Le terme *spongiforme* vient de cette observation. **b)** Le tissu cérébral illustré présente des fibrilles caractéristiques des maladies dues à des prions. Il n'existe aucun procédé technique qui permette d'observer les microorganismes eux-mêmes.

■ Qu'est-ce qu'un prion ?

de l'EBS. Des experts de l'OMS en sont venus à la conclusion suivante : il n'existe pas de lien démontré entre l'EBS et les cas de la maladie de Creutzfeldt-Jakob dus à la nouvelle variante observés en Grande-Bretagne, mais de fortes présomptions indiquent que l'exposition à l'EBS est l'explication la plus probable. Actuellement, la question la plus préoccupante est surtout de savoir si un grand nombre d'humains ont été infectés, étant donné que les premiers symptômes n'apparaîtront pas avant des années. En 1997, la Food and Drug Administration a interdit l'utilisation de tout produit tiré d'un mammifère pour l'alimentation des bœufs et de tout autre ruminant aux États-Unis. Par mesure de précaution, on a également imposé des restrictions sur les dons de sang provenant de personnes ayant séjourné six mois ou plus en Grande-Bretagne durant le sommet de l'épidémie d'EBS. Des enquêtes systématiques pour déceler la présence d'EBS sont effectuées dans plusieurs pays.

* * *

Le tableau 22.2, à la page suivante, présente une récapitulation des principales maladies infectieuses du système nerveux.

---

# RÉSUMÉ

## LA STRUCTURE ET LES FONCTIONS DU SYSTÈME NERVEUX (p. 662-663)

1. Le système nerveux central (SNC) se compose de l'encéphale et de la moelle épinière, qui sont protégés par la peau, les muscles, les os crâniens et les vertèbres, et les méninges.
2. Le système nerveux périphérique (SNP) est formé des nerfs qui émanent du système nerveux central.
3. Le SNC est recouvert de trois enveloppes membranaires appelées méninges, soit, de l'extérieur vers l'intérieur, la dure-mère, l'arachnoïde et la pie-mère. Le liquide cérébrospinal (ou céphalorachidien) circule dans l'espace sous-arachnoïdien, qui est compris entre l'arachnoïde et la pie-mère.
4. La barrière hémato-encéphalique empêche normalement de nombreuses substances, y compris les antibiotiques, de pénétrer dans l'encéphale.
5. Des microorganismes peuvent pénétrer dans le SNC à l'occasion de traumas, en cheminant dans les nerfs périphériques, ou par l'intermédiaire de la circulation sanguine ou du système lymphatique.
6. L'inflammation des méninges s'appelle méningite ; l'inflammation d'une partie plus ou moins étendue de l'encéphale s'appelle encéphalite.

## LES BACTÉRIOSES DU SYSTÈME NERVEUX (p. 663-672)

### Les méningites bactériennes (p. 663-665)

1. La méningite peut être causée par une bactérie, un virus, un mycète ou un protozoaire.
2. Les trois principaux agents responsables des méningites bactériennes dites purulentes sont *Hæmophilus influenzæ*, *Streptococcus pneumoniæ* et *Neisseria meningitidis*.
3. Près de 50 espèces de bactéries opportunistes peuvent provoquer la méningite.

### *La méningite à* Hæmophilus influenzæ (p. 665)

1. *H. influenzæ* fait partie de la flore normale des voies respiratoires supérieures.
2. *H. influenzæ* a besoin de facteurs sanguins pour se développer ; il existe six types différents de *H. influenzæ*, qui se distinguent par leur capsule.
3. *H. influenzæ* sér. b est la cause la plus fréquente de méningite chez les enfants de moins de 4 ans.
4. Il existe une combinaison de vaccins contre les antigènes polysaccharidiques capsulaires.

### *La méningite à* Neisseria (p. 665-666)

1. *N. meningitidis* est l'agent causal de la méningite à méningocoques. Cette bactérie est présente dans la gorge de porteurs sains.
2. *N. meningitidis* entre probablement dans les méninges par l'intermédiaire de la circulation sanguine. On rencontre cette bactérie dans les leucocytes du système nerveux central.
3. Les signes et symptômes de la méningite à méningocoques sont dus à une endotoxine. La maladie touche surtout les jeunes enfants.

### *La méningite à* Streptococcus pneumoniæ (p. 666-667)

1. *S. pneumoniæ* est fréquemment présent dans la région nasopharyngée.
2. Les patients hospitalisés et les jeunes enfants sont particulièrement susceptibles d'être atteints de la méningite à pneumocoques. Cette maladie est rare mais le taux de mortalité est élevé.
3. Le vaccin contre la pneumonie à pneumocoques fournit une certaine protection contre la méningite à pneumocoques.

### *Le diagnostic et le traitement des formes les plus courantes de méningites bactériennes* (p. 666)

1. On peut administrer des céphalosporines avant d'avoir déterminé l'agent pathogène.
2. Le diagnostic repose sur des épreuves de coloration de Gram et des épreuves sérologiques portant sur la bactérie présente dans le liquide cérébrospinal.

**Tableau 22.2** ***Maladies infectieuses du système nerveux***

| Maladie | Agent pathogène | Remarques |
|---|---|---|
| **Bactérioses** | | |
| Méningite à *Hæmophilus influenzæ* | *H. influenzæ* | Touche principalement les enfants de moins de 4 ans; la vaccination durant l'enfance réduit l'incidence de la maladie. |
| Méningite à méningocoques | *Neisseria meningitidis* | Touche principalement les enfants de moins de 2 ans; les bactéries du groupe A causent des épidémies étendues en Afrique, tandis que celles du groupe C causent des épidémies locales au Canada et aux États-Unis. |
| Méningite à pneumocoques | *Streptococcus pneumoniæ* | Touche les enfants de moins de 4 ans et les personnes âgées hospitalisées; méningite bactérienne ayant le taux de mortalité le plus élevé. |
| Listériose | *Listeria monocytogenes* | Se transmet généralement par des aliments contaminés; les fœtus sont particulièrement vulnérables. |
| Tétanos | *Clostridium tetani* | La toxine produite dans une blessure infectée provoque des contractions musculaires non maîtrisées et, à la longue, une insuffisance respiratoire. |
| Botulisme | *Clostridium botulinum* | Due à l'ingestion de toxine préformée dans des aliments; provoque la paralysie flasque et une insuffisance respiratoire. |
| Lèpre | *Mycobacterium lepræ* | La bactérie croît dans le SNP; finit par causer des dommages étendus aux tissus. |
| **Viroses** | | |
| Poliomyélite | Poliovirus | Se transmet principalement par l'ingestion d'eau; provoque dans environ 1 % des cas au moins une paralysie partielle. |
| Rage | Virus de la rage | Se transmet généralement par une morsure d'animal; la mort résulte d'une insuffisance respiratoire. |
| Encéphalites à arbovirus | Arbovirus | Se transmet par les moustiques; la gravité varie selon l'espèce virale. |
| **Mycose** | | |
| Cryptococcose | *Cryptococcus neoformans* | Méningite grave transmise par l'inhalation d'un mycète provenant souvent d'excréments d'oiseaux, où il peut se développer. |
| **Protozooses** | | |
| Trypanosomiase africaine | *Trypanosoma brucei rhodesiense* et *T. b. gambiense* | Transmise par la piqûre de la mouche tsé-tsé d'Afrique centrale; finit par atteindre le SNC, et provoque ainsi le coma et la mort. |
| Méningoencéphalite à *Nægleria* | *Nægleria fowleri* | Rare, mais mortelle; se transmet par une amibe présente dans les eaux douces, lors d'activités telles que la baignade. |
| **Maladies dues à des prions** | | |
| Maladie de Creutzfeldt-Jakob | Prion | Trouble neurologique rare mais mortel; se transmet apparemment par du sang ou des tissus infectés. |
| Kuru | Prion | Trouble neurologique mortel observé chez les membres de tribus isolées de Nouvelle-Guinée; se transmet par contact avec l'encéphale et des tissus de victimes décédées; la fréquence a chuté avec l'abandon des pratiques rituelles qui favorisaient ce contact. |

3. On prépare habituellement des cultures sur gélose au sang, que l'on fait incuber dans une atmosphère à taux d'oxygène réduit.

### *La listériose* (p. 666-667)

1. *Listeria monocytogenes* est l'agent causal de la méningite chez les nouveau-nés, les individus immunodéprimés, les femmes enceintes et les personnes atteintes d'un cancer; cet agent pathogène est une bactérie opportuniste.
2. L'infection par cette bactérie, transmise par l'ingestion d'aliments contaminés, est parfois asymptomatique chez les adultes sains.
3. *L. monocytogenes* peut traverser le placenta et provoquer une fausse couche ou l'accouchement d'un mort-né.

### Le tétanos (p. 667-669)

1. Le tétanos est dû à l'infection locale d'une blessure par *Clostridium tetani*.
2. *C. tetani* produit une neurotoxine, appelée spasmine tétanique, qui bloque la transmission des influx nerveux inhibiteurs provoquant normalement le relâchement musculaire.
3. La neurotoxine est responsable des signes et symptômes du tétanos: spasmes, contraction des muscles de la mâchoire, mort résultant des spasmes des muscles respiratoires.
4. *C. tetani* est un bacille anaérobie qui se développe dans les blessures profondes mal nettoyées et dans les blessures qui saignent peu.
5. Le vaccin DCT, qui contient l'anatoxine tétanique, confère l'immunité.
6. On peut administrer à une personne blessée, déjà vaccinée, des injections de rappel d'anatoxine tétanique. À une personne non vaccinée, on donne de l'immunoglobuline antitétanique, dont l'action protectrice est immédiate.
7. Le débridement (élimination de tissus) de la plaie et l'administration d'antibiotiques contribuent à la lutte contre l'infection.

### Le botulisme (p. 669-671)

1. Le botulisme est dû à une exotoxine produite par *C. botulinum*, qui se développe dans les aliments.
2. Les différents types sérologiques de la toxine botulinique varient quant à la virulence; le type A est le plus virulent.
3. La toxine botulinique est une neurotoxine qui inhibe la transmission de l'influx nerveux en bloquant la libération d'acétylcholine au niveau de la jonction neuromusculaire.
4. En 1 ou 2 jours après le début de l'infection, la vision de la victime devient floue; cette dernière souffre ensuite de paralysie flasque évolutive pendant 1 à 10 jours, ce qui risque de provoquer la mort par insuffisance respiratoire ou cardiaque.
5. *C. botulinum* est incapable de se développer dans les aliments acides ou dans un milieu aérobie.
6. Les endospores de *C. botulinum* sont détruites par la mise en conserve effectuée de façon appropriée. L'addition de nitrites aux aliments inhibe la croissance après la germination des endospores.
7. La toxine botulinique est thermolabile; l'ébullition (à 100 °C) pendant 5 minutes la détruit.
8. Le botulisme infantile est dû à la croissance de *C. botulinum* dans les intestins du nourrisson, chez lequel la flore microbienne normale n'est pas suffisamment développée.
9. Le botulisme cutané est dû à la croissance de *C. botulinum* dans une plaie anaérobie.
10. Le diagnostic du botulisme repose sur l'inoculation de souris, protégées par une antitoxine, avec la toxine provenant du patient ou des aliments soupçonnés d'être contaminés.

### La lèpre (p. 671-672)

1. *Mycobacterium lepræ* est l'agent causal de la lèpre, aussi appelée maladie de Hansen.
2. On n'a jamais réussi à faire croître *M. lepræ* sur un milieu artificiel, mais on peut le faire croître chez l'armadille.
3. La lèpre tuberculoïde est caractérisée par une perte de sensation dans une région de la peau entourée de nodules. Le test à la lépromine est positif pour les personnes infectées.
4. Le diagnostic de laboratoire repose sur l'observation de bacilles acido-alcoolo-résistants dans les lésions ou dans les exsudats et sur le test à la lépromine.
5. Dans la lèpre lépromateuse, on observe des nodules disséminés sur la surface du corps et une nécrose des tissus. Dans ce cas, le test à la lépromine est négatif.
6. La lèpre n'est pas très contagieuse; elle se transmet par le contact prolongé avec des exsudats.
7. Les personnes atteintes de la lèpre meurent souvent de complications d'origine bactérienne, telles que la tuberculose, si elles ne sont pas traitées.
8. L'administration de médicaments à base de sulfone rend les patients atteints de la lèpre non contagieux en 4 à 5 jours, de sorte qu'ils peuvent ensuite être traités dans des services de consultation externe.
9. La lèpre est présente surtout dans les pays tropicaux.

## LES VIROSES DU SYSTÈME NERVEUX (p. 672-677)

### La poliomyélite (p. 673-674)

1. Les signes et symptômes habituels de la poliomyélite comprennent des céphalées, des maux de gorge, de la fièvre, une raideur du dos et de la nuque; ils s'accompagnent de paralysie dans moins de 1 % des cas.
2. Le poliovirus se transmet par l'ingestion d'eau contaminée par des fèces.
3. Le poliovirus envahit d'abord les nœuds lymphatiques du cou et de l'intestin grêle. Il se produit ensuite parfois une virémie et l'infection des corps cellulaires des neurones moteurs de la moelle épinière.
4. Le diagnostic repose sur l'isolement du virus dans les fèces et dans les sécrétions de la gorge.
5. Le vaccin de Salk (un vaccin à poliovirus inactivé, ou VPI) consiste à injecter des virus inactivés, puis à faire des injections de rappel à des intervalles de quelques années. Le vaccin de Sabin (un vaccin à poliovirus oral, ou VPO) contient trois souches atténuées du poliovirus.
6. On espère éradiquer la poliomyélite grâce à la vaccination.

### La rage (p. 674-676)

1. Le virus rabique (qui est un rhabdovirus) provoque une encéphalite aiguë, habituellement mortelle, appelée rage.
2. La rage se contracte par la morsure d'un animal enragé, par l'inhalation d'aérosols ou par l'envahissement par l'intermédiaire d'abrasions minuscules de la peau. Le virus se reproduit dans les muscles squelettiques et le tissu conjonctif.
3. L'encéphalite se produit lorsque le virus pénètre dans le SNC après avoir cheminé dans les nerfs périphériques.
4. Les symptômes de la rage comprennent des spasmes des muscles de la bouche et de la gorge, suivis de lésions étendues de l'encéphale et de la moelle épinière, puis de la mort. L'hydrophobie et l'hypersalivation sont des signes caractéristiques.
5. Le diagnostic de laboratoire s'effectue notamment à l'aide de réactions d'immunofluorescence directe effectuées sur des prélèvements de salive, de sérum, et de frottis de peau, de muqueuses ou de tissus du SNP ou de l'encéphale.
6. Dans le monde, le chien errant est le principal réservoir; dans les pays développés, les réservoirs de la rage comprennent surtout les animaux sauvages, notamment les mouffettes, les chauves-souris, les renards et les ratons laveurs. Le bétail, les chiens et les chats domestiques peuvent aussi contracter la rage.
7. Le traitement postexposition habituel consiste à administrer simultanément de l'immunoglobuline antirabique humaine et plusieurs injections intramusculaires d'un vaccin.
8. Le traitement préexposition consiste à administrer un vaccin aux personnes susceptibles d'être en contact avec le virus.

### Les encéphalites à arbovirus (p. 676-677)

1. Les signes et symptômes de l'encéphalite comprennent des frissons, de la fièvre et, à la longue, le coma.
2. De nombreux types de virus, appelés arbovirus, sont transmis par des moustiques et provoquent l'encéphalite. Le virus du Nil en est un exemple.
3. L'incidence des encéphalites à arbovirus augmente durant la saison estivale, alors que le nombre de moustiques est maximal.
4. Les chevaux sont fréquemment les réservoirs des virus de l'EEE et de l'EEO; les oiseaux et les petits mammifères sont les réservoirs des virus de l'ESL et de EC.
5. Le diagnostic repose sur des épreuves sérologiques.
6. La lutte contre les moustiques vecteurs est la méthode de lutte la plus efficace contre l'encéphalite.

## UNE MYCOSE DU SYSTÈME NERVEUX (p. 677-678)

### La méningite à *Cryptococcus neoformans* (cryptococcose) (p. 677-678)

1. *Cryptococcus neoformans* est un mycète levuriforme encapsulé qui provoque la cryptococcose.
2. La cryptococcose se contracte par l'inhalation d'excréments séchés de pigeons infectés.
3. La maladie débute par une infection pulmonaire; elle peut se disséminer dans la circulation et s'étendre à l'encéphale et aux méninges.
4. Les individus immunodéprimés sont plus susceptibles de contracter la méningite à *Cryptococcus neoformans.*
5. Le diagnostic repose sur un test d'agglutination au latex en vue d'isoler des antigènes cryptococcaux dans le sérum ou dans le liquide cérébrospinal.

## LES PROTOZOOSES DU SYSTÈME NERVEUX (p. 678-680)

### La trypanosomiase africaine (p. 678-680)

1. La trypanosomiase africaine est causée par les protozoaires *Trypanosoma brucei gambiense* et *T. b. rhodesiense*; elle se transmet par la piqûre de la mouche tsé-tsé.
2. La trypanosomiase touche le système nerveux de l'hôte humain; elle provoque une léthargie et, à la longue, la mort.
3. La capacité du trypanosome à modifier ses antigènes de surface fait obstacle à l'élaboration d'un vaccin.

### La méningoencéphalite à *Nægleria* (p. 680)

1. L'encéphalite due au protozoaire *N. fowleri* est presque toujours mortelle.
2. Le protozoaire envahit l'encéphale après avoir traversé la muqueuse nasale.

## LES MALADIES DU SYSTÈME NERVEUX DUES À DES PRIONS (p. 680-682)

1. Les maladies du SNC qui évoluent lentement et provoquent une dégénérescence spongiforme sont dues à des prions.
2. La tremblante du mouton et l'encéphalopathie bovine spongiforme (EBS) sont des exemples de maladies causées par des prions et transmissibles d'un animal à un autre.
3. La maladie de Creutzfeldt-Jakob et le kuru sont des maladies humaines qui ressemblent à la tremblante. Elles se transmettent d'une personne à une autre.
4. Les prions sont des protéines autoreproductrices qui ne contiennent aucun acide nucléique détectable.

# AUTOÉVALUATION

## RÉVISION

1. Nommez et situez les structures anatomiques qui font obstacle à la pénétration des microorganismes dans le système nerveux.
2. Nommez les portes d'entrée des microorganismes dans le système nerveux.
3. Faites la distinction entre méningite et encéphalite.
4. Remplissez le tableau suivant sur la méningite.

| Agent responsable | Population à risque | Mode de transmission | Type de traitement |
|---|---|---|---|
| *N. meningitidis* | | | |
| *H. influenzæ* | | | |
| *S. pneumoniæ* | | | |
| *L. monocytogenes* | | | |
| *C. neoformans* | | | |

5. On sait que *Clostridium tetani* est relativement sensible à la pénicilline. Alors pourquoi cet antibiotique ne permet-il pas de guérir le tétanos ?

6. Décrivez les similarités et les différences entre les vaccins de Salk et de Sabin quant à la composition, aux avantages et aux inconvénients.

7. Le botulisme est une forme d'**intoxication alimentaire** causée par *Clostrédium botulinum,* un bacille à Gram positif, **anaérobie strict,** producteur d'une **endospore thermo-résistante.** Dans une boîte de conserve scellée, la bactérie produit une **neurotoxine** dont l'**exotoxine A** est la plus **virulente.** Les sujets atteints de botulisme souffrent de **paralysie flasque.** Définissez et décrivez les termes écrits en gras.

8. Donnez les informations suivantes au sujet de la poliomyélite : l'agent causal, le réservoir, le mode de transmission, les signes et symptômes principaux, les dommages physiologiques et la prévention. À quel type de séquelles les victimes de la polio dans leur enfance peuvent-elles avoir à faire face plusieurs années plus tard ?

9. Décrivez brièvement les prophylaxies préexposition et postexposition de la rage. Pourquoi les deux types d'interventions sont-ils différents ?

10. Comment le trypanosome responsable de la maladie du sommeil échappe-t-il à l'action du système immunitaire ?

11. Quels faits étayent la théorie selon laquelle la maladie de Creutzfeldt-Jakob est causée par un agent transmissible ?

## QUESTIONS À CHOIX MULTIPLE

1. Laquelle des affirmations suivantes est *fausse* ?
   **a)** Seules les blessures punctiformes faites avec un clou rouillé peuvent provoquer le tétanos.
   **b)** Les chiens errants sont le principal réservoir de la rage dans le monde.
   **c)** La polio se transmet par voie orofécale.
   **d)** L'encéphalite à arbovirus est transmissible par des moustiques.
   **e)** Aucune de ces affirmations

2. Pour laquelle des maladies suivantes *n*'y a-t-il *aucun* animal qui joue le rôle de réservoir ou de vecteur ?
   **a)** La listériose
   **b)** La cryptococcose
   **c)** La poliomyélite
   **d)** La rage
   **e)** La trypanosomiase africaine

3. Après une greffe cornéenne, une femme a souffert de démence et de perte de ses fonctions motrices ; elle est ensuite entrée dans le coma avant de mourir. Toutes les cultures et les épreuves sérologiques effectuées ont été négatives. L'autopsie a révélé une dégénérescence spongiforme de l'encéphale. La patiente souffrait probablement :
   **a)** de la rage.
   **b)** de la maladie de Creutzfeldt-Jakob.
   **c)** du botulisme.
   **d)** du tétanos.
   **e)** de la lèpre.

4. Une endotoxine est responsable des symptômes causés par le microorganisme encapsulé suivant :
   **a)** *N. meningitidis.*
   **b)** *S. pyogenes.*
   **c)** *L. monocytogenes.*
   **d)** *C. tetani.*
   **e)** *C. botulinum.*

5. L'augmentation de l'incidence des cas d'encéphalite à arbovirus (p. ex. virus du Nil) durant la saison estivale est due à :
   **a)** la maturation des virus.
   **b)** l'augmentation de la température.
   **c)** la présence de moustiques adultes.
   **d)** l'augmentation de la population d'oiseaux.
   **e)** l'augmentation de la population de chevaux.

Associez l'un ou l'autre des éléments suivants aux énoncés des questions 6 et 7.
**a)** La neurotoxine tétanique
**b)** La neurotoxine botulinique

6. Inhibe la transmission de l'influx nerveux en bloquant la libération de l'acétylcholine au niveau de la jonction neuromusculaire, causant ainsi une paralysie flasque.

7. Bloque le réflexe de relâchement du muscle antagoniste, causant ainsi une paralysie spastique.

Associez l'un ou l'autre des microorganismes suivants aux énoncés des questions 8 à 10.
**a)** *Hæmophilus*
**b)** *Cryptococcus*
**c)** *Listeria*
**d)** *Nægleria*
**e)** *Neisseria*

8. La maladie se contracte par l'inhalation d'excréments de pigeons infectés.

9. La transmission de l'infection est due à l'ingestion de charcuteries contaminées conservées au réfrigérateur.

10. On croyait à tort que ce microbe était responsable d'épidémies de grippe.

## QUESTIONS À COURT DÉVELOPPEMENT

1. On entend souvent dire qu'une blessure causée par un clou rouillé et qu'une plaie n'ayant pas saigné ou très peu peuvent provoquer le tétanos. Démontrez la justesse de cette affirmation.

2. Des professionnels de la santé pensent qu'on ne devrait plus utiliser le vaccin à poliovirus oral. Quel argument peut servir à étayer cette opinion ?

3. Démontrez que la déclaration obligatoire de tous les cas de méningite à méningocoques est judicieuse.

4. Démontrez que la recommandation faite aux parents de ne pas donner de miel à leur enfant de moins de 1 an est justifiée.

5. Le virus du Nil a fait les manchettes durant l'été 2002. Quel est le mode de transmission de ce virus ? Quel facteur peut favoriser l'émergence de la maladie ? Justifiez votre réponse en expliquant les cas d'encéphalites dues au virus du Nil dans des régions du Canada.

6. Expliquez pourquoi les personnes atteintes de botulisme ont besoin d'une aide respiratoire en inhalothérapie.

## APPLICATIONS CLINIQUES

*N. B. Certaines de ces questions nécessitent que vous cherchiez des réponses dans les différents chapitres du livre.*

1. Au cours d'un voyage en France en autostop, Christian et Danielle s'interrogent à propos de la présence d'étiquettes anti-*Listeria* sur certains produits alimentaires qu'ils achètent pour préparer leur casse-croûte. Ces étiquettes donnent des informations sur la conservation de l'aliment – conditions de conservation une fois le produit ouvert, nécessité de placer ou non le produit dans un endroit réfrigéré, date de péremption –, et sur les conditions de consommation – nécessité d'une cuisson ou non. Un épicier leur apprend que depuis 2002 l'Agence française de sécurité sanitaire des aliments a généralisé la pose de ces étiquettes anti-*Listeria* sur des aliments à risque. Christian mange néanmoins son casse-croûte avec appétit. Danielle, légèrement inquiète, décide de consulter des sites Internet dans un cybercafé à propos de cette mystérieuse *Listeria*.

   Quelles explications Danielle donnera-t-elle à Christian si ce dernier lui demande quels sont les aliments à risque ? Pourquoi ce microbe attire-t-il contre lui cette campagne de sensibilisation ? Christian fait-il partie de la population à risque ? Si Danielle est enceinte, décrivez le mécanisme physiopathologique responsable de la gravité de l'infection.

2. Jean-Benoît rend visite à un ami installé sur une ferme depuis quelques années. Il constate que les convictions de son ami l'ont amené à rejeter tout ce qui ne lui semble pas « naturel », dont la vaccination. Ainsi, les deux animaux de compagnie de la famille, des bergers allemands, ne sont pas vaccinés contre la rage et ses trois enfants ne sont pas vaccinés contre le tétanos. Or, les chiens partent fréquemment à la chasse aux animaux sauvages. Quant aux enfants, ils jouent pieds nus dans les bâtiments de la ferme, dans les champs et dans les bois environnants. Jean-Benoît travaille dans une clinique pédiatrique et connaît les dangers que constituent le tétanos et la rage pour les enfants.

   Quels arguments Jean-Benoît devra-t-il donner à son ami pour le convaincre que la vaccination contre chacune de ces deux maladies est un choix judicieux compte tenu des caractéristiques des agents pathogènes, de la gravité des maladies et du contexte de la vie familiale ? Dans votre argumentation, décrivez l'épidémiologie des deux infections et reliez le pouvoir pathogène des agents en cause aux mécanismes physiopathologiques qui conduisent à l'apparition des principaux signes des maladies. (*Indice :* voir les chapitres 15 et 18.)

3. Il y a quelques mois, quatre personnes ont été hospitalisées, victimes de cryptococcose. Ce sont des sans-abri qui fréquentent un centre d'hébergement situé dans le centre-ville, proche d'un magnifique parc. Deux d'entre eux, déjà atteints du SIDA, sont décédés rapidement. Antoine, un responsable des services de santé publique, est chargé d'effectuer une enquête épidémiologique. Il doit collecter des données susceptibles d'établir un lien entre la maladie et l'environnement dans lequel les personnes atteintes ont vécu. Dans les circonstances décrites, Antoine détermine une source de contamination des individus ainsi que des facteurs favorisant l'infection chez les personnes atteintes. Selon vous, quelles sont les conclusions d'Antoine ?

   Le responsable du centre d'hébergement pose trois questions à Antoine : Le dépistage de la maladie est-il réalisable ? Y a-t-il un traitement susceptible de prévenir la mortalité ? De quoi les victimes meurent-elles en fin de compte (ou quels sont facteurs de pathogénicité du microorganisme et les signes et symptômes de la cryptococcose) ? D'après vous, quelles seront les réponses d'Antoine à ces questions ? (*Indice :* voir le chapitre 19, section sur le SIDA.)

4. Francis est un jeune homme de 25 ans qui vient d'être admis d'urgence à l'hôpital. Son état est critique. Son amie déclare que tout s'est produit rapidement. Il a commencé par vomir et par ressentir des raideurs dans la nuque ainsi que des maux de tête importants. Puis, il est devenu confus et est tombé complètement inerte. Le médecin constate les signes et symptômes de l'état de choc et détecte des taches rouges (pétéchies) aux doigts et au thorax de Francis. Le médecin suspecte un cas de méningococcémie et prescrit une antibiothérapie d'urgence. Une coloration de Gram, une hémoculture et une culture du liquide cérébrospinal révèlent par la suite la présence d'un méningocoque de type C. Le diagnostic et le traitement très précoces de l'infection ont contribué au rétablissement de Francis ; cependant, on a dû l'amputer de trois doigts de la main gauche.

   Établissez les liens entre l'infection par un méningocoque virulent, le pouvoir pathogène de cet agent et le mécanisme physiopathologique qui ont conduit à l'obligation d'amputer les doigts. Son amie est à risque de contracter l'infection. Que peut-on faire pour la protéger ? Quelle est votre opinion sur la vaccination des bébés contre la méningite ? (*Indice :* voir les chapitres 15 et 23.)

Chapitre 23

# Les maladies infectieuses des systèmes cardiovasculaire et lymphatique

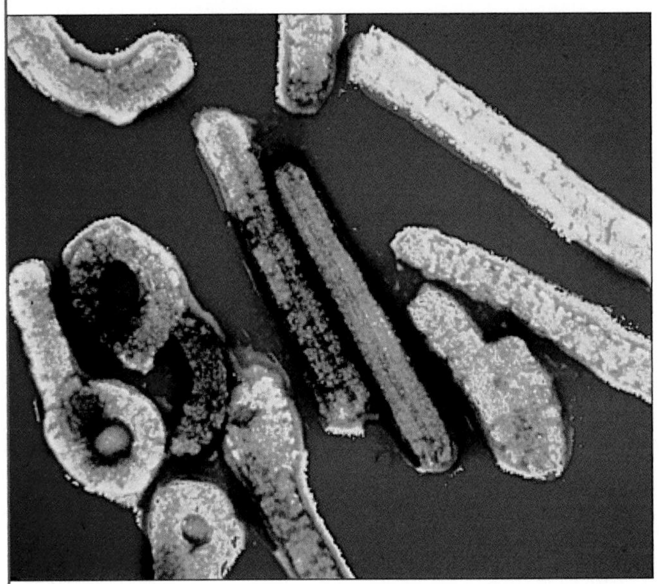

*Le virus Ebola. Cet agent pathogène est l'un des virus responsables de plusieurs fièvres hémorragiques virales émergentes. Un humain contracte d'abord le virus d'une source inconnue, puis le virus se propage à d'autres personnes par l'intermédiaire du sang et des sécrétions de l'individu infecté.*

Le **système cardiovasculaire** se compose du cœur, du sang et des vaisseaux sanguins. Le **système lymphatique** est constitué de la lymphe, des vaisseaux et des nœuds lymphatiques, et des organes lymphoïdes (amygdales, appendice vermiforme, rate et thymus). Étant donné qu'ils transportent diverses substances dans toutes les parties du corps, ces deux systèmes peuvent servir de véhicule pour la dissémination d'une infection.

À la fin du chapitre, le tableau 23.1 présente une récapitulation, par ordre taxinomique, des maladies infectieuses décrites ici.

## La structure et les fonctions des systèmes cardiovasculaire et lymphatique

### Objectifs d'apprentissage

- *Décrire des voies de pénétration d'agents pathogènes jusqu'aux systèmes cardiovasculaire et lymphatique.*
- *Définir le rôle des systèmes cardiovasculaire et lymphatique dans la dissémination des microorganismes, d'une part, et dans leur élimination, d'autre part.*

Le système cardiovasculaire comprend le cœur, les vaisseaux et le sang (figure 23.1). La fonction du système cardiovasculaire consiste à assurer la circulation du sang dans les tissus de l'organisme, de manière à fournir diverses substances aux cellules et à éliminer d'autres substances de ces dernières. Le *cœur* est l'organe qui génère la pression nécessaire à la circulation du sang dans les vaisseaux. C'est grâce aux échanges de substances entre le sang et le milieu interstitiel d'une part et entre le milieu interstitiel et les cellules d'autre part que les cellules peuvent satisfaire leurs besoins fondamentaux (apport de nutriments, de molécules de dioxygène et d'eau, élimination du dioxyde de carbone et maintien de la température du milieu), produire leur énergie et accomplir leurs diverses fonctions. Toute perturbation de la fonction cardiaque par des dommages causés à la structure du cœur aura des conséquences sur le maintien de la pression artérielle, sur la bonne circulation du sang et, par ricochet, sur le maintien de l'homéostasie.

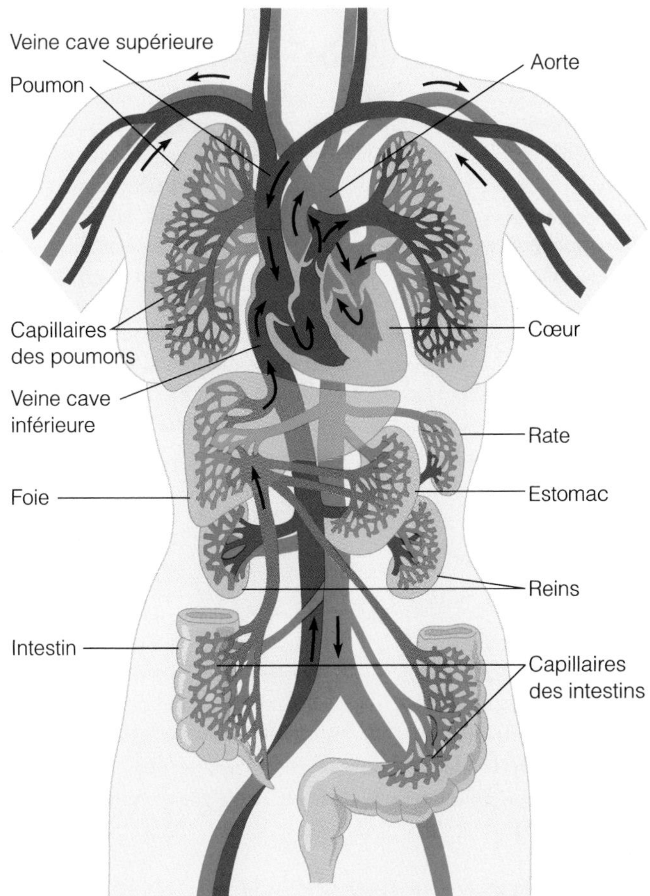


FIGURE 23.1 **Le système cardiovasculaire humain.** Ce diagramme simplifié ne représente pas en détail la circulation dans la tête et les membres. Le sang circule dans le système artériel (en rouge) depuis le cœur jusqu'aux capillaires (en violet) des poumons et des autres parties du corps. Des capillaires, le sang retourne au cœur par le système veineux (en bleu).

- Le système cardiovasculaire est susceptible de disséminer un agent pathogène dans toutes les parties du corps.

Le *sang* est un mélange d'éléments figurés et d'un liquide appelé plasma. Le *plasma* apporte des nutriments dissous aux cellules et transporte les déchets éliminés par celles-ci. Les éléments figurés du sang comprennent les érythrocytes (ou globules rouges), les leucocytes (ou globules blancs) et les thrombocytes (ou plaquettes) (tableau 16.1). Les érythrocytes transportent les molécules de dioxygène ($O_2$) et de dioxyde de carbone ($CO_2$), mais la plus grande partie du dioxyde de carbone contenu dans le sang est dissous dans le plasma. Les leucocytes remplissent différentes fonctions reliées à la défense de l'organisme contre l'infection (chapitre 16). Si des bactéries pénètrent dans la circulation sanguine, elles sont rapidement éliminées par les phagocytes logés dans la rate et le foie. Les bactéries ne demeurent donc pas longtemps dans le sang, à tout le moins chez les individus dont le système immunitaire est intact.

Le système lymphatique joue un rôle essentiel dans la circulation sanguine (figure 23.2). Du plasma, provenant des capillaires sanguins, passe dans les espaces intercellulaires et forme le *liquide interstitiel.* Les vaisseaux lymphatiques qui entourent les cellules sont appelés *capillaires lymphatiques*; ils sont plus gros et plus perméables que les capillaires sanguins. Lorsqu'il circule autour des cellules des tissus, le liquide interstitiel est absorbé par les capillaires lymphatiques et prend alors le nom de *lymphe.*

Puisqu'ils sont très perméables, les capillaires lymphatiques absorbent facilement les microorganismes et leurs produits. Des capillaires lymphatiques, la lymphe passe dans des vaisseaux lymphatiques plus gros qui comportent de nombreuses valves antirefoulement permettant le retour de la lymphe vers le cœur. Toute la lymphe finit par retourner dans le sang juste avant que ce dernier pénètre dans l'oreillette droite du cœur – plus précisément à la hauteur de la veine subclavière gauche. Ce phénomène circulatoire a comme effet de retourner au sang les protéines et le liquide qui se sont échappés du plasma.

Différentes parties du système lymphatique sont dotées de structures ovales, appelées *nœuds* ou ganglions *lymphatiques,* à travers lesquelles circule la lymphe (figure 16.6). Des macrophagocytes fixes situés à l'intérieur des nœuds lymphatiques contribuent à éliminer de la lymphe les microorganismes infectieux. Il arrive que ces nœuds soient eux-mêmes infectés. Ils sont alors gonflés et sensibles et portent le nom de **bubons** (figure 23.9).

Les nœuds lymphatiques sont également une composante importante du système immunitaire. Les microbes étrangers qui y pénètrent font face à deux types de lymphocytes : les lymphocytes B, qui se différencient après activation en plasmocytes, lesquels produisent des anticorps ; et les lymphocytes T, qui se différencient en cellules effectrices, lesquelles sont essentielles au système immunitaire à médiation cellulaire (chapitre 17).

Les microorganismes qui atteignent la circulation sanguine ou lymphatique y ont pénétré par l'une ou l'autre des voies d'accès suivantes au cours d'un événement particulier : lors d'un traumatisme accidentel – blessure, piqûre d'insecte ; lors d'un acte médical – injection, pose d'un cathéter, extraction d'une dent, amygdalectomie ; lors de l'infection d'une plaie cutanée infectée ; lors de la traversée de la muqueuse intestinale au niveau du chylifère lymphatique ; lors de la traversée d'une muqueuse infectée qui a subi des lésions.

# Les bactérioses des systèmes cardiovasculaire et lymphatique

Si des bactéries pénètrent dans la circulation sanguine, elles se disséminent dans l'organisme et sont parfois capables de se reproduire rapidement.

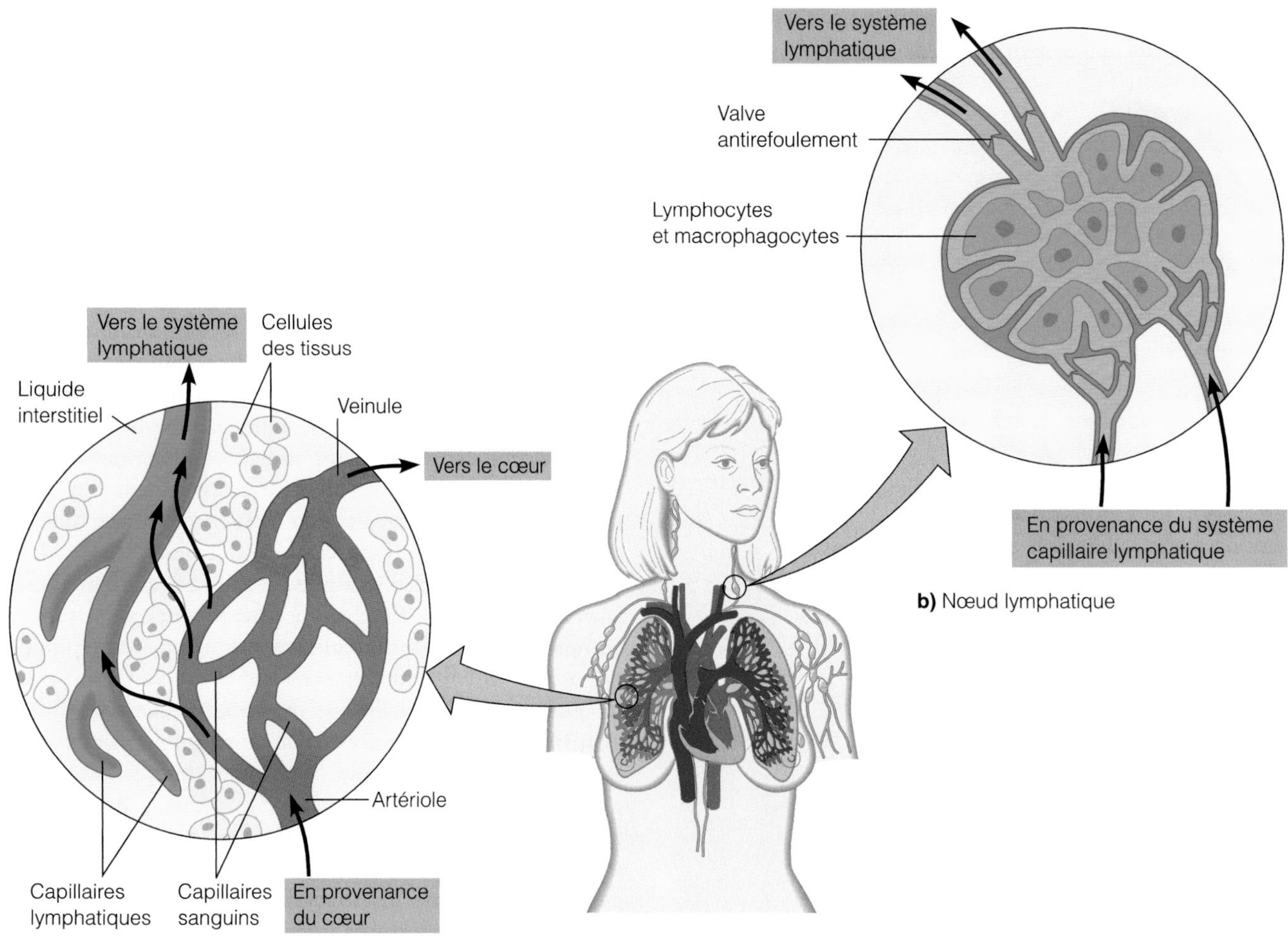


**FIGURE 23.2 Relation entre les systèmes cardiovasculaire et lymphatique. a)** Du plasma s'échappe des capillaires sanguins et passe dans les tissus environnants où il forme le liquide interstitiel, puis entre dans les capillaires lymphatiques. Ce liquide, alors appelé lymphe, retourne au cœur par le système circulatoire lymphatique (en vert), qui amène la lymphe à une veine. **b)** La totalité de la lymphe qui retourne au cœur doit passer à travers au moins un nœud lymphatique. (Voir aussi la figure 16.6.)

■ Quel est le rôle du système lymphatique dans la défense contre l'infection ?

## La septicémie, la septicité et le choc septique

### Objectifs d'apprentissage

- *Énumérer les signes et symptômes d'une septicémie, et expliquer la gravité des infections qui évoluent vers une septicémie.*
- *Définir le choc septique.*
- *Distinguer le choc septique secondaire à une septicémie à Gram négatif et le choc septique secondaire à une septicémie à Gram positif.*
- *Expliquer comment la fièvre puerpérale peut conduire à une septicémie.*

Bien que le sang soit normalement stérile, un nombre modéré de microorganismes peuvent entrer dans la circulation sanguine sans causer de problème. Le sang et la lymphe contiennent de nombreux phagocytes défensifs. De plus, le sang contient peu de fer, qui est un élément essentiel à la croissance des bactéries. Toutefois, si les défenses des systèmes cardiovasculaire et lymphatique font défaut, les microbes peuvent proliférer librement dans le sang, ce qui mène à une **septicémie.** Si les bactéries entraînent la lyse des érythrocytes, la libération d'hémoglobine contenant du fer risque d'accélérer la croissance microbienne. Du point de vue clinique, une personne souffrant de septicémie a des frissons et de la fièvre. Elle peut aussi présenter une **lymphangite,** dans laquelle des vaisseaux lymphatiques enflammés forment des traînées rouges visibles sous la peau, s'étendant depuis le foyer d'infection le long d'un bras ou d'une jambe (figure 23.3). Ces traînées s'arrêtent parfois à un nœud lymphatique, où des macrophagocytes fixes tentent de faire obstacle aux microorganismes envahisseurs. L'état infectieux qui résulte d'une maladie due à des microorganismes s'appelle **septicité.**

Les microorganismes responsables de septicémies peuvent causer des troubles vasculaires qui entraînent en bout de ligne une chute de la pression artérielle ; cet effondrement de la pression est nommé **choc septique.** Les microorganismes le plus fréquemment associés à cet état sont les bacilles à Gram négatif, qui pénètrent habituellement dans le sang par un foyer d'infection, souvent grâce à la capacité des bactéries de produire et de libérer des enzymes extracellulaires. Il faut se rappeler que la paroi cellulaire de nombreux bacilles à Gram négatif contient des endotoxines qui sont libérées lors de la lyse de la bactérie. Ces endotoxines provoquent, en plus des frissons et de la fièvre (figure 15.5), un état de choc septique plus précisément appelé choc endotoxique ou endotoxinique. Moins de 1 millionième de 1 milligramme d'endotoxine suffit pour provoquer les signes et symptômes. L'administration d'antibiotiques risque d'aggraver l'état du patient en causant la lyse d'un nombre considérable de bactéries, qui libèrent alors une quantité encore plus grande d'endotoxines (chapitre 15, p. 485).

L'incidence des infections à Gram positif a augmenté récemment parce qu'on fait plus souvent appel à des procédés effractifs. On ne sait pas exactement quels éléments bactériens entraînent le choc septique dans le cas d'une septicémie à Gram positif. Il se peut qu'il s'agisse de diverses composantes de la paroi cellulaire des bactéries à Gram positif, ou même d'ADN bactérien (chapitre 15, p. 485). Le taux de mortalité des sujets en état de choc septique dû à des bactéries à Gram positif se situe entre 40 et 60 % aux États-Unis.

Nous avons vu au chapitre 21 que, lors d'une infection cutanée causée par des staphylocoques (bactéries à Gram positif), il y a toujours un risque que les bactéries envahissent les tissus sous-cutanés et diffusent dans le sang. Toutefois, les bactéries de la flore normale de la peau, telles que les *s*taphylocoques à *co*agulase *n*égative (SCON), sont aussi susceptibles de pénétrer dans le sang par l'intermédiaire d'un corps étranger installé à demeure, tel qu'un cathéter ou un tube servant à l'alimentation par voie intraveineuse. Ce type d'infection survient couramment dans les hôpitaux et autres établissements de santé. Lorsqu'on a déterminé la présence de SCON dans le sang grâce à des épreuves de laboratoire, il faut s'assurer qu'il s'agit d'une infection véritable – requérant alors une antibiothérapie efficace –, et non d'une contamination par la flore cutanée – auquel cas le simple retrait du corps étranger suffit à régler le problème. Ces bactéries sont souvent responsables d'infections opportunistes chez les sujets dont le système immunitaire est affaibli, par exemple les personnes ayant subi une greffe et les nourrissons prématurés. Il est donc nécessaire de respecter de strictes méthodes d'asepsie de l'épiderme avant de procéder à toute technique effractive.

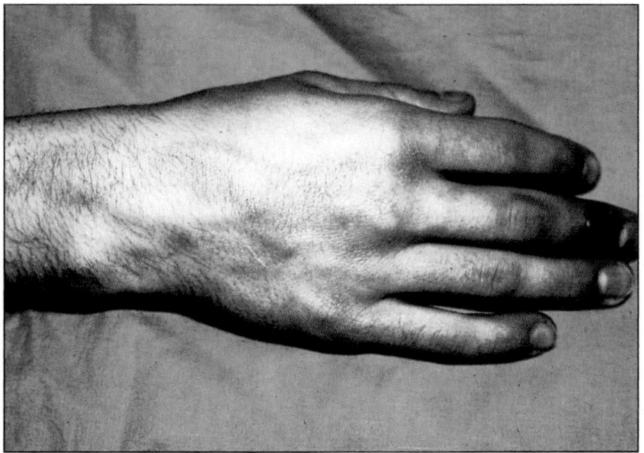

**FIGURE 23.3 La lymphangite, un des signes de septicémie.** Lorsqu'une infection s'étend, depuis le site initial, jusque dans les vaisseaux lymphatiques, les parois enflammées de ces derniers deviennent visibles sous la forme de traînées rouges.

■ Qu'est-ce que la septicémie ?

## La fièvre puerpérale

La **fièvre puerpérale** est une infection nosocomiale. Elle débute par une infection utérine consécutive à un accouchement ou à un avortement. Elle est causée le plus souvent par *Streptococcus pyogenes,* un streptocoque $\beta$-hémolytique du groupe A, mais d'autres microorganismes, tels qu'*Escherichia coli,* sont aussi susceptibles de provoquer ce type d'infection.

L'infection utérine peut s'étendre à la cavité abdominale (*péritonite*) ; dans de nombreux cas, elle évolue vers une septicémie. Entre 1861 et 1864 dans un hôpital parisien, des 9 886 femmes qui ont donné naissance à un enfant, 1 226 (soit 12 %) sont mortes d'un choc septique dû à ce type d'infection. Ces décès auraient pu être évités facilement car, 20 ans plus tôt, Oliver Wendell Holmes et Ignác Semmelweis avaient clairement démontré, le premier aux États-Unis et le second en Autriche, que la maladie était transmise par les mains des médecins ou par les instruments qu'ils utilisent, et que la désinfection des mains et des instruments pouvait prévenir l'infection. De nos jours, grâce à l'emploi d'antibiotiques, et en particulier de la pénicilline, de même qu'à des pratiques modernes d'hygiène et d'asepsie, la fièvre puerpérale à *S. pyogenes* n'est plus qu'une complication rare de l'accouchement.

## Les bactérioses du cœur

### Objectifs d'apprentissage

- *Faire la distinction entre l'endocardite subaiguë et l'endocardite aiguë quant aux agents pathogènes en cause, aux dommages physiopathologiques de la maladie et aux facteurs prédisposant à l'infection.*
- *Décrire l'origine du rhumatisme articulaire aigu et les facteurs prédisposants de l'hôte réceptif.*
- *Relier le rhumatisme articulaire aigu au mécanisme physiopathologique qui conduit à l'apparition des principaux signes de la maladie.*
- *Relier certaines bactérioses du cœur à des moyens de prévention et à une thérapeutique.*

La paroi du cœur se compose de trois tuniques. La tunique interne, l'*endocarde,* est formée de tissu épithélial. Cette membrane tapisse le muscle cardiaque lui-même et recouvre les valvules; la fonction de ces dernières consiste à favoriser le bon écoulement du sang d'une cavité cardiaque à l'autre et du cœur vers les artères. L'inflammation de l'endocarde s'appelle **endocardite.**

L'**endocardite bactérienne subaiguë** (dite subaiguë parce qu'elle évolue lentement) est caractérisée par de la fièvre, une anémie, une faiblesse générale et un souffle cardiaque. Elle est habituellement due à des streptocoques $\alpha$-hémolytiques, normalement présents dans la flore buccale et pharyngée, mais elle peut aussi être causée par des entérocoques ou des staphylocoques. Cette affection est probablement provoquée par un foyer d'infection situé dans une autre partie du corps, comme les dents ou les amygdales. Des microorganismes, libérés au moment de l'extraction d'une dent ou d'une amygdalectomie, pénètrent dans le sang et se rendent au cœur. D'ordinaire, si le flot sanguin circule normalement à travers les structures du cœur et que les mécanismes de défense de l'organisme éliminent rapidement du sang les bactéries de ce type, il y a peu de risques d'infection. Toutefois, si une personne présente une anomalie des valvules cardiaques ou une cardiopathie congénitale quelconque, les bactéries ont plus de chances de se nicher dans les lésions préexistantes. Elles s'y multiplient et sont piégées dans un caillot sanguin qui les protège contre les phagocytes et les anticorps. Lorsque la croissance des bactéries se poursuit et que le caillot devient de plus en plus volumineux, des parties de ce dernier se détachent et risquent d'obstruer les vaisseaux sanguins ou de se loger dans les reins. Le fonctionnement des valvules cardiaques finit par se détériorer. Si elle n'est pas traitée, l'endocardite bactérienne subaiguë entraîne la mort en quelques mois.

L'**endocardite bactérienne aiguë** (figure 23.4) est une endocardite à évolution beaucoup plus rapide, généralement due à *Staphylococcus aureus.* Les microorganismes se fraient un chemin depuis le foyer initial d'infection jusqu'aux valvules cardiaques, que celles-ci soient normales ou anormales. La destruction rapide des valvules entraîne souvent la mort en quelques jours ou quelques semaines si la maladie n'est pas traitée. On administre parfois de la pénicilline pour prévenir une endocardite qui pourrait survenir à la suite d'actes médicaux comme l'extraction d'une dent ou l'amygdalectomie, mais cette prophylaxie est peu efficace. Les septicémies à *S. aureus* sont relativement rares chez les personnes en bonne santé; toutefois, plusieurs affections peuvent prédisposer à l'infection, telles que le diabète, le cancer, l'insuffisance rénale et hépatique, la déficience immunitaire, etc. L'apparition de plaies cutanées chez les sujets atteints de ces maladies constitue souvent le foyer initial infectieux d'où partent les staphylocoques qui pénètrent dans la circulation sanguine. Si la souche de *S. aureus* sécrète la toxine du syndrome du choc toxique (TSST-1), l'apparition des signes et symptômes de la septicémie est soudaine et brutale: forte fièvre, vomissements, diarrhée

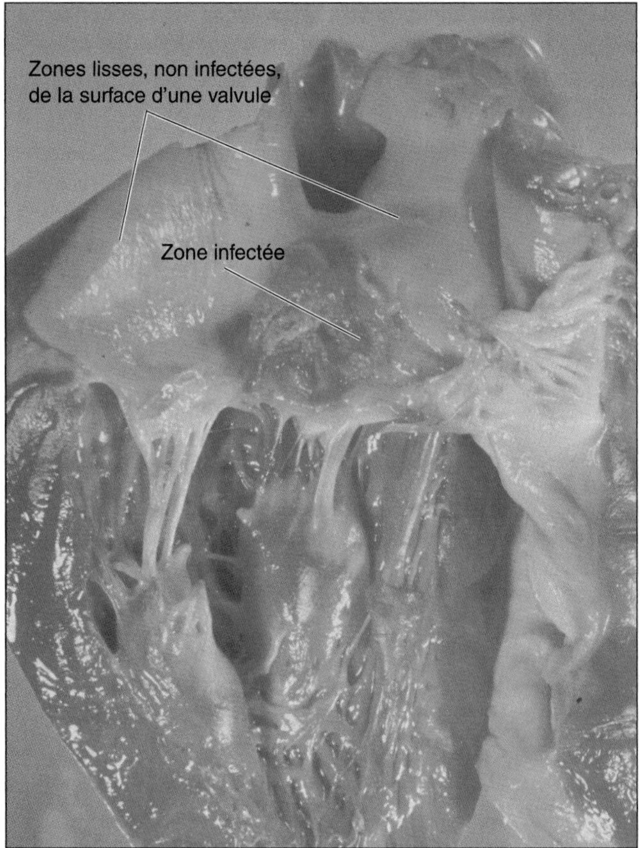


**FIGURE 23.4 Endocardite bactérienne aiguë.** On a disséqué le cœur pour mettre à nu la valvule bicuspide (ou mitrale) et les cordelettes tendineuses qui relient cette dernière aux muscles papillaires de l'endocarde. Dans un cœur sain, la région supérieure est tout à fait lisse et claire. L'infection bactérienne est responsable de la rugosité et de la rougeur; l'inflammation a provoqué un rétrécissement de l'orifice de la valvule.

■ Comment contracte-t-on une endocardite bactérienne aiguë?

liquide abondante, érythème et chute de la pression artérielle. L'érythème causé par la toxine est dû à une vasodilatation périphérique, ce qui contribue, avec les pertes de liquides, à créer une hypotension sévère conduisant à l'état de choc (septicémie à Gram positif, chapitre 15, p. 485).

Les streptocoques sont également susceptibles de causer une **péricardite,** c'est-à-dire l'inflammation de la tunique externe entourant le cœur (appelée *péricarde*).

## Le rhumatisme articulaire aigu

Les infections à streptocoques provoquent parfois le **rhumatisme articulaire aigu** (**RAA**). Cette maladie touche principalement les jeunes individus âgés de 4 à 18 ans, et elle est souvent consécutive à une infection respiratoire (angine) ou à une scarlatine non traitées dues à *Streptococcus pyogenes.* Habituellement, la maladie se manifeste d'abord par un court épisode de fièvre et de douleurs rhumatismales dû à l'apparition de nodules sous-cutanés dans les articulations (figure 23.5) ; avec le temps, ces lésions peuvent provoquer l'inflammation de l'articulation, responsable de l'arthrite. Chez environ la moitié des sujets atteints, une inflammation du cœur cause des dommages aux valvules ; il s'agit alors d'une cardiopathie rhumatismale. La détérioration des valvules peut être assez grave pour entraîner une insuffisance cardiaque et la mort.

La pathogénicité du RAA n'est pas de nature infectieuse, elle est plutôt de nature auto-immune, probablement à cause d'une réponse immunitaire mal dirigée (chapitre 19). On pense que les anticorps produits contre un constituant de la paroi cellulaire streptococcique – la protéine M – réagiraient aussi avec certaines structures des cellules cardiaques et d'autres tissus, tels que les tissus articulaires. Cette réaction croisée avec le muscle cardiaque ou d'autres tissus serait responsable des symptômes inflammatoires de la maladie. Il existe plusieurs sérotypes différents de la protéine M streptococcique, mais seul un nombre restreint de sérotypes M peut causer le RAA.

L'incidence de ce type de rhumatisme a diminué régulièrement dans les pays développés au point qu'il est devenu rare, même avant la mise sur le marché de médicaments antimicrobiens efficaces durant les années 1930 et 1940. De nombreux jeunes médecins n'ont jamais eu à traiter un cas de cette affection, qui demeure toutefois la première cause de maladie cardiaque chez les jeunes dans les pays en voie de développement en Afrique, en Asie, en Amérique latine et en Méditerranée orientale. Les enfants atteints sont issus pour la plupart de milieux défavorisés qui ne peuvent se procurer les doses de pénicilline nécessaires au traitement de l'angine streptococcique.

Aux États-Unis, on pense que le déclin du rhumatisme articulaire aigu pourrait être dû à la réduction de la virulence des sérotypes de streptocoques en cause. Depuis les années 1980, on y a observé quelques flambées locales de RAA, que l'on a reliées à certains sérotypes de la protéine M. Ces derniers étaient courants durant des poussées bien antérieures de la maladie, mais ils avaient pratiquement disparu. Les personnes ayant déjà été atteintes de rhumatisme articulaire aigu courent le risque de subir une réinfection par les streptocoques, ce qui déclencherait une autre attaque immunitaire. Les symptômes du RAA sont traités avec des médicaments anti-inflammatoires.

Les bactéries restent sensibles à la pénicilline, qui demeure le traitement de choix contre l'infection. Afin d'éviter les réinfections, on administre fréquemment aux patients à risque – ceux qui sont déjà atteint de RAA – une injection préventive mensuelle de benzathine-pénicilline à action prolongée. Les personnes dont la maladie a entraîné une cardiopathie sévère doivent recevoir cette injection tout au long de leur vie. La pénicilline ne traite pas les dommages causés par la maladie auto-immune mais elle combat la bactérie. Il n'existe pas de vaccin pour améliorer la protection de ces sujets.

Près de 10 % des personnes atteintes de rhumatisme articulaire aigu souffrent de **chorée rhumatismale,** qui est une complication rare de la maladie, connue au Moyen Âge sous le nom de danse de Saint-Guy. Plusieurs mois après un épisode de rhumatisme articulaire aigu, la victime (plus souvent de sexe féminin que de sexe masculin) présente des mouvements involontaires et sans finalité, à l'état d'éveil. Une sédation est parfois nécessaire pour l'empêcher de se blesser du fait de l'amplitude des mouvements des bras ou des jambes. L'affection disparaît au bout de quelques mois.

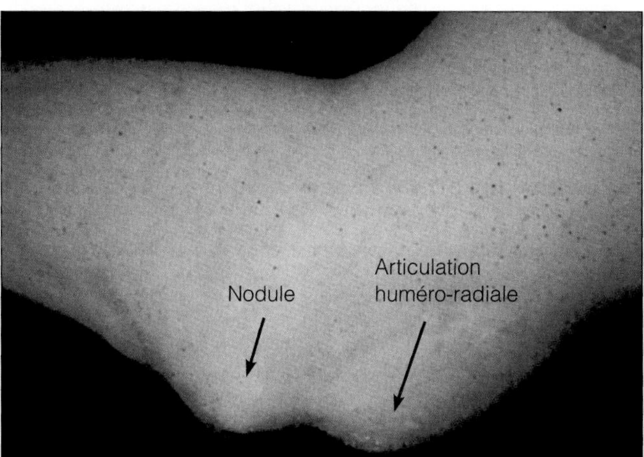


**FIGURE 23.5 Nodule causé par le rhumatisme articulaire aigu.** Le rhumatisme articulaire aigu doit son nom en partie aux nodules sous-cutanés caractéristiques qui apparaissent aux articulations, comme celui qui est adjacent au coude dans l'illustration. Une infection à streptocoque $\beta$-hémolytique du groupe A provoque parfois ce type de complication auto-immune.

■ Le rhumatisme articulaire aigu est-il une infection bactérienne ?

## La tularémie

### Objectifs d'apprentissage

- *Décrire l'épidémiologie de la tularémie, et notamment le pouvoir pathogène de l'agent en cause, ses réservoirs, ses modes de transmission, ses portes d'entrée ainsi que les facteurs prédisposants de l'hôte réceptif.*
- *Relier la tularémie à des moyens de prévention, à une thérapeutique et à des épreuves de diagnostic (s'il y a lieu).*

La **tularémie** est une maladie causée par *Francisella tularensis,* un petit bacille pléomorphe, aérobie, à Gram négatif. Ce microorganisme tire son nom de Tulare County, en Californie, où il a été observé pour la première fois chez des écureuils fouisseurs, en 1911.

La tularémie se présente sous plusieurs formes, selon qu'elle est transmise par inhalation, par ingestion, par morsure ou, ce qui est plus fréquent, par l'intermédiaire de petites lésions cutanées lors d'un contact. Il suffit que 10 bactéries pénètrent dans la plaie pour déclencher l'infection. Le premier signe d'infection est généralement une inflammation locale et un petit ulcère au foyer d'infection. Une semaine environ après le début de l'infection, les nœuds lymphatiques régionaux s'hypertrophient, et beaucoup contiennent des poches remplies de pus. Si le système lymphatique n'arrive pas à endiguer la maladie, les microorganismes envahissent le sang, provoquant ainsi une septicémie, une pneumonie et des abcès sur tout le corps. La consommation de viande infectée insuffisamment cuite risque de causer un foyer d'infection dans la bouche ou la gorge. La tularémie de type pulmonaire présente le taux de mortalité le plus élevé parmi les différents types de cette maladie.

Les humains contractent souvent l'infection par l'intermédiaire de légères abrasions de la peau ou en se frottant les yeux après avoir manipulé de petits animaux sauvages tels que des rongeurs (lièvres, souris, rats). Les humains contractent aussi la tularémie en manipulant des carcasses infectées et en mangeant de la viande insuffisamment cuite provenant d'animaux infectés (par exemple, de petits gibiers). La maladie se transmet également par la piqûre d'arthropodes tels que le taon du cerf (figure 12.31c), la tique et le pou de lapin.

La tularémie ne semble sévir que dans les régions froides et tempérées de l'hémisphère Nord, dont l'Amérique du Nord (Canada, États-Unis), la Scandinavie, l'Europe centrale et l'Europe du Nord. C'est une zoonose qui atteint l'humain de façon accidentelle. La maladie est toutefois assez rare.

Bien que l'on n'ait découvert aucune toxine bien définie susceptible d'expliquer la virulence de ce bacille, *F. tularensis* survit durant une longue période dans les cellules, y compris dans les macrophagocytes. C'est sans doute la raison pour laquelle la dose d'agents infectieux requise est aussi faible. L'immunité naturelle acquise est le plus souvent permanente. Il existe un vaccin vivant atténué pour les employés de laboratoire à risque élevé.

Le diagnostic sérologique repose sur une réaction d'agglutination qui devient positive 10 jours environ après le début de l'infection. Un titre croissant des anticorps confirme le diagnostic. La manipulation du bacille est tellement dangereuse (à cause de la facilité avec laquelle les infections par aérosols se transmettent) qu'on ne doit pas tenter de poser un diagnostic sans utiliser une hotte d'isolement.

La localisation intracellulaire du bacille pose un problème lorsqu'on veut avoir recours à la chimiothérapie. La streptomycine et la gentamicine sont les antibiotiques d'élection, mais il est nécessaire de les administrer sur une période prolongée afin d'éviter les rechutes. Avant la mise sur le marché d'antibiotiques, le taux de mortalité atteignait 15 %.

## La brucellose

### Objectifs d'apprentissage

- *Décrire l'épidémiologie de la brucellose, et notamment le pouvoir pathogène de l'agent en cause, ses réservoirs, ses modes de transmission, ses portes d'entrée ainsi que les facteurs prédisposants de l'hôte réceptif.*
- *Relier la brucellose au mécanisme physiopathologique qui conduit à l'apparition des principaux signes de la maladie.*
- *Relier la brucellose à des moyens de prévention, à une thérapeutique et à des épreuves de diagnostic (s'il y a lieu).*

À l'instar de la bactérie responsable de la tularémie, l'agent de la **brucellose** ou **fièvre ondulante,** appelé *Brucella,* est un parasite intracellulaire. *Brucella* se déplace vers les organes par l'intermédiaire de la circulation sanguine ou de la circulation lymphatique. Cette bactérie est un très petit bacille aérobie à Gram négatif. Il en existe trois espèces principales (actuellement reconnues comme étant des variétés sérologiques de la même espèce) qui provoquent des maladies chez les animaux sauvages et domestiques et chez les humains. L'espèce infectieuse détermine en grande partie le fait que la brucellose est soit légère, soit spontanément résolutive, soit potentiellement mortelle.

L'espèce *Brucella* la plus commune aux États-Unis et au Canada est *Brucella abortus,* qui infecte le bétail et dont le réservoir à l'état sauvage comprend surtout les orignaux, les caribous, les wapitis et les bisons. La vaccination du bétail, y compris des bisons, a pratiquement permis d'éradiquer la maladie. *Brucella suis* est présent surtout chez les porcs, mais la bactérie est responsable d'une maladie émergente chez les bœufs. L'espèce la plus commune dans le reste du monde est *Brucella melitensis,* dont le réservoir est constitué principalement de chèvres, de moutons et de chameaux.

Chez les humains, la brucellose débute d'ordinaire par des frissons, de la fièvre et un malaise général (dus à la libération d'endotoxines). Les cas graves s'accompagnent couramment de sueurs abondantes et de fièvre vespérale (c'est-à-dire le soir). La maladie causée par *B. abortus* est habituellement légère, spontanément résolutive et souvent subclinique. Les infections à *B. suis* se distinguent par la formation occasionnelle d'abcès. La forme de brucellose provoquée par *B. melitensis* est généralement grave et elle cause souvent l'invalidité ou la mort. La fièvre associée à cette bactérie atteint fréquemment 40 °C chaque soir, d'où le synonyme de *fièvre ondulante* (qui s'élève puis décroît par ondulations progressives).

La bactérie *Brucella* se multiplie à l'accoutumée dans l'utérus d'un animal réceptif, où sa croissance est favorisée par la présence d'un glucide, le méso-érythritol, produit par les membranes enveloppant le fœtus. Les mammifères excrètent la bactérie dans leur lait; autrefois, la maladie se transmettait le plus souvent par l'intermédiaire du lait de vache ou de chèvre non pasteurisé. Depuis l'instauration de la pasteurisation, les produits laitiers ne sont plus responsables que d'une faible proportion des cas de brucellose; la majorité des cas concernent plutôt des éleveurs, des vétérinaires et des emballeurs de viande qui entrent en contact avec des carcasses ou des tissus d'animaux malades. Les microbes pénètrent apparemment dans le corps humain par des lésions minuscules de la peau ou de la muqueuse de la bouche, de la gorge ou du tube digestif. Ils sont ensuite ingérés par des macrophagocytes, dans lesquels ils se multiplient et, par l'intermédiaire du système lymphatique, se déplacent jusqu'aux nœuds lymphatiques. De ces derniers, ils peuvent être transportés dans le foie, la rate ou la moelle osseuse rouge. La capacité des microorganismes à survivre, et même à se reproduire, à l'intérieur des macrophagocytes explique leur virulence et le fait que l'antibiothérapie doive être de longue durée. Habituellement, on administre à la fois de la tétracycline et de la streptomycine pendant plusieurs semaines.

Étant donné que les symptômes sont difficiles à interpréter, et que la bactérie a besoin d'une atmosphère riche en dioxyde de carbone pour croître, les épreuves sérologiques jouent un rôle essentiel dans le diagnostic de la brucellose. On emploie divers tests, dont le plus courant est la réaction d'agglutination. Une réaction d'agglutination simple sur du sérum ou du lait, destinée à dépister les vaches porteuses de l'agent de la brucellose, a joué un rôle capital dans la détermination des troupeaux infectés et l'éradication de la maladie dans plusieurs pays où les mesures de contrôle des animaux sont obligatoires.

La brucellose est une zoonose qui a des répercussions aussi bien sur la santé publique que sur l'économie. Dans les pays développés, la maladie est maintenant rare, soit à peine quelques cas au Canada et au plus 100 cas par année aux États-Unis; le taux de mortalité y est faible ou nul. Dans les pays en voie de développement tels que les pays du Moyen-Orient, d'Afrique, d'Amérique latine, la maladie est endémique chez les animaux et son incidence chez les humains est beaucoup plus forte.

## L'anthrax

### Objectifs d'apprentissage

- *Décrire l'épidémiologie de l'anthrax, et notamment le pouvoir pathogène de l'agent en cause, ses réservoirs, ses modes de transmission, ses portes d'entrée ainsi que les facteurs prédisposants de l'hôte réceptif.*
- *Relier l'anthrax au mécanisme physiopathologique qui conduit à l'apparition des principaux signes de la maladie.*
- *Relier l'anthrax à des moyens de prévention, à une thérapeutique et à des épreuves de diagnostic (s'il y a lieu).*

En 1877, Robert Koch isole *Bacillus anthracis,* la bactérie responsable de l'**anthrax** (ou maladie du charbon) chez les animaux. Ce bacille producteur d'endospores est un gros microorganisme aérobie à Gram positif, apparemment capable de se développer lentement dans des sols ayant un degré donné d'humidité. Des endospores ont survécu jusqu'à 60 ans lors d'épreuves effectuées sur des sols. La maladie frappe principalement les herbivores, tels que les vaches et les moutons. Les endospores de *B. anthracis* sont ingérées en même temps que l'herbe; leur germination entraîne une septicémie fulminante et mortelle. Parmi les facteurs de virulence de *B. anthracis,* on compte aussi une capsule et la production d'exotoxines.

L'anthrax est maintenant rare chez les humains, mais non chez les herbivores. Les personnes le plus à risque sont celles qui manipulent des animaux, des peaux, de la laine et d'autres produits d'origine animale fabriqués dans des pays étrangers. Le poil de chèvre et les objets d'artisanat contenant des peaux provenant du Moyen-Orient ont été à l'origine de nombreuses infections.

Lorsqu'un individu entre en contact avec des matières contenant des endospores d'anthrax, le microorganisme peut pénétrer dans la peau par une incision ou une abrasion, et il provoque une pustule au point d'entrée; la pustule se rompt et fait place à un ulcère à fond noirâtre (figure 23.6). L'infection, appelée **charbon cutané,** demeure parfois localisée grâce aux défenses du corps, mais il existe toujours un risque de septicémie.

La forme la plus dangereuse d'anthrax est probablement le **charbon pulmonaire,** ou maladie des trieurs de laine, qui résulte de l'inhalation d'endospores. Cette forme grave de pneumonie débute brutalement par une fièvre élevée, de la difficulté à respirer et des douleurs à la poitrine. Une septicémie s'ensuit, et le taux de mortalité est élevé. Comme les spores d'anthrax peuvent se disséminer sous forme d'aérosols, l'anthrax pulmonaire compte au nombre des agents susceptibles d'être utilisés lors d'une guerre bactériologique. De ce point de vue, la bactérie présente un inconvénient du fait qu'elle agit plus lentement que les agents chimiques; en outre, elle n'est pas transmissible d'une personne à une autre. La vaccination contre l'anthrax est maintenant obligatoire pour les membres des forces armées américaines. Le vaccin dont on dispose actuellement exige l'administration de 6 doses sur une période de 18 mois, de même qu'une dose de rappel tous les ans. Les aérosols d'anthrax constituent toutefois un danger sérieux dans le cas d'un acte de terrorisme visant une zone limitée. Ainsi, le sol et la poussière d'une île située au large de l'Écosse et ayant servi à des recherches sur des armes biologiques étaient encore contaminés par des spores d'anthrax 40 ans après la fin des essais.

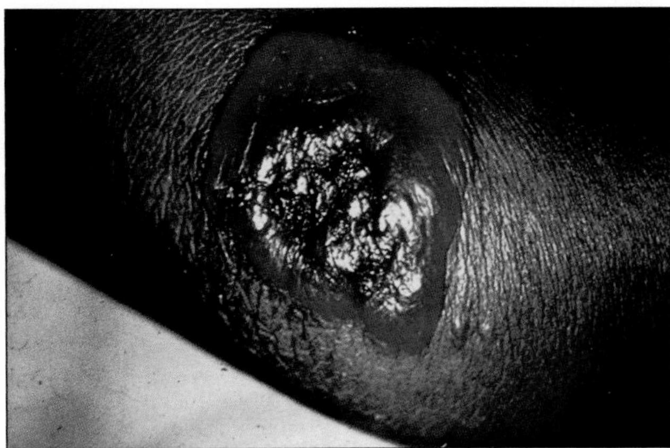

**FIGURE 23.6 Pustule sur un bras, causée par l'anthrax chez un humain.** Si les défenses du corps ne réussissent pas à lutter contre cette infection localisée, il risque de se produire une septicémie. L'anthrax est dû à *Bacillus anthracis.*

■ De quelle façon contracte-t-on l'anthrax ?

Chez les humains, la meilleure méthode diagnostique de l'anthrax est l'isolement de la bactérie. On peut utiliser des épreuves morphologiques et biologiques pour déterminer l'agent responsable de façon précise. La pénicilline est le médicament d'élection pour traiter les humains ; lorsque la septicémie est à un stade avancé, l'antibiothérapie risque toutefois d'être inefficace, probablement parce que les exotoxines restent présentes après la mort des bactéries.

## La gangrène

### Objectifs d'apprentissage

- *Décrire l'épidémiologie de la gangrène, et notamment le pouvoir pathogène de l'agent en cause, ses réservoirs, ses modes de transmission, ses portes d'entrée ainsi que les facteurs prédisposants de l'hôte réceptif.*
- *Relier la gangrène au mécanisme physiopathologique qui conduit à l'apparition des principaux signes de la maladie.*
- *Relier la gangrène à des moyens de prévention, à une thérapeutique et à des épreuves de diagnostic (s'il y a lieu).*

Si une blessure interrompt l'apport de sang, c'est-à-dire cause une *ischémie,* la plaie devient anaérobie. L'ischémie entraîne la **nécrose,** soit la mort du tissu. La mort d'un tissu mou découlant de l'interruption de l'alimentation en sang s'appelle **gangrène.** Cet état peut aussi être une complication du diabète.

Les substances libérées par les cellules mortes ou en train de mourir fournissent des nutriments à de nombreuses bactéries. Les conditions résultantes sont favorables à la croissance de diverses espèces du genre *Clostridium,* qui sont des bactéries, anaérobies stricts, à Gram positif, productrices d'endospores, et fréquemment présentes dans le sol et le tube digestif des humains et des animaux domestiques. *C. perfringens* est l'espèce le plus souvent responsable de la gangrène dite gazeuse, mais d'autres clostridies et plusieurs autres bactéries sont aussi susceptibles de se développer dans des plaies anaérobies.

S'il y a ischémie et nécrose, une **gangrène gazeuse** risque de survenir (figure 23.7), particulièrement dans les tissus musculaires. Lorsqu'il se développe, *C. perfringens* provoque la fermentation des glucides dans le tissu, ce qui produit des gaz (dioxyde de carbone et dihydrogène) faisant gonfler et crépiter les tissus. Les bactéries fabriquent des exotoxines qui se déplacent le long de faisceaux musculaires, tuent des cellules et causent la nécrose des muscles (myonécrose). Les tissus musculaires nécrotiques favorisent à leur tour la croissance des bactéries anaérobies ; les toxines et les bactéries finissent par entrer dans la circulation sanguine et provoquent une maladie systémique. Des enzymes protéolytiques telles que l'hyaluronidase (chapitre 15) fabriquées par les bactéries dégradent le collagène et les tissus, facilitant ainsi la dissémination de l'affection. La gangrène gazeuse est mortelle si elle n'est pas traitée.

Parmi les complications d'un avortement mal exécuté, on compte l'invasion de la paroi utérine par *C. perfringens,* qui réside dans les voies génitales de 5 % des femmes environ. L'infection peut évoluer vers la gangrène gazeuse, ce qui risque de provoquer une invasion fatale de la circulation sanguine.

L'ablation du tissu nécrotique et l'amputation sont les traitements médicaux les plus courants de la gangrène gazeuse. Si la maladie atteint des régions comme la cavité abdominale, on peut soigner le patient dans un **caisson**

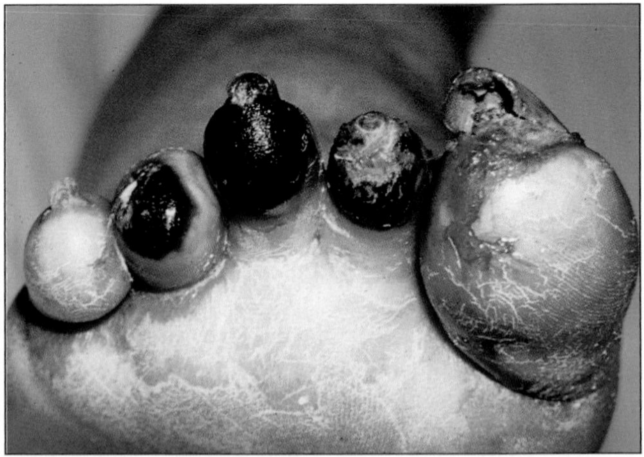

**FIGURE 23.7 Orteils d'un patient atteint de gangrène gazeuse.** Cette forme de gangrène est causée par *Clostridium perfringens* et d'autres clostridies. La présence de tissu noir nécrotique, due au ralentissement de la circulation ou à une blessure, fournit des conditions de croissance anaérobie aux bactéries, qui détruisent peu à peu les tissus adjacents.

■ Comment peut-on prévenir la gangrène ?

**hyperbare,** qui contient une atmosphère pressurisée, riche en dioxygène (figure 23.8). L'oxygène sature les tissus infectés, prévenant ainsi la croissance des clostridies anaérobies obligatoires. Il existe de petits caissons prévus pour le traitement d'un membre gangréneux. Le prompt nettoyage des plaies graves et une antibiothérapie prophylactique constituent les moyens les plus efficaces de prévention de la gangrène gazeuse. La pénicilline est efficace pour lutter contre *C. perfringens.*

**FIGURE 23.8 Caisson hyperbare utilisé pour traiter la gangrène gazeuse.** Le caisson illustré ici comprend plus d'un compartiment et permet de traiter simultanément plusieurs patients. Les grands centres médicaux possèdent généralement des caissons de ce type, qui servent aussi à traiter les victimes d'intoxication au monoxyde de carbone.

- La saturation des tissus avec de l'oxygène ($O_2$), dans un caisson hyperbare, inhibe la croissance des clostridies.

## Les maladies systémiques dues à une morsure ou à une griffure

### Objectifs d'apprentissage

- *Nommer trois agents pathogènes transmis par la morsure ou par la griffure d'un animal.*
- *Décrire les modes de transmission et les portes d'entrée de la maladie des griffes du chat.*

La morsure d'un animal peut provoquer une infection grave. La majorité des morsures sont dues à des animaux domestiques qui ont des contacts étroits avec les humains. Les animaux domestiques et sauvages abritent fréquemment *Pasteurella multocida,* un bacille à Gram négatif, dans les voies respiratoires supérieures. La plupart des chats et des chiens en sont des porteurs sains au niveau du nasopharynx et des amygdales. Ce bacille est principalement un agent pathogène des animaux, chez lesquels il cause une septicémie souvent mortelle (d'où l'appellation *multocida,* signifiant « qui tue en grand nombre »).

La réaction des humains infectés par *P. multocida* est variable. Par exemple, il peut se produire, au point de la morsure, une infection localisée sous forme d'abcès, accompagnée d'une forte enflure et de douleur. L'infection peut aussi entraîner diverses formes de pneumonie et même une septicémie, potentiellement mortelle. Les plaies résultant de morsures d'animaux s'infectent facilement à moins qu'on ne les nettoie de façon adéquate et qu'on ne procède à une antisepsie. La pénicilline et la tétracycline sont généralement efficaces pour le traitement de telles infections.

Des espèces de *Clostridium* et d'autres bactéries anaérobies, telles que des espèces de *Bacteroides* et de *Fusobacterium,* sont aussi susceptibles d'infecter une morsure profonde d'animal. La morsure d'un humain risque aussi de s'infecter et elle peut provoquer une plaie grave, envahie par plusieurs espèces de bactéries.

### La maladie des griffes du chat

La **maladie des griffes du chat** (ou lymphoréticulose bénigne d'inoculation, LRBI) est étonnamment courante, bien qu'elle attire peu l'attention. On estime qu'aux États-Unis le nombre annuel de cas est supérieur à 40 000, soit beaucoup plus que pour la maladie de Lyme, qui, elle, est bien connue. Les personnes qui possèdent un chat ou sont en contact étroit avec cet animal présentent un risque élevé. L'agent pathogène, *Bartonella henselæ,* est une bactérie aérobie strict, à Gram négatif, que l'on rencontre fréquemment chez les chats. Il n'est pas nécessaire que l'animal morde ou griffe une personne pour lui transmettre la maladie. On suppose que la bactérie présente dans la salive du chat peut se déposer sur le pelage et être transmise au propriétaire de l'animal lorsqu'il touche le chat puis se frotte les yeux. Il arrive qu'une conjonctivite et d'autres symptômes d'une infection des yeux apparaissent alors. Les puces sont aussi susceptibles de transmettre la maladie d'un chat à un autre ou peut-être à un humain. Toutefois, le principal mode de transmission aux humains est la griffure ou la morsure. Le premier signe de la maladie est l'apparition d'une papule au point d'infection, de 3 à 10 jours après l'exposition. Environ 2 semaines plus tard, le patient présente un gonflement des nœuds lymphatiques et, habituellement, un malaise général et de la fièvre. La maladie des griffes du chat est le plus souvent spontanément résolutive et elle dure quelques semaines ; dans les cas graves, les nœuds peuvent se tuméfier et se nécroser, et une antibiothérapie peut alors être nécessaire.

## Les maladies à transmission par vecteur

### Objectifs d'apprentissage

- *Décrire les similarités et les différences entre la peste, la fièvre récurrente et la maladie de Lyme, en ce qui a trait aux agents pathogènes en cause et à leurs vecteurs.*
- *Relier les modes de transmission de la peste et de la maladie de Lyme à des moyens de prévention et à une thérapeutique (s'il y a lieu).*
- *Nommer quatre maladies transmises par les tiques.*

## La peste

Peu de maladies ont eu autant d'importance dans l'histoire des civilisations que la **peste,** connue au Moyen Âge sous le nom de peste noire, à cause des zones bleu foncé caractéristiques produites sur la peau par les hémorragies.

La peste est due à *Yersinia pestis,* un bacille à Gram négatif. Cette maladie, qui touche principalement les rats, se transmet d'un animal à un autre par la puce du rat, *Xenopsylla cheopis* (figure 12.31b).

Si l'hôte meurt, la puce cherche un remplaçant, soit un autre rongeur ou un humain. Elle est capable d'effectuer des sauts d'environ 9 cm. Une puce infectée par la peste est affamée parce que la croissance des bactéries obstrue son tube digestif, de sorte qu'elle régurgite rapidement le sang qu'elle ingère. La maladie peut se transmettre sans l'aide d'un arthropode vecteur. On a observé que le contact avec une peau prélevée sur un animal infecté, une griffure de chat domestique ou un autre phénomène semblable sont aussi susceptibles de transmettre l'infection. Les transfusions sanguines peuvent être, à de rares occasions, responsables d'infections habituellement transmises par des vecteurs (voir l'encadré p. 706).

Lorsqu'une puce pique un humain, les bactéries pénètrent dans la circulation sanguine et prolifèrent dans la lymphe et le sang. Parmi les facteurs déterminants de la virulence de la bactérie de la peste, on compte sa capacité à survivre et à se développer dans les phagocytes, qui ne réussissent pas à la détruire. Ainsi, un nombre beaucoup plus grand de microorganismes très virulents finit par se former, et il en résulte une infection foudroyante. Les nœuds lymphatiques de l'aine et des aisselles gonflent, et la fièvre apparaît lorsque les défenses de l'organisme réagissent à l'infection. Les nœuds tuméfiés, appelés bubons, sont à l'origine de l'appellation **peste bubonique** (figure 23.9). Le taux de mortalité de la peste bubonique est de 50 à 75% pour les cas non traités. La mort se produit généralement moins d'une semaine après l'apparition des symptômes.

La **peste septicémique** est une affection particulièrement dangereuse; elle résulte de la pénétration et de la prolifération des bactéries dans le sang, souvent à partir de nœuds lymphatiques infectés, ce qui provoque un choc septique avec apparition brutale et intense des signes et des symptômes. Puis les bactéries sont transportées par le sang jusqu'aux poumons, déclenchant ainsi la forme de la maladie appelée **peste pulmonaire.** La peste pulmonaire se manifeste par de la fièvre, une toux sanguinolente et un délire; son taux de mortalité atteint presque 100%. Aujourd'hui encore, on n'arrive pas à enrayer la maladie si elle n'est pas diagnostiquée de 12 à 15 heures après l'apparition de la fièvre. En règle générale, les personnes souffrant de peste pulmonaire ne survivent pas plus de 3 jours.

À l'instar de la grippe, la peste pulmonaire se transmet facilement par l'intermédiaire de gouttelettes aériennes provenant d'un humain ou d'un animal infecté. Il faut donc prendre de grandes précautions pour éviter la propagation aérienne de l'infection aux personnes qui sont en contact avec le patient, voire avec un cadavre infecté.

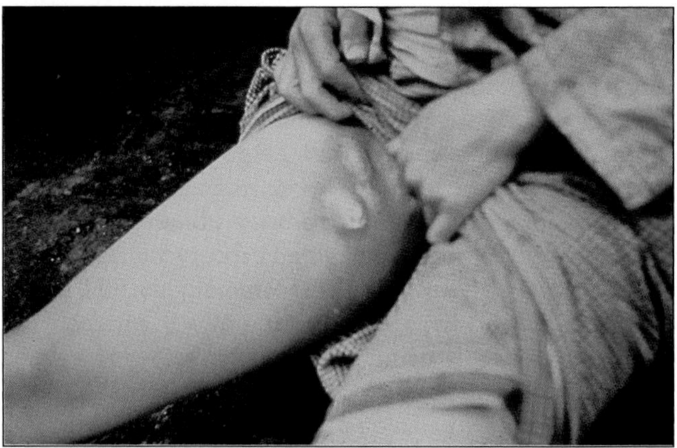

FIGURE 23.9 **Un cas de peste bubonique.** La peste bubonique est une infection à *Yersinia pestis.* La photo représente un bubon (nœud lymphatique tuméfié) sur la cuisse d'une victime. Le gonflement des nœuds lymphatiques est une indication courante d'une infection systémique.

■ Quels sont les deux modes de transmission de la peste bubonique?

L'Europe a été ravagée à maintes reprises par des pandémies de peste; de 542 à 767, il s'est produit des épidémies à des intervalles de quelques années. Après une accalmie de plusieurs siècles, la maladie est réapparue sous une forme dévastatrice aux XIV^e^ et XV^e^ siècles. On estime qu'elle a tué plus de 25% de la population, ce qui a eu des conséquences durables sur la structure socioéconomique de l'Europe. La pandémie qui a eu lieu au XIX^e^ siècle a touché principalement les pays d'Asie; on estime que 12 millions de personnes sont mortes en Inde, pays où les humains côtoient fréquemment les rats. Aux États-Unis, la dernière flambée associée aux rats est survenue à Los Angeles, en 1924 et 1925. Par la suite, seulement quelques cas de peste ont été déclarés annuellement, jusqu'à ce que la maladie réapparaisse sur une réserve navajo du Sud-Ouest, en 1965. La maladie, qui touchait les populations d'écureuils fouisseurs et de chiens de prairie de la région, s'est graduellement propagée dans la plus grande partie des États de l'ouest et du sud-ouest. On a enregistré le nombre maximal de cas, soit 40, en 1983. Par ailleurs, on a observé des cas de peste chez des chats, alors que ce type d'animal ne faisait pas partie du réservoir de la maladie auparavant, et 1 cas chez un écureuil urbain. Le risque de contracter la peste augmente, entre autres choses, parce que les zones résidentielles empiètent de plus en plus sur les régions où résident des animaux infectés. Toutefois, la surveillance de la maladie dans les zones endémiques et les contrôles sanitaires ont permis de réduire de nouveau le nombre de cas, qui a chuté à 8 en 1999.

Le diagnostic de la peste repose habituellement sur l'isolement de la bactérie et son analyse à des fins d'identification dans des laboratoires spécialisés. On peut administrer une antibiothérapie prophylactique aux personnes exposées à l'infection. La streptomycine et la tétracycline font partie des antibiotiques efficaces contre la peste. La guérison confère une immunité fiable. Il existe un vaccin pour les personnes qui risquent d'entrer en contact avec des puces infectées lors d'opérations sur le terrain ou qui sont exposées à l'agent pathogène dans un laboratoire. À notre époque où les voyages internationaux sont fréquents, on a recours à la quarantaine pour isoler les touristes revenant d'une région où une épidémie est déclarée.

## La maladie de Lyme

### Objectif d'apprentissage

- *Décrire l'épidémiologie de la maladie de Lyme, et notamment les caractéristiques de l'agent pathogène en cause, ses réservoirs, son mode de transmission, sa porte d'entrée ainsi que les facteurs prédisposants de l'hôte réceptif.*

En 1975, près de Lyme, une ville du Connecticut, un certain nombre de cas touchant de jeunes patients ont été déclarés; on a d'abord posé un diagnostic de polyarthrite rhumatoïde. Mais la fréquence saisonnière (durant l'été), l'absence de contagion entre les membres d'une même famille et l'apparition d'une éruption cutanée inhabituelle plusieurs semaines avant le début des premiers signes et symptômes indiquaient qu'il s'agissait d'une maladie à tiques. Le fait que la pénicilline ralentissait l'évolution des symptômes indiquait la présence d'une bactérie pathogène. En 1983, on a déterminé que la cause de l'affection était un spirochète, nommé par la suite *Borrelia burgdorferi*.

À l'heure actuelle, la **maladie de Lyme** est peut-être la zoonose transmise par des tiques la plus courante aux États-Unis: entre 1994 et 1999, plus de 12 000 cas y ont été déclarés chaque année (figure 14.12a). La maladie est aussi présente en Europe, en Chine, au Japon et en Australie. Aux États-Unis, on l'observe principalement sur la côte Atlantique (figure 23.10). Au Canada, il n'y a pas de région spécifique où l'on note une forte transmission de la maladie. Toutefois, un certain pourcentage des cas sont contractés localement dans les régions où la tique est plus largement répandue, soit dans le sud des provinces, et en particulier en Ontario et au Québec. Pour les autres cas, il semble que la majorité puisse être liée à des voyages dans des régions endémiques des États-Unis, la côte Est étant un lieu de villégiature très apprécié des Canadiens.

Le réservoir animal est constitué majoritairement de mulots, qui sont responsables de la présence continue du spirochète chez les tiques. Les cerfs n'hébergent pas la bactérie même si les tiques se nourrissent de leur sang et se reproduisent sur eux.

La tique (qui est l'une des deux espèces *Ixodes*) se nourrit trois fois durant son cycle vital (figure 23.11a). ❶-❷ La première fois, à l'état de larve, elle le fait aux dépens d'un mulot porteur du spirochète. ❸ à ❺ La deuxième fois, à l'état de nymphe, elle se nourrit aux dépens d'un animal – le mulot ou un chien par exemple – ou d'un humain auquel elle transmet la maladie. ❻ à ❽ La troisième fois, à l'état de tique adulte, elle se nourrit généralement du sang d'un cerf.

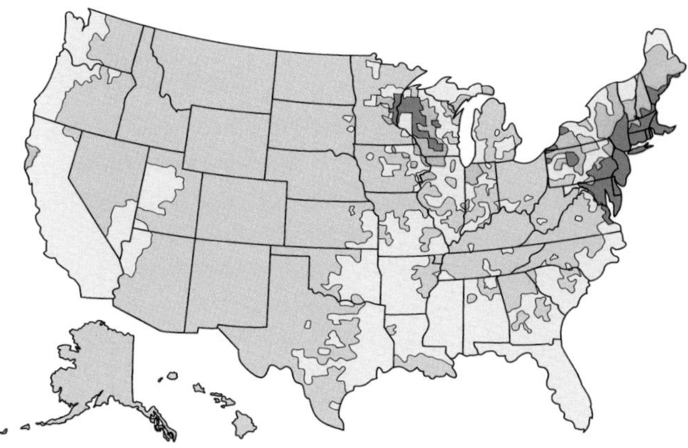


**FIGURE 23.10 Distribution géographique de la maladie de Lyme aux États-Unis.**
[SOURCE: Centers for Disease Control and Prevention, 1999.]

- Quels facteurs influent sur la distribution géographique de la maladie de Lyme?

Ces actes alimentaires se produisent à des intervalles de plusieurs mois, et la capacité du spirochète à rester viable chez le mulot, qui tolère la maladie, joue un rôle capital quant à la présence continue de l'affection chez les animaux sauvages.

Sur la côte Pacifique, le vecteur est la tique occidentale à pattes noires, *Ixodes pacificus* (figure 12.30), tandis que, dans le reste des États-Unis, le vecteur est principalement *Ixodes scapularis*. Cette dernière tique est tellement petite qu'elle passe souvent inaperçue (figure 23.11b). Sur la côte Atlantique, presque toutes les tiques *Ixodes* sont porteuses du spirochète (figure 23.11c), alors que sur la côte Pacifique seul un petit nombre d'entre elles sont infectées, car elles se nourrissent aux dépens des lézards, qui ne sont pas des porteurs efficaces du spirochète. Le spirochète maintient sa présence par un taux d'infection élevé d'un second type de tiques qui ne piquent pas les humains; il infecte un rat des bois dont les deux types de tiques se nourrissent.

Le premier signe de la maladie de Lyme est en général une éruption cutanée au point de la piqûre. Elle a l'apparence d'une zone rougeâtre dont le centre blanchit au fur et à mesure que son diamètre augmente, jusqu'à ce qu'il atteigne une valeur maximale d'environ 15 cm (figure 23.12). On observe cet érythème migrant caractéristique dans plus de 75% des cas; une faible proportion des personnes atteintes peuvent ne pas présenter de symptômes. Environ deux semaines plus tard, des symptômes pseudogrippaux (fièvre, malaises, fatigue, céphalées, myalgies) se manifestent, alors que l'éruption cutanée se résorbe. L'administration d'antibiotiques pendant cette période s'avère très efficace pour limiter l'évolution de la maladie.

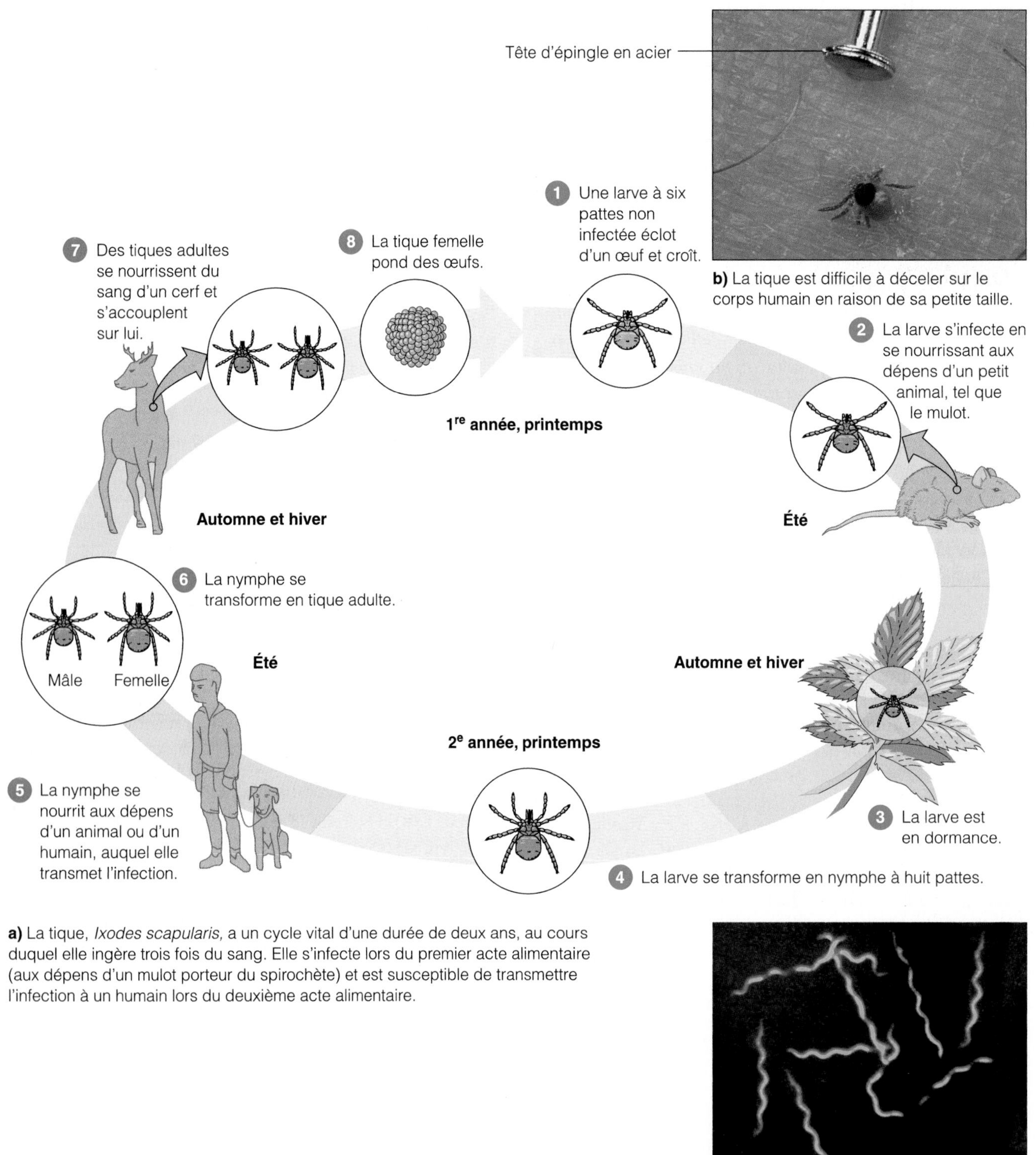
Tête d'épingle en acier
1 Une larve à six pattes non infectée éclot d'un œuf et croît.
2 La larve s'infecte en se nourrissant aux dépens d'un petit animal, tel que le mulot.
3 La larve est en dormance.
4 La larve se transforme en nymphe à huit pattes.
5 La nymphe se nourrit aux dépens d'un animal ou d'un humain, auquel elle transmet l'infection.
6 La nymphe se transforme en tique adulte.
7 Des tiques adultes se nourrissent du sang d'un cerf et s'accouplent sur lui.
8 La tique femelle pond des œufs.
1re année, printemps
Été
Automne et hiver
2e année, printemps
Été
Automne et hiver
Mâle
Femelle
MEB
10 μm

**b)** La tique est difficile à déceler sur le corps humain en raison de sa petite taille.

**a)** La tique, *Ixodes scapularis,* a un cycle vital d'une durée de deux ans, au cours duquel elle ingère trois fois du sang. Elle s'infecte lors du premier acte alimentaire (aux dépens d'un mulot porteur du spirochète) et est susceptible de transmettre l'infection à un humain lors du deuxième acte alimentaire.

**c)** *Borrelia burgdorferi,* l'agent causal de la maladie de Lyme.

**FIGURE 23.11 La tique (*Ixodes* spp.) vecteur de la maladie de Lyme.**

■ Les tiques qui transmettent la maladie de Lyme ont besoin d'une population de cerfs à un stade de leur cycle vital.

Durant la seconde phase (si elle a lieu), les spirochètes se disséminent à partir du point d'infection dans les voies sanguine et lymphatique et il y a souvent manifestations d'atteinte cardiaque. Les battements cardiaques sont parfois tellement irréguliers qu'il est nécessaire d'installer un stimulateur cardiaque. Des symptômes neurologiques, tels que la paralysie

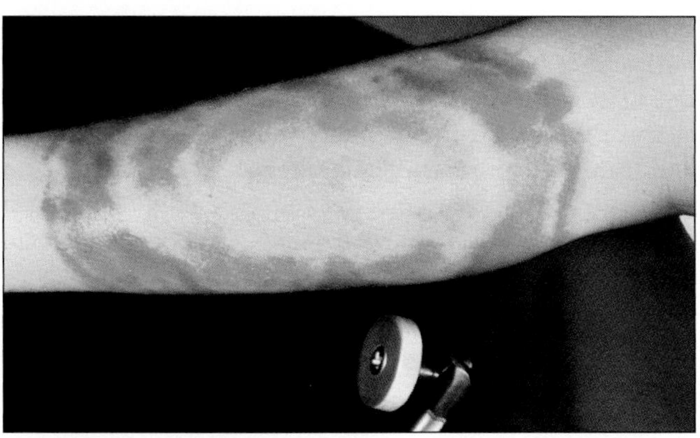

FIGURE 23.12 **Éruption maculopapuleuse due à la maladie de Lyme.** L'érythème migrant n'est pas toujours aussi apparent.

■ Quels symptômes apparaissent lorsque l'éruption se résorbe?

faciale, la méningite et l'encéphalite, apparaissent dans certains cas. Des mois ou des années plus tard, certains patients non traités souffrent d'arthrite sur une période de plusieurs années. Les réponses immunitaires à la présence de la bactérie sont probablement responsables des dommages causés aux articulations. Plusieurs des symptômes durables de la maladie de Lyme ressemblent à ceux des derniers stades de la syphilis, maladie également due à un spirochète.

Le diagnostic de la maladie de Lyme repose en partie sur les signes et symptômes et sur un indice de suspicion fondé sur la fréquence de l'affection dans la région géographique en question. Le test de dépistage le plus courant est la méthode ELISA, suivie d'une épreuve plus spécifique semblable à la technique de transfert de Western (chapitre 10). Les médecins savent qu'ils doivent tenir compte des symptômes cliniques et de la probabilité de l'exposition à l'infection lorsqu'ils interprètent les épreuves sérologiques. Plusieurs antibiotiques sont efficaces pour le traitement de la maladie, bien qu'aux stades avancés on doive avoir recours à de fortes doses. Il existe des vaccins pour les personnes qui risquent fréquemment d'être piquées par des tiques. La prévention reste le meilleur moyen d'éviter l'infection par la tique. Il est conseillé d'éviter les boisés ou, sinon, de porter des vêtements protecteurs, d'utiliser un insectifuge et de vérifier régulièrement les zones cutanées exposées et poilues, où les tiques se fixent le plus souvent; de plus, il faut extirper les tiques à l'aide d'une pince à épiler lorsqu'on en découvre sur la peau.

## La fièvre récurrente

À l'exception des espèces responsables de la maladie de Lyme, tous les spirochètes du genre *Borrelia* causent la **fièvre récurrente.** Cette maladie est transmise par les tiques molles et les poux qui se nourrissent aux dépens des rongeurs. Elle apparaît surtout dans des zones défavorisées où les populations infestées par les poux vivent dans des conditions insalubres. L'incidence de la fièvre récurrente augmente durant l'été, alors que l'activité des rongeurs et des arthropodes est maximale; toutefois, elle est rare en Amérique du Nord.

La maladie est caractérisée par de la fièvre, qui dépasse parfois 40,5 °C, un ictère (jaunisse) et des taches rosées sur la peau. La fièvre disparaît au bout de 3 à 5 jours, mais 3 ou 4 rechutes peuvent survenir, chacune étant plus courte et moins intense que le premier épisode. Ces rechutes sont provoquées par des spirochètes différents sur le plan antigénique, qui échappent aux défenses immunitaires existantes. Le diagnostic repose sur l'observation des bactéries dans le sang du patient.

## Autres maladies à tiques

La tique parasite du cerf, *Ixodes scapularis,* est un vecteur de diverses maladies dangereuses. L'**ehrlichiose,** affection pseudogrippale due à la bactérie *Ehrlichia* (qui se multiplie dans divers leucocytes), était considérée jusqu'en 1986 comme strictement animale. À l'heure actuelle, on assiste à la déclaration d'un nombre croissant de cas d'ehrlichiose humaine, qui est parfois mortelle. *Ehrlichia* est une bactérie rickettsoïde ressemblant à l'agent responsable du typhus à tiques, maladie similaire à l'ehrlichiose et elle aussi potentiellement mortelle. L'**ehrlichiose granulocytaire humaine** est présente dans les États américains du nord, parfois sous la forme d'une co-infection de la maladie de Lyme. L'**ehrlichiose monocytaire humaine** apparaît surtout dans les États américains du sud. Cette affection est causée par une autre espèce d'*Ehrlichia* étroitement apparentée à des zoopathogènes, et elle est transmise par une autre tique, communément appelée tique étoilée américaine. Le traitement recommandé consiste en l'administration d'un antibiotique, la doxycycline.

## Le typhus

### Objectif d'apprentissage

- *Décrire l'épidémiologie du typhus épidémique, du typhus murin (endémique) et de la fièvre pourprée des montagnes Rocheuses, et notamment le pouvoir pathogène des agents en cause, leurs réservoirs, leurs modes de transmission, leurs portes d'entrée, les facteurs prédisposants de l'hôte réceptif ainsi que les moyens de prévention des maladies.*

Les diverses formes de typhus sont causées par des rickettsies, c'est-à-dire des bactéries parasites intracellulaires obligatoires de cellules eucaryotes. Les rickettsies, qui sont transmises par des arthropodes vecteurs, infectent principalement les cellules endothéliales du système vasculaire, dans lesquelles elles se développent. Il en résulte une inflammation entraînant une obstruction locale et la rupture des petits vaisseaux sanguins.

**Typhus épidémique** Le **typhus épidémique** (ou typhus à poux) est causé par *Rickettsia prowazekii* et transmis par le pou de l'humain *Pediculus humanus corporis* (figure 12.31a). L'agent pathogène se développe dans le tube digestif du pou, qui l'excrète. Il n'est pas transmis directement lors de la piqûre d'un pou infecté, mais plutôt lorsque des déjections de ce dernier sont introduites dans la plaie par l'hôte piqué qui se gratte.

Le typhus épidémique provoque une fièvre élevée prolongée et des frissons, qui durent au moins deux semaines. Il est caractérisé par des céphalées et de la stupeur ainsi que par une éruption formée de petites taches rougeâtres, causée par des hémorragies sous-cutanées dues à l'invasion, par les rickettsies, des cellules endothéliales tapissant les parois des petits vaisseaux sanguins – en particulier les capillaires cutanés et cérébraux. Le taux de mortalité est très élevé pour les cas non traités.

La maladie se propage seulement dans un milieu surpeuplé où les conditions sanitaires sont médiocres, car les poux se transmettent facilement d'un hôte infecté à un autre. La tétracycline et le chloramphénicol sont habituellement efficaces contre le typhus épidémique, mais il importe surtout de modifier les conditions environnementales favorables à la dissémination de la maladie. On considère que le microbe est particulièrement dangereux, et il faut donc prendre de très grandes précautions lors de la manipulation de spécimens et lors des épreuves de laboratoire. Il existe des vaccins pour les membres des forces armées, qui ont été de tout temps très susceptibles de contracter la maladie.

**Typhus murin (endémique)** Le **typhus murin** est plutôt sporadique qu'épidémique. Le terme *murin* (le mot latin *muris* signifie «souris») évoque le fait que les rongeurs, et notamment les rats et les écureuils, sont les principaux réservoirs de la maladie. Celle-ci est transmise par la puce du rat, *Xenopsylla cheopsis* (figure 12.31b), et l'agent pathogène est *Rickettsia typhi,* qu'on rencontre fréquemment chez les rats. Au cours de ces dernières années, on a observé des flambées de typhus murin au Texas, et ces poussées ont coïncidé avec l'application de programmes visant à éliminer les rongeurs, ce qui a amené les puces du rat à chercher de nouveaux hôtes. Comme le taux de mortalité est inférieur à 5%, on considère que la forme murine est moins grave que le typhus épidémique. En dehors de cet aspect, le typhus murin et le typhus épidémique ne sont pas distincts sur le plan clinique.

La tétracycline et le chloramphénicol constituent des traitements efficaces pour le typhus murin, et le meilleur moyen de prévention demeure la lutte contre les populations de rats et l'amélioration des conditions sanitaires.

**Fièvre pourprée des montagnes Rocheuses** La **fièvre pourprée des montagnes Rocheuses,** ou typhus à tiques, est causée par *Rickettsia rickettsii;* il s'agit probablement de la rickettsiose la mieux connue aux États-Unis. En dépit de son nom (dû au fait que la maladie a d'abord été observée dans les montagnes Rocheuses), elle est particulièrement fréquente dans les États américains du Sud-Est et dans les Appalaches où de petits mammifères servent de réservoir à la rickettsie. La rickettsie responsable est un parasite des tiques et elle se transmet généralement d'une génération à une autre par les œufs; ce mécanisme s'appelle *voie transovarienne* (figure 23.13). Des enquêtes ont montré que, dans les zones endémiques, environ 1 tique sur 1 000 est infectée. Pour prévenir la maladie, il est donc impératif de nettoyer régulièrement la peau et de vérifier la présence de tiques. Différentes tiques jouent le rôle de vecteur dans différentes régions de l'Amérique du Nord: dans l'ouest, on observe la tique des bois, *Dermacentor andersoni,* et dans l'est, la tique du chien, *Dermacentor variabilis.*

Une semaine environ après qu'une personne a été piquée par une tique, une éruption cutanée apparaît, que l'on confond parfois avec un signe de la rougeole (figure 23.14). L'éruption se produit souvent sur la paume des mains et la plante des pieds, ce qui n'est pas le cas pour les éruptions d'origine virale. La personne infectée fait aussi de la fièvre et elle souffre de maux de tête. Dans environ 3% des cas déclarés annuellement, la maladie entraîne la mort par insuffisance rénale ou cardiaque. Les antibiotiques, tels que la tétracycline et le chloramphénicol, sont très efficaces si on les administre assez tôt. Il n'existe toutefois pas de vaccin.

Les épreuves sérologiques sont positives seulement lorsque la maladie est avancée. Il est difficile de poser un diagnostic avant l'apparition de l'éruption caractéristique, car les signes et symptômes sont très variables. De plus, chez les personnes à la peau foncée, l'éruption est peu apparente. Pourtant, un diagnostic erroné peut avoir de graves conséquences: si le traitement n'est pas rapide et adéquat, le taux de mortalité se situe à environ 20%.

# Les viroses des systèmes cardiovasculaire et lymphatique

Les virus sont responsables de diverses maladies des systèmes cardiovasculaire et lymphatique, surtout dans les régions tropicales. Une virose de ce type, la mononucléose infectieuse, est cependant courante dans les pays développés chez les jeunes adultes.

## Le lymphome de Burkitt

### Objectifs d'apprentissage

- *Décrire la cause du lymphome de Burkitt.*
- *Décrire l'épidémiologie de la mononucléose infectieuse, et notamment le pouvoir pathogène de l'agent en cause, ses réservoirs, ses modes de transmission, ses portes d'entrée ainsi que les facteurs prédisposants de l'hôte réceptif.*
- *Relier la mononucléose infectieuse au mécanisme physiopathologique qui conduit à l'apparition des principaux signes de la maladie.*
- *Relier la mononucléose infectieuse à des moyens de prévention, à une thérapeutique et à des épreuves de diagnostic (s'il y a lieu).*

Durant les années 1950, le médecin irlandais Denis Burkitt, qui travaillait alors en Afrique orientale, a noté que de nombreux enfants présentaient une tumeur à croissance rapide à la

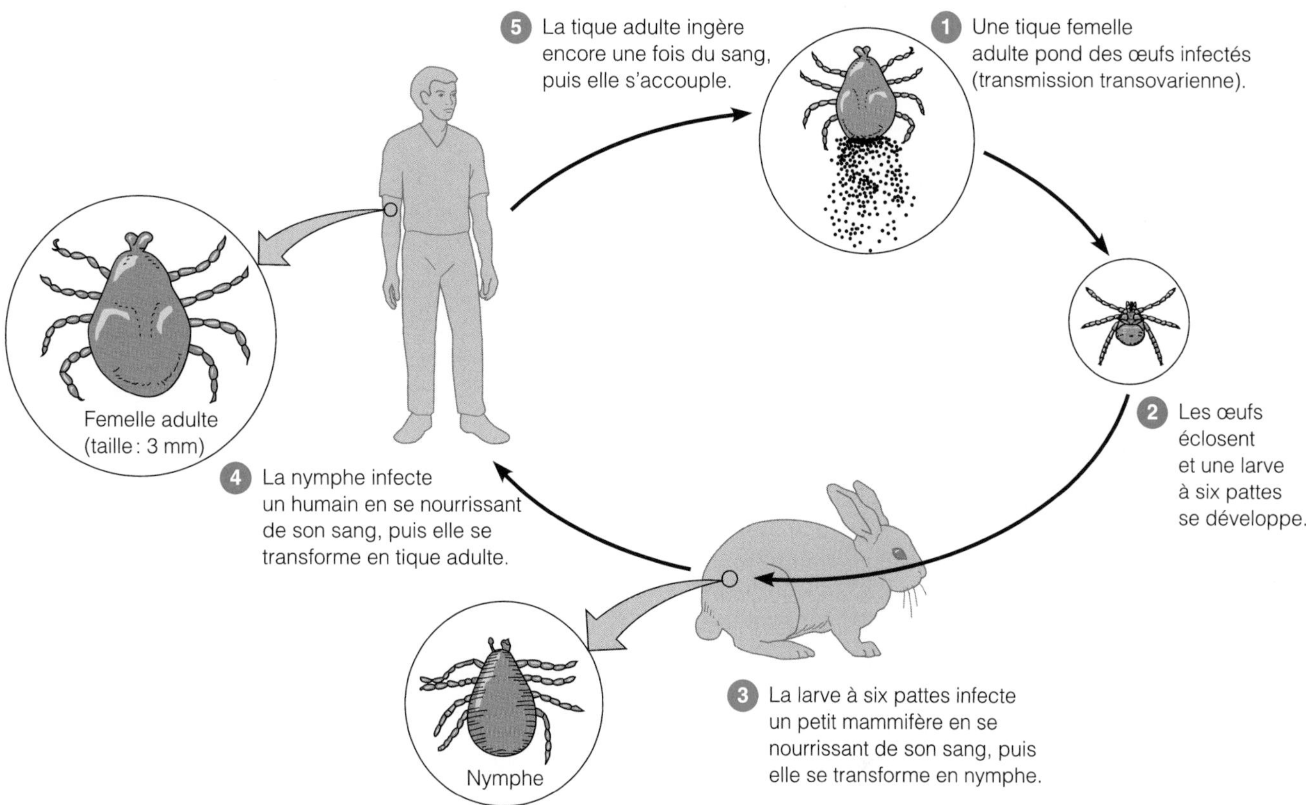

5 La tique adulte ingère encore une fois du sang, puis elle s'accouple.
1 Une tique femelle adulte pond des œufs infectés (transmission transovarienne).
2 Les œufs éclosent et une larve à six pattes se développe.
3 La larve à six pattes infecte un petit mammifère en se nourrissant de son sang, puis elle se transforme en nymphe.
4 La nymphe infecte un humain en se nourrissant de son sang, puis elle se transforme en tique adulte.
Femelle adulte (taille : 3 mm)
Nymphe

FIGURE 23.13 **Le cycle vital de la tique (*Dermacentor* spp.) vecteur de la fièvre pourprée des montagnes Rocheuses.** Les mammifères ne sont pas essentiels à la survie de l'agent pathogène, *Rickettsia rickettsii,* chez la population de tiques ; la bactérie peut se transmettre par voie transovarienne, de sorte que les larves sont déjà infectées lorsque les œufs éclosent. Les tiques ont néanmoins besoin d'ingérer du sang pour passer d'un stade du cycle vital au suivant.

■ Qu'est-ce que la voie transovarienne ?

mâchoire (figure 23.15). Ce type de cancer, appelé **lymphome de Burkitt,** est le plus fréquent chez les enfants du continent africain. Sa distribution géographique est restreinte et semblable à celle du paludisme en Afrique centrale.

Burkitt a émis l'hypothèse que la tumeur était d'origine virale et que la transmission était due à un moustique vecteur. À l'époque, on ne connaissait aucun virus responsable de cancer chez les humains, bien que l'on eût déjà associé plusieurs virus à des cancers chez les animaux. Intrigués par cette hypothèse, le virologiste britannique Tony Epstein et son élève Yvonne Barr ont pratiqué des biopsies des tumeurs. Ils ont réussi à faire croître un virus à partir du matériel prélevé, et l'observation au microscope électronique a révélé la présence d'un virus de type herpétique dans les cellules de la culture. On a appelé l'agent pathogène virus d'Epstein-Barr, mais l'appellation normalisée est herpèsvirus humain type 4 (HHV-4).

Il est clair que le virus d'Epstein-Barr est associé au lymphome de Burkitt, mais on ne sait pas comment il produit la tumeur. Des recherches ont montré cependant que ni le virus ni la maladie ne sont transmis par des moustiques. Il

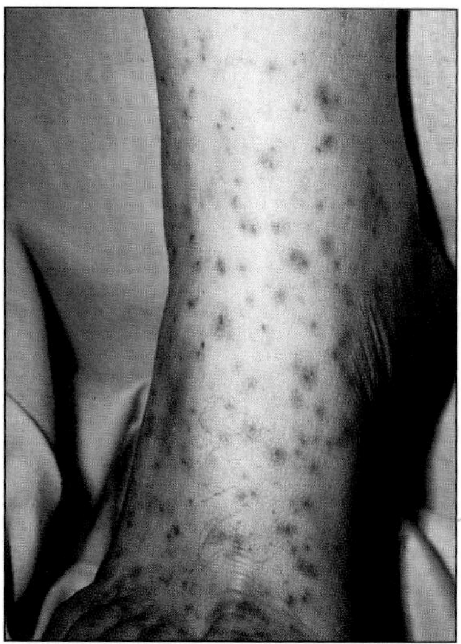

FIGURE 23.14 **Éruption cutanée due à la fièvre pourprée des montagnes Rocheuses.** On confond souvent l'éruption due à la fièvre pourprée avec celle qui est causée par la rougeole. Le taux de mortalité est plus élevé chez les personnes à la peau foncée, car elles ne se rendent pas compte de l'éruption assez tôt pour être traitées de façon efficace.

■ Comment peut-on prévenir la fièvre pourprée des montagnes Rocheuses ?

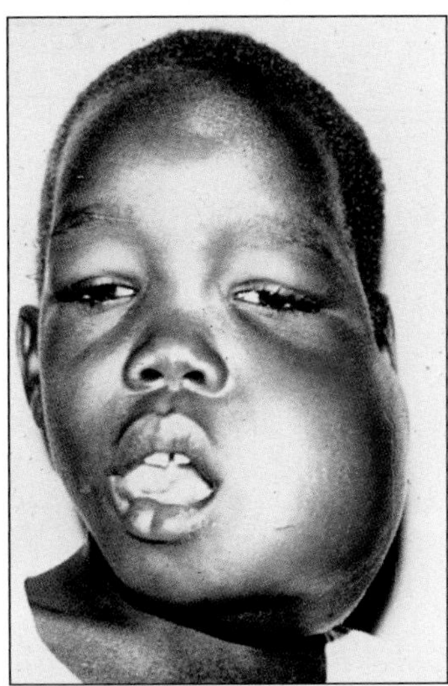

FIGURE 23.15 **Enfant atteint du lymphome de Burkitt.** Les tumeurs cancéreuses de la mâchoire dues au virus d'Epstein-Barr touchent surtout les enfants. Dans le cas du jeune patient photographié, le traitement a donné de bons résultats.

■ Le virus d'Epstein-Barr est responsable de la mononucléose infectieuse et du lymphome de Burkitt.

semble plutôt que des infections paludéennes transmises par des moustiques favorisent l'apparition du lymphome de Burkitt en diminuant la réponse immunitaire au virus, qui est presque universellement présent chez les humains adultes dans le monde entier.

Dans les régions où le paludisme n'est pas endémique, les cas de lymphome de Burkitt sont rares. L'apparition du lymphome chez des personnes atteintes du SIDA souligne à quel point le bon fonctionnement du système immunitaire joue un rôle dans la prévention de la maladie. Le **cancer du nasopharynx** constitue un autre trouble associé au virus d'Epstein-Barr. Ce cancer est une cause importante de décès en Asie du sud-est, où son incidence est de 10 à 20 cas sur 100 000 habitants.

## La mononucléose infectieuse

La détermination de l'agent responsable de la **mononucléose infectieuse,** communément appelée maladie du baiser, a été le résultat d'une découverte fortuite, comme cela arrive souvent en science. Une technicienne de laboratoire affectée à un projet de recherche sur le virus d'Epstein-Barr, servait de témoin négatif. Durant ses vacances, elle avait contracté une infection caractérisée par de la fièvre, des maux de gorge, une tuméfaction des nœuds lymphatiques cervicaux et une grande faiblesse générale. La maladie de la technicienne présentait un aspect particulièrement intéressant dans la mesure où les épreuves sérologiques pour le virus d'Epstein-Barr qu'elle subissait étaient désormais positives. Par la suite, il fut rapidement confirmé que le virus associé au lymphome de Burkitt était également responsable de presque tous les cas de mononucléose infectieuse.

Dans les pays en voie de développement, l'infection au virus d'Epstein-Barr se produit dans la petite enfance, de sorte que 90% des enfants de plus de 4 ans possèdent des anticorps. Les infections de ce type sont d'ordinaire asymptomatiques durant l'enfance, mais, si elles surviennent au début de l'âge adulte, les signes et symptômes sont beaucoup plus marqués. Au Canada, comme en France et aux États-Unis, c'est chez les jeunes de 15 à 25 ans que l'incidence de la maladie atteint un sommet. Chez les jeunes étudiants, et en particulier ceux des classes socioéconomiques supérieures, l'incidence de la maladie est très élevée. La majorité des individus de cette population ne sont pas immunisés, et 15% d'entre eux contracteront probablement la maladie; en général, la personne se rétablit totalement en quelques semaines, et l'immunité acquise est permanente.

Le mode habituel de transmission de l'infection est l'échange de salive lors d'un baiser (d'où le nom courant de cette maladie) ou lors de l'utilisation d'un même récipient pour boire; la transmission lors d'une transfusion sanguine est possible mais rare, et la transmission par gouttelettes d'aérosols est peu probable. La période d'incubation est de 4 à 7 semaines avant l'apparition des premiers symptômes.

Bien que la reproduction du virus, pense-t-on, ait lieu dans les cellules épithéliales des glandes parotides – ce qui explique sa présence dans la salive –, l'infection se limite presque exclusivement aux lymphocytes B. Le virus ne se reproduit pas de façon significative dans les lymphocytes B, mais l'infection entraîne leur transformation en plasmocytes, qui se reproduisent rapidement et se mettent à élaborer des anticorps non spécifiques dits *hétérophiles.* Les plasmocytes sont attaqués par les cellules T (tueuses) du système immunitaire à médiation cellulaire. Ainsi, les signes et symptômes de la mononucléose infectieuse sont associés à la prolifération des lymphocytes B et à la réponse immunitaire dirigée contre eux. Après la guérison, le virus reste à l'état de latence dans un petit nombre de ces lymphocytes B pour le restant de la vie du porteur, qui peut en tout temps en libérer dans sa salive et contaminer d'autres personnes.

L'appellation *mononucléose* évoque le fait que des lymphocytes B dont le noyau est anormalement lobé prolifèrent dans le sang durant la phase aiguë de l'infection. Si le test portant sur les anticorps hétérophiles est négatif, les symptômes peuvent être causés par un cytomégalovirus (p. 774). La méthode diagnostique la plus précise est la détection par les anticorps fluorescents (ou immunofluorescence), susceptible de déceler des anticorps IgM contre le virus d'Epstein-Barr. Une fois que le diagnostic est établi, il n'y a pas de traitement spécifique et seul le repos est indiqué. Il n'existe pas de vaccin pour immuniser les proches.

## Les fièvres hémorragiques virales classiques

### Objectif d'apprentissage

- *Décrire l'épidémiologie de la fièvre jaune et de la dengue quant aux réservoirs et aux modes de transmission des agents en cause, et décrire les principaux signes et symptômes de ces maladies.*

La majorité des fièvres hémorragiques sont des zoonoses; elles atteignent les humains seulement lorsqu'ils entrent en contact avec l'agent responsable par l'intermédiaire de son hôte animal normal. Certaines fièvres hémorragiques virales sont connues de la médecine depuis si longtemps qu'elles sont dites classiques. La première est la **fièvre jaune,** dont le virus est injecté dans la peau par le moustique *Ædes ægypti.*

Les premiers signes et symptômes des cas graves de fièvre jaune sont la fièvre, des frissons et des maux de tête, suivis de nausées et de vomissements. À la fin de cette phase apparaît un ictère, c'est-à-dire un jaunissement de la peau, d'où le nom de la maladie. Cette coloration reflète une atteinte hépatique caractérisée par des dépôts de pigments biliaires dans la peau et les muqueuses. Le taux de mortalité atteint 20%.

La fièvre jaune est encore endémique dans diverses régions tropicales, telles que l'Amérique centrale, l'Amérique du Sud tropicale et l'Afrique. Autrefois, elle était endémique aux États-Unis et se produisait jusque dans le nord, à Philadelphie. Le dernier cas déclaré aux États-Unis est survenu en Louisiane, en 1905, durant une épidémie qui a fait environ 1 000 morts. Des programmes de démoustication, élaborés par le médecin-général des forces armées américaines, Walter Reed, ont permis d'éradiquer la fièvre jaune aux États-Unis.

Les singes constituent un réservoir naturel du virus de la fièvre jaune, mais la transmission d'humain à humain suffit à faire perdurer la maladie. La lutte locale contre les moustiques et la vaccination des populations exposées sont des moyens de lutte efficaces en milieu urbain.

Le diagnostic repose d'ordinaire sur les signes cliniques, mais il peut être confirmé par l'observation d'une augmentation du titre des anticorps ou par l'isolement du virus dans le sang du patient. Il n'existe pas de traitement spécifique de la fièvre jaune. Le vaccin utilisé est une souche virale vivante atténuée et il assure une immunité très efficace tout en produisant peu d'effets secondaires.

La **dengue** est une maladie virale semblable à la fièvre jaune, également transmissible par le moustique *Ædes ægypti.* Elle est endémique dans les Caraïbes et d'autres régions tropicales, où on estime le nombre de cas à 100 millions par année. La dengue est caractérisée par de la fièvre, une éruption cutanée et des douleurs musculaires et articulaires intenses (d'où le nom courant donné à la maladie en anglais, «breakbone fever»). À l'exception des symptômes douloureux, c'est une maladie relativement bénigne et rarement mortelle. Une autre forme de dengue, la **dengue hémorragique,** peut provoquer un choc septique chez la victime – généralement un enfant – qui risque de mourir en quelques heures. C'est en fait l'une des principales causes de décès chez les enfants en Asie du Sud-Est.

On enregistre un nombre croissant de cas de dengue dans les pays voisins des Caraïbes. En général, on dénombre plus de 100 cas importés par année aux États-Unis; il s'agit de visiteurs qui proviennent en majorité des Caraïbes et d'Amérique du Sud. Il ne semble pas exister de réservoir animal de la maladie. Le moustique vecteur de la dengue est commun dans les États du golfe du Mexique et on craint que le virus ne finisse par être introduit dans cette région et que la maladie n'y devienne endémique. Les autorités sanitaires s'inquiètent également de l'importation possible aux États-Unis d'un moustique asiatique, *Ædes albopictus,* qui est un porteur efficace du virus. Ce moustique pique fréquemment et transmet le virus par voie transovarienne et d'une personne à une autre. L'habitat virtuel de ce moustique correspond à une grande partie des États-Unis. Il existe des programmes visant l'éradication de tous les moustiques *Ædes,* qui sont des espèces urbaines proliférant dans des endroits tels que les trous d'arbres, les vieux pneus et les objets en plastique abandonnés.

## Les fièvres hémorragiques virales émergentes

### Objectif d'apprentissage

- *Décrire l'épidémiologie de la maladie à virus Ebola et du syndrome pulmonaire à* Hantavirus*, et notamment les caractéristiques des agents pathogènes en cause, leurs réservoirs et leurs modes de transmission ainsi que les principaux signes et symptômes des maladies.*

Certaines maladies hémorragiques sont dites émergentes. En 1967, à la suite de l'importation de singes africains en Europe, 31 personnes ont contracté une maladie et 7 en sont mortes. Le virus responsable avait une forme étrange, en filament (filovirus) et on lui a donné le nom de l'endroit où s'était déclarée l'épidémie, soit Marburg, en Allemagne; la maladie s'appelle **maladie à virus de Marburg.** Neuf ans plus tard, des épidémies d'une autre fièvre hémorragique extrêmement dangereuse, due à un filovirus similaire, ont eu lieu en Afrique, et le taux de mortalité a atteint près de 90%. Nommée **maladie à virus Ebola** ou **fièvre hémorragique africaine,** d'après le nom d'un cours d'eau de la région, cette maladie a depuis fait les manchettes et on a réalisé des films et écrit des livres sur ce sujet (figure 23.16). Les victimes souffrent d'hémorragies multiples touchant le tube digestif, les poumons, les gencives, les yeux, etc. L'hôte naturel du virus Ebola n'est pas connu, mais on sait que la maladie est le plus souvent transmise par contact avec du sang, en particulier par l'intermédiaire de seringues non stérilisées.

La **fièvre de Lassa** est apparue en Afrique en 1969, à partir d'un réservoir de rongeurs. Comme pour la maladie à virus Ebola, la transmission interpersonnelle se fait principalement par contact avec des liquides organiques. Il se produit régulièrement des épidémies qui tuent des milliers de personnes. Il existe en Amérique du Sud plusieurs fièvres hémorragiques causées par des virus semblables à l'agent responsable de la fièvre de Lassa (des arénavirus), qui sont continuellement présents dans les populations de rongeurs. Les **fièvres hémorragiques argentine** et **bolivienne** se transmettent, en milieu rural, par contact avec les déjections de rongeurs.

La **fièvre hémorragique avec syndrome rénal** désigne en fait un ensemble d'affections dues à des hantavirus et présentes depuis longtemps, en Asie et en Europe en particulier.

RÉSOLUTION DE CAS CLINIQUES

## Une maladie à transmission par vecteur..., mais est-ce bien cela ?

La description du problème comporte des questions que les cliniciens se posent quand ils doivent formuler un diagnostic et choisir un traitement. Essayez de répondre à chaque question avant de lire la suivante.

1. Le 19 février, un homme de 49 ans se présente au service des urgences parce qu'il fait de la fièvre et de l'hypotension depuis 5 jours. L'examen physique met en évidence une insuffisance rénale, de sorte que le patient est hospitalisé.
   *De quelles informations avez-vous besoin pour établir le diagnostic ?*

2. Le patient n'a pas voyagé à l'extérieur des États-Unis et il n'a pas fait usage de drogues par voie intraveineuse. Il a toutefois reçu 4 unités de concentré d'érythrocytes, le 15 janvier, au cours d'une chirurgie visant à remplacer une hanche.
   *Quel examen peut contribuer au diagnostic ?*

3. Trois jours après l'hospitalisation, l'examen d'un frottis de sang périphérique révèle que 12 % des érythrocytes contiennent des parasites intracellulaires en forme d'anneau.
   *De quel parasite intracellulaire peut-il s'agir ? Comment confirmer le diagnostic ? Quel traitement recommanderiez-vous ?*

4. Le diagnostic d'une infection à *Plasmodium falciparum* est confirmé par l'amplification en chaîne par polymérase (ACP). Le patient réagit bien à un traitement à la quinine et à un remplacement de sang par transfusion.
   *De quelle maladie le patient est-il atteint et quelle a été la source de l'infection ? L'infection est-elle transmissible à une autre personne ?*

5. L'homme a contracté le paludisme lors de l'injection du concentré d'érythrocytes. Cette infection est transmissible par le sang du donneur, qui peut être un résident des États-Unis ou un immigrant venant d'une zone endémique.
   On effectue une réaction d'immunofluorescence sur les échantillons de sérum des donneurs dont provenait le concentré administré au patient en janvier, afin de vérifier s'ils contiennent des anticorps. Dans un cas, le titre des anticorps contre *P. falciparum* est de 16 384.
   *Qu'indique la présence d'anticorps dans le sérum du donneur ?*

6. La présence d'anticorps peut indiquer une infection active ou passée.
   *De quelles autres informations avez-vous besoin ?*

7. L'ACP effectuée sur l'échantillon de sérum révèle la présence d'ADN de *P. falciparum*. Le donneur ne faisait pas de fièvre au moment où il a donné du sang. En mars, on prélève un frottis de sang sur ce donneur, dont l'examen montre la présence d'un parasite annulaire dans les érythrocytes. Le donneur est traité avec de la quinine et de la doxycycline.
   *Pourquoi a-t-on traité le donneur ?*

8. La présence de *Plasmodium* au stade annulaire démontre que le donneur est atteint de parasitémie (présence de parasites dans le sang). On l'a traité pour détruire les parasites, de manière à le maintenir en bonne santé et à éviter qu'il ne transmette la maladie.
   *De quelles autres informations avez-vous besoin au sujet du donneur ?*

9. Le donneur est né en Afrique occidentale ; il a vécu en Europe, puis est retourné en Afrique, où il a vécu pendant 20 ans avant d'immigrer aux États-Unis. Il a donné du sang 2 ans après son arrivée dans ce pays.
   La transmission du paludisme est une complication rare, mais grave, de la transfusion sanguine. De 1958 à 1998 aux États-Unis, on a dénombré 103 cas de paludisme dus à ce mode de transmission. À l'heure actuelle, il est difficile de vérifier si le sang contient l'agent pathogène de cette maladie parce qu'il n'existe aucun test sur le marché destiné à cette fin.
   *Quel genre de test élaboreriez-vous : une détection par les anticorps fluorescents, un dénombrement direct de cellules ou une ACP ?*

10. La guérison du paludisme confère l'immunité, de sorte que le dépistage des anticorps visant à vérifier les dons de sang entraînerait le rejet de donneurs sains. Par ailleurs, si seuls quelques sporozoïtes sont présents, ils peuvent passer inaperçus lors de l'examen microscopique. L'ACP constitue un test direct plus précis. Aujourd'hui encore, le paludisme est l'une des principales causes de morbidité et de mortalité dans le monde, en grande partie à cause de l'apparition de souches résistantes aux médicaments.
    *Tant qu'elles ne disposeront pas d'une épreuve sélective, quelles mesures les banques de sang devraient-elles prendre pour éviter la transmission du paludisme par transfusion ?*

11. Les immigrants originaires de régions impaludées et ayant acquis l'immunité contre la maladie peuvent être atteints d'une parasitémie asymptomatique. Dans le cas décrit ci-dessus, le fait que le donneur avait habité dans une zone impaludée au cours des 3 dernières années n'a été connu que lorsque le donneur a été questionné après la transfusion. L'American Association of Blood Banks recommande maintenant l'utilisation d'un questionnaire normalisé portant sur les antécédents du donneur, et en particulier sur ses déplacements dans des pays et des régions donnés.

SOURCE : Adapté de *Morbidity and Mortality Weekly Report*, vol. 48, n° 12, 2 avril 1999, p. 253-256.

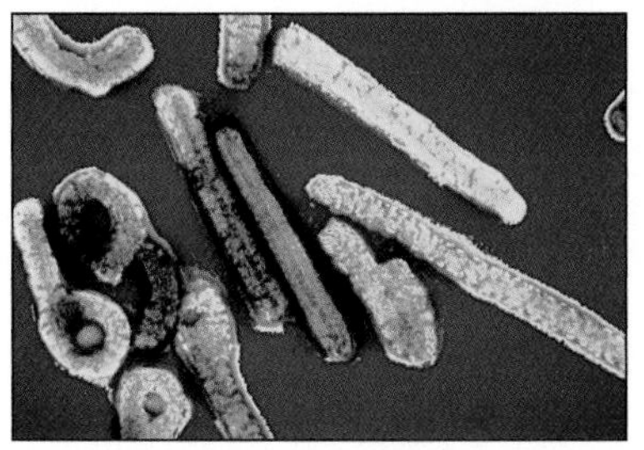
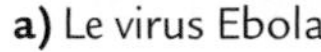
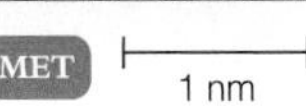

a) Le virus Ebola MET 1 nm

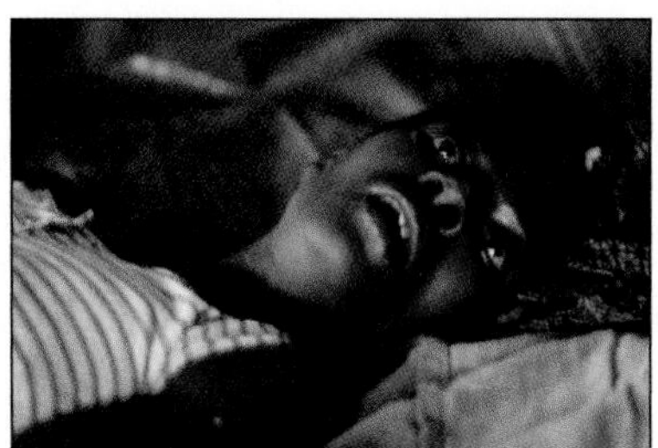

b) Une victime de la maladie à virus Ebola

FIGURE 23.16 **La maladie à virus Ebola.**

- Citez trois types de fièvres hémorragiques et les agents qui en sont responsables.

En Amérique du Nord, cette maladie infectieuse se manifeste sous la forme d'une infection pulmonaire souvent mortelle, appelée **syndrome pulmonaire à *Hantavirus*,** au cours de laquelle les poumons se remplissent de liquide ; une chute de la pression artérielle cause habituellement la mort. Les affections de ce type se transmettent par l'inhalation de l'hantavirus contenu dans l'urine séchée de rongeurs infectés, tels que la souris sylvestre. La maladie est rare au Canada.

# Les protozooses des systèmes cardiovasculaire et lymphatique

## Objectifs d'apprentissage

- *Décrire les ressemblances et les différences entre la trypanosomiase américaine, la leishmaniose viscérale et la babésiose, quant aux agents responsables, à leurs modes de transmission ainsi qu'aux cellules cibles parasitées.*
- *Décrire l'épidémiologie de la toxoplasmose et du paludisme, et notamment le pouvoir pathogène des agents en cause, leurs réservoirs, leurs modes de transmission, leurs portes d'entrée ainsi que les facteurs prédisposants de l'hôte réceptif.*
- *Relier la toxoplasmose et le paludisme dû à* Plasmodium falciparum *aux mécanismes physiopathologiques qui conduisent à l'apparition des principaux signes des maladies.*
- *Relier la toxoplasmose et le paludisme à des moyens de prévention, à une thérapeutique et à des épreuves de diagnostic (s'il y a lieu).*

Les protozoaires responsables de maladies des systèmes cardiovasculaire et lymphatique ont souvent un cycle vital complexe, et leur présence risque de nuire gravement à l'hôte humain.

## La trypanosomiase américaine

La **trypanosomiase américaine,** ou **maladie de Chagas,** est une protozoose du système cardiovasculaire. L'agent responsable est *Trypanosoma cruzi,* un protozoaire flagellé (figure 23.17), qui a été découvert dans son insecte vecteur par le microbiologiste brésilien Carlos Chagas en 1910. Chagas a choisi l'appellation *cruzi* en l'honneur de son compatriote, l'épidémiologiste Oswaldo Cruz. La maladie est présente dans le sud du Texas, au Mexique, en Amérique centrale et dans certaines régions d'Amérique du Sud. Elle infecte de 40 à 50 % de la population de certaines zones rurales sud-américaines. On estime que, aux États-Unis, 100 000 immigrants sont porteurs de la maladie.

Le réservoir de *T. cruzi* est constitué d'un large éventail d'animaux sauvages, tels que des rongeurs, des opossums et des armadilles. L'arthropode vecteur est le réduve, qui pique souvent les humains à proximité des lèvres (d'où son nom de « kissing bug » en anglais) (figure 12.31d). Cette punaise vit dans les fentes ou crevasses des huttes en terre ou en pierre recouvertes de toits de chaume. Les trypanosomes, qui se développent dans le tube digestif de la punaise, sont transmis lorsque cette dernière défèque au moment même où elle se nourrit. La personne ou l'animal piqué fait souvent pénétrer les déjections de la punaise dans la piqûre ou dans une autre lésion cutanée en se grattant, ou en se frottant les yeux. Dans des régions isolées du Mexique, la transmission se fait aussi par ingestion, car on y consomme des

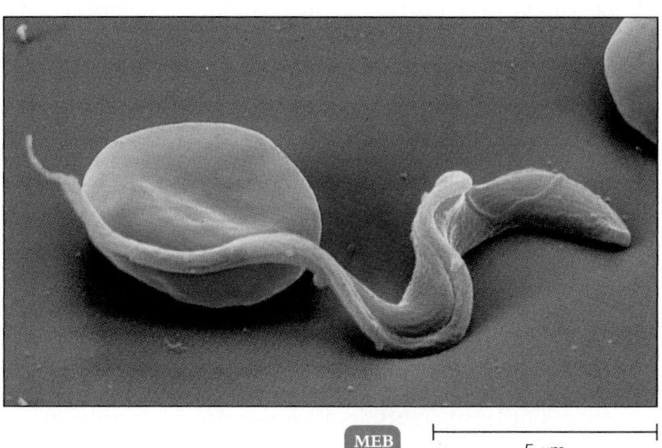

MEB 5 μm

FIGURE 23.17 ***Trypanosoma cruzi,* l'agent de la maladie de Chagas.** Ce trypanosome possède une membrane ondulante ; le flagelle suit le pourtour de la membrane et se prolonge au-delà du corps du trypanosome, sous forme de flagelle libre. Notez les érythrocytes représentés dans la photo.

réduves auxquels on attribue un pouvoir aphrodisiaque. Au Brésil, où on a réussi à restreindre la population de punaises, les transfusions sanguines constituent actuellement le principal mode d'infection.

La maladie de Chagas est particulièrement dangereuse pour les enfants, chez qui le taux de mortalité peut atteindre 10%, en raison surtout des dommages causés au cœur. Si les parasites touchent les nerfs qui régissent le péristaltisme de l'œsophage ou du côlon, ces organes ne sont plus capables d'effectuer le transport des aliments et deviennent très volumineux, d'où l'apparition, selon le cas, d'un mégaœsophage ou d'un mégacôlon.

Dans les régions endémiques, le diagnostic repose habituellement sur les symptômes. On a cependant élaboré récemment des épreuves sérologiques plus efficaces, que tous les donneurs potentiels de sang doivent subir au Brésil. Il est très difficile de traiter la maladie de Chagas à un stade avancé et chronique. Le trypanosome se multiplie à l'intérieur des cellules, de sorte que la chimiothérapie ne l'atteint pas facilement. Un médicament expérimental, qui inhibe la synthèse des stérols, a donné de bons résultats lors de tests effectués chez des animaux.

## La toxoplasmose

La **toxoplasmose** est une maladie des vaisseaux sanguins et lymphatiques causée par le protozoaire *Toxoplasma gondii*. À l'instar du parasite paludéen, *T. gondii* produit des kystes.

Les chats domestiques jouent un rôle essentiel dans le cycle vital de *T. gondii* (figure 23.18). Des tests aléatoires effectués sur des chats urbains ont montré que bon nombre d'entre eux sont infectés par le microorganisme, qui ne semble toutefois provoquer aucune maladie chez ces animaux.

La contamination du chat se fait par l'ingestion de souris ou autres petits rongeurs contaminés. Les kystes ingérés sont digérés dans l'estomac du chat, entraînant la libération des parasites. ❶ La phase sexuelle unique du protozoaire a lieu dans le tractus intestinal du chat; elle aboutit à la formation d'*oocystes* immatures, qui seront libérés dans les selles. ❷ Au bout de 2 à 5 jours, les oocystes deviennent matures et donnent naissance dans l'environnement à des sporocystes contenant des *sporozoïtes* infestants. ❸ Les oocystes matures contaminent des aliments et de l'eau susceptibles d'être ingérés par d'autres animaux – bovins, porcs, rongeurs, mais aussi l'humain. ❹ Une fois qu'ils ont été ingérés, les sporozoïtes sont capturés par les macrophagocytes des tissus lymphoïdes (tels que la rate, les nœuds lymphatiques et la moelle osseuse rouge). Cependant, au lieu d'être éliminés, les parasites bloquent le processus de digestion des macrophagocytes et s'installent à demeure à l'intérieur de ces derniers; ils deviennent alors des parasites intracellulaires sous la forme de trophozoïtes. Le parasite intracellulaire se reproduit rapidement (appelés tachyzoïtes à ce stade; *tachy* = rapide), et sa prolifération entraîne l'éclatement du macrophagocyte et la libération d'un nombre encore plus grand de tachyzoïtes.

Lorsque l'action du système immunitaire diminue, la maladie entre dans la phase chronique, tant chez les animaux que chez les humains: le macrophagocyte hôte infesté élabore une paroi protectrice pour produire un *kyste* qui devient la forme de résistance du parasite. Les nombreux parasites se trouvant à l'intérieur du kyste ne se reproduisent plus que très lentement, ou pas du tout (appelés bradyzoïtes à ce stade; *bradus* = lent), mais ils survivent pendant des années, surtout dans l'encéphale. ❺ Comme il existe beaucoup de petits animaux contaminés dans la nature, c'est à ce stade que la souris contaminée est souvent capturée et mangée par le chat, lequel ingère en même temps les kystes tissulaires remplis de bradyzoïtes.

Chez les personnes immunocompétentes, la toxoplasmose est asymptomatique, ou elle produit seulement des symptômes très légers semblables à ceux de la grippe et confère une immunité permanente à ces individus. Des enquêtes ont montré que 40% environ de la population américaine finit par élaborer des anticorps contre *T. gondii* (figure 25.14) sans même s'en rendre compte; la proportion peut s'élever à 80% dans certains pays selon les habitudes alimentaires des individus. Les humains contractent habituellement l'infection en consommant de la viande crue ou insuffisamment cuite qui contient des tachyzoïtes ou des kystes tissulaires, mais la transmission peut aussi se faire par contact direct avec des selles de chat.

Le principal risque lié à la toxoplasmose est l'infection congénitale du fœtus, qui provoque l'accouchement d'un enfant mort-né, ou de graves lésions cérébrales ou des troubles de la vue chez le nouveau-né. Le fœtus n'est touché que si une première infection survient pendant la grossesse. Le parasite traverse la barrière placentaire et atteint les cellules cibles du fœtus. Étant donné que l'immunité n'est pas encore acquise, de nombreux parasites s'enkystent et les dommages au fœtus sont très sérieux. Il est recommandé aux futures mamans de ne pas changer la litière du chat ou, à tout le moins, de la changer chaque jour en portant des gants et de se laver les mains tout de suite après. Puisque les oocystes forment des sporozoïtes au bout de 2 à 5 jours, le risque de contamination diminue si on change la litière quotidiennement.

La déficience du système immunitaire, observée en particulier chez les personnes atteintes du SIDA, permet la réactivation d'une infection non apparente à partir des kystes tissulaires. Cette réactivation cause souvent des troubles neurologiques graves et elle risque d'entraîner respectivement des maux de tête et des troubles de la vue si elle provient de kystes situés dans l'encéphale et dans l'œil.

On peut déceler la toxoplasmose à l'aide d'épreuves sérologiques, mais l'interprétation de ces dernières n'est pas fiable. Il importe de souligner ce fait parce que, dans certains pays européens, on conseille à toute femme enceinte chez qui les épreuves sont positives de subir un avortement. Le traitement de la toxoplasmose met en œuvre l'administration simultanée de pyriméthamine et de sulfadiazine.

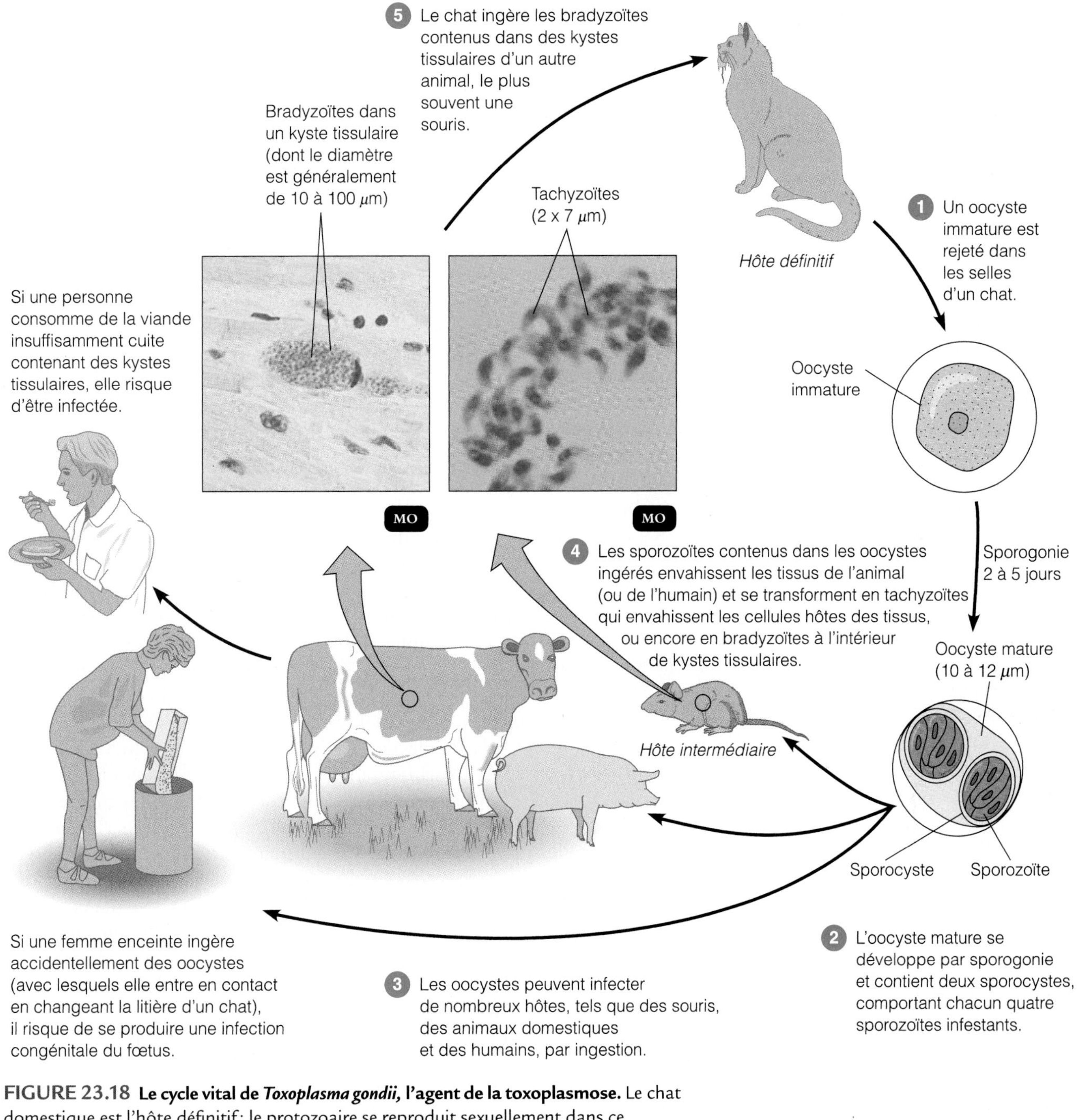

5 Le chat ingère les bradyzoïtes contenus dans des kystes tissulaires d'un autre animal, le plus souvent une souris.
Bradyzoïtes dans un kyste tissulaire (dont le diamètre est généralement de 10 à 100 μm)
Tachyzoïtes (2 x 7 μm)
Hôte définitif
1 Un oocyste immature est rejeté dans les selles d'un chat.
Si une personne consomme de la viande insuffisamment cuite contenant des kystes tissulaires, elle risque d'être infectée.
Oocyste immature
MO
MO
4 Les sporozoïtes contenus dans les oocystes ingérés envahissent les tissus de l'animal (ou de l'humain) et se transforment en tachyzoïtes qui envahissent les cellules hôtes des tissus, ou encore en bradyzoïtes à l'intérieur de kystes tissulaires.
Sporogonie 2 à 5 jours
Oocyste mature (10 à 12 μm)
Hôte intermédiaire
Sporocyste
Sporozoïte
Si une femme enceinte ingère accidentellement des oocystes (avec lesquels elle entre en contact en changeant la litière d'un chat), il risque de se produire une infection congénitale du fœtus.
3 Les oocystes peuvent infecter de nombreux hôtes, tels que des souris, des animaux domestiques et des humains, par ingestion.
2 L'oocyste mature se développe par sporogonie et contient deux sporocystes, comportant chacun quatre sporozoïtes infestants.

**FIGURE 23.18** **Le cycle vital de *Toxoplasma gondii,* l'agent de la toxoplasmose.** Le chat domestique est l'hôte définitif; le protozoaire se reproduit sexuellement dans ce mammifère.

■ De quelle façon les humains contractent-ils la toxoplasmose?

## Le paludisme

Le **paludisme** est caractérisé par des accès de frissons et de fièvre, souvent accompagnés de vomissements et de céphalées intenses. Ces symptômes, qui surviennent en général à des intervalles de 2 à 3 jours, alternent avec des périodes asymptomatiques. On rencontre le paludisme partout où le moustique vecteur *Anopheles* (figure 12.29b) et des hôtes humains pour *Plasmodium,* le protozoaire parasite, sont présents.

Au début du XX^e^ siècle, la maladie était très répandue dans le sud des États-Unis, mais une lutte efficace contre les moustiques et la diminution du nombre des porteurs humains ont fait chuter le nombre de cas déclarés à moins de 100 en 1960. En 1967, un pic a été observé après le retour des soldats ayant combattu au Vietnam (figure 23.19). Le nombre de cas a de nouveau augmenté au cours de ces dernières années, ce qui reflète une recrudescence du paludisme à l'échelle mondiale, de même qu'un accroissement des déplacements dans des zones paludéennes et du nombre des immigrants en provenance de ces dernières.

Le paludisme se transmet parfois à des toxicomanes par l'intermédiaire de seringues non stérilisées; la transfusion de sang prélevé sur des personnes ayant visité des zones endémiques constitue aussi un risque potentiel (voir l'encadré, p. 706). En Asie tropicale, en Afrique et en Amérique latine, le paludisme constitue aujourd'hui encore un grave problème. À l'échelle mondiale, on estime que la maladie touche environ 300 millions de personnes chaque année et qu'elle cause entre 2 et 4 millions de morts.

*Plasmodium vivax,* qui est responsable de la forme la plus commune de paludisme, a une distribution très étendue. Dans cette forme, appelée parfois «paludisme bénin», des accès surviennent toutes les 48 heures et le patient survit généralement pendant plusieurs années, même s'il n'est pas traité. *P. ovale* et *P. malariæ* provoquent aussi des formes relativement bénignes de paludisme, mais ces dernières ont tout de même des effets débilitants et la victime manque d'énergie. Les deux dernières formes ont une incidence moins élevée que la première, et leur distribution géographique est plus restreinte.

La forme la plus dangereuse de paludisme est due à *P. falciparum.* On pense que les humains n'ont été exposés qu'assez récemment à ce parasite, par l'intermédiaire d'oiseaux. La virulence de cette maladie s'explique peut-être en partie du fait que l'humain et le parasite n'ont pas encore eu le temps de s'adapter l'un à l'autre. Cette forme de paludisme, dite «maligne», est celle qui risque le plus d'être mortelle; environ la moitié des personnes infectées meurent si elles ne sont pas traitées. *P. falciparum* inhibe la capacité des cellules dendritiques phagocytaires (figure 17.11) à déclencher la réponse immunitaire, de sorte qu'un plus grand nombre d'érythrocytes sont infectés et détruits dans cette forme de paludisme que dans les autres. Il en résulte une anémie qui entraîne une faiblesse générale chez la victime. En outre, les érythrocytes ont tendance à se fixer sur les parois des capillaires, qui finissent par être obstrués; les érythrocytes infectés ne peuvent donc plus se rendre à la rate, où des macrophagocytes les élimineraient. L'obstruction des capillaires et la réduction de l'apport de sang qui en résulte entraînent la mort des tissus. C'est ce qui explique les dommages causés aux reins et au foie. Comme le cerveau est fréquemment atteint, *P. falciparum* est la cause habituelle de l'accès pernicieux à forme cérébrale.

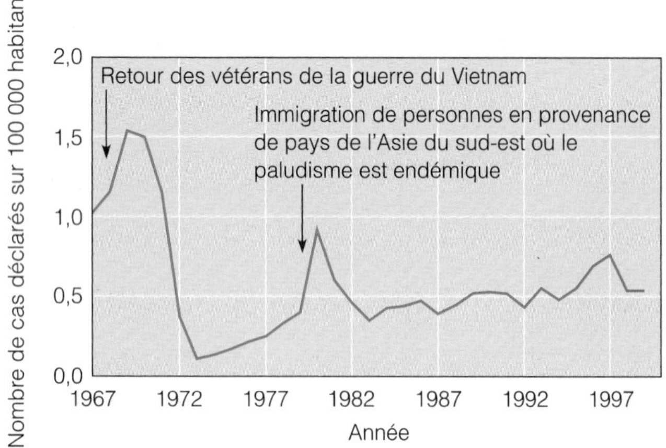


**FIGURE 23.19 Nombre de cas de paludisme aux États-Unis.** Graphique représentant le nombre de cas de paludisme déclarés aux États-Unis, de 1967 à 1998.
[SOURCES : Centers for Disease Control and Prevention, *Summary of Notifiable Diseases 1998, Morbidity and Mortality Weekly Report (MMWR),* vol. 47, n° 53, 31 décembre 1999 ; *MMWR,* vol. 48, n° 51, 7 janvier 2000.]

■ Comment peut-on prévenir le paludisme ?

La salive du moustique vecteur contient des sporozoïtes du protozoaire *Plasmodium* (la figure 12.18 illustre le cycle vital de *P. vivax*). Les sporozoïtes pénètrent d'abord dans la circulation sanguine de la personne piquée puis, environ 30 minutes plus tard, dans les cellules hépatiques. Ils y subissent une reproduction par schizogonie (p. 378), qui comprend plusieurs phases et dont le résultat final est la libération dans le sang circulant d'un grand nombre de mérozoïtes. Ceux-ci infectent les érythrocytes et se reproduisent à leur tour par schizogonie. Le diagnostic de laboratoire du paludisme repose sur la recherche d'érythrocytes infectés dans un frottis sanguin (figure 23.20a). Les érythrocytes finissent par se rompre quasi simultanément et libèrent de nombreux mérozoïtes (figure 23.20b). Presque au même moment, des substances toxiques sont libérées, ce qui provoque un nouvel accès de frissons et de fièvre, caractéristique du paludisme. La fièvre atteint 40 °C, puis le patient commence à suer abondamment alors que la fièvre diminue. Pendant l'intervalle entre deux accès, le malade se sent normal. La perte d'érythrocytes provoque une anémie, et cet état peut conduire à une augmentation de volume du foie et de la rate.

Lors de la rupture des érythrocytes, de nombreux mérozoïtes libérés infectent en quelques secondes d'autres érythrocytes, de sorte que le cycle érythrocytaire se répète. Il suffit que 1 % des érythrocytes soient infectés pour qu'environ 100 000 000 000 de parasites circulent en même temps dans le sang d'un patient moyen ! Certains mérozoïtes se transforment en *gamétocytes* mâles ou femelles ; lorsque ces derniers pénètrent dans le tube digestif d'un moustique en train de se nourrir, ils produisent de nouveaux sporozoïtes infectés en terminant le cycle sexué. Seule la somme des efforts de plusieurs générations de scientifiques a permis de découvrir le cycle vital complexe du parasite du paludisme.

Le taux de mortalité du paludisme est particulièrement élevé chez les jeunes enfants. Les personnes qui survivent à la maladie ont acquis une immunité restreinte : elles peuvent être réinfectées, mais les symptômes sont alors moins graves en général. Elles perdent toutefois cette immunité relative si elles quittent une zone endémique où les réinfections sont périodiques. Les individus ayant hérité du trait drépanocytaire (anémie à cellules falciformes), commun dans beaucoup de régions où le paludisme est endémique, présentent une certaine résistance à la maladie.

À l'heure actuelle, on s'efforce d'élaborer un vaccin antipaludéen efficace, et on procède à plusieurs essais sur le terrain. On cible particulièrement la forme sporozoïte, car si on réussissait à la neutraliser, on empêcherait ainsi l'infection initiale de s'implanter. Des chercheurs pensent que tout vaccin efficace devrait offrir une protection contre les trois formes de l'agent pathogène.

Comme nous l'avons déjà souligné, le test diagnostique du paludisme le plus fréquemment utilisé consiste en l'analyse d'un frottis sanguin, sur lequel on peut déceler le parasite en forme d'anneau dans les érythrocytes. Ce type d'épreuve nécessite du matériel, tel un microscope, et une certaine habileté pour interpréter les résultats. En outre, on recommande d'examiner plus de 300 champs d'une microplaquette, ce qui demande beaucoup de temps. Au cours de ces dernières années, on a mis au point plusieurs épreuves sérologiques dont on obtient les résultats en quelques minutes, ces derniers étant comparables à ceux que donne l'examen microscopique d'un frottis sanguin. La technique de l'amplification en chaîne par polymérase peut aussi contribuer à la confirmation du diagnostic.

On traitait autrefois le paludisme de façon relativement efficace avec de la quinine, mais depuis plusieurs années on administre de préférence des dérivés de cette substance, dont la primaquine et surtout la chloroquine, tant pour la prévention que pour le traitement. Toutefois, la résistance à ces médicaments s'étend rapidement, et les substances de remplacement existantes sont plus coûteuses, de sorte qu'il est impossible de les utiliser sur une large échelle dans les régions du monde les plus touchées par le paludisme. Dans beaucoup de cas, le médicament d'élection est actuellement la méfloquine, qui est également un dérivé de la quinine. Une autre approche chimiothérapeutique consiste à administrer une association de pyriméthamine et de sulfadoxine (Fansidar[MD]).

On ne peut espérer lutter efficacement contre le paludisme dans un avenir proche. Pour y arriver, il faudra probablement utiliser conjointement une approche chimiothérapeutique et une approche immunologique. La méthode de lutte la plus prometteuse à l'heure actuelle consiste en l'installation de moustiquaires imprégnées d'insecticide autour des lits, car *Anopheles* se nourrit durant la nuit. Par ailleurs, il est probable que la mise sur pied d'un organisme politique efficace dans les régions endémiques sera tout aussi cruciale que les progrès de la recherche médicale.

## La leishmaniose

La **leishmaniose** est une maladie complexe et répandue, qui se manifeste sous diverses formes cliniques. Il existe environ 20 espèces différentes de protozoaires qui causent la leishmaniose ; on les classe souvent en trois grands groupes pour en simplifier l'étude. Le premier est *Leishmania donovani,*

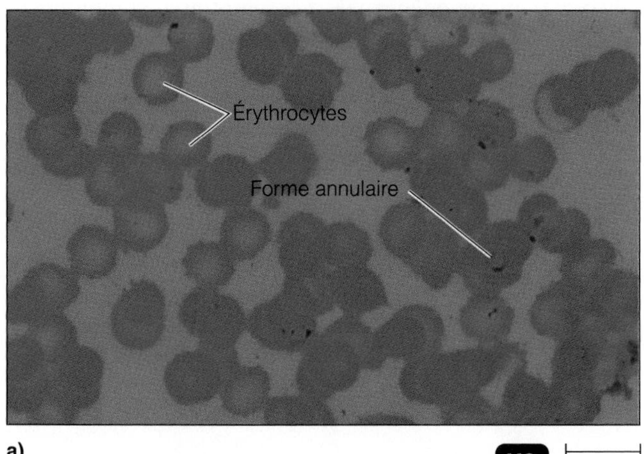


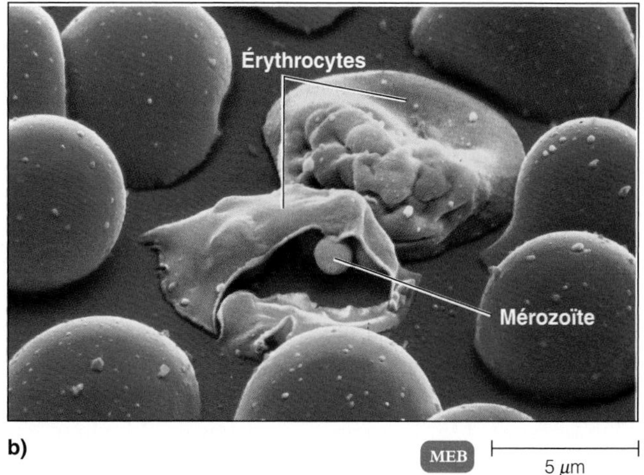


**FIGURE 23.20 Paludisme. a)** Le diagnostic du paludisme repose sur l'examen de frottis sanguins ; il est possible de déceler le protozoaire en croissance dans les érythrocytes. Aux premiers stades, le protozoaire *P. falciparum* en train de se nourrir a l'apparence d'un anneau dans les érythrocytes. **b)** Certains érythrocytes, en train de se lyser, libèrent des mérozoïtes qui vont infecter d'autres érythrocytes.

■ *Plasmodium* provoque la lyse des érythrocytes, qui libèrent alors des parasites durant la nuit, c'est-à-dire lorsque les moustiques se nourrissent.

responsable d'une leishmaniose viscérale, dans laquelle les parasites envahissent les organes internes. Les groupes *L. tropica* et *L. braziliensis* se développent de préférence à des températures modérées et ils provoquent des lésions de la peau ou des muqueuses.

La leishmaniose est transmise par un insecte piqueur, le phlébotome femelle, dont on rencontre des espèces dans la majorité des régions tropicales et sur le pourtour de la Méditerranée. Ces insectes, plus petits que le moustique, passent à travers les mailles de la plupart des moustiquaires standardisées. Les petits mammifères constituent un réservoir des protozoaires, lesquels ne leur nuisent pas. La forme infectieuse, dite *promastigote,* est présente dans la salive de l'insecte ; elle perd son flagelle lorsqu'elle pénètre dans la peau de sa victime ; elle se transforme ainsi en forme *amastigote* et prolifère dans les macrophagocytes, surtout en des points fixes des tissus. Les formes amastigotes sont ingérées par les phlébotomes qui se nourrissent, ce qui perpétue le cycle.

### La leishmaniose viscérale

L'infection due à *Leishmania donovani* s'appelle **leishmaniose viscérale** ; on la rencontre dans plusieurs régions d'Europe, d'Afrique et de l'Asie du sud-est. Cette maladie, communément appelée kala-azar ou fièvre dum-dum, est souvent mortelle. Les premiers signes et symptômes, qui peuvent n'apparaître qu'un an après le début de l'infection, ressemblent aux frissons et à la sudation caractéristiques du paludisme. Lorsque le protozoaire prolifère dans les nœuds lymphatiques ainsi que dans les macrophagocytes du foie et de la rate, le volume de ces organes augmente considérablement. La moelle osseuse rouge finit par être touchée, ce qui entraîne une anémie et une leucopénie ; les reins sont aussi envahis, et il en résulte une insuffisance rénale. Cette maladie débilitante entraîne la mort en un an ou deux si elle n'est pas traitée.

### La leishmaniose cutanée

L'infection due à *Leishmania tropica* s'appelle **leishmaniose cutanée,** ou *bouton d'Orient.* Une papule apparaît au point de la piqûre après quelques semaines d'incubation (figure 23.21), puis elle se transforme en ulcère et laisse, après la guérison, une cicatrice importante. Cette forme de la maladie se rencontre presque partout en Asie, en Afrique et en Méditerranée. On a enregistré des cas au Mexique, en Amérique centrale et dans le nord de l'Amérique du Sud.

### La leishmaniose cutanéomuqueuse

L'infection due à *Leishmania braziliensis* s'appelle **leishmaniose cutanéomuqueuse,** parce qu'elle touche à la fois les muqueuses et la peau. Elle provoque une destruction défigurante des tissus du nez, de la bouche et de la partie supérieure de la gorge. On rencontre cette forme de leishmaniose principalement dans la péninsule du Yucatán (au Mexique) et dans les forêts tropicales d'Amérique centrale et du Sud. Elle atteint surtout les cueilleurs de chiclé, substance employée dans la fabrication de la gomme à mâcher. La maladie porte aussi le nom de leishmaniose forestière sud-américaine.

Le traitement habituel consiste à administrer pendant quatre semaines un médicament contenant de l'antimoine (un métal toxique), tel que l'antimonylgluconate de sodium ; il existe d'autres médicaments efficaces mais dispendieux, tels que l'amphotéricine B. Un tout nouveau médicament expérimental, administré par voie orale, la miltefosine, semble très efficace.

Certains militaires ayant participé à la guerre du Golfe en 1991 ont contracté la leishmaniose, qui était autrefois endémique dans des pays du sud de l'Europe, tels que l'Espagne, l'Italie et le Portugal, ainsi que dans la péninsule balkanique. À l'heure actuelle, on observe dans ces régions quelques cas de leishmaniose opportuniste chez des personnes infectées par le VIH.

## La babésiose

On a enregistré un nombre croissant de cas d'une protozoose à tiques, appelée **babésiose,** dans certaines régions des États-Unis et du Canada. La maladie est endémique dans la région des Grands Lacs et dans les États américains du nord-ouest. La tique vecteur peut aussi être porteuse de l'agent de la maladie de Lyme et de celui de l'ehrlichiose granulocytaire humaine. Les co-infections pour ces trois maladies sont fréquentes et risquent d'entraîner des erreurs de diagnostic.

Dans les zones endémiques, les cas subcliniques sont fréquents, et la maladie est particulièrement grave chez les personnes immunodéprimées. Les symptômes comprennent généralement des frissons et de la fièvre, et ressemblent à ceux du paludisme. Le microbe se reproduit dans les érythrocytes, dont l'hémolyse provoque une anémie difficile à traiter.

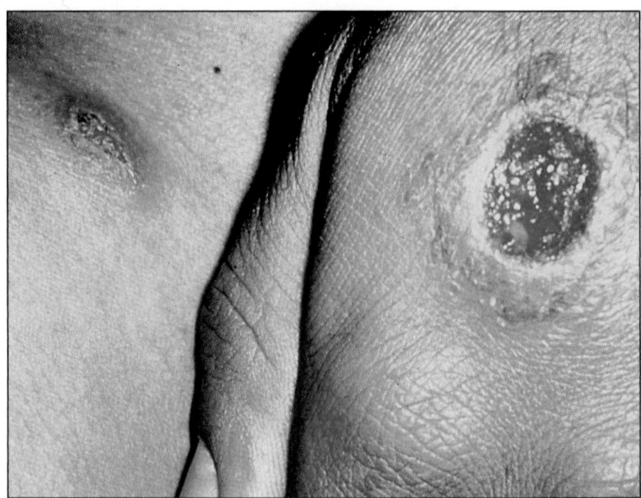

**FIGURE 23.21 Leishmaniose cutanée.** Lésion sur le dos de la main d'un patient.

# Les helminthiases des systèmes cardiovasculaire et lymphatique

**Objectif d'apprentissage**

- *Décrire le cycle vital de* Schistosoma *et indiquer à quel moment on peut interrompre ce cycle pour prévenir la maladie chez les humains.*

Plusieurs helminthes passent une partie de leur cycle vital dans le système cardiovasculaire. Les schistosomes y résident et y pondent des œufs, qui sont disséminés dans la circulation sanguine. Les schistosomes appartiennent au groupe de vers plats appelés Trématodes. Au chapitre 12, nous avons étudié les étapes du cycle vital d'un autre type de trématode, soit la douve pulmonaire *Paragonimus westermani* (figure 12.24).

## La schistosomiase

La **schistosomiase** est une maladie débilitante, causée par un petit ver plat qui se développe successivement dans deux hôtes différents : un hôte intermédiaire – un mollusque d'eau douce – et un hôte définitif – en général l'humain (ou le bovin). Le cycle vital de *Schistosoma* est représenté dans la figure 23.22b. ❶-❷ La maladie se transmet par des selles ou de l'urine humaines contenant des œufs de schistosome, qui sont déversés dans des points d'eau avec lesquels des humains entrent en contact. Dans les pays développés, l'existence d'égouts et le traitement des eaux usées réduisent au minimum le risque de contamination. ❸ Dans l'eau, les œufs deviennent de petites larves ciliées qui ❹ s'introduisent dans un mollusque d'eau douce. ❺-❻ Les larves s'y transforment en cercaires infestantes, qui sont libérées dans l'eau. ❼ Les cercaires se déplacent en nageant et traversent la peau d'un humain venant en contact avec l'eau contaminée. ❽ De la peau, les cercaires entrent dans les veines et atteignent le système sanguin du tube digestif, où le parasite devient un ver adulte capable de pondre des œufs. Le cycle recommence lorsque des œufs sont éliminés dans l'eau.

Le mollusque joue un rôle essentiel dans un stade du cycle vital des schistosomes. Il n'existe pas de mollusque susceptible de jouer le rôle de l'hôte dans la plus grande partie des États-Unis et c'est pourquoi la maladie ne s'y propage pas, même si on estime qu'environ 400 000 immigrants y rejettent des œufs de schistosomes dans l'environnement.

Les symptômes de la maladie sont causés par les œufs libérés dans l'hôte humain par les schistosomes adultes. Ces helminthes ont une longueur de 15 à 20 mm, et la femelle, plus mince, réside en permanence dans un sillon du corps du mâle, d'où l'appellation *schisto-some,* ou « corps divisé » (figure 23.22a). L'union du mâle et de la femelle assure une production continue d'œufs, dont certains vont se loger dans les tissus de l'hôte. Les réactions de défense de l'organisme dirigées contre les œufs entraînent la formation de lésions inflammatoires appelées **granulomes** dans l'intestin ou la vessie (figure 23.23). D'autres œufs sont excrétés et pénètrent dans l'eau, et le cycle se perpétue.

Il existe trois formes principales de schistosomiase. La maladie due à *Schistosoma hæmatobium,* parfois appelée schistosomiase urinaire, provoque une inflammation de la paroi de la vessie, alors que *S. japonicum* et *S. mansoni* causent une inflammation de l'intestin. Selon l'espèce, la schistosomiase cause des dommages à différents organes lorsque les œufs migrent vers diverses parties du corps par l'intermédiaire de la circulation sanguine. On observe par exemple des dommages au foie ou aux poumons, un cancer de la vessie, ou encore des symptômes neurologiques dans le cas où les œufs vont se loger dans l'encéphale. On rencontre *S. japonicum* en Asie de l'est ; *S. hæmatobium* infecte de nombreuses personnes dans toute l'Afrique et au Moyen-Orient, et plus particulièrement en Égypte. La distribution de *S. mansoni* est similaire, mais, en outre, l'infection due à ce microorganisme est endémique en Amérique du Sud et dans les Caraïbes, y compris à Porto Rico. On estime que plus de 250 millions de personnes sont touchées dans le monde.

Apparemment, le système immunitaire de l'hôte n'influe pas sur le ver adulte, qui semble s'enrober rapidement d'une enveloppe imitant les tissus de son hôte.

Le diagnostic de laboratoire repose sur l'identification microscopique des vers ou de leurs œufs dans des spécimens de selles et d'urine, sur des tests par injection intradermique ou sur des épreuves sérologiques, telles que les réactions de fixation du complément et les tests de l'anneau de précipitation.

L'utilisation du praziquantel et de l'oxamniquine est efficace pour détruire les schistosomes. Les mesures d'hygiène et l'élimination des mollusques sont aussi des moyens efficaces de lutte contre la maladie.

## La dermatite des nageurs

Les personnes qui se baignent dans les lacs du nord des États-Unis sont parfois atteintes de **dermatite des nageurs.** Il s'agit d'une réaction allergique cutanée aux cercaires, semblable à la schistosomiase. Les parasites responsables viennent à maturité chez le gibier à plume seulement, et non chez les humains, de sorte que l'infection se limite à la pénétration dans la peau et à une réaction inflammatoire localisée.

* * *

Le tableau 23.1 présente une récapitulation, par ordre taxinomique, des maladies décrites dans le présent chapitre.

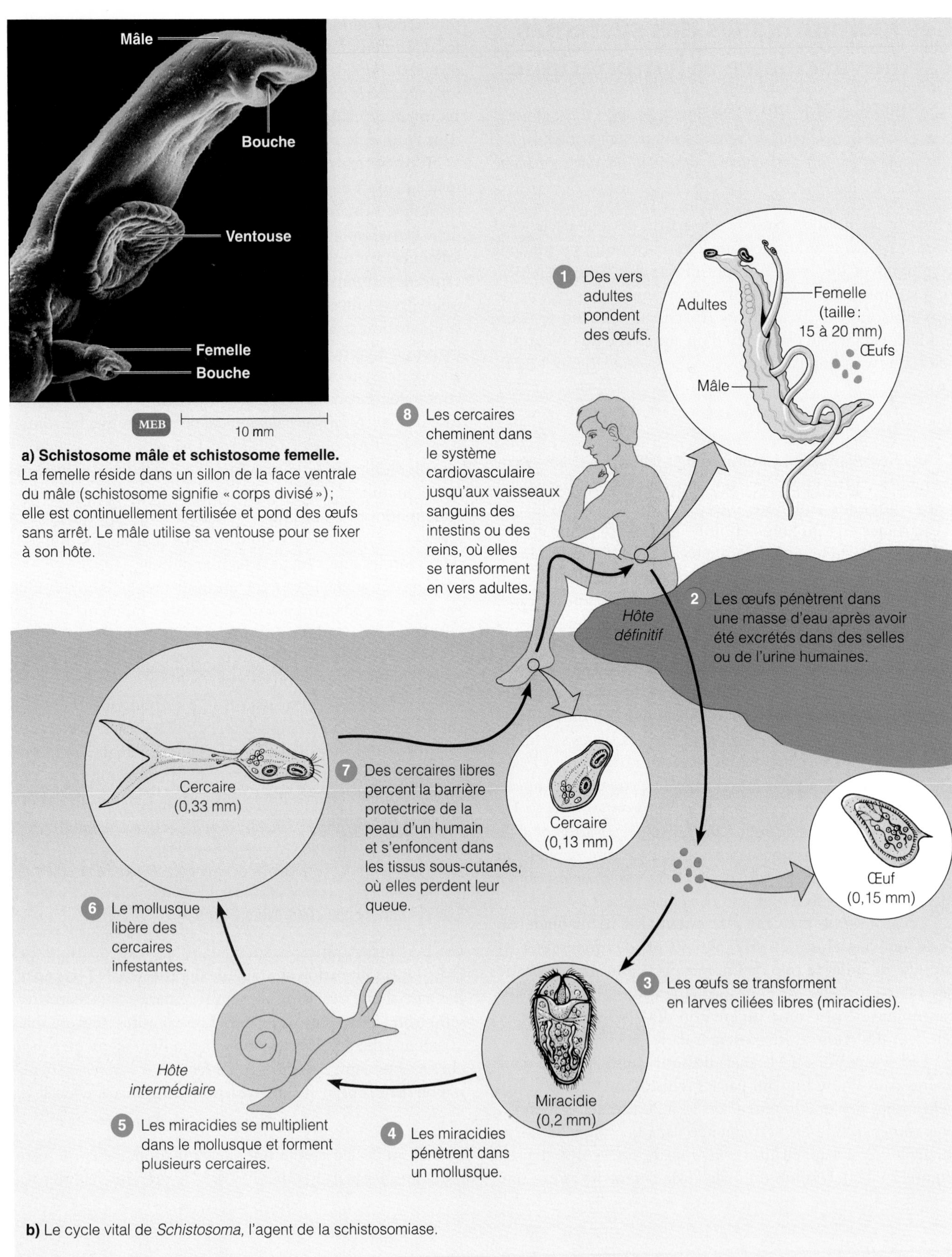
Mâle
Bouche
Ventouse
Femelle
Bouche
MEB
10 mm
1 Des vers adultes pondent des œufs.
Adultes
Femelle (taille : 15 à 20 mm)
Œufs
Mâle
8 Les cercaires cheminent dans le système cardiovasculaire jusqu'aux vaisseaux sanguins des intestins ou des reins, où elles se transforment en vers adultes.
Hôte définitif
2 Les œufs pénètrent dans une masse d'eau après avoir été excrétés dans des selles ou de l'urine humaines.
Cercaire (0,33 mm)
7 Des cercaires libres percent la barrière protectrice de la peau d'un humain et s'enfoncent dans les tissus sous-cutanés, où elles perdent leur queue.
Cercaire (0,13 mm)
Œuf (0,15 mm)
6 Le mollusque libère des cercaires infestantes.
3 Les œufs se transforment en larves ciliées libres (miracidies).
Miracidie (0,2 mm)
Hôte intermédiaire
5 Les miracidies se multiplient dans le mollusque et forment plusieurs cercaires.
4 Les miracidies pénètrent dans un mollusque.

**a) Schistosome mâle et schistosome femelle.** La femelle réside dans un sillon de la face ventrale du mâle (schistosome signifie « corps divisé »); elle est continuellement fertilisée et pond des œufs sans arrêt. Le mâle utilise sa ventouse pour se fixer à son hôte.

**b)** Le cycle vital de *Schistosoma,* l'agent de la schistosomiase.

**FIGURE 23.22** **Schistosomiase.**

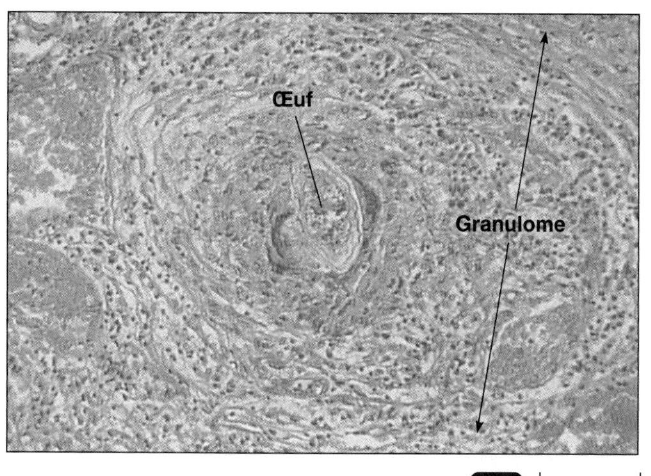


**FIGURE 23.23 Granulome prélevé chez un patient porteur de schistosomes.** Une partie des œufs pondus par les schistosomes adultes résident dans les tissus; l'organisme réagit à cet agent irritant en l'enveloppant de tissu pseudocicatriciel, d'où la formation d'un granulome.

■ Pourquoi le système immunitaire n'arrive-t-il pas à lutter efficacement contre les schistosomes adultes?

**Tableau 23.1** *Maladies infectieuses des systèmes cardiovasculaire et lymphatique*

| Maladie | Agents pathogènes | Remarques |
|---|---|---|
| **Bactérioses** | | |
| Choc septique, fièvre puerpérale et infections reliées à l'avortement | Bactéries à Gram négatif et *Streptococcus pyogenes* | Complications potentiellement mortelles de la septicémie; il est particulièrement difficile de lutter contre les bactéries à Gram négatif, qui libèrent des endotoxines. |
| Endocardites | | |
| bactérienne subaiguë | Surtout les streptocoques $\alpha$-hémolytiques du groupe A | Les bactéries, qui infectent les valvules cardiaques, risquent de causer des dommages mortels. |
| bactérienne aiguë | *Staphylococcus aureus* | Altérations particulièrement rapides des valvules cardiaques. |
| Péricardite | *Streptococcus pyogenes* | Touche l'enveloppe entourant le cœur; évolution rapide. |
| Rhumatisme articulaire aigu | Streptocoques $\beta$-hémolytiques du groupe A | Affection probablement auto-immune; les infections streptococciques à répétition entraînent la production d'anticorps qui endommagent le tissu cardiaque par réaction croisée. |
| Tularémie | *Francisella tularensis* | Infection résultant de la manipulation de petits animaux, tels que les lapins; l'agent pathogène pénètre dans l'organisme par des lésions de la peau, par ingestion, par inhalation ou lors d'une piqûre. |
| Brucellose | *Brucella spp.* | Autrefois, se transmettait surtout par l'ingestion de lait de vache ou d'un autre mammifère; à l'heure actuelle, le principal mode de transmission est le contact avec une carcasse animale. L'agent pathogène se développe à l'intérieur de phagocytes. |
| Anthrax | *Bacillus anthracis* | Les endospores sont présentes dans le sol et chez les herbivores; elles pénètrent dans l'organisme par une coupure et prolifèrent dans le sang causant une septicémie; l'inhalation d'endospores provoque une forme particulièrement dangereuse de la maladie. |
| Gangrène | *Clostridium perfringens* | Due à la contamination d'une plaie ouverte par des endospores clostridiales; la toxine détruit les tissus adjacents. |
| Maladie des griffes du chat | *Bartonella henselæ* | Infection systémique et fièvre persistante; potentiellement mortelle. |
| Peste | *Yersinia pestis* | Se transmet généralement par les puces du rat; endémique chez les rongeurs de l'ouest des États-Unis. |

➤

**Tableau 23.1** ***Maladies infectieuses des systèmes cardiovasculaire et lymphatique (suite)***

| Maladie | Agents pathogènes | Remarques |
|---|---|---|
| **Bactérioses (suite)** | | |
| Fièvre récurrente | *Borrelia* spp. | Les symptômes comprennent des accès de fièvre correspondant à la production de nouvelles populations de bactéries qui échappent à l'action du système immunitaire. |
| Maladie de Lyme | *Borrelia burgdorferi* | Maladie à tiques présente dans les zones où il y a de grandes populations de cerfs; les complications comprennent parfois des troubles cardiaques et neurologiques. |
| Ehrlichiose | *Ehrlichia* spp. | Maladie pseudogrippale causée par des rickettsies; l'ehrlichiose granulocytaire humaine est potentiellement mortelle. |
| Typhus épidémique | *Rickettsia prowazekii* | Rickettsiose à poux, caractérisée par une fièvre élevée; fort taux de mortalité. |
| Typhus murin (endémique) | *Rickettsia typhi* | Rickettsiose à puces, dont le réservoir est constitué de rongeurs; ressemble au typhus épidémique, mais le taux de mortalité est plus faible. |
| Fièvre pourprée des montagnes Rocheuses | *Rickettsia rickettsii* | Rickettsiose à tiques, caractérisée par une éruption cutanée, de la fièvre et des maux de tête; taux de mortalité élevé. |
| **Viroses** | | |
| Lymphome de Burkitt | Virus d'Epstein-Barr | Tumeur endémique en Afrique centrale. |
| Mononucléose infectieuse | Virus d'Epstein-Barr | Maladie bénigne fréquente chez les jeunes; se transmet par les sécrétions buccales. |
| Fièvre jaune | Virus de la fièvre jaune (arbovirus) | Maladie transmise par un moustique, présente en Amérique centrale et du Sud; taux de mortalité élevé. |
| Dengue | Virus de la dengue (arbovirus) | Maladie transmise par un moustique, rarement mortelle mais dont les symptômes sont douloureux; la dengue hémorragique, commune en Asie du sud-est, est la forme la plus grave. |
| Fièvres hémorragiques virales (maladie à virus de Marburg, maladie à virus Ebola et fièvre de Lassa) | Filovirus, arénavirus | Fièvres hémorragiques virales, dont le taux de mortalité est élevé; présentes en Afrique tropicale et transmises par contact avec du sang contaminé. |
| Syndrome pulmonaire à *Hantavirus* | *Hantavirus* Sin Nombre | Maladie dont le taux de mortalité est très élevé; caractérisée par la présence d'une grande quantité de liquide dans les poumons; se transmet par les aérosols des excrétions de rongeurs. |
| **Protozooses** | | |
| Trypanosomiase américaine (maladie de Chagas) | *Trypanosoma cruzi* | Commune en Amérique centrale et du Sud; se transmet par la piqûre du réduve; cause des dommages au muscle cardiaque ou inhibe les mouvements péristaltiques de l'œsophage et du côlon. |
| Toxoplasmose | *Toxoplasma gondii* | Maladie bénigne chez les adultes immunocompétents; peut causer des dommages graves au fœtus si l'infection débute durant la grossesse; la réactivation de l'infection provoque une maladie grave chez les personnes atteintes du SIDA. |
| Paludisme | *Plasmodium* spp. | Maladie transmise par un moustique, l'anophèle commun dans les pays chauds, caractérisée par des accès de frissons et de fièvre; *P. falciparum* est responsable de la forme la plus grave, qui est souvent mortelle chez les jeunes enfants. |
| Leishmaniose | Jusqu'à 20 espèces de *Leishmania,* surtout celles des groupes *L. donovani, L. tropica* et *L. braziliensis* | *L. donovani* cause une maladie systémique des organes internes; *L. tropica* provoque des boutons et *L. Braziliensis,* des lésions défigurantes des muqueuses du nez, de la bouche, etc.; l'insecte vecteur est le phlébotome. |

| Tableau 23.1 | *Maladies infectieuses des systèmes cardiovasculaire et lymphatique (suite)* | |
|---|---|---|
| **Maladie** | **Agents pathogènes** | **Remarques** |
| **Protozooses (suite)** | | |
| Babésiose | *Babesia microti* | Maladie à tiques ressemblant au paludisme, mais généralement subclinique ; grave chez les personnes immunodéprimées. |
| **Helminthiases** | | |
| Schistosomiase | *Schistosoma* spp. | Les larves de schistosomes pénètrent la peau saine. Les œufs produits par les schistosomes forment des granulomes dans les tissus et provoquent une inflammation destructive. |
| Dermatite des nageurs | Larves de schistosomes d'animaux autres que l'humain | Réaction allergique à un parasite de la peau. |

## RÉSUMÉ

### INTRODUCTION (p. 688)

1. Le cœur, le sang et les vaisseaux sanguins forment le système cardiovasculaire.
2. La lymphe, les vaisseaux et les nœuds lymphatiques, ainsi que les organes lymphoïdes constituent le système lymphatique.

### LA STRUCTURE ET LES FONCTIONS DES SYSTÈMES CARDIOVASCULAIRE ET LYMPHATIQUE (p. 688-689)

1. La fonction du cœur consiste à faire circuler le sang, à assurer le transport de substances vers les cellules des tissus, et à permettre l'élimination d'autres substances produites par les cellules.
2. Le sang est un mélange de plasma et de cellules.
3. Le plasma transporte des substances dissoutes. Les érythrocytes transportent l'oxygène. Les leucocytes jouent un rôle dans la défense de l'organisme contre les infections.
4. Le liquide qui s'échappe des capillaires et s'écoule dans les espaces intercellulaires s'appelle liquide interstitiel.
5. Le liquide interstitiel entre dans les capillaires lymphatiques, où il prend le nom de lymphe ; les vaisseaux lymphatiques retournent la lymphe au sang.
6. Les nœuds lymphatiques contiennent des macrophagocytes fixes ainsi que des lymphocytes B et des lymphocytes T.

### LES BACTÉRIOSES DES SYSTÈMES CARDIOVASCULAIRE ET LYMPHATIQUE (p. 689-702)

#### La septicémie, la septicité et le choc septique (p. 690-691)

1. La croissance de microorganismes dans le sang s'appelle septicémie. Les signes de cet état comprennent la lymphangite (inflammation des vaisseaux lymphatiques).
2. Une septicémie est habituellement causée par un foyer d'infection situé en un endroit quelconque de l'organisme.
3. La septicémie due à des bactéries à Gram négatif risque de provoquer un choc septique, caractérisé par une chute de la pression artérielle. Les signes et symptômes sont dus à une endotoxine. Les bactéries à Gram positif peuvent aussi être responsables d'une septicémie et d'un choc septique ; toutefois, le mécanisme qui conduit au choc septique n'est pas encore élucidé.

#### La fièvre puerpérale (p. 691)

1. La fièvre puerpérale débute par une infection de l'utérus consécutive à un accouchement ou à un avortement ; elle peut évoluer vers une péritonite ou une septicémie.
2. *Streptococcus pyogenes* est l'agent responsable dans la majorité des cas.
3. Oliver Wendell Holmes et Ignác Semmelweis ont montré que la fièvre puerpérale se transmet par les mains des médecins ou par les instruments qu'ils utilisent.
4. Les cas de fièvre puerpérale sont rares aujourd'hui, grâce à l'emploi d'antibiotiques et à l'application de techniques modernes d'hygiène et d'asepsie.

#### Les bactérioses du cœur (p. 692-693)

1. L'endocarde est la tunique interne du cœur.
2. L'endocardite bactérienne subaiguë est généralement causée par des streptocoques $\alpha$-hémolytiques, des staphylocoques ou des entérocoques.
3. La maladie résulte d'un foyer d'infection, dû par exemple à l'extraction d'une dent.
4. Les anomalies cardiaques sont un facteur prédisposant.
5. Les signes de la maladie comprennent la fièvre, l'anémie et un souffle cardiaque.
6. L'endocardite bactérienne aiguë est généralement causée par *Staphylococcus aureus.*
7. L'infection peut survenir même en l'absence d'anomalies valvulaires.
8. La bactérie entraîne rapidement la destruction des valvules cardiaques.

#### Le rhumatisme articulaire aigu (p. 693)

1. Le rhumatisme articulaire aigu (RAA) est une complication auto-immune d'infections streptococciques.

2. Le rhumatisme articulaire aigu peut résulter d'une infection streptococcique, par exemple une angine streptococcique. Les streptocoques ne sont pas nécessairement présents dans l'organisme lorsque le rhumatisme apparaît.
3. Les anticorps contre les streptocoques $\beta$-hémolytiques du groupe A réagissent aux antigènes streptococciques présents dans les articulations ou dans les valvules cardiaques, ou bien ont une réaction croisée avec les antigènes des cellules du muscle cardiaque.
4. Le rhumatisme articulaire aigu se manifeste par de l'arthrite ou par une inflammation du cœur. Il risque de causer des dommages permanents à cet organe.
5. Le traitement rapide des infections streptococciques peut réduire l'incidence du rhumatisme articulaire aigu. Les anti-inflammatoires constituent le traitement de choix des symptômes du rhumatisme articulaire.
6. On administre de la pénicilline pour prévenir la résurgence des infections streptococciques.

### La tularémie (p. 694)

1. La tularémie est causée par *Francisella tularensis.* Les petits mammifères sauvages, en particulier les lapins, en sont le réservoir.
2. Les humains contractent la tularémie en manipulant des carcasses infectées, en respirant des aérosols contaminés, en mangeant de la viande insuffisamment cuite provenant d'animaux infectés ou en étant piqués par un vecteur (comme le taon du cerf).
3. Les signes de la maladie comprennent une ulcération au point d'entrée de l'agent pathogène, suivie par une septicémie et une pneumonie.
4. *F. tularensis* résiste à la phagocytose.
5. Le diagnostic de laboratoire repose sur une réaction d'agglutination effectuée sur des bactéries isolées.

### La brucellose (p. 694-695)

1. La brucellose, ou fièvre ondulante, est causée par *Brucella abortus, B. melitensis* ou *B. suis.*
2. Les orignaux et les bisons constituent le réservoir de *B. abortus.* Le porc est le réservoir de *B. suis.* Les moutons et les chèvres sont les réservoirs de *B. melitensis.*
3. La pasteurisation du lait a éliminé la transmission de la brucellose, qui se fait maintenant surtout par voie cutanée.
4. Les bactéries pénètrent dans le corps par de minuscules lésions d'une muqueuse ou de la peau; elles se reproduisent dans les macrophagocytes et se disséminent par les vaisseaux lymphatiques jusque dans le foie, la rate et la moelle osseuse rouge.
5. Les signes de la maladie comprennent un malaise général et des accès de fièvre vespérale (d'où l'appellation «fièvre ondulante»).
6. Le diagnostic repose sur des épreuves sérologiques.

### L'anthrax (p. 695-696)

1. *Bacillus anthracis* est l'agent de l'anthrax. Les endospores peuvent survivre jusqu'à 60 ans dans le sol.
2. Les herbivores contractent l'infection en ingérant des endospores.
3. Les humains contractent l'anthrax en manipulant des peaux d'animaux infectés. Les bactéries pénètrent l'organisme par des coupures de la peau ou par les voies respiratoires.
4. Si elles pénètrent dans la peau, les bactéries provoquent la formation d'une pustule susceptible d'entraîner une septicémie. L'inhalation de bactéries peut causer une pneumonie.
5. La virulence de la bactérie est associée à la présence d'une capsule et à la sécrétion d'exotoxines.
6. Le diagnostic repose sur l'isolement et l'identification de la bactérie.

### La gangrène (p. 696-697)

1. La mort de tissus mous due à une ischémie (interruption de l'apport de sang) s'appelle gangrène.
2. La gangrène favorise particulièrement la croissance de bactéries anaérobies telles que *Clostridium perfringens,* l'agent de la gangrène gazeuse.
3. Pour se développer, les microorganismes utilisent des nutriments libérés par les cellules gangréneuses.
4. *C. perfringens* est susceptible d'envahir la paroi de l'utérus lors d'un avortement effectué de façon inadéquate.
5. L'ablation du tissu nécrotique, l'utilisation d'un caisson hyperbare et l'amputation font partie des traitements de la gangrène gazeuse.

### Les maladies systémiques dues à une morsure ou à une griffure (p. 697)

1. *Pasteurella multocida,* qui se transmet par la morsure d'un chien ou d'un chat, est susceptible de causer une septicémie.
2. Des bactéries anaérobies, telles que *Clostridium, Bacteroides* et *Fusobacterium,* infectent les morsures profondes faites par un animal.
3. La maladie des griffes du chat est causée par *Bartonella henselæ.*

### Les maladies à transmission par vecteur (p. 697-702)

#### *La peste* (p. 698-699)

1. La peste est causée par *Yersinia pestis.* Le vecteur est généralement la puce du rat (*Xenopsylla cheopis*).
2. Les réservoirs de la peste comprennent les rats d'Europe et d'Asie ainsi que les rongeurs d'Amérique du Nord.
3. Les signes de la peste bubonique comprennent des ecchymoses et la tuméfaction des nœuds lymphatiques (bubons).
4. Si elles pénètrent dans les poumons, les bactéries provoquent la peste pulmonaire.
5. Le diagnostic de laboratoire repose sur l'isolement et l'identification des bactéries.
6. Les antibiotiques constituent un traitement efficace de la peste, mais il faut les administrer très rapidement après l'exposition à la maladie.

#### *La maladie de Lyme* (p. 699-701)

1. La maladie de Lyme est causée par *Borrelia burgdorferi,* et elle est transmise par une tique (*Ixodes*).
2. La maladie de Lyme est particulièrement fréquente sur la côte Atlantique américaine.
3. Les petits rongeurs (tels que les mulots) et les cerfs constituent des réservoirs animaux.
4. Le diagnostic de laboratoire repose sur des épreuves sérologiques et sur les signes et symptômes cliniques.

#### *La fièvre récurrente* (p. 701)

1. La fièvre récurrente est causée par diverses espèces du genre *Borrelia* et elle est transmise par les tiques molles.

2. Les rongeurs constituent le réservoir de la maladie.
3. Les signes de la fièvre récurrente comprennent de la fièvre, un ictère (ou jaunisse) et des taches rosées; ils réapparaissent trois ou quatre fois après que le patient a été considéré comme guéri.
4. Le diagnostic de laboratoire repose sur la présence de spirochètes dans le sang du patient.

#### *Autres maladies à tiques* (p. 701)

L'ehrlichiose est causée par diverses espèces du genre *Ehrlichia*.

#### *Le typhus* (p. 701-702)

Le typhus est causé par des rickettsies, qui sont des parasites intracellulaires obligatoires de cellules eucaryotes.

#### *Typhus épidémique* (p. 701-702)

1. Le pou de l'humain, *Pediculus humanus corporis,* transmet *Rickettsia prowazekii* par l'intermédiaire de ses déjections, qu'il excrète dans une plaie pendant qu'il se nourrit.
2. Le typhus épidémique se rencontre particulièrement dans les milieux surpeuplés où les conditions d'hygiène sont médiocres, ce qui favorise la prolifération des poux.
3. Les signes du typhus sont une éruption cutanée, une fièvre élevée et persistante ainsi que la stupeur.
4. Le traitement consiste à administrer des tétracyclines et du chloramphénicol.

#### *Typhus murin (endémique)* (p. 702)

Le typhus murin (endémique) est une maladie moins grave, causée par *Rickettsia typhi* et transmise des rongeurs aux humains par l'intermédiaire de la puce du rat.

#### *Fièvre pourprée des montagnes Rocheuses* (p. 702)

1. *Rickettsia rickettsii* est un parasite des tiques (*Dermacentor* spp.) du sud-est des États-Unis, des Appalaches et des montagnes Rocheuses.
2. Les rickettsies sont transmissibles aux humains, chez qui elles causent la fièvre pourprée des montagnes Rocheuses (ou typhus à tiques).
3. Le chloramphénicol et les tétracyclines sont des médicaments efficaces contre la fièvre pourprée des montagnes Rocheuses.
4. Le diagnostic de laboratoire repose sur des épreuves sérologiques.

## LES VIROSES DES SYSTÈMES CARDIOVASCULAIRE ET LYMPHATIQUE (p. 702-707)

### Le lymphome de Burkitt (p. 702-704)

1. Le virus d'Epstein-Barr est responsable du lymphome de Burkitt et du cancer du nasopharynx.
2. Le lymphome de Burkitt atteint en particulier les personnes dont le système immunitaire est affaibli, par exemple par le paludisme ou par le SIDA.

### La mononucléose infectieuse (p. 704)

1. La mononucléose infectieuse est causée par le virus d'Epstein-Barr.
2. La maladie se contracte par ingestion de salive d'un individu infecté.
3. Le virus se multiplie dans les glandes parotides et il est présent dans la salive. Il provoque la prolifération de lymphocytes B atypiques.
4. Le diagnostic s'effectue par immunofluorescence indirecte.

### Les fièvres hémorragiques virales classiques (p. 704-705)

1. La fièvre jaune est causée par un virus. Le moustique *Ædes ægypti* en est le vecteur.
2. Les signes et symptômes comprennent de la fièvre, des frissons, des maux de tête, des nausées et un ictère.
3. Le diagnostic repose sur la présence, chez l'hôte, d'anticorps capables de neutraliser le virus.
4. Il n'existe pas de traitement de la maladie, mais on dispose d'un vaccin viral vivant atténué.
5. La dengue est causée par un virus et elle est transmise par le moustique *Ædes ægypti*.
6. Les signes et symptômes de la dengue sont la fièvre, des douleurs musculaires et articulaires ainsi qu'une éruption cutanée. La dengue hémorragique peut causer un choc septique.
7. La lutte contre les moustiques responsables joue un rôle fondamental dans la lutte contre la maladie.
8. La dengue hémorragique apparaît lorsqu'une personne possédant des anticorps contre la dengue est réinfectée par le même virus.

### Les fièvres hémorragiques virales émergentes (p. 705-707)

1. Durant les années 1960, on a déterminé pour la première fois chez l'humain les maladies à virus de Marburg et à virus Ebola ainsi que la fièvre de Lassa.
2. On rencontre le virus de Marburg chez les primates autres que les humains, et le virus de Lassa chez les rongeurs.
3. Les rongeurs constituent le réservoir des fièvres hémorragiques argentine et bolivienne.
4. Le syndrome pulmonaire à *Hantavirus* est causée par un hantavirus, qui se transmet par inhalation d'urine séchée d'un rongeur infecté.

## LES PROTOZOOSES DES SYSTÈMES CARDIOVASCULAIRE ET LYMPHATIQUE (p. 707-713)

### La trypanosomiase américaine (p. 707-708)

1. *Trypanosoma cruzi* est l'agent de la trypanosomiase américaine, ou maladie de Chagas. Son réservoir comprend de nombreux animaux sauvages, et son vecteur est le réduve.
2. Le parasite cause des dommages au cœur et aux nerfs des organes du tube digestif.

### La toxoplasmose (p. 708-709)

1. La toxoplasmose est causée par le protozoaire *Toxoplasma gondii*, un parasite intracellulaire obligatoire.
2. La reproduction sexuée de *T. gondii* a lieu dans le tractus intestinal du chat domestique, qui excrète les oocystes dans ses selles.

3. En se reproduisant dans la cellule hôte, les parasites forment soit des tachyzoïtes qui envahissent les tissus, soit des bradyzoïtes protégés sous forme de kystes tissulaires.
4. Les humains contractent l'infection en ingérant des tachyzoïtes ou des kystes tissulaires contenus dans de la viande insuffisamment cuite provenant d'un animal infecté, ou encore par contact avec des selles de chat.
5. Il existe une forme congénitale de l'infection. Les signes et symptômes comprennent des altérations cérébrales et des troubles de la vue graves.
6. Des épreuves sérologiques permettent de diagnostiquer la toxoplasmose, mais l'interprétation des résultats n'est pas fiable.

### Le paludisme (p. 709-711)

1. Les signes et symptômes du paludisme sont des accès de frissons, de fièvre, de vomissements et de maux de tête, qui se produisent à des intervalles de 2 à 3 jours.
2. Le paludisme est transmis par le moustique *Anopheles*. L'agent pathogène est l'une de quatre espèces du genre *Plasmodium*.
3. Les sporozoïtes se reproduisent dans le foie et libèrent des mérozoïtes dans la circulation sanguine, ce qui entraîne l'infection des érythrocytes et la production d'autres mérozoïtes.
4. Le diagnostic de laboratoire repose sur l'observation microscopique des mérozoïtes dans les érythrocytes.
5. On tente de créer de nouveaux médicaments au fur et à mesure que les protozoaires deviennent résistants à des substances médicamenteuses telles que la chloroquine.

### La leishmaniose (p. 711-712)

1. La leishmaniose est causée par *Leishmania* spp. et elle est transmise par les phlébotomes.
2. Les protozoaires se reproduisent dans le foie, la rate et les reins.
3. Le traitement consiste à administrer des composés d'antimoine.

### La babésiose (p. 712)

La babésiose est causée par le protozoaire *Babesia microti*. Elle est transmise aux humains par des tiques, souvent en même temps que le parasite de la maladie de Lyme. Le parasite se reproduit dans les érythrocytes et provoque une anémie.

## LES HELMINTHIASES DES SYSTÈMES CARDIOVASCULAIRE ET LYMPHATIQUE (p. 713-717)

### La schistosomiase (p. 713)

1. La schistosomiase est causée par diverses espèces de schistosomes du genre *Schistosoma*.
2. Les œufs excrétés dans les selles se transforment en larves, qui infectent l'hôte intermédiaire, soit un mollusque. Ce dernier libère des cercaires infestantes, qui pénètrent dans la peau des humains.
3. Les schistosomes adultes vivent dans les veines du foie, de l'intestin ou des voies urinaires des humains.
4. Les granulomes sont produits par le système immunitaire de l'hôte en réaction à la présence d'œufs dans l'organisme.
5. Le diagnostic peut reposer sur l'observation d'œufs ou de schistosomes dans les selles, sur des tests cutanés ou sur des épreuves sérologiques indirectes.
6. Le traitement fait appel à la chimiothérapie ; les mesures d'hygiène et l'élimination des mollusques permettent de prévenir la maladie.

### La dermatite des nageurs (p. 713-715)

La dermatite des nageurs est une réaction allergique cutanée aux cercaires qui pénètrent dans la peau. L'hôte définitif du schistosome est le gibier à plume, et non l'humain.

## AUTOÉVALUATION

### RÉVISION

1. Quelles sont les portes d'entrée des microorganismes dans les systèmes cardiovasculaire et lymphatique ?
2. Comment un unique foyer d'infection, tel qu'un abcès, peut-il provoquer une septicémie ? Comment les microbes qui circulent dans le sang peuvent-ils atteindre le système lymphatique et infecter les nœuds lymphatiques ?
3. Remplissez le tableau suivant sur les maladies données.

| Maladie | Agent pathogène principal | Facteur(s) prédisposant(s) |
|---|---|---|
| Fièvre puerpérale | | |
| Endocardite bactérienne subaiguë | | |
| Endocardite bactérienne aiguë | | |

4. Nommez et décrivez la cause probable du rhumatisme articulaire aigu et les principaux signes et symptômes de cette maladie. Comment la traite-t-on et comment prévient-on son apparition ?
5. Remplissez le tableau suivant sur les maladies données.

| Maladie | Agent pathogène | Réservoir | Mode de transmission | Portes d'entrée | Prévention |
|---|---|---|---|---|---|
| Brucellose | | | | | |
| Anthrax | | | | | |
| Maladie de Lyme | | | | | |
| Dengue | | | | | |
| Schistosomiase | | | | | |

6. Définissez la zoonose. Nommez et décrivez deux exemples de ce type de maladie.
7. Donnez les informations suivantes au sujet de la toxoplasmose dans le cas particulier d'une femme enceinte : l'agent

en cause et son pouvoir pathogène, ses réservoirs, ses modes de transmission et le mécanisme physiopathologique qui conduit à l'apparition des principaux signes de la maladie observés chez le fœtus.

**8.** Décrivez les similarités et les différences entre la maladie des griffes du chat et la toxoplasmose.

**9.** Décrivez les différences entre la peste bubonique et la peste pulmonaire quant au mode de transmission.

**10.** Quel lien faites-vous entre la gangrène gazeuse et son traitement dans un caisson hyperbare ?

**11.** À quels risques est exposé le personnel des laboratoires lorsqu'il manipule des prélèvements susceptibles de contenir des bacilles *Francisella tularensis* ?

**12.** Décrivez le cycle vital de *Schistosoma*.

**13.** Pour quelle raison les Canadiens et les Canadiennes ne sont-ils pas exposés directement au paludisme ?

## QUESTIONS À CHOIX MULTIPLE

Utilisez les choix suivants pour répondre aux questions 1 à 4.

**a)** Mononucléose
**b)** Maladie de Lyme
**c)** Choc septique
**d)** Toxoplasmose
**e)** Dengue (fièvre virale)

**1.** Un patient est hospitalisé parce qu'il fait continuellement de la fièvre et que les symptômes suivants vont en s'accentuant : maux de tête, fatigue et douleurs au dos. Les symptômes sont apparus après des vacances passées dans l'État du New Jersey, sur la côte est américaine. Les tests de détection des anticorps contre *Borrelia burgdorferi* sont positifs. De quelle maladie infectieuse peut-il s'agir ?

**2.** De retour de vacances passées aux Caraïbes, un patient présente de la fièvre, une éruption cutanée et des douleurs musculaires et articulaires très intenses. Les cultures bactériennes préparées à partir des éruptions, du sang et du liquide cérébrospinal sont toutes négatives. De quelle maladie infectieuse peut-il s'agir ?

**3.** Un adolescent fait de la fièvre, a mal à la gorge, présente un gonflement des nœuds lymphatiques cervicaux et se sent très faible et fatigué. De quelle maladie infectieuse peut-il s'agir ?

**4.** Un patient souffre de confusion ; sa respiration et son pouls sont anormalement rapides et il fait de l'hypotension. Quel syndrome regroupe ses signes de maladie ?

**5.** Laquelle des affections suivantes n'est pas une maladie transmise par un vecteur ?

**a)** Le paludisme
**b)** La fièvre jaune
**c)** La maladie de Lyme
**d)** Le typhus
**e)** L'anthrax

Utilisez les choix suivants pour répondre aux questions 6 à 8.

**a)** La brucellose
**b)** Le paludisme
**c)** La toxoplasmose
**d)** L'endocardite aiguë
**e)** La maladie à virus Ebola

**6.** Un jeune toxicomane présente des troubles cardiaques. On détecte une infection des valvules cardiaques causée par la bactérie *Staphylococcus aureus*. De quelle maladie peut-il s'agir ?

**7.** La transmission de cet agent pathogène s'effectue par l'intermédiaire des liquides biologiques, en particulier lors de l'utilisation de seringues contaminées. Le signe caractéristique de la maladie est l'apparition d'hémorragies multiples. L'hôte naturel est inconnu. De quelle maladie peut-il s'agir ?

**8.** Une jeune femme employée dans une boutique de vente de petits animaux (chiens, chats et oiseaux) perd son bébé durant son troisième mois de grossesse. Le fœtus présentait des kystes de différentes grosseurs au cerveau et de graves dommages aux yeux. De quelle maladie peut-il s'agir ?

**9.** Toutes les informations suivantes concernant la fièvre puerpérale sont vraies *sauf* :

**a)** peut résulter d'un avortement.
**b)** est due à la bactérie *Streptococcus pyogenes*.
**c)** se transmet par les mains du personnel soignant ou par des instruments contaminés.
**d)** peut entraîner une péritonite et une septicémie.
**e)** Aucune de ces réponses n'est fausse

**10.** Dix-neuf personnes travaillant dans un abattoir présentent des frissons et de la fièvre, avec des accès de fièvre de 40 °C le soir. Le mode de transmission le plus probable de cette maladie, la brucellose, est :

**a)** un vecteur.
**b)** la voie respiratoire.
**c)** la voie cutanée à partir d'une petite blessure.
**d)** une morsure d'animal.
**e)** l'eau.

## QUESTIONS À COURT DÉVELOPPEMENT

**1.** Les informations contenues dans le tableau suivant sont les résultats de réactions d'immunofluorescence indirecte (détection par les anticorps fluorescents) effectués sur le sérum de trois femmes de 25 ans qui désirent devenir enceintes. Laquelle des trois sujets est peut-être atteinte de toxoplasmose ? Quel conseil pourrait-on donner à chaque femme en ce qui a trait à la prévention de la toxoplasmose ?

| | Titre des anticorps | | |
|---|---|---|---|
| Patiente | Jour 1 | Jour 5 | Jour 12 |
| Patiente A | 1 024 | 1 024 | 1 024 |
| Patiente B | 1 024 | 2 048 | 3 072 |
| Patiente C | 0 | 0 | 0 |

**2.** Expliquez pourquoi la brucellose est une maladie dont l'incidence a fortement diminué dans les pays développés. Pourquoi est-il difficile de traiter cette maladie avec des antibiotiques ?

**3.** Pour bien des gens, la peste est une maladie du Moyen Âge. Expliquez dans quelles circonstances cette maladie pourrait devenir une nouvelle maladie émergente.

4. Une personne pourrait-elle contracter le paludisme lors d'une transfusion sanguine ? Justifiez votre réponse.

5. Décrivez les dangers encourus par une population exposée à l'anthrax dans l'éventualité d'une guerre bactériologique.

## APPLICATIONS CLINIQUES

*N. B. Certaines de ces questions nécessitent que vous cherchiez des réponses dans les différents chapitres du livre.*

1. La romancière et poète Marguerite Yourcenar écrivait que sa mère était morte « au champ d'honneur des femmes », c'est-à-dire d'une fièvre puerpérale. Cette infection est généralement causée par *Streptococcus pyogenes* $\beta$-hémolytique du groupe A. Dans le cas de la mère de la romancière, comment cette infection lui a-t-elle été transmise ? Après un accouchement, quels sont les risques encourus par une femme atteinte d'une fièvre puerpérale ? Consultez quelques documents historiques concernant les travaux du médecin Ignác Semmelweis (1818-1865) et justifiez l'expression utilisée par la romancière au sujet de la mort de sa mère. (*Indice :* voir le chapitre 1.)

2. Mme Hudon est née en 1926. À l'âge de 12 ans, elle a contracté la scarlatine, maladie due à *Streptococcus pyogenes*. À 13 ans, elle a cessé d'aller à l'école en raison d'une crise de rhumatisme. À 24 ans, elle a subi une crise d'arthrite dans les genoux qui l'a confinée dans un fauteuil roulant pendant près de 6 mois. À 26 ans, au cours de sa première grossesse, elle a reçu un diagnostic de souffle sévère au niveau de la valvule cardiaque bicuspide (mitrale). Aujourd'hui, alors qu'elle est âgée de 77 ans, Mme Hudon présente une altération valvulaire qui provoque la formation spontanée de caillots et lui fait courir un risque élevé de thrombose. Décrivez le pouvoir pathogène de la bactérie responsable de la scarlatine. Établissez les liens entre les différentes manifestations pathologiques survenues au cours de la vie de Mme Hudon afin d'expliquer l'évolution de la maladie. (*Indice :* voir les chapitres 15 et 19.)

3. Une adolescente est admise au service des urgences en état de choc. On note les observations suivantes au dossier : fièvre atteignant 42 °C , vomissements en jets, placards rouges (érythème) sur la peau et faible pression artérielle. Cette patiente, héroïnomane, est bien connue du personnel soignant ; les veines de ses bras sont striées de plaies et de croûtes de pus séché. On diagnostique un syndrome du choc staphylococcique. Déterminez l'origine de l'infection et la porte d'entrée de la bactérie en cause. Reliez le pouvoir pathogène de la bactérie au mécanisme physiopathologique qui a conduit d'une part à l'apparition de l'érythème et d'autre part à la chute de la pression artérielle. À quelles conséquences peut-on s'attendre chez l'adolescente et les autres patients si la bactérie responsable est un *Staphylococcus aureus* multirésistant ? (*Indice :* voir les chapitres 8, 15, 20 et 21.)

4. Sur 5 patients ayant subi une chirurgie de remplacement valvulaire, 3 ont été atteints d'une bactériémie ; les infirmières doivent surveiller les signes de l'apparition d'un choc septique, tels que fièvre, frissons et chute de la pression artérielle. Une culture effectuée à partir d'un spécimen prélevé sur un manomètre utilisé au cours des opérations a été positive pour *Enterobacter cloacæ*, une bactérie à Gram négatif. Reliez le pouvoir pathogène de cette bactérie à Gram négatif au mécanisme physiopathologique qui conduit d'une part à l'apparition de la fièvre et des frissons et d'autre part à la chute de la pression artérielle. Une antibiothérapie serait-elle un traitement efficace ? Suggérez des moyens de prévenir d'autres complications semblables. (*Indice :* voir les chapitres 4, 15 et 20.)

5. Au cours d'un stage à l'hôpital, votre professeur vous soumet le dossier d'un patient âgé de 62 ans. Cet homme est diabétique depuis l'âge de 25 ans. Son état s'est récemment aggravé à la suite d'une blessure à l'orteil faite avec un coupe-ongles. Il est noté au dossier que, à l'arrivée du patient, la peau de l'orteil était noire et gonflée, et présentait des signes de crépitements au contact. Le médecin a diagnostiqué une gangrène gazeuse et a pris rapidement la décision d'amputer l'orteil. Expliquez pourquoi ce patient courait le risque de contracter une gangrène à la suite d'une simple blessure à l'orteil. Citez les réservoirs de la bactérie en cause et décrivez le moyen qui lui permet d'y survivre. Établissez le lien entre le pouvoir pathogène de la bactérie et le mécanisme physiopathologique qui a conduit à la gangrène des tissus. Quel serait le risque encouru par le patient si son orteil n'était pas amputé ? (*Indice :* voir les chapitres 4 et 15.)

6. Alexandre, un jeune homme de 19 ans, va à la chasse au cerf. En suivant une piste, il découvre un lièvre mort, partiellement démembré. Il en prélève les pattes de devant et les offre à son amie en guise de talisman. Alexandre a manipulé le lièvre à mains nues, mais il avait des abrasions et des éraflures qu'il s'était faites au cours de son travail comme mécanicien. Deux jours plus tard, des boutons suppurants apparaissent sur ses mains, ses jambes et ses genoux. Le laboratoire effectue une réaction d'agglutination sur le microorganisme isolé d'une lésion cutanée et conclut à un cas de tularémie. Le médecin confirme ce diagnostic. Décrivez la technique qui a permis d'établir rapidement le diagnostic. Comme cette maladie est relativement rare dans la région, le médecin demande à l'infirmière qui l'assiste dans son cabinet de rédiger une fiche explicative sur les différents maillons de la chaîne épidémiologique et sur les différentes mesures préventives à adopter. Écrivez cette fiche. (*Indice :* voir le chapitre 18.)

7. Vous partez en randonnée pédestre avec des amis. À l'entrée de la piste, un écriteau met en garde les randonneurs : des cas de maladie de Lyme ont été déclarés dans la région et il convient de prendre certaines précautions. Décrivez les types de mesures efficaces à adopter dans cette situation et reliez ces mesures aux modes de transmission de la maladie. Par ailleurs, vos amis vous demandent si, dorénavant, il sera nécessaire d'appliquer ces mesures systématiquement à toutes leurs randonnées. Que leur répondrez-vous ?

8. Inquiet de l'absence d'une amie au cours de biologie, vous la contactez pour avoir de ses nouvelles. Elle vous dit qu'elle a une mononucléose infectieuse, couramment appelée maladie du baiser. En fait, tout a commencé par un mal de gorge et un fort gonflement des nœuds lymphatiques du cou ; elle est très affaiblie depuis quelques jours et ne pourra pas revenir en cours d'ici 3 ou 4 semaines. Le nom de la maladie vous intrigue et vous décidez de faire une recherche pour comprendre pourquoi le baiser a rendu votre amie si malade. En d'autres mots, faites la relation entre le pouvoir pathogène du virus et le mécanisme physiopathologique qui a conduit à l'apparition des premiers signes de la maladie. Expliquez comment votre amie deviendra l'un des maillons de la chaîne de transmission de la maladie.

Chapitre 24

# Les maladies infectieuses du système respiratoire

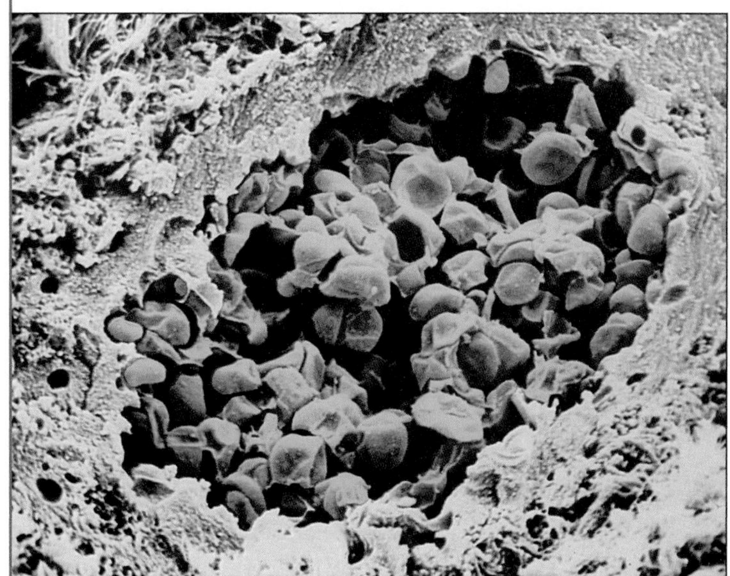

Pneumocystis carinii.
*Ce mycète provoque une pneumonie chez les personnes immunodéprimées.*

À chaque inspiration, on inhale plusieurs microorganismes présents dans des gouttelettes d'aérosol ou dans des sécrétions contaminées; les voies respiratoires supérieures constituent donc une porte d'entrée majeure pour les agents pathogènes. En fait, les infections du système respiratoire sont le type d'infection le plus courant, et elles comptent parmi les plus graves. L'ingestion d'aliments ou d'eau contaminés peut également conduire à des infections respiratoires. Par ailleurs, certains des agents pathogènes qui pénètrent dans le corps par les voies respiratoires infectent d'autres parties du corps; c'est le cas des microorganismes responsables de la rougeole, des oreillons et de la rubéole. À la fin du chapitre, le tableau 24.2 présente une récapitulation, par ordre taxinomique, des maladies infectieuses décrites ici.

## La structure et les fonctions du système respiratoire

### Objectif d'apprentissage

- *Décrire des mécanismes de protection qui s'opposent à l'entrée des microorganismes dans le système respiratoire.*

Pour des raisons pratiques, on divise le système respiratoire en deux grandes parties: les voies respiratoires supérieures et les voies respiratoires inférieures. Les **voies respiratoires supérieures** sont constituées du nez, du pharynx comprenant le nasopharynx, l'oropharynx et la laryngopharynx, et des structures associées, qui comprennent l'oreille moyenne et la trompe auditive (figure 24.1). Les conduits partant des sinus et les conduits lacrymo-nasaux de l'appareil lacrymal débouchent sur la cavité nasale (figure 16.3). La trompe auditive, ou trompe d'Eustache, s'ouvre sur la partie supérieure du pharynx ou nasopharynx.

Sur le plan anatomique, les voies respiratoires supérieures sont dotées de plusieurs mécanismes de défense contre les agents pathogènes aéroportés. Les poils rugueux du nez filtrent les grosses particules de poussière contenues dans l'air. De plus, la muqueuse qui tapisse le nez et le nasopharynx comporte de nombreuses cellules ciliées et des cellules sécrétant du mucus. Le mucus humidifie l'air inhalé et emprisonne les poussières et les microorganismes, en particulier les particules dont le diamètre dépasse 4 ou 5 $\mu$m. Les cellules ciliées

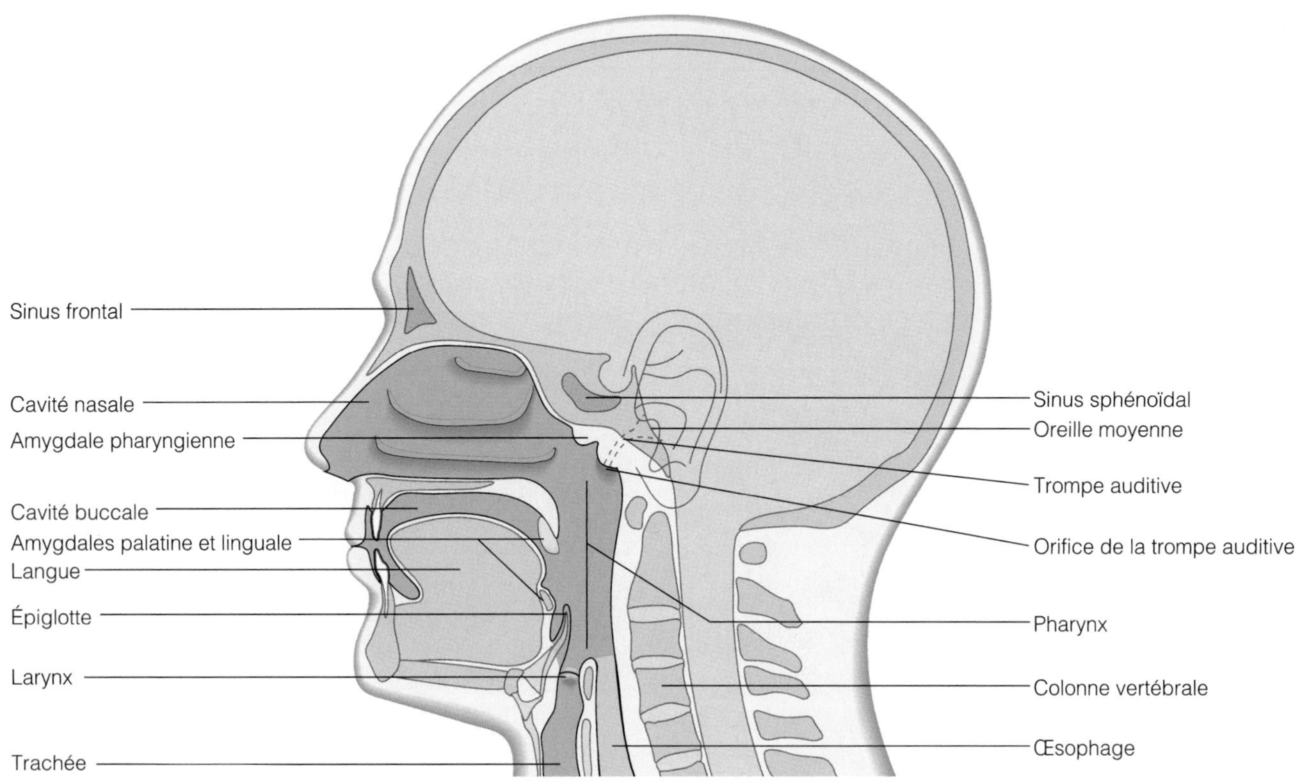


**FIGURE 24.1 Structures des voies respiratoires supérieures.**

- Nommer les mécanismes de défense des voies respiratoires supérieures contre les agents pathogènes.

jouent un rôle dans l'élimination de ces particules; le mouvement de leurs cils les refoule vers la bouche.

À la jonction entre le nez et l'oropharynx, communément appelé gorge, se trouvent les amygdales, formées de tissu lymphoïde, qui participent à la lutte contre certaines infections. Il arrive cependant que les amygdales s'infectent et contribuent à la dissémination de l'agent pathogène jusqu'à l'oreille par l'intermédiaire de la trompe auditive. Étant donné que le nez et la gorge sont reliés aux sinus, à l'appareil lacrymo-nasal et à l'oreille moyenne, il n'est pas rare qu'une infection se propage d'une de ces régions à une autre.

Les **voies respiratoires inférieures** comprennent le larynx, la trachée, les bronches et les alvéoles pulmonaires (figure 24.2). Deux ou plusieurs alvéoles sont regroupées en sacs alvéolaires, qui constituent le tissu pulmonaire; c'est à l'intérieur de ces sacs que s'effectuent les échanges gazeux entre les poumons et le sang. Les poumons humains comportent plus de 300 millions d'alvéoles, de sorte que la surface de tissu où ont lieu les échanges gazeux mesure au moins 70 $m^2$. La membrane à deux feuillets qui entoure les poumons est la plèvre.

La muqueuse ciliée tapissant les voies respiratoires inférieures du larynx jusqu'aux bronchioles s'oppose également à l'entrée des microorganismes dans les poumons. Les particules emprisonnées sont repoussées vers la gorge par l'activité combinée des cils et du mucus; ce mécanisme s'appelle *escalier mucociliaire* (figure 16.4). Le lysozyme, une enzyme présente dans tous les liquides biologiques tels les sécrétions nasales et le mucus des voies respiratoires, concourt à la destruction des bactéries inhalées.

Dans l'épaisseur de la muqueuse bronchique se trouvent de petits follicules lymphatiques composés de macrophagocytes, de lymphocytes B (sécrétant des IgA) et de lymphocytes T. En général, si des microorganismes atteignent les alvéoles pulmonaires, des *macrophagocytes alvéolaires* les localisent, puis les ingèrent et les détruisent. À cette action non spécifique s'ajoute l'action spécifique des anticorps de type IgA présents dans le mucus des voies respiratoires et la salive (tableau 17.1); les anticorps IgA jouent un rôle dans la protection des muqueuses contre de nombreux agents pathogènes.

Ainsi, le corps est doté de divers mécanismes de défense qui participent à l'élimination des agents pathogènes responsables des infections respiratoires: défense non spécifique d'une part, de nature tant mécanique que chimique et cellulaire, et défense spécifique d'autre part, associée à la présence d'anticorps IgA dans les sécrétions. Ces mécanismes contribuent au maintien de l'homéostasie de l'organisme humain en le protégeant contre l'action des microbes.

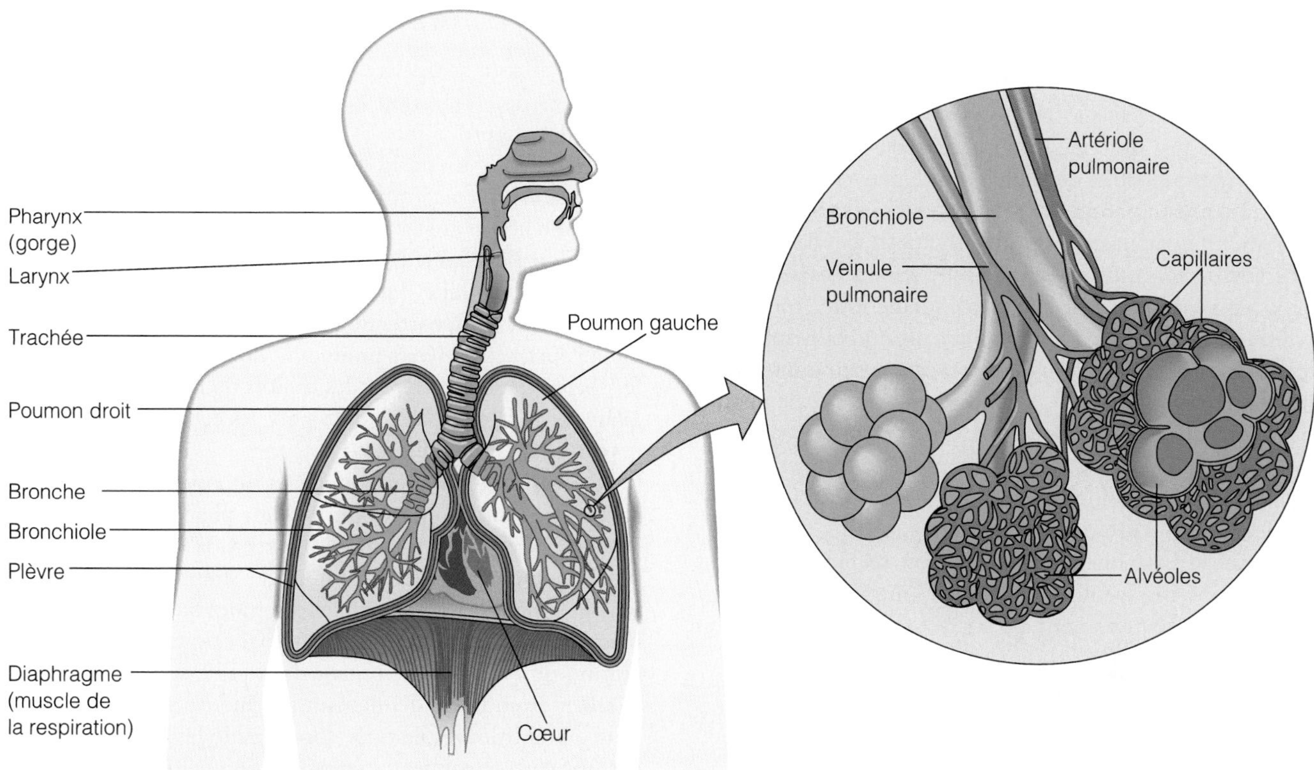


**FIGURE 24.2 Structures des voies respiratoires inférieures.**

- Nommer les mécanismes de défense des voies respiratoires inférieures contre les agents pathogènes.

## La flore normale du système respiratoire

### Objectif d'apprentissage

- *Décrire les caractéristiques et le rôle de la flore normale des voies respiratoires supérieures et inférieures.*

La flore normale du système respiratoire colonise la muqueuse des cavités nasales et du pharynx. *Staphylococcus aureus, Staphylococcus epidermidis, Streptococcus pneumoniæ* et les diphtéroïdes sont majoritaires dans le nez et le nasopharynx, alors que les streptocoques du groupe *viridans* sont plus nombreux dans la cavité buccale et l'oropharynx. Un certain nombre de microorganismes potentiellement pathogènes font partie de la flore normale des voies respiratoires supérieures. En général, ils ne provoquent pas de maladie parce que les microorganismes prédominants de la flore normale font obstacle à leur croissance en s'appropriant les nutriments et en produisant des substances inhibitrices; il s'agit de l'antagonisme microbien ou effet barrière dont nous avons parlé au chapitre 14. Par exemple, les streptocoques du groupe *viridans* présents dans la bouche exercent un effet barrière sur *Streptococcus pyogenes.*

Par contre, les voies respiratoires inférieures sont habituellement stériles – bien que la trachée puisse abriter quelques bactéries – grâce à l'efficacité de l'escalier mucociliaire dans les bronches et à l'activité phagocytaire.

# LES MALADIES INFECTIEUSES DES VOIES RESPIRATOIRES SUPÉRIEURES

### Objectif d'apprentissage

- *Faire la distinction entre pharyngite, laryngite, amygdalite, sinusite et épiglottite.*

Chacun sait par expérience que plusieurs affections courantes touchent les voies respiratoires. Nous traiterons sous peu de la **pharyngite,** inflammation des muqueuses de la gorge aussi appelée *angine.* Si l'infection touche le larynx, le sujet souffre d'une **laryngite,** qui réduit sa capacité de parler. Cette dernière affection est causée par une bactérie, telle que *Streptococcus pneumoniæ* ou *S. pyogenes,* ou par un virus, et souvent par des microorganismes des deux types. Les microbes responsables de la pharyngite peuvent aussi provoquer une inflammation des amygdales, l'**amygdalite.**

Les sinus paranasaux sont des cavités situées dans certains os crâniens ; ils s'ouvrent sur la cavité nasale. Les muqueuses tapissant les sinus et la cavité nasale forment une membrane continue. L'infection d'un sinus par un microorganisme tel que *S. pneumoniæ* ou *Hæmophilus influenzæ* se traduit par une inflammation des muqueuses, d'où un abondant écoulement nasal de liquide muqueux. On appelle cet état **sinusite.** Si l'orifice qui permet au mucus de s'échapper du sinus s'obstrue, la pression interne qui en résulte occasionne de la douleur. Ces maladies sont presque toujours *spontanément résolutives,* c'est-à-dire que la guérison se produit généralement sans intervention médicale. Toutefois, des antibiotiques sont fréquemment prescrits lorsque l'infection est d'origine bactérienne.

La maladie infectieuse des voies respiratoires supérieures la plus dangereuse est l'**épiglottite,** soit l'inflammation de l'épiglotte. L'épiglotte est une structure cartilagineuse, dont la forme évoque une feuille, qui empêche les matières ingérées d'entrer dans le larynx (figure 24.1). L'épiglottite est une maladie à évolution rapide susceptible d'entraîner la mort en quelques heures. Elle est due à un agent pathogène, le plus souvent *H. influenzæ* type b. L'administration du nouveau vaccin Hib, élaboré surtout pour lutter contre la méningite, a réduit de façon considérable l'incidence de l'épiglottite chez les personnes immunisées.

# Les bactérioses des voies respiratoires supérieures

### Objectifs d'apprentissage

- *Décrire l'épidémiologie des bactérioses suivantes, et notamment le pouvoir pathogène des agents en cause, leurs réservoirs, leurs modes de transmission, leurs portes d'entrée ainsi que les facteurs prédisposants de l'hôte réceptif : pharyngite streptococcique, scarlatine, diphtérie et otite moyenne.*
- *Relier les bactérioses citées aux mécanismes physiopathologiques qui conduisent à l'apparition des principaux signes de ces maladies.*
- *Relier les bactérioses citées à des moyens de prévention, à une thérapeutique et à des épreuves de diagnostic (s'il y a lieu).*

Les agents pathogènes aéroportés entrent d'abord en contact avec les muqueuses lorsqu'ils pénètrent dans le corps par les voies respiratoires supérieures. C'est dans cette partie de l'organisme que de nombreuses maladies respiratoires ou systémiques déclenchent une infection.

## La pharyngite streptococcique

La **pharyngite streptococcique,** ou **angine streptococcique,** est une infection des voies respiratoires supérieures due à des streptocoques $\beta$-hémolytiques du groupe A. Ces bactéries à Gram positif appartiennent toutes à l'espèce *Streptococcus pyogenes,* qui est également responsable de plusieurs infections de la peau et des tissus mous, telles que l'impétigo, l'érysipèle et l'endocardite bactérienne aiguë.

La pathogénicité des streptocoques $\beta$-hémolytiques du groupe A vient en partie de leur résistance à la phagocytose. Par ailleurs, ces bactéries produisent des enzymes spécifiques : les *streptokinases,* qui lysent les caillots de fibrine, et les *streptolysines,* qui sont cytotoxiques pour les cellules des tissus, les érythrocytes et les leucocytes.

Sans analyse de laboratoire, il est impossible de distinguer une pharyngite streptococcique d'une pharyngite due à une autre bactérie ou à un virus. Il est probable que la moitié seulement des angines qualifiées de streptococciques sont véritablement causées par des streptocoques. Autrefois, le diagnostic d'une pharyngite streptococcique reposait sur la culture de bactéries provenant d'un prélèvement de gorge. Il fallait attendre au lendemain, ou même plus longtemps, pour obtenir les résultats, de sorte que le test a été remplacé presque partout par des tests reposant sur une réaction d'agglutination indirecte effectuée au moyen de particules de latex microscopiques, enrobées d'anticorps contre les streptocoques du groupe A. Plusieurs de ces tests peuvent être effectués en 10 minutes seulement, et ils permettent de vérifier de façon précise la présence ou l'absence de streptocoques du groupe A. Cependant, on peut déceler la présence de *S. pyogenes* dans la gorge de nombreux porteurs asymptomatiques. Un résultat positif n'indique donc pas nécessairement que les signes et symptômes sont dus aux streptocoques décelés. L'augmentation du titre des anticorps IgM est le meilleur indice qu'une angine est vraiment d'origine streptococcique, mais on ne mesure généralement pas ce paramètre parce qu'il faudrait trop de temps et que le procédé serait trop coûteux. Lorsque les résultats des tests sont négatifs, on devrait les vérifier au moyen d'une culture d'un prélèvement de gorge.

La pharyngite streptococcique est caractérisée par une inflammation locale et une fièvre supérieure à 38 °C (figure 24.3). Notez que d'habitude cette pharyngite bactérienne n'entraîne pas de toux. Elle est souvent accompagnée d'une amygdalite – qui peut entraîner de la difficulté à avaler –, et les nœuds (ou ganglions) lymphatiques cervicaux gonflent et deviennent douloureux. Elle se complique fréquemment d'une infection de l'oreille moyenne, appelée otite moyenne. La pénicilline constitue toujours le médicament d'élection pour le traitement des infections à streptocoques du groupe A.

Plus de 80 sérotypes de streptocoques du groupe A sont responsables d'une douzaine au moins de maladies différentes. Comme l'immunité aux maladies streptococciques est spécifique du sérotype du streptocoque, une personne s'étant remise d'une infection causée par un sérotype donné n'est pas immunisée contre une infection provoquée par un autre sérotype.

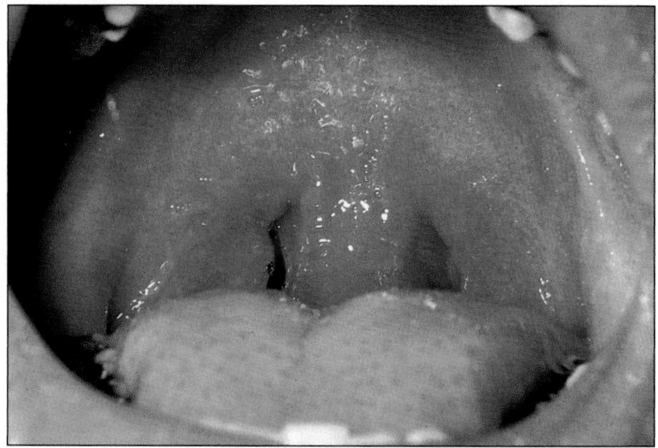

FIGURE 24.3 **Pharyngite streptococcique.**

■ Quelles sont les complications possibles d'une pharyngite streptococcique ?

FIGURE 24.4 **Érythème cutané rouge rosé, caractéristique de la scarlatine.** L'éruption s'étend à presque toute la surface du corps, à l'exception de la paume des mains et de la plante des pieds.

■ Un phage lysogène, à l'intérieur de *S. pyogenes,* porte le gène de la toxine érythrogène qui cause la scarlatine.

Les enfants de 5 à 15 ans forment le groupe cible de la pharyngite streptococcique. Au cours des dernières années, l'augmentation de la fréquentation des garderies s'est accompagnée d'une hausse de la fréquence de l'infection chez les plus jeunes enfants. À l'heure actuelle, la pharyngite streptococcique se transmet principalement par contact direct avec les sécrétions respiratoires d'une personne infectée ; le contact avec des porteurs asymptomatiques augmente les risques de contagion. Autrefois, elle donnait souvent lieu à des épidémies dont la source était le lait non pasteurisé.

Comme pour toute infection respiratoire, le moyen le plus efficace de prévenir la pharyngite est de se laver souvent les mains après s'être mouché, avoir éternué ou toussé, et après avoir manipulé des mouchoirs ou des objets contaminés par des sécrétions.

## La scarlatine

Si la souche de *S. pyogenes* responsable de la pharyngite streptococcique élabore une *toxine érythrogène* (provoquant des rougeurs), elle cause une infection appelée **scarlatine.** C'est ce qui se produit lorsque le streptocoque est infecté par un bactériophage au cours du processus de lysogénie (figure 13.12). Nous avons vu que l'information génétique du phage (virus) est alors intégrée dans le chromosome de la bactérie, et que les caractéristiques de cette dernière en sont modifiées.

La toxine érythrogène altère la résistance du corps à l'infection en diminuant la phagocytose et la production d'anticorps. Elle provoque une forte fièvre et un érythème cutané rouge rosé, probablement dû à une réaction d'hypersensibilité de la peau à la toxine en circulation dans le sang (figure 24.4). La langue prend un aspect dit framboisé (papilles enflammées saillantes) et devient rouge écarlate et enflée lorsque la membrane superficielle se détache. Au fur et à mesure que la maladie évolue, on observe souvent une desquamation de la peau affectée, comme après un coup de soleil, ce qui évoque le syndrome de Ritter-Lyell causé par *Staphylococcus aureus* (figure 21.4).

La gravité et la fréquence de la scarlatine semblent varier en fonction du temps et des endroits où la maladie se déclare, mais en général elles ont diminué au cours des dernières années. Il s'agit d'une maladie transmissible, qui se propage principalement par l'inhalation de gouttelettes infectieuses provenant d'une personne infectée. On pensait autrefois que la scarlatine était associée à la pharyngite streptococcique, mais on sait maintenant qu'elle peut aussi accompagner une infection cutanée streptococcique.

## La diphtérie

La **diphtérie** est également une infection bactérienne des voies respiratoires supérieures ; elle fait partie des maladies à déclaration obligatoire. Jusqu'en 1935, c'était la maladie infectieuse responsable du plus grand nombre de décès chez les enfants de moins de 10 ans en Amérique du Nord. La diphtérie débute par des maux de gorge et de la fièvre, suivis le plus souvent d'un malaise général et d'un œdème du cou. Le microorganisme responsable est *Corynebacterium diphteriæ,* un bacille à Gram positif, non producteur d'endospores, dont la morphologie pléomorphe évoque fréquemment une griffe et dont la coloration n'est pas uniforme (figure 24.5).

Dans les pays industrialisés, le **vaccin DCT** fait partie du programme normal d'immunisation des très jeunes enfants ; il est suivi d'une dose de rappel au cours de l'enfance. La lettre D désigne l'anatoxine diphtérique, une toxine inactivée qui déclenche la production d'anticorps contre la toxine diphtérique. Au Canada, très peu de cas de diphtérie ont été signalés depuis les années 1980, et aucune déclaration n'a été faite en 1998.

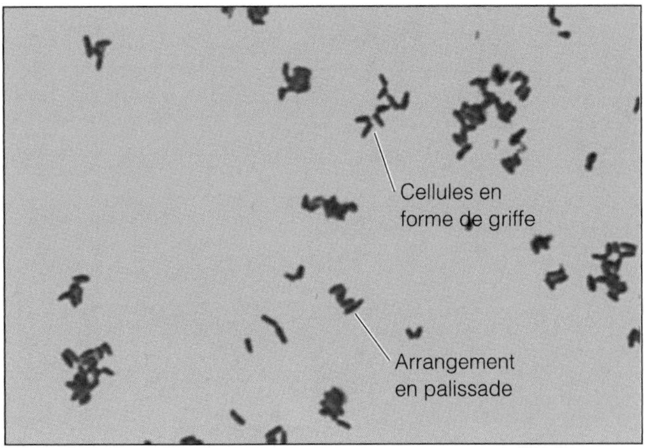

**FIGURE 24.5** ***Corynebacterium diphteriæ,* agent causal de la diphtérie.** La coloration de Gram représentée ici met en évidence la morphologie en forme de griffe de la bactérie ; les cellules en train de se diviser se replient fréquemment les unes sur les autres de manière à former un V ou un Y. Notez aussi l'arrangement en palissade des cellules bactériennes juxtaposées.

■ Un phage lysogène, à l'intérieur de *C. diphteriæ*, porte le gène de la toxine diphtérique.

*C. diphteriæ* s'est adapté à une population en majorité immunisée ; on en trouve des souches relativement non virulentes dans la gorge de nombreux porteurs sains. La bactérie se prête bien à la transmission par voie aérienne parce qu'elle est très résistante à la sécheresse ; elle se transmet aussi par contact direct entre les personnes.

La diphtérie (d'un mot grec signifiant « cuir ») est caractérisée par la formation d'une membrane grisâtre résistante dans la gorge, en réaction à l'infection de la muqueuse (figure 24.6). Cette membrane contient de la fibrine, des tissus morts ainsi que des bactéries et des phagocytes, et elle peut obstruer totalement le passage de l'air vers les poumons ; elle est alors à même de provoquer une suffocation, appelée *croup.*

La gravité de la diphtérie est associée à la présence d'un phage dans la bactérie infectante. Même si elles n'envahissent pas les tissus, les bactéries qui ont été infectées par un phage lysogène spécifique sont susceptibles de produire une exotoxine puissante (la diphtérie est en fait la première maladie dont on ait attribué la cause à une toxine). Lorsqu'elle circule dans le sang, la toxine pénètre dans les cellules et inhibe la synthèse des protéines, entraînant rapidement la mort cellulaire (chapitre 15, p. 484-485). Seulement 0,01 mg de cette toxine très virulente suffit pour tuer une personne de 90 kg. Donc, pour être efficace, l'administration d'antitoxine – immunisation passive avec des immunoglobulines spécifiques – doit se faire avant que la toxine pénètre dans les cellules des différents tissus. Le myocarde (tissu musculaire cardiaque), les reins et les nerfs en sont les principaux tissus cibles. Lorsqu'elle atteint les nerfs, la toxine peut provoquer une paralysie partielle. Lorsqu'elle touche le cœur et les reins, elle risque de causer la mort rapidement, avant même que la réaction immunitaire ait pu organiser la défense de l'organisme.

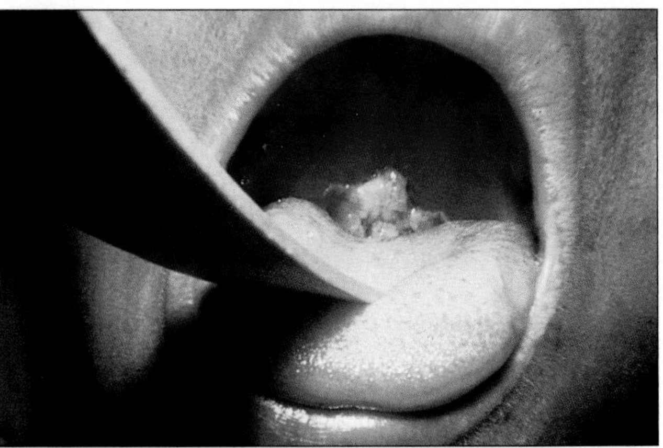

**FIGURE 24.6 Membrane caractéristique de la diphtérie.** Chez les jeunes enfants, la présence de la membrane, dont l'aspect évoque le cuir, et l'inflammation de la muqueuse des voies respiratoires supérieures risque de bloquer les conduits aériens et d'interrompre l'approvisionnement en air.

■ Quel est l'effet de la toxine diphtérique sur les cellules ?

Le diagnostic de laboratoire par la détermination de l'agent bactérien présente des difficultés, car il exige l'utilisation de plusieurs milieux sélectifs et différentiels. La nécessité de distinguer les isolats producteurs de toxine et les souches non toxinogènes complique encore l'identification, car on peut rencontrer les deux types chez un même patient.

Bien que certains antibiotiques tels que la pénicilline et l'érythromycine inhibent la croissance de la bactérie, ils ne neutralisent pas la toxine diphtérique. Il faut donc les employer en association avec une antitoxine.

La diphtérie est-elle une maladie en voie de disparition ? Aux États-Unis, on dénombre au plus cinq cas de diphtérie par année, mais le taux de décès consécutifs à la forme respiratoire se situe encore entre 5 et 10 % des patients, la maladie étant surtout mortelle chez les personnes très âgées ou très jeunes. Chez les jeunes enfants, elle touche principalement ceux qui n'ont pas été vaccinés pour des raisons religieuses ou autres. Lorsque la diphtérie était plus courante, les nombreux contacts avec des souches toxinogènes renforçaient l'immunité, qui s'affaiblit avec le temps. À l'heure actuelle, de nombreux adultes ne sont pas immunisés parce que tous n'ont pas eu accès à la vaccination systématique lorsqu'ils étaient enfants. Des enquêtes ont montré que, en Amérique du Nord, 20 % seulement de la population adulte possède une immunité efficace. La situation en Russie illustre bien ce qui pourrait se passer si on abandonnait les programmes de vaccination systématique ; récemment en effet, la baisse de l'immunité des populations de presque tous les pays de l'ex-URSS a déclenché une épidémie.

*C. diphteriæ* peut aussi provoquer une **diphtérie cutanée.** Dans ce cas, la bactérie infecte la peau, le plus souvent dans une blessure ou une lésion, et la circulation de la toxine dans l'organisme est minimale. Dans les infections cutanées, la bactérie cause des ulcères recouverts d'une membrane grisâtre et lents à guérir.

La diphtérie cutanée est fréquente dans les pays tropicaux. Aux États-Unis, elle touche surtout les autochtones et les adultes des classes socioéconomiques défavorisées. Cette forme de la maladie constitue la majorité des cas de diphtérie déclarés chez les adultes de plus de 30 ans.

Autrefois, la diphtérie se transmettait surtout à des porteurs sains par l'intermédiaire de gouttelettes. On a observé des cas de la forme respiratoire provoqués par contact avec une personne atteinte de diphtérie cutanée.

## L'otite moyenne

L'infection de l'oreille moyenne, appelée **otite moyenne** ou « mal à l'oreille » par les enfants, est l'une des complications les plus gênantes du rhume ou de toute autre infection du nez ou de la gorge (telle que l'amygdalite). Les agents pathogènes provoquent la formation de pus dont la présence accroît la pression sur la membrane du tympan, qui s'enflamme et devient douloureuse (figure 24.7). Cette affection est particulièrement fréquente chez les jeunes enfants, probablement parce que, étant plus petite, la trompe auditive – qui relie l'oreille moyenne à la gorge – s'obstrue plus facilement (figure 24.1). La pénétration de microorganismes peut aussi se faire directement par le biais d'une petite lésion du tympan ; les baignades en piscine où la tête est plongée sous l'eau sont parfois mises en cause dans la transmission de la maladie.

Diverses bactéries sont susceptibles d'occasionner une otite moyenne. L'agent pathogène le plus souvent isolé est *S. pneumoniæ* (dans environ 35 % des cas) ; cette bactérie est communément présente chez des porteurs sains. Parmi les autres bactéries souvent responsables, on note les souches non encapsulées de *H. influenzæ* (de 20 à 30 %), *Moraxella catarrhalis* (de 10 à 15 %), *S. pyogenes* (de 8 à 10 %) et *S. aureus* (de 1 à 2 %). Dans 3 à 5 % des cas environ, on ne décèle aucune bactérie. Il peut alors s'agir d'infections virales, et les isolats les plus courants sont des virus respiratoires syncytiaux (p. 19).

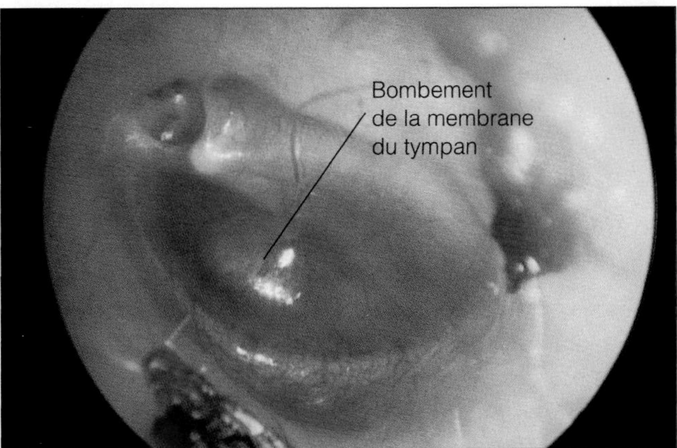


**FIGURE 24.7 Otite moyenne aiguë accompagnée d'un bombement de la membrane du tympan.**

- *S. pneumoniæ* est la cause la plus fréquente des infections de l'oreille moyenne.

L'otite moyenne touche 85 % des enfants de moins de 3 ans, et elle est la cause de près de la moitié des consultations en pédiatrie. Bien qu'elle puisse être d'origine virale, on suppose toujours, pour prescrire un traitement, que l'otite moyenne est due à une bactérie. Les pénicillines à large spectre telles que l'amoxicilline sont les médicaments d'élection pour les enfants. De nos jours, beaucoup de médecins remettent en question l'utilisation d'antibiotiques, car ils ne sont pas certains qu'elle permette de réduire la durée de la maladie. Les chercheurs sont en train d'élaborer des vaccins contre les trois bactéries pathogènes les plus communes. Un vaccin conjugé contre *S. pneumoniæ* (p. 666) ne semble pas avoir beaucoup d'effet sur l'incidence de l'otite moyenne.

# Les viroses des voies respiratoires supérieures

### Objectifs d'apprentissage

- *Décrire l'épidémiologie du rhume et notamment le pouvoir pathogène des agents en cause, leurs réservoirs, leurs modes de transmission, leurs portes d'entrée ainsi que les facteurs prédisposants de l'hôte réceptif.*
- *Décrire, pour le rhume, les signes de l'infection et les particularités de la réponse immunitaire, ainsi que les moyens de prévention.*

La maladie probablement la plus fréquente chez les humains, du moins dans les zones tempérées, est une infection virale, ou virose, des voies respiratoires supérieures : le rhume.

## Le rhume

Un certain nombre de virus jouent un rôle dans la cause du **rhume.** Environ 50 % des cas sont dus à des *Rhinovirus* ; les *Coronavirus* sont sans doute responsables de 15 à 20 % des cas ; divers autres virus sont responsables d'environ 10 % des cas ; enfin, dans 40 % des cas, on ne peut déterminer aucun agent infectieux.

Au cours de leur vie, les humains ont tendance à accumuler différentes immunités contre les virus du rhume, ce qui expliquerait qu'en vieillissant ils aient en général moins souvent le rhume ; les jeunes enfants ont 3 ou 4 rhumes par année, tandis que les adultes de 60 ans ont en moyenne moins de 1 rhume par année. L'immunité repose sur le rapport d'anticorps IgA et de sérotypes donnés, et elle n'est réellement efficace que pendant un court laps de temps. Certaines populations isolées acquièrent une immunité collective, de sorte qu'elles n'attrapent plus le rhume jusqu'à ce que de nouveaux virus soient introduits dans la communauté. On estime que plus de 200 agents pathogènes sont susceptibles de provoquer un rhume. De ce nombre, au moins 113 sont des sérotypes de *Rhinovirus,* si bien qu'il semble impossible d'élaborer un vaccin efficace contre autant d'agents pathogènes.

Chacun connaît bien les signes du rhume, qui comprennent des éternuements, des sécrétions nasales abondantes et de la congestion; ces signes sont dus à la libération de kinines, un des médiateurs chimiques qui déclenchent la vasodilation et l'augmentation de la perméabilité des vaisseaux sanguins (chapitre 16, p. 510). (Selon une école de médecine de l'Antiquité, l'écoulement nasal était constitué de déchets provenant du cerveau, d'où l'expression «avoir un rhume de cerveau».) L'infection s'étend facilement de la gorge aux sinus, aux voies respiratoires inférieures et à l'oreille moyenne, et peut donc s'accompagner de complications telles qu'une laryngite ou une otite moyenne. En l'absence de complication, le rhume ne cause généralement pas de fièvre.

La température optimale de réplication des *Rhinovirus* est légèrement inférieure à la température corporelle normale, et correspond approximativement à la température dans les voies respiratoires supérieures, qui sont ouvertes sur l'air ambiant. On ne sait pas pourquoi le nombre de cas de rhume est beaucoup plus élevé durant la saison froide dans les zones tempérées. Il reste à démontrer si les contacts résultant de la vie à l'intérieur favorisent une transmission de type épidémique, ou si la sécheresse de l'air est en cause, ou encore si des changements physiologiques rendent les individus plus sensibles.

Un seul *Rhinovirus* déposé sur la muqueuse nasale suffit souvent à provoquer un rhume. Cependant, il n'y a pas consensus sur le mode de transmission du virus du rhume qui pénètre dans le nez. Selon une approche expérimentale, les personnes enrhumées déposeraient des virus sur les poignées de porte, les téléphones et d'autres surfaces, où les virus persistent pendant des heures. Des personnes saines feraient ainsi passer ces virus de leurs mains à leurs voies nasales. Cette théorie a été étayée par une expérience dans laquelle on a observé que, chez des personnes saines qui s'enduisent les mains d'une solution virocide d'iode, l'incidence du rhume est beaucoup plus faible que la normale.

On a effectué une série d'expériences avec un groupe de joueurs de cartes, dont la moitié avait le rhume tandis que l'autre moitié ne l'avait pas, et on a abouti à une conclusion différente. Des contraintes imposées à la moitié des joueurs sains ne leur permettaient pas de transférer à leur nez les virus qui seraient passés des cartes à leurs mains; ces contraintes ne s'appliquaient pas à l'autre moitié des joueurs sains. On n'a observé aucune différence quant à la fréquence du rhume chez les deux sous-groupes de joueurs sains – ce qui viendrait étayer l'hypothèse de la transmission par voie aérienne. Par ailleurs, on a placé des sujets sains dans une pièce où aucune des personnes présentes ne souffrait du rhume, et on a pris des précautions pour qu'ils n'entrent pas en contact avec des aérosols de sécrétions, mais on les a fait jouer avec des cartes qui étaient littéralement imbibées de sécrétions nasales; aucun participant n'a contracté le rhume. Au cours d'une autre série d'expériences, peut-être moins désagréables, les chercheurs ont demandé à des volontaires sains d'embrasser des personnes souffrant du rhume pendant 60 à 90 secondes; seulement 8 % des volontaires ont contracté l'infection. Les autres personnes étaient-elles immunisées ou protégées grâce à une résistance particulière? On ne connaît toujours pas la réponse.

Comme le rhume est causé par des virus, l'antibiothérapie est inutile. L'évolution d'un rhume mène généralement à la guérison en une semaine. Les médicaments vendus sans ordonnance, actuellement offerts sur le marché, n'ont aucun effet sur le temps de récupération, mais ils peuvent alléger certains signes et symptômes.

# LES MALADIES INFECTIEUSES DES VOIES RESPIRATOIRES INFÉRIEURES

Beaucoup des bactéries et virus pathogènes qui infectent les voies respiratoires supérieures peuvent aussi infecter les voies respiratoires inférieures. Si les bronches sont atteintes, il se produit une **bronchite** ou une **bronchiolite** (figure 24.2). La **pneumonie** est une complication grave de la bronchite, qui touche les alvéoles pulmonaires.

## Les bactérioses des voies respiratoires inférieures

### Objectifs d'apprentissage

- *Décrire l'épidémiologie de la coqueluche et de la tuberculose, et notamment le pouvoir pathogène des agents en cause, leurs réservoirs, leurs modes de transmission, leur portes d'entrée ainsi que les facteurs prédisposants de l'hôte réceptif.*
- *Relier la coqueluche et la tuberculose aux mécanismes physiopathologiques qui conduisent à l'apparition des principaux signes des maladies.*
- *Relier la coqueluche et la tuberculose à des moyens de prévention, à une thérapeutique et à des épreuves de diagnostic (s'il y a lieu).*

Les bactérioses des voies respiratoires inférieures comprennent la coqueluche, la tuberculose et plusieurs types de pneumonies bactériennes, ainsi que des maladies moins connues telles que la psittacose et la fièvre Q.

### La coqueluche

L'infection par la bactérie *Bordetella pertussis* provoque la **coqueluche.** *B. pertussis* est un petit coccobacille à Gram négatif, aérobie obligatoire, dont les souches virulentes sont dotées d'une capsule. La bactérie se fixe à des cellules ciliées spécifiques de la trachée, ce qui entrave d'abord leur action, puis les détruit graduellement (figure 24.8). L'activité de l'escalier mucociliaire (figure 16.4) est ainsi inhibée, et le mucus n'est plus expulsé. *B. pertussis* produit plusieurs toxines. La *cytotoxine trachéale* (une endotoxine), qui est une fraction fixe de la paroi cellulaire de la bactérie, est responsable des dommages causés aux cellules ciliées, tandis que la *toxine coquelucheuse,* qui pénètre dans la circulation sanguine, est associée aux signes systémiques de la maladie.

La coqueluche est avant tout une maladie d'enfance et peut être très grave ; elle se manifeste tout au long de l'année et dans tous les pays du monde. Elle se transmet par contact direct ou par inhalation des sécrétions (écoulements et gouttelettes) provenant du nez ou de la gorge d'une personne infectée. Le premier stade, appelé *stade catarrhal,* ressemble à un rhume avec apparition d'une fièvre et d'un écoulement nasal. De longues quintes de toux caractérisent le deuxième stade, appelé *stade paroxystique.* (Le nom *pertussis* est formé des éléments latins *per-* = en abondance et *tussis* = toux.) Lorsque l'activité mucociliaire est perturbée, le mucus s'accumule et la personne infectée fait des efforts désespérés pour le rejeter en toussant. Chez les jeunes enfants, la violence de la toux peut entraîner une fracture des côtes. L'inspiration prolongée entre les quintes de toux produit un sifflement aigu évoquant le chant du coq, d'où le nom de la maladie. On observe des accès de toux convulsive plusieurs fois par jour, pendant 1 à 6 semaines ; ces quintes de toux épuisantes sont souvent suivies de vomissements. Le troisième stade, appelé *phase de convalescence,* peut durer des mois. Comme les nourrissons ont plus de difficulté à tousser de

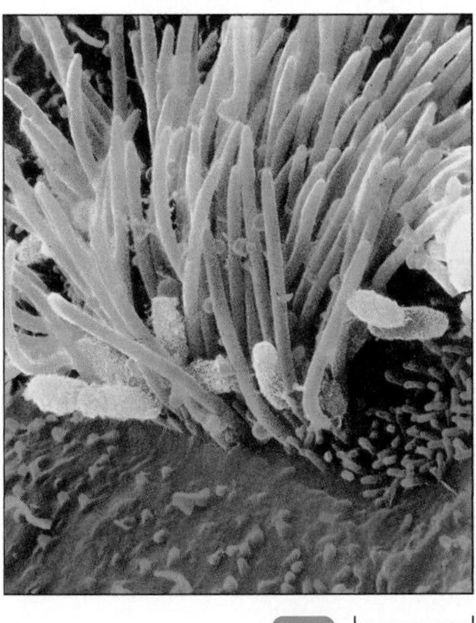


**FIGURE 24.8 Cellules ciliées des voies respiratoires infectées par *Bordetella pertussis.*** La photo représente des cellules de *B. pertussis* en croissance sur les cellules ciliées ; elles finiront par entraîner la destruction de ces cellules.

■ *B. pertussis* est l'agent causal de la coqueluche.

manière à conserver une voie aérienne adéquate, la coqueluche provoque parfois chez eux des épisodes d'apnée et de cyanose entraînant des altérations cérébrales irréversibles, et le taux de mortalité est relativement élevé dans cette classe d'âge. Chez les adultes, la maladie s'exprime d'habitude par une simple toux persistante et on la confond fréquemment avec une bronchite.

Le diagnostic de la coqueluche repose principalement sur les signes et symptômes cliniques. On peut faire croître l'agent pathogène à partir d'un prélèvement de gorge, obtenu en insérant par le nez un écouvillon que l'on maintient dans la gorge du patient pendant qu'il tousse. On peut aussi avoir recours à une culture sur un milieu spécifique, mais les tests sérologiques et l'amplification en chaîne par polymérase (ACP) effectués directement sur le prélèvement de gorge sont plus rapides. On traite les cas graves de coqueluche avec l'érythromycine. Bien qu'ils ne procurent pas nécessairement une amélioration rapide de l'état du patient, les antibiotiques rendent ce dernier non infectieux au bout de 5 jours de traitement. En l'absence d'antibiothérapie, la période de contagion s'étend jusqu'à 3 semaines à partir de la phase catharrale.

Après la guérison, le patient possède une bonne immunité ; du moins, une deuxième infection ne provoque que de légers symptômes. Depuis son avènement en 1943, la vaccination a entraîné une réduction de la fréquence de la maladie de près de 90 % au Canada. Aux États-Unis, on ne dénombre généralement pas plus de 10 décès dus à cette maladie par an. L'efficacité de la vaccination des enfants tend à diminuer au bout d'une douzaine d'années, si bien que de nombreux enfants vaccinés deviennent à nouveau réceptifs à la coqueluche à l'adolescence ou à l'âge adulte.

On a remis en question la sécurité du vaccin anticoquelucheux, qui contient des bactéries tuées par la chaleur. Étant donné qu'il renferme une plus grande quantité d'endotoxines que tout autre vaccin, il provoque souvent de la fièvre et on pense même qu'il pourrait être la cause de troubles neurologiques. Au Japon, en Suède et en Angleterre, la mauvaise presse dont le vaccin a fait l'objet a entraîné un refus massif de la vaccination active, qui a eu comme conséquence une augmentation du nombre de cas de coqueluche. De nouveaux vaccins acellulaires, contenant des fragments de cellules mortes de *B. pertussis* et ayant peu d'effets secondaires, sont en train de remplacer l'ancien vaccin. Au Canada, un nouveau vaccin acellulaire combiné contre la coqueluche, la diphtérie et le tétanos (ADACEL$^{MC}$) a été homologué. Ce vaccin a été approuvé pour être administré aux adolescents et aux adultes comme dose de rappel.

## La tuberculose

La **tuberculose** (**TB**) est une maladie infectieuse causée par *Mycobacterium tuberculosis,* un mince bacille aérobie obligatoire. Cette bactérie – aussi appelée bacille de Koch, du nom du médecin qui l'a découverte – se développe lentement (son temps de génération est de 20 heures ou plus) ; elle forme parfois des filaments et a tendance à croître en amas (figure 24.9).

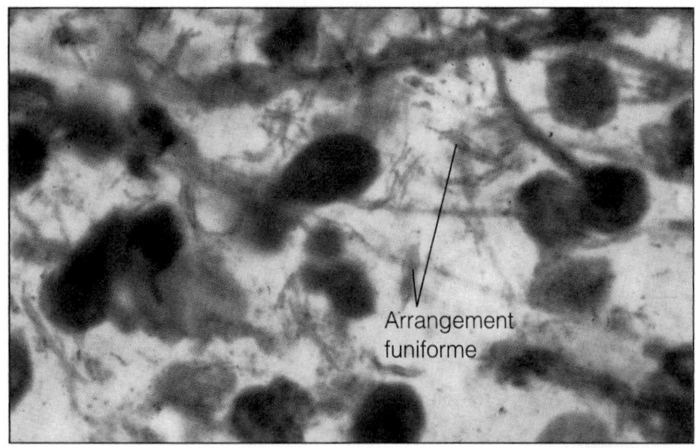


FIGURE 24.9 ***Mycobacterium tuberculosis.*** L'agent pathogène doit son nom au fait qu'en se développant il produit des filaments évoquant un mycète ; ces filaments prennent une couleur rouge à la coloration, dans le frottis de tissu pulmonaire illustré ici. Dans d'autres conditions, la bactérie produit en se développant de minces bacilles isolés. Une composante cireuse de la cellule est responsable de l'arrangement funiforme, et si on injecte cette composante, elle cause des effets pathogènes identiques à ceux du bacille tuberculeux.

■ On identifie *M. tuberculosis* à l'aide d'un colorant acido-alcoolo-résistant.

Sur la surface d'un milieu de culture liquide, sa croissance évoque la formation de moisissures, d'où le nom de genre *Mycobacterium* (*myco-* = mycète).

*M. tuberculosis* est relativement résistant aux méthodes simples de coloration. Les cellules imprégnées d'un colorant rouge, la fuchsine basique, ne sont pas décolorées par un mélange d'acide et d'alcool et elles sont dites *acido-alcoolo-résistantes* (chapitre 3, p. 77). Cette caractéristique reflète la composition inhabituelle de la paroi cellulaire des mycobactéries, riche en lipides. Ces lipides sont peut-être également responsables de la résistance des mycobactéries aux contraintes du milieu, telles que la sécheresse. En fait, les mycobactéries peuvent survivre pendant des semaines dans des crachats séchés et elles sont très résistantes aux substances antimicrobiennes utilisées comme antiseptiques ou désinfectants.

La tuberculose illustre bien l'équilibre écologique qui s'établit entre un parasite et son hôte au cours d'une maladie infectieuse. L'hôte ne se rend pas nécessairement compte que des agents pathogènes envahissent son organisme et que ce dernier les combat. Cependant, si le système immunitaire n'arrive pas à détruire les microorganismes, l'hôte devient parfaitement conscient de la maladie qui en résulte. Plusieurs facteurs prédisposants influent sur la résistance de l'hôte, soit la présence d'une autre maladie – par exemple un diabète non contrôlé – et des facteurs physiologiques ou environnementaux – tels que la malnutrition, l'immunodéficience, la surpopulation et le stress. Le fait que la résistance varie d'un individu à un autre a été illustré de façon spectaculaire en 1926 à Lübeck, en Allemagne. On avait inoculé par erreur des bactéries de la tuberculose, virulentes, à 249 bébés au lieu du vaccin contenant une souche atténuée. Bien que tous les nourrissons eussent reçu le même inoculum, seulement 76 en moururent, et les autres ne furent pas gravement malades.

La tuberculose se transmet principalement par inhalation d'aérosols contenant l'agent pathogène. Seules de très fines particules contenant de 1 à 3 bacilles parviennent jusqu'aux poumons, où un macrophagocyte situé dans les alvéoles les capture le plus souvent. Chez un individu sain les macrophagocytes sont activés par la présence des bacilles, et ils réussissent habituellement à détruire ces derniers de telle sorte qu'ils combattent avec succès une infection potentielle, surtout si la quantité de bactéries est faible. L'homéostasie est ainsi maintenue.

## La pathogénie de la tuberculose

La figure 24.10 décrit la pathogénie de la tuberculose. Elle représente le cas où les mécanismes de défense de l'organisme ne réussissent pas à détruire les bacilles, de sorte que la maladie évolue vers la mort.

❶ ❷ Si l'infection progresse, les macrophagocytes alvéolaires ne parviennent pas à détruire les bacilles qu'ils ont ingérés ; la bactérie empêcherait la formation du phagolysosome. Notez que *M. tuberculosis* ne produit ni enzyme ni toxine susceptible de causer des lésions tissulaires. Il semble que la virulence de cet agent pathogène soit liée à la composition de sa paroi cellulaire, riche en lipides. Ces lipides exerceraient un effet chimiotactique sur les macrophagocytes et sur d'autres cellules immunitaires à médiation cellulaire. Toutes ces cellules de défense s'accumulent et se regroupent en formation arrondie, isolant les bactéries pathogènes vivantes dans un granulome appelé *tubercule* – d'où le nom de la maladie. ❸ Si on arrive à arrêter l'infection à ce stade, les granulomes guérissent lentement et ils se calcifient ; ils sont alors visibles sur une radiographie. ❹ ❺ Si les mécanismes de défense ne réussissent pas à vaincre l'agent pathogène à ce stade, le processus infectieux se poursuit ; les tubercules matures – qui renferment maintenant plusieurs bactéries – se rompent et libèrent dans les voies aériennes des poumons des bacilles virulents, qui se répandent ensuite dans les systèmes cardiovasculaire et lymphatique.

Après la dissémination, l'infection est appelée *tuberculose miliaire* (parce que les nombreux tubercules qui se forment dans les tissus infectés ont la taille d'un grain de millet). Le système immunitaire, affaibli, est vaincu et le patient souffre d'une perte de poids, de toux (les expectorations contiennent souvent du sang) et d'atonie générale. Autrefois, la tuberculose était communément appelée *consomption*.

FIGURE 24.10 **La pathogénie de la tuberculose.** La figure représente l'évolution de la maladie lorsque les défenses de l'organisme n'arrivent pas à lutter victorieusement contre le bacille. Chez la majorité des individus sains, l'infection disparaît avant d'évoluer vers une maladie mortelle.

■ *M. tuberculosis* résiste à la digestion par les macrophagocytes.

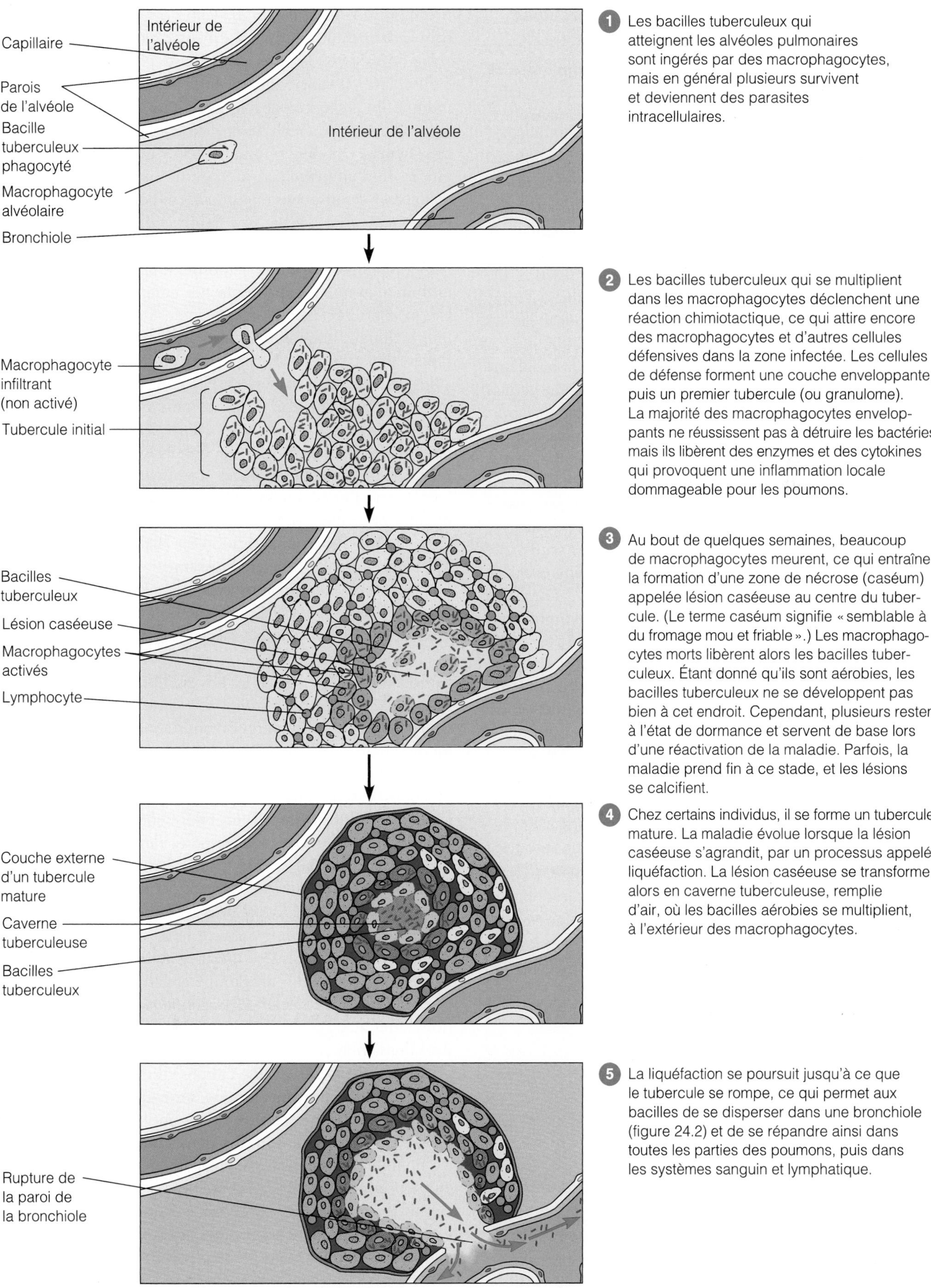


1 Les bacilles tuberculeux qui atteignent les alvéoles pulmonaires sont ingérés par des macrophagocytes, mais en général plusieurs survivent et deviennent des parasites intracellulaires.

2 Les bacilles tuberculeux qui se multiplient dans les macrophagocytes déclenchent une réaction chimiotactique, ce qui attire encore des macrophagocytes et d'autres cellules défensives dans la zone infectée. Les cellules de défense forment une couche enveloppante, puis un premier tubercule (ou granulome). La majorité des macrophagocytes enveloppants ne réussissent pas à détruire les bactéries, mais ils libèrent des enzymes et des cytokines qui provoquent une inflammation locale dommageable pour les poumons.

3 Au bout de quelques semaines, beaucoup de macrophagocytes meurent, ce qui entraîne la formation d'une zone de nécrose (caséum) appelée lésion caséeuse au centre du tubercule. (Le terme caséum signifie « semblable à du fromage mou et friable ».) Les macrophagocytes morts libèrent alors les bacilles tuberculeux. Étant donné qu'ils sont aérobies, les bacilles tuberculeux ne se développent pas bien à cet endroit. Cependant, plusieurs restent à l'état de dormance et servent de base lors d'une réactivation de la maladie. Parfois, la maladie prend fin à ce stade, et les lésions se calcifient.

4 Chez certains individus, il se forme un tubercule mature. La maladie évolue lorsque la lésion caséeuse s'agrandit, par un processus appelé liquéfaction. La lésion caséeuse se transforme alors en caverne tuberculeuse, remplie d'air, où les bacilles aérobies se multiplient, à l'extérieur des macrophagocytes.

5 La liquéfaction se poursuit jusqu'à ce que le tubercule se rompe, ce qui permet aux bacilles de se disperser dans une bronchiole (figure 24.2) et de se répandre ainsi dans toutes les parties des poumons, puis dans les systèmes sanguin et lymphatique.

## Le diagnostic et le traitement de la tuberculose

Le premier antibiotique efficace pour traiter la tuberculose a été la streptomycine. À l'heure actuelle, on administre au patient plusieurs médicaments tels que l'isoniazide, la rifampicine et la pyrazinamide. S'il se produit une résistance aux médicaments ou tout autre problème, on peut administrer en outre des agents antimycobactériens, tels que l'éthambutol ou la streptomycine. La chimiothérapie n'est efficace que si elle dure plusieurs mois. Un traitement prolongé est indispensable, notamment parce que les bacilles tuberculeux se développent très lentement et que beaucoup d'antibiotiques ne peuvent agir que contre les bactéries en croissance. De plus, les bacilles peuvent rester longtemps à l'abri à l'intérieur de macrophagocytes ou dans un autre endroit où les antibiotiques ont de la difficulté à les atteindre.

Le traitement de la tuberculose se heurte à un problème pratique majeur, soit le manque de coopération du patient qui doit prendre des médicaments sur une longue période. Ce comportement a largement contribué à l'apparition de souches pharmacorésistantes du bacille tuberculeux (voir l'encadré du chapitre 15, p. 477).

Les personnes infectées par le bacille de Koch présentent une réaction d'immunité à médiation cellulaire contre ce bacille. C'est ce type d'immunité qui entre en jeu plutôt que l'immunité humorale parce que l'agent pathogène est localisé principalement dans les macrophagocytes. L'immunité à médiation cellulaire repose sur l'action des lymphocytes T sensibilisés et elle est à la base du **test cutané** (ou **cutiréaction**) **à la tuberculine** (figure 24.11). Ce dernier consiste à introduire dans l'organisme, par scarification, l'antigène – soit une fraction protéique purifiée du bacille tuberculeux, préparée par précipitation d'un bouillon de culture. Si le receveur a déjà été infecté par la mycobactérie, les lymphocytes T sensibilisés réagissent aux protéines, et l'on observe une réaction d'hypersensibilité retardée environ 48 heures plus tard. Cette réaction se traduit par l'induration (durcissement) et le rougissement de la zone entourant le point d'injection. Le test à la tuberculine le plus précis est probablement l'*épreuve de Mantoux,* qui consiste à injecter dans le derme une solution de 0,1 mL d'antigène, puis à mesurer le diamètre de la peau qui présente ces manifestations.

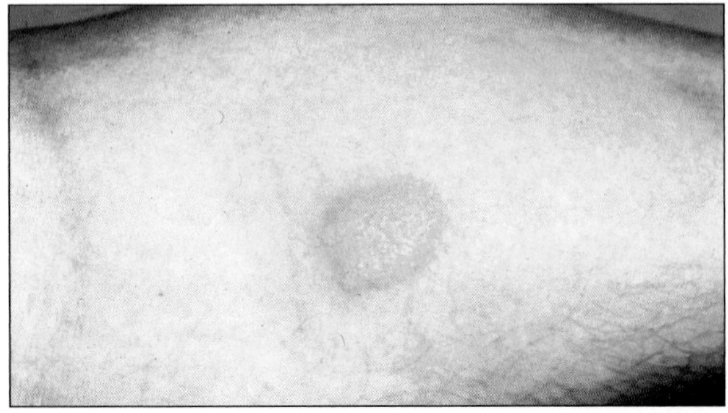

**FIGURE 24.11 Test cutané (cutiréaction) à la tuberculine sur un bras.**

■ Qu'indique un test cutané à la tuberculine positif?

Un test à la tuberculine positif chez un très jeune enfant indique qu'il s'agit probablement d'un cas de tuberculose actif. Chez un individu plus âgé, il peut indiquer simplement une hypersensibilité résultant d'une infection antérieure guérie ou d'une vaccination. Il est néanmoins recommandé d'effectuer des examens plus poussés tels qu'une radiographie pulmonaire pour déceler une lésion et des essais pour isoler la bactérie.

La première étape du diagnostic de laboratoire consiste à examiner au microscope des frottis, notamment de crachats. On peut utiliser une coloration acido-alcoolo-résistante ou une technique microscopique d'immunofluorescence, plus précise. Il est difficile de confirmer un diagnostic de tuberculose en isolant la bactérie, car la croissance de celle-ci est très lente. La formation d'une colonie peut prendre de 3 à 6 semaines, et il faut attendre encore 3 à 6 semaines pour obtenir des résultats fiables des épreuves de détermination. On a cependant fait d'énormes progrès dans l'élaboration de tests diagnostiques rapides. On dispose maintenant de sondes d'ADN pour identifier des isolats cultivés (figure 10.15), et de tests fondés sur l'amplification en chaîne par polymérase, qui permettent de déceler directement *M. tuberculosis* dans les crachats ou dans un autre type de spécimen. Plusieurs de ces nouvelles épreuves exigent que l'on ait recours aux services de grands laboratoires spécialisés.

L'espèce *Mycobacterium bovis,* qui est aussi un agent pathogène, touche surtout les bovins. Elle cause la **tuberculose bovine,** qui se transmet aux humains par l'intermédiaire de lait ou d'aliments contaminés. Cette forme bovine est rarement transmise d'une personne à une autre mais, avant la pasteurisation du lait et l'élaboration de méthodes de contrôle, telles que les tests à la tuberculine effectués sur les troupeaux de bovins, elle était fréquente chez les humains. Les infections à *M. bovis* sont responsables d'une tuberculose qui atteint surtout les os et le système lymphatique. Autrefois, cette maladie se manifestait souvent par une déformation de la colonne vertébrale (bosse dorsale) appelée gibbosité.

D'autres maladies mycobactériennes touchent les personnes souffrant de SIDA à un stade avancé. La majorité des isolats appartiennent à un groupe apparenté de microorganismes appelé complexe *M. avium-intracellulare.* Les infections dues aux agents pathogènes de ce groupe sont rares dans l'ensemble de la population.

Le **vaccin BCG** est une culture vivante de *M. bovis* rendue avirulente par une longue série de cultures sur des milieux artificiels. (Les lettres BCG sont le sigle de bacille de Calmette-Guérin, du nom des deux chercheurs qui ont été les premiers à isoler la souche pathogène.) Relativement efficace pour prévenir la tuberculose, ce vaccin est utilisé depuis les années 1920. À l'échelle mondiale, c'est l'un des vaccins les plus fréquemment administrés. On estime que 70 % des enfants d'âge scolaire de la planète l'ont reçu en 1990. Cependant, le vaccin BCG n'est pas très employé au Canada et aux États-Unis, où l'on n'en recommande l'administration qu'aux enfants à risque élevé pour lesquels le test cutané est négatif. Les personnes qui ont reçu le vaccin présentent une réaction positive aux tests cutanés à la tuberculine. La difficulté d'interpréter le test après la vaccination est l'un des arguments évoqués depuis longtemps par les opposants à l'administration du vaccin à grande échelle dans ces pays. Les efforts pour lutter contre la maladie comprennent l'augmentation de la surveillance des nouveaux cas, le suivi des patients sous antibiothérapie et l'amélioration des conditions sociales et environnementales qui favorisent la propagation de la maladie.

Depuis la création d'antibiotiques efficaces dans les années 1950, l'incidence de la tuberculose a diminué régulièrement ; toutefois, l'antibiorésistance de certaines souches de *M. tuberculosis* est devenue un problème ces dernières années. Au Canada, 1 464 nouveaux cas de la maladie ont été signalés en 2000. Les provinces du Québec, de l'Ontario et de la Colombie-Britannique sont les plus touchées (figure 24.12a). En fait, certaines souches sont maintenant résistantes à la plupart des médicaments antituberculeux offerts, y compris l'isoniazide (INH) et la rifampine (RMP) ; le pourcentage d'isolats qui affichent une résistance aux antituberculeux est de 11,2 % et la proportion des isolats considérés comme multirésistants est de 1 % (figure 24.12b). La médecine s'avère tout aussi impuissante face à ces cas qu'elle l'était il y a un siècle face à l'ensemble des personnes atteintes de tuberculose, et on peut dire en ce sens qu'elle est revenue à l'ère préantibiotique. La maladie sévit avec plus de virulence chez les autochtones, chez les immigrants en provenance de pays où la maladie est endémique (Haïti, Inde, pays africains), chez les sans-abri et dans les collectivités défavorisées des centres-villes. L'Ontario, dont les grandes villes accueillent beaucoup d'immigrants, est la province du Canada où le nombre de cas de tuberculose est le plus élevé (figure 24.12c). Aux États-Unis, on dénombre actuellement environ 20 000 nouveaux cas par année ; cependant, le taux de mortalité, qui est de près de 2 000 cas par année, décroît continuellement. Environ un tiers des nouveaux cas de tuberculose touche des immigrants, notamment ceux qui arrivent du Mexique, des Philippines et du Viêtnam. En outre, certains groupes ethniques sont particulièrement ciblés : les Afro-Américains, les autochtones, les Asiatiques et les Hispaniques constituent les deux tiers des cas (figure 24.13). Chez les Américains de race blanche, ce sont en majorité les personnes très âgées qui sont atteintes par la maladie.

On estime qu'un tiers de la population mondiale est infectée par le bacille tuberculeux. Au moins 3 millions de personnes meurent chaque année des suites de la tuberculose,

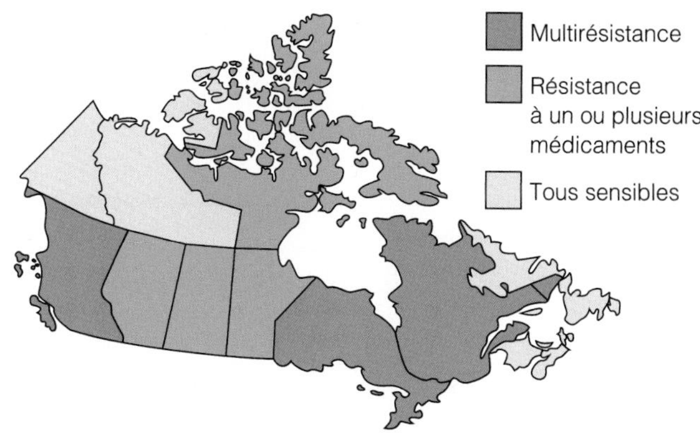


**a)** Résistance aux antituberculeux déclarée au Canada par province/territoire en 2000 ($n$ = 1 464 isolats).

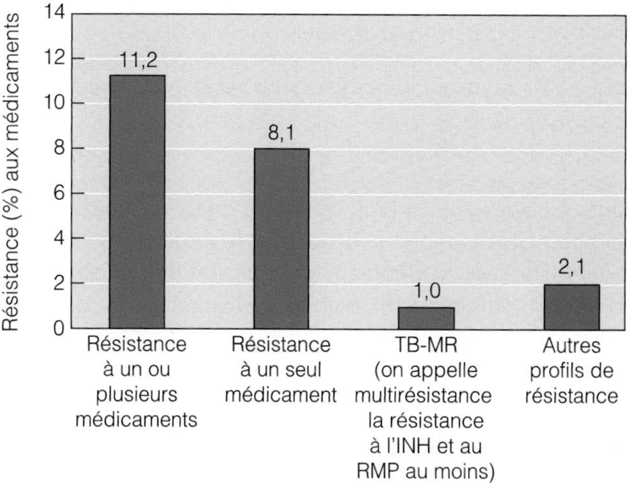


**b)** Profil général de résistance aux antituberculeux déclarée au Canada en 2000.

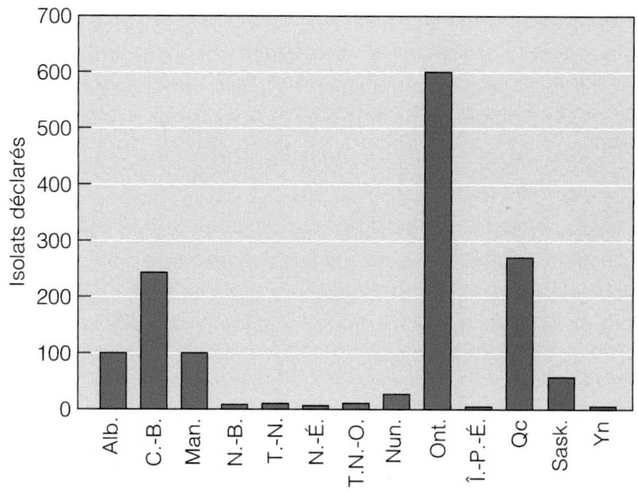


**c)** Isolats de *M. tuberculosis* déclarés au Canada par province/territoire en 2000 ($n$ = 1464 isolats).

**FIGURE 24.12 La résistance des isolats de *Mycobacterium tuberculosis* aux antituberculeux au Canada en 2000.** [SOURCE : Système canadien de surveillance des laboratoires de tuberculose, 2000.]

■ Les personnes atteintes de tuberculose doivent s'astreindre à la prise de grandes quantités d'antibiotiques sur une longue période.

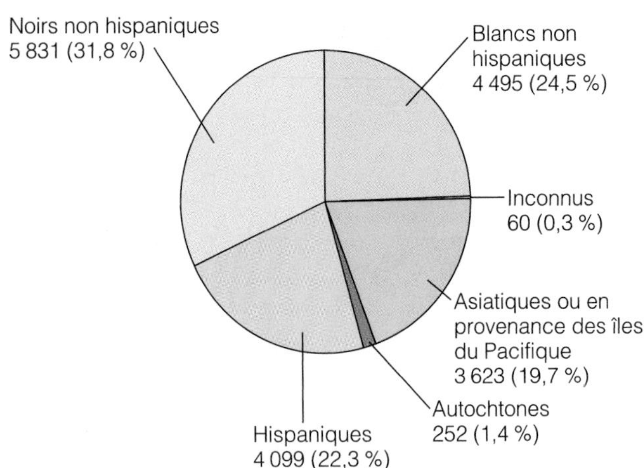


**FIGURE 24.13 Distribution des cas de tuberculose aux États-Unis.** Pourcentage des cas selon la race ou l'origine ethnique. [SOURCE : *Morbidity and Mortality Weekly Report* (*MMWR*), vol. 47, n° 53, 31 décembre 1999.]

■ Le VIH favorise la progression de la tuberculose.

qui est encore aujourd'hui la maladie infectieuse provoquant le plus grand nombre de décès dans le monde.

Notez que, dans certains groupes, le VIH fait progresser la maladie plus rapidement qu'on ne l'aurait cru possible. Par ailleurs, comme nous l'avons mentionné, les voyages internationaux, les échanges commerciaux, l'immigration sont autant de facteurs qui favorisent la propagation de la tuberculose hors des frontières des pays touchés. La tuberculose est en passe de devenir un problème de santé mondial.

## Les pneumonies bactériennes

### Objectifs d'apprentissage

- *Décrire les similitudes et les différences entre les sept types de pneumonies bactériennes décrites dans le présent chapitre.*
- *Décrire l'épidémiologie de la légionellose, de la psittacose et de la fièvre Q, et notamment le pouvoir pathogène des agents en cause, leurs réservoirs, leurs modes de transmission, leurs portes d'entrée ainsi que les facteurs prédisposants de l'hôte réceptif.*
- *Relier la pneumonie à pneumocoques au mécanisme physiopathologique qui conduit à l'apparition des principaux signes de la maladie.*
- *Relier des pneumonies bactériennes à des moyens de prévention, à une thérapeutique et à des épreuves de diagnostic (s'il y a lieu).*

Le terme **pneumonie** désigne de nombreuses infections pulmonaires dont la majorité sont d'origine bactérienne. La pneumonie provoquée par *Streptococcus pneumoniæ* est la plus fréquente, d'où l'appellation *pneumonie typique* (voir l'encadré de la page 739). Les pneumonies causées par d'autres bactéries ou par des mycètes, des protozoaires ou des virus sont appelées *pneumonies atypiques*. Cependant, cette distinction est de moins en moins nette en pratique.

On distingue aussi les pneumonies en fonction de la partie des voies respiratoires inférieures qui est atteinte. Par exemple, si les lobes des poumons sont infectés, on parle de *pneumonie lobaire* ; les pneumonies provoquées par *S. pneumoniæ* sont généralement de ce type. Le terme *bronchopneumonie* indique que les alvéoles pulmonaires adjacentes aux bronches sont infectées. La *pleurésie* est une complication fréquente de diverses pneumonies ; elle est caractérisée par une inflammation douloureuse des membranes pleurales. Les signes et symptômes classiques d'une pneumonie comprennent une fièvre élevée, des difficultés respiratoires et des douleurs thoraciques.

### La pneumonie à pneumocoques

On appelle **pneumonie à pneumocoques** la pneumonie provoquée par *S. pneumoniæ*. Cette bactérie fait partie de la flore normale des voies respiratoires, mais elle peut devenir pathogène ; elle est aussi une cause fréquente de l'otite moyenne, de la méningite et de la septicémie. *S. pneumoniæ* est une bactérie sphérique (coccus) à Gram positif (figure 24.14). Comme les cocci sont généralement regroupés par paires, le genre a d'abord été nommé *Diplococcus pneumoniæ*. Les paires de bactéries sont entourées d'une capsule dense qui les rend résistantes à la phagocytose ; les pneumocoques encapsulés peuvent alors se multiplier et envahir les tissus pulmonaires. Les capsules ont servi de base à la différenciation sérologique des pneumocoques en quelque 83 sérotypes. Avant l'avènement de l'antibiothérapie, on traitait la maladie à l'aide d'immunsérums dirigés contre ces antigènes capsulaires.

La pneumonie à pneumocoques atteint à la fois les bronches et les alvéoles pulmonaires (figure 24.2). Les signes et symptômes apparaissent brutalement – fièvre élevée, difficulté à respirer et douleurs thoraciques. (L'évolution initiale des pneumonies atypiques est généralement plus lente ; la fièvre est moins élevée et les douleurs thoraciques sont moins intenses.) Les poumons ont un aspect rougeâtre à cause de la dilatation des vaisseaux sanguins. En réaction à l'infection, les alvéoles se remplissent d'érythrocytes, de granulocytes neutrophiles (tableau 16.1) et de liquide provenant des tissus adjacents ; l'altération des alvéoles réduit les échanges gazeux, ce qui peut entraîner une détresse respiratoire. Les crachats sont fréquemment de couleur rouille, car ils contiennent du sang expulsé des poumons. Les pneumocoques peuvent s'introduire dans la circulation sanguine, dans la cavité pleurale entourant les poumons et, parfois, dans les méninges. On ne connaît aucune relation nette entre une exotoxine ou une endotoxine bactérienne et la pathogénicité du microorganisme.

On établit un diagnostic de présomption en isolant des pneumocoques de la gorge, des crachats ou d'autres liquides. On peut distinguer les pneumocoques des autres streptocoques $\alpha$-hémolytiques en observant l'inhibition de la croissance autour d'un disque d'optochine (chlorhydrate d'éthylhydrocupréine) ou en effectuant un test de solubilité

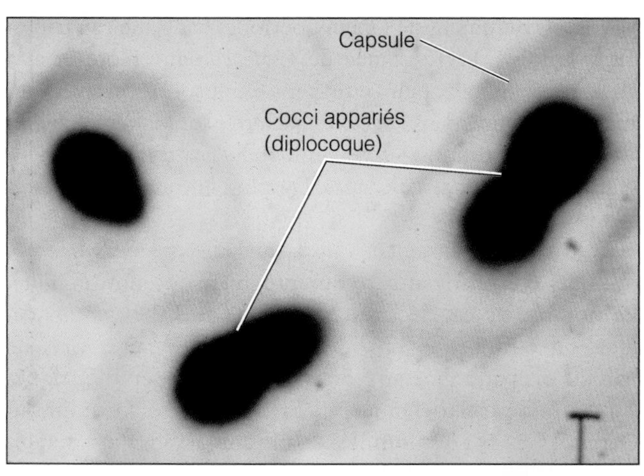


FIGURE 24.14 ***Streptococcus pneumoniae*, agent causal le plus courant de la pneumonie à pneumocoques.** Notez le regroupement des cellules par paires. On a rendu la capsule plus apparente en la faisant réagir avec un antisérum pneumococcique spécifique, qui la fait paraître enflée.

■ La capsule de *S. pneumoniæ* fait obstacle à la phagocytose.

de la bile. On peut aussi les différencier sur le plan sérologique. Les cas reconnus d'infections envahissantes à *S. pneumoniæ* doivent faire l'objet d'une déclaration auprès des services de santé publique.

De nombreux individus sains sont porteurs de pneumocoques; 95% des enfants de moins de 2 ans le sont à un moment donné. La transmission se fait de personne à personne par des gouttelettes infectées et par contact indirect avec des objets fraîchement contaminés. La virulence de la bactérie semble dépendre principalement de la résistance de l'hôte, qui peut être affaiblie par le stress. Beaucoup de maladies touchant les personnes âgées évoluent vers une pneumonie pneumococcique.

La réapparition d'une pneumonie pneumococcique n'est pas rare, mais en général l'agent infectieux est sérologiquement différent. Avant l'avènement de la chimiothérapie, le taux de mortalité atteignait 25%. Il ne dépasse pas 1% maintenant chez les jeunes patients traités dès le début de la maladie mais, chez les patients âgés hospitalisés, il est encore de près de 20%. Le médicament d'élection est la pénicilline, mais on a observé des souches de pneumocoques résistantes à cet antibiotique. Ce problème, qui va en s'aggravant, porte sur au moins 25% des isolats dans certaines régions des États-Unis. On a élaboré un vaccin à partir de la substance capsulaire purifiée des 23 types de pneumocoques responsables d'au moins 90% des cas de pneumonie à pneumocoques. Ce vaccin est administré aux groupes les plus susceptibles d'être infectés, soit les personnes âgées et les individus immunodéprimés. Par ailleurs, on a mis au point récemment un vaccin antipneumococcique conjugué (p. 666).

## La pneumonie à *Hæmophilus influenzæ*

Les **pneumonies à *Hæmophilus influenzæ*** sont fréquentes chez les patients atteints d'alcoolisme, de malnutrition, d'un cancer ou du diabète. *Hæmophilus influenzæ* est un coccobacille à Gram négatif que l'on trouve dans la flore normale des voies respiratoires de porteurs sains. Une coloration de Gram de crachats permet de distinguer une pneumonie causée par cet organisme d'une pneumonie à pneumocoques. Les céphalosporines de deuxième génération ne sont pas inactivées par les $\beta$-lactamases produites par de nombreuses souches de *H. influenzæ*; par conséquent, ces antibiotiques sont le plus souvent le médicament d'élection.

## La pneumonie à mycoplasmes

Les mycoplasmes, qui sont dépourvus de paroi cellulaire, ne se développent pas dans les conditions de culture prévalant en général lors de l'isolement de la plupart des bactéries pathogènes. C'est pourquoi on confond souvent la pneumonie à mycoplasmes avec une pneumonie virale.

L'agent responsable de la **pneumonie à mycoplasmes** est la bactérie *Mycoplasma pneumoniæ*. On a découvert cette forme de pneumonie en constatant que des infections atypiques réagissaient aux tétracyclines, ce qui révélait un agent pathogène non viral. La pneumonie à mycoplasmes est fréquente chez les jeunes adultes et les enfants; elle constitue environ 20% de tous les cas de pneumonie, mais sa déclaration n'est pas obligatoire. La transmission se fait par contact avec les sécrétions d'une personne infectée. Les signes et symptômes, qui durent au moins 3 semaines, comprennent une faible fièvre, de la toux et des maux de tête. Ils sont parfois assez graves pour nécessiter l'hospitalisation du patient. L'immunité acquise ne semble pas permanente. La pneumonie à mycoplasmes est aussi appelée *pneumonie atypique* et *maladie d'Eaton*.

En croissant sur un milieu contenant du sérum de cheval ou un extrait de levure, les isolats provenant de frottis de la gorge ou de crachats constituent des colonies qui ont un aspect caractéristique d'« œuf frit » (figure 24.15), trop petites pour être visibles à l'œil nu. Comme ils n'ont pas de paroi cellulaire, les mycoplasmes présentent des formes très diversifiées (figure 11.17). Grâce à leur flexibilité, ils passent à travers les filtres dont les pores n'ont pas plus de 0,2 μm de diamètre et qui retiennent la majorité des autres bactéries.

Le diagnostic fondé sur l'isolement de l'agent pathogène n'est pas nécessairement utile pour déterminer le traitement puisque le microorganisme, à croissance lente, prend parfois jusqu'à 2 semaines pour se développer. Cependant, on a grandement amélioré les épreuves diagnostiques au cours de ces dernières années. Elles comprennent maintenant l'amplification en chaîne par polymérase et des tests sérologiques permettant de déceler les anticorps IgM contre *M. pneumoniæ*.

## La légionellose

La **légionellose,** ou **maladie du légionnaire,** a attiré pour la première fois l'attention du public en 1976, lorsqu'une série de décès se sont produits parmi les membres

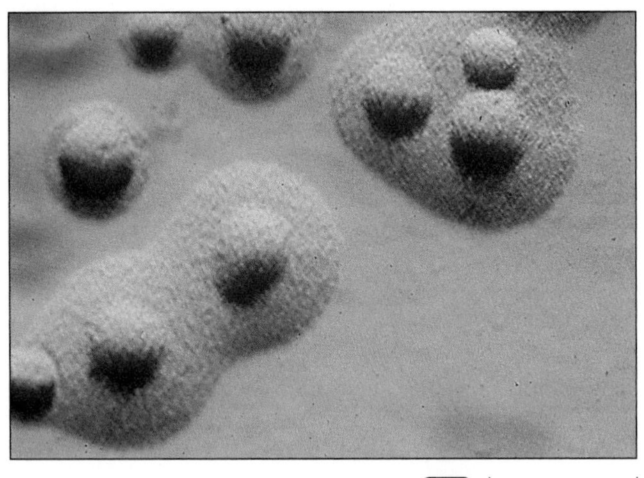


**FIGURE 24.15 Colonies de *Mycoplasma pneumoniæ*, agent causal de la pneumonie à mycoplasmes.**

■ Les colonies de *Mycoplasma pneumoniæ* sont tellement petites que leur observation nécessite un agrandissement de 50 à 100×.

de l'American Legion qui avaient assisté à un congrès à Philadelphie. En tout, 182 personnes avaient apparemment contracté une maladie pulmonaire lors de cette réunion, et 29 en moururent. Comme on n'arrivait pas à déterminer une cause bactérienne, les décès furent attribués à une pneumonie virale. Des recherches plus poussées, principalement à l'aide de techniques visant à localiser un présumé agent à rickettsies, ont permis de déterminer une bactérie jusque-là inconnue, soit un bacille aérobie à Gram négatif qui a été appelé *Legionella pneumophila.* On connaît maintenant 39 espèces du genre *Legionella,* mais elles ne sont pas toutes pathogènes.

La maladie du légionnaire est caractérisée par une fièvre atteignant 40,5 °C, de la toux et les signes et les symptômes généraux de la pneumonie. Elle ne semble pas être transmissible de personne à personne. Des études récentes ont montré qu'il est facile d'isoler la bactérie des eaux naturelles. De plus, la bactérie peut croître dans l'eau de condensation des systèmes de climatisation, de sorte que des épidémies observées dans des hôtels, des centres d'affaires et des hôpitaux ont peut-être été causées par une transmission aérienne de la bactérie. On sait que des poussées récentes avaient comme origine des baignoires à remous, des humidificateurs, des chauffe-eau, des douches et des fontaines décoratives.

On a en outre démontré que *L. pneumophila* réside dans les conduites d'eau de nombreux hôpitaux. La majorité des établissements de ce type maintiennent, par mesure de sécurité, une température relativement basse (de 43 à 55 °C) dans les conduites d'eau chaude, si bien que dans les zones les plus froides du système la température est favorable à la croissance de *Legionella.* Ce microorganisme est beaucoup plus résistant au chlore que la majorité des bactéries, et il peut survivre durant de longues périodes dans une eau faiblement chlorée. La résistance de *Legionella* au chlore et à la chaleur s'explique peut-être par une association avec des amibes présentes dans l'eau. Les bactéries sont ingérées par les amibes, mais continuent de proliférer et survivent même à l'intérieur d'amibes enkystées. De plus, elles sont résistantes à la phagocytose.

On pense maintenant que la maladie du légionnaire a toujours été relativement courante, bien que non connue. Le nombre de cas déclarés est de plus de 1 000 par année, mais on estime que l'incidence s'élève en fait à plus de 25 000 cas par année aux États-Unis ; on observe quelques centaines de cas par année en France, mais bien moins au Canada. Ce sont les hommes de plus de 50 ans qui risquent le plus de contracter la légionellose, en particulier ceux qui font un usage abusif de tabac ou d'alcool, et ceux qui souffrent d'une affection chronique.

*L. pneumophila* est également responsable de la **fièvre de Pontiac,** dont les signes et symptômes comprennent de la fièvre, des douleurs musculaires et, en général, de la toux. Il s'agit d'une maladie bénigne et spontanément résolutive.

La meilleure méthode diagnostique est la culture sur un milieu sélectif à base de gélose d'extrait de levure de charbon. L'analyse des spécimens respiratoires se fait à l'aide de techniques d'immunofluorescence et il existe un test à la sonde d'ADN. Les médicaments préférés sont l'érythromycine et d'autres antibiotiques de la famille des macrolides, tels que l'azithromycine.

## La psittacose (ornithose)

Le terme **psittacose** vient de l'association de cette maladie avec les oiseaux de la famille des psittacidés, tels que les perruches et les perroquets. Par la suite, on a découvert que plusieurs autres types d'oiseaux peuvent transmettre cette affection, par exemple les pigeons, les poulets, les canards et les dindes. On a maintenant recours à l'appellation **ornithose,** plus générale.

L'agent responsable de la psittacose est *Chlamydia psittaci,* une bactérie intracellulaire obligatoire, à Gram négatif. Les chlamydias diffèrent des rickettsies, qui sont aussi des bactéries intracellulaires obligatoires, notamment par le fait qu'elles forment de minuscules **corps élémentaires** à un stade de leur cycle de vie (figure 11.14). Ces derniers, contrairement à la majorité des rickettsies, sont résistants aux contraintes du milieu et se transmettent donc par voie aérienne ; il n'est pas nécessaire qu'il y ait morsure pour que l'agent infectieux passe directement d'un hôte à un autre.

La psittacose est une forme de pneumonie qui cause généralement de la fièvre, des maux de tête et des frissons. Il s'agit souvent d'une infection subclinique et le stress semble augmenter la sensibilité à la maladie. Une perte du sens de l'orientation, ou même du délire dans certains cas, indique une atteinte du système nerveux.

La maladie se transmet rarement d'une personne à une autre ; elle se contracte la plupart du temps par contact avec de la fiente ou d'autres exsudats d'oiseaux. L'un des modes de

RÉSOLUTION DE CAS CLINIQUES

## Une infection des voies respiratoires

La description du problème comporte des questions que le médecin de premier recours et l'épidémiologiste du service de santé publique se posent lorsqu'ils tentent de résoudre un problème clinique. Essayez de répondre à chaque question avant de poursuivre votre lecture.

1. Une femme de 39 ans se présente au service des urgences ; depuis 4 jours, elle fait de la fièvre, a des frissons, ressent de la fatigue, tousse et souffre de douleurs dans la partie supérieure gauche du dos. L'examen physique révèle un murmure vésiculaire diminué, une température de 39 °C et un rythme accéléré des pulsations cardiaques. La patiente présente une infection chronique des sinus pour laquelle elle a reçu trois traitements aux antibiotiques au cours de l'année. Une radiographie des poumons met en évidence des infiltrats dans le lobe pulmonaire gauche. *De quelles informations supplémentaires avez-vous besoin ?*
2. Les résultats de la coloration de Gram de crachats et d'un lavage des bronches sont représentés dans la figure a. On a aussi prélevé un échantillon de sang pour la mise en culture. *De quelle maladie peut-il s'agir ? Quel serait le traitement le plus approprié ?*
3. Les symptômes de la patiente et la présence de cocci à Gram positif sont compatibles avec un diagnostic de pneumonie. Un traitement de 7 jours à la pénicilline est donc indiqué. Toutefois, les symptômes de la patiente continuent de se manifester pendant les jours suivants. *Quelles analyses supplémentaires devrait-on effectuer ?*
4. On inocule une gélose au sang avec l'échantillon de sang de la patiente ; les résultats sont illustrés dans la figure b. La figure c représente les résultats de tests de sensibilité aux antibiotiques effectués sur l'isolat (dans le sens des aiguilles d'une montre, en partant de la droite). On teste la sensibilité de l'agent pathogène aux antibiotiques suivants : la vancomycine (V), la pénicilline (P), la tétracycline (T), la streptomycine (S) et l'érythromycine (E). *Qu'indiquent les résultats ?*
5. La souche isolée provoque une hémolyse de type alpha sur la gélose au sang (figure b) ; la souche est résistante à la pénicilline (figure c). On détermine au moyen d'une réaction d'agglutination par les anticorps que les colonies de bactéries $\alpha$-hémolytiques appartiennent à l'espèce *Streptococcus pneumoniæ*. Il est donc possible que la pénicilline prescrite n'ait pas éliminé l'infection, car l'isolat de *S. pneumoniæ* est résistant à cet antibiotique. *Quel(s) médicament(s) est (sont) efficace(s) contre la souche isolée ?*
6. La souche isolée est sensible à la vancomycine et à l'érythromycine.

Partout dans le monde, on rencontre de plus en plus fréquemment des souches pharmacorésistantes de *S. pneumoniæ*. Dans certaines régions, on a constaté que jusqu'à 35 % des isolats pneumococciques ont une résistance relative à la pénicilline. Bon nombre des pneumocoques résistants à la pénicilline le sont aussi à d'autres antibiotiques. Ce phénomène complique en général le traitement d'une infection pneumococcique. Il faut alors employer des agents antimicrobiens plus coûteux, et cela entraîne souvent une augmentation de la durée de l'hospitalisation et des frais médicaux. L'émergence de la résistance aux antimicrobiens met en évidence l'importance de prévenir les infections streptococciques par la vaccination.

SOURCE : Informations sur les médicaments tirées de *MMWR*, vol. 46 (RR-08), 4 avril 1997.

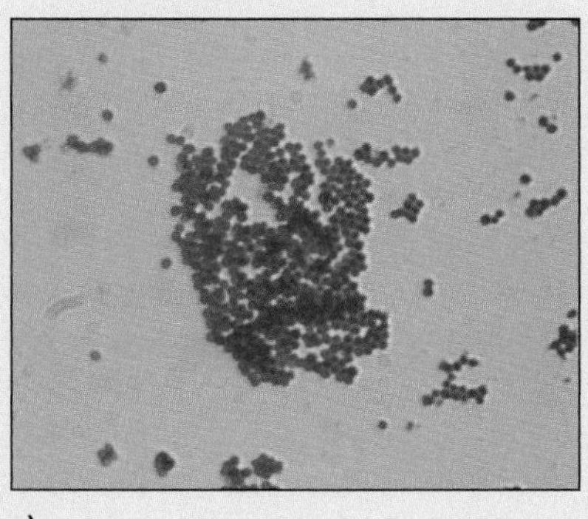

a)

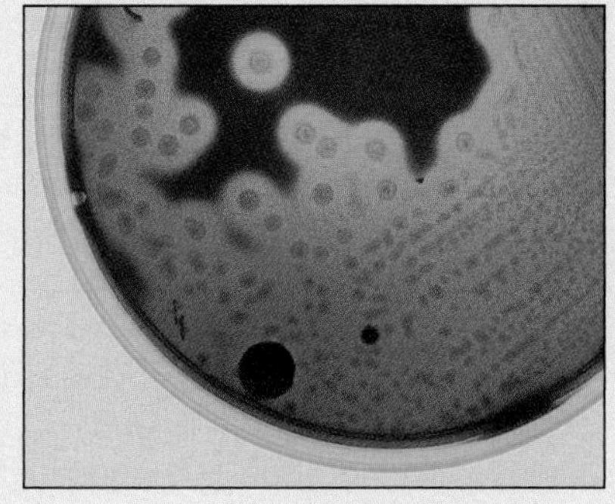

b)

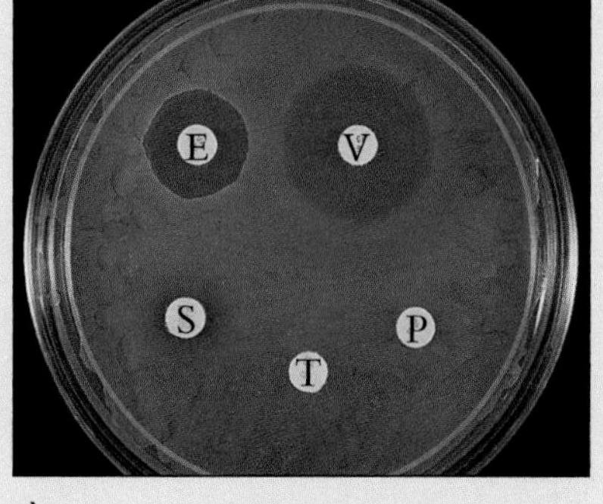


c)

transmission les plus courants est l'inhalation de particules d'excréments séchés. Quant aux oiseaux, ils ont habituellement la diarrhée, le plumage ébouriffé, des troubles respiratoires et un port mou. Les perruches et les perroquets vendus dans les animaleries sont le plus souvent (mais pas toujours) exempts de la maladie. Beaucoup d'oiseaux sont porteurs de l'agent pathogène dans la rate, sans présenter de symptômes ; ils ne deviennent malades que s'ils sont soumis à un stress.

Les employés des animaleries et les éleveurs de dindes sont les personnes qui risquent le plus de contracter une ornithose.

Le diagnostic repose sur l'isolement de la bactérie dans des œufs embryonnés ou sur une culture cellulaire. Des tests sérologiques permettent d'identifier l'organisme isolé. Il n'existe pas de vaccin, mais les tétracyclines sont des antibiotiques efficaces pour le traitement de la maladie chez les humains et les animaux. La guérison ne confère pas une immunité efficace, même si le titre d'anticorps dans le sérum est élevé.

Le nombre de cas d'ornithose est généralement faible et les décès sont rares. Le fait que la maladie tarde à être diagnostiquée constitue le principal danger. Avant l'avènement de l'antibiothérapie, le taux de mortalité était d'environ 20 % en Amérique du Nord.

## La pneumonie à *Chlamydia*

On a découvert que des épidémies d'une maladie respiratoire étaient dues à un organisme du genre *Chlamydia*. On a d'abord cru qu'il s'agissait d'une souche de *C. psittaci,* mais on a nommé l'agent pathogène *Chlamydia pneumoniæ* et la maladie porte le nom de **pneumonie à *Chlamydia*.** Cette affection ressemble cliniquement à la pneumonie à mycoplasmes. (Il se pourrait qu'il existe une association entre *C. pneumoniæ* et l'athérosclérose – c'est-à-dire l'obstruction d'artères par des dépôts de matières grasses.)

La pneumonie à *Chlamydia* se transmet apparemment de personne à personne, probablement par voie respiratoire, mais pas aussi facilement que des infections comme la grippe. Cette forme de pneumonie est assez courante en Amérique du Nord puisque près de un individu sur deux possède des anticorps contre *C. pneumoniæ*. Il existe plusieurs tests sérologiques servant au diagnostic, mais les résultats sont difficiles à interpréter à cause de la variation antigénique. L'antibiotique le plus efficace est la tétracycline.

## La fièvre Q

Une maladie est apparue en Australie durant les années 1930. Elle était caractérisée par une fièvre persistant de 1 à 2 semaines, des frissons, des douleurs thoraciques, des maux de tête intenses et d'autres signes et symptômes propres à une infection de type pulmonaire ; elle était rarement mortelle. Étant donné qu'il n'y avait pas de cause évidente, on a nommé l'affection **fièvre Q** (*query* signifiant « point d'interrogation »), un peu comme on dirait fièvre X. On a par la suite découvert que l'agent responsable était *Coxiella burnetii,* une bactérie intracellulaire, parasite obligatoire (figure 24.16a). Cette bactérie vit à l'intérieur du macrophagocyte qui l'a capturée et peut s'y multiplier parce qu'elle tolère les conditions acides du phagolysosome ; la bactérie contourne ainsi le moyen de défense habituellement efficace de la phagocytose. La majorité des bactéries intracellulaires, telles que les rickettsies (famille à laquelle appartient *Coxiella*), ne sont pas assez résistantes pour se transmettre par voie aérienne, mais *C. burnetii* fait exception grâce à sa grande résistance à la dessiccation.

La complication la plus grave de la fièvre Q est l'endocardite, que l'on observe dans 10 % des cas, généralement de 5 à 10 ans après l'infection initiale. Il semble que pendant ce laps de temps l'agent pathogène réside dans le foie, où il risque de provoquer une forme d'hépatite.

*C. burnetii* est un parasite de plusieurs arthropodes, en particulier de la tique du bétail, et il se transmet d'un animal à un autre par la morsure de tique. Chez les animaux, l'infection est habituellement subclinique. La tique du bétail propage d'abord la maladie chez les bovins laitiers, et le microbe est libéré dans les fèces, le lait et l'urine des bêtes infectées. Lorsque la maladie atteint un troupeau, elle s'y maintient par transmission par aérosol. Elle se transmet aux humains par l'ingestion de lait non pasteurisé et par l'inhalation d'aérosols des microbes produits dans les étables à vaches laitières et provenant principalement de débris placentaires pendant la saison de vêlage. L'inhalation d'un seul agent pathogène suffit à provoquer l'infection, de sorte que de nombreux travailleurs de l'industrie laitière contractent au moins une infection subclinique. Le risque est également élevé pour les employés des usines de transformation de la viande ou de préparation des peaux. La température de pasteurisation du lait, d'abord fixée de manière à détruire le bacille tuberculeux, a été augmentée en 1956 de manière à garantir l'élimination de *C. burnetii*. En 1981, on a découvert un élément ressemblant à une endospore dont la présence explique peut-être la résistance à la chaleur de la bactérie (figure 24.16b).

On identifie l'agent pathogène par isolement, par culture dans un embryon de poulet ou un œuf et par culture cellulaire. Les employés de laboratoire se servent de tests sérologiques pour vérifier la présence d'anticorps spécifiques de *Coxiella* dans le sérum d'un patient.

La majorité des cas de fièvre Q surviennent dans l'ouest canadien et américain. La maladie est endémique dans les États de Californie, d'Arizona, d'Oregon et de Washington. Il existe un vaccin pour les employés de laboratoire et les autres travailleurs exposés. La tétracycline constitue un traitement très efficace.

## Autres pneumonies bactériennes

On découvre de plus en plus de bactéries responsables de pneumonies ; les plus importantes sont *Staphylococcus aureus, Moraxella catarrhalis, Streptococcus pyogenes* et des anaérobies résidant dans la cavité buccale. Des bacilles à Gram négatif, tels que les espèces de *Pseudomonas* et *Klebsiella pneumoniæ,* provoquent aussi parfois des pneumonies bactériennes. La pneumonie à *Klebsiella* touche principalement les personnes âgées dont la résistance est affaiblie, en particulier celles qui sont hospitalisées, qui ont une déficience immunitaire ou qui souffrent d'alcoolisme. La pneumonie à *Pseudomonas,* bactérie qui fait partie de la flore normale intestinale, est fréquente en milieu hospitalier. Présentes sur de la literie souillée, les bactéries sont projetées dans l'air au cours des manœuvres de la réfection des lits. *Pseudomonas* résiste à de nombreux désinfectants et persiste même sur les feuilles des plantes. Les personnes affaiblies qui respirent l'air ambiant d'un hôpital sont particulièrement susceptibles de contracter une pneumonie de cette nature.

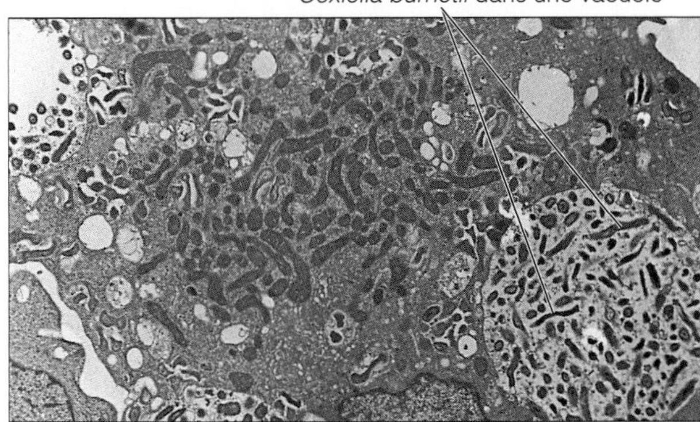


a) Notez la croissance intracellulaire de *Coxiella burnetii,* dans les vacuoles de la cellule hôte. MET 5 μm

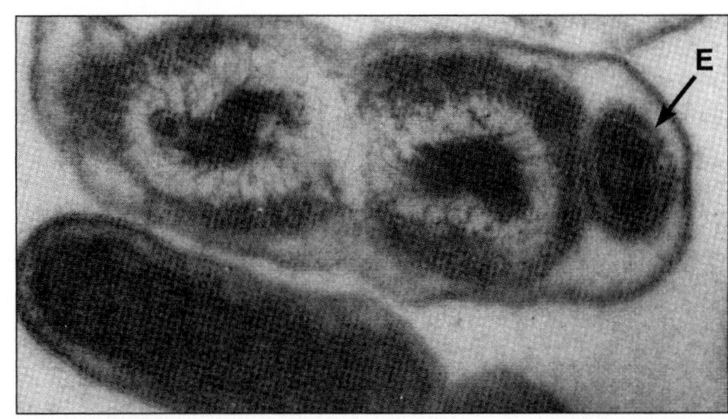


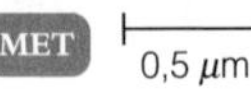

b) La cellule illustrée ici vient tout juste de se diviser ; l'élément ressemblant à une endospore (E) est probablement responsable de la résistance relative du microorganisme. MET 0,5 μm

**FIGURE 24.16** ***Coxiella burnetii,*** **l'agent causal de la fièvre Q.**

■ Quels sont les deux modes de transmission de la fièvre Q ?

# Les viroses des voies respiratoires inférieures

### Objectifs d'apprentissage

- *Énumérer les agents responsables de la pneumonie virale.*
- *Décrire l'épidémiologie de l'infection au VRS et de la grippe, et notamment le pouvoir pathogène des agents en cause, leurs réservoirs, leurs modes de transmission, leurs portes d'entrée ainsi que les facteurs prédisposants de l'hôte réceptif.*
- *Décrire, pour l'infection au VRS et la grippe, les dommages physiopathologiques, les signes de l'infection et les particularités de la réponse immunitaire, ainsi que les moyens de prévention et de traitement.*

Un virus doit vaincre plusieurs défenses de l'hôte qui visent à le piéger et à le détruire avant qu'il atteigne les voies respiratoires inférieures et y déclenche une maladie.

## La pneumonie virale

La **pneumonie virale** est une complication potentielle de la grippe, de la rougeole et même de la varicelle. Un certain nombre d'*Enterovirus* et d'autres virus sont responsables de pneumonies virales, mais on isole et on détermine l'agent responsable dans seulement 1 % des cas d'infections ressemblant à une pneumonie, car peu de laboratoires ont l'équipement requis pour analyser de façon adéquate des échantillons cliniques susceptibles de contenir un virus. Lorsque la cause d'une pneumonie est indéterminée, on suppose fréquemment que l'affection est d'origine virale si on peut éliminer la possibilité d'une pneumonie à mycoplasmes.

## Le virus respiratoire syncytial

L'**infection au virus respiratoire syncytial (VRS)** est probablement la principale cause de maladie respiratoire virale chez les jeunes enfants de 2 à 6 mois. Les signes et symptômes communs sont la toux creuse avec sécrétions abondantes, des frissons, de la dyspnée, des sibilances et des douleurs thoraciques ; les bronchioles sont souvent atteintes, ce qui entraîne une bronchiolite marquée par une détresse respiratoire grave. La transmission se fait par contact direct avec les sécrétions, par inhalation de gouttelettes et par contact avec des objets fraîchement contaminés. Le virus persiste près de 8 heures sur les objets et une demi-heure sur les mains. Le VRS peut aussi provoquer une pneumonie potentiellement mortelle chez les personnes âgées. Les épidémies ont lieu l'hiver et au début du printemps. Presque tous les enfants sont infectés avant l'âge de 2 ans. Nous avons déjà mentionné que le VRS est aussi responsable de cas d'otite moyenne. Il doit son nom à l'une de ses caractéristiques ; il provoque en effet l'hybridation somatique, ou syncytium, lorsqu'on le met en culture cellulaire. Il existe maintenant plusieurs tests sérologiques rapides, portant sur des échantillons de sécrétions des voies respiratoires, qui permettent de déceler à la fois le virus et ses anticorps.

L'immunité naturelle acquise est pratiquement nulle. On a approuvé l'emploi d'un produit d'immunoglobuline pour la protection des jeunes enfants ayant des troubles respiratoires, tels que l'asthme, qui mettent leur vie en danger. Un vaccin est actuellement soumis à des essais cliniques. On administre de la ribavirine (un médicament antiviral) en aérosol aux patients gravement atteints. Ce traitement diminue sensiblement l'intensité des symptômes.

## La grippe

Dans les pays industrialisés, la maladie la mieux connue est sans doute la **grippe,** si on fait exception du rhume. Cette affection est caractérisée par des frissons, de la fièvre (39 °C), des maux de tête et de gorge, des douleurs musculaires et de la fatigue. La guérison survient habituellement après quelques jours, et des signes et symptômes semblables au rhume apparaissent lorsque la fièvre tombe. La diarrhée n'est pas un signe normal de la maladie ; les malaises intestinaux attribués à la « grippe intestinale » sont probablement dus à une autre cause.

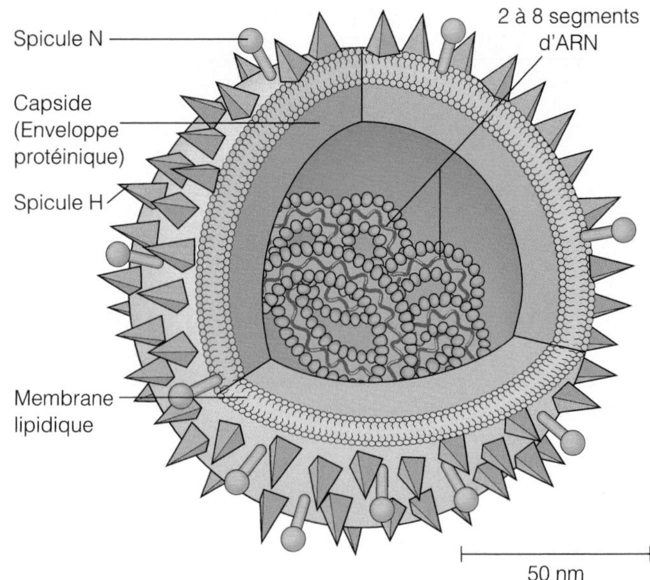


FIGURE 24.17 **Structure détaillée du virus de la grippe.** La capside (enveloppe protéinique) est recouverte d'une membrane lipidique et de deux types de spicules. Il y a huit segments d'ARN à l'intérieur de la capside. Dans certaines conditions ambiantes, le virus de la grippe adopte une morphologie filamenteuse.

### Le virus grippal

Le génome des virus du genre *Influenzavirus* est formé de huit segments monocaténaires d'ARN, de longueurs différentes ; les fragments d'ARN sont entourés d'une capside (enveloppe protéinique) et d'une membrane externe lipidique (figures 13.3b et 24.17). De nombreuses excroissances, caractéristiques du virus, sont insérées dans la membrane lipidique ; elles sont de deux types : les *spicules d'hémagglutinine* (*H*) et les *spicules de neuraminidase* (*N*).

Les spicules H – au nombre de 500 environ sur chaque virus – permettent au virus de reconnaître les cellules hôtes et d'y adhérer, avant de les infecter. Les anticorps contre le virus grippal s'attaquent principalement à ces spicules. Le terme *hémagglutinine* évoque l'agglutination des globules rouges (ou hémagglutination) qui se produit lorsque ceux-ci se mélangent à des virus. Cette réaction joue un rôle essentiel dans des tests sérologiques tels que la réaction d'inhibition de l'hémagglutination virale, souvent utilisée pour identifier le virus grippal et d'autres virus.

Les spicules N – au nombre de 100 environ par virus – diffèrent des spicules H par leur aspect et leur fonction. Sur le plan enzymatique, ils aident apparemment le virus à se séparer de la cellule infectée après la réplication intracellulaire. Le virus est relâché par bourgeonnement à partir de la membrane plasmique de la cellule hôte de sorte que, au bout de quelques cycles de réplication, la cellule hôte meurt ; l'effet est donc cytocide. Les spicules N stimulent également la formation d'anticorps, mais ces derniers ne sont pas aussi cruciaux pour la résistance de l'organisme à la maladie que les anticorps produits en réaction aux spicules H.

On détermine les souches virales à l'aide de la variation des antigènes H et N. On désigne les différents types d'antigènes au moyen d'indices, par exemple $H_1$, $H_2$, $H_3$, $N_1$ et $N_2$. Chacun de ces symboles représente une souche virale qui diffère sensiblement des autres par la composition protéinique des spicules. Ces variations, appelées **mutations antigéniques,** sont assez décisives pour rendre inefficace l'immunité acquise contre un type spécifique d'antigène. Cette capacité de changement est responsable des épidémies, y compris les pandémies de 1918, 1957 et 1968, décrites dans le tableau 24.1. Notez que l'on a isolé un virus grippal pour la première fois en 1933 ; jusque-là, on déterminait la composition des antigènes des virus grippaux responsables d'épidémies par l'analyse des anticorps prélevés chez des personnes infectées.

Les mutations antigéniques sont probablement dues à une recombinaison génétique majeure. Étant donné que l'ARN du virus grippal comporte huit segments, il s'est probablement produit une recombinaison dans le cas des infections provoquées par plus d'une souche. Il est aussi possible qu'il y ait recombinaison de l'ARN de souches virales animales (présentes chez les porcs, les chevaux et les oiseaux par exemple) et de l'ARN de souches virales humaines. On pense que les porcs, les canards et les poulets (mais surtout les porcs, qui peuvent être infectés à la fois par des souches virales humaines et par des souches virales aviaires) élevés dans des collectivités agricoles du sud de la Chine joueraient un rôle particulièrement important dans les mutations génétiques – d'où l'appellation « réservoir de mélange » donnée à ces animaux. Les canards sauvages et d'autres oiseaux migrateurs deviennent ainsi des porteurs asymptomatiques qui disséminent le virus dans des régions géographiques étendues.

### L'épidémiologie de la grippe

Entre deux grandes mutations antigéniques, il se produit de petits changements annuels dans la composition de l'antigène,

**Tableau 24.1** ***Virus grippaux humains****

| Type | Sous-type antigénique | Année | Importance de la maladie |
|---|---|---|---|
| A | $H_3N_2$ (la première pandémie « moderne », qui a débuté dans le sud de la Chine) | 1889 | Moyenne |
| | $H_1N_1$ (Espagne) | 1918 | Grave |
| | $H_2N_2$ (Asie) | 1957 | Grave |
| | $H_3N_2$ (Hong-Kong) | 1968 | Moyenne |
| B | Aucun | 1940 | Moyenne |
| C | Aucun | 1947 | Très faible |

* Il semble acquis que les souches $H_1$, $H_2$ et $H_3$ sont infectieuses pour les humains ; $H_4$ et $H_5$ infectent les animaux ; cependant, c'est chez le porc que l'on trouve à la fois $H_4$ et $H_5$. En 1997, il y a eu une épidémie causée par $H_5N_1$ dans la population de poulets de Hong-Kong. On n'a observé que quelques cas mortels chez les humains, mais par mesure de prévention tous les poulets de Hong-Kong ont été détruits.
SOURCE : Adapté de C. Mims et coll., *Medical Microbiology*, 2e éd., London, Mosby International, 1998.

appelés **dérives antigéniques.** Par exemple, même si on désigne toujours un virus par $H_3N_2$, des souches reflétant de petites variations des antigènes, à l'intérieur du groupe antigénique, font leur apparition. On assigne parfois à ces souches virales un nom relié au lieu où elles ont été découvertes. En général, elles présentent uniquement une altération d'un seul acide aminé de la composition protéinique des spicules H ou N. Une mutation simple, mineure, de ce type constitue probablement une réaction à une pression sélective exercée par les anticorps (habituellement des anticorps IgA localisés dans les muqueuses), qui neutralisent tous les virus sauf ceux qui présentent la dernière mutation. On peut s'attendre à ce qu'une dérive antigénique survienne lors de une multiplication du virus sur un million. Un taux élevé de mutations est une caractéristique des virus à ARN, qui n'ont pas la même capacité de « correction d'épreuve » que les virus à ADN.

Lorsqu'une dérive antigénique a lieu, un vaccin efficace par exemple contre $H_3$ sera désormais moins efficace contre les isolats de cette souche en circulation 10 ans après la variation. Le changement aura alors été assez important pour que le virus échappe en grande partie à l'action des anticorps produits en réaction à la souche originale.

On classe également les virus grippaux en trois grands groupes, A, B et (parfois) C, selon les antigènes contenus dans leur capside. Les virus du type A, les plus virulents, sont responsables de la majorité des principales pandémies ; les virus du type B sont aussi en circulation et ils subissent des mutations, mais ils provoquent généralement des infections moins étendues sur le plan géographique et plus légères.

On n'a pas encore réussi à élaborer un vaccin antigrippal qui procure une immunité durable à l'ensemble de la population. Il est facile de mettre au point un vaccin contre une souche antigénique donnée du virus, mais chaque nouvelle souche qui entre en circulation doit être déterminée rapidement, soit vers le mois de février, pour qu'on soit en mesure de créer et de distribuer un vaccin avant la fin de l'année. Des représentants des CDC ont enseigné à des travailleurs médicaux de Chine continentale les techniques servant à détecter les variations antigéniques du virus grippal. En recueillant des informations en Chine, au Japon et à Taïwan, on se rend compte plus rapidement de l'apparition d'un nouveau type de virus. Cela accroît généralement les chances d'élaborer un vaccin annuel qui s'attaque aux types antigéniques les plus courants. À moins qu'il n'existe une souche particulièrement virulente, on n'administre habituellement le vaccin qu'aux personnes âgées, au personnel hospitalier et à d'autres groupes à risque élevé. La majorité des vaccins sont *polyvalents,* c'est-à-dire qu'ils peuvent combattre plusieurs souches en circulation au même moment. À l'heure actuelle, les virus grippaux utilisés pour la fabrication de vaccins sont cultivés dans des œufs embryonnés. L'efficacité des vaccins est en général de 70 à 90 %, mais la protection ne dure probablement pas plus de 3 ans pour les souches visées. On élabore en ce moment de nouveaux types de vaccins antigrippaux ; on devrait bientôt approuver l'emploi d'un vaccin, administré sous forme d'aérosol nasal. On effectue également des essais avec des vaccins dont les virus sont obtenus dans des cultures cellulaires. L'approbation de ces vaccins mettrait fin à l'engorgement de la production et éliminerait le risque de réaction allergique associé aux virus cultivés dans des œufs.

Presque chaque année, notamment aux mois de novembre et mars, des épidémies de grippe s'étendent rapidement à des populations de grande taille. La maladie se transmet par contact direct avec des gouttelettes projetées dans l'air lors d'éternuements ou de toux ; à partir d'objets contaminés ; et par autocontamination par des mains contaminées. Le virus peut survivre près de 48 heures sur les objets inanimés, quelques heures dans des sécrétions séchées et quelques minutes sur la peau. Ainsi, la transmission est si facile que des épidémies se produisent dès l'apparition d'une souche modifiée. Le taux de mortalité n'est pas élevé – généralement moins de 1 % – et les décès surviennent le plus souvent chez les très jeunes enfants ou les personnes très âgées. Cependant, le nombre de personnes infectées lors d'une grande épidémie est tellement important que le nombre total de décès est souvent considérable. Habituellement, la cause des décès n'est pas la grippe elle-même, mais une surinfection bactérienne. La bactérie *H. influenzæ* doit son nom au fait qu'on a cru à tort qu'elle était le principal agent causal de la grippe, et non un germe responsable d'une infection secondaire. *S. aureus* et *S. pneumoniæ* sont deux autres germes d'infections secondaires importants.

Lorsqu'il est question de la grippe, on ne peut passer sous silence la grande pandémie de 1918-1919*, qui a entraîné la mort de plus de 20 millions de personnes à l'échelle mondiale. On ne sait pas exactement pourquoi le nombre de décès a été aussi élevé. Aujourd'hui, la majorité des victimes sont de très jeunes enfants ou des personnes très âgées mais, en 1918-1919, le taux de mortalité a été particulièrement élevé chez les jeunes adultes, qui mouraient souvent en quelques heures. L'infection, qui se limite d'ordinaire aux voies respiratoires supérieures, envahissait les poumons et causait une pneumonie virale, en raison d'une modification particulière de la virulence.

Des données indiquent que le virus infectait aussi des cellules de divers organes du corps. Aujourd'hui encore, on tente de déterminer les particularités génétiques du virus responsable qui expliqueraient sa pathogénicité. On a ainsi effectué des analyses à l'aide de l'amplification en chaîne par polymérase sur des tissus prélevés sur des victimes de 1918, et même sur des cadavres exhumés de tombes situées dans des zones de l'Arctique où le sol est gelé en permanence.

La grippe s'accompagne fréquemment de complications bactériennes qui, avant l'avènement des antibiotiques, étaient souvent mortelles. La souche virale de 1918 est apparemment devenue endémique chez une population de porcs aux États-Unis, où elle avait peut-être pris naissance. La grippe se propage encore parfois aux humains à partir de ce type de réservoir, mais elle ne s'est jamais disséminée autant que l'infection virulente de 1918.

Deux médicaments antiviraux, l'amantadine et la rimantadine, réduisent sensiblement les signes et symptômes de la grippe de type A s'ils sont administrés rapidement. Deux autres médicaments, mis sur le marché récemment, sont des inhibiteurs de la neuraminidase, que le virus utilise pour se séparer de la cellule hôte après la reproduction. Ce sont le zanamivir (Relenza^MD^), qui doit être inhalé, et le phosphate d'oseltamivir (Tamiflu^MD^), administré oralement. Si on prend ces médicaments moins de 30 heures après le début de la grippe, les symptômes durent moins longtemps, mais ni l'un ni l'autre ne peut remplacer le vaccin. Les complications bactériennes de la grippe peuvent faire l'objet d'une antibiothérapie.

L'identification sérologique complète d'isolats de virus grippaux est généralement effectuée par les grands laboratoires. On élabore à l'heure actuelle des tests diagnostiques dont les résultats devraient être disponibles en moins d'une heure, dans le cabinet même du médecin.

* Il est probable que l'on ne pourra jamais déterminer de façon certaine l'origine de cette célèbre pandémie ; cependant, selon les données les plus fiables, les premiers cas bien documentés auraient été observés parmi les recrues des forces armées américaines de Camp Funston, au Kansas, en mars 1918. L'infection se serait ensuite répandue rapidement chez les militaires, jusque sur le front occidental en France, où des troupes avaient été dépêchées. La censure militaire a interdit la révélation du fait que les troupes, de part et d'autre du front, étaient dans l'incapacité de combattre ; les premières descriptions de la situation parurent dans les journaux lorsque l'épidémie avait déjà atteint l'Espagne, d'où l'appellation de « grippe espagnole » fréquemment utilisée pour désigner la pandémie.

# Les mycoses des voies respiratoires inférieures

### Objectifs d'apprentissage

- *Décrire l'épidémiologie de trois mycoses du système respiratoire, et notamment le pouvoir pathogène des agents en cause, leurs réservoirs, leurs modes de transmission, leurs portes d'entrée ainsi que les facteurs prédisposants de l'hôte réceptif.*
- *Relier la coccidioïdomycose et la pneumonie à* Pneumocystis *aux mécanismes physiopathologiques qui conduisent à l'apparition des principaux signes des maladies.*

De nombreux mycètes produisent des spores qui se disséminent dans l'air. Il n'est donc pas étonnant que plusieurs mycoses graves touchent les voies respiratoires inférieures. Le taux des infections fongiques a augmenté au cours des dernières années. Les mycètes opportunistes sont capables de se développer chez les personnes immunodéprimées, dont le nombre s'est considérablement accru depuis l'apparition du SIDA et la mise sur le marché d'anticancéreux et de médicaments destinés aux receveurs d'une greffe.

## L'histoplasmose

L'**histoplasmose** ressemble à première vue à la tuberculose. En fait, on a découvert que cette maladie était plus fréquente qu'on ne le croyait lorsque des séries de radiographies pulmonaires ont révélé la présence de lésions chez bon nombre de personnes dont les tests à la tuberculine étaient négatifs.

La maladie est fréquemment asymptomatique. S'il y a des symptômes, ils sont généralement mal définis et souvent subcliniques, de sorte que la maladie est prise pour une infection bénigne des voies respiratoires. Toutefois, cette primo-infection entraîne une hypersensibilité chez la personne qui peut être mise en évidence par un test d'intradermoréaction à l'histoplasmine. Dans quelques cas, variant de 5 à 0,1 % selon les régions, l'histoplasmose évolue vers une maladie systémique grave. Le plus souvent, l'infection atteint d'abord les poumons, puis les agents pathogènes peuvent se répandre dans le sang et la lymphe, et causer ainsi des lésions dans presque tous les organes du corps. Cela se produit lorsque l'inoculum est exceptionnellement important ou lors de la réactivation de l'infection, chez un sujet dont le système immunitaire est affaibli (par le SIDA, par exemple) ou chez un sujet présentant une anomalie structurale ou fonctionnelle de son système respiratoire. Dans ces deux derniers cas, l'infection est opportuniste.

L'agent responsable, *Histoplasma capsulatum,* est un mycète dimorphe, c'est-à-dire qu'il présente une morphologie levuriforme lorsqu'il se développe dans les tissus (figure 24.18a), tandis que dans le sol ou sur un milieu de culture artificiel il produit un mycélium filamenteux porteur de conidies reproductrices (figure 24.18b). Dans l'organisme humain, l'agent levuriforme réside dans des macrophagocytes, où il survit et se reproduit.

Bien que l'histoplasmose soit répandue à l'échelle mondiale, on l'observe, en Amérique du Nord, en particulier dans une région bien délimitée des États-Unis (figure 24.19). En général, elle est présente dans les États riverains du Mississippi et de la rivière Ohio. Plus de 75 % de la population de certains de ces États possède des anticorps contre l'infection, alors qu'ailleurs, par exemple dans le nord-est, il est rare qu'un test soit positif. Dans l'ensemble des États-Unis, on dénombre annuellement une cinquantaine de décès dus à l'histoplasmose. Au Québec, on a signalé quelques cas dans la région de Montréal et dans la vallée du Saint-Laurent.

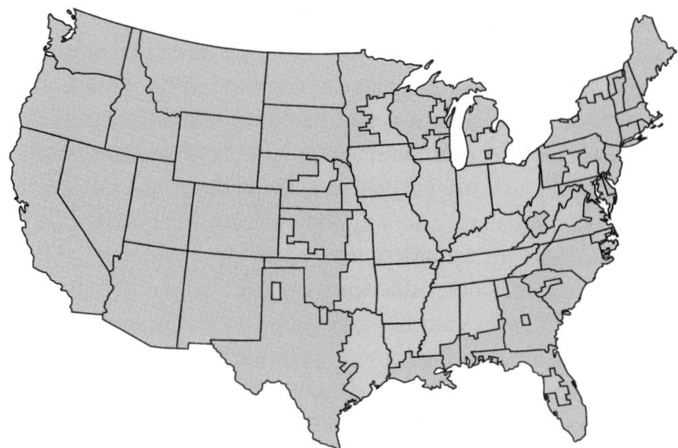

**FIGURE 24.19 Distribution des cas d'histoplasmose aux États-Unis.** Les régions en jaune sont celles où la maladie est présente.

■ L'histoplasmose est une mycose systémique.

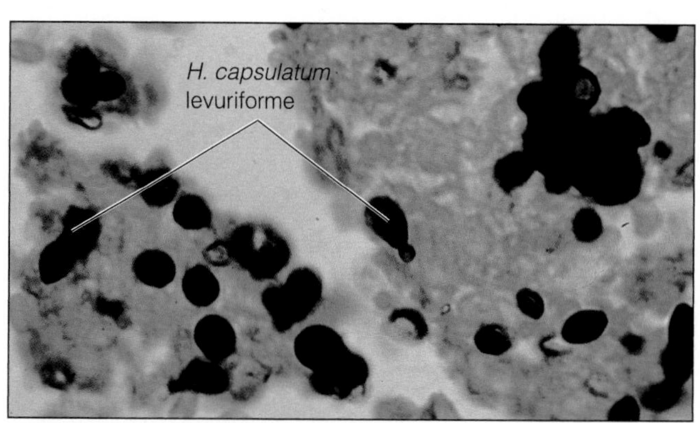


**a)** Morphologie levuriforme caractéristique de la croissance dans un tissu, à 37 °C. Notez la présence d'une cellule bourgeonnante à proximité du centre. MO 5 µm

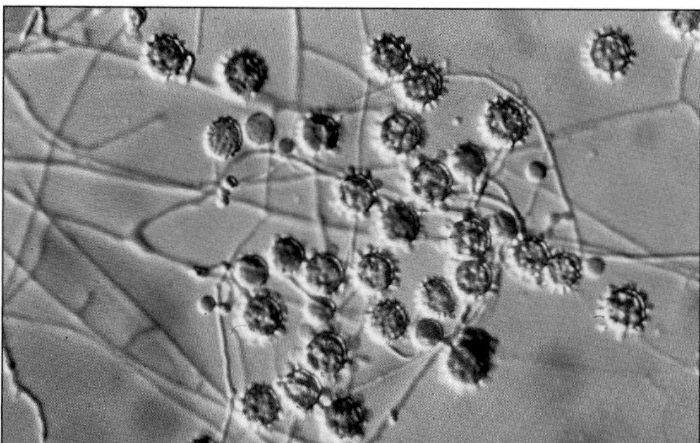

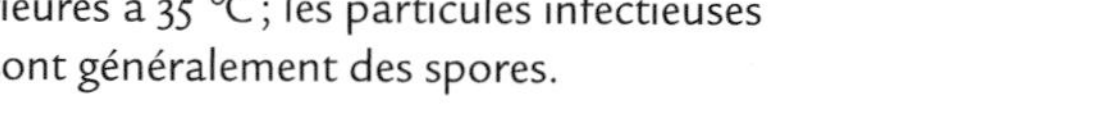

**b)** Forme filamenteuse, productrice de spores, présente dans le sol à des températures inférieures à 35 °C ; les particules infectieuses sont généralement des spores. MO 50 µm

**FIGURE 24.18 *Histoplasma capsulatum,* mycète dimorphe responsable de l'histoplasmose.**

■ Que signifie le terme *dimorphe* ?

Les humains contractent la maladie en inhalant des poussières riches en spores, produites dans des conditions propices d'humidité et de pH, qu'on rencontre principalement dans les endroits riches en accumulations d'excréments d'oiseaux ou de chauves-souris, tels que les fermes et les grottes. Les oiseaux ne sont pas eux-mêmes porteurs de la maladie parce que leur température corporelle est relativement élevée, mais les fientes contiennent des nutriments et constituent notamment une source d'azote pour le mycète. La température des chauves-souris est plus faible que celle des oiseaux, et ces animaux sont porteurs du mycète, qu'ils excrètent dans leurs fèces, contaminant ainsi de nouvelles portions de sol.

Les signes cliniques et les antécédents du patient, des tests sérologiques, des sondes d'ADN et, surtout, l'isolement de l'agent pathogène ou son identification dans des prélèvements tissulaires sont indispensables pour établir un diagnostic exact. La chimiothérapie la plus efficace à l'heure actuelle est l'administration d'amphotéricine B ou d'itraconazole.

## La coccidioïdomycose

La **coccidioïdomycose** est aussi une mycose pulmonaire, mais sa distribution est relativement limitée. L'agent causal, *Coccidioides immitis,* est un mycète dimorphe. On rencontre des conidies (spores) dans les régions semi-désertiques telles que les sols alcalins secs du sud-ouest des États-Unis (Texas, Californie et Arizona) et dans des sols du même type du nord du Mexique et d'Amérique centrale ou du Sud. Étant donné que la maladie est fréquente dans la vallée du San Joaquin, en Californie, elle est parfois appelée *fièvre du désert* ou *fièvre de San Joaquin.* Dans les tissus, le microorganisme forme des granulomes à paroi épaisse, remplis de spores, appelés *sphérules* ou sporanges (figure 24.20). Dans le sol, il produit des filaments qui se reproduisent par la formation d'*arthroconidies* qui, transportées par le vent, transmettent l'infection. Il existe souvent une telle abondance d'arthroconidies qu'une personne peut contracter la maladie simplement en conduisant son véhicule dans une région endémique, surtout s'il y a des tourbillons de poussière. Ainsi, on a observé une augmentation de l'incidence de la maladie après un tremblement de terre.

La majorité des infections ne sont pas apparentes, et presque toutes les victimes guérissent en quelques semaines, même si elles ne sont pas traitées. Les signes et symptômes de la coccidioïdomycose comprennent des douleurs musculaires et parfois de la fièvre, de la toux, des infiltrats pulmonaires et une perte de poids. Dans moins de 1 % des cas, une maladie évolutive semblable à la tuberculose s'étend à tout l'organisme humain. Dans cette forme plus sévère de la maladie, il apparaît des nodules dans les poumons et parfois, dans d'autres organes; ces nodules sont souvent confondus avec des cancers pulmonaires. Chez une bonne proportion des adultes habitant depuis longtemps dans une zone où l'infection est endémique, le test cutané démontre l'existence d'une infection à *C. immitis* antérieure.

La coccidioïdomycose ressemble tellement à la tuberculose qu'il est nécessaire d'isoler l'agent pathogène pour établir un diagnostic exact. La méthode la plus fiable consiste à déterminer la présence de sphérules dans des tissus ou des liquides. On peut mettre en culture le mycète prélevé dans un liquide ou une lésion, mais les employés de laboratoire doivent prendre bien soin de ne pas inhaler d'aérosols infectieux. Il existe plusieurs tests sérologiques et sondes d'ADN permettant d'identifier les isolats. Un test cutané à la tuberculine sert à éliminer la possibilité d'un cas de tuberculose.

L'infection atteint particulièrement les hommes adultes; des facteurs hormonaux seraient en cause. L'incidence de la coccidioïdomycose a augmenté récemment en Californie et en Arizona. Les facteurs favorisants comprennent la croissance du nombre de résidents âgés et de personnes porteuses du VIH ou atteintes du SIDA, de même que la période de grande sécheresse, qui a facilité la transmission par les poussières. Aux États-Unis, on estime que le nombre d'infections est de 100 000 par année et on dénombre annuellement de 50 à 100 décès dus à la maladie.

On utilise l'amphotéricine B pour traiter les cas graves. Cependant, des médicaments imidazolés moins toxiques, dont le kétoconazole et l'itraconazole, sont des substances de remplacement utiles.

## La pneumonie à *Pneumocystis*

La **pneumonie à *Pneumocystis*** est causée par *Pneumocystis carinii* (figure 24.21). La classification taxinomique de ce microbe prête à controverse depuis sa découverte en 1909. On a d'abord pensé qu'il s'agissait d'un trypanosome à un stade non mature, mais on n'est jamais arrivé à déterminer de façon certaine s'il est un protozoaire ou un mycète, car il présente des caractéristiques des deux types de microorganismes. Des analyses récentes de l'ARN et d'autres propriétés structurales indiquent qu'il est étroitement apparenté à certaines levures.

La pneumonie à *Pneumocystis* sévit dans toutes les régions du globe, et elle est parfois endémique en milieu hospitalier. L'agent pathogène est normalement présent dans les poumons d'adultes sains, mais il déclenche une infection opportuniste chez les patients immunodéprimés. Ce groupe comprend les personnes qui reçoivent des médicaments immunodépresseurs, destinés à réduire au minimum le risque de rejet de tissus greffés, et celles dont le système immunitaire est affaibli par le cancer. Les patients atteints du SIDA sont également très sensibles à *P. carinii*, sans doute à cause de la réactivation d'une infection asymptomatique.

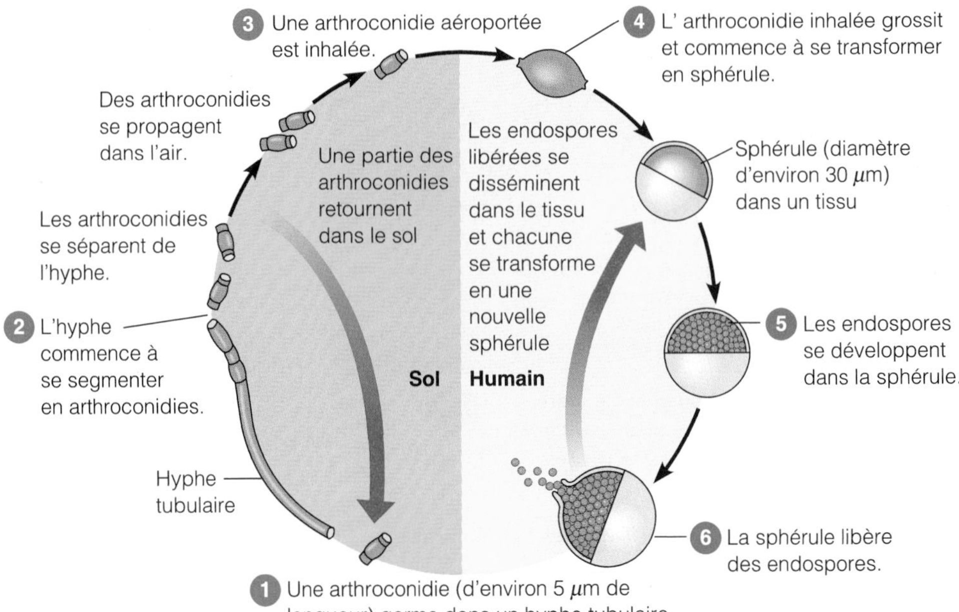
3 Une arthroconidie aéroportée est inhalée.
4 L' arthroconidie inhalée grossit et commence à se transformer en sphérule.
Des arthroconidies se propagent dans l'air.
Les endospores libérées se disséminent dans le tissu et chacune se transforme en une nouvelle sphérule
Une partie des arthroconidies retournent dans le sol
Sphérule (diamètre d'environ 30 μm) dans un tissu
Les arthroconidies se séparent de l'hyphe.
2 L'hyphe commence à se segmenter en arthroconidies.
5 Les endospores se développent dans la sphérule.
Sol
Humain
Hyphe tubulaire
6 La sphérule libère des endospores.
1 Une arthroconidie (d'environ 5 μm de longueur) germe dans un hyphe tubulaire.

**FIGURE 24.20 Le cycle de vie de *Coccidioides immitis*, agent causal de la coccidioïdomycose.**

■ Les arthroconidies se trouvent dans le sol et la poussière des régions semi-désertiques.

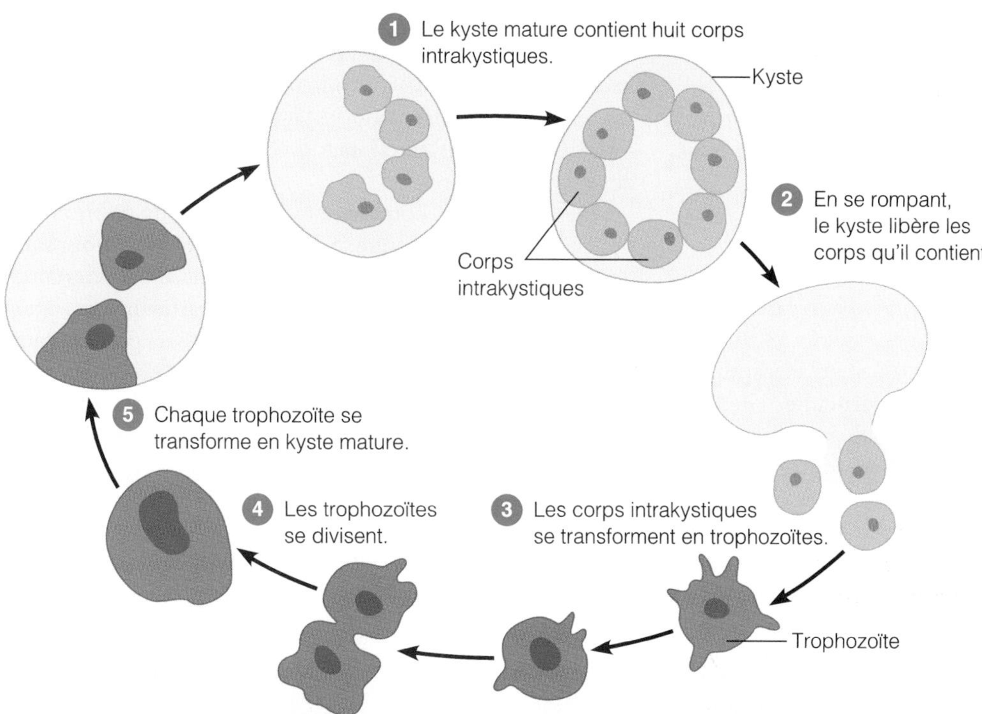

1 Le kyste mature contient huit corps intrakystiques.
Kyste
Corps intrakystiques
2 En se rompant, le kyste libère les corps qu'il contient.
3 Les corps intrakystiques se transforment en trophozoïtes.
Trophozoïte
4 Les trophozoïtes se divisent.
5 Chaque trophozoïte se transforme en kyste mature.

**FIGURE 24.21 Le cycle de vie de *Pneumocystis carinii*, agent causal de la pneumonie à *Pneumocystis*.** Longtemps classé parmi les protozoaires, *Pneumocystis carinii* est maintenant considéré le plus souvent comme un mycète, mais il possède des caractéristiques des deux types de microorganismes.

■ *Pneumocystis carinii* est un agent opportuniste qui affecte particulièrement les personnes atteintes du SIDA.

Avant le début de l'épidémie de SIDA, la pneumonie à *Pneumocystis* était une maladie rare ; on en dénombrait peut-être une centaine de cas par année. En 1993, la maladie a été un indicateur du SIDA dans plus de 20 000 cas.

Dans les poumons d'un humain, les mycètes résident principalement dans la paroi des alvéoles. Ils y forment un kyste à paroi épaisse, dans lequel des corps intrakystiques sphériques se divisent successivement durant le cycle de reproduction sexuée (figure 24.21). ➊ Le kyste mature contient huit corps intrakystiques, ➋ qu'il finit par libérer en se rompant. ➌ Chaque corps intrakystique se transforme alors en trophozoïte. ➍–➎ Les cellules trophozoïtes peuvent se reproduire de façon asexuée, par scissiparité, mais elles peuvent aussi passer au stade sexué à l'intérieur du kyste (figure 24.22). La reproduction de *P. carinii* entraîne donc des lésions tissulaires qui perturbent le fonctionnement des poumons.

À l'heure actuelle, le médicament de choix est un composé de deux antibiotiques agissant en synergie, le triméthoprime-sulfaméthoxazole (Bactrim[MD]), mais on le remplace souvent par l'iséthionate de pentamidine.

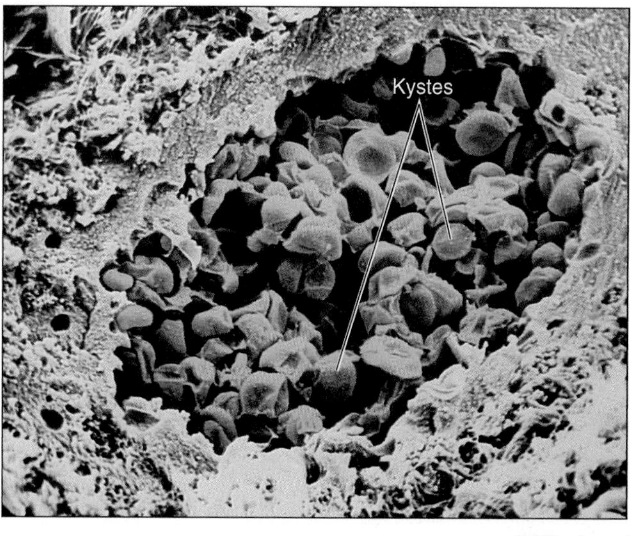


**FIGURE 24.22** ***Pneumocystis carinii.*** *P. carinii* au stade kystique, dans une alvéole d'un poumon de singe.

## La blastomycose (nord-américaine)

La **blastomycose** est une maladie surtout nord-américaine qui sévit notamment aux États-Unis dans la vallée du Mississippi et de l'Ohio ; au Canada, on la retrouve dans le sud de l'Ontario et de l'Alberta ainsi que dans la vallée du Saint-Laurent au Québec. Le microorganisme se développe probablement dans le sol lorsque ce dernier est riche en matières organiques. La maladie est provoquée par *Blastomyces dermatitidis,* un mycète dimorphe existant sous forme de levure dans les tissus des êtres humains et animaux à sang chaud et sous forme filamenteuse dans le sol ; il survit aussi sous forme de conidies dans le sol. On dénombre annuellement aux États-Unis de 30 à 60 décès consécutifs à une infection disséminée, mais la majorité des cas sont asymptomatiques.

La transmission se fait par inhalation du mycète ou par son introduction dans le corps à la suite d'un traumatisme cutané. L'infection, qui touche d'abord les poumons, peut se répandre rapidement et entraîner des lésions secondaires. On observe fréquemment des ulcères cutanés, la formation d'abcès étendus et la destruction de tissus. L'atteinte cutanée peut aussi être l'unique manifestation de la maladie en particulier chez les individus dont le système immunitaire est affaibli par le diabète ou le SIDA. L'agent pathogène peut être isolé d'un échantillon de pus ou d'un prélèvement par biopsie. L'amphotéricine B constitue généralement un traitement efficace.

## Autres mycètes associés à des maladies respiratoires

Plusieurs autres mycètes opportunistes sont susceptibles de causer des maladies respiratoires, en particulier chez les personnes immunodéprimées ou atteintes de maladies chroniques (cancer, diabète par exemple) ou en contact avec un nombre considérable de spores. L'**aspergillose** est une infection importante de ce type, qui se transmet par les spores d'*Aspergillus fumigatus* et d'autres espèces du genre *Aspergillus* souvent présentes dans la végétation en putréfaction. *Aspergillus flavus*, une moisissure des céréales et des arachides, sécrète une aflatoxine qui a des effets mutagènes (chapitre 8, p. 251). Le compost constitue un milieu propice à la croissance de ces mycètes, de sorte que les agriculteurs et les jardiniers sont fréquemment en contact avec une quantité infectieuse de ce type de spores.

Des personnes contractent des infections pulmonaires similaires lorsqu'elles sont exposées à des spores de moisissures de genres différents, tels que *Rhizopus* et *Mucor.* Certaines de ces maladies sont très dangereuses, en particulier les aspergilloses pulmonaires envahissantes. Les facteurs prédisposants comprennent un affaiblissement du système immunitaire, le cancer et le diabète. Comme pour la majorité des infections fongiques systémiques, il existe peu d'agents antifongiques efficaces; il semble que l'amphotéricine B soit le plus utile.

* * *

Le tableau 24.2 présente une récapitulation des maladies respiratoires infectieuses décrites dans le présent chapitre.

**Tableau 24.2** *Maladies infectieuses du système respiratoire*

| Maladie | Agents pathogènes | Remarques |
|---|---|---|
| **Bactérioses des voies respiratoires supérieures** | | |
| Pharyngite (ou angine) streptococcique | Streptocoques, en particulier *Streptococcus pyogenes* | Inflammation des muqueuses de la gorge. |
| Scarlatine | Souches de *Streptococcus pyogenes* productrices d'une toxine érythrogène | L'exotoxine streptococcique provoque des rougeurs sur la peau et la langue, et la desquamation de la peau touchée. |
| Diphtérie | *Corynebacterium diphteriæ* | L'exotoxine bactérienne perturbe la synthèse des protéines et cause des dommages au cœur, aux reins et à d'autres organes; formation d'une membrane dans la gorge; il existe une forme cutanée de la maladie. |
| Otite moyenne | Diverses bactéries, en particulier *Staphylococcus aureus, Streptococcus pneumoniæ* et *Hæmophilus influenzæ* | L'accumulation de pus dans l'oreille moyenne se traduit par une pression accrue sur la membrane du tympan, qui cause des douleurs. |
| **Viroses des voies respiratoires supérieures** | | |
| Rhume | *Coronavirus* et *Rhinovirus* | Signes et symptômes familiers: toux, éternuements et écoulement nasal. |
| **Bactérioses des voies respiratoires inférieures** | | |
| Coqueluche | *Bordetella pertussis* | Les cils des voies respiratoires supérieures sont inactivés; le mucus s'accumule et les tentatives pour l'expulser provoquent une forte toux spasmodique. |
| Tuberculose | *Mycobacterium tuberculosis* *Mycobacterium bovis* | Les bacilles tuberculeux qui entrent dans les poumons survivent à la phagocytose et se reproduisent dans des macrophagocytes; formation de tubercules visant à isoler les agents pathogènes; les défenses finissent par être vaincues et l'infection devient systémique. |
| Pneumonie à pneumocoques | *Streptococcus pneumoniæ* | Les alvéoles pulmonaires infectées se remplissent de liquide, ce qui perturbe les échanges gazeux. |
| Pneumonie à *Hæmophilus influenzæ* | *Hæmophilus influenzæ* sérotype b | Signes et symptômes ressemblant à ceux de la pneumonie à pneumocoques. |
| Pneumonie à mycoplasmes | *Mycoplasma pneumoniæ* | Signes et symptômes respiratoires légers mais durables; fièvre peu élevée, toux et maux de tête. |

**Tableau 24.2** *(suite)*

| Maladie | Agents pathogènes | Remarques |
|---|---|---|
| Légionellose | *Legionella pneumophila* | Pneumonie potentiellement mortelle touchant particulièrement les hommes âgés qui font un usage abusif de l'alcool ou du tabac. L'agent pathogène se développe notamment dans l'eau des tours de refroidissement des conditionneurs d'air. |
| Psittacose (ornithose) | *Chlamydia psittaci* | Les signes et symptômes, s'ils sont présents, comprennent de la fièvre, des maux de tête et des frissons. Le mode de transmission le plus fréquent est le contact avec des excréments d'oiseaux. |
| Pneumonie à *Chlamydia* | *Chlamydia pneumoniæ* | Maladie respiratoire bénigne, fréquente chez les jeunes ; ressemble à la pneumonie à mycoplasmes. |
| Fièvre Q | *Coxiella burnetii* | Maladie respiratoire bénigne qui dure de 1 à 2 semaines ; accompagnée parfois de complications telles que l'endocardite. |
| **Viroses des voies respiratoires inférieures** | | |
| Maladie à virus respiratoire syncytial (VRS) | Virus respiratoire syncytial | Maladie respiratoire grave touchant les jeunes enfants. |
| Grippe | *Influenzavirus* ; plusieurs sérotypes | Maladie caractérisée par des frissons, de la fièvre, des maux de tête et des douleurs musculaires. Le virus change rapidement de caractéristiques antigéniques, de sorte que la guérison ne confère qu'une immunité restreinte. |
| **Mycoses des voies respiratoires inférieures** | | |
| Histoplasmose | *Histoplasma capsulatum* | L'agent pathogène se développe dans le sol, en particulier dans les endroits contaminés par des excréments d'oiseaux. La maladie est très répandue dans les vallées de l'Ohio et du Mississippi ; parfois mortelle. |
| Coccidioïdomycose | *Coccidioides immitis* | L'agent pathogène se développe dans les sols arides du sud-ouest des États-Unis. L'infection, très répandue dans cette région, est parfois mortelle. |
| Pneumonie à *Pneumocystis* | *Pneumocystis carinii* | Complication fréquente et grave du SIDA ; asymptomatique chez les personnes immunocompétentes. |
| Blastomycose | *Blastomyces dermatitidis* | Mycose rare mais très grave, présente dans la vallée du Mississippi, où l'agent pathogène se développe dans le sol. |

## RÉSUMÉ

### INTRODUCTION (p. 723)

1. Les infections des voies respiratoires supérieures sont le type d'infection le plus courant.
2. Les agents pathogènes qui pénètrent dans le système respiratoire sont susceptibles d'infecter d'autres parties du corps.

### LA STRUCTURE ET LES FONCTIONS DU SYSTÈME RESPIRATOIRE (p. 723-724)

1. Les voies respiratoires supérieures comprennent le nez, le pharynx et les structures associées, telles que l'oreille moyenne et la trompe auditive.
2. Les poils rugueux du nez filtrent les grosses particules contenues dans l'air qui pénètre dans les voies respiratoires.
3. La muqueuse ciliée du nez et du pharynx emprisonne les particules dans le mucus et le mouvement des cils les élimine du corps.
4. Les amygdales, qui sont composées de tissu lymphoïde, assurent l'immunité contre certaines infections.
5. Les voies respiratoires inférieures comprennent le larynx, la trachée, les bronches et les alvéoles pulmonaires.
6. L'escalier mucociliaire des voies respiratoires inférieures contribue à empêcher les microorganismes de se rendre dans les poumons.
7. Le lysozyme, une enzyme présente dans les sécrétions, détruit les bactéries inhalées.
8. Les microbes qui pénètrent dans les poumons peuvent être digérés par les macrophagocytes alvéolaires.
9. Le mucus des voies respiratoires contient des anticorps IgA.

## LA FLORE NORMALE DU SYSTÈME RESPIRATOIRE (p. 725)

1. La flore normale de la cavité nasale et du pharynx exerce un effet barrière contre l'implantation de microorganismes pathogènes ; toutefois, la flore est susceptible de comprendre des microorganismes pathogènes.
2. Les voies respiratoires inférieures sont habituellement stériles, grâce à l'efficacité de l'escalier mucociliaire et des anticorps de type Ig A.

## LES MALADIES INFECTIEUSES DES VOIES RESPIRATOIRES SUPÉRIEURES (p. 725-730)

1. Des zones données des voies respiratoires supérieures sont susceptibles d'être infectées, provoquant ainsi, selon le cas, une pharyngite, une laryngite, une amygdalite, une sinusite ou une épiglottite.
2. Les infections des voies respiratoires supérieures peuvent être causées par diverses bactéries et par divers virus ou, fréquemment, par une association de ces agents pathogènes.
3. La majorité des infections des voies respiratoires supérieures sont spontanément résolutives.
4. *H. influenzæ* type b peut provoquer une épiglottite.

## LES BACTÉRIOSES DES VOIES RESPIRATOIRES SUPÉRIEURES (p. 726-729)

### La pharyngite streptococcique (p. 726-727)

1. La pharyngite (ou angine) streptococcique est due à des streptocoques $\beta$-hémolytiques du groupe A ; ces bactéries font toutes partie de l'espèce *Streptococcus pyogenes* capables de résister à la phagocytose.
2. Les symptômes comprennent l'inflammation des muqueuses, le gonflement des nœuds lymphatiques et de la fièvre ; l'amygdalite ou l'otite moyenne constituent des complications potentielles.
3. Des réactions d'agglutination indirecte permettent de poser rapidement un diagnostic préliminaire, mais seule l'observation de l'augmentation des anticorps IgM autorise l'établissement d'un diagnostic formel.
4. Le médicament de choix est la pénicilline.
5. L'immunité contre les infections streptococciques est spécifique du sérotype.
6. La pharyngite streptococcique se transmet généralement par des gouttelettes ; elle était autrefois associée à la consommation de lait non pasteurisé.

### La scarlatine (p. 727)

1. Si la bactérie *S. pyogenes* responsable de la pharyngite streptococcique élabore une toxine érythrogène, la maladie est susceptible d'évoluer vers la scarlatine.
2. *S. pyogenes* produit une toxine érythrogène lorsqu'il est infecté par un phage lysogène ; ce dernier introduit alors le gène de la toxine dans la bactérie.
3. La toxine érythrogène inhibe la phagocytose et la production des anticorps, affaiblissant ainsi la défense immunitaire de l'organisme.
4. Les signes et symptômes comprennent un érythème rouge rosé, une fièvre élevée et une langue dite framboisée (papilles enflammées saillantes sur un enduit rouge écarlate).

### La diphtérie (p. 727-729)

1. La diphtérie est provoquée par *Corynebacterium diphteriæ*, une bactérie productrice d'exotoxine.
2. *C. diphteriæ* produit une exotoxine lorsqu'il est infecté par un phage lysogène ; ce dernier introduit alors le gène de la toxine dans la bactérie.
3. Il se forme dans la gorge une membrane, contenant de la fibrine et des cellules humaines et bactériennes mortes, qui risque de faire obstacle au passage de l'air.
4. L'exotoxine inhibe la synthèse des protéines et entraîne la mort cellulaire ; il peut en résulter des dommages au cœur, aux reins et aux nerfs.
5. Le diagnostic de laboratoire repose sur l'isolement de la bactérie et sur la culture sur des milieux différentiels et sélectifs.
6. Il faut administrer une antitoxine pour neutraliser la toxine ; les antibiotiques inhibent la croissance des bactéries.
7. En Amérique du Nord, le programme de vaccination comprend le vaccin DCT qui contient l'anatoxine diphtérique.
8. La diphtérie cutanée est caractérisée par l'apparition d'ulcères à cicatrisation lente.
9. Dans la diphtérie cutanée, l'exotoxine est faiblement disséminée dans la circulation sanguine.

### L'otite moyenne (p. 729)

1. L'otite moyenne est une complication potentielle des infections du nez et du pharynx.
2. L'accumulation de pus entraîne une augmentation de la pression sur la membrane du tympan.
3. Les agents pathogènes bactériens comprennent *Streptococcus pneumoniæ*, *Hæmophilus influenzæ* non encapsulé, *Moraxella catarrhalis*, *Streptococcus pyogenes* et *Staphylococcus aureus*.

## LES VIROSES DES VOIES RESPIRATOIRES SUPÉRIEURES (p. 729-730)

### Le rhume (p. 729-730)

1. On connaît près de 200 virus différents susceptibles de causer le rhume ; les *Rhinovirus* sont responsables d'environ 50 % des cas.
2. Les signes et symptômes comprennent des éternuements, un écoulement nasal et de la congestion.
3. La sinusite, les infections des voies respiratoires inférieures, la laryngite et l'otite moyenne sont des complications potentielles du rhume.
4. Le rhume se transmet par contact indirect, par contact direct et par voie aérienne.
5. La température optimale de réplication des *Rhinovirus* est légèrement inférieure à la température du corps, d'où leur préférence pour les voies respiratoires supérieures.
6. L'incidence du rhume augmente par temps froid, peut-être parce que les gens passent davantage de temps à l'intérieur des bâtisses et s'y côtoient davantage, peut-être parce que l'air environnant est plus sec à cause du chauffage,

peut-être encore à cause de changements physiologiques chez l'humain.
7. Il y a production d'anticorps spécifiques contre les virus responsables.
8. Le rhume est une infection courante à tout âge, particulièrement chez les jeunes enfants.

## LES MALADIES INFECTIEUSES DES VOIES RESPIRATOIRES INFÉRIEURES (p. 730-749)

1. Beaucoup des microorganismes qui infectent les voies respiratoires supérieures infectent aussi les voies respiratoires inférieures.
2. Les infections des voies respiratoires inférieures comprennent la bronchite et la pneumonie.

## LES BACTÉRIOSES DES VOIES RESPIRATOIRES INFÉRIEURES (p. 730-741)

### La coqueluche (p. 730-731)

1. La coqueluche est causée par la bactérie *Bordetella pertussis*. Cette maladie touche surtout les enfants.
2. *B. pertussis* produit plusieurs toxines, dont la cytotoxine trachéale, qui est responsable des dommages causés aux cellules ciliées, et la toxine coquelucheuse, qui est associée aux signes et symptômes systémiques de la maladie.
3. Le stade initial de la coqueluche ressemble à un rhume; on l'appelle stade catarrhal.
4. L'accumulation de mucus dans la trachée et les bronches et la destruction des cellules ciliées provoquent une toux profonde, caractéristique du stade paroxystique (le deuxième stade).
5. La phase de convalescence (le troisième stade) peut durer plusieurs mois.
6. Le diagnostic de laboratoire repose sur l'isolement des bactéries sur des milieux sélectifs, suivi de tests sérologiques.
7. L'incidence de la coqueluche a diminué grâce à la vaccination systématique des enfants.

### La tuberculose (p. 731-736)

1. La tuberculose est causée par *Mycobacterium tuberculosis*.
2. La résistance de l'agent pathogène aux acides et à l'alcool, de même qu'à la sécheresse et aux désinfectants, est due au fait que sa paroi cellulaire est riche en lipides.
3. *M. tuberculosis* peut être ingéré par des macrophagocytes alvéolaires, dans lesquels il se reproduit s'il n'est pas détruit.
4. Les lésions formées par *M. tuberculosis* sont appelées tubercules. Des bactéries et des macrophagocytes morts composent la lésion caséeuse qui, si elle se calcifie, devient visible sur une radiographie pulmonaire.
5. La liquéfaction de la lésion caséeuse produit une caverne tuberculeuse, dans laquelle *M. tuberculosis* est capable de croître.
6. La rupture d'une lésion caséeuse libère des bactéries dans les vaisseaux sanguins et lymphatiques, et peut ainsi entraîner la formation de nouveaux foyers d'infection; cet état s'appelle tuberculose miliaire.
7. La tuberculose miliaire est caractérisée par une perte de poids, de la toux et de l'atonie due aux multiples lésions organiques.
8. La chimiothérapie consiste habituellement à administrer deux médicaments pendant 1 à 2 ans; *M. tuberculosis* est de plus en plus fréquemment résistant aux antibiotiques.
9. Un résultat positif à un test cutané à la tuberculine indique soit une tuberculose active, soit une infection antérieure, ou simplement le fait que la personne a été vaccinée et qu'elle est immunisée contre la maladie.
10. Le diagnostic de laboratoire repose sur la présence de bacilles acido-alcoolo-résistants et sur l'isolement de la bactérie, laquelle requiert jusqu'à huit semaines d'incubation.
11. *Mycobacterium bovis* est responsable de la tuberculose bovine et se transmet aux humains par l'intermédiaire de lait non pasteurisé.
12. Les infections à *M. bovis* touchent généralement les os et le système lymphatique.
13. Le vaccin antituberculeux BCG est constitué d'une culture vivante avirulente de *M. bovis*.
14. Le complexe *M. avium-intracellulare* infecte les personnes atteintes du SIDA à un stade avancé.

### Les pneumonies bactériennes (p. 736-740)

1. La pneumonie typique est causée par *S. pneumoniæ*.
2. Les pneumonies atypiques sont dues à d'autres microorganismes.

#### *La pneumonie à pneumocoques* (p. 736-737)

1. La pneumonie à pneumocoques est due à *Streptococcus pneumoniæ* encapsulé qui résiste à la phagocytose.
2. Les signes et symptômes comprennent de la fièvre, de la difficulté à respirer, des douleurs thoraciques et des crachats couleur rouille.
3. L'identification des bactéries se fait au moyen de la production d'$\alpha$-hémolysines, de l'inhibition par l'optochine, de la solubilité de la bile et de tests sérologiques.
4. Il existe un vaccin constitué de substance capsulaire purifiée provenant de 23 sérotypes différents de *S. pneumoniæ*.

#### *La pneumonie à* Hæmophilus influenzæ (p. 737)

1. L'alcoolisme, la malnutrition, le cancer et le diabète sont des facteurs prédisposants à la pneumonie à *H. influenzæ*.
2. *H. influenzæ* est un coccobacille à Gram négatif.

#### *La pneumonie à mycoplasmes* (p. 737)

1. La pneumonie à mycoplasmes, due à *Mycoplasma pneumoniæ*, est une maladie endémique. Elle est responsable de 20 % des cas de pneumonie, et est généralement traitée à la tétracycline.
2. *M. pneumoniæ* produit des colonies ayant un aspect « d'œuf frit » après une incubation de deux semaines sur un milieu de culture enrichi contenant du sérum de cheval et un extrait de levure.
3. Un des tests utilisés pour diagnostiquer la maladie repose sur l'augmentation du titre des anticorps IgM.

### *La légionellose* (p.737-738)

1. La légionellose est causée par un bacille aérobie à Gram négatif, *Legionella pneumophila.*
2. L'agent pathogène peut croître dans l'eau, par exemple dans les systèmes de climatisation, les humidificateurs, les baignoires à remous, et être ensuite disséminé dans l'air (transmission aérienne).
3. Cette forme de pneumonie ne semble pas être transmissible de personne à personne.
4. Le diagnostic de laboratoire se fait au moyen d'une culture bactérienne, par détection par les anticorps fluorescents (AF) et par des sondes d'ADN.

### *La psittacose (ornithose)* (p. 738-740)

1. *Chlamydia psittaci* se transmet par contact avec de la fiente ou des exsudats d'oiseaux contaminés.
2. Les corps élémentaires permettent à l'agent pathogène de la psittacose (ou ornithose) de survivre à l'extérieur de l'hôte.
3. Les personnes qui manipulent des oiseaux dans le cadre de leur travail sont les plus susceptibles de contracter la maladie.
4. On isole l'agent pathogène dans des œufs embryonnés, des souris ou des cultures cellulaires; la détermination de la bactérie repose sur des tests sérologiques.

### *La pneumonie à* Chlamydia (p. 740)

1. *Chlamydia pneumoniæ* provoque une forme de pneumonie qui se transmet de personne à personne.
2. Le diagnostic de laboratoire repose sur un test de l'absorption fluorescente des anticorps.

### *La fièvre Q* (p. 740)

1. La fièvre Q est due à *Coxiella burnetii,* un parasite intracellulaire obligatoire.
2. La maladie se transmet généralement aux humains par l'intermédiaire de lait non pasteurisé ou par l'inhalation d'aérosols présents dans les étables à vaches laitières.
3. Le diagnostic de laboratoire repose sur la culture de la bactérie dans des œufs embryonnés ou sur une culture cellulaire.

### *Autres pneumonies bactériennes* (p. 740)

1. Les bactéries à Gram positif susceptibles de provoquer une pneumonie comprennent *S. aureus* et *S. pyogenes.*
2. Les bactéries à Gram négatif responsables de pneumonies comprennent *M. catarrhalis, K. pneumoniæ* et les espèces de *Pseudomonas.*

## LES VIROSES DES VOIES RESPIRATOIRES INFÉRIEURES (p. 741-744)

### La pneumonie virale (p. 741-742)

1. Un certain nombre de virus sont susceptibles de provoquer une pneumonie en tant que complication d'une infection telle que la grippe.
2. La cause des pneumonies virales n'est généralement pas déterminée par les laboratoires cliniques parce que l'isolement et l'identification des virus posent des difficultés.

### *Le virus respiratoire syncytial* (p. 741-742)

Le virus respiratoire syncytial (VRS) est la cause la plus fréquente de pneumonie chez les jeunes enfants.

### La grippe (p. 742-744)

1. La grippe est due à *Influenzavirus*; elle est caractérisée par des frissons, de la fièvre, des maux de tête et des douleurs musculaires.
2. La membrane lipidique externe du virus porte des excroissances d'hémagglutinine (H) et de neuraminidase (N), appelées spicules.
3. On détermine les souches du virus grâce aux différences antigéniques des spicules H et N; on classe également les diverses souches en fonction des différences antigéniques des capsides (A, B et C).
4. On détermine les isolats viraux à l'aide de la réaction d'inhibition d'hémagglutination virale et de réactions d'immunofluorescence sur des anticorps monoclonaux.
5. Les mutations antigéniques qui modifient la nature antigénique des spicules H et N réduisent l'efficacité de l'immunité naturelle et de la vaccination. Les dérives antigéniques provoquent de légères variations antigéniques.
6. Les décès associés à des épidémies de grippe sont généralement dus à des infections bactériennes secondaires.
7. Il existe des vaccins polyvalents pour les personnes âgées et d'autres groupes à risque élevé.
8. L'amantadine et la rimantadine sont des médicaments efficaces pour prévenir et traiter les infections à *Influenzavirus* A.

## LES MYCOSES DES VOIES RESPIRATOIRES INFÉRIEURES (p. 744-749)

1. Les spores fongiques sont facilement inhalées; elles sont susceptibles de germer dans les voies respiratoires inférieures.
2. L'incidence des mycoses a augmenté au cours des dernières années; les mycoses sont des infections opportunistes.
3. L'amphotéricine B sert à traiter les mycoses décrites ci-dessous.

### L'histoplasmose (p. 744-745)

1. *Histoplasma capsulatum* provoque une infection pulmonaire subclinique qui évolue parfois vers une maladie systémique grave.
2. L'histoplasmose se contracte par inhalation de conidies présentes dans l'air.
3. L'isolement du mycète ou son identification dans des échantillons de tissus est essentiel pour poser un diagnostic.

### La coccidioïdomycose (p. 745-746)

1. L'inhalation d'arthroconidies de *Coccidioides immitis* risque de provoquer une coccidioïdomycose.

2. La majorité des cas sont subcliniques mais, en présence de facteurs prédisposants tels que la fatigue et la malnutrition, l'infection peut évoluer vers une maladie ressemblant à la tuberculose.

### La pneumonie à *Pneumocystis* (p. 746-747)

1. On trouve *Pneumocystis carinii* dans les poumons de personnes saines.
2. *Pneumocystis carinii* provoque des infections opportunistes chez les personnes immunodéprimées.
3. On utilise actuellement du triméthoprime ou de la pentamidine pour traiter la pneumonie à *Pneumocystis.*

### La blastomycose (nord-américaine) (p. 747-748)

1. *Blastomyces dermatitidis* est l'agent causal de la blastomycose.
2. L'infection débute dans les poumons et peut par la suite provoquer des abcès étendus dans d'autres parties du corps. Des abcès cutanés peuvent apparaître au niveau d'une lésion.

### Autres mycètes associés à des maladies respiratoires (p. 748)

1. Divers mycètes opportunistes sont susceptibles de provoquer des maladies respiratoires chez un hôte immunodéprimé, surtout si la quantité de spores inhalée est importante.
2. *Aspergillus, Rhizopus* et *Mucor* font partie de ces mycètes opportunistes.

## AUTOÉVALUATION

### RÉVISION

1. Les maladies des voies respiratoires se transmettent généralement par .
2. Décrivez les mécanismes qui font obstacle à la pénétration des microorganismes dans les voies respiratoires supérieures, et à l'infection des voies respiratoires inférieures.
3. En quoi la flore normale du système respiratoire participe-t-elle à la protection de l'organisme contre l'infection?
4. Décrivez les différences et les ressemblances entre la pneumonie à mycoplasmes et la pneumonie virale.
5. Comment contracte-t-on une otite moyenne? Quels sont les microorganismes fréquemment responsables de l'otite moyenne? Pourquoi est-il question d'otite moyenne dans un chapitre portant sur les maladies du système respiratoire?
6. Donnez les informations suivantes au sujet de la diphtérie: l'agent causal et son pouvoir pathogène, le réservoir, le mode de transmission, les signes, le traitement, la prévention et les populations à risque.
7. Nommez l'agent causal, les signes et le traitement de quatre viroses du système respiratoire, et indiquez si chacune atteint les voies respiratoires supérieures ou les voies respiratoires inférieures.
8. Donnez les informations suivantes au sujet de la tuberculose: l'agent causal et ses caractéristiques de virulence, le réservoir, le mode de transmission, les signes, le traitement, la prévention et les populations à risque.
9. Dans quelles conditions les mycètes *Aspergillus* et *Rhizopus* sont-ils susceptibles de causer des infections?
10. Est-il suffisant de poser un diagnostic de pneumonie pour entreprendre un traitement avec un agent antimicrobien? Justifiez brièvement votre réponse.
11. Nommez l'agent causal, le mode de transmission et les régions endémiques des maladies suivantes: l'histoplasmose, la coccidioïdomycose, la blastomycose et la pneumonie à *Pneumocystis.* Pourquoi ces infections sont-elles souvent dites «opportunistes»?
12. Décrivez brièvement le procédé et les résultats positifs d'un test à la tuberculine, et indiquez ce que signifie un test positif.
13. Expliquez l'augmentation de l'incidence du rhume par temps froid.

### QUESTIONS À CHOIX MULTIPLE

1. Un patient fait de la fièvre et il a de la difficulté à respirer; il se plaint de douleurs thoraciques, et ses alvéoles pulmonaires sont remplies de liquide. On a isolé des cocci à Gram positif dans ses crachats couleur rouille. Le patient, traité aux antibiotiques, souffre:
   **a)** d'une pneumonie à mycoplasmes.
   **b)** de la tuberculose.
   **c)** d'un rhume.
   **d)** d'une pneumonie à pneumocoques.
   **e)** de la grippe.
2. On n'a pas réussi à isoler d'agent pathogène des crachats d'un patient souffrant de pneumonie, et l'antibiothérapie n'a donné aucun résultat. On devrait:
   **a)** faire une culture pour *Mycobacterium tuberculosis.*
   **b)** faire une culture pour *Streptococcus pneumoniæ.*
   **c)** faire une culture pour des mycètes.
   **d)** modifier l'antibiothérapie.
   **e)** On ne peut rien faire d'autre

Associez les choix suivants aux descriptions de cultures données dans les questions 3 à 5.

**a)** *Chlamydia*
**b)** *Coccidioides*
**c)** *Histoplasma*
**d)** *Mycobacterium*
**e)** *Mycoplasma*

3. Une culture d'un prélèvement provenant d'un patient atteint de pneumonie ne semble pas se développer. Cependant, des colonies en forme d'œufs frits sont visibles si on examine la boîte de Petri avec un grossissement de 100×.

4. La détermination de la cause de cette forme de pneumonie requiert une culture cellulaire.

5. L'examen microscopique d'une biopsie pulmonaire révèle la présence de sphérules.

6. À San Francisco, 10 techniciens en hygiène vétérinaire présentent les premiers signes et symptômes d'une pneumonie 2 semaines après qu'on a installé 130 chèvres dans l'abri où ils travaillent. La maladie est causée par *Coxiella burnetii*. Lequel des énoncés suivants est *faux*?
   **a)** Le diagnostic devrait reposer sur une culture de crachats sur gélose au sang.
   **b)** Il s'agit d'un parasite intracellulaire obligatoire.
   **c)** La maladie est la fièvre Q.
   **d)** La maladie est transmise par des aérosols.
   **e)** L'inhalation de quelques agents pathogènes, voire d'un seul, suffit à provoquer l'infection.

7. Lequel des phénomènes suivants entraîne tous les autres lors d'une coqueluche?
   **a)** Le stade catarrhal
   **b)** La toux
   **c)** La mort des cellules ciliées
   **d)** L'accumulation de mucus
   **e)** Une cytotoxine trachéale

Associez les choix suivants aux énoncés des questions 8 à 10.
   **a)** *Bordetella pertussis*
   **b)** *Corynebacterium diphteriæ*
   **c)** *Legionella pneumophila*
   **d)** *Mycobacterium tuberculosis*
   **e)** Aucun des choix précédents

8. Microorganisme transmis par l'eau des climatiseurs et des humidificateurs.

9. Microorganisme responsable de la formation d'une membrane obstruant la gorge.

10. Microorganisme résistant à la destruction par des macrophagocytes.

## QUESTIONS À COURT DÉVELOPPEMENT

1. Faites la distinction entre *S. pyogenes* responsable de l'angine streptococcique et *S. pyogenes* responsable de la scarlatine.

2. Expliquez pourquoi le vaccin contre la grippe n'est pas toujours aussi efficace que les autres vaccins.

3. Expliquez pourquoi il n'est pas utile d'inclure des vaccins contre le rhume ou la grippe dans la vaccination de routine des enfants.

4. Quels liens pouvez-vous établir entre la maladie du légionnaire (légionellose) et les hôtels qui offrent à leur clientèle les plaisirs des baignoires à remous?

5. Donnez deux arguments qui démontrent que la pneumonie à *Pseudomonas* est une infection nosocomiale fréquente.

## APPLICATIONS CLINIQUES

*N. B. Certaines de ces questions nécessitent que vous cherchiez des réponses dans les différents chapitres du livre.*

1. Vous finissez votre stage en pédiatrie. Votre professeur vous soumet le cas d'un enfant de 4 ans atteint d'asthme sévère et hospitalisé parce qu'il présente depuis quatre jours une toux évolutive accompagnée, dans les deux derniers jours, d'accès de fièvre. On a obtenu une culture de cocci à Gram positif assemblés par paires à partir d'un échantillon de sang. Le diagnostic est une pneumonie à pneumocoques causée par *Streptococcus pneumoniæ*.

   Les parents de l'enfant sont inquiets car il s'agit de la troisième pneumonie en un an et demi; ils se demandent s'ils ne devraient pas retirer l'enfant de la nouvelle garderie dans laquelle ils l'ont placé. Vous devez leur expliquer pourquoi l'enfant est sensible à l'infection et pourquoi ils doivent être vigilants en regard de l'évolution de la pneumonie.

   Vous devez également faire un compte rendu aux autres stagiaires sur les liens entre le pouvoir pathogène de la bactérie, les dommages physiologiques qu'elle cause et le dysfonctionnement respiratoire de l'enfant. Vous devez aussi expliquer pourquoi une personne peut contracter plus d'une fois une telle pneumonie (*Indice*: voir les chapitres 14 et 15.)

2. Janie est une fillette de 3 ans qui fréquente la même garderie familiale que votre enfant durant la journée. Elle vient d'être admise au service de pédiatrie et on a diagnostiqué une coqueluche. Ses parents avaient d'abord cru à un mauvais rhume, mais les quintes de toux creuse et profonde de Janie, suivies de vomissements, les avaient inquiétés. Les services sociaux ont averti le personnel de la garderie. Vous craignez que votre enfant n'ait attrapé le microbe et le transmette à vos autres enfants, et vous décidez de vous informer sur la gravité de la maladie et sur sa contagiosité.

   Décrivez les liens qui existent entre le pouvoir pathogène de la bactérie, les dommages physiologiques qu'elle cause et le dysfonctionnement respiratoire de l'enfant.

   Expliquez pourquoi la garderie doit être avisée du cas de coqueluche. Avez-vous lieu de vous inquiéter si vos enfants ont reçu le vaccin DCT? Justifiez votre réponse. (*Indice*: voir les chapitres 14, 15 et 16.)

3. Au cours d'un stage de prévention des infections, on vous soumet la situation épidémiologique suivante. Sur une période de 6 mois, 72 membres du personnel d'une clinique présentent des résultats positifs à un test cutané à la tuberculine. On effectue une étude cas-témoin pour déterminer la (ou les) source(s) probable(s) de l'infection à *M. tuberculosis* dont souffrent les membres du personnel. On compare en tout 16 cas de la maladie et 34 cas-témoins dont le test à la tuberculine est négatif. Les résultats sont notés dans le tableau suivant. On vous demande de déterminer les sources les plus probables de l'infection. Que peut signifier un test cutané à la tuberculine positif? Pourquoi ne vaccine-t-on pas systématiquement toute la population contre la tuberculose? Si l'iséthionate de pentamidine n'est pas utilisée dans ce cas-ci pour traiter la tuberculose, quelle maladie cherchait-on probablement à combattre en administrant ce médicament? (*Indice*: voir le chapitre 18.)

| | Cas (%) | Cas-témoins (%) |
|---|---|---|
| ■ A travaillé au moins 40 heures par semaine | 100 | 62 |
| ■ A été en contact avec des patients | 94 | 94 |
| ■ Mangeait dans la salle de repos du personnel | 38 | 35 |
| ■ Réside à Montréal | 75 | 65 |
| ■ De sexe féminin | 81 | 77 |
| ■ Fumeur | 6 | 15 |
| ■ A été en contact avec une infirmière atteinte de tuberculose | 15 | 12 |
| ■ Était présent dans la pièce non ventilée où on a prélevé des échantillons de crachats dont l'analyse a révélé qu'ils étaient positifs pour la tuberculose | 13 | 8 |
| ■ Était présent dans la pièce où on a administré un traitement d'iséthionate de pentamidine en aérosol à des patients atteints de tuberculose | 31 | 3 |

4. Votre grand-mère habite dans une résidence pour personnes âgées. Elle se plaint qu'elle est souvent enrhumée depuis son arrivée. Les avis varient sur les causes de ces rhumes. Pour certains résidents, c'est parce qu'elle joue régulièrement aux cartes. Pour d'autres, c'est parce qu'elle est maintenant plus âgée et plus fragile. Pour d'autres encore, c'est parce que le chauffage est trop élevé dans la bâtisse. Votre grand-mère se demande si la vaccination contre la grippe la protégerait contre le rhume ou si la prise d'antibiotiques serait efficace. Vous décidez de lui rendre visite. Vous devez répondre aux questions qu'elle se pose quant aux modes de transmission du rhume et l'informer sur la façon de se soigner contre le rhume ou la grippe. (*Indice :* voir les chapitres 13 et 14.)

5. Au mois de mars, six membres d'une même famille ont présenté de la fièvre, de l'anorexie, des maux de gorge, de la toux, des maux de tête, des vomissements et des douleurs musculaires. Deux d'entre eux ont été hospitalisés, et l'état des six personnes s'est amélioré après une thérapie à la tétracycline. Les titres des anticorps d'échantillons de sérum prélevés en phase de convalescence ont été de 64 et de 32. La famille avait acheté une calopsitte élégante à la mi-février, et s'était rendu compte que la perruche était irritable. On a euthanasié l'oiseau en avril. La maladie dont souffrent les six membres de la famille est la psittacose. Décrivez dans l'ordre les différents éléments de la chaîne épidémiologique de cette maladie. Expliquez pourquoi les titres d'anticorps peuvent servir au diagnostic de la maladie. Recherchez des éléments d'information quant aux moyens de prévention qui peuvent être utiles pour protéger la santé de la population. (*Indice :* voir les chapitres 14 et 18.)

6. Au mois d'août, Christophe, un jeune homme de 24 ans, revient d'un séjour en Californie où il a traversé à pied des régions arides et poussiéreuses. Au mois de septembre, il se sent fatigué et courbaturé et constate qu'il a perdu du poids ; il tousse et a de la difficulté à respirer. Lors de sa première évaluation médicale, le médecin observe des infiltrats au niveau des deux lobes pulmonaires. Il pense qu'il peut s'agir d'une pneumonie typique et prescrit à Christophe des antibiotiques pour une période de 15 jours. Toutefois, il n'a pas attendu d'avoir confirmation de son diagnostic à partir de cultures pour bactéries. En décembre, les signes et symptômes de Christophe se sont aggravés ; le médecin décèle une masse laryngée et évoque la possibilité d'un cancer du larynx, mais un traitement aux stéroïdes ne donne aucun résultat. Finalement, au mois de janvier, une biopsie pulmonaire et une laryngoscopie révèlent la présence de tissu granuleux diffus. On administre de l'amphotéricine B à Christophe, qui quitte l'hôpital 5 jours plus tard. Il souffrait de coccidioïdomycose. Énumérez les causes qui ont entraîné les retards dans le bon diagnostic. Pour quelle raison les antibiotiques n'ont-ils pas agi contre le microbe responsable ? En quoi les informations sur le voyage en Californie auraient-elles été utiles pour poser le diagnostic ? (*Indice :* voir les chapitres 12 et 20.)

7. Lors d'une formation sur les soins à donner aux patients ayant subi une greffe, on vous soumet un article tiré d'une revue médicale. Il y est mentionné que, moins d'un an après avoir subi une greffe de rein réalisée avec un organe provenant d'un même donneur, les deux receveurs ont présenté une histoplasmose. Les receveurs n'ont jamais été en contact l'un avec l'autre et ne se sont jamais rendus dans la région où l'histoplasmose est endémique. Le typage moléculaire révèle que les isolats de *Histoplasma capsulatum* sont les mêmes chez les deux receveurs. (Source : *New England Journal of Medicine,* vol. 343, n° 16, 19 octobre 2000.)

   Rassemblez les données qui permettent d'établir un lien entre la maladie, la greffe d'organe et la possibilité que les personnes atteintes se soient trouvées dans une situation favorisant l'infection. (*Indice :* voir le chapitre 19.)

   Si le donneur est un zoologiste s'occupant de chauves-souris, son emploi peut-il être en lien avec la maladie ? Justifiez votre réponse.

# Chapitre 25 Les maladies infectieuses du système digestif

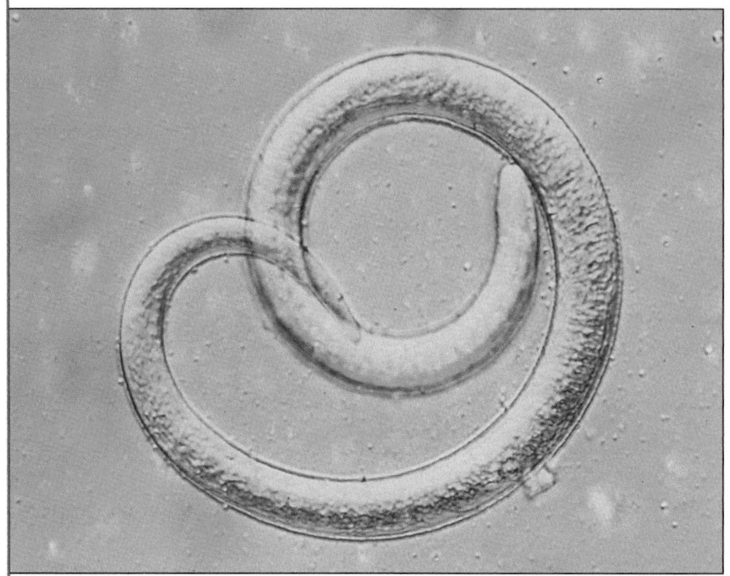

*Le ver* Trichinella spiralis *à l'état adulte. Ces petits vers d'environ 1 mm de long produisent des larves qui s'enkystent dans les muscles. En grand nombre, ces larves causent la trichinose.*

Les maladies infectieuses du système digestif font partie, avec les maladies respiratoires, des affections les plus courantes en Amérique du Nord. La plupart de ces maladies résultent de l'absorption d'eau ou de nourriture contaminées par des microorganismes pathogènes ou leurs toxines ; les symptômes caractéristiques consistent en l'apparition de troubles gastro-intestinaux plus ou moins sévères accompagnés ou non de malaises généraux. Les agents pathogènes aboutissent habituellement dans les aliments ou dans les réservoirs d'eau après avoir séjourné dans les fèces de personnes ou d'animaux préalablement infectés. Ainsi, les maladies infectieuses du système digestif se propagent typiquement par *transmission orofécale*. La manipulation hygiénique des aliments, l'épuration des eaux usées et la désinfection de l'eau potable sont des facteurs qui ont contribué à briser ce cycle. Toutefois, la production de nos aliments – en particulier les fruits et les légumes – par des pays aux conditions sanitaires précaires laisse présager une augmentation des épidémies de maladies dues à des aliments contaminés par des agents pathogènes importés.

À la fin du chapitre, le tableau 25.2 présente une récapitulation, par ordre taxinomique, des maladies infectieuses décrites ici.

## La structure et les fonctions du système digestif

### Objectifs d'apprentissage

- *Nommer les structures du système digestif qui entrent en contact avec l'eau et les aliments.*
- *Décrire des mécanismes de protection qui s'opposent à l'entrée des microorganismes dans le système digestif.*

Le **système digestif** est divisé en deux principaux groupes d'organes (figure 25.1) : les organes du tube digestif et les organes digestifs annexes. Le *tube digestif* ou *canal alimentaire* est essentiellement une structure en forme de tube comprenant la bouche (cavité orale), le pharynx (gorge), l'œsophage, l'estomac, l'intestin grêle et le gros intestin. L'autre groupe comprend les *organes digestifs annexes*, c'est-à-dire les dents, la langue, les glandes salivaires, le foie, la vésicule biliaire et le pancréas. À l'exception des dents et de la langue, les organes annexes se trouvent à l'extérieur du tube digestif et sécrètent des substances qui y sont déversées par le biais de conduits ou de canaux.

Le système digestif a pour rôle de digérer les aliments, c'est-à-dire de les dégrader en molécules assez petites pour

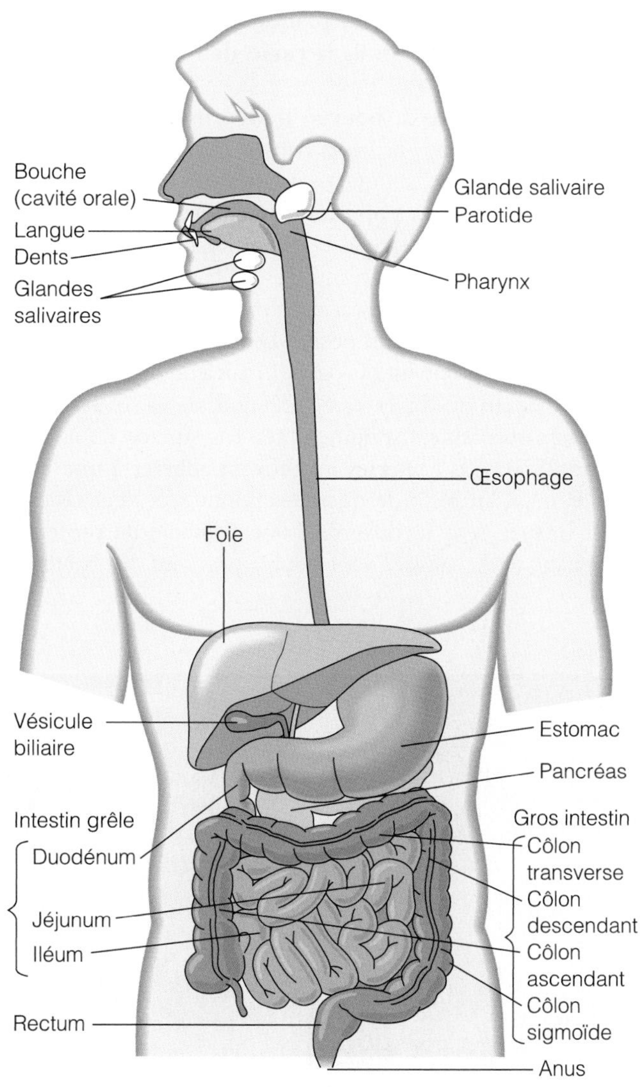


**FIGURE 25.1 Le système digestif humain.**

■ Comment distingue-t-on le tube digestif des organes digestifs annexes ?

que les cellules de l'organisme puissent les utiliser. Au cours d'un processus appelé *absorption*, ces produits ultimes de la digestion – les nutriments – passent de l'intestin grêle au sang ou à la lymphe, qui les distribuent aux cellules. Puis, la nourriture se déplace dans le gros intestin d'où l'eau, les vitamines et des nutriments sont aussi absorbés. Durant le cours moyen d'une vie humaine, environ 25,4 tonnes métriques de nourriture transitent par le système digestif. Les matières solides non digérées, appelées *fèces* ou *selles*, sont éliminées du corps par l'anus. Les gaz intestinaux, ou *flatulences*, sont constitués d'un mélange d'azote provenant d'une part d'air avalé et d'autre part de dioxyde de carbone, d'hydrogène et de méthane produits par les microbes. En moyenne, le corps humain émet entre 0,5 et 2,0 litres de flatulences par jour.

Chez une personne en bonne santé, des mécanismes de défense s'opposent à l'implantation et/ou à l'envahissement du tube digestif par des microorganismes potentiellement pathogènes qui se heurtent en tout premier lieu à la barrière anatomique des cellules qui composent la muqueuse digestive. À cette action mécanique, s'ajoutent les effets des substances antimicrobiennes libérées dans les cavités, telles que l'HCl sécrété dans l'estomac, le lysozyme de la salive dans la bouche et les sucs digestifs dans l'estomac et les intestins. Dans l'épaisseur de la muqueuse, en particulier dans celle de l'intestin grêle, et dans les tissus lymphoïdes tels que les tonsilles (amygdales) et l'appendice vermiforme, se trouvent des follicules lymphatiques qui produisent des macrophagocytes, des lymphocytes T et des anticorps de type IgA, et les libèrent dans la lumière du tube digestif (voir au chapitre 17, p. 537, la section sur les éléments de l'immunité cellulaire). L'action combinée de ces mécanismes de défense à la fois non spécifiques et spécifiques assure à l'organisme une protection contre l'agression des microbes ou de leurs toxines, qui sont ingérés en même temps que la nourriture et l'eau ; la réussite mène au maintien de l'homéostasie. Toutefois, ces mécanismes peuvent être déjoués lorsque des toxines ou des microorganismes résistants passent outre les lignes de défense de l'organisme.

## La flore normale du système digestif

### Objectifs d'apprentissage

- *Donner des exemples de la flore colonisant chacune des parties du tube digestif.*
- *Décrire les rôles de la flore normale intestinale.*

Un grand nombre de bactéries colonisent la plus grande partie du système digestif. Dans la bouche, la surface des muqueuses buccale et linguale de même que la surface des dents offrent des conditions de croissance favorables aux bactéries aérobies, alors que les crevasses, plus profondes, présentes sur la couronne et le collet des dents offrent plutôt des conditions de croissance favorables aux bactéries anaérobies. Chaque millilitre de salive peut contenir des millions de bactéries. L'estomac et l'intestin grêle abritent relativement peu de bactéries, d'une part à cause de la sécrétion de chlorure d'hydrogène (HCl) par l'estomac et, d'autre part, à cause de la progression rapide des aliments dans l'intestin grêle. Seules les espèces bactériennes capables de s'agripper à la muqueuse peuvent y vivre. Par contre, le gros intestin possède une énorme population microbienne s'élevant à plus de 100 milliards de bactéries par gramme de fèces ; leur croissance est favorisée par un ralentissement du péristaltisme, une grande quantité de fibres de cellulose et un pH légèrement alcalin. Les bactéries du gros intestin constituent jusqu'à 40 % de la masse fécale totale. La population bactérienne se compose principalement de bactéries anaérobies appartenant aux genres *Lactobacillus* et *Bacteroides* et de bactéries anaérobies facultatives telles que *Escherichia coli*, *Enterobacter*, *Klebsiella* et *Proteus* spp. Chez le nourrisson et l'enfant, la population de *Bifidobacterium bifidus* peut être importante ;

elle a toutefois tendance à diminuer, voire à disparaître chez l'adulte. La majorité de ces bactéries participent à la dégradation enzymatique des déchets du métabolisme, tels que le cholestérol. Certaines d'entre elles synthétisent des acides aminés, des acides gras et des vitamines, telle la vitamine K, utiles à l'organisme. À côté de ces bénéfices métaboliques, les microorganismes de la flore normale intestinale jouent un rôle primordial en s'opposant à l'implantation d'agents pathogènes par le processus d'antagonisme microbien, aussi appelé effet barrière.

# Les bactérioses de la bouche

### Objectifs d'apprentissage

- *Décrire le rôle de la salive dans la protection des dents contre la carie.*
- *Décrire le mécanisme physiopathologique qui conduit à la formation de la carie dentaire et à la parodontite.*
- *Décrire le rôle du saccharose dans la prévalence des caries dentaires.*

La bouche constitue l'entrée du système digestif; elle offre un environnement propice à la vie d'une population microbienne nombreuse et variée.

## La carie dentaire

Les dents ne ressemblent à aucune autre structure externe du corps. Elles sont dures et ne perdent pas leurs cellules de surface (figure 25.2). Cette caractéristique favorise l'accumulation de microorganismes et des substances qu'ils sécrètent.

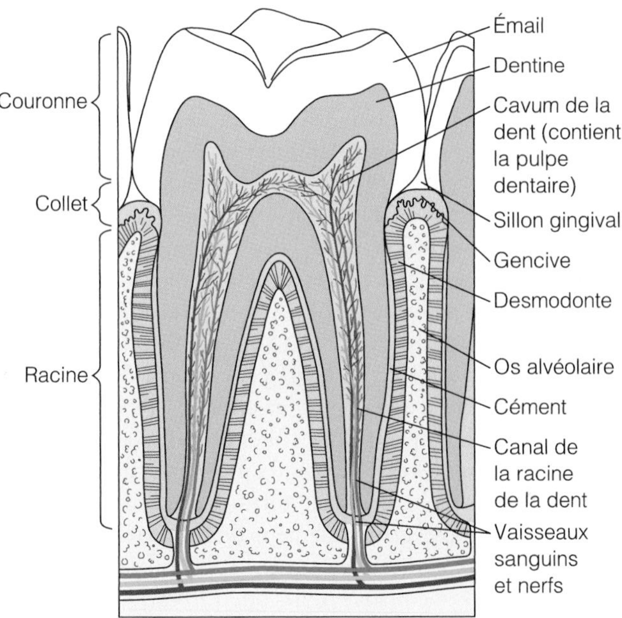


FIGURE 25.2 **Dent humaine saine.**

Cette accumulation, appelée **plaque dentaire,** influe grandement sur la formation de la **carie dentaire,** c'est-à-dire la détérioration de la dent.

Les bactéries de la bouche transforment le saccharose et les autres glucides présents dans la salive en acides – en particulier en acide lactique –, ces substances qui attaquent l'émail de la dent. La population microbienne située sur la dent et au voisinage de celle-ci est très variée. À ce jour, plus de 300 espèces ont été déterminées. La bactérie la plus *cariogène*, c'est-à-dire causant la carie, est probablement *Streptococcus mutans*, un coccus à Gram positif. D'autres espèces de streptocoques sont également cariogènes, mais à un degré moindre.

La formation de la carie dépend de la fixation de *S. mutans* ou d'autres streptocoques à la surface de la dent (figure 25.3). Ces bactéries ne peuvent adhérer à une dent propre, mais, au bout de quelques minutes, la dent récemment brossée sera recouverte d'une pellicule de protéines provenant de la salive. Deux heures plus tard, les bactéries

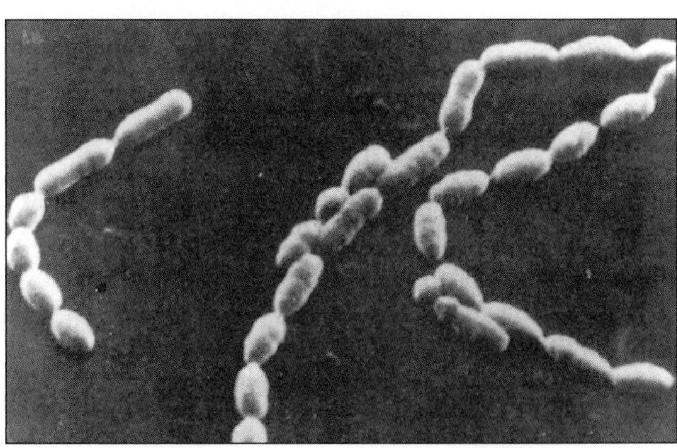


**a)** *S. mutans* en culture dans un bouillon nutritif avec glucose.

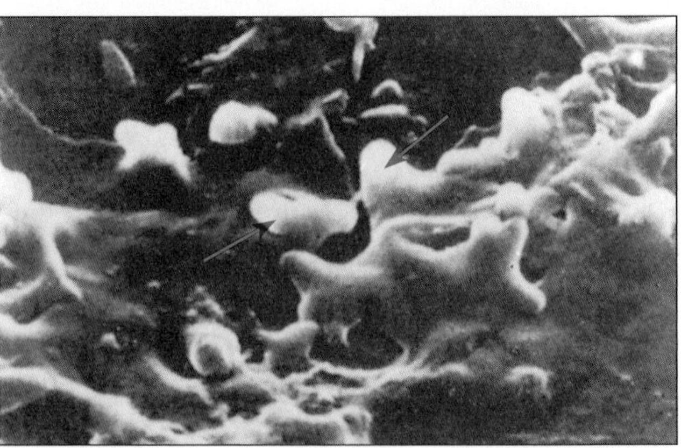


**b)** *S. mutans* croissant dans un bouillon nutritif avec saccharose ; notez l'accumulation de dextran. Les flèches indiquent les cellules de *S. mutans*.

FIGURE 25.3 **Rôle de *Streptococcus mutans* et du saccharose dans la formation de la carie dentaire.**

- Qu'est-ce que la plaque dentaire ?

cariogènes sont bien ancrées à cette pellicule et commencent à fabriquer un polymère de glucose collant appelé *dextran* (figure 25.3b). Pour produire le dextran, la bactérie hydrolyse d'abord le saccharose en ses monosaccharides, soit en fructose et en glucose. Puis une enzyme assemble les molécules de glucose pour composer le dextran autour de la bactérie, l'isolant ainsi dans une sorte de capsule ; c'est l'accumulation de bactéries et de dextran sur la dent qui forme la plaque dentaire. Les molécules de fructose résiduelles constituent la source principale de glucides qui sont transformés en acide lactique.

La population bactérienne de la plaque dentaire est surtout composée de streptocoques et de bactéries filamenteuses appartenant au genre *Actinomyces.* (Notons qu'il existe ici une coopération microbienne entre ces deux types de bactéries ; *Actinomyces* adhère aux streptocoques déjà fixés aux dents.) Lorsqu'elle n'est pas retirée par un brossage efficace et l'utilisation de la soie dentaire, la plaque dentaire s'accumule et se calcifie pour former le *tartre dentaire. S. mutans* colonise de préférence les endroits protégés contre les effets mécaniques de la mastication et contre les effets de rinçage de la salivation et des liquides ingérés chaque jour. Dans ces endroits, tels que les sillons gingivaux par exemple, la plaque peut mesurer plusieurs centaines de cellules d'épaisseur. Étant donné que la plaque est peu soluble dans la salive, l'acide lactique sécrété par la bactérie n'est pas dilué ni neutralisé, d'où son effet dévastateur sur l'émail de la dent sur lequel la plaque adhère.

Bien qu'elle contienne des nutriments favorisant la croissance bactérienne, la salive renferme également des substances antimicrobiennes, telles que le lysozyme, qui protège les parties exposées de la dent. Le *fluide creviculaire* joue aussi un rôle protecteur ; il s'agit d'un exsudat tissulaire qui s'écoule vers le sillon gingival (figure 25.2) et dont la composition s'apparente plus à celle du sérum qu'à celle de la salive. Le fluide creviculaire protège la dent à la fois par son pouvoir nettoyant et par son contenu riche en cellules phagocytaires et en anticorps sécrétoires de type IgA.

L'acide lactique produit localement dans les dépôts de plaque dentaire amollit graduellement l'*émail* à la surface de la dent. Un émail à faible teneur en fluor est plus sensible à l'action de l'acide. C'est la raison pour laquelle l'eau de certaines municipalités et certains dentifrices sont fluorés.

La figure 25.4 schématise les différentes étapes de la formation de la carie. Si la carie de l'émail n'est pas traitée, les bactéries peuvent pénétrer à l'intérieur de la dent. La population bactérienne responsable de la propagation de la carie de l'émail à la *dentine* se distingue grandement de celle qui est responsable de la formation de la carie. Dans cette population, les microorganismes dominants sont des bâtonnets à Gram positif et des bactéries filamenteuses. Les bactéries *S. mutans* ne sont présentes qu'en petit nombre. Quant à *Lactobacillus* spp., que l'on tenait autrefois responsable de la carie dentaire, on sait maintenant qu'il ne joue aucun rôle dans l'apparition du processus cariogène. Cependant, il sécrète de l'acide lactique en abondance et fait considérablement progresser l'évolution de la carie, une fois qu'elle s'est implantée.

La région cariée finit par atteindre le cavum de la dent, cavité qui renferme la *pulpe dentaire* ; la pulpe dentaire est composée de tissus conjonctifs, de vaisseaux sanguins et de neurofibres (nerfs).

Tous les microorganismes, ou presque, de la flore microbienne de la bouche peuvent être responsables de l'infection de la pulpe ou de la racine d'une dent. Lorsque ces régions sont atteintes, on a recours à un traitement de canal ou *traitement radiculaire* pour éliminer les tissus infectés ou morts et pour introduire les agents antimicrobiens qui empêcheront une récidive de l'infection. Si elle n'est pas traitée, l'infection s'étend de la dent aux tissus mous, produisant alors des abcès dentaires dus à la présence d'un mélange de plusieurs populations bactériennes composées de nombreux microbes anaérobies. Le traitement de ces abcès, de même que la plupart des autres infections de tissus mous dentaires, fait appel à la pénicilline et à ses dérivés.

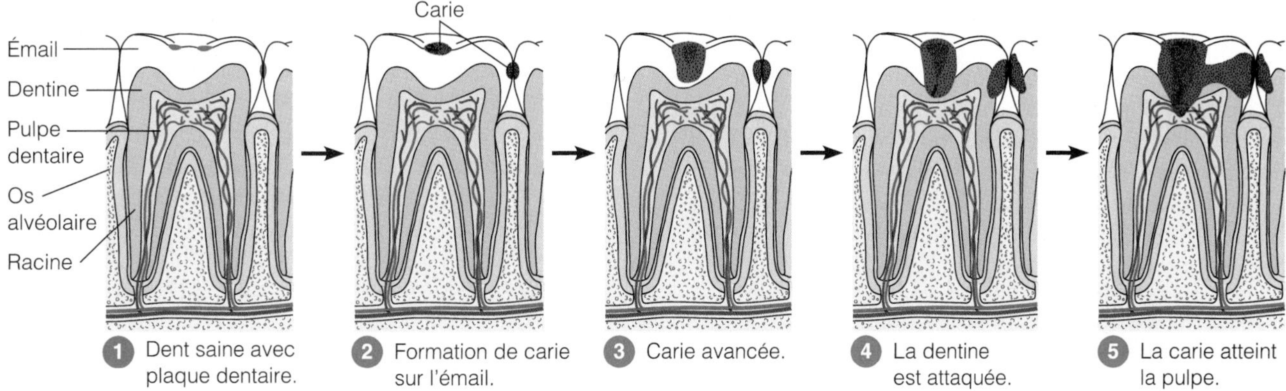


**FIGURE 25.4 Évolution de la carie dentaire.** ❶ Dent avec des dépôts de plaque dentaire (points bleus) dans les régions difficiles à nettoyer. ❷ La formation de la carie dentaire débute avec une attaque de l'émail par les acides sécrétés par les bactéries. ❸ La carie progresse dans l'émail. ❹ La détérioration atteint la dentine. ❺ La pulpe dentaire est attaquée et un abcès peut se former dans les tissus mous entourant la dent.

Bien qu'elle soit probablement une des maladies infectieuses humaines les plus courantes aujourd'hui, la carie dentaire a été très rare en Occident jusque vers le XVII$^{e}$ siècle. En examinant des squelettes fort anciens, on s'est aperçu que 10 % seulement des dents étaient cariées. Il existe une forte corrélation entre l'introduction du sucre, ou saccharose, dans l'alimentation et la prévalence actuelle de la carie dentaire en Occident. Des études ont montré que le saccharose, un disaccharide composé de glucose et de fructose, est beaucoup plus cariogène que les deux glucides pris individuellement (figure 25.3). Les personnes dont le régime est riche en amidon (un polysaccharide du glucose) ont moins de caries, sauf si le saccharose fait aussi partie de leur alimentation. Le rôle des bactéries dans la carie dentaire a été démontré au cours d'expériences effectuées sur des animaux axéniques (sans bactéries). Ces animaux ne présentent pas de caries même s'ils sont nourris avec des aliments riches en saccharose.

Le saccharose est omniprésent dans l'alimentation occidentale. Cependant, si le saccharose est ingéré seulement aux heures régulières des repas, les mécanismes de protection et de réparation de l'organisme sont habituellement capables de le combattre de manière efficace. C'est le sucre pris entre les repas qui est le plus dommageable pour les dents. Les sucres-alcools, tels que le mannitol, le sorbitol et le xylitol, ne sont pas cariogènes ; le xylitol semble inhiber le métabolisme des glucides chez *S. mutans*. C'est pourquoi on ajoute ces sucres aux bonbons et gommes à mâcher dits « sans sucre ».

Il est clair que la meilleure façon d'empêcher la carie est de réduire au minimum l'ingestion de saccharose, de se brosser les dents et d'utiliser le fil dentaire quotidiennement, et de se faire nettoyer régulièrement les dents par un hygiéniste dentaire. Parmi les rince-bouche les plus efficaces pour empêcher la formation de la plaque dentaire ou la réduire, on compte ceux à base de chlorhexidine. Toutefois, le brossage et le passage du fil dentaire sont encore les moyens de prévention à privilégier. Dans la Chine ancienne, on se rinçait la bouche avec de l'urine humaine en vue d'améliorer l'hygiène buccale. Bien que l'urine tende à diminuer l'acidité, nous ne conseillons pas le recours à cette mesure préventive !

## La parodontose

Même les personnes qui ont une bonne hygiène dentaire et évitent la formation de carie peuvent, sur le tard, perdre leurs dents à cause d'une **parodontose**. Ce terme regroupe toutes les maladies se caractérisant par une inflammation (parodontite) et une détérioration des tissus de soutien de la dent – le *parodonte,* qui comprend les gencives, le desmodonte, le cément et l'os (figure 25.5). La racine dentaire est protégée par un revêtement de tissu conjonctif spécialisé appelé *cément*. À mesure que la gencive se rétracte avec l'âge, la formation de caries sur le cément devient plus courante. La parodontose est une affection qui conduit à la destruction et à la chute de la dent.

### La gingivite

Dans beaucoup de cas de parodontose, l'infection se limite aux gencives. L'inflammation qui en résulte, la **gingivite**, se manifeste par un saignement des gencives lors du brossage des dents (figure 25.5). À peu près tout le monde connaît cette affection à un moment ou à un autre. Il a été démontré expérimentalement que la gingivite apparaît en quelques semaines si on cesse le brossage des dents et que la plaque s'accumule. Au cours de ce type d'infection, une panoplie de streptocoques, d'actinomycètes et de bactéries à Gram négatif anaérobies prédominent dans la flore. Leurs toxines irritent la gencive, causant la gingivite.

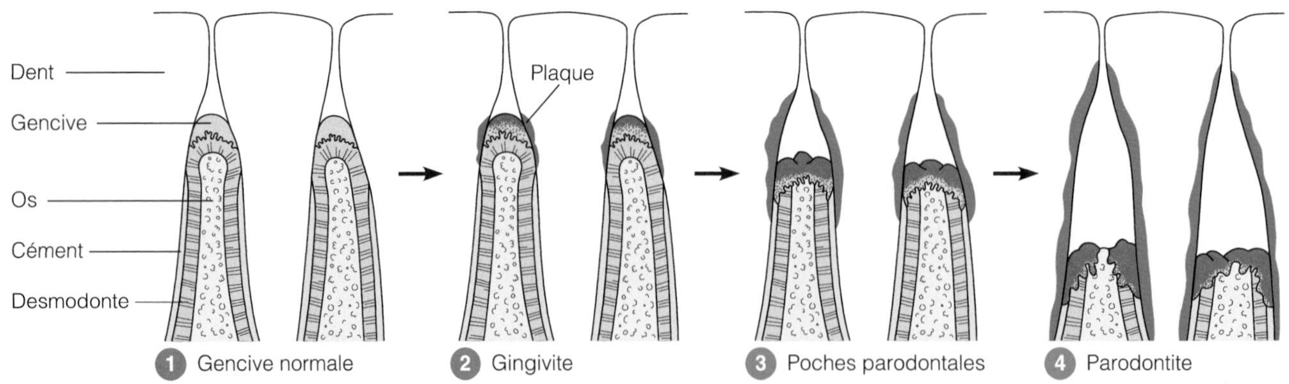


**FIGURE 25.5 Évolution de la parodontite.** ❶ Dent solidement ancrée dans un os et une gencive saines. ❷ Les toxines de la plaque irritent la gencive, ce qui cause la gingivite. ❸ Des poches parodontales se forment à mesure que la dent se déchausse. ❹ La gingivite évolue en parodontite. Les toxines détruisent la gencive et l'os qui soutiennent la dent et le cément qui protège la racine.

■ La parodontose regroupe les affections caractérisées par une inflammation et une détérioration des tissus de soutien de la dent.

### La parodontite

La gingivite peut évoluer en une inflammation chronique nommée **parodontite**, responsable de près de 10% des pertes de dents chez les adultes d'un certain âge. Cette maladie insidieuse n'engendre généralement que peu d'inconvénients. Les gencives sont rouges et saignent à la moindre occasion. Parfois, du pus se forme dans les poches entourant les dents (poches parodontales, figure 25.5). À mesure que l'infection progresse, l'extrémité de la racine est touchée. L'os et les tissus de soutien des dents sont détruits, les dents deviennent mobiles et finissent par tomber. Beaucoup de bactéries d'espèces différentes, en particulier les espèces de *Porphyromonas*, se rencontrent lors de ces infections; les tissus sont endommagés par la réaction inflammatoire due à la présence des bactéries. Le traitement de la parodontite fait appel soit à une chirurgie éliminant les poches parodontales, soit à des techniques de nettoyage spécialisées de la portion de la dent habituellement protégée par la gencive.

La **gingivite ulcéronécrosante aiguë**, aussi appelée **angine de Vincent**, est l'une des infections graves de la bouche les plus courantes. La douleur occasionnée par cette maladie rend la mastication difficile. Une haleine fétide (halitose) accompagne l'infection. Parmi les bactéries le plus souvent associées à cette infection, on compte *Prevotella intermedia*, qui constitue près de 24% des isolats. Étant donné que ces agents pathogènes sont d'ordinaire anaérobies, le traitement fait appel à des agents oxydants, au débridement et à l'administration de métronidazole. L'effet de ces traitements est toutefois momentané.

## Les bactérioses des voies digestives inférieures

**Objectifs d'apprentissage**

- *Définir l'infection intestinale et l'intoxication alimentaire.*
- *Décrire l'épidémiologie des maladies bactériennes suivantes, et notamment le pouvoir pathogène des agents en cause, leurs réservoirs, leurs modes de transmission, leurs portes d'entrée ainsi que les facteurs prédisposants de l'hôte réceptif: intoxication alimentaire par* Staphylococcus aureus, *shigellose, salmonellose, fièvre typhoïde, choléra, gastroentérite à* E. coli, *gastroentérite à* Campylobacter *et ulcère gastroduodénal.*
- *Relier les maladies infectieuses citées aux mécanismes physiopathologiques qui conduisent à l'apparition des principaux signes de ces maladies.*
- *Relier les maladies infectieuses citées à des moyens de prévention, à une thérapeutique et à des épreuves de diagnostic (s'il y a lieu).*

Les maladies touchant le système digestif sont essentiellement de deux types: les infections et les intoxications. On confond souvent ces maladies du système digestif avec les indigestions d'origine alimentaire.

Une **infection** survient lorsqu'un agent pathogène pénètre à l'intérieur du tube digestif et s'y multiplie. Les microorganismes peuvent s'installer sur la muqueuse intestinale et y croître, ou bien la traverser pour migrer vers d'autres organes internes. Les infections se caractérisent par un délai dans l'apparition du trouble gastro-intestinal, au cours duquel l'agent pathogène prolifère ou cause des dommages au tissu atteint. On observe également de la fièvre, qui constitue l'une des réponses habituelles du corps à un agent infectieux.

Certains agents pathogènes entraînent la maladie en sécrétant des toxines qui perturbent l'activité du tube digestif. L'**intoxication** résulte de l'ingestion de telles toxines préformées. La plupart des intoxications, comme celles causées par *Staphylococcus aureus,* s'accompagnent d'une apparition soudaine – généralement dans les heures qui suivent – de signes révélant un trouble gastro-intestinal. D'ordinaire, la fièvre ne fait pas partie des signes.

Les infections et les intoxications provoquent souvent des *diarrhées,* dont nous avons tous souffert un jour. Les diarrhées sévères sanglantes ou acccompagnées de mucus s'appellent **dysenteries.** Ces deux types de maladies du système digestif se caractérisent également par des *crampes abdominales,* des *nausées* et des *vomissements.* Ces différentes manifestations cliniques engendrent habituellement des pertes liquidiennes responsables de perturbations physiologiques et métaboliques importantes, telles que la chute de la pression artérielle et des déséquilibres électrolytiques et acidobasiques. La diarrhée et le vomissement constituent des mécanismes de défense par lesquels le corps se débarrasse d'éléments nuisibles pour sa santé. Toutefois, du point de vue microbien, l'expulsion de vomis par la bouche et l'excrétion de fèces contaminées par l'anus sont deux voies d'échappement extrêmement efficaces pour la transmission de l'agent pathogène.

Le terme **gastroentérite** s'applique aux maladies s'accompagnant d'une inflammation des muqueuses de l'estomac et de l'intestin. Le botulisme constitue une catégorie d'intoxication à part, car la toxine préformée agit sur le système nerveux et non pas sur le tube digestif (chapitre 22, p. 669).

Dans les pays en voie de développement, la diarrhée est la principale cause de mortalité infantile. Environ 1 enfant sur 10 en meurt avant d'atteindre l'âge de 5 ans. La diarrhée nuit également à l'absorption des nutriments de la nourriture ingérée et à la croissance des enfants survivants.

Plusieurs agents pathogènes provoquent la diarrhée. La plupart du temps, les rotavirus en sont responsables, mais les bactéries *E. coli* entérotoxigènes et *Shigella* ont également été retrouvées dans les isolats. On estime que la mortalité infantile due à cette affection pourrait être réduite de moitié par une *thérapie de réhydratation orale.* En général, ce traitement consiste à administrer au patient une solution de chlorure de sodium, de chlorure de potassium, de glucose et de bicarbonate de soude dans le but de remplacer les électrolytes et les liquides perdus. Ces solutions sont vendues au rayon des produits pour enfants de nombreux magasins.

Le meilleur moyen d'éviter les infections et les intoxications alimentaires repose sur la conservation adéquate des aliments. On appelle **chaîne du froid** le maintien à basse température des aliments réfrigérés afin de limiter la propagation des microorganismes.

## L'intoxication alimentaire (toxicose alimentaire) par les staphylocoques

L'**intoxication alimentaire par les staphylocoques** qui survient lors de l'ingestion d'entérotoxines produites par *S. aureus*, est la principale cause des gastroentérites. Les staphylocoques résistent relativement bien au stress environnemental (voir les pages 350-351). Ils réagissent également assez bien à la chaleur et peuvent tolérer une température de 60 °C pendant une demi-heure. Leur résistance à la sécheresse et aux rayonnements favorise leur survie sur l'épiderme. Grâce à leur résistance à des pressions osmotiques élevées, ils peuvent croître sur des aliments comme le jambon fumé, contrairement à leurs compétiteurs dont la croissance est inhibée par les sels.

*S. aureus* colonise souvent les voies nasales, endroit accessible aux doigts qui se contaminent ainsi facilement. Des lésions cutanées sur les mains peuvent être infectées de la sorte. C'est par l'intermédiaire des mains que la nourriture est contaminée. Si on les laisse incuber dans la nourriture, état appelé **rupture dans la chaîne du froid,** les bactéries vont proliférer et libérer des entérotoxines. Cette série d'événements, qui conduit aux épidémies d'intoxication par les staphylocoques, est illustrée à la figure 25.6.

*S. aureus* sécrète plusieurs toxines qui endommagent les tissus, ce qui augmente la virulence de la bactérie. La production de la toxine du type sérologique A, responsable de la plupart des cas d'intoxication, est souvent corrélée avec la production d'une enzyme coagulant le plasma sanguin. De telles bactéries sont dites *à coagulase positive*; la présence de l'enzyme concourt à déterminer les types de bactéries susceptibles d'être virulentes. Cette virulence accrue des souches de *S. aureus* productrices d'entérotoxines et de coagulase serait due à la présence d'un plasmide qui possède les gènes responsables de leur synthèse (chapitre 15).

En général, une population d'environ 1 million de bactéries par gramme d'aliment produit assez d'entérotoxines pour causer la maladie. La croissance de *S. aureus* se trouve favorisée après l'élimination ou l'inhibition des bactéries compétitrices – par exemple, par la cuisson, par une pression osmotique plus élevée ou par un taux d'humidité faible. Contrairement aux autres bactéries, *S. aureus* a tendance à proliférer dans ces conditions.

La crème pâtissière, les tartes à la crème et le jambon sont des exemples d'aliments à haut risque. Dans la crème pâtissière, la population des microorganismes compétiteurs est réduite à cause de la pression osmotique élevée du sucre et à cause de la cuisson. Dans le jambon, elle est inhibée par les agents de saumurage tels que les sels et les agents de conservation. Les produits à base de volaille peuvent aussi héberger des staphylocoques s'ils sont manipulés et laissés à la température ambiante. En raison de leur incapacité à entrer en compétition avec les nombreux microorganismes présents dans la

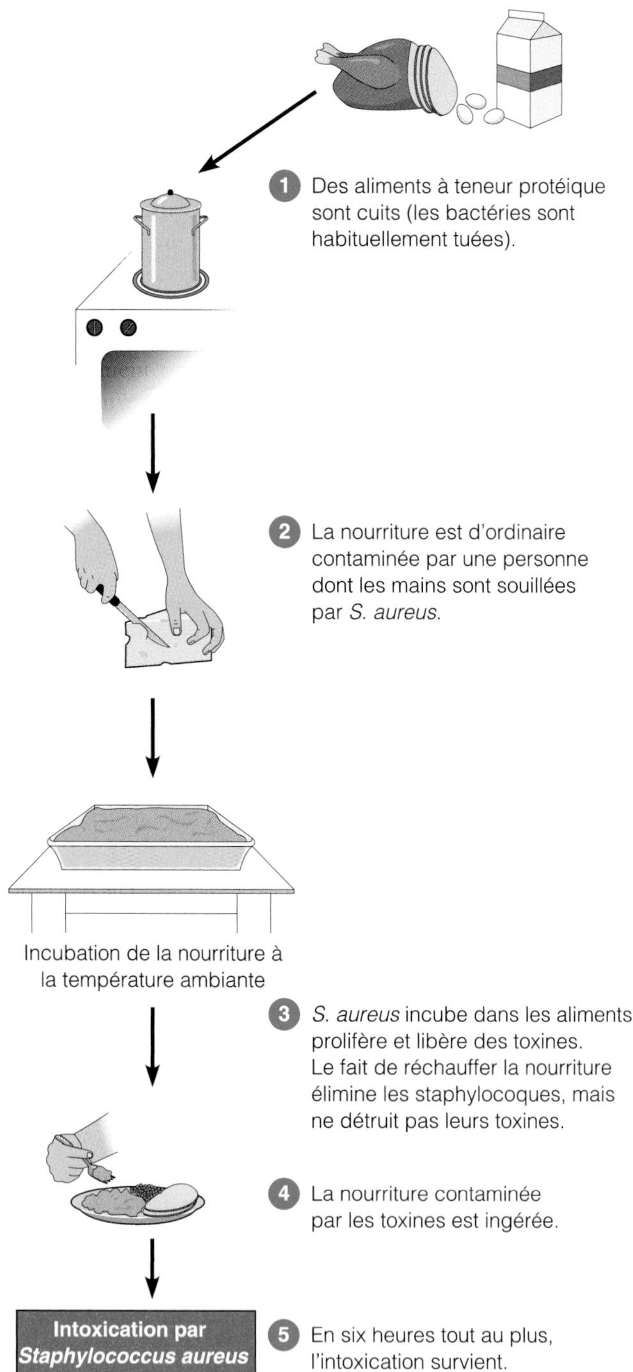

1 Des aliments à teneur protéique sont cuits (les bactéries sont habituellement tuées).
2 La nourriture est d'ordinaire contaminée par une personne dont les mains sont souillées par *S. aureus*.
Incubation de la nourriture à la température ambiante
3 *S. aureus* incube dans les aliments prolifère et libère des toxines. Le fait de réchauffer la nourriture élimine les staphylocoques, mais ne détruit pas leurs toxines.
4 La nourriture contaminée par les toxines est ingérée.
Intoxication par *Staphylococcus aureus*
5 En six heures tout au plus, l'intoxication survient.


FIGURE 25.6 **Série d'événements conduisant à l'éclosion d'une épidémie typique d'intoxication alimentaire par les staphylocoques.**

■ L'intoxication alimentaire par les staphylocoques est causée par l'ingestion d'entérotoxines produites par *S. aureus*.

viande hachée des hamburgers, les staphylocoques contaminent rarement ce type d'aliment.

Toute nourriture préparée à l'avance et non gardée au froid constitue une source potentielle de toxicose alimentaire. Comme il est impossible d'éviter complètement la contamination de la nourriture par les mains, la conservation adéquate des aliments au réfrigérateur est encore le moyen le plus sûr d'empêcher la production de toxines et d'enrayer l'intoxication alimentaire par *Staphylococcus*.

La toxine elle-même est thermostable et peut maintenir sa structure jusqu'à 30 minutes au cours d'une ébullition. Par conséquent, une fois qu'elle est formée, la toxine n'est pas détruite quand la nourriture est réchauffée, alors que les bactéries sont tuées. Une fois ingérée, la toxine déclenche rapidement le réflexe de vomissement régi par le cerveau et provoque les crampes abdominales et les diarrhées qui s'ensuivent. Il s'agit essentiellement d'une réaction de type immunologique, car l'entérotoxine staphylococcique est le superantigène par excellence (p. 571), c'est-à-dire un antigène non spécifique qui stimule en même temps et sans distinction un grand nombre de récepteurs de lymphocytes T, et donne ainsi naissance à une réaction immunitaire exagérée et nocive.

Habituellement, le malade se rétablit dans les 24 heures. Le taux de mortalité associé à l'intoxication par les staphylocoques est presque nul chez les individus en bonne santé, mais il peut être élevé chez les personnes déjà affaiblies, comme les patients des maisons de soins. Le rétablissement ne donne pas lieu à une immunité réelle. Néanmoins, il est possible que l'immunité acquise par une exposition préalable explique en partie la variation de la sensibilité à la toxine au sein d'une population.

Le diagnostic d'une intoxication alimentaire par les staphylocoques s'appuie généralement sur les signes et symptômes, en particulier sur la courte période d'incubation caractéristique de l'intoxication. Si l'aliment n'a pas été réchauffé et que les bactéries ne sont pas tuées, l'agent pathogène peut être extrait et mis en culture. Les isolats de *S. aureus* sont testés par *lysotypie*, méthode qui permet de retrouver l'origine de la contamination (figure 10.12). Cette bactérie se développe bien dans un milieu contenant 7,5 % de chlorure de sodium, de sorte que l'on utilise souvent cette concentration pour isoler la bactérie. Les staphylocoques pathogènes métabolisent habituellement le mannitol, produisent des hémolysines et des coagulases, et forment des colonies dorées. Ils ne causent pas de détérioration évidente de la nourriture. La détection de la toxine dans les échantillons de nourriture a toujours été difficile ; en effet, sa concentration dans la nourriture peut n'atteindre que 1 ou 2 nanogrammes par 100 grammes. Des épreuves sérologiques fiables ne sont offertes dans le commerce que depuis peu.

## La shigellose (dysenterie bacillaire)

Lors des infections bactériennes, la maladie résulte de la croissance de la bactérie dans les tissus de l'organisme et non de l'ingestion d'aliments ou de boissons préalablement contaminés par des toxines préformées. Les infections bactériennes, telles que la salmonellose et la shigellose, ont en général une période d'incubation plus longue (de 12 heures à 2 semaines) que les intoxications alimentaires, ce qui reflète le temps requis par les bactéries pour se développer dans l'organisme hôte. Les infections bactériennes se caractérisent souvent par une poussée de fièvre, indicative de la réponse de l'hôte à l'infection.

La **shigellose**, aussi connue sous le nom de **dysenterie bacillaire**, est une forme sévère de diarrhée causée par des bacilles à Gram négatif, anaérobies facultatifs, appartenant au genre *Shigella.* (Ce genre fut nommé en l'honneur du microbiologiste japonais Kiyoshi Shiga.) Il existe quatre espèces de *Shigella* pathogènes : *S. sonnei*, *S. dysenteriæ*, *S. flexneri* et *S. boydii*. Ces bactéries colonisent seulement le tractus intestinal de l'humain, des primates et des singes. Elles sont étroitement apparentées à l'espèce pathogène *E. coli.*

L'espèce la plus commune dans les pays industrialisés est *S. sonnei* ; elle provoque une dysenterie relativement bénigne. On pense que de nombreux cas de ce que l'on appelle diarrhée des voyageurs sont des formes bénignes de shigellose. Par contre, l'infection à *S. dysenteriæ* aboutit souvent à une dysenterie sévère et à la prostration. La toxine responsable de cette maladie, la **toxine Shiga,** est particulièrement virulente (voir la section sur *E. coli* entérohémorragique, p. 771). L'espèce *S. dysenteriæ* se rencontre surtout dans les pays en voie de développement ; elle est associée à un taux de mortalité important, qui peut atteindre 20 % dans les régions tropicales, où la maladie est courante.

La maladie se contracte par transmission orofécale ; les sujets infectés se souillent les mains, par lesquelles ils contaminent par la suite directement d'autres personnes ou indirectement la nourriture, l'eau et les objets, tels que les robinets et les poignées de porte. Le contact avec les objets contaminés contribue à la transmission des bactéries puisque des personnes saines peuvent à leur tour les toucher et porter la main à la bouche. *Shigella* résiste bien dans le milieu extérieur ; il peut rester vivant plus de 6 mois dans l'eau de consommation non réfrigérée.

La dose infectieuse requise pour provoquer la maladie est faible, soit quelque 200 bactéries à peine. Une fois ingérées, les bactéries ne sont pas touchées par l'acidité stomacale. Elles prolifèrent en très grand nombre dans l'intestin grêle, mais n'endommagent que le gros intestin. Les bactéries virulentes pénètrent les cellules épithéliales du gros intestin et s'y multiplient. Elles préviennent la réponse immunitaire locale en envahissant immédiatement les cellules épithéliales avoisinantes ; en fait, *Shigella* utilise le cytosquelette de la cellule hôte pour passer d'une cellule à l'autre (chapitre 15, p. 482). Les bactéries produisent une exotoxine qui inhibe la synthèse protéique et, par conséquent, tue les cellules (figure 25.7), entraînant ainsi la destruction des tissus de la muqueuse et l'apparition de petits abcès saignants. C'est pourquoi l'infection donne lieu à des diarrhées aiguës mucosanglantes. Par ailleurs, une puissante exotoxine a la capacité d'altérer le

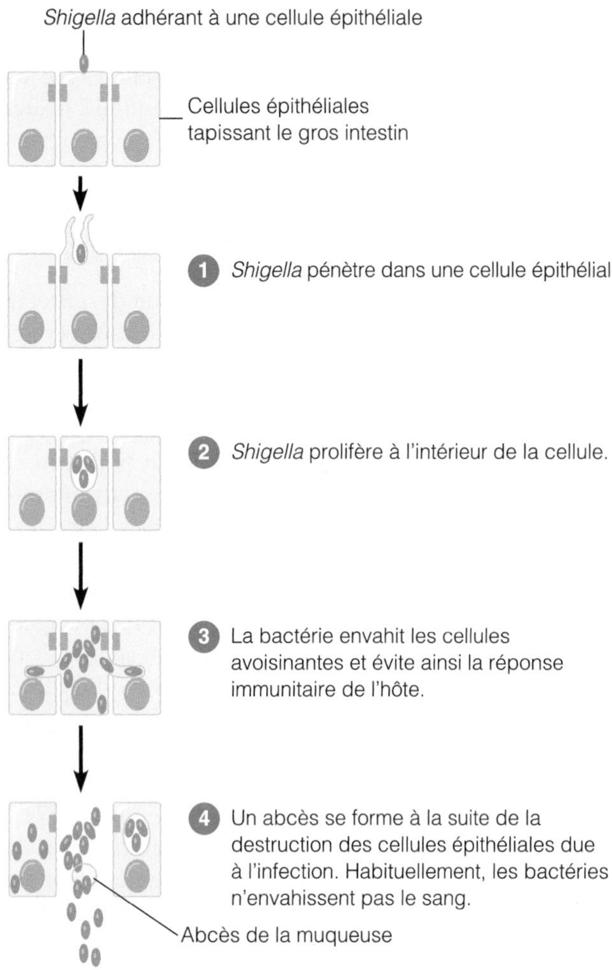
Shigella adhérant à une cellule épithéliale
Cellules épithéliales tapissant le gros intestin
1 Shigella pénètre dans une cellule épithéliale.
2 Shigella prolifère à l'intérieur de la cellule.
3 La bactérie envahit les cellules avoisinantes et évite ainsi la réponse immunitaire de l'hôte.
4 Un abcès se forme à la suite de la destruction des cellules épithéliales due à l'infection. Habituellement, les bactéries n'envahissent pas le sang.
Abcès de la muqueuse

**FIGURE 25.7 Shigellose.** La séquence d'événements illustre le mécanisme physiopathologique qui conduit à l'apparition des lésions causées par *Shigella* au gros intestin.

■ Quelles sont les quatre espèces de *Shigella* ?

processus d'absorption de l'eau en causant une grande perte de liquide ; les individus infectés peuvent aller à la selle jusqu'à 20 fois par jour. Dans certains cas, un état de déshydratation sévère peut s'ensuivre et, éventuellement, un état de déséquilibre électrolytique et acidobasique. Un état d'alcalose peut apparaître et provoquer la mort.

Les autres signes et symptômes de l'infection comprennent les crampes abdominales et la fièvre. À l'exception de l'espèce *S. dysenteriæ*, *Shigella* envahit rarement la circulation sanguine. Il semble que les individus atteints acquièrent une certaine immunité après leur rétablissement ; toutefois, ils peuvent demeurer porteurs du germe pendant quelques semaines et, par conséquent, transmettre l'infection.

Pour poser le diagnostic de la shigellose, on procède habituellement à l'isolement des bactéries à partir d'un écouvillonnage rectal. Dans les cas graves, on a recours à l'antibiothérapie et à la réhydratation orale. À l'heure actuelle, les antibiotiques de choix sont les fluoroquinolones ; toutefois, des souches multirésistantes sont maintenant répandues dans le monde. Un vaccin efficace n'a pas encore été mis au point. Une bonne hygiène demeure encore la meilleure mesure de prévention.

La maladie est répandue dans l'ensemble des régions du monde, notamment dans les milieux surpeuplés où les conditions d'hygiène sont inadéquates, tels que les prisons, les hôpitaux psychiatriques et les camps de réfugiés. Au cours de ces dernières années, plus de 600 000 décès annuels ont été rapportés, frappant le plus souvent les enfants de moins de 10 ans et les personnes âgées ou atteintes d'une déficience immunitaire. Aux États-Unis, entre 20 000 et 30 000 cas annuels sont déclarés, dont quelques-uns sont mortels (voir l'encadré de la page 767) ; en 1999, plus de 1 000 cas ont été déclarés au Canada (figure 25.9a).

## La salmonellose (gastroentérite à *Salmonella*)

Les bactéries *Salmonella* (du nom du savant, Daniel Salmon, qui les a découvertes) sont des bacilles à Gram négatif, anaérobies facultatifs, qui ne forment pas d'endospores. Elles résident généralement dans le tractus intestinal de l'humain et de nombreux animaux. On considère que toutes les salmonelles sont pathogènes à un certain degré, puisqu'elles causent la **salmonellose**, ou **gastroentérite à *Salmonella*.**

La nomenclature des salmonelles est complexe. Au lieu d'inclure des espèces, elle comprend plutôt quelque 2 000 sérotypes (sérovars), dont une cinquantaine seulement sont isolés régulièrement aux États-Unis. Pour un exposé détaillé sur la nomenclature de *Salmonella*, reportez-vous à la page 338. Rappelons que, pour de nombreux scientifiques, ces bactéries appartiennent à deux espèces seulement, dont la principale est *Salmonella enterica*. Par conséquent, à titre d'exemple, certaines salmonelles peuvent être désignées par l'expression *S. enterica* sérotype Typhimurium plutôt que par *S. typhimurium*, soit le nom référant à l'espèce.

La dose infectieuse ($ID_{50}$) de la salmonellose peut être inférieure à 1 000 bactéries. La période d'incubation de la maladie est de 12 à 36 heures environ. Les salmonelles envahissent d'abord les cellules de la muqueuse intestinale. Le mécanisme de pénétration de la bactérie est assez spectaculaire ; la cellule lui fabrique un véritable panier de fibres qui enferme la bactérie et l'entraîne à l'intérieur du cytoplasme (chapitre 15, p. 482). Une fois dans la cellule, les bactéries se multiplient. Elles réussissent parfois à traverser la muqueuse et pénètrent les systèmes lymphatique et cardiovasculaire, par l'intermédiaire desquels elles atteignent d'autres organes où elles peuvent provoquer des abcès (figure 25.8). Il est possible que la fièvre associée à l'infection à *Salmonella* soit due à des endotoxines libérées lors de la lyse des bactéries, mais cette relation de cause à effet reste encore à démontrer. La maladie se manifeste habituellement par une fièvre modérée, des nausées, des douleurs abdominales, des crampes et de la diarrhée. Durant la phase d'état (phase aiguë) de la maladie, on peut trouver jusqu'à 1 milliard de salmonelles par gramme de fèces.

Le taux de mortalité dû à la salmonellose est en général très faible, probablement inférieur à 1 %. Cependant, la

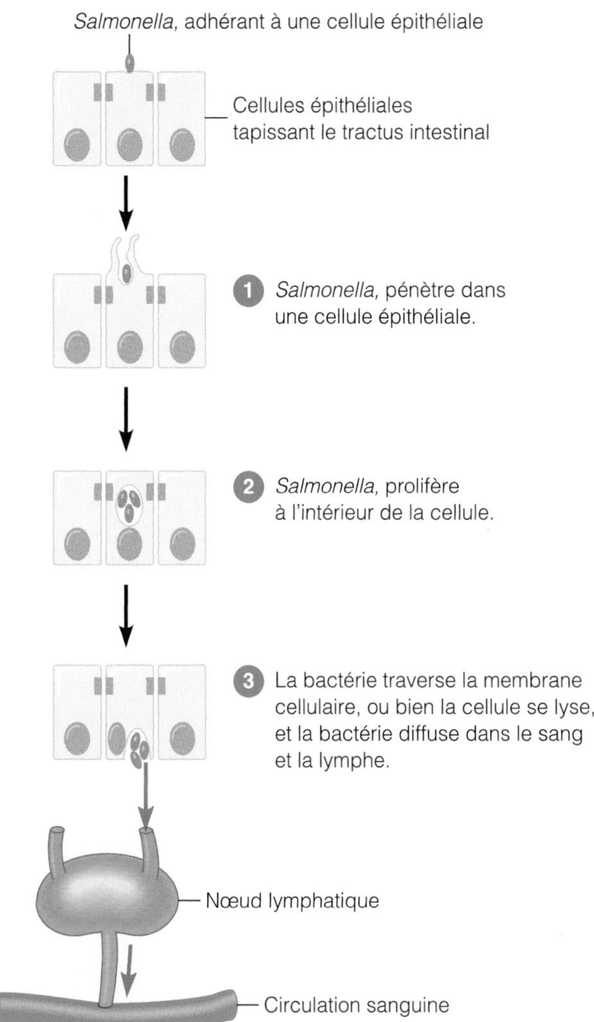
*Salmonella*, adhérant à une cellule épithéliale
Cellules épithéliales tapissant le tractus intestinal
1 *Salmonella*, pénètre dans une cellule épithéliale.
2 *Salmonella*, prolifère à l'intérieur de la cellule.
3 La bactérie traverse la membrane cellulaire, ou bien la cellule se lyse, et la bactérie diffuse dans le sang et la lymphe.
Nœud lymphatique
Circulation sanguine

**FIGURE 25.8 Salmonellose.** La séquence d'événements illustre le mécanisme physiopathologique qui conduit à l'invasion des cellules épithéliales de la paroi intestinale et à la propagation des bactéries à d'autres parties du corps.

■ Habituellement, les infections bactériennes comme la salmonellose présentent des périodes d'incubation plus longues que les intoxications bactériennes.

mortalité est plus élevée chez les enfants et les personnes très âgées; la mort est souvent due à une septicémie. La gravité de l'infection et le temps d'incubation sont fonction de la quantité de bactéries ingérées, de la virulence de la souche et de l'état de santé du sujet. Normalement, les individus atteints se rétablissent en quelques jours, mais nombre d'entre eux (porteurs) continuent d'excréter la bactérie dans leurs fèces jusqu'à 6 mois après le début de l'infection. L'antibiothérapie n'est pas efficace pour traiter la maladie et peut même faciliter la libération des endotoxines, ce qui aurait pour effet d'aggraver les symptômes. Comme pour la plupart des maladies diarrhéiques, le traitement le plus courant consiste à réhydrater le patient par voie orale.

La salmonellose est présente partout dans le monde, mais il est probable que son incidence est fortement sous-estimée. La plupart des cas surviennent lors d'épidémies sporadiques – en particulier dans les hôpitaux, les garderies et les restaurants – causées habituellement par des aliments contaminés. Chaque année aux États-Unis, entre 40 000 et 50 000 cas font l'objet d'une déclaration, mais on estime qu'il se produit en fait entre 2 et 4 millions de cas par année et que de 500 à 2 000 personnes succombent à la maladie (figure 25.9b). En 1999 au Canada, 5 600 cas ont été déclarés; dans ce pays, il s'agit de la maladie infectieuse du tube digestif dont l'incidence est la plus élevée.

Les produits à base de viande sont particulièrement susceptibles à la contamination par *Salmonella.* La bactérie réside dans le tractus intestinal des animaux, et la viande est facilement contaminée lors de sa transformation. La volaille et ses abats, les œufs et les produits dérivés des œufs, le lait cru ou les produits laitiers (par exemple, la crème glacée) sont souvent contaminés par contact avec les excréments d'animaux porteurs de la bactérie. Les petits animaux domestiques sont aussi mis en cause. On rapporte des cas de transmission de salmonelles par des canetons offerts à des enfants à l'occasion de la fête de Pâques. Jusqu'à 90 % des reptiles domestiques, tels que les tortues, sont vecteurs de salmonelles et constituent donc des réservoirs de ces bactéries.

On a retrouvé l'origine d'épidémies de salmonellose dans des œufs intacts contaminés. Des études ont montré que 0,01 % des œufs contiennent des salmonelles. Il semble que la bactérie soit transmise à l'œuf avant même qu'il soit pondu, quand bien même la poule ne présente pas de symptômes. Les autorités sanitaires conseillent de bien faire cuire les œufs avant de les consommer. Les œufs au miroir ou à la coque peuvent encore contenir des salmonelles, car un temps de cuisson inférieur à 4 minutes ne les tue pas. La présence d'œufs crus ou à peine cuits dans des aliments tels que la mayonnaise, la pâte à biscuits et les vinaigrettes crémeuses, constitue souvent un facteur de contamination insoupçonné. Il faut cependant noter que les aliments contaminés peuvent aussi souiller des surfaces comme la planche à découper. Même si les aliments préparés dans un premier temps sur la planche sont destinés à être cuits et que, par conséquent, les bactéries seront tuées, ils peuvent en contaminer un autre, préparé sur la même planche, qui sera mangé cru, par exemple de la laitue.

La prévention repose sur des mesures sanitaires adéquates et sur une réfrigération appropriée. L'une prévient la contamination et l'autre, l'augmentation du nombre des bactéries. Récemment, des œufs pasteurisés à l'eau chaude pour tuer les salmonelles potentielles ont été mis sur le marché. Ce procédé ne cuit pas l'aliment, mais augmente toutefois son coût.

Le diagnostic de la salmonellose repose habituellement sur l'isolement de l'agent pathogène à partir des fèces du patient ou des restes de nourriture. Les bactéries sont isolées à l'aide de milieux sélectifs et différentiels spécifiques; or, ce type de culture est relativement lent. En outre, les bactéries sont généralement présentes en petite quantité dans les aliments, et il est difficile de les déceler. En raison de l'incidence de la maladie, on cherche à améliorer les techniques de détection et d'identification. La méthode parfaite détecterait en quelques minutes ou quelques heures de petites quantités de *Salmonella* directement dans les aliments sans avoir recours à une culture. À ce jour, les techniques faisant appel à l'ACP semblent très prometteuses.

## La fièvre typhoïde

Certains sérotypes de *Salmonella* sont beaucoup plus virulents que d'autres. Le plus virulent, *S. typhi*, cause l'infection bactérienne appelée **fièvre typhoïde**. On ne rencontre pas cet agent pathogène chez les animaux. Il se propage uniquement par l'intermédiaire des excréments d'autres humains.

La période d'incubation, d'une durée de 2 semaines, est beaucoup plus longue que celle de la salmonellose (qui est de 12 à 36 heures). Contrairement aux bactéries responsables de la salmonellose, les bactéries de la fièvre typhoïde sont invasives; elles ne prolifèrent pas dans les cellules épithéliales de l'intestin, mais se multiplient plutôt dans les phagocytes présents dans les nœuds lymphatiques mésentériques. Transportées par la lymphe et le sang, les bactéries se disséminent dans tout le corps et peuvent donc être isolées à partir du sang, de l'urine et des fèces. Dans les cas graves, elles causent une septicémie qui se manifeste par une forte fièvre avoisinant les 40 °C et des migraines persistantes. La diarrhée n'apparaît qu'au cours de la deuxième ou de la troisième semaine, et la fièvre a tendance à baisser. Les bactéries qui sont dans le sang peuvent infecter d'autres organes comme la vésicule biliaire et l'intestin grêle, dont la paroi peut se perforer et causer des hémorragies intestinales.

À l'heure actuelle, le taux de mortalité se situe entre 1 et 2% environ. Cependant, il fut un temps où il atteignait au moins 10%. Avant l'avènement de procédures adéquates d'élimination des eaux usées et de traitement de l'eau, ainsi que de mesures d'hygiène visant les aliments, la fièvre typhoïde était une maladie très courante. Son incidence décroît aux États-Unis, alors que celle de la salmonellose augmente (figure 25.9a). La fièvre typhoïde est encore une cause fréquente de mortalité dans diverses régions du monde qui ne mettent pas en œuvre des mesures d'hygiène adéquates.

Bon nombre de patients guéris, soit entre 1 et 3% environ, deviennent porteurs de la maladie. Ils transportent l'agent pathogène dans leur vésicule biliaire et continuent d'excréter la bactérie dans leurs fèces pendant des mois. Beaucoup de ces porteurs le demeurent leur vie durant. Une certaine Mary Mallon représente l'exemple classique d'un porteur de la fièvre typhoïde. Cette femme travaillait comme cuisinière dans l'État de New York au début du XXe siècle, et elle fut rendue responsable de plusieurs épidémies et de trois décès. Son cas lui valut une certaine célébrité – et l'attribution du surnom de Mary Typhoid – lorsque l'État tenta de l'empêcher d'exercer son travail.

Au cours de ces dernières années aux États-Unis, on a enregistré de 350 à 500 cas annuels de fièvre typhoïde, dont 70% surviennent à la suite d'un voyage à l'étranger. Habituellement, cette maladie cause moins de 3 décès par an. Au Canada, on enregistre entre 40 et 100 cas par année depuis 1987; en 1999, 71 cas ont été déclarés (figure 25.9b).

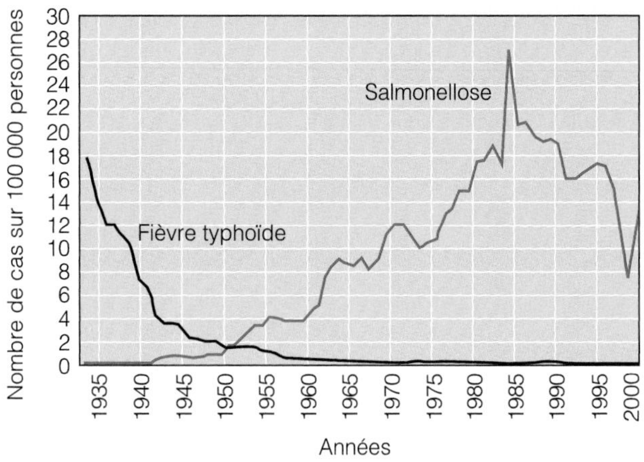


**a)** Incidence aux États-Unis, de 1935 à 2000, de la salmonellose et de la fièvre typhoïde. L'incidence dans le temps de la fièvre typhoïde a baissé aux États-Unis, contrairement à celle de la salmonellose. [SOURCES: CDC, *Summary of Notifiable Diseases 1998*, *MMWR*, vol. 47, n° 53, 31 décembre 1999; *MMWR*, vol. 48, n° 51, 17 janvier 2000.]

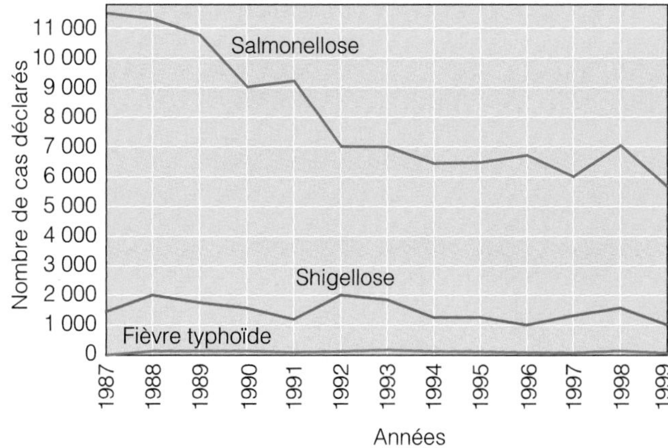


**b)** Incidence au Canada, de 1987 à 1999, de la salmonellose, de la shigellose et de la fièvre typhoïde. L'incidence dans le temps des cas déclarés de salmonellose a baissé, passant de plus de 11 000 cas en 1987 à moins de 6 000 cas en 1999; par contre, les cas de shigellose (entre 1 000 et 2 000 cas par année) et de fièvre typhoïde (entre 40 et 100 cas par année) sont relativement stables. [SOURCE: Centre de prévention et de contrôle des maladies infectieuses, Santé Canada, 2001 (graphique généré avec OWTChart).]

**FIGURE 25.9 Incidence de quelques maladies infectieuses du tube digestif.**

- Notez que la contagion de la fièvre typhoïde est interhumaine, alors que la salmonellose se transmet principalement aux humains par les produits animaux.

RÉSOLUTION DE CAS CLINIQUES

# Une épidémie attribuable à de la nourriture contaminée

La description du problème comporte des questions que les épidémiologistes se posent lorsqu'ils doivent résoudre un cas clinique. Essayez de répondre à chaque question avant de lire la suivante.

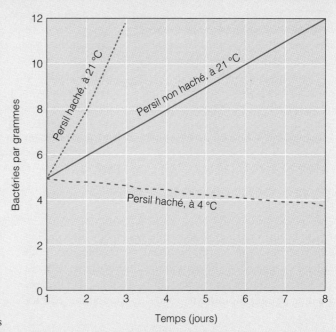

1. Le 24 juillet, au Minnesota, une femme de 24 ans arrive au service des urgences ; elle souffre de nausées, de vomissements et de diarrhées, qui ont débuté trois jours auparavant. Sa température atteint 39,5 °C, et elle est déshydratée. Son ventre est douloureux à la palpation, et un examen révèle du sang dans les selles.
*Quel échantillon doit-on prélever chez la patiente afin de déterminer la cause des signes et symptômes qu'elle présente ?*

Bactéries par grammes
Temps (jours)
Persil haché, à 21 °C
Persil non haché, à 21 °C
Persil haché, à 4 °C

2. Le médecin demande un prélèvement des fèces pour culture et antibiogramme et pour des épreuves d'analyse et d'identification. L'observation des fèces au microscope met en évidence la présence de leucocytes et de bacilles à Gram négatif. La culture des fèces sur une gélose de MacConkey révèle des colonies incolores. Les bactéries ne produisent ni de $H_2S$ ni d'uréase, et sont immobiles. Les bactéries ne métabolisent pas le lactose, et d'autres épeuves biochimiques indiquent qu'il s'agit de *Shigella sonnei*.
*Pouvez-vous déterminer de quelle maladie il s'agit ? Quel traitement appliqueriez-vous, et pourquoi procéderiez-vous de la sorte ?*

3. La maladie est la shigellose. Il est nécessaire de remplacer les fluides et les électrolytes perdus lors des vomissements et de la diarrhée afin de réduire les risques de déséquilibre électrolytique et acidobasique. On pourrait administrer des fluoroquinolones à la patiente. Le 17 août, le ministère de la Santé du Minnesota apprend que 167 personnes ont été contaminées par *S. sonnei* entre le 24 juillet et le 17 août.
*Quels renseignements tenteriez-vous d'obtenir auprès de ces personnes ?*

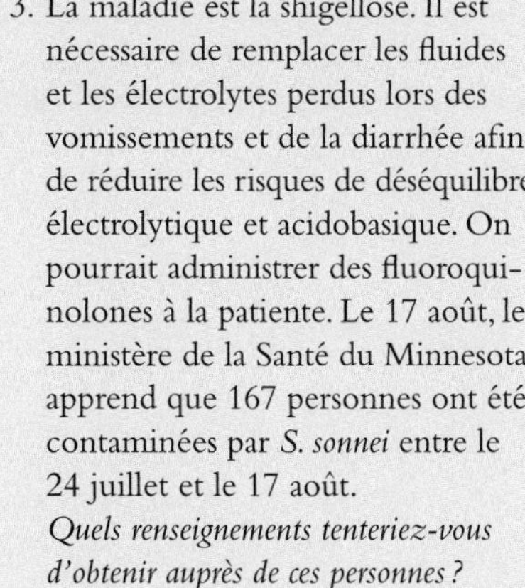

4. Il faudrait savoir s'il existe une source commune de contamination. Et de fait, on apprend que tous les malades ont mangé au même restaurant, et que 8 des 44 employés du restaurant présentent les mêmes signes et symptômes.
*De quels renseignements avez-vous besoin pour poursuivre votre enquête ?*

5. Dans une étude rétrospective portant sur 172 malades et sur 95 personnes bien portantes ayant mangé au restaurant, on a observé que 5 éléments étaient associés à la maladie : l'eau, la glace, les pommes de terre, le persil cru et les tomates crues. Les CDC ont été avisés de l'apparition de sept autres épidémies de shigellose aux États-Unis et au Canada.
*L'occurrence de huit épidémies dans des lieux différents indique que les employés du restaurant du Minnesota ne sont pas à l'origine de l'infection. Comment procéderiez-vous pour déterminer l'origine de l'infection ?*

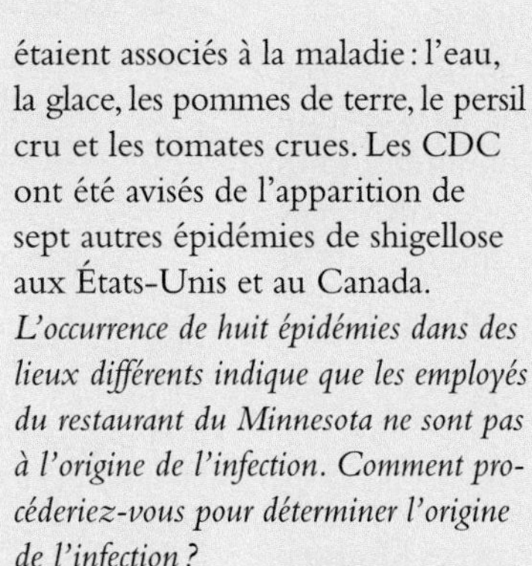

6. Il faut rechercher des points communs entre les isolats prélevés chez les malades. Ainsi, dans sept des huit épidémies, *Shigella* s'est montré résistant à l'ampicilline, au TMP-SMZ, à la tétracycline et à la streptomycine. Une analyse de l'ADN des bactéries isolées dans ces sept épidémies a révélé un même polymorphisme de taille des fragments de restriction (RFLP).
*De quels renseignements supplémentaires avez-vous besoin ?*

7. Dans le cas de l'épidémie canadienne, 20 des 35 malades ont mangé du saumon fumé et des pâtes comprenant du persil frais haché. Les résultats de l'analyse des échantillons fécaux de 4 employés du restaurant ayant manipulé le persil ont été négatifs pour *Shigella*.
*Que feriez-vous maintenant pour déterminer l'origine de l'infection ?*

8. On s'est penché sur la préparation du persil parce qu'il était présent dans toutes les épidémies. Le personnel de cuisine lave le persil avant de le hacher. Habituellement, le persil est haché le matin et conservé à température ambiante, parfois jusqu'au soir, avant d'être servi aux clients.
*De quelles informations supplémentaires avez-vous besoin au sujet du persil ?*

9. Le persil provenait d'une seule ferme. L'eau du puits ravitaillant l'endroit où le persil est emballé n'est pas chlorée. Cette eau sert à refroidir le persil immédiatement après sa cueillette et à fabriquer la glace nécessaire à sa conservation durant le transport.
*Pourquoi les employés de la ferme ne sont-ils pas tombés malades ?*

RÉSOLUTION DE CAS CLINIQUES

## Une épidémie attribuable à de la nourriture contaminée (suite)

10. Les employés de la ferme ne boivent que de l'eau embouteillée. Les résultats de l'analyse en laboratoire sur la manipulation du persil sont illustrés dans le graphique.
*Que suggèrent les résultats ?*
*Quelles sont vos recommandations ?*

Les résultats indiquent que le nombre de bactéries présentes dans le persil augmente en fonction du temps d'incubation à température ambiante. Par conséquent, on peut réduire le risque de gastroentérite si on conserve le persil haché pendant des périodes plus courtes, si on le met au réfrigérateur et si on en hache des quantités plus petites à la fois. En ce qui concerne la production du persil sur la ferme, il est conseillé d'utiliser de l'eau adéquatement chlorée pour refroidir le persil et le conserver, et éventuellement de faire appel à des méthodes d'amélioration de la conservation telles que les rayonnements.

SOURCE : Adapté de *Morbidity and Mortality Weekly Report*, vol. 48, n° 14, p. 285-289, 11 avril 1999.

Les céphalosporines de troisième génération, notamment la ceftriaxone, sont les antibiotiques de prédilection pour traiter les cas graves de fièvre typhoïde. Les porteurs peuvent être soignés avec succès par une antibiothérapie de plusieurs semaines. La guérison donne lieu à une immunité efficace toute la vie.

Les vaccins contre la fièvre typhoïde ne font pas l'objet d'une administration routinière dans les pays industrialisés, sauf dans le cas des techniciens de laboratoires à haut risque et des membres des forces armées. Le vaccin inactivé courant consiste en une injection de l'agent pathogène tué. Il existe aujourd'hui des vaccins vivants oraux. Ils ne sont pas beaucoup plus efficaces que les vaccins inactivés – l'immunité qu'ils confèrent ne dure que quelques années chez 65 % des receveurs –, mais ils ont l'avantage d'entraîner moins d'effets secondaires.

## Le choléra

Durant les années 1800, l'infection bactérienne connue sous le nom de choléra asiatique a frappé à plusieurs reprises l'Europe et l'Amérique du Nord. De nos jours, le **choléra** est endémique en Asie, surtout en Inde, mais ne cause que quelques flambées occasionnelles en Occident, dues essentiellement à un relâchement des pratiques d'hygiène. En Amérique latine, l'épidémie de 1991-1994 a engendré plus de 1 million de cas et s'est soldée par 9 600 décès (figure 25.10). Elle a probablement pris sa source dans des fruits de mer contaminés par l'eau des ballastes (aspirée à bord pour stabiliser la cale des navires) qui avait été aspirée en Asie et vidée dans des ports péruviens.

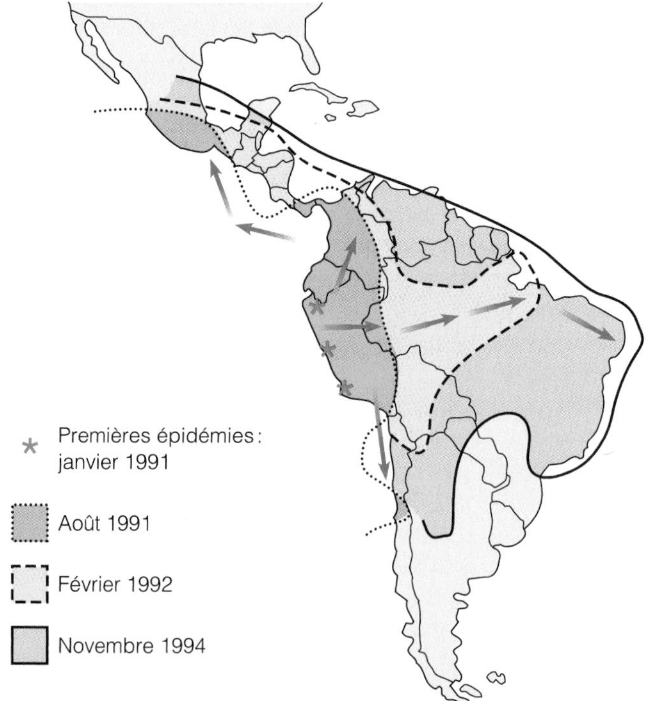


**FIGURE 25.10 Étendue et progression de l'épidémie de choléra de 1991-1994 en Amérique latine.** [SOURCE : *MMWR*, vol. 44, n° 11, 24 mars 1995.]

■ Quelle est la principale cause des flambées de choléra ?

La bactérie du choléra est étroitement associée à l'eau de mer saline des estuaires, bien qu'elle se répande aussi facilement dans l'eau douce contaminée. La bactérie colonise également les crustacés tels que les crabes, les algues et d'autres plantes aquatiques, ainsi que le plancton. Elle peut survivre indéfiniment, même sans contamination fécale. Dans des conditions défavorables, la cellule bactérienne rétrécit fortement et forme une sphère qui reste en dormance et ne peut être mise en culture ; cette forme dormante contribue à la résistance de la bactérie au stress environnemental. Cet état s'apparente à la sporulation, mais il n'y a pas formation de l'enveloppe habituelle des spores. Sous l'effet d'un changement des conditions environnementales, la bactérie retrouve rapidement une forme cultivable. Les deux formes sont infectieuses.

L'agent de la maladie est *Vibrio choleræ*, un bacille à Gram négatif légèrement incurvé muni d'un unique flagelle polaire (figure 25.11). Le sérotype O:1 de *V. choleræ* est responsable de la forme épidémique classique de la maladie. Ce groupe peut se diviser en deux *biotypes* (aussi appelés biovars) : le biotype classique et le biotype El Tor (d'après la première culture isolée à El Tor, un lazaret pour les pèlerins de la Mecque). À l'heure actuelle, l'agent pathogène le plus répandu appartient au sérotype O:1, biotype El Tor. Une variante de ce groupe, O:139, a récemment causé des épidémies importantes en Inde et au Bengladesh.

Le bacille du choléra a pour cible les cellules de l'épithélium de l'intestin grêle. La bactérie ne pénètre pas dans la cellule épithéliale, mais adhère à sa surface et s'y multiplie. Elle élabore, entre autres produits, une enzyme – la mucinase, qui digère le mucus intestinal – ainsi qu'une exoentérotoxine protéique – le choléragène, qui diffuse localement et perturbe les fonctions des cellules de la muqueuse intestinale. La virulence des souches de *Vibrio choleræ* serait due à la présence d'un phage lysogène qui porte les gènes codant pour la toxine. Le phage peut transmettre le gène de la toxine à des souches non pathogènes, ce qui augmente le nombre de bactéries pathogènes (voir au chapitre 15 la section sur les exotoxines).

La toxine choléragène agit en stimulant l'activité d'une enzyme présente dans la membrane des cellules intestinales, l'adénylcyclase ; cette enzyme transforme l'ATP en AMP cyclique, un messager chimique qui provoque normalement la sécrétion de chlorures, de bicarbonates et d'eau. Le choléragène entraîne une augmentation du taux d'AMP cyclique et, par conséquent, une sécrétion abondante de liquides dans la lumière de l'intestin grêle. En fait, les échanges cellulaires sont grandement perturbés par la toxine. Le liquide excédentaire, les nutriments et les électrolytes ne peuvent plus traverser l'épithélium intestinal et sont excrétés ; composées de mucus intestinal, de cellules épithéliales et de bactéries, ces fèces prennent l'apparence d'eau de riz.

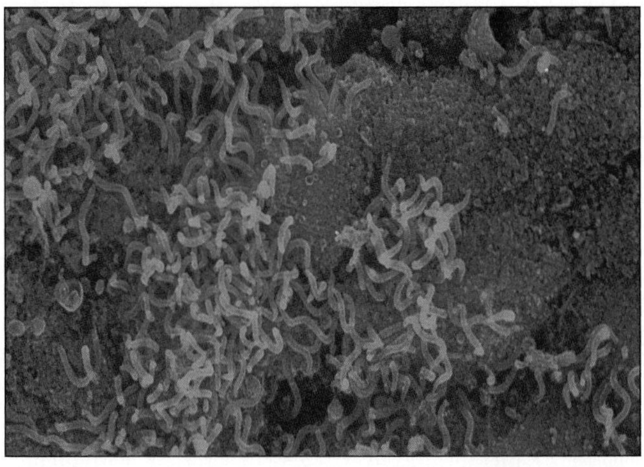


**FIGURE 25.11** ***Vibrio choleræ*, l'agent du choléra. Remarquez sa morphologie légèrement incurvée.**

■ Quelles sont les conséquences d'une perte soudaine de liquides et d'électrolytes au cours d'une infection à *V. choleræ* ?

La perte soudaine et brutale de liquides et d'électrolytes (de 12 à 20 litres de liquides peuvent être éliminés par jour) occasionne une série d'événements : un état de déshydratation sévère, suivi d'un effondrement de la pression artérielle puis d'un état de choc, et souvent un état d'acidose métabolique menant à la mort. On observe parfois des vomissements violents. En raison de cette perte énorme de liquides, le sang peut devenir si visqueux que les organes vitaux, en particulier les reins, ne fonctionnent plus adéquatement. La bactérie n'envahit pas l'organisme et il n'y a habituellement pas de fièvre. La gravité de la maladie varie considérablement d'un individu à l'autre et il est possible que le nombre de cas subcliniques soit très supérieur à celui des cas déclarés.

Aux États-Unis, on observe des cas sporadiques de choléra imputables au sérotype O:1. Comme tous ces cas se sont déclarés dans la région du golfe du Mexique, il se pourrait que l'agent pathogène soit endémique dans les eaux de mer côtières. La plupart des gastroentérites dues à *V. choleræ* en Amérique ont été causées par un sérotype différent du groupe O:1, habituellement à la suite de l'ingestion de fruits de mer contaminés. Les eaux du golfe du Mexique et de la côte Pacifique abritent une population indigène de ces microorganismes. Ces bactéries diffèrent du sérotype O:1 sur plusieurs points ; elles ont tendance à envahir la muqueuse intestinale et la maladie qu'elles provoquent se traduit par des selles sanglantes et de la fièvre.

La bactérie du choléra peut être facilement isolée de fèces, en partie parce qu'elle est capable de croître dans un milieu suffisamment alcalin pour empêcher la croissance de nombreux autres microorganismes. Les bactéries qui n'appartiennent pas au sérotype O:1 sont parfois isolées à partir d'échantillons de sang et de blessures.

Les personnes qui guérissent du choléra acquièrent une immunité efficace due à l'activité antigénique et des bactéries et de l'entérotoxine. Toutefois, en raison des différences antigéniques entre les diverses souches bactériennes, une même personne peut souffrir du choléra plus d'une fois. Dans les zones endémiques où l'on ne procède pas au traitement des eaux usées, la plupart des victimes sont des enfants. La transmission peut s'effectuer soit de manière directe par l'intermédiaire de personnes malades ou de porteurs sains, soit de manière indirecte par l'intermédiaire d'eau et d'aliments contaminés. Les produits de la mer (coquillages, crevettes, crabes, huîtres, etc.) de même que les œufs et les pommes de terre peuvent être contaminés.

Les vaccins existants procurent une immunité dont la durée est relativement courte et l'efficacité modérée comparativement à l'immunité acquise naturellement. On utilise la tétracycline pour le traitement ; la chimiothérapie est moins efficace que le remplacement des liquides et électrolytes perdus. Le taux de mortalité peut atteindre 50 % pour les cas non traités, mais il peut être inférieur à 1 % pour les cas traités de manière adéquate.

## La gastroentérite à *Vibrio*

*Vibrio parahæmolyticus* se rencontre dans l'eau saline des estuaires dans de nombreuses régions du globe. Sur le plan morphologique, il ressemble à *V. choleræ*; cependant, cette bactérie halophile requiert une concentration d'au moins 2 % de chlorure de sodium pour croître de manière optimale. Elle est responsable de la plupart des milliers de cas de gastroentérite déclarés annuellement au Japon. Cette bactérie est présente dans les eaux côtières d'Amérique du Nord et d'Hawaii. Au cours de ces dernières années aux États-Unis, les huîtres crues et les crustacés tels que les crevettes et les crabes ont été à l'origine de plusieurs flambées de **gastroentérite à *Vibrio***. Certaines chaînes de restaurant soumettent les huîtres à un procédé de pasteurisation afin d'éviter ce mode de transmission.

Parmi les signes et symptômes, on compte les douleurs abdominales, les vomissements, une sensation de brûlure dans l'estomac et des selles liquides semblables à celles du choléra. La période d'incubation est habituellement inférieure à 24 heures. Le temps de génération dure moins de 10 minutes dans des conditions optimales et la bactérie se multiplie rapidement. Les patients se rétablissent d'ordinaire en quelques jours.

Parce que *V. parahæmolyticus* présente une affinité particulière pour le sodium et requiert une pression osmotique élevée, on utilise un milieu de culture contenant de 2 à 4 % de chlorure de sodium afin d'isoler la bactérie et d'établir ainsi le diagnostic de gastroentérite à *Vibrio*.

*Vibrio vulnificus* est un autre vibrion important, que l'on rencontre également dans les estuaires. Les individus dont le système immunitaire est déficient sont particulièrement susceptibles à la maladie. La gastroentérite causée par cette bactérie est caractérisée par de la fièvre, des frissons, des nausées et des douleurs musculaires. Chez les personnes atteintes d'une maladie hépatique, le taux de mortalité dû à une septicémie peut être supérieur à 50 %. On utilise un milieu de culture contenant 1 % de chlorure de sodium pour isoler *V. vulnificus*.

## La gastroentérite à *Escherichia coli*

### Objectif d'apprentissage

- *Distinguer les différents types de gastroentérite à* Escherichia coli.

*E. coli* est un bacille à Gram négatif, mobile et aérobie ; c'est l'un des microorganismes du tube digestif humain les plus prolifiques. Parce qu'il est commun et se cultive facilement, les microbiologistes le considèrent presque comme un animal de laboratoire. Les bactéries coliformes de laboratoire sont habituellement inoffensives, mais certaines souches peuvent être pathogènes. Toutes les souches pathogènes possèdent des fimbriæ spécifiques qui leur permettent d'adhérer à certaines cellules épithéliales de l'intestin. Ces bactéries produisent aussi des toxines responsables de troubles gastro-intestinaux que l'on regroupe sous l'appellation **gastroentérite à *E. coli***. La maladie se contracte par transmission orofécale, soit par ingestion d'eau et d'aliments contaminés, soit par contact avec des objets contaminés. Les individus atteints restent contagieux tant qu'ils excrètent des microorganismes dans leurs fèces. Le manque de propreté et d'hygiène est souvent mis en cause.

Il existe plusieurs biotypes d'*E. coli* pathogènes qui diffèrent par leur virulence et la sévérité des dommages qu'ils provoquent ; on distingue ainsi *E. coli* entérotoxinogène (ECET), *E. coli* entéro-invasif (ECEI), *E. coli* entérohémorragique (ECVT) et *E. coli* entéropathogène (ECEP). Les principaux signes et symptômes comprennent des crampes abdominales et l'apparition de vomissements et de diarrhées entraînant une déshydratation sévère suivie, dans les formes les plus graves, d'un état de choc.

La souche *entérotoxinogène* n'est pas invasive ; la bactérie adhère aux cellules intestinales par des fimbriæ et sécrète deux types d'entérotoxine responsables d'une diarrhée liquide, abondante, sans présence de sang ni de mucus ; leur mécanisme d'action s'apparente à celui de la toxine du choléra. Ce biotype est principalement responsable de la **diarrhée des voyageurs** (ou *turista*) et, dans les pays en voie de développement, de nombreux cas de diarrhée infantile. L'agent causal n'est pas toujours identifié, mais on soupçonne que de 50 à 65 % de ces diarrhées sont dues à *E. coli* entérotoxigène. C'est aussi la principale cause bactérienne des flambées de gastroentérite qui apparaissent sur les navires de croisière. La contamination est facilitée par la relative résistance de la bactérie dans l'environnement, soit plusieurs semaines dans la poussière, le sol et les matières fécales, et près d'une heure sur les mains. La dose infectieuse varie de $10^8$ à $10^{10}$ bactéries par ingestion.

Les cas de diarrhée des voyageurs attribuables à des souches d'*E. coli entéro-invasives* sont moins communs. Ces bactéries s'attachent aux cellules épithéliales du côlon et y pénètrent par phagocytose ; les bactéries envahissent la muqueuse, l'enflamment et y provoquent la formation d'ulcères. L'infection entraîne de la fièvre et, parfois, une dysenterie semblable à celle causée par *Shigella*, soit des diarrhées mucoïdes et parfois sanguinolentes. La bactérie survit facilement dans l'environnement. La dose infectieuse est habituellement de $10^9$ bactéries par ingestion. La plupart des autres cas de diarrhée peuvent probablement être attribués à *Shigella*. D'autres bactéries entériques, telles que *Salmonella* et *Campylobacter*, de même que divers agents bactériens pathogènes, virus et protozoaires non déterminés pourraient aussi être en cause. Chez les adultes, cette maladie est spontanément résolutive, ce qui rend la chimiothérapie inutile. Une fois l'infection contractée, le meilleur traitement consiste en la réhydratation orale que l'on recommande habituellement dans tous les cas de diarrhée. Les cas graves peuvent requérir la prescription de médicaments antimicrobiens.

Au cours de ces dernières années, des souches *entérohémorragiques* d'*E. coli* ont été tenues responsables de plusieurs épidémies en Europe et en Amérique. L'agent pathogène le plus connu de ce groupe en Amérique du Nord est *E. coli* O157:H7, qui est associé à la viande de bœuf haché insuffisamment cuite et à la maladie communément appelée **maladie du hamburger**. Cette bactérie colonise parfois le tractus intestinal des animaux à sang chaud, surtout les bœufs et les vaches à lait, sans engendrer de maladie. Cependant, lorsque les animaux sont abattus, une faible contamination par les matières fécales suffit à infecter les carcasses. Lorsque la viande est taillée en bifteck, la cuisson tue les bactéries présentes à la surface de la viande ; lorsque la viande est hachée, les bactéries se retrouvent dispersées dans toute la viande, qui nécessite alors d'être cuite en profondeur.

La dose infectieuse des souches entérohémorragiques d'*E. coli* est évaluée entre 10 et $10^3$ bactéries par ingestion. Les bactéries s'attachent aux cellules par des fimbriæ puis élaborent des toxines, similaires à celles que fabrique *Shigella,* qui provoquent une inflammation sanglante du côlon appelée **colite hémorragique**. Ces toxines sont connues sous le terme de vérocytotoxines ou toxines « Shiga-like ». Chez la plupart des individus atteints, l'infection se manifeste par une diarrhée spontanément résolutive, mais chez environ 6 % d'entre eux – surtout des enfants, des personnes âgées ou souffrant de maladies chroniques ainsi que des sujets dont le système immunitaire est affaibli – elle se traduit par des vomissements et des selles liquides susceptibles de devenir très sanguinolentes. Le *syndrome hémolytique urémique* (sang dans les urines conduisant à une insuffisance rénale) est une autre complication grave qui se produit quand la toxine touche les reins. Entre 5 et 10 % des jeunes enfants infectés atteignent ce stade, qui est associé à un taux de mortalité d'environ 5 %. Certains enfants peuvent requérir une dialyse des reins, voire une transplantation ; des lésions cérébrales peuvent apparaître et conduire à des troubles de l'apprentissage. En 1999, quelque 1 500 cas d'infection ont été déclarés au Canada.

En raison de la médiatisation de cet agent pathogène, les chercheurs se sont penchés, avec un certain succès, sur l'élaboration de méthodes détectant plus rapidement sa présence dans les aliments sans avoir recours à la longue mise en culture. Des tests ont révélé que la bactérie est présente dans plus de 1 % des échantillons de viande bovine. La volaille et les autres viandes pourraient aussi être contaminées. Des pousses de luzerne crues ont été associées à la maladie ; d'autres aliments, tels que la simili-dinde, le beurre, la crème, les vinaigrettes et la mayonnaise, peuvent véhiculer la bactérie. La bactérie peut survivre des mois au réfrigérateur.

La souche *entéropathogène* n'est pas invasive ; elle est munie de fimbriæ qui permettent son adhérence aux cellules épithéliales de l'intestin. *E. coli* entéropathogène possède un plasmide dans son cytoplasme qui porte les gènes codant pour la formation des fimbriæ. Cette souche est responsable d'épidémies de diarrhée aiguë dans les pouponnières. Elle touche les enfants en bas âge, en particulier lorsqu'ils fréquentent des garderies. Des complications, telles que la déshydratation et un état d'acidose, sont à craindre. La dose infectieuse est de $10^8$ à $10^{10}$ bactéries par ingestion.

## La gastroentérite à *Campylobacter*

*Campylobacter* est une bactérie à Gram négatif, microaérophile en forme de spirale – caractéristique morphologique qui facilite le diagnostic de ce type de gastroentérite. Ce microorganisme est principalement responsable des maladies d'origine alimentaire. Il est très bien adapté à l'environnement intestinal de ses hôtes animaux, surtout les poulets. Sa température optimale de croissance avoisine les 42 °C, température proche de celle de ses hôtes. Presque tous les poulets vendus au supermarché sont contaminés par *Campylobacter*. Par ailleurs, près de 60 % des bovins hébergent ce germe dans leurs fèces et dans leur lait. Le lait est donc une source de contamination ; toutefois, la viande rouge est moins souvent contaminée.

On estime que le nombre annuel de cas de **gastroentérite à *Campylobacter*** due à *C. jejuni* s'élève à plus de 2 millions aux États-Unis ; au Canada, le nombre de cas déclarés se situe entre 10 000 et 15 000 cas par année. Du point de vue clinique, cette affection se caractérise par de la fièvre, des crampes abdominales et de la diarrhée ou une dysenterie. En général, le rétablissement se produit en moins d'une semaine. La maladie de Guillain-Barré, un trouble neurologique qui s'accompagne d'une paralysie temporaire, est une complication inhabituelle des infections à *Campylobacter*. Elle survient dans 1 cas sur 1 000. Il semble qu'une molécule de surface de la bactérie, ressemblant à un constituant lipidique du tissu nerveux, provoque une réaction auto-immune qui dégénère en paralysie.

## L'ulcère gastroduodénal à *Helicobacter*

En 1982, un médecin australien met en culture une bactérie microaérophile spiralée qu'il avait observée dans des biopsies pratiquées chez des patients atteints d'un ulcère de l'estomac.

Appelée *Helicobacter pylori*, cette bactérie est aujourd'hui reconnue comme étant l'agent causal de la plupart des cas d'**ulcère gastroduodénal**. (Le duodénum constitue les premiers 25 cm de l'intestin grêle.) Dans les pays industrialisés, de 30 à 50 % de la population est atteinte de cette maladie. L'incidence de l'infection est plus élevée ailleurs dans le monde. Seulement 15 % des sujets touchés vont connaître l'apparition d'ulcères, ce qui porte à croire que d'autres facteurs reliés à l'hôte sont aussi en cause. Par exemple, les personnes appartenant au groupe sanguin O sont plus susceptibles de contracter la maladie.

La muqueuse de l'estomac contient des cellules sécrétrices de suc gastrique comprenant des enzymes protéolytiques et du chlorure d'hydrogène (HCl), lequel active ces enzymes. D'autres cellules spécialisées produisent une couche de mucus qui protège l'estomac lui-même contre la digestion. Lorsque ce moyen de protection fait défaut, une inflammation de

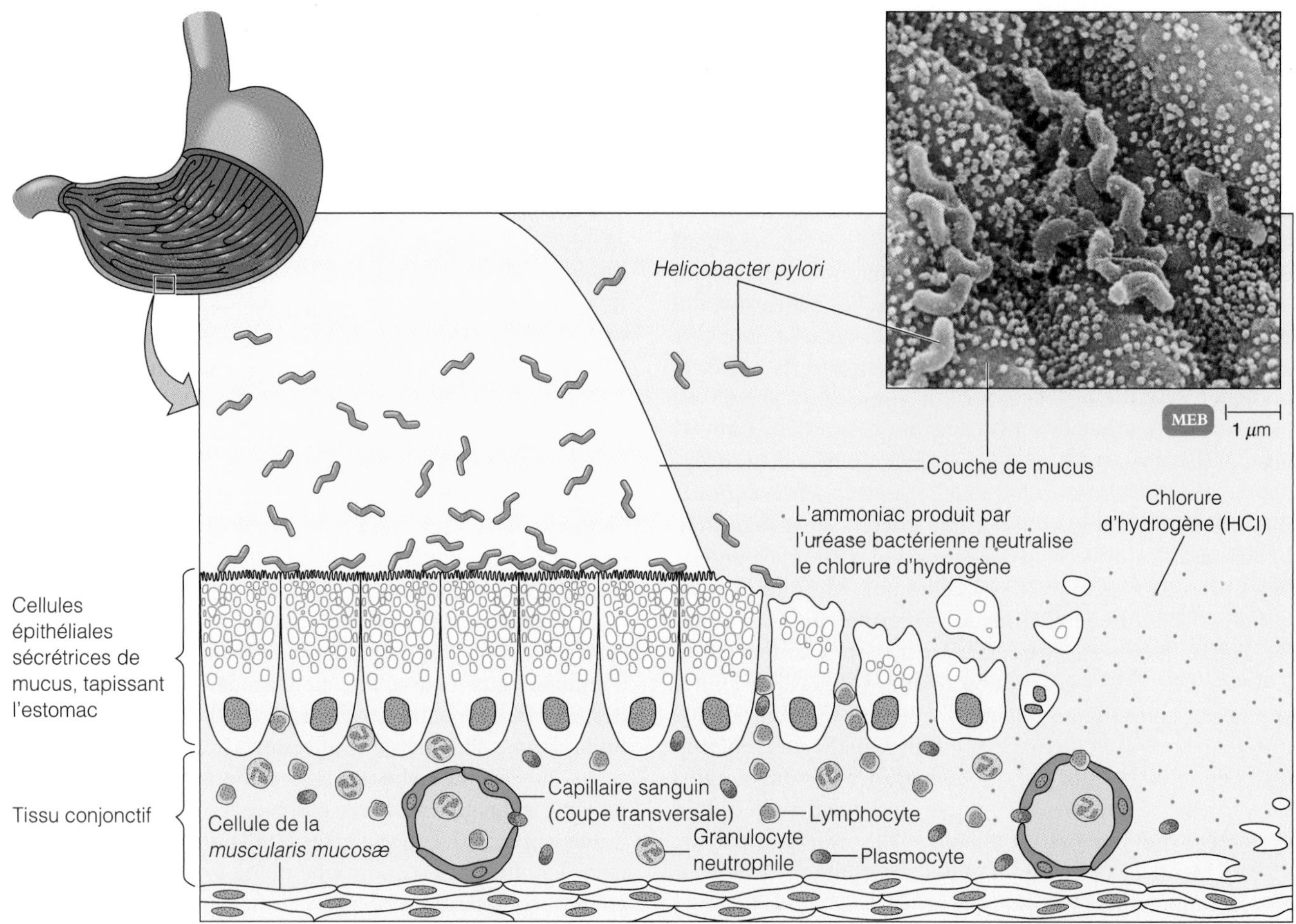


**FIGURE 25.12 L'infection à *Helicobacter pylori* cause une ulcération de la paroi stomacale.**

■ *H. pylori* peut croître dans le milieu acide de l'estomac et endommager la paroi stomacale en produisant de l'uréase, enzyme qui neutralise l'acidité. La détérioration de la couche de mucus protectrice conduit à l'érosion de la paroi.

l'estomac (gastrite) survient. Cette inflammation peut évoluer et donner naissance à un ulcère (figure 25.12). Pendant longtemps, on a pensé que l'acidité était responsable de l'inflammation, et on a prescrit des médicaments inhibant la libération d'acides. Aujourd'hui, on croit que le système immunitaire réagit à la présence de *H. pylori* et qu'il déclenche l'inflammation. Par un mécanisme d'adaptation singulier, la bactérie peut croître dans le milieu hautement acide qu'est l'estomac, alors que la plupart des autres microorganismes y meurent. *H. pylori* sécrète en effet de grandes quantités d'une uréase particulièrement efficace – cette enzyme qui transforme l'urée en ammoniac, un composé alcalin –, si bien que la valeur du pH s'élève localement dans la zone de croissance de la bactérie. Par ailleurs, on sait aujourd'hui que *H. pylori* joue un rôle dans l'apparition du cancer de l'estomac (voir l'encadré du chapitre 8, p. 256).

L'élimination d'*H. pylori* au moyen d'agents antimicrobiens fait généralement disparaître les ulcères de l'estomac. La récidive est rare. L'administration simultanée de plusieurs antibiotiques s'est révélée efficace.

Le subsalicylate de bismuth (Pepto-Bismol[MD]), aux propriétés antibactériennes, est également efficace et fait souvent partie du traitement.

L'épreuve diagnostique la plus fiable requiert une biopsie des tissus et la culture de la bactérie. Il existe plusieurs tests sérologiques sur le marché, simples et peu coûteux, mais qui ne sont fiables qu'à 80 %. Une méthode de diagnostic intéressante fait appel au test respiratoire à l'urée. Le sujet avale de l'urée radioactive et, au bout de 30 minutes, si le test est positif, il expirera du $CO_2$ marqué que l'on peut mesurer. Ce test est très utile pour déterminer l'efficacité d'une chimiothérapie, car un test positif signale la présence d'*H. pylori*.

## La gastroentérite à *Yersinia*

*Yersinia enterocolitica* et *Y. pseudotuberculosis* sont également des agents pathogènes entériques, que l'on rencontre de plus en plus fréquemment. Ces bactéries à Gram négatif colonisent l'intestin de nombreux animaux domestiques et sont souvent transmises par la viande et le lait. Les deux microorganismes se caractérisent par leur capacité à croître à des températures équivalentes à celles du réfrigérateur (4 °C). La bactérie *Yersinia* est associée à des complications observées chez les transfusés. En effet, en contaminant le sang destiné à la transfusion, *Yersinia* provoque parfois de graves réactions. Étant donné leur capacité à proliférer à des températures peu élevées, ces bactéries peuvent se multiplier et sécréter des endotoxines dans le sang conservé au réfrigérateur. La transfusion de ce sang peut alors engendrer un choc toxique chez le receveur.

Ces agents pathogènes sont responsables de la **gastroentérite à *Yersinia*,** ou **yersiniose**. Les signes et symptômes comprennent de la diarrhée, de la fièvre, des maux de tête et des douleurs abdominales. La douleur est souvent aiguë et, dans certains cas, on prend la gastroentérite pour une appendicite. Le diagnostic repose sur la mise en culture du microorganisme et sur son analyse par des épreuves sérologiques.

## La gastroentérite à *Clostridium perfringens*

Une des formes d'intoxication alimentaire les plus communes, quoique sous-estimée, est due à *Clostridium perfringens*, un gros bacille à Gram positif, anaérobie strict et producteur d'endospores. Cette bactérie est également responsable de la gangrène gazeuse chez l'humain (chapitre 23, p. 696).

La plupart des épidémies de **gastroentérite à *C. perfringens*** sont associées à de la viande contaminée par le contenu des intestins d'animaux durant l'abattage. Les endospores survivent à la plupart des modes de cuisson de la viande. Dans de tels aliments, les besoins en acides aminés de l'agent pathogène sont satisfaits et, lorsqu'elle est cuite, la viande contient moins de dioxygène, ce qui favorise la croissance de *Clostridium*. Le temps de génération de la bactérie végétative est inférieur à 20 minutes dans des conditions idéales. Dès lors, si la nourriture est conservée dans des conditions inadéquates ou si elle est refroidie lentement en raison de mauvaises conditions de réfrigération, les bactéries peuvent rapidement former des populations importantes.

Le microorganisme se développe dans le tractus intestinal et produit une exotoxine causant les douleurs abdominales et la diarrhée caractéristiques de la gastroentérite. Dans la plupart des cas, la maladie est bénigne et spontanément résolutive, et n'est probablement jamais diagnostiquée. Les signes et symptômes se manifestent en général de 8 à 12 heures après l'ingestion de la bactérie. Le diagnostic repose habituellement sur l'isolement et l'identification de l'agent pathogène dans les fèces. Dans certaines formes graves, et si les conditions favorables d'anaérobie se maintiennent, la gastroentérite peut entraîner une gangrène intestinale.

## La gastroentérite à *Bacillus cereus*

*Bacillus cereus* est une grosse bactérie à Gram positif productrice d'endospores, très répandue dans le sol et les végétaux. Elle est généralement considérée comme inoffensive, bien qu'elle ait causé des épidémies de maladies d'origine alimentaire. Les spores non détruites par la cuisson germent quand la nourriture refroidit. Comme les bactéries compétitrices ont été éliminées lors de la cuisson, *B. cereus* se multiplie rapidement et sécrète des toxines. Les aliments riches en amidon tels que les plats de riz servis dans les restaurants asiatiques sont particulièrement sensibles à ce type de contamination (figure 6.3).

Certains cas de **gastroentérite à *B. cereus*** ressemblent aux infections à *C. perfringens* et se traduisent presque uniquement par des diarrhées (de 8 à 16 heures après l'ingestion). Dans d'autres cas, les patients souffrent de nausées et de vomissements (habituellement de 2 à 5 heures après l'ingestion). On croit que des toxines différentes sont responsables de ces symptômes différents. Les deux formes de la maladie sont spontanément résolutives.

# Les viroses du système digestif

### Objectifs d'apprentissage

- *Décrire l'épidémiologie des viroses suivantes, et notamment le pouvoir pathogène des agents en cause, leurs réservoirs, leurs modes de transmission, leurs portes d'entrée ainsi que les facteurs prédisposants de l'hôte réceptif : oreillons, infection à cytomégalovirus, hépatites A, B et C et gastroentérite due au virus de Norwalk.*
- *Relier les dommages causés aux organes cibles à l'effet cytopathogène des virus responsables des maladies citées.*
- *Relier les infections virales citées à des moyens de prévention, à une thérapeutique et à des épreuves de diagnostic (s'il y a lieu).*

Bien que, contrairement aux bactéries, ils ne se reproduisent pas dans le système digestif, les virus envahissent néanmoins les organes annexes de ce système.

## Les oreillons

Les glandes parotides sont la cible du virus responsable des oreillons ; elles sont situées devant et sous les oreilles (figure 25.1). Comme les parotides constituent l'une des trois paires des glandes salivaires du système digestif, nous traitons des oreillons dans ce chapitre.

Les **oreillons** se manifestent habituellement par la tuméfaction de l'une ou des deux glandes parotides, entre 16 et 18 jours après l'exposition au virus (figure 25.13). Le virus, transmis par la salive et les sécrétions des voies respiratoires, pénètre dans l'organisme par ces dernières. Dès leur entrée, les virus se mettent à proliférer dans les voies respiratoires et

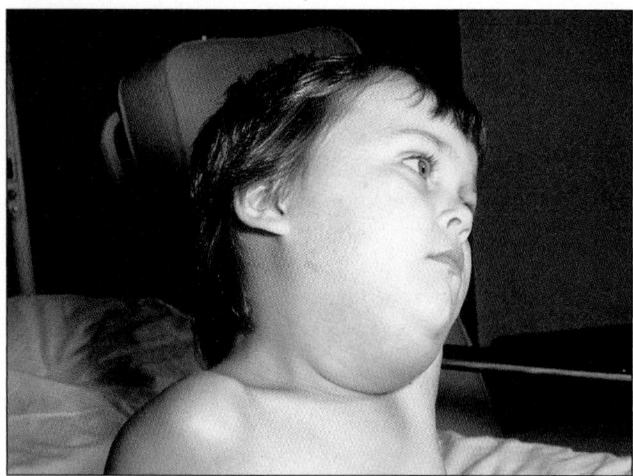

FIGURE 25.13 **Un cas d'oreillons.** Ce jeune patient présente la tuméfaction typique de cette infection.

■ Comment le virus des oreillons est-il transmis?

les nœuds lymphatiques du cou; ils sont ensuite transportés par le sang (virémie) et atteignent les glandes salivaires, où ils pénètrent dans les cellules. La virémie se produit plusieurs jours avant la survenue des symptômes et l'apparition du virus dans la salive. Le virus est présent dans le sang et la salive pendant 3 à 5 jours après le début de la maladie et dans l'urine après une dizaine de jours. La transmissibilité des oreillons est maximale 48 heures après l'apparition des symptômes cliniques.

Les oreillons se caractérisent par de la fièvre et par une inflammation des glandes parotides dont l'enflure est responsable des douleurs lors de la déglutition. Entre 4 et 7 jours après l'apparition des signes et symptômes, les testicules peuvent s'enflammer chez 20 à 35% des hommes postpubères. Cette affection nommée *orchite* peut entraîner la stérilité. Les autres complications comprennent la méningite, l'inflammation des ovaires et la pancréatite.

Pour prévenir la maladie, il existe un vaccin vivant atténué, souvent associé à celui de la rougeole et de la rubéole (vaccin ROR). L'incidence des oreillons a fortement chuté depuis la mise sur le marché du vaccin en 1968. Les récidives sont rares. L'infection d'une seule glande parotide ou dans les cas subcliniques (environ 30% des individus infectés) confère la même immunité que l'infection des deux glandes.

Le diagnostic repose habituellement sur l'observation des signes et symptômes lors de l'examen clinique, et il n'est pas nécessaire de recourir à des épreuves sérologiques. Si le médecin désire une confirmation de son diagnostic, on peut procéder à l'isolement du virus dans un œuf embryonné ou dans une culture cellulaire et l'identifier au moyen d'une méthode ELISA.

## L'infection à cytomégalovirus

L'**infection à cytomégalovirus** est due à un virus de la famille des *Herpesvirus*. L'*Herpesvirus* humain type 5 (HHV-5) est l'agent causal; le cytomégalovirus (CMV) provoque l'apparition d'une inclusion intranucléaire et le gonflement (ou *cytomégalie*) des cellules infectées de l'hôte. La mise en évidence de ces inclusions, dites «en œil de chouette» ou «en œil de poisson» révèle donc la présence de l'infection.

L'infection à CMV persiste toute la vie. Lors de la primo-infection, des anticorps sont produits mais ils ne débarrassent pas complètement le corps du virus. Les macrophagocytes et les lymphocytes T du sang hébergent probablement les virus latents. Le virus est excrété périodiquement dans les liquides biologiques tels que la salive, l'urine, le sperme, les sécrétions vaginales et le lait maternel. Les personnes qui ont été infectées par le CMV deviennent donc des porteurs permanents du virus.

La maladie est transmise par le baiser et d'autres contacts interpersonnels, notamment par les éducateurs en garderie. L'infection est aussi transmissible par contact sexuel, par transfusion sanguine et par greffe. Chez les adultes et les enfants d'un certain âge, la plupart des infections sont subcliniques ou, au pire, s'apparentent à un cas bénin de mononucléose infectieuse. Toutefois, les sujets immunodéprimés peuvent présenter une pneumonie mortelle. Il existe maintenant des préparations commerciales à base d'anticorps qui neutralisent passivement les CMV présents dans les reins destinés aux greffes.

La première infection à CMV contractée par une femme non immunisée durant sa grossesse peut causer de graves dommages au fœtus. À leur première grossesse, les femmes issues de milieux défavorisés ont 80% de chances d'être naturellement immunisées contre le CMV en raison de mauvaises conditions d'hygiène et de la promiscuité, alors que dans les milieux plus aisés le taux d'immunisation naturelle n'est que de 50% environ. Une femme immunisée peut parfois transmettre le virus au fœtus, mais, dans ce cas, le virus ne cause pas de dommages.

On estime que 80% de la population américaine est porteuse du virus; en France, 50% de la population en serait porteuse (on observe le taux le plus élevé chez les homosexuels et les hétérosexuels ayant de nombreux partenaires). On a pu dire que, si elle s'accompagnait d'une éruption cutanée, l'infection à cytomégalovirus serait l'une des maladies infantiles les plus connues. La figure 25.14 montre la prévalence des anticorps dirigés contre CMV, le virus d'Epstein-Barr et *Toxoplasma gondii*. Dans certains pays en voie de développement, l'ensemble de la population est parfois infectée.

Il existe des tests permettant de détecter la présence d'anticorps contre le virus et les médecins devraient déterminer l'état d'immunité des femmes en âge de procréer. Toutes les femmes non immunisées devraient être informées des risques inhérents à une grossesse. Beaucoup d'enfants qui naissent avec la maladie et ses symptômes meurent, et les survivants présentent des troubles graves. Les jeunes enfants constituent la principale source d'infection. La méthode diagnostique la plus fiable consiste à isoler le virus à partir des liquides biologiques au cours des deux premières semaines de vie. L'échantillon est habituellement envoyé à un laboratoire spécialisé.

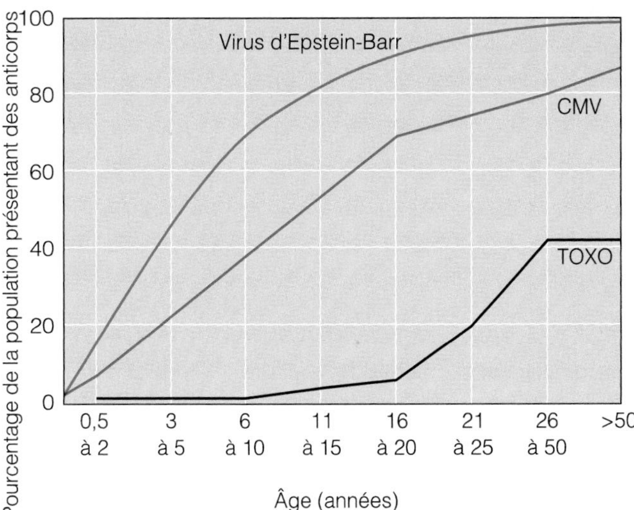


**FIGURE 25.14 Prévalence typique des anticorps contre le virus d'Epstein-Barr, le cytomégalovirus (CMV) et *Toxoplasma gondii* (TOXO) en fonction de l'âge aux États-Unis.**
[SOURCE : *Laboratory Management*, juin 1987, p. 23 sqq.]

■ On estime que 80 % de la population est porteuse du cytomégalovirus.

Aucun vaccin fiable n'a encore été mis au point. Le virus est sensible au ganciclovir, un agent antiviral qui s'avère efficace pour traiter les sujets adultes immunodéprimés. Parmi les complications majeures observées chez les patients atteints du SIDA, on compte la réactivation de l'infection à cytomégalovirus. Elle se traduit surtout par une *rétinite à cytomégalovirus* susceptible de causer des atteintes oculaires.

## Les hépatites

### Objectif d'apprentissage

■ *Distinguer les différents types d'hépatite : A, B, C, D et E.*

L'**hépatite** est une inflammation du foie due à l'effet cytopathogène des virus qui l'infectent; les virus endommagent les cellules hépatiques, perturbant ainsi l'activité métabolique du foie. La gravité de l'hépatite est fonction de l'étendue des lésions et de leur durée. Par exemple, dans l'hépatite A, la maladie n'entraîne pas de séquelles parce que les cellules hépatiques se renouvellent; dans les hépatites B, C et D, les cellules hépatiques ne sont pas remplacées par du tissu fonctionnel mais plutôt par du tissu cicatriciel, ce qui provoque une fibrose hépatique. L'hépatite virale est maintenant la deuxième maladie infectieuse la plus fréquemment déclarée aux États-Unis. Cinq virus distincts au moins causent la maladie, et il en existe probablement d'autres que l'on n'a pas encore découverts; d'autres encore sont en cours d'identification. L'hépatite résulte aussi parfois d'infections par d'autres virus tels que le virus d'Epstein-Barr ou le cytomégalovirus. Une hépatite aiguë cliniquement identique à l'hépatite virale peut également être due à des médicaments ou à des substances chimiques toxiques. Le tableau 25.1 présente une récapitulation des caractéristiques des différentes formes d'hépatites virales.

### L'hépatite A

Le *virus de l'hépatite A* (*VHA*) est l'agent causal de l'**hépatite A**. Le VHA renferme de l'ARN simple brin (monocaténaire) et n'est pas enveloppé. Il peut être mis en culture.

Après avoir pénétré le corps, habituellement par la voie orale, le VHA prolifère dans les cellules de l'épithélium du tractus intestinal. Une virémie finit par survenir, et le virus se propage aux cellules du foie, des reins et de la rate. Le virus est excrété dans les fèces, mais on le retrouve aussi dans le sang et l'urine. La quantité de particules excrétée est plus importante avant l'apparition des signes et symptômes et décline rapidement par la suite. Par conséquent, il se peut qu'un individu qui manipule des aliments et transmette le virus ne manifeste pas de signes cliniques visibles. Par ailleurs, il est probable que le virus peut survivre pendant plusieurs jours sur des surfaces comme une planche à découper. La contamination des aliments ou des boissons par les fèces est favorisée par la résistance du VHA à la désinfection par des solutions de chlore aux concentrations habituellement utilisées dans l'eau. Les mollusques, tels que les huîtres, qui vivent dans des eaux contaminées peuvent également constituer une source d'infection. La transmission est donc presque exclusivement orofécale, par contact direct ou par contact avec des aliments ou de l'eau contaminés.

Au moins 50 % des infections à VHA sont subcliniques, surtout chez les enfants; les jeunes de moins de 14 ans sont particulièrement exposés lors des épidémies. Dans les cas cliniques, les premiers signes et symptômes comprennent l'anorexie (perte d'appétit), la nausée, la diarrhée, les douleurs abdominales, la fièvre et les frissons. Dans certains cas, la perturbation de l'activité métabolique du foie s'accompagne d'un ictère, qui se manifeste par un jaunissement de la peau et du blanc des yeux et par une urine foncée, typique des infections hépatiques. Le foie devient alors douloureux à la pression et enflé. Ces symptômes sont plus susceptibles de se manifester chez les adultes; ils durent entre 2 et 21 jours. Le tissu hépatique endommagé est régénéré et l'infection ne laisse généralement pas de séquelles; le taux de mortalité est faible. Il n'existe pas de forme chronique de l'hépatite A et le virus n'est habituellement excrété que lors de la phase aiguë de la maladie, bien qu'il soit difficile de le déceler. La période d'incubation dure en moyenne 4 semaines et s'échelonne entre 2 et 6 semaines. Ce grand intervalle complique les études épidémiologiques visant à déterminer la source de l'infection. Les animaux ne sont pas des réservoirs d'infection.

L'hépatite A est présente partout dans le monde. La maladie est beaucoup plus fréquente dans les milieux insalubres. Les cas déclarés chaque année ne constituent qu'une fraction du nombre de cas réels. Le diagnostic de la maladie aiguë repose sur la mise en évidence des IgM anti-VHA, car

**Tableau 25.1** *Caractéristiques des hépatites virales*

| Propriétés | Hépatite A | Hépatite B | Hépatite C | Hépatite D | Hépatite E |
|---|---|---|---|---|---|
| Mode de transmission | Transmission orofécale (ingestion d'aliments ou de boissons contaminés) | Voie parentérale (injection de sang ou d'autres liquides biologiques contaminés), y compris le contact sexuel | Voie parentérale | Voie parentérale (il doit y avoir co-infection par l'hépatite B) | Transmission orofécale |
| Famille de virus | *Picornaviridæ* | *Hepadnaviridæ* | *Flaviviridæ* | *Deltaviridæ* | |
| Agent causal | Virus de l'hépatite A (VHA); ARN monocaténaire; sans enveloppe | Virus de l'hépatite B (VHB); ADN bicaténaire; enveloppé | Virus de l'hépatite C (VHC); ARN monocaténaire; enveloppé | Virus de l'hépatite D (VHD); ARN monocaténaire; l'enveloppe provient du virus de l'hépatite B | Virus de l'hépatite E (VHE); ARN monocaténaire; sans enveloppe |
| Période d'incubation | 2 à 6 semaines | 4 à 26 semaines | 2 à 22 semaines | 6 à 26 semaines | 2 à 6 semaines |
| Manifestations cliniques ou symptômes | La plupart du temps subcliniques; cas graves: fièvre, maux de tête, malaises, ictère (jaunisse) | Fréquemment subcliniques; semblables à l'hépatite A, mais avec fièvre et sans maux de tête; plus susceptibles de causer de graves dommages au foie | Semblables aux symptômes de l'hépatite B, mais plus susceptibles de devenir chroniques | Graves dommages au foie; taux de mortalité élevé | Semblables à l'hépatite A, mais les femmes enceintes peuvent présenter un taux de mortalité élevé |
| Prévalence des anticorps aux États-Unis | 33% | 5 à 10% | 1,8% | Inconnue | 0,5% |
| Maladie hépatique chronique | Non | Oui | Oui | Oui | Non |
| Vaccin | Vaccins inactivés; les immunoglobulines offrent une protection temporaire | Vaccins produits par manipulation génétique de levures | Aucun | Le vaccin contre l'hépatite B offre une protection contre l'infection car la co-infection est nécessaire | À l'étude |

ces anticorps sont produits environ 4 semaines après l'infection et disparaissent entre 3 et 4 mois après. Le rétablissement donne lieu à une immunité qui dure toute la vie.

Il n'existe pas de traitement spécifique de la maladie, mais on peut injecter aux personnes à risque des immunoglobulines qui les protégeront durant plusieurs mois. Par ailleurs, des vaccins inactivés sont maintenant sur le marché et on conseille aux voyageurs à destination de régions endémiques de se faire vacciner. En 2000, les CDC ont émis une recommandation visant la vaccination des enfants dans certains États de l'ouest des États-Unis où les taux de la maladie sont élevés ainsi que la vaccination des porteurs de l'hépatite C, une forme d'hépatite plus grave. L'immunisation est souhaitable, car les effets d'une infection à VHA s'additionnent à ceux de l'hépatite C et peuvent endommager le foie et mettre la vie en danger.

## L'hépatite B

L'**hépatite B** est causée par le *virus de l'hépatite B (VHB)*. Le VHA et le VHB sont des virus très différents: la taille du VHB est plus importante, son génome est constitué d'un ADN bicaténaire et il est enveloppé. Ce virus à ADN possède une caractéristique unique; au lieu de répliquer directement son ADN, il synthétise un ARN intermédiaire à la manière des rétrovirus. Comme il a été souvent transmis lors de transfusions sanguines, ce virus a fait l'objet de nombreux travaux de recherche afin de déterminer comment on peut déceler sa présence dans le sang.

Le sérum des patients souffrant d'hépatite B contient trois particules distinctes. La plus grosse, la *particule Dane*, est le virion complet; il est infectieux et a la capacité de se répliquer. Les *particules sphériques,* plus petites, font environ la moitié de la taille des particules Dane. Enfin, les *particules filamenteuses* sont des particules tubulaires, qui présentent le même diamètre que les particules sphériques mais sont 10 fois plus longues (figure 25.15). Les particules sphériques et filamenteuses sont des constituants libres des particules Dane, les acides nucléiques en moins. De toute évidence, l'assemblage n'est pas très efficace puisque de grandes quantités de ces constituants s'accumulent. Heureusement, ces nombreuses particules non assemblées contiennent un *antigène de surface de l'hépatite B* (*HB$_s$*) que l'on peut détecter à l'aide d'anticorps dirigés contre lui. Les épreuves faisant appel à ces anticorps facilitent le dépistage du VHB dans le sang.

L'hépatite B sévit partout dans le monde. En Afrique et en Asie, les enfants constituent le plus souvent la population cible; en Europe du Nord et en Amérique du Nord, ce sont surtout les jeunes adultes, mais l'incidence de la maladie y est plus faible. Toutefois, en raison du mode de transmission du virus par exposition directe au sang et aux liquides biologiques, l'incidence de l'hépatite B est élevée chez les médecins, infirmières, dentistes, techniciens de laboratoire et autres, qui sont quotidiennement en contact avec le sang. En Amérique du Nord, des lois fédérales exigent des employeurs qu'ils offrent une vaccination gratuite aux travailleurs exposés. Certains cas de transmission de chirurgien ou de dentiste à patient ont été signalés. L'incidence de l'hépatite B est plus élevée chez les utilisateurs de drogues qui mettent souvent leurs seringues en commun et ne les stérilisent pas adéquatement. Le sang peut contenir jusqu'à 1 milliard de virus par millilitre. Il n'est donc pas surprenant que le virus soit aussi présent dans divers liquides biologiques tels que la salive, le lait maternel et le sperme, mais pas dans les selles et l'urine normales (où l'on ne trouve pas de traces de sang). On a également rapporté des cas de transmission du virus par l'intermédaire du sperme lors de dons pour l'insémination artificielle et lors de rapports sexuels chez des hétérosexuels avec de nombreux partenaires et chez des hommes homosexuels. Notons que les mesures préventives que l'on a adoptées en vue d'empêcher la diffusion du VIH ont eu aussi un effet sur l'incidence de l'infection à VHB. Une femme enceinte, notamment si elle est porteuse chronique, peut transmettre la maladie à son enfant, habituellement lors de la naissance. Dans la plupart des cas, on évite ce type de transmission en administrant des immunoglobulines contre l'hépatite B au bébé immédiatement après la naissance. On doit aussi procéder à la vaccination de ces bébés.

La période d'incubation est de 12 semaines en moyenne et s'échelonne entre 4 et 26 semaines. En raison de la variabilité et de la durée de la période d'incubation, il peut être difficile de déterminer l'origine de l'infection.

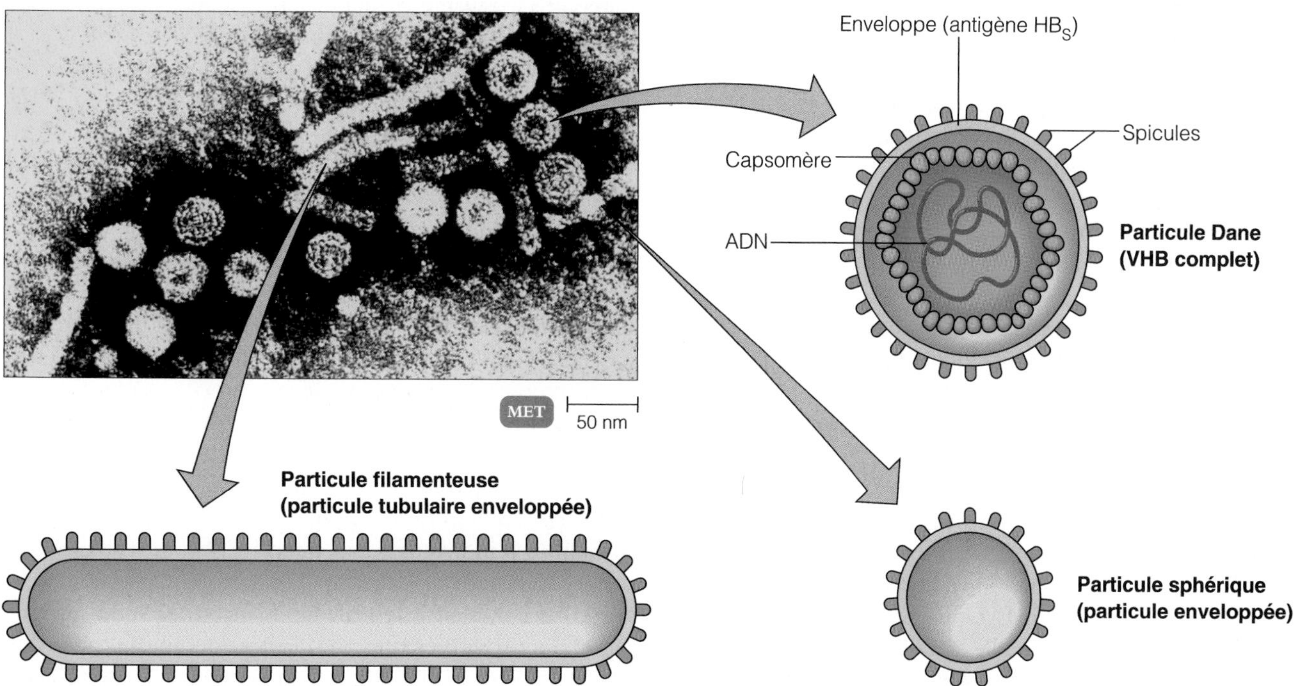


**FIGURE 25.15 Virus de l'hépatite B (VHB).** La micrographie et les schémas illustrent les différentes particules mentionnées dans le texte.

■ Nommez quelques modes de transmission de l'hépatite B.

On estime que 130 000 Américains, surtout des jeunes adultes, sont infectés chaque année par le virus, mais environ 10 000 cas seulement font l'objet d'une déclaration. Au Canada, 3 000 cas annuels ont été déclarés entre 1993 et 1995; pour les années suivantes et jusqu'en 1999, le nombre de cas déclarés a diminué et s'est situé à 1 000 cas annuels environ. Les manifestations cliniques varient énormément. On pense que la moitié des cas sont asymptomatiques. Au début de la maladie, les signes et symptômes comprennent une perte d'appétit, une fièvre légère et des douleurs aux articulations. Plus tard, un ictère apparaît habituellement lorsque l'activité métabolique du foie est perturbée. Ces signes cliniques se manifestent en général chez les adultes. Il est difficile de distinguer l'hépatite A de l'hépatite B en se basant uniquement sur les symptômes.

Dans au moins 90% des cas, l'infection aiguë évolue vers une guérison sans séquelles. Le taux de mortalité est plus élevé que pour l'hépatite A, mais il est sans doute inférieur à 1% chez les individus infectés. En revanche, il peut atteindre de 2 à 3% chez les patients hospitalisés. Les décès sont dus à une inflammation persistante du foie et à une cirrhose éventuelle (fibrose et dégénération de l'organe), ainsi qu'au cancer.

D'ordinaire, jusqu'à 10% des patients infectés deviennent porteurs chroniques. Cet état est lié à l'âge de l'individu: 90% des nouveau-nés infectés deviennent des porteurs permanents comparativement à 3 ou 5% des adultes infectés. Ces porteurs sont des réservoirs d'infections pour la diffusion de la maladie et présentent également un taux élevé de maladies hépatiques. La forte corrélation entre l'incidence du cancer du foie et celle de l'hépatite B est particulièrement inquiétante. Les porteurs chroniques sont 200 fois plus susceptibles de présenter un cancer du foie que l'ensemble de la population. Le cancer du foie est le type de cancer le plus fréquent en Afrique subsaharienne et en Extrême-Orient, régions où l'hépatite B est extrêmement répandue. On estime que, dans l'ensemble du monde, le nombre de porteurs de VHB s'élève à 400 millions.

Les chercheurs n'ont pas réussi à mettre le VHB en culture, étape qui s'est avérée cruciale pour la mise au point des vaccins contre la polio, les oreillons, la rougeole et la rubéole. Les vaccins qui existent actuellement sont fabriqués à l'aide d'antigènes $HB_s$, produits par une levure génétiquement modifiée. La vaccination est recommandée pour les groupes à haut risque, notamment les travailleurs de la santé exposés au sang et à ses dérivés, les personnes hémodialysées, les patients hospitalisés, le personnel des hôpitaux psychiatriques et les hommes homosexuels qui ont une vie sexuelle active. Depuis quelques années, la vaccination des enfants et des jeunes adolescents contre l'hépatite B est devenue routinière au Canada et aux États-Unis en vue de diminuer les risques de transmission sexuelle de la maladie.

À l'heure actuelle, les possibilités de traitement de l'infection à VHB sont assez restreintes.

Dans le cas des sujets souffrant d'une infection chronique, on fait appel à l'interféron alpha (IFN-$\alpha$). Cette substance est onéreuse, mais elle donne des résultats chez un grand nombre de patients. Plusieurs analogues des nucléosides tels que la lamivudine sont sur le point d'être approuvés à cet effet. Des expériences ont montré que la lamivudine freine souvent la progression de la maladie chronique; toutefois, elle n'élimine pas le virus.

## L'hépatite C

Dans les années 1960, une forme d'hépatite d'origine transfusionnelle jusque-là inconnue a fait son apparition. Il s'agissait de l'**hépatite C**. Comme nous l'avons vu, il existait un test fiable détectant la présence du VHB dans le sang et son utilisation régulière avait diminué les risques de transmission par transfusion. Par conséquent, la nouvelle forme d'hépatite a bientôt constitué presque tous les cas d'hépatite transmise par transfusion. On a fini par mettre au point des tests sérologiques décelant les anticorps dirigés contre le virus de l'hépatite C (VHC), qui ont également permis de réduire considérablement le taux de transmission du VHC. Il y a toutefois un délai de 70 à 80 jours entre le moment où l'infection se produit et l'apparition d'anticorps détectables contre le VHC. Il est donc impossible de détecter la présence de VHC dans du sang contaminé, ce qui explique pourquoi 1 transfusion sur 100 000 peut être infectieuse. Des chercheurs s'intéressent à la création de nouvelles méthodes de dépistage qui permettront de détecter le sang contaminé entre 10 et 30 jours après l'infection. Si le virus pouvait être détecté directement sans qu'on ait à attendre le développement des anticorps, il n'y aurait pas de délai.

Le VHC possède un ARN monocaténaire et une enveloppe. Il est capable de déjouer le système immunitaire en mutant rapidement. Cette caractéristique, de même que le fait que, pour l'instant, on ne peut pas le mettre en culture *in vitro,* complique la mise au point d'un vaccin.

On a dit de l'hépatite C qu'elle était une épidémie silencieuse; aux États-Unis, elle cause la mort d'un plus grand nombre de personnes que le SIDA. La maladie est souvent asymptomatique; en général, il s'écoule une vingtaine d'années entre l'infection et l'apparition de signes cliniques. Aujourd'hui encore, il est probable qu'une petite partie seulement des cas d'infection a fait l'objet d'un diagnostic. Souvent, l'hépatite C n'est détectée que lors de certains tests de routine requis par exemple par les compagnies d'assurances ou pour les dons de sang. Dans la majorité des cas, peut-être même 85%, la maladie évolue vers la chronicité, taux beaucoup plus élevé que pour l'hépatite B. Selon certaines études, 1,8% de la population américaine, soit 4 millions d'individus, serait infectée. Plus de 100 000 personnes sont nouvellement atteintes chaque année, et plus de 8 000 succombent à la maladie. Environ 20% des patients chroniques vont présenter une cirrhose ou un cancer du foie. L'hépatite C est probablement responsable de la majorité des greffes du foie. C'est pourquoi on craint que, à mesure que l'infection à VHC se propage, les hépatites mortelles ne constituent une véritable bombe à retardement qui explosera dans les deux prochaines décennies.

La mise en commun d'aiguilles souillées entre utilisateurs de drogues constitue une source d'infection courante. Au moins 80 % des utilisateurs sont infectés. On a rapporté un cas de transmission exceptionnel entre des sujets ayant utilisé une même paille pour inhaler de la cocaïne. Il est intéressant de noter que, dans plus d'un tiers des cas, le mode de transmission ne peut être établi – sang contaminé, contact sexuel ou autre voie de transmission.

Le traitement de l'hépatite C chronique par l'interféron alpha offre un bon pronostic dans certains cas, mais les récidives sont fréquentes. Une nouvelle substance médicamenteuse associe l'interféron avec la ribavirine, un agent antiviral. Ce traitement coûte cher et n'est efficace que dans 30 % des cas environ.

### L'hépatite D (hépatite delta)

En 1977, un nouveau virus de l'hépatite, connu maintenant sous le nom de *virus de l'hépatite D* (*VHD*) a été découvert chez des porteurs du VHB en Italie. Les personnes qui portaient l'*antigène delta* et étaient également infectées par le VHB présentaient un plus haut taux d'atteintes hépatiques graves et un plus haut taux de mortalité que les personnes uniquement munies d'anticorps contre le VHB. Puis, on s'est aperçu que l'**hépatite D** pouvait survenir sous une forme aiguë (*co-infection*) ou une forme chronique (*surinfection*). Dans les cas d'hépatite B aiguë spontanément résolutive, la co-infection par le VHD disparaît à mesure que le VHB est éliminé de l'organisme. La manifestation de l'affection est similaire à celle d'une hépatite B aiguë classique. Cependant, si l'infection à VHB évolue vers la chronicité, la surinfection à VHD s'accompagne souvent d'une détérioration progressive du foie et d'un taux de mortalité de plusieurs fois supérieur à celui des infections à VHB seulement.

Du point de vue épidémiologique, l'hépatite D est associée à l'hépatite B. Aux États-Unis et en Europe du Nord, la maladie survient principalement chez les groupes à haut risque comme les utilisateurs de drogue par injection.

Sur le plan structural, le VHD est composé d'un ARN monocaténaire qui est le plus court de tous les virus animaux. Par elle-même, la particule ne peut provoquer l'infection. Le virus devient infectieux lorsque sa partie centrale protéique (antigène delta) est recouverte d'une enveloppe d'antigène $HB_s$, dont la formation est régie par le génome du VHB (figure 25.15).

### L'hépatite E

L'**hépatite E** se transmet par la voie orofécale, tout comme l'hépatite A avec laquelle elle présente des similarités sur le plan clinique. L'agent pathogène, appelé *virus de l'hépatite E* (*VHE*), est endémique dans les régions du monde où les conditions d'hygiène sont déficientes, notamment en Inde et dans le Sud-Est asiatique. À l'instar du VHA, le virus est dépourvu d'enveloppe et est muni d'un ARN monocaténaire. Cependant, les deux virus ne sont pas apparentés du point de vue sérologique.

Comme le VHA encore, le VHE ne cause pas d'hépatite chronique mais, pour des raisons inconnues, il tue plus de 20 % des femmes enceintes qui l'ont contracté.

### Autres hépatites

De nouvelles techniques de biologie moléculaire et de sérologie ont permis de découvrir de nouveaux virus transmissibles par le sang appelés virus de l'hépatite F et virus de l'hépatite G. Le virus de l'hépatite G est apparenté au VHC, son incidence est semblable, mais il ne provoque apparemment pas de symptômes particuliers. On croit qu'il existe encore d'autres virus de l'hépatite.

## La gastroentérite virale

**Objectifs d'apprentissage**

- *Citer les agents responsables de la gastroentérite virale, leur mode de transmission ainsi que les principaux signes et symptômes de la maladie.*
- *Décrire l'épidémiologie de la gastroentérite due au virus de Norwalk, et notamment sa résistance à l'environnement, ses réservoirs, son mode de transmission, sa porte d'entrée ainsi que les facteurs prédisposants de l'hôte réceptif.*

Bon nombre de virus tels que les poliovirus, les échovirus et les coxsackievirus, sont transmis par la voie orofécale. En général, malgré leur nom d'*entérovirus*, ces virus ne s'attaquent pas directement au système digestif. Dans environ 90 % des cas, la gastroentérite virale est provoquée par des rotavirus ou par le virus de Norwalk.

Les **rotavirus** (figure 25.16) sont les principaux agents responsables de la gastroentérite virale. Ce type de gastroentérite touche principalement les jeunes enfants. Partout dans le monde, presque tous les enfants sont infectés au premier

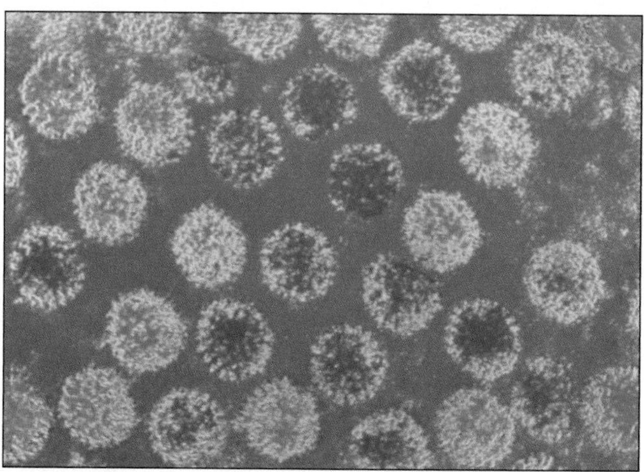


**FIGURE 25.16 Rotavirus.** Cette micrographie illustre la morphologie des rotavirus (*rota* = roue), de laquelle découle leur nom.

jour de leur naissance. La mortalité est cependant plus élevée dans les pays en voie de développement, où il n'est pas toujours possible d'avoir recours à la thérapie par réhydratation. Dans la plupart des cas, après une période d'incubation de 2 ou 3 jours, le patient présente une fièvre légère, de la diarrhée et des vomissements, qui persistent une semaine environ. Il existe plusieurs sérotypes de rotavirus et la guérison ne confère qu'une immunité partielle. La méthode ELISA et d'autres épreuves sérologiques permettent de détecter le virus dans les fèces.

Les épidémies les plus sérieuses de gastroentérite virale ont été causées par un virus appelé **virus de Norwalk** (du nom d'une localité, Norwalk, en Ohio, où eut lieu une épidémie en 1968). Après une période d'incubation de 2 jours, les sujets infectés souffrent habituellement de nausées, de vomissements, de crampes abdominales et de diarrhées pendant 1 à 3 jours et, à l'occasion, de myalgie et de céphalées. L'apparition des signes et symptômes est souvent brutale, et l'infection est spontanément résolutive.

Le virus de Norwalk se transmet facilement par voie orofécale (donc par contact avec les mains et les objets souillés par les selles) et par ingestion de nourriture contaminée. Le virus est très résistant et peut survivre sur des surfaces telles que des poignées de porte, des robinets et de la verrerie. Il peut être excrété dans les selles jusqu'à 2 semaines après le début de l'infection. Il est donc important de veiller à ce que les mesures d'hygiène de base telles que le lavage des mains soient respectées.

Le virus de Norwalk est répandu dans le monde entier et sévit particulièrement pendant la saison froide. Il touche surtout les enfants et les personnes âgées dans les collectivités (par exemple, garderies, écoles et centres d'hébergement) ; de plus, on a récemment observé des flambées de l'infection à bord de paquebots de croisière et de trains de passagers. À la fin de l'année 2002, les régions de l'est et du centre du Canada ont été aux prises avec des épidémies de gastroentérite due au virus de Norwalk chez le personnel et les patients du service des urgences dans les hôpitaux, et on a constaté une hausse des cas par rapport aux années antérieures dans de nombreuses régions.

La sensibilité au virus varie énormément : certaines personnes ne sont pas touchées et ne présentent même pas de réponse immunitaire, alors que d'autres souffrent d'une gastroentérite et produisent des anticorps à court terme seulement.

Le traitement de la gastroentérite virale fait appel à la réhydratation par voie orale ou, exceptionnellement, par voie intraveineuse.

# Les mycoses du système digestif

### Objectif d'apprentissage

- *Déterminer les causes de l'intoxication par l'ergot de seigle et de l'intoxication par l'aflatoxine.*

Certains mycètes produisent des toxines appelées *mycotoxines*. Ces toxines entraînent des maladies du sang, des troubles neurologiques, des dommages aux reins, des atteintes hépatiques, et même le cancer.

## L'intoxication par l'ergot de seigle

Certaines mycotoxines sont produites par *Claviceps purpurea*, un mycète qui cause le charbon des céréales. Elles sont responsables de l'**intoxication par l'ergot de seigle** ou *ergotisme*, due à l'ingestion de seigle ou d'autres céréales contaminés par le mycète. L'ergotisme était très répandu au Moyen Âge. La toxine peut diminuer la circulation sanguine dans les membres et entraîner ainsi la gangrène. Elle peut aussi déclencher des hallucinations semblables à celles que provoque la consommation de LSD.

## L'intoxication par l'aflatoxine

L'*aflatoxine* est une mycotoxine produite par le mycète *Aspergillus flavus*, une moisissure commune. On trouve cette toxine dans de nombreux aliments, et notamment dans les arachides. L'**intoxication par l'aflatoxine** peut causer de graves dommages au bétail lorsque leurs aliments sont contaminés par *A. flavus*. Bien que l'on ne connaisse pas tous les risques pour la santé humaine associés à son ingestion, il semble bien que l'aflatoxine joue un rôle dans l'apparition de la cirrhose et du cancer du foie dans certaines régions du monde, telles que l'Inde et l'Afrique, où la nourriture est sujette à la contamination par cette toxine.

# Les protozooses du système digestif

### Objectifs d'apprentissage

- *Décrire l'épidémiologie des protozooses suivantes, et notamment le pouvoir pathogène des agents en cause, leurs réservoirs, leurs modes de transmission, leurs portes d'entrée ainsi que les facteurs prédisposants de l'hôte réceptif : giardiase, cryptosporidiose et dysenterie amibienne.*
- *Relier les protozooses citées aux mécanismes physiopathologiques qui conduisent à l'apparition des principaux symptômes.*
- *Relier les protozooses citées à des moyens de prévention et à une thérapeutique.*

Plusieurs protozoaires pathogènes terminent leur cycle vital dans le système digestif humain. Habituellement, ils sont ingérés sous forme de kystes infectieux dotés d'une enveloppe résistante, et excrétés en nombres bien plus élevés sous forme de kystes nouvellement produits.

## La giardiase

*Giardia lamblia* est un protozoaire flagellé capable d'adhérer fermement à la paroi de l'intestin humain (figure 25.17). En

**FIGURE 25.17 Forme trophozoïte de *Giardia lamblia*, le protozoaire flagellé responsable de la giardiase.** Remarquez l'empreinte ronde laissée par la ventouse ventrale dont le parasite se sert pour s'ancrer sur la paroi de l'intestin. La partie dorsale est lisse et aérodynamique, de sorte que le contenu des intestins glisse facilement sur le microorganisme.

■ Comment le parasite survit-il dans la nature ?

1681, van Leeuwenhoek le décrivait en ces termes : « organisme à la morphologie plutôt longue que large et dont le ventre plat comporte plusieurs petites excroissances » (figure 12.16). Sur le plan taxinomique, son appellation peut prêter à confusion : *G. lamblia* est parfois nommé *G. duodenalis* ou encore *G. intestinalis*.

*G. lamblia* est l'agent causal de la **giardiase**, dite parfois *fièvre du castor*, une maladie diarrhéique chronique. Persistant parfois durant des semaines, la giardiase se caractérise par le manque d'appétit, des nausées, des diarrhées, des flatulences (gaz intestinaux), de la faiblesse, une perte pondérale et des crampes abdominales. Une odeur typique de sulfure d'hydrogène émane de l'haleine ou des selles. Les parasites sont ingérés sous forme de kystes ; ces derniers résistent à l'acidité de l'estomac et passent dans le duodénum, où ils se transforment en trophozoïtes. Les trophozoïtes se reproduisent et s'agrippent, à l'aide d'une ventouse ventrale, à la muqueuse de l'intestin grêle, où ils causent une inflammation ; ils tapissent la muqueuse en si grand nombre qu'ils nuisent à l'absorption des nutriments, en particulier des molécules de gras – d'où la perte de poids. Ils sont excrétés sous forme de kystes résistants et dispersés dans la nature, contaminant ainsi les objets, la nourriture et les cours d'eau naturels. Ces kystes sont invisibles à l'œil nu de telle sorte que l'eau claire d'une source peut ne pas être, dans les faits, potable. On rencontre aussi l'agent pathogène chez un certain nombre d'animaux sauvages (surtout les castors), chez des animaux domestiques tels que le chien et le chat, et chez des randonneurs qui boivent l'eau des sources et des cours d'eau et la contaminent à leur tour en y rejetant leurs excréments.

Dans la plupart des flambées, la transmission de l'agent pathogène s'effectue par la contamination des réservoirs d'eau. Comme les kystes résistent à la chloration, il est habituellement nécessaire de recourir à la filtration et à l'ébullition de l'eau pour les éliminer. Il y a également transmission orofécale par contact direct d'une personne infectée à une autre et par contact indirect avec des objets souillés. Ainsi, une gouttelette microscopique laissée sur une poignée de porte peut contenir plusieurs centaine de kystes. L'infection est donc fréquente dans les garderies (où on change les couches des enfants) et dans les centres pour personnes handicapées, où il est difficile de maintenir des mesures d'hygiène adéquates.

*G. lamblia* serait le parasite le plus fréquent en Amérique du Nord. Environ 7 % de la population américaine et 4 % de la population canadienne sont porteuses du parasite et excrètent des kystes. Cependant, la détection au microscope du parasite flagellé dans les fèces ne constitue pas toujours un outil diagnostique fiable. Il existe plusieurs méthodes ELISA sur le marché, qui permettent de détecter à la fois le parasite et ses œufs dans les selles. Ces épreuves s'avèrent particulièrement utiles lors d'un dépistage épidémiologique. Il est difficile de déceler le protozoaire dans l'eau potable, mais ce type de test est nécessaire pour prévenir des flambées de la maladie ou pour découvrir l'origine d'une contamination. En général, on combine les épreuves destinées à la recherche de *G. lamblia* et à celle de *Cryptosporidium*, un autre protozoaire que nous étudions dans la prochaine section.

Le métronidazole est un agent antiparasitaire qui vient habituellement à bout de la maladie en une semaine.

## La cryptosporidiose

La **cryptosporidiose** est causée par le protozoaire *Cryptosporidium parvum*, dont la pathogénicité pour l'humain n'a été reconnue qu'en 1976. L'infection se contracte par ingestion d'oocystes par l'humain (figure 25.18). Les oocystes finissent par libérer des sporozoïtes dans l'intestin grêle. Les sporozoïtes sont mobiles et pénètrent dans les cellules épithéliales de l'intestin, où ils se transforment en trophozoïtes ; ce parasite intracellulaire endommage l'intestin en se développant aux dépends des cellules intestinales hôtes. Le parasite achève son cycle vital en libérant des oocystes qui seront excrétés dans les fèces. Ces oocystes contaminent la nourriture et le cycle recommence (faites la comparaison entre ce cycle et celui de la toxoplasmose illustré à la figure 23.18). La maladie se manifeste pendant 10 à 14 jours par une diarrhée de type choléra. La cryptosporidiose est une maladie opportuniste chez les sujets immunodéficients, notamment les sidéens, chez lesquels la diarrhée s'aggrave et peut être mortelle. Il n'existe pas de traitement satisfaisant à part la réhydratation orale.

En général, l'infection est transmise aux humains par l'intermédiaire d'eau potable ou d'eau servant à des fins récréatives et contaminée par des oocystes de *Cryptosporidium*, provenant la plupart du temps de déjections animales, surtout celles du bétail. En Amérique du Nord, de nombreux lacs, cours d'eau et puits (sinon la plupart) sont contaminés, en particulier les puits qui alimentent les fermes. À l'instar

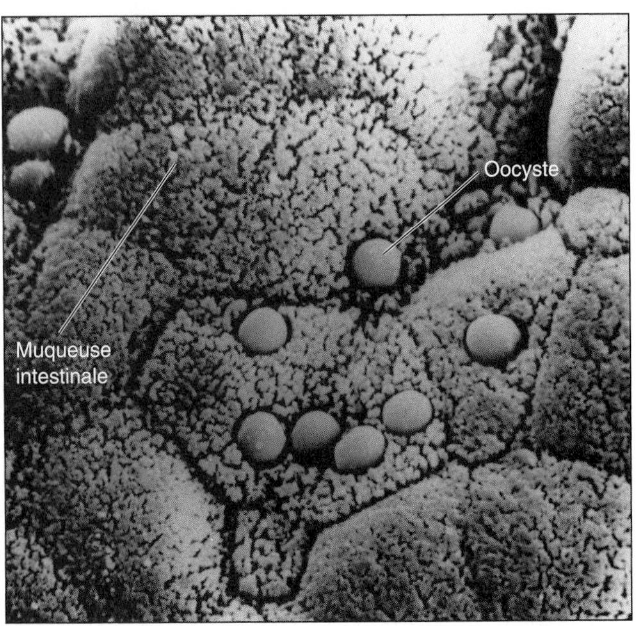


**FIGURE 25.18 Cryptosporidiose.** Les oocystes de *Cryptosporidium parvum* sont incrustés dans la muqueuse intestinale.

■ Comment la cryptosporidiose se transmet-elle ?

des kystes de *G. lamblia*, les oocystes sont résistants au chlore et doivent donc être éliminés par filtration ; cependant, même cette méthode s'avère parfois insuffisante. Cela est particulièrement vrai en ce qui concerne l'eau des piscines où les systèmes de chloration et de filtration ne permettent pas d'éliminer les oocystes. La dose infectieuse est constituée de dix oocystes seulement. On note également des cas de transmission orofécale lorsque les conditions d'hygiène sont inadéquates ; ainsi, on a observé de nombreuses flambées de cryptosporidiose dans les garderies.

Du fait que, le plus souvent, le protozoaire se trouve en faible quantité dans les échantillons, il est nécessaire de le concentrer d'une manière ou d'une autre. On peut alors l'identifier au moyen d'une coloration acido-alcoolo-résistante ou d'épreuves sérologiques telles que l'immunofluorescence ou une méthode ELISA.

Il est important d'analyser l'eau potable, mais les techniques usuelles sont longues, inefficaces et le matériel nécessaire est encombrant. La méthode la plus courante fait appel à des anticorps fluorescents qui détectent à la fois les kystes de *G. lamblia* et les oocystes de *C. parvum*. Il va sans doute devenir obligatoire d'analyser régulièrement l'eau potable, et c'est pourquoi la recherche de techniques simples et fiables fait partie des priorités en santé publique.

## La dysenterie amibienne (amibiase)

La **dysenterie amibienne** ou **amibiase** se contracte presque toujours par l'intermédiaire des mains et d'objets souillés ainsi que par des boissons ou de la nourriture contaminés par les kystes de l'**amibe** *Entamœba histolytica* ; les kystes sont la forme résistante du parasite dans l'environnement (figure 12.17b). Bien qu'elle soit capable de détruire les trophozoïtes, l'acidité stomacale est sans effet sur les kystes. Dans l'intestin par contre, la paroi du kyste est digérée, libérant ainsi les trophozoïtes. Au cours du cycle pathogène, les trophozoïtes se multiplient dans les cellules épithéliales de la paroi du gros intestin, et se nourrissent des tissus de la paroi du tube digestif (figure 25.19). Il en résulte la formation d'abcès arrondis et, par conséquent, une sévère dysenterie aux fèces mucosanglantes. Les abcès doivent parfois être traités par chirurgie.

De graves infections bactériennes surviennent lorsque la paroi intestinale est perforée. Les amibes pénètrent dans la circulation sanguine, et il n'est pas rare que d'autres organes soient envahis, dont le foie – où des abcès peuvent aussi se former. Les amibes sont hématophages, c'est-à-dire qu'elles se nourrissent d'érythrocytes dans la circulation sanguine.

On pense qu'une personne sur dix est infectée dans le monde et que, la plupart du temps, la maladie est asymptomatique. Dans environ 10 % des cas, la maladie évolue vers des stades plus sévères. Le diagnostic repose principalement sur l'isolement et l'identification de l'agent dans les fèces. (La présence d'érythrocytes, ingérés par le parasite quand il se nourrit des tissus intestinaux et que l'on peut observer au stade trophozoïte de l'amibe, permet d'identifier *E. histolytica*.) On peut également recourir à plusieurs épreuves sérologiques pour établir le diagnostic, notamment à l'immunofluorescence et aux tests d'agglutination au latex. Ces tests s'avèrent particulièrement utiles lorsque les régions atteintes sont situées à l'extérieur de l'intestin et que le patient n'excrète pas d'amibes.

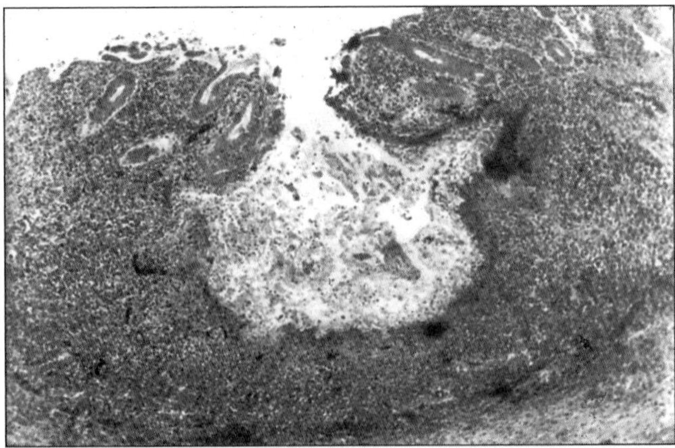


**FIGURE 25.19 Coupe de la paroi intestinale montrant un ulcère en forme de poire causé par *Entamœba histolytica*.**

■ Le chlorure d'hydrogène du suc gastrique ne détruit pas les kystes d'*E. histolytica*.

Le métronidazole et l'iodoquinol, administrés en association, sont les agents antiprotozoaires de choix.

## La diarrhée à *Cyclospora*

Au cours de ces dernières années, on a assisté à des flambées de maladies diarrhéiques causées par un protozoaire mal connu. Depuis, l'agent pathogène a été appelé *Cyclospora cayetanensis*.

La **diarrhée à *Cyclospora*** se manifeste par une diarrhée liquide qui dure de quelques jours à plusieurs semaines. La maladie est particulièrement débilitante chez les sujets immunodéficients comme les sidéens. On ne sait pas si l'humain est le seul hôte du protozoaire. La plupart des flambées ont été associées à l'ingestion d'oocystes présents dans de l'eau, dans des petits fruits ou dans des légumes crus. On pense que les aliments ont été contaminés par des oocystes excrétés dans des fèces humaines ou par des déjections d'oiseaux dans les champs.

L'examen au microscope permet d'identifier les oocystes, dont le diamètre est à peu près le double de ceux de *Cryptosporidium*. Il n'existe pas d'épreuve vraiment fiable pour vérifier la contamination des aliments. L'antibiothérapie de prédilection fait appel au triméthoprime associé avec le sulfaméthoxazole.

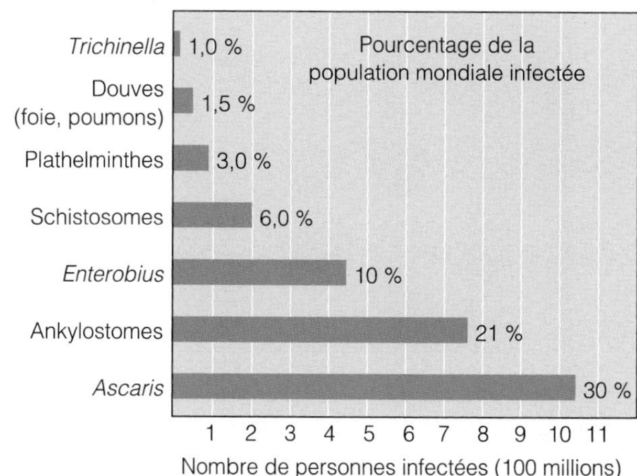


**FIGURE 25.20 Prévalence à l'échelle mondiale des infestations par certains helminthes intestinaux.** [SOURCE : Organisation mondiale de la santé (OMS).]

# Les helminthiases du système digestif

### Objectifs d'apprentissage

- *Décrire l'épidémiologie des helminthiases suivantes, et notamment le pouvoir pathogène des agents en cause, leurs réservoirs, leurs modes de transmission et leurs portes d'entrée : neurocysticercose, hydatidose, entérobiose, ankylostomiase, ascaridiose et trichinose.*
- *Décrire le cycle vital des helminthiases citées et relier certaines étapes du cycle à l'apparition des principaux signes et symptômes.*
- *Relier les helminthiases citées aux moyens de prévention, à la thérapeutique et aux épreuves de diagnostic (s'il y a lieu).*

Les helminthes (vers parasites) sont très communs dans le tractus intestinal de l'humain, surtout en présence de conditions insalubres. La figure 25.20 montre la prévalence mondiale de l'infestation par certains vers intestinaux. En dépit de leur taille et de leur apparence spectaculaire, ils engendrent habituellement peu de symptômes. Ces parasites s'adaptent si bien à leur hôte humain, et vice versa, que la révélation de leur présence surprend souvent.

## Les infestations par les cestodes

Le cycle vital d'un **cestode** typique, tel que le ténia, comporte trois étapes (figure 12.25). Le ver adulte, hermaphrodite, vit dans le tractus intestinal de son hôte humain définitif; les œufs qu'il y pond sont excrétés dans les selles à l'intérieur de segments du ver. Les œufs contaminent l'eau ou l'herbe dont les herbivores – tels que les vaches, leurs hôtes intermédiaires – se nourrissent. Les œufs éclosent dans le tube digestif de l'animal, migrent vers ses muscles et donnent naissance à des **cysticerques.**

L'infestation de l'humain par les ténias débute par l'ingestion de viande de bœuf, de porc ou de poisson insuffisamment cuite et contenant des cysticerques. Une fois ingéré, le cysticerque se développe en un ver adulte qui se fixe à la paroi intestinale par les ventouses de son scolex (tête) (voir la photo de la figure 12.25). Le ténia du bœuf, *Tænia saginata*, communément appelé *ver solitaire,* peut vivre dans l'intestin humain pendant 25 ans et atteindre une longueur de 6 mètres ou plus. En dépit de sa taille, un tel ver cause rarement des symptômes plus sérieux qu'un vague malaise abdominal. Il est toutefois angoissant de voir un segment de plus de 1 mètre (proglottis) sortir de son anus, comme cela se produit parfois.

*Tænia solium*, le ténia du porc, présente un cycle vital semblable à celui du ténia du bœuf, sauf que son stade larvaire peut se produire chez l'humain et causer une **neurocysticercose**. Cette infestation peut découler de l'ingestion des œufs plutôt que de viande insuffisamment cuite contenant des cysticerques. Les œufs sont parfois ingérés à cause d'une mauvaise hygiène ou par une auto-infection survenant lorsque le ver adulte vivant dans l'intestin pénètre l'estomac d'une quelconque manière. Les cysticerques peuvent croître dans beaucoup d'organes humains. Lorsque la croissance se déroule dans le tissu musculaire, les symptômes sont rarement graves. En revanche, les cysticerques peuvent poser des problèmes plus sérieux lorsqu'ils se développent dans les yeux ou le cerveau (figure 25.21). La neurocysticercose, qui est endémique au Mexique et en Amérique centrale, est devenue

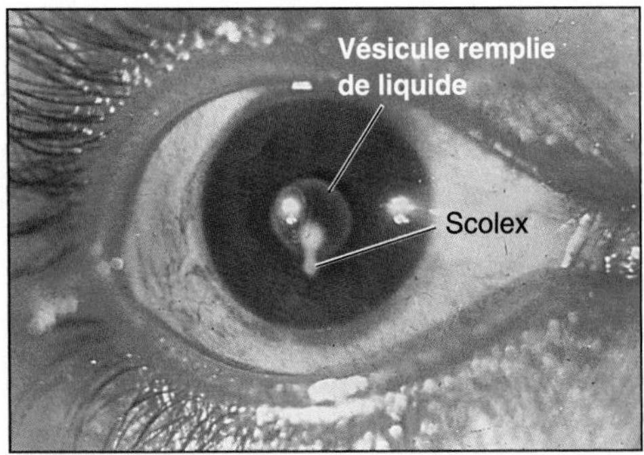


FIGURE 25.21 **Neurocysticercose chez l'humain.** Les cysticerques peuvent infester de nombreux tissus, dont l'œil.

■ Comment peut-on diagnostiquer une infestation par les ténias ?

une affection relativement commune dans les régions des États-Unis où vivent de nombreux immigrants de ces pays.

Les symptômes s'apparentent à ceux occasionnés par une tumeur du cerveau. Le nombre de cas déclarés est fonction, en partie, de l'utilisation d'un tomographe pour poser le diagnostic. Cet appareil onéreux prend des radiographies du corps en « couches » continues. Dans les régions endémiques, on fait subir des épreuves sérologiques aux patients atteints de troubles neurologiques afin de déceler la présence d'anticorps contre *T. solium.*

Le ténia du poisson, *Diphyllobothrium latum,* infeste le brochet, la truite, la perche et le saumon. À cause de l'engouement croissant des gens pour le sushi et le sashimi (plats japonais à base de poisson cru), les CDC ont émis des avertissements au sujet des risques d'infestations dues au ténia du poisson.

On rapporte ainsi le cas saisissant d'un individu qui, 10 jours après avoir mangé du sushi, a présenté des ballonnements, des flatulences, des éructations, des crampes abdominales intermittentes et de la diarrhée. Huit jours après l'apparition des signes et symptômes, le patient a excrété un ténia, appartenant à une espèce de *Diphyllobothrium,* qui mesurait 1,2 m de long.

En laboratoire, on établit le diagnostic d'infestation par un ténia en examinant les selles au microscope pour y déceler la présence d'œufs ou de segments de ver. Pour éliminer les vers, le traitement fait appel à la niclosamide.

## L'hydatidose

Tous les cestodes ne sont pas nécessairement gros. L'un des plus dangereux, *Echinococcus granulosus,* ne mesure que quelques millimètres de long (le cycle vital de ce parasite est illustré à la figure 12.26b). L'humain n'est pas l'hôte définitif de ce ver. Le ver adulte réside dans le tractus intestinal d'animaux carnivores tels que les chiens et les loups. Habituellement, les humains s'infectent par l'intermédiaire des selles d'un chien qui a été lui-même contaminé en mangeant, selon les régions, de la viande de mouton ou de cerf contenant des kystes du ver ; les kystes peuvent résister plusieurs mois aux conditions climatiques des régions nordiques, comme le Canada. Malheureusement, l'humain peut être un hôte intermédiaire, et les kystes peuvent se développer dans son organisme. La maladie, appelée **hydatidose** ou **échinococcose hydatique**, touche fréquemment les éleveurs de moutons et les chasseurs et peut être très grave.

Après qu'ils ont été ingérés par un humain, les œufs d'*E. granulosus* traversent la paroi intestinale, pénètrent dans le sang et migrent vers divers tissus. Le foie et les poumons sont les sites les plus courants, mais le cerveau et d'autres régions peuvent également être infestés. Une fois sur place, l'œuf se transforme en un **kyste hydatique** susceptible d'atteindre 1 cm de diamètre en quelques mois (figure 25.22) ; ces kystes contiennent les larves du parasite. Dans certaines zones du corps, les kystes vont rester imperceptibles pendant de nombreuses années ; dans d'autres où ils peuvent grossir sans entrave, ils vont devenir énormes, au point de contenir parfois jusqu'à 15 litres de liquide.

La taille du kyste peut causer des dommages considérables dans certaines régions telles que le cerveau et à l'intérieur des os. S'il éclate dans les tissus de l'hôte, le kyste peut donner naissance à une multitude d'autres kystes. Par ailleurs, la nature protéinique, fortement antigénique, de leur liquide, à laquelle l'hôte peut devenir sensibilisé, constitue un autre facteur de pathogénicité de ces kystes. En effet, en cas de fuite de liquide lors d'une fissuration du kyste, des réactions allergiques comme l'urticaire peuvent survenir, et il peut même y avoir un choc anaphylactique grave, parfois mortel.

Le traitement consiste généralement en l'extirpation chirurgicale du kyste, qui requiert d'immenses précautions afin d'éviter toute libération de liquide. Si la chirurgie n'est pas indiquée, on peut prescrire un agent antiparasitaire, l'albendazole.

## Les infestations par les nématodes (vers ronds)

### L'infestation par les oxyures

La plupart d'entre nous connaissons l'**oxyure,** *Enterobius vermicularis* (figure 12.27) ; la maladie qu'il cause, l'**entérobiase**, est la parasitose intestinale la plus fréquente en Amérique du Nord chez les enfants d'âge scolaire. La femelle de ce ver minuscule s'échappe la nuit de l'anus de son hôte humain pour pondre ses œufs, provoquant ainsi des démangeaisons et de l'irritabilité, qui constituent les principaux symptômes de la maladie. L'enfant se gratte et recueille des œufs sous ses ongles ; il y a auto-infestation lorsque les doigts sont mis dans la bouche et la transmission a lieu par contact direct avec les mains souillées ou par contact indirect avec des objets contaminés tels que les vêtements, la literie et les jouets. L'inhalation d'œufs très légers est même possible. Toute la maisonnée peut alors être atteinte. Des agents antiparasitaires tels que le pamoate de pyrantel, souvent en vente libre, et le mebendazole sont habituellement efficaces contre ce parasite.

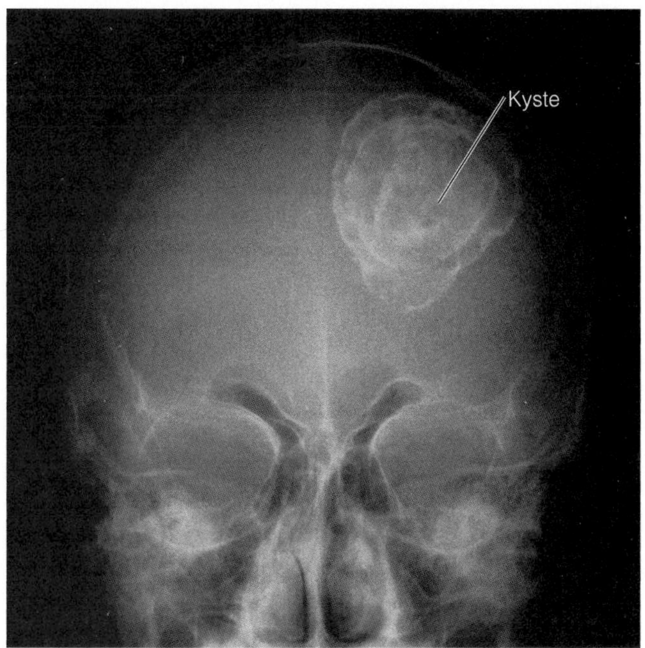


FIGURE 25.22 **Kyste hydatique formé par *Echinococcus granulosus*.** Un gros kyste est révélé par cette radiographie du cerveau d'un individu infecté.

■ De quelle manière les kystes hydatiques nuisent-ils au corps ?

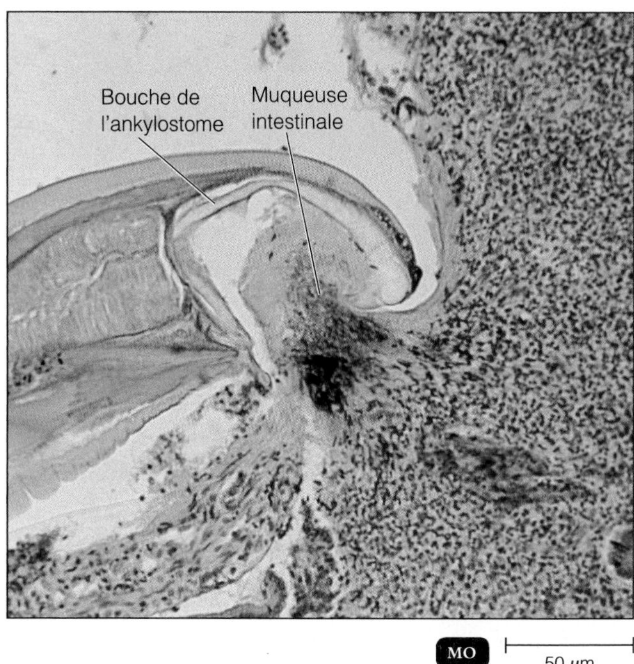


FIGURE 25.23 **L'ankylostome *Ancylostoma* fixé à la muqueuse intestinale.** Remarquez comment la bouche est bien adaptée à la prise de nourriture sur le tissu.

■ Pourquoi une infestation par les ankylostomes peut-elle conduire à l'anémie ?

## L'infestation par les ankylostomes

Autrefois, l'**infestation par les ankylostomes** (vers à crochets), ou **ankylostomiase**, était une parasitose courante dans le sud-est des États-Unis. Dans ce pays, l'espèce la plus commune est *Necator americanus* (figure 12.28). Une autre espèce, *Ancylostoma duodenale,* est présente dans l'ensemble des régions du monde.

L'ankylostome se fixe à la paroi intestinale et se nourrit de sang et de tissus plutôt que d'aliments partiellement digérés (figure 25.23), si bien que la présence de vers en grand nombre peut causer l'anémie et, par conséquent, un état de fatigue et de léthargie.

Les infestations importantes provoquent parfois un symptôme singulier connu sous le nom de *pica,* soit l'envie irrépressible d'aliments particuliers tels que l'amidon de blanchisserie ou la terre contenant une certaine argile. Le pica est un symptôme de l'anémie ferriprive.

Le cycle vital de l'ankylostome nécessite une contamination du sol par les fèces humaines et un contact cutané avec le sol contaminé parce que la larve pénètre l'organisme directement par la peau. L'incidence de la maladie a considérablement décliné grâce à une meilleure hygiène et au port de chaussures. Ces infestations sont traitées efficacement par le mebendazole.

## L'ascaridiase

L'**ascaridiase**, une des infections helminthiques les plus courantes, est due à *Ascaris lumbricoides* (chapitre 12, p. 391). Le diagnostic est souvent posé lorsqu'un ver adulte émerge de l'anus, de la bouche ou du nez. Ces vers peuvent être de taille assez impressionnante et mesurer jusqu'à 30 cm de long (figure 25.24). Dans l'intestin, ils se nourrissent d'aliments partiellement digérés et ne causent que peu de symptômes.

Le cycle vital du ver débute lorsque les œufs sont excrétés dans les fèces d'un individu et que, en raison d'une hygiène déficiente, un autre individu les ingère. Dans le duodénum, les œufs éclosent pour donner naissance à de petites larves infestantes ; ces dernières traversent la paroi intestinale, passent dans le sang et atteignent ainsi le foie puis les poumons, où elles se développent. De là, les larves migrent dans les voies respiratoires, remontent la trachée, rejoignent le pharynx où elles sont dégluties, et passent enfin dans le système digestif. Les larves se transforment en vers adultes dans les intestins, où ils pondent leurs œufs. Tout ce chemin parcouru pour revenir au point de départ !

Dans les poumons, les minuscules larves peuvent provoquer certains troubles pulmonaires. En général, les vers n'occasionnent pas de symptômes graves, mais la manifestation de leur présence s'apparente à une réaction allergique qui peut s'avérer désagréable. En grand nombre, ils bloquent les intestins, les conduits biliaires et le conduit pancréatique. La migration des vers adultes est l'un des aspects les plus spectaculaires de l'infestation par *A. lumbricoides*. Les vers, munis d'une armature buccale aux lames tranchantes, pénètrent les tissus. S'ils traversent la paroi intestinale, ils infestent la cavité

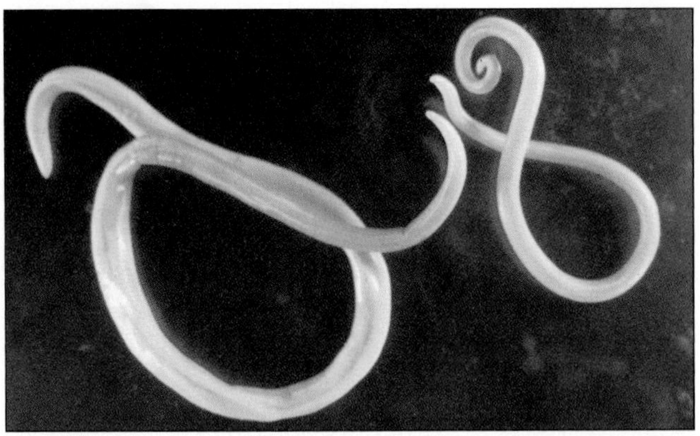

FIGURE 25.24 ***Ascaris lumbricoides*, l'agent de l'ascaridiase.** Sur cette photo, on voit un ver mâle (le ver le plus petit avec une extrémité incurvée) et un ver femelle. Ces vers mesurent jusqu'à 30 cm.

■ Quelles sont les principales caractéristiques du cycle vital d'*A. lumbricoides* ?

abdominale. Les vers peuvent émerger du nombril de jeunes enfants et s'échapper des narines d'une personne endormie. L'ascaridiase est traitée par le mebendazole.

## La trichinose

Les infestations par le nématode *Trichinella spiralis*, appelées **trichinoses**, sont pour la plupart sans danger. La larve, sous forme de kyste, loge dans les muscles de l'hôte.

La gravité de la maladie est généralement fonction du nombre de larves ingérées. Le mode de transmission le plus commun est probablement l'ingestion de viande de porc insuffisamment cuite (figure 25.25). La consommation de viande provenant d'animaux se nourrissant d'ordures (les ours, par exemple) augmente l'occurrence des épidémies. Un certain nombre de cas de trichinose humaine sont apparus en France à la suite de l'importation de viande chevaline contaminée aux États-Unis. Les cas graves peuvent aboutir à la mort, qui survient parfois en quelques jours seulement.

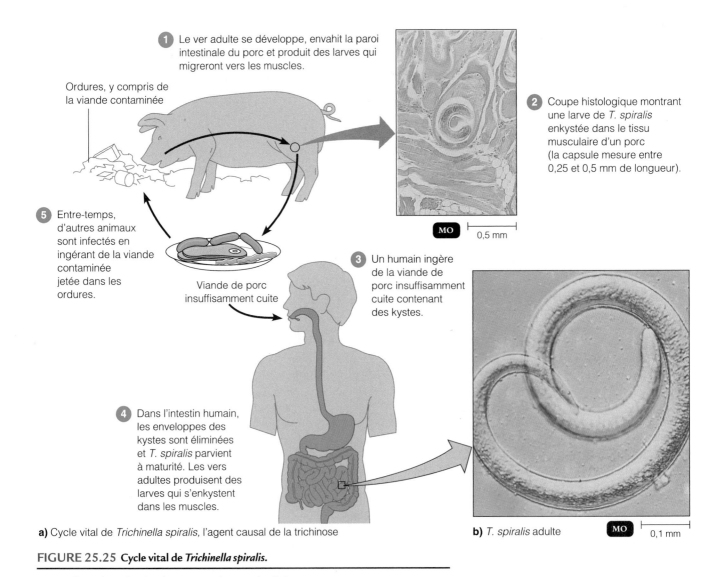

1 Le ver adulte se développe, envahit la paroi intestinale du porc et produit des larves qui migreront vers les muscles.

Ordures, y compris de la viande contaminée

2 Coupe histologique montrant une larve de *T. spiralis* enkystée dans le tissu musculaire d'un porc (la capsule mesure entre 0,25 et 0,5 mm de longueur).

MO 0,5 mm

5 Entre-temps, d'autres animaux sont infectés en ingérant de la viande contaminée jetée dans les ordures.

Viande de porc insuffisamment cuite

3 Un humain ingère de la viande de porc insuffisamment cuite contenant des kystes.

4 Dans l'intestin humain, les enveloppes des kystes sont éliminées et *T. spiralis* parvient à maturité. Les vers adultes produisent des larves qui s'enkystent dans les muscles.

**a)** Cycle vital de *Trichinella spiralis*, l'agent causal de la trichinose

**b)** *T. spiralis* adulte

MO 0,1 mm

FIGURE 25.25 **Cycle vital de *Trichinella spiralis*.**

■ Quel est le principal vecteur de *T. spiralis* ?

La contamination peut se propager à la viande hachée par l'intermédiaire d'un hache-viande préalablement souillé par de la viande infectée. La consommation de saucisse crue et de viande hachée crue présente des risques de contamination. On a rapporté le cas d'une personne qui a contracté la maladie en se rongeant les ongles après avoir manipulé de la viande de porc contaminée. La congélation prolongée de viande contaminée semble tuer les vers, mais, en aucun cas, ne devrait constituer une solution de rechange à une cuisson adéquate.

Dans les muscles de certains hôtes tels que le porc, les larves de *T. spiralis* sont enkystées sous la forme de petits vers mesurant à peu près 1 mm de long. Lorsque la viande d'un animal infecté est ingérée par un humain, l'enveloppe du kyste est éliminée par l'action digestive de l'intestin. La larve parvient alors à maturité. Le ver adulte ne demeure qu'une semaine environ dans la muqueuse intestinale et y produit des larves qui envahiront les tissus. Les larves enkystées vont enfin migrer vers les muscles, particulièrement le diaphragme et les muscles de l'œil, où elles sont à peine visibles dans des spécimens obtenus par biopsie.

Les signes et symptômes de la trichinose comprennent de la fièvre, une tuméfaction autour des yeux et des troubles gastro-intestinaux. On observe parfois de petites hémorragies sous les ongles des individus atteints. Le diagnostic repose sur la biopsie et sur certaines épreuves sérologiques. On a récemment mis au point une méthode ELISA qui décèle le parasite dans la viande. Le traitement consiste en l'administration de mebendazole, afin de tuer les vers, et de corticostéroïdes, afin de réduire l'inflammation.

Le tableau 25.2 présente une récapitulation de la plupart des maladies infectieuses associées au système digestif.

**Tableau 25.2** *Maladies infectieuses du système digestif*

| Maladie | Agent pathogène | Remarques |
|---|---|---|
| **Bactérioses de la bouche** | | |
| Carie dentaire | Principalement *Streptococcus mutans* | L'accumulation de plaque dentaire permet aux bactéries de produire localement de l'acide, qui finit par attaquer la dent. |
| Parodontose | Divers ; principalement *Porphyromonas* spp. | La présence de plaque dentaire déclenche une réaction inflammatoire qui détruit l'os et les tissus. |
| **Bactérioses des voies digestives inférieures** | | |
| Intoxication alimentaire par *Staphylococcus* | *Staphylococcus aureus* | Une exoentérotoxine présente dans la nourriture provoque l'apparition rapide de nausées, de vomissements et de diarrhées. |
| Shigellose (dysenterie bacillaire) | *Shigella* spp. | Les bactéries sont excrétées dans les fèces humaines. Une fois ingérées, elles envahissent les cellules épithéliales de l'intestin et y prolifèrent. L'infection se propage aux cellules voisines, causant des lésions tissulaires locales (abcès) et une dysenterie. |
| Salmonellose | *Salmonella enterica* | Les bactéries qui résident dans l'intestin des animaux contaminent la nourriture ; lorsqu'elles sont ingérées, elles envahissent les cellules épithéliales de l'intestin et s'y multiplient. Elles ne se propagent pas aux cellules voisines mais peuvent traverser la muqueuse et pénétrer dans la circulation sanguine et lymphatique. L'infection entraîne des nausées et des diarrhées. |
| Fièvre typhoïde | *Salmonella typhi* | L'agent de la fièvre typhoïde est excrété dans les fèces humaines. La période d'incubation est de 2 semaines environ. Les bactéries ne prolifèrent pas dans les cellules intestinales mais se multiplient dans les cellules phagocytaires. Elles se disséminent dans tout le corps ; dans les cas graves, la paroi intestinale peut se perforer et engendrer des hémorragies intestinales. Le taux de mortalité est significatif. |
| Choléra | *Vibrio cholerœ* | L'exotoxine - le choléragène - cause une diarrhée grave avec perte importante de liquides et d'électrolytes. La bactérie n'envahit pas les tissus. |

➤

**Tableau 25.2** *Maladies infectieuses du système digestif (suite)*

| Maladie | Agent pathogène | Remarques |
|---|---|---|
| **Bactérioses des voies digestives inférieures (suite)** | | |
| Gastroentérite à *Vibrio parahæmolyticus* | *V. parahæmolyticus* | L'exotoxine cause une diarrhée similaire à celle associée au choléra, mais généralement moins sévère. |
| Gastroentérite à *V. vulnificus* | *V. vulnificus* | Très dangereuse chez les personnes souffrant d'une maladie hépatique. |
| Gastroentérite à *E. coli* entérotoxigène | *Escherichia coli* | La bactérie, non invasive, produit des entérotoxines qui provoquent une diarrhée liquide qui ressemble à celle de la forme bénigne du choléra ; diarrhée des voyageurs typique. |
| Gastroentérite à *E. coli* entéro-invasif | *E. coli* | L'invasion de la muqueuse intestinale par les bactéries entraîne une inflammation responsable d'une dysenterie semblable à celle provoquée par *Shigella*. |
| Gastroentérite à *E. coli* entérohémorragique | *E. coli* O157:H7 | La bactérie productrice de vérocytotoxines cause une colite hémorragique (fèces très sanguinolentes) et un syndrome hémolytique urémique (sang dans les urines, et peut-être insuffisance rénale). |
| Gastroentérite à *E. coli* entéropathogène | *E. coli* | La bactérie n'est ni toxigène ni invasive ; elle adhère aux cellules épithéliales de l'intestin par des fimbriæ. Responsable de diarrhées aiguës dans les pouponnières et les garderies. |
| Gastroentérite à *Campylobacter* | *Campylobacter jejuni* | La bactérie microaérophile se rencontre dans l'intestin des animaux. Agent causal courant des gastroentérites. |
| Ulcère gastroduodénal à *Helicobacter* | *Helicobacter pylori* | L'agent pathogène s'est adapté pour survivre dans l'estomac ; sa présence cause des ulcères gastroduodénaux. |
| Gastroentérite à *Yersinia* | *Yersinia enterocolitica* | La bactérie réside dans l'intestin des animaux. Elle croît lentement à 4 °C (température du réfrigérateur). Les signes et symptômes, habituellement bénins, comprennent des douleurs abdominales et des diarrhées. Peut être confondue avec l'appendicite. |
| Gastroentérite à *Clostridium perfringens* | *Clostridium perfringens* | Se limite habituellement à la diarrhée. |
| Gastroentérite à *Bacillus cereus* | *Bacillus cereus* | Peut se manifester sous la forme de diarrhées ou de nausées et de vomissements ; probablement causée par diverses toxines. |
| **Viroses du système digestif** | | |
| Oreillons | Virus des oreillons | Tuméfaction douloureuse des glandes parotides. |
| Infection à cytomégalovirus | Cytomégalovirus (CMV) | Très courante, généralement asymptomatique ; si la première infection est acquise durant la grossesse, le fœtus peut subir des dommages. |
| Hépatite A | Virus de l'hépatite A (VHA) | Maladie bénigne ; généralement caractérisée par un malaise ; souvent subclinique. Transmission orofécale ; faible taux de mortalité. |
| Hépatite B | Virus de l'hépatite B (VHB) | Transmis par le sang et autres liquides biologiques, voie sexuelle y compris. La forme sévère de la maladie peut causer une atteinte hépatique avec dysfonctionnement de l'activité métabolique. Environ 10 % des cas deviennent chroniques. |
| Hépatite C | Virus de l'hépatite C (VHC) | Similaire à l'hépatite B, mais un plus fort pourcentage des cas deviennent chroniques. |
| Hépatite D | Virus de l'hépatite D (VHD) | Dommages au foie très sérieux avec taux de mortalité élevé. Co-infection par le VHB obligatoire. |
| Hépatite E | Virus de l'hépatite E (VHE) | Similaire à l'hépatite A ; transmission orofécale. Le taux de mortalité peut être élevé chez les femmes enceintes. |
| Gastroentérite virale | Rotavirus ou virus de Norwalk | Spontanément résolutive. |

**Tableau 25.2** *Maladies infectieuses du système digestif (suite)*

| Maladie | Agent pathogène | Remarques |
|---|---|---|
| **Mycoses du système digestif** | | |
| Intoxication par l'ergot de seigle | Mycotoxine produite par *Claviceps purpurea* | L'ingestion cause des troubles neurologiques ou circulatoires. |
| Intoxication par l'aflatoxine | Mycotoxine produite par *Aspergillus flavus* | La mycotoxine favorise probablement le cancer du foie. |
| **Protozooses du système digestif** | | |
| Giardiase | *Giardia lamblia* | Les protozoaires adhèrent à la paroi intestinale et peuvent inhiber l'absorption des nutriments. Cause une diarrhée. |
| Cryptosporidiose | *Cryptosporidium parvum* | Excrété dans les fèces des animaux, le protozoaire contamine les réservoirs d'eau ; cause une diarrhée qui disparaît d'elle-même, mais peut être mortelle chez les sujets immunodéprimés. |
| Diarrhée à *Cyclospora* | *Cyclospora cayetanensis* | Habituellement ingéré avec les fruits et les légumes ; cause une diarrhée liquide. |
| Dysenterie amibienne | *Entamœba histolytica* | L'amibe provoque la lyse des cellules épithéliales de l'intestin, et cause des abcès. Le taux de mortalité est élevé. |
| **Helminthiases du système digestif** | | |
| Infestation par les cestodes | *Tænia saginata* (ténia du bœuf) ; *T. solium* (ténia du porc) ; *Diphyllobothrium latum* (ténia du poisson) | Les helminthes se nourrissent du contenu non digéré de l'intestin. Leur présence occasionne peu de symptômes. Le ténia du porc peut donner naissance à des larves qui infestent de nombreux organes (neurocysticercose) et les endommage ; dans ce cas particulier, les œufs sont infectieux. Habituellement transmis par ingestion de viande contaminée par des larves. |
| Hydatidose | *Echinococcus granulosus* | Transmis par ingestion des œufs. Les œufs se transforment en kystes dans les organes, en particulier le foie et les poumons ; ils peuvent être de grande taille et causer des dommages. |
| Infestation par les oxyures | *Enterobius vermicularis* | Démangeaisons dans la région de l'anus. |
| Infestation par les ankylostomes | *Necator americanus, Ancylostoma duodenale* | Les larves pénètrent le corps à travers la peau. Les infestations importantes peuvent conduire à l'anémie. |
| Ascariase | *Ascaris lumbricoides* | Les helminthes se nourrissent du contenu non digéré de l'intestin. Transmis par ingestion d'œufs présents dans les fèces ; les larves traversent l'intestin pour entrer dans la circulation sanguine, rejoignent les poumons et retournent à l'intestin. Habituellement peu de signes et symptômes. |
| Trichinose | *Trichinella spiralis* | Les larves s'enkystent dans les muscles striés. Transmis par ingestion de larves présentes dans de la viande. Habituellement peu de signes et symptômes, mais les infestations importantes peuvent être mortelles. |

## RÉSUMÉ

### INTRODUCTION (p. 756)

1. Les maladies infectieuses du système digestif font partie des affections les plus communes.
2. Les maladies infectieuses du système digestif résultent habituellement de l'ingestion de microorganismes et de leurs toxines présents dans les aliments ou l'eau.
3. Les signes et symptômes caractéristiques des maladies infectieuses du tube digestif sont ceux de la gastroentérite et, selon l'agent pathogène en cause, des malaises généraux.
4. Le cycle de transmission orofécale peut être rompu par l'élimination adéquate des eaux usées, par la désinfection de l'eau

potable ainsi que par une préparation et une conservation adéquates des aliments.

## LA STRUCTURE ET LES FONCTIONS DU SYSTÈME DIGESTIF (p. 756-757)

1. Le tube digestif comprend la bouche, le pharynx, l'œsophage, l'estomac, l'intestin grêle et le gros intestin.
2. Les organes digestifs annexes comprennent les dents, la langue, les glandes salivaires, le foie, la vésicule biliaire et le pancréas.
3. Dans le tube digestif, et grâce au mouvement mécanique des organes digestifs annexes et à leur production de substances chimiques, de grosses molécules de nourriture sont dégradées en molécules plus petites qui seront absorbées puis transportées par le sang ou la lymphe jusqu'aux cellules.
4. Les fèces sont des substances solides résultant de la digestion; elles sont éliminées par l'anus.
5. L'acidité des sécrétions gastriques, la sécrétion de lysozyme, la production de macrophagocytes et d'IgA dans la lumière du tube digestif sont des réactions de l'organisme qui s'opposent à l'entrée de microorganismes et/ou à l'envahissement microbien.

## LA FLORE NORMALE DU SYSTÈME DIGESTIF (p. 757-758)

1. Une grande variété de bactéries colonisent la bouche.
2. Peu de microorganismes résident dans l'estomac et l'intestin grêle.
3. *Lactobacillus*, *Bacteroides*, *E. coli*, *Enterobacter*, *Klebsiella* et *Proteus* colonisent le gros intestin.
4. Les bactéries du gros intestin concourent à dégrader les aliments et à synthétiser les vitamines.
5. Près de 40% de la masse fécale se compose de cellules microbiennes.
6. Le rôle principal de la flore normale intestinale consiste en son effet barrière, qui empêche l'implantation de microorganismes potentiellement pathogènes.

## LES BACTÉRIOSES DE LA BOUCHE (p. 758-761)

### La carie dentaire (p. 758-760)

1. La carie dentaire débute lorsque l'émail et la dentine de la dent sont érodés et que la pulpe est exposée à l'infection bactérienne.
2. *Streptococcus mutans*, qui réside dans la bouche, dégrade le saccharose en glucose pour produire le dextran et en fructose pour produire de l'acide lactique.
3. L'accumulation du dextran collant forme la plaque dentaire.
4. L'acide produit par la fermentation des glucides détruit l'émail dentaire à l'endroit où la plaque s'est formée.
5. Les bacilles à Gram positif et les bactéries filamenteuses (*Actinomyces*) pénètrent jusqu'à la dentine et la pulpe.
6. Des glucides tels que l'amidon, le mannitol, le sorbitol et le xylitol, ne sont pas utilisés par les bactéries cariogènes pour produire du dextran; ils ne favorisent donc pas la carie dentaire.
7. On prévient la carie dentaire en réduisant l'ingestion de saccharose et en éliminant mécaniquement la plaque.

### La parodontose (p. 760-761)

1. La parodontose est une maladie qui touche les tissus de soutien de la dent.
2. La carie du cément et la gingivite sont causées par les streptocoques, les actinomycètes et les bactéries anaérobies à Gram négatif.
3. Les maladies chroniques de la gencive (gingivite) peuvent détériorer l'os et faire tomber la dent. La parodontite est causée par une réaction inflammatoire consécutive à la prolifération de diverses bactéries sur les gencives.
4. La gingivite ulcéronécrosante aiguë est due à *Prevotella intermedia* et à des spirochètes.

## LES BACTÉRIOSES DES VOIES DIGESTIVES INFÉRIEURES (p. 761-773)

1. Les infections gastro-intestinales sont causées par la prolifération d'un agent pathogène dans les intestins.
2. La période d'incubation, c'est-à-dire le temps requis pour que la croissance des bactéries et la fabrication de leurs produits engendrent des signes et symptômes, s'étend entre 12 heures et 2 semaines. Les symptômes de l'infection comprennent généralement de la fièvre.
3. L'intoxication bactérienne est souvent consécutive à l'ingestion de toxines bactériennes préformées.
4. Les signes et symptômes apparaissent entre 1 et 48 heures après l'ingestion des toxines. La fièvre n'en fait généralement pas partie.
5. Les infections et les intoxications provoquent des diarrhées, des dysenteries ou des gastroentérites; ces manifestations cliniques engendrent habituellement des pertes liquidiennes responsables de perturbations physiologiques et métaboliques importantes telles que la chute de la pression artérielle et des déséquilibres électrolytiques et acidobasiques.
6. D'ordinaire, on traite ces maladies en remplaçant les fluides et les électrolytes perdus.

### L'intoxication alimentaire (toxicose alimentaire) par les staphylocoques (p. 762-763)

1. L'intoxication alimentaire par les staphylocoques résulte de l'ingestion d'entérotoxines provenant d'aliments conservés dans des conditions inadéquates.
2. *S. aureus* est inoculé dans les aliments durant leur préparation. La bactérie croît et élabore l'entérotoxine dans la nourriture conservée à la température ambiante.
3. L'entérotoxine n'est pas dénaturée par une ébullition de 30 minutes.
4. Les aliments dont la pression osmotique est élevée (p. ex. la viande salée) et ceux qui ne sont pas consommés immédiatement après leur cuisson sont le plus souvent à l'origine de la toxicose alimentaire.
5. Le diagnostic repose sur les signes et symptômes. Les nausées, les vomissements et la diarrhée débutent de 1 à 6 heures après l'ingestion et durent environ 24 heures.

6. Le diagnostic de laboratoire repose sur l'isolement de *S. aureus* dans un échantillon de nourriture ; il permet de retrouver l'origine de la contamination.
7. Il existe des épreuves sérologiques permettant de déceler les toxines dans les aliments.

## La shigellose (dysenterie bacillaire) (p. 763-764)

1. La shigellose est causée par quatre espèces de *Shigella*.
2. La pathogénie est liée à l'envahissement des cellules épithéliales de l'intestin par les bactéries, à la prolifération de ces dernières et à la destruction des cellules. L'infection se propage aux cellules voisines, entraînant des lésions tissulaires (abcès) et une dysenterie.
3. Les signes et symptômes de la maladie comprennent la présence de mucus sanguinolent dans les fèces, des crampes abdominales et de la fièvre. Les infections à *S. dysenteriæ* entraînent une ulcération de la muqueuse intestinale.
4. Le diagnostic de la shigellose repose sur l'isolement et l'identification de la bactérie à partir d'un écouvillonnage rectal.

## La salmonellose (gastroentérite à *Salmonella*) (p. 764-765)

1. La salmonellose, ou gastroentérite à *Salmonella,* est causée par de nombreuses espèces de *Samonella*.
2. La pathogénie est liée à l'envahissement des cellules épithéliales de l'intestin par les salmonelles, et à leur multiplication. Les bactéries ne se propagent pas aux cellules voisines, mais elles peuvent traverser la muqueuse et pénétrer dans la circulation sanguine et lymphatique ; d'autres organes peuvent être atteints.
3. Les signes et symptômes, qui débutent de 12 à 36 heures après l'ingestion de quantités importantes de *Salmonella*, comprennent la nausée, des douleurs abdominales et la diarrhée. Une septicémie peut survenir chez les enfants et les personnes âgées.
4. Il est possible que la fièvre soit liée à des endotoxines.
5. Le taux de mortalité est inférieur à 1% ; les individus guéris peuvent être porteurs de la bactérie.
6. En général, le chauffage des aliments à 68 °C détruit *Salmonella.*
7. Le diagnostic de laboratoire repose sur l'isolement et l'identification de *Salmonella* dans les selles et les aliments.

## La fièvre typhoïde (p. 766-768)

1. *Salmonella typhi* est l'agent causal de la fièvre typhoïde. La bactérie est transmise par contact avec des fèces humaines.
2. Au bout d'une période d'incubation de 2 semaines, le patient présente de la fièvre et des malaises. Les symptômes persistent de 2 à 3 semaines. La maladie est caractérisée par la pénétration des bactéries dans les macrophagocytes et leur dissémination dans l'organisme ; la paroi intestinale peut se perforer, ce qui engendre des hémorragies intestinales.
3. *S. typhi* reste présent dans la vésicule biliaire des porteurs.
4. Il existe des vaccins pour les personnes exposées à des risques élevés.

## Le choléra (p. 768-770)

1. *Vibrio choleræ* produit une exoentérotoxine, le choléragène, qui altère la perméabilité membranaire de la muqueuse intestinale. Les vomissements et les diarrhées qui s'ensuivent causent une perte importante de liquides et d'électrolytes. La bactérie n'envahit pas les tissus.
2. La période d'incubation dure environ 3 jours et les signes et symptômes, quelques jours. Le taux de mortalité s'élève à 50% lorsque l'affection n'est pas soignée.
3. Le diagnostic repose sur l'isolement de *Vibrio* dans les selles.
4. En Amérique, *Vibrio choleræ* El Tor est l'agent de gastroentérites. La bactérie est habituellement transmise par l'intermédiaire de fruits de mer contaminés.

## La gastroentérite à *Vibrio* (p. 770)

1. *V. parahæmolyticus* et *V. vulnificus* causent la gastroentérite à *Vibrio*.
2. Les symptômes apparaissent dans les 24 heures qui suivent l'ingestion de nourriture contaminée. Les patients se rétablissent en quelques jours.
3. La maladie se contracte par ingestion de crustacés ou de mollusques contaminés.

## La gastroentérite à *Escherichia coli* (p. 770-771)

1. La gastroentérite à *E. coli* peut être causée par des souches d'*E. coli* entérotoxinogène, d'*E. coli* entéro-invasive, d'*E. coli* entérohémorragique et d'*E. coli* entéropathogène.
2. La maladie se manifeste sous la forme de diarrhée épidémique dans les garderies, de diarrhée des voyageurs, de diarrhée endémique dans les pays en voie de développement et de colique hémorragique.
3. Chez l'adulte, la maladie est en général spontanément résolutive et ne requiert pas de chimiothérapie.
4. La souche d'*E. coli* entérohémorragique, *E. coli* O157:H7, produit des toxines appelées vérocytotoxines, qui causent une inflammation et un saignement du côlon. Les toxines peuvent toucher les reins et provoquer le syndrome hémolytique urémique.

## La gastroentérite à *Campylobacter* (p. 771)

1. *Campylobacter* est le deuxième agent responsable des gastroentérites aux États-Unis.
2. La bactérie est transmise par le lait de vache.

## L'ulcère gastroduodénal à *Helicobacter* (p. 771-772)

1. *Helicobacter pylori* produit de l'ammoniac, qui neutralise l'acidité stomacale. La bactérie colonise la muqueuse de l'estomac et cause l'ulcère gastroduodénal.
2. Le traitement de l'ulcère gastroduodénal fait appel au bismuth et à plusieurs antibiotiques.

## La gastroentérite à *Yersinia* (p. 773)

1. *Y. enterocolitica* et *Y. pseudotuberculosis* sont transmis par la viande et le lait.
2. *Yersinia* peut croître aux températures de réfrigération.

## La gastroentérite à *Clostridium perfringens* (p. 773)

1. *C. perfringens* cause une gastroentérite spontanément résolutive.
2. Les endospores survivent à un chauffage et germent lorsque les aliments (habituellement la viande) sont conservés à température ambiante.

3. L'exotoxine élaborée par les bactéries en croissance dans l'intestin est responsable des signes et symptômes (douleurs abdominales et diarrhées).
4. Le diagnostic de la maladie repose sur l'isolement de la bactérie dans les fèces et sur son identification.

### La gastroentérite à *Bacillus cereus* (p. 773)

1. Les endospores de *Bacillus cereus* sont communément présentes dans le sol et contaminent les aliments. Les spores ne sont pas toujours tuées à la cuisson. La spore peut germer durant le refroidissement de la nourriture, et la bactérie peut alors produire des toxines.
2. L'ingestion d'aliments contaminés par les toxines de *Bacillus cereus* cause de la diarrhée, des nausées et des vomissements.

## LES VIROSES DU SYSTÈME DIGESTIF (p. 773-780)

### Les oreillons (p. 773-774)

1. Le virus des oreillons pénètre l'organisme et en sort par les voies respiratoires.
2. Entre 16 et 18 jours après une exposition, le virus provoque l'inflammation des glandes parotides, de la fièvre et des douleurs à la déglutition. Entre 4 et 7 jours plus tard, une orchite peut survenir.
3. Après l'apparition des signes et symptômes, on retrouve le virus dans le sang, la salive et l'urine.
4. Il existe un vaccin contre la rougeole, les oreillons et la rubéole (vaccin ROR).
5. Le diagnostic repose sur l'observation des symptômes. On peut le confirmer en effectuant une méthode ELISA avec des virus mis en culture dans des cellules ou des œufs embryonnés.

### L'infection à cytomégalovirus (p. 774-775)

1. Le cytomégalovirus (CMV, un herpèsvirus) provoque l'apparition d'inclusions intranucléaires et d'une cytomégalie des cellules hôtes.
2. Le virus est transmis par l'intermédiaire de la salive, l'urine, le sperme, les sécrétions vaginales et le lait maternel.
3. L'infection à cytomégalovirus peut être asymptomatique, bénigne, ou encore progressive et fatale. Les patients immunodéprimés peuvent présenter une pneumonie.
4. S'il traverse le placenta, le virus peut infecter le fœtus et engendrer un retard mental, des troubles neurologiques et la naissance d'un mort-né.
5. Le diagnostic repose sur l'isolement du virus ou sur la détection d'anticorps IgG et IgM.

### Les hépatites (p. 775-779)

1. L'hépatite est une inflammation du foie. Les signes et symptômes de la maladie comprennent la perte d'appétit, le malaise, la fièvre et l'ictère (ou jaunisse).
2. Les virus responsables des hépatites comprennent les virus de l'hépatite, le virus d'Epstein-Barr et le cytomégalovirus (CMV).

#### *L'hépatite A* (p. 775-776)

1. Le virus de l'hépatite A (VHA) cause l'hépatite A ; dans au moins 50 % des cas, la maladie est subclinique.
2. Le VHA se contracte par ingestion d'aliments ou d'eau contaminés ; le virus se réplique d'abord dans les cellules de la muqueuse intestinale, puis envahit le foie, les reins et le pancréas par l'intermédiaire de la circulation sanguine.
3. Le virus est éliminé dans les fèces.
4. La période d'incubation est de 2 à 6 semaines. La période d'état dure de 2 à 21 jours et la guérison survient entre 4 et 6 semaines après l'apparition des symptômes.
5. Le diagnostic repose sur des épreuves visant à détecter la présence d'anticorps IgM.
6. L'immunisation passive peut fournir une protection temporaire. On peut avoir recours à un vaccin.

#### *L'hépatite B* (p. 776-778)

1. Le virus de l'hépatite B (VHB) cause l'hépatite B, qui est souvent une maladie grave due aux dommages causés aux cellules hépatiques.
2. Le VHB est transmis par transfusion sanguine, par l'usage de seringues contaminées, par l'intermédiaire du sperme dans les relations sexuelles, ainsi que par la salive, la sueur et le lait maternel.
3. Avant d'utiliser le sang dans des transfusions, on procède à des tests afin de déceler la présence d'antigènes $HB_s$.
4. La période d'incubation moyenne est de 3 mois. La guérison est habituellement totale, mais certains patients présentent une infection chronique ou deviennent porteurs.
5. Un vaccin dirigé contre l'antigène $HB_s$ est offert sur le marché.

#### *L'hépatite C* (p. 778)

1. Le virus de l'hépatite C (VHC) est transmis par le sang.
2. La période d'incubation est de 2 à 22 semaines. La maladie est similaire à l'hépatite B, mais évolue vers la chronicité chez certains patients.
3. Avant d'utiliser le sang dans des transfusions, on effectue des tests afin de détecter la présence d'anticorps contre le VHC.

#### *L'hépatite D (hépatite delta)* (p. 778)

Le virus de l'hépatite D (VHD) possède un ARN circulaire et une enveloppe composée d'antigènes $HB_s$.

#### *L'hépatite E* (p. 778-779)

Le mode de transmission du virus de l'hépatite E (VHE) est la voie orofécale.

#### *Autres hépatites* (p. 779)

Ceraines indications appuient l'existence de l'hépatite F et de l'hépatite G.

### La gastroentérite virale (p. 779-780)

La gastroentérite virale est souvent causée par un rotavirus ou par le virus de Norwalk.

## LES MYCOSES DU SYSTÈME DIGESTIF (p. 780)

1. Les mycotoxines sont des toxines produites par certains mycètes.

2. Ces toxines ont des effets dommageables sur le sang, le système nerveux, les reins et le foie.

### L'intoxication par l'ergot de seigle (p. 780)

1. L'intoxication par l'ergot de seigle, ou ergotisme, est due à la mycotoxine produite par *Claviceps purpurea*.
2. Les céréales sont les végétaux le plus souvent contaminés par la mycotoxine de *Claviceps*.

### L'intoxication par l'aflatoxine (p. 780)

1. L'aflatoxine est une mycotoxine produite par *Aspergillus flavus*.
2. Les arachides sont les végétaux le plus souvent contaminés par l'aflatoxine.

## LES PROTOZOOSES DU SYSTÈME DIGESTIF (p. 780-783)

### La giardiase (p. 780-781)

1. *Giardia lamblia* se développe dans l'intestin chez l'humain et chez les animaux sauvages. Le protozoaire est transmis par l'eau contaminée.
2. Les symptômes de la giardiase comprennent le manque d'appétit, des nausées, des flatulences, de la faiblesse et des crampes abdominales qui persistent des semaines.
3. La pathogénie repose sur l'adhérence des parasites à la muqueuse intestinale et sur leur multiplication en si grand nombre qu'ils diminuent l'absorption intestinale des nutriments.
4. Le diagnostic repose sur l'identification du protozoaire dans l'intestin grêle.

### La cryptosporidiose (p. 781-782)

1. *Cryptosporidium parvum* cause la diarrhée. Chez les sujets immunodéficients, la maladie persiste des mois.
2. Le parasite intracellulaire endommage l'intestin en se développant aux dépends des cellules intestinales hôtes.
3. L'agent pathogène est transmis par de l'eau contaminée.
4. Le diagnostic repose sur l'identification des oocystes dans les fèces.

### La dysenterie amibienne (amibiase) (p. 782-783)

1. La dysenterie amibienne est causée par *Entamœba histolytica*; cet agent pathogène se développe dans le gros intestin.
2. Les amibes se nourrissent d'érythrocytes et des tissus du tube digestif. Dans les infections sévères, on observe des abcès et des fèces mucosanglantes.
3. Le diagnostic repose sur l'observation de trophozoïtes dans les fèces et sur différentes épreuves sérologiques.

### La diarrhée à *Cyclospora* (p. 783)

1. *C. Cayetanensis* provoque la diarrhée.
2. La maladie se transmet par l'intermédiaire de produits contaminés.
3. Le diagnostic repose sur l'identification des oocystes dans les fèces.

## LES HELMINTHIASES DU SYSTÈME DIGESTIF (p. 783-789)

### Les infestations par les cestodes (p. 783-784)

1. Les humains s'infestent par les cestodes, ou vers plats, en consommant de la viande de bœuf, de porc ou de poisson insuffisamment cuite qui contient des larves enkystées (cysticerques).
2. Le scolex du ver se fixe à la muqueuse intestinale de l'humain (l'hôte définitif), où il parvient à maturité.
3. Les œufs sont excrétés dans les fèces et doivent être ingérés par un hôte intermédiaire, tel que les herbivores.
4. Les cestodes adultes sont difficiles à déceler chez l'humain.
5. Le diagnostic repose sur l'observation de proglottis et d'œufs dans les fèces.
6. La neurocysticercose survient chez l'humain lorsque les larves du ténia du porc s'enkystent chez l'humain, en particulier dans l'œil.

### L'hydatidose (p. 784)

1. Les humains infestés par le cestode *Echinococcus granulosus* peuvent abriter des kystes hydatiques dans les poumons, le foie, le cerveau et d'autres organes. Les kystes renferment un liquide très allergène susceptible de causer un choc anaphylactique.
2. D'ordinaire, les chiens et les loups sont les hôtes définitifs du parasite, alors que les moutons et les cerfs sont les hôtes intermédiaires; l'infestation de l'humain est accidentelle.

### Les infestations par les nématodes (vers ronds) (p. 784-789)

#### *L'infestation par les oxyures* (p. 784)

1. L'humain est l'hôte définitif de l'oxyure *Enterobius vermicularis*.
2. La maladie se contracte par ingestion des œufs du ver.
3. Les femelles pondent leurs œufs la nuit dans la région de l'anus, ce qui cause des démangeaisons.

#### *L'infestation par les ankylostomes* (p. 785)

1. Les larves des ankylostomes pénètrent l'organisme à travers la peau et migrent jusqu'aux intestins, où ils se développent.
2. Dans le sol, les œufs excrétés dans les fèces éclosent et donnent naissance à des larves.

#### *L'ascaridiase* (p. 785-786)

1. Le ver adulte *Ascaris lumbricoides* réside dans l'intestin de l'humain.
2. La maladie se contracte par ingestion des œufs du ver.
3. Les larves parviennent à maturité au cours d'une migration qui débute dans l'intestin, passe dans le sang puis les poumons, et se termine dans l'intestin.

#### *La trichinose* (p. 786-787)

1. Les larves de *Trichinella spiralis* s'enkystent dans les muscles de l'humain et d'autres mammifères, et causent la trichinose.
2. L'infection se contracte par ingestion de viande insuffisamment cuite contenant des larves.

3. Le ver femelle adulte se développe dans l'intestin et y pond des œufs. Les nouvelles larves migrent vers les muscles et les envahissent.
4. Les signes et symptômes de l'infestation comprennent la fièvre, une tuméfaction autour des yeux et des troubles gastro-intestinaux.
5. Le diagnostic repose sur la biopsie et les épreuves sérologiques.

## AUTOÉVALUATION

### RÉVISION

1. Donnez des exemples de la flore typique – s'il y a lieu – de la bouche et du pharynx, de l'estomac, de l'intestin grêle, du gros intestin et du rectum.

2. Décrivez les mécanismes qui contribuent à limiter la population microbienne des voies digestives.

3. Distinguez l'intoxication bactérienne et l'infection bactérienne en ce qui concerne les conditions requises, le moment de l'apparition des symptômes ainsi que le traitement.

4. Quelles sont les caractéristiques de *Streptococcus mutans* qui rendent cette bactérie responsable de la formation de la carie dentaire ? Pourquoi le saccharose, plus que tout autre glucide, cause-t-il la carie dentaire ?

5. Donnez la liste des principaux signes et symptômes des gastroentérites. Décrivez le mécanisme physiopathologique général qui conduit à l'apparition d'un état de choc au cours d'une gastroentérite sévère.

6. Puisque les causes des gastroentérites peuvent être multiples, quelle épreuve de laboratoire peut contribuer à l'établissement du diagnostic ?

7. Remplissez le tableau ci-dessous pour les infections suivantes : shigellose et fièvre typhoïde.

| Maladie | Shigellose | Fièvre typhoïde |
|---|---|---|
| Agent causal | | |
| Pouvoir pathogène | | |
| Réservoirs | | |
| Modes de transmission | | |
| Hôtes réceptifs | | |
| Signes et symptômes | | |
| Type de traitement | | |

8. Expliquez pourquoi la bactérie *Escherichia coli* est à la fois bénéfique et nuisible à l'organisme humain.

9. La gravité des signes et symptômes des gastroentérites à *E. coli* diffère selon la souche en cause. Décrivez les 4 types de souches d'*E. coli* et les caractéristiques particulières de leur pouvoir pathogène.

10. Remplissez le tableau suivant.

| Maladie | Conditions favorables à la contamination des aliments | Prévention |
|---|---|---|
| Intoxication alimentaire par les staphylocoques | | |
| Salmonellose | | |
| *E. coli* O157:H7 (maladie du hamburger) | | |
| Gastroentérite à *Bacillus cereus* | | |

11. Associez les aliments suivants avec le genre de microorganismes le plus susceptible de contaminer chacun d'eux.

| | |
|---|---|
| Viande de bœuf ________ | a) *Vibrio* |
| Charcuterie | b) *Campylobacter* |
| Volaille ________ | c) *E. coli* O157:H7 |
| Lait | e) *Listeria* |
| Huîtres ________ | f) *Salmonella* |
| Viande de porc | g) *Trichinella* |

Quelle affection est due à chacun de ces microbes ? Comment peut-on prévenir ces maladies ?

12. Définissez les mycotoxines et donnez un exemple de ces toxines.

13. Remplissez le tableau ci-dessous pour les infections suivantes : oreillons, infection à cytomégalovirus, hépatite A et hépatite B

| Maladie | Oreillons | Infection à cytomégalovirus | Hépatite A | Hépatite B |
|---|---|---|---|---|
| Agent causal | | | | |
| Réservoirs | | | | |
| Modes de transmission | | | | |
| Hôtes réceptifs | | | | |
| Organes infectés | | | | |
| Prévention | | | | |

14. Décrivez les principales étapes du cycle vital d'*Enterobius vermicularis*, agent de l'entérobiase, y compris le mécanisme de transmission de l'infestation et les mesures de prévention.

15. Comment est-il possible d'éviter les infections bactériennes et les protozooses du tube digestif?

### QUESTIONS À CHOIX MULTIPLE

1. Toutes les affections suivantes peuvent être transmises par des sources d'eau utilisées à des fins récréatives (par exemple, l'eau d'une piscine), *sauf*:
   a) la dysenterie amibienne.
   b) le choléra.
   c) la giardiase.
   d) l'hépatite B.
   e) la salmonellose.

**2.** Un patient présentant des nausées, des vomissements et de la diarrhée dans les 5 heures suivant un repas a probablement :
**a)** la shigellose.
**b)** le choléra.
**c)** une gastroentérite à *E. coli*.
**d)** la salmonellose.
**e)** une intoxication alimentaire par les staphylocoques.

**3.** L'isolement d'*E. coli* à partir d'un échantillon de fèces prouve que le patient a :
**a)** le choléra.
**b)** une gastroentérite à *E. coli*.
**c)** la salmonellose.
**d)** la fièvre typhoïde.
**e)** Aucune de ces réponses

**4.** Les ulcères gastroduodénaux sont fréquemment causés par :
**a)** l'acidité stomacale.
**b)** *Helicobacter pylori*.
**c)** les aliments épicés.
**d)** les aliments acides.
**e)** le stress.

**5.** L'examen au microscope d'une culture fécale d'un patient révèle des bactéries en forme de virgule. Pour croître, ces bactéries nécessitent un milieu contenant de 2 à 4 % de NaCl. Elles appartiennent probablement au genre :
**a)** *Campylobacter.*
**b)** *Escherichia.*
**c)** *Salmonella.*
**d)** *Shigella.*
**e)** *Vibrio.*

**6.** Une épidémie récente de choléra au Pérou présente les caractéristiques suivantes. *Laquelle* a conduit aux autres ?
**a)** L'ingestion de poisson cru
**b)** La contamination d'eau potable par des eaux usées
**c)** La pêche de poissons dans des eaux contaminées
**d)** La présence de *Vibrio* dans l'intestin de poissons
**e)** La contamination de la chair de poissons par le contenu de leurs intestins

Utilisez les choix suivants pour répondre aux questions 7 à 10.
**a)** *Campylobacter*
**b)** *Cryptosporidium*
**c)** *Escherichia*
**d)** *Salmonella*
**e)** *Trichinella*

**7.** Son identification repose sur l'observation de ses oocystes dans les fèces.

**8.** Un des symptômes typiques de la maladie causée par ce microorganisme est la tuméfaction autour des yeux.

**9.** L'observation au microscope d'un échantillon fécal révèle des bactéries spiralées à Gram négatif.

**10.** Ce microbe est fréquemment transmis aux humains par l'intermédiaire d'œufs crus.

## QUESTIONS À COURT DÉVELOPPEMENT

**1.** Décrivez les méthodes de diagnostic couramment utilisées dans les cas de gastroentérite.

**2.** Dans le cycle vital de *Trichinella*, pourquoi l'infection des humains est-elle considérée comme un cul-de-sac ?

**3.** Pourquoi la mise en vente de petites tortues et de canetons dans les boutiques d'animaux domestiques est-elle surveillée ?

**4.** Le vaccin contre l'hépatite B est administré à titre préventif aux enfants et aux jeunes adolescents. Expliquez pourquoi cette population de jeunes est particulièrement visée par cette mesure de prévention.

**5.** On trouve dans le commerce des filtres à eau dont la publicité indique qu'ils sont efficaces contre la giardiase et la cryptosporidiose. Décrivez ce qui distingue ces maladies infectieuses. Serait-il recommandé d'emporter de tels filtres en randonnée, par exemple ? Justifiez votre réponse.

**6.** Quelles maladies touchant le tube digestif peuvent être contractées en se baignant dans une piscine ou dans un lac ? Pourquoi les risques d'attraper ces maladies sont-ils faibles quand on se baigne dans la mer ?

## APPLICATIONS CLINIQUES

**1.** Pour célébrer l'anniversaire d'Annie, Matthieu décide d'organiser un grand barbecue. Il se charge de préparer les hamburgers grillés au charbon de bois. En mordant dans votre hamburger, vous constatez que la viande de bœuf haché est encore rosée ; vous le rapportez donc à Matthieu et lui faites remarquer qu'il devrait prendre soin de bien faire cuire la viande. Matthieu se moque gentiment de vos appréhensions, mais vous insistez parce que vous connaissez les dangers de l'infection à *E. coli* O157:H7. Expliquez à Matthieu comment cette souche d'*E. coli* peut se retrouver dans de la viande hachée. Décrivez le mécanisme physiopathologique susceptible de conduire à l'apparition de graves troubles intestinaux, rénaux et cérébraux chez un jeune enfant atteint.

**2.** Jérémie emmène un groupe de jeunes scouts faire une excursion en forêt. Le groupe s'installe au bord d'une rivière, près d'un barrage de castor, pour pique-niquer, et les jeunes remplissent leur gourde d'eau fraîche. Deux semaines plus tard, certains d'entre eux présentent de la fièvre, des diarrhées, des crampes abdominales, de la fatigue et une perte de poids. On diagnostique une maladie causée par un protozoaire flagellé ; cette maladie est couramment appelée fièvre du castor. De quel parasite s'agit-il ? Pourquoi les jeunes garçons atteints ont-ils tendance à perdre du poids ? Faites le lien entre les facteurs de résistance du parasite et le type de précautions que ces garçons devront prendre à leur domicile afin d'éviter de transmettre l'infection à leurs proches.

**3.** Durant l'hiver 2003 au Canada, les Centres de Direction de la santé publique de plusieurs régions du Québec doivent informer la population sur les modes de transmission de la gastroentérite causée par le virus de Norwalk. Vous devez composer un dépliant qui mentionne les groupes de personnes à risque, les symptômes attendus, les modes de transmission, les conseils à donner pour diminuer la gravité des signes et symptômes et les mesures de prévention efficaces contre la maladie.

**4.** Le 26 avril à New York, un patient A souffrant de diarrhées depuis 2 jours est hospitalisé. Une enquête révèle que la diarrhée liquide d'un patient B a débuté le 22 avril. Trois autres personnes (patients C, D et E) souffrent de diarrhée depuis le 24 avril; tous trois présentent un titre des anticorps contre *Vibrio choleræ* ≥ 640. Le 20 avril en Équateur, B a acheté des crabes qui ont été bouillis et débarrassés de leur carapace. Il a mangé de la chair de ces crabes avec deux personnes (F et G), puis il a congelé le reste des crabes entiers dans un sac. Le patient A est retourné à New York le 21 avril avec le sac de crabe dans sa valise. Ce sac a été mis au congélateur pendant la nuit, puis dégelé le 22 avril. Les crabes ont été réchauffés au bain-marie pendant 20 minutes. Deux heures plus tard, ce crabe a été servi dans une salade. Au cours d'une période de 6 heures, A, C, D et E ont mangé de ce crabe. F et G ne sont pas tombés malades. En construisant la chaîne épidémiologique, démontrez que le réservoir à la source de l'infection est le crabe et non pas le patient B. Comment aurait-on pu éviter l'infection? Donnez deux arguments qui expliquent pourquoi les personnes F et G ne sont pas tombées malades. Quelle a été l'utilité de déterminer le titre des anticorps contre *Vibrio choleræ* ? En tenant compte du fait que l'infection est causée par la souche *Vibrio choleræ* sérotype O:1, biotype El Tor, décrivez le mécanisme physiopathologique susceptible de conduire à l'apparition de très graves pertes de liquides et, par conséquent, à un état de choc sévère.

5. Le personnel soignant d'une salle d'hôpital remarque une augmentation du nombre de cas d'hépatite B. Durant les 6 derniers mois, 50 cas ont été répertoriés, comparativement à 4 cas lors du semestre précédent. Entre le 1er et le 15 janvier, les 50 patients ont subi l'ensemble des actes médicaux suivants:
   - Transfusion, piqûre sur le bout d'un doigt, cathéter veineux, injection d'héparine: 78%
   - Transfusion, injection d'insuline, chirurgie, piqûre sur le bout d'un doigt: 64%
   - Piqûre sur le bout d'un doigt, cathéter veineux, injection d'insuline, injection d'héparine: 80%
   - Transfusion, injection d'héparine, chirurgie, cathéter veineux: 2%
   - Injection d'héparine, cathéter veineux, injection d'insuline, chirurgie: 0%

   Faites une déduction quant à l'acte médical par lequel l'hépatite B a pu être transmise aux patients lors de leur séjour à l'hôpital. Formulez une hypothèse quant au moyen de contamination. Fournissez une explication à propos des faibles pourcentages (2% et 0%). Démontrez le danger que constitue la transmission de l'hépatite B en décrivant la gravité des dommages hépatiques causés par la maladie.

6. Entre 3 et 5 jours après avoir célébré l'Action de grâces dans un restaurant, 112 personnes présentent une fièvre modérée et une gastroentérite. Après une analyse bactérienne du contenu des restants de nourriture de la fête (dinde, sauce aux abattis de volaille, pommes de terre en purée), on a isolé la même bactérie *Salmonella* que celle qui a infecté les patients. La sauce a été préparée à partir des abats de 43 dindes, qui ont été réfrigérés pendant 3 jours avant leur préparation. Les abats crus ont été réduits en purée dans un mélangeur et ajoutés à un fond de sauce chaud. La sauce n'a pas été portée à ébullition une autre fois et a été conservée à la température ambiante toute la journée de l'Action de grâces. Quel est l'aliment particulier à l'origine de l'affection? Quels sont les facteurs qui peuvent influer sur la gravité des signes et symptômes causés par les salmonelles? Expliquez pourquoi, dans la plupart des cas, le traitement peut se limiter à la réhydratation des patients. Démontrez que les personnes rétablies vont à nouveau faire partie de la chaîne épidémiologique de cette infection.

7. Une flambée de fièvre typhoïde survient après une réunion de 293 membres d'une même famille. On prélève sur les patients des échantillons de sang, d'urine et de fèces que l'on met en culture, et dans 17 échantillons on constate la présence de *Salmonella typhi*. La même bactérie se retrouve chez l'un des cuisiniers, qui n'est toutefois pas malade. Neuf plats ont été préparés pour cet événement.

| Plats consommés | Pourcentage de malades |
|---|---|
| Salade verte et rôti de bœuf | 60 |
| Pâtes et haricots au lard | 42 |
| Pâtes et salade aux œufs | 12 |
| Salade aux œufs et rôti de bœuf | 0 |
| Haricots au lard et fruits | 0 |

   De quels plats provient *Salmonella typhi* ? Comment ces plats ont-ils été préalablement contaminés? Quel test permet de relier l'origine de l'infection, le mode de transmission et la maladie des patients? Pourquoi des prélèvements de sang sont-ils indiqués dans les cas de fièvre typhoïde? Comment expliquez-vous qu'une telle infection puisse causer une péritonite? Pourquoi serait-il conseillé aux personnes malades de faire faire une nouvelle culture 6 mois plus tard?

Chapitre 26

# Les maladies infectieuses des systèmes urinaire et génital

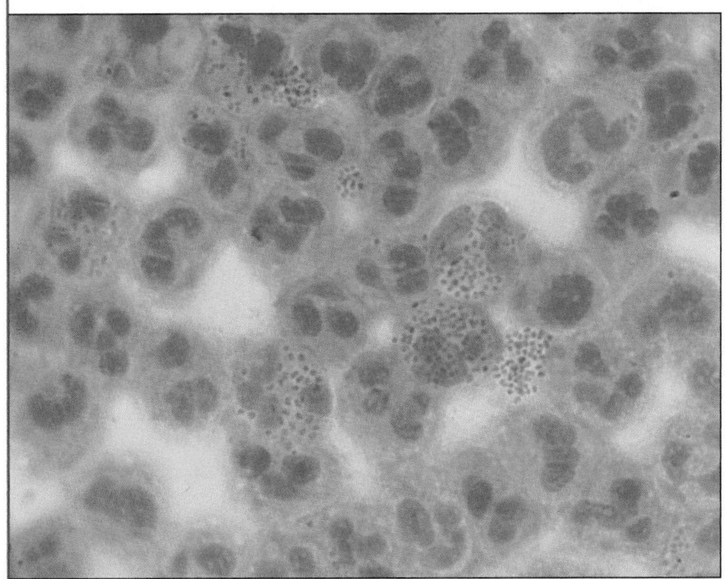

Neisseria gonorrhoeæ.
*Les cocci à Gram négatif sont visibles à l'intérieur de phagocytes dans cette coloration de Gram. La résistance de cette bactérie aux antibiotiques a contribué à augmenter l'incidence de la gonorrhée dans les zones urbaines.*

Le **système urinaire** comprend les organes qui régulent la composition chimique et le volume du sang et excrètent les déchets du métabolisme. Le **système génital** comprend les organes qui produisent les gamètes responsables de la propagation de l'espèce et, chez la femme, les organes qui portent et nourrissent l'embryon et le fœtus en développement. Les deux systèmes s'ouvrent sur le milieu extérieur, et ont ainsi en commun des portes d'entrée pour des microorganismes susceptibles de causer des maladies. Les maladies infectieuses de ces deux systèmes peuvent résulter d'une infection d'origine extérieure (infection exogène) ou d'une infection opportuniste causée par des microorganismes de la flore normale (infection endogène).

À la fin du chapitre, le tableau 26.2 présente une récapitulation, par ordre taxinomique, des maladies infectieuses décrites ici.

## Les structures et les fonctions du système urinaire

### Objectif d'apprentissage

- *Décrire les mécanismes de protection qui s'opposent à l'entrée des microorganismes dans le système urinaire.*

Sur le plan anatomique, le **système urinaire** se divise en voies supérieures composées de deux *reins* et de deux *uretères* et en voies inférieures comprenant la *vessie* et l'*urètre* (figure 26.1). À mesure que le sang circule dans les reins, le plasma est filtré; l'*urine* est formée par l'eau et les déchets en excès. L'urine s'écoule des uretères à la vessie, où elle est emmagasinée jusqu'à son évacuation par l'urètre. Chez la femme, l'urètre sert uniquement à évacuer l'urine; chez l'homme, l'urètre sert à la fois à l'élimination de l'urine et à l'émission du sperme.

L'action de balayage de l'urine durant la miction tend à éliminer de la vessie et de l'urètre les microbes potentiellement infectieux. En outre, l'acidité de l'urine normale présente certaines propriétés antimicrobiennes qui empêchent la croissance microbienne. Toutefois, si des bactéries prolifèrent dans la vessie, la présence de valvules situées à la jonction de la vessie et de chacun des uretères, va empêcher le reflux de l'urine vers les reins. Il ne s'agit pas de véritables valvules anatomiques mais plutôt de valvules physiologiques; lorsque la vessie se remplit d'urine, la pression du liquide écrase les orifices des uretères placés en position oblique. Bien fermés, les orifices ne laissent pas pénétrer les microorganismes. Ce mécanisme allié à l'action de l'urine protège donc les reins contre les infections des voies urogénitales, condition essentielle au maintien de l'homéostasie.

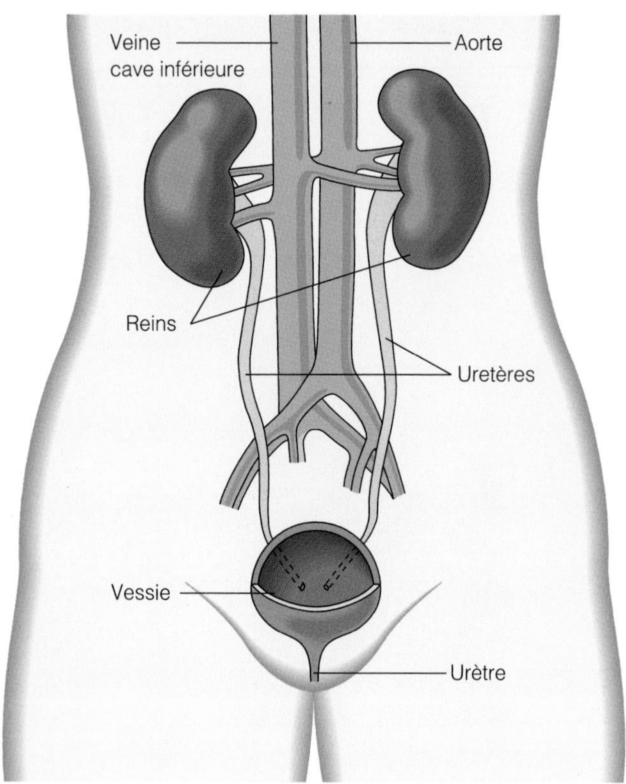


FIGURE 26.1 **Organes du système urinaire humain, ici chez la femme.**

■ À quelles structures anatomiques se limite la colonisation des microbes dans le système urinaire ?

# Les structures et les fonctions du système génital

## Objectifs d'apprentissage

- *Nommer les voies qu'empruntent les microbes pour pénétrer dans le système génital.*
- *Décrire les mécanismes de protection qui s'opposent à l'entrée des microorganismes dans le système génital.*

Le **système génital de la femme** est formé de deux *ovaires*, de deux *trompes utérines* (*de Fallope*), de l'*utérus* – y compris le *col de l'utérus* –, du *vagin* et des *organes génitaux externes* (figure 26.2). Les ovaires sécrètent des hormones sexuelles femelles et produisent des ovules.

Lorsqu'il est relâché au cours du processus de l'ovulation, l'ovocyte pénètre dans une trompe utérine, où la fertilisation a lieu si du sperme viable est présent. L'ovule fertilisé (zygote) descend dans la trompe et entre dans la cavité de l'utérus. Au moment de la nidation, il s'implante dans l'endomètre de la paroi de l'utérus, où il va se développer en un embryon et, plus tard, un fœtus. Les organes génitaux externes comprennent le clitoris, les petites et les grandes lèvres et des glandes qui élaborent les sécrétions lubrifiantes durant l'acte sexuel.

Les organes génitaux externes de la femme hébergent des microorganismes appartenant à la flore microbienne qui colonise normalement l'épiderme. Une flore microbienne normale est aussi présente sur la muqueuse du vagin et du col de l'utérus ; toutefois, les muqueuses de la paroi utérine

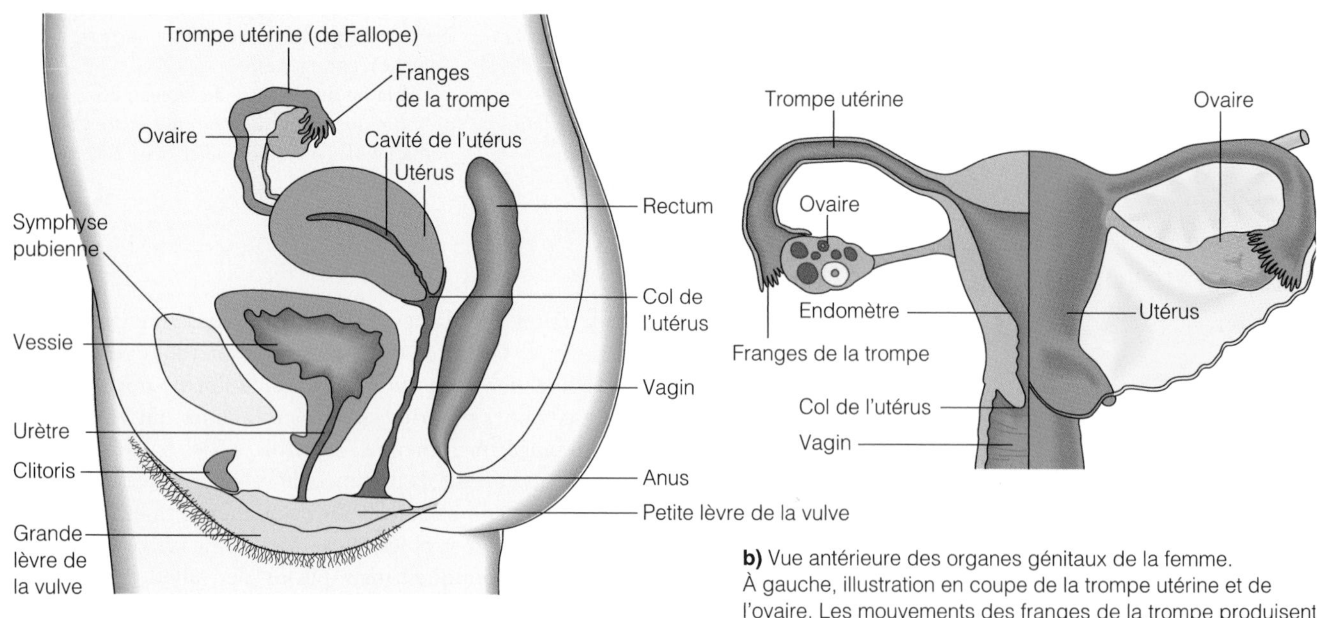


**a)** Coupe sagittale du bassin montrant les organes génitaux de la femme.

**b)** Vue antérieure des organes génitaux de la femme. À gauche, illustration en coupe de la trompe utérine et de l'ovaire. Les mouvements des franges de la trompe produisent des courants qui propulsent l'ovocyte dans la trompe utérine.

FIGURE 26.2 **Organes génitaux de la femme.**

■ À quelles structures anatomiques se limite la colonisation des microbes dans le système génital de la femme ?

et des trompes sont exemptes de microorganismes, de même que les ovaires. L'écoulement naturel des sécrétions vaginales permet le nettoyage de la muqueuse vaginale et leur acidité empêche l'installation de la plupart des microorganismes potentiellement pathogènes, en particulier la croissance de levures telles que *Candida albicans*.

Le **système génital de l'homme** est constitué de deux *testicules*, d'un réseau de *conduits*, des *glandes sexuelles annexes* et du *pénis* (figure 26.3). Les testicules sécrètent les hormones sexuelles mâles et produisent les spermatozoïdes. Les spermatozoïdes, mobiles, sont libérés dans les tubules séminifères; ils quittent le testicule pour se rendre dans les conduits de l'épididyme, puis empruntent le conduit déférent et le conduit éjaculateur, dans lesquels ils se mélangent aux sécrétions séminales et prostatique pour former le sperme. Le sperme parcourt enfin toute la longueur de l'urètre, soit la partie prostatique, la partie membranacée et la partie spongieuse (pénienne), lors de l'éjaculation. Des tubules séminifères jusqu'aux parties prostatique et membranacée de l'urètre, ces conduits sont normalement exempts de microorganismes; toutefois, la muqueuse de la partie terminale (ou pénienne) de l'urètre héberge une flore microbienne normale provenant de l'épiderme.

# La flore microbienne normale des systèmes urinaire et génital

## Objectif d'apprentissage

- *Décrire les caractéristiques et le rôle de la flore normale microbienne qui colonise la partie spongieuse de l'urètre de l'homme ainsi que l'urètre de la femme et le vagin.*

Les voies supérieures du système urinaire et la vessie sont stériles. L'urine vésicale est donc habituellement stérile, mais l'urine évacuée peut être contaminée par des microorganismes de la flore de l'épiderme près de la partie terminale de l'urètre; il peut s'agir de staphylocoques à coagulase négative, de streptocoques, de lactobacilles, de diphtéroïdes, de *Neisseria* non pathogènes et d'entérobactéries telles que *Pseudomonas, Klebsiella* et *Proteus* (tableau 14.1). Par conséquent, l'urine recueillie directement de la vessie renferme beaucoup moins de bactéries que l'urine évacuée.

Lors de prélèvements de laboratoire, cette distinction est très importante; il est donc nécessaire d'indiquer comment l'urine a été recueillie afin d'orienter la recherche des agents pathogènes par le laboratoire.

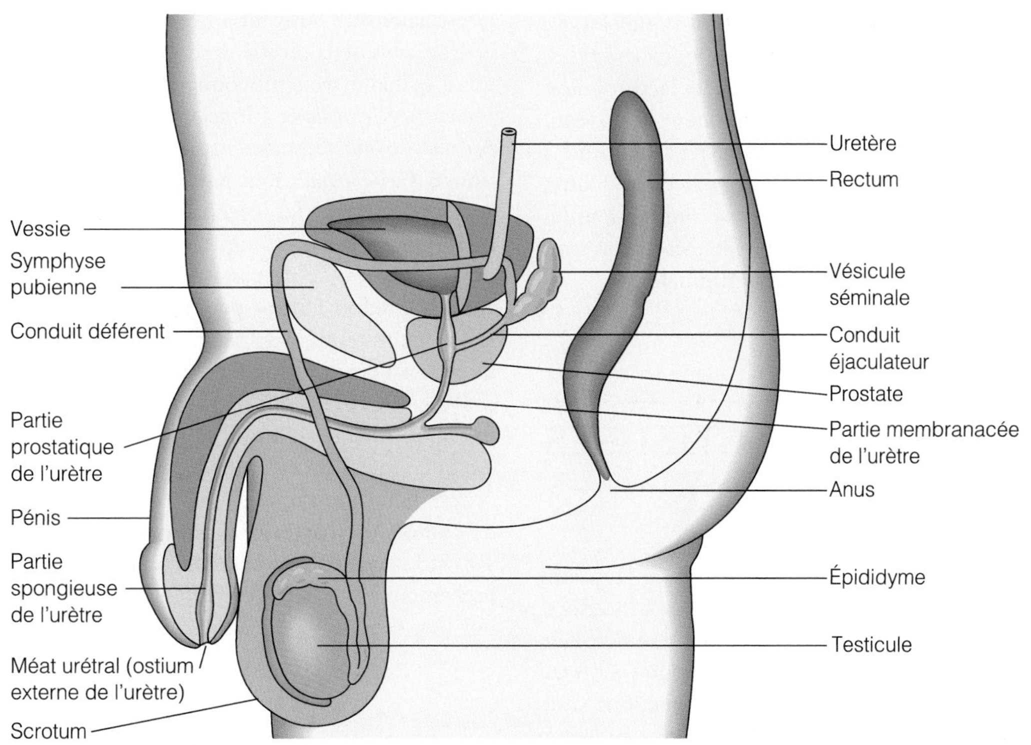


**FIGURE 26.3 Organes génitaux de l'homme.** Coupe sagittale du bassin chez l'homme.

- À quelles structures anatomiques se limite la colonisation des microbes dans le système génital de l'homme?

Dans le système génital de la femme, la flore génitale normale subit fortement les effets des hormones sexuelles. Par exemple, en quelques semaines après la naissance, le vagin du bébé fille est colonisé par des lactobacilles. La croissance de cette population bactérienne est due au fait que des œstrogènes sont transférés du sang maternel au sang fœtal et qu'ils causent une accumulation de glycogène dans les cellules tapissant le vagin. Les lactobacilles transforment le glycogène en acide lactique, et le pH du vagin devient acide. Cette transformation du glycogène en acide lactique fournit les conditions nécessaires à la prolifération d'une flore normale tolérant l'acidité dans le vagin.

Les effets physiologiques des œstrogènes diminuent au cours des semaines suivant la naissance, et d'autres bactéries, y compris des corynebactéries et divers cocci et bacilles, deviennent la flore microbienne prédominante. En conséquence, le pH du vagin devient plus neutre et reste stable jusqu'à la puberté. Au moment de la puberté, les taux d'œstrogènes s'élèvent, les lactobacilles redeviennent prédominants, et le vagin devient de nouveau acide. L'effet barrière, ou antagonisme microbien, est donc ici le mécanisme par lequel les lactobacilles de la flore normale limitent la croissance des microorganismes potentiellement infectieux tels que *Candida albicans*.

Chez la femme adulte, un déséquilibre de cet écosystème imputable à une augmentation du taux de glycogène (due à l'utilisation de contraceptifs oraux ou à une grossesse, par exemple) ou la destruction de la flore microbienne normale sous l'effet d'antibiotiques peut conduire à une inflammation du vagin, appelée *vaginite*; notons que ce type d'infection est aussi associé à l'utilisation de spermicides, produits susceptibles d'inhiber la croissance des lactobacilles. À la ménopause, les taux d'œstrogènes diminuent à nouveau, la composition de la flore microbienne redevient identique à celle qui prévalait durant l'enfance, et le pH redevient neutre. Par conséquent, la grossesse et la ménopause augmentent les risques de contracter des infections vaginales, lesquelles sont probablement liées à la baisse de l'acidité vaginale.

# LES MALADIES INFECTIEUSES DU SYSTÈME URINAIRE

Normalement, les reins, les uretères, la vessie et la partie supérieure de l'urètre sont maintenus dans des conditions stériles. Bien qu'il contienne généralement peu de microbes, le système urinaire est cependant sujet à des infections opportunistes parfois pénibles. Presque toutes ces infections sont de source bactérienne, mais certaines d'entre elles peuvent être occasionnées par des protozoaires, des mycètes ou des schistosomes (helminthes). Comme nous le verrons dans ce chapitre, les maladies transmises sexuellement touchent souvent les systèmes urinaire et génital.

## Les bactérioses du système urinaire

### Objectifs d'apprentissage

- *Décrire le mode de transmission des infections du système urinaire.*
- *Énumérer les microorganismes causant la cystite, la pyélonéphrite et la leptospirose. Nommer les facteurs qui prédisposent à ce type de maladie.*

La plupart du temps, les infections du système urinaire débutent par une inflammation de l'urètre, appelée *urétrite*. L'infection de la vessie se nomme *cystite* et celle des uretères, *urétérite*. Les infections de l'urètre et de la vessie peuvent être particulièrement dangereuses lorsque les bactéries remontent dans les uretères et atteignent les reins, où elles causent une *pyélonéphrite*. Lors de bactérioses systémiques, par exemple dans le cas d'une *leptospirose*, il arrive que les reins soient infectés par des bactéries circulant dans le sang. En général, les agents pathogènes responsables de ces maladies peuvent être mis en évidence dans l'urine excrétée.

Les infections bactériennes du système urinaire sont habituellement dues à des microbes qui pénètrent dans l'organisme par l'orifice de l'urètre.

Dans les hôpitaux, les risques de contracter ce type d'infections sont élevés. Il semble que 90% des infections nosocomiales sont liées à l'usage de cathéters urinaires. Parce que l'anus est situé près de l'orifice de l'urètre, les bactéries intestinales sont souvent à l'origine des infections urinaires. De fait, plus de la moitié des infections nosocomiales du système urinaire sont provoquées par *E. coli*. Les infections à *Proteus*, à *Klebsiella* et à *Enterococcus* sont également courantes. À cause de leur résistance naturelle aux antibiotiques, les infections à *Pseudomonas* sont particulièrement difficiles à traiter.

Le diagnostic des infections urinaires repose souvent sur la présence de symptômes tels qu'une miction douloureuse ou la sensation de ne pas avoir complètement vidé la vessie après la miction. L'urine peut être d'apparence trouble ou être légèrement teintée de sang. Le critère traditionnel d'une infection urinaire – plus de 100 000 bactéries par millilitre d'urine – a été modifié. On considère maintenant qu'il y a infection lorsque le nombre de bactéries atteint $10^5$/mL – lorsque l'infection est causée par un seul type de bactéries, le critère peut être ramené à $10^3$/mL – ou lorsque le nombre de coliformes (bactéries intestinales telles que *E. coli*) atteint 100/mL. Avant d'amorcer un traitement, on procède habituellement à la mise en culture des bactéries afin de déterminer leur sensibilité aux antibiotiques.

### La cystite

La **cystite** est une inflammation courante de la vessie chez la femme. Les signes et symptômes comprennent d'ordinaire la *dysurie* (miction impérieuse, difficile et douloureuse) et la *pyurie* (présence de pus dans l'urine).

L'urètre des femmes mesure moins de 5 cm de long, de sorte que les microorganismes peuvent facilement l'emprunter. Sur le plan anatomique, il est situé plus près de l'anus que l'urètre des hommes, ce qui favorise sa contamination par les bactéries provenant de l'intestin. Ces facteurs expliquent pourquoi le taux d'infections urinaires est huit fois plus élevé chez les femmes que chez les hommes. Chez les deux sexes, la plupart des cas sont dus à des infections à *E. coli*. Le deuxième agent pathogène le plus souvent mis en cause est un coccus à coagulase négative, *Staphylococcus saprophyticus*.

L'administration de triméthoprime-sulfaméthoxazole permet habituellement d'enrayer rapidement l'infection. En cas de résistance des bactéries, les quinolones ou l'ampicilline s'avèrent souvent efficaces.

## La pyélonéphrite

Dans 25 % des cas non traités, la cystite évolue en **pyélonéphrite**, une inflammation touchant un rein ou les deux. La maladie se manifeste par de la fièvre et des douleurs lombaires ou abdominales. Chez les femmes, l'affection est souvent une complication consécutive à une infection des voies urinaires inférieures. Dans 75 % des cas, l'agent causal est *E. coli*. Si la pyélonéphrite évolue vers la chronicité, l'infection entraîne une destruction des néphrons et du tissu cicatriciel se forme dans les reins, ce qui nuit grandement au fonctionnement de ces derniers. En raison des risques potentiels de mortalité, on commence habituellement le traitement par l'administration prolongée, par voie intraveineuse, d'un antibiotique à large spectre tel que les céphalosporines de deuxième ou de troisième génération.

## La leptospirose

La **leptospirose** touche principalement les animaux domestiques ou sauvages, mais cette infection peut être transmise aux humains chez qui elle cause parfois de graves maladies rénales ou hépatiques. L'agent causal est le spirochète *Leptospira interrogans* (figure 26.4). *Leptospira* possède une morphologie caractéristique ; cette bactérie spiralée extrêmement fine ne mesure que 0,1 $\mu$m de diamètre environ, et ses spires sont si serrées qu'elle est à peine visible au microscope à fond noir. À l'instar des autres spirochètes, *L. interrogans* (ainsi nommé en raison de ses extrémités recourbées en point d'interrogation) se colore mal et est difficile à voir au microscope optique à fond clair. C'est une bactérie anaérobie stricte susceptible de croître dans une variété de milieux artificiels, qui doivent cependant être enrichis au sérum de lapin.

Les animaux infectés par le spirochète excrètent la bactérie dans leur urine pendant une longue période. Les humains s'infectent par contact avec le sol ou de l'eau contaminés par cette urine, ou avec des tissus animaux souillés. Les travailleurs exposés aux animaux ou à des produits animaux courent des risques plus élevés. En général, l'agent pathogène s'introduit dans l'organisme par des lésions légères

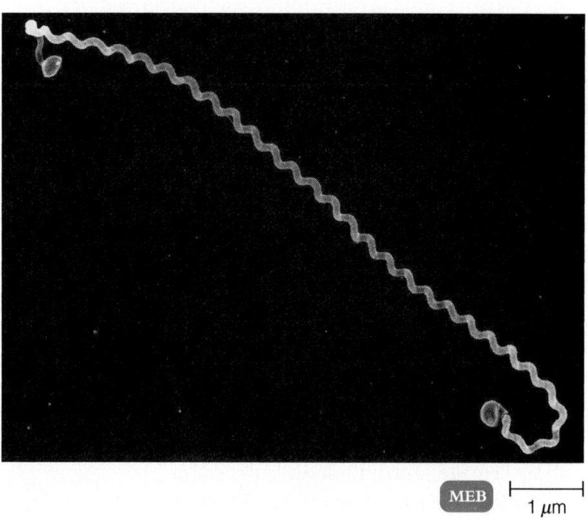


**FIGURE 26.4** ***Leptospira interrogans*, l'agent de la leptospirose.** Les extrémités recourbées en crochets sont souvent visibles dans les préparations de ce spirochète.

■ Quelle est l'origine du nom de la bactérie *L. interrogans* ?

de la peau ou des muqueuses. Si elle est ingérée, la bactérie envahit le corps en traversant la muqueuse de la bouche. Les chiens et les rats sont les réservoirs infectieux les plus courants. Chez les chiens domestiques, le taux d'infection est relativement élevé ; même s'ils sont vaccinés, ils peuvent continuer à excréter *Leptospira*. Dans l'encadré de la page suivante, nous décrivons une épidémie récente de cette infection.

Après une période d'incubation de 1 à 2 semaines, des maux de tête, des douleurs musculaires, des frissons et de la fièvre apparaissent brusquement. Au bout de quelques jours, les symptômes aigus disparaissent et la température redevient normale ; cependant, un deuxième épisode de fièvre peut se produire dans les jours qui suivent. Dans le meilleur des cas, le rétablissement confère une très bonne immunité. Mais il arrive aussi que les reins et le foie soient gravement touchés (**maladie de Weil**) ; l'insuffisance rénale est alors la cause la plus fréquente de mortalité. L'antibiothérapie au stade avancé de la maladie donne rarement des résultats, peut-être en raison des réactions inflammatoires qui accompagnent alors la maladie.

Les épreuves sérologiques sont habituellement effectuées par un laboratoire spécialisé. La plupart du temps, le diagnostic repose sur l'isolement du spirochète à partir du sang ou du liquide cérébrospinal. Toutefois, comme les signes cliniques de la maladie ne sont pas caractéristiques, il est probable que de nombreux cas ne sont pas diagnostiqués. Une étude récente effectuée dans un dispensaire situé dans un quartier défavorisé d'une grande ville américaine de la côte Est a révélé que plus de 16 % des patients avaient déjà été exposés à l'agent pathogène.

RÉSOLUTION DE CAS CLINIQUES

## Une fièvre aiguë inexpliquée

La description du problème comporte des questions que les médecins et les épidémiologistes se posent lorsqu'ils doivent résoudre un cas clinique. Essayez de répondre à chaque question avant de lire la suivante.

1. Le 6 juillet, un athlète va consulter son médecin; il se plaint de fièvre, de douleurs musculaires et de maux de tête. Le jour suivant, un autre athlète se présente au service des urgences; il présente de la fièvre et une insuffisance rénale. Le 10 juillet, un troisième athlète se rend chez son médecin; il a de la fièvre et une jaunisse.
*On suspecte une maladie d'origine infectieuse. Quels échantillons doit-on prélever chez ces patients?*

2. On prélève des échantillons de sang. Les cultures sont négatives. Toutefois, on met en évidence des spirochètes en microscopie à fond noir. On est donc en présence d'un microbe qui ne pousse pas sur des milieux de culture standardisés.
*Quelle maladie peut-on soupçonner si l'on met en relation les résultats de laboratoire et les symptômes de la maladie? Comment pourriez-vous confirmer votre diagnostic?*

3. On peut penser à une leptospirose. Les résultats d'une méthode ELISA visant à déceler la présence d'anticorps IgM dirigés contre *Leptospira* sont positifs. Ces anticorps confirment la présence de l'infection.
*Quel est l'habitat habituel de* Leptospira *?*

4. La leptospirose est une zoonose répandue qui est endémique dans la plupart des régions au climat tempéré et au climat tropical. Les leptospires infectent divers animaux, qui les excrètent dans leur urine. La bactérie survit dans l'eau douce, le sol détrempé, les plantes et la boue.
*Comment cette maladie est-elle transmise aux humains?*

5. L'humain s'infecte en s'exposant à de l'eau ou à un sol contaminés par l'urine d'un animal infecté. La maladie a été associée avec des loisirs pratiqués dans des rivières et lacs contaminés, comme la baignade et le canoë-kayak d'eaux vives. Les leptospires pénètrent le corps par l'intermédiaire de blessures cutanées, des muqueuses et de la conjonctive.
*De quels renseignements supplémentaires avez-vous besoin?*

6. Le 21 juin, les trois athlètes ont participé à un triathlon à Springfield, en Illinois. Un triathlon comprend des épreuves de natation, de cyclisme et de course à pied. Les athlètes ont nagé dans le lac Springfield.
*De quelles autres données avez-vous besoin?*

7. Dans le but de dépister d'autres cas, on a demandé la liste des participants au triathlon et on a remis un questionnaire aux 1 194 personnes qui avaient pris part aux épreuves. Sur les 110 personnes qui ont noté la présence de symptômes liés à la leptospirose, 73 ont consulté un médecin et 23 ont été hospitalisées.
*En tant que spécialiste en santé publique, quelle serait la prochaine étape que vous devriez envisager?*

Le 24 juillet, le ministère de la santé de l'Illinois a interdit la baignade dans les eaux du lac Springfield. Des agents des CDC sont en train d'élaborer des mesures de prévention et de contrôle afin d'enrayer cette épidémie.

SOURCE: *Morbidity and Mortality Weekly Report* (*MMWR*), vol. 47, n° 28, 24 juillet 1998, p. 585-588, et *MMWR*, vol. 47, n° 32, 21 août 1998, p. 673-676.

# LES MALADIES INFECTIEUSES DU SYSTÈME GÉNITAL

Les microorganismes responsables des infections du système génital sont souvent très sensibles au stress environnemental et se transmettent par contact sexuel.

## Les bactérioses du système génital

### Objectifs d'apprentissage

- *Décrire l'épidémiologie des bactérioses suivantes, et notamment le pouvoir pathogène des agents en cause, leurs réservoirs, leurs modes de transmission, leurs portes d'entrée ainsi que les facteurs prédisposants de l'hôte réceptif: gonorrhée, urétrite non gonococcique, maladie inflammatoire pelvienne, syphilis et vaginite bactérienne.*
- *Relier la gonorrhée et la syphilis aux mécanismes physiopathologiques qui conduisent à l'apparition des principaux signes de la maladie.*
- *Relier les bactérioses citées à des moyens de prévention, à une thérapeutique et à des épreuves de diagnostic s'il y a lieu.*
- *Nommer les maladies du système génital susceptibles d'entraîner l'infertilité. Décrire les causes de ces maladies.*
- *Nommer les maladies bactériennes du système génital susceptibles d'entraîner des infections congénitales et des infections néonatales. Exposer les moyens de prévention de ces infections.*

La plupart des maladies du système génital sont transmises par les relations sexuelles et sont dites **maladies transmises sexuellement** (**MTS**). Plus de 30 bactérioses, viroses ou parasitoses sont transmissibles sexuellement. Nombre de ces maladies sont traitées avec succès par l'administration d'antibiotiques et pourraient être évitées par le port du préservatif (condom). Toutefois, il n'existe aucun traitement efficace contre les MTS virales.

## La gonorrhée

La **gonorrhée**, ou **blennorragie**, a été décrite pour la première fois en 150 av. J.-C. par le médecin grec Galien, qui l'a aussi nommée (*gono* = semence; *rrhée* = écoulement; écoulement de semence. Il semble qu'il ait confondu pus et sperme). Il s'agit d'une des maladies transmissibles les plus communément déclarées aux États-Unis; au Canada, c'est la deuxième MTS d'origine bactérienne en importance. Le diplocoque à Gram négatif *Neisseria gonorrhoeæ* est l'agent de la maladie. Le gonocoque (nom donné au diplocoque dans le cas de la maladie qu'il cause) est une bactérie très sensible aux modifications environnementales – dessiccation et température –, qui survit difficilement à l'extérieur du corps. Cette fragilité explique le fait que la transmission n'est possible que par contact sexuel.

La gonorrhée a connu une période de recrudescence durant la Seconde Guerre mondiale (1939-1945). Par la suite, le nombre de cas chute grâce à l'administration d'antibiotiques, mais on assiste à une remontée spectaculaire dans les années 1960 à 1980, période connue pour la libéralisation des pratiques sexuelles. Au cours de ces dernières années, l'incidence de la gonorrhée a eu tendance à diminuer aux États-Unis (figure 26.5a). Au Canada, le taux de gonorrhée déclarée (chez les hommes et chez les femmes) est aussi en régression; en 1999, on estimait que le taux était 14 fois plus bas qu'en 1980. Toutefois, depuis 1998, on constate une remontée du taux qui pourrait être due au fait que la gonorrhée est en voie de devenir résistante aux traitements antibiotiques courants (figure 26.5b). La stratégie canadienne de lutte contre la maladie comprend divers volets – campagnes de sensibilisation, dépistage, meilleures techniques de diagnostic, recherche des partenaires sexuels, traitements efficaces – et vise l'élimination, d'ici 2010, de la gonorrhée transmise localement.

La gonorrhée est une maladie à déclaration obligatoire, mais il est probable que le nombre de cas réels est bien plus important que le nombre de cas déclarés, sans doute de deux à trois fois plus élevé. En 1997 au Canada, plus de 50 % des cas de gonorrhée déclarés touchaient des personnes âgées de 25 à 29 ans; toutefois, le taux d'infection le plus élevé se trouvait dans le groupe de femmes âgées de 15 à 19 ans.

Le gonocoque est un parasite obligatoire; l'humain est son réservoir naturel. Pour amorcer le processus infectieux, le gonocoque doit se fixer aux cellules épithéliales d'une muqueuse par l'intermédiaire de ses fimbriæ. Ces dernières permettent à la bactérie de s'accrocher rapidement à la cellule

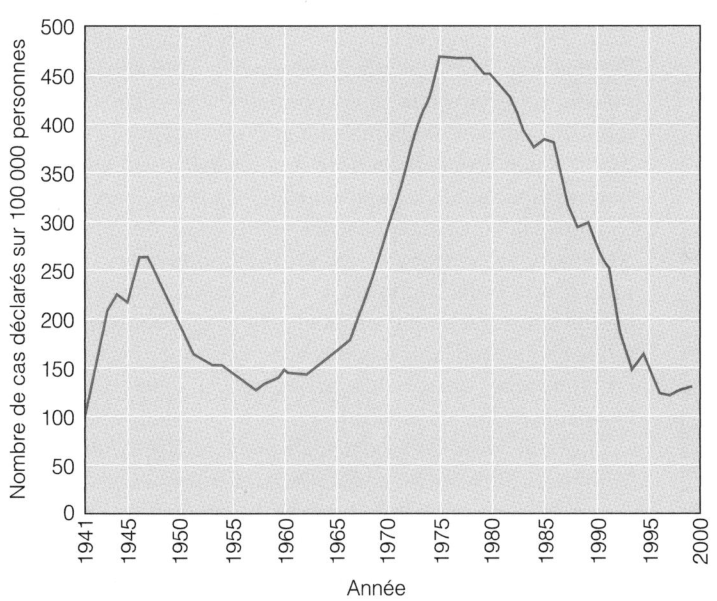


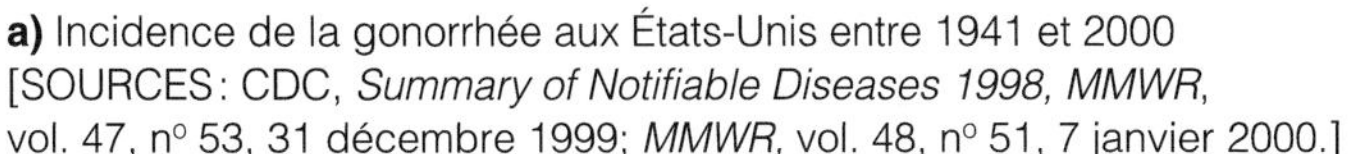

**a)** Incidence de la gonorrhée aux États-Unis entre 1941 et 2000 [SOURCES : CDC, *Summary of Notifiable Diseases 1998, MMWR*, vol. 47, n° 53, 31 décembre 1999; *MMWR*, vol. 48, n° 51, 7 janvier 2000.]

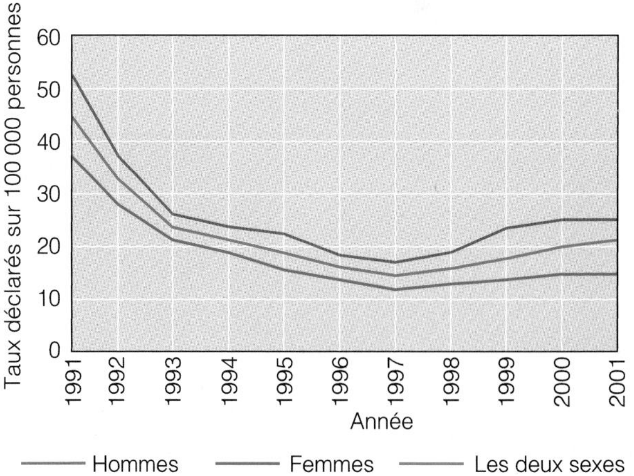


**b)** Incidence de la gonorrhée au Canada entre 1991 et 2001 [SOURCE : Division de la promotion de la santé sexuelle et de la prévention et du contrôle des MTS, Santé Canada, mars 2002. (Les estimations pour la population canadienne proviennent de Statistique Canada.)]

**FIGURE 26.5 Incidence de la gonorrhée aux États-Unis et au Canada.**

■ Comment le gonocoque se fixe-t-il aux cellules épithéliales des muqueuses ?

et de résister au nettoyage naturel de la muqueuse. Après l'étape de l'adhérence, le gonocoque envahit l'espace situé entre les cellules cylindriques qui tapissent l'épithélium de la muqueuse. L'invasion déclenche une inflammation et, lorsque les granulocytes neutrophiles (leucocytes) migrent vers le site enflammé et phagocytent les gonocoques, on observe la formation caractéristique de pus. Habituellement, les gonocoques pénètrent l'organisme par l'urètre et l'infection conduit à la production de pus; cependant, d'autres muqueuses – comme celles de la bouche, du pharynx, de l'œil, du rectum, du col de l'utérus, et celles des organes génitaux externes chez les jeunes filles prépubères – peuvent aussi être infectées. De 20 à 35% des hommes sont infectés après une seule exposition non protégée au gonocoque, alors que de 60 à 90% des femmes le sont. Le rétablissement ne confère pas une immunité, et le sujet peut être réinfecté. L'absence d'immunité s'explique probablement par le fait que le gonocoque modifie rapidement ses antigènes et que, par conséquent, l'immunité acquise lors d'une première infection ne peut pas protéger l'individu contre une deuxième infection.

Chez l'homme, la gonorrhée se manifeste par une miction douloureuse semblable à une brûlure et par un écoulement de pus à l'orifice de l'urètre (figure 26.6). Chez environ 80% des hommes infectés, ces signes et symptômes sont évidents après une période d'incubation de quelques jours à peine. En l'absence de traitement, les symptômes persistent durant des semaines et le sujet peut se rétablir sans subir de complications. Dans 5 à 10% des cas environ, l'infection peut être asymptomatique et entraîner des complications susceptibles d'aboutir à de graves séquelles. Dans certains cas, du tissu cicatriciel se forme et provoque l'obstruction partielle de l'urètre. L'infertilité peut survenir si les testicules sont infectés ou si le conduit déférent (voie par laquelle le sperme s'écoule des testicules) est obstrué par du tissu cicatriciel.

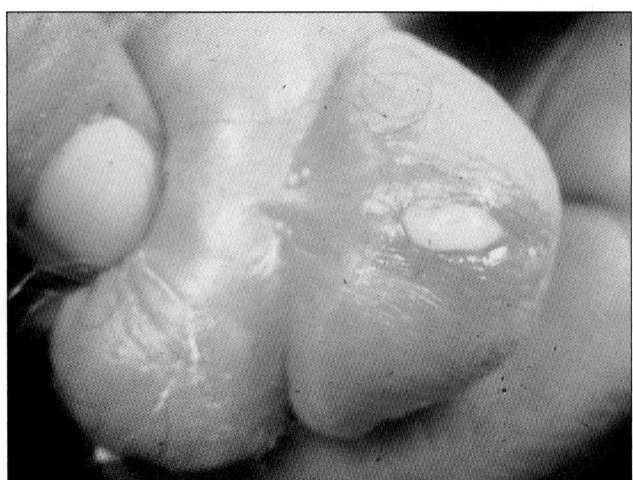

**FIGURE 26.6 Pus s'écoulant de l'urètre d'un homme atteint de gonorrhée aiguë.**

■ Qu'est-ce qui cause la formation de pus dans la gonorrhée?

Chez la femme, la gonorrhée est plus insidieuse. En effet, seuls le col et le canal du col de l'utérus, qui sont tapissés de cellules cylindriques épithéliales, peuvent s'infecter. L'épithélium de la muqueuse vaginale est constitué de plusieurs couches de cellules pavimenteuses, auxquelles le gonocoque ne peut pas adhérer. Par conséquent, très peu de femmes se rendent compte qu'elles sont infectées. Selon les données du Centre de prévention et de contrôle des maladies infectieuses du Canada, la maladie chez les femmes serait asymptomatique dans 70 à 80% des cas, pourcentage plus important que chez les hommes. Au fil de l'évolution de la maladie, la femme peut ressentir des douleurs abdominales dues à des complications ainsi que des douleurs pelviennes chroniques, notamment au cours de la maladie inflammatoire pelvienne (que nous abordons plus loin); l'infection peut entraîner l'infertilité tubaire et une grossesse ectopique.

Chez les sujets non traités, tant masculins que féminins, les gonocoques peuvent se disséminer dans le sang et provoquer une infection systémique grave. Les complications de la gonorrhée peuvent toucher le cœur (**endocardite gonococcique**), les méninges (**méningite gonococcique**), l'œil, le pharynx et d'autres régions du corps. Dans environ 1% des cas, les sujets atteints souffrent d'**arthrite gonococcique**, due à la prolifération des gonocoques dans le liquide synovial des articulations. Les articulations habituellement infectées sont le poignet, le genou et la cheville.

Les infections gonococciques de l'œil surviennent le plus souvent chez les nouveau-nés. Si la mère est infectée, les yeux de l'enfant peuvent s'infecter lors de son passage dans le canal vaginal. Cette affection, appelée **ophtalmie gonococcique néonatale**, peut conduire à la cécité. Compte tenu de la gravité de la maladie et de la difficulté à s'assurer que la mère n'est pas atteinte de gonorrhée, on administre systématiquement des antibiotiques dans les yeux de tous les nouveau-nés. Lorsqu'on sait que la mère est infectée, on administre également au bébé un antibiotique par voie intramusculaire. Dans la plupart des États américains, l'administration d'un traitement prophylactique est requis par la loi. Chez les adultes, les infections gonococciques peuvent aussi être transmises des sites infectieux aux yeux par contact avec les mains de la personne infectée.

Les infections gonococciques peuvent être contractées à n'importe quel site de contact sexuel. Ainsi, il n'est pas rare de voir des gonorrhées du pharynx ou du rectum. Les symptômes de **gonorrhée du pharynx** ressemblent souvent à ceux du mal de gorge classique. La **gonorrhée du rectum** peut être douloureuse et s'accompagner d'un écoulement de pus. Néanmoins, dans certains cas, les signes se limitent à une démangeaison.

Les relations sexuelles avec de nombreux partenaires et l'absence de symptômes cliniques chez la femme ont contribué à l'augmentation de l'incidence de la gonorrhée et des autres MTS dans les années 1960 et 1970. L'utilisation répandue des contraceptifs oraux a également favorisé cette augmentation.

En effet, ce moyen de contraception a souvent remplacé les préservatifs et les spermicides, qui empêchent la transmission de la maladie. Du point de vue épidémiologique, le fait que l'immunité du sujet ne le protège pas et qu'il puisse être réinfecté contribue aussi à l'incidence accrue de la maladie.

Récemment, la résistance du gonocoque aux antibiotiques s'est accélérée à une vitesse alarmante. Bien que la pénicilline ait constitué un traitement efficace contre la gonorrhée pendant de nombreuses années, il a fallu augmenter sensiblement les doses à cause de la résistance du gonocoque. La ceftriaxone, une céphalosporine de troisième génération, est actuellement le médicament de prédilection, mais cela risque de changer. Comme la co-infection par *Chlamydia* est fréquente, le traitement devrait aussi inclure un antibiotique efficace contre les chlamydies, par exemple un membre de la famille des tétracyclines.

Chez les hommes, le diagnostic de la gonorrhée repose sur la mise en évidence de gonocoques dans un frottis de pus coloré prélevé à l'orifice de l'urètre. Le diplocoque à Gram négatif typique qui loge dans les granulocytes neutrophiles est facilement identifiable (figure 26.7). Chez les femmes, la coloration de Gram de l'exsudat n'est pas une technique diagnostique aussi fiable. Habituellement, on prélève un échantillon endocervical et un échantillon sur le col de l'utérus et on les met en culture dans un milieu spécifique. En plus de requérir des nutriments particuliers, cette bactérie doit être mise en culture dans une atmosphère enrichie au dioxyde de carbone ($CO_2$). Sa grande sensibilité à la dessication et aux variations de température demande que le prélèvement soit donné directement au technicien de laboratoire ou qu'il soit déposé dans un milieu particulier pour la maintenir en vie durant son transport et avant sa mise en culture, même si la période est courte. Sa mise en culture permet de mesurer sa sensibilité aux antibiotiques.

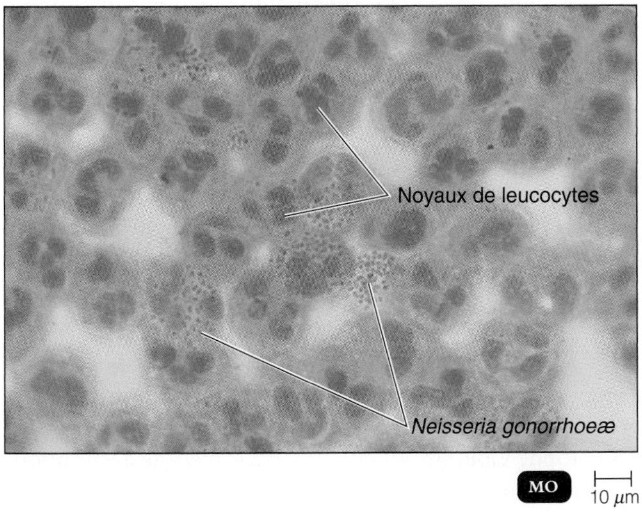

**FIGURE 26.7 Frottis de pus prélevé chez un patient atteint de gonorrhée.** Les bactéries *Neisseria gonorrhoeæ* se trouvent à l'intérieur des granulocytes neutrophiles qui les ont phagocytées. On voit ici ces bactéries à Gram négatif associées par paires de cocci. Les gros corps colorés en rose foncé sont les noyaux des leucocytes.

■ Comment pose-t-on le diagnostic de la gonorrhée ?

Si les spécimens qui parviennent au laboratoire sont de mauvaise qualité, le diagnostic exact de la gonorrhée est difficile à établir ; or, sans dépistage, la transmission de la gonorrhée ne peut être évitée.

Le diagnostic de la gonorrhée a été facilité par la mise au point d'une méthode ELISA qui, en moins de 3 heures environ, permet de détecter avec une grande précision *N. gonorrhoeæ* dans le pus urétral ou dans des prélèvements effectués sur le col de l'utérus avec un tampon d'ouate. D'autres épreuves rapides déjà sur le marché font appel à des anticorps monoclonaux dirigés contre les antigènes situés à la surface du gonocoque. Des tests à base de sondes d'ADN permettent également d'identifier avec précision les isolats de sujets présumés malades.

## L'urétrite non gonococcique

L'**urétrite non gonococcique**, aussi appelée **urétrite non spécifique**, désigne toute inflammation de l'urètre qui n'est pas due à *Neisseria gonorrhoeæ*. Les signes et symptômes comprennent un écoulement liquidien et une miction douloureuse.

L'agent pathogène le plus souvent associé à l'urétrite non gonococcique est *Chlamydia trachomatis*, un parasite intracellulaire obligatoire. Nombre de sujets atteints de gonorrhée présentent une co-infection par *C. trachomatis*, qui s'attaque aux mêmes cellules cylindriques de l'épithélium que le gonocoque. *C. trachomatis* est aussi responsable du lymphogranulome vénérien, une autre MTS (p. 809), et du trachome, une infection de l'œil (p. 654). Il s'agit de l'agent pathogène le plus couramment transmis sexuellement aux États-Unis, où il serait responsable des 4 millions de cas d'urétrite non gonococcique recensés chaque année. Il est à noter que le nombre de cas décelés chez la femme est de 5 fois supérieur aux cas rencontrés chez l'homme. Chez la femme, la bactérie cause de nombreux cas de maladies inflammatoires pelviennes (p. 806), ainsi que des infections de l'œil et des pneumonies chez les enfants nés de mères infectées.

En raison du caractère souvent discret des symptômes chez les hommes et de l'absence courante de symptômes cliniques chez les femmes, beaucoup de cas de ce type d'urétrite ne sont pas soignés. Les complications sont rares, mais peuvent être sérieuses. Les hommes peuvent connaître une inflammation de l'épididyme et les femmes, une inflammation des trompes utérines susceptible de causer l'infertilité à la suite de la formation de tissu cicatriciel. Dans près de 60 % de ces cas, l'infection peut être d'origine chlamydienne plutôt que gonococcique.

Il n'existe pas encore de tests diagnostiques vraiment fiables permettant de détecter les urétrites non gonococciques, notamment l'urétrite à *C. trachomatis*. La mise en culture est encore la meilleure méthode, bien que les techniques de culture cellulaire soient longues, onéreuses et pas toujours à la portée du praticien. À l'heure actuelle, on dispose d'une panoplie d'épreuves rapides qui donnent des résultats en quelques heures, y compris des méthodes ELISA, l'amplification en chaîne par polymérase (ACP), les sondes d'ADN et l'immunofluorescence. Ces épreuves permettent de mettre les chlamydies en évidence dans des échantillons d'urine, aussi bien chez l'homme que chez la femme, ou dans des prélèvements effectués sur le col de l'utérus avec un tampon d'ouate. Ces méthodes sont généralement moins sensibles que la culture cellulaire, mais elles sont d'une grande utilité pour le dépistage, car les deux tiers des femmes infectées et le quart des hommes infectés ne présentent pas de symptômes.

L'urétrite non gonococcique peut aussi être due à d'autres bactéries à part *C. trachomatis.* Ainsi, *Ureaplasma urealyticum,* un membre de la famille des mycoplasmes (bactéries sans paroi cellulaire), peut être responsable d'une urétrite et de l'infertilité. Un autre mycoplasme, *Mycoplasma hominis*, fait partie de la flore normale vaginale, mais il peut infecter les trompes utérines de manière opportuniste.

Les chlamydies et les mycoplasmes sont sensibles à l'action des antibiotiques de type tétracycline, tels que la doxycycline, ou des antibiotiques de la famille des macrolides, tels que l'azithromycine.

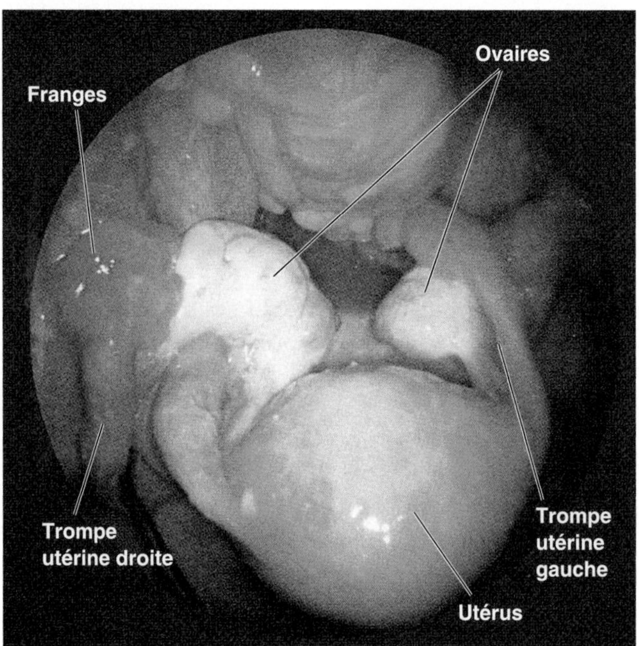


FIGURE 26.8 **Salpingite.** Cette photo, prise à l'aide d'un laparoscope (un endoscope spécialisé), montre que la salpingite a provoqué une sévère inflammation de la trompe utérine droite ainsi qu'une inflammation et un œdème des franges et de l'ovaire. La trompe gauche n'est que légèrement enflammée. (Voir la figure 26.2.) La laparoscopie constitue la méthode la plus fiable pour diagnostiquer les maladies inflammatoires pelviennes.

■ Qu'est-ce qu'une maladie inflammatoire pelvienne?

## Les maladies inflammatoires pelviennes

Le terme **maladies inflammatoires pelviennes** (MIP) regroupe toutes les infections bactériennes étendues qui atteignent les organes pelviens de la femme, et en particulier l'utérus, le col de l'utérus, les trompes utérines et les ovaires. Durant les années de fécondité, 1 femme sur 10 souffre de MIP et sur 4 femmes atteintes, 1 subira de graves complications telles que l'infertilité ou des douleurs chroniques.

La maladie inflammatoire pelvienne est souvent causée par *N. gonorrhoeæ*. De 20 à 30% environ des cas de gonorrhée non traités évolueront en MIP. Cependant, la co-infection par *Chlamydia* est fréquente et la chlamydie est également un important agent pathogène responsable de ce type d'infection. Dans les stades avancés de la maladie, les bactéries anaérobies et diverses bactéries anaérobies facultatives prédominent.

Les bactéries peuvent s'ancrer aux spermatozoïdes et être ainsi transportées de la région cervicale jusqu'aux trompes utérines. Les femmes ayant recours aux moyens de contraception formant une barrière physique, surtout s'ils sont utilisés avec un spermicide, présentent un risque nettement moins élevé de contracter une maladie inflammatoire pelvienne.

L'infection des trompes utérines, appelée **salpingite**, est la maladie inflammatoire pelvienne la plus grave (figure 26.8). En effet, elle risque d'entraîner la formation de tissus cicatriciels qui bloquent le passage des ovocytes se rendant des ovaires à l'utérus et, par conséquent, l'infertilité. Un épisode de salpingite provoque l'infertilité chez 10 à 15% des femmes atteintes; après 3 ou 4 récurrences, entre 50 et 75% des femmes atteintes deviennent infertiles.

L'obstruction d'une trompe utérine peut entraîner l'implantation d'un ovule fécondé dans la trompe plutôt que dans l'utérus. Cette grossesse, dite *ectopique*, peut mettre en danger la vie de la femme en raison des risques de rupture de la trompe et d'hémorragie subséquente. Un nombre croissant de grossesses ectopiques ont été déclarées au cours des dernières années, et cette augmentation est corrélée avec l'incidence croissante des maladies inflammatoires pelviennes.

À l'heure actuelle, le traitement recommandé consiste en l'administration simultanée de doxycycline et de céfoxitine (une céphalosporine). Cette association d'agents est efficace à la fois contre les gonocoques et contre les chlamydies. Ce traitement fait l'objet de révisions constantes.

## La syphilis

Les premiers cas de **syphilis** ont été rapportés à la fin du XVe siècle en Europe; on soupçonna alors que les marins de Christophe Colomb avaient importé la maladie à leur retour du Nouveau Monde. Selon une autre hypothèse, la syphilis aurait existé en Europe et en Asie bien avant le XVe siècle, et sa prolifération serait due à l'urbanisation. Quoi qu'il en soit, dès 1547, la maladie fait l'objet d'une description dans un texte anglais où elle est appelée «Morbus Gallicus» (maladie française) et où sa transmission est décrite dans les termes suivants: «Elle se contracte quand une personne pustuleuse commet le péché de la chair avec une autre.»

Le nombre de nouveaux cas de syphilis a chuté dans les années 1950 aux États-Unis comme au Canada, et il est resté à peu près stable depuis (figure 26.9). À partir de 1993 au Canada, l'incidence de la syphilis a fortement diminué, au point que la maladie a presque été éliminée; les provinces du centre du pays ont même connu des taux nuls pendant trois années consécutives. Cependant, on assiste à l'occasion à une flambée de la maladie, comme en 1998 où le nombre de cas a augmenté à Vancouver, en Colombie-Britannique. Les problèmes socioéconomiques associés à l'usage des drogues et à la prostitution sont des facteurs qui contribuent à la transmission de la maladie.

L'agent de la syphilis est un spirochète à Gram négatif, *Treponema pallidum,* ou tréponème pâle. À l'instar du gonocoque, le tréponème est une bactérie sensible au stress environnemental; il est rapidement détruit par les variations de température (chaleur ou refroidissement) et par la dessiccation. C'est pourquoi la transmission de la maladie se fait exclusivement par voie sexuelle. Le spirochète ressemble à une hélice mince et solidement enroulée dont la longueur ne dépasse pas 20 μm (figure 26.10). Comme il ne possède pas les enzymes nécessaires à la fabrication de nombreuses molécules complexes, il doit emprunter à son hôte divers constituants nécessaires à sa survie. Les souches virulentes ne se cultivent avec succès que dans des cultures cellulaires, ce qui n'est pas très utile pour établir le diagnostic clinique de la maladie.

Des souches distinctes de *T. pallidum* (*T. pallidum pertenue*) sont responsables de certaines maladies de la peau, telles que le **pian**, propres aux régions tropicales où elles sont endémiques. Ces maladies ne sont pas transmises sexuellement parce que le climat tropical permet à la bactérie de survivre. Récemment, des chercheurs ont tenté de confirmer l'hypothèse voulant que la syphilis ait dérivé d'une mutation de *T. pallidum pertenue* dans des cas de pian dans le Nouveau Monde; cette mutation serait intervenue après l'introduction du spirochète en Europe, dont le climat plus froid aurait favorisé la sélection des bactéries transmises par contact sexuel.

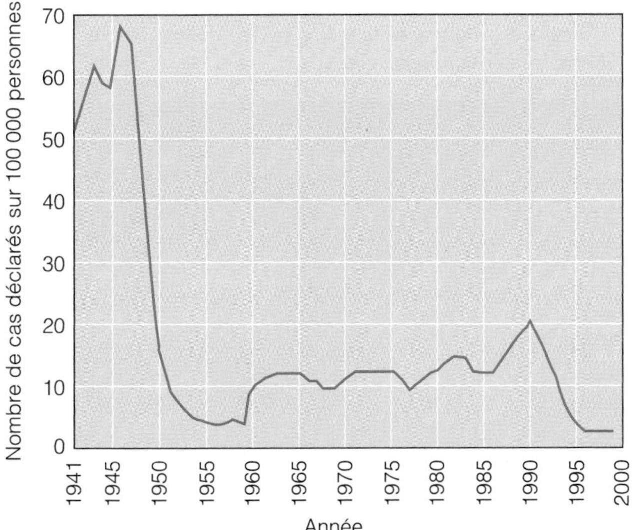


**FIGURE 26.9 Incidence de la syphilis primaire et secondaire aux États-Unis entre 1941 et 1999.** [SOURCES: CDC, *Summary of Notifiable Diseases 1998, MMWR,* vol. 47, n° 53, 31 décembre 1999; *MMWR,* vol. 48, n° 51, 7 janvier 2000.]

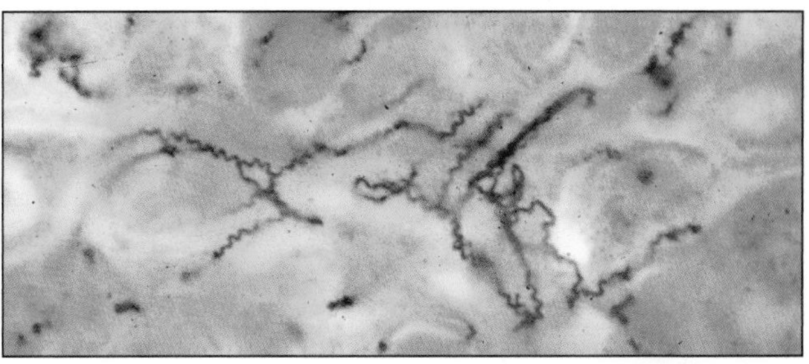


**FIGURE 26.10 *Treponema pallidum*, l'agent de la syphilis.** Dans cette micrographie à fond clair, une coloration spéciale qui consiste en une imprégnation à l'argent permet de grossir le diamètre du spirochète et de mettre la bactérie en évidence.

■ Comment la syphilis est-elle transmise?

La syphilis se transmet par contact sexuel de toute nature, par l'intermédiaire des organes génitaux infectés ou d'autres régions du corps contaminées. La période d'incubation dure en moyenne 3 semaines, mais peut s'échelonner entre 2 semaines et plusieurs mois. L'infection évolue en 3 stades.

Le *stade primaire* se caractérise par l'apparition, habituellement au site de l'infection, d'un *chancre,* qui est une petite ulcération à la base indurée (figure 26.11a). Le chancre est indolore, et un exsudat de sérum se forme en son centre. Ce liquide est hautement infectieux, et l'examen d'un prélèvement au microscope à fond noir révèle la présence de nombreux spirochètes. La lésion disparaît en quelques semaines. Aucun des signes ou symptômes ne suscite d'inquiétude chez le sujet atteint. En fait, beaucoup de femmes ne soupçonnent même pas la présence du chancre, qui est souvent situé sur le col de l'utérus. Chez les hommes, le chancre se forme parfois dans l'urètre et est donc invisible. C'est à ce stade que la bactérie pénètre dans la circulation sanguine et le système lymphatique, qui vont la disséminer dans l'ensemble de l'organisme.

Plusieurs semaines après le stade primaire, qui est de durée variable, la maladie entre dans le *stade secondaire.* Ce stade se caractérise essentiellement par l'apparition d'éruptions cutanées («rash») dont les manifestations varient (figure 26.11b). Parmi les autres signes et symptômes, on observe souvent la chute des cheveux par plaques, un malaise et une fièvre légère. L'éruption s'étend sur tout le corps, y compris la paume des mains et la plante des pieds, et se rencontre également sur les muqueuses de la bouche, de la gorge et du col de l'utérus. À cette étape, les lésions de l'éruption contiennent de nombreux spirochètes et sont très infectieuses.

Les dentistes et autres travailleurs de la santé exposés au liquide des lésions syphilitiques peuvent être infectés par des spirochètes qui pénètrent leur organisme par des éraflures cutanées minuscules. Cette transmission par voie non sexuelle est possible mais rare si l'on applique correctement des mesures de prévention, telles que le port de gants et le lavage antiseptique des mains après que les analyses sont terminées. Par ailleurs, les microbes ne survivent pas longtemps sur les surfaces et il est très peu probable qu'ils soient transmis par l'intermédiaire d'objets; il est donc pratiquement impossible que la syphilis soit contractée à partir d'un siège de toilette.

Les symptômes du stade secondaire de la syphilis disparaissent au bout de quelques semaines, et la maladie entre dans une *période de latence*. Durant cette période, aucun symptôme ne se manifeste. Au bout de 2 à 4 ans de latence, la maladie n'est pas infectieuse normalement, sauf en cas de transmission de la mère au fœtus. Dans la majorité des cas, la maladie ne progresse pas au-delà de la période de latence, même en l'absence de traitement.

Comme les symptômes de la syphilis primaire et secondaire ne sont pas invalidants, il arrive que des sujets entrent dans la période de latence sans avoir consulté de médecin. Dans près de la moitié des cas non traités, la maladie réapparaît au *stade tertiaire*. Cette phase ne survient qu'au bout d'un intervalle de nombreuses années, parfois 10 ans, après le début de la période de latence.

*T. pallidum* possède une couche externe de lipides (c'est une bactérie à Gram négatif) qui ne suscite qu'une très faible réponse immunitaire, en particulier de la part des protéines du complément qui détruisent normalement les cellules bactériennes. On l'a d'ailleurs surnommé l'agent « Téflon^MD ». Néanmoins, il est probable que la plupart des signes et symptômes du stade tertiaire sont dus à des réactions immunitaires de l'organisme (du type médiation cellulaire) dirigées contre les spirochètes survivants. Les réactions inflammatoires provoquées par des phagocytes tels que les granulocytes neutrophiles et les macrophagocytes jouent également un rôle dans l'apparition du stade tertiaire de la syphilis. Ces réactions immunitaires et inflammatoires entraînent l'apparition de lésions appelées **gommes.** Ces lésions, formées d'un tissu élastique, se manifestent sur de nombreux organes et parfois sur la peau (figure 26.11c). Bien que beaucoup de ces lésions ne soient pas très dangereuses, certaines deviennent ulcéreuses et peuvent sérieusement endommager les tissus, notamment perforer le palais (paroi supérieure de la cavité buccale) et nuire à l'élocution. Le système cardiovasculaire peut aussi être touché; dans les cas graves, la paroi vasculaire de l'aorte se trouve affaiblie, ce qui peut entraîner un anévrisme. Si le système nerveux central est atteint, on observe une perte de la régulation motrice; dans le cas d'une atteinte du cerveau, le sujet peut manifester des troubles de la personnalité, une cécité et des tremblements. On ne retrouve que très peu de spirochètes, voire aucun, dans les lésions du troisième stade de la syphilis, et c'est pourquoi on considère qu'ils ne sont pas très infectieux. Aujourd'hui, il est rare que la syphilis évolue jusqu'à ce stade; toutefois, si elle n'est pas traitée, la syphilis tertiaire est mortelle.

La **syphilis congénitale** constitue l'une des formes de syphilis les plus dangereuses et les plus affligeantes. Cette affection est transmise au fœtus par l'intermédiaire du placenta. Parmi les conséquences les plus graves de la

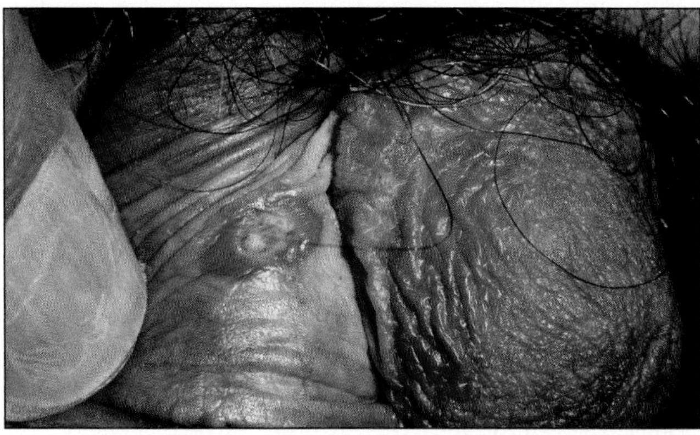

**a)** Chancre caractéristique du stade primaire, situé sur le pénis; ce type de lésion peut apparaître sur les différentes zones des organes génitaux et sur d'autres régions du corps telles que la bouche.

**b)** Éruptions cutanées caractéristiques du stade secondaire, situées sur la paume de la main; ce type de lésion peut apparaître sur l'ensemble du corps.

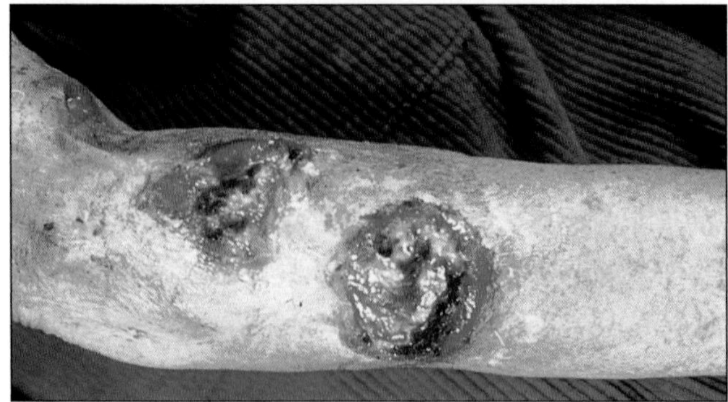

**c)** Gommes caractéristiques du stade tertiaire, situées sur la face externe du bras; on observe rarement ce type de gomme depuis l'avènement de l'antibiothérapie.

FIGURE 26.11 **Lésions typiques associées aux différents stades de la syphilis.**

■ Qu'est-ce qui différencie les stades de la syphilis?

maladie, on compte le retard mental et d'autres signes neurologiques. On observe surtout ce type d'infection lorsque la grossesse survient au cours de la période de latence de la maladie. Si la grossesse survient durant le stade primaire ou secondaire, elle résulte souvent en un accouchement prématuré ou en une fausse couche.

Il est difficile de poser le diagnostic de la syphilis parce que chaque stade de la maladie requiert des méthodes distinctes de détection. Lors du dépistage des stades primaire et secondaire, les laboratoires peuvent rechercher l'agent pathogène directement dans les exsudats de lésions ou le rechercher indirectement en notant la présence éventuelle d'anticorps dirigés contre *T. pallidum* dans le sérum du sujet.

Au stade primaire, il faut avoir recours à l'observation au microscope pour détecter la syphilis car les épreuves sérologiques ne sont pas fiables; en effet, les anticorps requièrent de 1 à 4 semaines pour se développer et l'humain peut être porteur de tréponèmes non pathogènes très semblables à *T. pallidum*. Les spirochètes peuvent être décelés dans les exsudats de lésions humides par microscopie à fond noir; notez que les lésions sèches contiennent peu de microbes vivants, voire aucun. On doit utiliser ce type de microscope en raison de la difficulté à colorer la bactérie et de son petit diamètre, qui n'est que de 0,2 $\mu$m environ, soit la limite inférieure de la résolution du microscope à fond clair. La figure 26.10 illustre *T. pallidum* coloré par une technique d'imprégnation à l'argent et observé par microscopie à fond clair. On utilise aussi une réaction immunologique directe (DFA-TP pour «direct fluorescent-antibody test») utilisant des anticorps monoclonaux (figure 18.10a) qui permet à la fois de mettre en évidence la bactérie et de l'identifier.

Au stade secondaire, quand le spirochète a envahi presque tous les organes, les épreuves sérologiques présentent une réaction positive. On peut avoir recours à deux types d'épreuves sérologiques: l'une utilise un antigène non spécifique (non tréponémique) et l'autre, un antigène tréponémique. Les épreuves non spécifiques sont ainsi qualifiées car elles ne mettent pas en évidence des anticorps produits contre les spirochètes eux-mêmes; elles détectent plutôt des anticorps appelés réagines. Il semble que, chez les syphilitiques, les réagines soient sécrétées lors d'une réponse immunologique dirigée contre des lipides tissulaires. Ainsi, l'antigène utilisé dans ce type d'épreuve n'est pas le spirochète lui-même, mais un extrait de cœur de bœuf (cardiolipide) qui contient des lipides similaires à ceux qui stimulent la production des réagines chez l'humain syphilitique. Les épreuves non spécifiques ne permettent de détecter que de 70 à 80% des cas de syphilis primaire, mais elles détectent 99% des cas de syphilis secondaire. Par exemple, on a recours à l'**épreuve du VDRL** (pour «Venereal Disease Research Laboratory») et à l'**épreuve du RPR** (pour «rapid plasma reagin»), une technique diagnostique similaire mais plus simple et plus rapide, pour dépister la maladie. L'épreuve non spécifique la plus récente est une méthode ELISA utilisant le même antigène que celle du VDRL.

À l'heure actuelle, les épreuves spécifiques utilisent des antigènes de *T. pallidum* pour détecter dans le sérum d'une personne la présence d'anticorps dirigés contre le spirochète; parmi elles, on compte l'**épreuve du FTA-ABS** (pour «fluorescent treponemal antibody absorption test»); il s'agit d'une technique d'immunofluorescence indirecte utilisant des anticorps fluorescents (figure 18.10b). Les épreuves spécifiques servent à mettre en évidence les faux positifs obtenus avec des épreuves non spécifiques et à diagnostiquer le stade tertiaire de la syphilis. Près de 30% des patients à ce stade échappent à la détection par les épreuves non spécifiques. Les épreuves spécifiques ne peuvent servir au dépistage, car dans environ 1% des résultats, on obtient des faux positifs. Cependant, un résultat positif aux épreuves spécifiques et aux épreuves non spécifiques assure un diagnostic de très grande fiabilité.

La maladie se traite couramment par la benzathine, une pénicilline à effet prolongé qui demeure dans l'organisme durant 2 semaines environ. La concentration sérique de l'antibiotique est faible, mais le spirochète y est très sensible.

Pour les personnes allergiques aux pénicillines, plusieurs autres antibiotiques, notamment la doxycycline et la tétracycline, se sont aussi avérés efficaces. L'antibiothérapie administrée pour traiter la gonorrhée et d'autres infections n'élimine pas la syphilis, car la durée du traitement est généralement trop courte pour avoir un effet sur le spirochète qui croît lentement.

## Le lymphogranulome vénérien

Un certain nombre de MTS rares en Amérique du Nord surviennent fréquemment dans les régions tropicales. Par exemple, *Chlamydia trachomatis,* l'agent causal du trachome (infection de l'œil) et le principal responsable de l'urétrite non gonococcique, provoque également le **lymphogranulome vénérien**, une maladie des zones tropicales et subtropicales. Il semble que la maladie soit causée par une souche de *C. trachomatis* invasive qui tend à infecter les tissus lymphoïdes. Aux États-Unis, on enregistre habituellement de 200 à 400 cas par année, surtout dans le sud-ouest.

Les microorganismes envahissent le système lymphatique. Les nœuds lymphatiques enflent et deviennent douloureux à la pression. Une suppuration (écoulement de pus) peut aussi survenir. L'inflammation des nœuds lymphatiques provoque la formation d'un tissu cicatriciel qui obstrue parfois les vaisseaux lymphatiques. Cette obstruction peut conduire à une tuméfaction des organes génitaux externes chez l'homme; lorsque les nœuds lymphatiques de la région rectale sont atteints chez la femme, on observe un rétrécissement du rectum. Ces affections peuvent requérir une chirurgie.

À des fins de diagnostic, le pus des nœuds lymphatiques infectés est parfois prélevé. Les chlamydies sont mises en évidence par une coloration à l'iode. On les observe dans les cellules infectées où elles forment des amas qui ressemblent à des inclusions. La bactérie isolée peut aussi être mise en culture dans des cellules ou dans des œufs embryonnés. Le traitement de prédilection fait appel à la doxycycline.

## Le chancre mou

La MTS connue sous le nom de **chancre mou** se rencontre surtout dans les pays tropicaux, où elle est plus fréquente que la syphilis. L'affection est très courante en Afrique, en Asie et en Amérique latine. En Amérique du Nord, l'incidence du chancre mou, comme celle de la syphilis, est étroitement associée à la consommation de drogue. Parce que les médecins voient rarement la maladie et que son diagnostic est difficile, le nombre de cas est probablement sous-estimé.

Le chancre mou se caractérise par un ulcère enflé et douloureux qui siège sur les parties génitales et infecte les nœuds lymphatiques adjacents.

Les nœuds lymphatiques infectés de la région de l'aine se rompent parfois, entraînant un écoulement de pus. Ce type de lésions joue un rôle important dans la transmission par voie sexuelle du VIH, notamment en Afrique. Des lésions peuvent aussi apparaître sur d'autres parties du corps telles que la langue et les lèvres. L'agent du chancre mou est *Hæmophilus ducreyi*, un petit bâtonnet à Gram négatif que l'on peut isoler des exsudats des lésions. Les antibiotiques recommandés pour traiter l'infection comprennent l'érythromycine et la ceftriaxone (une céphalosporine).

## La vaginose bactérienne

L'inflammation du vagin due à une infection s'appelle **vaginite** ; elle est habituellement causée par l'un des trois microorganismes suivants : le mycète *Candida albicans,* le protozoaire *Trichomonas vaginalis* ou la bactérie *Gardnerella vaginalis,* petit bâtonnet pléomorphe à Gram variable (tableau 26.1). La plupart des vaginites sont attribuables à *G. vaginalis* et sont alors nommées **vaginoses bactériennes**. Dans ce type d'infection en effet, il n'y a aucun signe d'inflammation, et c'est pourquoi le terme *vaginose* est préférable à vaginite.

Du point de vue écologique, cette affection demeure mystérieuse. Chez les femmes infectées, la quantité de *G. vaginalis* est de beaucoup supérieure à celle des femmes non infectées, la quantité de *Lactobacillus* décroît en conséquence, et il y a prolifération de bactéries anaérobies telles que les espèces de *Bacteroides*. On ne sait pas exactement si la diminution des lactobacilles producteurs d'acide et le pH plus élevé typiques de ce type d'infection sont des causes ou des conséquences du changement microbien global. Le traitement par des gels d'acide acétique ou par des bactéries productrices d'acide lactique mises en culture (y compris le yogourt) n'a pas donné de résultats concluants. L'affection peut être transmise sexuellement, mais elle touche aussi des femmes qui n'ont pas une vie sexuelle active. On retrouve souvent le microbe dans la flore vaginale de femmes qui ne manifestent pas de symptômes. Selon certaines études, de 17 à 19 % des femmes qui se rendent dans les cliniques de planification familiale ou les services de consultation médicale pour étudiants sont infectées. Il n'existe pas d'infection équivalente chez les hommes, bien que *Gardnerella* soit souvent présent dans l'urètre de l'homme.

La vaginose bactérienne apparaît lorsque le pH du vagin s'élève au-dessus de 4,5. Cette infection se caractérise par un écoulement vaginal mousseux à forte odeur poissonneuse, habituellement abondant. Le diagnostic repose sur l'odeur de poisson, le pH vaginal et l'observation au microscope de certaines cellules typiques présentes dans les sécrétions. Il s'agit en fait de cellules épithéliales détachées du vagin et tapissées de bactéries, surtout *G. vaginalis* (figure 26.12). On considérait autrefois que cette maladie était plus désagréable que grave, mais on croit aujourd'hui qu'elle constitue l'un des facteurs responsables de la naissance de nombreux enfants prématurés et de nombreux bébés au faible poids de naissance.

Le traitement consiste principalement en l'administration de métronidazole, un agent qui élimine les bactéries anaérobies favorisant la maladie, mais qui permet aux lactobacilles de la flore normale de coloniser à nouveau le vagin.

**Tableau 26.1** *Caractéristiques des formes les plus courantes de vaginite et de vaginose*

| | Candidose | Vaginose bactérienne | Trichomonase |
|---|---|---|---|
| Agent causal | Mycète, *Candida albicans* | Bactérie, *Gardnerella vaginalis* | Protozoaire, *Trichomonas vaginalis* |
| Odeur | Aucune ou odeur de levure | Poissonneuse | Fétide |
| Couleur des écoulements | Blanche | Blanc grisâtre | Jaune verdâtre |
| Consistance des écoulements | Caséeuse | Liquide, mousseuse | Mousseuse |
| Quantité des écoulements | Variable | Abondante | Abondante |
| Apparence de la muqueuse vaginale | Sèche, rouge | Rosée | Tuméfiée, rouge |
| pH (pH normal : 4,0 à 4,5) | Inférieur à 4 | Supérieur à 4,5 | 5 à 6 |

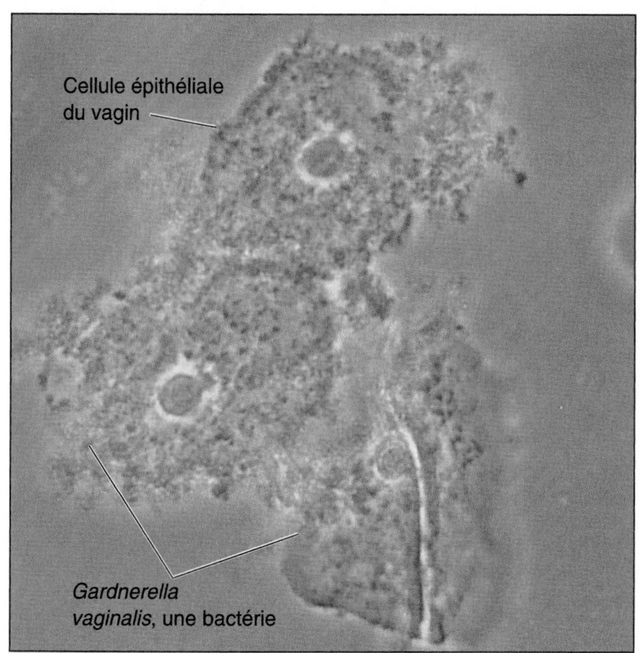


FIGURE 26.12 **Cellules épithéliales tapissées de bacilles.**

■ Le diagnostic de la vaginose bactérienne repose sur la mise en évidence de cellules épithéliales tapissées de bacilles, le plus souvent *Gardnerella vaginalis*.

# Les viroses du système génital

### Objectifs d'apprentissage

- *Décrire l'épidémiologie de l'herpès génital, des condylomes génitaux et du SIDA, et notamment les agents en cause, leurs réservoirs, leurs modes de transmission, leurs portes d'entrée ainsi que les facteurs prédisposants de l'hôte réceptif.*
- *Décrivez le mécanisme physiopathologique qui conduit à la récurrence de l'herpès génital et nommez les circonstances qui la favorisent.*
- *Relier les viroses citées à des moyens de prévention et à un type de thérapeutique.*
- *Nommer les maladies virales du système génital susceptibles d'entraîner des infections congénitales et des infections néonatales. Exposer les moyens de prévention de ces infections.*

Étant donné qu'il est difficile de traiter de manière efficace les viroses du système génital, ces maladies constituent un problème de santé publique de plus en plus préoccupant.

## L'herpès génital

L'**herpès génital** est une MTS bien connue, généralement due à *Herpes simplex virus* type 2 (HSV-2). (Il existe deux types de virus appartenant au genre *Simplexvirus* : le type 1 et le type 2.) *Herpes simplex virus* type 1 est surtout responsable des boutons de fièvre (chapitre 21, p. 647), mais il peut aussi causer l'herpès génital.

Les lésions d'herpès génital font leur apparition après une période d'incubation inférieure à une semaine et entraînent une sensation de brûlure. Puis, des vésicules éclosent (figure 26.13). Chez l'homme comme chez la femme, la miction peut être douloureuse et le sujet éprouve de la difficulté à marcher ; le patient est même incommodé par le frottement des vêtements. D'ordinaire, les vésicules guérissent en une quinzaine de jours.

Les vésicules contiennent un liquide infectieux mais, très souvent, la maladie est transmise alors que les lésions ou les signes et symptômes ne sont pas encore apparents. Le sperme peut renfermer le virus. Les préservatifs n'offrent pas nécessairement une protection contre l'infection car, chez la femme, les vésicules sont habituellement situées sur les organes génitaux externes (rarement sur le col de l'utérus ou dans le vagin) et, chez l'homme, elles peuvent se trouver à la racine du pénis. Le contact orogénital peut être un facteur de transmission du HSV-1.

Parmi les caractéristiques les plus inquiétantes de l'herpès génital, on compte les récidives potentielles. Volontiers cité par les médecins, l'adage « contrairement à l'amour, l'herpès dure toujours » comporte un fond de vérité. En effet, à l'instar de virus responsables d'autres infections herpétiques, telles que les boutons de fièvre ou la varicelle, le virus demeure à l'état latent dans les cellules nerveuses de la région génitale, et ce tout au long de la vie. Certains sujets connaissent plusieurs récidives par année alors que chez d'autres, elles sont rares. Les hommes sont plus susceptibles de présenter des récurrences que les femmes. Il semble que la réactivation du virus soit déclenchée par plusieurs facteurs, y compris le stress émotionnel, les menstruations ou une maladie (surtout si ces derniers s'accompagnent de fièvre, facteur qui influe également sur la survenue des boutons de fièvre), ou même le réflexe de gratter la région touchée. Environ 88 % des patients

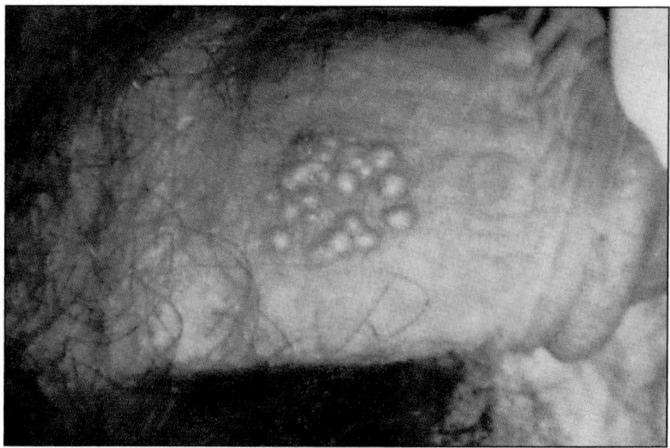

FIGURE 26.13 **Vésicules d'herpès génital sur un pénis.**

■ Quels sont les microorganismes responsables de l'herpès génital ?

infectés par le HSV-2 et environ 50 % de ceux contaminés par le HSV-1 connaîtront des récidives. Si un individu est amené à subir des récurrences, la première apparaîtra généralement dans les 6 mois qui suivent l'infection initiale.

L'**herpès néonatal** est une maladie grave que toute femme en âge de procréer devrait prendre en considération. En effet, le virus peut traverser la barrière placentaire et infecter le fœtus. Il peut en résulter une fausse couche ou de graves atteintes fœtales telles qu'un retard mental et un défaut de la vision ou de l'ouïe. L'herpès chez le nouveau-né est susceptible d'avoir de très graves conséquences si la primo-infection chez la mère a lieu durant la grossesse. C'est pourquoi toute femme enceinte sans antécédent d'herpès génital doit éviter tout contact sexuel avec un partenaire susceptible d'être porteur du virus. Le fœtus ou le nouveau-né encourt des dommages moins probables (par un facteur de 10 environ) lorsqu'il est exposé à un herpès récurrent ou asymptomatique. Il semble que les anticorps maternels aient un certain pouvoir protecteur.

En pratique, on considère que le fœtus est infecté si le virus peut être mis en culture à partir d'un échantillon de liquide amniotique. Même s'il n'est pas touché par le virus, le fœtus risque tout de même d'être infecté lors de son passage dans le canal vaginal, et il faut donc prendre des mesures pour le protéger. Les signes cliniques de l'infection ne sont pas toujours visibles et les méthodes décelant le virus chez les porteurs asymptomatiques ne sont pas très fiables. Par conséquent, le dépistage des virus n'est pas très utile. Dans les cas où les lésions virales sont évidentes au moment de la naissance, on suggère souvent de procéder à une césarienne. Il est nécessaire d'effectuer l'opération avant que la membrane fœtale se déchire et que le virus se dissémine dans l'utérus.

Il n'y a pas de traitement pour l'herpès génital, bien que des recherches sur sa prévention et son traitement se poursuivent sans relâche. Ainsi, lorsqu'il est question de chimiothérapie, on parle de *suppression* ou de *maîtrise* des symptômes plutôt que de *guérison*. L'acyclovir et d'autres agents antiviraux présentent une certaine efficacité pour soulager les symptômes d'une primo-infection ; la douleur et certains symptômes sont quelque peu allégés et les vésicules disparaissent plus rapidement. L'administration continue d'agents antiviraux pendant plusieurs mois après l'infection semble diminuer les risques de récidive durant cette période.

## Les condylomes génitaux

Les **condylomes génitaux**, communément appelés verrues génitales, sont des manifestations d'une maladie infectieuse. Depuis 1907, on connaît son agent causal, le virus du papillome humain (VPH). Dans la majorité des cas, ce virus est transmis par contact sexuel ; cependant, on ne sait pas toujours que les condylomes peuvent se transmettre sexuellement, ce qui fait de cette maladie une MTS de plus en plus répandue. Il existe plus de 60 sérotypes de *Papillomavirus* et certains semblent associés avec certaines formes de condylomes génitaux (maladie aussi connue sous l'appellation de *condylome acuminé*). En 2000 au Canada, on estimait que la prévalence de l'infection, tous sérotypes confondus, atteignait de 20 à 33 % de la population féminine.

La transmission s'effectue par contact direct avec les organes génitaux ou d'autres parties du corps d'une personne infectée. La période d'incubation s'échelonne habituellement entre quelques semaines et plusieurs mois. L'apparition de condylomes génitaux est le signe d'une infection par le VPH. Sur le plan morphologique, certains condylomes sont très étendus et forment des excroissances multiples ayant un aspect en chou-fleur. D'autres sont relativement lisses ou plats (figure 26.14). L'infection peut aussi être asymptomatique ; il faut alors faire le dépistage des lésions microscopiques. Chez la femme, le frottis cervicovaginal ou test de Pap (du nom du médecin, Papanicolaou, qui l'a mis au point) sert à détecter le virus au niveau du col de l'utérus.

Les condylomes génitaux présentent le très grand risque d'évoluer vers un cancer. Quelque 13 sérotypes sont en effet associés au cancer. Chez les femmes, il s'agit souvent du cancer du col de l'utérus et chez les hommes, du cancer du pénis. Les condylomes chez la femme sont beaucoup plus susceptibles d'être précancéreux que les condylomes chez l'homme. Il est souhaitable que l'identification sérologique des condylomes devienne routinière afin que l'on puisse déterminer les sérotypes les plus dangereux. À l'heure actuelle, ces techniques sont onéreuses et seuls quelques laboratoires sont en mesure de les pratiquer. Nous avons abordé le traitement des condylomes à la page 644. En raison de leur relation avec le cancer, les condylomes génitaux doivent être traités. Deux gels, le podofilox et l'imiquimod, se sont souvent avérés efficaces. L'activité antivirale de l'imiquimod (Aldara$^{MD}$) semble liée au fait que ce gel stimule la production d'interférons (p. 517). Les condylomes peuvent aussi être éliminés

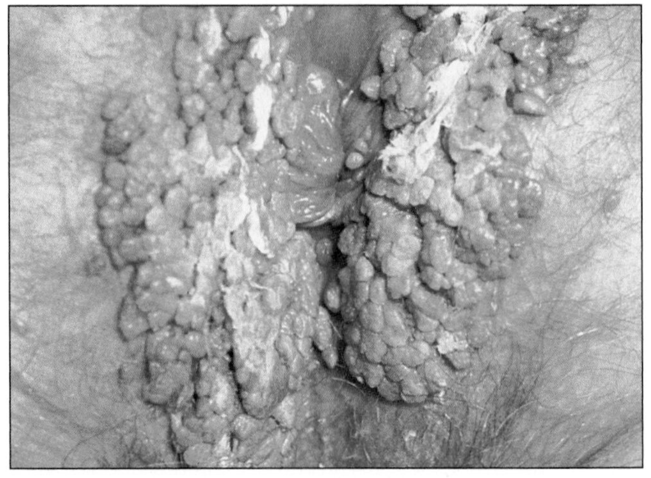

FIGURE 26.14 **Condylomes sur une vulve.**

■ Quel est le lien entre les condylomes génitaux et le cancer du col de l'utérus ?

par cryothérapie (à l'azote liquide), par lasérothérapie et par chirurgie. Il faut cependant se rappeler que, comme dans le cas de l'herpès, on peut se débarrasser des verrues mais pas du virus, qui reste à demeure dans l'organisme.

### Le SIDA

Le SIDA est une maladie virale fréquemment transmise sexuellement. Cependant, étant donné qu'elle touche le système immunitaire, nous avons étudié cette maladie au chapitre 19 (p. 588-596). Rappelez-vous que les lésions résultant de nombreuses maladies bactériennes ou virales favorisent la transmission du VIH.

## Une mycose du système génital

**Objectifs d'apprentissage**

- *Nommez l'agent responsable de la candidose, les signes et symptômes de la maladie, de même que la méthode de diagnostic et les traitements.*
- *Décrire les circonstances de l'apparition d'une candidose d'origine endogène.*

La mycose que nous décrivons dans cette section est l'*infection à levure* bien connue qui fait l'objet d'annonces publicitaires pour des médicaments vendus sans ordonnance.

### La candidose

*Candida albicans* est un mycète levuriforme qui croît souvent sur les muqueuses de la bouche, du tractus intestinal et des voies urogénitales (tableau 26.1; figure 21.16). L'infection découle habituellement de la prolifération opportuniste du microorganisme lorsque la flore normale est détruite par des antibiotiques ou par d'autres facteurs. Comme nous l'avons vu au chapitre 21, *C. albicans* provoque la **candidose buccale**, ou muguet. La levure est également responsable de quelques cas occasionnels d'urétrite non gonococcique chez l'homme et de la **candidose vulvovaginale**, qui est la vaginite la plus courante. Près de 75% des femmes connaissent au moins un épisode de la maladie au cours de leur vie.

Les lésions de la candidose vulvovaginale ressemblent à celles du muguet, mais sont plus irritantes et s'accompagnent de fortes démangeaisons et de sécrétions épaisses, jaunes, caséeuses, inodorantes ou à odeur de levure. *C. albicans*, qui est l'espèce de *Candida* responsable dans la plupart des cas, est un agent pathogène opportuniste. Les facteurs prédisposant à l'infection comprennent l'utilisation de contraceptifs oraux et la grossesse, qui font augmenter le taux de glycogène dans le vagin (voir l'exposé sur la flore vaginale normale au début de ce chapitre). Le diabète mal équilibré et l'antibiothérapie sont aussi des facteurs prédisposant à la vaginite à *C. albicans*; l'utilisation d'un antibiotique à large spectre détruit la flore bactérienne normale compétitive, ce qui laisse la place aux levures opportunistes. La vaginite est la plupart du temps d'origine endogène; par conséquent, il ne s'agit pas d'une infection transmise sexuellement. Cependant, il arrive qu'une femme infecte son partenaire.

Le diagnostic d'une infection à levure repose sur la mise en évidence au microscope des cellules ovoïdes caractéristiques de la levure à partir d'un frottis des lésions et sur l'isolement de la levure dans un milieu de culture. Le traitement consiste en l'application par voie topique de médicaments antifongiques en vente libre tels que le clotrimazole et le miconazole. Une dose unique de fluconazole administrée par voie orale constitue le traitement de relais.

## Une protozoose du système génital

**Objectif d'apprentissage**

- *Décrire l'épidémiologie de la trichomonase, et notamment le type d'agent en cause, son réservoir, son mode de transmission ainsi que les facteurs prédisposants de l'hôte réceptif.*
- *Nommez les principaux signes et symptômes de la maladie, de même que la méthode de diagnostic et les traitements.*

La seule MTS causée par un protozoaire touche uniquement les femmes. Même si elle est commune, la maladie n'est guère connue du grand public.

### La trichomonase

*Trichomonas vaginalis* est un protozoaire flagellé et anaérobie, qui fait partie à l'occasion de la flore vaginale normale chez la femme et de la flore normale de l'urètre chez l'homme (tableau 26.1; figure 26.15). Si l'acidité normale du vagin est modifiée, le protozoaire peut se multiplier, entrer en compétition avec la flore microbienne normale des muqueuses génitales et causer une **trichomonase**. (Les hommes infectés par le protozoaire ne manifestent généralement pas de symptômes.) Cette affection accompagne souvent la gonorrhée (co-infection). En réponse à l'infection par le protozoaire, les leucocytes s'accumulent au site d'infection. L'écoulement de pus qui en résulte est abondant, d'un jaune verdâtre, et il libère une odeur fétide caractéristique. L'écoulement s'accompagne de démangeaisons et d'irritations. Cependant, plus de la moitié des cas sont asymptomatiques. La trichomonase se transmet d'ordinaire par contact sexuel; *T. vaginalis* est un protozoaire qui ne résiste pas longtemps à la dessiccation, de sorte qu'il ne se transmet pas par contact indirect avec des objets tels que les sièges de toilette.

Le diagnostic est posé par l'examen au microscope de l'écoulement purulent et par l'identification du microorganisme. On peut également procéder à l'isolement du protozoaire et à sa mise en culture en laboratoire. On retrouve parfois l'agent pathogène dans le sperme ou dans l'urine de porteurs masculins. On peut maintenant avoir recours à de nouveaux tests de dépistage rapide utilisant des sondes d'ADN et des anticorps monoclonaux. Le traitement repose sur l'administration de métronidazole par voie orale aux deux partenaires sexuels, ce qui permet d'enrayer rapidement l'infection.

* * *

Le tableau 26.2 présente une récapitulation des principales maladies infectieuses des systèmes urinaire et génital.

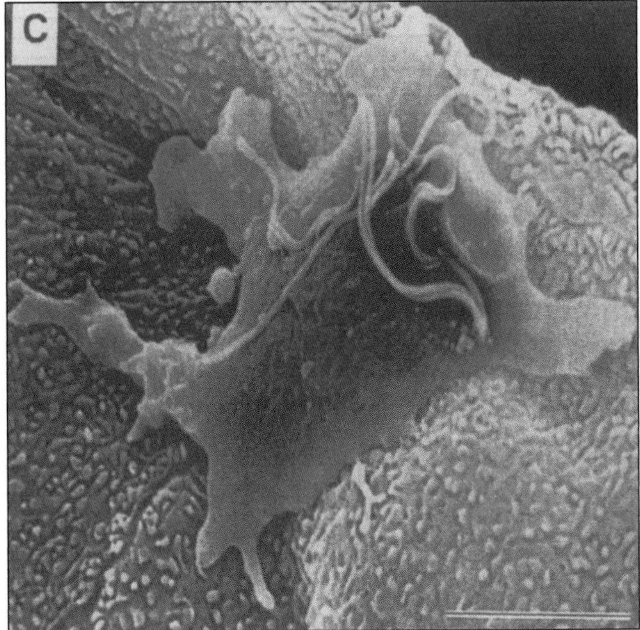

FIGURE 26.15 ***Trichomonas vaginalis* adhérant à la surface d'une cellule épithéliale dans un milieu de culture.** Les flagelles sont visibles. [SOURCE : D. Petrin et coll., « Clinical and Microbiological Aspects of *Trichomonas vaginalis* », *ASM Clinical Microbiology Reviews*, vol. 11, p. 300-317, 1998.]

## Tableau 26.2 *Maladies infectieuses des systèmes urinaire et génital*

| Maladie | Agents pathogènes | Remarques |
|---|---|---|
| **Bactérioses du système urinaire** | | |
| Cystite (infection urinaire de la vessie) | *Escherichia coli*, *Staphylococcus saprophyticus* | Difficulté à uriner ou douleur à la miction. |
| Pyélonéphrite (infection des reins) | Principalement *E. coli* | Fièvre ; douleurs lombaires ou abdominales sur le côté. |
| Leptospirose (infection des reins) | *Leptospira interrogans* | Maux de tête, douleurs musculaires, fièvre ; l'insuffisance rénale peut constituer une complication. |
| **Bactérioses du système génital** | | |
| Gonorrhée | *Neisseria gonorrhoeæ* | Chez l'homme, miction douloureuse et écoulement purulent. Chez la femme, peu de symptômes, mais risque de complications telles que les maladies inflammatoires pelviennes. |
| Urétrite non gonococcique | *Chlamydia* ou d'autres bactéries, y compris *Mycoplasma hominis* et *Ureaplasma urealyticum* | Miction douloureuse et écoulement liquide. Chez la femme, risque de complications telles que les maladies inflammatoires pelviennes. |
| Maladies inflammatoires pelviennes | *N. gonorrhoeæ*, *Chlamydia trachomatis* | Douleurs abdominales chroniques ; risque d'infertilité. |
| Syphilis | *Treponema pallidum* | Durant le stade primaire, douleur au site d'infection (chancre), puis éruptions cutanées et légère fièvre. Les derniers stades peuvent se traduire par de graves lésions et des dommages aux systèmes cardiovasculaire et nerveux. De nos jours, peu de cas atteignent le stade tertiaire. |
| Lymphogranulome vénérien | *Chlamydia trachomatis* | Œdème des nœuds lymphatiques dans la région de l'aine. |

**Tableau 26.2** *Maladies infectieuses des systèmes urinaire et génital (suite)*

| Maladie | Agents pathogènes | Remarques |
|---|---|---|
| **Bactérioses du système génital (suite)** | | |
| Chancre mou | *Hæmophilus ducreyi* | Ulcères douloureux des organes génitaux, nœuds lymphatiques enflés dans la région de l'aine. |
| Vaginose bactérienne | *Gardnerella vaginalis* | Odeur de poisson, écoulement vaginal mousseux. |
| **Viroses du système génital** | | |
| Herpès génital | *Herpes simplex virus* type 2 ; *Herpes simplex virus* type 1 | Vésicules douloureuses dans la région génitale. |
| Condylomes génitaux | *Papillomavirus* (VPH) | Condylomes dans la région génitale. |
| **Mycose du système génital** | | |
| Candidose | *Candida albicans* | Fortes démangeaisons génitales, odeur de levure, sécrétions jaunâtres. |
| **Protozoose du système génital** | | |
| Trichomonase | *Trichomonas vaginalis* | Démangeaisons vaginales, odeur fétide, écoulements verdâtres ou jaunâtres. |

# RÉSUMÉ

## INTRODUCTION (p. 797)

1. Le système urinaire régule la composition chimique du sang et excrète les déchets en solution dans l'urine.
2. Le système génital produit les gamètes qui assurent la reproduction ; chez la femme, il porte le fœtus en développement.
3. Les maladies infectieuses de ces deux systèmes peuvent résulter d'une infection d'origine extérieure (exogène) ou d'une infection opportuniste causée par des microorganismes de la flore normale (infection endogène).

## LES STRUCTURES ET LES FONCTIONS DU SYSTÈME URINAIRE (p. 797)

1. L'urine est transportée des reins à la vessie par l'intermédiaire des uretères et est éliminée par l'urètre.
2. Des valvules (physiologiques) empêchent l'urine de refluer de la vessie vers les uretères et les reins.
3. L'action de balayage de l'urine et l'acidité de l'urine normale présentent des propriétés antimicrobiennes.

## LES STRUCTURES ET LES FONCTIONS DU SYSTÈME GÉNITAL (p. 798-799)

1. Le système génital de la femme est composé de deux ovaires, de deux trompes utérines, de l'utérus, du col de l'utérus, du vagin et des organes génitaux externes.
2. Le système génital de l'homme est composé de deux testicules, d'un réseau de conduits, des glandes sexuelles annexes et du pénis. Le sperme quitte le corps de l'homme par l'urètre.

## LA FLORE MICROBIENNE NORMALE DES SYSTÈMES URINAIRE ET GÉNITAL (p. 799-800)

1. Les reins, les uretères, la vessie et la partie supérieure de l'urètre sont normalement stériles ; la partie terminale de l'urètre est colonisée par des microorganismes de la flore normale de la peau.
2. La flore vaginale d'une femme en âge de procréer comprend surtout des lactobacilles.

## LES MALADIES INFECTIEUSES DU SYSTÈME URINAIRE (p. 800-802)

## LES BACTÉRIOSES DU SYSTÈME URINAIRE (p. 800-802)

1. L'urétrite, la cystite et l'urétérite sont des maladies inflammatoires touchant respectivement l'urètre, la vessie et les uretères.
2. La pyélonéphrite est secondaire à une infection de la vessie ou à une infection bactérienne systémique (bactéries venant du sang).
3. Des bactéries à Gram négatif opportunistes venant de l'intestin causent souvent des infections urinaires.

4. Des infections nosocomiales consécutives à la pose d'un cathéter peuvent toucher l'urètre. *E. coli* cause plus de la moitié de ce type d'infection. De l'urètre, l'infection peut s'étendre vers la vessie et les reins.
5. On considère qu'il y a infection quand on constate soit la présence de plus de 10 000 bactéries par millilitre d'urine, soit la présence de 1 000 bactéries d'une seule espèce par millilitre d'urine, soit la présence de 100 coliformes par millilitre d'urine.
6. Le traitement des infections urinaires repose sur l'isolement des agents pathogènes et sur des tests de sensibilité aux antibiotiques.

### La cystite (p. 800-801)

1. L'inflammation de la vessie, appelée cystite, est une affection courante chez les femmes.
2. Les microorganismes situés à l'orifice de l'urètre et sur toute sa longueur, une mauvaise hygiène et les relations sexuelles sont des facteurs qui contribuent à l'incidence élevée de la cystite chez la femme.
3. Les agents responsables les plus communs sont *Escherichia coli* et *Staphylococcus saprophyticus*.

### La pyélonéphrite (p. 801)

1. L'inflammation des reins, appelée pyélonéphrite, est généralement une complication d'une infection des voies urinaires inférieures (de la vessie par exemple).
2. Dans environ 75 % des cas, la pyélonéphrite est causée par *E. coli*.

### La leptospirose (p. 801)

1. Le spirochète *Leptospira interrogans* est l'agent causal de la leptospirose.
2. La maladie est transmise aux humains par l'eau contaminée par de l'urine animale.
3. La leptospirose se caractérise par des frissons, de la fièvre, des maux de tête et des douleurs musculaires.
4. Le diagnostic repose sur l'isolement de la bactérie et son identification par des épreuves sérologiques.

## LES MALADIES INFECTIEUSES DU SYSTÈME GÉNITAL (p. 802-815)

## LES BACTÉRIOSES DU SYSTÈME GÉNITAL (p. 802-811)

1. La plupart des maladies du système génital sont des maladies transmises sexuellement (MTS).
2. On peut prévenir la plupart des MTS d'origine bactérienne en utilisant le préservatif (condom) ; le traitement fait appel aux antibiotiques.

### La gonorrhée (p. 803-805)

1. *Neisseria gonorrhoeæ* est l'agent de la gonorrhée.
2. La gonorrhée est une maladie transmissible courante aux États-Unis ; au Canada, c'est la deuxième MTS d'origine bactérienne en importance.
3. *N. gonorrhoeæ* se fixe par ses fimbriæ aux cellules épithéliales des muqueuses des organes génitaux, de la région oropharyngée, des yeux et du rectum.
4. L'invasion déclenche une inflammation suivie de la phagocytose des gonocoques, ce qui cause la formation caractéristique de pus.
5. Chez l'homme, les signes et symptômes sont une miction douloureuse et un écoulement de pus. En l'absence de traitement, la maladie se complique de l'obstruction de l'urètre et de l'infertilité.
6. Chez la femme, l'infection se situe au niveau du canal et du col de l'utérus ; la maladie peut être asymptomatique à moins que l'infection s'étende à l'utérus et aux trompes utérines (voir les maladies inflammatoires pelviennes).
7. Chez les deux sexes, quand l'infection n'est pas traitée, des complications comme l'endocardite gonococcique, la méningite gonococcique et l'arthrite gonococcique peuvent survenir.
8. Le rétablissement ne confère pas l'immunité, et le sujet peut être réinfecté.
9. L'ophtalmie gonococcique néonatale est une infection de l'œil transmise par une mère infectée au nouveau-né lors de son passage dans le canal vaginal.
10. Le diagnostic de la gonorrhée repose sur la coloration de Gram, une méthode ELISA ou une sonde d'ADN.

### L'urétrite non gonococcique (p. 805-806)

1. L'urétrite non gonococcique, ou urétrite non spécifique, désigne toute inflammation de l'urètre non causée par *N. gonorrhoeæ*.
2. La plupart des cas d'urétrite non gonococcique sont dus à *Chlamydia trachomatis*.
3. L'infection à *C. trachomatis* est la MTS la plus courante.
4. Les symptômes de l'urétrite non gonococcique – quand ils sont présents – sont souvent discrets, bien qu'une inflammation des trompes utérines et l'infertilité puissent survenir.
5. *C. trachomatis* peut infecter les yeux des nouveau-nés à la naissance.
6. Le diagnostic repose sur la détection de l'ADN des chlamydies dans l'urine.
7. *Ureaplasma urealyticum* et *Mycoplasma hominis* peuvent aussi causer cette affection.

### Les maladies inflammatoires pelviennes (p. 806)

1. Les maladies inflammatoires pelviennes regroupent toutes les infections bactériennes étendues qui atteignent les organes pelviens de la femme, en particulier le système génital.
2. Cette maladie est causée par *N. gonorrhoeæ*, *Chlamydia trachomatis* et d'autres bactéries qui s'introduisent dans les trompes utérines. L'infection des trompes utérines s'appelle salpingite.
3. L'obstruction des trompes utérines et l'infertilité sont des complications possibles de la maladie.

### La syphilis (p. 806-809)

1. La syphilis est causée par *Treponema pallidum*, un spirochète que l'on peut cultiver seulement dans des cellules.
2. *T. pallidum* est transmis par contact direct et peut envahir les muqueuses ou pénétrer l'organisme par des blessures cutanées.

3. La lésion primaire est un petit chancre à la base indurée au foyer d'infection. Puis la bactérie envahit les systèmes cardiovasculaire et lymphatique, et le chancre guérit spontanément.
4. Le stade secondaire se caractérise par l'apparition d'éruptions cutanées disséminées partout sur le corps et sur les muqueuses. On retrouve des spirochètes dans les lésions.
5. Le patient entre dans une période de latence après que les lésions secondaires ont disparu spontanément.
6. Après un intervalle d'au moins 10 ans, des lésions tertiaires appelées gommes apparaissent sur de nombreux organes.
7. La syphilis congénitale est due à la transmission de *T. pallidum,* par l'intermédiaire du placenta, durant la période de latence; elle peut causer des dommages neurologiques chez le nouveau-né. La contamination lors du stade primaire peut conduire à un accouchement prématuré ou à l'avortement.
8. *T. pallidum* est mis en évidence à l'aide d'un examen au microscope à fond noir d'un exsudat extrait de lésions primaires et secondaires.
9. À n'importe quel stade de la maladie, on peut utiliser diverses épreuves sérologiques telles que le VDRL, le RPR et l'immunofluorescence pour détecter la présence d'anticorps dirigés contre la bactérie.

### Le lymphogranulome vénérien (p. 809)

1. *Chlamydia trachomatis* est l'agent causal du lymphogranulome vénérien, maladie principalement tropicale et subtropicale.
2. Les premières lésions apparaissent sur les organes génitaux et guérissent sans laisser de cicatrices.
3. Les bactéries envahissent le système lymphatique et entraînent l'œdème des nœuds lymphatiques, l'obstruction des vaisseaux lymphatiques et la tuméfaction des organes génitaux externes.
4. La bactérie est isolée et identifiée à partir de pus prélevé des nœuds infectés.

### Le chancre mou (p. 810)

1. Le chancre mou est causé par *Hæmophilus ducreyi*; il se manifeste par des ulcères enflés et douloureux siégeant sur la muqueuse des organes génitaux et de la bouche.

### La vaginose bactérienne (p. 810)

1. La vaginose est une infection sans inflammation causée par *Gardnerella vaginalis*.
2. Le diagnostic d'infection à *G. vaginalis* repose sur l'augmentation du pH vaginal, une odeur poissonneuse et la présence de cellules épithéliales tapissées de bacilles.

## LES VIROSES DU SYSTÈME GÉNITAL (p. 811-813)

### L'herpès génital (p. 811-812)

1. *Herpes simplex virus* type 2 (HSV-2) cause l'herpès génital.
2. Les signes et symptômes de l'infection comprennent une miction douloureuse, une irritation des organes génitaux et la présence de vésicules remplies de liquide.
3. L'herpès néonatal est contracté durant le développement fœtal ou à la naissance du bébé. Il peut s'ensuivre des troubles neurologiques ou des mortalités infantiles.
4. Le virus peut demeurer à l'état latent dans les cellules des ganglions nerveux de la région génitale. Les vésicules réapparaissent à la suite d'un traumatisme, d'états fiévreux ou de changements hormonaux.

### Les condylomes génitaux (p. 812-813)

1. Les papillomavirus causent les condylomes génitaux.
2. Ces virus ont été associés au cancer du col de l'utérus et au cancer du pénis.

### Le SIDA (p. 813)

1. Le SIDA est une maladie du système immunitaire transmise sexuellement (chapitre 19, p. 588-596).

## UNE MYCOSE DU SYSTÈME GÉNITAL (p. 813)

### La candidose (p. 813)

1. *Candida albicans* cause l'urétrite non gonococcique chez l'homme et la candidose vulvovaginale chez la femme; il est également à l'origine des vaginites opportunistes chez la femme.
2. La candidose vulvovaginale se caractérise par des lésions qui produisent des démangeaisons et des irritations.
3. Les facteurs prédisposants sont la grossesse, le diabète, les tumeurs et le traitement par des antibiotiques à large spectre.
4. Le diagnostic repose sur la mise en évidence de la levure et sur son isolement à partir d'un frottis des lésions.

## UNE PROTOZOOSE DU SYSTÈME GÉNITAL (p. 813-814)

### La trichomonase (p. 813-814)

1. *Trichomonas vaginalis* cause la trichomonase lorsque le pH du vagin s'élève. Les sécrétions sont mousseuses et d'odeur fétide.
2. Le diagnostic repose sur la mise en évidence du protozoaire dans les sécrétions purulentes prélevées sur le foyer d'infection.

# AUTOÉVALUATION

## RÉVISION

1. Énumérez quelques microorganismes qui constituent la flore normale du système urinaire et associez-les à leur habitat (voir la figure 26.1).

2. Énumérez quelques microorganismes qui constituent la flore normale du système génital et associez-les à leur habitat (voir les figures 26.2 et 26.3).

3. Comment les infections des voies urinaires sont-elles transmises?

4. Expliquez pourquoi *E. coli* est fréquemment un agent causal de la cystite chez la femme. Énumérez quelques facteurs de prédisposition à la cystite.

5. Nommez le microorganisme le plus fréquemment en cause dans la pyélonéphrite. Quelles sont les portes d'entrée de ce microbe ?

6. Complétez le tableau ci-dessous pour les maladies suivantes : gonorrhée, syphilis, urétrite non gonoccique.

| Maladie | Gonorrhée | Syphilis | Urétrite non gonoccique |
|---|---|---|---|
| Agent causal | | | |
| Facteurs de patho-génicité | | | |
| Dommages physio-logiques | | | |
| Signes et symptômes | | | |
| Type de traitement | | | |

7. La leptospirose est une infection rénale qui touche les humains et les animaux. Quelle est la cause de la maladie ? Comment la maladie est-elle transmise ? Quels types d'activités pourraient augmenter l'exposition d'un individu à son agent causal ?

8. Décrivez les différentes épreuves qui servent au diagnostic de la syphilis.

9. Décrivez les signes et symptômes de l'herpès génital. Quel est l'agent causal de la maladie ? Quand cette infection est-elle le moins susceptible d'être transmise ?

10. Nommez un mycète et un protozoaire qui peuvent causer des infections du système génital. Quels signes et symptômes vous indiqueraient la présence de ces infections ?

11. Énumérez les infections génitales qui entraînent des infections congénitales et néonatales. Comment peut-on empêcher la transmission au nouveau-né ?

## QUESTIONS À CHOIX MULTIPLE

1. Parmi les éléments suivants, lequel est habituellement transmis par de l'eau contaminée par de l'urine ?
   **a)** *Chlamydia*
   **b)** La leptospirose
   **c)** La syphilis
   **d)** La trichomonase
   **e)** Aucune de ces réponses

Utilisez les choix suivants pour répondre aux questions 2 à 5.
**a)** *Candida*
**b)** *Chlamydia*
**c)** *Gardnerella*
**e)** *Trichomonas*
**d)** *Neisseria*

2. L'examen au microscope d'un frottis vaginal révèle des cellules eucaryotes flagellées.

3. L'examen au microscope d'un frottis vaginal révèle des cellules eucaryotes ovoïdes.

4. L'examen au microscope d'un frottis vaginal révèle des cellules épithéliales tapissées de bactéries.

5. L'examen au microscope d'un frottis vaginal révèle des cocci à Gram négatif à l'intérieur des phagocytes.

Utilisez les choix suivants pour répondre aux questions 6 à 8.
**a)** Candidose
**b)** Vaginose bactérienne
**c)** Herpès génital
**d)** Lymphogranulome vénérien
**e)** Trichomonase

6. Se traite par des antifongiques.

7. Se traite par un antiviral.

8. Se traite par un antiprotozoaire.

Utilisez les choix suivants pour répondre aux questions 9 et 10.
**a)** *Chlamydia trachomatis*
**b)** *Escherichia coli*
**c)** *Mycobacterium hominis*
**d)** *Staphylococcus saprophyticus*

9. La cause la plus commune de la cystite.

10. Dans les cas d'urétrite non gonococcique, on pose le diagnostic en mettant en évidence l'ADN microbien par ACP.

## QUESTIONS A COURT DÉVELOPPEMENT

1. Une maladie tropicale cutanée appelée pian est transmise par contact direct. Il est difficile de distinguer son agent causal, *Treponema pallidum pertenue,* de *T. pallidum*. L'apparition de la syphilis en Europe coïncide avec le retour de Christophe Colomb du Nouveau Monde. En tenant compte du climat tempéré européen, est-il possible que *T. pallidum* ait pu dériver de *T. pallidum pertenue*? Comment ?

2. Pourquoi des bains fréquents peuvent-ils être un facteur de prédisposition à la vaginose bactérienne, à la candidose vulvovaginale et à la trichomonase ?

3. La liste suivante permet d'identifier certains microorganismes qui causent les infections urogénitales. Complétez-la en donnant les genres étudiés dans ce chapitre qui correspondent aux caractéristiques énumérées.
   Spirochète aérobie à Gram négatif __________
   Spirochète anaérobie à Gram négatif
   Coccus en paire à Gram négatif __________
   Bacille à Gram variable
   Parasite intracellulaire obligatoire des urétrites non gonococciques
   Bactérie sans paroi cellulaire __________

Mycète
Cellules eucaryotes ovoïdes __________
Protozoaire
Flagelle __________
Pas de microorganismes observés/
cultivés à partir d'une vésicule __________

## APPLICATIONS CLINIQUES

*N. B. Certaines de ces questions nécessitent que vous cherchiez des réponses dans les différents chapitres du livre.*

**1.** Une jeune femme de 28 ans est hospitalisée dans un hôpital de la région de Montréal ; depuis 1 semaine, elle souffre d'arthrite au genou gauche. Quatre jours plus tard, un homme de 32 ans est examiné pour une urétrite avec miction douloureuse et écoulement purulent du pénis, signes qui persistent depuis 2 semaines. À la même période, dans un hôpital de la ville voisine, deux jeunes femmes dans la vingtaine sont hospitalisées. L'une se plaint de douleurs à la cheville et au poignet gauches depuis 3 jours. L'autre jeune femme souffre depuis 2 jours de nausées, de vomissements, de maux de tête et d'une raideur au cou. Des prélèvements de liquide synovial, de liquide cérébrospinal et d'écoulement de l'urètre sont analysés par un même laboratoire privé. Les agents pathogènes isolés à partir du liquide synovial, du LCS et d'un frottis de l'urètre sont des diplococoques à Gram négatif présents dans des leucocytes (granulocytes neutrophiles). Les tests de sensibilité aux antibiotiques donnent les mêmes résultats pour tous les spécimens prélevés chez ces 4 personnes.

À partir des signes et symptômes de l'homme et des caractéristiques de l'agent pathogène isolé des quatre prélèvements, quel est probablement l'agent pathogène en cause ? Quelles sont les caractéristiques de virulence de cet agent pathogène ? Reliez l'agent en cause au mécanisme physiopathologique qui a conduit à l'apparition de l'écoulement purulent chez l'homme. S'agit-il de la même maladie dans les 4 cas ? Si oui, quelle est la preuve du lien entre ces cas ? Comment la maladie a-t-elle été transmise ? Quelle mesure de prévention doit être mise en place ici ? Expliquez pourquoi ces quatre patients courent encore le risque de contracter la maladie.

**2.** Voici l'histoire d'un cas qui pourrait presque être vraie.

À l'aide des renseignements suivants, dites de quelle maladie l'enfant est probablement atteint. Comment la mère a-t-elle contracté la maladie ? Établissez les phases de la maladie pour chacun des deux parents et pour l'enfant. La maladie a été diagnostiquée le 8 novembre. Quelle procédure médicale aurait pu permettre de la dépister plus tôt ?

11 avril : Une jeune femme enceinte âgée de 23 ans est examinée pour la première fois après 3 mois et demi de grossesse par un médecin dans une clinique d'obstétrique. Son épreuve du VDRL est négative.

6 juin : La jeune femme consulte un médecin au service des urgences d'un hôpital car elle présente depuis quelques jours des lésions aux lèvres. Le résultat de la biopsie est négatif pour le cancer et pour l'herpès.

1er juill. : Elle retourne au service des urgences car les lésions labiales l'incommodent encore. Le médecin ne lui propose aucun test supplémentaire.

25 juill. : La jeune femme accouche prématurément à son septième mois de grossesse à la clinique d'obstétrique. Son épreuve du RPR est de 1 : 32 alors que celle du nouveau-né est de 1 : 128. Les documents sont classés dans le dossier de la patiente ; toutefois, le médecin de la clinique d'obstétrique n'est pas avisé des résultats positifs, de sorte que le suivi de la patiente n'est pas fait.

15 sept. : Le père du bébé, avec lequel la mère n'a pas de contacts car il est incarcéré dans une prison, présente des lésions multiples au pénis et des éruptions cutanées sur l'ensemble du corps.

1er oct. : La mère trouve que son bébé est léthargique. Au service des urgences de l'hôpital, on lui dit de ne pas s'inquiéter et que l'enfant est en bonne santé.

2 oct. : Le père du bébé présente toujours des éruptions cutanées sur le corps, notamment sur la paume des mains et sur la plante des pieds ; toutefois, la mère ne manifeste plus aucun symptôme.

8 nov. : L'enfant tombe gravement malade ; il souffre d'une pneumonie et est hospitalisé. Le médecin qui l'examine observe des signes de troubles neurologiques. Il demande les dossiers de la mère et de l'enfant à la clinique d'obstétrique et demande à rencontrer le père. Un suivi de la famille doit être fait d'urgence.

**3.** Jacinthe, une jeune femme de 31 ans, désire avoir un enfant depuis 4 ans ; cependant, elle croit qu'elle est infertile. Mais voilà qu'elle est hospitalisée d'urgence pour une grossesse ectopique. Son médecin diagnostique une infection asymptomatique à *Chlamydia trachomatis*. Quel rapport pouvez-vous faire entre les dommages causés par cet agent pathogène et l'infertilité ? Y a-t-il un lien entre l'infection et la grossesse ectopique ? Justifiez votre réponse.

**4.** Vous travaillez dans le centre-ville de Montréal. Des données récentes révèlent une recrudescence des cas de chlamydies et de condylomes génitaux. Vous devez compiler des informations sur ces deux maladies et mettre l'accent sur leur prévention. Préparez ces deux fiches en prenant soin de détailler les éléments de la chaîne épidémiologique ainsi que les mesures de prévention spécifiques de ces deux MTS. Décrivez les traitements respectifs utilisés contre ces deux infections et expliquez en quoi leurs résultats diffèrent quant à leur effet sur la disparition de l'agent pathogène.

**5.** Mme Jasmin, une femme de 59 ans, est ménopausée depuis 4 ans. Elle souffre régulièrement d'irritations vulvaires qui entraînent de fortes démangeaisons. Elle est particulièrement soigneuse sur le plan de son hygiène intime et prend un bain deux fois par jour ; cependant, cela ne la soulage pas. Le médecin qu'elle consulte lui apprend que ses symptômes sont ceux d'une infection à *Candida albicans* et que la ménopause contribue fréquemment à l'apparition de cette infection. Il lui prescrit un médicament et lui suggère de réduire la fréquence de ses bains. Expliquez le processus métabolique qui favorise l'apparition de l'infection à la ménopause. Pourquoi les bains fréquents sont-ils déconseillés ?

Cinquième partie

# *L'écomicrobiologie et la microbiologie appliquée*



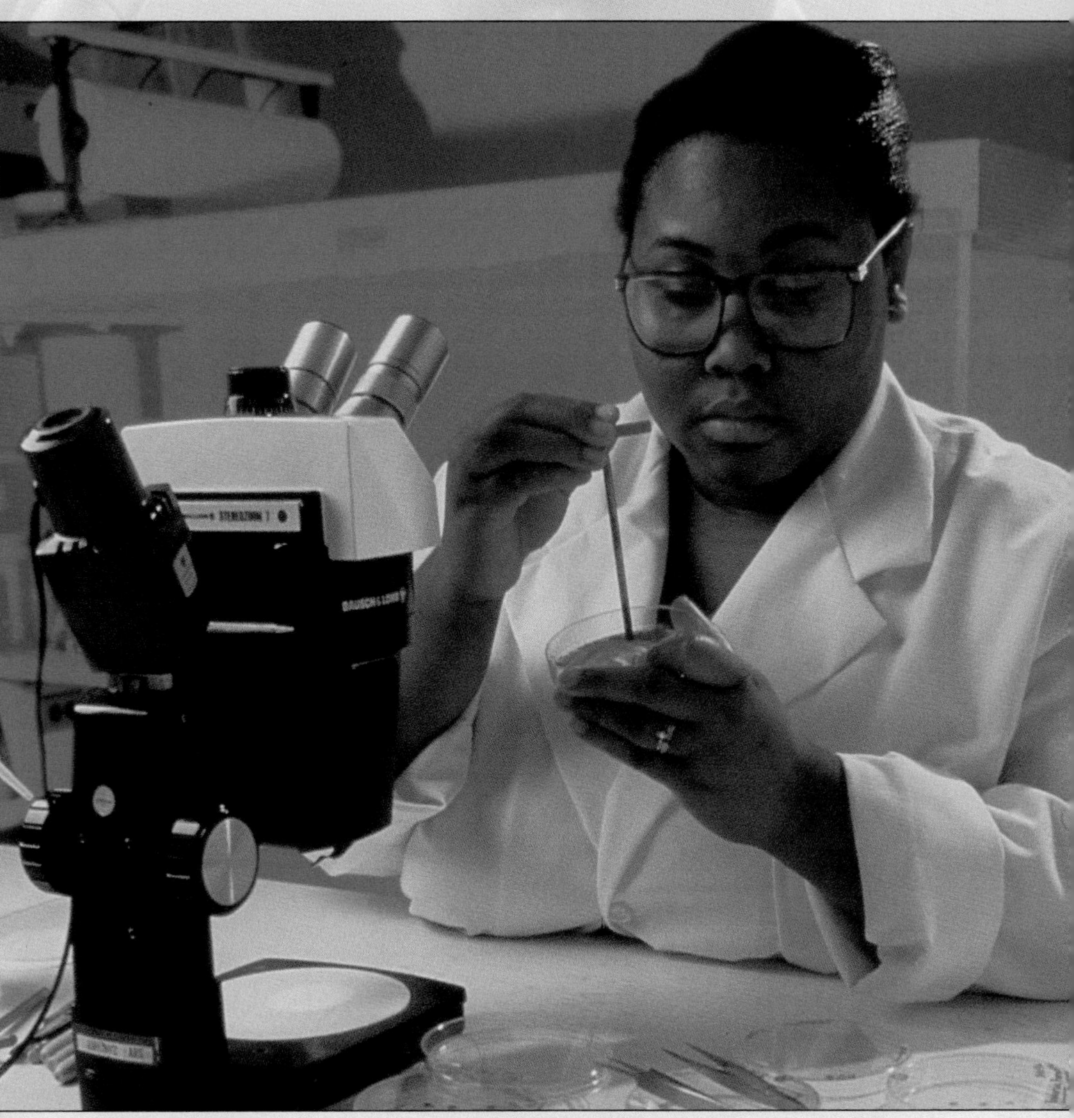

*On obtient des solutions de remplacement, sécuritaires et respectueuses de l'environnement, à l'emploi de pesticides en tirant parti des maladies microbiennes des insectes ravageurs. Après avoir tué tous les ravageurs, les microbes pathogènes meurent et se décomposent. La photo montre une microbiologiste en train d'étudier les effets d'une infection sur un insecte qui détruit des récoltes.*

# Chapitre 27 L'écomicrobiologie

*Les microbes se rassemblent fréquemment en amas, appelés films biologiques, sur une surface.*

Jusqu'ici, nous nous sommes intéressés surtout à la pathogénicité des microorganismes. Dans le présent chapitre, nous allons examiner plusieurs fonctions bénéfiques des microbes dans l'environnement. Bon nombre de bactéries et d'autres microorganismes sont en fait essentiels au maintien de la vie sur Terre.

## La diversité métabolique

Les microbes, et particulièrement les bactéries et les archéobactéries, vivent dans des habitats extrêmement variés. On les trouve autant dans le désert de glace qu'est l'Antarctique que dans les sources thermales les plus chaudes. On a extrait des microbes de roches situées à plus de un kilomètre sous la croûte terrestre, de même que de l'atmosphère raréfiée qui existe à des milliers de mètres d'altitude. L'exploration des profondeurs océaniques a permis de découvrir un grand nombre de microbes, qui vivent dans une obscurité constante et sont soumis à des pressions considérables. (Voir l'encadré du chapitre 6, p. 177.) On trouve aussi des microbes dans les eaux limpides des ruisseaux de montagne alimentés par des glaciers et dans les eaux salines presque saturées, comme celles de la mer Morte. (Voir l'encadré du chapitre 5, p. 157.) C'est grâce à leur *diversité métabolique,* c'est-à-dire à leur capacité à utiliser une large gamme de sources de carbone et d'énergie, et à croître dans des conditions très variées, que les microorganismes peuvent vivre dans des habitats aussi différents.

### La diversité des habitats

#### Objectif d'apprentissage

- *Définir le terme «extrêmophile» et décrire deux habitats où les conditions sont extrêmes.*

La grande diversité de la flore microbienne témoigne de la capacité des microbes à tirer parti de toutes les niches écologiques. Dans le sol, la teneur en dioxygène et en éléments nutritifs et l'intensité de la lumière varient en fonction de la profondeur, même sur quelques millimètres. Au fur et à mesure qu'une population d'organismes aérobies consomme le dioxygène disponible, des microorganismes anaérobies se mettent à croître. Si le sol est perturbé par des activités de labour, des vers ou tout autre agent, les organismes aérobies sont de nouveau capables de croître, et le cycle se répète.

On appelle **extrêmophiles** les microbes qui vivent dans des conditions extrêmes de température, d'acidité, d'alcalinité ou de salinité. Bon nombre de ces organismes appartiennent au domaine des *Archæ*. L'industrie s'intéresse beaucoup aux enzymes permettant la croissance de microorganismes dans de telles conditions, parce qu'elles tolèrent des températures et des pH extrêmes, qui inhibent bien d'autres enzymes. Par exemple, l'enzyme *Taq* polymérase, extraite de la bactérie *Thermus aquaticus* (dont il a été question au chapitre 9, p. 278) est thermorésistante.

Les microorganismes, qui vivent dans un milieu extrêmement concurrentiel, doivent profiter de tout ce qui les avantage. Certains métabolisent les éléments nutritifs communs plus rapidement que les espèces concurrentes ou bien ils sont seuls capables de métaboliser des éléments nutritifs donnés. D'autres, comme les bactéries lactiques qui jouent un rôle essentiel dans la fabrication de produits laitiers, sont capables de rendre une niche écologique inhospitalière pour les organismes concurrents. Ainsi, les bactéries lactiques sont incapables d'utiliser le dioxygène comme accepteur d'électrons et elles ne produisent que de l'acide lactique en fermentant les glucides, de sorte qu'elles ne consomment qu'une fraction de l'énergie disponible. Cependant, elles rendent le milieu acide, ce qui inhibe la croissance de microbes concurrentiels plus efficaces.

## La symbiose

### Objectifs d'apprentissage

- *Définir la symbiose, distinguer le parasitisme et le mutualisme, et donner un exemple de chaque type de relation.*
- *Définir la mycorhize.*

Au chapitre 14, nous avons vu qu'on appelle **symbiose** l'interaction entre des organismes ou des populations qui coexistent. Le **parasitisme** est une forme de symbiose dans laquelle un microbe tire ses éléments nutritifs d'un autre organisme, qui est de plus indispensable à sa reproduction. Par exemple, *Bdellovibrio* vit aux dépens d'une autre bactérie. (Voir l'encadré du chapitre 3, p. 64.) Un autre type de symbiose, le **mutualisme,** consiste en une association entre deux organismes ou populations, dont chaque partenaire tire des bénéfices. Le lichen est un exemple d'association, mutuellement bénéfique, entre un mycète et une algue, ou cyanobactérie.

Sur le plan économique, la symbiose la plus importante entre un animal et des microbes s'observe chez les ruminants, qui sont des animaux dont l'organe digestif, appelé *rumen,* fait penser à un réservoir. Les ruminants, tels les bœufs et les moutons, se nourrissent de plantes riches en cellulose. Des bactéries présentes dans le rumen transforment la cellulose en composés qui passent dans le sang de l'animal et constituent des sources de carbone et d'énergie. Des mycètes du rumen hydrolysent probablement d'autres éléments d'origine végétale, dont le bois. Les protozoaires du rumen exercent un contrôle sur les populations de bactéries en dévorant celles-ci. Par ailleurs, l'animal digère beaucoup de microbes du rumen, dont il tire des protéines. (Un autre exemple de symbiose animal-microbe est décrit dans l'encadré du chapitre 6, p. 177.)

Les **mycorhizes** (*myco* = mycète, *rhiza* = racine) sont un autre exemple d'association symbiotique ; elles jouent un rôle très important dans la croissance des plantes. Il existe deux principaux types de mycorhizes : les *endomycorhizes,* aussi appelées *mycorhizes à vésicules et arbuscules,* et les *ectomycorhizes.* Ces deux types de mycètes remplissent la même fonction que les poils absorbants des plantes, en ce sens qu'ils accroissent la surface par laquelle un végétal absorbe des éléments nutritifs, et en particulier le phosphore, qui est peu mobile dans le sol.

Les mycorhizes à vésicules et arbuscules forment de grosses spores facilement isolables du sol par tamisage. Au moment de la germination des spores, les hyphes pénètrent dans les racines de la plante et produisent deux types de structures : des vésicules et des arbuscules. Les **vésicules** sont de petits corps ovales et lisses qui servent probablement de structures de stockage. Quant aux **arbuscules,** ce sont de minuscules structures arborescentes, produites à l'intérieur de cellules de la plante (figure 27.1a). Les éléments nutritifs contenus dans le sol passent par les hyphes pour se rendre dans les arbuscules, qui les dégradent petit à petit et les mettent à la disposition de la plante. Curieusement, la plupart des plantes, dont les graminées, ne peuvent croître normalement en l'absence de mycorhizes, que l'on trouve d'ailleurs presque partout dans le règne végétal.

Les ectomycorhizes infectent principalement des arbres, dont le pins et le chêne. Elles forment un *manchon* mycélien sur les petites racines (figure 27.1b). Cependant, elles ne produisent ni vésicules, ni arbuscules. Les exploitants de pinèdes commerciales s'assurent que les arbres de semis ont été inoculés avec un sol contenant les mycorhizes appropriées. Les truffes, considérées comme un aliment fin, sont des ectomycorhizes. En Europe, on fait souvent déterrer ces mycètes par des porcs ou des chiens, entraînés à les localiser à l'odeur. Pour la truie, celle-ci s'apparente à l'odeur du verrat. Dans la nature, la prolifération des truffes dépend de leur ingestion par un animal, qui va disséminer ailleurs les spores non digérées.

# La microbiologie du sol et les cycles biogéochimiques

### Objectif d'apprentissage

- *Définir le cycle biogéochimique.*

Des milliards d'organismes, dont certains sont microscopiques et d'autres relativement gros, comme les insectes de grande taille et les vers de terre, vivent dans le sol, où ils forment une communauté très animée. Chaque gramme de sol contient habituellement des millions de bactéries. Comme l'indique le tableau 27.1, le nombre d'organismes est maximal dans les premiers centimètres sous la surface et il décroît rapidement avec la profondeur. Ce sont les bactéries

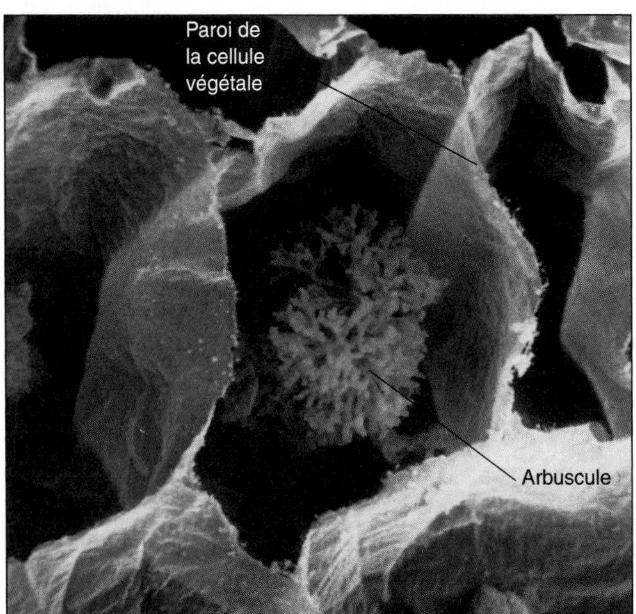


**a) Endomycorhize (mycorhize à vésicules et arbuscules).** Un arbuscule mature d'une endomycorhize, dans une cellule végétale. (Le terme *arbuscule* signifie arbre minuscule.) En se décomposant, l'arbuscule libère des éléments nutritifs, qui sont alors disponibles pour la plante. MEB 25 µm

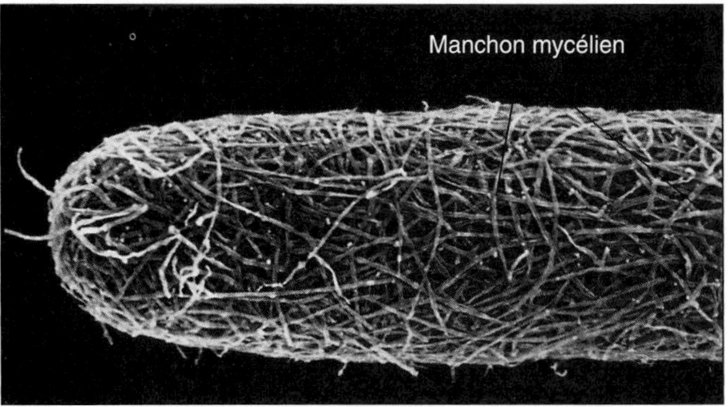


**b) Ectomycorhize.** Manchon mycélien d'une ectomycorhize typique, formé autour d'une racine d'eucalyptus.

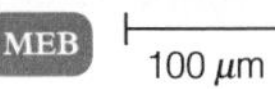


FIGURE 27.1 **Mycorhizes**

■ Quelle est l'importance des mycorhizes pour les plantes?

qui sont les plus nombreuses. On regroupe généralement les actinomycètes dans une catégorie distincte même s'ils sont en fait des bactéries. Plusieurs antibiotiques importants, tels que la streptomycine et la tétracycline, ont été découverts par des microbiologistes qui étudiaient les actinomycètes du sol.

On évalue habituellement les populations de bactéries du sol par la méthode dite du dénombrement de colonies sur gélose. Celle-ci donne probablement un résultat bien inférieur au nombre réel de bactéries, car aucun milieu nutritif ni aucune condition de culture ne permet de satisfaire tous les besoins nutritifs et autres de la microflore des sols.

On peut se représenter le sol comme une «fournaise biologique». Une feuille tombant d'un arbre se consume dans la «fournaise»: des microbes du sol métabolisent sa matière organique. Les éléments contenus dans la feuille entrent dans les **cycles biogéochimiques** du carbone, de l'azote et du soufre (dont il sera question plus loin dans le présent chapitre). Des microorganismes oxydent et réduisent alors les éléments pour satisfaire leurs besoins métaboliques. (Voir la section sur l'oxydoréduction au chapitre 5, p. 133.) Les cycles biogéochimiques sont en fait essentiels à la vie sur Terre.

**Tableau 27.1** *Nombre de microorganismes par gramme de terre à jardin, en fonction de la profondeur.*

| Profondeur (cm) | Bactéries | Actinomycètes* | Mycètes | Algues |
|---|---|---|---|---|
| 3 à 8 | 9 750 000 | 2 080 000 | 119 000 | 25 000 |
| 20 à 25 | 2 179 000 | 245 000 | 50 000 | 5 000 |
| 35 à 40 | 570 000 | 49 000 | 14 000 | 500 |
| 65 à 75 | 11 000 | 5 000 | 6 000 | 100 |
| 135 à 145 | 1 400 | — | 3 000 | — |

* Bactéries filamenteuses

Source: Adaptation de données extraites de M. Alexander, *Introduction to Soil Microbiology*, New York, Wiley, 1991.

## Le cycle du carbone

### Objectif d'apprentissage

- *Décrire le cycle du carbone dans ses grandes lignes et expliquer le rôle des microorganismes dans ce processus.*

Le cycle biogéochimique le plus important est le **cycle du carbone** (figure 27.2). Tous les organismes, microbes, plantes ou animaux, renferment de grandes quantités de carbone sous la forme de composés organiques comme la cellulose, les amidons, les lipides et les protéines. Examinons plus en détail la formation de ces composés.

Au chapitre 5, nous avons vu que les autotrophes, qui sont essentiels à la vie sur Terre, réduisent le dioxyde de carbone ($CO_2$) en matière organique. La plupart des gens pensent que la grande quantité de matière contenue dans un arbre s'est formée uniquement à partir d'éléments fournis par le sol où il pousse. Mais en fait la cellulose qu'il renferme provient du dioxyde de carbone atmosphérique fixé par le processus de photosynthèse. La figure 27.2 représente les différentes étapes du cycle du carbone.

La **photosynthèse** (1A) est la première étape du cycle du carbone. Des photoautotrophes, tels que les cyanobactéries, les plantes et les algues, *fixent* le dioxyde de carbone atmosphérique (réservoir de $CO_2$), c'est-à-dire l'incorporent à la matière organique, en utilisant l'énergie solaire.

Dans la seconde étape du cycle, des chimiohétérotrophes, tels que des animaux et des protozoaires, se nourrissent d'autotrophes et sont à leur tour dévorés par d'autres animaux ((2A) consommation). Ainsi, lors de la digestion et de la resynthèse des composés organiques des autotrophes, les atomes de carbone du $CO_2$ sont transférés d'organisme en organisme dans la chaîne alimentaire.

Les chimiohétérotrophes, y compris les animaux, oxydent des molécules organiques pour satisfaire leurs besoins énergétiques. Lorsque cette énergie est libérée par le processus de **respiration cellulaire** (3A), du dioxyde de carbone est émis dans l'atmosphère et le cycle peut recommencer (4A). La plus grande partie du carbone demeure dans les organismes jusqu'à que ces derniers ne l'excrètent ou ne meurent. Après la mort, des bactéries et des mycètes dégradent les composés organiques ((5A) décomposition) : ceux-ci sont oxydés (3A) et le $CO_2$ libéré réintègre le cycle (4A).

Du carbone est aussi emmagasiné dans des roches comme le calcaire ($CaCO_3$), dont on trouve des dépôts (réservoirs de $CO_2$) à la surface de la Terre et au fond des océans. Les cycles de la photosynthèse et de la respiration ont lieu aussi dans des milieux aquatiques, où les organismes responsables de la photosynthèse (1B) fixent le $CO_2$ dissous et l'intègrent à des molécules organiques (2B) ; inversement, lors de la respiration (3B), d'autres organismes libèrent du $CO_2$ qui, en se dissolvant dans l'eau, produit de l'acide carbonique, $H_2CO_3$ (4B). Celui-ci réagit avec le $CaCO_3$ des sédiments ; cette réaction chimique produit des ions carbonate dissous ($CO_3^{2-}$, ou ions trioxocarbonate) que les autotrophes océaniques utilisent comme source de carbone. Tout comme les organismes terrestres, les organismes aquatiques, dont plusieurs possèdent une coquille, meurent et sont dégradés (5B) par les bactéries ; le $CO_2$ réintègre alors le cycle.

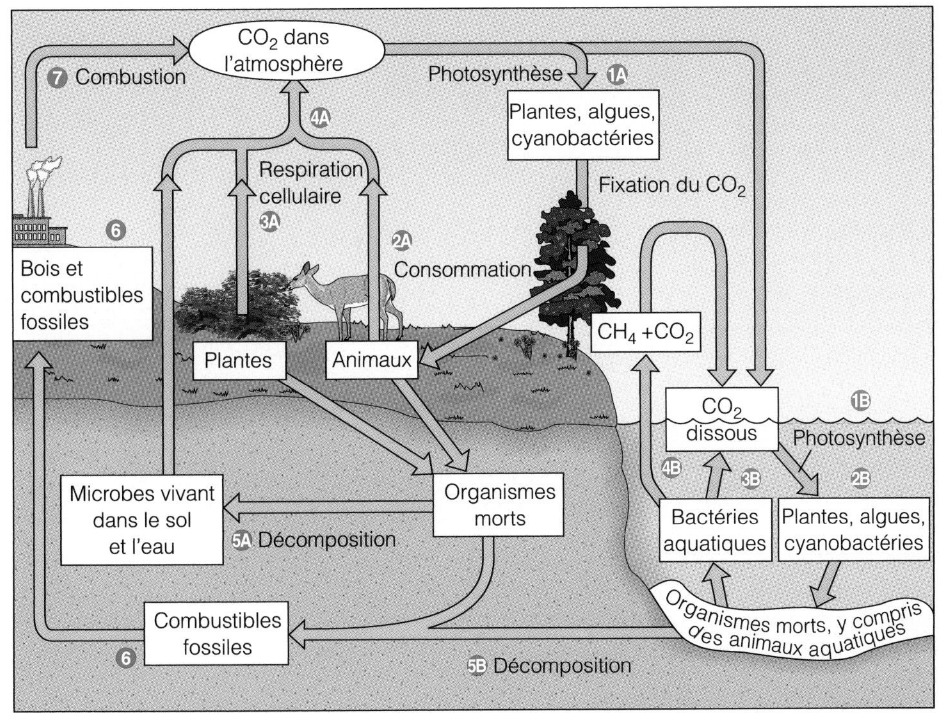


**FIGURE 27.2 Cycle du carbone.** À l'échelle de la planète, la quantité de $CO_2$ libérée dans l'atmosphère par la respiration est approximativement égale aux pertes dues à la fixation. Toutefois, la combustion de bois et de combustibles fossiles libère également du $CO_2$ dans l'atmosphère, de sorte que la teneur de ce gaz augmente constamment.

- Grâce à l'oxydation et à la réduction de composés carbonés ayant lieu durant le cycle du carbone, tous les organismes disposent de cet élément sous une forme appropriée.

Les combustibles fossiles, tels que le pétrole et le charbon, constituent d'énormes réserves de matière organique ❻. La *combustion* ❼ de ce type de combustible libère du $CO_2$, d'où l'accroissement de la quantité de ce gaz dans l'atmosphère. Bon nombre de scientifiques pensent que cette augmentation est à l'origine du **réchauffement de la planète.** (Voir l'encadré de la page 829.)

## Le cycle de l'azote

### Objectifs d'apprentissage

- *Décrire le cycle de l'azote dans ses grandes lignes et expliquer le rôle des microorganismes dans ce processus.*
- *Définir l'ammonification, la nitrification, la dénitrification et la fixation de l'azote.*

Le **cycle de l'azote** est illustré dans la figure 27.3. Tous les organismes vivants ont besoin de cet élément pour synthétiser les protéines, les acides aminés et d'autres composés azotés. Les plantes et certains microorganismes jouent un rôle important dans la conversion de l'azote en ses formes assimilables; ce processus est appelé *fixation de l'azote.*

### La fixation de l'azote

L'atmosphère terrestre contient près de 79% d'azote principalement sous forme de diazote ($N_2$) et, à divers degrés, sous les formes de $N_2O$, de NO, de $NH_3$, de $NH_4$ et autres. La colonne d'air qui surplombe un lopin de terre de 1 hectare contient quelque 32 500 tonnes métriques d'azote. Les rares créatures terrestres capables d'absorber directement cet élément sont des bactéries, parmi lesquelles on trouve les cyanobactéries. On appelle **fixation de l'azote** ❶ le processus par lequel ces bactéries transforment l'azote atmosphérique en ammoniac.

L'enzyme qui fixe l'azote ($N_2$), soit la nitrogénase, est inhibée en présence de dioxygène ($O_2$). C'est pourquoi on pense que cette enzyme existe depuis les débuts de l'histoire de la Terre; elle serait même apparue avant la période où l'atmosphère contenait beaucoup de dioxygène et avant que des

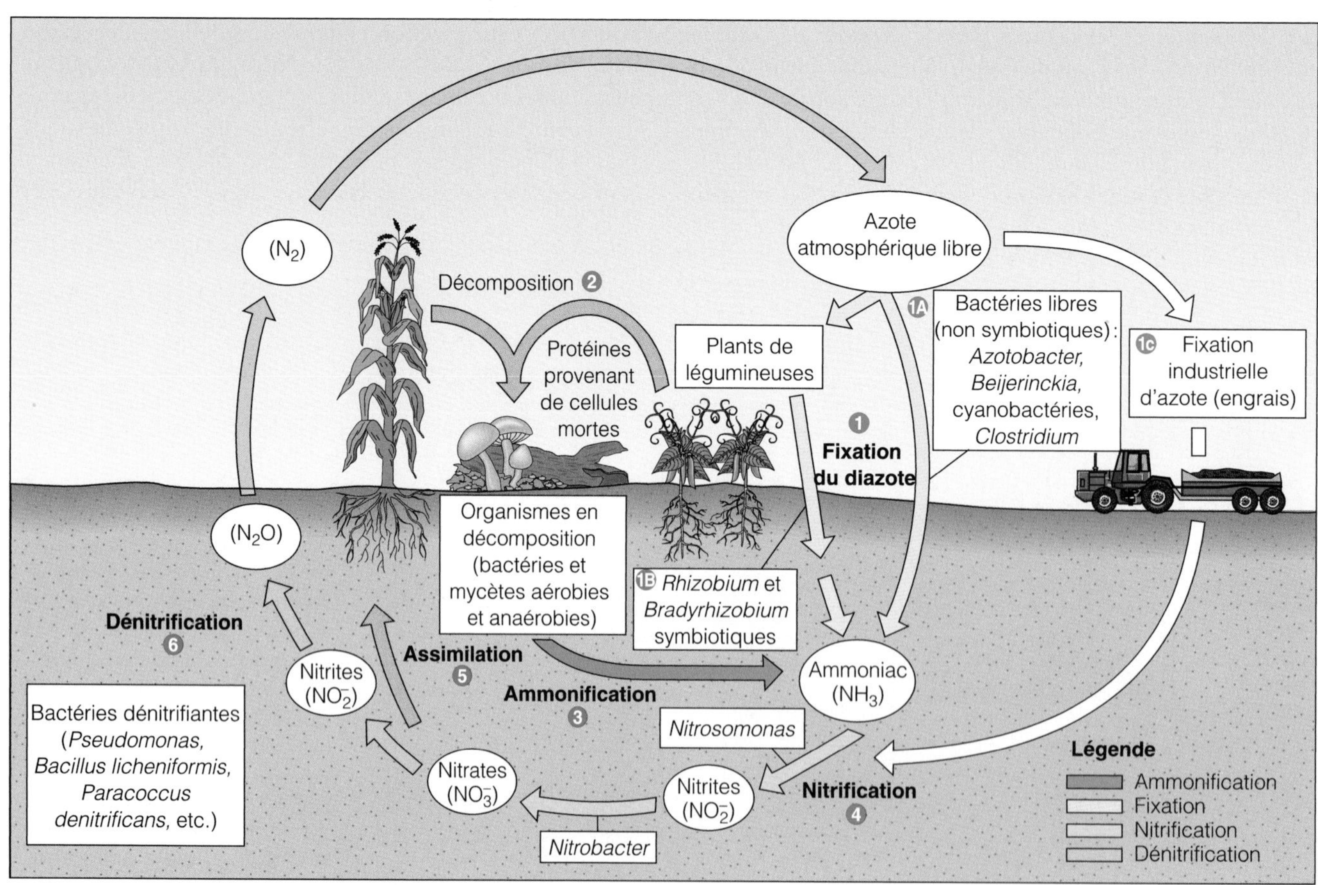


**FIGURE 27.3 Cycle de l'azote.** En général, l'azote de l'atmosphère passe successivement par les étapes de fixation, de nitrification et de dénitrification. Les nitrates assimilés par les plantes et les animaux après la nitrification passe par les étapes de décomposition et d'ammonification, puis il est de nouveau soumis à une nitrification.

■ Quels processus sont effectués exclusivement par des bactéries?

composés à base d'azote provenant de la matière organique en décomposition soient disponibles. Deux types de micro-organismes fixent l'azote : les bactéries à l'état libre et celles qui vivent en association symbiotique. L'azote des *engrais industriels* (1C) est fixé par des procédés physicochimiques.

**Bactéries fixatrices d'azote vivant à l'état libre** On trouve des bactéries (1A) de ce type surtout dans les prairies ; elles sont en forte concentration dans la *rhizosphère,* soit la portion du sol qui est directement en contact avec les racines. Les bactéries fixatrices d'azote comprennent des espèces aérobies, comme *Azotobacter.* Elles ont développé plusieurs mécanismes pour protéger leur nitrogénase contre le dioxygène. Ainsi, elles métabolisent celui-ci très rapidement, ce qui réduit au minimum la diffusion intracellulaire du gaz.

*Beijerinckia* est une autre bactérie libre, aérobie stricte, fixatrice d'azote. Des bactéries anaérobies, dont quelques espèces de *Clostridium,* possèdent la même aptitude. *C. pasteurianum,* une bactérie anaérobie stricte, en est un exemple.

Il existe de nombreuses cyanobactéries aérobies photosynthétiques qui fixent l'azote. Étant donné qu'elles peuvent compter sur une source d'énergie autre que les glucides du sol ou de l'eau, ces bactéries sont particulièrement bénéfiques, car elles fournissent de l'azote. Leur nitrogénase est enfermée dans un **hétérocyste,** c'est-à-dire une structure cellulaire spécialisée qui fournit les conditions anaérobies nécessaires à la fixation de l'azote (figure 11.13a, p. 344).

La majorité des bactéries libres fixatrices d'azote sont capables de fixer de grandes quantités de cet élément en laboratoire. Toutefois, dans le sol, la réduction de l'azote en ammoniac est limitée par la quantité de glucides disponible. Quand ces composés font défaut, l'azote est intégré aux protéines. Le rôle de ces bactéries dans la fixation biologique de l'azote dans les prairies, les forêts et la toundra arctique est néanmoins considérable.

**Bactéries fixatrices d'azote vivant en association symbiotique** Les bactéries de ce type (1B) jouent un rôle prépondérant dans la croissance des plantes agricoles. Les membres des genres *Rhizobium* et *Bradyrhizobium,* notamment, ont la capacité d'infecter les racines des légumineuses. On connaît plusieurs milliers de légumineuses, dont quelques-unes sont très importantes sur le plan agricole, comme le soja, le haricot, le pois, l'arachide, la luzerne et le trèfle. Bon nombre ont la forme de buissons ou de petits arbustes et poussent dans les sols pauvres de diverses régions du monde. Ces bactéries fixatrices d'azote se sont particulièrement bien adaptées à des espèces de légumineuses sur lesquelles elle produisent des **nodules** (figure 27.4). L'association symbiotique entre une plante et la bactérie donne lieu à une fixation d'azote. La plante fournit les conditions anaérobies et les éléments nutritifs nécessaires à la bactérie qui, en retour, fixe l'azote qu'intégreront les protéines végétales.

Des végétaux non apparentés aux légumineuses, comme les aunes, bénéficient également d'une association symbiotique fixatrice d'azote. Ces arbres figurent parmi les premiers à croître après un incendie de forêt et ce sont les premiers qui sont apparus après la glaciation. Ils vivent en symbiose avec l'actinomycète *Frankia* et leurs racines portent des nodules fixateurs d'azote. Un acre d'aunes en croissance fixe environ 50 kg d'azote annuellement. L'apport de ces arbres à une forêt est donc essentiel.

Les **lichens** résultent de l'association d'un mycète et d'une algue ou d'une cyanobactérie. L'apport en azote des lichens (figure 12.10, p. 373) est donc aussi important : grâce à l'action des cyanobactéries symbiotiques, l'azote fixé enrichit le sol des forêts. Les cyanobactéries libres fixent de grosses quantités d'azote dans les sols désertiques, après les pluies, et dans la couche superficielle du sol de la toundra arctique. Les rizières abritent également d'énormes populations de ces bactéries fixatrices d'azote, qui entretiennent une relation symbiotique avec de petites fougères flottantes, les *Azolla,* ces dernières formant une couche épaisse à la surface des rizières. En fait, la présence de ces bactéries rend superflu le recours aux engrais azotés pour la culture du riz (1C).

## L'ammonification

La première étape de l'assimilation de l'azote par les plantes est aussi la fixation. Presque tout l'azote du sol est intégré à des molécules organiques, principalement des protéines. Lors de la *décomposition* (2) d'un organisme végétal mort, les protéines sont hydrolysées en acides aminés (figure 27.3). Ces derniers perdent leurs groupements amines ($-NH_2$) qui sont convertis en ammoniac ($NH_3$) au cours d'un processus appelé **désamination.**

De nombreuses bactéries et de nombreux mycètes participent à la libération d'ammoniac. On représente ce processus, appelé **ammonification** (3), comme suit.

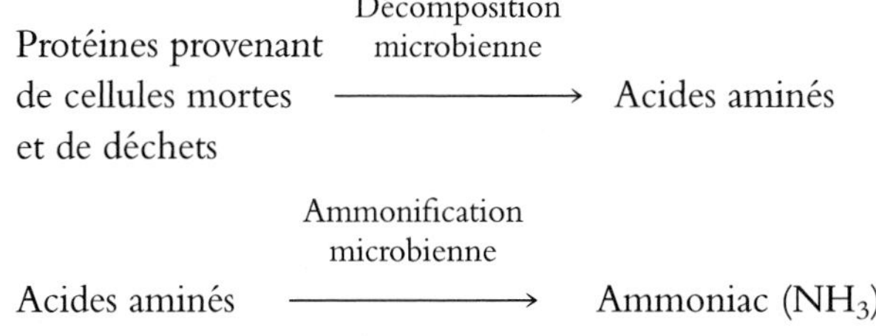


La croissance microbienne s'accompagne de la libération d'exoenzymes protéolytiques, qui dégradent les protéines. Les acides aminés produits sont transportés dans les cellules microbiennes, où l'ammonification a lieu. Le sort de l'ammoniac résultant de ce processus dépend des conditions présentes dans le sol. L'ammoniac, qui est un gaz, s'échappe rapidement d'un sol sec mais, si le sol est humide, il se dissout dans l'eau et il y a formation d'ions ammonium ($NH_4^+$).

$$NH_3 + H_2O \longrightarrow NH_4OH \longrightarrow NH_4^+ + OH^-$$

Les bactéries et les plantes utilisent les ions ammonium provenant de cette série de réactions pour la synthèse d'acides aminés.

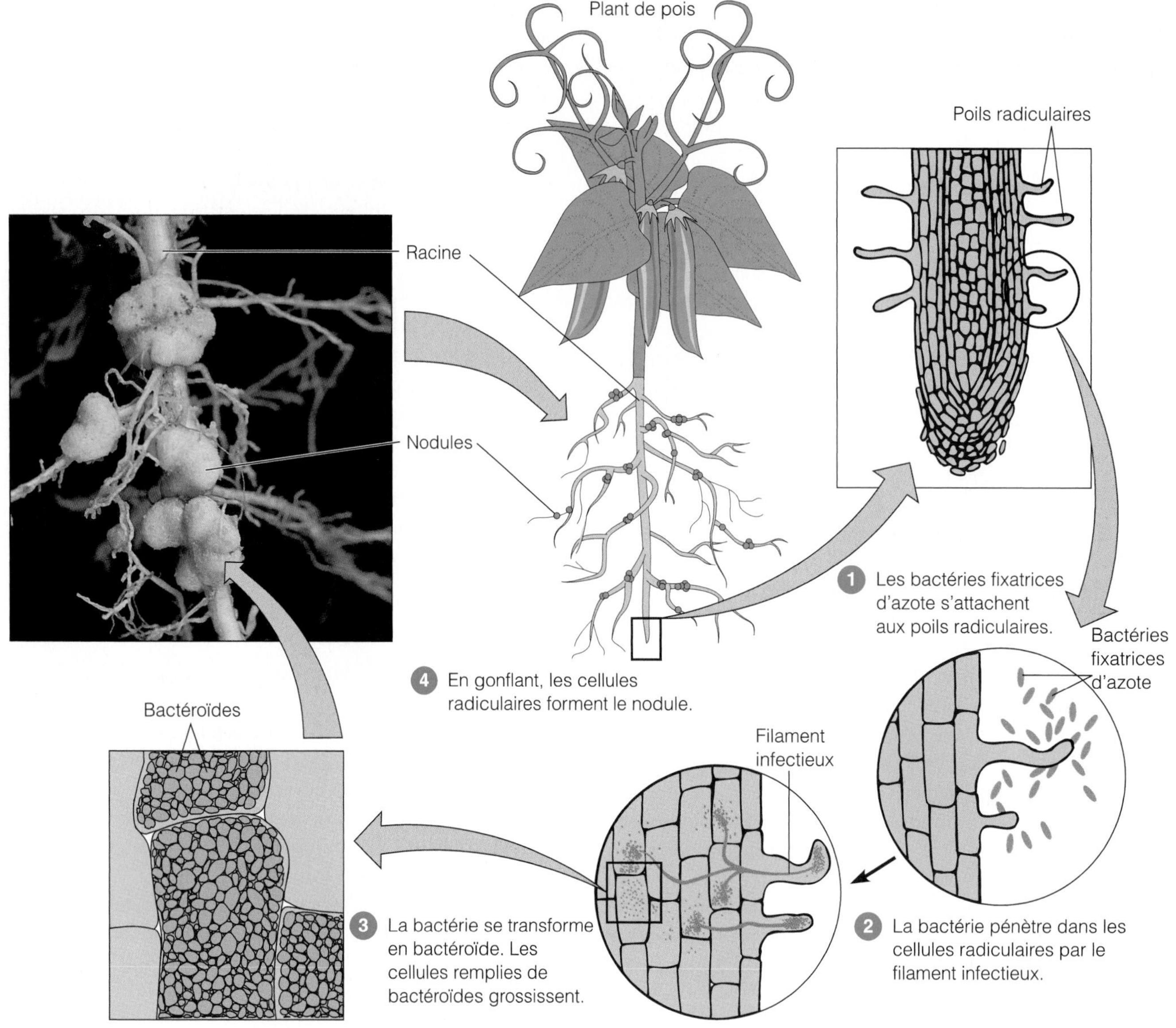


**FIGURE 27.4 Formation d'un nodule.** Les membres des genres *Rhizobium* et *Bradyrhizobium,* fixateurs d'azote, forment des nodules sur les plants de légumineuses. Cette association symbiotique est bénéfique à la fois pour la plante et la bactérie (mutualisme).

■ La bactérie symbiotique fixe l'azote dans les racines des légumineuses.

## La nitrification

La série de réactions suivantes du cycle de l'azote comprend la production de nitrites ($NO_2^-$ ou dioxonitrate) et de nitrates ($NO_3^-$ ou trioxonitrate) par oxydation des ions ammonium ($NH_4^+$). Ce processus est appelé *nitrification* ❹. Des bactéries autotrophes nitrifiantes, appartenant notamment aux genres *Nitrosomonas* et *Nitrobacter* et vivant dans le sol, tirent de l'énergie de l'oxydation des ions ammonium ($NH_4^+$). Au cours de la première étape de cette réaction, *Nitrosomonas* oxyde les ions ammonium en nitrites.

$$\underset{\text{Ion ammonium}}{NH_4^+} \xrightarrow{\textit{Nitrosomonas}} \underset{\text{Ion nitrite}}{NO_2^-}$$

Dans la deuxième étape, des organismes, dont *Nitrobacter,* oxydent les nitrites en nitrates ($NO_3^-$) :

$$\underset{\text{Ion nitrite}}{NO_2^-} \xrightarrow{\textit{Nitrobacter}} \underset{\text{Ion nitrate}}{NO_3^-}$$

LA MICROBIOLOGIE DANS L'ACTUALITÉ

## Est-il possible que les bactéries, qui contribuent au réchauffement de la planète, soient aussi une source de refroidissement climatique?

Si l'eau, le méthane ($CH_4$) et le dioxyde de carbone ($CO_2$) contenus dans l'atmosphère terrestre n'absorbaient pas les rayons infrarouges, ces derniers reviendraient dans l'atmosphère après avoir été réfléchis dans l'espace. Ce phénomène joue un rôle important dans le maintien de la température sur Terre. En l'absence des gaz responsables de l'effet de serre, la température moyenne serait d'environ −18 °C sur la planète.

Or, la teneur en méthane est actuellement supérieure au double de ce qu'elle était en 1860: une augmentation d'autant plus inquiétante que ce gaz est 21 fois plus efficace que le $CO_2$ pour retenir la chaleur. La présence accrue de méthane risque d'entraîner à la longue un réchauffement de l'atmosphère susceptible de faire fondre les calottes polaires, ce qui provoquerait une inondation des villes côtières. En outre, les scientifiques les plus alarmistes soutiennent que l'air chaud pourrait causer des sécheresses dans les principales régions agricoles, d'où le spectre d'une famine mondiale.

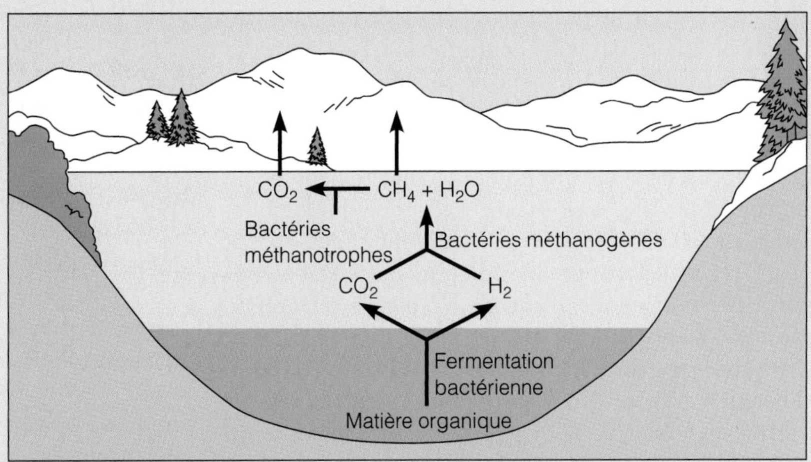


*La matière organique emprisonnée dans les sédiments des lacs et des baies est décomposée par des bactéries fermentatives. Le $CO_2$ et l'$H_2$ libérés sont convertis en méthane ($CH_4$) et en $H_2O$ par les bactéries méthanogènes. En surface, une partie du méthane s'échappe dans l'atmosphère et l'autre partie est oxydée par les bactéries méthanotrophes en $CO_2$ libéré dans l'atmosphère.*

Le méthane atmosphérique provient de fuites dans les conduites municipales, de l'extraction du charbon, de même que de l'activité des microbes vivant dans les rizières, sur le bétail et dans les sites d'enfouissement. Le Dr Boyd Strain, un botaniste attaché à l'université de Duke, soutient que l'augmentation de la productivité agricole résultant de la Révolution industrielle n'est pas imputable à l'utilisation d'engrais et de pesticides, mais à l'augmentation croissante de la quantité de $CO_2$ dans l'atmosphère.

Il existe de plus une corrélation entre la croissance végétale et l'augmentation de la quantité de matière végétale en décomposition. L'accroissement inquiétant de la teneur en méthane de l'air est attribuable en grande partie à la décomposition des nombreuses plantes dont la croissance a été stimulée par l'augmentation de la teneur en $CO_2$ de l'atmosphère. La décomposition des plantes produit des amas de débris organiques anaérobies, qui sont dégradés par des bactéries, ce qui libère du $CO_2$ et du dihydrogène ($H_2$). On observe la dégradation de matière organique dans les forêts et les prairies, dans les sédiments des lacs et des baies, et dans les rizières. Des archéobactéries anaérobies, appelées *méthanogènes,* transforment le dioxyde de carbone et le dihydrogène en méthane et en eau.

Le méthane est rapidement oxydé en $CO_2$ par des bactéries (méthanotrophes) qui vivent à l'interface air-eau et dans la couche superficielle du sol. On ignore si les méthanotrophes consomment le méthane *atmosphérique,* mais on croit que leur activité (consommation) contrebalance l'activité (production) des méthanogènes. Mais pourquoi la teneur en méthane augmente-t-elle à une vitesse si alarmante? Le problème semble venir en partie de l'inhibition du transport du méthane vers les cellules en présence d'eau. L'activité humaine et ses conséquences, dont l'utilisation d'engrais et la pollution, ont peut-être des effets inhibiteurs sur la croissance des méthanotrophes. Alors que des scientifiques mesurent les taux toujours croissants de méthane dans l'atmosphère, d'autres isolent des méthanotrophes, en évaluent le nombre et déterminent les conditions optimales de croissance de ces bactéries. Grâce à l'information obtenue, peut-être pourra-t-on un jour utiliser les méthanotrophes pour éliminer les gaz à effet de serre.

Les plantes utilisent généralement le nitrate comme source d'azote pour la synthèse de protéines, un processus appelé *assimilation* ⑤. Étant très mobile dans le sol, les ions nitrates ont plus de chances que les ions ammonium d'entrer en contact avec les racines des plantes. Les ions ammonium constitueraient en fait une meilleure source d'azote, car leur intégration dans les protéines nécessite moins d'énergie mais, comme ils portent une charge positive, ils sont habituellement liés dans le sol à de l'argile chargée négativement, ce qui limite leur mobilité. Par contre, les ions nitrate, chargés négativement, ne sont pas liés.

## La dénitrification

L'azote résultant de la nitrification est complètement oxydé et ne constitue plus une source d'énergie biologique. Toutefois, en l'absence de dioxygène atmosphérique ($O_2$), il sert d'accepteur d'électrons aux microbes qui métabolisent d'autres sources organiques d'énergie. (Voir la description de la *respiration anaérobie* au chapitre 5.)

Ce processus, appelé **dénitrification** ⑥, entraîne une libération d'azote dans l'atmosphère, particulièrement sous forme gazeuse ($N_2$). On représente la dénitrification comme suit:

$$\underset{\text{Ion nitrate}}{NO_3^-} \longrightarrow \underset{\text{Ion nitrite}}{NO_2^-} \longrightarrow \underset{\text{Oxyde nitreux}}{N_2O} \longrightarrow \underset{\text{Azote gazeux}}{N_2}$$

Les espèces *Pseudomonas* semblent être les bactéries les plus importantes dans la dénitrification du sol. Celle-ci a lieu dans les sols engorgés d'eau, où peu de dioxygène est disponible. Lorsque ce dernier ne peut servir d'accepteur d'électrons, les bactéries dénitrifiantes convertissent les précieux nitrates des engrais en azote gazeux qui s'échappe dans l'atmosphère, ce qui représente une perte considérable sur le plan économique.

# Le cycle du soufre

### Objectif d'apprentissage

- *Décrire le cycle du soufre dans ses grandes lignes et expliquer le rôle qu'y jouent les microorganismes.*

Le **cycle du soufre** (figure 27.5) et le cycle de l'azote se ressemblent en ce sens qu'ils comportent chacun plusieurs états d'oxydation de l'élément en cause. Les sulfures, tels que le sulfure d'hydrogène gazeux ($H_2S$) à l'odeur caractéristique, constituent la forme la plus réduite du soufre. Tout comme l'ion ammonium dans le cycle de l'azote, ce composé réduit se forme généralement dans des conditions anaérobies et il représente une source d'énergie pour les bactéries autotrophes. Ces dernières transforment le soufre réduit de $H_2S$ en granules de soufre élémentaire et en sulfates complètement oxydés ($SO_4^{2-}$ ou tétraoxosulfate).

Un aspect intéressant du cycle du soufre a été mis en évidence par les travaux de Winogradsky, qui ont mené à la découverte de la chimioautotrophie, soit le processus par lequel les microbes tirent de l'énergie de substances chimiques inorganiques. Ce chercheur a étudié, à Paris, au tout début du XX^e^ siècle, une bactérie filamenteuse exceptionnellement volumineuse, appelée *Beggiatoa,* qui croît à la surface des eaux stagnantes des étangs et dans la vase des sources sulfureuses (chapitre 11, p. 336). Il a fait passer un courant d'eau contenant du $H_2S$ sur les bactéries et a observé la formation de nombreux granules de soufre à l'intérieur des cellules. Il s'agissait d'une modification oxydative, indiquant peut-être une réaction avec le dioxygène de l'air. Lorsque Winogradsky a fait passer un courant d'eau exempte de $H_2S$ sur les cultures bactériennes, les granules ont graduellement disparu, mais les bactéries ont survécu. De toute évidence, *Beggiatoa* tirait de l'énergie de la réaction qui transforme le $H_2S$ en soufre élémentaire ⓵A. Le chercheur a montré plus

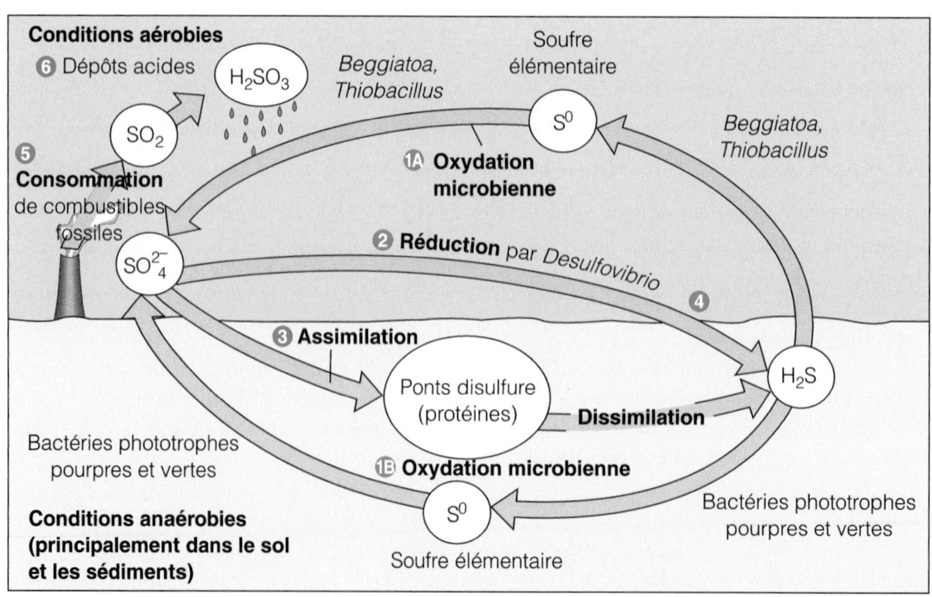


FIGURE 27.5 **Cycle du soufre.** Notez l'importance de l'existence de conditions aérobies ou anaérobies.

- Pourquoi tous les organismes ont-ils besoin d'une source de soufre?

tard que la disparition du soufre élémentaire était imputable à sa conversion en ions sulfate complètement oxydés, qui se dissolvaient dans le courant d'eau. Donc, *Beggiatoa* utilise à la fois le $H_2S$ et le soufre élémentaire comme sources d'énergie inorganiques (figure 27.5). La découverte de la physiologie autotrophe de bactéries joue un rôle fondamental dans la compréhension des cycles biogéochimiques.

Le soufre élémentaire, fréquemment libéré par des microbes en décomposition, est essentiellement insoluble dans les eaux tempérées, de sorte que les microbes ont du mal à l'absorber. Cela explique probablement l'existence d'énormes réservoirs de soufre dans le sol, datant de la préhistoire.

Plusieurs bactéries phototrophes, telles les bactéries sulfureuses vertes et pourpres, effectuent également l'**oxydation** ⓫ du $H_2S$ et forment ainsi des granules internes colorés (figure 11.10). Comme *Beggiatoa,* elles réalisent aussi l'oxydation du soufre en ions sulfate ($SO_4^{2-}$). Il est important de noter que ces organismes utilisent la lumière comme source d'énergie. Dans des conditions anaérobies, le sulfure d'hydrogène sert à réduire le $CO_2$ (chapitre 5). *Thiobacillus* tire aussi de l'énergie de l'oxydation du sulfure d'hydrogène pour produire des ions sulfate et de l'acide sulfurique. Ce bacille croît bien, même à un pH de seulement 2, et il a des applications dans l'exploitation minière (figure 28.11).

Dans le cycle du soufre, les sulfates sont réutilisés lors du processus de réduction. Les sédiments de la zone benthique contiennent des bactéries, telles que *Desulfovibrio* ❷, qui emploient le sulfate et le réduisent en $H_2S$. L'*assimilation* ❸ de sulfates par les plantes et les bactéries entraîne la formation d'acides aminés, telle la cystéine, chez les humains et d'autres animaux. Les acides aminés contenant du soufre sous forme de groupement sulfhydryle ($-SH$) forment des ponts disulfure qui donnent leur structure aux protéines (figure 2.16c). Lors de la décomposition de ces dernières, il y a **dissimilation** ❹ du soufre, qui est libéré sous forme de sulfure d'hydrogène. Le souffre réintègre le cycle.

### Les dépôts acides

Le soufre joue un rôle important dans l'un des principaux problèmes de l'environnement, qui touche surtout les pays industrialisés. La *combustion* ❺ de combustibles fossiles, qui contiennent du soufre provenant des restes d'organismes morts, libère cet élément sous la forme de dioxyde de soufre ($SO_2$). Des phénomènes naturels, comme les éruptions volcaniques, libèrent également d'énormes quantités de ce composé. Le $SO_2$ produit de l'acide sulfureux ($H_2SO_3$) en réagissant avec l'eau de pluie, un phénomène communément appelé *pluies acides*. L'expression **dépôts acides** ❻ convient probablement mieux, car plusieurs des substances acidifiantes qui tombent sur la terre ne sont pas dissoutes dans l'eau de pluie : elles forment des dépôts secs de particules de sulfate ou de sels de nitrate. Les dépôts acides entravent fréquemment la croissance des arbres ; ils réagissent avec le marbre et le calcaire et les dissolvent ; ils corrodent les structures métalliques. L'acidification des lacs et des cours d'eau est probablement la conséquence la plus connue. Les dépôts de sulfate présents dans les lacs peuvent modifier le pH au point où l'eau devient trop acide pour permettre la croissance de poissons ou d'éléments essentiels de leur chaîne alimentaire. Les oxydes d'azote émis par les véhicules automobiles, qui constituent une part importante de la brumée urbaine (smog), pénètrent dans les eaux sous forme de composés azotés acides et contribuent ainsi à l'eutrophisation, dont il est question à la page 18.

## La vie en l'absence de lumière solaire

### Objectif d'apprentissage

- *Décrire comment des communautés biologiques peuvent exister en l'absence d'énergie lumineuse.*

Il est intéressant de noter que des communautés biologiques entières vivent sans le recours à la photosynthèse, en tirant de l'énergie du sulfure d'hydrogène ($H_2S$). Les équations des pages 340 et 341 (chapitre 11), indiquent qu'il existe des similarités entre la photosynthèse et l'utilisation de $H_2S$ par les chimiotrophes. On décrit dans l'encadré de la page 177 (chapitre 6) une communauté de ce type qui vit à proximité des cheminées des sources hydrothermales. On a découvert dans des cavernes profondes, où la lumière solaire ne pénètre jamais, une communauté biologique entière, qui subvient à ses besoins de façon semblable. Les **producteurs primaires** de ces systèmes sont des bactéries chimioautotrophes, plutôt que des plantes ou des microbes photoautotrophes.

On a découvert récemment un autre écosystème microbien qui fonctionne en l'absence de lumière solaire, à plus de un kilomètre sous la surface de la terre, dans des roches, telles le schiste, le granit et le basalte. Ces bactéries, appelées **endolithes** (dans la pierre), vivent dans un milieu presque dépourvu d'oxygène et très pauvre en éléments nutritifs. Les schistes sédimentaires emprisonnent souvent des éléments nutritifs organiques ou des sulfates qui suffisent aux besoins de formes de vie rudimentaires. Les roches comme le granit et le basalte sont légèrement poreuses ou comportent des fractures qui contiennent de l'eau. La réduction des sulfates constitue une source potentielle d'énergie. Des réactions chimiques ayant lieu dans les roches de ce type produisent de l'hydrogène, que les bactéries endolithiques autotrophes peuvent aussi utiliser comme source d'énergie. Le dioxyde de carbone dissous dans l'eau représente une source de carbone et il y a production de matière organique cellulaire. Une partie du $CO_2$ est excrétée ou libérée lors de la mort ou de la lyse d'un microbe et peut ainsi servir à la croissance d'autres microorganismes. Seule une faible quantité d'éléments nutritifs, et en particulier d'azote, entre dans les milieux ce type, et la durée de génération est de plusieurs années. Diverses méthodes de survie se sont développées pour l'adaptation à un environnement très pauvre en éléments nutritifs. Par exemple, des organismes se maintenant dans un état qui se situe entre la vie et la mort ont vu leur taille considérablement réduite. Les écologistes qui formulent des hypothèses sur les formes de vie possibles sur Mars, un milieu extrêmement hostile, s'intéressent beaucoup aux endolithes.

## Le cycle du phosphore

### Objectif d'apprentissage

- *Décrire les similitudes et les différences entre les cycles du carbone et du phosphore.*

Le phosphore est aussi un élément nutritif important qui participe à un cycle biogéochimique. Il est essentiel à tous les organismes et sa disponibilité est l'un des facteurs qui déterminent si une plante ou un autre organisme peut vivre dans une zone donnée. On décrit plus loin, dans le présent chapitre, les problèmes associés à un excès de phosphore.

Le phosphore existe principalement sous forme d'ions phosphate ($PO_4^{3-}$) et subit peu de modifications à l'état oxydé. Le **cycle du phosphore** comprend la conversion de formes solubles en formes insolubles et de phosphate organique en phosphate inorganique, et ces transformations sont souvent reliées au pH. Par exemple, l'acide produit par des bactéries, dont *Thiobacillus,* est susceptible de dissoudre le phosphate contenu dans les roches. Dans les autres cycles, du dioxyde de carbone, de l'azote et du dioxyde de soufre retournent dans l'atmosphère. Mais dans le cas du phosphore, il n'y a pas formation de composé phosphoreux volatile, donc pas de retour de phosphore dans l'atmosphère. Par conséquent, le phosphore a tendance à s'accumuler dans les océans. On l'extrait grâce à l'exploitation de sédiments de surface laissés par le retrait de mers anciennes principalement sous forme de dépôts de phosphate de calcium. Les oiseaux de mer extraient aussi du phosphore des océans en mangeant des poissons qui contiennent du phosphore, puis ils rejettent celui-ci sous la forme de guano (déjections). On exploite depuis longtemps de petites îles habitées par des oiseaux de ce type, où l'on utilise le guano comme source de phosphore pour la fabrication d'engrais.

## La dégradation des substances synthétiques dans le sol et l'eau

### Objectif d'apprentissage

- *Donner deux exemples d'utilisation de bactéries pour l'élimination de polluants.*

On présume souvent que les matières qui pénètrent dans le sol seront dégradées par des microorganismes. Il est vrai que la matière organique naturelle, notamment les feuilles mortes et les résidus animaux, y est facilement dégradée. Cependant, à l'âge industriel, de nombreuses substances n'existant pas à l'état naturel, comme les matières plastiques, pénètrent en grande quantité dans le sol. (On fabrique depuis peu des matières plastiques à partir de substances végétales naturelles. On nourrit des bactéries lactiques avec des glucides tirés de plantes, puis on fait réagir l'acide lactique en présence d'un catalyseur de manière à obtenir un plastique biodégradable.) De nombreuses substances synthétiques, telles que les pesticides, offrent une grande résistance à la dégradation microbienne. On connaît bien l'exemple du DDT : cet insecticide est tellement résistant qu'il s'accumule au point d'atteindre des concentrations dangereuses. Il existe de nombreuses ressemblances entre le DDT et les biphényles polychlorés (BPC) qu'on a beaucoup utilisés pendant un certain temps comme fluide de transfert de chaleur dans les transformateurs électriques et comme constituant de matières plastiques. Ces deux types de composés résistent à la dégradation biologique et ont tendance à se concentrer dans les prédateurs situés à l'extrémité de la chaîne alimentaire, comme les oiseaux piscivores (qui se nourrissent de poissons). Les spécialistes de l'écologie microbienne mènent actuellement des recherches sur l'élimination des BPC des eaux et des sols contaminés au moyen de microbes. D'autres exemples sont présentés dans l'encadré du chapitre 2 (p. 38).

Certaines substances synthétiques comprennent des liaisons et des sous-unités susceptibles d'être attaquées par des enzymes bactériennes. De légères modifications de la structure d'un composé peuvent en faire varier grandement la biodégradabilité. Deux herbicides constituent un exemple bien connu ; ce sont le 2,4-D, un produit chimique fréquemment employé pour détruire les mauvaises herbes qui envahissent les pelouses, et le 2,4,5-T (mieux connu sous le nom d'agent orange), dont on se sert pour détruire des arbustes. L'ajout d'un seul atome de chlore à la structure du 2,4-D en prolonge la vie dans le sol de quelques jours à une durée indéfinie (figure 27.6).

Le lessivage dans les eaux souterraines de substances toxiques non biodégradables, ou qui ne se dégradent que très lentement, constitue un problème de plus en plus important. Ces matières proviennent notamment de sites d'enfouissement, de dépotoirs industriels illégaux et de l'épandage de pesticides sur des cultures. La contamination des eaux souterraines risque de causer des dommages considérables à l'environnement et à l'économie. C'est pourquoi les chercheurs tentent de mettre au point des processus et d'isoler des bactéries qui favorisent la dégradation et pourraient servir à la détoxification.

### La bioréhabilitation

#### Objectif d'apprentissage

- *Définir la bioréhabilitation.*

On appelle **bioréhabilitation** la dégradation de polluants ou la détoxification de sols au moyen de microbes dans le but de rendre les sols aptes à remplir de nouveau leurs fonctions écologiques essentielles. (Le terme « biorestauration » est quelquefois utilisé comme synonyme, mais il implique l'amélioration de la qualité des sols contaminés de manière à atteindre un niveau antérieur non déterminé.) Le déversement d'hydrocarbures par un pétrolier naufragé est l'un des

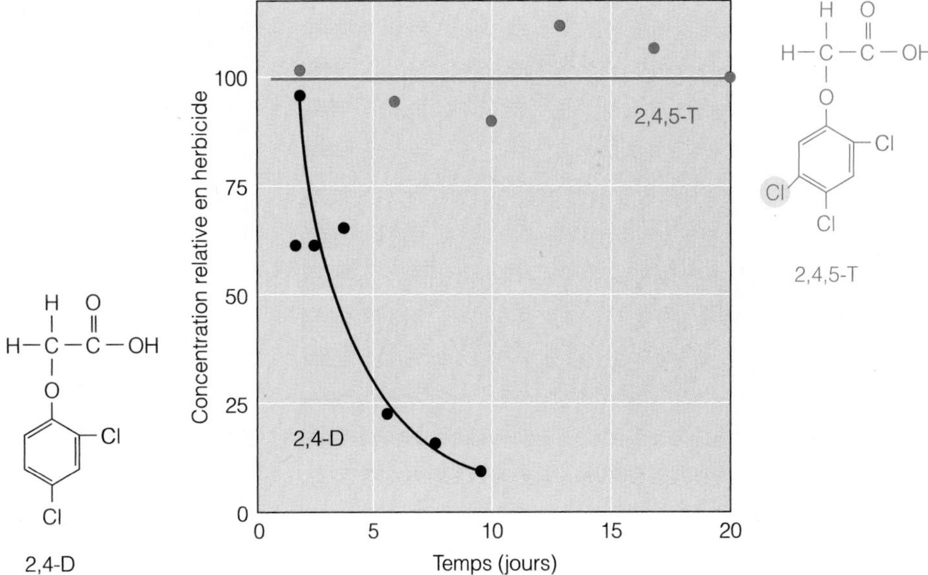


**FIGURE 27.6 Le 2,4-D (noir) et le 2,4,5-T (magenta).** Le graphique représente la structure et la vitesse de décomposition des herbicides 2,4-D (en noir) et 2,4,5-T (en rose).

■ Même si elles sont très semblables sur le plan structural, deux substances synthétiques peuvent différer grandement quant à la biodégradabilité.

exemples les plus dramatiques de pollution chimique. Les pertes économiques liées à la contamination des plages et des poissons sont souvent considérables. Dans une certaine mesure, la nature procède elle-même à une bioréhabilitation : des microbes dégradent le pétrole dans des conditions aérobies. Cependant, ces microbes tirent habituellement leurs éléments nutritifs de solutions aqueuses, alors que les produits à base de pétrole sont relativement insolubles. En outre, les hydrocarbures pétroliers sont dépourvus de certains éléments essentiels, dont l'azote et le phosphore. C'est pourquoi, dans le cas d'un déversement d'hydrocarbures, on peut accélérer grandement la bioréhabilitation en fournissant aux bactéries commensales un « engrais » contenant ces deux éléments. On peut aussi avoir recours à des microbes choisis en fonction de leur aptitude à se nourrir d'un polluant donné, ou encore à des bactéries génétiquement modifiées de manière à accroître leur capacité à métaboliser des produits pétroliers. L'ajout de microbes ayant des fonctions particulières est appelé **bioaugmentation.**

Dans le cas d'un déversement souterrain d'hydrocarbures, provenant par exemple d'une citerne à essence non étanche, on peut éliminer les hydrocarbures des eaux souterraines en pompant celles-ci dans un réservoir d'aération, où on ajoute un « engrais », les eaux étant évacuées une fois que l'essence est dégradée. On applique des principes semblables pour le traitement des déversements de pesticides et d'autres substances chimiques. On a modifié génétiquement des bactéries radiorésistantes de manière à les rendre plus aptes à nettoyer les sites contaminés par des solvants radioactifs.

La bioréhabilitation consiste parfois à éliminer des polluants naturels. Par exemple, le sélénium est un élément nutritif essentiel, en très petite quantité, à des animaux et à des bactéries mais, à des concentrations élevées, il est toxique. On examine présentement la possibilité d'utiliser des bactéries pour neutraliser l'excès de sélénium accumulé dans les eaux d'irrigation de la Californie. On s'intéresse à des microorganismes capables de convertir le sélénium en composés moins toxiques.

## Les ordures ménagères

La plupart du temps, on déverse les ordures ménagères (qui sont des déchets solides) dans des sites d'enfouissement compactés. Les conditions y étant en grande partie anaérobies, même les matières qui sont en principe biodégradables, comme le papier, ne sont pas efficacement détruites par les microorganismes. En fait, il n'est pas rare qu'on retrouve dans un tel site un journal vieux de 20 ans encore lisible. Par ailleurs, ces conditions anaérobies favorisent l'activité des bactéries méthanogènes dont il sera question dans la section portant sur la digestion anaérobie des boues dans le cadre du traitement des eaux usées. On peut forer des trous pour récupérer le méthane libéré par les bactéries, puis brûler le gaz pour produire de l'électricité, ou le purifier et l'acheminer vers un réseau de canalisation de gaz. Aux États-Unis, plus de 100 grands sites d'enfouissement comportent de tels systèmes et certains alimentent en énergie des milliers d'habitations.

Il est possible de réduire considérablement la quantité de matière organique déversée dans les sites d'enfouissement en séparant celle-ci des matières non biodégradables et en la compostant. Les jardiniers utilisent le **compostage** pour transformer les vestiges de plantes en une substance apparentée à l'humus naturel (figure 27.7). Un tas de feuilles ou de gazon coupé se dégrade sous l'action de microbes. Si les conditions sont favorables, l'activité des bactéries thermophiles élève la température du compost jusqu'à 55 ou même 60 °C en deux jours environ. Par la suite, la température décline et on remue le compost pour l'oxygéner, ce qui provoque une nouvelle hausse de la température. Avec le temps, les populations de microbes thermophiles sont remplacées

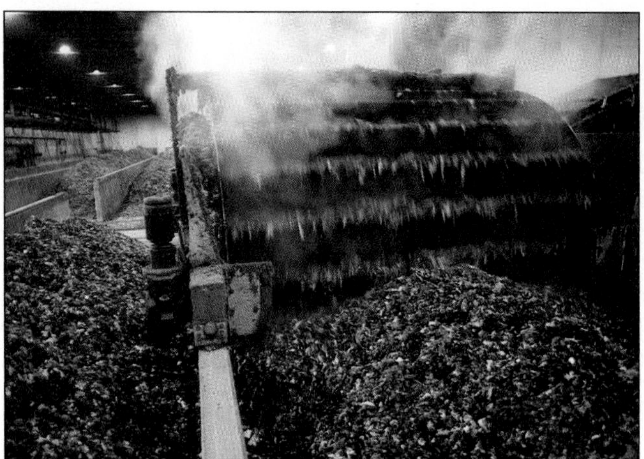

a) Une machine spécialement conçue à cette fin retourne les déchets solides.

b) Le compost produit à partir d'ordures ménagères sera transporté par camion, puis épandu sur des terres agricoles.

FIGURE 27.7 **Compostage d'ordures ménagères.**

■ Que se passe-t-il dans un tas de compost?

par des microorganismes mésophiles, qui continuent à transformer progressivement les déchets en une matière stable ressemblant à l'humus. Lorsque l'espace le permet, on composte les ordures ménagères en cordons (des tas longs et peu élevés), que des machines spécialement conçues à cette fin disséminent et retournent régulièrement. Les méthodes de compostage sont de plus en plus utilisées par les municipalités pour éliminer les ordures ménagères.

# La microbiologie aquatique et le traitement des eaux usées

La **microbiologie aquatique** est l'étude des microorganismes vivant dans les eaux naturelles (les lacs, les étangs, les cours d'eau, les estuaires et les océans) et de leur activité. Des eaux usées domestiques et industrielles pénètrent dans les lacs et les cours d'eau; leurs effets et leur dégradation constituent un élément important de la microbiologie aquatique. Nous allons voir entre autres que les méthodes de traitement des eaux usées utilisées par les municipalités s'apparentent au processus naturel de filtration.

## Les biofilms

### Objectif d'apprentissage

■ *Expliquer l'importance des biofilms.*

On trouve rarement dans la nature des colonies isolées de microorganismes, formées d'une seule espèce, comme on en observe au laboratoire, dans les boîtes d'ensemencement. Les microorganismes vivent le plus souvent en communautés, appelées **biofilms,** où ils se partagent les éléments nutritifs. La formation d'un biofilm débute par la fixation d'une bactérie libre à une surface. Si, en se multipliant, les bactéries formaient une couche épaisse, elles en viendraient à manquer d'espace; celles qui se trouveraient dans la couche inférieure manqueraient d'éléments nutritifs et il y aurait accumulation de déchets toxiques. Ces problèmes ne se posent pas dans les biofilms, qui sont composés de structures en forme de piliers (figure 27.8a), séparées par des canaux dans lesquels l'eau transporte les éléments nutritifs venus de l'extérieur et les déchets à éliminer. La construction de ce réseau circulatoire primitif s'effectue en réponse à des signaux chimiques qu'échangent les bactéries. Il arrive que des bactéries isolées ou une partie d'un biofilm quittent la communauté pour aller s'établir ailleurs, ce qui a pour effet d'essaimer les bactéries et d'étendre la contamination. Un biofilm se compose généralement d'une couche de surface d'environ 10 $\mu$m d'épaisseur, d'où partent des piliers pouvant atteindre une hauteur de 200 $\mu$m.

Tout comme les cellules d'un tissu animal, les organismes constituant un biofilm sont susceptibles de former des groupes spécialisés, dans des milieux spécialisés, et de coopérer pour accomplir des tâches complexes. Par exemple, dans l'appareil digestif des ruminants, où il faut au moins cinq espèces de microorganismes pour la décomposition de la cellulose, la majorité des microbes vivent à l'intérieur de biofilms. Les biofilms sont également essentiels au traitement des eaux usées, dont il sera question plus loin dans le présent chapitre.

Les biofilms influent toutefois sur la santé humaine. On en trouve en fait sur toute surface irriguée, vivante ou inerte: les dents, les verres de contact, l'intérieur des conduites d'eau et le matériel biomédical: cathéters, sondes intraveineuses, stimulateur cardiaque etc. Les scientifiques estiment que les biofilms sont responsables de 65% des infections bactériennes chez les humains, dont bon nombre d'infections chroniques, telles que les bactériémies. Les

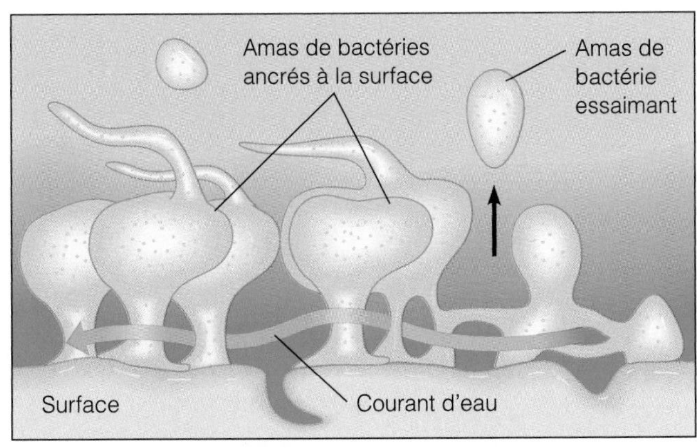


**a)** Comme l'indique la flèche bleue, de l'eau circule entre les piliers formés par la multiplication des bactéries ancrées à la surface. Ces structures facilitent l'approvisionnement en éléments nutritifs et l'élimination des déchets bactériens. Des bactéries isolées ou des amas de bactéries se détachent du film pour aller se fixer en un autre endroit.

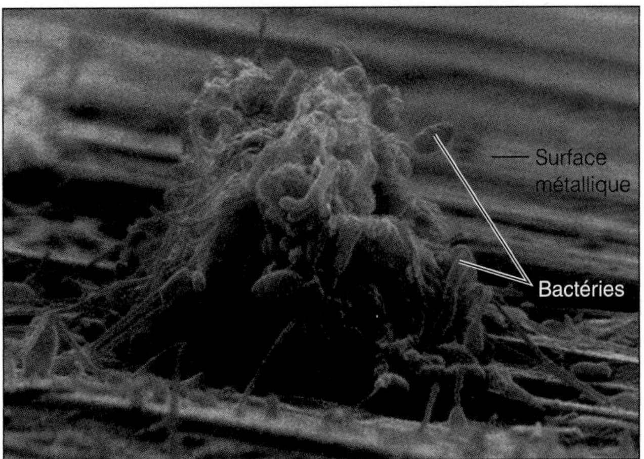


**b)** Un biofilm formé de bactéries se développe dans les conduites d'un système de refroidissement.

FIGURE 27.8 **Films biologiques.**

■ La flore microbienne s'agglomère sur des surfaces sous la forme de biofilms.

microbes qui forment des biofilms seraient 1 000 fois plus résistants que les autres aux agents antimicrobiens.

## Les microorganismes aquatiques

### Objectif d'apprentissage

■ *Décrire les habitats des microorganismes en eau douce et en eau de mer.*

La présence d'un grand nombre de microorganismes dans une masse d'eau indique généralement une forte concentration en éléments nutritifs. Les eaux contaminées par des matières provenant de systèmes d'égouts ou des déchets industriels organiques biodégradables renferment un nombre relativement grand de bactéries. De même, les estuaires, alimentés par des fleuves, ont une forte concentration en éléments nutritifs et, par conséquent, on y trouve une flore microbienne plus nombreuse que dans la zone littorale.

Dans l'eau, les microorganismes ont tendance à croître sur des surfaces immobiles et sur des particules de matière, surtout si la concentration en éléments nutritifs est faible. Ainsi, chaque microorganisme est en contact avec une plus grande quantité d'éléments nutritifs que s'il était en suspension et flottait au gré du courant. Bon nombre des bactéries qui vivent principalement dans l'eau possèdent des appendices et des crampons qui leur permettent de s'accrocher à différentes surfaces. *Caulobacter* en est un exemple (figure 11.2).

### Le microbiote d'eau douce

La figure 27.9 illustre la répartition en zones d'un lac ou d'un étang typique et les différents types de microorganismes qu'on trouve généralement dans une masse d'eau douce. La **zone littorale,** qui borde la rive, abrite un grand nombre de plantes à racines, et la lumière y pénètre. La **zone limnétique** est constituée de la surface des eaux libres, loin de la rive. La **zone profonde** se compose des eaux situées sous la zone limnétique. Enfin, la **zone benthique** est formée des sédiments qui gisent au fond.

La concentration des molécules de dioxygène et l'intensité de la lumière sont généralement les deux facteurs qui influent le plus sur la flore microbienne des masses d'eau douce. À plusieurs égards, c'est la lumière qui est la ressource la plus importante d'un lac, car les algues photosynthétiques y constituent la principale source de matière organique et, par conséquent, d'énergie. Ces algues sont les producteurs primaires d'un lac qui abrite une population de bactéries, de protozoaires, de poissons et d'autres formes de vie aquatique. Les algues photosynthétiques vivent dans la zone limnétique.

Les régions de la zone limnétique ayant un degré d'oxygénation suffisant abritent des bactéries de l'ordre des *Pseudomonadales,* de même que des espèces de *Cytophaga,* de *Caulobacter* et d'*Hyphomicrobium.* Les microorganismes se nourrissant d'éléments nutritifs contenus dans les eaux stagnantes consomment rapidement l'oxygène dissous dans l'eau. Lorsque l'oxygénation est nulle ou très faible, les poissons meurent et l'activité anaérobie libère des odeurs (provenant par exemple du sulfure d'hydrogène et des acides carboxyliques). Par contre, l'action des vagues dans les eaux peu profondes, ou le courant d'une rivière ou d'un fleuve, favorise l'augmentation de l'oxygénation de toute la masse d'eau, ce qui stimule la croissance des populations de bactéries aérobies.

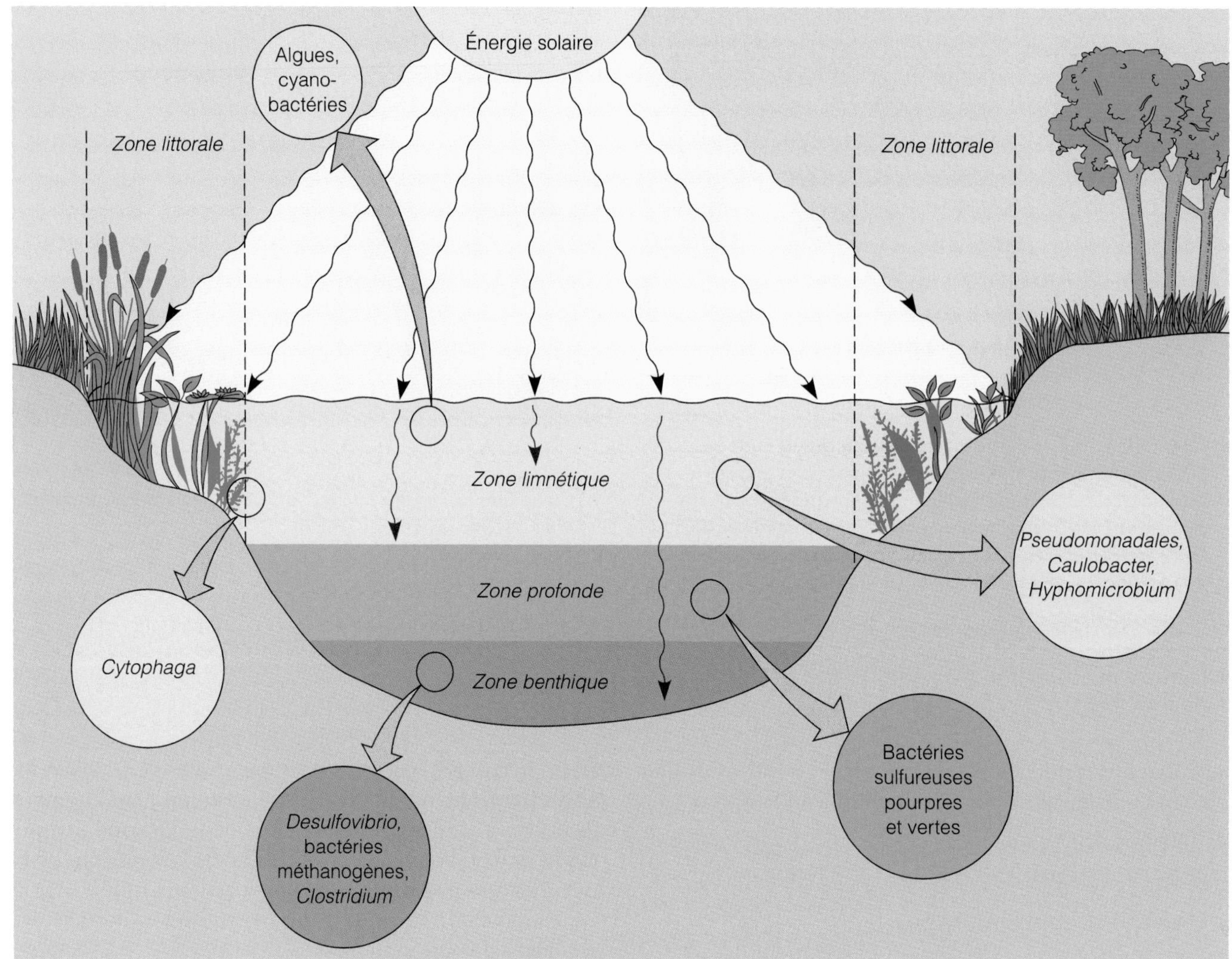


FIGURE 27.9 **Zones d'un lac ou d'un étang caractéristique et microorganismes représentatifs de chaque zone.** Les microbes vivent dans des niches qui varient par l'intensité de la lumière et la teneur en éléments nutritifs et en dioxygène.

■ Lesquels des microorganismes énumérés sont très probablement aérobies ?

Le mouvement améliore donc la qualité de l'eau et favorise la dégradation des éléments nutritifs polluants.

Dans les zones profonde et benthique, la concentration des molécules de dioxygène est faible et la lumière est moins intense. Les algues qui croissent souvent à la surface filtrent la lumière et il n'est pas rare que les microbes photosynthétiques des eaux profondes et ceux de la couche de surface utilisent de la lumière ayant des longueurs d'onde différentes (figure 12.11).

Les bactéries sulfureuses pourpres et vertes vivent dans la zone profonde : ce sont des organismes photosynthétiques anaérobies qui métabolisent le sulfure d'hydrogène des sédiments de la zone benthique en soufre et en sulfates (figure 27.5).

Les sédiments de la zone benthique abritent aussi des bactéries, telles que *Desulfovibrio,* qui utilisent le sulfate ($SO_4^{2-}$) comme accepteur d'électrons et réduisent ce composé en $H_2S$. Des bactéries méthanogènes font aussi partie de la population benthique anaérobie. Elles libèrent du méthane gazeux dans les marécages, les marais et les sédiments. On trouve aussi souvent dans ces derniers des espèces de *Clostridium,* dont certaines sont responsables du botulisme, et en particulier d'épidémies chez la sauvagine (canards).

## Le microbiote d'eau de mer

La majorité des organismes microscopiques des océans sont des diatomées photosynthétiques ou d'autres types d'algues. Étant donné que ces microorganismes tirent leur énergie de la photosynthèse et qu'ils utilisent le dioxyde de carbone atmosphérique comme source de carbone, ils dépendent très peu des sources d'éléments nutritifs préformés. Ils constituent le **phytoplancton marin,** soit la communauté sur laquelle repose la chaîne alimentaire des océans. Le krill, ou plancton formé de petits crustacés marins ressemblant à des crevettes, qui se nourrit de phytoplancton, est lui-même une source importante de nourriture pour de plus gros organismes marins. De nombreux poissons et baleines consomment même directement le phytoplancton.

La **bioluminescence** microbienne, ou émission de lumière, est un aspect intéressant de la vie dans les grands fonds. Il existe de nombreuses bactéries luminescentes, et certaines établissent une association symbiotique avec des poissons de la zone benthique. Ces derniers utilisent parfois la lueur des bactéries commensales pour attirer et capturer leurs proies dans l'obscurité totale de l'abysse (figure 27.10). Les organismes bioluminescents renferment une enzyme, appelée luciférase, qui capte des électrons de flavoprotéines de la chaîne de transport d'électrons, puis émettent une partie de l'énergie de ces électrons sous forme de photons. (On décrit une application industrielle de la bioluminescence dans l'encadré du chapitre 28, page 867.)

## Les microorganismes et la qualité de l'eau

### Objectifs d'apprentissage

- *Expliquer en quoi la pollution par les eaux usées constitue un problème de santé publique et un problème écologique.*
- *Discuter des causes et des effets de l'eutrophisation.*

Dans la nature, l'eau est rarement tout à fait pure. Même l'eau de pluie est contaminée au moment où elle touche le sol.

FIGURE 27.10 **Des bactéries bioluminescentes peuplent l'organe lumineux d'un poisson.** Le lampe-de-tête lampion (*Photoblepharon palpebratus*) est un poisson de grands fonds.

- Quelle enzyme est responsable de la bioluminescence ?

### La pollution de l'eau

Nous nous intéressons particulièrement à la pollution microbienne, en particulier celle qui est due à des organismes pathogènes.

**La transmission des maladies infectieuses** L'eau qui circule sous la surface de la terre est soumise à un processus de filtration qui en élimine la plupart des microorganismes. C'est pourquoi l'eau provenant de sources ou de puits profonds est généralement de bonne qualité. La contamination par des fèces est la forme la plus dangereuse de pollution de l'eau. De nombreuses maladies se transmettent par la voie orofécale, c'est-à-dire qu'un agent pathogène rejeté dans des fèces humaines ou animales contamine de l'eau et est ensuite ingéré avec celle-ci (chapitre 25).

La fièvre typhoïde et le choléra par exemple se transmettent de cette façon ; ces infections sont causées par des bactéries rejetées uniquement dans les fèces humaines. Il y a environ 100 ans, le *Journal of the American Association* rapportait que, à Chicago, le taux des décès dus à la typhoïde avait diminué de 159,7 cas par 100 000 habitants, en 1891, à 31,4 cas par 100 000 habitants, en 1894. Ce progrès de la santé publique a été réalisé en prolongeant, dans le lac Michigan, les canalisations d'amenée d'eau jusqu'à un peu plus de 6 km de la rive. La revue médicale indique que cette mesure avait permis de diluer les eaux usées responsables de la contamination de la réserve d'eau, qui n'était pas traitée à l'époque. Dans le même article, on s'interroge sur la nécessité d'éliminer les microorganismes responsables de maladies données et on suggère l'utilisation de filtres de sable, déjà couramment employés en Europe. La filtration sur sable est analogue à l'épuration naturelle des eaux de source. La figure 27.11 illustre les effets de l'application de cette méthode de filtration de la source d'approvisionnement en eau sur l'incidence de la fièvre typhoïde à Philadelphie.

L'application de mesures sanitaires adéquates a permis d'éliminer presque complètement des maladies comme la fièvre typhoïde et le choléra dans les pays industrialisés. On s'intéresse aujourd'hui à d'autres maladies causées par des agents pathogènes d'origine hydrique. La figure 27.12 indique le nombre de cas déclarés de maladies associées à l'eau dite potable.

**La pollution chimique** Il est difficile de lutter contre la contamination chimique de l'eau. De grandes quantités de produits chimiques minéraux et agricoles pénètrent dans l'eau, par lessivage du sol, sous des formes résistantes à la biodégradation. Les eaux des zones rurales contiennent souvent un excès de nitrites, dû à l'utilisation d'engrais. Une fois ingérés, les nitrates sont convertis en nitrites par des bactéries présentes dans le tractus gastro-intestinal. Les nitrites cherchent à capter l'oxygène du sang, ce qui est particulièrement dangereux pour les jeunes enfants. Les pesticides contaminent fréquemment l'eau et il arrive même qu'on ajoute accidentellement des quantités excessives de fluorures, que l'on emploie normalement pour lutter contre la carie dentaire.

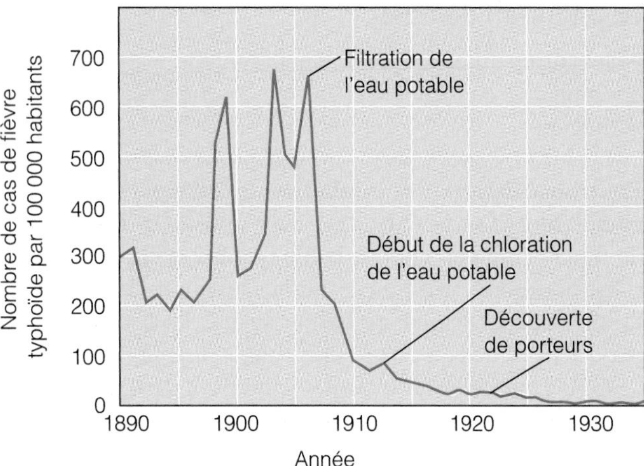


**FIGURE 27.11 L'incidence de la fièvre typhoïde à Philadelphie, 1890-1935.** Le graphique indique clairement l'effet du traitement des eaux sur l'incidence de la typhoïde.
[SOURCE: E. Steel, *Water Supply and Sewerage,* New York, McGraw-Hill, 1953.]

■ Pourquoi l'incidence de la fièvre typhoïde a-t-elle diminué ?

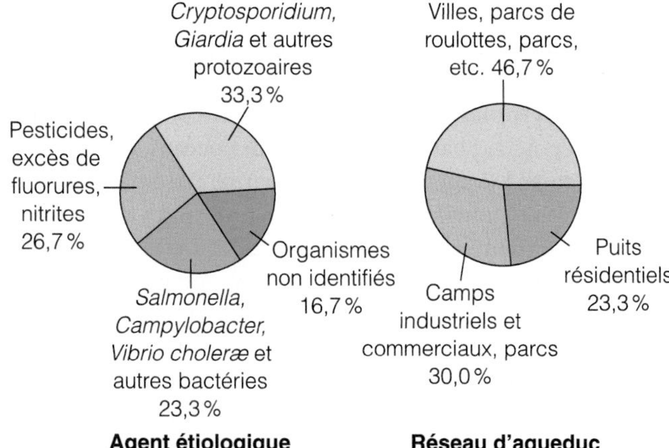


**a)** Flambées d'origine hydrique de maladies associées à l'eau potable

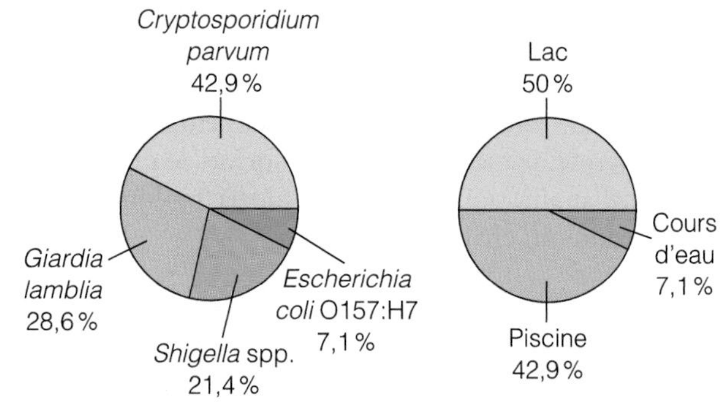


**b)** Flambées d'origine hydrique de gastroentérites associées aux eaux servant à des fins récréatives

**FIGURE 27.12 Flambées d'origine hydrique de maladies infectieuses aux États-Unis, 1997-1998.**
[SOURCE: *MMWR,* n°47 ($SS2_5$) (11 décembre 1998)]

■ Quels microorganismes sont le plus souvent associés à l'eau potable et aux eaux servant à des activités récréatives ?

Un exemple frappant de pollution industrielle a trait à la présence de mercure dans les eaux usées provenant des papetières, qui rejetaient du mercure métallique dans les cours d'eau. On supposait que cet élément était inerte et qu'il allait rester isolé dans les sédiments. Or, des bactéries présentes dans ces derniers transforment le mercure en un composé soluble, le diméthylmercure, qui est ingéré par des poissons et des invertébrés.

Si ces poissons et invertébrés constituent une partie importante de la nourriture des humains, la concentration de mercure risque d'atteindre un niveau susceptible d'avoir des effets dévastateurs sur le système nerveux. C'est pourquoi les gouvernements mettent la population en garde contre la consommation de poisson provenant d'eaux contaminées par le mercure. On décrit dans l'encadré du chapitre 2, p. 38, les efforts de bioréhabilitation déployés dans un refuge faunique pour réaliser la détoxification du mercure par des bactéries.

Les détergents synthétiques mis au point immédiatement après la Deuxième Guerre mondiale fournissent un autre exemple de pollution chimique. Ces produits ont vite remplacé plusieurs des savons alors en usage. Comme ils ne sont pas biodégradables, ils se sont rapidement accumulés dans les cours d'eau. En certains endroits, on voyait de grandes nappes de mousse se déplacer au fil du courant. En 1964, on a remplacé les détergents de ce type par des produits synthétiques biodégradables.

Toutefois, les détergents biodégradables constituent aussi une source de graves problèmes d'environnement, car plusieurs contiennent des phosphates. Malheureusement, ceux-ci ne sont pratiquement pas transformés lors de leur passage dans les systèmes d'égouts, d'où le risque d'**eutrophisation** des lacs et des cours d'eau, un phénomène attribuable à la surabondance d'éléments nutritifs.

On comprend mieux le concept d'eutrophisation si on se rappelle que les algues et les cyanobactéries tirent leur énergie de la lumière solaire, et leur carbone du dioxyde de carbone dissous dans l'eau. Dans la plupart des milieux aquatiques, les réserves d'azote et de phosphore sont insuffisantes pour permettre la croissance d'algues. Or, les ordures ménagères, les déchets de la ferme et les déchets industriels contiennent ces deux éléments s'ils ne sont pas traités ou s'ils le sont insuffisamment. Si ces résidus pénètrent dans l'eau, il y a accroissement de la concentration en azote et en phosphore, ce qui risque d'entraîner des poussées denses de microorganismes aquatiques, appelées **fleurs d'eau** (en anglais, *algal blooms*). Comme plusieurs cyanobactéries sont capables de fixer l'azote atmosphérique, ces organismes photosynthétiques peuvent amorcer la formation de fleurs d'eau à partir de traces de phosphore. Une fois que l'eutrophisation s'est traduite par la prolifération d'algues ou de cyanobactéries, les conséquences sont les mêmes que celles qui sont reliées à l'ajout de matière organique biodégradable. Les algues et les cyanobactéries produisent d'abord du dioxygène mais elles finissent par mourir et sont dégradées par des bactéries. Au cours du processus de décomposition, le dioxygène dissous dans l'eau est consommé, de sorte que les poissons risquent de mourir. Les résidus de matière organique non dégradés se déposent au fond et accélèrent la disparition du lac.

Les marées rouges de phytoplancton produisant des toxines (figure 27.13), dont il a été question au chapitre 12, sont probablement dues à un apport excessif d'éléments nutritifs, attribuable à une remontée océanique ou au rejet de résidus terrestres. Ce type de prolifération est non seulement une cause d'eutrophisation, mais représente aussi un danger pour la santé humaine. En ingérant ce plancton, les fruits de mer, et surtout les palourdes et les mollusques apparentés, deviennent toxiques pour les humains.

Les phosphates présents dans les lacs et les cours d'eau proviennent probablement en grande partie de rejets municipaux contenant des détergents. C'est pourquoi l'utilisation de détergents renfermant des phosphates est interdite en plusieurs endroits.

Les résidus résultant de l'exploitation de mines de charbon, surtout celles du Sud des États-Unis, ont une forte teneur en soufre, principalement sous la forme de sulfure de fer ($FeS_2$). Des bactéries, telles que *Thiobacillus ferrooxidans,* qui tirent de l'énergie de l'oxydation de l'ion ferreux ($Fe^{2+}$), convertissent le sulfure en sulfate au cours de ce processus. Le sulfate pénètre dans les cours d'eau sous forme d'acide sulfurique, ce qui provoque une diminution du pH de l'eau, nuisible aux organismes aquatiques. Un faible pH favorise de plus la formation d'hydroxydes de fer insolubles, qui constituent les précipités jaunes qui brouillent souvent les eaux ainsi polluées.

FIGURE 27.13 **Une marée rouge.** La prolifération de microorganismes aquatiques est due à la présence d'un excès d'éléments nutritifs. La pigmentation des dinoflagellés donne sa couleur à l'eau.

## La vérification de la qualité de l'eau

### Objectif d'apprentissage

- *Décrire les méthodes d'analyse bactériologique de l'eau.*

Dans le passé, les préoccupations relatives à la pureté de l'eau étaient reliées principalement à la transmission de maladies. On a donc mis au point des épreuves destinées à déterminer la qualité de l'eau. Plusieurs de ces épreuves peuvent par ailleurs servir à vérifier la qualité des aliments.

Il n'est cependant pas souhaitable de s'en tenir à la recherche d'agents pathogènes dans les sources d'approvisionnement en eau. Premièrement, si on trouve l'agent pathogène responsable de la fièvre typhoïde ou du choléra dans un réseau d'aqueduc, on ne peut plus rien faire pour éviter une flambée de la maladie. De plus, comme les agents pathogènes de ce type sont généralement présents seulement en petit nombre, les échantillons testés n'en contiennent pas nécessairement.

Les épreuves utilisées actuellement pour vérifier la qualité de l'eau reposent plutôt sur la détection d'**organismes indicateurs** donnés. Le choix de ces derniers se fait en fonction de plusieurs critères, dont le plus important est la présence constante d'un nombre important du microbe dans les fèces humaines, de sorte que la détection de celui-ci constitue une forte indication que des eaux usées sanitaires pénètrent dans la source d'approvisionnement en eau. De plus, les organismes indicateurs doivent survivre dans l'eau aussi bien que les agents pathogènes. On doit pouvoir les détecter au moyen d'épreuves simples réalisées par des personnes ayant une formation sommaire en microbiologie.

Les organismes indicateurs les plus employés sont les *bactéries coliformes.* Par définition, un **coliforme** est un bacille, non sporulant, à Gram négatif, aérobie ou anaérobie facultatif, qui produit du gaz par fermentation en moins de 48 heures si on le dépose dans un bouillon lactosé maintenu à 35 °C. Puisque certains coliformes ne sont pas exclusivement des entérobactéries, mais qu'on les trouve fréquemment dans des plantes et des échantillons de sol, plusieurs normes concernant les aliments et l'eau exigent la détection de *coliformes fécaux,* dont l'espèce la plus nombreuse est *E. coli,* qui constitue une large proportion de la flore intestinale humaine. Des épreuves spécialisées permettent de distinguer les coliformes fécaux des autres coliformes. Il est à noter que ces bactéries ne sont pas elles-mêmes pathogènes dans des conditions normales, bien que certaines souches soient susceptibles de provoquer la diarrhée (chapitre 25, p. 770) et des infections opportunistes des voies urinaires (chapitre 26, p. 800).

Les méthodes de détection de coliformes dans l'eau reposent en grande partie sur l'aptitude de ces bactéries à fermenter le lactose. La méthode des tubes multiples permet d'évaluer le nombre de coliformes à l'aide de la technique du nombre le plus probable (NPP) (figure 6.18). La technique de filtration sur membrane est une méthode plus directe de détermination de la présence de coliformes et de leur nombre (figure 6.17). C'est probablement la technique la plus courante en Amérique du Nord et en Europe. Elle exige l'emploi d'un dispositif de filtration semblable à celui qui est illustré dans la figure 7.4. Toutefois, dans ce cas, les bactéries recueillies sur la surface d'une membrane filtrante détachable sont déposées sur un milieu de culture approprié et incubées. À la fin de la période d'incubation, on dénombre les colonies de coliformes, qui présentent des caractéristiques distinctives facilement reconnaissables (figure 6.9b et 6.9c). Cette méthode est appropriée pour les eaux ayant une faible turbidité, qui n'obstruent donc pas le filtre et contiennent relativement peu de bactéries non coliformes, de sorte que ces dernières ne risquent pas de masquer les résultats.

On a récemment mis au point une méthode plus pratique de détection des coliformes, et particulièrement du coliforme fécal *E. coli,* qui repose sur l'utilisation d'un milieu de culture contenant deux substrats: *o*-nitrophényle-$\beta$-D-galactopyranoside (ONPG) et 4-méthylumbelliféryle-$\beta$-D-glucuronide (MUG). Les coliformes produisent l'enzyme $\beta$-galactosidase, qui colore le milieu en jaune en agissant sur ONPG, ce qui indique la présence de coliformes dans l'échantillon. *E. coli* est le seul coliforme qui produit presque toujours l'enzyme $\beta$-glucuronidase; en agissant sur MUG, cette dernière produit un composé fluorescent qui émet une lueur bleue en présence de lumière ultraviolette de grande longueur d'onde (figure 27.14). Ces épreuves simples, ou des variantes, permettent de déterminer la présence ou l'absence de coliformes, et en particulier d'*E. coli,* et on peut

**FIGURE 27.14 Épreuves de détection des coliformes avec les substrats ONPG et MUG.** La couleur jaune (positif pour ONPG) indique la présence de coliformes. Une fluorescence bleue (positif pour MUG) indique la présence du coliforme fécal *E. coli.* Un milieu de culture clair indique que l'échantillon n'est pas contaminé.

■ Qu'est-ce qui entraîne la formation d'un composé dans le MUG dans le cas où le résultat est positif ?

les utiliser conjointement avec la méthode des tubes multiples pour dénombrer les microorganismes. Elles s'effectuent aussi sur un milieu de culture solide, comme dans la méthode de filtration sur membrane. Les colonies émettent une fluorescence en présence de lumière ultraviolette.

Bien que les coliformes soient d'excellents organismes indicateurs pour la vérification de la qualité de l'eau, leur utilisation pose tout de même certains problèmes. Par exemple, des coliformes croissent en formant des biofilms qui s'ancrent sur la paroi intérieure des canalisations d'eau. Ils ne constituent pas une contamination fécale de l'eau à l'extérieur des conduites et on ne considère pas qu'ils représentent une menace pour la santé publique. Or, les normes relatives à la présence de coliformes dans l'eau potable exigent qu'on rapporte tout résultat positif de l'analyse d'échantillons d'eau. Il arrive qu'on détecte en fait des coliformes latents de ce type et qu'on émette inutilement un avis recommandant à la population de faire bouillir l'eau.

On note un problème plus grave: certains agents pathogènes, en particulier des virus et des protozoaires qui forment des kystes et des oocystes, sont plus résistants que les coliformes à la désinfection chimique. L'application de méthodes complexes de détection des virus a révélé que des échantillons d'eau ayant été traités avec des désinfectants chimiques, et exempts de coliformes, étaient néanmoins souvent contaminés par des entérovirus. Les kystes de *Giardia lamblia* et les oocystes de *Cryptosporidium* sont tellement résistants à la chloration qu'il est pratiquement impossible de les éliminer tout à fait au moyen de ce processus: il faut avoir recours à des méthodes mécaniques, comme la filtration.

## Le traitement de l'eau potable

### Objectif d'apprentissage

- *Décrire comment on élimine les agents pathogènes de l'eau potable.*

Si elle provient de réservoirs non contaminés, alimentés par des sources de montagne aux eaux limpides ou des puits profonds, l'eau ne nécessite qu'un traitement minimal pour être consommée sans danger. Par contre, les sources d'approvisionnement en eau de plusieurs villes sont fortement polluées. C'est le cas notamment des rivières qui reçoivent en amont des ordures ménagères et des déchets industriels. Les étapes du processus d'assainissement des eaux de ce type sont illustrées dans la figure 27.15.

1. On laisse les eaux très turbides (ou troubles) décanter pendant un certain temps dans un bassin de rétention pour permettre à la plus grande quantité possible de particules de se déposer au fond par sédimentation.
2. L'eau subit ensuite une **floculation,** qui consiste à éliminer la matière colloïdale, telle l'argile, qui resterait autrement indéfiniment en suspension en raison de la petite taille des particules. 2A Un floculant chimique, comme le sulfate d'aluminium et de potassium (alun),

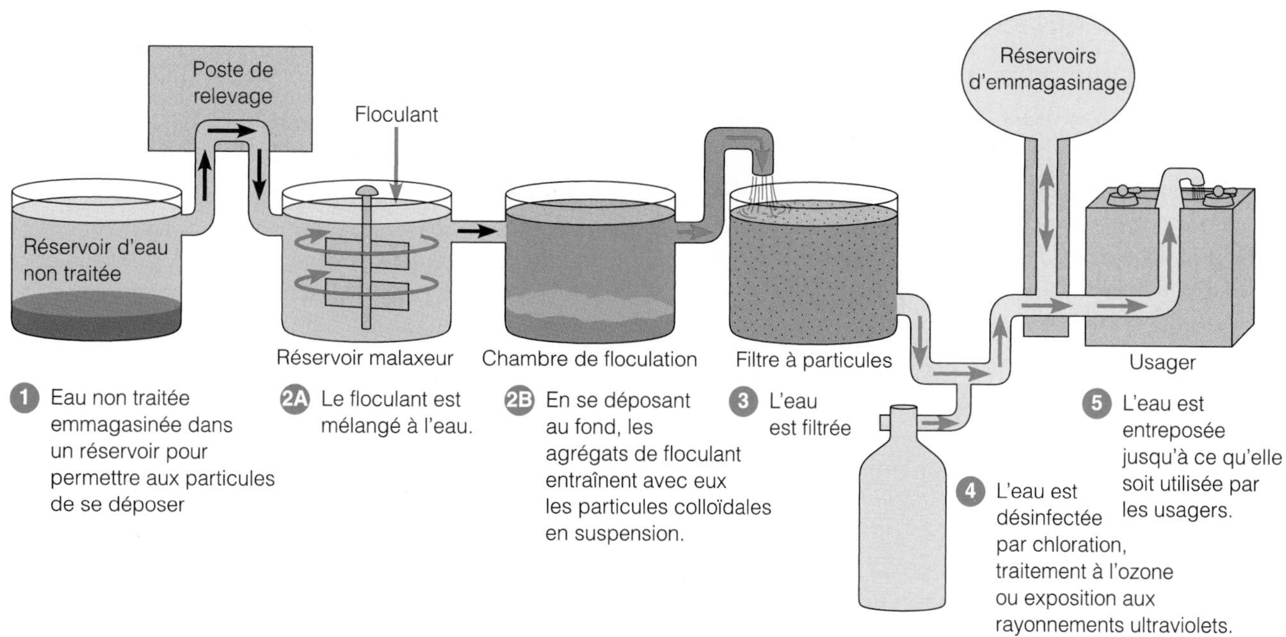


**FIGURE 27.15 Étapes du traitement de l'eau dans une station municipale typique.**

- **L'eau d'alimentation des agglomérations est généralement filtrée et désinfectée.**

provoque l'agrégation des fines particules en suspension sous forme de *flocons.* 2B En formant lentement un dépôt, les flocons emprisonnent la matière colloïdale et l'entraînent vers le fond. Un grand nombre de virus et de bactéries est éliminé de cette façon. On s'est servi de l'alun pour épurer l'eau trouble des cours d'eau dans les forts de l'Ouest américain durant la première moitié du XIXe siècle, donc bien avant l'élaboration de la théorie de l'origine microbienne de maladies.

3 Après la floculation, l'eau est traitée par **filtration,** c'est-à-dire qu'on la fait passer à travers un lit de sable fin ou de terre à diatomées de 0,6 m à 1,2 m d'épaisseur. Nous avons déjà souligné que seul un traitement de ce type permet d'éliminer certains protozoaires sous forme de kystes et d'oocystes. Ces microorganismes sont emprisonnés dans les particules de sable par adsorption en surface. Ils n'effectuent pas de parcours sinueux entre les particules, même si les dimensions des interstices le permettraient. On fait régulièrement passer un courant d'eau en sens inverse dans les filtres de ce type pour éliminer la matière qui s'y est accumulée. Les municipalités qui ont des raisons particulières de craindre la présence de produits chimiques toxiques procèdent, après la filtration sur sable, à une filtration sur charbon activé (carbone). Le charbon élimine non seulement les particules de matière, mais aussi la plus grande partie des polluants chimiques organiques en solution. On utilise aussi depuis peu des systèmes de filtration sur membrane à basse pression. Ces derniers comportent des filtres dont les pores ne mesurent pas plus de 0,2 $\mu$m et ils constituent une méthode très fiable pour éliminer *Giardia* et *Cryptosporidium.*

4 Avant d'être acheminée vers le réseau de distribution municipal, l'eau filtrée est chlorée. Comme la matière organique neutralise le chlore, les opérateurs de la station d'épuration doivent constamment veiller à ce que le taux de chlore soit approprié. On s'est demandé si le chlore lui-même ne représente pas un danger pour la santé en raison de sa capacité à réagir avec des polluants organiques contenus dans l'eau et à former ainsi des composés cancérogènes. Pour le moment, on considère cette possibilité comme un risque acceptable compte tenu de l'efficacité démontrée de la chloration de l'eau.

Le traitement à l'ozone est une autre méthode de désinfection de l'eau, comme on l'a souligné au chapitre 7 (p. 221). L'ozone est une forme d'oxygène hautement réactive, produite par l'émission d'étincelles électriques et de lumière ultraviolette. (Ce gaz est responsable de l'odeur caractéristique de l'air après un orage électrique ou à proximité d'une lampe UV.) On le produit directement à la station d'épuration à l'aide de dispositifs électriques. Le traitement à l'ozone est apprécié, car il ne modifie pas du tout ni le goût, ni l'odeur de l'eau. Comme il a peu d'effet résiduel, on l'emploie généralement comme traitement de décontamination primaire, que l'on fait suivre d'une chloration. L'emploi de lumière ultraviolette constitue une solution de rechange à la désinfection chimique, ou les deux méthodes sont utilisées conjointement. Les lampes ultraviolettes sont disposées de manière que l'eau circule à proximité, car les rayons UV ont un faible pouvoir de pénétration.

## Le traitement des eaux usées

### Objectifs d'apprentissage

- *Comparer les traitements primaire, secondaire et tertiaire des eaux usées.*
- *Énumérer des activités biochimiques ayant lieu dans un digesteur de boues anaérobie.*
- *Définir la demande biochimique d'oxygène, le système d'activation des boues, le filtre bactérien, la fosse septique et l'étang d'oxydation.*

Les eaux usées, ou eaux d'égout, comprennent toutes les eaux d'origine domestique et les eaux sanitaires. Dans certaines municipalités, les eaux pluviales et des déchets industriels sont aussi rejetés dans le réseau d'égout. Les eaux usées contiennent principalement de l'eau et une faible quantité de particules, soit probablement pas plus de 0,03 %. Malgré cela, dans les grandes villes, ce pourcentage représente plus de 907 180 kilogrammes (1 000 tonnes métriques) de déchets solides par jour.

Tant que la sensibilisation à l'environnement était restreinte, un nombre étonnant de grandes villes ne possédaient qu'un système rudimentaire de traitement des eaux usées, tant est qu'elles en possédaient un. Les eaux d'égout brutes, ou à peine traitées, étaient simplement rejetées dans les cours d'eau ou les océans. Les eaux vives bien aérées ont un bon pouvoir d'auto-épuration. Jusqu'à ce que cette capacité ne soit dépassée en raison de l'accroissement de la population et de la quantité de déchets produite, le traitement sommaire des rejets municipaux ne causait donc pas de problème. Au Canada, de même qu'aux États-Unis, on a amélioré la situation dans la majorité des cas de rejet sans traitement. Mais il n'en est pas de même partout dans le monde. Environ 70 % des communautés qui vivent en bordure de la Méditerranée déversent encore aujourd'hui leurs eaux usées non traitées dans la mer.

### Le traitement primaire

La première étape du traitement d'eaux usées est généralement un **traitement primaire** (figure 27.16a). Durant ce processus, ❶ on élimine par criblage les grosses particules flottantes des eaux usées entrantes ; ❷ on fait ensuite passer celles-ci dans des chambres de sédimentation pour retirer le sable et les autres matières granuleuses ; des écrémeurs éliminent les huiles et les graisses flottantes ; enfin, les débris flottants sont broyés et pulvérisés. Par la suite, les eaux usées passent dans des bassins de décantation où encore d'autres matières solides décantent. Les déchets solides qui se déposent au fond sont appelés **boues.** À cette étape, ce sont plus précisément des *boues résiduaires primaires.* Ce processus de décantation élimine environ 40 à 60 % des matières solides en suspension ; on ajoute parfois, à cette étape, des floculants qui favorisent l'élimination des solides. L'activité biologique ne joue pas un rôle important dans le traitement primaire, même si une certaine digestion des boues et des matières organiques dissoutes peut avoir lieu durant les longues périodes d'attente. L'évacuation des boues se fait de façon continue ou intermittente, et l'effluent (le liquide à la sortie) est soumis à un traitement secondaire.

### La demande biochimique en oxygène

La **demande biochimique en oxygène** (DBO) est un concept important dans le domaine du traitement des eaux usées et, de façon plus générale, de l'écologie de la gestion des déchets. Il s'agit d'une mesure de la quantité de matière organique biodégradable dans l'eau. Le traitement primaire élimine 25 à 35 % de la DBO des eaux usées.

La DBO est déterminée par la quantité d'oxygène ($O_2$ ou dioxygène) dont les bactéries ont besoin pour métaboliser la matière organique (biooxydation). La méthode de mesure courante requiert l'utilisation de bouteilles spéciales munies de bouchons étanches. On remplit d'abord chaque bouteille avec l'eau à analyser ou une dilution. On aère d'abord l'eau pour que la concentration en $O_2$ dissous soit relativement élevée, puis on l'ensemence au besoin avec des bactéries. Les bouteilles sont incubées pendant 5 jours dans l'obscurité, à 20 °C, et on évalue la diminution de la concentration en $O_2$ dissous par une méthode chimique ou par un essai électronique. La DBO, habituellement exprimée en milligrammes d'$O_2$ par litre d'eau, est d'autant plus élevée que la quantité d'$O_2$ utilisée par les bactéries pour dégrader la matière organique de l'échantillon est grande. Normalement, la quantité maximale d'$O_2$ dissous dans l'eau est d'environ 10 mg/L ; la valeur de la DBO est fréquemment 20 fois plus grande. Si, à cette étape, des eaux usées pénètrent dans un lac par exemple, les bactéries du lac digèrent la matière organique responsable de la forte DBO, de sorte que la concentration en $O_2$ dissous de l'eau du lac diminue rapidement. (Voir la section sur l'eutrophisation présentée plus haut dans le présent chapitre, p. 838.)

### Le traitement secondaire

À la fin du traitement primaire, la majeure partie de la DBO des eaux usées est sous forme de matière organique dissoute. Le **traitement secondaire,** qui est principalement de nature biologique, vise à éliminer le plus possible cette matière et à réduire la DBO (figure 27.16b). À cette étape, ❸ les eaux usées sont fortement aérées pour favoriser la croissance de bactéries et d'autres microorganismes aérobies, qui transforment par oxydation (respiration aérobie) la matière organique dissoute en dioxyde de carbone ($O_2$) et en eau ($H_2O$). Les systèmes d'activation des boues et les filtres biologiques sont couramment utilisés pour le traitement secondaire.

Dans les réservoirs d'aération d'un **système d'activation des boues,** on fait passer de l'air ou du dioxygène pur ($O_2$) à travers l'effluent du traitement primaire (figure 27.17). Le système tire son nom du fait qu'on ajoute généralement à l'effluent primaire des boues de la cuvée précédente. Cet inoculum est appelé *boues activées,* parce qu'il contient un grand nombre de microbes capables de métaboliser les boues. L'activité de ces microorganismes aérobies transforme par

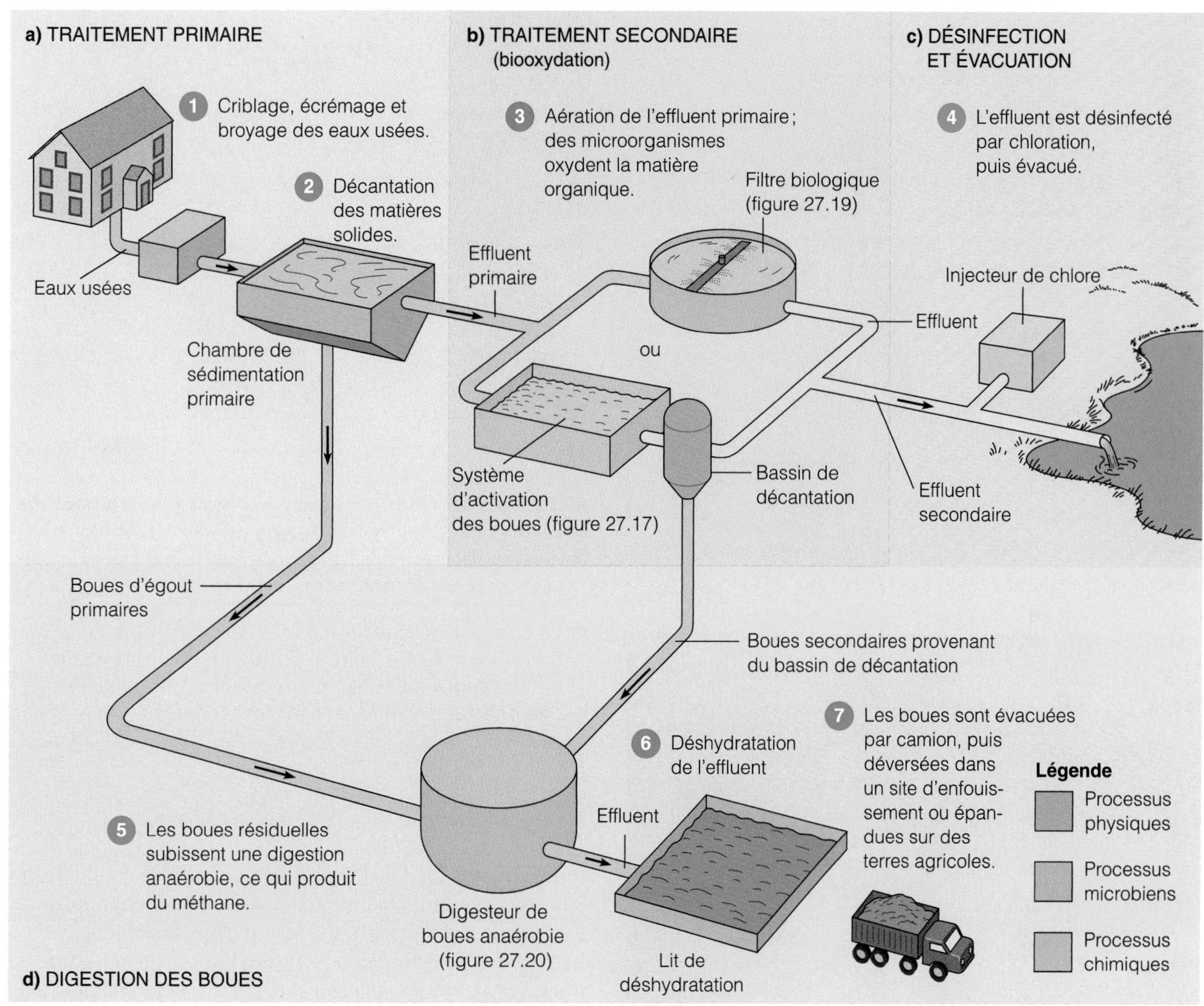
a) TRAITEMENT PRIMAIRE
1 Criblage, écrémage et broyage des eaux usées.
2 Décantation des matières solides.
Eaux usées
Chambre de sédimentation primaire
b) TRAITEMENT SECONDAIRE (biooxydation)
3 Aération de l'effluent primaire; des microorganismes oxydent la matière organique.
Filtre biologique (figure 27.19)
Effluent primaire
ou
Système d'activation des boues (figure 27.17)
Bassin de décantation
c) DÉSINFECTION ET ÉVACUATION
4 L'effluent est désinfecté par chloration, puis évacué.
Injecteur de chlore
Effluent
Effluent secondaire
Boues d'égout primaires
Boues secondaires provenant du bassin de décantation
5 Les boues résiduelles subissent une digestion anaérobie, ce qui produit du méthane.
6 Déshydratation de l'effluent
Effluent
7 Les boues sont évacuées par camion, puis déversées dans un site d'enfouissement ou épandues sur des terres agricoles.
Digesteur de boues anaérobie (figure 27.20)
Lit de déshydratation
d) DIGESTION DES BOUES
Légende
Processus physiques
Processus microbiens
Processus chimiques

FIGURE 27.16 **Étapes habituelles du traitement des eaux usées.** On observe une activité microbienne aérobie dans les filtres biologiques ou les réservoirs d'aération des boues activées, et une activité anaérobie dans le digesteur anaérobie de boues. Un système donné comprend soit des réservoirs d'aération des boues activées, soit des filtres biologiques, mais non les deux, comme l'indique le schéma. On brûle le méthane résultant de la digestion des boues, ou bien on l'utilise pour alimenter un dispositif de chauffage ou un groupe électropompe.

■ Quels processus requièrent de l'oxygène ($O_2$) ?

oxydation une grande partie de la matière organique des boues en dioxyde de carbone et en eau.

Des bactéries des espèces *Zooglœa* sont particulièrement importantes à cet égard, car elles forment des masses de floculant dans les réservoirs d'aération (figure 27.18). La matière organique soluble des boues est mélangée au floculat et aux microorganismes qu'il contient. Au bout de 4 à 8 heures, on met fin au processus d'aération et on transfère le contenu du réservoir dans un bassin de décantation, où le floculat se dépose, éliminant ainsi une bonne partie de la matière organique. Les solides sont par la suite traités dans un digesteur de boues anaérobie, que nous décrirons sous peu. Ce processus de décantation élimine probablement plus de matière organique que l'oxydation aérobie par des microbes, qui est relativement courte. L'effluent clarifié résultant de ce traitement est désinfecté par chloration, puis évacué.

Les systèmes d'activation des boues sont très efficaces: ils permettent d'éliminer de 75 à 95 % de la DBO des eaux usées. Toutefois, il arrive que les boues flottent au lieu de se déposer; on parle alors de **boues bouffantes** (ou de phénomène de «bulking»). Lorsque cela se produit, la matière organique contenue dans le floculat est évacuée en

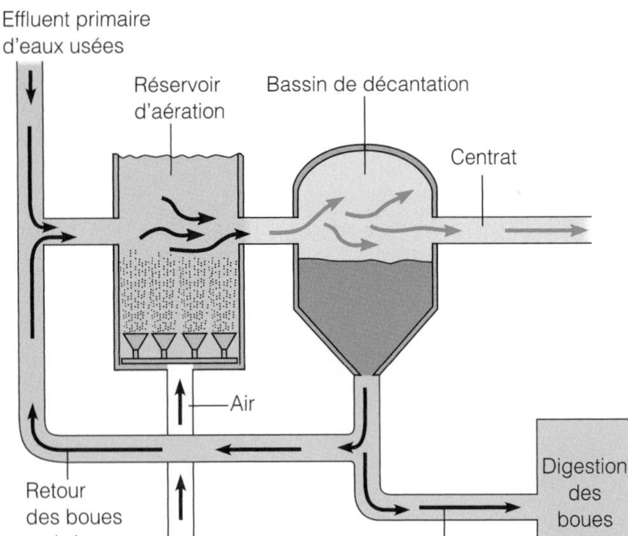


**a)** Schéma d'un système d'activation des boues

**b)** Un réservoir d'aération. On note que l'aération produit de l'écume à la surface du liquide.

**FIGURE 27.17 Un système d'activation des boues pour le traitement secondaire des eaux usées.**

■ Que se passe-t-il durant le processus d'activation des boues?

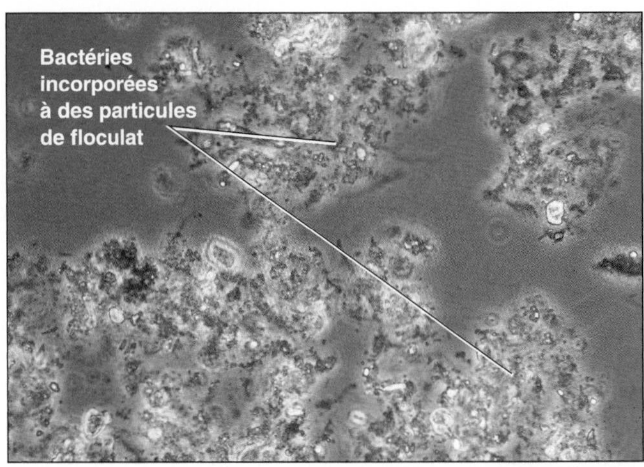


**FIGURE 27.18 Floculat produit par un système d'activation des boues activées.** Une espèce de *Zooglœa* provoque la formation de masses mucilagineuses de floculat. On note la présence de bactéries incorporées dans des particules de floculat.

■ Le contact avec les microbes responsables de la formation du floculat explique en grande partie l'activité qui a lieu dans un système d'activation des boues.

même temps que l'effluent, ce qui représente une source de pollution locale. Les boues bouffantes résultent de la prolifération de divers types de bactéries filamenteuses, au nombre desquelles on trouve souvent *Sphærotilus natans* et *Nocardia*.

L'autre méthode courante de traitement secondaire repose sur l'utilisation de **filtres biologiques,** et consiste à vaporiser les eaux usées sur un lit de roches ou de plastique moulé (figure 27.19a). Les éléments constitutifs du lit doivent être assez volumineux pour laisser l'air pénétrer jusqu'au fond, mais assez petits pour maximaliser la superficie où a lieu l'activité microbienne. Un film biologique constitué de microbes aérobies se développe à la surface des roches ou du plastique (figure 27.19b). Grâce à la circulation d'air dans le lit de roches, les microorganismes du film transforment par oxydation une grande partie de la matière organique des eaux usées en dioxyde de carbone et en eau. Les filtres biologiques éliminent de 80 à 85 % de la DBO, de sorte qu'ils sont généralement moins efficaces que les systèmes d'activation des boues. Toutefois, ils sont d'ordinaire plus faciles à utiliser et posent moins de problèmes reliés à une surcharge ou à des eaux usées toxiques. Il est à noter que les filtres biologiques produisent également des boues.

Les **disques biologiques** constituent un autre système reposant sur l'utilisation de films biologiques et utilisé pour le traitement secondaire des eaux usées. Un ensemble de disques d'environ un mètre de diamètre est monté sur un axe. Les disques tournent lentement et leur partie inférieure, soit 40 % de la superficie, baigne dans les eaux usées. La rotation produit une aération et met le film biologique en contact avec les eaux usées. Elle favorise aussi le détachement du film biologique accumulé lorsqu'il en vient à former une couche trop épaisse. Cette accumulation est analogue à celle du floculat dans un système d'activation des boues.

a) Gicleur rotatif d'un filtre biologique

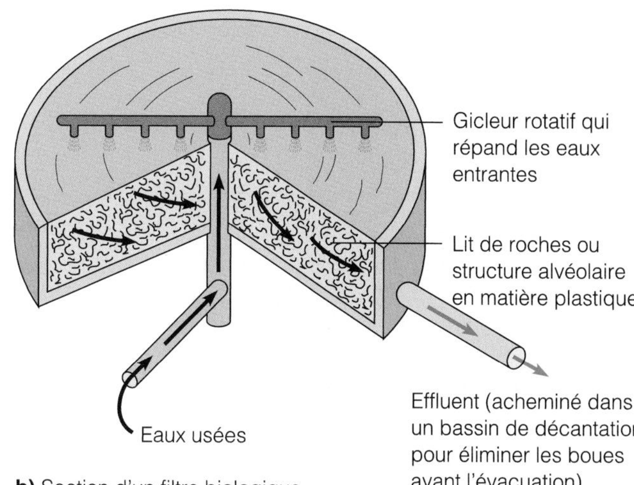


b) Section d'un filtre biologique

**FIGURE 27.19 Filtre biologique utilisé pour le traitement secondaire d'eaux usées.** Un système de conduites en rotation vaporise les eaux usées sur un lit de roches ou une structure alvéolaire en matière plastique, conçus de manière que la superficie soit maximale et que le dioxygène pénètre jusqu'au fond.

■ En se multipliant sur la surface, dont l'aire est considérable, les microorganismes forment un film biologique qui métabolise par voie aérobie la matière organique contenue dans le filtre, jusque dans les couches les plus profondes.

## La désinfection et l'évacuation

❹ Avant d'être évacuées, les eaux usées traitées sont désinfectées, habituellement par chloration (figure 27.16c). En général, l'évacuation se fait dans la mer ou un cours d'eau, mais on a parfois recours à la vaporisation sur des terres pour prévenir la contamination des cours d'eau par le phosphore et les métaux lourds. Après la désinfection, on peut déchlorer l'eau pour éviter que le chlore ne détruise, au moment de l'évacuation, les organismes aquatiques que l'on souhaite conserver. L'élimination du chlore se fait au moyen d'une réaction d'échange, par ajout de dioxyde de soufre.

Dans au moins une ville américaine, où les réserves d'eau douce sont limitées, le système de traitement de l'eau reçoit des eaux usées, comme s'il s'agissait de n'importe quelle autre eau, et il recycle celles-ci en eau potable. Cette pratique tend à se répandre. D'ailleurs, on utilise déjà couramment des eaux usées traitées pour l'irrigation. Les scientifiques s'intéressent beaucoup au recyclage des eaux usées en prévision de longs séjours dans les futures stations spatiales, car l'expédition de quelques litres d'eau potable dans l'espace coûte des milliers de dollars.

## La digestion des boues

Les boues primaires s'accumulent dans des chambres de sédimentation primaires ; des boues s'accumulent également lors du traitement secondaire par l'activation des boues ou des filtres biologiques. On pompe souvent ces boues dans un **digesteur anaérobie** (figures 27.16d et 27.20) pour en poursuivre le traitement. Le processus de digestion se fait dans d'énormes réservoirs où la concentration en dioxygène est extrêmement faible, et qui sont le plus souvent complètement enfouis dans la terre, ou presque, surtout dans les régions froides.

L'un des éléments les plus importants du traitement secondaire est le maintien de conditions aérobies, essentielles à la transformation de la matière organique en dioxyde de carbone, en eau et en matières solides qui décantent. Par contre, ❺ un digesteur anaérobie est conçu de manière à favoriser la croissance des bactéries anaérobies, et en particulier des bactéries méthanogènes, qui réduisent la quantité de solides organiques en les dégradant en substances solubles et en gaz, soit principalement du méthane (60 à 70 %) et du dioxyde de carbone (20 à 30 %). Ces gaz sont des produits finaux relativement inoffensifs comparativement au dioxyde de carbone et à l'eau résultant du traitement aérobie. On emploie couramment le méthane comme combustible pour chauffer le digesteur et faire fonctionner le matériel motorisé de la station ; le gaz en excès est brûlé.

L'activité dans un digesteur anaérobie comporte essentiellement trois étapes. La première est la production de dioxyde de carbone et d'acides carboxyliques (organiques) par fermentation anaérobie des boues, la fermentation étant effectuée par différents microorganismes anaérobies et anaérobies facultatifs.

Dans la deuxième étape, les acides carboxyliques (organiques) sont métabolisés en dihydrogène et en dioxyde de carbone, de même qu'en acides carboxyliques, et notamment en acide acétique. Ces produits constituent la matière première dans la troisième étape, où les bactéries méthanogènes

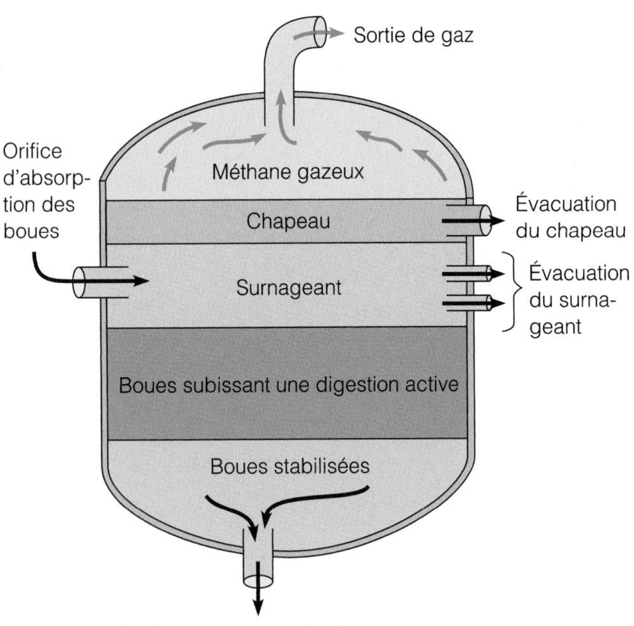


Section d'un digesteur. Le chapeau et le surnageant, dont la teneur en matières solides est faible, sont recirculés dans le système de traitement secondaire.

**FIGURE 27.20 Digestion des boues.**

■ Quel dispositif est le plus efficace : un système d'activation des boues ou un digesteur anaérobie ?

libèrent du méthane ($CH_4$). La majeure partie du méthane provient d'une réaction qui libère de l'énergie, soit la réduction du dioxyde de carbone par le dihydrogène gazeux :

$$CO_2 + 4\,H_2 \longrightarrow CH_4 + 2\,H_2O$$

D'autres bactéries méthanogènes produisent du méthane et du dioxyde de carbone en décomposant l'acide acétique (acide éthanoïque) :

$$CH_3COOH \longrightarrow CH_4 + CO_2$$

À la fin de la digestion anaérobie, il reste encore de grandes quantités de boues non digérées, mais celles-ci sont relativement stables et inertes. Pour en réduire le volume, ❻ on pompe les boues non digérées dans des lits de déshydratation peu profonds ou on les filtre pour en extraire l'eau. ❼ Elles peuvent ensuite être déversées dans un site d'enfouissement, ou servir de matériau de remblai ou de conditionneur de sol. La présence de métaux lourds – et surtout de cadmium, qui s'accumule dans les plantes, et de cuivre, toxique pour les végétaux – pose un problème quant à l'épandage sur le sol. Même si les boues favorisent la croissance environ cinq fois moins que les engrais de gazon d'emploi courant, elles possèdent des propriétés intéressantes comme conditionneur de sol, par lesquelles elles ressemblent à l'humus et au paillis.

## Les fosses septiques

Dans les zones où la densité de population est faible, les habitations et les édifices commerciaux n'étant pas raccordés à un réseau d'égout municipal sont fréquemment munis d'une *fosse septique,* soit un dispositif dont le principe de fonctionnement ressemble au traitement primaire (figure 27.21). Les eaux usées sont acheminées vers un réservoir, où les solides en suspension décantent. Il faut pomper régulièrement les boues emmagasinées dans le réservoir et les éliminer. L'effluent passe par un système de tuyaux perforés et entre dans un champ d'épuration, où il est décomposé par les microorganismes du sol.

Ce système fonctionne bien s'il n'est pas surchargé et si les dimensions du réseau d'évacuation et de drainage sont appropriées compte tenu de la charge et du type de sol. Les argiles lourdes requièrent l'installation d'un réseau de grandes dimensions, car ces sols sont peu perméables. Par contre, dans le cas de sols sablonneux, à forte porosité, il y a un risque de pollution chimique ou bactérienne des réserves d'eau environnantes.

## Les étangs d'oxydation

Plusieurs petites agglomérations et industries utilisent des **étangs d'oxydation,** aussi appelés *étangs d'épuration* ou *étangs de stabilisation,* pour traiter les eaux usées. Les installations de ce type, dont la construction et l'entretien sont peu dispendieux, occupent néanmoins une grande surface. Qu'elle qu'en soit la conception, le traitement comporte généralement deux étapes. La première est analogue au traitement primaire : l'étang est suffisamment profond pour que les conditions y soient presque tout à fait anaérobies. C'est durant cette étape que les boues décantent. Lors de la deuxième phase, qui correspond approximativement au traitement secondaire, l'effluent est pompé dans un étang adjacent ou un système d'étangs dont la faible profondeur permet l'aération par l'action des vagues. Puisqu'il est difficile de maintenir dans ces étangs des conditions aérobies propices à la croissance bactérienne, en raison de la forte concentration en matière organique, on favorise le développement d'algues qui produisent du dioxygène.

La décomposition bactérienne de la matière organique s'accompagne de la libération de dioxyde de carbone. Les algues, qui consomment du dioxyde de carbone lors du métabolisme photosynthétique, croissent et produisent du dioxygène, qui stimule à son tour l'action des microbes aérobies présents dans les boues. Il y a accumulation de grandes quantités de matière organique, sous forme d'algues, mais cela ne pose pas problème puisque, contrairement aux lacs, les étangs d'oxydation renferment déjà une quantité importante d'éléments nutritifs.

## Le traitement tertiaire

On a vu que les traitements primaire et secondaire des eaux usées n'éliminent pas toute la matière organique biodégradable. On peut rejeter une quantité relativement faible de

**FIGURE 27.21 Fosse septique.**

■ En se déposant dans le bassin de décantation, les solides forment des boues, qui sont régulièrement évacuées par le puit d'accès.

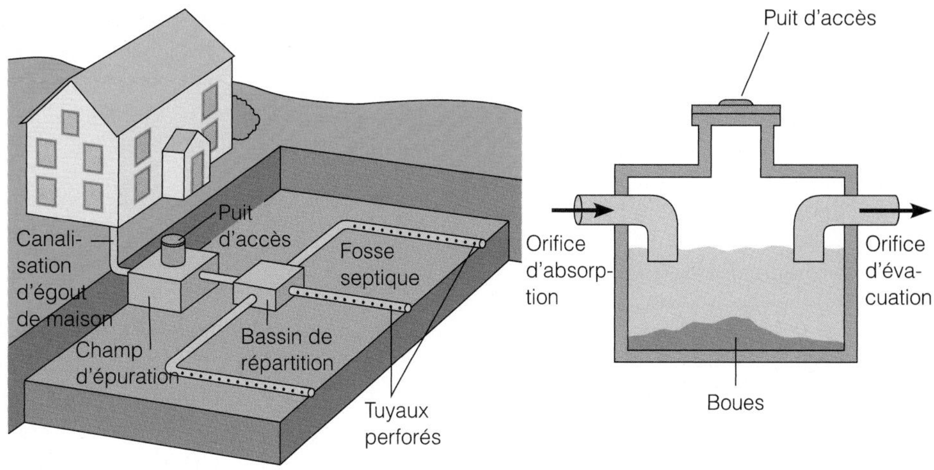


**a)** Plan d'ensemble. La plus grande partie de la matière organique soluble s'évacue dans le sol par percolation. **b)** Section d'une fosse septique

matière organique dans un cours d'eau sans que cela ne cause de problème. Cependant, si l'accroissement de la population entraîne une augmentation des rejets au point que la capacité de débit d'un cours d'eau est dépassée, il faut alors appliquer un traitement supplémentaire. Actuellement, les traitements primaire et secondaire sont déjà insuffisants dans certaines situations, par exemple lorsque l'effluent est rejeté dans des ruisseaux ou des lacs utilisés à des fins récréatives. C'est pourquoi certaines communautés se sont dotées d'une station de **traitement tertiaire.** La station de traitement tertiaire du lac Tahoe, dans les montagnes de la Sierra Nevada, qui est entourée d'une agglomération importante, est l'une des plus connues.

L'effluent provenant d'une station de traitement secondaire contient encore une certaine DBO. Il renferme aussi environ 50 % de l'azote et 70 % du phosphore présents initialement, ce qui risque d'affecter l'écosystème d'un lac. Le traitement tertiaire vise essentiellement à éliminer la totalité de la DBO, de l'azote et du phosphore au moyen de procédés physiques et chimiques, plutôt que biologiques. Le phosphore précipite en se combinant à des substances chimiques telles que la chaux, l'alun et le chlorure de fer (III) (ou chlorure ferrique). Des filtres composés de sable fin et de charbon activé éliminent les petites particules et les substances chimiques dissoutes. Le diazote est converti en ammoniac, qui est libéré dans l'air par l'intermédiaire de tours de stripping. Certains systèmes favorisent la formation d'azote gazeux volatile par des bactéries dénitrifiantes. Enfin, l'eau épurée est chlorée.

Le traitement tertiaire fournit une eau potable, mais c'est un processus extrêmement coûteux. Le traitement secondaire est moins dispendieux, mais il donne une eau contenant encore plusieurs polluants. On déploie actuellement beaucoup d'efforts pour mettre au point des stations de traitement secondaire dont l'effluent pourrait être utilisé pour l'irrigation. Une telle usine éliminerait une source de pollution de l'eau ; elle fournirait de plus des éléments nutritifs pour la croissance des plantes et réduirait la demande de réserves d'eau, qui sont déjà insuffisantes en plusieurs endroits. Le sol qui recevrait l'effluent en éliminerait les substances chimiques et les microorganismes, à la manière d'un filtre biologique, avant que l'effluent ne rejoigne les eaux souterraines et les réserves d'eau de surface.

* * *

Nous espérons que la lecture du présent chapitre, consacré à l'écomicrobiologie, et des chapitres précédents vous a permis de mieux comprendre le rôle des microbes dans le milieu qui est le nôtre. Sans l'activité naturelle des microorganismes et l'utilisation de ceux-ci par les humains, la vie serait très différente, et peut-être en viendrait-elle même à disparaître.

## RÉSUMÉ

### LA DIVERSITÉ MÉTABOLIQUE (p. 822-823)

Les microorganismes vivent dans une large gamme d'habitats à cause de leur diversité métabolique, de leur habileté à utiliser des sources de carbone et d'énergie variées et de leur capacité à croître dans différentes conditions physiques.

#### La diversité des habitats (p. 822-823)

Les extrêmophiles vivent dans des conditions extrêmes de température, d'acidité, d'alcalinité ou de salinité.

### La symbiose (p. 823)

1. La symbiose est une association entre deux populations ou organismes différents.
2. Le parasitisme est une forme de symbiose dans laquelle un organisme tire ses éléments nutritifs d'un autre organisme, dont il dépend de plus pour se reproduire.
3. Le mutualisme est une forme de symbiose bénéfique aux deux partenaires.
4. Les mycorhizes sont des mycètes symbiotiques qui vivent sur les racines des plantes et à l'intérieur des racines. Elles accroissent l'aire de la surface par laquelle les plantes absorbent des éléments nutritifs.

## LA MICROBIOLOGIE DU SOL ET LES CYCLES BIOGÉOCHIMIQUES (p. 823-834)

1. Dans les cycles biogéochimiques, des éléments chimiques sont recyclés.
2. Des microorganismes du sol décomposent la matière organique et transforment les composés renfermant du carbone, de l'azote, du soufre ou du phosphore en des formes utilisables.
3. Les microorganismes sont essentiels à la perpétuation des cycles biogéochimiques.
4. Durant ces cycles, des éléments sont oxydés et réduits par des microorganismes.

### Le cycle du carbone (p. 825-826)

1. Le dioxyde de carbone atmosphérique ($CO_2$) et les ions carbonate sont fixés, ou intégrés dans des composés organiques, par les photoautotrophes et les chimioautotrophes.
2. Ces composés organiques fournissent des éléments nutritifs aux chimiohétérotrophes.
3. Les chimiohétérotrophes libèrent du $CO_2$ qui est alors utilisé par les photoautotrophes.
4. Le carbone est retiré du cycle lorsqu'il se trouve sous forme de $CaCO_3$ ou de combustible fossile (qui servent de réservoirs).

### Le cycle de l'azote (p. 826-830)

1. Des microorganismes décomposent les protéines des cellules mortes et libèrent des acides aminés.
2. L'ammonification microbienne des acides aminés libère de l'ammoniac.
3. Les bactéries nitrifiantes produisent, en oxydant l'azote de l'ammoniac, des nitrates utilisés comme source d'énergie.
4. Les bactéries dénitrifiantes réduisent l'azote des nitrates en azote ($N_2$).
5. $N_2$ est converti en ammoniac par des bactéries symbiotiques fixatrices d'azote.
6. Les bactéries fixatrices d'azote comprennent des espèces libres non symbiotiques, comme celles du genre *Azobacter,* les cyanobactéries et les bactéries symbiotiques *Rhizobium* et *Frankia*.
7. Les bactéries et les plantes utilisent les ions ammonium et les ions nitrate pour la synthèse des acides aminés qui seront intégrés à des protéines.

### Le cycle du soufre (p. 830-832)

1. Les bactéries autotrophes utilisent le sulfure d'hydrogène ($H_2S$), qui est converti en $S^0$ ou en $SO_4^{2-}$ par oxydation.
2. Des plantes et des microorganismes produisent des acides aminés en réduisant les ions sulfate $SO_4^{2-}$. Ces acides aminés sont à leur tour utilisés par des animaux pour la synthèse des protéines.
3. La dégradation et la dissimilation des acides aminés libèrent du $H_2S$.
4. Le dioxyde de soufre résultant de la combustion de combustibles fossiles se combine à l'eau pour former de l'acide sulfureux ou $H_2SO_3$.

### Le cycle du phosphore (p. 832)

1. On trouve du phosphore (sous forme de $PO_4^{3-}$) dans des roches et le guano.
2. La solubilisation du $PO_4^{3-}$ par des acides microbiens le rend disponible pour les plantes et les microorganismes.
3. Les bactéries endolithiques vivent dans la roche non altérée; ce sont des autotrophes qui utilisent le dihydrogène ($H_2$) comme source d'énergie.

### La dégradation des substances synthétiques dans le sol et l'eau (p. 832-834)

1. De nombreuses substances synthétiques, dont les pesticides, résistent à la dégradation par des microbes.
2. Les écologistes tentent d'utiliser des bactéries pour la dégradation des BPC.

#### *La bioréhabilitation* (p. 832-833)

1. On appelle bioréhabilitation la dégradation de polluants ou la détoxification de sols au moyen de microbes dans le but de rendre les sols aptes à remplir de nouveau leurs fonctions écologiques essentielles. La biorestauration implique l'amélioration de la qualité des sols contaminés de manière à atteindre un niveau antérieur non déterminé.
2. L'addition d'engrais azoté et phosphoré favorise la croissance des bactéries responsables de la dégradation des hydrocarbures.

#### *Les ordures ménagères* (p. 833-834)

1. La décomposition des déchets solides n'est pas possible dans les sites d'enfouissement municipaux en raison de la sécheresse et des conditions anaérobies.
2. Dans certains sites d'enfouissement, on récupère le méthane produit par les bactéries méthanogènes et on l'utilise comme source d'énergie.
3. Le compostage est un procédé qui favorise la biodégradation de la matière organique.

## LA MICROBIOLOGIE AQUATIQUE ET LE TRAITEMENT DES EAUX USÉES (p. 834-847)

### Les biofilms (p. 834-835)

1. Les microorganismes adhèrent aux surfaces et elles s'agglomèrent pour former des biofilms sur la surface des solides en contact avec l'eau.
2. Les biofilms jouent un rôle dans des infections chroniques attribuables à des bactéries pathogènes qui sont très résistantes aux antibiotiques.

## Les microorganismes aquatiques (p. 835-837)

1. La microbiologie aquatique est l'étude des microorganismes vivant dans les eaux naturelles et de leurs activités.
2. Les eaux naturelles comprennent les lacs, les étangs, les ruisseaux, les rivières, les fleuves, les estuaires et les océans.
3. La concentration de bactéries dans l'eau est proportionnelle à la quantité de matière organique qui y est présente.
4. La majorité des bactéries aquatiques croissent de préférence sur une surface, plutôt qu'en flottement libre.

### *Le microbiote d'eau douce* (p. 835-836)

1. Le nombre et la position des microorganismes d'eau douce dépendent de la concentration en dioxygène et de l'intensité de la lumière.
2. Les algues photosynthétiques sont les producteurs primaires d'un lac. On les trouve dans la zone limnétique.
3. Les bactéries de l'ordre des *Pseudononadales* de même que les espèces *Cytophaga, Caulobacter* et *Hyphomicrobium,* vivent dans la zone limnétique, où le dioxygène est abondant.
4. Les microbes des eaux stagnantes consomment le dioxygène disponible; ils sont susceptibles de libérer des odeurs et de provoquer la mort des poissons.
5. L'action des vagues fait augmenter la quantité de dioxygène dissous.
6. On trouve des bactéries sulfureuses pourpres et vertes dans la zone profonde, où pénètre faiblement la lumière et qui est riche en $H_2S$, mais dépourvue de dioxygène.
7. *Desulfovibrio* réduit le $SO_4^{2-}$ des sédiments de la zone benthique en $H_2S$.
8. On trouve aussi des bactéries méthanogènes dans la zone benthique.

### *Le microbiote d'eau de mer* (p. 836-837)

1. Le phytoplancton, composé principalement de diatomées, est le producteur primaire en haute mer.
2. Certaines algues et bactéries sont bioluminescentes: elles possèdent une enzyme, la luciférase, qui émet de la lumière.

## Les microorganismes et la qualité de l'eau (p. 837-840)

### *La pollution de l'eau* (p. 837-839)

1. Les microorganismes sont éliminés par filtration de l'eau qui rejoint les eaux souterraines.
2. Des microorganismes pathogènes sont transmis aux humains par l'intermédiaire de l'eau potable et des eaux servant à des fins récréatives.
3. Les polluants chimiques risquent de s'accumuler dans les animaux d'une chaîne alimentaire aquatique.
4. Des bactéries métabolisent le mercure en un composé soluble (le diméthylmercure) qui s'accumule dans les animaux.
5. Des éléments nutritifs, tels les phosphates, sont responsables de la formation de fleurs d'eau, qui peut entraîner l'eutrophisation des écosystèmes aquatiques.
6. L'eutrophisation (de *eu,* « bien », et *trophê,* « nourriture ») résulte de l'addition de polluants ou d'éléments nutritifs naturels.
7. *Thiobacillus ferrooxidans* produit de l'acide sulfurique dans les mines de charbon.

### *La vérification de la qualité de l'eau* (p. 839-840)

1. Les épreuves servant à vérifier la qualité bactériologique de l'eau reposent sur la présence d'organismes indicateurs, dont les plus employés sont les coliformes.
2. Les coliformes sont des bacilles, non sporulants, à Gram négatif, aérobies ou anaérobies facultatifs, qui produisent, par fermentation, de l'acide et du gaz, en moins de 48 heures, lorsqu'on les place dans un milieu de culture à 35 °C.
3. On utilise les coliformes fécaux, et surtout *E. coli,* comme indicateurs de la présence de fèces humaines dans l'eau.

## Le traitement de l'eau potable (p. 840-841)

1. L'eau destinée à la consommation est emmagasinée dans un bassin de rétention le temps qu'il faut pour que la matière en suspension décante.
2. La floculation consiste à utiliser une substance chimique telle que l'alun pour provoquer l'agrégation et la décantation de la matière colloïdale.
3. La filtration élimine les formes kystiques des protozoaires et d'autres microorganismes.
4. On désinfecte l'eau destinée à la consommation avec du chlore pour détruire les bactéries pathogènes qui auraient résisté aux autres traitements.

## Le traitement des eaux usées (p. 842-847)

Les eaux d'égout sont appelées eaux usées; elles comprennent les eaux résiduaires domestiques, les eaux sanitaires, les eaux résiduaires industrielles et les eaux pluviales.

### *Le traitement primaire* (p. 842)

1. Le traitement primaire des eaux usées consiste à éliminer les matières solides, appelées boues.
2. L'activité biologique n'est pas très importante dans le traitement primaire.

### *La demande biochimique en oxygène* (p. 842)

1. La demande biochimique en oxygène (DBO) est une mesure de la quantité de matière organique biodégradable dans l'eau.
2. On détermine la DBO en mesurant la quantité d'oxygène ($O_2$) dont les bactéries ont besoin pour dégrader la matière organique.
3. Le traitement primaire élimine de 25 à 35 % de la DBO des eaux usées.

### *Le traitement secondaire* (p. 842-844)

1. On appelle traitement secondaire des eaux usées la biodégradation de la matière organique présente dans l'effluent du traitement primaire.
2. Le traitement secondaire se fait notamment au moyen de systèmes d'activation des boues, de filtres biologiques et de disques biologiques.
3. Des microorganismes dégradent la matière organique dans des conditions aérobies.
4. Le traitement secondaire élimine jusqu'à 95 % de la DBO.

### *La désinfection et l'évacuation* (p. 845)

Les eaux usées traitées sont désinfectées, habituellement par chloration, avant d'être évacuées sur le sol ou dans un cours d'eau.

### *La digestion des boues* (p. 845-846)

1. On place les boues dans un digesteur anaérobie, où des bactéries dégradent la matière organique en composés organiques plus simples, comme le méthane et le dioxyde de carbone.
2. Le méthane produit dans un digesteur sert à chauffer celui-ci et à faire fonctionner d'autres pièces d'équipement.
3. On retire régulièrement du digesteur les boues non digérées, qui sont déshydratées, puis utilisées comme matériau de remblai ou conditionneur de sol, ou encore incinérées.

### *Les fosses septiques* (p. 846)

1. Dans les zones rurales, on utilise couramment des fosses septiques pour le traitement primaire des eaux usées.
2. L'effluent d'une fosse septique est évacué dans un champ d'épuration, dont les dimensions doivent être appropriées.

### *Les étangs d'oxydation* (p. 846)

1. De petites communautés utilisent des étangs d'oxydation pour le traitement secondaire des eaux usées.
2. Cette méthode exige de disposer d'un terrain de grandes dimensions pour la construction d'un lac artificiel.

### *Le traitement tertiaire* (p. 846-847)

1. Le traitement tertiaire consiste à éliminer toute la DBO, tout l'azote et tout le phosphore de l'eau au moyen de procédés physiques de filtration et par précipitation chimique.
2. Le traitement tertiaire fournit de l'eau potable, alors que le traitement secondaire donne une eau utilisable seulement pour l'irrigation.

# AUTOÉVALUATION

## RÉVISION

1. Donnez deux exemples de bactéries extrêmophiles.

2. Le koala est un animal phyllophage (c'est-à-dire qui se nourrit de feuilles). Que peut-on supposer à propos de son système digestif ?

3. Donnez une explication plausible du fait que la moisissure *Penicillium* produit de la pénicilline étant donné qu'elle n'est pas sujette à des infections bactériennes. Quel lien existe-t-il entre votre explication et l'emploi de la pénicilline en médecine humaine.

4. Tracez un schéma représentant le cycle du carbone en présence et en l'absence de dioxygène. Pour chaque étape, nommez au moins un microorganisme qui participe au processus.

5. Dans le cycle du soufre, des microbes dégradent des composés organiques sulfurés, tels que __________, libérant ainsi du $H_2S$, qui est lui-même oxydé par *Thiobacillus* en __________. Cet ion est assimilé sous forme d'acides aminés par __________, ou réduit en __________ par *Desulfovibrio*. Les bactéries autotrophes utilisent le $H_2S$ comme donneur d'électrons pour synthétiser __________. Le sous-produit contenant du soufre de ce processus métabolique est __________.

6. Pourquoi le cycle du phosphore est-il important ?

7. Classez les processus suivants dans l'ordre où ils se déroulent de façon à illustrer les étapes du cycle de l'azote : l'ammonification, dénitrification, fixation de l'azote, libération d'azote dans l'atmosphère, nitrification.

8. Les cyanobactéries, les mycorhizes, *Rhizobium* et *Frankia* jouent un rôle important en tant que symbiotes de plantes et de mycètes. Décrivez la relation symbiotique de chacun de ces organismes avec son hôte.

9. Décrivez dans ses grandes lignes le traitement des eaux usées visant à produire de l'eau potable.

10. Expliquez en quoi les eaux usées représentent un danger pour la santé publique et un problème écologique. Pourquoi évalue-t-on l'indice de coliformes de l'eau ?

11. Les procédés suivants sont utilisés pour le traitement des eaux usées. Associez chacun à une étape du traitement. Chaque suggestion peut être employée une fois, plusieurs fois ou pas du tout.

| Procédés | Étape du traitement |
|---|---|
| _____ Champ d'épuration | **a)** Primaire |
| _____ Élimination des solides | **b)** Secondaire |
| _____ Biodégradation | **c)** Tertiaire |
| _____ Système d'activation des boues | |
| _____ Précipitation chimique du phosphore | |
| _____ Filtre biologique | |
| _____ Donne de l'eau potable | |

12. Pourquoi un système d'activation des boues est-il plus efficace qu'un digesteur pour l'élimination de la DBO ?

13. Pourquoi les fosses septiques et les étangs d'oxydation ne peuvent-ils pas être utilisés dans les grandes villes ?

14. Expliquez les conséquences du rejet d'eaux usées non traitées dans un étang (eau stagnante) en ce qui a trait à la variation de la valeur de la DBO, du taux d'eutrophisation et de la quantité de dioxygène dissous. Les effets sont-ils les mêmes si les eaux usées ont subi un traitement primaire ? un traitement secondaire ? Dans chaque cas, les effets seraient-ils les mêmes si les eaux usées étaient déversées dans un cours d'eau à fort débit ?

15. Définissez le terme bioréhabilitation et donnez trois exemples.

## QUESTIONS À CHOIX MULTIPLE

Dans les questions 1 à 4, associez au processus donné l'une des réponses suivantes :

**a)** Le processus a lieu dans des conditions aérobies.
**b)** Le processus a lieu dans des conditions anaérobies.
**c)** La quantité d'oxygène ($O_2$) n'a aucune importance.

1. Activation des boues.

2. Dénitrification

3. Fixation de l'azote

4. Production de méthane

**5.** Dans un hôpital, l'eau utilisée pour la préparation des solutés intraveineux contient des endotoxines. Les personnes responsables de la prévention des infections ont effectué un dénombrement de colonies en boîte de Pétri pour déterminer la provenance des bactéries, et ils ont obtenu les résultats suivants.

| | Bactéries/100 mL |
|---|---|
| Canalisations d'eau municipales | 0 |
| Chauffe-eau (cucurbite) | 0 |
| Canalisations d'eau chaude | 300 |

Lequel des énoncés suivants *ne* représente *pas* une conclusion valable ?

**a)** On trouve des bactéries sous forme de biofilms dans les canalisations.
**b)** Il s'agit de bactéries à Gram négatif.
**c)** La présence des bactéries est due à une contamination fécale.
**d)** Les bactéries proviennent de l'eau de l'aqueduc municipal.
**e)** Aucun de ces énoncés

Dans les questions 8 à 10, associez à la réaction décrite l'une des réponses suivantes :

**a)** Respiration aérobie
**b)** Respiration anaérobie
**c)** Photoautotrophe anoxygénique
**d)** Photoautotrophe oxygénique

**6.** $CO_2 + H_2S \xrightarrow{\text{(lumière)}} C_6H_{12}O_6 + S^0$

**7.** $SO_4^{2-} + 10\,H^+ + 10\,e^- \rightarrow H_2S + 4\,H_2O$

**8.** $CO_2 + 8\,H^+ + 8\,e^- \rightarrow CH_4 + 2\,H_2O$

**9.** Lequel des phénomènes suivants *n'*est *pas* une conséquence de la pollution de l'eau ?

**a)** La propagation de maladies infectieuses
**b)** L'intensification de l'eutrophisation
**c)** L'augmentation de la DBO
**d)** L'intensification de la croissance des algues
**e)** Aucune de ces réponses

**10.** On utilise les coliformes comme organismes indicateurs de la contamination par des eaux usées parce que :

**a)** ce sont des agents pathogènes.
**b)** ils fermentent le lactose.
**c)** on les trouve en grand nombre dans l'intestin des humains.
**d)** ils se multiplient en moins de 48 heures.
**e)** Toutes ces réponses.

## QUESTIONS À COURT DÉVELOPPEMENT

**1.** Complétez le graphique suivant de manière à illustrer l'effet des phosphates rejetés à l'instant X dans une masse d'eau. Selon vous, la concentration des algues, la teneur en $O_2$ dissous et les populations de poissons vont-elles augmenter ou diminuer ? Comment ces changements sont-ils reliés ? D'où proviennent généralement les phosphates rejetés dans les cours d'eau ?

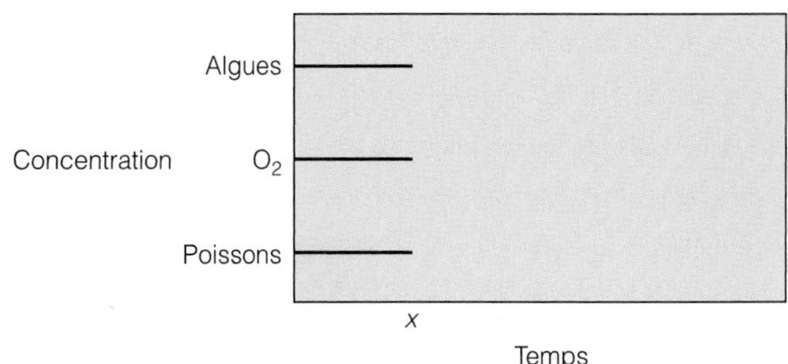


**2.** La bioréhabilitation élimine le benzène et d'autres hydrocarbures d'un sol contaminé au pétrole. Ce procédé consiste à ajouter au sol des nitrates, des phosphates, du dioxygène et de l'eau. Pourquoi doit-on ajouter ces substances ? En quoi les techniques du génie génétique peuvent-elles être utiles dans ce cas ?

## APPLICATIONS CLINIQUES

*N. B. Certaines de ces questions nécessitent que vous cherchiez des réponsees dans les différents chapitres du livre.*

**1.** Un patient portant un stimulateur cardiaque et atteint d'une bactériémie streptococcique est traité par antibiothérapie. Un mois plus tard, il est traité pour une récidive de la bactériémie. Six semaines plus tard, voyant qu'il souffre encore d'une bactériémie, le médecin suspecte la présence d'un biofilm bactérien et recommande le remplacement du stimulateur cardiaque.

Reliez la formation d'un biofilm sur le matériel médical et la difficulté de combattre l'infection. Pourquoi le remplacement du stimulateur cardiaque a-t-il guéri le patient ?

**2.** Un groupe d'enfants prend des cours de natation en piscine. Quelques-uns ont souffert d'une éruption cutanée due à une dermatite à *Pseudomonas*.

Décrivez les conditions qui permettent la prolifération et la transmission de cette bactérie aux enfants qui nagent dans la piscine. Quel est le mode de transmission de cette bactérie et la porte d'entrée dans l'organisme ? Quelle solution le responsable de la piscine devra-t-il appliquer pour régler le problème ? (*Indice :* voir le chapitre 21.)

**3.** Des castors ont élu domicile près du chalet de l'un de vos amis, construit au bord d'un lac. Vous recommandez à votre ami de ne plus boire l'eau pompée directement du lac à cause de la présence possible du protozoaire *Giardia lamblia,* responsable de diarrhées souvent chroniques.

Pour que votre ami se rende compte de la gravité de l'infection, décrivez-lui la façon dont ce parasite envahit l'intestin et provoque des troubles intestinaux. Quelle(s) mesure(s) devra-t-il appliquer pour régler le problème ? (*Indice :* voir le chapitre 25.)

Chapitre 28

# La microbiologie appliquée et industrielle

*Des bactéries fixées à des fibres de soie permettent la transformation continue du substrat en produit.*

Dans le chapitre précédent, qui porte sur l'écomicrobiologie, nous avons vu que les microbes jouent un rôle fondamental dans de nombreux phénomènes naturels essentiels à la vie sur Terre. Dans le présent chapitre, nous allons étudier la microbiologie industrielle, qui tire parti des microorganismes dans des applications pratiques, telles que la fabrication d'aliments et de divers autres produits, et pour l'élaboration de procédés commerciaux, comme la fermentation industrielle. L'origine de nombre de ces procédés, dont la fabrication de pain, de vin, de bière et de fromage, se perd dans la nuit des temps. (Voir l'encadré du chapitre 1, p. 4). Au chapitre 9, il a été question des applications industrielles des microorganismes génétiquement modifiés, qui sont à la fine pointe de nos connaissances en biologie moléculaire. Beaucoup de ces applications sont aujourd'hui essentielles à l'industrie moderne.

## La microbiologie alimentaire

La civilisation moderne, qui compte une importante population toujours croissante, ne pourrait subvenir à ses besoins si elle n'avait recours à des méthodes de conservation des aliments. En fait, la civilisation est apparue après que l'agriculture eut commencé à fournir des vivres, de façon constante, toute l'année en un même endroit, de sorte que les gens ont pu abandonner le mode de vie nomade du chasseur-cueilleur.

Bien des méthodes actuelles de conservation des aliments ont probablement été découvertes par hasard au cours des siècles. On s'est très tôt rendu compte que la viande séchée et le poisson salé ne se détérioraient pas facilement. Les nomades ont dû remarquer que le lait suri n'avait pas tendance à se dégrader davantage et qu'il avait un goût agréable. Ils ont aussi constaté que, si on presse le caillé pour en éliminer l'humidité et qu'on le laisse affiner (ce qui est en fait la méthode de fabrication du fromage), il se conserve encore mieux et il a meilleur goût. Les fermiers ont appris très tôt qu'ils pouvaient prévenir la moisissure des grains en les gardant au sec.

### L'appertisation industrielle

#### Objectif d'apprentissage

- *Décrire la détérioration anaérobie thermophile et le surissement sans bombage causés par les bactéries mésophiles.*

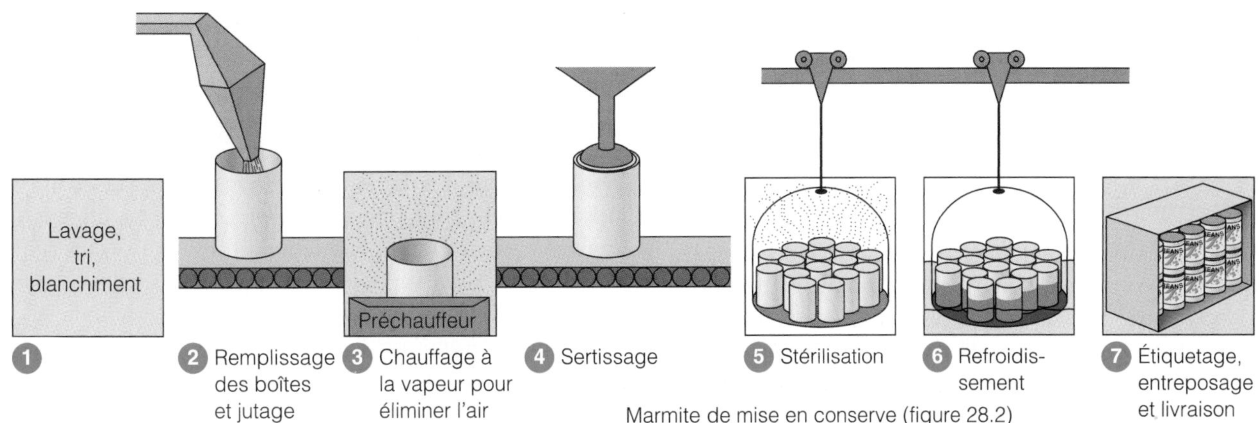


FIGURE 28.1 **Le procédé de stérilisation commerciale employé pour l'appertisation industrielle.** ❶ Le blanchiment est un traitement à l'eau bouillante et à la vapeur, suivi d'un refroidissement rapide à l'eau froide, qui vise à amollir les denrées. Il détruit en outre les enzymes susceptibles d'altérer la couleur, la saveur et la texture des aliments, et il réduit la population microbienne. ❷ On remplit les boîtes à ras bord en laissant le moins de vide possible. ❸ On chauffe les boîtes dans un préchauffeur pour éliminer la plus grande partie de l'air dissous. ❹ On scelle les boîtes. ❺ On stérilise les conserves à l'aide de vapeur sous pression. ❻ On refroidit les conserves en les immergeant dans l'eau ou en les aspergeant d'eau. ❼ On étiquette les boîtes en prévision de la vente.

■ Qu'est-ce qui distingue la stérilisation commerciale d'une stérilisation parfaite ?

Au chapitre 7, nous avons vu qu'il n'est pas difficile de conserver des aliments en faisant chauffer un contenant scellé de façon appropriée, comme on le fait dans la mise en conserve artisanale. Par contre, en ce qui concerne les conserveries industrielles, la difficulté consiste à chauffer les contenants et le contenu juste assez pour détruire les organismes putréfiants et les microorganismes pathogènes, telle que la bactérie sporulante *Clostridium botulinum*, sans altérer l'apparence ni la saveur des aliments. Des recherches sont donc constamment en cours en vue de déterminer exactement le traitement thermique minimal qui permettrait d'atteindre ces deux objectifs.

L'**appertisation** industrielle fait appel à une technique beaucoup plus sophistiquée que la mise en conserves artisanale (figure 28.1). Les denrées appertisées sont soumises à une **stérilisation commerciale**, à l'aide de vapeur sous pression, dans une grande marmite de mise en conserve (figure 28.2) dont le principe de fonctionnement est le même que celui de l'autoclave (figure 7.2). Ce procédé vise à détruire les endospores de *C. botulinum* ; il ne s'agit pas d'une stérilisation parfaite, comme celle qui est exigée par exemple en milieu hospitalier. On présume que, si les endospores de *C. botulinum* sont détruites, alors toute population importante de bactéries putrifiantes ou pathogènes sera aussi nécessairement détruite.

Pour effectuer la stérilisation commerciale, on procède au chauffage à la température requise par le **traitement 12D,** qui réduit en théorie une population d'endospores de *C. botulinum* par un facteur de 12 cycles logarithmiques.

FIGURE 28.2 **Trois marmites de mise en conserve industrielles.**

■ Dans une marmite de mise en conserve, les températures requises pour la stérilisation sont obtenues à l'aide de vapeur sous pression.

Cela signifie que, si une boîte contient initialement $10^{12}$ (ou 1 000 000 000 000) endospores, une seule survivra au traitement. Étant donné que la probabilité qu'une boîte contienne $10^{12}$ endospores est très faible, ce traitement est considéré comme étant relativement sûr. Nous avons déjà souligné que la stérilisation commerciale n'est pas une stérilisation parfaite. Certaines bactéries thermophiles produisent des endospores plus thermorésistantes que celles de *C. botulinum*. Cependant, il s'agit de bactéries thermophiles obligatoires qui restent en dormance à des températures inférieures à 45 °C environ. Elles ne causent donc pas de problème de détérioration aux températures normales d'entreposage.

## La détérioration des aliments en conserve

Si on laisse incuber des aliments en conserve à des températures élevées, comme dans un camion stationné en plein soleil ou à proximité d'un radiateur, les bactéries thermophiles, qui survivent souvent à la stérilisation commerciale, peuvent se développer. La **détérioration anaérobie thermophile** est donc une cause fréquente d'altération des denrées appertisées hypoacides. La boîte se bombe généralement sous la poussée des gaz; le pH du contenu diminue et ce dernier dégage une odeur aigre lorsqu'on ouvre la boîte.

Plusieurs espèces thermophiles de *Clostridium* sont susceptibles d'entraîner une telle détérioration. Quand le contenu est altéré par des thermophiles sans que la boîte bombe sous l'action de gaz, on dit qu'il y a **surissement sans bombage.** Les altérations de ce type sont dues à des organismes thermophiles comme *Bacillus stearothermophilus*, présent dans l'amidon et les sucres utilisés pour la préparation des aliments. De nombreuses industries ont élaboré des normes quant au nombre de bactéries thermophiles de ce type que peut contenir la matière première. Les deux genres d'altération ne surviennent que si les conserves sont entreposées à des températures supérieures à la normale, qui permettent la croissance de bactéries dont les endospores ne sont pas détruites par le procédé habituel.

Des bactéries mésophiles (figure 6.1) peuvent altérer des aliments en conserve si l'étuvage a été insuffisant ou si la boîte n'est pas étanche. La détérioration par des bactéries sporulantes résulte le plus souvent d'un étuvage insuffisant, alors que la présence de bactéries non sporulantes indique fort probablement que la boîte n'est pas étanche. Les conserves non étanches sont fréquemment contaminées durant leur refroidissement, après le traitement thermique. Dans ce procédé en effet, on vaporise de l'eau froide sur les conserves chaudes ou on les fait passer dans une cuve remplie d'eau. Lors du refroidissement, un vide se crée à l'intérieur de la boîte, de sorte que de l'eau utilisée pour le refroidissement peut être aspirée dans la conserve si le scellant du couvercle serti se déforme à la chaleur (figure 28.3). Des bactéries contaminantes présentes dans l'eau risquent alors d'être aspirées dans la conserve. La détérioration due à un étuvage insuffisant ou au fait que la boîte n'est pas étanche produit généralement une odeur de putréfaction, du moins dans le cas des aliments riches en protéines, et elle a lieu aux températures normales d'entreposage. Il est toujours possible que des bactéries botuliques soient présentes dans les conserves ayant subi ce type d'altération.

Pour la mise en conserve de certains aliments acides, tels que les tomates et les fruits, le traitement se fait à des températures ne dépassant pas 100 °C. En effet, l'acidité inhibe la croissance de nombreux types de microorganismes et ceux qui sont susceptibles de se développer dans les aliments acides, soit les moisissures, les levures et certaines bactéries végétatives, sont facilement détruits à des températures inférieures à 100 °C; les aliments sont alors stérilisés.

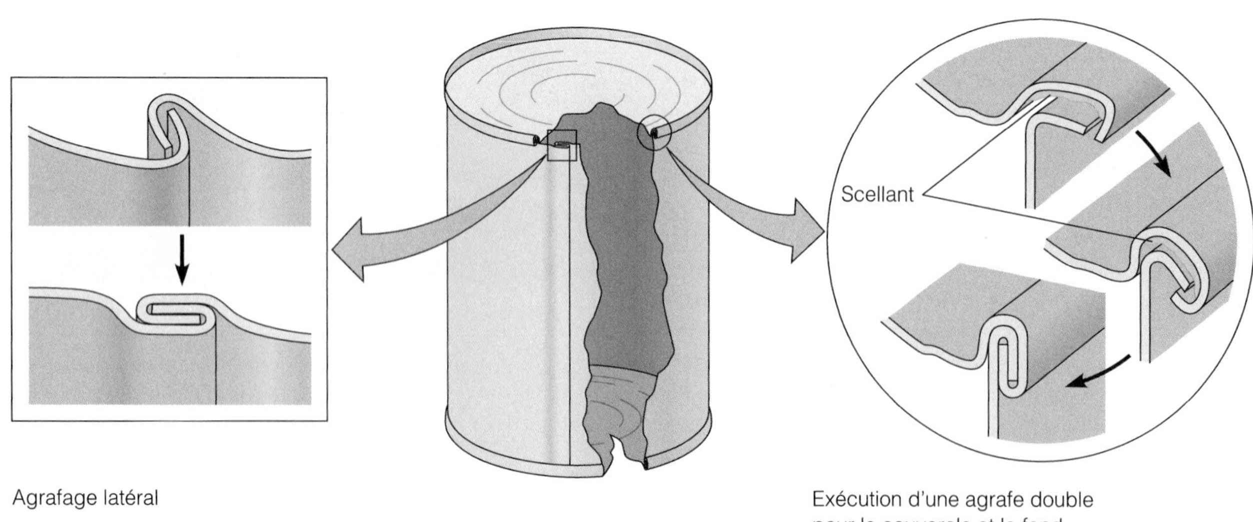


**FIGURE 28.3 La fabrication d'une boîte de conserve.** Les schémas illustrent les opérations de soudure. Durant le refroidissement qui suit la stérilisation (figure 28.1, étape 6), de l'eau – et en même temps des microorganismes – peut être aspirée dans la boîte à cause du vide qu'on y a créé.

■ Pourquoi la boîte n'est-elle pas scellée avant d'être placée dans la marmite de mise en conserve?

**Tableau 28.1** *Types courants de détérioration des aliments appertisés faiblement ou moyennement acides (pH supérieur à 4,5)*

| Type de détérioration | Indications d'une détérioration | |
|---|---|---|
| | Apparence de la boîte | Contenu de la boîte |
| Surissement (sans bombage) (*Bacillus stearothermophilus*) | Non bombée | Apparence habituellement normale ; pH nettement réduit ; aigreur ; odeur parfois légèrement anormale ; présence éventuelle de liquide trouble. |
| Détérioration anaérobie thermophile (*Clostridium thermosaccharolyticum*) | Bombée | Fermenté, aigre, caséeux, ou odeur d'acide butyrique. |
| Putréfaction anaérobie (*Clostridium sporogenes*, éventuellement *C. botulinum*) | Bombée | Parfois partiellement digéré ; pH légèrement supérieur à la normale ; odeur putride caractéristique. |

Il arrive que quelques microorganismes résistant à la fois à la chaleur et aux acides causent des problèmes de conservation des aliments acides. Parmi les mycètes thermorésistants, on note la moisissure *Byssochlamys fulva*, qui produit des *ascospores thermorésistantes,* et quelques moisissures, en particulier des espèces d'*Aspergillus*, qui produisent parfois des masses de tissu spécialisé résistant, appelées *sclérotes.* La bactérie sporulante *Bacillus coagulans* a la particularité de croître à un pH de près de 4,0.

Le tableau 28.1 présente les types de détérioration susceptibles de survenir dans les aliments faiblement ou moyennement acides.

## Le conditionnement aseptique

### Objectif d'apprentissage

- *Décrire les similitudes et les différences entre les méthodes suivantes de conservation des aliments : l'appertisation industrielle, le conditionnement aseptique et l'irradiation.*

Habituellement, les contenants en métal sont stérilisés avec de la vapeur surchauffée ou par application de températures élevées au moyen d'autres méthodes. On se sert également de faisceaux d'électrons à haute énergie pour stériliser les matériaux de conditionnement. Le **conditionnement aseptique** est une méthode de conservation qui a récemment gagné en popularité pour la stérilisation des emballages faits de matériaux, tels que le papier contrecollé ou des matières plastiques, qui ne tolèrent pas le traitement thermique courant. Les matériaux d'emballage, stockés sous forme de rouleaux, sont amenés en continu dans une machine qui les stérilise avec de l'eau oxygénée chaude et, parfois, de la lumière ultraviolette (figure 28.4). Dans un environnement stérile, on fabrique avec le matériau des emballages que l'on remplit ensuite avec un aliment liquide préalablement stérilisé par une méthode thermique conventionnelle. Les emballages remplis ne sont pas stérilisés après avoir été scellés.

**FIGURE 28.4 Le conditionnement aseptique.** Au premier plan, des rouleaux de matériau de conditionnement ; au centre, à droite, des emballages remplis.

- **Pourquoi le conditionnement aseptique a-t-il gagné en popularité au cours de ces dernières années ?**

## L'irradiation et la conservation industrielle des aliments

On a effectué de nombreuses recherches sur l'utilisation à grande échelle des rayonnements ionisants pour la conservation des aliments, en particulier à des fins militaires. Il est possible de stériliser parfaitement des denrées par irradiation, mais il est peu probable que cette méthode remplace la stérilisation par la chaleur dans la majorité des applications. Même si elle ne rend pas les aliments nocifs ou radioactifs, l'irradiation modifie le goût de certains aliments. L'emploi

**Tableau 28.2** *Aliments dont l'irradiation est autorisée, aux États-Unis, par la Food and Drug Administration*

| Produit | Effet recherché |
|---|---|
| Blé, farine de blé | Destruction des insectes |
| Pommes de terre blanches | Inhibition de la germination |
| Porc | Élimination de *Trichinella spiralis* |
| Enzymes (déshydratées) | Élimination des microbes |
| Fruits | Désinsectisation, ralentissement du mûrissement |
| Légumes frais | Désinsectisation |
| Fines herbes | Élimination des microbes |
| Épices | Élimination des microbes |
| Assaisonnements végétaux | Élimination des microbes |
| Poulet frais ou congelé | Élimination des microbes |
| Viande congelée ou conditionnée* | Stérilisation |
| Aliments pour le bétail ou les animaux domestiques | Élimination de *Salmonella* |
| Viande crue réfrigérée | Élimination des microbes |
| Viande crue congelée | Élimination des microbes |

* Viande utilisée uniquement dans le cadre des programmes de vols spatiaux de la NASA

de ce procédé connaîtra probablement le même sort que la pasteurisation par traitement thermique. Le tableau 28.2 présente la liste des aliments dont l'irradiation a été approuvée par la Food and Drug Administration (FDA), un organisme américain. Une seule application spécialisée, dans le cadre des programmes de vols spatiaux, fait intervenir la stérilisation.

Les viandes réfrigérées ou congelées, notamment le poulet, sont souvent contaminées par des bactéries pathogènes, telles que *Salmonella* et *Listeria,* qui sont fréquemment responsables de maladie chez les humains. Le bœuf, surtout s'il est haché, contient parfois l'agent pathogène *E. coli* O157:H7. Or, les bactéries de ce type constituent précisément la cible du traitement par irradiation. La manipulation de viandes qui renferment de telles bactéries risque d'entraîner la contamination d'autres aliments, et une cuisson insuffisante aggrave encore le problème, car elle permet aux agents pathogènes de survivre. On irradie aussi les denrées comme les fines herbes, les épices et les assaisonnements afin de

FIGURE 28.5 **Le symbole de l'irradiation.** Le symbole international d'ionisation Radura indique qu'un aliment a été traité par irradiation.

■ Pourquoi irradie-t-on les aliments ?

réduire leur population bactérienne, même si les organismes présents dans ces aliments représentent rarement un risque pour la santé.

En 1963, on a autorisé l'emploi de l'irradiation pour détruire les insectes dans les produits du blé, et on irradie fréquemment les pommes de terre pour en inhiber la germination, qui pose un problème pour l'entreposage de longue durée. L'irradiation ralentit aussi le mûrissement des fruits durant l'entreposage. Dans 28 pays au moins, dont certains sont industrialisés et d'autres pas, au moins un aliment irradié est sur le marché, et il s'agit le plus souvent d'épices. Des viandes irradiées sont en vente dans 18 pays, dont la France et les Pays-Bas. Aux États-Unis, les aliments irradiés sont marqués du symbole d'ionisation Radura (figure 28.5), et un avis est imprimé sur l'emballage. On interprète souvent ce symbole comme une mise en garde et non comme la description d'un procédé de traitement ou de conservation approuvé. En fait, les aliments irradiés ne sont pas radioactifs.

L'emploi de rayons gamma émis par du cobalt 60 est la méthode de choix pour l'irradiation en profondeur. Cependant, ce type de traitement nécessite plusieurs heures d'exposition, à l'abri de murs de protection. Les accélérateurs linéaires d'électrons à haute énergie sont beaucoup plus rapides: ils effectuent la stérilisation en quelques secondes. Touefois, comme il a un faible pouvoir de pénétration, ce traitement convient seulement pour les viandes tranchées, le bacon et autres produits semblables de faible épaisseur. En général, on a également recours à l'irradiation pour stériliser les articles en matière plastique utilisés en microbiologie, par exemple les boîtes de Petri.

## Le rôle des microorganismes dans la production alimentaire

**Objectif d'apprentissage**

- *Nommer quatre activités des microorganismes utiles pour la production alimentaire.*

C'est à la fin du XIXe siècle que l'on a fait croître pour la première fois, en culture pure, les microbes utilisés pour la production alimentaire. Cette avancée a permis une meilleure compréhension de la relation entre des microbes donnés et leurs produits et activités. On considère que cette période marque le début de la microbiologie de l'industrie alimentaire. Par exemple, le fait de savoir d'une part qu'une levure donnée croissant dans des conditions données produit de la bière et, d'autre part, que certaines bactéries sont susceptibles d'altérer la bière, a permis aux brasseurs de maîtriser la qualité de leur produit. Des industries ont entrepris des recherches en microbiologie et ont sélectionné des microbes en fonction de qualités particulières. Ainsi, l'industrie brassicole a mené des recherches poussées sur l'isolement et la détermination des levures, et elle a sélectionné celles qui produisent le plus d'alcool. Dans la présente section, nous allons étudier le rôle des microorganismes dans la production de plusieurs aliments de consommation courante.

## Le fromage

La fabrication de tous les fromages, quelle qu'en soit la nature, commence par la production de **caillé,** que l'on sépare du liquide principal appelé *petit lait* (figure 28.6). Le caillé est constitué d'une protéine, la **caséine**, et il résulte habituellement de l'action d'une enzyme, la **rennine** (ou chymosine), dont l'action est favorisée par les conditions acides fournies par des bactéries lactiques. L'inoculation de ces dernières durant le processus d'affinage confère aux produits laitiers fermentés leur saveur et leur arôme caractéristiques. On applique au caillé un procédé d'affinage microbien, sauf dans le cas de quelques fromages non affinés tels que la ricotta et le cottage.

En général, on classe les fromages en fonction de leur consistance, qui dépend du processus d'affinage. Plus on extrait d'humidité du caillé et plus on le presse, plus le fromage est ferme. Le romano et le parmesan, par exemple, sont des fromages à pâte très ferme, alors que le cheddar et le suisse sont des fromages à pâte ferme ; le limburger, le bleu et le roquefort sont des fromages à pâte semi-molle, tandis que le camembert est un exemple de pâte molle.

Le cheddar et le suisse – des pâtes fermes – sont affinés au moyen de bactéries lactiques qui croissent, dans des conditions anaérobies, à l'intérieur du fromage. Les fromages de ce type peuvent être de grandes dimensions. Plus la durée de l'incubation est longue, plus le fromage est acide et piquant. Une espèce de *Propionibacterium* produit du dioxyde de carbone, responsable de la formation de trous dans le suisse. Les fromages à pâte semi-molle tels que le limburger sont affinés par des bactéries et d'autres organismes contaminants qui croissent sur la surface. Le bleu et le roquefort sont affinés par la moisissure *Penicillium*, avec laquelle ils sont ensemencés. Étant donné que la texture de ces fromages est relativement lâche, la moisissure aérobie dispose d'une quantité adéquate d'oxygène. La croissance de *Penicillium* se manifeste par la formation de grumeaux bleu-vert. Quant au camembert, on l'affine par petites quantités afin que les enzymes de *Penicillium* qui croît sur la surface, dans des conditions aérobies, diffusent dans le fromage.

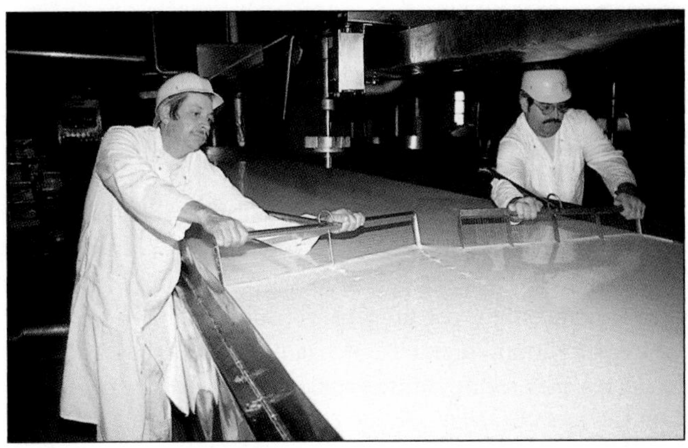

**a)** On utilise la rennine pour faire coaguler le lait (formation du caillé), puis on inocule le caillé avec des bactéries d'affinage qui donnent au fromage sa saveur et son acidité. La photo montre des ouvriers en train de découper le caillé en blocs.

**b)** On émince le caillé en petites lanières pour faciliter l'égouttage, qui consiste à séparer le caillé du petit lait.

**c)** On passe le caillé au moulin pour en extraire plus de petit lait, puis on le presse de manière à former des meules, qui seront soumises à un affinage prolongé. Le fromage est d'autant plus acide (ou piquant) que la période d'affinage est longue.

**FIGURE 28.6 La fabrication du cheddar.**

■ Qu'est-ce qui confère aux fromages leur saveur et leur arôme caractéristiques ?

## Autres produits laitiers

On fabrique le *beurre* en battant de la crème jusqu'à ce que les globules de matières grasses se séparent du liquide appelé *babeurre.* Le beurre et le babeurre doivent leur saveur et leur arôme caractéristiques à la présence de diacétyles, qui résultent de la combinaison de deux molécules d'acide acétique (acide éthanoïque), produit métabolique final de la fermentation effectuée par des bactéries lactiques. Aujourd'hui, le babeurre n'est généralement pas un sous-produit de la fabrication du beurre ; on l'obtient en ensemençant du lait écrémé avec des bactéries qui produisent de l'acide lactique et des diacétyles. On fabrique la *crème sûre de culture* en ensemençant de la crème avec des microorganismes semblables à ceux qui sont utilisés pour la production de babeurre.

Partout dans le monde, on trouve une large gamme de produits laitiers légèrement acidulés, qui nous viennent probablement des anciens nomades. Beaucoup de ces produits font partie intégrante du régime alimentaire quotidien des habitants des Balkans, d'Europe de l'Est et de Russie. C'est le cas du *yogourt* par exemple, qui est également populaire au Canada et aux États-Unis. Le yogourt industriel est fait à partir de lait à basse teneur en matière grasse, dont l'eau a été en grande partie éliminée par évaporation dans un autoclave à vide. Le lait ainsi épaissi est ensemencé avec une culture mixte de *Streptococcus thermophilus*, principalement pour ses propriétés acidogènes, et de *Lactobacillus bulgaricus*, qui modifie la saveur et l'arôme du produit. On fait fermenter le mélange à environ 45 °C pendant plusieurs heures, durant lesquelles *S. thermophilus* supplante *L. bulgaricus.* Le secret de la fabrication du yogourt réside dans le maintien d'un équilibre approprié entre les bactéries responsables de la saveur et les bactéries acidogènes.

Le *kéfir* et le *koumis* sont des boissons laitières fermentées, populaires en Europe de l'Est. On les fabrique en ajoutant aux bactéries lactiques habituelles une levure qui fermente le lactose, ce qui donne des boissons ayant une teneur en alcool de 1 à 2 %.

Il est donc d'usage courant d'incorporer des microorganismes dans l'alimentation. Ces derniers ne sont pas tous détruits lors de leur passage dans le tube digestif; certains restent vivants et s'installent sur la muqueuse intestinale, où ils se font une place parmi la flore permanente ; ils sont appelés **probiotiques**. De plus en plus d'études tendent à montrer que certaines souches de probiotiques ont des effets bénéfiques sur la santé. Par exemple, on ajoute fréquemment des souches de lactobacilles et de bifidobactéries – tel *Bifidobacterium bifidus,* aussi nommé *B. lactis* – aux yogourts. Par ailleurs, les probiotiques s'avèrent efficaces dans la prévention, voir dans le traitement, de la diarrhée provoquée par l'administration d'antibiotiques.

## Les fermentations non lactiques

Dans le passé, la fermentation lactique permettait d'entreposer les produits laitiers en vue d'une consommation ultérieure. On utilisait d'autres fermentations microbiennes afin de rendre certaines plantes comestibles. Par exemple, à l'époque précolombienne, des peuples d'Amérique centrale et du Sud ont appris à faire fermenter les fèves de cacao avant de les consommer. Ce sont les produits microbiens libérés pendant la fermentation qui donnent son goût au chocolat.

On emploie aussi des microorganismes en boulangerie, surtout pour la fabrication du *pain.* Les levures fermentent les glucides de la pâte à pain sensiblement de la même manière que lors de la fermentation des boissons alcoolisées (dont il sera question dans les prochains paragraphes). En boulangerie, c'est le dioxyde de carbone ($CO_2$) qui produit les bulles généralement présentes dans la pâte levée. Étant donné que des conditions aérobies favorisent la production de ce gaz, on s'efforce de les créer du mieux que l'on peut. C'est pourquoi on pétrit la pâte à plusieurs reprises. Toutefois, pour fabriquer l'éthanol contenu dans les boissons, les levures exigent des conditions anaérobies. Toute quantité d'éthanol produite lors de la fabrication du pain s'évapore durant la cuisson. Le goût acidulé de certaines pâtes, comme celles du pain de seigle et du pain au levain, est dû à la croissance de bactéries lactiques. (Voir l'encadré du chapitre 1, p. 4.)

La préparation d'aliments tels que la *choucroute*, les *marinades* et les *olives* comprend aussi une étape de fermentation. En Asie, on fabrique des quantités considérables de *sauce de soja* à l'aide de moisissures qui produisent des enzymes dégradant l'amidon en glucides fermentescibles. On applique le même principe pour la fabrication d'autres aliments asiatiques fermentés, dont le *miso.* Pour la production de la sauce de soja, on fait croître des moisissures, telles *Aspergillus oryzæ,* qu'on laisse agir, conjointement avec des bactéries lactiques, sur un mélange de graines soja cuites et de blé broyé. Une fois qu'on a obtenu des glucides fermentescibles, grâce à ce processus, une longue fermentation donne la sauce de soja. Le tableau 28.3 présente un certain nombre d'aliments fermentés.

## Les boissons alcoolisées et le vinaigre

Des microorganismes participent à la production de presque toutes les boissons alcoolisées. Les *bières* et les *ales* résultent de la fermentation de l'amidon de grains par des levures (tableau 28.4). Étant donné que les levures sont incapables d'utiliser directement l'amidon, celui-ci doit être converti en glucose et en maltose, deux glucides que les levures transforment en éthanol et en dioxyde de carbone par fermentation. Au cours de ce processus appelé **maltage,** on laisse germer des grains amylacés (contenant de l'amidon), tels que l'orge de brasserie, qui sont ensuite séchés et moulus. Le produit, nommé **malt**, contient des enzymes (amylases) capables de dégrader les amidons en glucides. La poudre de malt est ensuite mélangée à de l'eau et incubée au cours de l'étape du *brassage,* qui donne un liquide sucré appelé *moût de brasserie* dont le sucre sera converti en alcool par les levures. La bière est ensuite diluée, de manière que le pourcentage d'alcool se situe dans la plage standard. La fabrication du *saké*, le vin de riz japonais, ne comporte pas d'étape

**Tableau 28.3** *Aliments fermentés et produits apparentés*

| Aliments et produits | Matières premières | Microorganisme(s) fermentaire(s) | Lieux de production |
|---|---|---|---|
| **Produits laitiers** | | | |
| Fromages (affinés) | Caillé de lait | *Streptococcus* spp., *Leuconostoc* spp. | Le monde entier |
| Kéfir | Lait | *Streptococcus lactis*, *Lactobacillus bulgaricus*, *Candida* spp. | Surtout le Sud-Ouest asiatique |
| Koumis | Lait de jument | *Lactobacillus bulgaricus*, *L. leichmannii*, *Candida* spp. | Russie |
| Yogourt | Lait, matière sèche du lait | *S. thermophilus*, *L. bulgaricus* | Le monde entier |
| **Produits de la viande et du poisson** | | | |
| Jambons fumés à la campagnarde | Jambon de porc | *Aspergillus*, *Penicillium* spp. | Sud des États-Unis |
| Saucissons secs | Porc, bœuf | *Pediococcus cerevisiæ* | Europe, États-Unis |
| Sauces de poisson | Petits poissons | *Bacillus* spp. halophile | Sud-Est asiatique |
| **Produits végétaux conditionnés** | | | |
| Fèves de cacao (chocolat) | Fruits du cacaoyer (cabosses) | *Candida krusei*, *Geotrichum* spp. | Afrique, Amérique du Sud |
| Fèves de café | Cerises fraîches de café | *Erwinia dissolvens*, *Saccharomyces* spp. | Brésil, Zaïre, Hawaii, Inde |
| Kimchi | Chou et autres légumes | Bactéries lactiques | Corée |
| Miso | Graines de soja | *Aspergillus oryzæ*, *Saccharomyces rouxii* | Surtout le Japon |
| Olives | Olives vertes | *Leuconostoc mesenteroides*, *Lactobacillus plantarum* | Le monde entier |
| Poi | Rhizomes de taro | Bactéries lactiques | Hawaii |
| Choucroute | Chou | *Leuconostoc mesenteroides*, *Lactobacillus plantarum* | Le monde entier |
| Sauce de soja | Graines de soja | *A. oryzæ* ou *A. soyæ*, *S. rouxii*, *Lactobacillus delbrueckii* | Japon, Chine, États-Unis |
| **Produits de boulangerie** | | | |
| Petits pains mollets, gâteaux, pains, etc. | Farines de blé | *Saccharomyces cerevisiæ* | Le monde entier |
| Pain au levain de San Francisco | Farine de blé | *S. exiguus*, *Lactobacillus sanfrancisco* | Nord de la Californie |

de maltage, car on utilise d'abord la moisissure *Aspergillus* pour convertir l'amidon de riz en glucides fermentescibles.

Les *eaux-de-vie distillées,* telles que le *whisky*, la *vodka* et le *rhum*, proviennent de la fermentation en alcool des glucides de grains céréaliers, de pommes de terre ou de la mélasse. L'alcool est ensuite distillé de manière à obtenir une boisson alcoolique concentrée.

La fabrication des *vins* se fait à partir de fruits, principalement de raisins, qui contiennent des glucides que les levures sont capables de fermenter directement. Le maltage n'est donc pas nécessaire dans la fabrication de vin. On n'a généralement pas besoin d'ajouter de sucre aux raisins, ce qu'on fait parfois dans le cas des autres fruits afin de s'assurer que la production d'alcool sera suffisante. Les étapes de la vinification sont illustrées dans la figure 28.7. Les bactéries lactiques jouent un rôle important dans la fabrication de vin à partir de raisins particulièrement acidulés en raison d'une forte concentration en acide malique. Ces bactéries convertissent l'acide

**Tableau 28.4** *La production de boissons alcoolisées à l'aide de levures*

| Boissons | Levure | Méthode de fabrication | Rôle des levures |
|---|---|---|---|
| **Bières et vins** | | | |
| Bière, lager | *Saccharomyces uvarum* (levure de fermentation basse) | L'orge germée libère de l'amidon et de l'amylase, une enzyme (maltage). Les enzymes du malt hydrolysent l'amidon en glucides fermentescibles. Le liquide sucré (moût) est stérilisé. On ajoute du houblon, pour la saveur, et de la levure, puis on laisse incuber à une température de 3 à 10 °C. | Convertissent le sucre en éthanol et en $CO_2$ ; plus de 6% d'éthanol. Les levures croissent au fond de la cuve de fermentation. |
| Bière, ale | *Saccharomyces cerevisiæ* (levure de fermentation haute) | Même méthode que pour les lagers, mais l'incubation se fait à une température plus élevée, comprise entre 10 et 21 °C. | Convertissent les glucides en éthanol et en $CO_2$ ; moins de 4% d'éthanol. Les levures croissent dans la partie supérieure de la cuve de fermentation. |
| Saké | *S. cerevisiæ* | *Aspergillus oryzæ* transforme l'amidon du riz cuit à la vapeur en glucides ; on ajoute de la levure et on fait incuber à 20 °C. | Convertissent les glucides en éthanol ; de 14 à 16% d'éthanol. |
| Vin naturel | *S. cerevisiæ* | La saveur et la concentration en glucides dépendent des variétés de raisins utilisées. On broie ces derniers de manière à obtenir un moût ; on ajoute du dioxyde de soufre pour inhiber la levure sauvage puis on ajoute de la levure. Dans le cas des vins rouges, l'incubation a lieu à 25 °C. On fait vieillir le vin en fût de chêne pendant 3 à 5 ans et en bouteille pendant 5 à 15 ans. Dans le cas des vins blancs, l'incubation a lieu entre 10 et 15 °C, et on fait vieillir le vin entre 2 et 3 ans en bouteille. | Convertissent les glucides du raisin en éthanol ; au plus 14% d'éthanol. |
| Vin mousseux (champagne) | *S. cerevisiæ* | Le procédé est le même que pour les vins naturels, la fermentation complémentaire se faisant en bouteille. On ajoute 2,5% de sucre et de la levure au vin embouteillé ; l'incubation a lieu à 15 °C ; on renverse les bouteilles de manière à recueillir la levure dans le col. | Produisent du $CO_2$ durant la fermentation complémentaire ; les levures décantent rapidement. |
| **Boissons distillées** | | | |
| Rhum | Levure sauvage | De la mélasse de canne est inoculée par une fermentation antérieure. Le vieillissement en fût de chêne ajoute de la couleur. On distille le produit pour le concentrer. | Convertissent les glucides en éthanol ; de 50 à 95% d'éthanol. |
| Brandy | *S. cerevisiæ* | On presse des fruits auxquels on ajoute de la levure. On distille le produit pour en accroître la concentration en alcool. On mélange le liquide obtenu avec d'autres brandys. | Convertissent les glucides en éthanol ; de 40 à 43% d'éthanol. |
| Whisky | *S. cerevisiæ* | On fait fermenter le moût (voir bière) à l'aide de levure. On distille le produit pour en accroître la concentration en alcool, puis on le fait vieillir en fût de chêne charbonné. | Convertissent les glucides en éthanol ; de 50 à 95% d'éthanol. |

malique en un acide plus faible, soit l'acide lactique, au cours d'un processus appelé **fermentation malolactique.** Ce procédé donne un vin moins acide et ayant meilleur goût.

Lorsque les producteurs ont laissé du vin exposé à l'air, ils se sont rendu compte que celui-ci était devenu aigre à cause de la croissance de bactéries aérobies qui convertissent l'éthanol en acide acétique. Ils ont ainsi obtenu du *vinaigre* (vin aigre). De nos jours, on applique délibérément le même processus pour la fabrication de vinaigre. On produit d'abord de l'éthanol par la fermentation anaérobie de glucides par des

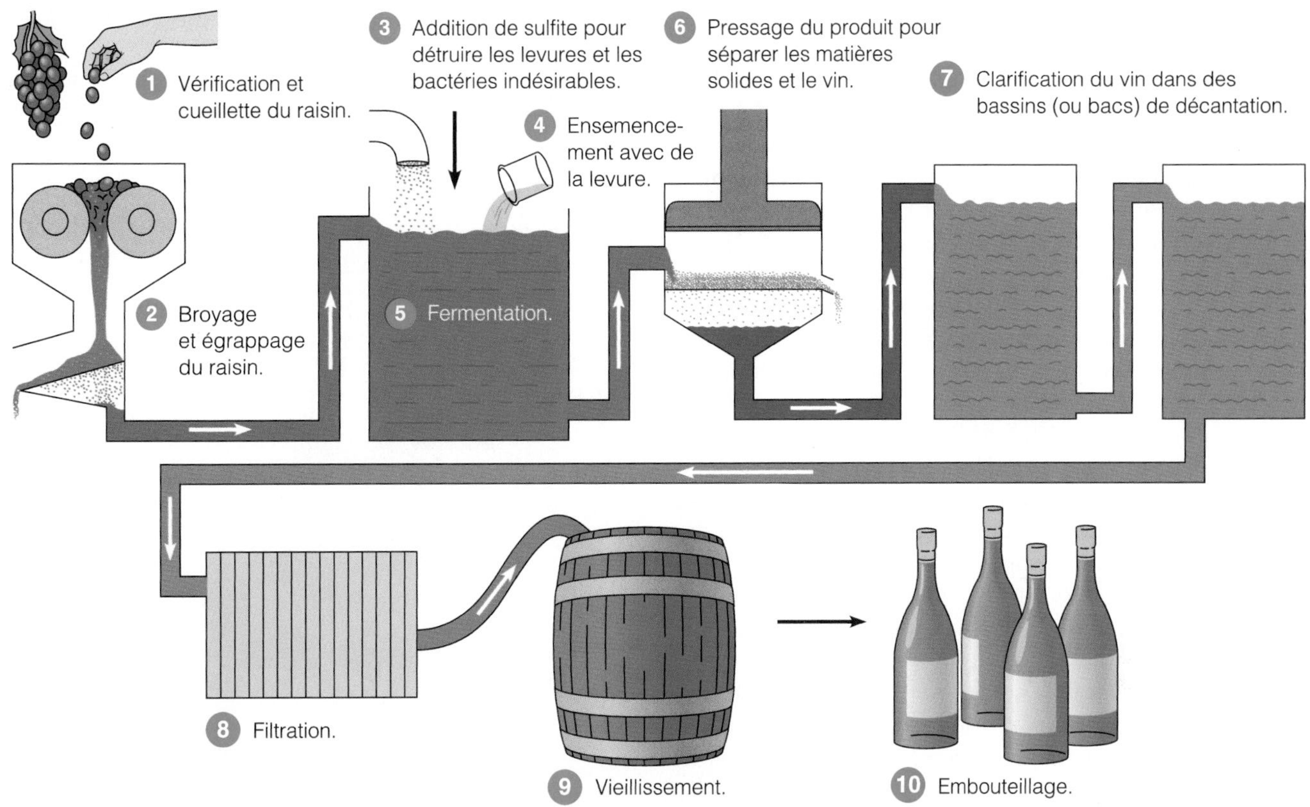

1 Vérification et cueillette du raisin.
2 Broyage et égrappage du raisin.
3 Addition de sulfite pour détruire les levures et les bactéries indésirables.
4 Ensemencement avec de la levure.
5 Fermentation.
6 Pressage du produit pour séparer les matières solides et le vin.
7 Clarification du vin dans des bassins (ou bacs) de décantation.
8 Filtration.
9 Vieillissement.
10 Embouteillage.

FIGURE 28.7 **Les étapes fondamentales de la fabrication du vin.** Dans le cas des vins blancs, on effectue le pressage avant la fermentation pour ne pas faire perdre sa couleur à la matière solide.

■ Pourquoi ajoute-t-on de la levure dans l'étape 4?

levures. L'éthanol est ensuite oxydé en acide acétique, dans des conditions aérobies, par des bactéries acétiques des genres *Acetobacter* et *Gluconobacter*.

# La microbiologie industrielle

Les premières applications industrielles de la microbiologie ont visé la fermentation mise en œuvre pour la production de grandes quantités d'acide lactique à partir de produits laitiers et pour la fabrication d'éthanol au moyen de procédés de brassage. L'acide lactique et l'éthanol se sont tous deux avérés utiles dans de nombreux secteurs industriels n'ayant rien à voir avec l'alimentation. Durant la Première et la Deuxième Guerre mondiale, on a eu recours à la fermentation microbienne et à des procédés similaires pour produire des composés chimiques reliés à l'armement, comme le glycérol (propanetriol-1,2,3) et l'acétone (propanone). La microbiologie industrielle actuelle a été élaborée en grande partie sur la base de la technologie mise au point pour créer des antibiotiques, après la Deuxième Guerre mondiale, et qui n'a cessé de progresser depuis. On s'intéresse aussi à des fermentations microbiennes qui permettent de fabriquer d'autres produits industriels, tels que des acides aminés, des vitamines, des hormones et des enzymes, surtout s'il est possible d'employer comme matière première des ressources renouvelables ou de se servir de ces fermentations pour détoxifier des polluants ou éliminer des déchets.

Au cours de ces dernières années, l'utilisation d'organismes génétiquement modifiés a révolutionné la microbiologie industrielle. L'encadré de la page 867 présente l'exemple d'un *biocapteur* mis au point par génie génétique afin de détecter la pollution. Au chapitre 9, il a été question des méthodes de fabrication de tels organismes modifiés à l'aide de la technologie de l'ADN recombiné, de même que des produits obtenus par ces méthodes, qui forment ce qu'on appelle aujourd'hui la *biotechnologie*.

## La technologie de la fermentation

### Objectifs d'apprentissage

- *Définir la fermentation industrielle et le bioréacteur.*
- *Distinguer les métabolites primaires et les métabolites secondaires.*

La fabrication industrielle de produits microbiens repose habituellement sur la fermentation. On appelle *fermentation industrielle* la culture de grandes quantités de microbes ou d'autres cellules isolées en vue de produire une substance d'intérêt commercial. (L'encadré du chapitre 5, p. 147, contient d'autres définitions du terme «fermentation».)

Il vient tout juste d'être question des exemples les plus connus: la fermentation anaérobie d'aliments utilisée par les industries laitière, brassicole et vinaire. On a adapté une grande partie de cette technologie à la fabrication d'autres produits industriels, tels que l'insuline et l'hormone de croissance humaine, en ayant recours à des microorganismes génétiquement modifiés. La biotechnologie se sert aussi de la fermentation industrielle pour fabriquer des substances utiles à partir de cellules végétales ou animales. Ainsi, on emploie des cellules animales pour produire des anticorps monoclonaux (chapitre 17, p. 534).

On appelle **bioréacteurs** les cuves utilisées pour la fermentation industrielle. Les principaux facteurs dont on tient compte dans la conception de ces cuves sont l'aération, le pH et la régulation de la température. Il existe plusieurs types de bioréacteurs, mais les plus communs sont les appareils à brassage continu (figure 28.8). L'air entre dans le bioréacteur par un diffuseur situé au fond (qui fractionne l'air entrant pour maximaliser l'aération), et une roue à aubes planes assure l'agitation continue de la suspension microbienne. La molécule de dioxygène est plus ou moins soluble dans l'eau et il est difficile de maintenir une bonne aération de la lourde suspension microbienne. On a mis au point des appareils très sophistiqués qui fournissent une aération et des conditions de croissance optimales, y compris en ce qui a trait à la formulation du milieu de culture. La valeur considérable des substances obtenues à l'aide de microorganismes et de cellules eucaryotes génétiquement modifiés a stimulé la mise au point de nouveaux types de bioréacteurs et d'équipement de surveillance informatisée de ces appareils.

Certains bioréacteurs sont énormes: ils contiennent jusqu'à 500 000 litres. Dans la *production par lots,* on recueille le produit après la fermentation. D'autres fermenteurs sont conçus pour la *production à écoulement continu*; les enzymes immobilisées ou les cellules en croissance dans un milieu sont perpétuellement alimentées en substrat, habituellement une source de carbone, et on retire en continu le milieu épuisé de même que le produit recherché.

En général, les microbes utilisés en fermentation industrielle permettent d'obtenir soit des métabolites primaires, comme l'éthanol, soit des métabolites secondaires, comme la pénicilline. Un **métabolite primaire** se forme essentiellement au moment où les cellules se divisent, durant la phase de croissance logarithmique, appelée **trophophase**; la courbe de production et la courbe de la population cellulaire sont presque parallèles, avec un léger écart (figure 28.9a). Les microbes ne produisent pas de **métabolites secondaires** avant d'avoir terminé leur phase de croissance et d'être entrés dans la phase stationnaire, appelée **idiophase** (figure 28.9b). Il est à noter que le métabolite secondaire peut résulter de la transformation microbienne d'un métabolite primaire, mais il peut aussi être un produit métabolique du milieu de culture originel, fabriqué par le microbe seulement après un nombre considérable de cellules et qu'un métabolite primaire se sont accumulés.

La microbiologie industrielle cherche toujours à améliorer les souches existantes. (Chaque souche microbienne présente

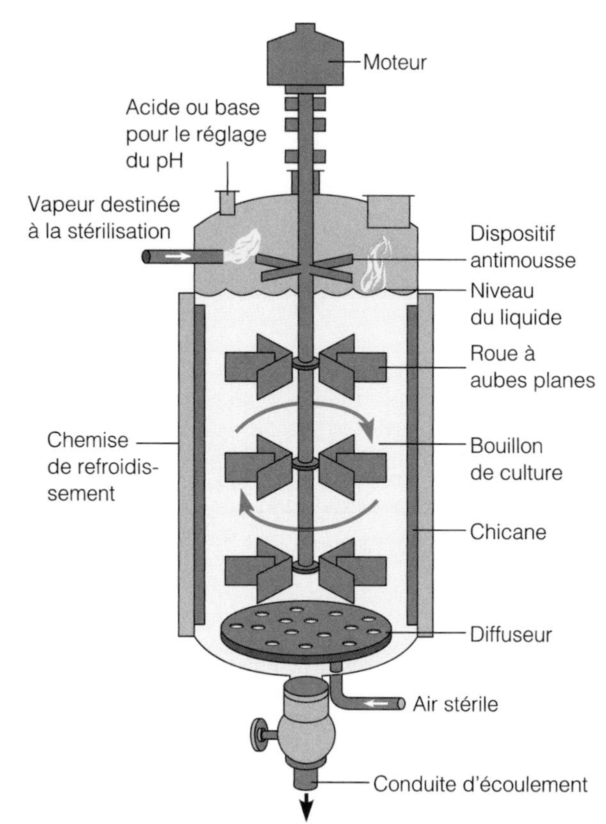


**a)** Section d'un bioréacteur à agitation continue

**b)** À gauche, cuve d'un bioréacteur.

**FIGURE 28.8 Bioréacteurs utilisés pour la fermentation industrielle.**

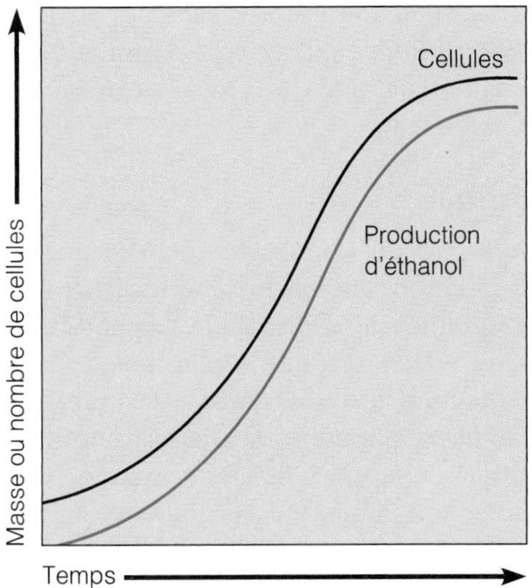


**a)** La courbe de production d'un métabolite primaire, tel que l'éthanol résultant de l'action de levures, est légèrement décalée par rapport à la courbe de croissance cellulaire.

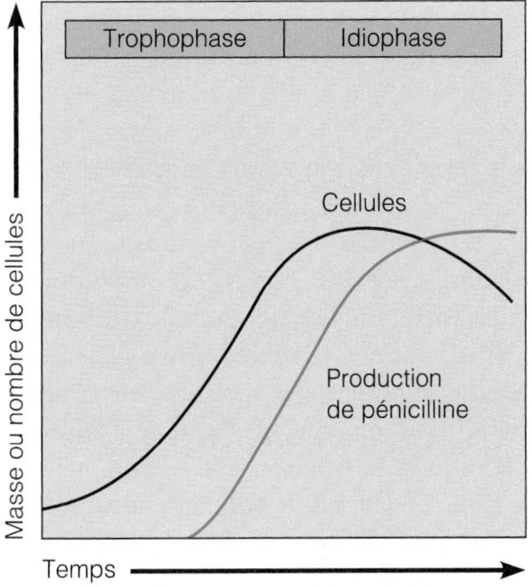


**b)** La production d'un métabolite secondaire, tel que la pénicilline résultant de l'action de moisissures, ne débute pas avant la fin de la phase de croissance logarithmique des cellules (ou trophophase). Elle a lieu principalement durant la phase stationnaire de la croissance cellulaire (ou idiophase).

**FIGURE 28.9 Fermentations primaire et secondaire.**

des particularités physiologiques significatives. Par exemple, elle possède une enzyme lui permettant d'effectuer une action particulière, ou elle est dépourvue d'une telle propriété, mais cette différence n'est pas assez considérable pour qu'on la considère comme une espèce distincte.) La moisissure utilisée pour la production de pénicilline est un exemple bien connu. La quantité de pénicilline fournie par la première culture de *Penicillium* n'était pas suffisante pour qu'on en fasse un usage commercial. On a isolé une culture ayant un meilleur rendement d'un cantaloup moisi provenant d'un supermarché de Peoria, dans l'Illinois. On a traité la nouvelle souche de différentes façons, avec de la lumière ultraviolette, des rayons X et de la moutarde à l'azote (ou chloréthazine, un mutagène chimique). La sélection de mutants, dont certains sont apparus spontanément, a permis d'augmenter rapidement la production par un facteur supérieur à 100. Les moisissures utilisées initialement pour produire de la pénicilline fournissent aujourd'hui 60 000 mg/L, et non 5 mg/L comme au tout début. L'amélioration des techniques de fermentation a permis de tripler, ou presque, ce rendement. L'encadré du chapitre 11, p. 356, donne un exemple d'une souche obtenue par enrichissement et sélection.

## Les enzymes et les microorganismes immobilisés

À divers égards, on peut considérer les microbes comme des paquets d'enzymes. L'industrie emploie de plus en plus d'enzymes libres isolées de microbes pour la fabrication de divers produits, notamment du sirop riche en fructose, du papier et des textiles. Il y a une grande demande pour de telles enzymes, car elles sont spécifiques et elles ne fabriquent pas de résidus toxiques ou dispendieux à traiter. En outre, contrairement aux procédés chimiques traditionnels qui requièrent l'emploi de chaleur ou d'acides, les enzymes agissent dans des conditions modérées; elles sont sans danger et biodégradables. Dans la plupart des utilisations industrielles, l'enzyme doit être immobilisée sur la surface d'un support solide quelconque, ou manipulée d'une façon ou d'une autre, pour pouvoir convertir un flot continu de substrat en produit sans être évacuée.

On a également adapté les techniques en continu à des cellules entières vivantes et même, dans certains cas, à des cellules mortes (figure 28.10). Les systèmes faisant appel à des

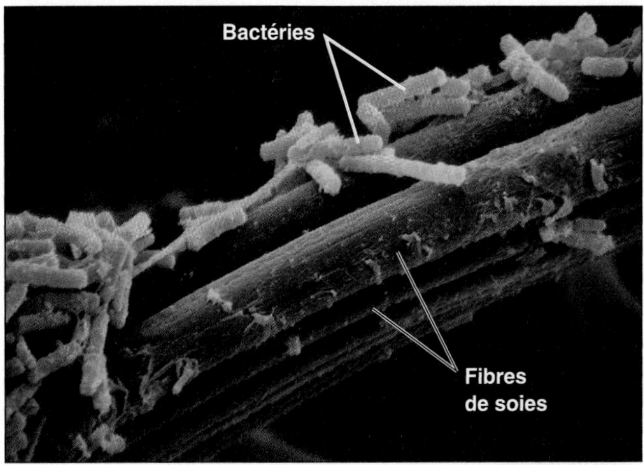


**FIGURE 28.10 Cellules immobilisées.** Dans certains procédés industriels, les cellules sont immobilisées sur des surfaces, comme les fibres de soies illustrées dans la photo. C'est le substrat qui circule devant les cellules.

- Des bactéries permettent de fabriquer rapidement des substances chimiques sans qu'il en résulte aucun sous-produit toxique.

cellules entières sont difficiles à aérer et ils n'ont pas la spécificité enzymatique des enzymes immobilisées. Toutefois, l'emploi de cellules entières est avantageux si le procédé comporte une suite d'étapes que les enzymes d'un microbe sont capables de réaliser. Il présente aussi l'avantage de permettre l'application de procédés en continu dans lesquels de grandes populations de cellules produisent des réactions à vitesse élevée. À l'échelle actuelle, on emploie des cellules immobilisées, habituellement ancrées à des sphères ou à des fibres microscopiques, pour fabriquer du sirop riche en fructose, de l'acide aspartique et bien d'autres produits issus de la biotechnologie.

## Les produits industriels

### Objectif d'apprentissage

- *Décrire le rôle des microorganismes dans la fabrication de produits chimiques et pharmaceutiques industriels.*

Nous avons vu que la fabrication de fromage s'accompagne de la production d'un résidu organique appelé petit lait, qu'il faut éliminer avec les eaux usées, ou encore déshydrater et brûler comme un déchet solide. Ces deux procédés sont coûteux et posent un problème écologique. Cependant, des microbiologistes ont découvert un usage au petit lait (voir l'encadré du chapitre 11, p. 356). Ainsi, en plus de créer de nouveaux produits, les microbiologistes inventent de nouveaux modes d'utilisation des produits existants. Dans la présente section, nous allons étudier quelques-uns des produits microbiens commerciaux de premier plan ainsi que l'industrie des énergies de remplacement, qui est en pleine expansion.

### Les acides aminés

De nos jours, les acides aminés constituent un important produit industriel issu de microorganismes. Par exemple, on fabrique chaque année de grandes quantités d'*acide glutamique* (L-glutamate), qui servent à la production de glutamate monosodique, un renforçateur de goût. Certains acides aminés, dont la *lysine* et la *méthionine*, ne sont pas synthétisés par les animaux et un régime alimentaire normal n'en contient qu'une faible quantité. La synthèse industrielle de lysine et d'autres acides aminés essentiels, utilisés comme supplément alimentaire dans les céréales, constitue une industrie majeure.

Deux acides aminés synthétisés par des microbes, soit la *phénylalanine* et l'*acide aspartique* (L-aspartate) doivent leur importance au fait que ce sont des ingrédients de l'édulcorant aspartame (NutraSweet^MD).

Dans la nature, les microbes synthétisent rarement une quantité d'acides aminés dépassant leurs besoins, car un mécanisme de rétro-inhibition empêche la production excessive de métabolites primaires (chapitre 5, p. 131). La production industrielle des acides aminés par les microbes repose sur des mutants sélectionnés à cette fin et, parfois, sur des manipulations ingénieuses des voies métaboliques. Par exemple, pour des applications où seul l'isomère L d'un acide aminé est recherché, la production par des microbes est plus avantageuse, car elle ne donne que ce type d'isomère, alors que la fabrication chimique donne à la fois l'**isomère D** et l'**isomère L** (figure 2.14).

### L'acide citrique

L'*acide citrique* est un constituant des agrumes, tels que l'orange et le citron, qui étaient à une certaine époque la seule source industrielle de cet acide. Cependant, il y a plus d'un siècle, on a découvert que l'acide citrique était un produit du métabolisme de moisissures, et plus particulièrement d'*Aspergillus niger*, qui utilise la mélasse comme substrat. L'acide citrique ne permet pas uniquement de donner une saveur acidulée aux aliments; il a en fait une gamme d'applications étonnamment large. On s'en sert comme antioxydant et agent d'équilibration du pH dans la préparation d'aliments, et comme émulsifiant dans la fabrication de produits laitiers.

### Les enzymes

Les enzymes sont largement utilisées par diverses industries. Par exemple, les *amylases* servent à la fabrication de sirops à partir d'amidon de maïs, au collage du papier et à la production de glucose à partir d'amidon. La *glucose isomérase* transforme le glucose – produit par des amylases à partir d'amidons – en fructose, substance employée comme édulcorant dans de nombreux aliments en remplacement du saccharose. Des *protéases* sont souvent ajoutées à la pâte à pain; ces enzymes régulent la quantité de gluten (protéine) dans le blé, de sorte que le pain a une texture moelleuse ou plus uniforme. D'autres enzymes protéolytiques sont employées comme attendrisseur à viande ou comme additifs dans les détergents en vue de faciliter l'élimination des taches protéiniques. La *rennine*, soit l'enzyme utilisée pour produire le caillé de lait, est d'ordinaire fabriquée industriellement au moyen de mycètes, mais on a récemment employé à cette fin des bactéries génétiquement modifiées. Le tableau 28.5 offre une liste d'enzymes produites industriellement au moyen de microorganismes.

### Les vitamines

On vend les vitamines en grande quantité sous forme de comprimés de multivitamines et on s'en sert, isolément, comme supplément alimentaire. Certaines vitamines sont produites à faible coût par des microbes. La *vitamine* $B_{12}$ est fournie par *Pseudomonas* et l'espèce *Propionibacterium*. La *riboflavine* est également produite par fermentation, principalement à l'aide de mycètes tels que *Ashbya gossypii*. On a recours à un processus complexe de modification du glucose par l'espèce *Acetobacter* pour produire de la *vitamine C* (ou acide ascorbique).

### Les substances pharmaceutiques

C'est par le biais de la fabrication d'antibiotiques que la microbiologie pharmaceutique moderne a pris son essor, après la Deuxième Guerre mondiale. Tous les antibiotiques

**Tableau 28.5** ***Enzymes microbiennes de fabrication industrielle***

| Enzyme | Microorganisme(s) | Utilisations |
|---|---|---|
| $\alpha$-amylase | *Aspergillus* spp. | Fabrication de détergents à lessive |
| $\beta$-amylase | *Bacillus subtilis* | Procédés de brassage |
| Cellulase | *Trichoderma viride* | Fabrication de jus de fruits, de café et de papier |
| Invertase | *Saccharomyces cerevisiæ* | Fabrication de bonbons |
| Lactase | *Saccharomyces fragilis* | Fabrication de bonbons et de produits facilitant la digestion |
| Lipase | *Aspergillus niger* | Fabrication de détergents à lessive et de fromages, tannage du cuir |
| Oxydases | *A. niger* | Blanchiment du papier, fabrication de matières textiles et de papier réactif pour les épreuves de glucose |
| Pectinase | *A. niger* | Fabrication de jus de fruits |
| Protéases | *A. oryzæ* | Fabrication d'attendrisseur à viande et de produits facilitant la digestion, tannage du cuir |
| Rennine (chymosine) | *Mucor, Escherichia coli* | Fabrication de fromages |
| Streptokinase | *Streptococcus* $\beta$-hémolytique du groupe C | Lyse des caillots sanguins |

étaient initialement des produits du métabolisme microbien. Nombre d'entre eux sont encore fabriqués par fermentation microbienne et on continue à sélectionner des mutants à rendement élevé par manipulation nutritionnelle ou génétique. Six mille antibiotiques au moins ont déjà été décrits. Un seul microorganisme, *Streptomyces hydroscopius,* présente différentes souches que fournissent près de 200 antibiotiques différents. La production industrielle d'antibiotiques se fait généralement par inoculation d'une solution d'un milieu de culture avec des spores d'une moisissure ou de *Streptomyces*, la solution étant ensuite fortement aérée. Lorsque la croissance du microorganisme a donné une concentration d'antibiotique satisfaisante, on extrait ce dernier de la solution par précipitation et au moyen d'un autre procédé industriel.

Les vaccins sont également un produit de la microbiologie industrielle. De nombreux vaccins antiviraux sont cultivés, à grande échelle, sur embryon de poulet ou à milieu de culture cellulaire. La fabrication de vaccins destinés à la lutte contre des maladies bactériennes nécessite habituellement la culture de grandes quantités de bactéries. Les techniques de génie génétique jouent un rôle de plus en plus important dans la mise au point et la production des vaccins purifiés (chapitre 18, p. 551).

La microbiologie industrielle permet aussi de fabriquer des substances indispensables. Les *stéroïdes* forment un groupe essentiel de substances chimiques qui comprend la *cortisone*, utilisée comme anti-inflammatoire, que les *œstrogènes* et la *progestérone*, hormones qui entrent dans la composition des contraceptifs oraux. Il est difficile d'extraire des stéroïdes de sources animales ou d'en faire la synthèse chimique, mais des microorganismes sont capables de synthétiser des stéroïdes à partir de stérols ou de composés apparentés faciles à obtenir.

## L'extraction du cuivre par lixiviation

On emploie *Thiobacillus ferrooxidans* pour récupérer du minerai de cuivre dont la concentration ne dépasse parfois pas plus de 0,1 % et dont l'extraction par d'autres méthodes ne serait pas rentable. Cette bactérie tire son énergie de l'oxydation d'une forme réduite de fer, le $Fe^{2+}$, qu'elle transforme en $Fe^{3+}$. Cette réaction produit aussi de l'acide sulfurique ($H_2SO_4$, tétraoxosulfate de dihydrogène).

On pulvérise d'abord une solution aqueuse, acide, contenant les ions $Fe^{3+}$, qu'on laisse descendre à travers le corps minéralisé par percolation (figure 28.11). En réagissant avec le $Fe^{3+}$ présent dans la solution pulvérisée, les *sulfures de cuivre* ($Cu^{+}$) insolubles du minerai forment des *sulfates de cuivre* $CuSO_4$ ($Cu^{2+}$) solubles. Pour maintenir un pH suffisamment faible, on ajoute au besoin de l'acide sulfurique ($H_2SO_4$). Le sulfate de cuivre soluble s'écoule vers le bas et est recueilli dans des réservoirs où il entre en contact avec de la ferraille. Les sulfates de cuivre réagissent avec le fer, puis ils précipitent sous forme de cuivre métal ($Cu^0$). Au cours de cette réaction, le fer métal ($Fe^0$) est converti en $FeSO_4$ ($Fe^{2+}$), qui est recyclé dans un étang d'oxydation aéré où *Thiobacillus* l'utilise comme source d'énergie ; la transformation

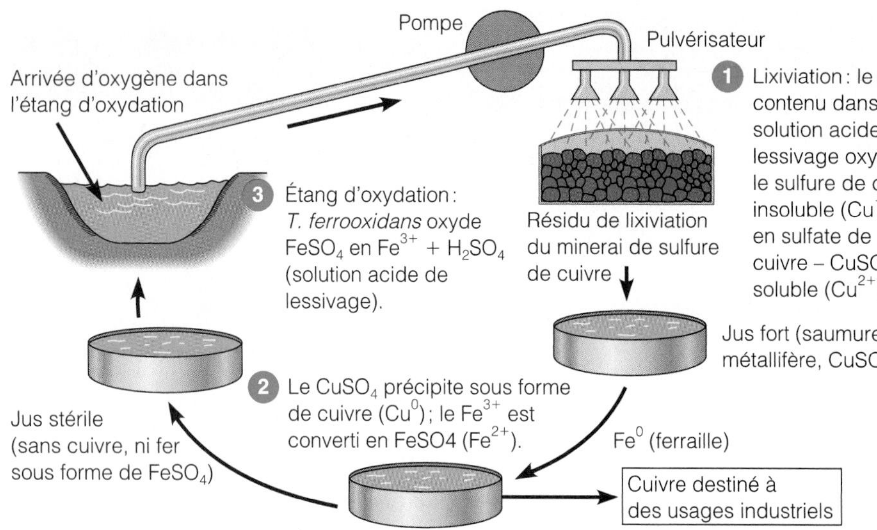
Pompe
Pulvérisateur
Arrivée d'oxygène dans l'étang d'oxydation
1 Lixiviation : le $Fe^{3+}$ contenu dans la solution acide de lessivage oxyde le sulfure de cuivre insoluble ($Cu^{+}$) en sulfate de cuivre – $CuSO_4$ – soluble ($Cu^{2+}$).
3 Étang d'oxydation : T. ferrooxidans oxyde $FeSO_4$ en $Fe^{3+}$ + $H_2SO_4$ (solution acide de lessivage).
Résidu de lixiviation du minerai de sulfure de cuivre
Jus fort (saumure métallifère, $CuSO_4$)
2 Le $CuSO_4$ précipite sous forme de cuivre ($Cu^0$) ; le $Fe^{3+}$ est converti en FeSO4 ($Fe^{2+}$).
Jus stérile (sans cuivre, ni fer sous forme de $FeSO_4$)
$Fe^0$ (ferraille)
Cuivre destiné à des usages industriels

**a)** Procédé simplifié de lixiviation du minerai de cuivre

**b)** Pulvérisation de la solution de lessivage sur des déblais de minerais

**FIGURE 28.11 La lixiviation biologique du minerai de cuivre.** La chimie du processus est beaucoup plus complexe que ne le laisse entendre le schéma. On utilise essentiellement des bactéries *Thiobacillus ferrooxidans* dans un processus à la fois biologique et chimique pour transformer le cuivre insoluble du minerai en cuivre soluble, qui est lixivié et précipité sous forme de cuivre métal. On assure une recirculation continue des solutions.

du $Fe^{2+}$ en $Fe^{3+}$ perpétue le cycle. Bien que ce processus demande beaucoup de temps, il est économique et permet de récupérer jusqu'à 70 % du cuivre contenu dans le minerai. L'ensemble du procédé fait penser à un bioréacteur à débit continu.

### Les microorganismes en tant que produits industriels

Certains microorganismes sont en soi des produits industriels. On fabrique la *levure de boulangerie* dans de grandes cuves de fermentation aérées. À la fin du processus, le contenu renferme environ 4 % de levure solide. On recueille les cellules au moyen de décanteuses continues et on les presse de manière à former les tablettes ou les paquets de levure vendus dans les supermarchés pour la fabrication de pain et de pâtisseries maison.

Les bactéries symbiotiques fixatrices d'azote ($N_2$) *Rhizobium* et *Bradyrhizobium* sont aussi des microbes essentiels vendus par l'industrie. On les mélange habituellement avec de la sphaigne en vue de retenir l'humidité ; l'agriculteur mélange la sphaigne et un inoculum bactérien avec les graines de légumineuses pour s'assurer que les plants seront infectés avec des souches fixatrices d'azote à haut rendement (chapitre 27). Les jardiniers utilisent par ailleurs l'agent pathogène d'insecte *Bacillus thuringiensis* (Bt) afin de lutter contre les larves d'insecte phyllophages (c'est-à-dire qui se nourrissent de feuilles).

Le biotype de *Bt* dit *israelensis* est particulièrement efficace pour la lutte contre les larves de moustique et est largement utilisé dans le cadre de programmes municipaux. Presque tous les centres de jardinage offrent des produits commerciaux qui contiennent des cristaux toxiques et des endospores de cet organisme. L'encadré de la page 867 présente un exemple de microbe mis au point pour la détection de substances chimiques.

## Les énergies de remplacement faisant usage de microorganismes

### Objectif d'apprentissage

- *Définir la bioconversion et énumérer les avantages de ce processus.*

Au fur et à mesure que les réserves de combustibles fossiles diminuent et que le prix de ceux-ci augmente, les ressources d'énergie renouvelables suscitent de plus en plus d'intérêt. L'une des plus importantes est la **biomasse**, c'est-à-dire l'ensemble de la matière organique produite par les organismes vivants, y compris les récoltes, les arbres et les ordures ménagères. On peut utiliser des microbes pour la **bioconversion**, soit le processus qui convertit la biomasse en énergie de remplacement. La bioconversion permet aussi de réduire la quantité de déchets à éliminer.

Le **méthane** est l'une des sources d'énergie les plus pratiques obtenues au moyen de la bioconversion. Dans l'encadré du chapitre 27 (p. 829), il est question de ce gaz en tant que produit du traitement anaérobie des boues usées. De nombreuses municipalités produisent des quantités appré-

LA MICROBIOLOGIE DANS L'ACTUALITÉ

## Les biocapteurs : des bactéries détectent les polluants et les agents pathogènes

Aux États-Unis, les installations industrielles produisent chaque année 265 millions de tonnes de déchets dangereux, dont 80 % sont acheminés vers des sites d'enfouissement. Toutefois, l'enfouissement de ces substances chimiques ne les élimine pas de l'écosystème ; il les déplace simplement d'un endroit à un autre, et ne les empêche pas de rejoindre des masses d'eau. Les analyses chimiques utilisées traditionnellement pour la localisation de telles substances sont coûteuses et elles ne permettent pas de distinguer les substances qui nuisent aux écosystèmes de celles qui restent dans le milieu à l'état inerte.

Pour résoudre ce problème, des scientifiques œuvrent à la mise au point de biocapteurs, c'est-à-dire de bactéries capables de localiser les polluants bioactifs. Les biocapteurs ne nécessitent pas l'emploi de substances chimiques ou d'équipement dispendieux et ils effectuent le travail rapidement, soit en quelques minutes.

Pour fonctionner, les biocapteurs bactériens ont besoin à la fois d'un récepteur qui s'active en présence de polluants et d'un rapporteur qui permette de voir ce changement.

Les biocapteurs utilisent comme rapporteur l'opéron *lux* de *Vibrio* ou de *Photobacterium,* qui contient un inducteur et des gènes de structure de l'enzyme luciférase. En présence de la coenzyme appelée $FMNH_2$, la luciférase réagit avec la molécule polluante de telle manière que le complexe enzyme-substrat émet de la lumière bleu-vert, qui produit alors du FMN en oxydant le $FMNH_2$. Une bactérie contenant le gène *lux* émet donc de la lumière visible lorsque le récepteur est activé (voir les photos).

L'opéron *lux* se transfère facilement à de nombreuses bactéries. Des scientifiques de la Corée du Sud emploient *E. coli,* contenant l'opéron *lux,* comme dispositif d'alerte rapide pour la détection de défectuosités dans le fonctionnement des stations de traitement des eaux usées. Avant de les rejeter dans le milieu, on fait circuler continuellement les eaux usées provenant de ces stations dans un bioréacteur qui contient la bactérie *E. coli.* Celle-ci émet de la lumière aussi longtemps qu'elle se porte bien, mais elle cesse d'en émettre si elle est détruite par des polluants toxiques.

Une autre application consiste à utiliser des bactéries *Lactococcus* contenant l'opéron *lux* pour la détection d'antibiotiques dans le lait destiné à la fabrication de fromage. (Si le lait contient des antibiotiques, il est impossible de faire croître le ferment à fromage.) Étant donné que seules les bactéries vivantes émettent de la lumière, la décroissance du rendement lumineux des bactéries recombinées, telles que *Lactococcus,* fournit une mesure de la quantité d'antibiotique présente dans le lait.

Le système Microtox, mis au point en Grande-Bretagne, repose sur l'emploi de la bactérie marine *Photobacterium* pour détecter directement les polluants toxiques. Cette bactérie n'émet pas non plus de lumière si elle est détruite par les polluants.

Le fonctionnement d'autres biocapteurs repose sur l'emploi de bactériophages recombinés contenant les gènes *lux* pour déceler *Listeria* et *E. coli* dans les aliments, de même que des mycobactéries pharmacorésistantes.

Il est essentiel de détecter les polluants nocifs et les agents pathogènes présents dans le sol et l'eau pour protéger les humains et les animaux. Mais une fois cette tâche accomplie, il faut encore éliminer les polluants à l'aide de procédés de bioréhabilitation.

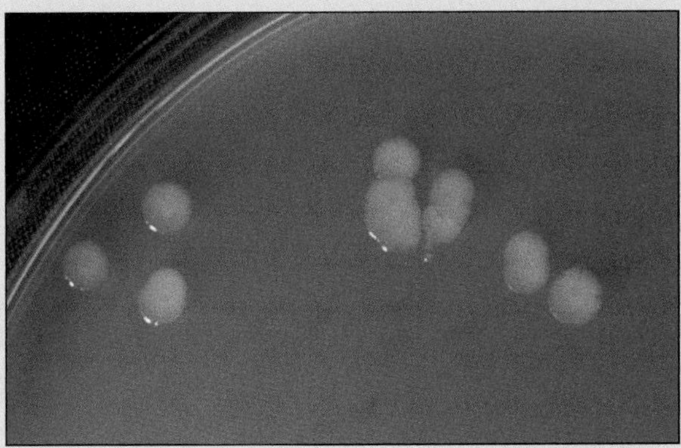

a)

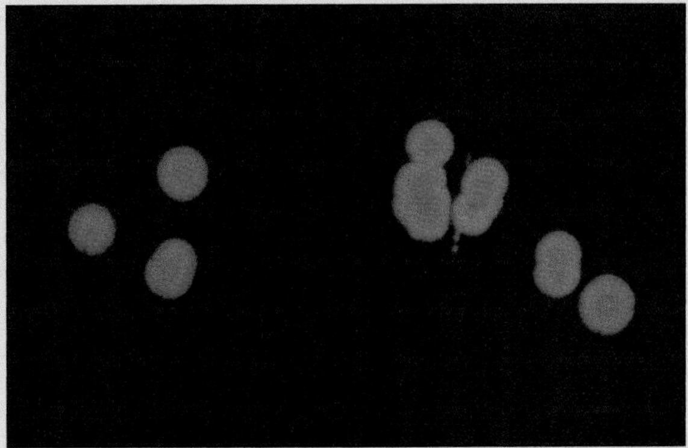

b)

Vibrio fischeri *émet de la lumière lorsque de l'énergie est libérée par le transport d'électrons vers la luciférase. a) Colonies de* V. fischeri *photographiées à la lumière du jour. b) Colonies de* V. fischeri *photographiées dans l'obscurité et illuminées par la lumière qu'elles émettent elles-mêmes.*

ciables de méthane à partir des déchets des sites d'enfouissement. Les grands parcs d'engraissement de bovins doivent évacuer des quantités considérables de fumier, et on déploie beaucoup d'efforts pour mettre au point des méthodes pratiques de production de méthane à partir de ces déchets. Parmi les principaux problèmes que pose toute tentative de production de méthane à grande échelle, on compte la nécessité de concentrer de façon économique la biomasse, largement disséminée, qui sert de matière première. Si on résolvait ce problème, les déchets d'origine animale et les eaux usées pourraient fournir une bonne partie de l'énergie que l'on tire aujourd'hui des combustibles fossiles et du gaz naturel.

L'industrie agricole a encouragé la production d'**éthanol** à partir de produits agricoles. De l'essence contenant de l'éthanol (90% d'essence + 10% d'éthanol) est maintenant sur le marché et on s'en sert partout dans le monde pour alimenter des automobiles. Le maïs est actuellement le substrat le plus employé, mais on devrait finir par pouvoir utiliser n'importe quel déchet agricole.

## La microbiologie industrielle de l'avenir

Les microbes ont toujours été d'une très grande utilité pour l'humanité, même lorsqu'on n'en connaissait pas l'existence. Ils continueront de jouer un rôle crucial dans beaucoup de méthodes fondamentales de transformation des aliments. L'arrivée du génie génétique a encore accru l'intérêt pour la microbiologie industrielle en élargissant les possibilités d'élaboration de nouveaux produits et de nouvelles applications (voir l'encadré du chapitre 9, p. 275). Il est certain que les nouvelles applications et les nouveaux produits de la biotechnologie vont avoir des répercussions considérables sur nos vies et notre bien-être.

## RÉSUMÉ

### LA MICROBIOLOGIE ALIMENTAIRE (p. 852-861)

Les premières méthodes de conservation des aliments étaient la déshydratation, l'ajout de sel ou de sucre, et la fermentation.

#### L'appertisation industrielle (p. 852-855)

1. La stérilisation commerciale des aliments se fait à l'aide de vapeur sous pression dans une marmite de mise en conserve.
2. La stérilisation commerciale consiste à chauffer les conserves à la température minimale requise pour détruire les endospores de *Clostridium botulinum,* tout en altérant le moins possible les aliments.
3. Dans le processus de stérilisation commerciale, on applique une chaleur suffisante pour réduire une population de *C. botulinum* par un facteur de 12 cycles logarithmiques (traitement 12D).
4. Les endospores des bactéries thermophiles peuvent survivre à la stérilisation commerciale.
5. Les conserves entreposées à une température supérieure à 45 °C risquent d'être altérées par des bactéries anaérobies thermophiles.
6. La détérioration par des bactéries anaérobies thermophiles s'accompagne parfois de la production de gaz. S'il n'y a pas production de gaz, on parle alors de surissement sans bombage.
7. La détérioration causée par des bactéries mésophiles peut avoir lieu après un procédé de chauffage inadéquat ou lorsque la boîte n'est pas étanche.
8. Il est possible de conserver les aliments acides en les chauffant à 100 °C parce que les microorganismes qui survivent à cette température sont incapables de croître dans un milieu à faible pH.
9. *Byssochlamys, Aspergillus* et *Bacillus coagulans*, des microbes résistant aux acides et à la chaleur, sont susceptibles d'altérer les aliments acides.

#### Le conditionnement aseptique (p. 855)

1. On fabrique des emballages avec des matériaux stérilisés, puis on remplit, dans des conditions aseptiques, les emballages avec des aliments liquides préalablement stérilisés à la chaleur.

#### L'irradiation et la conservation industrielle des aliments (p. 855-856)

On utilise les rayons gamma pour stériliser des aliments, détruire les insectes et les vers parasites, et pour prévenir la germination des fruits et des légumes.

#### Le rôle des microorganismes dans la production alimentaire (p. 856-861)

*Le fromagec*

1. La protéine du lait, appelée caséine, caille sous l'action de bactéries lactiques ou de la rennine, une enzyme.
2. Le fromage est le caillé séparé de la fraction liquide du lait, appelée petit lait.
3. Les fromages à pâte ferme résultent de la croissance de bactéries lactiques à l'intérieur du caillé.
4. La croissance de microbes dans le fromage est appelée affinage.
5. L'affinage des fromages à pâte semi-molle résulte de la croissance de bactéries à la surface, tandis que l'affinage des fromages à pâte molle résulte de la croissance de *Penicillium* à la surface.

*Autres produits laitiers* (p. 858)

1. Le babeurre était autrefois produit par la croissance de bactéries lactiques durant la fabrication du beurre.

2. On produit le babeurre commercial en laissant croître des bactéries lactiques dans du lait écrémé pendant 12 heures.
3. La crème sure, le yogourt, le kéfir et le koumis résultent de la croissance de bactéries lactiques, de streptocoques et de levures dans du lait à basse teneur en matière grasse.

### *Les fermentations non lactiques* (p. 858)

1. Les levures transforment les glucides de la pâte à pain en éthanol et en $CO_2$ par fermentation. C'est le $CO_2$ qui fait lever le pain.
2. La choucroute, les marinades, les olives et la sauce de soja sont des produits de fermentations microbiennes.

### *Les boissons alcoolisées et le vinaigre* (p. 858-861)

1. Les levures transforment, par fermentation, les glucides des céréales, des pommes de terre et de la mélasse en éthanol durant la production de bière, d'ale, de saké et d'eaux-de-vie distillées.
2. La fermentation des glucides de fruits, et en particulier du raisin, par des levures donne du vin.
3. Au cours de la vinification, des bactéries lactiques transforment l'acide malique en acide lactique par fermentation malo-lactique.
4. *Acetobacter* et *Gluconobacter* oxydent l'éthanol du vin en acide acétique (vinaigre).

## LA MICROBIOLOGIE INDUSTRIELLE (p. 861-868)

1. Des microorganismes produisent les alcools et l'acétone utilisés dans des processus industriels.
2. La capacité de cellules génétiquement modifiées à fabriquer nombre de nouveaux produits a révolutionné la microbiologie industrielle.
3. On appelle biotechnologie la fabrication de produits commerciaux à l'aide d'organismes vivants.

### La technologie de la fermentation (p. 861-863)

1. On appelle fermentation industrielle la culture de grandes quantités de cellules.
2. La fermentation industrielle s'effectue dans des bioréacteurs, où l'aération, le pH et la température sont surveillés.
3. La production de métabolites primaires, comme l'éthanol, accompagne la croissance cellulaire (durant la trophophase).
4. Les métabolites secondaires, comme la pénicilline, se forment durant la phase stationnaire (idiophase).
5. Il est possible de sélectionner des souches mutantes fabriquant un produit recherché.

### *Les enzymes et les microorganismes immobilisés* (p. 863-864)

1. Des enzymes ou des cellules entières sont fixées à des sphères solides ou à des fibres. Des réactions enzymatiques donnent le produit recherché en transformant le substrat qui passe au-dessus de la surface.
2. On emploie les enzymes et les microorganismes immobilisés pour produire du papier, des textiles et du cuir, sans nuire à l'environnement.

### Les produits industriels (p. 864-866)

1. La plupart des acides aminés qui entrent dans la composition d'aliments ou de médicaments sont produits par des bactéries.
2. On emploie la synthèse microbienne d'acides aminés pour fabriquer des isomères L. La production chimique fournit à la fois l'isomère L et l'isomère D.
3. La lysine et l'acide glutamique sont produits par *Corynebacterium glutamicum*.
4. L'acide citrique, qui est utilisé dans la préparation d'aliments, est produit par *Aspergillus niger*.
5. Les enzymes utilisées pour la préparation d'aliments, de médicaments et d'autres produits sont fabriquées par des microorganismes.
6. Certaines vitamines employées comme supplément alimentaire sont fabriquées par des microorganismes.
7. Des vaccins, des antibiotiques et des stéroïdes sont des produits de la croissance microbienne.
8. On peut tirer parti des activités métaboliques de *Thiobacillus ferrooxidans* pour récupérer l'uranium et le cuivre de minerais.
9. On fait la culture de levures pour la fabrication du vin et du pain, et de divers autres microbes (*Rhizobium*, *Bradyrhizobium* et *Bacillus thuringiensis*) à des fins agricoles.

### Les énergies de remplacement faisant usage de microorganismes (p. 866-868)

1. Des microorganismes peuvent transformer la biomasse, et notamment les déchets organiques, en combustibles de remplacement; ce processus est appelé bioconversion.
2. Les combustibles produits par la fermentation microbienne sont le méthane et l'éthanol.

### La microbiologie industrielle de l'avenir (p. 868)

1. Le génie génétique va continuer d'accroître les capacités de la microbiologie industrielle à produire des médicaments et d'autres produits utiles.

# AUTOÉVALUATION

## RÉVISION

1. Qu'est-ce que la microbiologie industrielle? Pourquoi est-elle importante?
2. Qu'est-ce qui distingue la stérilisation commerciale des techniques de stérilisation utilisées dans les hôpitaux et les laboratoires?
3. Pourquoi, lors de la stérilisation commerciale d'une conserve de framboises, chauffe-t-on généralement celle-ci à 100 °C et non à 116 °C au moins?
4. Décrivez le conditionnement aseptique.
5. La bière est fabriquée à partir d'eau, de malt et de levure, et on ajoute du houblon pour obtenir la saveur désirée. Quel rôle jouent l'eau, le malt et la levure? Qu'est-ce que le moût?

6. Indiquez la trophophase et l'idiophase dans le graphique ci-dessous, de même que le moment où les métabolites primaires et secondaires se forment.

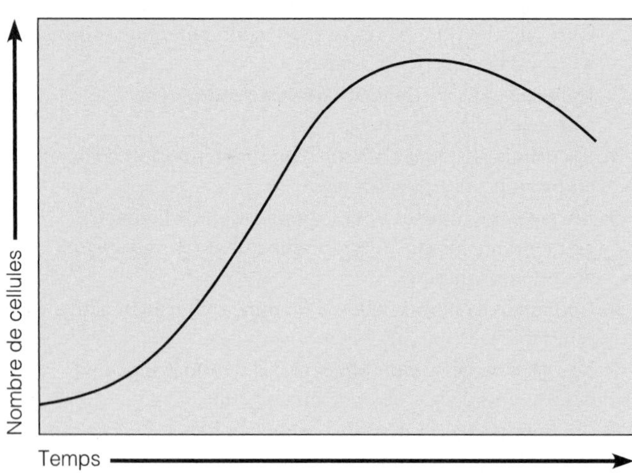


7. La microbiologie industrielle fournit de nombreux produits. Nommez quelques produits qui ont des effets bénéfiques sur la santé parce qu'ils améliorent la qualité des aliments et sont utiles en médecine, et énumérez leurs propriétés.

8. On utilise notamment un agent de blanchiment et de la colle à base de formaldéhyde pour la fabrication du papier. L'enzyme microbienne xylanase blanchit le papier en digérant les fibres de lignine foncées. L'oxydase fait coller les fibres les unes aux autres et la cellulase élimine l'encre. Nommez trois avantages de l'utilisation de ces enzymes microbiennes par rapport aux méthodes chimiques traditionnelles.

9. Qu'est-ce que la bioconversion? Quel en est l'objectif?

10. Quelle matière peut-on transformer actuellement en combustible par bioconversion? À quelles fins ces combustibles peuvent-ils servir?

## QUESTIONS À CHOIX MULTIPLE

1. Les aliments emballés sous pellicule plastique et réchauffables au four à micro-ondes sont:
   **a)** déshydratés.
   **b)** lyophilisés.
   **c)** soumis au conditionnement aseptique.
   **d)** traités par stérilisation commerciale.
   **e)** traités à l'autoclave.

2. *Acetobacter* joue un rôle essentiel dans une seule étape de la fabrication de la vitamine C. La méthode la plus facile pour réaliser cette étape serait:
   **a)** de placer le substrat et *Acetobacter* dans une éprouvette.
   **b)** de fixer *Acetobacter* à une surface et de faire passer le substrat au-dessus de la surface.
   **c)** de placer le substrat et *Acetobacter* dans un bioréacteur.
   **d)** de trouver une méthode de remplacement.
   **e)** Aucune de ces réponses

Associez l'un des éléments suivants aux phénomènes ou organismes décrits dans les questions 3 à 5.
**a)** *Bacillus coagulans*
**b)** *Byssochlamys*
**c)** Surissement sans bombage
**d)** *Lactobacillus*
**e)** Détérioration anaérobie thermophile

3. La détérioration d'aliments en conserve due à un conditionnement inadéquat et s'accompagnant de production de gaz.

4. La détérioration d'aliments en conserve, sans bombage, causée par *Bacillus stearothermophilus*.

5. Un mycète thermorésistant qui détériore les aliments acides.

6. L'expression « traitement 12D » désigne:
   **a)** un traitement par la chaleur qui permet de détruire 12 bactéries.
   **b)** l'application de 12 traitements différents pour la conservation d'aliments.
   **c)** la réduction par un facteur de $10^{12}$ des endospores de *C. botulinum*.
   **d)** tout procédé détruisant les bactéries thermophiles.

7. Les microorganismes sont eux-mêmes des produits industriels. Laquelle des paires suivantes n'illustre pas ce fait?
   **a)** *Penicillium* – traitement d'une maladie
   **b)** *S. cerevisiæ* – fermentation
   **c)** *Rhizobium* – augmentation de la teneur en azote du sol
   **d)** *B. thuringiensis* – insecticide

8. Quel type de rayonnements utilise-t-on pour la conservation des aliments?
   **a)** Le rayonnement ionisant
   **b)** Le rayonnement non ionisant
   **c)** Les ondes radioélectriques
   **d)** Les micro-ondes
   **e)** Toutes ces réponses

9. Laquelle des réactions suivantes est indésirable lors de la fabrication du vin?
   **a)** Saccharose → éthanol
   **b)** Éthanol → acide acétique
   **c)** Acide malique → acide lactique
   **d)** Glucose → acide pyruvique

10. Les produits microbiens industriels proviennent:
   **a)** de l'isolement de nouvelles souches bactériennes.
   **b)** de souches génétiquement modifiées.
   **c)** de milieux de culture améliorés.
   **d)** de l'isolement de souches mutantes à haut rendement.
   **e)** Toutes ces réponses

## QUESTIONS À COURT DÉVELOPPEMENT

1. Vous êtes dans un marché d'alimentation avec un ami et vous voulez acheter des fraises. L'emballage porte une étiquette indiquant que les fraises ont été irradiées. Votre ami vous fait part de ses craintes envers ce procédé industriel. Selon vous, quels en sont les avantages et pourquoi certaines personnes s'en méfient-elles?

2. On utilise la cellulase pour produire le denim lavé à la pierre. Comment la cellulase donne-t-elle à ce type de denim son apparence et son toucher caractéristiques? D'où la cellulase provient-elle? (*Indice*: voir le chapitre 9.)

## APPLICATIONS CLINIQUES

*N. B. Certaines questions nécessitent que vous fassiez une recherche dans différents chapitres du livre.*

**1.** Vous emménagez avec une amie dans un appartement comportant peu d'espaces de rangement. Vous mettez donc les provisions, y compris les conserves, dans une petite armoire située près d'une fenêtre laissant passer beaucoup de lumière. Vous constatez que la température est élevée à l'intérieur de l'armoire, car elle est exposée aux rayons du soleil toute la journée. Trois semaines après votre arrivée, quelques conserves sont bombées. Quels arguments utilisez-vous pour convaincre votre colocataire que vous devez jeter les boîtes bombées et ranger les aliments dans un autre endroit ?

**2.** Des chercheurs ont inoculé du cidre de pomme avec $10^5$ cellules d'*E. coli* O157:H7 par millilitre afin d'étudier le comportement des bactéries dans la boisson de pH 3,7. Ils ont obtenu les résultats suivants :

| | Nombre de cellules d'*E. coli* O157:H7 par millilitre au bout de 25 jours |
|---|---|
| Cidre de pomme à 25 °C | $10^4$ (avec croissance évidente de moisissures au bout de 10 jours) |
| Cidre de pomme avec sorbate de potassium à 25 °C | $10^3$ |
| Cidre de pomme à 8 °C | $10^2$ |

Quelles conclusions tirez-vous de ces données ? Quelle maladie provoque *E. coli* O157:H7 ? (*Indice* : voir le chapitre 25.)

**3.** Vous faites croître un microorganisme qui produit suffisamment d'acide lactique pour se détruire lui-même en quelques jours.

**a)** Comment un bioréacteur vous aiderait-il à poursuivre la culture du microorganisme pendant des semaines, voire des mois ? Le graphique suivant illustre les conditions prévalant dans le bioréacteur.

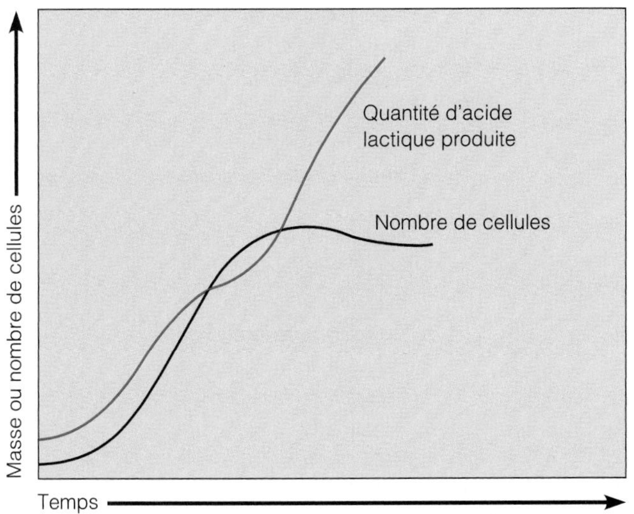


**b)** Si le produit recherché est un métabolite secondaire, quand pouvez-vous commencer à le recueillir ?

**c)** Si ce sont les cellules elles-mêmes que vous désirez obtenir et que vous souhaitez en faire continuellement la culture, quand pouvez-vous commencer à les recueillir ?

**4.** L'antibiotique efrotomycine est produit par *Nocardia lactamdurans*. On a fait croître ce microorganisme dans 40 000 litres d'un milieu de culture composé de glucose, de maltose, d'huile de soja, de $(NH_4)_2SO_4$, de NaCl, de $KH_2PO_4$ et de $Na_2HPO_4$. On a aéré le milieu et on l'a maintenu à 28 °C. L'analyse du milieu de culture durant la croissance cellulaire a fourni les résultats suivants :

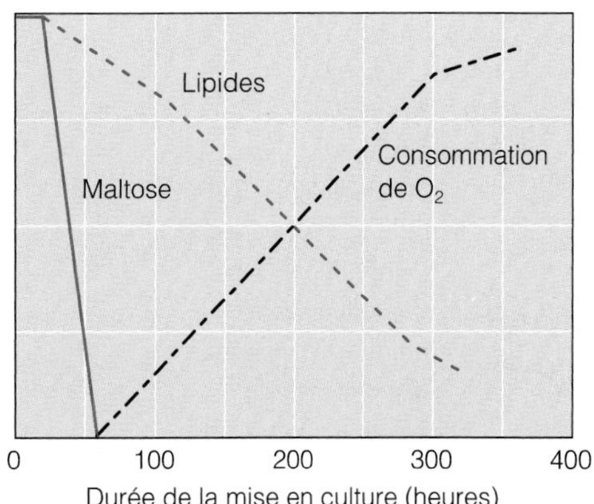


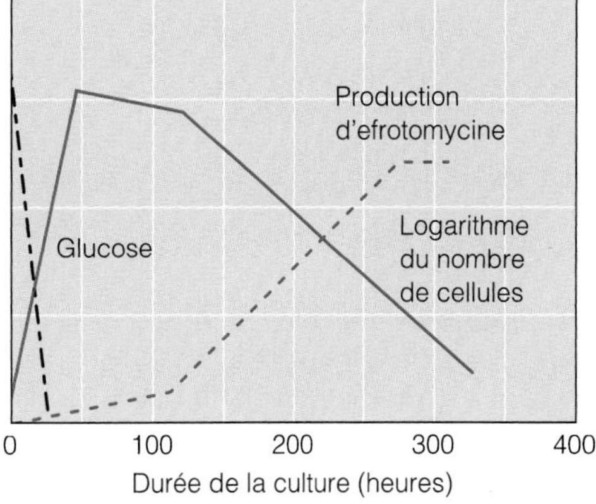


**a)** Quel glucide a-t-on ajouté en premier : le maltose ou le glucose ? Pourquoi ?

**b)** Est-ce que l'efrotomycine est un métabolite primaire ou un métabolite secondaire ? Justifiez votre réponse.

**c)** Quelles sont les conditions de culture les plus propices pour obtenir un rendement élevé en efrotomycine ?

**d)** Quel est le rôle de chacun des ingrédients du milieu de culture ? (*Indice* : voir le chapitre 6.)

**e)** Nommez quelques caractéristiques de *Nocardia*. (*Indice* : voir le chapitre 11.)

# Appendice A
# *La classification des bactéries selon le manuel de Bergey**

**Domaine : *Archæa***

**Embranchement I : *Crenarchæota***

Classe I : *Thermoprotei*

Ordre I : *Thermoproteales*

Famille I : *Thermoproteaceæ*

*Caldivirga*
*Pyrobaculum* 3 spp.
*Thermocladium* 1 sp.
*Thermoproteus* 2 spp.

Famille I : *Thermofilaceæ*

*Thermofilum* 1sp.

Ordre II : *Desulfurococcales*

Famille I : *Desulfurococcaceæ*

*Æropyrum* 1 sp.
*Desulfurococcus* 2 spp.
*Igniococcus* 1 sp.
*Staphylothermus* 1 sp.
*Stetteria* 1 sp.
*Thermodiscus* 1 sp.
*Thermosphæra* 1 sp.

Famille II : *Pyrodictiaceæ*

*Hyperthermus* 1 sp.
*Pyrodictium* 3 spp.
*Pyrolobus* 1 sp.

Ordre III : *Sulfolobales*

Famille I : *Sulfolobaceæ*

*Acidianus* 3 spp.
*Metallosphæra* 2 spp.
*Stygiolobus* 1 sp.
*Sulfolobus* 6 spp.
*Sulfurisphæra* 1 sp.
*Sulfurococcus* 2 spp.

**Embranchement II : *Euryarchæota***

Classe I : *Methanobacteria*

Ordre I : *Methanobacteriales*

Famille I : *Methanobacteriaceæ*

*Methanobacterium* 19 spp.
*Methanobrevibacter* 7 spp.
*Methanosphæra* 2 spp.
*Methanothermobacter* 5 spp.

Famille II : *Methanothermaceæ*

*Methanothermus* 2 spp.

Classe II : *Methanococci*

Ordre I : *Methanococcales*

Famille I : *Methanococcaceæ*

*Methanococcus* 11 spp.
*Methanothermococcus* 1 sp.

Famille II : *Methanocaldococcaceæ*

*Methanocaldococcus* 4 sp.
*Methanotorris* 1 sp.

Ordre II : *Methanomicrobiales*

Famille I : *Methanomicrobiaceæ*

*Methanoculleus* 6 spp.
*Methanogenium* 11 spp.
*Methanolacinia* 1 sp.
*Methanomicrobium* 2 spp.
*Methanoplanus* 3 spp.
*Methanofollis* 2 spp.

Famille II : *Methanocorpusculaceæ*

*Methanocorpusculum* 5 spp.

Famille III : *Methanospirillaceæ*

*Methanospirillum* 1 sp.

Ordre III : *Methanosarcinales*

Famille I : *Methanosarcinaceæ*

*Methanococcoides* 2 spp.
*Methanohalobium* 1 sp.
*Methanohalophilus* 5 spp.
*Methanolobus* 5 spp.
*Methanosarcina* 8 spp.
*Methanosalsum* 1 sp.

Famille II : *Methanosætaceæ*

*Methanosæta* 2 spp.

Classe III : *Halobacteria*

Ordre I : *Halobacteriales*

Famille I : *Halobacteriaceæ*

*Haloarcula* 6 spp.
*Halobacterium* 13 spp.
*Halobaculum* 1 sp.
*Halococcus* 4 spp.
*Halogeometricum* 1 sp.
*Halorubrum* 7 spp.
*Haloterrigena* 1 sp.
*Natrialba* 2 spp.
*Natrinema* 2 spp.
*Natronobacterium* 4 spp.
*Natronococcus* 2 spp.
*Natronomonas* 1 sp.
*Natronorubrum* 2 spp.

---

*Le *Bergey's Manual of Systematic Bacteriology*, 2e éd., 5 vol., 2000, est l'ouvrage de référence pour la classification. Le *Bergey's Manual of Determinative Bacteriology*, 9e éd., 1994, permet d'identifier les bactéries et les archéobactéries que l'on peut mettre en culture.

Note : Les termes entre guillemets n'ont pas été publiés dans l'*International Journal of Systematic Bacteriology* (mars 1999).

Classe IV : *Thermoplasmata*
Ordre I : *Thermoplasmatales*
Famille I : *Thermoplasmataceæ*
*Thermoplasma* 2 spp.
Famille II : *Picrophilaceæ*
*Picrophilus* 2 spp.
Classe V : *Thermococci*
Ordre II : *Thermococcales*
Famille I : *Thermococcaceæ*
*Pyrococcus* 2 spp.
*Thermococcus* 12 spp.
Classe VI : *Archæoglobi*
Ordre I : *Archæoglobales*
Famille I : *Archæoglobaceæ*
*Archæoglobus* 3 spp.
*Ferroglobus* 1 sp.
Classe VII : *Methanopyri*
Ordre I : *Methanopyrales*
Famille I : *Methanopyraceæ*
*Methanopyrus* 1 sp.

**Domaine : *Bacteria***

**Embranchement I : *Aquificæ***
Classe I : *Aquificæ*
Ordre I : *Aquificales*
Famille I : *Aquificaceæ*
*Aquifex* 1 sp.
*Calderobacterium* 1 sp.
*Hydrogenobacter* 2 spp.

**Embranchement II : *Thermotogæ***
Classe I : *Thermotogæ*
Ordre I : *Thermotogales*
Famille I : *Thermotogaceæ*
*Fervidobacterium* 4 spp.
*Geotoga* 2 spp.
*Petrotoga* 2 spp.
*Thermosipho* 2 spp.
*Thermotoga* 5 spp.

**Embranchement III : *Thermodesulfobacteria***
Classe I : *Thermodesulfobacteria*
Ordre I : *Thermodesulfobacteriales*
Famille I : *Thermodesulfobacteriaceæ*
*Thermodesulfobacterium* 2 spp.

**Embranchement IV : « Deinococcus-Thermus »**
Classe I : *Deinococci*
Ordre I : *Deinococcales*
Famille I : *Deinococcaceæ*
*Deinococcus* 8 spp.
Ordre II : *Thermales*
Famille I : *Thermaceæ*
*Meiothermus* 4 spp.
*Thermus* 9 spp.

**Embranchement V : *Chrysiogenetes***
Classe I : *Chrysiogenetes*
Ordre I : *Chrysiogenales*
Famille I : *Chrysiogenaceæ*
*Chrysiogenes* 1 sp.

**Embranchement VI : *Chloroflexi***
Classe I : « Chloroflexi »
Ordre I : « Chloroflexales »
Famille I : « Chloroflexaceæ »
*Chloroflexus* 2 spp.
*Chloronema* 1 sp.
*Heliothrix* 1 sp.
*Oscillochloris* 2 spp.
Ordre II : « Herpetosiphonales »
Famille I : « Herpetosiphonaceæ »
*Herpetosiphon* 5 spp.

**Embranchement VII : *Thermomicrobia***
Classe I : *Thermomicrobia*
Ordre I : *Thermomicrobiales*
Famille I : *Thermomicrobiaceæ*
*Thermomicrobium* 2 spp.

**Embranchement VIII :** *Nitrospiræ*
Classe I : « Nitrospira »
Ordre I : « Nitrospirales »
Famille I : « Nitrospiraceæ »
*Leptospirillum* 1 sp.

**Embranchement IX : *Deferribacteres***
Classe I : *Deferribacteres*
Ordre I : *Deferribacterales*
Famille I : *Deferribacteraceæ*
*Deferribacter* 1 sp.

**Embranchement X : *Cyanobacteria***
Classe I : « Cyanobacteria »
Sous-section I
*Chamæsiphon*
*Chroococcus*
*Cyanobacterium*
*Cyanothece*
*Dactylococcopsis (Myxobaktron)*
*Glœobacter*
*Glœocapsa*
*Glœothece*
*Microcystis*
*Prochlorococcus*
*Prochloron*
*Synechococcus*
*Synechocystis*
Sous-section II
*Chroococcidiopsis*
*Cyanocystis*
*Dermocarpella*
*Stanieria*
*Xenococcus*
Sous-section III
*Arthrospira*
*Borzia*
*Crinalium*
*Geitlerinema*
*Leptolyngbia*
*Limnothrix*

*Lyngbya*
*Microcoleus*
*Oscillatoria*
*Planktothrix*
*Prochlorothrix*
*Pseudoanabæna*
*Spirulina*
*Starria*
*Symploca*
*Trichodesmium*
*Tychonema*

Sous-section IV

*Anabæna*
*Anabænopsis*
*Aphanizomenon*
*Calothrix*
*Cyanospira*
*Cylindrospermum*
*Microchæte*
*Nodularia*
*Nostoc*
*Rivularia*
*Scytonema*
*Tolypothrix*

Sous-section V

*Chlorogłœopsis*
*Fischerella*
*Geitleria*
*Iyengariella*
*Nostochopsis*
*Stigonema*

**Embranchement XI : *Chlorobi***

Classe I : « Chlorobia »

Ordre I : *Chlorobiales*

Famille I : *Chlorobiaceæ*

*Ancalochloris* 1 sp.
*Chlorobium* 6 spp.
*Chloroherpeton* 1 sp.
*Pelodictyon* 4 spp.
*Prosthecochloris* 1 sp.

**Embranchement XII : *Proteobacteria***

Classe I : « Alphaproteobacteria »

Ordre I : *Rhodospirillales*

Famille I : *Rhodosprillaceæ*

*Azospirillum* 7 spp.
*Magnetospirillum* 2 spp.
*Phæospirillum* 2 spp.
*Rhodocista* 1 sp.
*Rhodospira* 1 sp.
*Rhodospirillum* 9 spp.
*Rhodothalassium* 1 sp.
*Rhodovibrio* 2 spp.
*Roseospira* 1 sp.
*Skermanella*

Famille II : *Acetobacteraceæ*

*Acetobacter* 20 spp.
*Acidiphilium* 8 spp.
*Acidocella* 2 spp.
*Acidomonas* 1 sp.
*Craurococcus* 1 sp.
*Gluconacetobacter* 6 spp.
*Gluconobacter* 8 spp.
*Paracraurococcus* 1 sp.
*Rhodopila* 1 sp.
*Roseococcus* 1 sp.
*Stella* 2 spp.
*Zavarzinia* 1 sp.

Ordre II : *Rickettsiales*

Famille I : *Rickettsiaceæ*

*Orientia* 1 sp.
*Rickettsia* 22 spp.
*Wolbachia*

Famille II : *Ehrlichiaceæ*

*Ægyptianella* 1 sp.
*Anaplasma* 4 spp.
*Cowdria* 1 sp.
*Ehrlichia* 8 spp.
*Neorickettsia* 1 sp.

Famille III : « Holosporaceæ »

*Cædibacter* 5 spp.
*Holospora* 4 spp.
*Lyticum* 2 spp.
*Polynucleobacter* 1 sp.
*Pseudocædibacter* 3 spp.
*Symbiotes* 1 sp.
*Tectibacter* 1 sp.

Ordre III : « Rhodobacterales »

Famille I : « Rhodobacteraceæ »

*Ahrensia* 1 sp.
*Amaricoccus* 4 spp.
*Antarctobacter* 1 sp.
*Gemmobacter* 1 sp.
*Hirschia* 1 sp.
*Hyphomonas* 5 spp.
*Octadecabacter* 2 spp.
*Paracoccus* 13 spp.
*Rhodobacter* 8 spp.
*Rhodovulum* 4 spp.
*Roseivivax*
*Roseobacter* 4 spp.
*Roseovarius* 1 sp.
*Rubrimonas* 1 sp.
*Ruegeria* 3 spp.
*Sagittula* 1 sp.
*Staleya*
*Stappia* 2 spp.
*Sulfitobacter* 1 sp.

Ordre IV : « Sphingomonadales »
Famille I : « Sphingomonodaceæ »
*Blastomonas* 1 sp.
*Erythrobacter* 2 spp.
*Erythromicrobium* 1 sp.
*Erythromonas* 1 sp.
*Porphyrobacter* 2 spp.
*Rhizomonas* 1 sp.
*Sandaracinobacter* 1 sp.
*Sphingomonas* 19 spp.
*Zymomonas* 2 spp.
Ordre V : *Caulobacterales*
Famille I : *Caulobacteraceæ*
*Asticcacaulis* 2 spp.
*Brevundimonas* 2 spp.
*Caulobacter* 11 spp.
*Phenylobacterium* 1 sp.
Ordre VI : « Rhizobiales »
Famille I : *Rhizobiaceæ*
*Agrobacterium* 10 spp.
*Carbophilus* 1 sp.
*Chelatobacter* 1 sp.
*Ensifer* 1 sp.
*Rhizobium* 20 spp.
*Sinorhizobium* 6 spp.
Famille II : *Bartonellaceæ*
*Bartonella* 14 spp.
Famille III : *Brucellaceæ*
*Brucella* 6 spp.
*Mycoplana* 4 spp.
*Ochrobactrum* 2 spp.
Famille IV : « Phyllobacteriaceæ »
*Mesorhizobium* 7 spp.
*Phyllobacterium* 2 spp.
Famille V : « Methylocystaceæ »
*Methylocystis* 2 spp.
*Methylosinus* 2 spp.
Famille VI : « Beijerinckiaceæ »
*Beijerinckia* 6 spp.
*Chelatococcus* 1 sp.
*Derxia* 1 sp.
Famille VII : « Bradyrhizobiaceæ »
*Afipia* 3 spp.
*Agromonas* 1 sp.
*Blastobacter* 5 spp.
*Bosea* 1 sp.
*Bradyrhizobium* 3 spp.
*Nitrobacter* 1 sp.
*Oligotropha* 1 sp.
*Rhodopseudomonas* 15 spp
Famille VIII : *Hyphomicrobiaceæ*
*Ancalomicrobium* 1 sp.
*Ancylobacter* 1 sp.
*Angulomicrobium* 1 sp.
*Aquabacter* 1 sp.
*Azorhizobium* 1 sp.
*Blastochloris* 2 spp.
*Devosia* 1 sp.
*Dichotomicrobium* 1 sp.
*Filomicrobium* 1 sp.
*Gemmiger* 1 sp.
*Hyphomicrobium* 12 spp.
*Labrys* 1 sp.
*Methylorhabdus* 1 sp.
*Pedomicrobium* 4 spp.
*Prosthecomicrobium* 4 spp.
*Rhodomicrobium* 1 sp.
*Rhodoplanes* 2 spp.
*Seliberia* 1 sp.
*Xanthobacter* 4 spp.
Famille IX : « Methylobacteriaceæ »
*Methylobacterium* 1 sp.
*Protomonas* 1 sp.
*Roseomonas* 3 spp.
Famille X : « Rhodobiaceæ »
*Rhodobium* 2 spp.
Classe II : « Betaproteobacteria »
Ordre I : « Burkholderiales »
Famille I : « Burkholderiaceæ »
*Burkholderia* 20 spp.
*Cupriavidus* 1 sp.
*Lautropia* 1 sp.
*Thermothrix* 2 spp.
Famille II : « Ralstoniaceæ »
*Ralstonia* 3 spp.
Famille III : « Oxalobacteraceæ »
*Duganella* 1 sp.
*Herbaspirillum* 2 spp.
*Janthinobacterium* 1 sp.
*Oxalobacter* 2 spp.
*Telluria* 2 spp.
Famille IV : *Alcaligenaceæ*
*Achromobacter* 4 spp.
*Alcaligenes* 16 spp.
*Bordetella* 7 spp.
*Pelistega* 1 sp.
*Sutterella* 1 sp.
*Taylorella* 1 sp.
Famille V : *Comamonadaceæ*
*Acidovorax* 7 spp.
*Brachymonas* 1 sp.
*Comamonas* 3 spp.
*Ideonella* 1 sp.
*Leptothrix* 5 spp.
*Polaromonas* 1 sp.
*Rhodoferax* 1 sp.
*Rubrivivax* 1 sp.
*Sphærotilus* 1 sp.
*Thiomonas* 4 spp.
*Variovorax* 1 sp.

Ordre II : « Hydrogenophilales »
Famille I : « Hydrogenophilaceæ»
*Hydrogenophilus* 4 spp.
*Thiobacillus* 21 spp.
Ordre III : « Methylophilales »
Famille I : « Methylophilaceæ »
*Methylobacillus* 2 spp.
*Methylophilus* 1 sp.
*Methylovorus* 1 sp.
Ordre IV : « Neisseriales »
Famille I : *Neisseriaceæ*
*Alysiella* 1 sp.
*Aquaspirillum* 21 spp.
*Catenococcus* 1 sp.
*Chromobacterium* 2 spp.
*Eikenella* 1 sp.
*Iodobacter* 1 sp.
*Kingella* 4 spp.
*Microvirgula* 1 sp.
*Neisseria* 24 spp.
*Prolinoborus* 1 sp.
*Simonsiella* 3 spp.
*Vogesella* 1 sp.
Ordre V : « Nitrosomonadales »
Famille I : « Nitrosomonadaceæ »
*Nitrosomonas* 1 sp.
*Nitrosospira* 3 spp.
Famille II : *Spirillaceæ*
*Spirillum* 1 sp.
Famille III : *Gallionellaceæ*
*Gallionella* 1 sp.
Ordre VI : « Rhodocyclales »
Famille I : « Rhodocyclaceæ »
*Azoarcus* 5 spp.
*Propionibacter*
*Rhodocyclus* 3 spp.
*Thauera* 4 spp.
*Zooglœa* 1 sp.
Classe III : « Gammaproteobacteria »
Ordre I : « Chromatiales »
Famille I : *Chromatiaceæ*
*Allochromatium* 3 spp.
*Amœbobacter* 4 spp.
*Chromatium* 13 spp.
*Halochromatium* 2 spp.
*Isochromatium* 1 sp.
*Lamprobacter* 1 sp.
*Lamprocystis* 1 sp.
*Marichromatium* 2 spp.
*Nitrosococcus* 2 spp.
*Pfennigia*
*Rhabdochromatium* 1 sp.
*Thermochromatium* 1 sp.
*Thiocapsa* 5 spp.
*Thiococcus* 1 sp.
*Thiocystis* 4 spp.
*Thiodictyon* 2 spp.
*Thiohalocapsa* 1 sp.
*Thiolamprovum* 1 sp.
*Thiopedia* 1 sp.
*Thiorhodococcus* 1 sp.
*Thiorhodovibrio* 1 sp.
*Thiospirillum* 1 sp.
Famille II : *Ectothiorhodospiraceæ*
*Arhodomonas* 1 sp.
*Ectothiorhodospira* 9 spp.
*Halorhodospira* 3 spp.
*Nitrococcus* 1 sp.
Ordre II : « Xanthomonadales »
Famille I : « Xanthomonadaceæ »
*Lysobacter* 5 spp.
*Nevskia* 1 sp.
*Stenotrophomonas* 2 spp.
*Xanthomonas* 24 spp.
*Xylella* 1 sp.
Ordre III : « Cardiobacteriales »
Famille I : *Cardiobacteriaceæ*
*Cardiobacterium* 1 sp.
*Dichelobacter* 1 sp.
*Suttonella* 1 sp.
Ordre IV : « Thiotrichales »
Famille I : « Thiotrichaceæ »
*Achromatium* 1 sp.
*Beggiatoa* 1 sp.
*Leucothrix* 1 sp.
*Macromonas* 2 spp.
*Thiobacterium* 1 sp.
*Thiomargarita*
*Thioploca* 4 spp.
*Thiospira* 1 sp.
*Thiothrix* 1 sp.
Famille II : « Piscirickettsiaceæ »
*Cycloclasticus* 1 sp.
*Hydrogenovibrio* 1 sp.
*Piscirickettsia* 1 sp.
*Thiomicrospira* 4 spp.
Famille III : « Francisellaceæ »
*Francisella* 5 spp.
Ordre V : « Legionellales »
Famille I : *Legionellaceæ*
*Legionella* 44 spp.
Famille II : « Coxiellaceæ »
*Coxiella* 1 sp.
*Rickettsiella* 4 spp.
Ordre VI : « Methylococcales »
Famille I : *Methylococcaceæ*
*Methylobacter* 6 spp.
*Methylocaldum* 3 spp.
*Methylococcus* 8 spp.
*Methylomicrobium* 3 spp.
*Methylomonas* 4 spp.
*Methylosphæra* 1 sp.

Ordre VII : « Oceanospirillales »
- Famille I : « Oceanospirillaceæ »
  - *Balneatrix* 1 sp.
  - *Fundibacter*
  - *Marinomonas* 2 spp.
  - *Marinospirillum* 2 spp.
  - *Neptunomonas* 1 sp.
  - *Oceanospirillum* 16 spp.
- Famille II : *Halomonadaceæ*
  - *Alcanivorax* 1 sp.
  - *Carnimonas* 1 sp.
  - *Chromohalobacter* 1 sp.
  - *Deleya* 8 spp.
  - *Halomonas* 19 spp.
  - *Zymobacter* 1 sp.

Ordre VIII : *Pseudomonadales*
- Famille I : *Pseudomonadaceæ*
  - *Azomonas* 3 spp.
  - *Azotobacter* 9 spp.
  - *Cellvibrio* 2 spp.
  - *Chryseomonas* 2 spp.
  - *Flavimonas* 1 sp.
  - *Lampropedia* 1 sp.
  - *Mesophilobacter* 1 sp.
  - *Morococcus* 1 sp.
  - *Oligella* 2 spp.
  - *Pseudomonas* 117 spp.
  - *Rhizobacter* 1 sp.
  - *Rugamonas* 1 sp.
  - *Serpens* 1 sp.
  - *Thermoleophilum* 2 spp.
  - *Xylophilus* 1 sp.
- Famille II : *Moraxellaceæ*
  - *Acinetobacter* 7 spp.
  - *Moraxella* 8 spp.
  - *Psychrobacter* 5 spp.

Ordre IX : « Alteromonadales »
- Famille I : « Alteromonadaceæ »
  - *Alteromonas* 21 spp.
  - *Colwellia* 7 spp.
  - *Ferrimonas* 1 sp.
  - *Marinobacter* 1 sp.
  - *Marinobacterium* 1 sp.
  - *Microbulbifer* 1 sp.
  - *Pseudoalteromonas* 17 spp.
  - *Shewanella* 10 spp.

Ordre X : « Vibrionales »
- Famille I : *Vibrionaceæ*
  - *Allomonas* 1 sp.
  - *Enhydrobacter* 1 sp.
  - *Listonella* 3 spp.
  - *Photobacterium* 10 spp.
  - *Salvinivibrio* 1 sp.
  - *Vibrio* 46 spp.

Ordre XI : « Æromonadales »
- Famille I : *Æromonadaceæ*
  - *Æromonas* 23 spp.
  - *Tolumonas* 1 sp.
- Famille II : *Succinivibrionaceæ*
  - *Anærobiospirillumm* 2 spp.
  - *Ruminobacter* 1 sp.
  - *Succinomonas* 1 sp.
  - *Succinivibrio* 1 sp.

Ordre XII : « Enterobacteriales »
- Famille I : *Enterobacteriaceæ*
  - *Arsenophonus* 1 sp.
  - *Brenneria* 6 spp.
  - *Buchnera* 1 sp.
  - *Budvicia* 1 sp.
  - *Buttiauxella* 7 spp.
  - *Calymmatobacterium* 1 sp.
  - *Cedecea* 3 spp.
  - *Citrobacter* 10 spp.
  - *Edwardsiella* 4 spp.
  - *Enterobacter* 15 spp.
  - *Erwinia* 30 spp.
  - *Escherichia* 6 spp.
  - *Ewingella* 1 sp.
  - *Hafnia* 1 sp.
  - *Klebsiella* 11 spp.
  - *Kluyvera* 4 spp.
  - *Leclercia* 1 sp.
  - *Leminorella* 2 spp.
  - *Moellerella* 1 sp.
  - *Morganella* 2 spp.
  - *Obesumbacterium* 1 sp.
  - *Pantœa* 8 spp.
  - *Pectobacterium* 11 spp.
  - *Photorhabdus* 1 sp.
  - *Plesiomonas* 1 sp.
  - *Pragia* 1 sp.
  - *Proteus 1 sp.*
  - *Providencia* 6 spp.
  - *Rahnella* 1 sp.
  - *Saccharobacter* 1 sp.
  - *Salmonella* 12 spp.
  - *Serratia* 12 spp.
  - *Shigella* 4 spp.
  - *Sodalis* 1 sp.
  - *Tatumella* 1 sp.
  - *Trabulsiella* 1 sp.
  - *Wigglesworthia* 1 sp.
  - *Xenorhabdus* 9 spp.
  - *Yersinia* 12 spp.
  - *Yokenella* 1 sp.

Ordre XIII : « Pasteurellales »
Famille I : *Pasteurellaceæ*
*Actinobacillus* 17 spp.
*Hæmophilus* 20 spp.
*Lonepinella* 1 sp.
*Pasteurella* 23 spp.
*Mannheimia* 5 spp.
Classe VI : « Deltaproteobacteria »
Ordre I : « Desulfurellales »
Famille I : « Desulfurellaceæ »
*Desulfurella* 4 spp.
*Hippea*
Ordre II : « Desulfovibrionales »
Famille I : « Desulfovibrionaceæ »
*Bilophila* 1 sp.
*Desulfovibrio* 29 spp.
*Lawsonia* 1 sp.
Famille II : « Desulfomicrobiaceæ »
*Desulfomicrobium* 1 sp.
Ordre III : « Desulfobacterales »
Famille I : « Desulfobacteraceæ »
*Desulfobacter* 6 spp.
*Desulfobacterium* 7 spp.
*Desulfococcus* 2 spp.
*Desulfosarcina* 1 sp.
*Desulfospira* 1 sp.
*Desulfocella* 1 sp.
Famille II : « Desulfobulbaceæ »
*Desulfobulbus* 3 spp.
*Desulfocapsa* 1 sp.
*Desulfofustis* 1 sp.
Famille III : « Desulfoarculaceæ »
Ordre IV : « Desulfuromonadales »
Famille I : « Desulfuromonadaceæ »
*Desulfuromonas* 4 sp.
Famille II : « Geobacteraceæ »
*Geobacter* 2 spp.
Famille III : « Pelobacteraceæ »
*Pelobacter* 6 spp.
Ordre V : « Syntrophobacterales »
Famille I : « Syntrophobacteraceæ »
*Desulfacinum* 1 sp.
*Syntrophobacter* 3 spp.
*Desulforhabdus* 1 sp.
*Thermodesulforhabdus* 1 sp.
Famille II : « Syntrophaceæ »
Ordre VI : « Bdellovibrionales »
Famille VI : « Bdellovibrionaceæ »
*Bdellovibrio* 3 spp.
*Micavibrio* 1 sp.
*Vampirovibrio* 1 sp.
Ordre VII : *Myxococcales*
Famille I : *Myxococcaceæ*
*Angiococcus* 1 sp.
*Myxococcus* 8 spp.
Famille II : *Archangiaceæ*
*Archangium* 1 sp.
Famille III : *Cystobacteraceæ*
*Cystobacter* 3 spp.
*Melittangium* 3 spp.
*Stigmatella* 2 spp.
Famille IV : *Polyangiaceæ*
*Chondromyces* 5 spp.
*Nannocystis* 1 sp.
*Polyangium* 10 spp.
Classe V : « Epsilonproteobacteria »
Ordre I : « Campylobacterales »
Famille I : *Campylobacteraceæ*
*Arcobacter* 4 spp.
*Campylobacter* 28 spp.
*Sulfurospirillum* 2 spp.
*Thiovulum* 1 sp.
Famille II : « Helicobacteraceæ »
*Helicobacter* 18 spp.
*Wolinella* 3 spp.
**Embranchement XIII : *Firmicutes***
Classe I : « Clostridia »
Ordre I : *Clostridiales*
Famille I : *Clostridiaceæ*
*Anærobacter* 1 sp.
*Caloramator* 3 spp.
*Clostridium* 146 spp.
*Oxobacter* 1 sp.
*Sarcina* 2 spp.
*Sporobacter* 1 sp.
*Thermobrachium* 1 sp.
Famille II : « Lachnospiraceæ »
*Acetitomaculum* 1 sp.
*Anærofilum* 2 spp.
*Butyrivibrio* 2 spp.
*Catonella* 1 sp.
*Coprococcus* 3 spp.
*Johnsonella* 1 sp.
*Lachnospira* 2 spp.
*Pseudobutyrivibrio* 1 sp.
*Roseburia* 1 sp.
*Ruminococcus* 14 spp.
*Sporobacterium*
Famille III : « Peptostreptococcaceæ »
*Filifactor* 1 sp.
*Fusibacter*
*Helcococcus* 1 sp.
*Peptostreptococcus* 18 spp.
*Tissierella* 3 spp.

Famille IV : « Eubacteriaceæ »
*Eubacterium* 52 spp.
*Pseudoramibacter* 1 sp.
Famille V : *Peptococcaceæ*
*Desulfitobacterium* 3 spp.
*Desulfosporosinus* 1 sp.
*Desulfotomaculum* 18 spp.
*Mitsuokella* 2 spp.
*Peptococcus* 8 spp.
*Propionispira* 1 sp.
*Succinispira*
*Syntrophobotulus* 1 sp.
*Thermoterrabacterium* 1 sp.
Famille VI : « Heliobacteriaceæ »
*Heliobacterium* 3 spp.
*Heliobacillus* 1 sp.
*Heliophilum* 1 sp.
Famille VII : « Acidaminococaccaceæ »
*Acetonema* 1 sp.
*Acidaminococcus* 1 sp.
*Dialister* 1 sp.
*Megasphæra* 2 spp.
*Pectinatus* 2 spp.
*Phascolarctobacterium* 1 sp.
*Quinella* 1 sp.
*Schwartzia* 1 sp.
*Selenomonas* 11 spp.
*Sporomusa* 7 spp.
*Succiniclasticum* 1 sp.
*Veillonella* 14 spp.
*Zymophilus* 2 spp.
Famille VII : *Syntrophomonadaceæ*
*Acetogenium* 1 sp.
*Anærobaculum* 1 sp.
*Anærobranca* 1 sp.
*Caldicellulosiruptor* 3 spp.
*Dethiosulfovibrio* 1 sp.
*Synthrophomonas* 3 spp.
*Syntrophospora* 1 sp.
*Thermohydrogenium* 1 sp.
*Thermosyntropha* 1 sp.
Ordre II : « Thermoanærobacteriales »
Famille I : « Thermoanærobacteriaceæ »
*Thermoanærobacter* 13 spp.
*Thermoanærobacterium* 5 spp.
*Thermoanærobium* 2 spp.
*Ammonifex* 1 sp.
*Moorella* 3 spp.
*Sporotomaculum* 1 sp.
Ordre III : *Haloanærobiales*
Famille I : *Haloanærobiaceæ*
*Haloanærobium* 8 spp.
*Halocella* 1 sp.
*Halothermothrix* 1 sp.
*Natroniella* 1 sp.
Famille II : *Halobacteroidaceæ*
*Acetohalobium* 1 sp.
*Haloanærobacter* 3 spp.
*Halobacteroides* 4 spp.
*Orenia* 1 sp.
*Sporohalobacter* 2 spp.
Classe II : *Mollicutes*
Ordre I : *Mycoplasmatales*
Famille I : *Mycoplasmataceæ*
*Mycoplasma* 110 spp.
*Ureaplasma* 6 spp.
Ordre II : *Entomoplasmatales*
Famille I : *Entomoplasmataceæ*
*Entomoplasma* 6 spp.
*Mesoplasma* 12 spp.
Famille II : *Spiroplasmataceæ*
*Spiroplasma* 33 spp.
Ordre III : *Acholeplasmatales*
Famille I : *Acholeplasmataceæ*
*Acholeplasma* 16 spp.
Ordre IV : *Anæroplasmatales*
Famille I : *Anæroplasmataceæ*
*Anæroplasma* 4 spp.
*Asteroleplasma* 1 sp.
Genera incertæ sedis
Famille I : « Erysipelothrichaceæ »
*Erysipelothrix* 2 spp.
*Holdemania* 1 sp.
Classe III : « Bacilli »
Ordre I : *Bacillales*
Famille I : *Bacillaceæ*
*Amphibacillus* 1 sp.
*Bacillus* 114 spp.
*Exiguobacterium* 2 spp.
*Halobacillus* 3 spp.
*Saccharococcus* 1 sp.
*Virgibacillus* 1 sp.
Famille II : *Planococcaceæ*
*Filibacter* 1 sp.
*Kurthia* 3 spp.
*Planococcus* 5 spp.
*Sporosarcina* 2 spp.
Famille III : *Caryophanaceæ*
*Caryophanon* 2 spp.
Famille IV : « Listeriaceæ »
*Brochothrix* 2 spp.
*Listeria* 9 spp.
Famille V : « Staphylococcaceæ »
*Gemella* 4 spp.
*Macrococcus* 4 spp.
*Salinicoccus* 2 spp.
*Staphylococcus* 47 spp.
Famille VI : « Sporolactobacillaceæ »
*Marinococcus* 3 spp.
*Sporolactobacillus* 6 spp.

Famille VII : « Pænibacillaceæ »
*Ammoniphilus* 2 spp.
*Aneurinibacillus* 3 spp.
*Brevibacillus* 10 spp.
*Oxalophagus* 1 sp.
*Pænibacillus* 27 spp.
Famille VIII : « Alicyclobacillaceæ »
*Alicyclobacillus* 3 spp.
*Pasteuria* 4 spp.
*Sulfobacillus* 3 spp.
Famille VII : « Thermoactinomycetaceæ »
*Thermoactinomyces* 8 spp.
Ordre II : « Lactobacillales »
Famille I : *Lactobacillaceæ*
*Lactobacillus* 100 spp.
*Pediococcus* 8 spp.
Famille II : « Ærococcaceæ »
*Abiotrophia* 3 spp.
*Ærococcus* 2 spp.
*Facklamia* 2 spp.
*Globicatella* 1 sp.
*Tetragenococcus* 2 spp.
*Ignavigranum* 1 sp.
Famille III : « Carnobacteriaceæ »
*Agitococcus* 1 sp.
*Alloiococcus* 1 sp.
*Carnobacterium* 6 spp.
*Desemzia* 1 sp.
*Dolosigranulum* 1 sp.
*Lactosphæra* 1 sp.
*Trichococcus* 1 sp.
Famille IV : « Enterococcaceæ »
*Enterococcus* 20 spp.
*Melissococcus* 1 sp.
*Vagococcus* 2 spp.
Famille V : « Leuconostocaceæ »
*Leuconostoc* 15 spp.
*Œnococcus* 1 sp.
*Weissela* 7 spp.
Famille VI : *Streptococcaceæ*
*Lactococcus* 7 spp.
*Streptococcus* 68 spp.
**Embranchement XIV : *Actinobacteria***
Classe I : *Actinobacteria*
Ordre I : *Acidimicrobiales*
Famille I : *Acidimicrobiaceæ*
*Acidimicrobium* 1 sp.
Ordre II : *Rubrobacterales*
Famille I : *Rubrobacteraceæ*
*Rubrobacter* 2 spp.
Ordre III : *Coriobacteriales*
Famille I : *Coriobacteriaceæ*
*Atopobium* 3 spp.
*Coriobacterium* 1 sp.
Ordre IV : *Sphærobacterales*
Famille I : *Sphærobacteraceæ*
*Sphærobacter* 1 sp.
Ordre V : *Actinomycetales*
Sous-ordre : *Actinomycineæ*
Famille I : *Actinomycetaceæ*
*Actinobaculum* 2 spp.
*Actinomyces* 23 spp.
*Arcanobacterium* 4 spp.
*Mobiluncus* 3 spp.
Sous-ordre : *Micrococcineæ*
Famille I : *Micrococcaceæ*
*Arthrobacter* 32 spp.
*Bogoriella* 1 sp.
*Demetria* 1 sp.
*Kocuria* 6 spp.
*Leucobacter* 1 sp.
*Micrococcus* 9 spp.
*Nesterenkonia* 1 sp.
*Renibacterium* 1 sp.
*Rothia* 1 sp.
*Stomatococcus* 1 sp.
*Terracoccus* 1 sp.
Famille II : *Brevibacteriaceæ*
*Brevibacterium* 26 spp.
Famille III : *Cellulomonadaceæ*
*Cellulomonas* 1 sp.
*Œrskovia* 2 spp.
*Rarobacter* 2 spp.
Famille IV : *Dermabacteraceæ*
*Brachybacterium* 7 spp.
*Dermabacter* 1 sp.
Famille V : *Dermatophilaceæ*
*Dermacoccus* 1 sp.
*Dermatophilus* 2 spp.
*Kytococcus* 1 sp.
Famille VI : *Intrasporangiaceæ*
*Intrasporangium* 1 sp.
*Janibacter* 1 sp.
*Sanguibacter* 3 spp.
*Terrabacter* 1 sp.
Famille VII : *Jonesiaceæ*
*Jonesia* 1 sp.
Famille VIII : *Microbacteriaceæ*
*Agrococcus* 1 sp.
*Agromyces* 6 spp.
*Aureobacterium* 14 spp.
*Clavibacter* 11 spp.
*Cryobacterium* 1 sp.
*Curtobacterium* 8 spp.
*Microbacterium* 27 spp.
*Rathayibacter* 4 spp.
Famille IX : « Beutenbergiaceæ »
*Beutenbergia*

Famille X : *Promicromonosporaceæ*
*Promicromonospora* 3 spp.
Sous-ordre : *Corynebacterineæ*
Famille I : *Corynebacteriaceæ*
*Corynebacterium* 67 spp.
Famille II : *Dietziaceæ*
*Dietzia* 2 spp.
Famille III : *Gordoniaceæ*
*Gordonia* 9 spp.
*Skermania* 1 sp.
Famille IV : *Mycobacteriaceæ*
*Mycobacterium* 85 spp.
Famille V : *Nocardiaceæ*
*Nocardia* 29 spp.
*Rhodococcus* 25 spp.
Famille VI : *Tsukamurellaceæ*
*Tsukamurella* 5 spp.
Famille VII : « Williamsiaceæ »
*Williamsia*
Sous-ordre : *Micromonosporineæ*
Famille I : *Micromonosporaceæ*
*Actinoplanes* 23 spp.
*Catellatospora* 5 spp.
*Catenuloplanes* 6 spp.
*Couchioplanes* 2 spp.
*Dactylosporangium* 6 spp.
*Micromonospora* 19 spp.
*Pilimelia* 4 spp.
*Spirilliplanes* 1 sp.
*Verrucosispora* 1 sp.
Sous-ordre : *Propionibacterineæ*
Famille I : *Propionibacteriaceæ*
*Luteococcus* 1 sp.
*Microlunatus* 1 sp.
*Propionibacterium* 12 spp.
*Propioniferax* 1 sp.
Famille II : *Nocardioidaceæ*
*Æromicrobium* 2 spp.
*Friedmanniella* 1 sp.
*Nocardiodes* 7 spp.
Sous-ordre : *Pseudonocardineæ*
Famille I : *Pseudonocardiaceæ*
*Actinopolyspora* 3 spp.
*Amycolatopsis* 11 spp.
*Kibdelosporangium* 4 spp.
*Kutzneria* 3 spp.
*Pseudonocardia* 12 spp.
*Saccharomonospora* 5 spp.
*Saccharopolyspora* 10 spp.
*Streptoalloteichus* 1 sp.
*Thermobispora* 1 sp.
*Thermocrispum* 2 spp.
Famille II : *Actinosynnemataceæ*
*Actinosynnema* 3 spp.
*Lentzea* 1 sp.
*Saccharothrix* 15 spp.
Sous-ordre : *Streptomycineæ*
Famille I : *Streptomycetaceæ*
*Streptomyces* 509 spp.
*Streptoverticillium* 48 spp.
Sous-ordre : *Streptosporangineæ*
Famille I : *Streptosporangiaceæ*
*Herbidospora* 1 sp.
*Microbispora* 15 spp.
*Micropolyspora* 5 spp.
*Microtetraspora* 20 spp.
*Nonomuria* 15 spp.
*Planobispora* 2 spp.
*Planomonospora* 5 spp.
*Planopolyspora* 1 sp.
*Planotetraspora* 1 sp.
*Streptosporangium* 19 spp.
Famille II : *Nocardiopsaceæ*
*Nocardiopsis* 17 spp.
*Thermobifida* 2 spp.
Famille III : *Thermomonosporaceæ*
*Actinomadura* 51 spp.
*Spirillospora* 2 spp.
*Thermomonospora* 7 spp.
Sous-ordre : *Frankineæ*
Famille I : *Frankiaceæ*
*Frankia* 1 sp.
Famille II : *Geodermatophilaceæ*
*Blastococcus* 1 sp.
*Geodermatophilus* 1 sp.
Famille III : *Microsphæraceæ*
*Microsphæra* 1 sp.
Famille IV : *Sporichthyaceæ*
*Sporichthya* 1 sp.
Famille V : *Acidothermaceæ*
*Acidothermus* 1 sp.
Famille VI : « Kineosporiaceæ »
*Cryptosporangium* 2 spp.
*Kineococcus* 1 sp.
*Kineosporia* 5 spp.
Sous-ordre XI : *Glycomycineæ*
Famille I : *Glycomycetaceæ*
*Glycomyces* 3 spp.
Ordre VI : *Bifidobacteriales*
Famille I : *Bifidobacteriaceæ*
*Bifidobacterium* 33 spp.
*Falcivibrio* 2 spp.
*Gardnerella* 1 sp.
Genera incertæ sedis
*Actinobispora* 1 sp.
*Actinocorallia* 1 sp.
*Excellospora* 1 sp.
*Pelczaria* 1 sp.
*Turicella* 1 sp.

**Embranchement XV : *Planctomycetes***

Classe I : « Planctomycetacia »

Ordre I : *Planctomycetales*

Famille I : *Planctomycetaceæ*

*Gemmata* 1 sp.

*Isosphæra* 1 sp.

*Pirellula* 2 spp.

*Planctomyces* 6 spp.

**Embranchement XVI : *Chlamydiæ***

Classe I : « Chlamydiæ »

Ordre I : *Chlamydiales*

Famille I : *Chlamydiaceæ*

*Chlamydia* 4 spp.

Famille II : *Parachlamydiaceæ*

Famille III : *Simkaniaceæ*

Famille VI : *Waddliaceæ*

**Embranchement XVII : *Spirochætes***

Classe I : « Spirochætes »

Ordre I : *Spirochætales*

Famille I : *Spirochætaceæ*

*Borrelia* 30 spp.

*Brevinema* 1 sp.

*Clevelandina* 1 sp.

*Cristispira* 1 sp.

*Diplocalyx* 1 sp.

*Hollandina* 1 sp.

*Pillotina* 1 sp.

*Spirochæta* 14 spp.

*Treponema* 18 spp.

Famille II : *Serpulinaceæ*

*Brachyspira* 5 spp.

*Serpulina* 6 spp.

Famille III : *Leptospiraceæ*

*Leptonema* 1 sp.

*Leptospira* 12 spp.

**Embranchement XVIII : *Fibrobacteres***

Classe I : « Fibrobacteres »

Ordre I : « Fibrobacterales »

Famille I : « Fibrobacteraceæ »

*Fibrobacter* 3 spp.

**Embranchement XIX : *Acidobacteria***

Classe I : « Acidobacteria »

Ordre I : « Acidobacteriales »

Famille I : « Acidobacteriaceæ »

*Acidobacterium* 1 sp.

*Holophaga* 1 sp.

**Embranchement XX : *Bacteroidetes***

Classe I : « Bacteroides »

Ordre I : « Bacteroidales »

Famille I : *Bacteroidaceæ*

*Acetofilamentum* 1 sp.

*Acetomicrobium* 2 spp.

*Acetothermus* 1 sp.

*Anærorhabdus* 1 sp.

*Bacteroides* 65 spp.

*Megamonas* 1 sp.

Famille II : « Rikenellaceæ »

*Marinilabilia* 2 spp.

*Rikenella* 1 sp.

Famille III : « Porphyromonadaceæ »

*Porphyromonas* 13 spp.

Famille IV : « Prevotellaceæ »

*Prevotella* 26 spp.

Classe II : « Flavobacteria »

Ordre I : « Flavobacteriales »

Famille I : *Flavobacteriaceæ*

*Bergeyella* 1 sp.

*Capnocytophaga* 7 spp.

*Cellulophaga*

*Chryseobacterium* 6 spp.

*Cœnonia*

*Empedobacter* 1 sp.

*Flavobacterium* 40 spp.

*Gelidibacter* 1 sp.

*Ornithobacterium* 1 sp.

*Polaribacter* 4 spp.

*Psychroflexus* 2 spp.

*Psychroserpens* 1 sp.

*Riemerella* 2 spp.

*Weeksella* 2 spp.

Famille II : « Myroidaceæ »

*Myroides* 2 spp.

*Psychromonas* 1 sp.

Famille III : « Blattabacteriaceæ »

*Blattabacterium* 1 sp.

Classe III : « Sphingobacteria »

Ordre I : « Sphingobacteriales »

Famille I : *Sphingobacteriaceæ*

*Pedobacter* 4 spp.

*Sphingobacterium* 8 spp.

Famille II : « Saprospiraceæ »

*Haliscomenobacter* 1 sp.

*Lewinella* 3 spp.

*Saprospira* 1 sp.

Famille III : « Flexibacteraceæ »

*Cyclobacterium* 1 sp.

*Cytophaga* 23 spp.

*Flectobacillus* 3 spp.

*Flexibacter* 17 spp.

*Meniscus* 1 sp.

*Microscilla* 1 sp.

*Runella* 1 sp.

*Spirosoma* 1 sp.

*Sporocytophaga* 1 sp.

Famille IV : « Flammeovirgaceæ »

*Flammeovirga* 1 sp.

*Flexithrix* 1 sp.

*Persicobacter* 1 sp.

*Thermonema* 2 spp.

Famille V : « Crenotrichaceæ »

*Chitinophaga* 1 sp.

*Crenothrix* 1 sp.

*Rhodothermus* 2 spp.

*Toxothrix* 1 sp.

**Embranchement XXI : *Fusobacteria***

Classe I : « Fusobacteria »

Ordre I : « Fusobacteriales »

Famille I : « Fusobacteriaceæ »

*Fusobacterium* 23 spp.
*Ilyobacter* 3 spp.
*Leptotrichia* 1 sp.
*Propionigenium* 2 spp.
*Sebaldella* 1 sp.
*Streptobacillus* 1 sp.

Genera incertæ sedis

*Cetobacterium* 1 sp.

**Embranchement XXII : *Verrucomicrobia***

Classe I : *Verrucomicrobiæ*

Ordre I : *Verrucomicrobiales*

Famille I : *Verrucomicrobiaceæ*

*Prosthecobacter* 4 spp.
*Verrucomicrobium* 1 sp.

# Appendice B

# *La glycolyse*

Chacune des dix étapes de la glycolyse (voie d'Embden-Meyerhof) est catalysée par une enzyme spécifique, indiquée sous le chiffre d'ordre dans la figure. (Vous trouverez une description simplifiée de la glycolyse à la figure 5.11, p. 137.)

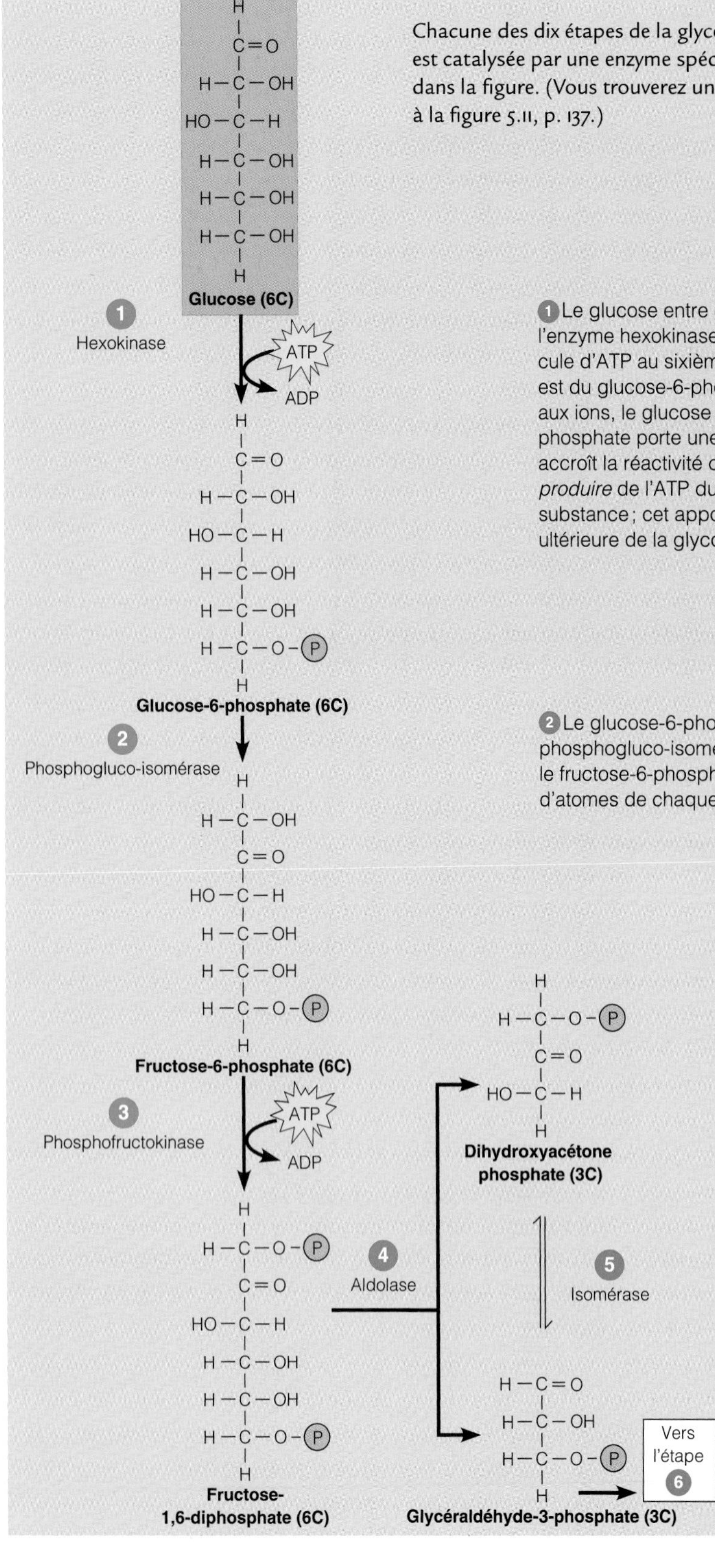


❶ Le glucose entre dans la cellule, où il est phosphorylé en présence de l'enzyme hexokinase, qui transfère un groupement phosphate Ⓟ d'une molécule d'ATP au sixième atome de carbone du glucose. Le produit de la réaction est du glucose-6-phosphate. Comme la membrane plasmique est imperméable aux ions, le glucose est emprisonné dans la cellule puisque le groupement phosphate porte une charge électrique. De plus, la phosphorylation du glucose accroît la réactivité chimique de la molécule. Bien que la glycolyse soit censée *produire* de l'ATP durant la première étape, il y a en fait consommation de cette substance ; cet apport énergétique sera remis avec dividendes à une étape ultérieure de la glycolyse.

❷ Le glucose-6-phosphate est transformé en présence de l'enzyme phosphogluco-isomérase, par réarrangement des atomes, en son isomère : le fructose-6-phosphate. Les isomères possèdent le même nombre d'atomes de chaque élément, mais leurs structures sont différentes.

❸ Une autre molécule d'ATP prend part à la glycolyse. L'enzyme phosphofructokinase transfère un groupement phosphate d'une molécule d'ATP à la molécule de fructose-6-phosphate, d'où la formation d'une molécule de fructose-1,6-diphosphate.

❹ La glycolyse (« dégradation du glucose ») tire son nom de la réaction qui se produit au cours de la quatrième étape. L'enzyme aldolase brise la molécule de fructose-1,6-diphosphate en deux molécules de glucide – le 3-phosphoglycéraldéhyde et le dihydroxyacétone phosphate – renfermant chacune trois atomes de carbone. Ces deux molécules de glucide sont des isomères.

❺ Les glucides à trois atomes de carbone sont interconvertis en présence de l'enzyme isomérase. L'enzyme qui intervient ensuite dans la glycolyse utilise uniquement le 3-phosphoglycéraldéhyde comme substrat. Il en résulte que l'équilibre entre les deux glucides à trois atomes de carbone se déplace vers le 3-phosphoglycéraldéhyde, qui est retiré au fur et à mesure de sa propre production.

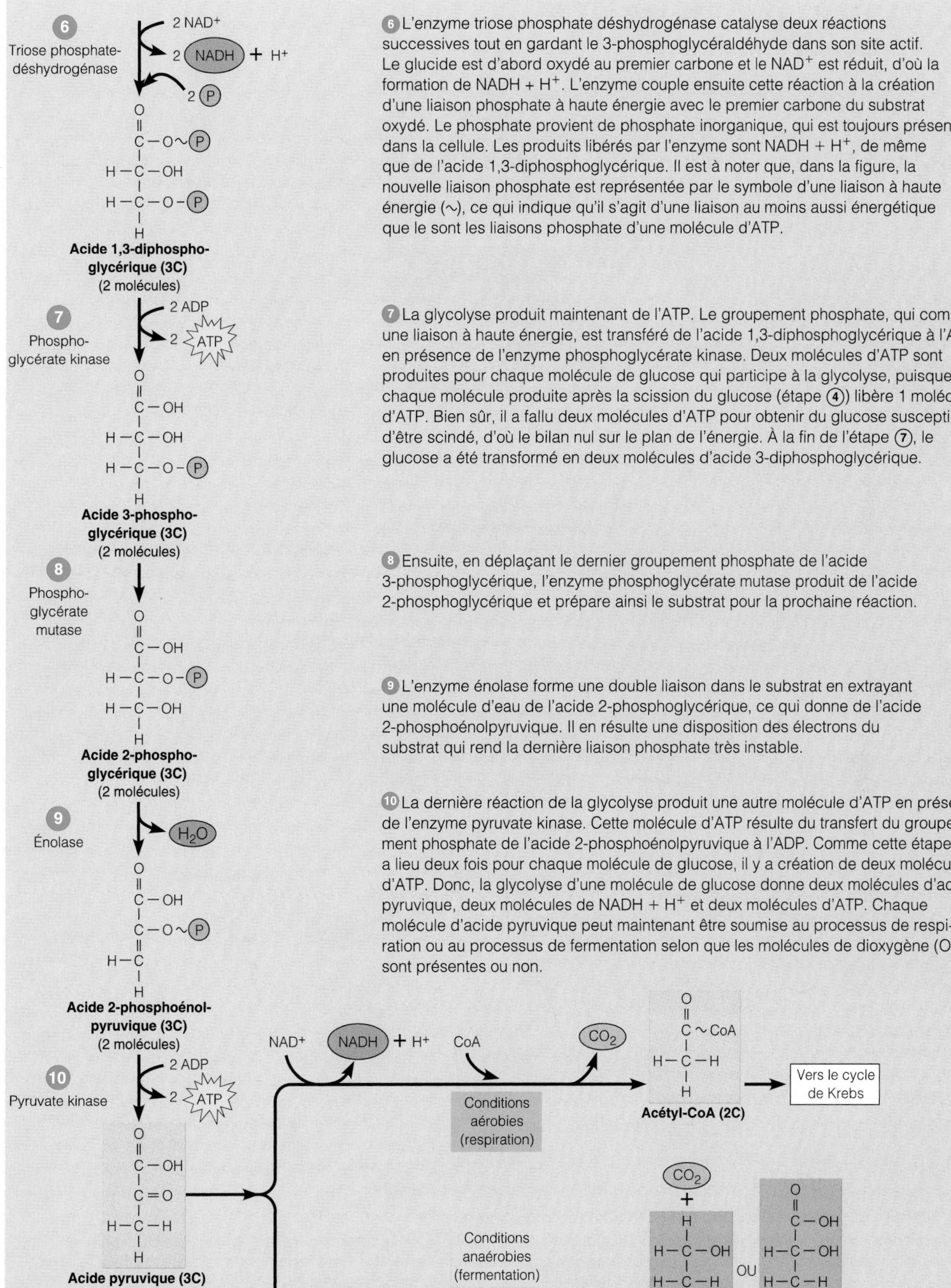


(6) L'enzyme triose phosphate déshydrogénase catalyse deux réactions successives tout en gardant le 3-phosphoglycéraldéhyde dans son site actif. Le glucide est d'abord oxydé au premier carbone et le $NAD^+$ est réduit, d'où la formation de NADH + $H^+$. L'enzyme couple ensuite cette réaction à la création d'une liaison phosphate à haute énergie avec le premier carbone du substrat oxydé. Le phosphate provient de phosphate inorganique, qui est toujours présent dans la cellule. Les produits libérés par l'enzyme sont NADH + $H^+$, de même que de l'acide 1,3-diphosphoglycérique. Il est à noter que, dans la figure, la nouvelle liaison phosphate est représentée par le symbole d'une liaison à haute énergie (~), ce qui indique qu'il s'agit d'une liaison au moins aussi énergétique que le sont les liaisons phosphate d'une molécule d'ATP.

(7) La glycolyse produit maintenant de l'ATP. Le groupement phosphate, qui comporte une liaison à haute énergie, est transféré de l'acide 1,3-diphosphoglycérique à l'ADP en présence de l'enzyme phosphoglycérate kinase. Deux molécules d'ATP sont produites pour chaque molécule de glucose qui participe à la glycolyse, puisque chaque molécule produite après la scission du glucose (étape (4)) libère 1 molécule d'ATP. Bien sûr, il a fallu deux molécules d'ATP pour obtenir du glucose susceptible d'être scindé, d'où le bilan nul sur le plan de l'énergie. À la fin de l'étape (7), le glucose a été transformé en deux molécules d'acide 3-diphosphoglycérique.

(8) Ensuite, en déplaçant le dernier groupement phosphate de l'acide 3-phosphoglycérique, l'enzyme phosphoglycérate mutase produit de l'acide 2-phosphoglycérique et prépare ainsi le substrat pour la prochaine réaction.

(9) L'enzyme énolase forme une double liaison dans le substrat en extrayant une molécule d'eau de l'acide 2-phosphoglycérique, ce qui donne de l'acide 2-phosphoénolpyruvique. Il en résulte une disposition des électrons du substrat qui rend la dernière liaison phosphate très instable.

(10) La dernière réaction de la glycolyse produit une autre molécule d'ATP en présence de l'enzyme pyruvate kinase. Cette molécule d'ATP résulte du transfert du groupement phosphate de l'acide 2-phosphoénolpyruvique à l'ADP. Comme cette étape a lieu deux fois pour chaque molécule de glucose, il y a création de deux molécules d'ATP. Donc, la glycolyse d'une molécule de glucose donne deux molécules d'acide pyruvique, deux molécules de NADH + $H^+$ et deux molécules d'ATP. Chaque molécule d'acide pyruvique peut maintenant être soumise au processus de respiration ou au processus de fermentation selon que les molécules de dioxygène ($O_2$) sont présentes ou non.

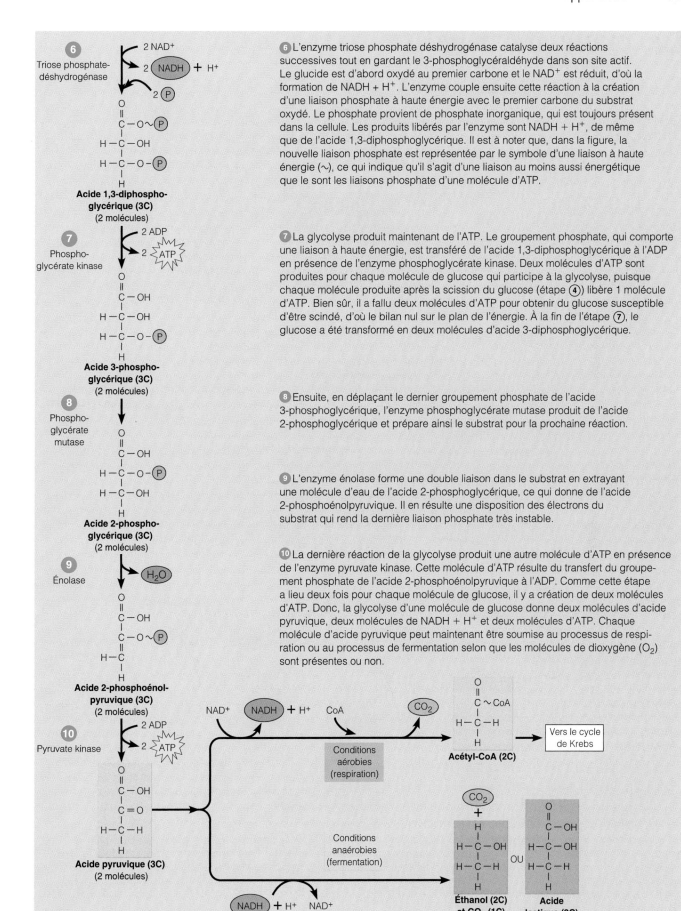

# Appendice C

# *Le cycle de Krebs*

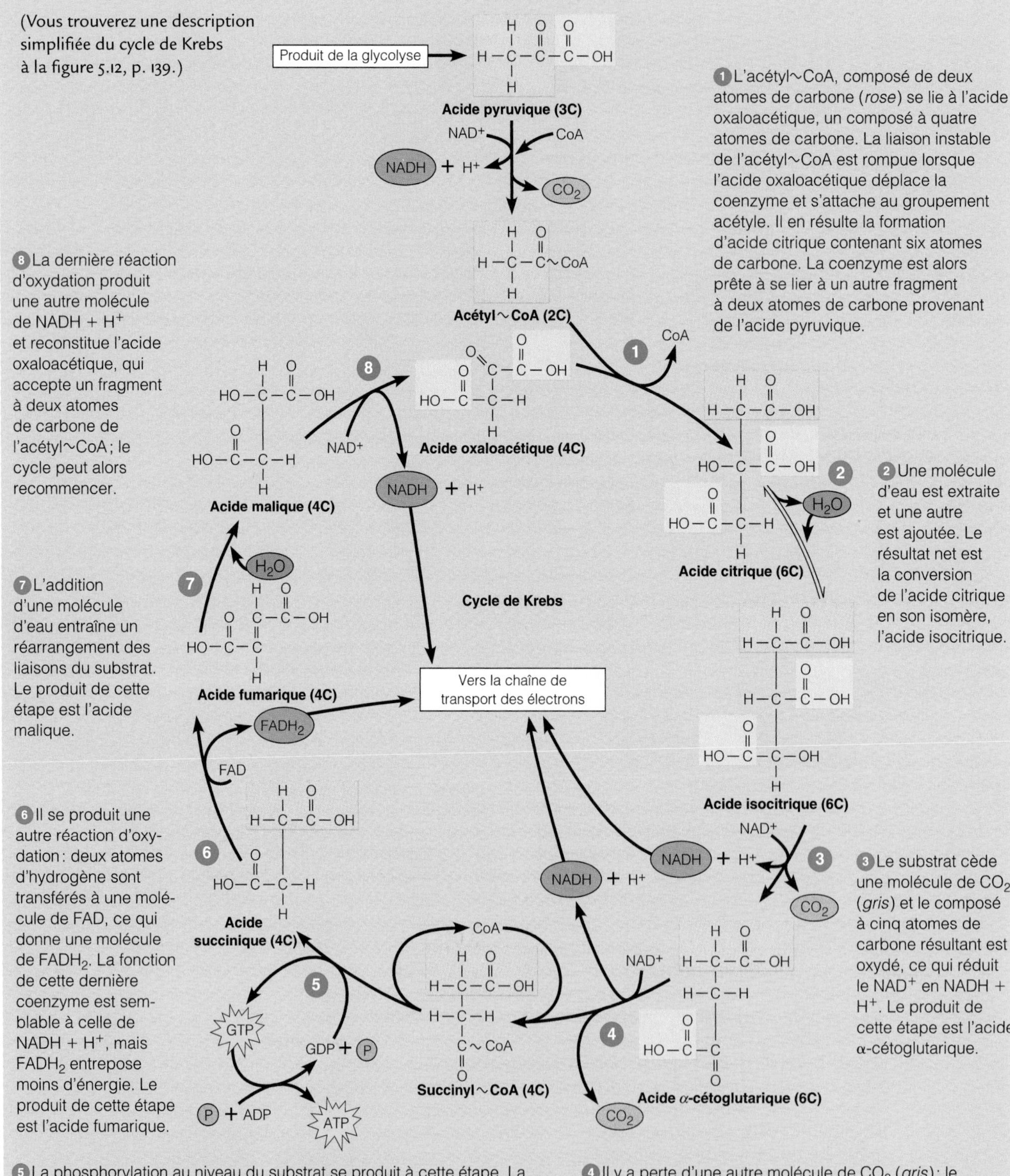

(Vous trouverez une description simplifiée du cycle de Krebs à la figure 5.12, p. 139.)
Produit de la glycolyse
Acide pyruvique (3C)
NAD+
CoA
NADH + H+
CO2
Acétyl~CoA (2C)
CoA
1 L'acétyl~CoA, composé de deux atomes de carbone (rose) se lie à l'acide oxaloacétique, un composé à quatre atomes de carbone. La liaison instable de l'acétyl~CoA est rompue lorsque l'acide oxaloacétique déplace la coenzyme et s'attache au groupement acétyle. Il en résulte la formation d'acide citrique contenant six atomes de carbone. La coenzyme est alors prête à se lier à un autre fragment à deux atomes de carbone provenant de l'acide pyruvique.
8 La dernière réaction d'oxydation produit une autre molécule de NADH + H+ et reconstitue l'acide oxaloacétique, qui accepte un fragment à deux atomes de carbone de l'acétyl~CoA ; le cycle peut alors recommencer.
Acide oxaloacétique (4C)
Acide malique (4C)
NAD+
NADH + H+
Acide citrique (6C)
H2O
2 Une molécule d'eau est extraite et une autre est ajoutée. Le résultat net est la conversion de l'acide citrique en son isomère, l'acide isocitrique.
7 L'addition d'une molécule d'eau entraîne un réarrangement des liaisons du substrat. Le produit de cette étape est l'acide malique.
H2O
Acide fumarique (4C)
Cycle de Krebs
Vers la chaîne de transport des électrons
FADH2
FAD
Acide isocitrique (6C)
NAD+
NADH + H+
CO2
3 Le substrat cède une molécule de CO2 (gris) et le composé à cinq atomes de carbone résultant est oxydé, ce qui réduit le NAD+ en NADH + H+. Le produit de cette étape est l'acide α-cétoglutarique.
6 Il se produit une autre réaction d'oxydation : deux atomes d'hydrogène sont transférés à une molécule de FAD, ce qui donne une molécule de FADH2. La fonction de cette dernière coenzyme est semblable à celle de NADH + H+, mais FADH2 entrepose moins d'énergie. Le produit de cette étape est l'acide fumarique.
Acide succinique (4C)
CoA
GTP
GDP + P
P + ADP
ATP
Succinyl~CoA (4C)
NAD+
NADH + H+
CO2
Acide α-cétoglutarique (6C)

5 La phosphorylation au niveau du substrat se produit à cette étape. La coenzyme est remplacée par un groupement phosphate, qui est par la suite transféré au GDP, ce qui donne de la guanosine triphosphate (GTP). Ce composé est semblable à l'ATP, qui se forme lorsqu'une molécule de GTP cède un groupement phosphate à une molécule d'ADP. Les produits de cette étape sont l'acide succinique et de l'ATP.

4 Il y a perte d'une autre molécule de $CO_2$ (*gris*) ; le composé à quatre atomes de carbone résultant est oxydé lors du transfert d'électrons à $NAD^+$, qui donne du $NADH + H^+$, puis il s'unit à la coenzyme par une liaison instable. Le produit de cette étape est le succinyl~CoA.

## Appendice D

# *Les exposants, les logarithmes et le temps de génération*

## Les exposants et la notation scientifique

Il n'est pas pratique de manipuler des nombres très grands ou très petits, comme 4 650 000 000 et 0,000 000 32. C'est pourquoi on exprime de tels nombres à l'aide de la notation scientifique, c'est-à-dire au moyen d'une puissance de 10. Par exemple, $4{,}65 \times 10^9$ est exprimé à l'aide de la **notation scientifique**, dans laquelle 4,65 est le *coefficient* et 9, l'*exposant* ou la puissance. Le coefficient est toujours un nombre compris entre 1 et 10, l'exposant pouvant être positif ou négatif.

L'expression d'un nombre à l'aide de la notation scientifique s'effectue en deux étapes. On détermine d'abord le coefficient en déplaçant la virgule décimale de manière qu'il ne reste plus qu'un chiffre non nul à la gauche de celle-ci. Par exemple,

$$0{,}000\,0003\,2$$

Le coefficient est donc 3,2. On détermine ensuite l'exposant en comptant de combien de positions on a déplacé la virgule. Si le déplacement a eu lieu vers la gauche, l'exposant est positif; s'il s'est effectué vers la droite, l'exposant est négatif. Dans l'exemple, on a déplacé la virgule décimale de sept positions vers la droite : l'exposant négatif est −7. Ainsi,

$$0{,}000\,000\,32 = 3{,}2 \times 10^{-7}$$

Les règles illustrées pour un très petit nombre s'appliquent aussi à un nombre très grand, mais l'exposant est alors positif plutôt que négatif. Par exemple,

$$4\,650\,000\,000 = 4{,}65 \times 10^{+9} = 4{,}65 \times 10^{9}$$

Pour multiplier deux nombres écrits à l'aide de la notation scientifique, on multiplie les coefficients et on *additionne* les exposants. Ainsi,

$$(3 \times 10^4) \times (2 \times 10^3) = (3 \times 2) \times (10^{4+3}) = 6 \times 10^7$$

Pour diviser deux nombres écrits à l'aide de la notation scientifique, on divise les coefficients et on *soustrait* les exposants. Ainsi,

$$\frac{3 \times 10^4}{2 \times 10^3} = \frac{3}{2} \times 10^{4-3} = 1{,}5 \times 10^1$$

Les microbiologistes utilisent la notation scientifique dans des contextes très variés, notamment pour exprimer le nombre de microorganismes d'une population, qui est souvent très grand (chapitre 6). On emploie également la notation scientifique pour exprimer la quantité d'un soluté dans une solution, qu'il s'agisse d'une substance entrant dans la composition d'un milieu de culture (chapitre 6), d'un désinfectant (chapitre 7) ou d'un antibiotique (chapitre 20), car cette quantité est souvent très petite. La conversion d'une unité de mesure SI en un multiple ou un sous-multiple consiste à multiplier ou à diviser un nombre par une puissance de 10. Ce type d'opération s'effectue plus facilement si le nombre est exprimé à l'aide de la notation scientifique.

## Les logarithmes

On appelle **logarithme** (**log**) d'un nombre dans une base donnée la puissance à laquelle il faut élever la base pour obtenir ce nombre. Le logarithme de base 10, qui s'écrit $\log_{10}$ ou simplement log, est l'un des plus utilisés. Pour calculer le $\log_{10}$ d'un nombre, on exprime d'abord celui-ci à l'aide de la notation scientifique. Si le coefficient est 1, le $\log_{10}$ est alors égal à l'exposant. Par exemple,

$$\log_{10} 0{,}000\,01 = \log_{10}(1 \times 10^{-5}) = -5$$

Si le coefficient est différent de 1 (ce qui est souvent le cas), il faut utiliser la fonction logarithme d'une calculatrice pour déterminer le logarithme.

Les microbiologistes se servent de logarithmes pour calculer le pH et pour tracer la courbe de croissance d'une population de microorganismes d'une culture (chapitre 6).

# Le calcul du temps de génération

La division d'une cellule bactérienne entraîne un accroissement exponentiel de la population, dont on obtient la valeur en élevant 2 (étant donné qu'une cellule se divise en deux organismes) à une puissance égale au nombre de fois que la cellule se divise (c'est-à-dire au nombre de générations):

$$2^{\text{nombre de générations}}$$

On calcule comme suit le nombre final de cellules d'une population:

$$\begin{matrix}\text{Nombre initial} \\ \text{de cellules}\end{matrix} \times 2^{\text{nombre de générations}} = \begin{matrix}\text{Nombre} \\ \text{de cellules}\end{matrix}$$

Par exemple, si 5 cellules se divisent neuf fois, le nombre total de cellules est égal à

$$5 \times 2^9 = 2\,560 \text{ cellules}$$

Pour calculer le nombre de générations associées à une culture donnée, il faut convertir le nombre de cellules en un logarithme. La base 10 est standard. Toutefois, on emploie la base 2 ou log 2 (qui est égal à 0,301) parce que chaque cellule se divise en deux organismes:

$$\begin{matrix}\text{Nombre de} \\ \text{générations}\end{matrix} = \frac{\log \begin{pmatrix}\text{nombre final} \\ \text{de cellules}\end{pmatrix} - \log \begin{pmatrix}\text{nombre initial} \\ \text{de cellules}\end{pmatrix}}{0{,}301}$$

Le temps de génération d'une population est égal à:

$$\frac{\text{Nombre d'heures} \times 60 \text{ min}}{\text{Nombre de générations}} = \text{minutes par génération}$$

Pour illustrer la méthode, nous allons calculer le temps de génération de 100 cellules bactériennes qui, en se reproduisant pendant cinq heures, forment une population de 1 720 320 cellules.

$$\frac{\log 1\,720\,320 - \log 100}{0{,}301} = 14 \text{ générations}$$

$$\frac{5 \text{ h} \times 60 \text{ min}}{14 \text{ générations}} = 21 \text{ minutes par génération}$$

La détermination de l'effet d'un nouvel agent de conservation sur une culture bactérienne est un exemple d'application concrète de ce type de calcul. Supposons que l'on fasse croître 900 bactéries de la même espèce que celle qui est étudiée dans l'exemple précédent, les conditions étant les mêmes à l'exception de l'ajout de l'agent de conservation; au bout de 15 heures, la population compte 3 686 400 cellules. Calculez le temps de génération et déterminez si l'agent de conservation inhibe ou non la croissance.

*Réponse:* 75 minutes par génération. L'agent de conservation a effectivement inhibé la croissance.

# Appendice E
# *Guide taxinomique des maladies infectieuses*

## Les bactéries et les bactérioses

| | | |
|---|---|---|
| ***Proteobacteria*** | | |
| ***Alphaproteobacteria*** | | |
| Maladie des griffes du chat | *Bartonella henselæ* | p. 697 |
| Ehrlichiose | *Ehrlichia* sp. | p. 701 |
| Typhus murin (endémique) | *Rickettsia typhi* | p. 702 |
| Typhus épidémique | *R. prowazekii* | p. 701-702 |
| Fièvre pourprée des montagnes Rocheuses | *R. rickettsii* | p. 702 |
| Brucellose | *Brucella* spp. | p. 694-695 |
| ***Betaproteobacteria*** | | |
| Blennorragie (gonorrhée) | *Neisseria gonorrhoeæ* | p. 803-805 |
| Méningite | *N. meningitidis* | p. 665-666 |
| Ophtalmie gonococcique du nouveau-né | *N. gonorrhoæ* | p. 653 |
| Maladie inflammatoire pelvienne | *N. gonorrhoeæ* | p. 806 |
| Infections nosocomiales | *Burkholderia* spp. | p. 220 |
| Coqueluche | *Bordetella pertussis* | p. 730-731 |
| ***Gammaproteobacteria*** | | |
| Maladies dues à une morsure d'animal | *Pasteurella multocida* | p. 697 |
| Dysenterie bacillaire | *Shigella* spp. | p. 763-764 |
| Épiglottite | *Hæmophilus influenzæ* | p. 726 |
| Méningite | *H. influenzæ* | p. 665 |
| Otite moyenne | *H. influenzæ* | p. 729 |
| Pneumonie | *H. influenzæ* | p. 737 |
| Chancre mou | *H. ducreyi* | p. 810 |
| Choléra | *Vibrio choleræ* | p. 768-769 |
| Gastroentérite | *V. parahæmolyticus* | p. 770 |
| Gastroentérite | *V. vulnificus* | p. 770 |
| Cystite | *Escherichia coli* | p. 800 |
| | *E. coli* | p. 770-771 |
| | *E. coli* | p. 801 |
| | *Klebsiella pneumoniæ* | p. 740 |
| | *Pseudomonas æruginosa* | p. 643 |
| | *P. æruginosa* | p. 643 |
| | *Legionella pneumophila* | p. 737-738 |
| | *Yersinia pestis* | p. 698-699 |
| | *Y. enterocolitica* | p. 773 |
| | *Moraxella catarrhalis* | p. 740 |
| | *Coxiella burnetii* | p. 740 |
| | *Salmonella enterica* | p. 764-766 |
| | *S. enterica typhi* | p. 766, 768 |
| | *Francisella tularensis* | p. 694 |
| | *Serratia marcescens* | p. 459 |
| | *Proteus mirabilis* | p. 339 |
| | | |
| | *Campylobacter jejuni* | p. 771 |
| | *Helicobacter pylori* | p. 771-772 |
| | *H. pylori* | p. 771-772 |

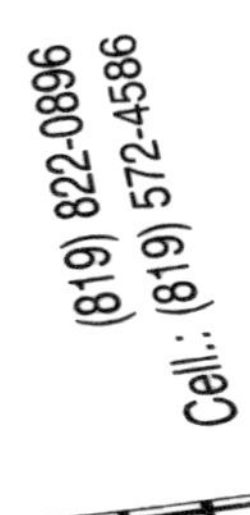

| | | |
|---|---|---|
| ***Firmicutes*** | | |
| ***Clostridia*** | | |
| Tétanos | *Clostridium tetani* | p. 667-669 |
| Gangrène | *C. perfringens* | p. 696-697 |
| Gastroentérite | *C. perfringens* | p. 773 |
| Botulisme | *C. botulinum* | p. 669-671 |
| ***Mollicutes*** | | |
| Pneumonie | *Mycoplasma pneumoniæ* | p. 737 |
| Urétrite non gonococcique | *M. hominis* | p. 805-806 |
| Urétrite non gonococcique | *Ureaplasma ureolyticum* | p. 805-806 |
| ***Bacilli*** | | |
| Anthrax | *Bacillus anthracis* | p. 695-696 |
| Gastroentérite | *B. cereus* | p. 773 |
| Listériose | *Listeria monocytogenes* | p. 666-667 |
| Endocardite bactérienne aiguë | *Staphylococcus aureus* | p. 692-693 |
| Folliculite | *S. aureus* | p. 639 |
| Intoxication alimentaire | *S. aureus* | p. 762-763 |
| Impétigo | *S. aureus* | p. 639 |
| Otite moyenne | *S. aureus* | p. 729 |
| Syndrome de Ritter-Lyell | *S. aureus* | p. 639 |
| Syndrome de choc toxique | *S. aureus* | p. 639 |
| Cystite | *S. saprophyticus* | p. 800-801 |
| Érysipèle | *Streptococcus pyogenes* | p. 641 |
| Impétigo | *S. pyogenes* | p. 641 |
| Méningite | *S. pyogenes* | p. 663 |
| Fasciite nécrosante | *S. pyogenes* | p. 642 |
| Fièvre puerpérale | *S. pyogenes* | p. 691 |
| Rhumatisme articulaire aigu | *S. pyogenes* | p. 693 |
| Scarlatine | *S. pyogenes* | p. 727 |
| Angine streptococcique de la gorge | *S. pyogenes* | p. 726-727 |
| Syndrome de choc toxique streptococcique | *S. pyogenes* | p. 463 |
| Méningite | *S. pneumoniæ* | p. 666 |
| Otite moyenne | *S. pneumoniæ* | p. 729 |
| Pneumonie | *S. pneumoniæ* | p. 736-737 |
| Carie dentaire | *Streptococcus mutans* | p. 758-760 |
| Endocardite bactérienne subaiguë | Streptocoques «-hémolytiques | p. 692 |
| ***Actinobacteria*** | | |
| Acné | *Propionibacterium acnes* | p. 643-644 |
| Ulcère de Buruli | *Mycobacterium ulcerans* | p. 640 |
| Diphtérie | *Corynebacterium diphteriæ* | p. 727-729 |
| Lèpre | *Mycobacterium lepræ* | p. 671-672 |
| Tuberculose | *Mycobacterium tuberculosis* | p. 731-736 |
| Mycétome | *Nocardia brasiliensis* | p. 353 |
| Vaginose | *Gardnerella vaginalis* | p. 810 |
| ***Chlamydiæ*** | | |
| Conjonctivite à inclusions | *Chlamydia trachomatis* | p. 654 |
| Lymphogranulome vénérien | *C. trachomatis* | p. 809 |
| Maladie inflammatoire pelvienne | *C. trachomatis* | p. 806 |
| Trachome | *C. trachomatis* | p. 654 |
| Urétrite non gonococcique | *C. trachomatis* | p. 805-806 |
| Pneumonie | *C. pneumoniæ* | p. 740 |
| Psittacose | *Chlamydia psittaci* | p. 738-740 |
| ***Spirochætes*** | | |
| Leptospirose | *Leptospira interrogans* | p. 801-802 |
| Fièvre récurrente | *Borrelia* spp. | p. 701 |
| Maladie de Lyme | *Borrelia burgdorferi* | p. 699-701 |
| Syphilis | *Treponema pallidum* | p. 806-809 |

| | | |
|---|---|---|
| ***Bacteroidetes*** | | |
| Parodonite | *Porphyromonas* spp. | p. 761 |
| Gingivite ulcéronécrosante aiguë | *Prevotella intermedia* | p. 761 |

## Les mycètes et les mycoses

| | | |
|---|---|---|
| ***Ascomycota*** | | |
| Aspergillose | *Aspergillus fumigatus* | p. 748 |
| Blastomycose | *Blastomyces dermatitidis* | p. 747-748 |
| Histoplasmose | *Histoplasma capsulatum* | p. 744-745 |
| Teigne | *Microsporum, Trichophyton* | p. 650-651 |
| Mycotoxicoses | | p. 491, 780 |
| **Anamorphes** | | |
| Candidoses | *Candida albicans* | p. 651, 813 |
| Coccidioïdomycose | *Coccidioides immitis* | p. 745-746 |
| Pneumonie | *Pneumocystis carinii* | p. 746-747 |
| Sporotrichose | *Sporothrix schenckii* | p. 651 |
| ***Basidiomycota*** | | |
| Méningite | *Cryptococcus neoformans* | p. 677-678 |
| Mycotoxicoses | | p. 491 |

## Les protozoaires et les protozooses

| | | |
|---|---|---|
| ***Archæzoa*** | | |
| Giardiase | *Giardia lamblia* | p. 780-781 |
| Trichomonase | *Trichomonas vaginalis* | p. 813-814 |
| ***Apicomplexa*** | | |
| Babésiose | *Babesia microti* | p. 712 |
| Cryptosporidiose | *Cryptosporidium parvum* | p. 781-782 |
| Diarrhée à *Cyclospora* | *Cyclospora cayetanensis* | p. 783 |
| Paludisme | *Plasmodium* spp. | p. 709-711 |
| Toxoplasmose | *Taxoplasma gondii* | p. 708-709 |
| ***Rhizopoda*** | | |
| Dysenterie amibienne | *Entamœba histolytica* | p. 782 |
| Kératite | *Acanthamœba* spp. | p. 654 |
| **Dinoflagellés** | | |
| Intoxication par phycotoxine paralysante | *Alexandrium* spp. | p. 378 |
| ***Euglenozoa*** | | |
| Trypanosomiase africaine | *Trypanosoma brucei* | p. [illegible] |
| Trypanosomiase américaine | *T. cruzi* | p. [illegible] |
| Leishmaniose | *Leishmania* spp. | p. [illegible] |
| Méningoencéphalite | *Nægleria fowleri* | p. [illegible] |

## Les helminthes et les helminthiases

| | | |
|---|---|---|
| **Plathelminthes** | | |
| Hydatidose | *Echinococcus granulosis* | p. [illegible] |
| Schistosomiase | *Schistosoma* spp. | p. [illegible] |
| Dermatite des nageurs | Schistosomes | p. [illegible] |
| Infestations par les cestodes | *Tænia* spp. | p. [illegible] |
| **Nématodes** | | |
| Ascaridiase | *Ascaris lumbricoides* | [illegible] |
| Ankylostomiase | *Necator americanus* | [illegible] |
| Infestations par les oxyures | *Enterobius vermicularis* | [illegible] |
| Trichinose | *Trichinella spiralis* | [illegible] |

# Les algues et les maladies qu'elles provoquent

| | | |
|---|---|---|
| **Rhodophycées, diatomées et dinoflagellés** | | p. 377-378, 492 |

# Les arthropodes et les maladies qu'ils provoquent

| | | |
|---|---|---|
| **Gale** | *Sarcoptes scabiei* | p. 652-653 |
| **Péiculose du cuir chevelu** | *Pediculus humanis capitis* | p. 653 |

# Les virus et les viroses

| | | |
|---|---|---|
| **Virus à ADN** | | |
| Condylomes génitaux | *Papovaviridæ* | p. 812-813 |
| Verrues | *Papovaviridæ* | p. 644 |
| Variole | *Poxviridæ* | p. 644-645 |
| Lymphome de Burkitt | *Herpesviridæ* | p. 702-704 |
| Varicelle | *Herpesviridæ* | p. 645-647 |
| Boutons de fièvre | *Herpesviridæ* | p. 647 |
| Infection à cytomégalovirus | *Herpesviridæ* | p. 774-775 |
| Herpès génital | *Herpesviridæ* | p. 811-812 |
| Mononucléose infectieuse | *Herpesviridæ* | p. 704 |
| Kératite | *Herpesviridæ* | p. 654 |
| Roséole | *Herpesviridæ* | p. 649-650 |
| Zona | *Herpesviridæ* | p. 646 |
| Hépatite B | *Hepadnaviridæ* | p. 776-778 |
| **Virus à ARN** | | |
| Encéphalite | *Bunyaviridæ* | p. 676-677 |
| Syndrome pulmonaire à *Hantavirus* | *Bunyaviridæ* | p. 707 |
| Gastroentérite | *Calciviridæ* | p. 779-780 |
| Hépatite E | *Calcivirus* | p. 779 |
| Rhume | *Coronaviridæ* | p. 729-730 |
| Hépatite D | *Hepadnaviridæ* | p. 779 |
| Encéphalite | *Flaviviridæ* | p. 676-677 |
| Hépatite C | *Flaviviridæ* | p. 778-779 |
| Fièvre jaune | *Flaviviridæ* | p. 705 |
| Fièvres hémorragiques | *Filoviridæ, arénaviridæe* | p. 705, 707 |
| Grippe | *Orthomyxoviridæ* | p. 742-744 |
| Cinquième maladie | *Parvoviridæ* | p. 649 |
| Rhume | *Picornaviridæ* | p. 729-730 |
| Hépatite A | *Picornaviridæ* | p. 775-776 |
| Poliomyélite | *Picornaviridæ* | p. 673-674 |
| Rougeole | *Paramyxoviridæ* | p. 648-649 |
| Oreillons | *Paramyxoviridæ* | p. 773-774 |
| Pneumonie | *Paramyxoviridæ* | p. 741 |
| Infection à VRS | *Paramyxoviridæ* | p. 741 |
| SIDA | *Rétrovirus* | p. 413, 588-596 |
| Rage | *Rhabdoviridæ* | p. 674-676, 679 |
| Dengue | *Togaviridæ* | p. 705 |
| Encéphalite | *Togaviridæ* | p. 676-677 |
| Rubéole | *Togaviridæ* | p. 649 |
| Gastroentérite | *Reoviridæ* | p. 779-780 |

# Les prions et les maladies qu'ils provoquent

| | |
|---|---|
| Maladie de Creutzfeldt–Jakob | p. 430, 681-682 |
| Kuru | p. 430, 681-682 |

# Glossaire

## A

**Abcès** Accumulation localisée de pus.
**Accepteur d'électrons** Ion qui saisit un électron qui a été perdu par un autre atome.
**Acide** Substance qui se décompose en un ou plusieurs ions hydrogène ($H^+$) et en un ou plusieurs anions. *Voir* Base.
**Acide aminé** Acide organique renfermant un groupement amine ($-NH_2$) et un groupement carboxyle ($-COOH$).
**Acide désoxyribonucléique** *Voir* ADN.
**Acide domoïque** Biotoxine produite par des diatomées qui s'accumule dans des mollusques filtreurs tels que les myes, les moules, les pétoncles et les huîtres.
**Acide nucléique** Macromolécule formée de nucléotides ; l'ADN et l'ARN sont des acides nucléiques.
**Acide para-aminobenzoïque (PABA)** Précurseur de la synthèse de l'acide folique.
**Acide ribonucléique (ARN)** Classe d'acides nucléiques qui comprend l'ARN messager, l'ARN ribosomal et l'ARN de transfert. *Voir* ADN.
**Acidophile** Bactérie qui tolère bien l'acidité d'un milieu dont le pH peut être inférieur à 4.
**Action oligodynamique** Capacité des composés d'un métal lourd à exercer une activité antimicrobienne.
**Activation** Processus qui a lieu lorsqu'un antigène spécifique réagit avec un récepteur à la surface d'un lymphocyte B ou T, et qui entraîne la formation d'un clone de cellules immunocompétentes.
**Adénocarcinome** Cancer du tissu épithélial glandulaire. *Voir* Sarcome.
**Adénosine diphosphate (ADP)** Substance produite lorsqu'on hydrolyse de l'ATP et que de l'énergie est libérée.
**Adénosine triphosphate (ATP)** Importante source d'énergie intracellulaire.
**Adhérence** Fixation d'un phagocyte à la surface d'un microorganisme hôte ou d'un corps étranger. Étape souvent préalable à la manifestation d'une maladie infectieuse.
**Adhésine** Protéine de liaison spécifique des glucides, faisant saillie sur les cellules procaryotes (bactéries) et servant à l'adhérence. Aussi appelée ligand. *Voir* Récepteur.
**Adjuvant** Substance ajoutée à un vaccin pour en accroître l'efficacité.
**ADN** Classe d'acides nucléiques. Chaînes de nucléotides qui soutient le matériel génétique (gènes) dans les cellules et certains virus. *Voir* ARN.
**ADN antisens** ADN complémentaire synthétisé à partir d'un ARNm qui code pour une protéine (d'où son nom antisens) ; introduit dans une cellule, l'ADN antisens s'hybride avec l'ARN messager, ce qui a pour effet d'inhiber la traduction de l'ARNm et, par ricochet, la synthèse de la protéine.
**ADN complémentaire (ADNc)** *Voir* ADNc.
**ADN ligase** Enzyme qui forme une liaison covalente entre un atome de carbone d'un nucléotide et le phosphate d'un second nucléotide.
**ADN polymérase** Enzyme qui lie les nouveaux nucléotides au brin d'ADN naissant lors de la réplication de l'ADN.
**ADN recombiné** Molécule d'ADN résultant d'un processus de recombinaison.
**ADNc (ADN complémentaire)** ADN synthétisé *in vitro* par la transcriptase inverse, une enzyme, à partir d'une matrice d'ARNm.
**Aérobie** Organisme qui a besoin d'oxygène moléculaire ($O_2$) pour se développer. *Voir* Anaérobie.
**Aérobie strict** Organisme qui a besoin d'oxygène moléculaire ($O_2$) pour vivre et se développer ; les processus de la respiration cellulaire aérobie requièrent la présence d'oxygène comme accepteur d'hydrogène.
**Aflatoxine** Toxine cancérogène produite par *Aspergillus flavus*, une moisissure.
**Agar-agar** Polysaccharide complexe extrait d'une algue marine, servant à la fabrication des milieux de culture solides utilisés en laboratoire de microbiologie. Aussi appelé agar ou gélose. *Voir* Gélose.
**Agent antimicrobien** Substance chimique (médicament) utilisée pour le traitement d'une maladie causée par un microorganisme, qui détruit l'agent pathogène sans endommager les tissus de l'organisme.
**Agent de surface** Tout composé diminuant la tension entre les molécules qui se trouvent à la surface d'un liquide ; aussi appelé surfactant.
**Agent pathogène** Organisme susceptible de causer une maladie.
**Agent pathogène opportuniste** Microorganisme qui ne cause habituellement pas de maladie mais qui peut devenir pathogène dans certaines conditions, lorsque le système immunitaire et la résistance de l'individu sont affaiblis.
**Agglutination** Rassemblement ou regroupement de cellules en amas. Agrégats d'antigènes non solubles (particules) reliés par des anticorps spécifiques.
**Agranulocyte** Leucocyte dont les granulations ne sont pas visibles dans le cytoplasme ; p. ex. les monocytes et les lymphocytes.
**Alcool** Molécule organique renfermant le groupement fonctionnel $-OH$.
**Aldéhyde** Molécule organique renfermant le groupement fonctionnel carboxyle terminal

$$-C\begin{matrix} \nearrow O \\ \searrow OH \end{matrix}$$

**Algine** Sel de sodium de l'acide mannuronique ($C_6H_8O_6$), présent dans les algues brunes ; extrait de leurs parois cellulaires, est utilisé comme épaississant dans de nombreux aliments (p. ex. la crème glacée).
**Algue** Eucaryote photosynthétique ; peut être unicellulaire, filamenteux ou pluricellulaire, mais ne possède pas les tissus caractéristiques des plantes (soit des racines, des tiges et des feuilles).
**Allergène** Antigène qui provoque une réaction d'hypersensibilité.
**Allergie** *Voir* Hypersensibilité.
**Allogreffe** Greffe d'un tissu qui ne provient pas d'un donneur génétiquement identique (c.-à-d. ni du receveur ni d'un jumeau vrai).
***Alveolata*** Dans la nouvelle classification, embranchement ou règne qui pourrait regrouper les ciliés, les dinoflagellés et les apicomplexes parce que ces trois groupes présentent des séquences communes d'ARNr.
**Amanitine** Toxine polypeptidique sécrétée par un mycète (*Amanita phalloides*), qui cause une atteinte hépatique et des lésions aux nerfs.
**Amibe** Eucaryote unicellulaire qui se déplace au moyen de pseudopodes.
**Amination** Addition d'un groupement amine.
**Aminoside** Classe d'antibiotiques dont l'action entraîne l'inhibition de la synthèse des protéines et l'arrêt de la croissance des bactéries ; comprend par exemple la streptomycine, la gentamicine, la kanamycine, la néomycine et la tobramycine. Aussi appelée aminoglucoside.

**Ammonification** Libération d'ammoniac par de la matière organique azotée, provoquée par l'action de microorganismes.

**Amorce d'ARN** Court brin d'ARN servant à déclencher la synthèse du brin discontinu d'ADN (réplication) et l'amplification en chaîne par polymérase.

**AMP cyclique (AMPc)** Molécule formée à partir de l'ATP, dans laquelle le groupement phosphate a une structure cyclique; l'AMPc sert de messager intracellulaire.

**Amphitriche** Se dit d'une cellule bactérienne ayant un ou plusieurs flagelles aux deux extrémités. *Voir* Flagelle.

**Amplification en chaîne par polymérase (ACP)** Technique consistant à utiliser l'ADN polymérase pour obtenir *in vitro* un très grand nombre de copies d'une matrice d'ADN. *Voir aussi* ADN complémentaire (ADNc).

**Anabolisme** Toute réaction de synthèse ayant lieu dans un organisme vivant; construction de molécules organiques complexes à partir de molécules plus simples, qui requiert de l'énergie. *Voir* Catabolisme.

**Anaérobie** Organisme qui n'a pas besoin d'oxygène moléculaire ($O_2$) pour se développer. *Voir* Aérobie.

**Anaérobie aérotolérant** Organisme qui n'utilise pas d'oxygène moléculaire ($O_2$), mais qui ne souffre pas de la présence de cet élément.

**Anaérobie facultatif** Organisme capable de se développer en présence ou en l'absence d'oxygène moléculaire ($O_2$).

**Anaérobie strict** Organisme qui ne consomme pas d'oxygène moléculaire ($O_2$) et qui meurt en présence de cet élément, qui est toxique pour lui. La production d'énergie est assurée par des processus de fermentation.

**Analogue de nucléoside** Substance apparentée par sa structure à un nucléoside normal des acides nucléiques, mais dont les propriétés associées à l'appariement des bases sont différentes.

**Anamorphe** Mycète qui a perdu la capacité de se reproduire sexuellement; peut aussi indiquer la phase asexuée de la reproduction chez la plupart des mycètes qui appartiennent à la classe des Ascomycètes.

**Anaphylaxie** Réaction d'hypersensibilité où interviennent des anticorps de la classe des IgE ainsi que des mastocytes et des granulocytes basophiles.

**Anaphylaxie localisée** Réaction immédiate d'hypersensibilité limitée à une zone circonscrite de la peau ou d'une muqueuse; p. ex. le rhume des foins, une éruption cutanée, l'asthme.

**Anaphylaxie systémique** *Voir* Choc anaphylactique.

**Anatoxine** Toxine inactivée (vaccin).

**Animaux** Règne constitué des eucaryotes pluricellulaires dépourvus de paroi cellulaire. Comprend les éponges, les vers, les insectes, les vertébrés. Les animaux obtiennent l'énergie et les nutriments dont ils ont besoin par ingestion de molécules organiques. Aussi appelé règne des *Animalia*.

**Anion** Ion portant une charge négative. *Voir* Cation.

**Anion peroxyde** Anion oxygène formé de deux atomes d'oxygène; ($O_2^{2-}$).

**Anoxygénique** Qui ne produit pas d'oxygène moléculaire; p. ex. la photophosphorylation cyclique.

**Antagonisme** Opposition fonctionnelle, par exemple entre deux médicaments ou entre deux microbes.

**Antagonisme microbien** Compétition pour les nutriments entre la flore normale et des microbes potentiellement pathogènes; la flore normale protège l'hôte contre l'implantation de ces microbes. Aussi appelé effet barrière.

**Antibiotique** Agent antimicrobien, en général produit naturellement par une bactérie ou par un mycète.

**Antibiotique à large spectre** Antibiotique efficace pour lutter contre une vaste gamme de bactéries à Gram positif ou à Gram négatif.

**Anticodon** Triplet de nucléotides de l'ARNt qui permet à l'ARNt de reconnaître un codon d'ARNm.

**Anticorps** Protéine produite par l'organisme en réaction à un antigène, et capable de se combiner spécifiquement avec cet antigène. Aussi appelé gammaglobuline ou immunoglobuline. *Voir* Antigène.

**Anticorps monoclonal** Anticorps spécifique produit *in vitro* par un clone de lymphocytes B normaux hybridés à l'aide de lymphocytes B cancéreux.

**Anticorps monoclonal chimérique** Anticorps génétiquement modifié, constitué de régions variables dérivées de la souris et de régions constantes d'origine humaine.

**Antigène** Toute substance qui déclenche la formation d'anticorps et ne réagit qu'avec l'anticorps spécifique correspondant; aussi appelée immunogène.

**Antigène de transplantation spécifique aux tumeurs (TSTA** pour *tumor-specific transplantation antigen***)** Antigène viral situé à la surface d'une cellule transformée (tumorale).

**Antigène d'histocompatibilité** Antigène du soi situé à la surface de cellules humaines.

**Antigène T** Antigène situé dans le noyau d'une cellule tumorale transformée par un virus.

**Antigène T-dépendant** Antigène qui stimule la production d'anticorps seulement lorsque les lymphocytes T auxiliaires interviennent également.

**Antigène T-indépendant** Antigène qui stimule la production d'anticorps sans l'intervention de lymphocytes T auxiliaires.

**Anti-immunoglobuline humaine** Anticorps qui réagit spécifiquement avec des anticorps humains.

**Antisepsie** Tout traitement chimique appliqué à des tissus vivants dans le but de détruire et d'éliminer les microorganismes potentiellement pathogènes ou d'en ralentir la croissance; la substance chimique utilisée est appelée antiseptique. *Voir* Désinfection.

**Antisérum** *Voir* Immunsérum.

**Antitoxine** Anticorps spécifique produit par l'organisme en réaction à une exotoxine bactérienne ou à l'anatoxine de celle-ci.

**Apicomplexe** Organisme de l'embranchement des *Apicomplexa*. Protozoaire eucaryote unicellulaire, parasite intracellulaire obligatoire; doté d'un organite caractéristique situé à l'extrémité de la cellule.

**Apoenzyme** Partie protéique d'une enzyme, qui doit être activée par une coenzyme.

**Apoptose** Mort naturelle programmée d'une cellule; les fragments résiduels sont éliminés par phagocytose.

**Appertisation** Procédé qui combine la préparation d'aliments dans des boîtes de conserve étanches et leur stérilisation par la chaleur afin de détruire et d'inactiver tous les microorganismes ou leurs toxines dont la présence pourrait rendre la nourriture impropre à la consommation.

**Arbuscule** Mycélium d'un champignon présent dans les cellules des parties souterraines d'une plante.

***Archæzoa*** Protozoaires eucaryotes primitifs, unicellulaires, dépourvus de mitochondries; p. ex. *Giardia lamblia* et *Trichomonas vaginalis.*

**Archéobactéries** Cellules procaryotes dépourvues de peptidoglycane; elles constituent l'un des trois domaines (domaine des *Archæa*).

**ARN de transfert (ARNt)** Molécule d'ARN qui transporte les acides aminés au site ribosomique où ces acides sont intégrés aux protéines.

**ARN messager (ARNm)** Type de molécule d'ARN qui régit l'intégration des acides aminés dans les protéines.

**ARN ribosomal (ARNr)** Molécule d'ARN qui produit des ribosomes.

**Arthroconidie** Spore fongique asexuée résultant de la fragmentation d'un hyphe segmenté en cellules simples; les segments deviennent des spores asexuées.

**Ascospore** Spore fongique sexuée qui se forme dans un asque chez les ascomycètes.
**Asepsie** Absence de contamination par des microorganismes potentiellement pathogènes et par des agents pathogènes; visée par toute technique de stérilisation, de désinfection, d'antisepsie et de décontamination.
**Asque** Chez les ascomycètes, structure en forme de sac qui contient les ascospores.
**Atome** La plus petite unité de matière capable de prendre part à une réaction chimique.
**Autoclave** Appareil de stérilisation par la vapeur sous pression, qui fonctionne habituellement à 103 kPa et à 121 °C.
**Autogreffe** Greffe d'un tissu provenant du sujet lui-même.
**Autotrophe** Organisme qui utilise le dioxyde de carbone ($CO_2$) comme principale source de carbone. Se dit par opposition à hétérotrophe. *Voir aussi* Chimioautotrophe *et* Photoautotrophe.
**Auxotrophe** Microorganisme mutant ayant un besoin nutritionnel qui n'existe pas chez le parent.
**Azole** Agent antifongique qui nuit à la synthèse des stérols de la membrane plasmique; p. ex. l'imidazole et le triazole.

B

**Bacille** Toute bactérie en forme de bâtonnet.
***Bacillus* (pluriel: *Bacilli*)** Genre qui regroupe les bacilles à Gram positif, aérobies stricts et anaérobies facultatifs, qui produisent des endospores en présence d'oxygène.
**Bactéricide** Se dit d'une substance ayant la propriété de tuer les bactéries. *Voir* Bactériostatique.
**Bactérie à Gram négatif** Bactérie qui perd la couleur violet de cristal lorsqu'elle est décolorée à l'alcool, et que l'on peut ensuite colorer en rouge au moyen de la safranine. *Voir* Coloration de Gram.
**Bactérie à Gram positif** Bactérie qui conserve la couleur violet de cristal lorsqu'elle est décolorée à l'alcool; elle se colore en violet foncé. *Voir* Coloration de Gram.
**Bactérie pourpre non sulfureuse** Protéobactérie alpha, strictement anaérobie et phototrophe; se développe sur un extrait de levure en l'absence de lumière; utilise des composés organiques réduits comme donneurs d'électrons pour la fixation du $CO_2$. Aussi appelée bactérie pourpre non sulfo-réductrice.
**Bactérie pourpre sulfureuse** Protéobactérie gamma, strictement aérobie et phototrophe; utilise des composés du soufre réduits comme donneurs d'électrons pour la fixation du $CO_2$. Aussi appelée bactérie pourpre sulfo-réductrice.
**Bactérie verte non sulfureuse** Bactérie à Gram négatif, n'appartenant pas aux protéobactéries; anaérobie et phototrophe; utilise des composés organiques réduits comme donneurs d'électrons pour la fixation du $CO_2$. Aussi appelée bactérie verte non sulfo-réductrice.
**Bactérie verte sulfureuse** Bactérie à Gram négatif, n'appartenant pas aux protéobactéries; strictement anaérobie et phototrophe; ne croît pas en l'absence de lumière; utilise des composés réduits du soufre ($H_2S$) comme donneurs d'électrons pour la fixation du $CO_2$. Aussi appelée bactérie verte sulfo-réductrice.
**Bactériémie** État infectieux résultant de la présence de bactéries vivantes dans le sang circulant. *Voir* Septicémie.
**Bactériocine** Peptide antimicrobien produit par des bactéries et qui tue d'autres bactéries.
**Bactériologie** Science traitant des procaryotes, y compris les bactéries et les archéobactéries.
**Bactériophage** Virus qui infecte spécifiquement les cellules bactériennes; aussi appelé phage.
**Bactériostatique** Se dit d'un agent susceptible d'inhiber ou de freiner la croissance bactérienne. *Voir* Bactéricide.
**Banque génomique** Ensemble de clones contenant divers fragments d'ADN; chaque élément de la banque est une bactérie, une levure ou un phage porteur d'un fragment du génome. Aussi appelée banque de gènes.
**Barrière hémato-encéphalique** Mécanisme de protection assuré par l'organisation de capillaires et de cellules nerveuses, qui joue un rôle sélectif dans le passage de certaines substances du sang vers le liquide cérébrospinal et l'encéphale.
**Base** Substance qui se décompose en un ou plusieurs ions hydroxyde ($OH^-$) et en un ou plusieurs ions positifs. *Voir* Acide.
**Baside** Chez les basidiomycètes, socle qui produit les basidiospores.
**Basidiospore** Spore fongique sexuée, née sur une baside, caractéristique des basidiomycètes.
**Biguanidine** Groupe de substances antimicrobiennes, telles que la chlorhexidine, qui sont appliquées principalement sur la peau et les muqueuses.
**Bioaugmentation** Emploi de microbes adaptés à des polluants ou génétiquement modifiés pour la bioréhabilitation.
**Biocide** Substance qui détruit les microorganismes. Aussi appelé germicide.
**Bioconversion** Transformation de la matière organique résultant de la croissance de microorganismes.
**Biofilm** Communauté de microbes qui forme généralement une mince couche visqueuse sur une surface naturelle ou artificielle, telle qu'une prothèse.
**Biogenèse** Théorie selon laquelle une cellule vivante ne peut provenir que d'une autre cellule vivante. *Voir* Génération spontanée.
**Biologie moléculaire** Science qui traite de l'ADN et de la synthèse des protéines chez les organismes vivants.
**Bioluminescence** Émission de lumière par la chaîne de transport des électrons, qui requiert la présence de la luciférase, une enzyme.
**Biomasse** Matière organique produite par l'ensemble des êtres vivants, mesurée en fonction de sa masse.
**Bioréacteur** Cuve de fermentation industrielle permettant de réguler les conditions du milieu, dont la température et le pH.
**Bioréhabilitation** Utilisation de microorganismes pour éliminer un polluant du milieu.
**Biotechnologie** Dans l'industrie, utilisation des propriétés biochimiques de microorganismes, de cellules ou de leurs composantes pour fabriquer un produit particulier. *Voir* Génie génétique.
**Biotype** *Voir* Biovar.
**Biovar** Sous-groupe d'un sérovar déterminé en fonction de propriétés chimiques ou physiologiques caractéristiques; aussi appelé biotype.
**Bisphénol** Groupe de substances antimicrobiennes, telles que l'hexachlorophène et le triclosan, composées de deux groupements phénol.
**Blastoconidie** Spore fongique asexuée résultant du bourgeonnement de la cellule mère; à maturité, le bourgeon se détache.
**Boues** Matière solide extraite des eaux usées.
**Boues bouffantes** Lors du traitement secondaire, état résultant de la flottaison des boues, qui ne se déposent pas.
**Bouillon de culture** Milieu liquide utilisé pour la croissance microbienne.
**Bouillon nutritif** Milieu complexe composé d'extrait de bœuf et de peptone. *Voir* Milieu complexe.
**Bourgeonnement** 1) Reproduction asexuée ayant comme point de départ une excroissance de la cellule mère, dont le développement donne naissance à une cellule fille. 2) Mode de libération d'un virus qui s'enrobe d'une enveloppe lipidique pour sortir, à travers la membrane plasmique, d'une cellule hôte animale.
**Brin antisens** ARN viral dont le brin est négatif et qui ne peut pas jouer le rôle d'ARN messager. *Voir* Brin sens.
**Brin directeur** Durant la réplication de l'ADN, nouveau brin (brin fils) dont la synthèse dans la direction 5' → 3' est continue.

**Brin discontinu** Durant la réplication de l'ADN, nouveau brin (brin fils) dont la synthèse requiert une amorce d'ARN et dont la polymérisation s'effectue par petits segments.

**Brin sens** ARN viral dont le brin est positif et qui est susceptible de jouer le rôle d'ARN messager. *Voir* Brin antisens.

**Bubon** Gonflement d'un nœud (ou ganglion) lymphatique, dû à une inflammation.

**Bulle** Soulèvement épidermique dont le diamètre est supérieur à 1 cm (grosse vésicule), rempli de liquide séreux.

## C

**Caillé** Partie solide du lait qui se sépare du liquide (le petit lait), par exemple lors de la fabrication du fromage.

**Caisson hyperbare** Appareil destiné à la conservation de substances à des pressions supérieures à 100 kPa.

**Calvin-Benson** *Voir* Réactions du cycle de Calvin-Benson.

**Cancérogène** Toute substance susceptible de causer un cancer.

**Candidose** Maladie causée par la croissance de levures chez un hôte réceptif.

**Capnophile** Microorganisme dont la croissance est optimale lorsque la concentration de $CO_2$ est relativement élevée.

**Capside** Enveloppe ou coque protéique d'un virus, qui entoure l'acide nucléique.

**Capsomère** Sous-unité protéique d'une capside virale.

**Capsule** Enveloppe gélatineuse externe de certaines bactéries, de consistance ferme et composée de polysaccharides ou de polypeptides. *Voir* Glycocalyx.

**Carbapénème** Classe d'antibiotiques à large spectre comprenant un antibiotique β-lactame, l'imipénème, et de la cilastatine sodique; inhibe la synthèse de la paroi cellulaire.

**Carboxysome** Inclusion procaryote qui contient la ribulose 1,5-diphosphate carboxylase.

**Caryogamie** Fusion des noyaux de deux cellules, qui se produit durant la phase sexuée du cycle vital d'un mycète.

**Caséine** Protéine du lait.

**Catabolisme** Toute réaction de dégradation ayant lieu dans un organisme vivant; dégradation de composés organiques complexes en molécules plus simples, qui libère de l'énergie. *Voir* Anabolisme.

**Catabolisme des glucides** Réactions chimiques qui conduisent à la dégradation de molécules de glucides pour produire de l'énergie.

**Catalase** Enzyme qui catalyse la décomposition du peroxyde d'hydrogène ($H_2O_2$) en eau et en oxygène.

**Catalyseur** Substance qui accélère une réaction chimique sans subir elle-même de modification.

**Cation** Ion portant une charge positive. *Voir* Anion.

**Cellule dendritique** Cellule présentatrice d'antigène caractérisée par de longues excroissances digitiformes, présente dans les tissus lymphoïdes et la peau.

**Cellule donneuse** Cellule qui cède de l'ADN à une cellule receveuse lors d'une recombinaison génétique.

**Cellule Hfr** Cellule bactérienne dans laquelle le facteur F a été incorporé au chromosome; Hfr signifie à haute fréquence de recombinaison. *Voir* Facteur F.

**Cellule mémoire** *Voir* Lymphocyte mémoire.

**Cellule présentatrice d'antigène (CPA)** Macrophagocyte ou cellule dendritique qui englobe un antigène et en présente des fragments aux lymphocytes T sur sa surface cellulaire.

**Cellule receveuse** Cellule qui reçoit de l'ADN d'une cellule donneuse durant une recombinaison génétique.

**Cellule souche** Cellule pluripotente qui donne naissance à d'autres cellules. Ainsi, les cellules de la moelle osseuse rouge produisent les cellules sanguines et les lymphocytes B et T.

**Cellule tueuse naturelle (NK)** Cellule lymphoïde qui détruit les cellules tumorales ou les cellules infectées par des virus.

**Cénocyte** Filament fongique qui ne se divise pas en unités mononucléaires; ressemble à des cellules parce qu'il est dépourvu de septum.

**Centers for Disease Control and Prevention (CDC)** Aux États-Unis, organisme de santé publique qui collecte des données épidémiologiques.

**Centrosome** Partie d'une cellule eucaryote constituée d'une région péricentriolaire (fibres protéiques) et d'une paire de centrioles; joue un rôle dans la formation du fuseau mitotique lors de la division des chromosomes.

**Céphalosporine** Antibiotique, produit par le mycète *Cephalosporium*, qui inhibe la synthèse de la paroi cellulaire des bactéries à Gram positif.

**Cercaire** Larve d'un trématode, qui se déplace en nageant.

**Chaîne de transport des électrons** Séquence de transporteurs moléculaires capables d'effectuer des réactions d'oxydation et de réduction, synthétisant ainsi l'ATP par phosphorylation oxydative.

**Chancre** Induration comportant un ulcère en son centre.

**Chimie** Science des interactions entre les atomes et les molécules.

**Chimioautotrophe** Organisme qui utilise une substance chimique inorganique comme source d'énergie (chimio-) et du $CO_2$ comme source de carbone. *Voir* Autotrophe.

**Chimiohétérotrophe** Organisme qui utilise des molécules chimiques organiques à la fois comme source d'énergie (chimio-) et comme source de carbone (hétérotrophe).

**Chimiokine** Cytokine qui déclenche, par chimiotactisme, la migration de leucocytes vers des zones infectées.

**Chimiosmose** Mécanisme de production d'ATP au moyen de la chaîne de transport des électrons et d'un gradient de protons qui se forme de part et d'autre de la membrane cytoplasmique.

**Chimiotactisme** Mouvement déclenché par la présence d'une substance chimique. *Voir* Tactisme.

**Chimiothérapie** Traitement par des substances chimiques.

**Chimiotrophe** Organisme qui tire son énergie des réactions d'oxydoréduction de molécules chimiques; se dit par opposition à phototrophe.

**Chirurgie aseptique** Techniques utilisées en chirurgie pour prévenir la contamination microbienne du patient.

**Chlamydoconidie** Spore fongique asexuée produite au sein d'un segment de l'hyphe; entourée d'une paroi épaisse.

**Chloramphénicol** Substance chimique bactériostatique à large spectre qui nuit à la synthèse protéique.

**Chloroplaste** Organite qui assure la photosynthèse chez les eucaryotes photoautotrophes.

**Choc** Toute chute de la pression artérielle qui met la vie en danger. *Voir aussi* Choc septique.

**Choc anaphylactique** Réaction d'hypersensibilité systémique qui provoque la vasodilatation périphérique puis un état de choc. Aussi appelé anaphylaxie systémique.

**Choc endotoxique** Chute de la pression artérielle causée par la présence dans le sang d'endotoxines provenant de la paroi de bactéries à Gram négatif.

**Choc septique** Chute brusque de la pression artérielle due à la présence de toxines bactériennes, qui sont généralement des endotoxines produites par des bactéries à Gram négatif.

**Chromatine** ADN filiforme non concentré, présent dans les cellules eucaryotes en interphase.

**Chromatophore** Chez les bactéries photoautotrophes, saccule dans la membrane plasmique où se trouve la bactériochlorophylle; aussi appelé thylakoïde.

**Chromosome** Structure composée principalement d'ADN, qui constitue le support physique de l'information génétique; contient les gènes.

**Cil** Organe de locomotion. Prolongement relativement court de certaines cellules eucaryotes, composé de neuf paires de microtubules en cercle et de deux microtubules centraux (disposition de type 9 + 2). *Voir* Flagelle.

**Cilié** Chez les protozoaires, membre de l'embranchement des *Ciliophora*, qui se déplace au moyen de cils.

**Citerne** Sac membraneux aplati du réticulum endoplasmique et du complexe de Golgi ; aussi appelé saccule.

**Cladogramme** Arbre phylogénétique dichotomique dont la division en branches est régulière et qui représente la classification des organismes en fonction de leur apparition chronologique dans le processus d'évolution ; met en évidence les relations phylogénétiques entre les organismes.

**Classe** Division taxinomique comprise entre l'embranchement et l'ordre.

**Clé dichotomique** Procédé d'identification fondé sur une suite de questions à double choix, la réponse à une question menant à une autre question à double choix jusqu'à ce que la nature de l'organisme étudié soit déterminée ; aussi appelée clé analytique.

**Clone** Population de cellules identiques descendant d'une même cellule initiale.

**Coagulase** Enzyme bactérienne qui provoque la coagulation du plasma sanguin et contribue à la formation d'une enveloppe protectrice autour des foyers infectieux.

**Coccobacille** Bacille ovale dont la morphologie est proche de celle d'un coccus.

**Coccus** (pluriel : **cocci)** Bactérie sphérique ou ovoïde.

**Code génétique** Ensemble des règles qui déterminent comment une séquence de nucléotides de l'ADN est convertie en une séquence d'acides aminés pour former une protéine.

**Codon** Séquence de trois nucléotides d'ARNm qui détermine la séquence d'un acide aminé dans un polypeptide.

**Codon d'arrêt** Codon qui ne code pour aucun acide aminé.

**Coenzyme** Type de cofacteur. Molécule organique non protéique associée à une enzyme, qu'elle active ; plusieurs coenzymes sont dérivées de vitamines (NAD et FAD). *Voir* Cofacteur.

**Coenzyme A (CoA)** Coenzyme qui joue un rôle dans la décarboxylation. *Voir* Cycle de Krebs.

**Coenzyme Q (CoQ)** *Voir* Ubiquinone.

**Cofacteur** 1) Molécule inorganique associée à une enzyme, qu'elle active. *Voir* Coenzyme. 2) Microorganisme ou molécule dont l'action synergétique, en combinaison avec d'autres unités semblables, stimule ou déclenche une maladie.

**Coliforme** Bactérie en forme de bâtonnet, à Gram négatif, aérobie ou anaérobie facultative, qui fermente le lactose et produit ainsi des acides et des gaz en moins de 48 h, à 35 °C ; ne produit pas d'endospores.

**Collagénase** Enzyme bactérienne qui hydrolyse le collagène et contribue à la destruction de la barrière naturelle que constitue le tissu conjonctif.

**Colonie** Masse visible de cellules microbiennes descendant d'une même cellule mère ou d'un groupe de microbes identiques.

**Colonisation** Implantation et installation de microorganismes sur des tissus, où ils vivent normalement de façon plus ou moins permanente sans provoquer de maladie.

**Colorant acide** Sel dont la couleur est attribuable à l'ion négatif ; les colorants acides sont utilisés pour la coloration négative. *Voir* Colorant basique.

**Colorant basique** Sel dont la couleur est attribuable à l'ion positif et qui est utilisé pour la coloration de bactéries. *Voir* Colorant acide.

**Colorant différentiel** Colorant qui permet de distinguer des objets, tels que des bactéries, en fonction des réactions à la coloration.

**Coloration** Application d'un ou de plusieurs colorants sur un échantillon visant à le rendre visible au microscope ou à rendre visibles des structures données.

**Coloration acido-alcoolo-résistante** Coloration différentielle utilisée pour identifier des bactéries qu'une solution d'acide et d'alcool ne décolore pas (p. ex. *Mycobacterium*).

**Coloration de Gram** Coloration différentielle qui permet de classer les bactéries en deux grandes catégories, à Gram positif et à Gram négatif.

**Coloration négative** Processus par lequel on obtient des bactéries incolores sur un fond coloré.

**Coloration simple** Méthode de coloration de microorganismes au moyen d'un seul colorant basique.

**Commensalisme** Association symbiotique entre deux organismes vivants qui est profitable pour l'un d'entre eux seulement, mais ne présente pas de danger pour le second.

**Compétence** État physiologique d'une cellule receveuse qui permet la réception et l'intégration d'une portion importante de l'ADN d'une cellule donneuse.

**Complément** Ensemble de protéines sériques qui jouent un rôle dans la phagocytose et la lyse des bactéries ; aussi appelé système du complément.

**Complexe antigène-anticorps** Produit de la combinaison d'un antigène et de son anticorps spécifique à la base de la protection immunitaire ; utilisé dans de nombreux tests diagnostiques. *Voir* Complexe immun.

**Complexe d'attaque membranaire (MAC** pour *membrane attack complex***)** Protéines du complément C5 à C9 dont l'action combinée cause des lésions dans la membrane plasmique, ce qui entraîne la mort de la cellule.

**Complexe de Golgi** Organite qui joue plusieurs rôles, dont la sécrétion de certaines protéines.

**Complexe enzyme-substrat** Composé temporaire formé d'une enzyme et de son substrat.

**Complexe immun** Produit de la combinaison d'un antigène et de son anticorps spécifique ; peut être associé à des composants du système du complément lors d'une maladie auto-immune. *Voir* Complexe antigène-anticorps.

**Complexe majeur d'histocompatibilité (CMH)** Ensemble des gènes qui codent pour les antigènes d'histocompatibilité. Aussi appelé système HLA (pour *human leukocyte antigen*).

**Composé** Substance constituée d'au moins deux atomes distincts.

**Composé d'ammonium quaternaire** Détergent cationique, utilisé comme désinfectant, qui comporte quatre groupements organiques liés à un atome central d'azote.

**Composé inorganique** Petite molécule qui ne contient pas de carbone, sauf du dioxyde de carbone ($CO_2$).

**Composé organique** Molécule contenant du carbone et de l'hydrogène.

**Compostage** Méthode d'élimination de déchets solides, et plus particulièrement de matière végétale, par la stimulation de la décomposition microbienne.

**Concentration minimale inhibitrice (CMI)** La plus petite concentration d'agent chimiothérapeutique qui empêche la croissance des microorganismes *in vitro.*

**Concentration minimale létale (CML)** La plus petite concentration d'agent chimiothérapeutique qui tue les bactéries *in vitro.* Aussi appelée concentration minimale bactéricide (CMB).

**Condenseur** Système de lentilles situé sous la platine porte-objet, qui oriente les rayons lumineux vers l'échantillon.

**Conditionnement aseptique** Méthode de conservation commerciale des aliments qui consiste à remplir des contenants stériles avec des aliments stériles.

**Configuration électronique** Disposition des électrons dans les couches électroniques, ou niveaux d'énergie, d'un atome.

**Congénital** Présent à la naissance ; peut être transmis ou acquis *in utero*.

**Conidie** Type de spore asexuée unicellulaire ou pluricellulaire qui n'est pas enfermée dans un sac ; ces spores forment des chaînes au bout d'un conidiophore. Aussi appelée conidiospore.

**Conidiophore** Hyphe aérien qui porte des conidies.

**Conjugaison** Transfert par contact direct de matériel héréditaire d'une cellule à une autre ; a lieu chez les bactéries et chez les protozoaires, mais selon un processus différent.

**Contre-colorant** Colorant utilisé pour créer un contraste lors d'une coloration différentielle.

**Conversion phagique** Acquisition de propriétés nouvelles par une cellule hôte infectée par un phage lysogénique.

**Corépresseur** Molécule qui, en se liant à un répresseur, permet à celui-ci de se lier à un opérateur et d'arrêter ainsi la transcription d'un gène.

**Corps d'inclusion** Granule ou particule virale, présent dans le cytoplasme ou le noyau de certaines cellules infectées, qui joue un rôle important dans l'identification des virus qui causent l'infection.

**Corps élémentaire** Forme infectieuse de *Chlamydia*.

**Cortex** Enveloppe protectrice d'un lichen, formée par les hyphes d'un mycète.

**Couche électronique** *Voir* Niveau énergétique.

**Couche visqueuse** Glycocalyx non organisé et associé de façon lâche à la paroi cellulaire. *Voir* Capsule.

**Courbe de croissance bactérienne** Graphique représentant le développement d'une population de bactéries en fonction du temps.

**Crampon** Base ramifiée, semblable à une racine, du stipe d'une algue.

**Crête** Invagination de la membrane interne d'une mitochondrie.

**Crise** Phase de la fièvre caractérisée par la vasodilatation et la transpiration.

**Cryodéshydratation** *Voir* Lyophilisation.

**Culture** Microorganismes qui se développent et se multiplient dans un récipient contenant un milieu de culture.

**Cuticule** Enveloppe externe des helminthes.

**Cyanobactérie** Procaryote photoautotrophe qui produit du dioxygène ($O_2$).

**Cycle biogéochimique** Recyclage par les microorganismes des éléments chimiques, qui seront utilisés par d'autres organismes.

**Cycle de Krebs** Série de réactions chimiques au cours de laquelle la grande quantité d'énergie chimique potentielle emmagasinée dans l'acétyl-CoA est libérée par étapes. Le cycle comprend une série d'oxydations et de réductions qui transfèrent cette énergie potentielle, sous forme d'électrons, à des coenzymes transporteurs d'électrons, surtout le $NAD^+$ et la FAD. Aussi appelé cycle des acides tricarboxyliques ou cycle de l'acide citrique.

**Cycle de l'azote** Succession de processus naturels qui transforme l'azote ($N_2$) en substances organiques, puis retransforme celles-ci en azote.

**Cycle du carbone** Séquence de processus naturels par laquelle le $CO_2$ se transforme en des substances organiques, qui se reconvertissent ensuite en $CO_2$.

**Cycle du phosphore** Les diverses phases de solubilité du phosphore dans la nature.

**Cycle du soufre** Les divers états d'oxydation et de réduction du soufre dans la nature, résultant principalement de l'action de microorganismes.

**Cycle lytique** Mécanisme de multiplication d'un phage, qui entraîne la lyse de la cellule hôte.

**Cyclose** Mouvement du cytoplasme d'une cellule eucaryote.

**Cysticerque** Larve enkystée du ténia.

**Cystite** Inflammation de la vessie.

**Cytochrome** Classe de transporteur dans la chaîne de transport des électrons qui joue un rôle au cours de la respiration cellulaire et de la photosynthèse.

**Cytokine** Petite protéine libérée par des cellules humaines en réaction à une infection bactérienne ; peut provoquer directement ou indirectement de la fièvre, des douleurs ou la multiplication des lymphocytes T.

**Cytolyse** Destruction d'une cellule, due à la rupture de sa membrane plasmique, qui provoque l'écoulement du contenu de la cellule.

**Cytométrie en flux** Méthode de numération de cellules à l'aide d'un cytomètre en flux, qui détecte les cellules grâce à la présence d'un marqueur fluorescent sur la surface de ces dernières.

**Cytoplasme** Chez une cellule procaryote, toute la matière située à l'intérieur de la membrane plasmique ; chez une cellule eucaryote, toute la matière située à l'intérieur de la membrane plasmique et à l'extérieur du noyau.

**Cytoprocte** Chez certains protozoaires, structure spécialisée servant à l'élimination des déchets ; aussi appelé pore anal.

**Cytosol** Partie liquide du cytoplasme.

**Cytosquelette** Microfilaments, filaments intermédiaires et microtubules qui maintiennent la forme de la cellule eucaryote, procurent un soutien à ses éléments internes et permettent le mouvement dans son cytoplasme.

**Cytostome** Orifice buccal chez certains protozoaires.

**Cytotoxicité à médiation cellulaire dépendant des anticorps** Mécanisme de destruction des cellules enrobées d'anticorps par des phagocytes et des cellules tueuses naturelles.

**Cytotoxine** Toxine bactérienne qui tue la cellule hôte ou en altère le fonctionnement.

**Débridement** Extraction chirurgicale de tissus nécrosés.

**Décalage du cadre de lecture** Mutation provoquée par l'insertion ou la délétion d'une ou de plusieurs bases d'ADN.

**Décapsidation** Processus par lequel un acide nucléique viral est séparé de sa capside.

**Décarboxylation** Élimination du $CO_2$ d'un acide aminé.

**Décolorant** Solution utilisée pour faire disparaître la coloration d'un objet, tel qu'une bactérie.

**Décontamination** Opération destinée à éliminer les microbes, ou à en réduire le nombre sur des tissus vivants et sur des objets inertes à des taux considérés comme sans danger, de manière à respecter les normes d'hygiène et de santé publique.

**Dégénérescence** Redondance dans le code génétique, c'est-à-dire que la majorité des acides aminés sont codés par plusieurs codons. *Voir* Code génétique.

**Dégranulation** Libération du contenu des granulations sécrétrices des mastocytes et des granulocytes basophiles durant l'anaphylaxie.

**Délétion clonale** Destruction des lymphocytes B et T qui réagissent aux antigènes du soi durant le développement du fœtus.

**Demande biochimique en oxygène (DBO)** Mesure de la quantité de matière organique biodégradable contenue dans l'eau.

**Dénaturation** Altération de la structure moléculaire d'une protéine qui rend celle-ci non fonctionnelle.

**Dénitrification** Réduction de nitrates en nitrites ou en azote gazeux.

**Dénombrement de cellules microbiennes** Mesure directe de la croissance microbienne par le comptage du nombre de cellules (p. ex. bactéries) à l'aide d'un microscope ou d'un compteur spécial. *Voir* Dénombrement de colonies après culture.

**Dénombrement de colonies après culture** Mesure directe de la croissance microbienne par le comptage du nombre de colonies formées après culture sur une gélose en boîte de Petri. *Voir* Dénombrement de cellules microbiennes.
**Dépistage génétique** Technique servant à déterminer les gènes contenus dans le génome d'une cellule, afin de diagnostiquer une maladie génétique.
**Dépôts acides** Précipitations (pluie, neige, neige fondue, grêle ou bruine) contenant, en solution, des oxydes acides de soufre, d'azote, etc. qui sont généralement libérés dans l'atmosphère par la combustion de combustibles fossiles.
**Dérive antigénique** Variation mineure dans la composition antigénique d'un virus de la grippe, qui survient au fil du temps.
**Dérivé phénolé** Se dit d'une substance synthétique dérivée du phénol et employée comme désinfectant et antiseptique.
**Dermatomycose** Infection fongique de la peau. Aussi appelée teigne ou dartre.
**Dermatophyte** Mycète responsable d'une mycose cutanée.
**Derme** Partie interne de la peau.
**Désamination** Formation de l'ion ammonium ($NH_4^+$) par élimination d'un groupement amine d'un acide aminé. *Voir aussi* Ammonification.
**Désensibilisation** Prévention d'une réaction allergique inflammatoire.
**Déshydrogénation** Perte d'atomes d'hydrogène par un substrat.
**Désinfection** Tout traitement appliqué à des objets inanimés en vue de détruire et d'éliminer les microorganismes pathogènes et potentiellement pathogènes ou d'en ralentir le développement, et en vue de rendre le milieu impropre à leur prolifération; la substance utilisée est appelée désinfectant. *Voir* Antisepsie.
**Désoxyribose** Sucre à 5 carbones contenu dans les nucléotides de l'ADN. *Voir* Ribose.
**Dessication** État d'assèchement dû à la perte d'eau dans l'environnement des microorganismes.
**Détection par les anticorps fluorescents (AF)** *Voir* Immunofluorescence.
**Détérioration anaérobie thermophile** Altération de conserves en boîte due à la croissance de bactéries thermophiles.
**Déterminant antigénique** Région spécifique de la surface d'un antigène avec laquelle les anticorps interagissent; aussi appelée épitope.
**Déterminant r** Groupe de gènes reliés à la résistance aux antibiotiques et portés par les plasmides bactériens appelés facteurs R.
**Détermination de la composition des bases d'ADN** Pourcentage en moles de guanine et de cytosine dans l'ADN d'un microorganisme (G + C).
**$DI_{50}$** Nombre de microorganismes requis pour produire une infection manifeste chez 50% des animaux-test inoculés (dose infectieuse pour 50% des hôtes).
**Diapédèse** Passage de leucocytes entre les cellules de la paroi des capillaires jusqu'aux tissus.
**Diffusion facilitée** Processus passif (ne nécessitant pas d'énergie) qui permet le passage d'une substance à travers la membrane plasmique, d'une région de forte concentration vers une région de concentration plus faible, par l'intermédiaire d'un transporteur protéique.
**Diffusion simple** Déplacement de molécules ou d'ions d'une région de concentration élevée vers une région de faible concentration.
**Digesteur anaérobie** Processus de décomposition anaérobie utilisé dans le traitement secondaire des eaux usées.
**Dilution en série** Processus qui consiste à diluer plusieurs fois un échantillon.
**Dimorphisme** Propriété des organismes possédant deux formes adultes distinctes; par exemple, certains mycètes se présentent soit comme une levure, soit comme une moisissure.
**Dioïque** Se dit des organismes chez lesquels les organes de sexes différents sont situés sur des individus distincts.
**Diplobacilles** Bacilles en forme de bâtonnet qui restent groupés par paires après s'être divisés.
**Diplocoques** Cocci qui restent groupés par paires après leur division.
**Disaccharide** Sucre formé de deux sucres simples, ou monosaccharides.
**Disques biologiques** Appareil, utilisé dans le traitement secondaire des eaux usées, qui comprend de grands disques en rotation, partiellement immergés dans une caisse à eaux usées brutes de manière à mettre les eaux usées en contact avec des microorganismes, dans des conditions aérobies.
**Dissimilation** Processus métabolique dans lequel les éléments nutritifs ne sont pas assimilés mais sont excrétés sous forme d'ammoniac, de sulfure d'hydrogène, etc.
**Dissociation** Séparation en ions positifs et en ions négatifs d'un composé en solution. *Voir aussi* Ionisation.
**$DL_{50}$** Dose létale pour 50% des hôtes inoculés avec des microorganismes pathogènes, durant une période donnée.
**Domaine** Classification taxinomique qui se fonde sur les séquences d'ARNr; division supérieure au règne.
**Donneur d'électrons** Ion qui cède un électron à un autre atome.
**Dosage radio-immunologique** Technique de mesure de la quantité d'un composé à l'aide d'un anticorps marqué par un isotope radioactif.
**Douve** Ver plat appartenant à la classe des Trématodes.
**Dysenterie** Maladie caractérisée par des selles liquides et fréquentes contenant du sang et du mucus.

## E

**Écoulement continu** Fermentation industrielle dans laquelle les cellules se développent indéfiniment, grâce à l'addition continue d'éléments nutritifs et à l'élimination continue des déchets et des produits.
**Effet cytopathogène** Chez la cellule hôte, effet manifeste de la présence d'un virus, qui peut causer des dommages à la cellule ou entraîner sa mort.
**Électron** Particule chargée négativement, en mouvement autour du noyau d'un atome.
**Électrophorèse sur gel** Séparation de substances (p. ex. protéines sériques ou ADN) en fonction de leur migration différentielle dans un champ électrique.
**Électroporation** Technique d'introduction d'ADN dans une cellule au moyen d'un courant électrique.
**Élément chimique** Substance fondamentale composée d'atomes ayant un même numéro atomique et un même comportement chimique.
**ELISA** *Voir* Méthode ELISA.
**Embranchement** Division taxinomique qui se situe entre le règne et la classe. Aussi appelé phylum.
**Encéphalite** Inflammation de l'encéphale.
**Endocardite** Infection de la tunique interne du cœur (l'endocarde).
**Endocytose** Mécanisme d'entrée de matériel dans une cellule eucaryote par invagination de la membrane cytoplasmique. *Voir* Exocytose.
**Endoflagelle** *Voir* Filament axial.
**Endogène (infection)** Les microbes qui causent l'infection étaient déjà présents dans l'organisme sous une forme inoffensive.

**Endolithe** Organisme qui vit à l'intérieur de rochers.
**Endospore** Structure bactérienne dormante très résistante qui se forme à l'intérieur de certaines bactéries dans des conditions défavorables.
**Endotoxine** Partie de la couche externe de la paroi cellulaire chez la majorité des bactéries à Gram négatif, qui est libérée au moment de la mort de la cellule. *Voir* Exotoxine.
**Énergie chimique** Énergie associée à une réaction chimique.
**Énergie d'activation** Énergie cinétique minimale requise pour qu'une réaction chimique puisse avoir lieu.
**Enjambement** Échange de segments d'ADN provenant de deux chromosomes distincts.
**Enkystement** Formation d'un kyste, par exemple chez les protozoaires.
**Entérobactérie** Nom courant d'une bactérie de la famille des *Enterobacteriaceæ,* qui colonise le tractus intestinal des humains et d'autres animaux.
**Entérotoxine** Exotoxine responsable de la gastroentérite et produite notamment par les bactéries *Staphylococcus, Vibrio* et *Escherichia.*
**Enveloppe** Paroi externe qui recouvre la capside chez certains virus.
**Enveloppe nucléaire** Chez les eucaryotes, membrane double qui sépare le noyau du cytoplasme.
**Enveloppe virale** Chez certains virus animaux et humains, couche externe généralement composée d'un mélange de lipides, de protéines et de glucides; se met en place lorsque les virus sont relâchés de la cellule hôte.
**Enzyme** Molécule, en général protéique, qui catalyse des réactions biochimiques chez un organisme vivant. *Voir aussi* Ribozyme.
**Enzyme de restriction** Enzyme qui coupe l'ADN bicaténaire en des sites spécifiques, situés entre les nucléotides.
**Épidémiologie** Science qui étudie la fréquence, la distribution et la transmission des maladies.
**Épidémiologie analytique** Comparaison d'un groupe d'individus atteints d'une maladie et d'un groupe d'individus sains dans le but de déterminer la cause de la maladie.
**Épidémiologie descriptive** Collecte et analyse de toutes les données se rapportant à l'incidence d'une maladie afin d'en déterminer la cause.
**Épidémiologie expérimentale** Étude d'une maladie au moyen d'expériences contrôlées.
**Épiderme** Partie externe de la peau.
**Épissage** Processus par lequel une molécule d'ARN coupe les introns et réassemble les exons de manière à produire une molécule d'ARNm.
**Épithète spécifique** Second terme, qui précise l'espèce, dans la nomenclature binominale. *Voir aussi* Espèce.
**Épitope** *Voir* Déterminant antigénique.
**Épreuve du FTA-ABS** (pour *fluorescent treponemal antibody absorption test*) Épreuve d'immunofluorescence indirecte qui utilise des antigènes tréponémiques pour détecter la présence d'anticorps spécifiquement dirigés contre *Treponema pallidum*; sert à diagnostiquer la syphilis.
**Épreuve du RPR** (pour *rapid plasma reagin*) Épreuve sérologique non spécifique (utilise un antigène non tréponémique), plus rapide et plus simple que l'épreuve du VDRL, qui sert à poser le diagnostic de la syphilis.
**Épreuve du VDRL** (pour *Venereal Disease Research Laboratory*) Épreuve sérologique non spécifique (utilise un antigène non tréponémique) qui sert à déceler la présence d'anticorps appelés réagines dans le sérum d'une personne infectée par *Treponema pallidum. Voir* Épreuve du RPR.
**Équilibre** Point de distribution uniforme.
**Ergot** Toxine produite dans le sclérote par le mycète *Claviceps purpurea,* qui est responsable de l'ergotisme.
**Érythrocyte** Cellule sanguine; aussi appelée globule rouge.
**Escalier mucociliaire** Cellules ciliées de la muqueuse des voies respiratoires inférieures, qui propulsent les particules inhalées à l'extérieur des poumons. Aussi appelé tapis roulant mucociliaire.
**Espèce** Division la plus spécifique de la hiérarchie taxinomique. *Voir aussi* Espèce eucaryote, Espèce procaryote *et* Espèce virale.
**Espèce eucaryote** Ensemble d'organismes étroitement apparentés et interféconds.
**Espèce procaryote** Population de cellules qui ont en commun des séquences d'ARNr; dans les épreuves biochimiques traditionnelles, population de cellules qui présentent des caractéristiques semblables.
**Espèce virale** Ensemble de virus qui ont une même information génétique et une même niche écologique.
**Étang d'oxydation** Bassin peu profond où stagnent les eaux usées, utilisé pour l'oxydation de ces eaux par l'activité microbienne au cours du traitement secondaire.
**Éthambutol** Agent antimicrobien actif contre les mycobactéries, qui inhibe la synthèse de la paroi cellulaire.
**Éthanol**

$$\begin{array}{ccccc} & & H & & H & \\ & & | & & | & \\ H & - & C & - & C & - OH \\ & & | & & | & \\ & & H & & H & \end{array}$$

**Étiologie** Étude des causes des maladies.
**Eubactéries** Domaine des organismes procaryotes, caractérisés par une paroi cellulaire contenant du peptidoglycane; aussi appelé domaine des *Eubacteria.*
**Eucaryote** 1) Cellule dont l'ADN est situé à l'intérieur d'un noyau entouré d'une enveloppe nucléaire distincte; *Voir* Procaryote. 2) Domaine des Eucaryotes: ensemble de tous les eucaryotes (animaux, plantes, mycètes et protistes).
**Eutrophisation** Addition de matière organique à une masse d'eau, puis élimination de l'oxygène de cette masse.
**Exocytose** Chez une cellule eucaryote, mécanisme de sortie de matériel par invagination de la membrane cytoplasmique. *Voir* Endocytose.
**Exogène (infection)** Les microbes qui causent l'infection proviennent du milieu externe. *Voir* Endogène.
**Exon** Région d'un gène eucaryote qui code pour une protéine.
**Exotoxine** Toxine protéique libérée par des cellules bactériennes vivantes, dont la majorité sont à Gram positif.

## F

**Facteur de transfert de résistance** Groupe de gènes qui interviennent dans la réplication et la conjugaison du plasmide bactérien appelé facteur R.
**Facteur F (facteur de fertilité)** Plasmide présent dans la cellule donneuse lors de la conjugaison bactérienne.
**Facteur nécrosant des tumeurs (TNF** pour *tumor necrosis factor*) Polypeptide libéré par des phagocytes en réaction à des endotoxines bactériennes et qui provoque un état de choc.
**Facteur organique de croissance** Composé organique essentiel à la survie d'un organisme et que celui-ci est incapable de synthétiser; il doit donc être fourni par le milieu.
**Facteur prédisposant** Tout élément qui rend l'organisme plus susceptible à une maladie ou qui modifie l'évolution d'une maladie. Aussi appelé facteur de risque ou facteur d'influence.
**Facteur R (facteur de résistance)** Plasmide bactérien portant des gènes qui déterminent la résistance aux antibiotiques, aux métaux lourds ou aux toxines. Il contient deux groupes de gènes: le facteur de transfert de résistance et le déterminant r.
**Facteur Rh** Antigène présent à la surface des globules rouges chez les singes rhésus et la majorité des humains; les globules qui possèdent cet antigène sont dits $Rh^+$.

**Facteur V** $NAD^+$ ou $NADP^+$.

**Facteur X** Substance provenant de la partie de l'hémoglobine sanguine formée d'hème.

**FAD** Flavine adénine dinucléotide ; coenzyme dérivée d'une vitamine B – la riboflavine –, qui joue un rôle dans la libération et le transfert d'ions hydrogène ($H^+$) et d'électrons contenus dans les substrats moléculaires.

**Famille** Division taxinomique qui se situe entre l'ordre et le genre.

**Fermentation** Dégradation enzymatique des glucides qui ne nécessite pas la présence d'$O_2$, dans laquelle l'accepteur d'électrons final est une molécule organique et l'ATP est synthétisée par phosphorylation au niveau du substrat.

**Fermentation alcoolique** Processus catabolique, dont la première étape est la glycolyse, qui donne de l'alcool éthylique servant à réoxyder le NADH.

**Fermentation lactique** Processus catabolique, ayant comme point de départ la glycolyse, qui produit de l'acide lactique servant à réoxyder le NADH.

**Fermentation malolactique** Transformation de l'acide malique en acide lactique sous l'action de bactéries lactiques.

**Fièvre** Élévation anormale de la température du corps.

**Filament axial** Chez les spirochètes, structure servant à la mobilité ; aussi appelé endoflagelle. *Voir* Flagelle.

**Filtration** Technique permettant de procéder au passage d'un liquide ou d'un gaz à travers un appareil servant de filtre.

**Filtration sur membrane** Membrane filtrante dont les pores ont 0,45 $\mu$m de diamètre et qui retient la majorité des bactéries.

**Filtre à air à haute efficacité contre les particules** Matériau filtrant qui joue le rôle de crible et élimine de l'air les particules dont le diamètre est supérieur à 0,3 $\mu$m.

**Filtre biologique** Appareil d'épuration, utilisé pour le traitement secondaire des eaux usées, constitué d'un lit de roches, ou d'autres matériaux inertes, sur lequel les eaux usées sont vaporisées à l'aide de bras rotatifs de manière qu'elles soient exposées à des microorganismes dans des conditions nettement aérobies.

**Fimbria** (pluriel : **fimbriæ**) Appendice d'une bactérie qui sert à la fixer.

**Fixation** Lors de la préparation d'une microplaquette, processus consistant à attacher un échantillon à une lame porte-objet.

**Fixation de l'azote** Transformation de l'azote en ammoniac.

**Fixation du carbone** Synthèse de sucres à partir des atomes de carbone présents dans des molécules de $CO_2$. *Voir aussi* Réactions du cycle de Calvin-Benson.

**Fixation du complément** Processus par lequel le complément se combine avec un complexe antigène-anticorps.

**Flagelle** Mince appendice filamenteux à la surface d'une cellule qui sert à la locomotion et est composé de flagelline chez les cellules bactériennes ; formé d'un ensemble de deux microtubules centraux entourés de neuf paires de microtubules (disposition de type 9 + 2) chez les cellules eucaryotes. Leur nombre et l'arrangement des flagelles sont variables. *Voir* Filament axial.

**Flambage** Méthode de stérilisation d'une anse de repiquage, qui consiste à maintenir celle-ci dans une flamme nue.

**Flavine adénine dinucléotide** *Voir* FAD.

**Flavine mononucléotide** *Voir* FMN.

**Flavoprotéine** Classe de transporteur dans la chaîne de transport des électrons. Protéine qui contient de la flavine, coenzyme dérivée d'une vitamine $B_2$, la riboflavine.

**Fleurs d'eau** Dans la nature, prolifération d'algues microscopiques qui forment des colonies visibles.

**Floculation** Au cours de la purification de l'eau, élimination de matière colloïdale par addition d'une substance chimique qui entraîne la coalescence des particules colloïdales.

**Flore normale** Ensemble des microorganismes qui colonisent un hôte sans provoquer de maladie. Aussi appelée flore microbienne normale.

**Flore transitoire** Microorganismes présents chez un animal durant un court laps de temps et qui ne causent pas de maladie.

**Fluorescence** Propriété d'une substance d'émettre de la lumière d'une couleur donnée lorsqu'elle est exposée à une source de lumière, p. ex. la lumière ultraviolette.

**Fluoroquinolone** Agent antibactérien synthétique qui inhibe la synthèse de l'ADN.

**FMN** Flavine mononucléotide ; coenzyme qui intervient lors du transfert d'électrons dans la chaîne de transport des électrons.

**Folliculite** Infection d'un follicule pileux, qui se traduit souvent par l'apparition d'un bouton.

**Fongicide** Agent qui tue les moisissures et les champignons parasites.

**Formule leucocytaire du sang** Nombre de leucocytes de chaque type dans un échantillon de 100 leucocytes.

**Fourche de réplication** Point où des brins d'ADN se séparent et où de nouveaux brins sont synthétisés.

**Fréquence d'échange** Nombre maximal de molécules de substrat converties en produits par une molécule d'enzyme en 1 seconde.

**Fronde** Chez les algues pluricellulaires, structure aplatie ressemblant à une feuille qui fournit la plus grande surface de photosynthèse.

**Frottis** Mince couche de matière contenant des microorganismes, étalée sur la surface d'une lame.

**Fusion** Intégration des membranes plasmiques de deux cellules distinctes de manière qu'une des deux cellules contienne tout le cytoplasme des deux cellules initiales ; mécanisme de pénétration de virus animaux dans une cellule hôte.

**Fusion de protoplastes** Méthode de recombinaison de deux cellules, utilisée en génie génétique, dont la première étape consiste à dépouiller les cellules de leur paroi (protoplaste).

## G

**Gamète** Cellule reproductrice mâle ou femelle.

**Gamétocyte** Cellule protozoaire mâle ou femelle.

**Gammaglobuline** *Voir* Immunoglobuline.

**Gangrène** Mort d'un tissu mou causée par l'interruption de l'alimentation en sang.

**Gastroentérite** Inflammation de l'estomac et de l'intestin.

**Gélose** Polysaccharide complexe extrait d'une algue marine et utilisé comme gélifiant dans les milieux de culture. *Voir* Agar-agar.

**Gélose nutritive** Bouillon nutritif auquel on a ajouté de l'agar-agar.

**Gène** Segment d'ADN (séquence de nucléotides de l'ADN) qui code pour un produit fonctionnel tel qu'une protéine.

**Gène de structure** Gène qui détermine la séquence d'acides aminés d'une protéine.

**Génération spontanée** Théorie selon laquelle de la matière inerte peut spontanément donner naissance à un organisme vivant. *Voir* Biogenèse.

**Génétique** Science de l'hérédité.

**Génie génétique** Fabrication et manipulation *in vitro* de matériel génétique ; aussi appelée technologie de l'ADN recombiné. *Voir* Biotechnologie.

**Génome** Ensemble des informations génétiques contenues dans une cellule.

**Génomique** Étude des gènes et de leurs fonctions.

**Génon** Séquence de trois bases azotées (triplets) qui se suivent dans la molécule d'ADN et qui sont complémentaires aux codons de l'ARNm.

**Génotype** Totalité de l'information génétique contenue dans un organisme ; représente les propriétés *potentielles* d'un organisme. *Voir* Phénotype.

**Genre** Premier terme du nom scientifique (dans la nomenclature binominale) ; taxon qui se situe entre la famille et l'espèce.

**Germicide** *Voir* Biocide.

**Germination** Déclenchement du développement d'une spore ou d'une endospore en une cellule végétative quand les conditions extérieures redeviennent favorables.

**Globuline** Terme générique désignant un ensemble de protéines plasmatiques qui comprend les anticorps. *Voir aussi* Immunoglobuline.

**Glucide** Composé organique formé de carbone, d'hydrogène et d'oxygène, dans lequel le rapport d'hydrogène et d'oxygène est de 2:1 ; les glucides comprennent les amidons, les sucres et la cellulose. Ils sont classés selon leur taille moléculaire en monosaccharides, disaccharides et polysaccharides.

**Glycocalyx** Polymère gélatineux qui enveloppe une cellule, composé de polypeptides ou de polysaccharides ou des deux. *Voir* Capsule *et* Couche visqueuse.

**Glycolyse** Principal processus de l'oxydation du glucose en acide pyruvique ; constitue habituellement la première phase du catabolisme des glucides.

**Gomme** Masse de tissu caoutchouteux caractéristique de la syphilis tertiaire.

**Gram négatif (paroi à)** Paroi cellulaire composée d'une mince couche de peptidoglycane recouverte d'une membrane de lipopolysaccharide. *Voir* Endotoxine *et* LPS.

**Gram positif (paroi à)** Paroi de la majorité des bactéries à Gram positif, composée d'une couche épaisse de peptidoglycane ; contient des acides teichoïques.

**Granule métachromatique** Granule qui emmagasine des phosphates inorganiques et se colore en rouge sous l'action de certains colorants bleus ; caractéristique de *Corynebacterium diphteriæ*. L'ensemble des granules métachromatiques s'appelle volutine.

**Granulocyte** Leucocyte dont le cytoplasme contient des granulations visibles ; les granulocytes comprennent les granulocytes neutrophiles, les granulocytes basophiles et les granulocytes éosinophiles.

**Granulocyte basophile** Leucocyte qui fixe bien les colorants basiques et n'est pas phagocyte ; comporte des récepteurs pour les régions Fc des anticorps de la classe des IgE qui entrent en jeu dans les réactions d'hypersensibilité de type I.

**Granulocyte éosinophile** Granulocyte dont les granulations fixent facilement l'éosine ; phagocyte.

**Granulocyte neutrophile** Granulocyte doté d'une grande capacité phagocytaire ; aussi appelé leucocyte polynucléaire.

**Griséofulvine** Antibiotique fongistatique.

**Grossissement total** Grossissement d'un échantillon microscopique obtenu en multipliant le grossissement de l'oculaire par celui de l'objectif.

**Groupement acétyle**

$$H_3C—\overset{\displaystyle O}{\overset{\|}{C}}—$$

**Groupement amine** $-NH_2$.

**Groupement carboxyle** $(R-COOH)$

$$-C\!\!\begin{array}{l}\diagup\!\!\!\!\diagup O\\ \diagdown OH\end{array}$$

**Groupement fonctionnel** Dans une molécule organique, arrangement des atomes qui est responsable de la majorité des propriétés chimiques de la molécule.

**Groupement phosphate** Ⓟ Portion d'une molécule d'acide phosphorique liée à une autre molécule.

$$PO_4^{3-},\ {}^-O-\underset{\displaystyle O^-}{\underset{|}{\overset{\displaystyle O}{\overset{\|}{P}}}}-O^-$$

**Groupement sulfhydryle** $-SH$.

## H

**Halogène** L'un des éléments suivants : fluor, chlore, brome, iode et astate.

**Halophile extrême** Microorganisme qui se développe uniquement dans un milieu dont la concentration en sel est élevée.

**Halophile facultatif** Organisme capable de se développer dans un milieu dont la concentration en sel atteint 2 %, mais qui ne requiert pas une telle concentration.

**Halophile strict** Organisme qui vit dans un milieu où la pression osmotique et la concentration de NaCl (près de 30 %) doivent être élevées.

**Haptène** Substance de faible masse molaire atomique qui, à elle seule, n'entraîne pas la formation d'anticorps mais la provoque lorsqu'elle se combine à une molécule porteuse.

**Helminthe** Ver parasite, rond ou plat.

**Hémagglutination** Agglutination des érythrocytes.

**Hémagglutination virale** Capacité de certains virus à provoquer l'agglutination des érythrocytes *in vitro*.

**Hémoflagellé** Flagelle parasite présent dans le système cardiovasculaire de l'hôte.

**Hémolysine** Enzyme bactérienne qui lyse les érythrocytes.

**Hermaphrodite** Qui possède les organes de reproduction et mâles et femelles.

**Hétérocyste** Grosse cellule de certaines cyanobactéries ; site de fixation de l'azote.

**Hétérolactique** Se dit d'un organisme qui, lors de la fermentation, donne de l'acide lactique et d'autres acides ou des alcools comme produits finaux ; p. ex. *Escherichia*. *Voir* Homolactique.

**Hétérotrophe** Organisme qui a besoin d'une source de carbone organique. *Voir* Autotrophe.

**Histamine** Substance, libérée par certaines cellules d'un tissu, qui cause une vasodilatation locale, une augmentation de la perméabilité des vaisseaux sanguins et la contraction des muscles lisses.

**Histone** Protéine associée à l'ADN des chromosomes chez les eucaryotes.

**Holoenzyme** Enzyme entière et active ; composée de l'ensemble formé d'une apoenzyme et d'un cofacteur.

**Homéostasie** Tendance de l'organisme à maintenir son milieu intérieur dans un état d'équilibre ; dans le cas d'une agression microbienne, cet état résulte de la résistance immunitaire de l'organisme humain face aux agents agresseurs pathogènes.

**Homolactique** Se dit d'un organisme, tel *Streptococcus,* qui produit uniquement de l'acide lactique lors de la fermentation. *Voir* Hétérolactique.

**Hôte** Organisme infecté par un agent pathogène. *Voir aussi* Hôte définitif *et* Hôte intermédiaire.

**Hôte affaibli** Hôte dont la résistance à l'infection est réduite.

**Hôte définitif** Organisme qui abrite la forme adulte, sexuellement mature, d'un parasite.

**Hôte intermédiaire** Organisme qui abrite un helminthe ou un protozoaire en phase larvaire, ou asexuée.

**Hôte réceptif** Organisme qui présente un risque plus élevé d'infection endogène ou d'infection exogène. Aussi appelé hôte sensible.

**Hyaluronidase** Enzyme bactérienne qui hydrolyse l'acide hyaluronique et contribue à la dissémination des microorganismes à partir du foyer initial d'infection.

**Hybridation moléculaire** Appariement de brins d'ADN complémentaires; méthode qui permet de mesurer la capacité des brins d'ADN d'un organisme à s'unir par appariement de bases complémentaires (à s'hybrider) avec des brins d'ADN d'un autre organisme.
**Hybridation sur colonie** Identification d'une colonie contenant un gène recherché au moyen d'une sonde d'ADN complémentaire du gène.
**Hybridome** Lignée de cellules issue de la fusion d'un lymphocyte B cancéreux et d'un lymphocyte B normal producteur d'anticorps.
**Hydrolyse** Réaction de dégradation entre des substances chimiques et les ions $H^+$ et $OH^-$ d'une molécule d'eau.
**Hypersensibilité** Réaction démesurée à un allergène, qui entraîne des changements pathologiques; aussi appelée allergie.
**Hypersensibilité retardée** Réactions de type IV ou à médiation cellulaire.
**Hyperthermophile** *Voir* Thermophile extrême.
**Hyphe** Long filament de cellules chez les mycètes ou les actinomycètes.
**Hyphe cénocytique** *Voir* Cénocyte.
**Hyphe segmenté** ou **septé** Hyphe constitué d'unités mononucléaires ressemblant à des cellules.
**Hypothèse de l'origine endosymbiotique** Modèle de l'évolution des eucaryotes selon lequel des organites auraient comme origine de petites cellules procaryotes vivant à l'intérieur d'un hôte procaryote plus grand.

I

**Idiophase** Dans l'industrie, partie de la courbe de production d'une population de cellules correspondant à la période de formation des métabolites secondaires; période de croissance stationnaire qui suit la phase de croissance rapide. *Voir aussi* Trophophase.
**Immunisation** *Voir* Vaccination.
**Immunité** Capacité de l'organisme à se défendre contre certains microorganismes ou substances pathogènes; aussi appelée résistance spécifique.
**Immunité à médiation cellulaire** Réaction immunitaire où interviennent des lymphocytes T liés à des antigènes présents sur des cellules infectées; les lymphocytes T se différencient par la suite en lymphocytes T effecteurs de divers types: auxiliaires, cytotoxiques, etc.
**Immunité acquise** Protection que se donne un organisme animal contre certains types de microbes ou de substances étrangères en produisant des anticorps et des lymphocytes spécifiques; se met en place au cours de la vie d'un individu.
**Immunité active acquise artificiellement** Production d'anticorps et de lymphocytes spécialisés par l'organisme en réaction à une vaccination.
**Immunité active acquise naturellement** Production spontanée d'anticorps et de lymphocytes spécialisés en réaction à une maladie infectieuse.
**Immunité collective** Présence d'une immunité chez la majorité des individus d'une population. Aussi appelée immunité de masse.
**Immunité humorale** Immunité assurée par des anticorps en solution dans les liquides organiques, qui se met en place grâce à la médiation des lymphocytes B.
**Immunité passive acquise artificiellement** Transfert à un individu réceptif d'anticorps humoraux produits par un autre individu, au moyen de l'injection d'un immunsérum.
**Immunité passive acquise naturellement** Transfert naturel d'anticorps humoraux, par exemple par transfert placentaire ou par allaitement.
**Immunodéficience** Absence, congénitale ou acquise, de réponses immunitaires adéquates.
**Immunodéficience acquise** Incapacité de produire des anticorps spécifiques ou des lymphocytes T, acquise durant la vie d'un individu et causée par une maladie ou par l'absorption d'un médicament.
**Immunodéficience congénitale** Incapacité, attribuable au génotype de l'individu, à produire des anticorps spécifiques ou des lymphocytes T. *Voir* Congénital.
**Immunoélectrophorèse** Identification de protéines par une séparation électrophorétique suivie d'un test sérologique.
**Immunofluorescence** Méthode diagnostique fondée sur l'observation, au microscope à fluorescence, d'anticorps marqués à l'aide d'un fluorochrome.
**Immunofluorescence directe** Épreuve permettant de détecter la présence d'un antigène à l'aide d'un colorant fluorescent.
**Immunofluorescence indirecte** Épreuve utilisée pour déceler la présence d'anticorps spécifiques chez un patient.
**Immunogène** *Voir* Antigène.
**Immunoglobuline (Ig)** Protéine présente dans le sérum ou dans les liquides biologiques, et qui joue le rôle d'anticorps; synthétisée en réaction à un antigène et capable de réagir avec celui-ci; aussi appelée gammaglobuline. *Voir* Anticorps *et* Globuline.
**Immunoglobuline A (IgA)** Classe d'anticorps présents dans les sécrétions telles que les larmes, la salive, le mucus et le lait maternel.
**Immunoglobuline D (IgD)** Classe d'anticorps présents à la surface des lymphocytes B.
**Immunoglobuline E (IgE)** Classe d'anticorps qui interviennent dans l'hypersensibilité.
**Immunoglobuline G (IgG)** Classe d'anticorps prédominants dans le sérum; très actifs contre les bactéries et les virus libres, et les toxines bactériennes.
**Immunoglobuline M (IgM)** Classe des anticorps qui sont les premiers à apparaître après une première exposition à un antigène.
**Immunologie** Étude des défenses spécifiques d'un hôte contre un agent pathogène.
**Immunosuppression** Inhibition de la réponse immunitaire.
**Immunothérapie** Utilisation du système immunitaire pour lutter contre les tumeurs cancéreuses, soit par la stimulation des réactions naturelles de défense, soit à l'aide d'anticorps toxinogènes spécifiques. *Voir aussi* Immunotoxine.
**Immunotoxine** Agent immunothérapeutique (contre le cancer) constitué d'une toxine liée à un anticorps monoclonal.
**Immunsérum** Liquide extrait du sang, qui contient des anticorps; aussi appelé antisérum.
**Incidence** Nombre de nouveaux cas d'une maladie apparus dans la population exposée durant une période donnée. *Voir* Prévalence.
**Inclusion** Matière contenue dans une cellule, généralement composée de dépôts de réserve.
**Indice de réfraction** Vitesse relative de la lumière à travers une substance donnée.
**Inducteur** Substance qui déclenche la transcription d'un gène.
**Induction** Ensemble des mécanismes qui déclenchent la transcription d'un gène.
**Induction enzymatique** Ensemble des mécanismes conduisant, en présence d'un substrat, au déclenchement de la synthèse d'une enzyme.
**Infection** Pénétration ou multiplication de microorganismes pathogènes chez un individu.
**Infection à virus lent** Processus morbide qui évolue graduellement, sur une longue période. Aussi appelée infection virale persistante.
**Infection focale** Infection généralisée dont le point de départ est une infection locale.

**Infection latente** État caractérisé par la présence d'un agent pathogène chez l'hôte durant de longues périodes, sans déclenchement de maladie.

**Infection locale** Infection caractérisée par le fait que les agents pathogènes sont concentrés dans une petite zone de l'organisme. *Voir* Infection systémique.

**Infection nosocomiale** Infection qui apparaît durant un séjour à l'hôpital et qui n'était pas présente lors de l'admission du patient.

**Infection secondaire** 1) Infection causée par un microbe opportuniste, après qu'une primo-infection a affaibli les défenses de l'hôte. 2) Infection causée par des bactéries résistantes qui ont survécu à un traitement antibiotique. Aussi appelée surinfection. *Voir* Primo-infection.

**Infection subclinique** Infection qui ne cause pas de maladie observable.

**Infection systémique** Infection qui touche l'ensemble de l'organisme par la diffusion de microorganismes dans le sang ou la lymphe; aussi appelée infection généralisée. *Voir* Infection locale.

**Infection virale persistante** *Voir* Infection à virus lent.

**Inflammation** Réaction d'un hôte à toute lésion des tissus, caractérisée par la rougeur, la chaleur, la tuméfaction et la douleur, et, parfois par une perte fonctionnelle dans la région touchée. Aussi appelée réaction inflammatoire.

**Inhibiteur compétitif** Substance qui entre en concurrence avec le substrat normal pour l'occupation du site actif d'une enzyme. *Voir aussi* Inhibiteur non compétitif.

**Inhibiteur non compétitif** Substance inhibitrice qui n'entre pas en concurrence avec le substrat pour l'occupation du site actif d'une enzyme. *Voir aussi* Inhibition allostérique *et* Inhibiteur compétitif.

**Inhibition allostérique** Processus par lequel l'activité d'une enzyme est modifiée lorsque celle-ci se lie à un site allostérique.

**Inhibition de contact** Phénomène par lequel, au contact d'une autre cellule, une cellule normale cesse de se mouvoir et de se diviser.

**Inhibition par produit final** *Voir* Rétro-inhibition.

**Inoculum** Échantillon de microorganismes ensemencé dans un milieu de culture.

**Interféron** Protéine antivirale produite par certaines cellules animales en réaction à une infection virale.

**Interleukine** Substance chimique qui stimule la multiplication des lymphocytes T. *Voir aussi* Cytokine.

**Intoxication** État résultant de l'ingestion d'une toxine produite par un microbe.

**Intoxication par phycotoxine amnestique (IPA)** À la suite de l'ingestion de moules contaminées, diarrhée et perte de mémoire causées par l'acide domoïque produit par des diatomées.

**Intoxication par phycotoxine paralysante** Paralysie qui touche les humains intoxiqués à la suite de l'absorption de moules ayant produit des mytilotoxines.

**Intron** Région d'un gène eucaryote qui ne code pas pour une protéine ou l'ARNm.

**Invasine** Protéine de surface, produite par *Salmonella typhimurium* et *Escherichia coli,* qui modifie l'arrangement des filaments d'actine du cytosquelette situés à proximité de la membrane cellulaire; contribue à la pénétration de la bactérie dans la cellule.

**Iodophore** Complexe formé d'iode et d'une molécule organique; antiseptique cutané (p. ex. Betadine[MD]).

**Ion** Atome ou groupe d'atomes portant une charge négative ou une charge positive.

**Ionisation** Décomposition (ou dissociation) d'une molécule en ions.

**Isogreffe** Greffe d'un tissu provenant d'une source génétiquement identique (c.-à-d. d'un jumeau vrai).

**Isomère D** Stéréoisomère.

**Isomère L** Stéréoisomère.

**Isomères** Deux molécules ayant la même formule chimique mais des structures différentes.

**Isoniazide (INH)** Agent bactériostatique utilisé dans le traitement de la tuberculose; inhibe la synthèse de la paroi cellulaire.

**Isotopes** Atomes d'un même élément chimique dont les noyaux ne contiennent pas le même nombre de neutrons.

K

**Kératine** Protéine présente dans l'épiderme, les poils et les ongles.

**Kinase** Enzyme bactérienne qui lyse la fibrine (caillot sanguin) et contribue à la dissémination des bactéries.

**Kinine** Substance, libérée par des cellules tissulaires, qui cause la vasodilation, une augmentation de la perméabilité des vaisseaux et l'attraction des phagocytes lors de la réaction inflammatoire.

**Kyste** Sac doté de son propre revêtement, qui contient du liquide ou une autre matière; chez certains protozoaires, enveloppe protectrice.

**Kyste hydatique** Larve enkystée du ver *Echinococcus granulosus.*

L

**Larve** Forme sexuellement immature d'un helminthe ou d'un arthropode.

**Leucocidine** Enzyme bactérienne capable de détruire les granulocytes neutrophiles et les macrophagocytes.

**Leucocyte** Cellule sanguine; aussi appelée globule blanc.

**Leucotriène** Substance, produite par les mastocytes et les granulocytes basophiles, qui accroît la perméabilité des vaisseaux sanguins et facilite l'adhérence des phagocytes aux agents pathogènes.

**Levure** Mycète unicellulaire non filamenteux.

**Levure bourgeonnante** Cellule de levure qui, après la mitose, se divise de façon asymétrique et produit une petite cellule (un bourgeon) à partir de la cellule mère.

**Levure scissipare** Cellule de levure qui, après la mitose, se divise de façon symétrique et donne ainsi naissance à deux nouvelles cellules filles.

**Liaison chimique** Force d'attraction entre les atomes d'une molécule.

**Liaison covalente** Liaison chimique dans laquelle deux atomes partagent leurs électrons.

**Liaison hydrogène** Liaison entre un atome d'hydrogène, uni par covalence à de l'oxygène ou de l'azote, et un autre atome d'oxygène ou d'azote, également lié par covalence.

**Liaison ionique** Liaison chimique qui se forme lorsqu'un atome acquiert ou cède des électrons de son dernier niveau énergétique. Attraction chimique qui s'exerce entre les ions de charges opposées.

**Liaison peptidique** Liaison chimique entre le groupement amine d'un acide aminé et le groupement carboxyle d'un second acide aminé, qui entraîne la perte d'une molécule d'eau.

**Lichen** Végétal formé de l'association d'un mycète et d'une algue, ou d'une cyanobactérie, qui entretiennent une relation mutualiste.

**Ligand** *Voir* Adhésine.

**Lignée de cellules continues** Cellules animales qui se perpétuent *in vitro* pendant un nombre indéfini de générations. Aussi appelée lignée de cellules immortelles ou cellules en lignée continue.

**Lignée de cellules diploïdes** Cellules eucaryotes cultivées *in vitro.*

**Lignée de cellules primaires** Cellules dérivées de tissus, qui se développent *in vitro* pendant quelques générations seulement.

**Lipide** Composé organique insoluble dans l'eau, tel que les triglycérides, les phospholipides et les stérols; les lipides sont constitués d'atomes de carbone, d'hydrogène et d'oxygène, mais pas dans un rapport de 2:1 comme les glucides.

**Lipide A** Partie lipidique de la membrane externe d'une cellule à Gram négatif; aussi appelée endotoxine.

**Lipopolysaccharide (LPS)** Molécule formée d'un lipide et d'un polysaccharide, située dans la membrane externe de la paroi cellulaire des bactéries à Gram négatif.
**Lophotriche** Se dit d'une cellule bactérienne dont une extrémité porte au moins deux flagelles. *Voir* Flagelle.
**LPS** *Voir* Lipopolysaccharide.
**Lymphangite** Inflammation des vaisseaux lymphatiques.
**Lymphocyte** Leucocyte qui joue un rôle clé dans l'immunité spécifique.
**Lymphocyte B** Cellule susceptible de se transformer en plasmocyte producteur d'anticorps ou en cellule mémoire.
**Lymphocyte mémoire** Lymphocyte B ou T, responsable de la réaction immunitaire secondaire qui se produit lors d'une deuxième exposition au même antigène. Aussi appelé cellule mémoire.
**Lymphocyte T** Lymphocyte qui se développe à partir d'une cellule souche transformée dans le thymus et qui assure l'immunité à médiation cellulaire.
**Lymphocyte T auxiliaire ($T_A$)** Lymphocyte T spécialisé qui entre souvent en interaction avec un antigène avant les lymphocytes B.
**Lymphocyte T cytotoxique ($T_C$)** Lymphocyte T spécialisé qui détruit les cellules infectées par des antigènes.
**Lymphocyte T de l'hypersensibilité retardée ($T_R$)** Lymphocyte T spécialisé qui produit de la lymphokine lors de réactions de type IV (à médiation cellulaire).
**Lymphocyte T suppresseur ($T_S$)** Lymphocyte T probablement capable de mettre fin à une réaction immunitaire après la disparition d'un antigène.
**Lyophilisation** Congélation d'une substance à une température comprise entre 54 et 72 °C, suivie de la sublimation, dans le vide, de la glace qui s'est formée. Aussi appelée cryodéshydratation.
**Lyse** Destruction d'une cellule causée par la rupture de la membrane plasmique, qui entraîne l'écoulement du cytoplasme.
**Lyse osmotique** Rupture de la membrane plasmique provoquée par la pénétration d'eau dans la cellule lorsque celle-ci est plongée dans une solution hypotonique.
**Lysogénie** État caractérisé par le fait que l'ADN d'un phage est incorporé à la cellule hôte sans qu'il y ait lyse.
**Lysogénisation** Phases du cycle de la réplication virale qui entraîne l'incorporation d'ADN viral dans l'ADN de l'hôte.
**Lysosome** Organite renfermant des enzymes digestives.
**Lysotypie** Méthode d'identification de bactéries à l'aide de souches spécifiques de bactériophages.
**Lysozyme** Enzyme capable d'hydrolyser la paroi cellulaire d'une bactérie.

**Macrolide** Antibiotique, tel que l'érythromycine, qui inhibe la synthèse des protéines.
**Macromolécule** Grosse molécule organique.
**Macrophagocyte** Phagocyte ; monocyte mature.
**Macrophagocyte activé** Macrophagocyte dont la capacité phagocytaire et d'autres fonctions sont accrues par l'exposition à des médiateurs libérés par des lymphocytes T, après que ces derniers ont été stimulés par des antigènes.
**Macrophagocyte fixe** Macrophagocyte situé dans un organe ou un tissu (p. ex. le foie, les poumons, la rate, les nœuds lymphatiques) ; aussi appelé histiocyte.
**Macrophagocyte libre** Macrophagocyte qui quitte la circulation sanguine pour migrer vers un tissu infecté.
**Macule** Lésion cutanée plane et rougeâtre.
**Magnétosome** Inclusion d'oxyde de fer produite par certaines bactéries à Gram négatif, qui joue le rôle d'aimant.
**Maladie** État où l'organisme ou une partie de celui-ci n'arrive pas à s'adapter ou est incapable de fonctionner normalement ; toute altération de l'état de santé.
**Maladie à déclaration obligatoire** Maladie que les médecins doivent nécessairement déclarer aux autorités sanitaires.
**Maladie aiguë** Maladie qui évolue rapidement, mais dure peu de temps. *Voir* Maladie subaiguë *et* Maladie chronique.
**Maladie auto-immune** Lésions des organes d'un individu causées par son propre système immunitaire.
**Maladie chronique** Maladie qui évolue lentement et est de longue durée, ou qui revient fréquemment. *Voir* Maladie aiguë.
**Maladie contagieuse** Maladie qui se transmet facilement d'une personne à une autre.
**Maladie endémique** Maladie constamment présente dans une population donnée. *Voir* Maladie sporadique.
**Maladie épidémique** Maladie acquise par un nombre relativement élevé de personnes dans une région donnée durant un intervalle de temps relativement court. *Voir* Pandémie.
**Maladie infectieuse** Maladie causée par un agent pathogène qui envahit un hôte réceptif et demeure chez l'hôte durant une partie au moins de son cycle vital.
**Maladie infectieuse émergente** Maladie nouvelle ou ressurgissant sous une forme jusque-là inconnue, dont l'incidence est croissante ou susceptible de croître dans un avenir proche.
**Maladie latente** Maladie comportant une période où aucun symptôme ne se manifeste et où l'agent pathogène est inactif.
**Maladie non transmissible** Maladie qui ne se transmet pas d'une personne à une autre.
**Maladie sporadique** Maladie qui n'est présente qu'occasionnellement dans une population. *Voir* Maladie endémique.
**Maladie subaiguë** Maladie qui se situe entre l'état aigu et l'état chronique. *Voir* Maladie aiguë.
**Maladie transmissible** Toute maladie susceptible de se propager d'un hôte à un autre.
**Malt** Grains d'orge germés qui contiennent du maltose, du glucose et de l'amylase.
**Maltage** Germination de grains amylacés (contenant de l'amidon) qui entraîne la production de glucose et de maltose.
**Manuel de Bergey** *Bergey's Manual of Systematic Bacteriology*, ouvrage de référence en matière de taxinomie des bactéries ; indique aussi le *Bergey's Manual of Determinative Bacteriology*.
**Marée rouge** Prolifération de dinoflagellés planctoniques.
**Margination** Processus qui permet aux phagocytes de s'agripper à l'endothélium des vaisseaux sanguins.
**Masse atomique** Nombre total de protons et de neutrons dans le noyau d'un atome.
**Masse molaire atomique** Somme des masses atomiques de tous les atomes constituant une molécule ; aussi appelée masse moléculaire.
**Mastocyte** Type de cellules, présentes dans le tissu conjonctif, qui contiennent de l'histamine et d'autres substances entraînant la vasodilatation.
**Médicament de synthèse** Agent chimiothérapeutique préparé en laboratoire à partir de substances chimiques.
**Médulla** Partie interne d'un lichen constituée d'algues (ou de cyanobactéries) incorporées dans la masse des hyphes d'un mycète.
**Membrane filtrante** Matière jouant le rôle de crible, dont les pores sont assez petits pour retenir les microorganismes ; un filtre de 0,45 $\mu$m de diamètre retient la majorité des bactéries.
**Membrane ondulante** Flagelle considérablement modifié de certains protozoaires.

**Membrane plasmique** ou **cytoplasmique** Membrane à perméabilité sélective qui entoure le cytoplasme d'une cellule. Enveloppe externe des cellules animales; chez d'autres organismes, se trouve à l'intérieur de la paroi cellulaire.
**Méningite** Inflammation des méninges, qui sont les trois membranes recouvrant l'encéphale et la moelle épinière.
**Mérozoïte** Trophozoïte (forme végétative) de *Plasmodium* présent dans les globules rouges ou dans les cellules hépatiques.
**Mésophile** Organisme qui se développe à des températures limites comprises entre 10 et 50 °C environ et dont la température optimale est de 37 °C environ. La majorité des bactéries pathogènes pour l'humain sont des mésophiles.
**Mésosome** Repli irrégulier de la membrane plasmique d'un procaryote qui constitue un artéfact lors de la préparation pour l'étude microscopique.
**Métabolisme** Ensemble des réactions chimiques qui ont lieu dans une cellule vivante. *Voir* Anabolisme *et* Catabolisme.
**Métabolite primaire** Dans l'industrie, produit d'une population de cellules formé durant la phase de croissance logarithmique (trophophase).
**Métabolite secondaire** Dans l'industrie, produit d'une population de cellules formé après que les microorganismes ont terminé leur période de croissance rapide et alors qu'ils se trouvent dans une phase stationnaire de leur cycle vital.
**Métacercaire** Phase enkystée d'une douve chez son dernier hôte intermédiaire.
**Méthane** Hydrocarbure de formule $CH_4$ : gaz inflammable produit par la décomposition microbienne de matière organique ; gaz naturel.
**Méthode de dilution en bouillon** Méthode de détermination de la concentration minimale inhibitrice (CMI) d'un agent antimicrobien au moyen de la dilution en série dans un milieu liquide.
**Méthode des porte-germes** Méthode utilisée pour déterminer l'efficacité d'un désinfectant ou d'un antiseptique pour combattre différentes espèces microbiennes.
**Méthode des stries** Technique qui permet l'isolement de colonies sur un milieu de culture solide.
**Méthode du nombre le plus probable** Estimation statistique du nombre de coliformes dans 100 mL d'eau ou dans 100 g d'un aliment; aussi appelée méthode du NPP.
**Méthode ELISA** Ensemble de tests sérologiques dans lesquels des réactions enzymatiques servent d'indicateurs; aussi appelée méthode immunoenzymatique.
**Méthode immunoenzymatique** *Voir* Méthode ELISA.
**Méthode par diffusion sur gélose** Épreuve de diffusion sur un milieu gélosé utilisée pour déterminer la sensibilité d'un microbe à des agents chimiothérapeutiques. Aussi appelée test de Kirby-Bauer.
**Méthylation** Addition d'un groupement méthyle ($-CH_3$) à une molécule ; chez les bactéries, l'ADN qui contient de la cytosine méthylée est protégé de la digestion par des enzymes de restriction.
**Microaérophile** Organisme dont la croissance est optimale dans un milieu où la concentration en oxygène moléculaire ($O_2$) est inférieure à la concentration atmosphérique.
**Microbiologie aquatique** Étude des microorganismes vivant dans les eaux naturelles et de leur activité.
**Microinjection** Introduction directe de matériel, comme de l'ADN, dans une cellule, généralement au moyen d'une pipette en verre.
**Micromètre ($\mu$m)** Unité de mesure qui vaut $10^{-6}$ m.
**Micro-onde** Rayonnement électromagnétique dont la longueur d'onde est comprise entre $10^{-1}$ et $10^{-3}$ m.
**Microorganisme** Organisme vivant trop petit pour être visible à l'œil nu ; les microorganismes comprennent les bactéries, les mycètes, les protozoaires et les algues microscopiques, de même que les virus.
**Microscope à contraste de phase** Microscope optique composé qui permet l'observation des structures situées à l'intérieur d'une cellule au moyen d'un condenseur spécial.
**Microscope à contraste d'interférence différentielle (CID)** Microscope qui fournit une image tridimensionnelle agrandie.
**Microscope à fluorescence** Microscope qui utilise la lumière ultraviolette comme source d'éclairage de l'échantillon à étudier, qui entre en fluorescence naturellement ou parce qu'il a été marqué à l'aide de substances fluorescentes.
**Microscope à fond clair** Microscope optique qui utilise la lumière visible comme source d'éclairage, les échantillons étudiés étant placés sur une surface transparente. L'objet apparaît coloré sur un fond clair.
**Microscope à fond noir** Microscope doté d'un dispositif servant à diffuser la lumière émise par l'illuminateur, de manière que l'échantillon paraisse blanc sur un fond noir.
**Microscope à force atomique (MFA)** *Voir* Microscopie à sonde.
**Microscope à sonde à effet tunnel (STM)** *Voir* Microscopie à sonde.
**Microscope électronique** Microscope qui utilise un faisceau d'électrons comme source d'éclairage au lieu de la lumière. Peut fournir des agrandissements de plus de 100 000 × et donner des images de cellules et de virus. *Voir* Microscope électronique à transmission *et* Microscope électronique à balayage.
**Microscope électronique à balayage (MEB)** Microscope électronique qui fournit des images tridimensionnelles de l'échantillon dans son environnement agrandi de 20 000 × ou moins. *Voir* Microscope électronique à transmission.
**Microscope électronique à transmission (MET)** Microscope électronique qui grossit de 10 000 à 100 000 × de minces coupes d'un échantillon. Permet d'obtenir des images de structures internes cellulaires et de détecter la présence de virus intracellulaires. *Voir* Microscope électronique à balayage.
**Microscope optique composé (MO)** Microscope muni de deux ensembles de lentilles, qui utilise la lumière visible comme source d'éclairage.
**Microscopie à sonde** Technique de microscopie utilisée pour obtenir des images de formes moléculaires et pour déterminer les propriétés chimiques et les variations de température d'un échantillon.
**Microscopie confocale** Technique de microscopie optique qui, à l'aide de traceurs fluorescents et du laser, fournit des images digitalisées en deux ou trois dimensions.
**Microsporidie** Protozoaire eucaryote de l'embranchement des *Microspora*, dépourvu de mitochondries et de microtubules ; parasite intracellulaire obligatoire.
**Microtubule** Cylindre creux formé d'une protéine, la tubuline ; unité structurale des flagelles, du cytosquelette et des centrioles des eucaryotes.
**Milieu complexe** Milieu de culture dont on ne connaît pas la composition chimique exacte ; aussi appelé milieu empirique. *Voir* Milieu synthétique.
**Milieu d'enrichissement** Milieu de culture utilisé pour l'isolation préliminaire et qui favorise le développement d'un microorganisme donné présent en faible quantité dans un échantillon.
**Milieu d'identification** Milieu de culture conçu pour étudier les caractéristiques biochimiques et métaboliques des bactéries de façon à les différencier et à les identifier.
**Milieu d'isolement** Gélose nutritive permettant la croissance des bactéries en colonies isolées dans le but de les repiquer et d'obtenir des cultures pures.
**Milieu de culture** Préparation nutritive artificielle destinée à la culture de microorganismes en laboratoire.

**Milieu différentiel** Milieu de culture conçu pour distinguer les caractéristiques particulières et identifiables de certaines espèces bactériennes.
**Milieu réducteur** Milieu de culture contenant des ingrédients susceptibles d'éliminer l'oxygène dissous dans le milieu, ce qui permet la croissance d'organismes anaérobies.
**Milieu sélectif** Milieu de culture conçu pour empêcher la croissance des microorganismes indésirables et pour stimuler la croissance des microorganismes recherchés. Le milieu sélectif peut être électif s'il est conçu pour la recherche d'un seul microorganisme.
**Milieu synthétique** Milieu de culture dont on connaît exactement la composition chimique. *Voir* Milieu complexe.
**Miracidie** Larve nageuse ciliée d'une douve (classe des Trématodes), qui éclot d'un œuf.
**Mitochondrie** Organite qui contient les enzymes intervenant dans le cycle de Krebs et la chaîne de transport des électrons; siège de la production d'ATP.
***MMWR*** *Morbidity and Mortality Weekly Report*; publication des Centers for Disease Control and Prevention (CDC), aux États-Unis, qui contient des données sur les maladies à déclaration obligatoire et d'autres sujets présentant un intérêt particulier.
**Mobilité** Capacité d'un organisme à se mouvoir par lui-même.
**Modèle de la mosaïque fluide** Modèle qui rend compte de la structure dynamique de la membrane plasmique composée de phospholipides et de protéines.
**Mole** Quantité d'une substance égale à la masse molaire atomique totale de tous les atomes constituant une molécule. S'exprime en grammes.
**Molécule** Combinaison d'atomes qui constitue une substance donnée.
**Molécule polaire** Molécule dans laquelle les charges électriques ne sont pas distribuées uniformément.
**Monobactame** Classe d'antibiotiques synthétiques dont la structure β-lactame est monocyclique, tel l'aztréoname.
**Monocyte** Leucocyte précurseur d'un macrophagocyte.
**Monoïque** Qui comporte les organes de reproduction et mâles et femelles.
**Monomères** Petites molécules qui forment les polymères en se regroupant.
**Monosaccharide** Sucre simple constitué de 3 à 7 atomes de carbone.
**Monotriche** Se dit d'une cellule bactérienne qui possède un seul flagelle à une extrémité. *Voir* Flagelle.
**Morbidité** 1) Incidence et prévalence d'une maladie à déclaration obligatoire. 2) État d'un organisme atteint par une maladie.
**Mordant** Substance qu'on ajoute à une solution colorante pour en accroître la capacité de coloration.
**Mortalité** Nombre de décès dus à une maladie à déclaration obligatoire.
**Muqueuse** Membrane qui tapisse les cavités et conduits du corps communiquant avec l'extérieur, y compris le tube digestif.
**Mutagène** Agent présent dans le milieu, susceptible de provoquer directement ou indirectement des mutations.
**Mutagenèse dirigée** Techniques servant à modifier spécifiquement un gène, en un point donné, de manière à obtenir la protéine ou le peptide recherché. *Voir* Biotechnologie.
**Mutation** Tout changement dans la séquence de bases azotées de l'ADN.
**Mutation antigénique** Modification génétique majeure d'un virus de la grippe qui entraîne une variation des antigènes H et N.
**Mutation faux-sens** Mutation qui entraîne la substitution d'un acide aminé dans une protéine.
**Mutation non-sens** Substitution d'une base dans le brin codant d'ADN, qui produit un codon d'arrêt sur l'ARNm.
**Mutation ponctuelle** *Voir* Substitution de bases.
**Mutation spontanée** Mutation qui a lieu en l'absence d'agent mutagène.
**Mutualisme** Forme de symbiose bénéfique pour les deux organismes ou populations associés.
**Mycélium** Masse de longs filaments cellulaires qui se connectent et s'enchevêtrent, caractéristique des moisissures.
**Mycète** Organisme qui appartient au règne des Mycètes; chimiohétérotrophe eucaryote capable d'absorber les éléments nutritifs. *Voir* Mycologie.
**Mycologie** Science qui traite des mycètes (champignons).
**Mycorhize** Mycète qui vit en symbiose avec les parties souterraines d'une plante.
**Mycose** Infection fongique.
**Mycose cutanée** Infection fongique de l'épiderme, des ongles ou des poils.
**Mycose sous-cutanée** Infection fongique d'un tissu situé sous la peau.
**Mycose superficielle** Infection fongique localisée dans les cellules épidermiques superficielles et dans la tige des poils.
**Mycose systémique** Infection fongique des tissus profonds.
**Mycotoxine** Toxine produite par un mycète.
**Mytilotoxine** Neurotoxine produite par certains dinoflagellés; aussi appelée saxitoxine.
**Myxomycètes** Embranchement qui comprend les protistes fongiformes plasmodiaux.

## N

**NAD$^+$** Nicotinamide adénine dinucléotide; coenzyme dérivée d'une vitamine B – la niacine –, qui, au cours des réactions chimiques cataboliques productrices d'énergie, intervient dans l'extraction et le transfert d'ions hydrogène ($H^+$) et d'électrons contenus dans les substrats moléculaires.
**NADP$^+$** Coenzyme apparentée au NAD$^+$. Intervient dans les réactions anaboliques exigeant de l'énergie.
**Nanomètre (nm)** Unité de mesure qui vaut $10^{-9}$ m ou $10^{-3}$ $\mu$m.
**Nécrose** Mort d'un tissu.
**Nettoyage antiseptique** Réduction, voire élimination des microbes potentiellement pathogènes présents sur les tissus vivants.
**Neurotoxine** Exotoxine bactérienne dont l'action perturbe la transmission normale de l'influx nerveux.
**Neutralisation** Réaction antigène-anticorps qui inactive une exotoxine bactérienne ou un virus.
**Neutron** Particule sans charge (neutre) du noyau d'un atome.
**Nicotinamide adénine dinucléotide** *Voir* NAD$^+$.
**Nicotinamide adénine dinucléotide phosphate** *Voir* NADP$^+$.
**Nitrosamine** Cancérogène résultant de la combinaison d'un nitrite et d'acides aminés.
**Niveau énergétique** Région d'un atome entourant le noyau et contenant des électrons; chaque niveau énergétique peut comprendre un nombre maximal d'électrons. Aussi appelé couche électronique.
**Nodule** Excroissance, d'aspect tumoral, des racines de certaines plantes, qui contient des bactéries symbiotiques fixatrices d'azote.
**Nomenclature** Système de désignation d'un ensemble d'objets.
**Nomenclature binominale** Système dans lequel chaque organisme est désigné au moyen de deux mots (le genre suivi d'une épithète spécifique).
**Noyau** 1) Partie d'un atome constituée des protons et des neutrons. 2) Partie d'une cellule eucaryote qui contient le matériel génétique.

**Nucléoïde** Région du cytoplasme d'une cellule bactérienne qui contient le chromosome libre.

**Nucléole** Partie du noyau d'une cellule eucaryote où a lieu la synthèse de l'ARNr.

**Nucléoside** Substance formée d'une base azotée (soit d'une purine, soit d'une pyrimidine) et d'un pentose (sucre à 5 carbones; un ribose ou un désoxyribose). Sous-unité d'un nucléotide.

**Nucléotide** Substance formée d'un nucléoside et d'un phosphate. *Voir* Nucléoside.

**Numéro atomique** Correspond au nombre de protons contenus dans le noyau d'un atome.

## O

**Objectif** Dans un microscope optique composé, lentilles le plus près de l'échantillon.

**Oculaire** Dans un microscope optique composé, lentille la plus proche de l'observateur.

**Œdème** Accumulation anormale de liquide interstitiel dans une partie de l'organisme ou des tissus, qui se traduit par un gonflement.

**Oligoélément** Élément chimique dont une petite quantité est essentielle au développement.

**Oligosaccharide** Glucide formé de 2 à 20 monosaccharides environ.

**Oncogène** Gène ayant la faculté de transformer une cellule normale en cellule cancéreuse.

**Oncovirus** Virus capable de produire une tumeur; aussi appelé virus oncogène.

**Ookyste** Chez les organismes de l'embranchement des *Apicomplexa,* structure reproductrice (zygote) dans laquelle de nouvelles cellules sont produites par division cellulaire de façon asexuée. La division cellulaire marque le début de la phase suivante de l'infection.

**Opérateur** Région de l'ADN adjacente à des gènes de structure et qui en régit la transcription. Donne le signal de départ ou d'arrêt pour la transcription des gènes de structure.

**Opéron** Ensemble des sites promoteur et opérateur, et des gènes de structure qu'ils régulent.

**Opsonisation** Processus favorisant la phagocytose grâce à certaines protéines sériques (opsonines ou anticorps) qui enrobent les microorganismes.

**Ordre** Division taxinomique qui se situe entre la classe et la famille.

**Organisme indicateur** Microorganisme, comme un coliforme, dont la présence reflète un phénomène tel que la contamination fécale d'aliments ou d'eau.

**Organite** Chez les eucaryotes, structure enfermée dans une membrane.

**Osmose** Déplacement des molécules de solvant à travers une membrane à perméabilité sélective, d'une région où la concentration des solutés est faible vers une région où la concentration des solutés est plus élevée; peut s'exprimer en termes de diffusion de l'eau d'une région où la concentration en eau est élevée vers une région où la concentration en eau est plus faible.

**Oxydation** Perte d'électrons par un atome ou une molécule.

**Oxydoréduction (réactions d')** Réactions couplées par lesquelles une substance est oxydée tandis que l'autre est réduite; aussi appelées réactions redox.

**Oxygène singulet** Oxygène moléculaire ($O_2$) très réactif.

**Oxygénique** Qui produit de l'oxygène, comme la photosynthèse qui a lieu dans les plantes et les cyanobactéries. *Voir* Phosphorylation non cyclique.

## P

**PABA** *Voir* Acide para-aminobenzoïque.

**Paires de bases** Bases azotées associées deux à deux, par une liaison hydrogène, dans un acide nucléique; dans l'ADN, les paires de bases sont A-T et G-C; dans l'ARN, ce sont A-U et G-C.

**Pandémie** Épidémie à l'échelle mondiale. *Voir* Maladie épidémique.

**Papule** Petite lésion surélevée de la peau qui peut être remplie de liquide séreux ou de pus; dans ce dernier cas, on l'appelle pustule.

**Parasite** Organisme qui tire des nutriments d'un hôte vivant et qui vit aux dépens de ce dernier.

**Parasite intracellulaire obligatoire** Parasite qui ne peut se reproduire qu'à l'intérieur d'une cellule hôte vivante.

**Parasitisme** Relation symbiotique dans laquelle un organisme (le parasite) vit aux dépens d'un autre organisme (l'hôte) sans que ce dernier en tire un avantage quelconque.

**Parasitologie** Science qui traite des parasites (protozoaires et vers parasites).

**Paroi cellulaire** Enveloppe externe de la majorité des cellules des bactéries, des mycètes, des algues et des plantes; chez les bactéries, la paroi cellulaire est constituée de peptidoglycane.

**Pasteurisation** Processus qui consiste à chauffer légèrement une substance de manière à détruire des microorganismes putréfiants ou des agents pathogènes donnés.

**Pasteurisation rapide à haute température** Pasteurisation à 72 °C durant 15 s.

**Pathogénicité** Capacité d'un microorganisme à causer une maladie par sa capacité à agresser; aussi appelée pouvoir pathogène. *Voir* Virulence.

**Pathogénie** Processus par lequel une maladie se développe; aussi appelé pathogenèse.

**Pathologie** Science qui a pour objet l'étude des maladies.

**Pénicillines** Classe d'antibiotiques produits soit par *Penicillium* (pénicillines naturelles), soit par l'addition de chaînes latérales au noyau β-lactame (pénicillines semi-synthétiques).

**Pénicillines naturelles** Molécules de pénicilline produites par *Penicillium* spp.; p. ex. les pénicillines G et V. *Voir aussi* Pénicillines semi-synthétiques.

**Pénicillines semi-synthétiques** Variantes de pénicillines naturelles obtenues en introduisant des chaînes latérales différentes qui élargissent le spectre de l'action antimicrobienne et font obstacle à la résistance microbienne.

**Peptidoglycane** Molécule structurale de la paroi cellulaire bactérienne, constituée d'un squelette glucidique associé à des tétrapeptides latéraux. Contient des molécules de N-acétylglucosamine et d'acide N-acétylmuramique.

**Perforine** Protéine, libérée par les lymphocytes cytotoxiques, qui crée un pore dans la membrane d'une cellule cible.

**Péricardite** Inflammation de l'enveloppe externe du cœur (le péricarde).

**Période de convalescence** Période de récupération, durant laquelle l'organisme revient graduellement à l'état antérieur à la maladie.

**Période d'incubation** Intervalle de temps entre l'introduction dans l'organisme d'un agent infectieux et l'apparition des premiers signes ou symptômes de la maladie.

**Période prodromique** Intervalle de temps qui suit la période d'incubation et pendant lequel apparaissent les premiers symptômes d'une maladie.

**Périplasme** Partie de la paroi cellulaire d'une bactérie à Gram négatif, comprise entre la membrane externe et la membrane cytoplasmique.

**Péritriche** Se dit d'une cellule bactérienne dont les flagelles sont répartis sur toute la surface. *Voir* Flagelle.

**Perméabilité sélective** Propriété d'une membrane plasmique qui permet le passage de certaines molécules et de certains ions, mais limite le passage d'autres particules.

**Peroxydase** Enzyme qui dégrade le peroxyde d'hydrogène ($H_2O_2$).

**Peroxydes** Classe de désinfectants utilisés pour la stérilisation, qui agissent par oxydation.

**Peroxysome** Organite qui oxyde les acides aminés, les acides gras et les alcools.

**pH** Symbole représentant la concentration en ions hydrogène ($H^+$); mesure de l'acidité ou de l'alcalinité relative d'une solution. Signifie potentiel d'hydrogène.

**Phage** *Voir* Bactériophage.

**Phagocyte** Cellule capable d'engloutir et de digérer des particules nuisibles à l'organisme. *Voir* Résistance non spécifique.

**Phagocytose** Processus d'ingestion par une cellule eucaryote de particules (p. ex. bactéries), par invagination de la membrane plasmique.

**Phagolysosome** Vacuole digestive d'un phagocyte.

**Phagosome** Vacuole nutritive d'un phagocyte. Aussi appelé vésicule phagocytaire.

**Phalloïdine** Toxine produite par un champignon.

**Phase d'éclipse** Phase de la multiplication d'un virus pendant laquelle il n'existe pas de virion complet et infectieux dans la cellule hôte ; seuls les constituants – l'acide nucléique et les protéines virales – sont détectés.

**Phase de croissance exponentielle** Période de croissance bactérienne durant laquelle le nombre de cellules augmente de façon logarithmique.

**Phase de déclin** Période de décroissance logarithmique d'une population de bactéries ensemencées sur un milieu de culture fermé ; aussi appelée phase de décroissance logarithmique.

**Phase de décroissance logarithmique** *Voir* Phase de déclin.

**Phase de latence** Dans la courbe de croissance bactérienne, intervalle de temps durant lequel les microorganismes préparent les conditions favorables à leur croissance ; la croissance est nulle ou très lente. *Voir* Courbe de croissance bactérienne.

**Phase lumineuse** Première phase de la photosynthèse. Processus par lequel l'énergie lumineuse est utilisée pour convertir l'ADP et le phosphate en ATP. *Voir aussi* Photophosphorylation.

**Phase stationnaire** Partie de la courbe de croissance bactérienne où le nombre de bactéries qui se divisent est égal au nombre de bactéries qui meurent. *Voir* Courbe de croissance bactérienne.

**Phénol** OH

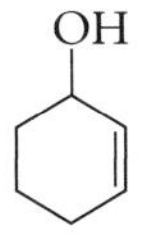

**Phénomène d'Arthus** Inflammation et nécrose au site de l'injection d'un sérum étranger, dues à la formation d'un complexe antigène-anticorps.

**Phénotype** Manifestation visible du génotype (matériel génétique) d'un organisme.

**Phosphorylation** Addition d'un groupement phosphate à une molécule organique, ce qui augmente l'énergie potentielle de cette dernière. *Voir* Phosphorylation oxydative.

**Phosphorylation au niveau du substrat** Synthèse de l'ATP par transfert direct à l'ADP d'un groupement phosphate riche en énergie provenant d'un composé métabolique intermédiaire phosphorylé.

**Phosphorylation oxydative** Processus dans lequel la synthèse de l'ATP est couplée à une chaîne de transport d'électrons pour aboutir à l'oxygène.

**Photoautotrophe** Organisme dont la source d'énergie est la lumière et dont la source de carbone est le dioxyde de carbone ($CO_2$).

**Photohétérotrophe** Organisme dont la source d'énergie est la lumière et dont la source de carbone est de nature organique (composés chimiques organiques).

**Photolyase** Enzyme de photoréactivation qui dissocie les dimères de thymine en présence de lumière visible.

**Photophosphorylation** Production d'ATP par une succession de réactions d'oxydoréduction amorcées par les électrons d'un pigment, tel que la chlorophylle. N'a lieu que dans les cellules photosynthétiques.

**Photophosphorylation cyclique** A lieu durant la photosynthèse. Mouvement des électrons arrachés de la chlorophylle par la lumière qui retournent à la chlorophylle après leur passage le long de la chaîne de transport des électrons. L'énergie du transfert des électrons est convertie en ATP ; anoxygénique ; photophosphorylation bactérienne violette ou verte.

**Photophosphorylation non cyclique** A lieu durant la photosynthèse. Les électrons cédés par la chlorophylle sous l'effet de la lumière sont acheminés le long de la chaîne de transport jusqu'à l'accepteur d'électrons $NADP^+$. Photophosphorylation chez les plantes et chez les cyanobactéries.

**Photosynthèse** Conversion de l'énergie lumineuse provenant du soleil en énergie chimique ; synthèse d'un glucide à partir de dioxyde de carbone ($CO_2$), au moyen de l'énergie lumineuse.

**Phototactisme** Réaction de locomotion déclenchée et entretenue par la lumière.

**Phototrophe** Organisme dont la principale source d'énergie est la lumière.

**Phylogenèse** Étude de l'histoire évolutive d'un groupe d'organismes ; les relations phylogénétiques sont des relations évolutives. Aussi appelée phylogénie.

**Phylum** *Voir* Embranchement.

**Phytoplancton marin** Photoautotrophes qui flottent passivement sur l'eau. *Voir* Plancton.

**Pilus** (pluriel : **pili**) Appendice d'une bactérie qui sert à la fixer à des surfaces ; permet l'adhérence entre deux bactéries lors du processus d'échange de matériel génétique. *Voir* Conjugaison *et* Fimbria.

**Plage de lyse** Zones pâles dans une couche de bactéries à la surface d'une gélose, là où la croissance des bactéries est inhibée par l'action lytique des phages.

**Plancton** Organismes aquatiques en suspension dans l'eau.

**Plantes** Règne constitué des eucaryotes pluricellulaires dont la paroi cellulaire est composée de cellulose ; aussi appelé règne des *Plantæ*.

**Plaque dentaire** Enduit composé de cellules bactériennes, de dextran et de déchets alimentaires qui adhère aux dents.

**Plasma** Partie liquide du sang, dans laquelle sont suspendus les éléments figurés (érythrocytes, leucocytes et thrombocytes).

**Plasmide** Petite molécule sphérique d'ADN extrachromosomique, qui peut se trouver dans le cytoplasme des bactéries. Facteur de virulence pour les bactéries qui en contiennent.

**Plasmide conjugatif** Plasmide qui porte des gènes codant pour les pili sexuels et le transfert d'une copie du plasmide à une autre bactérie.

**Plasmide métabolique** Plasmide contenant des gènes qui codent pour la production d'enzymes qui déclenchent le catabolisme de sucres et d'hydrocarbures inhabituels.

**Plasmide Ti** Plasmide présent chez *Agrobacterium* et qui porte les gènes responsables de l'induction de tumeurs chez les plantes.

**Plasmocyte** Cellule résultant de la différenciation d'un lymphocyte B activé ; les plasmocytes produisent des anticorps spécifiques.

**Plasmode** Masse plurinucléée de protoplasme, notamment chez les protistes fongiformes plasmodiaux.

***Plasmodium*** Agent pathogène responsable du paludisme (ou malaria).

**Plasmogamie** Fusion des cytoplasmes de deux cellules, qui se produit au cours de la phase sexuée du cycle vital d'un mycète.

**Plasmolyse** Réaction de rétrécissement par laquelle une cellule perd de l'eau lorsqu'elle se trouve dans un milieu hypertonique.

**Pléomorphe** Se dit de certaines bactéries qui peuvent se présenter sous plusieurs formes.

**Pneumonie** Inflammation des poumons.

**Polyène** Agent antifongique, comportant plus de quatre atomes de carbone et au moins deux liaisons doubles, qui altère les stérols de la membrane plasmique des Eucaryotes.

**Polymère** Molécule constituée d'une chaîne de molécules semblables, appelées monomères.

**Polymorphisme de taille des fragments de restriction (RFLP** pour *restriction fragment length polymorphism***)** Fragments d'ADN présentant des différences mineures dans leurs tailles et qui proviennent de la digestion d'ADN par une enzyme de restriction.

**Polypeptide** 1) Chaîne d'acides aminés. 2) (Au pluriel) Classe d'antibiotiques.

**Polysaccharide** Glucide constitué d'au moins 8 monosaccharides assemblés lors de réactions de synthèse par déshydratation.

**Polysaccharide extracellulaire (PSE)** Glycocalyx, composé de sucres, qui permet aux bactéries d'adhérer à diverses surfaces.

**Pore anal** *Voir* Cytoprocte.

**Pore nucléaire** Canal de la membrane nucléaire par lequel les substances entrent dans le noyau et en sortent.

**Porine** Protéine située dans la membrane externe de la paroi cellulaire des bactéries à Gram négatif, qui permet le passage de petites molécules.

**Porte d'entrée** Chemin emprunté par un agent pathogène pour entrer dans l'organisme.

**Porte de sortie** Trajet emprunté par un agent pathogène pour sortir de l'organisme.

**Porteurs sains** Personnes qui abritent des agents pathogènes qu'elles sont susceptibles de transmettre, même si elles ne présentent aucun signe de maladie.

**Postulats de Koch** Critères servant à déterminer l'agent responsable d'une maladie infectieuse.

**Pouvoir pathogène** *Voir* Pathogénicité.

**Prélèvement microbiologique** Action de prélever un spécimen ou un échantillon de substance biologique à des fins d'analyse et de culture microbienne.

**Pression osmotique** Pression nécessaire pour empêcher le mouvement de l'eau pure dans une solution contenant des solutés lorsque l'eau pure et la solution sont séparées par une membrane à perméabilité sélective.

**Prévalence** Nombre total de cas (nouveaux et anciens) d'une maladie dans la population exposée durant une période donnée.

**Primo-infection** Infection aiguë qui provoque l'apparition de la maladie initiale. *Voir* Surinfection.

**Prion** Agent infectieux formé d'une protéine autoreproductrice qui ne contient pas d'acide nucléique en quantité décelable.

**Probiotique** Microorganisme qui, une fois ingéré, demeure vivant et est capable de s'installer sur la muqueuse intestinale et d'y faire sa place à côté de la flore permanente.

**Procaryote** Cellule dont le matériel génétique n'est pas contenu dans une membrane nucléaire. *Voir* Eucaryote.

**Producteur primaire** Organisme autotrophe (chimiotrophe ou phototrophe) qui transforme le dioxyde de carbone en composés organiques.

**Produits de réaction** Substances obtenues après l'action d'une enzyme sur son substrat.

**Proglottis** Segment d'un ténia qui contient les organes de reproduction mâles et femelles.

**Promoteur** Segment d'un brin d'ADN, où l'ARN polymérase commence la transcription d'un gène.

**Prophage** ADN d'un phage intégré dans l'ADN d'une cellule hôte.

**Prostaglandine** Substance hormonoïde libérée par des cellules endommagées, qui accroît l'inflammation.

**Prostheca** Appendice qui fait saillie sur une cellule procaryote bactérienne et sert à augmenter l'apport nutritif; peut être reproducteur s'il contient un bourgeon.

**Protéine** Grosse molécule organique composée d'une chaîne de plus de 100 acides aminés qui contiennent du carbone, de l'hydrogène, de l'oxygène et de l'azote (et parfois du soufre); certaines protéines ont une structure hélicoïde, tandis que d'autres sont des feuillets bêta.

**Protéine antivirale** Protéine produite en réaction à l'interféron et qui inhibe la reproduction virale.

**Protéine M** Protéine thermorésistante et acidorésistante, présente sur la paroi cellulaire et sur les fimbriæ des streptocoques.

**Protéobactérie** Bactérie chimiohétérotrophe à Gram négatif qui possède une séquence distinctive d'ARNr.

**Protiste** Terme générique désignant les eucaryotes; la plupart sont unicellulaires ou pluricellulaires simples; habituellement des protozoaires, des algues ou des protistes fongiformes.

**Proton** Particule du noyau d'un atome, qui a une charge positive.

**Protoplaste** Bactérie à Gram positif dépouillée de sa paroi cellulaire. Cellule fragile et sensible aux effets de la pression osmotique. *Voir* Sphéroplaste.

**Protozoaire** Organisme eucaryote unicellulaire, généralement chimiohétérotrophe.

**Provirus** ADN viral intégré dans l'ADN chromosomique d'une cellule hôte.

**Pseudohyphe** Courte chaîne de cellules fongiques qui se forme parce que des cellules filles ne se sont pas séparées après le bourgeonnement.

**Pseudopode** Prolongement cytoplasmique d'une cellule eucaryote qui joue un rôle dans la locomotion et la nutrition; présent chez les amibes. Se forme chez les phagocytes lors de l'étape de l'ingestion.

**Psychrophile** Organisme qui se développe à des températures limites comprises entre 0 et 20 °C environ et dont la température optimale est de 15 °C environ.

**Psychrotrophe** Organisme qui se développe à des températures limites comprises entre 0 et 35 °C environ et dont la température optimale se situe entre 20 et 30 °C.

**Purines** Classe de bases azotées qui comprend l'adénine et la guanine; entre dans la composition des acides nucléiques. *Voir* Pyrimidines.

**Pus** Accumulation de phagocytes morts, de cellules bactériennes mortes et de liquides organiques.

**Pyocyanine** Pigment bleu-vert produit par *Pseudomonas æruginosa*.

**Pyrimidines** Classe de bases azotées qui comprend l'uracile, la thymine et la cytosine; entre dans la composition des acides nucléiques. *Voir* Purines.

## Q

**Quats** *Voir* Composé d'ammonium quaternaire.

**Quinolone** Antibiotique qui agit en inhibant la réplication de l'ADN par interaction avec l'enzyme ADN gyrase.

## R

**R** Symbole représentant un groupement non fonctionnel d'une molécule. *Voir aussi* Facteur R (de résistance).

**Radical hydroxyle** Forme toxique d'oxygène (OH•) produite dans le cytoplasme par un rayonnement ionisant et par la respiration aérobie.

**Radical libre superoxyde** Forme toxique d'oxygène ($O_2^{\overline{\bullet}}$) produite durant la respiration aérobie.

**Rayonnement ionisant** Rayonnement à haute énergie, tel que les rayons X et les rayonnements gamma, dont la longueur d'onde est inférieure à 1 nm; cause l'ionisation.

**Rayonnement non ionisant** Rayonnement de faible longueur d'onde, tels les rayonnements ultraviolets (UV), qui ne provoque pas l'ionisation.

**RE lisse** Réticulum endoplasmique dépourvu de ribosomes. Aussi appelé RE agranulaire.

**RE rugueux** Réticulum endoplasmique dont la surface comporte des ribosomes. Aussi appelé RE granulaire.

**Réaction chimique** Formation ou rupture de liaisons entre des atomes.

**Réaction d'agglutination directe** Utilisation d'anticorps connus pour déterminer un antigène inconnu porté par une cellule.

**Réaction d'agglutination indirecte (passive)** Épreuve d'agglutination fondée sur l'emploi d'antigènes solubles fixés à des particules de latex ou à d'autres particules fines.

**Réaction d'échange** *Voir* Réaction de substitution.

**Réaction de condensation** *Voir* Synthèse par déshydratation.

**Réaction de dégradation** Réaction chimique dans laquelle des liaisons sont rompues de manière qu'une grosse molécule se décompose en entités plus petites.

**Réaction de précipitation** Réaction entre des antigènes solubles et des anticorps polyvalents qui produit des agrégats visibles.

**Réaction de substitution** Réaction chimique comportant à la fois des composantes de synthèse et des composantes de dégradation. Aussi appelée réaction d'échange.

**Réaction de synthèse** Réaction chimique au cours de laquelle des atomes, des ions ou des molécules se combinent de manière à former une nouvelle molécule plus grosse. Aussi appelée réaction d'addition.

**Réaction d'inhibition de l'hémagglutination virale** Épreuve de neutralisation dans laquelle des anticorps spécifiques de virus empêchent ces derniers de provoquer l'agglutination des globules rouges *in vitro.*

**Réaction du greffon contre l'hôte** État observé lorsqu'un tissu transplanté, tel que la moelle osseuse, présente une réaction immunitaire contre le receveur du tissu.

**Réaction endergonique** Réaction chimique qui nécessite l'absorption d'énergie.

**Réaction exergonique** Réaction chimique qui libère de l'énergie. *Voir* Réaction endergonique.

**Réaction immunitaire secondaire** Augmentation rapide du titre des anticorps causée par l'exposition à un antigène après une réaction primaire à ce même antigène. Aussi appelée réponse anamnestique.

**Réaction primaire** Production d'anticorps en réaction à un antigène lors du premier contact avec celui-ci. *Voir aussi* Réaction immunitaire secondaire.

**Réaction réversible** Réaction chimique dont le produit terminal peut facilement être reconverti de manière à obtenir les molécules initiales.

**Réaction sombre** Deuxième phase de la photosynthèse. Processus par lequel les électrons et l'énergie de l'ATP sont utilisés pour réduire le $CO_2$ en sucres. *Voir aussi* Réactions du cycle de Calvin-Benson.

**Réactions du cycle de Calvin-Benson** Deuxième phase de la photosynthèse. Chez les autotrophes, fixation de $CO_2$ à des composés organiques réduits tels que le glucose et d'autres sucres.

**Récepteur** Point d'attache d'un agent pathogène sur une cellule hôte. *Voir* Adhésine et Adhérence.

**Récepteur d'antigène** Molécule d'anticorps, située sur les lymphocytes B, qui permet à ces derniers de reconnaître leur antigène spécifique et de s'y fixer.

**Réchauffement de la planète** Rétention de la chaleur solaire par les gaz atmosphériques.

**Recombinaison génétique** Processus par lequel des fragments d'ADN provenant de deux sources distinctes s'assemblent et donnent lieu à la formation de nouvelles combinaisons de gènes sur un chromosome.

**Rédie** Trématode en phase larvaire dont la reproduction asexuée donne des cercaires.

**Réduction** Addition d'électrons à une molécule.

**Règne** Division taxinomique qui se situe entre le domaine et l'embranchement; ensemble taxinomique regroupant les embranchements.

**Rejet hyperaigu** Rejet très rapide d'un tissu greffé, qui se produit généralement lorsque le tissu provient d'une source non humaine.

**Rendement cellulaire de lyse** Nombre de phages nouvellement synthétisés et libérés par une même cellule.

**Rennine** Enzyme qui entraîne la formation de caillé lors de la fermentation de tout produit laitier; autrefois extraite de l'estomac de veaux, la rennine est aujourd'hui produite par des moisissures et des champignons.

**Réparation par excision de nucléotides** Réparation de l'ADN qui consiste à retirer les nucléotides défectueux et à les remplacer par des nucléotides fonctionnels.

**Réplication semi-conservatrice** Processus de réplication de l'ADN dans lequel chaque molécule d'ADN bicaténaire contient un brin d'origine et un nouveau brin.

**Réplication virale** Processus de prolifération viral par lequel un seul virion peut donner naissance à quelques copies de virus, voire des milliers, à partir d'une seule cellule hôte.

**Réplique sur boîte** Méthode d'inoculation d'un certain nombre de milieux de culture solides à l'aide d'une culture mère de manière à obtenir des colonies de même type et au même endroit dans chaque réplique de la culture.

**Réponse anamnestique** *Voir* Réaction immunitaire secondaire.

**Répresseur** Protéine qui bloque la transcription d'un gène; elle empêche la liaison de l'ARN polymérase au promoteur ou bien elle bloque sa progression le long de l'ADN.

**Répression** Processus par lequel une protéine appelée répresseur bloque la synthèse d'une autre protéine (enzyme) en bloquant la transcription d'un gène sur l'ADN.

**Répression catabolique** Inhibition par le glucose du métabolisme de sources secondaires de carbone; aussi appelée effet glucose.

**Réservoir d'infection** Source continuelle d'infection.

**Résistance** Capacité de repousser la maladie grâce aux réactions de défense spécifiques et non spécifiques.

**Résistance innée** Résistance d'un sujet à une maladie qui atteint des individus de la même espèce ou d'espèces différentes.

**Résistance non spécifique** Moyens de défense de l'hôte qui le protègent contre les agents pathogènes de toute nature, quelle que soit l'espèce à laquelle ces microbes appartiennent. *Voir aussi* Immunité.

**Résistance spécifique** *Voir* Immunité.

**Résolution** Capacité d'un instrument à effet grossissant (p. ex. un microscope) de distinguer des détails; aussi appelée pouvoir de résolution.

**Respiration** Suite de réactions d'oxydoréduction, qui a lieu dans une membrane et produit de l'ATP; l'accepteur d'électrons final est généralement une molécule inorganique.

**Respiration aérobie** Processus de respiration cellulaire dans lequel l'accepteur d'électrons final de la chaîne de transport des électrons est l'oxygène moléculaire ($O_2$).

**Respiration anaérobie** Processus de respiration cellulaire dans lequel l'accepteur d'électrons final de la chaîne de transport des électrons est une molécule inorganique autre que l'oxygène moléculaire ($O_2$), telle que l'ion nitrate ou le $CO_2$.

**Respiration cellulaire** *Voir* Respiration.

**Réticulum endoplasmique (RE)** Dans une cellule eucaryote, réseau membraneux, formé de sacs aplatis et de tubules, qui relie la membrane plasmique et l'enveloppe nucléaire. *Voir* RE lisse.

**Rétro-inhibition** Dans une chaîne donnée de réactions chimiques, inhibition d'une enzyme due à l'accumulation du produit final. (En anglais, *feedback inhibition*.) Aussi appelée inhibition par produit final.

**Rhizine** Hyphe, ayant l'apparence d'une racine, produit par un mycète associé à un lichen ; permet de fixer le lichen à une surface.

**Rhizopode** Protozoaire eucaryote de l'embranchement des *Rhizopoda*, tel que l'amibe, qui se déplace au moyen de pseudopodes.

**Ribose** Sucre à 5 carbones (pentose) qui fait partie des molécules ribonucléotidiques et de l'ARN. *Voir* Désoxyribose.

**Ribosome** Dans une cellule, organite qui participe à la synthèse protéique ; composé d'ARN et de protéines.

**Ribozyme** Enzyme constituée d'ARN (et non de protéines) qui agit de façon spécifique sur les brins d'ARN de manière à enlever les introns et à épisser les exons restants.

**Rifamycine** Antibiotique qui inhibe la synthèse de l'ARNm bactérien.

**Risque de contagion** Toute situation qui favorise la transmission de microbes pathogènes, virulents ou opportunistes, d'une personne à l'autre.

**Rupture dans la chaîne du froid** Conservation inappropriée d'aliments, à une température qui permet la croissance de bactéries.

## S

**Saccule** *Voir* Citerne.

**Saprophyte** Organisme qui tire sa nourriture de substances organiques en décomposition.

***Sarcina*** Genre de cocci à Gram positif et anaérobies.

**Sarcine** Coccus qui se divise sur 3 plans et forme des amas de 8 bactéries qui restent groupées après s'être divisées.

**Sarcome** Cancer du tissu conjonctif. *Voir* Adénocarcinome.

**Saturation** État dans lequel le site actif d'une enzyme est occupé en tout temps par le substrat ou le produit de réaction, et dans lequel le substrat est en forte concentration.

**Saxitoxine** *Voir* Mytilotoxine.

**Schizogonie** Processus de division multiple par lequel un organisme se divise et produit ainsi un grand nombre de cellules filles.

**Scissiparité** Reproduction d'une cellule procaryote, telle qu'une bactérie, par division en deux cellules filles identiques.

**Sclérote** Masse compacte de mycélium durci du mycète *Claviceps purpurea,* qui remplit les fleurs de seigle infectées ; produit l'ergot, une toxine. *Voir* Ergot.

**Scolex** Extrémité antérieure des cestodes, tels que les ténias, qui porte des ventouses et parfois des crochets ; constitue aussi la forme larvaire infestante.

**Sel** Substance qui, en se dissolvant dans l'eau, s'ionise en anions et en cations autres que $H^+$ et $OH^-$.

**Sélection artificielle** Choix d'un organisme dans une population dans le but d'en favoriser la reproduction en raison de ses caractéristiques avantageuses.

**Sélection clonale** Formation de clones de lymphocytes B et T activés pour lutter contre un antigène spécifique.

**Sélection négative** ou **indirecte** Méthode de détection des mutations par sélection des cellules mutantes qui sont incapables d'accomplir une certaine fonction, et ce au moyen de la technique de réplique sur boîte.

**Sélection positive** ou **directe** Méthode de détection des cellules mutantes qui consiste à en faire la culture tout en rejetant les cellules normales non mutées.

**Sepsie** Condition de ce qui est contaminé généralement par des bactéries.

**Septicémie** Infection systémique causée par la multiplication de microorganismes dans le sang circulant ; provoque de la fièvre et peut endommager des organes. *Voir* Bactériémie.

**Septicité** État infectieux qui résulte d'une maladie causée par des microorganismes.

**Septum (pluriel : septa)** Cloison chez un hyphe fongique.

**Séquençage de l'ADN** Détermination de l'ordre linéaire d'enchaînement des nucléotides dans une molécule d'ADN.

**Séquençage de l'ARN ribosomal** Détermination de l'ordre des bases nucléotidiques de l'ARNr. Méthode utilisée pour déterminer les relations phylogénétiques entre des organismes.

**Séquence d'insertion (IS pour *insertion sequence*)** Type le plus simple de transposon.

**Séroconversion** Changement dans la réponse humorale d'une personne à un antigène lors d'un test sérologique.

**Sérologie** Branche de l'immunologie qui étudie le sérum sanguin et les réactions immunitaires *in vitro* entre les antigènes et les anticorps ainsi mises en évidence.

**Sérotype** *Voir* Sérovar.

**Sérovar** Variation au sein d'une même espèce de bactéries, déterminée par la différence antigénique entre ces dernières ; aussi appelée sérotype.

**Sérum** Liquide qui reste après la coagulation du sang ; contient des anticorps (immunoglobulines).

**SIDA (syndrome d'immunodéficience acquise)** Maladie infectieuse provoquée par le virus de l'immunodéficience humaine (VIH), qui infecte les cellules CD4.

**Signe** Changement, observable et mesurable, dû à une maladie. *Voir* Symptôme.

**Site (ou tissu) privilégié** Partie d'un organisme (ou tissu) qui ne déclenche pas de réaction immunitaire.

**Site actif** Région spécifique d'une enzyme qui entre en interaction avec le substrat.

**Site allostérique** Site sur une enzyme auquel se lie un inhibiteur non compétitif.

**Site de fixation à l'antigène** Site d'un anticorps qui se lie spécifiquement à un déterminant antigénique.

**Site de terminaison** Site d'un brin d'ADN qui signale la fin de la transcription.

**Soluté** Substance dissoute dans une autre.

**Solution** Dispersion homogène de molécules ou d'ions d'une ou de plusieurs substances (solutés) dans un milieu de dissolution (solvant) qui est habituellement liquide.

**Solution hypertonique** Lorsque deux solutions sont séparées par une membrane, la solution hypertonique est celle dont la concentration des solutés est supérieure. Solution dans laquelle, après l'immersion d'une cellule, la concentration des solutés est supérieure à celle du cytoplasme. *Voir* Plasmolyse.

**Solution hypotonique** Lorsque deux solutions sont séparées par une membrane, la solution hypotonique est celle dont la concentration des solutés est inférieure. Solution dans laquelle, après l'immersion d'une cellule, la concentration des solutés est inférieure à celle du cytoplasme. *Voir* Lyse osmotique.

**Solution isotonique** Solution dans laquelle, après l'immersion d'une cellule, la concentration des solutés est identique des deux côtés de la membrane plasmique.

**Solvant** Substance dans laquelle on en dissout une autre.

**Sonde d'ADN** Brin monocaténaire d'ADN ou d'ARN, court et marqué, utilisé pour localiser le brin complémentaire dans une quantité donnée d'ADN.

**Souche** Groupe de cellules génétiquement identiques, provenant toutes d'une même cellule. *Voir* Sérovar.

**Spectre d'activité antimicrobienne** Gamme des microorganismes sur lesquels un médicament antimicrobien est susceptible d'agir ; si cette gamme est étendue, on dit que le médicament a un large spectre d'activité.

**Spectre d'hôtes cellulaires** Éventail des espèces, des souches et des divers types de cellules qu'un agent pathogène peut infecter.

**Sphéroplaste** Bactérie à Gram négatif dont on a altéré la paroi cellulaire de manière à obtenir une cellule sphérique. Cellule sensible aux effets de la pression osmotique. *Voir* Protoplaste.

**Spicule** 1) En virologie, complexe de protéines et de glucides (glycoprotéine) formant des projections proéminentes à la surface de certains virus. 2) En parasitologie, l'une de deux structures externes d'un ver rond mâle, qui sert à guider le sperme.

**Spirale** *Voir* Spirille *et* Spirochète.

**Spirille** Bactérie hélicoïde (ou en tire-bouchon).

***Spirillum*** Genre de bactéries hélicoïdes, aérobies et munies d'une touffe de flagelles polaires.

**Spirochète** Bactérie caractérisée par une forme flexible en hélice et dotée de filaments axiaux.

**Sporange** Sac contenant une ou plusieurs spores.

**Sporangiophore** Hyphe aérien supportant un sporange.

**Sporangiospore** Type de spore fongique asexuée, produite dans un sporange.

**Spore** Structure reproductrice, asexuée ou sexuée, chez les mycètes.

**Spore asexuée** Cellule reproductrice résultant de la mitose puis d'une division cellulaire (chez les eucaryotes), ou de la scissiparité; produite par les hyphes d'un mycète sans l'intervention d'un autre membre de l'espèce. Deux types: la conidie et la sporangiospore.

**Spore sexuée** Spore issue de la reproduction sexuée; naît de la fusion de noyaux provenant de souches compatibles d'une même espèce.

**Sporozoïte** Forme infectieuse pour les humains de *Plasmodium,* un protozoaire présent chez les moustiques (anophèles).

**Sporulation** Processus de formation de spores et d'endospores; aussi appelé sporogenèse.

**Squelette carboné** Chaîne ou anneau d'atomes de carbone qui forme la base d'une molécule organique; par exemple,

$$-\overset{|}{\underset{|}{C}}-\overset{|}{\underset{|}{C}}-\overset{|}{\underset{|}{C}}-$$

**Stade de l'anneau** Jeune trophozoïte de *Plasmodium,* présent dans un érythrocyte, qui a la forme d'un anneau.

**Staphylocoques** Cocci qui se divisent sur plusieurs plans et forment des grappes ou de larges feuillets.

**Stéréoisomères** Deux molécules formées des mêmes atomes et comportant des liaisons identiques, mais dans lesquelles la position relative des atomes est différente.

**Stérile** Exempt de microorganismes.

**Stérilisation** Élimination, par des procédés physiques ou chimiques, de tous les microorganismes, y compris les endospores.

**Stérilisation commerciale** Traitement des conserves en boîte visant à détruire les endospores de *Clostridium botulinum.*

**Stérilisation par air chaud** Stérilisation dans un four à 170 °C, pendant environ 2 h.

**Stéroïdes** Groupe spécifique de lipides complexes qui comprend le cholestérol et les hormones.

**Stipe** Structure de soutien des algues pluricellaires et des basidiomycètes, qui a l'apparence d'une tige.

**Streptobacilles** Bactéries en forme de bâtonnet qui restent assemblées en chaînettes après la division cellulaire.

***Streptococcus*** Genre de bactéries à Gram positif et à catalase négative.

**Streptocoques** Cocci qui restent assemblés en chaînettes après la division cellulaire.

**Substitution de bases** Remplacement d'une base par une autre base dans l'ADN et son vis-à-vis sur le brin d'ADN complémentaire, ce qui provoque une mutation; aussi appelée mutation ponctuelle.

**Substrat** Tout composé avec lequel une enzyme réagit.

**Sulfamide** Composé bactériostatique qui nuit à la synthèse de l'acide folique par inhibition compétitive. Aussi appelé sulfonamide.

**Superantigène** Antigène qui active plusieurs types de lymphocytes T, ce qui déclenche une réaction immunitaire très intense et nocive.

**Superoxyde dismutase (SOD)** Enzyme qui élimine les radicaux libres superoxyde.

**Surgélation** Conservation de cultures bactériennes à une température comprise entre –50 et –95 °C.

**Surinfection** Croissance d'un agent pathogène qui a acquis une résistance au médicament antimicrobien utilisé; croissance d'un agent pathogène opportuniste. *Voir* Infection secondaire.

**Surissement sans bombage** Altération de conserves en boîte par des bactéries thermophiles, qui ne s'accompagne pas de production de gaz.

**Surveillance immunitaire** Élimination par le système immunitaire des cellules cancéreuses avant qu'elles ne deviennent des tumeurs établies.

**Susceptibilité** Absence de résistance à une maladie.

**Symbiose** Association de deux populations ou de deux organismes différents en vue de leur survie.

**Symptôme** Changement subjectif, dû à une maladie, dans les fonctions vitales d'un patient. *Voir* Signe.

**Syncytium** Cellule géante plurinucléée produite au cours de certaines infections virales.

**Syndrome** Groupe spécifique de signes et de symptômes reliés à une maladie.

**Synergie** 1) Effet de deux microbes agissant ensemble, qui a une plus grande intensité que l'effet produit par l'un ou l'autre microbe. 2) Principe selon lequel deux médicaments administrés simultanément ont une plus grande efficacité que l'un ou l'autre médicament utilisé seul.

**Synthèse par déshydratation** Lors de la synthèse de molécules, réaction chimique au cours de laquelle une molécule d'eau est libérée; aussi appelée réaction de condensation.

**Système ABO** Classification des globules rouges en fonction de la présence ou de l'absence des antigènes A et B.

**Système d'activation des boues** Processus utilisé dans le traitement secondaire des eaux usées, dans lequel on conserve un lot d'eaux usées dans des réservoirs très aérés; pour s'assurer de la présence de microbes capables de dégrader les eaux usées, on inocule chaque lot avec une quantité donnée de boue provenant du lot précédent.

**Système des phagocytes mononucléés** Système qui comprend les différents types de macrophagocytes libres et de macrophagocytes fixes situés, par exemple, dans la rate, le foie, les nœuds lymphatiques et la moelle osseuse rouge. Aussi appelé système réticulo-endothélial.

**Système HLA (pour *human leucocyte antigen*)** Ensemble de gènes qui regroupe l'essentiel de l'information génétique codant pour les protéines (ou antigènes) de surface; ces protéines sont spécifiques de chaque individu. Le système HLA correspond au complexe majeur d'histocompatibilité chez l'humain. *Voir aussi* Complexe majeur d'histocompatibilité.

**Système nerveux central (SNC)** Partie du système nerveux constituée de l'encéphale et de la moelle épinière. *Voir aussi* Système nerveux périphérique.

**Système nerveux périphérique (SNP)** Ensemble des nerfs qui relient les régions externes du corps au système nerveux central.

## T

**Tachyzoïte** Forme trophozoïte, à croissance rapide, d'un protozoaire tel que *Toxoplasma gondii.*

**Tactisme** Mouvement constituant une réaction à un stimulus du milieu. *Voir* Phototactisme *et* Chimiotactisme.

**Tampon** Substance qui contribue à stabiliser le pH d'une solution.

**Taux de morbidité** Rapport entre le nombre de personnes atteintes d'une maladie durant une période donnée et la population totale exposée au risque de l'infection.

**Taux de mortalité** Rapport entre le nombre de décès dus à une maladie, durant une période donnée, et la population totale.

**Taux de mutation** Probabilité qu'un gène subisse une mutation lors d'une division cellulaire.

**Taxinomie** Science qui traite de la classification des organismes. Un taxon est une unité taxinomique.

**Technique d'étalement en profondeur** Permet l'isolement de colonies par étalement de l'inoculum bactérien en profondeur. Consiste à mélanger l'inoculum bactérien avec la gélose en phase liquide, puis à placer celle-ci dans une boîte de Petri où elle se solidifiera.

**Technique d'étalement en surface** Permet l'isolement de colonies par étalement de l'inoculum bactérien sur la surface d'une gélose en boîte de Petri.

**Technique de l'empreinte génétique** Analyse de l'ADN de microorganismes, par électrophorèse de fragments produits par une enzyme de restriction de l'ADN.

**Technique de transfert de Southern** Technique qui consiste à utiliser des sondes d'ADN radioactives pour déceler la présence d'un gène spécifique dans des fragments de restriction séparés sur gel d'électrophorèse.

**Technique de transfert de Western** Technique qui utilise des anticorps pour déceler la présence de protéines spécifiques séparées par électrophorèse; aussi appelée technique de Western Blot.

**Techniques d'asepsie** Techniques en soins infirmiers visant à réduire les risques de contamination du patient et à prévenir les infections; techniques de laboratoire utilisées pour réduire la contamination du matériel et des instruments.

**Technologie de l'ADN recombiné** *Voir* Génie génétique.

**Teinture** Solution aqueuse d'alcool.

**Téléomorphe** Stade sexué du cycle vital d'un mycète; mycète qui produit à la fois des spores sexuées et des spores asexuées.

**Température maximale de croissance** Température la plus élevée à laquelle une espèce microbienne peut croître.

**Température minimale de croissance** Température la plus basse à laquelle une espèce microbienne peut croître.

**Température optimale de croissance** Température à laquelle un organisme se développe le plus rapidement.

**Temps d'inactivation thermique (TDT** pour *thermal death time***)** À une température donnée, laps de temps minimal requis pour que toutes les bactéries contenues dans un milieu de culture liquide soient détruites.

**Temps de génération** Temps requis pour que le nombre de cellules d'une population double.

**Temps de lyse** Temps qui s'écoule entre l'adsorption d'un bactériophage et sa libération.

**Temps de réduction décimale** À une température donnée, temps requis (en minutes) pour tuer 90% d'une population de bactéries; aussi appelé valeur D.

**Ténia** Ver plat appartenant à la classe des Cestodes; couramment appelé ver solitaire (*Tænia solium*).

**Test à la lépromine** Test cutané servant à déterminer la présence d'anticorps de *Mycobacterium lepræ,* agent causal de la lèpre.

**Test cutané à la tuberculine** Test cutané utilisé pour déceler la présence d'anticorps contre *Mycobacterium tuberculosis.*

**Test d'agglutination sur lame** Méthode de détermination d'un antigène par combinaison, sur lame, avec un anticorps spécifique.

**Test d'immunodiffusion** Épreuve constituée de réactions de précipitation effectuées sur gélose ou sur une lame de microscope.

**Test de Ames** Procédé faisant appel à des bactéries et utilisé pour détecter des cancérogènes potentiels.

**Test de fermentation** Méthode utilisée pour déterminer si un glucide donné est fermenté par une bactérie ou par une levure; généralement effectué dans un milieu de culture contenant une peptone, le glucide étudié et un indicateur de pH; les gaz sont recueillis dans un tube renversé.

**Test de Kirby-Bauer** *Voir* Méthode par diffusion sur gélose.

**Test de l'anneau de précipitation** Test de précipitation effectué dans un tube capillaire.

**Test E** Méthode par diffusion sur gélose utilisée pour déterminer la sensibilité à un antibiotique au moyen d'une bande de plastique imprégnée de solutions d'un antibiotique de concentrations différentes.

**Test LAL** (pour Limulus *amœbocyte lysate*) Épreuve servant à déceler la présence d'endotoxines bactériennes dans des échantillons.

**Test sérologique** Technique servant à identifier une espèce microbienne, ou ses souches, en fonction de ses réactions à des anticorps.

**Tétracycline** Antibiotique à large spectre, qui nuit à la synthèse des protéines.

**Tétrades** Cocci qui se divisent sur deux plans et forment des groupements de quatre cellules.

**Thalle** Corps végétatif d'un mycète, d'un lichen ou d'une algue. Composé de long filaments de cellules reliées les unes aux autres.

**Théorie cellulaire** Théorie selon laquelle tous les êtres vivants sont constitués de cellules.

**Théorie de la génération spontanée** Théorie selon laquelle certains êtres vivants peuvent être engendrés «spontanément» à partir de matière non vivante. Ce processus hypothétique a été infirmé par les expériences qui sont venues soutenir la théorie de la biogenèse.

**Théorie de l'origine germinale des maladies** Théorie selon laquelle les microorganismes causent des maladies.

**Théorie des collisions** Théorie selon laquelle les réactions chimiques sont dues au fait que les particules acquièrent de l'énergie lorsqu'elles entrent en collision.

**Théorie germinale des maladies** Théorie selon laquelle des maladies pourraient être le résultat de la croissance de microorganismes (par conséquent, les microorganismes pourraient être la cause de maladies).

**Thérapie génique** Traitement d'une maladie par le remplacement de gènes anormaux.

**Thermophile** Organisme qui se développe à des températures limites comprises entre 40 et 70 °C environ et dont la température optimale est de 55 °C environ.

**Thermophile extrême** Organisme dont la température optimale de croissance est d'au moins 80 °C.

**Thermorésistant** Se dit d'un organisme qui résiste à des températures élevées.

**Thylakoïde** Dans un chloroplaste, sac membraneux aplati contenant la chlorophylle; le thylakoïde d'une bactérie est aussi appelé chromatophore.

**Tissu privilégié** *Voir* Site privilégié.

**Titre** Estimation de la quantité d'anticorps ou de virus contenue dans une solution, qui est obtenue par la dilution en série et exprimée par la réciproque de la dilution.

**Titre des anticorps** Quantité d'anticorps dans le sérum.

**Tolérance immunitaire** Capacité d'un organisme à reconnaître le soi et à ne pas former d'anticorps contre lui-même.

**Toxémie** Présence de toxines dans le sang.

**Toxicité sélective** Propriété de certains agents antimicrobiens qui sont toxiques pour un microorganisme donné, mais non toxiques pour l'hôte.

**Toxigénicité** Capacité d'un microorganisme à produire une toxine.
**Toxine** Toute substance délétère (poison) produite par un microorganisme.
**Toxine Shiga** Exotoxine produite par *Shigella dysenteriæ* et *E. coli* entérohémorragique.
**Traduction** Processus de synthèse d'une protéine à partir d'une matrice d'ARN messager.
**Traitement 12D** Processus de stérilisation qui réduit par un facteur de 12 cycles logarithmiques ($10^{12}$) le nombre d'endospores de *Clostridium botulinum.*
**Traitement à ultra-haute température (UHT)** Traitement d'un aliment à des températures très élevées (de 140 à 150 °C) durant un très court laps de temps de manière que l'aliment puisse être conservé à la température ambiante.
**Traitement primaire** Technique d'élimination des matières solides des eaux usées qui consiste à laisser reposer celles-ci pendant une période donnée dans des réservoirs ou des étangs.
**Traitement secondaire** Dégradation biologique de la matière organique contenue dans les eaux usées, après le traitement primaire.
**Traitement tertiaire** Méthode de traitement des eaux usées, utilisée après le traitement secondaire traditionnel, qui consiste à éliminer, au moyen de techniques chimiques et physiques, les polluants non biodégradables et les éléments nutritifs minéraux.
**Traitements équivalents** Méthodes différentes qui ont le même effet quant à la régulation de la croissance bactérienne.
**Transamination** Transfert d'un groupement amine d'un acide aminé à un autre.
**Transcriptase inverse** ADN polymérase ARN-dépendante ; enzyme qui synthétise un ADN complémentaire à partir d'une matrice d'ARN.
**Transcription** Processus de synthèse de l'ARN complémentaire à partir d'une matrice d'ADN.
**Transduction** Transfert d'ADN d'une cellule à une autre par l'intermédiaire d'un bactériophage. *Voir aussi* Transduction généralisée *et* Transduction localisée.
**Transduction généralisée** Transfert de fragments d'un chromosome bactérien d'une bactérie à une autre par un bactériophage.
**Transduction localisée** Processus par lequel un fragment d'ADN d'une cellule, adjacent à un prophage, est transféré à une autre cellule.
**Transferrine** Protéine humaine liant le fer, qui réduit la quantité de fer disponible pour un agent pathogène. Aussi appelée bêta-globuline plasmatique.
**Transfert horizontal de gènes** Transfert de gènes entre deux organismes d'une même génération.
**Transfert vertical de gènes** Transfert de gènes d'un organisme ou d'une cellule à un descendant.
**Transformation** 1) Processus qui assure le transfert de gènes d'une bactérie à une autre, sous la forme d'ADN nu en solution. 2) Modification d'une cellule normale en cellule cancéreuse par l'action d'un virus oncogène.
**Translocation de groupe** Chez les procaryotes, transport actif d'une substance dont les propriétés chimiques sont altérées au cours de son passage à travers la membrane plasmique.
**Transmission aérienne** Dissémination d'agents pathogènes à plus de 1 m dans l'air, depuis un réservoir jusqu'à un hôte réceptif.
**Transmission biologique** Mode de transmission d'un agent pathogène d'un hôte à un autre au moment où cet agent se reproduit chez le vecteur (p. ex. dans le paludisme). *Voir* Transmission mécanique.
**Transmission mécanique** Mode de transmission d'une infection par les arthropodes, qui transportent les agents pathogènes sur leurs pattes et d'autres parties de leur corps (p. ex. dans la fièvre typhoïde). *Voir* Transmission biologique.
**Transmission par contact** Propagation d'une maladie par contact direct ou indirect, ou par l'intermédiaire de gouttelettes.
**Transmission par contact direct** Propagation d'un agent pathogène d'un hôte à un autre, qui se touchent ou se trouvent à proximité immédiate l'un de l'autre ; aucun objet ne joue le rôle d'intermédiaire. Aussi appelée transmission interpersonnelle.
**Transmission par contact indirect** Propagation d'un agent pathogène à un hôte réceptif par l'intermédiaire d'un vecteur passif (un objet inanimé).
**Transmission par gouttelettes** Transmission d'une infection par de petites gouttelettes liquides qui transportent des microorganismes à moins de 1 mètre.
**Transmission par un véhicule** Transmission d'un agent pathogène par l'intermédiaire d'un réservoir de matière inanimée (eau, air, nourriture, sang et liquides biologiques).
**Transport actif** Déplacement net d'une substance à travers une membrane contre un gradient de concentration ; s'accompagne nécessairement d'une consommation d'énergie par la cellule. *Voir* Transport passif.
**Transport passif** Déplacement net d'une substance à travers une membrane dans le sens du gradient de concentration ; ne requiert pas d'énergie par la cellule. *Voir* Transport actif.
**Transporteur** Protéine de la membrane plasmique qui se combine à une substance à transporter.
**Transposon** Petit segment d'ADN capable de se déplacer d'une région de la molécule d'ADN à une autre région.
**Trieur de cellules activé par fluorescence** Variante d'un cytomètre de flux qui dénombre et trie des cellules marquées par des anticorps fluorescents.
**Trophophase** Dans l'industrie, partie de la courbe de production d'une population de cellules correspondant à la période de formation des métabolites primaires ; période de croissance logarithmique. *Voir aussi* Idiophase.
**Trophozoïte** Forme végétative d'un protozoaire.
**Turbidimétrie** Mesure indirecte de la croissance microbienne par la mesure optique du trouble (absorbance) produit par cette croissance dans un milieu liquide.
**Turbidité** Aspect trouble ou manque de transparence d'une suspension.

U

**Ubiquinone** Classe de transporteur non protéique d'une chaîne de transport des électrons. Aussi appelée coenzyme Q.
**Unités formant colonies (CFU)** Unités mesurant le nombre de colonies apparaissant sur une gélose.
**Unités formatrices de plages de lyse (UFP)** Plages de lyse virales visibles dénombrées.

V

**Vaccin** Préparation d'anatoxines ou de microorganismes tués, inactivés ou atténués, qui a la propriété de créer une immunité active acquise artificiellement.
**Vaccin à acide nucléique** Vaccin constitué d'ADN, généralement sous la forme d'un plasmide.
**Vaccin acellulaire** Vaccin constitué de parties antigéniques de cellules.
**Vaccin atténué à agent complet** Vaccin composé de microorganismes vivants dont la virulence a été affaiblie par de multiples mutations.
**Vaccin BCG** Souche vivante atténuée de *Mycobacterium bovis,* utilisée comme vaccin antituberculeux.
**Vaccin conjugué** Vaccin formé de l'antigène désiré combiné à d'autres protéines.

**Vaccin DCT** Vaccin combiné utilisé pour assurer l'immunité active et contenant les anatoxines diphtérique et tétanique, de même que des cellules ou des fragments de cellules mortes de *Bordetella pertussis.*

**Vaccin inactivé à agent complet** Vaccin contenant des microorganismes tués par chauffage ou par des procédés chimiques.

**Vaccin recombiné** Vaccin produit au moyen des techniques de l'ADN recombiné. Aussi appelé vaccin recombinant.

**Vaccin sous-unitaire** Vaccin constitué de fragments purifiés d'antigène.

**Vaccination** Processus qui confère une immunité active par l'administration d'un vaccin ; aussi appelé immunisation.

**Vacuole** Inclusion intracellulaire entourée d'une membrane plasmique chez les eucaryotes, et d'une membrane protéinique chez les procaryotes.

**Vacuole gazeuse** Inclusion présente dans une cellule procaryote aquatique qui permet la flottaison de ce microorganisme.

**Valence** Capacité de liaison d'un atome ou d'une molécule ; p. ex. valence d'un anticorps.

**Valeur D** *Voir* Temps de réduction décimale.

**Valeur d'inactivation thermique (TDP** pour *thermal death point***)** Température minimale à laquelle toutes les bactéries contenues dans un milieu de culture liquide sont détruites en moins de 10 minutes.

**Vancomycine** Antibiotique qui inhibe la synthèse de la paroi cellulaire.

**Variolisation** Une des premières méthodes de vaccination, dans laquelle on utilisait du matériel infecté provenant d'un patient atteint de variole.

**Vasodilatation** Augmentation du diamètre des vaisseaux sanguins.

**Vecteur** 1) Plasmide ou virus utilisé en génie génétique pour insérer des gènes dans une cellule. 2) Arthropode qui transporte des agents pathogènes d'un hôte à un autre.

**Vecteur de clonage** Plasmide recombiné qui, grâce à sa réplication autonome, permet de cloner des gènes ; utilisé en génie génétique.

**Vecteur navette** Plasmide qui peut être présent chez plusieurs espèces ; peut être utilisé pour transporter des clones d'ADN d'un organisme à l'autre ; utilisé en génie génétique.

**Vecteur passif** Objet inanimé susceptible de jouer un rôle dans la transmission d'une infection.

**Végétative** Se dit, par opposition à reproductrice, d'une cellule dont la fonction est liée à la nutrition. *Voir* Endospore.

**Ver plat** Animal appartenant à l'embranchement des Plathelminthes.

**Ver rond** Animal appartenant à l'embranchement des Nématodes.

**Vésicule** 1) Petite lésion gonflée remplie de liquide séreux. 2) Petits corps ovales et lisses formés dans les parties souterraines de la plante par les mycorhizes.

**Vésicule de sécrétion** Sac, entouré d'une membrane, produit par les citernes du complexe de Golgi ; sert au transport de protéines synthétisées vers la membrane cytoplasmique, où elles sont sécrétées par exocytose.

**Vésicule de stockage** Organites, provenant du complexe de Golgi, qui contiennent des protéines produites dans le réticulum endoplasmique rugueux.

**Vésicule de transfert** Sacs membraneux qui transportent les protéines entre les différentes citernes du complexe de Golgi vers des régions spécifiques de la cellule.

**Vésicule de transport** Sacs membraneux qui transportent les protéines depuis le réticulum endoplasmique rugueux vers le complexe de Golgi.

***Vibrio*** Genre de bactéries en forme de bâtonnet incurvé, à Gram négatif, anaérobies facultatives et mobiles.

**Vibrion** Bactérie incurvée, en forme de virgule.

**Virémie** Présence de virus dans le sang.

**Virion** Particule virale complète, entièrement développée.

**Viroïde** ARN infectieux.

**Virologie** Science qui traite des virus.

**Virucide** Agent qui inactive les virus ou détruit leur pouvoir infectieux.

**Virulence** Degré de pathogénicité d'un microorganisme. Fait référence à la fois à la capacité du microbe d'agresser l'hôte et à sa capacité de se protéger contre les moyens de défense de l'hôte. Associée à la capacité de causer la mort.

**Virus** Agent filtrable, parasite et invisible au miscroscope classique, constitué d'un acide nucléique contenu dans une enveloppe protéique.

**Virus complexe** Virus (p. ex. les bactériophages) dont l'architecture comporte généralement des structures telles qu'une tête, une queue et des fibrilles.

**Virus oncogène** *Voir* Oncovirus.

**Vitesse de réaction** Fréquence des collisions contenant assez d'énergie pour déclencher une réaction chimique.

**Voie amphibolique** Voie métabolique intervenant aussi bien dans le catabolisme que dans l'anabolisme.

**Voie d'Entner-Doudoroff** Voie métabolique alternative à l'oxydation du glucose en acide pyruvique. Produit du NADPH et une molécule d'ATP.

**Voie des pentoses phosphates** Voie métabolique qui fonctionne en même temps que la glycolyse et fournit un moyen de dégrader les sucres à cinq carbones (pentoses) en plus du glucose ; donne des pentoses intermédiaires et du NADH ; permet le gain net d'une seule molécule d'ATP par molécule de glucose oxydée.

**Voie métabolique** Dans une cellule, suite de réactions chimiques catalysées par des enzymes.

**Voie parentérale** Voie de pénétration d'un agent pathogène dans l'organisme, par dépôt direct dans les tissus sous-cutanés et les membranes.

**Volutine** Phosphate inorganique emmagasiné dans une cellule procaryote. *Voir aussi* Granule métachromatique.

**Xénogreffe** Greffe d'un tissu provenant d'un donneur qui appartient à une autre espèce que celle du receveur. Aussi appelée hétérotransplantation.

**Zone benthique** Sédiments qui reposent au fond d'une masse d'eau.

**Zone d'inhibition** Dans la méthode par diffusion sur gélose, région entourant un agent antimicrobien où l'on n'observe aucune croissance de bactéries.

**Zone limnétique** Zone superficielle d'une masse d'eau continentale, à une certaine distance du rivage.

**Zone littorale** Région bordant un océan ou un grand lac, où la végétation est abondante et où la lumière pénètre jusqu'au fond.

**Zone profonde** Couche la plus profonde d'une masse d'eau continentale, située sous la zone limnétique.

**Zoonose** Maladie présente surtout chez les animaux sauvages ou domestiques, mais transmissible aux humains.

**Zygospore** Spore fongique sexuée, caractéristique des zygomycètes.

# Sources

## Photographies

*Ouverture de la 1$^{re}$ partie* : © Agricultural Research Service, USDA

### Chapitre 1

*Ouverture de chapitre* : Meckes/Ottawa/Photo Researchers, Inc. *Page 4* : © Kenneth Karp. *Fig. 1.1a* : CNRI/Photo Science Library/Photo Researchers, Inc. ; *fig. 1.1b* : G.L. Barron, University of Guelph/Biological Photo Service ; *fig. 1.1c* : K.W. Jean/Visuals Unlimited ; *fig. 1.1d* : Cabisco/Visuals Unlimited ; *fig. 1.1e* : Lee D. Simon/Photo Researchers, Inc. *Fig. 1.2a* : Christine L. Case/ Skyline College. *Fig. 1.3* : Charles O'Rear/Corbis. *Fig. 1.4 (en haut)* : Corbis-Bettmann Archive ; *(au centre)* : Corbis-Bettmann Archive ; *(en bas)* : Avec l'autorisation du Rockefeller Archive Center. *Fig. 1.5b* : © Michael M. Kliks, PhD. *Fig. 1.6* : Science Source/Photo Researchers, Inc. *Fig. 1.7a* : Institut Pasteur/CNRI/Phototake, NYC ; *fig. 1.7b* : Hank Morgan/Photo Researchers, Inc.

### Chapitre 2

*Ouverture de chapitre* : Dennis Strete et Steve K. Alexander. *Page 39* : © 1997 Ken Graham/Ken Graham Agency, Accent Alaska.

### Chapitre 3

*Ouverture de chapitre* : Karl Aufderheide/Visuals Unlimited. *Fig. 3.1a* : Avec l'autorisation de Leica Microsystems. *Page 64* : Jeffrey Burnham. *Fig. 3.4a* : Dennis Strete et Steve K. Alexander ; *fig. 3.4b et c* : David M. Phillips/Visuals Unlimited. *Fig. 3.5* : David M. Phillips/Visuals Unlimited. *Fig. 3.6b* : Avec l'autorisation des CDC. *Fig. 3.7* : Avec l'autorisation de Technical Instrument San Francisco. *Tableau 3.2, photo 1* : Dennis Strete et Steve K. Alexander ; *photo 2* : David M. Phillips/Visuals Unlimited ; *photos 3 et 4* : David M. Phillips/ Visuals Unlimited ; *photo 5* : Avec l'autorisation des CDC ; *photo 6* : Avec l'autorisation de Technical Instrument San Francisco ; *photo 7* : Phototake Electra/Phototake, NYC ; *photo 8* : Karl Aufderheide/Visuals Unlimited ; *photos 9 et 10* : Avec l'autorisation de Technical Instrument San Francisco. *Fig. 3.8a* : Phototake Electra/Phototake, NYC ; *fig. 3.8b* : Karl Aufderheide/ Visuals Unlimited ; *fig. 3.9a et b* : Avec l'autorisation de Technical Instrument San Francisco. *Fig. 3.10b* : Jack Bostrack/Visuals Unlimited. *Fig. 3.11* : John Cunningham/Visuals Unlimited. *Fig. 3.12a* : M. Abbey/Photo Researchers, Inc. ; *fig. 3.12b* : G.W. Willis/Biological Photo Service ; *fig. 3.12c* : Eric Graves/Photo Researchers, Inc. *Page 83* : Biophoto Associates/Science Source/Photo Researchers, Inc.

### Chapitre 4

*Ouverture de chapitre* : Dr. Dennis Kunkel/Phototake, NYC. *Page 86a* : N.H. Mendelson et J.J. Thwaites, *ASM News, 59(1)* : 25 (1993). Reproduit avec la permission de l'American Society for Microbiology ; *page 86b* : Christine L. Case/Skyline College ; *page 86c* : Patricia L. Grilione/Phototake, NYC. *Fig. 4.1a.1* : David M. Phillips/Visuals Unlimited ; *fig. 4.1a.2* : Meckes/ Ottawa/Photo Researchers, Inc. ; *fig. 4.1b* : G. Shih-R. Kessel/Visuals Unlimited ; *fig. 4.1c* : R. Kessel et G. Shih/Visuals Unlimited ; *fig. 4.1d* : David Scharf/Peter Arnold, Inc. *Fig. 4.2ab* : Manfred Kage/Peter Arnold, Inc. ; *fig. 4.2c* : Dr. Dennis Kunkel/Phototake, NYC ; *fig. 4.2d* : CNRI/ Phototake, NYC. *Fig. 4.3a* : Veronika Burmeister/Visuals Unlimited ; *fig. 4.3b* : Stanley Flegler/Visuals Unlimited ; *fig. 4.3c* : Charles Stratton/Visuals Unlimited. *Fig. 4.4a* : Horst Volker et Heinz Schlesner, Institute für Allgemeine Mikrobiologie, Kiel ; *fig. 4.4b* : Dr. H.W. Jannasch, Woods Hole Oceanographic Institute. *Fig. 4.5b* : Ralph A. Slepecky/Visuals Unlimited. *Fig. 4.6a* : David M. Phillips/Visuals Unlimited ; *fig. 4.6b* : Ed. Reschke/Peter Arnold, Inc. ; *fig. 4.6c* : E.C.S. Chan/Visuals Unlimited ; *fig. 4.6d* : Science Source/Photo Researchers, Inc. *Fig. 4.8b* : Lee D. Simon/Photo Researchers, Inc. *Fig. 4.9a* : SPL/Custom Medical Stock Photography. *Fig. 4.10* : CNRI/SPL/Photo Researchers, Inc. *Tableau 4.1 (les deux)* : Christine L. Case/Skyline College. *Fig. 4.13a* : T. J. Beverodge/Biological Photo Service. *Fig. 4.14* : H.D. Pankratz et R.L. Uffin MSU/Biological Photo Service. *Fig. 4.15b* : Christine L. Case/Skyline College. *Fig. 4.19* : D. Balkwill, D. Maratea/Visuals Unlimited. *Fig. 4.20b* : Dr. Kari Lounatmaa/Photo Researchers, Inc. *Fig. 4.21b à gauche* : Biophoto Associates/Photo Researchers, Inc. ; *à droite* : D.W. Fawcett/Photo Researchers, Inc. *Fig. 4.22a* : D.M. Phillips/Visuals Unlimited ; *fig. 4.22b* : D.M. Phillips/Visuals Unlimited. *Fig. 4.23c* : CNRI/SPL/Photo Researchers, Inc. *Fig. 4.24b* : R. Bolender et D. Fawcett/Photo Researchers, Inc. *Fig. 4.25b* : M. Powell/Visuals Unlimited. *Fig. 4.26b* : Keith Porter/Photo Researchers, Inc. *Fig. 4.27b* : E.H. Newcomb et T.D. Pugh, University of Wisconsin/Biological Photo Service.

### Chapitre 5

*Ouverture de chapitre* : Christine L. Case/Skyline College. *Fig. 5.3b* : Visuals Unlimited. *Fig. 5.21* : Christine L. Case/Skyline College. *Fig. 5.22* : Christine L. Case/Skyline College. *Page 157* : Helen E. Carr/Biological Photo Service.

### Chapitre 6

*Ouverture de chapitre* : Christine L. Case/Skyline College. *Page 177* : D. Foster/WHO/Visuals Unlimited. *Fig. 6.6* : Hank Morgan/Photo Researchers, Inc. *Fig. 6.8* : Dennis Strete et Steve K. Alexander. *Fig. 6.9a, b et c* : Dennis Strete et Steve K. Alexander ; *fig. 6.9d* : Christine L. Case/Skyline College. *Fig. 6.10b* : Christine L. Case/Skyline College. *Fig. 6.11b* : Lee D. Simon/Photo Researchers, Inc. *Fig. 6.17a* : Pall/Visuals Unlimited ; *fig. 6.17b* : K. Taiaro/Visuals Unlimited.

### Chapitre 7

*Ouverture de chapitre* : Pall/Visuals Unlimited. *Fig. 7.3* : Christine L. Case/ Skyline College. *Fig. 7.6* : Christine L. Case/Skyline College. *Fig. 7.8* : Avec l'autorisation des CDC.

### Chapitre 8

*Ouverture de chapitre* : Dr. Gopal Murti/SPL/Photo Researchers, Inc. *Fig. 8.1a* : Dr. Gopal Murti/SPL/Photo Researchers, Inc. *Fig. 8.7a* : J. Cairns, Imperial Cancer Research Fund Laboratory, Mill Hill, London. *Fig. 8.11* : Reproduit avec la permission de O.L. Miller Jr., B.A. Hamkalo et C.A. Thomas Jr., *Science*, n° 169 (24 juillet 1970), p. 392 © 1970 American Association for the Advancement of Science. *Fig. 8.26* : Dr. Dennis Kunkel/Phototake, NYC. *Fig. 8.29a* : Dr. Gopal Murti/Phototake, NYC.

### Chapitre 9

*Ouverture de chapitre* : Secchi-Lecaque/Roussel-UCLAF/SPL/Photo Researchers, Inc. *Fig. 9.5b* : Dr. Jeremy Burgess/SPL/Photo Researchers, Inc. *Fig. 9.6* : Matt Meadows/Peter Arnold, Inc. *Fig. 9.7* : Institut Pasteur/ Phototake, NYC. *Fig. 9.10* : Matt Meadows/Peter Arnold, Inc. *Fig. 9.13* : Secchi-Lecaque/ Roussel-UCLAF/SPL/Photo Researchers, Inc. *Fig. 9.15* : Avec l'autorisation de Orchid Cellmark Inc., Germantown, Maryland. *Fig. 9.16* : Jack M. Bostrack/ Visuals Unlimited. *Page 298* : Christine L. Case/Skyline College.

### Chapitre 10

*Ouverture de chapitre* : A.B. Dowsett/SPL/Photo Researchers, Inc. *Tableau 10.1 à gauche* : Ralph Robinson/Visuals Unlimited ; *au centre* : A.B. Dowsett/ Science Source/Photo Researchers, Inc. ; *à droite* : Eugene McArdle/Custom Medical Stock Photo. *Fig. 10.3* : J. Pickett-Heaps/Photo Researchers, Inc. *Fig. 10.4a* : M.D. Maset/Visuals Unlimited ; *fig. 10.4b* : S.M. Awramik, University of California/Biological Photo Service. *Fig. 10.10* : Christine L. Case/Skyline College. *Fig. 10.11* : Avec l'autorisation des CDC. *Page 317* : Avec l'autorisation du Museum of Comparative Zoology, Harvard University © President and Fellows of Harvard College. *Fig. 10.12* : Avec l'autorisation du Microbial Diseases Laboratory, Berkeley, CA. *Fig. 10.13* : Christine L. Case/Skyline College.

**Chapitre 11**

*Ouverture de chapitre :* Frederick P. Mertz/Visuals Unlimited. *Fig. 11.1a et b :* USDA/APHIS/Animal and Plant Health Inspection Service. *Fig. 11.2 :* Biology Media/Science Source/Photo Researchers, Inc. *Fig. 11.3 :* Biological Photo Service. *Fig. 11.4 :* John D. Cunningham/Visuals Unlimited. *Fig. 11.5 :* Science VU/Visuals Unlimited. *Fig. 11. 6 :* Chris Bjornberg/Photo Researchers, Inc. *Fig. 11.7 :* USDA/APHIS/Animal and Plant Health Inspection Service. *Fig. 11.8 :* SPL/Custom Medical Stock Photo. *Fig. 11.9 :* Institut Pasteur/ CNRI/Phototake, NYC. *Fig. 11.10 :* Paul Johnson/Biological Photo Service. *Fig. 11.11a :* © H. Rechenbach et M. Dwerkin, 1981, « Introduction to the Gliding Bacteria », dans *The Prokaryotes* (dir.) M. Starts, H. Stolp, H.G. Trupu, A. Balows et H.G. Schlegel, Springer-Verlag, p. 313-327 ; *fig. 11.11b :* J. Eisenback/Phototake, NYC. *Fig. 11.12 :* A.B. Dowsett/SPL/Photo Researchers, Inc. *Fig. 11.13a :* R. Calentine/Visuals Unlimited ; *fig. 11.13b :* Dennis Strete et Steve K. Alexander ; *fig. 11.13c :* Avec l'aimable autorisation de Susan M. Barnes, Los Alamos National Laboratory. *Fig. 11.14b :* Fred Hossler/Visuals Unlimited. *Fig. 11.15b :* J.A. Breznak et H.S. Pankratz/ Biological Photo Service. *Fig. 11.16 :* Chris Bjornberg/PhotoResearchers, Inc. *Fig. 11.17 :* Michael Gabridge/Visuals Unlimited. *Fig. 11.18 :* Cabisco/ Visuals Unlimited. *Fig. 11.19 :* Charles O'Rear/Corbis. *Fig. 11.20a :* Tiré de C.L. Hannay et P. Fitz-James, *Canadian Journal of Microbiology* 1 :694, 1955 ; *fig. 11.20b :* Tiré de R.E. Strange et J.R. Hunter, dans G.W. Gould et A. Hurst (éds), *The Bacterial Spore*, p. 461, fig. 4 (Orlando, FL : Academic Press, 1969). *Fig. 11.21 :* Dr. Tony Brain/SPL/Custom Medical Stock. *Fig. 11.22 :* David M. Phillips/Visuals Unlimited. *Fig. 11.23b :* Frederick P. Mertz/Visuals Unlimited. *Fig. 11.24 :* David M. Phillips/Visuals Unlimited. *Fig. 11.25 :* Karl O. Stetter et R. Rachel, Universität Regensburg, Regensburg, Allemagne. *Fig. 11.26 :* Helde Schultz/Max Planck Institute. *Page 356 :* Reproduit avec la permission de The NutraSweet Kelco Company, division de Monsanto Company, San Diego.

**Chapitre 12**

*Ouverture de chapitre :* M.F. Brown/Visuals Unlimited. *Fig. 12.2a et b :* Dennis Strete et Steve K. Alexander. *Fig. 12.3 :* David Scharf/Peter Arnold, Inc. *Fig. 12.4 :* Christine L. Case/Skyline College. *Fig. 12.5a, c et d :* David M. Phillips/Visuals Unlimited ; *fig. 12.5b :* M.F. Brown/Visuals Unlimited ; *fig. 12.5e :* R. Kessel et G. Shih/Visuals Unlimited. *Fig. 12.6 (les deux) :* Dennis Strete et Steve K. Alexander. *Fig. 12.7 à gauche :* Manfred Kage/Peter Arnold, Inc. ; *à droite :* M.F. Brown/Visuals Unlimited. *Fig. 12.8 :* Biophoto Associates/Photo Researchers, Inc. *Fig. 12.9a et b :* Christine L. Case/Skyline College. *Fig. 12.10a :* Christine L. Case/Skyline College. *Fig. 12.11b et c :* Christine L. Case/Skyline College. *Fig. 12.12a :* E.R. Degginger/Bruce Coleman. *Fig. 12.13a :* Manfred Kage/Peter Arnold, Inc. *Fig. 12.15 :* Dennis Strete et Steve K. Alexander. *Fig. 12.16b :* David M. Phillips/Visuals Unlimited ; *fig. 12.16c et d :* M. Abbey/ Visuals Unlimited. *Fig. 12.17b :* Manfred Kage/Peter Arnold, Inc. *Fig. 12.19b :* E.R. Degginger/Photo Researchers, Inc. *Fig. 12.20b :* ScienceSource/Photo Researchers, Inc. *Fig. 12.21 :* Cabisco/Visuals Unlimited. *Fig. 12.22 (les deux) :* Christine L. Case/Skyline College. *Fig. 12.23b :* Dennis Strete et Steve K. Alexander. *Fig. 12.25 :* Stanley Flegler/Visuals Unlimited. *Fig. 12.26a :* Dennis Strete et Steve K. Alexander ; *fig. 12.26b :* R. Calentine/Visuals Unlimited. *Fig. 12.27a :* Dennis Strete et Steve K. Alexander. *Fig. 12.28 :* David Scharf/ Peter Arnold, Inc. *Fig. 12.29a :* Hans Pfletschinger/Peter Arnold, Inc. *Fig. 12.30 :* Pr. Robert Lane, University of California, Berkeley.

**Chapitre 13**

*Ouverture de chapitre :* C. Garon et J. Rose, National Institute of Allergy and Infectious Diseases, CDC. *Fig. 13.2b :* R.C. Valentine et H.G. Pereira, J. Mol. Biol./BPS. *Fig. 13.3b :* G. Murti/Visuals Unlimited. *Fig. 13.4b :* Science Source/Photo Researchers, Inc. *Fig. 13.5a :* Oliver Meckes/Photo Researchers, Inc. ; *fig. 13.5b :* Hans Gelderblom/Visuals Unlimited. *Fig. 13.6 :* Christine L. Case/Skyline College. *Fig. 13.9a et b :* S. Martin/Visuals Unlimited. *Fig. 13.14a, b, c et d :* Chris Bjornberg/Photo Researchers, Inc. *Fig. 13.16a :* C. Garon et J. Rose, National Institute of Allergy and Infectious Diseases, CDC ; *fig. 13.16b :* George Musil/Visuals Unlimited. Fig. *13.17a :* Alfred Pasieka/Science Photo/ Photo Researchers, Inc. ; *fig. 13.17b :* K.G. Murti/Visuals Unlimited ; *fig. 13.17c :* G. Smith, National Cancer Institute. *Fig. 13. 20b :* Visuals Unlimited. *Fig. 13.22 :* Avec l'autorisation de T.O. Diener, USDA.

**Chapitre 14**

*Ouverture de chapitre :* David M. Phillips/Photo Researchers, Inc. *Fig. 14.1a :* Visuals Unlimited ; *fig. 14.1b :* Stanley Flegler/Visuals Unlimited ; *fig. 14.1c :* David M. Phillips/Photo Researchers, Inc. *Fig. 14.6a :* Michael P. Gadomski 1988/Photo Researchers, Inc. ; *fig. 14.6b :* Jeff Greenberg/Peter Arnold, Inc. ; *fig. 14.6c :* Nigel Cattlin/Holt Studios/Photo Researchers, Inc. *Fig. 14.8 :* Mitch Kezar/Phototake, NYC. *Fig. 14.9 :* Kent Wood/Photo Researchers, Inc.

**Chapitre 15**

*Ouverture de chapitre :* Avec l'aimable autorisation de Stanley Falkow. *Fig. 15.1b :* L.R. Inman et J.R. Cantey, *J. Clin. Investigation* 71 :1-8, 1973 ; *fig. 15.1c :* Steve Murjphree/Biological Photo Service. *Fig. 15.2 :* Avec l'aimable autorisation de Stanley Falkow.

**Chapitre 16**

*Ouverture de chapitre :* Lennart Nilsson/Albert Bonniers Forlag AB. *Fig. 16.2 :* Ed Reschke/Peter Arnold, Inc. *Fig. 16.4 :* CNRI/SPL/Photo Researchers, Inc. *Fig. 16.7 :* Lennart Nilsson/Albert Bonniers Forlag AB. *Fig. 16.8b :* Jurgen Berger/ Max-Plank Institute/Photo Researchers, Inc. *Fig. 16.11b (les 2) :* Tiré de Schreiber, R. D. *et al.*, « Bactericidal Activity of the Alternative Complement Pathway Generated from 11 Isolated Plasma Proteins ». *Journal of Experimental Medicine*, 149 :870-882, 1979, avec l'autorisation de The Rockfeller University Press ©.

**Chapitre 17**

*Ouverture de chapitre :* © A.E. Butterworth. *Fig. 17.6d :* Avec l'autorisation de Arthur Olson, Molecular Graphics Laboratory, Scripps Research Institute. *Fig. 17.11 :* A.K. Szakal *et al.*, reproduit avec la permission de *Annual Review of Immunology* 7 :91-109. © 1989 Annual Reviews, Inc. *Fig. 17.14 :* Lennart Nilsson/Albert Bonniers Forlag AB. *Fig. 17.17b :* © A.E. Butterworth.

**Chapitre 18**

*Ouverture de chapitre :* Avec l'autorisation des CDC. *Fig. 18.1 :* © Maine Biologicals. *Fig. 18.3b :* R. Otero/Visuals Unlimited. *Fig. 18.5 :* Biological Photo Service. *Fig. 18.10 :* Avec l'autorisation des CDC.

**Chapitre 19**

*Ouverture de chapitre :* Lennart Nilsson/Albert Bonniers Forlag AB. *Fig. 19.1b :* Lennart Nilsson/Albert Bonniers Forlag AB. *Fig. 19.2a et b :* David Scharf/ Peter Arnold, Inc. *Fig. 19.3 :* James King-Holmes/SPL/Photo Researchers, Inc. *Fig. 19.7 :* Jim W. Grace/Science Source/Photo Researchers, Inc. *Fig. 19.8 :* Avec l'autorisation de Harvard Medical School. *Fig. 19.10 (les deux) :* Lennart Nilsson/Albert Bonniers Forlag AB.

**Chapitre 20**

*Ouverture de chapitre :* Lennart Nilsson/Albert Bonniers Forlag AB. *Fig. 20.2a :* Lennart Nilsson/*The Body Victorious,* Delacorte Publishing/Albert Bonniers Forlag AB ; *fig. 20.2b :* Lennart Nilsson/Albert Bonniers Forlag AB. *Fig. 20.4 :* Madeline Bastide, Laboratoire Parasitologie, Faculté de Pharmacie, Montpellier, France. *Fig. 20.16 :* A.M. Siegelman/Visuals Unlimited. *Fig. 20.17 :* Avec l'autorisation de AB Biodisk. *Fig. 20.18 :* Avec l'autorisation de Donald Nash, du *Journal of Clinical Microbiology*, Déc. 1986, p. 977. Reproduit avec la permission de l'American Society for Microbiology. *Fig. 20.20 :* © E. Vercauteren, Département de Microbiologie, Hôpital Universitaire, Antwerp, Belgique.

**Chapitre 21**

*Ouverture de chapitre :* Avec l'autorisation des CDC. *Fig. 21.4 :* Charles Stoer, M.D. 1988/Camera M.D. Studios. *Fig. 21.5a et b :* © P.P. Cleary, University of Minnesota School of Medicine/Biological Photo Service. *Fig. 21.6 :* Carroll H. Weiss, RBP, 1983/Camera M.D. Studios. *Fig. 21.7 :* Ken E. Greer/Visuals Unlimited. *Fig. 21.8 :* Ken E. Greer/Visuals Unlimited. *Fig. 21.9 :* Science VU/ Visuals Unlimited. *Fig. 21.10a et b :* Camera M.D. Studios. *Fig. 21.11 :* Carroll H. Weiss, RBP, 1991/Camera M.D. Studios. *Fig. 21.13 :* Lowell Georgia/Science Source/Photo Researchers, Inc. *Fig. 21.14 :* Carroll H. Weiss, RBP, 1985/ Camera M.D. Studios. *Fig. 21.15a :* Carroll H. Weiss/Camera M.D. Studios ; *fig. 21.15b :* Camera M.D. Studios. *Fig. 21.16a :* Avec l'autorisation des CDC ; *fig. 21.16b :* Biophoto Associates/Photo Researchers, Inc. *Fig. 21.17 :* Oliver Meckes/Photo Researchers. *Fig. 21.18 :* Science VU/Visuals Unlimited. *Fig. 21.19 :* David John, Oklahoma State University.

**Chapitre 22**

*Ouverture de chapitre :* Avec l'autorisation de C. Mascaro, Universidad de Granada. *Fig. 22.3 :* © D.S. Stephens, University of Chicago Press. *Fig. 22.4 :* Avec l'autorisation de L.T.Tilney, P.S. Connelly et D.A. Portnoy. *Fig. 22.5 :* CORBIS-Bettman Archives. *Fig. 22.6 :* Avec l'autorisation de la FDA. *Fig. 22.7a :* Biophoto Associates/Photo Researchers, Inc. *fig. 22.8b :* C. James Webb/Phototake, NYC. *Fig. 22.12 :* Avec l'aimable autorisation du Dr. Edward J. Bottone, Mount Sinai School of Medicine. *Fig. 22.14 :* Avec l'autorisation de C. Mascaro, Universidad de Granada. *Fig. 22.15a :* Ralph Eagle, Jr./Photo Researchers, Inc. ; *fig. 22.15b :* EM Unit, VLA/SPL/Photo Researchers, Inc.

**Chapitre 23**

*Ouveture de chapitre :* CDC/Phototake, NYC. *Fig. 23.3 :* Ken Greer/Visuals Unlimited. *Fig. 23.4 :* Camera M.D. Studios. *Fig. 23.5 :* Courtesy of Dr. Victor Marks. *Fig. 23.6 :* Charles Sutton/Visuals Unlimited. *Fig. 23.7 :* SIU/Visuals Unlimited. *Fig. 23.8 :* Gregory G. Dimijian/Photo Researchers, Inc. *Fig. 23.9 :* Avec l'autorisation des CDC. *Fig. 23.11b :* Bernard Furnival/Fran Heyl & Assoc. ; *fig. 23.11c :* Scott Camazine/Photo Researchers, Inc. *Fig. 23.12 :* Science VU/Visuals Unlimited. *Fig. 23.14 :* Ken Greer/Visuals Unlimited. *Fig. 23.15 :* Science VU/CDC/Visuals Unlimited. *Fig. 23.16a :* CDC/Phototake, NYC ; *fig. 23.19b :* Shinichi Murata/PPS/Photo Researchers, Inc. *Fig. 23.17 :* Oliver Meckes/Photo Researchers, Inc. *Fig. 23.18 (à gauche) :* Avec l'aimable autorisation de H. Zaiman, M.D. ; *(à droite) :* Avec l'autorisation de l'AFIP. *Fig. 23.20a :* Dennis Strete et Steve K. Alexander ; *fig. 23.20b :* Lennart Nilsson/Albert Bonniers Forlag AB. *Fig. 23.21 :* Ken Greer/Visuals Unlimited. *Fig. 23.22a :* NIH/Science Source/Photo Researchers, Inc. *Fig. 23.23 :* Avec l'aimable autorisation de H. Zaiman, M.D.

**Chapitre 24**

*Ouverture de chapitre :* A.B. Dowsett/Photo Resarchers, Inc. *Fig. 24.3 :* Dr. P. Marazzi/SPL/Photo Researchers, Inc. *Fig. 24.4 :* Avec l'autorisation des CDC. *Fig. 24.5 :* Dennis Strete et Steve K. Alexander. *Fig. 24.6 :* Science VU/Visuals Unlimited. *Fig. 24.7 :* © Professeur Tony Wright, Institute of Laryngology & Otology/SPL/Photo Researchers, Inc. *Fig. 24.8 :* NIBSC/SPL/Photo Researchers, Inc. *Fig. 24.9 :* Biophoto Associates/Photo Researchers, Inc. *Fig. 24.11 :* Ken Greer/Visuals Unlimited. *Fig. 24.14 :* Raymond B. Otero/Visuals Unlimited. *Fig. 24.15 :* Michael Gabridge/Visuals Unlimited. *Page 739a :* Michael G. Gabridge/Visuals Unlimited ; *b :* Fred E. Hossler/Visuals Unlimited ; *c :* Christine L. Case/Skyline College. *Fig. 24.16a :* D. Paretsky, University of Kansas/Biological Photo Service ; *fig. 24.16b :* Thomas F. McCaul et Jim C. Williams, « Developmental Cycle of Coxiella Burnetti : Structure and Morphogenesis of Vegetative and Sporogenic Differences », *Journal of Bacteriology*, Septembre 1981, p. 1068. *Fig. 24.18a :* Science VU/Visuals Unlimited ; *fig. 24.18b :* Arthur M. Siegelman/Visuals Unlimited. *Fig. 24.22 :* A.B. Dowsett/Photo Resarchers, Inc.

**Chapitre 25**

*Ouverture de chapitre :* A.M. Siegelman/Visuals Unlimited. *Fig. 25.3a :* Hutton D. Slade, *Microbiology Review*, 44 :331-384, Juin 1980 ; *fig. 25.3b :* Hutton D. Slade, *Microbiology Review*, 44 :331-384, Juin 1980. *Fig. 25.11 :* Veronica Burmeister/Visuals Unlimited. *Fig. 25.12 :* Veronica Burmeister/Visuals Unlimited. *Fig. 25.13 :* Avec l'autorisation des CDC. *Fig. 25.15 :* Science VU/Visuals Unlimited. *Fig. 25.16 :* Custom Medical Stock Photo. *Fig. 25.17 :* Reproduit de « Ultrastructural Observations of Giardiasis in a Murin Model », par Robert Owen, Paulina Nemanio et David P. Stevens, dans *Gastroenterology*, 76 :757-769. © Copyright 1979, American Gastroenterological Association, reproduction autorisée. *Fig. 25.18 :* Avec l'autorisation de Marietta Voge. *Fig. 25.19 :* Avec l'autorisation de l'AFIP. *Fig. 25.21 :* Avec l'aimable autorisation de H. Zaiman, M.D. *Fig. 25.22 :* Avec l'autorisation de l'AFIP. *Fig. 25.23 :* R. Calentine/Visuals Unlimited. *Fig. 25.24 :* A.M. Siegelman/Visuals Unlimited. *Fig. 25.25a :* Dennis Strete et Steve K. Alexander ; *fig. 25.25b :* A.M. Siegelman/Visuals Unlimited.

**Chapitre 26**

*Ouverture de chapitre :* Dennis Strete et Steve K. Alexander. *Fig. 26.4 :* Avec l'autorisation des CDC. *Fig. 26.6 :* Science VU/George J. Wilder/Visuals Unlimited. *Fig. 26.7 :* Dennis Strete et Steve K. Alexander. *Fig. 26.8 :* Avec l'autorisation du Dr. David Soper. *Fig. 26.10 :* M. Abbey/Photo Researcher, Inc. *Fig. 26.11a et b :* Carroll H. Weiss 1981/Camera M.D. Studios ; *fig. 26.11c :* Avec l'autorisation des CDC. *Fig. 26.12 :* Avec l'autorisation des CDC. *Fig. 26.13 :* Mike Remmington, PAVRC. *Fig. 26.14 :* Kenneth Greer/Visuals Unlimited. *Fig. 26.15 :* Reproduit de D. Petrin *et al.*, « Clinical and Microbiological Aspects of Trichomonas vaginalis », *ASM Clinical Microbiology Review,* 11 :300-317 (1998) avec l'autorisation de l'American Society for Microbiology.

**Chapitre 27**

*Ouverture de chapitre :* Rodney Donlan et Donald L. Gibbon. *Fig. 27.1a :* M.F. Brown, University of Missouri/Biological Photo Service ; *fig. 27.1b :* R.L. Peterson, University of Guelph/Biological Photo Service. *Fig. 27.4 :* Dennis Strete et Steve K. Alexander. *Fig. 27.7a et b :* Nancy Pierce/Photo Researchers, Inc. *Fig. 27.8b :* Rodney Donlan et Donald L. Gibbon. *Fig. 27.10 :* Kenneth Lucas. *Fig. 27.13 :* Pete Atkinson/Planet Earth Pictures/Getty Images. *Fig. 27.14 :* Avec l'autorisation de Idexx Laboratories, Inc. *Fig. 27.17b :* ©Virgil Paulson 1984/Biological Photo Service. *Fig. 27.18 :* SIU/Visuals Unlimited. *Fig. 27.19a :* Douglas Munnecke/Biological Photo Service.

**Chapitre 28**

*Ouverture de chapitre :* Manfred Kage/Peter Arnold, Inc. *Fig. 28.2 :* © Malo, Inc. CP. *Fig. 28.4 :* Avec l'autorisation de l'International Paper. *Fig. 28.6a et b :* David M. Frazier/Photo Researchers, Inc. ; *fig. 28.7c :* Junebug Clark/Photo Researchers, Inc. *Fig. 28.8b :* Visuals Unlimited. *Fig. 28.10 :* Manfred Kage/Peter Arnold, Inc. *Fig. 28.11b :* Corale Brierley/Visuals Unlimited. *Page 867a et b :* Christine L. Case/Skyline College.

## Sources des textes et illustrations

**Chapitre 2**

*Fig. 2.1, 2.3, 2.6, 2.10, 2.13, 2.15, 2.16 :* G.J. Tortora et S.R. Grabowski, *Principles of Anatomy and Physiology*, 8e éd., fig. 2.1, 2.4, 2.6, 2.9, 2.12, 2.13, 2.14, p. 28, 31, 36, 41, 44, 45. Copyright ©1996 Biological Sciences Textbooks, Inc., A & P Textbooks, Inc. et Sandra Reynolds Grabowski. Reproduit avec la permission de Addison Wesley Longman, Inc. Illustrations par Jared Schneidman Design. *Tableau 2.4 :* Adapté de N. Campbell, *Biology*, 4e éd. (Menlo Park, CA : Benjamin/Cummings 1996), fig. 5.15, p. 75. © 1996 The Benjamin/Cummings Publishing Company, Inc.

**Chapitre 4**

*Fig. 4.21, 4.23, 4.24, 4.25 :* Adapté de G.J. Tortora et S.R. Grabowski, *Principles of Anatomy and Physiology*, 9e éd., fig. 3.1, 3.25, 3.20, 3.21, p. 61, 83, 80, 81. Copyright © 2000 Biological Sciences Textbooks, Inc., A & P Textbooks, Inc. et Sandra Reynolds Grabowski. Reproduit avec la permission de John Wiley and Sons, Inc.

**Chapitre 5**

*Fig. 5.1 :* G.J. Tortora et S.R. Grabowski, *Principles of Anatomy and Physiology*, 8e éd. fig. 25.1, p. 808. Copyright ©1996 Biological Sciences Textbooks, Inc., A & P Textbooks, Inc. et Sandra Reynolds Grabowski. Reproduit avec la permission de Addison Wesley Longman, Inc. Illustration par Page Two Associates.

**Chapitre 7**

*Tableau 7.2 :* O. Rahns, *Physiology of Bacteria*, New York : McGraw-Hill, 1932. *Tableau 7.6 :* Adapté de S.S. Block, *Disinfection, Sterilization, and Preservation,* 4e éd., Philadelphia : Lea et Febiger, 1951, p. 194.

**Chapitre 8**

*Fig. 8.3 :* E.N. Marieb, *Human Anatomy and Physiology*, 3e éd. (Menlo Park, CA : Benjamin/Cummings, 1995), fig. 3.27, p. 98. © 1995 The Benjamin/Cummings Publishing Company, Inc. *Fig. 8.4 et 8.5 :* Adapté de N. Campbell, *Biology*, 5e éd. (San Francisco, CA : Benjamin/Cummings, 1999), fig. 16.12 et 16.11, p. 287, The Benjamin/Cummings Publishing Company, Inc. *Fig. 8.7b :* Adapté de N. Campbell, *Biology*, 4e éd. (Menlo Park, CA : Benjamin/Cummings, 1996), fig. 17.9, p. 336. © 1996 The Benjamin/Cummings Publishing Company, Inc. *Fig. 8.8 :* P. Berg et M. Singer, *Dealing With Genes : The Language of Heredity* (Mill Valley, CA : University Science Books, 1992), fig. 13.1, p. 61. © 1992 University Science Books. *Fig. 8.17 :* Adapté de N. Campbell, *Biology,* 4<sup>e</sup> éd. (Menlo Park, CA : Benjamin/Cummings, 1996), fig. 16.23, p. 318. © 1996 The Benjamin/Cummings Publishing Company, Inc.

**Chapitre 9**

*Fig. 9.4 :* M. Bloom, G. et D. Micklos, *Laboratory DNA Science,* (Menlo Park, CA : Benjamin/Cummings, 1996), p. 283. ©1996 par The Benjamin/ Cummings Publishing Company, Inc. *Fig. 9.12 :* Adapté de N. Campbell, *Biology,* 4e éd. (Menlo Park, CA : Benjamin/Cummings, 1996), fig. 19.1, 19.6, p. 371 et 376. © 1996 The Benjamin/Cummings Publishing Company, Inc. *Fig. 9.14 :* Tiré de James D. Watson, Michael Gilman, Jan Witkowski et Mark Zoller, *Recombinant DNA,* 2e édition. © 1992. Utilisé avec la permission de W.H. Freeman and Company.

**Chapitre 12**

*Tableau 12.2 :* D'après B.D. Davis *et al., Microbiology,* 4e éd. (Philadelphia : J.B. Lippincott, 1990), p. 746.

**Chapitre 13**

*Tableau 13.2 :* Dessins de R[di]B. Francki, C.M. Fauquet, D.L. Knudson, F. Brown (dir.), « Classification and Nomenclature of Viruses. Fifth Report of the International Committee on Taxonomy of Viruses ». *Archives of Virology,* Supplementum 2 (Wien, New York : Springer-Verlag, 1991). Copyright ©1991 Springer-Verlag.

**Chapitre 14**

*Fig. 14.4 :* CDC.

**Chapitre 16**

*Fig. 16.1 :* Adapté de N. Campbell, *Biology,* 4e éd. (Menlo Park, CA : Benjamin/ Cummings, 1996), fig. 39.1, p. 853. © 1996 The Benjamin/Cummings Publishing Company, Inc. *Fig. 16.6 et 16.8a :* G.J. Tortora et S.R. Grabowski, *Principles of Anatomy and Physiology,* 7e éd., fig. 22.1 et 22.10, p. 684 et 696. © 1993 Biological Sciences Textbooks, A & P Textbooks, Inc., et Sandra Reynolds Grabowski. Reproduit avec la permission de Addison Wesley Longman, Inc.

**Chapitre 17**

*Fig. 17.1 :* E.N. Marieb, *Human Anatomy and Physiology,* 3e éd. (Menlo Park, CA : Benjamin/Cummings, 1995), fig. 22.10, p. 722, © 1995 The Benjamin/ Cummings Publishing Company, Inc. *Fig. 17.6 a et b, 17.12 et 17.13 :* Adapté de N. Campbell, *Biology,* 4e éd. (Menlo Park, CA : Benjamin/Cummings, 1996), fig. 39.11, 39.13 et 39.14, p. 863, 867 et 868. © 1996 The Benjamin/Cummings Publishing Company, Inc.

**Chapitre 19**

*Tableau 19.2 :* E.N. Marieb, *Human Anatomy and Physiology,* 3e éd. (Menlo Park, CA : Benjamin/Cummings, 1995), tableau 18.4, p. 605. © 1995 The Benjamin/Cummings Publishing Company, Inc. *Fig. 19.11 :* Hoth, Jr., Meyers, Stein, « Current Status of HIV Therapy », *Hospital Practice,* vol. 27, n° 9, p. 145. Illustration de Alan D. Iselin. Reproduction autorisée. *Fig. 19.12 :* Greenberg, « Immunopathogenesis of HIV Infection », *Hospital Practice,* vol. 27, n° 2, p. 109. Illustrations de Ilil Arbel. Reproduction autorisée. *19.13 :* Greenberg, « Immunopathogenesis of HIV Infection », *Hospital Practice,* vol. 27, n° 2, p. 109. Illustrations de Ilil Arbel. Reproduction autorisée.

**Chapitre 21**

*Fig. 21.12 :* Adapté de *Medical Microbiology,* 3e édition, Patrick R. Murray *et al.* © 1993, Williams & Wilkins. Reproduction autorisée.

**Chapitre 22**

*Fig. 22.11 :* Adapté de *Medical Microbiology,* 3e édition, Patrick R. Murray *et al.* © 1993, Williams & Wilkins. Reproduction autorisée.

**Chapitre 23**

*Fig. 23.1 :* Adapté de N. Campbell, *Biology,* 3e édition (Redwood City, CA : Benjamin/Cummings, 1993), fig. 38.5a, p. 823 © 1993, The Benjamin/ Cummings Publishing Company, Inc. *Fig. 23.11a :* Steere, « Current Understanding of Lyme Disease », *Hospital Practice,* vol. 28, n° 4, p. 37. Illustration de Nancy Lou Makris Riccio. Reproduction autorisée.

**Chapitre 24**

*Fig. 24.2 :* Adapté de N. Campbell, *Biology,* 3e édition (Redwood City, CA : Benjamin/Cummings, 1993), fig. 38.22, p. 840 © 1993, The Benjamin/ Cummings Publishing Company, Inc. *Fig. 24.10 :* Dannenberg, Jr., « Pulmonary Tuberculosis », *Hospital Practice,* vol. 28, n° 1, p. 51. Illustrations de Seward Hung et Laura Pardi Duprey. Reproduction autorisée. *Fig. 24.12a, b et c :* © Reproduit avec permission du Ministre de Travaux publics et Services gouvernementaux, Canada, 2003. *Fig. 24.21 :* Adapté de J. W. Smith et M.S. Bartlett, *Laboratory Medicine* 10 :430-435, 1979. Illustration de Gwen Gloege. © 1979, American Society of Clinical Pathologists. Reproduction autorisée.

**Chapitre 25**

*Fig. 25.7 et 25.8 :* Schaechter *et al., Mechanisms of Microbial Disease,* 2e édition (Baltimore, MD : Williams & Wilkins, 1993), fig. 18.1, p. 269. © 1993 Williams & Wilkins. *Fig. 25.9b :* Site web des maladies à déclaration obligatoire en direct, Santé Canada, 2001. © Reproduit avec la permission du Ministre des Travaux publics et Services gouvernementaux, Canada, 2003. *Fig. 25.12 :* Reproduit de « Helicobacter pylori Infection », *Hospital Practice,* vol. 26, n° 2, fig. 1, p. 45. Illustration de Laura Pardi Duprey. Reproduction autorisée. *Fig. 25.14 :* « Percent of populations with antibodies », *Laboratory Management,* Juin 1987, p. 23. Reproduction autorisée.

**Chapitre 26**

*Fig. 26.5b :* © Reproduit avec permission du Ministre de Travaux publics et Services gouvernementaux, Canada, 2002. *Tableau 26.1 :* Adapté de P.A. Gilly, « Vaginal discharge : Its causes and cures », *Postgraduate Medicine,* 80(8) :213, Décembre 1986.

**Chapitre 27**

*Fig. 27.11 :* Reproduit de *Water Supply and Sewerage,* 3e édition. © 1953. Reproduit avec la permission de The McGraw-Hill Companies.

**Chapitre 28**

*Tableau 28.3 :* J.M. Jay, *Modern Food Microbiology,* 5e édition, New York : Chapman and Hall, 1996.

# Index

C

## M

Q



R

Le singulier et le pluriel des noms scientifiques s'écrivent selon les règles de déclinaison du latin.

| | Genre | | |
|---|---|---|---|
| | Féminin | Masculin | Neutre |
| Singulier | -a | -us | -um |
| Pluriel | -æ | -i | -a |
| Exemples | chlamydia<br>chlamydiæ | coccus<br>cocci | phylum<br>phyla |

**a-, an-** absence, manque. Exemples: abiotique, en l'absence de vie; anaérobie, en l'absence d'air.

**-able** qui peut. Exemple: viable, qui peut vivre ou exister.

**actino-** rayon. Exemple: actinomycète, bactérie qui forme des colonies en étoiles (avec des rayons).

**aér-** air. Exemples: aérobie, en présence d'air; aérer, ajouter de l'air.

**alb-** blanc. Exemple: *Streptomyces albus* produit des colonies blanches.

**amib-** changement. Exemple: amiboïde, mouvement résultant d'un changement de forme.

**amphi-** autour de, tous deux. Exemple: amphitriche, touffes de flagelles aux deux extrémités d'une cellule.

**amyl-** amidon. Exemple: amylase, enzyme qui dégrade l'amidon.

**ana-** de bas en haut. Exemple: anabolisme, croissance.

**ant-, anti-** opposé, contre. Exemple: antimicrobien, qui empêche la prolifération des microbes.

**archæ-** ancien. Exemple: *Archæa*, bactéries «archaïques», qu'on estime semblables aux premiers êtres vivants.

**asco-** sac. Exemple: asque, structure en forme de sac qui contient des spores.

**aur-** or. Exemple: *Staphylococcus aureus,* colonies dorées.

**aut-, auto-** soi-même. Exemple: autotrophe, qui forme lui-même les substances organiques dont il a besoin.

**bacill-** bâtonnet. Exemple: bacille tétanique, en forme de bâtonnet.

**basid-** base, socle. Exemple: baside, cellule qui porte des spores externes formées sur une base surélevée.

**bdell-** sangsue. Exemple: *Bdellovibrio,* bactérie prédatrice.

**bio-** vie. Exemple: biologie, étude de la vie et des êtres vivants.

**blast-** bourgeon. Exemple: blastospore, spore formée par bourgeonnement.

**bovi-** bovin. Exemple: *Mycobacterium bovis,* bactérie qui infecte les bovins.

**brevi-** court. Exemple: *Lactobacillus brevis,* bactérie formée de cellules courtes.

**butyr-** beurre. Exemple: acide butyrique, qui confère au beurre rance son odeur particulière.

**campylo-** courbé. Exemple: *Campylobacter,* bâtonnet courbé.

**cancéro-** cancer. Exemple: cancérogène, agent qui cause le cancer.

**-caryo** noix. Exemple: eucaryote, cellule ayant un noyau limité par une membrane.

**casé-** fromage. Exemple: caséeux, semblable au fromage.

**caul-** tige. Exemple: *Caulobacter,* bactérie munie d'un appendice ou d'une tige.

**céno-** commun. Exemple: cénocyte, cellule contenant de nombreux noyaux, sans cloisons.

**chlamydo-** manteau. Exemple: chlamydospores, spores formées à l'intérieur de l'hyphe.

**chloro-** vert. Exemple: chlorophylle, pigment vert.

**chrom-** couleur. Exemples: chromosome, structure qui se prête bien à la coloration; métachromatique, se dit d'une granulation intracellulaire colorée.

**chrys(o)-** doré. Exemple: *Streptomyces chryseus,* colonies dorées.

**-cide** tuer. Exemple: bactéricide, agent qui tue les bactéries.

**cili-** cil. Exemple: cilié, pourvu de cils.

**cléisto-** fermé. Exemple: cléistothèque, asque complètement fermé.

**co-, con-** ensemble. Exemple: concentrique, ayant un centre commun, ensemble au centre.

**cocci-** grain. Exemple: coccus, cellule sphérique.

**col-, colo-** côlon. Exemples: côlon, gros intestin; *Escherichia coli,* bactérie que l'on rencontre dans le gros intestin.

**conidi-** poussière. Exemple: conidie, spore formée à l'extrémité d'un hyphe aérien, jamais enfermée.

**coryne-** massue. Exemple: *Corynebacterium,* cellule bactérienne en forme de massue.

**-cule** diminutif. Exemple: particule, petite partie.

**-cut-** peau. Exemple: *Firmicutes,* bactérie possédant une paroi cellulaire rigide, à Gram positif.

**cyano-** bleu. Exemple: cyanobactérie, organisme ayant une pigmentation bleu-vert.

**cyst-** vessie. Exemple: cystite, inflammation de la vessie.

**dé-, des-, dés-** perte, séparation. Exemple: désactiver, faire perdre son activité.

**di-, diplo-** double, deux fois. Exemple: diplocoque, paire de cocci.

**dia-** à travers, entre. Exemple: diaphragme, paroi séparant un endroit ou située entre deux régions.

**dys-** difficile, pénible, idée de manque. Exemple: dysfonctionnement, fonctionnement perturbé.

**en-, em-** dans, à l'intérieur. Exemple: enkysté, enfermé dans un kyste.

**entero-** intestin. Exemple: *Enterobacter,* bactérie que l'on rencontre dans l'intestin.

**eo-** aurore, premier. Exemple: *Eobacterium,* bactérie fossile remontant à 3,4 milliards d'années.

**épi-** sur, au dessus. Exemple : épidémie, nombre de cas d'une maladie qui dépasse le nombre normalement prévu.

**éryth(ro)-** rouge. Exemple : érythème, rougeur de la peau.

**eu-** bien, vrai. Exemple : eucaryote, vrai noyau.

**ex-, ecto-** hors de, au dehors. Exemple : excréter, rejeter des substances hors du corps.

**exo-** au dehors, couche externe. Exemple : exogène, provenant de l'extérieur du corps.

**extra-** au dehors, au delà. Exemple : extracellulaire, au dehors des cellules de l'organisme.

**-fier** rendre, transformer en. Exemple : acidifier, rendre acide.

**firmi-** résistant. Exemple : *Bacillus firmus,* produit des endospores résistantes.

**flagell-** fouet. Exemple : flagelle, appendice de la cellule ; chez les eucaryotes, le flagelle tire la cellule en battant comme un fouet.

**flav-** jaune. Exemple : *Flavobacterium,* organisme qui produit un pigment jaune.

**fruct-** fruit. Exemple : fructose, sucre de fruits.

**galacto-** lait. Exemple : galactose, monosaccharide contenu dans le lait.

**gamé-, gamè-** mariage. Exemple : gamète, cellule reproductrice.

**gastr-** estomac. Exemple : gastrite, inflammation de l'estomac.

**gel-** durcir. Exemple : gel, colloïde solidifié.

**-gène** produire, engendrer. Exemple : agent pathogène, tout agent qui produit une maladie.

**-genèse** formation. Exemple : pathogenèse, processus aboutissant à la maladie.

**germ-, germin-** embryon. Exemple : germe, partie d'un organisme capable de se développer.

**-gonie** reproduction. Exemple : schizogonie, division multiple produisant beaucoup de nouvelles cellules.

**gracil-** mince. Exemple : *Aquaspirillum gracile,* cellule mince.

**halo-** sel. Exemple : halophile, organisme capable de tolérer une salinité élevée.

**haplo-** simple. Exemple : haploïde, la moitié des chromosomes ou un seul exemplaire de chaque chromosome.

**hema-, hemato-, hemo-** sang. Exemple : *Hæmophilus,* bactérie qui tire des nutriments des érythrocytes.

**hépat-** foie. Exemple : hépatite, inflammation du foie.

**herpès** ramper. Exemple : herpès, ou zona, lésions qui semblent s'étendre sur la peau.

**hétéro-** différent, autre. Exemple : hétérotrophe, qui tire ses nutriments d'autres organismes ; se nourrit d'autrui.

**hist-** tissu. Exemple : histologie, étude des tissus.

**hom-, homo-** même. Exemple : homofermentaire, organisme qui ne produit que de l'acide lactique à partir de la fermentation des glucides.

**hydr-, hydro-** eau. Exemple : déshydratation, perte d'eau par le corps.

**hyper-** excès. Exemple : solution hypertonique, qui a une pression osmotique plus élevée par rapport à une autre.

**hypo-** sous, déficient. Exemple : solution hypotonique, qui a une pression osmotique moins élevée qu'une autre.

**im-** non. Exemple : imperméable, qui ne se laisse pas traverser.

**inter-** entre. Exemple : intercellulaire, entre les cellules.

**intra-** dans. Exemple : intracellulaire, dans la cellule.

**io-** violet. Exemple : iode, élément qui produit une vapeur violette.

**iso-** égal, même. Exemple : solution isotonique, qui a la même pression osmotique qu'un autre liquide.

**-ite** inflammation. Exemple : colite, inflammation du côlon.

**kérat(o)-** corne. Exemple : kératine, substance fibreuse qui forme la peau et les ongles.

**kin-** mouvement. Exemple : streptokinase, enzyme qui lyse ou déplace la fibrine.

**lact(o)-** lait. Exemple : lactose, sucre du lait.

**lepis-** écaille. Exemple : lèpre, maladie caractérisée par des lésions cutanées.

**lepto-** mince. Exemple : *Leptospira,* spirochète mince.

**leuco-** blanc. Exemple : leucocyte, globule blanc.

**lip-, lipo-** matière grasse, lipide. Exemple : lipase, enzyme qui dégrade les matières grasses.

**-logie** étude. Exemple : pathologie, étude des modifications structurales et fonctionnelles causées par la maladie.

**lopho-** touffe. Exemple : lophotriche, muni d'un groupe de flagelles à une extrémité de la cellule.

**lute-, luteo-** jaune. Exemple : *Micrococcus luteus,* colonies jaunes.

**lux-, luci-** lumière. Exemple : luciférine, substance présente chez certains organismes qui émet de la lumière lorsqu'elle est soumise à l'action de la luciférase, une enzyme.

**-lyse** dissolution, dégradation. Exemple : hydrolyse, décomposition chimique d'une molécule par l'addition d'eau.

**macro-** grand. Exemple : macromolécule, grosse molécule.

**mendosi-** capacité. Exemple : *Mendosicutes,* archéobactérie dépourvue de peptidoglycane.

**méningo-** membrane. Exemple : méningite, inflammation des membranes de l'encéphale.

**méso-** au milieu. Exemple : mésophile, organisme dont la température optimale se situe au milieu de l'échelle.

**méta-** au delà, après, changement. Exemple : métabolisme, changements chimiques qui se produisent dans un organisme vivant.

**micro-** petit. Exemple : microorganisme, organisme minuscule, invisible à l'œil nu.

**-mnèse, -mnésie** mémoire. Exemples : amnésie, perte de mémoire ; anamnèse, retour de la mémoire.

**molli-** mou. Exemple : *Mollicutes,* classe de bactéries dépourvues de paroi cellulaire.

**-monas** unité. Exemple : *Methylomonas,* unité (bactérie) qui utilise le méthane comme source de carbone.

**mono-** unique. Exemple : monotriche, pourvu d'un seul flagelle.

**morpho-** forme. Exemple : morphologie, étude de la forme et des structures des organismes.

**multi-** nombreux. Exemple : multinucléé, ayant plusieurs noyaux.

**mur-** paroi. Exemple : muréine, composante de la paroi cellulaire bactérienne.

**muri-** souris. Exemple : typhus murin, forme de typhus dont le réservoir est la souris.

**mut-** changer. Exemple : mutation, changement soudain des caractéristiques.

**myco-, -mycétome, -myces** champignon. Exemple : le règne des Mycètes comprend les levures, les moisissures et les champignons ; *Saccharomyces,* mycète du sucre, est un genre de levure.

**myxo-** morve, mucus. Exemple : *Myxobacteriales,* ordre de bactéries productrices d'une substance visqueuse.

**nécro-** cadavre. Exemple : nécrose, mort cellulaire ou mort d'une partie d'un tissu.

**-nema** fil. Exemple : *Treponema* est une bactérie filiforme.

**nigr-** noir. Exemple : *Aspergillus niger,* mycète qui produit des conidies noires.

**ob-** devant, contre. Exemple : obstruction, empêchement ou blocage.

**ocul(o)-** œil. Exemple : monoculaire, relatif à un œil.

**-oïde** semblable. Exemple : coccoïde, semblable à un coccus.

**-oïque, éco-** maison. Exemples : monoïque, bisexué ; écologie, étude des relations entre les organismes et entre un organisme et son milieu (maison).

**oligo-** peu. Exemple : oligosaccharide, glucide composé d'un petit nombre (7 à 10) de monosaccharides.

**-ome** tumeur. Exemple : lymphome, tumeur des tissus lymphatiques.

**ondul-** vagues. Exemple : ondulant, qui monte et descend, ressemble à des vagues.

**-onte** être, existant. Exemple : schizonte, cellule qui existe grâce à la schizogonie.

**ortho-** droit, direct. Exemple : orthomyxovirus, virus possédant une capside tubulaire droite.

**-(o)se** état. Exemples : lyse, état de dissolution ; symbiose, état de vie commune.

**pan-** tout, universel. Exemple : pandémie, épidémie qui touche un vaste territoire.

**para-** à côté, près de. Exemple : parasite, organisme qui « se nourrit à côté » d'un autre.

**péri-** autour. Exemple : bactérie péritriche, qui possède des flagelles tout autour de sa paroi cellulaire.

**phago-** manger. Exemple : cellule phagocyte, qui avale et digère de grosses particules ou d'autres cellules.

**phéo-** brun. Exemple : Phéophycées, algues brunes.

**philo-, -phil** aimer, préférer. Exemple : thermophile, organisme qui préfère les températures élevées.

**-phore** porter. Exemple : conidiophore, hyphe qui porte des conidies.

**-phylle** feuille. Exemple : chlorophylle, pigment vert des feuilles.

**-phyte** plante. Exemple : saprophyte, plante qui tire ses nutriments de la matière organique en décomposition.

**pil-** poil. Exemple : pili, prolongements filiformes d'une cellule.

**plancto-** errer. Exemple : plancton, organismes qui errent, dérivent dans l'eau.

**plasm(o)-** formé. Exemple : cytoplasme, structure formée à l'intérieur d'une cellule.

**-pnée** respirer. Exemple : dyspnée, difficulté à respirer.

**pod-** pied. Exemple : pseudopode, structure qui ressemble à un pied.

**poly-** beaucoup. Exemple : polymorphisme, formes multiples.

**post-** après, derrière. Exemple : postérieur, situé derrière une structure (particulière).

**pré-, pro-** avant, devant. Exemples : procaryote, cellule possédant un noyau primitif ; prématuré, avant terme.

**pseudo-** faux. Exemple : pseudopode, faux pied.

**psychro-** froid. Exemple : psychrophile, organisme qui croît le mieux à basse température.

**-ptère** aile. Exemple : Diptère, ordre d'insectes à deux ailes.

**pyo-** pus. Exemple : pyogène, qui forme du pus.

**rhabdo-** baguette. Exemple : rhabdovirus, virus plutôt long, en forme de baguette.

**rhin-** nez. Exemple : rhinite, inflammation de la muqueuse du nez.

**rhizo-** racine. Exemples : *Rhizobium,* bactérie qui vit dans les racines des plantes ; mycorhize, mycète qui vit sur ou dans les racines des plantes.

**rhodo-** rouge. Exemple : *Rhodospirillum,* bactérie spiralée à pigmentation rouge.

**rod-** ronger. Exemple : *Rodentia,* ordre de mammifères rongeurs.

**rubri-** rouge. Exemple : *Clostridium rubrium,* colonies à pigmentation rouge.

**rumin-** gorge. Exemple : *Ruminococcus,* bactérie associée au rumen (œsophage modifié).

**sacchar(o)-** sucre. Exemple : disaccharide, sucre composé de deux monosaccharides.

**sapr-** pourri. Exemples : *Saprolegnia,* mycète qui vit sur les animaux morts ; saprophyte, croît sur de la matière en décomposition.

**sarco-** chair. Exemple : sarcome, tumeur des muscles ou du tissu conjonctif.

**schizo-** fendu. Exemple : schizomycètes, organismes qui se reproduisent en se divisant ; ancien nom des bactéries.

**scole(c)-** ver. Exemple : scolex, tête du ténia.

**-scope, -scopique** observer. Exemple : microscope, instrument qui sert à observer de petits objets.

**semi-** moitié. Exemple : semi-circulaire, ayant la forme de la moitié d'un cercle.

**sept-** pourrir. Exemple : septique, présence de bactéries qui peuvent occasionner la décomposition.

**sept(o)-** division. Exemple : septum, paroi transversale.

**serr-** petite scie. Exemple : serratule, plante à feuilles dentelées.

**sidero-, sidéro-** fer. Exemple : *Siderococcus,* bactérie capable d'oxyder le fer.

**siphon-** tube. Exemple : *Siphonaptera,* ordre d'insectes (puces) à pièce buccale en forme de tube.

**soma-** corps. Exemple : cellules somatiques, cellules du corps autres que les gamètes.

**spec(i)-** particulier. Exemples : espèce, ensemble d'organismes aux traits semblables formant la plus petite unité de classification ; spécifier, indiquer exactement.

**spiro-** hélice. Exemple : spirochète, bactérie spiralée.

**spor(o)-** spore. Exemple : sporange, structure qui contient des spores.

**staphylo-** en grappe. Exemple : *Staphylococcus,* bactérie dont les cellules forment des grappes.

**-stase** arrêt. Exemple : bactériostase, arrêt de la croissance bactérienne.

**strepto-** contourné. Exemple : *Streptococcus,* bactérie dont les cellules forment des chaînettes contournées.

**sub-** sous. Exemple : sublingual, qui est sous la langue.

**super-** au dessus, sur. Exemple : supérieur, qui est au dessus par sa qualité ou son état.

**sym-, syn-** ensemble, avec. Exemples : synapse, région de contact de deux neurones ; synthèse, réunion, fusion.

**-tact** toucher. Exemple : chimiotactisme, réaction à la présence (contact) d'agents chimiques.

**taxi-** ordre, arrangement. Exemple : taxinomie, science dont l'objet est d'arranger les organismes par groupes.

**-té** état. Exemple : immunité, état de ce qui résiste à la maladie ou à l'infection.

**tener-** tendre. Exemple : *Tenericutes,* embranchement comprenant les eubactéries sans paroi cellulaire.

**thall-** pousse. Exemple : thalle, champignon macroscopique entier.

**therm-** chaud. Exemple : *Thermus,* bactérie qui vit dans les sources thermales (jusqu'à 75 °C).

**thio-** soufre. Exemple : *Thiobacillus,* bactérie capable d'oxyder les composés du soufre.

**-thrix** Voir **trich-.**

**-tome, -tomie** couper. Exemple : appendicectomie, ablation chirurgicale de l'appendice.

**-tone, -tonique** force. Exemple : hypotonique, qui présente moins de force (pression osmotique).

**tox-** poison. Exemple : exotoxine, substance toxique sécrétée par des bactéries.

**trans-** à travers. Exemple : transport, déplacement de substances.

**tri-** trois. Exemple : trimestre, période de trois mois.

**trich-** poil. Exemple : péritriche, prolongements (ou flagelles) de cellules ressemblant à des poils.

**-trop(e)** tourner. Exemple : géotropisme, orientation vers la Terre (sous l'action de la pesanteur).

**troph-** nourriture. Exemples : trophique, relatif à la nutrition ; chimiotrophe, qui se nourrit de substances chimiques.

**uni-** un. Exemple : unicellulaire, formé d'une seule cellule.

**vaccin-** vache. Exemple : vaccination, injection d'un vaccin (préparation mise au point à l'origine à partir du virus de la vaccine, maladie qui touche la vache).

**vacu-** vide. Exemple : vacuole, espace intracellulaire qui semble vide.

**vesic-** vessie. Exemple : vésicule, bulle.

**vitr-** verre. Exemple : *in vitro,* qui se trouve dans un milieu de culture gardé dans un contenant en verre (ou en plastique).

**-vore** manger. Exemple : carnivore, animal qui mange d'autres animaux.

**xantho-** jaune. Exemple : *Xanthomonas,* organisme dont les colonies sont jaunes.

**xén(o)-** étranger. Exemple : axénique, stérile, dépourvu d'organismes étrangers.

**xéro-** sec. Exemple : xérophyte, plante qui tolère la sécheresse.

**xylo-** bois. Exemple : xylose, sucre tiré du bois.

**zoo-** animal. Exemple : zoologie, étude des animaux.

**zygo-** joug, union. Exemple : zygospore, spore formée par la fusion de deux cellules.

**-zyme** ferment. Exemple : enzyme, protéine des cellules vivantes qui catalyse des réactions chimiques.